Fatores de Conversão

Massa e Massa Específica

1 kg = 2,2046 lb
1 g/cm³ = 10³ kg/m³
1 g/cm³ = 62,428 lb/ft³
1 lb = 0,4536 kg
1 lb/ft³ = 0,016018 g/cm³
1 lb/ft³ = 16,018 kg/m³

Comprimento

1 cm = 0,3937 in
1 m = 3,2808 ft
1 in = 2,54 cm
1 ft = 0,3048 m

Velocidade

1 km/h = 0,62137 milha/h
1 milha/h = 1,6093 km/h

Volume

1 cm³ = 0,061024 in³
1 m³ = 35,315 ft³
1 L = 10⁻³ m³
1 L = 0,0353 ft³
1 in³ = 16,387 cm³
1 ft³ = 0,028317 m³
1 gal = 0,13368 ft³
1 gal = 3,7854 × 10⁻³ m³

Força

1 N = 1 kg · m/s²
1 N = 0,22481 lbf
1 lbf = 32,174 lb · ft/s²
1 lbf = 4,4482 N

Pressão

1 Pa = 1 N/m²
     = 1,4504 × 10⁻⁴ lbf/in²
1 bar = 10⁵ N/m²
1 atm = 1,01325 bar
1 lbf/in² = 6894,8 Pa
1 lbf/in² = 144 lbf/ft²
1 atm = 14,696 lbf/in²

Energia e Energia Específica

1 J = 1 N · m = 0,73756 ft · lbf
1 kJ = 737,56 ft · lbf
1 kJ = 0,9478 Btu
1 kJ/kg = 0,42992 Btu/lb
1 ft · lbf = 1,35582 J
1 Btu = 778,17 ft · lbf
1 Btu = 1,0551 kJ
1 Btu/lb = 2,326 kJ/kg
1 kcal = 4,1868 kJ

Taxa de Transferência de Energia

1 W = 1 J/s = 3,413 Btu/h
1 kW = 1,341 hp
1 Btu/h = 0,293 W
1 HP = 2545 Btu/h
1 HP = 550 ft · lbf/s
1 HP = 0,7457 kW

Calor Específico

1 kJ/kg · K = 0,238846 Btu/lb · °R
1 kcal/kg · K = 1 Btu/lb · °R
1 Btu/h · °R = 4,1868 kJ/kg · K

Outros

1 TR = 200 Btu/min = 211 kJ/min
1 volt = 1 watt por ampère

Constantes

Constante Universal dos Gases

$\bar{R} = \begin{cases} 8{,}314 \text{ kJ/kmol} \cdot \text{K} \\ 1545 \text{ ft} \cdot \text{lbf/lbmol} \cdot °\text{R} \\ 1{,}986 \text{ Btu/lbmol} \cdot °\text{R} \end{cases}$

Aceleração Padrão da Gravidade

$g = \begin{cases} 9{,}80665 \text{ m/s}^2 \\ 32{,}174 \text{ ft/s}^2 \end{cases}$

Pressão Atmosférica Padrão

$1 \text{ atm} = \begin{cases} 1{,}01325 \text{ bar} \\ 14{,}696 \text{ lbf/in}^2 \\ 760 \text{ mm Hg} = 29{,}92 \text{ in Hg} \end{cases}$

Relações entre Temperaturas

$T(°R) = 1{,}8 \, T(K)$
$T(°C) = T(K) - 273{,}15$
$T(°F) = T(°R) - 459{,}67$

Princípios de Termodinâmica para Engenharia

O GEN | Grupo Editorial Nacional – maior plataforma editorial brasileira no segmento científico, técnico e profissional – publica conteúdos nas áreas de ciências exatas, humanas, jurídicas, da saúde e sociais aplicadas, além de prover serviços direcionados à educação continuada e à preparação para concursos.

As editoras que integram o GEN, das mais respeitadas no mercado editorial, construíram catálogos inigualáveis, com obras decisivas para a formação acadêmica e o aperfeiçoamento de várias gerações de profissionais e estudantes, tendo se tornado sinônimo de qualidade e seriedade.

A missão do GEN e dos núcleos de conteúdo que o compõem é prover a melhor informação científica e distribuí-la de maneira flexível e conveniente, a preços justos, gerando benefícios e servindo a autores, docentes, livreiros, funcionários, colaboradores e acionistas.

Nosso comportamento ético incondicional e nossa responsabilidade social e ambiental são reforçados pela natureza educacional de nossa atividade e dão sustentabilidade ao crescimento contínuo e à rentabilidade do grupo.

Princípios de Termodinâmica para Engenharia

MICHAEL J. MORAN
The Ohio State University

HOWARD N. SHAPIRO
Iowa State University

DAISIE D. BOETTNER
Coronel, U.S. Army

MARGARET B. BAILEY
Rochester Institute of Technology

Tradução e Revisão Técnica

Robson Pacheco Pereira, D.Sc.
Professor da Seção de Engenharia Química do IME/RJ
(Atualizações da Oitava Edição)

Gisele Maria Ribeiro Vieira, D.Sc.
Professora Adjunta do Departamento de Engenharia Mecânica do CEFET/RJ
(Capítulos 1 a 7, 9 e 10)

Paulo Pedro Kenedi, D.Sc.
Professor Adjunto do Departamento de Engenharia Mecânica do CEFET/RJ
(Capítulos 12, 13 e 14)

Fernando Ribeiro da Silva, D.Sc.
Professor-Associado do Departamento de Engenharia Mecânica do CEFET/RJ
(Capítulos 8 e 11)

- Os autores deste livro e a editora empenharam seus melhores esforços para assegurar que as informações e os procedimentos apresentados no texto estejam em acordo com os padrões aceitos à época da publicação. Entretanto, tendo em conta a evolução das ciências, as atualizações legislativas, as mudanças regulamentares governamentais e o constante fluxo de novas informações sobre os temas que constam do livro, recomendamos enfaticamente que os leitores consultem sempre outras fontes fidedignas, de modo a se certificarem de que as informações contidas no texto estão corretas e de que não houve alterações nas recomendações ou na legislação regulamentadora.

- Os autores e a editora se empenharam para citar adequadamente e dar o devido crédito a todos os detentores de direitos autorais de qualquer material utilizado neste livro, dispondo-se a possíveis acertos posteriores caso, inadvertida e involuntariamente, a identificação de algum deles tenha sido omitida.

- **Atendimento ao cliente: (11) 5080-0751 | faleconosco@grupogen.com.br**

- Traduzido de
  FUNDAMENTALS OF ENGINEERING THERMODYNAMICS, EIGHTH EDITION
  Copyright © 2014, 2011, 2008, 2004, 2000, 1996, 1993, 1988 by John Wiley & Sons, Inc.
  All Rights Reserved. This translation published under license with the original publisher John Wiley & Sons, Inc.
  ISBN: 978-1-118-41293-0

- Direitos exclusivos para a língua portuguesa
  Copyright © 2018, 2023 (3ª impressão) by
  LTC — Livros Técnicos e Científicos Editora Ltda.
  Uma editora integrante do GEN | Grupo Editorial Nacional
  Travessa do Ouvidor, 11
  Rio de Janeiro, RJ – CEP 20040-040
  www.grupogen.com.br

- Reservados todos os direitos. É proibida a duplicação ou reprodução deste volume, no todo ou em parte, sob quaisquer formas ou por quaisquer meios (eletrônico, mecânico, gravação, fotocópia, distribuição na internet ou outros), sem permissão expressa da editora.

- Capa: Léa Mara

- Imagem de Capa: alex-mit | iStockphoto.com
  RonFullHD | iStockphoto.com
  curraheeshutter | iStockphoto.com
  Sauliakas | iStockphoto.com
  cogal | iStockphoto.com

- Editoração Eletrônica: Imagem Virtual Editoração Ltda.

- Ficha catalográfica

CIP-BRASIL. CATALOGAÇÃO NA PUBLICAÇÃO
SINDICATO NACIONAL DOS EDITORES DE LIVROS, RJ

P947
8. ed.

Princípios de termodinâmica para engenharia / Michael J. Moran ... [et al.] ; tradução Robson Pacheco Pereira [et al.] - 8. ed. - Rio de Janeiro : LTC, 2023.
28 cm.

Tradução de: Fundamentals of engineering thermodynamics
Apêndice
Inclui bibliografia e índice
ISBN 978-85-216-3443-0

1. Termodinâmica. I. Moran, Michael J.

17-43634   CDD: 621.4021
                     CDU: 621.43.016

Prefácio

Um Livro para o Século XXI

No século XXI, a termodinâmica aplicada à engenharia exerce papel central no desenvolvimento de processos mais eficientes para fornecer e usar energia, ao mesmo tempo em que reduz os sérios riscos para a saúde humana e o meio ambiente que acompanham a energia – incluindo a poluição atmosférica, a poluição da água e as variações climáticas globais. Além disso, as aplicações na bioengenharia, nos sistemas biomédicos e na nanotecnologia continuam a surgir. Este livro fornece as ferramentas necessárias para especialistas que trabalham nessas áreas. Para os não especialistas, o livro fornece o conhecimento centrado na tomada de decisões que envolvem tecnologia relacionada com a termodinâmica – no trabalho e como cidadãos conscientes.

Os engenheiros do século XXI precisam de um sólido conjunto de habilidades analíticas e para a resolução de problemas, assim como de fundamentos para tratar de importantes questões sociais relativas à termodinâmica aplicada à engenharia. Esta oitava edição desenvolve essas habilidades e amplia significativamente a cobertura das suas aplicações fornecendo:

- o contexto atual para o estudo dos princípios da termodinâmica;
- os conhecimentos relevantes para tornar o assunto significativo a fim de enfrentar os desafios das futuras décadas;
- os materiais significativos associados às tecnologias existentes levando em conta novos desafios.

Nesta oitava edição, foram aprimoradas as características essenciais que tornaram o livro o maior destaque global no ensino da termodinâmica em engenharia. Somos reconhecidos por nossas explanações claras e concisas baseadas em fundamentos, pela pedagogia inovadora centrada na aprendizagem eficaz, e pelas aplicações relevantes e atualizadas. Por intermédio da criatividade e da experiência da equipe de autores, e com base na excelente avaliação de professores e estudantes, continuamos a aperfeiçoar aquela que se tornou a obra mais importante dessa disciplina.

Novidades da Oitava Edição

A principal diferença deste livro para todos os outros textos destinados ao mesmo público-alvo acadêmico é a inserção de 700 novos problemas de final de capítulo no tópico VERIFICAÇÃO DE APRENDIZADO. Os novos problemas fornecem a oportunidade para o aluno realizar uma *autoverificação* sobre os fundamentos apresentados e serve aos professores como fonte de tarefas simples e objetivas e testes rápidos. Está incluída uma variedade de exercícios, como forma de reforçar os conceitos apresentados.

A oitava edição também apresenta um novo e agradável projeto gráfico com o intuito de ajudar os estudantes a:

- melhor compreender e aplicar o assunto; e
- entender perfeitamente a importância dos tópicos para a prática da engenharia e para a sociedade.

Outras Características Essenciais

Esta edição também oferece, nas guardas do livro – sob o título Como Usar Este Livro de Forma Eficiente –, um roteiro atualizado com os principais recursos utilizados que tornam esta obra muito eficiente para a aprendizagem. Para entender na íntegra os muitos recursos incorporados ao livro, leia atentamente esse roteiro.

Nesta edição, diversas melhorias para aprimorar a eficácia de aprendizagem foram inseridas ou atualizadas:

- Os diagramas p–h para dois gases refrigerantes, CO_2 (R-744) e R-410A, foram incluídos (Figuras A-10 e A-11, respectivamente) no apêndice. A habilidade para localizar estados em diagramas de propriedades é importante na resolução dos problemas de final de capítulo.

- Novas animações referentes a assuntos fundamentais são oferecidas para aprimorar a aprendizagem. Os estudantes irão desenvolver uma compreensão mais profunda do tema envolvido ao assistirem aos principais processos e fenômenos nas animações.

- Os elementos de texto especiais apresentam ilustrações importantes sobre a termodinâmica aplicada à engenharia, voltadas para o meio ambiente, a sociedade e o mundo:

    - *Novas* apresentações do tema **ENERGIA & MEIO AMBIENTE** exploram tópicos relacionados com o aproveitamento de recursos energéticos e às questões ambientais na engenharia.

    - Discussões *atualizadas* do tema **BIOCONEXÕES** abrangem tópicos do livro que consideram as aplicações contemporâneas na biomedicina e bioengenharia.

    - Características *adicionais* do tema ● **HORIZONTES** que ligam o assunto a questões instigantes do século XXI e tecnologias emergentes foram incluídas.

- Os problemas no final dos capítulos foram extensivamente revisados e centenas de novos problemas foram adicionados, considerando-se os quatro grupos em que estão dispostos: **conceitual, verificação de aprendizado, construção de habilidades** e **projeto**.

- Materiais novos e revisados testados em sala de aula contribuem para a aprendizagem do estudante e a maior eficácia do professor:

    - Conteúdos novos importantes exploram como a termodinâmica contribui para enfrentar os desafios do século XXI.

    - Foram reforçados aspectos-chave dos fundamentos e das aplicações descritos no texto.

- A fim de adequar a apresentação de certos conteúdos às necessidades de professores e estudantes, foram incluídas as seguintes mudanças testadas em sala de aula:

    - O número de comentários intitulados **TOME NOTA...** localizados às margens do texto principal foi ampliado para facilitar a aprendizagem do estudante;

    - Os assuntos organizados em **boxes** permitem que estudantes e professores explorem alguns tópicos com maior profundidade;

- Novos **conceitos**, distribuídos pelas **margens** do texto principal em todo o livro, ajudam a acompanhar os assuntos tratados.

- A utilização das tabelas e diagramas de propriedades é um pré-requisito para o emprego efetivo do programa *Interactive Thermodynamics: IT*, disponível como material suplementar a este livro-texto, para obter dados representativos. A versão atual do *Interactive Thermodynamics: IT* fornece dados para o CO_2 (R-744) e R-410A utilizando como fonte o *MiniREFPROP* com permissão do Instituto Nacional de Padrões e Tecnologia dos Estados Unidos (National Institute of Standards and Technology – NIST).

Cursos para Aplicação

Este livro pode ser adotado por diferentes cursos de graduação, entre os quais os de Física, Química, Engenharia Mecânica, Engenharia Química, Engenharia de Materiais, Engenharia Elétrica, Engenharia Civil, Engenharia de Produção. Pode ser utilizado também, de forma mais profunda, em alguns cursos de pós-graduação que abordam esse conteúdo.

Em cursos de graduação em Engenharia Mecânica, esta obra pode ser utilizada como livro-texto da disciplina Termodinâmica e ministrado em uma versão condensada com duração de um semestre ou em até dois semestres. Além disso, pode servir de apoio a outras disciplinas do curso, entre as quais Sistemas Térmicos, Máquinas Térmicas, Refrigeração e Climatização.

Agradecimentos

Agradecemos aos muitos usuários de nossas edições anteriores, distribuídos em centenas de universidades e faculdades nos Estados Unidos, no Canadá e em todo o mundo, que continuam a contribuir para o desenvolvimento de nosso texto, por meio de seus comentários e críticas construtivas.

Os colegas listados a seguir contribuíram para o desenvolvimento desta edição. Apreciamos profundamente as contribuições recebidas:

Hisham A. Abdel-Aal, University of North Carolina Charlotte
Alexis Abramson, Case Western Reserve University
Edward Anderson, Texas Tech University
Jason Armstrong, University of Buffalo
Euiwon Bae, Purdue University
H. Ed. Bargar, University of Alaska
Amy Betz, Kansas State University
John Biddle, California Polytechnic State University, Pomona
Jim Braun, Purdue University
Robert Brown, Iowa State University
Marcello Canova, The Ohio State University
Bruce Carroll, University of Florida
Gary L. Catchen, The Pennsylvania State University
Cho Lik Chan, University of Arizona
John Cipolla, Northeastern University
Matthew Clarke, University of Calgary
Stephen Crown, University of Texas Pan American
Ram Devireddy, Louisiana State University
Jon F. Edd, Vanderbilt University
Gloria Elliott, University of North Carolina Charlotte
P. J. Florio, New Jersey Institute of Technology
Steven Frankel, Purdue University
Stephen Gent, South Dakota State University
Nick Glumac, University of Illinois, Urbana-Champaign
Jay Gore, Purdue University
Nanak S. Grewal, University of North Dakota
John Haglund, University of Texas at Austin

Davyda Hammond, Germanna Community College
Kelly O. Homan, Missouri University of Science and Technology-Rolla
Andrew Kean, California Polytechnic State University, San Luis Obispo
Jan Kleissl, University of California, San Diego
Deify Law, Baylor University
Xiaohua Li, University of North Texas
Randall D. Manteufel, University of Texas at San Antonio
Michael Martin, Louisiana State University
Alex Moutsoglou, South Dakota State University
Sameer Naik, Purdue University
Jay M. Ochterbeck, Clemson University
Jason Olfert, University of Alberta
Juan Ordonez, Florida State University
Tayhas Palmore, Brown University
Arne Pearlstein, University of Illinois, Urbana-Champaign
Laurent Pilon, University of California, Los Angeles
Michele Putko, University of Massachusetts Lowell
Albert Ratner, The University of Iowa
John Reisel, University of Wisconsin-Milwaukee
Michael Renfro, University of Connecticut
Michael Reynolds, University of Arkansas
Donald E. Richards, Rose-Hulman Institute of Technology
Robert Richards, Washington State University
Edward Roberts, University of Calgary
David Salac, University at Buffalo SUNY
Brian Sangeorzan, Oakland University
Alexei V. Saveliev, North Carolina State University
Enrico Sciubba, University of Roma-Sapienza
Dusan P. Sekulic, University of Kentucky
Benjamin D. Shaw, University of California-Davis
Angela Shih, California Polytechnic State University Pomona

Gary L. Solbrekken, University of Missouri
Clement C. Tang, University of North Dakota
Constantine Tarawneh, University of Texas Pan American
Evgeny Timofeev, McGill University
Elisa Toulson, Michigan State University
V. Ismet Ugursal, Dalhousie University
Joseph Wang, University of California—San Diego
Kevin Wanklyn, Kansas State University
K. Max Zhang, Cornell University

As opiniões expressas neste livro são de responsabilidade dos autores e não refletem necessariamente as opiniões dos colaboradores discriminados na listagem, assim como aqueles provenientes da Ohio State University, da Wayne State University, do Rochester Institute of Technology, da Academia Militar, do Departamento do Exército ou do Departamento de Defesa dos Estados Unidos.

Da mesma forma reconhecemos os esforços de diversos membros da equipe da editora John Wiley and Sons, Inc. – organização que contribuiu com seus profissionais talentosos e sua energia para esta edição. Aplaudimos o profissionalismo e o comprometimento de todos eles.

Continuamos a nos sentir extremamente gratificados pela boa aceitação deste livro em todos esses anos. Nesta edição, tornamos o texto ainda mais eficaz para o ensino da termodinâmica aplicada à engenharia e reforçamos consideravelmente a relevância do assunto para os estudantes que moldarão o século XXI. Como sempre, comentários, críticas e sugestões dos leitores serão muito bem-vindos.

Michael J. Moran
moran.4@osu.edu

Howard N. Shapiro
hshapiro513@gmail.com

Daisie D. Boettner
BoettnerD@aol.com

Margaret B. Bailey
Margaret.Bailey@rit.edu

Material Suplementar

Este livro conta com os seguintes materiais suplementares:

- Animações: arquivos em formato .swf contendo animações que reforçam a matéria (acesso livre);
- Demonstrando a Equivalência entre a Formulação de Entropia e de Kelvin-Planck: arquivo em formato .pdf (acesso livre);
- Ilustrações da obra em formato de apresentação (.pdf) (restrito a docentes);
- Interactive Thermodynamics – IT: software para resolução de problemas de computadores, em inglês (acesso livre);
- Lecture PowerPoint Slides: apresentações para uso em sala de aula, em formato .ppt, em inglês (restrito a docentes);
- Respostas das Questões de Verificação de Aprendizado: arquivos em formato .pdf (restrito a docentes);
- Respostas de Problemas Selecionados: arquivos em formato .pdf (acesso livre);
- Solutions Manual: arquivos em (.pdf), em inglês, contendo manual de soluções dos exercícios e problemas (restrito a docentes);
- Visão Geral da Utilização das Tabelas de Vapor: arquivo em formato .pdf (acesso livre).

- O acesso ao material suplementar é gratuito. Basta que o leitor se cadastre, faça seu *login* em nosso *site* (www.grupogen.com.br) e, após, clique em Ambiente de aprendizagem. Em seguida, insira no canto superior esquerdo o código PIN de acesso localizado na orelha deste livro.

- *O acesso ao material suplementar online fica disponível até seis meses após a edição do livro ser retirada do mercado.*

- Caso haja alguma mudança no sistema ou dificuldade de acesso, entre em contato conosco pelo e-mail gendigital@grupogen.com.br.

DigiAulas

Este livro contém videoaulas exclusivas, selecionadas a partir das DigiAulas.

O que são DigiAulas? São videoaulas sobre temas comuns a todas as habilitações de Engenharia. Foram criadas e desenvolvidas pela LTC Editora para auxiliar os estudantes no aprimoramento de seu aprendizado. As DigiAulas são ministradas por professores com grande experiência nas disciplinas que apresentam em vídeo.

Saiba mais em www.digiaulas.com.br.

Princípios de Termodinâmica para Engenharia conta com as seguintes videoaulas:*

- **Capítulo 1 (Conceitos Introdutórios e Definições):** Vídeo indicado: 1.2.
- **Capítulo 2 (Energia e a Primeira Lei da Termodinâmica):** Vídeo indicado: 2.3.
- **Capítulo 3 (Avaliando Propriedades):** Vídeo indicado: 3.1.
- **Capítulo 5 (A Segunda Lei da Termodinâmica):** Vídeo indicado: 2.5.
- **Capítulo 8 (Sistemas de Potência a Vapor):** Vídeo indicado: 5.1.
- **Capítulo 14 (Equilíbrio de Fases e Químico):** Vídeo indicado: 4.2.

* As instruções para o acesso às videoaulas encontram-se na orelha deste livro.

Sumário

1 Conceitos Introdutórios e Definições 3

1.1 Usando a Termodinâmica 4
1.2 Definindo Sistemas 4
    1.2.1 *Sistemas Fechados* 4
    1.2.2 *Volumes de Controle* 6
    1.2.3 *Selecionando a Fronteira do Sistema* 7
1.3 Descrevendo Sistemas e Seus Comportamentos 7
    1.3.1 *Pontos de Vista Macroscópico e Microscópico da Termodinâmica* 8
    1.3.2 *Propriedade, Estado e Processo* 8
    1.3.3 *Propriedades Extensivas e Intensivas* 8
    1.3.4 *Equilíbrio* 9
1.4 Medindo Massa, Comprimento, Tempo e Força 9
    1.4.1 *Unidades SI* 10
    1.4.2 *Unidades Inglesas de Engenharia* 11
1.5 Volume Específico 11
1.6 Pressão 12
    1.6.1 *Medidas de Pressão* 13
    1.6.2 *Empuxo* 14
    1.6.3 *Unidades de Pressão* 14
1.7 Temperatura 15
    1.7.1 *Termômetros* 16
    1.7.2 *Escalas de Temperatura Kelvin e Rankine* 17
    1.7.3 *Escalas Celsius e Fahrenheit* 17
1.8 Projeto de Engenharia e Análise 18
    1.8.1 *Projeto* 18
    1.8.2 *Análise* 18
1.9 Metodologia para a Solução de Problemas de Termodinâmica 19
Resumo do Capítulo e Guia de Estudos 21

2 Energia e a Primeira Lei da Termodinâmica 31

2.1 Revendo os Conceitos Mecânicos de Energia 32
    2.1.1 *Trabalho e Energia Cinética* 32
    2.1.2 *Energia Potencial* 33
    2.1.3 *Unidades para a Energia* 34
    2.1.4 *Conservação de Energia em Mecânica* 34
    2.1.5 *Comentário Final* 35
2.2 Ampliando Nosso Conhecimento sobre Trabalho 35
    2.2.1 *Convenção de Sinais e Notação* 35
    2.2.2 *Potência* 36
    2.2.3 *Modelando o Trabalho de Expansão ou Compressão* 37
    2.2.4 *Trabalho de Expansão ou Compressão em Processos Reais* 38
    2.2.5 *Trabalho de Expansão ou Compressão em Processos em Quase Equilíbrio* 38
    2.2.6 *Outros Exemplos de Trabalho* 41
    2.2.7 *Outros Exemplos de Trabalho em Processos em Quase Equilíbrio* 42
    2.2.8 *Forças e Deslocamentos Generalizados* 43
2.3 Ampliando Nosso Conhecimento sobre Energia 43
2.4 Transferência de Energia por Calor 44
    2.4.1 *Convenção de Sinais, Notação e Taxa de Transferência de Calor* 44
    2.4.2 *Modos de Transferência de Calor* 45
    2.4.3 *Comentários Finais* 47
2.5 Contabilizando a Energia: Balanço de Energia para Sistemas Fechados 47
    2.5.1 *Aspectos Importantes do Balanço de Energia* 48
    2.5.2 *Utilizando o Balanço de Energia: Processos em Sistemas Fechados* 50
    2.5.3 *Utilizando o Balanço da Taxa de Energia: Operação em Regime Permanente* 53
    2.5.4 *Utilizando o Balanço da Taxa de Energia: Operação em Regime Transiente* 55
2.6 Análise de Energia para Ciclos 57
    2.6.1 *Balanço de Energia para um Ciclo* 57
    2.6.2 *Ciclos de Potência* 58
    2.6.3 *Ciclos de Refrigeração e Bomba de Calor* 59

2.7 **Armazenamento de Energia** 60
    2.7.1 *Visão Geral* 60
    2.7.2 *Tecnologias de Armazenamento* 60
Resumo do Capítulo e Guia de Estudos 61

3 Avaliando Propriedades 75

3.1 **Conceitos Introdutórios** 76
    3.1.1 *Fase e Substância Pura* 76
    3.1.2 *Definindo o Estado* 76

Avaliando Propriedades: Considerações Gerais 77

3.2 **Relação p–v–T** 77
    3.2.1 *Superfície p–v–T* 77
    3.2.2 *Projeções da Superfície p–v–T* 78

3.3 **Estudando Mudança de Fase** 80

3.4 **Obtendo Propriedades Termodinâmicas** 82

3.5 **Avaliando Pressão, Volume Específico e Temperatura** 82
    3.5.1 *Tabelas de Líquido e de Vapor* 82
    3.5.2 *Tabelas de Saturação* 85

3.6 **Avaliando a Energia Interna Específica e a Entalpia** 88
    3.6.1 *Apresentando a Entalpia* 88
    3.6.2 *Obtendo os Valores de u e h* 88
    3.6.3 *Estados de Referência e Valores de Referência* 89

3.7 **Avaliando Propriedades Utilizando Programas de Computador** 90

3.8 **Aplicando o Balanço de Energia Usando Propriedades Tabeladas e Programas de Computador** 91
    3.8.1 *Utilizando Tabelas de Propriedades* 92
    3.8.2 *Utilizando um Programa de Computador* 95

3.9 **Apresentando os Calores Específicos c_v e c_p** 96

3.10 **Avaliando Propriedades de Líquidos e Sólidos** 97
    3.10.1 *Aproximações para Líquidos Utilizando Dados de Líquido Saturado* 97
    3.10.2 *Modelo de Substância Incompressível* 98

3.11 **Diagrama de Compressibilidade Generalizada** 100
    3.11.1 *Constante Universal dos Gases, $\bar{R}$* 100
    3.11.2 *Fator de Compressibilidade, Z* 101
    3.11.3 *Dados de Compressibilidade Generalizada, Diagrama Z* 102
    3.11.4 *Equações de Estado* 104

Avaliando Propriedades com o Uso do Modelo de Gás Ideal 105

3.12 **Apresentando o Modelo de Gás Ideal** 105
    3.12.1 *A Equação de Estado de Gás Ideal* 105
    3.12.2 *Modelo de Gás Ideal* 105
    3.12.3 *Interpretação Microscópica* 107

3.13 **Energia Interna, Entalpia e Calores Específicos de Gases Ideais** 107
    3.13.1 *Relações Δu, Δh, Δc_v e c_p* 107
    3.13.2 *Utilizando Funções Relativas ao Calor Específico* 109

3.14 **Aplicando o Balanço de Energia Utilizando Tabelas de Gás Ideal, Calores Específicos Constantes e Programas de Computador** 110
    3.14.1 *Utilizando Tabelas de Gás Ideal* 110
    3.14.2 *Utilizando Calores Específicos Constantes* 111
    3.14.3 *Utilizando Programas de Computador* 113

3.15 **Relações de Processos Politrópicos** 116

Resumo do Capítulo e Guia de Estudos 118

4 Análise do Volume de Controle Utilizando Energia 133

4.1 **Conservação de Massa para um Volume de Controle** 134
    4.1.1 *Desenvolvendo o Balanço da Taxa de Massa* 134
    4.1.2 *Analisando a Vazão Mássica* 135

4.2 **Formas do Balanço de Massa em Termos de Taxa** 135
    4.2.1 *Formulação do Balanço da Taxa de Massa para Escoamento Unidimensional* 135
    4.2.2 *Formulação do Balanço da Taxa de Massa para Regime Permanente* 136
    4.2.3 *Formulação Integral do Balanço da Taxa de Massa* 137

4.3 **Aplicações do Balanço da Taxa de Massa** 137
    4.3.1 *Aplicação em Regime Permanente* 137

- 4.3.2 *Aplicação Dependente do Tempo (Transiente)* **138**
- 4.4 **Conservação de Energia para um Volume de Controle** **140**
  - 4.4.1 *Desenvolvendo o Balanço da Taxa de Energia para um Volume de Controle* **140**
  - 4.4.2 *Avaliando o Trabalho para um Volume de Controle* **141**
  - 4.4.3 *Formulação de Escoamento Unidimensional do Balanço da Taxa de Energia para um Volume de Controle* **142**
  - 4.4.4 *Formulação Integral do Balanço da Taxa de Energia para um Volume de Controle* **142**
- 4.5 **Análise de Volumes de Controle em Regime Permanente** **143**
  - 4.5.1 *Formulações em Regime Permanente dos Balanços das Taxas de Massa e de Energia* **143**
  - 4.5.2 *Considerações sobre a Modelagem de Volumes de Controle em Regime Permanente* **144**
- 4.6 **Bocais e Difusores** **145**
  - 4.6.1 *Considerações sobre a Modelagem de Bocais e Difusores* **145**
  - 4.6.2 *Aplicação para um Bocal de Vapor* **146**
- 4.7 **Turbinas** **147**
  - 4.7.1 *Considerações sobre a Modelagem de Turbinas a Vapor e a Gás* **147**
  - 4.7.2 *Aplicação para uma Turbina a Vapor* **148**
- 4.8 **Compressores e Bombas** **150**
  - 4.8.1 *Considerações sobre a Modelagem de Compressores e Bombas* **150**
  - 4.8.2 *Aplicações para um Compressor de Ar e um Sistema de Bombeamento* **151**
  - 4.8.3 *Sistemas de Armazenamento de Energia por meio de Bombagem Hídrica e Ar Comprimido* **154**
- 4.9 **Trocadores de Calor** **154**
  - 4.9.1 *Considerações sobre a Modelagem de Trocadores de Calor* **155**
  - 4.9.2 *Aplicações para um Condensador de uma Instalação de Potência e o Resfriamento de um Computador* **156**
- 4.10 **Dispositivos de Estrangulamento** **159**
  - 4.10.1 *Considerações sobre a Modelagem de Dispositivos de Estrangulamento* **159**
  - 4.10.2 *Usando um Calorímetro de Estrangulamento para Determinar o Título* **160**
- 4.11 **Integração de Sistemas** **161**
- 4.12 **Análise Transiente** **163**
  - 4.12.1 *Balanço de Massa na Análise Transiente* **164**
  - 4.12.2 *Balanço de Energia na Análise Transiente* **164**
  - 4.12.3 *Aplicações da Análise Transiente* **165**
- **Resumo do Capítulo e Guia de Estudos** **172**

5 A Segunda Lei da Termodinâmica **193**

- 5.1 **Introduzindo a Segunda Lei** **194**
  - 5.1.1 *Estimulando o Uso da Segunda Lei* **194**
  - 5.1.2 *Oportunidades para Desenvolver Trabalho* **195**
  - 5.1.3 *Aspectos da Segunda Lei* **195**
- 5.2 **Enunciados da Segunda Lei** **196**
  - 5.2.1 *Enunciado de Clausius da Segunda Lei* **196**
  - 5.2.2 *Enunciado de Kelvin–Planck da Segunda Lei* **196**
  - 5.2.3 *Enunciado da Entropia da Segunda Lei* **198**
  - 5.2.4 *Resumo da Segunda Lei* **198**
- 5.3 **Processos Reversíveis e Irreversíveis** **198**
  - 5.3.1 *Processos Irreversíveis* **199**
  - 5.3.2 *Demonstrando a Irreversibilidade* **200**
  - 5.3.3 *Processos Reversíveis* **201**
  - 5.3.4 *Processos Internamente Reversíveis* **202**
- 5.4 **Interpretando o Enunciado de Kelvin–Planck** **203**
- 5.5 **Aplicando a Segunda Lei a Ciclos Termodinâmicos** **204**
- 5.6 **Aspectos da Segunda Lei de Ciclos de Potência Interagindo com Dois Reservatórios** **204**
  - 5.6.1 *Limite da Eficiência Térmica* **204**
  - 5.6.2 *Corolários da Segunda Lei para Ciclos de Potência* **205**
- 5.7 **Aspectos da Segunda Lei Relativos aos Ciclos de Refrigeração e Bomba de Calor Interagindo com Dois Reservatórios** **206**
  - 5.7.1 *Limites dos Coeficientes de Desempenho* **206**
  - 5.7.2 *Corolários da Segunda Lei para Ciclos de Refrigeração e Bomba de Calor* **207**
- 5.8 **As Escalas de Temperatura Kelvin e Internacional** **208**

5.8.1 *A Escala Kelvin* **208**
5.8.2 *O Termômetro de Gás* **209**
5.8.3 *Escala Internacional de Temperatura* **210**

5.9 **Medidas de Desempenho Máximo para Ciclos Operando entre Dois Reservatórios 210**
5.9.1 *Ciclos de Potência* **210**
5.9.2 *Ciclos de Refrigeração e Bomba de Calor* **212**

5.10 **Ciclo de Carnot 215**
5.10.1 *Ciclo de Potência de Carnot* **215**
5.10.2 *Ciclos de Refrigeração e Bomba de Calor de Carnot* **216**
5.10.3 *Resumo do Ciclo de Carnot* **217**

5.11 **A Desigualdade de Clausius 217**

Resumo do Capítulo e Guia de Estudos 219

6 Utilizando a Entropia 231

6.1 **Entropia – Uma Propriedade do Sistema 232**
6.1.1 *Definindo a Variação de Entropia* **232**
6.1.2 *Avaliando a Entropia* **233**
6.1.3 *Entropia e Probabilidade* **233**

6.2 **Obtendo Valores de Entropia 233**
6.2.1 *Valores para Vapor Superaquecido* **233**
6.2.2 *Valores de Saturação* **233**
6.2.3 *Valores para Líquidos* **234**
6.2.4 *Determinação por Computador* **234**
6.2.5 *Utilizando Gráficos de Entropia* **234**

6.3 **Introduzindo as Equações $T\,dS$ 235**

6.4 **Variação de Entropia para uma Substância Incompressível 237**

6.5 **Variação de Entropia de um Gás Ideal 237**
6.5.1 *Utilizando Tabelas de Gás Ideal* **238**
6.5.2 *Assumindo Calores Específicos Constantes* **239**
6.5.3 *Determinação por Código Computacional* **239**

6.6 **Variação de Entropia em Processos Internamente Reversíveis 240**
6.6.1 *Área Representativa da Transferência de Calor* **240**
6.6.2 *Aplicação do Ciclo de Carnot* **241**
6.6.3 *Trabalho e Transferência de Calor em um Processo Internamente Reversível de Água* **241**

6.7 **Balanço de Entropia para Sistemas Fechados 243**
6.7.1 *Interpretando o Balanço de Entropia para um Sistema Fechado* **244**
6.7.2 *Avaliando Geração e Transferência de Entropia* **244**
6.7.3 *Aplicações do Balanço de Entropia para um Sistema Fechado* **244**
6.7.4 *Balanço da Taxa de Entropia para Sistemas Fechados* **247**

6.8 **Sentido dos Processos 249**
6.8.1 *Princípio do Aumento de Entropia* **249**
6.8.2 *Interpretação Estatística da Entropia* **251**

6.9 **Balanço da Taxa de Entropia para Volumes de Controle 252**

6.10 **Balanços de Taxas para Volumes de Controle em Regime Permanente 253**
6.10.1 *Volumes de Controle com uma Entrada e uma Saída em Regime Permanente* **253**
6.10.2 *Aplicações dos Balanços de Taxas a Volumes de Controle em Regime Permanente* **254**

6.11 **Processos Isentrópicos 259**
6.11.1 *Considerações Gerais* **259**
6.11.2 *Utilizando o Modelo de Gás Ideal* **260**
6.11.3 *Ilustrações: Processos Isentrópicos do Ar* **262**

6.12 **Eficiências Isentrópicas de Turbinas, Bocais, Compressores e Bombas 264**
6.12.1 *Eficiência Isentrópica de Turbinas* **264**
6.12.2 *Eficiência Isentrópica de Bocais* **267**
6.12.3 *Eficiência Isentrópica de Compressores e Bombas* **269**

6.13 **Calor e Trabalho em Processos Internamente Reversíveis em Regime Permanente 271**
6.13.1 *Calor Transferido* **271**
6.13.2 *Trabalho* **271**
6.13.3 *Trabalho em Processos Politrópicos* **272**

Resumo do Capítulo e Guia de Estudos 274

7 Análise da Exergia 295

7.1 **Apresentação da Exergia 296**
7.2 **Conceituação de Exergia 296**

- 7.2.1 *Ambiente e Estado Morto* **297**
- 7.2.2 *Definição de Exergia* **297**
- 7.3 **Exergia de um Sistema** **298**
  - 7.3.1 *Aspectos da Exergia* **299**
  - 7.3.2 *Exergia Específica* **300**
  - 7.3.3 *Variação de Exergia* **302**
- 7.4 **Balanço de Exergia para Sistemas Fechados** **302**
  - 7.4.1 *Apresentação de Balanço de Exergia para um Sistema Fechado* **302**
  - 7.4.2 *Balanço da Taxa de Exergia para Sistemas Fechados* **306**
  - 7.4.3 *Destruição e Perda de Exergia* **306**
  - 7.4.4 *Balanço de Exergia* **308**
- 7.5 **Balanço da Taxa de Exergia para Volumes de Controle em Regime Permanente** **310**
  - 7.5.1 *Comparação entre Energia e Exergia para Volumes de Controle em Regime Permanente* **312**
  - 7.5.2 *Avaliação da Destruição de Exergia em Volumes de Controle em Regime Permanente* **312**
  - 7.5.3 *Balanço de Exergia para Volumes de Controle em Regime Permanente* **317**
- 7.6 **Eficiência Exergética (Eficiência da Segunda Lei)** **320**
  - 7.6.1 *Adequação do Uso Final à Fonte* **320**
  - 7.6.2 *Eficiências Exergéticas de Componentes Usuais* **322**
  - 7.6.3 *Uso das Eficiências Exergéticas* **324**
- 7.7 **Termoeconomia** **324**
  - 7.7.1 *Custo* **325**
  - 7.7.2 *Utilização de Exergia em Projetos* **325**
  - 7.7.3 *Custo da Exergia em um Sistema de Cogeração* **326**

Resumo do Capítulo e Guia de Estudos **330**

8 Sistemas de Potência a Vapor **351**

Introdução à Geração de Potência **352**

Sistemas de Potência a Vapor **355**

- 8.1 **Introdução às Usinas de Potência a Vapor** **355**
- 8.2 **O Ciclo de Rankine** **358**
  - 8.2.1 *Modelagem do Ciclo de Rankine* **358**
  - 8.2.2 *Ciclo Ideal de Rankine* **360**
  - 8.2.3 *Efeitos das Pressões da Caldeira e do Condensador no Ciclo de Rankine* **364**
  - 8.2.4 *Principais Perdas e Irreversibilidades* **365**
- 8.3 **Melhoria do Desempenho – Superaquecimento, Reaquecimento e Ciclo Supercrítico** **369**
- 8.4 **Melhoria do Desempenho — Ciclo de Potência a Vapor Regenerativo** **374**
  - 8.4.1 *Aquecedores de Água de Alimentação Abertos* **374**
  - 8.4.2 *Aquecedores de Água de Alimentação Fechados* **378**
  - 8.4.3 *Aquecedores de Água de Alimentação Múltiplos* **379**
- 8.5 **Outros Aspectos do Ciclo de Potência a Vapor** **383**
  - 8.5.1 *Fluido de Trabalho* **383**
  - 8.5.2 *Cogeração* **383**
  - 8.5.3 *Captura e Armazenamento de Carbono* **384**
- 8.6 **Estudo de Caso: Considerações sobre a Exergia de uma Planta de Potência a Vapor** **386**

Resumo do Capítulo e Guia de Estudos **392**

9 Sistemas de Potência a Gás **409**

Considerando Motores de Combustão Interna **410**

- 9.1 **Apresentação da Terminologia do Motor** **410**
- 9.2 **Ciclo de Ar-Padrão Otto** **412**
- 9.3 **Ciclo de Ar-Padrão Diesel** **416**
- 9.4 **Ciclo de Ar-Padrão Dual** **420**

Considerando as Instalações de Potência com Turbinas a Gás **423**

- 9.5 **Modelando Instalações de Potência com Turbinas a Gás** **423**
- 9.6 **Ciclo de Ar-Padrão Brayton** **424**
  - 9.6.1 *Calculando as Transferências de Calor e Trabalho Principais* **424**
  - 9.6.2 *Ciclo de Ar-Padrão Ideal Brayton* **425**
  - 9.6.3 *Considerando Irreversibilidades e Perdas nas Turbinas a Gás* **430**
- 9.7 **Turbinas a Gás Regenerativas** **433**

9.8 Turbinas a Gás Regenerativas com Reaquecimento e Inter-resfriamento **437**
    9.8.1 *Turbinas a Gás com Reaquecimento* **437**
    9.8.2 *Compressão com Inter-resfriamento* **438**
    9.8.3 *Reaquecimento e Inter-resfriamento* **443**
    9.8.4 *Ciclos Ericsson e Stirling* **446**

9.9 Ciclos Combinados Baseados em Turbinas a Gás **447**
    9.9.1 *Ciclo de Potência Combinado de Turbina a Gás e a Vapor* **447**
    9.9.2 *Cogeração* **453**

9.10 Instalações de Potência com Gaseificação Integrada ao Ciclo Combinado **453**

9.11 Turbinas a Gás para Propulsão de Aeronaves **454**

Considerando o Escoamento Compressível Através de Bocais e Difusores **458**

9.12 Conceitos Preliminares do Escoamento Compressível **459**
    9.12.1 *Equação da Quantidade de Movimento para Escoamento Permanente Unidimensional* **459**
    9.12.2 *Velocidade do Som e Número de Mach* **460**
    9.12.3 *Determinação de Propriedades no Estado de Estagnação* **462**

9.13 Análise do Escoamento Unidimensional Permanente em Bocais e Difusores **463**
    9.13.1 *Efeitos da Variação de Área em Escoamentos Subsônicos e Supersônicos* **463**
    9.13.2 *Efeitos da Pressão a Jusante sobre a Vazão Mássica* **465**
    9.13.3 *Escoamento Através de um Choque Normal* **466**

9.14 Escoamento de Gases Ideais com Calores Específicos Constantes em Bocais e Difusores **468**
    9.14.1 *Funções de Escoamento Isentrópico* **468**
    9.14.2 *Funções de Choque Normal* **471**

Resumo do Capítulo e Guia de Estudos **475**

10 Sistemas de Refrigeração e de Bombas de Calor **493**

10.1 Sistemas de Refrigeração a Vapor **494**
    10.1.1 *Ciclo de Refrigeração de Carnot* **494**
    10.1.2 *Desvios do Ciclo de Carnot* **495**

10.2 Análise dos Sistemas de Refrigeração por Compressão de Vapor **495**
    10.2.1 *Avaliação do Trabalho e das Transferências de Calor Principais* **496**
    10.2.2 *Desempenho de Sistemas de Compressão de Vapor Ideais* **496**
    10.2.3 *Desempenho dos Sistemas Reais de Compressão de Vapor* **499**
    10.2.4 *O Diagrama p–h* **502**

10.3 Selecionando Refrigerantes **502**

10.4 Outras Aplicações dos Sistemas de Compressão de Vapor **505**
    10.4.1 *Armazenamento de Frio* **505**
    10.4.2 *Ciclos em Cascata* **506**
    10.4.3 *Compressão Multiestágio com Inter-resfriamento* **507**

10.5 Refrigeração por Absorção **507**

10.6 Sistemas de Bombas de Calor **509**
    10.6.1 *Ciclo de Bomba de Calor de Carnot* **509**
    10.6.2 *Bombas de Calor por Compressão de Vapor* **509**

10.7 Sistemas de Refrigeração a Gás **512**
    10.7.1 *Ciclo de Refrigeração Brayton* **512**
    10.7.2 *Outras Aplicações de Refrigeração a Gás* **516**
    10.7.3 *Ar-Condicionado Automotivo Usando Dióxido de Carbono* **517**

Resumo do Capítulo e Guia de Estudos **518**

11 Relações Termodinâmicas **531**

11.1 Utilização das Equações de Estado **532**
    11.1.1 *Conceitos Introdutórios e Definições* **532**
    11.1.2 *Equações de Estado com Duas Constantes* **532**
    11.1.3 *Equações de Estado com Múltiplas Constantes* **536**

11.2 Relações Matemáticas Importantes **537**

11.3 Desenvolvimento de Relações entre Propriedades **539**
    11.3.1 *Diferenciais Exatas Principais* **540**
    11.3.2 *Relações entre Propriedades a partir de Diferenciais Exatas* **540**
    11.3.3 *Funções Termodinâmicas Fundamentais* **544**

11.4 Cálculo das Variações de Entropia, Energia Interna e Entalpia **545**

- 11.4.1 Considerações sobre a Mudança de Fase **545**
- 11.4.2 Considerações sobre Regiões Monofásicas **548**

11.5 Outras Relações Termodinâmicas **552**
- 11.5.1 Expansividade Volumétrica e Compressibilidades Isotérmica e Isentrópica **552**
- 11.5.2 Relações que Envolvem Calores Específicos **554**
- 11.5.3 O Coeficiente de Joule-Thomson **557**

11.6 Construção das Tabelas de Propriedades Termodinâmicas **558**
- 11.6.1 Desenvolvimento de Tabelas por Integração Utilizando Dados da Relação $p–v–T$ e do Calor Específico **558**
- 11.6.2 Desenvolvimento de Tabelas Através da Diferenciação de uma Função Termodinâmica Fundamental **559**

11.7 Diagramas Generalizados de Entalpia e Entropia **562**

11.8 Relações $p–v–T$ para Misturas de Gases **567**

11.9 Análise dos Sistemas Multicomponentes **572**
- 11.9.1 Propriedades Molares Parciais **572**
- 11.9.2 Potencial Químico **574**
- 11.9.3 Funções Termodinâmicas Fundamentais para Sistemas Multicomponentes **575**
- 11.9.4 Fugacidade **576**
- 11.9.5 Solução Ideal **579**
- 11.9.6 Potencial Químico para Soluções Ideais **580**

Resumo do Capítulo e Guia de Estudos 581

12 Mistura de Gases Ideais e Aplicações à Psicrometria **593**

Misturas de Gases Ideais: Considerações Gerais 594

12.1 Descrição da Composição da Mistura **594**
12.2 Relacionando p, V e T para Misturas de Gases Ideais **597**
12.3 Estimativa de U, H, S e Calores Específicos **598**
- 12.3.1 Estimativa de U e H **598**
- 12.3.2 Estimativa de c_v e c_p **599**
- 12.3.3 Estimativa de S **599**
- 12.3.4 Trabalhando em uma Base Mássica **599**

12.4 Análise de Sistemas que Envolvem Misturas **600**
- 12.4.1 Processos com Misturas à Composição Constante **600**
- 12.4.2 Misturando Gases Ideais **606**

Aplicações à Psicrometria 611

12.5 Apresentação dos Princípios da Psicrometria **611**
- 12.5.1 Ar úmido **611**
- 12.5.2 Razão de Mistura, Umidade Relativa, Entalpia de Mistura e Entropia de Mistura **612**
- 12.5.3 Modelando o Ar Úmido em Equilíbrio com a Água Líquida **614**
- 12.5.4 Estimativa da Temperatura de Ponto de Orvalho **614**
- 12.5.5 Estimativa da Razão de Mistura por Meio da Temperatura de Saturação Adiabática **619**

12.6 Psicrômetros: Medição das Temperaturas de Bulbo Úmido e de Bulbo Seco **620**
12.7 Cartas Psicrométricas **621**
12.8 Análise de Processos de Condicionamento de Ar **622**
- 12.8.1 Aplicando Balanços de Massa e de Energia aos Sistemas de Condicionamento de Ar **622**
- 12.8.2 Condicionamento de Ar Úmido a Composição Constante **623**
- 12.8.3 Desumidificação **626**
- 12.8.4 Umidificação **629**
- 12.8.5 Resfriamento Evaporativo **631**
- 12.8.6 Mistura Adiabática de Dois Fluxos de Ar Úmido **634**

12.9 Torres de Resfriamento **637**

Resumo do Capítulo e Guia de Estudos 639

13 Misturas Reagentes e Combustão **653**

Fundamentos da Combustão 654

13.1 Introdução à Combustão **654**
- 13.1.1 Combustíveis **654**
- 13.1.2 Modelagem de Ar de Combustão **655**
- 13.1.3 Determinação dos Produtos de Combustão **657**
- 13.1.4 Balanços de Energia e de Entropia para Sistemas Reagentes **661**

13.2 Conservação de Energia — Sistemas Reagentes **662**

xvi Sumário

- 13.2.1 Avaliação da Entalpia de Sistemas Reagentes 662
- 13.2.2 Balanços de Energia para Sistemas Reagentes 663
- 13.2.3 Entalpia de Combustão e Poderes Caloríficos 669

13.3 Determinação da Temperatura Adiabática de Chama 672
- 13.3.1 Utilização de Dados Tabelados 672
- 13.3.2 Utilização de Programa de Computador 673
- 13.3.3 Comentários Finais 675

13.4 Células a Combustível 675
- 13.4.1 Célula a Combustível de Membrana de Troca de Prótons 677
- 13.4.2 Célula a Combustível de Membrana de Óxido Sólido 678

13.5 Entropia Absoluta e a Terceira Lei da Termodinâmica 678
- 13.5.1 Avaliação da Entropia para Sistemas Reagentes 679
- 13.5.2 Balanços de Entropia para Sistemas Reagentes 679
- 13.5.3 Avaliação da Função de Gibbs para Sistemas Reagentes 684

Exergia Química 685

13.6 Conceituando a Exergia Química 685
- 13.6.1 Equações de Trabalho para Exergia Química 686
- 13.6.2 Estimando a Exergia Química em Outros Casos 687
- 13.6.3 Comentários Finais 688

13.7 Exergia Química-Padrão 688
- 13.7.1 Exergia Química-Padrão de um Hidrocarboneto: C_aH_b 689
- 13.7.2 Exergia Química-Padrão de Outras Substâncias 692

13.8 Aplicando a Exergia Total 692
- 13.8.1 Calculando a Exergia Total 693
- 13.8.2 Calculando Eficiências Exergéticas de Sistemas Reagentes 698

Resumo do Capítulo e Guia de Estudos 700

14 Equilíbrio de Fases e Químico 715

Fundamentos do Equilíbrio 716

14.1 Introduzindo Critérios de Equilíbrio 716
- 14.1.1 Potencial Químico e Equilíbrio 717
- 14.1.2 Estimando Potenciais Químicos 718

Equilíbrio Químico 719

14.2 Equação de Reação de Equilíbrio 719
- 14.2.1 Caso Introdutório 720
- 14.2.2 Caso Geral 720

14.3 Cálculo de Composições de Equilíbrio 721
- 14.3.1 Constante de Equilíbrio para Misturas de Gases Ideais 721
- 14.3.2 Exemplos do Cálculo de Composições de Equilíbrio de Misturas Reagentes de Gases Ideais 723
- 14.3.3 Constante de Equilíbrio para Misturas e Soluções 728

14.4 Mais Exemplos da Utilização da Constante de Equilíbrio 729
- 14.4.1 Determinação da Temperatura de Equilíbrio de Chama 729
- 14.4.2 Equação de Van't Hoff 733
- 14.4.3 Ionização 733
- 14.4.4 Reações Simultâneas 735

Equilíbrio de Fases 737

14.5 Equilíbrio entre Duas Fases de uma Substância Pura 737

14.6 Equilíbrio de Sistemas Multicomponentes e Multifásicos 738
- 14.6.1 Potencial Químico e Equilíbrio de Fases 738
- 14.6.2 A Regra das Fases de Gibbs 740

Resumo do Capítulo e Guia de Estudos 741

Apêndices Tabelas, Figuras e Diagramas 749

Índice de Tabelas em Unidades SI 749

Índice de Tabelas em Unidades Inglesas 797

Índice de Figuras e Diagramas 845

Índice 860

Respostas dos Problemas Selecionados. Consulte o Ambiente virtual de aprendizagem do GEN e tenha acesso a este e outros conteúdos mediante cadastro.

Princípios de Termodinâmica para Engenharia

Médicos e enfermeiros usam medidas de *pressão* e *temperatura*, apresentadas na Seção 1.6.
© digitalskillet/iStockphoto

CONTEXTO DE ENGENHARIA Embora aspectos da termodinâmica tenham sido estudados desde os tempos antigos, seu estudo formal começou nos primórdios do século XIX, por meio da pesquisa sobre a capacidade de os corpos quentes produzirem trabalho. Hoje o escopo é mais abrangente. Atualmente a termodinâmica fornece conceitos e métodos essenciais para detectar questões críticas para o século XXI, tais como o uso de combustíveis fósseis de forma mais eficaz, o apoio a tecnologias envolvendo energia renovável e o desenvolvimento de combustíveis mais eficientes para os meios de transporte. Também são críticas as questões referentes às emissões de gases de efeito estufa e à poluição do ar e da água.

A termodinâmica é simultaneamente um ramo da física e das ciências da engenharia. O cientista está normalmente interessado em obter uma compreensão básica do comportamento físico e químico de quantidades fixas de matéria em repouso, e utiliza os princípios da termodinâmica para relacionar as propriedades da matéria. Os engenheiros estão geralmente interessados em estudar *sistemas* e como eles interagem com suas *vizinhanças*. Assim, para facilitar, a termodinâmica abrange o estudo de sistemas que admitem fluxo de massa, incluindo bioengenharia e sistemas biomédicos.

O **objetivo** deste capítulo é apresentar ao leitor alguns dos conceitos e definições fundamentais usados no nosso estudo de termodinâmica aplicada à engenharia. Na maioria dos casos a apresentação é breve, e explicações adicionais podem ser encontradas nos capítulos subsequentes.

1

Conceitos Introdutórios e Definições

▶ **RESULTADOS DE APRENDIZAGEM**

Quando você completar o estudo deste capítulo estará apto a...

▶ demonstrar conhecimento de diversos conceitos fundamentais usados ao longo deste livro... incluindo sistema fechado, volume de controle, fronteira e vizinhanças, propriedade, estado, processo, a distinção entre propriedades extensivas e intensivas, e equilíbrio.

▶ aplicar as unidades SI e as unidades inglesas de engenharia, incluindo as unidades para o volume específico, a pressão e a temperatura.

▶ trabalhar com as escalas de temperatura Kelvin, Rankine, Celsius e Fahrenheit.

▶ aplicar os fatores de conversão de unidades adequadas em cálculos.

▶ aplicar a metodologia de solução de problemas usada neste livro.

1.1 Usando a Termodinâmica

Os engenheiros utilizam os princípios extraídos da termodinâmica e de outras ciências da engenharia, tais como a mecânica dos fluidos e a transmissão de calor e massa, para analisar e projetar sistemas com o objetivo de atender às necessidades humanas. Ao longo do século XX, as aplicações da termodinâmica na engenharia ajudaram a abrir caminho para melhorias significativas na nossa qualidade de vida com avanços em áreas importantes, como viagens aéreas, voos espaciais, transporte de superfície, geração e transmissão de eletricidade, construções com sistemas de aquecimento e refrigeração, e aperfeiçoaram as práticas médicas. O amplo espectro de aplicações desses princípios está sugerido na Tabela 1.1.

No século XXI, os engenheiros irão criar a tecnologia necessária para alcançar um futuro sustentável. A termodinâmica continuará a avançar quanto ao bem-estar humano, abordando iminentes desafios sociais, devido ao declínio das fontes dos recursos energéticos: petróleo, gás natural, carvão e material físsil; aos efeitos da mudança climática global e ao aumento populacional. A vida nos Estados Unidos deverá mudar em vários aspectos importantes até meados do século. Na área de uso de energia, por exemplo, a eletricidade terá um papel ainda maior do que o atual. A Tabela 1.2 fornece previsões de outras alterações que especialistas dizem que serão observadas.

Se esta visão de vida de meados do século estiver correta, será necessária a rápida evolução da nossa postura atual de energia. Como no caso do século XX, a termodinâmica contribuirá significativamente para enfrentar os desafios do século XXI, incluindo o uso de combustíveis fósseis de forma mais eficaz, o avanço das tecnologias envolvendo energia renovável e o desenvolvimento de sistemas de transporte, de construção e de práticas industriais mais eficientes em termos energéticos. A Termodinâmica também desempenhará um papel importante na atenuação do aquecimento global, da poluição atmosférica e da água. Serão observadas aplicações na bioengenharia, nos sistemas de biomédicos, e a implantação da nanotecnologia. Este livro fornece as ferramentas necessárias para especialistas que trabalham em todos esses campos. Para os não especialistas, o livro fornece o conhecimento para a tomada de decisões que envolvam tecnologia relacionada com termodinâmica — no trabalho, como cidadãos informados e como líderes de governo e políticos.

1.2 Definindo Sistemas

Um passo-chave inicial em qualquer análise em engenharia consiste em descrever de forma precisa o que está sendo estudado. Em mecânica, se a trajetória de um corpo deve ser determinada, normalmente o primeiro passo é definir um *corpo livre* e identificar todas as forças exercidas por outros corpos sobre ele. A segunda lei do movimento de Newton é então aplicada. Na termodinâmica o termo *sistema* é usado para identificar o objeto da análise. Uma vez que o sistema é definido e as interações relevantes com os outros sistemas são identificadas, uma ou mais leis ou relações físicas são aplicadas.

sistema O sistema é tudo aquilo que desejamos estudar. Ele pode ser tão simples como um corpo livre ou tão complexo como uma refinaria química inteira. Podemos desejar estudar uma quantidade de matéria contida em um tanque fechado e de paredes rígidas, ou considerar algo como o escoamento de gás natural em um gasoduto. A composição da matéria dentro de um sistema pode ser fixa ou variar em função de reações químicas ou nucleares. A forma ou o volume do sistema que está sendo analisado não é necessariamente constante, como no caso de um gás no interior de um cilindro comprimido por um pistão ou quando um balão é inflado.

vizinhanças
fronteira Tudo o que é externo ao sistema é considerado parte das vizinhanças do sistema. O sistema é distinguido de suas vizinhanças por uma fronteira especificada, que pode estar em repouso ou em movimento. Você verá que as interações entre o sistema e suas vizinhanças, que ocorrem ao longo da fronteira, representam uma parte importante na termodinâmica aplicada à engenharia.

Dois tipos básicos de sistema são estudados neste livro. Eles são denominados, respectivamente, *sistemas fechados* e *volumes de controle*. Um sistema fechado refere-se a uma quantidade fixa de matéria, enquanto um volume de controle é uma região do espaço através da qual pode ocorrer fluxo de massa. O termo *massa de controle* é usado algumas vezes no lugar de sistema fechado, e o termo *sistema aberto* é usado como alternativa para volume de controle. Quando os termos massa de controle e volume de controle são usados, a fronteira do sistema é frequentemente chamada de *superfície de controle*.

1.2.1 Sistemas Fechados

sistema fechado Um sistema fechado é definido quando uma determinada quantidade de matéria encontra-se em estudo. Um sistema fechado sempre contém a mesma quantidade de matéria. Não pode ocorrer fluxo de massa através de suas fronteiras. Um tipo especial de sistema
sistema isolado fechado que não interage de modo algum com suas vizinhanças é denominado sistema isolado.

A Fig. 1.1 mostra um gás em um conjunto cilindro-pistão. Quando as válvulas estão fechadas podemos considerar o gás como um sistema fechado. A fronteira encontra-se somente no interior das paredes do cilindro e do pistão, como mostram as linhas tracejadas na figura. Como a fronteira entre o gás e o pistão se move com o pistão, o volume do sistema varia. Nenhuma massa atravessa essa fronteira ou qualquer outra parte do contorno. Se a combustão ocorrer, a composição do sistema muda conforme a mistura inicial de combustível se transforma nos produtos da combustão.

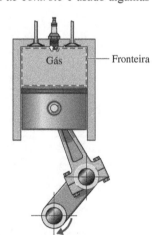

Fig. 1.1 Sistema fechado: um gás em um conjunto cilindro-pistão.

TABELA 1.1

Algumas Áreas de Aplicação da Termodinâmica na Engenharia

Sistemas de propulsão de aeronaves e foguetes
Sistemas alternativos de energia
  Células a combustível
  Sistemas geotérmicos
  Conversores magneto-hidrodinâmicos (MHD)
  Geração de potência por energia térmica dos oceanos, energia das ondas e marés
  Geração de potência, aquecimento e resfriamento ativados por energia solar
  Dispositivos termoelétricos e termoiônicos
  Turbinas eólicas
Motores de automóveis
Aplicações na bioengenharia
Aplicações biomédicas
Sistemas de combustão
Compressores, bombas
Resfriamento de equipamentos eletrônicos
Sistemas criogênicos, separação e liquefação de gases
Usinas de energia movidas a combustível fóssil e nuclear
Sistemas de aquecimento, ventilação e ar-condicionado
  Refrigeração por absorção e bombas de calor
  Refrigeração por compressão de vapor e bombas de calor
Turbinas a gás e a vapor
  Produção de potência
  Propulsão

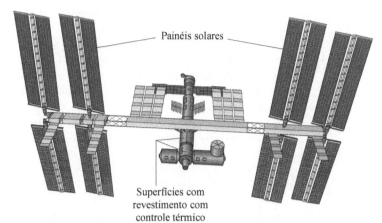

Estação Espacial Internacional

Refrigerador

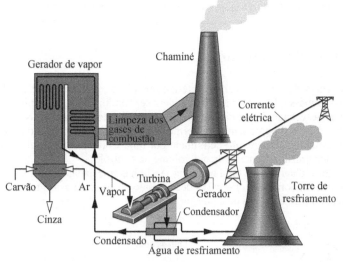

Termoelétrica

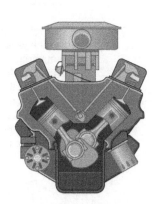

Motor de automóvel

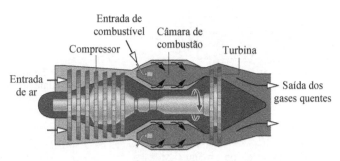

Motor turbojato

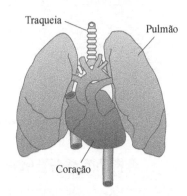

Aplicações biomédicas

TABELA 1.2

Previsões para a Vida nos Estados Unidos em 2050

Com relação à casa
- As casas são construídas de modo a reduzir as necessidades de aquecimento e refrigeração.
- As casas possuem sistemas de monitoramento eletrônico e regulagem do uso de energia.
- Os eletrodomésticos e sistemas com aquecimento e ar-condicionado são mais eficientes em termos energéticos.
- O uso da energia solar para o aquecimento do ambiente e da água é comum.
- Mais alimentos são produzidos localmente.

Com relação ao transporte
- A versão plug-in de veículos híbridos e veículos totalmente elétricos dominam o mercado.
- Os veículos híbridos utilizam principalmente biocombustíveis.
- O uso de transportes públicos dentro e entre as cidades é comum.
- Um sistema ferroviário de passageiros ampliado é amplamente utilizado.

Com relação ao estilo de vida
- As práticas de utilização da energia de forma eficiente são utilizadas em toda a sociedade.
- A reciclagem é amplamente praticada, incluindo a reciclagem da água.
- O ensino à distância é comum na maioria dos níveis de ensino.
- A telecomutação e as teleconferências constituem a norma.
- A Internet é predominantemente usada para consumo, comércio e negócios.

Com relação à energia
- A eletricidade desempenha um papel maior na sociedade.
- A energia eólica, solar e outras tecnologias renováveis contribuem com uma parcela significativa das necessidades de eletricidade da população.
- Uma mistura de usinas convencionais de energia movidas a combustíveis fósseis e usinas de energia nuclear representam uma menor, mas ainda significativa, parcela das necessidades de eletricidade da população.
- Uma rede nacional inteligente e segura de transmissão de energia se estabelece.

1.2.2 Volumes de Controle

Nas seções subsequentes deste livro, as análises termodinâmicas serão realizadas em dispositivos como turbinas e bombas através das quais a massa flui. Essas análises podem ser conduzidas, a princípio, estudando-se uma certa quantidade de matéria, um sistema fechado, à medida que ela passa através do dispositivo. No entanto, em vez da análise anterior, na maioria dos casos é mais simples pensar em termos de uma certa região do espaço através da qual há fluxo de massa. Nessa abordagem, estuda-se uma *região* delimitada por uma fronteira prescrita. Essa região é chamada de volume de controle. A massa pode cruzar a fronteira de um volume de controle.

A Fig. 1.2*a* mostra o diagrama de uma máquina. As linhas tracejadas definem o volume de controle que envolve a máquina. Observe que ar, combustível e gases de exaustão atravessam a fronteira. Um esquema como o da Fig. 1.2*b* usualmente é suficiente para a análise de engenharia.

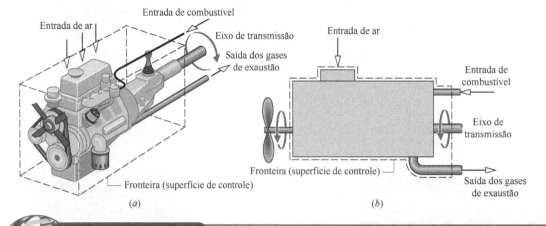

Fig. 1.2 Exemplo de um volume de controle (sistema aberto). Um motor de automóvel.

BIOCONEXÕES Os seres vivos e seus órgãos podem ser estudados como volumes de controle. Para o animal de estimação mostrado na Fig.1.3*a*, ar, comida e bebida são essenciais para manter a vida e as atividades que entram através da fronteira, e para a saída dos produtos que não serão utilizados. Um esquema como o da Fig. 1.3*b* pode ser suficiente para uma análise biológica. Órgãos particulares, como o coração, também podem ser estudados como volumes de controle. Conforme está ilustrado na Fig. 1.4, as plantas podem ser estudadas sob o ponto de vista de um volume de controle. A radiação solar é usada para a produção de substâncias químicas essenciais nas plantas por meio da *fotossíntese*. Durante a fotossíntese as plantas retiram dióxido de carbono da atmosfera e liberam oxigênio para a mesma. As plantas também absorvem água e nutrientes através de suas raízes.

1.2.3 Selecionando a Fronteira do Sistema

É essencial que a fronteira do sistema seja cuidadosamente delineada antes do procedimento da análise termodinâmica. Entretanto, o mesmo fenômeno físico frequentemente pode ser analisado com escolhas alternativas do sistema, fronteira e vizinhanças. A escolha de uma determinada fronteira que define certo sistema depende profundamente da conveniência que essa escolha proporciona à análise subsequente.

Em geral, a escolha da fronteira de um sistema é determinada por duas considerações: (1) o que é conhecido sobre o possível sistema, particularmente nas suas fronteiras, e (2) o objetivo da análise.

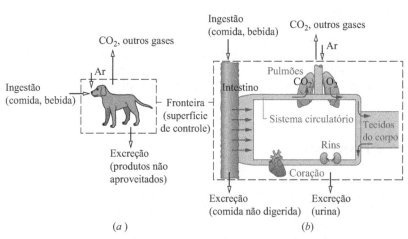

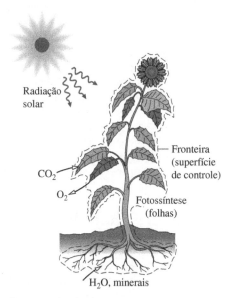

Fig. 1.3 Exemplo de um volume de controle (sistema aberto) em biologia.

Fig. 1.4 Exemplo de um volume de controle (sistema aberto) em botânica.

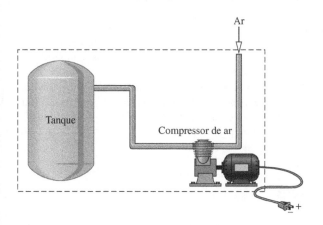

Fig. 1.5 Compressor de ar e tanque de armazenamento.

> **TOME NOTA...**
> **Animações** reforçam muitas das apresentações do texto. Você pode visualizar estas animações, consultando o material suplementar deste livro no Ambiente virtual de aprendizagem do GEN.
> As animações estão indicadas em conteúdos específicos, através de um ícone na margem. O primeiro desses ícones aparece imediatamente acima. Neste exemplo, o título **Tipos_de_Sistemas** refere-se ao conteúdo do texto, enquanto **A.1-Abas a, b & c** referem-se à animação específica **(A.1)** e as abas **(Abas a, b & c)** da animação recomendada para a visualização para melhorar a sua compreensão.

▶ **POR EXEMPLO** a Fig. 1.5 mostra um esboço de um compressor de ar conectado a um tanque de armazenamento. A fronteira do sistema mostrado na figura engloba o compressor, o tanque e toda a tubulação. Essa fronteira poderia ser selecionada se a corrente elétrica de alimentação fosse conhecida e o objetivo da análise fosse determinar quanto tempo o compressor deve operar até que a pressão no tanque alcance um valor especificado. Como a massa atravessa a fronteira, o sistema pode ser um volume de controle. Um volume de controle englobando apenas o compressor poderia ser escolhido se a condição de entrada e saída de ar do compressor fosse conhecida e o objetivo fosse determinar a potência elétrica de acionamento. ◀ ◀ ◀ ◀

Tipos_de_Sistemas
A.1 – Abas a, b & c

1.3 Descrevendo Sistemas e Seus Comportamentos

Os engenheiros estão interessados em estudar sistemas e como eles interagem com suas vizinhanças. Nesta seção, introduziremos diversos termos e conceitos usados para descrever sistemas e como eles se comportam.

1.3.1 Pontos de Vista Macroscópico e Microscópico da Termodinâmica

Os sistemas podem ser estudados sob o ponto de vista macroscópico ou microscópico. A abordagem macroscópica da termodinâmica está preocupada com o comportamento geral ou global. Isso algumas vezes é chamado de termodinâmica *clássica*. Nenhum modelo da estrutura da matéria em níveis molecular, atômico e subatômico é utilizado diretamente na termodinâmica clássica. Embora o comportamento dos sistemas seja afetado pela estrutura molecular, a termodinâmica clássica permite que importantes aspectos do comportamento de um sistema sejam avaliados partindo da observação do sistema global.

A abordagem microscópica da termodinâmica, conhecida como termodinâmica *estatística*, se preocupa diretamente com a estrutura da matéria. O objetivo da termodinâmica estatística é caracterizar por meios estatísticos o comportamento médio das partículas que compõem o sistema de interesse e relacionar essa informação com o comportamento macroscópico observado do sistema. Para aplicações envolvendo lasers, plasmas, escoamento de gases em alta velocidade, cinética química, temperaturas extremamente baixas (criogenia) e outras, os métodos da termodinâmica estatística são essenciais. A abordagem microscópica é utilizada neste livro para interpretar a *energia interna* no Cap. 2 e a *entropia* no Cap. 6. Além disso, conforme é mencionado no Cap. 3, a abordagem microscópica exerce um papel fundamental no desenvolvimento de certos dados, como os *calores específicos de gases ideais*.

Para uma vasta gama de aplicações na engenharia, a termodinâmica clássica não apenas fornece uma abordagem consideravelmente mais direta para a análise e o projeto, mas também requer menor complexidade matemática. Por essas razões, o ponto de vista macroscópico é o adotado neste livro. Finalmente, efeitos relativísticos não são significativos para os sistemas considerados neste livro.

1.3.2 Propriedade, Estado e Processo

propriedade

Para descrever um sistema e prever seu comportamento é necessário o conhecimento de suas propriedades e de como estas propriedades estão relacionadas. Uma propriedade é uma característica macroscópica de um sistema, tal como massa, volume, energia, pressão e temperatura, para as quais um valor numérico pode ser atribuído em um dado tempo sem o conhecimento do comportamento prévio (*história*) do sistema.

estado

A palavra estado refere-se à condição de um sistema como descrito por suas propriedades. Já que existem normalmente relações entre as propriedades de um sistema, com frequência o estado pode ser especificado fornecendo-se os valores de um subconjunto dessas propriedades. Todas as outras propriedades podem ser determinadas a partir desse subconjunto.

processo
regime permanente

Quando qualquer uma das propriedades de um sistema é alterada, ocorre uma mudança de estado e diz-se que o sistema percorreu um processo. Um processo é uma transformação de um estado a outro. Entretanto, se um sistema exibe o mesmo valor de suas propriedades em dois tempos distintos ele está no mesmo estado nesses tempos. Um sistema é dito em regime permanente se nenhuma de suas propriedades varia com o tempo.

Muitas propriedades são consideradas no decorrer de nosso estudo sobre termodinâmica aplicada à engenharia. A termodinâmica também trata de grandezas que não são propriedades, como taxas de vazões mássicas e transferência de energia por trabalho e calor. Exemplos adicionais de grandezas que não são propriedades são fornecidos nos capítulos subsequentes. Uma maneira de distinguir propriedades de *não* propriedades pode ser encontrada no boxe a seguir.

Prop_Estado_Processo
A.2 – Aba a

1.3.3 Propriedades Extensivas e Intensivas

propriedade extensiva

As propriedades termodinâmicas podem ser classificadas em duas classes gerais: extensivas e intensivas. Uma propriedade é chamada extensiva se seu valor para o sistema como um todo é a soma de seus valores para as partes nas quais o sistema é dividido. Massa, volume, energia e muitas outras propriedades, que serão apresentadas posteriormente, são extensivas. As propriedades extensivas dependem do tamanho ou da extensão de um sistema. As propriedades extensivas de um sistema podem variar com o tempo, e muitas análises termodinâmicas consistem basicamente em avaliar cuidadosamente as variações de propriedades extensivas, tais como massa e energia, à medida que um sistema interage com suas vizinhanças.

propriedade intensiva

Propriedades intensivas não são aditivas no sentido considerado anteriormente. Seus valores são independentes do tamanho ou da extensão de um sistema, e podem variar de local para local no interior de um sistema em qualquer momento. Assim, propriedades intensivas podem ser funções da posição e do tempo, enquanto propriedades extensivas podem variar somente com o tempo. O volume específico (Seção 1.5), a pressão e a temperatura são propriedades intensivas importantes; muitas outras propriedades intensivas serão introduzidas em capítulos subsequentes.

Propriedades_Ext_Int
A.3 – Aba a

▶ **POR EXEMPLO** para ilustrar a diferença entre propriedades intensivas e extensivas, considere uma porção de matéria com temperatura uniforme e imagine que ela é composta de várias partes, como ilustrado na Fig. 1.6. A massa do conjunto é a soma das massas das partes, e o volume total é a soma dos volumes das partes. No entanto, a temperatura do todo não é a soma das temperaturas das partes; é a mesma para cada parte. A massa e o volume são propriedades extensivas, mas a temperatura é uma propriedade intensiva. ◀ ◀ ◀ ◀ ◀

Fig. 1.6 Figura utilizada para discutir os conceitos de propriedades extensivas e intensivas.

> **Distinguindo Propriedades de Não Propriedades**
> Em um dado estado, cada propriedade possui um valor definido que pode ser atribuído sem o conhecimento de como o sistema alcançou aquele estado. Logo, a mudança no valor de uma propriedade quando o sistema é alterado de um estado para outro é determinada somente pelos dois estados extremos, e é independente do caminho particular pelo qual a variação de estado ocorreu. Ou seja, a mudança é independente dos detalhes do processo. Reciprocamente, se o valor de uma grandeza é independente do processo entre dois estados, então essa grandeza corresponde à variação de uma propriedade. Isso fornece um teste para determinar se uma grandeza é uma propriedade: *uma grandeza é uma propriedade se, e somente se, sua mudança de valor entre dois estados é independente do processo.* Segue-se que, se o valor de uma determinada grandeza depende dos detalhes do processo e não apenas dos estados extremos, essa grandeza não pode ser uma propriedade.

1.3.4 Equilíbrio

A termodinâmica clássica enfatiza principalmente os estados de equilíbrio e as mudanças de um estado de equilíbrio a outro. Assim, o conceito de equilíbrio é fundamental. Em mecânica, equilíbrio significa uma condição de estabilidade mantida por uma igualdade de forças que se opõem. Em termodinâmica esse conceito é mais abrangente, incluindo não apenas um equilíbrio de forças, mas também um equilíbrio de outras influências. Cada tipo de influência refere-se a um aspecto particular ou geral do equilíbrio termodinâmico. Consoante com esse fato, vários tipos de equilíbrio devem existir individualmente para se estabelecer a condição de total equilíbrio; entre estes estão os equilíbrios mecânico, térmico, de fase e químico.

equilíbrio

Os critérios para esses quatro tipos de equilíbrio serão considerados em discussões subsequentes. Pode-se fazer um teste para verificar se o sistema está em equilíbrio termodinâmico através do seguinte procedimento: isole o sistema de suas vizinhanças e aguarde por mudanças em suas propriedades observáveis. Se não ocorrerem mudanças, concluímos que o sistema estava em equilíbrio no momento em que foi isolado. Pode-se dizer que o sistema está em um estado de equilíbrio.

estado de equilíbrio

Quando um sistema está isolado ele não pode interagir com suas vizinhanças; entretanto, seu estado pode mudar como uma consequência de eventos espontâneos que estejam ocorrendo internamente, à medida que suas propriedades intensivas, tais como a temperatura e a pressão, tendam a valores uniformes. Quando todas essas mudanças cessam o sistema está em equilíbrio. No equilíbrio a temperatura é uniforme ao longo do sistema. Também a pressão pode ser considerada uniforme, desde que o efeito da gravidade não seja significativo; caso contrário, pode existir uma variação de pressão, como em uma coluna vertical de líquido.

Não há exigência de que um sistema que passa por um processo esteja em equilíbrio *durante* o processo. Alguns ou todos os estados intermediários podem ser estados de não equilíbrio. Para muitos desses processos estamos limitados ao conhecimento do estado antes de o processo ocorrer e do estado depois que o processo é completado.

1.4 Medindo Massa, Comprimento, Tempo e Força

Quando os cálculos de engenharia são efetuados é necessário preocupar-se com as *unidades* das grandezas físicas envolvidas. Uma unidade é uma certa quantidade de uma grandeza através da qual, por comparação, qualquer outra grandeza do mesmo tipo é medida. Por exemplo, metros, centímetros, quilômetros, pés, polegadas e milhas são todas *unidades de comprimento*. De forma semelhante, segundos, minutos e horas são *unidades de tempo*.

Como as grandezas físicas estão relacionadas por meio de definições e leis, um número relativamente pequeno dessas grandezas físicas é suficiente para conceber e mensurar todas as outras. Estas são chamadas de *dimensões primárias*. As outras são mensuradas em termos das dimensões primárias, e são chamadas de *secundárias*. Por exemplo, se o comprimento e o tempo fossem considerados primários, a velocidade e a área seriam consideradas secundárias.

Um conjunto de dimensões primárias adequado para aplicações em *mecânica* consiste em massa, comprimento e tempo. Outras dimensões primárias são necessárias quando fenômenos físicos adicionais são levados em consideração. A temperatura é incluída para a termodinâmica, e a corrente elétrica é introduzida para aplicações que envolvem eletricidade.

Uma vez que um conjunto de dimensões primárias é adotado, especifica-se uma unidade básica para cada dimensão primária. As unidades para todas as outras grandezas são então obtidas a partir das unidades básicas. Vamos ilustrar essas ideias considerando brevemente dois sistemas de unidades: as unidades SI e as unidades inglesas de engenharia.

unidade básica

1.4.1 Unidades SI

Na presente discussão vamos analisar o sistema de unidades chamado SI, que considera a massa, o comprimento e o tempo como dimensões primárias e a força como dimensão secundária. SI é a abreviação para Système International d'Unités (Sistema Internacional de Unidades), que é o sistema legalmente aceito na maioria dos países. As convenções para o SI são publicadas e controladas por tratados de uma organização internacional. As **unidades básicas do SI** para massa, comprimento e tempo encontram-se listadas na Tabela 1.3 e são discutidas nos parágrafos a seguir. A unidade básica SI para a temperatura é o kelvin, K.

TABELA 1.3

Unidades para Massa, Comprimento, Tempo e Força

Grandeza	SI Unidade	SI Símbolo	Inglês Unidade	Inglês Símbolo
massa	quilograma	kg	libra-massa	lb
comprimento	metro	m	pé	ft
tempo	segundo	s	segundo	s
força	Newton ($= 1$ kg $\cdot$ m/s^2)	N	libra-força ($= 32{,}1740$ lb $\cdot$ ft/s^2)	lbf

A unidade básica SI de massa é o quilograma, kg. Ele é igual à massa de um determinado cilindro de uma liga platina-irídio mantida pelo Escritório Internacional de Pesos e Medidas, próximo a Paris. A massa-padrão para os Estados Unidos é mantida pelo Instituto Nacional de Padrões e Tecnologia. O quilograma é a única unidade básica definida por associação a um objeto fabricado.

A unidade básica SI de comprimento é o metro, m, definido como o comprimento percorrido pela luz no vácuo durante um intervalo de tempo especificado. A unidade básica de tempo é o segundo, s. O segundo é definido como a duração de 9.192.631.770 ciclos da radiação associada a uma transição específica do átomo de césio.

A unidade SI de força, denominada newton, é uma unidade secundária, definida em termos de unidades básicas para massa, comprimento e tempo. A segunda lei do movimento de Newton estabelece que a força líquida agindo em um corpo é proporcional ao produto da massa pela aceleração, escrito por $F \propto ma$. O newton é definido de forma que a constante de proporcionalidade na expressão é igual à unidade. Assim, a segunda lei de Newton é expressa pela igualdade

$$F = ma \tag{1.1}$$

O newton, N, é a força necessária para acelerar uma massa de 1 quilograma a uma taxa de 1 metro por segundo por segundo. Utilizando a Eq. 1.1

$$1 \text{ N} = (1 \text{ kg})(1 \text{ m/s}^2) = 1 \text{ kg} \cdot \text{m/s}^2 \tag{1.2}$$

TOME NOTA...
Observe que no cálculo da força em newtons o fator de conversão de unidades é identificado por um par de linhas verticais. Esse dispositivo é usado ao longo do texto para identificar conversões de unidades.

▶ **POR EXEMPLO** para ilustrar o uso das unidades SI introduzidas até aqui, vamos determinar o peso em newtons de um objeto cuja massa é 1000 kg, em um local na superfície da Terra onde a aceleração devida à gravidade é igual a um valor-*padrão* definido como 9,80665 m/s^2. Recordando que o peso de um corpo refere-se à força da gravidade e é calculado usando a massa do corpo, m, e a aceleração local devida à gravidade, g, partindo da Eq. 1.1, obtemos

$$F = mg = (1000 \text{ kg})(9{,}80665 \text{ m/s}^2) = 9806{,}65 \text{ kg} \cdot \text{m/s}^2$$

Esta força pode ser expressa em termos de newtons usando a Eq. 1.2 como um *fator de conversão de unidades*. Assim,

$$F = \left(9806{,}65 \frac{\text{kg} \cdot \text{m}}{\text{s}^2}\right)\left|\frac{1 \text{ N}}{1 \text{ kg} \cdot \text{m/s}^2}\right| = 9806{,}65 \text{ N} \quad \triangleleft\triangleleft\triangleleft\triangleleft$$

Como o peso é calculado em termos da massa e da aceleração local devida à gravidade, o peso de um objeto pode mudar em função do local, devido à variação da aceleração da gravidade, mas a sua massa permanece constante.

▶ **POR EXEMPLO** se o objeto considerado anteriormente estivesse na superfície de um planeta em um local onde a aceleração da gravidade fosse um décimo do valor usado no cálculo anterior, a massa permaneceria a mesma, mas o peso seria um décimo do valor calculado. $\triangleleft\triangleleft\triangleleft\triangleleft$

As unidades SI para outras grandezas físicas também são obtidas em função das unidades SI básicas. Algumas dessas unidades ocorrem tão frequentemente que são dados nomes e símbolos especiais, como no caso do newton. As unidades SI para as grandezas pertinentes à termodinâmica serão

TABELA 1.4

Prefixos das Unidades SI

Fator	Prefixo	Símbolo
10^{12}	tera	T
10^{9}	giga	G
10^{6}	mega	M
10^{3}	quilo	k
10^{2}	hecto	h
10^{-2}	centi	c
10^{-3}	mili	m
10^{-6}	micro	μ
10^{-9}	nano	n
10^{-12}	pico	p

apresentadas conforme forem introduzidas no texto. Já que frequentemente se torna necessário trabalhar com valores extremamente grandes ou pequenos quando se usa o sistema SI de unidades, um conjunto de prefixos-padrão encontra-se listado na Tabela 1.4, de modo a simplificar o assunto. Por exemplo, km significa quilômetro, ou seja, 10^3 m.

1.4.2 Unidades Inglesas de Engenharia

Embora as unidades SI sejam um padrão mundial, atualmente muitos segmentos da comunidade de engenharia nos Estados Unidos usam regularmente algumas outras unidades. Uma grande parte do estoque de ferramentas e máquinas industriais americanas, bem como muitos dados valiosos de engenharia, utiliza outras unidades além das unidades SI. Ainda por muitos anos os engenheiros nos Estados Unidos deverão estar familiarizados com os vários sistemas de unidades.

Nesta seção consideraremos um sistema de unidades geralmente utilizado nos Estados Unidos, denominado sistema inglês de engenharia. As unidades básicas inglesas para massa, comprimento e tempo estão listadas na Tabela 1.3, e serão discutidas nos parágrafos seguintes. As unidades inglesas para outras grandezas pertinentes à termodinâmica serão apresentadas conforme forem introduzidas ao longo do texto.

unidades básicas inglesas

A unidade básica para o comprimento é o pé, ft, definido em termos do metro por

$$1 \text{ ft} = 0{,}3048 \text{ m} \tag{1.3}$$

A polegada, in, é definida em termos do pé

$$12 \text{ in} = 1 \text{ ft}$$

Uma polegada é igual a 2,54 cm. Embora unidades como o minuto e a hora sejam comumente usadas em engenharia, é conveniente selecionar o segundo como unidade básica de tempo para o Sistema Inglês de Engenharia.

A unidade básica de massa no Sistema Inglês de Engenharia é a libra-massa, lb, definida em termos do quilograma por

$$1 \text{ lb} = 0{,}45359237 \text{ kg} \tag{1.4}$$

O símbolo lbm também pode ser usado para indicar a libra-massa.

Uma vez que as unidades básicas de massa, comprimento e tempo do sistema inglês de engenharia tenham sido especificadas, a unidade de força pode ser definida como para o newton, através da segunda lei de Newton, conforme a Eq. 1.1. Sob esse ponto de vista, a unidade inglesa de força, a libra-força, lbf, é a força necessária para acelerar uma libra-massa de 32,1740 ft/s², que é a aceleração-padrão da gravidade. Substituindo esses valores na Eq. 1.1

$$1 \text{ lbf} = (1 \text{ lb})(32{,}1740 \text{ ft/s}^2) = 32{,}1740 \text{ lb} \cdot \text{ft/s}^2 \tag{1.5}$$

Nessa abordagem a força é considerada *secundária*.

A libra-força, lbf, não é igual à libra-massa, lb, apresentada anteriormente. Força e massa são fundamentalmente diferentes, assim como suas unidades. Contudo, os dois usos da palavra "libra" podem causar confusão, e deve-se tomar cuidado para evitar erros.

▶ **POR EXEMPLO** para ilustrar o uso dessas unidades em um único cálculo determinaremos o peso de um objeto cuja massa é de 1000 lb (453,6 kg) em um local onde a aceleração local da gravidade é de 32,0 ft/s² (9,7 m/s²). Inserindo os valores na Eq. 1.1 e usando a Eq. 1.5 como um fator unitário de conversão, obtemos

$$F = mg = (1000 \text{ lb})\left(32{,}0 \frac{\text{ft}}{\text{s}^2}\right)\left|\frac{1 \text{ lbf}}{32{,}1740 \text{ lb} \cdot \text{ft/s}^2}\right| = 994{,}59 \text{ lbf}$$

Este cálculo ilustra que a libra-força é uma unidade de força, diferente da libra-massa, que é uma unidade de massa. ◁ ◁ ◁ ◁ ◁

1.5 Volume Específico

Três propriedades intensivas mensuráveis particularmente importantes na termodinâmica aplicada à engenharia são o volume específico, a pressão e a temperatura. O volume específico será discutido nesta seção. A pressão e a temperatura serão consideradas nas Seções 1.6 e 1.7, respectivamente.

Em uma perspectiva macroscópica, a descrição da matéria é simplificada quando se considera que ela é uniformemente distribuída ao longo de uma região. A validade dessa idealização, conhecida como hipótese do *contínuo*, pode ser inferida pelo fato de que, para uma classe extremamente ampla de fenômenos de interesse para a engenharia, o comportamento da matéria obtido por essa descrição encontra-se em conformidade com dados medidos.

Quando as substâncias podem ser tratadas como meios contínuos é possível falar de suas propriedades termodinâmicas intensivas "em um ponto". Assim, em qualquer instante a massa específica ρ em um ponto é definida por

$$\rho = \lim_{V \to V'} \left(\frac{m}{V}\right) \tag{1.6}$$

Propriedades_
Ext_Int
A.3 – Abas b & c

em que V' é o menor volume no qual existe um valor definido para essa razão. O volume V' contém um número de partículas suficiente para que as médias estatísticas sejam significativas. Ele é o menor volume para o qual a matéria pode ser considerada um meio contínuo, e é normalmente pequeno o suficiente para ser considerado um "ponto". A massa específica definida pela Eq. 1.6 pode ser descrita matematicamente por uma função contínua da posição e do tempo.

A massa específica, ou a massa local por unidade de volume, é uma propriedade intensiva que pode variar de ponto a ponto em um sistema. Assim, a massa associada a um certo volume V é, em princípio, determinada por integração

$$m = \int_V \rho\, dV \tag{1.7}$$

e *não* simplesmente pelo produto entre a massa específica e o volume.

volume específico

O volume específico v é definido como o inverso da massa específica, $v = 1/\rho$. Ele é o volume por unidade de massa. Assim como a massa específica, o volume específico é uma propriedade intensiva e pode variar ponto a ponto. As unidades SI para a massa específica e o volume específico são, respectivamente, kg/m^3 e m^3/kg. No entanto, elas também são expressas, frequentemente, por g/cm^3 e cm^3/g, respectivamente. As unidades inglesas para a massa específica e o volume específico neste texto são lb/ft^3 e ft^3/lb, respectivamente.

base molar

Em certas aplicações é conveniente exprimir propriedades como o volume específico em uma base molar, em vez de uma base mássica. O mol corresponde a uma quantidade de uma determinada substância numericamente igual ao seu peso molecular. Neste livro expressaremos a quantidade de uma substância em uma base molar, em termos do quilomol (kmol) ou da libra-mol (lbmol), como for mais adequado. Em cada caso será usado

$$n = \frac{m}{M} \tag{1.8}$$

O número de quilomols, n, de uma substância é obtido dividindo-se a massa, m, em quilogramas pelo peso molecular, M, em kg/kmol. Analogamente, o número de libra-mols, n, é obtido dividindo-se a massa, m, em libra-massa pelo peso molecular, M, em lb/lbmol. Quando m é dado em gramas, a Eq.1.8 fornece n em grama-mol, ou *mol*, para abreviar. Recordando da química, sabe-se que o número de moléculas em um grama-mol, denominado número de Avogadro, é $6,022 \times 10^{23}$. As Tabelas A-1 e A-1E, do Apêndice, fornecem os pesos moleculares de diversas substâncias.

Para assinalar que uma propriedade está em base molar, uma barra é utilizada acima do símbolo. Assim, $\bar{v}$ significa volume por kmol ou por lbmol, conforme o caso. Neste texto, as unidades usadas para $\bar{v}$ são $m^3/kmol$ e $ft^3/lbmol$. Com base na Eq. 1.8, a relação entre $\bar{v}$ e v é

$$\bar{v} = Mv \tag{1.9}$$

na qual M é o peso molecular em kg/kmol ou lb/lbmol, conforme o caso.

1.6 Pressão

A seguir, apresentaremos o conceito de pressão sob o ponto de vista do contínuo. Vamos iniciar considerando uma pequena área A associada a um ponto em um fluido em repouso. O fluido em um lado dessa área exerce uma força compressiva que é normal à área, F_{normal}. Uma força igual, mas em sentido contrário, é exercida sobre a área pelo fluido situado no outro lado. Para um fluido em repouso não existem outras forças além dessas agindo nessa área. A pressão p no ponto especificado é definida como o limite

pressão

Propriedades_
Ext_Int
A.3 – Aba d

$$p = \lim_{A \to A'}\left(\frac{F_{normal}}{A}\right) \tag{1.10}$$

no qual A' é a área no "ponto" com a mesma percepção de limite usada na definição de massa específica.

Se a área A' estivesse associada a novas orientações oriundas da rotação no ponto considerado e se a pressão fosse determinada para cada nova orientação, iríamos concluir que a pressão no ponto seria a mesma em todas as direções, *desde que o fluido esteja em repouso*. Isso é uma consequência do equilíbrio de forças em um elemento de volume circundando o ponto. No entanto, a pressão pode variar de ponto a ponto em um fluido estático; exemplos são a variação da pressão atmosférica com a altura e a variação da pressão com a profundidade de oceanos, lagos e outros corpos d'água.

Considere, em seguida, um fluido em movimento. Nesse caso, a força exercida sobre uma área associada a um ponto do fluido pode ser determinada em função de três componentes mutuamente perpendiculares: um normal à área e dois no plano da área. Quando expressos em termos de uma área unitária, a componente normal à área é chamada de *tensão normal*, e os dois componentes no plano da área são denominados *tensões cisalhantes*. As magnitudes dessas tensões geralmente variam de acordo com a orientação da área. O estado de tensão em um fluido em movimento é um tópico que normalmente é tratado em detalhes em *mecânica dos fluidos*. A diferença entre uma tensão normal e a pressão, que seria a tensão normal caso o fluido estivesse em repouso, é normalmente muito pequena. Neste livro admitiremos que a tensão normal em um ponto é igual à pressão naquele ponto. Essa hipótese conduz a resultados de precisão aceitável para as aplicações consideradas. O termo pressão, a não ser que seja afirmado algo em contrário, refere-se à pressão absoluta: a pressão que adota como zero o vácuo absoluto.

pressão absoluta

> **HORIZONTES**
>
> ### Grandes Esperanças para a Nanotecnologia
>
> A *nanociência* é o estudo das moléculas e estruturas moleculares, chamadas nanoestruturas, tendo uma ou mais dimensões menores do que cerca de 100 nanômetros. Um nanômetro é um bilionésimo do metro: 1 nm = 10^{-9} m. Para alcançar esse nível de pequenez uma pilha de 10 átomos de hidrogênio teria a altura de 1 nm, enquanto o cabelo humano possui um diâmetro de cerca de 50.000 nm. *Nanotecnologia* é a engenharia da nanoestrutura em produtos úteis. Na escala relativa à nanotecnologia o comportamento pode diferir das nossas expectativas macroscópicas. Por exemplo, a *média* usada para atribuir valores a propriedades em um ponto no modelo contínuo não pode mais ser aplicada, devido às interações entre os átomos em consideração. Também, nessas escalas, a natureza do fenômeno físico tal como um fluxo corrente pode depender de forma explícita do tamanho físico dos dispositivos. Depois de muitos anos de frutíferas pesquisas a nanotecnologia está agora pronta para fornecer novos produtos com uma ampla gama de utilização, incluindo dispositivos implantáveis de quimioterapia, biossensores para a detecção da glicose em diabéticos, dispositivos eletrônicos modernos, novas tecnologias de conversão de energia e *materiais inteligentes*, como tecidos que permitem que vapor de água escape enquanto a água líquida é conservada.

1.6.1 Medidas de Pressão

Os manômetros e os barômetros medem a pressão em termos de um comprimento de uma coluna de líquido, tal como o mercúrio, a água ou o óleo. O manômetro mostrado na Fig. 1.7 possui um lado aberto para a atmosfera e o outro ligado a um tanque que contém um gás a pressão uniforme. Como pressões relativas à mesma altura em uma massa *contínua* de um líquido ou um gás em repouso são iguais, as pressões nos pontos a e b, da Fig. 1.7, são iguais. Aplicando um balanço elementar de forças, a pressão do gás é

$$p = p_{atm} + \rho g L \tag{1.11}$$

na qual p_{atm} é a pressão atmosférica local, ρ é a massa específica do líquido do manômetro, g é a aceleração da gravidade e L é a diferença entre os níveis do líquido.

O barômetro mostrado na Fig. 1.8 é formado por um tubo fechado com mercúrio líquido e uma quantidade pequena de vapor de mercúrio, invertido e colocado em um recipiente aberto com mercúrio líquido. Como as pressões nos pontos a e b são iguais, um balanço de forças fornece a pressão atmosférica, dada por

$$p_{atm} = p_{vapor} + \rho_m g L \tag{1.12}$$

sendo ρ_m a massa específica do líquido mercúrio. Como a pressão do vapor do mercúrio é muito menor do que a da atmosfera, a Eq. 1.12 pode ser aproximada por $p_{atm} = \rho_m g L$. Para colunas pequenas de líquidos, ρ e g podem ser tomados como constantes nas Eqs. 1.11 e 1.12.

As pressões medidas com manômetros e barômetros são frequentemente expressas em termos do comprimento L em milímetros de mercúrio (mmHg), polegadas de mercúrio (inHg), polegadas de água (inH$_2$O), e assim por diante.

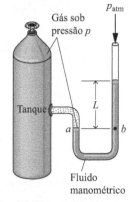

Fig. 1.7 Manômetro.

▶ **POR EXEMPLO** um barômetro registra 750 mmHg. Se ρ_m = 13,59 g/cm^3 e g = 9,81 m/s^2, a pressão atmosférica, em N/m^2, é calculada como a seguir:

$$p_{atm} = \rho_m g L$$
$$= \left[\left(13{,}59\frac{g}{cm^3}\right)\left|\frac{1\,kg}{10^3\,g}\right|\left|\frac{10^2\,cm}{1\,m}\right|^3\right]\left[9{,}81\frac{m}{s^2}\right]\left[(750\,mmHg)\left|\frac{1\,m}{10^3\,mm}\right|\right]\left|\frac{1\,N}{1\,kg \cdot m/s^2}\right|$$
$$= 10^5\,N/m^2 \; \triangleleft\triangleleft\triangleleft\triangleleft\triangleleft$$

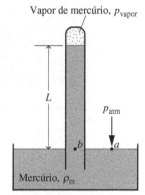

Fig. 1.8 Barômetro.

Um manômetro do tipo tubo de Bourdon é mostrado na Fig. 1.9. A figura apresenta um tubo curvo, que possui uma seção reta elíptica com uma extremidade associada à pressão que se deseja medir e uma outra conectada a um ponteiro por um mecanismo. Quando o fluido sob pressão preenche o tubo, a seção elíptica tende a se tornar circular e o tubo a se tornar reto. Esse movimento é transmitido pelo mecanismo ao ponteiro. Calibrando-se a deflexão do ponteiro para pressões conhecidas, uma escala graduada pode ser elaborada através da qual uma pressão aplicada pode ser lida em unidades convenientes. Devido à sua construção, o tubo de Bourdon mede a pressão relativa às vizinhanças do instrumento. Consequentemente, o mostrador indica zero quando as pressões interna e externa ao tubo são as mesmas.

A pressão também pode ser medida por outros procedimentos. Uma classe importante de sensores utiliza o efeito *piezoelétrico*: uma carga é gerada no interior de materiais sólidos quando estes se deformam. Essa entrada mecânica/saída elétrica fornece a base para a medição de pressão, assim como medidas de deslocamento e de força. Outro tipo importante de sensor emprega um diafragma que se deflete quando uma força é aplicada, alterando uma indutância, resistência ou capacitância. A Fig. 1.10 mostra um sensor de pressão piezoelétrico juntamente com um sistema automático de aquisição de dados.

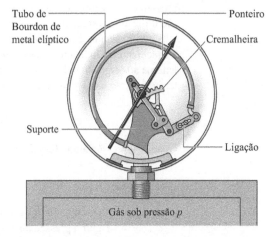

Fig. 1.9 Medição de pressão por um medidor do tipo tubo de Bourdon.

1.6.2 Empuxo

força de empuxo

Quando um corpo está completamente ou parcialmente submerso em um líquido, a força de pressão resultante que age sobre o corpo é chamada força de empuxo. Como a pressão aumenta com a profundidade a partir da superfície do líquido, as forças de pressão que agem de baixo para cima são maiores do que as forças de pressão que agem de cima para baixo, assim a força de empuxo age verticalmente para cima. A força de empuxo tem magnitude igual ao peso do líquido deslocado (*princípio de Arquimedes*).

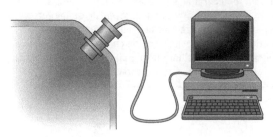

Fig. 1.10 Sensor de pressão com aquisição de dados automática.

▶ **POR EXEMPLO** aplicando a Eq.1.11 ao bloco retangular submerso ilustrado na Fig. 1.11, a magnitude da força de pressão resultante que age para cima, a força de empuxo, é dada por

$$F = A(p_2 - p_1) = A(p_{atm} + \rho g L_2) - A(p_{atm} + \rho g L_1)$$
$$= \rho g A(L_2 - L_1)$$
$$= \rho g V$$

sendo V o volume do bloco e ρ a massa específica do líquido circunvizinho. Assim, a magnitude da força de empuxo que age sobre o bloco é igual ao peso do líquido deslocado. ◀ ◀ ◀ ◀ ◀

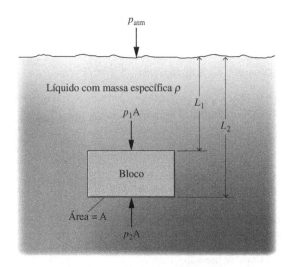

Fig. 1.11 Avaliação da força de empuxo para um corpo submerso.

1.6.3 Unidades de Pressão

A unidade de pressão e de tensão no SI é o pascal.

$$1 \text{ pascal} = 1 \text{ N/m}^2$$

Entretanto, múltiplos do pascal são frequentemente utilizados: o kPa, o bar e o MPa.

$$1 \text{ kPa} = 10^3 \text{ N/m}^2$$
$$1 \text{ bar} = 10^5 \text{ N/m}^2$$
$$1 \text{ MPa} = 10^6 \text{ N/m}^2$$

As unidades inglesas de uso corrente para a pressão e a tensão são a libra-força por pé quadrado, lbf/ft², e a libra-força por polegada quadrada, lbf/in².

Embora a pressão atmosférica varie com a localização na Terra, um valor-padrão de referência pode ser definido e utilizado para expressar outras pressões.

$$1 \text{ atmosfera padrão (atm)} = \begin{cases} 1,01325 \times 10^5 \text{ N/m}^2 \\ 14,696 \text{ lbf/in}^2 \\ 760 \text{ mmHg} = 29,92 \text{ inHg} \end{cases} \tag{1.13}$$

Como 1 bar (10⁵ N/m²) é aproximadamente igual a uma atmosfera-padrão, pode-se considerá-lo uma unidade de pressão conveniente, apesar de não ser uma unidade-padrão SI. Quando se está trabalhando no SI, o bar, o MPa e o kPa são utilizados neste texto.

Embora as pressões absolutas devam ser utilizadas nas relações termodinâmicas, dispositivos de medição de pressão frequentemente indicam a *diferença* entre a pressão absoluta de um sistema e a pressão absoluta da atmosfera existente, externa ao dispositivo de medida. A magnitude dessa diferença é chamada de pressão manométrica ou pressão de vácuo. O termo pressão manométrica é aplicado quando a pressão do sistema é maior do que a pressão atmosférica local, p_{atm}.

pressão manométrica
pressão de vácuo

$$p(\text{manométrica}) = p(\text{absoluta}) - p_{atm}(\text{absoluta}) \tag{1.14}$$

Quando a pressão atmosférica local é maior do que a pressão do sistema é utilizado o termo pressão de vácuo.

$$p(\text{vácuo}) = p_{atm}(\text{absoluta}) - p(\text{absoluta}) \tag{1.15}$$

TOME NOTA...
Neste livro, o termo pressão, a não ser que seja afirmado algo em contrário, refere-se à pressão absoluta.

Os engenheiros nos Estados Unidos frequentemente utilizam as letras a (absolute) e g (gage) para distinguir a pressão absoluta da manométrica. Por exemplo, as pressões absoluta e manométrica em libra-força por polegada quadrada são escritas como psia e psig, respectivamente. A relação entre os vários modos de expressar medidas de pressão é apresentada na Fig. 1.12.

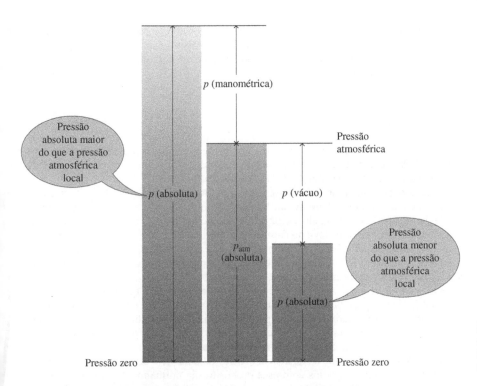

Fig. 1.12 Relação entre as pressões absoluta, atmosférica, manométrica e de vácuo.

BIOCONEXÕES Um em cada três americanos tem pressão alta. Como isso pode causar doenças do coração, derrames e outras complicações médicas sérias, os médicos recomendam a todos que a pressão sanguínea seja aferida de forma regular. A aferição da pressão consiste em determinar a pressão máxima (pressão sistólica) em uma artéria, quando o coração está bombeando sangue, e a pressão mínima (pressão diastólica), quando o coração está relaxado, cada uma expressa em milímetros de mercúrio, mmHg. As pressões sistólica e diastólica de pessoas saudáveis deveriam ser inferiores a cerca de 120 mmHg e 80 mmHg, respectivamente.

O aparato-padrão para aferir a pressão usado por décadas, envolvendo uma braçadeira inflável, um manômetro de mercúrio e um estetoscópio, está sendo gradualmente substituído devido à preocupação com a toxicidade do mercúrio em resposta às exigências especiais, incluindo o monitoramento durante o exercício clínico e durante a anestesia. Também para o uso domiciliar e o monitoramento próprio, muitos pacientes acham mais fácil usar dispositivos automáticos, que exibem os dados da pressão sanguínea de forma digital. Isso tem levado engenheiros biomédicos a repensar os equipamentos para aferir a pressão sanguínea e a desenvolver novas abordagens, livres de mercúrio e de estetoscópios. Uma delas utiliza um transdutor de pressão altamente sensível para detectar oscilações na pressão com uma braçadeira inflável colocada em torno do braço do paciente. O programa de monitoramento usa esses dados para calcular as pressões sistólica e diastólica, as quais são exibidas digitalmente.

1.7 Temperatura

Nesta seção a propriedade intensiva temperatura será considerada juntamente com as formas de mensurá-la. O conceito de temperatura, assim como o de força, se origina das nossas percepções sensoriais. Ele se encontra enraizado nas noções de corpo "quente" ou "frio". Usamos nosso sentido do tato para distinguir corpos quentes de frios e organizar os corpos em uma escala em função da ordem em que ele é "mais quente", decidindo que 1 é mais quente do que 2, que 2 é mais quente do que 3, e assim por diante. No entanto, por mais sensível que seja o tato humano, somos incapazes de avaliar essa qualidade de modo preciso.

Propriedades_ Ext_Int
A.3 – Aba e

É difícil estabelecer uma definição de temperatura em termos de conceitos que sejam definidos independentemente ou aceitos como básicos. Entretanto, é possível chegar a um objetivo entendendo a *igualdade* de temperatura levando em conta o fato de que, quando a temperatura de um corpo muda, outras propriedades também mudam.

Para ilustrar isso, considere dois blocos de cobre e suponha que nosso sentido nos diga que um é mais quente do que o outro. Se os blocos fossem colocados em contato e isolados de suas vizinhanças, eles iriam interagir de uma maneira que pode ser descrita como uma interação térmica (calórica). Durante essa interação seria observado que o volume do bloco mais aquecido decresceria um pouco com o tempo, enquanto o volume do bloco mais frio aumentaria com o tempo. No devido tempo não seriam observadas mudanças de volume, e os blocos quando sujeitos ao tato produziriam a mesma sensação térmica. De modo similar, seríamos capazes de observar que a resistência elétrica do bloco mais quente decresce com o tempo e que aquela do bloco mais frio aumenta com o tempo; no devido tempo, as resistências elétricas tornar-se-iam também constantes. Quando todas as mudanças em tais propriedades observáveis cessarem, a interação termina. Os dois blocos estão, dessa forma, em equilíbrio térmico. Considerações desse tipo nos levam a concluir que os blocos possuem uma propriedade física que determina se eles estão em equilíbrio térmico. Essa propriedade é chamada temperatura, e podemos postular que, quando os dois blocos estão em equilíbrio térmico, suas temperaturas são iguais.

interação térmica (calórica)

equilíbrio térmico
temperatura
lei zero da termodinâmica

É tópico de experiência verificar que, quando dois corpos estão em equilíbrio térmico com um terceiro, eles estão em equilíbrio térmico entre si. Este enunciado, que algumas vezes é denominado lei zero da termodinâmica, é tacitamente admitido em toda medição de temperatura. Então, se desejamos saber se dois corpos apresentam a mesma temperatura não é necessário colocá-los em contato e verificar se suas propriedades observáveis mudam com o tempo, como foi descrito anteriormente. É apenas necessário verificar se eles estão individualmente em equilíbrio térmico com um terceiro corpo. O terceiro corpo é usualmente um *termômetro*.

1.7.1 Termômetros

propriedade termométrica

Qualquer corpo com pelo menos uma propriedade mensurável que varia conforme sua temperatura evolui pode ser usado como um termômetro. Tal propriedade é chamada de propriedade termométrica. A substância específica que exibe mudanças na sua propriedade termométrica é conhecida como *substância termométrica*.

Um dispositivo familiar para a medição da temperatura é o termômetro de bulbo, ilustrado na Fig. 1.13a, que consiste em um tubo de vidro capilar conectado a um bulbo cheio de um líquido, como o mercúrio ou o álcool, e selado na outra extremidade. O espaço acima do líquido é ocupado pelo vapor do líquido ou por um gás inerte. Conforme a temperatura aumenta, o líquido se expande em volume e se eleva no capilar. O comprimento L do líquido no capilar depende da temperatura. Consequentemente, o líquido é a substância termométrica e L é a propriedade termométrica. Embora esse tipo de termômetro seja geralmente utilizado para medições rotineiras de temperatura, ele não é muito adequado para aplicações em que uma precisão extrema é necessária.

Sensores mais precisos, conhecidos como *termopares*, estão baseados no princípio de que, quando dois metais distintos são unidos uma força eletromotriz (fem), que é basicamente função da temperatura, será estabelecida em um circuito. Em certos termopares um dos fios é feito de platina com uma pureza especificada e o outro é uma liga de platina e ródio. Os termopares também utilizam cobre e constantan (uma liga de cobre e níquel) e ferro e constantan, e vários outros conjuntos de materiais. Outra classe importante de dispositivos de medição de temperatura é a dos sensores eletrorresistivos. Esses sensores são baseados no fato de que a resistência elétrica de uma série de materiais varia de uma maneira previsível com a temperatura. Os materiais usados com esse propósito são normalmente condutores (como platina, níquel ou cobre) ou semicondutores. Os dispositivos que usam condutores são conhecidos como *detectores termorresistivos*. Os que utilizam semicondutores são chamados de *termistores*. A Fig. 1.13b mostra um termômetro de resistência elétrica a bateria usado atualmente.

Uma variedade de instrumentos mede a temperatura através da radiação, tal como o termômetro de ouvido mostrado na Fig. 1.13c. Eles são conhecidos pelos termos *termômetros de radiação* e *pirômetros ópticos*. Este tipo de termômetro difere daqueles considerados anteriormente, pois não é necessário que ele entre em contato com o corpo cuja temperatura deve ser determinada, o que é uma vantagem quando se lida com corpos em movimento ou corpos com temperaturas extremamente altas.

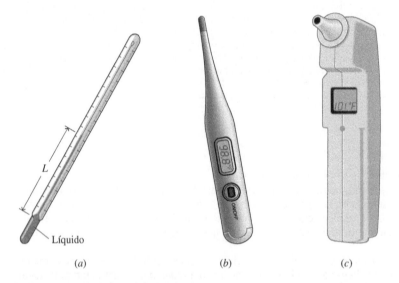

Fig. 1.13 Termômetros. (*a*) De bulbo. (*b*) Resistência elétrica. (*c*) Termômetro infravermelho de ouvido.

ENERGIA & MEIO AMBIENTE

Os termômetros de bulbo de mercúrio utilizados para a verificação de febre, antigamente usados por quase todos os médicos, são coisa do passado. A *Academia Americana de Pediatria* considerou o mercúrio como uma substância muito tóxica para estar presente nos domicílios familiares. Famílias estão adotando alternativas mais seguras e se livrando dos seus termômetros de mercúrio. O próprio ato de descartar os termômetros cria um problema, afirmam os peritos.

Após 110 anos servindo como principal elemento de calibração para termometria, o Instituto Nacional de Padrões e Tecnologia dos Estados Unidos (*National Institute of Standards and Technology* — NIST) determinou o fim da utilização dos termômetros de mercúrio em 2011, a fim de estimular a busca de alternativas para medir a temperatura, como os eletrônicos, de bulbo de álcool e de outras misturas líquidas patenteadas.

O descarte apropriado de milhões de termômetros de mercúrio é hoje um problema ambiental, dada a alta toxicidade do elemento, bem como ao fato de não ser biodegradável. O destino desses termômetros deve ser a reciclagem, visando à separação do metal e dos demais componentes para posterior aproveitamento, e não o lixo comum, onde podem quebrar e liberar mercúrio. O mercúrio pode ser reaproveitado em lâmpadas fluorescentes, interruptores e termostatos.

1.7.2 Escalas de Temperatura Kelvin e Rankine

Formas empíricas de medir a temperatura, tais como as consideradas na Seção 1.7.1, possuem limitações inerentes.

▶ POR EXEMPLO a tendência de o líquido congelar em um termômetro de bulbo sujeito a baixas temperaturas impõe um limite inferior na gama de temperaturas que podem ser medidas. Em altas temperaturas os líquidos evaporam, e dessa forma essas temperaturas também não podem ser determinadas por um termômetro de bulbo. Consequentemente, diversos termômetros *diferentes* seriam necessários para cobrir um amplo intervalo de temperatura. ◀ ◀ ◀ ◀ ◀

Tendo em vista as limitações dos meios empíricos para a medição da temperatura é desejável ter-se um procedimento de atribuição de valores para a temperatura, independente das propriedades de qualquer substância em particular ou de classes de substâncias. Tal escala é denominada escala *termodinâmica* de temperatura. A escala Kelvin é uma escala termodinâmica absoluta que fornece uma definição contínua de temperatura, válida em todos os intervalos de temperatura. A unidade de temperatura na escala Kelvin é o kelvin (K). O kelvin é a unidade-base SI para a temperatura. O melhor valor possível de temperatura em uma escala absoluta é zero.

escala Kelvin

Para o desenvolvimento da escala Kelvin é necessário o uso do princípio da conservação de energia e da segunda lei da termodinâmica; assim, discussões adicionais sobre esse tópico serão adiadas para a Seção 5.8, depois que esses princípios tiverem sido apresentados. No entanto, podemos notar que a escala Kelvin parte de 0 K, e valores inferiores a este não são definidos.

Por definição, a escala Rankine, cuja unidade é o grau Rankine (°R), é proporcional à temperatura Kelvin de acordo com

escala Rankine

$$T(°R) = 1{,}8T(K) \qquad (1.16)$$

Conforme evidenciado pela Eq. 1.16, a escala Rankine também é uma escala termodinâmica absoluta, com um zero absoluto que coincide com o zero absoluto da escala Kelvin. Nas relações termodinâmicas a temperatura é sempre expressa em termos das escalas Rankine ou Kelvin, a não ser que seja estabelecido de outra forma. Ainda assim, as escalas Celsius e Fahrenheit, consideradas a seguir, são frequentemente utilizadas.

1.7.3 Escalas Celsius e Fahrenheit

A Fig. 1.14 mostra a relação entre as escalas Kelvin, Rankine, Celsius e Fahrenheit, assim como os valores de temperatura correspondentes a três pontos fixos: o ponto triplo, o ponto de gelo e o ponto de vapor.

Com base em um acordo internacional, as escalas de temperatura são definidas por um valor numérico associado a um ponto fixo padrão, que é facilmente reprodutível. Trata-se do ponto triplo da água: o estado de equilíbrio entre vapor, gelo e água líquida (Seção 3.2). Por questão de conveniência, a temperatura neste ponto fixo padrão é definida como 273,16 kelvins, abreviado por 273,16 K. Isso faz com que o intervalo de temperatura entre o *ponto de gelo*[1] (273,15 K) e o *ponto de vapor*[2] seja igual a 100 K e, consequentemente, esteja em acordo com o intervalo na escala Celsius, que assinala 100 graus Celsius para essa diferença.

ponto triplo

A escala de temperatura Celsius usa como unidade o grau Celsius (°C), que possui a mesma magnitude do kelvin. Assim, as *diferenças* de temperatura em ambas as escalas são idênticas. No entanto, o ponto zero na escala Celsius é deslocado para 273,15 K, como ilustrado na seguinte relação entre a temperatura Celsius e a temperatura Kelvin

escala Celsius

$$T(°C) = T(K) - 273{,}15 \qquad (1.17)$$

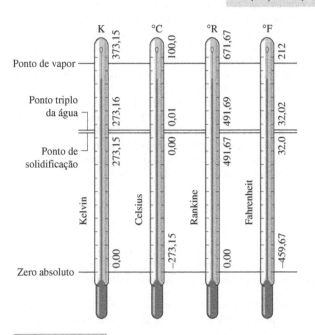

Fig. 1.14 Comparação entre escalas de temperaturas.

---
[1] O estado de equilíbrio entre gelo e água saturada à pressão de 1 atm.
[2] O estado de equilíbrio entre vapor e água líquida à pressão de 1 atm.

escala Fahrenheit

Disso pode-se concluir que na escala Celsius o *ponto triplo* da água é 0,01°C e que 0 K corresponde a –273,15°C. Esses valores estão apresentados na Fig. 1.14.

Um grau com a mesma magnitude do utilizado na escala Rankine é usado na escala Fahrenheit, mas o ponto zero é transladado de acordo com a relação

$$T(°F) = T(°R) - 459,67 \tag{1.18}$$

TOME NOTA...
Nos cálculos de engenharia é comum arredondar os últimos números das Eqs. 1.17 e 1.18 para 273 e 460, respectivamente. Isso é feito frequentemente neste livro.

Substituindo as Eqs. 1.17 e 1.18 na Eq. 1.16, obtém-se

$$T(°F) = 1,8T(°C) + 32 \tag{1.19}$$

Essa equação mostra que a temperatura Fahrenheit do ponto de solidificação (0°C) é 32°F e o do ponto de vapor (100°C) é 212°F. Os 100 graus Celsius ou Kelvin entre o ponto de gelo e o ponto de vapor correspondem a 180 graus Fahrenheit ou Rankine, como mostra a Fig. 1.14.

> **BIOCONEXÕES** A *criobiologia*, a ciência da vida a baixas temperaturas, compreende o estudo biológico de materiais e sistemas (proteínas, células, tecidos e órgãos) a temperaturas que vão desde a criogenia (abaixo de aproximadamente 120 k) até a hipotermia (temperatura baixa do corpo). Aplicações incluem liofilização na indústria farmacêutica, criocirurgias para remover tecido doente, estudo da adaptação de animais e plantas ao frio e armazenamento a longo prazo de células e tecidos (chamado de *criopreservação*).
> A criobiologia possui aspectos desafiadores para a engenharia devido às necessidades de refrigeradores capazes de alcançar as baixas temperaturas requeridas pelos pesquisadores. Refrigeradores que suportem as temperaturas criogênicas requeridas pela pesquisa em ambiente de baixa gravidade da Estação Espacial Internacional, mostrada na Tabela 1.1, são ilustrativos. Tais refrigeradores necessitam ser extremamente compactos e econômicos em termos de potência. Além do mais, eles não devem causar riscos. Pesquisas de ponta que requerem um congelador devem incluir o crescimento de cristais de proteína quase perfeitos, importante para a compreensão da estrutura e da função das proteínas e, por fim, para o projeto de novos medicamentos.

1.8 Projeto de Engenharia e Análise

A palavra *engenheiro* tem suas raízes no latim, em *ingeniare*, relativo à *invenção*. Hoje, a invenção continua a ser uma função fundamental para a engenharia, com muitos aspectos que vão desde o desenvolvimento de novos dispositivos até a abordagem de questões sociais complexas com o uso da tecnologia. Em busca de muitas dessas atividades, os engenheiros são chamados para projetar e analisar sistemas que tenham por objetivo atender às necessidades humanas. O projeto e a análise são considerados nesta seção.

1.8.1 Projeto

condicionantes de projeto

Um projeto de engenharia é um processo de tomada de decisão em que princípios extraídos da engenharia e de outros campos, como economia e estatística, são aplicados, usualmente de forma interativa, de modo a planejar um sistema, um componente de um sistema ou um processo. Os elementos básicos de um projeto incluem o estabelecimento de objetivos, síntese, análise, construção, testes e avaliações. Os projetos normalmente estão sujeitos a uma variedade de condicionantes associados a fatores econômicos, de segurança, de impacto ambiental, entre outros.

Os projetos geralmente têm origem a partir do reconhecimento de uma necessidade ou de uma oportunidade que, no começo, é apenas parcialmente entendida. Assim, antes da busca de soluções é importante definir os objetivos de um projeto. Os primeiros passos em um projeto de engenharia incluem a determinação quantitativa do desempenho e a identificação de projetos alternativos *factíveis* que atendam às especificações. Entre esses projetos factíveis existem, geralmente, um ou mais que são "melhores" de acordo com alguns critérios: custo mais baixo, maior eficiência, menor tamanho, menor peso etc. Outros fatores importantes na seleção de um projeto final incluem a confiabilidade, a possibilidade de manufatura e de manutenção e as considerações de mercado. Consequentemente, deve ser buscado um compromisso entre os vários critérios, e podem existir soluções alternativas de projeto que são viáveis.[3]

1.8.2 Análise

Um projeto demanda uma síntese: a seleção e a reunião de componentes de modo a formar um conjunto coordenado. No entanto, como cada componente individual pode variar em tamanho, desempenho, custo etc., é geralmente necessário submeter cada componente a um estudo ou a uma análise considerável antes que seja feita a escolha final.

▶ **POR EXEMPLO** um projeto proposto para um sistema de prevenção de incêndio poderia exigir uma tubulação correndo pelo teto juntamente com numerosos *sprinklers*. Uma vez que uma configuração global tenha sido determinada, é

---
[3]Para discussões adicionais, veja A. Bejan, G. Tsatsaronis e M. J. Moran, *Thermal Design and Optimization*, John Wiley & Sons, New York, 1996, Cap. 1.

necessária uma análise detalhada de engenharia para especificar o número e o tipo de *sprinklers*, o material da tubulação e os diâmetros dos tubos para os vários ramos do sistema. A análise também deve assegurar que todos os componentes formem um conjunto homogêneo de trabalho, ao mesmo tempo em que restrições importantes de custo, códigos e normas técnicas sejam atendidas. ◄ ◄ ◄ ◄ ◄

Os engenheiros frequentemente realizam análises, seja explicitamente, em função de um procedimento de projeto, seja por algum outro propósito. As análises envolvendo os tipos de sistemas considerados neste livro usam, direta ou indiretamente, uma ou mais de três leis básicas. Essas leis, que independem da substância ou do conjunto de substâncias em consideração, são:

1. princípio da conservação de massa
2. princípio da conservação de energia
3. segunda lei da termodinâmica

Além dessas leis, normalmente é necessário que se utilizem relações entre as propriedades da substância ou das substâncias em questão (Caps. 3, 6, 11 a 14). A segunda lei do movimento de Newton (Caps. 1, 2 e 9), relações como o modelo de Fourier para condução (Cap. 2) e os princípios de engenharia econômica (Cap. 7) também podem ser empregados.

Os primeiros passos em uma análise termodinâmica são a definição do sistema e a identificação das interações relevantes com as vizinhanças. O foco então se volta para as leis físicas pertinentes e para as relações que permitam que o comportamento do sistema seja descrito em termos de um modelo de engenharia. O objetivo da modelagem é o de obter uma representação simplificada do comportamento do sistema que seja suficientemente fiel para o propósito da análise, mesmo que muitos aspectos exibidos pelo sistema real sejam ignorados. Por exemplo, idealizações comumente usadas em mecânica para simplificar a análise e obter um modelo tratável incluem hipóteses de massas pontuais, polias sem atrito e vigas rígidas. Uma modelagem adequada demanda experiência, e é uma parte da *arte* da engenharia.

modelo de engenharia

A análise de engenharia é mais eficiente quando é feita de forma sistemática. Isso será considerado a seguir.

1.9 Metodologia para a Solução de Problemas de Termodinâmica

A meta principal deste livro-texto é ajudá-lo a aprender a resolver problemas de engenharia que envolvam os princípios da termodinâmica. Para atingir esse objetivo são fornecidos numerosos exemplos resolvidos, assim como problemas propostos ao final dos capítulos. É extremamente importante que você estude os exemplos *e* resolva os problemas, já que o domínio dos fundamentos decorre unicamente da prática.

De modo a maximizar os resultados de seu esforço, é necessário desenvolver uma abordagem sistemática. Você deve pensar cuidadosamente sobre sua solução e evitar a tentação de começar os problemas *pelo meio*, com a seleção de uma equação aparentemente apropriada, substituindo números de modo a "extrair" rapidamente um resultado com sua calculadora. Essa abordagem ao acaso de solução de problemas pode conduzir a dificuldades à medida que os problemas se tornarem mais complicados. Dessa forma, é fortemente recomendado que as soluções dos problemas sejam organizadas usando os *cinco passos* a seguir, que são empregados nos exemplos resolvidos deste texto.

❶ **Dado:** enuncie de forma sucinta, com suas próprias palavras, o que se conhece. Isto requer que você leia o problema cuidadosamente *e* pense sobre ele.

❷ **Pede-se:** enuncie concisamente, com suas próprias palavras, o que deve ser determinado.

❸ **Diagrama Esquemático e Dados Fornecidos:** desenhe um esboço do sistema a ser considerado. Decida se a análise mais apropriada deve ser feita utilizando-se o conceito de sistema fechado ou de volume de controle, e identifique cuidadosamente a fronteira. Adicione ao diagrama informações do enunciado do problema que sejam relevantes.

Liste todos os valores de propriedades que são fornecidos ou antecipe aqueles que podem ser necessários para cálculos subsequentes. Esboce diagramas de propriedades apropriados (veja Seção 3.2), localizando pontos-chave de estado e indicando, se possível, os processos executados pelo sistema.

A importância de bons esboços do sistema e de diagramas de propriedades não deve ser subestimada. Frequentemente eles são instrumentos que o ajudam a pensar claramente sobre o problema.

❹ **Modelo de Engenharia:** para formar um registro de como você modela o problema, liste todas as hipóteses simplificadoras e as idealizações feitas a fim de tornar o problema viável. Algumas vezes essa informação pode ser adicionada aos esboços do passo anterior. O desenvolvimento de um modelo apropriado é um aspecto-chave para o sucesso da solução do problema.

❺ **Análise:** usando as hipóteses e idealizações adotadas, simplifique as equações e as relações adequadas, colocando-as nas formas que irão produzir os resultados desejados.

É aconselhável trabalhar com as equações o máximo possível antes de substituir os dados numéricos. Após as equações serem simplificadas e colocadas em suas formas finais, analise-as de modo a determinar quais informações adicionais podem ser necessárias. Identifique as tabelas, os gráficos ou as equações de propriedades que forneçam os valores desejados. Esboços de diagramas de propriedades adicionais podem ser úteis neste ponto para esclarecer estados e processos.

Quando todas as equações e dados estiverem disponíveis, substitua os valores numéricos nas equações. Cuidadosamente verifique se o sistema de unidades empregado é consistente e apropriado. Realize, então, os cálculos necessários.

Finalmente, avalie se as magnitudes dos valores numéricos são razoáveis e se os sinais algébricos associados aos valores numéricos estão corretos.

O formato de solução de problemas usados neste texto tem por objetivo *guiar* o seu raciocínio, e não substituí-lo. Dessa forma, você deve evitar a aplicação mecânica desses cinco passos, já que somente isso traria poucos benefícios. Realmente, à medida que uma certa solução avança, você pode ter que retornar a um passo anterior e revisá-lo tendo em vista um melhor entendimento do problema. Por exemplo, poderia ser necessário adicionar ou suprimir uma hipótese, rever um esboço, determinar dados adicionais de propriedades, e assim por diante.

Os exemplos resolvidos fornecidos neste livro frequentemente possuem notas com vários comentários para ajudar na aprendizagem, inclusive comentários sobre o que foi aprendido, identificando aspectos-chave da solução e discutindo como resultados melhores podem ser obtidos mediante a eliminação de certas hipóteses.

Em alguns exemplos anteriores e problemas no final dos capítulos o roteiro de solução de problemas pode parecer desnecessário ou difícil. No entanto, à medida que os problemas se tornam mais complexos você verá que ele ajuda a reduzir erros, economiza tempo e fornece uma compreensão mais profunda do problema em questão.

O exemplo que se segue ilustra o uso dessa metodologia de solução, juntamente com importantes conceitos sobre sistema introduzidos previamente, incluindo a identificação das interações que ocorrem na fronteira.

▶▶▶ EXEMPLO 1.1 ▶

Usando a Metodologia de Solução e o Conceito de Sistemas

Um gerador eólico turboelétrico é montado no topo de uma torre. A eletricidade é gerada à medida que o vento incide constantemente através das pás da turbina. A saída elétrica do gerador alimenta uma bateria.

(a) Considerando apenas o gerador eólico turboelétrico como o sistema, identifique as posições nas fronteiras do sistema, onde o sistema interage com as vizinhanças. Descreva as mudanças que ocorrem no sistema com o tempo.

(b) Repita a análise para um sistema que inclui apenas a bateria.

SOLUÇÃO

Dado: um gerador eólico turboelétrico fornece eletricidade para uma bateria.

Pede-se: para um sistema que consiste em (a) um gerador eólico turboelétrico, (b) uma bateria, identifique os locais onde o sistema interage com as vizinhanças e descreva as mudanças que ocorrem no sistema com o tempo.

Diagrama Esquemático e Dados Fornecidos:

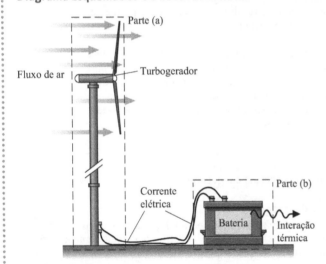

Modelo de Engenharia:

1. Na parte (a), o sistema é o volume de controle mostrado pela linha tracejada na figura.
2. Na parte (b), o sistema é o sistema fechado mostrado pela linha tracejada na figura.
3. A velocidade do vento é constante.

Fig. E1.1

Análise:

(a) Neste caso, a turbina eólica é estudada como um volume de controle, com fluxo de ar através da fronteira. Outra interação principal entre o sistema e as suas vizinhanças é a corrente elétrica que passa pelos fios. No entanto, sob um ponto de vista macroscópico essa interação não é considerada uma transferência de massa. Com um vento constante, o turbogerador possivelmente atingirá um regime permanente de operação, em que a velocidade de rotação das pás é constante e gera uma corrente elétrica constante.

❶ **(b)** Neste caso, a bateria é estudada como um sistema fechado. A principal interação entre o sistema e suas vizinhanças é a corrente elétrica que passa pela bateria através da fiação. Conforme discutido na parte (a), esta interação não é considerada uma transferência de massa. À medida que a bateria é carregada e ocorrem reações químicas em seu interior, a temperatura da superfície da bateria pode se tornar um pouco elevada, e uma interação térmica entre a bateria e suas vizinhanças pode ocorrer. Essa interação possui possivelmente uma importância secundária. Além disso, conforme a bateria é carregada, seu estado muda com o tempo. A bateria não está em regime permanente.

✓ **Habilidades Desenvolvidas**

Habilidades para...
- ☐ aplicar a metodologia de solução de problemas usada neste livro.
- ☐ definir um volume de controle e identificar as interações que ocorrem em sua fronteira.
- ☐ definir um sistema fechado e identificar as interações que ocorrem em sua fronteira.
- ☐ distinguir uma operação em regime permanente de uma operação em regime não permanente.

① Usando termos familiares vistos no curso de Física, o sistema da parte (a) envolve a *conversão* de energia cinética em eletricidade, enquanto o sistema da parte (b) envolve o *armazenamento* de energia no interior da bateria.

> **Teste-Relâmpago** Pode-se considerar que um sistema *geral*, que consiste no turbogerador e na bateria, opera em regime permanente? Explique. **Resposta:** Não. Um sistema está em regime permanente apenas se nenhuma de suas propriedades varia com o tempo.

RESUMO DO CAPÍTULO E GUIA DE ESTUDOS

Neste capítulo apresentamos alguns dos conceitos fundamentais e definições usados no estudo da termodinâmica. Os princípios da termodinâmica são aplicados por engenheiros para analisar e projetar uma grande variedade de dispositivos destinados a atender às necessidades humanas.

Um aspecto importante da análise termodinâmica é o de identificar sistemas e descrever o comportamento de sistemas em termos de propriedades e de processos. Três propriedades importantes discutidas neste capítulo são: o volume específico, a pressão e a temperatura.

Em termodinâmica consideramos sistemas em estados de equilíbrio e sistemas que passam por processos (mudanças de estado). Estudamos processos nos quais os estados intermediários não são estados de equilíbrio e processos em que o desvio do equilíbrio é desprezível.

Neste capítulo, introduzimos as unidades de massa, comprimento, tempo, força e temperatura no SI e no sistema inglês de engenharia. É necessário se familiarizar com ambos os sistemas de unidades durante o uso deste livro. Os *fatores de conversão* podem ser encontrados no início do livro.

O Cap. 1 foi finalizado com discussões sobre como a termodinâmica pode ser usada em um projeto de engenharia e como resolver problemas de termodinâmica de uma forma sistemática.

Este livro possui várias características que facilitam o estudo e contribuem para uma melhor compreensão. Para uma visão geral, veja *Como Usar Este Livro de Forma Eficaz*, no início do livro.

Os itens a seguir fornecem um guia de estudo para este capítulo. Ao término do estudo do texto e dos exercícios dispostos no final do capítulo você estará apto a

▶ descrever o significado dos termos dispostos em negrito ao longo do capítulo e entender cada um dos conceitos relacionados. O conjunto de conceitos fundamentais listados mais adiante é particularmente importante para os capítulos subsequentes.

▶ identificar uma fronteira apropriada de um sistema e descrever as interações entre o sistema e suas vizinhanças.

▶ trabalhar em uma base molar utilizando a Eq. 1.8.

▶ usar as unidades de massa, comprimento, tempo, força e temperatura no SI e no sistema inglês de engenharia e aplicar apropriadamente a segunda lei de Newton, Eqs. 1.16-1.19.

▶ aplicar a metodologia de solução de problemas discutida na Seção 1.9.

CONCEITOS FUNDAMENTAIS NA ENGENHARIA

equilíbrio	processo	temperatura
escala Kelvin	propriedade	vizinhanças
escala Rankine	propriedade extensiva	volume de controle
estado	propriedade intensiva	volume específico
fronteira	sistema	
pressão	sistema fechado	

EQUAÇÕES PRINCIPAIS

$n = m/M$	(1.8)	Relação entre quantidades de matéria em uma base mássica, m, e uma base molar, n.
$T(°R) = 1{,}8T(K)$	(1.16)	Relação entre as temperaturas Rankine e Kelvin.
$T(°C) = T(K) - 273{,}15$	(1.17)	Relação entre as temperaturas Celsius e Kelvin.
$T(°F) = T(°R) - 459{,}67$	(1.18)	Relação entre as temperaturas Fahrenheit e Rankine.
$T(°F) = 1{,}8T(°C) + 32$	(1.19)	Relação entre as temperaturas Fahrenheit e Celsius.

EXERCÍCIOS: PONTOS DE REFLEXÃO PARA OS ENGENHEIROS

1. Em 1998, devido a uma confusão envolvendo unidades, a sonda *Mars Climate Orbiter* lançada pela Nasa saiu de curso e se perdeu ao entrar na atmosfera de Marte. Que confusão foi essa?

2. Os centros cirúrgicos de hospitais normalmente têm uma *pressão positiva* em relação aos espaços adjacentes. O que isso significa e por que isso é feito?

3. O compartimento onde fica o piloto de carros de corrida pode alcançar 60°C durante uma corrida. Por quê?
4. O que causa alterações na pressão atmosférica?
5. Por que, em aeronaves comerciais, a cabine de passageiros é pressurizada durante o voo?
6. Laura toma o elevador no décimo andar do prédio em que trabalha para descer ao saguão. Ela deveria esperar que a pressão do ar entre os dois níveis fosse muito diferente?
7. Como fazem os dermatologistas para remover lesões pré-cancerosas na pele através da *criocirurgia*?
8. Quando se caminha com os pés descalços de um tapete para um piso com azulejos de cerâmica, os azulejos parecem *mais frios* do que o tapete mesmo que ambas as superfícies estejam na mesma temperatura. Explique.
9. Por que a temperatura da água do mar sofre variação com a profundidade?
10. As pressões *sistólica* e *diastólica* registradas na aferição da pressão sanguínea são absolutas, manométricas ou de vácuo?
11. Como funciona um termômetro infravermelho?
12. De que forma uma medida de pressão de 14,7 psig difere de uma medida de pressão de 14,7 psia?
13. O que é um *nanotubo*?
14. Se um sistema está em regime permanente, isso significa que suas propriedades intensivas são uniformes em relação à posição ao longo do sistema *ou* são constantes com o tempo? Tais propriedades apresentam ambos os comportamentos, são uniformes com a posição *e* constantes com o tempo? Explique.

▶ VERIFICAÇÃO DE APRENDIZADO

Nos problemas de 1 a 10, correlacione as colunas.

1. __ Fronteira
2. __ Sistema fechado
3. __ Volume de controle
4. __ Propriedade extensiva
5. __ Propriedade intensiva
6. __ Processo
7. __ Propriedade
8. __ Estado
9. __ Vizinhanças
10. __ Sistema

A. A condição de um sistema descrito por suas propriedades
B. A região do espaço em que pode ocorrer fluxo de massa
C. Aquilo que está sob estudo
D. Uma transformação entre estados
E. Uma propriedade para a qual o valor em um sistema é a soma dos valores das partes nas quais ele pode ser dividido
F. Tudo aquilo externo ao sistema
G. Uma quantidade fixa de matéria
H. Uma propriedade cujo valor independe do tamanho de um sistema e pode variar geometricamente a qualquer momento
I. Distingue o sistema de suas vizinhanças
J. Uma característica macroscópica do sistema para a qual um valor numérico pode ser atribuído em um dado momento sem o conhecimento do comportamento anterior

11. Um tipo especial de sistema fechado que não interage de forma nenhuma com as vizinhanças é um _____ .
12. Descreva a diferença entre volume específico expresso em uma base *mássica* e *molar*.
13. Um sistema é dito em _____ se nenhuma das suas propriedades sofre alteração com o tempo.
14. Um volume de controle é um sistema que:
    (a) sempre contém a mesma matéria.
    (b) permite a transferência de matéria através da fronteira.
    (c) não interage de forma alguma com as vizinhanças.
    (d) sempre possui volume constante.
15. Qual é o objetivo de um *modelo de engenharia* na análise termodinâmica?
16. _____ é a pressão referenciada à pressão zero do vácuo absoluto.
17. Um gás armazenado em um sistema pistão-cilindro passa pelo Processo 1-2-3 mostrado no diagrama *pressão-volume* na Fig. P1.17C. O Processo 1-2-3 é

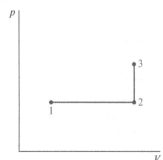

Fig. P1.17C

(a) um processo sob volume constante seguido de uma compressão sob pressão constante.
(b) uma compressão sob pressão constante seguida de um processo sob volume constante.
(c) um processo sob volume constante seguido de uma expansão sob pressão constante.
(d) uma expansão sob pressão constante seguida de um processo sob volume constante.
18. A frase "Quando dois objetos estão em equilíbrio térmico com um terceiro objeto, eles estão em equilíbrio entre si" é chamada _____ .
19. Unidades SI incluem
    (a) kg, m, N.
    (b) K, m, s.
    (c) s, m, lbm.
    (d) K, N, s.
20. Explique por que a pressão *manométrica* apresenta sempre um valor menor aquele correspondente para a pressão *absoluta*.
21. Um sistema está em estado permanente se:
    (a) nenhuma de suas propriedades muda com o tempo.
    (b) nenhuma de suas propriedades muda com a localização no sistema.
    (c) nenhuma de suas propriedades muda com o tempo ou a localização no sistema.
    (d) nenhuma das anteriores.
22. Um sistema com uma massa de 150 lb passa por um processo no qual sua elevação em relação à superfície da Terra aumenta em 500 ft. Se a aceleração da gravidade é 30 ft/s², o peso desse sistema no estado final será de _____ lbf.
23. Classifique os itens mostrados na Fig. P1.23C (*a-g*), que mostra um diagrama pressão-volume específico, como *propriedade*, *estado* ou *processo*.

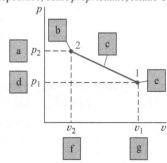

Fig. P1.23C

24. Quando um sistema é isolado,
    (a) sua massa permanece constante.
    (b) sua temperatura pode mudar.
    (c) sua pressão pode mudar.
    (d) todas as anteriores.
25. A pressão resultante atuando sobre um corpo parcial ou totalmente submerso em um líquido é a _____.
26. A lista que contém somente propriedades intensivas é:
    (a) volume, temperatura, pressão.
    (b) volume específico, massa, volume.
    (c) pressão, temperatura, volume específico.
    (d) massa, temperatura, pressão.

Indique verdadeiro ou falso para as afirmações a seguir. Explique.

27. A pressão manométrica indica a diferença entre a pressão do sistema e a pressão absoluta da atmosfera fora do dispositivo de medida.
28. Sistemas podem ser estudados apenas sob um ponto de vista macroscópico.
29. Quilograma, segundo, pé e Newton são unidades do SI.
30. Temperatura é uma propriedade extensiva.
31. Massa é uma propriedade intensiva.
32. O valor da temperatura expresso em graus Celsius é sempre maior que aquele expresso na escala Kelvin.
33. Propriedades intensivas podem ser funções tanto da posição quanto do tempo, enquanto propriedades extensivas podem variar apenas com o tempo.
34. Dispositivos para determinação de pressão incluem barômetros e manômetros.
35. As escalas Kelvin e Rankine são, ambas, escalas absolutas de temperatura.
36. Se um sistema está isolado de suas vizinhanças e não ocorrem alterações nas suas propriedades observáveis, então o sistema estava em equilíbrio no momento em que foi isolado.
37. O volume específico é o inverso da densidade.
38. Volume é uma propriedade extensiva.
39. A libra-força (lbf) é igual à libra-massa (lbm).
40. O valor da temperatura expresso na escala Rankine é sempre maior que o correspondente na escala Fahrenheit.
41. Pressão é uma propriedade intensiva.
42. Um sistema fechado sempre contém a mesma matéria; não há transferência de matéria através da fronteira.
43. Um nanossegundo equivale a 10^9 segundos.
44. Um volume de controle é um tipo especial de sistema fechado o qual não interage de forma alguma com as vizinhanças.
45. Quando um sistema fechado é submetido a um processo entre dois estados, a variação na temperatura entre o estado final e inicial independe dos detalhes do processo.
46. Órgãos como o coração, que têm seu volume alterado durante o funcionamento normal, podem ser estudados como volumes de controle.
47. 1 N equivale a 1 kg·m/s², mas 1 lbf não equivale a 1 lb·ft/s².
48. Um recipiente contendo 0,5 kg de oxigênio (O_2) contém 16 lb de O_2.
49. Volume específico, o volume por unidade de massa, é uma propriedade intensiva, mesmo sendo volume e massa propriedades extensivas.
50. Um manômetro indicaria 0,2 atm para um sistema que estivesse sob 1,2 atm, se este sistema estivesse ao nível do mar.
51. O quilograma e o metro são exemplos de unidades SI baseadas em objetos fabricados.
52. Em graus Rankine, um valor de temperatura é menor que em graus Kelvin.
53. Se o valor de *qualquer* propriedade de um sistema muda com o tempo, este sistema não está em estado permanente.
54. De acordo com o princípio de Arquimedes, a magnitude da força de empuxo atuando sobre um corpo submerso é igual ao peso do corpo.
55. A composição de um sistema fechado não muda.
56. Temperatura é a propriedade igual entre dois sistemas que se encontram em equilíbrio térmico.
57. O volume de um sistema fechado pode variar.
58. A unidade de pressão psia indica a pressão absoluta expressa em lbf/in².

▶ PROBLEMAS: DESENVOLVENDO HABILIDADES PARA ENGENHARIA

Explorando Conceitos sobre Sistemas

1.1 Usando a Internet, obtenha informações sobre a operação de uma aplicação listada na Tabela 1.1. Obtenha informações suficientes para fornecer uma descrição completa da aplicação, juntamente com os aspectos relevantes da termodinâmica. Apresente os resultados de sua pesquisa em um memorando.

1.2 Conforme ilustrado na Fig. P1.2, água circula através de um sistema de tubulação, suprindo várias necessidades domésticas. Considerando o aquecedor de água como um sistema, identifique os locais na fronteira do sistema, onde o sistema interage com suas vizinhanças e descreva as ocorrências significativas no interior do sistema. Repita a análise para a lavadora de louças e para o chuveiro. Apresente suas conclusões em um memorando.

1.3 Muitos monumentos e praças incluem instalações como fontes, lagos artificiais (ou naturais), quedas d'água, espelhos d'água etc. Escolha um monumento ou uma praça. Pesquise na internet a história desse lugar e sua estrutura e desenho arquitetônico. Identifique uma fronteira adequada para a água e determine se a água deve ser tratada como um sistema fechado ou um volume de controle. Descreva os dispositivos necessários para conseguir o efeito desejado e para manter a qualidade da água. Prepare uma apresentação de 5 minutos resumindo sua pesquisa e apresente para sua turma.

Trabalhando com Unidades

1.4 Realize as seguintes conversões de unidades:
   (a) 1 L para in³
   (b) 650 J para Btu
   (c) 0,135 kW para ft · lbf/s
   (d) 378 g/s para lb/min
   (e) 304 kPa para lbf/in²
   (f) 55 m³/h para ft³/s
   (g) 50 km/h para ft/s
   (h) 8896 N para tonelada (= 2000 lbf)

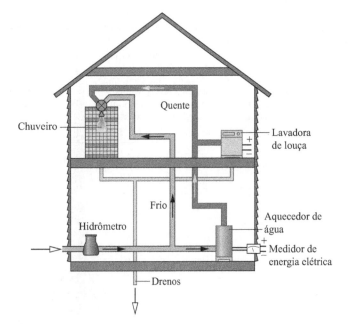

Fig. P1.2

24 Capítulo 1

1.5 Realize as seguintes conversões de unidades:
(a) 122 in³ para L
(b) 778,17 ft · lbf para kJ
(c) 100 HP para kW
(d) 1000 lb/h para kg/s
(e) 29,392 lbf/in² para bar
(f) 2500 ft³/min para m³/s
(g) 75 milhas/h para km/h
(h) 1 tonelada (= 2000 lbf) para N

1.6 Qual dos seguintes objetos pesa aproximadamente 1 N?
a. um grão de arroz.
b. um morango pequeno.
c. uma maçã de tamanho médio.
d. uma melancia grande.

Trabalhando com Força e Massa

1.7 Uma pessoa cuja massa é 150 lb (68,0 kg) pesa 144,4 lbf (642,3 N). Determine (a) a aceleração *local* da gravidade em ft/s² e (b) a massa da pessoa, em lb, e o peso, em lbf, se $g = 32,174$ ft/s² (9,8 m/s²).

1.8 A espaçonave *Phoenix*, com massa de 350 kg, foi usada na exploração de Marte. Determine o peso da *Phoenix*, em N, (a) na superfície de Marte, onde a aceleração da gravidade é 3,73 m/s², e (b) na Terra, onde a aceleração da gravidade é 9,81 m/s².

1.9 Os pesos atômico e molecular de algumas substâncias de uso corrente estão listados nas tabelas do Apêndice A-1 e A-1E. Usando os dados da tabela apropriada, determine
(a) a massa, em kg, de 20 kmol de cada uma das seguintes substâncias: ar, C, H_2O e CO_2.
(b) o número de lbmol em 50 lb (22,7 kg) de cada uma das seguintes substâncias: H_2, N_2, NH_3, e C_3H_8.

1.10 Em vários acidentes frontais severos de automóveis uma desaceleração de 60 g ou mais ($g = 32,2$ ft/s² = 9,8 m/s²) frequentemente resulta em uma fatalidade. Que força, em lbf, age sobre uma criança cuja massa é de 50 lb (22,7 kg), quando sujeita a uma desaceleração de 60 g?

1.11 No supermercado você coloca uma abóbora com uma massa de 12,5 lb (5,7 kg) em uma balança de mola para produtos. A mola da balança opera de tal forma que para cada 4,7 lbf (20,9 N) aplicada, a mola alonga uma polegada. Se a aceleração local da gravidade é de 32,2 ft/s² (9,8 m/s²), que distância, em polegadas, a mola alongou?

1.12 Uma mola se comprime de 0,14 in (0,004 m) para cada 1 lbf (4,4 N) de força aplicada. Determine a massa de um objeto, em libras, que causa uma deflexão da mola de 1,8 in (0,05 m). A aceleração local da gravidade é dada por $g = 31$ ft/s² (9,4 m/s²).

1.13 Em uma certa altitude, o piloto de um balão tem uma massa de 120 lb (54,4 kg) e um peso de 119 lbf (529,3 N). Qual é a aceleração local da gravidade, em ft/s², nesta altitude? Se o balão flutuar para uma outra altitude, onde $g = 32,05$ ft/s² (9,8 m/s²), qual será seu peso, em lbf, e a massa, em lb?

1.14 Estime a magnitude da força, em lbf, exercida sobre um ganso de 12 lb (5,4 kg), em uma colisão de 10^{-3} s de duração com um avião decolando a 150 milhas por hora.

1.15 Determine a força aplicada para cima, em lbf, necessária para acelerar um modelo de foguete de 4,5 lb (2,0 kg) verticalmente para cima, conforme ilustrado na Fig. P1.15, com uma aceleração de 3 g. A única outra força significativa que atua no foguete é a gravidade, e 1 $g = 32,2$ ft/s² (9,8 m/s²).

$m = 4,5$ lb
$a = 3g$

Fig. P1.15

1.16 Um objeto cuja massa é de 50 lb (22,7 kg) é projetado para cima por uma força de 10 lbf (44,5 N). A única força que atua sobre o objeto é a força da gravidade. A aceleração da gravidade é $g = 32,2$ ft/s² (9,8 m/s²). Determine a aceleração resultante do objeto, em ft/s². A aceleração resultante é para cima ou para baixo?

1.17 Um satélite de comunicação pesa 4400 N na Terra, onde $g = 9,81$ m/s². Qual o peso do satélite, em N, quando em órbita em torno da Terra, em uma posição onde a aceleração da gravidade é 0,224 m/s²? Expresse cada peso em lbf.

1.18 Usando os dados da aceleração local da gravidade da Internet, determine o peso, em N, de uma pessoa cuja massa é de 80 kg morando em:
(a) Cidade do México, México
(b) Cape Town, África do Sul
(c) Tóquio, Japão
(d) Chicago, IL
(e) Copenhagen, Dinamarca

1.19 Uma cidade tem uma torre de água com uma capacidade de 1 milhão de galões de armazenamento. Se a massa específica da água é 62,4 lb/ft³ (999,5 kg/m³) e a aceleração local da gravidade é de 32,1 ft/s² (9,8 m/s²), qual é a força, em lbf, que a base estrutural deve apresentar para suportar a água na torre?

Usando Volume Específico, Volume e Pressão

1.20 Um sistema fechado que consiste em 0,5 kmol de amônia ocupa um volume de 6 m³. Determine (a) o peso do sistema, em N, e (b) o volume específico, em m³/kmol e m³/kg. Considere $g = 9,81$ m/s².

1.21 Uma amostra de 2 lb de um líquido desconhecido ocupa um volume de 62,6 in³. Determine (a) o volume específico, em ft³/lb, e (b) a densidade, em lb/ft³.

1.22 Um recipiente fechado com volume de 1 litro contém $2,5 \times 10^{22}$ moléculas de vapor de amônia. Determine para a amônia (a) a quantidade presente, em kg e kmol, e (b) o volume específico, em m³/kg e m³/kmol.

1.23 O volume específico de 5 kg de vapor d'água a 1,5 MPa e 440°C é 0,2160 m³/kg. Determine (a) o volume, in m³, ocupado pelo vapor, (b) a quantidade presente, em mol, e (c) o número de moléculas.

1.24 A pressão do gás contido no conjunto cilindro-pistão da Fig. 1.1 varia com seu volume de acordo com $p = A + (B/V)$, onde A e B são constantes. Se a pressão está em lbf/ft² e o volume está em ft³, quais são as unidades de A e B?

1.25 Conforme ilustrado na Fig. P1.25, um gás está contido em um conjunto cilindro-pistão. A massa do pistão e a área transversal estão indicados por m e A, respectivamente. A única força agindo sobre o topo do pistão é devida à pressão atmosférica, p_{atm}. Considerando que o pistão se move suavemente no cilindro e que a aceleração local da gravidade g é constante, mostre que a pressão do gás que age na parte inferior do pistão permanece constante conforme o volume do gás varia. O que faria com que o volume do gás variasse?

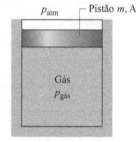

Fig. P1.25

1.26 Um conjunto cilindro-pistão vertical, como ilustrado na Fig. P1.26, contendo um gás é colocado sobre uma placa quente. O pistão inicialmente repousa sobre os batentes. Com o início do aquecimento, a pressão do gás aumenta. Em que pressão, em bar, o pistão começa a subir? Considere que o pistão se move suavemente no cilindro e que $g = 9,81$ m/s².

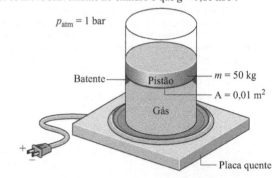

Fig. P1.26

1.27 Um sistema que consiste em 3 kg de um gás em um conjunto cilindro-pistão sofre um processo durante o qual a relação entre a pressão e o volume específico é dada por $pv^{0,5} = constante$. O processo inicia com $p_1 = 250$ kPa, $V_1 = 1,5$ m³ e termina com $p_2 = 100$ kPa. Determine o volume específico final, em m³/kg. Represente o processo em um gráfico de pressão *versus* o volume específico.

1.28 Um sistema fechado que consiste em 4 lb (1,814 kg) de um gás sofre um processo durante o qual a relação entre a pressão e o volume é dada por $pV^n = constante$. O processo se inicia com $p_1 = 15$ lbf/in² (103.421 Pa), $v_1 = 1,25$ ft³/lb (0,28 m³) e termina com $p_2 = 53$ lbf/in² (365.422 Pa), $v_2 = 0,5$ ft³/lb (0,08 m³). Determine (a) o volume, em ft³, ocupado pelo gás nos estados 1 e 2, e (b) o valor de *n*. Esboce os Processos 1-2 em um gráfico pressão-volume.

1.29 Um sistema que consiste em monóxido de carbono (CO) em um conjunto cilindro-pistão, inicialmente a $p_1 = 200$ lbf/in² (1379, 0 kPa), ocupa um volume de 2,0 m³. O monóxido de carbono é expandido para $p_2 = 40$ lbf/in² (275,8 kPa) e um volume final de 3,5 m³. Durante o processo, a relação entre a pressão e o volume é linear. Determine o volume, em ft³, em um estado intermediário em que a pressão é de 150 lbf/in² (1034, 2 kPa), e esboce o processo em um gráfico de pressão *versus* volume.

1.30 A Fig. P1.30 ilustra um gás contido em um conjunto cilindro-pistão pistão vertical. Um eixo vertical, cuja área transversal é de 0,8 cm² é preso no topo do pistão. Determine a magnitude da força F, em N, que age sobre o eixo, necessária se a pressão do gás for de 3 bar. As massas do pistão e do eixo são 24,5 kg e 0,5 kg, respectivamente. O diâmetro do pistão é de 10 cm. A pressão atmosférica local é 1 bar. Considere que o pistão se move suavemente no cilindro e que $g = 9,81$ m/s².

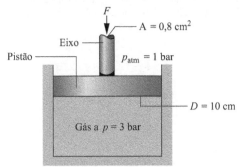

Fig. P1.30

1.31 Um gás contido em um conjunto cilindro-pistão sofre três processos em série:

Processo 1-2: Expansão sob pressão constante a 1 bar de $V_1 = 0,5$ m³ até $V_2 = 2$ m³

Processo 2-3: Volume constante até 2 bar

Processo 3-4: Compressão sob pressão constante até 1 m³

Processo 4-1: Compressão com $pV^{-1} = constante$

Represente esquematicamente o processo em um diagrama p-V mostrando cada processo.

1.32 Considere a Fig. 1.7,
(a) para a pressão no tanque de 1,5 bar e a pressão atmosférica de 1 bar, determine *L*, em metros, para a água com massa específica de 997 kg/m³, como o líquido do manômetro. Considere $g = 9,81$ m/s².
(b) determine *L*, em cm, se o líquido do manômetro for o mercúrio com massa específica de 13,59 g/cm³ e a pressão do gás for 1,3 bar. Um barômetro indica que a pressão atmosférica local é 750 mmHg. Considere $g = 9,81$ m/s².

1.33 A Fig. P1.33 mostra um tanque de armazenamento de gás natural. Em uma sala de instrumentação ao lado, um manômetro de tubo em U de mercúrio em comunicação com o tanque de armazenamento indica uma leitura $L = 1,0$ m. Considerando que a pressão atmosférica é 101 kPa, massa específica do mercúrio é 13,59 g/cm³ e $g = 9,81$ m/s², determine a pressão do gás natural, em kPa.

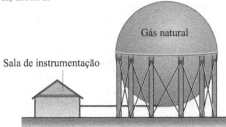

Fig. P1.33

1.34 Conforme ilustrado na Fig. P1.34, a saída de um compressor de gás está ligada a um tanque receptor, mantendo o conteúdo do tanque a uma pressão de 200 kPa. Para a pressão atmosférica local de 1 bar, qual é a leitura do manômetro de Bourdon montado na parede do tanque, em kPa? Esta é uma pressão de *vácuo* ou uma pressão *manométrica*? Explique.

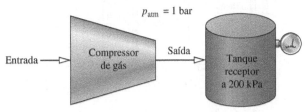

Fig. P1.34

1.35 O barômetro apresentado na Fig. P1.35 contém mercúrio ($\rho = 13,59$ g/cm³). Se a pressão atmosférica local é de 100 kPa e $g = 9,81$ m/s², determine a altura da coluna de mercúrio, *L*, em mmHg e inHg.

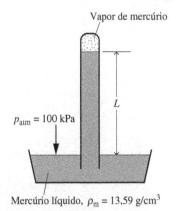

Fig. P1.35

1.36 Querosene líquido escoa através de um *medidor Venturi*, conforme ilustrado na Fig. P1.36. A pressão do querosene no tubo suporta colunas de querosene que diferem de 12 cm de altura. Determine a diferença de pressão entre os pontos a e b, em kPa. A pressão aumenta ou diminui enquanto o querosene escoa do ponto a para o b e o diâmetro do tubo diminui? A pressão atmosférica é de 101 kPa, o volume específico do querosene é de 0,00122 m³/kg e a aceleração da gravidade é $g = 9,81$ m/s².

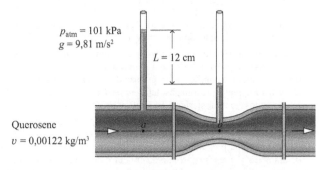

Fig. P1.36

1.37 A Fig. P1.37 mostra um tanque no interior de um outro, cada um contendo ar. O manômetro de pressão A, que indica a pressão no tanque A, está localizado no interior do tanque B e registra 5 psig (vácuo). O manômetro de tubo em U conectado ao tanque B contém uma coluna de água $L = 10$ in. Usando os dados do diagrama, determine as pressões absolutas do ar dentro do tanque B e dentro do tanque A, ambas psia. A pressão atmosférica nas vizinhanças do tanque B é 14,7 psia. A aceleração da gravidade é $g = 32,2$ ft/s².

1.38 Conforme ilustrado na Fig. P1.38, um veículo de exploração submarina submerge de uma profundidade de 1000 ft (304,8 m). Considerando que a pressão atmosférica na superfície é de 1 atm, a massa específica da água é de 62,4 lb/ft³ (999,5 kg/m³) e $g = 32,2$ ft/s² (9,8 m/s²), determine a pressão sobre o veículo em atm.

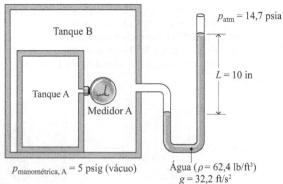

Fig. P1.37

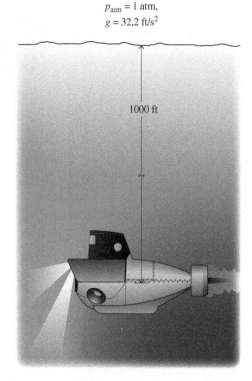

Fig. P1.38

1.39 Mostre que a pressão atmosférica padrão de 760 mmHg equivale a 101,3 kPa. A densidade do mercúrio é 13.590 kg/m³ e $g = 9,81$ m/s².

1.40 Um gás entra em um compressor que proporciona uma razão de pressão (entre a pressão de saída e a de entrada) igual a 8. Considerando que um manômetro indica que a pressão do gás na entrada é de 5,5 psig (37.921 Pa), qual a pressão absoluta, em psia, do gás na saída? Considere que a pressão atmosférica é 14,5 lbf/in² (99.975 Pa).

1.41 Como mostrado na Fig. P1.41, um conjunto pistão-cilindro orientado verticalmente contendo ar encontra-se em equilíbrio estático. A atmosfera exerce uma pressão de 14,7 lbf/in² no topo do pistão, que tem 6 in de diâmetro. A pressão absoluta do ar dentro do cilindro é de 16 lbf/in². A aceleração local da gravidade é $g = 32,2$ ft/s². Determine (a) a massa do pistão, em lb, e (b) a pressão manométrica do ar no cilindro, em psig.

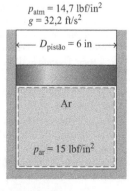

Fig. P1.41

1.42 Um conjunto pistão-cilindro orientado verticalmente, contendo ar, encontra-se em equilíbrio estático. A atmosfera exerce uma pressão de 101 kPa sobre o pistão, que tem 0,5 m de diâmetro. A pressão manométrica do ar no interior do cilindro é 1,2 kPa e a aceleração da gravidade é 9,81 m/s². Um peso é adicionado ao topo do pistão, causando movimento até que o sistema alcance um novo equilíbrio. Nesta posição, a pressão manométrica do ar no interior do cilindro é 2,8 kPa. Determine (a) a massa do pistão em kg e (b) a massa do peso adicionado, também em kg.

1.43 A pressão da água em um encanamento geral de água localizado no nível da rua pode ser insuficiente para que a água alcance os andares superiores de edifícios altos. Nesse caso, a água pode ser bombeada para cima, em direção a um tanque que abastece o edifício de água por gravidade. Para um tanque de armazenamento aberto, no topo de um edifício de 300 ft (91,4 m) de altura, determine a pressão, em lbf/in², no fundo do tanque quando contém água até uma profundidade de 20 ft (6,1 m). A massa específica da água é de 62,2 lb/ft³ (996,3 kg/m³), $g = 32,0$ ft/s² (9,7 m/s²), e a pressão atmosférica local é de 14,7 lbf/in² (101.354 Pa).

1.44 A Fig. P1.44 mostra um tanque de 4 m de diâmetro usado para coletar água da chuva. Como ilustrado na figura, a profundidade do tanque varia linearmente de 3,5 m em seu centro a 3 m ao longo do perímetro. A pressão atmosférica local é de 1 bar, a aceleração da gravidade é de 9,8 m/s² e a massa específica da água é 987,1 kg/m³. Considerando que o tanque está cheio de água, determine
(a) a pressão, em kPa, na parte inferior central do tanque.
(b) a força total, em kN, que age sobre o fundo do tanque.

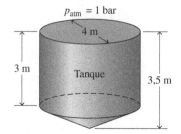

Fig. P1.44

1.45 Considerando que a pressão da água na base da torre de água ilustrada na Fig. P1.45 é de 4,15 bar, determine a pressão do ar aprisionado acima do nível da água, em bar. Considere a massa específica da água como 10^3 kg/m³ e $g = 9,81$ m/s².

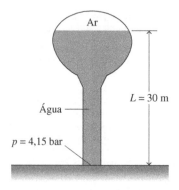

Fig. P1.45

1.46 A Fig. P1.46 ilustra um manômetro *inclinado* usado para medir a pressão de um gás em um reservatório. (a) Usando os dados da figura, determine a pressão do gás em lbf/in². (b) Expresse a pressão manométrica ou a pressão de vácuo, conforme apropriado, em lbf/in². (c) Qual a vantagem que o manômetro inclinado apresenta sobre o manômetro do tipo tubo em U mostrado na Fig. 1.7?

1.47 A Fig. P1.47 mostra uma boia esférica com 8500 N de peso e um diâmetro de 1,5 m, ancorada no fundo de um lago por meio de um cabo. Determine a força exercida pelo cabo, em N. Considere a massa específica da água como 10^3 kg/m³ e $g = 9,81$ m/s².

1.48 Em virtude de uma ruptura em um tanque de armazenamento de óleo enterrado, águas subterrâneas entraram no tanque até a profundidade ilustrada na Fig. P1.48. Determine a pressão na interface óleo-água e no fundo do tanque, ambas em lbf/in² (pressão manométrica).

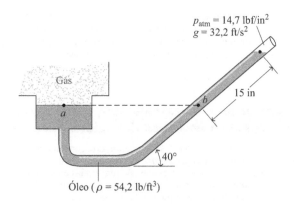

Fig. P1.46

CONVERSÃO
$p_{atm} = 14{,}7 \text{ lbf/in}^2 = 1 \times 10^5$ Pa
$g = 32{,}2 \text{ ft/s}^2 = 9{,}8 \text{ m/s}^2$
15 in = 0,38 m
$\rho = 845 \text{ lb/ft}^3 = 1{,}3 \times 10^4 \text{ kg/m}^3$

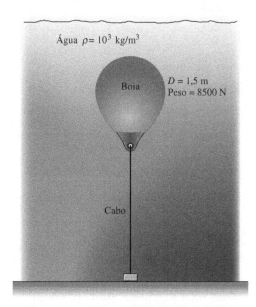

Fig. P1.47

As massas específicas da água e do óleo são, respectivamente, 62 (993,1) e 55 (881,0), ambas em lb/ft³ (kg/m³). Faça $g = 32{,}2 \text{ ft/s}^2$ (9,8 m/s²).

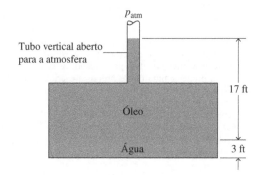

Fig. P1.48

1.49 A Fig. P1.49 mostra um tanque fechado contendo ar e óleo, ao qual está conectado um manômetro de tubo em U de mercúrio e um manômetro de pressão. Determine a leitura indicada no manômetro de pressão, em lbf/in² (pressão manométrica). As massas específicas do óleo e do mercúrio são, respectivamente, 55 (881,0) e 845 (135,4 × 10²), ambas em lb/ft³ (kg/m³). Faça $g = 32{,}2 \text{ ft/s}^2$ (9,8 m/s²).

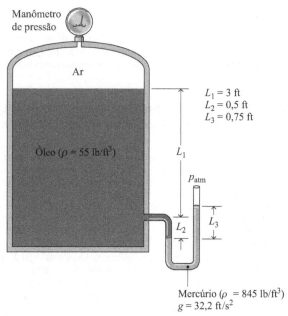

Fig. P1.49

CONVERSÃO
$L_1 = 3$ ft = 0,91 m
$L_2 = 0{,}5$ ft = 0,15 m
$L_3 = 0{,}75$ ft = 0,23 m
$\rho = 55 \text{ lb/ft}^3 = 881{,}0 \text{ kg/m}^3$
$\rho = 845 \text{ lb/ft}^3 = 1{,}3 \times 10^4 \text{ kg/m}^3$
$g = 32{,}2 \text{ ft/s}^2 = 9{,}8 \text{ m/s}^2$

Explorando a Temperatura

1.50 Há 30 anos, a temperatura média em Toronto, Canadá, durante o verão é de 19,5°C e durante o inverno é de –4,9°C. Quais são as temperaturas médias equivalentes de verão e de inverno em °F e em °R?

1.51 Converta as seguintes temperaturas de °F para °C:
(a) 86°F, (b) –22°F, (c) 50°F, (d) –40°F, (e) 32°F, (f) –459,67°F. Converta cada temperatura para K.

1.52 A temperatura da água de uma piscina é 24°C. Expresse esta temperatura em K, °F e °R.

1.53 Uma receita de bolo especifica a temperatura do forno em 350°F. Expresse esta temperatura em °R, K e °C.

1.54 O grau Rankine representa uma unidade de temperatura menor ou maior do que o grau Kelvin? Explique.

1.55 A Fig. P1.55 mostra um sistema que consiste em uma barra cilíndrica de cobre isolada em sua superfície lateral, enquanto suas extremidades estão em contato com paredes quentes e frias nas temperaturas de 1000°R (282,4°C) e 500°R (4,6°C), respectivamente.
(a) Esboce a variação de temperatura com a posição x ao longo da barra.
(b) A barra está em equilíbrio? Explique.

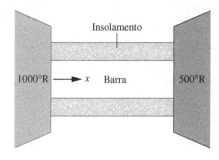

Fig. P1.55

1.56 Qual é (a) a temperatura mais baixa registrada na Terra, que ocorre *naturalmente*, (b) a temperatura mais baixa registrada em um laboratório na Terra? (c) a temperatura mais baixa registrada no sistema solar da Terra, e (d) a temperatura do espaço profundo, cada uma em K?

28 Capítulo 1

1.57 A temperatura do ar aumenta de 42°F pela manhã até 70°F ao meio-dia. (a) Expresse esta temperatura em °R, K e °C. (b) Determine a variação de temperatura em °F, °R, K e °C. (c) Que conclusão pode ser estabelecida a partir da variação de temperatura nas escalas °F e °R? (d) Que conclusão pode ser estabelecida a partir da variação de temperatura nas escalas K e °C?

1.58 Para termômetros de bulbo, a propriedade *termométrica* corresponde à variação no comprimento do líquido no termômetro com a temperatura. Entretanto, outros efeitos presentes podem afetar a temperatura lida em tais termômetros. Quais são alguns deles?

▶ PROJETOS E PROBLEMAS EM ABERTO: EXPLORANDO A PRÁTICA DE ENGENHARIA

1.1P Atualmente, nos Estados Unidos quase toda a eletricidade é produzida por usinas alimentadas com combustíveis fósseis a partir da queima do carvão ou do gás natural, usinas nucleares e hidrelétricas. Usando a Internet, determine as porcentagens das contribuições desses tipos de geração de eletricidade para os EUA, considerando o total. Para cada um dos quatro tipos mencionados, determine pelo menos três considerações ambientais associadas importantes e como tais aspectos ambientais afetam o projeto, a operação e o custo da respectiva usina. Escreva um relatório com pelo menos três referências.

1.2P Câmaras hiperbáricas são utilizadas no tratamento médico de diversas enfermidades. Pesquise como uma câmara hiperbárica funciona e identifique ao menos três enfermidades que podem ser tratadas com esta técnica. Descreva como o tratamento atua na condição do paciente. Organize sua pesquisa em forma de um relatório.

1.3P A medida da *pegada ecológica* da humanidade é um indicador de sustentabilidade ambiental. Usando a Internet, estime a quantidade de terra e água necessários anualmente para sustentar o seu consumo de bens e serviços e para absorver seus desperdícios. Prepare um relatório com suas estimativas e liste pelo menos três coisas que você pode fazer para reduzir sua pegada.

1.4P Um tipo de prótese depende de sucção para ficar presa ao membro residual amputado. O engenheiro deve considerar a diferença necessária entre a pressão atmosférica e a pressão no soquete protético para desenvolver a sucção suficiente para manter a ligação. Que outras considerações são importantes para os engenheiros projetarem este tipo de prótese? Escreva um relatório com suas conclusões, incluindo pelo menos três referências.

1.5P Projete uma bomba de ar de potência humana, de baixo custo, compacta, de baixo peso, portátil, capaz de direcionar uma corrente de ar para limpar teclados de computadores, placas de circuitos e alcançar locais de difícil acesso em dispositivos eletrônicos. A bomba não pode usar eletricidade, incluindo baterias, nem empregar quaisquer propelentes químicos. Todos os materiais devem ser recicláveis. Devido à proteção das patentes existentes, a bomba deve ser uma *alternativa distinta* para a bomba familiar, a bomba de ar para a bicicleta, os produtos existentes destinados a limpar o computador mencionado e as tarefas de limpeza eletrônica.

1.6P Projete um experimento para determinação do volume específico da água. Descreva os procedimentos e equipamentos necessários e todos os cálculos a serem realizados. Execute o procedimento proposto e compare seus resultados com dados obtidos a partir de tabelas de vapor, apresentando seus resultados como um relatório.

1.7P A principal barreira para uma maior implantação de sistemas de energia solar em imóveis e pequenas empresas é o custo inicial para adquirir e instalar os componentes do telhado. Atualmente, alguns municípios e serviços públicos dos Estados Unidos estão desenvolvendo planos para ajudar proprietários de imóveis a adquirir tais componentes através de empréstimos e *leasing*. Investigue e avalie de forma crítica essas e outras opções para promover a implantação de sistemas de energia solar descobertos por meio de grupos de discussões e da utilização da Internet. Descreva suas impressões em um poster para apresentação.

1.8P O *esfigmomanômetro* normalmente usado para medir a pressão sanguínea está ilustrado na Fig. P1.8P. Durante o teste a braçadeira é colocada em volta do braço do paciente e é completamente inflada, por meio de repetidas compressões no bulbo de inflação. Então, à medida que a braçadeira é gradualmente reduzida, os sons das artérias, conhecidos como sons *Korotkoff*, são monitorados com um estetoscópio. Usando esses sons como parâmetro, as pressões *sistólica e diastólica* podem ser identificadas. Essas pressões são registradas em termos do comprimento da coluna de mercúrio. Investigue a base física para os sons Korotkoff, sua função na identificação das pressões sistólica e diastólica e por que essas pressões são significativas na prática da medicina. Escreva um relatório com no mínimo três referências.

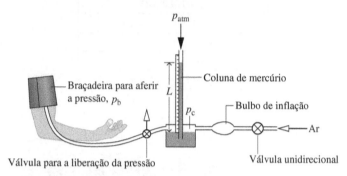

Fig. P1.8P

1.9P Fotografe uma torre de água municipal próxima a sua residência. Determine a população atendida pela torre de água e como ela opera e faça considerações sobre a localização da torre. Investigue por que as torres de água municipais são economicamente vantajosas e se existem alternativas viáveis. Faça uma apresentação em PowerPoint sobre os dados reunidos, pensando em uma aula a estudantes do ensino médio sobre as torres de água.

1.10P Conduza um projeto com prazo estabelecido no ramo da bioengenharia que pode ser realizado de forma independente ou em um pequeno grupo. O projeto envolve um dispositivo ou técnica para cirurgias minimamente invasivas, um dispositivo implantável para administrar medicamentos, um biossensor, sangue artificial ou algo de interesse especial para você ou seu grupo de projeto. Você pode levar vários dias para pesquisar sobre a sua ideia de projeto e, então, preparar uma breve proposta escrita, incluindo diversas referências que forneçam uma declaração geral do conceito-base, além de uma lista de objetivos. Durante o projeto, observe os procedimentos para um bom projeto, tais como os discutidos na Seção 1.3 do *Thermal Design and Optimization*, John Wiley & Sons Inc., New York, 1996, por A. Bejan, G. Tsatsaronis e M. J. Moran. Escreva um relatório final bem documentado, incluindo três referências.

1.11P Conduza um projeto com prazo estabelecido envolvendo a Estação Espacial Internacional, ilustrada na Tabela 1.1, que pode ser realizado de forma independente ou em um grupo pequeno. O projeto pode envolver um experimento cujo comportamento é melhor em um ambiente com baixa gravidade, um dispositivo para o conforto ou uso dos astronautas ou algo de interesse especial para você ou seu grupo de projeto. Você pode levar diversos dias para pesquisar sobre a sua ideia de projeto e, então, preparar uma breve proposta escrita, incluindo várias referências que forneçam uma declaração geral do conceito-base, além de uma lista de objetivos. Durante o projeto, observe os procedimentos para um bom projeto, tais como os discutidos na Seção 1.3 do *Thermal Design and Optimization*, John Wiley & Sons Inc., New York, 1996, por A. Bejan, G. Tsatsaronis e M. J. Moran. Escreva um relatório final bem documentado, incluindo três referências.

A relação entre as energias *cinética* e *potencial gravitacional* é considerada na Seção 2.1.
© technotr/iStockphoto

CONTEXTO DE ENGENHARIA O conceito de energia é um conceito fundamental em termodinâmica, e um dos aspectos mais significativos de análise em engenharia. Neste capítulo discutimos energia e desenvolvemos equações para a aplicação do princípio da conservação de energia. A análise em questão é restrita a sistemas fechados. No Cap. 4 a discussão é estendida a volumes de controle.

A noção de energia é familiar, e você já conhece bastante sobre ela. No presente capítulo, vários aspectos importantes acerca do conceito de energia são desenvolvidos. Você já se deparou com alguns desses aspectos anteriormente. Uma ideia básica é a de que energia pode ser *armazenada* no interior de sistemas de várias maneiras. A energia também pode ser *convertida* de uma forma em outra e *transferida* entre sistemas. Para sistemas fechados, a energia pode ser transferida por meio do *trabalho* e da *transferência de calor*. A quantidade total de energia é *conservada* em todas as transformações e transferências.

O **objetivo** deste capítulo é o de organizar essas ideias sobre energia de modo apropriado para uma análise de engenharia. A apresentação começa com uma revisão dos conceitos de energia oriundos da mecânica. O conceito termodinâmico de energia é então introduzido como uma extensão do conceito de energia em mecânica.

Energia e a Primeira Lei da Termodinâmica

▶ **RESULTADOS DE APRENDIZAGEM**

Quando você completar o estudo deste capítulo estará apto a...

▶ demonstrar conhecimento dos conceitos fundamentais relacionados à energia e à primeira lei da termodinâmica... incluindo energia interna, energia cinética e energia potencial; trabalho e potência; transferência de calor e modos de transferência de calor; taxa de transferência de calor; ciclo de potência; ciclo de refrigeração; e ciclo de bomba de calor.

▶ aplicar balanços de energia a sistemas fechados, modelando apropriadamente o caso em estudo e observando corretamente as convenções de sinais para o trabalho e a transferência de calor.

▶ realizar análises de energia para sistemas submetidos a ciclos termodinâmicos, avaliando, conforme o caso, as eficiências térmicas dos ciclos de potência e os coeficientes de desempenho dos ciclos de refrigeração e bomba de calor.

2.1 Revendo os Conceitos Mecânicos de Energia

A partir das contribuições de Galileu e outros, Newton formulou uma descrição geral dos movimentos dos objetos sob a influência de forças aplicadas. As leis do movimento de Newton, que fornecem a base para a mecânica clássica, conduzem aos conceitos de *trabalho*, *energia cinética* e *energia potencial*, os quais eventualmente levam a um conceito mais amplo de energia. A presente discussão se inicia com uma aplicação da segunda lei do movimento de Newton.

2.1.1 Trabalho e Energia Cinética

A curva na Fig. 2.1 representa a trajetória percorrida por um corpo de massa m (um sistema fechado) movendo-se em relação aos eixos coordenados x-y mostrados. A velocidade do centro de massa do corpo é denotada por **V**. Sobre o corpo atua uma força resultante **F**, que pode variar em magnitude, de posição a posição, ao longo do caminho. A força resultante é decomposta em uma componente $\mathbf{F}_s$ tangente à trajetória e em uma componente $\mathbf{F}_n$ normal à trajetória. O efeito da componente $\mathbf{F}_s$ é o de mudar a magnitude da velocidade, enquanto o efeito da componente $\mathbf{F}_n$ é o de mudar a direção da velocidade. Conforme ilustrado na Fig. 2.1, s é a posição instantânea do corpo medida ao longo da trajetória, a partir de algum ponto fixo indicado por 0. Uma vez que a magnitude de **F** pode variar com a posição ao longo do caminho, as magnitudes de $\mathbf{F}_s$ e $\mathbf{F}_n$ são, em geral, funções de s.

> **TOME NOTA...**
> Os símbolos em negrito indicam vetores. As magnitudes dos vetores são mostradas em fonte normal.

Consideremos o corpo enquanto ele se move de $s = s_1$, em que a magnitude de sua velocidade é V_1, para $s = s_2$, em que sua velocidade é V_2. Para a presente discussão, admita que a única interação entre o corpo e sua vizinhança envolve a força **F**. Pela segunda lei do movimento de Newton, a magnitude da componente $\mathbf{F}_s$ está relacionada com a variação da magnitude de **V** por

$$F_s = m \frac{dV}{dt} \tag{2.1}$$

Usando a regra da cadeia, a equação anterior pode ser escrita como

$$F_s = m \frac{dV}{ds}\frac{ds}{dt} = mV\frac{dV}{ds} \tag{2.2}$$

na qual $V = ds/dt$. Rearranjando a Eq. 2.2 e integrando de s_1 a s_2, obtém-se

$$\int_{V_1}^{V_2} mV\,dV = \int_{s_1}^{s_2} F_s\,ds \tag{2.3}$$

A integral no lado esquerdo da Eq. 2.3 é calculada como se segue:

$$\int_{V_1}^{V_2} mV\,dV = \frac{1}{2}mV^2\Big]_{V_1}^{V_2} = \frac{1}{2}m(V_2^2 - V_1^2) \tag{2.4}$$

energia cinética A quantidade $\frac{1}{2}mV^2$ é a energia cinética, EC, do corpo. A energia cinética é uma grandeza escalar. A *variação* da energia cinética, ΔEC, do corpo é

$$\Delta EC = EC_2 - EC_1 = \frac{1}{2}m(V_2^2 - V_1^2) \tag{2.5}$$

> **TOME NOTA...**
> O símbolo Δ significa sempre "o valor final menos o valor inicial".

A integral no lado direito da Eq. 2.3 é o *trabalho* realizado pela força F_s quando o corpo se move de s_1 até s_2 ao longo da trajetória. O trabalho também é uma grandeza escalar.

Utilizando a Eq. 2.4, a Eq. 2.3 fica

$$\frac{1}{2}m(V_2^2 - V_1^2) = \int_{s_1}^{s_2} \mathbf{F} \cdot d\mathbf{s} \tag{2.6}$$

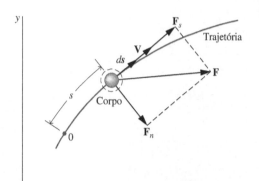

Fig. 2.1 Forças atuando sobre um sistema em movimento.

ENERGIA & MEIO AMBIENTE

Você já desejou saber o que acontece com a energia cinética quando você pisa no pedal do freio do seu carro em movimento? Esse tipo de questionamento fez com que engenheiros de automóveis chegassem ao veículo *elétrico híbrido*, que combina a frenagem *regenerativa*, baterias, um motor elétrico e um motor convencional. Quando os freios são aplicados em um veículo híbrido, parte de sua energia cinética é colhida e armazenada a bordo eletricamente para uso quando necessário. Por meio da frenagem regenerativa e de outras características inovadoras, os veículos híbridos alcançam uma quilometragem muito maior do que os veículos convencionais.

A tecnologia dos veículos híbridos está evoluindo com rapidez. Atualmente, tais veículos usam a eletricidade para complementar a potência do motor convencional, enquanto os futuros veículos híbridos *plug-in* usarão a potência de um motor menor para complementar a eletricidade. Os híbridos agora na estrada têm bateria suficiente a bordo para a aceleração de cerca de 20 milhas por hora (32,2 km/h) e, depois disso, auxiliam o motor quando necessário. Isso melhora o consumo de combustível, porém as baterias são recarregadas pelo motor – e nunca *plugadas*.

Os veículos híbridos *plug-in* alcançam uma economia de combustível ainda melhor. Em vez de confiar no motor para recarregar as baterias, a maioria da recarga será realizada a partir de uma tomada elétrica, enquanto o carro está estacionado – durante a noite, por exemplo. Isto permitirá que os carros obtenham a energia de que necessitam principalmente da rede elétrica e não por meio da bomba de combustível. A implantação generalizada da versão *plug-in* aguarda o desenvolvimento de uma nova geração de baterias e ultracapacitores (veja Seção 2.7).

Uma melhor economia de combustível não só permite que a nossa sociedade seja menos dependente do petróleo para atender às necessidades de transporte, mas também reduz a emissão de CO_2 dos veículos para a atmosfera. Cada galão de gasolina queimada pelo motor de um veículo produz cerca de 9 kg (20 lb) de CO_2. Um veículo convencional produz várias toneladas de CO_2 por ano. Os veículos híbridos citados produzem muito menos. Contudo, como os híbridos usam a eletricidade da rede, um esforço maior deverá ser feito para reduzir as emissões das usinas de energia, incluindo mais energia eólica, energia solar e outras energias renováveis no mix nacional.

---

em que a expressão para o trabalho foi escrita em termos do produto escalar do vetor força **F** pelo vetor deslocamento d**s**. A Eq. 2.6 estabelece que o trabalho realizado pela força resultante sobre o corpo é igual à variação da sua energia cinética. Quando o corpo é acelerado pela força resultante, o trabalho realizado sobre o corpo pode ser considerado como uma *transferência* de energia *para* o corpo, *armazenada* sob a forma de energia cinética.

Pode-se atribuir um valor à energia cinética conhecendo-se apenas a massa do corpo e a magnitude da sua velocidade instantânea em relação a um sistema de coordenadas especificado, sem considerar como essa velocidade foi atingida. Assim, a *energia cinética é uma propriedade* do corpo. Como a energia cinética está associada ao corpo como um todo, ela é uma propriedade *extensiva*.

2.1.2 Energia Potencial

A Eq. 2.6 é o resultado principal da seção anterior. Oriunda da segunda lei de Newton, a equação fornece uma relação entre dois conceitos *definidos*: energia cinética e trabalho. Nesta seção ela é usada como ponto de partida para estender o conceito de energia. Para começar, dirija-se à Fig. 2.2, que mostra um corpo de massa *m* que se move verticalmente de uma altura z_1 até uma altura z_2 em relação à superfície da Terra. A figura mostra duas forças agindo sobre o sistema: uma força para baixo, em virtude da gravidade, com magnitude *mg*, e uma força vertical com magnitude *R*, que representa a resultante de todas as *outras* forças que agem sobre o sistema.

O trabalho realizado por cada força que atua sobre o corpo mostrado na Fig. 2.2 pode ser determinado pela definição dada anteriormente. O trabalho total é a soma algébrica desses valores individuais. De acordo com a Eq. 2.6, o trabalho total é igual à variação de energia cinética. Isto é,

$$\frac{1}{2}m(V_2^2 - V_1^2) = \int_{z_1}^{z_2} R\, dz - \int_{z_1}^{z_2} mg\, dz \qquad (2.7)$$

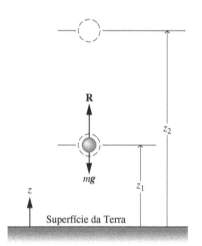

Fig. 2.2 Ilustração utilizada para apresentar o conceito de energia potencial.

Um sinal negativo é introduzido antes do segundo termo à direita, uma vez que a força gravitacional tem sentido contrário à orientação positiva de *z*.

A primeira integral no lado direito da Eq. 2.7 representa o trabalho realizado pela força **R** sobre o corpo conforme ele se move verticalmente de z_1 até z_2. A segunda integral pode ser calculada como se segue:

$$\int_{z_1}^{z_2} mg\, dz = mg(z_2 - z_1) \qquad (2.8)$$

TOME NOTA...
Ao longo deste livro, supõe-se que a aceleração da gravidade, *g*, pode ser considerada constante.

na qual a aceleração da gravidade foi considerada constante com a altura. Incorporando a Eq. 2.8 na Eq. 2.7 e rearranjando

$$\frac{1}{2}m(V_2^2 - V_1^2) + mg(z_2 - z_1) = \int_{z_1}^{z_2} R\, dz \qquad (2.9)$$

A quantidade *mgz* é a energia potencial gravitacional, EP. A *variação* na energia potencial gravitacional, ΔEP, é

energia potencial gravitacional

$$\Delta EP = EP_2 - EP_1 = mg(z_2 - z_1) \qquad (2.10)$$

A energia potencial está associada à força de gravidade e é, consequentemente, um atributo comum ao sistema composto pelo corpo e pela Terra. No entanto, a avaliação da força de gravidade como mg permite que a energia potencial gravitacional seja determinada para um dado valor de g, conhecendo-se apenas a massa do corpo e a sua altura. Sob esse ponto de vista, a energia potencial é considerada como uma *propriedade extensiva* do corpo. Ao longo de todo este livro, supõe-se que as diferenças de altura são pequenas o suficiente para que a força gravitacional possa ser considerada constante. Todavia, o conceito de energia potencial gravitacional pode ser formulado de modo a considerar a variação da força gravitacional com a elevação.

Para atribuir um valor à energia cinética ou à energia potencial de um sistema, é necessário definir um referencial e especificar um valor para a grandeza nesse referencial. Os valores da energia cinética e potencial são então determinados em relação a essa escolha arbitrária de referencial e ao valor de referência. Entretanto, como são necessárias somente as *variações* na energia cinética e potencial entre dois estados, essas especificações arbitrárias de referência se cancelam.

2.1.3 Unidades para a Energia

O trabalho possui unidade de força multiplicada pela distância. As unidades da energia cinética e da energia potencial são as mesmas do trabalho. No SI, a unidade da energia é o newton-metro, N · m, denominada joule, J. Neste livro é conveniente utilizar-se o quilojoule, kJ. As unidades inglesas geralmente utilizadas para o trabalho, a energia cinética e a energia potencial são o pé-libra-força, ft · lbf, e a unidade térmica britânica, Btu.

Quando um sistema está sujeito a um processo em que a energia cinética e a energia potencial variam, deve-se tomar um cuidado especial para obter um conjunto de unidades consistente.

▶ **POR EXEMPLO** para ilustrar o uso adequado das unidades nos cálculos de tais termos, considere um sistema com uma massa de 1 kg, cuja velocidade aumenta de 15 m/s para 30 m/s enquanto sua altura diminui de 10 m em um local em que $g = 9{,}7$ m/s². Então

$$\Delta EC = \frac{1}{2}m(V_2^2 - V_1^2)$$

$$= \frac{1}{2}(1 \text{ kg})\left[\left(30\frac{\text{m}}{\text{s}}\right)^2 - \left(15\frac{\text{m}}{\text{s}}\right)^2\right]\left|\frac{1 \text{ N}}{1 \text{ kg} \cdot \text{m/s}^2}\right|\left|\frac{1 \text{ kJ}}{10^3 \text{ N} \cdot \text{m}}\right|$$

$$= 0{,}34 \text{ kJ}$$

$$\Delta EP = mg(z_2 - z_1)$$

$$= (1 \text{ kg})\left(9{,}7\frac{\text{m}}{\text{s}^2}\right)(-10 \text{ m})\left|\frac{1 \text{ N}}{1 \text{ kg} \cdot \text{m/s}^2}\right|\left|\frac{1 \text{ kJ}}{10^3 \text{ N} \cdot \text{m}}\right|$$

$$= -0{,}10 \text{ kJ}$$

Para um sistema com uma massa de 1 lb (0,4 kg), cuja velocidade aumenta de 50 ft/s (15,2 m/s) para 100 ft/s (30,5 m/s) enquanto sua elevação diminui de 40 ft (12,2 m) em um local em que $g = 32{,}0$ ft/s² (9,7 m/s²), temos

$$\Delta EC = \frac{1}{2}(1 \text{ lb})\left[\left(100\frac{\text{ft}}{\text{s}}\right)^2 - \left(50\frac{\text{ft}}{\text{s}}\right)^2\right]\left|\frac{1 \text{ lbf}}{32{,}2 \text{ lb} \cdot \text{ft/s}^2}\right|\left|\frac{1 \text{ Btu}}{778 \text{ ft} \cdot \text{lbf}}\right|$$

$$= 0{,}15 \text{ Btu}$$

$$\Delta EP = (1 \text{ lb})\left(32{,}0\frac{\text{ft}}{\text{s}^2}\right)(-40 \text{ ft})\left|\frac{1 \text{ lbf}}{32{,}2 \text{ lb} \cdot \text{ft/s}^2}\right|\left|\frac{1 \text{ Btu}}{778 \text{ ft} \cdot \text{lbf}}\right|$$

$$= -0{,}05 \text{ Btu} \triangleleft\triangleleft\triangleleft\triangleleft\triangleleft$$

2.1.4 Conservação de Energia em Mecânica

A Eq. 2.9 estabelece que o trabalho total realizado por todas as forças que atuam no corpo a partir de suas vizinhanças, à exceção da força gravitacional, é igual à soma das variações das energias cinética e potencial do corpo. Quando a força resultante causa um aumento na altura, uma aceleração no corpo ou ambos, o trabalho realizado pela força pode ser considerado uma *transferência* de energia *para* o corpo, no qual é armazenada como energia potencial gravitacional e/ou energia cinética. A noção de que *a energia se conserva* é a base dessa interpretação.

A interpretação da Eq. 2.9 como uma expressão do princípio da conservação de energia pode ser reforçada, considerando o caso especial de um corpo sobre o qual a única força atuante é aquela resultante da gravidade. Desse modo, o lado direito da equação desaparece, e ela se reduz a

$$\frac{1}{2}m(V_2^2 - V_1^2) + mg(z_2 - z_1) = 0 \qquad (2.11)$$

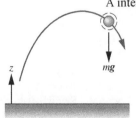

ou

$$\frac{1}{2}mV_2^2 + mgz_2 = \frac{1}{2}mV_1^2 + mgz_1$$

Sob essas condições, a *soma* das energias cinética e potencial gravitacional *permanece constante*. A Eq. 2.11 também ilustra o fato de que a energia pode ser *convertida* de uma forma em outra: para um objeto em queda, *apenas* sob a influência da gravidade, a energia potencial decresceria, enquanto a energia cinética aumentaria da mesma quantidade.

2.1.5 Comentário Final

A apresentação até agora tem se concentrado em sistemas para os quais as forças aplicadas afetam somente sua velocidade e sua posição globais. Entretanto, os sistemas de interesse em engenharia normalmente interagem com suas vizinhanças através de maneiras mais complexas, com variações em outras propriedades também. Para analisar tais sistemas, os conceitos de energia cinética e potencial sozinhos não são suficientes, nem basta o princípio rudimentar da conservação de energia introduzido nesta seção. Em termodinâmica, o conceito de energia é estendido de modo a levar em conta outras variações observadas, e o princípio da *conservação de energia* é ampliado para incluir uma maior variedade de tipos de interação entre os sistemas e suas vizinhanças. Tais generalizações têm como base a evidência experimental. Essas extensões do conceito de energia são desenvolvidas no restante do capítulo, começando pela próxima seção com uma discussão mais completa sobre trabalho.

2.2 Ampliando Nosso Conhecimento sobre Trabalho

O trabalho W realizado por, ou sobre, um sistema avaliado em termos de forças e deslocamentos observáveis macroscopicamente é dado por

$$W = \int_{s_1}^{s_2} \mathbf{F} \cdot d\mathbf{s} \tag{2.12}$$

Essa relação é importante em termodinâmica, e é usada, mais adiante, nesta seção, para calcular o trabalho realizado na compressão ou expansão de um gás (ou líquido), o alongamento de uma barra sólida e o estiramento de uma película líquida. Entretanto, a termodinâmica também lida com fenômenos fora do escopo da mecânica; assim, é necessário adotar uma interpretação mais ampla do trabalho, como a seguir.

Uma certa interação é classificada como trabalho se satisfizer o seguinte critério, que pode ser considerado como a definição termodinâmica de trabalho: *um sistema realiza trabalho sobre suas vizinhanças se o único efeito sobre tudo aquilo externo ao sistema puder ser o levantamento de um peso.* Note que o levantamento de um peso é, realmente, uma força que age através de uma distância; assim, o conceito de trabalho em termodinâmica é uma extensão natural do conceito de trabalho em mecânica. No entanto, o teste para sabermos se uma interação sob a forma de trabalho ocorreu não está na verificação de que a elevação de um peso realmente ocorreu ou de que uma força verdadeiramente agiu através de uma distância, mas se o único efeito *poderia ser considerado* como o levantamento de um peso.

definição termodinâmica de trabalho

▶ **POR EXEMPLO** considere a Fig. 2.3, que mostra dois sistemas denominados A e B. No sistema A, um gás é misturado por um agitador: o agitador realiza trabalho sobre o gás. Em princípio, o trabalho poderia ser calculado em termos das forças e dos movimentos na fronteira entre o ventilador e o gás. Essa avaliação do trabalho é consistente com a Eq. 2.12, na qual trabalho é o produto da força pelo deslocamento. Em contraste, considere o sistema B, que inclui apenas a bateria. Na fronteira do sistema B, forças e movimentos não são evidentes. Em seu lugar, há uma corrente elétrica i induzida por uma diferença de potencial elétrico existente entre os terminais a e b. O motivo pelo qual esse tipo de interação pode ser classificado como trabalho advém da definição termodinâmica de trabalho dada anteriormente: podemos imaginar que a corrente alimenta um motor elétrico *hipotético* que eleva um peso na vizinhança. ◀ ◀ ◀ ◀ ◀

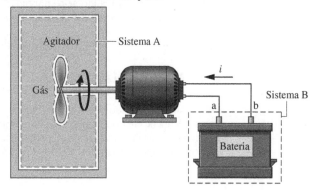

Fig. 2.3 Dois exemplos de trabalho.

Trabalho é um modo de transferir energia. Consequentemente, o termo trabalho não se refere ao que está sendo transferido entre sistemas ou ao que é armazenado dentro de um sistema. A energia é transferida e armazenada quando se realiza trabalho.

TOME NOTA...
O termo trabalho não se refere ao que está sendo transferido entre sistemas ou ao que está armazenado dentro dos sistemas. Energia é transferida e armazenada quando ocorre realização de trabalho.

2.2.1 Convenção de Sinais e Notação

A termodinâmica em engenharia está frequentemente preocupada com dispositivos tais como motores de combustão interna e turbinas, cujo propósito é realizar trabalho. Assim, em contraste com a abordagem geralmente seguida em mecânica é conveniente considerar trabalho como positivo. Isto é,

$W > 0$: trabalho realizado *pelo* sistema *sobre as* vizinhanças

$W < 0$: trabalho realizado *sobre o* sistema *pelas* vizinhanças

Esta convenção de sinais é utilizada ao longo deste livro. Em algumas situações, entretanto, é conveniente considerar o trabalho realizado *sobre* o sistema como positivo, como foi feito na discussão da Seção 2.1. Para reduzir a possibilidade

convenção de sinais para trabalho

de algum equívoco nesses casos, o sentido no qual a energia é transferida é mostrado por uma seta no desenho representativo do sistema, e o trabalho é considerado positivo no sentido da seta.

Para calcular a integral na Eq. 2.12, é necessário saber como as forças variam com o deslocamento. Essa informação realça uma ideia importante sobre o trabalho: o valor de W depende dos detalhes das interações que ocorrem entre o sistema e a vizinhança durante um processo, e não apenas dos estados inicial e final do sistema. Assim, o *trabalho não é uma propriedade* do sistema ou da vizinhança. Além disso, os limites de integração na Eq. 2.12 significam "do estado 1 ao estado 2", e não podem ser interpretados como os *valores* do trabalho nesses estados. A noção de trabalho em um estado *não possui significado*; assim, o valor dessa integral nunca deve ser indicado como $W_2 - W_1$.

trabalho não é uma propriedade

HORIZONTES

Máquinas em Nanoescala a Caminho

Engenheiros que trabalham no campo da nanotecnologia, a engenharia dos dispositivos de tamanho molecular, aguardam o momento em que possam ser fabricadas máquinas úteis em nanoescala capazes de se movimentar, de perceber e responder a estímulos tais como luz e som, entregando medicamentos no interior do corpo, realizando cálculos e numerosas outras funções que promovam o bem-estar humano. Esse assunto inspirou estudos biológicos de engenheiros sobre *máquinas* em nanoescala em organismos que realizam funções tais como criação e reparação de células, circulação de oxigênio e digestão de comida. Esses estudos produziram resultados positivos. Moléculas que imitam a função de dispositivos mecânicos têm sido fabricadas, incluindo engrenagens, rotores, roquetes, freios, chaves e estruturas semelhantes a ábacos. Um sucesso particular é o desenvolvimento dos motores moleculares que convertem luz em movimento linear ou de rotação. Embora os dispositivos produzidos até o momento sejam rudimentares, eles demonstram a viabilidade da construção de nanomáquinas, dizem os pesquisadores.

A diferencial do trabalho, δW, é chamada de *inexata* porque, em geral, a integral a seguir não pode ser calculada sem que sejam especificados os detalhes do processo

$$\int_1^2 \delta W = W$$

Por outro lado, a diferencial de uma propriedade é dita *exata* quando a variação de uma propriedade entre dois estados quaisquer não depende de maneira alguma dos detalhes do processo que ligam esses dois estados. Por exemplo, a variação do volume entre dois estados pode ser determinada pela integração da diferencial dV, sem considerar os detalhes do processo, como a seguir

$$\int_{V_1}^{V_2} dV = V_2 - V_1$$

na qual V_1 é o volume *no* estado 1 e V_2 é o volume *no* estado 2. A diferencial de toda propriedade é exata. As diferenciais exatas são escritas utilizando-se o símbolo d. Para enfatizar a diferença entre diferenciais exatas e inexatas, a diferencial do trabalho é escrita como δW. O símbolo δ também é usado para identificar outras diferenciais inexatas encontradas mais tarde.

2.2.2 Potência

Muitas análises termodinâmicas preocupam-se com a taxa de tempo na qual a transferência de energia ocorre. A taxa de transferência de energia por meio de trabalho é denominada potência, e é representada por $\dot{W}$. Quando uma interação sob a forma de trabalho envolve uma força macroscopicamente observável, a taxa de transferência de energia sob a forma de trabalho é igual ao produto da força pela velocidade no ponto de aplicação da força

potência

$$\dot{W} = \mathbf{F} \cdot \mathbf{V} \tag{2.13}$$

Ao longo deste livro, para indicar uma taxa temporal, é colocado um ponto sobre o símbolo, como em $\dot{W}$. Em princípio, a Eq. 2.13 pode ser integrada do tempo t_1 até o tempo t_2 para obtermos o trabalho total realizado durante o intervalo de tempo

$$W = \int_{t_1}^{t_2} \dot{W}\, dt = \int_{t_1}^{t_2} \mathbf{F} \cdot \mathbf{V}\, dt \tag{2.14}$$

A mesma convenção de sinal aplicada para $\dot{W}$ é adotada para W. Como a potência é o trabalho realizado por unidade de tempo, ela pode ser expressa em termos de quaisquer unidades de energia e tempo. No SI, a unidade de potência é o J/s, e é chamada de watt. Neste livro, é geralmente empregado o quilowatt (kW). As unidades inglesas mais utilizadas para potência são ft · lbf/s, Btu/h e o *horsepower*, hp.

unidades de potência

▶ **POR EXEMPLO** para ilustrar o uso da Eq. 2.13, vamos calcular a potência necessária para um ciclista, viajando a 20 milhas por hora, superar a força de arrasto imposta pelo ar ao seu redor. Essa força de *arrasto aerodinâmico* é dada por

$$F_d = \tfrac{1}{2} C_d A \rho \mathrm{V}^2$$

em que C_d é uma constante chamada de *coeficiente de arrasto*, A é a área frontal da bicicleta e do ciclista, e ρ é a massa específica do ar. Pela Eq. 2.13, a potência necessária é $\mathbf{F}_d \cdot \mathbf{V}$ ou

$$\dot{W} = (\tfrac{1}{2}C_d A \rho V^2)V$$
$$= \tfrac{1}{2}C_d A \rho V^3$$

Usando valores típicos: $C_d = 0{,}88$, A = 3,9 ft² (0,36 m²) e $\rho = 0{,}075$ lb/ft³ (1,2 kg/m³), junto com V = 20 mi/h = 29,33 ft/s e, além disso, convertendo as unidades para HP, a potência necessária é

$$\dot{W} = \frac{1}{2}(0{,}88)(3{,}9 \text{ ft}^2)\left(0{,}075\frac{\text{lb}}{\text{ft}^3}\right)\left(29{,}33\frac{\text{ft}}{\text{s}}\right)^3 \left|\frac{1 \text{ lbf}}{32{,}2 \text{ lb} \cdot \text{ft/s}^2}\right| \left|\frac{1 \text{ hp}}{550 \text{ ft} \cdot \text{lbf/s}}\right|$$
$$= 0{,}183 \text{ hp} \blacktriangleleft \blacktriangleleft \blacktriangleleft \blacktriangleleft \blacktriangleleft$$

O arrasto pode ser reduzido através do conceito denominado *streamlining*, que considera a forma do objeto em movimento, e usando a técnica conhecida como *drafting* (veja o boxe a seguir).

> ### Drafting
> O *drafting* ocorre quando dois ou mais veículos ou indivíduos em movimento se alinham bem próximos para reduzir o efeito global do arrasto. O *drafting* é visto em eventos competitivos, tais como corridas de automóveis, corridas de bicicleta, patinação de velocidade e corridas olímpicas.
>
> Estudos mostram que o fluxo de ar ao longo de um único veículo ou indivíduo em movimento é caracterizado por uma região de alta pressão na frente e uma região de baixa pressão atrás. A diferença entre essas pressões cria uma força, chamada de arrasto, impedindo o movimento. Durante o *drafting*, como pode ser visto no desenho a seguir, um segundo veículo (ou indivíduo) está estreitamente alinhado com outro e o ar escoa sobre o par quase como se fossem um único corpo, alterando assim a pressão entre eles e reduzindo o arrasto que cada corpo sofre. Enquanto os pilotos de corrida usam o *drafting* para aumentar a velocidade, aqueles que não praticam esse esporte competitivo geralmente visam reduzir as solicitações sobre seus corpos, mantendo a mesma velocidade.

2.2.3 Modelando o Trabalho de Expansão ou Compressão

Há várias maneiras pelas quais o trabalho pode ser realizado por ou sobre um sistema. No restante desta seção, vários exemplos serão considerados, começando com o importante caso do trabalho realizado quando ocorre a variação de volume de uma certa quantidade de um gás (ou líquido) devido a uma expansão ou compressão.

Vamos avaliar o trabalho realizado pelo sistema fechado ilustrado na Fig. 2.4, que consiste em um gás (ou líquido) contido em um conjunto cilindro-pistão à medida que o gás se expande. Durante o processo, a pressão do gás exerce uma força normal sobre o pistão. Considere p a pressão atuando na interface entre o gás e o pistão. A força exercida pelo gás sobre o pistão é simplesmente o produto pA, no qual A é a área da face do pistão. O trabalho realizado pelo sistema à medida que o pistão é deslocado de uma distância dx é

$$\delta W = pA\, dx \qquad (2.15)$$

O produto $A\, dx$ na Eq. 2.15 é igual à variação de volume do sistema, dV. Assim, a expressão para o trabalho pode ser escrita como

$$\delta W = p\, dV \qquad (2.16)$$

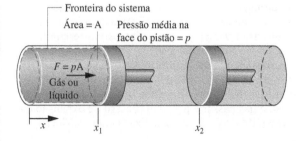

Fig. 2.4 Expansão ou compressão de um gás ou líquido.

Como dV é positivo quando o volume aumenta, o trabalho na fronteira móvel é positivo quando o gás se expande. Para uma compressão dV é negativo, assim como o trabalho calculado pela Eq. 2.16. Esses sinais estão de acordo com a convenção de sinais para o trabalho estabelecida anteriormente.

Para uma variação de volume de V_1 até V_2, o trabalho é obtido através da integração da Eq. 2.16

$$W = \int_{V_1}^{V_2} p\, dV \tag{2.17}$$

Embora a Eq. 2.17 seja deduzida para o caso de um gás (ou líquido) em um conjunto cilindro-pistão, ela pode ser aplicada a sistemas de *qualquer* forma, contanto que a pressão seja uniforme com a posição ao longo da fronteira móvel.

2.2.4 Trabalho de Expansão ou Compressão em Processos Reais

Não há exigência de que um sistema que passa por um processo esteja em equilíbrio *durante* o processo. Alguns ou todos os estados intermediários podem ser estados de não equilíbrio. Em muitos de tais processos, estamos limitados ao conhecimento do estado antes de o processo ocorrer e do estado após o fim do processo.

Normalmente, em um estado de não equilíbrio, as propriedades intensivas variam com a posição para um dado tempo. De modo semelhante, para uma determinada posição as propriedades intensivas podem variar com o tempo, algumas vezes de maneira caótica. Em certos casos, as variações espaciais e temporais das propriedades podem ser medidas, como ocorre para a temperatura, a pressão e a velocidade, ou obtidas por meio da solução das equações apropriadas, que são em geral equações diferenciais.

A integração da Eq. 2.17 requer uma relação entre a pressão do gás *na fronteira móvel* e o volume do sistema. Entretanto, devido aos efeitos de não equilíbrio durante um processo *real* de expansão ou compressão, essa relação pode ser difícil, ou mesmo impossível, de ser obtida. No cilindro de um motor de automóvel, por exemplo, a combustão e outros efeitos de não equilíbrio dão lugar a não uniformidades por todo o cilindro. Consequentemente, se um transdutor de pressão fosse montado na cabeça do cilindro, o sinal de saída registrado poderia fornecer apenas uma aproximação para a pressão na face do pistão requerida pela Eq. 2.17. Além disso, mesmo quando a pressão medida é essencialmente igual àquela na face do pistão, pode existir uma escassez de dados para o gráfico pressão-volume, como ilustrado na Fig. 2.5. Ainda assim a integração da Eq. 2.17, baseada na curva ajustada aos dados, forneceria uma *estimativa plausível* para o trabalho. Veremos mais tarde que, nos casos em que a falta da relação pressão-volume necessária nos impede de calcular o trabalho através da Eq. 2.17, o trabalho poderá ser calculado de modo alternativo a partir de um *balanço de energia* (Seção 2.5).

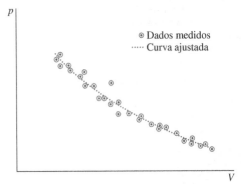

Fig. 2.5 Pressão na face do pistão *versus* volume do cilindro.

2.2.5 Trabalho de Expansão ou Compressão em Processos em Quase Equilíbrio

processo em quase equilíbrio

Os processos são algumas vezes modelados como um tipo idealizado de processo chamado de processo em quase equilíbrio (ou quase estático). Um processo em quase equilíbrio é aquele em que o afastamento do equilíbrio termodinâmico é no máximo infinitesimal. Todos os estados por onde o sistema passa, em um processo de quase equilíbrio, podem ser considerados estados de equilíbrio. Como os efeitos de não equilíbrio estão inevitavelmente presentes durante os processos reais, os sistemas de interesse para a engenharia podem, na melhor das hipóteses, se aproximar de um processo em quase equilíbrio, mas nunca realizá-lo. Ainda assim, o processo de quase equilíbrio exerce um papel em nosso estudo da termodinâmica aplicada à engenharia. Para detalhes, veja o boxe adiante.

Para analisar como um gás (ou líquido) poderia ser expandido ou comprimido de uma maneira em quase equilíbrio, considere a Fig. 2.6, que mostra um sistema que consiste em um gás inicialmente em um estado de equilíbrio. Como ilustrado na figura, a pressão do gás é mantida completamente uniforme através de pequenas massas em repouso sobre o pistão que se movimenta livremente. Imagine que uma das massas seja removida, permitindo que o pistão se mova para cima à medida que o gás se expande ligeiramente. Durante essa expansão, o estado do gás se afastaria apenas ligeiramente do equilíbrio. Em algum momento, o sistema atingiria um novo estado de equilíbrio, no qual a pressão e todas as outras propriedades intensivas teriam novamente um valor uniforme. Além disso, se a massa fosse recolocada, o gás teria o seu estado inicial restaurado, enquanto mais uma vez o afastamento do equilíbrio seria pequeno. Se várias das massas fossem removidas uma após a outra, o gás passaria por uma sequência de estados de equilíbrio sem jamais se afastar do equilíbrio. No limite, à medida que os incrementos de massa fossem se tornando cada vez menores, o gás passaria por um processo de expansão em quase equilíbrio. Uma compressão em quase equilíbrio pode ser visualizada com considerações similares.

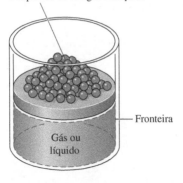

Massas infinitesimais removidas durante a expansão de um gás ou líquido

Fig. 2.6 Ilustração de uma expansão ou compressão em quase equilíbrio.

Energia e a Primeira Lei da Termodinâmica   39

> **Usando o Conceito de Processo em Quase Equilíbrio**
>
> Nosso interesse no processo em quase equilíbrio se origina principalmente de duas considerações:
>
> ▶ Modelos termodinâmicos simples que fornecem no mínimo uma informação *qualitativa* sobre o comportamento de sistemas reais de interesse frequentemente podem ser desenvolvidos usando o conceito de processo em quase equilíbrio. Isso é semelhante ao uso de idealizações com o objetivo de simplificar a análise, tais como a massa pontual ou a polia sem atrito.
> ▶ O conceito de processo em quase equilíbrio contribui para a dedução das relações que existem entre as propriedades dos sistemas em equilíbrio (Caps. 3, 6 e 11).

A Eq. 2.17 pode ser aplicada para calcular o trabalho em processos de expansão ou compressão em quase equilíbrio. Para tais processos idealizados, a pressão p na equação é a pressão da quantidade total de gás (ou líquido) que passa pelo processo, e não apenas a pressão na fronteira móvel. A relação entre a pressão e o volume pode ser gráfica ou analítica. Vamos primeiro considerar uma relação gráfica.

Uma relação gráfica é mostrada no diagrama pressão-volume (diagrama p–V) da Fig. 2.7. Inicialmente, a face do pistão se encontra na posição x_1, e a pressão do gás é p_1; ao final do processo de expansão em quase equilíbrio, a face do pistão está na posição x_2, e a pressão é reduzida a p_2. Em *cada* posição intermediária do pistão, a pressão uniforme em todo o gás é representada por um ponto no diagrama. A curva, ou *caminho*, que une os estados 1 e 2 no diagrama representa os estados de equilíbrio pelos quais o sistema passou durante o processo. O trabalho realizado pelo gás sobre o pistão durante a expansão é dado por $\int p\, dV$, que pode ser interpretado como a área sob a curva pressão *versus* volume. Assim, a área sombreada na Fig. 2.7 corresponde ao trabalho para o processo. Se o gás fosse *comprimido* de 2 para 1 ao longo do mesmo caminho no diagrama p–V, a *magnitude* do trabalho seria a mesma, mas o sinal seria negativo, indicando que para a compressão a transferência de energia foi do pistão para o gás.

Trabalho_de_Comp
A.4 – Todas as Abas

Trabalho_de_Exp
A.5 – Todas as Abas

A interpretação da área relativa ao trabalho em um processo de expansão ou compressão em quase equilíbrio permite uma demonstração simples da ideia de que o trabalho depende do processo. Isso pode ser verificado observando a Fig. 2.8. Suponha que um gás em um conjunto cilindro-pistão evolua de um estado inicial de equilíbrio 1 para um estado final de equilíbrio 2 por dois caminhos diferentes, denominados A e B na Fig. 2.8. Como a área abaixo de cada caminho representa o trabalho para aquele processo, o trabalho depende dos detalhes do processo definido pela curva correspondente e não apenas dos estados extremos. Usando o teste para uma propriedade apresentado na Seção 1.3.3, podemos concluir novamente (Seção 2.2.1) que o *trabalho não é uma propriedade*. O valor do trabalho depende da natureza do processo entre os estados inicial e final.

A relação entre a pressão e o volume, ou a pressão e o volume específico, também pode ser descrita analiticamente. Um processo em quase equilíbrio descrito por $pV^n = $ *constante*, ou $pv^n = $ *constante*, no qual n é uma constante, é chamado de processo politrópico. Outras formas analíticas para a relação pressão-volume também podem ser consideradas.

processo politrópico

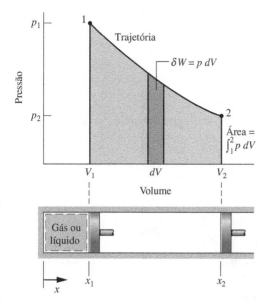

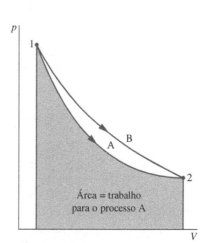

Fig. 2.7 Trabalho de um processo de expansão ou compressão em quase equilíbrio.

Fig. 2.8 Exemplo mostrando que o trabalho depende do processo.

O exemplo a seguir ilustra a aplicação da Eq. 2.17 em uma situação em que a relação entre a pressão e o volume durante uma expansão é descrita analiticamente por $pV^n = $ *constante*.

EXEMPLO 2.1

Avaliando o Trabalho de Expansão

Um gás em um conjunto cilindro-pistão passa por um processo de expansão, cuja relação entre a pressão e o volume é dada por

$$pV^n = constante$$

A pressão inicial é de 3 bar, o volume inicial é de 0,1 m³ e o volume final é de 0,2 m³. Determine o trabalho para o processo, em kJ, no caso de **(a)** $n = 1,5$; **(b)** $n = 1,0$; **(c)** $n = 0$.

SOLUÇÃO

Dado: Um gás em um conjunto cilindro-pistão passa por uma expansão, na qual $pV^n = constante$.

Pede-se: Determinar o trabalho para (a) $n = 1,5$; (b) $n = 1,0$; (c) $n = 0$.

Diagrama Esquemático e Dados Fornecidos: A relação p–V e os dados fornecidos para pressão e volume podem ser usados para construir o diagrama pressão-volume do processo correspondente.

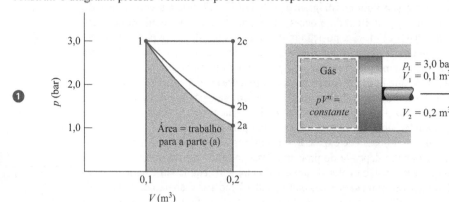

Modelo de Engenharia:
1. O gás é um sistema fechado.
2. A fronteira móvel é o único modo de trabalho.
3. A expansão é um processo politrópico.

Fig. E2.1

Análise: Os valores pedidos para o trabalho são obtidos pela integração da Eq. 2.17 utilizando a relação pressão-volume dada.

(a) Introduzindo a relação $p = constante/V^n$ na Eq. 2.17 e realizando a integração

$$W = \int_{V_1}^{V_2} p\,dV = \int_{V_1}^{V_2} \frac{constante}{V^n}\,dV$$
$$= \frac{(constante)V_2^{1-n} - (constante)V_1^{1-n}}{1-n}$$

A constante nesta expressão pode ser fornecida por qualquer um dos estados inicial ou final: $constante = p_1 V_1^n = p_2 V_2^n$. A expressão para o trabalho torna-se, então,

$$W = \frac{(p_2 V_2^n)V_2^{1-n} - (p_1 V_1^n)V_1^{1-n}}{1-n} = \frac{p_2 V_2 - p_1 V_1}{1-n} \quad\quad (a)$$

Esta expressão é válida para todos os valores de n, exceto $n = 1,0$. O caso $n = 1,0$ é tratado na parte (b).

Para calcular W, a pressão no estado 2 é necessária. Esta pode ser obtida usando $p_1 V_1^n = p_2 V_2^n$ que, através de uma manipulação, fornece

$$p_2 = p_1 \left(\frac{V_1}{V_2}\right)^n = (3\text{ bar})\left(\frac{0,1}{0,2}\right)^{1,5} = 1,06\text{ bar}$$

Consequentemente,

$$W = \left(\frac{(1,06\text{ bar})(0,2\text{ m}^3) - (3)(0,1)}{1 - 1,5}\right)\left|\frac{10^5\text{ N/m}^2}{1\text{ bar}}\right|\left|\frac{1\text{ kJ}}{10^3\text{ N}\cdot\text{m}}\right| = +17,6\text{ kJ}$$

(b) Para $n = 1,0$ a relação pressão-volume é $pV = constante$ ou $p = constante/V$. O trabalho é

$$W = constante \int_{V_1}^{V_2} \frac{dV}{V} = (constante)\ln\frac{V_2}{V_1} = (p_1 V_1)\ln\frac{V_2}{V_1} \quad\quad (b)$$

Substituindo os valores

$$W = (3\text{ bar})(0,1\text{ m}^3)\left|\frac{10^5\text{ N/m}^2}{1\text{ bar}}\right|\left|\frac{1\text{ kJ}}{10^3\text{ N}\cdot\text{m}}\right|\ln\left(\frac{0,2}{0,1}\right) = +20,79\text{ kJ}$$

(c) Para $n = 0$, a relação pressão-volume reduz-se a $p = constante$, e a integral torna-se $W = p(V_2 - V_1)$, o que é um caso especial da expressão encontrada na parte (a). Substituindo os valores e convertendo as unidades, $W = +30$ kJ.

④

---

① Em cada caso, o trabalho para o processo pode ser interpretado como a área sob a curva que representa o processo no diagrama p-V correspondente. Observe que as áreas relativas a esses processos estão de acordo com os resultados numéricos.

② A hipótese de um processo politrópico é significativa. Se a relação pressão-volume fornecida fosse obtida como um ajuste de dados experimentais referentes à pressão-volume, o valor de $\int p\, dV$ forneceria uma estimativa plausível para o trabalho apenas quando a pressão medida fosse essencialmente igual àquela exercida na face do pistão.

③ Observe o uso dos fatores de conversão de unidades aqui e na parte (b).

④ Em cada um dos casos considerados não é necessário identificar o gás (ou líquido) contido no interior do conjunto cilindro-pistão. Os valores calculados para W são determinados pelo caminho percorrido pelo processo e pelos estados inicial e final. Entretanto, se for desejável avaliar uma propriedade como a temperatura, tanto a natureza quanto a quantidade da substância devem ser fornecidas porque, então, seriam necessárias relações apropriadas entre as propriedades da substância em questão.

> **Habilidades Desenvolvidas**
>
> *Habilidades para...*
> - aplicar a metodologia de solução de problemas.
> - definir um sistema fechado e identificar as interações que ocorrem em sua fronteira.
> - calcular o trabalho usando a Eq. 2.17.
> - aplicar a relação pressão-volume dada por $pV^n = constante$.

Teste-Relâmpago Calcule o trabalho, em kJ, para um processo em duas etapas que consiste em uma expansão com $n = 1{,}0$, de $p_1 = 3$ bar, $V_1 = 0{,}1$ m³ até $V = 0{,}15$ m³, seguido por uma expansão com $n = 0$, de $V = 0{,}15$ m³ até $V_2 = 0{,}2$ m³. **Resposta:** 22,16 kJ.

2.2.6 Outros Exemplos de Trabalho

Para ampliar nossa compreensão do conceito de trabalho, consideraremos agora sucintamente vários outros exemplos de trabalho.

Alongamento de uma Barra Sólida

Considere um sistema que consiste em uma barra sólida sob tração, como ilustrado na Fig. 2.9. A barra está fixa em $x = 0$, e uma força F é aplicada na extremidade oposta. A força é representada por $F = \sigma A$, na qual A é a área da seção transversal da barra e σ a *tensão normal que atua na extremidade* da barra. O trabalho realizado quando a extremidade da barra se move de uma distância dx é dado por $\delta W = -\sigma A\, dx$. O sinal negativo é necessário porque o trabalho é realizado *sobre* a barra quando dx é positivo. O trabalho relativo à variação do comprimento de x_1 a x_2 é dado pela integração

$$W = -\int_{x_1}^{x_2} \sigma A\, dx \qquad (2.18)$$

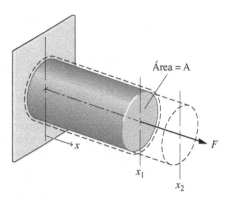

A Eq. 2.18 para um sólido é equivalente à Eq. 2.17 para um gás submetido a uma expansão ou compressão.

Fig. 2.9 Alongamento de uma barra sólida.

Estiramento de uma Película Líquida

A Fig. 2.10 mostra um sistema formado por uma película líquida suspensa em uma armação de arame. As duas superfícies da película suportam a fina camada líquida no interior da armação por meio do efeito da *tensão superficial*, resultante de forças microscópicas entre as moléculas próximas à interface líquido-ar. Essas forças originam uma força macroscópica perpendicular a qualquer linha na superfície. A força por unidade de comprimento através de uma linha como esta é a tensão superficial. Chamando a tensão superficial que *atua no arame móvel* de τ, a força F indicada na figura pode ser expressa por $F = 2l\tau$, na qual o fator 2 é introduzido porque duas películas superficiais agem no arame. Se o arame móvel é deslocado de dx, o trabalho é dado por $\delta W = -2l\tau\, dx$. O sinal negativo é necessário porque o trabalho é realizado *sobre* o sistema quando dx é positivo. Um deslocamento dx corresponde a uma alteração na área total das superfícies em contato com o arame, dada por $dA = 2l\, dx$, assim a expressão para o trabalho pode ser escrita alternativamente como $\delta W = -\tau\, dA$. O trabalho relativo a um aumento da área superficial, de A_1 até A_2, é obtido pela integração da expressão

$$W = -\int_{A_1}^{A_2} \tau\, dA \qquad (2.19)$$

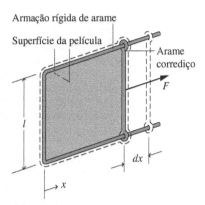

Fig. 2.10 Estiramento de uma película líquida.

Potência Transmitida por um Eixo

Um eixo giratório é um elemento de máquina frequentemente encontrado. Considere um eixo girando com uma velocidade angular ω e exercendo um torque $\mathcal{T}$ na sua vizinhança. Seja esse torque expresso em termos de uma força tangencial F_t e raio R: $\mathcal{T} = F_t R$. A velocidade no ponto de aplicação da força é $V = R\omega$, no qual ω é expresso em radianos por unidade de tempo. Usando essas relações e a Eq. 2.13, obtemos uma expressão para a *potência* transmitida do eixo para a vizinhança

$$\dot{W} = F_t V = (\mathcal{T}/R)(R\omega) = \mathcal{T}\omega \tag{2.20}$$

Um caso semelhante envolvendo um gás misturado por um agitador foi considerado na discussão da Fig. 2.3.

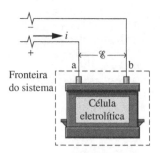

Fig. 2.11 Célula eletrolítica utilizada para discutir a potência.

Potência Elétrica

A Fig. 2.11 mostra um sistema constituído por uma célula eletrolítica. A célula está conectada a um circuito externo através do qual passa uma corrente elétrica i. A corrente é induzida por uma diferença de potencial elétrico $\mathcal{E}$ existente entre os terminais denominados a e b. Esse tipo de interação pode ser classificado como trabalho, como foi considerado na discussão da Fig. 2.3.

A taxa de transferência de energia por meio de trabalho, ou potência, é

$$\dot{W} = -\mathcal{E} i \tag{2.21}$$

Uma vez que a corrente i é igual a dZ/dt, o trabalho pode ser expresso na forma diferencial como

$$\delta W = -\mathcal{E}\, dZ \tag{2.22}$$

sendo dZ a quantidade de carga elétrica que flui para o sistema. O sinal negativo que aparece nas Eqs. 2.21 e 2.22 é necessário para que a expressão fique de acordo com nossa convenção de sinais para o trabalho.

Trabalho Devido à Polarização ou Magnetização

Vamos a seguir nos referir de modo sucinto aos tipos de trabalho que podem ser realizados em sistemas no interior de campos elétricos ou magnéticos, conhecidos como trabalho de polarização e magnetização, respectivamente. Do ponto de vista microscópico, dipolos elétricos no interior de dielétricos resistem à mudança de orientação e, portanto, o trabalho é realizado quando eles são alinhados por um campo elétrico. Do mesmo modo, dipolos magnéticos resistem à mudança de orientação, e o trabalho é realizado em certos materiais quando sua magnetização é alterada. A polarização e a magnetização dão origem a variações detectáveis *macroscopicamente* no momento dipolar total à medida que as partículas que compõem o material são realinhadas. Nesses casos, o trabalho está associado a forças impostas no sistema global por campos em suas vizinhanças. As forças que atuam no material no interior do sistema são chamadas de *forças de corpo*. Para essas forças, o deslocamento apropriado a ser utilizado no cálculo do trabalho é o deslocamento da matéria sobre a qual as forças de corpo atuam.

TOME NOTA...
Quando a potência é calculada em termos de watt e a unidade de corrente é o ampère (uma unidade básica do SI), a unidade de potencial elétrico é o volt, definido como 1 watt por ampère.

2.2.7 Outros Exemplos de Trabalho em Processos em Quase Equilíbrio

Outros sistemas, além de um gás ou um líquido em um conjunto cilindro-pistão, podem também ser considerados como sistemas submetidos a processos do tipo quase equilíbrio. Para aplicarmos o conceito de processo em quase equilíbrio em qualquer desses casos, é necessário considerar uma *situação ideal*, em que as forças externas que atuam sobre o sistema podem variar tão pouco que o desequilíbrio resultante é infinitesimal. Como consequência, o sistema passa por um processo sem jamais afastar-se do equilíbrio termodinâmico de maneira significativa.

O alongamento de uma barra sólida e o estiramento de uma película superficial líquida podem ser prontamente visualizados como ocorrências em quase equilíbrio, por analogia direta com o caso do cilindro-pistão. Para a barra na Fig. 2.9, a força externa pode ser aplicada de maneira que ela difira apenas levemente da força oposta interna. A tensão normal é então essencialmente uniforme ao longo da seção reta e pode ser determinada como uma função do comprimento instantâneo: $\sigma = \sigma(x)$. Da mesma maneira, para a película líquida mostrada na Fig. 2.10, a força externa pode ser aplicada à armação de arame móvel de modo que a força difira apenas levemente da força oposta no interior da película. Durante este processo, a tensão superficial é essencialmente uniforme ao longo de toda a película superficial e está relacionada à área instantânea: $\tau = \tau(A)$. Em cada um desses casos, uma vez conhecida a relação funcional necessária, pode-se calcular o trabalho utilizando-se a Eq. 2.18 ou 2.19, respectivamente, em termos de propriedades do sistema como um todo à medida que ele passa por estados de equilíbrio.

TOME NOTA...
Alguns leitores podem optar por adiar a leitura das Seções 2.2.7 e 2.2.8 e seguir direto para a Seção 2.3, na qual o conceito de energia é estendido.

Pode-se imaginar também outros sistemas submetidos a processos em quase equilíbrio. Por exemplo, é possível visualizar uma bateria sendo carregada ou descarregada em quase equilíbrio ajustando a diferença de potencial entre os terminais, de forma a ser ligeiramente maior ou menor do que um potencial ideal chamado de *força eletromotriz* da bateria (fem). A transferência de energia através de trabalho para a passagem de uma quantidade diferencial de carga *para* a bateria, dZ, é dada pela relação

$$\delta W = -\mathcal{E}\, dZ \tag{2.23}$$

Nessa equação $\mathcal{E}$ representa a fem da bateria, uma propriedade intensiva da bateria, e não apenas a diferença de potencial entre os terminais, como na Eq. 2.22.

Considere a seguir um material dielétrico no interior de um *campo elétrico uniforme*. A transferência de energia por meio de trabalho do campo quando a polarização é levemente aumentada é

$$\delta W = -\mathbf{E} \cdot d(V\mathbf{P}) \tag{2.24}$$

em que o vetor **E** é a intensidade do campo elétrico no interior do sistema, o vetor **P** é o momento do dipolo elétrico por unidade de volume e V é o volume do sistema. Uma equação similar para a transferência de energia por meio de trabalho de um *campo magnético uniforme* quando a magnetização é levemente aumentada é

$$\delta W = -\mu_0 \mathbf{H} \cdot d(V\mathbf{M}) \qquad (2.25)$$

na qual o vetor **H** é a intensidade do campo magnético no interior do sistema, o vetor **M** é o momento do dipolo magnético por unidade de volume e μ_0 é uma constante, a permeabilidade do vácuo. O sinal negativo que aparece nas três últimas equações está de acordo com nossa convenção de sinais estabelecida anteriormente para o trabalho: W recebe o sinal negativo quando a transferência de energia é *para* o sistema.

2.2.8 Forças e Deslocamentos Generalizados

A semelhança entre as expressões para o trabalho em processos de quase equilíbrio consideradas até agora é um fato que pode ser observado. Em cada caso, a expressão para o trabalho é escrita sob a forma de uma propriedade intensiva e a diferencial de uma propriedade extensiva. Isso é mostrado pela seguinte expressão, que permite que um ou mais desses modos de trabalho esteja presente em um processo

$$\delta W = p\, dV - \sigma d(\mathrm{A}x) - \tau\, d\mathrm{A} - \mathscr{E}\, dZ - \mathbf{E} \cdot d(V\mathbf{P}) - \mu_0 \mathbf{H} \cdot d(V\mathbf{M}) + \cdots \qquad (2.26)$$

em que as reticências representam outros produtos de uma propriedade intensiva pela diferencial de uma propriedade extensiva relacionada, responsáveis pela realização de trabalho. Por causa da noção de que o trabalho é um produto de força por deslocamento, a propriedade intensiva nessas relações é às vezes chamada de força "generalizada", e a propriedade extensiva é chamada de um deslocamento "generalizado", embora as quantidades que compõem as expressões para o trabalho possam não trazer à mente forças e deslocamentos factíveis.

Devido à restrição fundamental de quase equilíbrio, a Eq. 2.26 não representa todos os tipos de trabalho de interesse prático. Um exemplo é dado por um agitador que agita um gás ou líquido considerado como sistema. Sempre que qualquer ação de cisalhamento ocorrer, o sistema necessariamente passa por estados de não equilíbrio. Para percebermos de modo mais completo as implicações do conceito de um processo em quase equilíbrio é necessário considerar a segunda lei da termodinâmica; portanto este conceito é discutido de novo no Cap. 5, após a apresentação da segunda lei.

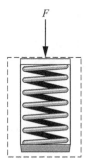

2.3 Ampliando Nosso Conhecimento sobre Energia

O objetivo desta seção é usar nosso profundo conhecimento sobre trabalho, obtido na Seção 2.2, para ampliar nossa compreensão sobre a energia de um sistema. Em particular, consideramos a energia *total* de um sistema, que inclui a energia cinética, a energia potencial gravitacional e outras formas de energia. Os exemplos a seguir ilustram algumas dessas formas de energia. Muitos outros exemplos poderiam ser apresentados sobre a mesma ideia.

Quando se realiza trabalho para comprimir uma mola, armazena-se energia no interior da mola. Quando uma bateria é carregada, a energia armazenada em seu interior aumenta. E no momento em que um gás (ou líquido), inicialmente em um estado de equilíbrio em um reservatório fechado e isolado, é agitado com vigor e colocado em repouso até atingir um estado final de equilíbrio, a energia do gás aumenta durante o processo. De acordo com a discussão sobre trabalho na Seção 2.2, pode-se pensar em outras maneiras em que o trabalho realizado sobre sistemas aumente a energia armazenada nesses sistemas – como o trabalho relacionado com a magnetização, por exemplo. Em cada um desses exemplos, a variação da energia do sistema não pode ser atribuída a variações na energia cinética ou potencial gravitacional *global* do sistema, dada pelas Eqs. 2.5 e 2.10, respectivamente. A variação de energia pode ser explicada em termos de *energia interna*, como é apresentado a seguir.

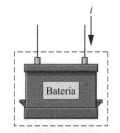

Na termodinâmica aplicada à engenharia, considera-se que a variação da energia total de um sistema é composta de três contribuições *macroscópicas*. Uma é a variação da energia cinética, associada ao movimento do sistema *como um todo* em relação a um sistema de eixos coordenados externo. Outra é a variação da energia potencial gravitacional, associada à posição do sistema *como um todo* no campo gravitacional terrestre. Todas as outras variações de energia são reunidas na energia interna do sistema. Assim como a energia cinética e a energia potencial gravitacional, a *energia interna é uma propriedade extensiva* do sistema, como o é a energia total.

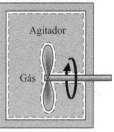

energia interna

A energia interna é representada pelo símbolo U, e a variação de energia interna em um processo é $U_2 - U_1$. A energia interna específica é simbolizada por u ou $\bar{u}$ dependendo de ser expressa por unidade de massa ou em base molar, respectivamente.

A variação total de energia de um sistema é

$$E_2 - E_1 = (U_2 - U_1) + (\mathrm{EC}_2 - \mathrm{EC}_1) + (\mathrm{EP}_2 - \mathrm{EP}_1) \qquad (2.27a)$$

ou

$$\Delta E = \Delta U + \Delta \mathrm{EC} + \Delta \mathrm{EP} \qquad (2.27b)$$

Energia_Total
A.6 –Aba a

Todas as quantidades na Eq. 2.27 são expressas em termos das unidades de energia apresentadas anteriormente.

A identificação da energia interna como uma forma macroscópica de energia é um passo significativo no desenvolvimento em questão, pois separa o conceito de energia em termodinâmica daquele da mecânica. No Cap. 3 aprenderemos a calcular variações de energia interna em casos de importância prática envolvendo gases, líquidos e sólidos utilizando dados empíricos.

interpretação microscópica da energia interna para um gás

Para melhorar nossa compreensão sobre energia interna, considere um sistema que frequentemente encontraremos nas seções subsequentes deste livro, um sistema constituído de um gás contido em um tanque. Vamos desenvolver uma interpretação microscópica da energia interna pensando na energia atribuída aos movimentos e às configurações das moléculas individuais, átomos e partículas subatômicas que compõem a matéria no sistema. As moléculas do gás movem-se de um lado para o outro, encontrando outras moléculas ou as paredes do recipiente. Parte da energia interna do gás é a energia cinética de *translação* das moléculas. Outras contribuições para a energia interna incluem a energia cinética devida à *rotação* das moléculas em relação aos seus centros de massa e a energia cinética associada aos movimentos de *vibração* dentro das moléculas. Além disso, energia é armazenada nas ligações químicas entre os átomos que compõem as moléculas. O armazenamento de energia em nível atômico inclui a energia associada aos estados orbitais dos elétrons, *spin* nuclear e forças de ligação no núcleo. Em gases densos, líquidos e sólidos as forças intermoleculares representam um papel importante em relação à energia interna.

2.4 Transferência de Energia por Calor

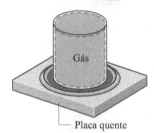

Até o momento, consideramos quantitativamente apenas as interações entre um sistema e sua vizinhança que podem ser classificadas como trabalho. No entanto, os sistemas fechados também podem interagir com suas vizinhanças de uma maneira que não pode ser definida como trabalho.

▶ **POR EXEMPLO** quando um gás em um recipiente rígido interage com uma placa quente a energia do gás aumenta, mesmo que nenhum trabalho seja realizado. ◀ ◀ ◀ ◀ ◀

Esse tipo de interação é chamado de transferência de energia através de calor.

transferência de energia através de calor

Com base em provas experimentais, a começar pelo trabalho de Joule no início do século XIX, sabemos que a transferência de energia por calor é induzida apenas como resultado de uma diferença de temperatura entre o sistema e sua vizinhança, e ocorre somente no sentido decrescente de temperatura. Devido à importância desse conceito em termodinâmica, esta seção é dedicada a uma consideração adicional sobre a transferência de energia por calor.

2.4.1 Convenção de Sinais, Notação e Taxa de Transferência de Calor

O símbolo Q indica uma quantidade de energia transferida através da fronteira de um sistema em uma interação de calor com a vizinhança do sistema. A transferência de calor *para* um sistema é considerada *positiva*, e a transferência de calor *de* um sistema é considerada *negativa*.

$Q > 0$: transferência de calor *para* o sistema
$Q < 0$: transferência de calor *do* sistema

convenção de sinais para transferência de calor

Essa convenção de sinais é utilizada ao longo de todo este livro. Entretanto, assim como foi indicado para o trabalho, algumas vezes é conveniente mostrar o sentido da transferência de energia por uma seta no desenho do sistema. Assim, a transferência de calor é considerada positiva no sentido da seta.

A convenção de sinais para a transferência de calor é justamente o *inverso* daquela adotada para o trabalho, na qual o valor positivo para W significa uma transferência de energia *do* sistema para a vizinhança. Esses sinais para calor e trabalho são um legado de engenheiros e cientistas que estavam preocupados principalmente com motores a vapor e outros dispositivos que produzem trabalho na saída a partir de uma entrada de energia por meio de transferência de calor. Para tais aplicações era conveniente considerar tanto o trabalho produzido quanto a entrada de energia por transferência de calor como quantidades positivas.

Modos_de_TC
A.7 – Aba a

o calor não é uma propriedade

A quantidade de calor transferida depende dos detalhes do processo, e não apenas dos estados inicial e final. Assim, do mesmo modo que o trabalho, o calor não é uma propriedade, e sua diferencial é escrita como δQ. A quantidade de energia transferida por calor durante um processo é dada pela integral

$$Q = \int_1^2 \delta Q \qquad (2.28)$$

na qual os limites de integração significam "do estado 1 ao estado 2" e não se referem aos valores do calor nesses estados. Assim como para o trabalho, a noção de "calor" em um estado não tem sentido, e a integral *nunca* deve ser calculada como $Q_2 - Q_1$.

taxa de transferência de calor

A taxa de transferência de calor líquida é representada por $\dot{Q}$. A princípio, a quantidade de energia transferida sob a forma de calor durante um período de tempo pode ser calculada integrando-se do tempo t_1 ao tempo t_2

$$Q = \int_{t_1}^{t_2} \dot{Q}\, dt \qquad (2.29)$$

Para realizar a integração, é necessário saber como a taxa de transferência de calor varia com o tempo.

Em alguns casos é conveniente utilizar o *fluxo de calor*, $\dot{q}$, que é a taxa de transferência de calor por unidade de área de superfície do sistema. A taxa líquida de transferência de calor, $\dot{Q}$, está relacionada ao fluxo de calor $\dot{q}$ pela integral

$$\dot{Q} = \int_A \dot{q}\, dA \tag{2.30}$$

em que A representa a área na fronteira do sistema na qual ocorre a transferência de calor.

As unidades para a transferência de calor Q e a taxa de transferência de calor $\dot{Q}$ são as mesmas apresentadas antes para W e $\dot{W}$, respectivamente. As unidades para o fluxo de calor são as da taxa de transferência de calor por unidade de área: kW/m^2 ou $Btu/h \cdot ft^2$.

A palavra adiabático significa que *não há transferência de calor*. Assim, se um sistema passa por um processo que não envolve transferência de calor com sua vizinhança esse processo é chamado de *processo adiabático*.

adiabático

> **BIOCONEXÕES** Pesquisadores médicos descobriram que um aumento gradual da temperatura do tecido canceroso para 41-45°C leva a uma maior eficiência da quimioterapia e da radioterapia para alguns pacientes. Diferentes abordagens podem ser usadas, incluindo o aumento da temperatura do corpo inteiro com dispositivos de aquecimento e, de modo mais seletivo, por meio de feixes de micro-ondas ou ultrassom sobre o tumor ou órgão afetado. As especulações sobre o motivo do aumento de temperatura ser benéfico variam. Alguns dizem que isso ajuda a radioterapia a penetrar certos tumores mais facilmente por meio da dilatação dos vasos sanguíneos. Outros acham que isso ajuda a radioterapia em virtude do aumento da quantidade de oxigênio nas células do tumor, fazendo com que elas fiquem mais receptivas à radiação. Os pesquisadores informam que é necessário um estudo adicional antes que seja estabelecida a eficácia dessa abordagem e os mecanismos por meio dos quais os resultados positivos são alcançados.

2.4.2 Modos de Transferência de Calor

Métodos baseados em experimentos estão disponíveis para avaliar a transferência de energia sob a forma de calor. Esses métodos identificam dois mecanismos básicos de transferência: *condução* e *radiação térmica*. Além disso, relações empíricas estão disponíveis para avaliar a transferência de energia que envolve um modo *combinado* chamado *convecção*. Uma breve descrição de cada um desses modos é dada a seguir. Considerações mais detalhadas são deixadas para um curso de transferência de calor aplicado à engenharia, no qual esses tópicos são estudados em profundidade.

Condução

A transferência de energia por *condução* pode ocorrer em sólidos, líquidos e gases. A condução pode ser imaginada como a transferência de energia das partículas mais energéticas de uma substância para as partículas adjacentes que são menos energéticas, devido a interações entre as partículas. A taxa temporal de transferência de energia por condução é quantificada macroscopicamente pela *lei de Fourier*. Como uma aplicação elementar, considere a Fig. 2.12, que mostra uma parede plana de espessura L em regime permanente, na qual a temperatura $T(x)$ varia linearmente com a posição x. Pela lei de Fourier, a taxa de transferência de calor através de qualquer plano normal à direção x, $\dot{Q}_x$, é proporcional à área da parede, A, e ao gradiente de temperatura na direção x, dT/dx:

$$\dot{Q}_x = -\kappa A \frac{dT}{dx} \tag{2.31}$$

em que a constante de proporcionalidade κ é uma propriedade chamada de *condutividade térmica*. O sinal negativo é uma consequência da transferência de energia no sentido *decrescente* da temperatura.

▶ **POR EXEMPLO** no caso da Fig. 2.12 a temperatura varia linearmente; assim, o gradiente de temperatura é

$$\frac{dT}{dx} = \frac{T_2 - T_1}{L} (< 0)$$

e a taxa de transferência de calor na direção x é, então,

$$\dot{Q}_x = -\kappa A \left[\frac{T_2 - T_1}{L} \right] \;\blacktriangleleft\blacktriangleleft\blacktriangleleft\blacktriangleleft\blacktriangleleft$$

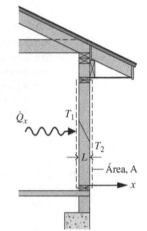

Fig. 2.12 Ilustração da lei de Fourier da condução de calor.

lei de Fourier

Os valores para a condutividade térmica são dados na Tabela A-19 para materiais usuais. As substâncias com valores elevados de condutividade térmica, como o cobre, são boas condutoras, e aquelas com baixas condutividades (cortiça e espuma de poliestireno) são boas isolantes.

Modos_de_TC
A.7 – Aba b

Radiação

A *radiação térmica* é emitida pela matéria como resultado de mudanças na configuração eletrônica dos átomos ou moléculas no seu interior. A energia é transportada por ondas eletromagnéticas (ou fótons). Diferente da condução, a radiação térmica não necessita de nenhum meio para propagar-se, e pode até mesmo ocorrer no vácuo. As superfícies sólidas,

lei de Stefan-Boltzmann

os gases e os líquidos emitem, absorvem e transmitem radiação térmica em vários graus. A taxa na qual a energia é emitida, $\dot{Q}_e$, *a partir de* uma superfície de área A é quantificada macroscopicamente por uma forma modificada da lei de Stefan-Boltzmann

$$\dot{Q}_e = \varepsilon\sigma A T_b^4 \qquad (2.32)$$

que mostra que a radiação térmica está associada à quarta potência da temperatura absoluta da superfície, T_b. A emissividade, ε, é uma propriedade da superfície que indica a eficiência da superfície irradiante ($0 \leq \varepsilon \leq 1,0$), e σ é a constante de Stefan-Boltzmann:

$$\sigma = 5,67 \times 10^{-8} \text{ W/m}^2 \cdot \text{K}^4 = 0,1714 \times 10^{-8} \text{ Btu/h} \cdot \text{ft}^2 \cdot \text{°R}^4$$

Em geral, a taxa *líquida* de transferência de energia por radiação térmica entre duas superfícies envolve relações entre as propriedades das superfícies, suas orientações, em relação uma à outra, a extensão na qual o meio de propagação espalha, emite e absorve radiação térmica, e outros fatores. Um caso especial que ocorre frequentemente é a troca de radiação entre uma superfície à temperatura T_b e uma superfície circunvizinha muito maior a T_s, como mostra a Fig. 2.13. A taxa líquida de troca radiante entre a superfície menor, cuja área é A e a emissividade é ε, e a superfície circunvizinha muito maior é

Modos_de_TC
A.7 – Aba d

$$\dot{Q}_e = \varepsilon\sigma A[T_b^4 - T_s^4] \qquad (2.33)$$

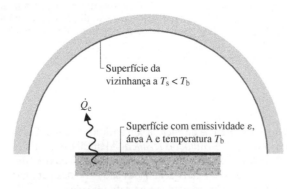

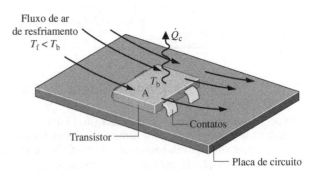

Fig. 2.13 Troca líquida de radiação.

Fig. 2.14 Ilustração da lei do resfriamento de Newton.

Convecção

A transferência de energia entre uma superfície sólida a uma temperatura T_b e um gás ou líquido adjacente em movimento a uma outra temperatura T_f tem um papel importante no desempenho de muitos dispositivos de interesse prático. Essa transferência é usualmente denominada *convecção*. Como ilustração, considere a Fig. 2.14, em que $T_b > T_f$. Nesse caso, a energia é transferida *no sentido indicado pela seta* devido aos *efeitos combinados* da condução no ar e do movimento global do ar. A taxa de transferência de energia *da* superfície *para* o ar pode ser quantificada pela seguinte expressão *empírica*:

$$\dot{Q}_c = hA(T_b - T_f) \qquad (2.34)$$

lei do resfriamento de Newton

conhecida como lei do resfriamento de Newton. Na Eq. 2.34, A é a área da superfície, e o fator de proporcionalidade h é chamado de *coeficiente de transferência de calor*. Em aplicações subsequentes da Eq. 2.34 um sinal negativo pode ser introduzido no lado direito em conformidade com a convenção de sinais para transferência de calor apresentada na Seção 2.4.1.

O coeficiente de transferência de calor *não* é uma propriedade termodinâmica. Ele é um parâmetro empírico que incorpora, na relação da transferência de calor, a natureza do padrão de escoamento próximo à superfície, as propriedades do fluido e a geometria. Quando ventiladores ou bombas provocam o movimento de um fluido, o valor do coeficiente de transferência de calor é geralmente maior do que quando ocorrem movimentos relativamente lentos induzidos por variação de massa específica. Essas duas categorias gerais são chamadas de convecção *forçada* e *livre* (ou natural), respectivamente. A Tabela 2.1 fornece valores típicos para o coeficiente de transferência de calor para a convecção forçada e livre.

Modos_de_TC
A.7 – Aba c

TABELA 2.1

Valores Típicos do Coeficiente de Transferência de Calor por Convecção

Aplicações	h (W/m² · K)	h (Btu/h · ft² · °R)
Convecção livre		
Gases	2–25	0,35–4,4
Líquidos	50–1000	8,8–180
Convecção forçada		
Gases	25–50	4,4–44
Líquidos	50–20.000	8,8–3500

2.4.3 Comentários Finais

O primeiro passo em uma análise termodinâmica é definir o sistema. Só depois da especificação da fronteira do sistema é possível considerar as interações de calor com a vizinhança, pois estas são *sempre* avaliadas na fronteira do sistema.

Na conversa diária o termo *calor* é frequentemente utilizado quando o termo *energia* seria mais correto termodinamicamente. Por exemplo, alguém poderia ouvir: "Por favor, feche a porta ou o 'calor' será perdido". Em *termodinâmica*, o calor refere-se apenas a um meio particular através do qual a energia é transferida. Ele não se refere ao que está sendo transferido entre os sistemas ou ao que é armazenado nos sistemas. A energia é transferida e armazenada, não o calor.

Algumas vezes a transferência de energia sob a forma de calor para ou a partir de um sistema pode ser desprezada. Isso poderia ocorrer por diversas razões relacionadas aos mecanismos para a transferência de calor discutidos anteriormente. Uma delas poderia ser que os materiais que cercam o sistema são bons isolantes, ou que a transferência de calor não seria significativa porque há uma pequena diferença de temperatura entre o sistema e sua vizinhança. Uma terceira razão seria não haver uma área superficial suficiente para permitir que uma transferência de calor significativa ocorra. Quando a transferência de calor é desprezada, uma ou mais dessas considerações se aplica.

Nas discussões a seguir o valor de Q é fornecido ou é uma incógnita na análise. Quando Q é fornecido pode-se considerar que o valor foi determinado pelos métodos apresentados. Se Q não é conhecido, o seu valor é usualmente calculado através do *balanço de energia*, discutido em seguida.

> **TOME NOTA...**
> O termo *calor* não se refere ao que está sendo transferido entre sistemas ou ao que está armazenado dentro dos sistemas. Energia é transferida e armazenada quando ocorre transferência de calor.

2.5 Contabilizando a Energia: Balanço de Energia para Sistemas Fechados

Conforme nossas discussões anteriores indicaram, os *únicos caminhos* para variar a energia de um sistema fechado são através da transferência de energia por meio de trabalho ou de calor. Além disso, com base nos experimentos de Joule e outros, um aspecto fundamental do conceito de energia é que a *energia se conserva*; chamamos esse fato de primeira lei da termodinâmica. Para mais detalhes sobre a primeira lei, veja o boxe a seguir.

primeira lei da termodinâmica

> ### Os Experimentos de Joule e a Primeira Lei
>
> Em experimentos clássicos conduzidos no início do século XIX, Joule estudou processos através dos quais um sistema fechado passa de um estado de equilíbrio a outro. Em particular, ele considerou processos que envolvem interações de trabalho, mas não interações de calor, entre o sistema e sua vizinhança. Qualquer desses processos é um *processo adiabático*, de acordo com a discussão da Seção 2.4.1.
>
> Com base em seus experimentos, Joule deduziu que o valor do trabalho líquido é o mesmo para *todos* os processos adiabáticos entre dois estados de equilíbrio. Em outras palavras, o valor do trabalho líquido realizado por ou sobre um sistema fechado que passa por um processo adiabático entre dois estados dados *depende somente dos estados inicial e final*, e não dos detalhes do processo adiabático.
>
> Se o trabalho líquido é o mesmo para todos os processos adiabáticos em sistemas fechados entre os estados inicial e final, pode-se concluir da definição de propriedade (Seção 1.3) que o trabalho líquido para tais processos é a variação de alguma propriedade do sistema. Essa propriedade é chamada de *energia*.
>
> Com base no argumento de Joule, a *variação de energia* entre dois estados é *definida* por
>
> $$E_2 - E_1 = -W_{ad} \quad \text{(a)}$$
>
> em que o símbolo E denota a energia de um sistema e W_{ad} representa o trabalho líquido para *qualquer* processo adiabático entre os dois estados. O sinal negativo antes do termo do trabalho está de acordo com a convenção de sinais para o trabalho, estabelecida previamente. Por fim, observe que como qualquer valor arbitrário E_1 pode ser atribuído à energia de um sistema em um dado estado 1, nenhum significado especial pode ser associado ao valor da energia no estado 1 ou em *qualquer* outro estado. Somente as *variações* de energia de um sistema possuem significado.
>
> A discussão precedente é baseada em provas experimentais, a começar pelos experimentos de Joule. Em razão das incertezas experimentais inevitáveis não é possível provar através de medidas que o trabalho líquido é *exatamente* o mesmo para *todos* os processos adiabáticos entre os mesmos estados inicial e final. Entretanto, evidências experimentais apoiam essa conclusão e, portanto, adota-se como um princípio fundamental que o trabalho é realmente o mesmo. Esse princípio é uma formulação alternativa da *primeira lei*, e foi usado pelos cientistas e engenheiros subsequentes como um trampolim para o desenvolvimento do conceito de *conservação de energia* e do *balanço de energia* como os conhecemos hoje.

Resumindo os Conceitos de Energia

Todos os aspectos de energia apresentados neste livro até o momento podem ser resumidos através de:

$$\begin{bmatrix} \text{variação da quantidade} \\ \text{de energia contida no} \\ \text{sistema durante um} \\ \text{certo intervalo de} \\ \text{tempo} \end{bmatrix} = \begin{bmatrix} \text{quantidade } \textit{líquida} \text{ de} \\ \text{energia transferida } \textit{para} \\ \textit{dentro} \text{ através da} \\ \text{fronteira do sistema por} \\ \text{transferência de } \textit{calor} \\ \text{durante o intervalo de tempo} \end{bmatrix} - \begin{bmatrix} \text{quantidade } \textit{líquida} \text{ de} \\ \text{energia transferida } \textit{para} \\ \textit{fora} \text{ através da} \\ \text{fronteira do sistema por} \\ \textit{trabalho} \text{ durante o} \\ \text{intervalo de tempo} \end{bmatrix}$$

Essa declaração é apenas um balanço contábil para a energia, um balanço de energia. Ele requer que em qualquer processo para um sistema fechado a energia do sistema aumente ou diminua de uma quantidade igual à quantidade líquida de energia transferida através da fronteira.

A expressão *quantidade líquida* usada no enunciado do balanço de energia deve ser interpretada com cuidado, já que pode haver transferências de energia por meio de calor ou trabalho em muitas posições diferentes da fronteira de um sistema. Em alguns locais as transferências de energia podem ser para o sistema, enquanto em outros são para fora do sistema. Os dois termos no lado direito são responsáveis pelos resultados líquidos de todas as transferências de energia por meio de calor e de trabalho, respectivamente, que ocorrem durante o intervalo de tempo considerado.

balanço de energia

O balanço de energia pode ser descrito pela expressão

$$E_2 - E_1 = Q - W \tag{2.35a}$$

Introduzindo a Eq. 2.27, uma forma alternativa é dada por

$$\Delta EC + \Delta EP + \Delta U = Q - W \tag{2.35b}$$

Bal_de_Energia_
Sis_Fechados
A.8 – Todas
as Abas

que mostra que uma transferência de energia através da fronteira do sistema resulta em uma variação de uma ou mais formas macroscópicas de energia: energia cinética, energia potencial gravitacional e energia interna. Todas as referências anteriores relativas à energia como uma quantidade que se conserva estão incluídas como casos especiais das expressões da Eq. 2.35.

Observe que os sinais algébricos antes dos termos de calor e trabalho das expressões relativas à Eq. 2.35 são diferentes. Isso é consequência da convenção de sinais adotada anteriormente. Um sinal negativo aparece antes de W porque a transferência de energia por meio de trabalho *do* sistema *para* a vizinhança é considerada positiva. Um sinal positivo aparece antes de Q porque este é considerado positivo quando a transferência de energia por calor ocorre *da* vizinhança *para* o sistema.

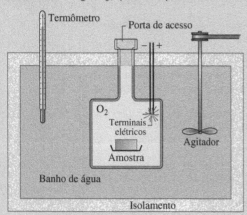

BIOCONEXÕES A energia requerida pelos animais para viverem é oriunda da oxidação da comida ingerida. Com frequência, falamos que a comida é *queimada* no corpo humano. Essa é uma expressão apropriada, porque os experimentos mostram que quando a comida é queimada com oxigênio em uma câmara, aproximadamente é liberada a mesma energia de quando a comida é oxidada no corpo. Assim como ocorre com o dispositivo experimental perfeitamente isolado apresentado na Fig. 2.15, que corresponde a um *calorímetro* a volume constante.

Uma amostra de comida, pesada com cuidado, é colocada na câmara de um calorímetro junto com oxigênio (O_2). Toda a câmara se encontra submersa no banho de água do calorímetro. Os conteúdos da câmara são, então, inflamados eletricamente, oxidando completamente a amostra de comida. A energia liberada durante a reação no interior da câmara resulta em um aumento da temperatura do calorímetro. Com o aumento de temperatura medido, a energia liberada pode ser calculada através de um balanço de energia, considerando o calorímetro como sistema. Esse é o valor da caloria da amostra de comida, informado usualmente em termos de quilocaloria (kcal), como pode ser visto no item "calorias" nos rótulos dos alimentos.

Fig. 2.15 Calorímetro a volume constante.

2.5.1 Aspectos Importantes do Balanço de Energia

Várias formas especiais de balanço de energia podem ser escritas. Por exemplo, o balanço de energia na forma diferencial é

$$dE = \delta Q - \delta W \tag{2.36}$$

sendo que dE é a diferencial da energia, uma propriedade. Como Q e W não são propriedades, suas diferenciais são escritas como δQ e δW, respectivamente.

balanço de energia na forma de taxa temporal

O balanço de energia na forma de taxa temporal é

$$\frac{dE}{dt} = \dot{Q} - \dot{W} \tag{2.37}$$

A forma da taxa do balanço de energia expressa em palavras é

$$\begin{bmatrix} \text{taxa de variação} \\ \text{temporal da energia} \\ \text{contida no sistema} \\ \text{no tempo } t \end{bmatrix} = \begin{bmatrix} \text{taxa líquida de} \\ \text{transferência de} \\ \text{calor para dentro} \\ \text{no tempo } t \end{bmatrix} - \begin{bmatrix} \text{taxa líquida na} \\ \text{qual a energia está} \\ \text{sendo transferida} \\ \text{para fora por} \\ \text{trabalho no tempo } t \end{bmatrix}$$

Como a taxa temporal de variação de energia é dada por

$$\frac{dE}{dt} = \frac{d\,EC}{dt} + \frac{d\,EP}{dt} + \frac{dU}{dt}$$

A Eq. 2.37 pode ser expressa alternativamente como

$$\frac{d\,EC}{dt} + \frac{d\,EP}{dt} + \frac{dU}{dt} = \dot{Q} - \dot{W} \qquad (2.38)$$

As Eqs. 2.35 a 2.38 fornecem formas alternativas para o balanço de energia que são pontos de partida convenientes para a aplicação do princípio da conservação da energia a sistemas fechados. No Cap. 4 o princípio da conservação de energia é expresso sob formas adequadas para a análise em volumes de controle. Quando aplicarmos o balanço de energia em *qualquer* das suas formas, é importante tomar cuidado com os sinais e unidades e fazer a distinção cuidadosa entre taxas e quantidades. Além disso, é importante reconhecer que a localização da fronteira do sistema pode ser relevante para determinar se uma transferência de energia específica será considerada como calor ou trabalho.

▶ **POR EXEMPLO** considere a Fig. 2.16, na qual são mostrados três sistemas alternativos que incluem uma quantidade de gás (ou líquido) em um recipiente rígido, bem isolado. Na Fig. 2.16a o próprio gás é o sistema. Conforme a corrente passa através da placa de cobre há uma transferência de energia da placa de cobre para o gás. Já que essa transferência de energia ocorre como resultado de uma diferença de temperatura entre a placa e o gás, ela é classificada como transferência de calor. Em seguida, considere a Fig. 2.16b, na qual a fronteira é desenhada de modo a incluir a placa de cobre. Conclui-se, da definição termodinâmica de trabalho, que a transferência de energia que ocorre conforme a corrente atravessa a fronteira desse sistema deve ser considerada como trabalho. Por fim, na Fig. 2.16c a fronteira está localizada de maneira que nenhuma energia é transferida através dela por meio de calor ou trabalho. ◀ ◀ ◀ ◀ ◀

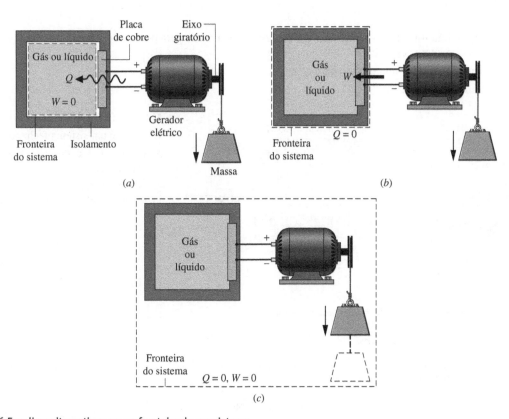

Fig. 2.16 Escolhas alternativas para a fronteira de um sistema.

Comentários Finais

Até agora, tivemos o cuidado de enfatizar que as quantidades simbolizadas por W e Q nas equações anteriores são responsáveis por transferências de *energia* e não por transferências de trabalho e calor, respectivamente. Os termos trabalho e calor indicam *meios* diferentes pelos quais a energia é transferida, e não *o que* é transferido. Entretanto, por economia de expressão nas discussões subsequentes, W e Q são com frequência referidos simplesmente como transferência de trabalho e calor, respectivamente. Essa maneira de falar mais informal é bastante usada na prática de engenharia.

Os cinco exemplos fornecidos nas Seções 2.5.2 a 2.5.4 trazem ideias importantes sobre energia e o balanço de energia. Eles devem ser estudados com cuidado, e abordagens similares devem ser usadas para resolver os problemas do final do capítulo. Neste livro, a maioria das aplicações do balanço de energia não envolverá variações significativas de energia cinética ou potencial. Assim, para acelerar as soluções dos

TOME NOTA...
Os termos trabalho e calor indicam formas de transferência de energia. No entanto, informalmente refere-se a W e Q como trabalho realizado e calor transferido.

muitos exemplos subsequentes e dos problemas ao final do capítulo indicaremos no enunciado do problema que estas variações podem ser desprezadas. Se isso não estiver explícito no enunciado do problema você deve decidir, com base no problema em estudo, qual a melhor maneira de lidar com os termos de energia cinética e potencial no balanço de energia.

2.5.2 Utilizando o Balanço de Energia: Processos em Sistemas Fechados

Os dois exemplos a seguir ilustram o uso do balanço de energia para processos em sistemas fechados. Nesses exemplos são fornecidos dados para a energia interna. No Cap. 3 aprenderemos como obter a energia interna e outros dados de propriedades termodinâmicas, utilizando tabelas, gráficos e programas de computador.

▶▶▶ EXEMPLO 2.2 ▶

Resfriando um Gás em um Cilindro-Pistão

Um conjunto cilindro-pistão contém 0,4 kg de um certo gás. O gás está sujeito a um processo no qual a relação pressão-volume é

$$pV^{1,5} = constante$$

A pressão inicial é de 3 bar, o volume inicial é de 0,1 m³ e o volume final é de 0,2 m³. A variação da energia interna específica do gás no processo é $u_2 - u_1 = -55$ kJ/kg. Não há variação significativa da energia cinética ou potencial. Determine a transferência de calor líquida para o processo, em kJ.

SOLUÇÃO

Dado: Um gás em um conjunto cilindro-pistão é submetido a um processo de expansão para o qual são especificadas a relação pressão-volume e a variação da energia interna específica.

Pede-se: Determine a transferência de calor líquida para o processo.

Diagrama Esquemático e Dados Fornecidos:

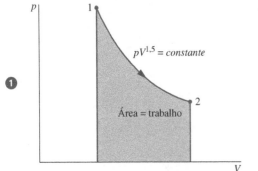
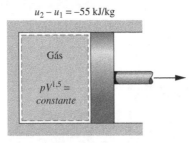

Modelo de Engenharia:
1. O gás é um sistema fechado.
2. O processo é descrito por $pV^{1,5} = constante$.
3. Não há variação da energia cinética ou potencial do sistema.

Fig. E2.2

Análise: Um balanço de energia para o sistema fechado toma a forma

$$\cancel{\Delta EC}^0 + \cancel{\Delta EP}^0 + \Delta U = Q - W$$

na qual os termos das energias cinética e potencial tornam-se nulos pela hipótese 3. Então, escrevendo ΔU em termos das energias internas específicas o balanço de energia se torna

$$m(u_2 - u_1) = Q - W$$

em que m é a massa do sistema. Resolvendo para Q

$$Q = m(u_2 - u_1) + W$$

O valor do trabalho para esse processo é determinado na parte (a) da solução do Exemplo 2.1: $W = +17,6$ kJ. A variação da energia interna é obtida utilizando-se os dados fornecidos

$$m(u_2 - u_1) = 0,4 \text{ kg}\left(-55\,\frac{\text{kJ}}{\text{kg}}\right) = -22 \text{ kJ}$$

Substituindo os valores

$$Q = -22 + 17,6 = -4,4 \text{ kJ}$$

Energia e a Primeira Lei da Termodinâmica **51**

❶ A relação fornecida entre a pressão e o volume permite que o processo seja representado pelo caminho mostrado no diagrama correspondente. A área sob a curva representa o trabalho. Como não são propriedades, os valores do trabalho e da transferência de calor dependem dos detalhes do processo e não podem ser determinados a partir dos estados inicial e final somente.

❷ O sinal negativo para o valor de Q significa que uma quantidade líquida de energia foi transferida do sistema para a vizinhança por transmissão de calor.

> ✓ **Habilidades Desenvolvidas**
> *Habilidades para...*
> ☐ definir um sistema fechado e identificar as interações que ocorrem em sua fronteira.
> ☐ aplicar o balanço de energia a um sistema fechado.

Teste-Relâmpago Se o gás percorre um processo no qual $pV = constante$ e $\Delta u = 0$, determine a transferência de calor, em kJ, mantendo fixos a pressão inicial e os volumes fornecidos. **Resposta:** 20,79 kJ.

No próximo exemplo retomamos a discussão da Fig. 2.16, considerando dois sistemas alternativos. Esse exemplo ressalta a necessidade de levar em conta corretamente as interações de calor e trabalho que ocorrem na fronteira, assim como a variação de energia.

▶ EXEMPLO 2.3 ▶

Considerando Sistemas Alternativos

Ar está contido em um conjunto cilindro-pistão vertical equipado com uma resistência elétrica. A atmosfera exerce uma pressão de 14,7 lbf/in² (101,3 kPa) no topo do pistão, que possui uma massa de 100 lb (45,4 kg) e cuja área da face é de 1 ft² (0,09 m²). Uma corrente elétrica passa através da resistência e o volume de ar aumenta lentamente de 1,6 ft³ (0,04 m³), enquanto sua pressão permanece constante. A massa do ar é 0,6 lb (0,27 kg) e sua energia interna específica aumenta de 18 Btu/lb (41,9 kJ/kg). O ar e o pistão estão em repouso no início e no fim do processo. O material do cilindro-pistão é um composto cerâmico e, portanto, um bom isolante. O atrito entre o pistão e a parede do cilindro pode ser desprezado, e a aceleração da gravidade é $g = 32,0$ ft/s² (9,7 m/s²). Determine a transferência de calor da resistência para o ar, em Btu, para um sistema composto de **(a)** apenas ar, **(b)** ar e pistão.

SOLUÇÃO

Dado: São fornecidos dados relativos ao ar contido em um conjunto cilindro-pistão vertical equipado com uma resistência elétrica.

Pede-se: Considerando cada um dos dois sistemas alternativos, determinar a transferência de calor da resistência para o ar.

Diagrama Esquemático e Dados Fornecidos:

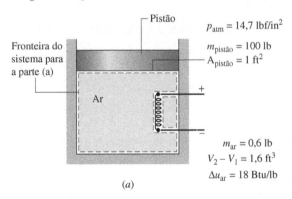
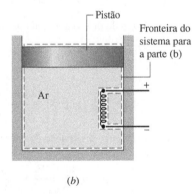

Fig. E2.3

Modelo de Engenharia:

1. Dois sistemas fechados são considerados, como ilustrado nos diagramas.
2. A única transferência de calor significativa é da resistência para o ar, durante a qual o ar se expande lentamente e sua pressão permanece constante.
3. Não há variação líquida na energia cinética; a variação da energia potencial do ar é desprezível, e já que o material do pistão é um bom isolante, a energia interna do pistão não é afetada pela transferência de calor.
4. O atrito entre o pistão e a parede do cilindro é desprezível.
5. A aceleração da gravidade é constante; $g = 32,0$ ft/s².

Análise: (a) Considerando o ar como o sistema, o balanço de energia, Eq. 2.35, reduz-se, com a hipótese 3, a

$$(\Delta \cancel{EC}^0 + \Delta \cancel{EP}^0 + \Delta U)_{ar} = Q - W$$

Ou, resolvendo para Q

$$Q = W + \Delta U_{ar}$$

Para esse sistema, o trabalho é realizado pela força da pressão p que atua no *fundo* do pistão conforme o ar se expande. Com a Eq. 2.17 e a hipótese de pressão constante

$$W = \int_{V_1}^{V_2} p\, dV = p(V_2 - V_1)$$

Para determinar a pressão p, usamos um balanço de forças no pistão sem atrito que se move lentamente. A força para cima, exercida pelo ar sobre o *fundo* do pistão, é igual ao peso do pistão mais a força para baixo da atmosfera que atua no *topo* do pistão. Assim

$$pA_{pistão} = m_{pistão}\, g + p_{atm}A_{pistão}$$

Resolvendo para p e inserindo os valores

$$p = \frac{m_{pistão}\, g}{A_{pistão}} + p_{atm}$$

$$= \frac{(100\text{ lb})(32{,}0\text{ ft/s}^2)}{1\text{ ft}^2}\left|\frac{1\text{ lbf}}{32{,}2\text{ lb}\cdot\text{ft/s}^2}\right|\left|\frac{1\text{ ft}^2}{144\text{ in}^2}\right| + 14{,}7\,\frac{\text{lbf}}{\text{in}^2} = 15{,}4\,\frac{\text{lbf}}{\text{in}^2}$$

Assim, o trabalho é

$$W = p(V_2 - V_1)$$

$$= \left(15{,}4\,\frac{\text{lbf}}{\text{in}^2}\right)(1{,}6\text{ ft}^3)\left|\frac{144\text{ in}^2}{1\text{ ft}^2}\right|\left|\frac{1\text{ Btu}}{778\text{ ft}\cdot\text{lbf}}\right| = 4{,}56\text{ Btu}$$

Com $\Delta U_{ar} = m_{ar}(\Delta u_{ar})$, a transferência de calor é

$$Q = W + m_{ar}(\Delta u_{ar})$$

$$= 4{,}56\text{ Btu} + (0{,}6\text{ lb})\left(18\,\frac{\text{Btu}}{\text{lb}}\right) = 15{,}36\text{ Btu}$$

(b) Considere a seguir um sistema composto pelo ar e pelo pistão. A variação de energia do sistema global é a soma das variações de energia do ar e do pistão. Assim, o balanço de energia, Eq. 2.35, é dado por

$$(\cancel{\Delta EC}^{0} + \cancel{\Delta EP}^{0} + \Delta U)_{ar} + (\cancel{\Delta EC}^{0} + \Delta EP + \cancel{\Delta U}^{0})_{pistão} = Q - W$$

em que os termos indicados se cancelam pela hipótese 3. Resolvendo para Q

$$Q = W + (\Delta EP)_{pistão} + (\Delta U)_{ar}$$

Para esse sistema, trabalho é realizado no *topo* do pistão à medida que este empurra a atmosfera vizinha. Aplicando a Eq. 2.17

$$W = \int_{V_1}^{V_2} p\, dV = p_{atm}(V_2 - V_1)$$

$$= \left(14{,}7\,\frac{\text{lbf}}{\text{in}^2}\right)(1{,}6\text{ ft}^3)\left|\frac{144\text{ in}^2}{1\text{ ft}^2}\right|\left|\frac{1\text{ Btu}}{778\text{ ft}\cdot\text{lbf}}\right| = 4{,}35\text{ Btu}$$

A variação de altura, Δz, necessária para calcular a variação de energia potencial do pistão, pode ser encontrada a partir da variação do volume do ar e da área da face do pistão

$$\Delta z = \frac{V_2 - V_1}{A_{pistão}} = \frac{1{,}6\text{ ft}^3}{1\text{ ft}^2} = 1{,}6\text{ ft}$$

Então, a variação da energia potencial do pistão é

$$(\Delta EP)_{pistão} = m_{pistão}\, g\, \Delta z$$

$$= (100\text{ lb})\left(32{,}0\,\frac{\text{ft}}{\text{s}^2}\right)(1{,}6\text{ ft})\left|\frac{1\text{ lbf}}{32{,}2\text{ lb}\cdot\text{ft/s}^2}\right|\left|\frac{1\text{ Btu}}{778\text{ ft}\cdot\text{lbf}}\right| = 0{,}2\text{ Btu}$$

Finalmente,

$$Q = W + (\Delta EP)_{pistão} + m_{ar}\,\Delta u_{ar}$$

$$= 4{,}35\text{ Btu} + 0{,}2\text{ Btu} + (0{,}6\text{ lb})\left(18\,\frac{\text{Btu}}{\text{lb}}\right) = 15{,}35\text{ Btu}$$

❶ ❷ Arredondando o valor obtido, observa-se que ele concorda com o resultado da parte (a).

❶ Embora o valor de Q seja o mesmo para cada sistema, observe que os valores de W diferem. Observe, também, que as variações de energia diferem dependendo do sistema, que pode ser constituído apenas pelo ar ou pelo ar e o pistão.

❷ Para o sistema da parte (b), o seguinte *balanço de energia* apresenta a contabilidade completa da transferência de energia por meio de calor para o sistema:

Energia que Entra por Transferência de Calor

15,35 Btu

Disposição da Energia que Entra
- Energia armazenada
  Energia interna do ar   10,8   Btu (70,4%)
  Energia potencial do pistão 0,2   Btu (1,3%)
- Energia que sai por trabalho 4,35 Btu (28,3%)
                               15,35 Btu (100%)

✓ **Habilidades Desenvolvidas**

Habilidades para...
☐ definir sistemas fechados alternativos e identificar as interações que ocorrem em sua fronteira.
☐ calcular o trabalho usando a Eq. 2.17.
☐ aplicar o balanço de energia a um sistema fechado.
☐ desenvolver um balanço de energia.

Teste-Relâmpago Qual a variação da energia potencial do ar, em Btu? **Resposta:** $1,23 \times 10^{-3}$ Btu.

2.5.3 Utilizando o Balanço da Taxa de Energia: Operação em Regime Permanente

Um sistema está em regime permanente se nenhuma das suas propriedades varia ao longo do tempo (Seção 1.3). Muitos dispositivos operam em regime permanente ou próximo do regime permanente, significando que as variações das propriedades com o tempo são pequenas o suficiente para serem ignoradas. Os dois exemplos a seguir ilustram a aplicação da equação da energia sob a forma de taxa a sistemas fechados em regime permanente.

▶▶ **EXEMPLO 2.4** ▶

Avaliando as Taxas de Transferência de Energia de uma Caixa de Redução em Regime Permanente

Durante uma operação em regime permanente, uma caixa de redução recebe 60 kW através do eixo de entrada e fornece potência através do eixo de saída. Considerando a caixa de redução como sistema, a taxa de transferência de energia por convecção é

$$\dot{Q} = -hA(T_b - T_f)$$

em que $h = 0,171$ kW/m² · K é o coeficiente de transferência de calor, $A = 1,0$ m² é a área da superfície externa da caixa de redução, $T_b = 300$ K (27°C) é a temperatura da superfície externa e $T_f = 293$ K (20°C) é a temperatura do ar da vizinhança longe das imediações da caixa de câmbio. Para a caixa de engrenagens, calcule a taxa de transferência de calor e a potência fornecida através do eixo de saída, ambas em kW.

SOLUÇÃO

Dado: Uma caixa de redução opera em regime permanente com uma potência de entrada conhecida. Uma expressão para a taxa de transferência de calor da superfície externa também é conhecida.

Pede-se: Determine a taxa de transferência de calor e a potência fornecida através do eixo de saída, ambas em kW.

Diagrama Esquemático e Dados Fornecidos:

Modelo de Engenharia:
1. A caixa de redução é um sistema fechado em regime permanente.
2. Para a caixa de redução, o modo de transferência de calor dominante é a convecção.

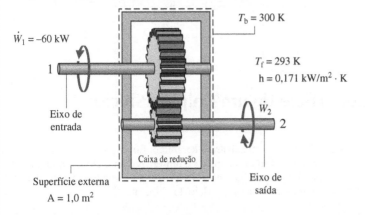

Fig. E2.4

Análise: Utilizando a expressão dada para $\dot{Q}$ junto com os dados conhecidos, a taxa de energia transferida por meio de calor é

❶
$$\dot{Q} = -hA(T_b - T_f)$$
$$= -\left(0{,}171\frac{kW}{m^2 \cdot K}\right)(1{,}0\ m^2)(300 - 293)\ K$$
$$= -1{,}2\ kW$$

O sinal negativo para $\dot{Q}$ indica que a energia é *retirada* da caixa de redução por transferência de calor.

O balanço da taxa de energia, Eq. 2.37, em regime permanente, reduz-se a

❷
$$\frac{dE}{dt}^{\,0} = \dot{Q} - \dot{W} \quad \text{ou} \quad \dot{W} = \dot{Q}$$

O símbolo $\dot{W}$ representa a potência *líquida* do sistema. A potência líquida é a soma de $\dot{W}_1$ com a potência de saída $\dot{W}_2$

$$\dot{W} = \dot{W}_1 + \dot{W}_2$$

Com essa expressão para $\dot{W}$ o balanço da taxa de energia torna-se

$$\dot{W}_1 + \dot{W}_2 = \dot{Q}$$

Resolvendo para $\dot{W}_2$ inserindo $\dot{Q} = -1{,}2$ kW e $\dot{W}_1 = -60$ kW, no qual o sinal negativo é necessário porque o eixo de entrada traz energia *para* o sistema, temos

❸
$$\dot{W}_2 = \dot{Q} - \dot{W}_1$$
$$= (-1{,}2\ kW) - (-60\ kW)$$
$$= +58{,}8\ kW$$

❹ O sinal positivo para $\dot{W}_2$ indica que a energia é transferida do sistema, através do eixo de saída, como esperado.

---

❶ De acordo com a convenção de sinais para a taxa de transferência de calor no balanço da taxa de energia (Eq. 2.37), a Eq. 2.34 é escrita com um sinal negativo: $\dot{Q}$ é negativo desde que T_b seja maior do que T_f.

❷ As propriedades de um sistema em regime permanente não variam com o tempo. A energia E é uma propriedade, mas a transferência de calor e o trabalho não são propriedades.

❸ Para esse sistema, a transferência de energia por trabalho ocorre em dois locais distintos, e o sinal associado aos seus valores é diferente.

❹ No regime permanente, a taxa de transferência de calor da caixa de redução é responsável pela diferença entre a potência de entrada e de saída. Isso pode ser resumido pelo seguinte "balanço" da taxa de energia em termos das *magnitudes*:

Entrada	Saída
60 kW (eixo de entrada)	58,8 kW (eixo de saída)
	1,2 kW (transferência de calor)
Total: 60 kW	60 kW

> **Habilidades Desenvolvidas**
>
> *Habilidades para...*
> - definir um sistema fechado e identificar as interações que ocorrem em sua fronteira.
> - calcular a taxa de energia transferida por convecção.
> - aplicar o balanço da taxa de energia para uma operação em regime permanente.
> - desenvolver um balanço da taxa de energia.

Teste-Relâmpago Considerando uma emissividade de 0,8 e que $T_s = T_f$, use a Eq. 2.33 para determinar a taxa líquida na qual a energia é irradiada da superfície externa da caixa de redução, em kW. **Resposta:** 0,03 kW.

▶▶▶ EXEMPLO 2.5 ▶

Determinando a Temperatura da Superfície de um Chip de Silício em Regime Permanente

Um chip de silício medindo 5 mm de lado e 1 mm de espessura está inserido num substrato cerâmico. Em regime permanente, o chip tem uma potência elétrica de entrada de 0,225 W. A superfície superior do chip está exposta a um refrigerante cuja temperatura é de 20°C. O coeficiente de transferência de calor para a convecção entre o chip e o refrigerante é 150 W/m² · K. Se a transferência de calor por condução entre o chip e o substrato for desprezível, determine a temperatura da superfície do chip, em °C.

SOLUÇÃO

Dado: A superfície superior de um chip de silício de dimensões conhecidas é exposta a um refrigerante. A potência elétrica de entrada e o coeficiente de transferência de calor por convecção são conhecidos.

Pede-se: Determine a temperatura da superfície do chip em regime permanente.

Diagrama Esquemático e Dados Fornecidos:

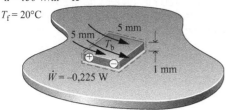

Modelo de Engenharia:
1. O chip é um sistema fechado em regime permanente.
2. Não há transferência de calor entre o chip e o substrato.

Fig. E2.5

Análise: A temperatura da superfície do chip, T_b, pode ser determinada utilizando o balanço de taxa de energia, Eq. 2.37, que em regime permanente reduz-se a

❶
$$\cancelto{0}{\frac{dE}{dt}} = \dot{Q} - \dot{W}$$

Com a hipótese 2, a única transferência de calor é por convecção para o refrigerante. Nessa aplicação, a lei do resfriamento de Newton, Eq. 2.34, toma a forma

❷
$$\dot{Q} = -hA(T_b - T_f)$$

Juntando as duas equações

$$0 = -hA(T_b - T_f) - \dot{W}$$

Resolvendo para T_b

$$T_b = \frac{-\dot{W}}{hA} + T_f$$

Nessa expressão, $\dot{W} = -0,225$ W, $A = 25 \times 10^{-6}$ m², $h = 150$ W/m² · K e $T_f = 293$ K, assim

$$T_b = \frac{-(-0,225 \text{ W})}{(150 \text{ W/m}^2 \cdot \text{K})(25 \times 10^{-6} \text{ m}^2)} + 293 \text{ K}$$
$$= 353 \text{ K } (80°\text{C})$$

❶ As propriedades de um sistema em regime permanente não variam com o tempo. A energia E é uma propriedade, mas a transferência de calor e o trabalho não são propriedades.

❷ De acordo com a convenção de sinais para a transferência de calor no balanço da taxa de energia (Eq. 2.37), a Eq. 2.34 é escrita com um sinal negativo: $\dot{Q}$ é negativo desde que T_b seja maior do que T_f.

> ✓ **Habilidades Desenvolvidas**
>
> *Habilidades para...*
> ☐ definir um sistema fechado e identificar as interações que ocorrem em sua fronteira.
> ☐ calcular a taxa de energia transferida por convecção.
> ☐ aplicar o balanço da taxa de energia para uma operação em regime permanente.

Teste-Relâmpago Se a temperatura da superfície do chip não deve ser maior do que 60°C, qual a gama de valores correspondentes requerida para o coeficiente de transferência de calor por convecção, admitindo que todas as outras grandezas permaneçam constantes? **Resposta:** h ≥ 225 W/m² · K.

2.5.4 Utilizando o Balanço da Taxa de Energia: Operação em Regime Transiente

Muitos dispositivos estão sujeitos a períodos de operação transiente, nos quais o estado varia com o tempo. Isso é observado durante os períodos de partida e parada. O próximo exemplo ilustra a aplicação do balanço da taxa de energia a um motor elétrico durante a partida. O exemplo também envolve tanto trabalho elétrico quanto potência transmitida por um eixo.

EXEMPLO 2.6

Investigando a Operação Transiente de um Motor

A taxa de transferência de calor entre um certo motor elétrico e sua vizinhança varia com o tempo conforme

$$\dot{Q} = -0{,}2[1 - e^{(-0{,}05t)}]$$

sendo t em segundos e $\dot{Q}$ em KW. O eixo do motor gira a uma velocidade constante de $\omega = 100$ rad/s (cerca de 955 revoluções por minuto, ou RPM) e aplica um torque constante de $\mathcal{T} = 18$ N · m a uma carga externa. O motor consome uma potência elétrica de entrada constante e igual a 2,0 kW. Para o motor, represente graficamente $\dot{Q}$ e $\dot{W}$, ambos em kW, e a variação de energia ΔE, em kJ, como funções do tempo, de $t = 0$ a $t = 120$ s. Discuta.

SOLUÇÃO

Dado: Um motor opera com potência elétrica de entrada, velocidade de eixo e torque aplicado constantes. A taxa de transferência de calor variando com o tempo entre o motor e sua vizinhança é conhecida.

Pede-se: Represente graficamente, $\dot{Q}$, $\dot{W}$ e ΔE *versus* o tempo. Discuta.

Diagrama Esquemático e Dados Fornecidos:

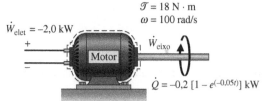

Modelo de Engenharia: O sistema ilustrado no esboço correspondente é um sistema fechado.

Fig. E2.6a

Análise: A taxa temporal de variação da energia do sistema é

$$\frac{dE}{dt} = \dot{Q} - \dot{W}$$

$\dot{W}$ representa a potência *líquida do* sistema: a soma da potência associada à rotação do eixo, $\dot{W}_{eixo}$, com a potência associada ao fluxo de eletricidade, $\dot{W}_{elet}$:

$$\dot{W} = \dot{W}_{eixo} + \dot{W}_{elet}$$

A taxa $\dot{W}_{elet}$ é conhecida do enunciado do sistema: $\dot{W}_{elet} = -2{,}0$ kW, no qual o sinal negativo é necessário porque a energia é transferida para o sistema por meio de trabalho elétrico. O termo $\dot{W}_{eixo}$ pode ser calculado com a Eq. 2.20, da seguinte forma

$$\dot{W}_{eixo} = \mathcal{T}\omega = (18 \text{ N} \cdot \text{m})(100 \text{ rad/s}) = 1800 \text{ W} = +1{,}8 \text{ kW}$$

Como a energia sai do sistema através do eixo, essa taxa de transferência de energia é positiva.
Em resumo,

$$\dot{W} = \dot{W}_{elet} + \dot{W}_{eixo} = (-2{,}0 \text{ kW}) + (+1{,}8 \text{ kW}) = -0{,}2 \text{ kW}$$

em que o sinal negativo indica que a potência elétrica de entrada é maior do que a potência transferida para fora através do eixo.
Com esse resultado para $\dot{W}$ e com a expressão dada para $\dot{Q}$, o balanço da taxa de energia fica

$$\frac{dE}{dt} = -0{,}2[1 - e^{(-0{,}05t)}] - (-0{,}2) = 0{,}2e^{(-0{,}05t)}$$

Integrando

$$\Delta E = \int_0^t 0{,}2e^{(-0{,}05t)} dt$$

$$= \frac{0{,}2}{(-0{,}05)} e^{(-0{,}05t)} \Big]_0^t = 4[1 - e^{(-0{,}05t)}]$$

❶ Os gráficos correspondentes, Figs. E2.6b e c, são elaborados, utilizando-se a expressão fornecida para $\dot{Q}$, e as expressões para $\dot{W}$, e ΔE obtidas da análise. Em virtude da nossa convenção de sinais para calor e trabalho, os valores de $\dot{Q}$, e $\dot{W}$, são negativos. Nos primeiros poucos segundos a taxa *líquida* na qual a energia é entregue através de trabalho excede em muito a taxa na qual a energia é rejeitada por transferência de calor. Consequentemente, a energia armazenada no motor aumenta rapidamente, conforme o motor "aquece". À proporção que o tempo passa, o valor de $\dot{Q}$ se aproxima de $\dot{W}$, e a taxa de armazenamento de energia diminui. Após cerca de 100 s, esse modo de operação *transiente* está praticamente encerrado e há pouca variação na quantidade de energia armazenada ou de qualquer outra propriedade. Podemos dizer então que o motor está em regime permanente.
❷

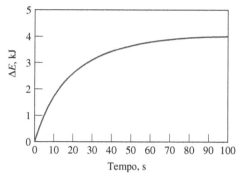 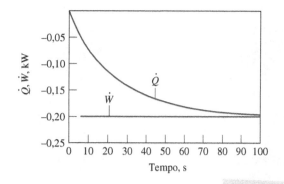

Figs. E2.6b e c

① As Figs E2.6b e c podem ser elaboradas utilizando-se programas de computador próprios ou podem ser desenhadas à mão.

② Em regime permanente, o valor de $\dot{Q}$ permanece constante em –0,2 kW. Esse valor constante para a taxa de transferência de calor pode ser considerado como a porção da potência elétrica de entrada que não é convertida em potência mecânica de saída devido a efeitos internos ao motor, tais como a resistência elétrica e o atrito.

> **Habilidades Desenvolvidas**
>
> Habilidades para...
> ☐ definir um sistema fechado e identificar as interações que ocorrem em sua fronteira.
> ☐ aplicar o balanço da taxa de energia para operações transientes.
> ☐ desenvolver e interpretar informações gráficas.

Teste-Relâmpago Considerando que o modo dominante de transferência de calor da superfície externa do motor é convecção, determine, no *regime permanente*, a temperatura T_b da superfície externa, em K, para h = 0,17 kW/m² · K, A = 0,3 m² e T_f = 293 K. **Resposta:** 297 K.

2.6 Análise de Energia para Ciclos

Nesta seção são ilustrados os conceitos de energia desenvolvidos até agora, através da aplicação a sistemas submetidos a ciclos termodinâmicos. Um ciclo termodinâmico é uma sequência de processos que começa e termina no mesmo estado. No final do ciclo todas as propriedades têm os mesmos valores que tinham no início. Consequentemente, terminado o ciclo o sistema não experimenta nenhuma variação líquida de estado. Ciclos que se repetem periodicamente exercem papéis proeminentes em muitas áreas de aplicação. Por exemplo, o vapor que circula ao longo de uma termoelétrica executa um ciclo.

ciclo termodinâmico

O estudo de sistemas percorrendo ciclos tem um papel importante no desenvolvimento do assunto termodinâmica aplicada à engenharia. Tanto a primeira quanto a segunda lei da termodinâmica têm raízes no estudo dos ciclos. Além disso, há muitas aplicações práticas importantes envolvendo geração de energia, propulsão de veículos e refrigeração para as quais a compreensão dos ciclos termodinâmicos é essencial. Nesta seção os ciclos são considerados sob a perspectiva do princípio da conservação de energia. Os ciclos são estudados em mais detalhes nos capítulos subsequentes, usando-se o princípio da conservação de energia e a segunda lei da termodinâmica.

2.6.1 Balanço de Energia para um Ciclo

O balanço de energia para qualquer sistema sujeito a um ciclo termodinâmico toma a forma

$$\Delta E_{ciclo} = Q_{ciclo} - W_{ciclo} \qquad (2.39)$$

na qual Q_{ciclo} e W_{ciclo} representam quantidades *líquidas* de transferência de energia por calor e trabalho, respectivamente, para o ciclo. Como o sistema retorna ao seu estado inicial após o ciclo, não há uma variação *líquida* da sua energia. Como consequência, o lado esquerdo da Eq. 2.39 é igual a zero, e a equação reduz-se a

$$W_{ciclo} = Q_{ciclo} \qquad (2.40)$$

A Eq. 2.40 é uma expressão do princípio da conservação da energia que tem que ser satisfeita por *todo* ciclo termodinâmico, não importando a sequência de processos seguida pelo sistema submetido ao ciclo ou a natureza das substâncias que compõem o sistema.

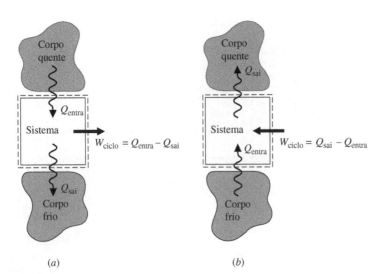

Fig. 2.17 Diagramas esquemáticos de duas classes importantes de ciclos. (*a*) Ciclos de potência. (*b*) Ciclos de refrigeração e bomba de calor.

> **TOME NOTA...**
> Quando analisamos ciclos, normalmente consideramos a transferência de energia como positiva no sentido da seta presente no esboço do sistema e escrevemos o balanço de energia de acordo com essa convenção.

A Fig. 2.17 fornece um esquema simplificado de duas classes gerais de ciclos consideradas neste livro: ciclos de potência e ciclos de refrigeração e bomba de calor. Em cada caso mostrado, um sistema percorre um ciclo enquanto se comunica termicamente com dois corpos, um quente e o outro frio. Esses corpos são sistemas localizados na vizinhança do sistema submetido ao ciclo. Durante cada ciclo, há também uma quantidade líquida de energia trocada com a vizinhança por meio de trabalho. Observe com atenção que, ao utilizar os símbolos Q_{entra} e Q_{sai} na Fig. 2.17, nos afastamos da convenção de sinais para a transferência de calor previamente estabelecida. Nesta seção é vantajoso considerar Q_{entra} e Q_{sai} como transferências de energia nos *sentidos indicados pelas setas*. O sentido do trabalho líquido do ciclo, W_{ciclo}, também é indicado por uma seta. Por fim, note que os sentidos de transferência de energia mostrados na Fig. 2.17*b* são opostos àqueles na Fig. 2.17*a*.

2.6.2 Ciclos de Potência

ciclo de potência

Os sistemas que percorrem ciclos do tipo ilustrado na Fig. 2.17*a* fornecem uma transferência líquida sob a forma de trabalho para sua vizinhança durante cada ciclo. Qualquer um desses ciclos é chamado de **ciclo de potência**. Da Eq. 2.40, a entrada de trabalho líquido é igual à transferência de calor líquida para o ciclo, ou

$$W_{ciclo} = Q_{entra} - Q_{sai} \quad \text{(ciclo de potência)} \tag{2.41}$$

em que Q_{entra} representa a transferência de energia por meio de calor do corpo quente *para* o sistema e Q_{sai} representa a transferência de calor que *sai* do sistema para o corpo frio. Da Eq. 2.41, fica claro que Q_{entra} tem que ser maior do que Q_{sai} para um ciclo de *potência*. A energia fornecida por transferência de calor para um sistema que percorre um ciclo de potência é normalmente oriunda da queima de um combustível ou de uma reação nuclear moderada; ela também pode ser obtida da radiação solar. A energia Q_{sai} é geralmente descarregada para a atmosfera circundante ou para um corpo d'água próximo.

O desempenho de um sistema que percorre um *ciclo de potência* pode ser descrito em termos da extensão na qual a energia adicionada por calor, Q_{entra}, é *convertida* em trabalho líquido na saída, W_{ciclo}. A extensão da conversão de energia de calor para trabalho é expressa pela seguinte razão, comumente chamada de **eficiência térmica**:

eficiência térmica

$$\eta = \frac{W_{ciclo}}{Q_{entra}} \quad \text{(ciclo de potência)} \tag{2.42}$$

Introduzindo a Eq. 2.41, obtém-se uma forma alternativa dada por

$$\eta = \frac{Q_{entra} - Q_{sai}}{Q_{entra}} = 1 - \frac{Q_{sai}}{Q_{entra}} \quad \text{(ciclo de potência)} \tag{2.43}$$

Como a energia se conserva, conclui-se que a eficiência térmica jamais pode ser maior do que a unidade (100%). No entanto, a experiência com ciclos de potência *reais* mostra que o valor da eficiência térmica é sempre *menor* do que a unidade. Ou seja, nem toda a energia adicionada ao sistema por transferência de calor é convertida em trabalho; uma parte é rejeitada para o corpo frio por transferência de calor. Utilizando a segunda lei da termodinâmica, mostraremos no Cap. 5 que a conversão de calor em trabalho não pode ser alcançada totalmente por nenhum ciclo de potência. A eficiência térmica de *todo* ciclo de potência tem que ser menor do que a unidade: $\eta < 1$ (100%).

ENERGIA & MEIO AMBIENTE

Atualmente usinas de energia movidas a combustível fóssil podem alcançar eficiências térmicas de 40%, ou mais. Isso significa que mais de 60% da energia adicionada por transferência de calor durante o ciclo da usina são descarregados da usina de outra maneira, além de trabalho, principalmente por transferência de calor. Um modo de resfriar a usina pode ser alcançado utilizando-se água retirada de um rio vizinho ou lago. A água finalmente retorna ao rio ou lago, porém a uma temperatura mais alta, o que causa as mais diversas consequências ambientais possíveis.

O retorno de grandes quantidades de água aquecida para um rio ou lago pode afetar sua capacidade de manter gases dissolvidos, incluindo o oxigênio necessário para a vida aquática. Se a temperatura da água que retorna for maior do que cerca de 35°C (95°F), o oxigênio dissolvido pode ser muito baixo para manter algumas espécies de peixe. Se a temperatura da água que retorna for muito maior, algumas espécies também podem ficar estressadas. À medida que os rios e lagos tornam-se aquecidos, espécies não nativas que resistem ao calor podem assumir o controle. Além disso, a água aquecida favorece as populações de bactérias e o crescimento de algas.

Agências reguladoras têm agido no sentido de limitar descargas de água aquecida oriundas de usinas de energia, fazendo com que a presença de torres de resfriamento (Seção 12.9) adjacentes se torne uma característica comum das usinas.

2.6.3 Ciclos de Refrigeração e Bomba de Calor

A seguir, considere os ciclos de refrigeração e bomba de calor mostrados na Fig. 2.17b. Para ciclos desse tipo, Q_{entra} é a energia transferida por calor do corpo frio para o sistema que percorre o ciclo, e Q_{sai} é a energia descarregada por transferência de calor *do* sistema *para* o corpo quente. Para realizar essas transferências de energia é necessária a *entrada* de trabalho líquido, W_{ciclo}. As quantidades Q_{entra}, Q_{sai} e W_{ciclo} estão relacionadas entre si pelo balanço de energia que, para ciclos de refrigeração e bomba de calor, toma a forma

ciclos de refrigeração e bomba de calor

$$W_{ciclo} = Q_{sai} - Q_{entra} \quad \text{(ciclo de refrigeração e bomba de calor)} \quad (2.44)$$

Como W_{ciclo} é positivo nessa equação, conclui-se que Q_{sai} é maior do que Q_{entra}.

Embora tenham sido tratados do mesmo modo até este ponto, na realidade os ciclos de refrigeração e bomba de calor têm objetivos diferentes. O objetivo de um ciclo de refrigeração é reduzir a temperatura de um espaço refrigerado ou manter a temperatura do interior de uma residência, ou de outra construção, *abaixo* daquela do meio ambiente. O objetivo de uma bomba de calor é manter a temperatura do interior de uma residência, ou outra construção, acima daquela do meio ambiente ou fornecer aquecimento para certos processos industriais que ocorrem a temperaturas elevadas.

Como os ciclos de refrigeração e bomba de calor têm objetivos diferentes, seus parâmetros de desempenho, chamados de *coeficientes de desempenho*, são definidos de forma diferente. Esses coeficientes de desempenho são considerados a seguir.

Ciclos de Refrigeração

O desempenho dos *ciclos de refrigeração* pode ser descrito como a razão entre a quantidade de energia recebida pelo sistema percorrendo o ciclo do corpo frio, Q_{entra}, e o trabalho líquido sobre o sistema para produzir esse efeito, W_{ciclo}. Assim, o coeficiente de desempenho, β, é

coeficiente de desempenho: refrigeração

$$\beta = \frac{Q_{entra}}{W_{ciclo}} \quad \text{(ciclo de refrigeração)} \quad (2.45)$$

Introduzindo a Eq. 2.44, uma expressão alternativa para β é obtida

$$\beta = \frac{Q_{entra}}{Q_{sai} - Q_{entra}} \quad \text{(ciclo de refrigeração)} \quad (2.46)$$

Para um refrigerador doméstico, Q_{sai} é descarregado para o ambiente no qual o refrigerador está localizado. W_{ciclo} é normalmente fornecido sob a forma de eletricidade para alimentar o motor que aciona o refrigerador.

▶ **POR EXEMPLO** em um refrigerador, o compartimento interno age como o corpo frio e o ar ambiente em torno do refrigerador como o corpo quente. A energia Q_{entra} passa *dos* alimentos e demais itens do compartimento interno para o fluido de refrigeração circulante. Para essa transferência de calor ocorrer a temperatura do refrigerante está necessariamente abaixo daquela do conteúdo do refrigerador. A energia Q_{sai} passa *do* fluido de refrigeração *para* o ar ambiente. Para essa transferência de calor ocorrer a temperatura do fluido de refrigeração circulante deve necessariamente estar acima daquela do ar ambiente. Para se obter esses efeitos é necessário o *fornecimento* de trabalho. Para um refrigerador, W_{ciclo} é fornecido sob a forma de eletricidade. ◀ ◀ ◀ ◀ ◀

Ciclos de Bomba de Calor

O desempenho das *bombas de calor* pode ser descrito como a razão entre a quantidade de energia descarregada pelo sistema que percorre o ciclo para o corpo quente, Q_{sai}, e o trabalho líquido sobre o sistema para produzir esse efeito, W_{ciclo}. Assim, o coeficiente de desempenho, γ, é

coeficiente de desempenho: bomba de calor

$$\gamma = \frac{Q_{sai}}{W_{ciclo}} \quad \text{(ciclo de bomba de calor)} \quad (2.47)$$

Introduzindo a Eq. 2.44, obtém-se uma expressão alternativa para esse coeficiente de desempenho:

$$\gamma = \frac{Q_{sai}}{Q_{sai} - Q_{entra}} \quad \text{(ciclo de bomba de calor)} \tag{2.48}$$

Ciclo_de_Refrigeração
A.10 –Abas a & b

Ciclo_de_Bomba_de_Calor
A.11 –Abas a & b

Dessa equação pode-se perceber que o valor de γ nunca é inferior à unidade. Para bombas de calor residenciais a quantidade de energia Q_{entra} é geralmente retirada da atmosfera circundante, do solo ou de um corpo d'água próximo. O trabalho, representado por W_{ciclo}, é normalmente fornecido por meio de eletricidade.

Os coeficientes de desempenho β e γ são definidos como as razões entre a transferência de calor desejada e o custo em termos de trabalho para se obter esse efeito. Com base nas definições, é desejável termodinamicamente que esses coeficientes tenham os maiores valores possíveis. Entretanto, conforme foi discutido no Cap. 5, os coeficientes de desempenho devem satisfazer restrições impostas pela segunda lei da termodinâmica.

2.7 Armazenamento de Energia

Nesta seção é abordado o armazenamento de energia que, nos dias atuais, é considerado uma necessidade crítica nacional e provavelmente continuará a ser nos próximos anos. A necessidade é generalizada, incluindo as usinas movidas a combustível fóssil convencionais e as usinas nucleares, as usinas que utilizam fontes renováveis de energia como a solar e a eólica, e as inúmeras aplicações no transporte, na indústria, nos negócios e no lar.

2.7.1 Visão Geral

Embora alguns aspectos da presente discussão sobre armazenamento de energia sejam amplamente relevantes, estamos preocupados principalmente com o armazenamento e a recaptura de eletricidade. A eletricidade pode ser armazenada como energia interna, energia cinética e energia potencial gravitacional e convertida de novo em energia elétrica quando necessário. Entretanto, devido a limitações termodinâmicas associadas a tais conversões, como os efeitos do atrito e da resistência elétrica, uma *perda* global de electricidade, da entrada para a saída, é *sempre* observada.

Entre as opções de armazenamento tecnicamente viáveis, a economia em geral determina se, quando e como, o armazenamento é implementado. Para as empresas de energia, a demanda dos consumidores de eletricidade é uma questão fundamental nas tomadas de decisões de armazenamento. A demanda do consumidor varia ao longo do dia e, normalmente, é maior no período das 8h00 às 20h00, com *picos* de demanda durante esse intervalo. A demanda é menor nas horas da noite fora do intervalo, nos fins de semana e nos feriados principais. Assim, as empresas de energia devem decidir que opção faz mais sentido economicamente: a comercialização da eletricidade conforme gerada, o armazenamento desta para uso posterior, ou uma combinação – e se for armazenada, como armazená-la.

2.7.2 Tecnologias de Armazenamento

Esta seção tem como foco cinco tecnologias de armazenamento: baterias, ultracapacitores, magnetos supercondutores, sistemas cinéticos (volantes), e produção de hidrogênio. O armazenamento térmico é considerado na Seção 3.8. O bombeamento de água e o armazenamento de ar comprimido são considerados na Seção 4.8.3.

As baterias são um meio bastante utilizado de armazenamento de eletricidade presentes em telefones celulares, computadores portáteis, automóveis, sistemas de geração de energia, e inúmeras outras aplicações. No entanto, fabricantes de baterias lutam para acompanhar as demandas de menor peso, maior capacidade, maior durabilidade, e de unidades recarregadas mais rapidamente. Durante anos, as baterias têm sido objeto de forte investigação e de programas de desenvolvimento. Por meio desses esforços, baterias têm sido desenvolvidas proporcionando melhorias significativas sobre as baterias *chumbo-ácidas* usadas por décadas. Estas incluem baterias de *sódio-enxofre* em larga escala e os tipos híbridos de *íon-lítio* e *níquel-hidreto metálico* vistos em produtos de consumo e veículos híbridos. Novas baterias baseadas em nanotecnologia prometem um desempenho ainda melhor: maior capacidade, vida útil mais longa, e um tempo de recarga mais rápida, todos os quais são essenciais para o uso em veículos híbridos.

Os ultracapacitores são dispositivos de armazenamento de energia que funcionam como grandes versões dos capacitores elétricos comuns. Quando um ultracapacitor é carregado eletricamente, a energia é armazenada como uma carga sobre a superfície de um material. Em contraste com as baterias, os ultracapacitores não necessitam de reações químicas e, em consequências, desfrutam de uma vida útil muito mais longa. Esse tipo de armazenamento também é capaz de carregar e descarregar de maneira mais rápida. As aplicações atuais incluem locomotivas e caminhões a diesel. Os ultracapacitores também são usados em veículos híbridos, nos quais trabalham em conjunto com baterias. Nos híbridos, os ultracapacitores são os mais adequados para a realização de funções de curta duração, tais como o armazenamento de eletricidade através da frenagem regenerativa e o fornecimento de energia para a aceleração durante o sistema de partida-parada de condução, enquanto as baterias fornecem a energia necessária para sustentar o movimento do veículo, todos com menor massa total e vida útil mais longa do que com apenas as baterias.

Os sistemas supercondutores magnéticos armazenam uma entrada elétrica no campo magnético criado pelo fluxo de corrente elétrica em uma bobina de material supercondutor criogenicamente resfriada. Este tipo de armazenamento fornece energia quase que instantaneamente e com baixíssima perda de eletricidade da entrada para a saída. Os sistemas supercondutores magnéticos são usados por trens de alta velocidade com levitação magnética, por serviços públicos para o controle da qualidade de energia, e pela indústria para aplicações especiais, como a fabricação de microchips.

Os sistemas cinéticos (volantes) fornecem outra maneira de armazenar uma entrada elétrica – como a de energia cinética. Quando a eletricidade é necessária, a energia cinética é transferida do volante em rotação e fornecida a um gerador. Os volantes, em geral, exibem baixa perda de eletricidade da entrada para a saída. O armazenamento por meio de volante é usado, por exemplo, por provedores de Internet para proteger o equipamento contra falhas de energia.

O hidrogênio também tem sido proposto como um meio de armazenamento de energia para eletricidade. Com esta abordagem, a eletricidade é usada para *dissociar* a água em hidrogênio, através da reação de *eletrólise*, $H_2O \rightarrow H_2 + \frac{1}{2} O_2$. O hidrogênio produzido deste modo pode ser armazenado para atender as diversas necessidades, incluindo a geração de eletricidade por células a combustível através da reação *inversa*: $H_2 + \frac{1}{2} O_2 \rightarrow H_2O$. Uma deficiência deste tipo de armazenamento é a sua perda significativa característica de eletricidade da entrada para a saída. Para a discussão da produção de hidrogênio para uso em veículos com células a combustível, veja *Novos Horizontes* na Seção 5.3.3.

ENERGIA & MEIO AMBIENTE

Baterias fornecem energia de forma portátil para diferentes aplicações domésticas e industriais. Seu uso tem se expandido e, seguindo a tendência, continuará assim nos próximos anos. Ao final do tempo de vida útil, deve-se descartá-las de modo a não agredir o meio ambiente. Esse já é um grande desafio, que se torna ainda mais relevante à medida que a utilização de baterias aumenta.

A maior parte das baterias baseia seu princípio de funcionamento em reações químicas envolvendo metais pesados como níquel, cádmio e chumbo. Lidar com o descarte apropriado desses metais é ainda um desafio social, ambiental e político. Legislações específicas devem definir meios para o manuseio das unidades de baterias após a utilização. Alguns programas de municípios e empresas buscam reduzir a quantidade desses materiais que vai parar em aterros ou incineradores. O sucesso desses programas depende muito do comportamento dos usuários, que devem separar as baterias dos demais itens e cuidar para que sejam descartadas separadamente do lixo comum, de forma adequada.

Uma abordagem para solucionar esse problema é a utilização de baterias recarregáveis e a reciclagem das baterias não recarregáveis. A utilização em grande escala de baterias recarregáveis poderia reduzir drasticamente o descarte inadequado desses materiais. Apesar do alto custo inicial, as baterias recarregáveis mostram-se mais baratas durante o tempo total de utilização. A reciclagem também é uma alternativa promissora para evitar a contaminação do meio ambiente por metais pesados e outros componentes de baterias, permitindo a reutilização destes materiais.

▶ RESUMO DO CAPÍTULO E GUIA DE ESTUDOS

Neste capítulo, consideramos o conceito de energia sob uma perspectiva de engenharia e introduzimos balanços de energia para aplicar o princípio da conservação de energia a sistemas fechados. Uma ideia básica é que a energia pode ser armazenada nos sistemas sob três formas macroscópicas: energia interna, energia cinética e energia potencial gravitacional. A energia também pode ser transferida para os sistemas e dos sistemas.

A energia pode ser transferida de e para os sistemas fechados por meio de duas formas apenas: trabalho e transferência de calor. O trabalho e a transferência de calor são identificados na fronteira do sistema, e não são propriedades. Em mecânica o trabalho é a transferência de energia associada a forças macroscópicas e deslocamentos na fronteira do sistema. A definição termodinâmica de trabalho introduzida neste capítulo amplia a noção de trabalho da mecânica, de maneira a incluir outros tipos de trabalho. A transferência de energia por calor, para ou de um sistema, é devida à diferença de temperatura entre o sistema e sua vizinhança, e ocorre no sentido decrescente da temperatura. Os modos de transferência de calor incluem condução, radiação e convecção. As seguintes convenções de sinais são usadas para o trabalho e a transferência de calor:

▶ $W, \dot{W} \begin{cases} > 0\text{: trabalho realizado pelo sistema} \\ < 0\text{: trabalho realizado no sistema} \end{cases}$

▶ $Q, \dot{Q} \begin{cases} > 0\text{: transferência de calor para o sistema} \\ < 0\text{: transferência de calor do sistema} \end{cases}$

A energia é uma propriedade extensiva de um sistema. Apenas variações na energia de um sistema possuem significado. As variações de energia são contabilizadas por meio do balanço de energia. O balanço de energia para um processo em um sistema fechado é dado pela Eq. 2.35, e de modo análogo, em termos de taxa de tempo, é dado pela Eq. 2.37. A Eq. 2.40 é uma forma especial do balanço de energia para um sistema que descreve um ciclo termodinâmico.

Os itens a seguir fornecem um guia de estudo para este capítulo. Ao término do estudo do texto e dos exercícios dispostos no final do capítulo você estará apto a

▶ descrever o significado dos termos dispostos em negrito ao longo do capítulo e entender cada um dos conceitos relacionados. O conjunto de conceitos fundamentais listados mais adiante é particularmente importante para os capítulos subsequentes.

▶ calcular essas quantidades de energia

– variações da energia cinética e potencial, utilizando as Eqs. 2.5 e 2.10, respectivamente.

– trabalho e potência, utilizando as Eqs. 2.12 e 2.13, respectivamente.

– trabalho de expansão ou compressão, utilizando a Eq. 2.17.

▶ aplicar balanços de energia a sistemas fechados em cada uma das formas alternativas, modelando de maneira apropriada o caso em estudo, observando corretamente as convenções de sinais para trabalho e transferência de calor e aplicando com cuidado as unidades do SI e do sistema inglês.

▶ realizar análises de energia para sistemas percorrendo ciclos termodinâmicos utilizando a Eq. 2.40 e avaliar, conforme o caso, as eficiências térmicas dos ciclos de potência e os coeficientes de desempenho dos ciclos de refrigeração e bomba de calor.

▶ CONCEITOS FUNDAMENTAIS NA ENGENHARIA

adiabático	ciclo termodinâmico	energia potencial gravitacional
balanço de energia	convenção de sinais para trabalho	potência
ciclo de bomba de calor	convenção de sinais para transferência de calor	primeira lei da termodinâmica
ciclo de potência	energia cinética	trabalho
ciclo de refrigeração	energia interna	transferência de calor

EQUAÇÕES PRINCIPAIS

Equação	Nº	Descrição
$\Delta E = \Delta U + \Delta EC + \Delta EP$	(2.27)	Variação da energia total de um sistema.
$\Delta EC = EC_2 - EC_1 = \frac{1}{2}m(V_2^2 - V_1^2)$	(2.5)	Variação da energia cinética de uma massa m.
$\Delta EP = EP_2 - EP_1 = mg(z_2 - z_1)$	(2.10)	Variação da energia potencial gravitacional de uma massa m sujeita à constante g.
$E_2 - E_1 = Q - W$	(2.35a)	Balanço de energia para sistemas fechados.
$\dfrac{dE}{dt} = \dot{Q} - \dot{W}$	(2.37)	Balanço da taxa de energia para sistemas fechados.
$W = \int_{s_1}^{s_2} \mathbf{F} \cdot ds$	(2.12)	Trabalho em virtude da ação de uma força $\mathbf{F}$.
$\dot{W} = \mathbf{F} \cdot \mathbf{V}$	(2.13)	Potência em virtude da ação de uma força $\mathbf{F}$.
$W = \int_{V_1}^{V_2} p\, dV$	(2.17)	Trabalho de expansão ou compressão relacionado com a pressão do fluido. Veja Fig. 2.4.

Ciclos Termodinâmicos

Equação	Nº	Descrição
$W_{ciclo} = Q_{entra} - Q_{sai}$	(2.41)	Balanço de energia para um *ciclo de potência*. Como na Fig. 2.17a, todas as grandezas são registradas como positivas.
$\eta = \dfrac{W_{ciclo}}{Q_{entra}}$	(2.42)	Eficiência térmica de um ciclo de potência.
$W_{ciclo} = Q_{sai} - Q_{entra}$	(2.44)	Balanço de energia para um ciclo de *refrigeração* ou *bomba de calor*. Como na Fig. 2.17b, todas as grandezas são registradas como positivas.
$\beta = \dfrac{Q_{entra}}{W_{ciclo}}$	(2.45)	Coeficiente de desempenho de um ciclo de refrigeração.
$\gamma = \dfrac{Q_{sai}}{W_{ciclo}}$	(2.47)	Coeficiente de desempenho de um ciclo de bomba de calor.

EXERCÍCIOS: PONTOS DE REFLEXÃO PARA OS ENGENHEIROS

1. Por que os coeficientes de arrasto aerodinâmico dos carros de corrida de Fórmula 1 são normalmente muito maiores do que os dos automóveis comuns?
2. Quais são as várias coisas que você como indivíduo pode fazer para reduzir o consumo de energia em sua casa? E com relação as suas necessidades de transporte?
3. Como o medidor de energia elétrica instalado em residências faz a medição da quantidade de kWh consumidos?
4. Por que é incorreto dizer que um sistema *contém* calor?
5. Quais os exemplos de transferência de calor por condução, radiação e convecção que você encontra quando utiliza uma grelha a carvão?
6. Após correr 5 milhas em uma esteira no seu campus, Ashley observa que o cinto de sua esteira está aquecido quando o toca. Por que o cinto está aquecido?
7. Quando são irradiadas micro-ondas sobre um tumor durante uma terapia para o câncer com o objetivo de aumentar a temperatura do tumor, essa interação é considerada trabalho e não transferência de calor. Por quê?
8. Para uma boa aceleração, o que é mais importante para um motor de automóvel, a potência ou o torque?
9. Há registros de que motores moleculares experimentais exibem movimento na absorção de luz, alcançando assim uma conversão da radiação eletromagnética em movimento. A luz incidente deve ser considerada trabalho ou transferência de calor?
10. Em uma expansão ou compressão politrópica, o que causa variação de n?
11. Por que em um balanço de energia de um sistema fechado, em sua forma *diferencial*, $dE = \delta Q - \delta W$, é usado d e não δ para a diferencial do lado esquerdo?
12. Quando dois carrinhos de batida de um parque de diversões colidem de frente e chegam a parar, como você considera a energia cinética que o par tinha imediatamente antes da colisão?
13. Que forma o balanço de energia toma para um sistema *isolado*?

14. Que formas de energia e transferência de energia estão presentes no ciclo de vida de uma tempestade?
15. Como você definiria uma *eficiência* adequada para o motor do Exemplo 2.6?
16. Steve tem um aparelho que mede a distância percorrida e as calorias gastas. Quantos quilômetros ele precisa caminhar para queimar o equivalente a uma barra de chocolate que ele comeu enquanto assistia a um filme?
17. Quantas toneladas de CO_2 são produzidas anualmente por um automóvel convencional?

VERIFICAÇÃO DE APRENDIZADO

Nos problemas de 1 a 10, correlacione as colunas.

1. _ Ciclo de refrigeração
2. _ Variação de energia total
3. _ Adiabático
4. _ Convenção de sinal para trabalho
5. _ Variação de energia cinética específica
6. _ Balanço de energia
7. _ Ciclo termodinâmico
8. _ Transferência de energia por calor
9. _ Variação de energia potencial
10. _ Transferência de energia por trabalho

A. Transferência de energia em que o *único* efeito externo ao sistema *poderia ter sido* o levantamento de uma massa
B. Uma sequência de processos que inicia e termina no mesmo estado
C. Transferência de energia resultante da diferença de temperatura entre o sistema e as vizinhanças
D. Um ciclo em que a energia é transferida por calor para o sistema sob outro ciclo em que o corpo frio cede energia *para* o corpo quente
E. Transferência de energia do sistema para as vizinhanças é considerada positiva
F. Um processo que não envolve transferência de energia por calor
G. $mg(z_2 - z_1)$
H. $½(V_2^2 - V_1^2)$
I. $\Delta E = Q - W$
J. $\Delta EC + EP + \Delta U$

11. Por que, para o cálculo da expansão de um gás utilizando a Eq. 2.17, é necessário o conhecimento da pressão na interface entre o gás e o pistão durante o processo?
12. O símbolo Δ é sempre utilizado para denotar:
    (a) valor inicial menos valor final.
    (b) quando não há variação numérica.
    (c) valor final menos valor inicial.
    (d) nenhuma das anteriores.
13. Cada um dos parâmetros de desempenho de ciclos, definidos neste capítulo, assume a forma de uma razão entre um valor de energia e uma quantidade de energia adicionada ao sistema. Para cada um dos três ciclos apresentados, identifique as formas de energia que assumem essas definições.
14. Durante um processo em *quase equilíbrio*, o deslocamento de um sistema de seu estado de equilíbrio é, no máximo, infinitesimal. Quão acurado este modelo pode ser para descrever uma expansão real?
15. Em mecânica, o trabalho de uma força resultante atuando sobre um corpo equivale à variação em sua(seu) _____.
16. Qual é a direção da transferência de energia *líquida* por trabalho em um ciclo de potência: do sistema ou para o sistema? E da transferência *líquida* de calor?
17. O trabalho, na sua forma infinitesimal, δW, é dita uma diferencial _____.
18. Energia cinética e energia potencial gravitacional são *propriedades extensivas* de um sistema fechado. Explique.
19. Qual é a direção da transferência de energia *líquida* por trabalho em um ciclo de refrigeração: do sistema ou para o sistema? E da transferência *líquida* de calor?
20. Defina processo *politrópico*.
21. Um objeto de massa conhecida inicialmente em repouso cai de uma altura especificada, atingindo o chão e repousando em uma altura igual a zero. A energia é conservada nesse processo? Discuta.
22. Liste três modelos de transferência de energia por calor e discuta as diferenças entre eles.
23. Para determinar o trabalho utilizando $W = \int_{V_1}^{V_2} pdV$, deve-se especificar como p varia com V durante o processo. Pode-se concluir que o trabalho não é _____.
24. Qual é a definição termodinâmica de trabalho?
25. Estabeleça a convenção de sinais em termodinâmica para a transferência de energia por calor em um sistema fechado.
26. Estabeleça a convenção de sinais em termodinâmica para a transferência de energia por trabalho em um sistema fechado.
27. Quais são as três formas de armazenamento de energia nos átomos e moléculas que compõem a matéria contida em um sistema?
28. Quando um sistema é submetido a um processo, os termos *calor* e *trabalho* não se referem ao que está sendo transferido. Apenas _____ é transferido(a).
29. A variação de energia total em um sistema fechado, além das contribuições de energia cinética e potencial, é contabilizada como _____.
30. Baseando-se nos mecanismos de transferência de calor, liste três razões pelas quais a transferência de calor pode ser considerada desprezível (em quais situações).

Indique verdadeiro ou falso para as afirmações a seguir. Explique.

31. Uma mola é comprimida adiabaticamente. Sua energia interna aumenta.
32. Se a temperatura de um sistema aumenta, ele deve ter sido submetido à transferência de calor.
33. A energia total de um sistema fechado pode variar como resultado da transferência de energia pela fronteira sob as formas de calor e trabalho, acompanhando o fluxo de massa na fronteira.
34. A energia de um sistema isolado pode somente aumentar.
35. Se um sistema fechado é submetido a um ciclo termodinâmico, não pode haver calor trocado ou trabalho realizado.
36. Em princípio, o trabalho de compressão ou expansão pode ser calculado através da integral de $p\,dV$ para processos reais em quase equilíbrio.
37. Em bombas de calor, o coeficiente de desempenho é sempre igual ou maior que a unidade.
38. O coeficiente de transferência de calor (h), na *Lei de Newton do resfriamento*, não é uma propriedade termodinâmica. É um parâmetro empírico que incorpora nas relações de transferência de calor a natureza do fluxo próximo à superfície, as propriedades do fluido e a geometria.
39. Para um sistema em estado permanente, o valor de nenhuma propriedade varia com o tempo.
40. Apenas *variações* na energia interna de um sistema entre dois estados tem significado físico: não há sentido físico em atribuir um valor de energia interna *a* um estado.
41. A taxa de transferência de calor no estado estacionário por condução em um material plástico será maior que aquela em concreto, considerando a mesma área e diferença de temperatura.
42. Um processo *adiabático* não envolve trabalho.
43. Radiação térmica pode ocorrer no vácuo.

44. Uma corrente elétrica passa por um tanque contendo gás. Dependendo de onde for fixada a fronteira do sistema, a transferência de energia pode ser considerada calor ou trabalho.
45. O resfriamento de componentes de computador por uma ventoinha que circula ar no sistema pode ser considerada como transferência de calor por radiação.
46. Para qualquer ciclo, as quantidades líquidas de energia transferida por calor e trabalho são as mesmas.
47. Uma engrenagem armazena energia sob a forma de energia cinética.
48. Trabalho não é uma propriedade.
49. Se um sistema fechado passa por um processo no qual a variação de energia total é positiva, então a transferência de calor deve ser positiva.
50. Se um sistema fechado passa por um processo no qual o trabalho é negativo e a transferência de calor é positiva, então a energia total aumenta.
51. De acordo com a *Lei de Stefan-Boltzmann*, todos os objetos emitem radiação térmica em temperaturas superiores a 0 K (0°R).
52. A variação de energia potencial gravitacional de um corpo de 2 lb (0,91 kg) que passou por uma elevação de 40 ft (12,2 m) em uma localização, em que $g = 32,2$ ft/s² (9,8 m/s²) é -2576 ft · lbf ($-3492,6$ J).
53. A potência está relacionada matematicamente à quantidade de energia transferida por trabalho integrada sobre o tempo.
54. Um material dielétrico em um campo elétrico uniforme pode sofrer uma transferência de energia por trabalho se sua polarização muda.

▶ PROBLEMAS: DESENVOLVENDO HABILIDADES PARA ENGENHARIA

Explorando Conceitos sobre Energia

2.1 Uma bola de beisebol tem uma massa de 0,3 lb (0,14 kg). Qual é a energia cinética em relação à base principal (*home plate*) de uma bola a 94 milhas por hora (42,0 m/s), em Btu?

Fig. P2.1

2.2 Determine a energia potencial gravitacional, em kJ, de 2 m³ de água líquida a uma elevação de 30 m acima da superfície da Terra. A aceleração da gravidade é 9,7 m/s² e a densidade da água é uniforme e igual a 1000 kg/m³. Determine a variação de energia potencial se esta massa de água for deslocada para uma altura de 15 m.

2.3 Um objeto cujo peso é 100 lbf (444,8 N) experimenta um decréscimo na energia cinética de 500 ft · lbf (677,9 N · m) e um aumento na energia potencial de 1500 ft · lbf (2033,7 N · m). A velocidade inicial e a altura do objeto, ambas em relação à superfície da Terra, são 40 ft/s (12,2 m/s) e 30 ft (9,1 m), respectivamente. Considerando que $g = 32,2$ ft/s² (9,8 m/s²), determine
(a) a velocidade final, em ft/s.
(b) a altura final, em ft.

2.4 Um guindaste de construção pesando 12.000 lbf cai de uma altura de 400 ft até a rua durante uma tempestade. Para $g = 32,05$ ft/s², determine a massa, em lb, e a variação na energia potencial gravitacional do guindaste, em ft · lbf.

2.5 Um carro, pesando 2500 lbf, aumenta sua energia potencial gravitacional em $2,25 \times 10^4$ Btu subindo de uma altitude de 5183 ft em Denver para uma maior elevação na Trail Ridge Road, nas Montanhas Rochosas. Qual é a elevação no ponto mais alto da estrada, em ft?

2.6 Um objeto cuja massa é de 1000 kg, inicialmente apresentando uma velocidade de 100 m/s, desacelera até uma velocidade final de 20 m/s. Qual é a variação de energia cinética do objeto, em kJ?

2.7 Um avião turbo-hélice de 30 lugares, cuja massa é de 14.000 kg, decola de um aeroporto e eventualmente alcança sua velocidade de cruzeiro de 620 km/h e uma altitude de 10.000 m. Para $g = 9,78$ m/s², determine a variação na energia cinética e a variação na energia potencial do avião, ambas em kJ.

2.8 Um automóvel com 900 kg de massa inicialmente se move ao longo de uma estrada a 100 km/h em relação a esta. Em seguida, sobe uma colina cujo cume está a 50 m acima do nível da estrada e de parques em uma área de descanso localizada ali. Determine as variações das energias cinética e potencial para o automóvel, ambas em kJ. Para cada quantidade de energia, cinética e potencial, especifique a escolha do ponto de partida e o valor de referência adotado neste. Considere $g = 9,81$ m/s².

2.9 As zonas de deformação de um veículo são projetadas para absorver energia durante um impacto por meio deformação de maneira a reduzir a transferência de energia para os ocupantes. Determine a energia cinética, em Btu, que uma zona de deformação deve absorver para proteger plenamente os ocupantes de um veículo de 3000 lb (1360,8 kg) que, de repente, desacelera de 10 a 0 milha por hora (16,1 a 0 km/h)?

2.10 Um objeto cuja massa é de 300 lb (136,1 kg) sofre uma variação em suas energias cinética e potencial em virtude da ação de uma força resultante **R**. O trabalho realizado pela força resultante sobre o objeto é 140 Btu (147,7 kJ). Não existe nenhuma outra interação entre o objeto e sua vizinhança. Se a altura do objeto aumenta de 100 ft (30,5 m) e sua velocidade final é 200 ft/s (61,0 m/s), qual é a sua velocidade inicial em ft/s? Considere $g = 32,2$ ft/s² (9,8 m/s²)

2.11 Um volante em formato de disco, de massa específica uniforme ρ, raio externo R e espessura w, gira com uma velocidade angular ω, em rad/s.
(a) Mostre que o momento de inércia, $I = \int_{\text{vol}} \rho r^2 dV$, pode ser expresso como $I = \pi\rho wR^4/2$, e a energia cinética pode ser expressa como EC = $I\omega^2/2$.
(b) Para um volante de aço girando a 3000 RPM, determine a energia cinética, em N · m, e a massa, em kg, se $R = 0,38$ m e $w = 0,025$ m.
(c) Determine o raio, em m, e a massa, em kg, de um volante de alumínio que tem a mesma largura, velocidade angular e energia cinética do item (b).

2.12 Usando a relação EC = $I\omega^2/2$ do Problema 2.11(a), determine a velocidade com que um volante cujo momento de inércia é 200 lb · ft² (8,4 kg · m²) deveria girar, em rpm, para armazenar uma quantidade de energia cinética equivalente à energia potencial de uma massa de 100 lb (45,4 m) elevada de uma altura de 30 ft (9,1 m) acima da superfície da Terra. Faça $g = 32,2$ ft/s² (9,8 m/s²).

2.13 Dois objetos com massas diferentes são impulsionados verticalmente da superfície da Terra, ambos com a mesma velocidade inicial. Considerando que os objetos sofrem apenas a força da gravidade, mostre que eles alcançam velocidade zero na mesma altura.

2.14 Um objeto com massa 100 lb cai livremente sob a influência da gravidade de uma elevação inicial de 600 ft acima da superfície da Terra. A velocidade inicial é descendente, com uma magnitude de 50 ft/s. O efeito da resistência do ar é desprezível. Determine a velocidade, em ft/s, do objeto imediatamente antes de tocar a Terra. Considere $g = 31,5$ ft/s².

2.15 Durante o processo de embalagem, uma lata de soda de 0,4 kg de massa se move para baixo em uma superfície inclinada 20° em relação à horizontal, como ilustrado na Fig. P2.15. A lata sofre a influência de uma força **R** constante, paralela à superfície inclinada e a força da gravidade. A magnitude da força **R** constante é de 0,05 N. Ignorando o atrito entre a lata e a superfície inclinada, determine a variação da energia cinética da lata, em J, e se ela está *aumentando* ou *diminuindo*. Se o atrito entre a lata e a superfície inclinada fosse significativo, que efeito teria sobre o valor da variação da energia cinética? Faça g = 9,8 m/s².

2.16 Partindo do repouso, um objeto com 200 kg de massa desliza para baixo em uma rampa de 10 m de comprimento. A rampa está inclinada de um ângulo de 40° a partir da horizontal. Se a resistência do ar e o atrito entre o objeto e a rampa forem desprezíveis, determine a velocidade do objeto, em m/s, ao final da rampa. Considere $g = 9,81$ m/s².

2.17 Jack, que pesa 150 lbf (667,2 N), corre 5 milhas em 43 minutos em uma esteira inclinada de 1 grau. O visor da esteira mostra que ele *quei-*

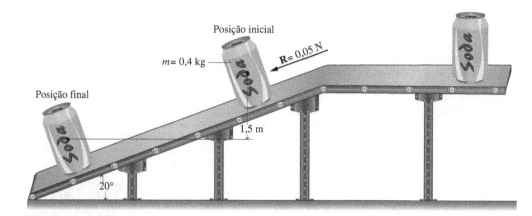

Fig. P2.15

mou 620 kcal (2595,8 kJ). Para Jack consumir o mesmo número de calorias, quantas taças de sorvete de baunilha ele pode tomar após o seu treinamento?

Fig. P2.17

Avaliando Trabalho

2.18 Um objeto inicialmente a uma elevação de 5 m relativa à superfície da Terra com uma velocidade de 50 m/s está sujeito a uma força **R** e se move ao longo de uma trajetória. Sua elevação final é 20 m e sua velocidade é 100 m/s. Considerando a aceleração da gravidade g = 9,81 m/s², determine o trabalho realizado pela força atuando sobre o corpo, em kJ.

2.19 Um objeto de 10 kg, inicialmente em repouso, sofre uma aceleração horizontal de 4 m/s² devido à ação de uma força resultante aplicada durante 20 s. Determine a energia transferida sob a forma de trabalho, em kJ.

2.20 Um objeto inicialmente em repouso experimenta uma aceleração horizontal constante devido à ação de uma força resultante aplicada por 10 s. O trabalho da força resultante é de 10 Btu (10,5 kJ). A massa do objeto é de 55 lb (24,9 kg). Determine a aceleração horizontal constante em ft/s².

2.21 A força de arrasto, F_d, imposta pelo ar ao redor de um veículo que se move com velocidade V, é dada por

$$F_d = C_d A \tfrac{1}{2} \rho V^2$$

na qual C_d é uma constante chamada de coeficiente de arrasto, A é a área frontal projetada do veículo e ρ é a massa específica do ar. Determine a potência, em HP, necessária para vencer o arrasto aerodinâmico para um automóvel movendo-se a (a) 25 milhas por hora (40,2 km/h), (b) 70 milhas por hora (112,6 km/h). Considere C_d = 0,28, A = 25 ft² (2,3 m²) e ρ = 0,075 lb/ft³ (1,2 kg/m³).

2.22 Uma força importante que se opõe ao movimento de um veículo é a resistência dos pneus ao rolamento, F_r, dada por

$$F_r = f \mathcal{W}$$

em que f é uma constante chamada de coeficiente de resistência ao rolamento e $\mathcal{W}$ é o peso do veículo. Determine a potência, em kW, necessária para vencer a resistência ao rolamento para um caminhão que pesa 322,5 kN que está se movendo a 110 km/h. Considere f = 0,0069.

2.23 As duas forças mais importantes que se opõem ao movimento de um veículo em uma estrada plana são a resistência dos pneus ao rolamento, F_r, e a força de arrasto aerodinâmico do ar escoando ao redor do veículo, F_d, dadas, respectivamente, por

$$F_r = f\mathcal{W}, \qquad F_d = C_d A \tfrac{1}{2} \rho V^2$$

sendo f e C_d constantes conhecidas como coeficiente de resistência ao rolamento e coeficiente de arrasto, respectivamente, $\mathcal{W}$ e A são o peso do veículo e a área frontal projetada, respectivamente, V é a velocidade do veículo e ρ é a massa específica do ar. Para um carro de passeio com $\mathcal{W}$ = 3040 lbf, A = 6,24 ft² e C_d = 0,25, e quando f = 0,02 e ρ = 0,08 lb/ft³:

(a) determine a potência necessária, em HP, para vencer a resistência ao rolamento e o arrasto aerodinâmico quando V é 55 mi/h.
(b) faça um gráfico da velocidade do veículo entre 0 e 75 mi/h *versus* (i) a potência para vencer a resistência ao rolamento, (ii) a potência para vencer o arrasto aerodinâmico e (iii) a potência total, todas em hp.
Quais as implicações para a economia de combustível do veículo que podem ser deduzidas dos resultados do item (b)?

2.24 A tabela a seguir fornece dados medidos para a pressão *versus* o volume durante a compressão de um refrigerante no cilindro de um compressor em um sistema de refrigeração. Utilizando os dados da tabela, complete o seguinte:
(a) Determine um valor de n tal que os dados sejam ajustados para uma equação do tipo pV^n = constante.
(b) Calcule analiticamente o trabalho realizado sobre o refrigerante, em Btu, utilizando a Eq. 2.17 em conjunto com o resultado do item (a).
(c) Utilizando integração gráfica ou numérica dos dados, calcule o trabalho realizado sobre o refrigerante, em Btu.
(d) Compare os diferentes métodos para a estimativa do trabalho utilizados nos itens (b) e (c). Por que são estimativas?

Ponto	p (lbf/in²)	V (in³)
1	112	13,0
2	131	11,0
3	157	9,0
4	197	7,0
5	270	5,0
6	424	3,0

2.25 A tabela a seguir fornece dados medidos para a pressão *versus* o volume durante a expansão dos gases no cilindro de um motor de combustão interna. Utilizando os dados da tabela, faça o seguinte:
(a) Determine um valor de n tal que os dados sejam ajustados para uma equação do tipo pV^n = constante.
(b) Calcule analiticamente o trabalho realizado pelos gases, em kJ, utilizando a Eq. 2.17 em conjunto com o resultado do item (a).
(c) Utilizando integração gráfica ou numérica dos dados, calcule o trabalho realizado pelos gases, em kJ.
(d) Compare os diferentes métodos para a estimativa do trabalho utilizados nos itens (b) e (c). Por que são estimativas?

Ponto	p (bar)	V (cm³)
1	15	300
2	12	361
3	9	459
4	6	644
5	4	903
6	2	1608

2.26 Um gás contido em um conjunto cilindro-pistão passa por um processo no qual a relação entre a pressão e o volume é dada por $pV^2 = constante$. A pressão inicial é de 1 bar, o volume inicial é de 0,1 m³, e a pressão final é de 9 bar. Determine (a) o volume final, em m³, e (b) o trabalho para o processo, em kJ.

2.27 O gás dióxido de carbono (CO_2) armazenado em um sistema pistão-cilindro, é submetido a um processo do estado $p_1 = 5$ lbf/in² (34,47 kPa), $V_1 = 2,5$ ft³ (70,8 L) até o estado $p_2 = 20$ lbf/in² (137,9 kPa), $V_2 = 0,5$ ft³ (14,16 L). A relação entre a pressão e volume durante o processo é dada por $p = 23,75 - 7,5V$, na qual V é dado em ft³ e p em lbf/in². Determine o trabalho durante o processo, em Btu.

2.28 Um gás em um conjunto cilindro-pistão passa por um processo de compressão no qual a relação entre a pressão e o volume é dada por $pV^n = constante$. O volume inicial é de 0,1 m³, o volume final é de 0,04 m³, e a pressão final é de 2 bar. Determine a pressão inicial, em bar, e o trabalho para o processo, em kJ, se (a) $n = 0$, (b) $n = 1$, (c) $n = 1,3$.

2.29 O gás nitrogênio (N_2) em um conjunto cilindro-pistão sofre uma compressão de $p_1 = 20$ bar, $V_1 = 0,5$ m³, até um estado em que $V_2 = 2,75$ m³. A relação entre a pressão e o volume durante o processo é $pV^{1,35} = constante$. Para o N_2, determine (a) a pressão no estado 2, em bar, e (b) o trabalho, em kJ.

2.30 O gás oxigênio (O_2) em um conjunto cilindro-pistão passa por uma expansão, indo de um volume $V_1 = 0,01$ m³ até um volume $V_2 = 0,03$ m³. A relação entre a pressão e o volume durante o processo é $p = AV^{-1} + B$, em que $A = 0,06$ bar · m³ e $B = 3,0$ bar. Para o O_2, determine (a) as pressões inicial e final, ambas em bar, e (b) o trabalho, em kJ.

2.31 Um sistema fechado que consiste em 14,5 lb (6,6 kg) de ar passa por um processo *politrópico* de $p_1 = 80$ lbf/in² (551,6 kPa) e $v_1 = 4$ ft³/lb (0,2 m³/kg) até um estado final em que $p_2 = 20$ lbf/in² (137,9 kPa), $v_2 = 11$ ft³/lb (0,7 m³/kg). Determine a quantidade de energia transferida por meio de trabalho, em Btu, para o processo.

2.32 Ar contido em um conjunto cilindro-pistão é lentamente aquecido. Conforme ilustrado na Fig. P2.32, durante esse processo a pressão primeiro varia linearmente com o volume e, então, permanece constante. Determine o trabalho total, em kJ.

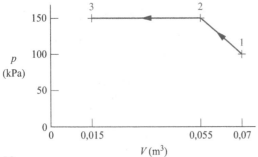

Fig. P2.32

2.33 Um gás contido em um conjunto cilindro-pistão passa por três processos em série:

Processo 1-2: Volume constante de $p_1 = 1$ bar, $V_1 = 4$ m³ até o estado 2, em que $p_2 = 2$ bar.

Processo 2-3: Compressão até $V_3 = 2$ m³, durante a qual a relação pressão-volume é $pV = constante$.

Processo 3-4: Pressão constante até o estado 4, em que $V_4 = 1$ m³.

Esboce os processos em série em um diagrama p-V e determine o trabalho para cada processo, em kJ.

2.34 O gás monóxido de carbono (CO) contido em um conjunto cilindro-pistão passa por três processos em série:

Processo 1-2: Expansão de $V_1 = 0,2$ m³ até $V_2 = 1$ m³, a pressão constante = 5 bar.

Processo 2-3: Resfriamento a volume constante do estado 2 até o estado 3, em que $p_3 = 1$ bar.

Processo 3-1: Compressão do estado 3 ao estado inicial, durante o qual a relação pressão-volume é $pV = constante$.

Esboce os processos em série em um diagrama p-V e determine o trabalho para cada processo, em kJ.

2.35 Ar contido em um conjunto cilindro-pistão passa por três processos em série:

Processo 1-2: Compressão de $p_1 = 10$ lbf/in² (68,9 kPa), $V_1 = 4,0$ ft³ (0,11 m³), para $p_2 = 50$ lbf/in² (344,7 kPa), durante o qual a relação pressão-volume é $pV = constante$.

Processo 2-3: Do estado 2 para o estado 3, em que $p = 10$ lbf/in², a volume constante.

Processo 3-1: Expansão até o estado inicial, durante a qual pressão-volume é constante.

Esboce os processos em série em um diagrama p-V. Determine (a) o volume no estado 2, em ft³, e (b) o trabalho para cada processo, em Btu.

2.36 A lixadeira de cinta ilustrada na Fig. P2.36 tem uma velocidade de correia de 1500 ft/min (7,6 m/s). O coeficiente de atrito entre a lixadeira e uma superfície de madeira compensada que está sendo terminada é 0,2. Se a força (normal) dirigida para baixo sobre a lixadeira é de 15 lbf (66,7 N), determine (a) a potência transmitida pela cinta, em Btu/s e em HP, e (b) o trabalho realizado em um minuto de operação, em Btu.

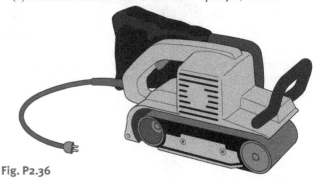

Fig. P2.36

2.37 Uma polia de 0,15 m de diâmetro movimenta uma correia fazendo girar o eixo motor da bomba de uma usina. O torque aplicado pela correia sobre a polia é de 200 N · m, e a potência transmitida é de 7 kW. Determine a força resultante aplicada pela correia sobre a polia, em kN, e a velocidade de rotação do eixo, em RPM.

2.38 Uma bateria de 10 V fornece uma corrente constante de 0,5 A para uma resistência por 30 min. (a) Determine a resistência, em ohms. (b) Para a bateria, determine a quantidade de energia transferida por trabalho, em kJ.

2.39 Um aquecedor elétrico consome uma corrente de 6 A sob uma voltagem de 220 V, durante 24 h. Determine a potência elétrica fornecida ao aquecedor, em kW, e a energia total envolvida, em kWh. Se o valor da energia elétrica é 0,08 US$/kWh, determine o custo da utilização do aquecedor por dia.

2.40 Um artigo de uma revista de carros afirma que a potência $\dot{W}$ fornecida por um motor de automóvel, em hp, é calculada multiplicando o torque $\mathcal{T}$, em ft · lbf, pela velocidade de rotação ω do eixo de acionamento, em rpm, e dividindo por uma constante:

$$\dot{W} = \frac{\mathcal{T}\omega}{C}$$

Qual é o valor e as unidades da constante C?

2.41 Os pistões de um motor de automóvel V-6 desenvolvem 226 hp (168,5 kW). Considerando que a velocidade de rotação do eixo de acionamento do motor é de 4700 rpm e o torque é de 248 ft · lbf (336,2 m · N), que porcentagem da potência desenvolvida é transferida ao eixo? O que explica a diferença de potência? Será que um motor desse tamanho atende às suas necessidades de transporte? Comente.

2.42 A Figura P2.42 mostra um objeto de 5 lb (2,27 kg) preso a uma polia de raio $R = 3$ in (7,62 cm). Se o objeto cai a uma velocidade de 5 ft/s (1,524 m/s), determine a potência transmitida pela polia em HP, e a velocidade de rotação do eixo, em rpm, considerando $g = 32,2$ ft/s² (9,81 m/s²).

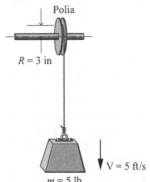

Fig. P2.42

2.43 Um fio de aço suspenso verticalmente, conforme ilustrado na Fig. P2.43, tem uma área A de seção transversal e um comprimento inicial x_0. Uma força F para baixo, aplicada à extremidade do fio faz com que este se estique. A tensão normal no fio varia linearmente de acordo com $\sigma = C\varepsilon$, em que ε é a *deformação*, dada por $\varepsilon = (x-x_0)/x_0$, em que x é o comprimento do fio esticado. C é uma constante do material (módulo de Young). Admitindo que a área da seção transversal permanece constante,
(a) obtenha uma expressão para o trabalho realizado sobre o fio.
(b) calcule o trabalho realizado sobre o fio, em ft · lbf, e a magnitude da força dirigida para baixo, em lbf, se $x_0 = 10$ ft (3,0 m), $x = 10,01$ ft (3,0 m), A = 0,1 in² (6,5 3 10²⁵ m²), e $C = 2,5 \times 10^7$ lbf/in² (1,7 × 10¹¹ Pa).

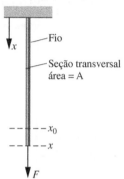

Fig. P2.43

2.44 Uma película de sabão é suspensa em uma armação de arame, conforme a Fig. 2.10. O arame corrediço é deslocado por meio de uma força aplicada F. Considerando que a tensão superficial permanece constante,
(a) obtenha uma expressão para o trabalho realizado ao esticar a película, em termos da tensão superficial τ, do comprimento ℓ, e do deslocamento Δx.
(b) determine o trabalho realizado, em J, se, $\ell = 5$ cm, $\Delta x = 0,5$ cm e $\tau = 25 \times 10^{-5}$ N/cm.

2.45 Uma mola, com um comprimento inicial de ℓ_0 quando indeformada, é esticada por uma força F aplicada em sua extremidade, conforme está ilustrado na Fig. P2.45. O comprimento da mola quando esticada é dado por ℓ. Pela *lei de Hooke*, a força está linearmente relacionada à extensão da mola por $F = k(\ell - \ell_0)$, na qual k é a *rigidez* da mola. Considerando que a rigidez é constante,
(a) obtenha uma expressão para o trabalho realizado ao variar o comprimento da mola de ℓ_1 para ℓ_2.
(b) calcule o trabalho realizado, em J, se $\ell_0 = 3$ cm, $\ell_1 = 6$ cm, $\ell_2 = 10$ cm, e a rigidez é $k = 10^4$ N/m.

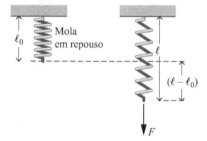

Fig. P2.45

Avaliando a Transferência de Calor

2.46 Um ventilador força o ar através de uma placa de circuito de computador com 70 cm² de área de superfície para evitar o superaquecimento. A temperatura do ar é de 300 K, enquanto a temperatura da superfície da placa de circuito é de 340 K. Utilizando os dados da Tabela 2.1, determine a maior e a menor taxa de transferência de calor, em W, que poderiam ser encontradas para a convecção forçada.

2.47 Conforme mostrado na Fig. P2.47, a parede externa de um edifício tem 6 in (0,1 m) de espessura e possui uma condutividade térmica média de 0,32 Btu/h · ft · °R (0,55 W/m · K). Em regime permanente, a temperatura da parede diminui linearmente de $T_1 = 70$°F (21,1°C) na superfície interna para T_2 na superfície externa. A temperatura externa relativa ao ar ambiente é $T_0 = 25$°F (23,9°C) e o coeficiente de transferência de calor por convecção é 5,1 Btu/h · ft² · °R (29,0 W/m² · K). Determine (a) a temperatura T_2, em °F, e (b) a taxa de transferência de calor através da parede, em Btu/h por ft² de área de superfície.

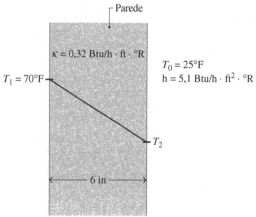

Fig. P2.47

2.48 Conforme ilustrado na Fig. P2.48, a parede de um forno é composta por uma camada de aço de 0,635 cm de espessura, sendo $k_a = 15,1$ W/m · K, e uma camada de tijolos, sendo $k_t = 0,72$ W/m · K. Em regime permanente ocorre um decréscimo de temperatura de 0,7°C na camada de aço. A temperatura interna relativa à superfície exposta da camada de aço é 300°C. Se a temperatura da superfície externa do tijolo não pode ser maior do que 40°C, determine a espessura mínima de tijolo, em cm, que assegura que esse limite seja alcançado. Qual a taxa de condução, em KW por m² da área da superfície da parede?

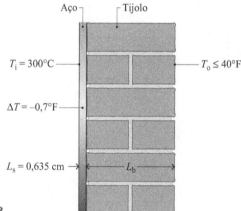

Fig. P2.48

2.49 Uma parede plana composta consiste em uma camada de blocos de betão como isolante, de 12 in (0,3 m) de espessura, sendo $k_i = 0,27$ Btu/h · ft · °R (0,47 W/m · K) e uma camada de placas de gesso ($k_g = 1,11$ Btu/h · ft · °R = 1,9 W/m · K). As temperaturas das superfícies exteriores do betão e do gesso são 460°R (−17,6°C) e 560°R (38,0°C), respectivamente, e existe um contato perfeito na interface entre as duas camadas. Determine, em regime permanente, a taxa instantânea de transferência de calor, em Btu/h por ft² de área de superfície, e a temperatura, em °R, na interface entre o betão e o gesso.

2.50 Uma parede plana composta consiste em uma camada de isolante de 3 in de espessura ($k_i = 0,029$ Btu/h · ft · °R) e uma camada de revestimento de 0,75 in de espessura ($k = 0,058$ Btu/h · ft · °R). A temperatura interna relativa ao isolante é 67°F. A temperatura externa dos revestimento é −8°F. Determine, em regime permanente, (a) a temperatura na interface entre as duas camadas, em °F, e (b) a taxa de transferência de calor através da parede, em Btu por ft² de área de superfície.

2.51 A estrutura de uma parede isolada de uma casa possui condutividade térmica média de 0,04 Btu/h · ft · °R (0,07 W/m · K). A espessura da parede é de 6 in (0,15 m). A temperatura do ar interno é 70°F (21,1°C), e o coeficiente de transferência de calor por convecção entre o ar interno e a parede é 2 Btu/h · ft² · °R (11,4 W/m² · K). No lado externo, a temperatura do ar ambiente é 32°F (0°C) e o coeficiente de transferência de calor por convecção entre a parede e o ar externo é 5 Btu/h · ft² · °R (28,4 W/m² · K). Determine a taxa de transferência de calor através da parede, em regime permanente, em Btu/h por ft² de área de superfície.

2.52 Responda ao seguinte exercício usando as relações de transferência de calor:

(a) Com relação a Fig. 2.12, determine a taxa líquida de troca radiante, em W, para $\kappa = 0{,}07$ W/m · K, $A = 0{,}125$ m^2, $T_1 = 298$ K, $T_2 = 273$ K.

(b) Com relação a Fig. 2.14, determine a taxa de transferência de calor por convecção da superfície para o ar, em W, para h = 10 W/m^2 K, A = 0,125 m^2, $T_b = 305$ K, $T_f = 298$ K.

2.53 Uma sonda interplanetária esférica, carregada eletronicamente, de 0,5 m de diâmetro, em regime permanente, transfere energia por radiação de sua superfície externa a uma taxa de 150 W. Se a sonda não recebe radiação do Sol ou do espaço, qual é a temperatura da superfície, em K? Considere $\varepsilon = 0{,}8$.

2.54 Um corpo cuja área superficial é 0,5 m^2, emissividade é 0,8 e temperatura é 150°C é colocado em uma grande câmara de vácuo, cujas paredes estão a 25°C. Qual a taxa de radiação *emitida* pela superfície, em W? Qual a taxa *líquida* de radiação *trocada* entre a superfície e as paredes da câmara, em W?

2.55 A superfície externa da grelha com cobertura mostrada na Fig. P2.55 está a 47°C e sua emissividade corresponde a 0,93. O coeficiente de transferência de calor por convecção entre a grelha e a vizinhança é 10 W/m^2 · K. Determine a taxa líquida de transferência de calor entre a grelha e a vizinhança por convecção e radiação, em kW por m^2 de área de superfície.

$T_0 = 27°C$
h = 10 W/m^2 · k

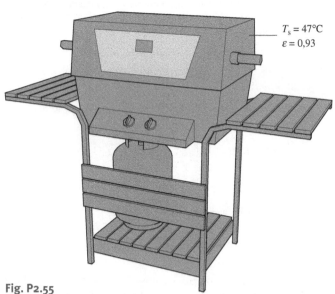

Fig. P2.55

Usando o Balanço de Energia

2.56 Cada linha na tabela a seguir fornece informações sobre um processo em um sistema fechado. Cada entrada tem as mesmas unidades de energia. Complete os espaços em branco na tabela.

Processo	Q	W	E_1	E_2	ΔE
a	+50		−20		+70
b		+20		+50	+30
c		−60	+40	+60	
d	−40			+50	0
e	+50	+150		−80	

2.57 Cada linha na tabela a seguir fornece informações, em Btu, sobre um processo em um sistema fechado. Complete os espaços em branco na tabela, em Btu.

Processo	Q	W	E_1	E_2	ΔE
a	+40		+15		+15
b		+5	+7	+22	
c	−4	+10		−8	
d	−10		−10		+20
e	+3	−3		+8	

2.58 Um sistema fechado de 10 kg é submetido a um processo durante o qual ocorre transferência de energia do sistema por trabalho igual a 0,147 kJ/kg, uma diminuição de altura de 50 m e um aumento de velocidade de 15 para 30 m/s. A energia interna específica diminui em 5 kJ/kg e a aceleração da gravidade é g = 9,7 m/s^2. Determine a transferência de calor envolvida no processo, em kJ.

2.59 Conforme ilustrado na Fig. P2.59, um gás contido em um conjunto cilindro-pistão, inicialmente a um volume de 0,1 m^3, passa por uma expansão a pressão constante de 2 bar até o volume final de 0,12 m^3, enquanto é aquecido lentamente através da base. A variação da energia interna do gás é de 0,25 kJ. Considere que as paredes do pistão e do cilindro são fabricadas com um material resistente ao calor e que o pistão se move lentamente no cilindro. A pressão atmosférica local é de 1 bar.

(a) Determine o trabalho e a transferência de calor, ambos em kJ, considerando o gás como o sistema.

(b) Determine o trabalho e a variação da energia potencial, ambos em kJ, considerando o pistão como o sistema.

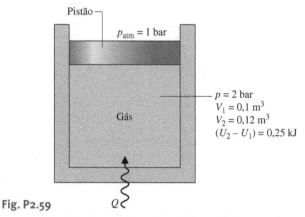

Fig. P2.59

2.60 Um gás contido em um conjunto cilindro-pistão passa por dois processos, A e B, com os *mesmos estados extremos*, 1 e 2, em que $p_1 = 1$ bar, $V_1 = 1$ m^3, $U_1 = 400$ kJ e $p_2 = 10$ bar, $V_2 = 0{,}1$ m^3, $U_2 = 450$ kJ:

Processo A: Processo a volume constante do estado 1 a uma pressão de 10 bar, seguido por um processo a pressão constante até o estado 2.

Processo B: Processo de 1 até 2, durante o qual a relação pressão-volume é dada por $pV = constante$.

Os efeitos das energias cinética e potencial podem ser desprezados. Para cada um dos processos, dados por A e B, (a) trace o diagrama *p-V* do processo, (b) calcule o trabalho, em kJ, e (c) calcule a transferência de calor, em kJ.

2.61 Um gás contido em um conjunto cilindro-pistão passa por dois processos, A e B, com os *mesmos estados extremos*, 1 e 2, em que $p_1 = 10$ bar, $V_1 = 0{,}1$ m^3, $U_1 = 400$ kJ e $p_2 = 1$ bar, $V_2 = 1{,}0$ m^3, $U_2 = 200$ kJ:

Processo A: Processo de 1 até 2, durante o qual a relação pressão-volume é dada por $pV = constante$.

Processo B: Processo a volume constante do estado 1 a uma pressão de 2 bar, seguido por um processo pressão-volume linear até o estado 2.

Os efeitos das energias cinética e potencial podem ser desprezados. Para cada um dos processos, dados por A e B, (a) trace o diagrama *p–V* do processo, (b) calcule o trabalho, em kJ, e (c) calcule a transferência de calor, em kJ.

2.62 Um motor elétrico consome uma corrente de 10 A com uma voltagem de 110 V, como mostrado na Fig. 2.62. O eixo de saída desenvolve um torque de 9,7 N · m e uma velocidade rotacional de 1000 RPM. Para a operação em regime permanente, determine para o motor

(a) a potência elétrica requerida, em kW

(b) a potência desenvolvida pelo eixo de saída, em kW

(c) a temperatura média da superfície, T_s, em °C, se a transferência de calor ocorrem por convecção com o entorno a $T_s = 21°C$.

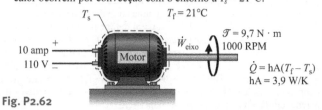

Fig. P2.62

2.63 Conforme ilustrado na Fig. P2.63, a superfície externa de um transistor é resfriada por um escoamento de ar induzido por um ventilador a uma temperatura de 25°C e uma pressão de 1 atm. A área da superfície externa do transistor é 5×10^{-4} m². Em regime permanente, a potência elétrica do transistor é 3 W. Despreze a transferência de calor que ocorre através da base do transistor. O coeficiente de transferência de calor por convecção é 100 W/m² · K. Determine (a) a taxa de transferência de calor entre o transistor e o ar, em W, e (b) a temperatura da superfície externa do transistor, em °C,

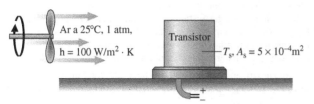

Fig. P2.63

2.64 Um kg de refrigerante 22, inicialmente a $p_1 = 0,9$ MPa e $u_1 = 232,92$ kJ/kg, está contido em um tanque rígido fechado. O tanque está equipado com um agitador que transfere energia *para* o refrigerante a uma taxa constante de 0,1 kW. A transferência de calor *do* refrigerante *para* sua vizinhança ocorre a uma taxa Kt, em kW, em que K é uma constante, em kW por minuto, e t o tempo, em minutos. Depois de 20 minutos sendo agitado, o refrigerante se encontra a $p_2 = 1,2$ MPa e $u_2 = 276,67$ kJ/kg. Não ocorrem variações globais nas energias cinética e potencial. (a) Para o refrigerante, determine o trabalho e a transferência de calor, ambos em kJ. (b) Determine o valor da constante K que aparece na relação de transferência de calor conhecida, em kW/min.

2.65 Um gás é mantido em um conjunto cilindro-pistão vertical por um pistão com 100 lbf (444,8 N) de peso e uma área de face de 40 in² (0,03 m²). A atmosfera exerce uma pressão de 14,7 lbf/in² (101,3 kPa) sobre o topo do pistão. Um agitador transfere 3 Btu (3,2 kJ) de energia para o gás durante um processo no qual o pistão é elevado de 1 ft. O pistão e o cilindro são maus condutores térmicos e o atrito entre eles pode ser desprezado. Determine a variação da energia interna do gás, em Btu.

2.66 Um gás contido em um sistema pistão-cilindro é submetido a um processo com a relação entre pressão e volume específico $pv^{1,2} = $ *constante*. A massa do gás é 0,4 lb (0,18 kg) e os seguintes dados são conhecidos: $p_1 = 160$ lbf/in² (113,16 kPa), $V_1 = 1$ ft³ (28,32 L), $p_2 = 390$ lbf/in² (2688,96 kPa). Durante o processo, a transferência de calor *do* gás é 2,1 Btu (2,22 kJ). Desconsidere as variações de energia cinética e potencial e determine a variação de energia interna específica do gás, em Btu/lb.

2.67 Quatro quilogramas de monóxido de carbono (CO) estão contidos em um tanque rígido com um volume de 1 m³. O tanque está equipado com um agitador que transfere energia para o CO a uma taxa constante de 14 W por 1 h. Durante o processo, a energia interna específica do monóxido de carbono aumenta de 10 kJ/kg. Se não houver variação nas energias cinética e potencial, determine
(a) o volume específico no estado final, em m³/kg.
(b) a transferência de energia através de trabalho, em kJ.
(c) a transferência de energia através de calor, em kJ, e o sentido do calor transferido.

2.68 Um tanque rígido fechado contém o gás hélio. Uma resistência elétrica no tanque transfere energia *para* o gás a uma taxa constante de 1 kW. A transferência de calor ocorre *do* gás para sua vizinhança a uma taxa de 5t watts, em que t é o tempo, em minutos. Trace a variação de energia do hélio, em kJ, para $t \geq 0$ e comente.

2.69 Vapor em um conjunto pistão-cilindro sofre um processo politrópico. Os dados para os estados inicial e final são apresentados na tabela a seguir. Os efeitos das energias cinética e potencial são desprezíveis. Para o processo, determine o trabalho e a transferência de calor, ambos em Btu por lb de vapor.

Estado	p(lbf/in.²)	v(ft³/lb)	u(Btu/lb)
1	100	4,934	1136,2
2	40	11,04	

2.70 Ar expande adiabaticamente em um conjunto pistão-cilindro de um estado inicial em que $p_1 = 100$ lbf/in2, $v_1 = 3,704$ ft³/lb e $T_1 = 1000°R$ para um estado final em que $p_2 = 50$ lbf/in². O processo é politrópico, com $n = 1,4$. A variação na energia interna específica, em Btu/lb, pode ser expressa em termos de variação de temperatura como $\Delta u = (0,171)(T_2 - T_1)$. Determine a temperatura final, em °R. Os efeitos de energia cinética e potencial podem ser negligenciados.

2.71 Ar é mantido em um conjunto cilindro-pistão vertical por um pistão com 25 kg de massa e uma área de face de 0,005 m². A massa de ar tem 2,5 g e inicialmente ocupa um volume de 2,5 litros. A atmosfera exerce uma pressão de 100 kPa sobre o topo do pistão. O volume do ar diminui lentamente para 0,001 m³ conforme a energia é lentamente removida por transferência de calor com uma magnitude de 1 kJ. Desprezando o atrito entre o pistão e a parede do cilindro, determine a variação da energia interna específica do ar, em kJ/kg. Considere $g = 9,81$ m/s².

2.72 Gás CO_2 é mantido em um conjunto cilindro-pistão vertical por um pistão com 50 kg de massa e uma área de face de 0,01 m². A massa de CO_2 tem 4 g. O CO_2 inicialmente ocupa um volume de 0,005 m³ e apresenta uma energia interna específica de 675 kJ/kg. A atmosfera exerce uma pressão de 100 kPa sobre o topo do pistão. Uma transferência de calor de 1,95 kJ de magnitude ocorre lentamente do CO_2 para a vizinhança, e o volume do CO_2 diminui para 0,0025 m³. O atrito entre o pistão e a parede do cilindro pode ser desprezado. A aceleração local da gravidade é $g = 9,81$ m/s². Para o CO_2, determine (a) a pressão, em kPa, e (b) a energia interna específica final, em kJ/kg.

2.73 A Fig. P2.73 ilustra um gás contido em um conjunto cilindro-pistão vertical. Um eixo vertical, cuja área da seção transversal é de 0,8 cm², é ligado ao topo do pistão. A massa total do pistão e eixo é de 25 kg. Conforme o gás é aquecido lentamente, sua energia interna aumenta de 0,1 kJ, a energia potencial do conjunto eixo-pistão aumenta de 0,2 kJ, e a força de 1334 N é exercida sobre o eixo, como ilustrado na figura. O pistão e o cilindro são maus condutores térmicos e o atrito pode ser desprezado. A pressão atmosférica local é de 1 bar e $g = 9,81$ m/s². Determine (a) o trabalho realizado pelo eixo, (b) o trabalho realizado pelo deslocamento em virtude da atmosfera, (c) a transferência de calor para o gás, todos em kJ. (d) Usando os dados fornecidos e calculados, desenvolva um *balanço* detalhado da transferência de energia por meio de calor para o gás.

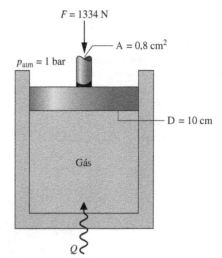

Fig. P2.73

Analisando Ciclos Termodinâmicos

2.74 A seguinte tabela fornece dados, em kJ, para um sistema que percorre um ciclo de potência composto por quatro processos em série. Determine (a) os dados que faltam na tabela, todos em kJ, e (b) a eficiência térmica.

Processo	ΔE	Q	W
1-2	−1200	0	
2-3		800	
3-4		−200	−200
4-1	400		600

2.75 A seguinte tabela fornece dados, em Btu, para um sistema que percorre um ciclo termodinâmico composto por quatro processos em série. Determine (a) os dados que faltam na tabela, todos em Btu, e (b) a eficiência térmica.

Processo	ΔU	ΔEC	ΔEP	ΔE	Q	W
1-2	950	50	0		1000	
2-3		0	50	−450		450
3-4	−650	0		−600		0
4-1	200	−100	−50		0	

2.76 A Fig. P2.76 mostra um ciclo de potência efetuado por um gás em um conjunto cilindro-pistão. Para o processo 1-2, $U_2 - U_1 = 15$ kJ. Para o processo 3-1, $Q_{31} = 10$ kJ. Não há variações na energia cinética ou potencial. Determine (a) o trabalho para cada processo, em kJ, (b) a transferência de calor para os processos 1-2 e 2-3, ambos em kJ, e (c) a eficiência térmica.

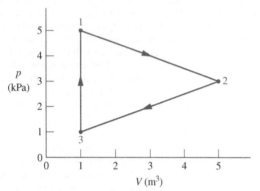

Fig. P2.76

2.77 Um gás em um conjunto cilindro-pistão percorre um ciclo termodinâmico composto por três processos em série, iniciando no estado 1, em que $p_1 = 1$ bar, $V_1 = 1,5$ m³, como a seguir:

Processo 1-2: Compressão com $pV =$ constante, $W_{12} = -104$ kJ, $U_1 = 512$ kJ, $U_2 = 690$ kJ.

Processo 2-3: $W_{23} = 0$, $Q_{23} = -150$ kJ.

Processo 3-1: $W_{31} = +50$ kJ.

Não há variações na energia cinética ou potencial.

(a) Determine Q_{12}, Q_{31}, e U_3, todos em kJ. (b) Esse ciclo pode ser de potência? Explique.

2.78 Um gás em um conjunto cilindro-pistão percorre um ciclo termodinâmico composto por três processos:

Processo 1-2: Compressão com $pV =$ constante, de $p_1 = 1$ bar, $V_1 = 2$ m³ até $V_2 = 0,2$ m³, $U_2 - U_1 = 100$ kJ.

Processo 2-3: Volume constante até $p_3 = p_1$.

Processo 3-1: Pressão constante e processo adiabático.

Não há variações significativas na energia cinética ou potencial. Determine o trabalho resultante do ciclo, em kJ, e a transferência de calor para o processo 2-3, em kJ. Esse é um ciclo de potência ou de refrigeração? Explique.

2.79 Um gás em um conjunto cilindro-pistão percorre um ciclo termodinâmico composto por três processos:

Processo 1-2: Pressão constante, $V = 0,028$ m³, $p = 1,4$ bar.

Processo 2-3: Compressão com $pV =$ constante, $U_3 = U_2$.

Processo 3-1: Volume constante, , $U_1 - U_3 = -26,4$ kJ.

Não há variações significativas na energia cinética ou potencial.
(a) Esboce o ciclo em um diagrama p-V.
(b) Calcule o trabalho líquido para o ciclo, em kJ.
(c) Calcule a transferência de calor para o processo 1-2, em kJ.

2.80 Um gás em um conjunto cilindro-pistão percorre um ciclo termodinâmico composto por três processos em série, como mostra a Fig. P2.80:

Processo 1-2: Compressão com $U_2 = U_1$.

Processo 2-3: Resfriamento a volume constante até $p_3 = 140$ kPa, $V_3 = 0,028$ m³.

Processo 3-1: Expansão a pressão constante, com $W_{31} = 10,5$ kJ.

Para o ciclo, $W_{ciclo} = -8,3$ kJ. Não há variações na energia cinética ou potencial. Determine (a) o volume no estado 1, em m³, (b) o trabalho e a transferência de calor para o processo 1-2, ambos em kJ. (c) Este pode ser um ciclo de potência? Pode ser um ciclo de refrigeração? Explique.

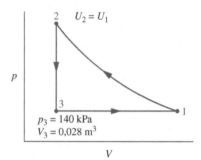

Fig. P2.80

2.81 O trabalho líquido de um ciclo de potência operando como na Fig. 2.17a é 10.000 kJ e a eficiência térmica é 0,4. Determine as transferências de calor (Q_{entra} e Q_{sai}) em kJ.

2.82 Para um ciclo de potência operando como na Fig. 2.17a, a tranferência de energia por meio de calor para o ciclo, Q_{entra}, é 500 MJ. Qual é o trabalho realizado (em MJ) se a eficiência térmica é 30%. Determine Q_{sai} em MJ.

2.83 Para um ciclo de potência operando como na Fig. 2.17a, $Q_{entra} = 17 \times 10^6$ Btu e $Q_{sai} = 12 \times 10^6$ Btu. Determine o trabalho realizado (em Btu) e η.

2.84 Um sistema que percorre um ciclo de potência requer uma entrada de energia por transferência de calor de 10^4 Btu (10,5 MJ) para cada kW · h de trabalho líquido desenvolvido. Determine a eficiência térmica.

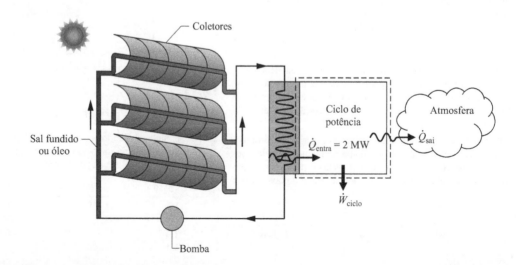

Fig. P2.85

2.85 Um sistema de células solares, como mostrado na Fig. P2.85, fornece energia por transferência de calor para um ciclo de potência a uma taxa de 2 MW. A eficiência térmica do ciclo é 36%. Determine a potência do ciclo, em MW. Qual é o trabalho (W_{sai}), em MW·h, durante 4380 h de operação em regime permanente? Se o custo é estimado em $ 0,08/kW·h, qual é o valor total envolvido na operação?

2.86 A Fig. P2.86 mostra dois ciclos de potência, A e B, operando em série, com a transferência de energia por calor *para* o ciclo B igual em magnitude à transferência de energia por calor proveniente *do* ciclo A. Todas as transferências de energia são positivas no sentido indicado pelas setas. Determine uma expressão para a eficiência térmica do *ciclo global* constituído pelos ciclos A e B juntos, em termos das respectivas eficiências térmicas individuais.

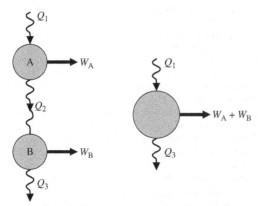

Fig. P2.86   (*a*) A e B em série   (*b*) Ciclo global

2.87 A Fig. P2.87 mostra uma central de *cogeração* de energia operando em um ciclo termodinâmico em regime permanente. A central fornece eletricidade para uma comunidade a uma taxa de 80 MW. A energia rejeitada pela central por transferência de calor está indicada na figura por $\dot{Q}_{sai}$. Desta, 70 MW é fornecida à comunidade para o aquecimento da água e o resto é rejeitado para o ambiente sem ser usado. A eletricidade vale $0,08 por kW·h. Se a eficiência térmica do ciclo for de 40%, determine (a) a taxa de energia adicionada por transferência de calor, $\dot{Q}_{entra}$ em MW, (b) a taxa de energia rejeitada para o ambiente, $\dot{Q}_{sai}$, em MW, e (c) o valor da eletricidade gerada, em $ por ano.

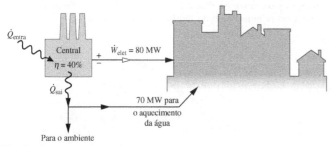

Fig. P2.87

2.88 Um ciclo de refrigeração operando como mostra a Fig. 2.17(*b*) apresenta Q_{sai} = 1000 Btu (1055,1 kJ) e W_{ciclo} = 300 Btu (316,5 kJ). Determine o coeficiente de desempenho para o ciclo.

2.89 Um ciclo de refrigeração que opera como mostra a Fig. 2.17(*b*) apresenta um coeficiente de desempenho β = 1,8. Para o ciclo, Q_{sai} = 250 kJ. Determine Q_{entra} e W_{ciclo}, ambos em kJ.

2.90 O refrigerador mostrado na Fig. P2.90 opera em regime permanente com uma potência de entrada de 0,15 kW, enquanto rejeita energia por transferência de calor para o ambiente a uma taxa de 0,6 kW. Determine a taxa na qual a energia é removida por meio de transferência de calor do espaço refrigerado, em kW, e o coeficiente de desempenho do refrigerador.

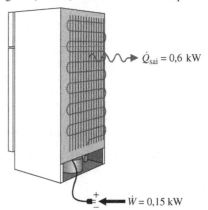

Fig. P2.90

2.91 Para um refrigerador com degelo automático e um freezer na parte superior, o custo anual de eletricidade é de $55. (a) Calculando a eletricidade a $0,08 por kW·h, determine o consumo anual de eletricidade do refrigerador, em kW·h. (b) Considerando que o coeficiente de desempenho do refrigerador é 3, determine a quantidade de energia removida anualmente de seu espaço refrigerado, em MJ.

2.92 Um aparelho de ar-condicionado remove de um cômodo a energia sob a forma de calor, rejeitando-a para o ambiente externo. Para um sistema operando em regime permanente, o ciclo de operação do equipamento requer 0,434 kW e tem um coeficiente de desempenho de 6,22. Determine a taxa de remoção de energia em kW. Considerando o valor da energia elétrica $0,1 por kW·h, determine o custo de utilização do equipamento durante 24 h.

2.93 Uma unidade de ar-condicionado com um coeficiente de desempenho 2,93 fornece 5000 Btu/h de resfriamento operando durante 8 h por 125 dias. Se o valor da energia elétrica é $0,1/kW·h, determine o custo de utilização do equipamento durante o período estipulado.

2.94 Uma bomba de calor operando em regime permanente recebe energia por transferência de calor da água de um poço a 10°C e rejeita energia por transferência de calor para uma residência a uma taxa de 1,2 × 10^5 kJ/h. Em um período de 14 dias um medidor de energia elétrica registra que a bomba de calor recebe 1490 kW·h de eletricidade. Essas são as únicas formas de transferência de energia envolvidas. Determine (a) a quantidade de energia que a bomba de calor recebe da água do poço em um período de 14 dias por transferência de calor, em kJ, e (b) o coeficiente de desempenho da bomba de calor.

2.95 Uma bomba de calor mantém uma residência a 68°F (20,0°C). Quando operando em regime permanente, a potência de entrada da bomba de calor é de 5 hp (3,7 kW), e a bomba de calor recebe energia por transferência de calor da água de um poço a 55°F (12,8°C) a uma taxa de 500 Btu/min (8792,2 W).
(a) Determine o coeficiente de desempenho.
(b) Calculando a eletricidade a $0,10 por kW·h, determine o custo da eletricidade em um mês em que a bomba opera por 300 horas.

2.96 Uma bomba de calor fornece energia por transferência de calor para uma residência a uma taxa de 40.000 Btu/h (11,7 kW). O coeficiente de desempenho do ciclo é 2,8.
(a) Determine a potência fornecida ao ciclo, em hp.
(b) Calculando a eletricidade a $0,085 por kW·h, determine o custo de eletricidade durante o inverno, quando a bomba de calor opera por 2000 horas.

▶ PROJETOS E PROBLEMAS EM ABERTO: EXPLORANDO A PRÁTICA DE ENGENHARIA

2.1P Visite uma loja local de eletrodomésticos e colete dados sobre as necessidades energéticas de diferentes modelos das várias classes de aparelhos, incluindo refrigeradores com e sem máquinas de gelo, lava-louças e lavadoras e secadoras de roupas, mas não se limite a apenas estes aparelhos. Prepare um relatório listando os diferentes modelos de cada classe com base no consumo de energia, juntamente com uma discussão correspondente considerando o custo a varejo e outras questões pertinentes.

2.2P Selecione um artigo que possa ser produzido usando materiais reciclados como uma lata de alumínio, uma garrafa de vidro, ou uma sacola plástica ou de papel de supermercado. Pesquise os materiais, o consumo energético, os métodos de fabricação, os impactos ambientais e os custos associados com a produção do artigo a partir das matérias-primas e a partir dos materiais reciclados. Escreva um relatório com pelo menos três referências.

2.3P Projete um sistema de proteção contra o vento que possa ser levado e usado em qualquer lugar, para atividades ao ar livre e atividades diárias casuais, incluindo tomar banho de sol, ler, cozinhar e fazer piquenique. O sistema deve ser leve, portátil, fácil de manusear e de baixo custo. Uma restrição importante é que o sistema deve poder ser instalado em qualquer lugar, incluindo superfícies duras, tais como estacionamentos abertos, deques de madeira, pátios de tijolo e concreto, e a praia. Uma análise de custos deve acompanhar o projeto.

2.4P Nos organismos a energia é armazenada na molécula de *adenosina trifosfato*, abreviada como ATP. Diz-se que a ATP *atua como uma bateria*, armazenando energia quando não solicitada e liberando instantaneamente energia quando necessário. Investigue como a energia é armazenada e o papel da ATP nos processos biológicos. Escreva um relatório incluindo no mínimo três referências.

2.5P O alcance global da internet deu suporte a um rápido aumento de consumidores e empresas de comércio eletrônico. Alguns dizem que comércio eletrônico resultará em reduções líquidas tanto com relação ao consumo de energia quanto com relação à alteração climática global. Usando a Internet, entrevistas com especialistas e grupos de discussão, identifique diversas formas importantes de comércio eletrônico que podem levar a tais reduções. Relate seus resultados em um memorando com pelo menos três referências.

2.6P Faça uma lista das opções de refrigeração residencial mais comuns em sua localidade. Para essas opções e considerando uma casa de 2300 ft^2 (213,7 m^2), compare os custos de instalação, as emissões de carbono e as taxas anuais de eletricidade. Qual das opções é a mais econômica para uma vida útil de 12 anos? E se a eletricidade custar duas vezes o seu custo atual? Prepare um pôster para apresentar seus resultados.

2.7P A partir de dados da agência regulatória de energia elétrica do seu estado, determine a divisão das fontes de energia para geração de energia elétrica. Qual fração das necessidades de seu estado é suprida por recursos renováveis, como energia eólica, geotérmica, hidrelétrica e solar? Apresente suas descobertas em um relatório que resuma as informações sobre as fontes atuais de energia em seu estado e faça projeções de como suprir a demanda nos próximos 10 anos.

2.8P Apesar da promessa da nanotecnologia (veja *Novos Horizontes* nas Seções 1.6 e 2.2), alguns dizem que estão envolvidos riscos que requerem uma análise minuciosa. Por exemplo, o tamanho pequeno das nanopartículas poderá permitir-lhes evadir das defesas naturais do corpo humano, e a fabricação em nanoescala poderá levar a danos ambientais e ao uso excessivo dos recursos energéticos. Pesquise os riscos que acompanham a produção e a implantação da nanotecnologia difundida. Para cada risco identificado, desenvolva políticas de recomendações para proteger os consumidores e o meio ambiente. Escreva um relatório com pelo menos três referências.

2.9P O descarte de baterias apresenta sérios riscos ao ambiente (veja o boxe *Energia e Ambiente*). Pesquise a legislação específica que regula a coleta e o destino dessas baterias. Prepare uma apresentação que sumarize a regulamentação e os programas e serviços existentes para atender a diferentes áreas. Determine os dados baseando-se na eficácia desses esforços para alcançar os devidos benefícios ambientais.

2.10P Um anúncio descreve um aquecedor portátil que afirma reduzir mais de 50% dos custos relativos ao aquecimento em uma casa. Diz-se que o aparelho pode aquecer grandes quartos em minutos, sem que a superfície externa fique com uma temperatura alta, reduzindo a umidade e os níveis de oxigênio ou produzindo monóxido de carbono. Um posicionamento típico está ilustrado na Fig. P2.10P. O aquecedor é um recinto contendo lâmpadas elétricas de infravermelho de quartzo que brilham sobre tubos de cobre. O ar sugado para o recinto por um ventilador escoa sobre os tubos e então é direcionado de volta à sala de estar. De acordo com o anúncio, um aquecedor capaz de aquecer um quarto de até 300 ft^2 (27,9 m^2) de área útil custa cerca de \$400, enquanto um para um quarto com até 1000 ft^2 (92,9 m^2) de área útil custa cerca de \$500. Analise criticamente os méritos técnico e econômico de tais aquecedores. Escreva um relatório incluindo no mínimo três referências.

2.11P Um inventor propôs *tomar emprestada* água do sistema adutor municipal e armazená-la *temporariamente* em um tanque nas instalações de uma residência equipada com uma bomba de calor. Conforme ilustrado na Fig. P2.11P, a água armazenada atua como o corpo frio para a bomba de calor, e a própria residência atua como o corpo quente. Para manter a temperatura do corpo frio dentro de uma gama adequada de funcionamento, a água é retirada periodicamente do sistema e uma quantidade igual de água, a baixa energia, retorna ao sistema. Como a invenção não requer água *líquida* do sistema, o inventor afirma que nada é pago pelo uso da água. O inventor também afirma que esse tipo de abordagem não apenas fornece um coeficiente de desempenho superior àquele das bombas de calor com *fontes de ar* como também evita custos associados às bombas de calor *de solo*. Assim, o inventor conclui que há uma economia significativa com relação aos custos. Analise criticamente a afirmação do inventor. Escreva um relatório com no mínimo três referências.

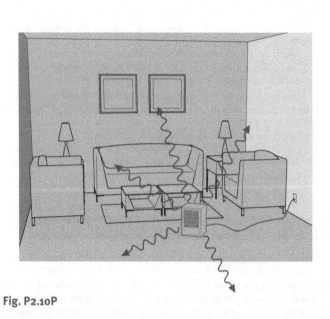

Fig. P2.10P

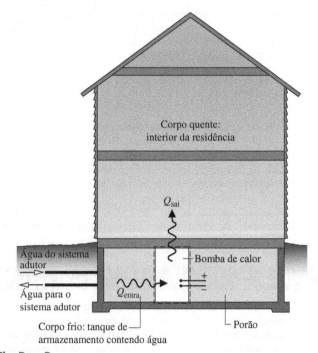

Fig. P2.11P

As fases da matéria – sólida, líquida e vapor — são consideradas na Seção 3.2. © next999/iStockphoto

CONTEXTO DE ENGENHARIA A aplicação do balanço de energia a um sistema de interesse requer o conhecimento das propriedades desse sistema e de como essas propriedades estão relacionadas. Este capítulo tem como **objetivos** apresentar relações de propriedades relevantes à termodinâmica voltada para a engenharia e fornecer diversos exemplos ilustrando o uso do balanço de energia para o sistema fechado, junto com as relações das propriedades consideradas no presente capítulo.

Avaliando Propriedades

▶ RESULTADOS DE APRENDIZAGEM

Quando você completar o estudo deste capítulo estará apto a...

- demonstrar conhecimento dos conceitos fundamentais... incluindo fase e substância pura, princípios dos estados equivalentes para sistemas simples compressíveis, superfície p-v-T, temperatura de saturação e pressão de saturação, mistura bifásica líquido-vapor, título, entalpia e calores específicos.
- aplicar, com dados de propriedades, o balanço de energia para um sistema fechado.
- esboçar os diagramas T-v, p-v e o diagrama de fases, e localizar os estados principais nesses diagramas.
- obter dados de propriedades a partir das Tabelas A-1 a A-23.
- aplicar o modelo de gás ideal para análise termodinâmica, incluindo a determinação de quando a utilização deste modelo é apropriada.

3.1 Conceitos Introdutórios

Nesta seção serão apresentados conceitos que apoiam nosso estudo de relações de propriedades, incluindo fase, substância pura e o princípio dos estados equivalentes para sistemas simples.

3.1.1 Fase e Substância Pura

fase

O termo fase refere-se a uma quantidade de matéria que é homogênea como um todo, tanto em composição química como em estrutura física. Homogeneidade em estrutura física significa que a matéria é toda *sólida*, toda *líquida* ou toda *vapor* (ou, de forma equivalente, toda *gás*). Um sistema pode conter uma ou mais fases.

Fase_Substância_Pura
A.12 – Abas a & b

► POR EXEMPLO um sistema de água líquida e vapor d'água (vapor) contém *duas* fases. Um sistema de água líquida e gelo, incluindo o caso de neve derretida, também contém *duas* fases. Gases como o oxigênio e o nitrogênio podem estar misturados em qualquer proporção para formar uma *única* fase gasosa. Certos líquidos, como álcool e água, podem ser misturados formando uma *única* fase líquida. Mas líquidos como óleo e água, que não são miscíveis, formam *duas* fases líquidas. ◄ ◄ ◄ ◄ ◄

substância pura

Duas fases coexistem durante processos de *mudanças de fase*, como *vaporização*, *fusão* e *sublimação*.

Uma substância pura é aquela cuja composição química é uniforme e invariável. Uma substância pura pode existir em mais de uma fase, mas sua composição química deve ser a mesma em cada fase.

► POR EXEMPLO se água líquida e vapor d'água formam um sistema com duas fases, esse sistema pode ser visto como uma substância pura porque cada fase tem a mesma composição. Uma mistura uniforme de gases pode ser vista como uma substância pura desde que ela se mantenha como um gás e não reaja quimicamente. O ar pode ser considerado como uma substância pura, desde que permaneça como uma mistura de gases; mas se uma fase líquida fosse formada por resfriamento o líquido teria uma composição diferente da fase gasosa, e o sistema não poderia mais ser considerado uma substância pura. ◄ ◄ ◄ ◄ ◄

As mudanças de composição devidas a reações químicas serão consideradas no Cap. 13.

3.1.2 Definindo o Estado

TOME NOTA...
A temperatura T, a pressão p, o volume específico v, a energia interna específica u, e a entalpia específica h são propriedades intensivas. Veja as Seções 1.3.3, 1.5 a 1.7 e 3.6.1.

O estado *intensivo* de um sistema fechado *em equilíbrio* é sua condição descrita por valores de suas propriedades termodinâmicas intensivas. A partir da observação de muitos sistemas termodinâmicos sabe-se que nem todas as propriedades são independentes entre si, e que o estado pode ser unicamente determinado pelo estabelecimento dos valores de um subconjunto das propriedades intensivas *independentes*. Os valores de todas as outras propriedades termodinâmicas intensivas são determinados a partir desse subconjunto de propriedades independentes especificado. Uma regra geral conhecida como princípio dos estados equivalentes foi desenvolvida como um guia na determinação do número de propriedades independentes necessárias para se determinar o estado de um sistema.

princípio dos estados equivalentes

Para as aplicações consideradas neste livro estamos interessados no que o princípio dos estados equivalentes afirma sobre o estado intensivo de sistemas de substâncias puras comumente encontradas, como a água e misturas de gases não reativos. Esses sistemas são denominados sistemas compressíveis simples. A experiência mostra que os sistemas compressíveis simples ocorrem em uma vasta gama de aplicações da engenharia. Para esses sistemas, o princípio dos estados equivalentes indica que a especificação dos valores de *duas* propriedades termodinâmicas intensivas *independentes quaisquer* fixará os valores de todas as outras propriedades termodinâmicas intensivas.

sistemas compressíveis simples

► POR EXEMPLO no caso de um gás, a temperatura e outra propriedade intensiva, como o volume específico, podem ser selecionadas como as duas propriedades independentes. O princípio dos estados equivalentes então estabelece que pressão, energia interna específica e todas as demais propriedades *intensivas* pertinentes são funções de T e v: $p = p(T, v)$, $u = u(T, v)$, e assim por diante. As relações funcionais seriam determinadas utilizando os dados experimentais e dependeriam explicitamente da identidade química particular das substâncias que compõem o sistema. O desenvolvimento dessas funções é discutido no Cap. 11. ◄ ◄ ◄ ◄ ◄

TOME NOTA...
Para um sistema compressível simples, a especificação dos valores de duas propriedades termodinâmicas intensivas independentes quaisquer fixará os valores de todas as outras propriedades termodinâmicas intensivas.

Propriedades intensivas, como velocidade e elevação, que têm valores determinados em relação a referenciais *externos* ao sistema, são excluídas das presentes considerações. Além disso, como o próprio nome sugere, alterações de volume podem ter uma influência significativa na energia de *sistemas simples compressíveis*. O único modo de transferência de energia através de trabalho que pode ocorrer à medida que um sistema simples compressível é submetido a processos *quase estáticos* (Seção 2.2.5) está associado a mudanças de volume, e é dado por $\int p \, dV$. Para mais informações sobre sistemas simples e o princípio dos estados equivalentes, veja o boxe.

Princípio dos Estados Equivalentes para Sistemas Simples

Com base em evidências empíricas pode-se concluir que existe uma propriedade independente para cada forma pela qual a energia de um sistema pode ser variada independentemente. Vimos no Cap. 2 que a energia de um sistema fechado pode ser alterada independentemente por calor ou por trabalho. Em consequência, uma propriedade independente pode ser associada à quantidade de calor transferida como forma de variação da energia de um sistema, assim como outras propriedades independentes podem ser consideradas para cada forma relevante de alteração da energia do sistema resultante do trabalho. Portanto, com base em evidência experimental, o *princípio dos estados equivalentes* determina que o número de propriedades independentes é igual a um mais o número de interações *relevantes* do sistema devido a trabalho. Na determinação do número de interações relevantes resultantes do trabalho é suficiente considerar somente aquelas que seriam significantes em processos *quase estáticos* do sistema.

O termo *sistema simples* é aplicado quando existe somente *uma* forma pela qual a energia do sistema pode ser alterada de modo significativo por trabalho à medida que o sistema é submetido a um processo quase estático. Portanto, considerando uma propriedade independente para a transferência de calor e outra para a única interação via trabalho, chega-se a um total de duas propriedades necessárias para a determinação do estado de um sistema simples. *Esse é o princípio dos estados equivalentes para sistemas simples.* Embora nenhum sistema seja sempre realmente simples, muitos sistemas podem ser modelados como sistemas simples para fins de análise termodinâmica. O mais importante desses modelos para as aplicações consideradas neste livro é o *sistema simples compressível*. Outros tipos de sistemas simples são os sistemas *elásticos* simples e os sistemas *magnéticos* simples.

Avaliando Propriedades: Considerações Gerais

A primeira parte deste capítulo está, de maneira geral, relacionada com propriedades termodinâmicas de sistemas simples compressíveis compostos de substâncias *puras*. Uma substância pura é aquela de composição química uniforme e invariável. Na segunda parte do presente capítulo consideramos a avaliação da propriedade de um caso especial: o *modelo de gás ideal*. Relações de propriedades para sistemas nos quais a composição se altera devido à reação química são apresentadas no Cap. 13.

3.2 Relação p–v–T

Iniciamos nosso estudo das propriedades de substâncias puras simples compressíveis e das relações entre essas propriedades com a pressão, o volume específico e a temperatura. A partir de conhecimento experimental sabe-se que a temperatura e o volume específico podem ser considerados independentes e a pressão determinada como função desses dois: $p = p(T, v)$. O gráfico dessa função é uma *superfície*; a superfície p–v–T.

superfície p–v–T

3.2.1 Superfície p–v–T

A Fig. 3.1 ilustra a superfície p–v–T de uma substância como a água, que se expande durante a solidificação. A Fig. 3.2 corresponde a uma substância que se contrai durante a solidificação, sendo que a maioria das substâncias exibe esse comportamento. As coordenadas de um ponto na superfície p–v–T representam os valores que a pressão, o volume específico e a temperatura assumem quando a substância se encontra em equilíbrio.

As Figs. 3.1 e 3.2 apresentam regiões nas superfícies p–v–T denominadas *sólida*, *líquida* e *vapor*. No interior dessas regiões *monofásicas*, o estado é determinado por *quaisquer* duas das seguintes propriedades: pressão, volume específico e temperatura, uma vez que todas são independentes quando há uma única fase presente. Localizadas entre as regiões monofásicas estão as seguintes regiões bifásicas, onde duas fases coexistem em equilíbrio: líquido-vapor, sólido-líquido e sólido-vapor. Duas fases podem coexistir durante processos de mudanças de fase, como vaporização, fusão e sublimação. No interior dessas regiões bifásicas, pressão e temperatura não são independentes; ou seja, uma não pode ser modificada sem a alteração da outra. No interior dessas regiões, o estado não pode ser determinado somente por temperatura e pressão. Entretanto, o estado pode ser estabelecido pelo volume específico e uma outra propriedade: a pressão ou a temperatura. Três fases podem coexistir em equilíbrio ao longo da linha denominada linha tripla.

regiões bifásicas

linha tripla estado de saturação domo de vapor

O estado no qual uma mudança de fase começa ou termina é denominado estado de saturação. A região em formato de sino composta pelos estados bifásicos líquido-vapor é chamada de domo de vapor. As linhas que definem o contorno do domo de vapor são denominadas linhas de líquido saturado e de vapor saturado. O topo do domo, onde as linhas de líquido e de vapor saturados se encontram, é denominado ponto crítico. A *temperatura crítica* T_c de uma substância pura corresponde à temperatura máxima na qual as fases líquida e de vapor podem coexistir em equilíbrio. A pressão no ponto crítico é denominada *pressão crítica*, p_c. O volume específico nesse estado é denominado *volume específico crítico*. Valores das propriedades no ponto crítico para diversas substâncias são apresentados nas Tabelas A-1 localizadas no Apêndice.

ponto crítico

A superfície tridimensional p–v–T é útil para se obter as relações gerais entre as três fases da matéria que são geralmente consideradas. Entretanto, em geral é mais conveniente trabalhar com projeções bidimensionais dessa superfície. Essas projeções são consideradas a seguir.

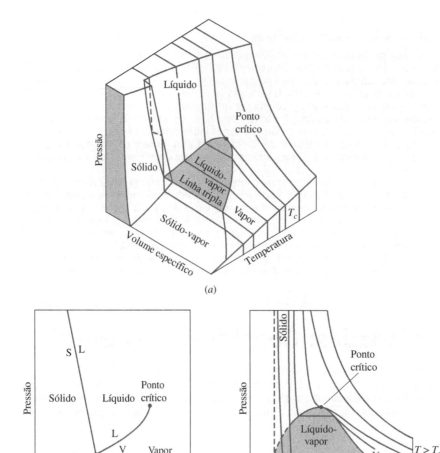

Fig. 3.1 Superfície p–v–T e projeções para uma substância que se expande durante a solidificação. (a) Vista tridimensional. (b) Diagrama de fases. (c) Diagrama p–v.

3.2.2 Projeções da Superfície p–v–T

O Diagrama de Fases

diagrama de fases

Se a superfície p–v–T é projetada sobre o plano pressão-temperatura, um diagrama de propriedades conhecido como diagrama de fases é obtido. Como ilustrado nas Figs. 3.1b e 3.2b, quando a superfície é projetada desse modo as *regiões* bifásicas se reduzem a *linhas*. Um ponto em qualquer dessas linhas representa todas as misturas bifásicas na temperatura e na pressão especificadas.

temperatura de saturação

pressão de saturação

O termo temperatura de saturação indica a temperatura na qual uma mudança de fase ocorre para uma dada pressão, que é denominada pressão de saturação para a dada temperatura. Os diagramas de fase mostram que para cada pressão de saturação há uma única temperatura de saturação, e vice-versa.

ponto triplo

A linha *tripla* da superfície p–v–T tridimensional é projetada em um único *ponto* no diagrama de fases. Esse ponto é denominado ponto triplo. Vale recordar que o ponto triplo da água é usado como referência na definição de escalas de temperatura (Seção 1.7.3). Por convenção, a temperatura *associada* ao ponto triplo da água é de 273,16 K (491,69°R). A pressão *medida* no ponto triplo da água é de 0,6113 kPa (0,00602 atm).

A linha que representa a região bifásica sólido-líquido no diagrama de fases se inclina para a esquerda para substâncias que se expandem durante a solidificação e para a direita para aquelas que se contraem. Embora uma única fase só-

---

Fases Sólidas

Adicionalmente às fases *sólida*, *líquida* e *vapor*, algumas substâncias possuem distintas fases sólidas ou líquidas. Um desses exemplos vem da metalurgia, na qual diferentes estruturas *cristalinas* são determinadas para metais, dependendo de como eles foram obtidos e tratados. *Alótropos* são estruturas cristalinas diferentes baseadas no mesmo átomo, sendo o exemplo mais conhecido o carbono, com suas estruturas diamante e grafite. O ferro e suas ligas podem existir em diferentes estruturas cristalinas, que são manufaturadas para alcançar propriedades como força, maleabilidade e módulo elástico características para determinada aplicação. Mesmo a água na forma de gelo, uma substância molecular simples, apresenta 17 diferentes estruturas cristalinas. Embora a termodinâmica de sólidos não seja o foco deste livro, ela constitui atualmente uma das áreas de estudo e pesquisa mais importantes em Engenharia.

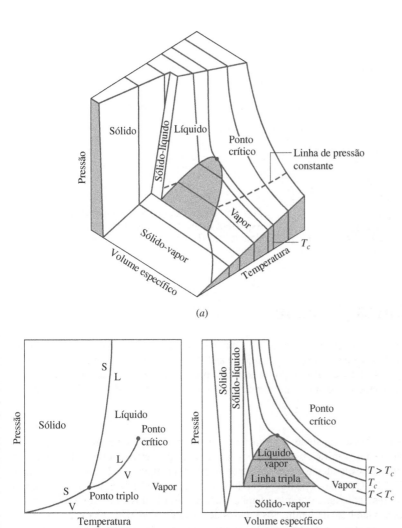

Fig. 3.2 Superfície p–v–T e projeções para uma substância que se contrai durante a solidificação. (a) Vista tridimensional. (b) Diagrama de fases. (c) Diagrama p–v.

lida seja mostrada nos diagramas de fase das Figs. 3.1 e 3.2, sólidos podem existir em diferentes fases sólidas. Por exemplo, sete diferentes formas cristalinas foram identificadas para a água na fase sólida (gelo).

Diagrama p–v

Projetar a superfície p–v–T sobre o plano pressão-volume específico resulta no diagrama p–v, como ilustrado nas Figs. 3.1c e 3.2c. Essas figuras apresentam termos já discutidos anteriormente.

Durante a resolução de problemas, um esboço do diagrama p–v é, em geral, conveniente. Para facilitar o uso desse esboço observe o comportamento das linhas de temperatura constante (isotermas). Observando-se as Figs. 3.1c e 3.2c, pode-se ver que, para qualquer temperatura especificada *inferior* à temperatura crítica, a pressão se mantém constante ao longo de uma transformação líquido-vapor. Entretanto, para as regiões monofásicas de líquido e de vapor, a pressão diminui, para uma dada temperatura, à medida que o volume específico aumenta. Para temperaturas superiores ou iguais à temperatura crítica, a pressão se reduz continuamente, para uma dada temperatura, à medida que o volume específico aumenta. Não há passagem pela região bifásica líquido-vapor. A isoterma crítica passa por um ponto de inflexão com inclinação nula no ponto crítico.

Diagrama T–v

Projetando as regiões de líquido, bifásica líquido-vapor e de vapor da superfície p–v–T sobre o plano temperatura-volume específico obtém-se um diagrama T–v como ilustrado na Fig. 3.3. Uma vez que características semelhantes são apresentadas para o comportamento p–v–T de todas as substâncias puras, o diagrama T–v para a água mostrado na Fig. 3.3 pode ser considerado representativo.

Como para o diagrama p–v, um esboço do diagrama T–v é frequentemente conveniente para a resolução de problemas. Para facilitar o uso desse esboço observe a forma das linhas de pressão constante (isobáricas). Para pressões *inferiores* à pressão crítica, como a isobárica de 10 MPa da Fig. 3.3, a pressão se mantém constante em relação à temperatura à medida que a região bifásica é percorrida. No interior das regiões monofásicas de líquido e de vapor a temperatura aumenta, para uma dada pressão, à medida que o volume específico aumenta. Para pressões superiores ou iguais à pressão crítica, como a de 30 MPa na Fig. 3.3, a temperatura aumenta continuamente com o volume específico para uma dada pressão. Não há passagem pela região bifásica líquido-vapor.

As projeções da superfície p–v–T utilizadas neste livro para ilustrar os processos em geral não são desenhadas em escala. O mesmo comentário se aplica a outros diagramas de propriedades que serão apresentados depois.

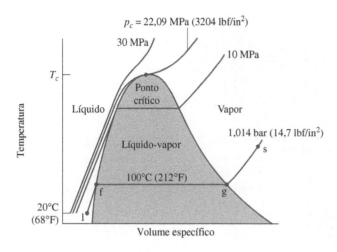

Fig. 3.3 Esboço de um diagrama temperatura-volume específico para a água mostrando as regiões de líquido, bifásica líquido-vapor e de vapor (fora de escala).

3.3 Estudando Mudança de Fase

O estudo dos eventos que ocorrem quando uma substância pura passa por uma mudança de fase é instrutivo. Para começar, considere um sistema fechado de massa unitária (1 kg ou 1 lb) de água líquida a 20°C (68°F) contida no interior de um conjunto cilindro-pistão, como ilustrado na Fig. 3.4a. Esse estado é representado pelo ponto 1 na Fig. 3.3. Suponha que a água é aquecida lentamente enquanto sua pressão é mantida constante e uniforme no interior do sistema a 1,014 bar (14,7 lbf/in²).

Estados de Líquido

À medida que o sistema é aquecido a uma pressão constante a temperatura aumenta consideravelmente, enquanto o volume específico apresenta uma elevação menos significativa. Por fim, o sistema atinge o estado representado por f na Fig. 3.3. Esse é o estado de líquido saturado correspondente à pressão especificada. Para água a 1,014 bar (14,7 lbf/in²), a temperatura de saturação é de 100°C (212°F). Os estados de líquido ao longo do segmento l-f da Fig. 3.3 são, algumas vezes, denominados estados de *líquido sub-resfriado*, uma vez que a temperatura nesses estados é inferior à temperatura de saturação na pressão especificada. Eles são também denominados estados de *líquido comprimido*, uma vez que a pressão em cada estado é superior à pressão de saturação correspondente à temperatura no estado. As denominações *líquido*, *líquido sub-resfriado* e *líquido comprimido* são utilizadas de modo equivalente.

líquido sub-resfriado

líquido comprimido

Mistura Bifásica Líquido-Vapor

Quando o sistema se encontra no estado de líquido saturado (estado f da Fig. 3.3) uma transferência de calor adicional à pressão constante resulta na formação de vapor sem nenhuma mudança de temperatura, mas com um considerável aumento de volume específico. Conforme ilustrado na Fig. 3.4b, o sistema seria composto de uma mistura bifásica líquido-vapor. Quando uma mistura de líquido e vapor existe em equilíbrio, a fase líquida é um líquido saturado e a fase vapor é um vapor saturado. Se o sistema continua a ser aquecido até que a última porção de líquido tenha sido vaporizada, ele é levado ao ponto g da Fig. 3.3, o estado de vapor saturado. As misturas bifásicas líquido-vapor intermediárias podem ser distinguidas entre si pelo *título*, uma propriedade intensiva.

mistura bifásica líquido-vapor

título

Para uma mistura bifásica líquido-vapor, a razão entre a massa de vapor presente e a massa total da mistura é seu título, x. Em forma matemática, temos

$$x = \frac{m_{vapor}}{m_{líquido} + m_{vapor}} \quad (3.1)$$

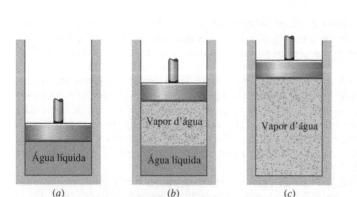

Fig. 3.4 Ilustração de uma transformação líquido-vapor para a água a pressão constante.

O valor do título varia de zero até a unidade: para estados de líquido saturado, $x = 0$, e para estados de vapor saturado, $x = 1,0$. Embora definido como uma razão, o título é geralmente expresso como porcentagem. Exemplos ilustrando a utilização do título são apresentados na Seção 3.5. Parâmetros semelhantes podem ser definidos para misturas bifásicas sólido-vapor e sólido-líquido.

Estados de Vapor

Voltemos a considerar as Figs. 3.3 e 3.4. Quando o sistema se encontra no estado de vapor saturado (estado g na Fig. 3.3), o aquecimento suplementar à pressão constante resulta nos aumentos de temperatura e de volume específico. A condição do sistema seria agora representada pela Fig. 3.4c. O estado indicado por s na Fig. 3.3 é representativo dos estados que seriam alcançados continuando o aquecimento, à medida que a pressão é mantida constante. Um estado como s é normalmente chamado de estado de vapor superaquecido, uma vez que o sistema estaria a uma temperatura superior à temperatura de saturação correspondente para a pressão dada.

Considere, a seguir, o mesmo raciocínio realizado para as outras pressões constantes indicadas na Fig. 3.3, 10 MPa (1450 lbf/in^2), 22,09 MPa (3204 lbf/in^2) e 30 MPa (4351 lbf/in^2). A primeira dessas pressões é inferior à pressão crítica da água, a segunda é a pressão crítica e a terceira é superior à pressão crítica. Como antes, considere o sistema contendo inicialmente líquido a 20°C (68°F). Primeiro, consideremos o sistema caso este fosse aquecido lentamente a 10 MPa (1450 lbf/in^2). A essa pressão seria formado vapor a uma temperatura superior à observada no exemplo anterior, uma vez que a pressão de saturação é superior (consulte a Fig. 3.3). Além disso, o aumento de volume específico do líquido saturado até vapor saturado seria um pouco menor, como mostrado pelo estreitamento da região de saturação. A despeito disso, o comportamento global seria o mesmo de antes.

A seguir, considere o comportamento de um sistema que seja aquecido à pressão crítica, ou superior a esta. Como se verificou ao se seguir a isobárica crítica da Fig. 3.3, não ocorreria a mudança de fase de líquido para vapor. Para todos os estados existiria somente uma fase. Conforme mostra a linha *a-b-c* do diagrama de fases da Fig. 3.5, a *vaporização* (e o processo inverso de *condensação*) pode ocorrer somente quando a pressão é inferior à pressão crítica. Então, para estados em que a pressão é maior que a pressão crítica os termos *líquido* e *vapor* tendem a perder seus significados. Ainda de modo a facilitar a referência a esses estados, usamos o termo *líquido* quando a temperatura é inferior à temperatura crítica, e *vapor* quando a temperatura é maior que a temperatura crítica. Essa convenção está indicada na Fig. 3.5.

Enquanto a condensação do vapor d'água para líquido e o resfriamento adicional a uma temperatura inferior à do líquido são facilmente imaginadas e até mesmo fazem parte de nosso cotidiano, gases liquefeitos diferentes do vapor d'água podem não ser tão familiares. Contudo, há aplicações importantes envolvendo os mesmos. Veja o boxe próximo para aplicações do nitrogênio nas formas líquida e gasosa.

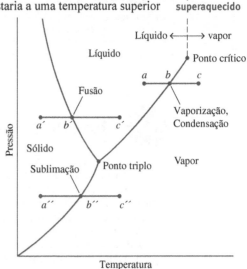

Fig. 3.5 Diagrama de fases para a água (fora de escala).

Líquido_para_Vapor
A.13 – Abas a & b

Vapor_para_Líquido
A.14 – Abas a & b

Nitrogênio, um Herói Anônimo

O nitrogênio é obtido usando a tecnologia comercial de separação do ar, que extrai oxigênio e nitrogênio do ar. Enquanto as aplicações para o oxigênio são amplamente reconhecidas, o uso do nitrogênio tende a ser menos alardeado, mas ainda assim abrange situações com as quais as pessoas lidam todos os dias.

O nitrogênio líquido é usado para o congelamento rápido de alimentos. Os túneis de congelamento empregam uma esteira transportadora de alimentos para submeter o alimento a um processo de pulverização de nitrogênio líquido, enquanto grupos de freezers possibilitam que os alimentos fiquem imersos em um banho de nitrogênio líquido. Cada tipo de freezer opera com temperaturas menores do que –185°C (–300°F). O nitrogênio líquido também é usado para preservar amostras empregadas em pesquisas médicas e por dermatologistas para remover lesões (veja BIOCONEXÕES no boxe a seguir).

Como um gás, o nitrogênio, com outros gases, é inserido nas embalagens de alimentos para substituir o oxigênio, prolongando assim o prazo de validade do produto – os exemplos incluem o gás inflado em sacos de batata, salada verde e queijo ralado. Para melhorar o desempenho de pneus, o nitrogênio é utilizado para inflar os pneus de carros de corrida e de aviões. O nitrogênio está entre as várias alternativas de substâncias injetadas em formações rochosas subterrâneas para estimular o fluxo de óleo preso e gás natural para a superfície – procedimento conhecido como fraturamento hidráulico. Indústrias químicas e refinarias utilizam o gás nitrogênio como agente de inertização para evitar explosões. Máquinas de corte a laser também usam o nitrogênio e outros gases especiais.

Fusão e Sublimação

Embora as mudanças de fase de líquido para vapor (vaporização) e de vapor para líquido (condensação) sejam as de principal interesse neste livro, é também importante considerar as mudanças de fase de sólido para líquido (fusão) e de sólido para vapor (sublimação). Para estudar essas transições, considere um sistema que consiste em uma massa unitária de gelo a uma temperatura inferior à do ponto triplo. Iniciemos com o caso em que o sistema se encontra no estado *a'* da Fig. 3.5, no qual a pressão é superior à pressão do ponto crítico. Admita que o sistema é aquecido lentamente enquanto sua pressão é mantida constante e uniforme no interior do sistema. A temperatura aumenta com o aquecimento até que o ponto *b'* da Fig. 3.5 seja alcançado. Nesse estado, o gelo é um sólido saturado. A transferência de calor adicional à pressão constante leva à formação de líquido sem nenhuma alteração de temperatura. Conforme o aquecimento do sistema prossegue, o gelo continua a se fundir até que, ao final, a última parcela se transforma, e o sistema passa a conter somente líquido saturado. Durante o processo de fusão a pressão e a temperatura se mantêm constantes. Para a maioria das substâncias o volume específico aumenta durante a fusão, mas, para a água, o volume específico do líquido é inferior ao volume específico do sólido. A continuidade do processo de aquecimento à pressão constante leva a um aumento de temperatura à medida que o sistema é levado ao ponto c' da Fig. 3.5. A seguir, considere o caso em que o sistema se encontra inicialmente no estado a'' da Fig. 3.5., no qual a pressão é inferior à pressão do ponto triplo. Nesse caso, se o sistema for aquecido a pressão constante ele passará pela região bifásica sólido-vapor, sendo levado para a região de vapor ao longo da linha $a''–b''–c''$ mostrada na Fig. 3.5. Isto é, ocorre a sublimação.

BIOCONEXÕES

Conforme discutido no boxe destinado ao nitrogênio nesta seção, o nitrogênio é utilizado em muitas aplicações, incluindo aplicações médicas. Uma delas corresponde à prática da *criocirurgia*, utilizada pelos dermatologistas, que consiste no congelamento localizado do tecido da pele para a remoção de lesões indesejáveis, inclusive lesões pré-cancerosas. Para esse tipo de cirurgia aplica-se nitrogênio líquido a partir de um *spray* ou uma sonda. A criocirurgia é rapidamente realizada, em geral sem o uso de anestesia. Os dermatologistas armazenam o nitrogênio líquido necessário para muitos meses em recipientes chamados frascos *Dewar*, similares às garrafas a vácuo.

3.4 Obtendo Propriedades Termodinâmicas

Dados de propriedades termodinâmicas podem ser obtidos de várias formas, incluindo tabelas, gráficos, equações e programas de computador. As Seções 3.5 e 3.6 dão ênfase à utilização de *tabelas* de propriedades termodinâmicas que estão normalmente disponíveis para as substâncias puras simples compressíveis de interesse em engenharia. O uso dessas tabelas constitui uma importante habilidade. A capacidade de localizar estados em um diagrama de propriedades constitui uma importante habilidade associada. O programa de computador *Interactive Thermodynamics: IT* é apresentado na Seção 3.7 e utilizado seletivamente em exemplos e problemas no final deste capítulo. No entanto, convém ressaltar que outros programas similares podem ser utilizados para a solução dos problemas apresentados. O uso apropriado de tabelas e diagramas de propriedades é um pré-requisito para a efetiva utilização do programa computacional na obtenção de dados de propriedades termodinâmicas.

tabelas de vapor

Uma vez que tabelas para diferentes substâncias são, com frequência, colocadas no mesmo formato, a presente discussão será centrada principalmente nas Tabelas A-2 a A-6, que fornecem propriedades para a água; essas tabelas são comumente denominadas tabelas de vapor. As Tabelas A-7 a A-9 para o Refrigerante 22, as Tabelas A-10 a A-12 para o Refrigerante 134a, as Tabelas A-13 a A-15 para a amônia e as Tabelas A-16 a A-18 para o propano são utilizadas de modo similar, da mesma maneira que tabelas para outras substâncias encontradas na literatura de engenharia. As tabelas estão disponíveis nos Apêndices em unidades SI e inglesas. As tabelas em unidades inglesas estão designadas pela letra E. Por exemplo, as tabelas de vapor em unidades inglesas são as Tabelas A-2E a A-6E.

As substâncias com os dados tabelados apresentados neste livro foram selecionadas em virtude de sua importância prática. Contudo, elas são meramente representativas, considerando a vasta gama de substâncias importantes na indústria. Para satisfazer às mudanças de requisitos e lidar com as necessidades especiais, frequentemente são introduzidas substâncias novas, enquanto outras se tornam obsoletas.

ENERGIA & MEIO AMBIENTE

O desenvolvimento de refrigerantes contendo cloro, no século XX, como o Refrigerante 12, ajudou a abrir caminho para os refrigeradores e condicionadores de ar desfrutados hoje. Entretanto, em virtude da preocupação relativa aos efeitos do cloro sobre a camada de ozônio que protege a Terra, acordos internacionais têm sido feitos para abolir de modo gradual o uso desses refrigerantes. Substitutos para eles também passaram por críticas por serem nocivos para o ambiente. Assim, a busca por alternativas e os *refrigerantes naturais* estão recebendo um olhar mais atento. Os refrigerantes naturais incluem amônia, alguns hidrocarbonetos – propano, por exemplo – dióxido de carbono, água e ar.

A amônia, outrora amplamente utilizada como um refrigerante para aplicações domésticas, porém suspensa por ser tóxica, está recebendo interesse renovado pelo fato de ser um refrigerante eficaz e não conter cloro. Refrigeradores utilizando propano estão disponíveis no mercado global, apesar da persistente preocupação em virtude de o propano ser inflamável. O dióxido de carbono é perfeitamente adequado para sistemas pequenos e leves, como os automotivos e as unidades portáteis de condicionadores de ar. Embora o CO_2 liberado para o ambiente contribua para o aquecimento global, apenas uma minúscula quantidade está presente em uma unidade típica, e até mesmo esse caso estaria sujeito a uma manutenção adequada e aos protocolos disponíveis para unidades de refrigeração.

3.5 Avaliando Pressão, Volume Específico e Temperatura

3.5.1 Tabelas de Líquido e de Vapor

As propriedades do vapor d'água estão listadas nas Tabelas A-4 e as de água líquida nas Tabelas A-5. Estas são geralmente denominadas tabelas de vapor *superaquecido* e tabelas de líquido *comprimido*, respectivamente. O esboço do diagrama de fases mostrado na Fig. 3.6 apresenta a estrutura dessas tabelas. Como a pressão e a temperatura são propriedades independentes nas regiões monofásicas de líquido e de vapor, elas podem ser utilizadas para a determinação de um estado em uma dessas regiões. Em consequência, as Tabelas A-4 e A-5 estão montadas de modo a fornecer valores de várias propriedades em função de valores da pressão e da temperatura. A primeira propriedade listada é o volume específico. As demais propriedades serão discutidas nas seções subsequentes.

Para cada pressão listada, os valores dados na tabela de vapor superaquecido (Tabela A-4) *começam* com o estado de vapor saturado e então prosseguem para temperaturas superiores. Os dados da tabela de líquido comprimido (Tabela A-5) *terminam* com os estados de líquido saturado. Isto é, para uma dada pressão os valores das propriedades são dados para temperaturas crescentes até o estado de saturação. Para essas tabelas os valores mostrados entre parênteses após a pressão no topo da tabela correspondem à temperatura de saturação.

▶ **POR EXEMPLO** nas Tabelas A-4 e A-5, para uma pressão de 10,0 MPa, a temperatura de saturação é listada como 311,06°C. Nas Tabelas A-4E e A-5E, na pressão de 500 lbf/in^2, a temperatura de saturação é listada como 467,1°F. ◀ ◀ ◀ ◀ ◀

▶ **POR EXEMPLO** para adquirir maior experiência com as Tabelas A-4 e A-5, verifique o seguinte: a Tabela A-4 fornece o volume específico do vapor d'água a 10,0 MPa e 600°C como 0,03837 m^3/kg. A 10,0 MPa e 100°C a Tabela A-5 fornece o volume específico da água líquida como 1,0385 × 10^{-3} m^3/kg. A Tabela A-4E fornece o volume específico do vapor d'água a 500 lbf/in^2 e 600°F como 1,158 ft^3/lb. A 500 lbf/in^2 e 100°F a Tabela A-5E fornece o volume específico da água líquida como 0,016106 ft^3/lb. ◀ ◀ ◀ ◀ ◀

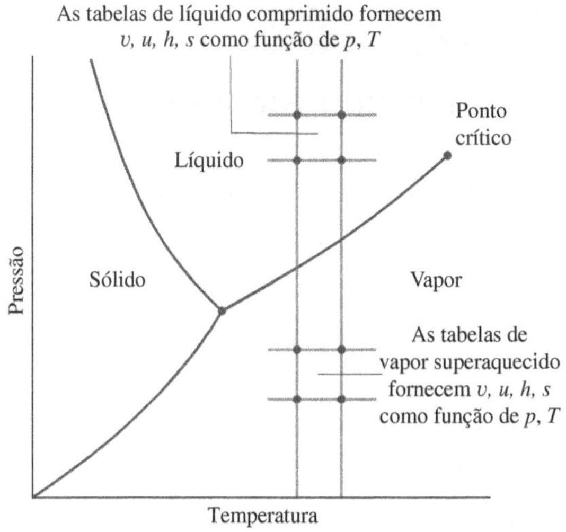

Fig. 3.6 Esboço do diagrama de fases para a água utilizado para a discussão da estrutura das tabelas de vapor superaquecido e de líquido comprimido (fora de escala).

Os estados envolvidos na resolução de problemas geralmente não estão contidos no conjunto de valores fornecidos pelas tabelas de propriedades. A *interpolação* entre valores adjacentes das tabelas se torna, dessa maneira, necessária. Sempre deve-se ter muito cuidado durante a interpolação dos valores da tabela. As tabelas disponíveis no Apêndice foram extraídas de tabelas mais completas que são construídas de modo que a interpolação linear, ilustrada no exemplo a seguir, pode ser utilizada com precisão aceitável. Considera-se que a interpolação linear permanece válida quando aplicada a tabelas menos refinadas, como as disponíveis neste livro, para exemplos resolvidos e problemas de final de capítulo.

interpolação linear

▶ **POR EXEMPLO** determinemos o volume específico do vapor d'água para um estado no qual p = 10 bar e T = 215°C. A Fig. 3.7 mostra um conjunto de dados extraído da Tabela A-4. Para a pressão de 10 bar a temperatura especificada de 215°C se encontra entre os valores tabelados de 200°C e 240°C, que são mostrados em negrito. Os valores de volume específico correspondentes são também mostrados em negrito. Para determinar o volume específico v correspondente a 215°C podemos pensar na *inclinação* de uma linha reta que une os estados adjacentes da tabela, como se segue

$$\text{inclinação} = \frac{(0{,}2275 - 0{,}2060)\ \text{m}^3/\text{kg}}{(240 - 200)°\text{C}} = \frac{(v - 0{,}2060)\ \text{m}^3/\text{kg}}{(215 - 200)°\text{C}}$$

Resolvendo para v, o resultado é v = 0,2141 m^3/kg. ◀ ◀ ◀ ◀ ◀

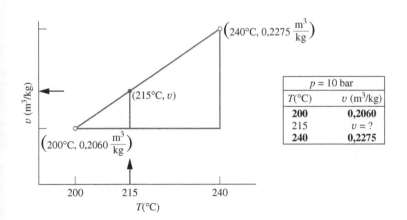

Fig. 3.7 Ilustração da interpolação linear.

Os exemplos a seguir abordam o uso de esboços de diagramas p–v e T–v juntamente com dados tabelados de maneira a estabelecer os estados inicial e final de um processo. De acordo com o princípio dos estados equivalentes, duas propriedades intensivas independentes devem ser conhecidas para que sejam estabelecidos os estados do sistema aqui considerado.

EXEMPLO 3.1

Aquecendo Amônia a Pressão Constante

Um conjunto cilindro-pistão vertical contendo 0,1 lb (0,04 kg) de amônia, inicialmente como vapor saturado, é colocado sobre uma placa aquecida. Devido ao peso do pistão e da pressão atmosférica local a pressão da amônia é de 20 lbf/in^2 (137,9 kPa). O aquecimento ocorre lentamente, e a amônia se expande a pressão constante até a temperatura final de 77°F (25°C). Mostre os estados inicial e final em diagramas T–v e p–v, e determine

(a) o volume ocupado pela amônia em cada estado, em ft^3.

(b) o trabalho realizado durante o processo, em Btu.

SOLUÇÃO

Dado: amônia é aquecida a uma pressão constante em um conjunto cilindro-pistão a partir do estado de vapor saturado até uma temperatura final conhecida.

Pede-se: mostre os estados inicial e final em diagramas T–v e p–v e determine o volume em cada estado e o trabalho realizado durante o processo.

Diagrama Esquemático e Dados Fornecidos:

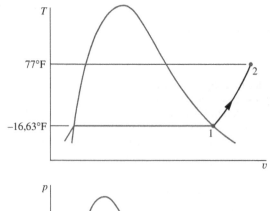

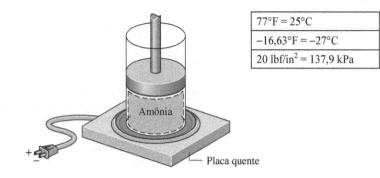

77°F = 25°C
–16,63°F = –27°C
20 lbf/in^2 = 137,9 kPa

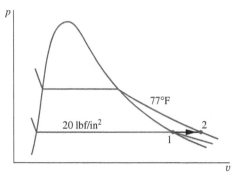

Fig. E3.1

Modelo de Engenharia:

1. A amônia constitui um sistema fechado.
2. Os estados 1 e 2 são estados de equilíbrio.
3. O processo ocorre a uma pressão constante.
4. O trabalho relacionado ao movimento do pistão é o único modo de trabalho presente.

Análise: o estado inicial é de vapor saturado a 20 lbf/in^2. Como o processo ocorre a uma pressão constante, o estado final se encontra na região de vapor superaquecido e é determinado por p_2 = 20 lbf/in^2 e T_2 = 77°F. Os estados inicial e final são mostrados nos diagramas T–v e p–v da Fig. E3.1.

(a) Os volumes ocupados pela amônia nos estados 1 e 2 são obtidos utilizando a massa dada e os respectivos volumes específicos. A partir da Tabela A-15E para p_1 = 20 lbf/in^2 e da temperatura de saturação correspondente, obtemos $v_1 = v_g$ = 13,497 ft^3/lb. Então

$$V_1 = mv_1 = (0{,}1 \text{ lb})(13{,}497 \text{ ft}^3/\text{lb})$$
$$= 1{,}35 \text{ ft}^3$$

Interpolando na Tabela A-15E para p_2 = 20 lbf/in^2 e T_2 = 77°F, obtemos v_2 = 16,7 ft^3/lb. Então

$$V_2 = mv_2 = (0{,}1 \text{ lb})(16{,}7 \text{ ft}^3/\text{lb}) = 1{,}67 \text{ ft}^3$$

(b) Para este caso, o trabalho pode ser calculado utilizando a Eq. 2.17. Considerando que a pressão é constante

$$W = \int_{V_1}^{V_2} p \, dV = p(V_2 - V_1)$$

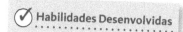

✓ **Habilidades Desenvolvidas**

Habilidades para...
- definir um sistema fechado e identificar as interações que ocorrem em sua fronteira.
- esboçar os diagramas T–v e p–v e localizar estados nesses diagramas.
- calcular o trabalho usando a Eq. 2.17.
- obter dados de propriedades da amônia para estados de vapor.

Substituindo os valores

❶
$$W = (20\ \text{lbf/in}^2)(1{,}67 - 1{,}35)\text{ft}^3 \left| \frac{144\ \text{in}^2}{1\ \text{ft}^2} \right| \left| \frac{1\ \text{Btu}}{778\ \text{ft} \cdot \text{lbf}} \right|$$
$$= 1{,}18\ \text{Btu}$$

❶ Observe a utilização de fatores de conversão no cálculo.

Teste-Relâmpago Considerando que o aquecimento continua a 20 lbf/in² (137,9 kPa) de $T_2 = 77°F$ (25°C) a $T_3 = 90°F$ (32,2°C), determine o trabalho realizado durante o Processo 2-3 em Btu. **Resposta:** 0,15 Btu.

3.5.2 Tabelas de Saturação

As tabelas de saturação, Tabelas A-2, A-3 e A-6, fornecem dados de propriedades para a água nos estados de líquido saturado, de vapor saturado e de sólido saturado. As Tabelas A-2 e A-3 são o foco da presente discussão. Cada uma dessas tabelas fornece dados de líquido saturado e de vapor saturado. Os valores de propriedades para esses estados são denotados pelos subscritos f e g, respectivamente. A Tabela A-2 é chamada de *tabela de temperatura*, uma vez que temperaturas são listadas na primeira coluna, em incrementos convenientes. A segunda coluna fornece os valores de pressão de saturação correspondentes. As duas colunas subsequentes fornecem, respectivamente, o volume específico do líquido saturado, v_f, e o volume específico do vapor saturado, v_g. A Tabela A-3 é chamada de *tabela de pressão*, já que as pressões são listadas, em incrementos convenientes, em sua primeira coluna. Os valores de temperatura de saturação correspondentes são fornecidos na segunda coluna. As duas colunas subsequentes fornecem v_f e v_g, respectivamente.

O volume específico de uma mistura bifásica líquido-vapor pode ser determinado pela utilização das tabelas de saturação e pela definição de título dada pela Eq. 3.1 descrita a seguir. O volume total da mistura é a soma dos volumes das fases líquida e de vapor

$$V = V_{\text{líq}} + V_{\text{vap}}$$

Dividindo pela massa total da mistura, m, é obtido um volume específico *médio* para a mistura

$$v = \frac{V}{m} = \frac{V_{\text{líq}}}{m} + \frac{V_{\text{vap}}}{m}$$

Uma vez que a fase líquida é composta por líquido saturado e que a fase vapor é composta por vapor saturado, $V_{\text{líq}} = m_{\text{líq}} v_f$ e $V_{\text{vap}} = m_{\text{vap}} v_g$, então

$$v = \left(\frac{m_{\text{líq}}}{m}\right) v_f + \left(\frac{m_{\text{vap}}}{m}\right) v_g$$

Utilizando a definição de título, $x = m_{\text{vap}}/m$, e notando que $m_{\text{líq}}/m = 1 - x$, a expressão anterior se torna

$$\boxed{v = (1 - x)v_f + x v_g = v_f + x(v_g - v_f)} \qquad (3.2)$$

O aumento de volume específico durante a vaporização $(v_g - v_f)$ é também representado por v_{fg}.

▶ **POR EXEMPLO** considere um sistema que consiste em uma mistura bifásica líquido-vapor de água a 100°C e título de 0,9. Da Tabela A-2 a 100°C, $v_f = 1{,}0435 \times 10^{-3}$ m³/kg e $v_g = 1{,}673$ m³/kg. O volume específico da mistura é

$$v = v_f + x(v_g - v_f) = 1{,}0435 \times 10^{-3} + (0{,}9)(1{,}673 - 1{,}0435 \times 10^{-3}) = 1{,}506\ \text{m}^3/\text{kg}$$

De maneira semelhante, o volume específico de uma mistura bifásica líquido-vapor a 212°F e um título de 0,9 é

$$v = v_f + x(v_g - v_f) = 0{,}01672 + (0{,}9)(26{,}80 - 0{,}01672) = 24{,}12\ \text{ft}^3/\text{lb}$$

em que os valores de v_f e v_g são obtidos da Tabela A-2E. ◀ ◀ ◀ ◀

Para facilitar a localização de estados nas tabelas em geral é conveniente o uso de valores das tabelas de saturação juntamente com um esboço de um diagrama T–v ou p–v. Por exemplo, se o volume específico v e a temperatura T são conhecidos, utilize a tabela de temperatura apropriada, Tabela A-2 ou A-2E, e determine os valores de v_f e v_g. Um diagrama T–v mostrando esses dados é apresentado na Fig. 3.8. Se o volume específico dado se encontra entre v_f e v_g, o sistema consiste em uma mistura bifásica líquido-vapor, e a pressão é a pressão de saturação correspondente à temperatura dada. O título pode ser encontrado pela resolução da Eq. 3.2. Se o volume específico é maior do que v_g, o estado se encontra na região de vapor superaquecido. Portanto, por interpolação na Tabela A-4 ou A-4E, a pressão e outras propriedades listadas podem ser determinadas. Se o valor dado de volume específico é inferior a v_f, a Tabela A-5 ou A-5E pode ser utilizada para determinar a pressão e outras propriedades.

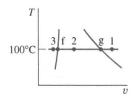

▶ **POR EXEMPLO** determinemos a pressão da água em cada um de três estados definidos pela temperatura de 100°C e volumes específicos de, respectivamente, $v_1 = 2,434$ m³/kg, $v_2 = 1,0$ m³/kg e $v_3 = 1,0423 \times 10^{-3}$ m³/kg. Utilizando a temperatura conhecida, a Tabela A-2 fornece os valores de v_f e de v_g: $v_f = 1,0435 \times 10^{-3}$ m³/kg, $v_g = 1,673$ m³/kg. Uma vez que v_1 é superior a v_g, o estado 1 se encontra na região de vapor. A Tabela A-4 determina a pressão como 0,70 bar. A seguir, já que v_2 se encontra entre v_f e v_g, a pressão é a pressão de saturação correspondente a 100°C, que é de 1,014 bar. Por fim, como v_3 é inferior a v_f, o estado 3 se encontra na região de líquido. A Tabela A-5 indica que a pressão é de 25 bar. ◀ ◀ ◀ ◀ ◀

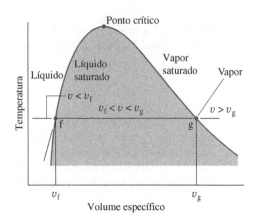

Fig. 3.8 Esboço de um diagrama T–v para a água utilizado para discutir a localização de estados nas tabelas.

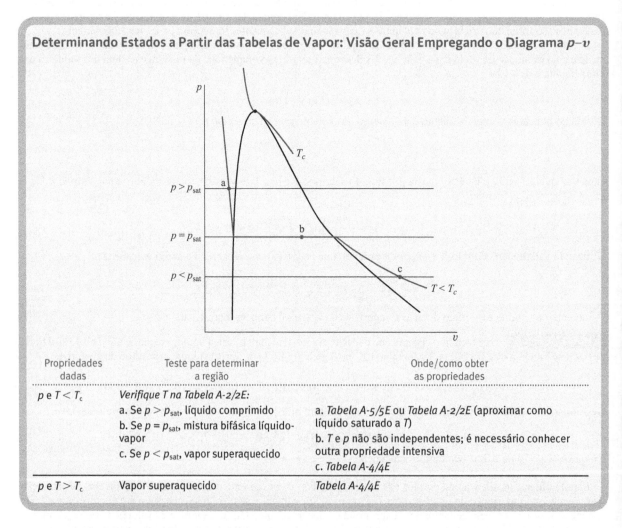

O exemplo a seguir aborda o uso de um esboço do diagrama T–v juntamente com dados tabelados de modo a estabelecer os estados inicial e final de um processo. De acordo com o princípio dos estados equivalentes, duas propriedades intensivas independentes devem ser conhecidas para se definir os estados do sistema aqui considerado.

EXEMPLO 3.2

Aquecimento de Água a Volume Constante

Um reservatório rígido e fechado de 0,5 m³ de volume é colocado sobre uma placa aquecida. Inicialmente o reservatório contém uma mistura bifásica de água líquida saturada e de vapor d'água saturado a $p_1 = 1$ bar com título de 0,5. Após o aquecimento a pressão do reservatório é de $p_2 = 1,5$ bar. Indique os estados inicial e final em um diagrama $T\text{--}v$ e determine

(a) a temperatura, em °C, nos estados 1 e 2.
(b) a massa de vapor presente nos estados 1 e 2, em kg.
(c) considerando que o aquecimento continua, determine a pressão, em bar, na qual o reservatório contém somente vapor saturado.

SOLUÇÃO

Dado: uma mistura bifásica líquido-vapor de água em um reservatório rígido e fechado é aquecida sobre uma placa quente. A pressão e o título iniciais e a pressão final são conhecidos.

Pede-se: indique os estados inicial e final em um diagrama $T\text{--}v$ e determine em cada estado a temperatura e a massa de vapor d'água presente. Prosseguindo o processo de aquecimento, determine, ainda, a pressão na qual o reservatório contém somente vapor saturado.

Diagrama Esquemático e Dados Fornecidos:

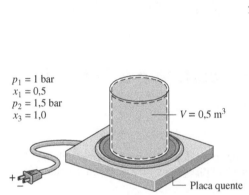
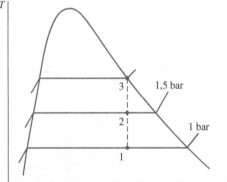

Modelo de Engenharia:

1. A água no reservatório se constitui em um sistema fechado.
2. Os estados 1, 2 e 3 são estados de equilíbrio.
3. O volume do reservatório permanece constante.

Fig. E3.2

Análise: duas propriedades independentes são necessárias para determinar os estados 1 e 2. No estado inicial a pressão e o título são conhecidos. Como estes são independentes, o estado está determinado. O estado 1 é mostrado no diagrama $T\text{--}v$ no interior da região bifásica. O volume específico no estado 1 é determinado utilizando o título dado e a Eq. 3.2. Logo,

$$v_1 = v_{f1} + x(v_{g1} - v_{f1})$$

Da Tabela A-3 para $p_1 = 1$ bar, $v_{f1} = 1,0432 \times 10^{-3}$ m³/kg e $v_{g1} = 1,694$ m³/kg. Logo,

$$v_1 = 1,0432 \times 10^{-3} + 0,5(1,694 - 1,0432 \times 10^{-3}) = 0,8475 \text{ m}^3/\text{kg}$$

Para o estado 2 a pressão é conhecida. A outra propriedade necessária para a determinação do estado é o volume específico v_2. O volume e a massa são ambos constantes, e então $v_2 = v_1 = 0,8475$ m³/kg. Para $p_2 = 1,5$ bar, a Tabela A-3 fornece $v_{f2} = 1,0582 \times 10^{-3}$ m³/kg e $v_{g2} = 1,59$ m³/kg. Uma vez que

❶

$$v_f < v_2 < v_{g2}$$

❷ o estado 2 deve se encontrar da mesma maneira na região bifásica. O estado 2 é também mostrado no diagrama $T\text{--}v$ dado.

(a) Uma vez que os estados 1 e 2 se encontram na região bifásica líquido-vapor, as temperaturas correspondem às temperaturas de saturação nas pressões dadas. A Tabela A-3 fornece

$$T_1 = 99,63°C \quad \text{e} \quad T_2 = 111,4°C$$

(b) Para achar a massa de vapor d'água presente, utilizamos inicialmente o volume e o volume específico para determinar a massa *total*, m. Assim,

$$m = \frac{V}{v} = \frac{0,5 \text{ m}^3}{0,8475 \text{ m}^3/\text{kg}} = 0,59 \text{ kg}$$

Desse modo, a partir da Eq. 3.1 e do título dado, a massa de vapor no estado 1 é

$$m_{g1} = x_1 m = 0,5(0,59 \text{ kg}) = 0,295 \text{ kg}$$

A massa de vapor no estado 2 é encontrada de modo similar utilizando o título x_2. Para determinar x_2, resolvemos a Eq. 3.2 para o título e utilizamos dados de volume específico da Tabela A-3 para a pressão de 1,5 bar, juntamente com os valores dados de v, como a seguir

$$x_2 = \frac{v - v_{f2}}{v_{g2} - v_{f2}}$$

$$= \frac{0,8475 - 1,0528 \times 10^{-3}}{1,159 - 1,0528 \times 10^{-3}} = 0,731$$

Então, com a Eq. 3.1

$$m_{g2} = 0,731(0,59 \text{ kg}) = 0,431 \text{ kg}$$

(c) Prosseguindo o processo de aquecimento o estado 3 estaria na linha de vapor saturado, como ilustrado no diagrama T–v da Fig. E3.2. Desse modo, a pressão seria a pressão de saturação correspondente. Interpolando na Tabela A-3 para $v_g = 0,8475$ m³/kg, obtemos $p_3 = 2,11$ bar.

> ✓ **Habilidades Desenvolvidas**
>
> *Habilidades para...*
> ☐ definir um sistema fechado e identificar as interações que ocorrem em sua fronteira.
> ☐ esboçar os diagramas T–v e localizar estados nesses diagramas.
> ☐ obter dados de propriedades da água para estados líquido-vapor, utilizando o título.

❶ O procedimento para a determinação do estado 2 é o mesmo apresentado na discussão da Fig. 3.8.

❷ Uma vez que o processo ocorre a volume específico constante, os estados se encontram ao longo de uma linha vertical.

Teste-Relâmpago Prosseguindo o aquecimento com volume específico constante a partir do estado 3 até um estado em que a pressão é de 3 bar, determine a temperatura nesse estado, em °C. **Resposta:** 282°C.

3.6 Avaliando a Energia Interna Específica e a Entalpia

3.6.1 Apresentando a Entalpia

Em diversas análises termodinâmicas a soma da energia interna U com o produto da pressão p pelo volume V se faz presente. Uma vez que a soma $U + pV$ vai aparecer tão frequentemente em discussões futuras, é conveniente dar a essa combinação um nome, entalpia, e um símbolo específico, H. Por definição

entalpia

$$H = U + pV \tag{3.3}$$

Como U, p e V são todas propriedades, essa combinação é também uma propriedade. A entalpia pode ser expressa em base mássica

$$h = u + pv \tag{3.4}$$

e em base molar

$$\bar{h} = \bar{u} + p\bar{v} \tag{3.5}$$

As unidades de entalpia são as mesmas utilizadas para a energia interna.

3.6.2 Obtendo os Valores de *u* e *h*

As tabelas de propriedades apresentadas na Seção 3.5 fornecem valores de pressão, volume específico e temperatura e também valores de energia interna específica u, entalpia h e entropia s. A utilização dessas tabelas para avaliar u e h é descrita na presente seção; a consideração da entropia é postergada até sua apresentação no Cap. 6.

Os dados para energia interna específica u e a entalpia h são obtidos a partir das tabelas de propriedades, da mesma maneira que o volume específico. Para estados de saturação os valores de u_f e u_g, assim como de h_f e h_g, são tabelados em função da pressão de saturação e da temperatura de saturação. A energia interna específica para uma mistura bifásica líquido-vapor é calculada para um dado título da mesma maneira que o volume específico é calculado

$$u = (1 - x)u_f + xu_g = u_f + x(u_g - u_f) \tag{3.6}$$

O aumento de energia interna específica durante a vaporização ($u_g - u_f$) é geralmente representado por u_{fg}. De modo similar, a entalpia específica de uma mistura bifásica líquido-vapor é dada em termos do título por

$$h = (1 - x)h_f + xh_g = h_f + x(h_g - h_f) \tag{3.7}$$

O aumento de entalpia durante a vaporização ($h_g - h_f$) é normalmente tabelado por conveniência sob o símbolo h_{fg}.

▶ **POR EXEMPLO** para ilustrar o uso das Eqs. 3.6 e 3.7, determinamos a entalpia específica do Refrigerante 22 quando sua temperatura é 12°C e sua energia interna específica é 144,58 kJ/kg. De acordo com a Tabela A-7, os valores dados de energia interna se encontram entre u_f e u_g a 12°C; dessa maneira, o estado se encontra na região bifásica líquido-vapor. O título da mistura é encontrado utilizando-se a Eq. 3.6 e os dados da Tabela A-7, como se segue:

$$x = \frac{u - u_f}{u_g - u_f} = \frac{144{,}58 - 58{,}77}{230{,}38 - 58{,}77} = 0{,}5$$

Assim, com os valores da Tabela A-7, a Eq. 3.7 fornece

$$h = (1 - x)h_f + xh_g$$
$$= (1 - 0{,}5)(59{,}35) + 0{,}5(253{,}99) = 156{,}67 \text{ kJ/kg} \triangleleft\triangleleft\triangleleft\triangleleft\triangleleft$$

Nas tabelas de vapor superaquecido u e h são tabelados juntamente com v como função da temperatura e pressão.

▶ **POR EXEMPLO** avaliemos T, v e h para água a 0,10 MPa e uma energia interna específica de 2537,3 kJ/kg. Voltando à Tabela A-3, note que o valor dado de u é superior a u_g a 0,1 MPa (u_g = 2506,1 kJ/kg). Esse fato sugere que o estado se encontra na região de vapor superaquecido. A partir da Tabela A-4 obtemos T = 120°C, v = 1,793 m³/kg e h = 2716,6 kJ/kg. De maneira alternativa, a definição de h relaciona h e u

$$h = u + pv$$
$$= 2537{,}3\frac{\text{kJ}}{\text{kg}} + \left(10^5 \frac{\text{N}}{\text{m}^2}\right)\left(1{,}793 \frac{\text{m}^3}{\text{kg}}\right)\left|\frac{1 \text{ kJ}}{10^3 \text{ N} \cdot \text{m}}\right|$$
$$= 2537{,}3 + 179{,}3 = 2716{,}6 \text{ kJ/kg}$$

Como outro exemplo, considere água em um dado estado definido por uma pressão igual a 14,7 lbf/in² e uma temperatura de 250°F. Da Tabela A-4E, v = 28,42 ft³/lb, u = 1091,5 Btu/lb e h = 1168,8 Btu/lb. Como já descrito anteriormente, h pode ser calculado a partir de u. Então

$$h = u + pv$$
$$= 1091{,}5\frac{\text{Btu}}{\text{lb}} + \left(14{,}7 \frac{\text{lbf}}{\text{in}^2}\right)\left(28{,}42 \frac{\text{ft}^3}{\text{lb}}\right)\left|\frac{144 \text{ in}^2}{1 \text{ ft}^2}\right|\left|\frac{1 \text{ Btu}}{778 \text{ ft} \cdot \text{lbf}}\right|$$
$$= 1091{,}5 + 77{,}3 = 1168{,}8 \text{ Btu/lb} \triangleleft\triangleleft\triangleleft\triangleleft\triangleleft$$

Dados de energia interna e de entalpia específicos para estados de líquido da água são apresentados na Tabela A-5. O formato dessas tabelas é o mesmo das de vapor superaquecido consideradas anteriormente. Desse modo, valores de propriedades para estado de líquido são obtidos da mesma maneira que para estados de vapor.

Para a água, as Tabelas A-6 fornecem as propriedades de equilíbrio de sólidos saturados e de vapor saturado. A primeira coluna lista a temperatura e a segunda fornece a pressão de saturação correspondente. Esses estados estão em pressões e temperaturas *inferiores* às do ponto triplo. As duas colunas que se seguem fornecem o volume específico do sólido saturado, v_i, e do vapor saturado, v_g, respectivamente. A tabela também fornece valores de energia interna específica, entalpia e entropia para o sólido saturado e para o vapor saturado em cada uma das temperaturas listadas.

3.6.3 Estados de Referência e Valores de Referência

Os valores de u, h e s fornecidos pelas tabelas de propriedades não são obtidos a partir de medidas diretas, mas são calculados a partir de outros dados mais facilmente determinados de maneira experimental. Os procedimentos de cálculo requerem o uso da segunda lei da termodinâmica, assim a consideração desses procedimentos é adiada para o Cap. 11, após a segunda lei ter sido apresentada. Entretanto, uma vez que u, h e s são calculados, a questão de estados de referência e de valores de referência se torna importante e será discutida de maneira breve nos parágrafos que se seguem.

Quando balanços de energia são aplicados, as *diferenças* de energia interna, cinética e potencial entre dois estados é que são importantes, e *não* os valores dessas quantidades de energia em cada um desses dois estados.

estados de referência
valores de referência

▶ **POR EXEMPLO** considere o caso da energia potencial. O valor numérico da energia potencial medida em relação à superfície da Terra é diferente do valor relativo ao topo de um edifício no mesmo local. Entretanto, a diferença de energia potencial entre duas elevações diferentes é exatamente a mesma a despeito do referencial utilizado, uma vez que o valor do referencial é cancelado durante o cálculo. ◁◁◁◁◁

Do mesmo modo, podem-se atribuir valores à energia interna específica e à entalpia em relação a valores de referência arbitrários em estados de referência arbitrários. Como para o caso da energia potencial considerado antes, a utilização de valores de uma propriedade particular determinados em relação a uma referência arbitrária é única, desde que os cálculos feitos envolvam somente diferenças dessa propriedade para as quais o valor de referência se cancela. Entretanto, quando reações químicas acontecem entre as substâncias consideradas, deve-se dar atenção especial para a questão dos estados e valores de referência. Uma discussão de como valores de propriedades são atribuídos no momento da análise de sistemas reativos é apresentada no Cap. 13.

Os valores tabelados de u e h para a água, a amônia, o propano e os Refrigerantes 22 e 134a fornecidos no Apêndice são relativos aos estados e valores de referência comentados a seguir. Para a água, o estado de referência é o de líquido saturado a 0,01°C (32,02°F). Nesse estado a energia interna específica é considerada zero. Valores da entalpia específica são calculados a partir de $h = u + pv$, utilizando os valores tabelados de p, v e u. Para a amônia, o propano e os refrigerantes, o estado de referência é o de líquido saturado a −40°C (−40°F para as tabelas em unidades inglesas). Para esse estado de referência a entalpia específica é considerada zero. Valores de energia interna específica são calculados a partir de $u = h - pv$

utilizando os valores tabelados de p, v e h. Deve-se notar, na Tabela A-7, que isso leva a um valor negativo para a energia interna no estado de referência, o que enfatiza que o importante não são os valores numéricos atribuídos a u e h em um dado estado, mas sim as *diferenças* dessas propriedades entre estados. Os valores atribuídos a um estado são modificados se o estado de referência ou o valor de referência se altera, mas sua diferença permanece a mesma.

3.7 Avaliando Propriedades Utilizando Programas de Computador

A utilização de programas de computador para a avaliação de propriedades termodinâmicas está se tornando prática comum na engenharia. Os programas de computador podem ser definidos em duas categorias: aqueles que fornecem dados somente para estados individuais e aqueles que fornecem dados de propriedades como parte de um pacote de simulação mais geral. A ferramenta *Interactive Thermodynamics: IT* pode ser utilizada não somente para a solução de problemas comuns, fornecendo dados em estados específicos, mas também para simulação e análise. Outros programas, além do *IT*, também podem ser utilizados com esses propósitos. Veja o boxe para uma análise do *software* usado em termodinâmica.

Utilizando Programas de Computador em Termodinâmica

Programas de computador, como o ***Interactive Thermodynamics: IT*** ou similares, podem ser utilizados como ferramentas de auxílio para o aprendizado da termodinâmica aplicada à engenharia e para a solução de problemas de engenharia. O *IT* é construído em torno de um programa que atua na solução de equações e é aprimorado com dados de propriedades termodinâmicas e outras características valiosas. A partir do *IT* pode-se obter uma solução numérica singular ou variar parâmetros para investigar seus efeitos. Pode-se obter também uma saída gráfica e utilizar qualquer processador de texto do Windows ou planilhas eletrônicas para gerar relatórios. Além disso, funções do *IT* podem ser chamadas a partir do *Excel*, permitindo o uso dessas funções termodinâmicas enquanto se trabalha com o *Excel*. Outras características do *IT* incluem:

- uma série de telas de ajuda guiada e diversos exemplos resolvidos para ajudar a aprender como usar o programa.
- dados que podem ser arrastados (*drag-and-drop*) em muitos tipos de problemas-padrões, incluindo uma lista de hipóteses que você pode personalizar para o problema.
- cenários predeterminados para usinas e outras aplicações importantes.
- dados de propriedades termodinâmicas para a água, os Refrigerantes 22 e 134a, a amônia, misturas água-vapor d'água e um número de gases ideais.*
- a capacidade de entrar com dados do usuário.
- a capacidade de utilizar rotinas do usuário.

Muitas características do *IT* são encontradas no conhecido *Engineering Equation Solver (EES)*. Leitores habituados com o *EES* podem preferir utilizá-lo na solução dos problemas deste livro.

A utilização de programas de computador em análises de engenharia é uma poderosa ferramenta. Entretanto, algumas regras devem ser observadas:

- Programas de computador *complementam* e *ampliam* análises cuidadosas, mas não as substituem.
- Valores obtidos a partir de programas de computador devem ser verificados seletivamente com outros valores calculados manualmente ou, ainda, de modo alternativo, determinados de maneira independente.
- Gráficos gerados por computador devem ser analisados a fim de verificar se as curvas parecem razoáveis e se exibem as tendências esperadas.

* Na versão mais recente do *IT*, algumas propriedades são calculadas usando o *Mini REFPROP* com permissão do Instituto Nacional de Padrões e Tecnologia dos Estados Unidos (National Institute of Standards and Technology — NIST).

O *IT* fornece dados para as substâncias que constam das tabelas do Apêndice. Em geral, os dados são obtidos a partir de declarações simples que são inseridas no espaço de trabalho do programa.

▶ **POR EXEMPLO** considere a mistura bifásica líquido-vapor no estado 1 do Exemplo 3.2 para o qual $p = 1$ bar, $v = 0{,}8475$ m^3/kg. A seguir, uma descrição de como os dados para temperatura de saturação, título e energia interna específica são obtidos utilizando-se o *IT*. As funções para T, v e u são obtidas pela escolha da opção Água/Vapor d'água (Water/Steam) do menu de propriedades (**Properties**). Escolhendo unidades SI do menu de Unidades (**Units**), com p em bar, T em °C e a quantidade da substância em kg, o programa *IT* se torna

    p = 1//bar
    v = 0,8475//m³/kg
    T = Tsat_P("Water/Steam",p)
    v = vsat_Px("Water/Steam",p,x)
    u = usat_Px("Water/Steam",p,x)

Pressionando o botão de Resolver (**Solve**), o programa fornece os valores de $T = 99{,}63$°C, $x = 0{,}5$ e $u = 1462$ kJ/kg. Esses valores podem ser verificados utilizando-se dados da Tabela A-3. Note que o texto inserido entre o símbolo // e o final da linha é considerado como comentário. ◀ ◀ ◀ ◀ ◀

O exemplo anterior ilustra uma importante característica do *IT*. Embora o título, x, esteja implícito na lista de argumentos na expressão para o volume específico, não há necessidade de resolver a expressão algebricamente para x. Em lugar dessa resolução algébrica o programa pode calcular x enquanto o número de equações for igual ao número de incógnitas.

O *IT* também fornece valores de propriedades na região de vapor superaquecido.

▶ **POR EXEMPLO** considere o vapor superaquecido de amônia no estado 2 do Exemplo 3.1, para o qual $p = 20$ lbf/in^2 e $T = 77°$F. Selecionando amônia (*Ammonia*) do menu de Propriedades (**Properties**) e escolhendo unidades inglesas no menu de Unidades (**Units**), valores de volume específico, energia interna e entalpia são obtidos a partir do *IT* como se segue:

p = 20//lbf/in²
T = 77//°F
v = v_PT("Ammonia",p,T)
u = u_PT("Ammonia",p,T)
h = h_PT("Ammonia",p,T)

Pressionando o botão de Resolver (**Solve**), o programa fornece os valores de $v = 16{,}67$ ft^3/lb, $u = 593{,}7$ Btu/lb e $h = 655{,}3$ Btu/lb, respectivamente. Esses valores estão de acordo com os valores correspondentes obtidos através de interpolação da Tabela A-15E. ◀ ◀ ◀ ◀ ◀

3.8 Aplicando o Balanço de Energia Usando Propriedades Tabeladas e Programas de Computador

O balanço de energia para sistemas fechados foi apresentado na Seção 2.5. Expressões alternativas foram dadas pelas Eqs. 2.35a e 2.35b, que são equações aplicáveis aos processos entre os estados indicados por 1 e 2, e pela Eq. 2.37, que corresponde a uma formulação em termos da taxa temporal. Nas aplicações em que as variações das energias cinética e potencial gravitacional entre os estados inicial e final podem ser ignoradas, a Eq. 2.35b fica reduzida a

$$U_2 - U_1 = Q - W \tag{a}$$

em que Q e W representam, respectivamente, a transferência de energia por calor e por trabalho entre o sistema e sua vizinhança durante o processo. O termo $U_2 - U_1$ representa a variação da energia interna entre os estados inicial e final.

Tomando a água como exemplo, para simplificar, vamos considerar como o termo de energia interna é avaliado em três casos representativos de sistemas envolvendo uma *única* substância.

Caso 1: Considere um sistema que consiste, em seus estados inicial e final, em uma única fase da água, vapor ou líquido. Assim, a Eq. (a) toma a forma

$$m(u_2 - u_1) = Q - W \tag{b}$$

em que m é a massa do sistema e u_1 e u_2 indicam, respectivamente, a energia interna específica inicial e a energia interna específica final. Quando as temperaturas inicial e final T_1, T_2 e as pressões p_1, p_2 são conhecidas, por exemplo, as energias internas u_1 e u_2 podem ser facilmente obtidas a partir das *tabelas de vapor* ou utilizando programas de computador.

Caso 2: Considere um sistema que consiste, em seu estado inicial, em vapor d'água, e, em seu estado final, de uma mistura bifásica de água líquida e de vapor d'água. Como no caso 1, escrevemos $U_1 = mu_1$ na Eq. (a), mas agora

$$\begin{aligned} U_2 &= (U_{\text{líq}} + U_{\text{vap}}) \\ &= m_{\text{líq}} u_f + m_{\text{vap}} u_g \end{aligned} \tag{c}$$

em que $m_{\text{líq}}$ e m_{vap} representam, respectivamente, as massas de líquido saturado e de vapor saturado presentes no estado final, u_f e u_g são as energias internas específicas correspondentes determinadas pela temperatura final T_2 (ou pela pressão final p_2).

Se o título x_2 é conhecido, a Eq. 3.6 pode ser usada para determinar a energia interna específica, u_2, da mistura bifásica líquido-vapor. Logo, $U_2 = mu_2$, preservando assim a equação do balanço de energia expressa pela Eq. (b).

Caso 3: Considere um sistema que consiste inicialmente em duas massas separadas de vapor d'água que se misturam para formar uma massa total de vapor d'água. Neste caso

$$U_1 = m'u(T', p') + m''u(T'', p'') \tag{d}$$

$$\begin{aligned} U_2 &= (m' + m'')u(T_2, p_2) \\ &= mu(T_2, p_2) \end{aligned} \tag{e}$$

em que m' e m'' são as massas de vapor d'água, inicialmente separadas em T', p' e T'', p'', respectivamente, que se misturam para formar uma massa total, $m = m' + m''$, em um estado final em que a temperatura é T_2 e a pressão é p_2. Quando as temperaturas e pressões nos respectivos estados são conhecidas, por exemplo, as energias internas específicas das Eqs. (d) e (e) podem ser facilmente obtidas a partir das *tabelas de vapor* ou usando um programa de computador.

Esses casos mostram que quando o balanço de energia é aplicado, é importante considerar se o sistema tem uma ou duas fases. Uma aplicação pertinente é a de *armazenamento de energia térmica*, considerada no boxe a seguir.

Armazenamento de Energia Térmica

Em geral, a energia está disponível uma única vez, porém pode ser usada em outros momentos. Por exemplo, a energia solar é coletada durante o dia, mas muitas vezes é necessária em outros momentos – para aquecer os edifícios durante a noite. Essas considerações lembram a necessidade de armazenar energia por meio dos métodos apresentados na Seção 2.7 e pelos discutidos aqui. Assim, *sistemas de armazenamento de energia térmica* têm sido desenvolvidos para atender as necessidades de armazenamento de energia solar e de outras formas de energia similares. O termo *energia térmica* utilizado deve ser entendido como *energia interna*.

Os vários meios usados em sistemas de armazenamento de energia térmica sofrem alteração de temperatura e/ou fase. Alguns sistemas de armazenamento simplesmente armazenam energia através do aquecimento de água, de óleo mineral, ou de outras substâncias mantidas em um tanque de armazenamento, em geral pressurizado, até que a energia armazenada seja necessária. Sólidos como o concreto também podem ser o meio. Sistemas em *mudança de fase* armazenam energia por meio da fusão ou da solidificação de uma substância, geralmente a água ou um *sal fundido (eutético)*. A escolha do meio de armazenamento é determinada pelas exigências de temperatura da aplicação do armazenamento em questão, junto com os custos operacionais e de capital relacionados com o sistema de armazenamento. Quando substâncias mudam de fase, bastante energia é armazenada a uma temperatura quase constante. Isso dá aos sistemas em mudança de base uma vantagem sobre sistemas que armazenam energia apenas por meio da mudança de temperatura porque a alta capacidade de armazenamento de energia por unidade tende a fazer os sistemas em mudança de fase menores e com melhor custo-benefício.

A disponibilidade de eletricidade relativamente barata gerada em períodos de baixa demanda, em geral durante a noite ou durante finais de semana, leva a estratégias de armazenamento. Por exemplo, eletricidade a baixo custo é fornecida a um sistema de refrigeração que resfria água e/ou produz gelo durante as horas mais frias da noite, quando menos energia do refrigerador é necessária. A água gelada e/ou o gelo podem ser utilizados para satisfazer as necessidades de refrigeração de edifícios, durante a parte mais quente dos dias de verão, quando a eletricidade é mais cara.

TOME NOTA...
Nos diagramas de propriedades, as linhas sólidas são reservadas para processos que passam por estados de equilíbrio: processos de quase equilíbrio (Seção 2.2.5). Uma linha tracejada nesses diagramas indica apenas que um processo ocorreu entre os estados inicial e final de equilíbrio, não definindo portanto a trajetória do processo.

3.8.1 Utilizando Tabelas de Propriedades

Nos Exemplos 3.3 e 3.4, sistemas fechados submetidos a processos são analisados utilizando o balanço de energia. Em cada caso, esboços dos diagramas p–v e/ou T–v são utilizados em conjunto com as tabelas apropriadas para obter os dados de propriedades necessários. A utilização de diagramas de propriedades e tabelas introduz um nível adicional de complexidade quando comparado com problemas similares do Cap. 2.

▶▶▶ **EXEMPLO 3.3** ▶

Agitando Água a Volume Constante

Um tanque isolado e rígido com um volume de 10 ft³ (0,28 m³) contém vapor d'água saturado a 212°F (100°C). A água é rapidamente misturada até uma pressão de 20 lbf/in² (137,9 kPa). Determine a temperatura no estado final, em °F, e o trabalho realizado durante o processo, em Btu.

SOLUÇÃO

Dado: através de agitação rápida, vapor d'água em um tanque isolado e rígido é levado de um estado de vapor saturado a 212°F a uma pressão de 20 lbf/in².

Pede-se: determine a temperatura no estado final e o trabalho realizado.

Diagrama Esquemático e Dados Fornecidos:

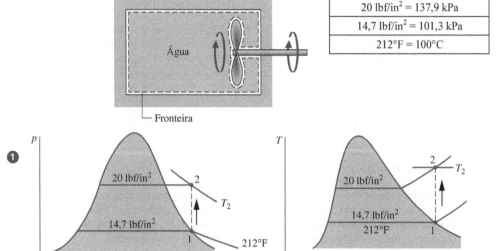

Fig. E3.3

Análise: para determinar o estado final de equilíbrio são necessários os valores de duas propriedades intensivas independentes. Uma delas é a pressão, $p_2 = 20$ lbf/in^2, e a outra é o volume específico: $v_2 = v_1$. Os volumes específicos inicial e final são iguais, uma vez que a massa total e o volume total permanecem inalterados durante o processo. Os estados final e inicial estão representados nos diagramas T–v e p–v correspondentes.

Da Tabela A-2E, $v_1 = v_g(212°F) = 26,80$ ft^3/lb, $u_1 = u_g(212°F) = 1077,6$ Btu/lb. Utilizando $v_2 = v_1$ e interpolando na Tabela A-4E para $p_2 = 20$ lbf/in^2.

$$T_2 = 445°F, \quad u_2 = 1161,6 \text{ Btu/lb}$$

A seguir, com as hipóteses 2 e 3 o balanço de energia para o sistema se reduz a

$$\Delta U + \cancel{\Delta EC}^{0} + \cancel{\Delta EP}^{0} = \cancel{Q}^{0} - W$$

Reescrevendo

$$W = -(U_2 - U_1) = -m(u_2 - u_1)$$

Para avaliar W é necessário avaliar a massa do sistema. Esta pode ser determinada a partir do volume e do volume específico

$$m = \frac{V}{v_1} = \left(\frac{10 \text{ ft}^3}{26,8 \text{ ft}^3/\text{lb}}\right) = 0,373 \text{ lb}$$

Finalmente, substituindo os valores na expressão para W

$$W = -(0,373 \text{ lb})(1161,6 - 1077,6) \text{ Btu/lb} = -31,3 \text{ Btu}$$

em que o sinal negativo significa que a transferência de energia através de trabalho é realizada para o sistema.

---

❶ Embora os estados inicial e final sejam de equilíbrio, os estados intermediários não o são. Para enfatizar este aspecto o processo foi indicado nos diagramas T–v e p–v por linhas tracejadas. Linhas cheias em diagramas de propriedades são reservadas a processos que passam somente por estados de equilíbrio (processos de quase equilíbrio). A análise mostra a importância de se esboçar cuidadosamente os diagramas de propriedades como ferramenta auxiliar na resolução de problemas.

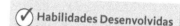

Habilidades Desenvolvidas

Habilidades para...
- definir um sistema fechado e identificar as interações que ocorrem em sua fronteira.
- aplicar o balanço de energia com dados das tabelas de vapor.
- esboçar os diagramas T-v e p-v e localizar estados nesses diagramas.

Teste-Relâmpago Determine a transferência de calor, em Btu, se o isolamento fosse removido do tanque e a água resfriada a volume constante de $T_2 = 445°F$ (229,4°C) a $T_3 = 300°F$ (148,9°C).
Resposta: –19,5 Btu.

▶ EXEMPLO 3.4 ▶

Analisando Dois Processos em Série

Água contida em um conjunto cilindro-pistão é submetida a dois processos em série a partir de um estado inicial, no qual a pressão é de 10 bar e a temperatura é 400°C.
Processo 1-2: a água é resfriada à medida que é comprimida a uma pressão constante a partir de 10 bar até alcançar o estado de vapor saturado.
Processo 2-3: a água é resfriada a volume constante até 150°C.

(a) Esboce ambos os processos em diagramas T–v e p–v.
(b) Determine o trabalho para o processo global, em kJ/kg.
(c) Determine a quantidade de calor transferida para o processo global, em kJ/kg.

SOLUÇÃO

Dado: água contida em um conjunto cilindro-pistão é submetida a dois processos: é resfriada e comprimida enquanto a pressão é mantida constante, e posteriormente é resfriada a volume constante.
Pede-se: esboce os processos em diagramas T–v e p–v. Determine o trabalho líquido e a quantidade de calor líquida transferida para o processo global por unidade de massa contida no conjunto cilindro-pistão.

94 Capítulo 3

Diagrama Esquemático e Dados Fornecidos:

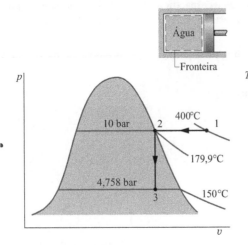
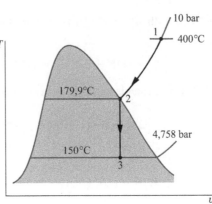

Fig. E3.4

Modelo de Engenharia:
1. A água constitui um sistema fechado.
2. O trabalho relacionado com o movimento do pistão é o único modo de trabalho presente.
3. Não ocorrem variações da energia cinética ou potencial.

Análise:

(a) Os diagramas T–v e p–v correspondentes mostram os dois processos. Uma vez que a temperatura no estado 1, $T_1 = 400°C$, é superior à temperatura de saturação correspondente a $p_1 = 10$ bar: $179{,}9°C$, o estado 1 se encontra na região de vapor superaquecido.

(b) Uma vez que o trabalho relacionado com o movimento do pistão é o único presente

$$W = \int_1^3 p\,dV = \int_1^2 p\,dV + \int_2^3 p\,dV^{\,0}$$

A segunda integral se anula, já que o volume é constante durante o Processo 2-3. Dividindo pela massa e utilizando o fato de que a pressão é constante no Processo 1-2

$$\frac{W}{m} = p(v_2 - v_1)$$

O volume específico no estado 1 é obtido da Tabela A-4 utilizando $p_1 = 10$ bar e $T_1 = 400°C$: $v_1 = 0{,}3066$ m³/kg. Além disso, $u_1 = 2957{,}3$ kJ/kg. O volume específico no estado 2 tem o valor de vapor saturado a 10 bar: $v_2 = 0{,}1944$ m³/kg, a partir da Tabela A-3. Então

$$\frac{W}{m} = (10\text{ bar})(0{,}1944 - 0{,}3066)\left(\frac{\text{m}^3}{\text{kg}}\right)\left|\frac{10^5\text{ N/m}^2}{1\text{ bar}}\right|\left|\frac{1\text{ kJ}}{10^3\text{ N}\cdot\text{m}}\right|$$
$$= -112{,}2\text{ kJ/kg}$$

O sinal negativo indica que o trabalho é realizado *sobre* o vapor d'água pelo pistão.

(c) O balanço de energia para o processo *global* se reduz a

$$m(u_3 - u_1) = Q - W$$

Rearranjando

$$\frac{Q}{m} = (u_3 - u_1) + \frac{W}{m}$$

O cálculo da quantidade de calor transferida requer que se saiba o valor de u_3, a energia interna específica no estado 3. Como T_3 é dada e $v_3 = v_2$, duas propriedades intensivas independentes são conhecidas e, em conjunto, determinam o estado 3. Para achar u_3, primeiro resolvemos para o título

$$x_3 = \frac{v_3 - v_{f3}}{v_{g3} - v_{f3}} = \frac{0{,}1944 - 1{,}0905 \times 10^{-3}}{0{,}3928 - 1{,}0905 \times 10^{-3}} = 0{,}494$$

em que v_{f3} e v_{g3} são obtidos da Tabela A-2 a $150°C$. Então

$$u_3 = u_{f3} + x_3(u_{g3} - u_{f3}) = 631{,}68 + 0{,}494(2559{,}5 - 631{,}68)$$
$$= 1584{,}0\text{ kJ/kg}$$

em que u_{f3} e u_{g3} são obtidos da Tabela A-2 a $150°C$.
Substituindo os valores no balanço de energia

$$\frac{Q}{m} = 1584{,}0 - 2957{,}3 + (-112{,}2) = -1485{,}5\text{ kJ/kg}$$

O sinal negativo indica que energia é transferida *para fora* do sistema devido à transferência de calor.

✓ **Habilidades Desenvolvidas**

Habilidades para...
- definir um sistema fechado e identificar as interações que ocorrem em sua fronteira.
- analisar o trabalho utilizando a Eq. 2.17.
- aplicar o balanço de energia com dados das tabelas de vapor.
- esboçar os diagramas T-v e p-v e localizar estados nesses diagramas.

Teste-Relâmpago Considerando que após os dois processos especificados ocorre o Processo 3-4, durante o qual a água passa por um processo de expansão à temperatura constante de $150°C$ até o estado de vapor saturado, determine o trabalho, em kJ/kg, para o processo *global* de 1 a 4. **Resposta:** $W/m = -17{,}8$ kJ/kg.

3.8.2 Utilizando um Programa de Computador

O Exemplo 3.5 apresenta a utilização do *Interactive Thermodynamics: IT* para a solução de problemas. Nesse caso, o programa avalia os dados de propriedade, calcula os resultados e os apresenta graficamente. Outros programas similares podem ser usados para a obtenção da solução apresentada.

EXEMPLO 3.5

Representando Graficamente Dados Termodinâmicos Utilizando um Programa de Computador

Para o sistema do Exemplo 3.2, represente graficamente a quantidade de calor transferida, em kJ, e a massa de vapor saturado presente, em kg, como função da pressão no estado 2 que varia de 1 a 2 bar. Discuta os resultados.

SOLUÇÃO

Dado: uma mistura bifásica líquido-vapor de água em um reservatório rígido e fechado é aquecida sobre uma placa aquecida. A pressão e o título iniciais e a pressão final são conhecidos. A pressão no estado final varia de 1 a 2 bar.

Pede-se: represente graficamente a quantidade de calor transferida e a massa de vapor saturado presente, ambos em função da pressão no estado final. Discuta.

Diagrama Esquemático e Dados Fornecidos: veja a Fig. E3.2.

Modelo de Engenharia:
1. Não há trabalho realizado.
2. Os efeitos das energias cinética e potencial são desprezíveis.
3. Veja o Exemplo 3.2 para outras hipóteses.

Análise: A quantidade de calor transferida é obtida a partir do balanço de energia. Com as hipóteses 1 e 2, o balanço de energia se reduz a

$$\Delta U + \Delta \cancel{EC}^0 + \Delta \cancel{EP}^0 = Q - \cancel{W}^0$$

ou

$$Q = m(u_2 - u_1)$$

Selecionando Água/Vapor d'água no menu de Propriedades (**Properties**) e selecionando unidades SI no menu de Unidades (**Units**), o programa *IT* para o cálculo dos dados necessários e a construção dos gráficos fica

```
// Given data—State 1
    p1 = 1//bar
    x1 = 0.5
    V = 0.5//m³
// Evaluate property data—State 1
    v1 = vsat_Px("Water/Steam", p1,x1)
    u1 = usat_Px("Water/Steam", p1,x1)
// Calculate the mass
    m = V/v1
// Fix state 2
    v2 = v1
    p2 = 1.5//bar
// Evaluate property data—State 2
    v2 = vsat_Px ("Water/Steam", p2,x2)
    u2 = usat_Px("Water/Steam", p2,x2)
// Calculate the mass of saturated vapor present
    mg2 = x2 * m
// Determine the pressure for which the quality is unity
    v3 = v1
    v3 = vsat_Px( "Water/Steam",p3,1)
// Energy balance to determine the heat transfer
    m * (u2 − u1) = Q − W
    W = 0
```

❶

Pressione o botão de Resolver (**Solve**) para obter a solução para $p_2 = 1,5$ bar. O programa fornece os valores de $v_1 = 0,8475$ m³/kg e $m = 0,59$ kg. Além disso, a $p_2 = 1,5$ bar, o programa fornece $m_{g2} = 0,4311$ kg. Esses valores estão de acordo com aqueles obtidos no Exemplo 3.2.

Uma vez que o código computacional foi verificado, utilize o botão de Exploração (**Explore**) para variar a pressão de 1 a 2 bar em intervalos de 0,1 bar. Em seguida, utilize o botão de Exibir (**Graph**) para construir os gráficos pedidos. Os resultados podem ser vistos na Fig. E3.5:

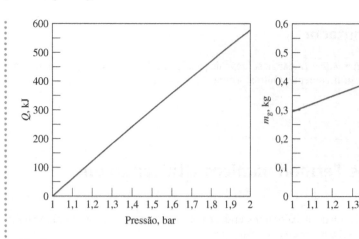

Fig. E3.5

Podemos concluir do primeiro desses gráficos que a quantidade de calor transferida para a água varia diretamente com a pressão. O gráfico de m_g mostra que a massa de vapor d'água saturado presente também aumenta à medida que a pressão aumenta. Esses resultados estão de acordo com os resultados esperados para o processo.

> **Habilidades Desenvolvidas**
>
> *Habilidades para...*
> - aplicar o balanço de energia para um sistema fechado.
> - utilizar o IT ou um programa similar para obter dados de propriedades da água e representá-los graficamente.

❶ Utilizando o botão de Navegar (**Browse**), a solução computacional indica que a pressão para a qual o título se torna unitário é 2,096 bar. Assim, para pressões variando de 1 a 2 bar todos os estados estão na região bifásica líquido-vapor.

Teste-Relâmpago Prosseguindo o aquecimento com volume específico constante até um estado em que a pressão é 3 bar, modifique o programa IT para obter a temperatura nesse estado, em °C.

Resposta: v4 = v1
p4 = 3//bar
v4 = v_PT ("Water/Steam", p4, T4)
T4 = 282,4 °C

BIOCONEXÕES O que as tripulações de voos militares, os personagens fantasiados em parques temáticos e os atletas têm em comum? Eles compartilham uma necessidade de evitar sobrecarga térmica enquanto executam seu dever, trabalho ou passatempo. Para satisfazer a essa necessidade foram desenvolvidas *vestimentas com sistemas de refrigeração*, como coletes e colarinhos térmicos. As vestimentas com sistemas de refrigeração podem se caracterizar por bolsas de gelo inseridas, canais pelos quais um líquido refrigerante circula, *materiais de mudança de fase* encapsulados ou uma combinação desses itens. Um exemplo familiar de um material de mudança de fase, conhecido também por PCM (*phase-change material*), é o gelo, o qual na fusão a 0°C absorve cerca de 334 kJ/kg de energia. A vestimenta com PCM encapsulado, quando utilizada próxima ao corpo, absorve a energia da pessoa que está trabalhando ou se exercitando em um ambiente quente enquanto a mantém fresca. Na especificação de um PCM para uma vestimenta com sistemas de refrigeração o material deve mudar de fase na temperatura operacional de resfriamento desejada. Hidrocarbonetos conhecidos como *parafinas* são frequentemente utilizados para essa finalidade. Muitos sistemas de refrigeração disponíveis atualmente empregam contas de PCM com diâmetros pequenos, até de 0,5 mm, encapsuladas em uma estrutura feita de um polímero resistente. Materiais de mudança de fase encapsulados também podem ser encontrados em outros produtos.

3.9 Apresentando os Calores Específicos c_v e c_p

calores específicos

Diversas propriedades relacionadas com a energia interna são importantes em termodinâmica. Uma dessas propriedades é a entalpia, apresentada na Seção 3.6.1. Duas outras, conhecidas como calores específicos, são consideradas nesta seção. Os calores específicos, indicados por c_v e c_p, são particularmente úteis para cálculos termodinâmicos que envolvam o *modelo de gás ideal* a ser apresentado na Seção 3.12.

As propriedades intensivas c_v e c_p são definidas para substâncias simples compressíveis puras em termos de derivadas parciais das funções $u(T, v)$ e $h(T, p)$, respectivamente, como

$$c_v = \left(\frac{\partial u}{\partial T}\right)_v \tag{3.8}$$

$$c_p = \left(\frac{\partial h}{\partial T}\right)_p \tag{3.9}$$

em que os subscritos v e p representam, respectivamente, as variáveis mantidas fixas durante a diferenciação. Valores de c_v e c_p podem ser obtidos através de mecânica estatística utilizando medições em *espectrômetros*. Eles também podem ser determinados macroscopicamente através de medidas precisas de propriedades. Uma vez que u e h podem ser expressos em base mássica ou em base molar, os valores de calores específicos podem ser expressos de modo semelhante. Em unidades SI tem-se kJ/kg · K ou kJ/kmol · K. Em unidades inglesas tem-se Btu/lb · °R ou Btu/lbmol · °R.

A propriedade k, denominada *razão de calores específicos*, é simplesmente a razão

$$k = \frac{c_p}{c_v} \tag{3.10}$$

As propriedades c_v e c_p são denominadas *calores específicos* (ou capacidades térmicas) uma vez que, sob certas *condições especiais*, relacionam a variação de temperatura de um sistema com a quantidade de calor adicionado por transferência de calor. Entretanto, geralmente é preferível pensar em c_v e c_p em termos de suas definições, Eqs. 3.8 e 3.9, e não em termos da limitada interpretação que envolve a transferência de calor.

Em geral, c_v é uma função de v e T (ou p e T) e c_p é uma função de p e T (ou v e T). A Fig. 3.9 apresenta como c_p para vapor d'água varia em função da temperatura e da pressão. As fases de vapor de outras substâncias exibem um comportamento semelhante. Note que a figura fornece a variação de c_p com a temperatura no limite de pressão tendendo a zero. Ao longo desse limite c_p aumenta à medida que a temperatura aumenta, o que é uma característica também apresentada por outros gases. Esses valores de *pressão zero* para c_v e c_p serão mencionados de novo na Seção 3.13.2.

Dados de calores específicos estão disponíveis para gases, líquidos e sólidos de uso comum. Dados para gases são apresentados na Seção 3.13.2 como parte da discussão sobre o modelo de gás ideal. Valores de calor específico para alguns líquidos e sólidos de uso comum são apresentados na Seção 3.10.2 como parte da discussão sobre o modelo de substância incompressível.

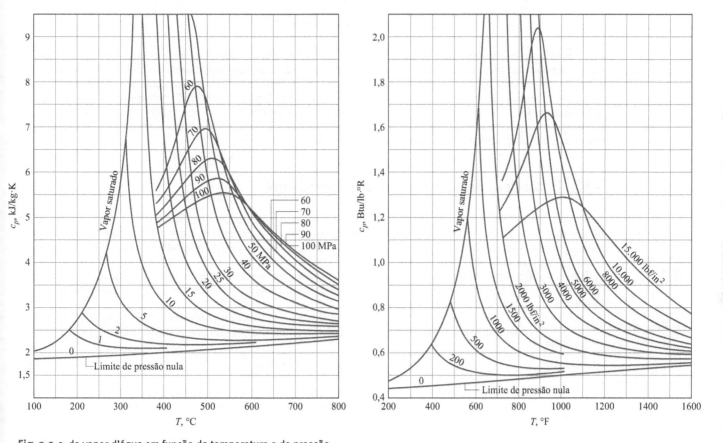

Fig. 3.9 c_p do vapor d'água em função da temperatura e da pressão.

3.10 Avaliando Propriedades de Líquidos e Sólidos

Métodos especiais frequentemente podem ser utilizados para avaliar propriedades de líquidos e sólidos. Esses métodos fornecem aproximações simples, embora precisas, que não requerem levantamentos exatos como as das tabelas de líquido comprimido para a água, Tabelas A-5. Dois desses métodos são apresentados a seguir: aproximações utilizando dados de líquido saturado e o modelo de substância incompressível.

3.10.1 Aproximações para Líquidos Utilizando Dados de Líquido Saturado

Valores aproximados para v, u e h para estados líquidos podem ser obtidos utilizando dados de líquido saturado. Para ilustrar, utilizemos as tabelas de líquido comprimido, Tabelas A-5. Essas tabelas mostram que o volume específico e a

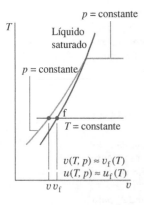

energia interna específica variam muito pouco com a pressão *para uma temperatura fixa*. Como os valores de v e u variam apenas levemente à medida que a pressão se altera para uma temperatura fixa, as aproximações a seguir são razoáveis para muitos cálculos de engenharia:

$$v(T,p) \approx v_f(T) \tag{3.11}$$
$$u(T,p) \approx u_f(T) \tag{3.12}$$

Isto é, para líquidos v e u podem ser avaliados no estado de líquido saturado correspondente à temperatura no dado estado.

Um valor aproximado de h para estados de líquido pode ser obtido utilizando as Eqs. 3.11 e 3.12 na definição $h = u + pv$; então

$$h(T,p) \approx u_f(T) + pv_f(T)$$

Essa relação pode ser expressa alternativamente por

$$h(T,p) \approx h_f(T) + \underline{v_f(T)[p - p_{sat}(T)]} \tag{3.13}$$

em que p_{sat} representa a pressão de saturação a uma dada temperatura. O desenvolvimento da expressão é deixado como exercício. Quando a contribuição do termo sublinhado da Eq. 3.13 é pequena, a entalpia específica pode ser aproximada pelo valor do líquido saturado, da mesma forma que para v e u. Isto é,

$$h(T,p) \approx h_f(T) \tag{3.14}$$

Embora as aproximações dadas tenham sido apresentadas em relação à água líquida, elas também fornecem aproximações apropriadas para outras substâncias *quando os únicos dados de líquido disponíveis são para estados de líquido saturado*. No presente texto, dados para líquido comprimido são apresentados somente para água (Tabelas A-5). Note ainda que o *Interactive Thermodynamics: IT* não fornece dados de líquido comprimido para *qualquer* substância, mas utiliza as Eqs. 3.11, 3.12 e 3.14 para avaliar, respectivamente, os valores de v, u e h. Quando uma precisão maior que a fornecida pelas aproximações for necessária, outras fontes de dados devem ser consultadas para a obtenção de conjuntos mais completos de propriedades da substância considerada.

3.10.2 Modelo de Substância Incompressível

Conforme foi abordado antes, existem regiões nas quais o volume específico da água líquida pouco varia e que a energia interna específica varia principalmente com a temperatura. O mesmo comportamento geral é apresentado pelas fases líquidas de outras substâncias e por sólidos. As aproximações das Eqs. 3.11 a 3.14 se baseiam nessas observações, assim como o modelo de substância incompressível aqui considerado.

modelo de substância incompressível

Para simplificar os cálculos envolvendo líquidos e sólidos geralmente assume-se que o volume específico (massa específica) seja constante e que a energia interna específica varie somente com a temperatura. Uma substância idealizada sob essas hipóteses é denominada *incompressível*.

Uma vez que a energia interna específica de uma substância modelada como incompressível depende somente da temperatura, o calor específico c_v é também uma função exclusiva da temperatura:

TOME NOTA...
Para uma substância modelada como incompressível,
v = constante e $u = u(T)$

$$c_v(T) = \frac{du}{dT} \quad \text{(incompressível)} \tag{3.15}$$

Esta expressão utiliza uma derivada ordinária, já que u depende somente de T.

Embora o volume específico seja constante e a energia interna dependa somente da temperatura, a entalpia varia com a pressão e com a temperatura de acordo com

$$h(T,p) = u(T) + pv \quad \text{(incompressível)} \tag{3.16}$$

Para uma substância modelada como incompressível os calores específicos c_v e c_p são iguais. Isso é observado pela derivação da Eq. 3.16 com relação à temperatura, enquanto a pressão é mantida constante para obter

$$\left(\frac{\partial h}{\partial T}\right)_p = \frac{du}{dT}$$

O lado esquerdo desta expressão corresponde a c_p por definição (Eq. 3.9) e, utilizando a Eq. 3.15 no lado direito, temos

$$c_p = c_v \quad \text{(incompressível)} \tag{3.17}$$

Então, para uma substância incompressível não é necessária a distinção entre c_p e c_v, e ambos podem ser representados pelo mesmo símbolo, c. Os calores específicos de alguns líquidos e sólidos de uso comum são fornecidos, em função da temperatura, nas Tabelas A-19. Ao longo de intervalos limitados de temperatura a variação de c com a temperatura pode ser pequena. Nesses casos, o calor específico c pode ser tratado como constante sem significativa perda de precisão.

Utilizando as Eqs. 3.15 e 3.16 as variações da energia interna específica e da entalpia específica entre dois estados são dadas, respectivamente, por

$$u_2 - u_1 = \int_{T_1}^{T_2} c(T)\, dT \quad \text{(incompressível)} \tag{3.18}$$

$$h_2 - h_1 = u_2 - u_1 + v(p_2 - p_1)$$
$$= \int_{T_1}^{T_2} c(T)\, dT + v(p_2 - p_1) \quad \text{(incompressível)} \tag{3.19}$$

Se o calor específico c for tomado como constante, as Eqs. 3.18 e 3.19 se tornam, respectivamente,

$$u_2 - u_1 = c(T_2 - T_1) \tag{3.20a}$$
$$h_2 - h_1 = c(T_2 - T_1) + \underline{v(p_2 - p_1)} \quad \text{(incompressível, com } c \text{ constante)} \tag{3.20b}$$

Na Eq. 3.20b o termo sublinhado é geralmente pequeno com relação ao primeiro termo do lado direito, e pode ser desprezado.

O próximo exemplo ilustra o uso do modelo de substância incompressível em uma aplicação envolvendo o calorímetro a volume constante considerado no boxe do item BIOCONEXÕES, na Seção 2.5.

▶▶ EXEMPLO 3.6 ▶

Medindo o Valor Calórico do Óleo de Cozinha

Um décimo de mililitro de óleo de cozinha é colocado na câmara de um calorímetro a volume constante com oxigênio suficiente para que o óleo seja completamente queimado. A câmara se encontra imersa em um banho de água, cuja massa é de 2,15 kg. Para atingir o objetivo desta análise as partes de metal do aparato são modeladas como equivalentes a um adicional de 0,5 kg de água. O calorímetro é perfeitamente isolado, e inicialmente está a 25°C. O óleo é inflamado eletricamente. Quando o equilíbrio é alcançado de novo, a temperatura é de 25,3°C. Determine a variação da energia interna dos conteúdos da câmara em kcal por ml de óleo de cozinha e em kcal por colher de sopa de óleo de cozinha.

SOLUÇÃO

Dado: são fornecidos os dados relativos a um calorímetro a volume constante que testa óleo de cozinha para obter seu valor calórico.

Pede-se: determine a variação da energia interna dos conteúdos da câmara do calorímetro.

Diagrama Esquemático e Dados Fornecidos:

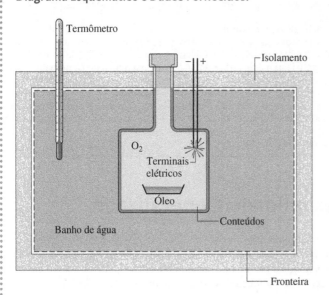

Modelo de Engenharia:
1. O sistema fechado está ilustrado pela linha pontilhada na figura correspondente.
2. O volume total permanece constante, inclusive a câmara, o banho e a quantidade de água utilizada como modelo para as partes metálicas.
3. A água é modelada como fluido incompressível com calor específico constante c.
4. A transferência de calor relativa à vizinhança é desprezível, e não há variações com relação à energia cinética ou potencial.

Fig. E3.6

Análise: com as hipóteses listadas, o balanço de energia do sistema fechado fica

$$\Delta U + \Delta\cancel{EC}^0 + \Delta\cancel{EP}^0 = \cancel{Q}^0 - \cancel{W}^0$$

ou

$$(\Delta U)_{conteúdos} + (\Delta U)_{água} = 0$$

desse modo

$$(\Delta U)_{conteúdos} = -(\Delta U)_{água} \qquad (a)$$

A variação da energia interna dos conteúdos é igual e oposta à variação da energia interna da água.

Como a água é modelada como incompressível, a Eq. 3.20a é utilizada para analisar o lado direito da Eq. (a), fornecendo

❶ ❷
$$(\Delta U)_{conteúdos} = -m_a c_a (T_2 - T_1) \qquad (b)$$

Com m_a = 2,15 kg + 0,5 kg = 2,65 kg, $(T_2 - T_1)$ = 0,3 K, e c_a = 4,18 kJ/kg · K da Tabela A-19, a Eq. (b) fornece

$$(\Delta U)_{conteúdos} = -(2{,}65 \text{ kg})(4{,}18 \text{ kJ/kg} \cdot \text{K})(0{,}3 \text{ K}) = -3{,}32 \text{ kJ}$$

Convertendo para kcal e expressando o resultado por milímetro de óleo utilizando o volume de óleo, de 0,1 mL, obtemos

$$\frac{(\Delta U)_{conteúdos}}{V_{óleo}} = \frac{-3{,}32 \text{ kJ}}{0{,}1 \text{ mL}} \left| \frac{1 \text{ kcal}}{4{,}1868 \text{ kJ}} \right|$$
$$= -7{,}9 \text{ kcal/mL}$$

O valor da caloria do óleo de cozinha é da magnitude de 7,9 kcal/mL. Os rótulos dos recipientes com óleo de cozinha usualmente fornecem o valor da caloria considerando o tamanho de uma colher de sopa (15 mL). Utilizando o valor calculado, obtemos 119 kcal por colher de sopa.

> **Habilidades Desenvolvidas**
>
> *Habilidades para...*
> ❑ definir um sistema fechado e identificar as interações que ocorrem em seu interior e em sua fronteira.
> ❑ aplicar o balanço de energia utilizando o modelo de substância incompressível.

❶ A variação da energia interna da água pode ser obtida de maneira alternativa utilizando a Eq. 3.12, junto com os dados relativos à energia interna para um líquido saturado obtidos da Tabela A-2.

❷ A variação da energia interna dos conteúdos da câmara não pode ser avaliada utilizando calor específico, porque os calores específicos são definidos (Seção 3.9) apenas para substâncias *puras* — ou seja, substâncias que têm composição invariável.

Teste-Relâmpago Utilizando a Eq. 3.12 junto com os dados relativos à energia interna para um líquido saturado obtidos da Tabela A-2, obtenha a variação da energia interna da água, em kJ, e compare com os valores obtidos admitindo que a água é incompressível. **Resposta:** 3,32 kJ

BIOCONEXÕES Sua alimentação é ruim para o meio ambiente? Pode ser. As frutas, os legumes e os produtos de origem animal encontrados nos supermercados exigem uma grande quantidade de combustíveis fósseis para estarem lá. Enquanto o estudo da ligação da alimentação humana ao meio ambiente ainda está dando os primeiros passos, já existem algumas conclusões preliminares interessantes a respeito.

Um estudo dos padrões alimentares dos Estados Unidos analisou a quantidade de combustível fóssil – e implicitamente, o nível da produção de gás de efeito estufa – necessário para suportar diversas dietas diferentes. Dietas ricas em carnes e peixes necessitam de mais combustíveis fósseis, devido aos recursos energéticos significativos necessários para produzir esses produtos e trazê-los para o mercado. Porém, para aqueles que desfrutam de carne e peixe, a notícia não é de todo ruim. Apenas uma fração do combustível fóssil necessário para providenciar o alimento para as lojas é usada para cultivá-lo; a maior parte é gasta no processamento e na distribuição. Desse modo, comer seus alimentos prediletos produzidos perto de casa pode ser ambientalmente uma boa escolha.

Ainda assim, a conexão entre o alimento que nós comemos, o uso dos recursos energéticos e o impacto ambiental correspondente requer estudos mais aprofundados, incluindo a grande quantidade de terras agrícolas necessárias, a enorme necessidade de água, as emissões relacionadas com a produção e o uso de fertilizantes, o metano emitido a partir dos resíduos produzidos por bilhões de animais criados anualmente para alimentação, e o combustível para o transporte dos alimentos para o mercado.

3.11 Diagrama de Compressibilidade Generalizada

O objetivo da presente seção é o de obter uma melhor compreensão das relações entre pressão, volume específico e temperatura para gases. Isso é importante não somente como uma base para análises envolvendo gases, mas também para discussões da segunda parte deste capítulo, quando o *modelo de gás ideal* é apresentado. A presente discussão é conduzida em termos do *fator de compressibilidade*, e começa pela introdução da *constante universal dos gases*.

3.11.1 Constante Universal dos Gases, $\bar{R}$

Considere um gás confinado em um cilindro por um pistão e o conjunto mantido a uma temperatura constante. O pistão pode ser movimentado para diversas posições, de maneira que uma série de estados de equilíbrio pode ser visitada a uma temperatura constante. Suponha que a pressão e o volume específico sejam medidos em cada estado e o valor da razão

$\overline{pv}/T$ ($\overline{v}$ é o volume por mol) seja determinado. Essas razões podem ser colocadas em uma forma gráfica em função da pressão para uma temperatura constante. Os resultados para diversas temperaturas são esboçados na Fig. 3.10. Quando as razões são extrapoladas para o valor de pressão nula *exatamente o mesmo valor-limite é obtido* para cada curva. Isto é,

$$\lim_{p \to 0} \frac{p\overline{v}}{T} = \overline{R} \qquad (3.21)$$

em que $\overline{R}$ representa o limite comum para todas as temperaturas. Se esse procedimento fosse repetido para outros gases veríamos em todos os casos que o limite da razão $\overline{pv}/T$ à medida que p tende a zero para uma temperatura fixa, é o mesmo e é denominado $\overline{R}$. Como o mesmo valor-limite é apresentado para todos os gases, $\overline{R}$ é denominada constante universal dos gases. O seu valor obtido experimentalmente é

constante universal dos gases

$$\overline{R} = \begin{cases} 8,314 \text{ kJ/kmol} \cdot \text{K} \\ 1,986 \text{ Btu/lbmol} \cdot {}^\circ\text{R} \\ 1545 \text{ ft} \cdot \text{lbf/lbmol} \cdot {}^\circ\text{R} \end{cases} \qquad (3.22)$$

Tendo apresentado a constante universal dos gases, analisa-se a seguir o fator de compressibilidade.

3.11.2 Fator de Compressibilidade, Z

A razão adimensional $p\overline{v}/\overline{R}T$ é denominada fator de compressibilidade, e é representada por Z. Isto é,

fator de compressibilidade

$$Z = \frac{p\overline{v}}{\overline{R}T} \qquad (3.23)$$

Como mostrado em cálculos a serem apresentados, quando valores de p, $\overline{v}$, $\overline{R}$ e T são utilizados em unidades consistentes Z é adimensional.

Com $\overline{v} = Mv$ (Eq. 1.9), em que M representa o peso atômico ou molecular, o fator de compressibilidade pode ser expresso de modo alternativo como

$$Z = \frac{pv}{RT} \qquad (3.24)$$

em que

$$R = \frac{\overline{R}}{M} \qquad (3.25)$$

R é uma constante para um gás particular cujo peso molecular é M. Alternativamente, as unidades para R são kJ/kg · K, Btu/lb · °R e ft · lbf/lb · °R. A Tabela 3.1 fornece uma amostra de valores da constante R para alguns gases, calculada a partir da Eq. 3.25.

A Eq. 3.21 pode ser expressa em termos do fator de compressibilidade como

$$\lim_{p \to 0} Z = 1 \qquad (3.26)$$

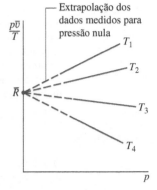

Fig. 3.10 Esboço de $p\overline{v}/T$ em função da pressão para um gás considerando diferentes valores de temperatura.

Isto é, o fator de compressibilidade Z tende a ser unitário à medida que a pressão tende a zero para uma temperatura fixa. Isso pode ser ilustrado observando-se a Fig. 3.11, que mostra Z para o hidrogênio como função da pressão para diferentes temperaturas. Em geral, nos estados de um gás em que a pressão é pequena com relação à pressão crítica Z é aproximadamente 1.

TABELA 3.1

Valores da Constante R do Gás para Elementos e Compostos Selecionados

Substância	Fórmula Química	R (kJ/kg · K)	R (Btu/lb · °R)
Ar	–	0,2870	0,06855
Amônia	NH_3	0,4882	0,11662
Argônio	Ar	0,2082	0,04972
Dióxido de carbono	CO_2	0,1889	0,04513
Monóxido de carbono	CO	0,2968	0,07090
Hélio	He	2,0769	0,49613
Hidrogênio	H_2	4,1240	0,98512
Metano	CH_4	0,5183	0,12382
Nitrogênio	N_2	0,2968	0,07090
Oxigênio	O_2	0,2598	0,06206
Água	H_2O	0,4614	0,11021

Fonte: Os valores de R são calculados em termos da constante universal dos gases $\overline{R}$ = 8,314 kJ/kmol · K = 1,986 Btu/lbmol · °R e do peso molecular M obtido da Tabela A-1 utilizando $R = \overline{R}/M$ (Eq. 3.25).

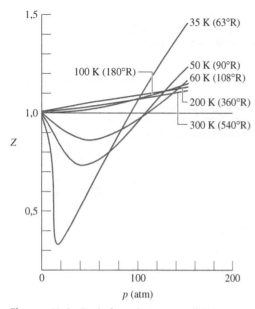

Fig. 3.11 Variação do fator de compressibilidade com a pressão a temperatura constante para o hidrogênio.

pressão e temperatura reduzidas

diagrama de compressibilidade generalizada

volume específico pseudorreduzido

3.11.3 Dados de Compressibilidade Generalizada, Diagrama Z

A Fig. 3.11 apresenta o fator de compressibilidade para o hidrogênio em função da pressão para um dado valor de temperatura. Diagramas semelhantes podem ser construídos para outros gases. Quando esses diagramas são estudados observa-se uma semelhança *qualitativa* entre eles. Um estudo mais profundo mostra que quando as coordenadas são apropriadamente modificadas, curvas para diferentes gases quase coincidem quando representadas graficamente nos mesmos eixos coordenados em conjunto. Assim, uma semelhança *quantitativa* pode ser alcançada. Esse fato é denominado *princípio de estados correspondentes*. Nesse tipo de abordagem o fator de compressibilidade Z é representado graficamente como função da pressão reduzida p_R e da temperatura reduzida T_R, adimensionais definidas como

$$p_R = p/p_c \qquad (3.27)$$

$$T_R = T/T_c \qquad (3.28)$$

em que p_c e T_c representam a pressão e a temperatura crítica, respectivamente. Isso resulta em um diagrama de compressibilidade generealizada da forma $Z = f(p_R, T_R)$. A Fig. 3.12 mostra dados experimentais para 10 diferentes gases em um diagrama desse tipo. As linhas cheias, que correspondem a isotermas reduzidas, representam as melhores curvas ajustadas aos dados. Observe que as Tabelas A-1 fornecem a temperatura crítica e a pressão crítica para um conjunto de substâncias.

Um diagrama generalizado mais apropriado que o da Fig. 3.12 para a resolução de problemas é apresentado no Apêndice como as Figs. A-1, A-2 e A-3. Na Fig. A-1 p_R varia de 0 a 1,0; na Fig. A-2 p_R varia de 0 a 10,0; e na Fig. A-3 p_R varia de 10,0 a 40,0. Para qualquer temperatura o desvio entre os dados medidos e aqueles do diagrama generalizado aumenta com a pressão. Entretanto, para os 30 gases utilizados no desenvolvimento do diagrama o desvio é *no máximo* da ordem de 5%, e para a maioria dos intervalos muito é inferior a este valor.[1]

Valores de volume específico são incluídos no diagrama generalizado de compressibilidade através da variável denominada volume específico pseudorreduzido e definida por

$$v'_R = \frac{\overline{v}}{\overline{R}T_c/p_c} \qquad (3.29)$$

O volume específico pseudorreduzido fornece uma melhor correlação de dados do que o volume específico *reduzido* $v_R = \overline{v}/\overline{v}_c$ em que $\overline{v}_c$ é o volume específico crítico.

TOME NOTA...
O estudo da Fig. A-2 mostra que o valor de Z tende a unidade à medida que a pressão reduzida p_R tende a zero para uma temperatura fixa reduzida T_R. Isto é, $Z \to 1$ conforme $p_R \to 0$ para T_R fixa.
A Fig. A-2 mostra também que Z tende a unidade para uma pressão fixa reduzida, conforme o valor da temperatura reduzida torna-se maior.

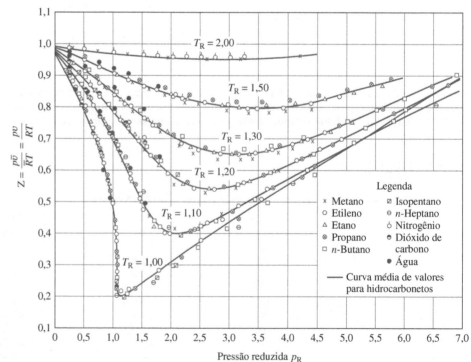

Fig. 3.12 Diagrama de compressibilidade generalizada para vários gases.

---

[1]Para determinar Z acima de T_R igual a 5 para o hidrogênio, o hélio e para o neon, a temperatura e a pressão reduzidas devem ser calculadas utilizando-se $T_R = T/(T_c + 8)$ e $p_R = p/(p_c + 8)$, com as temperaturas em K e as pressões em atm.

Avaliando Propriedades 103

A partir da pressão e da temperatura críticas de uma substância de interesse, o diagrama generalizado pode ser utilizado com diversos pares das variáveis T_R, p_R e $\bar{v}'_R$: (T_R, p_R), $(p_R, \bar{v}'_R)$ ou $(T_R, \bar{v}'_R)$. O mérito do diagrama generalizado para relacionar p, v e T para gases está relacionado com a simplicidade em conjunto com a precisão. Entretanto, o diagrama generalizado de compressibilidade não deve ser utilizado como um substituto para os dados p–v–T de uma substância fornecidos por uma tabela ou programa de computador. O diagrama é útil principalmente para a obtenção de estimativas razoáveis na ausência de dados mais precisos.

Gás_Ideal
A.15 –Aba a

O exemplo a seguir fornece uma ilustração do uso do diagrama generalizado de compressibilidade.

EXEMPLO 3.7

Utilizando o Diagrama de Compressibilidade Generalizada

Um tanque rígido e fechado, repleto de vapor d'água, inicialmente a 20 MPa, 520°C, é resfriado até que sua temperatura atinja 400°C. Utilizando o diagrama de compressibilidade, determine

(a) o volume específico do vapor d'água em m³/kg no estado inicial.

(b) a pressão em MPa no estado final.

Compare os resultados dos itens (a) e (b) com os valores obtidos das tabelas de vapor superaquecido, Tabela A-4.

SOLUÇÃO

Dado: vapor d'água é resfriado a volume constante de 20 MPa, 520°C a 400°C.

Pede-se: utilize o diagrama de compressibilidade e as tabelas de vapor superaquecido para determinar o volume específico e a pressão final e compare os resultados.

Diagrama Esquemático e Dados Fornecidos:

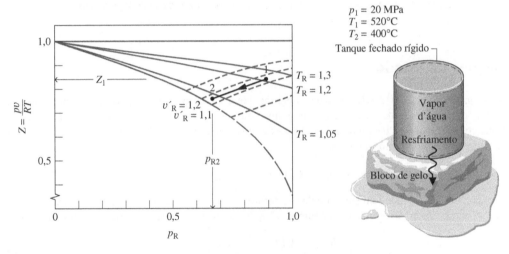

Modelo de Engenharia:

1. O vapor d'água constitui um sistema fechado.
2. Os estados inicial e final estão em equilíbrio.
3. O volume é constante.

Fig. E3.7

Análise:

(a) Da Tabela A-1, $T_c = 647{,}3$ K e $p_c = 22{,}09$ MPa para a água. Então,

❶
$$T_{R1} = \frac{793}{647{,}3} = 1{,}23, \qquad p_{R1} = \frac{20}{22{,}09} = 0{,}91$$

Com esses valores para a temperatura reduzida e a pressão reduzida o valor de Z obtido da Fig. A-1 é aproximadamente 0,83. Uma vez que $Z = pv/RT$, o volume específico no estado 1 pode ser determinado do seguinte modo:

$$v_1 = Z_1 \frac{RT_1}{p_1} = 0{,}83 \frac{\bar{R}T_1}{Mp_1}$$

❷
$$= 0{,}83 \left(\frac{8314 \dfrac{\text{N} \cdot \text{m}}{\text{kmol} \cdot \text{K}}}{18{,}02 \dfrac{\text{kg}}{\text{kmol}}} \right) \left(\frac{793 \text{ K}}{20 \times 10^6 \dfrac{\text{N}}{\text{m}^2}} \right) = 0{,}0152 \text{ m}^3/\text{kg}$$

O peso molecular da água é obtido da Tabela A-1.

De acordo com a Tabela A-4, o volume específico no estado inicial é 0,01551 m³/kg. Esse valor concorda com o valor obtido com o diagrama de compressibilidade, como esperado.

(b) Uma vez que a massa e o volume permanecem constantes, o vapor d'água é resfriado a volume específico constante e, assim, a constante $\bar{v}'_R$. Utilizando o valor de volume específico determinado no item (a), o valor constante de $\bar{v}'_R$ é

$$v'_R = \frac{vp_c}{RT_c} = \frac{\left(0{,}0152\dfrac{m^3}{kg}\right)\left(22{,}09 \times 10^6 \dfrac{N}{m^2}\right)}{\left(\dfrac{8314}{18{,}02}\dfrac{N \cdot m}{kg \cdot K}\right)(647{,}3\ K)} = 1{,}12$$

No estado 2

$$T_{R2} = \frac{673}{647{,}3} = 1{,}04$$

Localizando o ponto no diagrama de compressibilidade em que $\overline{v}'_R = 1{,}12$ e $T_R = 1{,}04$, o valor correspondente de p_R se encontra em torno de 0,69. Assim

$$p_2 = p_c(p_{R2}) = (22{,}09\ \text{MPa})(0{,}69) = 15{,}24\ \text{MPa}$$

Interpolando nas tabelas de vapor superaquecido obtém-se $p_2 = 15{,}16$ MPa. Como antes, o valor obtido a partir do diagrama de compressibilidade se encontra em boa concordância com o valor tabelado.

> ✓ **Habilidades Desenvolvidas**
>
> Habilidades para...
> ☐ utilizar o diagrama generalizado de compressibilidade para relacionar dados p-v-T.
> ☐ utilizar as tabelas de vapor para relacionar dados p-v-T.

❶ A temperatura *absoluta* e a pressão *absoluta* devem ser utilizadas na determinação do fator de compressibilidade Z, da temperatura reduzida T_R e da pressão reduzida p_R.

❷ Uma vez que Z é adimensional, valores de p, v, R e T devem ser utilizados em unidades compatíveis.

Teste-Relâmpago Utilizando o diagrama de compressibilidade, determine o volume específico, em m³/kg, para o vapor d'água a 14 MPa, 440°C. Compare com o valor da tabela de vapor. **Resposta:** 0,0195 m³/kg.

3.11.4 Equações de Estado

Considerando as curvas das Figs. 3.11 e 3.12, é razoável pensar que a variação do fator de compressibilidade com a pressão e a temperatura para gases pode ser expressa como uma equação, pelo menos para alguns intervalos de p e T. Duas expressões que contemplam uma base teórica podem ser escritas. Uma fornece o fator de compressibilidade como uma expansão em série infinita em termos da pressão:

$$Z = 1 + \hat{B}(T)p + \hat{C}(T)p^2 + \hat{D}(T)p^3 + \cdots \qquad (3.30)$$

em que os coeficientes $\hat{B}, \hat{C}, \hat{D}, \ldots$ dependem somente da temperatura. As reticências na Eq. 3.30 representam termos de ordem superior. A outra expressão é uma série análoga à Eq. 3.30, mas expressa em termos de $1/\overline{v}$ em vez de p

$$Z = 1 + \frac{B(T)}{\overline{v}} + \frac{C(T)}{\overline{v}^2} + \frac{D(T)}{\overline{v}^3} + \cdots \qquad (3.31)$$

equações viriais de estado

As Eqs. 3.30 e 3.31 são conhecidas como equações viriais de estado, e os coeficientes $\hat{B}, \hat{C}, \hat{D}\ldots$ e $B, C, D, \ldots$ são denominados *coeficientes viriais*. A palavra *virial* origina-se da palavra latina para força. No presente uso está relacionada com interações de força entre moléculas.

As expansões viriais podem ser derivadas por métodos da mecânica estatística, e pode-se atribuir sentido físico aos coeficientes: $B/\overline{v}$ está relacionado com interações entre duas moléculas, $C/\overline{v}^2$ está relacionado com interações entre três moléculas etc. Em princípio, os coeficientes viriais podem ser calculados pelo uso de expressões da mecânica estatística derivada da consideração dos campos de forças ao redor das moléculas de um gás. Os coeficientes viriais também podem ser determinados a partir de dados p–v–T experimentais. As expansões viriais são utilizadas na Seção 11.1 como ponto de partida para a continuação dos estudos de representações analíticas das relações p–v–T de gases conhecidas genericamente como *equações de estado*.

As expansões viriais e o significado físico atribuído aos termos que compõem as expansões podem ser utilizados para explicar a natureza do comportamento-limite de um gás à medida que a pressão tende a zero para uma dada temperatura. Da Eq. 3.30 pode ser visto que se a pressão decresce a uma temperatura constante os termos $\hat{B}p, \hat{C}p^2$ etc. que consideram as diversas interações moleculares tendem a ser reduzidos, sugerindo que as forças de interação se tornam mais fracas sob essas circunstâncias. No limite da pressão tendendo a zero esses termos se anulam, e a equação se reduz a $Z = 1$, o que se encontra de acordo com a Eq. 3.26. De modo semelhante, como o volume específico aumenta à medida que a pressão diminui para uma temperatura fixa os termos $B/\overline{v}$, $C/\overline{v}^2$ etc. da Eq. 3.31 também se anulam no limite, levando a $Z = 1$ quando as forças de interação entre as moléculas não são mais significativas.

Avaliando Propriedades com o Uso do Modelo de Gás Ideal

3.12 Apresentando o Modelo de Gás Ideal

Nesta seção é apresentado o modelo de gás ideal. Esse modelo tem muitas aplicações na prática de engenharia, e é frequentemente utilizado nas seções que se seguem após este texto.

3.12.1 A Equação de Estado de Gás Ideal

Conforme observado na Seção 3.11.3, o estudo do diagrama generalizado de compressibilidade, representado na Fig. A-2, mostra que para os estados nos quais a pressão p é pequena em relação à pressão crítica p_c (baixa p_R) e/ou a temperatura T é elevada em relação à temperatura crítica T_c (elevada T_R), o fator de compressibilidade $Z = pv/RT$, é próximo de 1. Nesses estados, podemos admitir com uma precisão aceitável que $Z = 1$, ou

$$pv = RT \tag{3.32}$$

A segunda parte deste capítulo, fundamentada no modelo de gás ideal, está vinculada à Eq. 3.32, que é conhecida como a equação de estado de gás ideal.

Formas alternativas da mesma relação básica entre pressão, volume específico e temperatura são obtidas como se segue. Com $v = V/m$, a Eq. 3.32 pode ser expressa como

$$pV = mRT \tag{3.33}$$

equação de estado de gás ideal

Além disso, uma vez que $v = \bar{v}/M$ e $R = \bar{R}/M$, Eqs. 1.9 e 3.25, respectivamente, em que M é o peso molecular, a Eq. 3.32 pode ser expressa como

$$p\bar{v} = \bar{R}T \tag{3.34}$$

ou, com $\bar{v} = V/n$, como

$$pV = n\bar{R}T \tag{3.35}$$

Gás_Ideal
A.15 –Aba b

3.12.2 Modelo de Gás Ideal

Para qualquer gás cuja equação de estado seja dada *exatamente* por $pv = RT$ a energia interna específica depende *somente* da temperatura. Essa conclusão é demonstrada formalmente na Seção 11.4. Observações experimentais também suportam essa conclusão, iniciando com o trabalho de Joule, que mostrou, em 1843, que a energia interna do ar com baixa massa específica (volume específico elevado) depende basicamente da temperatura. Uma motivação adicional, a partir de um ponto de vista microscópico, será fornecida em breve. A entalpia específica de um gás descrito por $pv = RT$ também depende somente da temperatura, como pode ser mostrado pela combinação da definição de entalpia, $h = u + pv$, com $u = u(T)$, e a equação de estado de gás ideal para obter $h = u(T) + RT$. Tomadas em conjunto, essas especificações constituem o modelo de gás ideal, que é resumido a seguir:

modelo de gás ideal

$$pv = RT \tag{3.32}$$
$$u = u(T) \tag{3.36}$$
$$h = h(T) = u(T) + RT \tag{3.37}$$

TOME NOTA...
Para o desenvolvimento das soluções de muitos exemplos a seguir e problemas de final de capítulo envolvendo ar, oxigênio (O_2), nitrogênio (N_2), dióxido de carbono (CO_2), monóxido de carbono (CO), hidrogênio (H_2) e outros gases comuns é indicado no enunciado do problema que o modelo de gás ideal deve ser utilizado. Se essa informação não estiver explicitamente indicada, a aplicabilidade do modelo de gás ideal deve ser verificada utilizando o diagrama Z ou outros dados.

A energia interna específica e a entalpia de gases em geral dependem de duas propriedades independentes e não somente da temperatura, como estabelecido pelo modelo de gás ideal. Além disso, a equação de estados dos gases perfeitos não fornece uma aproximação aceitável para todos os estados. Em consequência, a utilização do modelo de gás ideal depende do erro aceitável para um dado cálculo. Não obstante, gases geralmente se *aproximam* do comportamento de gás ideal, e uma descrição particularmente simplificada é obtida com o modelo de gás ideal.

Para verificar se um gás pode ser modelado como um gás ideal, estados de interesse podem ser localizados em um diagrama de compressibilidade de maneira a determinar o desvio em relação à condição de $Z = 1$. Como mostrado em discussões posteriores, outros dados de propriedades em forma de gráficos ou tabelas podem também ser utilizados na determinação da aplicabilidade do modelo de gás ideal.

O próximo exemplo ilustra a utilização da equação de estado de gás ideal e reforça o uso dos diagramas de propriedades para localizar os principais estados durante processos.

EXEMPLO 3.8

Analisando o Ar como um Gás Ideal Submetido a um Ciclo Termodinâmico

Uma libra (0,45 kg) de ar em um conjunto cilindro-pistão é submetida a um ciclo termodinâmico que consiste em três processos.

Processo 1-2: volume específico constante
Processo 2-3: expansão à temperatura constante
Processo 3-1: compressão à pressão constante

No estado 1 a temperatura é de 540°R (26,8°C) e a pressão é 1 atm. No estado 2, a pressão é de 2 atm. Empregando a equação de estado de gás ideal,

(a) esboce o ciclo em coordenadas p–v.
(b) determine a temperatura no estado 2, em °R.
(c) determine o volume específico no estado 3, em ft³/lb.

SOLUÇÃO

Dado: ar é submetido a um ciclo termodinâmico composto por três processos: Processo 1-2, $v = $ *constante*; Processo 2-3, $T = $ *constante*; Processo 3-1, $p = $ *constante*. São fornecidos valores para T_1, p_1 e p_2.

Pede-se: esboce o ciclo em coordenadas p–v e determine T_2 e v_3.

Diagrama Esquemático e Dados Fornecidos:

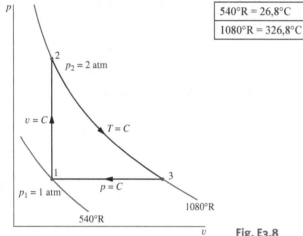

Fig. E3.8

Modelo de Engenharia:

1. O ar constitui um sistema fechado.
2. O ar se comporta como um gás ideal.
3. O trabalho relacionado com o movimento do pistão é o único modo de trabalho presente.

Análise:

(a) O ciclo é ilustrado em coordenadas p–v na figura correspondente. Observe que como $p = RT/v$ e a temperatura é constante, a variação de p com v para o processo de 2 para 3 é não linear.

(b) Utilizando $pv = RT$, a temperatura no estado 2 é

$$T_2 = p_2 v_2 / R$$

Para obter o volume específico v_2 necessário nesta relação, note que $v_2 = v_1$, assim

$$v_2 = RT_1/p_1$$

Combinando esses dois resultados, temos

$$T_2 = \frac{p_2}{p_1} T_1 = \left(\frac{2 \text{ atm}}{1 \text{ atm}}\right)(540°R) = 1080°R$$

(c) Uma vez que $pv = RT$, o volume específico no estado 3 é

$$v_3 = RT_3/p_3$$

Observando que $T_3 = T_2$, $p_3 = p_1$ e $R = \overline{R}/M$

$$v_3 = \frac{\overline{R} T_2}{M p_1}$$

$$= \left(\frac{1545 \dfrac{\text{ft} \cdot \text{lbf}}{\text{lbmol} \cdot °R}}{28{,}97 \dfrac{\text{lb}}{\text{lbmol}}}\right) \frac{(1080°R)}{(14{,}7 \text{ lbf/in}^2)} \left|\frac{1 \text{ ft}^2}{144 \text{ in}^2}\right|$$

$$= 27{,}2 \text{ ft}^3/\text{lb}$$

em que o peso molecular do ar é obtido da Tabela A-1E.

✓ **Habilidades Desenvolvidas**

Habilidades para...
- analisar dados p-v-T utilizando a equação de estado de gás ideal.
- esboçar processos em um diagrama p-v.

❶ A Tabela A-1E fornece p_c = 37,2 atm, T_c = 239°R para o ar. Então, p_{R2} = 0,054, T_{R2} = 4,52. De acordo com a Fig. A-1, o valor do fator de compressibilidade para esse estado é $Z \approx 1$. A mesma conclusão resulta quando os estados 1 e 3 são verificados. Assim, $pv = RT$ descreve de modo adequado a relação p–v–T do ar para esses estados.

❷ Note cuidadosamente que a equação de estado $pv = RT$ requer a utilização da temperatura *absoluta* T e da pressão *absoluta* p.

Teste-Relâmpago   O ciclo ilustrado na Fig. E3.8 é um ciclo de potência ou um ciclo de refrigeração? Explique.
Resposta: Um ciclo de potência. O trabalho líquido é positivo, conforme representado pela área 1-2-3-1.

3.12.3 Interpretação Microscópica

Uma ideia da dependência da energia interna dos gases com respeito à temperatura para baixos valores de massa específica (valores elevados de volume específico) pode ser obtida a partir da discussão sobre as equações viriais: Eqs. 3.30 e 3.31. À medida que $p \to 0$ ($\bar{v} \to \infty$), as forças de interação entre as moléculas de um gás se tornam mais fracas e as expansões viriais se aproximam, no limite, de $Z = 1$. O estudo de gases sob o ponto de vista microscópico mostra que a dependência da energia interna do gás em relação à pressão, ou volume específico, para uma dada temperatura aparece basicamente devido a interações moleculares. Consequentemente, à medida que a massa específica de um gás diminui (o volume específico aumenta) à temperatura constante, atinge-se uma situação em que os efeitos das forças intermoleculares se tornam mínimos. A energia interna é então determinada principalmente pela temperatura.

Do ponto de vista microscópico o modelo de gás ideal é constituído de várias idealizações: o gás é composto de moléculas que se encontram em movimento randômico e obedecem às leis da mecânica; o número total de moléculas é elevado, entretanto o volume de moléculas corresponde a uma fração desprezível do volume ocupado pelo gás; e não existem forças apreciáveis agindo nas moléculas, exceto durante colisões. Uma discussão adicional sobre o gás ideal com abordagem microscópica é apresentada na Seção 3.13.2.

3.13 Energia Interna, Entalpia e Calores Específicos de Gases Ideais

3.13.1 Relações Δu, Δh, Δc_v e c_p

Para um gás que obedeça ao modelo de gás ideal, a energia interna específica depende somente da temperatura. Assim, o calor específico c_v, definido pela Eq. 3.8, é também uma função somente da temperatura. Isto é,

$$c_v(T) = \frac{du}{dT} \qquad \text{(gás ideal)} \tag{3.38}$$

Essa expressão apresenta uma derivada ordinária, já que u depende apenas de T.

Separando variáveis na Eq. 3.38

$$du = c_v(T)\, dT \tag{3.39}$$

Através de integração, a variação da energia interna específica fica

$$u(T_2) - u(T_1) = \int_{T_1}^{T_2} c_v(T)\, dT \qquad \text{(gás ideal)} \tag{3.40}$$

De maneira similar, para um gás que se comporta de acordo com o modelo de gás ideal a entalpia específica depende apenas da temperatura, e então o calor específico c_p, definido pela Eq. 3.9, é também uma função exclusiva da temperatura. Isto é

$$c_p(T) = \frac{dh}{dT} \qquad \text{(gás ideal)} \tag{3.41}$$

Separando variáveis na Eq. 3.41

$$dh = c_p(T)\, dT \tag{3.42}$$

Através de integração, a variação da entalpia específica fica

$$h(T_2) - h(T_1) = \int_{T_1}^{T_2} c_p(T) \, dT \quad \text{(gás ideal)} \quad (3.43)$$

Uma relação importante entre os calores específicos de um gás ideal pode ser desenvolvida pela diferenciação da Eq. 3.37 em relação à temperatura

$$\frac{dh}{dT} = \frac{du}{dT} + R$$

e, introduzindo as Eqs. 3.38 e 3.41, obtemos

$$c_p(T) = c_v(T) + R \quad \text{(gás ideal)} \quad (3.44)$$

Em base molar, essa relação pode ser escrita como

$$\bar{c}_p(T) = \bar{c}_v(T) + \bar{R} \quad \text{(gás ideal)} \quad (3.45)$$

Embora cada um dos dois calores específicos de um gás ideal seja função da temperatura, as Eqs. 3.44 e 3.45 mostram que esses calores específicos diferem somente por uma constante: a constante do gás. O conhecimento de qualquer um dos calores específicos de um gás particular permite que o outro seja calculado utilizando-se apenas a constante do gás. As equações citadas também mostram que $c_p > c_v$ e $\bar{c}_p > \bar{c}_v$, respectivamente.

Para um gás ideal, a razão de calores específicos, k, é também uma função somente da temperatura

$$k = \frac{c_p(T)}{c_v(T)} \quad \text{(gás ideal)} \quad (3.46)$$

Uma vez que $c_p > c_v$, conclui-se que $k > 1$. A combinação das Eqs. 3.44 e 3.46 resulta em

$$c_p(T) = \frac{kR}{k-1} \quad (3.47a)$$

$$\text{(gás ideal)}$$

$$c_v(T) = \frac{R}{k-1} \quad (3.47b)$$

Expressões similares podem ser escritas para os calores específicos em uma base molar, com R sendo substituído por $\bar{R}$.

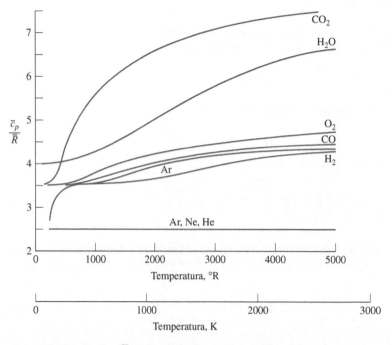

Fig. 3.13 Variação de $\bar{c}_p/\bar{R}$ com a temperatura para alguns gases utilizando o modelo de gás ideal.

3.13.2 Utilizando Funções Relativas ao Calor Específico

As expressões precedentes requerem que os calores específicos dos gases ideais sejam funções da temperatura. Essas funções estão disponíveis para gases de interesse prático, em diversas formas, como gráficos, tabelas e equações. A Fig. 3.13 apresenta a variação de $\bar{c}_p$ (base molar) com a temperatura para alguns gases de uso comum. Para o intervalo de temperatura mostrado, $\bar{c}_p$ aumenta com a temperatura para todos os gases, com exceção dos gases monoatômicos Ar, Ne e He. Para esses, $\bar{c}_p$ é constante e igual ao valor previsto pela teoria cinética dos gases: $\bar{c}_p = \frac{5}{2}\bar{R}$. Dados tabelados de calores específicos para alguns gases selecionados são apresentados como função da temperatura nas Tabelas A-20. Calores específicos também estão disponíveis em forma de equação. Diversas formas alternativas dessas equações podem ser encontradas na literatura da engenharia. Uma equação que é de integração relativamente fácil é a de forma polinomial dada por

$$\frac{\bar{c}_p}{\bar{R}} = \alpha + \beta T + \gamma T^2 + \delta T^3 + \varepsilon T^4 \qquad (3.48)$$

Valores das constantes α, β, γ, δ e ε são listados na Tabela A-21 para vários gases considerando o intervalo de temperatura de 300 a 1000 K (540 a 1800°R).

▶ **POR EXEMPLO** para ilustrar o uso da Eq. 3.48, avaliemos a variação da entalpia específica, em kJ/kg, do ar, modelado como gás ideal, a partir de um estado em que $T_1 = 400$ K a um estado no qual $T_2 = 900$ K. Substituindo a expressão para $\bar{c}_p(T)$ dada pela Eq. 3.48 na Eq. 3.43 e integrando em relação à temperatura, temos

$$h_2 - h_1 = \frac{\bar{R}}{M}\int_{T_1}^{T_2}(\alpha + \beta T + \gamma T^2 + \delta T^3 + \varepsilon T^4)dT$$

$$= \frac{\bar{R}}{M}\left[\alpha(T_2 - T_1) + \frac{\beta}{2}(T_2^2 - T_1^2) + \frac{\gamma}{3}(T_2^3 - T_1^3) + \frac{\delta}{4}(T_2^4 - T_1^4) + \frac{\varepsilon}{5}(T_2^5 - T_1^5)\right]$$

em que o peso molecular M foi utilizado de modo a obter o resultado em uma base mássica unitária. Com os valores das constantes da Tabela A-21

$$h_2 - h_1 = \frac{8,314}{28,97}\left\{3,653(900 - 400) - \frac{1,337}{2(10)^3}[(900)^2 - (400)^2]\right.$$

$$+ \frac{3,294}{3(10)^6}[(900)^3 - (400)^3] - \frac{1,913}{4(10)^9}[(900)^4 - (400)^4]$$

$$\left. + \frac{0,2763}{5(10)^{12}}[(900)^5 - (400)^5]\right\} = 531,69 \text{ kJ/kg} \quad \triangleleft \triangleleft \triangleleft \triangleleft \triangleleft$$

As funções dos calores específicos $c_v(T)$ e $c_p(T)$ também estão disponíveis no *IT: Interactive Thermodynamics*, no menu de Propriedades (**Properties**). Essas funções podem ser integradas utilizando a função integral do programa para calcular Δu e Δh, respectivamente.

▶ **POR EXEMPLO** Refaremos o exemplo anterior utilizando o *IT*. Para o ar, o código *IT* é

cp = cp_T ("Air",T)
delh = Integral(cp,T)

Pressionando o botão de Resolver (**Solve**) e variando T de 400 K a 900 K, a variação da entalpia específica é Δh = delh = 531,7 kJ/kg, o que concorda de maneira precisa com o valor obtido através da integração da função do calor específico da Tabela A-21, conforme ilustrado antes. ◁ ◁ ◁ ◁ ◁

A fonte de dados de calores específicos de gases ideais é experimental. Os calores específicos podem ser determinados macroscopicamente a partir de cuidadosas medidas de propriedades. No limite, à medida que a pressão tende a zero as propriedades de um gás tendem a coincidir com as de seu modelo de gás ideal. Então, calores específicos determinados macroscopicamente de um gás quando extrapolados para baixas pressões podem ser chamados tanto de calores específicos à *pressão zero* quanto de calores específicos de *gás ideal*. Embora calores específicos à pressão zero possam ser obtidos pela extrapolação de dados experimentais macroscopicamente determinados, esse procedimento hoje em dia é raramente efetuado. Isso se deve ao fato de que os calores específicos de gases perfeitos podem ser calculados de imediato com expressões da mecânica estatística utilizando dados *espectrais*, que podem ser obtidos de modo experimental com precisão. A determinação de calores específicos de gases perfeitos é uma das importantes áreas em que a *abordagem microscópica* contribui significativamente para as aplicações da termodinâmica.

3.14 Aplicando o Balanço de Energia Utilizando Tabelas de Gás Ideal, Calores Específicos Constantes e Programas de Computador

Embora variações da entalpia específica e da energia interna específica possam ser determinadas pela integração das expressões de calores específicos, como já foi mostrado na Seção 3.13.2, esses cálculos são mais facilmente conduzidos utilizando-se as tabelas de gás ideal, a hipótese de calores específicos constantes e programas de computador, todos apresentados na presente seção. Esses procedimentos também são ilustrados nesta seção através de exemplos resolvidos a partir de um balanço de energia para um sistema fechado.

3.14.1 Utilizando Tabelas de Gás Ideal

Para alguns gases comumente encontrados o cálculo das variações da energia interna e da entalpia específicas é facilitado pelo uso das *tabelas de gás ideal*, Tabelas A-22 e A-23, que fornecem u e h (ou $\bar{u}$ e $\bar{h}$) em função da temperatura.

Para obter entalpia em função da temperatura escrevemos a Eq. 3.43 como

$$h(T) = \int_{T_{ref}}^{T} c_p(T)\, dT + h(T_{ref})$$

em que T_{ref} corresponde a uma temperatura de referência arbitrária e $h(T_{ref})$ a um valor arbitrário de entalpia para a temperatura de referência. As Tabelas A-22 e A-23 são baseadas na escolha de $h = 0$ em $T_{ref} = 0$ K. Dessa forma, a tabela de valores de entalpia em função da temperatura é desenvolvida através da integral[2]

$$h(T) = \int_{0}^{T} c_p(T)\, dT \tag{3.49}$$

Os valores tabelados de energia interna em função da temperatura são obtidos dos valores tabelados de entalpia através de $u = h - RT$.

Para o ar considerado como gás ideal h e u são dados pela Tabela A-22, com unidades de kJ/kg, e pela Tabela A-22E em unidades de Btu/lb. Valores de entalpia $\bar{h}$ e energia interna $\bar{u}$ específicas molares para diversos gases comumente encontrados, assumidos como gases ideais, são dados na Tabela A-23 em unidades de kJ/kmol ou Btu/lbmol. Outras propriedades, que não a energia interna e a entalpia específicas, presentes nessas tabelas são apresentadas no Cap. 6 e devem ser ignoradas no momento. As Tabelas A-22 e A-23 são convenientes para cálculos envolvendo gases ideais não apenas pelo fato de a variação dos calores específicos com a temperatura ser considerada automaticamente, mas também porque as tabelas são de fácil utilização.

O próximo exemplo ilustra o uso das tabelas de gás ideal, juntamente com o balanço de energia para um sistema fechado.

---
[2]A expressão simples para a variação de calor específico dada pela Eq. 3.48 é válida apenas para um intervalo limitado de temperatura. Desse modo, valores tabelados de entalpia são calculados a partir da Eq. 3.49 utilizando expressões que permitam que a integral seja avaliada com precisão em intervalos mais amplos de temperatura.

▶▶▶ EXEMPLO 3.9 ▶

Utilizando o Balanço de Energia e as Tabelas de Gás Ideal

Um conjunto cilindro-pistão contém 2 lb (0,91 kg) de ar a uma temperatura de 540°R (26,8°C) e a uma pressão de 1 atm. O ar é comprimido até um estado no qual a temperatura é 840°R (193,5°C) e a pressão é 6 atm. Durante a compressão uma quantidade de calor igual a 20 Btu (21,1 kJ) é transferida do ar para a vizinhança. Utilizando o modelo de gás ideal para o ar, determine o trabalho realizado durante o processo, em Btu.

SOLUÇÃO

Dado: duas libras de ar são comprimidas entre dois estados especificados enquanto uma determinada quantidade de calor é transferida do ar.

Pede-se: determine o trabalho, em Btu.

Diagrama Esquemático e Dados Fornecidos:

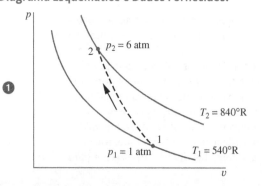
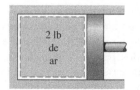

Fig. E3.9

Modelo de Engenharia:

1. O ar constitui um sistema fechado.
2. Os estados inicial e final são estados de equilíbrio. Não ocorrem variações da energia cinética ou potencial.
3. O ar se comporta como um gás ideal.
4. O trabalho relacionado com o movimento do pistão é o único modo de trabalho presente.

Análise: um balanço de energia para o sistema fechado é

$$\Delta \cancel{EC}^0 + \Delta \cancel{EP}^0 + \Delta U = Q - W$$

em que os termos de energia cinética e potencial se anulam de acordo com a hipótese 2. Resolvendo para W

❸
$$W = Q - \Delta U = Q - m(u_2 - u_1)$$

A partir do enunciado do problema, $Q = -20$ Btu. Além disso, da Tabela A-22E a $T_1 = 540°R$, $u_1 = 92{,}04$ Btu/lb e a $T_2 = 840°R$, $u_2 = 143{,}98$ Btu/lb. Desse modo

$$W = -20 \text{ Btu} - (2 \text{ lb})(143{,}98 - 92{,}04) \text{ Btu/lb} = -123{,}9 \text{ Btu}$$

O sinal negativo indica que o trabalho é realizado sobre o sistema nesse processo.

❶ Embora os estados inicial e final sejam considerados como estados de equilíbrio, os estados intermediários não são necessariamente estados de equilíbrio, de maneira que o processo foi representado no diagrama p–v por uma linha tracejada. Essa linha tracejada não define uma "trajetória" para o processo.

❷ A Tabela A-1E fornece $p_c = 37{,}2$ atm, $T_c = 239°R$ para o ar. Desse modo, no estado 1 $p_{R1} = 0{,}03$, $T_{R1} = 2{,}26$ e, no estado 2, $p_{R2} = 0{,}16$, $T_{R2} = 3{,}51$. Consultando a Fig. A-1 pode-se concluir que para esses estados $Z \approx 1$, como admitido para a solução.

❸ Em princípio, o trabalho poderia ser calculado através de $\int p \, dV$, mas por se desconhecer a variação de pressão na face do pistão com o volume a integração não pode ser realizada sem mais informações.

✓ **Habilidades Desenvolvidas**

Habilidades para...
☐ definir um sistema fechado e identificar as interações que ocorrem em sua fronteira.
☐ aplicar o balanço de energia utilizando o modelo de gás ideal.

Teste-Relâmpago Substituindo o ar por dióxido de carbono, porém mantendo inalterados todos os outros dados do problema, calcule o trabalho, em Btu. **Resposta:** –125,1 Btu.

3.14.2 Utilizando Calores Específicos Constantes

Quando calores específicos são tomados como constantes, as Eqs. 3.40 e 3.43 são reduzidas, respectivamente, a

$$u(T_2) - u(T_1) = c_v(T_2 - T_1) \tag{3.50}$$
$$h(T_2) - h(T_1) = c_p(T_2 - T_1) \tag{3.51}$$

As Eqs. 3.50 e 3.51 são geralmente utilizadas em análises termodinâmicas envolvendo gases ideais, uma vez que permitem o desenvolvimento de equações simples e fechadas para vários processos.

Os valores constantes de c_v e c_p nas Eqs. 3.50 e 3.51 são, estritamente falando, valores médios calculados como

$$c_v = \frac{\int_{T_1}^{T_2} c_v(T) \, dT}{T_2 - T_1}, \qquad c_p = \frac{\int_{T_1}^{T_2} c_p(T) \, dT}{T_2 - T_1}$$

Entretanto, quando a variação de c_v ou c_p ao longo de um dado intervalo de temperatura não é significativa é pequeno o erro cometido ao se tomar o calor específico requerido pela Eq. 3.50 ou 3.51 como a média aritmética dos valores de calor específico avaliados nas temperaturas-limite. Alternativamente, o calor específico avaliado na temperatura média do intervalo pode ser utilizado. Esses métodos são particularmente convenientes quando dados tabelados de calor específico estão disponíveis, como nas Tabelas A-20, e, assim, o calor específico *constante* pode ser geralmente determinado por inspeção.

▶ **POR EXEMPLO** admitindo que o calor específico c_v é uma constante e utilizando a Eq. 3.50, a expressão para o trabalho na solução do Exemplo 3.9 é dada por

$$W = Q - mc_v(T_2 - T_1)$$

Determinando c_v na temperatura média, 690°R (230°F), a Tabela A-20E fornece $c_v = 0{,}173$ Btu/lb · °R. Inserindo esse valor para c_v junto com outros dados do Exemplo 3.9, tem-se

$$W = -20 \text{ Btu} - (2 \text{ lb})\left(0{,}173 \frac{\text{Btu}}{\text{lb} \cdot °R}\right)(840 - 540)°R$$

$$= -123{,}8 \text{ Btu}$$

o que está de acordo com a resposta obtida no Exemplo 3.9, utilizando os dados da Tabela A-22E. ◀ ◀ ◀ ◀ ◀

O exemplo a seguir ilustra a utilização de balanços de energia em sistemas fechados, em conjunto com o modelo de gás ideal e a hipótese de calores específicos constantes.

EXEMPLO 3.10

Utilizando o Balanço de Energia e Calores Específicos Constantes

Dois tanques são conectados por uma válvula. Um tanque contém 2 kg de monóxido de carbono gasoso a 77°C e 0,7 bar. O outro tanque contém 8 kg do mesmo gás a 27°C e 1,2 bar. A válvula é aberta, permitindo a mistura dos gases enquanto energia sob a forma de calor é absorvida a partir da vizinhança. A temperatura final de equilíbrio é 42°C. Utilizando o modelo de gás ideal com c_v constante, determine (a) a pressão final de equilíbrio, em bar; (b) a quantidade de calor trocado durante o processo, em kJ.

SOLUÇÃO

Dado: dois tanques contendo diferentes quantidades de monóxido de carbono gasoso, inicialmente em diferentes estados, estão conectados por uma válvula. A válvula é aberta, permitindo a mistura do gás enquanto energia é absorvida por transferência de calor. A temperatura final de equilíbrio é conhecida.

Pede-se: determine a pressão final e a quantidade de calor transferida durante o processo.

Diagrama Esquemático e Dados Fornecidos:

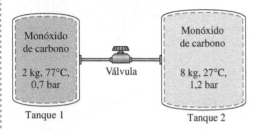

Fig. E3.10

Modelo de Engenharia:

1. A totalidade do monóxido de carbono gasoso constitui um sistema fechado.
2. O gás é modelado como um gás ideal com c_v constante. ❶
3. O gás inicialmente em cada tanque está em equilíbrio. O estado final é um estado de equilíbrio.
4. Não ocorre transferência de energia para ou do gás por trabalho.
5. Não ocorrem variações da energia cinética ou potencial.

Análise:

(a) A pressão final de equilíbrio p_f pode ser determinada a partir da equação de estado de gás ideal

$$p_f = \frac{mRT_f}{V}$$

em que m é a soma das quantidades iniciais presentes no interior dos dois tanques, V é o volume total dos dois tanques e T_f é a temperatura final de equilíbrio. Então

$$p_f = \frac{(m_1 + m_2)RT_f}{V_1 + V_2}$$

Representando a temperatura e a pressão iniciais do tanque 1 como T_1 e p_1, respectivamente, $V_1 = m_1RT_1/p_1$. De modo similar, se a temperatura e a pressão iniciais no tanque 2 são representadas por T_2 e p_2, $V_2 = m_2RT_2/p_2$. Então, a pressão final é

$$p_f = \frac{(m_1 + m_2)RT_f}{\left(\dfrac{m_1RT_1}{p_1}\right) + \left(\dfrac{m_2RT_2}{p_2}\right)} = \frac{(m_1 + m_2)T_f}{\left(\dfrac{m_1T_1}{p_1}\right) + \left(\dfrac{m_2T_2}{p_2}\right)}$$

Substituindo os valores

$$p_f = \frac{(10 \text{ kg})(315 \text{ K})}{\dfrac{(2 \text{ kg})(350 \text{ K})}{0,7 \text{ bar}} + \dfrac{(8 \text{ kg})(300 \text{ K})}{1,2 \text{ bar}}} = 1,05 \text{ bar}$$

(b) A quantidade de calor trocado pode ser encontrada a partir do balanço de energia, que com as hipóteses 4 e 5 se reduz a

$$\Delta U = Q - \cancel{W}^0$$

ou

$$Q = U_f - U_i$$

U_i é a energia interna inicial, dada por

$$U_i = m_1 u(T_1) + m_2 u(T_2)$$

em que T_1 e T_2 são as temperaturas iniciais do CO nos tanques 1 e 2, respectivamente. A energia interna final é U_f

$$U_f = (m_1 + m_2)u(T_f)$$

Introduzindo essas expressões para a energia interna, o balanço de energia se torna

$$Q = m_1[u(T_f) - u(T_1)] + m_2[u(T_f) - u(T_2)]$$

Uma vez que o calor específico c_v é constante (hipótese 2)

$$Q = m_1 c_v (T_f - T_1) + m_2 c_v (T_f - T_2)$$

Avaliando c_v como a média dos valores listados na Tabela A-20 para 300 K e 350 K, c_v = 0,745 kJ/kg · K. Então

$$Q = (2\text{ kg})\left(0{,}745\frac{\text{kJ}}{\text{kg} \cdot \text{K}}\right)(315\text{ K} - 350\text{ K}) + (8\text{ kg})\left(0{,}745\frac{\text{kJ}}{\text{kg} \cdot \text{K}}\right)(315\text{ K} - 300\text{ K})$$
$$= +37{,}25\text{ kJ}$$

O sinal positivo indica que a transferência de calor ocorre para o sistema.

Habilidades Desenvolvidas

Habilidades para...
- definir um sistema fechado e identificar as interações que ocorrem em sua fronteira.
- aplicar o balanço de energia utilizando o modelo de gás ideal quando o calor específico c_v for constante.

❶ Utilizando o diagrama de compressibilidade generalizada pode-se verificar que a equação de estado de gás ideal é apropriada para o CO nesse intervalo de temperatura e pressão. Como o calor específico c_v do CO varia pouco no intervalo de temperatura de 300 K a 350 K (Tabela A-20), ele pode ser tratado como constante com uma precisão aceitável.

Teste-Relâmpago Avalie Q utilizando valores de energia interna específica obtidos da Tabela A-23 para o CO. Compare com o resultado utilizando c_v constante. **Resposta:** 36,99 kJ.

3.14.3 Utilizando Programas de Computador

O *Interactive Thermodynamics: IT* também fornece valores de entalpia e de energia interna específicas para uma vasta gama de gases modelados como gases ideais. Consideremos o uso do *IT* inicialmente para o ar e, em seguida, para outros gases.

AR. Para o ar, o *IT* utiliza o mesmo estado e o mesmo valor de referência que a Tabela A-22, e os valores fornecidos pelo *IT* apresentam uma boa concordância com os dados tabelados.

▶ **POR EXEMPLO** consideremos o uso do *IT* para avaliar a variação da entalpia específica do ar de um estado em que T_1 = 400 K para um estado em que T_2 = 900 K. Selecionando Ar (*Air*) no menu de Propriedades (**Properties**), o código a seguir seria utilizado pelo *IT* para determinar Δh (delh), em kJ/kg

```
h1 = h_T("Air",T1)
h2 = h_T("Air",T2)
T1 = 400//K
T2 = 900//K
delh = h2 - h1
```

Escolhendo-se K como unidade de temperatura e kg para a massa no menu de Unidades (**Units**), os resultados fornecidos pelo *IT* são h_1 = 400,8, h_2 = 932,5 e Δh = 531,7 kJ/kg, respectivamente. Esses valores apresentam uma boa concordância com os obtidos pela Tabela A-22: h_1 = 400,98, h_2 = 932,93 e Δh = 531,95 kJ/kg. ◀ ◀ ◀ ◀ ◀

OUTROS GASES. O *IT* também fornece valores para cada um dos gases presentes na Tabela A-23. Para esses gases os valores de energia interna $\bar{u}$ e $\bar{h}$ entalpia específicas fornecidos pelo *IT* são determinados em relação a um *estado de referência-padrão* que difere do empregado na Tabela A-23. Isso habilita o *IT* para o uso em aplicações envolvendo combustão; veja a Seção 13.2.1 para uma discussão adicional. Em consequência, os valores de $\bar{u}$ e $\bar{h}$ fornecidos pelo *IT* para os gases da Tabela A-23 são diferentes dos obtidos diretamente da tabela. Entretanto, a variação de propriedades entre dois estados permanece a mesma, uma vez que os valores de referência se cancelam quando a variação é calculada.

▶ **POR EXEMPLO** utilizemos o *IT* para avaliar a variação da entalpia específica, em kJ/kmol, para o dióxido de carbono (CO_2) considerado como gás ideal de um estado em que T_1 = 300 K para um estado em que T_2 = 500 K. Selecionando CO_2 no menu de Propriedades (**Properties**), o código a seguir seria empregado pelo *IT*:

```
h1 = h_T("CO2",T1)
h2 = h_T("CO2",T2)
T1 = 300//K
T2 = 500//K
delh = h2 - h1
```

Escolhendo-se K como unidade de temperatura e mol no menu de Unidades (**Units**), os resultados fornecidos pelo *IT* são $\bar{h}_1 = -3,935 \times 10^5$, $\bar{h}_2 = -3,852 \times 10^5$ e $\Delta\bar{h} = 8238$ kJ/mol, respectivamente. Os elevados valores negativos para $\bar{h}_1$ e $\bar{h}_2$ são consequência dos estados e valores de referência utilizados pelo *IT* para o CO_2. Embora esses valores de entalpia específica nos estados 1 e 2 sejam diferentes dos valores correspondentes que constam na Tabela A-23: $\bar{h}_1 = 9431$ e $\bar{h}_2 = 17.678$, que fornece $\Delta\bar{h} = 8247$ kJ/kmol, a *variação* da entalpia específica avaliada a partir de ambos os conjuntos de dados apresenta uma boa concordância. ◀ ◀ ◀ ◀

O exemplo a seguir ilustra o uso de programas de computador para a resolução de problemas utilizando o modelo de gás ideal. Os resultados obtidos são comparados com outros, determinados a partir da hipótese de que o calor específico $\bar{c}_v$ é constante.

▶▶▶ EXEMPLO 3.11 ▶

Utilizando o Balanço de Energia e Código Computacional

Um kmol de dióxido de carbono gasoso (CO_2) contido em um conjunto cilindro-pistão é submetido a um processo a pressão constante de 1 bar a partir de $T_1 = 300$ K a T_2. Represente graficamente a transferência de calor para o gás, em kJ, em função de T_2 quando este varia de 300 K a 1500 K. Admita o modelo de gás ideal e determine a variação da energia interna específica do gás utilizando

(a) $\bar{u}$ obtido a partir do *IT*.

(b) $\bar{c}_v$ constante avaliado em T_1 obtido a partir do *IT*.

SOLUÇÃO

Dado: um kmol de CO_2 é submetido a um processo a pressão constante em um conjunto cilindro-pistão. A temperatura inicial, T_1, e a pressão são conhecidas.

Pede-se: represente graficamente a quantidade de calor trocado como função da temperatura final, T_2. Utilize o modelo de gás ideal e avalie utilizando (a) dados de a partir do *IT*, (b) constante avaliado a T_1 obtido a partir do *IT*.

Diagrama Esquemático e Dados Fornecidos:

$T_1 = 300$ K
$n = 1$ kmol
$p = 1$ bar

Modelo de Engenharia:

1. O dióxido de carbono constitui um sistema fechado.
2. O trabalho relacionado com o movimento do pistão é o único modo de trabalho presente e o processo ocorre a pressão constante.
3. O dióxido de carbono se comporta como um gás ideal.
4. Os efeitos das energias cinética ou potencial são desprezíveis.

Fig. E3.11a

Análise: o calor trocado é calculado utilizando o balanço de energia para um sistema fechado, que se reduz a

$$U_2 - U_1 = Q - W$$

Utilizando a Eq. 2.17 para pressão constante (hipótese 2)

$$W = p(V_2 - V_1) = pn(\bar{v}_2 - \bar{v}_1)$$

Então, com $\Delta U = n(\bar{u}_2 - \bar{u}_1)$, o balanço de energia se torna

$$n(\bar{u}_2 - \bar{u}_1) = Q - pn(\bar{v}_2 - \bar{v}_1)$$

Resolvendo para Q

$$Q = n[(\bar{u}_2 - \bar{u}_1) + p(\bar{v}_2 - \bar{v}_1)]$$

Com $p\bar{v} = \bar{R}T$, obtém-se

$$Q = n[(\bar{u}_2 - \bar{u}_1) + \bar{R}(T_2 - T_1)]$$

O objetivo é o de representar graficamente Q em função de T_2 para cada um dos seguintes casos: **(a)** valores de $\bar{u}_1$ e $\bar{u}_2$ a T_1 e T_2, respectivamente, como fornecido pelo *IT*, **(b)** Eq. 3.50 utilizada em uma base molar, na forma

$$\bar{u}_2 - \bar{u}_1 = \bar{c}_v(T_2 - T_1)$$

em que o valor de $\bar{c}_v$ é calculado a T_1 utilizando o *IT*.

O código *IT* é apresentado a seguir, em que Rbar representa $\bar{R}$, cvb representa $\bar{c}_v$ e ubar1 e ubar2 representam $\bar{u}_1$ e $\bar{u}_2$, respectivamente.

```
//Using the Units menu, select "mole" for the substance amount.
//Given Data
T1 = 300//K
T2 = 1500//K
n = 1//kmol
Rbar = 8.314//kJ/kmol·K
```

// (a) Obtain molar specific internal energy data using IT.
ubar1 = u_T ("CO2", T1)
ubar2 = u_T ("CO2", T2)
Qa = n*(ubar2 − ubar1) + n*Rbar*(T2 − T1)

// (b) Use Eq. 3.50 with cv evaluated at T1.
cvb = cv_T ("CO2", T1)
Qb = n*cvb*(T2 − T1) + n*Rbar*(T2 − T1)

Utilize o botão de Resolver (**Solve**) para obter a solução para o caso-exemplo de $T_2 = 1500$ K. Para o item (a), o programa fornece $Q_a = 6,16 \times 10^4$ kJ. A solução pode ser verificada utilizando os dados para CO_2 da Tabela A-23, como se segue:

$$Q_a = n[(\bar{u}_2 - \bar{u}_1) + \bar{R}(T_2 - T_1)]$$
$$= (1 \text{ kmol})[(58.606 - 6939)\text{kJ/kmol} + (8,314 \text{ kJ/kmol} \cdot \text{K})(1500 - 300)\text{K}]$$
$$= 61.644 \text{ kJ}$$

Então, o resultado obtido utilizando os dados para CO_2 da Tabela A-23 apresenta boa concordância com a solução obtida utilizando o código computacional para o caso-exemplo. Para o item (b), o *IT* fornece $\bar{c}_v = 28,95$ kJ/kmol · K a T_1, fornecendo $Q_b = 4,472 \times 10^4$ kJ quando $T_2 = 1500$ K. Esse valor está de acordo com o resultado obtido utilizando o calor específico c_v a 300 K da Tabela A-20, como pode ser verificado.

Uma vez que o código computacional tenha sido verificado, utilize o botão de Exploração (**Explore**) para fazer variar T_2 de 300 K a 1500 K em intervalos de 10. Construa o gráfico a seguir utilizando o botão de Exibir (**Graph**):

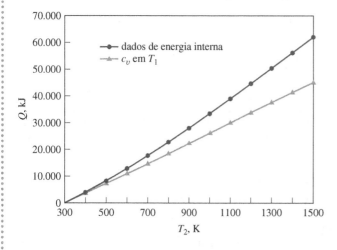

Fig. E3.11b

Como esperado, observa-se que a transferência de calor cresce à medida que a temperatura final aumenta. A partir dos gráficos observamos também que a utilização de valores constantes de $\bar{c}_v$ avaliados a T_1 para cálculo de $\Delta\bar{u}$ e, em consequência, de Q pode conduzir a um erro considerável quando comparado com a utilização de dados de $\bar{u}$. A comparação das duas soluções é favorável até aproximadamente 500 K, mas elas apresentam uma diferença de 27% quando o aquecimento leva a temperaturas de 1500 K.

> **Habilidades Desenvolvidas**
>
> *Habilidades para...*
> - definir um sistema fechado e identificar as interações que ocorrem em sua fronteira.
> - aplicar o balanço de energia utilizando o modelo de gás ideal.
> - utilizar o IT ou um programa similar para obter dados de propriedades do CO_2 considerado como um gás ideal e representar graficamente os resultados obtidos.

❶ Alternativamente, essa expressão para Q pode ser escrita como

$$Q = n[(\bar{u}_2 + p\bar{v}_2) - (\bar{u}_1 + p\bar{v}_1)]$$

Utilizando $\bar{h} = \bar{u} + p\bar{v}$, a expressão para Q se torna

$$Q = n(\bar{h}_2 - \bar{h}_1)$$

Teste-Relâmpago Repita o item (b) utilizando $\bar{c}_v$ avaliado em $T_{méd} = (T_1 + T_2)/2$. Que abordagem concorda melhor com os resultados do item (a): a análise com $\bar{c}_v$ a T_1 ou a $T_{méd}$? **Resposta:** A análise com a $T_{méd}$.

3.15 Relações de Processos Politrópicos

Um *processo politrópico* é um processo de quase equilíbrio (Seção 2.2.5) descrito por

$$pV^n = constante \tag{3.52}$$

ou, em termos de volume específico, por $pv^n = constante$. Nessas expressões n é uma constante.

Para um processo politrópico entre dois estados

$$p_1 V_1^n = p_2 V_2^n$$

ou

$$\frac{p_2}{p_1} = \left(\frac{V_1}{V_2}\right)^n \tag{3.53}$$

O expoente n pode assumir qualquer valor de $-\infty$ a $+\infty$, dependendo do processo particular. Quando $n = 0$, o processo é denominado isobárico (pressão constante), e quando $n = \pm\infty$, o processo é denominado isométrico (volume constante).

Para um processo politrópico

$$\int_1^2 p\, dV = \frac{p_2 V_2 - p_1 V_1}{1 - n} \qquad (n \neq 1) \tag{3.54}$$

para qualquer valor do expoente n com exceção de $n = 1$. Para $n = 1$,

$$\int_1^2 p\, dV = p_1 V_1 \ln\frac{V_2}{V_1} \qquad (n = 1) \tag{3.55}$$

O Exemplo 2.1 fornece detalhes dessas integrações.

As Eqs. 3.52 a 3.55 se aplicam a *qualquer* gás (ou líquido) que sofre um processo politrópico. Quando a idealização *adicional* de comportamento de gás ideal é apropriada outras relações podem ser obtidas. Assim, quando a equação de estado de gás ideal é introduzida nas Eqs. 3.53, 3.54 e 3.55 as expressões a seguir são, respectivamente, obtidas:

$$\frac{T_2}{T_1} = \left(\frac{p_2}{p_1}\right)^{(n-1)/n} = \left(\frac{V_1}{V_2}\right)^{n-1} \qquad \text{(gás ideal)} \tag{3.56}$$

$$\int_1^2 p\, dV = \frac{mR(T_2 - T_1)}{1 - n} \qquad \text{(gás ideal, } n \neq 1\text{)} \tag{3.57}$$

$$\int_1^2 p\, dV = mRT \ln\frac{V_2}{V_1} \qquad \text{(gás ideal, } n = 1\text{)} \tag{3.58}$$

Para um gás ideal o caso de $n = 1$ corresponde a um processo isotérmico (temperatura constante), como pode ser prontamente verificado.

O Exemplo 3.12 ilustra o uso de balanço de energia para um sistema fechado que consiste em um gás ideal que é submetido a um processo politrópico.

EXEMPLO 3.12

Analisando Processos Politrópicos do Ar Considerado como um Gás Ideal

Ar é submetido a uma compressão politrópica em um conjunto cilindro-pistão de $p_1 = 1$ atm, $T_1 = 70°F$ (21,1°C) até $p_2 = 5$ atm. Empregando o modelo de gás ideal com a razão k de calores específicos constante, determine o trabalho e o calor transferido por unidade de massa, em Btu/lb, se **(a)** $n = 1,3$, **(b)** $n = k$. Calcule k a T_1.

SOLUÇÃO

Dado: ar é submetido a um processo de compressão politrópica a partir de um estado inicial dado até uma pressão final especificada.

Pede-se: determine o trabalho e a quantidade de calor transferido, ambos em Btu/lb.

Diagrama Esquemático e Dados Fornecidos:

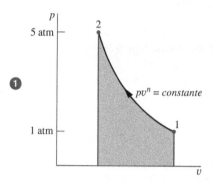
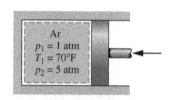

Fig. E3.12

Modelo de Engenharia:
1. O ar é um sistema fechado.
2. O ar se comporta como um gás ideal com a razão k de calores específicos constante calculada na temperatura inicial.
3. A compressão é politrópica e o trabalho relacionado com o movimento do pistão é o único modo de trabalho presente.
4. Não há variações da energia cinética ou potencial.

Análise: o trabalho pode ser calculado para esse caso a partir da expressão

$$W = \int_1^2 p\, dV$$

Com a Eq. 3.57

$$\frac{W}{m} = \frac{R(T_2 - T_1)}{1 - n} \quad\quad (a)$$

O calor trocado pode ser calculado do balanço de energia. Assim

$$\frac{Q}{m} = \frac{W}{m} + (u_2 - u_1)$$

Verificando a Eq. 3.47b, observa-se que quando a razão k de calores específicos é constante c_v é constante. Então

$$\frac{Q}{m} = \frac{W}{m} + c_v(T_2 - T_1) \quad\quad (b)$$

(a) Para $n = 1,3$, a temperatura no estado final, T_2, pode ser avaliada da Eq. 3.56 como a seguir

$$T_2 = T_1\left(\frac{p_2}{p_1}\right)^{(n-1)/n} = 530°R\left(\frac{5}{1}\right)^{(1,3-1)/1,3} = 768°R\ (308°F)$$

Utilizando a Eq. (a), o trabalho é então

$$\frac{W}{m} = \frac{R(T_2 - T_1)}{1 - n} = \left(\frac{1,986\ \text{Btu}}{28,97\ \text{lb}\cdot°R}\right)\left(\frac{768°R - 530°R}{1 - 1,3}\right) = -54,39\ \text{Btu/lb}$$

A 70°F a Tabela A-20E fornece $k = 1,401$ e $c_v = 0,171$ Btu/lb · °R. Alternativamente, c_v pode ser obtido usando a Eq. 3.47b, como a seguir:

$$c_v = \frac{R}{k - 1}$$

$$= \frac{(1,986/28,97)\ \text{Btu/lb}\cdot°R}{(1,401 - 1)} = 0,171\frac{\text{Btu}}{\text{lb}\cdot°R} \quad\quad (c)$$

Substituindo os valores na Eq. (b), obtemos

$$\frac{Q}{m} = -54,39\frac{\text{Btu}}{\text{lb}} + \left(0,171\frac{\text{Btu}}{\text{lb}\cdot°R}\right)(768°R - 530°R)$$

$$= -13,69\frac{\text{Btu}}{\text{lb}}$$

(b) Para $n = k$, substituindo as Eqs. (a) e (c) na Eq. (b), obtém-se

$$\frac{Q}{m} = \frac{R(T_2 - T_1)}{1 - k} + \frac{R(T_2 - T_1)}{k - 1} = 0$$

Isto é, não há transferência de calor no processo politrópico de um gás ideal para o qual $n = k$.

> **Habilidades Desenvolvidas**
>
> *Habilidades para...*
> - analisar o trabalho utilizando a Eq. 2.17.
> - aplicar o balanço de energia utilizando o modelo de gás ideal.
> - aplicar o conceito de processo politrópico.

❶ Os estados visitados durante o processo de compressão politrópica são mostrados pela curva que acompanha o diagrama p–v. A magnitude do trabalho por unidade de massa é representada pela área sombreada *sob* a curva.

Teste-Relâmpago Para $n = k$, calcule a temperatura no final do estado, em °R e °F. **Resposta:** 840°R (380°F).

▶ RESUMO DO CAPÍTULO E GUIA DE ESTUDOS

Neste capítulo consideramos as relações de propriedades de uma vasta gama de substâncias em formas de tabela, gráfico e de equação. Foi principalmente enfatizada a utilização de dados tabelados. No entanto, a obtenção de dados de propriedades por computador também foi considerada.

Um aspecto-chave da análise termodinâmica é o de estabelecer estados. Isso é regulado pelo princípio dos estados para sistemas simples compressíveis compostos de substâncias puras, que indica que o estado é determinado pelo valor de *duas* propriedades intensivas independentes.

Outro aspecto importante da análise termodinâmica é o de localizar os principais estados de processos em diagramas apropriados: p–v, T–v e p–T. A capacidade de determinar estados e utilizar diagramas de propriedades é particularmente importante na resolução de problemas envolvendo o balanço de energia.

O modelo de gás ideal é apresentado na segunda parte do presente capítulo, utilizando o fator de compressibilidade como ponto de partida. Essa abordagem enfatiza as limitações do modelo de gás ideal. Quando a utilização do modelo de gás ideal é apropriada é salientado que os calores específicos geralmente variam com a temperatura, e a utilização das tabelas de gás ideal é discutida para a resolução de problemas.

Os itens a seguir fornecem um guia de estudo para este capítulo. Ao término do estudo do texto e dos exercícios dispostos no final do capítulo você estará apto a

▶ descrever o significado dos termos dispostos em negrito ao longo do capítulo e entender cada um dos conceitos relacionados. O conjunto de conceitos fundamentais listados mais adiante é particularmente importante para os capítulos subsequentes.

▶ obter dados de propriedades a partir das Tabelas A-1 a A-23, utilizando o princípio dos estados para determinar um estado e interpolação linear quando necessário.

▶ esboçar os diagramas T–v, p–v e p–T e localizar os estados principais nesses diagramas.

▶ aplicar, com dados de propriedades, o balanço de energia para um sistema fechado.

▶ avaliar as propriedades de misturas bifásicas líquido-vapor utilizando as Eqs. 3.1, 3.2, 3.6 e 3.7.

▶ estimar as propriedades de líquidos utilizando as Eqs. 3.11-3.14.

▶ aplicar o modelo de substância incompressível.

▶ utilizar o diagrama de compressibilidade generalizada para relacionar dados p–v–T de gases.

▶ aplicar o modelo de gás ideal para análise termodinâmica, incluindo a determinação de quando a utilização do modelo de gás ideal é apropriada, e utilizar corretamente os dados das tabelas de gás ideal ou os dados de calores específicos constantes para determinar Δu e Δh.

▶ aplicar relações de processos politrópicos.

▶ CONCEITOS FUNDAMENTAIS NA ENGENHARIA

calores específicos
constante universal dos gases
diagrama de fases
diagrama p-v
diagrama T-v
entalpia
fase

fator de compressibilidade
líquido comprimido
mistura bifásica líquido-vapor
modelo de gás ideal
modelo de substância incompressível
pressão de saturação
princípio dos estados equivalentes

sistema compressível simples
substância pura
superfície p-v-T
temperatura de saturação
título
vapor superaquecido

▶ EQUAÇÕES PRINCIPAIS

$x = \dfrac{m_{\text{vapor}}}{m_{\text{líquido}} + m_{\text{vapor}}}$	(3.1)	Título, x, de uma mistura bifásica líquido-vapor.
$v = (1 - x)v_f + xv_g = v_f + x(v_g - v_f)$	(3.2)	
$u = (1 - x)u_f + xu_g = u_f + x(u_g - u_f)$	(3.6)	Volume específico, energia interna e entalpia de uma mistura bifásica líquido-vapor.
$h = (1 - x)h_f + xh_g = h_f + x(h_g - h_f)$	(3.7)	
$v(T, p) \approx v_f(T)$	(3.11)	
$u(T, p) \approx u_f(T)$	(3.12)	Volume específico, energia interna e entalpia de líquidos aproximados por valores para líquido saturado.
$h(T, p) \approx h_f(T)$	(3.14)	

Relações para o Modelo de Gás Ideal		
$pv = RT$	(3.32)	
$u = u(T)$	(3.36)	Modelo de gás Ideal.
$h = h(T) = u(T) + RT$	(3.37)	
$u(T_2) - u(T_1) = \int_{T_1}^{T_2} c_v(T)\,dT$	(3.40)	Variação da energia interna específica.
$u(T_2) - u(T_1) = c_v(T_2 - T_1)$	(3.50)	Para c_v constante.
$h(T_2) - h(T_1) = \int_{T_1}^{T_2} c_p(T)\,dT$	(3.43)	Variação da entalpia específica.
$h(T_2) - h(T_1) = c_p(T_2 - T_1)$	(3.51)	Para c_p constante.

▶ EXERCÍCIOS: PONTOS DE REFLEXÃO PARA OS ENGENHEIROS

1. Por que a pipoca *estoura*?
2. Um jarro plástico de leite quando cheio de água e colocado em um congelador sofre uma ruptura. Por quê?
3. Você percebe que um bloco de gelo seco parece desaparecer com o tempo. O que acontece com ele? Por que ele não funde?
4. O que é a composição *padrão* do ar atmosférico?
5. Qual é o preço da água da torneira, por litro, onde você mora e como isso se compara ao preço médio da água da torneira no seu país?
6. Quando a Tabela A-5 deve ser usada para obter os valores de v, u e h para água líquida? Quando as Eqs. 3.11 a 3.14 devem ser usadas?
7. Depois de permanecer sem cobertura durante a noite, as janelas do seu carro amanhecem cobertas de geada, mesmo que a temperatura mínima no período seja 41°F (5°C). Por que o gelo se forma?
8. Como uma panela de pressão funciona para cozinhar alimentos mais rapidamente que um recipiente comum?
9. Na tampa do radiador de um automóvel está indicado: "Nunca abra quando quente." Por que não?
10. Por que os pneus de aviões e de carros de corrida são inflados com nitrogênio em vez de ar?
11. O volume específico e a energia interna específica definem o estado de um sistema compressível simples? Caso definam, como você pode usar as *tabelas de vapor* para encontrar H_2O?
12. O que é um s*al fundido*?
13. Quantos minutos você deve se exercitar para *queimar* as calorias da sua sobremesa favorita?

▶ VERIFICAÇÃO DE APRENDIZADO

1. O título de uma mistura líquido-vapor contendo somente água a 40°C com uma massa específica de 10 m³/kg é
   a) 0
   b) 0,486
   c) 0,512
   d) 1

2. O título de uma mistura líquido-vapor contendo somente propano a 20 bar com energia interna de 300 kJ/kg é
   a) 0,166
   b) 0,214
   c) 0,575
   d) 0,627

3. O título de uma mistura líquido-vapor do gás refrigerante 134a a 90 lbf/in² com entalpia específica de 90 Btu/lb é
   a) 0,387
   b) 0,718
   c) 0,575
   d) 0,627

4. O título de uma mistura líquido-vapor contendo somente amônia a –20°F com volume específico de 11 ft³/lb é
   a) 0
   b) 0,251
   c) 0,537
   d) 0,749

5. Um sistema contém uma mistura líquido-vapor em equilíbrio. O que significa dizer que a pressão e a temperatura não podem variar independentemente neste sistema?

6. Uma substância uniforme e invariável em sua composição química é uma substância _____.

7. Dois exemplos de mudanças de fase são _____ e _____.

8. A seguinte expressão para o trabalho em um processo politrópico é restrita a gases ideais? Explique.
$$W = \frac{(p_2 V_2 - p_1 V_1)}{1 - n}$$

9. Se uma substância é submetida a um processo de expansão sob pressão constante a uma pressão maior que sua pressão crítica, pode ocorrer uma mudança de fase? Em caso afirmativo, quais fases estariam envolvidas?

10. Demonstre que a entalpia específica de um gás ideal é função somente da temperatura.

11. A razão térmica específica, k, pode ser maior que a unidade. Explique.

12. Estime o valor da capacidade calorífica c_p usando dados da Tabela A-4 e compare com o valor mostrado na Fig. 3.9.

13. Em geral, $u = u(T, v)$ para uma substância simples compressível. Podem ser usados valores de T e v para encontrar estados na tabela de vapor superaquecido?

14. Dadas a temperatura e o volume específico de uma mistura líquido-vapor, como pode ser determinada sua energia interna específica?

15. A energia de sistemas compressíveis simples pode ser alterada por transferência de calor e por trabalho associados a _____.

16. O que é o *Princípio dos Estados Correspondentes* para sistemas simples?

17. O título de um vapor saturado é _____.

18. O título de um líquido saturado é _____.

19. O termo _____ se refere à quantidade de matéria que é homogênea volumetricamente tanto em composição quanto em estrutura física.

20. Indique no diagrama T-v a seguir: líquido saturado, vapor saturado, ponto crítico, região de vapor superaquecido, região de líquido comprimido, linha isobárica.

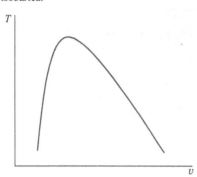

21. Um sistema consiste em uma mistura líquido-vapor de 5 kg do gás Refrigerante 134a. 1 kg encontra-se na forma de líquido saturado. Qual é o título da mistura?

22. O estado de vapor superaquecido pode ser determinado fixando-se p e u?

23. Para um sistema contendo água a 10 bar e 220°C, qual tabela deve ser utilizada para encontrar v e u?

24. O que é o *Princípio dos Estados Correspondentes*?

25. Para um sistema formado por água a 20°C e 100 bar, determine o erro percentual na aproximação à Eq. 3.11: $v(T,p) \approx v_f(T)$.

26. Para um sistema formado por água a 70°F e 14,7 lbf/in², compare o valor de $h_f(T)$ com aquele obtido pela Eq. 3.13.

27. Liste três características que definem o modelo de gás ideal.

28. Uma forma generalizada para a equação de estado dos gases que pode ser obtida a partir de fundamentos da mecânica estatística é a _____.

29. Se um sistema é submetido a um processo politrópico, este sistema deve ser um gás ideal? Explique.

30. Por que um líquido subresfriado é chamado, alternativamente, de líquido comprimido?

31. Os dados nas tabelas de pressão e temperatura para misturas líquido-vapor são compatíveis?

32. Por que as tabelas A-6 e A-6E não incluem dados de líquido saturado?

33. O volume específico de água saturada a 0,01°C é $v_f = 1,0002 \times 10^{-3}$ m³/kg. Para o sólido saturado a 0,01°C, o valor do volume específico é $v_i = 1,0908 \times 10^{-3}$ m³/kg. Por que $v_i > v_f$?

Nos itens a seguir, determine se as afirmações são falsas ou verdadeiras e explique.

34. Para um gás tratado como ideal, $c_v = c_p + R$, em que R é a constante dos gases para o gás.

35. O ar pode sempre ser tratado como uma substância pura.

36. O ar atmosférico é normalmente tratado como um gás ideal.

37. Para água líquida, a aproximação $v(T,p) \approx v_f(T)$ é razoável para muitas aplicações em engenharia.

38. Se vapor de água superaquecido a 30 MPa é resfriado sob pressão constante, ele vai eventualmente passar para uma fase de vapor saturado e, com resfriamento suficiente, a condensação até uma fase de líquido saturado vai ocorrer.

39. Um processo politrópico com $n = k$ é adiabático.

40. Para sistemas simples compressíveis, quaisquer duas propriedades intensivas podem ser utilizadas para fixar o estado termodinâmico.

41. A energia interna específica da amônia a 0,45 MPa e 50°C é 1564,32 kJ/kg.

42. Para gases tratados como ideais, a razão c_v/c_p deve ser maior que a unidade.

43. À medida que a pressão aumenta no sentido da pressão crítica, os valores de v_f e v_g se aproximam.

44. Uma mistura líquido-vapor com volumes iguais de líquido saturado e vapor saturado tem título 0,5.

45. As seguintes aproximações se aplicam a uma *substância incompressível*: O volume específico (e a densidade) é constante e a energia interna específica é uma função somente da temperatura.

46. Dióxido de carbono (CO_2) a 320 K e 55 bar pode ser modelado como um gás ideal.

47. Quando um gás ideal é submetido a um processo politrópico com $n = 1$, a temperatura do gás permanece constante.

48. As pressões listadas nas tabelas termodinâmicas são pressões absolutas, e não manométricas.

49. Se um sistema fechado consistindo de uma substância simples compressível encontra-se em equilíbrio, apenas uma fase pode estar presente.

50. Uma mistura líquido-vapor é formada por 0,2 kg de vapor de água saturado e 0,6 kg de líquido saturado. O título é 0,25 (25%).

51. As propriedades *velocidade* e *elevação* (*altura*) não estão incluídas na especificação de um estado termodinâmico intensivo.

52. Um gás pode ser tratado como ideal com capacidades caloríficas constantes se $Z \approx 1$.

▶ PROBLEMAS: DESENVOLVENDO HABILIDADES PARA ENGENHARIA

Explorando Conceitos: Fase e Substância Pura

3.1 Um sistema é composto por água líquida e gelo passa por um processo. Ao final, o gelo derreteu e o sistema contém apenas água. O sistema pode ser considerado uma substância pura durante o processo? Explique.

3.2 Um sistema é composto por nitrogênio líquido em equilíbrio com vapor de nitrogênio. Quantas fases estão presentes? O sistema passa por um processo durante o qual todo o líquido é transformado em vapor d'água. O sistema pode ser considerado como uma substância pura durante o processo? Explique.

3.3 Um sistema consiste em água líquida em equilíbrio com uma mistura gasosa de ar e vapor d'água. Quantas fases estão presentes? O sistema pode ser considerado como uma substância pura durante o processo? Explique. Repita para um sistema formado por gelo e água líquida em equilíbrio com uma mistura gasosa de ar e vapor d'água.

3.4 Um recipiente aberto de etanol puro (álcool etílico) líquido é colocado sobre uma mesa em uma sala. Ocorre evaporação até esgotar todo o etanol. Para onde foi o etanol? Se o etanol e o ar da sala forem considerados um sistema fechado, ele pode ser considerado uma substância pura durante o processo? Quantas fases estão presentes no início e no final? Explique.

Utilizando Dados p–v–T

3.5 Determine a fase ou as fases de um sistema que consiste em H_2O nas seguintes condições e esboce os diagramas p–v e T–v mostrando a localização de cada estado.
   (a) $p = 100$ lbf/in² (689,5 kPa), $T = 327{,}86°F$ (164,37°C).
   (b) $p = 100$ lbf/in² (689,5 kPa), $T = 240°F$ (115,56°C).
   (c) $T = 212°F$ (100°C), $p = 10$ lbf/in² (68,95 kPa).
   (d) $T = 70°F$ (21,1°), $p = 20$ lbf/in² (137,9 kPa).
   (e) $p = 14{,}7$ lbf/in² (101,35 kPa), $T = 20°F$ (–6,67°C).

3.6 Determine a fase ou as fases de um sistema que consiste em H_2O nas seguintes condições e esboce os diagramas p–v e T–v mostrando a localização de cada estado.
   (a) $p = 10$ bar, $T = 179{,}9°C$.
   (b) $p = 10$ bar, $T = 150°C$.
   (c) $T = 100°C$, $p = 0{,}5$ bar.
   (d) $T = 20°C$, $p = 50$ bar.
   (e) $p = 1$ bar, $T = –6°C$.

3.7 A tabela a seguir lista as temperaturas e os volumes específicos do vapor d'água em duas pressões:

p = 1,0 MPa		p = 1,5 MPa	
T(°C)	v(m³/kg)	T(°C)	v(m³/kg)
200	0,2060	200	0,1325
240	0,2275	240	0,1483
280	0,2480	280	0,1627

Os dados encontrados durante a resolução de problemas frequentemente não coincidem com os valores fornecidos pelas tabelas de propriedades, sendo necessária uma *interpolação linear* entre as entradas adjacentes na tabela. Utilizando os dados fornecidos, estime
(a) o volume específico a $T = 240°C$, $p = 1,25$ MPa, em m³/kg.
(b) a temperatura a $p = 1,5$ MPa, $v = 0,1555$ m³/kg, em °C.
(c) o volume específico a $T = 220°C$, $p = 1,4$ MPa, em m³/kg.

3.8 A tabela a seguir lista as temperaturas e os volumes específicos da amônia em duas pressões:

p = 50 lbf/in²		p = 60 lbf/in²	
T(°F)	v(ft³/lb)	T(°F)	v(ft³/lb)
100	6,836	100	5,659
120	7,110	120	5,891
140	7,380	140	6,120

Os dados encontrados durante a resolução de problemas frequentemente não coincidem com os valores fornecidos pelas tabelas de propriedades, sendo necessária uma *interpolação linear* entre as entradas adjacentes na tabela. Utilizando os dados fornecidos, estime
(a) o volume específico a $T = 120°F$ (48,9°C), $p = 54$ lbf/in² (372,3 kPa), em ft³/lb.
(b) a temperatura a $p = 60$ lbf/in² (413,7 kPa), $v = 5,982$ ft³/lb (0,37 m³/kg), em °F.
(c) o volume específico a $T = 110°F$ (43,3°C), $p = 58$ lbf/in² (399,9 kPa), em ft³/lb.

3.9 Determine a variação de volume, em ft³, quando 1 lb (0,45 kg) de água, inicialmente como líquido saturado, é aquecida até o estado de vapor saturado enquanto a pressão permanece constante a 1,0; 14,7; 100; e 500, todos em lbf/in² (6,9; 101,3; 689,5; 3447,4, todos em kPa). Comente.

3.10 Para H₂O, determine a propriedade especificada no estado indicado. Localize o estado em um esboço do diagrama T–v.
(a) $T = 140°C$, $v = 0,5$ m³/kg. Determine T, em °C.
(b) $p = 30$ MPa, $T = 100°C$. Determine v, em m³/kg.
(c) $p = 10$ MPa, $T = 485°C$. Determine v, em m³/kg.
(d) $T = 80°C$, $x = 0,75$. Determine p em bar e v, em m³/kg.

3.11 Para cada caso, determine o volume específico no estado indicado. Localize o estado em um esboço do diagrama T–v.
(a) Água a $p = 1$ bar, $T = 20°C$. Determine v em m³/kg.
(b) Refrigerante 22 a $p = 40$ lbf/in² (275,8 kPa), $x = 0,6$. Determine v em ft³/lb.
(c) Amônia a $p = 200$ lbf/in² (1378,95 kPa), $T = 195°F$ (90,56°C). Determine v em ft³/lb.

3.12 Para cada caso, determine a propriedade específica no estado indicado. Localize o estado em um esboço do diagrama T–v.
(a) Água a $v = 0,5$ m³/kg, $p = 3$ bar. Determine T, em °C.
(b) Amônia a $p = 11$ lbf/in² (75,8 kPa), $T = -20°F$ (-28,9°C). Determine v, em ft³/lb.
(c) Propano a $p = 1$ MPa, $T = 85°C$. Determine v, em ft³/lb.

3.13 Para H₂O, determine o volume específico nos estado indicados, em m³/kg. Localize os estados em um esboço do diagrama T–v.
(a) $T = 400°C$, $p = 20$ MPa.
(b) $T = 40°C$, $p = 20$ MPa.
(c) $T = 40°C$, $p = 2$ MPa.

3.14 Para H₂O, localize cada um dos seguintes estados, em esboços dos diagramas p-v, T–v e de fases.
(a) $T = 120°C$, $p = 5$ bar.
(b) $T = 120°C$, $v = 0,6$ m³/kg.
(c) $T = 120°C$, $p = 1$ bar.

3.15 Complete os exercícios a seguir. Em cada caso, localize o estado em esboços dos diagramas T–v e p-v.
(a) Um recipiente fechado de um 1 m³ de volume contém quatro quilogramas de água a 100°C. Para a água no estado de vapor, determine a pressão, em bar. Para uma mistura bifásica líquido-vapor de água, determine o título. (b) Amônia a 40 lbf/in² (275,8 kPa) de pressão tem 308,75 Btu/lb (718,15 kJ/kg) de energia interna específica. Determine o volume específica no estado, em ft³/lb.

3.16 Um tanque de 1 m³ contém uma mistura líquido-vapor de CO₂ a $-17°C$. O título da mistura é 0,7. Para o CO₂ a $-17°C$, $v_f = 0,9827 \times 10^{-3}$ m³/kg e $v_g = 1,756 \times 10^{-2}$ m³/kg. Determine a massa de líquido saturado e vapor saturado presentes no sistema, em kg. Qual é a fração do volume total ocupada pelo líquido saturado?

3.17 Determine o volume, em ft³, de uma mistura líquido-vapor contendo 2 lb (0,91 kg) de Refrigerante 134a a 40°F (4,44°C) com um título de 20%. Qual é a pressão do sistema, em lbf/in²?

3.18 Uma mistura bifásica líquido-vapor de amônia possui um volume específico de 1,0 ft³/lb (0,06 m³/kg). Determine o título para a temperatura de (a) 100°F (37,8°C), (b) 0°F (-17,8°C). Localize os estados em um esboço do diagrama T–v.

3.19 Um tanque contém uma mistura líquido-vapor de Refrigerante 22 a 10 bar. A massa do líquido saturado no tanque é 25 kg e o título é 60 %. Determine o volume do tanque, em m³, e a fração do volume total ocupado pelo vapor saturado.

3.20 Conforme ilustrado na Fig. P3.21, um cilindro rígido hermético contém diferentes volumes de água líquida saturada e vapor d'água saturado na temperatura de 150°C. Determine o título da mistura, expresso em porcentagem.

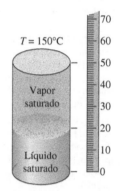

Fig. P3.20

3.21 Conforme ilustrado na Fig. P3.21, um conjunto cilindro-pistão contém 0,1 kg de água a 100°C. O pistão está livre para mover-se suavemente no cilindro. A pressão atmosférica local e a aceleração da gravidade são de 100 kPa e 9,81 m/s², respectivamente. Para a água, determine a pressão, em kPa, e o volume, em cm³.

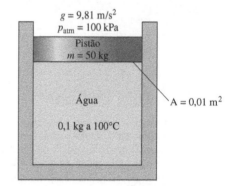

Fig. P3.21

3.22 Amônia, inicialmente a 6 bar e 40°C, é submetida a um processo sob volume específico constante até uma pressão final de 3 bar. Determine, para o estado final, a temperatura em °C e o título. Localize estes estados em um diagrama esquemático T–v.

3.23 Um tanque rígido fechado contém água inicialmente como vapor saturado a 200°C, sendo esta resfriada até 100°C. Determine as pressões inicial e final, ambas em bar. Localize os estados inicial e final em esboços dos diagramas p-v e T–v.

3.24 Um tanque rígido fechado, de 1,5 m³ de volume, contém Refrigerante 134a, inicialmente como uma mistura bifásica líquido-vapor a 10°C. O refrigerante é aquecido até um estado final, em que a temperatura é de 50°C e o título é de 100%. Localize os estados inicial e final em um esboço do diagrama T–v. Determine a massa de vapor presente nos estados inicial e final, ambas em kg.

3.25 Em cada um dos seguintes casos a amônia contida em um tanque rígido fechado é aquecida de um estado inicial de vapor saturado a temperatura T_1 até um estado final a temperatura T_2:
(a) $T_1 = 20°C$, $T_2 = 40°C$. Utilizando o *IT* ou um programa similar, determine a pressão final, em bar.
(b) $T_1 = 70°F$ (20,1°C), $T_2 = 120°F$ (48,9°C). Utilizando o *IT* ou um programa similar, determine a pressão final, em lbf/in².

Compare os valores das pressões determinados usando o *IT* ou um programa similar com aqueles obtidos usando as tabelas do Apêndice apropriadas para amônia.

3.26 Um tanque fechado e rígido contém uma mistura líquido-vapor de Refrigerante 22 inicialmente a –20°C com um título 50,36%. Energia é transferida para o tanque sob a forma de calor até que o sistema esteja sob 6 bar. Determine a temperatura final, em °C. Se o estado final está na região de vapor superaquecido, a qual temperatura, em °C, o tanque conteria somente vapor saturado?

3.27 Vapor d'água é resfriado em um tanque rígido fechado de 520°C e 100 bar até uma temperatura final de 270°C. Determine a pressão final, em bar, e esboce o processo em diagramas T–v e p–v.

3.28 Amônia, contida em um conjunto cilindro-pistão, inicialmente como vapor saturado a 0°F, é submetida a um processo isotérmico durante o qual seu volume (a) dobra, (b) é reduzido a metade. Para cada caso, fixe o estado final fornecendo o título ou a pressão, em lbf/in², conforme apropriado. Localize os estados inicial e final em esboços dos diagramas p–v e T–v.

3.29 Um quilograma de água se encontra inicialmente no ponto crítico.
(a) Se a água é resfriada a volume específico constante até a pressão de 30 bar, determine o título no final do estado.
(b) Se a água passa por uma expansão a temperatura constante até a pressão de 30 bar, determine o volume específico no final do estado, em m³/kg.
Mostre cada processo em um diagrama T–v.

3.30 Conforme ilustrado na Fig. P3.30, um cilindro equipado com um pistão contém 600 lb (272,2 kg) de amônia líquida saturada a 45°F (7,2°C). A massa do pistão é de 1 tonelada, e ele possui 2,5 ft (0,76 m) de diâmetro. Qual o volume ocupado pela amônia, em ft³? Desprezando o atrito, será necessário fornecer fixadores mecânicos, como esbarros, para manter o pistão no lugar? Explique.

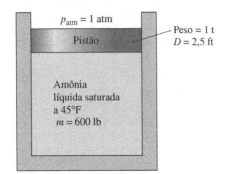

Fig. P3.30

3.31 Um sistema pistão-cilindro contém uma mistura líquido-vapor de água a 200 lbf/in² com um título 80%. A mistura é aquecida e expande sob pressão constante até uma temperatura final de 480°F (248,9°C). Determine o trabalho realizado durante o processo, em Btu/lb.

3.32 Sete libras (3,2 kg) de propano em um conjunto cilindro-pistão, inicialmente a $p_1 = 200$ lbf/in² (1,4 MPa) e $T_1 = 200°F$ (93,3°C) são submetidas a um processo a pressão constante até um estado final. O trabalho relativo ao processo é de –88,84 Btu (293,7 kJ). No estado final, determine a temperatura, em °F, se superaquecido, ou o título, se saturado.

3.33 Um sistema contendo 2 kg de Refrigerante 134A é submetido a um processo politrópico em um arranjo pistão-cilindro desde um estado inicial de vapor saturado a 2 bar até um estado final sob 12 bar e 80°C. Determine o trabalho realizado durante o processo, em kJ.

3.34 De um estado inicial em que a pressão é p_1, a temperatura é T_1, e o volume é V_1, vapor d'água contido no interior de um conjunto cilindro-pistão passa por cada um dos seguintes processos:

Processo 1-2: temperatura constante de $p_2 = 2\,p_1$.

Processo 1-3: volume constante de $p_3 = 2\,p_1$

Processo 1-4: pressão constante de $V_4 = 2V_1$

Processo 1-5: temperatura constante de $V_5 = 2V_1$

Esboce cada processo em um diagrama p–V, identifique o trabalho por meio da área no diagrama, e indique se o trabalho é realizado pelo ou sobre o vapor d'água.

3.35 Três quilogramas de Refrigerante 22 são submetidos a um processo para o qual a relação pressão-volume específico é $pv^{-0,8} = constante$. O estado inicial do refrigerante é estabelecido por 12 bar e 60°C, e a pressão final é de 8 bar. Despreze os efeitos das energias cinética e potencial. Calcule o trabalho para o processo, em kJ.

3.36 Conforme ilustrado na Fig. P3.36, Refrigerante 134a está contido em um conjunto cilindro-pistão inicialmente como vapor saturado. O refrigerante é aquecido lentamente até que sua temperatura seja 160°C. Durante o processo, o pistão se move suavemente no cilindro. Para o refrigerante, avalie o trabalho, em kJ/kg.

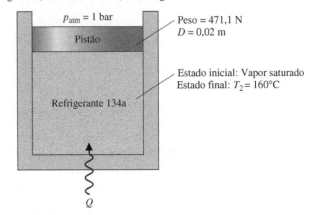

Fig. P3.36

3.37 Um conjunto cilindro-pistão contém 0,1 lb (0,04 kg) de propano. O propano passa por um processo de expansão de um estado inicial em que $p_1 = 60$ lbf/in² (413,7 kPa) e $T_1 = 30°F$ (–1,1°C) a um estado final em que $p_2 = 10$ lbf/in² (68,9 kPa). Durante o processo a pressão e o volume específico estão relacionados por $pv^2 = constante$. Determine a energia transferida por trabalho, em Btu.

Utilizando Dados u–h

3.38 Para cada um dos itens, determine as propriedades especificadas e aponte os estados em um diagrama de fases T–v esquemático.
(a) Para o refrigerante 22 sob $p = 3$ bar e $v = 0,05$ m³/kg, determine T em °C e u em kJ/kg.
(b) Para água a $T = 200°C$ e $v = 0,2429$ m³/kg, determine p em bar e h em kJ/kg.
(c) Para amônia sob $p = 5$ bar e $u = 1400$ kJ/kg, determine T em °C e v em m³/kg.

3.39 Para cada um dos itens, determine as propriedades especificadas e aponte os estados em um diagrama de fases T–v esquemático.
(a) Para o Refrigerante 22 sob $p = 60$ lbf/in² (413,7 kPa) e $u = 50$ Btu/lb (116,3 kJ/kg), determine T em °F e v em ft³/lb.
(b) Para o Refrigerante 134a a $T = 120°F$ (48,9°F) e $u = 114$ Btu/lb (265,164 kJ/kg), determine p em lbf/in² e v em ft³/lb.
(c) Para vapor de água sob $p = 100$ lbf/in² (689,5 kPa) e $h = 1240$ Btu/lb (2884,24 kJ/kg), determine T em °F, v em ft³/lb e u em Btu/lb.

3.40 Utilizando o *IT* ou um programa similar, determine os dados das propriedades especificadas nos estados indicados. Compare os resultados com os dados da tabela apropriada.
(a) Casos (a), (b) e (c) do Problema 3.38.
(b) Casos (a), (b) e (c) do Problema 3.39.

3.41 Utilizando as tabelas para a água, determine os dados das propriedades especificadas nos estados indicados. Para cada caso, localize o estado manualmente a partir de esboços de diagramas p–v e T–v.
(a) A $p = 2$ MPa, $T = 300°C$, determine u em kJ/kg.
(b) A $p = 2,5$ MPa, $T = 200°C$, determine u em kJ/kg.
(c) A $T = 170°F$, $x = 50\%$, determine u em Btu/lb.
(d) A $p = 100$ lbf/in² (689,5 kPa), $T = 300°F$ (148,9°C), determine h em Btu/lb.
(e) A $p = 1,5$ MPa, $v = 0,2095$ m³/kg, determine h em kJ/kg.

3.42 Para cada caso, determine o valor da propriedade especificada e localize o estado manualmente a partir de esboços de diagramas p–v e T–v.
(a) Para o Refrigerante 134a a $T = 160°F$ (71,1°C), $h = 127,7$ Btu/lb (297,0 kJ/kg). Avalie v em ft^3/lb.
(b) Para o Refrigerante 134a a $T = 90°F$ (32,2°C), $u = 72,71$ Btu/lb (169,12 kJ/kg). Avalie h em Btu/lb.
(c) Para a amônia a $T = 160°F$, $p = 60$ lbf/in^2 (413,7 MPa). Avalie u em Btu/lb.
(d) Para a amônia a $T = 0°F$ (–17,8°C), $p = 35$ lbf/in^2 (241,3 kPa). Avalie u em Btu/lb.
(e) Para o Refrigerante 22 a $p = 350$ lbf/in^2 (2,4 MPa), $T = 350°F$ (176,7°C). Avalie u em Btu/lb.

3.43 Utilizando as tabelas para a água, determine os dados das propriedades especificadas nos estados indicados. Para cada caso, localize o estado manualmente a partir de esboços de diagramas p–v e T–v.
(a) A $p = 3$ bar, $v = 0,5$ m^3/kg, avalie T em °C e u em kJ/kg.
(b) A $T = 320°C$, $v = 0,03$ m^3/kg, avalie p em MPa e u em kJ/kg.
(c) A $p = 28$ MPa, $T = 520°C$, avalie v em m^3/kg e h em kJ/kg.
(d) A $T = 10°C$, $v = 100$ m^3/kg, avalie p em kPa e h em kJ/kg.
(e) A $p = 4$ MPa, $T = 160°C$, avalie v em m^3/kg e u em kJ/kg.

3.44 Utilizando as tabelas para a água, determine os dados das propriedades especificadas nos estados indicados. Para cada caso, localize o estado manualmente a partir de esboços de diagramas p–v e T–v.
(a) A $p = 20$ lbf/in^2 (137,9 kPa), $v = 16$ ft^3/lb (1,0 m^3/kg), avalie T em °F e u em Btu/lb.
(b) A $T = 900°F$ (482,2°C), $p = 170$ lbf/in^2 (1,2 MPa), avalie v em ft^3/lb e h em Btu/lb.
(c) A $T = 600°F$ (315,6°C), $v = 0,6$ ft^3/lb (0,04 m^3/kg), avalie p em lbf/in^2 e u em Btu/lb.
(d) A $T = 40°F$ (4,4°C), $v = 1950$ ft^3/lb (121,7 m^3/kg), avalie p em lbf/in^2 e h em Btu/lb.
(e) A $p = 600$ lbf/in^2 (4,1 MPa), $T = 320°F$ (160°C), avalie v em ft^3/lb e u em Btu/lb.

3.45 Para cada caso, determine o valor da propriedade especificada e localize o estado manualmente a partir de esboços de diagramas T–v.
(a) Para a água a 400°F (204,4°C) e uma pressão de 3000 lbf/in^2 (20,7 MPa), avalie o volume específico, em ft^3/lb, e a entalpia específica, em Btu/lb.
(b) Para o Refrigerante 134a a 95°F (35,0°C) e 150 lbf/in^2 (1,0 MPa), avalie o volume específico, em ft^3/lb, e a entalpia específica, em Btu/lb.
(c) Para a amônia a 20°C e 1,0 MPa, avalie o volume específico, em m^3/kg, e a entalpia específica, em kJ/kg.
(d) Para o propano a 800 kPa e 0°C, avalie o volume específico, em m^3/kg, e a entalpia específica, em kJ/kg.

Aplicando o Balanço de Energia

3.46 Água, inicialmente como vapor saturado a 4 bar, está contida em um recipiente rígido fechado. A água é aquecida até que sua temperatura atinja 400°C. Para a água, determine o calor transferido durante o processo, em kJ/kg. Despreze os efeitos das energias cinética e potencial.

3.47 Um tanque rígido fechado contém Refrigerante 134a, inicialmente a 100°C. O refrigerante é resfriado até que se torne vapor saturado a 20°C. Determine as pressões inicial e final para o refrigerante, em bar, e o calor transferido, em kJ/kg. Despreze os efeitos das energias cinética e potencial.

3.48 Um tanque rígido fechado está cheio de água. Inicialmente, o tanque possui 9,9 ft^3 (0,28 m^3) de vapor saturado e 0,1 ft^3 de líquido saturado, ambos a 212°F (100°C). A água é aquecida até que o tanque contenha apenas vapor saturado. Determine para a água, (a) o título no estado inicial, (b) a temperatura no estado final, em °F, e (c) a transferência de calor, em Btu. Despreze os efeitos das energias cinética e potencial.

3.49 Um tanque rígido fechado está cheio de água, que se encontra inicialmente no ponto crítico. A água é resfriada até que atinja a temperatura de 400°F (204,4°C). Para a água, mostre o processo em um esboço do diagrama T–v e determine o calor transferido, em Btu/lb.

3.50 O gás Refrigerante 22 é submetido a um processo isobárico em um sistema pistão-cilindro desde vapor saturado a 4 bar até uma temperatura final de 30°C. Desconsidere as contribuições de energia cinética e potencial. Represente o processo em um diagrama p–v. Calcule o trabalho e a transferência de calor, em kJ/kg.

3.51 Para o sistema do problema 3.26, determine a quantidade de energia transferida por calor, em kJ/kg.

3.52 Para o sistema do problema 3.31, determine a quantidade de energia transferida por calor, em Btu, se a massa for 2 lb (0,91 kg). Desconsidere a energia cinética e potencial.

3.53 Para o sistema do problema 3.33, determine a quantidade de energia transferida por calor, em kJ. Desconsidere a energia cinética e potencial.

3.54 Vapor de amônia em um conjunto cilindro-pistão é submetido a um processo a pressão constante a partir de vapor saturado a 10 bar. O trabalho é de +16,5 kJ/kg. Variações das energias cinética e potencial são desprezíveis. Determine (a) a temperatura final da amônia, em °C, e (b) determine a quantidade de calor transferida, em kJ/kg.

3.55 Água em um conjunto cilindro-pistão, inicialmente à temperatura de 99,63°C e um título de 65%, é aquecida a pressão constante até a temperatura de 200°C. Se o trabalho durante o processo for de +300 kJ, determine (a) a massa da água, em kg, e (b) a quantidade de calor transferida, em kJ. Variações das energias cinética e potencial são desprezíveis.

3.56 Um conjunto cilindro-pistão contendo, inicialmente, água líquida a 50°F (10°C) passa por um processo a uma pressão constante de 20 lbf/in^2 (137,9 kPa) até um estado final em que a água é um vapor a 300°F (148,9°C). Os efeitos das energias cinética e potencial são desprezíveis. Determine o trabalho e o calor transferido, em Btu por libra, para cada uma das três partes do processo global: (a) do estado inicial líquido até o estado de líquido saturado, (b) do estado de líquido saturado até o estado de vapor saturado e (c) do estado de vapor saturado até o estado final de vapor, todos a 20 lbf/in^2.

3.57 Conforme ilustrado na Fig. P3.57, um conjunto cilindro-pistão contém 0,1 kg de propano a uma pressão constante de 0,2 MPa. A transferência de energia por calor ocorre lentamente para o propano, e o volume do propano aumenta de 0,0277 m^3 até 0,0307 m^3. O atrito entre o pistão e o cilindro é desprezível. A pressão atmosférica local e a aceleração da gravidade são de 100 kPa e 9,81 m/s^2, respectivamente. Os efeitos das energias cinética e potencial relativos ao propano são desprezíveis. Para o propano, determine (a) as temperaturas inicial e final, em °C, (b) o trabalho, em kJ, e (c) a quantidade de calor transferida, em kJ.

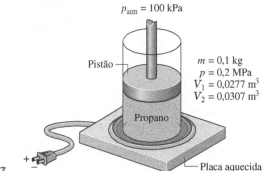

Fig. P3.57

3.58 Um conjunto cilindro-pistão contém água, inicialmente como líquido saturado a 150°C. A água é aquecida a temperatura constante até o estado de vapor saturado.
(a) Considerando que a energia é transferida por calor para a água a uma taxa de 2,28 kW, determine a taxa na qual o trabalho é realizado pela água sobre o pistão, em kW.
(b) Se em adição a taxa de energia transferida por calor no item (a), a massa total de água for de 0,1 kg, determine o tempo, em segundos, necessário para executar o processo.

3.59 Um tanque rígido e isolado contém 1,5 kg de Refrigerante 134a inicialmente sob a forma de uma mistura líquido-vapor com título de 60 % e a 0°C. Uma resistência elétrica transfere energia para o sistema a uma taxa de 2 kW até que o tanque contenha somente vapor saturado. Localize em um diagrama T–v os estados inicial e final e determine o tempo decorrido durante o processo.

3.60 Conforme ilustrado na Fig. P3.60, um tanque rígido fechado com 20 ft^3 (0,57 m^3) de volume contém 75 lb (34 kg) de Refrigerante 134a e está exposto ao sol. Às 9h da manhã o refrigerante está a uma pressão de 100 lbf/in^2 (689,5 kPa). Às 15h, devido à radiação solar, o refrigerante se encontra como um vapor saturado a uma pressão maior do que 100 lbf/in^2. Para o refrigerante, determine (a) a temperatura inicial, em °F, (b) a pressão final, em lbf/in^2, e (c) a transferência de calor, em Btu.

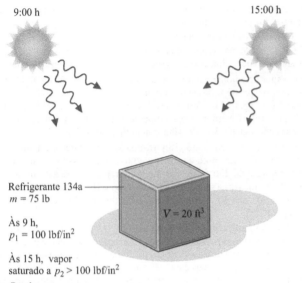

Fig. P3.60

3.61 Um tanque rígido e isolado equipado com um agitador contém água, inicialmente como uma mistura bifásica líquido-vapor a 20 lbf/in² (137,9 kPa). Essa mistura consiste em 0,07 lb (0,03 kg) de água líquida saturada e 0,07 lb de vapor d'água saturado. Um agitador movimenta a mistura até que toda a água se torne vapor saturado a uma pressão maior do que 20 lbf/in². Os efeitos das energias cinética e potencial são desprezíveis. Para a água, determine
(a) o volume ocupado, em ft³.
(b) a temperatura inicial, em °F.
(c) a pressão final, em lbf/in².
(d) o trabalho, em Btu.

3.62 Se a placa aquecida do Exemplo 3.2 transferisse energia a uma taxa de 0,1 kW para uma mistura bifásica, determine o tempo necessário, em horas, para levar a mistura do (a) estado 1 até o estado 2, (b) do estado 1 até o estado 3.

3.63 Um tanque rígido fechado contém água inicialmente a uma pressão de 20 bar, um título de 80%, e um volume de 0,5 m³, sendo essa resfriada até a pressão de 4 bar. Mostre o processo da água em um esboço do diagrama T–v e calcule o calor transferido, em kJ.

3.64 Conforme ilustrado na Fig. P3.64, um tanque rígido equipado com uma resistência elétrica de massa desprezível contém Refrigerante 22, inicialmente a –10°C, um título de 80% e 0,01 m³ de volume. Uma bateria de 12 V fornece uma corrente de 5 ampères para a resistência por 5 minutos. Considerando que a temperatura final do refrigerante é de 40°C, determine a transferência de calor, em kJ, a partir do refrigerante.

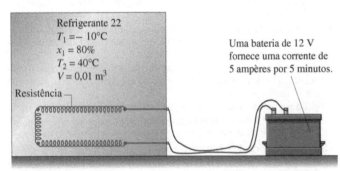

Fig. P3.64

3.65 Um tanque rígido contém 5 lb (2,27 kg) de propano a 80 lbf/in² (551,6 kPa) e 110°F (43,3°C). O calor é transferido do sistema até que a temperatura seja 0°F (–17,8°C). Considerando desprezíveis a energia cinética e potencial, represente em um diagrama T–v os estados inicial e final, e determine a quantidade de calor trocada no processo, em Btu.

 3.66 Um tanque rígido contém 0,02 lb (0,01 kg) de água, inicialmente a 120°F (48,9°C) e um título de 50%. A água recebe 8 Btu (8,4 kJ) por transferência de calor. Determine a temperatura, em °F, a pressão final, em lbf/in² e o título da água no estado final.

3.67 Amônia está contida em um conjunto cilindro-pistão, inicialmente à temperatura de –20°C e um título de 50%. A amônia é lentamente aquecida até o estado final em que a pressão é de 6 bar e a temperatura é de 180°C. Conforme a amônia é aquecida, sua pressão varia linearmente com o volume específico. Mostre o processo da amônia em um esboço do diagrama p–v. Para a amônia, determine o trabalho e a quantidade de calor transferida, ambos em kJ/kg.

3.68 Um reservatório rígido e isolado com 2 ft³ (0,06 m³) de volume contém 0,12 lb (0,05 kg) de amônia, inicialmente a pressão de 20 lbf/in² (137,9 kPa). A amônia é misturada por um agitador, resultando em uma transferência de energia para a amônia de 1 Btu (1,1 kJ) de magnitude. Determine as temperaturas inicial e final da amônia, ambas em °R, e a pressão final, em lbf/in². Despreze os efeitos das energias cinética e potencial.

3.69 Água contida em um conjunto cilindro-pistão, inicialmente à temperatura de +300°F (148,9°C), um título de 90% e um volume de 6 ft³ (0,17 m³), é aquecida a temperatura constante até o estado de vapor saturado. Considerando que a taxa de transferência de calor é de 0,3 Btu/s (0,32 kW), determine o tempo, em minutos, para que este processo da água ocorra. Os efeitos das energias cinética e potencial são desprezíveis.

3.70 Cinco quilogramas de água estão contidos em um conjunto cilindro-pistão, inicialmente a 5 bar e 240°C. A água é lentamente aquecida a pressão constante até um estado final. Considerando que a transferência de calor para o processo é de 2960 kJ, determine a temperatura no estado final, em °C, e o trabalho, em kJ. Os efeitos das energias cinética e potencial não são significativos.

3.71 Como ilustrado na Fig. P3.71, água contida em um conjunto cilindro-pistão, inicialmente a 1,5 bar e 20% de título é aquecida a pressão constante até que o pistão atinge os esbarros. A transferência de calor continua até que a água atinja o estado de vapor saturado. Apresente os processos em série da água em um esboço do diagrama T–v. Para o processo global relativo à água, determine o trabalho e o calor transferido, ambos em kJ/kg. Os efeitos das energias cinética e potencial não são significativos.

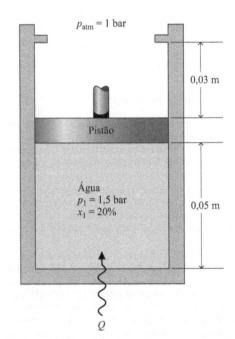

Fig. P3.71

3.72 Um conjunto cilindro-pistão contém 2 lb (0,91 kg) de água, inicialmente a 400°F e 100 lbf/in². A água passa por dois processos em série: o primeiro a pressão constante seguido por um processo a volume constante. No final do processo a volume constante a temperatura é de 300°F e a água corresponde a uma mistura bifásica líquido-vapor com um título de 60%. Despreze os efeitos das energias cinética e potencial.
(a) Esboce os diagramas T–v e p–v indicando os estados principais e os processos.
(b) Determine o trabalho e a transferência de calor para cada um dos dois processos, ambos em Btu.

3.73 Um sistema que consiste em 3 lb (1,4 kg) de vapor d'água em um conjunto cilindro-pistão, inicialmente a 350°F (176,7°C) e ocupando um volume de 71,7 ft³ (2,1 m³) se expande em um processo a pressão constante até um volume de 85,38 ft³ (2,4 m³). O sistema é então comprimido isotermicamente até um volume final de 28,2 ft³ (0,80 m³). Durante a compressão isotérmica ocorre transferência de energia por trabalho para o sistema em uma magnitude de 72 Btu (76,0 kJ). Os efeitos das energias cinética e potencial são desprezíveis. Determine a quantidade de calor trocada, em Btu, para cada processo.

3.74 Amônia em um conjunto cilindro-pistão é submetida a dois processos em série. No estado inicial, a amônia se encontra no estado de vapor saturado a $p_1 = 100$ lbf/in² (689,5 kPa). O Processo 1-2 envolve resfriamento a pressão constante até $x_2 = 75\%$. O segundo processo, do estado 2 para o estado 3, envolve aquecimento a volume constante até $x_3 = 100\%$. Os efeitos das energias cinética e potencial podem ser desprezados. Para 1,2 lb (0,5 kg) de amônia, determine (a) a quantidade de calor transferida e o trabalho para o Processo 1-2 e (b) a quantidade de calor transferida para o Processo 2-3, todos em Btu.

3.75 Um conjunto cilindro-pistão contém 3 lb (1,4 kg) de água, inicialmente ocupando um volume $V_1 = 30$ ft³ (0,85 m³) a $T_1 = 300$°F (148,9°C). A água passa por dois processos em série:

Processo 1-2: compressão a temperatura constante até $V_2 = 11,19$ ft³ (0,32 m³), durante a qual há uma transferência de energia por calor *a partir* da água de 1275 Btu (1,3 MJ).

Processo 2-3: aquecimento a volume constante até $p_3 = 120$ lbf/in² (827,4 kPa).

Esboce os dois processos em série em um diagrama T–v. Desprezando os efeitos das energias cinética e potencial, determine o trabalho no Processo 1-2 e o calor transferido no Processo 2-3, ambos em Btu.

3.76 Conforme ilustrado na Fig. P3.76, um conjunto cilindro-pistão equipado com esbarros contém 0,1 kg de água, inicialmente a 1 MPa, 500°C. A água passa por dois processos em série:

Processo 1-2: resfriamento a pressão constante até que a face do pistão pare ao atingir os esbarros. O volume ocupado pela água é então metade do seu volume inicial.

Processo 2-3: com a face do pistão em repouso sobre os esbarros, a água é resfriada até 25°C.

Esboce os dois processos em série em um diagrama p–v. Desprezando os efeitos das energias cinética e potencial, determine para cada processo o trabalho e o calor transferido, ambos em kJ.

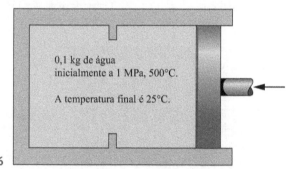

Fig. P3.76

3.77 Uma mistura bifásica líquido-vapor de H₂O, inicialmente com $x = 30\%$ e uma pressão de 100 kPa, está contida em um conjunto cilindro-pistão, como ilustrado na Fig. P3.77. A massa do pistão é de 10 kg, e ele possui 15 cm de diâmetro. A pressão da vizinhança é de 100 kPa. À medida que a água é aquecida a pressão no interior do cilindro permanece constante até que o pistão atinge os esbarros. A transferência de calor para a água continua, a volume constante, até que a pressão atinja 150 kPa. O atrito entre o pistão e as paredes do cilindro e os efeitos das energias cinética e potencial são desprezíveis. Para o processo global relativo à água, determine o trabalho e o calor transferido, ambos em kJ.

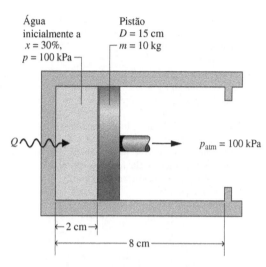

Fig. P3.77

3.78 Um sistema que consiste em 1 kg de H₂O é submetido a um ciclo de potência composto pelos seguintes processos:

Processo 1-2: aquecimento isocórico desde $p_1 = 5$ bar e $T_1 = 160$°C até $p_2 = 10$ bar.

Processo 2-3: resfriamento isobárico até o estado de vapor saturado.

Processo 3-4: resfriamento isocórico até $T_4 = 160$°C.

Processo 4-1: expansão isotérmica com $Q_{41} = 815,8$ kJ.

Esboce o ciclo em diagramas p–v e T–v. Desprezando os efeitos das energias cinética e potencial, determine a eficiência térmica.

3.79 Uma libra de ar contida em um conjunto cilindro-pistão é submetida ao ciclo de potência ilustrado na Fig. P3.79. Para cada um dos quatro processos, calcule o trabalho e o calor transferido, ambos em Btu. Determine a eficiência térmica do ciclo.

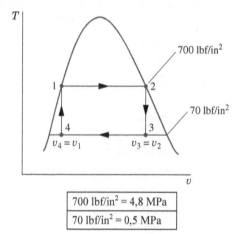

| 700 lbf/in² = 4,8 MPa |
| 70 lbf/in² = 0,5 MPa |

Fig. P3.79

3.80 Um conjunto cilindro-pistão contém 0,5 kg de Refrigerante 22, inicialmente como vapor saturado a 5 bar. O refrigerante passa por um processo no qual a relação pressão-volume específico é dada por $pv = constante$ até uma pressão final de 20 bar. Os efeitos das energias cinética e potencial podem ser desprezados. Determine o trabalho e a quantidade de calor trocada para o processo, ambos em kJ.

3.81 Dez quilogramas de Refrigerante 22 contidos em um conjunto cilindro-pistão passam por um processo no qual a relação pressão-volume específico é dada por $pv^n = constante$. Os estados inicial e final do refrigerante são determinados por $p_1 = 400$ kPa, $T_1 = -5$°C, e $p_2 = 2000$ kPa, $T_2 = 70$°C, respectivamente. Determine o trabalho e a quantidade de calor transferida para o processo, ambos em kJ.

3.82 Um conjunto cilindro-pistão contém amônia, inicialmente a 0,8 bar e –10°C. A amônia é comprimida até uma pressão de 5,5 bar. Durante o processo, a pressão e o volume específico estão relacionados por $pv = constante$. Para 20 kg de amônia, determine o trabalho e a transferência de calor, ambos em kJ.

3.83 Um conjunto cilindro-pistão contém propano, inicialmente a 27°C, 1 bar, e um volume de 0,2 m³. O propano é submetido a um processo em que a pressão final é de 4 bar, para o qual a relação pressão-volume é $pV^{1,1} = constante$. Determine o trabalho e a transferência de calor para o propano, ambos em kJ. Os efeitos das energias cinética e potencial são desprezíveis.

3.84 A Fig. P3.84 mostra um conjunto cilindro-pistão no qual atua uma mola. O cilindro contém água, inicialmente a 1000°F (537,8°C), e a mola está no vácuo. A face do pistão, cuja área é de 20 in² (0,01 m²), se encontra inicialmente em $x_1 = 20$ in (0,51 m). A água é resfriada até que a face do pistão atinja $x_2 = 16$ in (0,41 m). A força exercida pela mola varia linearmente com x de acordo com a expressão $F_{mola} = kx$, em que k = 200 lbf/in (35,0 kN/m). O atrito entre o pistão e o cilindro é desprezível. Para a água, determine
(a) as pressões inicial e final, ambas em lbf/in².
(b) a quantidade de água presente, em lb.
(c) o trabalho, em Btu.
(d) a transferência de calor, em Btu.

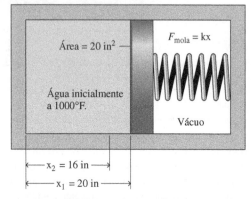

Fig. P3.84

3.85 Conforme ilustrado na Fig. P3.85, um conjunto cilindro-pistão contém 0,5 kg de amônia, inicialmente a $T_1 = -20°C$ e um título de 25%. Conforme a amônia é lentamente aquecida até o estado final, em que $T_2 = 20°C$ e $p_2 = 0,6$ MPa, sua pressão varia linearmente com o volume específico. Os efeitos das energias cinética e potencial não são significativos. Para a amônia, (a) mostre o processo em um diagrama p–v e (b) determine o trabalho e a quantidade de calor transferida, ambos em kJ.

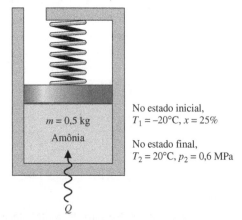

Fig. P3.85

3.86 Um galão de leite a 68°F (20°C) é colocado em um refrigerador. Se a energia for removida do leite por transferência de calor a uma taxa constante de 0,08 Btu/s (84,4 W) quanto tempo levaria, em minutos, para o leite ser resfriado até 40°F (4,4°C)? O calor específico e a massa específica do leite são 0,94 Btu/lb · °R (3,9 kJ/kg · K) e 64 lb/ft³ (1025,2 kg/m³), respectivamente.

3.87 A Fig. P3.87 mostra um bloco de cobre isolado que recebe energia a uma taxa de 100 W de uma resistência embutida. Se o bloco possui um volume de 10^{-3} m³ e uma temperatura inicial de 20°C, quanto tempo levaria, em minutos, para a temperatura alcançar 60°C? Os dados para o cobre são fornecidos na Tabela A-19.

3.88 Em um processo de tratamento térmico denominado têmpera, uma peça de metal de 1 kg, inicialmente a 1075 K, é tratada em um tanque fechado contendo 100 kg de água, inicialmente a 295 K. A transferência de calor entre o conteúdo do tanque e sua vizinhança é desprezível. Modelando a peça de metal e a água como incompressível e com calores específicos constantes correspondentes a 0,5 kJ/kg · K e 4,4 kJ/kg · K, respectivamente, determine a temperatura final de equilíbrio, após a têmpera, em K.

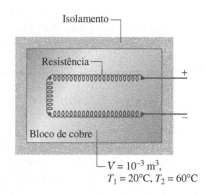

Fig. P3.87

3.89 Conforme ilustrado na Fig. P3.89, um tanque aberto para a atmosfera contém 2 lb (0,9 kg) de água líquida a 80°F (26,7°C) e 0,4 lb (0,2 kg) de gelo a 32°F (0°C). Todo o gelo se funde conforme o conteúdo do tanque atinge o equilíbrio. Considerando que a transferência de calor entre o conteúdo do tanque e sua vizinhança é desprezível, determine a temperatura final de equilíbrio, em °F. A variação da entalpia específica da água para a mudança de fase de sólido para líquido a 32°F e 1 atm é de 144 Btu/lb (334,9 kJ/kg).

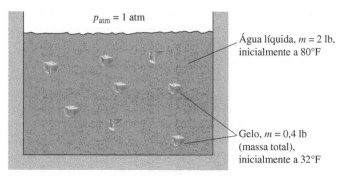

Fig. P3.89

3.90 Conforme ilustrado na Fig. P3.90, um sistema consiste em um tanque de cobre com massa de 13 kg, 4 kg de água líquida e uma resistência elétrica de massa desprezível. O sistema possui sua superfície externa isolada. Inicialmente a temperatura do cobre é 27°C e a temperatura da água é 50°C. A resistência elétrica transfere 100 kJ de energia para o sistema. Finalmente, o sistema atinge o equilíbrio. Determine a temperatura final de equilíbrio, em °C?

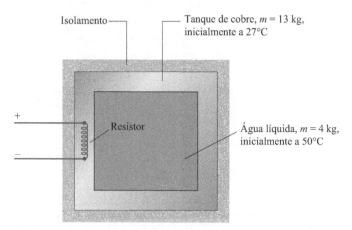

Fig. P3.90

3.91 Conforme ilustrado na Fig. P3.91, um tanque isolado fechado contém 0,15 kg de água líquida e possui uma base de 0,25 kg de cobre. As paredes finas do reservatório possuem massa desprezível. Inicialmente, o tanque e o seu conteúdo estão ambos a 30°C. Um elemento de aquecimento inserido na base de cobre é energizado com uma corrente elétrica de 10 ampères a uma voltagem de 12 V por 100 segundos. Determine a temperatura final do tanque e do seu conteúdo, em °C. Os dados para o cobre e a água líquida são fornecidos na Tabela A-19.

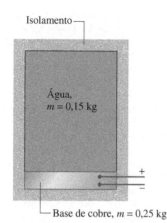

Fig. P3.91

Utilizando Dados de Compressibilidade Generalizada

3.92 Determine o volume, em m³, ocupado por 2 kg de H₂O a 100 bar e 400°C, utilizando:
(a) dados de compressibilidade generalizada (tabelas ou gráficos).
(b) dados das tabelas de vapor.
Compare os resultados e discuta.

3.93 Um sistema fechado contendo 5 kmol de O_2 é submetido a um processo entre p_1 = 50 bar e T_1 = 170 K até p_2 = 25 bar e T_2 = 200 K. Determine a variação de volume em m³.

3.94 Monóxido de carbono (CO) com 150 lb (68,0 kg) de massa ocupa um determinado volume a 500°R (4,6°C) e 3500 lbf/in² (24,1 MPa). Determine o volume, em ft³.

3.95 Determine a temperatura, em °F, do etano (C_2H_6) a 500 lbf/in² (3,4 MPa) e um volume específico de 0,4 ft³/lb (0,02 m³/kg).

3.96 Um tanque contém 2 m³ de ar a –93°C e uma pressão manométrica de 1,4 MPa. Determine a massa do ar, em kg. A pressão atmosférica local é de 1 atm.

3.97 Butano (C_4H_{10}) em um conjunto cilindro-pistão é submetido a uma compressão isotérmica a 173°C de p_1 = 1,9 MPa até p_2 = 2,5 MPa. Determine o trabalho, em kJ/kg.

3.98 Cinco quilogramas de butano (C_4H_{10}) em um conjunto cilindro-pistão são submetidos a um processo de p_1 = 5 MPa, T_1 = 500 K para p_2 = 3 MPa, durante o qual a relação entre a pressão e o volume específico é pv = constante. Determine o trabalho, em kJ.

3.99 Para uma aplicação criogênica, monóxido de carbono (CO) é submetido a um processo isobárico a 1000 lbf/in² (6894,76 kPa) em um conjunto pistão-cilindro entre T_1 = 100°F (37,8°C) até T_2 = –30°F (–34,5°C). Determine o trabalho realizado durante o processo, em Btu por lb de CO.

Trabalhando com o Modelo de Gás Ideal

3.100 Para que intervalos de pressão e temperatura o ar pode ser considerado um gás ideal? Explique sua resposta. Repita para H₂O.

3.101 Um tanque contém 0,5 m³ de nitrogênio (N₂) a –71°C e 1356 kPa. Determine a massa de nitrogênio, em kg, utilizando
(a) o modelo de gás ideal.
(b) dados do diagrama de compressibilidade.
Comente sobre a aplicabilidade do modelo de gás ideal para o nitrogênio nesse estado.

3.102 Determine o erro percentual relacionado com a utilização do modelo de gás ideal na determinação do volume específico de
(a) vapor d'água a 4000 lbf/in² (27,6 MPa), 1000°F (537,8°C).
(b) vapor d'água a 5 lbf/in² (34,5 kPa), 250°F (121,1°C).
(c) amônia a 40 lbf/in² (275,8 kPa), 60°F (15,6°C).
(d) ar a 1 atm, 560°R (38,0°C).
(e) Refrigerante 134a a 300 lbf/in² (2,1 MPa), 180°F (82,2°C).

3.103 Verifique a aplicabilidade do modelo de gás ideal
(a) para a água a 800°F (371,1°C) nas pressões de 900 lbf/in² e 100 lbf/in².
(b) para o nitrogênio a –20°C nas pressões de 75 bar e 1 bar.

3.104 Determine o volume específico, em m³/kg, do Refrigerante 134a a 16 bar, 100°C, usando
(a) a Tabela A-12.
(b) a Figura A-1.
(c) a equação de estado de gás ideal.

Compare os valores obtidos nos itens (b) e (c) com o obtido no item (a).

3.105 Determine o volume específico, em m³/kg, da amônia a 50°C, 10 bar, usando
(a) a Tabela A-15.
(b) a Figura A-1.
(c) a equação de estado de gás ideal.

Compare os valores obtidos nos itens (b) e (c) com o obtido no item (a).

3.106 Um tanque rígido fechado contém um gás que se comporta como gás ideal, inicialmente a 27°C e com uma pressão manométrica de 300 kPa. O gás é aquecido, e a pressão manométrica no estado final é 367 kPa. Determine a temperatura final, em °C. A pressão atmosférica local é de 1 atm.

3.107 O ar em um recinto medindo 8 ft × 9 ft × 12 ft (2,4 m × 2,7 m × 3,7 m) está a 80°F (26,7°C) e 1 atm. Determine a massa de ar, em lb, e seu peso, em lbf, se g = 32,0 ft/s² (9,7 m/s²).

3.108 Determine a massa total de nitrogênio (N₂), em kg, necessária para inflar os quatro pneus de um veículo, cada um com a pressão manométrica de 180 kPa na temperatura de 25°C. O volume de cada pneu é de 0,6 m³, e a pressão atmosférica é de 1 atm.

3.109 Utilizando a Tabela A-18, determine a temperatura, em K e °C, do propano em um estado em que a pressão é de 2 bar e o volume específico é de 0,307 m³/kg. Compare com as temperaturas, em K e °C, respectivamente, obtidas usando a Fig. A-1. Comente.

3.110 Um balão com hélio em seu interior, inicialmente a 27°C e 1 bar, é solto e sobe na atmosfera até que o hélio atinja 17°C e 0,9 bar. Determine a variação percentual de volume do hélio partindo do seu volume inicial.

Utilizando Conceitos de Energia e o Modelo de Gás Ideal

3.111 Conforme ilustrado na Fig. P3.111, um conjunto cilindro-pistão equipado com um agitador contém ar, inicialmente a p_1 = 30 lbf/in² (206,8 kPa), T_1 = 540°F (282,2°C) e V_1 = 4 ft³ (0,11 m³). O ar passa por um processo até um estado final em que p_2 = 20 lbf/in² (137,9 kPa) e V_2 = 4,5 ft³ (0,13 m³). Durante o processo, o agitador transfere energia *para* o ar por trabalho na quantidade de 1 Btu (1,1 kJ), enquanto o ar transfere energia por trabalho *para* o pistão na quantidade de 12 Btu. Admitindo que o ar se comporta como um gás ideal, determine (a) a temperatura no estado 2, em °R, e (b) a transferência de calor, do ar *para* o pistão, em Btu.

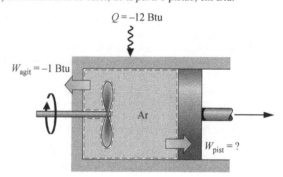

No estado inicial, p_1 = 30 lbf/in², T_1 = 540°F, V_1 = 4 ft³.
Fig. P3.111 No estado final, p_2 = 20 lbf/in², V_2 = 4,5 ft³.

3.112 Um conjunto cilindro-pistão contém ar, inicialmente a 2 bar, 300 K, e 2 m³ de volume. O ar passa por um processo a um estado em que a pressão é de 1 bar, durante o qual a relação pressão-volume é dada por pV = constante. Admitindo comportamento de gás ideal para o ar, determine a massa de ar, em kg, o trabalho e a transferência de calor, ambos em kJ.

3.113 Um conjunto cilindro-pistão contém ar, inicialmente a 2 bar, 200 K, e 1 litro de volume, passa por um processo a um estado final em que a pressão é de 8 bar e o volume é de 2 litros. Durante o processo, a relação pressão-volume é linear. Admitindo comportamento de gás ideal para o ar, determine o trabalho e a transferência de calor, ambos em kJ.

3.114 Dióxido de carbono (CO₂) contido em um conjunto cilindro-pistão, inicialmente a 6 bar e 400 K, passa por um processo de expansão a uma temperatura final de 298 K, durante o qual a relação pressão-volume é dada por $pV^{1,2}$ = constante. Admitindo comportamento de gás ideal para o CO₂, determine a pressão final, em bar, o trabalho e a transferência de calor, ambos em kJ/kg.

3.115 Vapor d'água contido no interior de um conjunto cilindro-pistão passa por um processo isotérmico de expansão a 240°C, de uma pressão de 7 bar até uma pressão de 3 bar. Determine o trabalho, em kJ/kg. Resolva de dois modos: usando (a) o modelo de gás ideal, (b) o *IT* ou um programa similar com os dados da *água/vapor d'água*. Comente.

3.116 Um sistema pistão-cilindro contém 2 kg de oxigênio conforme ilustrado na Fig. P3.116. Não há atrito entre os componentes do sistema mecânico e a pressão externa é 1 atm. O volume inicial é 2 m³ e a pressão no interior do cilindro 1 atm. Ocorre transferência de calor até que o volume seja o dobro do inicial. Determine a quantidade de calor transferido ao sistema, em kJ, assumindo $k = 1,35$ e ignorando efeitos de energia cinética e potencial.

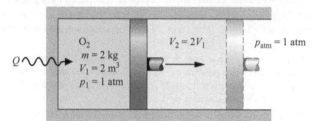

Fig. P3.116

3.117 Como mostrado na Fig. P3.117, um volume de 20 ft³ (0,57 m³) de ar a $T = 600°R$ (60,18°C) e 100 lbf/in² (68,95 kPa) é submetido a um processo politrópico de expansão até uma pressão final de 51,4 lbf/in² (354,39 kPa). O processo segue a relação $pV^{1,2} = constante$. O trabalho envolvido é $W = 194,34$ Btu (205,04 kJ). Assumindo um comportamento ideal para o ar e desprezando efeitos de energia cinética e potencial, determine:
(a) a massa do ar, em lb, e a temperatura final, em °R.
(b) o calor transferido, em Btu.

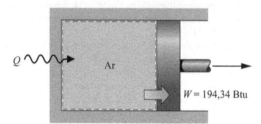

Fig. P3.117

3.118 Um conjunto cilindro-pistão contém ar a uma pressão de 30 lbf/in² (206,8 kPa) e um volume de 0,75 ft³ (0,02 m³). O ar é aquecido a pressão constante até que o seu volume seja duplicado. Admitindo o modelo de gás ideal para o ar, com a razão de calores específicos constante, dada por $k = 1,4$, determine o trabalho e a quantidade de calor transferida, ambos em Btu.

3.119 Conforme ilustrado na Fig. P3.119, um ventilador movido a eletricidade a uma taxa de 1,5 kW se encontra no interior de um recinto medindo 3 m × 4 m × 5 m. O recinto contém ar, inicialmente a 27°C e 0,1 MPa. O ventilador opera em regime permanente por 30 minutos. Admitindo o modelo de gás ideal, determine para o ar (a) a massa, em kg, (b) a temperatura final, em °C, e (c) a pressão final, em MPa. Não há transferência de calor entre o recinto e a vizinhança. Ignore o volume ocupado pelo ventilador e admita que não há variação, em termos globais, da energia interna associada ao ventilador.

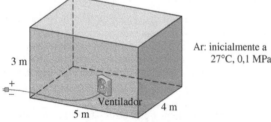

Fig. P3.119

3.120 Um tanque rígido fechado equipado com um agitador contém nitrogênio (N₂), inicialmente a 540°R (26,8°C), 20 lbf/in² (137,9 kPa) e um volume de 2 ft³ (0,06 m³). O gás é agitado até que sua temperatura seja de 760°R (149,1°C). Durante esse processo ocorre uma transferência de calor de 1,6 Btu (1,7 kJ) de magnitude, do gás para sua vizinhança. Admitindo comportamento de gás ideal, determine para o nitrogênio a massa, em lb, e o trabalho, em Btu. Os efeitos das energias cinética e potencial são desprezíveis.

3.121 Um tanque rígido fechado equipado com um agitador contém 0,4 lb de ar, inicialmente a 540°R (26,8°C). O ar é agitado até que sua temperatura seja de 740°R (138,0°C). O eixo do agitador gira por 60 segundos a 100 rpm com um torque aplicado de 20 ft · lbf (27,1 N · m). Admitindo que o ar se comporta como um gás ideal, determine o trabalho e a transferência de calor, ambos em Btu. Não ocorrem variações globais com relação as energias cinética e potencial.

3.122 Argônio contido em um tanque rígido fechado, inicialmente a 50°C, 2 bar e um volume de 2 m³, é aquecido até a pressão final de 8 bar. Admitindo para o argônio, o modelo de gás ideal com $k = 1,67$, determine a temperatura final, em °C, e a transferência de calor, em kJ.

3.123 Dez quilogramas de hidrogênio (H₂), inicialmente a 20°C, estão contidos em um tanque rígido fechado. Durante uma hora, ocorre uma transferência de calor para o hidrogênio a uma taxa de 400 W. Admitindo para o hidrogênio o modelo de gás ideal com $k = 1,405$, determine a temperatura final, em °C.

3.124 Conforme ilustrado na Fig. P3.124, um conjunto cilindro-pistão, cujo pistão repousa sobre um conjunto de esbarros, contém 0,5 kg de gás hélio inicialmente a 100 kPa e 25°C. A massa do pistão e o efeito da pressão atmosférica que atua sobre o pistão são tais que a pressão do gás necessária para levantá-lo é de 500 kPa. Que quantidade de energia deve ser transferida por calor para o hélio, em kJ, antes que o pistão comece a subir? Admita o comportamento de gás ideal para o hélio, com $c_p = \frac{5}{2}R$.

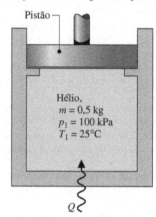

Fig. P3.124

3.125 Um conjunto cilindro-pistão equipado com um agitador girando devagar de modo constante contém 0,13 kg de ar, inicialmente a 300 K. O ar passa por um processo a pressão constante até uma temperatura final de 400 K. Durante o processo, a energia é gradualmente transferida para o ar por transferência de calor na quantidade de 12 kJ. Admitindo que o ar se comporta como um gás ideal com $k = 1,4$ e que os efeitos das energias cinética e potencial são desprezíveis, determine o trabalho realizado (a) pelo agitador sobre o ar e (b) para o ar deslocar o pistão, ambos em kJ.

3.126 Um conjunto cilindro-pistão contém ar. O ar passa por um processo a pressão constante, durante o qual a taxa de transferência de calor para o mesmo é de 0,7 kW. Admitindo para o ar, comportamento de gás ideal com $k = 1,4$ e que os efeitos das energias cinética e potencial são desprezíveis, determine a taxa na qual trabalho é realizado pelo ar sobre o pistão, em kW.

3.127 Conforme ilustrado na Fig. P3.127, um tanque equipado com uma resistência elétrica de massa desprezível mantém 2 kg de nitrogênio (N₂) inicialmente a 300 K e 1 bar. Em um período de 10 minutos é fornecida eletricidade para a resistência a uma taxa a 120 volts e com corrente constante de 1 ampère. Considerando comportamento de gás ideal, determine a temperatura final do nitrogênio, em K, e a pressão final, em bar.

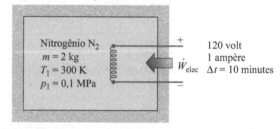

Fig. P3.127

3.128 Um tanque rígido fechado equipado com um agitador contém 0,1 kg de ar, inicialmente a 300 K e 0,1 MPa. O agitador movimenta o ar por 20 minutos, com a potência de acionamento variando em função do tempo de acordo com a expressão $\dot{W} = -10t$, em que $\dot{W}$ está em watts e t é o tempo em minutos. A temperatura final do ar é de 1060 K. Admitindo comportamento de gás ideal e que não ocorrem variações relativas às energias cinética e potencial, determine para o ar (a) a pressão final, em MPa, (b) o trabalho, em kJ, e (c) a transferência de calor, em kJ.

3.129 Conforme ilustrado na Fig. P3.129, um dos lados de um reservatório rígido e isolado mantém 2 m³ de ar inicialmente a 27°C e 0,3 MPa. Uma fina membrana separa o ar de um espaço evacuado com 3 m³ de volume. Devido à pressão do ar a membrana estica e finalmente se rompe, permitindo que o ar ocupe todo o volume. Admitindo o modelo de gás ideal para o ar, determine (a) a massa do ar, em kg, (b) a temperatura final do ar, em K, e (c) a pressão final do ar, em MPa.

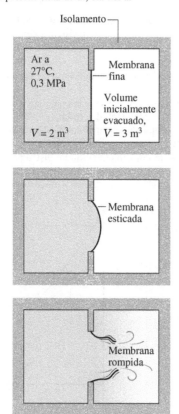

Fig. P3.129

3.130 Ar está confinado por uma divisória em um dos lados de um reservatório rígido e isolado, como mostra a Fig. P3.130. O outro lado está inicialmente evacuado. O ar está inicialmente a: $p_1 = 5$ bar, $T_1 = 500$ K e $V_1 = 0,2$ m³. Quando a divisória é retirada, o ar se expande de modo a preencher a totalidade do reservatório. Medidas mostram que $V_2 = 2V_1$ e $p_2 = p_1/4$. Considerando que o ar se comporta como um gás ideal, determine (a) a temperatura final, em K, e (b) a transferência de calor, em kJ.

3.131 Dois quilogramas de ar, inicialmente a 5 bar, 350 K, e 4 kg de monóxido de carbono (CO), inicialmente a 2 bar e 450 K, estão confinados em lados opostos de um reservatório rígido e perfeitamente isolado por meio de uma divisória, como ilustrado na Fig. P3.131. A divisória é livre para se mover e permite condução de um gás para o outro sem o acúmulo de energia na própria divisória. O ar e o CO se comportam como gases ideais com a razão de calores específicos constante, dada por $k = 1,395$. Determine no equilíbrio, (a) a temperatura, em K, (b) a pressão, em bar, e (c) o volume ocupado por cada gás, em m³.

3.132 Conforme ilustrado na Fig. P3.132, 5 g de ar estão contidos em um conjunto cilindro-pistão, cujo pistão repousa sobre um conjunto de esbarros. O ar, inicialmente a 3 bar e 600 K é lentamente resfriado até que o pistão começa a se mover para baixo no cilindro. O ar se comporta como um gás ideal, $g = 9,81$ m/s² e o atrito é desprezível. Esboce o processo do ar em um diagrama $p–V$ indicando os estados finais da temperatura e da pressão. Determine também a transferência de calor, em kJ, entre o ar e sua vizinhança.

3.133 Um tanque rígido contém 2 kg de nitrogênio, cercado por um banho térmico de 10 kg de água, como mostrado na Fig. P3.133. Os dados para o estado inicial do nitrogênio e da água estão dispostos na figura. A unidade é isolada termicamente, e o nitrogênio e a água trocam calor até que o equilíbrio térmico seja atingido. A temperatura final medida é 34,1°C. A água pode ser modelada como uma substância incompressível, com $c = 4,179$ kJ/kg · K e o nitrogênio como um gás ideal com c_v constante. A partir dos dados medidos, determine o valor da capacidade calorífica média, c_v, em kJ/kg · K.

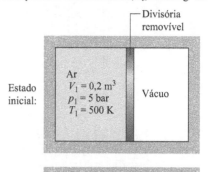

Fig. P3.130

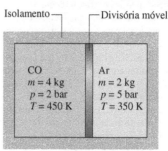

Fig. P3.131

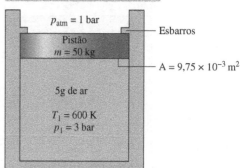

Fig. P3.132

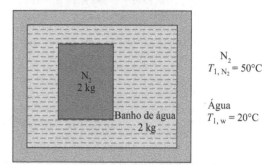

Fig. P3.133

3.134 Conforme ilustrado na Fig. P3.134, um tanque rígido contém inicialmente 3 kg de dióxido de carbono (CO₂) a 500 kPa. O tanque está conectado por uma válvula a um conjunto cilindro-pistão orientado verticalmente e contendo de início 0,05 m³ de CO₂. Embora a válvula esteja fechada, um pequeno vazamento faz com que o CO₂ escoe para o interior do cilindro até que a pressão do tanque tenha sido reduzida a 200 kPa. O peso do pistão e a pressão atmosférica mantém uma pressão constante de 200 kPa no cilindro. Devido à transferência de calor, a temperatura do CO₂ permanece constante e igual a 290 K ao longo do tanque e do cilindro. Considerando o comportamento de gás ideal, determine para o CO₂ o trabalho e a transferência de calor, ambos em kJ.

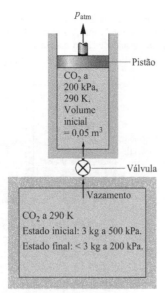

Fig. P3.134

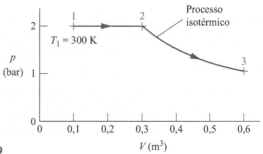

Fig. P3.139

3.135 Um tanque rígido fechado equipado com um agitador contém 2 kg de ar, inicialmente a 300 K. Durante um intervalo de 5 minutos, o agitador transfere energia para o ar a uma taxa de 1 kW. Durante esse intervalo, o ar também recebe energia por transferência de calor a uma taxa de 0,5 kW. Esses são os únicos modos de transferência de energia. Admitindo comportamento de gás ideal para o ar e que não ocorrem variações relativas às energias cinética e potencial, determine a temperatura final do ar, em K.

3.136 Conforme ilustrado na Fig. P3.136, um conjunto cilindro-pistão equipado com um agitador contém ar, inicialmente a 560°R (38,0°C), 18 lbf/in² (124,1 kPa) e um volume de 0,29 ft³ (0,01 m³). O agitador transfere energia para o ar na quantidade de 1,7 Btu (1,8 kJ). O pistão move-se suavemente no cilindro e a transferência de calor entre o ar e sua vizinhança pode ser desprezada. Admitindo que o ar se comporta como um gás ideal, determine sua temperatura final, em °R.

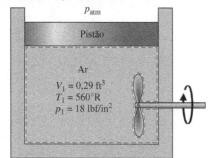

Fig. P3.136

3.137 O dióxido de carbono (CO₂) é comprimido em um conjunto pistão-cilindro desde $p_1 = 0,7$ bar e $T_1 = 280$ K até $p_2 = 11$ bar. O volume inicial é 0,262 m³. O processo é descrito por $pV^{1,25} = constante$. Assumindo um comportamento de gás ideal e desprezando efeitos de energia cinética e potencial, determine o trabalho realizado e o calor trocado durante o processo, em kJ, utilizando (a) valores de calor específico a 300 K e (b) dados da Tabela A-23. Compare os resultados e discuta.

3.138 Um conjunto pistão-cilindro inicialmente sob 40 lbf/in² (275,8 kPa) e 600°R (60,18°C) contém ar, que expande em um processo politrópico com $n = k = 1,4$ até que o volume seja o dobro do inicial. Assumindo que o gás possa ser modelado como ideal, com capacidade calorífica constante, determine (a) a temperatura final do processo, em °R e a pressão, em lbf/in² e (b) o trabalho realizado e o calor trocado, em Btu por lb de ar.

3.139 Ar contido em um conjunto cilindro-pistão é submetido a dois processos em série, conforme ilustrado na Fig. P3.139. Assumindo o comportamento de gás ideal para o ar, determine o trabalho e a quantidade de energia transferida como calor para o processo global, ambos em kJ/kg.

3.140 Um conjunto cilindro-pistão que contém 0,2 kmol de nitrogênio (N₂) passa por dois processos em série, como é descrito a seguir:

Processo 1-2: pressão constante a 5 bar de $V_1 = 1,33$ m³ até $V_2 = 1$ m³.

Processo 2-3: volume constante até $p_3 = 4$ bar.

Considerando comportamento de gás ideal e desprezando os efeitos das energias cinética e potencial, determine o trabalho e o calor transferido para cada processo, em kJ.

3.141 Um quilograma de ar em um conjunto cilindro-pistão passa por dois processos em série a partir de um estado inicial em que $p_1 = 0,5$ MPa e $T_1 = 227°C$:

Processo 1-2: expansão a temperatura constante até que o volume seja duas vezes o volume inicial.

Processo 2-3: aquecimento a volume constante até que a pressão seja novamente 0,5 MPa.

Esboce os dois processos em série em um diagrama $p-v$. Considerando comportamento de gás ideal, determine (a) a pressão no estado 2, em MPa, (b) a temperatura no estado 3, em °C, e para cada um dos processos, e (c) o trabalho e o calor transferido, ambos em kJ.

3.142 Ar contido em um conjunto cilindro-pistão passa pelo ciclo de potência ilustrado na Fig. P3.142. Considerando comportamento de gás ideal para o ar, determine a eficiência térmica do ciclo.

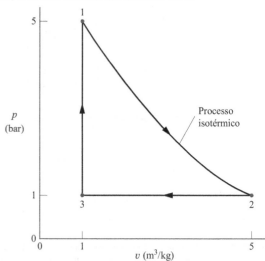

Fig. P3.142

3.143 Uma amostra de 1 lb de ar é submetida a um ciclo consistindo nos seguintes processos:

Processo 1-2: expansão sob pressão constante com $p = 20$ lbf/in² (137,9 kPa) de $T_1 = 500°R$ (4,63°C) até $v_2 = 1,4\ v_1$.

Processo 2-3: compressão adiabática $v_3 = v_1$ e $T_3 = 820°R$ (182,406°C).

Processo 3-1: processo sob volume constante.

Represente o ciclo detalhadamente em um diagrama p-v. Assumindo comportamento de gás ideal, determine a transferência de energia por calor e trabalho em cada processo, em Btu.

3.144 Um conjunto cilindro-pistão contém ar modelado como um gás ideal com razão de calores específicos constante e dada por $k = 1,4$. O ar passa por um ciclo de potência composto por quatro processos em série:

Processo 1-2: expansão a temperatura constante a 600 K de $p_1 = 0,5$ MPa até $p_2 = 0,4$ MPa.

Processo 2-3: expansão politrópica com $n = k$ até $p_3 = 0,3$ MPa.

Processo 3-4: compressão a pressão constante até $V_4 = V_1$.

Processo 4-1: aquecimento a volume constante.

Esboce o ciclo em um diagrama $p-v$. Determine (a) o trabalho e o calor transferido para cada processo, em kJ/kg, e (b) a eficiência térmica.

3.145 Uma libra de oxigênio, O₂, é submetida a um ciclo de potência que consiste nos seguintes processos:

Processo 1-2: volume constante de $p_1 = 20$ lbf/in² (137,9 kPa), $T_1 = 500°R$ (4,6°C) para $T_2 = 820°R$ (182,4°C).

Processo 2-3: expansão adiabática até $v_3 = 1,432 v_2$.

Processo 3-1: compressão a pressão constante até o estado 1.

Esboce o ciclo em um diagrama p–v. Considerando comportamento de gás ideal, determine (a) a pressão no estado 2, em lbf/in², (b) a temperatura no estado 3, em °R, (c) a quantidade de calor transferido e o trabalho, ambos em Btu, para todos os processos, e (d) a eficiência térmica do ciclo.

3.146 Um sistema consiste em 2 kg de dióxido de carbono gasoso inicialmente no estado 1, em que $p_1 = 1$ bar e $T_1 = 300$ K. O sistema é submetido a um ciclo de potência que consiste nos seguintes processos:

Processo 1-2: volume constante até $p_2 = 4$ bar.
Processo 2-3: expansão com $pv^{1,28} = constante$.
Processo 3-1: compressão a pressão constante.

Utilizando o modelo de gás ideal e desprezando os efeitos das energias cinética e potencial, (a) esboce o ciclo em um diagrama p–v e calcule a eficiência térmica; e (b) represente graficamente a relação entre a eficiência térmica e a razão p_2/p_1 para o intervalo de variação de 1,05 a 4.

3.147 Ar é submetido a um processo politrópico em um conjunto cilindro-pistão de $p_1 = 1$ bar e $T_1 = 295$ K até $p_2 = 7$ bar. O ar é modelado como um gás ideal e os efeitos das energias cinética e potencial são desprezíveis. Para um expoente politrópico de 1,6, determine o trabalho e a transferência de calor, ambos em kJ por kg de ar, (a) assumindo c_v constante avaliado em 300 K; (b) assumindo calores específicos variáveis.

Utilizando o *IT* ou um programa similar, represente graficamente o trabalho e o calor transferido por unidade de massa de ar, para o expoente politrópico variando de 1,0 a 1,6. Analise o erro introduzido na quantidade de calor transferida pela consideração de c_v constante.

3.148 Vapor d'água, inicialmente sob 700 lbf/in² (4826,3 kPa) e a 550°F (287,8°C), é submetido a um processo politrópico em um sistema pistão-cilindro até uma pressão final de 3000 lbf/in² (20,68 Mpa). Considere desprezíveis os efeitos de energia cinética e potencial e determine a transferência de energia por calor, em Btu por lb de vapor d'água, se o expoente do processo politrópico for 1,6, (a) utilizando dados das tabelas de vapor e (b) assumindo comportamento de gás ideal. Utilizando o *IT* ou outro *software*, elabore um gráfico do calor transferido por unidade de massa do vapor para processos politrópicos com expoente variando entre 1,0 e 1,6. Avalie o erro na transferência de calor associado ao emprego do modelo de gás ideal.

▶ PROJETOS E PROBLEMAS EM ABERTO: EXPLORANDO A PRÁTICA DE ENGENHARIA

3.1P Cientistas verificaram que, resfriando o ar até a temperatura *criogênica* de 204°R (–159,8°R), ocorre condensação e o "ar líquido" pode ser estocado em unidades veiculares e utilizado como fonte de energia para o veículo ao evaporar. O líquido é injetado em cilindros e misturado a uma solução anticongelante. A expansão rápida gera uma variação de pressão que pode ser utilizada para deslocar os pistões em um sistema pistão-cilindro e, com isso, o ar frio é descartado do processo. Desenvolva um relatório de pesquisa que explique os princípios que regeriam esse sistema e discuta a viabilidade desta tecnologia para uma potencial comercialização e seus possíveis impactos ambientais. Inclua ao menos três referências.

3.2P A Agência de Proteção Ambiental dos Estados Unidos (EPA – *Environmental Protection Agency*) desenvolveu um procedimento para o cálculo on-line das emissões de gases de efeito estufa que auxilia indivíduos e famílias a reduzir essas emissões. Use a calculadora desenvolvida pela EPA para estimar, em casa e na estrada, suas emissões pessoais de gases de efeito estufa ou as emissões de sua família. Use essa calculadora também para explorar medidas que você como um indivíduo ou sua família podem tomar para reduzir as emissões em pelo menos 20%. Resuma seus resultados em um memorando e apresente o seu planejamento para a redução das emissões.

3.3P A pressão a uma profundidade de 400 m em um oceano ou lago é de, aproximadamente 40 atm. Uma empresa canadense está estudando um sistema que visa submergir tanques de concreto vazios dentro dos quais a água sob pressão fluiria até preencher os tanques, passando por turbinas. Essas turbinas gerariam eletricidade que seria utilizada para operar compressores na superfície (do lago ou oceano), os quais atuariam comprimindo ar para geração de potência. As turbinas, então, seriam revertidas e utilizadas como bombas para esvaziar os tanques para que o ciclo pudesse ser repetido. Elabore um relatório técnico que resuma os conceitos por trás dessa tecnologia e seu potencial para aplicação prática.

3.4P O Refrigerante 22 se tornou o principal gás de refrigeração utilizado em residências, em bombas de calor e sistemas de ar condicionado, após o *Protocolo de Montreal* banir os refrigerantes CFC em 1987. O R-22 não contém cloro, que é considerado um dos principais agentes de depleção da camada de ozônio e que iniciou o processo de banimento dos CFCs mundialmente. Entretanto, o R-22 encontra-se em uma classe de substâncias denominadas hidrofluorcarbonos (HCFCs), os quais, acredita-se, contribuem para o aquecimento global e potencialmente na depleção da camada de ozônio. Como resultado, os HCFCs também foram banidos e estão em fase de substituição. Escreva um relatório detalhando a agenda americana de substituição do R-22 e liste os refrigerantes que estão sendo utilizados para substituí-lo em sistemas residenciais. Liste ao menos três referências.

3.5P Um artigo de jornal informa que no mesmo dia em que uma companhia aérea cancelou 11 voos que partiriam de Las Vegas porque a temperatura local estava próxima do limite operacional de 117°F (47,2°C) para seus jatos, uma outra cancelou sete voos que partiriam de Denver porque a temperatura local estava acima do nível operacional de 104°F (40°C) para seus aviões a hélice. Prepare uma apresentação de 30 min, adequada para uma aula de ciências do ensino médio, explicando as considerações técnicas relativas a esses cancelamentos.

3.6P O uso de fluidos refrigerantes naturais tem sido muito considerado para aplicações comerciais de refrigeração (veja o boxe da Seção 3.4), uma vez que estes não causam a degradação da camada de ozônio e possuem baixo potencial de aquecimento global. Investigue a viabilidade dos refrigerantes naturais em sistemas para melhorar o conforto humano e conservar alimentos. Considere os benefícios relativos ao desempenho, à segurança e ao custo. Com base em seu estudo, recomende refrigerantes naturais especialmente promissores e áreas de aplicação em que cada um é particularmente bem adaptado. Relate seu estudo em uma apresentação em PowerPoint.

3.7P De acordo com a New York City Transit Authority, os trens, quando estão em funcionamento, elevam as temperaturas do túnel e da estação de 14 a 20°F acima da temperatura ambiente. Entre os principais contribuintes para este aumento de temperatura estão a operação do motor do trem, a iluminação e a energia dos próprios passageiros. O desconforto do passageiro pode aumentar significativamente em épocas de estações mais quentes, se o ar condicionado não estiver disponível. Além disso, como as unidades de ar condicionado utilizadas descarregam energia por transferência de calor para a vizinhança, elas contribuem para o problema geral de gestão de energia do túnel e da estação. Investigue a aplicação de estratégias de refrigeração *alternativas* que proporcionem um resfriamento substancial com um mínimo requisito de energia, como o armazenamento térmico e a ventilação noturna, porém não se limite a apenas essas estratégias. Escreva um relatório com pelo menos três referências.

3.8P Algumas empresas de petróleo e gás utilizam o *fraturamento hidráulico* para acessar o óleo e o gás natural presos em formações rochosas profundas. Investigue o processo de fraturamento hidráulico, seus benefícios e impactos ambientais. Com base nisso, escreva um resumo de três páginas para ser submetido a um comitê do Congresso considerando se o fraturamento hidráulico deve continuar isento de regulamentação considerando o Ato de Proteção da Água Potável (SDWA – *Safe Drinking Water Act*). O resumo pode fornecer conhecimentos técnicos objetivos aos membros do comitê ou tomar uma posição a favor ou contra, apoiando a isenção.

3.9P A água é um dos nossos recursos mais importantes, mas também é um dos mais mal administrados – sendo muitas vezes desperdiçada e poluída. Investigue formas de tornar o uso da água mais eficiente para a sociedade, na indústria, nas empresas e nas residências. Registre o seu uso diário de água por pelo menos três dias e compare-o ao daqueles que vivem nas regiões mais pobres do mundo: cerca de um galão por dia. Escreva um relatório, com pelo menos três referências.

3.10P O aquecimento solar passivo poderá se tornar mais eficaz nos próximos anos através da incorporação de materiais de mudança de fase (PCMs – *phase-change materials*) em materiais de construção. Investigue a incorporação de materiais de mudança de fase em produtos usados pela indústria da construção para aumentar o aquecimento solar passivo. Para cada produto, determine o tipo de PCM, o ponto de fusão e a entalpia de mudança de fase correspondente. Discuta como o PCM afeta o desempenho do material de construção e como isto beneficia o aquecimento de ambientes. Prepare uma apresentação em *PowerPoint* de cerca de 25 minutos adequada para uma aula de química com base no seu estudo. Convide pelo menos duas outras pessoas para participar da sua apresentação a fim de enriquecê-la.

Bocais, considerados na Seção 4.6, desempenham um papel crucial no combate a incêndios.
© shaunl/iStockphoto

CONTEXTO DE ENGENHARIA O **objetivo** deste capítulo é desenvolver e ilustrar o uso dos princípios de conservação de massa e de energia nas suas formulações de volume de controle. Os balanços de massa e de energia para volumes de controle são discutidos nas Seções 4.1 e 4.4, respectivamente. Esses balanços são aplicados nas Seções 4.5 a 4.11 para volumes de controle em regime permanente e na Seção 4.12 para aplicações dependentes do tempo (transientes).

Embora dispositivos que permitem fluxo de massa, como turbinas, bombas e compressores, possam em princípio ser analisados estudando-se uma certa quantidade de matéria (um sistema fechado) conforme ela escoa ao longo do dispositivo, é normalmente preferível pensar em uma região do espaço através da qual a massa escoa (um volume de controle). Da mesma maneira que em um sistema fechado, a transferência de energia ao longo da fronteira de um volume de controle pode ocorrer por meio de trabalho e de calor. Além disso, outro tipo de transferência de energia deve ser considerado – a energia que acompanha a massa quando esta entra ou sai.

Análise do Volume de Controle Utilizando Energia

▶ **RESULTADOS DE APRENDIZAGEM**

Quando você completar o estudo deste capítulo estará apto a...

▶ demonstrar conhecimento dos conceitos fundamentais relacionados à análise de volumes de controle, incluindo distinguir entre regime permanente e análise transiente, distinguir entre vazão mássica e vazão volumétrica e os significados de escoamento unidimensional e de trabalho de escoamento.

▶ aplicar os balanços de massa e de energia aos volumes de controle.

▶ desenvolver modelos apropriados de engenharia para volumes de controle, com especial atenção para a análise de componentes normalmente encontrados na prática de engenharia como bocais, difusores, turbinas, compressores, trocadores de calor, dispositivos de estrangulamento e sistemas integrados que incorporam dois ou mais componentes.

▶ utilizar dados de propriedades na análise de volume de controle apropriadamente.

134 Capítulo 4

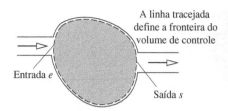

Fig. 4.1 Volume de controle com uma entrada e uma saída.

4.1 Conservação de Massa para um Volume de Controle

Nesta seção será desenvolvida e ilustrada uma expressão para o princípio da conservação de massa para volumes de controle. Como parte da apresentação, o modelo de escoamento unidimensional será introduzido.

4.1.1 Desenvolvendo o Balanço da Taxa de Massa

O balanço da taxa de massa para volumes de controle é apresentado utilizando-se a Fig. 4.1, a qual mostra um volume de controle com fluxo de entrada de massa e e saída s, respectivamente. Quando aplicado a esse volume de controle, o princípio da conservação de massa estabelece que

conservação de massa

$$\begin{bmatrix} \text{taxa temporal de variação da} \\ \text{massa contida no interior do} \\ \text{volume de controle no instante } t \end{bmatrix} = \begin{bmatrix} \text{taxa temporal de fluxo} \\ \text{de massa através da} \\ \text{entrada } e \text{ no instante } t \end{bmatrix} - \begin{bmatrix} \text{taxa temporal de fluxo} \\ \text{de massa através da} \\ \text{saída } s \text{ no instante } t \end{bmatrix}$$

Representando a massa contida no volume de controle no instante t por $m_{vc}(t)$, esse enunciado do princípio da conservação de massa pode ser expresso matematicamente por

$$\frac{dm_{vc}}{dt} = \dot{m}_e - \dot{m}_s \qquad (4.1)$$

vazões mássicas

em que dm_{vc}/dt é a taxa temporal da variação de massa contida no interior do volume de controle e $\dot{m}_e$ e $\dot{m}_s$ são, respectivamente, as vazões mássicas instantâneas na entrada e na saída. Como nos símbolos $\dot{W}$ e $\dot{Q}$, os "pontos" nas grandezas $\dot{m}_e$ e $\dot{m}_s$ denotam taxas temporais de transferência. No sistema SI todos os termos da Eq. 4.1 são expressos em kg/s. Quando unidades inglesas são empregadas, todos os termos são expressos em lb/s. Uma discussão sobre o desenvolvimento da Eq. 4.1 pode ser encontrada no boxe.

Em geral, podem existir vários locais na fronteira através dos quais a massa entra ou sai. Isso pode ser levado em conta através do somatório, conforme a seguir

$$\frac{dm_{vc}}{dt} = \sum_e \dot{m}_e - \sum_s \dot{m}_s \qquad (4.2)$$

balanço da taxa de massa

A Eq. 4.2 é o balanço da taxa de massa em termos de taxa para volumes de controle com várias entradas e saídas. Ela é a formulação do princípio de conservação de massa normalmente empregada em engenharia. Outras formas de balanço de massa em termos de taxa serão consideradas em discussões posteriores.

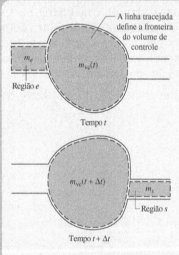

Desenvolvendo o Balanço de Massa para um Volume de Controle

Para cada uma das propriedades extensivas dadas por massa, energia e entropia (Cap. 6), a formulação do balanço da propriedade para um volume de controle pode ser obtida pela transformação do sistema fechado correspondente. Isso será considerado para massa, lembrando que a massa de um sistema fechado é constante.

As figuras correspondentes a essa discussão mostram um sistema que consiste em uma quantidade fixa de matéria m que ocupa diferentes regiões em um instante t e em um outro, mais tarde, $t + \Delta t$. A massa sob consideração está ilustrada em um tom mais escuro nas figuras. Em um instante t, a massa é dada pela soma $m = m_{vc}(t) + m_e$, em que $m_{vc}(t)$ é a massa contida no interior do volume de controle e m_e é a massa no interior da pequena região designada por e, adjacente ao volume de controle. A quantidade fixa de matéria m será estudada à medida que o tempo transcorre.

Em um intervalo de tempo Δt, toda a massa da região e atravessa a fronteira do volume de controle, enquanto uma certa porção de massa, designada por m_s, inicialmente contida no interior do volume de controle, escapa de modo a preencher a região designada por s adjacente ao volume de controle. Embora as massas nas regiões e e s, assim como nos volumes de controle, sejam diferentes nos instantes t e $t + \Delta t$, a quantidade total de massa é constante. Dessa maneira,

$$m_{vc}(t) + m_e = m_{vc}(t + \Delta t) + m_s \qquad \text{(a)}$$

ou rearrumando

$$m_{vc}(t + \Delta t) - m_{vc}(t) = m_e - m_s \qquad \text{(b)}$$

A Eq. (b) é um balanço *contábil* para massa que enuncia que a variação de massa no volume de controle durante o intervalo de tempo Δt é igual à quantidade de massa que entra subtraída da quantidade que sai.

A Eq. (b) pode ser expressa em termos de uma taxa temporal. Primeiramente, divide-se por Δt de modo a obter

$$\frac{m_{vc}(t + \Delta t) - m_{vc}(t)}{\Delta t} = \frac{m_e}{\Delta t} - \frac{m_s}{\Delta t} \tag{c}$$

Assim, tomando-se o limite à medida que Δt tende a zero, a Eq. (c) transforma-se na Eq. 4.1, a *equação da taxa instantânea de massa em um volume de controle*

$$\frac{dm_{vc}}{dt} = \dot{m}_e - \dot{m}_s \tag{4.1}$$

em que dm_{vc}/dt indica a taxa temporal da variação de massa contida no interior do volume de controle e $\dot{m}_e$ e $\dot{m}_s$ são, respectivamente, as vazões mássicas na entrada e na saída, ambas no instante t.

4.1.2 Analisando a Vazão Mássica

Uma expressão para a vazão mássica $\dot{m}$ da matéria que entra ou sai de um volume de controle pode ser obtida em termos de propriedades locais, considerando uma pequena quantidade de matéria que escoa com uma velocidade V através de uma área infinitesimal dA em um intervalo de tempo Δt, como ilustrado na Fig. 4.2. Como essa parcela da fronteira do volume de controle pela qual a massa escoa não se encontra necessariamente em repouso, a velocidade mostrada na figura é entendida como a velocidade *relativa* à área dA. A velocidade pode ser decomposta nas componentes normal e tangencial ao plano que contém dA. No desenvolvimento a seguir, V_n representa a componente da velocidade relativa normal a dA na direção do escoamento.

O *volume* de matéria cruzando dA durante o intervalo de tempo Δt mostrado na Fig. 4.2 é um cilindro oblíquo com um volume igual ao produto da área de sua base dA pela sua altura $V_n \Delta t$. A multiplicação pela massa específica ρ fornece a quantidade de massa que cruza dA em um tempo Δt

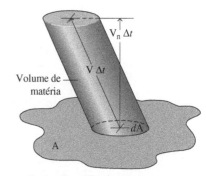

Fig. 4.2 Ilustração utilizada para o desenvolvimento de uma expressão para a vazão mássica em termos de propriedades locais do fluido.

$$\begin{bmatrix} \text{quantidade de massa} \\ \text{cruzando } dA \text{ durante o} \\ \text{intervalo de tempo } \Delta t \end{bmatrix} = \rho(V_n \Delta t)\, dA$$

Dividindo ambos os lados dessa equação por Δt e tomando o limite quando Δt tende a zero, a vazão mássica instantânea ao longo da área infinitesimal dA é

$$\begin{bmatrix} \text{taxa instantânea de} \\ \text{fluxo de massa} \\ \text{cruzando } dA \end{bmatrix} = \rho V_n\, dA$$

Quando essa relação é integrada ao longo da área A através da qual a massa escoa, obtém-se uma expressão para a vazão mássica

$$\dot{m} = \int_A \rho V_n\, dA \tag{4.3}$$

A Eq. 4.3 pode ser aplicada nas entradas e saídas de modo a se calcular as vazões mássicas que entram e saem do volume de controle.

4.2 Formas do Balanço de Massa em Termos de Taxa

O balanço da taxa de massa, Eq. 4.2, é uma formulação importante para a análise em volume de controle. No entanto, em muitos casos é conveniente aplicar o balanço de massa com formulações mais adequadas aos objetivos em vista. Nesta seção são consideradas algumas formas alternativas.

4.2.1 Formulação do Balanço da Taxa de Massa para Escoamento Unidimensional

Quando um fluxo de massa que entra ou sai de um volume de controle satisfaz às idealizações que se seguem, ele é considerado unidimensional:

fluxo unidimensional

▶ O escoamento é normal à fronteira nas posições onde a massa entra ou sai do volume de controle.
▶ *Todas* as propriedades intensivas, incluindo a velocidade e a massa específica, são *uniformes com relação à posição* (valores globais médios) ao longo de cada área de entrada ou saída através da qual a massa escoa.

TOME NOTA...
Nas análises de volume de controle subsequentes admitiremos rotineiramente que as idealizações de escoamento unidimensional sejam apropriadas. Assim, a hipótese de escoamento unidimensional não se encontra explicitamente listada nos exemplos resolvidos.

▶ **POR EXEMPLO** a Fig. 4.3 ilustra o significado do escoamento unidimensional. A área através da qual a massa escoa é representada por A. O símbolo V indica um único valor que representa a velocidade de escoamento do ar. Analogamente, T e v são valores únicos que representam a temperatura e o volume específico, respectivamente, do escoamento do ar. ◀ ◀ ◀ ◀ ◀

Quando o escoamento é unidimensional, a Eq. 4.3 para a vazão mássica torna-se

$$\dot{m} = \rho A V \quad \text{(escoamento unidimensional)} \tag{4.4a}$$

ou, em termos do volume específico

$$\dot{m} = \frac{AV}{v} \quad \text{(escoamento unidimensional)} \tag{4.4b}$$

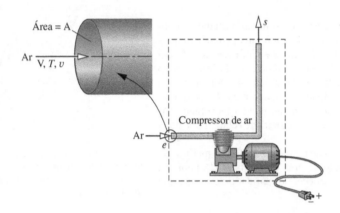

Fig. 4.3 Ilustração do modelo de escoamento unidimensional.

vazão volumétrica

Quando a área está em m², a velocidade em m/s e o volume específico em m³/kg, a vazão mássica determinada a partir da Eq. 4.4b aparece em kg/s, conforme pode ser verificado. O produto AV nas Eqs. 4.4 é a vazão volumétrica. A vazão volumétrica tem dimensões de m³/s ou ft³/s.

A substituição da Eq. 4.4b na Eq. 4.2 resulta em uma expressão para o princípio da conservação de massa para volume de controle limitada ao caso de escoamento unidimensional nas entradas e saídas.

$$\frac{dm_{vc}}{dt} = \sum_e \frac{A_e V_e}{v_e} - \sum_s \frac{A_s V_s}{v_s} \quad \text{(escoamento unidimensional)} \tag{4.5}$$

Note que a Eq. 4.5 envolve somatórios ao longo das entradas e saídas do volume de controle. Cada termo em cada um desses somatórios refere-se a uma certa entrada ou saída. A área, a velocidade e o volume específico que aparecem em um termo referem-se apenas à entrada ou à saída correspondente.

4.2.2 Formulação do Balanço da Taxa de Massa para Regime Permanente

regime permanente

Muitos sistemas de engenharia podem ser idealizados como estando em regime permanente, indicando que *nenhuma* das propriedades se altera com o tempo. Para um volume de controle em regime permanente a identidade da matéria no interior do volume de controle varia continuamente, mas a quantidade total presente em qualquer instante permanece constante, assim $dm_{vc}/dt = 0$ e a Eq. 4.2 reduz-se a

$$\underbrace{\sum_e \dot{m}_e}_{\text{(taxa de entrada de massa)}} = \underbrace{\sum_s \dot{m}_s}_{\text{(taxa de saída de massa)}} \tag{4.6}$$

Ou seja, as taxas totais de vazão mássica nas entradas e saídas são iguais.

Observe que a igualdade entre as taxas totais de entrada e saída não implica necessariamente que um volume de controle se encontra em regime permanente. Embora a quantidade total de massa no interior do volume de controle em qualquer instante seja constante, outras propriedades, como temperatura e pressão, podem estar variando com o tempo. Quando um volume de controle encontra-se em regime permanente, *cada* propriedade é independente do tempo. Note também que a hipótese de regime permanente e a de escoamento unidimensional são idealizações independentes. Uma hipótese não pressupõe a outra.

Análise do Volume de Controle Utilizando Energia   137

4.2.3 Formulação Integral do Balanço da Taxa de Massa

Será considerado a seguir o balanço de massa expresso em termos de propriedades locais. A massa total contida no interior do volume de controle em um instante t pode estar relacionada com a massa específica local como se segue

$$m_{vc}(t) = \int_V \rho \, dV \qquad (4.7)$$

em que a integração é realizada ao longo do volume no instante t.

Com as Eqs. 4.3 e 4.7 o balanço da taxa de massa, Eq. 4.2, pode ser escrito como

$$\frac{d}{dt}\int_V \rho \, dV = \sum_e \left(\int_A \rho V_n \, dA\right)_e - \sum_s \left(\int_A \rho V_n \, dA\right)_s \qquad (4.8)$$

em que as integrais de área são avaliadas nas regiões nas quais a massa entra e sai, respectivamente, do volume de controle. O produto ρV_n que aparece nessa equação é conhecido como o fluxo de massa, e fornece a taxa temporal de escoamento de massa por unidade de área. Para claclular, dos termos do lado direito da Eq. 4.8, necessita-se de informações sobre a variação do fluxo de massa ao longo das áreas associadas ao escoamento. A formulação do princípio de conservação de massa dada pela Eq. 4.8 é usualmente explorada em detalhes na mecânica dos fluidos.

fluxo de massa

4.3 Aplicações do Balanço da Taxa de Massa

4.3.1 Aplicação em Regime Permanente

Para um volume de controle em regime permanente, a situação da massa em seu interior e em sua fronteira não se altera com o tempo.

O Exemplo 4.1 ilustra uma aplicação da formulação do balanço de massa para um volume de controle em regime permanente englobando uma câmara de mistura denominada *aquecedor de água*. Os aquecedores de água são componentes dos sistemas de potência a vapor considerados no Cap. 8.

EXEMPLO 4.1

Aplicando o Balanço da Taxa de Massa a um Aquecedor de Água em Regime Permanente

Um aquecedor de água operando em regime permanente tem duas entradas e uma saída. Na entrada 1, o vapor d'água entra a $p_1 = 7$ bar, $T_1 = 200°C$ com uma vazão mássica de 40 kg/s. Na entrada 2, água líquida a $p_2 = 7$ bar, $T_2 = 40°C$ entra por uma área $A_2 = 25$ cm². Líquido saturado a 7 bar sai em 3 com uma vazão volumétrica de 0,06 m³/s. Determine a vazão mássica na entrada 2 e na saída, em kg/s, e a velocidade na entrada 2, em m/s.

SOLUÇÃO

Dado: um fluxo de vapor d'água se mistura com um fluxo de água líquida produzindo um fluxo de líquido saturado na saída. Os estados nas entradas e na saída são especificados. Dados sobre as taxas de vazão mássica e de vazão volumétrica são fornecidos em uma entrada e na saída, respectivamente.

Pede-se: determine a vazão mássica na entrada 2 e na saída e a velocidade V_2.

Diagrama Esquemático e Dados Fornecidos:

Modelo de Engenharia: o volume de controle mostrado na figura encontra-se em regime permanente.

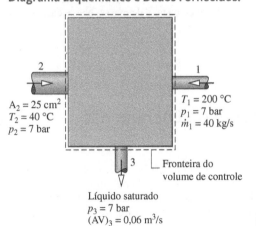

Fig. E4.1

Análise: as principais relações a serem empregadas são o balanço da taxa de massa (Eq. 4.2) e a expressão $\dot{m} = AV/v$ (Eq. 4.4b). No regime permanente o balanço da taxa de massa torna-se

❶
$$\frac{dm_{vc}}{dt}^{\,0} = \dot{m}_1 + \dot{m}_2 - \dot{m}_3$$

Resolvendo para $\dot{m}_2$,

$$\dot{m}_2 = \dot{m}_3 - \dot{m}_1$$

A vazão mássica $\dot{m}_1$ é fornecida. A vazão mássica na saída pode ser avaliada pela vazão volumétrica dada por

$$\dot{m}_3 = \frac{(AV)_3}{v_3}$$

em que v_3 é o volume específico na saída. Ao se escrever esta expressão a hipótese de escoamento unidimensional é adotada. Da Tabela A-3, $v_3 = 1{,}108 \times 10^{-3}$ m³/kg. Assim,

$$\dot{m}_3 = \frac{0{,}06 \text{ m}^3/\text{s}}{(1{,}108 \times 10^{-3} \text{ m}^3/\text{kg})} = 54{,}15 \text{ kg/s}$$

A vazão mássica na entrada 2 é, então,

$$\dot{m}_2 = \dot{m}_3 - \dot{m}_1 = 54{,}15 - 40 = 14{,}15 \text{ kg/s}$$

Para o escoamento unidimensional em 2, $\dot{m}_2 = A_2 V_2 / v_2$, assim

$$V_2 = \dot{m}_2 v_2 / A_2$$

O estado 2 corresponde a líquido comprimido. O volume específico nesse estado pode ser aproximado por $v_2 \approx v_f(T_2)$ (Eq. 3.11). Da Tabela A-2 a 40°C, $v_2 = 1{,}0078 \times 10^{-3}$ m³/kg. Então,

$$V_2 = \frac{(14{,}15 \text{ kg/s})(1{,}0078 \times 10^{-3} \text{ m}^3/\text{kg})}{25 \text{ cm}^2} \left| \frac{10^4 \text{ cm}^2}{1 \text{ m}^2} \right| = 5{,}7 \text{ m/s}$$

> ✓ **Habilidades Desenvolvidas**
>
> Habilidades para...
> ☐ aplicar o balanço da taxa de massa para regime permanente.
> ☐ aplicar a expressão da vazão mássica, Eq. 4.4b.
> ☐ obter dados de propriedades da água.

❶ De acordo com a Eq. 4.6, a vazão mássica na saída é igual à soma das vazões nas entradas. Como exercício, mostre que a vazão volumétrica na saída *não é igual* à soma das vazões volumétricas nas entradas.

Teste-Relâmpago — Analise a vazão volumétrica em m³/s em cada entrada. **Resposta:** $(AV)_1 = 12$ m³/s, $(AV)_2 = 0{,}01$ m³/s.

4.3.2 Aplicação Dependente do Tempo (Transiente)

Muitos dispositivos passam por períodos de operação durante os quais o estado varia com o tempo – por exemplo, o acionamento e o desligamento de motores. Exemplos adicionais incluem o processo de enchimento ou de descarga de recipientes e aplicações relativas a sistemas biológicos. O modelo de regime permanente não é apropriado na análise de casos dependentes do tempo (transientes).

O Exemplo 4.2 ilustra uma aplicação não permanente, ou transiente, do balanço da taxa de massa. Nesse caso, enche-se um barril com água.

▶▶▶ EXEMPLO 4.2 ▶

Aplicando o Balanço da Taxa de Massa ao Processo de Enchimento de um Barril com Água

A água escoa para um barril aberto a partir de seu topo com uma vazão mássica constante de 30 lb/s (13,6 kg/s). Essa água sai por um tubo perto da base com uma vazão mássica proporcional à altura do líquido no interior do barril, que é igual a $\dot{m}_s = 9L$, em que L é a altura instantânea de líquido em ft. A área da base é 3 ft² (0,28 m²) e a massa específica da água é de 62,4 lb/ft³ (999,6 kg/m³). Se o barril se encontra inicialmente vazio, faça um gráfico da variação da altura do líquido com o tempo e comente esse resultado.

SOLUÇÃO

Dado: água entra e sai através de um barril inicialmente vazio. A vazão mássica na entrada é constante. Na saída, a vazão mássica é proporcional à altura do líquido no barril.

Pede-se: esboçar graficamente a variação da altura do líquido com o tempo e comentar.

Diagrama Esquemático e Dados Fornecidos:

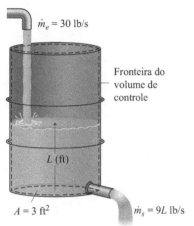

Modelo de Engenharia:
1. O volume de controle é definido pela linha tracejada no diagrama.
2. A massa específica da água é constante.

Fig. E4.2a

Análise: para o volume de controle com uma entrada e uma saída, a Eq. 4.2 reduz-se a

$$\frac{dm_{vc}}{dt} = \dot{m}_e - \dot{m}_s$$

A massa de água contida no interior do barril em um instante t é dada por

$$m_{vc}(t) = \rho A L(t)$$

em que ρ é a massa específica, A é a área da base e $L(t)$ é a altura instantânea do líquido. Substituindo-se essas variáveis no balanço de massa juntamente com as vazões mássicas fornecidas

$$\frac{d(\rho A L)}{dt} = 30 - 9L$$

Como a massa específica e a área são constantes, essa equação pode ser escrita como

$$\frac{dL}{dt} + \left(\frac{9}{\rho A}\right)L = \frac{30}{\rho A}$$

que é uma equação diferencial ordinária de primeira ordem com coeficientes constantes. A solução é

❶
$$L = 3{,}33 + C\exp\left(-\frac{9t}{\rho A}\right)$$

em que C é a constante de integração. A solução pode ser verificada pela sua substituição na equação diferencial.

Para calcular C, use a condição inicial: em $t = 0$, $L = 0$. Assim, $C = -3{,}33$, e a solução pode ser escrita como

$$L = 3{,}33[1 - \exp(-9t/\rho A)]$$

Substituindo $\rho = 62{,}4$ lb/ft³ e A = 3 ft², resulta em

$$L = 3{,}33[1 - \exp(-0{,}048t)]$$

Essa relação pode ser esboçada graficamente à mão ou usando um programa de computador apropriado. O resultado é

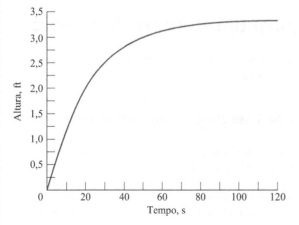

Fig. E4.2b

Pelo gráfico, podemos verificar que no início a altura do líquido aumenta com rapidez e em seguida ela se estabiliza. Após cerca de 100 s a altura permanece aproximadamente constante com o tempo. Nesse ponto a vazão de água na entrada do barril se iguala à taxa de saída. Do gráfico, o valor-limite de L é 3,33 ft, o que também pode ser verificado tomando-se o limite da solução analítica quando $t \to \infty$.

❶ Alternativamente, essa equação diferencial pode ser resolvida usando o *Interactive Thermodynamics: IT*, ou um programa similar. A equação diferencial pode ser expressa por

der(L, t) + (9 * L)/(rho * A) = 30/(rho * A)

rho = 62.4 // lb/ft³

A = 3 // ft²

em que der(L,t) é dL/dt, rho é a massa específica ρ e A é a área. Usando o botão **Explore**, imponha a condição inicial em $L = 0$ e varie t desde 0 até 200 com 0,5 de passo. A seguir, o gráfico pode ser construído usando o botão **Graph**.

> ✓ **Habilidades Desenvolvidas**
>
> *Habilidades para...*
> ☐ aplicar o balanço da taxa de massa para regime transiente.
> ☐ resolver uma equação diferencial ordinária e representar a solução em um gráfico.

Teste-Relâmpago Se a vazão mássica da água que está escoando para dentro do barril fosse de 27 lb/s (12,2 kg/s) e todos os outros dados permanecessem os mesmos, qual seria o valor-limite da altura do líquido, *L*, em ft? **Resposta:** 3,0 ft.

BIOCONEXÕES

O coração humano fornece um bom exemplo de como sistemas biológicos podem ser modelados como volumes de controle. A Fig. 4.4 mostra a seção transversal de um coração humano. O fluxo é controlado por válvulas que permitem de modo intermitente que o sangue entre nas veias e saia através de artérias conforme os músculos do coração bombeiam. Trabalho é realizado para aumentar a pressão do sangue, que deixa o coração a um nível que irá impulsioná-lo através do sistema cardiovascular do corpo. Observe que a fronteira do volume de controle que engloba o coração não é fixa, mas se move com o tempo conforme o coração pulsa.

A compreensão da condição médica conhecida como *arritmia* requer a consideração do comportamento dependente do tempo do coração. Arritmia é uma mudança no ritmo regular do coração. Ele pode se apresentar sob diversas formas. O coração pode bater de maneira irregular, pular uma batida ou bater muito rapidamente ou lentamente. Uma arritmia pode ser detectada através da auscultação do coração com um estetoscópio, porém um eletrocardiograma oferece uma abordagem mais precisa. Embora a arritmia ocorra em pessoas sem doenças básicas de coração, pacientes com sérios sintomas podem necessitar de tratamento para manter suas batidas cardíacas regulares. Muitos pacientes com arritmia não necessitam de qualquer intervenção médica.

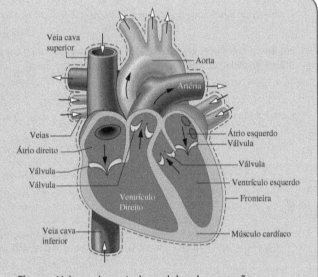

Fig. 4.4 Volume de controle englobando o coração.

4.4 Conservação de Energia para um Volume de Controle

Nesta seção é obtida uma formulação do balanço de energia em termos de taxa para volumes de controle. O balanço de energia exerce um importante papel em seções posteriores deste livro.

4.4.1 Desenvolvendo o Balanço da Taxa de Energia para um Volume de Controle

Começamos observando que a formulação de volume de controle do balanço de energia pode ser deduzida com uma abordagem semelhante à utilizada no boxe da Seção 4.1.1, na qual o balanço da taxa de massa para volume de controle é obtido transformando-se a formulação para sistema fechado. O presente desenvolvimento se dá de maneira menos formal, utilizando o argumento de que, como a massa, a energia é uma propriedade extensiva, assim também pode ser transferida para dentro ou para fora de um volume de controle como resultado da massa que atravessa a fronteira. Como essa é a principal diferença entre o sistema fechado e a formulação de volume de controle, o balanço da taxa de energia para volume de controle pode ser obtido modificando-se o balanço da taxa de energia para sistema fechado de modo a levar em conta essas transferências de energia.

Dessa maneira, o princípio da *conservação de energia* aplicado a um volume de controle estabelece:

$$\begin{bmatrix} \text{taxa temporal de} \\ \text{variação da energia} \\ \text{contida no interior} \\ \text{do volume de} \\ \text{controle no instante } t \end{bmatrix} = \begin{bmatrix} \text{taxa líquida na qual} \\ \text{a energia está sendo} \\ \text{transferida para dentro} \\ \text{por transferência de} \\ \text{calor no instante } t \end{bmatrix} - \begin{bmatrix} \text{taxa líquida na qual} \\ \text{a energia está sendo} \\ \text{transferida para} \\ \text{fora por trabalho} \\ \text{no instante } t \end{bmatrix} + \begin{bmatrix} \text{taxa líquida da energia} \\ \text{transferida } para \text{ o} \\ \text{volume de controle} \\ \text{juntamente com} \\ \text{fluxo de massa} \end{bmatrix}$$

Para o volume de controle com uma entrada e uma saída com escoamento unidimensional, ilustrado na Fig. 4.5, o balanço da taxa de energia é

$$\frac{dE_{vc}}{dt} = \dot{Q} - \dot{W} + \dot{m}_e\left(u_e + \frac{V_e^2}{2} + gz_e\right) - \dot{m}_s\left(u_s + \frac{V_s^2}{2} + gz_s\right) \quad (4.9)$$

em que E_{vc} representa a energia do volume de controle no instante t. Os termos $\dot{Q}$ e $\dot{W}$ representam, respectivamente, a taxa líquida de transferência de energia por calor e por trabalho através da fronteira do volume de controle no instante t. Os termos sublinhados representam as taxas de transferência de energia interna, cinética e potencial dos fluxos de entrada e saída. Se não houver fluxo de massa de entrada ou saída, as vazões mássicas respectivas são nulas e os termos sublinhados correspondentes desaparecem da Eq. 4.9. A equação se reduz então à forma da taxa temporal do balanço de energia para sistemas fechados: Eq. 2.37.

A seguir, a Eq. 4.9 será colocada em uma forma alternativa, mais conveniente para as aplicações subsequentes. Isso será feito principalmente reorganizando o termo do trabalho $\dot{W}$, que representa a taxa líquida de transferência de energia sob a forma de trabalho ao longo de *todas* as partes da fronteira do volume de controle.

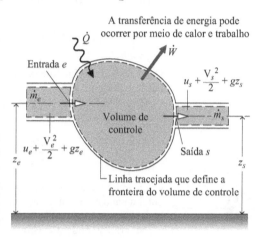

Fig. 4.5 Figura utilizada para o desenvolvimento da Eq. 4.9.

Bal_da_Taxa_ de_Energia_VC
A.16 – Aba a

4.4.2 Avaliando o Trabalho para um Volume de Controle

Por ser o trabalho sempre realizado sobre ou por um volume de controle no qual a matéria escoa através da fronteira, é conveniente separar o termo de trabalho, $\dot{W}$, da Eq. 4.9 em *duas contribuições*. Uma é o trabalho associado à pressão do fluido à medida que a massa é introduzida nas entradas e removida nas saídas. A outra contribuição, designada por $\dot{W}_{vc}$, inclui *todos os outros* efeitos devidos ao trabalho, como aqueles associados a eixos que giram, a deslocamentos de fronteira e a efeitos elétricos.

Considere o trabalho associado à pressão da matéria escoando através de uma saída s. Como se pode observar a partir da Eq. 2.13, a taxa de transferência de energia por trabalho pode ser expressa pelo produto da força pela velocidade no ponto de aplicação da força. Consequentemente, o produto da força normal, p_sA_s, pela velocidade do fluido, V_s, corresponde à *taxa* pela qual o trabalho é realizado na saída pela força normal (normal em relação à área de saída na direção do escoamento) devido à pressão. Ou seja

$$\begin{bmatrix} \text{taxa temporal de} \\ \text{transferência de energia por} \\ \text{trabalho } saindo \text{ do volume de} \\ \text{controle na saída } s \end{bmatrix} = (p_sA_s)V_s \quad (4.10)$$

em que p_s é a pressão, A_s é a área e V_s é a velocidade na saída e, respectivamente. Uma expressão análoga pode ser escrita para a taxa de transferência de energia por trabalho na entrada e do volume de controle.

Com essas considerações, o termo do trabalho $\dot{W}$ da equação da energia, Eq. 4.9, pode ser escrito como

$$\dot{W} = \dot{W}_{vc} + (p_sA_s)V_s - (p_eA_e)V_e \quad (4.11)$$

em que, de acordo com a convenção de sinais para trabalho, o termo na entrada apresenta um sinal negativo porque nesta situação a energia está sendo transferida para o volume de controle. Um sinal positivo precede o termo de trabalho na saída porque a energia está sendo transferida para fora do volume de controle. Com $AV = \dot{m}v$ da Eq. 4.4b, a expressão anterior pode ser escrita como

$$\dot{W} = \dot{W}_{vc} + \dot{m}_s(p_sv_s) - \dot{m}_e(p_ev_e) \quad (4.12)$$

em que $\dot{m}_e$ e $\dot{m}_s$ são as vazões mássicas e v_e e v_s são os volumes específicos avaliados, respectivamente, na entrada e na saída. Na Eq. 4.12, os termos $\dot{m}_e(p_ev_e)$ e $\dot{m}_s(p_sv_s)$ levam em conta, respectivamente, o trabalho associado à pressão na

trabalho de escoamento

entrada e na saída. Eles são comumente conhecidos como trabalho de fluxo ou trabalho de escoamento. O termo $\dot{W}_{vc}$ leva em conta *todas as outras* transferências de energia associadas a trabalho através da fronteira do volume de controle.

4.4.3 Formulação de Escoamento Unidimensional do Balanço da Taxa de Energia para um Volume de Controle

Substituindo-se a Eq. 4.12 na Eq. 4.9 e agrupando-se todos os termos referentes à entrada e à saída em expressões separadas, tem-se a seguinte formulação para o balanço de energia para volume de controle:

$$\frac{dE_{vc}}{dt} = \dot{Q}_{vc} - \dot{W}_{vc} + \dot{m}_e\left(u_e + p_e v_e + \frac{V_e^2}{2} + gz_e\right) - \dot{m}_s\left(u_s + p_s v_s + \frac{V_s^2}{2} + gz_s\right) \quad (4.13)$$

O subscrito "vc" foi adicionado a $\dot{Q}$ para enfatizar que esta é a taxa de transferência de calor ao longo da fronteira (superfície de controle) do *volume de controle*.

Os últimos dois termos da Eq. 4.13 podem ser reescritos usando a entalpia específica h apresentada na Seção 3.6.1. Com $h = u + pv$, o balanço de energia torna-se

$$\frac{dE_{vc}}{dt} = \dot{Q}_{vc} - \dot{W}_{vc} + \dot{m}_e\left(h_e + \frac{V_e^2}{2} + gz_e\right) - \dot{m}_s\left(h_s + \frac{V_s^2}{2} + gz_s\right) \quad (4.14)$$

Bal_da_Taxa_de_Energia_VC
A.16 – Aba b

O aparecimento da soma $u + pv$ na equação da energia para volume de controle é a principal razão para se apresentar a entalpia anteriormente. Ela é introduzida apenas por *conveniência*: a forma algébrica do balanço de energia é simplificada pelo uso da entalpia e, como vimos anteriormente, a entalpia é em geral tabelada junto com outras propriedades.

Na prática, podem existir vários locais na fronteira através dos quais a massa entra ou sai. Isso pode ser levado em conta colocando-se somatórios como no balanço de massa. Desse modo, o balanço da taxa de energia é

balanço da taxa de energia

$$\frac{dE_{vc}}{dt} = \dot{Q}_{vc} - \dot{W}_{vc} + \sum_e \dot{m}_e\left(h_e + \frac{V_e^2}{2} + gz_e\right) - \sum_s \dot{m}_s\left(h_s + \frac{V_s^2}{2} + gz_s\right) \quad (4.15)$$

Ao se escrever a Eq. 4.15 admitiu-se o modelo de escoamento unidimensional, no qual massa entra e sai do volume de controle.

A Eq. 4.15 é um balanço *contábil* para a energia no volume de controle. Ela enuncia que o aumento ou decréscimo da taxa de energia no interior do volume de controle é igual à diferença entre as taxas de transferência de energia entrando ou saindo ao longo da fronteira. Os mecanismos para a transferência de energia são calor e trabalho, como no caso de sistemas fechados, e a energia que acompanha a massa entrando ou saindo.

> **TOME NOTA...**
> A Eq. 4.15 é a forma mais geral do princípio da conservação de energia para volumes de controle utilizada neste livro. Ela serve como ponto de partida para a aplicação do princípio da conservação de energia para volumes de controle na solução de problemas.

4.4.4 Formulação Integral do Balanço da Taxa de Energia para um Volume de Controle

Como no caso do balanço da taxa de massa, o balanço da taxa de energia pode ser expresso em termos de propriedades locais para se obter formulações que são aplicáveis de um modo mais abrangente. Assim, o termo $E_{vc}(t)$, que representa a energia total associada ao volume de controle em um instante t, pode ser escrito como uma integral volumétrica

$$E_{vc}(t) = \int_V \rho e\, dV = \int_V \rho\left(u + \frac{V^2}{2} + gz\right) dV \quad (4.16)$$

De maneira similar, os termos que levam em conta as transferências de energia pelo fluxo de massa e pelo trabalho de escoamento nas entradas e nas saídas podem ser expressos como mostrado na seguinte formulação do balanço da taxa de energia:

$$\frac{d}{dt}\int_V \rho e\, dV = \dot{Q}_{vc} - \dot{W}_{vc} + \sum_e \left[\int_A \left(h + \frac{V^2}{2} + gz\right)\rho V_n\, dA\right]_e$$
$$- \sum_s \left[\int_A \left(h + \frac{V^2}{2} + gz\right)\rho V_n\, dA\right]_s \quad (4.17)$$

Formas adicionais do balanço de energia podem ser obtidas ao se expressar a transferência de calor $\dot{Q}_{vc}$ como uma integral do *fluxo de calor*, ao longo da fronteira do volume de controle, e o trabalho $\dot{W}_{vc}$ em termos das tensões normal e cisalhante nas partes móveis da fronteira.

Em princípio, a variação de energia em um volume de controle ao longo de um período de tempo pode ser obtida pela integração da equação da energia em relação ao tempo. Tal integração exigiria alguma informação sobre a dependência temporal das taxas de transferência de trabalho e calor, as várias vazões mássicas e os estados nos quais a massa entra e sai do volume de controle. Exemplos desse tipo de análise são apresentados na Seção 4.12.

4.5 Análise de Volumes de Controle em Regime Permanente

Nesta seção serão consideradas formulações em regime permanente para os balanços das taxas de massa e de energia, e posteriormente elas serão aplicadas a uma variedade de casos de interesse em Engenharia nas Seções 4.6 a 4.11. As formulações em regime permanente aqui obtidas não se aplicam às operações transientes de acionamento ou desligamento desses dispositivos, mas sim aos períodos de operação em regime permanente. Esta situação é comumente encontrada em engenharia.

Tipos_de_
Sistemas
A.1 – Aba e

4.5.1 Formulações em Regime Permanente dos Balanços das Taxas de Massa e de Energia

Para um volume de controle em regime permanente, a situação da massa em seu interior e em suas fronteiras não se altera com o tempo. As vazões mássicas e as taxas de transferência de energia por calor e trabalho também são constantes com o tempo. Não pode existir acúmulo algum de massa no interior do volume de controle, assim $dm_{vc}/dt = 0$ e o balanço da taxa de massa, Eq. 4.2, toma a forma

$$\underbrace{\sum_e \dot{m}_e}_{\text{(taxa de entrada de massa)}} = \underbrace{\sum_s \dot{m}_s}_{\text{(taxa de saída de massa)}} \tag{4.6}$$

Além disso, no regime permanente $dE_{vc}/dt = 0$; assim, a Eq. 4.15 pode ser escrita como

$$0 = \dot{Q}_{vc} - \dot{W}_{vc} + \sum_e \dot{m}_e \left(h_e + \frac{V_e^2}{2} + gz_e \right) - \sum_s \dot{m}_s \left(h_s + \frac{V_s^2}{2} + gz_s \right) \tag{4.18}$$

Alternativamente

$$\underbrace{\dot{Q}_{vc} + \sum_e \dot{m}_e \left(h_e + \frac{V_e^2}{2} + gz_e \right)}_{\text{(taxa de entrada de energia)}} = \underbrace{\dot{W}_{vc} + \sum_s \dot{m}_s \left(h_s + \frac{V_s^2}{2} + gz_s \right)}_{\text{(taxa de saída de energia)}} \tag{4.19}$$

A Eq. 4.6 afirma que no regime permanente a taxa total pela qual a massa entra no volume de controle é igual à taxa total pela qual a massa sai. De maneira similar, a Eq. 4.19 afirma que a taxa total pela qual a energia é transferida para o volume de controle é igual à taxa total pela qual a energia é transferida para fora.

Muitas aplicações importantes envolvem volumes de controle em regime permanente com uma entrada e uma saída. É interessante aplicar os balanços das taxas de massa e de energia para esse caso especial. O balanço de massa reduz-se simplesmente a $\dot{m}_1 = \dot{m}_2$. Isto é, a vazão mássica na saída, 2, deve ser a mesma da entrada, 1. Essa vazão mássica em comum é designada simplesmente por $\dot{m}$. Em seguida, aplicando o balanço de energia e fatorando a vazão mássica, tem-se

Bal_da_Taxa_
de_Energia_VC
A.16 – Aba c

$$0 = \dot{Q}_{vc} - \dot{W}_{vc} + \dot{m}\left[(h_1 - h_2) + \frac{(V_1^2 - V_2^2)}{2} + g(z_1 - z_2) \right] \tag{4.20a}$$

Ou, dividindo-se pela vazão mássica,

$$0 = \frac{\dot{Q}_{vc}}{\dot{m}} - \frac{\dot{W}_{vc}}{\dot{m}} + (h_1 - h_2) + \frac{(V_1^2 - V_2^2)}{2} + g(z_1 - z_2) \tag{4.20b}$$

Os termos de entalpia, energia cinética e energia potencial aparecem todos nas Eqs. 4.20 como *diferenças* entre os seus valores na entrada e na saída. Isso mostra que os dados utilizados para se atribuir valores à entalpia específica, velocidade e altura se cancelam. Na Eq. 4.20b, as razões $\dot{Q}_{vc}/\dot{m}$ e $\dot{W}_{vc}/\dot{m}$ são as taxas de transferência de energia *por unidade de massa que se encontra escoando ao longo do volume de controle.*

As formulações anteriores do balanço de energia em regime permanente relacionam apenas grandezas associadas à transferência de energia avaliadas na *fronteira* do volume de controle. Nessas equações, nenhum detalhe sobre as propriedades no *interior* do volume de controle é necessário ou pode ser inferido. Quando se aplica o balanço de energia em qualquer de suas formulações é necessário usar as mesmas unidades para todos os termos da equação. Por exemplo, *todos* os termos na Eq. 4.20b devem ter uma unidade como kJ/kg ou Btu/lb. Nos exemplos que se seguem, as conversões de unidades adequadas são destacadas.

4.5.2 Considerações sobre a Modelagem de Volumes de Controle em Regime Permanente

Nesta seção fornecemos as bases para aplicações subsequentes ao considerarmos uma modelagem para volumes de controle *em regime permanente*. Em particular, nas Seções 4.6 a 4.11 diversas aplicações são apresentadas mostrando o uso dos princípios de conservação de massa e energia juntamente com relações entre as propriedades para análise de volumes de controle em regime permanente. Esses exemplos foram extraídos de aplicações de interesse geral dos engenheiros e foram escolhidos para ilustrar pontos que são comuns a todas essas análises. Antes de estudá-los, é recomendável que você revise a metodologia de solução de problemas apresentada na Seção 1.9. À medida que os problemas se tornam mais complexos o uso de uma abordagem sistemática de sua solução se torna cada vez mais importante.

Quando os balanços das taxas de massa e de energia são aplicados a um volume de controle, normalmente algumas simplificações se fazem necessárias para que a análise fique mais fácil. Isto é, o volume de controle em estudo é *modelado* ao se fazerem hipóteses. A etapa de listar as hipóteses de uma maneira *cuidadosa* e *consciente* é necessária em toda análise de engenharia. Assim, uma parte importante desta seção se ocupa com considerações sobre as várias hipóteses que são comumente empregadas quando se aplicam os princípios de conservação para diferentes tipos de dispositivos. Quando você estudar os exemplos apresentados nas Seções 4.6 a 4.11, é muito importante entender o papel desempenhado por uma hipótese escolhida com cuidado para se chegar a uma solução. Para cada caso em análise, admite-se que a operação se dê em regime permanente. O escoamento é considerado unidimensional nos locais em que a massa entra e sai do volume de controle. Além disso, em cada um desses locais supõe-se que as relações de equilíbrio para propriedades se apliquem.

HORIZONTES

O Menor Pode Ser Melhor

Engenheiros estão desenvolvendo sistemas em miniatura para uso em que o peso, a portabilidade e/ou o fato de ser compacto são criticamente importantes. Algumas dessas aplicações envolvem *microssistemas* de tamanhos minúsculos, com dimensões no âmbito do micrômetro até o milímetro. Outros sistemas de *escalas intermediárias* um pouco maiores podem medir até alguns centímetros.

Os *sistemas microeletromecânicos* (MEMS) combinando características elétricas e mecânicas são largamente utilizados hoje em dia em processos de aquisição de dados e controle. Aplicações médicas dos MEMS incluem sensores de pressão que monitoram a pressão em um balão inserido em um vaso sanguíneo durante a angioplastia. Bolsas de ar são colocadas em funcionamento quando há uma batida de automóvel pela aceleração de minúsculos sensores. Os MEMS são também encontrados em discos rígidos de computadores e impressoras.

Versões de miniaturas de outras tecnologias estão sendo investigadas. Um estudo aponta para o desenvolvimento de uma instalação de potência com turbina a gás inteira, do tamanho de um botão de camisa. Uma outra envolve micromotores com eixos com o diâmetro de um cabelo humano. Profissionais que atuam em situações de emergência usando roupas de proteção química, biológica ou contra o fogo poderão, no futuro, ser mantidos em uma temperatura agradável por meio de minúsculas bombas de calor embutidas no material da roupa.

À medida que os projetos apontam para menores tamanhos, os efeitos de atrito e as transferências de calor impõem desafios especiais. A fabricação de sistemas em miniatura é também exigente. Levar um projeto da fase conceitual até a produção em alto volume pode ser tanto caro quanto arriscado, dizem representantes da indústria.

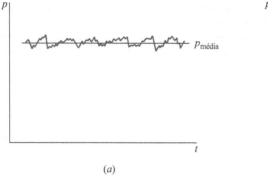 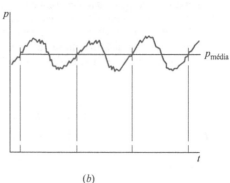

Fig. 4.6 Variações de pressão sobre uma média. (*a*) Flutuação. (*b*) Variação periódica.

Em muitos dos exemplos que se seguem, o termo $\dot{Q}_{vc}$ da transferência de calor no balanço de energia é anulado porque ele é pequeno quando comparado com outras transferências de energia ao longo da fronteira. Isso pode ser o resultado de um ou mais dos seguintes fatores:

▶ A superfície exterior do volume de controle é perfeitamente isolada.

- A área da superfície exterior é muito pequena para que haja uma transferência de calor apreciável.
- A diferença de temperatura entre o volume de controle e sua vizinhança é tão pequena que a transferência de calor pode ser ignorada.
- O gás ou líquido escoa pelo volume de controle tão rapidamente que não existe tempo suficiente para que ocorra uma transferência de calor significativa.

O termo de trabalho $\dot{W}_{vc}$ desaparece do balanço de energia quando não existem eixos girantes, deslocamentos da fronteira, efeitos elétricos ou outros mecanismos de trabalho associados ao volume de controle em análise. As energias cinética e potencial da matéria que entra e sai do volume de controle são abandonadas quando são pequenas, se comparadas a outras transferências de energia.

Na prática, as propriedades dos volumes de controle admitidas em regime permanente de fato variam com o tempo. No entanto, a hipótese de regime permanente é aplicável quando as propriedades flutuarem apenas um pouco em relação às suas médias, como no caso da pressão na Fig. 4.6a. Pode-se supor também o regime permanente quando variações *periódicas* no tempo forem observadas, como na Fig. 4.6b. Por exemplo, em máquinas alternativas e em compressores os fluxos de entrada e de saída pulsam conforme as válvulas são abertas ou fechadas. Outros parâmetros também podem apresentar variações com o tempo. No entanto, a hipótese de regime permanente pode ser aplicável a volumes de controle que circundam esses dispositivos se as seguintes premissas forem razoáveis para cada período sucessivo de operação: (1) não há variação *líquida* alguma na energia total e na massa total no interior do volume de controle; (2) as *médias temporais* das vazões mássicas, das taxas de transferência de calor, das potências e das propriedades das substâncias que cruzam a superfície de controle permanecem todas constantes.

A seguir iremos apresentar breves discussões e exemplos ilustrando a análise de vários dispositivos de interesse em engenharia, incluindo bocais e difusores, turbinas, compressores e bombas, trocadores de calor e dispositivos de estrangulamento. As discussões enfatizam algumas aplicações comuns de cada dispositivo e a modelagem tipicamente utilizada na análise termodinâmica.

4.6 Bocais e Difusores

Um bocal é um duto com área de seção reta variável na qual a velocidade de um gás ou líquido aumenta na direção do escoamento. Em um difusor o líquido ou gás se desacelera na direção do escoamento. A Fig. 4.7 mostra um bocal em que a área de seção reta decresce na direção do escoamento e um difusor no qual as paredes da passagem do escoamento divergem. Observe que, conforme a velocidade aumenta, a pressão diminui, e o oposto também é válido.

bocal
difusor

Para muitos leitores, a aplicação mais familiar de um bocal ocorre quando este é acoplado a uma mangueira de jardim. Porém, bocais e difusores têm aplicações muito importantes na engenharia. Na Fig. 4.8 um bocal e um difusor se combinam em um túnel de vento de teste. Dutos com passagens convergentes e divergentes são normalmente utilizados na distribuição de ar frio e ar quente nos sistemas de ar condicionados residenciais. Bocais e difusores também são componentes fundamentais para os motores turbojatos (Cap. 9).

4.6.1 Considerações sobre a Modelagem de Bocais e Difusores

Para um volume de controle que engloba um bocal ou difusor, o único trabalho é o *trabalho de escoamento* nos locais onde a massa entra e sai do volume de controle; assim, o termo $\dot{W}_{vc}$ desaparece da equação da energia para esses dispositivos. A variação da energia potencial entre a entrada e a saída é pequena em muitas situações. Assim, os termos sublinhados na Eq. 4.20a (repetida a seguir) desaparecem, ficando então os termos relacionados à entalpia, à energia cinética e à transferência de calor, como mostra a Eq. (a)

$$0 = \dot{Q}_{vc} - \underline{\dot{W}_{vc}} + \dot{m}\left[(h_1 - h_2) + \frac{(V_1^2 - V_2^2)}{2} + \underline{g(z_1 - z_2)}\right]$$

$$0 = \dot{Q}_{vc} + \dot{m}\left[(h_1 - h_2) + \frac{(V_1^2 - V_2^2)}{2}\right]$$

(a)

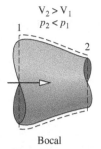
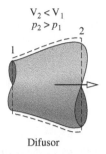

Fig. 4.7 Ilustração de um bocal e um difusor.

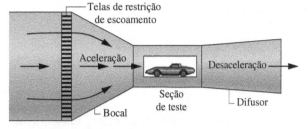

Fig. 4.8 Dispositivo de teste em túnel de vento.

Bocal
A.17 – Abas a, b e c

Difusor
A.18 – Abas a, b e c

em que $\dot{m}$ é a vazão mássica. O termo $\dot{Q}_{vc}$ que representa a transferência de calor com a vizinhança normalmente seria a transferência de calor inevitável (ou perdida), e é quase sempre pequeno o suficiente quando comparado às variações de entalpia e de energia cinética, de modo que pode ser abandonado, obtendo-se simplesmente

$$0 = (h_1 - h_2) + \left(\frac{V_1^2 - V_2^2}{2}\right) \tag{4.21}$$

4.6.2 Aplicação para um Bocal de Vapor

A modelagem apresentada na Seção 4.6.1 é ilustrada no exemplo a seguir, que envolve um bocal de vapor. Observe, em particular, o uso dos fatores de conversão de unidades nessa aplicação.

▶▶▶ **EXEMPLO 4.3** ▶

Calculando a Área de Saída de um Bocal de Vapor

Vapor d'água entra em um bocal convergente-divergente que opera em regime permanente com $p_1 = 40$ bar, $T_1 = 400°C$ e a uma velocidade de 10 m/s. O vapor escoa através do bocal sem transferência de calor e sem nenhuma variação significativa da energia potencial. Na saída, $p_2 = 15$ bar e a velocidade é de 665 m/s. A vazão mássica é de 2 kg/s. Determine a área de saída do bocal em m².

SOLUÇÃO

Dado: vapor d'água escoa em regime permanente através de um bocal com propriedades conhecidas na entrada e na saída, com uma vazão mássica conhecida e com efeitos desprezíveis de transferência de calor e de energia potencial.

Pede-se: determine a área de saída.

Diagrama Esquemático e Dados Fornecidos:

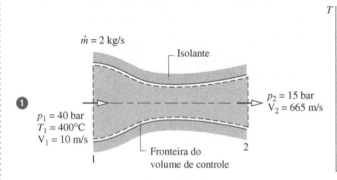
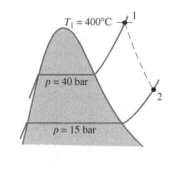

Modelo de Engenharia:

1. O volume de controle mostrado na figura correspondente encontra-se em regime permanente.
2. A transferência de calor é desprezível, e $\dot{W}_{vc} = 0$.
3. A variação da energia potencial entre a entrada e a saída pode ser abandonada.

Fig. E4.3

Análise: a área de saída pode ser determinada pela vazão mássica e pela Eq. 4.4b, que pode ser rearrumada para fornecer

$$A_2 = \frac{\dot{m} v_2}{V_2}$$

De maneira a calcular A_2 dessa equação, necessita-se do volume específico v_2 na saída, e isso significa que o estado na saída deve ser determinado.

O estado na saída é determinado pelo valor de duas propriedades intensivas independentes. Uma é a pressão p_2, que é conhecida. A outra é a entalpia específica h_2, determinada a partir do balanço de energia em regime permanente, Eq. 4.20a, como a seguir

$$0 = \dot{Q}_{vc}^{\,0} - \dot{W}_{vc}^{\,0} + \dot{m}\left[(h_1 - h_2) + \frac{(V_1^2 - V_2^2)}{2} + g(z_1 - z_2)\right]$$

Os termos $\dot{Q}_{vc}$ e $\dot{W}_{vc}$ são abandonados pela hipótese 2. A variação da energia potencial específica é desprezada de acordo com a hipótese 3, e $\dot{m}$ se cancela, obtendo-se

$$0 = (h_1 - h_2) + \left(\frac{V_1^2 - V_2^2}{2}\right)$$

Resolvendo para h_2

$$h_2 = h_1 + \left(\frac{V_1^2 - V_2^2}{2}\right)$$

Da Tabela A-4, $h_1 = 3213,6$ kJ/kg. As velocidades V_1 e V_2 são fornecidas. Inserindo os valores e convertendo as unidades dos termos da energia cinética para kJ/kg, tem-se

Análise do Volume de Controle Utilizando Energia 147

❷
$$h_2 = 3213{,}6 \text{ kJ/kg} + \left[\frac{(10)^2 - (665)^2}{2}\right]\left(\frac{m^2}{s^2}\right)\left|\frac{1 \text{ N}}{1 \text{ kg} \cdot m/s^2}\right|\left|\frac{1 \text{ kJ}}{10^3 \text{ N} \cdot m}\right|$$
$$= 3213{,}6 - 221{,}1 = 2992{,}5 \text{ kJ/kg}$$

Finalmente, referindo-se à Tabela A-4 para $p_2 = 15$ bar e com $h_2 = 2992{,}5$ kJ/kg, o volume específico na saída é $v_2 = 0{,}1627$ m³/kg. A área de saída é, então,

$$A_2 = \frac{(2 \text{ kg/s})(0{,}1627 \text{ m}^3/\text{kg})}{665 \text{ m/s}} = 4{,}89 \times 10^{-4} \text{ m}^2$$

> ✓ **Habilidades Desenvolvidas**
>
> *Habilidades para...*
> - aplicar o balanço da taxa de energia para regime permanente a um volume de controle.
> - aplicar a expressão da vazão mássica, Eq. 4.4b.
> - desenvolver um modelo de engenharia.
> - obter dados de propriedades da água.

❶ Embora as relações de equilíbrio para propriedades apliquem-se na entrada e na saída do volume de controle, os estados intermediários do vapor não são necessariamente estados de equilíbrio. Como consequência, a expansão ao longo do bocal é representada no diagrama $T–v$ por uma linha tracejada.

❷ Deve-se tomar cuidado na conversão de unidades da energia cinética específica para kJ/kg.

Teste-Relâmpago Determine a área na entrada do bocal em m². **Resposta:** $1{,}47 \times 10^{-2}$ m².

4.7 Turbinas

Uma turbina é um dispositivo que desenvolve potência em função da passagem de um gás ou líquido escoando através de uma série de pás colocadas em um eixo que se encontra livre para girar. Um esquema de uma turbina a vapor ou a gás de fluxo axial é mostrado na Fig. 4.9. Essas turbinas são amplamente empregadas para a geração de potência em instalações de potência a vapor, em instalações de potência com turbinas a gás e em motores de avião (Caps. 8 e 9). Nessas aplicações o vapor d'água superaquecido ou um gás entra na turbina e se expande até uma pressão inferior conforme a potência é gerada.

turbina

Uma turbina *hidráulica* acoplada a um gerador e instalada em um dique é mostrada na Fig. 4.10. Conforme a água flui da maior para a menor altura através da turbina, a turbina fornece potência de eixo para o gerador. O gerador converte a energia mecânica do eixo em eletricidade. Este tipo de geração é produzida a partir da força motriz da água, como as hidrelétricas. Hoje, a energia hídrica é um meio *renovável* importante de produção de eletricidade, sendo uma das maneiras mais baratas de fazê-lo. A eletricidade também pode ser produzida a partir de um escoamento de água utilizando turbinas para explorar as correntes presentes nos oceanos e rios.

As turbinas também são componentes chaves nas usinas eólicas, que como as usinas hidrelétricas são meios renováveis de geração de eletricidade.

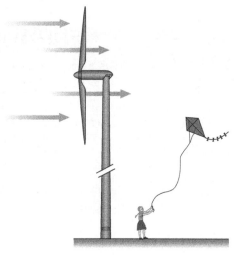

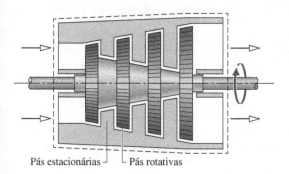

Pás estacionárias — Pás rotativas

Fig. 4.9 Esquema de uma turbina a vapor ou a gás de fluxo axial.

4.7.1 Considerações sobre a Modelagem de Turbinas a Vapor e a Gás

Por meio de uma seleção apropriada da fronteira do volume de controle que envolve uma turbina a vapor ou a gás, a energia cinética líquida da matéria escoando através da fronteira é usualmente pequena o suficiente para ser abandonada. A energia potencial líquida da matéria em escoamento normalmente é desprezível. Assim, os termos sublinhados na Eq. 4.20a (repetida a seguir) desaparecerem, ficando então os termos relacionados à potência à entalpia e à transferência de calor, como mostra a Eq. (a)

$$0 = \dot{Q}_{vc} - \dot{W}_{vc} + \dot{m}\left[(h_1 - h_2) + \underline{\frac{(V_1^2 - V_2^2)}{2}} + \underline{g(z_1 - z_2)}\right]$$ (a)
$$0 = \dot{Q}_{vc} - \dot{W}_{vc} + \dot{m}(h_1 - h_2)$$

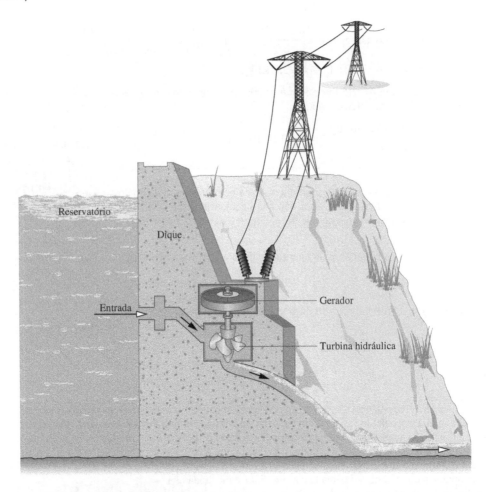

Fig. 4.10 Turbina hidráulica instalada em um dique.

ENERGIA & MEIO AMBIENTE

Turbinas eólicas em escala industrial podem ser tão altas quanto um prédio de 30 andares, e produzir eletricidade a uma taxa que satisfaria as necessidades de centenas de casas típicas dos Estados Unidos. O rotor de três pás dessas turbinas eólicas apresenta um diâmetro de aproximadamente o comprimento de um campo de futebol e pode operar em ventos de até 55 milhas por hora. Elas realizam o controle de todas as funções por meio de microprocessadores, que asseguram que cada pá é colocada no ângulo correto para as condições correntes de vento. Os *parques eólicos*, compostos por várias dessas turbinas, marcam a paisagem ao longo do globo.

Parques eólicos localizados em áreas favoráveis de vários estados na região das Grandes Planícies dos Estados Unidos podem, sozinhos, suprir a maioria da eletricidade necessária ao país, desde que a rede elétrica seja atualizada e expandida (veja Novos Horizontes no Cap. 8). Parques eólicos situados ao longo do litoral americano também podem contribuir significativamente para satisfazer as necessidades nacionais. Especialistas dizem que a variação do vento pode ser gerenciada para produzir o máximo de energia quando os ventos são fortes e armazenar parte ou toda energia por diversos meios, incluindo armazenamento por meio de *bombagem hídrica* e por meio de *ar comprimido*, para distribuição quando a demanda dos consumidores for mais elevada e a eletricidade tiver o seu maior valor econômico (veja o boxe na Seção 4.8.3).

Atualmente, a energia eólica pode produzir eletricidade a custos competitivos com todos os meios alternativos e dentro de poucos anos espera-se que ela esteja entre as formas menos dispendiosas de produção de eletricidade. Instalações de energia eólica levam menos tempo para serem construídas do que as instalações convencionais e são modulares, permitindo que unidades adicionais sejam acrescentadas conforme o necessário. Ao gerar eletricidade, as usinas de turbinas eólicas não produzem gases de efeito estufa ou outras emissões.

As turbinas eólicas em escala industrial consideradas até agora não são as únicas disponíveis. Pequenas empresas fabricam turbinas eólicas relativamente baratas que podem gerar eletricidade com energia eólica a velocidades tão baixas como 3 ou 4 quilômetros por hora. Estas turbinas de *baixa velocidade* de vento são adequadas para pequenas empresas, fazendas, grupos de moradores, ou usuários individuais.

Turbina
A.19 – Abas
a, b e c

em que $\dot{m}$ é a vazão mássica. A única transferência de calor entre a turbina e a vizinhança seria a transferência de calor inevitável (ou perdida), quantidade usualmente pequena quando comparada aos termos relacionados à potência e à entalpia, de modo que pode ser também abandonada, obtendo-se simplesmente

$$\dot{W}_{vc} = \dot{m}(h_1 - h_2) \tag{b}$$

4.7.2 Aplicação para uma Turbina a Vapor

Nesta seção, considerações sobre a modelagem de turbinas são apresentadas por meio da aplicação de um caso de importância prática envolvendo uma turbina a vapor. Dentre os objetivos desse exemplo está a avaliação do significado dos termos de transferência de calor e de energia cinética do balanço de energia, e a ilustração do uso apropriado dos fatores de conversão de unidades.

EXEMPLO 4.4

Calculando a Transferência de Calor em uma Turbina a Vapor

O vapor d'água entra em uma turbina operando em regime permanente com uma vazão mássica de 4600 kg/h. A turbina desenvolve uma potência de 1000 kW. Na entrada, a pressão é 60 bar, a temperatura é 400°C e a velocidade é 10 m/s. Na saída, a pressão é 0,1 bar, o título é 0,9 (90%) e a velocidade é 30 m/s. Calcule a taxa de transferência de calor entre a turbina e a vizinhança em kW.

SOLUÇÃO

Dado: uma turbina a vapor opera em regime permanente. A vazão mássica, a potência de saída e os estados do vapor d'água na entrada e na saída são conhecidos.

Pede-se: calcule a taxa de transferência de calor.

Diagrama Esquemático e Dados Fornecidos:

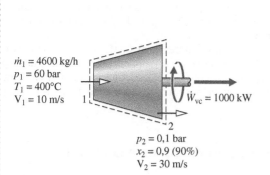
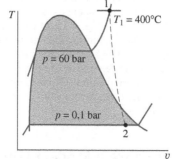

Modelo de Engenharia:

1. O volume de controle mostrado na figura correspondente encontra-se em regime permanente.
2. A variação da energia potencial entre a entrada e a saída pode ser desprezada.

Fig. E4.4

Análise: para calcular a taxa de transferência de calor, inicie com a formulação de uma entrada e uma saída do balanço de energia para um volume de controle em regime permanente, Eq. 4.20a. Assim

$$0 = \dot{Q}_{vc} - \dot{W}_{vc} + \dot{m}\left[(h_1 - h_2) + \frac{(V_1^2 - V_2^2)}{2} + g(z_1 - z_2)\right]$$

em que $\dot{m}$ é a vazão mássica. Resolvendo para $\dot{Q}_{vc}$ e abandonando a variação da energia potencial entre a entrada e a saída

$$\dot{Q}_{vc} = \dot{W}_{vc} + \dot{m}\left[(h_2 - h_1) + \left(\frac{V_2^2 - V_1^2}{2}\right)\right]$$

Para comparar as ordens de grandeza dos tempos de entalpia e energia cinética e para enfatizar as conversões de unidades necessárias, cada um desses termos será avaliado separadamente.

Primeiro, a *variação da entalpia específica* $h_2 - h_1$ é determinada. Usando a Tabela A-4, $h_1 = 3177,2$ kJ/kg. O estado 2 é uma mistura bifásica líquido-vapor; assim, com os dados da Tabela A-3 e com o título fornecido

$$h_2 = h_{f2} + x_2(h_{g2} - h_{f2})$$
$$= 191,83 + (0,9)(2392,8) = 2345,4 \text{ kJ/kg}$$

Então,

$$h_2 - h_1 = 2345,4 - 3177,2 = -831,8 \text{ kJ/kg}$$

Considere em seguida a *variação da energia cinética* específica. Usando os valores fornecidos para as velocidades

❶ $$\left(\frac{V_2^2 - V_1^2}{2}\right) = \left[\frac{(30)^2 - (10)^2}{2}\right]\left(\frac{m^2}{s^2}\right)\left|\frac{1\,N}{1\,kg \cdot m/s^2}\right|\left|\frac{1\,kJ}{10^3\,N \cdot m}\right|$$
$$= 0,4 \text{ kJ/kg}$$

Calculando $\dot{Q}_{vc}$ da Eq. (a)

❷ $$\dot{Q}_{vc} = (1000 \text{ kW}) + \left(4600\frac{kg}{h}\right)(-831,8 + 0,4)\left(\frac{kJ}{kg}\right)\left|\frac{1\,h}{3600\,s}\right|\left|\frac{1\,kW}{1\,kJ/s}\right|$$
$$= -62,3 \text{ kW}$$

Habilidades Desenvolvidas

Habilidades para...
- aplicar o balanço da taxa de energia para regime permanente a um volume de controle.
- desenvolver um modelo de engenharia.
- obter dados de propriedades da água.

① A ordem de grandeza da variação da energia cinética específica entre a entrada e a saída é muito menor do que a variação da entalpia específica. Observe o uso dos fatores de conversão de unidades nesse caso e no cálculo de $\dot{Q}_{vc}$ logo em seguida.

② O valor negativo de $\dot{Q}_{vc}$ significa que existe uma transferência de calor da turbina para sua vizinhança, como seria esperado. A ordem de grandeza de $\dot{Q}_{vc}$ é pequena quando comparada à potência desenvolvida.

Teste-Relâmpago Considerando que a variação da energia cinética entre a entrada e a saída pode ser desprezada, calcule a taxa de transferência de calor, em kW, mantendo todos os outros dados constantes. Comente. **Resposta:** –62,9 kW.

4.8 Compressores e Bombas

compressores
bombas

Compressores e bombas são dispositivos nos quais o trabalho é realizado sobre a substância em escoamento ao longo dos mesmos, de modo a mudar o estado da substância, normalmente aumentar a pressão e/ou a elevação. O termo *compressor* é usado quando a substância é um gás (vapor) e o termo *bomba* é usado quando a substância é um líquido. Quatro tipos de compressores estão ilustrados na Fig. 4.11. O compressor alternativo da Fig. 4.11a é caracterizado por seu movimento alternativo enquanto os outros têm movimento rotativo.

O compressor de fluxo axial da Fig. 4.11b é um componente essencial dos motores de avião (Cap. 9). Os compressores também são componentes essenciais de sistemas de refrigeração e de bombas de calor (Cap. 10). No estudo do Cap. 8 verifica-se que as bombas são importantes nos sistemas de potência a vapor. As bombas também são normalmente usadas no processo de enchimento de torres de água, na remoção de água de porões inundados e em numerosas outras aplicações domésticas e industriais.

4.8.1 Considerações sobre a Modelagem de Compressores e Bombas

Para um volume de controle que engloba um compressor, os balanços de massa e de energia para regime permanente se simplificam, como para os casos das turbinas considerados na Seção 4.7.1. Assim, a Eq. 4.20a se reduz a

$$0 = \dot{Q}_{vc} - \dot{W}_{vc} + \dot{m}(h_1 - h_2) \tag{a}$$

A transferência de calor com a vizinhança é frequentemente um efeito secundário que pode ser desprezado, obtendo-se, como para as turbinas

$$\dot{W}_{vc} = \dot{m}(h_1 - h_2) \tag{b}$$

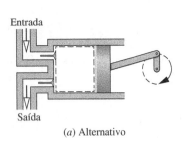

(a) Alternativo

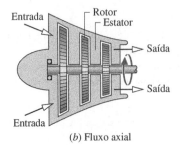

(b) Fluxo axial

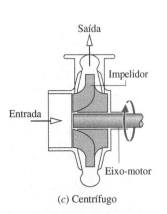

(c) Centrífugo

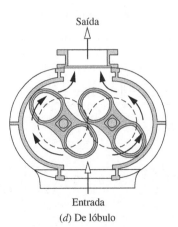

(d) De lóbulo

Fig. 4.11 Tipos de compressores.

Para as bombas, a transferência de calor é geralmente um efeito secundário, mas os termos relacionados às energias cinética e potencial da Eq. 4.20a podem ser significativos, dependendo da aplicação. Observe que para compressores e bombas o valor de $\dot{W}_{vc}$ é *negativo* porque uma potência de *entrada* é necessária.

4.8.2 Aplicações para um Compressor de Ar e um Sistema de Bombeamento

Nesta seção, considerações sobre a modelagem de compressores e bombas são apresentadas nos Exemplos 4.5 e 4.6, respectivamente. Na Seção 4.8.3 são apresentadas aplicações de compressores e bombas em sistemas de armazenamento de energia.

Dentre os objetivos do Exemplo 4.5 está a avaliação do significado dos termos de transferência de calor e de energia cinética do balanço de energia e a ilustração do uso apropriado dos fatores de conversão de unidades.

▶▶ EXEMPLO 4.5 ▶

Calculando a Potência de um Compressor

Ar é admitido em um compressor que opera em regime permanente com uma pressão de 1 bar, temperatura igual a 290 K e a uma velocidade de 6 m/s por uma entrada cuja área é de 0,1 m². Na saída a pressão é de 7 bar, a temperatura é 450 K e a velocidade é 2 m/s. A transferência de calor do compressor para sua vizinhança ocorre a uma taxa de 180 kJ/min. Empregando o modelo de gás ideal, calcule a potência de entrada do compressor em kW.

SOLUÇÃO

Dado: um compressor de ar opera em regime permanente com estados conhecidos na entrada e na saída e com uma taxa de transferência de calor conhecida.

Pede-se: calcule a potência requerida pelo compressor.

Diagrama Esquemático e Dados Fornecidos:

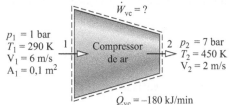

Fig. E4.5

Modelo de Engenharia:
1. O volume de controle mostrado na figura correspondente encontra-se em regime permanente.
2. A variação da energia potencial entre a entrada e a saída pode ser abandonada.
3. O modelo de gás ideal se aplica para o ar.

Análise: para calcular a potência de entrada do compressor, inicie com o balanço da taxa de energia para o volume de controle em regime permanente com uma entrada e uma saída, Eq. 4.20a. Assim,

$$0 = \dot{Q}_{vc} - \dot{W}_{vc} + \dot{m}\left[(h_1 - h_2) + \frac{(V_1^2 - V_2^2)}{2} + g(z_1 - z_2)\right]$$

Resolvendo

$$\dot{W}_{vc} = \dot{Q}_{vc} + \dot{m}\left[(h_1 - h_2) + \left(\frac{V_1^2 - V_2^2}{2}\right)\right]$$

A variação da energia potencial entre a entrada e a saída desaparece pela hipótese 2.

O fluxo de massa $\dot{m}$ pode ser avaliado pelos dados fornecidos na entrada e pela equação de estado de gás ideal.

$$\dot{m} = \frac{A_1 V_1}{v_1} = \frac{A_1 V_1 p_1}{(\bar{R}/M)T_1} = \frac{(0{,}1\ \text{m}^2)(6\ \text{m/s})(10^5\ \text{N/m}^2)}{\left(\dfrac{8314}{28{,}97}\ \dfrac{\text{N}\cdot\text{m}}{\text{kg}\cdot\text{K}}\right)(290\ \text{K})} = 0{,}72\ \text{kg/s}$$

As entalpias específicas h_1 e h_2 podem ser encontradas na Tabela A-22. Para 290 K, $h_1 = 290{,}16$ kJ/kg. Para 450 K, $h_2 = 451{,}8$ kJ/kg. Substituindo os valores na expressão para $\dot{W}_{vc}$ e aplicando os fatores de conversão de unidades apropriados, obtemos

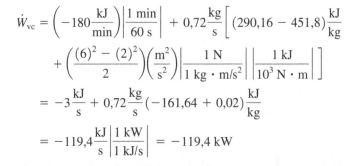

> ✓ **Habilidades Desenvolvidas**
>
> *Habilidades para...*
> ☐ aplicar o balanço da taxa de energia para regime permanente a um volume de controle.
> ☐ aplicar a expressão da vazão mássica, Eq. 4.4b.
> ☐ desenvolver um modelo de engenharia.
> ☐ obter dados de propriedades do ar modelado com um gás ideal.

1 A aplicabilidade do modelo de gás ideal pode ser verificada consultando-se o diagrama de compressibilidade generalizado.

2 Neste exemplo $\dot{Q}_{vc}$ e $\dot{W}_{vc}$ apresentam valores negativos, indicando que o sentido da transferência de calor se dá *a partir* do compressor e que o trabalho é realizado *sobre* o ar que passa pelo compressor. O valor da potência de *entrada* do compressor é 119,4 kW. A variação na energia cinética não contribui de maneira significativa.

> **Teste-Relâmpago** Considerando que a variação da energia cinética entre a entrada e a saída pode ser desprezada, calcule a potência do compressor, em kW, mantendo todos os outros dados constantes. Comente.
> **Resposta:** −119,4 kW.

Compressor
A.20 – Abas a, b e c

Bomba
A.21 – Abas a, b e c

No Exemplo 4.6, uma bomba é um componente de um sistema global que descarrega uma corrente de água a alta velocidade em uma posição com uma altura maior do que a da entrada. Observe as considerações do modelo, neste caso, em particular os papéis das energias cinética e potencial, e o uso apropriado dos fatores de conversão de unidades.

▶▶▶ EXEMPLO 4.6 ▶

Analisando um Sistema de Bombeamento

Uma bomba em regime permanente conduz água de um lago, com uma vazão volumétrica de 220 gal/min, por de um tubo com 5 in de diâmetro de entrada. A água é distribuída através de uma mangueira acoplada a um bocal convergente. O bocal de saída tem 1 in de diâmetro e está localizado a 35 ft acima da entrada do tubo. A água entra a 70°F e 14,7 lbf/in², e sai sem variações significativas com relação à temperatura ou pressão. A ordem de grandeza da taxa de transferência de calor *da* bomba *para* a vizinhança é 5% da potência de entrada. A aceleração da gravidade é de 32,2 ft/s². Determine **(a)** a velocidade da água na entrada e na saída, ambas em ft/s, e **(b)** a potência requerida pela bomba em hp.

SOLUÇÃO

Dado: um sistema de bombeamento opera em regime permanente com condições de entrada e saída conhecidas. A taxa de transferência de calor da bomba é especificada como uma porcentagem da potência de entrada.

Pede-se: determine a velocidade da água na entrada e na saída do sistema de bombeamento e a potência necessária.

Diagrama Esquemático e Dados Fornecidos:

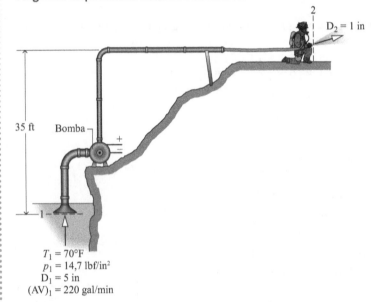

Fig. E4.6

Modelo de Engenharia:

1. O volume de controle engloba a bomba, a entrada do tubo e a mangueira de distribuição.
2. O volume de controle encontra-se em regime permanente.
3. A magnitude da transferência de calor do volume de controle é 5% da potência de entrada.
4. Não há variações significativas na temperatura ou pressão.
5. Para água líquida, $v \approx v_f(T)$ (Eq. 3.11) e a Eq. 3.13 é usada para calcular a entalpia específica.
6. $g = 32,2$ ft/s².

Análise:

(a) O balanço da taxa de massa se reduz, em regime permanente, a $\dot{m}_2 = \dot{m}_1$. A vazão mássica na entrada e na saída, $\dot{m}$, pode ser determinada utilizando-se a Eq. 4.4b juntamente com $v \approx v_f(70°F) = 0,01605$ ft³/lb da Tabela A-2E. Então,

$$\dot{m} = \frac{AV}{v} = \left(\frac{220 \text{ gal/min}}{0,01605 \text{ ft}^3/\text{lb}}\right)\left|\frac{1 \text{ min}}{60 \text{ s}}\right|\left|\frac{0,13368 \text{ ft}^3}{1 \text{ gal}}\right|$$

$$= 30,54 \text{ lb/s}$$

Assim, as velocidades na entrada e na saída são, respectivamente,

❶
$$V_1 = \frac{\dot{m}v}{A_1} = \frac{(30,54 \text{ lb/s})(0,01605 \text{ ft}^3/\text{lb})}{\pi(5 \text{ in})^2/4} \left| \frac{144 \text{ in}^2}{1 \text{ ft}^2} \right| = 3,59 \text{ ft/s}$$

$$V_2 = \frac{\dot{m}v}{A_2} = \frac{(30,54 \text{ lb/s})(0,01605 \text{ ft}^3/\text{lb})}{\pi(1 \text{ in})^2/4} \left| \frac{144 \text{ in}^2}{1 \text{ ft}^2} \right| = 89,87 \text{ ft/s}$$

(b) Para calcular a potência de entrada inicie com o balanço da taxa de energia para o volume de controle em regime permanente com uma entrada e uma saída, Eq. 4.20a. Ou seja

$$0 = \dot{Q}_{vc} - \dot{W}_{vc} + \dot{m}\left[(h_1 - h_2) + \left(\frac{V_1^2 - V_2^2}{2}\right) + g(z_1 - z_2)\right]$$

❷ Introduzindo $\dot{Q}_{vc} = (0,05)\dot{W}_{vc}$ e resolvendo para $\dot{W}_{vc}$

$$\dot{W}_{vc} = \frac{\dot{m}}{0,95}\left[(h_1 - h_2) + \left(\frac{V_1^2 - V_2^2}{2}\right) + g(z_1 - z_2)\right] \tag{a}$$

Usando a Eq. 3.13, o termo relacionado com a entalpia é expresso como

$$h_1 - h_2 = [h_f(T_1) + v_f(T_1)[p_1 - p_{sat}(T_1)]] \\ - [h_f(T_2) + v_f(T_2)[p_2 - p_{sat}(T_2)]] \tag{b}$$

Como não há variação significativa na temperatura, a Eq. (b) se reduz a

$$h_1 - h_2 = v_f(T)(p_1 - p_2)$$

Como também não há variação significativa na pressão, o termo relacionado com a entalpia é desprezado na presente análise. Em seguida, é avaliado o termo da energia cinética

$$\frac{V_1^2 - V_2^2}{2} = \frac{[(3,59)^2 - (89,87)^2]\left(\frac{\text{ft}}{\text{s}}\right)^2}{2} \left| \frac{1 \text{ Btu}}{778 \text{ ft} \cdot \text{lbf}} \right| \left| \frac{1 \text{ lbf}}{32,174 \text{ lb} \cdot \text{ft/s}^2} \right| = -0,1614 \text{ Btu/lb}$$

Finalmente, o termo da energia potencial é

$$g(z_1 - z_2) = (32,2 \text{ ft/s}^2)(0 - 35)\text{ft}\left| \frac{1 \text{ Btu}}{778 \text{ ft} \cdot \text{lbf}} \right| \left| \frac{1 \text{ lbf}}{32,174 \text{ lb} \cdot \text{ft/s}^2} \right| = -0,0450 \text{ Btu/lb}$$

Inserindo valores na Eq. (a)

$$\dot{W}_{cv} = \left(\frac{30,54 \text{ lb/s}}{0,95}\right)[0 - 0,1614 - 0,0450]\left(\frac{\text{Btu}}{\text{lb}}\right)$$
$$= -6,64 \text{ Btu/s}$$

Convertendo para hp:

$$\dot{W}_{cv} = \left(-6,64 \frac{\text{Btu}}{\text{s}}\right)\left| \frac{1 \text{ hp}}{2545 \frac{\text{Btu}}{\text{h}}} \right| \left| \frac{3600 \text{ s}}{1 \text{ h}} \right| = -9,4 \text{ hp}$$

em que o sinal negativo indica que a potência é fornecida à bomba.

---

❶ Alternativamente, V_1 pode ser determinado da vazão volumétrica em 1. Isso é deixado como exercício.

❷ Já que uma potência deve ser fornecida para a operação da bomba, $\dot{W}_{vc}$ é negativo de acordo com nossa convenção de sinais. A energia transferida por calor ocorre do volume de controle para a vizinhança e, assim, $\dot{Q}_{vc}$ também é negativo. Usando o valor de $\dot{W}_{vc}$ determinado na parte (b), $\dot{Q}_{vc} = (0,05)\dot{W}_{vc} = -0,332$ Btu/s (-047 hp).

✓ **Habilidades Desenvolvidas**

Habilidades para...
- aplicar o balanço da taxa de energia para regime permanente a um volume de controle.
- aplicar a expressão da vazão mássica, Eq. 4.4b.
- desenvolver um modelo de engenharia.
- obter dados de propriedades da água líquida.

Teste-Relâmpago Considerando que o bocal é removido e a água sai diretamente da mangueira, cujo diâmetro é de 2 in, determine a velocidade na saída em ft/s e a potência necessária, em hp, mantendo todos os outros dados constantes. **Resposta:** 22,47 ft/s, -2,5 hp.

> **TOME NOTA...**
> Custo refere-se à quantia paga para produzir um bem ou um serviço. Preço refere-se ao que os consumidores pagam para adquirir esta mercadoria ou serviço.

4.8.3 Sistemas de Armazenamento de Energia por meio de Bombagem Hídrica e Ar Comprimido

Em virtude da lei da oferta e da procura e de outros fatores econômicos, o valor da eletricidade varia com o tempo. O custo para gerar eletricidade e o aumento do preço pago pelos consumidores dependem se a demanda ocorre nos *horários de pico* ou *fora deles*. O período de pico tipicamente compreende os dias da semana – por exemplo, das 8h às 20h, enquanto o período fora do horário de pico compreende o horário noturno, os fins de semana e os feriados principais. Os consumidores podem esperar pagar mais pela eletricidade nos horários de pico. Os métodos de armazenamento de energia que tiram proveito das taxas variáveis de eletricidade incluem o armazenamento térmico (veja o boxe na Seção 3.8) e o armazenamento por meio de bombagem hídrica e de ar comprimido apresentados no boxe adiante.

Aspectos Econômicos do Armazenamento de Energia por Bombagem Hídrica e por Ar Comprimido

Apesar dos custos significativos de propriedade e operação dos sistemas de armazenamento de energia em grande escala, várias estratégias econômicas, que inclusive aproveitam as diferenças entre os horários de pico e os horários fora de pico de demandas de energia elétrica, podem fazer do armazenamento de energia por meio da bombagem hídrica e do ar comprimido boas opções para geração de energia. Nesta discussão, vamos nos concentrar no papel das tarifas variáveis de energia elétrica.

No armazenamento por bombagem hídrica, a água é bombeada a partir de um reservatório inferior para um reservatório superior, armazenando assim energia sob a forma de energia potencial gravitacional. (Para simplificar, pense na usina hidrelétrica da Fig. 4.10 operando no sentido inverso.) A eletricidade nos horários fora de pico é usada para acionar as bombas que fornecem água para o reservatório superior. Mais tarde, durante o período de pico, a água armazenada é liberada a partir do reservatório superior para gerar eletricidade conforme a água flui através das turbinas para o reservatório inferior. Por exemplo, no verão, água é liberada do reservatório superior para gerar energia para atender uma alta demanda durante o dia em virtude de ar condicionado; enquanto durante a noite, quando a demanda é baixa, a água é bombeada de volta para o reservatório superior para uso no dia seguinte. Em virtude do atrito e de outros fatores não ideais, uma perda global de eletricidade da entrada para a saída ocorre no armazenamento por bombagem hídrica e isso aumenta os custos operacionais. Ainda assim, as diferenças entre as tarifas de eletricidade diurnas e noturnas ajudam a tornar esta tecnologia viável.

No armazenamento de energia por meio de ar comprimido, compressores acionados com eletricidade fora dos horários de pico preenchem locais com formações geológicas subterrâneas adequadas, como uma caverna de sal subterrânea, minas com rochedos de alta qualidade ou aquíferos, com ar pressurizado retirado da atmosfera. Veja a Fig. 4.12. Quando há demanda de energia elétrica nos horários de pico, ar comprimido a alta pressão é liberado para a superfície, aquecido por gás natural em câmaras de combustão, e expandido em uma turbina, gerando energia elétrica para distribuição nos horários de pico.

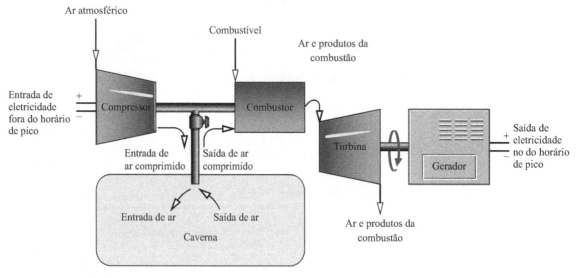

Fig. 4.12 Armazenamento de ar comprimido.

4.9 Trocadores de Calor

trocadores de calor

Os trocadores de calor têm inúmeras aplicações domésticas e industriais, incluindo o uso em aquecimento doméstico e sistemas de resfriamento, em sistemas automotivos, na geração de potência elétrica e em processos químicos. De fato, quase todas as áreas de aplicação listadas na Tabela 1.1 envolvem trocadores de calor.

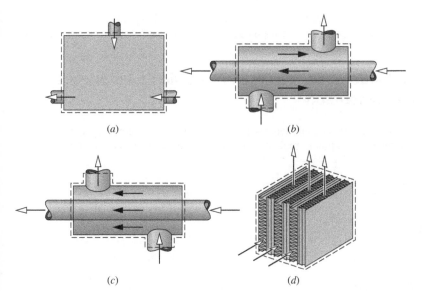

Fig. 4.13 Tipos usuais de trocadores de calor. (*a*) Trocador de calor de contato direto. (*b*) Trocador de calor duplo tubo contracorrente. (*c*) Trocador de calor duplo tubo em escoamento paralelo. (*d*) Trocador de calor de fluxo cruzado.

Um tipo comum de trocador de calor é um reservatório no qual duas correntes quente e fria se misturam diretamente, como ilustrado na Fig. 4.13*a*. Um aquecedor de água de alimentação aberto é um componente de sistemas de potência a vapor considerados no Cap. 8, e é um exemplo desse tipo de dispositivo.

Outro tipo comum de trocador de calor é aquele no qual um gás ou líquido é *separado* de um outro gás ou líquido por uma parede através da qual a energia é conduzida. Esses trocadores de calor, conhecidos como recuperadores, apresentam as mais diversas formas. Nas Figs. 4.13*b* e 4.13*c* são mostradas, respectivamente, configurações do tipo tubo duplo em escoamento contracorrente e em escoamento paralelo. Outras configurações incluem escoamentos cruzados, como nos radiadores de automóveis, e condensadores e evaporadores de múltiplos passes, do tipo casco e tubo. A Fig. 4.13*d* ilustra um trocador de calor de escoamento cruzado.

> **BIOCONEXÕES** Mantas térmicas como a ilustrada na Fig. 4.14 são usadas para evitar que a temperatura do corpo de um paciente caia abaixo da temperatura normal (hipotermia) durante e depois de uma cirurgia. Tipicamente, um aquecedor e um soprador direcionam um fluxo de ar quente no interior da manta. Ar sai da manta pelas perfurações em sua superfície. As *mantas térmicas* têm sido utilizadas de maneira segura e sem incidentes em milhões de procedimentos cirúrgicos. Apesar disso, há riscos óbvios para os pacientes se o controle de temperatura falhar e ocorrer um aquecimento excessivo. Esses riscos podem ser previstos e minimizados com boas práticas de engenharia.
>
> O aquecimento de pacientes nem sempre é a questão em hospitais; por vezes a questão é o resfriamento, como em casos de parada cardíaca, acidente vascular cerebral, ataque cardíaco e superaquecimento do corpo (hipertermia). A parada cardíaca, por exemplo, priva o músculo cardíaco de oxigênio e de sangue, causando a morte de parte dele. Isso muitas vezes induz a danos cerebrais entre os sobreviventes, incluindo deficiência cognitiva irreversível. Estudos mostram que, quando a temperatura corporal de pacientes cardíacos é reduzida para 33°C (91°F), o dano é limitado porque os órgãos vitais funcionam mais lentamente e exigem menos oxigênio. Para alcançar bons resultados, os médicos especialistas dizem que o resfriamento deve ser feito por 20 minutos ou menos. Um sistema aprovado para o resfriamento de vítimas de parada cardíaca inclui um traje corporal plástico descartável, uma bomba, e um *chiller*. A bomba fornece um rápido escoamento de água fria em torno do corpo, em contato direto com a pele do paciente usando o traje, em seguida recicla refrigerante para o *chiller* e de volta para o paciente.
>
> Essas aplicações biomédicas fornecem exemplos de como os engenheiros atentos aos princípios da termodinâmica podem trazer para o processo de projeto seus conhecimentos sobre os trocadores de calor, a aquisição e o controle de temperatura e os requisitos de segurança e confiabilidade.

4.9.1 Considerações sobre a Modelagem de Trocadores de Calor

Conforme ilustrado na Fig. 4.13, os trocadores de calor podem envolver múltiplas entradas e saídas. Para um volume de controle englobando um trocador de calor o único trabalho é o de escoamento nos locais onde a matéria entra e sai, assim o termo $\dot{W}_{vc}$ desaparece do balanço da taxa de energia. Além disso, as energias cinética e potencial das correntes de escoamento normalmente podem ser ignoradas nas entradas e saídas. Assim, os termos sublinhados da Eq. 4.18 (repetida a seguir) podem ser anulados, ficando os termos relacionados à entalpia e à transferência de calor, como ilustrado pela Eq. (a). Isto é,

$$0 = \dot{Q}_{vc} - \dot{W}_{vc} + \sum_e \dot{m}_e \left(h_e + \frac{V_e^2}{2} + gz_e \right) - \sum_s \dot{m}_s \left(h_s + \frac{V_s^2}{2} + gz_s \right)$$

$$0 = \dot{Q}_{vc} + \sum_e \dot{m}_e h_e - \sum_s \dot{m}_s h_s \quad \text{(a)}$$

Trocador_de_Calor
A.22 – Abas a, b e c

Embora ocorram altas taxas de transferência de energia *no* trocador de calor, a transferência de calor com a vizinhança é usualmente pequena o suficiente para ser abandonada. Assim, o termo $\dot{Q}_{vc}$ da Eq. (a) desapareceria, ficando apenas os termos relacionados à entalpia. A forma final do balanço da taxa de energia deve ser resolvida junto com uma expressão apropriada para o balanço da taxa de massa, identificando o número e o tipo de entradas e saídas para o caso em questão.

4.9.2 Aplicações para um Condensador de uma Instalação de Potência e o Resfriamento de um Computador

O próximo exemplo ilustra como os balanços de massa e energia podem ser aplicados a um condensador em regime permanente. Os condensadores são usualmente encontrados em instalações de potência e em sistemas de refrigeração.

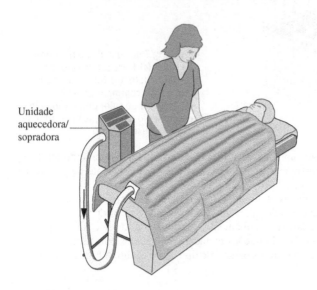

Fig. 4.14 Manta térmica inflável.

▶▶▶ EXEMPLO 4.7 ▶

Avaliando o Desempenho de um Condensador de uma Instalação de Potência

O vapor d'água entra no condensador de uma instalação de potência a vapor a 0,1 bar e com um título de 0,95, e o condensado sai a 0,1 bar e 45°C. A água de resfriamento entra no condensador como um outro fluxo na forma líquida a 20°C e sai como líquido a 35°C sem nenhuma variação de pressão. A transferência de calor no exterior do condensador e as variações das energias cinética e potencial dos fluxos podem ser ignoradas. Para uma operação em regime permanente, determine
(a) a razão entre a vazão mássica da água de resfriamento pela vazão mássica do vapor d'água que se condensa.
(b) a taxa de transferência de energia do vapor d'água que se condensa para a água de resfriamento em kJ por kg de vapor que escoa através do condensador.

SOLUÇÃO

Dado: o vapor d'água se condensa em regime permanente através da interação com um outro fluxo de água líquida.

Pede-se: determine a razão entre a vazão mássica da água de resfriamento e a vazão mássica de vapor d'água, juntamente com a taxa de transferência de energia do vapor para a água de resfriamento.

Diagrama Esquemático e Dados Fornecidos:

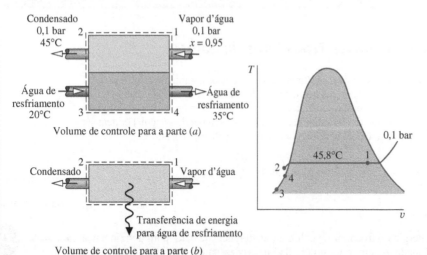

Modelo de Engenharia:

1. Cada um dos dois volumes de controle mostrados nesse esboço encontra-se em regime permanente.
2. Não existe uma transferência de calor significativa entre o condensador como um todo e a sua vizinhança. $\dot{W}_{vc} = 0$.
3. As variações das energias cinética e potencial dos fluxos entre a entrada e a saída podem ser ignoradas.
4. Nos estados 2, 3 e 4, $h \approx h_f(T)$ (veja a Eq. 3.14).

Fig. E4.7

Análise do Volume de Controle Utilizando Energia 157

Análise: os fluxos de vapor d'água e da água de resfriamento não se misturam. Assim, o balanço da taxa de massa para cada um dos dois fluxos reduz-se, no caso de regime permanente, a

$$\dot{m}_1 = \dot{m}_2 \quad \text{e} \quad \dot{m}_3 = \dot{m}_4$$

(a) A razão entre a vazão mássica da água de resfriamento e a do vapor que se condensa, $\dot{m}_3/\dot{m}_1$, pode ser determinada através da formulação em regime permanente do balanço de energia, Eq. 4.18, aplicado ao condensador como um todo, conforme se segue:

$$0 = \underline{\dot{Q}_{vc}} - \underline{\dot{W}_{vc}} + \dot{m}_1\left(h_1 + \underline{\frac{V_1^2}{2}} + \underline{gz_1}\right) + \dot{m}_3\left(h_3 + \underline{\frac{V_3^2}{2}} + \underline{gz_3}\right)$$
$$- \dot{m}_2\left(h_2 + \underline{\frac{V_2^2}{2}} + \underline{gz_2}\right) - \dot{m}_4\left(h_4 + \underline{\frac{V_4^2}{2}} + \underline{gz_4}\right)$$

Os termos sublinhados se anulam pelas hipóteses 2 e 3. Com essas simplificações, juntamente com as relações entre as vazões mássicas citadas, o balanço da taxa de energia torna-se simplesmente

$$0 = \dot{m}_1(h_1 - h_2) + \dot{m}_3(h_3 - h_4)$$

Resolvendo, temos

$$\frac{\dot{m}_3}{\dot{m}_1} = \frac{h_1 - h_2}{h_4 - h_3}$$

A entalpia específica h_1 pode ser determinada usando o título fornecido e os dados da Tabela A-3. Da Tabela A-3 para 0,1 bar, $h_f = 191,83$ kJ/kg e $h_g = 2584,7$ kJ/kg, assim

$$h_1 = 191,83 + 0,95(2584,7 - 191,83) = 2465,1 \text{ kJ/kg}$$

❶ Usando a hipótese 4, a entalpia específica em 2 é dada por $h_2 \approx h_f(T_2) = 188,45$ kJ/kg. De maneira similar, $h_3 \approx h_f(T_3)$ e $h_4 \approx h_f(T_4)$, obtendo então $h_4 - h_3 = 62,7$ kJ/kg. Assim,

$$\frac{\dot{m}_3}{\dot{m}_1} = \frac{2465,1 - 188,45}{62,7} = 36,3$$

(b) Para um volume de controle englobando apenas o lado vapor do condensador, inicie com a formulação em regime permanente do balanço da taxa de energia, Eq. 4.20a.

❷
$$0 = \dot{Q}_{vc} - \underline{\dot{W}_{vc}} + \dot{m}_1\left[(h_1 - h_2) + \underline{\frac{(V_1^2 - V_2^2)}{2}} + \underline{g(z_1 - z_2)}\right]$$

Os termos sublinhados se anulam pelas hipóteses 2 e 3. A seguinte expressão corresponde à taxa de transferência de energia entre o vapor que se condensa e a água de resfriamento:

$$\dot{Q}_{vc} = \dot{m}_1(h_2 - h_1)$$

Dividindo pela vazão mássica do vapor, $\dot{m}_1$, e inserindo valores

$$\frac{\dot{Q}_{vc}}{\dot{m}_1} = h_2 - h_1 = 188,45 - 2465,1 = -2276,7 \text{ kJ/kg}$$

em que o sinal negativo mostra que a energia é transferida *do* vapor que se condensa *para* a água de resfriamento.

---

❶ Alternativamente, $(h_4 - h_3)$ pode ser avaliado usando o modelo de líquido incompressível através da Eq. 3.20b.

❷ Dependendo da localização da fronteira do volume de controle, duas formulações distintas da equação da energia são obtidas. Na parte (a), ambos os fluxos encontram-se incluídos no volume de controle. A transferência de energia entre eles ocorre internamente e não ao longo da fronteira do volume de controle, assim o termo $\dot{Q}_{vc}$ se anula na equação do balanço de energia. No entanto, com o volume de controle da parte (b) o termo $\dot{Q}_{vc}$ deve ser incluído.

✓ **Habilidades Desenvolvidas**

Habilidades para...
- aplicar os balanços das taxas de massa e energia para regime permanente a um volume de controle.
- desenvolver um modelo de engenharia.
- obter dados de propriedades da água.

Teste-Relâmpago Considerando que a vazão mássica do vapor que se condensa é 125 kg/s, determine a vazão mássica da água de resfriamento em kg/s. **Resposta:** 4538 kg/s.

Evita-se a ocorrência de temperaturas altas em componentes eletrônicos fornecendo-se um resfriamento adequado. No próximo exemplo é analisado o resfriamento de componentes de computador, ilustrando o uso da formulação do balanço de energia para volume de controle juntamente com os dados das propriedades do ar.

► ► ► EXEMPLO 4.8 ► ◄

Resfriando Componentes de Computadores

Os componentes eletrônicos de um computador são resfriados pelo escoamento de ar através de um ventilador montado na entrada do gabinete. Em regime permanente, o ar entra a 20°C e 1 atm. Para o controle de ruídos, a velocidade do ar que entra não pode ser superior a 1,3 m/s. Para um controle de temperatura, a temperatura do ar na saída não pode ser superior a 32°C. Os componentes eletrônicos e o ventilador são alimentados com uma potência de 80 W e 18 W, respectivamente. Determine a menor área de entrada para o ventilador, em cm², para a qual os limites de velocidade de entrada do ar e temperatura de saída são atingidos.

SOLUÇÃO

Dado: os componentes eletrônicos de um computador são resfriados pelo escoamento de ar através de um ventilador montado na entrada do gabinete. As condições para o ar na entrada e na saída são especificadas. A potência necessária para os componentes eletrônicos e para o ventilador também é especificada.

Pede-se: determine a menor área para o ventilador para a qual os limites especificados são atingidos.

Diagrama Esquemático e Dados Fornecidos:

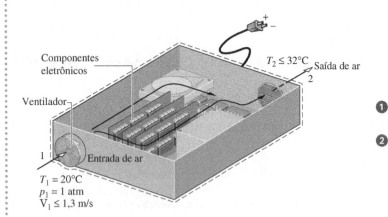

Modelo de Engenharia:

1. O volume de controle mostrado na figura correspondente encontra-se em regime permanente.
2. A transferência de calor da superfície externa do gabinete para a vizinhança é desprezível. Assim, $\dot{Q}_{vc} = 0$.
3. As variações das energias cinética e potencial podem ser ignoradas.
4. O ar é considerado como um gás ideal, com $c_p = 1,005$ kJ/kg · K.

Fig. E4.8

Análise: a área de entrada A_1 pode ser determinada pela vazão mássica e pela Eq.4.4b, que pode ser rearrumada para fornecer

$$A_1 = \frac{\dot{m}v_1}{V_1} \quad \text{(a)}$$

Por sua vez, a vazão mássica pode ser avaliada pelo balanço da taxa de energia em regime permanente, Eq. 4.20a.

$$0 = \underline{\dot{Q}_{vc}} - \dot{W}_{vc} + \dot{m}\left[(h_1 - h_2) + \left(\frac{V_1^2 - V_2^2}{2}\right) + \underline{g(z_1 - z_2)}\right]$$

Os termos sublinhados se anulam pelas hipóteses 2 e 3, fornecendo

$$0 = -\dot{W}_{vc} + \dot{m}(h_1 - h_2)$$

em que $\dot{W}_{vc}$ leva em conta a potência *total* fornecida aos componentes eletrônicos e ao ventilador: $\dot{W}_{vc} = (-80 \text{ W}) + (-18 \text{ W}) = -98 \text{ W}$. Resolvendo para $\dot{m}$ e usando a hipótese 4 com a Eq. 3.51 para avaliar $(h_1 - h_2)$

$$\dot{m} = \frac{(-\dot{W}_{vc})}{c_p(T_2 - T_1)}$$

Introduzindo esta relação na expressão para A_1, Eq. (a), e usando o modelo de gás ideal para avaliar o volume específico v_1

$$A_1 = \frac{1}{V_1}\left[\frac{(-\dot{W}_{vc})}{c_p(T_2 - T_1)}\right]\left(\frac{RT_1}{p_1}\right)$$

Dessa expressão podemos perceber que A_1 *aumenta* quando V_1 e/ou T_2 *decresce*. Consequentemente, já que $V_1 \leq 1,3$ m/s e $T_2 \leq 305$ K (32°C), a área de entrada deve satisfazer

$$A_1 \geq \frac{1}{1,3 \text{ m/s}}\left[\frac{98 \text{ W}}{\left(1,005\dfrac{\text{kJ}}{\text{kg}\cdot\text{K}}\right)(305 - 293)\text{K}}\left|\frac{1 \text{ kJ}}{10^3 \text{ J}}\right|\left|\frac{1 \text{ J/s}}{1 \text{ W}}\right|\right]\left(\frac{\left(\dfrac{8314 \text{ N}\cdot\text{m}}{28,97 \text{ kg}\cdot\text{K}}\right)293 \text{ K}}{1,01325 \times 10^5 \text{ N/m}^2}\right)\left|\frac{10^4 \text{ cm}^2}{1 \text{ m}^2}\right|$$

$$\geq 52 \text{ cm}^2$$

Para as condições especificadas, a menor área do ventilador é 52 cm².

❶ Normalmente o ar de resfriamento entra e sai do gabinete em velocidades baixas, e assim os efeitos da energia cinética são insignificantes.

❷ A aplicabilidade do modelo de gás ideal pode ser verificada através do diagrama de compressibilidade generalizada. Já que a temperatura do gás aumenta em menos de 12°C, o calor específico c_p é aproximadamente constante (Tabela A-20).

> **Habilidades Desenvolvidas**
>
> Habilidades para...
> ❏ aplicar o balanço da taxa de energia para regime permanente a um volume de controle.
> ❏ aplicar a expressão da vazão mássica, Eq. 4.4b.
> ❏ desenvolver um modelo de engenharia.
> ❏ obter dados de propriedades do ar modelado como um gás ideal.

Teste-Relâmpago Considerando que a transferência de calor ocorre a uma taxa de 11 W da superfície externa do computador para a vizinhança, determine a menor área de entrada para o ventilador para a qual os limites de velocidade de entrada do ar e temperatura de saída são atingidos se a potência de entrada permanecer a 98 W. **Resposta:** 46 cm².

4.10 Dispositivos de Estrangulamento

Uma redução apreciável de pressão pode ser obtida pela simples introdução de uma restrição na linha pela qual um gás ou líquido escoa. Isso é rotineiramente realizado através de uma válvula parcialmente aberta ou por um tampão poroso. Esses dispositivos de *estrangulamento* estão ilustrados na Fig. 4.15.

Uma aplicação do processo de estrangulamento ocorre em sistemas de refrigeração por compressão de vapor, em que uma válvula é utilizada para reduzir a pressão do refrigerante do seu valor na saída do *condensador* à pressão mais baixa existente no *evaporador*. Consideraremos melhor esse processo no Cap. 10. O processo de estrangulamento também tem um papel na expansão de *Joule-Thomson* estudada no Cap. 11. Uma outra aplicação do processo de estrangulamento envolve o calorímetro de estrangulamento, que é um dispositivo para a determinação do título de uma mistura bifásica líquido-vapor. O calorímetro de estrangulamento será estudado no Exemplo 4.9.

calorímetro de estrangulamento

4.10.1 Considerações sobre a Modelagem de Dispositivos de Estrangulamento

Para um volume de controle englobando um dispositivo de estrangulamento, o único trabalho é o de escoamento nos locais onde a massa entra e sai do volume de controle; assim, o termo $\dot{W}_{vc}$ desaparece da equação da energia. De um modo geral, não existe nenhuma troca de calor significativa com a vizinhança, e a variação da energia potencial entre a entrada e a saída é desprezível. Assim, os termos sublinhados na Eq. 4.20a (repetida a seguir) desaparecem, ficando então os termos relacionados à entalpia e à energia cinética, como mostra a Eq. (a). Isto é,

$$0 = \underline{\dot{Q}_{vc}} - \underline{\dot{W}_{vc}} + \dot{m}\left[(h_1 - h_2) + \frac{(V_1^2 - V_2^2)}{2} + \underline{g(z_1 - z_2)}\right]$$

$$0 = (h_1 - h_2) + \frac{V_1^2 - V_2^2}{2}$$

(a)

disp_de_ estrangulamento A.23 – Abas a, b e c

Embora as velocidades possam ser relativamente altas nas imediações da restrição imposta pelo dispositivo de estrangulamento sobre o fluxo, medições realizadas a montante e a jusante da área de redução do escoamento mostram que em

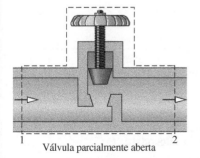

Válvula parcialmente aberta

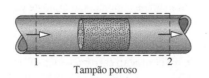

Tampão poroso

Fig. 4.15 Exemplos de dispositivos de estrangulamento.

muitas situações as variações da energia cinética específica da substância em escoamento entre esses locais podem ser desprezadas. Com essa simplificação adicional, a Eq. (a) reduz-se a

$$h_2 = h_1 \qquad (p_2 < p_1) \tag{4.22}$$

processo de estrangulamento

Quando o escoamento através de uma válvula ou em outra restrição é idealizado dessa maneira, o processo é chamado de processo de estrangulamento.

4.10.2 Usando um Calorímetro de Estrangulamento para Determinar o Título

O exemplo a seguir ilustra o uso do calorímetro de estrangulamento para determinar o título do vapor d'água.

EXEMPLO 4.9

Medindo o Título de Vapor

Uma linha de alimentação carrega vapor d'água em uma mistura bifásica líquido-vapor a 300 lbf/in² (2,1 MPa). Uma pequena fração do escoamento na linha é desviada para um calorímetro de estrangulamento e descarregada para a atmosfera a 14,7 lbf/in² (101,3 kPa). A temperatura do vapor de exaustão é medida como sendo 250°F (121,1°C). Determine o título do vapor d'água na linha de alimentação.

SOLUÇÃO

Dado: o vapor d'água é desviado de uma linha de alimentação para um calorímetro de estrangulamento e descarregado para a atmosfera.

Pede-se: determine o título do vapor na linha de alimentação.

Diagrama Esquemático e Dados Fornecidos:

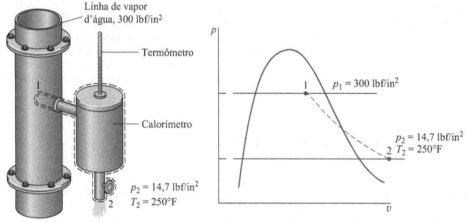

Modelo de Engenharia:
1. O volume de controle ilustrado na figura correspondente encontra-se em regime permanente.
2. O vapor desviado sofre um processo de estrangulamento.

Fig. E4.9

Análise: para um processo de estrangulamento os balanços de massa e de energia se reduzem para fornecer $h_2 = h_1$, o que está de acordo com a Eq. 4.22. Então, com o estado 2 determinado, a entalpia específica na linha de alimentação é conhecida e o estado 1 é determinado pelos valores conhecidos de p_1 e h_1.

❶ Conforme mostrado no diagrama p–v, o estado 1 encontra-se na região bifásica líquido-vapor e o estado 2 encontra-se na região de vapor superaquecido. Assim,

$$h_2 = h_1 = h_{f1} + x_1(h_{g1} - h_{f1})$$

Resolvendo para x_1,

$$x_1 = \frac{h_2 - h_{f1}}{h_{g1} - h_{f1}}$$

Da Tabela A-3E para 300 lbf/in², $h_{f1} = 394{,}1$ Btu/lb e $h_{g1} = 1203{,}9$ Btu/lb. Da Tabela A-4E para 14,7 lbf/in² e 250°F, $h_2 = 1168{,}8$ Btu/lb. Inserindo esses valores na expressão anterior, o título do vapor na linha é $x_1 = 0{,}957$ (95,7%).

✓ **Habilidades Desenvolvidas**

Habilidades para...
- aplicar a Eq. 4.22 a um processo de estrangulamento.
- obter dados de propriedades da água.

❶ Para os calorímetros de estrangulamento que descarregam na atmosfera, o título de vapor na linha deve ser maior do que 94% para garantir que o vapor que abandona o calorímetro seja superaquecido.

Teste-Relâmpago Considerando que a linha de alimentação carrega vapor saturado a 300 lbf/in², determine a temperatura na saída do calorímetro em °F para a mesma pressão de saída, 14,7 lbf/in². **Resposta:** 324°F.

4.11 Integração de Sistemas

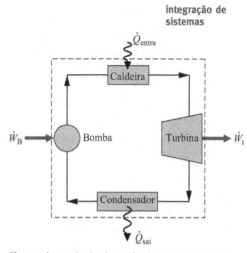

Fig. 4.16 Instalação de potência a vapor simples.

Até agora estudamos vários tipos de componentes que foram selecionados dentre aqueles frequentemente vistos na prática. Em geral, esses componentes são encontrados combinados, e não isolados. Muitas vezes, os engenheiros devem combinar os componentes de um modo criativo para atingirem um objetivo global que se encontra sujeito a restrições, como custo geral mínimo. Esta importante atividade de engenharia é chamada de integração de sistemas.

Na prática de engenharia e no cotidiano os sistemas integrados são regularmente encontrados. Muitos leitores já devem estar familiarizados com um tipo de integração de sistemas já consagrado: a instalação de potência básica mostrada na Fig. 4.16. Esse sistema consiste em quatro componentes em série: a turbina acoplada a um gerador, o condensador, a bomba e a caldeira. Consideraremos essas instalações de potência em detalhes nas seções subsequentes deste livro.

BIOCONEXÕES

Organismos vivos também podem ser considerados sistemas integrados. A Fig. 4.17 apresenta um volume de controle englobando uma árvore que recebe radiação solar. Conforme indicado na figura, uma porção da radiação incidente é refletida para a vizinhança. Vinte e um por cento da energia solar líquida recebida pela árvore retorna para a vizinhança por transferência de calor, basicamente por convecção. O gerenciamento da água é responsável pela maior parte da contribuição solar remanescente.

Árvores *suam* como as pessoas; isso é chamado *evapotranspiração*. Conforme ilustrado na Fig. 4.17, 78% da energia solar líquida recebida pela árvore são usados para bombear água líquida da vizinhança, primariamente do solo, convertê-la em vapor e descarregá-la para a vizinhança através de minúsculos poros (chamados *estômatos*) nas folhas. Quase toda a água absorvida é perdida dessa maneira, e apenas uma pequena fração é usada no interior da árvore. Aplicando um balanço de energia ao volume de controle que engloba a árvore, apenas 1% da energia solar líquida recebida pela árvore é deixado para o uso na produção de biomassa (madeira e folhas). A evapotranspiração beneficia as árvores, mas também contribui significativamente para a perda de água das bacias hidrográficas, mostrando que na natureza, como na engenharia, ocorrem processos de *troca*.

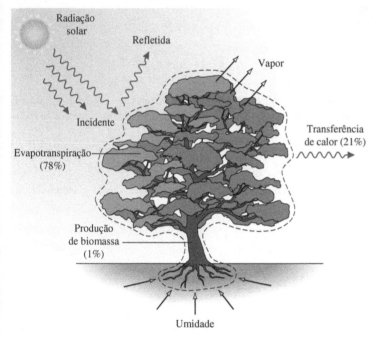

Fig. 4.17 Volume de controle englobando uma árvore.

O Exemplo 4.10 a seguir fornece uma outra ilustração de um sistema integrado. Esse caso envolve um sistema de recuperação de *calor perdido*.

EXEMPLO 4.10

Avaliando o Desempenho de um Sistema de Recuperação de Calor Perdido

Um processo industrial descarrega 2×10^5 ft^3/min (94,4 m^3/s) de produtos de combustão gasosos a 400°F (204,4°C) e 1 atm. Conforme ilustrado na Fig. E4.10, propõe-se um sistema que combina um gerador de vapor junto com uma turbina para a recuperação do calor

162 Capítulo 4

dos produtos de combustão. Em regime permanente, os produtos de combustão saem do gerador de vapor a 260°F (126,7°C) e 1 atm, e um fluxo de água distinto entra a 40 lbf/in² (275,8 kPa) e 102°F (38,9°C), com uma vazão mássica de 275 lb/min (2,1 kg/s). Na saída da turbina, a pressão é 1 lbf/in² (6,9 kPa) e o título é 93%. A transferência de calor das superfícies externas do gerador de vapor e da turbina pode ser ignorada junto com as variações das energias cinética e potencial das correntes em escoamento. Não existe uma perda de carga significativa da água que escoa no gerador de vapor. Os produtos de combustão podem ser modelados como ar em comportamento de gás ideal.

(a) Determine a potência desenvolvida pela turbina em Btu/min.

(b) Determine a temperatura de entrada na turbina em °F.

(c) Determine o ganho, em $/ano, para uma operação anual de 8000 horas, tomando como base um custo típico de eletricidade da ordem de $0,115 por kW · h.

SOLUÇÃO

Dado: informações sobre a operação em regime permanente são fornecidas para um sistema que consiste em um gerador de vapor que recupera calor e uma turbina.

Pede-se: a potência desenvolvida pela turbina e a temperatura de entrada. Avalie o ganho anual da potência desenvolvida.

Diagrama Esquemático e Dados Fornecidos:

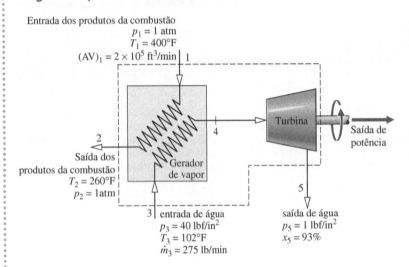

Modelo de Engenharia:

1. O volume de controle mostrado na figura correspondente encontra-se em regime permanente.
2. A transferência de calor é desprezível, e as variações das energias cinética e potencial podem ser ignoradas.
3. Não existe perda de carga para a água que escoa no gerador de vapor.
4. Os produtos da combustão podem ser modelados como ar na situação de gás ideal.

Fig. E4.10

Análise:

(a) A potência desenvolvida pela turbina é determinada por um volume de controle englobando simultaneamente o gerador de vapor e a turbina. Já que as correntes de gás e água não se misturam, os balanços das taxas de massa para cada uma dessas correntes se reduzem, respectivamente, a

$$\dot{m}_1 = \dot{m}_2, \quad \dot{m}_3 = \dot{m}_5$$

Para esse volume de controle, a formulação apropriada para o balanço de energia considerando regime permanente é dada pela Eq. 4.18, que fornece

$$0 = \underline{\dot{Q}_{vc}} - \dot{W}_{vc} + \dot{m}_1\left(h_1 + \frac{V_1^2}{2} + gz_1\right) + \dot{m}_3\left(h_3 + \frac{V_3^2}{2} + gz_3\right) - \dot{m}_2\left(h_2 + \frac{V_2^2}{2} + gz_2\right) - \dot{m}_5\left(h_5 + \frac{V_5^2}{2} + gz_5\right)$$

Os termos sublinhados se anulam pela hipótese 2. Com essas simplificações, juntamente com as relações das vazões mássicas citadas, o balanço da taxa de energia torna-se

$$\dot{W}_{vc} = \dot{m}_1(h_1 - h_2) + \dot{m}_3(h_3 - h_5)$$

O fluxo de massa $\dot{m}_1$ pode ser avaliado com os dados fornecidos na entrada 1 e a equação de estado de gás ideal

$$\dot{m}_1 = \frac{(AV)_1}{v_1} = \frac{(AV)_1 p_1}{(\overline{R}/M)T_1} = \frac{(2 \times 10^5 \text{ ft}^3/\text{min})(14,7 \text{ lbf/in}^2)}{\left(\dfrac{1545 \text{ ft} \cdot \text{lbf}}{28,97 \text{ lb} \cdot °R}\right)(860°R)} \left|\frac{144 \text{ in}^2}{1 \text{ ft}^2}\right|$$

$$= 9230,6 \text{ lb/min}$$

As entalpias específicas h_1 e h_2 podem ser determinadas da Tabela A-22E: para 860°R, $h_1 = 206,46$ Btu/lb e para 720°R, $h_2 = 172,39$ Btu/lb. No estado 3 tem-se água líquida. Usando a Eq. 3.14 e os dados de líquido saturado da Tabela A-2E, $h_3 \approx h_f(T_3) = 70$ Btu/lb. O estado 5 é uma mistura bifásica líquido-vapor. Com os dados da Tabela A-3E e o título fornecido

$$h_5 = h_{f5} + x_5(h_{g5} - h_{f5})$$
$$= 69,74 + 0,93(1036,0) = 1033,2 \text{ Btu/lb}$$

Substituindo os valores na expressão para $\dot{W}_{vc}$

$$\dot{W}_{vc} = \left(9230,6 \frac{\text{lb}}{\text{min}}\right)(206,46 - 172,39)\frac{\text{Btu}}{\text{lb}}$$
$$+ \left(275 \frac{\text{lb}}{\text{min}}\right)(70 - 1033,2)\frac{\text{Btu}}{\text{lb}}$$
$$= 49610 \frac{\text{Btu}}{\text{min}}$$

(b) Para a determinação de T_4, é necessário fixar um estado em 4. Isto requer o valor de duas propriedades independentes. Com a hipótese 3, uma dessas propriedades é a pressão, $p_4 = 40$ lbf/in². A outra é a entalpia específica h_4, que pode ser determinada a partir de um balanço de energia para um volume de controle que engloba apenas o gerador de vapor. Os balanços de massa para cada uma das correntes fornecem $\dot{m}_1 = \dot{m}_2$ e $\dot{m}_3 = \dot{m}_4$. Com a hipótese 2 e essas relações para as vazões mássicas, a formulação em regime permanente para o balanço de energia reduz-se a

$$0 = \dot{m}_1(h_1 - h_2) + \dot{m}_3(h_3 - h_4)$$

Resolvendo para h_4

❶
$$h_4 = h_3 + \frac{\dot{m}_1}{\dot{m}_3}(h_1 - h_2)$$
$$= 70 \frac{\text{Btu}}{\text{lb}} + \left(\frac{9230,6 \text{ lb/min}}{275 \text{ lb/min}}\right)(206,46 - 172,39)\frac{\text{Btu}}{\text{lb}}$$
$$= 1213,6 \frac{\text{Btu}}{\text{lb}}$$

Interpolando na Tabela A-4E para $p_4 = 40$ lbf/in² com o valor de h_4, tem-se $T_4 = 354°F$.
(c) Usando o resultado da parte (a), juntamente com os dados de economia fornecidos e com os fatores de conversão apropriados, o ganho para 8000 horas de operação anual é

❷
$$\text{valor anual} = \left(49610 \frac{\text{Btu}}{\text{min}} \left| \frac{60 \text{ min}}{1 \text{ h}} \right| \left| \frac{1 \text{ kW}}{3413 \text{ Btu/h}} \right| \right)\left(8000 \frac{\text{h}}{\text{ano}}\right)\left(0,115 \frac{\$}{\text{kW} \cdot \text{h}}\right)$$
$$= 802.000 \frac{\$}{\text{ano}}$$

✓ **Habilidades Desenvolvidas**

Habilidades para...
- ☐ aplicar os balanços das taxas de massa e energia para regime permanente a um volume de controle.
- ☐ aplicar a expressão da vazão mássica, Eq. 4.4b.
- ☐ desenvolver um modelo de engenharia.
- ☐ obter dados de propriedades da água e do ar modelado como um gás ideal.
- ☐ conduzir uma análise econômica elementar.

❶ Alternativamente, a determinação de h_4 também pode ser realizada por um volume de controle englobando apenas a turbina.

❷ A decisão sobre a implementação dessa solução para o problema de se utilizar os gases quentes de combustão oriundos de um processo industrial deve necessariamente levar em conta uma avaliação econômica mais detalhada, incluindo os custos de aquisição e de operação do gerador de vapor, da turbina e dos equipamentos auxiliares.

Teste-Relâmpago Admitindo que o volume de controle envolve apenas a turbina, determine a temperatura de entrada da turbina em °F. **Resposta:** 354°F.

4.12 Análise Transiente

Muitos dispositivos passam por períodos de operação transiente, nos quais o estado varia com o tempo. Nos exemplos estão incluídos o acionamento ou desligamento de turbinas, compressores e motores. Conforme considerado no Exemplo 4.2 e na discussão da Fig. 1.5, reservatórios em enchimento ou em descarga constituem-se em exemplos adicionais.

transiente

Tipos_de_
Sistemas
A.1 – Aba d

A hipótese de regime permanente não se aplica à análise desses casos, já que os valores das propriedades, as taxas de transferência de calor e de trabalho e vazões mássicas podem variar com o tempo durante as operações transientes. Um cuidado adicional deve ser tomado ao se aplicarem os balanços de massa e de energia, conforme discutido a seguir.

4.12.1 Balanço de Massa na Análise Transiente

Primeiramente, escreveremos o balanço de massa para um volume de controle em uma forma adequada para uma análise transiente. Começamos com a integração do balanço da taxa de massa, Eq. 4.2, de um tempo 0 até um tempo final t. Ou seja

$$\int_0^t \left(\frac{dm_{vc}}{dt}\right) dt = \int_0^t \left(\sum_i \dot{m}_i\right) dt - \int_0^t \left(\sum_e \dot{m}_e\right) dt$$

A equação anterior toma a forma

$$m_{vc}(t) - m_{vc}(0) = \sum_i \left(\underline{\int_0^t \dot{m}_i\, dt}\right) - \sum_e \left(\underline{\int_0^t \dot{m}_e\, dt}\right)$$

Introduzindo os seguintes símbolos para os termos sublinhados

$$m_e = \int_0^t \dot{m}_e\, dt \quad \begin{cases} \text{quantidade de massa} \\ \text{entrando no volume de} \\ \text{controle através da entrada } e, \\ \text{do tempo 0 até } t \end{cases}$$

$$m_s = \int_0^t \dot{m}_s\, dt \quad \begin{cases} \text{quantidade de massa saindo} \\ \text{do volume de controle} \\ \text{através da entrada } s, \\ \text{do tempo 0 até } t \end{cases}$$

o balanço de massa torna-se

$$m_{vc}(t) - m_{vc}(0) = \sum_e m_e - \sum_s m_s \tag{4.23}$$

A Eq. 4.23 enuncia que a variação na quantidade de massa contida no volume de controle é igual à diferença entre as quantidades totais de massa que entram e saem.

4.12.2 Balanço de Energia na Análise Transiente

Em seguida integraremos o balanço de energia, Eq. 4.15, desprezando os efeitos das energias cinética e potencial. O resultado é

$$U_{vc}(t) - U_{vc}(0) = Q_{vc} - W_{vc} + \sum_e \left(\underline{\int_0^t \dot{m}_e h_e\, dt}\right) - \sum_s \left(\underline{\int_0^t \dot{m}_s h_s\, dt}\right) \tag{4.24}$$

em que Q_{vc} leva em conta a quantidade líquida de energia transferida por calor no volume de controle e W_{vc} leva em conta a quantidade líquida transferida por trabalho, executando-se o trabalho de escoamento. As integrais sublinhadas da Eq. 4.24 levam em conta a energia transportada nas entradas e nas saídas.

Para o *caso especial* em que os estados nas entradas e nas saídas são *constantes com o tempo*, as entalpias específicas h_e e h_s seriam constantes e os termos sublinhados da Eq. 4.24 se tornariam

$$\int_0^t \dot{m}_e h_e\, dt = h_e \int_0^t \dot{m}_e\, dt = h_e m_e$$

$$\int_0^t \dot{m}_s h_s\, dt = h_s \int_0^t \dot{m}_s\, dt = h_s m_s$$

Então, a Eq. 4.24 toma a seguinte forma *especial*

$$U_{vc}(t) - U_{vc}(0) = Q_{vc} - W_{vc} + \sum_e m_e h_e - \sum_s m_s h_s \tag{4.25}$$

em que m_e e m_s representam, respectivamente, a *quantidade* de massa que entra no volume de controle através da entrada e e através da saída s, ambas do tempo 0 até t.

Quer em sua forma geral, Eq. 4.24, quer na sua formulação específica, Eq. 4.25, essas equações levam em conta a variação na quantidade de energia contida no interior do volume de controle como a diferença entre as quantidades totais de entrada e de saída de energia.

Outra *formulação especial* surge quando as propriedades intensivas no interior do volume de controle são *uniformes com relação à posição* em um determinado tempo t. Consequentemente, o volume específico e a energia interna específica são uniformes no todo e podem apenas depender do tempo, ou seja, $v(t)$ e $u(t)$, respectivamente. Assim,

$$m_{vc}(t) = V_{vc}(t)/v(t) \qquad (4.26)$$
$$U_{vc}(t) = m_{vc}(t)u(t) \qquad (4.27)$$

Se o volume de controle for composto por várias fases em um tempo t, supõe-se que o estado de cada fase seja uniforme em todo o volume de controle.

As Eqs. 4.23 e 4.25-4.27 são aplicáveis a uma vasta gama de casos transientes nos quais os estados de entrada e saída são constantes com o tempo *e* as propriedades intensivas no interior do volume de controle são uniformes com as posições inicial e final.

▶ **POR EXEMPLO** nos casos que envolvem o enchimento de recipientes com uma única entrada e uma única saída, as Eqs. 4.23, 4.25 e 4.27 combinadas fornecem

$$m_{vc}(t)u(t) - m_{vc}(0)u(0) = Q_{vc} - W_{vc} + h_i(m_{vc}(t) - m_{vc}(0)) \qquad (4.28)$$

Os detalhes são deixados como exercício. Veja os Exemplos 4.12 e 4.13 para este tipo de aplicação transiente. ◀ ◀ ◀ ◀

4.12.3 Aplicações da Análise Transiente

Os seguintes exemplos apresentam a análise transiente de volumes de controle usando os princípios de conservação de massa e de energia. Para cada caso considerado, para enfatizar os fundamentos, começamos com as formulações gerais dos balanços de massa e de energia que são reduzidas, quando necessário, para formas adequadas para o caso em estudo através de idealizações discutidas nesta seção.

O primeiro exemplo considera um reservatório que se esvazia parcialmente à medida que a massa escoa através de uma válvula.

▶▶ **EXEMPLO 4.11** ▶

Avaliando a Transferência de Calor de um Tanque Parcialmente Vazio

Um tanque, com 0,85 m³ de volume, inicialmente contém água em uma mistura bifásica líquido-vapor a 260°C e com um título de 0,7. O vapor d'água saturado a 260°C é lentamente retirado através de uma válvula reguladora de pressão no topo do tanque à medida que a energia é transferida por meio de calor para manter a pressão constante no tanque. Esse processo continua até que o tanque esteja cheio de vapor saturado a 260°C. Determine a quantidade de calor transferida em kJ. Despreze todos os efeitos das energias cinética e potencial.

SOLUÇÃO

Dado: um tanque inicialmente com uma mistura bifásica líquido-vapor é aquecido enquanto o vapor d'água saturado é lentamente removido. Esse processo se dá a pressão constante até que o tanque esteja cheio somente de vapor saturado.

Pede-se: a quantidade de calor transferido.

Diagrama Esquemático e Dados Fornecidos:

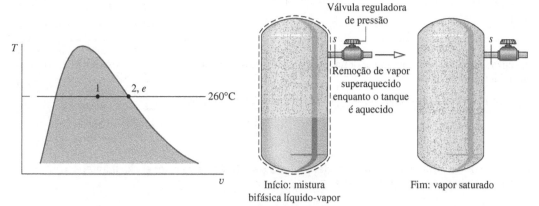

Fig. E4.11

Modelo de Engenharia:
1. O volume de controle é definido pela linha pontilhada no diagrama.
2. Para o volume de controle, $\dot{W}_{vc} = 0$, e os efeitos das energias cinética e potencial podem ser abandonados.
3. O estado permanece constante na saída.
4. ❶ Os estados inicial e final da massa no interior do reservatório são estados de equilíbrio.

Análise: como existe apenas uma saída e nenhuma entrada, o balanço da taxa de massa (Eq. 4.2) toma a seguinte forma:

$$\frac{dm_{vc}}{dt} = -\dot{m}_s$$

Pela hipótese 2, o balanço da taxa de energia (Eq. 4.15) reduz-se a

$$\frac{dU_{vc}}{dt} = \dot{Q}_{vc} - \dot{m}_s h_s$$

Combinando os balanços de massa e de energia, tem-se

$$\frac{dU_{vc}}{dt} = \dot{Q}_{vc} + h_s \frac{dm_{vc}}{dt}$$

Pela hipótese 3, a entalpia específica na saída é constante. Assim sendo, a integração da última equação fornece

$$\Delta U_{vc} = Q_{vc} + h_s \Delta m_{vc}$$

Resolvendo para o calor transferido $\dot{Q}_{vc}$

$$Q_{vc} = \Delta U_{vc} - h_s \Delta m_{vc}$$

ou

❷
$$Q_{vc} = (m_2 u_2 - m_1 u_1) - h_s(m_2 - m_1)$$

em que m_1 e m_2 denotam, respectivamente, as quantidades inicial e final de massa no tanque.

Os termos u_1 e m_1 da equação anterior podem ser avaliados como valores de propriedades para 260°C e com o valor do título fornecido pela Tabela A-2. Assim,

$$u_1 = u_f + x_1(u_g - u_f)$$
$$= 1128,4 + (0,7)(2599,0 - 1128,4) = 2157,8 \text{ kJ/kg}$$

Além disso,

$$v_1 = v_f + x_1(v_g - v_f)$$
$$= 1,2755 \times 10^{-3} + (0,7)(0,04221 - 1,2755 \times 10^{-3}) = 29,93 \times 10^{-3} \text{ m}^3/\text{kg}$$

Usando o volume específico v_1, a massa inicialmente contida no tanque é

$$m_1 = \frac{V}{v_1} = \frac{0,85 \text{ m}^3}{(29,93 \times 10^{-3} \text{ m}^3/\text{kg})} = 28,4 \text{ kg}$$

O estado final da massa no tanque é vapor saturado a 260°C, assim a Tabela A-2 fornece

$$u_2 = u_g(260°C) = 2599,0 \text{ kJ/kg}, \quad v_2 = v_g(260°C) = 42,21 \times 10^{-3} \text{ m}^3/\text{kg}$$

A massa contida no interior do tanque ao final do processo é

$$m_2 = \frac{V}{v_2} = \frac{0,85 \text{ m}^3}{(42,21 \times 10^{-3} \text{ m}^3/\text{kg})} = 20,14 \text{ kg}$$

A Tabela A-2 também fornece $h_s = h_g(260°C) = 2796,6$ kJ/kg.
Substituindo os valores na expressão para o calor transferido, tem-se

$$Q_{vc} = (20,14)(2599,0) - (28,4)(2157,8) - 2796,6(20,14 - 28,4)$$
$$= 14.162 \text{ kJ}$$

✓ **Habilidades Desenvolvidas**

Habilidades para...
- aplicar os balanços das taxas de massa e energia para regime transiente a um volume de controle.
- desenvolver um modelo de engenharia.
- obter dados de propriedades da água.

❶ Neste caso são feitas idealizações sobre o estado do vapor na saída e sobre os estados inicial e final da massa contida no interior do tanque.

❷ Essa expressão para Q_{vc} poderia ser obtida aplicando-se as Eqs. 4.23, 4.25 e 4.27. Os detalhes são deixados como exercício.

Teste-Relâmpago Admitindo que o título inicial é de 90%, determine a transferência de calor em kJ, mantendo todos os outros dados inalterados. **Resposta:** 3707 kJ.

Análise do Volume de Controle Utilizando Energia 167

Nos próximos dois exemplos serão considerados casos em que os tanques se encontram em enchimento. No Exemplo 4.12, um tanque inicialmente evacuado é alimentado com vapor d'água à medida que se desenvolve potência. No Exemplo 4.13, um compressor é utilizado para armazenar ar em um tanque.

EXEMPLO 4.12

Usando Vapor para a Geração Emergencial de Potência

Um grande reservatório contém vapor d'água a uma pressão de 15 bar e temperatura de 320°C. Uma turbina encontra-se conectada a esse reservatório através de uma válvula e, em sequência, encontra-se um tanque inicialmente evacuado com um volume de 0,6 m³. Quando uma potência de emergência é necessária a válvula se abre e o vapor d'água preenche o tanque até que a pressão seja de 15 bar. A temperatura no tanque é então de 400°C. O processo de enchimento se dá de uma forma adiabática, e os efeitos das energias cinética e potencial são desprezíveis. Determine a quantidade de trabalho desenvolvida pela turbina, em kJ.

SOLUÇÃO

Dado: o vapor d'água contido em um grande reservatório em um estado conhecido escoa para um pequeno tanque de volume conhecido através de uma turbina, até que uma condição final especificada seja atingida no tanque.

Pede-se: determine o trabalho desenvolvido pela turbina.

Diagrama Esquemático e Dados Fornecidos:

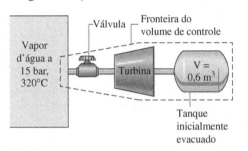

Fig. E4.12

Modelo de Engenharia:

1. O volume de controle é definido pela linha tracejada no diagrama.
2. Para o volume de controle, $\dot{Q}_{vc} = 0$, e os efeitos das energias cinética e potencial são desprezíveis.
3. O estado do vapor no interior do reservatório grande permanece constante. O estado final do vapor no tanque menor é um estado de equilíbrio.
4. A quantidade de massa armazenada no interior da turbina e na tubulação ao final do processo de enchimento é desprezível.

Análise: como o volume de controle tem uma única entrada e nenhuma saída, o balanço da taxa de massa (Eq. 4.2) simplifica-se para

$$\frac{dm_{vc}}{dt} = \dot{m}_e$$

Pela hipótese 2, o balanço da taxa de energia, dado pela Eq. 4.15, se reduz a

$$\frac{dU_{vc}}{dt} = -\dot{W}_{vc} + \dot{m}_e h_e$$

Combinando os balanços de massa e de energia, encontra-se

$$\frac{dU_{vc}}{dt} = -\dot{W}_{vc} + h_e \frac{dm_{vc}}{dt}$$

Integrando

$$\Delta U_{vc} = -W_{vc} + h_e \Delta m_{vc}$$

De acordo com a hipótese 3, a entalpia específica do vapor que entra no volume de controle é constante para o valor correspondente ao estado no reservatório maior.

Resolvendo para W_{vc}

$$W_{vc} = h_e \Delta m_{vc} - \Delta U_{vc}$$

ΔU_{vc} e Δm_{vc} significam, respectivamente, as variações na energia interna e na massa do volume de controle. Com a hipótese 4, esses termos podem ser identificados apenas no tanque menor.

Como o tanque se encontra inicialmente evacuado, os termos ΔU_{vc} e Δm_{vc} simplificam-se para a energia interna e a massa no interior do tanque ao final do processo. Isto é

$$\Delta U_{vc} = (m_2 u_2) - \cancel{(m_1 u_1)}^0, \qquad \Delta m_{vc} = m_2 - \cancel{m_1}^0$$

em que 1 e 2 denotam, respectivamente, os estados inicial e final no interior do tanque.

Juntando os resultados, tem-se

$$W_{vc} = m_2(h_e - u_2) \qquad (a)$$

A massa no interior do tanque, ao final do processo, pode ser avaliada pela Tabela A-4 em razão do volume fornecido e do volume específico do vapor para 15 bar e 400°C

$$m_2 = \frac{V}{v_2} = \frac{0,6 \text{ m}^3}{(0,203 \text{ m}^3/\text{kg})} = 2,96 \text{ kg}$$

Da Tabela A-4, a energia interna específica do vapor para 15 bar e 400°C vale 2951,3 kJ/kg. Além disso, para 15 bar e 320°C, $h_1 = 3081,9$ kJ/kg.

Substituindo os valores na Eq. (a)

$$W_{vc} = 2,96 \text{ kg } (3081,9 - 2951,3) \text{kJ/kg} = 386,6 \text{ kJ}$$

> **Habilidades Desenvolvidas**
>
> *Habilidades para...*
> - aplicar os balanços das taxas de massa e energia para regime transiente a um volume de controle.
> - desenvolver um modelo de engenharia.
> - obter dados de propriedades da água.

❶ Neste caso são feitas idealizações sobre o estado do vapor na saída e sobre os estados inicial e final da massa contida no interior do tanque. Essas idealizações tornam a análise transiente manejável.

❷ Um aspecto significativo deste exemplo é a transferência de energia no volume de controle pelo trabalho de escoamento incorporado no termo pv da entalpia específica na entrada.

❸ Esse resultado também pode ser obtido simplificando-se a Eq. 4.28. Os detalhes são deixados como exercício.

> **Teste-Relâmpago** Se a turbina fosse removida e o vapor pudesse escoar adiabaticamente no tanque menor até que a pressão no tanque fosse de 15 bar, determine a temperatura final do vapor no tanque, em °C. **Resposta:** 477°C.

▶▶▶ EXEMPLO 4.13 ▶

Armazenando Ar Comprimido em um Tanque

Um compressor de ar preenche rapidamente, com ar extraído da atmosfera a 70°F (21,1°C) e 1 atm, um tanque de 10 ft³ (0,28 m³) que inicialmente contém ar a 70°F e 1 atm. Durante o processo de enchimento a relação entre a pressão e o volume específico do ar no tanque é $pv^{1,4} = constante$. O modelo de gás ideal se aplica para o ar, e os efeitos das energias cinética e potencial são desprezíveis. Esboce em um gráfico a pressão em atm e a temperatura em °F do ar no interior do tanque, ambos *versus* a razão m/m_1, em que m_1 é a massa inicial do tanque e m é a massa no tanque no instante $t > 0$. Esboce, também, a potência de acionamento do compressor em Btu *versus* m/m_1. Considere que a razão m/m_1 varia entre 1 e 3.

SOLUÇÃO

Dado: um compressor de ar enche rapidamente um tanque de volume conhecido. O estado inicial do ar no tanque e o estado de admissão do ar são conhecidos.

Pede-se: esboce os gráficos da pressão e da temperatura do ar no interior do tanque e o gráfico da potência de acionamento do compressor. Todos *versus* m/m_1, considerando uma variação de 1 a 3.

Diagrama Esquemático e Dados Fornecidos:

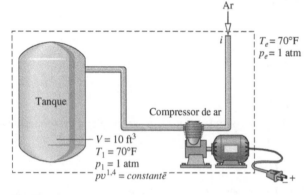

Fig. E4.13a

Modelo de Engenharia:

1. O volume de controle é definido pela linha tracejada no diagrama.
2. $\dot{Q}_{vc}$ pode ser abandonado devido à rapidez do processo de enchimento do tanque.
3. Os efeitos das energias cinética e potencial são desprezíveis.
4. O estado do ar que entra no volume de controle permanece constante.
5. O ar armazenado no interior do compressor e nas linhas de conexão pode ser ignorado.
❶ 6. A relação entre a pressão e o volume específico para o ar no tanque é $pv^{1,4} = constante$.
7. O modelo de gás ideal se aplica para o ar.

Análise: os gráficos desejados podem ser obtidos usando-se o *Interactive Thermodynamics: IT*, ou um programa similar. O programa *IT* se baseia na análise que se segue. A pressão p no tanque para um tempo $t > 0$ é determinada por

$$pv^{1,4} = p_1 v_1^{1,4}$$

em que o volume específico correspondente v é obtido usando-se o volume V do tanque juntamente com a massa m no tanque nesse tempo. Isto é, $v = V/m$. O volume específico do ar no tanque na condição inicial, v_1, é calculado pela equação de estado de gás ideal, com a temperatura inicial T_1 conhecida e com a pressão p_1. Ou seja,

$$v_1 = \frac{RT_1}{p_1} = \frac{\left(\dfrac{1545 \text{ ft} \cdot \text{lbf}}{28,97 \text{ lb} \cdot °R}\right)(530°R)}{(14,7 \text{ lbf/in}^2)} \left|\frac{1 \text{ ft}^2}{144 \text{ in}^2}\right| = 13,35 \frac{\text{ft}^3}{\text{lb}}$$

Uma vez determinada a pressão p, a temperatura T correspondente pode ser obtida pela equação de estado de gás ideal, $T = pv/R$.

Para a determinação do trabalho, parta da Eq. 4.2 do balanço da taxa de massa, que para um volume de controle de uma única entrada se reduz a

$$\frac{dm_{vc}}{dt} = \dot{m}_e$$

Então, de acordo com as hipóteses 2 e 3, a Eq. 4.15 do balanço da taxa de energia simplifica-se para

$$\frac{dU_{vc}}{dt} = -\dot{W}_{vc} + \dot{m}_i h_i$$

Combinando os balanços de massa e de energia e integrando utilizando a hipótese 4, tem-se

$$\Delta U_{vc} = -W_{vc} + h_i \Delta m_{vc}$$

Designando o trabalho *fornecido* ao compressor por $W_{entra} = -W_{vc}$ e usando a hipótese 5, tem-se

❷
$$W_{entra} = mu - m_1 u_1 - (m - m_1) h_i \qquad (a)$$

em que m_1 é a massa inicial de ar no tanque, que é determinada por

$$m_1 = \frac{V}{v_1} = \frac{10 \text{ ft}^3}{13,35 \text{ ft}^3/\text{lb}} = 0,75 \text{ lb}$$

De modo a validar o programa *IT* através de um *caso-exemplo* a seguir, considere o caso de $m = 1,5$ lb, que corresponde a $m/m_1 = 2$. O volume específico do ar no tanque nesse instante é

$$v = \frac{V}{m} = \frac{10 \text{ ft}^3}{1,5 \text{ lb}} = 6,67 \frac{\text{ft}^3}{\text{lb}}$$

A pressão correspondente do ar é

$$p = p_1 \left(\frac{v_1}{v}\right)^{1,4} = (1 \text{ atm})\left(\frac{13,35 \text{ ft}^3/\text{lb}}{6,67 \text{ ft}^3/\text{lb}}\right)^{1,4}$$
$$= 2,64 \text{ atm}$$

e a temperatura correspondente do ar vale

$$T = \frac{pv}{R} = \left(\frac{(2,64 \text{ atm})(6,67 \text{ ft}^3/\text{lb})}{\left(\frac{1545 \text{ ft} \cdot \text{lbf}}{28,97 \text{ lb} \cdot \text{°R}}\right)}\right) \left|\frac{14,7 \text{ lbf/in}^2}{1 \text{ atm}}\right| \left|\frac{144 \text{ in}^2}{1 \text{ ft}^2}\right|$$
$$= 699\text{°R } (239\text{°F})$$

Avaliando u_1, u e h_e nas temperaturas apropriadas através da Tabela A-22E, $u_1 = 90,3$ Btu/lb, $u = 119,4$ Btu/lb e $h_e = 126,7$ Btu/lb. Usando a Eq. (a), o trabalho de acionamento requerido é

$$W_{entra} = mu - m_1 u_1 - (m - m_1) h_e$$
$$= (1,5 \text{ lb})\left(119,4 \frac{\text{Btu}}{\text{lb}}\right) - (0,75 \text{ lb})\left(90,3 \frac{\text{Btu}}{\text{lb}}\right) - (0,75 \text{ lb})\left(126,7 \frac{\text{Btu}}{\text{lb}}\right)$$
$$= 16,4 \text{ Btu}$$

Programa IT: Escolhendo "English Units" do menu **Units** e selecionando "Air" do menu **Properties**, o programa *IT* para resolver esse problema é

```
//Given Data
p1 = 1//atm
T1 = 70//°F
Ti = 70//°F
V = 10//ft³
n = 1.4

// Determine the pressure and temperature for t > 0
v1 = v_TP("Air", T1, p1)
v = V/m
p * v ^n = p1 * v1 ^n
v = v_TP("Air", T, p)

// Specify the mass and mass ratio r
v1 = V/m1
r = m/m1
r = 2
```

```
// Calculate the work using Eq. (a)
Win = m * u – m1 * u1 – hi * (m – m1)
u1 = u_T("Air", T1)
u = u_T("Air", T)
hi = h_T("Air", Ti)
```

Usando o botão **Solve**, obtenha uma solução para o caso-exemplo $r = m/m_1 = 2$ que foi considerado para validar o programa. Como pode ser verificado, uma boa concordância é obtida. Uma vez que o programa seja validado, use o botão **Explore** para variar a razão m/m_1 de 1 a 3 em passos de 0,01. Então, use o botão **Graph** para construir os gráficos desejados. Os resultados são:

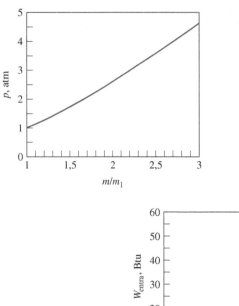

Fig. E4.13b

Dos primeiros dois gráficos conclui-se que a pressão e a temperatura aumentam à medida que o tanque enche. O trabalho necessário para encher o tanque também aumenta. Os resultados se apresentam conforme o esperado.

---

❶ A relação pressão-volume específico encontra-se de acordo com o que seria medido. A relação também é consistente com a idealização de estado uniforme, incorporada nas Eqs. 4.26 e 4.27.

❷ Essa expressão também pode ser obtida simplificando-se a Eq. 4.28. Os detalhes são deixados como exercício.

> ✓ **Habilidades Desenvolvidas**
>
> *Habilidades para...*
> ☐ aplicar os balanços das taxas de massa e energia para regime transiente a um volume de controle.
> ☐ desenvolver um modelo de engenharia.
> ☐ obter dados de propriedades do ar modelado como um gás ideal.
> ☐ resolver um problema de maneira iterativa e representar graficamente o resultado através de um programa computacional.

Teste-Relâmpago Como um *exercício* de cálculo, considere o caso $m = 2{,}25$ lb (1,0 kg) e avalie p em atm. Compare com o valor lido do gráfico da Fig. E4.13b. **Resposta:** 4,67 atm.

O exemplo final de análise transiente é uma aplicação com um tanque *perfeitamente misturado*. Esse equipamento de processo é comumente empregado nas indústrias de processamento químico e alimentícias.

▶ ▶ ▶ **EXEMPLO 4.14** ▶

Determinando a Variação da Temperatura com o Tempo de um Tanque Perfeitamente Misturado

Um tanque, contendo 45 kg de água líquida inicialmente a 45°C, tem uma entrada e uma saída que apresentam um escoamento com a mesma vazão volumétrica. Água líquida é admitida no tanque a 45°C e a uma vazão volumétrica de 270 kg/h. Uma serpentina de resfriamento imersa na água remove energia a uma taxa de 7,6 kW. Um agitador mistura perfeitamente a água, de maneira que sua temperatura seja uniforme ao longo do tanque. A potência de acionamento do agitador é 0,6 kW. As pressões na entrada e na saída são iguais, e os efeitos das energias cinética e potencial podem ser ignorados. Esboce em um gráfico a variação da temperatura da água ao longo do tempo.

SOLUÇÃO

Dado: água líquida escoa para dentro e para fora de um tanque com vazões iguais, ao mesmo tempo em que a água no interior do tanque é resfriada por uma serpentina de resfriamento.

Pede-se: esboce a variação da temperatura da água com o tempo.

Diagrama Esquemático e Dados Fornecidos:

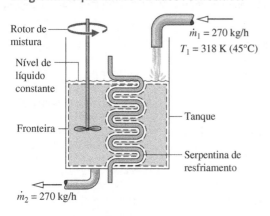
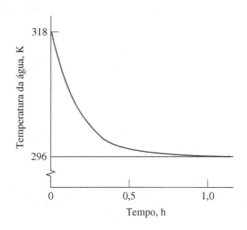

Fig. E4.14

Modelo de Engenharia:

1. O volume de controle é definido pela linha tracejada no diagrama.
2. Para o volume de controle, a única transferência de calor significativa está associada à serpentina de resfriamento. Os efeitos das energias cinética e potencial podem ser desprezados.
3. A temperatura da água é uniforme com a posição no tanque e varia apenas com o tempo: $T = T(t)$.
4. A água no tanque é incompressível e não existe variação de pressão entre a entrada e a saída.

Análise: pela hipótese 2, o balanço da taxa de energia, Eq. 4.15, reduz-se a

$$\frac{dU_{vc}}{dt} = \dot{Q}_{vc} - \dot{W}_{vc} + \dot{m}(h_1 - h_2)$$

em que $\dot{m}$ representa a vazão mássica.

A massa contida no interior do volume de controle permanece constante ao longo do tempo e, assim, o termo à esquerda do balanço de energia pode ser expresso como

$$\frac{dU_{vc}}{dt} = \frac{d(m_{vc}u)}{dt} = m_{vc}\frac{du}{dt}$$

Já que a água é considerada incompressível, a energia interna específica depende apenas da temperatura. Então, a regra da cadeia pode ser utilizada para escrever

$$\frac{du}{dt} = \frac{du}{dT}\frac{dT}{dt} = c\frac{dT}{dt}$$

em que c é o calor específico. Juntando os resultados

$$\frac{dU_{vc}}{dt} = m_{vc}c\frac{dT}{dt}$$

Pela Eq. 3.20b, o termo da entalpia do balanço de energia pode ser expresso como

$$h_1 - h_2 = c(T_1 - T_2) + v(p_1 - \cancelto{0}{p_2})$$

em que o termo de pressão se anula pela hipótese 4. Já que a água é bem misturada, a temperatura na saída é igual à temperatura da quantidade total de líquido no tanque, assim

$$h_1 - h_2 = c(T_1 - T)$$

em que T representa a temperatura uniforme da água no tempo t.

Com as considerações anteriores, o balanço da taxa de energia torna-se

$$m_{vc}c\frac{dT}{dt} = \dot{Q}_{vc} - \dot{W}_{vc} + \dot{m}c(T_1 - T)$$

Como pode ser verificado por uma substituição direta, a solução desta equação diferencial ordinária é

$$T = C_1 \exp\left(-\frac{\dot{m}}{m_{vc}}t\right) + \left(\frac{\dot{Q}_{vc} - \dot{W}_{vc}}{\dot{m}c}\right) + T_1$$

A constante C_1 é avaliada usando-se a condição inicial: para $t = 0$, $T = T_1$. Finalmente

$$T = T_1 + \left(\frac{\dot{Q}_{vc} - \dot{W}_{vc}}{\dot{m}c}\right)\left[1 - \exp\left(-\frac{\dot{m}}{m_{vc}}t\right)\right]$$

Substituindo os valores numéricos fornecidos juntamente com o calor específico c para água líquida da Tabela A-19

$$T = 318\text{ K} + \left[\frac{[-7,6 - (-0,6)]\text{ kJ/s}}{\left(\frac{270}{3600}\frac{\text{kg}}{s}\right)\left(4,2\frac{\text{kJ}}{\text{kg}\cdot\text{K}}\right)}\right]\left[1 - \exp\left(-\frac{270\text{ kg/h}}{45\text{ kg}}t\right)\right]$$

$$= 318 - 22[1 - \exp(-6t)]$$

em que t é dado em horas. Usando esta expressão pode-se construir um gráfico mostrando a variação da temperatura com o tempo.

❶ Neste caso foram feitas idealizações sobre o estado da massa contida no interior do sistema e sobre os estados do líquido na entrada e na saída. Essas idealizações tornaram a análise transiente tratável.

✓ Habilidades Desenvolvidas

Habilidades para...
- ❏ aplicar os balanços das taxas de massa e energia para regime transiente a um volume de controle.
- ❏ desenvolver um modelo de engenharia.
- ❏ aplicar o modelo de substância incompressível para a água.
- ❏ resolver uma equação diferencial ordinária e representar graficamente a solução.

Teste-Relâmpago Qual a temperatura da água, em °C, quando o *regime permanente* é atingido?
Resposta: 23°C.

▶ RESUMO DO CAPÍTULO E GUIA DE ESTUDOS

Os princípios de conservação de massa e de energia para volumes de controle foram incorporados aos balanços de massa e de energia desenvolvidos neste capítulo. Embora a ênfase principal esteja nos casos em que se admite o escoamento unidimensional, os balanços de massa e de energia também foram apresentados nas suas formas integrais, o que fornece uma ligação para cursos de mecânica dos fluidos e de transferência de calor. Volumes de controle em regime permanente se destacam, mas discussões sobre casos transientes também foram fornecidas.

O uso dos balanços de massa e de energia para volumes de controle em regime permanente foi ilustrado para bocais e difusores, turbinas, compressores e bombas, trocadores de calor, dispositivos de estrangulamento e sistemas integrados. Um aspecto essencial de todas essas aplicações é a cuidadosa e explícita listagem de hipóteses apropriadas. Essas habilidades de determinação de modelos foram enfatizadas no capítulo.

Os itens a seguir fornecem um guia de estudo para este capítulo. Ao término do estudo do texto e dos exercícios dispostos no final do capítulo, você estará apto a

▶ descrever o significado dos termos dispostos em negrito ao longo do capítulo e entender cada um dos conceitos relacionados. O conjunto de conceitos fundamentais listados mais adiante é particularmente importante para os capítulos subsequentes.

▶ listar as hipóteses típicas para a modelagem de bocais e difusores, turbinas, compressores e bombas, trocadores de calor e dispositivos de estrangulamento.

▶ aplicar as Eqs. 4.6 a 4.18 e 4.20 para volumes de controle em regime permanente usando as hipóteses adequadas e dados de propriedades para o caso em estudo.

▶ aplicar os balanços de massa e de energia para a análise transiente de volumes de controle usando as hipóteses adequadas e dados de propriedades para o caso em estudo.

▶ CONCEITOS FUNDAMENTAIS NA ENGENHARIA

análise transiente
balanço da taxa de energia
balanço da taxa de massa
bocal
bomba
compressor

conservação de massa
difusor
escoamento unidimensional
integração de sistemas
processo de estrangulamento
regime permanente

trabalho de escoamento
trocador de calor
turbina
vazão volumétrica
vazões mássicas

EQUAÇÕES PRINCIPAIS

Equação	Nº	Descrição
$\dot{m} = \dfrac{AV}{v}$	(4.4b)	Vazão mássica para escoamento unidimensional (Veja Fig. 4.3).
$\dfrac{dm_{vc}}{dt} = \sum_e \dot{m}_e - \sum_s \dot{m}_s$	(4.2)	Balanço da taxa de massa.
$\sum_e \dot{m}_e = \sum_s \dot{m}_s$ (taxa de entrada de massa) (taxa de saída de massa)	(4.6)	Balanço da taxa de massa em regime permanente.
$\dfrac{dE_{vc}}{dt} = \dot{Q}_{vc} - \dot{W}_{vc} + \sum_e \dot{m}_e \left(h_e + \dfrac{V_e^2}{2} + gz_e \right) - \sum_s \dot{m}_s \left(h_s + \dfrac{V_s^2}{2} + gz_s \right)$	(4.15)	Balanço da taxa de energia.
$0 = \dot{Q}_{vc} - \dot{W}_{vc} + \sum_e \dot{m}_e \left(h_e + \dfrac{V_e^2}{2} + gz_e \right) - \sum_s \dot{m}_s \left(h_s + \dfrac{V_s^2}{2} + gz_s \right)$	(4.18)	Balanço da taxa de energia em regime permanente.
$0 = \dot{Q}_{vc} - \dot{W}_{vc} + \dot{m}\left[(h_1 - h_2) + \dfrac{(V_1^2 - V_2^2)}{2} + g(z_1 - z_2) \right]$	(4.20a)	Balanço da taxa de energia para volumes de controle com uma entrada e uma saída em regime permanente.
$0 = \dfrac{\dot{Q}_{vc}}{\dot{m}} - \dfrac{\dot{W}_{vc}}{\dot{m}} + (h_1 - h_2) + \dfrac{(V_1^2 - V_2^2)}{2} + g(z_1 - z_2)$	(4.20b)	
$h_2 = h_1 \quad (p_2 < p_1)$	(4.22)	Processo de estrangulamento (Veja Fig. 4.15).

EXERCÍCIOS: PONTOS DE REFLEXÃO PARA OS ENGENHEIROS

1. De que maneira o balanço da taxa de energia para um volume de controle leva em conta o trabalho quando um fluxo de massa atravessa a fronteira?
2. Quando o interruptor de uma cafeteira comum é acionado na posição *ligar*, como a água fria no reservatório é convertida em água quente e enviada pelo sistema até o topo, para passar pelo pó de café no compartimento de filtragem?
3. Quando uma fatia de pão é colocada em uma torradeira e esta é ativada, a torradeira está operando em regime permanente, transiente ou ambos?
4. Conforme uma árvore cresce, sua massa aumenta. Isso viola o princípio da conservação de massa? Explique.
5. Turbinas eólicas e hidráulicas desenvolvem potência mecânica a partir do movimento das correntes de ar e água, respectivamente. Em cada caso, que aspecto da corrente é utilizado para fornecer energia?
6. A fim de selecionar uma bomba para remover água de uma área alagada, como se deve dimensionar a bomba para garantir que seja eficiente?
7. De que maneira uma máquina coração-pulmão, também chamada de bomba de desvio cardiopulmonar, mantém a circulação sanguínea e o teor de oxigênio durante uma cirurgia?
8. Onde você encontra sistemas *microeletromecânicos* no dia a dia?
9. Onde os compressores podem ser encontrados nas residências familiares?
10. Como o operador da bomba de um carro de bombeiros controla o fluxo de água para todas as mangueiras em uso?
11. Para o escoamento de ar através de um canal convergente-divergente, esboce a variação da pressão do ar conforme ele acelera na seção convergente e desacelera na seção divergente.
12. Em quais subsistemas automotivos são utilizadas bombas?
13. Quando a válvula de expansão de um refrigerador fica coberta de gelo, o modelo de processo de *estrangulamento* ainda se aplica? Explique.
14. Em um sistema de aquecimento ou resfriamento residencial, existente no lugar onde você mora, quais os tipos de trocadores de calor e fluidos são utilizados?
15. O que são bombas analgésicas de uso intra-articular, também conhecidas como bombas de infusão para controle da dor?

VERIFICAÇÃO DE APRENDIZADO

Nos problemas de 1 a 5, correlacione as colunas.

1. _ Compressor
2. _ Difusor
3. _ Bocal
4. _ Bomba
5. _ Turbina

A. Um dispositivo no qual a potência é gerada como resultado da passagem de um gás ou líquido através de uma série de lâminas acopladas a um eixo com rotação livre.
B. Um dispositivo no qual o trabalho é realizado sobre um gás para aumentar sua pressão ou elevação.
C. Um dispositivo no qual o trabalho é realizado sobre um líquido para aumentar sua pressão ou elevação.
D. Uma passagem de fluxo com área de seção transversal variável na qual a velocidade de um gás ou líquido aumenta na direção do fluxo.
E. Uma passagem de fluxo com área de seção transversal variável na qual a velocidade de um gás ou líquido diminui na direção do fluxo.

6. Um líquido flui em regime permanente a 2 lb/s (0,91 kg/s) por uma bomba, que funciona para aumentar a elevação do líquido em 100 ft (30,48 m) em relação ao ponto de entrada até a saída. A entalpia específica do líquido no ponto de entrada é 40,09 Btu/lb (93,249 kJ/kg) e no ponto de saída é 40,94 Btu/lb (95,226 kJ/kg). A bomba drena 3 Btu/s (3165,17 J/s) de potência durante a operação e, considerando desprezíveis os efeitos de energia cinética, com a aceleração da gravidade estabelecida a 32,174 ft/s² (9,8066 m/s²), a taxa de transferência de calor associada ao processo em regime estacionário é, aproximadamente:
(a) 1,04 Btu/s (1,097 kJ/s) do líquido para as vizinhanças
(b) 2,02 Btu/s (2,131 kJ/s) do líquido para as vizinhanças
(c) 3,98 Btu/s (4,199 kJ/s) das vizinhanças para o líquido
(d) 4,96 Btu/s (5,233 kJ/s) das vizinhanças para o líquido

7. Um fluxo idealizado como um processo de estrangulamento em um dispositivo apresenta:
(a) $h_2 > h_1$ e $p_2 > p_1$
(b) $h_2 = h_1$ e $p_2 > p_1$
(c) $h_2 > h_1$ e $p_2 < p_1$
(d) $h_2 = h_1$ e $p_2 < p_1$

8. _____ é o trabalho associado à variação de pressão do fluido à medida que massa é introduzida nos pontos de entrada e removida nos pontos de saída.

9. Dispositivos que operam sob fluxo constante e resultam em uma diminuição de pressão do fluido de trabalho da entrada até a saída são:
(a) Bocal, bomba, dispositivo de estrangulamento
(b) Difusor, turbina, dispositivo de estrangulamento
(c) Bocal, turbina, dispositivo de estrangulamento
(d) Difusor, bomba, dispositivo de estrangulamento

10. Vapor d'água entra em um tubo horizontal operando em regime estacionário com uma entalpia específica de 3000 kJ/kg e uma vazão mássica de 0,5 kg/s. No ponto de saída, a entalpia específica é 1700 kJ/kg. Se não há variação significativa na energia cinética entre a entrada e a saída, a taxa de transferência de calor entre o tubo e as vizinhanças é:
(a) 650 kW do tubo para as vizinhanças
(b) 650 kW das vizinhanças para o tubo
(c) 2600 kW do tubo para as vizinhanças
(d) 2600 kW das vizinhanças para o tubo

11. Um(a) _____ é um dispositivo que impõe uma restrição linear que reduz a pressão de um gás ou um líquido.

12. A taxa de variação temporal da energia em um sistema formado por um volume de controle com uma entrada e uma no tempo t é igual a:

(a) $\dot{Q}_{cv} + \dot{W}_{cv} + \dot{m}_i\left(h_i + \dfrac{V_i^2}{2} + gz_i\right) - \dot{m}_e\left(h_e + \dfrac{V_e^2}{2} + gz_e\right)$

(b) $\dot{Q}_{cv} - \dot{W}_{cv} + \dot{m}_i\left(h_i + \dfrac{V_i^2}{2} + gz_i\right) - \dot{m}_e\left(h_e + \dfrac{V_e^2}{2} + gz_e\right)$

(c) $\dot{Q}_{cv} + \dot{W}_{cv} + \dot{m}_i\left(u_i + \dfrac{V_i^2}{2} + gz_i\right) - \dot{m}_e\left(u_e + \dfrac{V_e^2}{2} + gz_e\right)$

(d) $\dot{Q}_{cv} - \dot{W}_{cv} + \dot{m}_i\left(u_i + \dfrac{V_i^2}{2} + gz_i\right) - \dot{m}_e\left(u_e + \dfrac{V_e^2}{2} + gz_e\right)$

13. A taxa de variação temporal do fluxo de massa por unidade de área é chamada:
(a) Vazão mássica
(b) Vazão volumétrica
(c) Velocidade
(d) Fluxo de massa

14. _____ significa que todas as propriedades permanecem constantes com o tempo.

15. O vapor d'água entra em uma turbina operando em regime permanente com uma entalpia específica de 1407,6 Btu/lb (3274,08 kJ/kg) e expande até a saída da turbina com uma entalpia específica de 1236,4 Btu/lb (2875,87 kJ/kg). A vazão mássica é 5 lb/s (2,27 kg/s). Durante esse processo, ocorre transferência de calor para as vizinhanças em uma taxa de 40 Btu/s (42,2 kJ/s). Desprezando efeitos de energia cinética e potencial, a potência desenvolvida pela turbina é:
(a) 896 Btu/s (945,33 kJ/s)
(b) 816 Btu/s (860,93 kJ/s)
(c) 656 Btu/s (692,12 kJ/s)
(d) 74,2 Btu/s (78,28 kJ/s)

16. Ar entra em um compressor operando em regime permanente a 1 atm com uma entalpia específica de 290 kJ/kg e sai com pressão mais alta e entalpia específica de 1023 kJ/kg. A vazão mássica é 0,1 kg/s. Efeitos de energia cinética e potencial podem ser desprezados e o ar pode ser modelado como um gás ideal. Se a potência de entrada no compressor é 77 kW, a taxa de transferência de calor entre o ar e as vizinhanças é:
(a) 150,3 kW das vizinhanças para o ar
(b) 150,3 kW do ar para as vizinhanças
(c) 3,7 kW das vizinhanças para o ar
(d) 3,7 kW do ar para as vizinhanças

17. _____ operação envolve variações de estado com o tempo.

18. Vapor d'água entra em um bocal isolado operando em regime permanente com uma velocidade de 100 m/s e uma entalpia específica de 3445,3 kJ/kg, saindo com uma entalpia específica de 3051,1 kJ/kg. A velocidade do vapor na saída é de:
(a) 104 m/s
(b) 636 m/s
(c) 888 m/s
(d) 894 m/s

19. Um difusor horizontal opera com uma velocidade de entrada de 250 m/s, entalpia específica de entrada de 270,11 kJ/kg e entalpia específica de saída de 297,31 kJ/kg. Considerando uma transferência de calor desprezível com as vizinhanças, a velocidade de saída é de:
(a) 223 m/s
(b) 196 m/s
(c) 90 m/s
(d) 70 m/s

20. A vazão mássica modelada como um sistema unidimensional depende de um conjunto de parâmetros, exceto:
(a) Densidade do fluido
(b) Área da secção transversal através da qual se desloca o fluxo de massa
(c) Velocidade do fluido
(d) Volume total do fluido

21. À medida que a velocidade aumenta em um bocal, a pressão _____.

22. Explique a razão da velocidade *normal* (V_n) ao fluxo ser incluída nas Eqs. 4.3 e 4.8.

23. A vazão mássica de vapor d'água com uma pressão de 800 lbf/in² (5515,81 kPa), temperatura de 900°F (482,22°C) e 30 ft/s (9,144 m/s) de velocidade fluindo por um tubo de 6 in (5,08 cm) de diâmetro é:
(a) 5,68 lb/s (2,576 kg/s).
(b) 5,89 lb/s (2,672 kg/s).
(c) 6,11 lb/s (2,771 kg/s).
(d) 7,63 lb/s (3,461 kg/s).

24. Os mecanismos de transferência de energia em um volume de controle são _____, _____ e _____.

Indique se as afirmações seguintes são verdadeiras ou falsas. Explique.

25. Para um fluxo unidimensional, a vazão mássica é o produto da densidade, área e velocidade.

26. Em regime permanente, o princípio de conservação de massa garante que a taxa total de energia transferida para um volume de controle seja igual à taxa de energia transferida para fora do sistema.

27. Em regime permanente, o princípio de conservação de energia garante que a taxa total de energia transferida para um volume de controle seja igual à taxa de energia transferida para fora do sistema.

28. Geração de potência hidrelétrica é uma forma não renovável de conversão de energia.

29. À medida que a velocidade diminui em um difusor, a pressão também diminui.

30. Dentre os tipos de compressor, alguns deles são: o recíproco, de fluxo axial, centrífugo e Roots.

31. Dentre os tipos de trocadores de calor, alguns deles são: o de contato direto, de contrafluxo, de fluxo paralelo e de fluxo cruzado.

32. Uma câmara de mistura é um trocador de calor de contato direto.

33. Um aumento significativo de pressão pode ser alcançado introduzindo uma restrição em uma linha através da qual haja fluxo de um gás ou líquido.
34. Fluxo volumétrico é expresso em m³/s ou em ft³/s.
35. Integração de sistemas é a prática de combinar componentes para alcançar um objetivo final.
36. Para um volume de controle em regime permanente, a massa pode acumular no interior da fronteira do volume de controle.
37. Fatores que permitem modelar um volume de controle com uma transferência de calor desprezível incluem (1) a superfície externa do volume de controle ser bem isolada, (2) a área superficial do volume de controle ser muito pequena para permitir uma transferência de calor efetiva, (3) a diferença de temperatura entre o volume de controle e as vizinhanças ser tão pequena que a transferência de calor pode ser desprezada e (4) o fluido passar pelo volume de controle tão rapidamente que não há tempo suficiente para a troca de calor acontecer.
38. Para um volume de controle com uma entrada e uma saída em regime permanente, as vazões mássicas na entrada e na saída são iguais, mas a vazão *volumétrica* pode não ser igual.
39. *Trabalho de escoamento* é o trabalho realizado sobre um fluxo por um pistão ou sistema de hélices.
40. Uma operação em regime *transiente* está associada a alterações de estado com o tempo.
41. Neste livro, o fluxo em um volume de controle, tanto nas entradas quanto nas saídas, é admitido como *unidimensional*.
42. Nos pontos em que a massa cruza um volume de controle, a transferência de energia associada é contabilizada somente para a energia interna.
43. Um *difusor* é uma passagem com área de secção transversal variável na qual a velocidade de um gás ou líquido aumenta na direção do fluxo.
44. O corpo humano é um exemplo de *sistema integrado*.
45. Quando uma substância passa por um *processo de estrangulamento* através de uma válvula, as entalpias específicas na entrada e na saída da válvula são iguais.
46. As correntes quentes e frias em trocadores de calor *cruzados* fluem na mesma direção.
47. O desempenho termodinâmico de um dispositivo como uma turbina através da qual haja fluxo de massa é mais bem analisado estudando-se o fluxo de massa isoladamente.
48. Para *todo e qualquer* volume de controle em regime permanente, a vazão mássica total de entrada é igual à vazão mássica total de saída.
49. Um *aquecedor aberto* de água de alimentação é um tipo especial de trocador de calor em contrafluxo.
50. Um passo chave na análise termodinâmica é a listagem cuidadosa dos pressupostos do modelo empregado.
51. Um radiador de automóvel é um exemplo de trocador de calor de fluxo cruzado.
52. Em regime permanente, ventiladores circulando ar à mesma temperatura em Nova York e Denver vão fornecer o mesmo fluxo volumétrico de ar.

▶ PROBLEMAS: DESENVOLVENDO HABILIDADES PARA ENGENHARIA

Aplicando a Vazão Mássica

4.1 Um *velocímetro laser Doppler* mede uma velocidade de um fluxo de água em 8 m/s em um canal aberto. O canal tem uma seção transversal de 0,5 m por 0,2 m na direção do fluxo. Se a densidade da água for constante em 998 kg/m³, determine a vazão mássica em kg/s.

4.2 Refrigerante 134a é expelido de um trocador de calor por uma tubulação de 0,75 in de diâmetro, com uma vazão mássica de 0,9 lb/s (0,41 kg/s). A temperatura e o título são, respectivamente, −15°F (−9,45°C) e 0,05. Determine a velocidade do refrigerante, em m/s.

4.3 Vapor d'água entra em uma tubulação de 1,6 cm de diâmetro a 80 bar e 600°C com uma velocidade de 150 m/s. Determine a vazão mássica, em kg/s.

4.4 Ar, modelado como um gás ideal, entra em uma câmara de combustão sob 20 lbf/in² (137,9 kPa) e 70°F (21,1°C) através de um duto retangular de 5 ft (1,524 m) por 4 ft (1,219 m). Se a vazão mássica do ar é 830.000 lb/h (376,48 t/h), determine a velocidade, em ft/s.

4.5 Ar é expelido de uma turbina a 200 kPa e 150°C com um fluxo volumétrico de 7000 L/s. Assumindo um comportamento de gás ideal para o ar, determine a vazão mássica, em kg/s.

4.6 Se a torneira de água de uma pia de cozinha vaza uma gota por segundo, quantos galões de água são desperdiçados anualmente? Qual a massa de água desperdiçada, em lb? Admita que existem 46.000 gotas por galão e que a massa específica da água é de 62,3 lb/ft³ (997,9 kg/m³).

Aplicando a Conservação de Massa

4.7 A Fig. P4.7 fornece os dados da entrada e da saída da água de um tanque. Determine a vazão mássica na entrada e na saída do tanque, ambas em kg/s. Calcule também a taxa de variação de massa contida no tanque, em kg/s.

4.8 A Fig. P4.8 mostra um tanque de mistura contendo 2000 lb (907,2 kg) de água líquida. O tanque é equipado com dois tubos de entrada, um tubo para a distribuição de água quente a uma vazão mássica de 0,8 lb/s (0,36 kg/s) e um outro para a distribuição de água fria a uma vazão mássica de 1,2 lb/s (0,54 kg/s). A água sai através de um único tubo de saída a uma vazão mássica de 2,5 lb/s (1,1 kg/s). Determine a quantidade de água, em lb, no tanque após uma hora.

4.9 Um tanque de 380 litros contém vapor, inicialmente a 400°C e 3 bar. Uma válvula é aberta e vapor escoa do tanque com uma vazão mássica constante de 0,005 kg/s. Durante a remoção de vapor, um aquecedor mantém a temperatura no interior do tanque constante. Determine o tempo, em s, para o qual 75% da massa inicial permanece no tanque; determine também o volume específico, em m³/kg, e a pressão, em bar, no tanque nesse instante.

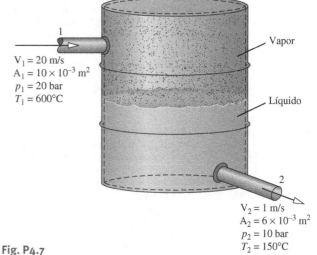

Fig. P4.7

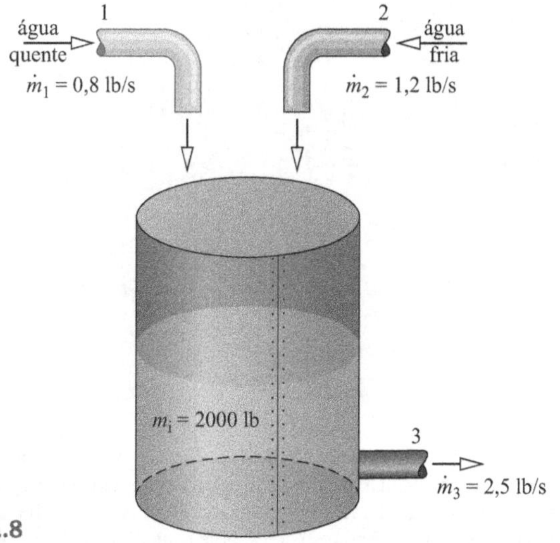

Fig. P4.8

4.10 A Fig. P4.10 ilustra os dados para um tanque de armazenamento de óleo bruto. O tanque inicialmente contém 1000 m³ de óleo bruto. O óleo é bombeado para o tanque através de um tubo a uma taxa de 2 m³/min e sai do tanque a uma velocidade de 1,5 m/s através de um outro tubo com diâmetro de 0,15 m. O óleo bruto apresenta um volume específico de 0,0015 m³/kg. Determine
(a) a massa de óleo no tanque, em kg, após 24 h, e
(b) o volume de óleo no tanque, em m³, nesse instante.

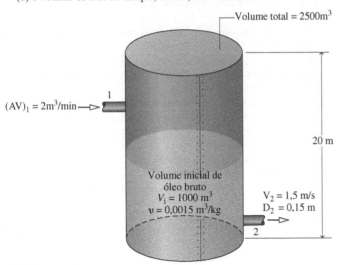

Fig. P4.10

4.11 Um tanque de 8 ft³ (0,23 m³) contém ar na temperatura inicial de 80°F (26,7°C) e na pressão inicial de 100 lbf/in² (689,5 kPa). O tanque desenvolve um pequeno orifício e vaza ar para a vizinhança com uma taxa constante de 0,03 lb/s (0,01 kg/s) por 90 s até que a pressão do ar restante no tanque seja de 30 lbf/in² (206,8 kPa). Usando o modelo de gás ideal para o ar, determine a temperatura final, em °F, do ar remanescente no tanque.

4.12 Propano líquido entra em um tanque de armazenamento cilíndrico inicialmente vazio com uma vazão mássica de 10 kg/s. O escoamento continua até que o tanque esteja repleto de propano a 20°C e 9 bar. O tanque tem 25 m de comprimento e 4 m de diâmetro. Determine o tempo, em minutos, para encher o tanque.

4.13 Como representado na Fig. P4.13, a água de um rio é utilizada para irrigar um campo, com um sistema controlado por uma comporta levadiça. Quando a comporta é elevada, a água flui uniformemente com uma velocidade de 75 ft/s (22,86 m/s) através de uma abertura de 8 ft (2,44 m) por 3 ft (0,91 m). Se a comporta fica elevada durante 24 h, determine o volume de água, em galões, fornecida à irrigação. Assuma a densidade da água do rio 62,3 lb/ft³ (997,95 kg/m³).

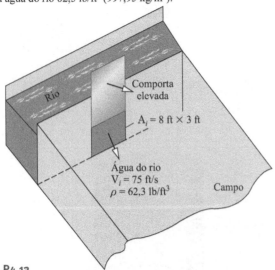

Fig. P4.13

4.14 A Fig. P4.14 mostra uma fonte de duas camadas operando com dois recipientes A e B, inicialmente vazios. Quando a fonte é acionada, a água flui com uma vazão mássica de 10 kg/s para o recipiente A. A água transborda do recipiente A para o B. Após esse transbordamento, é drenada do recipiente B a uma taxa de 5 L_B kg/s, em que L_B é a altura da água no recipiente B, em m. As dimensões dos componentes da fonte estão representadas na Fig. P4.14. Determine a variação da altura da água em cada recipiente em função do tempo. Considere a densidade da água constante 1000 kg/m³.

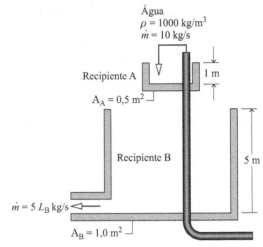

Fig. P4.14

4.15 Água líquida escoa isotermicamente a 20°C por meio de um duto com uma entrada e uma saída, operando em regime permanente. Os diâmetros de entrada e de saída do duto são, respectivamente, 0,02 m e 0,04 m. Na entrada, a velocidade é de 40 m/s e a pressão é de 1 bar. Determine a vazão mássica na saída, em kg/s, e a velocidade, em m/s.

4.16 Ar entra em um volume de controle de uma entrada e uma saída a 6 bar, 500 K e 30 m/s através de uma área de 28 cm². Na saída, a pressão é de 3 bar, a temperatura vale 456,5 K e a velocidade é de 300 m/s. O ar se comporta como um gás ideal. Para uma operação em regime permanente, determine
(a) a vazão mássica em kg/s.
(b) a área de saída em cm².

4.17 Ar entra em uma unidade de tratamento de ar a 35°F (1,7°C) e 1 atm, com uma vazão volumétrica de 15.000 ft³/min (7,1 m³/s). A unidade de tratamento de ar fornece ar a 80°F (26,7°C) e 1 atm para um sistema de tubulação com três ramificações que consiste em dois dutos de 26 in (0,66 m) de diâmetro e outro de 50 in (1,3 m) de diâmetro. A velocidade nos dutos de 26 in é de 10 ft/s (3,0 m/s). Admitindo regime permanente e comportamento de gás ideal para o ar, determine
(a) a vazão mássica do ar que entra na unidade de tratamento de ar, em lb/s.
(b) a vazão volumétrica em cada um dos dutos de 26 in, em ft³/min.
(c) a velocidade no duto de 50 in, em ft/s.

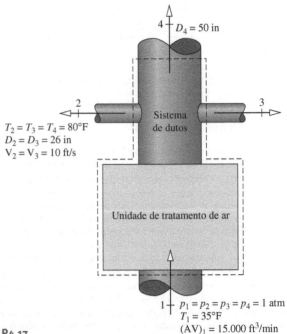

Fig. P4.17

Análise do Volume de Controle Utilizando Energia   177

4.18 Refrigerante 134a entra no evaporador de um sistema de refrigeração operando em regime permanente a –4°C e título de 20%, a uma velocidade de 7 m/s. Na saída, o refrigerante se encontra como vapor saturado a uma temperatura de –4°C. O canal de escoamento do evaporador tem diâmetro constante. A vazão mássica de entrada do refrigerante é 0,1 kg/s. Determine
(a) o diâmetro do canal de escoamento do evaporador, em cm.
(b) a velocidade na saída em m/s.

4.19 Conforme ilustrado na Fig. P4.19, vapor a 80 bar e 440°C entra em uma turbina operando em regime permanente com uma vazão volumétrica de 236 m³/min. Vinte por cento do escoamento sai através de um diâmetro de 0,25 m a 60 bar e 400°C. O restante sai por um diâmetro de 1,5 m, com uma pressão de 0,7 bar e título de 90%. Determine a velocidade, em m/s, de cada duto de saída.

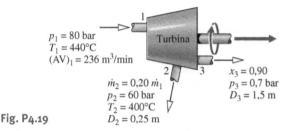

Fig. P4.19

4.20 A Fig. P4.20 fornece os dados para vapor d'água escoando em regime permanente por uma tubulação. As vazões volumétricas, as pressões e as temperaturas são iguais em ambas as saídas. Determine a vazão mássica na entrada e na saída, ambas em kg/s.

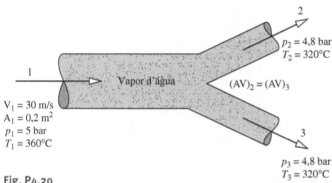

Fig. P4.20

4.21 Ar entra em um compressor que opera em regime permanente com uma pressão de 14,7 lbf/in² (101,3 kPa) e com uma vazão volumétrica de 8 ft³/s (0,23 m³/s). A velocidade do ar na saída da tubulação é 225 ft/s (68,6 m/s) e a pressão na saída vale 150 lbf/in² (1,0 MPa). Se cada unidade de massa de ar que passa da entrada para a saída sofre um processo descrito por $pv^{1,3}$ = constante, determine o diâmetro em polegadas na saída da tubulação.

4.22 Amônia entra em um volume de controle que opera em regime permanente a p_1 = 16 bar e T_1 = 32°C, com uma vazão mássica de 1,5 kg/s. Vapor saturado a 6 bar passa através de uma das saídas, enquanto líquido saturado a 6 bar passa por uma segunda saída com uma vazão volumétrica de 0,10 m³/min. Determine
(a) o diâmetro mínimo do tubo de entrada, em cm, de modo que a velocidade da amônia não exceda 18 m/s na entrada.
(b) a vazão volumétrica do vapor saturado na saída em m³/min.

4.23 A Fig. 4.23 fornece os dados para ar escoando em regime permanente por um duto retangular. Admitindo o modelo de gás ideal para o ar, determine a vazão volumétrica na entrada, em ft³/s, e a vazão mássica na entrada, em lb/s. Determine a vazão volumétrica e a vazão mássica na saída, se possível. Caso contrário, explique o motivo.

Análise de Energia para Volumes de Controle em Regime Permanente

4.24 Refrigerante 134a entra em uma tubulação horizontal operando em regime permanente a 40°C, 300 kPa e uma velocidade de 40 m/s. Na saída, a temperatura é de 50°C e a pressão é de 240 kPa. O diâmetro do tubo é 0,04 m. Determine (a) a vazão mássica de refrigerante em kg/s, (b) a velocidade na saída em m/s e (c) a taxa de transferência de calor entre o tubo e sua vizinhança, em kW.

4.25 Conforme ilustrado na Fig. P4.25, ar entra em um tubo a 25°C e 100 kPa com uma vazão volumétrica de 23 m³/h. Sobre a superfície externa do tubo está uma resistência elétrica coberta com isolamento. Com 120 V, a resistência é percorrida por uma corrente de 4 ampères. Admitindo o modelo de gás ideal com c_p = 1,005 kJ/kg · K para o ar e desprezando os efeitos das energias cinética e potencial, determine (a) a vazão mássica do ar em kg/h e (b) a temperatura do ar na saída, em °C.

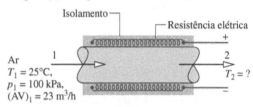

Fig. P4.25

4.26 Ar a 290 K e 1 bar é admitido em um duto horizontal de aquecimento com diâmetro constante, com uma vazão volumétrica de 0,25 m³/s e sai a 325 K e 0,95 bar. O processo ocorre em regime permanente. A área de escoamento é de 0,04 m². Admitindo o modelo de gás ideal com k = 1,4 para o ar, determine (a) a vazão mássica, em kg/s, (b) a velocidade na entrada e na saída, ambas em m/s, e (c) a taxa de transferência de calor, em kW.

4.27 Ar a 600 kPa e 330 K entra em um tubo horizontal e bem isolado com 1,2 cm de diâmetro e sai a 120 kPa e 300 K. Aplicando o modelo de gás ideal para o ar, determine em regime permanente (a) as velocidades na entrada e na saída, ambas em m/s, e (b) a vazão mássica, em kg/s.

4.28 Ar em regime permanente 200 kpa, 325 K e uma vazão mássica de 0,5 kg/s entra em um duto isolado com diferentes áreas de seção transversal de entrada e saída. A seção transversal de entrada é 6 cm². Na saída do duto, a pressão do ar é de 100 kPa, a velocidade é de 250 m/s. Negligenciando os efeitos da energia potencial e modelando o ar como um gás ideal com a constante c_p = 1,008 kJ/kg · K, determine
(a) a vazão mássica do refrigerante, em kg/s.
(b) a velocidade da saída do refrigerante, em m/s.
(c) a taxa de transferência de calor, em kW, e a direção associada, em relação ao refrigerante

4.29 Refrigerante 134a flui em regime permanente através de um tubo horizontal com 0,05 m de diâmetro interno. O refrigerante entra no tubo com um título 0,1, temperatura de 36°C e velocidade de 10 m/s. O refrigerante sai do tubo a 9 bar como um líquido saturado. Determine:
(a) a vazão mássica do refrigerante, em kg/s.
(b) a velocidade do refrigerante na saída, em m/s.
(c) a taxa de transferência de calor, em kW, e a direção dessa transferência em relação ao refrigerante.

4.30 Conforme mostrado na Fig. P4.30, os componentes eletrônicos montados em uma superfície plana são resfriados por convecção com a vizi-

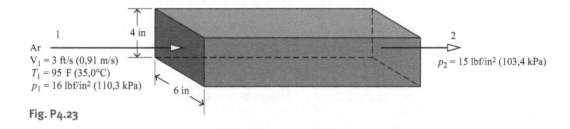

Fig. P4.23

nhança e por água líquida circulando em um tubo em U adicionado às placas. Em regime permanente, a água entra no tubo a 20°C e a uma velocidade de 0,4 m/s e sai a 24°C com uma queda de pressão desprezível. Os componentes eletrônicos recebem 0,5 kW de potência elétrica. A taxa de transferência de energia por convecção dos componentes é estimada em 0,08 kW. Os efeitos das energias cinética e potencial podem ser ignorados. Determine o diâmetro do tubo, em cm.

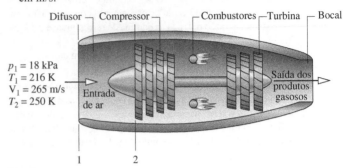

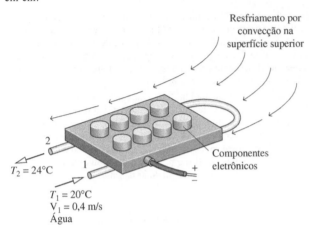

Fig. P4.30

4.31 Vapor entra em um bocal que opera em regime permanente a 20 bar, 280°C e a uma velocidade de 80 m/s. A pressão e a temperatura na saída são, respectivamente, 7 bar e 180°C. A vazão mássica é de 1,5 kg/s. Desprezando os efeitos de transferência de calor e energia potencial, determine
(a) a velocidade, em m/s, na saída.
(b) as áreas de entrada e de saída em cm^2.

4.32 Refrigerante 134a entra em um bocal bem isolado a 200 lbf/in^2 (1,4 MPa), 220°F (104,4°C), com uma velocidade de 120 ft/s (36,6 m/s) e sai a 20 lbf/in^2 (137,9 kPa) a uma velocidade de 1500 ft/s (457,2 m/s). Para uma operação em regime permanente, desprezando os efeitos da energia potencial, determine a temperatura de saída em °F.

4.33 Ar entra em um bocal operando em regime permanente a 720°R (126,8°C) com uma velocidade desprezível e sai do bocal a 500°R (4,6°C) com uma velocidade de 1450 ft/s (442,0 m/s). Admitindo o comportamento de gás ideal e abandonando os efeitos da energia potencial, determine a transferência de calor do ar em escoamento, em Btu/lb.

4.34 Ar com uma vazão mássica de 2,3 kg/s entra em um bocal horizontal operando em regime permanente a 450 k, 350 kPa e uma velocidade de 3,0 m/s. Na saída, a temperatura é de 300 K e a velocidade é de 460 m/s. Usando o modelo de gás ideal para o ar, determine (a) a área na entrada, em m^2, e (b) a transferência de calor entre o bocal e sua vizinhança, em kW. Especifique se a transferência de calor ocorre para o ar ou do ar.

4.35 Gás hélio escoa em um bocal bem isolado em regime permanente. A temperatura e a velocidade na entrada são, respectivamente, 550°R (32,4°C) e 150 ft/s (45,7 m/s). Na saída, a temperatura é 400°R (−50,9°C) e a pressão vale 40 lbf/in^2 (275,8 kPa). A área na saída é de 0,0085 ft^2 (0,001 m^2). Usando o modelo de gás ideal com $k = 1,67$ e desprezando os efeitos da energia potencial, determine a vazão mássica, em lb/s, através do bocal.

4.36 Nitrogênio, modelado com comportamento de gás ideal, flui a uma vazão de 3 kg/s através de um bocal horizontal isolado operando em regime permanente. O nitrogênio entra no bocal com uma velocidade de 20 m/s, temperatura de 340 K e 400 kPa de pressão, saindo do bocal sob 100 kPa. Para que o gás tenha uma velocidade de saída de 478,8 m/s, determine:
(a) a temperatura de saída, em K.
(b) a área de saída, em m^2.

4.37 Conforme ilustrado na Fig. P4.37, ar entra no difusor de um motor a jato, operando em regime permanente, a 18 kPa, 216 K e uma velocidade de 265 m/s, todos os dados correspondendo a um voo de alta altitude. O ar escoa adiabaticamente através do difusor e atinge a temperatura de 250 K na saída do difusor. Utilizando o modelo de gás ideal para o ar, determine a velocidade do ar na saída do difusor, em m/s.

Fig. P4.37

4.38 Ar entra em um difusor operando em regime permanente, com uma pressão de 15 lbf/in^2 (103,4 kPa), uma temperatura de 540°R (26,8°C) e uma velocidade de 600 ft/s (182,9 m/s), e sai com uma velocidade é de 60 ft/s (18,3 m/s). A razão entre a área de saída e a área de entrada vale 8. Utilizando o modelo de gás ideal para o ar e ignorando a transferência de calor, determine a temperatura, em °R, e a pressão, em lbf/in^2, na saída.

4.39 Refrigerante 134a entra em um difusor isolado como vapor saturado a 80°F (26,7°C) com uma velocidade de 1453,4 ft/s (443,0 m/s). Na saída, a temperatura é de 280°F (137,8°C) e a velocidade é desprezível. O difusor opera em regime permanente e os efeitos da energia potencial podem ser desprezados. Determine a pressão na saída, em lbf/in^2.

4.40 Oxigênio gasoso entra em um difusor bem isolado a 30 lbf/in^2 (206,8 kPa), 440°R (−28,7°C), com uma velocidade de 950 ft/s (289,6 m/s) através de uma área de 2,0 in^2 (0,001 m^2). A área de saída é 15 vezes a de entrada, e a velocidade é 25 ft/s (7,6 m/s). A variação da energia potencial entre a entrada e a saída é desprezível. Admitindo o modelo de gás ideal para o oxigênio e que a operação do bocal ocorre em regime permanente, determine a temperatura de saída em °R, a pressão na saída em lbf/in^2 e a vazão mássica em lb/s.

4.41 Ar, modelado como um gás ideal, entra em um difusor isolado operando em regime permanente a 270 K com uma velocidade de 180 m/s, saindo com uma velocidade de 48,4 m/s. Considerando desprezíveis os efeitos da variação de energia potencial, determine a temperatura de saída, em K.

4.42 Vapor d'água entra em uma turbina isolada operando em regime permanente a 4 MPa com uma entalpia específica de 3015,4 kJ/kg e uma velocidade de 10 m/s. O vapor se expande até a saída da turbina, onde sua pressão é 0,07 MPa, a entalpia específica é 2431,7 kJ/kg e sua velocidade 90 m/s. A vazão mássica é 11,95 kg/s. Considerando desprezíveis os efeitos de energia potencial, determine a potência gerada pela turbina, em kW.

4.43 Ar se expande em uma turbina de 8 bar, 960 K até 1 bar e 450 K. A velocidade na entrada é pequena, comparada com a velocidade na saída, cujo valor é 90 m/s. A turbina opera em regime permanente e desenvolve uma potência de 2500 kW. A transferência de calor entre a turbina e sua vizinhança, juntamente com os efeitos da energia potencial, é desprezível. Admitindo o modelo de gás ideal, calcule a vazão mássica do ar, em kg/s, bem como a área na saída, em m^2.

4.44 Ar se expande em uma turbina operando em regime permanente. Na entrada, $p_1 = 150$ lbf/in^2 (1,0 MPa), $T_1 = 1400°R$ (504,6°C) e, na saída, $p_2 = 14,8$ lbf/in^2 (102,0 kPa), $T_2 = 700°R$ (115,7°C). A vazão mássica do ar entrando na turbina é de 11 lb/s (5,0 kg/s), e 65.000 Btu/h (19,0 kW) de energia são rejeitados por transferência de calor. Abandonando os efeitos das energias cinética e potencial, determine a potência desenvolvida em hp.

4.45 Vapor a 700°F (115,7°C) e 450 lbf/in^2 (3,1 MPa) entra em uma turbina operando em regime permanente e sai como vapor saturado a 1,2 lbf/in^2 (8,3 kPa). A turbina desenvolve 12.000 hp (8,9 MW), e a transferência de calor da turbina para sua vizinhança ocorre a uma taxa de 2×10^6 Btu/h (586,1 kW). Desprezando as variações das energias cinética e potencial entre a entrada e a saída, determine a vazão volumétrica do vapor na entrada, em ft^3/h.

4.46 Uma turbina bem isolada operando em regime permanente desenvolve 28,75 MW de potência a uma vazão mássica de vapor d'água de 50 kg/s. O vapor d'água entra a 25 bar com uma velocidade de 61 m/s e sai como vapor saturado a 0,06 bar com uma velocidade de 130 m/s. Desprezando efeitos da energia potencial, determine a temperatura na entrada em °C.

4.47 Vapor entra em uma turbina operando em regime permanente com uma vazão mássica de 10 kg/min, uma entalpia específica de 3100 kJ/kg e uma velocidade de 30 m/s. Na saída, a entalpia específica é 2300 kJ/kg e a velocidade é de 45 m/s. A entrada está situada 3 m mais elevada do que a saída. A transferência de calor da turbina para sua vizinhança ocorre a uma taxa de 1,1 kJ por kg de vapor em escoamento. Admita $g = 9,81$ m/s². Determine a potência desenvolvida pela turbina em kW.

4.48 Vapor a 2 MPa e 360°C entra em uma turbina operando em regime permanente com uma velocidade de 100 m/s. Vapor saturado sai a 0,1 MPa e uma velocidade de 50 m/s. A entrada está situada 3 m mais elevada do que a saída. A vazão mássica do vapor é de 15 kg/s, e a potência desenvolvida é de 7 MW. Admita $g = 9,81$ m/s². Determine (a) a área na entrada, em m², e (b) a taxa de transferência de calor entre a turbina e sua vizinhança, em kW.

4.49 Vapor d'água entra em uma turbina operando em regime permanente a 500°C, 40 bar e com uma velocidade de 200 m/s, e se expande adiabaticamente até a saída da turbina, em que se encontra como vapor saturado a 0,8 bar, com uma velocidade de 150 m/s, e uma vazão volumétrica de 9,48 m³/s. A potência desenvolvida pela turbina, em kW, é aproximadamente
(a) 3500,
(b) 3540,
(c) 3580,
(d) 7470.

4.50 Vapor entra no primeiro estágio da turbina ilustrada na Fig. P4.50 a 40 bar e 500°C com uma vazão volumétrica de 90 m³/min. O vapor sai da turbina a 20 bar e 400°C. O vapor é então reaquecido à temperatura constante de 500°C antes de entrar no segundo estágio da turbina. O vapor deixa o segundo estágio como vapor saturado a 0,6 bar. Para uma operação em regime permanente e ignorando as perdas de calor e os efeitos das energias cinética e potencial, determine
(a) a vazão mássica do vapor em kg/h.
(b) a potência total produzida pelos dois estágios da turbina em kW.
(c) a taxa de transferência de calor para o vapor em escoamento ao longo do reaquecedor, em kW.

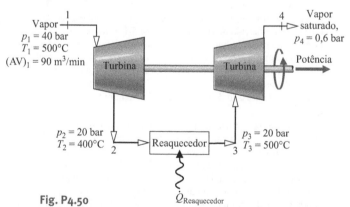

Fig. P4.50

4.51 Vapor d'água a 1800 lbf/in² (12,4 MPa) e 1100°F (866,5°C) entra em uma turbina operando em regime permanente. Conforme mostrado na Fig. P4.51, 20% da vazão de entrada são extraídos a 600 lbf/in² (4,1 MPa) e 500°F (260°C). O restante do fluxo sai como vapor saturado a 1 lbf/in² (6,9 kPa). A turbina desenvolve uma potência de saída de $6,8 \times 10^6$ Btu/h (1992,9 kW). A transferência de calor da turbina para a vizinhança ocorre a uma taxa de 5×10^4 Btu/h (14,6 kW). Desprezando os efeitos das energias cinética e potencial, determine a vazão mássica do vapor que entra na turbina, em lb/s.

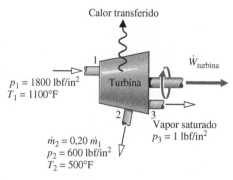

Fig. P4.51

4.52 Os gases quentes da combustão, modelados como ar com comportamento de gás ideal, entram em uma turbina a 145 lbf/in² (999,7 kPa), 2700°R (1226,8°C) e com uma vazão mássica de 0,22 lb/s (0,10 kg/s), e saem a 29 lbf/in² (199,9 kPa) e 1620°R (626,8°C). Considerando que a transferência de calor da turbina para sua vizinhança ocorre a uma taxa de 14 Btu/s, (14,8 kW) determine a potência de saída da turbina em hp.

4.53 Ar a 1,05 bar e 300 K entra em um compressor operando em regime permanente, com uma vazão volumétrica de 12 m³/min, e sai a 12 bar e 400 K. A transferência de calor entre o compressor e sua vizinhança ocorre a uma taxa de 2 kW. Admitindo o modelo de gás ideal para o ar e desprezando os efeitos das energias cinética e potencial, determine a potência de entrada em kW.

4.54 Nitrogênio é comprimido em um compressor axial operando em regime permanente de uma pressão de 15 lbf/in² (103,4 kPa) e uma temperatura de 50°F (10°C) até uma pressão de 60 lbf/in² (413,7 kPa). O gás entra no compressor através de um duto de 6 in (0,15 m) de diâmetro com uma velocidade de 30 ft/s (9,1 m/s) e sai a 198°F (92,2°C) com uma velocidade de 80 ft/s (24,4 m/s). Utilizando o modelo de gás ideal e desprezando as perdas de calor e os efeitos da energia potencial, determine a potência de acionamento do compressor em hp.

4.55 Refrigerante 134a entra em um compressor operando em regime permanente como vapor saturado a 0,12 MPa e sai a 1,2 MPa e 70°C, com uma vazão mássica de 0,108 kg/s. Conforme o refrigerante passa ao longo do compressor, a transferência de calor para a vizinhança ocorre a uma taxa de 0,32 kJ/s. Determine, em regime permanente, a potência de acionamento do compressor em kW.

4.56 Dióxido de carbono gasoso é comprimido em regime permanente de uma pressão de 20 lbf/in² (137,9 kPa) e uma temperatura de 32°F (0,0°C) para uma pressão de 50 lbf/in² (344,7 kPa) e uma temperatura de 120°F (48,9°C). O gás entra no compressor com uma velocidade de 30 ft/s (9,1 m/s) e sai a uma velocidade de 80 ft/s (24,4 m/s). A vazão mássica é de 0,98 lb/s (0,44 kg/s). A ordem de grandeza da transferência de calor do compressor para sua vizinhança é de 5% da potência do compressor. Usando o modelo de gás ideal com $c_p = 0,21$ Btu/lb · °R (0,88 kJ/kg · K) e abandonando os efeitos da energia potencial, determine a potência do compressor, em hp.

4.57 Um compressor bem isolado admite nitrogênio a 60°F (15,6°C), 14,2 lbf/in² (97,9 kPa), com uma vazão volumétrica de 1200 ft³/min (0,57 m³/s), e o comprime até 500°F (260,0°C), 120 lbf/in² (827,4 kPa). Variações das energias cinética e potencial entre a entrada e a saída podem ser desprezadas. Determine a potência do compressor, em hp, e a vazão volumétrica na saída em ft³/min.

4.58 Ar entra em um compressor operando em regime permanente com uma pressão de 14,7 lbf/in² (101,3 kPa), uma temperatura de 80°F (26,7°C) e com uma vazão volumétrica de 18 ft³/s (0,51 m³/s). O ar sai do compressor a uma pressão de 90 lbf/in² (620,5 kPa). A transferência de calor entre o compressor e sua vizinhança ocorre a uma taxa de 9,7 Btu por lb (22,6 kJ/kg) de ar. A potência de entrada do compressor é de 90 hp (67,1 kW). Usando o modelo de gás ideal para o ar e abandonando os efeitos das energias cinética e potencial, determine a temperatura de saída, em °F.

4.59 Refrigerante 134a entra no compressor de um aparelho de ar condicionado a 4 bar, 20°C, e é comprimido em regime permanente até 12 bar e 80°C. A vazão volumétrica do refrigerante que entra é de 4 m³/min. A potência de entrada do compressor é de 60 kJ para cada quilo de refrigerante. Desprezando os efeitos das energias cinética e potencial, determine a transferência de calor em kW.

4.60 Refrigerante 134a entra em um compressor isolado operando em regime permanente como vapor saturado a –20°C, com uma vazão mássica de 1,2 kg/s. O refrigerante sai a 7 bar e 70°C. Variações das energias cinética e potencial entre a entrada e a saída podem ser desprezadas. Determine, (a) as vazões volumétricas na entrada e na saída em m³/s e, (b) a potência de acionamento do compressor em kW.

4.61 Refrigerante 134a entra em um compressor com camisas d'água, operando em regime permanente, a –10°C, 1,4 bar, com uma vazão mássica de 4,2 kg/s e sai a 50°C e 12 bar. A potência requerida pelo compressor é de 150 kW. Desprezando os efeitos das energias cinética e potencial, determine a taxa de transferência de calor para a água de resfriamento que circula através das camisas d'água.

4.62 Ar, modelado como um gás ideal, é comprimido em regime permanente desde uma pressão de 1 bar e temperatura de 300 K até um estado final de 5 bar e 500 K, utilizando 150 kW de potência no processo. A transferência de calor ocorre a uma taxa de 20 kW do ar para resfriar a água circulando em uma camisa que circunda o compressor. Desprezando os efeitos de energia cinética e potencial, determine a vazão mássica do ar, em kg/s.

4.63 Ar entra em um compressor operando em regime permanente com uma pressão de 14,7 lbf/in² (101,3 kPa) e uma temperatura de 70°F (21,1°C). A vazão volumétrica na entrada é de 16,6 ft³/s (0,47 m³/s) e a área do escoamento é de 0,26 ft² (0,02 m²). Na saída, a pressão é de 35 lbf/in² (241,3 kPa), a temperatura vale 280°F (137,8°C) e a velocidade é 50 ft/s (15,2 m/s). A transferência de calor entre o compressor e sua vizinhança ocorre a uma taxa de 1,0 Btu por lb (2,3 kJ/kg) de ar. Considere que os efeitos da energia potencial são desprezíveis e admita o modelo de gás ideal para o ar. Determine (a) a velocidade do ar na entrada, em ft/s, (b) a vazão mássica, em lb/s, e (c) a potência do compressor, em Btu/s e em hp.

4.64 Ar a 14,7 lbf/in² (101,3 kPa) e 60°F (15,6°C) entra em um compressor operando em regime permanente, onde é comprimido até uma pressão de 150 lbf/in² (1,0 MPa). Conforme o ar passa ao longo do compressor ele é resfriado a uma taxa de 10 Btu por libra (23,3 kJ/kg) de ar pela água que circula no invólucro do compressor. A vazão volumétrica do ar na entrada é de 5000 ft³/min (2,4 m³/s), e a potência de acionamento do compressor é 700 hp (522,0 kW). Considere que o ar se comporta como um gás ideal, que não há perdas de calor e que os efeitos das energias cinética e potencial podem ser desprezados. Determine (a) a vazão mássica do ar, em lb/s, e (b) a temperatura do ar na saída do compressor, em °F.

4.65 Conforme ilustrado na Fig. P4.65, uma bomba, operando em regime permanente, retira água de um lago e a entrega com o auxílio de um tubo, cuja saída está 90 ft (27,4 m) acima da entrada. Na saída, a vazão mássica é de 10 lb/s (4,5 kg/s). Não há variações significativas na temperatura, pressão e energia cinética da água, entre entrada e a saída. Considerando que a potência requerida pela bomba é de 1,68 hp (1,2 kW), determine a taxa de transferência de calor entre a bomba e sua vizinhança em hp e Btu/min. Considere $g = 32,0$ ft/s² (9,7 m/s²).

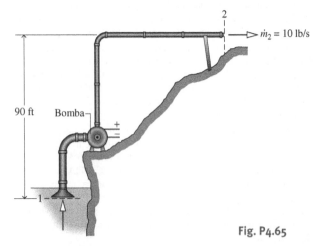

Fig. P4.65

4.66 A Fig. P4.66 fornece os dados para uma bomba que opera em regime permanente retirando água de uma represa e entregando-a a uma pressão de 3 bar para um tanque de armazenamento situado acima da represa. A vazão mássica da água é de 1,5 kg/s. A temperatura da água permanece aproximadamente constante e igual a 15°C, não há variações significativas na energia cinética entre a entrada e a saída, e a transferência de calor entre a bomba e sua vizinhança é desprezível. Determine a potência necessária para a bomba em kW. Considere $g = 9,8$ m/s².

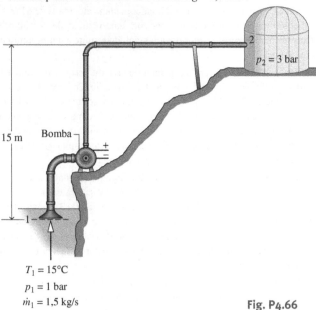

Fig. P4.66

4.67 A Fig. P4.67 fornece os dados para uma bomba submersa com uma tubulação de descarga acoplada operando em regime permanente. Na entrada, a vazão volumétrica é de 0,75 m³/min e a temperatura é de 15°C. Na saída, a pressão é de 1 atm. Não há variações significativas na temperatura ou energia cinética da água entre a entrada e a saída. A transferência de calor entre a bomba e sua vizinhança é desprezível. Determine a potência necessária para a bomba em kW. Considere $g = 9,8$ m/s².

4.68 Conforme ilustrado na Fig. P4.68, um "lava a jato" é usado para limpar a superfície lateral de uma casa. Água a 20°C, 1 atm e uma velocidade de 0,2 m/s entra no equipamento por meio de uma mangueira. O jato de água sai com uma velocidade de 20 m/s e uma elevação média em relação ao solo de 5 m, sem qualquer variação significativa na temperatura ou pressão. No regime permanente, a ordem de grandeza da taxa de transferência de calor *do* equipamento *para* a vizinhança é de 10% da potência elétrica de *entrada*. Avaliando a eletricidade em oito centavos por kW · h, determine o custo da potência requerida, em centavos por litro de água distribuída. Compare com o custo da água, considerando 0,05 centavos por litro, e comente o resultado obtido.

4.69 Durante uma cirurgia cardíaca, um equipamento de circulação extracorpórea (máquina coração-pulmão) realiza a circulação de sangue através de uma bomba operando em regime permanente. O sangue entra na bomba (isolada) a uma taxa de 5 L/min. A variação de temperatura do sangue pode ser considerada desprezível à medida que ele flui pela bomba. A bomba utiliza uma potência de 20 W na realização do processo. Assumindo o sangue como uma substância incompressível e desprezando efeitos de energia cinética e potencial, determine a variação de pressão do sangue, em kPa, à medida que ele flui através da bomba.

4.70 Uma bomba é utilizada para circular água quente em um sistema de aquecimento residencial. A água entra na bomba isolada operando em regime permanente a uma taxa de 0,42 gal/min (1,59 L/min). A pressão de entrada e a temperatura são, respectivamente, 14,7 lbf/in² (101,3 kPa) e 180°F (82,2°C); na saída, a pressão é 120 lbf/in² (827,4 kPa). A bomba utiliza 1/35 hp de potência para realização do processo. A água, nessas condições, pode ser modelada como uma substância incompressível com densidade constante de 60,58 lb/ft³ (970,4 kg/m3) e calor específico constante de 1 Btu/lb · °R. Desprezando efeitos de energia cinética e potencial, determine a variação de temperatura, em °R, associada à passagem da água através da bomba. Comente o resultado obtido.

4.71 Refrigerante 134a entra em um trocador de calor de um sistema de refrigeração, operando em regime permanente, com uma vazão mássica de 0,5 lb/s (0,23 kg/s), como líquido saturado a 0°F (217,8°C) e sai a 20°F (26,7°C) a uma pressão de 20 lbf/in². Um fluxo separado de ar escoa em contracorrente ao fluxo de refrigerante 134a, entrando a 120°F (48,9°C) e saindo a 77°F (25,0°C). O exterior do trocador de calor

Análise do Volume de Controle Utilizando Energia **181**

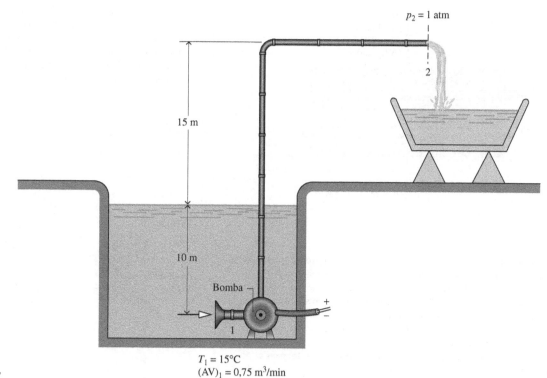

Fig. P4.67

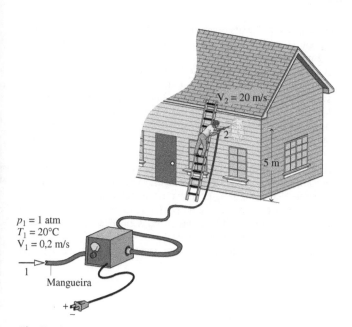

Fig. P4.68

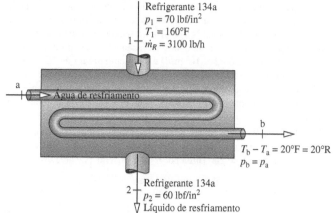

Fig. P4.73

encontra-se bem isolado. Desprezando os efeitos das energias cinética e potencial, e modelando o ar como um gás ideal, determine a vazão mássica do ar, em lb/s.

4.72 Óleo entra em um trocador de calor contracorrente a 450 K, com uma vazão mássica de 10 kg/s, e sai a 350 K. Um fluxo separado de água líquida entra a 20°C e 5 bar. Ambos os fluxos não apresentam variações significativas na pressão. As perdas de calor para a vizinhança do trocador de calor e os efeitos das energias cinética e potencial podem ser desprezados. O calor específico do óleo é constante e igual a $c_p = 2$ kJ/kg · K. Considerando que o projetista deseja garantir que não haja vapor d'água presente no fluxo de água de saída, qual o intervalo de vazão mássica permitido para a água, em kg/s?

4.73 Conforme ilustrado na Fig. P4.73, Refrigerante 134a entra em um condensador operando em regime permanente a 70 lbf/in² (482,6 kPa) e 160°F (71,1°C) e é condensado para líquido saturado a 60 lbf/in² (413,7 kPa) no exterior de tubos nos quais a água de resfriamento escoa. Ao passar pelos tubos, a água de resfriamento aumenta sua temperatura em 20°F (–6,7°C) e não sofre nenhuma queda de pressão apreciável. A água de resfriamento pode ser modelada como incompressível com $v = 0{,}0161$ ft³/lb (0,001 m³/kg) e $c = 1$ Btu/lb · °R (4,2 kJ/kg · K). A vazão mássica do refrigerante é de 3100 lb/h (0,39 kg/s). Desprezando os efeitos das energias cinética e potencial e ignorando a transferência de calor no exterior do condensador, determine
(a) a vazão volumétrica da água de resfriamento que entra, em galões/min.
(b) a taxa de transferência de calor, em Btu/h, do refrigerante que se condensa para a água de resfriamento.

4.74 Vapor a uma pressão de 0,08 bar e um título de 93,2% entra em um trocador de calor casco e tubo, e se condensa no exterior de tubos nos quais água de resfriamento escoa, saindo como líquido saturado a 0,08 bar. A vazão mássica do vapor condensado é $3{,}4 \times 10^5$ kg/h. A água de resfriamento entra nos tubos a 15°C e sai a 35°C com uma variação de pressão desprezível. Desprezando as perdas de calor e ignorando os efeitos das energias cinética e potencial, determine a vazão mássica da água de resfriamento, em kg/h, para a operação em regime permanente.

4.75 Um sistema de ar condicionado é ilustrado na Fig. P4.75, no qual o ar escoa sobre tubos através dos quais flui Refrigerante 134a. O ar entra com uma vazão volumétrica de 50 m³/min a 32°C, 1 bar e sai a 22°C, 0,95 bar. O refrigerante entra nos tubos a 5 bar com um título de 20% e sai a 5 bar, 20°C. Ignorando a transferência de calor na superfície externa do ar condicionado e desprezando os efeitos das energia cinética e potencial, determine, considerando regime permanente:
(a) a vazão mássica do refrigerante, em kg/min.
(b) a taxa de transferência de calor, em kJ/min, entre o ar e o refrigerante.

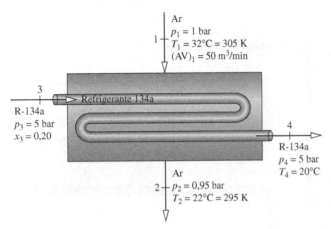

Fig. P4.75

4.76 Vapor a 250 kPa e um título de 90% entra em um trocador de calor operando em regime permanente e sai com a mesma pressão como líquido saturado. Um fluxo de óleo separado com uma vazão mássica de 29 kg/s entra a 20°C e sai a 100°C, sem qualquer variação significativa na pressão. O calor específico do óleo é $c = 2$ kJ/kg · K. Os efeitos das energias cinética e potencial são desprezíveis. Considerando que a transferência de calor do trocador para a vizinhança é 10% da energia necessária para aumentar a temperatura do óleo, determine a vazão mássica do vapor, em kg/s.

4.77 Refrigerante 134a a −12°C e um título de 42% entra em um trocador de calor e sai com uma vazão volumétrica de 0,85 m³/min como vapor saturado na mesma temperatura. Um fluxo de ar separado com uma vazão mássica de 188 kg/s entra a 22°C e sai a 17°C. Admitindo o comportamento de gás ideal para o ar e abandonando os efeitos das energias cinética e potencial, determine (a) a vazão mássica do Refrigerante 134a, em kg/min, e (b) a transferência de calor entre o trocador e sua vizinhança, em kJ/min.

4.78 Conforme o esboço da Fig. P4.78, um condensador utilizando a água de um rio para condensar vapor com uma vazão mássica de 2×10^5 kg/h, de vapor saturado até líquido saturado a uma pressão de 0,1 bar, é proposto para uma instalação industrial. Medidas indicam que a diversas centenas de metros a montante da instalação o rio apresenta uma vazão volumétrica de 2×10^5 m³/h e uma temperatura de 15°C. Para uma operação em regime permanente e ignorando os efeitos das energias cinética e potencial, determine a elevação de temperatura da água do rio, em °C, a jusante da instalação causada pelo uso desse condensador e comente.

4.79 A Fig. P4.79 mostra um painel de coletor solar colocado em um telhado com uma área superficial de 24 ft² (2,2 m²). O painel recebe energia do Sol a uma taxa de 200 Btu/h por ft² (630,8 W/m²) de área do coletor. Vinte e cinco por cento da energia incidente são perdidos para a vizinhança. O restante da energia é usado para aquecer água de uso doméstico de 90°F (32,2°C) a 120°F (48,9°C). A água atravessa o coletor solar sem queda de pressão apreciável. Desprezando os efeitos das energias cinética e potencial, determine para regime permanente quantos galões de água a 120°F o coletor fornece por hora.

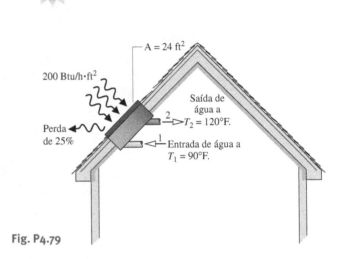

Fig. P4.79

4.80 Vapor a 0,07 MPa e com uma entalpia específica de 2431,6 kJ/kg entra em um trocador de calor contracorrente operando em regime permanente e sai com a mesma pressão como líquido saturado. A vazão mássica do vapor é de 1,5 kg/min. Um fluxo de ar separado com uma vazão mássica de 100 kg/min entra no trocador a 30°C e sai a 60°C. O modelo de gás ideal com $c_p = 1,005$ kJ/kg · K pode ser admitido para o ar. Os efeitos das energias cinética e potencial são desprezíveis. Determine (a) o título do vapor que entra e (b) a taxa de transferência de calor entre o trocador de calor e sua vizinhança, em kW.

4.81 A Fig. P4.81 fornece os dados para um trocador de calor com *escoamento em paralelo* em regime permanente, no qual estão presentes uma corrente de ar e uma de água. Ambas as correntes não apresentam variações de pressão significantes. As perdas de calor para a vizinhança do trocador de calor e os efeitos das energias cinética e potencial podem ser ignorados. O modelo de gás ideal pode ser aplicado ao ar. Considerando que ambas as correntes saem na mesma temperatura, determine o valor da temperatura, em K.

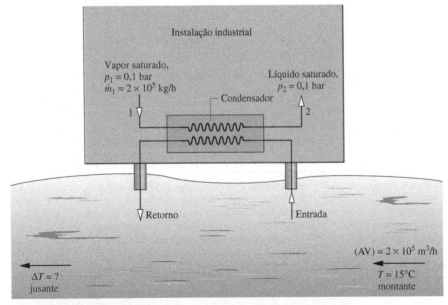

Fig. P4.78

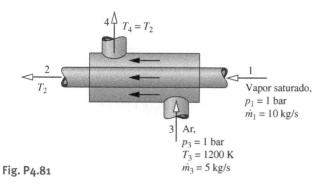

Fig. P4.81

4.82 A Fig. P4.82 fornece os dados para um trocador de calor com *escoamento em paralelo* em regime permanente, no qual estão presentes uma corrente de ar e uma de dióxido de carbono (CO_2). As perdas de calor para a vizinhança do trocador de calor e os efeitos das energias cinética e potencial podem ser ignorados. O modelo de gás ideal pode ser aplicado para ambos os gases. Uma restrição relativa ao tamanho do trocador de calor requer que a temperatura de saída do ar seja 20 graus maior do que a temperatura de saída do CO_2. Determine a temperatura de saída de ambas as correntes, em °R.

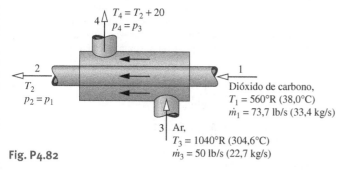

Fig. P4.82

4.83 Um sistema aberto de aquecimento de água opera em regime permanente com água líquida entrando pela abertura 1 a 10 bar, 50°C e vazão de 60 kg/s. Separadamente, um fluxo de vapor d'água entra pela abertura 2 a 10 bar e 200°C. Água, na forma de líquido saturado, sai do sistema de aquecimento a 10 bar pela abertura 3. Desprezando a troca de calor do sistema com as vizinhanças, bem como os efeitos de energia cinética e potencial, determine a vazão mássica do vapor, na abertura 2, em kg/s.

4.84 A Fig. P4.84 fornece dados para o duto adiante das serpentinas da unidade de resfriamento de água de um sistema de ar condicionado operando em regime permanente. Ar externo a 90°F (32,2°C) é misturado com ar de retorno a 75°F (23,9°C). As perdas de calor são desprezíveis, e os efeitos das energias cinética e potencial podem ser ignorados. A pressão em todo o conjunto é 1 atm. Admitindo o modelo de gás ideal com $c_p = 0,24$ Btu/lb·°R (1,0 kJ/kg·K) para o ar, determine (a) a temperatura do ar misturado, em °F, e (b) o diâmetro do duto com ar misturado, em ft.

4.85 Conforme o *dessuperaquecedor* ilustrado na Fig. P4.85, água líquida no estado 1 é injetada em um fluxo de vapor superaquecido que entra no estado 2. Como resultado, vapor saturado sai no estado 3. Os dados para a operação em regime permanente estão apresentados na figura. Ignorando as perdas de calor e os efeitos das energias cinética e potencial, determine a vazão mássica do vapor superaquecido que entra, em kg/min.

4.86 Três linhas de vapor em uma planta de processamento entram em um tanque de armazenamento operando em regime permanente a 1 bar. Vapor é adicionado pela entrada 1 com vazão de 0,8 kg/s e título 0,9, enquanto o fluxo de vapor adicionado pela entrada 2 tem vazão de 2 kg/s a 200°C e o vapor adicionado à entrada 3 flui com vazão de 1,2 kg/s a 95°C. Na única saída do tanque, vapor é eliminado a 1 bar. A taxa de transferência de energia do tanque é de 40 kW. Desprezando efeitos de energia cinética e potencial, determine para o fluxo de saída:
(a) a vazão mássica, em kg/s.
(b) a temperatura, em °C.

4.87 Um tanque isolado em uma planta de vapor opera em regime permanente. Água é adicionada pela entrada 1 a uma taxa de 125 lb/s (56,7 kg/s),

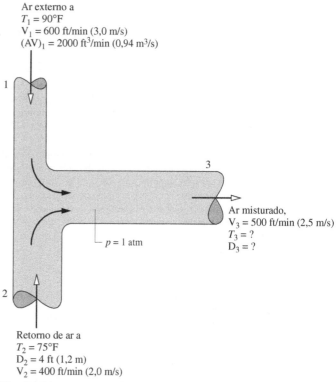

Fig. P4.84

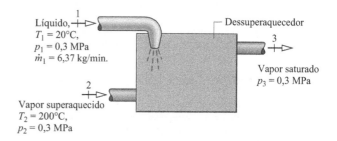

Fig. P4.85

a uma pressão de 14,7 lbf/in² (101,3 kPa). Para repor as perdas de vapor, mais água é adicionada pela entrada 2, a uma taxa de 10 lb/s (4,54 kg/s) sob 14,7 lbf/in² de pressão e 60°F (15,6°C). Com isso, água é eliminada do tanque sob 14,7 lbf/in² de pressão. Desprezando efeitos de energia cinética e potencial, determine, para a água sendo eliminada do tanque:
(a) a vazão mássica, em lb/s.
(b) a entalpia específica, em Btu/lb.
(c) a temperatura, em °F.

4.88 Vapor com título 0,7, pressão 1,5 bar e vazão mássica 10 kg/s entra em um separador de vapor operando em regime permanente. Vapor saturado é eliminado do separador a 1,5 bar no estado 2 sob uma vazão mássica de 6,9 kg/s, enquanto líquido saturado sob 1,5 bar é eliminado do separador no estado 3. Desprezando os efeitos de energia cinética e potencial, determine a taxa de transferência de calor, em kW, e sua direção.

4.89 Amônia entra em uma válvula de expansão de um sistema de refrigeração a uma pressão de 10 bar e a uma temperatura de 24°C e sai a 1 bar. Se o refrigerante sofre um processo de estrangulamento, qual é o título do refrigerante na saída da válvula de expansão?

4.90 Vapor de propano entra em uma válvula a 1,0 MPa, 60°C, e sai a 0,3 MPa. Se o refrigerante sofre um processo de estrangulamento, qual é a temperatura do propano, em °C, na saída da válvula?

4.91 Vapor d'água entra por uma válvula parcialmente aberta operando em regime permanente como um líquido saturado a 300°F (148,9°C) e sai a 60 lbf/in² (413,7 kPa). Desprezando efeitos de energia cinética e potencial, bem como efeitos de dispersão de energia térmica para as vizinhanças, determine a temperatura, em °F, e o título do vapor d'água na saída da válvula.

4.92 Uma válvula e uma turbina a vapor operam em série, em regime permanente. O vapor que escoa pela válvula sofre um processo de estrangulamento. Na entrada da válvula, as condições são 600 lbf/in² (4,1 MPa) e 800°F (426,7°C). Na saída da válvula, correspondente a entrada da turbina, a pressão é de 300 lbf/in² (2,1 MPa). Na saída da turbina, a pressão é de 5 lbf/in² (34,5 kPa). A potência desenvolvida pela turbina é de 350 Btu por lb de vapor em escoamento. As perdas de calor e os efeitos das energias cinética e potencial podem ser ignorados. Fixe o estado na saída da turbina: para o estado de vapor superaquecido, determine a temperatura, em °F. Para o estado de mistura bifásica líquido-vapor, determine o título.

4.93 Um tubo horizontal de diâmetro constante com um acúmulo parcial de depósito na parede interna é mostrado na Fig. P4.93. Sob as condições observadas, pode-se assumir o comportamento ideal do ar, o qual entra a 320 K, 900 kPa com velocidade de 30 m/s e saindo desse sistema a 305 K. Assumindo que o sistema se encontre em regime permanente e desprezando a transferência de calor por dispersão térmica com as vizinhanças, determine, para o ar saindo do tubo:
(a) a velocidade, em m/s.
(b) a pressão, em kPa.

Fig. P4.93

4.94 Água líquida entra em uma válvula a 300 kPa e sai a 275 kPa, sob regime permanente. À medida que a água flui através da válvula, a variação na sua temperatura, a transferência de calor por dispersão para as vizinhanças, e efeitos de energia cinética e potencial podem ser desprezados. Assumindo que a água é uma substância incompressível sob as condições dadas, com densidade 1000 kg/m³, determine a variação na energia cinética por unidade de massa da água fluindo através da válvula, em kJ/kg.

Sistemas Avançados de Energia em Regime Permanente

4.95 A Fig. P4.95 ilustra uma turbina, operando em regime permanente, que fornece energia para um compressor de ar e um gerador elétrico. Ar entra na turbina com uma vazão mássica de 5,4 kg/s a 527°C e sai da turbina a 107°C e 1 bar. A turbina fornece energia a uma taxa de 900 kW para o compressor e a uma taxa de 1400 kW para o gerador. O ar pode ser modelado como um gás ideal e os efeitos das energias cinética e potencial são desprezíveis. Determine (a) a vazão volumétrica do ar na saída da turbina, em m³/s, e (b) a taxa de transferência de calor entre a turbina e sua vizinhança, em kW.

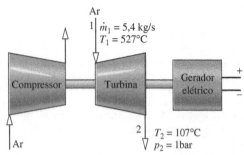

Fig. P4.95

4.96 A Fig. P4.96 mostra uma representação esquemática e os dados pertinentes de um sistema de estrangulamento em série com um trocador de calor. Refrigerante 134a entra na válvula sob a forma de líquido saturado a uma pressão de 9 bar, saindo (da válvula) a uma pressão de 2 bar. O refrigerante então entra no trocador de calor, saindo a uma temperatura de 10°C sem variação significativa em sua pressão. Separadamente, água líquida flui a 1 bar entrando no trocador de calor a uma temperatura de 25°C com vazão de 2 kg/s e saindo a 1 bar como líquido a 15°C. Nesse sistema, efeitos de energia cinética e potencial podem ser desprezados, bem como a transferência de energia térmica por dispersão para as vizinhanças. Determine:

(a) a temperatura, em °C, do refrigerante na saída da válvula;
(b) a vazão mássica do refrigerante, em kg/s.

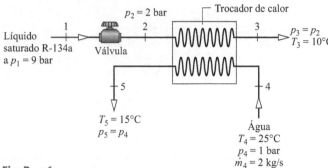

Fig. P4.96

4.97 Conforme ilustrado na Fig. P4.97, Refrigerante 22 entra no compressor de uma unidade de ar condicionado, operando em regime permanente, a 40°F (4,4°C) e 80 lbf/in² (551,6 kPa), e é comprimido até 140°F (60,0°C) e 200 lbf/in² (1,4 MPa). O refrigerante que sai do compressor entra em um condensador, onde ocorre transferência de energia para o ar como um fluxo separado, e o refrigerante sai como um líquido a 200 lbf/in² e 90°F (32,2°C). Ar entra no condensador a 80°F (26,7°C) e 14,7 lbf/in² (101,3 kPa) com uma vazão volumétrica de 750 ft³/min (0,35 m³/s) e sai a 110°F (43,3°C). Ignorando as perdas de calor e os efeitos das energias cinética e potencial, e admitindo o modelo de gás ideal para o ar, determine (a) a vazão mássica do refrigerante, em lb/min, e (b) a potência do compressor, em hp.

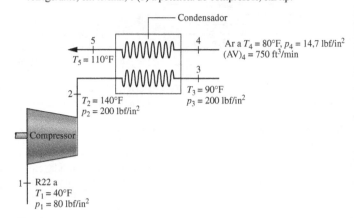

Fig. P4.97

4.98 A Fig. P4.98 mostra três componentes de um sistema de condicionamento de ar. O Refrigerante 134a flui através de uma válvula de estrangulamento e de um trocador de calor, enquanto o ar flui por um sistema de ventilação e pelo mesmo trocador de calor. Os dados para a operação em regime permanente encontram-se representados na figura. Não há transferência de calor significativa entre qualquer um dos componentes e as vizinhanças, e efeitos de energia cinética e potencial no presente sistema podem ser desconsiderados. Assumindo comportamento ideal para o ar, com $c_p = 0{,}240$ Btu/lb · °R (1,005 kJ/kg · K), determine a vazão mássica do ar, em lb/s.

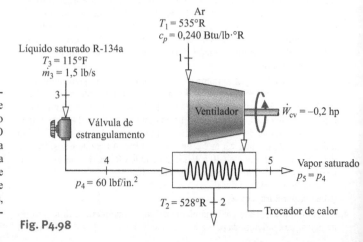

Fig. P4.98

4.99 A Fig. P4.99 mostra um sistema formado por uma bomba acionada por turbina que fornece água a uma câmara de mistura localizada a 25 m de altura em relação à bomba. Dados para a operação em regime permanente desse sistema encontram-se representados na figura. A taxa de transferência de calor da água para as vizinhanças é 2 kW. Para a turbina, a transferência de calor com as vizinhanças, bem como efeitos de energia cinética e potencial, podem ser desconsiderados. Determine:
(a) a potência utilizada pela bomba, em kW, para fornecer água até a entrada da câmara de mistura.
(b) a vazão mássica de vapor, em kg/s, que flui através da turbina.

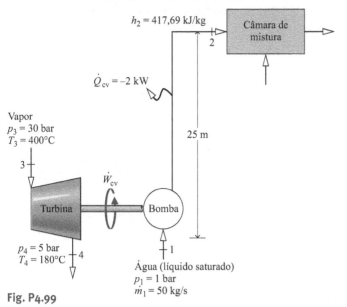

Fig. P4.99

4.100 Fluxos separados de vapor d'água e ar passam por um compressor e um trocador de calor em sistema como o representado na Fig. P4.100. Os dados para a operação em regime permanente encontram-se representados nela. A transferência de calor com as vizinhanças, bem como efeitos de energia cinética e potencial, pode ser desconsiderada, e pode-se assumir o modelo de gases ideais para o ar. Determine:
(a) a potência total requerida em ambos os compressores, em kW.
(b) a vazão mássica de água, em kg/s.

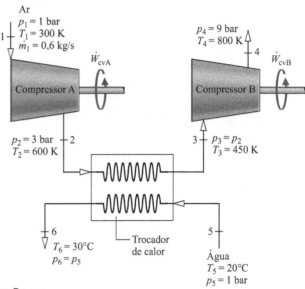

Fig. P4.100

4.101 A Fig. P4.101 ilustra um sistema de armazenamento de energia por meio de *bombagem hídrica* que opera em regime permanente, bombeando água de um reservatório com cota inferior para um reservatório com cota superior, usando a eletricidade armazenada *fora dos horários de pico* (veja a Seção 4.8.3). A água é bombeada para o reservatório superior com uma vazão volumétrica de 150 m^3/s, vencendo uma altura de 20 m. Não há variações significativas na temperatura, pressão ou energia cinética, entre a entrada e a saída. A transferência de calor da bomba para a vizinhança ocorre a uma taxa de 0,6 MW e g = 9,81 m/s^2. Determine a potência reque-

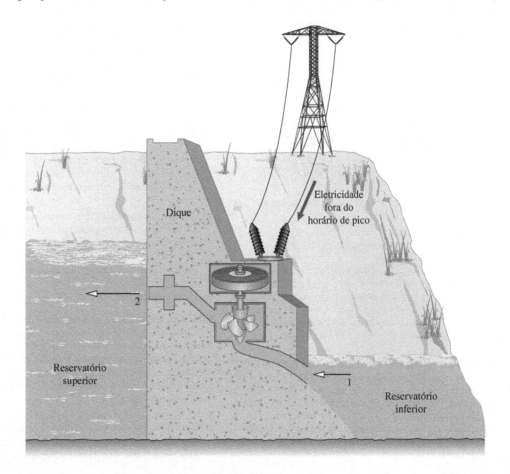

Fig. P4.101

rida pela bomba, em MW. Admitindo a mesma vazão volumétrica quando o sistema gera eletricidade *nos horários de pico* usando esta água, a potência será maior, menor, ou igual a potência da bomba? Explique.

4.102 A Fig. P4.102 fornece os dados da operação em regime permanente de uma instalação de potência a vapor simples. As perdas de calor e os efeitos das energias cinética e potencial podem ser desprezados. Determine (a) a eficiência térmica e (b) a vazão mássica da água de resfriamento em kg por kg de vapor em escoamento.

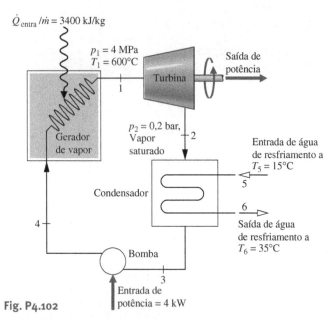

Fig. P4.102

4.103 A Fig. P4.103 fornece os dados da operação em regime permanente de um compressor e um trocador de calor. A potência de acionamento do compressor é de 50 kW. Conforme ilustrado na figura, nitrogênio (N_2) escoa pelo compressor e pelo trocador de calor com uma vazão mássica de 0,25 kg/s. O nitrogênio é modelado como um gás ideal. Um fluxo separado de hélio, modelado como um gás ideal com $k = 1,67$, também escoa pelo trocador de calor. As perdas de calor e os efeitos das energias cinética e potencial podem ser ignorados. Determine a vazão mássica de hélio, em kg/s.

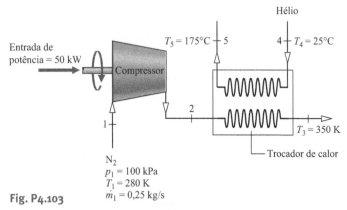

Fig. P4.103

4.104 A Fig. P4.104 fornece os dados da operação em regime permanente de um *sistema de cogeração* com vapor d'água a 20 bar, 360°C, entrando pela posição 1. A potência desenvolvida pelo sistema é de 2,2 MW. Vapor de processo sai pela posição 2 e água quente para outro processo sai pela posição indicada por 3. Calcule a taxa de transferência de calor, em MW, entre o sistema e sua vizinhança. Considere $g = 9,81$ m/s².

4.105 Conforme mostrado na Fig. P4.105, água quente de resíduos industriais a 15 bar, 180°C e com uma vazão mássica de 5 kg/s entra em um *separador* através de uma válvula. Líquido saturado e vapor saturado saem do separador em fluxos distintos, cada um a 4 bar. O vapor saturado entra na turbina e se expande até 0,08 bar e $x = 90$%. As perdas de calor e os efeitos das energias cinética e potencial podem ser ignorados. Para a operação em regime permanente, determine a potência, em hp, desenvolvida pela turbina.

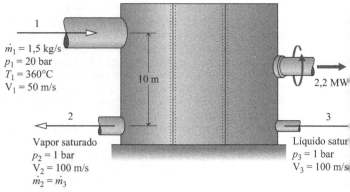

Fig. P4.104

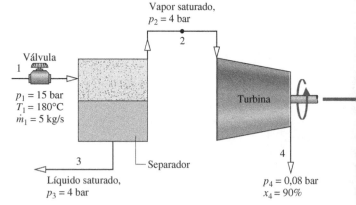

Fig. P4.105

4.106 Um ciclo de potência simples com base em uma turbina a gás operando em regime permanente, com ar como substância de trabalho, é mostrado na Fig. P4.106. Dentre os componentes do ciclo está um compressor de ar montado no mesmo eixo da turbina. O ar é aquecido no trocador de calor a alta pressão antes de entrar na turbina. O ar que sai da turbina é resfriado no trocador de calor a baixa pressão antes de retornar ao compressor. Os efeitos das energias cinética e potencial são desprezíveis. O compressor e a turbina operam adiabaticamente. Usando o modelo de gás ideal para o ar, determine a (a) potência requerida pelo compressor, em hp, (b) a potência de saída da turbina, em hp, e (c) a eficiência térmica do ciclo.

4.107 Um sistema de ar condicionado residencial opera em regime permanente, conforme ilustrado na Fig. P4.107. Refrigerante 22 circula nos componentes do sistema. Dados de propriedades em posições-chave são mostrados na figura. Considerando que o evaporador remove energia por transferência de calor do ar do ambiente a uma taxa de 600 Btu/min (10,5 kW), determine (a) a taxa de transferência de calor entre o compressor e a vizinhança, em Btu/min, e (b) o coeficiente de desempenho.

4.108 Fluxos separados de vapor e ar escoam ao longo do conjunto turbina-trocador de calor mostrado na Fig. P4.108. Os dados da operação em regime permanente são mostrados na figura. A transferência de calor para o ambiente pode ser desprezada, assim como todos os efeitos das energias cinética e potencial. Determine (a) T_3, em K, e (b) a potência da segunda turbina, em kW.

Análise Transiente

4.109 Um tanque rígido, cujo volume é de 10 L, encontra-se inicialmente evacuado. Um orifício se desenvolve na parede, e ar da vizinhança a 1 bar, 25°C, é admitido até que a pressão no tanque atinja 1 bar. A transferência de calor entre os conteúdos do tanque e a vizinhança é desprezível. Admitindo o modelo de gás ideal com $k = 1,4$ para o ar, determine (a) a temperatura final no interior do tanque em °C, e (b) a quantidade de ar que penetra no tanque, em g.

4.110 Um tanque cujo volume é de 0,01 m³ encontra-se inicialmente evacuado. Um orifício se desenvolve na parede, e ar da vizinhança a 21°C, 1 bar, é admitido até que a pressão no tanque atinja 1 bar. Considerando que a temperatura final do ar no tanque é de 21°C, determine (a) a massa

Análise do Volume de Controle Utilizando Energia   **187**

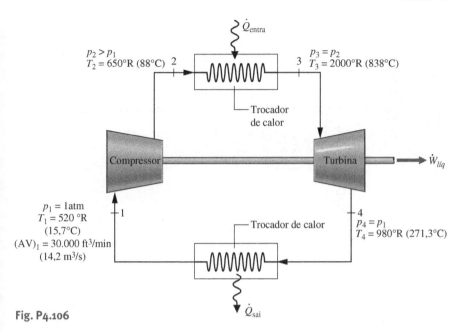

Fig. P4.106

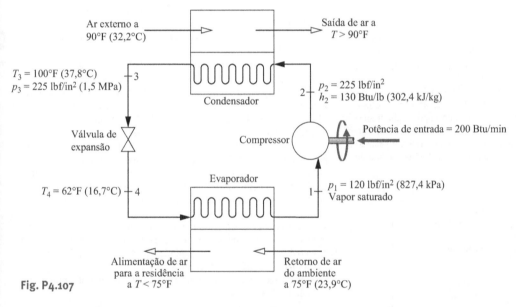

Fig. P4.107

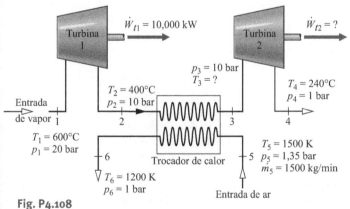

Fig. P4.108

final no interior do tanque em g, e (b) a transferência de calor entre os conteúdos do tanque e a vizinhança, em kJ.

4.111 Um tanque rígido com 2 m³ de volume contendo ar, inicialmente a 1 bar, 295 K, é conectado por meio de uma válvula a um grande recipiente que armazena ar a 6 bar e 295 K. A válvula é aberta apenas o tempo necessário para encher o tanque com ar até uma pressão de 6 bar e uma temperatura de 350 K. Admitindo o modelo de gás ideal para o ar, determine e a transferência de calor entre os conteúdos do tanque e sua vizinhança, em kJ.

4.112 Um tanque rígido e isolado de 0,5 m³ de volume está conectado por meio de uma válvula a um grande recipiente contendo vapor a 40 bar, 500°C. O tanque inicialmente encontra-se evacuado. A válvula é aberta apenas o tempo necessário para encher o tanque com vapor até uma pressão de 20 bar. Determine a temperatura final do vapor no tanque, em °C, e a massa final de vapor no tanque, em kg.

4.113 Um tanque rígido e isolado de 10 ft³ (0,28 m³) está conectado, por meio de uma válvula, a uma grande linha de vapor através da qual o vapor escoa a 500 lbf/in² (3,4 MPa) e 800°F (426,7°C). O tanque inicialmente encontra-se evacuado. A válvula é aberta apenas o tempo necessário para encher o tanque com vapor até uma pressão de 500 lbf/in². Determine a temperatura final do vapor no tanque, em °F, e a massa final de vapor no tanque, em lb.

4.114 A Fig. P4.114 apresenta os dados de operação de um sistema de armazenamento de energia por meio de *ar comprimido*, usando a eletricidade armazenada *fora dos horários de pico* para alimentar um compressor que fornece ar pressurizado a uma caverna (veja a Seção 4.8.3). A caverna ilustrada na figura tem 10⁵ m³ de volume e inicialmente mantém ar a 290 K, 1 bar, que corresponde ao ar ambiente. Após o fornecimento de ar, o ar na caverna se encontra a 790 K e 21 bar. Admitindo o modelo de gás ideal para o ar, determine (a) as massas inicial e final do ar na caverna, ambas em kg, e (b) o trabalho requerido pelo compressor, em GJ. Ignore a transferência de calor e os efeitos das energias cinética e potencial.

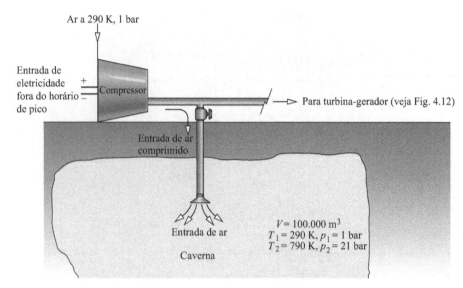

Fig. P4.114

4.115 Um tanque rígido de 0,5 m³ de volume contém amônia inicialmente a 20°C, 1,5 bar, e encontra-se conectado, por meio de uma válvula, a uma grande linha de alimentação que transporta amônia a 12 bar, 60°C. A válvula é aberta apenas o tempo necessário para encher o tanque com amônia adicional, levando a massa total de amônia no tanque a 143,36 kg. No estado final, o tanque contém uma mistura bifásica líquido-vapor a 20°C. Determine a transferência de calor entre os conteúdos do tanque e a vizinhança, em kJ, ignorando os efeitos das energias cinética e potencial.

4.116 Conforme ilustrado na Fig. P4.116, um tanque de 247,5 ft³ (7 m³) contém vapor d'água saturado inicialmente a 30 lbf/in² (206,8 kPa). O tanque está conectado a uma grande linha através da qual o vapor d'água escoa a 180 lbf/in² (1,24 MPa) e 450°F (232,2°C). Vapor d'água escoa no tanque através de uma válvula até que 2,9 lb do vapor tenham sido adicionados ao tanque. Nesse instante a válvula é fechada e a pressão no tanque é 40 lbf/in². Determine o volume específico, em ft3/lb, no estado final do volume e a magnitude e a direção da troca de calor entre o tanque e sua vizinhança, em Btu.

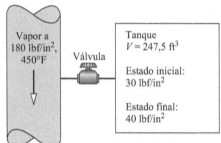

Fig. P4.116

4.117 Um tanque rígido de cobre contendo inicialmente 1 m³ de ar a 295 K, 5 bar, encontra-se conectado, por meio de uma válvula, a uma grande linha de alimentação que transporta ar a 295 K, 15 bar. A válvula é aberta apenas o tempo necessário para encher o tanque com ar até uma pressão de 15 bar. No estado final, o ar no tanque se encontra a 310 K. O tanque de cobre, cuja massa é de 20 kg, está a mesma temperatura do ar no tanque, nos estados inicial e final. O calor específico do cobre é $c = 0,385$ kJ/kg · K. Admitindo o comportamento de gás ideal para o ar, determine (a) as massas inicial e final do ar no tanque, ambas em kg, e (b) a transferência de calor do tanque e seus conteúdos para a vizinhança, em kJ, ignorando os efeitos das energias cinética e potencial.

4.118 Um tanque rígido e isolado contendo inicialmente 0,4 m³ de vapor d'água saturado a 3,5 bar, é conectado por meio de uma válvula a um grande recipiente que armazena vapor a 15 bar e 320°C. A válvula é aberta apenas o tempo necessário para levar a pressão do tanque a 15 bar. Determine, para os conteúdos do tanque, a temperatura final, em °C, e a massa final, em kg.

4.119 Um tanque rígido e bem isolado, cujo volume inicial é de 0,9 m³, encontra-se inicialmente evacuado. No tempo $t = 0$, o ar da vizinhança a 1 bar, 27°C, começa a fluir para o interior do tanque. Um resistor elétrico transfere energia para o ar no tanque durante 5 min e, nesse instante, a pressão no tanque é 1 bar e $T = 457$°C. Qual é a potência transferida, em KW?

4.120 Um tanque rígido e bem isolado de 15 m³ de volume está conectado a uma grande linha através da qual o vapor d'água escoa a 1 MPa e 320°C. O tanque inicialmente encontra-se evacuado. Vapor d'água escoa no tanque até que a pressão em seu interior seja igual a p.
(a) Determine a quantidade de massa no tanque, em kg, e a temperatura, em °C, quando $p = 500$ KPa.
(b) Esboce graficamente as grandezas do item (a) versus p no intervalo entre 0 e 500 KPa.

4.121 Um aquecedor de água com capacidade de 50 galões (189,27 L) encontra-se representado na Fig. P4.121. A água no interior do tanque tem uma temperatura inicial de 120°F (48,9°C). Quando a torneira de um chuveiro é aberta, a água flui do tanque a uma vazão de 0,47 lb/s (213,2 g/s) e é adicionada água a 40°F (4,4°F) para preencher novamente o tanque, a partir de um sistema de distribuição externo. A água no tanque recebe energia a uma taxa de 40.000 Btu/h (42,2 MJ), a partir de uma resistência elétrica. Se a água no interior do tanque estiver eficientemente misturada, a temperatura pode ser considerada uniforme por todo o volume. O tanque é bem isolado e podem ser desconsideradas as perdas de energia por dispersão térmica com as vizinhanças. Desprezando efeitos de energia cinética e potencial, assumindo também como desprezível a variação de pressão entre a entrada e a saída do tanque, e assumindo o modelo de substância incompressível para a água, com densidade 62,28 lb/ft³ (997,63 kg/m3) com capacidade calorífica 1,0 Btu/lb · °R (4,1868 kJ/kg · K), esboce um gráfico da temperatura da água, em °F, contra o tempo, em um intervalo de $t = 0$ até $t = 20$ min.

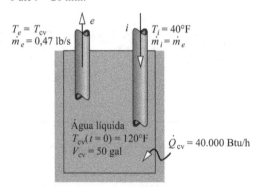

Fig. P4.121

4.122 Um tanque rígido de 0,1 m³ de volume inicialmente contém uma mistura bifásica líquido-vapor de água a 1 bar e 1% de título. A água é aquecida em dois estágios:

Estágio 1: Aquecimento a volume constante até a pressão de 20 bar.

Estágio 2: Continuação do aquecimento, enquanto o vapor d'água saturado é lentamente retirado do tanque a uma pressão constante de 20 bar. O aquecimento cessa quando toda a água restante no tanque se encontrar como vapor saturado a 20 bar.

Calcule para a água a transferência de calor, em kJ, para ambos os estágios de aquecimento. Ignore os efeitos das energias cinética e potencial.

4.123 Um tanque rígido e isolado de 50 ft³ (1,4 m³) de volume inicialmente contém uma mistura bifásica líquido-vapor de amônia a 100°F (37,8°C) e 1,9% de título. Vapor saturado é removido lentamente do tanque até que a mistura bifásica líquido-vapor de amônia permaneça a 80°F (26,7°C). Determine as massas inicial e final de amônia no tanque, ambas em lb.

4.124 Uma panela de pressão com um volume de 0,011 m³ contém, inicialmente, uma mistura líquido-vapor de água a uma temperatura de 100°C, com título 10%. À medida que a água é aquecida sob volume constante, a pressão aumenta para 2 bar e o título aumenta para 18,9%. Com a continuação do aquecimento, a válvula de controle de pressão mantém o sistema constante no interior da panela em 2 bar permitindo que o vapor, nessa pressão (2 bar), escape do sistema. Desconsiderando efeitos de energia cinética e potencial,
(a) determine o título da água no estado inicial para o qual inicia o escape do vapor (estado 2) e a quantidade de calor transferido, em kJ, até alcançar este estado.
(b) determine a massa de água final na panela, em kg, e a quantidade adicional de calor transferido, em kJ, se o aquecimento continuasse do estado 2 até que o título seja 1,0.
(c) elabore um gráfico das duas propriedades solicitadas no item (b) em função do título, aumentando entre o estado 2 e 100%.

4.125 Um tanque rígido bem isolado, cujo volume é de 8 ft³ (0,23 m³), inicialmente contém CO₂ a 180°F (82,2°C) e 40 lbf/in² (275,8 kPa). Uma válvula conectada ao tanque é aberta e CO₂ é retirado lentamente, até que a pressão no interior do tanque baixe para p. Um resistor elétrico no interior do tanque mantém a temperatura em 180°F. Modelando o CO₂ como um gás ideal e negligenciando os efeitos das energias potencial e cinética,
(a) determine a massa de CO₂ retirada, em lb, e a energia fornecida ao resistor, em Btu, quando p = 22 lbf/in² (151,7 kPa).
(b) esboce graficamente as grandezas do item (a) *versus* p no intervalo entre 15 e 40 lbf/in² (103,4 kPa e 275,8 kPa).

4.126 Um tanque de 1,2 m³ de volume inicialmente contém vapor d'água a 8 MPa e 400°C. Vapor d'água é retirado lentamente do tanque até que a pressão caia para p. A transferência de calor dos produtos do tanque mantém a temperatura constante em 400°C. Abandonando todos os efeitos das energias cinética e potencial e considerando a entalpia específica do vapor que sai leneal em relação à massa no tanque,
(a) determine a transferência de calor, em kJ, se p = 2 MPa.
(b) esboce graficamente a transferência de calor, em kJ, *versus* p entre 0,5 e 8 MPa.

4.127 Uma panela convencional contém 0,5 L de água a 20°C e 1 bar, ela é posicionada acima de um queimador de fogão. Uma vez que o queimador é acionado, a água é gradualmente aquecida a uma taxa de 0,85 kW, enquanto a pressão é mantida constante. Após algum tempo, inicia-se a ebulição da água, que continua até que toda a massa seja evaporada. Determine
(a) o tempo necessário para iniciar a evaporação, em s.
(b) o tempo necessário para evaporar completamente a água, após o início da ebulição, em s.

4.128 Um tanque rígido de 1 m³ contém gás nitrogênio inicialmente a 10 bar, 300 K. A transferência de calor para os produtos do tanque ocorre até que a temperatura tenha se elevado para 400 K. Durante o processo, uma válvula de alívio de pressão permite que o nitrogênio escape mantendo a pressão constante no tanque. Desprezando os efeitos das energias cinética e potencial e usando o modelo de gás ideal com calores específicos constantes e avaliados a 350 K, determine a massa de nitrogênio, em kg, que escapou juntamente com a quantidade de energia transferida por calor, em kJ.

4.129 De modo a conservar os equipamentos, o suprimento de ar de um escritório de 2000 ft³ (56,6 m³) é fechado durante a noite e a temperatura ambiente cai para 40°F (4,4°C). Pela manhã, um funcionário regula o termostato para 70°F (21,1°C), e 200 ft³/min (0,09 m³/s) de ar a 120°F (48,9°C) começam a escoar através de uma linha de alimentação. O ar é bem misturado no interior do ambiente, e uma vazão mássica de ar à temperatura ambiente é retirada através de um duto de retorno. A pressão do ar é praticamente igual a 1 atm no processo. Ignorando a transferência de calor para a vizinhança e os efeitos das energias cinética e potencial, estime o tempo necessário para que a temperatura do ambiente atinja 70°F. Esboce graficamente a temperatura do ambiente como uma função do tempo.

4.130 O procedimento para inflar um balão de ar quente requer um ventilador para deslocar uma quantidade inicial de ar para dentro dele, seguido por uma transferência de calor, proporcionada por um sistema de queima de propano para completar o processo. Após o funcionamento do ventilador por 10 minutos, com uma transferência de calor desprezível em relação às vizinhanças, o ar em um balão inicialmente vazio alcança uma temperatura de 80°F (26,7°C) e um volume de 49.100 ft³ (1390,36 m³). Nesse estágio, o queimador de propano fornece energia por transferência de calor à medida que o ar continua a fluir para dentro do balão, sem a utilização do ventilador, até que o ar no balão alcance um volume de 65.425 ft³ (1852,63 m³) e uma temperatura de 210°F. O ar externo ao balão tem uma temperatura de 77°F (98,9°C) e uma pressão de 14,7 lbf/in² (101,3 kPa). A taxa líquida de transferência de calor é 7 × 10⁶ Btu/h (7,385 × 10⁶ kJ/h). Ignorando efeitos de energia cinética e potencial, assumindo o comportamento ideal para o ar e assumindo que a pressão no interior do balão permanece igual àquela do ar que o cerca, determine:
(a) a potência necessária para o funcionamento do ventilador, em hp.
(b) o tempo necessário para inflar completamente o balão, em min.

PROJETOS E PROBLEMAS EM ABERTO: EXPLORANDO A PRÁTICA DE ENGENHARIA

4.1P Usando a internet, identifique no mínimo cinco aplicações médicas da tecnologia *MEMS*. Em cada caso, explique a base científica e tecnológica para a aplicação, discuta o estado atual da pesquisa e determine quão perto a tecnologia está em termos de comercialização. Escreva um relatório com os resultados de sua pesquisa incluindo, no mínimo, três referências.

4.2P Um grupo de células, chamadas células do *nó sinusal*, funciona como um marcapasso natural do coração, controlando o batimento cardíaco. Uma disfunção do nó sinusal dá origem à condição médica conhecida como *arritmia* cardíaca: batimento cardíaco irregular. As arritmias significativas são tratadas de várias maneiras, incluindo o uso de um marcapasso artificial, que é um dispositivo elétrico que envia os sinais necessários para fazer o coração bater corretamente. Pesquise como os marcapassos natural e artificial operam para atingir o objetivo de manter o batimento cardíaco regular. Coloque o resultado de sua pesquisa em um relatório, incluindo esboços de cada tipo de marcapasso.

4.3P Conduza um projeto com prazo estabelecido focado no uso das turbinas para *baixas velocidades* de vento para satisfazer as necessidades de eletricidade de pequenas empresas, fazendas ou vizinhanças selecionadas por seu grupo de projeto ou designadas para ele. Você pode levar diversos dias para pesquisar sobre o projeto e, então, preparar uma breve proposta com a descrição da finalidade, de uma lista dos objetivos e das diversas referências utilizadas. Como parte da sua proposta anote as medições locais da velocidade do vento de pelo menos três dias diferentes para atingir uma boa correspondência entre os requisitos das turbinas para baixas velocidades de vento candidatas e as condições locais. Sua proposta também deve reconhecer a necessidade do cumprimento dos códigos de zoneamento em vigor. Durante o projeto, observe os procedimentos para um bom projeto, como os discutidos na Seção 1.3 do *Thermal Design and Optimization*, John Wiley & Sons Inc., New York, 1996, por A. Bejan, G. Tsatsaronis e M. J. Moran. Escreva um relatório final bem documentado, incluindo uma avaliação da viabilidade econômica da turbina selecionada para a aplicação considerada.

4.4P A geração de eletricidade por meio do aproveitamento das correntes, marés e ondas tem sido mundialmente estudada. A eletricidade pode ser gerada a partir das correntes usando turbinas marítimas, conforme ilustrado na Fig. P4.4P. A eletricidade também pode ser gerada a partir do *movimento de ondulação* das ondas usando boias ligadas a um sistema. Meios semelhantes podem ser usados para gerar energia a partir do movimento das marés. Embora as correntes e as ondas tenham sido por muito tempo utilizadas para alcançar uma escala relativamente modesta de potência, atualmente muitos observadores estão pensando nos sistemas de geração de potência em larga escala. Alguns veem os oceanos como provedores de uma fonte quase ilimitada e renovável de potência. Avalie de maneira crítica a viabilidade da geração de potência em larga escala a partir das correntes e/ou das ondas até 2025, considerando as águas costeiras, os estuários ou os rios de um local dos Estados Unidos. Considere os fatores técnicos e econômicos e os efeitos sobre o ecossistema. Escreva um relatório incluindo no mínimo três referências.

4.5P Em virtude do tamanho relativamente compacto, da construção simples e da modesta necessidade de energia, as bombas de sangue do tipo centrífuga estão sob consideração com relação a diversas aplicações médicas. Apesar disso, as bombas centrífugas têm obtido sucesso limitado por enquanto para fluxo sanguíneo porque podem causar danos às células do sangue e estão sujeitas a falha mecânica. A meta dos esforços atuais de desenvolvimento é um dispositivo com biocompatibilidade a longo prazo, desempenho e confiabilidade suficientes para possibilitar uma ampla utilização. Investigue o estado de desenvolvimento da bomba de sangue centrífuga, inclusive identificando os principais desafios técnicos e as possibilidades de superá-los. Resuma os resultados de sua pesquisa em um relatório incluindo no mínimo três referências.

4.6P Elabore um experimento para determinar a energia (em kW-h) necessária para evaporar completamente uma quantidade fixa de água. Para este experimento, determine procedimentos, por escrito, que incluam a identificação de todos os equipamentos necessários e todas as especificações de cálculos a serem realizados. Conduza o experimento proposto, organizando seus resultados em um relatório.

4.7P Realize um levantamento de informações sobre o sistema de água no seu município. Elabore um diagrama que seja capaz de mapear a água, desde sua fonte original, através do sistema de tratamento, estocagem e sistemas distribuição, até os sistemas de coleta de esgoto, tratamento e eliminação. Identifique etapas desses processos que operem em regime permanente e em regime transiente, os dispositivos envolvidos e incorporados nesses sistemas para alcançar o fluxo, a estocagem e o tratamento necessários. Resuma seu levantamento em uma apresentação.

4.8P A literatura técnica contém discussões sobre as formas de utilização de sistemas de turbinas eólicas com espécies de pipas presas a cabos para captar a energia dos ventos de altas altitudes, incluindo correntes de jatos em altitudes de 6 a 15 km (4 a 9 milhas). Analistas estimam que se esses sistemas forem implantados em número suficiente, poderiam atender a uma parcela significativa da demanda total de eletrici-

Fig. P4.4P

dade dos Estados Unidos. Avalie criticamente a viabilidade de um desses sistemas, selecionado a partir da literatura existente, estar totalmente operacional até 2025. Considere os meios para implantar o sistema para a altitude apropriada, como a potência desenvolvida é transferida para a terra, os requisitos de infraestrutura, o impacto ambiental, os custos e outras questões pertinentes. Escreva um relatório com pelo menos três referências.

4.9P Faça uma *engenharia reversa* em um secador de cabelos portátil, desconectando o dispositivo em seus componentes individuais. Disponha os componentes em uma prancheta de apresentação para ilustrar como estas partes são conectadas no dispositivo, nomeando cada uma delas. Próximo a cada componente, identifique sua função e descreva o seu princípio fundamental de operação (quando for o caso). Inclua uma representação do fluxo de massa e energia através do secador de cabelo quando em operação. Realize uma apresentação utilizando a montagem sobre a prancheta.

4.10P *Sistemas integrados* residenciais capazes de gerar eletricidade *e* fornecer o aquecimento do espaço e o aquecimento de água irão reduzir a dependência da eletricidade fornecida pelas instalações centrais de potência. Para uma residência de 2500 ft^2 (232,3 m^2) em sua região, avalie duas tecnologias alternativas para o fornecimento de energia e aquecimento combinados: um sistema que se baseia na energia solar e um sistema com célula combustível alimentada por meio de gás natural. Para cada alternativa especifique o equipamento, avalie os custos, considerando o custo do sistema inicial, o custo de instalação e o custo operacional. Compare o custo total com o custo relacionado aos meios convencionais para o fornecimento de energia e o aquecimento da residência. Escreva um relatório com um resumo da sua análise, recomendando uma ou ambas as opções se elas forem preferíveis em comparação com os meios convencionais.

4.11P A Fig. P4.11P fornece o esquema de um dispositivo para a produção de um gás combustível para transporte a partir da biomassa. Embora diversos tipos de biomassa sólida possam ser empregados nos projetos dos gaseificadores atuais, utilizam-se normalmente cavacos de madeira. Os cavacos são introduzidos no topo da unidade de gaseificação. Abaixo desse nível de profundidade os cavacos reagem com o oxigênio na combustão do ar para produzir carvão. No próximo nível de profundidade o carvão reage com os gases quentes da combustão do estágio da formação de carvão para produzir um gás combustível consistindo basicamente em hidrogênio, monóxido de carbono e nitrogênio a partir da combustão do ar. O gás combustível é então resfriado, filtrado e conduzido ao motor de combustão interna pelo gaseificador. Avalie criticamente a conveniência dessa tecnologia atualmente para transporte no caso de uma escassez de petróleo prolongada em sua região. Documente suas conclusões em um relatório.

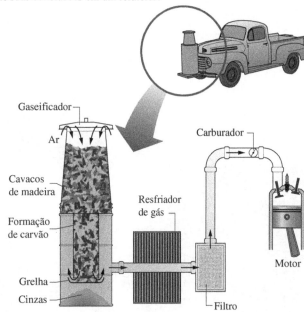

Fig. P4.11P

A mistura de diferentes substâncias em composições ou estados diferentes é uma das diversas *irreversibilidades* consideradas na Seção 5.3. ©Select Stock/iStockphoto.

CONTEXTO DE ENGENHARIA Até agora este texto considerou a análise termodinâmica utilizando os princípios da conservação de massa e da conservação de energia, juntamente com as relações entre as propriedades. Nos Caps. 2 a 4 esses fundamentos são aplicados a situações de complexidade crescente. Entretanto, os princípios de conservação nem sempre são suficientes, e frequentemente a segunda lei da termodinâmica faz-se também necessária para a análise termodinâmica. O **objetivo** deste capítulo é introduzir a segunda lei da termodinâmica. Algumas deduções que podem ser chamadas de corolários da segunda lei também são consideradas, incluindo os limites de desempenho para ciclos termodinâmicos. A apresentação em questão fornece a base para desenvolvimentos subsequentes envolvendo a segunda lei nos Caps. 6 e 7.

A Segunda Lei da Termodinâmica

> **RESULTADOS DE APRENDIZAGEM**
>
> *Quando você completar o estudo deste capítulo estará apto a...*
>
> - demonstrar conhecimento dos conceitos fundamentais relacionados com a segunda lei da termodinâmica, incluindo os enunciados alternativos da segunda lei, os processos internamente reversíveis e a escala de temperatura Kelvin.
> - listar diversas irreversibilidades importantes.
> - avaliar o desempenho dos ciclos de potência e dos ciclos de refrigeração e bomba de calor, usando, conforme apropriado, os corolários das Seções 5.6.2 e 5.7.2 e as Eqs. 5.9 a 5.11.
> - descrever o ciclo de Carnot.
> - interpretar a desigualdade de Clausius expressa pela Eq. 5.13.

5.1 Introduzindo a Segunda Lei

Os objetivos da presente seção são

1. estimular a percepção da necessidade e da utilidade da segunda lei.
2. introduzir os enunciados da segunda lei que servem como ponto de partida para sua aplicação.

5.1.1 Estimulando o Uso da Segunda Lei

A experiência diária mostra que há um sentido definido para os processos *espontâneos*. Isso pode ser ilustrado considerando-se os três sistemas mostrados na Fig. 5.1.

▶ Sistema a. Um objeto a uma temperatura elevada T_i colocado em contato com o ar atmosférico à temperatura T_0 eventualmente se resfria até atingir a temperatura da sua vizinhança de dimensão muito maior, conforme ilustrado na Fig. 5.1a. De acordo com o princípio da conservação da energia, o decréscimo de energia interna do corpo se traduz por um aumento na energia interna da vizinhança. O processo *inverso* não ocorreria *espontaneamente*, mesmo que a energia pudesse ser conservada: a energia interna da vizinhança não diminuiria espontaneamente enquanto o corpo se aquecesse de T_0 até sua temperatura inicial.
▶ Sistema b. O ar mantido a uma alta pressão p_i em um tanque fechado escoa espontaneamente para a vizinhança a uma pressão mais baixa p_0 quando a válvula é aberta, conforme ilustrado na Fig. 5.1b. Por fim, a movimentação do fluido cessa e todo o ar está com a mesma pressão de sua vizinhança. Baseado na experiência, deve estar claro que o processo *inverso* não ocorreria *espontaneamente*, mesmo que a energia pudesse ser conservada: o ar não retornaria espontaneamente para o tanque a partir da sua vizinhança à pressão p_0, conduzindo a pressão ao seu valor inicial.
▶ Sistema c. A massa suspensa por um cabo a uma altura z_i cai quando liberada, conforme ilustrado na Fig. 5.1c. Quando atinge o repouso, a energia potencial da massa na sua condição inicial se transforma em um aumento na energia interna da massa e da sua vizinhança, de acordo com o princípio da conservação da energia. Por fim, a massa também atinge a temperatura da sua vizinhança de dimensão muito maior. O processo *inverso* não ocorreria *espontaneamente*, mesmo que a energia pudesse ser conservada: a massa não retornaria espontaneamente a sua altura inicial enquanto a sua energia interna e/ou a de sua vizinhança diminuiria.

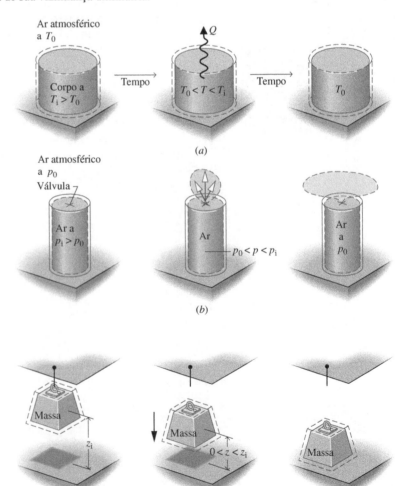

Fig. 5.1 Ilustrações de processos espontâneos e do alcance eventual do equilíbrio com as vizinhanças.
(a) Transferência de calor espontânea. (b) Expansão espontânea. (c) Massa em queda.

Em cada caso considerado a condição inicial do sistema pode ser restabelecida, mas não por meio de um processo espontâneo. Alguns dispositivos auxiliares seriam necessários. Por esses meios auxiliares o objeto poderia ser reaquecido até a sua temperatura inicial, o ar poderia retornar ao tanque e sua pressão inicial ser restabelecida e a massa poderia ser erguida até a sua altura inicial. Também em cada caso o fornecimento de um combustível ou eletricidade seria necessário para o funcionamento dos dispositivos auxiliares, resultando em uma mudança permanente na condição das vizinhanças.

Conclusões Adicionais

Essa discussão indica que nem todo processo consistente com o princípio da conservação da energia pode ocorrer. Geralmente, um balanço de energia por si só não permite indicar o sentido preferencial nem distinguir os processos que podem ocorrer daqueles que não podem. Em casos elementares como os considerados na Fig. 5.1, a experiência pode ser usada para deduzir se determinados processos espontâneos ocorrem e quais seriam as suas direções. Para casos mais complexos, em que falta experiência ou esta é imprecisa, seria útil uma linha de ação. Isso é fornecido pela *segunda lei*.

Essa discussão também indica que, quando não perturbados, os sistemas tendem a sofrer mudanças espontâneas até atingir uma condição de equilíbrio, tanto internamente quanto com suas vizinhanças. Em alguns casos o equilíbrio é alcançado rapidamente, em outros é atingido lentamente. Por exemplo, algumas reações químicas atingem o equilíbrio em fração de segundos; um cubo de gelo precisa de poucos minutos para derreter; e pode levar anos para uma barra de ferro enferrujar completamente. Tanto o processo rápido quanto o lento devem, obviamente, satisfazer ao princípio da conservação da energia. Entretanto, esse princípio por si só seria insuficiente para determinar o estado final de equilíbrio. Outro princípio geral é necessário. Isso é fornecido pela *segunda lei*.

> **BIOCONEXÕES** Você já desejou saber por que uma banana colocada em uma bolsa fechada ou em um congelador amadurece rapidamente? A resposta está no etileno, C_2H_4, produzido naturalmente pelas bananas, tomates e outras frutas e vegetais. O etileno é o hormônio da planta que afeta o crescimento e o desenvolvimento. Quando uma banana é colocada em um recipiente fechado, o etileno se acumula e estimula a produção de mais etileno. Essa realimentação positiva resulta em mais e mais etileno, em um amadurecimento e envelhecimento acelerados, até estragar. Em termos termodinâmicos, se a banana fosse deixada sozinha tenderia a sofrer mudanças espontâneas até que o equilíbrio fosse alcançado. Os plantadores aprenderam a tirar vantagem desse processo natural. Tomates colhidos ainda verdes e transportados a mercados distantes podem tornar-se vermelhos até que cheguem ao seu destino; caso contrário, eles podem ser induzidos a amadurecer por meio de um spray de etileno.

5.1.2 Oportunidades para Desenvolver Trabalho

Explorando os processos espontâneos mostrados na Fig. 5.1 é possível, em princípio, desenvolver trabalho à medida que o equilíbrio é atingido.

▶ **POR EXEMPLO** em vez de permitir que o corpo da Fig. 5.1a resfrie espontaneamente sem nenhum outro resultado, a energia através de transferência de calor poderia ser fornecida a um sistema percorrendo um ciclo de potência que desenvolveria uma quantidade líquida de trabalho (Seção 2.6). Uma vez que o objeto atingisse o equilíbrio com a vizinhança, o processo terminaria. Embora exista uma *oportunidade* para desenvolver trabalho nesse caso, a oportunidade seria desperdiçada se fosse permitido ao corpo se resfriar sem desenvolver trabalho algum. No caso da Fig. 5.1b, em vez de se permitir que o ar se expanda sem objetivo para a vizinhança com pressão mais baixa a corrente de ar poderia ser conduzida através de uma turbina, desenvolvendo trabalho. Consequentemente, nesse caso existe também a possibilidade de desenvolver trabalho que não seria explorada em um processo sem controle. No caso da Fig. 5.1c, em vez de se permitir que a massa caia de uma maneira descontrolada ela poderia ser baixada gradualmente de maneira a girar uma roda, levantar outra massa, e assim por diante. ◀ ◀ ◀ ◀

Essas considerações podem ser resumidas observando-se que, quando existe um desequilíbrio entre dois sistemas, há uma oportunidade para o desenvolvimento de trabalho que seria irrevogavelmente perdida se fosse permitido aos sistemas chegar ao equilíbrio de uma maneira descontrolada. Reconhecendo essa possibilidade para realizar trabalho, podemos formular duas perguntas:

1. Qual é o valor máximo teórico para o trabalho que poderia ser obtido?
2. Quais são os fatores que impediriam a realização do valor máximo?

A existência de um valor máximo encontra-se em total acordo com a experiência, e uma vez que fosse possível desenvolver trabalho ilimitado poucas preocupações seriam manifestadas acerca de nossas reservas de combustível fóssil cada vez menores. Também está de acordo com a experiência a ideia de que mesmo os melhores dispositivos estariam sujeitos a fatores como o atrito, que os impediriam de atingir o trabalho máximo teórico. A segunda lei da termodinâmica fornece os meios para determinar o máximo teórico e avaliar quantitativamente os fatores que impedem o seu alcance.

5.1.3 Aspectos da Segunda Lei

Concluindo a introdução apresentada a respeito da segunda lei, observa-se que essa e as deduções a partir dela levam a muitas aplicações importantes, incluindo meios para:

1. prever o sentido dos processos.
2. estabelecer condições para o equilíbrio.
3. determinar o melhor desempenho *teórico* de ciclos, motores e outros dispositivos.
4. avaliar quantitativamente os fatores que impedem o alcance do melhor nível de desempenho teórico.

Outras utilizações da segunda lei incluem:

5. definir uma escala de temperatura independente das propriedades de qualquer substância termométrica.
6. desenvolver meios para avaliar propriedades como u e h em termos de propriedades que são mais fáceis de obter experimentalmente.

Os cientistas e engenheiros encontraram muitas outras aplicações da segunda lei e das deduções a partir dela. Ela também tem sido utilizada em economia, filosofia e em outras disciplinas, além da termodinâmica aplicada à engenharia.

TOME NOTA...
Não há um enunciado único da segunda lei que aborde cada um dos seus muitos aspectos.

Os seis pontos listados podem ser vistos como aspectos da segunda lei da termodinâmica, e não como ideias independentes e sem relação alguma. Contudo, dada a variedade dessas áreas de aplicação é fácil entender por que não existe um enunciado da segunda lei simples que contemple claramente cada uma delas. Existem várias formulações alternativas, ainda que equivalentes, da segunda lei.

Na próxima seção três enunciados equivalentes da segunda lei são apresentados como um *ponto de partida* para o nosso estudo da segunda lei e de suas consequências. Embora a relação exata entre essas formulações particulares e cada um dos aspectos da segunda lei aqui listados possa não ser imediatamente perceptível, todos os aspectos apresentados podem ser obtidos através de deduções a partir dessas formulações ou de seus corolários. É importante acrescentar que em cada exemplo em que uma consequência da segunda lei foi testada direta ou indiretamente, por meio de experimentos, ela foi infalivelmente confirmada. Consequentemente, a base da segunda lei da termodinâmica, como qualquer outra lei física, é a evidência experimental.

5.2 Enunciados da Segunda Lei

Três enunciados alternativos da segunda lei da termodinâmica são dados nesta seção. Eles são os enunciados (1) de Clausius, (2) de Kelvin-Planck e (3) da entropia. Os enunciados de Clausius e de Kelvin-Planck são formulações tradicionais da segunda lei. Provavelmente você já os estudou anteriormente em um curso introdutório de física.

Embora o enunciado de Clausius esteja mais de acordo com a experiência e, portanto, seja mais fácil de ser aceito, o enunciado de Kelvin-Planck fornece um meio mais eficaz para apresentar deduções oriundas da segunda lei, relacionadas a ciclos termodinâmicos, que são o foco do presente capítulo. O enunciado de Kelvin-Planck também enfatiza o enunciado da entropia. O enunciado da entropia é a forma mais eficaz da segunda lei para uma gama extremamente ampla de aplicações na engenharia. O enunciado da entropia é o foco do Cap. 6.

5.2.1 Enunciado de Clausius da Segunda Lei

enunciado de Clausius

O enunciado de Clausius da segunda lei afirma que:

É impossível para qualquer sistema operar de tal maneira que o único resultado seja a transferência de energia sob a forma de calor de um corpo mais frio para um corpo mais quente.

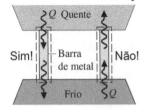

O enunciado de Clausius não exclui a possibilidade de transferência de energia sob a forma de calor de um corpo mais frio para um corpo mais quente, uma vez que é exatamente isso que os refrigeradores e bombas de calor realizam. Entretanto, conforme as palavras "único resultado" do enunciado sugerem, quando uma transferência de calor de um corpo mais frio para um corpo mais quente ocorre deve haver *outros efeitos* dentro do sistema realizando a transferência de calor, na sua vizinhança ou em ambos. Se o sistema opera em um ciclo termodinâmico, o seu estado inicial é restabelecido após cada ciclo, de modo que o único lugar que deve ser examinado à procura desses *outros* efeitos é a sua vizinhança.

▶ **POR EXEMPLO** a refrigeração de alimentos é geralmente obtida por refrigeradores movidos a motores elétricos que necessitam de energia de suas vizinhanças para operarem. O enunciado de Clausius indica que é impossível construir um ciclo de refrigeração que opere sem uma entrada de energia. ◀ ◀ ◀ ◀ ◀

5.2.2 Enunciado de Kelvin–Planck da Segunda Lei

reservatório térmico

Antes de fornecermos o enunciado de Kelvin–Planck da segunda lei, será apresentado o conceito de reservatório térmico. Um reservatório térmico, ou simplesmente um reservatório, é um tipo especial de sistema que sempre permanece à temperatura constante mesmo que seja adicionada ou removida energia através de transferência de calor. Um reservatório é obviamente uma idealização, mas esse sistema pode ser aproximado de várias maneiras — pela atmosfera terrestre, grandes corpos d'água (lagos, oceanos), um grande bloco de cobre e um sistema que consiste em duas fases a uma pressão especificada (enquanto a razão entre as massas das duas fases varia à medida que o sistema é aquecido ou resfriado à pressão constante, a temperatura permanece constante desde que ambas as fases coexistam). As propriedades extensivas de um reservatório térmico, tais como a energia interna, podem variar através de interações com outros sistemas, muito embora a temperatura do reservatório permaneça constante.

Tendo apresentado o conceito de reservatório térmico, fornecemos o enunciado de Kelvin–Planck da segunda lei:

É impossível para qualquer sistema operar em um ciclo termodinâmico e fornecer uma quantidade líquida de trabalho para a sua vizinhança enquanto recebe energia por transferência de calor de um único reservatório térmico.

O enunciado de Kelvin–Planck não exclui a possibilidade de um sistema desenvolver uma quantidade líquida de trabalho a partir de uma transferência de calor extraída de um único reservatório. Ele apenas nega essa possibilidade se o sistema percorrer um ciclo termodinâmico.

O enunciado de Kelvin–Planck pode ser expresso analiticamente. Para esse desenvolvimento, vamos estudar um sistema percorrendo um ciclo termodinâmico enquanto troca energia por transferência de calor com um único reservatório, conforme ilustrado pela figura. Tanto a primeira quanto a segunda lei impõem restrições:

▶ Uma restrição é imposta pela primeira lei sobre o trabalho líquido e a transferência de calor entre o sistema e sua vizinhança. De acordo com o balanço de energia do ciclo (veja a Eq. 2.40 na Seção 2.6),

$$W_{ciclo} = Q_{ciclo}$$

Resumindo, o trabalho líquido realizado pelo (ou sobre o) sistema percorrendo um ciclo é igual à transferência líquida de calor para (ou do) o sistema. Embora o balanço de energia do ciclo permita que o trabalho líquido W_{ciclo} seja positivo *ou* negativo, a segunda lei impõe uma restrição, como é considerado a seguir.

▶ De acordo com o enunciado de Kelvin–Planck, um sistema percorrendo um ciclo enquanto se comunica termicamente com um único reservatório *não pode* fornecer uma quantidade líquida de trabalho para a sua vizinhança. O trabalho líquido do ciclo *não pode* ser positivo. Porém, o enunciado de Kelvin–Planck não exclui a possibilidade de que exista uma transferência líquida de energia sob a forma de trabalho *para* o sistema durante o ciclo *ou* de que o trabalho líquido seja zero. Assim, a forma analítica do enunciado de Kelvin–Planck é

$$W_{ciclo} \leq 0 \quad \text{(reservatório único)} \tag{5.1}$$

em que as palavras *reservatório único* são adicionadas para enfatizar que o sistema se comunica termicamente com um único reservatório conforme executa o ciclo. Na Seção 5.4 associamos os sinais "menor que" e "igual a" da Eq. 5.1 com a presença e a ausência de *irreversibilidades internas*, respectivamente. O conceito de irreversibilidade é considerado na Seção 5.3.

A equivalência entre os enunciados de Clausius e Kelvin–Planck pode ser demonstrada pela verificação de que a violação de cada enunciado implica na violação do outro. Para detalhes, veja o boxe.

Demonstrando a Equivalência entre os Enunciados de Clausius e Kelvin–Planck

A equivalência entre os enunciados de Clausius e Kelvin–Planck é demonstrada pela verificação de que a violação de cada enunciado implica na violação do outro. O fato de que a violação do enunciado de Clausius implica na violação do enunciado de Kelvin–Planck é prontamente mostrado usando a Fig. 5.2, que apresenta um reservatório quente, um reservatório frio e dois sistemas. O sistema à esquerda transfere a energia Q_C do reservatório frio para o reservatório quente por transferência de calor sem a ocorrência de outros efeitos, *violando assim o enunciado de Clausius*. O sistema à direita opera em um ciclo recebendo Q_H (maior do que Q_C) do reservatório quente, rejeitando Q_C para o reservatório frio e fornecendo trabalho W_{ciclo} para a vizinhança. Os fluxos de energia indicados na Fig. 5.2 ocorrem nos sentidos indicados pelas setas.

Considere o sistema *combinado* indicado pela linha pontilhada na Fig. 5.2, o qual consiste no reservatório frio e nos dois dispositivos. Podemos considerar que o sistema combinado executa um ciclo porque uma parte percorre um ciclo e as outras duas partes não sofrem variações líquidas em suas condições. Além disso, o sistema combinado recebe energia ($Q_H - Q_C$) por transferência de calor de um único reservatório, o reservatório quente, e produz uma quantidade equivalente de trabalho. Consequentemente, o sistema combinado viola o enunciado de Kelvin–Planck. Assim, uma violação do enunciado de Clausius implica a violação do enunciado de Kelvin–Planck. A equivalência entre os dois enunciados da segunda lei é demonstrada completamente quando também se mostra que uma violação do enunciado de Kelvin–Planck implica a violação do enunciado de Clausius. Isso é proposto como um exercício (veja o Problema 5.1, no final do capítulo).

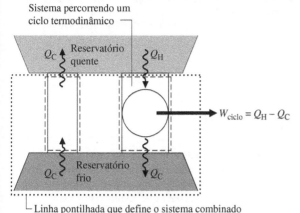

Fig. 5.2 Ilustração utilizada para demonstrar a equivalência entre os enunciados da segunda lei de Clausius e Kelvin–Planck.

5.2.3 Enunciado da Entropia da Segunda Lei

Massa e energia são exemplos familiares de propriedades extensivas de sistemas. A entropia é outra propriedade extensiva importante. Mostramos como a entropia é avaliada e aplicada nas análises de engenharia no Cap. 6, e aqui apresentamos diversos aspectos importantes.

Assim como a massa e a energia são *contabilizadas* nos balanços de massa e de energia, respectivamente, a entropia é contabilizada no *balanço de entropia*. Resumindo, o balanço de entropia estabelece:

$$\begin{bmatrix} \textit{variação} \text{ da quantidade} \\ \text{de entropia contida} \\ \text{no sistema durante} \\ \text{um certo intervalo} \\ \text{de tempo} \end{bmatrix} = \begin{bmatrix} \text{quantidade líquida} \\ \text{de entropia } \textit{transferida} \\ \textit{para dentro} \text{ através da} \\ \text{fronteira do sistema} \\ \text{durante o intervalo} \\ \text{de tempo} \end{bmatrix} + \begin{bmatrix} \text{quantidade de entropia} \\ \textit{produzida no interior} \\ \text{do sistema durante o} \\ \text{intervalo de tempo} \end{bmatrix} \quad (5.2)$$

Da mesma maneira que massa e energia, *a entropia pode ser transferida* através da fronteira do sistema. Para sistemas fechados há um único modo para a transferência de entropia — ou seja, a transferência de entropia acompanha a transferência de calor. Para volumes de controle a entropia também é transferida para dentro e para fora através de fluxos de matéria. Essas transferências de entropia são consideradas mais adiante, no Cap. 6.

Ao contrário da massa e da energia, que se conservam, a *entropia é produzida* (ou *gerada*) no interior de sistemas sempre que estão presentes condições *não ideais* (chamadas *irreversibilidades*), como o atrito. O enunciado da entropia da segunda lei estabelece:

enunciado da entropia da segunda lei

É impossível para qualquer sistema operar de uma maneira que a entropia seja destruída.

Segue que o termo de produção de entropia da Eq. 5.2 pode ser positivo ou nulo, mas *nunca* negativo. Assim, a produção de entropia indica se um processo é possível ou impossível.

5.2.4 Resumo da Segunda Lei

No restante deste capítulo aplicamos o enunciado de Kelvin–Planck da segunda lei para tirar conclusões sobre sistemas que percorrem ciclos termodinâmicos. O capítulo termina com uma discussão relativa à *desigualdade de Clausius* (Seção 5.11), que fornece a base para o desenvolvimento do conceito de entropia do Cap. 6. Essa é uma abordagem tradicional da segunda lei na termodinâmica aplicada à engenharia. Entretanto, a ordem pode ser invertida — ou seja, o enunciado da entropia pode ser adotado como ponto de partida para o estudo dos aspectos da segunda lei para sistemas. O quadro a seguir fornece um caminho alternativo para a segunda lei, tanto para professores quanto para estudantes.

Rota Alternativa para a Segunda Lei

▶ Examine a Seção 5.3, omitindo a Seção 5.3.2.
▶ Leia atentamente a discussão na Seção 6.7 até a Seção 6.7.2 para o balanço de entropia de um sistema fechado, considerando a Eq. 6.24. Omita o boxe que segue após a Eq. 6.25.
▶ Reavalie a Seção 6.1, iniciando com a Eq. 6.2a. Observação: os dados de entropia necessários para aplicar o balanço de entropia são obtidos, em princípio, utilizando a Eq. 6.2a, que é um caso particular da Eq. 6.24.
▶ Leia as Seções 6.2 até 6.5.
▶ Leia a Seção 6.6, omitindo a Seção 6.6.2.
▶ Examine as Seções 6.7.3 e 6.7.4.
▶ Finalize com as Seções 6.9 a 6.12.

Utilizando o balanço de entropia como principal formulação para a Segunda Lei da Termodinâmica, a formulação de Kelvin-Planck é uma consequência natural, como expressada na Seção 5.4. Entre os materiais suplementares, há um item relacionado à demonstração da equivalência das formulações de Kelvin-Planck e da entropia.

Após as considerações sobre o balanço de entropia, leia as Seções 5.5 até 5.10, Seção 6.6.2 e Seção 6.13. Esta estrutura é importante para o estudo dos ciclos termodinâmicos nos Capítulos 8 a 10.

5.3 Processos Reversíveis e Irreversíveis

Um dos usos mais importantes da segunda lei da termodinâmica em engenharia é a determinação do melhor desempenho teórico dos sistemas. Com a comparação do desempenho real com o melhor desempenho teórico o potencial para melhorias é frequentemente vislumbrado. Como se pode desconfiar, o melhor desempenho é avaliado em termos de processos idealizados. Nesta seção processos idealizados são apresentados e distinguidos dos processos reais que invariavelmente envolvem *irreversibilidades*.

5.3.1 Processos Irreversíveis

Um processo é chamado de irreversível se o sistema e todas as partes que compõem sua vizinhança não puderem ser restabelecidos exatamente aos seus respectivos estados iniciais após o processo ter ocorrido. Um processo é reversível se tanto o sistema quanto sua vizinhança puderem retornar aos seus estados iniciais. Os processos irreversíveis são o assunto da presente discussão. Os processos reversíveis serão considerados novamente mais tarde, na Seção 5.3.3.

Um sistema que passou por um processo irreversível não está necessariamente impedido de voltar ao seu estado inicial. Entretanto, tendo o sistema retornado ao seu estado original não seria possível fazer com que a vizinhança retornasse também ao estado em que se encontrava originalmente. Conforme ilustrado na Seção 5.3.2, a segunda lei pode ser usada para determinar se tanto o sistema quanto a vizinhança podem retornar aos seus estados iniciais após um processo ter ocorrido. A segunda lei pode ser usada para determinar se um dado processo é reversível ou irreversível.

Da discussão do enunciado de Clausius da segunda lei deve estar claro que qualquer processo envolvendo uma transferência de calor espontânea de um corpo mais quente para um corpo mais frio é irreversível. Caso contrário seria possível retornar essa energia do corpo mais frio para o corpo mais quente sem nenhum outro efeito dentro dos dois corpos ou em sua vizinhança. Entretanto, essa possibilidade é negada pelo enunciado de Clausius.

Os processos que envolvem outros tipos de eventos espontâneos, como a expansão não resistida de um gás ou líquido, são também irreversíveis. Atrito, resistência elétrica, histerese e deformação inelástica são exemplos de efeitos adicionais cuja presença durante um processo torna-o irreversível.

Em resumo, processos irreversíveis normalmente incluem uma ou mais das seguintes irreversibilidades:

1. Transferência de calor através de uma diferença finita de temperatura
2. Expansão não resistida de um gás ou líquido até uma pressão mais baixa
3. Reação química espontânea
4. Mistura espontânea de matéria em estados ou composições diferentes
5. Atrito — atrito de rolamento, bem como atrito no escoamento de fluidos
6. Fluxo de corrente elétrica através de uma resistência
7. Magnetização ou polarização com histerese
8. Deformação inelástica

Embora essa lista não esteja completa, ela sugere que *todos os processos reais são irreversíveis*. Isto é, todos os processos envolvem efeitos como aqueles listados, seja um processo de ocorrência natural ou um envolvendo um dispositivo inventado, do mais simples mecanismo ao maior complexo industrial. O termo *irreversibilidade* é usado para identificar qualquer desses efeitos. A lista previamente fornecida engloba algumas das irreversibilidades que são comumente encontradas.

Conforme um sistema passa por um processo, podem ser encontradas irreversibilidades dentro do sistema, bem como em sua vizinhança, embora elas possam ser localizadas predominantemente em um local ou em outro. Para muitas análises é conveniente dividir as irreversibilidades presentes em duas classes. As irreversibilidades internas são aquelas que ocorrem dentro do sistema. As irreversibilidades externas são aquelas que ocorrem na vizinhança, frequentemente na vizinhança imediata. Como essa diferença depende apenas da localização da fronteira, existem algumas arbitrariedades na classificação, uma vez que estendendo-se a fronteira de modo a levar em conta parte da vizinhança todas as irreversibilidades tornam-se "internas". Contudo, como mostrado nos desenvolvimentos posteriores, essa diferença entre irreversibilidades é frequentemente útil.

Os engenheiros deveriam estar aptos a reconhecer as irreversibilidades, avaliar sua influência e desenvolver meios práticos para reduzi-las. Contudo, certos sistemas, como freios, baseiam-se no efeito do atrito ou de outras irreversibilidades para a sua operação. A necessidade de alcançar taxas rentáveis de produção, altas taxas de transferência de calor, acelerações rápidas etc., invariavelmente dita a presença de irreversibilidades significativas.

Além disso, as irreversibilidades são toleradas em algum grau em todo tipo de sistema porque as modificações no projeto e a operação necessária para reduzi-las seriam demasiadamente caras. Consequentemente, embora a melhora do desempenho termodinâmico possa vir acompanhada da redução de irreversibilidades, os passos tomados nesse sentido são restringidos por vários fatores práticos frequentemente relacionados a custos.

▶ **POR EXEMPLO** considere dois corpos com temperaturas diferentes capazes de se comunicar termicamente. Havendo uma diferença *finita* de temperatura entre eles, ocorreria uma transferência de calor espontânea e, conforme discutido anteriormente, isso seria uma fonte de irreversibilidade. Poder-se-ia esperar que a importância dessa irreversibilidade diminuísse conforme a diferença de temperatura entre os corpos diminuísse, e enquanto esse *for* o caso, há consequências práticas. Do estudo da transferência de calor (Seção 2.4), sabemos que a transferência de uma quantidade finita de energia por transferência de calor entre corpos cujas temperaturas diferem entre si apenas levemente necessita de uma quantidade considerável de tempo, uma grande área superficial de transferência de calor (maior custo), ou ambos. No limite, conforme a diferença de temperatura entre os corpos desaparece, a quantidade de tempo e/ou área superficial necessária tende ao infinito. Essas opções são claramente inviáveis; mas ainda assim devem ser imaginadas quando se pensa em um processo de transferência de calor que se aproxima da reversibilidade. ◀ ◀ ◀ ◀

5.3.2 Demonstrando a Irreversibilidade

Sempre que uma irreversibilidade está presente durante um processo, esse processo deve necessariamente ser irreversível. Porém, a irreversibilidade do processo pode ser rigorosamente *demonstrada* usando-se o enunciado de Kelvin–Planck da segunda lei e o seguinte procedimento: (1) Admita que há uma maneira de retornar o sistema e a vizinhança aos seus respectivos estados iniciais. (2) Mostre que, como consequência dessa hipótese, é possível imaginar um ciclo que viola o enunciado de Kelvin–Planck – ou seja, um ciclo que produz trabalho enquanto interage termicamente com um único reservatório. Uma vez que a existência desse ciclo é negada pelo enunciado de Kelvin–Planck, a hipótese deve estar errada, e segue-se que o processo é irreversível.

Essa abordagem pode ser usada para demonstrar que processos que envolvem atrito, transferência de calor através de uma diferença finita de temperatura, expansão não resistida de um gás ou líquido até uma pressão mais baixa e outros efeitos presentes na lista apresentada anteriormente são irreversíveis. Um caso envolvendo atrito é discutido no box adiante.

Embora o uso do enunciado de Kelvin–Planck para demonstrar irreversibilidade seja parte de uma apresentação tradicional da termodinâmica, essas demonstrações podem ser complicadas. Normalmente é mais fácil utilizar o conceito de *geração de entropia* (Seção 6.7).

Demonstrando a Irreversibilidade: Atrito

Vamos utilizar o enunciado de Kelvin-Planck para demonstrar a irreversibilidade de um processo envolvendo atrito. Considere um sistema composto por um bloco de massa m e um plano inclinado. Inicialmente o bloco está em repouso no topo da ladeira. O bloco então desliza pelo plano, atingindo por fim o repouso em uma altura mais baixa. Não há transferência de trabalho ou calor significativa entre o sistema bloco-plano e sua vizinhança durante o processo.

Aplicando o balanço de energia para sistemas fechados ao sistema, obtemos

$$(U_f - U_i) + mg(z_f - z_i) + (\cancel{EC_f - EC_i})^0 = \cancel{Q}^0 - \cancel{W}^0$$

ou

$$U_f - U_i = mg(z_i - z_f) \qquad \text{(a)}$$

em que U indica a energia interna do sistema bloco-plano e z é a elevação do bloco. Assim, o atrito entre o bloco e o plano durante o processo atua convertendo o decréscimo na energia potencial do bloco em energia interna do sistema global.

Como não há trabalho ou interações de calor entre o sistema bloco-plano e a sua vizinhança, a condição da vizinhança permanece imutável durante o processo. Isso permite que observemos apenas o sistema para a demonstração de que o processo é irreversível, como se segue:

Quando o bloco está em repouso após deslizar pelo plano, a sua elevação é z_f e a energia interna do sistema bloco-plano é U_f. De maneira a demonstrar que o processo é irreversível usando o enunciado de Kelvin–Planck, vamos tomar essa condição do sistema mostrado na Fig. 5.3a como o estado inicial de um ciclo composto por três processos. Imaginemos que o arranjo cabo-polia e um reservatório térmico estejam disponíveis para auxiliar na demonstração.

Processo 1: Admita que o processo inverso ocorra sem nenhuma mudança na vizinhança. Conforme ilustrado na Fig. 5.3b, o bloco retorna *espontaneamente* ao topo do plano enquanto a energia interna do sistema decresce até o seu valor inicial, U_i. (Esse é o processo que queremos demonstrar ser impossível.)

Processo 2: Como ilustrado na Fig. 5.3c, nós usamos o arranjo cabo-polia fornecido para baixar o bloco de z_i até z_f, permitindo que o sistema bloco-plano realizasse trabalho pela elevação de outra massa localizada na vizinhança. O trabalho realizado é igual ao decréscimo de energia potencial do bloco. Esse é o único trabalho para o ciclo. Assim, $W_{ciclo} = mg(z_i - z_f)$.

Processo 3: A energia interna do sistema pode ser aumentada de U_i até U_f colocando-o em contato com o reservatório, como ilustrado na Fig. 5.3d. A transferência de calor é *igual a* $(U_f - U_i)$. Essa é a única transferência de calor para o ciclo. Assim, $Q_{ciclo} = (U_f - U_i)$, que com a Eq. (a) torna-se $Q_{ciclo} = mg(z_i - z_f)$. Ao final desse processo o bloco está novamente na altura z_f e a energia interna do sistema bloco-plano é restabelecida para U_f.

O resultado líquido desse ciclo é o de extrair energia de um único reservatório por transferência de calor, Q_{ciclo}, e produzir uma quantidade equivalente de trabalho, W_{ciclo}. Não existem outros efeitos. Porém, esse ciclo é negado pelo enunciado de Kelvin–Planck. Como tanto o aquecimento do sistema pelo reservatório (Processo 3) quanto o abaixamento da massa pelo arranjo cabo-polia enquanto trabalho é realizado (Processo 2) são possíveis, pode-se concluir que o Processo 1 é que é impossível. Já que o Processo 1 é o inverso do processo original no qual o bloco desliza pelo plano, segue que o processo original é irreversível.

Resumindo, o efeito de atrito neste caso é uma conversão *irreversível* de energia potencial (uma forma de *energia mecânica*) para energia interna (Seção 2.1).

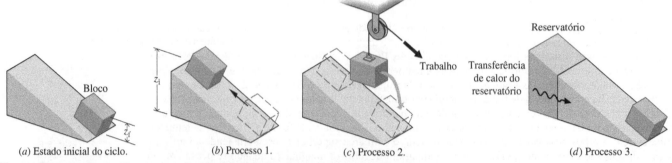

(a) Estado inicial do ciclo. (b) Processo 1. (c) Processo 2. (d) Processo 3.

Fig. 5.3 Figura usada para demonstrar a irreversibilidade de um processo envolvendo atrito.

Atrito em Tubulações

O atrito entre superfícies sólidas é algo comum, que pode ser verificado diariamente em situações cotidianas diversas. O atrito no escoamento de fluidos tem efeitos físicos semelhantes. Esse atrito tem um papel importante na expansão de gases em turbinas, em líquidos fluindo através de bombas e sistemas de tubulações e em uma ampla variedade de aplicações.

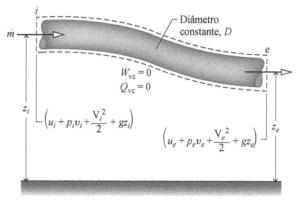

Como introdução, podemos observar a discussão sobre atrito no boxe anterior considerando um volume de controle em regime permanente em torno de uma tubulação de diâmetro constante por onde escoa um líquido. Dentro do volume de controle, $\dot{W}_{vc} = 0$ e a transferência de calor entre a tubulação e as vizinhanças é desprezível. Da mesma forma que anteriormente, o presente caso também exibe uma conversão irreversível de energia mecânica em energia interna devido ao atrito.

Utilizando esses pressupostos, o balanço da taxa de energia dado pela Eq. 4.13 se reduz a:

$$\frac{dE_{vc}}{dt} = \cancel{\dot{Q}_{vc}} - \cancel{\dot{W}_{vc}} + \dot{m}\left(u_i + p_iv_i + \frac{V_i^2}{2} + gz_i\right) - \dot{m}\left(u_e + p_ev_e + \frac{V_e^2}{2} + gz_e\right) \quad \text{(a)}$$

em que $\dot{m}$ representa o fluxo de massa nos pontos de entrada (i) e saída (e).

Rearranjando a equação e simplificando os termos relacionados com o fluxo de massa, a equação anterior assume a forma:

$$\underbrace{\left(p_iv_i + \frac{V_i^2}{2} + gz_i\right) - \left(p_ev_e + \frac{V_e^2}{2} + gz_e\right)}_{\text{diminuição de energia mecânica}} = \underbrace{(u_e - u_i)}_{\text{aumento de energia interna}} \quad \text{(b)}$$

Cada termo na Eq. (b) encontra-se em unidades por unidade de massa. Os termos pv contabilizam a transferência de energia pela realização de trabalho na entrada e na saída, associado à pressão do material que flui nesses pontos. Esta forma de trabalho é chamada *trabalho de fluxo* (ou de escoamento) na Seção 4.4.2. Os termos de energia cinética e potencial, associados a $V^2/2$ e gz, respectivamente, representam formas de energia mecânica associadas ao fluxo de matéria também nos pontos de entrada e saída. Para simplificar a compreensão das formas de energia descritas na equação, essas três quantidades são tratadas aqui como formas de *energia mecânica*. Termos designados por u representam a energia interna associada ao fluxo de matéria entre os pontos de entrada e saída.

A experiência indica que a energia mecânica tem um maior valor termodinâmico que a energia interna, e o efeito do atrito à medida que a matéria escoa da entrada para a saída em um sistema é uma conversão *irreversível* de energia mecânica em energia interna. Essas observações são alguns dos aspectos qualitativos da segunda lei. Adicionalmente, como mostrado na Eq. (b), a diminuição da energia mecânica é compatível com um aumento na energia interna e, portanto, a energia é conservada se analisada como a soma de todas as formas de energia envolvidas.

Para um líquido que assume um volume específico constante v, o balanço da taxa de massa requer que a velocidade, V, seja constante através do sistema (de diâmetro constante). Com isso, a Eq. (b) assume a forma

$$\underbrace{v(p_i - p_e) + g(z_i - z_e)}_{\text{diminuição de energia mecânica}} = \underbrace{(u_e - u_i)}_{\text{aumento de energia interna}} \quad \text{(c)}$$

Finalmente, para o sistema simplificado formado pelo tubo de diâmetro constante, o papel do atrito é explicitado pela diminuição na energia mecânica do sistema em termos da energia cinética específica da substância sob escoamento, $V^2/2$, e do tamanho do tubo. Ou seja:

$$v(p_i - p_e) + g(z_i - z_e) = f\frac{L}{D}\frac{V^2}{2} \quad \text{(d)}$$

em que D é o diâmetro interno do tubo, L é o comprimento e f é um parâmetro adimensional experimentalmente determinado, chamado de fator de atrito.

fator de atrito

A Eq. (d) é o ponto de partida para aplicações envolvendo atrito em tubos de diâmetro constante pelos quais escoam substâncias incompressíveis. Veja o Problema 5.10D para uma aplicação destes conceitos.

5.3.3 Processos Reversíveis

Um processo de um sistema é *reversível* se o sistema e todas as partes que compõem a sua vizinhança podem ser exatamente restituídos aos seus respectivos estados iniciais após o processo ter ocorrido. Deve ficar claro da discussão sobre processos irreversíveis que processos reversíveis são puramente hipotéticos. Obviamente, nenhum processo que envolva transferência de calor espontânea através de uma diferença finita de temperatura, uma expansão não resistida de um gás ou líquido, atrito ou qualquer uma das outras irreversibilidades listadas anteriormente pode ser reversível. No sentido estrito da palavra, um processo reversível é aquele que é executado de *uma forma perfeita*.

Todos os processos reais são irreversíveis. Processos reversíveis não ocorrem. Mesmo assim, certos processos que realmente acontecem são aproximadamente reversíveis. A passagem de um gás através de um bocal ou difusor adequadamente projetado é um exemplo (Seção 6.12). Muitos outros dispositivos também podem ser construídos de modo a aproximarem-se de uma operação reversível através de medidas para reduzir a importância das irreversibilidades, como a lubrificação das superfícies para redução do atrito. Um processo reversível é um *caso-limite* à medida que as irreversibilidades, tanto internas quanto externas, são cada vez mais reduzidas.

Embora processos reversíveis não possam ocorrer de fato, eles podem ser imaginados. Foi considerado, na Seção 5.3.1, como a transferência de calor se aproxima da reversibilidade à medida que a diferença de temperatura se aproxima de zero. Vamos considerar dois exemplos adicionais:

▶ Um exemplo particularmente elementar é o do pêndulo oscilando em um espaço em vácuo. O movimento do pêndulo aproxima-se da reversibilidade à medida que o atrito no pivô é reduzido. No limite, quando o atrito fosse eliminado os estados do pêndulo e de sua vizinhança seriam completamente recuperados ao final de cada período de movimento. Por definição, o processo é reversível.

▶ Um sistema consistindo em um gás comprimido adiabaticamente e expandido em um conjunto cilindro-pistão fornece um outro exemplo. Com um aumento muito pequeno na pressão externa o pistão comprimiria levemente o gás. Em cada volume intermediário durante a compressão as propriedades intensivas T, p, v etc. seriam no geral uniformes: o gás passaria por uma série de estados de equilíbrio. Com uma pequena diminuição da pressão externa o pistão se moveria lentamente para fora, à medida que o gás se expandisse. Em cada volume intermediário da expansão as propriedades intensivas do gás teriam os mesmos valores uniformes que elas tinham no passo correspondente durante a compressão. Quando o volume de gás retornasse ao seu estado inicial todas as propriedades seriam também restituídas ao seu estado inicial. O trabalho executado *sobre* o gás durante a compressão seria igual ao trabalho realizado *pelo* gás durante a expansão. Se o trabalho ocorrido entre o sistema e sua vizinhança fosse fornecido a, e recebido de, um conjunto massa-polia sem atrito, ou equivalente, não haveria, também, variação líquida alguma na vizinhança. Esse processo seria reversível.

HORIZONTES

Segunda Lei Leva Grande Mordida do Hidrogênio

O hidrogênio não ocorre de modo natural, ele tem que ser produzido. Atualmente o hidrogênio pode ser produzido a partir da água por *eletrólise* e do gás natural por um processo químico denominado reforma (*reforming*). O hidrogênio produzido por esses meios e sua posterior utilização é um peso para a segunda lei.

Em eletrólise, é empregada uma corrente elétrica para dissociar o hidrogênio da água de acordo com $H_2O \rightarrow H_2 + \frac{1}{2}O_2$. Quando o hidrogênio é posteriormente usado pela célula de combustível para gerar eletricidade, a reação na célula é: $H_2 + \frac{1}{2}O_2 \rightarrow H_2O$. Embora a reação na célula seja o inverso do que está ocorrendo na eletrólise, o ciclo global entrada elétrica–hidrogênio–eletricidade gerada por célula de combustível *não* é reversível. As irreversibilidades relativas ao eletrolizador e à célula de combustível agem em conjunto para assegurar que a eletricidade gerada pela célula de combustível seja muito menor do que a entrada elétrica inicial. Alguns dizem que é um desperdício, pois a eletricidade fornecida pela eletrólise poderia, em vez disso, ser *completamente* dirigida para a maioria das aplicações previstas para o hidrogênio, inclusive transporte. Além disso, quando combustível fóssil é queimado em uma usina para gerar eletricidade para eletrólise os gases estufa produzidos podem ser associados às células de combustíveis em virtude do hidrogênio que elas consomem. Embora detalhes técnicos difiram, resultados similares apontam para o processo de reforma do gás natural para o hidrogênio.

Enquanto se espera que o hidrogênio e as células de combustível exerçam um papel em nossa energia do futuro, as barreiras da segunda lei e de outros assuntos técnicos e econômicos continuam de pé.

5.3.4 Processos Internamente Reversíveis

processo internamente reversível

Um processo reversível é aquele no qual não existem irreversibilidades dentro do sistema *ou* de sua vizinhança. Um processo internamente reversível é aquele no qual *não há irreversibilidades dentro do sistema*. Contudo, as irreversibilidades podem estar localizadas na vizinhança.

▶ **POR EXEMPLO** pense em água se condensando, indo de vapor saturado a líquido saturado a 100°C, enquanto escoa por um tubo de cobre, cuja superfície externa está exposta ao ambiente, a 20°C. A água passa por um processo internamente reversível, mas há transferência de calor da água para o ambiente através do tubo. Para o volume de controle que engloba a água no interior do tubo, a transferência de calor é uma irreversibilidade *externa*. ◀ ◀ ◀ ◀ ◀

Em cada estado intermediário de um processo internamente reversível em um sistema fechado todas as propriedades intensivas são uniformes ao longo de cada fase presente. Isto é, temperatura, pressão, volume específico e outras propriedades intensivas não variam com a posição. Se houvesse uma variação espacial na temperatura, por exemplo, existiria uma tendência a ocorrer uma transferência espontânea de energia por condução *dentro* do sistema no sentido decrescente da temperatura. Para a reversibilidade, contudo, nenhum processo espontâneo pode estar presente. A partir dessas considerações pode-se concluir que o processo internamente reversível consiste em uma série de estados de equilíbrio: é um processo em quase equilíbrio.

TOME NOTA...
Os termos processo internamente reversível e processo em quase equilíbrio podem ser usados alternadamente. Entretanto, para evitar a utilização de dois termos que se referem à mesma situação, nas seções posteriores nos referiremos a quaisquer desses processos como processos internamente reversíveis.

O uso do conceito de um processo internamente reversível em termodinâmica é comparável às idealizações feitas na mecânica: massas puntuais, polias sem atrito, vigas rígidas e assim por diante. Da mesma maneira que essas idealizações são usadas na mecânica para simplificar uma análise e chegar-se a um modelo tratável, modelos termodinâmicos simples para situações complexas podem ser obtidos com a utilização de processos internamente reversíveis. Os cálculos baseados em processos internamente reversíveis frequentemente podem ser ajustados através de eficiências ou fatores de correção, de modo a obter estimativas razoáveis do desempenho real sob várias condições de operação. Os processos internamente reversíveis também são úteis na investigação do melhor desempenho termodinâmico dos sistemas.

Finalmente, empregando o conceito de processo internamente reversível refinamos a definição de reservatório térmico apresentada na Seção 5.2.2 como a seguir: nas discussões posteriores supomos que não estão presentes irreversibilidades internas em um reservatório térmico. Assim, todo processo em um reservatório térmico é *internamente reversível*.

5.4 Interpretando o Enunciado de Kelvin–Planck

Nesta seção, vamos reformular a Eq. 5.1, a forma analítica do enunciado de Kelvin–Planck, para uma expressão mais explícita, a Eq. 5.3. Essa expressão é aplicada nas seções posteriores para obter um número de deduções importantes. Nessas aplicações as seguintes idealizações são admitidas: o reservatório térmico e a porção da vizinhança com a qual as interações de trabalho ocorrem estão livres de irreversibilidades. Isso permite que o sinal "menor do que" seja associado às irreversibilidades *dentro* do sistema de interesse e que o sinal "igual a" seja empregado quando as irreversibilidades internas não estão presentes.

Consequentemente, a forma analítica do enunciado de Kelvin–Planck agora toma a forma

$$W_{ciclo} \leq 0 \begin{cases} < 0: & \text{Presença de irreversibilidades internas.} \\ = 0: & \text{Ausência de irreversibilidades internas.} \end{cases} \text{(reservatório único)} \quad (5.3)$$

forma analítica do enunciado de Kelvin–Planck

Para detalhes, veja o boxe a seguir.

Associando Sinais ao Enunciado de Kelvin–Planck

Considere um sistema que passa por um ciclo enquanto troca energia por transferência de calor com um único reservatório, como ilustrado na Fig. 5.4. Trabalho é fornecido a, ou recebido de, um conjunto massa–polia localizado na vizinhança. Um volante, mola ou algum outro dispositivo também pode realizar a mesma função. O conjunto massa–polia, o volante ou outro dispositivo ao qual é fornecido trabalho, ou do qual é recebido, é idealizado como livre de irreversibilidades. Supõe-se que o reservatório térmico também seja livre de irreversibilidades.

Para demonstrar a relação do sinal de "igual a" da Eq. 5.3 com a ausência de irreversibilidades, considere um ciclo operando como ilustrado na Fig. 5.4 para o qual a igualdade se aplica. Ao final de um ciclo,

- O sistema retornaria necessariamente ao seu estado inicial.
- Como $W_{ciclo} = 0$, não haveria variação *líquida* na altura da massa usada para armazenar energia na vizinhança.
- Como $W_{ciclo} = Q_{ciclo}$, segue-se que $Q_{ciclo} = 0$, de forma que também não haveria variação *líquida* na condição do reservatório.

Desse modo, o sistema e todos os elementos de sua vizinhança seriam restituídos exatamente a suas respectivas condições iniciais. Por definição, o ciclo é reversível. Consequentemente, não pode haver irreversibilidades presentes dentro do sistema ou em sua vizinhança. Deixa-se como um exercício mostrar o inverso: se o ciclo ocorrer reversivelmente, a igualdade se aplica (veja o Problema 5.4, no final do capítulo).

Uma vez que um ciclo é reversível *ou* irreversível e nós vinculamos a igualdade com os ciclos reversíveis, concluímos que a desigualdade implica na presença de irreversibilidades internas. Além disso, a desigualdade pode ser interpretada como se segue: o trabalho líquido realizado *sobre* o sistema, por ciclo, é convertido pela ação das irreversibilidades internas em energia interna, que é descarregada por transferência de calor ao reservatório térmico em uma quantidade igual de trabalho líquido.

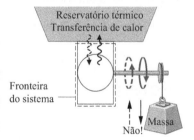

Fig. 5.4 Sistema percorrendo um ciclo enquanto troca energia por transferência de calor com um único reservatório térmico.

Conclusão – Comentário

O enunciado de Kelvin–Planck considera sistemas que percorrem ciclos *termodinâmicos* enquanto trocam energia por transferência de calor com *um* reservatório térmico. Essas restrições devem ser rigorosamente observadas (veja o boxe a seguir).

O Planador Térmico Contraria o Enunciado de Kelvin–Planck?

Em 2008, um comunicado do *Instituto Oceanográfico Woods Hole* à imprensa, "Pesquisadores fazem o primeiro *test-drive* no oceano do Novo Veículo Híbrido", anunciou o sucesso do teste de um *planador térmico* submarino que "colhe...

energia do oceano (termicamente) para se movimentar". Esse veículo submarino contraria o enunciado de Kelvin–Planck da segunda lei?

O estudo do planador térmico mostra que ele é capaz de sustentar o movimento subaquático por semanas enquanto interage termicamente apenas com o oceano e percorre um ciclo *mecânico*. Ainda assim, o planador não representa um desafio com relação ao enunciado de Kelvin–Planck, uma vez que não troca energia por transferência de calor com um *único* reservatório térmico e não executa um ciclo *termodinâmico*.

A propulsão do planador é alcançada a partir da interação térmica das águas mais quentes com as águas mais frias das camadas profundas do oceano para alterar sua flutuabilidade permitindo que este mergulhe, suba em direção à superfície e mergulhe novamente, conforme ilustrado na figura correspondente. Consequentemente, o planador não interage termicamente com um *único* reservatório térmico conforme requerido pelo enunciado de Kelvin–Planck. O planador também não satisfaz todas as necessidades de energia por meio da interação com o oceano: necessita-se de baterias para os sistemas eletrônicos. Embora essas necessidades de energia sejam relativamente menores, as baterias perdem carga com o uso, e assim o planador não executa um ciclo termodinâmico conforme requerido pelo enunciado de Kelvin–Planck.

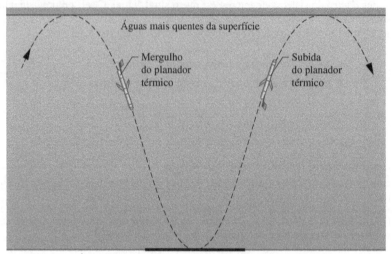

Águas mais frias das camadas mais profundas do oceano

5.5 Aplicando a Segunda Lei a Ciclos Termodinâmicos

Enquanto o enunciado de Kelvin–Planck da segunda lei (Eq. 5.3) fornece a base para o restante deste capítulo, aplicações da segunda lei relacionadas a ciclos termodinâmicos não estão limitadas ao caso da transferência de calor com um *único* reservatório ou mesmo com *quaisquer* reservatórios. Sistemas que percorrem ciclos enquanto interagem termicamente com *dois* reservatórios térmicos são considerados a partir do ponto de vista da segunda lei, nas Seções 5.6 e 5.7, fornecendo resultados com importantes aplicações. Além disso, as discussões relativas a um e dois reservatórios fornecem a base para a Seção 5.11, no qual o caso *geral* é considerado – ou seja, o que a segunda lei diz sobre *qualquer* ciclo termodinâmico sem levar em conta a natureza do corpo ou corpos com os quais a energia é trocada por meio de transferência de calor.

Nas seções a seguir, são consideradas aplicações da segunda lei relacionadas a ciclos de potência e ciclos de refrigeração e bomba de calor. Esse conteúdo necessita familiaridade com os ciclos termodinâmicos. Nós recomendamos que seja revista a Seção 2.6, na qual os ciclos são considerados sob uma perspectiva de energia e são apresentados a eficiência térmica dos ciclos de potência e coeficientes de desempenho para os sistemas de refrigeração e bomba de calor. Em particular, as Eqs. 2.40 a 2.48 e discussões correspondentes devem ser revistas.

5.6 Aspectos da Segunda Lei de Ciclos de Potência Interagindo com Dois Reservatórios

5.6.1 Limite da Eficiência Térmica

Uma limitação significativa no desempenho de sistemas percorrendo ciclos de potência pode ser mostrada utilizando-se o enunciado de Kelvin–Planck da segunda lei. Considere a Fig. 5.5, a qual mostra um sistema que executa um ciclo enquanto se comunica termicamente com *dois* reservatórios térmicos, um reservatório quente e um reservatório frio, e desenvolve o trabalho líquido W_{ciclo}. A eficiência térmica do ciclo é

$$\eta = \frac{W_{ciclo}}{Q_H} = 1 - \frac{Q_C}{Q_H} \tag{5.4}$$

em que Q_H é a quantidade de energia recebida pelo sistema do reservatório quente por transferência de calor, e Q_C é a quantidade de energia descarregada do sistema para o reservatório frio por transferência de calor.

Se o valor de Q_C fosse zero, o sistema da Fig. 5.5 retiraria energia Q_H do reservatório quente e produziria uma quantidade de trabalho igual, enquanto percorresse um ciclo. A eficiência térmica do ciclo corresponderia à unidade (100%). Porém, esse método de operação viola o enunciado de Kelvin–Planck e, portanto, não é permitido.

Segue-se que, para *qualquer* sistema executando um ciclo de potência enquanto opera entre dois reservatórios, somente uma parcela da transferência de calor Q_H pode ser obtida como trabalho, e a remanescente, Q_C, tem que ser descarregada por transferência de calor para o reservatório frio. Isto é, a eficiência térmica tem que ser menor do que 100%.

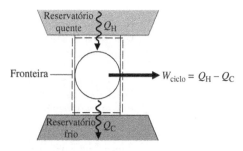

Fig. 5.5 Sistema percorrendo um ciclo de potência enquanto troca energia por transferência de calor com dois reservatórios.

Para chegar a essa conclusão *não* foi necessário

- identificar a natureza da substância contida no sistema,
- especificar a série exata de processos que compõem o ciclo,
- indicar se os processos são processos reais ou de alguma maneira idealizados.

A conclusão de que a eficiência térmica tem que ser menor do que 100% se aplica a *todos* os ciclos de potência, quaisquer que sejam os detalhes da operação. Isso pode ser considerado como um corolário da segunda lei. Outros corolários se seguem.

TOME NOTA...
A transferência de energia na Fig. 5.5 é positiva nas direções indicadas pelas setas.

5.6.2 Corolários da Segunda Lei para Ciclos de Potência

Considerando que nenhum ciclo de potência pode ter 100% de eficiência térmica, é de interesse investigar a eficiência teórica máxima. A eficiência teórica máxima para sistemas que percorrem ciclos de potência enquanto se comunicam termicamente com dois reservatórios térmicos a temperaturas diferentes é avaliada na Seção 5.9, com referência aos dois corolários seguintes da segunda lei, chamados corolários de Carnot.

corolários de Carnot

1. A eficiência térmica de um ciclo de potência irreversível é sempre menor do que a eficiência térmica de um ciclo de potência reversível quando cada um opera entre os mesmos dois reservatórios térmicos.

2. Todos os ciclos de potência reversíveis operando entre os mesmos dois reservatórios térmicos têm a mesma eficiência térmica.

Um ciclo é considerado *reversível* quando não existem irreversibilidades dentro do sistema à medida que ele percorre o ciclo, e as transferências de calor entre o sistema e os reservatórios ocorrem reversivelmente.

A ideia básica do primeiro corolário de Carnot está de acordo com o que se espera com base na discussão da segunda lei até agora — isto é, a presença de irreversibilidades durante a execução de um ciclo exige um preço, como esperado. Se dois sistemas operando entre os mesmos reservatórios recebem cada um a mesma quantidade de energia Q_H e um deles executa um ciclo reversível enquanto o outro executa um ciclo irreversível, é intuitivo que o trabalho líquido desenvolvido pelo ciclo irreversível será menor e assim o ciclo irreversível terá a menor eficiência térmica.

O segundo corolário de Carnot refere-se apenas a ciclos reversíveis. Todos os processos de um ciclo reversível são executados perfeitamente. Dessa maneira, se dois ciclos reversíveis operando entre os mesmos reservatórios recebessem cada um a mesma quantidade de energia Q_H, mas um deles pudesse produzir mais trabalho do que o outro, isso somente poderia resultar de uma seleção mais vantajosa da substância que compõe o sistema (podemos imaginar que, digamos, o ar pudesse ser melhor do que o vapor d'água) *ou* da série de processos que compõe o ciclo (processos sem escoamento poderiam ser preferíveis a processos com escoamento). Esse corolário nega ambas as possibilidades, e indica que os ciclos têm que ter a mesma eficiência quaisquer que sejam as escolhas para a substância de trabalho ou para a série de processos.

Os dois corolários de Carnot podem ser demonstrados usando-se o enunciado de Kelvin–Planck da segunda lei. Para detalhes, veja o boxe a seguir.

Demonstrando os Corolários de Carnot

O primeiro corolário de Carnot pode ser demonstrado utilizando-se o arranjo da Fig. 5.6. Um ciclo de potência reversível R e um ciclo de potência irreversível I operam entre os mesmos dois reservatórios, e cada um recebe a mesma quantidade de energia Q_H do reservatório quente. O ciclo reversível produz o trabalho W_R, enquanto o ciclo irreversível produz o trabalho W_I. De acordo com o princípio da conservação de energia, cada ciclo descarrega energia no reservatório frio igual à diferença entre Q_H e o trabalho produzido. Deixemos agora R operar no sentido oposto como um ciclo de refrigeração (ou bomba de calor). Uma vez que R é reversível, as magnitudes das transferências de energia W_R, Q_H e Q_C permanecem as mesmas, mas as transferências de energia são em sentidos opostos, como ilustrado pelas linhas pontilhadas na Fig. 5.6. Além disso, com R operando no sentido oposto o reservatório quente não experimentaria *variação líquida alguma* na sua condição, já que receberia Q_H de R enquanto passasse Q_H para I.

A demonstração do primeiro corolário de Carnot é completada considerando-se o *sistema combinado* mostrado pela linha pontilhada na Fig. 5.6, que consiste nos dois ciclos e no reservatório quente. Já que seus componentes executam ciclos ou não experimentam variação líquida alguma, o sistema combinado opera em um ciclo. Além disso, o sistema combinado troca energia por transferência de calor com um único reservatório: o reservatório frio. Assim, o sistema combinado tem que satisfazer à Eq. 5.3, expressa como

$$W_{ciclo} < 0 \quad \text{(reservatório único)}$$

em que a desigualdade é usada porque o sistema combinado é irreversível em sua operação, já que o ciclo irreversível I é um de seus componentes. Avaliando-se W_{ciclo} para o sistema combinado em termos das quantidades de trabalho W_I e W_R, essa desigualdade torna-se

$$W_I - W_R < 0$$

a qual mostra que W_I tem que ser menor do que W_R. Como cada ciclo recebe a mesma entrada de energia, Q_H, segue-se que $\eta_I < \eta_R$, e isso completa a demonstração.

O segundo corolário de Carnot pode ser demonstrado, de maneira análoga, considerando-se dois ciclos reversíveis quaisquer, R_1 e R_2, operando entre os mesmos dois reservatórios. Então, se deixarmos R_1 desempenhar o papel de R e R_2 o papel de I no desenvolvimento anterior, pode ser formado um sistema combinado composto pelos dois ciclos e o reservatório quente que tem que obedecer à Eq. 5.3. Porém, ao aplicar-se a Eq. 5.3 a esse sistema combinado a igualdade é aplicada, porque o sistema é reversível em sua operação. Assim, pode-se concluir que $W_{R1} = W_{R2}$, e, consequentemente, $\eta_{R1} = \eta_{R2}$. Os detalhes são deixados como um exercício (veja o Problema 5.7, no final do capítulo).

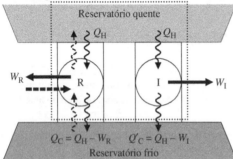

Fig. 5.6 Representação demonstrando que um ciclo reversível R é mais eficiente do que um ciclo irreversível I quando ambos operam entre os mesmos dois reservatórios.

5.7 Aspectos da Segunda Lei Relativos aos Ciclos de Refrigeração e Bomba de Calor Interagindo com Dois Reservatórios

5.7.1 Limites dos Coeficientes de Desempenho

A segunda lei da termodinâmica coloca limites no desempenho de ciclos de refrigeração e bombas de calor da mesma maneira que o faz para ciclos de potência. Considere a Fig. 5.7, a qual mostra um sistema percorrendo um ciclo enquanto se comunica termicamente com dois reservatórios térmicos, um quente e o outro frio. As transferências de energia indicadas na figura estão nos sentidos indicados pelas setas. De acordo com o princípio da conservação de energia, o ciclo descarrega a energia Q_H por transferência de calor para o reservatório quente igual à soma da energia Q_C, recebida por transferência de calor do reservatório frio, com a entrada líquida de trabalho. Esse ciclo poderia ser um ciclo de refrigeração ou um ciclo de bomba de calor, dependendo se sua função é remover energia Q_C do reservatório frio ou fornecer energia Q_H para o reservatório quente.

Para um ciclo de refrigeração, o coeficiente de desempenho é

$$\beta = \frac{Q_C}{W_{ciclo}} = \frac{Q_C}{Q_H - Q_C} \tag{5.5}$$

O coeficiente de desempenho para uma bomba de calor é

$$\gamma = \frac{Q_H}{W_{ciclo}} = \frac{Q_H}{Q_H - Q_C} \tag{5.6}$$

Conforme o fornecimento líquido de trabalho W_{ciclo} para o ciclo tende a zero, os coeficientes de desempenho dados pelas Eqs. 5.5 e 5.6 aproximam-se de um valor infinito. Se W_{ciclo} fosse identicamente nulo, o sistema da Fig. 5.7 retiraria a energia Q_C do reservatório frio e forneceria a energia Q_C ao reservatório quente, enquanto percorresse um ciclo. Entretanto, esse método de operação viola o enunciado de Clausius da segunda lei e, portanto, não é permitido. Segue-se que os coeficientes de desempenho β e γ têm que ter invariavelmente um valor finito. Isso pode ser considerado como outro corolário da segunda lei. Outros corolários são apresentados em seguida.

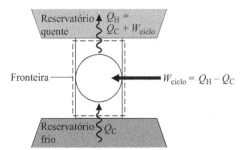

Fig. 5.7 Sistema percorrendo um ciclo de refrigeração ou de bomba de calor enquanto troca energia por transferência de calor com dois reservatórios.

5.7.2 Corolários da Segunda Lei para Ciclos de Refrigeração e Bomba de Calor

Os coeficientes de desempenho teóricos máximos para sistemas que percorrem ciclos de refrigeração e bomba de calor, enquanto se comunicam termicamente com dois reservatórios a temperaturas diferentes, são avaliados na Seção 5.9 no que se refere aos seguintes corolários da segunda lei:

1. O coeficiente de desempenho de um ciclo de refrigeração irreversível é sempre menor do que o coeficiente de desempenho de um ciclo de refrigeração reversível quando cada um opera entre os mesmos dois reservatórios térmicos.

2. Todos os ciclos de refrigeração reversíveis operando entre os mesmos dois reservatórios térmicos têm o mesmo coeficiente de desempenho.

Substituindo o termo *refrigeração* por *bomba de calor*, obtemos corolários equivalentes para ciclos de bomba de calor.

O primeiro desses corolários está de acordo com as expectativas provenientes da discussão da segunda lei até agora. Para explorar esse fato, considere a Fig. 5.8, que mostra um ciclo de refrigeração reversível R e um ciclo de refrigeração irreversível I operando entre os mesmos dois reservatórios. Cada ciclo retira a mesma quantidade de energia Q_C do reservatório frio. A entrada líquida de trabalho necessária para operar R é W_R, enquanto a entrada líquida de trabalho para I é W_I. Cada ciclo descarrega energia por transferência de calor para o reservatório quente igual à soma de Q_C com a entrada líquida de trabalho. Os sentidos das transferências de energia estão indicados por setas na Fig. 5.8. A presença de irreversibilidades durante a operação de um ciclo de refrigeração exige um preço, como esperado. Se dois refrigeradores trabalhando entre os mesmos reservatórios receberem, cada um, uma transferência idêntica de energia do reservatório frio, Q_C, e um deles executar um ciclo reversível enquanto o outro executa um ciclo irreversível, esperamos que o ciclo irreversível requeira um aporte líquido de trabalho maior e, desse modo, tenha o coeficiente de desempenho menor. Com uma simples extensão desse raciocínio segue-se que todos os ciclos de refrigeração reversíveis operando entre os mesmos dois reservatórios têm o mesmo coeficiente de desempenho. Argumentos similares se aplicam aos enunciados equivalentes para ciclos de bomba de calor.

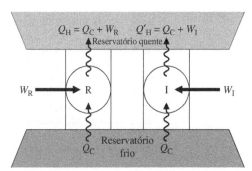

Fig. 5.8 Representação demonstrando que um ciclo de refrigeração reversível R tem um coeficiente de desempenho maior do que um ciclo irreversível I quando ambos operam entre os mesmos dois reservatórios.

Esses corolários podem ser formalmente demonstrados utilizando-se o enunciado de Kelvin–Planck da segunda lei e um procedimento similar ao empregado para os corolários de Carnot. Os detalhes são deixados como exercício (veja o Problema 5.8, no final do capítulo).

ENERGIA & MEIO AMBIENTE

Mantas quentes carregadas de poluição do ar envolvem as principais cidades. Telhados que absorvem a luz solar e expansões de pavimento, junto com quase nenhuma folhagem, agem em conjunto com outras características do modo de vida da cidade para elevar as temperaturas urbanas vários graus acima das temperaturas das áreas dos subúrbios adjacentes. A Fig. 5.9 mostra a variação da temperatura da superfície nas proximidades de uma cidade, conforme registrado através de medidas com infravermelho realizadas a partir de voos rasantes sobre a área. Profissionais da saúde se preocupam com o impacto dessas "ilhas de calor", especialmente com relação aos mais velhos. Paradoxalmente, o ar quente expelido pelos condicionadores de ar que os moradores da cidade usam para manter o ambiente refrigerado também faz com que bairros abafados se tornem até mesmo mais quentes. As irreversibilidades nos condicionadores de ar contribuem para o efeito do aquecimento; esses aparelhos podem responder por até 20% do aumento da temperatura urbana. Os veículos e as atividades comerciais também contribuem para esse fato. Planejadores urbanos estão combatendo as "ilhas de calor" de muitas formas, inclusive com o uso de produtos para telhados coloridos e altamente reflexivos e a instalação de jardins de telhado. Os arbustos e as árvores de jardins de telhados absorvem a energia solar, conduzindo, no verão, a temperaturas de telhado significativamente abaixo daquelas de edifícios vizinhos sem jardins de telhado, reduzindo a necessidade de ar condicionado.

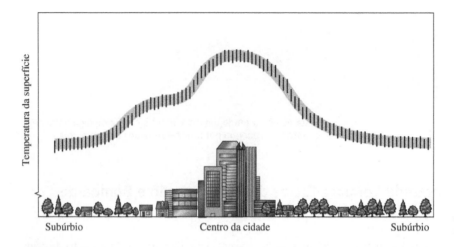

Fig. 5.9 Variação da temperatura da superfície em uma área urbana.

5.8 As Escalas de Temperatura Kelvin e Internacional

Os resultados das Seções 5.6 e 5.7 estabelecem limites superiores teóricos para o desempenho de ciclos de potência, refrigeração e bomba de calor que se comunicam termicamente com dois reservatórios. Expressões para a eficiência térmica teórica *máxima* para ciclos de potência e para os coeficientes de desempenho teóricos *máximos* para ciclos de refrigeração e bomba de calor são desenvolvidos na Seção 5.9, utilizando-se a escala de temperatura Kelvin considerada a seguir.

5.8.1 A Escala Kelvin

Do segundo corolário de Carnot sabemos que todos os ciclos de potência operando entre os mesmos dois reservatórios têm a mesma eficiência térmica, não importando a natureza da substância que compõe o sistema executando o ciclo ou a série de processos. Uma vez que a eficiência é independente desses fatores, o seu valor pode ser relacionado somente à natureza dos reservatórios. Observando que é a diferença na *temperatura* entre os dois reservatórios que fornece o ímpeto para transferência de calor entre eles, e assim para a produção de trabalho durante um ciclo, concluímos que a eficiência depende *somente* das temperaturas dos dois reservatórios.

Da Eq. 5.4 também segue que, para ciclos de potência reversíveis, a razão entre as transferências de calor Q_C/Q_H depende *somente* das temperaturas dos reservatórios. Ou seja,

$$\left(\frac{Q_C}{Q_H}\right)_{\substack{\text{ciclo}\\\text{rev}}} = \psi(\theta_C, \theta_H) \tag{a}$$

em que θ_H e θ_C indicam a temperatura dos reservatórios e a função ψ não está, por ora, especificada. Observe que as palavras "ciclo rev" são adicionadas a essa expressão para enfatizar que ela se aplica apenas a sistemas percorrendo ciclos reversíveis enquanto operam entre dois reservatórios térmicos.

A Eq. (a) fornece uma base para a definição de uma escala *termodinâmica* de temperatura: uma escala independente das propriedades de qualquer substância. Há escolhas alternativas para a função ψ que conduzem a esse fim. A escala Kelvin é obtida fazendo-se uma escolha particularmente simples, a saber, $\psi = T_C/T_H$, em que T é o símbolo usado com base no acordo internacional para indicar temperaturas na escala Kelvin. Com isso, obtemos

escala Kelvin

$$\left(\frac{Q_C}{Q_H}\right)_{\substack{\text{ciclo}\\\text{rev}}} = \frac{T_C}{T_H} \tag{5.7}$$

Assim, duas temperaturas na escala Kelvin estão na mesma razão que os valores das transferências de calor absorvido e rejeitado, respectivamente, por um sistema percorrendo um ciclo reversível enquanto se comunica termicamente com reservatórios a essas temperaturas.

Se um ciclo de potência reversível fosse operado no sentido oposto como um ciclo de refrigeração ou bomba de calor, as magnitudes das transferências de energia Q_C e Q_H permaneceriam as mesmas, mas as transferências de energia estariam no sentido oposto. Consequentemente, a Eq. 5.7 se aplica a cada tipo de ciclo considerado até agora, desde que o sistema percorrendo o ciclo opere entre dois reservatórios térmicos e o ciclo seja reversível.

TOME NOTA...
Alguns leitores preferem prosseguir diretamente para a Seção 5.9, na qual a Eq. 5.7 é aplicada.

Mais sobre a Escala Kelvin

A Eq. 5.7 fornece apenas uma razão entre temperaturas. Para completar a definição da escala Kelvin é necessário proceder como na Seção 1.7.3, com a atribuição do valor 273,16 K à temperatura do ponto triplo da água. Então, se um ciclo reversível é operado entre um reservatório a 273,16 K e outro reservatório à temperatura T, as duas temperaturas estão relacionadas através de

$$T = 273{,}16\left(\frac{Q}{Q_{pt}}\right)_{\substack{\text{ciclo}\\\text{rev}}} \tag{5.8}$$

em que Q_{pt} e Q são as transferências de calor entre o ciclo e os reservatórios a 273,16 K e à temperatura T, respectivamente. No caso em questão, a transferência de calor Q desempenha o papel da *propriedade termométrica*. Porém, uma vez que o desempenho de um ciclo irreversível é independente da natureza do sistema que executa o ciclo, a definição de temperatura dada pela Eq. 5.8 não depende de modo algum das propriedades de qualquer substância ou classe de substâncias.

Na Seção 1.7.2 observamos que a escala Kelvin tem um zero de 0 K, e temperaturas abaixo dessa não são definidas. Vamos sintetizar esses pontos considerando um ciclo de potência reversível operando entre reservatórios a 273,16 K e a uma temperatura mais baixa T. No que se refere à Eq. 5.8, sabemos que a energia rejeitada do ciclo por transferência de calor Q não seria negativa e, assim, T deve ser não negativo. A Eq. 5.8 também mostra que, quanto menor o valor de Q, menor o valor de T, e vice-versa. Dessa maneira, à medida que Q se aproxima de zero, a temperatura T se aproxima de zero. Pode-se concluir que uma temperatura de zero na escala Kelvin é a menor temperatura concebível. Essa temperatura é chamada de zero *absoluto*, e a escala Kelvin é chamada de *escala absoluta de temperatura*.

Quando valores numéricos de temperatura termodinâmica tiverem que ser determinados não será possível utilizar ciclos reversíveis, já que estes só existem em nossa imaginação. Porém, as temperaturas avaliadas utilizando-se o termômetro de gás a volume constante apresentado na Seção 5.8.2 são idênticas àquelas da escala Kelvin na faixa de temperaturas em que o termômetro de gás pode ser usado. Outras abordagens empíricas podem ser empregadas para temperaturas acima e abaixo da faixa acessível à termometria a gás. A escala Kelvin fornece uma definição contínua de temperatura válida em todas as faixas e fornece uma conexão essencial entre as várias medidas empíricas de temperatura.

5.8.2 O Termômetro de Gás

O termômetro de gás a volume constante mostrado na Fig. 5.10 é tão excepcional em termos de precisão e acurácia que foi adotado internacionalmente como o instrumento-padrão para se calibrar outros termômetros. A *substância termométrica* é o gás (normalmente hidrogênio ou hélio), e a *propriedade termométrica* é a pressão exercida pelo gás. Como ilustrado na figura, o gás está contido em um bulbo, e a pressão exercida por ele é medida por um manômetro de mercúrio de tubo aberto. Conforme a temperatura aumenta, o gás se expande, forçando a subida do mercúrio no tubo aberto. O gás é mantido em volume constante deslocando-se o reservatório para cima ou para baixo. O termômetro de gás é usado mundialmente como um padrão por órgãos de normatização e laboratórios de pesquisa. Entretanto, devido ao fato de os termômetros de gás necessitarem de equipamentos elaborados e por serem dispositivos grandes, que respondem lentamente e demandam procedimentos experimentais tediosos, termômetros menores e que respondem mais rapidamente são usados para a maioria das medições de temperaturas, sendo calibrados (direta ou indiretamente) por comparação a termômetros de gás. Para discussão adicional sobre termometria a gás, veja o boxe a seguir.

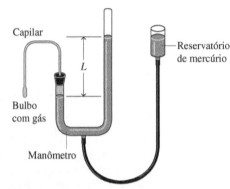

Fig. 5.10 Termômetro de gás sob volume constante.

Medindo a Temperatura com o Termômetro de Gás — a Escala de Gás

É instrutivo considerar como valores numéricos estão associados aos níveis de temperatura no termômetro de gás apresentado na Fig. 5.10. Consideremos p a pressão em um termômetro de gás a volume constante em equilíbrio térmico com um banho. Um valor pode ser designado para a temperatura do banho de uma maneira muito simples pela relação linear

$$T = \alpha p \tag{a}$$

em que α é uma constante arbitrária.

O valor de α é determinado inserindo-se o termômetro em um outro banho mantido no ponto triplo da água e medindo-se a pressão, designada por p_{pt}, do gás confinado na temperatura do ponto triplo, 273,16 K. Substituindo-se os valores na Eq. (a) e resolvendo para α

$$\alpha = \frac{273,16}{p_{pt}}$$

Inserindo essa relação na Eq. (a), a temperatura do banho original, na qual a pressão do gás confinado é p, é então

$$T = 273,16 \left(\frac{p}{p_{pt}} \right) \tag{b}$$

Entretanto, uma vez que os valores de ambas as pressões, p e p_{pt}, dependem *em parte* da quantidade de gás no bulbo, o valor indicado pela Eq. (b) para a temperatura do banho varia com a quantidade de gás no termômetro. Essa dificuldade é contornada na termometria de precisão repetindo-se as medidas (no banho original e no banho de referência) várias vezes e com uma quantidade menor de gás no bulbo em cada tentativa subsequente. Para cada tentativa, a razão p/p_{pt} é calculada pela Eq. (b) e plotada *versus* a pressão p_{pt} de referência correspondente do gás na temperatura do ponto triplo. Quando vários desses pontos são plotados, a curva resultante é extrapolada para a ordenada, em que $p_{pt} = 0$. Isso é ilustrado na Fig. 5.11 para termômetros de volume constante para uma série de gases distintos.

A inspeção da Fig. 5.11 mostra que para cada valor não nulo da pressão de referência os valores de p/p_{pt} mudam com o gás empregado no termômetro. No entanto, conforme a pressão decresce os valores de p/p_{pt} dos termômetros com gases distintos se aproximam, e no limite, quando a pressão tende a zero, *o mesmo valor de p/p_{pt} é obtido para cada gás*. Baseada nesses resultados gerais, a *escala de temperatura de gás* é definida pela relação

$$T = 273,16 \lim \frac{p}{p_{pt}} \tag{c}$$

em que "lim" significa que ambos, p e p_{pt}, tendem a zero. Deve ser evidente que a determinação das temperaturas por esse procedimento demanda procedimentos experimentais extremamente cuidadosos e elaborados.

Embora a escala de temperatura da Eq. (c) seja independente das propriedades de um certo gás, ela ainda depende das propriedades dos gases em geral. Dessa maneira, a medição de baixas temperaturas demanda um gás que não se condense nessas temperaturas, e isso impõe um limite ao intervalo de temperaturas que podem ser medidas por um termômetro de gás. A menor temperatura que pode ser medida pelo instrumento é cerca de 1 K, obtida com hélio. Em altas temperaturas os gases se dissociam, e assim essas temperaturas também não podem ser determinadas por um termômetro de gás. Outros meios empíricos, que utilizam as propriedades de outras substâncias, devem ser empregados para a medição de temperatura em que o termômetro de gás é inadequado. Para uma discussão mais profunda, veja a Seção 5.8.3.

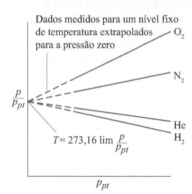

Fig. 5.11 Leituras de termômetro de gás sob volume constante, quando diferentes gases são utilizados.

5.8.3 Escala Internacional de Temperatura

Para fornecer um padrão para a medição de temperatura levando em conta tanto considerações teóricas quanto práticas, a Escala Internacional de Temperatura (ITS) foi adotada em 1927. Essa escala tem sido aprimorada e aumentada ao longo de diversas revisões, a mais recente em 1990. *A Escala Internacional de Temperatura de 1990* (*ITS-90*) é definida de modo que a temperatura nela medida condiz com a temperatura termodinâmica, cuja unidade é o kelvin, até os limites de precisão das medições alcançáveis em 1990. A ITS-90 é baseada nos valores de temperatura atribuídos a vários *pontos fixos* reproduzíveis (Tabela 5.1). A interpolação entre as temperaturas dos pontos fixos é efetuada por fórmulas que fornecem a relação entre as leituras de instrumentos-padrão e os valores da ITS. Na faixa entre 0,65 e 5,0 K, a ITS-90 é definida por equações que fornecem a temperatura como funções das pressões de vapor de isótopos particulares de hélio. A faixa entre 3,0 e 24,5561 K é baseada em medições utilizando-se um termômetro de gás hélio a volume constante. Na faixa entre 13,8033 e 1234,93 K, a ITS-90 é definida por intermédio de termômetros de resistência de platina. Acima de 1234,93 K a temperatura é definida utilizando-se a *equação de Planck para radiação de corpo negro* e medições da intensidade de radiação no espectro visível.

5.9 Medidas de Desempenho Máximo para Ciclos Operando entre Dois Reservatórios

A discussão continua nesta seção com o desenvolvimento de expressões para a eficiência térmica máxima dos ciclos de potência e para os coeficientes de desempenho máximos dos ciclos de refrigeração e bomba de calor em termos das temperaturas dos reservatórios avaliadas na escala Kelvin. Essas expressões podem ser usadas como padrão de comparação para ciclos reais de potência, refrigeração e bomba de calor.

5.9.1 Ciclos de Potência

A substituição da Eq. 5.7 na Eq. 5.4 resulta em uma expressão para a eficiência térmica de um sistema que percorre um *ciclo de potência* reversível enquanto opera entre reservatórios térmicos às temperaturas T_H e T_C. Ou seja,

$$\eta_{máx} = 1 - \frac{T_C}{T_H} \tag{5.9}$$

eficiência de Carnot

que é conhecida como eficiência de Carnot. Como as temperaturas na escala Rankine diferem das temperaturas em Kelvin apenas por um fator de 1,8, os T's na Eq. 5.9 podem estar em qualquer uma dessas escalas de temperatura.

Recordando-se dos dois corolários de Carnot, deve ficar evidente que a eficiência dada pela Eq. 5.9 é a eficiência térmica de *todos* os ciclos de potência reversíveis operando entre dois reservatórios às temperaturas T_H e T_C, e a eficiência *máxima* que *qualquer* ciclo de potência pode ter enquanto operar entre os dois reservatórios. Por inspeção, o valor da eficiência de Carnot aumenta à medida que T_H aumenta e/ou T_C diminui.

TABELA 5.1

Definindo os Pontos Fixos da Escala Internacional de Temperatura de 1990

T (K)	Substância[a]	Estado[b]
3 a 5	He	Ponto de pressão de vapor
13,8033	e-H_2	Ponto triplo
≈ 17	e-H_2	Ponto de pressão de vapor
≈ 20,3	e-H_2	Ponto de pressão de vapor
24,5561	Ne	Ponto triplo
54,3584	O_2	Ponto triplo
83,8058	Ar	Ponto triplo
234,3156	Hg	Ponto triplo
273,16	H_2O	Ponto triplo
302,9146	Ga	Ponto de fusão
429,7485	In	Ponto de congelamento
505,078	Sn	Ponto de congelamento
692,677	Zn	Ponto de congelamento
933,473	Al	Ponto de congelamento
1234,93	Ag	Ponto de congelamento
1337,33	Au	Ponto de congelamento
1357,77	Cu	Ponto de congelamento

[a]He denota ³He ou ⁴He; e-H_2 é hidrogênio na concentração de equilíbrio das formas orto e paramolecular.
[b]Ponto triplo: temperatura na qual as fases sólida, líquida e vapor estão em equilíbrio. Ponto de fusão, ponto de congelamento: temperatura, a uma pressão de 101,325 kPa, na qual as fases sólida e líquida estão em equilíbrio.
Fonte: H. Preston-Thomas, "The International Temperature Scale of 1990 (ITS-90)," *Metrologia* 27, 3-10 (1990). Veja também www.ITS-90.com.

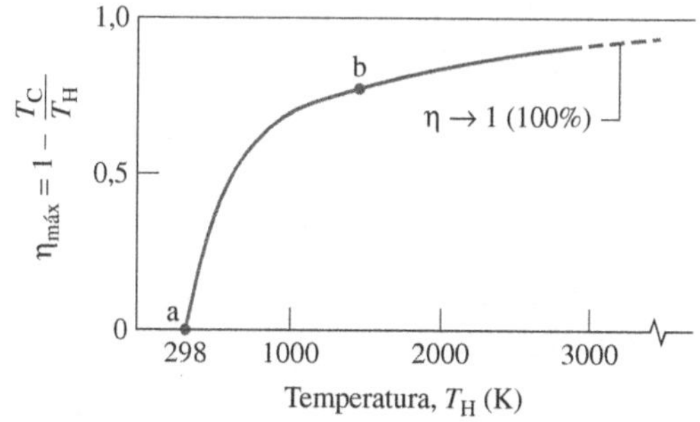

A Eq. 5.9 é apresentada graficamente na Fig. 5.12. A temperatura T_C usada na construção da figura é de 298 K em reconhecimento ao fato de que ciclos de potência reais acabam por descarregar energia por transferência de calor quase na mesma temperatura da atmosfera local ou da água de resfriamento retirada de um rio ou lago nas proximidades. Note que a possibilidade de aumentar-se a eficiência térmica através da redução de T_C para abaixo da temperatura do meio ambiente não é viável. Por exemplo, para manter T_C abaixo da temperatura ambiente por meio de um ciclo de refrigeração *real*, seria preciso uma entrada de trabalho no ciclo de refrigeração que excederia o aumento no trabalho do ciclo de potência, gerando uma saída *líquida* de trabalho mais baixa.

A Fig. 5.12 mostra que a eficiência térmica aumenta com T_H. Referindo-nos ao segmento a-b da curva, em que T_H e η são relativamente pequenos, podemos observar que η aumenta rapidamente à medida que T_H aumenta, mostrando que nessa faixa mesmo um aumento pequeno em T_H pode ter um efeito grande na eficiência. Embora essas conclusões, obtidas a partir da Eq. 5.9, apliquem-se estritamente apenas a sistemas percorrendo ciclos reversíveis, elas estão qualitativamente corretas para ciclos de potência reais. Observa-se que as eficiências térmicas dos ciclos reais aumentam à medida que a temperatura *média* na qual a energia é adicionada por transferência de calor aumenta e/ou a temperatura *média* na qual a energia é descarregada por transferência de calor diminui. Entretanto, maximizar a eficiência térmica de um ciclo de potência pode não ser um objetivo principal. Na prática, outras considerações, como custo, podem ser mais importantes.

Fig. 5.12 Eficiência de Carnot *versus* T_H, para T_C = 298 K.

Ciclo_de_Potência
A.9 – Aba c

Os ciclos convencionais de produção de potência têm eficiência térmica variando até cerca de 40%. Esse valor pode parecer baixo, mas a comparação deveria ser feita com um valor-limite apropriado, e não 100%.

▶ **POR EXEMPLO** considere um sistema que realiza um ciclo de potência para o qual a temperatura média de adição de calor é 745 K e a temperatura média na qual o calor é descarregado é 298 K. Para um ciclo reversível recebendo e descarregando energia por transferência de calor nessas temperaturas, a eficiência térmica dada pela Eq. 5.9 é de 60%. Quando comparada a esse valor, uma eficiência térmica real de 40% não parece ser tão baixa. O ciclo estaria operando a dois terços do máximo teórico. ◀ ◀ ◀ ◀ ◀

No próximo exemplo, avaliaremos o desempenho de um ciclo de potência utilizando os corolários de Carnot, assim como as Eqs. 5.4 e 5.9.

 **EXEMPLO 5.1** ▶

Avaliando o Desempenho de um Ciclo de Potência

Um ciclo de potência operando entre dois reservatórios térmicos recebe energia Q_H por transferência de calor de um reservatório a T_H = 2000 K e descarta Q_C por transferência de calor para um reservatório a T_C = 400 K. Determine, para cada um dos seguintes casos, se o ciclo opera irreversível, reversivelmente ou se é impossível.

(a) $Q_H = 1000$ kJ, $\eta = 60\%$.
(b) $Q_H = 1000$ kJ, $W_{ciclo} = 850$ kJ.
(c) $Q_H = 1000$ kJ, $Q_C = 200$ kJ.

SOLUÇÃO

Dado: Um sistema opera em um ciclo de potência enquanto recebe calor de uma fonte quente a 2000 K e descarta calor a 40 K.

Pede-se: Para cada um dos casos, determine se o ciclo opera de forma reversível, irreversível ou se é impossível.

Diagrama Esquemático e Dados Fornecidos:

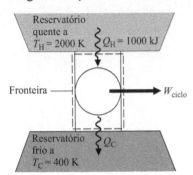

Modelo de Engenharia:
1. O sistema representado na figura executa um ciclo de potência.
2. Cada transferência de energia é positiva no sentido indicado pelas setas.

Fig. E5.1

Análise: A eficiência térmica máxima para *qualquer* ciclo de potência operando entre dois reservatórios térmicos é dada pela Eq. 5.9. Utilizando as temperaturas especificadas no enunciado, tem-se:

❶
$$\eta_{máx} = 1 - \frac{T_C}{T_H} = 1 - \frac{400 \text{ K}}{2000 \text{ K}}$$
$$= 0,8 \, (80\%)$$

(a) A eficiência térmica fornecida é $\eta = 60\%$. Sendo $\eta < \eta_{máx}$, o ciclo opera irreversivelmente.

(b) Utilizando os dados fornecidos, $Q_H = 1000$ kJ e $W_{ciclo} = 850$ kJ, a eficiência térmica será:

$$\eta = \frac{W_{ciclo}}{Q_H} = \frac{850 \text{ kJ}}{1000 \text{ kJ}}$$
$$= 0,85 \, (85\%)$$

Uma vez que $\eta > \eta_{máx}$, o ciclo é impossível.

(c) Aplicando um balanço de energia juntamente aos dados fornecidos, tem-se:

$$W_{ciclo} = Q_H - Q_C$$
$$= 1000 \text{ kJ} - 200 \text{ kJ} = 800 \text{ kJ}$$

A eficiência térmica é, então:

$$\eta = \frac{W_{ciclo}}{Q_H} = \frac{800 \text{ kJ}}{1000 \text{ kJ}}$$
$$= 0,80 \, (80\%)$$

Uma vez que $\eta = \eta_{máx}$, o ciclo opera reversivelmente.

❶ As temperaturas T_C e T_H utilizadas nos cálculos devem estar nas escalas K ou °R.

✓ **Habilidades Desenvolvidas**

Habilidades para...
❏ aplicar os corolários de Carnot, utilizando as Eqs. 5.4 e 5.9 adequadamente

Teste-Relâmpago Se $Q_C = 300$ kJ e $W_{ciclo} = 2700$ kJ, determine se o ciclo opera de forma reversível, irreversível ou se é impossível. **Resposta:** Impossível.

5.9.2 Ciclos de Refrigeração e Bomba de Calor

A Eq. 5.7 também é aplicável a ciclos de refrigeração e bomba de calor reversíveis operando entre dois reservatórios térmicos, mas, para esses, Q_C representa o calor adicionado ao ciclo através do reservatório frio à temperatura T_C na escala Kelvin e Q_H é o calor descarregado para o reservatório quente à temperatura T_H. Introduzindo a Eq. 5.7 na Eq. 5.5, resulta a seguinte expressão para o coeficiente de desempenho de qualquer sistema que percorre um ciclo de refrigeração reversível enquanto opera entre os dois reservatórios:

$$\beta_{máx} = \frac{T_C}{T_H - T_C} \quad (5.10)$$

De maneira similar, a substituição da Eq. 5.7 na Eq. 5.6 fornece a seguinte expressão para o coeficiente de desempenho de qualquer sistema que percorre um ciclo de bomba de calor reversível enquanto opera entre os dois reservatórios

$$\gamma_{máx} = \frac{T_H}{T_H - T_C} \quad (5.11)$$

Observe que as temperaturas usadas para avaliar $\eta_{máx}$ e $\gamma_{máx}$ devem ser temperaturas absolutas na escala Kelvin ou Rankine.

Da discussão da Seção 5.7.2 segue-se que as Eqs. 5.10 e 5.11 são os coeficientes de desempenho máximos que quaisquer ciclos de refrigeração e bomba de calor podem possuir enquanto operarem entre os reservatórios às temperaturas T_H e T_C. Como no caso da eficiência de Carnot, essas expressões podem ser usadas como padrão de comparação para refrigeradores e bombas de calor reais.

No próximo exemplo avaliaremos o coeficiente de desempenho de um refrigerador, comparando-o ao valor teórico máximo e ilustrando o uso dos corolários da segunda lei da Seção 5.7.2 junto com a Eq. 5.10.

Ciclo_de_
Refrigeração
A.10 – Aba c

Ciclo_de_Bomba_
de_Calor
A.11 – Aba c

EXEMPLO 5.2

Avaliando o Desempenho de um Refrigerador

Pela circulação em regime permanente de um refrigerante a baixa temperatura através de passagens nas paredes do compartimento do congelador um refrigerador mantém o compartimento do congelador a −5°C quando a temperatura do ar circundando o refrigerador está a 22°C. A taxa de transferência de calor entre o compartimento do congelador e o refrigerante é de 8000 kJ/h, e a potência de entrada necessária para operar o refrigerador é de 3200 kJ/h. Determine o coeficiente de desempenho do refrigerador e compare com o coeficiente de desempenho de um ciclo de refrigeração reversível operando entre reservatórios às mesmas temperaturas.

SOLUÇÃO

Dado: um refrigerador mantém o compartimento do congelador a uma temperatura especificada. A taxa de transferência de calor do espaço refrigerado, a potência de entrada para operar o refrigerador e a temperatura ambiente são conhecidas.

Pede-se: determine o coeficiente de desempenho e compare com aquele de um refrigerador reversível operando entre reservatórios às mesmas duas temperaturas.

Diagrama Esquemático e Dados Fornecidos:

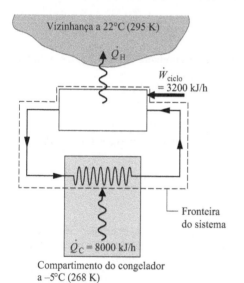

Fig. E5.2

Modelo de Engenharia:

1. O sistema mostrado na figura correspondente está em regime permanente.
2. O compartimento do congelador e o ar à sua volta exercem o papel dos reservatórios frio e quente, respectivamente.
3. As transferências de energia são positivas nas direções das setas no diagrama.

Análise: inserindo na Eq. 5.5 os dados de operação fornecidos, expressos em uma base *temporal*, o coeficiente de desempenho do refrigerador é

$$\beta = \frac{\dot{Q}_C}{\dot{W}_{ciclo}} = \frac{8000 \text{ kJ/h}}{3200 \text{ kJ/h}} = 2,5$$

A substituição de valores na Eq. 5.10 fornece o coeficiente de desempenho de um ciclo de refrigeração reversível operando entre reservatórios a $T_C = 268$ K e $T_H = 295$ K

❶
$$\beta_{máx} = \frac{T_C}{T_H - T_C} = \frac{268 \text{ K}}{295 \text{ K} - 268 \text{ K}} = 9,9$$

❷ De acordo com os corolários da Seção 5.7.2, o coeficiente de desempenho do refrigerador é menor do que para um ciclo de refrigeração reversível operando entre reservatórios às mesmas duas temperaturas. Ou seja, há irreversibilidades dentro do sistema.

✓ **Habilidades Desenvolvidas**

Habilidades para...
❏ aplicar os corolários da Seção 5.7.2, usando as Eqs. 5.5 e 5.10, apropriadamente.

❶ As temperaturas T_C e T_H utilizadas na avaliação de $\beta_{máx}$ *devem* ser em K ou °R.

❷ A diferença entre os coeficientes de desempenho real e máximo sugere que pode haver alguma possibilidade de melhorar o desempenho termodinâmico. Contudo, o objetivo deve ser estudado com cuidado, pois uma melhora no desempenho pode requerer aumentos no tamanho, na complexidade e no custo.

Teste-Relâmpago Um inventor alega que a potência necessária para operar o refrigerador pode ser reduzida de 800 kJ/h enquanto todos os outros dados permanecem inalterados. Avalie essa afirmativa utilizando a segunda lei. **Resposta:** β = 10. A afirmativa é inválida.

No Exemplo 5.3 determinamos o aporte de trabalho teórico mínimo e o custo de um dia de operação de uma bomba de calor elétrica, ilustrando o uso dos corolários da segunda lei da Seção 5.7.2 junto com a Eq. 5.11.

▶▶▶ EXEMPLO 5.3 ▶

Avaliando o Desempenho de uma Bomba de Calor

Uma residência requer 5×10^5 Btu por dia 5,3 por dia para manter sua temperatura em 70°F (21,1°C) quando a temperatura externa é 32°F (0°C). (**a**) Se uma bomba de calor elétrica é usada para suprir essa energia, determine o fornecimento de trabalho teórico mínimo para um dia de operação, em Btu/dia. (**b**) Estimando a eletricidade em 13 centavos por kW · h, determine o custo teórico mínimo para operar a bomba de calor, em \$/dia.

SOLUÇÃO

Dado: uma bomba de calor mantém uma residência a uma temperatura especificada. A energia fornecida para a residência, a temperatura ambiente e o custo unitário da eletricidade são conhecidos.

Pede-se: determine o trabalho teórico *mínimo* requerido pela bomba de calor e o custo da eletricidade correspondente.

Diagrama Esquemático e Dados Fornecidos:

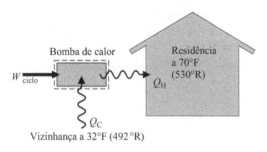

Fig. E5.3

Modelo de Engenharia:
1. O sistema mostrado na figura correspondente executa um ciclo de bomba de calor.
2. A residência e o ar exterior exercem o papel dos reservatórios quente e frio, respectivamente.
3. O valor da eletricidade é de 13 centavos por kW · h.
4. As transferências de calor são positivas no sentido das setas no diagrama.

Análise:

(**a**) Usando a Eq. 5.6, o trabalho de qualquer ciclo de bomba de calor pode ser expresso por $W_{ciclo} = Q_H/\gamma$. O coeficiente de desempenho g de uma bomba de calor real é menor ou igual ao coeficiente de desempenho $\gamma_{máx}$ de um ciclo de bomba de calor reversível quando ambos operam entre os mesmos dois reservatórios: $\gamma \leq \gamma_{máx}$. Desse modo, para um dado valor de Q_H obtemos

$$W_{ciclo} \geq \frac{Q_H}{\gamma_{máx}}$$

Utilizando a Eq. 5.11

❶
$$\gamma_{máx} = \frac{T_H}{T_H - T_C} = \frac{530°R}{38°R} = 13,95$$

Inserindo os valores

$$W_{ciclo} \geq \frac{5 \times 10^5 \text{ Btu/dia}}{13,95} = 3,58 \times 10^4 \frac{\text{Btu}}{\text{dia}}$$

O fornecimento de trabalho teórico *mínimo* é de $4,3 \times 10^4$ Btu/dia.

(b) Usando o resultado da parte (a) junto com o custo fornecido e um fator de conversão apropriado

❷ $\begin{bmatrix} \text{custo} \\ \text{mínimo} \\ \text{teórico por dia} \end{bmatrix} = \left(3,58 \times 10^4 \frac{\text{Btu}}{\text{dia}} \left| \frac{1 \text{ kW} \cdot \text{h}}{3413 \text{ Btu}} \right| \right) \left(0,13 \frac{\$}{\text{kW} \cdot \text{h}} \right) = 1,36 \frac{\$}{\text{dia}}$

Habilidades para...
- aplicar os corolários da Seção 5.7.2, usando as Eqs. 5.6 e 5.11, apropriadamente.
- conduzir uma avaliação econômica elementar.

❶ Observe que as temperaturas T_C e T_H *deve*m ser em K ou °R.

❷ Devido às irreversibilidades, deve-se fornecer mais trabalho do que o mínimo a uma bomba de calor real para produzir o mesmo efeito de aquecimento. O custo diário real poderia ser substancialmente maior do que o custo teórico mínimo.

Teste-Relâmpago (a) Se uma bomba de calor cujo coeficiente de desempenho seja 3,0 fornece o aquecimento necessário, determine o custo da operação, em $/dia. (b) Repita o cálculo se o aquecimento for fornecido por um sistema de resistência elétrica. **Resposta:** (a) 6,35; (b) 19,04.

5.10 Ciclo de Carnot

O ciclo de Carnot, apresentado nessa seção, fornece exemplos específicos de ciclos reversíveis operando entre dois reservatórios térmicos. Outros exemplos são apresentados no Cap. 9: os ciclos de Ericsson e Stirling. Em um ciclo de Carnot o sistema que está executando o ciclo passa por uma série de quatro processos internamente reversíveis: dois processos adiabáticos alternados com dois processos isotérmicos.

ciclo de Carnot

5.10.1 Ciclo de Potência de Carnot

A Fig. 5.13 mostra o diagrama p–v de um ciclo de potência de Carnot no qual o sistema é um gás em um conjunto cilindro–pistão. A Fig. 5.14 fornece detalhes de como o ciclo é executado. As paredes do pistão e do cilindro são não condutoras. As transferências de calor ocorrem nos sentidos das setas. Observe também que existem dois reservatórios às temperaturas T_H e T_C, respectivamente, e um apoio isolado. Inicialmente, o conjunto cilindro-pistão está sobre o apoio isolado e o sistema está no estado 1, no qual a temperatura é T_C. Os quatro processos do ciclo são

Processo 1-2: o gás é comprimido *adiabaticamente* até o estado 2, no qual a temperatura é T_H.
Processo 2-3: o conjunto é colocado em contato com o reservatório a T_H. O gás se expande *isotermicamente* enquanto recebe a energia Q_H do reservatório quente por transferência de calor.
Processo 3-4: o conjunto é colocado novamente sobre o apoio isolado e o gás continua a se expandir *adiabaticamente* até a temperatura cair para T_C.
Processo 4-1: o conjunto é colocado em contato com o reservatório a T_C. O gás é comprimido *isotermicamente* até o seu estado inicial enquanto descarrega a energia Q_C para o reservatório frio por transferência de calor.

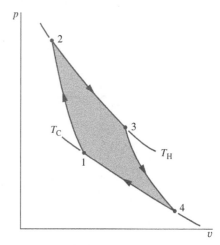

Fig. 5.13 Diagrama p–v para um ciclo de potência de Carnot realizado por um gás.

Para que a transferência de calor durante o Processo 2-3 seja reversível, a diferença entre a temperatura do gás e a temperatura do reservatório quente deve ser infinitamente pequena. Como a temperatura do reservatório permanece constante, isso implica que a temperatura do gás também permanece constante durante o Processo 2-3. O mesmo pode ser concluído para a temperatura do gás durante o Processo 4-1.

Para cada um dos quatro processos internamente reversíveis do ciclo de Carnot o trabalho pode ser representado como uma área na Fig. 5.13. A área sob a linha do processo adiabático 1-2 representa o trabalho realizado por unidade de massa para comprimir o gás nesse processo. As áreas sob as linhas dos Processos 2-3 e 3-4 representam o trabalho realizado por unidade de massa pelo gás à medida que ele se expande nesses processos. A área sob a linha do Processo 4-1 é o trabalho realizado por unidade de massa para comprimir o gás nesse processo. A área delimitada pelas linhas no diagrama p–v, mostrada em sombreado, é o trabalho líquido desenvolvido pelo ciclo por unidade de massa. A eficiência térmica desse ciclo é dada pela Eq. 5.9.

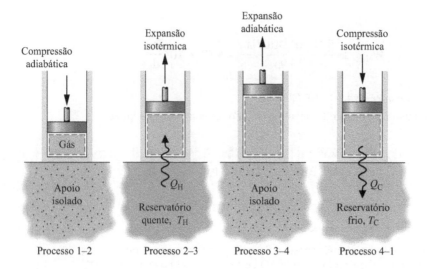

Fig. 5.14 Ciclo de potência de Carnot executado por um gás em um conjunto cilindro–pistão.

O ciclo de Carnot não se limita aos processos de sistema fechado que ocorrem em um conjunto cilindro-pistão. A Fig. 5.15 mostra o esquema e o diagrama *p–v* correspondente para um ciclo de Carnot executado por água circulando em regime permanente através de uma série de quatro componentes interligados que têm características em comum com uma instalação de potência a vapor simples mostrada na Fig. 4.16. À medida que a água flui através da caldeira, uma *mudança de fase* de líquido para vapor na temperatura constante T_H ocorre como resultado da transferência de calor do reservatório quente. Uma vez que a temperatura permanece constante, a pressão também permanece constante durante a mudança de fase. O vapor d'água que deixa a caldeira se expande adiabaticamente através da turbina, e o trabalho é desenvolvido. Nesse processo, a temperatura decresce até a temperatura do reservatório frio, T_C, e ocorre um decréscimo correspondente na pressão. À medida que o vapor d'água passa através do condensador, ocorre uma transferência de calor para o reservatório frio, e parte do vapor d'água condensa à temperatura constante T_C. Como a temperatura permanece constante, a pressão também permanece constante enquanto a água passa através do condensador. O quarto componente é uma bomba, ou compressor, que recebe uma mistura bifásica de líquido–vapor do condensador e a retorna adiabaticamente ao estado na entrada da caldeira. Durante esse processo, que requer fornecimento de trabalho para elevar a pressão, a temperatura aumenta de T_C para T_H. A eficiência térmica desse ciclo também é dada pela Eq. 5.9.

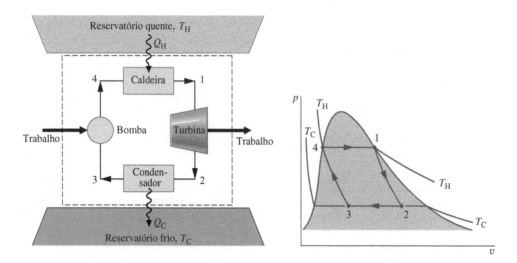

Fig. 5.15 Ciclo de potência a vapor de Carnot.

5.10.2 Ciclos de Refrigeração e Bomba de Calor de Carnot

Se um ciclo de potência de Carnot for operado no sentido oposto, as magnitudes de todas as transferências de energia permanecem as mesmas, mas as transferências de energia estarão dirigidas de forma oposta. Esse ciclo pode ser considerado um ciclo de refrigeração ou bomba de calor reversível, para o qual os coeficientes de desempenho são dados pelas Eqs. 5.10 e 5.11, respectivamente. Um ciclo de refrigeração ou bomba de calor de Carnot executado por um gás em um conjunto cilindro–pistão é mostrado na Fig. 5.16. O ciclo consiste nos seguintes quatro processos em série:

Processo 1-2: o gás se expande *isotermicamente* a T_C enquanto *recebe* a energia Q_C do reservatório frio por transferência de calor.

Processo 2-3: o gás é comprimido *adiabaticamente* até a sua temperatura atingir T_H.

Processo 3-4: o gás é comprimido *isotermicamente* a T_H enquanto *descarrega* a energia Q_H no reservatório quente por transferência de calor.

Processo 4-1: o gás se expande *adiabaticamente* até a sua temperatura decrescer para T_C.

Um efeito de refrigeração ou bomba de calor pode ser realizado em um ciclo somente se uma quantidade líquida de trabalho for fornecida ao sistema que executa o ciclo. No caso do ciclo mostrado na Fig. 5.16 a área sombreada representa a entrada de trabalho líquido por unidade de massa.

5.10.3 Resumo do Ciclo de Carnot

Além das configurações previamente discutidas, os ciclos de Carnot também podem ser enxergados como ciclos compostos de processos nos quais um capacitor é carregado e descarregado, uma substância paramagnética é magnetizada e desmagnetizada, e assim por diante. Contudo, não importa o tipo de dispositivo ou a substância de trabalho utilizada,

1. o ciclo de Carnot *sempre* apresenta os mesmos quatro processos internamente reversíveis: dois processos adiabáticos alternados com dois processos isotérmicos.
2. a eficiência térmica do ciclo de potência de Carnot é *sempre* dada pela Eq. 5.9 em termos das temperaturas avaliadas na escala Kelvin ou Rankine.
3. os coeficientes de desempenho dos ciclos de refrigeração e bomba de calor de Carnot são *sempre* dados pelas Eqs. 5.10 e 5.11, respectivamente, em termos das temperaturas avaliadas na escala Kelvin ou Rankine.

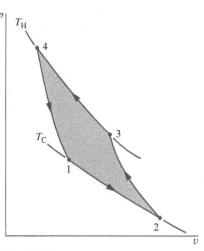

Fig. 5.16 Diagrama p–v para um ciclo de refrigeração ou bomba de calor de Carnot realizado por um gás.

5.11 A Desigualdade de Clausius

Os corolários da segunda lei desenvolvidos até agora neste capítulo são para sistemas submetidos a ciclos enquanto termicamente conectados a *um* ou *dois* reservatórios de energia térmica. Na presente seção é apresentado um corolário da segunda lei, conhecido como *desigualdade de Clausius*, que é aplicável a *qualquer* ciclo a despeito do corpo, ou dos corpos, a partir dos quais o ciclo recebe energia através de transferência de calor ou para os quais o ciclo rejeita energia por meio de transferência de calor. A desigualdade de Clausius fornece a base para o desenvolvimento adicional no Cap. 6 dos conceitos de entropia, geração de entropia e balanço de entropia introduzidos na Seção 5.2.3.

A *desigualdade de Clausius* estabelece que para qualquer ciclo termodinâmico

$$\oint \left(\frac{\delta Q}{T}\right)_b \leq 0 \qquad (5.12)$$

em que δQ representa a quantidade de calor transferido em uma parcela da fronteira do sistema durante uma parte do ciclo, e T é a temperatura absoluta nessa parcela da fronteira. O subscrito "b" serve como um lembrete de que o integrando é avaliado na fronteira do sistema que executa o ciclo. O símbolo $\oint$ indica que a integral deve ser avaliada sobre todo o contorno e sobre a totalidade do ciclo. A igualdade e a desigualdade têm a mesma interpretação do enunciado de Kelvin–Planck: a igualdade é válida quando não ocorrem irreversibilidades internas conforme o ciclo executa o ciclo, e a desigualdade é válida quando irreversibilidades estão presentes. A desigualdade de Clausius pode ser demonstrada a partir do enunciado de Kelvin–Planck para a segunda lei. Veja o boxe para detalhes.

A desigualdade de Clausius pode ser expressa de forma equivalente como

desigualdade de Clausius

$$\oint \left(\frac{\delta Q}{T}\right)_b = -\sigma_{\text{ciclo}} \qquad (5.13)$$

em que σ_{ciclo} pode ser associado à "intensidade" da desigualdade. O valor de σ_{ciclo} é positivo quando irreversibilidades internas estão presentes, zero quando irreversibilidades internas não estão presentes e nunca pode ser negativo.

Em resumo, a natureza de um ciclo executado por um sistema é indicada pelo valor de σ_{ciclo} conforme descrito a seguir:

$$\begin{aligned}
\sigma_{\text{ciclo}} &= 0 \quad \text{ausência de irreversibilidades no sistema} \\
\sigma_{\text{ciclo}} &> 0 \quad \text{presença de irreversibilidades no sistema} \\
\sigma_{\text{ciclo}} &< 0 \quad \text{impossível}
\end{aligned} \qquad (5.14)$$

▶ **POR EXEMPLO** aplicando a Eq. 5.13 ao ciclo do Exemplo 5.1(c), obtemos

$$\oint \left(\frac{\delta Q}{T}\right)_b = \frac{Q_{\text{entra}}}{T_H} - \frac{Q_{\text{sai}}}{T_C} = -\sigma_{\text{ciclo}}$$

$$= \frac{1000 \text{ kJ}}{2000 \text{ K}} - \frac{200 \text{ kJ}}{400 \text{ K}} = 0 \text{ kJ/K}$$

em que $\sigma_{ciclo} = 0$ kJ/K, e o valor indica que não há irreversibilidade no sistema. Essa informação está de acordo com a conclusão do Exemplo 5.1(c). Aplicando a Eq. 5.13, em uma base temporal, ao ciclo do Exemplo 5.2, obtemos $\dot{\sigma}_{ciclo} = 8,12$ kJ/h · K. O valor positivo indica que existem irreversibilidades presentes no sistema que está percorrendo o ciclo, o que está de acordo com a conclusão do Exemplo 5.2. ◀ ◀ ◀ ◀ ◀

Na Seção 6.7, a Eq. 5.13 é usada para desenvolver o balanço de entropia de sistemas fechados. A partir desse desenvolvimento, o termo σ_{ciclo} da Eq. 5.13 pode ser interpretado como a *entropia produzida* (ou *gerada*) por irreversibilidades internas durante o ciclo.

Desenvolvendo a Desigualdade de Clausius

A desigualdade de Clausius pode ser demonstrada utilizando o arranjo da Fig. 5.17. Um sistema recebe energia δQ em um local de sua fronteira em que a temperatura absoluta é T, enquanto o sistema realiza o trabalho δW. Mantendo-se a convenção de sinal para o calor transferido, a expressão *recebe a energia* δQ inclui a possibilidade de transferência de calor *a partir do* sistema. A energia δQ é recebida de um reservatório térmico a T_{res}. Para garantir que nenhuma irreversibilidade seja introduzida como resultado da transferência de calor entre o reservatório e o sistema, considere que essa transferência é realizada através de um sistema intermediário que passa por um ciclo sem qualquer tipo de irreversibilidade. O ciclo recebe a quantidade de energia $\delta Q'$ do reservatório e fornece δQ para o sistema enquanto produz uma quantidade de trabalho $\delta W'$. A partir da definição da escala Kelvin (Eq. 5.7), temos a seguinte relação entre as transferências de calor e as temperaturas:

$$\frac{\delta Q'}{T_{res}} = \left(\frac{\delta Q}{T}\right)_b \quad \text{(a)}$$

À medida que a temperatura T pode variar, diversos desses ciclos reversíveis podem ser necessários.

Considere a seguir o sistema combinado mostrado pela linha pontilhada na Fig. 5.17. Um balanço de energia para o sistema combinado é

$$dE_C = \delta Q' - \delta W_C$$

em que δW_C é o trabalho total do sistema combinado, a soma de δW e $\delta W'$, e dE_C denota a variação de energia do sistema combinado. Resolvendo o balanço de energia para δW_C e utilizando a Eq. (a) para eliminar $\delta Q'$ da expressão obtida, temos

$$\delta W_C = T_{res}\left(\frac{\delta Q}{T}\right)_b - dE_C$$

Deixemos o sistema percorrer um único ciclo enquanto o sistema intermediário percorre um ou mais ciclos. O trabalho total do ciclo combinado é

$$W_C = \oint T_{res}\left(\frac{\delta Q}{T}\right)_b - \oint dE_C^{\circ} = T_{res}\oint\left(\frac{\delta Q}{T}\right)_b \quad \text{(b)}$$

Como a temperatura do reservatório é constante, T_{res} pode ser extraída da integral. O termo envolvendo a energia do sistema combinado se anula, já que a variação de energia para qualquer ciclo é zero. O sistema combinado opera em um ciclo, pois suas partes executam ciclos. Uma vez que o sistema combinado é submetido a um ciclo e troca energia por transferência de calor com um único reservatório, a Eq. 5.3, que expressa o enunciado de Kelvin–Planck da segunda lei, deve ser satisfeita. Com isso, a Eq. (b) se reduz à Eq. 5.12, na qual igualdade vale quando *não existem irreversibilidades no interior do sistema* à medida que este executa o ciclo, e a desigualdade é válida quando *irreversibilidades internas estão presentes*. Essa interpretação na verdade se relaciona à combinação do sistema com o ciclo intermediário. Entretanto, o ciclo intermediário é livre de irreversibilidades, de modo que a única possibilidade de irreversibilidades ocorre para o sistema sozinho.

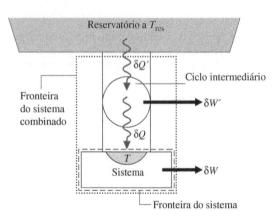

Fig. 5.17 Ilustração usada para o desenvolvimento da desigualdade de Clausius.

RESUMO DO CAPÍTULO E GUIA DE ESTUDOS

Neste capítulo estimulamos a percepção da necessidade e da utilidade da segunda lei da termodinâmica e fornecemos a base para aplicações posteriores envolvendo a segunda lei nos Caps. 6 e 7. Três enunciados da segunda lei, os enunciados de Clausius, de Kelvin–Planck e da entropia, são apresentados junto com vários corolários que estabelecem o melhor desempenho teórico para sistemas que percorrem ciclos enquanto interagem com reservatórios térmicos. O conceito de irreversibilidade é apresentado, e as noções de irreversibilidade, reversibilidade e processos internamente reversíveis são discutidas. A escala de temperatura Kelvin é definida e utilizada na obtenção de expressões para o desempenho máximo de ciclos de potência, refrigeração e bomba de calor que operam entre dois reservatórios térmicos. O ciclo de Carnot é apresentado de maneira a fornecer um exemplo específico de um ciclo reversível que opera entre dois reservatórios térmicos. Finalmente, a desigualdade de Clausius, que fornece uma ponte do Cap. 5 ao Cap. 6, é apresentada e discutida.

Os itens a seguir fornecem um guia de estudo para este capítulo. Ao término do estudo do texto e dos exercícios dispostos no final do capítulo, você estará apto a

- descrever o significado dos termos dispostos em negrito ao longo do capítulo e entender cada um dos conceitos relacionados. O conjunto de conceitos fundamentais listados mais adiante é particularmente importante para os capítulos subsequentes.
- fornecer o enunciado de Kelvin–Planck da segunda lei, interpretando corretamente os sinais de "menor que" e "igual a" na Eq. 5.3.
- listar diversas irreversibilidades importantes.
- aplicar os corolários das Seções 5.6.2 e 5.7.2 juntamente com as Eqs. 5.9, 5.10 e 5.11 de modo a obter o desempenho de ciclos de potência e de ciclos de refrigeração e bomba de calor.
- descrever o ciclo de Carnot.
- interpretar a desigualdade de Clausius.

CONCEITOS FUNDAMENTAIS NA ENGENHARIA

ciclo de Carnot
corolários de Carnot
desigualdade de Clausius
eficiência de Carnot
enunciados da segunda lei
escala Kelvin
irreversibilidades
irreversibilidades interna e externa
processo internamente reversível
processo irreversível
processo reversível
reservatório térmico

EQUAÇÕES PRINCIPAIS

$$W_{ciclo} \leq 0 \begin{cases} < 0: & \text{Presença de irreversibilidades internas.} \\ = 0: & \text{Ausência de irreversibilidades internas.} \end{cases} \text{(Reservatório único)} \quad (5.3)$$

Forma analítica do enunciado de Kelvin–Planck.

$$\eta_{máx} = 1 - \frac{T_C}{T_H} \quad (5.9)$$

Eficiência térmica máxima: ciclo de potência operando entre dois reservatórios.

$$\beta_{máx} = \frac{T_C}{T_H - T_C} \quad (5.10)$$

Coeficiente de desempenho máximo: ciclo de refrigeração operando entre dois reservatórios.

$$\gamma_{máx} = \frac{T_H}{T_H - T_C} \quad (5.11)$$

Coeficiente de desempenho máximo: ciclo de bomba de calor operando entre dois reservatórios.

$$\oint \left(\frac{\delta Q}{T}\right)_b = -\sigma_{ciclo} \quad (5.13)$$

Desigualdade de Clausius.

EXERCÍCIOS: PONTOS DE REFLEXÃO PARA OS ENGENHEIROS

1. Qual seria um exemplo de processo que satisfaria o princípio de conservação de energia, porém não observável na natureza?
2. Existem riscos associados ao consumo de tomates com amadurecimento induzido por *spray* de etileno? Explique.
3. Qual é o custo, por lb, do refrigerante utilizado no ar condicionado do seu carro?
4. Que irreversibilidades são encontradas nos seres vivos? Explique.
5. A energia gerada pelas células a combustível é limitada pela eficiência de Carnot? Explique.
6. A segunda lei impõe limites de desempenho em atletas de elite que buscam recordes mundiais em eventos como atletismo e natação? Explique.
7. Que método de aquecimento é melhor em temos de custos operacionais: aquecimento com base em resistência elétrica ou bomba de calor? Explique.
8. O que está atrasando o lançamento dos carros movidos a HFC (*hydrogen fuel cells*, células a combustível de hidrogênio) nos grandes salões de carros internacionais?

220 Capítulo 5

9. Que opções existem para o uso eficiente da energia descarregada por transferência de calor a partir de centrais de potência?
10. Qual é a importância da rugosidade da superfície interna de um tubo na determinação do fator de atrito? Explique.
11. Um automóvel recomenda o óleo de motor 5W20 enquanto outro especifica o óleo 5W30. O que essas designações significam e porque diferem para os dois automóveis?
12. Que fatores influenciam o coeficiente de desempenho *real* alcançado pelos refrigeradores nas residências familiares?
13. O que significa a classificação indicada por SEER no rótulo dos refrigeradores em *showrooms* de eletrodomésticos?
14. Como o *planador térmico* (Seção 5.4) sustenta o movimento subaquático para missões científicas que duram semanas?

▶ VERIFICAÇÃO DE APRENDIZADO

1. Um ciclo de bomba de calor reversível opera entre dois reservatórios térmicos, a 300°C e 500°C, respectivamente. O coeficiente de desempenho é, aproximadamente (a) 1,5; (b) 3,87; (c) 2,87; (d) 2,5.
2. Referindo-se à lista da Seção 5.3.1, as irreversibilidades presentes durante a operação de um motor de combustão interna de um automóvel incluem (a) atrito; (b) transferência de calor; (c) reação química; (d) todos os anteriores.
3. Referindo-se à lista da Seção 5.3.1, as irreversibilidades presentes durante a operação de uma fornalha alimentada por gás natural e fluxo forçado de ar incluem, exceto (a) reação química; (b) atrito do fluido; (c) polarização; (d) transferência de calor.
4. Aplicações da Segunda Lei da Termodinâmica incluem (a) a definição da escala de temperatura Kelvin; (b) a previsão da direção de processos; (c) o desenvolvimento de métodos para avaliar a energia interna em termos de propriedades medidas mais facilmente; (d) todos os anteriores.
5. Para o aquecimento de uma residência, qual dispositivo consome menos energia elétrica: uma bomba de calor ou um sistema de resistências? Explique.
6. Um ciclo de potência opera entre um reservatório quente, a 2000°F (1093,3°C) e um reservatório frio, a 1000°F (537,778°C), respectivamente. Se a eficiência térmica do ciclo é 45%, seu modo de operação (a) é reversível; (b) é irreversível; (c) é impossível; (d) não pode ser determinado a partir dos dados fornecidos.
7. Quando acondicionado no ambiente externo, sob pressão atmosférica, um cubo de gelo funde formando uma fina camada de líquido sobre o chão. À noite, o líquido congela, retornando à temperatura inicial do cubo. A água que formava inicialmente o cubo passa por (a) um ciclo termodinâmico; (b) um processo reversível; (c) um processo irreversível; (d) nenhum dos anteriores.
8. Ampliando a discussão da Fig. 5.1a, como o trabalho deve ser desenvolvido se T_i for menor que T_0?
9. Ampliando a discussão da Fig. 5.1b, como o trabalho deve ser desenvolvido se p_i for menor que p_0?
10. Um gás ideal em um sistema pistão-cilindro expande isotermicamente, realizando trabalho e recebendo uma quantidade equivalente de energia por transferência de calor da atmosfera circundante. Este processo pelo qual o gás passa é uma violação da formulação de Kelvin-Planck da segunda lei? Explique.
11. O coeficiente de desempenho máximo para *qualquer* ciclo operando entre dois reservatórios, um quente e um frio, com temperaturas de 80°F (26,7°C) e 40°F (4,4°C), respectivamente, é _____.
12. Um *processo de estrangulamento* é (a) reversível; (b) internamente reversível; (c) irreversível; (d) isobárico.
13. As escalas absolutas de energia incluem (a) a escala Rankine; (b) a escala de graus centígrados; (c) a escala Fahrenheit; (d) a escala Kelvin.
14. A energia de um sistema isolado permanece constante, porém a variação de entropia deve satisfazer (a) $\Delta S \leq 0$; (b) $\Delta S > 0$; (c) $\Delta S \geq 0$; (d) $\Delta S < 0$.
15. A eficiência térmica máxima para *qualquer* ciclo operando entre dois reservatórios, um quente e um frio, com temperaturas de 1000°C e 500°C, respectivamente, é _____.
16. Um ciclo de potência operando entre dois reservatórios, um quente e um frio, com temperaturas de 500 K e 300 K, respectivamente, recebe 1000 kJ por transferência de calor do reservatório quente. A quantidade de energia dispensada no reservatório frio deve satisfazer (a) $Q_C > 600$ kJ; (b) $Q_C \geq 600$ kJ; (c) $Q_C = 600$ kJ; (d) $Q_C \leq 600$ kJ.
17. Referindo-se à Fig. 5.13, se o gás obedece ao comportamento descrito pelo modelo de gases ideais, com $p_1 = 3$ atm, $v_1 = 4,2$ ft³/lb, $p_4 = 1$ atm, o volume no estado 4 será _____ ft³/lb.
18. Referindo-se à Fig. 5.15, se as pressões do aquecedor e o condensador forem 50 bar e 0,5 bar, respectivamente, a eficiência térmica do ciclo seria _____.
19. Uma das irreversibilidades em um sistema de caixa de marchas é (a) reação química; (b) expansão livre de um gás; (c) mistura; (d) atrito.
20. O coeficiente de desempenho de um ciclo de refrigeração reversível é sempre (a) maior que; (b) menor que; (c) igual ao coeficiente de desempenho de um ciclo de refrigeração irreversível operando entre os mesmos dois reservatórios térmicos.
21. Quando fluxos de gás quente e frio passam em contracorrente em um trocador de calor, ambos sob pressão constante, a principal irreversibilidade interna no trocador de calor é _____.
22. Um telefone celular está inicialmente com a bateria completamente carregada. Após um período de uso, a bateria é recarregada até o seu estado inicial. A quantidade de energia para recarregar a bateria é (a) menor que; (b) igual a; (c) maior que a quantidade de energia necessária para o funcionamento do telefone. Explique.
23. Referindo-se à Fig. 5.12, se a temperatura correspondente ao ponto b for 1225°C, a eficiência de Carnot é _____%.
24. A eficiência térmica de um sistema que está submetido a um ciclo de potência recebendo 1000 kJ de energia por transferência de calor de um reservatório a 1000 K e dispensando 500 kJ de energia por transferência de calor para um reservatório frio a 400 K é _____.
25. O coeficiente de desempenho de um ciclo de bomba de calor irreversível é sempre (a) igual a; (b) maior que; (c) menor que o coeficiente de desempenho de um ciclo de bomba de calor reversível que opere entre os mesmos dois reservatórios térmicos.
26. Para um sistema fechado, a entropia (a) pode ser produzida dentro do sistema; (b) deve ser transferida através da fronteira; (c) pode permanecer constante através do sistema; (d) todos os anteriores.
27. Referindo-se à lista da Seção 5.3.1, as irreversibilidades significativas presentes durante a operação de um refrigerador doméstico incluem (a) deformação inelástica; (b) reação química; (c) transferência de calor devido a uma diferença finita de temperatura; (d) nenhum dos anteriores.
28. Como mostrado na Fig. P5.28C, a transferência de energia entre os reservatórios quente e frio ocorre através de uma haste com a superfície exterior isolada e sob regime permanente. A principal fonte de irreversibilidades é _____.

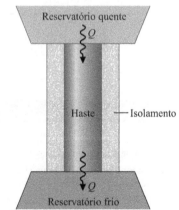

Fig. P5.28C

29. Como mostrado na Fig. P5.29C, um tanque rígido e isolado é dividido em duas metades, uma contendo gás e a outra evacuada. Quando a válvula de conexão é aberta, o gás expande e preenche todo o volume. A principal fonte de irreversibilidades nesse sistema é _____.

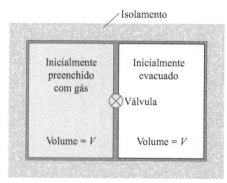

Fig. P5.29C

30. Como mostrado na Fig. P5.30C, quando o vapor no sistema pistão-cilindro expande, a transmissão converte o movimento do pistão em movimento rotatório que aciona as hélices que se movimentam dentro de um líquido viscoso. Após esse estágio, o vapor retorna ao seu estado inicial. O vapor passou por um processo reversível? Explique.

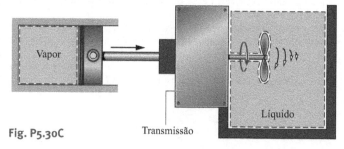

Fig. P5.30C

Nas questões 31 a 50, indique se cada afirmativa é verdadeira ou falsa. Explique.

31. A variação de entropia de um sistema fechado é a mesma para qualquer processo entre dois estados finais determinados.
32. A eficiência térmica máxima de qualquer ciclo de potência operando entre dois reservatórios, um frio e um quente, a 500°C e 1000°C, respectivamente, é 50%.
33. Um processo em um sistema fechado que não obedece à segunda lei da termodinâmica necessariamente viola a primeira lei da termodinâmica.
34. Uma formulação da segunda lei da termodinâmica afirma que a propriedade extensiva entropia é *produzida* em sistemas sempre que irreversibilidades internas estiverem presentes.
35. Em princípio, a *desigualdade de Clausius* se aplica a qualquer ciclo.
36. A escala Kelvin é a única escala absoluta de temperatura.
37. O atrito associado ao escoamento de fluidos através de tubos e ao redor de objetos constitui um tipo de irreversibilidade.
38. Não há irreversibilidades em um sistema submetido a um processo *internamente reversível*.
39. O *segundo* corolário de Carnot estabelece que todos os ciclos de potência operando entre os mesmos reservatórios térmicos possuem a mesma eficiência térmica.
40. Quando se observam sistemas sem a ação de forças externas, eles tendem a passar por variações espontâneas até que o equilíbrio seja atingido, tanto internamente quanto em relação às vizinhanças.
41. Processos internamente reversíveis não ocorrem realmente, porém, servem como casos limite hipotéticos à medida que irreversibilidades internas são progressivamente reduzidas.
42. Para ciclos reversíveis de refrigeração e potência operando entre os mesmos reservatórios térmicos, a relação entre os coeficientes de desempenho é $\gamma_{máx} = \beta_{máx} + 1$.
43. O coeficiente de desempenho máximo para *qualquer* ciclo de refrigeração operando entre dois reservatórios a 40°F (4,4°C) e 80°F (26,7°C) é, aproximadamente, 12,5.
44. Massa, energia, entropia e temperatura são exemplos de propriedades extensivas.
45. Todos os processos que respeitem o princípio de conservação da energia e o princípio de conservação da massa podem ocorrer na natureza.
46. A formulação de Clausius da Segunda Lei nega a possibilidade de transferência de energia por calor de um corpo mais frio para um corpo mais quente.
47. Quando um sistema *isolado* é submetido a um processo, os valores de energia e entropia somente podem aumentar ou permanecer iguais.
48. As formulações de Kelvin-Planck e Clausius para a segunda lei da termodinâmica são equivalentes, pois a violação de uma das duas implica na violação da outra.
49. A eficiência de Carnot limita também a eficiência de turbinas eólicas na geração de eletricidade.
50. Na Eq. 5.13, a condição $\sigma_{ciclo} = 0$ se refere a um ciclo que você não vai encontrar no seu emprego.

PROBLEMAS: DESENVOLVENDO HABILIDADES PARA ENGENHARIA

Explorando a Segunda Lei

5.1 Complete a demonstração da equivalência entre os enunciados de Clausius e Kelvin–Planck da segunda lei dados na Seção 5.2.2, mostrando que uma violação do enunciado de Kelvin–Planck implica na violação do enunciado de Clausius.

5.2 A Fig. P5.2 mostra a proposta de um sistema submetido a um ciclo enquanto opera entre um reservatório frio e um quente. O sistema recebe 500 kJ do reservatório frio e descarta 400 kJ no reservatório quente, enquanto fornece trabalho para as vizinhanças, equivalente a 100 kJ. Não há outras formas de transferência de energia entre o sistema e as vizinhanças. Avalie o desempenho do sistema utilizando

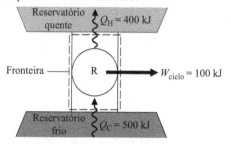

Fig. P5.2

(a) a formulação de Clausius da segunda lei;
(b) a formulação de Kelvin–Plank da segunda lei.

5.3 Classifique os seguintes processos de um sistema fechado como *possível*, *impossível* ou *indeterminado*.

	Variação de Entropia	Transferência de Entropia	Produção de Entropia
(a)	>0	0	
(b)	<0		>0
(c)	0	>0	
(d)	>0	>0	
(e)	0	<0	
(f)	>0		<0
(g)	<0	<0	

5.4 Complete a discussão do enunciado de Kelvin–Planck da segunda lei na Seção 5.4, mostrando que se um sistema percorre um ciclo termodinâmico reversível enquanto se comunica termicamente com um único reservatório aplica-se a igualdade na Eq. 5.3.

5.5 Como mostrado na Fig. P5.5, um ciclo reversível de potência R e um ciclo irreversível de potência I operam entre os mesmos reservatórios térmicos. O ciclo I tem uma eficiência térmica igual a um terço da eficiência térmica do ciclo R.

(a) Se cada ciclo recebe a mesma quantidade de energia por transferência de calor do reservatório quente, determine qual dos ciclos (i) fornece a maior quantidade de trabalho; (ii) descarta a maior quantidade de energia por transferência de calor para o reservatório frio.

(b) Se cada ciclo fornece a mesma quantidade de trabalho líquido, determine qual ciclo (i) recebe a maior quantidade de energia por transferência de calor do reservatório quente; (ii) descarta a maior quantidade de energia por transferência de calor para o reservatório frio.

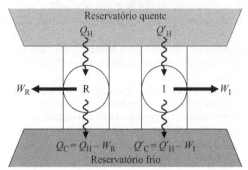

Fig. P5.5

5.6 Um ciclo de potência I e um ciclo de potência reversível R operam entre os mesmos dois reservatórios, como ilustrado na Fig. 5.6. O ciclo I tem uma eficiência térmica igual a dois terços daquela do ciclo R. Usando o enunciado de Kelvin–Planck da segunda lei, mostre que o ciclo I tem que ser irreversível.

5.7 Forneça os detalhes deixados para o leitor na demonstração do segundo corolário de Carnot dado no boxe da Seção 5.6.2.

5.8 Usando o enunciado de Kelvin–Planck da segunda lei da termodinâmica, demonstre os seguintes corolários:

(a) O coeficiente de desempenho de um ciclo de refrigeração irreversível é sempre menor do que o coeficiente de desempenho de um ciclo de refrigeração reversível quando ambos trocam energia por transferência de calor com os mesmos dois reservatórios.

(b) Todos os ciclos de refrigeração reversíveis que operam entre os mesmos dois reservatórios têm o mesmo coeficiente de desempenho.

(c) O coeficiente de desempenho de um ciclo de bomba de calor irreversível é sempre menor do que o coeficiente de desempenho de um ciclo de bomba de calor reversível quando ambos trocam energia por transferência de calor com os mesmos dois reservatórios.

(d) Todos os ciclos de bomba de calor reversíveis que operam entre os mesmos dois reservatórios têm o mesmo coeficiente de desempenho.

5.9 Utilize a formulação de Kelvin–Planck da segunda lei para mostrar que o seguinte processo é irreversível.

(a) Como mostrado na Fig. P5.9a, um reservatório térmico quente encontra-se separado de um reservatório térmico frio por uma haste cilíndrica isolada externamente. A transferência de energia entre os reservatórios acontece através da haste, a qual permanece em regime permanente.

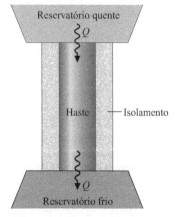

Fig. P5.9a

(b) Como mostrado na Fig. 5.9b, um tanque rígido isolado é dividido à metade. Um dos lados encontra-se inicialmente evacuado, enquanto o outro é inicialmente preenchido com gás. Após a abertura da válvula, o gás se expande e preenche todo o volume.

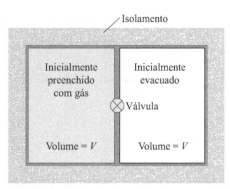

Fig. P5.9b

5.10 A Fig. P5.10 mostra a representação de dois ciclos de potência, designados 1 e 2, operando em série, juntamente a três reservatórios térmicos. A transferência de calor para o ciclo 2 é igual à transferência de calor do ciclo 1. Todas as transferências de calor são positivas no sentido indicado pelas setas na figura.

(a) Determine uma expressão para a eficiência térmica de um ciclo consistindo em ambos os ciclos 1 e 2, expressa em termos das eficiências térmicas de cada um dos ciclos.

(b) Se ambos os ciclos 1 e 2 são reversíveis, aplique o resultado obtido na parte (a) para obter uma expressão para a eficiência térmica total do ciclo em termos das temperaturas T_H, T e T_C. Comente.

(c) Se ambos os ciclos 1 e 2 são reversíveis e possuem a mesma eficiência térmica, obtenha uma expressão para a temperatura T em termos de T_H e T_C.

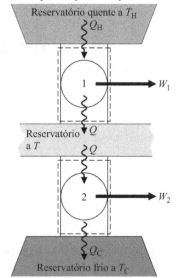

Fig. P5.10

5.11 Dois ciclos reversíveis de refrigeração encontram-se arranjados em série. O primeiro ciclo recebe energia por transferência de calor de um reservatório frio a uma temperatura T_C e descarta energia por transferência de calor a um reservatório com uma temperatura intermediária T maior que T_C. O segundo ciclo recebe energia por transferência de calor do reservatório com temperatura T e descarta energia por transferência de calor em um reservatório com uma temperatura T_H, mais alta que T. Obtenha uma expressão para o coeficiente de desempenho de um único ciclo de refrigeração operando entre os reservatórios com T_H e T_C, em termos dos coeficientes dos dois ciclos individuais.

5.12 Repita o problema anterior para o caso de dois ciclos reversíveis de bomba de calor.

5.13 Dois ciclos reversíveis operam entre os reservatórios quente e frio nas temperaturas T_H e T_C, respectivamente.

(a) Se um é um ciclo de potência e o outro é um ciclo de bomba de calor, qual é a relação entre os coeficientes de desempenho do ciclo de bomba de calor e a eficiência térmica do ciclo de potência?

(b) Se um é um ciclo de refrigeração e o outro é um ciclo de bomba de calor, qual é a relação entre seus coeficientes de desempenho?

5.14 A Fig. P5.14 mostra um sistema que consiste em um ciclo de potência reversível acionando uma bomba de calor reversível. O ciclo de potência recebe $\dot{Q}_s$ por transferência de calor a T_s da fonte de alta temperatura e fornece $\dot{Q}_1$ para uma residência a T_r. A bomba de calor recebe $\dot{Q}_0$ do exterior a T_0 e fornece $\dot{Q}_2$ para a residência. Obtenha uma expressão para a razão entre o total de calor fornecido para a residência e a transferência de calor produzida pela fonte de alta temperatura: $(Q_1 + Q_2)/Q_s$ em termos das temperaturas T_s/T_d e T_0.

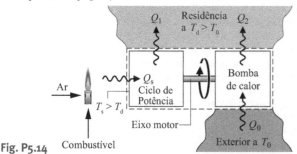

Fig. P5.14

5.15 Para aumentar a eficiência térmica de um ciclo de potência reversível que opera entre reservatórios a T_H e T_C, você aumentaria T_H enquanto mantivesse T_C constante ou diminuiria T_C enquanto mantivesse T_H constante? Existe algum *limite natural* para o aumento da eficiência térmica que pudesse ser alcançado dessa forma?

5.16 Antes de apresentar a escala de temperatura agora conhecida como escala Kelvin, Kelvin sugeriu uma escala *logarítmica* na qual a função ψ da Seção 5.8.1. toma a forma

$$\psi = \exp \theta_C / \exp \theta_H$$

em que θ_H e θ_C representam, respectivamente, as temperaturas dos reservatórios quente e frio nessa escala.
(a) Mostre que a relação entre a temperatura Kelvin T e a temperatura θ na escala logarítmica é

$$\theta = \ln T + C$$

em que C é uma constante.
(b) Na escala Kelvin, as temperaturas variam de 0 a $+\infty$. Determine a faixa de valores de temperatura na escala logarítmica.
(c) Obtenha uma expressão para a eficiência térmica de qualquer sistema percorrendo um ciclo de potência reversível enquanto opera entre reservatórios às temperaturas θ_H e θ_C na escala logarítmica.

Aplicações do Ciclo de Potência

5.17 Os dados listados a seguir são afirmados para um ciclo de potência que opera entre reservatórios quente e frio a 1500 K e 450 K, respectivamente. Para cada caso, determine se o ciclo opera *reversivelmente, irreversivelmente* ou é *impossível*.
(a) $Q_H = 600$ kJ, $W_{ciclo} = 300$ kJ, $Q_C = 300$ kJ.
(b) $Q_H = 400$ kJ, $W_{ciclo} = 280$ kJ, $Q_C = 120$ kJ.
(c) $Q_H = 700$ kJ, $W_{ciclo} = 300$ kJ, $Q_C = 500$ kJ.
(d) $Q_H = 800$ kJ, $W_{ciclo} = 600$ kJ, $Q_C = 200$ kJ.

5.18 Um ciclo de potência recebe a energia Q_H por transferência de calor de um reservatório quente a $T_H = 1200°$R (393,5°C) e rejeita a energia Q_C por transferência de calor para um reservatório frio a $T_C = 400°$R (−50,9°C). Para cada um dos seguintes casos, determine se o ciclo opera *reversivelmente, irreversivelmente* ou é *impossível*.
(a) $Q_H = 900$ Btu (949,5 kJ), $W_{ciclo} = 450$ Btu (474,8 kJ)
(b) $Q_H = 900$ Btu (949,5 kJ), $Q_C = 300$ Btu (316,5 kJ)
(c) $W_{ciclo} = 600$ Btu (633 kJ), $Q_C = 400$ Btu (422 kJ)
(d) $\eta = 70\%$

5.19 Um ciclo de potência que opera em regime permanente recebe energia por transferência de calor a uma taxa $\dot{Q}_H$ a $T_H = 1800$ K e rejeita energia por transferência de calor para um reservatório frio a uma taxa $\dot{Q}_C$ a $T_C = 600$ K. Para cada um dos seguintes casos, determine se o ciclo opera *reversivelmente, irreversivelmente* ou é *impossível*.
(a) $\dot{Q}_H = 500$ kW, $\dot{Q}_C = 100$ kW.
(b) $\dot{Q}_H = 500$ kW, $\dot{W}_{ciclo} = 250$ kW, $\dot{Q}_C = 200$ kW.
(c) $\dot{W}_{ciclo} = 350$ kW, $\dot{Q}_C = 150$ kW.
(d) $\dot{Q}_H = 500$ kW, $\dot{Q}_C = 200$ kW.

5.20 Conforme ilustrado na Fig. P5.20, um ciclo de potência reversível recebe a energia Q_H por transferência de calor de um reservatório quente a T_H e rejeita a energia Q_C por transferência de calor para um reservatório frio a T_C.
(a) Se $T_H = 1600$ K e $T_C = 400$ K, qual é a eficiência térmica?
(b) Se $T_H = 500°$C, $T_C = 20°$C e $W_{ciclo} = 1000$ kJ, quanto é Q_H e Q_C, ambos em kJ?
(c) Se $\eta = 60\%$ e $T_C = 40°$F (4,4°C), quanto é T_H, em °F?
(d) Se $\eta = 40\%$ e $T_H = 727°$C, quanto é T_C, em °C?

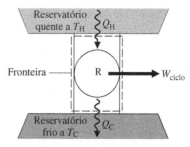

Fig. P5.20

5.21 Um ciclo de potência reversível, cuja eficiência térmica é de 40%, recebe 50 kJ por transferência de calor de um reservatório quente a 600 K e rejeita energia por transferência de calor para um reservatório frio a temperatura T_C. Determine a energia rejeitada, em kJ, e T_C, em K.

5.22 Em uma dada latitude, o magma existe há vários quilômetros abaixo da crosta terrestre a uma temperatura de 1100°C, enquanto a temperatura média da atmosfera próxima à superfície da Terra é de aproximadamente 15°C. Determine a eficiência térmica máxima para *qualquer* ciclo de potência operando entre um reservatório quente e um frio nestas temperaturas.

5.23 Em princípio, pode-se gerar potência utilizando-se a diminuição da temperatura da água do oceano com a sua profundidade. Em certo ponto, a temperatura da água próxima ao nível da superfície é 60°F (15,6°C), enquanto a uma profundidade de 1800 ft (548,64 m) a temperatura é 35°F (1,7°C). Determine a eficiência térmica máxima para *qualquer* ciclo de potência operando entre um reservatório quente e um frio nestas temperaturas.

5.24 Durante o mês de janeiro, em certa localidade no Alasca, ocorrem ventos de −30°C. No entanto, vários metros abaixo do solo a temperatura permanece em 13°C. Um inventor afirma ter desenvolvido um ciclo de potência entre essas temperaturas com uma eficiência térmica de 5%. Avalie essa afirmativa.

5.25 Um ciclo reversível de potência opera como mostrado na Fig. 5.5 recebendo energia Q_H por transferência de calor de um reservatório quente com temperatura T_H e descartando energia Q_C por transferência de calor para um reservatório frio a 40°F (4,4°C). Se $W_{ciclo} = 3 Q_C$, determine (a) a eficiência térmica e (b) T_H em °F.

5.26 Conforme ilustra a Fig. P5.26, dois ciclos reversíveis são colocados em série de maneira que cada um produza a mesma quantidade de trabalho líquido, W_{ciclo}. O primeiro ciclo recebe a energia Q_H por transferência de calor de um reservatório quente 1000°R (282,4°C) e rejeita a energia Q por transferência de calor para um reservatório a uma temperatura intermediária T. O segundo ciclo recebe a energia Q por transferência de calor do reservatório à temperatura T e rejeita a energia Q_C por transferência de calor para um reservatório a 400°R (250,9°C). Todas as transferências de energia são positivas nos sentidos das setas. Determine
(a) a temperatura intermediária T, em °R, e as eficiências térmicas dos dois ciclos de potência.
(b) a eficiência térmica de um *único* ciclo de potência reversível operando entre os reservatórios quente e frio a 1000°R e 400°R, respectivamente. Determine também o trabalho líquido desenvolvido pelo único ciclo, expresso em termos do trabalho líquido desenvolvido por cada um dos dois ciclos, W_{ciclo}.

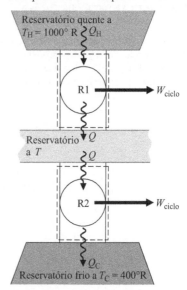

Fig. P5.26

5.27 Dois ciclos reversíveis são colocados em série. O primeiro ciclo recebe energia por transferência de calor de um reservatório quente a 1000°R (282,4°C) e rejeita energia por transferência de calor para um reservatório a uma temperatura T (<1000°R). O segundo ciclo recebe energia por transferência de calor do reservatório à temperatura T e rejeita energia por transferência de calor para um reservatório a 500°R (4,6°C) (<T). A eficiência térmica do primeiro ciclo é de 50% maior do que a do segundo ciclo. Determine
(a) a temperatura intermediária T, em °R, e as eficiências térmicas dos dois ciclos de potência.
(b) a eficiência térmica de um *único* ciclo de potência reversível operando entre os reservatórios quente e frio a 1000°R e 500°R, respectivamente.

5.28 Afirma-se que os dados listados abaixo são referentes a ciclos de potência operando entre um reservatório quente e um frio, a 1000 K e 400 K, respectivamente. Para cada caso, determine se o ciclo respeita a primeira e a segunda lei da termodinâmica.
(a) Q_H = 300 kJ, W_{ciclo} = 160 kJ, Q_C = 140 kJ.
(b) Q_H = 300 kJ, W_{ciclo} = 180 kJ, Q_C = 120 kJ.
(c) Q_H = 300 kJ, W_{ciclo} = 170 kJ, Q_C = 140 kJ.
(d) Q_H = 300 kJ, W_{ciclo} = 200 kJ, Q_C = 100 kJ.

5.29 Um ciclo de potência opera entre a água da superfície de um lago à temperatura de 300 K e a água a uma profundidade cuja temperatura é de 285 K. Em regime permanente, o ciclo desenvolve 10 kW de potência de saída enquanto rejeita 14.400 kJ/min de energia por transferência de calor para a água com temperatura inferior. Determine (a) a eficiência térmica do ciclo de potência e (b) a eficiência térmica máxima para qualquer ciclo de potência.

5.30 Um inventor afirma ter desenvolvido um ciclo de potência que tem uma eficiência térmica de 40%, enquanto opera entre os reservatórios quente e frio nas temperaturas T_H e T_C = 300 K, respectivamente, em que T_H é (a) 900 K, (b) 500 K, (c) 375 K. Analise a afirmativa para cada caso.

5.31 Um ciclo de potência recebe 1000 Btu (1055,06 kJ) por transferência de calor de um reservatório a 1000°F (537,8°C) e descarta energia por transferência de calor para um reservatório a 300°F (148,9°C). A eficiência térmica do ciclo é 75% daquela observada para um ciclo reversível de potência operando entre as mesmas temperaturas. (a) Para o ciclo real, determine a eficiência térmica e a quantidade de energia descartada no reservatório frio, em Btu. (b) Repita os seus cálculos para o ciclo reversível de potência.

5.32 Com relação ao ciclo da Fig. 5.13, se p_1 = 2 bar, v_1 = 0,31 m³/kg, T_H = 475 K, Q_H = 150 kJ, e o gás é o ar, que obedece o modelo de gás ideal, determine T_C, em K, o trabalho líquido do ciclo, em kJ, e a eficiência térmica.

5.33 Afirma-se que, em regime permanente, um novo ciclo de potência desenvolve uma potência líquida de (a) 4 hp; (b) 5 hp para uma taxa de transferência de calor de 300 Btu/min entre dois reservatórios térmicos, a 1500°R (560,2°C) e 500°R (4,6°C), respectivamente. Avalie a afirmação.

5.34 Um ciclo de potência opera entre os reservatórios quente e frio a 500 K e 310 K, respectivamente. Em regime permanente, o ciclo desenvolve uma potência de saída de 0,1 MW. Determine a taxa teórica mínima na qual a energia é rejeitada por transferência de calor para o reservatório frio, em MW.

5.35 Em regime permanente, um novo ciclo de potência desenvolve potência a uma taxa de (a) 90 hp; (b) 100 hp; (c) 110 hp para uma taxa de adição de calor de 5,1 × 10⁵ Btu/h (149,5 kW), segundo o seu inventor, enquanto opera entre os reservatórios quente e frio a 1000 K e 500 K, respectivamente. Avalie cada uma das afirmativas.

5.36 Um inventor afirma ter desenvolvido um ciclo de potência operando entre os reservatórios quente e frio a 1175 K e 295 K, respectivamente, que fornece uma potência de saída em regime permanente de (a) 28 kW; (b) 31,2 kW, enquanto recebe energia por transferência de calor de um reservatório quente a uma taxa de 150.000 kJ/h. Avalie estas afirmativas.

5.37 Em regime permanente, um ciclo de potência desenvolve uma potência de saída de 10 kW enquanto recebe energia por transferência de calor a uma taxa de 10 kJ *por ciclo de operação* a partir de uma fonte na temperatura T. O ciclo rejeita energia por transferência de calor para a água de resfriamento a uma temperatura mais baixa, correspondente a 300 K. Se existem 100 ciclos por minuto, qual o valor teórico mínimo para T, em K?

5.38 Um ciclo de potência opera entre os reservatórios quente e frio a 600 K e 300 K, respectivamente. Em regime permanente, o ciclo desenvolve uma potência de saída de 0,45 MW, enquanto recebe energia por transferência de calor de um reservatório quente a uma taxa de 1 MW.
(a) Determine a eficiência térmica e a taxa na qual energia é rejeitada por transferência de calor para o reservatório frio, em MW.
(b) Compare os resultados da parte (a) com aqueles de um ciclo de potência reversível operando entre esses reservatórios e recebendo a mesma taxa de transferência de calor do reservatório quente.

5.39 Conforme ilustrado na Fig. P5.39, um sistema que percorre um ciclo de potência desenvolve a potência líquida de saída de 1 MW enquanto recebe energia por transferência de calor de vapor d'água condensando de vapor saturado para líquido saturado à pressão de 100 kPa. A energia é descarregada do ciclo por transferência de calor para um lago próximo a 17°C. Essas são as únicas trocas de calor significantes. Os efeitos de energia cinética e de energia potencial podem ser ignorados. Para operação em regime permanente, determine a vazão mássica teórica mínima de vapor, em kg/s, requerida por qualquer ciclo como esse.

5.40 Um ciclo de potência operando em regime permanente recebe energia por transferência de calor a partir da combustão de um combustível a uma temperatura média de 1000 K. Por questões ambientais, o ciclo descarrega energia por transferência de calor para a atmosfera a 300 K a uma taxa que não seja superior a 60 MW. Com base no custo do combustível, o custo para fornecer a transferência de calor é $4,50 por GJ. A potência desenvolvida pelo ciclo é estimada em $0,10 por kW · h. Para 8000 horas de operação anual, determine para qualquer ciclo como esse, em $ por ano, (a) o valor máximo da potência gerada e (b) o custo mínimo do combustível.

5.41 Em regime permanente, uma usina de 750 MW recebe energia por transferência de calor a partir da combustão de um combustível a uma temperatura média de 317°C. Como ilustra a Fig. P5.41, a usina descarrega energia por transferência de calor para um rio, cuja vazão mássica é 1,65 × 10⁵ kg/s. A montante da usina o rio está a 17°C. Determine o aumento na temperatura do rio, ΔT, observável para essa transferência de calor, em K e esboce um gráfico dessa variação *versus* a eficiência térmica da usina, de 20% para cima.

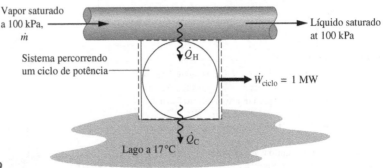

Fig. P5.39

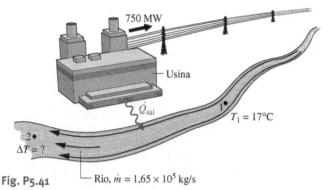

Fig. P5.41

5.42 A Fig. P5.42 mostra um sistema para coletar energia solar e utilizá-la para conversão em energia elétrica. O coletor solar recebe uma média anual diária de energia solar da ordem de 4 kW · h por m² de coletor. A energia coletada é transferida sem perdas para uma unidade de armazenamento, mantida a 400 K. O ciclo de potência recebe energia por transferência de calor da unidade de armazenamento e descarta energia por transferência de calor para as vizinhanças a 285 K. O coletor tem dimensões de 15 m por 25 m. Se a eletricidade gerada puder ser vendida a 8 centavos por kW · h, elabore um gráfico do valor (em $) gerado anualmente, contra a eficiência térmica do ciclo de potência. Comente.

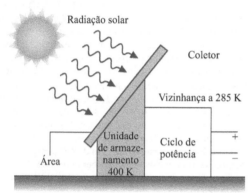

Fig. P5.42

Aplicações dos Ciclos de Refrigeração e Bomba de Calor

5.43 Um ciclo de refrigeração operando entre dois reservatórios recebe a energia Q_C do reservatório frio a $T_C = 275$ K e rejeita a energia Q_H para o reservatório quente a $T_H = 315$ K. Para cada um dos seguintes casos, determine se o ciclo opera *reversivelmente*, *irreversivelmente* ou é *impossível*:
(a) $Q_C = 1000$ kJ, $W_{ciclo} = 80$ kJ.
(b) $Q_C = 1200$ kJ, $Q_H = 2000$ kJ.
(c) $Q_H = 1575$ kJ, $W_{ciclo} = 200$ kJ.
(d) $\beta = 6$.

5.44 Um ciclo de refrigeração reversível opera entre os reservatórios frio e quente nas temperaturas T_C e T_H, respectivamente.
(a) Se o coeficiente de desempenho for 3,5 e $T_H = -40°F$ (–40°C), determine T_C, em °F.
(b) Se $T_C = -30°C$ e $T_H = 30°C$, determine o coeficiente de desempenho.
(c) Se $Q_C = 500$ Btu (527,5 kJ), $Q_H = 800$ Btu (844 kJ) e $T_C = 20°F$ (26,7°C), determine T_H, em °F.
(d) Se $T_C = 30°F$ (21,1°C) e $T_H = 100°F$ (37,8°C), determine o coeficiente de desempenho.
(e) Se o coeficiente de desempenho for 8,9 e $T_C = -5°C$, determine T_H, em °C.

5.45 Em regime permanente, um ciclo de bomba de calor reversível descarrega energia a uma taxa $\dot{Q}_H$ para um reservatório quente a temperatura T_H, enquanto recebe energia a uma taxa $\dot{Q}_C$ de um reservatório frio à temperatura T_C.
(a) Se $T_H = 13°C$ e $T_C = 2°C$, determine o coeficiente de desempenho.
(b) Se $\dot{Q}_H = 10,5$ kW, $\dot{Q}_C = 8,75$ kW e $T_C = 0°C$, determine T_H, em °C.
(c) Se o coeficiente de desempenho for 10 e $T_H = 27°C$, determine T_C, em °C.

5.46 Um sistema de aquecimento deve manter o interior de um edifício a 20°C durante o período em que a temperatura do ar exterior está a 5°C, sendo a transferência de calor do edifício pelas suas paredes e teto é de 3×10^6 kJ. Para esta tarefa, bombas de calor são consideradas para operar entre a edificação e
(a) o solo, a 15°C.
(b) uma lagoa, a 10°C.
(c) o ar exterior, a 5°C.
Para cada caso, avalie o trabalho líquido mínimo necessário para operar *qualquer* bomba de calor, em kJ.

5.47 Um ciclo de refrigeração rejeita $Q_H = 500$ Btu por ciclo (527,5 kJ/ciclo) para um reservatório quente a $T_H = 540°R$ (26,8°C), enquanto recebe $Q_C = 375$ Btu por ciclo (395,6 kJ/ciclo) de um reservatório frio à temperatura T_C. Para 10 ciclos de operação, determine (a) o trabalho líquido de entrada, em Btu, e (b) a temperatura teórica mínima T_C, em °R.

5.48 A eficiência térmica de um ciclo reversível de potência operando entre dois reservatórios térmicos é 20%. Avalie o coeficiente de desempenho de
(a) um ciclo reversível de refrigeração operando entre os mesmos reservatórios térmicos.
(b) um ciclo reversível de bomba de calor operando entre os mesmos reservatórios térmicos.

5.49 A Figura P5.49 mostra um sistema consistindo em um ciclo de potência e um ciclo de bomba de calor, cada um operando entre dois reservatórios térmicos com temperaturas de 500 K e 300 K, respectivamente. Todas as transferências de energia são positivas no sentido indicado pelas setas na figura. A tabela que acompanha a figura contém dados para a operação em regime permanente, em kW. Para cada conjunto de dados, determine se o sistema opera respeitando a Primeira e a Segunda Lei da Termodinâmica.

	Ciclo de potência				Ciclo de bomba de calor		
	$\dot{Q}_H$	$\dot{Q}_C$	$\dot{W}_{ciclo}$	$\dot{Q}'_H$	$\dot{Q}'_C$	$\dot{W}'_{ciclo}$
(a)	60	40	20	80	60	20
(b)	120	80	40	100	80	20

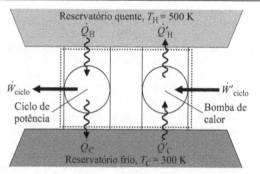

Fig. P5.49

5.50 Um inventor desenvolveu um refrigerador capaz de manter seu compartimento do congelador a 20°F (26,7°C), enquanto opera em uma cozinha a 70°F (21,1°C), e afirma que o dispositivo tem um coeficiente de desempenho de (a) 10, (b) 9,6, (c) 4. Avalie essa afirmação para cada um dos três casos.

5.51 Um inventor afirma ter desenvolvido um *freezer* de alimentos que, em regime permanente, requer uma entrada líquida de potência de 0,6 kW para remover energia por transferência de calor a uma taxa de 3000 J/s do compartimento do congelador a 270 K. Avalie essa afirmação para um ambiente a temperatura de 293 K.

5.52 Um inventor afirma ter desenvolvido um refrigerador que, em regime permanente, requer uma entrada líquida de potência de 0,7 hp (0,5 kW) para remover 12.000 Btu/h (3,5 kW) de energia por transferência de calor do compartimento do congelador a 0°F (–17,8°C) e descarregar energia por transferência de calor para uma cozinha a 70°F (21,1°C). Avalie essa afirmação.

5.53 Um inventor afirma ter inventado um ciclo de refrigeração operando entre os reservatórios quente e frio a 300 K e 250 K, respectivamente, que remove uma quantidade de energia Q_C por transferência de calor do reservatório frio que é múltiplo do trabalho líquido de entrada – isto é, $Q_C = NW_{ciclo}$, no qual todas as quantidades são positivas. Determine o valor teórico máximo do número N para qualquer ciclo como esse.

5.54 Dados são fornecidos por dois ciclos de refrigeração reversíveis. Um ciclo opera entre os reservatórios quente e frio a 27°C e –8°C, respectivamente. O outro ciclo opera entre o mesmo reservatório quente a 27°C e um reservatório frio a −28°C. Se cada refrigerador remove a mesma quantidade de energia por transferência de calor do seu reservatório frio, determine a razão relativa ao trabalho líquido de entrada dos dois ciclos.

5.55 Um refrigerador mantém o congelador a −26°C em um dia em que a temperatura da vizinhança é 22°C removendo energia por meio de transferência de calor do compartimento do seu congelador a uma taxa de 1,25 kW. Determine a potência teórica mínima, em kW, requerida pelo refrigerador em regime permanente.

5.56 Um ciclo de refrigeração em regime permanente mantém uma *sala limpa* a 55°F (12,8°C), removendo a energia que entra na sala por transferência de calor a partir dos espaços adjacentes a uma taxa de 0,12 Btu/s (126,5 W). O ciclo rejeita energia por transferência de calor ao exterior em que a temperatura é de 80°F (26,7°C).
(a) Considerando que a taxa na qual o ciclo rejeita energia por transferência de calor para o exterior é de 0,16 Btu/s (168,7 W), determine a potência requerida, em Btu/s.
(b) Determine a potência requerida para manter a temperatura da sala limpa por meio de um ciclo de refrigeração reversível operando entre reservatórios frio e quente a 55°F e 80°F, respectivamente, e a taxa correspondente na qual energia é rejeitada por transferência de calor para o exterior, ambas em Btu/s.

5.57 Para cada kW de potência de entrada para uma máquina de fazer gelo em regime permanente, determine a taxa máxima na qual o gelo pode ser produzido, em lb/h, a partir de água líquida a 32°F (0°C). Admita que 144 Btu/lb (334,9 kJ/kg) de energia devam ser removidos por transferência de calor para congelar água a 32°F e que a vizinhança está a 78°F (25,6°C).

5.58 Um ciclo de refrigeração opera, em regime permanente, entre os reservatórios quente e frio a 300 K e 275 K, respectivamente, e remove energia por transferência de calor do reservatório frio a uma taxa de 600 kW.
(a) Se o coeficiente de desempenho do ciclo for 4, determine a potência de entrada requerida, em kW.
(b) Determine a potência teórica mínima requerida, em kW, para *qualquer* ciclo como esse.

5.59 Um condicionador de ar operando em regime permanente mantém uma residência a 20°C em um dia em que a temperatura externa é 35°C. Energia é removida por transferência de calor da residência a uma taxa de 2800 J/s enquanto a potência de entrada do condicionador é de 0,8 kW. Determine (a) o coeficiente de desempenho do condicionador de ar e (b) a potência de entrada requerida por um ciclo reversível de refrigeração que fornece o mesmo efeito de resfriamento operando entre reservatórios quente e frio a 35°C e 20°C, respectivamente.

5.60 Uma bomba de calor está sendo analisada para o aquecimento de uma estação de pesquisa localizada em uma plataforma de gelo da Antártida. O interior da estação é conservado em 15°C. Determine a taxa teórica máxima de aquecimento fornecida por uma bomba de calor, em kW por kW da potência de entrada, em cada um dos casos: o papel do reservatório frio é desempenhado pela (a) atmosfera a −20°C, (b) água do oceano a 5°C.

5.61 Um ciclo de refrigeração tem um coeficiente de desempenho igual a 75% do valor para um ciclo de refrigeração reversível operando entre os reservatórios frio e quente a −5°C e 40°C, respectivamente. Para operação em regime permanente, determine a potência líquida de entrada, em kW por kW de resfriamento, requerida (a) pelo ciclo real de refrigeração e (b) pelo ciclo de refrigeração reversível. Compare os valores.

5.62 Um condicionador de ar de janela mantém um quarto a 22°C em um dia em que a temperatura externa é de 32°C, removendo energia por meio de transferência de calor do quarto.
(a) Determine, em kW por kW de resfriamento, a potência teórica *mínima* requerida pelo ar condicionado.
(b) Para alcançar as taxas de transferência de calor requeridas com unidades de tamanho prático, condicionadores de ar tipicamente recebem energia por transferência de calor a uma temperatura *inferior* à do quarto que está sendo resfriado e descarregam energia por transferência de calor a uma temperatura *superior* à das vizinhanças. Considere o efeito disso na determinação da potência teórica *mínima*, em kW por kW de resfriamento, requerida quando $T_C = 18°C$ e $T_H = 36°C$, e compare com os valores obtidos na parte (a).

5.63 Um ciclo de bomba de calor é usado para manter o interior de uma residência a 21°C. Em regime permanente, a bomba de calor recebe energia por transferência de calor da água de um poço a 9°C e descarrega energia por transferência de calor para a residência a uma taxa de 120.000 kJ/h. Em um período de 14 dias, um medidor de energia elétrica registra que a bomba de calor recebe 1490 kW·h de eletricidade. Determine
(a) a quantidade de energia que a bomba de calor recebe da água do poço em um período de 14 dias por transferência de calor, em kJ.
(b) o coeficiente de desempenho da bomba de calor.
(c) o coeficiente de desempenho de um ciclo de bomba de calor reversível operando entre os reservatórios quente e frio a 21°C e 9°C.

5.64 Conforme ilustrado na Fig. P5.64, um condicionador de ar operando em regime permanente mantém uma residência a 70°F (21,1°C) em um dia em que a temperatura externa é 90°F (32,2°C). Se a taxa de transferência de calor para a residência através das paredes e do teto fosse de 30.000 Btu/h (8,8 kW), seria suficiente para o compressor do condicionador uma potência líquida de entrada de 3 hp (2,2 kW)? Se a resposta for positiva, determine o coeficiente de desempenho. Se a resposta for negativa, determine a potência teórica mínima de entrada, em hp.

5.65 Em regime permanente, um ciclo de refrigeração operado por um motor elétrico mantém o interior de um edifício a $T_C = 20°C$, enquanto a temperatura exterior é $T_H = 35°C$. A taxa de transferência de calor para o prédio através das paredes e do teto é dada pela expressão $R(T_H - T_C)$, em que R é uma constante em kW/K. O coeficiente de desempenho do ciclo é 20% daquele referente a um ciclo de refrigeração reversível operando entre dois reservatórios térmicos com as mesmas temperaturas T_H e T_C.
(a) Se o motor fornece uma potência de 3 kW, determine o valor da constante R.
(b) Se R for reduzido a 5%, determine a potência que o motor deveria fornecer, em kW, assumindo que os demais parâmetros permaneçam sem alterações.

5.66 Em regime permanente, um ciclo de refrigeração operado por um motor elétrico deve manter o interior de um laboratório de computação a 18°C, enquanto a temperatura exterior é 30°C. A *carga térmica* consiste nas transferências de calor entrando pelas paredes e pelo teto do laboratório, a uma taxa de 75.000 kJ/h e emanada pelos computadores, iluminação e pessoas, a uma taxa de 15.000 kJ/h.
(a) Determine a potência teórica mínima necessária para a operação do motor elétrico, em kW, e o coeficiente de desempenho correspondente.
(b) Se a potência real necessária pelo motor for 8,3 kW, determine o seu coeficiente de desempenho.
(c) Se os dados fornecidos de temperatura e carga térmica forem observados durante 100 h, com um custo de energia elétrica de 13 centavos por kW·h, determine o custo total, em $, para os casos (a) e (b).

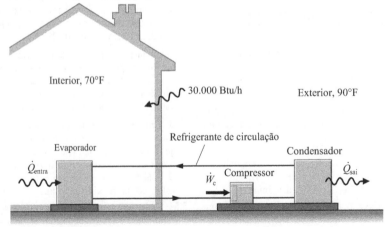

Fig. P5.64

5.67 Em regime permanente, uma bomba de calor operada por um motor elétrico mantém o interior de um edifício a T_H = 293 K. A taxa de transferência de calor, em kJ/h, do edifício através das paredes e do teto é dada por $R(T_H - T_C)$, em que R = 8000 kW/K e T_C é a temperatura exterior. Elabore um gráfico da potência teórica mínima, em kW, necessária para operar a bomba de calor, contra a temperatura T_C, entre 273 K e 293 K.

5.68 O refrigerador mostrado na Fig. P5.68 opera em regime permanente com um coeficiente de desempenho de 5,0 em uma cozinha a 23°C. O refrigerador rejeita 4,8 kW por transferência de calor para a vizinhança a partir da serpentinas metálicas localizadas em seu exterior. Determine
(a) a potência de entrada, em kW.
(b) a temperatura teórica mínima no *interior* do refrigerador, em K.

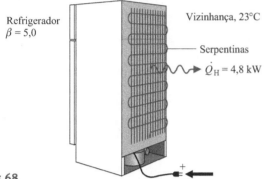

Fig. P5.68

5.69 Em regime permanente, uma bomba de calor fornece energia por transferência de calor a uma taxa de 25.000 Btu/h (7326,8 W) para manter uma residência a 70°F (21,1°C) em um dia em que a temperatura externa é 30°F (−1,1°C). A potência de entrada da bomba de calor é 4,5 hp (3,4 kW). Determine
(a) o coeficiente de desempenho da bomba de calor.
(b) o coeficiente de desempenho de uma bomba de calor reversível operando entre reservatórios quente e frio a 70°F e 30°F, respectivamente, e a taxa correspondente na qual energia seria fornecida por transferência de calor para uma residência, considerando uma potência de entrada de 4,5 hp.

5.70 Com o fornecimento de energia a uma taxa média de 24.000 kJ/h, uma bomba de calor mantém a temperatura de uma residência em 20°C. Se a eletricidade custa 8,5 centavos por kW · h, determine o custo de operação mínimo teórico por dia de operação se a bomba de calor receber energia por transferência de calor
(a) do ar exterior a −7°C.
(b) da base a 5°C.

5.71 Uma bomba de calor com coeficiente de desempenho de 3,5 fornece energia a uma taxa média de 70.000 kJ/h para manter um edifício a 20°C em um dia em que a temperatura externa é −5°C. Se a eletricidade custa 8,5 centavos por kW· h,
(a) determine o custo de operação real e o custo de operação mínimo teórico, ambos em $/dia.
(b) compare os resultados da parte (a) com o custo de aquecimento por resistência elétrica.

5.72 Conforme ilustrado na Fig. P5.72, uma bomba de calor fornece energia por transferência de calor para a água evaporando de líquido saturado a vapor saturado à pressão de 2 bar e uma vazão mássica de 0,05 kg/s. A bomba de calor recebe energia por transferência de calor de um lago a 16°C. Essas são as únicas trocas de calor significativas. Os efeitos de energia cinética e de energia potencial podem ser ignorados. Uma folha de dados desbotada e de difícil leitura indica que a potência requerida pela bomba é de 35 kW. Esse valor pode estar correto? Explique.

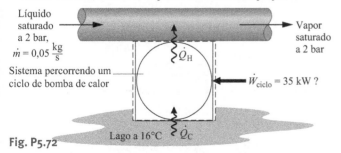

Fig. P5.72

5.73 Como mostrado na Fig. P5.73, uma bomba de calor recebe energia por transferência de calor do subsolo, onde a temperatura é 50°F (10°C) e fornece energia por transferência de calor para um sistema contendo amônia, vaporizando desde o estado de líquido saturado até o estado de vapor saturado a 75°F (23,9°C). Neste sistema, estas são as únicas transferências de calor significativas. Em regime permanente, a potência de operação da bomba de calor é 3 hp. Determine a vazão mássica máxima teórica de amônia, em lb/min, para uma bomba de calor operando sob essas condições. Ignore efeitos de energia cinética e potencial para a amônia.

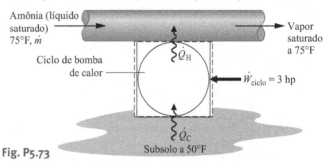

Fig. P5.73

5.74 Para manter uma residência permanentemente à temperatura de 68°F (20,0°C) quando a temperatura exterior é 32°F (0°C), deve-se promover o aquecimento a uma taxa média de 700 Btu/min (12,3 kW). Compare a potência elétrica requerida, em kW, para fornecer o aquecimento usando (a) resistência elétrica, (b) uma bomba de calor cujo coeficiente de desempenho é de 3,5, (c) uma bomba de calor reversível.

5.75 Um sistema de aquecimento deve manter o interior de um edifício a T_H = 20°C, enquanto a temperatura exterior é T_C = 2°C. Se a taxa de transferência de calor do edifício através das paredes e do teto é de 16,4 kW, determine a potência elétrica necessária, em kW, para aquecer o edifício utilizando (a) um sistema de aquecimento por resistências elétricas; (b) uma bomba de calor com coeficiente de desempenho 3,0; (c) uma bomba de calor reversível operando entre dois reservatórios térmicos, a 20°C e 2°C.

Aplicações do Ciclo de Carnot

5.76 Um gás em um sistema pistão-cilindro executa um ciclo de potência de Carnot durante o qual o processo de expansão isotérmica ocorre a T_H = 600 K e o de compressão isotérmica a T_C = 300 K. Determine
(a) a eficiência térmica.
(b) a variação percentual na eficiência térmica se T_H aumentar 15%, enquanto T_C permanecer inalterado.
(c) a variação percentual na eficiência térmica se T_C diminuir 15%, enquanto T_H permanecer inalterado.
(d) a variação percentual na eficiência térmica se T_H aumentar 15%, enquanto T_C diminuir 15%.

5.77 Com relação a bomba de calor do ciclo da Fig. 5.16, se p_1 = 14,7 e p_4 = 18,7, ambas em lbf/in² (101,3 kPa e 128,9 kPa), v_1 = 12,6 e v_4 = 10,6, ambas em ft³/lb (0,8 m³/kg e 0,6 m³/kg), e o gás é o ar, que obedece ao modelo de gás ideal, determine T_H e T_C, ambas em °R, e o coeficiente de desempenho.

5.78 Um gás ideal em um sistema pistão-cilindro executa um ciclo de potência de Carnot, como mostrado na Fig. 5.13. O processo de compressão isotérmica ocorre a 300 K de 90 kPa a 120 kPa. Se a eficiência térmica for 60%, determine (a) a temperatura do processo de expansão isotérmica, em K e (b) o trabalho líquido, em kJ por mol de gás.

5.79 Um gás ideal em um sistema pistão-cilindro é submetido a um ciclo de Carnot de refrigeração, como mostrado na Fig. 5.16. A compressão isotérmica ocorre a 325 K de 2 bar a 4 bar. A expansão isotérmica ocorre a 250 K. Determine (a) o coeficiente de desempenho; (b) a transferência de calor para o gás durante a expansão isotérmica, em kJ por mol de gás; (c) o trabalho líquido, em kJ por mol de gás.

5.80 Ar em um sistema pistão-cilindro executa um ciclo bomba de calor de Carnot, como mostrado na Fig. 5.16. Para o ciclo, T_H = 600 K e T_C = 300 K. A energia descartada por transferência de calor a 600 K é de 250 kJ por kg de ar. A pressão no início do processo de expansão isotérmica é 325 kPa. Assumindo comportamento ideal para o ar, determine (a) o trabalho líquido, em kJ por kg de ar; (b) a pressão ao final do processo de expansão isotérmica, em kPa.

5.81 Uma quantidade de água em um conjunto cilindro-pistão executa um ciclo de potência de Carnot. Durante a expansão isotérmica, a água é aquecida de líquido saturado a 50 bar até a condição de vapor saturado. O vapor então se expande adiabaticamente até uma pressão de 5 bar, enquanto realiza 364,31 kJ/kg de trabalho.

(a) Esboce o ciclo em coordenadas p–v.
(b) Estime o calor transferido por unidade de massa e o trabalho por unidade de massa para cada processo, em kJ/kg.
(c) Estime a eficiência térmica.

5.82 Uma libra e meia de água em um conjunto cilindro-pistão executa um ciclo de potência de Carnot. Durante a expansão isotérmica, a água é aquecida a 500°F (260,0°C), da condição de líquido saturado a vapor saturado. O vapor então se expande adiabaticamente até uma temperatura de 100°F (37,8°C) e um título de 70,38%.
(a) Esboce o ciclo em coordenadas p–v.
(b) Estime o calor transferido e o trabalho para cada processo, em Btu.
(c) Estime a eficiência térmica.

5.83 Dois quilogramas de ar em um conjunto cilindro-pistão executa um ciclo de potência de Carnot com temperaturas máxima e mínima de 750 K e 300 K, respectivamente. A transferência de calor para o ar, durante a expansão isotérmica, é de 60 kJ. Ao final da expansão isotérmica, o volume é de 0,4 m³. Admitindo o modelo de gás ideal para o ar, determine
(a) a eficiência térmica.
(b) a pressão e o volume no início da expansão isotérmica em kPa e m³, respectivamente.
(c) o trabalho e a transferência de calor para cada um dos quatro processos, em kJ.
(d) Esboce o ciclo em coordenadas p–V.

Aplicações da Desigualdade de Clausius

5.84 Um sistema executa um ciclo de potência enquanto recebe 1000 kJ por transferência de calor a uma temperatura de 500 K e descarrega energia por transferência de calor a uma temperatura de 300 K. Não ocorrem outras trocas de calor. Aplicando a Eq. 5.13, determine σ_{ciclo} se a eficiência térmica é (a) 100%, (b) 40%, (c) 25%. Identifique os casos (se existirem) que sejam internamente reversíveis ou impossíveis.

5.85 Um sistema executa um ciclo de potência enquanto recebe 1050 kJ por transferência de calor a uma temperatura de 525 K e descarrega 700 kJ por transferência de calor a 350 K. Não ocorrem outras trocas de calor.
(a) Usando a Eq. 5.13, determine se o ciclo é *internamente reversível*, *irreversível*, ou *impossível*.
(b) Determine a eficiência térmica usando a Eq. 5.4 e os dados de transferência de calor fornecidos. Compare esse valor com a *eficiência de Carnot* calculada usando a Eq. 5.9 e comente.

5.86 Para o refrigerador do Exemplo 5.2, aplique a Eq. 5.13 em função das taxas temporais para determinar se o ciclo opera reversivelmente, irreversivelmente ou se é impossível. Repita para o caso no qual não haja potência aplicada ao sistema.

5.87 Para cada conjunto de dados do Problema 5.49, aplique a Eq. 5.13 em função das taxas temporais para determinar se o ciclo opera reversivelmente, irreversivelmente ou se é impossível.

5.88 Os dados em regime permanente listados a seguir foram apresentados para um ciclo de potência operando entre dois reservatórios térmicos, entre 1200 K e 400 K. Para cada caso, calcule a potência líquida desenvolvida pelo ciclo, em kW, e a eficiência térmica. Também para cada caso, aplique a Eq. 5.13 em função das taxas temporais para determinar se o ciclo opera reversivelmente, irreversivelmente ou se é impossível.
(a) $\dot{Q}_H = 600$ kW, $\dot{Q}_C = 400$ kW
(b) $\dot{Q}_H = 600$ kW, $\dot{Q}_C = 0$ kW
(c) $\dot{Q}_H = 600$ kW, $\dot{Q}_C = 200$ kW

5.89 Sob regime permanente, um ciclo termodinâmico operando entre dois reservatórios térmicos a 1000 K e 500 K recebe energia por transferência de calor do reservatório quente a uma taxa de 1500 kW, descartando energia para o reservatório frio e desenvolvendo uma potência de (a) 1000 kW; (b) 750 kW; (c) 0 kW. Para cada caso, aplique a Eq. 5.13 em função das taxas temporais para determinar se o ciclo opera reversivelmente, irreversivelmente ou se é impossível.

5.90 A Fig. P5.90 fornece um desenho esquemático de uma usina a vapor na qual água circula em regime permanente ao longo dos quatro componentes ilustrados. A água escoa ao longo da caldeira e do condensador a pressão constante e através da turbina e da bomba de forma adiabática. As variações de energia cinética e de energia potencial podem ser ignoradas. Os dados dos processos são apresentados a seguir:

Processo 4-1: passagem de líquido saturado a vapor saturado à pressão constante de 1 MPa.

Processo 2-3: passagem de $x_2 = 88\%$ a $x_3 = 18\%$ à pressão constante de 20 kPa.
(a) Usando a Eq. 5.13 expressa em uma base temporal, determine se o ciclo é *internamente reversível*, *irreversível* ou *impossível*.
(b) Determine a eficiência térmica usando a Eq. 5.4 expressa em uma base temporal e os dados da tabela de vapor.
(c) Compare o resultado da parte (b) com a *eficiência de Carnot* calculada usando a Eq. 5.9 com as temperaturas da caldeira e do condensador e comente.

5.91 Repita o Problema 5.90 para o seguinte caso:

Processo 4-1: passagem de líquido saturado a vapor saturado à pressão constante de 8 MPa.

Processo 2-3: passagem de $x_2 = 67,5\%$ a $x_3 = 34,2\%$ à pressão constante de 8 kPa.

5.92 Repita o Problema 5.90 para o seguinte caso:

Processo 4-1: passagem de líquido saturado a vapor saturado à pressão constante de 0,15 MPa.

Processo 2-3: passagem de $x_2 = 90\%$ a $x_3 = 10\%$ à pressão constante de 20 kPa.

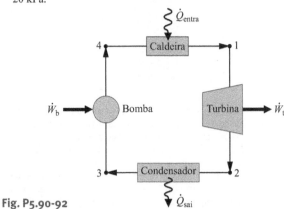

Fig. P5.90-92

5.93 Conforme ilustrado na Fig. P5.93, um sistema executa um ciclo de potência enquanto recebe 750 kJ por transferência de calor a uma temperatura de 1500 K e descarrega 100 kJ por transferência de calor a uma temperatura de 500 K. Outra transferência de calor do sistema ocorre a uma temperatura de 1000 K. Usando a Eq. 5.13, esboce um gráfico da eficiência térmica do ciclo em razão de σ_{ciclo}, em kJ/K.

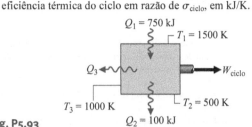

Fig. P5.93

5.94 A Fig. P5.94 mostra um sistema que executa um ciclo de potência recebendo 600 Btu por transferência de calor a uma temperatura de 1000°R (282,4°C) e descartando 400 Btu (422 kJ) por transferência de calor a 800°R (171,3°C). Uma terceira transferência de calor ocorre a 600°R (60,2°C). Estas são as únicas transferências de calor as quais o sistema está submetido.
(a) Aplicando um balanço de energia, juntamente com a Eq. 5.13, determine a direção e a faixa de valores permitidos, em Btu, para a transferência de calor a 600°R.
(b) Para o ciclo de potência, determine a eficiência térmica teórica máxima.

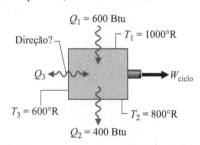

Fig. P5.94

PROJETOS E PROBLEMAS EM ABERTO: EXPLORANDO A PRÁTICA DE ENGENHARIA

5.1P A segunda lei da termodinâmica é algumas vezes citada em publicações de disciplinas muito distantes da engenharia e da ciência, incluindo mas não estando limitada a filosofia, economia e sociologia. Investigue o uso da segunda lei em publicações arbitradas não tecnológicas. Para três dessas publicações, cada uma de uma disciplina diferente, escreva uma crítica de três páginas. Para cada publicação, identifique e comente os principais objetivos e conclusões. Explique claramente como a segunda lei é usada para informar ao leitor e impulsionar a apresentação. Pontue cada publicação em uma escala de 10 pontos, com 10 indicando o uso altamente eficaz da segunda lei e 1 para o uso ineficiente. Forneça uma explicação para cada pontuação.

5.2P Investigue condições adversas de saúde que poderiam ser exacerbadas para pessoas que moram em *ilhas de calor* urbanas. Escreva um relatório com no mínimo três referências.

5.3P Para três diferentes instalações com tamanhos compatíveis, como uma escola, um escritório com gabinetes e uma residência, verifique a viabilidade da utilização de um sistema de ar condicionado por bomba de calor empregando um refrigerante *natural*. Considere os aspectos (mas não se limite a estes) associados a questões de saúde e segurança, legislações aplicáveis, desempenho para alcançar as necessidades dos ocupantes daquela instalação, custo anual de eletricidade, impacto ambiental, cada um em comparação a sistemas que utilizem refrigerantes convencionais para executar as mesmas funções. Resuma as informações coletadas e analisadas em um relatório, incluindo ao menos três referências.

5.4P Para um refrigerador em sua casa, dormitório ou local de trabalho, use um medidor de potência, conforme o ilustrado na Fig. P5.4P, para determinar as necessidades de potência do aparelho, em kW · h. Compare sua estimativa do uso anual de eletricidade com a postada no *website* ENERGY STAR® para o mesmo refrigerador ou um similar. Racionalize qualquer discrepância significante entre esses valores. Prepare uma apresentação em pôster detalhando suas metodologias e conclusões.

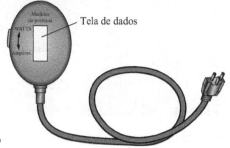

Fig. P5.4P

5.5P O objetivo desse projeto é identificar uma avaliação comercial de um sistema de bomba de calor disponível no mercado que atenda as necessidades anuais de aquecimento e arrefecimento de uma residência em local de sua escolha. Considere cada um dos dois tipos de bomba de calor: com o ar como fonte e com o solo como fonte. Estime os custos de instalação, de operação, e outros custos pertinentes para cada tipo de bomba de calor. Para uma vida útil de 10 anos, especifique os sistema de bomba de calor mais econômico. E se a eletricidade custasse o dobro do que custa hoje? Prepare uma apresentação em pôster com suas conclusões.

5.6P Insulina e vários outros medicamentos necessários diariamente para aqueles que sofrem de diabetes e outras doenças têm estabilidade térmica relativamente baixa. Aqueles que vivem ou viajam para climas quentes correm o risco de que seus medicamentos sofram alguma alteração induzida pelo calor. Projete um compartimento de refrigeração para o transporte dos medicamentos sensíveis à temperatura que seja prático, leve e seguro. Além disso, o compartimento de refrigeração tem que ser movido apenas pelo movimento humano. Enquanto o objetivo a longo prazo é um produto de consumo de custo moderado, o relatório de projeto final precisa apenas fornecer o preço de custo de um único protótipo.

5.7P Ao longo dos anos, máquinas com *movimento perpétuo* têm sido rejeitadas porque violam leis físicas, essencialmente a primeira ou a segunda lei da termodinâmica, ou ambas. No entanto, enquanto o ceticismo está profundamente enraizado com relação ao movimento perpétuo, diz-se que o relógio *ATMOS* desfruta de uma vida útil operacional quase ilimitada e anúncios o caracterizam como um *relógio com movimento perpétuo*. Investigue como o ATMOS opera. Forneça uma explanação completa de sua operação, incluindo esboços e referências à primeira e segunda lei, conforme apropriado. Estabeleça de modo claro se o ATMOS pode ser chamado de uma máquina com movimento perpétuo, se aproxima de uma ou apenas aparenta ser uma. Resuma suas conclusões em um memorando.

5.8P Cerca de 400 ft (121,92 m) no subsolo de uma cidade ao sul de Illinois encontra-se uma mina de chumbo abandonada, submersa em um volume de aproximadamente 70 bilhões de galões (265 bilhões de litros) de água que permanecem a uma temperatura constante de 58°F (14,4°C). O engenheiro da prefeitura propôs a utilização dessa quantidade de água como reservatório térmico, para aquecimento e resfriamento do edifício da administração central municipal, um prédio de tijolos de dois andares construído em 1975 com uma área de 8500 ft² (789,7 m²) organizada em escritórios. Você foi selecionado para desenvolver uma proposta preliminar, incluindo uma estimativa de custo. A proposta deve especificar os sistemas disponíveis comercialmente que utilizem água subterrânea para essa finalidade. O custo estimado deve incluir o desenvolvimento do projeto, equipamentos e o custo anual de operação. Elabore uma apresentação comercial do seu projeto.

5.9P A Fig. P5.9P mostra um daqueles pássaros de brinquedo que aparentemente tomam uma série interminável de goles em um copo cheio de água. Prepare uma apresentação de 30 minutos adequada para um curso de ciências do ensino fundamental, explicando os princípios de operação desse dispositivo e se o seu comportamento está em conflito ou não com a segunda lei.

5.10P Como mostrado na Fig. 5.10P, uma bomba transfere água através de um tubo de 500 ft (152,4 m) a uma pressão de 55 lbf/in² (379,2 kPa) e uma temperatura de 60°F (15,6°C). O tubo fornece água a uma vazão volumétrica de 200 ft³/min (5,67 m³/min) para um tanque de armazenamento cuja pressão não pode ser menor que 20 lbf/in² (137,9 kPa). Para um tubo de aço ANSI 40, determine o menor diâmetro, em in, que se encaixe nas especificações do projeto. Assuma uma operação sob regime permanente, com efeitos desprezíveis de elevação da tubulação entre a entrada e a saída, aplicando o diagrama de fator de atrito de *Moody*.

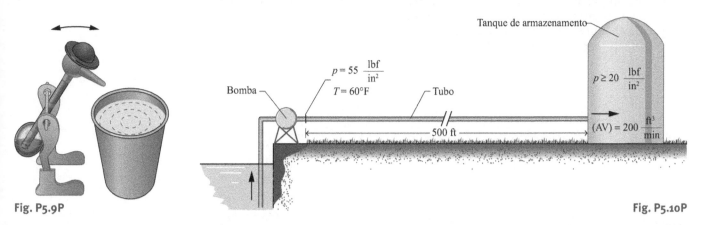

Fig. P5.9P

Fig. P5.10P

O sentido em que os processos ocorrem pode ser determinado usando o conceito de entropia, conforme discutido na Seção 6.8. © davidf/iStockphoto

CONTEXTO DE ENGENHARIA Até o momento, nosso estudo sobre a segunda lei tem se concentrado principalmente no enunciado aplicado a sistemas submetidos a ciclos termodinâmicos. Neste capítulo são apresentadas formas para a análise de sistemas a partir da segunda lei no momento em que estes sistemas passam por processos que não são necessariamente ciclos. A propriedade *entropia* e o conceito de *geração de entropia*, apresentados no Cap. 5, exercem um importante papel nessas considerações.

O **objetivo** deste capítulo é desenvolver a compreensão dos conceitos de entropia, incluindo o uso de balanços de entropia para sistemas fechados e volumes de controle em formas úteis para a análise de sistemas de engenharia. A desigualdade de Clausius, desenvolvida na Seção 5.11 e expressa pela Eq. 5.13, fornece a base necessária.

Utilizando a Entropia

▶ **RESULTADOS DE APRENDIZAGEM**

Quando você completar o estudo deste capítulo estará apto a...

- ▶ demonstrar conhecimento dos conceitos fundamentais relacionados com a entropia e com a segunda lei, incluindo a transferência de entropia, a geração de entropia e o princípio do aumento de entropia.
- ▶ avaliar a entropia, determinar a variação da entropia entre dois estados e analisar processos isentrópicos utilizando os dados das propriedades apropriadas.
- ▶ representar a transferência de calor em um processo internamente reversível utilizando o conceito de área em um diagrama temperatura-entropia.
- ▶ aplicar balanços de entropia a sistemas fechados e volumes de controle.
- ▶ usar eficiências isentrópicas de turbinas, bocais, compressores e bombas para análise da segunda lei.

6.1 Entropia – Uma Propriedade do Sistema

A palavra *energia* faz parte de nossa linguagem cotidiana, e por isso já estávamos, sem dúvida, familiarizados com o termo antes de encontrá-lo em cursos básicos de ciência. Essa familiaridade provavelmente facilitou o estudo de energia naqueles cursos básicos e neste curso de termodinâmica aplicada à engenharia. Neste capítulo será mostrado que a análise de sistemas a partir da visão da segunda lei é convenientemente realizada em termos da propriedade *entropia*. Energia e entropia constituem, ambas, conceitos abstratos. Entretanto, de maneira diferente da energia, a palavra *entropia* é raramente ouvida em conversas cotidianas, e talvez nunca tenhamos lidado com ela de modo quantitativo antes. Energia e entropia exercem papéis importantes nos capítulos restantes deste livro.

6.1.1 Definindo a Variação de Entropia

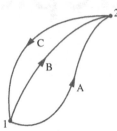

Fig. 6.1 Dois ciclos internamente reversíveis.

Uma quantidade pode ser chamada de propriedade se, e somente se, sua variação entre dois estados é independente do processo (Seção 1.3.3). Este aspecto do conceito de propriedade é utilizado na presente seção junto com a desigualdade de Clausius para apresentar a variação de entropia, como pode ser visto a seguir:

Dois ciclos executados por um sistema fechado estão representados na Fig. 6.1. Um dos ciclos consiste em um processo internamente reversível A do estado 1 ao estado 2, seguido por um processo internamente reversível C a partir do estado 2 ao estado 1. O outro ciclo consiste em um processo internamente reversível B do estado 1 ao estado 2, seguido do mesmo processo C a partir do estado 2 ao estado 1 do primeiro ciclo. Para o primeiro ciclo, a Eq. 5.13 (desigualdade de Clausius) toma a forma de

$$\left(\int_1^2 \frac{\delta Q}{T}\right)_A + \left(\int_2^1 \frac{\delta Q}{T}\right)_C = -\sigma_{ciclo}^0 \qquad (6.1a)$$

$$\oint \left(\frac{\delta Q}{T}\right)_b = -\sigma_{ciclo}$$
(Eq. 5.13)

Para o segundo ciclo, a Eq. 5.13 toma a forma

$$\left(\int_1^2 \frac{\delta Q}{T}\right)_B + \left(\int_2^1 \frac{\delta Q}{T}\right)_C = -\sigma_{ciclo}^0 \qquad (6.1b)$$

Ao escrever as Eqs. 6.1, o termo σ_{ciclo} foi considerado nulo, uma vez que os ciclos são constituídos de processos internamente reversíveis.

Quando a Eq. 6.1b é subtraída da Eq. 6.1a, obtemos

$$\left(\int_1^2 \frac{\delta Q}{T}\right)_A = \left(\int_1^2 \frac{\delta Q}{T}\right)_B$$

Essa expressão mostra que a integral de $\delta Q/T$ é a mesma para ambos os processos. Uma vez que A e B são arbitrários, podemos concluir que a integral $\delta Q/T$ tem o mesmo valor para *qualquer* processo internamente reversível entre dois estados. Em outras palavras, o valor da integral depende somente dos estados inicial e final. Então, pode-se concluir que a integral representa a variação de alguma propriedade do sistema.

definição de variação de entropia

Escolhendo o símbolo S para representar essa propriedade, que é chamada de *entropia*, a variação de entropia é dada por

$$S_2 - S_1 = \left(\int_1^2 \frac{\delta Q}{T}\right)_{\substack{int \\ rev}} \qquad (6.2a)$$

em que o subscrito "int rev" foi adicionado como um lembrete de que a integração é realizada para qualquer processo internamente reversível que conecta os dois estados. Na forma diferencial, a equação de definição para a variação de entropia se torna

$$dS = \left(\frac{\delta Q}{T}\right)_{\substack{int \\ rev}} \qquad (6.2b)$$

A entropia é uma propriedade extensiva.

unidades para a entropia

A unidade no sistema SI para a entropia é J/K. Entretanto, no contexto deste livro é conveniente trabalhar em termos de kJ/K. Uma unidade inglesa para a entropia comumente utilizada é Btu/°R. Unidades no sistema SI para a entropia *específica* são kJ/kg · K para s e kJ/kmol · K para $\bar{s}$. Unidades inglesas mais utilizadas para a entropia *específica* são Btu/lb · °R e Btu/lbmol · °R.

Deve ser esclarecido que a entropia é definida e avaliada em termos de uma expressão particular (Eq. 6.2a) para a qual *não é fornecido nenhum cenário físico associado*. O mesmo ocorre com a propriedade entalpia vista anteriormente. A entalpia foi apresentada sem motivação física na Seção 3.6.1. Depois, no Cap. 4 foi mostrado que a entalpia é útil para a análise termodinâmica de volumes de controle. Como para o caso da entalpia, de modo a adquirir um melhor entendimento sobre a entropia, é necessário compreender *como* e *para o que* ela é utilizada. Essa é a meta do restante deste capítulo.

6.1.2 Avaliando a Entropia

Como a entropia é uma propriedade, a variação de entropia de um sistema que evolui de um estado para outro é a mesma para *todos* os processos entre estes dois estados, tanto os internamente reversíveis quanto os internamente irreversíveis. Desse modo, a Eq. 6.2a permite a determinação da variação de entropia, e uma vez avaliada esta é a magnitude da variação de entropia para todos os processos do sistema entre os dois estados.

A equação de definição para a variação de entropia, Eq. 6.2a, serve de base para a avaliação da entropia relativa a um valor de referência em um estado de referência. O valor de referência e o estado de referência podem ser ambos arbitrariamente selecionados. O valor da entropia em qualquer estado y em relação a um estado de referência x é obtido, em princípio, a partir de

$$S_y = S_x + \left(\int_x^y \frac{\delta Q}{T} \right)_{\text{int rev}} \quad (6.3)$$

em que S_x é o valor de referência para a entropia em um estado de referência especificado.

A utilização de valores de entropia determinados em relação a um estado de referência arbitrário é satisfatória enquanto estes são utilizados em cálculos envolvendo diferenças de entropia, uma vez que para estas o valor de referência se cancela. Essa abordagem é suficiente para aplicações em que a composição permanece constante. Quando reações químicas ocorrem, é necessário o tratamento em termos de valores *absolutos* de entropia, que são determinados utilizando a *terceira lei da termodinâmica* (Cap. 13).

6.1.3 Entropia e Probabilidade

A apresentação da termodinâmica aplicada à engenharia fornecida neste livro adota uma visão *macroscópica* na medida em que lida principalmente com o comportamento total ou global da matéria. Os conceitos macroscópicos da termodinâmica aplicada à engenharia apresentados até aqui, incluindo energia e entropia, se apoiam em definições operacionais cuja validade é mostrada direta ou indiretamente por meio de experimentos. Todavia, a percepção de energia e entropia pode resultar de considerações sobre a microestrutura da matéria. Isso leva ao uso de *probabilidade* e à noção de *desordem*. Discussões adicionais sobre entropia, probabilidade e desordem são fornecidas na Seção 6.8.2.

6.2 Obtendo Valores de Entropia

No Cap. 3 foram apresentadas maneiras de se obter valores de propriedades incluindo tabelas, gráficos e equações. Deu-se ênfase à avaliação das propriedades p, v, T, u e h necessárias para a aplicação dos princípios de conservação de massa e de energia. Para a aplicação da segunda lei são geralmente necessários valores de entropia. Nesta seção serão consideradas formas de obter valores de entropia.

Tabelas de dados termodinâmicos foram apresentadas nas Seções 3.5 e 3.6 (Tabelas A-2 a A-18). A entropia específica é tabelada da mesma maneira como foi considerada naquela ocasião para as propriedades v, u e h, e valores de entropia são obtidos de forma semelhante. Os valores da entropia específica fornecidos nas Tabelas A-2 a A-18 são relativos aos *estados e valores de referência* apresentados a seguir. Para a água, a entropia do líquido saturado a 0,01°C (32,02°F) é definida como nula. Com relação aos refrigerantes, o valor zero é atribuído à entropia do líquido saturado a –40°C (–40°F).

6.2.1 Valores para Vapor Superaquecido

Nas regiões de superaquecimento das tabelas de água e de refrigerantes, a entropia específica é tabelada juntamente com v, u e h em função da temperatura e da pressão.

▶ **POR EXEMPLO** considere água em dois estados. No estado 1, a pressão é 3 MPa e a temperatura é 500°C. No estado 2, a pressão é 0,3 MPa e a entropia específica é a mesma do estado 1, $s_2 = s_1$. O objetivo é determinar a temperatura no estado 2. Utilizando T_1 e p_1, encontramos a entropia específica no estado 1 a partir da Tabela A-4 como $s_1 = 7{,}2338$ kJ/kg · K. O estado 2 é estabelecido pela pressão, $p_2 = 0{,}3$ MPa, e a entropia específica, $s_2 = 7{,}2338$ kJ/kg · K. Retornando à Tabela A-4 a 0,3 MPa e interpolando com s_2 entre 160 e 200°C, obtém-se $T_2 = 183°C$. ◀ ◀ ◀ ◀

6.2.2 Valores de Saturação

Para estados de saturação, os valores de s_f e s_g são tabelados como uma função tanto da pressão de saturação quanto da temperatura de saturação. A entropia específica de uma mistura bifásica líquido-vapor é calculada utilizando o título

$$\begin{aligned} s &= (1-x)s_f + xs_g \\ &= s_f + x(s_g - s_f) \end{aligned} \quad (6.4)$$

Essas relações têm formas idênticas àquelas para v, u e h (Seções 3.5 e 3.6).

▶ **POR EXEMPLO** determinemos a entropia específica do Refrigerante 134a em um estado em que a temperatura é 0°C e a energia interna específica é 138,43 kJ/kg. Utilizando a Tabela A-10, vemos que o valor fornecido de u se encontra entre u_f e u_g a 0°C, e então o sistema é uma mistura bifásica líquido-vapor. O título da mistura pode ser determinado a partir do valor conhecido da energia interna específica

$$x = \frac{u - u_f}{u_g - u_f} = \frac{138{,}43 - 49{,}79}{227{,}06 - 49{,}79} = 0{,}5$$

Então, com os valores da Tabela A-10, a Eq. 6.4 fornece

$$s = (1 - x)s_f + xs_g$$
$$= (0{,}5)(0{,}1970) + (0{,}5)(0{,}9190) = 0{,}5580 \text{ kJ/kg} \cdot \text{K} \triangleleft \triangleleft \triangleleft \triangleleft \triangleleft$$

6.2.3 Valores para Líquidos

Dados de líquidos comprimidos estão presentes para a água nas Tabelas A-5. Nessas tabelas s, v, u e h são tabelados em função da temperatura e da pressão como nas tabelas de vapor superaquecido, e as tabelas são utilizadas de modo semelhante. Na ausência de dados de líquido comprimido, o valor da entropia específica pode ser estimado da mesma maneira que estimativas para v e u são obtidas para estados de líquido (Seção 3.10.1), utilizando o valor de líquido saturado na temperatura especificada

$$s(T, p) \approx s_f(T) \qquad (6.5)$$

▶ **POR EXEMPLO** suponhamos que o valor da entropia específica é requerido para a água a 25 bar, 200°C. A entropia específica é obtida diretamente da Tabela A-5 como s = 2,3294 kJ/kg · K. Utilizando o valor de líquido saturado para a entropia específica a 200°C a partir da Tabela A-2, a entropia específica é aproximada pela Eq. 6.7 como s = 2,3309 kJ/kg · K, que apresenta boa concordância com o valor anterior. ◁ ◁ ◁ ◁ ◁

6.2.4 Determinação por Computador

Existem programas como o *Interactive Thermodynamics: IT* que fornecem dados para as substâncias consideradas nesta seção. Valores de entropia são obtidos por simples comandos de chamada colocados na área de trabalho de programas desse tipo.

▶ **POR EXEMPLO** considere uma mistura bifásica líquido-vapor de H_2O a p = 1 bar, v = 0,8475 m³/kg. As instruções a seguir ilustram como a entropia específica e o título x são obtidos utilizando o *IT*:

TOME NOTA...
Observe que o IT não fornece dados de líquido comprimido para nenhuma substância. O programa retorna dados de entropia para líquidos utilizando a aproximação da Eq. 6.5. Do mesmo modo, as Eqs. 3.11, 3.12 e 3.14 são utilizadas para avaliar valores de v, u e h, respectivamente.

p = 1 //bar
v = 0,8475 //m³/kg
v = vsat_Px("Water/Steam",p,x)
s = ssat_Px("Water/Steam",p,x)

O programa retorna os valores de x = 0,5 e s = 4,331 kJ/kg · K, que podem ser verificados utilizando os dados da Tabela A-3. Note que o título x é implícito na lista de argumentos da expressão do volume específico e não se torna necessária a resolução explícita para x. Como outro exemplo, considere vapor de amônia superaquecido a p = 1,5 bar, T = 8°C. A entropia específica é obtida pelo programa da seguinte forma:

p = 1,5 //bar
T = 8 // °C
s = s_PT ("Ammonia",p,T)

O programa fornece s = 5,981 kJ/kg · K, que apresenta boa concordância com o valor obtido por interpolação na Tabela A-15. ◁ ◁ ◁ ◁ ◁

6.2.5 Utilizando Gráficos de Entropia

A utilização de diagramas de propriedades como meio auxiliar na solução de problemas é enfatizada ao longo deste livro. Quando da aplicação da segunda lei frequentemente é útil localizar estados e representar processos em diagramas tendo a entropia como uma das coordenadas. Duas figuras comumente utilizadas tendo a entropia como uma das coordenadas são os diagramas temperatura-entropia e entalpia-entropia.

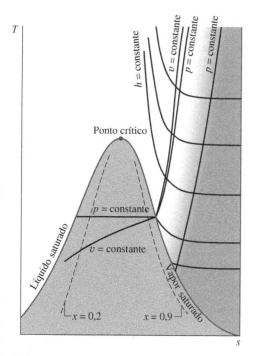

Fig. 6.2 Diagrama temperatura-entropia.

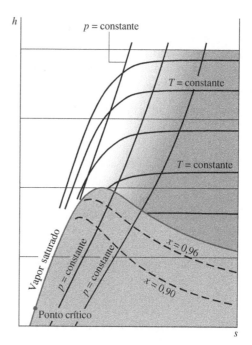

Fig. 6.3 Diagrama entalpia-entropia.

Diagrama Temperatura-Entropia

A principal característica do diagrama temperatura-entropia é mostrada na Fig. 6.2. Para diagramas mais detalhados para a água em unidades SI e inglesas veja as Figs. A-7. Observe que linhas de entalpia constante são mostradas nessas figuras. Note ainda que na região de vapor superaquecido as linhas de volume específico constante têm uma inclinação maior que as linhas de pressão constante. Nas mesmas figuras, linhas de título constante são mostradas na região bifásica líquido-vapor. Em algumas figuras, linhas de título constante são marcadas como linhas de *percentual de umidade*. O percentual de umidade é definido como a razão da massa de líquido pela massa total.

diagrama *T-s*

Na região de vapor superaquecido do diagrama *T–s*, linhas de entalpia específica constante se tornam aproximadamente horizontais à medida que a pressão diminui. Esses estados de vapor superaquecido são indicados pela região sombreada mais clara na Fig. 6.2. Para estados nessa região do diagrama, a entalpia é determinada principalmente pela temperatura: $h(T, p) \approx h(T)$. Esta é a região do diagrama em que o modelo de gás ideal fornece uma aproximação apropriada. Para estados de vapor superaquecidos fora da área sombreada, tanto a temperatura como a pressão são necessárias para avaliar a entalpia, e o modelo de gás ideal não é apropriado.

Diagrama Entalpia-Entropia

As características fundamentais do diagrama entalpia-entropia, comumente conhecido como diagrama de Mollier, são mostradas na Fig. 6.3. Para figuras detalhadas para a água em unidades SI e inglesas veja as Figs. A-8. Note a localização do ponto crítico e a forma das linhas de temperatura constante e de pressão constante. Linhas de título constante são mostradas na região bifásica líquido-vapor (algumas figuras fornecem linhas de percentual constante de umidade). A figura é construída com o intuito de se avaliar as propriedades em estados de vapor superaquecido e para misturas bifásicas líquido-vapor. Dados para líquidos são raramente mostrados. Na região de vapor superaquecido, linhas de temperatura constante se tornam aproximadamente horizontais à medida que a pressão é reduzida. Esses estados de vapor superaquecido são aproximadamente indicados pela região sombreada mais clara na Fig. 6.3. Essa área corresponde à área sombreada mais clara no diagrama temperatura-entropia da Fig. 6.2, em que o modelo de gás ideal fornece uma aproximação apropriada.

diagrama de Mollier

▶ **POR EXEMPLO** para ilustrar a utilização do diagrama de Mollier em unidades SI, considere dois estados da água. No estado 1, $T_1 = 240°C$, $p_1 = 0,10$ MPa. A entalpia específica e o título são necessários no estado 2, em que $p_2 = 0,01$ MPa e $s_2 = s_1$. Utilizando a Fig. A-8, o estado 1 está localizado na região de vapor superaquecido. Traçando uma linha vertical na direção da região bifásica líquido-vapor, o estado 2 é localizado. O título e a entalpia específica no estado 2 obtidos da figura apresentam boa concordância com os valores obtidos utilizando as Tabelas A-3 e A-4: $x_2 = 0,98$ e $h_2 = 2537$ kJ/kg. ◀ ◀ ◀ ◀ ◀

6.3 Introduzindo as Equações *T dS*

Embora a variação de entropia entre dois estados possa ser determinada, em princípio, pela Eq. 6.2a, essas avaliações são geralmente feitas utilizando-se as equações *T dS* desenvolvidas nesta seção. As equações *T dS* permitem que variações de entropia sejam calculadas a partir de dados de outras propriedades mais facilmente determinados. A utilização das equações $T\,dS$ para a avaliação da variação de entropia em substâncias incompressíveis é ilustrada na Seção 6.4, e para gases ideais na Seção 6.5. Entretanto, a importância das equações $T\,dS$ é mais ampla que a de determinar valores de entropia. No Cap. 11 essas equações são utilizadas como ponto de partida para o desenvolvimento de várias relações importantes de propriedades para sistemas puros e compressíveis simples, incluindo formas de construir as tabelas de propriedades que fornecem u, h e s.

As equações $T\,dS$ são desenvolvidas considerando-se um sistema puro, compressível e simples submetido a um processo internamente reversível. Na ausência de movimento de corpo do sistema e de efeitos gravitacionais, um balanço de energia em forma diferencial pode ser escrito

$$(\delta Q)_{\text{int rev}} = dU + (\delta W)_{\text{int rev}} \tag{6.6}$$

A partir da definição de sistema simples compressível (Seção 3.1.2), o trabalho é

$$(\delta W)_{\text{int rev}} = p\,dV \tag{6.7a}$$

Rearranjando a Eq. 6.2b, o calor transferido é

$$(\delta Q)_{\text{int rev}} = T\,dS \tag{6.7b}$$

primeira equação $T\,dS$ Substituindo as Eqs. 6.7 na Eq. 6.6, obtemos a primeira equação $T\,dS$

$$\boxed{T\,dS = dU + p\,dV} \tag{6.8}$$

A *segunda* equação $T\,dS$ é obtida a partir da Eq. 6.8 utilizando $H = U + pV$. Construindo a diferencial

$$dH = dU + d(pV) = dU + p\,dV + V\,dp$$

Rearranjando

$$dU + p\,dV = dH - V\,dp$$

segunda equação $T\,dS$ Substituindo esta na Eq. 6.8 resulta a segunda equação $T\,dS$

$$\boxed{T\,dS = dH - V\,dp} \tag{6.9}$$

As equações $T\,dS$ podem ser escritas em uma base mássica como

$$\boxed{T\,ds = du + p\,dv} \tag{6.10a}$$
$$\boxed{T\,ds = dh - v\,dp} \tag{6.10b}$$

ou em uma base molar como

$$\boxed{T\,d\overline{s} = d\overline{u} + p\,d\overline{v}} \tag{6.11a}$$
$$\boxed{T\,d\overline{s} = d\overline{h} - \overline{v}\,dp} \tag{6.11b}$$

Embora as equações $T\,dS$ sejam obtidas considerando um processo internamente reversível, uma variação de entropia obtida pela integração dessas equações corresponde à variação para *qualquer* processo, reversível ou irreversível, entre dois estados de equilíbrio de um sistema. Como a entropia é uma propriedade, a variação de entropia entre dois estados é independente dos detalhes do processo que é percorrido entre esses estados.

Para demonstrar a utilização das equações $T\,dS$ considere a mudança de fase de líquido saturado para vapor saturado a temperatura e pressão constantes. Uma vez que a pressão é constante, a Eq. 6.10b se reduz a

$$ds = \frac{dh}{T}$$

Assim, uma vez que a temperatura é também constante durante a mudança de fase,

$$s_g - s_f = \frac{h_g - h_f}{T} \tag{6.12}$$

Esta relação mostra como $s_g - s_f$ é calculada para construção de tabelas de propriedades.

▶ **POR EXEMPLO** considere o Refrigerante 134a a 0°C. A partir da Tabela A-10, $h_g - h_f = 197{,}21$ kJ/kg, então com a Eq. 6.12

$$s_g - s_f = \frac{197{,}21 \text{ kJ/kg}}{273{,}15 \text{ K}} = 0{,}7220 \frac{\text{kJ}}{\text{kg} \cdot \text{K}}$$

que corresponde ao valor calculado utilizando s_f e s_g a partir da tabela. De modo a discutir um exemplo semelhante em unidades inglesas, considere o Refrigerante 134a a 0°F. A partir da Tabela A-10E, $h_g - h_f = 90{,}12$ Btu/lb, então

$$s_g - s_f = \frac{90{,}12 \text{ Btu/lb}}{459{,}67°R} = 0{,}1961 \frac{\text{Btu}}{\text{lb} \cdot °R}$$

que concorda com o valor calculado utilizando os valores de s_g e s_f tabelados. ◄ ◄ ◄ ◄ ◄

Variação de Entropia para uma Substância Incompressível

Nesta seção, a Eq. 6.10a da Seção 6.3 é usada para avaliar a variação de entropia entre dois estados de uma substância incompressível. O modelo de substância incompressível apresentado na Seção 3.10.2 admite que o volume específico (massa específica) seja constante e que a energia interna específica dependa somente da temperatura. Assim, $du = c(T)dT$, em que c representa o calor específico da substância, e a Eq. 6.10a se reduz a

$$ds = \frac{c(T)dT}{T} + \frac{pdv^0}{T} = \frac{c(T)dT}{T}$$

Por integração, a variação da entropia específica é

$$s_2 - s_1 = \int_{T_1}^{T_2} \frac{c(T)}{T} dT$$

Quando se supõe o calor específico constante, esta expressão se torna

$$s_2 - s_1 = c \ln \frac{T_2}{T_1} \quad \text{(incompressível, } c \text{ constante)} \qquad (6.13)$$

A Eq. 6.13, junto com as Eqs. 3.20 que fornecem Δu e Δh, respectivamente, são aplicáveis a líquidos e sólidos quando estes são modelados como incompressíveis. Calores específicos de alguns líquidos e sólidos de uso comum são dados na Tabela A-19.

▶ **POR EXEMPLO** considere um sistema composto por água líquida, inicialmente a $T_1 = 300$ K e $p_1 = 1$ bar, passando por um processo cujo estado final corresponde a $T_2 = 323$ K e $p_2 = 1$ bar. Há duas formas de determinar a variação da entropia específica neste caso. A primeira delas utiliza a Eq. 6.5 junto com os dados de líquido saturado da Tabela A-2. Ou seja, $s_1 \approx s_f(T_1) = 0{,}3954$ kJ/kg · K e $s_2 \approx s_f(T_2) = 0{,}7038$ kJ/kg · K, fornecendo $s_2 - s_1 = 0{,}308$ kJ/kg · K. A segunda utiliza o modelo incompressível. Isto é, com a Eq. 6.13 e $c = 4{,}18$ kJ/kg · K da Tabela A-19, obtemos

$$s_2 - s_1 = c \ln \frac{T_2}{T_1}$$
$$= \left(4{,}18 \frac{\text{kJ}}{\text{kg} \cdot \text{K}}\right) \ln\left(\frac{323 \text{ K}}{300 \text{ K}}\right) = 0{,}309 \text{ kJ/kg} \cdot \text{K}$$

Comparando os valores obtidos para a variação da entropia específica utilizando as duas abordagens aqui consideradas, observa-se que eles apresentam concordância. ◄ ◄ ◄ ◄ ◄

Variação de Entropia de um Gás Ideal

Nesta seção as equações $T dS$ da Seção 6.3 são utilizadas para avaliar a variação de entropia entre dois estados para um gás ideal. Para uma rápida revisão das relações do modelo de gás ideal, veja a Tabela 6.1.

É conveniente começar com as Eqs. 6.10 escritas como

$$ds = \frac{du}{T} + \frac{p}{T} dv \qquad (6.14)$$

$$ds = \frac{dh}{T} - \frac{v}{T} dp \qquad (6.15)$$

Para um gás ideal, $du = c_v(T)dT$, $dh = c_p(T)dT$ e $pv = RT$. Com estas relações, as Eqs. 6.14 e 6.15 se tornam, respectivamente,

$$ds = c_v(T) \frac{dT}{T} + R \frac{dv}{v} \quad \text{e} \quad ds = c_p(T) \frac{dT}{T} - R \frac{dp}{p} \qquad (6.16)$$

Por integração, as Eqs. 6.16 fornecem, respectivamente,

$$s(T_2, v_2) - s(T_1, v_1) = \int_{T_1}^{T_2} c_v(T) \frac{dT}{T} + R \ln \frac{v_2}{v_1} \quad (6.17)$$

$$s(T_2, p_2) - s(T_1, p_1) = \int_{T_1}^{T_2} c_p(T) \frac{dT}{T} - R \ln \frac{p_2}{p_1} \quad (6.18)$$

Como R é constante, os últimos termos das Eqs. 6.16 podem ser integrados diretamente. Entretanto, como c_v e c_p são funções da temperatura para gases ideais, é necessário ter informações sobre a relação funcional antes que a integração do primeiro termo nessas equações possa ser realizada. Já que os dois calores específicos estão relacionados por

$$c_p(T) = c_v(T) + R \quad (3.44)$$

em que R é a constante do gás, o conhecimento de qualquer uma das relações funcionais mencionadas é suficiente.

6.5.1 Utilizando Tabelas de Gás Ideal

Da mesma maneira que para as variações da energia interna e da entalpia dos gases ideais, a avaliação de variações de entropia para gases ideais pode ser reduzida a uma conveniente forma tabular. Inicia-se com a introdução de uma nova variável $s°(T)$, dada por

$$s°(T) = \int_{T'}^{T} \frac{c_p(T)}{T} dT \quad (6.19)$$

em que T' é uma temperatura arbitrária de referência.

TABELA 6.1

Revisão do Modelo de Gás Ideal

Equações de estado:

$$pv = RT \quad (3.32)$$
$$pV = mRT \quad (3.33)$$

Variações de u e h:

$$u(T_2) - u(T_1) = \int_{T_1}^{T_2} c_v(T) \, dT \quad (3.40)$$

$$h(T_2) - h(T_1) = \int_{T_1}^{T_2} c_p(T) \, dT \quad (3.43)$$

Calores Específicos Constantes	Calores Específicos Variáveis
$u(T_2) - u(T_1) = c_v(T_2 - T_1)$ (3.50) $h(T_2) - h(T_1) = c_p(T_2 - T_1)$ (3.51) Veja os dados para c_v e c_p nas Tabelas A-20, 21.	$u(T)$ e $h(T)$ são obtidos das Tabelas A-22 para o ar (base mássica) e das Tabelas A-23 para diversos outros gases (base molar).

A integral da Eq. 6.18 pode ser escrita em termos de $s°$ como a seguir

$$\int_{T_1}^{T_2} c_p \frac{dT}{T} = \int_{T'}^{T_2} c_p \frac{dT}{T} - \int_{T'}^{T_1} c_p \frac{dT}{T}$$
$$= s°(T_2) - s°(T_1)$$

Assim, a Eq. 6.18 pode ser escrita como

$$s(T_2, p_2) - s(T_1, p_1) = s°(T_2) - s°(T_1) - R \ln \frac{p_2}{p_1} \quad (6.20a)$$

ou, em uma base molar, como

$$\bar{s}(T_2, p_2) - \bar{s}(T_1, p_1) = \bar{s}°(T_2) - \bar{s}°(T_1) - \bar{R} \ln \frac{p_2}{p_1} \quad (6.20b)$$

Como $s°$ depende somente da temperatura, ela pode ser tabelada em função desta variável, da mesma maneira que h e u. Para o ar considerado gás ideal, $s°$ em unidades de kJ/kg · K ou Btu/lb · °R é dada nas Tabelas A-22 e A-23, respectivamente. Valores de $\bar{s}°$ para vários outros gases de uso comum são dados nas Tabelas A-23 em unidades de kJ/kmol · K ou Btu/lbmol · °R. Observamos que a temperatura arbitrária de referência T' da Eq. 6.19 é especificada de modo diferente nas Tabelas A-22 e A-23. Conforme discutido na Seção 13.5.1, as Tabelas A-23 fornecem valores *absolutos de entropia*.

Utilizando as Eqs. 6.20 e os valores tabelados para $s°$ ou $\bar{s}°$ apropriadamente, variações de entropia que contemplam explicitamente a variação do calor específico com a temperatura podem ser determinadas.

▶ **POR EXEMPLO** avaliemos a variação da entropia específica, em kJ/kg · K, para o ar admitido como gás ideal de um estado em que $T_1 = 300$ K e $p_1 = 1$ bar a um estado em que $T_2 = 1000$ K e $p_2 = 3$ bar. Utilizando a Eq. 6.20a e os dados da Tabela A-22

$$s_2 - s_1 = s°(T_2) - s°(T_1) - R \ln \frac{p_2}{p_1}$$

$$= (2{,}96770 - 1{,}70203) \frac{\text{kJ}}{\text{kg} \cdot \text{K}} - \frac{8{,}314}{28{,}97} \frac{\text{kJ}}{\text{kg} \cdot \text{K}} \ln \frac{3 \text{ bar}}{1 \text{ bar}}$$

$$= 0{,}9504 \text{ kJ/kg} \cdot \text{K} \quad ◂ ◂ ◂ ◂ ◂$$

Se a tabela que fornece $s°$ (ou $\bar{s}°$) não está disponível para um determinado gás, as integrais das Eqs. 6.17 e 6.18 podem ser avaliadas analítica ou numericamente utilizando dados de calor específico como os fornecidos pelas Tabelas A-20 e A-21.

6.5.2 Assumindo Calores Específicos Constantes

Quando valores de calores específicos c_v e c_p são admitidos como constantes, as Eqs. 6.17 e 6.18 se reduzem, respectivamente, a

$$s(T_2, v_2) - s(T_1, v_1) = c_v \ln \frac{T_2}{T_1} + R \ln \frac{v_2}{v_1} \quad (6.21)$$

$$s(T_2, p_2) - s(T_1, p_1) = c_p \ln \frac{T_2}{T_1} - R \ln \frac{p_2}{p_1} \quad (6.22)$$

Estas equações, juntamente com as Eqs. 3.50 e 3.51 que fornecem Δu e Δh, respectivamente, são aplicáveis quando o modelo de gás ideal é utilizado com calores específicos constantes.

▶ **POR EXEMPLO** determinemos a variação da entropia específica, em kJ/kg · K, para o ar admitido como gás ideal submetido a um processo de $T_1 = 300$ K, $p_1 = 1$ bar para $T_2 = 400$ K, $p_2 = 5$ bar. Devido ao pequeno intervalo relativo de temperatura, admitimos um valor constante de c_p avaliado a 350 K. Utilizando a Eq. 6.22 e $c_p = 1{,}008$ kJ/kg · K da Tabela A-20

$$\Delta s = c_p \ln \frac{T_2}{T_1} - R \ln \frac{p_2}{p_1}$$

$$= \left(1{,}008 \frac{\text{kJ}}{\text{kg} \cdot \text{K}}\right) \ln \left(\frac{400 \text{ K}}{300 \text{ K}}\right) - \left(\frac{8{,}314}{28{,}97} \frac{\text{kJ}}{\text{kg} \cdot \text{K}}\right) \ln \left(\frac{5 \text{ bar}}{1 \text{ bar}}\right)$$

$$= -0{,}1719 \text{ kJ/kg} \cdot \text{K} \quad ◂ ◂ ◂ ◂ ◂$$

6.5.3 Determinação por Código Computacional

Para gases modelados como gases ideais o *IT*, por exemplo, fornece *diretamente* $s(T, p)$ com base na seguinte maneira da Eq. 6.18:

$$s(T, p) - s(T_{\text{ref}}, p_{\text{ref}}) = \int_{T_{\text{ref}}}^{T} \frac{c_p(T)}{T} dT - R \ln \frac{p}{p_{\text{ref}}}$$

e na seguinte escolha de estado de referência e de valor de referência: $T_{\text{ref}} = 0$ K (0°R), $p_{\text{ref}} = 1$ atm e $s(T_{\text{ref}}, p_{\text{ref}}) = 0$, levando a

$$s(T, p) = \int_0^T \frac{c_p(T)}{T} dT - R \ln \frac{p}{p_{\text{ref}}} \quad \text{(a)}$$

Essas escolhas para o estado de referência e o valor de referência possibilitam o uso do *IT* ou programa similar em aplicações de combustão; veja a Seção 13.5.1 para discussões sobre a *entropia absoluta*.

As *variações* da entropia específica avaliadas utilizando-se o código computacional devem apresentar concordância com as *variações* de entropia avaliadas utilizando-se as tabelas de gás ideal.

▶ **POR EXEMPLO** considere um processo com ar, admitido como gás ideal, de $T_1 = 300$ K, $p_1 = 1$ bar a $T_2 = 1000$ K, $p_2 = 3$ bar. Em se tratando do *IT*, a variação da entropia específica, representada por dels, é determinada em unidades SI do seguinte modo:

```
p1 = 1//bar
T1 = 300//K
p2 = 3
T2 = 1000
s1 = s_TP("Air",T1,p1)
s2 = s_TP("Air",T2,p2)
dels = s2 − s1
```

O programa fornece os valores de $s_1 = 1{,}706$, $s_2 = 2{,}656$ e dels $= 0{,}9501$, todos em kJ/kg · K. Este valor para Δs concorda com o valor obtido quando a Tabela A-22 é utilizada: 0,9504 kJ/kg · K, conforme mostrado no exemplo final da Seção 6.5.1. ◀ ◀ ◀ ◀ ◀

Observe que o programa fornece diretamente valores da entropia específica usando a Eq. (a) e não utiliza a função especial $s°$.

6.6 Variação de Entropia em Processos Internamente Reversíveis

Nesta seção é considerada a relação entre a variação de entropia e a quantidade de calor transferida para processos internamente reversíveis. Os conceitos apresentados têm importantes aplicações em seções subsequentes deste livro. A discussão apresentada está limitada ao caso de sistemas fechados. Considerações semelhantes para volumes de controle são apresentadas na Seção 6.13.

À medida que um sistema fechado é submetido a um processo internamente reversível sua entropia pode aumentar, diminuir ou permanecer constante. Este fato pode ser percebido usando

$$dS = \left(\frac{\delta Q}{T}\right)_{\text{int rev}} \tag{6.2b}$$

que indica que quando um sistema fechado submetido a um processo internamente reversível recebe energia sob a forma de calor o sistema experimenta um aumento de entropia. Por outro lado, quando energia é retirada do sistema por transferência de calor a entropia do sistema diminui. Isso significa que a transferência de entropia *acompanha* a transferência de calor. O sentido da transferência de entropia é o mesmo da transferência de calor. Em um processo internamente reversível *adiabático*, a entropia permaneceria constante. Um processo a entropia constante é chamado de processo isentrópico.

transferência de entropia

processo isentrópico

6.6.1 Área Representativa da Transferência de Calor

Rearranjando, a Eq. 6.2b fornece

$$(\delta Q)_{\text{int rev}} = T\, dS$$

Integrando de um estado inicial 1 a um estado final 2

$$Q_{\text{int rev}} = \int_1^2 T\, dS \tag{6.23}$$

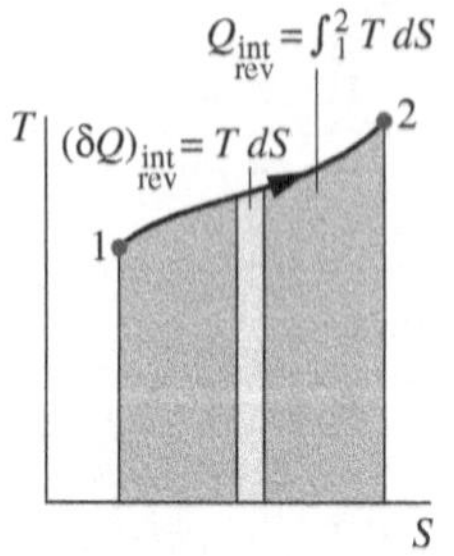

A partir da Eq. 6.23 se conclui que a transferência de energia por calor para um sistema fechado durante um processo internamente reversível pode ser representada como uma área no diagrama temperatura-entropia. A Fig. 6.4 ilustra a área representativa da quantidade de calor transferida para um processo internamente reversível arbitrário no qual a temperatura varia. Note, com atenção, que a temperatura deve estar em kelvin ou graus Rankine, e que a área corresponde à área total sob a curva (mostrada de forma sombreada). Observe ainda que a interpretação geométrica da quantidade de calor transferida não é válida para processos irreversíveis, como será demonstrado mais adiante.

Fig. 6.4 Área correspondente ao calor transferido em um processo internamente reversível de um sistema fechado.

6.6.2 Aplicação do Ciclo de Carnot

De modo a fornecer um exemplo ilustrando tanto a variação de entropia devida à transferência de calor quanto a interpretação geométrica da quantidade de calor transferida, considere a Fig. 6.5a, que mostra um ciclo de potência de Carnot (Seção 5.10.1). O ciclo consiste em quatro processos internamente reversíveis em série: dois processos isotérmicos alternados com dois processos adiabáticos. No Processo 2-3, a transferência de calor para o sistema ocorre enquanto a temperatura do sistema se mantém constante a T_H. A entropia do sistema aumenta devido à transferência de entropia associada. Para este processo, a Eq. 6.23 indica que $Q_{23} = T_H(S_3 - S_2)$, de maneira que a área 2–3–a-b–2 na Fig. 6.5a representa a quantidade de calor transferida durante o processo. O Processo 3-4 é um processo adiabático e internamente reversível, e portanto é um processo isentrópico (entropia constante). O Processo 4–1 é um processo isotérmico a T_C durante o qual calor é transferido *a partir* do sistema. Uma vez que a transferência de entropia acompanha a transferência de calor, a entropia do sistema decresce. Para este processo, a Eq. 6.23 fornece $Q_{41} = T_C(S_1 - S_4)$, que tem um sinal negativo. A área 4–1–b–a–4 na Fig. 6.5a representa a *magnitude* da quantidade de calor transferida Q_{41}. O Processo 1–2, que completa o ciclo, é adiabático e internamente reversível (isentrópico).

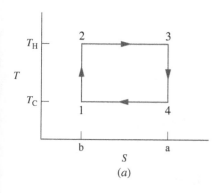
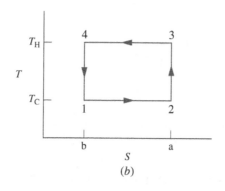

Fig. 6.5 Ciclos de Carnot em diagramas temperatura-entropia. (*a*) Ciclo de potência. (*b*) Ciclo de refrigeração ou bomba de calor.

Como o trabalho líquido de qualquer ciclo é igual à quantidade líquida de calor trocado, a área *inscrita* 1–2–3–4–1 representa o trabalho líquido do ciclo. A eficiência térmica de um ciclo pode também ser expressa em termos de áreas:

$$\eta = \frac{W_{ciclo}}{Q_{23}} = \frac{\text{área } 1-2-3-4-1}{\text{área } 2-3-a-b-2}$$

O numerador desta expressão é $(T_H - T_C)(S_3 - S_2)$, e o denominador é $T_H(S_3 - S_2)$, de maneira que a eficiência térmica pode ser expressa em termos somente de temperaturas como $h = 1 - T_C/T_H$. Isso, é claro, concorda com a Eq. 5.9.

Se o ciclo fosse executado como mostrado na Fig. 6.5b, o resultado seria o ciclo de refrigeração de Carnot ou ciclo de bomba de calor. Neste tipo de ciclo, o calor é transferido para o sistema enquanto a temperatura se mantém igual a T_C, de modo que a entropia aumenta durante o Processo 1–2. No Processo 3–4 o calor é transferido a partir do sistema enquanto a temperatura permanece constante a T_H, e a entropia diminui.

6.6.3 Trabalho e Transferência de Calor em um Processo Internamente Reversível de Água

Para ilustrar mais claramente os conceitos apresentados nesta seção, o Exemplo 6.1 considera água submetida a um processo internamente reversível e contida em um conjunto cilindro-pistão.

▶▶ EXEMPLO 6.1 ▶

Avaliando o Trabalho e o Calor Transferido em um Processo Internamente Reversível para a Água

Água, inicialmente como líquido saturado a 150°C (423,15 K), está contida em um conjunto cilindro-pistão. A água é submetida a um processo que a leva ao estado correspondente de vapor saturado, durante o qual o pistão se move livremente ao longo do cilindro. Considerando que a mudança de estado acontece em virtude do aquecimento da água à medida que esta percorre um processo internamente reversível a pressão e temperatura constantes, determine o trabalho e a quantidade de calor transferida por unidade de massa, em kJ/kg.

SOLUÇÃO

Dado: água contida em um conjunto cilindro-pistão é submetida a um processo internamente reversível a 150°C a partir do estado de líquido saturado até o estado de vapor saturado.

Pede-se: determine o trabalho e a quantidade de calor transferida por unidade de massa.

Diagrama Esquemático e Dados Fornecidos:

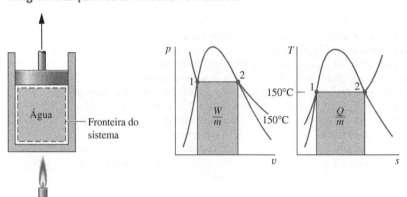

Modelo de Engenharia:

1. A água no conjunto cilindro-pistão constitui um sistema fechado.
2. O processo é internamente reversível.
3. A temperatura e a pressão se mantêm constantes durante o processo.
4. Não ocorrem variações das energias cinética e potencial entre os estados inicial e final.

Fig. E6.1

Análise: para pressão constante, o trabalho se torna

$$\frac{W}{m} = \int_1^2 p\, dv = p(v_2 - v_1)$$

Com os valores obtidos na Tabela A-2 para 150°C

$$\frac{W}{m} = (4{,}758 \text{ bar})(0{,}3928 - 1{,}0905 \times 10^{-3})\left(\frac{m^3}{kg}\right)\left|\frac{10^5 \text{ N/m}^2}{1 \text{ bar}}\right|\left|\frac{1 \text{ kJ}}{10^3 \text{ N}\cdot\text{m}}\right|$$

$$= 186{,}38 \text{ kJ/kg}$$

Uma vez que o processo é internamente reversível e a temperatura constante, a Eq. 6.23 fornece

$$Q = \int_1^2 T\, dS = m\int_1^2 T\, ds$$

ou

$$\frac{Q}{m} = T(s_2 - s_1)$$

Com os valores da Tabela A-2

❶ $$\frac{Q}{m} = (423{,}15 \text{ K})(6{,}8379 - 1{,}8418) \text{ kJ/kg}\cdot\text{K} = 2114{,}1 \text{ kJ/kg}$$

Como mostrado na figura que acompanha a solução, o trabalho e a transferência de calor podem ser representados por áreas nos diagramas p–v e T–s, respectivamente.

---

❶ A quantidade de calor transferida pode ser avaliada alternativamente a partir do balanço de energia escrito em uma base mássica como

$$u_2 - u_1 = \frac{Q}{m} - \frac{W}{m}$$

Introduzindo $W/m = p(v_2 - v_1)$ e resolvendo

$$\frac{Q}{m} = (u_2 - u_1) + p(v_2 - v_1)$$
$$= (u_2 + pv_2) - (u_1 + pv_1)$$
$$= h_2 - h_1$$

A partir da Tabela A-2 a 150°C, $h_2 - h_1 = 2114{,}3$ kJ/kg, que concorda com o valor de Q/m obtido na solução.

✓ **Habilidades Desenvolvidas**

Habilidades para...
☐ avaliar o trabalho e o calor transferido para um processo internamente reversível e representá-los na forma de áreas em diagramas p–v e T–s, respectivamente.
☐ obter valores de entropia para a água.

Teste-Relâmpago Considerando que os estados inicial e final são estados de saturação a 100°C (373,15 K), determine o trabalho e a transferência de calor por unidade de massa, ambos em kJ/kg.
Resposta: 170 kJ/kg, 2257 kJ/kg.

6.7 Balanço de Entropia para Sistemas Fechados

Nesta seção inicia-se o estudo do balanço de entropia. O balanço de entropia é uma expressão da segunda lei particularmente conveniente para a análise termodinâmica. A apresentação em questão é restrita a sistemas fechados. O balanço de entropia é estendido a volumes de controle na Seção 6.9.

Assim como massa e energia são consideradas para os balanços de massa e energia, respectivamente, a entropia é considerada para o balanço de entropia. Na Eq. 5.2, o balanço de entropia é expresso em palavras desse modo

$$\begin{bmatrix} \text{variação da quantidade} \\ \text{de entropia contida no} \\ \text{sistema durante um certo} \\ \text{intervalo de tempo} \end{bmatrix} = \begin{bmatrix} \text{quantidade líquida de entropia} \\ \textit{transferida para dentro} \text{ através} \\ \text{da fronteira do sistema durante} \\ \text{o intervalo de tempo} \end{bmatrix} + \begin{bmatrix} \text{quantidade de entropia} \\ \textit{produzida no interior} \text{ do} \\ \text{sistema durante o} \\ \text{intervalo de tempo} \end{bmatrix}$$

Matematicamente, o balanço de entropia para um sistema fechado toma a forma

$$\underbrace{S_2 - S_1}_{\text{variação de entropia}} = \underbrace{\int_1^2 \left(\frac{\delta Q}{T}\right)_b}_{\text{transferência de entropia}} + \underbrace{\sigma}_{\text{geração de entropia}} \quad (6.24)$$

em que o subscrito b indica que o integrando é avaliado na fronteira do sistema. Para o desenvolvimento da Eq. 6.24, veja o boxe.

Algumas vezes é conveniente a utilização do balanço de entropia expresso em forma diferencial

$$dS = \left(\frac{\delta Q}{T}\right)_b + \delta\sigma \quad (6.25)$$

Note que as diferenciais das grandezas Q e σ, que não correspondem a propriedades, são mostradas, respectivamente, como δQ e δs. Quando irreversibilidades internas não estão presentes, δs se anula e a Eq. 6.25 se reduz à Eq. 6.2b.

Em cada uma de suas formas alternativas o balanço de entropia pode ser visto como um enunciado da segunda lei da termodinâmica. Para a análise de sistemas de engenharia, o balanço de entropia é um meio mais eficaz de aplicar a segunda lei do que os enunciados de Clausius e Kelvin-Planck, fornecidos no Cap. 5.

Desenvolvendo o Balanço de Entropia para o Sistema Fechado

O balanço de entropia para sistemas fechados pode ser desenvolvido utilizando a *desigualdade de Clausius* expressa pela Eq. 5.13 (Seção 5.11) e a equação de definição para a variação de entropia, Eq. 6.2a, como se segue:

A Fig. 6.6 mostra um ciclo executado por um sistema fechado. O ciclo consiste no processo I, durante o qual irreversibilidades internas estão presentes, seguido pelo processo internamente reversível R. Para este ciclo, a Eq. 5.13 toma a forma

$$\int_1^2 \left(\frac{\delta Q}{T}\right)_b + \int_2^1 \left(\frac{\delta Q}{T}\right)_{\substack{\text{int} \\ \text{rev}}} = -\sigma \quad (a)$$

em que a primeira integral está relacionada ao processo I e a segunda ao processo R. O subscrito b na primeira integral serve de lembrete de que o integrando é avaliado na fronteira do sistema. O subscrito não é necessário na segunda integral, uma vez que a temperatura é uniforme ao longo do sistema em cada estado intermediário do processo internamente reversível. Uma vez que nenhuma irreversibilidade está associada ao processo R, o termo σ_{ciclo} da Eq. 5.13, que contabiliza os efeitos de irreversibilidades no ciclo, está relacionado somente com o ciclo I e é mostrado na Eq. (a) simplesmente como σ.

Aplicando a definição da variação de entropia, Eq. 6.2a, podemos expressar a segunda integral da Eq. (a) como

$$\int_2^1 \left(\frac{\delta Q}{T}\right)_{\substack{\text{int} \\ \text{rev}}} = S_1 - S_2 \quad (b)$$

Com esta relação, a Eq. (a) se torna

$$\int_1^2 \left(\frac{\delta Q}{T}\right)_b + (S_1 - S_2) = -\sigma \quad (c)$$

Finalmente, rearranjando a última equação é obtido o balanço de entropia para um sistema fechado, dado pela Eq. 6.24.

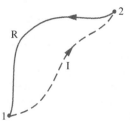

Fig. 6.6 Ciclo utilizado no desenvolvimento do balanço de entropia.

6.7.1 Interpretando o Balanço de Entropia para um Sistema Fechado

Se os estados-limite do processo são fixados, a variação de entropia no lado esquerdo da Eq. 6.24 pode ser avaliada independentemente dos detalhes do processo. Entretanto, os dois termos no lado direito dependem explicitamente da natureza do processo e não podem ser determinados unicamente a partir do conhecimento dos estados-limite do processo. O primeiro termo do lado direito da Eq. 6.24 está associado com a transferência de calor para ou a partir do sistema durante o processo. Este termo pode ser interpretado como a *transferência de entropia associada à transferência de calor*. O sentido da transferência de entropia é o mesmo sentido da transferência de calor, e a mesma convenção de sinais da transferência de calor se aplica. Um valor positivo significa que a entropia é transferida para o interior do sistema, e um valor negativo significa que a entropia é transferida para fora. Quando não ocorre transferência de calor, não ocorre transferência de entropia.

A variação de entropia de um sistema não está somente relacionada à transferência de entropia, mas ocorre em parte devido ao segundo termo no lado direito da Eq. 6.24 representado por σ. O termo σ é positivo quando irreversibilidades internas estão presentes durante o processo e se anula quando irreversibilidades internas não estão presentes. Este fato pode ser descrito pela afirmação de que a *entropia é produzida* (ou *gerada*) no interior do sistema pela ação de irreversibilidades.

A segunda lei da termodinâmica pode ser interpretada como obrigando que a entropia seja gerada por irreversibilidades e conservada somente no limite em que as irreversibilidades sejam reduzidas a zero. Uma vez que σ fornece uma medida dos efeitos das irreversibilidades presentes no interior de um sistema durante um processo, seu valor depende da natureza do processo, e não somente dos estados-limite. *A geração de entropia não é uma propriedade.*

Quando se aplica o balanço de entropia para um sistema fechado é essencial lembrar-se das restrições impostas pela segunda lei sobre a geração de entropia: a segunda lei determina que a *geração* de entropia tenha valores positivos ou nulos

$$\sigma: \begin{cases} > 0 & \text{presença de irreversibilidades no sistema} \\ = 0 & \text{ausência de irreversibilidades no sistema} \end{cases} \quad (6.26)$$

O valor da geração de entropia não pode ser negativo. Por outro lado, a *variação* de entropia de um sistema pode ser positiva, negativa ou nula:

$$S_2 - S_1: \begin{cases} > 0 \\ = 0 \\ < 0 \end{cases} \quad (6.27)$$

Como as outras propriedades, as variações de entropia podem ser determinadas sem o conhecimento dos detalhes do processo.

6.7.2 Avaliando Geração e Transferência de Entropia

O objetivo em várias aplicações do balanço de entropia é avaliar o termo de geração de entropia. Entretanto, o valor da geração de entropia para um dado processo de um sistema geralmente não tem, *por si mesmo*, maior significado. O significado é normalmente obtido através de comparação. Por exemplo, a geração de entropia no interior de um dado componente pode ser comparada a valores de geração de entropia em outros componentes, incluídos no sistema global formado por esses componentes. Pela comparação de valores de geração de entropia, os componentes em que irreversibilidades apreciáveis ocorrem podem ser identificados e colocados em ordem de importância. Este procedimento permite que a atenção seja focada nos componentes que contribuem mais para a ineficiência da operação do sistema global.

Para avaliar o termo de transferência de entropia do balanço de entropia, são necessárias informações tanto sobre a transferência de calor como sobre a temperatura na fronteira onde a transferência de calor ocorre. Contudo, o termo de transferência de entropia não está sempre sujeito à avaliação direta, uma vez que a informação necessária é desconhecida ou não definida, como ocorre quando o sistema passa por estados suficientemente afastados do equilíbrio. Assim, nessas aplicações pode ser conveniente ampliar o sistema de modo a incluir uma quantidade suficiente da vizinhança para que a temperatura do *sistema ampliado* corresponda à temperatura na vizinhança longe das redondezas do sistema, T_f. O termo de transferência de entropia seria então simplesmente Q/T_f. Entretanto, como as irreversibilidades presentes não seriam somente as do sistema de interesse, mas as do sistema ampliado, o termo de geração de entropia estaria relacionado aos efeitos das irreversibilidades internas no interior do sistema original e das irreversibilidades externas presentes no interior da parcela da vizinhança incluídas no sistema ampliado.

TOME NOTA...
Nos diagramas de propriedades, linhas sólidas são usadas para processos internamente reversíveis. Uma linha pontilhada indica apenas que um processo ocorreu entre os estados inicial e o final de equilíbrio e não define um caminho para o processo.

6.7.3 Aplicações do Balanço de Entropia para um Sistema Fechado

Os exemplos a seguir ilustram a utilização de balanços de energia e de entropia para a análise de sistemas fechados. Relações de propriedades e diagramas de propriedades também contribuem significativamente no desenvolvimento das soluções. O Exemplo 6.2 reconsidera o sistema e os estados inicial e final do Exemplo 6.1 para demonstrar que a entropia é gerada quando irreversibilidades internas estão presentes e que a quantidade de entropia gerada não é uma propriedade. No Exemplo 6.3, o balanço de entropia é usado para determinar o trabalho de compressão teórico mínimo.

EXEMPLO 6.2

Determinando o Trabalho e a Geração de Entropia para um Processo Irreversível para a Água

Água, inicialmente como líquido saturado a 150°C, está contida em um conjunto cilindro-pistão. A água é submetida a um processo que a leva ao estado correspondente de vapor saturado, durante o qual o pistão se move livremente ao longo do cilindro. Não ocorre transferência de calor para a vizinhança. Se a mudança de estado acontece pela ação de um agitador, determine o trabalho líquido por unidade de massa, em kJ/kg, e a quantidade de entropia produzida por unidade de massa, em kJ/kg · K.

SOLUÇÃO

Dado: água contida em um conjunto cilindro-pistão é submetida a um processo adiabático a partir do estado de líquido saturado até o estado de vapor saturado a 150°C. Durante esse processo o pistão se move livremente e a água é rapidamente misturada por um agitador.

Pede-se: determine o trabalho líquido e a entropia gerada por unidade de massa.

Diagrama Esquemático e Dados Fornecidos:

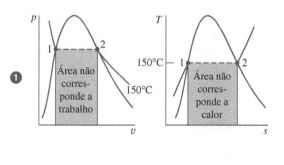
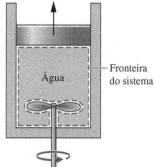

Modelo de Engenharia:
1. A água no conjunto cilindro-pistão constitui um sistema fechado.
2. Não ocorre troca de calor com a vizinhança.
3. O sistema se encontra em estado de equilíbrio no início e no final do processo. Não ocorrem variações das energias cinética e potencial entre esses dois estados.

Fig. E6.2

Análise: como o volume do sistema aumenta durante o processo, existe uma transferência de energia devida a trabalho do sistema durante a expansão, do mesmo modo que transferência de energia devida a trabalho para o sistema através do agitador. O trabalho *líquido* pode ser calculado a partir de um balanço de energia, que se reduz, com as hipóteses 2 e 3, a

$$\Delta U + \cancel{\Delta EC}^{0} + \cancel{\Delta EP}^{0} = \cancel{Q}^{0} - W$$

Por unidade de massa, o balanço de energia se reduz a

$$\frac{W}{m} = -(u_2 - u_1)$$

Com os valores da energia interna específica da Tabela A-2 a 150°C, $u_1 = 631{,}68$ kJ/kg, $u_2 = 2559{,}5$ kJ/kg, obtém-se

$$\frac{W}{m} = -1927{,}82 \frac{\text{kJ}}{\text{kg}}$$

O sinal negativo indica que o trabalho fornecido pelo agitador é maior do que o trabalho realizado pela água à medida que esta se expande.

A quantidade de entropia gerada é calculada pela aplicação do balanço de entropia, dado pela Eq. 6.24. Uma vez que não ocorre transferência de calor, o termo relacionado com a transferência de entropia se anula

$$\Delta S = \cancel{\int_1^2 \left(\frac{\delta Q}{T}\right)_b}^{0} + \sigma$$

Por unidade de massa, essa expressão se torna, após ser reescrita

$$\frac{\sigma}{m} = s_2 - s_1$$

Com os valores da entropia específica da Tabela A-2 a 150°C, $s_1 = 1{,}8418$ kJ/kg · K, $s_2 = 6{,}8379$ kJ/kg · K, obtém-se

❷
$$\frac{\sigma}{m} = 4{,}9961 \frac{\text{kJ}}{\text{kg} \cdot \text{K}}$$

---

❶ Embora cada um dos estados que limitam o ciclo seja um estado de equilíbrio a uma mesma pressão e temperatura, a pressão e a temperatura não são necessariamente uniformes no interior do sistema durante os estados *intermediários*, nem são necessariamente constantes durante o processo. Assim, não existe nenhum "caminho" bem definido para o processo. Esta afirmação é enfatizada pela utilização de linhas tracejadas para representar o processo nos diagramas *p–v* e *T–s*. A linha tracejada indica somente que um processo aconteceu e que nenhuma "área" deve ser a ele associada. Em particular, note que o processo é adiabático, de maneira que a "área" abaixo da linha tracejada no diagrama T–s não tem significado de calor transferido. Do mesmo modo, o trabalho não pode ser associado à área no diagrama p–v.

❷ A variação de estado é a mesma no exemplo em questão e no Exemplo 6.1. Entretanto, no Exemplo 6.1 a variação de estado é a consequência de transferência de calor enquanto o sistema percorre um processo internamente reversível. Desse modo, a quantidade de entropia gerada para o processo do Exemplo 6.1 é zero. Neste exemplo, efeitos de atrito estão presentes no fluido durante o processo e a quantidade de entropia gerada assume um valor positivo. Assim, valores distintos para a quantidade de entropia gerada são obtidos para dois processos que ocorrem entre os *mesmos* estados extremos. Isso demonstra que a quantidade de entropia gerada não é uma propriedade.

> ✓ **Habilidades Desenvolvidas**
>
> *Habilidades para...*
> ☐ aplicar os balanços de energia e entropia a um sistema fechado.
> ☐ obter dados de propriedades da água.

Teste-Relâmpago Considerando que os estados inicial e final são estados de saturação a 100°C, determine o trabalho líquido, em kJ/kg, e a quantidade de entropia gerada, em kJ/kg · K. **Resposta:** −2087,56 kJ/kg, 6,048 kJ/kg · K.

Como ilustração dos conceitos envolvidos na segunda lei, o trabalho de compressão teórico mínimo é avaliado no Exemplo 6.3, utilizando o fato de que o termo de geração de entropia do balanço de entropia não pode ser negativo.

▶▶▶ EXEMPLO 6.3 ▶

Avaliando o Trabalho de Compressão Teórico Mínimo

Refrigerante 134a é comprimido adiabaticamente em um conjunto cilindro-pistão a partir do estado de vapor saturado a 10°F (212,2°C) a uma pressão final de 120 lbf/in² (827,4 kPa). Determine o trabalho teórico mínimo necessário por unidade de massa de refrigerante, em Btu/lb, que deve ser fornecido ao sistema.

SOLUÇÃO

Dado: Refrigerante 134a é comprimido sem transferência de calor de um estado inicial especificado a uma pressão final especificada.

Pede-se: determine o trabalho teórico mínimo necessário por unidade de massa que deve ser fornecido ao sistema.

Diagrama Esquemático e Dados Fornecidos:

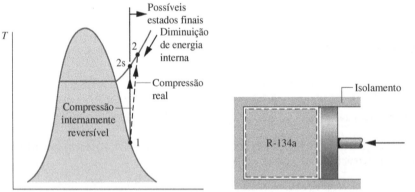

Fig. E6.3

Modelo de Engenharia:

1. O Refrigerante 134a constitui um sistema fechado.
2. Não ocorre troca de calor com a vizinhança.
3. Os estados inicial e final são estados de equilíbrio. Não existe variação de energia cinética ou potencial entre esses estados.

Análise: uma expressão para o trabalho pode ser obtida a partir de um balanço de energia. Utilizando as hipóteses 2 e 3, obtemos

$$\Delta U + \Delta E\cancel{C}^{\,0} + \Delta E\cancel{P}^{\,0} = \cancel{Q}^{\,0} - W$$

Quando escrito em uma base mássica unitária, o trabalho *fornecido* ao sistema é então

$$\left(-\frac{W}{m}\right) = u_2 - u_1$$

A energia interna específica u_1 pode ser obtida a partir da Tabela A-10E como $u_1 = 94{,}68$ Btu/lb. Uma vez que u_1 passa a ser conhecida, o valor do trabalho a ser fornecido depende somente da energia interna específica u_2. O trabalho mínimo que deve ser fornecido corresponde ao menor valor de u_2, determinado com o uso da segunda lei como se segue.

Aplicando o balanço de entropia, Eq. 6.24, obtém-se

$$\Delta S = \int_1^2 \cancel{\left(\frac{\delta Q}{T}\right)_{\text{b}}}^{\,0} + \sigma$$

em que o termo de transferência de entropia é igualado a zero, uma vez que o processo é adiabático. Então, os estados finais *possíveis* devem satisfazer

$$s_2 - s_1 = \frac{\sigma}{m} \geq 0$$

A restrição expressa pela equação anterior pode ser interpretada utilizando-se o diagrama *T–s* incluído na solução. Como *s* não pode ser negativo, os estados que apresentam $s_2 < s_1$ não podem ser atingidos adiabaticamente. Quando irreversibilidades estão presentes durante a compressão, a entropia é gerada e, portanto, $s_2 > s_1$. O estado referenciado como 2s no diagrama poderia ser atingido no limite das irreversibilidades sendo reduzidas a zero. Este estado corresponde a uma compressão *isentrópica*.

Através da inspeção da Tabela A-12E podemos ver que quando a pressão é fixada a energia interna específica diminui à medida que a entropia específica diminui. Então, o menor valor permitido para u_2 corresponde ao estado 2s. Interpolando na Tabela A-12E a 120 lb/in², com $s_{2s} = s_1 = 0{,}2214$ Btu/lb · °R, encontramos que $u_{2s} = 107{,}46$ Btu/lb, que corresponde a uma temperatura no estado 2s de cerca de 101°F. Por fim, o trabalho *mínimo* a ser fornecido é

❶ $$\left(-\frac{W}{m}\right)_{\text{mín}} = u_{2s} - u_1 = 107{,}46 - 94{,}68 = 12{,}78 \text{ Btu/lb}$$

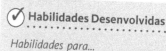

✓ Habilidades Desenvolvidas

Habilidades para...
☐ aplicar os balanços de energia e entropia a um sistema fechado.
☐ obter dados de propriedades do Refrigerante 134a.

❶ O efeito das irreversibilidades se iguala a uma penalização no trabalho requerido. É necessário um trabalho maior para o processo de compressão real do que para o processo adiabático internamente reversível entre o mesmo estado inicial e a mesma pressão final. Veja o Teste-Relâmpago a seguir.

Teste-Relâmpago Considerando que o refrigerante tenha sido comprimido adiabaticamente até um estado final em que $p_2 = 120$ lbf/in² (827,4 kPa) e $T_2 = 120$°F (48,9°C), determine o trabalho de entrada em Btu/lb e a quantidade de entropia gerada, em Btu/lb · °R. **Resposta:** 17,16 Btu/lb, 0,0087 Btu/lb · °R.

6.7.4 Balanço da Taxa de Entropia para Sistemas Fechados

Se a temperatura T_b é constante, a Eq. 6.24 se reduz a

$$S_2 - S_1 = \frac{Q}{T_b} + \sigma$$

em que Q/T_b representa a *quantidade* de entropia transferida através de uma parcela da fronteira na temperatura T_b. De modo similar, a quantidade $\dot{Q}/T_j$ representa a *taxa temporal* de transferência de entropia através de uma parcela da fronteira cuja temperatura instantânea é T_j. Esta quantidade aparece no balanço da taxa de entropia para sistema fechado considerado neste texto.

Em termos de taxa temporal, o balanço da taxa de entropia para um sistema fechado é

$$\frac{dS}{dt} = \sum_j \frac{\dot{Q}_j}{T_j} + \dot{\sigma} \qquad (6.28)$$

balanço da taxa de entropia para um sistema fechado

em que dS/dt é a taxa de variação temporal de entropia do sistema. O termo $\dot{Q}_j/T_j$ representa a taxa temporal de transferência de entropia através de uma parcela da fronteira cuja temperatura instantânea é T_j. O termo $\dot{\sigma}$ representa a taxa temporal de geração de entropia devida a irreversibilidades no interior do sistema.

Para determinar a importância relativa de irreversibilidades internas e externas, o Exemplo 6.4 ilustra a aplicação do balanço de entropia para um sistema inicial e para um sistema estendido que consiste no próprio sistema inicial e em uma parcela de sua vizinhança imediata.

▶ EXEMPLO 6.4 ▶

Identificando Irreversibilidades

Com referência ao Exemplo 2.4, avalie a taxa de geração de entropia $\dot{\sigma}$, em kW/K, para **(a)** a caixa de redução como o sistema e **(b)** um sistema estendido que consiste na caixa de redução e em uma parcela suficiente de sua vizinhança, de maneira que a transferência de calor ocorra à temperatura da vizinhança que se encontra afastada da caixa de redução, $T_f = 293$ K (20°C).

SOLUÇÃO

Dado: uma caixa de redução opera em regime permanente com valores conhecidos de potência admitida pelo eixo de alta velocidade, potência fornecida pelo eixo de baixa velocidade e taxa de transferência de calor. A temperatura na superfície externa da caixa de redução e a temperatura da vizinhança afastada da caixa de redução são também conhecidas.

Pede-se: avalie a taxa de geração de entropia $\dot{\sigma}$ para cada um dos sistemas especificados mostrados no diagrama.

Diagrama Esquemático e Dados Fornecidos:

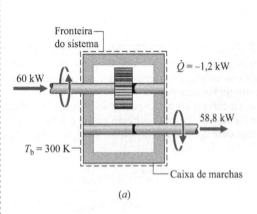
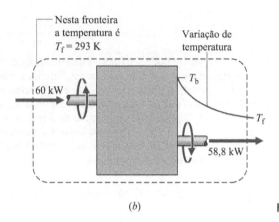

Fig. E6.4

Modelo de Engenharia:

1. No item (a), a caixa de redução é escolhida como um sistema fechado operando em regime permanente, como mostrado no esboço com dados que acompanha o Exemplo 2.4.
2. No item (b), a caixa de redução e uma parcela de sua vizinhança são escolhidas como um sistema fechado, como mostrado no esboço com dados que acompanha o Exemplo 2.4.
3. A temperatura da superfície externa da caixa de redução e a temperatura da vizinhança não variam.

Análise:

(a) Para obter uma expressão para a taxa de geração de entropia, comecemos com o balanço de entropia para um sistema fechado utilizando uma base de taxa de variação no tempo: Eq. 6.28. Como a transferência de calor ocorre somente a uma temperatura T_b, o balanço da taxa de entropia se reduz em regime permanente a

$$\frac{dS^0}{dt} = \frac{\dot{Q}}{T_b} + \dot{\sigma}$$

Resolvendo, temos

$$\dot{\sigma} = -\frac{\dot{Q}}{T_b}$$

Substituindo os valores conhecidos para a taxa de transferência de calor $\dot{Q}$ e para a temperatura de superfície T_b

$$\dot{\sigma} = -\frac{(-1{,}2\ \text{kW})}{(300\ \text{K})} = 4 \times 10^{-3}\ \text{kW/K}$$

(b) Uma vez que a transferência de calor acontece a uma temperatura T_f para o sistema estendido, o balanço da taxa de entropia se reduz, para o regime permanente, a

$$\frac{dS^0}{dt} = \frac{\dot{Q}}{T_f} + \dot{\sigma}$$

Resolvendo, temos

$$\dot{\sigma} = -\frac{\dot{Q}}{T_f}$$

Substituindo os valores conhecidos para a taxa de transferência de calor $\dot{Q}$ e para a temperatura de superfície T_f

❶
$$\dot{\sigma} = -\frac{(-1{,}2\ \text{kW})}{(293\ \text{K})} = 4{,}1 \times 10^{-3}\ \text{kW/K}$$

❶ O valor da variação de geração de entropia calculado no item (a) contabiliza a importância das irreversibilidades associadas ao atrito e à transferência de calor no *interior* da caixa de redução. No item (b), uma fonte adicional de irreversibilidade é incluída no sistema estendido, que corresponde à irreversibilidade associada à transferência de calor a partir da superfície externa da caixa de redução a T_b para a vizinhança a T_f. Neste caso, as irreversibilidades no interior da caixa de redução são dominantes, correspondendo a 98% do total da taxa de entropia gerada.

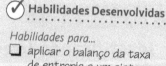

Habilidades Desenvolvidas

Habilidades para...
- aplicar o balanço da taxa de entropia a um sistema fechado.
- desenvolver um modelo de engenharia.

Teste-Relâmpago Considerando que a potência fornecida fosse de 59,32 kW, avalie a temperatura da superfície externa em K e a taxa de geração de entropia em kW/K, para a caixa de redução como sistema, mantendo a potência de entrada, h e A com os mesmos valores do Exemplo 2.4. **Resposta:** 297 K, 2,3 × 10⁻³ kW/K.

6.8 Sentido dos Processos

Nosso estudo da segunda lei começou na Seção 5.1, com uma discussão sobre o *sentido* dos processos. Nesta seção serão considerados dois aspectos relacionados para os quais há aplicações significativas: o princípio do aumento de entropia e a interpretação estatística de entropia.

6.8.1 Princípio do Aumento de Entropia

Na presente discussão serão utilizados os balanços de energia e entropia para apresentar o princípio do aumento de entropia. A discussão está centrada em sistemas estendidos que compreendem um sistema e aquela parcela da vizinhança que é afetada pelo sistema à medida que este percorre um processo. Uma vez que toda transferência de energia e massa que ocorre está incluída no interior da fronteira do sistema estendido, este sistema estendido pode ser considerado um sistema *isolado*.

Um balanço de energia para um sistema isolado se reduz a

$$\Delta E]_{\text{isol}} = 0 \qquad (6.29a)$$

uma vez que não ocorrem transferências de energia em diferentes formas através da fronteira. Assim, a energia de um sistema isolado permanece constante. Uma vez que a energia é uma propriedade extensiva, seu valor para um sistema isolado é a soma dos valores para o sistema e a vizinhança, respectivamente, e então a Eq. 6.29a pode ser escrita como

$$\Delta E]_{\text{sistema}} + \Delta E]_{\text{viz}} = 0 \qquad (6.29b)$$

Em qualquer dessas formas, o princípio da conservação de energia estabelece uma restrição nos processos que podem ocorrer. Para que um processo possa ocorrer, é necessário que a soma da energia do sistema com a energia da vizinhança permaneça constante. Contudo, nem todos os processos para os quais esta restrição é satisfeita podem realmente ocorrer. Os processos devem também satisfazer à segunda lei, como discutido a seguir.

Um balanço de entropia para o sistema isolado se reduz a

$$\Delta S]_{\text{isol}} = \int_1^2 \left(\frac{\delta Q}{T}\right)_b^{\,0} + \sigma_{\text{isol}}$$

ou

$$\Delta S]_{\text{isol}} = \sigma_{\text{isol}} \qquad (6.30a)$$

em que σ_{isol} corresponde à quantidade total de entropia gerada no interior do sistema e sua vizinhança. Uma vez que a entropia é gerada em todos os processos reais, os únicos processos que podem ocorrer são aqueles para os quais a entropia de um sistema isolado aumenta. Isso é conhecido como princípio do aumento de entropia. O princípio do aumento de entropia é algumas vezes considerado um enunciado da segunda lei.

princípio do aumento de entropia

Como a entropia é uma propriedade extensiva, seu valor para um sistema isolado corresponde à soma dos valores de entropia para o sistema e para a vizinhança, respectivamente, de modo que a Eq. 6.30a pode ser escrita como

$$\Delta S]_{\text{sistema}} + \Delta S]_{\text{viz}} = \sigma_{\text{isol}} \qquad (6.30b)$$

Note que essa equação não requer que a variação de entropia seja positiva para o sistema e a vizinhança, mas somente que a *soma* das variações seja positiva. Em qualquer dessas formas o princípio do aumento de entropia estabelece o sentido no qual qualquer processo pode evoluir: os processos ocorrem apenas no sentido que faz aumentar o *somatório* da entropia do sistema com a entropia da vizinhança.

Observamos anteriormente a tendência dos sistemas de percorrer processos até que uma condição de equilíbrio seja atingida (Seção 5.1). O princípio do aumento de entropia sugere que a entropia de um sistema isolado aumenta à medida que o estado de equilíbrio é alcançado, o que ocorre quando a entropia alcança um máximo. Essa interpretação é novamente considerada na Seção 14.1, que trata dos critérios de equilíbrio.

O Exemplo 6.5 ilustra o princípio do aumento de entropia.

▶ EXEMPLO 6.5 ▶

Resfriando uma Barra de Metal Quente

Uma barra metálica com 0,8 lb (0,36 kg), inicialmente a 1900°R (782,4°C), é retirada de um forno e resfriada por imersão em um tanque fechado que contém 20 lb (9,1 kg) de água inicialmente a 530°R (21,3°C). Cada substância pode ser admitida como incompressível. Um valor apropriado de calor específico constante para a água é c_a = 1,0 Btu/lb · °R (4,2 kJ/kg · K), e um valor apropriado para o metal é c_m = 0,1 Btu/lb · °R (0,42 kJ/kg · K). A transferência de calor a partir do conteúdo do tanque pode ser desprezada. Determine **(a)** a temperatura final de equilíbrio da barra metálica e da água, em °R, e **(b)** a quantidade de entropia gerada, em Btu/°R.

SOLUÇÃO

Dado: uma barra de metal é resfriada por imersão em um tanque fechado contendo água.

Pede-se: determine a temperatura final de equilíbrio da barra metálica e da água, e a quantidade de entropia gerada.

Diagrama Esquemático e Dados Fornecidos:

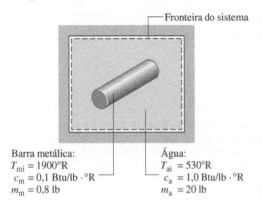

Modelo de Engenharia:
1. Uma barra metálica e a água no interior do tanque constituem um sistema fechado, como ilustrado no esboço ao lado.
2. Não ocorre transferência de energia sob a forma de calor ou trabalho: o sistema é isolado.
3. Não ocorre variação das energias cinética e potencial.
4. A água e a barra metálica são individualmente admitidas como incompressíveis e com calores específicos conhecidos.

Barra metálica:
$T_{mi} = 1900°R$
$c_m = 0,1$ Btu/lb · °R
$m_m = 0,8$ lb

Água:
$T_{ai} = 530°R$
$c_a = 1,0$ Btu/lb · °R
$m_a = 20$ lb

Fig. E6.5

Análise:

(a) A temperatura final de equilíbrio pode ser avaliada a partir de um balanço de energia para o sistema isolado

$$\Delta E\cancel{C}^0 + \Delta E\cancel{P}^0 + \Delta U = \cancel{Q}^0 - \cancel{W}^0$$

em que os termos indicados se anulam devido às hipóteses 2 e 3. Uma vez que a energia interna é uma propriedade extensiva, seu valor para a totalidade do sistema corresponde à soma dos valores para a água e o metal, respectivamente. Desse modo, o balanço de energia se torna

$$\Delta U]_{água} + \Delta U]_{metal} = 0$$

Utilizando a Eq. 3.20a para avaliar as variações da energia interna da água e do metal em termos de calores específicos constantes

$$m_a c_a (T_f - T_{ai}) + m_m c_m (T_f - T_{mi}) = 0$$

em que T_f é a temperatura final de equilíbrio e T_{ai} e T_{mi} são a temperatura inicial da água e do metal, respectivamente. Resolvendo para T_f e substituindo valores

$$T_f = \frac{m_a(c_a/c_m)T_{ai} + m_m T_{mi}}{m_a(c_a/c_m) + m_m}$$

$$= \frac{(20 \text{ lb})(10)(530°R) + (0,8 \text{ lb})(1900°R)}{(20 \text{ lb})(10) + (0,8 \text{ lb})}$$

$$= 535°R$$

(b) A quantidade de entropia gerada pode ser avaliada a partir de um balanço de entropia. Uma vez que transferência de calor não ocorre entre o sistema e sua vizinhança, a transferência de entropia associada não ocorre e o balanço de entropia para o sistema isolado se reduz a

$$\Delta S = \int_1^2 \left(\frac{\delta \cancel{Q}}{T}\right)_b^0 + \sigma$$

Como a entropia é uma propriedade extensiva, seu valor para o sistema isolado é a soma dos valores para a água e para o metal, respectivamente, e o balanço de entropia se torna

$$\Delta S]_{água} + \Delta S]_{metal} = \sigma$$

Avaliando a variação de entropia por meio da Eq. 6.13 para substâncias incompressíveis, a equação anterior pode ser escrita como

$$\sigma = m_a c_a \ln\frac{T_f}{T_{ai}} + m_m c_m \ln\frac{T_f}{T_{mi}}$$

Substituindo valores

$$\sigma = (20 \text{ lb})\left(1,0\frac{\text{Btu}}{\text{lb} \cdot °R}\right)\ln\frac{535}{530} + (0,8 \text{ lb})\left(0,1\frac{\text{Btu}}{\text{lb} \cdot °R}\right)\ln\frac{535}{1900}$$

$$= \left(0,1878\frac{\text{Btu}}{°R}\right) + \left(-0,1014\frac{\text{Btu}}{°R}\right) = 0,0864\frac{\text{Btu}}{°R}$$

❶ ❷

❶ A barra metálica experimenta um *decréscimo* de entropia. A entropia da água *aumenta*. De acordo com o princípio do aumento de entropia, a entropia do sistema isolado *aumenta*.

❷ O valor de σ é sensível ao arredondamento no valor de T_f.

> **Habilidades Desenvolvidas**
>
> Habilidades para...
> ☐ aplicar os balanços de energia e entropia a um sistema fechado.
> ☐ aplicar o modelo de substância incompressível.

Teste-Relâmpago Se a massa da barra metálica fosse de 0,45 lb (0,20 kg), qual seria a temperatura final de equilíbrio, em °R, e a quantidade de entropia gerada, em Btu/°R, considerando que todos os outros dados se conservam? **Resposta:** 533°R, 0,0557 Btu/°R.

6.8.2 Interpretação Estatística da Entropia

Trabalhando para uma melhor compreensão do princípio do aumento de entropia, nesta seção será apresentada uma interpretação de entropia a partir de uma perspectiva microscópica baseada em *probabilidade*.

Em *termodinâmica estatística* a entropia é associada ao conceito de *desordem* microscópica. De considerações anteriores sabemos que em um processo espontâneo de um sistema isolado o sistema se move em direção ao equilíbrio e a entropia aumenta. Do ponto de vista microscópico, isto é equivalente a dizer que, conforme um sistema isolado se move em direção ao equilíbrio, nosso conhecimento da condição de cada partícula que constitui o sistema diminui, o que corresponde a um aumento na desordem microscópica e a um aumento associado de entropia.

Utilizamos um experimento mental elementar para realçar algumas ideias básicas necessárias para entender esse aspecto da entropia. A análise microscópica real de sistemas é mais complicada do que a discussão aqui apresentada, mas os conceitos essenciais são os mesmos.

Considere N moléculas inicialmente contidas em uma das metades da caixa ilustrada na Fig. 6.7a. A caixa como um todo é considerada um sistema isolado. Admite-se que o modelo de gás ideal pode ser aplicado. Na condição inicial, o gás parece estar em equilíbrio em termos de temperatura, pressão e outras propriedades. Porém, em um nível microscópico as moléculas estão se movendo de maneira randômica. Entretanto, sabemos que, *sem dúvida*, inicialmente todas as moléculas estão no lado direito do recipiente.

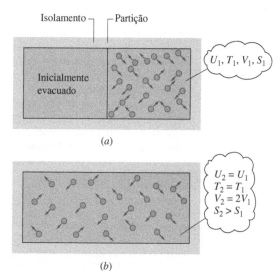

Fig. 6.7 N moléculas em uma caixa.

Suponha que a partição seja removida e que se espere até que o equilíbrio seja atingido, conforme a Fig. 6.7b. Uma vez que o sistema é isolado, a energia interna U não se altera: $U_2 = U_1$. Além disso, como a energia interna de um gás ideal depende apenas da temperatura, a temperatura permanece inalterada: $T_2 = T_1$. Contudo, no estado final determinada molécula tem duas vezes o volume inicial para se mover: $V_2 = 2V_1$. Assim como no caso em que uma moeda é lançada, a probabilidade de que a molécula esteja em um ou outro lado é agora 1/2, que é igual à razão entre os volumes, dada por V_1/V_2. Na condição final, temos *menos conhecimento* sobre onde cada molécula está do que tínhamos originalmente.

Pode-se avaliar a variação de entropia para o processo da Fig. 6.7 aplicando-se a Eq. 6.17, expressa em termos de volumes e em base molar. A variação de entropia para o processo a temperatura constante é

$$(S_2 - S_1)/n = \overline{R} \ln(V_2/V_1) \qquad (6.31)$$

em que n é a quantidade da substância em uma base molar (Eq. 1.8). Em seguida, será considerado como a variação de entropia seria avaliada de um ponto de vista microscópico.

HORIZONTES

"Quebrar" a Segunda Lei da Termodinâmica Tem Implicações para a Nanotecnologia

Há cerca de 135 anos, o renomado físico J. C. Maxwell, do século XIX, escreveu "... a segunda lei é... uma verdade... estatística, depende do fato de que os corpos com que lidamos consistem em milhões de moléculas... [Ainda assim] a segunda lei é continuamente violada... em qualquer grupo de moléculas suficientemente pequeno pertencente a um corpo real". Embora o ponto de vista de Maxwell tenha sido reforçado pelos teóricos ao longo dos anos, a confirmação experimental foi evasiva. Então, em 2002, os experimentalistas reportaram que haviam demonstrado violações da segunda lei: na escala micro em intervalos de tempo de até 2 segundos, a entropia foi consumida e não produzida [veja Phys. Rev. Lett. **89**, 050601 (2002)].

Enquanto alguns ficaram surpresos que a confirmação experimental havia sido finalmente alcançada, outros se surpreenderam pelas implicações da pesquisa no campo da nanotecnologia do século XXI. Os resultados experimentais sugerem limitações inerentes com relação às nanomáquinas. Esses minúsculos dispositivos – com apenas umas poucas moléculas no tamanho, podem não se comportar simplesmente como versões miniaturizadas de determinados elementos; e quanto menor o dispositivo, mais provável que seu movimento e operação possam ser interrompidos de maneira imprevisível. Ocasionalmente e de modo fora de controle, as nanomáquinas podem não funcionar conforme projetadas, talvez até mesmo por capricho fazendo o oposto do previsto. Ainda assim, os projetistas dessas máquinas aplaudirão os resultados experimentais se eles conduzirem a uma maior compreensão do comportamento dessas máquinas na escala nanométrica.

microestados
probabilidade termodinâmica

Através de uma modelagem molecular mais completa e uma análise estatística, o número total de posições e velocidades – microestados – disponíveis para uma única molécula pode ser calculado. Esse total é chamado probabilidade termodinâmica e é representado por w. Para um sistema de N moléculas, a probabilidade termodinâmica é dada por w^N. Na termodinâmica estatística a entropia é considerada proporcional a $\ln(w)^N$. Ou seja, $S \propto N \ln(w)$. Isso leva à relação de Boltzmann

relação de Boltzmann

$$S/N = k \ln w \tag{6.32}$$

em que o fator de proporcionalidade k é chamado *constante de Boltzmann*.

Aplicando a Eq. 6.32 ao processo da Fig. 6.7, obtemos

$$(S_2 - S_1)/N = k \ln(w_2) - k \ln(w_1) = k \ln(w_2/w_1) \tag{6.33}$$

Comparando as Eqs. 6.31 e 6.33, as expressões para a variação de entropia coincidem quando $k = n\overline{R}/N =$ e $w_2/w_1 = V_2/V_1$. A primeira dessas expressões permite que a constante de Boltzmann seja determinada, fornecendo $k = 1{,}3806 \times 10^{-23}$ J/K. Além disso, como $V_2 > V_1$ e $w_2 > w_1$, as Eqs. 6.31 e 6.33 preveem um aumento de entropia em virtude da geração de entropia durante a expansão adiabática irreversível deste exemplo.

Da Eq. 6.33 pode-se observar que qualquer processo que aumenta o número de possíveis microestados de um sistema aumenta sua entropia, e vice-versa. Então, para um sistema *isolado*, processos somente ocorrem em um sentido em que o número de microestados possíveis para o sistema aumenta, resultando em um menor conhecimento sobre a condição das partículas de maneira individual. Devido a esse conceito de decréscimo de conhecimento, a entropia reflete a desordem microscópica do sistema. Podemos dizer, então, que os únicos processos que um sistema isolado pode percorrer são aqueles que aumentam a desordem do sistema. Essa interpretação é consistente com a ideia de sentido dos processos discutida anteriormente.

desordem

A noção de entropia como uma medida da desordem de um sistema é usada algumas vezes em outros campos além da termodinâmica. O conceito é empregado na teoria da informação, estatística, biologia e até mesmo em algumas modelagens sociais e econômicas. Nessas aplicações, o termo entropia é usado como uma medida da desordem, sem que os aspectos físicos do experimento mental usado aqui sejam necessariamente envolvidos.

> **BIOCONEXÕES** Organismos vivos violam a segunda lei da termodinâmica pelo fato de parecerem criar ordem a partir da desordem? Organismos vivos não são sistemas isolados conforme considerado na discussão anterior sobre entropia e desordem. Esses organismos interagem com suas vizinhanças e são influenciados por elas. Por exemplo, plantas crescem em estruturas celulares bastante ordenadas, sintetizadas a partir de átomos e moléculas originados na Terra e sua atmosfera. Por meio de interações com suas vizinhanças, as plantas existem em estados muito organizados e são capazes de produzir em seu interior até mesmo estados mais organizados e mais baixos de entropia. De acordo com a segunda lei, podem ser percebidos estados mais baixos de entropia no interior de um sistema, contanto que a entropia *total* do sistema e sua vizinhança aumente. A tendência que os organismos vivos têm de se auto-organizarem como sistemas é amplamente observada e está em perfeito acordo com a segunda lei.

6.9 Balanço da Taxa de Entropia para Volumes de Controle

Até agora a discussão do conceito de balanço de entropia esteve restrita ao caso de sistemas fechados. Nesta seção o balanço de entropia é estendido a volumes de controle.

Assim como massa e energia, a entropia é uma propriedade extensiva, e pode também ser transferida para o interior ou o exterior do volume de controle por escoamentos de matéria. Uma vez que esta é a principal diferença entre as formulações para sistemas fechados e volume de controle, o balanço da taxa de entropia para um volume de controle pode ser obtido pela modificação da Eq. 6.28 para considerar essas transferências de entropia. O resultado é

balanço da taxa de entropia para um volume de controle

$$\underbrace{\frac{dS_{vc}}{dt}}_{\substack{\text{taxa de}\\\text{variação}\\\text{de entropia}}} = \underbrace{\sum_j \frac{\dot{Q}_j}{T_j} + \sum_e \dot{m}_e s_e - \sum_s \dot{m}_s s_s}_{\substack{\text{taxas de}\\\text{transferência}\\\text{de entropia}}} + \underbrace{\dot{\sigma}_{vc}}_{\substack{\text{taxa de}\\\text{geração}\\\text{de entropia}}} \tag{6.34}$$

transferência de entropia que acompanha o fluxo de massa

em que dS_{vc}/dt representa a taxa de variação temporal de entropia no interior do volume de controle. Os termos $\dot{m}_e s_e$ e $\dot{m}_s s_s$ representam, respectivamente, as taxas de transferência de entropia para o interior ou o exterior do volume de controle que acompanha o fluxo de massa. O termo $\dot{Q}_j$ representa a taxa temporal de transferência de calor na posição da fronteira onde a temperatura instantânea é T_j. A razão $\dot{Q}_j/T_j$ representa a taxa de *transferência* de entropia. O termo $\dot{\sigma}_{vc}$ representa a taxa temporal de *geração* de entropia devida a irreversibilidades no *interior* do volume de controle.

Bal_da_Taxa_de_Entropia_VC
A.25 – Abas a & b

Forma Integral do Balanço da Taxa de Entropia

Como para os casos dos balanços de massa e energia para volumes de controle, o balanço de entropia pode ser expresso em termos das propriedades locais para obter formulações que são mais genericamente aplicáveis. Dessa maneira, o termo $S_{vc}(t)$, representando a entropia total associada ao volume de controle no tempo t, pode ser escrito como uma integral de volume

$$S_{vc}(t) = \int_V \rho s \, dV$$

em que ρ e s representam, respectivamente, a massa específica e a entropia específica locais. A taxa de transferência de entropia associada à transferência de calor pode ser expressa mais genericamente como uma integral ao longo da superfície do volume de controle

$$\begin{bmatrix} \text{taxa de transferência de} \\ \text{entropia associada à} \\ \text{transferência de calor} \end{bmatrix} = \int_A \left(\frac{\dot{q}}{T}\right)_b dA$$

em que $\dot{q}$ é o *fluxo de calor*, a taxa temporal de transferência de calor por unidade de área superficial, através de uma parcela da fronteira na qual a temperatura instantânea é T. O subscrito "b" é adicionado como um lembrete de que o integrando é avaliado na fronteira do volume de controle. Além disso, os termos representando a transferência de entropia associada ao fluxo de massa podem ser expressos em termos de integrais ao longo das áreas de entrada e saída do escoamento, resultando na seguinte forma para a equação do balanço da taxa de entropia:

$$\frac{d}{dt}\int_V \rho s \, dV = \int_A \left(\frac{\dot{q}}{T}\right)_b dA + \sum_e \left(\int_A s\rho V_n \, dA\right)_e - \sum_s \left(\int_A s\rho V_n \, dA\right)_s + \dot{\sigma}_{vc} \quad (6.35)$$

em que V_n representa a componente normal na direção do escoamento da velocidade relativa à área de escoamento. Em alguns casos, é também conveniente expressar a taxa de geração de entropia como uma integral de volume das taxas volumétricas locais de geração de entropia no interior do volume de controle. O estudo da Eq. 6.35 realça as hipóteses que levam à Eq. 6.34. Por fim, note que para um sistema fechado as somas associadas à transferência de entropia nas entradas e saídas são eliminadas e a Eq. 6.35 se reduz, fornecendo uma forma mais geral da Eq. 6.28.

6.10 Balanços de Taxas para Volumes de Controle em Regime Permanente

Uma vez que várias análises em engenharia envolvem volumes de controle em regime permanente, é instrutivo listar formas dos balanços desenvolvidos para massa, energia e entropia. Em regime permanente, o princípio da conservação de massa toma a forma

$$\sum_e \dot{m}_e = \sum_s \dot{m}_s \quad (4.6)$$

O balanço da taxa de energia em regime permanente é

$$0 = \dot{Q}_{vc} - \dot{W}_{vc} + \sum_e \dot{m}_e\left(h_e + \frac{V_e^2}{2} + gz_e\right) - \sum_s \dot{m}_s\left(h_s + \frac{V_s^2}{2} + gz_s\right) \quad (4.18)$$

Finalmente, o balanço de entropia para regime permanente em termos de taxa é obtido pela simplificação da Eq. 6.34, fornecendo

$$0 = \sum_j \frac{\dot{Q}_j}{T_j} + \sum_e \dot{m}_e s_e - \sum_s \dot{m}_s s_s + \dot{\sigma}_{vc} \quad (6.36)$$

balanço de entropia para regime permanente em termos de taxa

Essas equações em geral devem ser resolvidas simultaneamente, junto com as relações de propriedades apropriadas.

Massa e energia são grandezas que se conservam, mas a entropia não é conservada. A Eq. 4.6 indica que em regime permanente a taxa total de fluxo de massa para o interior do volume de controle se iguala à taxa total de fluxo de massa para fora do volume de controle. De maneira semelhante, a Eq. 4.18 indica que a taxa total de transferência de energia para o interior do volume de controle é igual à taxa total de transferência de energia para fora do volume de controle. Contudo, a Eq. 6.36 requer que a taxa pela qual a entropia é transferida para fora deva *exceder* a taxa pela qual a entropia é admitida, sendo a diferença a taxa de geração de entropia no interior do volume de controle devido a irreversibilidades.

6.10.1 Volumes de Controle com uma Entrada e uma Saída em Regime Permanente

Como muitas aplicações envolvem volumes de controle em regime permanente que apresentam uma entrada e uma saída, vamos também listar a forma do balanço de entropia em termos de taxa para esse caso importante. Assim, a Eq. 6.36 se reduz a

254 Capítulo 6

Bal_da_Taxa_de_Entropia_VC
A.25 – Aba c

$$0 = \sum_j \frac{\dot{Q}_j}{T_j} + \dot{m}(s_1 - s_2) + \dot{\sigma}_{vc} \quad (6.37)$$

Ou, dividindo pela vazão mássica e rearranjando,

$$s_2 - s_1 = \frac{1}{\dot{m}}\left(\sum_j \frac{\dot{Q}_j}{T_j}\right) + \frac{\dot{\sigma}_{vc}}{\dot{m}} \quad (6.38)$$

Os dois termos no lado direito da Eq. 6.38 representam, respectivamente, a taxa de transferência de entropia associada à transferência de calor e a taxa de geração de entropia no interior do volume de controle, ambas *por unidade de massa que escoa através do volume de controle*. A partir da Eq. 6.38 pode-se concluir que a entropia de uma unidade de massa passando da entrada à saída pode aumentar, diminuir ou permanecer a mesma. Além disso, uma vez que o valor do segundo termo no lado direito nunca pode ser negativo, um decréscimo na entropia específica da entrada à saída pode ser atingido somente quando mais entropia é transferida para fora do volume de controle devido à transferência de calor gerada por irreversibilidades no interior do volume de controle. Quando o valor desse termo de transferência de entropia é positivo, a entropia específica na saída é superior à entropia específica na entrada se irreversibilidades internas estão presentes ou não. No caso especial em que não ocorre transferência de entropia associada à transferência de calor, a Eq. 6.38 se reduz a

$$s_2 - s_1 = \frac{\dot{\sigma}_{vc}}{\dot{m}} \quad (6.39)$$

Consequentemente, quando irreversibilidades estão presentes no interior do volume de controle, a entropia de uma unidade de massa aumenta à medida que esta passa da entrada à saída. No caso-limite no qual irreversibilidades não estão presentes, a unidade de massa atravessa o volume de controle sem alteração de sua entropia — isto é, isentropicamente.

6.10.2 Aplicações dos Balanços de Taxas a Volumes de Controle em Regime Permanente

Turbina
A.19 – Aba d

Os exemplos a seguir ilustram a utilização dos balanços de massa, energia e entropia para a análise de volumes de controle em regime permanente. Observe cuidadosamente que relações e diagramas de propriedades também exercem papéis importantes no desenvolvimento das soluções.

No Exemplo 6.6, avaliaremos a taxa de geração de entropia no interior de uma turbina operando em regime permanente quando ocorre transferência de calor a partir da turbina.

▶▶▶ EXEMPLO 6.6 ▶

Geração de Entropia em uma Turbina a Vapor

Vapor d'água é admitido em uma turbina a uma pressão de 30 bar, a uma temperatura de 400°C e a uma velocidade de 160 m/s. Vapor saturado a 100°C é descarregado a uma velocidade de 100 m/s. Em regime permanente, a turbina produz uma quantidade de trabalho igual a 540 kJ por kg de vapor escoando através da turbina. Ocorre transferência de calor entre a turbina e sua vizinhança a uma temperatura média da superfície externa igual a 350 K. Determine a taxa de geração de entropia no interior da turbina por kg de vapor escoando, em kJ/kg · K. Despreze a variação da energia potencial entre a admissão e a descarga.

SOLUÇÃO

Dado: vapor d'água é expandido através de uma turbina em regime permanente, para o qual os dados são fornecidos.

Pede-se: determine a taxa de geração de entropia por kg de vapor escoando.

Diagrama Esquemático e Dados Fornecidos:

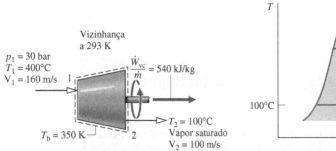
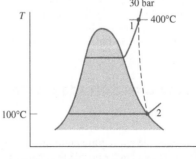

Modelo de Engenharia:

1. O volume de controle mostrado no esboço está em regime permanente.
2. A transferência de calor da turbina para a vizinhança ocorre a uma temperatura média especificada da superfície externa.
3. A variação da energia potencial entre a admissão e a descarga pode ser desprezada.

Fig. E6.6

Análise: para determinar a geração de entropia por unidade de massa escoando através da turbina, começamos com os balanços de massa e entropia para o controle de volume com uma entrada e uma saída em regime permanente:

$$\dot{m}_1 = \dot{m}_2$$

$$0 = \sum_j \frac{\dot{Q}_j}{T_j} + \dot{m}_1 s_1 - \dot{m}_2 s_2 + \dot{\sigma}_{vc}$$

Uma vez que a transferência de calor ocorre a $T_b = 350$ K, o primeiro termo no lado direito do balanço da taxa de entropia se reduz a $\dot{Q}_{vc}/T_b$. Combinando os balanços das taxas de massa e entropia

$$0 = \frac{\dot{Q}_{vc}}{T_b} + \dot{m}(s_1 - s_2) + \dot{\sigma}_{vc}$$

em que $\dot{m}$ é a vazão mássica. Resolvendo $\dot{\sigma}_{vc}/\dot{m}$ para

$$\frac{\dot{\sigma}_{vc}}{\dot{m}} = -\frac{\dot{Q}_{vc}/\dot{m}}{T_b} + (s_2 - s_1)$$

A taxa de transferência de calor, $\dot{Q}_{vc}/\dot{m}$, exigida por essa expressão, é avaliada a seguir.

A combinação dos balanços das taxas de massa e de energia leva a

$$\frac{\dot{Q}_{vc}}{\dot{m}} = \frac{\dot{W}_{vc}}{\dot{m}} + (h_2 - h_1) + \left(\frac{V_2^2 - V_1^2}{2}\right)$$

em que a variação da energia potencial da admissão à descarga é desprezada pela aplicação da hipótese 3. A partir da Tabela A-4 a 30 bar, 400°C, $h_1 = 3230,9$ kJ/kg, e a partir da Tabela A-2, $h_2 = h_g(100°C) = 2676,1$ kJ/kg. Então,

$$\frac{\dot{Q}_{vc}}{\dot{m}} = 540\frac{kJ}{kg} + (2676,1 - 3230,9)\left(\frac{kJ}{kg}\right) + \left[\frac{(100)^2 - (160)^2}{2}\right]\left(\frac{m^2}{s^2}\right)\left|\frac{1\ N}{1\ kg \cdot m/s^2}\right|\left|\frac{1\ kJ}{10^3\ N \cdot m}\right|$$

$$= 540 - 554,8 - 7,8 = -22,6\ kJ/kg$$

Da Tabela A-2, $s_2 = 7,3549$ kJ/kg · K, e da Tabela A-4, $s_1 = 6,9212$ kJ/kg · K. Substituindo valores na expressão da geração de entropia

$$\frac{\dot{\sigma}_{vc}}{\dot{m}} = -\frac{(-22,6\ kJ/kg)}{350\ K} + (7,3549 - 6,9212)\left(\frac{kJ}{kg \cdot K}\right)$$

$$= 0,0646 + 0,4337 = 0,498\ kJ/kg \cdot K$$

✓ **Habilidades Desenvolvidas**

Habilidades para...
- aplicar os balanços das taxas de massa, energia e entropia a um volume de controle.
- obter dados de propriedades da água.

Teste-Relâmpago Considerando que a fronteira estivesse localizada de modo a incluir a turbina e uma porção da vizinhança próxima, para que a transferência de calor acontecesse à temperatura da vizinhança, dada por 293 K, determine a taxa de geração de entropia para o sistema de controle estendido, em kJ/K por kg de vapor em escoamento, mantendo iguais todos os outros dados. **Resposta:** 0,511 kJ/kg · K.

Trocador de Calor
A.22 – Aba d

No Exemplo 6.7 os balanços das taxas de massa, energia e entropia são utilizados para testar o desempenho especificado para um dispositivo que produz correntes de ar quente e frio a partir de uma corrente de ar a uma temperatura intermediária.

▶▶ EXEMPLO 6.7 ▶

Avaliando uma Especificação de Desempenho

Um inventor afirma ter desenvolvido um dispositivo que, mesmo não necessitando de transferência de energia sob a forma de trabalho, $\dot{W}_{vc}$, ou calor, permite a produção de ar quente e frio a partir de um escoamento único de ar a uma temperatura intermediária. O inventor fornece dados de testes em regime permanente que indicam que quando ar é admitido a uma temperatura de 70°F (21,1°C) e à pressão de 5,1 atm, as correntes de ar obtidas são descarregadas a 0 e 175°F (217,8 e 79,4°C), respectivamente, ambas a uma pressão de 1 atm. Sessenta por cento da massa admitida no dispositivo são descarregados a uma temperatura inferior. Avalie a afirmação do inventor utilizando o modelo de gás ideal para o ar e desprezando as variações das energias cinética e potencial das correntes de admissão e descarga.

SOLUÇÃO

Dado: são fornecidos dados para o dispositivo que, em regime permanente, produz ar quente e frio a partir de uma única corrente de ar que é admitida a uma temperatura intermediária sem transferência de energia sob a forma de trabalho ou calor.

Pede-se: avalie se o dispositivo pode operar da maneira que o inventor afirma.

Diagrama Esquemático e Dados Fornecidos:

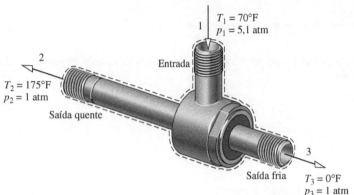

Modelo de Engenharia:

1. O volume de controle mostrado na figura do problema se encontra em regime permanente.
2. Para o volume de controle, $\dot{W}_{vc} = 0$ e $\dot{Q}_{vc} = 0$.
3. As variações das energias cinética e potencial entre a admissão e a descarga podem ser desprezadas.
4. O ar é assumido como gás ideal com $c_p = 0{,}24$ Btu/lb · °R (constante).

Fig. E6.7

Análise: para o dispositivo operar como afirmado pelo inventor, os princípios de conservação de massa e energia devem ser satisfeitos. A segunda lei da termodinâmica também deve ser satisfeita; e, em particular, a taxa de geração de entropia não pode ser negativa. De acordo com isso, os balanços de massa, energia e entropia em termos de taxas são considerados individualmente.

Utilizando as hipóteses 1 a 3, os balanços de massa e energia em termos de taxas se reduzem, respectivamente, a

$$\dot{m}_1 = \dot{m}_2 + \dot{m}_3$$
$$0 = \dot{m}_1 h_1 - \dot{m}_2 h_2 - \dot{m}_3 h_3$$

Como $\dot{m}_3 = 0{,}6\dot{m}_1$, temos a partir do balanço da taxa de massa que $\dot{m}_2 = 0{,}4\dot{m}_1$. Combinando os balanços das taxas de massa e de energia e avaliando as variações da entalpia específica utilizando c_p constante, o balanço da taxa de energia é também satisfeito. Isto é,

$$0 = (\dot{m}_2 + \dot{m}_3)h_1 - \dot{m}_2 h_2 - \dot{m}_3 h_3$$
$$= \dot{m}_2(h_1 - h_2) + \dot{m}_3(h_1 - h_3)$$
$$= 0{,}4\dot{m}_1[c_p(T_1 - T_2)] + 0{,}6\dot{m}_1[c_p(T_1 - T_3)]$$
$$= 0{,}4(T_1 - T_2) + 0{,}6(T_1 - T_3)$$
$$= 0{,}4(-105) + 0{,}6(70)$$
$$= 0$$

Consequentemente, com os dados fornecidos os princípios de conservação de massa e de energia são satisfeitos.

Uma vez que não ocorre transferência de calor significativa, o balanço da taxa de entropia em regime permanente leva a

$$0 = \sum_j \frac{\dot{Q}_j}{T_j}^{\!\!0} + \dot{m}_1 s_1 - \dot{m}_2 s_2 - \dot{m}_3 s_3 + \dot{\sigma}_{vc}$$

Combinando os balanços de massa e de entropia

$$0 = (\dot{m}_2 + \dot{m}_3)s_1 - \dot{m}_2 s_2 - \dot{m}_3 s_3 + \dot{\sigma}_{vc}$$
$$= \dot{m}_2(s_1 - s_2) + \dot{m}_3(s_1 - s_3) + \dot{\sigma}_{vc}$$
$$= 0{,}4\dot{m}_1(s_1 - s_2) + 0{,}6\dot{m}_1(s_1 - s_3) + \dot{\sigma}_{vc}$$

Resolvendo para $\dot{\sigma}_{vc}/\dot{m}_1$ e utilizando a Eq. 6.22 para avaliar a variação da entropia específica

$$\frac{\dot{\sigma}_{vc}}{\dot{m}_1} = 0{,}4\left[c_p \ln\frac{T_2}{T_1} - R\ln\frac{p_2}{p_1}\right] + 0{,}6\left[c_p \ln\frac{T_3}{T_1} - R\ln\frac{p_3}{p_1}\right]$$

$$= 0{,}4\left[\left(0{,}24\frac{\text{Btu}}{\text{lb·°R}}\right)\ln\frac{635}{530} - \left(\frac{1{,}986}{28{,}97}\frac{\text{Btu}}{\text{lb·°R}}\right)\ln\frac{1}{5{,}1}\right]$$

$$+ 0{,}6\left[\left(0{,}24\frac{\text{Btu}}{\text{lb·°R}}\right)\ln\frac{460}{530} - \left(\frac{1{,}986}{28{,}97}\frac{\text{Btu}}{\text{lb·°R}}\right)\ln\frac{1}{5{,}1}\right]$$

$$= 0{,}1086\frac{\text{Btu}}{\text{lb·°R}}$$

Portanto, a segunda lei da termodinâmica é também satisfeita.

❺ Com base nesta avaliação, a afirmação do inventor não viola os princípios da termodinâmica.

① Considerando que o calor específico c_p do ar varia pouco no intervalo de temperatura de 0 a 175°F, c_p pode ser assumido como constante. Da Tabela A-20E, $c_p = 0,24$ Btu/lb · °R.
② Uma vez que *diferenças* de temperatura estão envolvidas neste cálculo, as temperaturas podem ser expressas em °R ou °F.
③ Neste cálculo envolvendo *razões* de temperatura, as temperaturas devem ser expressas em °R. Temperaturas em °F não devem ser usadas.
④ Se o valor da taxa de geração de entropia tivesse sido negativo ou nulo, a afirmação do inventor poderia ser rejeitada. Um valor negativo é impossível pela segunda lei, e um valor nulo indicaria um processo sem irreversibilidades.
⑤ Esses dispositivos *realmente* existem. Eles são conhecidos como *tubos de vórtices* e são utilizados na indústria para *resfriamento localizado*.

✓ **Habilidades Desenvolvidas**

Habilidades para...
☐ aplicar os balanços das taxas de massa, energia e entropia a um volume de controle.
☐ aplicar o modelo de gás ideal com c_p constante.

Teste-Relâmpago Se o inventor afirmasse que as correntes quente e fria saem do dispositivo a 5,1 atm, avalie a afirmação para este caso, mantendo todos os outros dados iguais. **Resposta:** A afirmação não é verdadeira.

No Exemplo 6.8 avaliamos e comparamos as taxas de geração de entropia para três componentes de um sistema de bomba de calor. Bombas de calor são consideradas em detalhe no Cap. 10.

Compressor
A.20 – Aba d

Disp_de_
Estrangulamento
A.23 – Aba d

► EXEMPLO 6.8 ►

Geração de Entropia em Componentes de Bombas de Calor

No esboço a seguir são mostrados os componentes de uma bomba de calor para fornecimento de ar aquecido para uma residência. Em regime permanente, Refrigerante 22 é admitido no compressor a –5°C, 3,5 bar e é comprimido adiabaticamente até 75°C, 14 bar. Do compressor o refrigerante passa através do condensador, no qual é condensado a líquido a 28°C, 14 bar. O refrigerante então é expandido através de uma válvula de expansão até 3,5 bar. Os estados do refrigerante são mostrados no diagrama T–s. Ar de retorno da residência é admitido no condensador a 20°C, 1 bar, a uma vazão volumétrica de 0,42 m³/s, e é descarregado a 50°C com uma perda de carga desprezível. Utilizando o modelo de gás ideal para o ar e desprezando os efeitos das energias cinética e potencial, **(a)** determine as taxas de geração de entropia, em kW/K, para volumes de controle envolvendo o condensador, o compressor e a válvula de expansão, respectivamente. **(b)** Discuta as fontes de irreversibilidade nos componentes considerados no item (a).

SOLUÇÃO

Dado: Refrigerante 22 é comprimido adiabaticamente, condensado por meio da transferência de calor para o ar que passa através de um trocador de calor e então expandido através de uma válvula de expansão. Dados de operação em regime permanente são conhecidos.

Pede-se: determine as taxas de geração de entropia para volumes de controle envolvendo o condensador, o compressor e a válvula de expansão, respectivamente, e discuta as fontes de irreversibilidade nesses componentes.

Diagrama Esquemático e Dados Fornecidos:

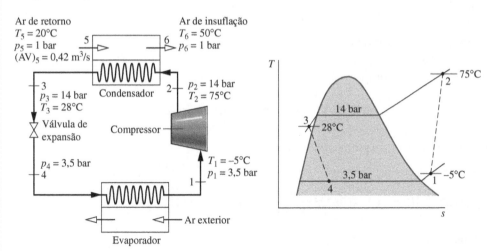

Fig. E6.8

Modelo de Engenharia:

1. Cada componente é analisado como um volume de controle em regime permanente.
2. O compressor opera adiabaticamente, e a expansão através da válvula é um processo de estrangulamento.
3. Para o volume de controle envolvendo o condensador, $\dot{W}_{vc} = 0$ e $\dot{Q}_{vc} = 0$.
4. Os efeitos das energias cinética e potencial podem ser desprezados.
5. O ar é admitido como um gás ideal, com $c_p = 1,005$ kJ/kg · K.

Análise:

(a) Começamos obtendo dados de propriedades para cada um dos principais estados do refrigerante localizados no esboço e no diagrama T–s. Na entrada do compressor, o refrigerante se encontra em um estado de vapor superaquecido a –5°C, 3,5 bar, de modo que a partir da Tabela A-9, $s_1 = 0,9572$ kJ/kg · K. De modo semelhante, no estado 2 o refrigerante se encontra como vapor superaquecido a 75°C, 14 bar, de maneira que, utilizando interpolação, a Tabela A-9 fornece $s_2 = 0,98225$ kJ/kg · K e $h_2 = 294,17$ kJ/kg.

O estado 3 corresponde a líquido comprimido a 28°C, 14 bar. A partir da Tabela A-7, $s_3 \approx s_f(28°C) = 0,2936$ kJ/kg · K e $h_3 \approx h_f(28°C) = 79,05$ kJ/kg. A expansão através da válvula é um *processo de estrangulamento*, de modo que $h_3 = h_4$. Utilizando dados da Tabela A-8, o título no estado 4 é

$$x_4 = \frac{(h_4 - h_{f4})}{(h_{fg})_4} = \frac{(79,05 - 33,09)}{(212,91)} = 0,216$$

e a entropia específica é

$$s_4 = s_{f4} + x_4(s_{g4} - s_{f4}) = 0,1328 + 0,216(0,9431 - 0,1328) = 0,3078 \text{ kJ/kg} \cdot \text{K}$$

Condensador

Considere o volume de controle envolvendo o condensador. A partir das hipóteses 1 e 3, o balanço de entropia se reduz a

$$0 = \dot{m}_{ref}(s_2 - s_3) + \dot{m}_{ar}(s_5 - s_6) + \dot{\sigma}_{cond}$$

Para avaliar $\dot{\sigma}_{cond}$ são necessárias duas vazões mássicas, $\dot{m}_{ar}$ e $\dot{m}_{ref}$, e a variação da entropia específica para o ar. Esses valores são obtidos a seguir.

Avaliando a vazão mássica de ar utilizando o modelo de gás ideal e a vazão volumétrica conhecida

$$\dot{m}_{ar} = \frac{(AV)_5}{v_5} = (AV)_5 \frac{p_5}{RT_5}$$

$$= \left(0,42 \frac{\text{m}^3}{\text{s}}\right) \frac{(1 \text{ bar})}{\left(\frac{8,314}{28,97} \frac{\text{kJ}}{\text{kg} \cdot \text{K}}\right)(293 \text{ K})} \left|\frac{10^5 \text{ N/m}^2}{1 \text{ bar}}\right| \left|\frac{1 \text{ kJ}}{10^3 \text{ N} \cdot \text{m}}\right| = 0,5 \text{ kg/s}$$

A vazão mássica de refrigerante é determinada utilizando um balanço de energia para o volume de controle envolvendo o condensador, juntamente com as hipóteses 1, 3 e 4, de maneira a obter

$$\dot{m}_{ref} = \frac{\dot{m}_{ar}(h_6 - h_5)}{(h_2 - h_3)}$$

A partir da hipótese 5, $h_6 - h_5 = c_p(T_6 - T_5)$. Substituindo valores

$$\dot{m}_{ref} = \frac{\left(0,5 \frac{\text{kg}}{\text{s}}\right)\left(1,005 \frac{\text{kJ}}{\text{kg} \cdot \text{K}}\right)(323 - 293)\text{K}}{(294,17 - 79,05) \text{ kJ/kg}} = 0,07 \text{ kg/s}$$

Utilizando a Eq. 6.22, a variação da entropia específica do ar é

$$s_6 - s_5 = c_p \ln \frac{T_6}{T_5} - R \ln \frac{p_6}{p_5}$$

$$= \left(1,005 \frac{\text{kJ}}{\text{kg} \cdot \text{K}}\right) \ln\left(\frac{323}{293}\right) - R \ln\left(\frac{1,0}{1,0}\right)^0 = 0,098 \text{ kJ/kg} \cdot \text{K}$$

Finalmente, resolvendo o balanço de entropia para $\dot{\sigma}_{cond}$ e substituindo valores,

$$\dot{\sigma}_{cond} = \dot{m}_{ref}(s_3 - s_2) + \dot{m}_{ar}(s_6 - s_5)$$

$$= \left[\left(0,07 \frac{\text{kg}}{\text{s}}\right)(0,2936 - 0,98225)\frac{\text{kJ}}{\text{kg} \cdot \text{K}} + (0,5)(0,098)\right] \left|\frac{1 \text{ kW}}{1 \text{ kJ/s}}\right|$$

$$= 7,95 \times 10^{-4} \frac{\text{kW}}{\text{K}}$$

Compressor

Para o volume de controle envolvendo o compressor, o balanço da taxa de entropia se reduz, utilizando as hipóteses 1 e 3, a

$$0 = \dot{m}_{ref}(s_1 - s_2) + \dot{\sigma}_{comp}$$

ou

$$\begin{aligned}\dot{\sigma}_{comp} &= \dot{m}_{ref}(s_2 - s_1) \\ &= \left(0{,}07\frac{kg}{s}\right)(0{,}98225 - 0{,}9572)\left(\frac{kJ}{kg \cdot K}\right)\left|\frac{1\ kW}{1\ kJ/s}\right| \\ &= 17{,}5 \times 10^{-4}\ kW/K\end{aligned}$$

Válvula

Finalmente, para o volume de controle envolvendo a válvula de expansão o balanço da taxa de entropia se reduz a

$$0 = \dot{m}_{ref}(s_3 - s_4) + \dot{\sigma}_{válvula}$$

Resolvendo para $\dot{\sigma}_{válvula}$ e substituindo valores,

$$\begin{aligned}\dot{\sigma}_{válvula} &= \dot{m}_{ref}(s_4 - s_3) = \left(0{,}07\frac{kg}{s}\right)(0{,}3078 - 0{,}2936)\left(\frac{kJ}{kg \cdot K}\right)\left|\frac{1\ kW}{1\ kJ/s}\right| \\ &= 9{,}94 \times 10^{-4}\ kW/K\end{aligned}$$

(b) A tabela que se segue apresenta um sumário, em ordem decrescente, das taxas de geração de entropia calculadas:

❸

Componente	$\dot{\sigma}_{vc}$ (kW/K)
compressor	$17{,}5 \times 10^{-4}$
válvula	$9{,}94 \times 10^{-4}$
condensador	$7{,}95 \times 10^{-4}$

A geração de entropia no compressor se deve a efeitos de atrito no fluido, ao atrito mecânico das partes móveis e à transferência de calor interna. Para a válvula, a irreversibilidade ocorre principalmente devido a efeitos de atrito do fluido que acompanha a expansão através da válvula. A principal fonte de irreversibilidade no condensador é a diferença de temperatura entre as correntes de ar e refrigerante. Neste exemplo não ocorre perda de carga em nenhum dos escoamentos que passam através do condensador, mas uma pequena perda de carga devida a efeitos de atrito do fluido normalmente contribui para irreversibilidades no condensador. O evaporador mostrado na Fig. 6.8 não foi examinado.

❶ Devido à pequena variação relativa de temperatura do ar, o calor específico c_p pode ser considerado constante a uma temperatura média entre a entrada e a saída.

❷ Temperaturas em K são utilizadas para avaliar $\dot{m}_{ref}$, mas uma vez que uma *diferença* de temperatura está envolvida, o mesmo resultado seria obtido se temperaturas em °C fossem utilizadas. Temperaturas em K, e não em °C, devem ser utilizadas quando uma *razão* de temperatura está envolvida, como na Eq. 6.22, utilizada para avaliar $s_6 - s_5$.

❸ Ao concentrarmos nossa atenção na redução de irreversibilidades em posições com taxas de geração de entropia mais elevadas, melhorias *termodinâmicas* podem se tornar possíveis. Entretanto, custos e outras restrições devem ser considerados e podem ser preponderantes.

> **Habilidades Desenvolvidas**
>
> *Habilidades para...*
> - aplicar os balanços das taxas de massa, energia e entropia a um volume de controle.
> - desenvolver um modelo de engenharia.
> - obter dados de propriedades do Refrigerante 22.
> - aplicar o modelo de gás ideal com c_p constante.

Teste-Relâmpago Considerando que o compressor opera adiabaticamente *e* sem irreversibilidades internas, determine a temperatura do refrigerante na saída do compressor, em °C, mantendo o mesmo estado na entrada do compressor e a mesma pressão na saída. **Resposta:** 65°C.

6.11 Processos Isentrópicos

O termo *isentrópico* significa entropia constante. Processos isentrópicos serão encontrados em várias discussões a seguir. O objetivo desta seção é explicar como as propriedades estão relacionadas em quaisquer dois estados de um processo no qual não ocorre variação da entropia específica.

6.11.1 Considerações Gerais

As propriedades em estados que têm a mesma entropia específica podem ser relacionadas utilizando os dados de propriedades em forma gráfica ou tabular discutidos na Seção 6.2. Por exemplo, como ilustrado pela Fig. 6.8, diagra-

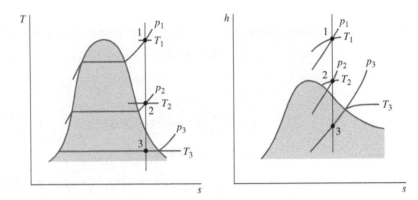

Fig. 6.8 Diagramas *T–s* e *h–s* mostrando os estados que têm a mesma entropia específica.

mas temperatura-entropia e entropia-entalpia são particularmente convenientes para a determinação de propriedades em estados que tenham o mesmo valor da entropia específica. Todos os estados em uma linha vertical passando por um dado estado têm a mesma entropia. Se o estado 1 na Fig. 6.8 é fixado pela pressão p_1 e pela temperatura T_1, os estados 2 e 3 são prontamente determinados desde que uma propriedade adicional, como a pressão ou a temperatura, seja especificada. Os valores de diversas outras propriedades nos estados 2 e 3 podem ser então lidos diretamente a partir das figuras.

Dados tabelados podem também ser utilizados para relacionar dois estados que têm a mesma entropia específica. Para o caso mostrado na Fig. 6.8, a entropia específica no estado 1 pode ser determinada a partir da tabela de vapor superaquecido. Então, com $s_2 = s_1$ e um outro valor de propriedade, como p_2 ou T_2, o estado 2 poderia ser localizado na tabela de vapor superaquecido. Os valores das propriedades v, u e h no estado 2 podem ser então lidos da tabela. Um exemplo deste procedimento é dado na Seção 6.2.1. Note que o estado 3 se encontra nas regiões bifásicas líquido-vapor da Fig. 6.8. Uma vez que $s_3 = s_1$, o título no estado 3 poderia ser determinado utilizando a Eq. 6.4. Com o título conhecido, outras propriedades como v, u e h poderiam ser então avaliadas. A obtenção de dados de entropia utilizando códigos computacionais fornece uma alternativa aos dados tabelados.

6.11.2 Utilizando o Modelo de Gás Ideal

A Fig. 6.9 mostra dois estados de um gás ideal que têm o mesmo valor de entropia específica. Consideremos relações entre pressão, volume específico e temperatura nesses estados, inicialmente utilizando tabelas de gás ideal e depois supondo calores específicos constantes.

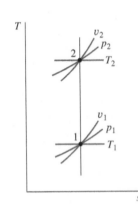

Tabelas de Gás Ideal

Para dois estados que têm a mesma entropia específica, a Eq. 6.20a se reduz a

$$0 = s°(T_2) - s°(T_1) - R \ln \frac{p_2}{p_1} \qquad (6.40a)$$

A Eq. 6.40a envolve quatro valores de propriedades: p_1, T_1, p_2 e T_2. Se dentre as quatro propriedades três são conhecidas, a quarta pode ser determinada. Se, por exemplo, a temperatura no estado 1 e a razão de pressões p_2/p_1 são conhecidas, a temperatura no estado 2 pode ser determinada a partir de

$$s°(T_2) = s°(T_1) + R \ln \frac{p_2}{p_1} \qquad (6.40b)$$

Fig. 6.9 Dois estados de um gás ideal, em que $s_2 = s_1$.

Uma vez que T_1 é conhecida, $s°(T_1)$ seria obtido a partir da tabela apropriada, o valor de $s°(T_2)$ poderia ser calculado e a temperatura T_2 poderia ser então determinada por interpolação. Se p_1, T_1 e T_2 são especificadas e a pressão no estado 2 é desconhecida, a Eq. 6.40a seria resolvida para obter

$$p_2 = p_1 \exp\left[\frac{s°(T_2) - s°(T_1)}{R}\right] \qquad (6.40c)$$

As Eqs. 6.40 podem ser utilizadas quando dados para $s°$ (ou $\bar{s}°$) são conhecidos, como para os gases das Tabelas A-22 e A-23.

AR. Para o caso especial de *ar* admitido como gás ideal, a Eq. 6.40c fornece a base de uma abordagem alternativa para relacionar em tabelas as temperaturas e as pressões em dois estados que têm a mesma entropia específica. Para desenvolver essa forma alternativa, reescreva a equação como

$$\frac{p_2}{p_1} = \frac{\exp[s°(T_2)/R]}{\exp[s°(T_1)/R]}$$

A quantidade $\exp[s°(T)/R]$ presente nesta expressão é exclusivamente uma função da temperatura, e recebe o símbolo $p_r(T)$. Valores de p_r tabelados em função da temperatura para o *ar* são fornecidos nas Tabelas A-22.[1] Em termos da função p_r, a equação anterior se torna

$$\frac{p_2}{p_1} = \frac{p_{r2}}{p_{r1}} \quad (s_1 = s_2, \text{somente para o ar}) \tag{6.41}$$

em que $p_{r1} = p_r(T_1)$ e $p_{r2} = p_r(T_2)$. A função p_r é algumas vezes chamada de *pressão relativa*. Observe que p_r não é realmente uma pressão, de maneira que o termo pressão relativa pode levar a uma interpretação errônea. Além disso, deve-se tomar cuidado para não confundir p_r com a pressão reduzida do diagrama de compressibilidade.

Uma relação entre os volumes específicos e as temperaturas do ar em dois estados que têm a mesma entropia específica também pode ser desenvolvida. Com a equação de estado para gás ideal, $v = RT/p$, a razão de volumes específicos é

$$\frac{v_2}{v_1} = \left(\frac{RT_2}{p_2}\right)\left(\frac{p_1}{RT_1}\right)$$

Portanto, uma vez que os dois estados têm a mesma entropia específica, a Eq. 6.41 pode ser utilizada para fornecer

$$\frac{v_2}{v_1} = \left[\frac{RT_2}{p_r(T_2)}\right]\left[\frac{p_r(T_1)}{RT_1}\right]$$

TOME NOTA...
Caso seja utilizado um programa de computador, tal como o IT, para relacionar dois estados de um gás ideal com o mesmo valor de entropia, pode-se observar que o programa fornece a entropia específica diretamente, sem empregar as funções especiais $s°$, p_r e v_r.

A razão $RT/p_r(T)$ que aparece no lado direito da última equação é uma função somente da temperatura, e recebe o símbolo $v_r(T)$. Valores de v_r para o *ar* são tabelados em função da temperatura nas Tabelas A-22. Em termos da função v_r, a última equação se torna

$$\frac{v_2}{v_1} = \frac{v_{r2}}{v_{r1}} \quad (s_1 = s_2, \text{somente para o ar}) \tag{6.42}$$

em que $v_{r1} = v_r(T_1)$ e $v_{r2} = v_r(T_2)$. A função v_r é geralmente denominada *volume relativo*. A despeito da denominação utilizada, $v_r(T)$ não é realmente um volume. Além disso, deve-se tomar cuidado para não confundir v_r com o volume específico pseudorreduzido do diagrama de compressibilidade.

Admitindo Calores Específicos Constantes

Consideremos, a seguir, como as propriedades estão relacionadas para processos isentrópicos de um gás ideal quando os calores específicos são constantes. Para qualquer desses casos, as Eqs. 6.21 e 6.22 se reduzem às equações

$$0 = c_p \ln \frac{T_2}{T_1} - R \ln \frac{p_2}{p_1}$$

$$0 = c_v \ln \frac{T_2}{T_1} + R \ln \frac{v_2}{v_1}$$

Substituindo as relações de gás ideal

$$c_p = \frac{kR}{k-1}, \quad c_v = \frac{R}{k-1} \tag{3.47}$$

em que k é a razão de calores específicos e R é a constante do gás. Essas equações podem ser resolvidas, respectivamente, para fornecer

$$\frac{T_2}{T_1} = \left(\frac{p_2}{p_1}\right)^{(k-1)/k} \quad (s_1 = s_2, k \text{ constante}) \tag{6.43}$$

$$\frac{T_2}{T_1} = \left(\frac{v_1}{v_2}\right)^{k-1} \quad (s_1 = s_2, k \text{ constante}) \tag{6.44}$$

A relação que se segue pode ser obtida eliminando a razão de temperaturas das Eqs. 6.43 e 6.44:

$$\frac{p_2}{p_1} = \left(\frac{v_1}{v_2}\right)^k \quad (s_1 = s_2, k \text{ constante}) \tag{6.45}$$

---

[1]Os valores de p_r determinados por esta definição são inconvenientes por apresentarem elevada magnitude, sendo divididos por um fator de escala antes de tabelados, de modo a reduzi-los a um intervalo conveniente de números.

Antes havíamos identificado um processo internamente reversível descrito por $pv^n = constante$, em que n é uma constante, como um *processo politrópico*. A partir da forma da Eq. 6.45, pode-se concluir que um processo politrópico $pv^k = constante$ de um gás ideal com a razão de calores específicos k constante é um processo isentrópico. Observamos na Seção 3.15 que um processo politrópico de um gás ideal para o qual $n = 1$ é um processo isotérmico (temperatura constante). Para *qualquer* fluido, $n = 0$ corresponde a um processo isobárico (pressão constante) e $n = \pm\infty$ corresponde a um processo isométrico (volume constante). Processos politrópicos correspondentes a esses valores de n são mostrados na Fig. 6.10 em diagramas p–v e T–s.

6.11.3 Ilustrações: Processos Isentrópicos do Ar

As formas de se avaliar valores para processos isentrópicos envolvendo ar modelado como um gás ideal são consideradas nos próximos dois exemplos. No Exemplo 6.9 são considerados três métodos alternativos.

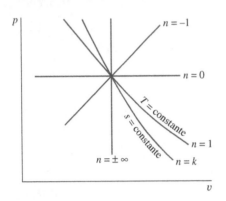
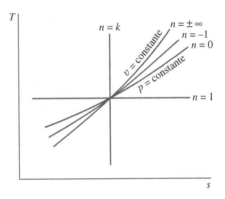

Fig. 6.10 Processos politrópicos em diagramas p–v e T–s.

▶▶▶ EXEMPLO 6.9 ▶

Analisando um Processo Isentrópico do Ar

Ar é submetido a um processo isentrópico de $p_1 = 1$ atm, $T_1 = 540°R$ (26,8°C) até um estado final em que a temperatura é $T_2 = 1160°R$ (371,3°C). Utilizando o modelo de gás ideal, determine a pressão final p_2, em atm. Utilize **(a)** dados de p_r da Tabela A-22E, **(b)** o *Interactive Thermodynamics: IT* ou um programa similar e **(c)** uma razão de calores específicos k constante avaliada a uma temperatura média, 850°R (199,1°C), a partir da Tabela A-20E.

SOLUÇÃO

Dado: ar é submetido a um processo isentrópico a partir de um estado em que a pressão e a temperatura são conhecidas até um estado em que a temperatura é especificada.

Pede-se: determine a pressão final utilizando (a) dados de p_r, (b) o *IT* ou um programa similar e (c) um valor constante para a razão de calores específicos constante k.

Diagrama Esquemático e Dados Fornecidos:

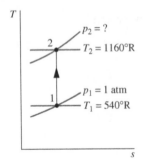

Fig. E6.9

Modelo de Engenharia:
1. Uma quantidade de ar considerada como sistema é submetida a um processo isentrópico.
2. O ar pode ser modelado como um gás ideal.
3. No item (c) a razão de calores específicos é constante.

Análise:

(a) As pressões e temperaturas nos dois estados de um gás ideal, tendo as mesmas entropias específicas, estão relacionadas na Eq. 6.41

$$\frac{p_2}{p_1} = \frac{p_{r2}}{p_{r1}}$$

Resolvendo

$$p_2 = p_1 \frac{p_{r2}}{p_{r1}}$$

Com valores de p_r da Tabela A-22E

$$p = (1\text{ atm})\frac{21{,}18}{1{,}3860} = 15{,}28\text{ atm}$$

(b) A solução utilizando o *IT* é descrita a seguir:

❶
```
T1 = 540 // °R
p1 = 1 // atm
T2 = 1160 // °R
s_TP("Air", T1,p1) = s_TP("Air",T2,p2)

// Result: p2 = 15.28 atm
```

(c) Quando a razão de calores específicos k é considerada constante, as temperaturas e pressões em dois estados de um gás ideal tendo a mesma entropia específica estão relacionadas na Eq. 6.43. Então

$$p_2 = p_1\left(\frac{T_2}{T_1}\right)^{k/(k-1)}$$

A partir da Tabela A-20E, na temperatura média, 390°F (850°R), $k = 1{,}39$. Substituindo valores na expressão anterior

❷ $$p_2 = (1\text{ atm})\left(\frac{1160}{540}\right)^{1{,}39/0{,}39} = 15{,}26\text{ atm}$$

✓ **Habilidades Desenvolvidas**

Habilidades para...
- analisar um processo isentrópico utilizando os dados da Tabela A-22E,
- um programa de computador e
- uma razão de calores específicos k constante.

❶ O *IT* fornece um valor para p_2 mesmo sendo esta uma variável implícita como argumento da função correspondente à entropia específica. Note ainda que o *IT* fornece valores da entropia específica *diretamente*, e não utiliza funções especiais, como $s°$, p_r e v_r.

❷ Uma pequena diferença entre a resposta obtida no item (c) e nos itens (a) e (b) é atribuída à utilização de um valor apropriado para a razão de calores específicos k.

Teste-Relâmpago Determine a pressão final, em atm, usando uma razão constante de calores específicos k avaliada em $T_1 = 540°R$. Em porcentagem, de quanto este valor de pressão difere do valor da pressão do item (c)? **Resposta:** 14,53 atm, −5%.

Outra ilustração de um processo isentrópico de um gás ideal é fornecida no Exemplo 6.10, que aborda o vazamento de ar de um tanque.

▶ EXEMPLO 6.10 ▶

Considerando o Vazamento de Ar de um Tanque

Um tanque rígido e isolado é preenchido inicialmente por 5 kg de ar a uma pressão de 5 bar e a uma temperatura de 500 K. Um vazamento se desenvolve e o ar escapa lentamente, até que a pressão do ar que permanece no tanque é de 1 bar. Empregando o modelo de gás ideal, determine a quantidade de massa que permanece no interior do tanque e sua temperatura.

SOLUÇÃO

Dado: um vazamento se desenvolve em um tanque rígido e isolado que inicialmente contém ar em um estado conhecido. O ar escapa lentamente, até que a pressão no tanque é reduzida para um valor especificado.

Pede-se: determine a quantidade de massa que permanece no interior do tanque e sua temperatura.

Diagrama Esquemático e Dados Fornecidos:

Modelo de Engenharia:
1. Conforme ilustrado no esboço, o sistema fechado é a massa inicial no interior do tanque que permanece nele.
2. Não ocorre transferência de calor significativa entre o sistema e a vizinhança.
3. Irreversibilidades no interior do tanque podem ser ignoradas à medida que o ar escapa lentamente.
4. O ar é modelado como um gás ideal.

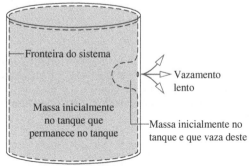

Fig. E6.10

Análise: com a equação de estado de gás ideal, a massa inicialmente no tanque e que *permanece* no interior do mesmo ao final do processo é

$$m_2 = \frac{p_2 V}{(\overline{R}/M)T_2}$$

em que p_2 e T_2 correspondem à pressão e à temperatura finais, respectivamente. De maneira semelhante, a quantidade inicial de massa no interior do tanque, m_1, é

$$m_1 = \frac{p_1 V}{(\overline{R}/M)T_1}$$

em que p_1 e T_1 correspondem à pressão e à temperatura iniciais, respectivamente. Eliminando o volume entre estas duas expressões, a massa do sistema é

$$m_2 = \left(\frac{p_2}{p_1}\right)\left(\frac{T_1}{T_2}\right) m_1$$

Exceto pela temperatura final do ar restante no tanque, T_2, todas as grandezas necessárias são conhecidas. O restante da solução está principalmente relacionado com a avaliação de T_2.

Para o sistema fechado que está sendo considerado, não ocorrem irreversibilidades significativas (hipótese 3) ou transferência de calor (hipótese 2). Consequentemente, o balanço de entropia se reduz a

$$\Delta S = \int_1^2 \left(\frac{\delta Q}{T}\right)_b^0 + \sigma^0 = 0$$

Uma vez que a massa do sistema permanece constante, $\Delta S = m_2 \Delta s$, de modo que

$$\Delta s = 0$$

Isto é, os estados inicial e final do sistema possuem o mesmo valor de entropia *específica*.

Utilizando a Eq. 6.41

$$p_{r2} = \left(\frac{p_2}{p_1}\right) p_{r1}$$

em que $p_1 = 5$ bar e $p_2 = 1$ bar. Com $p_{r1} = 8{,}411$ a partir da Tabela A-22 a 500 K, a equação anterior fornece $p_{r2} = 1{,}6822$. Utilizando este valor para interpolar na Tabela A-22, $T_2 = 317$ K.

Finalmente, substituindo valores na expressão para a massa do sistema

$$m_2 = \left(\frac{1 \text{ bar}}{5 \text{ bar}}\right)\left(\frac{500 \text{ K}}{317 \text{ K}}\right)(5 \text{ kg}) = 1{,}58 \text{ kg}$$

> ✓ **Habilidades Desenvolvidas**
>
> *Habilidades para...*
> - desenvolver um modelo de engenharia.
> - aplicar o balanço de entropia a um sistema fechado.
> - analisar um processo isentrópico.

Teste-Relâmpago Determine o volume do tanque em m³. **Resposta:** 1,43 m³.

6.12 Eficiências Isentrópicas de Turbinas, Bocais, Compressores e Bombas

Engenheiros frequentemente utilizam eficiências, e muitas definições diferentes de eficiência são empregadas. Nesta seção são apresentadas eficiências *isentrópicas* para turbinas, bocais, compressores e bombas. Eficiências isentrópicas envolvem a comparação entre o desempenho real de um equipamento e o desempenho que seria atingido em condições idealizadas para o mesmo estado inicial e a mesma pressão de saída. Essas eficiências serão, com frequência, utilizadas nas seções subsequentes deste livro.

6.12.1 Eficiência Isentrópica de Turbinas

Para conhecer a eficiência isentrópica de turbinas, consulte a Fig. 6.11, que mostra a expansão em uma turbina em um diagrama de Mollier. O estado do fluido que está sendo admitido na turbina e a pressão de saída são fixos. A transferência de calor entre a turbina e sua vizinhança é desprezada, assim como os efeitos das energias cinética e potencial. Com essas hipóteses, os balanços de massa e energia se reduzem, em regime permanente, de maneira a fornecer o trabalho produzido por unidade de massa que atravessa a turbina a

$$\frac{\dot{W}_{vc}}{\dot{m}} = h_1 - h_2$$

Como o estado 1 é fixo, a entalpia específica h_1 é conhecida. Assim, o valor do trabalho depende somente da entalpia específica h_2 e aumenta à medida que h_2 é reduzida. O valor *máximo* para o trabalho da turbina corresponde ao menor valor *possível* para a entalpia específica na saída da turbina. Isso pode ser determinado utilizando a segunda lei, como a seguir.

Como não ocorre transferência de calor, os estados possíveis na saída estão restringidos pela Eq. 6.39

$$\frac{\dot{\sigma}_{vc}}{\dot{m}} = s_2 - s_1 \geq 0$$

Como a geração de entropia $\dot{\sigma}_{vc}/\dot{m}$ não pode ser negativa, estados com $s_2 < s_1$ não são possíveis em uma expansão adiabática. Os únicos estados que na realidade podem ser *adiabaticamente* atingidos são aqueles com $s_2 > s_1$. O estado indicado por "2s" na Fig. 6.11 seria atingido somente no limite de ausência de irreversibilidades internas. Isso corresponde a uma expansão isentrópica através da turbina. Para uma pressão de saída fixa, a entalpia específica h_2 diminui à medida que a entropia específica s_2 diminui. Assim, o *menor valor possível* para h_2 corresponde ao estado 2s, e o valor *máximo* do trabalho da turbina é

TOME NOTA...
O subscrito s indica uma quantidade avaliada para um processo isentrópico a partir de um estado de entrada especificado até uma pressão de saída especificada.

$$\left(\frac{\dot{W}_{vc}}{\dot{m}}\right)_s = h_1 - h_{2s}$$

Em uma expansão real através de uma turbina $h_2 > h_{2s}$, e então menos trabalho do que o máximo seria produzido. Essa diferença pode ser medida pela **eficiência isentrópica da turbina** definida por

eficiência isentrópica da turbina

$$\eta_t = \frac{\dot{W}_{vc}/\dot{m}}{(\dot{W}_{vc}/\dot{m})_s} = \frac{h_1 - h_2}{h_1 - h_{2s}} \qquad (6.46)$$

Tanto o numerador quanto o denominador dessa expressão são avaliados para o mesmo estado inicial e a mesma pressão de descarga. O valor de h_t normalmente se encontra na faixa de 0,7 a 0,9 (70% a 90%).

Os dois exemplos a seguir ilustram o conceito de eficiência isentrópica de uma turbina. No Exemplo 6.11 a eficiência isentrópica de uma turbina a vapor é conhecida, e o objetivo é o de determinar o trabalho produzido pela turbina.

Turbina
A.19 – Aba e

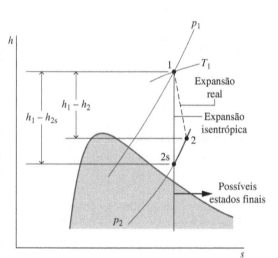

Fig. 6.11 Comparação entre uma expansão real e uma expansão isentrópica através de uma turbina.

▶ **EXEMPLO 6.11** ▶

Avaliando o Trabalho de uma Turbina Utilizando a Eficiência Isentrópica

Uma turbina a vapor opera em regime permanente com condições de entrada de $p_1 = 5$ bar e $T_1 = 320°C$. Vapor deixa a turbina a uma pressão de 1 bar. Não ocorre transferência de calor significativa entre a turbina e a vizinhança, e as variações das energias cinética e potencial entre a admissão e a descarga podem ser desprezadas. Se a eficiência isentrópica da turbina é de 75%, determine o trabalho produzido por unidade de massa de vapor escoando na turbina, em kJ/kg.

SOLUÇÃO

Dado: vapor d'água é expandido através de uma turbina operando em regime permanente a partir de um estado de entrada especificado até uma pressão de descarga especificada. A eficiência da turbina é conhecida.

Pede-se: determine o trabalho produzido por unidade de massa de vapor que escoa através da turbina.

Diagrama Esquemático e Dados Fornecidos:

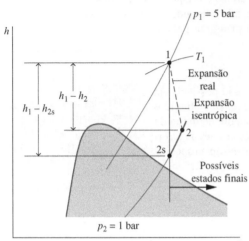

Fig. E6.11

Modelo de Engenharia:
1. Um volume de controle envolvendo a turbina se encontra em regime permanente.
2. A expansão é adiabática, e as variações das energias cinética e potencial entre a admissão e a descarga da turbina podem ser desprezadas.

Análise: o trabalho produzido pode ser determinado utilizando-se a eficiência isentrópica da turbina, Eq. 6.46, que após ser rearranjada fornece

$$\frac{\dot{W}_{vc}}{\dot{m}} = \eta_t \left(\frac{\dot{W}_{vc}}{\dot{m}}\right)_s = \eta_t (h_1 - h_{2s})$$

A partir da Tabela A-4, $h_1 = 3105,6$ kJ/kg e $s_1 = 7,5308$ kJ/kg · K. O estado de saída para a expansão isentrópica está determinado por $p_2 = 1$ bar e $s_{2s} = s_1$. Interpolando com a entropia específica na Tabela A-4 a 1 bar temos $h_{2s} = 2743,0$ kJ/kg. Substituindo valores, temos

$$\frac{\dot{W}_{vc}}{\dot{m}} = 0,75(3105,6 - 2743,0) = 271,95 \text{ kJ/kg}$$

❶ A 2s, a temperatura é de cerca de 133°C.

❷ O efeito das irreversibilidades é estabelecer uma redução no trabalho produzido pela turbina. O trabalho é apenas 75% daquele que seria produzido por uma expansão isentrópica entre o estado de admissão e a pressão de descarga especificados. Esse fato é claramente ilustrado em termos de diferenças de entalpia no diagrama h–s incluído.

✓ **Habilidades Desenvolvidas**

Habilidades para...
- aplicar a eficiência isentrópica de uma turbina, dada pela Eq. 6.46.
- obter dados da tabela de vapor d'água.

Teste-Relâmpago Determine a temperatura do vapor na saída da turbina, em °C. **Resposta:** 179°C.

O próximo exemplo é semelhante ao Exemplo 6.11, porém com ar modelado como um gás ideal sendo utilizado como substância de trabalho. Contudo, nesse caso o trabalho da turbina é conhecido, e o objetivo é determinar a eficiência isentrópica da turbina.

▶▶ EXEMPLO 6.12 ▶

Avaliando a Eficiência Isentrópica de uma Turbina

Uma turbina operando em regime permanente recebe ar a uma pressão $p_1 = 3,0$ bar e a uma temperatura $T_1 = 390$ K. Ar sai da turbina a uma pressão $p_2 = 1,0$ bar. O trabalho produzido é medido como 74 kJ por kg de ar escoando pela turbina. A turbina opera adiabaticamente, e as variações das energias cinética e potencial entre a admissão e a descarga podem ser desprezadas. Utilizando o modelo de gás ideal, determine a eficiência da turbina.

SOLUÇÃO

Dado: ar é expandido adiabaticamente através de uma turbina em regime permanente a partir de um estado de admissão especificado e a uma pressão de saída especificada. O trabalho produzido por kg de ar escoando pela turbina é conhecido.

Pede-se: determine a eficiência da turbina.

Diagrama Esquemático e Dados Fornecidos:

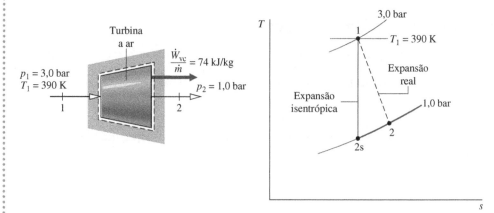

Fig. E6.12

Modelo de Engenharia:
1. O volume de controle mostrado no esboço que acompanha esta solução se encontra em regime permanente.
2. A expansão é adiabática, e as variações das energias cinética e potencial entre a entrada e a saída podem ser desprezadas.
3. O ar pode ser modelado como um gás ideal.

Análise: o numerador da eficiência isentrópica, Eq. 6.46, é conhecido. O denominador será avaliado em seguida.

O trabalho produzido em uma expansão isentrópica a partir do estado de admissão dado até a pressão de saída especificada é

$$\left(\frac{\dot{W}_{vc}}{\dot{m}}\right)_s = h_1 - h_{2s}$$

Da Tabela A-22 a 390 K, $h_1 = 390{,}88$ kJ/kg. Para determinar h_{2s}, utilizamos a Eq. 6.41

$$p_r(T_{2s}) = \left(\frac{p_2}{p_1}\right)p_r(T_1)$$

Com $p_1 = 3{,}0$ bar, $p_2 = 1{,}0$ bar e $p_{r1} = 3{,}481$ da Tabela A-22 a 390 K

$$p_r(T_{2s}) = \left(\frac{1{,}0}{3{,}0}\right)(3{,}481) = 1{,}1603$$

Interpolando na Tabela A-22, temos $h_{2s} = 285{,}27$ kJ/kg. Então,

$$\left(\frac{\dot{W}_{vc}}{\dot{m}}\right)_s = 390{,}88 - 285{,}27 = 105{,}6 \text{ kJ/kg}$$

Substituindo valores na Eq. 6.46,

$$\eta_t = \frac{\dot{W}_{vc}/\dot{m}}{(\dot{W}_{vc}/\dot{m})_s} = \frac{74 \text{ kJ/kg}}{105{,}6 \text{ kJ/kg}} = 0{,}70\,(70\%)$$

> ✓ **Habilidades Desenvolvidas**
>
> *Habilidades para...*
> ☐ aplicar a eficiência isentrópica de uma turbina, dada pela Eq. 6.46.
> ☐ obter dados para o ar considerado como um gás ideal.

Teste-Relâmpago Determine a taxa de geração de entropia em kJ/K por kg de ar escoando através da turbina. **Resposta:** 0,105 kJ/kg · K.

6.12.2 Eficiência Isentrópica de Bocais

Uma abordagem semelhante à apresentada para turbinas pode ser utilizada para apresentar a eficiência isentrópica de bocais operando em regime permanente. A eficiência isentrópica de um bocal é definida como a razão entre a energia cinética específica do gás saindo do bocal, $V_2^2/2$, e a energia cinética na descarga do bocal que seria atingida em uma expansão isentrópica entre o mesmo estado de admissão e a mesma pressão de descarga, $(V_2^2/2)_s$. Isto é,

eficiência isentrópica de um bocal

$$\eta_{bocal} = \frac{V_2^2/2}{(V_2^2/2)_s} \quad (6.47)$$

Eficiências de bocais correspondentes a 95% ou maiores são comuns, indicando que bocais bem projetados são aproximadamente livres de irreversibilidades internas.

No Exemplo 6.13 o objetivo é determinar a eficiência isentrópica de um bocal com vapor d'água.

Bocal
A.17 – Aba e

268 Capítulo 6

▶▶▶ EXEMPLO 6.13 ▶

Avaliando a Eficiência Isentrópica de um Bocal

Vapor d'água é admitido em um bocal que opera em regime permanente a $p_1 = 140$ lbf/in^2 (965,3 kPa) e $T_1 = 600°F$ (315,6°C) com uma velocidade de 100 ft/s. A pressão e a temperatura na descarga são $p_2 = 40$ lbf/in^2 (275,8 kPa) e $T_2 = 350°F$ (176,7°C). Não ocorre transferência de calor significativa entre o bocal e sua vizinhança, e as variações da energia potencial entre a entrada e a saída podem ser desprezadas. Determine a eficiência do bocal.

SOLUÇÃO

Dado: vapor d'água é expandido em um bocal em regime permanente a partir de um estado de entrada especificado até um estado de saída também especificado. A velocidade na entrada é conhecida.

Pede-se: determine a eficiência do bocal.

Diagrama Esquemático e Dados Fornecidos:

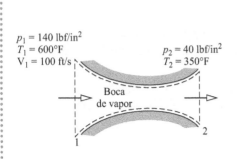
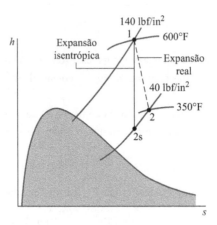

Fig. E6.13

Modelo de Engenharia:

1. O volume de controle mostrado no esboço que acompanha a solução opera adiabaticamente em regime permanente.
2. Para o volume de controle, $\dot{W}_{vc} = 0$, e as variações da energia potencial entre a entrada e a saída do bocal podem ser desprezadas.

Análise: a eficiência do bocal dada pela Eq. 6.47 requer a energia cinética específica real na saída do bocal e a energia cinética específica que seria atingida na saída, em uma expansão isentrópica a partir do estado de admissão especificado e a pressão de saída dada. O balanço da taxa de energia para o volume de controle com uma entrada e uma saída em regime permanente, que engloba o bocal, se reduz a Eq. 4.21, que rearranjada fornece

$$\frac{V_2^2}{2} = h_1 - h_2 + \frac{V_1^2}{2}$$

Esta equação se aplica tanto para a expansão real quanto para a expansão isentrópica.

A partir da Tabela A-4E a $T_1 = 600°F$ e $p_1 = 140$ lbf/in^2, $h_1 = 1326,4$ Btu/lb, $s_1 = 1,7191$ Btu/lb · °R. Também, com $T_2 = 350°F$ e $p_2 = 40$ lbf/in^2, $h_2 = 1211,8$ Btu/lb. Então, a energia cinética real na saída em Btu/lb é

$$\frac{V_2^2}{2} = 1326,4 \frac{Btu}{lb} - 1211,8 \frac{Btu}{lb} + \frac{(100 \text{ ft/s})^2}{(2)\left|\frac{32,2 \text{ lb·ft/s}^2}{1 \text{ lbf}}\right|\left|\frac{778 \text{ ft·lbf}}{1 \text{ Btu}}\right|}$$

$$= 114,8 \frac{Btu}{lb}$$

Interpolando na Tabela A-4E a 40 lbf/in^2, com $s_{2s} = s_1 = 1,7191$ Btu/lb · °R, resulta $h_{2s} = 1202,3$ Btu/lb. Consequentemente, a energia cinética específica na saída para uma expansão isentrópica é

$$\left(\frac{V_2^2}{2}\right)_s = 1326,4 - 1202,3 + \frac{(100)^2}{(2)|32,2||778|} = 124,3 \text{ Btu/lb}$$

Substituindo valores na Eq. 6.47

❶ $$\eta_{bocal} = \frac{(V_2^2/2)}{(V_2^2/2)_s} = \frac{114,8}{124,3} = 0,924 \ (92,4\%)$$

✓ Habilidades Desenvolvidas

Habilidades para...
- ❏ aplicar o balanço da taxa de energia a um volume de controle.
- ❏ aplicar a eficiência isentrópica de um bocal, dada pela Eq. 6.47.
- ❏ obter dados da tabela de vapor d'água.

❶ A principal irreversibilidade em bocais é o atrito entre o gás ou líquido escoando e a parede do bocal. O efeito do atrito leva a uma menor energia cinética na saída e, portanto, a uma menor velocidade de saída, quando comparada com a que seria atingida em uma expansão isentrópica para a mesma pressão.

Teste-Relâmpago Determine a temperatura em °F correspondente ao estado 2s da Fig. E6.13.
Resposta: 331°F.

6.12.3 Eficiência Isentrópica de Compressores e Bombas

A forma da eficiência isentrópica para compressores e bombas é abordada a seguir. Consulte a Fig. 6.12, que mostra um processo de compressão em um diagrama de Mollier. O estado do fluido que está sendo admitido no compressor e a pressão de saída são fixos. Para uma transferência de calor com a vizinhança desprezível e sem efeitos apreciáveis das energias cinética e potencial, o trabalho *necessário* por unidade de massa escoando pelo compressor é

$$\left(-\frac{\dot{W}_{vc}}{\dot{m}}\right) = h_2 - h_1$$

Uma vez que o estado 1 é fixo, a entalpia específica h_1 é conhecida. De acordo com isso, o valor do trabalho necessário depende da entalpia específica na saída, h_2. A expressão anterior mostra que a magnitude do trabalho necessário diminui à medida que h_2 diminui. O trabalho *mínimo* necessário corresponde ao menor valor *possível* para a entalpia específica na descarga do compressor. Com um raciocínio semelhante ao utilizado para a turbina, o menor valor *possível* de entalpia no estado de saída seria atingido em uma compressão isentrópica a partir do estado especificado de entrada até a pressão de saída especificada. O trabalho mínimo *necessário* é dado, então, por

$$\left(-\frac{\dot{W}_{vc}}{\dot{m}}\right)_s = h_{2s} - h_1$$

Compressor
A.20 – Aba e

Bomba
A.21 – Aba e

Em uma compressão real, $h_2 > h_{2s}$ e, então, uma maior quantidade de trabalho do que o mínimo seria necessária. Essa diferença pode ser medida pela eficiência isentrópica do compressor definida por

eficiência isentrópica do compressor

$$\eta_c = \frac{(-\dot{W}_{vc}/\dot{m})_s}{(-\dot{W}_{vc}/\dot{m})} = \frac{h_{2s} - h_1}{h_2 - h_1} \qquad (6.48)$$

Tanto o numerador quanto o denominador dessa expressão são avaliados para o mesmo estado de entrada e a mesma pressão de saída. O valor de η_c normalmente se encontra na faixa de 75% a 85% para compressores. Uma eficiência isentrópica da bomba, η_b, é definida de maneira semelhante.

eficiência isentrópica da bomba

No Exemplo 6.14 a eficiência isentrópica de um compressor de refrigeração é avaliada inicialmente utilizando-se dados de tabelas de propriedades e, depois, usando-se um programa de computador.

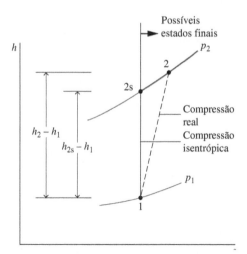

Fig. 6.12 Comparação entre uma compressão real e uma compressão isentrópica.

270 Capítulo 6

▶▶▶ EXEMPLO 6.14 ▶

Avaliando a Eficiência Isentrópica de um Compressor

Para o compressor da bomba de calor do Exemplo 6.8, determine a potência, em kW, e a eficiência isentrópica utilizando **(a)** dados de tabelas de propriedades, **(b)** o *Interactive Thermodynamics: IT*, ou um programa similar.

SOLUÇÃO

Dado: Refrigerante 22 é comprimido adiabaticamente em regime permanente a partir de um estado na admissão especificado até um estado de descarga especificado. A vazão mássica é conhecida.

Pede-se: determine a potência do compressor e a eficiência isentrópica utilizando (a) tabelas de propriedades, (b) o *IT* ou um programa similar.

Diagrama Esquemático e Dados Fornecidos:

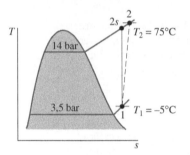

Modelo de Engenharia:
1. Um volume de controle envolvendo o compressor se encontra em regime permanente.
2. A compressão é adiabática, e as variações das energias cinética e potencial entre a admissão e a descarga podem ser desprezadas.

Fig. E6.14

Análise: (a) Utilizando as hipóteses 1 e 2, os balanços das taxas de massa e de energia fornecem

$$\dot{W}_{vc} = \dot{m}(h_1 - h_2)$$

A partir da Tabela A-9, $h_1 = 249{,}75$ kJ/kg e $h_2 = 294{,}17$ kJ/kg. Então, com a vazão mássica determinada no Exemplo 6.8

$$\dot{W}_{vc} = (0{,}07 \text{ kg/s})(249{,}75 - 294{,}17) \text{ kJ/kg} \left| \frac{1 \text{ kW}}{1 \text{ kJ/s}} \right| = -3{,}11 \text{ kW}$$

A eficiência isentrópica do compressor é determinada utilizando-se a Eq. 6.48

$$\eta_c = \frac{(-\dot{W}_{vc}/\dot{m})_s}{(-\dot{W}_{vc}/\dot{m})} = \frac{(h_{2s} - h_1)}{(h_2 - h_1)}$$

Nesta expressão o denominador representa o trabalho necessário por unidade de massa de refrigerante escoando durante o processo real de compressão, como calculado antes. O numerador é o trabalho necessário para uma compressão isentrópica entre o estado inicial e a mesma pressão de descarga. O estado na saída para a compressão isentrópica é representado como 2s no diagrama *T–s* que acompanha esta solução.

A partir da Tabela A-9, $s_1 = 0{,}9572$ kJ/kg · K. Com $s_{2s} = s_1$, interpolando na Tabela A-9 em 14 bar fornece $h_{2s} = 285{,}58$ kJ/kg. Substituindo valores,

$$\eta_c = \frac{(285{,}58 - 249{,}75)}{(294{,}17 - 249{,}75)} = 0{,}81 (81\%)$$

(b) O código *IT* é apresentado a seguir. No código, $\dot{W}_{vc}$ é representado por Wdot, $\dot{m}$ por mdot e η_c por eta_c.

```
// Given Data:
T1 = −5 // °C
p1 = 3.5 // bar
T2 = 75 // °C
p2 = 14 // bar
mdot = 0.07 // kg/s

// Determine the specific enthalpies.
h1 = h_PT("R22",p1,T1)
h2 = h_PT("R22",p2,T2)

// Calculate the power.
Wdot = mdot * (h1 − h2)
// Find h2s:
s1 = s_PT("R22",p1,T1)
```
❶ `s2s = s_Ph("R22",p2,h2s)`
```
s2s = s1

// Determine the isentropic compressor efficiency.
eta_c = (h2s − h1)/(h2 − h1)
```

Utilize o botão **Solve** para obter: $\dot{W}_{vc} = -3{,}111$ kW e $\eta_c = 80{,}58\%$, o que está de acordo com os valores obtidos anteriormente.

> ✓ **Habilidades Desenvolvidas**
>
> *Habilidades para...*
> ❏ aplicar o balanço da taxa de energia a um volume de controle.
> ❏ aplicar a eficiência isentrópica de um compressor, dada pela Eq. 6.48.
> ❏ obter dados do Refrigerante 22.

❶ Observe que o *IT* resolve para o valor de h_{2s}, embora esta seja uma variável implícita nos argumentos da função da entropia específica.

Teste-Relâmpago Determine o trabalho mínimo teórico de acionamento, em kJ por kg para uma compressão adiabática a partir do estado 1 a uma pressão de saída de 14 bar. **Resposta:** 35,83 kJ/kg.

6.13 Calor e Trabalho em Processos Internamente Reversíveis em Regime Permanente

Esta seção trata da análise em regime permanente de volumes de controle com uma entrada e uma saída. O objetivo é desenvolver expressões para o calor e o trabalho na ausência de irreversibilidades internas. As expressões resultantes estão relacionadas a várias importantes aplicações.

6.13.1 Calor Transferido

Para um volume de controle em regime permanente, no qual o escoamento seja *isotérmico* e *internamente reversível*, a maneira apropriada do balanço de entropia se torna

$$0 = \frac{\dot{Q}_{vc}}{T} + \dot{m}(s_1 - s_2) + \dot{\sigma}_{vc}^{0}$$

em que 1 e 2 representam a entrada e a saída, respectivamente, e $\dot{m}$ representa a vazão mássica. Resolvendo essa equação, o calor transferido por unidade de massa que atravessa o volume de controle se torna

$$\frac{\dot{Q}_{vc}}{\dot{m}} = T(s_2 - s_1)$$

De modo geral, a temperatura varia à medida que o gás ou o líquido escoa através do volume de controle. Podemos considerar que tal variação de temperatura consiste em uma série de variações infinitesimais. Então, o calor transferido por unidade de massa seria dado por

$$\left(\frac{\dot{Q}_{vc}}{\dot{m}}\right)_{\substack{\text{int}\\\text{rev}}} = \int_1^2 T\, ds \qquad (6.49)$$

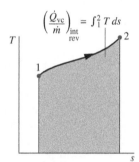

Fig. 6.13 Área correspondente ao calor transferido em um processo de escoamento internamente reversível de um sistema fechado.

O subscrito "int rev" serve como lembrete de que essa expressão é aplicável somente a volumes de controle nos quais não ocorrem irreversibilidades internas. A integral da Eq. 6.49 é avaliada a partir da entrada até a saída. Quando os estados que uma unidade de massa apresenta, à medida que atravessa de forma reversível da entrada para a saída, são descritos por uma curva em um diagrama *T–s*, a magnitude do calor transferido por unidade de massa escoando pode ser representada pela área *sob* a curva, como mostrado na Fig. 6.13.

6.13.2 Trabalho

O trabalho por unidade de massa cruzando o volume de controle com uma entrada e uma saída pode ser determinado a partir do balanço da taxa de energia que, para regime permanente, se reduz a

$$\frac{\dot{W}_{vc}}{\dot{m}} = \frac{\dot{Q}_{vc}}{\dot{m}} + (h_1 - h_2) + \left(\frac{V_1^2 - V_2^2}{2}\right) + g(z_1 - z_2)$$

Esta equação é um enunciado do princípio da conservação de energia que se aplica quando irreversibilidades estão presentes no interior do volume de controle, assim como quando estas estão ausentes. Entretanto, se a análise está restrita ao caso internamente reversível, a Eq. 6.49 pode ser utilizada de modo a obter

$$\left(\frac{\dot{W}_{vc}}{\dot{m}}\right)_{\substack{int \\ rev}} = \int_1^2 T\,ds + (h_1 - h_2) + \left(\frac{V_1^2 - V_2^2}{2}\right) + g(z_1 - z_2) \qquad (6.50)$$

em que o subscrito "int rev" tem o mesmo significado anteriormente descrito.

Uma vez que irreversibilidades estão ausentes, uma unidade de massa passa por uma sequência de estados de equilíbrio à medida que ela escoa da entrada à saída. Variações de entropia, entalpia e de pressão estão, dessa forma, relacionadas pela Eq. 6.10b

$$T\,ds = dh - v\,dp$$

que, por integração, fornece

$$\int_1^2 T\,ds = (h_2 - h_1) - \int_1^2 v\,dp$$

Introduzindo essa relação, a Eq. 6.50 se torna

$$\left(\frac{\dot{W}_{vc}}{\dot{m}}\right)_{\substack{int \\ rev}} = -\int_1^2 v\,dp + \left(\frac{V_1^2 - V_2^2}{2}\right) + g(z_1 - z_2) \qquad (6.51a)$$

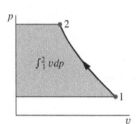

Fig. 6.14 Área correspondente a $\int_1^2 v\,dp$.

Quando os estados que uma unidade de massa apresenta à medida que atravessa reversivelmente da entrada para a saída são descritos por uma curva em um diagrama *p–v*, como mostrado na Fig. 6.14, a magnitude da integral e $\int v\,dp$ é representada pela área sombreada *atrás* da curva.

A Eq. 6.51a é aplicada a equipamentos como turbinas, compressores e bombas. Em diversos casos não ocorre variação significativa de energia cinética ou potencial entre a entrada e a saída, assim

$$\left(\frac{\dot{W}_{vc}}{\dot{m}}\right)_{\substack{int \\ rev}} = -\int_1^2 v\,dp \qquad (\Delta ec = \Delta ep = 0) \qquad (6.51b)$$

Essa expressão mostra que o valor do trabalho está relacionado com a magnitude do volume específico do gás ou do líquido à medida que este escoa da entrada à saída do equipamento.

▶ **POR EXEMPLO** considere dois dispositivos: uma bomba através da qual água líquida escoa e um compressor pelo qual vapor d'água escoa. Para o *mesmo aumento de pressão*, a bomba necessita de uma quantidade muito menor de trabalho de *entrada* por unidade de massa escoando do que o compressor, uma vez que o volume específico do líquido é muito menor que o do vapor. Essa conclusão é também qualitativamente correta para bombas e compressores reais, em que irreversibilidades estão presentes durante a operação. ◀ ◀ ◀ ◀ ◀

Se o volume específico permanece aproximadamente constante, como em várias aplicações envolvendo líquidos, a Eq. 6.51b se torna

$$\left(\frac{\dot{W}_{vc}}{\dot{m}}\right)_{\substack{int \\ rev}} = -v(p_2 - p_1) \qquad (v = \text{constante}, \Delta ec = \Delta ep = 0) \qquad (6.51c)$$

A Eq. 6.51a pode também ser aplicada para o estudo do desempenho de volumes de controle em regime permanente, nos quais $\dot{W}_{vc}$ é nulo, como no caso de bocais e difusores. Para qualquer desses casos a equação se torna

$$\int_1^2 v\,dp + \left(\frac{V_2^2 - V_1^2}{2}\right) + g(z_2 - z_1) = 0 \qquad (6.52)$$

equação de Bernoulli

que é uma forma da equação de Bernoulli frequentemente utilizada em mecânica dos fluidos.

6.13.3 Trabalho em Processos Politrópicos

Na discussão da Fig. 6.10 identificamos um processo internamente reversível descrito por $pv^n = constante$ como um *processo politrópico*, em que *n* é uma constante (veja a Seção 3.15 e a discussão da Fig. 6.10). Quando cada unidade de massa é submetida a um processo politrópico à medida que passa através do volume de controle com uma entrada e uma saída, utilizamos a relação $pv^n = constante$. Introduzindo essa relação na Eq. 6.51b e realizando a integração obtém-se o trabalho por unidade de massa na ausência de irreversibilidades internas e de variações significativas relacionadas com as energias cinética e potencial. Isto é,

$$\left(\frac{\dot{W}_{vc}}{\dot{m}}\right)_{\substack{int \\ rev}} = -\int_1^2 v\,dp = -(constante)^{1/n} \int_1^2 \frac{dp}{p^{1/n}}$$

$$= -\frac{n}{n-1}(p_2 v_2 - p_1 v_1) \qquad (\text{politrópico}, n \neq 1) \qquad (6.53)$$

> **BIOCONEXÕES**
> Os morcegos, únicos mamíferos que podem voar, exercem diversos papéis ecológicos importantes, incluindo o fato de se alimentarem de insetos prejudiciais à colheita. Atualmente, quase um quarto das espécies de morcegos está em perigo ou ameaçada. Por causas desconhecidas, os morcegos são atraídos por turbinas eólicas de grande porte, motivo de morte pelo impacto ou por *hemorragia*. Próximo às pás das turbinas que se deslocam rapidamente, há uma queda da pressão do ar, o que expande os pulmões dos morcegos, causando a ruptura de finos vasos capilares e fazendo com que estes se encham de líquido, causando-lhes a morte.
> A relação entre a velocidade e a pressão do ar nesses instantes é capturada pela seguinte forma diferencial da Eq. 6.52, a *equação de Bernoulli*:
>
> $$v\, dp = -V\, dV$$
>
> que mostra que conforme a velocidade *local* V aumenta, a pressão *local* p diminui. A redução da pressão perto das pás da turbina em movimento é a fonte de perigo para os morcegos.
> Alguns dizem que durante a *migração* dos morcegos é que a maioria das fatalidades ocorre, e, portanto, o dano pode ser diminuído nos parques eólicos existentes, reduzindo a operação da turbina durante os períodos de pico de migração. Parques eólicos novos devem ser localizados longe das rotas migratórias conhecidas.

A Eq. 6.53 é aplicada para qualquer valor de n, com exceção de $n = 1$. Quando $n = 1$, $pv = constante$, e o trabalho é

$$\left(\frac{\dot{W}_{vc}}{\dot{m}}\right)_{\substack{int \\ rev}} = -\int_1^2 v\, dp = -constante \int_1^2 \frac{dp}{p}$$

$$= -(p_1 v_1) \ln(p_2/p_1) \quad (\text{politrópico, } n = 1) \quad (6.54)$$

As Eqs. 6.53 e 6.54 são genericamente aplicáveis a processos politrópicos de *qualquer* gás (ou líquido).

O CASO DO GÁS IDEAL. Para o caso especial de um gás ideal, a Eq. 6.53 se torna

$$\left(\frac{\dot{W}_{vc}}{\dot{m}}\right)_{\substack{int \\ rev}} = -\frac{nR}{n-1}(T_2 - T_1) \quad (\text{gás ideal, } n \neq 1) \quad (6.55a)$$

Para um processo politrópico de um gás ideal, a Eq. 3.56 se aplica:

$$\frac{T_2}{T_1} = \left(\frac{p_2}{p_1}\right)^{(n-1)/n}$$

Então, a Eq. 6.55a pode ser expressa alternativamente como

$$\left(\frac{\dot{W}_{vc}}{\dot{m}}\right)_{\substack{int \\ rev}} = -\frac{nRT_1}{n-1}\left[\left(\frac{p_2}{p_1}\right)^{(n-1)/n} - 1\right] \quad (\text{gás ideal, } n \neq 1) \quad (6.55b)$$

Para o caso de um gás ideal, a Eq. 6.54 se torna

$$\left(\frac{\dot{W}_{vc}}{\dot{m}}\right)_{\substack{int \\ rev}} = -RT \ln(p_2/p_1) \quad (\text{gás ideal, } n = 1) \quad (6.56)$$

No Exemplo 6.15 consideramos ar modelado como um gás ideal submetido a um processo de compressão politrópica em regime permanente.

► EXEMPLO 6.15 ►

Determinando Trabalho e Transferência de Calor para um Processo de Compressão Politrópica do Ar

Um compressor de ar opera em regime permanente com ar admitido a $p_1 = 1$ bar, $T_1 = 20°C$ e descarregado a $p_2 = 5$ bar. Determine o trabalho e o calor transferido por unidade de massa que passa através do equipamento, em kJ/kg, se o ar é submetido a um processo politrópico com $n = 1,3$. Despreze as variações das energias cinética e potencial entre a entrada e a saída. Utilize o modelo de gás ideal para o ar.

SOLUÇÃO

Dado: ar é comprimido em um processo politrópico a partir de um estado especificado na admissão até uma pressão de saída também especificada.

Pede-se: determine o trabalho e o calor transferido por unidade de massa que atravessa o equipamento.

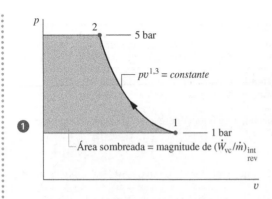

Diagrama Esquemático e Dados Fornecidos:
Modelo de Engenharia:

1. Um volume de controle envolvendo o compressor se encontra em regime permanente.
2. O ar é submetido a um processo politrópico com $n = 1,3$.
3. O ar se comporta como um gás ideal.
4. As variações das energias cinética e potencial da entrada à saída podem ser desprezadas.

Fig. E6.15

Análise: o trabalho pode ser obtido utilizando a Eq. 6.55a, que requer para sua utilização a temperatura na saída, T_2. A temperatura T_2 pode ser encontrada utilizando-se a Eq. 3.56

$$T_2 = T_1 \left(\frac{p_2}{p_1}\right)^{(n-1)/n} = 293 \left(\frac{5}{1}\right)^{(1,3-1)/1,3} = 425 \text{ K}$$

Substituindo-se os valores conhecidos na Eq. 6.55a, encontramos

$$\frac{\dot{W}_{vc}}{\dot{m}} = -\frac{nR}{n-1}(T_2 - T_1) = -\frac{1,3}{1,3-1}\left(\frac{8,314}{28,97}\frac{\text{kJ}}{\text{kg}\cdot\text{K}}\right)(425 - 293) \text{ K}$$

$$= -164,2 \text{ kJ/kg}$$

O calor transferido é avaliado pela simplificação dos balanços de massa e energia, utilizando as hipóteses para obter

$$\frac{\dot{Q}_{vc}}{\dot{m}} = \frac{\dot{W}_{vc}}{\dot{m}} + h_2 - h_1$$

Utilizando as temperaturas T_1 e T_2, as entalpias específicas requeridas são obtidas a partir da Tabela A-22 como $h_1 = 293{,}17$ kJ/kg e $h_2 = 426{,}35$ kJ/kg. Então

$$\frac{\dot{Q}_{vc}}{\dot{m}} = -164{,}15 + (426{,}35 - 293{,}17) = -31 \text{ kJ/kg}$$

> **✓ Habilidades Desenvolvidas**
>
> *Habilidades para...*
> - analisar um processo politrópico de um gás ideal.
> - aplicar o balanço da taxa de energia a um volume de controle.

❶ Os estados correspondentes ao processo politrópico de compressão são mostrados pela curva no diagrama p–v que acompanha esta solução. A magnitude do trabalho por unidade de massa atravessando o compressor é representada pela área sombreada *atrás* da curva.

Teste-Relâmpago Considerando que o ar passa por um processo politrópico com $n = 1{,}0$, determine o trabalho e a transferência de calor, ambos em kJ por kg de ar, conservando todos os outros dados constantes.
Resposta: $-135{,}3$ kJ/kg.

▶ RESUMO DO CAPÍTULO E GUIA DE ESTUDOS

No presente capítulo apresentamos a propriedade entropia e ilustramos sua utilização para análises termodinâmicas. Assim como massa e energia, a entropia é uma propriedade extensiva que pode ser transferida através das fronteiras de sistemas. A transferência de entropia acompanha tanto a transferência de calor quanto o fluxo de massa. Ao contrário da massa e da energia, a entropia não é conservada, mas *gerada* no interior de sistemas quando irreversibilidades internas estão presentes.

A utilização de balanços de entropia é apresentada neste capítulo. Balanços de entropia são expressões da segunda lei que contabilizam a entropia de sistemas em termos de transferências de entropia e de geração de entropia. Para processos de sistemas fechados, o balanço de entropia é representado pela Eq. 6.24, e a forma em termo de taxas, pela Eq. 6.28. Para volumes de controle, o balanço em termos de taxa é representado pela Eq. 6.34, enquanto a expressão para regime permanente associada, pela Eq. 6.36.

Os itens a seguir fornecem um guia de estudo para este capítulo. Ao término do estudo do texto e dos exercícios dispostos no final do capítulo, você estará apto a

▶ descrever o significado dos termos dispostos em negrito ao longo do capítulo e entender cada um dos conceitos relacionados. O conjunto de conceitos fundamentais listados mais adiante é muito importante para os capítulos subsequentes.

Utilizando a Entropia **275**

- aplicar balanços de entropia em cada uma das diversas formas alternativas, modelando de modo apropriado o caso que está sendo analisado, observando corretamente a convenção de sinais e utilizando com cuidado as unidades SI e inglesas.
- utilizar apropriadamente dados de entropia, incluindo
  - obter dados das Tabelas A-2 a A-18, utilizando a Eq. 6.4 para avaliar a entropia específica de misturas bifásicas líquido-vapor, esboçando diagramas T–s e h–s e localizando estados nesses diagramas, além de utilizar apropriadamente as Eqs. 6.5 e 6.13.
  - determinar Δs para gases ideais utilizando a Eq. 6.20 para calores específicos variáveis, juntamente com as Tabelas A-21 a A-23, e utilizar as Eqs. 6.21 e 6.22 para calores específicos constantes.
  - avaliar eficiências isentrópicas de turbinas, bocais, compressores e bombas a partir das Eqs. 6.46, 6.47 e 6.48, respectivamente, incluindo a utilização apropriada para gases ideais e calores específicos variáveis das Eqs. 6.41-6.42 e das Eqs. 6.43-6.45 para calores específicos constantes.
- aplicar a Eq. 6.23 para sistemas fechados e as Eqs. 6.49 e 6.51 para volumes de controle com uma entrada e uma saída, observando corretamente as restrições associadas a processos internamente reversíveis.

CONCEITOS FUNDAMENTAIS NA ENGENHARIA

balanço da taxa de entropia
balanço de entropia
diagrama de Mollier
diagrama T-s

eficiências isentrópicas
equações T ds
geração de entropia
princípio do aumento de entropia

processo isentrópico
transferência de entropia
variação de entropia

EQUAÇÕES PRINCIPAIS

$S_2 - S_1 = \int_1^2 \left(\frac{\delta Q}{T}\right)_b + \sigma$	(6.24)	balanço de entropia para um sistema fechado.
$\dfrac{dS}{dt} = \sum_j \dfrac{\dot{Q}_j}{T_j} + \dot{\sigma}$	(6.28)	balanço da taxa de entropia para um sistema fechado.
$\dfrac{dS_{vc}}{dt} = \sum_j \dfrac{\dot{Q}_j}{T_j} + \sum_e \dot{m}_e s_e - \sum_s \dot{m}_s s_s + \dot{\sigma}_{vc}$	(6.34)	balanço da taxa de entropia para um volume de controle.
$0 = \sum_j \dfrac{\dot{Q}_j}{T_j} + \sum_e \dot{m}_e s_e - \sum_s \dot{m}_s s_s + \dot{\sigma}_{vc}$	(6.36)	balanço da taxa de entropia para um volume de controle em regime permanente.
$\eta_t = \dfrac{\dot{W}_{vc}/\dot{m}}{(\dot{W}_{vc}/\dot{m})_s} = \dfrac{h_1 - h_2}{h_1 - h_{2s}}$	(6.46)	eficiência isentrópica de uma turbina.
$\eta_{bocal} = \dfrac{V_2^2/2}{(V_2^2/2)_s}$	(6.47)	eficiência isentrópica de um bocal.
$\eta_c = \dfrac{(-\dot{W}_{vc}/\dot{m})_s}{(-\dot{W}_{vc}/\dot{m})} = \dfrac{h_{2s} - h_1}{h_2 - h_1}$	(6.48)	eficiência isentrópica de um compressor (e de uma bomba).

Relações para o Modelo de Gás Ideal

$s(T_2, v_2) - s(T_1, v_1) = \int_{T_1}^{T_2} c_v(T)\dfrac{dT}{T} + R \ln \dfrac{v_2}{v_1}$	(6.17)	Variação da entropia específica; forma geral para T e v como propriedades independentes.
$s(T_2, v_2) - s(T_1, v_1) = c_v \ln \dfrac{T_2}{T_1} + R \ln \dfrac{v_2}{v_1}$	(6.21)	Calor específico c_v constante.
$s(T_2, p_2) - s(T_1, p_1) = \int_{T_1}^{T_2} c_p(T)\dfrac{dT}{T} - R \ln \dfrac{p_2}{p_1}$	(6.18)	Variação da entropia específica; forma geral para T e p como propriedades independentes.
$s(T_2, p_2) - s(T_1, p_1) = s°(T_2) - s°(T_1) - R \ln \dfrac{p_2}{p_1}$	(6.20a)	Para o ar $s°$ é obtido da Tabela A-22. (Para outros gases $\bar{s}°$ é obtido da Tabela A-23.)
$s(T_2, p_2) - s(T_1, p_1) = c_p \ln \dfrac{T_2}{T_1} - R \ln \dfrac{p_2}{p_1}$	(6.22)	Calor específico c_p constante.

$$\frac{p_2}{p_1} = \frac{p_{r2}}{p_{r1}} \quad (6.41)$$

$$\frac{v_2}{v_1} = \frac{v_{r2}}{v_{r1}} \quad (6.42)$$

$s_1 = s_2$ (somente para o ar), p_r e v_r são obtidos da Tabela A-22.

$$\frac{T_2}{T_1} = \left(\frac{p_2}{p_1}\right)^{(k-1)/k} \quad (6.43)$$

$$\frac{T_2}{T_1} = \left(\frac{v_1}{v_2}\right)^{k-1} \quad (6.44)$$

$$\frac{p_2}{p_1} = \left(\frac{v_1}{v_2}\right)^{k} \quad (6.45)$$

$s_1 = s_2$, razão de calores específicos k constante.

► EXERCÍCIOS: PONTOS DE REFLEXÃO PARA OS ENGENHEIROS

1. Aplicando o balanço de entropia a um sistema, quais irreversibilidades são incluídas no termo de produção de entropia: internas ou externas?
2. Em um sistema isolado, a entropia somente pode aumentar. Ela tem um valor máximo?
3. O balanço de entropia em um sistema fechado pode ser utilizado para provar as formulações de Clausius e Kelvin-Planck da Segunda Lei?
4. Um gás é confinado em um tanque rígido com um sistema de pás giratórias. Energia é transferida para o gás, girando as pás. A entropia do gás pode diminuir?
5. Uma mistura adiabática de duas substâncias resulta em um decréscimo de entropia? Explique.
6. Quando um sistema passa por um ciclo de *Carnot* é gerada entropia? Explique.
7. Quando uma mistura de óleo de oliva e vinagre é separada espontaneamente em duas fases líquidas, a segunda lei é violada? Explique.
8. Um mágico afirma que, apenas com um aceno de sua varinha mágica, um copo de água, inicialmente a temperatura ambiente, terá sua temperatura elevada de vários graus rapidamente por meio da transferência de energia da vizinhança. Isso é possível? Explique.
9. Como a equação de *Bernouilli* deve ser simplificada para chegar à forma usada na discussão apresentada em BIOCONEXÕES, na Seção 6.13.2?
10. A Eq. 6.51a é restrita aos processos adiabáticos e, desta forma, processos isentrópicos? Explique.
11. Usando a Eq. 6.51c, que dados são necessários para determinar a potência *real* de entrada de uma bomba de poço usada em porão?
12. O que é o programa ENERGY STAR®?

► VERIFICAÇÃO DE APRENDIZADO

Nos Problemas 1 a 6, um sistema fechado é submetido a um processo no qual o trabalho é realizado sobre o sistema e a transferência de calor Q ocorre somente em um ponto da fronteira em que a temperatura é T_b. Em cada caso, determine se a variação de entropia do sistema é positiva, negativa, zero ou indeterminada.

1. Processo internamente reversível, $Q > 0$.
2. Processo internamente reversível, $Q = 0$.
3. Processo internamente reversível, $Q < 0$.
4. Irreversibilidades internas presentes, $Q > 0$.
5. Irreversibilidades internas presentes, $Q = 0$.
6. Irreversibilidades internas presentes, $Q < 0$.

Nos Problemas 7 a 10, um gás flui através de um volume de controle com uma entrada e uma saída, operando em regime permanente. A transferência de calor a uma taxa $\dot{Q}_{cv}$ ocorre somente em um ponto da fronteira no qual a temperatura é T_b. Em cada caso, determine se a entropia específica do gás na saída é maior que, igual a, ou menor que a entropia específica na entrada.

7. Sem irreversibilidades internas, $\dot{Q}_{cv} = 0$.
8. Sem irreversibilidades internas, $\dot{Q}_{cv} < 0$.
9. Sem irreversibilidades internas, $\dot{Q}_{cv} > 0$.
10. Irreversibilidades internas presentes, $\dot{Q}_{cv} \geq 0$.
11. Sob regime permanente, uma câmara de mistura isolada recebe dois fluxos de líquidos da mesma substância a temperaturas T_1 e T_2 e vazões mássicas $\dot{m}_1$ e $\dot{m}_2$, respectivamente. A saída é formada por um fluxo único com temperatura T_3 e vazão mássica $\dot{m}_3$. Assumindo que o líquido se comporta como uma substância incompressível com capacidade calorífica específica c, a temperatura à saída é
    (a) $T_3 = (T_1 + T_2)/2$.
    (b) $T_3 = (\dot{m}_1 T_1 + \dot{m}_2 T_2)/\dot{m}_3$.
    (c) $T_3 = c(T_1 - T_2)$.
    (d) $T_3 = (\dot{m}_1 T_1 - \dot{m}_2 T_2)/\dot{m}_3$.
    (e) Nenhuma das anteriores.
12. Mesmo considerando que a variação de entropia seja calculada utilizando a Eq. 6.2a para processos internamente reversíveis, a variação de entropia entre dois estados pode ser determinada para qualquer processo entre esses dois estados, seja ele reversível ou não. Explique.
13. O diagrama h-s é frequentemente chamado de diagrama _____.
14. Um sistema fechado é submetido a um processo no qual $S_2 = S_1$. Esse processo deve ser internamente reversível? Explique.
15. Mostre que, para a transição de fases da água, entre o estado de líquido saturado para vapor saturado, sob pressão constante, em um sistema fechado, a seguinte igualdade se aplica: $(h_g - h_f) = T(s_g - s_f)$.
16. A energia interna específica de um gás ideal depende somente da temperatura. O mesmo se aplica à entropia específica? Explique.
17. Quando ocorre transferência de calor em um sistema fechado, também ocorre transferência de entropia. As direções dessas transferências são as mesmas? Explique.
18. Como um caso limite, um processo em um sistema fechado pode ser internamente reversível, porém apresentar irreversibilidades em relação às vizinhanças. Dê um exemplo de processo como este.

Utilizando a Entropia   277

19. O estado de referência de entropia específica zero nas Tabelas A-2 a A-6 é _____.
20. O que é a probabilidade termodinâmica w?
21. Para um volume de controle com uma entrada e uma saída sob regime permanente, a entropia específica na saída deve ser _____ que a entropia específica na entrada, se não houver troca de calor.
22. Usando a equação de *Bernoulli*, mostre que, para uma substância incompressível, a pressão deve diminuir na direção do fluxo se a velocidade aumenta, assumindo não haver variação na altura (elevação).
23. O que é o *princípio do aumento de entropia*?
24. A expressão $p_2/p_1 = (T_2/T_1)^{k/(k-1)}$ se aplica somente a _____.
25. A entropia específica da água, em Btu/lb · °R a 500 lbf/in² (3 Mpa) e 100°F (37,8°C) é _____.
26. Amônia é submetida a um processo isentrópico de um estado inicial a 10 bar e 40°C até uma pressão final de 3,5 bar. Qual(is) fase(s) está(ão) presente(s) no estado final?
27. As eficiências isentrópicas de uma turbina e um compressor são definidas a partir de um estado inicial fixo até um estado final _____.
28. Explique brevemente a noção de desordem microscópica da forma como se aplica a um processo em um sistema isolado.
29. Água como vapor saturado a 5 bar é submetida a um processo, em um sistema fechado, até o estado final no qual a pressão é 10 bar e a temperatura 200°C. Esse processo pode ocorrer adiabaticamente? Explique.
30. Dióxido de carbono, sob comportamento ideal, é submetido a um processo sob temperatura constante desde 10 lbf/in² (68,9 kPa) até 50 lbf/in² (344,7 kPa). A entropia específica do gás aumenta, diminui ou permanece constante? Demonstre seu raciocínio.

Nos exercícios a seguir, indique se cada comentário é verdadeiro ou falso. Explique.

31. A variação de entropia em um sistema fechado é a mesma para qualquer processo entre dois estados especificados.
32. A entropia de uma quantidade fixa de uma substância incompressível aumenta para qualquer processo no qual a temperatura aumente.
33. Um processo que viola a segunda lei da termodinâmica viola também a primeira lei.
34. Quando uma quantidade líquida de trabalho é realizada sobre um sistema fechado em um processo internamente reversível, uma transferência líquida de calor do sistema também ocorre.
35. Um corolário da segunda lei da termodinâmica estabelece que a variação de entropia em um sistema fechado deve ser maior que ou igual a zero.
36. Um sistema fechado pode sofrer uma diminuição de entropia somente se houver transferência de calor do sistema para as vizinhanças durante o processo.
37. Entropia é produzida em todos os processos internamente reversíveis em sistemas fechados.
38. Em um sistema fechado, um processo adiabático e internamente reversível não altera a entropia.
39. A entropia de uma quantidade fixa de gás ideal aumenta em qualquer processo isotérmico
40. A energia interna específica e a entalpia específica de um gás ideal são funções somente da temperatura, mas a entropia específica depende de duas propriedades intensivas independentes.
41. A energia de um sistema isolado deve permanecer constante, porém a entropia pode apenas diminuir.
42. O ciclo de *Carnot* é representado em um diagrama T-s como um retângulo.
43. A *variação* de entropia de um sistema fechado durante um processo pode ser maior, igual a ou menor que zero.
44. Para um dado estado de entrada, pressão de saída e vazão mássica, a potência de um compressor operando adiabaticamente sob regime permanente é menor que aquela necessária se a compressão ocorresse isentropicamente.
45. Para sistemas fechados submetidos a processos envolvendo irreversibilidades internas, tanto a produção de entropia quanto a variação de entropia têm valores positivos.
46. As equações $T\,dS$ são fundamentalmente importantes em termodinâmica, pois relacionam propriedades importantes de substâncias puras e sistemas simples compressíveis.
47. Para um dado estado de entrada, pressão de saída e vazão mássica, a potência de uma turbina operando sob regime permanente é menor que aquela se a expansão ocorresse isentropicamente.
48. No estado líquido, a seguinte aproximação é razoável: $s(T, p) \approx s_g(T)$.
49. A forma do balanço de entropia para um volume de controle sob regime permanente impõe que a taxa total na qual a entropia é transferida para fora do volume de controle seja menor que a taxa total de entropia de entrada.
50. Em *termodinâmica estatística*, entropia está associada à noção de desordem microscópica.
51. O *princípio de aumento de entropia* estabelece que os únicos processos possíveis em um sistema isolado são aqueles nos quais a entropia aumenta.
52. As únicas transferências de entropia de ou para um volume de controle são aquelas que acompanham transferência de calor.
53. Transferências de calor em processos internamente reversíveis em sistemas fechados são representadas como áreas em diagramas T-s.
54. A variação de entropia entre dois estados de ar sob comportamento de gás ideal podem ser lidas *diretamente* dos dados das Tabelas A-22 e A-22E somente se a pressão nos dois estados for a mesma.
55. Quando um sistema é submetido a um ciclo de *Carnot*, entropia não é produzida no sistema.

▶ PROBLEMAS: DESENVOLVENDO HABILIDADES PARA ENGENHARIA

Utilizando Dados e Conceitos de Entropia

6.1 Elabore um gráfico em escala mostrando as linhas de pressão constante a 5 e 10 MPa entre 100 e 400°C em um diagrama T-s para a água.

6.2 Elabore um gráfico em escala mostrando as linhas de pressão constante a 6,9 MPa e 10,3 MPa lbf/in² entre 148,9°C e 537,8°C em um diagrama T-s para a água.

6.3 Utilizando a tabela apropriada, determine a propriedade indicada. Em cada caso, localize o estado manualmente em esboços dos diagramas T–v e T–s.
(a) água a $p = 0{,}20$ bar, $s = 4{,}3703$ kJ/kg · K. Calcule h, em kJ/kg.
(b) água a $p = 10$ bar, $u = 3124{,}4$ kJ/kg. Calcule s, em kJ/kg · K.
(c) Refrigerante 134a a $T = -28°C$, $x = 0{,}8$. Calcule s, em kJ/kg · K.
(d) amônia a $T = 20°C$, $s = 5{,}0849$ kJ/kg · K. Calcule u, em kJ/kg.

6.4 Utilizando a tabela apropriada, determine a variação da entropia específica entre os estados especificados, em Btu/lb · °R. Localize os estados em um diagrama T-s.
(a) água, $p_1 = 10$ lbf/in² (68,9 kPa), vapor saturado; $p_2 = 500$ lbf/in² (3,4 MPa), $T_2 = 700°F$ (371,1°C).
(b) amônia, $p_1 = 140$ lbf/in² (965,3 kPa), $T_1 = 160°F$ (71,1°C); $h_2 = 590$ Btu/lb (1372,34 kJ/kg), $T_2 = -10°F$ (-12,2°C).
(c) ar com comportamento de gás ideal, $p_1 = 1$ atm, $T_1 = 80°F$ (26,7°C); $p_2 = 5$ atm, $T_2 = 340°F$ (171,1°C).
(d) oxigênio com comportamento de gás ideal, $T_1 = T_2 = 520°R$ (15,7°C), $p_1 = 10$ atm; $p_2 = 5$ atm.

6.5 Usando o *IT* ou outro programa equivalente, determine a propriedade indicada para cada caso no Problema 6.3. Compare os valores obtidos com valores determinados a partir de tabelas termodinâmicas e discuta.

6.6 Utilizando o *IT* ou um programa similar repita o Problema 6.4. Compare com os resultados obtidos a partir da tabela apropriada e discuta.

6.7 Utilizando os dados da *tabela de vapor d'água*, determine o valor da propriedade indicada para um processo no qual não há variação da entropia específica entre o estado 1 e o estado 2. Em cada caso, localize os estados em um esboço do diagrama T–s.
(a) $T_1 = 40°C$, $x_1 = 100\%$, $p_2 = 150$ kPa. Determine T_2, em °C, e Δh, em kJ/kg.

(b) $T_1 = 10°C$, $x_1 = 75\%$, $p_2 = 1$ MPa. Determine T_2, em °C, e Δu, em kJ/kg.

6.8 Utilizando a tabela apropriada, determine a propriedade indicada para um processo no qual não ocorre variação da entropia específica entre o estado 1 e o estado 2.
(a) água, $p_1 = 14,7$ lbf/in² (101,3 kPa), $T_1 = 500°F$ (260,0°C), $p_2 = 100$ lbf/in² (689,5 kPa). Encontre T_2 em °F.
(b) água, $T_1 = 10°C$, $x_1 = 0,75$, vapor saturado no estado 2. Encontre p_2 em bar.
(c) ar como um gás ideal, $T_1 = 27°C$, $p_1 = 1,5$ bar, $T_2 = 127°C$. Encontre p_2 em bar.
(d) ar como um gás ideal, $T_1 = 100°F$ (37,8°C), $p_1 = 3$ atm, $p_2 = 2$ atm. Encontre T_2 em °F.
(e) Refrigerante 134a, $T_1 = 20°C$, $p_1 = 5$ bar, $p_2 = 1$ bar. Encontre v_2 em m³/kg.

6.9 Utilizando o *IT* ou um programa similar, obtenha o valor da propriedade requerida no (a) Problema 6.7, (b) Problema 6.8 e compare com o valor obtido da tabela apropriada.

6.10 Propano é submetido a um processo a partir de um estado 1, em que $p_1 = 1,4$ MPa e $T_1 = 60°C$, até um estado 2, em que $p_2 = 1,0$ MPa, durante o qual a variação da entropia específica é $s_2 - s_1 = -0,035$ kJ/kg · K. No estado 2, determine a temperatura, em °C, e a entalpia específica, em kJ/kg.

6.11 Ar em um conjunto cilindro-pistão é submetido a um processo de um estado 1, em que $T_1 = 300$ K e $p_1 = 100$ kPa, até um estado 2, em que $T_2 = 500$ K e $p_2 = 650$ kPa. Utilizando o modelo de gás ideal para o ar, determine a variação da entropia específica entre esses estados, em kJ/kg · K, se o processo ocorre (a) sem irreversibilidades internas, (b) com irreversibilidades internas.

6.12 Água contida em um tanque rígido e fechado, inicialmente a 100 lbf/in² (689,5 kPa) e 800°F (426,7°C), é resfriada até um estado final em que a pressão é 20 lbf/in² (137,9 kPa). Determine a variação da entropia específica do refrigerante, em Btu/lb · °R, e mostre o processo em esboços dos diagramas T–v e T–s.

6.13 Um quarto de libra-mol de nitrogênio gasoso (N₂) é submetido a um processo a partir de $p_1 = 20$ lbf/in² (137,9 kPa), $T_1 = 500°R$ (4,6°C) a $p_2 = 150$ lbf/in² (1,0 MPa). Para o processo $W = -500$ Btu (2527,5 kJ) e $Q = -125,9$ Btu (132,8 kJ). Utilizando o modelo de gás ideal, determine
(a) T_2, em °R.
(b) a variação de entropia, em Btu/°R.
Mostre os estados inicial e final em um diagrama T–s.

6.14 Um sistema contendo 5 kg de N₂ é submetido a um processo de $p_1 = 5$ bar, $T_1 = 400$ K até $p_2 = 2$ bar, $T_2 = 500$ K. Assumindo comportamento de gás ideal, determine a variação de entropia, em kJ/K, com:
(a) capacidade calorífica constante determinada a 450 K;
(b) capacidade calorífica variável.
Compare os resultados e discuta.

6.15 Um quilograma de água contida em um conjunto cilindro-pistão, inicialmente a 160°C e 150 kPa, é submetido a um processo de compressão isotérmica até o estado de líquido saturado. Para o processo, $W = -471,5$ kJ. Determine
(a) o calor transferido, em kJ.
(b) a variação de entropia, em kJ/K.
Mostre o processo em um esboço do diagrama T–s.

6.16 Um décimo de kmol de monóxido de carbono (CO) em um conjunto cilindro-pistão é submetido a um processo a partir de $p_1 = 150$ kPa e $T_1 = 300$ K a $p_2 = 500$ kPa e $T_2 = 370$ K. Para o processo, W = -300 kJ. Utilizando o modelo de gás ideal, determine
(a) o calor transferido, em kJ.
(b) a variação de entropia, em kJ/K.
Mostre o processo em um esboço do diagrama T–s.

6.17 Argônio em um conjunto cilindro-pistão é comprimido de um estado 1, em que $T_1 = 300$ K e $V_1 = 1$ m³, até um estado 2, em que $T_2 = 200$ K. Considerando que a variação da entropia específica é $s_2 - s_1 = -0,27$ kJ/kg · K, determine o volume final, em m³. Admita o modelo de gás ideal com $k = 1,67$.

6.18 Vapor entra em uma turbina operando em regime permanente a 1 MPa e 200°C, e sai a 40°C com um título de 83%. As perdas de calor e os efeitos das energias cinética e potencial podem ser desprezados. Determine (a) o trabalho produzido pela turbina, em kJ por kg de vapor escoando, (b) a variação da entropia específica da admissão à descarga, em kJ/K por kg de vapor escoando.

6.19 Etileno (C₂H₄) entra em um compressor operando em regime permanente a 310 K, 1 bar e é comprimido a 600 K, 5 bar. Assumindo o comportamento ideal do gás, determine a variação na entropia específica do gás entre a entrada e a saída, em kJ/kg · K.

Analisando Processos Internamente Reversíveis

6.20 Um quilograma de água contida em um conjunto cilindro-pistão passa por dois processos internamente reversíveis em série ilustrados na Fig. P6.20. Para cada processo, determine o trabalho e a quantidade de transferência de calor, ambos em kJ.

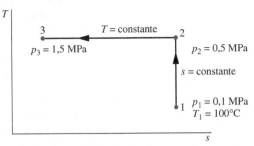

Fig. P6.20

6.21 Um quilograma de água contida em um conjunto cilindro-pistão passa por dois processos internamente reversíveis em série ilustrados na Fig. P6.21. Para cada processo, determine o trabalho e a quantidade de transferência de calor, ambos em kJ.

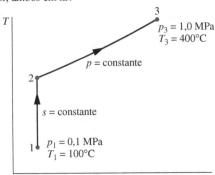

Fig. P6.21

6.22 Um sistema consistindo em 2 kg de água inicialmente a 160°C e 10 bar é submetido a uma expansão isotérmica e internamente reversível, durante a qual ocorre transferência de energia por calor para o sistema, em 2700 kJ. Determine a pressão final, em bar, e o trabalho, em kJ.

6.23 Uma libra-massa (0,45 kg) de água em um conjunto cilindro-pistão inicialmente como líquido saturado a 1 atm passa por uma expansão internamente reversível a pressão constante até $x = 90\%$. Determine o trabalho e o calor transferido, ambos em Btu. Esboce o ciclo em coordenadas p–v e T–s. Relacione o trabalho e a quantidade de calor transferida a áreas nesses diagramas.

6.24 Um gás em um conjunto cilindro-pistão sofre um processo isotérmico a 400 K durante o qual a variação de entropia é de $-0,3$ kJ/K. Admitindo o modelo de gás ideal para o ar e considerando que os efeitos das energias cinética e potencial podem ser ignorados, determine o trabalho, em kJ.

6.25 Água em um conjunto cilindro-pistão, inicialmente a 10 lbf/in² (68,9 kPa), 500°F (260,0°C), é submetida a um processo internamente reversível até 80 lbf/in² (551,6 kPa), 800°F (426,7°C), durante o qual a temperatura varia linearmente com a entropia específica. Determine o trabalho e o calor específico da água, ambos em Btu/lb. Despreze os efeitos das energias cinética e potencial.

6.26 Um gás inicialmente a 2,8 bar e 60°C é comprimido até uma pressão final de 14 bar em um processo isotérmico e internamente reversível. Determine o trabalho e a transferência de calor, em kJ por kg de gás, se o gás for: (a) Refrigerante 134a; (b) ar, com comportamento de gás ideal. Esboce o processo em um diagrama p-v e um diagrama T-s.

6.27 Nitrogênio (N₂) é submetido a um processo internamente reversível de um estado inicial com uma pressão de 6 bar e uma temperatura de 247°C, no qual $pv^{1,20} = constante$. O volume inicial é 0,1 m³ e o trabalho durante o processo é 121,14 kJ. Assumindo comportamento de gás ideal e desprezando efeitos de energia cinética e potencial, determine a transferência de calor, em kJ, e a variação de entropia, em kJ/K. Represente o processo em um diagrama T-s.

6.28 Ar em um conjunto cilindro-pistão e modelado como um gás ideal passa por dois processos internamente reversíveis em série do estado 1, onde $T_1 = 290$ K e $p_1 = 1$ bar.

Processo 1-2: compressão até $p_2 = 5$ bar, durante a qual $pV^{1,19} = $ constante

Processo 2-3: expansão isentrópica até $p_3 = 1$ bar

(a) Esboce os dois processos em série em coordenadas T–s.
(b) Determine a temperatura no estado 2, em K.
(c) Determine o trabalho líquido, em kJ/kg.

6.29 Uma libra (0,45 kg) de oxigênio, O_2, em um conjunto cilindro-pistão passa por um ciclo composto pelos seguintes processos:

Processo 1-2: expansão a pressão constante de $T_1 = 450°R$ (–23,1°C), $p_1 = 30$ lbf/in² (206,8 kPa) até $T_2 = 1120°R$ (349,1°C).

Processo 2-3: compressão até $T_3 = 800°R$ (171,3°C) e $p_3 = 53,3$ lbf/in² (367,5 kPa) com $Q_{23} = -60$ Btu (–63,3 kJ).

Processo 3-1: resfriamento a volume constante até o estado 1.

Utilizando o modelo de gás ideal, com c_p avaliado a T_1, determine a variação da entropia específica, em Btu/lb · °R, para cada processo. Esboce o ciclo em coordenadas p–v e T–s.

6.30 Um décimo de quilograma de um gás em um conjunto cilindro-pistão é submetido a um ciclo de potência de Carnot, no qual a expansão isotérmica ocorre a 800 K. A variação da entropia específica do gás durante a compressão isotérmica, que ocorre a 400 K, é –25 kJ/kg · K. Determine (a) o trabalho líquido produzido por ciclo, em kJ, e (b) a eficiência térmica.

6.31 A Fig. P6.31 fornece o diagrama T–s de um ciclo de refrigeração de Carnot para o qual a substância é o Refrigerante 134a. Determine o coeficiente de desempenho.

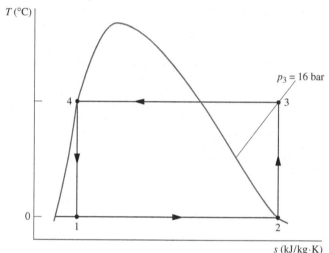

Fig. P6.31

6.32 A Fig. P6.32 fornece o diagrama T–s de um ciclo de bomba de calor de Carnot para o qual a substância é a amônia. Determine o trabalho líquido de entrada necessário, em kJ, para 50 ciclos de operação em 0,1 kg de substância.

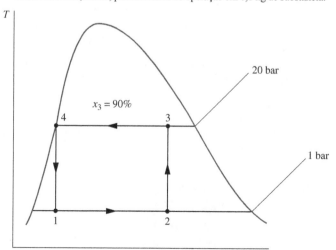

Fig. P6.32

6.33 Ar em um conjunto cilindro-pistão é submetido a um ciclo de potência de Carnot. Os processos isotérmicos de expansão e compressão ocorrem a 1400 K e 350 K, respectivamente. As pressões no início e no final da compressão isotérmica são 100 kPa e 500 kPa, respectivamente. Admitindo o modelo de gás ideal, com $c_p = 1,005$ kJ/kg · K, determine
(a) A pressão no início e no final da expansão isotérmica, ambas em kPa.
(b) A quantidade de calor transferida e o trabalho, em kJ/kg, para cada processo.
(c) A eficiência térmica.

6.34 Água em um conjunto cilindro-pistão é submetida a um ciclo de potência de Carnot. No início da expansão isotérmica a temperatura é de 250°C e o título é de 80%. A expansão isotérmica continua até que a pressão seja de 2 MPa. A expansão adiabática, então, ocorre a uma temperatura final de 175°C.
(a) Esboce o ciclo em coordenadas T–s.
(b) Determine a quantidade de calor transferida e o trabalho, em kJ/kg, para cada processo.
(c) Avalie a eficiência térmica.

Aplicando o Balanço de Entropia: Sistemas Fechados

6.35 Uma libra (0,45 kg) de água contida em um conjunto cilindro-pistão, inicialmente como vapor saturado a 1 atm, é condensada a pressão constante até o estado de líquido saturado. Avalie o calor transferido em Btu, e a geração de entropia, em Btu/°R, para
(a) a água como sistema.
(b) um sistema ampliado englobando a água e uma parcela suficiente da vizinhança para que a transferência de calor ocorra a temperatura ambiente de 80°F.

Assuma que o estado da vizinhança imediata não muda durante o processo que ocorre com a água e ignore as energias cinética e potencial.

6.36 Cinco quilogramas de água contidos em um conjunto cilindro-pistão são expandidos a partir de um estado inicial, em que $T_1 = 400°C$ e $p_1 = 700$ kPa, até um estado final, em que $T_2 = 200°C$ e $p_2 = 300$ kPa. Não ocorrem efeitos significativos com relação às energias cinética e potencial. A tabela a seguir fornece dados adicionais em dois estados. Afirma-se que a água passa por um processo adiabático entre esses estados enquanto produz trabalho. Avalie essa afirmativa.

Estado	T(°C)	p(kPa)	v(m³/kg)	u(kJ/kg)	h(kJ/kg)	s(kJ/kg · K)
1	400	700	0,4397	2960,9	3268,7	7,6350
2	200	300	0,7160	2650,7	2865,5	7,3115

6.37 Dois metros cúbicos de ar em um reservatório rígido e isolado equipado com um agitador estão inicialmente a 293 K e 200 kPa. O ar recebe 710 kJ por meio de trabalho a partir do agitador. Admitindo o modelo de gás ideal, com $c_v = 0,72$ kJ/kg · K, determine para o ar (a) a massa, em kg, (b) a temperatura final, em K, e (c) a quantidade de entropia gerada, em kJ/K.

6.38 CO_2 é submetido a um processo em um sistema fechado de $T_1 = 100°F$ (–217,6°C), $p_1 = 20$ lbf/in² (137,9 kPa) até $T_2 = 400°R$ (–50,9°C), $p_2 = 50$ lbf/in² (344,7 kPa). A entropia produzida devido a irreversibilidades internas durante o processo é de 0,15 Btu/°R por lb de gás. O CO_2 pode ser modelado como um gás ideal. Determine se a transferência de energia por calor, Q, é positiva (para o sistema), negativa (para fora do sistema) ou zero.

6.39 Um tanque rígido isolado equipado com um agitador contém ar inicialmente a 1 bar, 330 K e um volume de 1,93 m³. O ar recebe uma transferência de energia por meio de trabalho a partir do agitador correspondente a 400 kJ. Admitindo o modelo de gás ideal para o ar, determine (a) a temperatura final, em K, (b) a pressão final, em bar, e (c) a quantidade de entropia gerada, em kJ/K. Despreze as energias cinética e potencial.

6.40 Ar contido em um tanque rígido isolado equipado com um agitador, inicialmente a 4 bar, 40°C e um volume de 0,2 m³, é agitado até que sua temperatura alcance 353°C. Admitindo o modelo de gás ideal, com $k = 1,4$ para o ar, determine (a) a pressão final, em bar, (b) o trabalho, em kJ, e (c) a quantidade de entropia gerada, em kJ/K. Despreze as energias cinética e potencial.

6.41 Ar contido em um tanque rígido isolado equipado com um agitador, inicialmente a 300 K, 2 bar, e um volume de 2 m³, é agitado até que sua temperatura alcance 500 K. Admitindo o modelo de gás ideal para o ar e desprezando as energias cinética e potencial, determine (a) a pressão final, em bar, (b) o trabalho, em kJ, e (c) a quantidade de entropia gerada, em kJ/K. Resolva usando
(a) dados da Tabela A-22.

(b) c_v constante extraído da Tabela A-20 a 400 K.
Compare os resultados das partes (a) e (b).

6.42 Um reservatório rígido e isolado equipado com um agitador contém 5 lb (2,3 kg) de água inicialmente a 260°F (126,7°C) e com um título de 60%. A água é misturada até que sua temperatura atinja 350°F (176,7°C). Para a água, determine (a) o trabalho, em Btu, e (b) a quantidade de entropia gerada, em Btu/°R.

6.43 Ar é comprimido adiabaticamente em um sistema pistão-cilindro de um estado a 1 bar e 300 K até um estado a 10 bar e 600 K. O ar pode ser modelado como um gás ideal e efeitos de energia cinética e potencial podem ser ignorados. Determine a quantidade de entropia produzida, em kJ/K por kg de ar, durante a compressão. Qual é o mínimo trabalho teórico necessário, em kJ por kg de ar, para uma compressão adiabática do estado inicial até uma pressão final de 10 bar?

6.44 Cinco quilogramas de CO_2 são submetidos a um processo em um sistema pistão-cilindro isolado de um estado a 2 bar e 280 K para um estado a 20 bar e 520 K. Se o CO_2 se comporta como um gás ideal, determine a quantidade de entropia produzida, em kJ/K, assumindo:
(a) capacidade calorífica constante $c_p = 0{,}939$ kJ/kg · K.
(b) capacidade calorífica variável.
Compare os resultados obtidos em (a) e (b).

6.45 Vapor d'água é submetido a uma expansão adiabática em um sistema pistão-cilindro de um estado a 100 bar e 360°C até um estado a 1 bar e 160°C. Qual é o trabalho, em kJ por kg de vapor, durante o processo? Calcule a quantidade de entropia produzida, em kJ/K por kg de vapor. Qual é o trabalho teórico máximo que poderia ser obtido a partir do mesmo estado inicial até a mesma pressão final? Mostre ambos os processos em um diagrama T-s.

6.46 Dois quilogramas de ar contidos em um conjunto cilindro-pistão estão inicialmente a 1,5 bar e 400 K. Um estado final correspondente a 6 bar e 500 K pode ser atingido em um processo adiabático?

6.47 Uma libra-massa (0,45 kg) de Refrigerante 134a contida em um conjunto cilindro-pistão passa por um processo de um estado no qual a temperatura é de 60°F (15,6°C) e o refrigerante é líquido saturado até um estado em que a pressão é de 140 lbf/in² (965,3 kPa) e o título é de 50%. Determine a variação da entropia específica do refrigerante, em Btu/lb · °R. Esse processo pode ser realizado adiabaticamente?

6.48 Refrigerante 134a contido em um conjunto cilindro-pistão é expandido rapidamente de um estado inicial, em que $T_1 = 140$°F (60,0°C) e $p_1 = 200$ lbf/in² (1,4 MPa), até um estado final, em que $p_2 = 5$ lbf/in² (34,5 kPa) e o título, x_2, é (a) 99%, (b) 95%. Em cada caso, determine se o processo pode ocorrer de forma adiabática. Em caso afirmativo, determine o trabalho, em Btu/lb, para uma expansão adiabática entre esses estados. Em caso negativo, determine o sentido da transferência de calor.

6.49 Um quilograma de ar contido em um conjunto cilindro-pistão passa por um processo de um estado inicial, em que $T_1 = 300$ K e $v_1 = 0{,}8$ m³/kg, até um estado final, em que $T_2 = 420$ K e $v_2 = 0{,}2$ m³/kg. Este processo pode ocorrer adiabaticamente? Em caso afirmativo, determine o trabalho, em kJ, para um processo adiabático entre esses estados. Em caso negativo, determine o sentido da transferência de calor. Admita o modelo de gás ideal para o ar.

6.50 Ar considerado como um gás ideal e contido em um conjunto cilindro-pistão é comprimido entre dois estados especificados. Em cada um dos seguintes casos, o processo pode ocorrer adiabaticamente? Em caso afirmativo, determine o trabalho, em unidades apropriadas, para um processo adiabático entre esses estados. Em caso negativo, determine o sentido da transferência de calor.
(a) Estado 1: $p_1 = 0{,}1$ MPa, $T_1 = 27$°C. Estado 2: $p_2 = 0{,}5$ MPa, $T_2 = 207$°C. Utilize os dados da Tabela A-22.
(b) Estado 1: $p_1 = 3$ atm, $T_1 = 80$°F (26,7°C). Estado 2: $p_2 = 10$ atm, $T_2 = 240$°F (115,6°C). Considere $c_p = 0{,}241$ Btu/lb · °R (1,0 kJ/kg · K).

6.51 Um quilograma de propano, inicialmente a 8 bar e 50°C, passa por um processo até 3 bar, 20°C, enquanto é rapidamente expandido em um conjunto cilindro-pistão. A transferência de calor entre o propano e sua vizinhança ocorre a uma temperatura média de 35°C. O trabalho realizado pelo propano é medido como 42,4 kJ. Os efeitos das energias cinética e potencial podem ser ignorados. Determine se é possível o trabalho medido estar correto.

6.52 A Fig. P6.52 mostra um sistema pistão-cilindro contendo 20 lb (9,1 kg) de água, inicialmente como líquido saturado a 20 lbf/in² (137,9 kPa) em contato com uma placa de aquecimento. Ocorre uma lenta transferência de calor da placa para o cilindro e a pressão da água permanece aproximadamente constante à medida que ocorre uma transição de fase. O processo continua até que o título seja 80%. Não há transferência de calor significativa pela superfície vertical do cilindro ou pelo pistão e pode-se desconsiderar efeitos de energias cinética e potencial.

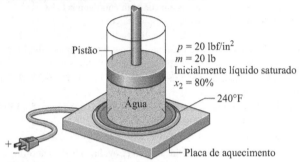

Fig. P6.52

(a) Considerando a água como sistema, determine o trabalho e a transferência de calor, em Btu.
(b) Considere um sistema maior, que contenha também a base do sistema pistão-cilindro em contato com a placa de aquecimento, cuja temperatura na fronteira é 240°F (115,6°C). Desconsiderando qualquer alteração no estado do material que forma o cilindro, calcule a quantidade de entropia produzida, em Btu/°R.

6.53 Um sistema formado por 10 lb (4,5 kg) de ar encontra-se confinado em um tanque rígido inicialmente a 1 atm e 600°R (60,2°R). Energia é transferida para o sistema por transferência de calor a partir de um reservatório térmico a 900°R (226,8°C) até que a temperatura do ar seja 800°R (171,3°C). Durante o processo, a temperatura da fronteira do sistema onde a transferência de calor ocorre permanece a 900°R. Utilizando o modelo de gases ideais, determine a quantidade de energia transferida por calor, em Btu, e a quantidade de entropia produzida, em Btu/°R.

6.54 Um inventor afirma que o dispositivo ilustrado na Fig. P6.54 gera eletricidade, enquanto recebe calor a uma taxa de 250 Btu/s (263,8 kW) na temperatura de 500°R (4,6°C), uma segunda transferência de calor ocorre a uma taxa de 350 Btu/s (369,3 kW) a 700°R (115,7°C), e uma terceira a uma taxa de 500 Btu/s (527,5 kW) a 1000°R (282,4°C). Avalie essa afirmativa para uma operação em regime permanente.

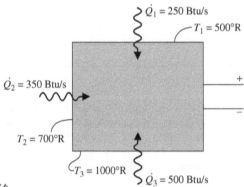

Fig. P6.54

6.55 Para o chip de computador do Exemplo 2.5, determine a taxa de geração de entropia, em kW/K. Qual é a causa da geração de entropia para esse caso?

6.56 A Fig. P6.56 mostra os dados para a operação de um motor elétrico em regime permanente. Determine a produção de entropia do motor, em kW/K. Repita o cálculo para um sistema maior, de forma que a troca térmica ocorra com as vizinhanças, a uma temperatura de 21°F (−6,1°C).

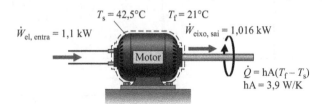

Fig. P6.56

6.57 Uma planta de potência possui um turbogerador, operando em regime permanente, com um eixo girando a 1800 rpm e um torque de 16.700 N · m, conforme ilustrado na Fig. P6.57. O turbogerador produz uma corrente de 230 A para uma tensão de alimentação de 13.000 V. A taxa de transferência de calor entre o turbogerador e sua vizinhança está relacionada à temperatura da superfície T_b e à temperatura inferior ambiente T_0, e é dada pela relação $\dot{Q} = hA(T_b - T_0)$, em que h = 110 W/m² · K, A = 32 m² e T_0 = 298 K.
(a) Determine a temperatura T_b, em K.
(b) Para o turbogerador como o sistema, determine a taxa de geração de entropia, em kW/K.
(c) Se a fronteira do sistema está localizada de modo a abranger uma parcela suficiente da vizinhança próxima, para que a transferência de calor ocorra à temperatura T_0, determine a taxa de geração de entropia, em kW/K, para o sistema estendido.

6.58 Uma barra de alumínio de 33,8 lb (15,3 kg), inicialmente a 200°F (93,3°C), é colocada em um tanque junto com 249 lb (112,9 kg) de água líquida, inicialmente a 70°F (21,1°C), até alcançar o equilíbrio térmico. A barra de alumínio e a água podem ser modeladas como incompressíveis, com calores específicos de 0,216 Btu/lb · °R (0,90 kJ/kg · K) e 0,998 Btu/lb · °R (4,2 kJ/kg · K), respectivamente. Para a barra de alumínio e a água como sistema, determine (a) a temperatura final, em °F, e (b) a quantidade de entropia gerada no interior do tanque, em Btu/°R. Despreze a transferência de calor entre o sistema e sua vizinhança.

6.59 Em um processo de tratamento térmico, uma peça de 1 kg de metal, inicialmente a 1075 K, é temperada em um tanque contendo 100 kg de água, inicialmente a 295 K. O calor trocado entre os conteúdos do tanque e sua vizinhança é desprezível. Considerando que o calor específico da peça de metal e o da água são constantes e valem 0,5 kJ/kg · K e 4,2 kJ/kg · K, respectivamente, determine (a) a temperatura final de equilíbrio após a têmpera, em K, e (b) a quantidade de entropia gerada no interior do tanque, em kJ/k.

6.60 Cinquenta libras de ferro fundido, inicialmente a 700°F (371,1°C), são temperadas em um tanque contendo 2121 lb (962,1 kg) de óleo, inicialmente a 80°F (26,7°C). O ferro fundido e o óleo podem ser modelados como incompressíveis, com calores específicos de 0,10 Btu/lb · °R (0,42 kJ/kg · K) e 0,45 Btu/lb · °R (1,8 kJ/kg · K), respectivamente. Para o ferro fundido e o óleo como sistema, determine (a) a temperatura final de equilíbrio, em °F, e (b) a quantidade de entropia gerada no interior do tanque, em Btu/°R. Despreze a transferência de calor entre o sistema e sua vizinhança.

6.61 Uma peça de cobre de 2,64 kg, inicialmente a 400 K, é mergulhada em um tanque contendo 4 kg de água líquida, inicialmente a 300 K. A peça de cobre e a água podem ser modelados como incompressíveis, com calores específicos de 0,385 kJ/kg · K e 4,2 kJ/kg · K, respectivamente. Para a peça de cobre e a água como sistema, determine (a) a temperatura final de equilíbrio, em K, e (b) a quantidade de entropia gerada no interior do tanque, em kJ/K. Despreze a transferência de calor entre o sistema e sua vizinhança.

6.62 Um tanque rígido é dividido em dois compartimentos, conectados por uma válvula. Inicialmente, um compartimento, ocupando um terço do volume total, contém ar a 500°R (4,6°C) e o outro compartimento encontra-se evacuado. A válvula é aberta e o ar preenche todo o volume. Assumindo comportamento de gás ideal, determine a temperatura final do ar, em °R, e a quantidade de entropia produzida, em Btu/°R por lb de ar.

6.63 Um tanque rígido e isolado contém ar. Uma parede removível separa 12 ft³ (0,34 m³) de ar a 14,7 lbf/in² (101,4 kPa) a 40°F de 10 ft³ (0,28 m³) a 50 lbf/in² (344,7 kPa) a 200°F (93,3°C), como ilustrado na Fig. P6.63. A parede é removida e o ar nas duas porções se mistura até alcançar o equilíbrio. O ar pode ser modelado como um gás ideal e efeitos de energia cinética e potencial são desprezíveis. Determine a temperatura final, em °F, e a pressão, em lbf/in². Calcule a quantidade de entropia produzida, em Btu/°R.

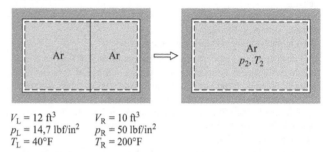

V_L = 12 ft³ V_R = 10 ft³
p_L = 14,7 lbf/in² p_R = 50 lbf/in²
T_L = 40°F T_R = 200°F

Fig. P6.63

6.64 Conforme ilustrado na Fig. P.6.64, uma caixa isolada é inicialmente dividida em duas metades por um pistão condutor térmico e com atrito desprezível. Em um dos lados do pistão, há 1,5 m³ de ar a 400 K, 4 bar. No outro lado, há 1,5 m³ de ar a 400 K, 2 bar. O pistão é liberado e o equilíbrio é atingido, sem o pistão experimentar qualquer mudança de estado. Empregando o modelo de gás ideal para o ar, determine
(a) a temperatura final, em K.
(b) a pressão final, em bar.
(c) a quantidade de entropia gerada, em kJ/kg.

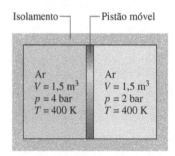

Fig. P6.64

6.65 Um reservatório rígido isolado é dividido em dois compartimentos de mesmo volume conectados por uma válvula. Inicialmente, um dos compartimentos contém 1 m³ de água a 20°C, x = 50%, e o outro se encontra em vácuo. A válvula é aberta e a água preenche a totalidade do volume. Determine para a água, a temperatura final, em °C, e a quantidade de entropia gerada, em kJ/K.

6.66 Um reservatório isolado é dividido em dois compartimentos do mesmo tamanho conectados por uma válvula. Inicialmente, um dos compartimentos contém vapor d'água a 50 lbf/in² (344,7 kPa) e 700°F (371,1°C), e o

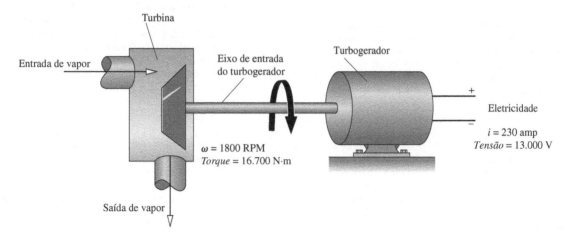

Fig. P6.57

outro se encontra em vácuo. A válvula é aberta e o vapor preenche a totalidade do volume. Determine
(a) a temperatura final, em °F.
(b) a quantidade de entropia gerada, em Btu/lb · °R.

6.67 Um tanque rígido e isolado está dividido em dois compartimentos por um pistão condutor térmico e com atrito desprezível. Em um dos compartimentos há inicialmente 1 m³ de vapor d'água saturado a 4 MPa e, no outro lado, 1 m³ de vapor d'água a 20 MPa e 800°C. O pistão é liberado para se mover e o equilíbrio é atingido, sendo que o pistão não experimenta variação de estado. Utilizando a água como sistema, determine
(a) a pressão final, em MPa.
(b) a temperatura final, em °C.
(c) a quantidade de entropia gerada, em kJ/K.

6.68 Um sistema que consiste em ar inicialmente de 300 K e 1 bar experimenta os dois tipos de interação descritos a seguir. Em cada caso, o sistema é levado do estado inicial até um estado em que a temperatura é de 500 K, enquanto o volume permanece constante.
(a) O aumento de temperatura é realizado adiabaticamente através da agitação do ar por meio de um agitador. Determine a quantidade de entropia gerada, em kJ/kg · K.
(b) O aumento de temperatura é realizado através de transferência de calor de um reservatório à temperatura T. A temperatura na fronteira do sistema em que a transferência de calor acontece é também T. Represente graficamente a quantidade de entropia gerada, em kJ/kg · K, em função de T para $T \geq 500$ K. Compare com os resultados de (a) e discuta ambos.

6.69 Considere a barra sólida sob regime permanente representada na Fig. P6.69. A barra é isolada nas suas superfícies laterais, mas a transferência de energia a uma taxa ocorre para do reservatório térmico 1, a barra no ponto 1 e no ponto 2 da barra para o reservatório térmico 2. Aplicando balanços de energia e entropia considerando a barra como sistema, determine qual temperatura, T_1 ou T_2, é maior.

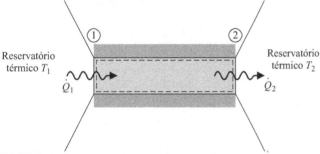

Fig. P6.69

6.70 Uma barra cilíndrica de cobre de área de base A e comprimento L é isolada ao longo de sua superfície lateral. Uma das extremidades da barra está em contato com uma parede à temperatura T_H. A outra extremidade está em contato com uma parede a uma temperatura baixa T_C. Em regime permanente, a taxa pela qual a energia é conduzida para o interior da barra a partir da parede quente é

$$\dot{Q}_H = \frac{\kappa A(T_H - T_C)}{L}$$

em que κ é a condutividade térmica da barra de cobre.
(a) Considerando a barra como o sistema, obtenha uma expressão para a taxa temporal de geração de entropia em termos de A, L, T_H, T_C e k.
(b) Se $T_H = 327°C$, $T_C = 77°C$, $\kappa = 0,4$ kW/m · K e A = 0,1 m², represente graficamente a taxa de transferência de calor $\dot{Q}_H$, em kW e a taxa temporal de geração de entropia, em kW/K, ambos em função de L, que varia entre 0,01 e 1,0 m. Discuta os resultados.

6.71 Um tanque rígido e fechado contém 5 kg de ar inicialmente a 300 K e 1 bar. Como ilustrado na Fig. P6.71, o tanque está em contato com um reservatório térmico a 600 K e a transferência de calor ocorre na fronteira onde a temperatura é 600 K. Uma hélice giratória transfere 600 kJ de energia ao ar. A temperatura final é 600 K. O ar pode ser modelado como um gás ideal com $c_v = 0,733$ kJ/kg · K, efeitos de energia cinética e potencial podem ser desprezados. Determine a quantidade de entropia transferida para o ar e a quantidade de entropia produzida, cada uma em kJ/K.

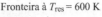
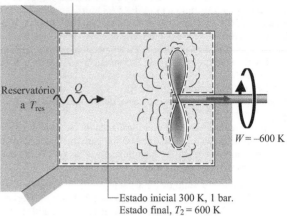

Fig. P6.71

6.72 Um sistema isolado de massa total m é formado pela mistura de duas quantidades de massa iguais do mesmo líquido, inicialmente nas temperaturas T_1 e T_2. Por fim, o sistema atinge um estado de equilíbrio. Cada quantidade de massa é considerada incompressível com calor específico c.
(a) Mostre que a quantidade de entropia gerada é

$$\sigma = mc \ln\left[\frac{T_1 + T_2}{2(T_1 T_2)^{1/2}}\right]$$

(b) Demonstre que σ deve ser positivo.

6.73 Uma barra metálica cilíndrica de comprimento L, isolada em sua superfície lateral, se encontra em contato em uma de suas extremidades com uma parede à temperatura T_H e, na outra extremidade, com uma parede à temperatura T_C. A temperatura inicial ao longo da barra varia linearmente com a posição z, de acordo com

$$T(z) = T_H - \left(\frac{T_H - T_C}{L}\right)z$$

A barra tem, então, suas extremidades isoladas e eventualmente atinge um estado final de equilíbrio em que a temperatura é T_f. Avalie T_f em termos de T_H e T_C e mostre que a quantidade de entropia gerada é

$$\sigma = mc\left(1 + \ln T_f + \frac{T_C}{T_H - T_C}\ln T_C - \frac{T_H}{T_H - T_C}\ln T_H\right)$$

em que c é o calor específico da barra.

6.74 Um sistema submetido a um ciclo termodinâmico recebe Q_H à temperatura T'_H e rejeita Q_C à temperatura T'_C. Não ocorrem transferências de calor adicionais.
(a) Mostre que o trabalho líquido produzido por ciclo é dado por

$$W_{ciclo} = Q_H\left(1 - \frac{T'_C}{T'_H}\right) - T'_C \sigma$$

em que σ corresponde à quantidade de entropia gerada por ciclo devido a irreversibilidades no interior do sistema.
(b) Se as quantidades de calor Q_H e Q_C são trocadas com os reservatórios quente e frio, respectivamente, qual a relação de T'_H com a temperatura do reservatório quente T_H e a relação de T'_C com a temperatura do reservatório frio T_C?
(c) Obtenha uma expressão para W_{ciclo} se (i) nenhuma irreversibilidade interna estiver presente, (ii) nenhuma irreversibilidade interna ou externa estiver presente.

6.75 Um sistema é submetido a um ciclo termodinâmico de potência enquanto recebe energia sob a forma de calor de um corpo incompressível de massa m e calor específico c inicialmente à temperatura T_H. O ciclo rejeita energia sob a forma de calor para outro corpo incompressível de massa m e calor específico c, inicialmente à temperatura baixa T_C. Essas são as únicas transferências de calor que ocorrem. Trabalho é produzido pelo ciclo até que a temperatura dos dois corpos seja a mesma. Desenvolva uma expressão para a quantidade de trabalho teórica máxima que pode ser produzida, $W_{máx}$, em termos de m, c, T_H e T_C, como necessário.

6.76 A temperatura de uma substância incompressível de massa m e calor específico c é reduzida a partir de T_0 para $T (< T_0)$ por um ciclo de refrigeração. O ciclo recebe energia sob a forma de calor à temperatura T da substância e rejeita energia sob a forma de calor a T_0 para a vizinhança. Não ocorrem outras formas de transferência de calor. Represente graficamente (W_{min}/mcT_0) em função de T/T_0 variando de 0,8 a 1,0, em que W_{min} representa o trabalho teórico mínimo *requerido* pelo ciclo.

6.77 O ciclo de bomba de calor mostrado na Fig. P6.77 opera sob regime permanente e fornece energia por transferência de calor a uma taxa de 15 kW para manter uma instalação a 22°C, enquanto a temperatura exterior é –22°C. O fabricante afirma que a potência necessária para essa operação é 3,2 kW. Aplicando balanços de energia e entropia, avalie essa informação.

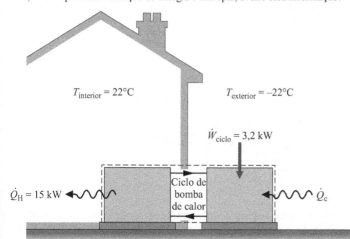

Fig. P6.77

6.78 Como mostrado na Fig. P6.78, uma turbina está localizada entre dois tanques. Inicialmente o tanque menor contém vapor d'água a 3,0 MPa, 280°C, e o tanque maior se encontra evacuado. Permite-se que o vapor escoe do tanque menor através da turbina e para o interior do tanque maior até que o equilíbrio seja atingido. Se o calor trocado com a vizinhança pode ser desprezado, determine o trabalho teórico máximo que pode ser produzido, em kJ.

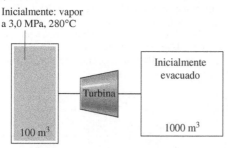

Fig. P6.78

Aplicando o Balanço de Entropia: Volumes de Controle

6.79 Ar entra em uma turbina operando sob regime permanente a 8 bar e 1400 K, sofrendo uma expansão até 0,8 bar. A turbina é isolada e efeitos de energia cinética e potencial podem ser ignorados. Assumindo comportamento ideal do ar, qual é o trabalho teórico máximo de pode ser desenvolvido pela turbina em kJ por kg de ar que flui?

6.80 Água entra em uma turbina operando em regime permanente a 20 bar e 400°C, e sai a 1,5 bar. As perdas de calor e os efeitos das energias cinética e potencial podem ser desprezados. Uma folha de dados esmaecida indica que o título na saída da turbina vale 98%. Esse valor de título pode estar correto? Se incorreto, explique. Se correto, determine a potência desenvolvida pela turbina, em kJ por kg de água em escoamento.

6.81 Ar entra em um compressor operando em regime permanente a 15 lbf/in² (103,4 kPa), 80°F (26,7°C), e sai a 400°F (204,4°C). As perdas de calor e os efeitos das energias cinética e potencial podem ser desprezados. Assumindo o modelo de gás ideal para o ar, determine a pressão teórica máxima na saída, em lbf/in².

6.82 Propano a 0,1 MPa e 20°C entra em um compressor isolado operando em regime permanente e sai a 0,4 MPa e 90°C. Desprezando os efeitos das energias cinética e potencial, determine

(a) o trabalho requerido pelo compressor, em kJ por kg de propano escoando.
(b) a taxa de geração de entropia no interior do compressor, em kJ/K por kg de propano escoando.

6.83 Conforme o *dessuperaquecedor* ilustrado na Fig. P6.83, água líquida é injetada em um fluxo de vapor superaquecido. Como resultado, tem-se um fluxo de vapor saturado na saída. Os dados para a operação em regime permanente estão apresentados na tabela a seguir. Considere que as perdas de calor e todos os efeitos das energias cinética e potencial são desprezíveis. (a) Localize os estados 1, 2 e 3 em um esboço do diagrama T–s. (b) Determine a taxa de geração de entropia no interior do dessuperaquecedor, em kW/K.

Estado	p(MPa)	T(°C)	$v \times 10^3$ (m³/kg)	u(kJ/kg)	h(kJ/kg)	s(kJ/kg·K)
1	2,7	40	1,0066	167,2	169,9	0,5714
2	2,7	300	91,01	2757,0	3002,8	6,6001
3	2,5	vap. sat.	79,98	2603,1	2803,1	6,2575

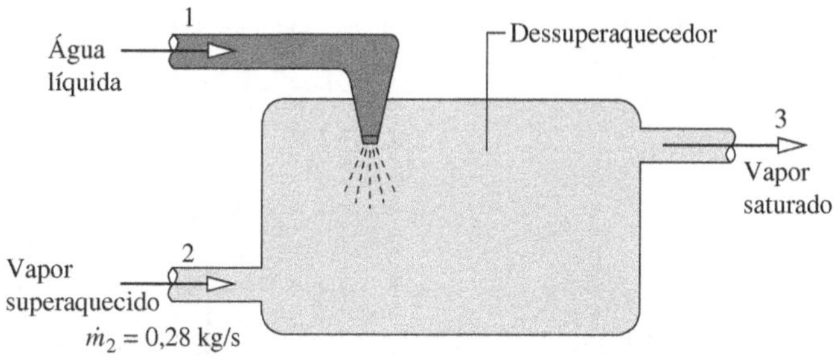

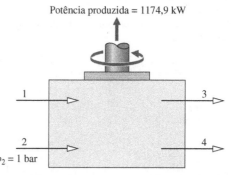

Fig. P6.83

6.84 Um inventor afirma que em regime permanente o dispositivo ilustrado na Fig. P6.84 desenvolve potência a partir das correntes de água que entram e saem a uma taxa de 1174,9 kW. A tabela a seguir fornece dados para a entrada 1 e as saídas 3 e 4. A pressão na entrada 2 é 1 bar. Considere que as perdas de calor e todos os efeitos das energias cinética e potencial são desprezíveis. Avalie a afirmação do inventor.

Estado	$\dot{m}$(kg/s)	p(bar)	T(°C)	v(m³/kg)	u(kJ/kg)	h(kJ/kg)	s(kJ/kg·K)
1	4	1	450	3,334	3049,0	3382,4	8,6926
3	5	2	200	1,080	2654,4	2870,5	7,5066
4	3	4	400	0,773	2964,4	3273,4	7,8985

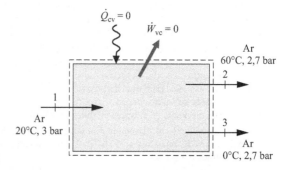

Fig. P6.84

6.85 Um inventor afirma ter desenvolvido um dispositivo que opera sem trabalho ou transferência de calor de entrada e, ainda assim, produz ar quente e frio em regime permanente. Os dados fornecidos pelo inventor são mostrados na Fig. P6.85. O modelo de gás ideal se aplica ao ar, e os efeitos de energia cinética e potencial são desprezíveis. Avalie as informações fornecidas pelo inventor.

Fig. P6.85

6.86 Vapor d'água entra em um bocal bem isolado operando em regime permanente a 1000°F (537,8°C), 500 lbf/in² (3,4 MPa) e uma velocidade de 10 ft/s (3,0 m/s). Na saída do bocal a pressão é de 14,7 lbf/in² (101,3 kPa) e a velocidade é de 4055 ft/s (1236,0 m/s). Determine a taxa de geração de entropia, em Btu/°R por lb de vapor em escoamento.

6.87 Ar a 400 kPa e 970 K é admitido em uma turbina operando em regime permanente e descarregado a 100 kPa e 670 K. A transferência de calor da turbina ocorre a uma taxa de 30 kJ por kg de ar em escoamento a uma temperatura média da superfície externa de 315 K. Os efeitos das energias cinética e potencial podem ser desprezados. Para o ar como gás ideal com $c_p = 1,1$ kJ/kg · K, determine (a) o trabalho produzido, em kJ por kg de ar escoando e (b) a taxa de geração de entropia no interior da turbina, em kJ/K por kg de ar escoando.

6.88 Um *aquecedor de água* aberto é um trocador de calor de contato direto utilizado em plantas de vapor. Dados para a operação de um sistema sob regime permanente encontram-se representados na Fig. P6.88. Ignorando dispersão térmica e outras trocas de calor com as vizinhanças, bem como efeitos de energia cinética e potencial, determine a taxa de produção de entropia, em kW/K.

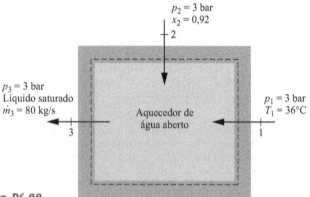

Fig. P6.88

6.89 Conforme o *dessuperaquecedor* ilustrado na Fig. P6.89, água líquida é injetada em um fluxo de vapor superaquecido. Como resultado, tem-se um fluxo de vapor saturado na saída. Os dados para a operação em regime permanente estão apresentados na figura. Ignorando as perdas de calor e os efeitos das energias cinética e potencial, determine (a) a vazão mássica do fluxo de vapor superaquecido, em kg/min, e (b) a taxa de geração de entropia no interior do dessuperaquecedor, em kW/K.

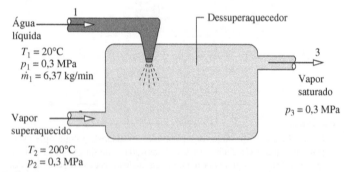

Fig. P6.89

6.90 Ar a 600 kPa e 330 K entra em um tubo horizontal bem isolado de 1,2 cm de diâmetro e sai a 120 kPa e 300 K. Aplicando o modelo de gás ideal para o ar, determine em regime permanente (a) as velocidades na entrada e na saída, ambas em m/s, e (b) a vazão mássica, em kg/s, (c) a taxa de geração de entropia, em kW/K.

6.91 Ar a 200 kPa e 52°C com uma velocidade de 355 m/s, entra em um duto isolado com área de secção transversal variável. O ar sai a 100 kPa e 82°C. Na entrada, a área da secção transversal é 6,57 cm². Assumindo o modelo de gás ideal para o ar, determine:
(a) a velocidade de saída, em m/s.
(b) a taxa de produção de entropia no duto, em kW/K.

6.92 Para o computador do Exemplo 4.8, determine a taxa de geração de entropia, em W/K, quando o ar sai a 32°C. Ignore a variação de pressão entre a entrada e a saída.

6.93 Componentes eletrônicos são montados na superfície interna de um duto cilíndrico horizontal cujo diâmetro interno é 0,2 m, conforme ilustrado na Fig. P6.93. De modo a prevenir um superaquecimento dos componentes, o cilindro é resfriado por um fluxo de ar escoando em seu interior e por convecção na sua superfície exterior. O ar entra no duto a 25°C, 1 bar e a uma velocidade de 0,3 m/s, e sai a 40°C com variações desprezíveis de energia cinética e pressão. Em virtude da troca de calor com a vizinhança, que está a 25°C, ocorre resfriamento convectivo na superfície externa do cilindro, de acordo com hA = 3,4 W/K, em que h é o coeficiente de película e A é a área superficial. Os componentes eletrônicos necessitam de 0,20 kW de potência elétrica. Para um volume de controle englobando o cilindro, determine em regime permanente (a) a vazão mássica do ar, em kg/s, (b) a temperatura da superfície externa do duto, em °C, e (c) a taxa de geração de entropia, em W/K. Admita o modelo de gás ideal para o ar.

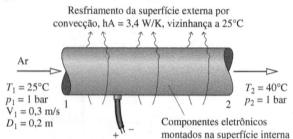

Fig. P6.93

6.94 Ar entra em uma turbina operando em regime permanente a 500 kPa, 800 K e sai a 100 kPa. A temperatura do sensor indica que a temperatura do ar na saída é 460 K. As perdas de calor, assim como as variações das energias cinética e potencial, podem ser desprezadas. O ar pode ser considerado como um gás ideal. Determine se a temperatura lida na saída está correta. Em caso afirmativo, determine o trabalho produzido pela turbina para uma expansão entre esses estados, em kJ por kg de ar em escoamento. Em caso negativo, forneça uma explicação com os respectivos cálculos que justifiquem sua resposta.

6.95 A Fig. P6.95 fornece dados de um teste em regime permanente para um volume de controle no qual entram dois fluxos de ar misturados de maneira a formar um único fluxo de saída. As perdas de calor, assim como as variações das energias cinética e potencial, podem ser desprezadas. Uma cópia desbotada da folha de dados indica que a pressão do fluxo de saída pode ser 1,0 MPa ou 1,8 MPa. Admitindo o modelo de gás ideal para o ar com $c_p = 1,02$ kJ/kg · K, determine se algum ou ambos os valores de pressão podem estar corretos.

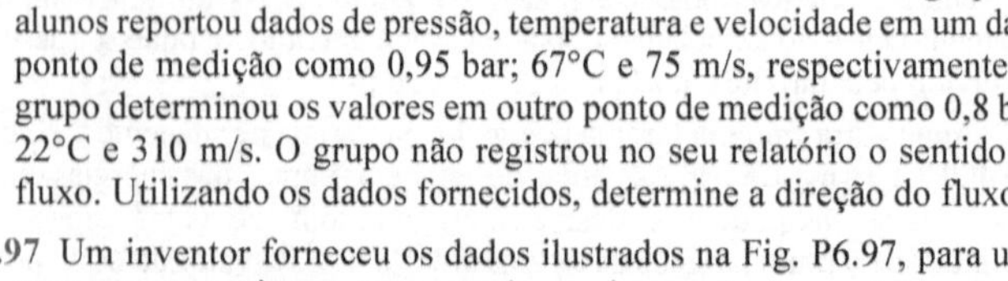

Fig. P6.95

6.96 Alunos em um laboratório estão tentando estudando os parâmetros relativos ao fluxo de ar em um duto horizontal isolado. Um grupo de alunos reportou dados de pressão, temperatura e velocidade em um dado ponto de medição como 0,95 bar; 67°C e 75 m/s, respectivamente. O grupo determinou os valores em outro ponto de medição como 0,8 bar; 22°C e 310 m/s. O grupo não registrou no seu relatório o sentido do fluxo. Utilizando os dados fornecidos, determine a direção do fluxo.

6.97 Um inventor forneceu os dados ilustrados na Fig. P6.97, para uma operação em regime permanente de um sistema de cogeração produzindo potência e aumentando a temperatura de uma corrente de ar. O sistema recebe e descarrega energia por transferência de calor nas taxas e temperaturas indicadas na figura. Os sentidos das transferências de calor que ocorrem estão indicados pelas setas correspondentes. O modelo de gás ideal pode ser aplicado para o ar. Os efeitos das energias cinética e potencial são desprezíveis. Utilizando os balanços de energia e de entropia, avalie o desempenho termodinâmico do sistema.

6.98 Vapor a 550 lbf/in² (3,8 MPa) e 700°F (371,1°C) é admitido em uma turbina operando em regime permanente e sai a 1 lbf/in². A turbina produz

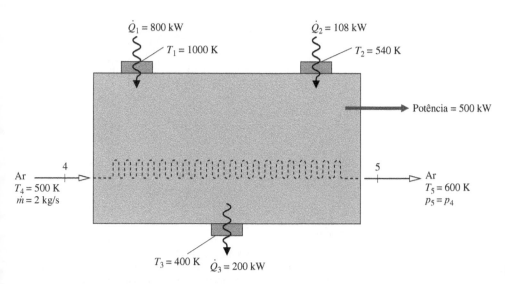

Fig. P6.97

500 hp. Para a turbina, a transferência de calor é desprezível, assim como os efeitos de energias cinética e potencial. (a) Determine o título do vapor na saída da turbina, a vazão mássica, em lb/s, e a taxa de geração de entropia, em Btu/s · °R, se a turbina operar sem irreversibilidades internas. (b) Construa o gráfico da vazão mássica, em lb/s, e da taxa de geração de entropia, em Btu/s · °R, para títulos na saída variando do valor calculado em (a) até 1.

6.99 Amônia entra em um compressor de uma planta industrial de refrigeração a 2 bar, −10°C e uma vazão mássica de 15 kg/min, sendo comprimido a 12 bar e 140°C. A transferência de calor ocorre entre o compressor e as vizinhanças a uma taxa de 6 kW. Durante a operação sob regime permanente, os efeitos de energia cinética e potencial são desprezíveis. Determine (a) a potência do compressor, em kW, e (b) a taxa de geração de entropia, em kW/K, para um volume de controle que englobe o compressor e as vizinhanças imediatas, com as quais a transferência de calor ocorra a 300 K.

6.100 Em um sistema de refrigeração, refrigerante 22 entra em um trocador de calor de contracorrente a 12 bar e 28°C. O Refrigerante sai a 12 bar e 20°C. Separadamente, um fluxo de R-22 entra em um ponto oposto do trocador de calor como vapor saturado a 2 bar e sai como vapor superaquecido a 2 bar. As vazões mássicas dos dois fluxos são iguais. Podem ser ignorados efeitos de dispersão térmica, bem como de energia cinética e potencial. Determine a taxa de produção de entropia no trocador de calor, em kW/K por kg do refrigerante. O que dá origem à produção de entropia nessa aplicação?

6.101 Ar a 500 kPa, 500 K e uma vazão mássica de 600 kg/h entra em uma tubulação que passa no alto de um espaço em uma fábrica. Na saída da tubulação a pressão e a temperatura do ar são 475 kPa e 450 K, respectivamente. Considere o ar como gás ideal com $k = 1,39$. Os efeitos das energias cinética e potencial podem ser desprezados. Determine em regime permanente, (a) a taxa de transferência de calor, em kW, para um volume de controle incluindo a tubulação e seu conteúdo, e (b) a taxa de geração de entropia, em kW/K, para um volume de controle ampliado, incluindo a tubulação e uma parcela suficiente da vizinhança, de modo que a transferência de calor ocorra a temperatura ambiente, dada por 300 K.

6.102 Vapor d'água entra em uma turbina operando em regime permanente a 6 MPa, 600°C e uma vazão mássica de 125 kg/min, e sai como vapor saturado a 20 kPa, produzindo potência a uma taxa de 2 MW. Os efeitos das energias cinética e potencial podem ser desprezados. Determine (a) a taxa de transferência de calor, em kW, para um volume de controle incluindo a turbina e seu conteúdo, e (b) a taxa de geração de entropia, em kW/K, para um volume de controle ampliado, incluindo a turbina e uma parcela suficiente da vizinhança, de modo que a transferência de calor ocorra a temperatura ambiente, dada por 27°C.

6.103 Refrigerante 134a é comprimido de 2 bar, como vapor saturado, a 10 bar e 90°C em um compressor operando sob regime permanente. A vazão mássica do refrigerante entrando no compressor é 7 kg/min, e a potência de entrada é 10,85 kW. Efeitos de energia cinética e potencial podem ser ignorados.
(a) Determine a taxa de transferência de calor, em kW.
(b) Se a transferência de calor ocorre em uma temperatura média superficial de 50°C, determine a taxa de geração de entropia, em kW/K.

(c) Determine a taxa de geração de entropia, em kW/K, para um volume de controle ampliado, que inclua o compressor e as vizinhanças imediatas de tal forma que a transferência de calor ocorra a 300 K.

Compare os resultados dos itens (b) e (c) e discuta.

6.104 Nitrogênio entra em um difusor operando sob regime permanente a 0,656 bar e 300 K, com uma velocidade de 282 m/s. A área de entrada é $4,8 \times 10^{-3}$ m². Na saída do difusor, a pressão é 0,9 bar e a velocidade é 130 m/s. O gás se comporta como ideal com $k = 1,4$. Determine a temperatura de saída, em K, e a área de saída, em m². Para um volume de controle incluindo o difusor, determine a taxa de geração de entropia, em kJ/K por kg de gás fluindo.

6.105 Refrigerante 22 entra em um trocador de calor de um sistema de ar condicionado a 80 lbf/in² (551,6 kPa) com um título de 0,2. O refrigerante sai a 80 lbf/in² e 60°F (15,6°C). Ar flui em contracorrente através do trocador, entrando a 14,9 lbf/in² (102,7 kPa) e 80°F (26,7°C), com uma vazão volumétrica de 100.000 ft³/min (2831,7 m³/min) e saindo a 14,5 lbf/in² (100 kPa) e 65°F (18,3°C). A operação é em regime permanente, a dispersão térmica e efeitos de energia cinética e potencial podem ser desprezados. Assumindo comportamento de gás ideal para o ar, determine a taxa de geração de entropia no trocador de calor, em Btu/min · °R.

6.106 Vapor saturado a 100 kPa entra em um trocador de calor em contracorrente operando em regime permanente e sai a 20°C com uma perda de carga desprezível. Ar ambiente a 275 K e 1 atm entra em um bocal separado e sai a 290 K e 1 atm. A vazão mássica do ar é 170 vezes a da água. O ar pode ser modelado como um gás ideal com $c_p = 1,005$ kJ/kg · K. Os efeitos das energias cinética e potencial são desprezíveis.
(a) Para um volume de controle envolvendo o trocador de calor, determine a taxa de transferência de calor, em kJ por kg de água escoando.
(b) Para um volume de controle ampliado que inclui o trocador de calor e uma porção de sua vizinhança próxima, de modo que a transferência de calor ocorra a uma temperatura ambiente de 275 K, determine a taxa de geração de entropia em kJ/K por kg de água escoando.

6.107 A Fig. P6.107 mostra uma parte dos dutos de um sistema de ventilação operando em regime permanente. Os dutos são bem isolados e a pressão é muito próxima a 1 atm em todo o conjunto. Admitindo o modelo de gás ideal para o ar com $c_p = 0,24$ Btu/lb · °R (1,0 kJ/kg · K) e os efeitos das energias cinética e potencial, determine (a) a temperatura do ar na saída, em °F, (b) o diâmetro na saída, em ft, e (c) a taxa de geração de entropia no interior do duto, em Btu/min · °R.

6.108 Ar escoa através de um duto circular isolado com 2 cm de diâmetro. Os valores da pressão e da temperatura em regime permanente obtidos através de medições realizadas em duas posições, indicadas por 1 e 2, são dados na tabela a seguir. Admitindo o modelo de gás ideal para o ar com $c_p = 1,005$ kJ/kg · K, determine (a) o sentido do escoamento, (b) a velocidade do ar, em m/s, nas duas posições, e (c) a vazão mássica do ar, em kg/s.

Posição de medição	1	2
Pressão (kPa)	100	500
Temperatura (°C)	20	50

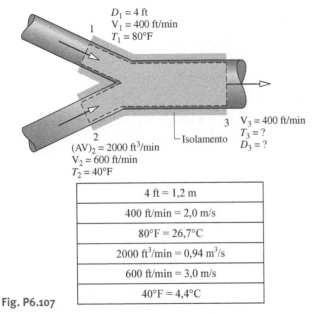

Fig. P6.107

4 ft = 1,2 m
400 ft/min = 2,0 m/s
80°F = 26,7°C
2000 ft³/min = 0,94 m³/s
600 ft/min = 3,0 m/s
40°F = 4,4°C

6.109 Determine as taxas de geração de entropia, em Btu/min · °R, para o gerador de vapor e a turbina do Exemplo 4.10. Identifique o componente que mais contribui para a ineficiência de operação do sistema como um todo.

6.110 A Fig. P6.110 mostra um compressor de ar e um trocador de calor regenerativo em um sistema de turbina a gás operando em regime permanente. Ar flui do compressor através do regenerador e outra corrente de ar passa pelo regenerador em contracorrente. Os dados operacionais do sistema encontram-se na figura. Efeitos de dispersão térmica, de energia cinética e potencial são desprezíveis e podem ser ignorados. A potência de operação do compressor é 6700 kW. Determine a vazão mássica de ar que entra no compressor, em kg/s, a temperatura do ar que sai do regenerador na saída 5, em K, e as taxas de geração de entropia do compressor e do regenerador, em kW/K.

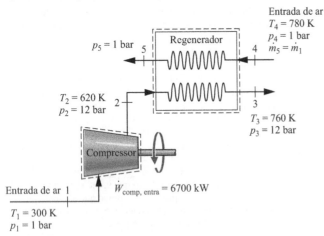

Fig. P6.110

6.111 A Fig. P6.111 mostra diversos componentes em série operando em regime permanente. Água líquida entra em uma caldeira a 60 bar. Vapor sai da caldeira a 60 bar e 540°C, sendo submetido a um processo de estrangulamento a 40 bar, antes de entrar na turbina. O vapor é, então, expandido de forma adiabática através da turbina até 5 bar e 240°C, sendo em seguida submetido a um processo de estrangulamento até 1 bar, antes de entrar no condensador. Os efeitos das energias cinética e potencial podem ser desprezados.
(a) Localize cada um dos estados de 2–5 em um esboço do diagrama T–s.
(b) Determine o trabalho produzido pela turbina, em kJ por kg de vapor escoando.
(c) Para as válvulas e a turbina, determine as taxas de geração de entropia, cada uma em kJ/K por kg de vapor escoando.
(d) Utilizando o resultado do item (c), ordene os componentes começando com aquele que mais contribui para a ineficiência operacional do sistema como um todo.
(e) Se o objetivo for aumentar a potência desenvolvida por kg de vapor em escoamento, qual dos componentes pode ser eliminado (se possível)? Explique.

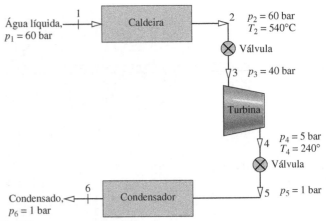

Fig. P6.111

6.112 Ar considerado como um gás ideal escoa através do conjunto turbina e trocador de calor ilustrados na Fig. P6.112. Dados em regime permanente são fornecidos na figura. As perdas de calor e os efeitos das energias cinética e potencial podem ser desprezados. Determine
(a) a temperatura T_3, em K.
(b) a potência de saída da segunda turbina, em kW.
(c) as taxas de geração de entropia, cada uma em kW/K, para as turbinas e o trocador de calor.
(d) Utilizando o resultado do item (c), ordene os componentes começando com aquele que mais contribui para a ineficiência operacional do sistema como um todo.

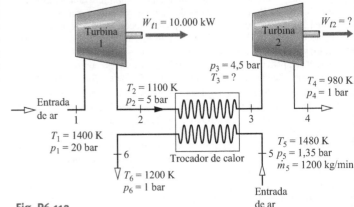

Fig. P6.112

6.113 Um tanque rígido e isolado, cujo volume é de 10 litros, é inicialmente evacuado. Um vazamento se desenvolve por meio de um orifício e ar entra no tanque, a partir da vizinhança, a 1 bar e 25°C, até que a pressão no mesmo seja de 1 bar. Empregando o modelo de gás ideal com $k = 1,4$ para o ar, determine (a) a temperatura final no tanque, em °C, (b) a quantidade de ar que entra no interior do tanque, em g, e (c) a quantidade de entropia gerada, em J/K.

6.114 Um tanque rígido isolado com volume de 0,5 m³ se encontra conectado por uma válvula a um grande vaso contendo vapor a 40 bar, 500°C. O tanque está inicialmente evacuado. A válvula é aberta apenas o tempo necessário para que o tanque seja preenchido com vapor à pressão de 20 bar. Determine (a) a temperatura final do vapor no tanque, em °C, (b) a massa final do vapor no tanque, em kg, e (c) a quantidade de entropia gerada, em kJ/K.

6.115 Um tanque de 1 m³ inicialmente contém vapor d'água a 60 bar e 320°C. O vapor é removido lentamente do tanque até que a pressão seja 15 bar. Uma resistência elétrica no tanque transfere energia para o vapor mantendo-o sob a temperatura constante de 320°C durante o processo. Ignorando efeitos de energia cinética e potencial, determine a quantidade de entropia gerada durante o processo, em kJ/K.

6.116 Uma mistura líquido-vapor de refrigerante 134a encontra-se estocado em um tanque de armazenamento a 100 lbf/in² (689,5 kPa) e 50°F (10°C), como mostrado na Fig. P6.116. Um técnico enche um cilindro de 3,5 ft³ (0,1 m³), inicialmente evacuado, para um serviço externo. O técnico abre a válvula e o refrigerante flui do tanque de armazenamento para o cilindro até que a pressão no cilindro seja 25,5 lbf/in² (175,8 kPa) (gage). A pressão atmosférica local é 14,5 lbf/in² (100 kPa). Assumindo que não haja transferência de calor no processo e que efeitos de energia cinética e potencial possam ser ignorados, determine a massa final de refrigerante no cilindro, em lb, e a quantidade de entropia gerada, em Btu/°R.

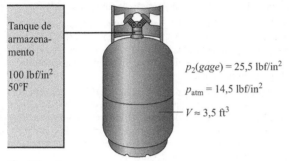

Fig. P6.116

6.117 Um tanque com volume de 180 ft³ (5,1 m³), inicialmente preenchido com ar a 1 atm e 70°F (21,1°C), é evacuado por um equipamento conhecido como *bomba de vácuo*, enquanto o conteúdo do tanque é mantido a 70°F por transferência de calor através de suas paredes. A bomba de vácuo descarrega ar para a vizinhança, que se encontra a 1 atm e 70°F. Determine o trabalho teórico *mínimo* requerido, em Btu.

Utilizando Processos/Eficiências Isentrópicas

6.118 Um conjunto pistão-cilindro expande isentropicamente de $T_1 = 1800°R$ (726,85°C) e $p_1 = 2000$ lbf/in² até $p_2 = 20$ lbf/in². Assumindo o modelo de gás ideal, determine a temperatura no estado 2, em °R, utilizando (a) dados da Tabela A-22E e (b) $k = 1,4$. Compare os valores obtidos em (a) e (b) e comente.

6.119 Ar em um conjunto cilindro-pistão é comprimido isentropicamente de um estado 1, em que $T_1 = 35°C$, até um estado 2, no qual o volume específico é um décimo do volume específico no estado 1. Usando o modelo de gás ideal com $k = 1,4$, determine (a) T_2, em °C e (b) o trabalho, em kJ/kg.

6.120 Vapor d'água é submetido a uma compressão isentrópica em um arranjo pistão-cilindro isolado de um estado inicial no qual $T_1 = 120°C$ e $p_1 = 1$ bar até um estado final em que $p_2 = 100$ bar. Determine a temperatura do estado final, em °C, e o trabalho, em kJ por kg de vapor.

6.121 Propano é submetido a uma expansão isentrópica a partir de um estado inicial, em que $T_1 = 40°C$ e $p_1 = 1$ MPa, até um estado final em que a temperatura e a pressão são T_2 e p_2, respectivamente. Determine
(a) p_2, em kPa, quando $T_2 = -40°C$.
(b) T_2, em °C, quando $p_2 = 0,8$ MPa.

6.122 Argônio em um conjunto pistão-cilindro é comprimido isentropicamente de um estado 1, em que $p_1 = 150$ kPa e $T_1 = 35°C$, até um estado 2, em que $p_2 = 300$ kPa. Supondo o modelo de gás ideal com $k = 1,67$, determine (a) T_2, em °C e (b) o trabalho, em kJ por kg de argônio.

6.123 Ar em um conjunto cilindro-pistão, inicialmente a 12 bar, 620 K, passa por uma expansão isentrópica até 1,4 bar. Supondo o modelo de gás ideal para o ar, determine a temperatura final, em K, e o trabalho, em kJ/kg. Resolva de duas formas: usando (a) dados da Tabela A-22 e (b) $k = 1,4$.

6.124 Ar em um conjunto cilindro-pistão, inicialmente a 30 lbf/in² (206,8 kPa), 510°R (10,2°C), e 6 ft³ (0,17 m³) de volume, passa por uma compressão isentrópica até um volume final de 1,2 ft³ (0,03 m³). Admitindo o modelo de gás ideal com $k = 1,4$ para o ar, determine (a) a massa, em lb, (b) a pressão final, em lbf/in², (c) a temperatura final, em °R, e (d) o trabalho, em Btu.

6.125 Ar em um conjunto cilindro-pistão, inicialmente a 4 bar, 600 K e 0,43 m³ de volume, passa por uma expansão isentrópica até uma pressão de 1,5 bar. Supondo o modelo de gás ideal para o ar, determine (a) a massa, em kg, (b) a temperatura final, em K, e (d) o trabalho, em kJ.

6.126 CO₂ sofre uma expansão isentrópica em um conjunto pistão-cilindro de $p_1 = 200$ lbf/in² (1,4 MPa) e $T_1 = 800°R$ (171,3°C) até um estado final onde $v_2 = 1,8$ ft³/lb (28,8 kg/m³). Determine o trabalho, em Btu por lb de CO₂, assumindo o modelo de gás ideal com:
(a) capacidade calorífica constante determinada a 600°R (60,2°C).
(b) dados de capacidade calorífica variável, a partir do *software IT* ou similar.

6.127 Ar em um conjunto cilindro-pistão é comprimido isentropicamente de um estado inicial, em que $T_1 = 340$ K, até um estado final, no qual a pressão é 90% maior do que no estado 1. Supondo o modelo de gás ideal, determine (a) T_2, em K, e (b) o trabalho, em kJ/kg.

6.128 Um tanque rígido e isolado, com 20 m³ de volume, é preenchido inicialmente por ar a 10 bar, 500 K. Um vazamento se desenvolve e o ar escapa lentamente, até que a pressão do ar que permanece no tanque é de 5 bar. Empregando o modelo de gás ideal com $k = 1,4$ para o ar, determine a quantidade de massa que permanece no interior do tanque, em kg, e sua temperatura, em K.

6.129 Um tanque rígido e isolado, com 21,61 ft³ (0,61 m³) de volume, é preenchido inicialmente por ar a 110 lbf/in² (758,4 kPa), 535°R (24,1°C). Um vazamento se desenvolve e o ar escapa lentamente, até que a pressão do ar que permanece no tanque é de 15 lbf/in² (103,4 kPa). Empregando o modelo de gás ideal com $k = 1,4$ para o ar, determine a quantidade de massa que permanece no interior do tanque, em lb, e sua temperatura, em °R.

6.130 Os dados para a operação em regime permanente de uma expansão isentrópica de vapor através de uma turbina estão apresentados na tabela a seguir. Considerando uma vazão mássica de 2,55 kg/s, determine a potência desenvolvida pela turbina, em MW. Despreze os efeitos das energias cinética e potencial.

	p(bar)	T(°C)	V(m/s)	h(kJ/kg)	s(kJ/kg · K)
Entrada	10	300	25	3051,1	7,1214
Saída	1,5	–	100		7,1214

6.131 Vapor d'água entra em uma turbina operando em regime permanente a 1000°F (537,8°C), 140 lbf/in² (965,3 kPa), e uma vazão volumétrica de 21,6 ft³/s (0,61 m³/s), e passa por um processo de expansão isentrópica até 2 lbf/in² (13,8 kPa). Determine a potência desenvolvida pela turbina, em HP. Despreze os efeitos das energias cinética e potencial.

6.132 Refrigerante 22 entra como vapor saturado a 10 bar em um compressor operando em regime permanente e é comprimido adiabaticamente em um processo internamente reversível a 16 bar. Ignorando efeitos de energia cinética e potencial, determine a vazão mássica de refrigerante, em kg/s, se a potência do compressor for 6 kW.

6.133 A Fig. P6.133 fornece um esboço de uma planta de potência a vapor operando em regime permanente que utiliza água como fluido de trabalho. Dados localizados em posições estratégicas são fornecidos na figura. O escoamento entre a turbina e a bomba ocorrem isentropicamente. O escoamento entre o gerador de vapor e o condensador ocorrem a pressão constante. As perdas de calor e os efeitos das energias cinética e potencial podem ser desprezados. Esboce os quatro processos em série desse ciclo em um diagrama *T–s*. Determine a eficiência térmica.

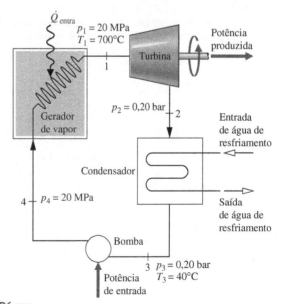

Fig. P6.133

6.134 Os dados para a operação em regime permanente de uma expansão adiabática de vapor através de uma turbina estão apresentados na tabela a seguir. Os estados estão numerados, conforme indicado na Fig. 6.11. Os efeitos das energias cinética e potencial podem ser desprezados. Determine para a turbina (a) o trabalho desenvolvido por unidade de massa de vapor em escoamento, em kJ/kg, (b) a quantidade de entropia gerada por unidade de massa de vapor em escoamento, em kJ/kg · K, e (c) a eficiência isentrópica da turbina.

Estado	p(bar)	T(°C)	x(%)	h(kJ/kg)	s(kJ/kg · K)
1	10	300	–	3051	7,121
2s	0,10	45,81	86,3	–	7,121
2	0,10	45,81	90,0	–	7,400

6.135 Os dados para a operação em regime permanente de uma expansão adiabática de vapor através de uma turbina, com 4 lb/s de vazão mássica, estão apresentados na tabela a seguir. Os efeitos das energias cinética e potencial podem ser desprezados. Determine para a turbina (a) a potência desenvolvida, em HP, (b) a taxa de entropia gerada, em HP/°R, e (c) a eficiência isentrópica da turbina.

	p(lbf/in²)	T(°F)	u(Btu/lb)	h(kj/kg)	s(Btu/lb · °R)
Entrada	140	1000	1371,0	1531,0	1,8827
	(965,3 kPa)	(537,8°C)	(3188,9 kJ/kg)	(3561,1 kJ/kg)	(7,9 kJ/kg · K)
Saída	2	270	1101,4	1181,7	2,0199
	(13,8 kPa)	(132,2°C)	(2561,9 kJ/kg)	(kJ/kg)	(8,5 kJ/kg · K)

6.136 Vapor d'água a 800 lbf/in² (5,5 MPa) e 1000°F (537,8°C) é admitido em uma turbina, operando em regime permanente, e sofre uma expansão adiabática a 2 lbf/in² (13,8 kPa), desenvolvendo trabalho a uma taxa de 490 Btu por lb (1139,7 kJ/kg) de vapor em escoamento. Determine a condição na saída da turbina: mistura bifásica líquido-vapor ou vapor superaquecido? Além disso, calcule a eficiência isentrópica da turbina. Os efeitos das energias cinética e potencial podem ser desprezados.

6.137 Ar a 1600 K e 30 bar é admitido em uma turbina operando em regime permanente. O ar se expande adiabaticamente na saída da turbina, na qual a temperatura é de 830 K. Considerando que a eficiência isentrópica da turbina é de 90%, determine (a) a pressão na saída da turbina, em bar, e (b) o trabalho desenvolvido, em kJ por kg de ar em escoamento. Admita o modelo de gás ideal para o ar e despreze os efeitos das energias cinética e potencial podem ser desprezados.

6.138 Vapor d'água entra em uma turbina operando em regime permanente a 5 bar, 320°C e uma vazão volumétrica de 0,65 m³/s, e sofre uma expansão adiabática até a saída a 1 bar, 160°C. Os efeitos das energias cinética e potencial podem ser desprezados. Determine para a turbina (a) a potência desenvolvida, em kW, (b) a taxa de geração de entropia, em kW/K, e (c) a eficiência isentrópica da turbina.

6.139 Ar a 1175 K e 8 bar é admitido em uma turbina operando em regime permanente e sofre um processo de expansão adiabático até 1 bar. A eficiência isentrópica da turbina é de 92%. Empregando o modelo de gás ideal com $k = 1,4$, determine (a) o trabalho desenvolvido pela turbina, em kJ por kg de ar em escoamento, e (b) a temperatura na saída, em K. Despreze os efeitos das energias cinética e potencial podem ser desprezados.

6.140 Vapor d'água entra em uma turbina operando em regime permanente a 10 MPa, 600°C e uma vazão volumétrica de 0,36 m³/s, e sai a 0,1 bar e um título de 92%. Os efeitos das energias cinética e potencial podem ser desprezados. Determine para a turbina (a) a vazão mássica, em kg/s, (b) a potência desenvolvida pela turbina, em MW, (c) a taxa na qual a entropia é gerada, em kW/K, e (d) a eficiência isentrópica da turbina.

6.141 Ar modelado como um gás ideal é admitido em uma turbina operando em regime permanente a 1040 K e 278 kPa, sendo descarregado a 120 kPa. A vazão mássica é de 5,5 kg/s e a potência desenvolvida vale 1120 kW. As perdas de calor e os efeitos das energias cinética e potencial podem ser desprezados. Admitindo $k = 1,4$, determine (a) a temperatura do ar na saída da turbina, em K, e (b) a eficiência isentrópica da turbina.

6.142 Vapor d'água a 1000°F (537,8°C) e 140 lbf/in² (965,3 kPa) entra em uma turbina operando em regime permanente e é expandido até 2 lbf/in² (13,8 kPa), 150°F. As perdas de calor e os efeitos das energias cinética e potencial podem ser desprezados. Determine o trabalho real e o trabalho teórico máximo que poderia ser desenvolvido para uma turbina com o mesmo estado na entrada e mesma pressão na saída, em Btu por lb de vapor em escoamento.

6.143 Vapor d'água a 6 MPa e 600°C entra em uma turbina operando em regime permanente e sai a 10 kPa. A vazão mássica é de 2 kg/s e a potência desenvolvida vale 2626 kW. As perdas de calor e os efeitos das energias cinética e potencial podem ser desprezados. Determine (a) a eficiência isentrópica da turbina e (b) a taxa de geração de entropia, em kW/K.

6.144 Vapor d'água a 5 MPa e 320°C entra em uma turbina operando sob regime permanente e expande até 0,1 bar. A vazão mássica é de 2,52 kg/s e a eficiência isentrópica da turbina é 92%. Efeitos de dispersão térmica, energia cinética e potencial são desprezíveis. Determine a potência desenvolvida pela turbina, em kW.

6.145 Ar é admitido em um compressor de uma turbina a gás em uma instalação de potência operando em regime permanente a 290 K, 100 kPa, e sai a 330 kPa. As perdas de calor e os efeitos das energias cinética e potencial podem ser desprezados. A eficiência isentrópica do compressor é 90,3%. Utilizando o modelo de gás ideal para o ar, determine o trabalho necessário em kJ por kg de ar em escoamento.

6.146 Oxigênio (O_2) a 25°C e 100 kPa é admitido em um compressor operando em regime permanente e é descarregado a 260°C e 650 kPa. As perdas de calor e os efeitos das energias cinética e potencial podem ser desprezados. Utilizando o modelo de gás ideal para o ar com $k = 1,379$, determine a eficiência isentrópica do compressor e o trabalho em kJ por kg de O_2 em escoamento.

6.147 Ar é admitido em um compressor operando em regime permanente a 290 K, 100 kPa, sendo comprimido adiabaticamente até um estado de saída de 420 K, 330 kPa. O ar é modelado como um gás ideal e os efeitos das energias cinética e potencial são desprezíveis. Para o compressor determine, (a) a taxa de geração de entropia, em kJ/K por kg de ar em escoamento, e (b) a eficiência isentrópica do compressor.

6.148 Dióxido de carbono (CO_2), a 1 bar, 300 K, entra em um compressor operando em regime permanente e é comprimido adiabaticamente até um estado de saída de 10 bar, 520 K. O CO_2 é modelado como um gás ideal e os efeitos das energias cinética e potencial são desprezíveis. Para o compressor determine, (a) o trabalho de entrada, em kJ por kg de CO_2 em escoamento, (b) a taxa de geração de entropia, em kJ/K por kg de CO_2 em escoamento, e (c) a eficiência isentrópica do compressor.

6.149 Ar é admitido em um compressor operando em regime permanente a 300 K, 1 bar, sendo comprimido adiabaticamente até 1,5 bar. A potência de entrada vale 42 kJ por kg de ar em escoamento. Empregando o modelo de gás ideal com $k = 1,4$, para o ar, determine para o compressor, (a) a taxa de geração de entropia, em kJ/K por kg de ar em escoamento, e (b) a eficiência isentrópica do compressor. Despreze os efeitos das energias cinética e potencial.

6.150 Ar é admitido em um compressor operando em regime permanente a 1 atm, 520°R (15,7°C), sendo comprimido adiabaticamente até 3 atm. A eficiência isentrópica do compressor é de 80%. Empregando o modelo de gás ideal com $k = 1,4$, para o ar, determine para o compressor, (a) a potência de entrada, em Btu por lb de ar em escoamento, e (b) a quantidade de entropia gerada, em Btu/°R por lb de ar em escoamento. Despreze os efeitos das energias cinética e potencial.

6.151 Nitrogênio (N_2) entra em um compressor isolado operando em regime permanente a 1 bar, 37°C, com uma vazão mássica de 1000 kg/h e sai a 10 bar. Os efeitos das energias cinética e potencial podem ser desprezados. O nitrogênio pode ser modelado como um gás ideal com $k = 1,391$.
(a) Determine a potência teórica mínima de entrada necessária, em kW, e a temperatura de descarga correspondente, em °C.
(b) Considerando que a temperatura de saída é de 397°C, determine a potência de entrada necessária, em kW, e a eficiência isentrópica do compressor.

6.152 Vapor d'água saturado é admitido em um compressor operando em regime permanente a 300°F (148,9°C) e uma vazão mássica de 5 lb/s (2,3 kg/s), sendo comprimido adiabaticamente até 800 lbf/in² (5,5 MPa). Considerando que a potência de entrada é de 2150 hp (1603,3 kW), determine para o compressor (a) a eficiência isentrópica e (b) a taxa de geração de entropia, em hp/°R. Despreze os efeitos das energias cinética e potencial.

6.153 Refrigerante 134a, a uma taxa de 0,8 lb/s (0,36 kg/s), entra em um compressor operando em regime permanente, como vapor saturado a 30 psia (206,8 kPa), sendo descarregado a uma pressão de 160 psia (1,1 MPa). A transferência de calor com a vizinhança e os efeitos das energias cinética e potencial podem ser desprezados.
(a) Determine a potência teórica mínima de entrada necessária, em Btu/s, e a temperatura de descarga correspondente, em °F.
(b) Considerando que a temperatura de saída é de 130°F (54,4°C), determine a potência real, em Btu/s, e a eficiência isentrópica do compressor.

Utilizando a Entropia   289

6.154 Ar a 1,3 bar, 423 K, e uma velocidade de 40 m/s, é admitido em um bocal operando em regime permanente, sendo expandido adiabaticamente até a saída, em que a pressão é de 0,85 bar e uma velocidade de 307 m/s. Empregando o modelo de gás ideal para o ar com $k = 1,4$, determine para o bocal (a) a temperatura na saída, em K, e (b) a eficiência isentrópica do bocal.

6.155 Vapor d'água a 100 lbf/in^2 (689,5 kPa), 500°F (260°C), e uma velocidade de 100 ft/s (30,5 m/s), é admitido em um bocal operando em regime permanente, sendo expandido adiabaticamente até a saída, no qual a pressão é de 40 lbf/in^2 (275,8 kPa). Considerando que a eficiência isentrópica do bocal é 95%, determine (a) a velocidade de descarga do vapor, em ft/s, e (b) a quantidade de entropia gerada, em Btu/°R por lb de vapor em escoamento.

6.156 Gás hélio a 810°R (176,8°C), 45 lbf/in^2 (310,3 kPa) e uma velocidade de 10 ft/s (3,0 m/s) entra em um bocal isolado operando em regime permanente e é descarregado a 670°R (99,1°C) e 25 lbf/in^2 (172,4 kPa). Modelando o hélio como gás ideal com $k = 1,67$, determine (a) a velocidade na saída do bocal, em ft/s, (b) a eficiência isentrópica do bocal e (c) a taxa de geração de entropia no interior do bocal, em Btu/°R por lb de hélio em escoamento.

6.157 Ar modelado como um gás ideal entra em um volume de controle com uma entrada e uma saída operando em regime permanente a 100 lbf/in^2 (689,5 kPa), 900°R (226,8°C), e é expandido até 25 lbf/in^2 (172,4 kPa). Os efeitos das energias cinética e potencial podem ser desprezados. Determine a taxa de geração de entropia, em Btu/°R por lb de ar em escoamento,
(a) Para um volume de controle incluindo uma turbina com 89,1% de eficiência isentrópica.
(b) Para um volume de controle incluindo uma válvula de estrangulamento.

6.158 Como parte de um processo industrial, ar (nessas condições como um gás ideal) a 10 bar e 400 K sofre uma expansão sob regime permanente através de uma válvula até uma pressão de 4 bar. A vazão mássica é 0,5 kg/s. O ar então passa por um trocador de calor, no qual é resfriado a 295 K com uma variação desprezível na pressão. A válvula pode ser modelada como um processo de estrangulamento, no qual efeitos de energia cinética e potencial são desprezíveis.
(a) Para um volume de controle incluindo a válvula, o trocador de calor e uma porção das vizinhanças suficiente para garantir uma troca térmica a 295 K, determine a taxa de geração de entropia, em kW/K.
(b) Se a válvula for substituída por uma turbina adiabática operando isentropicamente, qual seria a taxa de geração de entropia, em kW/K? Compare os resultados obtidos em (a) e (b) e comente.

6.159 A Fig. P6.159 fornece um desenho esquemático de uma bomba de calor que utiliza o refrigerante 134a como fluido de trabalho, juntamente com dados em pontos-chave obtidos em regime permanente. A vazão mássica do refrigerante é de 7 kg/min e a potência de acionamento do compressor é de 5,17 kW. (a) Determine o coeficiente de desempenho da bomba de calor. (b) Se a válvula fosse substituída por uma turbina, haveria a produção de potência, reduzindo consequentemente a potência necessária para o sistema de bomba de calor. Seria recomendável a utilização dessa medida de *economia*? Explique.

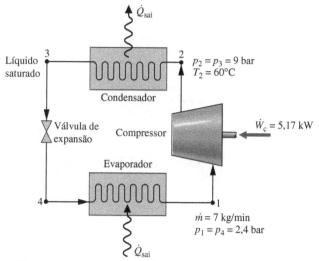

Fig. P6.159

6.160 Ar, com comportamento de gás ideal, entra em um difusor operando sob regime permanente a 4 bar, 290 K e 512 m/s. A velocidade de saída é 110 m/s. Para uma operação adiabática sem irreversibilidades internas, determine a temperatura de saída, em K, e a pressão de saída, em bar:
(a) para $k = 1,4$.
(b) utilizando dados da Tabela A-22.

6.161 Conforme ilustrado na Fig. P6.161, ar é admitido em um difusor de um motor de avião a 18 kPa, 216 K e uma velocidade de 265 m/s. Todos esses dados correspondem a um voo de elevada altitude. O ar escoa adiabaticamente através do difusor, no qual é desacelerado até uma velocidade de 50 m/s na saída do difusor. Admita que a operação ocorre em regime permanente, que o ar se comporta como um gás ideal e que os efeitos da energia potencial podem ser desprezados.
(a) Determine a temperatura do ar na descarga do difusor, em K.
(b) Considerando que o ar é submetido a um processo isentrópico conforme escoa pelo difusor, determine a pressão do ar na saída no difusor, em kPa.
(c) Se o atrito estivesse presente, a pressão do ar na saída no difusor seria maior, menor ou igual ao valor obtido no item (b)? Explique.

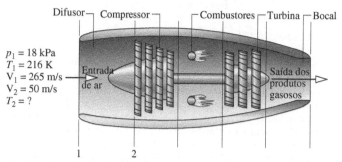

Fig. P6.161

6.162 Conforme ilustrado na Fig. P6.162, uma turbina a vapor com 90% de eficiência isentrópica aciona um compressor de ar com 85% de eficiência isentrópica. Dados operacionais de regime permanente são fornecidos na figura. Admita o modelo de gás ideal para o ar e ignore as perdas de calor e os efeitos das energias cinética e potencial.
(a) Determine a vazão mássica do vapor na entrada da turbina, em kg de vapor por kg de ar saindo do compressor.
(b) Repita o item (a) para $\eta_t = \eta_c = 100\%$.

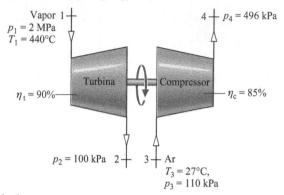

Fig. P6.162

6.163 A Fig. P6.163 fornece um esboço de uma planta de potência a vapor operando em regime permanente que utiliza água como fluido de trabalho. Dados localizados em posições estratégicas são fornecidos na figura. A vazão mássica da água que circula através dos componentes é de 109 kg/s. As perdas de calor e os efeitos das energias cinética e potencial podem ser desprezados. Determine
(a) a potência líquida desenvolvida, em MW.
(b) a eficiência térmica.
(c) a eficiência isentrópica da turbina.
(d) a eficiência isentrópica da bomba.
(e) a vazão mássica da água de resfriamento, em kg/s.
(f) as taxas de geração de entropia, cada uma em kW/K, para a turbina, o condensador e a bomba.

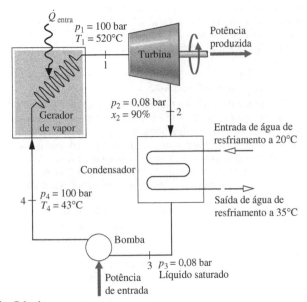

Fig. P6.163

6.164 A Fig. P6.164 mostra um sistema de potência operando em regime permanente composto por três componentes em série: um compressor de ar com 80% de eficiência isentrópica, um trocador de calor e uma turbina com 90% de eficiência isentrópica. Ar é admitido no compressor a uma vazão mássica de 5,8 kg/s a 1 bar, 300 K, e sai a uma pressão de 10 bar. O ar entra na turbina a 10 bar, 1400 K e sai na pressão de 1 bar. O ar pode ser modelado como um gás ideal. As perdas de calor e os efeitos das energias cinética e potencial podem ser desprezados. Determine, em kW, (a) a potência requerida pelo compressor, (b) a potência produzida pela turbina e (c) a potência *líquida* produzida pelo conjunto.

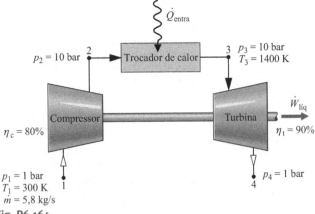

Fig. P6.164

6.165 Vapor d'água entra em uma turbina de dois estágios com reaquecimento, operando sob regime permanente, como mostrado na Fig. P6.165. O vapor entra na Turbina 1 com uma vazão mássica de 120.000 lb/h (54.431,1 kg/h) a 1000 lbf/in² (6,9 MPa) e 800°F, sendo expandido até uma pressão de 60 lbf/in² (413,7 kPa). A partir desse ponto, o vapor entra em um reaquecedor sob pressão constante a 350°C antes de entrar na Turbina 2 e expandir até uma pressão final de 1 lbf/in² (6,9 kPa). As turbinas operam adiabaticamente com eficiências isentrópicas de 88% e 85%, respectivamente. Efeitos de energia cinética e potencial podem ser ignorados. Determine a potência líquida que pode ser desenvolvida pelas duas turbinas e a taxa de transferência de calor no reaquecedor, em Btu/h.

6.166 Um tanque rígido se encontra inicialmente com 5,0 kg de ar a uma pressão de 0,5 MPa e uma temperatura de 500 K. O ar é descarregado por uma turbina para uma atmosfera, produzindo trabalho enquanto a pressão no tanque cai ao nível atmosférico de 0,1 MPa. Utilizando o modelo de gás ideal para o ar, determine a quantidade teórica *máxima* de trabalho que pode ser produzida, em kJ. Ignore a troca de calor com a atmosfera e as variações das energias cinética e potencial.

6.167 Um tanque que inicialmente contém ar a 30 atm e 1000°R está conectado a uma pequena turbina. Ar é descarregado do tanque através da turbina, que produz trabalho em uma quantidade de 100 Btu (105,5 kJ). A pressão no tanque cai a 3 atm durante o processo, e a turbina descarrega para a atmosfera a 1 atm. Utilizando o modelo de gás ideal para o ar com $k = 14$ e desprezando as irreversibilidades no interior do tanque e da turbina, determine o volume do tanque, em ft³. A transferência de calor com a atmosfera e as variações das energias cinética e potencial podem ser desprezadas.

6.168 Ar é admitido em uma turbina a 1190 K, 10,8 bar e expande até 5,2 bar. O ar, então, flui através de um bocal e sai a 0,8 bar. A turbina opera sob regime permanente e o fluxo de ar é adiabático. O bocal opera sem irreversibilidades internas e a eficiência isentrópica da turbina é 85%. A velocidade de entrada e saída do ar é desprezível. Assumindo comportamento de gás ideal para o ar, determine a velocidade de saída do ar do bocal, em m/s.

6.169 Um ciclo de potência de Carnot opera em regime permanente conforme ilustrado na Fig. 5.15 com água como fluido de trabalho. A pressão da caldeira é de 200 lbf/in² (1,4 MPa), sendo que o fluido de trabalho entra como líquido saturado e sai como vapor saturado. A pressão do condensador é de 20 lbf/in² (137,9 kPa).
(a) Esboce o ciclo em coordenadas T–s.
(b) Determine a quantidade de calor transferida e o trabalho para cada processo, em Btu por lb de água escoando.
(c) Avalie a eficiência térmica.

6.170 A Fig. P6.169 mostra um ciclo de bomba de calor de Carnot operando em regime permanente com amônia como fluido de trabalho. A temperatura do condensador é de 120°F (48,9°C), com vapor saturado entrando e líquido saturado saindo. A temperatura do evaporador é de 10°F (212,2°C).
(a) Determine a quantidade de calor transferida e o trabalho para cada processo, em Btu por lb de amônia escoando.
(b) Determine o coeficiente de desempenho da bomba de calor.
(c) Determine o coeficiente de desempenho para um ciclo de refrigeração de Carnot operando conforme ilustrado na figura.

Analisando Processos de Escoamento Internamente Reversíveis

6.171 Dióxido de carbono expande isotermicamente sob regime permanente sem irreversibilidades através de uma turbina, entrando a 10 bar e 500 K e saindo a 2 bar. Assumindo o comportamento de gás ideal para o ar e desprezando efeitos de energia cinética e potencial, determine a transferência de calor e o trabalho realizado, ambos em kJ por kg de CO_2.

6.172 Vapor d'água (saturado) a 12,0 MPa e 480°C expande através de uma turbina operando sob regime permanente a 10 bar. O processo segue $pv^n =$ *constante* e ocorre com efeitos desprezíveis de energia cinética ou potencial. A vazão mássica do vapor é 5 kg/s. Determine a potência desenvolvida e a taxa de transferência de calor, em kW.

6.173 Ar é admitido em um compressor operando em regime permanente a $p_1 = 15$ lbf/in² (103,4 kPa) e $T_1 = 60°F$ (15,6°C). O ar passa por um processo politrópico, sendo descarregado a $p_2 = 75$ lbf/in² (517,1 kPa) e $T_2 = 294°F$ (145,6°C). (a) Avalie o trabalho e o calor transferido, ambos em Btu por lb de ar em escoamento. (b) Represente o processo em esboços dos diagramas

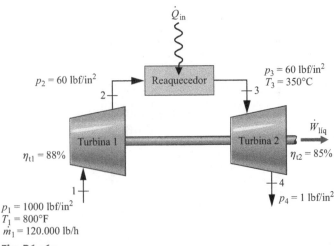

Fig. P6.165

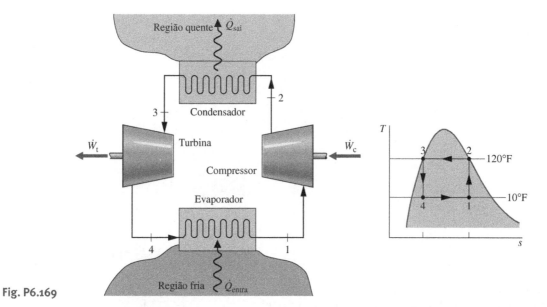

Fig. P6.169

p–v e T–s e associe áreas dos diagramas com o trabalho e a quantidade de calor transferida, respectivamente. Considere o modelo de gás ideal para o ar e despreze os efeitos das energias cinética e potencial.

6.174 Ar é admitido em um compressor operando em regime permanente a $p_1 = 1$ bar e $T_1 = 17°C$, sendo descarregado a $p_2 = 5$ bar. O ar passa por um processo politrópico, no qual o trabalho de acionamento do compressor é 162,2 kJ por kg de ar em escoamento. Determine (a) a temperatura do ar na saída do compressor, em °C, e (b) a transferência de calor, em kJ por kg de ar em escoamento. (c) Represente o processo em esboços dos diagramas p–v e T–s e associe áreas dos diagramas com o trabalho e a quantidade de calor transferida, respectivamente. Considere o modelo de gás ideal para o ar e despreze os efeitos das energias cinética e potencial.

6.175 Água no estado de líquido saturado a 1 bar entra em uma bomba, operando em regime permanente, sendo bombeada isentropicamente até a pressão de 50 bar. Os efeitos das energias cinética e potencial podem ser ignorados. Determine o trabalho de entrada da bomba, em kJ por kg de água escoando, usando (a) a Eq. 6.51c, (b) um balanço de energia. Obtenha os dados a partir das Tabelas A-3 e A-5, conforme apropriado. Compare os resultados das partes (a) e (b) e comente.

6.176 A Fig. P6.176 mostra o esquema representativo de uma planta de vapor operando sob regime permanente. Os dados relevantes são mostrados na figura. A turbina e a bomba operam adiabaticamente e pode-se desprezar efeitos de energia cinética e potencial. A eficiência isentrópica da bomba é 90%. Para um ciclo de vapor como esse, a razão de trabalho reverso (*back work ratio*, bwr) é a razão entre o trabalho da bomba e o da turbina. Determine o bwr:

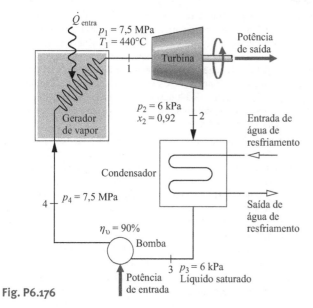

Fig. P6.176

(a) utilizando dados interpolados da Tabela A-5 para obter as entalpias específicas no estado 4.
(b) utilizando a aproximação da Eq. 6.51c para obter as entalpias específicas no estado 4.
Compare os resultados das partes (a) e (b) e discuta.

6.177 Uma bomba operando em regime permanente recebe água líquida a 50°C, com uma vazão mássica de 20 kg/s. A pressão da água na saída da bomba é de 1 MPa. Desprezando as irreversibilidades internas durante a operação da bomba e os efeitos das energias cinética e potencial, determine a potência requerida, em kW.

6.178 Uma bomba operando em regime permanente recebe água líquida a 20°C e 100 kPa com uma vazão mássica de 53 kg/min. A pressão da água na saída da bomba é 5 MPa. A eficiência isentrópica da bomba é de 70%. As perdas de calor e os efeitos das energias cinética e potencial podem ser desprezados. Determine a potência requerida pela bomba, em kW.

6.179 Uma bomba operando em regime permanente recebe água líquida a 50°C e 1,5 MPa. A pressão da água na saída da bomba é 15 MPa. A magnitude do trabalho requerido pela a bomba é de 18 kJ por kg de água em escoamento. As perdas de calor e os efeitos das energias cinética e potencial podem ser desprezados. Determine a eficiência isentrópica da bomba.

6.180 Agua líquida a 70°F (21,1°C), 14,7 lbf/in² (101,3 kPa) e uma velocidade de 30 ft/s (9,1 m/s) entra em um sistema, em regime permanente, que consiste em uma bomba ligada a uma tubulação e sai em um local 30 ft (9,1 m) acima da sucção a 250 lbf/in² (1,7 MPa), a uma velocidade de 15 ft/s (4,6 m/s) e sem apresentar variações significativas na temperatura. (a) Desprezando as irreversibilidades internas, determine a potência de entrada requerida pelo sistema, em Btu por lb de água líquida em escoamento. (b) Para os mesmos estados de entrada e saída, na presença de atrito, a potência de entrada seria maior ou menor do que a determinada na parte (a)? Explique. Considere $g = 32,2$ ft/s² (9,8 m/s²).

6.181 Uma bomba de 3 hp (2,2 kW) operando em regime permanente capta água líquida a 1 atm, 60°F (15,6°C), e descarrega esta água a 5 atm em um local 20 ft (6,1 m) acima da sucção. Não ocorre variação significativa de velocidade entre a sucção e a descarga, e a aceleração local da gravidade é de 32,2 ft/s² (9,8 m/s²). Seria possível bombear 1000 galões em 10 minutos ou menos? Explique.

6.182 Uma bomba acionada eletricamente operando em regime permanente retira água de um lago a uma pressão de 1 bar e a uma vazão de 50 kg/s e descarrega a água a uma pressão de 4 bar. Não ocorre significativa troca de calor com a vizinhança, e as variações das energias cinética e potencial podem ser desprezadas. A eficiência isentrópica da bomba é de 75%. Utilizando o valor de 8,5 centavos por kW · h para a eletricidade, estime o custo de operação da bomba por hora.

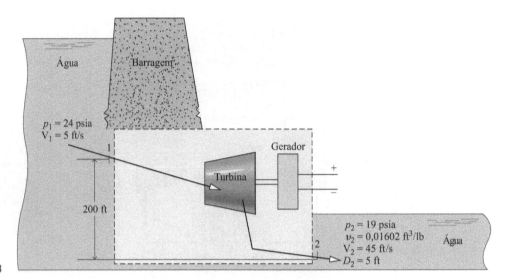

Fig. P6.183

6.183 Conforme ilustrado na Fig. P6.183, água a montante de uma barragem entra em uma tubulação de alimentação a uma pressão de 24 psia (165,5 kPa) e uma velocidade de 5 ft/s (1,5 m/s), escoando através de um conjunto gerador-turbina hidráulica e sendo descarregada em um ponto 200 ft (61,0 m) abaixo da admissão a 19 psia (131 kPa), 45 ft/s (13,7 m/s) e um volume específico de 0,01602 ft^3/lb (0,001 m^3/kg). O diâmetro do tubo de saída é 5 ft (1,5 m) e a aceleração da gravidade local é 32,2 ft/s^2 (9,8 m/s^2). Utilizando o valor de 8,5 centavos por kW · h para a eletricidade gerada, determine o valor da potência produzida, em \$/dia, para a operação em regime permanente e na ausência de irreversibilidades internas.

6.184 Como mostrado na Fig. P6.184, água escoa a partir de um reservatório elevado através de uma turbina hidráulica, operando em regime permanente. Determine a potência máxima de saída, em MW, associada à vazão mássica de 950 kg/s. Os diâmetros de entrada e de saída são iguais. A água pode ser modelada como incompressível com $v = 10^{-3}$ m^3/kg. A aceleração da gravidade local é de 9,8 m/s^2.

6.185 Nitrogênio (N$_2$) entra em um bocal operando em regime permanente a 0,2 MPa, 550 K e com uma velocidade de 1 m/s, sendo submetido a uma expansão politrópica com $n = 1,3$ até 0,15 MPa. Utilizando o modelo de gás ideal com $k = 1,4$, e desprezando os efeitos da energia potencial, determine (a) a velocidade de saída, em m/s, e (b) a taxa de transferência de calor, em kJ por kg de gás em escoamento.

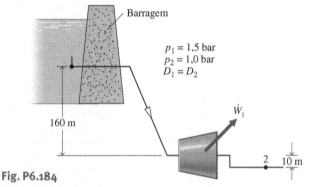

Fig. P6.184

6.186 Monóxido de carbono entra em um bocal operando em regime permanente a 5 bar, 200°C e com uma velocidade de 1 m/s, sendo submetido a uma expansão politrópica até 1 bar e uma velocidade de saída de 630 m/s. Utilizando o modelo de gás ideal e desprezando os efeitos da energia potencial, determine
(a) a temperatura de saída, em °C.
(b) a taxa de transferência de calor, em kJ por kg de gás em escoamento.

▶ PROJETOS E PROBLEMAS EM ABERTO: EXPLORANDO A PRÁTICA DE ENGENHARIA

6.1P Em 1996, o professor Adrian Bejan propôs uma nova teoria sobre a forma como sistemas evoluem, chamada *Constructal Theory*. O professor Bejan afirma que sua teoria contém princípios fundamentais que descrevem as leis mecânicas, bem como sistemas biológicos, particularmente sistemas sob fluxo. Sua teoria trouxe uma significativa discussão na comunidade científica e de engenharia. Prepare um relatório explicando a base da teoria de Bejan e discuta os aspectos sobre sua viabilidade.

6.2P Tanto energia elétrica quanto transferência de calor são necessárias em processos de manufatura. Sistemas combinados de calor e potência (*CHP Systems*) são desenvolvidos para fornecer ambos a partir de uma única fonte, como gás natural (veja a Seção 8.5.2). Pesquise sobre sistemas CHP e prepare um relatório explicando os tipos de tecnologia CHP atualmente em uso nos EUA. Discuta o potencial de implementação dessa tecnologia e as considerações econômicas associadas. Inclua ao menos três referências.

6.3P A Agência de Informação Energética dos Estados Unidos (Energy Information Administration – EIA) estima que entre 30 e 40% do uso residencial de energia esteja associado a dispositivos, eletrônicos e iluminação. Fabricantes desses equipamentos fizeram grandes esforços para otimizar a eficiência energética desses produtos nos últimos anos. Prepare um relatório que resuma as melhorias em eficiência energética alcançadas nos últimos cinco anos, em dispositivos de uso doméstico e em iluminação. Identifique melhorias ainda não implementadas que estejam em desenvolvimento ou em fase de pesquisa. Inclua ao menos três referências.

6.4P Para um compressor ou uma bomba localizada em seu campus ou local de trabalho, anote dados suficientes para analisar a eficiência isentrópica do compressor ou bomba. Compare a eficiência isentrópica do compressor ou bomba determinada experimentalmente com os dados fornecidos pelo fabricante. Explique qualquer discrepância significante entre os valores experimentais e os valores do fabricante. Prepare um relatório técnico incluindo uma descrição completa da instrumentação envolvida, dos dados registrados, dos resultados e das conclusões, listando pelo menos três referências.

6.5P A economia clássica foi desenvolvida em grande parte fazendo-se analogia à noção de equilíbrio mecânico. Alguns observadores estão dizendo atualmente que um sistema macroeconômico está mais para um sistema termodinâmico do que para um sistema mecânico. Além disso, eles dizem que o fracasso das teorias econômicas tradicionais em levar em conta o recente comportamento econômico pode se dar em parte pelo não reconhecimento do papel que a entropia exerce com relação ao controle das variações na economia e do equilíbrio, semelhante ao papel da entropia na termodinâmica. Escreva um relatório com, no mínimo, três referências sobre como a segunda lei e a entropia são utilizadas na economia.

6.6P Projete e execute um experimento para obter dados de medidas de propriedades necessários para avaliar a variação de entropia de um gás, líquido ou sólido comum passando por um processo de sua escolha. Compare a variação de entropia determinada experimentalmente com um valor obtido a partir de dados publicados de engenharia, incluindo *softwares* apropriados. Explique qualquer discrepância significante entre os valores. Prepare um relatório técnico incluindo uma descrição completa da instrumentação envolvida, dos dados registrados, dos resultados e das conclusões, listando pelo menos três referências.

6.7P A escala de temperatura Kelvin é *absoluta*. Portanto, 0 K é a menor temperatura nessa escala. Temperaturas *negativas* na escala Kelvin foram descritas na literatura em cálculos de termodinâmica estatística. De acordo com a formulação macroscópica da segunda lei da termodinâmica, isso não é possível. Pesquise sobre a utilização do termo *temperatura* nesses dois contextos (Termodinâmica Clássica e Termodinâmica Estatística) e explique esse aparente paradoxo. Apresente seus resultados, incluindo ao menos três referências.

6.8P O desempenho de turbinas, compressores e bombas diminui com o uso, reduzindo a eficiência isentrópica. Selecione um desses três tipos de componentes para desenvolver uma compreensão mais profunda do funcionamento do mesmo. Entre em contato com um representante do fabricante para saber que medidas são tipicamente registradas durante a operação, as causas de degradação de desempenho com o uso, e as ações de manutenção que podem ser tomadas para prolongar a vida útil. Visite um *site* industrial, no qual o componente selecionado pode ser observado em operação, e discuta os mesmos pontos com o contato adequado do *site*. Prepare uma apresentação por pôster adequada para ser usada em sala de aula com os seus resultados.

6.9P Modelagem termodinâmica básica, incluindo a utilização de diagramas temperatura-entropia para a água e uma forma da *equação de Bernoulli*, tem sido utilizada para o estudo de certos tipos de erupções vulcânicas. (Veja L.G. Mastin, "Thermodynamics of Gas and Steam-Blast Eruptions", *Bull. Volcanol.*, 57, 85-98, 1995.) Escreva um relatório *crítico avaliando* as hipóteses utilizadas e a aplicação dos princípios da termodinâmica, como utilizados no artigo. Inclua no mínimo três referências.

6.10P Nas últimas décadas muitos autores escreveram sobre a relação entre vida na biosfera e a segunda lei da termodinâmica. Entre eles estão os ganhadores do Prêmio Nobel, Erwin Schrödinger (Física, 1933) e Ilya Prigogine (Química, 1977). Observadores contemporâneos, como Eric Schneider, também deram sua contribuição. Pesquise e *avalie de forma crítica* essa contribuições para a literatura. Resuma suas conclusões em um relatório com no mínimo três referências.

6.11P A Fig. P6.11P ilustra um compressor de ar equipado com uma camisa d'água alimentada a partir de uma linha de água acessível em uma localização 50 ft (15,2 m) distantes horizontalmente da porta de ligação da camisa d'água e 10 ft (3,0 m) abaixo da mesma. O compressor é de um único estágio, dupla-ação, recíproco horizontal, com uma pressão de descarga de 50 psig (344,7 kPa) quando se comprime o ar ambiente. Água a 45°F (7,2°C) experimenta um aumento de 10°F (−12,2°C) de temperatura, conforme escoa pela camisa a uma taxa de 300 galões por hora. Projete um sistema de tubulação de água de resfriamento que contemple essas necessidades. Use tamanhos padrões de tubos e acessórios e uma bomba comercial apropriada com um motor elétrico monofásico. Prepare um relatório técnico incluindo um diagrama do sistema de tubulação, uma lista completa das peças, a especificação da bomba, o custo estimado da instalação e os cálculos envolvidos.

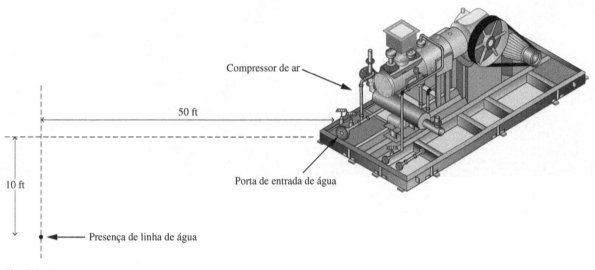

Fig. P6.11P

A exergia expressa a transferência de energia por trabalho, calor, fluxo de massa em termos de uma *medida comum*: trabalho plenamente disponível para o levantamento de um peso; veja as Seções 7.2.2, 7.4.1 e 7.5.1. © digitalskillet/iStockphoto

CONTEXTO DE ENGENHARIA O **objetivo** deste capítulo é apresentar a *análise de exergia*, que utiliza os princípios da conservação de massa e da conservação de energia juntamente com a segunda lei da termodinâmica, para o projeto e a análise de sistemas térmicos.

A importância de se desenvolverem sistemas térmicos que utilizem eficientemente recursos não renováveis, como petróleo, gás natural e carvão, é evidente. A análise de exergia é particularmente apropriada para maximizar o objetivo de um uso mais eficiente dos recursos, uma vez que permite a determinação de rejeitos e perdas em termos da localização, do tipo e de seus valores reais. Essa informação pode ser usada no projeto de sistemas térmicos, para direcionar esforços no sentido de reduzir as fontes de ineficiência dos sistemas existentes e avaliar o sistema em termos de custo.

Análise da Exergia

▶ **RESULTADOS DE APRENDIZAGEM**

Quando você completar o estudo deste capítulo estará apto a...

- ▶ demonstrar conhecimento dos conceitos fundamentais relacionados à análise de exergia... incluindo o ambiente de referência para exergia, o estado morto, a transferência e a destruição de exergia.
- ▶ avaliar a exergia em um estado e a variação da exergia entre dois estados, utilizando os dados das propriedades apropriadas.
- ▶ aplicar balanços de exergia a sistemas fechados e volumes de controle em regime permanente.
- ▶ definir e avaliar eficiências exergéticas.
- ▶ aplicar a análise de custo de exergia para perdas de calor e sistemas simples de cogeração.

7.1 Apresentação da Exergia

A energia é conservada em qualquer dispositivo ou processo. Ela não pode ser destruída. A energia que entra em um sistema em forma de combustível, eletricidade, fluxos de matéria e assim por diante pode ser conferida em seus produtos e subprodutos. Contudo, por si só a ideia de conservação de energia é inadequada para se descreverem alguns aspectos importantes da utilização dos recursos.

▶ **POR EXEMPLO** a Fig. 7.1*a* mostra um *sistema isolado* constituído inicialmente de um pequeno reservatório de combustível cercado de uma grande quantidade de ar. Suponha que o combustível queime (Fig. 7.1*b*) de maneira que finalmente exista uma ligeira mistura aquecida dos produtos da combustão e ar, conforme ilustra a Fig. 7.1*c*. A *quantidade* total de energia associada ao sistema é constante, pois não há transferência de energia através da fronteira de um sistema isolado. Porém, a combinação ar-combustível inicial é essencialmente mais útil do que a mistura final aquecida. Por exemplo, o combustível poderia ser usado em algum dispositivo para gerar eletricidade ou produzir vapor superaquecido, enquanto os usos associados à mistura final levemente aquecida são de longe mais limitados. Podemos dizer que o sistema tem um *potencial de uso* maior no início do que no final. Uma vez que nada, além de uma mistura final aquecida, é alcançado no processo, esse potencial é largamente desperdiçado. Mais precisamente, o potencial inicial é largamente *destruído* por causa da natureza irreversível do processo. ◀ ◀ ◀ ◀

Antecipando os principais resultados deste capítulo, *exergia* é a propriedade que quantifica o *potencial de uso*. O exemplo anterior mostra que, ao contrário da energia, a exergia não é conservada e sim destruída por meio de irreversibilidades.

A discussão mais adiante mostra que a exergia não somente pode ser destruída por irreversibilidades, mas também pode ser transferida *para* e *de* sistemas. A exergia transferida de um sistema para sua vizinhança e que não é utilizada geralmente representa uma *perda*. Pode-se conseguir uma melhor utilização de recursos energéticos reduzindo-se a destruição de exergia no interior de um sistema e/ou reduzindo-se as perdas. Um objetivo na análise de exergia é identificar locais em que ocorram destruição e perdas de exergia e classificá-los por ordem de importância. Isso permite que a atenção seja centrada nos aspectos da operação de um sistema que ofereçam maiores oportunidades para melhorias compensadoras quanto ao custo.

Retornando à Fig. 7.1, note que o combustível presente inicialmente tem valor econômico, enquanto a mistura final levemente aquecida tem pouco valor. Em consequência, o valor econômico diminui nesse processo. A partir dessas considerações, podemos concluir que existe uma ligação entre a exergia e o valor econômico. Esse caso será visto em discussões subsequentes.

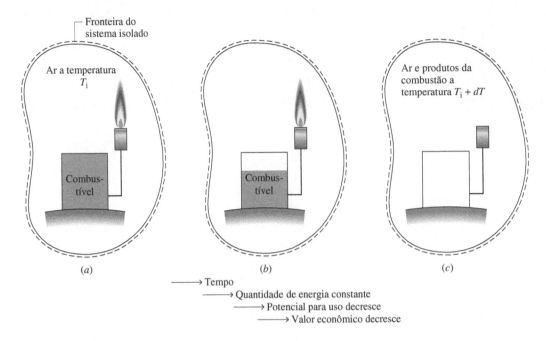

Fig. 7.1 Ilustração utilizada para apresentar o conceito de exergia.

7.2 Conceituação de Exergia

A apresentação da segunda lei no Cap. 5 também proporciona uma base para o conceito de exergia, conforme consideramos a seguir.

As principais conclusões da discussão sobre a Fig. 5.1 são:

▶ existe um potencial para o desenvolvimento de trabalho sempre que dois sistemas em diferentes estados são postos em contato, e

▶ pode-se desenvolver trabalho quando se permite que dois sistemas atinjam o equilíbrio.

Na Fig. 5.1a, por exemplo, um corpo inicialmente a uma temperatura elevada T_i posto em contato com a atmosfera a uma temperatura T_0 esfria espontaneamente. Para conceituar como se poderia desenvolver trabalho nesse caso, veja a Fig. 7.2. A figura mostra um sistema *global* com três elementos: o corpo, o ciclo de potência e a atmosfera a T_0 e p_0. Presume-se que a atmosfera seja grande o bastante para que suas temperatura e pressão se mantenham constantes. W_c indica o trabalho do sistema global.

Em vez de o corpo esfriar espontaneamente como na Fig. 5.1a, a Fig. 7.2 mostra que, se a transferência de calor Q durante o resfriamento for transmitida para o ciclo de potência, o trabalho W_c pode ser desenvolvido, enquanto Q_0 é descarregado na atmosfera. Essas são as únicas transferências de energia. O trabalho W_c está *totalmente disponível* para elevar um peso ou, de modo equivalente, como trabalho de eixo ou trabalho elétrico. Em última análise, o corpo esfria até T_0, e nenhum trabalho mais pode ser desenvolvido. No equilíbrio, tanto o corpo quanto a atmosfera têm energia, mas já não há nenhum potencial para se desenvolver trabalho a partir dos dois, pois nenhuma interação pode ocorrer entre eles.

Note que o trabalho W_c também poderia ser desenvolvido pelo sistema da Fig. 7.2 se a temperatura inicial do corpo fosse *menor* que a da atmosfera: $T_i < T_0$. Nesse caso, os sentidos das transferências de calor Q e Q_0 mostrados na Fig. 7.2 seriam invertidos. Pode-se desenvolver trabalho à medida que o corpo *aquece* em direção ao equilíbrio com a atmosfera.

Uma vez que não haja nenhuma variação líquida de estado para o ciclo de potência da Fig. 7.2, concluímos que o trabalho W_c é realizado somente porque o estado inicial do corpo difere do estado da atmosfera. *Exergia é o valor teórico máximo desse trabalho.*

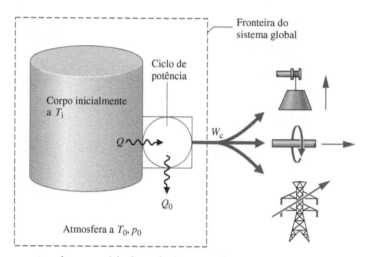

Fig. 7.2 Sistema global composto pelo corpo, ciclo de potência e atmosfera utilizado para conceituar exergia.

7.2.1 Ambiente e Estado Morto

Para a análise termodinâmica que envolva o conceito de exergia, é necessário modelar a atmosfera usada no exemplo anterior. O modelo resultante é chamado ambiente de referência da exergia, ou simplesmente ambiente.

Neste livro, o ambiente é considerado um sistema compressível simples que é *grande* em extensão e *uniforme* em temperatura, T_0, e pressão, p_0. Mantendo-se a ideia de que o ambiente representa uma porção do mundo físico, os valores para T_0 e p_0 utilizados em uma determinada análise são normalmente tomados em condições ambientes típicas, como 1 atm e 25°C (77°F). Para completar, as propriedades intensivas do ambiente não variam significativamente como resultado de algum processo sob consideração, e o ambiente é livre de irreversibilidades.

Quando um sistema de interesse está a T_0 e p_0 e *em repouso* com relação ao ambiente, dizemos que o sistema está no estado morto. No estado morto não pode haver interação entre o sistema e o ambiente, e desse modo não há potencial para se desenvolver trabalho.

ambiente

estado morto

7.2.2 Definição de Exergia

A discussão até este ponto da presente seção pode ser resumida pela seguinte definição de exergia:

definição de exergia

Exergia é o máximo trabalho teórico possível de ser obtido a partir de um sistema global, composto por um sistema e o ambiente, conforme este entra em equilíbrio com o ambiente (atinge o estado morto).

Interações entre o sistema e o ambiente podem envolver dispositivos auxiliares, como o ciclo de potência da Fig. 7.2, que pelo menos em princípio permite a realização de trabalho. O trabalho realizado pode ser utilizado para levantar peso, ou, de modo equivalente, como trabalho de eixo ou trabalho elétrico. Podemos esperar que o trabalho teórico máximo seja obtido quando não houver irreversibilidades. Esse caso será considerado na próxima seção.

7.3 Exergia de um Sistema

exergia de um sistema

A exergia de um sistema, E, em um estado especificado é dada pela expressão

$$E = (U - U_0) + p_0(V - V_0) - T_0(S - S_0) + EC + EP \qquad (7.1)$$

TOME NOTA...
Neste livro, E e e são usados para exergia e exergia específica, respectivamente, enquanto E e e denotam energia e energia específica, respectivamente. Essa notação está em acordo com a prática usual. O conceito apropriado de exergia ou energia estará claro no contexto. Apesar disso, são necessários cuidados para evitar erros de simbologia relativos a esses conceitos.

em que U, EC, EP, V e S denotam, respectivamente, energia interna, energia cinética, energia potencial, volume e entropia do sistema no estado especificado. U_0, V_0 e S_0 denotam energia interna, volume e entropia, respectivamente, do sistema quando está em estado morto. Neste capítulo as energias cinética e potencial são avaliadas em relação ao ambiente. Dessa maneira, quando está no estado morto, o sistema está em repouso em relação ao ambiente e os valores das energias cinética e potencial são zero: $EC_0 = EP_0 = 0$. Por inspeção da Eq. 7.1, as unidades de exergia são as mesmas da energia.

A Eq. 7.1 pode ser deduzida pela aplicação dos balanços de energia e entropia ao sistema global mostrado na Fig. 7.3, que consiste em um sistema fechado e um ambiente. Veja o boxe para a dedução da Eq. 7.1.

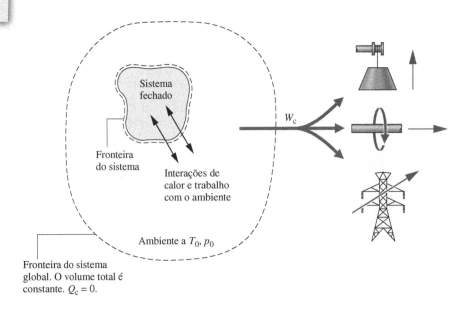

Fig. 7.3 Sistema global composto pelo sistema fechado e ambiente utilizado para se avaliar exergia.

Avaliando a Exergia de um Sistema

Com referência à Fig. 7.3, a exergia é o valor teórico máximo do trabalho W_c que poderia ser alcançado, considerando o sistema global, se o sistema fechado entrasse em equilíbrio com o ambiente — ou seja, se o sistema fechado entrasse em estado morto.

De acordo com a discussão da Fig. 7.2, o sistema fechado somado ao ambiente forma o sistema completo ou *global*. A fronteira do sistema global está localizada de modo que não haja transferência de energia por transferência de calor através dela: $Q_c = 0$. Além disso, a fronteira do sistema global está localizada de modo que o volume total permaneça constante, mesmo que os volumes do sistema e do ambiente possam variar. Em consequência, o trabalho W_c mostrado na figura é a *única* transferência de energia através da fronteira do sistema global e está *totalmente disponível* para levantar um peso, girar um eixo ou produzir eletricidade nas proximidades. Em seguida, aplicamos os balanços de energia e entropia para determinar o valor teórico máximo para W_c.

Balanço de Energia

Considere um processo em que o sistema e o ambiente entram em equilíbrio. O balanço de energia para o sistema global é

$$\Delta E_c = \cancel{Q_c}^{\,0} - W_c \qquad (a)$$

em que W_c é o trabalho desenvolvido pelo sistema global e ΔE_c é a variação da energia do sistema global: a soma das variações de energia do sistema e do ambiente. A energia do sistema inicialmente é denotada por E, o que inclui a energia cinética, a energia potencial e a energia interna do sistema. Uma vez que as energias cinética e potencial são avaliadas em relação ao ambiente, a energia do sistema no estado morto é simplesmente sua energia interna, U_0. Consequentemente, ΔE_c pode ser expresso por

$$\Delta E_c = (U_0 - E) + \Delta U_{amb} \qquad (b)$$

em que ΔU_{amb} é a variação da energia interna do ambiente.

Ainda que T_o e p_o sejam constantes, as variações da energia interna U_{amb}, da entropia S_{amb} e do volume V_{amb} do ambiente estão relacionadas através da Eq. 6.8, a *primeira* equação *TdS*, como

$$\Delta U_{amb} = T_o \Delta S_{amb} - p_o \Delta V_{amb} \tag{c}$$

Introduzindo a Eq. (c) na Eq. (b), temos

$$\Delta E_c = (U_o - E) + (T_o \Delta S_{amb} - p_o \Delta V_{amb}) \tag{d}$$

Substituindo a Eq. (d) na Eq. (a) e resolvendo para W_c, chegamos a

$$W_c = (E - U_o) - (T_o \Delta S_{amb} - p_o \Delta V_{amb})$$

O volume total é constante. Por isso, a variação de volume do ambiente é igual em magnitude e oposta em sinal à variação de volume do sistema: $\Delta V_{amb} = -(V_o - V)$. Com essa substituição, a expressão anterior do trabalho torna-se

$$W_c = (E - U_o) + p_o(V - V_o) - (T_o \Delta S_{amb}) \tag{e}$$

Essa equação fornece o trabalho para o sistema global à medida que o sistema passa ao estado morto. O trabalho teórico máximo é determinado utilizando-se o balanço de entropia como se segue.

Balanço de Entropia

O balanço de entropia para o sistema global reduz-se a

$$\Delta S_c = \sigma_c$$

na qual o termo da transferência de entropia é omitido porque nenhuma transferência de calor atravessa a fronteira do sistema global. O termo σ_c leva em conta a produção de entropia devido às irreversibilidades à medida que o sistema entra em equilíbrio com o ambiente. A variação da entropia ΔS_c é o somatório das variações de entropia do sistema e do ambiente, respectivamente. Isso é

$$\Delta S_c = (S_o - S) + \Delta S_{amb}$$

Em que S e S_o denotam a entropia do sistema em um dado estado e no estado morto, respectivamente. Combinando as duas últimas equações, temos

$$(S_o - S) + \Delta S_{amb} = \sigma_c \tag{f}$$

A eliminação de ΔS_{amb} entre as Eqs. (e) e (f) resulta em

$$W_c = (E - U_o) + p_o(V - V_o) - T_o(S - S_o) - T_o \sigma_c \tag{g}$$

Com $E = U + EC + EP$, a Eq. (g) torna-se

$$\underline{W_c = (U - U_o) + p_o(V - V_o) - T_o(S - S_o) + EC + EP} - T_o \sigma_c \tag{h}$$

O valor do termo sublinhado na Eq. (h) é determinado pelos dois estados finais do sistema — o estado dado e o estado morto — e é independente dos detalhes do processo que liga esses estados. Contudo, o valor do termo $T_o \sigma_c$ depende da natureza do processo à medida que o sistema evolui para o estado morto. De acordo com a segunda lei, $T_o \sigma_c$ é positivo quando irreversibilidades estão presentes e se anula quando não há ocorrência da irreversibilidades. O valor do termo $T_o \sigma_c$ não pode ser negativo. Por isso, o valor teórico *máximo* para o trabalho do sistema global W_c é obtido fazendo-se $T_o \sigma_c$ igual a zero na Eq. (h). Por definição, esse valor máximo é a exergia, **E**. Consequentemente, a Eq. 7.1 é tomada como a expressão apropriada para se avaliar a exergia.

7.3.1 Aspectos da Exergia

Nesta seção, listaremos cinco aspectos importantes do conceito de exergia:

1. Exergia é uma medida do desvio do estado de um sistema quando comparado ao do ambiente. É, portanto, um atributo do sistema e do ambiente em conjunto. Contudo, uma vez que o ambiente é especificado, pode-se atribuir um valor à exergia em termos de valores de propriedades apenas do sistema, e então a exergia pode ser considerada uma propriedade do sistema. Exergia é uma propriedade extensiva.

2. O valor da exergia não pode ser negativo. Se um sistema estiver em qualquer estado diferente do estado morto, este será capaz de mudar sua condição *espontaneamente* na direção do estado morto; essa tendência irá cessar quando o estado morto for alcançado. Nenhum trabalho deve ser feito para causar essa variação espontânea. Em consequência, qualquer mudança no estado de um sistema em direção ao estado morto deve ser realizada com *pelo menos zero* trabalho sendo desenvolvido e, desse modo, o trabalho *máximo* (exergia) não pode ser negativo.

3. A exergia não é conservada, mas pode ser destruída pelas irreversibilidades. Um caso-limite ocorre quando a exergia é completamente destruída, o que pode acontecer se um sistema for submetido a uma variação espontânea até o estado morto sem possibilidade de obtenção de trabalho. O potencial para o desenvolvimento de trabalho que existia originalmente será completamente desperdiçado nesse processo espontâneo.

4. A exergia até agora tem sido vista como o trabalho teórico *máximo* possível de ser obtido de um sistema global, constituído de um sistema mais o ambiente à medida que o sistema passa *de* um dado estado *para* o estado morto.

Como alternativa, a exergia pode ser considerada o módulo do valor teórico *mínimo* de fornecimento de trabalho necessário para levar o sistema *do* estado morto *para* um dado estado. Usando os balanços de energia e entropia já vistos, podemos facilmente desenvolver a Eq. 7.1 a partir desse ponto de vista. Isto é deixado como exercício.

5. Quando um sistema está no estado morto, ele está em equilíbrio *térmico* e *mecânico* com o ambiente, e sua exergia tem valor zero. Mais precisamente, a contribuição *termomecânica* para a exergia é zero. Este termo distingue o conceito de exergia do presente capítulo de uma outra contribuição para a exergia apresentada na Seção 13.6, na qual se permite que os conteúdos de um sistema no estado morto entrem em reação química com os componentes do ambiente e então se desenvolva um trabalho adicional. Esta contribuição para a exergia é chamada *exergia química*. O conceito de exergia química é importante na análise da segunda lei de muitos tipos de sistemas, em particular sistemas envolvendo combustão. Contudo, conforme apresentado neste capítulo, o conceito de exergia termomecânica satisfaz uma ampla gama de avaliações termodinâmicas.

> **BIOCONEXÕES** A indústria de criação de aves nos Estados Unidos produz bilhões de quilos de carne anualmente, e a produção de galinhas representa 80% do total. O montante anual dos dejetos produzidos por essas aves também alcança bilhões de libras. Os dejetos podem exceder a necessidade de seu uso como fertilizantes agrícolas. Parte desse excesso pode ser usada para produzir pastilhas fertilizantes para uso comercial e doméstico. Apesar de sua exergia química relativamente baixa, esses dejetos podem ser utilizados também para produzir metano, pela digestão *anaeróbica*. O metano pode ser queimado em centrais de energia para produzir energia elétrica ou vapor de processo. Sistemas digestores estão à disposição para serem usados apropriadamente nas fazendas. Esses são desenvolvimentos positivos para um importante setor da economia agrícola norte-americana que veio a receber publicidade adversa em virtude de algumas preocupações quanto ao teor de arsênio presente nos dejetos das aves, da descarga de dejetos em córregos e rios, do excessivo odor e da infestação de moscas nas proximidades de grandes operações agrícolas.

7.3.2 Exergia Específica

exergia específica

Apesar de a exergia ser uma propriedade abrangente, às vezes convém utilizá-la em termos de unidade de massa ou em base molar. Expressando a Eq. 7.1 em termos de unidade de massa, temos para a exergia específica, e,

$$e = (u - u_0) + p_0(v - v_0) - T_0(s - s_0) + V^2/2 + gz \qquad (7.2)$$

TOME NOTA...
As energias cinética e potencial são legitimamente consideradas exergia. Mas, para simplificar a expressão no presente capítulo, referimo-nos a esses termos — vistos como energia ou exergia — como estimativa para os efeitos do movimento e da gravidade. O significado vai estar claro no contexto.

em que u, v, s, $V^2/2$ e gz são a energia interna específica, o volume, a entropia, a energia cinética e a energia potencial, respectivamente, no estado de interesse; u_0, v_0 e s_0 são propriedades específicas no estado morto: a T_0 e p_0. Na Eq. 7.2, as energias cinética e potencial são medidas em relação ao ambiente e dessa maneira contribuem na sua totalidade para o valor numérico da exergia, pois, em princípio, cada parcela pode ser totalmente convertida em trabalho se o sistema for levado ao repouso em uma diferença de altura nula relativa ao ambiente. Finalmente, por inspeção da Eq. 7.2, temos que as unidades da exergia específica são as mesmas da energia específica, kJ/kg ou Btu/lb.

A exergia específica em um estado determinado requer propriedades nesse estado e no estado morto.

▶ **POR EXEMPLO** a Eq. 7.2 será usada para se determinar a exergia específica do vapor d'água saturado a 120°C, com uma velocidade de 30 m/s e a uma altura de 6 m, cada qual relativa a um ambiente de referência de exergia, em que $T_0 = 298$ K (25°C), $p_0 = 1$ atm e $g = 9,8$ m/s². Para a água como vapor saturado a 120°C, a Tabela A-2 fornece $v = 0,8919$ m³/kg, $u = 2529,3$ kJ/kg, $s = 7,1296$ kJ/kg · K. No estado morto, em que $T_0 = 298$ K (25°C) e $p_0 = 1$ atm, a água é um líquido. Desta maneira, com as Eqs. 3.11, 3.12 e 6.5 e os valores da Tabela A-2, temos $v_0 = 1,0029 \times 10^{-3}$ m³/kg, $u_0 = 104,88$ kJ/kg, $s_0 = 0,3674$ kJ/kg · K. Substituindo os valores, temos

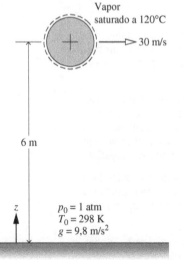

$$e = (u - u_0) + p_0(v - v_0) - T_0(s - s_0) + \frac{V^2}{2} + gz$$

$$= \left[(2529,3 - 104,88)\frac{kJ}{kg}\right]$$

$$+ \left[\left(1,01325 \times 10^5 \frac{N}{m^2}\right)(0,8919 - 1,0029 \times 10^{-3})\frac{m^3}{kg}\right]\left|\frac{1\ kJ}{10^3\ N \cdot m}\right|$$

$$- \left[(298\ K)(7,1296 - 0,3674)\frac{kJ}{kg \cdot K}\right]$$

$$+ \left[\frac{(30\ m/s)^2}{2} + \left(9,8\frac{m}{s^2}\right)(6\ m)\right]\left|\frac{1\ N}{1\ kg \cdot m/s^2}\right|\left|\frac{1\ kJ}{10^3\ N \cdot m}\right|$$

$$= (2424,42 + 90,27 - 2015,14 + 0,45 + 0,06)\frac{kJ}{kg} = 500\frac{kJ}{kg} \quad \blacktriangleleft\blacktriangleleft\blacktriangleleft\blacktriangleleft\blacktriangleleft$$

O exemplo a seguir ilustra o uso da Eq. 7.2 juntamente com dados de propriedades do gás ideal.

EXEMPLO 7.1

Avaliando a Exergia de Gás de Exaustão

Um cilindro de um motor de combustão interna contém 2450 cm^3 de produtos gasosos de combustão a uma pressão de 7 bar e a uma temperatura de 867°C, pouco antes da abertura da válvula de descarga. Determine a exergia específica do gás, em kJ/kg. Ignore os efeitos de movimento e gravidade, e modele os produtos da combustão como ar na situação de gás ideal. Admita $T_0 = 300$ K (27°C) e $p_0 = 1{,}013$ bar.

SOLUÇÃO

Dado: Os produtos gasosos da combustão em um certo estado estão contidos no cilindro de um motor de combustão interna.

Pede-se: Determine a exergia específica.

Diagrama Esquemático e Dados Fornecidos:

Fig. E7.1

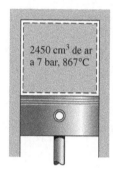

Modelo de Engenharia:

1. Os produtos gasosos da combustão formam um sistema fechado.
2. Os produtos da combustão são modelados como ar na situação de gás ideal.
3. Os efeitos de movimento e gravidade podem ser ignorados.
4. $T_0 = 300$ K (27°C) e $p_0 = 1{,}013$ bar.

Análise: Com a hipótese 3, a Eq. 7.2 torna-se

$$\mathsf{e} = u - u_0 + p_0(v - v_0) - T_0(s - s_0)$$

Os termos de energia interna e entropia são avaliados usando-se os dados da Tabela A-22, como a seguir:

$$\begin{aligned} u - u_0 &= (880{,}35 - 214{,}07)\ \text{kJ/kg} \\ &= 666{,}28\ \text{kJ/kg} \\ s - s_0 &= s°(T) - s°(T_0) - \frac{\overline{R}}{M}\ln\frac{p}{p_0} \\ &= \left(3{,}11883 - 1{,}70203 - \left(\frac{8{,}314}{28{,}97}\right)\ln\left(\frac{7}{1{,}013}\right)\right)\frac{\text{kJ}}{\text{kg}\cdot\text{K}} \\ &= 0{,}8621\ \text{kJ/kg}\cdot\text{K} \\ T_0(s - s_0) &= (300\ \text{K})(0{,}8621\ \text{kJ/kg}\cdot\text{K}) \\ &= 258{,}62\ \text{kJ/kg} \end{aligned}$$

O termo $p_0(v - v_0)$ é avaliado usando-se a equação de estado dos gases ideais: $v = (\overline{R}/M)T/p$ e $v_0 = (\overline{R}/M)T_0/p_0$, então

$$\begin{aligned} p_0(v - v_0) &= \frac{\overline{R}}{M}\left(\frac{p_0 T}{p} - T_0\right) \\ &= \frac{8{,}314}{28{,}97}\left(\frac{(1{,}013)(1140)}{7} - 300\right)\frac{\text{kJ}}{\text{kg}} \\ &= -38{,}75\ \text{kJ/kg} \end{aligned}$$

Substituindo os valores na expressão anterior para a exergia específica, temos

❶ $$\begin{aligned} \mathsf{e} &= (666{,}28 + (-38{,}75) - 258{,}62)\ \text{kJ/kg} \\ &= 368{,}91\ \text{kJ/kg} \end{aligned}$$

---

❶ Se os gases forem descarregados diretamente nas vizinhanças, o potencial para o desenvolvimento de trabalho quantificado pelo valor da exergia determinado na solução será

Habilidades Desenvolvidas

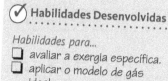

Habilidades para...

- ☐ avaliar a exergia específica.
- ☐ aplicar o modelo de gás ideal.

desperdiçado. Entretanto, expelindo-se os gases para uma turbina, pode-se produzir algum trabalho. Este princípio é utilizado pelos *turboalimentadores* adicionados a alguns motores de combustão interna.

> **Teste-Relâmpago** A que altura, em m, deve uma massa de 1 kg ser erguida a partir de uma elevação zero em relação ao ambiente de referência para que sua exergia seja igual à do gás no cilindro? Suponha $g = 9,81$ m/s². **Resposta:** 197 m.

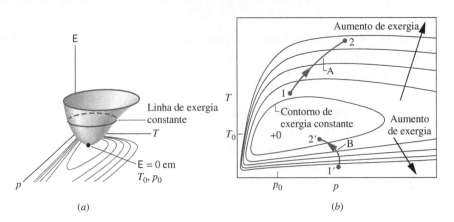

Fig. 7.4 Superfície exergia-temperatura-pressão para um gás. (*a*) Visão tridimensional. (*b*) Contorno de exergia constante sobre um diagrama *T–p*.

7.3.3 Variação de Exergia

Um sistema fechado em um dado estado pode alcançar novos estados de várias maneiras, inclusive por interações de trabalho e calor com a vizinhança. O valor da exergia associado a um novo estado geralmente difere do valor da exergia do estado inicial. Utilizando a Eq. 7.1, podemos determinar a variação de exergia entre dois estados. No estado inicial

$$E_1 = (U_1 - U_0) + p_0(V_1 - V_0) - T_0(S_1 - S_0) + EC_1 + EP_1$$

No estado final

$$E_2 = (U_2 - U_0) + p_0(V_2 - V_0) - T_0(S_2 - S_0) + EC_2 + EP_2$$

variação de exergia Subtraindo esses termos obtemos a variação de exergia

$$E_2 - E_1 = (U_2 - U_1) + p_0(V_2 - V_1) - T_0(S_2 - S_1) + (EC_2 - EC_1) + (EP_2 - EP_1) \quad (7.3)$$

Note que os valores de U_0, V_0, S_0 no estado morto são cancelados quando subtraímos as expressões para E_1 e E_2.

A *variação* de exergia pode ser ilustrada pela Fig. 7.4, que mostra a superfície exergia-temperatura-pressão para um gás junto com um contorno de exergia constante projetado nas coordenadas temperatura-pressão. Para um sistema sujeito ao Processo A, a exergia aumenta à medida que o estado se *distancia* do estado morto (de 1 para 2). No Processo B, a exergia diminui à medida que o estado se *aproxima* do estado morto (de 1' para 2').

7.4 Balanço de Exergia para Sistemas Fechados

Assim como a energia, a exergia pode ser transferida através da fronteira de um sistema fechado. A variação de exergia de um sistema durante um processo não é necessariamente igual à exergia líquida transferida, porque a exergia pode ser destruída se estiverem presentes irreversibilidades no sistema durante o processo. Os conceitos de variação de exergia, transferência de exergia e destruição de exergia estão relacionados com o balanço de exergia para um sistema fechado, a ser apresentado nesta seção. O conceito de balanço de exergia será estendido para volumes de controle na Seção 7.5. Os balanços de exergia são expressões da segunda lei da termodinâmica e fornecem a base para a análise de exergia.

balanço de exergia para um sistema fechado

7.4.1 Apresentação de Balanço de Exergia para um Sistema Fechado

O balanço de exergia para um sistema fechado é dado pela Eq. 7.4a. Veja o boxe adiante para esse desenvolvimento.

Análise da Exergia **303**

$$E_2 - E_1 = \underbrace{\int_1^2 \left(1 - \frac{T_0}{T_b}\right)\delta Q - [W - p_0(V_2 - V_1)]}_{\text{transferências de exergia}} - \underbrace{T_0 \sigma}_{\text{destruição de exergia}} \quad (7.4a)$$

$\underbrace{}_{\text{variação de exergia}}$

Para os estados finais especificados e os valores de p_0 e T_0 dados, a variação de exergia $E_2 - E_1$ no lado esquerdo da Eq. 7.4a pode ser avaliada pela Eq. 7.3. Entretanto, os termos sublinhados no lado direito dependem explicitamente da natureza do processo, e não podem ser determinados pelo conhecimento dos estados finais e pelos valores de p_0 e T_0. Esses termos são interpretados nas discussões das Eqs. 7.5 a 7.7, respectivamente.

Desenvolvendo o Balanço de Exergia

O balanço de exergia para um sistema fechado é desenvolvido combinando-se os balanços de energia e entropia para sistema fechado. As formulações dos balanços de energia e entropia usadas são, respectivamente

$$\Delta U + \Delta EC + \Delta EP = \left(\int_1^2 \delta Q\right) - W$$

$$\Delta S = \int_1^2 \left(\frac{\delta Q}{T}\right)_b + \sigma$$

em que W e Q representam, respectivamente, trabalho e transferência de calor entre o sistema e a vizinhança. No balanço de entropia, T_b denota a temperatura nas fronteiras do sistema onde δQ ocorre. O termo s leva em conta a entropia produzida dentro do sistema pelas irreversibilidades internas.

Como primeiro passo na dedução do balanço de exergia, multiplica-se o balanço de entropia pela temperatura T_0 e subtrai-se a expressão resultante do balanço de energia para se obter

$$(\Delta U + \Delta EC + \Delta EP) - T_0 \Delta S = \left(\int_1^2 \delta Q\right) - T_0 \int_1^2 \left(\frac{\delta Q}{T}\right)_b - W - T_0 \sigma$$

Reunindo os termos que envolvem δQ no lado direito e introduzindo a Eq. 7.3 no lado esquerdo, temos

$$(E_2 - E_1) - p_0(V_2 - V_1) = \int_1^2 \left(1 - \frac{T_0}{T_b}\right)\delta Q - W - T_0 \sigma$$

Após rearranjo, esta expressão fornece a Eq. 7.4a, o balanço da exergia para sistema fechado.

Visto que a Eq. 7.4a é obtida pela dedução dos balanços de energia e entropia, este não é um resultado independente, mas pode ser usado no lugar do balanço de entropia como uma expressão da segunda lei.

O primeiro termo sublinhado no lado direito da Eq. 7.4 está associado à transferência de calor de ou para o sistema durante o processo. Pode ser interpretado como a transferência de exergia associada à transferência de calor. Ou seja,

transferência de exergia associada à transferência de calor

$$E_q = \begin{bmatrix}\text{transferência de} \\ \textit{exergia} \text{ associada} \\ \text{ao calor}\end{bmatrix} = \int_1^2 \left(1 - \frac{T_0}{T_b}\right)\delta Q \quad (7.5)$$

em que T_b denota a temperatura na fronteira em que ocorre a transferência de calor.

O segundo termo sublinhado no lado direito da Eq. 7.4a está associado ao trabalho. Pode ser interpretado como a transferência de exergia associada ao trabalho. Ou seja

transferência de exergia associada ao trabalho

$$E_w = \begin{bmatrix}\text{transferência de } \textit{exergia} \\ \text{associada ao trabalho}\end{bmatrix} = [W - p_0(V_2 - V_1)] \quad (7.6)$$

O terceiro termo sublinhado no lado direito da Eq. 7.4a leva em conta a destruição de exergia em virtude das irreversibilidades no interior do sistema. É simbolizado por E_d. Desta forma,

destruição de exergia

$$E_d = T_0 \sigma \quad (7.7)$$

Com as Eqs. 7.5, 7.6 e 7.7, a Eq. 7.4a é expressa, alternativamente, como

$$E_2 - E_1 = E_q - E_w - E_d \quad (7.4b)$$

304 Capítulo 7

Embora não seja necessário para a aplicação prática do balanço de exergia em *nenhuma* das suas formas, os termos de transferência de energia podem ser conceituados em termos de trabalho, tendo-se por base o próprio conceito de exergia. Veja a discussão no boxe adiante.

Conceituação de Transferência de Exergia

Na análise da exergia, a transferência de calor e o trabalho são expressos em termos de uma *medida comum*: trabalho *totalmente disponível* para levantar um peso, ou, de maneira equivalente, como trabalho elétrico ou trabalho de eixo. Essa é a importância das expressões de transferência de exergia dadas pelas Eqs. 7.5 e 7.6, respectivamente.

Sem considerar a natureza das proximidades com as quais o sistema está *realmente* interagindo, interpretamos as *magnitudes* dessas transferências de exergia como o trabalho teórico máximo que *pode* ser desenvolvido caso o sistema interaja com o ambiente, como se segue:

▶ Reconhecendo o termo $(1 - T_o/T_b)$ como a eficiência Carnot (Eq. 5.9), a quantidade $(1 - T_o/T_b)\delta Q$ que aparece na Eq. 7.5 é interpretada como o trabalho desenvolvido por um ciclo de potência reversível recebendo a energia δQ por transferência de calor a uma temperatura T_b e descarregando energia por transferência de calor no ambiente a uma temperatura $T_o < T_b$. Quando T_b é menor do que T_o, consideramos também o trabalho de um ciclo reversível. Mas, nesse caso, E_q assume um valor negativo indicando que a transferência de calor e a transferência de exergia associada têm sentidos *opostos*.
▶ A transferência de exergia dada pela Eq. 7.6 é o trabalho W do sistema menos o trabalho requerido para se deslocar o ambiente cuja pressão é p_o, em outras palavras $p_o(V_2 - V_1)$.

Veja o Exemplo 7.2 para uma ilustração dessas interpretações.

Em suma, em cada uma de suas formas, a Eq. 7.4 expressa que a variação de exergia em um sistema fechado ocorre em virtude da transferência de exergia e pela destruição de exergia em virtude das irreversibilidades no interior do sistema.

Na aplicação do balanço de exergia, é essencial observar os requisitos impostos pela segunda lei na destruição de exergia: de acordo com a segunda lei, a destruição de exergia é positiva quando há irreversibilidades presentes no interior do sistema durante o processo e desaparecem no caso-limite, em que não há irreversibilidades. Ou seja

$$E_d : \begin{cases} > 0 & \text{irreversibilidades presentes no sistema} \\ = 0 & \text{ausência de irreversibilidades no sistema} \end{cases} \quad (7.8)$$

O valor da destruição de exergia não pode ser negativo. Além disso, a destruição de exergia *não* é uma propriedade. Por outro lado, a exergia *é* uma propriedade e, assim como outras propriedades, a *variação* de exergia de um sistema pode ser positiva, negativa ou nula.

$$E_2 - E_1 : \begin{cases} > 0 \\ = 0 \\ < 0 \end{cases}$$

Para um sistema *isolado*, não ocorrem interações de calor ou trabalho com a vizinhança, e portanto não ocorrem transferências de exergia entre o sistema e a vizinhança. Consequentemente, o balanço de exergia se reduz a

$$\Delta E]_{\text{isol}} = -E_d]_{\text{isol}} \quad (7.9)$$

Visto que a destruição de exergia deve ser positiva em qualquer processo real, os únicos processos de um sistema isolado que ocorrem são aqueles para os quais a exergia de um sistema isolado *diminui*. Para a exergia, essa conclusão é a equivalência do princípio do aumento de entropia (Seção 6.8.1) e, assim como o princípio do aumento de entropia, pode ser considerada um enunciado alternativo da segunda lei.

No Exemplo 7.2, consideramos a variação de exergia, a transferência de exergia e a destruição de exergia para o processo da água considerado no Exemplo 6.1. Este exemplo deve ser rapidamente revisto antes de estudarmos o exemplo atual.

▶▶▶ EXEMPLO 7.2 ▶

Análise da Variação, da Transferência e da Destruição de Exergia

Um conjunto cilindro-pistão contém água inicialmente a 150°C (423,15 K). A água é aquecida até o estado de vapor saturado correspondente em um processo internamente reversível a temperatura e pressão constantes. Para $T_0 = 20°C$ (293,15 K), $p_0 = 1$ bar e ignorando os efeitos de movimento e da gravidade, determine, em kJ/kg, **(a)** a variação de exergia, **(b)** a transferência de exergia associada ao calor, **(c)** a transferência de exergia associada ao trabalho e **(d)** a destruição de exergia.

SOLUÇÃO

Dado: Água contida em um conjunto cilindro-pistão é submetida a um processo internamente reversível a 150°C, de líquido saturado a vapor saturado.

Pede-se: Determine a variação de exergia, as transferências de exergia associadas ao calor e ao trabalho e a destruição de exergia.

Diagrama Esquemático e Dados Fornecidos:

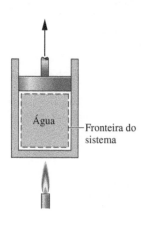

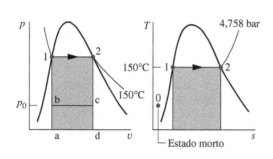

Modelo de Engenharia:
1. A água no conjunto cilindro-pistão é um sistema fechado.
2. O processo é internamente reversível.
3. A temperatura e a pressão são constantes durante o processo.
4. Ignore os efeitos de movimento e gravidade.
5. $T_0 = 293,15$ K, $p_0 = 1$ bar.

Dados do Exemplo 6.1:

$W/m = 186,38$ kJ/kg, $Q/m = 2114,1$ kJ/kg

Estado	v (m³/kg)	u (kJ/kg)	s (kJ/kg·K)
1	$1,0905 \times 10^{-3}$	631,68	1,8418
2	0,3928	2559,5	6,8379

Fig. E7.2

Análise:

(a) Utilizando-se a Eq. 7.3 junto com a hipótese 4, tem-se por unidade de massa

$$e_2 - e_1 = u_2 - u_1 + p_0(v_2 - v_1) - T_0(s_2 - s_1) \qquad \text{(a)}$$

Com os dados da Fig. E7.2

$$e_2 - e_1 = (2559,5 - 631,68)\frac{\text{kJ}}{\text{kg}} + \left(1,0 \times 10^5 \frac{\text{N}}{\text{m}^2}\right)(0,3928 - (1,0905 \times 10^{-3}))\frac{\text{m}^3}{\text{kg}}\left|\frac{1 \text{ kJ}}{10^3 \text{ N} \cdot \text{m}}\right|$$

$$-293,15 \text{ K }(6,8379 - 1,8418)\frac{\text{kJ}}{\text{kg} \cdot \text{K}}$$

$$= (1927,82 + 39,17 - 1464,61)\frac{\text{kJ}}{\text{kg}} = 502,38\frac{\text{kJ}}{\text{kg}}$$

(b) Notando-se que a temperatura permanece constante, a Eq. 7.5 por unidade de massa fica

❶
$$\frac{E_q}{m} = \left(1 - \frac{T_0}{T}\right)\frac{Q}{m} \qquad \text{(b)}$$

Com $Q/m = 2114,1$ kJ/kg da Fig. E7.2

$$\frac{E_q}{m} = \left(1 - \frac{293,15 \text{ K}}{423,15 \text{ K}}\right)\left(2114,1\frac{\text{kJ}}{\text{kg}}\right) = 649,49\frac{\text{kJ}}{\text{kg}}$$

(c) Com $W/m = 186,38$ kJ/kg na Fig. E7.2 e $p_0(v_2 - v_1) = 39,17$ kJ/kg do item (a), a Eq. 7.6 fornece, por unidade de massa

❷
$$\frac{E_w}{m} = \frac{W}{m} - p_0(v_2 - v_1) \qquad \text{(c)}$$

$$= (186,38 - 39,17)\frac{\text{kJ}}{\text{kg}} = 147,21\frac{\text{kJ}}{\text{kg}}$$

(d) Visto que o processo é internamente reversível, a destruição de exergia é necessariamente zero. Isto pode ser checado pela inserção dos resultados dos itens (a) a (c) em um balanço de exergia. Desse modo, resolvendo a Eq. 7.4b para a destruição de exergia por unidade de massa, avaliando os termos e permitindo o arredondamento, obtemos

$$\frac{E_d}{m} = -(e_2 - e_1) + \frac{E_q}{m} - \frac{E_w}{m}$$

$$= (-502,38 + 649,49 - 147,21)\frac{\text{kJ}}{\text{kg}} = 0$$

Alternativamente, a destruição de exergia pode ser avaliada por meio da Eq. 7.7 juntamente com a produção de entropia obtida a partir do balanço de entropia. Isto é deixado como exercício.

> **Habilidades Desenvolvidas**
>
> *Habilidades para...*
> ☐ avaliar a variação de exergia.
> ☐ avaliar a transferência de exergia associada ao calor e ao trabalho.
> ☐ avaliar a destruição de exergia.

❶ Reconhecendo o termo $(1 - T_0/T)$ como a eficiência de Carnot (Eq. 5.9), podemos interpretar o lado direito da Eq. (b) como o trabalho que *pode* ser desenvolvido por um ciclo de potência reversível ao receber a energia Q/m à temperatura T e descarregar energia por transferência de calor no ambiente a T_0.

❷ O lado direito da Eq. (c) mostra que, se o sistema estiver interagindo com o ambiente, todo o trabalho W/m, representado pela área 1-2-d-a-1 no diagrama p–v da Fig. E7.2 não estará totalmente apto a levantar um peso. Uma porção seria gasta em pressionar em parte o ambiente à pressão p_0. Essa parcela é dada por $p_0(v_2 - v_1)$, e é representada pela área a-b-c-d-a no diagrama p–v da Fig. E7.2.

Teste-Relâmpago Considerando que a mudança de líquido saturado para vapor saturado ocorre a 100°C (373,15 K), avalie as transferências de exergia associadas ao calor e ao trabalho, ambas em kJ/kg. **Resposta: 484,0.**

7.4.2 Balanço da Taxa de Exergia para Sistemas Fechados

Tal como ocorre para os balanços de massa, energia e entropia, o balanço de exergia pode ser expresso de maneiras variadas que podem ser mais adequadas para determinados tipos de análise. Um modo conveniente é a *taxa do balanço de exergia para um sistema fechado* dada por

$$\frac{d\mathsf{E}}{dt} = \sum_j \left(1 - \frac{T_0}{T_j}\right)\dot{Q}_j - \left(\dot{W} - p_0 \frac{dV}{dt}\right) - \dot{\mathsf{E}}_d \qquad (7.10)$$

em que $d\mathsf{E}/dt$ é a taxa temporal de variação de exergia. O termo $(1 - T_0/T_j)\dot{Q}_j$ representa a taxa temporal de transferência de exergia que acompanha a transferência de calor à taxa $\dot{Q}_j$ que ocorre nos pontos da fronteira em que a temperatura instantânea é T_j. O termo $\dot{W}$ representa a taxa temporal de transferência de energia por trabalho. A taxa de transferência de exergia é dada por $(\dot{W} - p_0 dV/dt)$, em que dV/dt é a taxa de variação temporal do volume do sistema. O termo $\dot{\mathsf{E}}_d$ leva em conta a taxa temporal de destruição de exergia em virtude das irreversibilidades presentes no sistema.

balanço da taxa de exergia em regime permanente para um sistema fechado

Em regime permanente, $d\mathsf{E}/dt = dV/dt = 0$, e a Eq. 7.10 se reduz, fornecendo o balanço da taxa de exergia em regime permanente.

$$0 = \sum_j \left(1 - \frac{T_0}{T_j}\right)\dot{Q}_j - \dot{W} - \dot{\mathsf{E}}_d \qquad (7.11a)$$

Note que, para um sistema em regime permanente, a taxa de transferência de exergia associada a $\dot{W}$ é simplesmente a potência.

A taxa de transferência de exergia associada à transferência de calor à taxa $\dot{Q}_j$ que ocorre onde a temperatura é T_j é expressa de forma compacta por

$$\dot{\mathsf{E}}_{qj} = \left(1 - \frac{T_0}{T_j}\right)\dot{Q}_j \qquad (7.12)$$

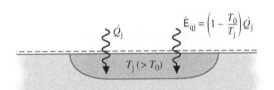

Conforme ilustrado na figura adjacente, a transferência de calor e a transferência de exergia associada estão no mesmo sentido quando $T_j > T_0$.
Usando-se a Eq. 7.12, a Eq. 7.11a fornece

$$0 = \sum_j \dot{\mathsf{E}}_{qj} - \dot{W} - \dot{\mathsf{E}}_d \qquad (7.11b)$$

Nas Eqs. 7.11, a taxa de destruição de exergia no interior do sistema, $\dot{\mathsf{E}}_d$, está relacionada à taxa de produção de entropia no interior do sistema por $\dot{\mathsf{E}}_d = T_0 \dot{\sigma}$.

7.4.3 Destruição e Perda de Exergia

A maioria dos sistemas térmicos é abastecida com influxos de exergia derivados direta ou indiretamente do consumo de combustíveis fósseis. Consequentemente, destruições e perdas *evitáveis* de exergia representam um desperdício desses recursos. Por meio do desenvolvimento de caminhos para se reduzirem tais ineficiências, pode-se fazer um melhor uso desses combustíveis. O balanço de exergia pode ser aplicado para determinar a localização, os tipos e a verdadeira magnitude do desperdício de recursos energéticos e, assim, pode representar uma parte importante no desenvolvimento de estratégias para um uso mais eficiente dos combustíveis.

No Exemplo 7.3, as formulações dos balanços das taxas de energia e exergia para um sistema fechado em regime permanente são aplicadas a uma parede de um forno para se avaliarem a destruição e a perda de exergia que são interpretadas em termos de uso de combustíveis fósseis.

EXEMPLO 7.3

Avaliação da Destruição de Exergia na Parede de um Forno

A parede de um forno industrial de secagem é construída utilizando-se 0,066 m de espessura de isolante com condutividade térmica $\kappa = 0,05 \times 10^{-3}$ kW/m · K entre duas placas finas de metal. Em regime permanente, a placa de metal interna está a $T_1 = 575$ K e a placa externa está a $T_2 = 310$ K. A temperatura varia linearmente através da parede. A temperatura das proximidades do forno é, em média, 293 K. Determine, em kW por m² de área da superfície da parede, (a) a taxa de transferência de calor através da parede, (b) as taxas de transferência de exergia associadas à transferência de calor nas superfícies interna e externa da parede e (c) a taxa de destruição de exergia na parede. Adote $T_0 = 293$ K.

SOLUÇÃO

Dado: Os valores da temperatura, da condutividade térmica e da espessura da parede são fornecidos para uma parede plana em regime permanente.

Pede-se: Para a parede, determine (a) a taxa de transferência de calor através da parede, (b) as taxas de transferência de exergia associadas à transferência de calor nas superfícies interna e externa da parede e (c) a taxa de destruição de exergia, para cada m² de área da superfície da parede.

Diagrama Esquemático e Dados Fornecidos:

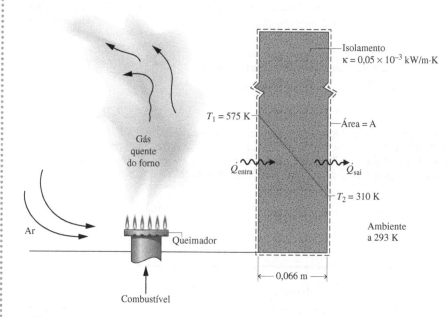

Fig. E7.3

Modelo de Engenharia:

1. O sistema fechado mostrado na figura correspondente está em regime permanente.
2. A temperatura varia linearmente através da parede.
3. $T_0 = 293$ K.

Análise:

(a) Sob regime permanente, um balanço da taxa de energia para o sistema se reduz a $\dot{Q}_{entra} = \dot{Q}_{sai}$ — em outras palavras, as taxas de transferência de calor para dentro e para fora da parede são iguais. Admita que $\dot{Q}$ indica a transferência de calor comum. Usando a Eq. 2.3.1 com a hipótese 2, a taxa de transferência de calor é dada por

$$(\dot{Q}/A) = -\kappa \left[\frac{T_2 - T_1}{L} \right]$$

$$= -\left(0,05 \times 10^{-3} \frac{\text{kW}}{\text{m} \cdot \text{K}}\right)\left[\frac{(310 - 575)\ \text{K}}{0,066\ \text{m}}\right] = 0,2 \frac{\text{kW}}{\text{m}^2}$$

(b) As taxas de transferência de exergia associadas à transferência de calor são avaliadas por meio da Eq. 7.12. Na superfície interna

$$(\dot{E}_{q1}/A) = \left[1 - \frac{T_0}{T_1}\right](\dot{Q}/A)$$

$$= \left[1 - \frac{293}{575}\right]\left(0,2 \frac{\text{kW}}{\text{m}^2}\right) = 0,1 \frac{\text{kW}}{\text{m}^2}$$

Na superfície externa

$$(\dot{E}_{q2}/A) = \left[1 - \frac{T_0}{T_2}\right](\dot{Q}/A)$$

❶

$$= \left[1 - \frac{293}{310}\right]\left(0{,}2\frac{kW}{m^2}\right) = 0{,}01\frac{kW}{m^2}$$

(c) A taxa de destruição de exergia na parede é avaliada por meio do balanço da taxa de exergia. Como $\dot{W} = 0$, a Eq. 7.11b fornece

❷
$$(\dot{E}_d/A) = (\dot{E}_{q1}/A) - (\dot{E}_{q2}/A)$$

❸
$$= (0{,}1 - 0{,}01)\frac{kW}{m^2} = 0{,}09\frac{kW}{m^2}$$

---

❶ As taxas de transferência de calor são as mesmas na parede interna e na parede externa, mas as taxas de transferência de exergia nesses locais são muito diferentes. A taxa de transferência de exergia na parede interna a alta temperatura é 10 vezes a taxa de transferência de exergia na parede externa a baixa temperatura. Em cada um desses locais a transferência de exergia fornece uma medida mais fiel do valor termodinâmico do que a taxa de transferência de calor. Isto é claramente visto na parede externa, onde a pequena transferência de exergia indica o potencial mínimo para uso e, portanto, o valor termodinâmico mínimo.

❷ A exergia transferida para a parede a $T_1 = 575$ K ou é destruída no interior da parede devido à transferência de calor espontânea ou é transferida para fora da parede a $T_2 = 310$ K, onde é *perdida* para a vizinhança. A exergia transferida para a vizinhança associada ao calor perdido, como no presente caso, acaba sendo destruída na vizinhança. Um isolamento mais grosso e/ou um isolamento com um valor de condutividade térmica menor reduziria a taxa de transferência de calor e, dessa maneira, diminuiria a destruição e a perda de exergia.

❸ Neste exemplo, a exergia destruída e perdida tem origem no combustível fornecido. Desse modo, medidas eficientes em termos de custo para reduzir a destruição e a perda de exergia trazem benefícios em termos do melhor uso do combustível.

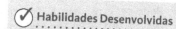

Habilidades Desenvolvidas

Habilidades para...
- aplicar os balanços das taxas de energia e exergia.
- avaliar a transferência de exergia associada à transferência de calor.
- avaliar a destruição de exergia.

Teste-Relâmpago Considerando que a condutividade térmica fosse reduzida para $0{,}04 \times 10^{-3}$ kW/m · K, devido a uma escolha diferente do material de isolamento, enquanto a espessura do isolamento fosse aumentada para 0,076 m, determine a taxa de destruição de exergia na parede, em kW por m² de área da superfície da parede, mantendo as mesmas temperaturas das paredes interna e externa e das proximidades. **Resposta:** 0,06 kW/m².

HORIZONTES
Cabo Supercondutor de Energia Supera Todos os Obstáculos?

De acordo com informações vindas da indústria, atualmente mais de 7% da energia elétrica conduzida através das linhas de transmissão e de distribuição é perdida no caminho em virtude da resistência elétrica. Sabe-se também que o cabo *supercondutor* pode quase eliminar a resistência à corrente elétrica e, com isso, a redução associada de energia.

Para um cabo supercondutor ser eficaz, entretanto, ele deve ser resfriado até cerca de −200°C (−330°F). O resfriamento é alcançado por meio de um sistema de refrigeração usando nitrogênio líquido.

Como o refrigerador necessita de energia para operar, esse resfriamento reduz a energia *economizada* na transmissão de energia elétrica pelos supercondutores. Além disso, atualmente, o custo do cabo supercondutor é muito maior do que o do cabo convencional. Fatores como esses impõem barreiras à implantação rápida da tecnologia dos supercondutores.

Ainda assim, empresas de energia elétrica têm parceria com o governo para desenvolver e demonstrar a tecnologia relacionada aos supercondutores que um dia poderá aumentar a eficiência e a confiabilidade do sistema de energia elétrica dos Estados Unidos.

7.4.4 Balanço de Exergia

balanço de exergia

No próximo exemplo, reconsideraremos a caixa de redução dos Exemplos 2.4 e 6.4 a partir de uma perspectiva de exergia para apresentar o balanço de exergia, no qual os diversos termos de um balanço de exergia para um sistema são sistematicamente avaliados e comparados.

EXEMPLO 7.4

Balanço de Exergia para uma Caixa de Redução

Para a caixa de redução dos Exemplos 2.4 e 6.4(a), desenvolva um balanço completo de exergia para a potência de acionamento. Adote $T_0 = 293K$.

SOLUÇÃO

Dado: Uma caixa de redução opera em regime permanente com valores conhecidos para as potências de acionamento e de saída, e para a taxa de transferência de calor. A temperatura na superfície externa também é conhecida.

Pede-se: Desenvolva um balanço completo de exergia para a potência de acionamento.

Diagrama Esquemático e Dados Fornecidos:

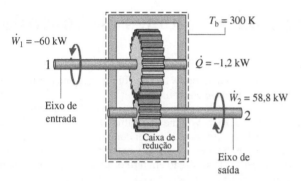

Modelo de Engenharia:
1. A caixa de redução é considerada um sistema fechado que opera em regime permanente.
2. A temperatura na superfície externa não varia.
3. $T_0 = 293$ K.

Fig. E7.4

Análise: Como a caixa de redução está em regime permanente, a taxa de transferência de exergia associada à potência é simplesmente a potência. Consequentemente, a exergia é transferida *para dentro* da caixa de redução pelo eixo de alta velocidade a uma taxa igual à potência de *acionamento*, 60 kW, e a exergia é transferida *para fora* da caixa pelo eixo de baixa velocidade a uma taxa igual à potência de *saída*, 58,8 kW. Além disso, a exergia é transferida para fora, acompanhando a perda de calor, e é destruída pelas irreversibilidades no interior da caixa de redução.

A taxa de transferência de exergia associada à transferência de calor é avaliada a partir da Eq. 7.12. Ou seja

$$\dot{E}_q = \left(1 - \frac{T_0}{T_b}\right)\dot{Q}$$

Com $\dot{Q} = -1,2$ kW e $T_b = 300$ K da Fig. E7.4, temos

$$\dot{E}_q = \left(1 - \frac{293}{300}\right)(-1,2 \text{ kW})$$
$$= -0,03 \text{ kW}$$

em que o sinal negativo indica transferência de exergia *do* sistema.

A taxa de destruição de exergia é avaliada por meio do balanço da taxa de exergia. Reorganizando, e observando que $\dot{W} = \dot{W}_1 + \dot{W}_2 = -1,2$ kW, a Eq. 7.11b fornece

❶ $$\dot{E}_d = \dot{E}_q - \dot{W} = -0,03 \text{ kW} - (-1,2 \text{ kW}) = 1,17 \text{ kW}$$

A análise pode ser resumida na seguinte *folha de balancete*, em termos das magnitudes da exergia em uma base de taxa:

Taxa de exergia entrando:		
eixo de alta velocidade	60,00 kW (100%)	
Distribuição da exergia:		
• Taxa de exergia saindo		
eixo de baixa velocidade	58,80 kW (98%)	
❷ calor perdido	0,03 kW (0,05%)	
• Taxa de destruição de exergia	1,17 kW (1,95%)	
	60,00 kW (100%)	

---

❶ Alternativamente, a taxa de destruição de exergia é calculada a partir de $\dot{E}_d = T_0\dot{\sigma}$, em que $\dot{\sigma}$ é a taxa de produção da entropia. Da solução do Exemplo 6.4(a), $\dot{\sigma} = 4 \times 10^{-3}$ kW/K. Então

$$\dot{E}_d = T_0\dot{\sigma}$$
$$= (293 \text{ K})(4 \times 10^{-3} \text{ kW/K})$$
$$= 1,17 \text{ kW}$$

❷ A diferença entre a entrada e a saída de potência deve-se, principalmente, à destruição de exergia e, em segundo plano, à transferência de exergia que acompanha a transferência de calor, a qual, em comparação, é pequena. O balancete de exergia proporciona uma imagem mais nítida do desempenho do que o balancete de energia do Exemplo 2.4, que não considera explicitamente os efeitos das irreversibilidades no interior do sistema.

> ✓ **Habilidades Desenvolvidas**
>
> *Habilidades para...*
> ☐ aplicar o balanço da taxa de exergia.
> ☐ desenvolver um balanço de exergia.

Teste-Relâmpago Inspecionando o balancete de exergia, especifique a eficiência com base na exergia para a caixa de redução. **Resposta:** 98%.

7.5 Balanço da Taxa de Exergia para Volumes de Controle em Regime Permanente

Nesta seção, o balanço de exergia é estendido para uma forma aplicável a volumes de controle em regime permanente. A formulação de volume de controle é geralmente a mais útil em análises de engenharia.

O balanço da exergia em forma de taxa para um volume de controle pode ser deduzido por meio de uma abordagem semelhante àquela empregada no boxe da Seção 4.1, no qual a formulação de volume de controle para o balanço da taxa de massa é obtida pela transformação da formulação do sistema fechado. Entretanto, assim como nos desenvolvimentos dos balanços das taxas de energia e entropia para volumes de controle (Seções 4.4.1 e 6.9, respectivamente), a presente dedução é conduzida menos formalmente através de uma modificação da formulação em termos de taxa para um sistema fechado, Eq. 7.10, de modo a levar em conta as transferências de exergia nas entradas e saídas. O resultado é

$$\frac{d\mathrm{E}_{vc}}{dt} = \sum_j \left(1 - \frac{T_0}{T_j}\right)\dot{Q}_j - \left(\dot{W}_{vc} - p_0\frac{dV_{vc}}{dt}\right) + \underline{\sum_e \dot{m}_e \mathrm{e}_{fe}} - \underline{\sum_s \dot{m}_s \mathrm{e}_{fs}} - \dot{\mathrm{E}}_d$$

em que os termos sublinhados representam a transferência de exergia, com massa entrando e saindo do volume de controle, respectivamente.

balanço de exergia para regime permanente em termos de taxa: volumes de controle

Em regime permanente, $d\mathrm{E}_{vc}/dt = dV_{vc}/dt = 0$, obtendo-se assim o balanço de exergia para regime permanente em termos de taxa

$$0 = \sum_j \left(1 - \frac{T_0}{T_j}\right)\dot{Q}_j - \dot{W}_{vc} + \sum_e \dot{m}_e \mathrm{e}_{fe} - \sum_s \dot{m}_s \mathrm{e}_{fs} - \dot{\mathrm{E}}_d \quad (7.13a)$$

em que e_{fe} denota a exergia por unidade de massa que atravessa a entrada e e e_{fs} denota a exergia por unidade de massa que atravessa a saída s. Esses termos, conhecidos como **exergia específica de fluxo**, são expressos por

exergia específica de fluxo

$$\mathrm{e}_f = h - h_0 - T_0(s - s_0) + \frac{\mathrm{V}^2}{2} + gz \quad (7.14)$$

Conceituando a Exergia Específica de Fluxo

Para avaliar a exergia associada à corrente no estado dado por h, s, V e z, pense em uma corrente que é alimentada conforme o volume de controle que opera em regime permanente mostrado na Fig. 7.5. Na saída do volume de controle, as respectivas propriedades são as correspondentes ao estado morto: h_0, s_0, $V_0 = 0$, $z_0 = 0$. A transferência de calor só ocorre com o ambiente a $T_b = T_0$.

Quanto ao volume de controle da Fig. 7.5, os balanços de energia e entropia são dados, respectivamente, por

$$0 = \dot{Q}_{vc} - \dot{W}_{vc} + \dot{m}\left[(h - h_0) + \frac{(\mathrm{V}^2 - (0)^2)}{2} + g(z - 0)\right] \quad (a)$$

$$0 = \frac{\dot{Q}_{vc}}{T_0} + \dot{m}(s - s_0) + \dot{\sigma}_{vc} \quad (b)$$

Eliminando $\dot{Q}_{vc}$ entre as Eqs. (a) e (b), o trabalho desenvolvido por unidade de massa em escoamento é

$$\frac{\dot{W}_{vc}}{\dot{m}} = \left[(h - h_0) - T_0(s - s_0) + \frac{\mathrm{V}^2}{2} + gz\right] - T_0\left(\frac{\dot{\sigma}_{vc}}{\dot{m}}\right) \quad (c)$$

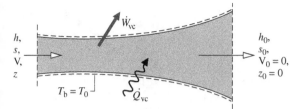

Fig. 7.5 Volume de controle utilizado para avaliação da exergia específica de fluxo de uma corrente.

O valor do termo sublinhado na Eq. (c) é determinado por dois estados: o estado dado e o estado morto. Entretanto, o valor do termo de produção de entropia, que não pode ser negativo, depende da natureza do fluxo. Portanto, o trabalho máximo teórico que pode ser desenvolvido, por unidade de massa em escoamento, corresponde ao valor zero para produção de entropia — ou seja, quando o fluxo através do volume de controle da Fig. 7.5 é internamente reversível. A exergia específica de fluxo, e$_f$, é esse valor máximo do trabalho, e assim a Eq. 7.14 é considerada uma expressão apropriada para a exergia específica de fluxo.

Subtraindo a Eq. 7.2 da Eq. 7.14, obtém-se a seguinte relação entre a exergia específica de fluxo e$_f$ e a exergia específica e,

$$e_f = e + \underline{v(p - p_o)} \quad \text{(d)}$$

O termo sublinhado da Eq. (d) representa a transferência de exergia associada ao *trabalho de fluxo*. Assim, na entrada ou saída de um volume de controle, a exergia de fluxo e$_f$ representa o somatório da exergia associada ao fluxo de massa e a exergia associada ao trabalho de fluxo. Quando a pressão p na entrada ou saída de um volume de controle é menor do que a pressão no estado morto p_o, a contribuição do trabalho de fluxo da Eq. (d) é negativa, indicando que a transferência de exergia associada ao trabalho de fluxo tem sentido oposto ao da transferência de exergia associada ao fluxo de massa. Aspectos da exergia de fluxo também podem ser explorados nos Problemas 7.8 e 7.9, no final do capítulo.

> **TOME NOTA...**
> Observe que a abordagem usada aqui para calcular a exergia de fluxo é análoga à usada na Seção 7.3 para calcular a exergia de um sistema. Em cada caso, os balanços de energia e de entropia são aplicados para calcular o trabalho teórico máximo no limite, conforme a geração de entropia se aproxima de zero. Essa abordagem é usada também na Seção 13.6 para determinar a exergia química.

em que h e s representam a entalpia e a entropia específicas, respectivamente, na entrada ou na saída consideradas; h_0 e s_0 representam os respectivos valores dessas propriedades quando avaliadas em T_0, p_0. Veja o boxe para a dedução da Eq. 7.14 e a discussão do conceito da exergia de fluxo.

O balanço da taxa de exergia em regime permanente, dado pela Eq. 7.13a, pode ser expresso de maneira mais compacta pela Eq. 7.13b

$$0 = \sum_j \dot{E}_{qj} - \dot{W}_{vc} + \sum_e \dot{E}_{fe} - \sum_s \dot{E}_{fs} - \dot{E}_d \quad \text{(7.13b)}$$

em que

$$\dot{E}_{qj} = \left(1 - \frac{T_0}{T_j}\right)\dot{Q}_j \quad \text{(7.15)}$$

$$\dot{E}_{fe} = \dot{m}_e e_{fe} \quad \text{(7.16a)}$$

$$\dot{E}_{fs} = \dot{m}_s e_{fs} \quad \text{(7.16b)}$$

são as taxas de transferência de exergia. A Equação 7.15 tem a mesma interpretação dada para a Eq. 7.5 apresentada anteriormente, mas com base em uma taxa temporal. Observe também que, em regime permanente, a taxa de transferência de exergia associada à potência $\dot{W}_{vc}$ é simplesmente a potência. Finalmente, a taxa de destruição de exergia dentro do volume de controle, $\dot{E}_d$, está relacionada com a taxa de produção de entropia por $T_0 \dot{\sigma}_{vc}$.

Se houver uma única entrada e uma única saída, indicadas por 1 e 2, respectivamente, o balanço da taxa de exergia em regime permanente, Eq. 7.13a, se reduz a

$$0 = \sum_j \left(1 - \frac{T_0}{T_j}\right)\dot{Q}_j - \dot{W}_{vc} + \dot{m}(e_{f1} - e_{f2}) - \dot{E}_d \quad \text{(7.17)}$$

> **TOME NOTA...**
> Quando a taxa de destruição de exergia $\dot{E}_d$ é o objetivo, ela pode ser determinada tanto de um balanço da taxa de exergia como de $\dot{E}_d = T_0 \dot{\sigma}_{vc}$, em que $\dot{\sigma}_{vc}$ é a taxa de produção de entropia avaliada a partir de um balanço da taxa de entropia. O segundo desses procedimentos normalmente requer menos avaliações de propriedades e menos computações.

em que $\dot{m}$ é a vazão mássica. O termo $(e_{f1} - e_{f2})$ é avaliado por meio da Eq. 7.14 como

$$e_{f1} - e_{f2} = (h_1 - h_2) - T_0(s_1 - s_2) + \frac{V_1^2 - V_2^2}{2} + g(z_1 - z_2) \quad \text{(7.18)}$$

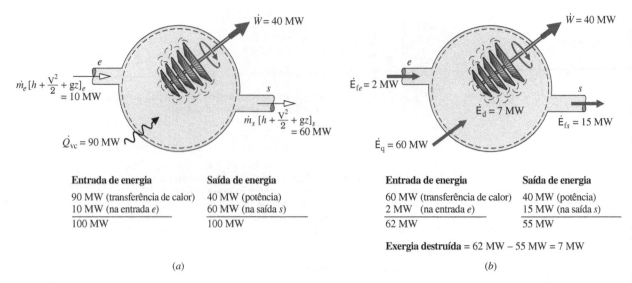

Fig. 7.6 Comparação entre energia e exergia para um volume de controle em regime permanente. (*a*) Análise de energia. (*b*) Análise de exergia.

7.5.1 Comparação entre Energia e Exergia para Volumes de Controle em Regime Permanente

Embora energia e exergia tenham unidades em comum e a transferência de exergia acompanhe a transferência de energia, os conceitos de energia e exergia são *fundamentalmente diferentes*. A energia e a exergia se relacionam, respectivamente, com a primeira e a segunda lei da termodinâmica:

▶ A energia se *conserva*. A exergia é *destruída* pelas irreversibilidades.
▶ A exergia expressa a transferência de energia por trabalho, calor e fluxo de massa em termos de uma *medida comum*, relacionada com a disponibilidade — ou seja, o trabalho que está *totalmente disponível* para o levantamento de um peso ou, de modo equivalente, como trabalho de eixo ou trabalho elétrico.

▶ **POR EXEMPLO** a Fig. 7.6*a* mostra as taxas de transferência de energia para um volume de controle em regime permanente com uma entrada e uma saída. Isto inclui as transferências de energia por trabalho e por calor e as transferências de energia para dentro e para fora associadas ao fluxo de massa através da fronteira. A Fig. 7.6*b* mostra o mesmo volume de controle, mas agora com as taxas de transferência de exergia indicadas. Observe que as *magnitudes* das transferências de exergia associadas à transferência de calor e ao fluxo de massa *diferem* das magnitudes das transferências de energia correspondentes. Essas taxas de transferência de exergia são calculadas por meio das Eqs. 7.15 e 7.16, respectivamente. Em regime permanente, a taxa de transferência de exergia associada à potência $\dot{W}_{vc}$ é simplesmente a potência. De acordo com o princípio da conservação de energia, a taxa total de entrada de energia no volume de controle é *igual* à taxa total de saída. Entretanto, a taxa total de exergia que entra no volume de controle *excede* a taxa à qual a exergia sai. A diferença entre esses valores de exergia é a taxa à qual a exergia é destruída por irreversibilidades, de acordo com a segunda lei. ◀ ◀ ◀ ◀ ◀

Resumindo, a exergia fornece uma imagem mais nítida de desempenho do que a energia porque a exergia expressa todas as transferências de energia em uma base comum e considera de modo explícito os efeitos das irreversibilidades por meio do conceito de destruição de exergia.

7.5.2 Avaliação da Destruição de Exergia em Volumes de Controle em Regime Permanente

Os exemplos a seguir ilustram o uso dos balanços das taxas de massa, energia e exergia para a análise da destruição de exergia para volumes de controle em regime permanente. Os valores numéricos de propriedades também exercem papel importante na determinação de soluções. O primeiro exemplo envolve a expansão de vapor através de uma válvula (um processo de estrangulamento, Seção 4.10). De uma perspectiva energética, a expansão ocorre sem perdas. Ainda assim, conforme apresenta o Exemplo 7.5, a válvula é um local de ineficiências quantificadas termodinamicamente em termos de destruição de exergia.

Análise da Exergia **313**

EXEMPLO 7.5

Determinando a Destruição de Exergia em uma Válvula de Expansão

Vapor d'água superaquecido entra em uma válvula a 500 lbf/in² (3,4 MPa) e 500°F (260,0°C) e sai a uma pressão de 80 lbf/in² (551,6 kPa). A expansão é um processo de estrangulamento. Determine a destruição de exergia por unidade de massa, em Btu/lb. Considere $T_0 = 77°F$ (25,0°C), $p_0 = 1$ atm.

SOLUÇÃO

Dado: Vapor d'água expande-se em um processo de estrangulamento através de uma válvula a partir de um estado de entrada especificado até uma determinada pressão na saída.

Pede-se: Determine a destruição de exergia por unidade de massa.

Diagrama Esquemático e Dados Fornecidos:

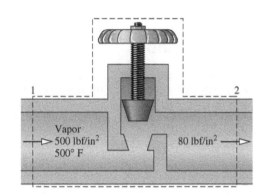

Modelo de Engenharia:
1. O volume de controle mostrado na figura correspondente está em regime permanente.
2. Para o processo de estrangulamento, $\dot{Q}_{vc} = \dot{W}_{vc} = 0$ e os efeitos de movimento e gravidade podem ser ignorados.
3. $T_0 = 77°F$, $p_0 = 1$ atm.

Fig. E7.5

Análise: O estado na entrada encontra-se especificado. Pode-se determinar o estado na saída simplificando-se os balanços das taxas de massa e energia em regime permanente para obter a Eq. 4.22:

$$h_2 = h_1 \tag{a}$$

Assim, o estado na saída é determinado por p_2 e h_2. A partir da Tabela A-4E, $h_1 = 1231,5$ Btu/lb, $s_1 = 1,4923$ Btu/lb · °R. Interpolando-se para uma pressão de 80 lbf/in² com $h_2 = h_1$, a entropia específica na saída é $s_2 = 1,680$ Btu/lb · °R.

Com as hipóteses listadas, a formulação do balanço da taxa de exergia em regime permanente, Eq. 7.17, fica reduzida a

$$0 = \sum_j \left(1 - \frac{T_0}{T_j}\right)^0 \dot{Q}_j - \dot{W}_{vc}^{\,0} + \dot{m}(e_{f1} - e_{f2}) - \dot{E}_d$$

Dividindo-se pela vazão mássica e resolvendo, a destruição de exergia por unidade de massa é

$$\frac{\dot{E}_d}{\dot{m}} = (e_{f1} - e_{f2}) \tag{b}$$

Apresentando a Eq. 7.18, usando a Eq. (a) e ignorando os efeitos de movimento e gravidade

$$e_{f1} - e_{f2} = (h_1 - h_2)^{\,0} - T_0(s_1 - s_2) + \frac{V_1^2 - V_2^{2\,0}}{2} + g(z_1 - z_2)^{\,0}$$

a Eq. (b) torna-se

❶
$$\frac{\dot{E}_d}{\dot{m}} = T_0(s_2 - s_1) \tag{c}$$

Inserindo os valores,

❷
$$\frac{\dot{E}_d}{\dot{m}} = 537°R\,(1,680 - 1,4923)\frac{\text{Btu}}{\text{lb} \cdot °R} = 100,8\ \text{Btu/lb}$$

Habilidades para...
- aplicar o balanço da taxa de exergia.
- desenvolver um balancete de exergia.

❶ A equação (c) pode ser obtida alternativamente a partir da relação $\dot{E}_d = T_0 \dot{\sigma}_{vc}$ e em seguida fazendo-se uma avaliação da taxa de produção de entropia $\dot{\sigma}_{vc}$ através de um balanço de entropia. Os detalhes são deixados como exercício.

314 Capítulo 7

❷ A energia se conserva no processo de estrangulamento, mas a exergia é destruída. A fonte de destruição da exergia é a expansão não controlada que ocorre.

Teste-Relâmpago Para o ar considerado um gás ideal e submetido a um processo de estrangulamento, determine a destruição de exergia, em Btu por lb de ar, para as mesmas condições de entrada e saída e para a mesma pressão na saída do exemplo anterior. **Resposta:** 67,5 Btu/lb.

Embora os trocadores de calor, sob uma perspectiva energética, aparentem operar sem perdas quando não se considera o calor perdido para o ambiente, eles são uma fonte de ineficiências termodinâmicas quantificadas pela destruição de exergia. Isto é ilustrado no Exemplo 7.6.

▶▶▶ EXEMPLO 7.6 ▶

Avaliando a Destruição de Exergia em um Trocador de Calor

Ar comprimido entra em um trocador de calor em contracorrente operando em regime permanente a 610 K e 10 bar e sai a 860 K e 9,7 bar. Gás de combustão quente entra como um fluxo separado a 1020 K e 1,1 bar e sai a 1 bar. Cada fluxo tem uma vazão mássica de 90 kg/s. A transferência de calor entre a superfície exterior do trocador de calor e a vizinhança pode ser ignorada. Os efeitos de movimento e gravidade são desprezíveis. Admitindo que o fluxo do gás de combustão tem as propriedades do ar e usando o modelo de gás ideal para ambos os fluxos, determine para o trocador de calor:

(a) a temperatura de saída do gás de combustão, em K.

(b) a variação líquida da taxa de exergia de fluxo entre a entrada e a saída de cada fluxo, em MW.

(c) a taxa de exergia destruída, em MW.

Considere $T_0 = 300$ K, $p_0 = 1$ bar.

SOLUÇÃO

Dado: São fornecidos dados para um trocador de calor de correntes opostas operando em regime permanente.

Pede-se: Para o trocador, determine a temperatura de saída do gás de combustão, a variação da taxa de exergia de fluxo entre a entrada e a saída de cada fluxo e a taxa de exergia destruída.

Diagrama Esquemático e Dados Fornecidos:

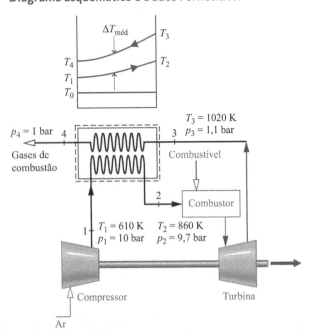

Fig. E7.6

Modelo de Engenharia:
1. O volume de controle mostrado na figura correspondente está em regime permanente.
2. Para o volume de controle, $\dot{Q}_{vc} = 0$, $\dot{W}_{vc} = 0$ e os efeitos de movimento e gravidade são desprezíveis.
3. Cada fluxo tem as propriedades do ar considerado um gás ideal.
4. $T_0 = 300$ K, $p_0 = 1$ bar.

Análise:

(a) A temperatura T_4 de saída dos gases de combustão pode ser encontrada simplificando-se os balanços das taxas de massa e energia para o volume de controle em regime permanente, obtendo-se

$$0 = \dot{Q}_{vc} - \dot{W}_{vc} + \dot{m}\left[(h_1 - h_2) + \left(\frac{V_1^2 - V_2^2}{2}\right) + g(z_1 - z_2)\right] + \dot{m}\left[(h_3 - h_4) + \left(\frac{V_3^2 - V_4^2}{2}\right) + g(z_3 - z_4)\right]$$

em que $\dot{m}$ é a vazão mássica, que é igual nos dois fluxos. Tendo em vista as hipóteses listadas, os termos sublinhados são desprezados, o que fornece

$$0 = \dot{m}(h_1 - h_2) + \dot{m}(h_3 - h_4)$$

Dividindo por $\dot{m}$ e resolvendo para h_4, obtém-se

$$h_4 = h_3 + h_1 - h_2$$

Da Tabela A-22, $h_1 = 617,53$ kJ/kg, $h_2 = 888,27$ kJ/kg, $h_3 = 1068,89$ kJ/kg. Inserindo os valores

$$h_4 = 1068,89 + 617,53 - 888,27 = 798,15 \text{ kJ/kg}$$

Interpolando na Tabela A-22, tem-se $T_4 = 778$ K (505°C).

(b) A variação líquida da taxa de exergia de fluxo entre a entrada e a saída para a corrente de ar que escoa de 1 a 2 pode ser avaliada por meio da Eq. 7.18, abandonando-se os efeitos de movimento e gravidade. Com a Eq. 6.20a e os dados da Tabela A-22

$$\dot{m}(e_{f2} - e_{f1}) = \dot{m}[(h_2 - h_1) - T_0(s_2 - s_1)]$$

$$= \dot{m}\left[(h_2 - h_1) - T_0\left(s_2^\circ - s_1^\circ - R \ln \frac{p_2}{p_1}\right)\right]$$

$$= 90\frac{\text{kg}}{\text{s}}\left[(888,27 - 617,53)\frac{\text{kJ}}{\text{kg}} - 300 \text{ K}\left(2,79783 - 2,42644 - \frac{8,314}{28,97} \ln \frac{9,7}{10}\right)\frac{\text{kJ}}{\text{kg} \cdot \text{K}}\right]$$

$$= 14.103\frac{\text{kJ}}{\text{s}}\left|\frac{1 \text{ MW}}{10^3 \text{ kJ/s}}\right| = 14,1 \text{ MW}$$

❷ Conforme o ar flui de 1 para 2, sua temperatura *aumenta* relativamente a T_0 e a exergia de fluxo *aumenta*. De modo similar, a variação da taxa de exergia de fluxo entre a entrada e a saída do gás de combustão é

$$\dot{m}(e_{f4} - e_{f3}) = \dot{m}\left[(h_4 - h_3) - T_0\left(s_4^\circ - s_3^\circ - R \ln \frac{p_4}{p_3}\right)\right]$$

$$= 90\left[(798,15 - 1068,89) - 300\left(2,68769 - 2,99034 - \frac{8,314}{28,97} \ln \frac{1}{1,1}\right)\right]$$

$$= -16.934\frac{\text{kJ}}{\text{s}}\left|\frac{1 \text{ MW}}{10^3 \text{ kJ/s}}\right| = -16,93 \text{ MW}$$

À medida que o gás de combustão flui de 3 para 4, sua temperatura *diminui* em relação a T_0 e o fluxo de exergia *diminui*.

❸ **(c)** A taxa de destruição de exergia dentro do volume de controle pode ser determinada através de um balanço da taxa de exergia, Eq. 7.13a,

$$0 = \sum_j \left(1 - \frac{T_0}{T_j}\right)^{\!\!0} \dot{Q}_j - \dot{W}_{vc}^{\,0} + \dot{m}(e_{f1} - e_{f2}) + \dot{m}(e_{f3} - e_{f4}) - \dot{E}_d$$

Resolvendo para $\dot{E}_d$ e inserindo os valores conhecidos

$$\dot{E}_d = \dot{m}(e_{f1} - e_{f2}) + \dot{m}(e_{f3} - e_{f4})$$

❹
$$= (-14,1 \text{ MW}) + (16,93 \text{ MW}) = 2,83 \text{ MW}$$

Comparando os resultados, notamos que o aumento de exergia do fluxo de ar comprimido, dado por 14,1 MW, é menor que a magnitude do decréscimo de exergia do gás de combustão, dada por 16,93 MW, ainda que as variações de energia dos dois fluxos sejam iguais em magnitude. A diferença entre esses valores de exergia é a exergia destruída: 2,83 MW. Desta maneira, a energia se conserva, mas a exergia não se conserva.

---

❶ Trocadores de calor desse tipo são conhecidos como *regeneradores* (veja a Seção 9.7).

❷ A variação de temperatura em cada fluxo que passa através do trocador de calor é mostrada no esquema da figura. A temperatura no estado morto, T_0, também é mostrada no esquema como referência.

❸ Como alternativa, a taxa de destruição de exergia pode ser determinada por meio de $\dot{E}_d = T_0\dot{\sigma}_{vc}$, em que $\dot{\sigma}_{vc}$ é a taxa de produção de entropia avaliada a partir de um balanço da taxa de entropia. Isto é deixado como exercício.

❹ A exergia é destruída pelas irreversibilidades associadas ao atrito do fluido e pela transferência de calor entre fluxos. As quedas de pressão para os fluxos são indicadoras de irreversibilidades associadas ao atrito. A diferença da temperatura média entre os fluxos, $\Delta T_{méd}$, é um indicador de irreversibilidades associadas à transferência de calor.

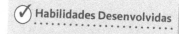

Habilidades Desenvolvidas

Habilidades para...
- aplicar os balanços das taxas de energia e exergia.
- avaliar a destruição de exergia.

Teste-Relâmpago Se a vazão mássica de cada fluxo fosse 105 kg/s, qual seria a taxa de destruição de exergia, em MW? **Resposta:** 3,3 MW.

Nas discussões anteriores, analisamos os efeitos das irreversibilidades no desempenho *termodinâmico*. Algumas consequências *econômicas* das irreversibilidades serão consideradas no próximo exemplo.

▶▶▶ EXEMPLO 7.7 ▶

Determinando o Custo da Destruição de Exergia

Determine as taxas de destruição de exergia, em kW, para o compressor, o condensador e a válvula de expansão das bombas de calor dos Exemplos 6.8 e 6.14. Se o valor da exergia for de US$0,08 por kW · h, determine o custo diário da energia elétrica para a operação do compressor e o custo diário da destruição de exergia em cada componente. Adote $T_0 = 273$ K (0°C), o que corresponde à temperatura do ar exterior.

SOLUÇÃO

Dado: O Refrigerante 22 é comprimido adiabaticamente, condensado por transferência de calor para o ar ao passar por um trocador de calor e depois é expandido através de uma válvula de expansão. Os dados para o refrigerante e para o ar são conhecidos.

Pede-se: Determine o custo diário de operação do compressor. Determine também as taxas de destruição de exergia e os custos diários associados ao compressor, ao condensador e à válvula de expansão.

Diagrama Esquemático e Dados Fornecidos:
Veja os Exemplos 6.8 e 6.14.

Modelo de Engenharia:

1. Veja os Exemplos 6.8 e 6.14.
2. $T_0 = 273$ K (0°C).

Análise: As taxas de destruição de exergia podem ser calculadas por meio de

$$\dot{E}_d = T_0 \dot{\sigma}$$

juntamente com os dados para as taxas de produção de entropia do Exemplo 6.8. Ou seja,

$$(\dot{E}_d)_{comp} = (273 \text{ K})(17,5 \times 10^{-4})\left(\frac{\text{kW}}{\text{K}}\right) = 0,478 \text{ kW}$$

$$(\dot{E}_d)_{val} = (273)(9,94 \times 10^{-4}) = 0,271 \text{ kW}$$

$$(\dot{E}_d)_{cond} = (273)(7,95 \times 10^{-4}) = 0,217 \text{ kW}$$

Os custos de destruição de exergia são, respectivamente

$$\begin{pmatrix}\text{custo diário da destruição de exergia} \\ \text{devido às irreversibilidades do compressor}\end{pmatrix} = (0,478 \text{ kW})\left(\frac{\text{US\$0,08}}{\text{kW} \cdot \text{h}}\right)\left|\frac{24 \text{ h}}{\text{dia}}\right| = \text{US\$0,92}$$

❶ $\begin{pmatrix}\text{custo diário da destruição de exergia devido} \\ \text{às irreversibilidades na válvula de expansão}\end{pmatrix} = (0,271)(0,08)|24| = \text{US\$0,52}$

$$\begin{pmatrix}\text{custo diário da destruição de exergia devido} \\ \text{às irreversibilidades no condensador}\end{pmatrix} = (0,217)(0,08)|24| = \text{US\$0,42}$$

A partir da solução do Exemplo 6.14, o valor da potência do compressor é 3,11 kW. Assim, o custo diário é

$$\begin{pmatrix}\text{custo diário de eletricidade} \\ \text{para a operação do compressor}\end{pmatrix} = (3,11 \text{ kW})\left(\frac{\text{US\$0,08}}{\text{kW} \cdot \text{h}}\right)\left|\frac{24 \text{ h}}{\text{dia}}\right| = \text{US\$5,97}$$

❶ A associação da destruição de exergia com os custos operacionais proporciona uma base racional para a busca de melhoras em termos de custo no projeto. Embora seja possível selecionar componentes que destruam menos exergia, o compromisso entre qualquer redução dos custos de operação e o aumento de custos em equipamentos deve ser cuidadosamente considerado.

✓ **Habilidades Desenvolvidas**

Habilidades para...
- avaliar a destruição de exergia.
- conduzir uma avaliação econômica elementar utilizando exergia.

Teste-Relâmpago Expresse, em porcentagem, quanto do custo da energia elétrica para operar o compressor é atribuível à destruição de exergia nos três componentes. **Resposta:** 31%.

Análise da Exergia 317

7.5.3 Balanço de Exergia para Volumes de Controle em Regime Permanente

Para um volume de controle, a localização, os tipos e as verdadeiras magnitudes das ineficiências e perdas podem ser detalhados por meio de uma avaliação sistemática e uma comparação dos diversos termos do balanço de exergia para o volume de controle. Trata-se de uma extensão do *balanço de exergia* apresentado na Seção 7.4.4.

Os dois exemplos a seguir fornecem ilustrações sobre o balanço de exergia em volumes de controle. O primeiro envolve a turbina a vapor com perda de calor considerada anteriormente no Exemplo 6.6, que você deve rever rapidamente antes de estudar o exemplo em questão.

▶ EXEMPLO 7.8 ▶

Balanço de Exergia para uma Turbina a Vapor

Vapor d'água é admitido em uma turbina com uma pressão de 30 bar, uma temperatura de 400°C e uma velocidade de 160 m/s. O vapor sai como vapor saturado a 100°C com uma velocidade de 100 m/s. Em regime permanente, a turbina desenvolve trabalho a uma taxa de 540 kJ por kg de vapor que flui pela turbina. A transferência de calor entre a turbina e sua vizinhança ocorre a uma temperatura média da superfície externa de 350 K. Desenvolva um balanço completo da *exergia líquida associada ao escoamento na entrada*, em kJ por unidade de massa de vapor. Adote $T_0 = 25°C$, $p_0 = 1$ atm.

SOLUÇÃO

Dado: Vapor d'água se expande em uma turbina para a qual são fornecidos dados para regime permanente.

Pede-se: Desenvolva um balanço completo para a *exergia líquida associada ao escoamento na entrada*, em kJ por unidade de massa de vapor em escoamento.

Diagrama Esquemático e Dados Fornecidos: veja a Fig. E6.6. A partir do Exemplo 6.6, $\dot{W}_{vc}/\dot{m} = 540$ kJ/kg, $\dot{Q}_{vc}/\dot{m} = -22,6$ kJ/kg.

Modelo de Engenharia:
1. Veja a solução do Exemplo 6.6.
2. $T_0 = 25°C$, $p_0 = 1$ atm.

Análise: A *exergia líquida associada ao escoamento na entrada* por unidade de massa de vapor é obtida por meio da Eq. 7.18

$$e_{f1} - e_{f2} = (h_1 - h_2) - T_0(s_1 - s_2) + \left(\frac{V_1^2 - V_2^2}{2}\right) + g(z_1 - z_2)^0$$

A partir da Tabela A-4, $h_1 = 3230,9$ kJ/kg, $s_1 = 6,9212$ kJ/kg · K. Da Tabela A-2, $h_2 = 2676,1$ kJ/kg, $s_2 = 7,3549$ kJ/kg · K. Portanto, a taxa de exergia líquida associada ao escoamento na entrada é

$$e_{f1} - e_{f2} = \left[(3230,9 - 2676,1)\frac{kJ}{kg} - 298(6,9212 - 7,3549)\frac{kJ}{kg} + \left[\frac{(160)^2 - (100)^2}{2}\right]\left(\frac{m}{s}\right)^2 \left|\frac{1 N}{1 kg \cdot m/s^2}\right|\left|\frac{1 kJ}{10^3 N \cdot m}\right|\right]$$

$$= 691,84 \text{ kJ/kg}$$

A exergia líquida associada ao escoamento na entrada pode ser explicada em termos das transferências de exergia associadas a trabalho e transferência de calor e da destruição de exergia no interior do volume de controle. Em regime permanente, a transferência de exergia associada ao trabalho é o próprio trabalho, ou $\dot{W}_{vc}/\dot{m} = 540$ kJ/kg. A quantidade $\dot{Q}_{vc}/\dot{m}$ foi avaliada na solução do Exemplo 6.6 por meio das formulações em regime permanente dos balanços das taxas de massa e energia: $\dot{Q}_{vc}/\dot{m} = -22,6$ kJ/kg. A transferência de exergia associada é

$$\frac{\dot{E}_q}{\dot{m}} = \left(1 - \frac{T_0}{T_b}\right)\left(\frac{\dot{Q}_{vc}}{\dot{m}}\right)$$

$$= \left(1 - \frac{298}{350}\right)\left(-22,6\frac{kJ}{kg}\right)$$

$$= -3,36\frac{kJ}{kg}$$

em que T_b denota a temperatura no contorno em que a transferência de calor ocorre.

A destruição de exergia pode ser determinada se rearranjarmos a formulação em regime permanente do balanço da taxa de exergia, Eq. 7.17, para obter

❶
$$\frac{\dot{E}_d}{\dot{m}} = \left(1 - \frac{T_0}{T_b}\right)\left(\frac{\dot{Q}_{vc}}{\dot{m}}\right) - \frac{\dot{W}_{vc}}{\dot{m}} + (e_{f1} - e_{f2})$$

Substituindo os valores

$$\frac{\dot{E}_d}{\dot{m}} = -3,36 - 540 + 691,84 = 148,48 \text{ kJ/kg}$$

A análise pode ser sintetizada pela seguinte *folha de balanço* de exergia em termos das magnitudes de exergia em uma taxa-base.

Taxa líquida de exergia entrando:	691,84 kJ/kg (100%)
Distribuição da exergia:	
• Taxa de exergia saindo	
trabalho	540,00 kJ/kg (78,05%)
transferência de calor	3,36 kJ/kg (0,49%)
• Taxa de destruição de exergia	148,48 kJ/kg (21,46%)
	691,84 kJ/kg (100%)

Note que a transferência de exergia associada à transferência de calor é pequena em relação aos outros termos.

✓ Habilidades Desenvolvidas

Habilidades para...
- avaliar quantidades de exergia para um balanço de exergia.
- desenvolver um balanço de exergia.

❶ A destruição de exergia pode ser determinada alternativamente por meio de $\dot{E}_d = T_0 \dot{\sigma}_{vc}$ em que $\dot{\sigma}_{vc}$ é a taxa de produção de entropia proveniente de um balanço de entropia. A solução do Exemplo 6.6 proporciona $\dot{\sigma}_{vc}/\dot{m} = 0{,}4983$ kJ/kg · K.

Teste-Relâmpago Pela análise da folha de balanço de exergia, especifique para a turbina a eficiência com base na exergia. **Resposta:** 78,05%.

O próximo exemplo ilustra o uso do balanço de exergia identificando oportunidades para se aperfeiçoar o desempenho termodinâmico do sistema de recuperação de calor perdido considerado no Exemplo 4.10, que você deve rever rapidamente antes de estudar o exemplo em questão.

▶▶▶ EXEMPLO 7.9 ▶

Balanço de Exergia de um Sistema de Recuperação de Calor Perdido

Suponha que o sistema do Exemplo 4.10 seja uma opção a ser levada em conta para a utilização dos produtos da combustão descarregados por um processo industrial.

(a) Desenvolva um balanço completo da exergia *líquida* trazida pelos produtos da combustão.

(b) Use os resultados de (a) para identificar oportunidades para melhorar o desempenho termodinâmico.

SOLUÇÃO

Dado: Os dados de operação em regime permanente são fornecidos para uma caldeira recuperadora de calor e uma turbina.

Pede-se: Desenvolva um balanço completo da taxa *líquida* de exergia trazida pelos produtos da combustão e utilize os resultados para identificar oportunidades para melhorar o desempenho termodinâmico.

Diagrama Esquemático e Dados Fornecidos:

Modelo de Engenharia:
1. Veja a solução do Exemplo 4.10.
2. $T_0 = 537°R$.

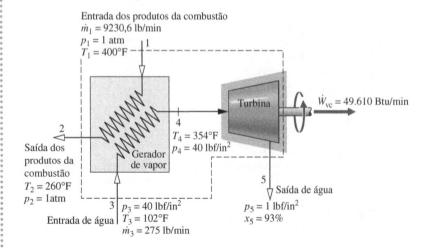

102°F = 38,9°C
260°F = 126,7°C
354°F = 178,9°C
400°F = 204,4°C
275 lb/min = 2,1 kg/s
9230,6 lb/min = 69,8 kg/s
1 lbf/in² = 6,9 kPa
40 lbf/in² = 275,8 kPa

Fig. E7.9

Análise:

(a) Comecemos por determinar a taxa *líquida de exergia que é carregada para dentro* do volume de controle. Modelando-se os produtos da combustão como um gás ideal, a taxa líquida é determinada por meio da Eq. 7.18 juntamente com a Eq. 6.20a, de modo que

$$\dot{m}_1[\mathbf{e}_{f1} - \mathbf{e}_{f2}] = \dot{m}_1[h_1 - h_2 - T_0(s_1 - s_2)]$$
$$= \dot{m}_1\left[h_1 - h_2 - T_0\left(s_1^\circ - s_2^\circ - R\ln\frac{p_1}{p_2}\right)\right]$$

Com os dados da Tabela A-22E, $h_1 = 206{,}46$ Btu/lb, $h_2 = 172{,}39$ Btu/lb, $s_1^\circ = 0{,}71323$ Btu/lb·°R, $s_2^\circ = 0{,}67002$ Btu/lb·°R e $p_2 = p_1$, tem-se

$$\dot{m}_1[\mathbf{e}_{f1} - \mathbf{e}_{f2}] = 9230{,}6\frac{\text{lb}}{\text{min}}\left[(206{,}46 - 172{,}39)\frac{\text{Btu}}{\text{lb}} - 537°\text{R}(0{,}71323 - 0{,}67002)\frac{\text{Btu}}{\text{lb}\cdot°\text{R}}\right]$$
$$= 100.300 \text{ Btu/min}$$

Em seguida, determinamos a taxa de exergia que é carregada *para fora* do volume de controle. A exergia é carregada para fora do volume de controle por trabalho a uma taxa de 49.610 Btu/min, conforme mostra o diagrama. Além disso, a taxa *líquida* de exergia carregada *para fora* pela corrente de água é

$$\dot{m}_3[\mathbf{e}_{f5} - \mathbf{e}_{f3}] = \dot{m}_3[h_5 - h_3 - T_0(s_5 - s_3)]$$

Da Tabela A-2E, $h_3 \approx h_f(102°F) = 70$ Btu/lb, $s_3 \approx s_f(102°F) = 0{,}1331$ Btu/lb·°R. Usando-se os dados da saturação a 1 lbf/in² da Tabela A-3E com $x_5 = 0{,}93$, tem-se $h_5 = 1033{,}2$ Btu/lb e $s_5 = 1{,}8488$ Btu/lb·°R. Substituindo os valores

$$\dot{m}_3[\mathbf{e}_{f5} - \mathbf{e}_{f3}] = 275\frac{\text{lb}}{\text{min}}\left[(1033{,}2 - 70)\frac{\text{Btu}}{\text{lb}} - 537°\text{R}(1{,}8488 - 0{,}1331)\frac{\text{Btu}}{\text{lb}\cdot°\text{R}}\right]$$
$$= 11.510 \text{ Btu/min}$$

Em seguida, a taxa de exergia destruída na caldeira recuperadora de calor pode ser obtida de um balanço da taxa de exergia aplicado a um volume de controle que engloba o gerador de vapor. Assim, a Eq. 7.13a toma a forma

$$0 = \sum_j\left(1 - \frac{T_0}{T_j}\right)^{\!\!0}\!\!\dot{Q}_j - \dot{W}_{vc}^{\,0} + \dot{m}_1(\mathbf{e}_{f1} - \mathbf{e}_{f2}) + \dot{m}_3(\mathbf{e}_{f3} - \mathbf{e}_{f4}) - \dot{E}_d$$

Avaliando $(\mathbf{e}_{f3} - \mathbf{e}_{f4})$ com a Eq. 7.18 e resolvendo para $\dot{E}_d$ temos

$$\dot{E}_d = \dot{m}_1(\mathbf{e}_{f1} - \mathbf{e}_{f2}) + \dot{m}_3[h_3 - h_4 - T_0(s_3 - s_4)]$$

O primeiro termo do lado direito encontra-se já avaliado. Assim, com $h_4 = 1213{,}8$ Btu/lb, $s_4 = 1{,}7336$ Btu/lb·°R a 354°F, 40 lbf/in² da Tabela A-4E, e com os valores previamente determinados de h_3 e s_3

$$\dot{E}_d = 100.300\frac{\text{Btu}}{\text{min}} + 275\frac{\text{lb}}{\text{min}}\left[(70 - 1213{,}8)\frac{\text{Btu}}{\text{lb}} - 537°\text{R}(0{,}1331 - 1{,}7336)\frac{\text{Btu}}{\text{lb}\cdot°\text{R}}\right]$$
$$= 22.110 \text{ Btu/min}$$

Finalmente, pode-se obter a taxa de exergia destruída na turbina a partir de um balanço de exergia aplicado a um volume de controle que engloba a turbina. Ou seja, a Eq. 7.17 toma a forma

$$0 = \sum_j\left(1 - \frac{T_0}{T_j}\right)^{\!\!0}\!\!\dot{Q}_j - \dot{W}_{vc} + \dot{m}_4(\mathbf{e}_{f4} - \mathbf{e}_{f5}) - \dot{E}_d$$

Resolvendo para $\dot{E}_d$ avaliando $(\mathbf{e}_{f4} - \mathbf{e}_{f5})$ com a Eq. 7.18 e usando os valores determinados anteriormente, temos

$$\dot{E}_d = -\dot{W}_{vc} + \dot{m}_4[h_4 - h_5 - T_0(s_4 - s_5)]$$

❶
$$= -49.610\frac{\text{Btu}}{\text{min}} + 275\frac{\text{lb}}{\text{min}}\left[(1213{,}8 - 1033{,}2)\frac{\text{Btu}}{\text{lb}} - 537°\text{R}(1{,}7336 - 1{,}8488)\frac{\text{Btu}}{\text{lb}\cdot°\text{R}}\right]$$
$$= 17.070 \text{ Btu/min}$$

A análise pode ser sintetizada por uma *folha de balanço* em termos das magnitudes de exergia com base em taxas:

Taxa líquida de exergia entrando:	100.300 Btu/min (100%)
Distribuição da exergia:	
• Taxa de exergia saindo	
potência desenvolvida	49.610 Btu/min (49,46%)
corrente de água	11.510 Btu/min (11,48%)
• Taxa de destruição de exergia	
caldeira recuperadora	22.110 Btu/min (22,04%)
turbina	17.070 Btu/min (17,02%)
	100.300 Btu/min (100%)

(b) A folha de balanço de exergia sugere uma oportunidade de aperfeiçoar o desempenho *termodinâmico*, já que somente cerca de 50% da exergia líquida que entra é obtida como potência desenvolvida. Os 50% da exergia líquida restante ou são destruídos pelas irreversibilidades ou são levados para fora pela corrente de água. Poder-se-ia alcançar um melhor desempenho termodinâmico pela modificação do projeto original. Por exemplo, poderíamos reduzir a irreversibilidade da transferência de calor especificando uma caldeira de recuperação de calor com uma menor diferença de temperatura entre correntes, e/ou reduzir o atrito especificando uma turbina com uma eficiência isentrópica maior. Entretanto, por si só o desempenho termodinâmico não determina a concretização *preferencial* do sistema, já que outros fatores, como o custo, devem ser considerados, e podem ser prioritários. Uma discussão mais detalhada do uso da análise de exergia em projeto é fornecida na Seção 7.7.2.

> ✓ **Habilidades Desenvolvidas**
>
> *Habilidades para...*
> ❑ avaliar quantidades de exergia para um balanço de exergia.
> ❑ desenvolver um balanço de exergia.

❶ Como alternativa, as taxas de destruição de exergia nos volumes de controle que englobam a caldeira de recuperação de calor e a turbina podem ser determinadas por meio de $\dot{E}_d = T_0 \dot{\sigma}_{vc}$, em que $\dot{\sigma}_{vc}$ é a taxa de produção de entropia para o respectivo volume de controle avaliado a partir de um balanço de entropia. Isto é deixado como exercício.

> **Teste-Relâmpago** Para a turbina do sistema de recuperação de calor perdido, determine a eficiência isentrópica da turbina e comente. **Resposta:** 74%. Esse valor da eficiência isentrópica da turbina encontra-se no limite inferior do alcance das turbinas a vapor atuais, indicando que há margem para melhorar o desempenho do sistema de recuperação de calor.

7.6 Eficiência Exergética (Eficiência da Segunda Lei)

eficiência exergética

O objetivo desta seção é mostrar o uso do conceito de exergia na avaliação da eficácia da utilização de recursos energéticos. Como parte da apresentação, trazemos e ilustramos o conceito de eficiência exergética. Essas eficiências são também conhecidas como eficiências da *segunda lei*.

7.6.1 Adequação do Uso Final à Fonte

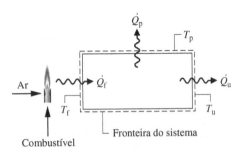

Fig. 7.7 Esquema utilizado para discussão do uso eficiente de combustível.

Tarefas como aquecimento de um ambiente, aquecimento de fornos industriais e processos de geração de vapor costumam envolver a combustão de carvão, óleo ou gás natural. Quando os produtos da combustão encontram-se a uma temperatura significativamente superior à temperatura exigida para uma dada tarefa, o uso final não está bem ajustado à fonte, e o resultado é o uso ineficiente do combustível queimado. Para ilustrar esse fato de modo simples, considere a Fig. 7.7, que mostra um sistema fechado que recebe uma transferência de calor a uma taxa $\dot{Q}_f$ de uma *fonte* a uma temperatura T_f e fornece $\dot{Q}_u$ a uma temperatura de *uso* T_u. A energia é perdida para a vizinhança através de transferência de calor a uma taxa $\dot{Q}_p$ ao longo de uma parcela da superfície a T_p. Todas as transferências de energia mostradas na figura ocorrem nos sentidos indicados pelas setas.

Supondo que o sistema da Fig. 7.7 opere em regime permanente, e que não há trabalho, os balanços das taxas de energia e de exergia do sistema fechado, Eqs. 2.37 e 7.10, simplificam-se, respectivamente, para

$$\frac{dE}{dt}^{0} = (\dot{Q}_f - \dot{Q}_u - \dot{Q}_p) - \dot{W}^{0}$$

$$\frac{dE}{dt}^{0} = \left[\left(1 - \frac{T_0}{T_f}\right)\dot{Q}_f - \left(1 - \frac{T_0}{T_u}\right)\dot{Q}_u - \left(1 - \frac{T_0}{T_p}\right)\dot{Q}_p\right] - \left[\dot{W}^{0} - p_0\frac{dV}{dt}^{0}\right] - \dot{E}_d$$

Estas equações podem ser reescritas como

$$\dot{Q}_f = \dot{Q}_u + \dot{Q}_p \qquad (7.19a)$$

$$\left(1 - \frac{T_0}{T_f}\right)\dot{Q}_f = \left(1 - \frac{T_0}{T_u}\right)\dot{Q}_u + \left(1 - \frac{T_0}{T_p}\right)\dot{Q}_p + \dot{E}_d \qquad (7.19b)$$

A Eq. 7.19a indica que a energia transportada pelo calor transferido, $\dot{Q}_f$, ou é utilizada, $\dot{Q}_u$, ou é perdida para a vizinhança, $\dot{Q}_p$. Isso pode ser descrito por uma eficiência em termos de taxas de energia na forma de produto/entrada como

$$\eta = \frac{\dot{Q}_u}{\dot{Q}_f} \qquad (7.20)$$

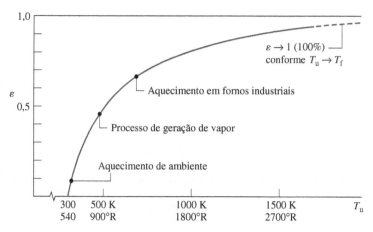

Fig. 7.8 Efeito da temperatura de uso, T_u, sobre a eficiência exergética ε (T_s = 2200 K, η = 100%).

Em princípio, o valor de η pode ser aumentado através da aplicação de um isolante para reduzir as perdas. O valor-limite, quando $\dot{Q}_p = 0$, é de $\eta = 1$ (100%).

A Eq. 7.19b mostra que a exergia transportada para o sistema associada à transferência de calor $\dot{Q}_f$ ou é transferida a partir do sistema acompanhando as transferências de calor $\dot{Q}_u$ e $\dot{Q}_p$ ou é destruída pelas irreversibilidades dentro do sistema. Isso pode ser descrito por um rendimento em termos de taxas de exergia em forma de produto/entrada, como

$$\varepsilon = \frac{(1 - T_0/T_u)\dot{Q}_u}{(1 - T_0/T_f)\dot{Q}_f} \tag{7.21a}$$

A introdução da Eq. 7.20 na Eq. 7.21a resulta em

$$\varepsilon = \eta\left(\frac{1 - T_0/T_u}{1 - T_0/T_f}\right) \tag{7.21b}$$

O parâmetro ε, definido em relação ao conceito de exergia, pode ser chamado de eficiência *exergética*. Note que tanto η quanto ε medem a eficácia com que a entrada é convertida em produto. O parâmetro η realiza isso em uma base de energia, enquanto ε o faz em uma base de exergia. Conforme será discutido a seguir, o valor de ε geralmente é inferior à unidade, mesmo quando $\eta = 1$.

A Eq. 7.21b indica que um valor de η tão próximo da unidade quanto possível é, na prática, importante para a correta utilização da exergia transferida a partir do gás quente da combustão para o sistema. No entanto, isso por si só não garante uma utilização eficiente. As temperaturas T_f e T_u também são importantes, já que o uso da exergia melhora à medida que a temperatura de uso T_u se aproxima da temperatura da fonte T_f. Para a correta utilização da exergia, por conseguinte, é conveniente ter um valor de η tão próximo da unidade quanto possível na prática e também um bom ajuste entre as temperaturas da fonte e de uso.

Para enfatizar ainda mais o papel central do uso da temperatura, um gráfico da Eq. 7.21b é fornecido na Fig. 7.8. A figura fornece a eficiência exergética ε *versus* a temperatura de uso T_u para uma fonte hipotética à temperatura $T_f = 2200$ K (3960°R). A Fig. 7.8 mostra que ε tende à unidade (100%) à medida que a temperatura de uso se aproxima de T_f. Na maioria dos casos, no entanto, a temperatura de uso é substancialmente inferior a T_f. As eficiências para três aplicações estão indicadas no gráfico: o aquecimento de um ambiente a $T_u = 320$ K (576°R), o processo de geração de vapor a $T_u = 480$ K (864°R) e o aquecimento de fornos industriais a $T_u = 700$ K (1260°R). Esses valores de eficiência sugerem que o combustível é utilizado de modo mais eficaz em aplicações industriais que envolvam altas temperaturas do que no aquecimento de um ambiente que envolve uma baixa temperatura. A eficiência exergética especialmente baixa para o aquecimento de ambientes reflete o fato de que o combustível é consumido para produzir apenas ar ligeiramente aquecido, o que, de uma perspectiva exergética, tem pouca utilidade. As eficiências apresentadas na Fig. 7.8 estão *superestimadas*, já que para a construção do gráfico partimos do princípio de que η é igual à unidade (100%). Além disso, a eficiência total da entrada de combustível até o uso final será muito inferior à indicada pelos valores mostrados na figura se levarmos em conta uma destruição e uma perda de exergia associadas ao processo de combustão.

Estimando Financeiramente a Perda de Calor

Para o sistema ilustrado na Fig. 7.7, é instrutivo considerar em detalhes a taxa de perda de exergia associada à perda de calor $\dot{Q}_p$, ou seja $(1 - T_0/T_p)\dot{Q}_p$. Essa expressão mede o valor termodinâmico real da perda de calor e corresponde ao gráfico da Fig. 7.9. A figura mostra que o valor da perda de calor em termos de exergia depende *significativamente* da temperatura à qual ocorre a perda de calor. Podemos esperar que o valor *econômico* desta perda varie de maneira semelhante à temperatura, e este é o caso.

▶ **POR EXEMPLO** uma vez que a fonte de perda de exergia por transferência de calor é a entrada de combustível (veja a Fig. 7.7), o valor econômico dessa perda pode ser contabilizado em termos do *custo unitário* de combustível com base na exergia, c_F (em US$/kW · h, por exemplo), como se segue

$$\begin{bmatrix} \text{taxa de custo de calor perdido} \\ \dot{Q}_p \text{ a temperatura } T_p \end{bmatrix} = c_F(1 - T_0/T_p)\dot{Q}_p \tag{7.22}$$

A Eq. 7.22 mostra que o custo desta perda é menor a temperaturas mais baixas do que a altas temperaturas. ◀ ◀ ◀ ◀

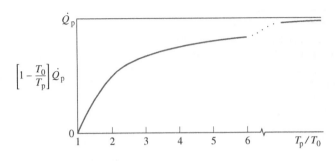

Fig. 7.9 Efeito da razão de temperatura T_p/T_o sobre a perda de exergia associada à transferência de calor.

O exemplo anterior ilustra o que seria de se esperar de um método racional de custo financeiro. Não seria razoável atribuir o mesmo valor econômico a uma transferência de calor que ocorre a uma temperatura próxima à temperatura do ambiente, em que seu valor termodinâmico é desprezível, e a uma outra situação na qual a transferência de calor tenha o mesmo valor numérico mas ocorre a uma temperatura mais elevada do que a anterior, já que esta última apresenta um valor termodinâmico mais significativo. Com efeito, seria incorreto atribuir o *mesmo custo* à perda de calor independente da temperatura à qual essa perda esteja ocorrendo. Para uma discussão mais aprofundada do custo financeiro da exergia, veja a Seção 7.7.3.

HORIZONTES
Óleo Proveniente de Depósitos de Xisto e Areia – A Questão Ainda Está em Aberto

Prevê-se que as reservas tradicionais de petróleo entrarão em franco declínio nos próximos anos. Mas o impacto poderia ser diminuído se fossem desenvolvidas tecnologias eficazes em termos de custo e ecologicamente corretas para extrair substâncias semelhantes ao petróleo a partir de abundantes depósitos de xisto e areias betuminosas nos Estados Unidos e no Canadá.

Os meios de produção disponíveis atualmente são caros e ineficientes em termos de demanda de exergia para explodir, escavar, transportar, esmagar e aquecer os materiais para transformá-los em petróleo. Os meios de produção atuais não somente usam gás natural e grandes montantes de água, como também causam danos ambientais em larga escala.

Embora recompensas significativas esperem os que trabalham no desenvolvimento de tecnologias aprimoradas, os desafios são também significativos. Alguns defendem esforços bem direcionados para o uso das reservas de petróleo de maneira mais eficiente e para o desenvolvimento de alternativas aos combustíveis fósseis, como o etanol *celulósico* produzido com biomassa de custo relativamente baixo, proveniente de fontes urbanas, agrícolas e florestais.

7.6.2 Eficiências Exergéticas de Componentes Usuais

As expressões para a eficiência exergética podem assumir muitas formas diferentes. Nesta seção, são apresentados vários exemplos de componentes de sistemas térmicos de interesse prático. Em todos os casos, a eficiência é deduzida através da utilização do balanço da taxa de exergia. A abordagem utilizada aqui serve como modelo para o desenvolvimento de expressões para a eficiência exergética de outros componentes. Cada um dos casos considerados envolve um volume de controle em regime permanente, e admitiremos que não existe qualquer transferência de calor entre o volume de controle e sua vizinhança. Essa apresentação não cobre todos os casos possíveis. Muitas outras expressões para a eficiência exergética poderão ser deduzidas.

Turbinas

Para uma turbina que opera em regime permanente, sem transferência de calor para sua vizinhança, a formulação do balanço da taxa de exergia em regime permanente, Eq. 7.17, simplifica-se como a seguir:

$$0 = \sum_j \left(1 - \frac{T_0}{T_j}\right)^0 \dot{Q}_j - \dot{W}_{vc} + \dot{m}(e_{f1} - e_{f2}) - \dot{E}_d$$

Esta equação pode ser reformulada, fornecendo

$$e_{f1} - e_{f2} = \frac{\dot{W}_{vc}}{\dot{m}} + \frac{\dot{E}_d}{\dot{m}} \quad (7.23)$$

O termo à esquerda da Eq. 7.23 é o decréscimo da exergia de fluxo entre a entrada e a saída da turbina. A equação mostra que a diminuição da exergia de fluxo é explicada pelo trabalho desenvolvido pela turbina, dado por $\dot{W}_{vc}/\dot{m}$, e a exergia destruída, dada por $\dot{E}_d/\dot{m}$. Um parâmetro que mede quão eficientemente o decréscimo de exergia de fluxo é convertido no produto desejado é a *eficiência exergética da turbina*

$$\varepsilon = \frac{\dot{W}_{vc}/\dot{m}}{e_{f1} - e_{f2}} \quad (7.24)$$

Essa eficiência exergética em particular é às vezes citada como a *efetividade da turbina*. Observe atentamente que a eficiência exergética da turbina é definida de maneira diferente da eficiência isentrópica da turbina, apresentada na Seção 6.12.

▶ POR EXEMPLO a eficiência exergética da turbina considerada no Exemplo 6.11 é 81,2% quando $T_0 = 298$ K. A verificação desse valor é deixada como um exercício. ◀ ◀ ◀ ◀ ◀

Compressores e Bombas

Para um compressor ou bomba que opere em regime permanente, sem transferência de calor com a vizinhança, o balanço da taxa de exergia, Eq. 7.17, pode ser colocado na forma

$$\left(-\frac{\dot{W}_{vc}}{\dot{m}}\right) = e_{f2} - e_{f1} + \frac{\dot{E}_d}{\dot{m}}$$

Assim, a *entrada* de exergia nesse dispositivo, $-\dot{W}_{vc}/\dot{m}$, é responsável por um aumento da exergia de fluxo entre a entrada e a saída e pela destruição de exergia. A eficácia da conversão da entrada de trabalho para aumento de exergia de fluxo é medida pela *eficiência exergética do compressor* (ou bomba)

$$\varepsilon = \frac{e_{f2} - e_{f1}}{(-\dot{W}_{vc}/\dot{m})} \quad (7.25)$$

▶ POR EXEMPLO a eficiência exergética do compressor considerado no Exemplo 6.14 é de 84,6% quando $T_0 = 273$ K. A verificação desse valor é deixada como exercício. ◀ ◀ ◀ ◀ ◀

Trocador de Calor sem Mistura

O trocador de calor mostrado na Fig. 7.10 opera em regime permanente, sem transferência de calor para a vizinhança e com as duas correntes a temperaturas acima de T_0. O balanço da taxa de exergia, Eq. 7.13a, se reduz a

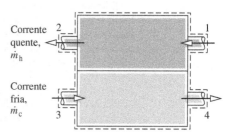

Fig. 7.10 Trocador de calor contracorrente.

$$0 = \sum_j \left(1 - \frac{T_0}{T_j}\right)^{\!0}\dot{Q}_j - \dot{W}_{vc}^{\,0} + (\dot{m}_h e_{f1} + \dot{m}_c e_{f3}) - (\dot{m}_h e_{f2} + \dot{m}_c e_{f4}) - \dot{E}_d$$

em que $\dot{m}_h$ é a vazão mássica da corrente quente e $\dot{m}_c$ é a vazão mássica da corrente fria. Isto pode ser rearranjado, fornecendo

$$\dot{m}_h(e_{f1} - e_{f2}) = \dot{m}_c(e_{f4} - e_{f3}) + \dot{E}_d \quad (7.26)$$

O termo à esquerda da Eq. 7.26 leva em conta o decréscimo da exergia da corrente quente. O primeiro termo à direita leva em conta o aumento da exergia da corrente fria. Considerando que a corrente quente é aquela que fornece o aumento de exergia à corrente fria e também a responsável pela destruição de exergia, podemos definir uma *eficiência exergética para um trocador de calor* como

$$\varepsilon = \frac{\dot{m}_c(e_{f4} - e_{f3})}{\dot{m}_h(e_{f1} - e_{f2})} \quad (7.27)$$

▶ POR EXEMPLO a eficiência exergética do trocador de calor do Exemplo 7.6 é de 83,3%. A verificação desse valor é deixada como exercício. ◀ ◀ ◀ ◀ ◀

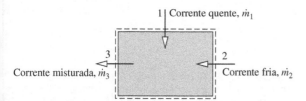

Fig. 7.11 Trocador de calor de contato direto.

Trocador de Calor de Contato Direto

O trocador de calor de contato direto mostrado na Fig. 7.11 opera em regime permanente, sem transferência de calor com a vizinhança. O balanço da taxa de exergia, Eq. 7.13a, se reduz a

$$0 = \sum_j \left(1 - \frac{T_0}{T_j}\right)^{\!0}\dot{Q}_j - \dot{W}_{vc}^{\,0} + \dot{m}_1 e_{f1} + \dot{m}_2 e_{f2} - \dot{m}_3 e_{f3} - \dot{E}_d$$

Com $\dot{m}_3 = \dot{m}_1 + \dot{m}_2$ a partir de um balanço da taxa de massa, pode-se escrever

$$\dot{m}_1(e_{f1} - e_{f3}) = \dot{m}_2(e_{f3} - e_{f2}) + \dot{E}_d \quad (7.28)$$

O termo à esquerda da Eq. 7.28 leva em conta o decréscimo da exergia da corrente quente entre a entrada e a saída. O primeiro termo do lado direito leva em conta o aumento da exergia da corrente fria entre a entrada e a saída. Considerando a corrente quente como aquela que fornece o aumento de exergia à corrente fria, e também como a responsável pela destruição de exergia pelas irreversibilidades, podemos definir uma *eficiência exergética* para um trocador de calor de contato direto como

$$\varepsilon = \frac{\dot{m}_2(e_{f3} - e_{f2})}{\dot{m}_1(e_{f1} - e_{f3})} \tag{7.29}$$

7.6.3 Uso das Eficiências Exergéticas

As eficiências exergéticas são úteis para distinguirmos os meios de utilização de combustíveis fósseis que são termodinamicamente eficazes daqueles que são menos eficazes. Também podemos utilizar as eficiências exergéticas para avaliar a eficácia das medidas de engenharia tomadas para melhorar o desempenho de sistemas. Isso é feito através da comparação dos valores de eficiência determinados antes e após as modificações terem sido realizadas para mostrar quanto a melhora foi alcançada. Além disso, eficiências exergéticas podem ser utilizadas para medir o potencial das melhoras no desempenho de um determinado sistema, por comparação da eficácia desse sistema com a eficiência de sistemas similares. Uma diferença significativa entre esses valores sinaliza que é possível melhorar o desempenho.

É importante reconhecer que o limite de 100% de eficiência exergética não deve ser considerado um objetivo prático. Esse limite teórico só poderia ser atingido se não houvesse destruições ou perdas de exergia. A obtenção destes processos idealizados poderá exigir períodos extremamente longos para a execução de processos e/ou complexos dispositivos, estando ambos em desacordo com o objetivo de uma operação rentável. Na prática, as decisões são tomadas principalmente com base nos custos *totais*. Um aumento de eficiência que reduza o consumo de combustível, ou qualquer outro aspecto que utilize melhor os recursos, frequentemente exige gastos adicionais de instalações e operações. Por conseguinte, uma melhora pode não ser implementada, se isso resultar em um aumento no custo total. O compromisso entre economia de combustível e investimento adicional invariavelmente dita uma menor eficiência do que a que poderia ser alcançada *teoricamente* e até mesmo uma menor eficiência do que a que poderia ser atingida utilizando a *melhor* tecnologia *disponível*.

ENERGIA & MEIO AMBIENTE

Um tipo de eficiência exergética conhecida como *eficiência poço-à-roda* (*well-to-wheel*) é usado para comparar as diferentes opções de alimentação de veículos. O cálculo dessa eficiência começa no poço em que as reservas brutas de petróleo ou o gás natural são extraídas do solo e termina com a potência fornecida para as rodas de um veículo. A eficiência que leva em conta separadamente quão eficaz o combustível do veículo é produzido a partir das reservas brutas é chamada *eficiência poço-ao-tanque* (*well-to-fuel tank*), e a eficiência que considera quão efetivamente a instalação de potência do veículo converte o combustível deste em potência é chamada *eficiência tanque-à-roda* (*tank-to-wheel*). O produto dessas eficiências fornece a eficiência *global* poço-à-roda.

A tabela a seguir apresenta exemplos de valores de eficiências poço-à-roda para três opções de instalações de potência como relatadas por uma fábrica de automóveis.

	Poço ao tanque (*well-to-tank*) (Eficiência da Produção de Combustível) %		Tanque à roda (*tank-to-wheel*) (Eficiência do Veículo) %		Poço à roda (*well-to-wheel*) (Eficiência Global) %
Motor convencional abastecido com gasolina	88	×	16	=	14
Célula combustível abastecida com hidrogênio[a]	58	×	38	=	22
Motor híbrido abastecido com gasolina e eletricidade	88	×	32	=	28

[a]Hidrogênio produzido a partir do gás natural.

Esses dados mostram que veículos que utilizam motores de combustão interna convencionais não valem a pena em termos da eficiência poço-à-roda. Os dados também mostram que veículos a célula–combustível que operam com hidrogênio têm a melhor eficiência tanque-à-roda das três opções, mas com relação à eficiência global perdem dos veículos híbridos, que gozam de maior eficiência poço-ao-tanque. Ainda assim, a eficiência poço-à-roda é apenas uma consideração na tomada de decisões políticas relativas às diversas opções de alimentação de veículos. Com a crescente preocupação mundial com relação à concentração de CO_2 na atmosfera, outra consideração é a produção *total* de CO_2, do poço à roda, em kg por km rodado (lb por milha rodada). Estudos mostram que motores convencionais à gasolina produzem quantidades significativamente maiores de CO_2 do que motores com sistemas híbridos ou motores a célula combustível abastecida com hidrogênio.

7.7 Termoeconomia

Em geral, os *sistemas térmicos* experimentam interações significativas de calor e/ou trabalho com suas vizinhanças, e podem trocar massa com suas vizinhanças em forma de correntes quentes e frias, incluindo misturas quimicamente reativas. Sistemas térmicos existem em quase todas as indústrias, e numerosos exemplos são encontrados na nossa vida diária. O projeto e a operação desses sistemas envolve a aplicação dos princípios de termodinâmica, mecânica de fluidos e transferência de calor, além de campos como materiais, fabricação e projeto mecânico. O projeto e operação de sistemas térmicos também necessita de considerações explícitas de engenharia econômica, já que os custos sempre são um fator a ser considerado. O termo termoeconomia pode ser aplicado nessa área geral de aplicações, embora, muitas vezes, seja aplicado de modo mais restrito a metodologias que combinam exergia e economia para estudos de otimização durante o projeto de novos sistemas e a melhoria dos processos dos sistemas existentes.

termoeconomia

7.7.1 Custo

A avaliação de custos é uma arte ou uma ciência? A resposta é um pouco de ambos. A *engenharia de custos* é uma subdisciplina importante da engenharia, que visa objetivamente aplicar no mundo real a experiência de avaliação de custo no projeto de engenharia e gerenciamento de projeto. Serviços de avaliação de custos são fornecidos por profissionais experientes no uso de metodologias especializadas, modelos de custo, e banco de dados, em conjunto com conhecimento e julgamento de custos obtidos a partir de anos de prática profissional. Dependendo da necessidade, os engenheiros de custos fornecem serviços que vão desde estimativas aproximadas e rápidas até análises profundas. De preferência, os engenheiros de custos devem estar envolvidos com projetos desde as etapas de formação até a *saída* da engenharia de custos, que é uma *entrada* essencial para a tomada de decisão. Essa entrada pode ser instrumental, identificando opções viáveis a partir de um conjunto de alternativas e até mesmo indicando a melhor opção.

A avaliação do custo de sistemas térmicos considera o custo de aquisição e operação destes sistemas. Alguns observadores chamam a atenção para os custos relacionados ao meio ambiente, que muitas vezes quase não são levados em consideração nessas avaliações. Eles dizem que as empresas pagam pelo direito de extrair os recursos naturais usados na produção de bens e serviços, mas raramente pagam integralmente pelo esgotamento dos recursos não renováveis e a atenuação da degradação ambiental e a perda de habitat dos animais selvagens envolvidos, em muitos casos deixando os encargos para as gerações futuras. Outra preocupação é quem paga os custos do controle da poluição do ar e da água, a limpeza dos resíduos perigosos e os impactos da poluição e dos resíduos sobre a saúde humana – a indústria, o governo, o público, ou alguma combinação desses? No entanto, quando é alcançado o acordo sobre os custos ambientais entre as empresas interessadas, os grupos governamentais e os grupos de defesa, esses custos são imediatamente integrados na avaliação de custos dos sistemas térmicos, incluindo o custo com base em exergia, que é o presente foco.

7.7.2 Utilização de Exergia em Projetos

Para ilustrar o uso da exergia em projetos, considere a Fig. 7.12, que mostra uma caldeira em regime permanente. Combustível e ar entram na caldeira e reagem formando os gases quentes da combustão. Água de alimentação, no estado de líquido saturado, também é fornecida à caldeira, recebendo exergia por transferência de calor dos gases de combustão e

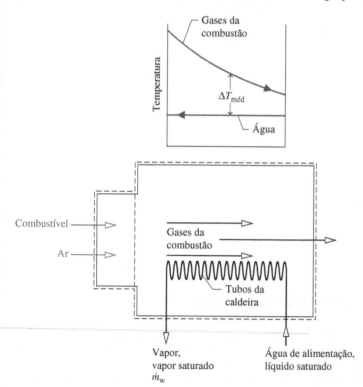

Fig. 7.12 Caldeira utilizada para a discussão do uso da exergia em projetos.

saindo, sem alteração na temperatura, como vapor saturado a uma certa condição especificada para uso em outros lugares. As temperaturas da corrente dos gases quentes e da corrente de água também estão ilustradas na figura.

Há duas principais fontes de destruição de exergia na caldeira: (1) a transferência de calor irreversível que ocorre entre os gases quentes da combustão e a água que escoa pelos tubos da caldeira, e (2) o próprio processo de combustão. Para simplificar a presente discussão, considera-se que a caldeira consiste em uma unidade de câmara de combustão, na qual combustível e ar são queimados para produzir os gases quentes da combustão, seguida de uma unidade de trocador de calor, onde ocorre a vaporização da água conforme os gases quentes resfriam.

A presente discussão trata da unidade de trocador de calor. Vamos pensar sobre seu custo total como a soma do custo do combustível relacionado com o custo de capital. Vamos também tomar a diferença média de temperatura entre as duas correntes, $\Delta T_{méd}$, como a *variável de projeto*. A partir do estudo da segunda lei da termodinâmica, sabemos que a diferença média de temperatura, $\Delta T_{méd}$, entre as duas correntes é uma medida da destruição de exergia associada com a transferência de calor entre elas. A exergia destruída em virtude da transferência de calor tem origem no combustível que entra na caldeira. Consequentemente, o custo relacionado com o consumo de combustível pode ser atribuído a essa fonte de irreversibilidade. Como a destruição de exergia aumenta com a diferença de temperatura entre as correntes, o custo do combustível relacionado aumenta com o *aumento* de $\Delta T_{méd}$. Essa variação é apresentada na Fig. 7.13, em uma base *anual*, em dólares por ano.

A partir do nosso estudo da transferência de calor, sabemos que existe uma relação inversa entre $\Delta T_{méd}$ e a área superficial dos tubos da caldeira necessária para uma taxa desejada de transferência de calor entre as correntes. Por exemplo, se nós projetamos o sistema para uma pequena diferença média de temperatura de modo a reduzir a destruição de exergia no trocador de calor, isso impõe uma grande área de superfície e, normalmente, uma caldeira mais cara. A partir dessas considerações, podemos inferir que o custo de capital da caldeira aumenta com o *decréscimo* de $\Delta T_{méd}$. Essa variação está ilustrada na Fig. 7.13, novamente em uma base anual.

O *custo total* é a soma do custo de capital com o custo de combustível. A curva do custo total mostrada na Fig. 7.13 exibe um mínimo no ponto indicado por a. Observe, porém, que a curva é relativamente plana na vizinhança do mínimo, de modo que existe um intervalo de valores de $\Delta T_{méd}$ que pode ser considerado *aproximadamente ótimo* do ponto de vista do custo total mínimo. Se a redução do custo de combustível for considerada mais importante do que minimizar o custo de capital, podemos escolher um projeto que opere no ponto a'. O ponto a'' seria um ponto de operação mais desejável se os custos de capital fossem os de maior preocupação. Essas opções são comuns em situações de projetos.

O processo real de projeto difere de maneira significativa do caso simples aqui considerado. Primeiro, os custos não podem ser determinados tão precisamente conforme sugerem as curvas na Fig. 7.13. Os preços dos combustíveis variam amplamente ao longo do tempo, e os custos de equipamentos podem ser difíceis de prever, uma vez que muitas vezes dependem de um processo de oferta. Os equipamentos são produzidos em tamanhos padronizados, a fim de que o custo também não venha a variar continuamente, conforme ilustra a figura. Além disso, sistemas térmicos geralmente consistem em vários componentes que interagem uns com os outros. A otimização individualizada dos componentes, conforme realizamos para a unidade de trocador de calor da caldeira, não garante uma otimização do sistema global. Por fim, o exemplo envolve apenas $\Delta T_{méd}$ como variável de projeto. Muitas vezes, diversas variáveis de projeto devem ser consideradas e otimizadas simultaneamente.

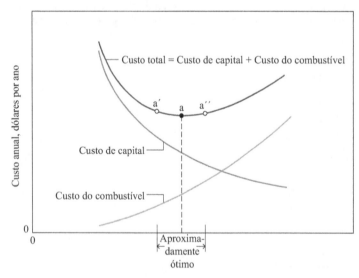

Fig. 7.13 Curvas de custo para o trocador de calor da unidade da caldeira da Fig. 7.12.

7.7.3 Custo da Exergia em um Sistema de Cogeração

Outro aspecto importante da termodinâmica é o uso da exergia para a *agregação* de custos aos produtos de um sistema térmico. Isto significa atribuir a cada produto o custo total para produzi-lo, ou seja, o custo do combustível e outros insumos acrescidos do custo do próprio sistema e de seu funcionamento (ou seja, custos de capital, custos operacionais e custos de manutenção). Esses custos são um problema comum em instalações em que serviços de utilidade pública, como potência elétrica, água resfriada, ar comprimido e vapor, são gerados em um departamento e utilizados por outros. O

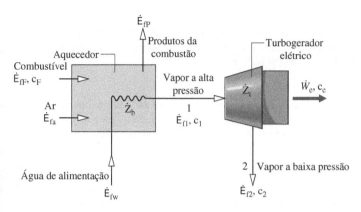

Fig. 7.14 Sistema de cogeração simples.

operador da usina precisa saber o custo de produção de cada serviço de utilidade, para garantir que os outros serviços sejam cobrados corretamente, de acordo com o tipo e a quantidade de cada utilidade usada. Alguns pontos comuns a todas essas considerações são aspectos fundamentais de engenharia econômica, incluindo os procedimentos de anualização de custos, os meios adequados para a agregação de custos e dados de custos confiáveis.

Para analisar ainda mais o custo dos sistemas térmicos, considere o *sistema de cogeração* simples que opera em regime permanente mostrado na Fig. 7.14. O sistema consiste em um aquecedor e uma turbina, e nenhum deles apresenta transferência de calor significativa com a vizinhança. Na figura estão indicadas as taxas de transferência de exergia associadas às correntes, na qual os subscritos F, a, P e w representam, respectivamente, combustível, ar de combustão, produtos da combustão, e água de alimentação. Os subscritos 1 e 2 indicam vapor a alta e a baixa pressão, respectivamente. Meios de avaliação das exergias do combustível e dos produtos da combustão serão apresentados no Cap. 13. O sistema de cogeração tem dois produtos principais: a eletricidade, designada por $\dot{W}_e$, e o vapor a baixa pressão a ser utilizado em algum processo. O objetivo é a determinação do custo de cada produto gerado.

Análise do Aquecedor

Vamos começar pela avaliação do custo do vapor a alta pressão produzido pela caldeira. Por isso, será considerado um volume de controle que engloba a caldeira. Combustível e ar entram separadamente na caldeira, e na saída tem-se os produtos da combustão. Água de alimentação entra e vapor a alta pressão sai. O custo total para produzir o vapor de saída a alta pressão é igual ao custo total das correntes de entrada, acrescido dos custos de aquisição e de funcionamento da caldeira. Isto pode ser expresso através do seguinte balanço da taxa de custo para a caldeira:

balanço da taxa de custo

$$\dot{C}_1 = \dot{C}_F + \dot{C}_a + \dot{C}_w + \dot{Z}_b \qquad (7.30)$$

em que $\dot{C}$ é a taxa de custo da respectiva corrente (em US$ por hora, por exemplo). $\dot{Z}_b$ leva em conta a taxa de custo associada à aquisição e ao funcionamento da caldeira, incluindo despesas relacionadas à eliminação adequada dos produtos da combustão. Na presente discussão, a taxa do custo $\dot{Z}_b$ é conhecida a partir de uma análise econômica realizada previamente.

Embora as taxas de custo designadas por $\dot{C}$ na Eq. 7.30 sejam, na prática, avaliadas por diversos meios, a presente discussão considera apenas o uso da exergia para essa estimativa. Uma vez que a exergia mede os valores termodinâmicos reais de calor, trabalho e outras interações entre um sistema e sua vizinhança juntamente com o efeito das irreversibilidades dentro do sistema, a exergia é uma base racional para a estimativa de custos. Com o custo da exergia, cada uma das taxas de custo é avaliada em termos de uma taxa de transferência de exergia e um *custo unitário*. Assim, para uma corrente que entra ou sai, pode-se escrever

$$\dot{C} = c\dot{E}_f \qquad (7.31)$$

em que c denota o custo por unidade de exergia (em US$ ou centavos por kW · h, por exemplo) e $\dot{E}_f$ é a taxa de transferência de exergia associada.

custo unitário de exergia

Para simplificar, admite-se que a água de alimentação e o ar de combustão entram na caldeira com uma exergia e um custo insignificantes. Assim, a Eq. 7.30 simplifica-se como se segue

$$\dot{C}_1 = \dot{C}_F + \dot{\cancel{C}}_a^{\,0} + \dot{\cancel{C}}_w^{\,0} + \dot{Z}_b$$

Então, juntamente com a Eq. 7.31, tem-se

$$c_1 \dot{E}_{f1} = c_F \dot{E}_{fF} + \dot{Z}_b \qquad (7.32a)$$

Resolvendo para c_1, o custo unitário do vapor a alta pressão é

$$\boxed{c_1 = c_F \left(\frac{\dot{E}_{fF}}{\dot{E}_{f1}} \right) + \frac{\dot{Z}_b}{\dot{E}_{f1}}} \qquad (7.32b)$$

Essa equação mostra que o custo unitário do vapor a alta pressão é determinado por duas contribuições relacionadas, respectivamente, com o custo do combustível e com os custos de aquisição e funcionamento da caldeira. Devido à destruição de exergia e às perdas, menos exergia sai da caldeira com o vapor a alta pressão quando comparada à exergia que entra com o combustível. Assim, $\dot{E}_{fF}/\dot{E}_{f1}$ é invariavelmente maior que 1, e o custo unitário do vapor a alta pressão é invariavelmente maior que o custo unitário do combustível.

Análise da Turbina

A seguir, considere um volume de controle que englobe a turbina. O custo total para a produção de eletricidade e vapor a baixa pressão é igual ao custo do vapor a alta pressão que entra acrescido dos custos de aquisição e de funcionamento do dispositivo. Isso é expresso pelo *balanço da taxa de custo* para a turbina

$$\dot{C}_e + \dot{C}_2 = \dot{C}_1 + \dot{Z}_t \tag{7.33}$$

em que $\dot{C}_e$ é a taxa de custo associada à eletricidade, $\dot{C}_1$ e $\dot{C}_2$ são as taxas do custo associadas à entrada e à saída de vapor, respectivamente, e $\dot{Z}_t$ leva em conta a taxa de custo associada à aquisição e ao funcionamento da turbina. Com o custo da exergia, cada uma das taxas de custo $\dot{C}_e$, $\dot{C}_1$ e $\dot{C}_2$ é avaliada em termos da taxa de transferência de exergia associada e um custo unitário. A Eq. 7.33 toma então a forma

$$c_e \dot{W}_e + c_2 \dot{E}_{f2} = c_1 \dot{E}_{f1} + \dot{Z}_t \tag{7.34a}$$

O custo unitário c_1 na Eq. 7.34a é dado pela Eq. 7.32b. Na presente discussão, o mesmo custo unitário é atribuído ao vapor de baixa pressão; ou seja, $c_2 = c_1$. Isto é feito com base no fato de que a finalidade da turbina é gerar eletricidade, e portanto todos os custos associados à aquisição e ao funcionamento da turbina devem ser debitados à potência gerada. Podemos considerar essa decisão parte das considerações de *balancete de custo* que acompanham a análise termoeconômica dos sistemas térmicos. Com $c_2 = c_1$, a Eq. 7.34a torna-se

$$c_e \dot{W}_e = c_1 (\dot{E}_{f1} - \dot{E}_{f2}) + \dot{Z}_t \tag{7.34b}$$

O primeiro termo do lado direito leva em conta o custo da exergia utilizada e o segundo termo leva em conta o custo de aquisição e operação do sistema.

Resolvendo a Eq. 7.34b para c_e e introduzindo a eficiência exergética da turbina ε da Eq. 7.24, temos

$$c_e = \frac{c_1}{\varepsilon} + \frac{\dot{Z}_t}{\dot{W}_e} \tag{7.34c}$$

Essa equação mostra que o custo unitário da eletricidade é determinado pelo custo do vapor a alta pressão e pelos custos de aquisição e operação da turbina. Devido à destruição de exergia no interior da turbina, a eficiência exergética é invariavelmente inferior a 1 e, por conseguinte, o custo unitário da eletricidade é invariavelmente maior que o custo unitário do vapor a alta pressão.

Resumo

A partir da aplicação dos balanços das taxas de custo à caldeira e à turbina, pode-se determinar o custo de cada produto do sistema de cogeração. O custo unitário da eletricidade é determinado pela Eq. 7.34c e o custo unitário do vapor a baixa pressão é determinado pela expressão $c_2 = c_1$, juntamente com a Eq. 7.32b. O exemplo a seguir fornece uma ilustração detalhada. A mesma abordagem geral é aplicável no levantamento de custos dos produtos de uma extensa classe de sistemas térmicos.[1]

---

[1] Veja A. Bejan, G. Tsatsaronis e M. J. Moran, *Thermal Design and Optimization*, John Wiley & Sons, Nova York, 1996.

▶▶▶ EXEMPLO 7.10 ▶

Custo de Exergia de um Sistema de Cogeração

Um sistema de cogeração consiste em uma caldeira abastecida a gás natural e uma turbina de vapor que desenvolve potência e fornece vapor para um processo industrial. Em regime permanente, o combustível entra na caldeira com uma taxa de exergia de 100 MW. O vapor sai da caldeira a 50 bar, 466°C e com uma taxa de exergia de 35 MW. O vapor sai da turbina a 5 bar, 205°C e com uma vazão mássica de 26,15 kg/s. O custo unitário do combustível é de 1,44 centavos por kW · h de exergia. Os custos de aquisição e operação da caldeira e da turbina são, respectivamente, US$ 1080/h e US$ 92/h. A água de alimentação e o ar da combustão entram com exergia e custo desprezíveis. Despesas relacionadas com a eliminação adequada dos produtos da combustão estão incluídas no custo de aquisição e operação da caldeira. A transferência de calor com a vizinhança e os efeitos de movimento e gravidade são desprezíveis. Adote $T_0 = 298$ K.

(a) Para a turbina, determine a potência e a taxa de exergia que sai com o vapor, ambos em MW.

(b) Determine os custos unitários do vapor que sai da caldeira, do vapor que sai da turbina e da potência, todos em centavos por kW · h de exergia.

(c) Determine as taxas de custo do vapor que sai da turbina e da potência, ambos em US$/h.

SOLUÇÃO

Dado: Os dados de operação em regime permanente de um sistema de cogeração que produz tanto eletricidade quanto vapor a baixa pressão para um processo industrial são conhecidos.

Pede-se: Para a turbina, determine a potência e a taxa de exergia que sai com o vapor. Determine os custos unitários do vapor que sai da caldeira, do vapor que sai da turbina e da potência desenvolvida. Determine também as taxas de custo do vapor a baixa pressão e da potência.

Análise da Exergia   329

Diagrama Esquemático e Dados Fornecidos:

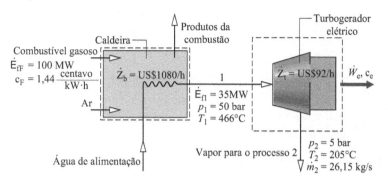

Fig. E7.10

Modelo de Engenharia:
1. Cada volume de controle mostrado na figura correspondente encontra-se em regime permanente.
2. Para cada volume de controle, $\dot{Q}_{vc} = 0$ e os efeitos de movimento e gravidade são insignificantes.
3. A água de alimentação e o ar da combustão entram na caldeira com exergia e custo desprezíveis.
4. Despesas relacionadas com a eliminação adequada dos produtos da combustão estão incluídas no custo de aquisição e operação da caldeira.
5. Os custos unitários com base na exergia do vapor a alta pressão e a baixa pressão são iguais: $c_1 = c_2$.
6. Para o ambiente, $T_0 = 298$ K.

Análise:

(a) Pela hipótese 2, os balanços de massa e de energia para um volume de controle em regime permanente que engloba a turbina simplificam-se de modo a fornecer

$$\dot{W}_e = \dot{m}(h_1 - h_2)$$

A partir da Tabela A-4, $h_1 = 3353{,}54$ kJ/kg e $h_2 = 2865{,}96$ kJ/kg. Assim

$$\dot{W}_e = \left(26{,}15\frac{\text{kg}}{\text{s}}\right)(3353{,}54 - 2865{,}96)\left(\frac{\text{kJ}}{\text{kg}}\right)\left|\frac{1\text{ MW}}{10^3\text{ kJ/s}}\right|$$
$$= 12{,}75\text{ MW}$$

Usando-se a Eq. 7.18, a diferença entre as taxas de exergia que entram e saem da turbina junto com o vapor é

$$\dot{E}_{f2} - \dot{E}_{f1} = \dot{m}(e_{f2} - e_{f1})$$
$$= \dot{m}[h_2 - h_1 - T_0(s_2 - s_1)]$$

Resolvendo para $\dot{E}_{f2}$

$$\dot{E}_{f2} = \dot{E}_{f1} + \dot{m}[h_2 - h_1 - T_0(s_2 - s_1)]$$

Com os valores conhecidos para $\dot{E}_{f1}$ e $\dot{m}$, e os dados da Tabela A-4: $s_1 = 6{,}8773$ kJ/kg · K e $s_2 = 7{,}0806$ kJ/kg · K, a taxa de exergia que sai com o vapor é

$$\dot{E}_{f2} = 35\text{ MW} + \left(26{,}15\frac{\text{kg}}{\text{s}}\right)\left[(2865{,}96 - 3353{,}54)\frac{\text{kJ}}{\text{kg}} - 298\text{ K}(7{,}0806 - 6{,}8773)\frac{\text{kJ}}{\text{kg}\cdot\text{K}}\right]\left|\frac{1\text{ MW}}{10^3\text{ kJ/s}}\right|$$
$$= 20{,}67\text{ MW}$$

(b) Para um volume de controle que engloba a caldeira, o balanço da taxa de custo simplifica-se pelas hipóteses 3 e 4, fornecendo

$$c_1\dot{E}_{f1} = c_F\dot{E}_{fF} + \dot{Z}_b$$

em que $\dot{E}_{fF}$ é a taxa de exergia do combustível que entra, c_F e c_1 são os custos unitários do combustível e do vapor na saída, respectivamente, e $\dot{Z}_b$ é a taxa de custo associada à aquisição e à operação da caldeira. Resolvendo para c_1, obtém-se a Eq. 7.32b; então, inserindo os valores conhecidos, determina-se c_1:

$$c_1 = c_F\left(\frac{\dot{E}_{fF}}{\dot{E}_{f1}}\right) + \frac{\dot{Z}_b}{\dot{E}_{f1}}$$
$$= \left(1{,}44\frac{\text{centavo}}{\text{kW}\cdot\text{h}}\right)\left(\frac{100\text{ MW}}{35\text{ MW}}\right) + \left(\frac{1080\text{ \$/h}}{35\text{ MW}}\right)\left|\frac{1\text{ MW}}{10^3\text{ kW}}\right|\left|\frac{100\text{ centavos}}{1\$}\right|$$
$$= (4{,}11 + 3{,}09)\frac{\text{centavos}}{\text{kW}\cdot\text{h}} = 7{,}2\frac{\text{centavos}}{\text{kW}\cdot\text{h}}$$

O balanço da taxa de custo para o volume de controle que engloba a turbina é dado pela Eq. 7.34a

$$c_e\dot{W}_e + c_2\dot{E}_{f2} = c_1\dot{E}_{f1} + \dot{Z}_t$$

em que c_e e c_2 são os custos unitários da potência e do vapor na saída, respectivamente, e $\dot{Z}_t$ é a taxa de custo associada à aquisição e à operação da turbina. Atribuindo os mesmos custos unitários ao vapor que entra e que sai da turbina, $c_2 = c_1 = 7{,}2$ centavos/kW · h, e resolvendo para c_e temos

$$c_e = c_1\left[\frac{\dot{E}_{f1} - \dot{E}_{f2}}{\dot{W}_e}\right] + \frac{\dot{Z}_t}{\dot{W}_e}$$

Inserindo os valores conhecidos

❷
$$c_e = \left(7{,}2\frac{\text{centavos}}{\text{kW} \cdot \text{h}}\right)\left[\frac{(35 - 20{,}67)\text{ MW}}{12{,}75\text{ MW}}\right] + \left(\frac{92\$/\text{h}}{12{,}75\text{ MW}}\right)\left|\frac{1\text{ MW}}{10^3\text{ kW}}\right|\left|\frac{100\text{ centavos}}{1\$}\right|$$

$$= (8{,}09 + 0{,}72)\frac{\text{centavos}}{\text{kW} \cdot \text{h}} = 8{,}81\frac{\text{centavos}}{\text{kW} \cdot \text{h}}$$

(c) Para o vapor a baixa pressão e a potência, as taxas de custo são, respectivamente,

$$\dot{C}_2 = c_2\dot{E}_{f2}$$

$$= \left(7{,}2\frac{\text{centavos}}{\text{kW} \cdot \text{h}}\right)(20{,}67\text{ MW})\left|\frac{10^3\text{ kW}}{1\text{ MW}}\right|\left|\frac{\text{US\$1}}{100\text{ centavos}}\right|$$

$$= \text{US\$1488/h}$$

❸
$$\dot{C}_e = c_e\dot{W}_e$$

$$= \left(8{,}81\frac{\text{centavos}}{\text{kW} \cdot \text{h}}\right)(12{,}75\text{ MW})\left|\frac{10^3\text{ kW}}{1\text{ MW}}\right|\left|\frac{\text{US\$1}}{100\text{ centavos}}\right|$$

$$= \text{US\$1123/h}$$

---

❶ O propósito da turbina é gerar potência, e assim todos os custos associados à aquisição e à operação da turbina são debitados à potência gerada.

❷ Observe que os custos unitários c_1 e c_e são significativamente maiores que o custo unitário do combustível.

❸ Apesar de o custo unitário do vapor ser menor que o custo unitário da potência, a taxa de *custo* do vapor é maior porque a taxa de exergia associada é bem maior.

✓ **Habilidades Desenvolvidas**

Habilidades para...
☐ avaliar quantidades de exergia necessárias para o custo de exergia.
☐ aplicar o custo de exergia.

Teste-Relâmpago Se o custo unitário do combustível fosse dobrado para 2,88 centavos/kW · h, qual seria a variação no custo unitário da potência, expressa em porcentagem, mantendo-se constantes todos os outros dados? **Resposta:** +53%.

▶ RESUMO DO CAPÍTULO E GUIA DE ESTUDOS

Neste capítulo, apresentamos a propriedade exergia e ilustramos sua utilização para análise termodinâmica. Assim como a massa, a energia e a entropia, a exergia é uma propriedade extensiva que pode ser transferida através das fronteiras de um sistema. A transferência de exergia acompanha tanto a transferência de calor quanto o trabalho e o fluxo de massa. Assim como a entropia, a exergia não se conserva. A exergia é destruída no interior de sistemas sempre que irreversibilidades internas estejam presentes. A produção de entropia corresponde à destruição de exergia.

A utilização dos balanços de exergia é apresentada neste capítulo. Os balanços de exergia são expressões da segunda lei que contabilizam a exergia em termos de transferências e destruição de exergia. Em relação aos processos que envolvem sistemas fechados, o balanço de exergia é dado pelas Eqs. 7.4 e as formulações correspondentes para regime permanente são dadas pelas Eqs. 7.11. Para volumes de controle, as expressões para regime permanente são dadas pelas Eqs. 7.13. A análise com volumes de controle contabiliza a transferência de exergia nas entradas e saídas em termos de exergia de fluxo.

Os itens a seguir fornecem um guia de estudo para este capítulo. Ao término do estudo do texto e dos exercícios dispostos no final do capítulo, você estará apto a

▶ descrever o significado dos termos dispostos em negrito ao longo do capítulo e entender cada um dos conceitos relacionados. O conjunto de conceitos fundamentais listados mais adiante é particularmente importante.

▶ avaliar a exergia específica em um determinado estado usando a Eq. 7.2 e a variação de exergia entre dois estados usando a Eq. 7.3, cada qual relacionada a um ambiente de referência especificado.

▶ aplicar balanços de exergia em cada uma das diversas formas alternativas, modelando apropriadamente o caso que está sendo analisado, observando corretamente a convenção de sinais e utilizando cuidadosamente as unidades SI e inglesas.

▶ avaliar a exergia específica de fluxo relativa a um ambiente de referência especificado usando a Eq. 7.14.

▶ definir e avaliar eficiências exergéticas para componentes de sistemas térmicos de interesse prático.

▶ aplicar custos de exergia para perdas de calor e sistemas simples de cogeração.

Análise da Exergia 331

CONCEITOS FUNDAMENTAIS NA ENGENHARIA

- ambiente de referência para exergia
- balanço da taxa de custo
- balanço da taxa de exergia para volumes de controle
- balanço de exergia
- balanço de exergia para sistema fechado
- custo unitário de exergia
- destruição de exergia
- eficiência exergética
- estado morto
- exergia
- exergia de fluxo
- exergia específica
- termoeconomia
- transferência de exergia
- variação de exergia

EQUAÇÕES PRINCIPAIS

$E = (U - U_0) + p_0(V - V_0) - T_0(S - S_0) + EC + EP$	(7.1)	Exergia de um sistema.
$e = (u - u_0) + p_0(v - v_0) - T_0(s - s_0) + V^2/2 + gz$	(7.2)	Exergia específica.
$E_2 - E_1 = (U_2 - U_1) + p_0(V_2 - V_1) - T_0(S_2 - S_1) + (EC_2 - EC_1) + (EP_2 - EP_1)$	(7.3)	Variação de exergia.
$E_2 - E_1 = E_q - E_w - E_d$	(7.4b)	Balanço de exergia para sistema fechado. Veja Eqs. 7.5–7.7 para E_q, E_w, E_d, respectivamente.
$0 = \sum_j \left(1 - \dfrac{T_0}{T_j}\right)\dot{Q}_j - \dot{W} - \dot{E}_d$	(7.11a)	Balanço da taxa de exergia para sistema fechado em regime permanente.
$0 = \sum_j \left(1 - \dfrac{T_0}{T_j}\right)\dot{Q}_j - \dot{W}_{vc} + \sum_e \dot{m}_e e_{fe} - \sum_s \dot{m}_s e_{fs} - \dot{E}_d$	(7.13a)	Balanço da taxa de exergia para volume de controle em regime permanente.
$e_f = h - h_0 - T_0(s - s_0) + \dfrac{V^2}{2} + gz$	(7.14)	Exergia específica de fluxo.

EXERCÍCIOS: PONTOS DE REFLEXÃO PARA OS ENGENHEIROS

1. Uma aeronave encontra-se próxima do pouso. Ela aterrissa e desloca-se até estacionar no terminal. Durante o processo, o que ocorre com a exergia da aeronave?
2. Uma bola de tênis em repouso sobre uma mesa tem exergia? Explique.
3. Descreva as transferências de exergia entre as pás de uma turbina eólica e o ar ao redor delas.
4. Em certos lugares, um balde de água inicialmente a 20°C congela se deixado ao ambiente durante a noite no inverno. A exergia da água aumenta ou diminui? Explique.
5. Um inventor de um gerador elétrico a gasolina afirma que seu equipamento produz eletricidade a um custo unitário mais baixo do que o custo unitário do combustível utilizado, sendo que cada custo se baseia em exergia. Comente.
6. A eficiência exergética de um ciclo de potência pode ser sempre maior do que o rendimento térmico do mesmo ciclo? Explique.
7. Depois de um veículo passar por uma troca de óleo e um trabalho de lubrificação, com relação a destruição de exergia no interior do volume de controle que engloba o veículo parado com o motor ligado, há alguma alteração? Explique.
8. Como a exergia é *destruída* e *perdida* em uma transmissão e distribuição elétrica?
9. Há diferença entre a prática da *conservação* de exergia e da *eficiência* exergética? Explique.
10. Quando instalado em um motor de automóvel que acessório resultará em um motor com maior eficiência exergética, um *compressor* ou um *turbocompressor*? Explique.
11. De que maneira o conceito de destruição de exergia está relacionado a um telefone celular ou a um iPod?
12. Em termos de exergia, como o voo de um pássaro pode ser comparado ao voo de uma bola de beisebol passando por cima do campo?
13. Qual a eficiência exergética do volume de controle da Fig. 7.6? Explique.
14. Apesar da grande quantidade de energia armazenada nos oceanos, nós temos explorado essa energia muito menos do que a de depósitos de combustíveis fósseis. Por quê?

VERIFICAÇÃO DE APRENDIZADO

Nos problemas de 1 a 5, correlacione as colunas.

1. __ Estado Morto   A. A exergia associada a uma massa entrando ou saindo de um volume de controle.

2. ___ Balaço de Exergia
3. ___ Fluxo de Exergia
4. ___ Exergia
5. ___ Termoeconomia

B. As considerações sobre custos relacionados ao projeto e operação de sistemas térmicos.
C. Avaliação e comparação de termos diferentes relacionados à exergia de um sistema.
D. O trabalho teórico máximo que pode ser obtido de um sistema complexo consistindo em um sistema e nas vizinhanças à medida que o sistema se aproxima do equilíbrio.
E. O estado de um sistema quando está a T_0 e p_0 e em repouso em relação ao referencial de exergia.

6. Qual das seguintes afirmativas é falsa na descrição da exergia associada a um sistema isolado submetido a um processo real?
   a. A exergia do sistema diminui.
   b. Não há transferência de exergia entre o sistema e as vizinhanças.
   c. A exergia das vizinhanças aumenta.
   d. A destruição de exergia no sistema é maior que zero.

7. Vapor d'água contido em um sistema pistão-cilindro é comprimido de um volume inicial de 50 m³ até um volume de 30 m³. Se a transferência de exergia acompanhando esse processo for de 500 kJ e a pressão do estado morto for 1 bar, determine a transferência de energia por trabalho, em kJ, para o processo.
   a. 150
   b. –1500
   c. 500
   d. –500

8. Qual das seguintes afirmativas sobre o uso das eficiências exergéticas é falsa?
   a. Comparar as eficiências exergéticas de possíveis projetos de sistemas é útil na seleção dos sistemas.
   b. As eficiências exergéticas podem ser utilizadas para avaliar a efetividade das otimizações de sistemas.
   c. Eficiências exergéticas e eficiências isentrópicas são intercambiáveis.
   d. As eficiências exergéticas podem ser utilizadas para aferir o potencial de otimização no desenvolvimento de um dado sistema comparando a sua eficiência com aquela de sistemas semelhantes.

9. Qual dos seguintes termos não faz parte de um balanço de custo para um volume de controle que inclui uma caldeira?
   a. Custo associado à água de alimentação
   b. Custo associado à operação da caldeira
   c. Custo associado à eletricidade
   d. Custo associado ao ar utilizado na combustão

10. Usando a Eq. 7.21b, sob qual das seguintes condições a eficiência exergética pode ser maximizada?
    a. À medida que η se aproxima de 100%
    b. À medida que T_u se aproxima de T_0
    c. À medida que T_u se aproxima de T_s
    d. As opções (b) e (c)

11. O seguinte termo se reduz a zero quando se analisa o balanço de exergia de um sistema fechado sob regime permanente.
    a. A variação temporal da exergia no sistema fechado.
    b. A variação temporal da transferência de exergia por trabalho.
    c. A variação temporal da transferência de exergia por calor.
    d. A variação temporal da destruição de exergia.

12. Qual das seguintes afirmativas é verdadeira para um sistema no estado morto?
    a. Ele está em equilíbrio térmico com o ambiente.
    b. Ele está em equilíbrio mecânico com o ambiente.
    c. O valor da contribuição termomecânica à exergia é zero.
    d. Todas as opções anteriores.

13. Ar em um recipiente cilíndrico recebe 20 kJ por transferência de calor por kg a partir de uma fonte externa. A fronteira e as vizinhanças estão a 320 K e 27°C, respectivamente. Determine transferência de exergia por unidade de massa (kJ/kg) que acompanha a transferência de calor.
    a. –1,33
    b. 1,33
    c. –1,25
    d. 1,25

14. Para um sistema fechado, à medida que a temperatura do ambiente de referência da exergia _____, a destruição de exergia diminui.

15. Qual das seguintes afirmativas não descreve o ambiente de referência da exergia?
    a. Ele tem uma temperatura uniforme.
    b. Ele tem uma pressão uniforme.
    c. Ele tem uma grande extensão.
    d. Ele é incompressível.

16. Ar em um sistema pistão-cilindro é submetido a um processo de expansão de 0,5 m³ a 1,0 m³. A pressão do estado morto é 100 kPa. Se o trabalho associado ao processo é 60 kJ, determine a transferência de exergia que o acompanha, em kJ.
    a. –110
    b. 55
    c. 10
    d. 59,5

17. Qual dos seguintes termos é *tipicamente* incluído em um balanço de custo para um volume de controle englobando uma turbina?
    a. Custo associado à aquisição e operação da turbina.
    b. Custo associado à água de alimentação.
    c. Custo associado ao combustível.
    d. Custo associado ao ar de combustão.

18. A respeito da exergia de um sistema, quando ele está em repouso em relação ao ambiente, seus valores de energia cinética e potencial são _____.

19. Ar flui através de uma turbina com uma eficiência exergética de 65%. Se a exergia específica de fluxo do ar diminui em 300 kJ/kg à medida que o ar passa pela turbina, determine o trabalho em kJ por kg de ar fluindo.
    a. 462
    b. –462
    c. 195
    d. –195

20. Quando a exergia de um sistema aumenta, seu estado se desloca _____ em relação ao estado morto.

Nos exercícios a seguir, indique se as afirmativas são verdadeiras ou falsas. Explique.

21. As equações de eficiência exergética para turbinas e compressores são iguais.
22. Exergia não é conservada em um processo real.
23. A exergia de um sistema fechado depende de vários fatores, incluindo produção de entropia e entalpia.
24. Sendo a exergia uma propriedade extensiva, não é possível operar seus valores em uma base mássica ou molar.
25. Se um sistema está em repouso acima do ambiente de referência e não há variação na altura, não há contribuições de energia cinética e potencial na exergia total do sistema.
26. O balanço de exergia de um sistema fechado consiste nestas três maiores contribuições: variação de exergia, transferência de exergia e destruição de exergia.
27. Eficiências exergéticas são também chamadas de eficiências da primeira lei.
28. Exergia é destruída devido a irreversibilidades.
29. Em uma caldeira, à medida que a diferença de temperatura média entre os gases de combustão e a água aumenta, o custo do combustível diminui.
30. A unidade de exergia é a mesma da energia.
31. A transferência de exergia que acompanha a transferência de calor é uma função da temperatura do ambiente e da temperatura da fronteira onde ocorre a transferência de calor.
32. Uma eficiência da segunda lei pode ser maior que 1.
33. A eficiência *poço-à-roda* compara opções diferentes para gerar eletricidade utilizada na indústria, no comércio e em residências.
34. O *balanço de exergia* permite a identificação e quantificação de aspectos como a localização, tipo e grandezas relacionadas à perda de eficiência.
35. Assim como a entropia, a exergia é produzida pela ação de irreversibilidades.

Análise da Exergia   333

36. Em um dado estado, a exergia não pode ser negativa; no entanto, a variação de exergia entre dois estados pode ser positiva, negativa ou zero.
37. Para definir exergia, define-se dois sistemas: um sistema de interesse e um *ambiente de referência de exergia*.
38. Uma dada *exergia de fluxo* não pode ser negativa.
39. Em um processo de estrangulamento, a energia e a exergia são conservadas.
40. Se os custos unitários forem baseados em exergia, espera-se que o custo unitário da eletricidade desenvolvida por um turbogerador seja maior que o custo unitário do vapor sob alta pressão fornecido à turbina.
41. Quando um sistema fechado encontra-se no *estado morto*, ele está em equilíbrio térmico e mecânico com o ambiente de referência de exergia, e os valores da energia do sistema e da exergia termomecânica são ambos zero.
42. A exergia termomecânica em um dado estado de um sistema pode ser entendida como o trabalho mínimo teórico necessário para deslocar o sistema do estado morto para aquele estado.
43. A transferência de exergia acompanhando a transferência de calor a 1000 K é maior que a transferência de exergia acompanhando uma transferência de calor equivalente a $T_0 = 300$ K.
44. Quando os produtos de combustão encontram-se a uma temperatura significativamente maior do que a necessária para dada aplicação, diz-se que a aplicação está bem ajustada à fonte de combustível.
45. Exergia é uma medida do deslocamento do estado de um sistema em relação ao *ambiente de referência de exergia*.
46. A energia de um sistema isolado pode permanecer constante, mas a exergia somente aumenta.
47. Quando um sistema está a T_0 e p_0, o valor da contribuição *termomecânica* para a exergia é zero, mas a contribuição *química* não necessariamente será zero.
48. Massa, volume, energia, entropia e exergia são todas propriedades intensivas.
49. A destruição de exergia é proporcional à produção de entropia.
50. A exergia pode ser transferida de e para sistemas fechados acompanhando transferência de calor, trabalho e fluxo de massa.

▶ PROBLEMAS: DESENVOLVENDO HABILIDADES PARA ENGENHARIA

Explorando Conceitos de Exergia

7.1 Por inspeção da Fig. P7.1, que fornece um diagrama T–v para a água, indique se a exergia aumentaria, diminuiria ou permaneceria constante no (a) Processo 1–2, (b) Processo 3–4, (c) Processo 5–6. Explique.

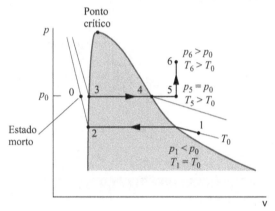

Fig. P7.1

7.2 Por inspeção da Fig. P7.2, tratando-se de um diagrama T–s para o R-134a, indique se a exergia do processo aumenta, diminui ou permanece constante (a) no Processo 1–2; (b) no Processo 3–4; (c) no Processo 5–6. Explique.

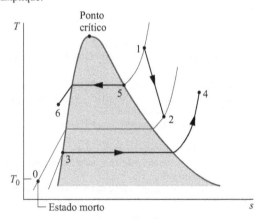

Fig. P7.2

7.3 Um gás ideal é armazenado em um recipiente fechado à pressão p e à temperatura T.
(a) Se $T = T_0$, obtenha uma expressão para a exergia específica em termos de p, p_0, T_0 e da constante do gás R.
(b) Se $p = p_0$, obtenha uma expressão para a exergia específica em termos de T, T_0 e do calor específico c_p, que pode ser considerado constante. Ignore os efeitos de movimento e gravidade.

7.4 Considere um tanque evacuado de volume V. Considerando o espaço no interior do tanque como o sistema, mostre que a exergia é dada por $\mathsf{E} = p_0 V$. Discuta.

7.5 Quantidades molares iguais de dióxido de carbono e hélio são mantidas às mesmas temperatura e pressão. Qual delas tem o maior valor de exergia em relação ao mesmo ambiente de referência? Admita que cada gás obedece ao modelo de gás ideal com c_v constante. Não existem quaisquer efeitos significativos de movimento e gravidade.

7.6 Dois blocos sólidos, cada qual com massa m e calor específico c, e inicialmente às temperaturas T_1 e T_2, respectivamente, são postos em contato e atingem o equilíbrio térmico, sendo que suas superfícies externas mantêm-se isoladas.
(a) Deduza uma expressão para a destruição de exergia em termos de m, c, T_1, T_2 e da temperatura ambiente, T_0.
(b) Demonstre que a destruição de exergia não pode ser negativa.
(c) Qual é a fonte de destruição de exergia nesse caso?

7.7 Um sistema está submetido a um ciclo de refrigeração, recebendo Q_C por transferência de calor a uma temperatura T_C e descarregando a energia Q_H por transferência de calor a uma temperatura mais elevada T_H. Não existem outras transferências de calor.
(a) Utilizando os balanços de energia e exergia, mostre que o trabalho líquido de entrada desse ciclo não pode ser nulo.
(b) Mostre que o coeficiente de desempenho do ciclo pode ser expresso por

$$\beta = \left(\frac{T_C}{T_H - T_C}\right)\left(1 - \frac{T_H \mathsf{E}_d}{T_0(Q_H - Q_C)}\right)$$

em que E_d é a destruição de exergia e T_0 é a temperatura do ambiente de referência para exergia.
(c) Utilizando o resultado do item (b), obtenha uma expressão para o valor máximo teórico do coeficiente de desempenho.

7.8 Quando escoa matéria através da fronteira de um volume de controle, ocorre uma transferência de energia por trabalho, chamada *trabalho de fluxo*. A taxa é dada por $\dot{m}(pv)$, em que $\dot{m}$, p e v indicam a vazão mássica, a pressão e o volume específico, respectivamente, da matéria que atravessa a fronteira (veja a Seção 4.4.2). Mostre que a *transferência de exergia associada ao trabalho de fluxo* é dada por $\dot{m}(pv - p_0v)$, em que p_0 é a pressão no estado morto.

7.9 Quando escoa matéria através da fronteira de um volume de controle, ocorre uma transferência de exergia associada ao fluxo de massa, dada por $\dot{m}\mathsf{e}$ em que e é a exergia específica (Eq. 7.2) e $\dot{m}$ é a vazão mássica. Também ocorre uma transferência de exergia na fronteira do sistema associada ao trabalho de fluxo, dada no resultado do Problema 7.7. Mostre que a soma dessas transferências de exergia é dada por $\dot{m}e_f$ em que e_f é a exergia específica de fluxo (Eq. 7.14).

7.10 Para um gás ideal com a razão de calores específicos k constante, mostre que, na ausência de efeitos significativos de movimento e gravidade, a exergia específica de fluxo pode ser expressa como

$$\frac{e_f}{c_p T_0} = \frac{T}{T_0} - 1 - \ln\frac{T}{T_0} + \ln\left(\frac{p}{p_0}\right)^{(k-1)/k}$$

(a) Para $k = 1,2$ obtenha gráficos de $e_f/c_p T_0$ versus T/T_0 para $p/p_0 = 0,25$, 0,5, 1, 2, 4. Repita o procedimento para $k = 1,3$ e 1,4.
(b) A exergia específica de fluxo pode assumir valores negativos quando $p/p_0 < 1$. O que significa um valor negativo fisicamente?

Avaliando a Exergia

7.11 Um sistema consiste em 2 kg de água a 100°C e 1 bar. Determine sua exergia, em kJ, se o sistema se encontra em repouso e a uma altura zero, em relação ao ambiente de referência para exergia, para o qual $T_0 = 20°C$, $p_0 = 1$ bar.

7.12 Um aquecedor doméstico de água mantém 189 litros de água a 60°C e 1 atm. Determine a exergia da água quente, em kJ. A que altura, em m, deve uma massa de 1000 kg ser erguida a partir de uma elevação zero em relação ao ambiente de referência para que sua exergia seja igual à da água quente? Considere $T_0 = 298$ K, $p_0 = 1$ atm, $g = 9,81$ m/s².

7.13 Determine a exergia específica do argônio a (a) $p = 2 p_0$, $T = 2 T_0$, (b) $p = p_0/2$, $T = T_0/2$. Localize cada estado em relação ao estado morto nas coordenadas temperatura-pressão. Admita que o gás obedece ao modelo de gás ideal com $k = 1,67$. Faça $T_0 = 537°R$ (25,2°C), $p_0 = 1$ atm.

7.14 Determine a exergia específica, em Btu, de uma libra-massa de (0,45 kg)
(a) Refrigerante 134a na condição de líquido saturado a –5°F (–20,6°C).
(b) Refrigerante 134a na condição de vapor saturado a 140°F (60°C).
(c) Refrigerante 134a a 60°F (15,6°C), 20 lbf/in² (137,9 kPa).
(d) Refrigerante 134a a 60°F, 10 lbf/in² (68,9 kPa).
Em cada caso, considere uma massa fixa a uma altura zero em relação ao ambiente de referência para exergia para o qual $T_0 = 60°F$, $p_0 = 15$ lbf/in² (103,4 kPa).

7.15 Um balão cheio de hélio a 20°C, 1 bar e um volume de 0,5 m³ move-se com uma velocidade de 15 m/s a uma altitude de 0,5 km em relação ao ambiente de referência para exergia, para o qual $T_0 = 20°C$, $p_0 = 1$ bar. Utilizando o modelo de gás ideal com $k = 1,67$, determine a exergia específica do hélio, em kJ/kg.

7.16 Um reservatório contém dióxido de carbono. Utilizando o modelo de gás ideal
(a) determine a exergia específica do gás, em Btu/lb, para $p = 80$ lbf/in² (551,6 kPa) e $T = 180°F$ (82,2°C).
(b) esboce graficamente a exergia específica do gás, em Btu/lb, versus a pressão para um intervalo entre 15 e 80 lbf/in² (103,4 a 551, kPa), para $T = 80°F$ (26,7°C).
(c) esboce graficamente a exergia específica do gás, em Btu/lb, versus a temperatura para um intervalo entre 80 e 180°F, para $p = 15$ lbf/in². O gás se encontra em repouso e a uma altura zero em relação ao ambiente de referência para exergia, para o qual $T_0 = 80°F$, $p_0 = 15$ lbf/in².

7.17 Um balão que se encontra em repouso sobre a superfície da Terra, em um local em que a temperatura ambiente é de 40°F (4,4°C) e a pressão ambiente é de 1 atm, contém oxigênio (O_2) a uma temperatura T e a 1 atm. Utilizando o modelo de gás ideal com $c_p = 0,22$ Btu/lb · °R (0,92 kJ/ kg · K), esboce graficamente a exergia específica do oxigênio, em Btu/lb, relativa à Terra e à sua atmosfera nesse local versus T variando de 500 a 600°R (223,1 a 60,2°C).

7.18 Um reservatório contém 1 lb (0,45 kg) de ar a uma pressão p e a 200°F (93,3°C). Utilizando o modelo de gás ideal, esboce graficamente a exergia específica do ar, em Btu/lb, para p variando de 0,5 a 2 atm. O ar encontra-se em repouso e a uma altura desprezível em relação a um ambiente de referência para exergia, para o qual $T_0 = 60°F$ (15,6°C) e $p_0 = 1$ atm.

7.19 Determine a exergia, em Btu, de uma amostra de água na condição de sólido saturado a 10°F (–12,2°C), medindo 2,25 in (0,06 m) × 0,75 in (0,02 m) × 0,75 in. Considere $T_0 = 537°R$ (25,2°C) e $p_0 = 1$ atm.

7.20 Determine a exergia, em kJ, do conteúdo de um tanque de armazenamento de 1,5 m³, caso a substância no tanque seja
(a) ar na situação de gás ideal a 440°C e 0,70 bar.
(b) vapor d'água a 440°C e 0,70 bar.
Ignore os efeitos de movimento e gravidade e admita $T_0 = 22°C$, $p_0 = 1$ bar.

7.21 Uma laje de concreto medindo 0,3 m × 4 m × 6 m, inicialmente a 298 K, é exposta ao sol por várias horas, após isso sua temperatura é de 301 K. A massa específica do concreto é de 2300 kg/m³ e seu calor específico é $c = 0,88$ kJ/kg · K. (a) Determine o aumento da exergia da laje, em kJ. (b) A que altura, em m, deveria uma massa de 1000 kg ser erguida a partir de uma elevação zero em relação ao ambiente de referência para que sua exergia seja igual ao aumento de exergia da barra? Suponha $T_0 = 298$ K, $p_0 = 1$ atm, $g = 9,81$ m/s².

7.22 O Refrigerante 134a, inicialmente a –36°C, encontra-se em um recipiente rígido. O refrigerante é aquecido até 25°C e sua pressão alcança 1 bar. Não há trabalho durante o processo. Para o refrigerante, determine a transferência de calor por unidade de massa e a variação na exergia específica, ambas em kJ/kg. Comente. Assuma $T_0 = 20°C$ e $p_0 = 0,1$ MPa.

7.23 Conforme ilustra a Fig. P7.23, 1 kg de água são submetidos a um processo de um estado inicial em que a água se encontra como vapor saturado a 100°C, à velocidade de 25 m/s e a uma altura de 5 m até um estado final de líquido saturado a 5°C, velocidade de 22 m/s e altura de 1 m. Determine, em kJ, (a) a exergia no estado inicial, (b) a exergia no estado final, e (c) a variação de exergia. Adote $T_0 = 25°C$, $p_0 = 1$ atm e $g = 9,8$ m/s².

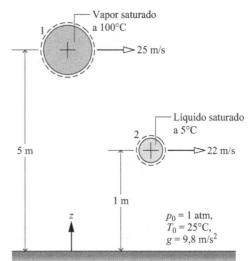

Fig. P7.23

7.24 Uma libra (0,45 kg) de CO inicialmente a 180°F (82,2°C) e 40 lbf/in² (275,8 kPa) são submetidas a dois processos em série:
Processo 1–2: isobárico a $T_2 = -10°F$ (–23,3°C)
Processo 2–3: isotérmico a $p_3 = 10$ lbf/in² (68,9 KPa)
Empregando o modelo de gás ideal
(a) represente cada processo em um diagrama p–v e indique o estado morto.
(b) determine, em Btu, a variação de exergia para cada processo.
Adote $T_0 = 77°F$ (25,0°C), $p_0 = 14,7$ lbf/in² (101,3 kPa) e ignore os efeitos de movimento e gravidade.

7.25 Um tanque rígido contém vinte libras (9,1 kg) de ar inicialmente a 1560°R (593,5°C) e 3 atm. O ar é resfriado para 1040°R (304,6°C) e 2 atm. Considerando o ar um gás ideal
(a) indique o estado inicial, o estado final e o estado morto em um diagrama T–v.
(b) determine, em Btu, a transferência de calor.
(c) determine, em Btu, a variação de exergia, e interprete o sinal usando o diagrama T–v do item (a).
Adote $T_0 = 520°R$ (15,7°C), $p_0 = 1$ atm e ignore os efeitos de movimento e gravidade.

7.26 Considere 100 kg de vapor inicialmente a 20 bar e 240°C como um sistema. Determine a variação de exergia, em kJ, para cada um dos seguintes processos:
(a) O sistema é aquecido a pressão constante até que seu volume duplique.
(b) O sistema se expande isotermicamente até que seu volume duplique.
Adote $T_0 = 20°C$, $p_0 = 1$ bar e ignore os efeitos de movimento e gravidade.

Aplicando o Balanço de Exergia: Sistemas Fechados

7.27 Dois quilogramas de água contida em um conjunto cilindro-pistão, inicialmente a 2 bar e 120°C, são aquecidos a pressão constante, sem irreversibilidades internas, até um estado final em que a água é um vapor saturado. Para a água como o sistema, determine o trabalho, a transferência de calor e os valores das transferências de exergia associadas ao trabalho e à transferência de calor, ambas em kJ. Adote $T_0 = 20°C$, $p_0 = 1$ bar e ignore os efeitos de movimento e gravidade.

7.28 Dois quilogramas de monóxido de carbono em um pistão-cilindro, inicialmente a 1 bar e 27°C, são aquecidos a pressão constante, sem irreversibilidades internas, até uma temperatura final de 227°C. Empregando o modelo de gás ideal, determine o trabalho, a transferência de calor e os valores das transferências de exergia associadas ao trabalho e à transferência de calor, todos em kJ. Adote $T_0 = 300$ K, $p_0 = 1$ bar e ignore os efeitos de movimento e gravidade.

7.29 Um reservatório rígido e isolado, conforme ilustra a Fig. P7.29, contém kg de H_2O. Inicialmente, a água está na condição de vapor saturado a 120°C. O reservatório é equipado com um agitador utilizado para suspender uma massa. Conforme a massa desce uma certa distância, a água é agitado até atingir um estado final de equilíbrio à pressão de 3 bar. As únicas variações significativas no estado são percebidas pela água e pela massa suspensa. Determine, em kJ,
(a) a variação de exergia da água.
(b) a variação de exergia da massa suspensa.
(c) a variação de exergia do sistema isolado composto pelo reservatório e o conjunto massa-polia.
(d) a destruição de exergia no interior do sistema isolado.
Adote $T_0 = 293$ K (20°C), $p_0 = 1$ bar.

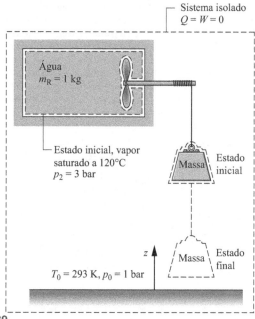

Fig. P7.29

7.30 Um tanque rígido e isolado contém 0,5 kg de CO_2, inicialmente a 15 kPa e 20°C. O CO_2 é misturado por um agitador até que sua pressão seja de 200 kPa. Utilizando o modelo de gás ideal com $c_v = 0,65$ kJ/kg · K, determine, em kJ, (a) o trabalho, (b) a variação de exergia do CO_2 e (c) a quantidade de exergia destruída. Ignore os efeitos de movimento e gravidade, e adote $T_0 = 20°C$, $p_0 = 100$ kPa.

7.31 Conforme ilustra a Fig. P7.31, 2 libras (0,91 kg) de amônia estão contidas em um conjunto cilindro-pistão bem isolado, equipado com uma resistência elétrica de massa desprezível. A amônia está inicialmente a 20 lbf/in² (137,9 kPa) e com um título de 80%. A resistência é ativada até que o volume da amônia aumente em 25%, enquanto sua pressão varia de forma insignificante. Determine, em Btu,
(a) a quantidade de energia transferida por trabalho elétrico e a transferência de exergia correspondente.
(b) a quantidade de energia transferida por trabalho para o pistão e a transferência de exergia correspondente.
(c) a variação de exergia da amônia.
(d) a quantidade de exergia destruída.
Ignore os efeitos de movimento e gravidade e adote $T_0 = 60°F$ (15,6°C), $p_0 = 1$ atm.

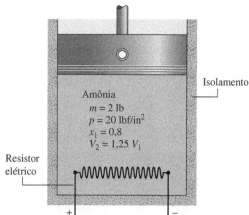

Fig. P7.31

7.32 Um tanque fechado, rígido e isolado contém meia libra (0,23 kg) de ar. Inicialmente, a temperatura é de 520°R (15,7°C) e a pressão está a 14,7 psia (101,3 kPa). O ar é misturado por um agitador até que sua temperatura seja de 600°R (60,2°C). Utilizando o modelo de gás ideal, determine a variação de exergia para o ar, a transferência de exergia associada ao trabalho e a destruição de exergia, todas em Btu. Ignore os efeitos de movimento e gravidade e adote $T_0 = 537°R$ (25,2°C), $p_0 = 14,7$ psia.

7.33 Um tanque rígido e isolado contém 3 kg de nitrogênio (N_2) inicialmente a 47°C e 2 bar. O nitrogênio é misturado por um agitador até que sua pressão dobre. Empregando o modelo de gás ideal com calor específico constante avaliado a 300 K, determine o trabalho e a destruição de exergia do nitrogênio, ambos em kJ. Ignore os efeitos de movimento e gravidade e admita $T_0 = 300$ K, $p_0 = 1$ bar.

7.34 Um reservatório rígido e isolado com capacidade de 90 ft³ (2,5 m³) contém 1 lbmol de dióxido de carbono gasoso inicialmente a 5 atm. Um resistor elétrico de massa desprezível transfere energia para o gás a uma taxa constante de 10 Btu/s durante 2 minutos. Empregando o modelo de gás ideal e ignorando os efeitos de movimento e gravidade, determine (a) a variação de exergia do gás, (b) o trabalho elétrico e (c) a destruição de exergia, todos em Btu. Adote $T_0 = 70°F$ (21,1°C), $p_0 = 1$ atm.

7.35 Um tanque rígido e bem isolado consiste em dois compartimentos, cada qual com o mesmo volume e separados por uma válvula. Inicialmente, um dos compartimentos encontra-se evacuado e o outro contém 0,25 lbmol de nitrogênio gasoso a 50 lbf/in² (344,7 kPa) e 100°F (37,8°C). A válvula é aberta e o gás se expande de modo a preencher o volume total, eventualmente alcançando um estado de equilíbrio. Usando o modelo de gás ideal,
(a) determine a temperatura final, em °F, e a pressão final, em lbf/in².
(b) determine a destruição de exergia, em Btu.
(c) Qual é a causa da destruição de exergia neste caso?
Adote $T_0 = 70°F$ (21,1°C), $p_0 = 1$ atm.

7.36 Conforme ilustra a Fig. P7.36, uma esfera de metal de 1 lb (0,45 kg) inicialmente a 2000°R (838°C) é removida de um forno e resfriada por imersão em um tanque fechado que contém 25 lb (11,3 kg) de água inicialmente a 500°R (4,6°C). Cada substância pode ser modelada como incompressível. Um valor adequado para o calor específico da água é $c_a = 1,0$ Btu/lb · °R (4,2 kJ/kg · K), e um valor adequado para o metal é $c_m = 0,1$ Btu/lb · °R (0,42 kJ/kg · K). A transferência de calor dos conteúdos do tanque pode ser desprezada. Determine a destruição de exergia, em Btu. Considere $T_0 = 77°F$ (25,0°C).

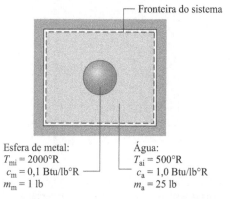

Fig. P7.36

7.37 A Fig. P7.37 fornece dados para a combinação de uma placa aquecida e duas camadas sólidas em regime permanente. Realize um balanço completo de exergia, em kW, da energia elétrica fornecida à combinação, incluindo a transferência de exergia associada à transferência de calor a partir da combinação e a destruição de exergia na placa aquecida e em cada uma das duas camadas. Adote $T_0 = 300$ K.

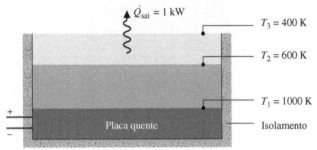

Fig. P7.37

7.38 Conforme ilustra a Fig. P7.38, uma transferência de calor a uma taxa de 1000 Btu/h (293,1 W) ocorre ao longo da superfície interna de uma parede. Medições efetuadas durante uma operação em regime permanente revelam que as superfícies interna e externa têm temperaturas iguais a $T_1 = 2500°R$ (1115,7°C) e $T_2 = 500°R$ (4,6°C), respectivamente. Determine, em Btu/h

(a) as taxas de transferência de exergia associadas ao calor nas superfícies interna e externa da parede.
(b) a taxa de destruição de exergia.
(c) Qual é a causa da destruição de exergia neste caso?

Considere $T_0 = 500°R$.

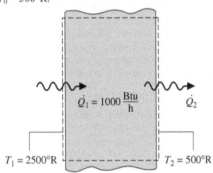

Fig. P7.38

7.39 A Fig. P7.39 fornece dados da parede externa de uma residência em regime permanente, em um dia em que a temperatura interna é mantida a 25°C e a temperatura externa está a 35°C. A taxa de transferência de calor através da parede é 1000 W. Determine, em W, a taxa de destruição de exergia (a) no interior da parede, e (b) no interior do sistema ampliado mostrado na figura pela linha tracejada. Comente os resultados. Considere $T_0 = 35°C$.

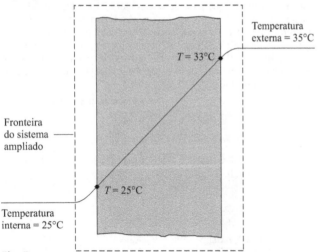

Fig. P7.39

7.40 O sol brilha sobre uma parede de 300 ft² (27,9 m²) virada para o sul, mantendo sua superfície a 98°F (36,7°C). A temperatura varia linearmente através da parede e é 77°F (25,0°C) na outra superfície. A espessura da parede é de 6 polegadas e sua condutividade térmica é de 0,04 Btu/h · ft · R (0,07 W/m · K). Admitindo regime permanente, determine a taxa de destruição de exergia no interior da parede, em Btu/h. Considere $T_0 = 70°F$ (21,1°C).

7.41 Uma caixa de redução que opera em regime permanente recebe 4 hp ao longo do seu eixo de entrada e fornece 3 hp ao longo do seu eixo de saída. A superfície externa da caixa de redução está a 130°F (54,4°C). Para a caixa de redução, (a) determine, em Btu/s, a taxa de transferência de calor e (b) realize um balancete completo da exergia associada à potência de acionamento, em Btu/s. Considere $T_0 = 70°F$ (21,1°C).

7.42 Uma caixa de redução que opera em regime permanente recebe 25 hp pelo seu eixo de entrada, desenvolve potência através de seu eixo de saída, e sua superfície externa é resfriada de acordo com $hA(T_b - T_0)$, em que $T_b = 130°F$ (54,4°C) é a temperatura da superfície externa e $T_0 = 40°F$ (4,4°C) é a temperatura da vizinhança longe da caixa de redução. O produto entre o coeficiente de transferência de calor h e a área da superfície externa A é dado por 40 Btu/h · °R. Considerando a caixa de redução, determine, em hp, um balanço completo da exergia associada à potência de acionamento. Adote $T_0 = 40°F$.

7.43 Em regime permanente, um motor elétrico desenvolve uma potência através do seu eixo de saída de 0,7 hp enquanto conduz uma corrente de 6 A a 100 V. A superfície externa do motor está a 150°F (65,6°C). Considerando o motor (a) determine, em Btu/h, a taxa da transferência de calor, (b) desenvolva um balanço completo da exergia associada à potência de entrada, em Btu/h. Considere $T_0 = 40°F$ (4,4°C).

7.44 Conforme ilustra a Fig. P7.44, um chip de silício medindo 5 mm de lado e 1 mm de espessura está inserido em um substrato de cerâmica. Em regime permanente, o chip tem uma potência elétrica de entrada de 0,225 W. A superfície superior do chip está exposta a um refrigerante cuja temperatura é de 20°C. O coeficiente de transferência de calor para a convecção entre o chip e o refrigerante é 150 W/m² · K. A transferência de calor por condução entre o chip e o substrato é desprezível. Determine (a) a temperatura na superfície do chip, em °C, e (b) a taxa de destruição de exergia no interior do chip, em W. Quais são as causas de destruição de exergia neste caso? Adote $T_0 = 293$ K.

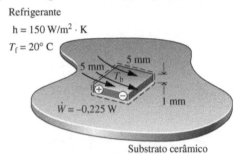

Fig. P7.44

7.45 Um aquecedor elétrico de água, com uma capacidade de 200 litros, aquece a água de 23°C para 55°C. A transferência de calor a partir do exterior do aquecedor de água é desprezível, e os estados do elemento de aquecimento elétrico e do reservatório de água não variam de maneira significativa. Realize um balancete completo da exergia, em kJ, associada à eletricidade fornecida para o aquecedor de água. Modele a água como incompressível e com um calor específico $c = 4,18$ kJ/kg · K. Considere $T_0 = 23°C$.

7.46 Um reservatório térmico a 1000 K encontra-se separado de outro reservatório a 350 K por uma barra de secção transversal quadrada de 1 cm por 1 cm e isolada em suas superfícies externas. Sob regime permanente, a transferência de energia ocorre por condução na barra, cujo comprimento é L e tem condutividade térmica 0,5 kW/m · K. Elabore um gráfico das seguintes quantidades, em kW, contra L entre 0,01 a 1 m: (i) taxa de condução na barra; (ii) as taxas de exergia acompanhando as transferências de calor da barra e para a barra e (iii) a taxa de destruição de exergia. Assuma $T_0 = 300$ K.

7.47 Quatro quilogramas de uma mistura bifásica líquido-vapor de água, inicialmente a 300°C, e $x_1 = 0,5$, passam por dois processos diferentes descritos a seguir. Para cada caso, a mistura é levada do estado inicial para um estado de vapor saturado, enquanto o volume permanece constante. Para cada processo, determine a variação de exergia da água, as transferências líquidas de exergia por trabalho e calor e a quantidade de

exergia destruída, todas em kJ. Considere $T_0 = 300$ K, $p_0 = 1$ bar e ignore os efeitos de movimento e gravidade. Comente sobre a diferença entre os valores de destruição de exergia.
(a) O processo ocorre adiabaticamente pela agitação realizada por um impelidor.
(b) O processo é provocado por uma transferência de calor de um reservatório térmico a 610 K. A temperatura da água no local em que ocorre a transferência de calor é 610 K.

7.48 Conforme ilustrado na Fig. P7.48, meia libra (0,23 kg) de nitrogênio (N_2) contida em um conjunto cilindro-pistão, inicialmente a 80°F (26,7°C) e 20 lbf/in² (137,9 kPa), é comprimida isotermicamente até uma pressão final de 100 lbf/in² (689,5 kPa). Durante a compressão, o nitrogênio rejeita energia por transferência de calor através da parede final do cilindro, a qual apresenta as temperaturas interna e externa de 80°F e 70°F (21,1°C), respectivamente.
(a) Considerando que o nitrogênio é o sistema, avalie o trabalho, a transferência de calor, as transferências de exergia associadas ao trabalho e à transferência de calor e a quantidade de exergia destruída, todos em Btu.
(b) Avalie a quantidade de exergia destruída, em Btu, para um sistema ampliado que inclui o nitrogênio e a parede, supondo que o estado da parede se mantém inalterado. Comente.
Use o modelo de gás ideal para o oxigênio e considere $T_0 = 70°F$, $p_0 = 14,7$ lbf/in² (101,3 kPa).

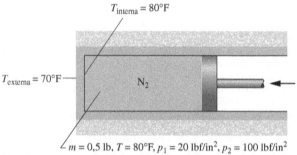

Fig. P7.48

7.49 Ar inicialmente a 1 atm, 500°R (4,6°C), e com uma massa de 2,5 lb (1,1 kg) é mantido em um tanque fechado e rígido. O ar é aquecido lentamente, recebendo 100 Btu (105,5 kJ) por transferência de calor através de uma parede que separa o gás de um reservatório térmico a 800°R (171,3°C). Esta é a única transferência de energia. Supondo que o ar sofre um processo internamente reversível e utilizando o modelo de gás ideal,
(a) determine a variação de exergia e a transferência de exergia associada ao calor, ambas em Btu, para o ar tomado como o sistema.
(b) determine a transferência de exergia associada ao calor e a destruição de exergia, ambas em Btu, para um sistema ampliado que inclui o ar e a parede, partindo do princípio de que o estado da parede permanece inalterado. Compare esse resultado com o do item (a) e comente.
Considere $T_0 = 90°F$ (32,2°C), $p_0 = 1$ atm.

Aplicando o Balanço de Exergia: Volumes de Controle em Regime Permanente

7.50 Determine a exergia específica de fluxo, em Btu/lbmol e Btu/lb, a 440°F (226,7°C), 73,5 lbf/in² (506,8 kPa) para (a) nitrogênio (N_2) e (b) dióxido de carbono (CO_2), ambos modelados como gás ideal e relativos a um ambiente de referência de exergia para o qual $T_0 = 77°F$ (25,0°C), $p_0 = 14,7$ lbf/in² (101,3 kPa). Ignore os efeitos de movimento e gravidade.

7.51 Determine a exergia específica e a exergia específica de fluxo, ambas em Btu/lb, para vapor d'água a 350 lbf/in² (2,4 MPa) e 700°F (371,1°C), com V = 120 ft/s (36,6 m/s) e $z = 80$ ft (24,4 m). A velocidade e a altura são relativas a um ambiente de referência de exergia, para o qual $T_0 = 70°F$ (21,1°C), $p_0 = 14,7$ lbf/in² (101,3 kPa) e $g = 32,2$ ft/s² (9,8 m/s²).

7.52 Água a 24°C e 1 bar é drenada de um reservatório a 1,25 km acima de um vale e escoa através de um turbogerador hidráulico para um lago situado na base do vale. Para uma operação em regime permanente, determine a taxa máxima teórica na qual eletricidade é gerada, em MW, para uma vazão mássica de 110 kg/s. Considere $T_0 = 24°C$, $p_0 = 1$ bar e ignore os efeitos de movimento.

7.53 Em regime permanente, os gases quentes dos produtos da combustão resfriam de 3000°F (1648,9°C) a 250°F (121,1°C) conforme escoam através de um tubo. Devido ao atrito desprezível do fluido, o fluxo ocorre a uma pressão praticamente constante. Aplicando o modelo de gás ideal com $c_p = 0,3$ Btu/lb · °R (1,26 kJ/kg · K), determine a transferência de exergia associada à transferência de calor a partir do gás, em Btu por lb de gás que escoa. Adote $T_0 = 80°F$ (26,7°C) e ignore os efeitos de movimento e gravidade.

7.54 Para a simples instalação de potência a vapor do Problema 6.163, determine, em MW, (a) a taxa *líquida* de exergia que sai da instalação com a água de resfriamento e (b) a taxa *líquida* de exergia que sai da fábrica com a água de resfriamento. Comente os resultados. Adote $T_0 = 20°C$, $p_0 = 1$ atm e ignore os efeitos de movimento e gravidade.

7.55 Vapor d'água entra em uma válvula com uma vazão mássica de 2 kg/s a uma temperatura de 320°C e uma pressão de 60 bar e sofre um processo de estrangulamento até 40 bar.
(a) Determine as taxas de exergia de fluxo na entrada e na saída da válvula e a taxa de destruição de exergia, todas em kW.
(b) Avaliando o custo da exergia em 8,5 centavos por kW · h, determine o custo anual, em US$/ano, associado à destruição de exergia, admitindo 8400 horas de operação anual.
Considere $T_0 = 25°C$, $p_0 = 1$ bar.

7.56 Refrigerante 134a a 100 lbf/in² (689,5 kPa) e 200°F (93,3°C) entra em uma válvula que opera em regime permanente e sofre um processo de estrangulamento.
(a) Determine a temperatura de saída, em °F, e a taxa de destruição de exergia, em Btu por lb, para uma pressão de saída de 50 lbf/in² (344,7 KPa).
(b) Esboce graficamente a temperatura de saída, em °F, e a taxa de destruição de exergia, em Btu por lb de vapor, *versus* a pressão de saída para um intervalo de 50 a 100 lbf/in².
Considere $T_0 = 70°F$ (21,1°C) e $p_0 = 14,7$ lbf/in² (101,3 kPa).

7.57 CO a 250 lbf/in² (1,7 MPa), 850°R (199,1°C) e uma vazão volumétrica de 75 ft³/min (2,12 m³/s) entra em uma válvula que opera em regime permanente e é submetido a um processo de estrangulamento. Admitindo o comportamento do gás ideal,
(a) determine a taxa de destruição de exergia, em Btu/min, para uma pressão de saída de 30 lbf/in² (206,8 kPa).
(b) esboce graficamente a taxa de destruição de exergia, em Btu/min, *versus* a pressão de saída variando de 30 a 250 lbf/in².
Adote $T_0 = 530°R$ (21,3°C) e $p_0 = 15$ lbf/in².

7.58 Vapor d'água a 4,0 MPa e 400°C entra em uma turbina isolada que opera em regime permanente e expande-se para vapor saturado a 0,1 MPa. Os efeitos de movimento e gravidade podem ser desprezados. Determine o trabalho desenvolvido e a destruição de exergia, ambos em kJ por kg de vapor d'água que escoa através da turbina. Adote $T_0 = 27°C$, $p_0 = 0,1$ MPa.

7.59 Ar entra em uma turbina isolada que opera em regime permanente a 8 bar, 500 K e 150 m/s. Na saída da turbina as condições são de 1 bar, 320 K e 10 m/s. Não há qualquer variação significativa de altura. Determine o trabalho desenvolvido e a destruição de exergia, ambos em kJ por kg de ar. Adote $T_0 = 300$ K e $p_0 = 1$ bar.

7.60 Ar entra em uma turbina que opera em regime permanente com uma pressão de 75 lbf/in² (517,1 kPa), a uma temperatura de 800°R (171,3°C) e uma velocidade de 400 ft/s (121,9 m/s). Na saída da turbina, as condições são de 15 lbf/in² (103,4 kPa), 600°R (60,2°C) e 100 ft/s (30,5 m/s). A transferência de calor da turbina para a vizinhança ocorre a uma temperatura média de superfície de 620°R (71,3°C). A taxa de transferência de calor é de 2 Btu/lb (4,6 kJ/kg) de ar que passa pela turbina. Considerando a turbina, determine o trabalho desenvolvido e a exergia destruída, ambos em Btu por lb de ar. Adote $T_0 = 40°F$ (4,4°C) e $p_0 = 15$ lbf/in².

7.61 Vapor entra em uma turbina que opera em regime permanente a 4 MPa e 500°C, com uma vazão mássica de 50 kg/s. Na saída tem-se vapor saturado a 10 kPa e a potência desenvolvida correspondente é de 42 MW. Os efeitos de movimento e gravidade são desprezíveis.
(a) Para um volume de controle englobando a turbina, determine a taxa de transferência de calor, em MW, da turbina para a vizinhança. Admitindo uma temperatura média da superfície externa da turbina de 50°C, determine a taxa de destruição de exergia, em MW.
(b) Se a turbina está localizada em uma instalação em que a temperatura ambiente é de 27°C, determine a taxa de destruição de exergia para um volume de controle ampliado incluindo a turbina e sua vizinhança, de modo que a transferência de calor ocorra à temperatura ambiente. Explique por que os valores de destruição de exergia dos itens (a) e (b) diferem.
Adote $T_0 = 300$ K e $p_0 = 100$ kPa.

338 Capítulo 7

7.62 Uma turbina isolada em regime permanente recebe vapor a 300 lbf/in² (2,07 MPa), 550°F (287,8°C) e o descarrega a 3 lbf/in² (20,7 kPa). Esboce graficamente a taxa de destruição de exergia, em Btu por lb de vapor, *versus* a eficiência isentrópica da turbina variando de 50 a 100%. Os efeitos de movimento e gravidade significam justamente que os efeitos da energia cinética e potencial em engenharia são desprezíveis e $T_0 = 60°F$ (15,6°C), $p_0 = 1$ atm.

7.63 Ar entra em um compressor que opera em regime permanente a $T_1 = 320$ K, $p_1 = 2$ bar e com uma velocidade de 80 m/s. Na saída, $T_2 = 550$ K, $p_2 = 6$ bar e a velocidade é de 180 m/s. O ar pode ser modelado como um gás ideal com $c_p = 1,01$ kJ/kg · K. As perdas de calor podem ser ignoradas. Determine, em kJ por kg de ar, (a) a potência requerida pelo compressor e (b) a taxa de destruição de exergia no interior do compressor. Adote $T_0 = 300$ K, $p_0 = 1$ bar. Ignore os efeitos de movimento e gravidade.

7.64 Monóxido de carbono (CO) a 10 bar, 227°C e com uma vazão mássica de 0,1 kg/s entra em um compressor isolado operando em regime permanente e sai a 15 bar e 327°C. Determine a potência requerida pelo compressor e a taxa de destruição de exergia, ambas em kW. Ignore os efeitos de movimento e gravidade. Adote $T_0 = 17°C$ e $p_0 = 1$ bar.

7.65 Refrigerante 134a a 10°C, 1,8 bar e uma vazão mássica de 5 kg/min entra em um compressor isolado que opera em regime permanente e sai a 5 bar. A eficiência isentrópica do compressor é de 76,04%. Determine
(a) a temperatura do refrigerante ao sair do compressor, em °C.
(b) a potência de acionamento do compressor, em kW.
(c) a taxa de destruição de exergia, em kW.
Ignore os efeitos de movimento e gravidade e adote $T_0 = 20°C$, $p_0 = 1$ bar.

7.66 Ar é admitido em uma turbina operando sob regime permanente a uma pressão de 75 lbf/in² (517,1 kPa), uma temperatura de 800°R (171,3°C) e velocidade de 400 ft/s (121,9 m/s). À saída, as condições são: 15 lbf/in² (103,4 kPa), 600°R (60,2°C) e 100 ft/s (30,5 m/s). Não há variação significativa de altura. A transferência de calor da turbina para as vizinhanças é de 10 Btu por lb (23,26 kJ/kg) de ar e ocorre a uma temperatura média na superfície de 700°R (115,7°C).
(a) Determine o trabalho desenvolvido e a taxa de destruição de exergia, em Btu por lb de ar.
(b) Considere a fronteira do sistema incluindo tanto a turbina quanto uma porção das vizinhanças imediatas, na qual a transferência de calor ocorra a T_0. Determine, em Btu por lb de ar, o trabalho desenvolvido e a taxa de destruição de exergia.
(c) Explique a origem da diferença na taxa de destruição de exergia calculada nos itens (a) e (b).
Assuma $T_0 = 40°F$ e $p_0 = 15$ lbf/in².

7.67 Uma corrente de água quente a 300°F (148,9°C) e 500 lbf/in² (3,4 MPa) com velocidade de 20 ft/s (6,1 m/s) é obtida a partir de uma fonte geotérmica. Determine a exergia específica de fluxo, em Btu/lb. Considere a velocidade relativa ao ambiente de referência, para o qual $T_0 = 77°F$ (25°C) e $p_0 = 1$ atm. Desconsidere o efeito da gravidade.

7.68 Determine a taxa de destruição de exergia, em Btu/min, para o sistema de dutos do Problema 6.107. Adote $T_0 = 500°R$ (4,6°C) e $p_0 = 1$ atm.

7.69 Para o *tubo de vórtice* do Exemplo 6.7, determine a taxa de destruição de exergia, em Btu por lb do ar que entra. Com relação a esses valores de destruição de exergia, comente a afirmação do inventor. Adote $T_0 = 530°R$ (21,3°C) e $p_0 = 1$ atm.

7.70 Vapor d'água a 2 MPa, 360°C e com uma vazão mássica de 0,2 kg/s entra em uma turbina isolada que opera em regime permanente e sai a 300 kPa. Trace a temperatura do vapor descarregado, em °C, a potência desenvolvida pela turbina, em kW, e a taxa de destruição de exergia no interior da turbina, em kW, todas *versus* a eficiência isentrópica da turbina variando de 0% a 100%. Ignore os efeitos de movimento e gravidade. Adote $T_0 = 30°C$ e $p_0 = 0,1$ MPa.

7.71 Vapor entra em uma turbina isolada que opera em regime permanente a 120 lbf/in² (827,4 kPa) e 600°F (315,6°C), e com uma vazão mássica de 3×10^5 lb/h (37,8 kg/s), e expande-se até uma pressão de 10 lbf/in² (68,9 kPa). A eficiência isentrópica da turbina é de 80%. Se a exergia for avaliada em 8 centavos por kW · h, determine
(a) o valor da potência produzida, em US$/h.
(b) o custo da exergia destruída, em US$/h.
(c) Trace os valores da potência produzida e da exergia destruída, ambas em US$/h, *versus* a eficiência isentrópica variando de 80% a 100%.

Ignore os efeitos de movimento e gravidade. Considere $T_0 = 70°F$ (21,1°C) e $p_0 = 1$ atm.

7.72 Considere o trocador de calor com escoamento em paralelo do Problema 4.82. Verifique que a corrente de ar sai a 780°R (160,2°C) e que a corrente de dióxido de carbono sai a 760°R (149,1°C). A pressão é constante para cada corrente. Determine a taxa de destruição de exergia para o trocador de calor, em Btu/s. Considere $T_0 = 537°R$ (25,2°C) e $p_0 = 1$ atm.

7.73 Ar a $T_1 = 1300°R$ (449,1°C) e $p_1 = 16$ lbf/in² (110,3 kPa) entra em um trocador de calor contracorrente que opera em regime permanente e sai a $p_2 = 14,7$ lb/in² (101,3 kPa). Uma outra corrente de ar entra a $T_3 = 850°R$ (199,1°C) e $p_3 = 60$ lbf/in² (413,7 kPa), e sai a $T_4 = 1000°R$ (282,4°C) e $p_4 = 50$ lbf/in² (344,7 kPa). As taxas de fluxo de massa das correntes são iguais. As perdas de calor e os efeitos de movimento e gravidade podem ser ignorados. Admitindo o modelo de gás ideal com $c_p = 0,24$ Btu/lb · °R (1,0 kJ/kg · K), determine (a) T_2, em °R, e (b) a taxa de destruição de exergia no interior do trocador de calor, em Btu por lb de ar em escoamento, (c) faça um gráfico da taxa de destruição de exergia (em Btu por lb de ar em escoamento) em função de p_2 variando de 1 a 50 lbf/in².

7.74 Um trocador de calor contracorrente que opera em regime permanente admite água entrando como vapor saturado a 5 bar a uma vazão mássica de 4 kg/s e saindo como líquido saturado a 5 bar. Ar entra em uma corrente separada a 320 K e 2 bar e sai a 350 K, sem variação de pressão significativa. A transferência de calor entre o trocador e sua vizinhança pode ser desprezada. Determine
(a) a variação da taxa de exergia de fluxo de cada corrente, em kW.
(b) a taxa de destruição de exergia no trocador de calor, em kW.
Ignore os efeitos de movimento e gravidade. Adote $T_0 = 300$ K e $p_0 = 1$ bar.

7.75 Água a $T_1 = 100°F$ (37,8°C) e $p_1 = 30$ lbf/in² (206,8 kPa) entra em um trocador de calor contracorrente que opera em regime permanente com uma vazão mássica de 100 lb/s (45,4 kg/s) e sai a $T_2 = 200°F$ (93,3°C) com aproximadamente a mesma pressão. Ar entra em uma corrente separada a $T_3 = 540°F$ (282,2°C) e sai a $T_4 = 140°F$ (60,0°C) sem nenhuma variação de pressão significativa. O ar pode ser modelado como um gás ideal e as perdas de calor podem ser ignoradas. Determine (a) a vazão mássica do ar, em lb/s, e (b) a taxa de destruição de exergia no interior do trocador de calor, em Btu/s. Ignore os efeitos de movimento e gravidade e adote $T_0 = 60°F$ (15,6°C) e $p_0 = 1$ atm.

7.76 Ar entra em um trocador de calor contracorrente que opera em regime permanente a 27°C e 0,3 MPa, e sai a 12°C. Refrigerante 134a entra a 0,4 MPa, com um título de 0,3 e uma vazão mássica de 35 kg/h. O refrigerante sai a 10°C. Considere que as perdas de calor são desprezíveis e que não há variação significativa de pressão em qualquer das correntes.
(a) Determine a taxa de transferência de calor, em kJ/h, para o fluxo do Refrigerante 134a.
(b) Determine a variação da taxa da exergia de fluxo, em kJ/h, para cada uma das correntes e interprete seu valor e sinal.
Adote $T_0 = 22°C$, $p_0 = 0,1$ MPa e ignore os efeitos de movimento e gravidade.

7.77 Água líquida entra em um trocador de calor que opera em regime permanente a $T_1 = 60°F$ (15,6°C) e $p_1 = 1$ atm e sai a $T_2 = 160°F$ (71,1°C) com uma variação de pressão desprezível. Vapor entra em uma corrente separada, a $T_3 = 20$ lbf/in² (137,9 kPa) e $x_3 = 92\%$, e sai a $T_4 = 140°F$ (60,0°C) e $p_4 = 18$ lbf/in² (124,1 kPa). As perdas de calor e os efeitos de movimento e gravidade são desprezíveis. Adote $T_0 = 60°F$ e $p_0 = 1$ atm. Determine (a) a razão entre as vazões mássicas das duas correntes e (b) a taxa de destruição de exergia, em Btu por lb do vapor que entra no trocador de calor.

7.78 Argônio entra em um bocal que opera em regime permanente a 1300 K, 360 kPa e com uma velocidade de 10 m/s. Na saída do bocal a temperatura e a pressão são de 900 K e 130 kPa, respectivamente. As perdas de calor podem ser ignoradas. Considere o argônio um gás ideal com $k = 1,67$. Determine (a) a velocidade na saída, em m/s, e (b) a taxa de destruição de exergia, em kJ por kg de argônio em escoamento. Adote $T_0 = 293$ K e $p_0 = 1$ bar.

7.79 Oxigênio (O_2) entra em um bocal bem isolado que opera em regime permanente a 80 lbf/in² (551,6 kPa), 1100°R (338°C) e 90 ft/s (27,4 m/s). A pressão na saída do bocal é de 1 lbf/in² (6,9 kPa). A eficiência isentrópica do bocal é de 85%. Considerando o bocal, determine a velocidade de saída, em m/s, e a taxa de destruição de exergia, em Btu por lb de nitrogênio. Considere $T_0 = 70°F$ (21,1°C) e $p_0 = 14,7$ lbf/in² (101,3 kPa).

7.80 A Fig. P7.80 fornece os dados operacionais de um aquecedor de água de alimentação aberto em regime permanente. A transferência de calor do aquecedor de água de alimentação para a sua vizinhança ocorre a uma

temperatura média de superfície de 50°C a uma taxa de 100 kW. Ignore os efeitos de movimento e gravidade. Adote $T_0 = 25°C$, $p_0 = 1$ atm. Determine
(a) a razão entre as vazões mássicas de entrada, $\dot{m}_1/\dot{m}_2$.
(b) a taxa de destruição de exergia, em kW.

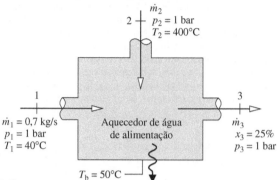

Fig. P7.80

7.81 Um aquecedor de água de alimentação aberto opera em regime permanente com água líquida entrando em 1 a 10 bar, 50°C e uma vazão mássica de 10 kg/s. Uma corrente separada de vapor entra em 2 a 10 bar e 200°C. Líquido saturado a 10 bar sai do aquecedor de água de alimentação. As perdas de calor e os efeitos de movimento e gravidade podem ser ignorados. Adote $T_0 = 20°C$ e $p_0 = 1$ bar. Determine (a) as vazões mássicas das correntes na entrada 2 e na saída, ambas em kg/s, (b) a taxa de destruição de exergia, em kW, e (c) o custo da exergia destruída, em US$/ano, para 8400 horas de operação anuais. Estime a exergia a 8,5 centavos por kW · h.

7.82 A Fig. P7.82 e a tabela apresentada fornece um esboço e os dados operacionais em regime permanente de um misturador que combina duas correntes de ar. A corrente que entra a 1500 K tem 2 kg/s de vazão mássica. As perdas de calor e os efeitos de movimento e gravidade podem ser ignorados. Utilizando o modelo de gás ideal para o ar, determine, em kW, a taxa de destruição de exergia. Adote $T_0 = 300$ K, $p_0 = 1$ bar.

Estado	T(K)	p(bar)	h(kJ/kg)	s°(kJ/kg · K)[a]
1	1500	2	1635,97	3,4452
2	300	2	300,19	1,7020
3	—	1,9	968,08	2,8869

[a] A variável s° aparece na Eq. 6.20a e na Tabela A-22.

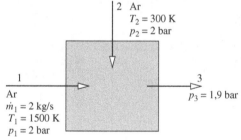

Fig. P7.82

7.83 A Fig. P7.83 apresenta dados operacionais de uma câmara de mistura em regime permanente, na qual entra uma corrente de água líquida e uma corrente de vapor d'água. As duas correntes formam uma mistura que sai como uma corrente de líquido saturado. A transferência de calor da câmara de mistura para a sua vizinhança ocorre a uma temperatura média de superfície de 100°F (37,8°C). Os efeitos de movimento e gravidade são desprezíveis. Adote $T_0 = 70°F$ (21,1°C) e $p_0 = 1$ atm. Para a câmara de mistura, determine, em Btu/s, (a) a taxa de transferência de calor e a taxa de transferência de exergia correspondente e (b) a taxa de destruição de exergia.

50°F = 10,0°C
100°F = 37,8°C
250°F = 121,1°C
5 lb/s = 2,3 kg/s
0,93 lb/s = 0,42 kg/s
20 lbf/in² = 137,9 kPa

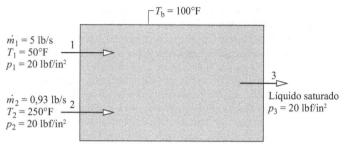

Fig. P7.83

7.84 Água líquida a 20 lbf/in² (137,9 kPa) e 50°F (10,0°C) entra em uma câmara de mistura que opera em regime permanente com uma vazão mássica de 5 lb/s (2,3 kg/s) e se mistura a uma corrente separada de vapor que entra a 20 lbf/in² e 250°F (121,1°C), com uma vazão mássica de 0,38 lb/s (0,17 kg/s). Uma única corrente misturada sai a 20 lbf/in² e 130°F (54,4°C). Ocorre transferência de calor da câmara de mistura para a vizinhança. Despreze os efeitos de movimento e gravidade e adote $T_0 = 70°F$ (21,1°C) e $p_0 = 1$ atm. Determine a taxa de destruição de exergia, em Btu/s, para um volume de controle que engloba a câmara de mistura e o suficiente de sua vizinhança imediata de modo que a transferência de calor ocorra a 70°F.

7.85 Em um dado local de uma instalação industrial, tem-se vapor d'água a 30 bar e 700°C. Em outro local, um vapor a 20 bar e 400°C é necessário para um determinado processo. Um engenheiro sugere que se forneça vapor nessa condição, permitindo a expansão do vapor sob alta pressão por uma válvula até 20 bar e resfriando até 400°C em um trocador de calor em que ocorra transferência de calor para as vizinhanças, a 20°C.
(a) Avalie essa sugestão determinando a taxa de destruição de exergia associada por vazão mássica de vapor (kJ/kg) para a válvula e o trocador de calor. Discuta.
(b) Considerando a exergia a 8 centavos e dólar por kW · h e assumindo a operação sob regime permanente, determine o custo total anual, em dólares, da destruição de exergia para uma vazão de 1 kg/s.
(c) Sugira um método alternativo para obter o vapor nas condições necessárias para que seja preferível termodinamicamente e determine o custo total anual, em dólares, da destruição de exergia para uma vazão de 1 kg/s. Considere $T_0 = 20°C$ e $p_0 = 1$ atm.

7.86 Uma turbina a gás que opera em regime permanente é mostrada na Fig. P7.86. O ar entra no compressor com uma vazão mássica de 5 kg/s a 0,95 bar e 22°C e sai a 5,7 bar. Em seguida o ar passa por um trocador de calor antes de entrar na turbina a 1100 K e 5,7 bar. O ar sai da turbina a 0,95 bar. O compressor e a turbina operam adiabaticamente e os efeitos de movimento e gravidade podem ser ignorados. As eficiências isentrópicas do compressor e da turbina são de 82% e 85%, respectivamente. Utilizando o modelo de gás ideal para o ar, determine, em kW,
(a) a potência *líquida* desenvolvida.
(b) as taxas de destruição de exergia para o compressor e para a turbina.
(c) a taxa *líquida* de exergia transportada da instalação na saída da turbina, $(\dot{E}_{f4} - \dot{E}_{f1})$.
Adote $T_0 = 22°C$ e $p_0 = 0,95$ bar.

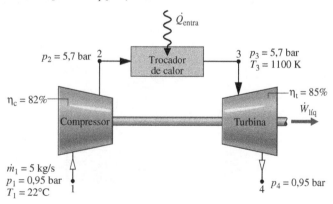

Fig. P7.86

7.87 Considere a *câmara de vaporização* e a turbina do Problema 4.105. Verifique que a vazão mássica do vapor saturado que entra na turbina é de 0,371 kg/s e a potência desenvolvida pela turbina é de 149 kW. Determine a taxa total de destruição de exergia no interior da câmara e da turbina, em kW. Comente. Considere $T_0 = 298$ K.

7.88 A Fig. P7.88 e a tabela apresentada fornece um esboço e os dados operacionais em regime permanente de uma *câmara de vaporização*, equipada com uma válvula na entrada, que produz correntes de vapor saturado e de líquido saturado a partir de uma única corrente de entrada de água líquida. As perdas de calor e os efeitos de movimento e gravidade são desprezíveis. Determine (a) a vazão mássica, em lb/s, para cada uma das correntes de saída da câmara de vaporização e (b) a taxa total de destruição de exergia, em Btu/s. Considere $T_0 = 77°F$, $p_0 = 1$ atm.

Estado	Condição	T(°F)	p(lbf/in²)	h(Btu/lb)	s(Btu/lb · R)
1	líquido	300	80	269,7	0,4372
2	vapor sat.	—	30	1164,3	1,6996
3	líquido sat.	—	30	218,9	0,3682

300°F = 148,9°C	
100 lb/s = 45,4 kg/s	
30 lbf/in² = 206,8 kPa	
80 lbf/in² = 551,6 kPa	

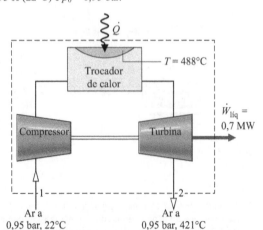

Fig. P7.88

7.89 A Fig. P7.89 mostra uma instalação de potência de turbina a gás que opera em regime permanente, constituída por um compressor, um trocador de calor e uma turbina. O ar entra no compressor com uma vazão mássica de 3,9 kg/s a 0,95 bar e 22°C e sai da turbina a 0,95 bar e 421°C. A transferência de calor para o ar ocorre a uma temperatura média de 488°C, à medida que o ar escoa através do trocador de calor. O compressor e a turbina operam adiabaticamente. Utilizando o modelo de gás ideal para o ar e desprezando os efeitos de movimento e gravidade, determine, em MW, (a) a taxa de transferência de exergia associada à transferência de calor para o ar que escoa pelo trocador de calor.
(b) a taxa *líquida* de exergia transportada da instalação na saída da turbina, $(\dot{E}_{f4} - \dot{E}_{f1})$.
(c) a taxa de destruição de exergia no interior da instalação de potência.
(d) Usando os resultados dos itens (a)–(c), realize um balanço completo da exergia fornecida à instalação de potência associada à transferência de calor. Comente.
Adote $T_0 = 295$ K (22°C) e $p_0 = 0{,}95$ bar.

7.90 A Fig. P7.90 mostra um sistema de geração de potência em regime permanente. Água líquida saturada entra a 80 bar com uma vazão mássica de 94 kg/s. Líquido saturado sai a 0,08 bar com a mesma vazão mássica. Como indicam as setas, ocorrem três transferências de calor, cada qual à temperatura especificada pela seta: a primeira acrescenta 135 MW a 295°C, a segunda acresce 55 MW a 375°C e a terceira retira energia a 20°C. O sistema gera potência a uma taxa de 80 MW. Os efeitos de movimento e gravidade podem ser ignorados. Adote $T_0 = 20°C$ e $p_0 = 1$ atm. Determine, em MW, (a) a taxa de transferência de calor e a taxa de transferência exergia correspondente, e (b) um balancete completo de exergia relativo à exergia *total* fornecida ao sistema com os dois acréscimos de calor e com a exergia *líquida*, $(\dot{E}_{f1} - \dot{E}_{f2})$, transportada pela corrente de água conforme esta passa da entrada para a saída.

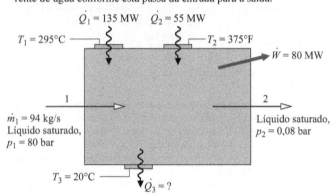

Fig. P7.90

7.91 A Fig. P7.91 mostra uma instalação de potência de turbina a gás que utiliza ar como fluido de trabalho. A tabela apresentada fornece os dados operacionais em regime permanente. O ar pode ser modelado como um gás ideal. As perdas de calor e os efeitos de movimento e gravidade podem ser ignorados. Adote $T_0 = 290$ K, $p_0 = 100$ kPa. Determine, em kJ por kg de ar em escoamento, (a) a potência *líquida* desenvolvida, (b) o aumento da exergia *líquida* do ar que passa pelo trocador de calor, $(e_{f3} - e_{f2})$, e (c) um balancete completo de exergia com base na exergia fornecida à instalação obtida no item (b). Comente.

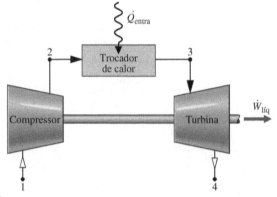

Fig. P7.91

Estado	p(kPa)	T(K)	h(kJ/kg)	s°(kJ/kg K)[a]
1	100	290	290,16	1,6680
2	500	505	508,17	2,2297
3	500	875	904,99	2,8170
4	100	635	643,93	2,4688

[a]A variável s° aparece na Eq. 6.20a e na Tabela A-22.

7.92 Dióxido de carbono (CO_2) entra em uma turbina que opera em regime permanente a 50 bar, 500 K e com uma velocidade de 50 m/s. A área de entrada vale 0,02 m². Na saída, a pressão é de 20 bar, a temperatura é de 440 K e a velocidade é de 10 m/s. A potência desenvolvida pela turbina é de 3 MW, e a transferência de calor ocorre através de uma porção da superfície em que a temperatura média é 462 K. Suponha comportamento de gás ideal para o dióxido de carbono e despreze o efeito da gravidade. Adote $T_0 = 298$ K e $p_0 = 1$ bar.
(a) Determine a taxa de transferência de calor, em kW.
(b) Realize um balancete completo de exergia, em kW, com base na taxa de exergia *líquida* transportada para a turbina pelo dióxido de carbono.

7.93 Ar é comprimido em um compressor de fluxo axial operando sob regime permanente de 27°C e 1 bar até 2,1 bar. O trabalho envolvido é 94,6 kJ por kg de ar fluindo. A transferência de calor do compressor ocorre a uma temperatura média de superfície de 40°C, a uma taxa de 14 kJ por kg de ar. Efeitos de energia cinética e potencial podem ser ignorados. Considere $T_0 = 20°C$ e $p_0 = 1$ atm. Assumindo comportamento de gás ideal, (a) determine a temperatura do ar na saída, em °C; (b) determine a taxa de destruição de exergia no compressor, em kJ por kg de ar fluindo; e (c) elabore um balanço de exergia, em kJ por kg de ar fluindo, baseando-se no trabalho de entrada.

7.94 Um compressor, mostrado na Fig. P7.94, equipado com uma camisa d'água e operando em regime permanente, admite ar com uma vazão volumétrica de 900 m³/h a 22°C e 0,95 bar e o descarrega a 317°C e 8 bar. Água de resfriamento entra na camisa d'água a 20°C e 100 kPa, com uma vazão mássica de 1400 kg/h, e sai a 30°C essencialmente à mesma pressão. Não existe transferência de calor significativa da superfície externa da camisa d'água para a vizinhança, e os efeitos de movimento e gravidade podem ser ignorados. Considerando este compressor, realize um balancete completo de exergia relativo à potência de acionamento. Adote $T_0 = 20°C$, $p_0 = 1$ atm.

Estado	Tipo de fluido	T(°C)	p(bar)	h(kJ/kg)	s°(kJ/kg · K)[a]
1	Ar	22	0,95	295,17	1,68515
2	Ar	317	8	596,52	2,39140

[a]s° é a variável mostrada na Eq. 6.20a e na Tabela A-22.

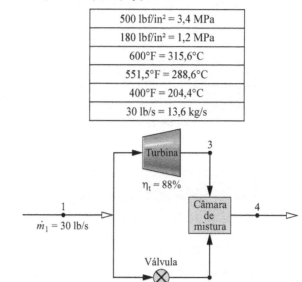

Fig. P7.94

7.95 Argônio é admitido em uma turbina isolada operando sob regime permanente a 1000°C e 2 MPa, com exaustão a 350 kPa. A vazão mássica é 0,5 kg/s e a turbina desenvolve uma potência de 120 kW. Determine:
(a) a temperatura do argônio na saída da turbina, em °C.
(b) a taxa de destruição de exergia, em kW.
(c) a eficiência exergética da turbina.
Desconsidere efeitos de energia cinética e potencial e considere $T_0 = 20°C$ e $p_0 = 1$ atm.

7.96 A Fig. P7.96 mostra água líquida a 80 lbf/in² (551,6 kPa) e 300°F (148,9°C) entrando em uma câmara de vaporização através de uma válvula, a uma taxa de 22 lb/s (10,0 kg/s). Na saída da válvula, a pressão é de 42 lbf/in² (289,6 kPa). Líquido saturado é retirado pelo fundo da câmara de vaporização a 40 lbf/in² (275,8 kPa) e vapor saturado é descarregado próximo ao topo a 40 lbf/in². Uma turbina recebe o vapor gerado com uma eficiência isentrópica de 90% e uma pressão de saída de 2 lbf/in² (13,8 kPa). Considerando que a operação ocorre em regime permanente, que a transferência de calor com a vizinhança é desprezível e que não há efeitos significativos de movimento e gravidade, realize um balancete completo de exergia, em Btu/s, associado à taxa *líquida* na qual a exergia é fornecida: $(\dot{E}_{f1} - \dot{E}_{f3} - \dot{E}_{f5})$. Adote $T_0 = 500°R$ (4,6°C) e $p_0 = 1$ atm.

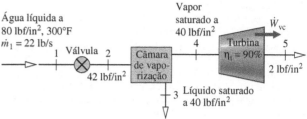

Fig. P7.96

7.97 A Fig. P7.97 fornece dados operacionais em regime permanente para uma válvula de expansão em paralelo com uma turbina a vapor com 88% de eficiência isentrópica. Os fluxos que saem da válvula e da turbina se misturam em uma câmara de mistura. A transferência de calor com a vizinhança e os efeitos de movimento e gravidade podem ser desprezados. Determine:
(a) a potência desenvolvida pela turbina, em Btu/s.
(b) as vazões mássicas através da turbina e da válvula, ambas em lb/s.
(c) um balancete completo de exergia, em Btu/s, relativo à taxa *líquida* à qual a exergia é fornecida: $(\dot{E}_{f1} - \dot{E}_{f4})$.
Adote $T_0 = 500°R$ (4,6°C) e $p_0 = 1$ atm.

500 lbf/in² = 3,4 MPa
180 lbf/in² = 1,2 MPa
600°F = 315,6°C
551,5°F = 288,6°C
400°F = 204,4°C
30 lb/s = 13,6 kg/s

Fig. P7.97

Estado	p(lbf/in²)	T(°F)	h(Btu/lb)	s(Btu/lb · °R)
1	500	600	1298,3	1,5585
2	180	551,5	1298,3	1,6650
3	180	—	1212,2	1,5723
3s	180	—	1200,5	1,5585
4	180	400	1214,4	1,5749

Utilizando Eficiências Exergéticas

7.98 Estabeleça e avalie uma eficiência exergética para o aquecedor de água do Problema 7.45.

7.99 Avalie a eficiência exergética dada pela Eq. 7.25 para o compressor do Exemplo 6.14. Considere $T_0 = 20°C$, $p_0 = 1$ atm.

7.100 Avalie a eficiência exergética dada pela Eq. 7.27 para o trocador de calor do Exemplo 7.6, com os estados numerados para o caso em questão.

7.101 Com relação à discussão da Seção 7.6.2, conforme solicitado, determine a eficiência exergética para cada um dos seguintes casos, admitindo operação em regime permanente com efeitos desprezíveis de transferência de calor com a vizinhança:
(a) Turbina: $\dot{W}_{vc} = 1200$ hp (894,8 kW), $e_{f1} = 250$ Btu/lb (581,5 kJ/kg), $e_{f2} = 15$ Btu/lb (34,9 kJ/kg), $\dot{m} = 240$ lb/min (1,8 kg/s).
(b) Compressor: $\dot{W}_{vc}/\dot{m} = -105$ kJ/kg, $e_{f1} = 5$ kJ/kg, $e_{f2} = 90$ kJ/kg, $\dot{m} = 2$ kg/s.
(c) Trocador de calor contracorrente: $\dot{m}_h = 3$ kg/s, $\dot{m}_c = 10$ kg/s, $e_{f1} = 2100$ kJ/kg, $e_{f2} = 300$ kJ/kg, $\dot{E}_d = 3,4$ MW.
(d) Trocador de calor de contato direto: $\dot{m}_1 = 10$ lb/s (4,5 kg/s), $\dot{m}_3 = 15$ lb/s (6,8 kg/s), $e_{f1} = 1000$ Btu/lb (2326,0 kJ/kg), $e_{f2} = 50$ Btu/lb (116,3 kJ/kg), $e_{f3} = 400$ Btu/lb (930,4 kJ/kg).

7.102 Esboce graficamente a eficiência exergética dada pela Eq. 7.21b *versus* T_u/T_0 para $T_f/T_0 = 8,0$ e $\eta = 0,4, 0,6, 0,8, 1,0$. O que se pode perceber do gráfico para T_u/T_0 fixo? E para ε fixo? Discuta.

7.103 Uma turbina a vapor, operando sob regime permanente, desenvolve 950 hp. A turbina recebe 100.000 libras de vapor por hora a 400 lbf/in² (2,76 MPa) e 600°F (315,6°C). Em um ponto da turbina onde a pressão é 60 lbf/in² (413,7 kPa) e a temperatura 300°F (148,9°C), o vapor é coletado a 25.000 lb/h (11.339,8 kg/h). O vapor restante continua a se expandir na turbina, saindo a 2 lbf/in² (13,8 kPa) e título 90%.
(a) Determine a taxa de transferência de calor entre a turbina e as vizinhanças, em Btu/h.
(b) Avalie a eficiência exergética da turbina.
Desconsidere efeitos de energia cinética e potencial e considere $T_0 = 77°F$ (25°C) e $p_0 = 1$ atm.

7.104 A Fig. P7.104 fornece duas opções para a geração de água quente em regime permanente. Em (a), obtém-se água quente por meio de *calor residual industrial* fornecido a uma temperatura de 500 K. Em (b), obtém-se água quente por meio de uma resistência elétrica. Para cada caso, elabore e avalie uma eficiência exergética. Compare os valores calculados das eficiências e comente. As perdas de calor e os efeitos de movimento e gravidade são desprezíveis. Adote $T_0 = 20°C$, $p_0 = 1$ bar.

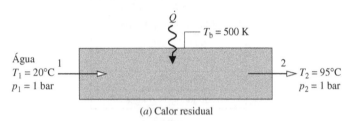

(a) Calor residual

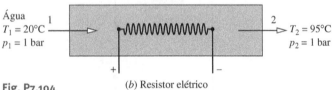

Fig. P7.104 (b) Resistor elétrico

7.105 Vapor entra em uma turbina que opera em regime permanente a $p_1 = 12$ MPa e $T_1 = 700°C$ e sai a $p_2 = 0,6$ MPa. A eficiência isentrópica da turbina é de 88%. Dados de propriedades são fornecidos na tabela correspondente. As perdas de calor e os efeitos de movimento e gravidade são desprezíveis. Adote $T_0 = 300$ K e $p_0 = 100$ kPa. Determine (a) a potência desenvolvida e a taxa de destruição de exergia, em kJ por kg de vapor em escoamento, e (b) a eficiência exergética da turbina.

Estado	p(MPa)	T(°C)	h(kJ/kg)	s(kJ/kg · K)
Entrada da turbina	12	700	3858,4	7,0749
Saída da turbina	0,6	(n_t = 88%)	3017,5	7,2938

7.106 Água líquida saturada a 0,01 MPa entra em uma bomba de uma instalação de potência que opera em regime permanente. Água líquida sai da bomba a 10 MPa. A eficiência isentrópica da bomba é de 90%. Dados de propriedades são fornecidos na tabela correspondente. As perdas de calor e os efeitos de movimento e gravidade são desprezíveis. Adote $T_0 = 300$ K e $p_0 = 100$ kPa. Determine (a) a potência requerida pela bomba e a taxa de destruição de exergia, ambas em kJ por kg de água, e (b) a eficiência exergética da bomba.

Estado	p(MPa)	h(kJ/kg)	s(kJ/kg · K)
Entrada da bomba	0,01	191,8	0,6493
Saída da bomba	10	204,5	0,6531

7.107 Uma turbina a vapor isolada desenvolve em regime permanente trabalho a uma taxa de 389,1 Btu/lb (905,0 kJ/kg) de vapor escoando pela turbina. O vapor entra a 1200 psia (8,3 MPa) e 1100°F (593,3°C) e sai a 14,7 psia (101,3 kPa). Avalie a eficiência isentrópica da turbina. Ignore os efeitos de movimento e gravidade. Adote $T_0 = 70°F$ (21,1°C) e $p_0 = 14,7$ psia.

7.108 Nitrogênio (N₂) a 25 bar e 450 K entra em uma turbina e se expande até 2 bar e 250 K, com uma vazão mássica de 0,2 kg/s. A turbina opera em regime permanente com transferência de calor desprezível com a vizinhança. Admitindo o modelo de gás ideal com $k = 1,399$ e ignorando os efeitos de movimento e gravidade, determine
(a) a eficiência isentrópica da turbina.
(b) a eficiência exergética da turbina.
Adote $T_0 = 25°C$ e $p_0 = 1$ atm.

7.109 Ar é admitido em um duto como mostrado na Fig. P7.109 a uma temperatura de 60°F (15,6°C) e pressão de 1 atm, saindo a 140°F (60°C) e pressão ligeiramente menor que 1 atm. Energia elétrica, a uma taxa de 0,1 kW, é fornecida a uma resistência. Efeitos de energia cinética e potencial podem ser desconsiderados. Para a operação sob regime permanente

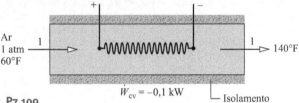

Fig. P7.109

(a) determine a taxa de destruição de exergia, em kW.
(b) avalie a eficiência exergética do aquecedor.
Desconsidere efeitos de energia cinética e potencial e considere $T_0 = 60°F$ e $p_0 = 1$ atm.

7.110 Ar entra em uma turbina isolada que opera em regime permanente com uma pressão de 5 bar, uma temperatura de 500 K e uma vazão volumétrica de 3 m³/s. Na saída, a pressão é 1 bar. A eficiência isentrópica da turbina é de 76,7%. Admitindo o modelo de gás ideal e ignorando os efeitos de movimento e da gravidade, determine
(a) a potência desenvolvida e a taxa de destruição de exergia, ambas em kW.
(b) a eficiência exergética da turbina.
Considere $T_0 = 20°C$ e $p_0 = 1$ bar.

7.111 Vapor d'água a 200 lbf/in² (1,4 MPa) e 660°F (348,9°C) entra em uma turbina que opera em regime permanente com uma vazão mássica de 16,5 lb/min (0,12 kg/s) e sai a 14,7 lbf/in² (101,3 kPa) e 238°F (114,4°C). As perdas de calor e os efeitos de movimento e gravidade podem ser ignorados. Adote $T_0 = 537°R$ (25,2°C) e $p_0 = 14,7$ lbf/in². Determine para a turbina (a) a potência desenvolvida e a taxa de destruição de exergia, ambas em Btu/min, e (b) as eficiências isentrópica e exergética da turbina.

7.112 Vapor d'água a 6 MPa e 600°C entra em uma turbina que opera em regime permanente e expande adiabaticamente até 10 kPa. A vazão mássica é de 2 kg/s e a eficiência isentrópica da turbina é de 94,7%. Os efeitos das energias cinética e potencial são desprezíveis. Determine
(a) a potência desenvolvida pela turbina, em kW.
(b) a taxa de destruição de exergia no interior da turbina, em kW.
(c) a eficiência isentrópica da turbina.
Considere $T_0 = 298$ K e $p_0 = 1$ atm.

7.113 A Fig. P7.113 mostra uma turbina que opera em regime permanente com vapor entrando a $p_1 = 30$ bar e $T_1 = 350°C$ e uma vazão mássica de 30 kg/s. Vapor de processo é extraído a $p_2 = 5$ bar e $T_2 = 200°C$. O restante do vapor sai a $p_3 = 0,15$ bar, $x_3 = 90\%$ e uma vazão mássica de 25 kg/s. As perdas de calor e os efeitos de movimento e gravidade são desprezíveis. Adote $T_0 = 25°C$ e $p_0 = 1$ bar. A tabela correspondente fornece dados de propriedades para certos estados. Para a turbina, determine a potência desenvolvida e a taxa de destruição de exergia, ambas em MW. Além disso, estabeleça e avalie uma eficiência exergética para a turbina.

Estado	p(bar)	T(°C)	h(kJ/kg)	s(kJ/kg · K)
1	30	350	3115,3	6,7428
2	5	200	2855,4	7,0592
3	0,15	(x = 90%)	2361,7	7,2831

Fig. P7.113

7.114 Para o conjunto formado por turbina e trocador de calor do Problema 6.112, avalie uma eficiência exergética para (a) cada turbina, (b) o trocador de calor, e (c) um volume de controle global que inclua as turbinas e o trocador de calor. Comente. Adote $T_0 = 300$ K e $p_0 = 1$ bar.

7.115 A Fig. P7.115 e a tabela correspondente fornecem dados operacionais para uma turbina a vapor de dois estágios. As perdas de calor e os efeitos de movimento e gravidade são desprezíveis. Para cada estágio da turbina, determine o trabalho desenvolvido, em kJ por kg de vapor em escoamento, e a eficiência exergética da turbina. Para o conjunto correspondente a turbina de dois estágios, elabore e avalie uma eficiência exergética. Adote $T_0 = 298$ K e $p_0 = 1$ atm.

Estado	T(°C)	p(bar)	h(kJ/kg)	s(kJ/kg · K)
1	550	100	3500	6,755
2	330	20,1	3090	6,878
3	(x = 93,55%)	0,5	2497	7,174

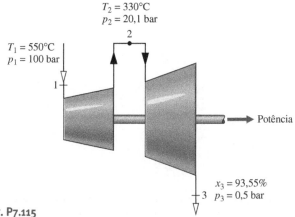

Fig. P7.115

7.116 Vapor a 450 lbf/in² (3,1 MPa) e 700°F (371,1°C) entra em uma turbina bem isolada que opera em regime permanente e sai como vapor saturado a uma pressão p.
(a) Para $p = 50$ lbf/in² (344,7 kPa), determine a taxa de destruição de exergia, em Btu por lb de vapor em expansão através da turbina, e as eficiências exergética e isentrópica da turbina.
(b) Esboce graficamente a taxa de destruição de exergia, em Btu por lb de vapor, e as eficiências exergéticas isentrópicas, *versus* a pressão p variando de 1 a 50 lbf/in² (6,9 a 344,7 kPa).
Ignore os efeitos de movimento e gravidade, e adote $T_0 = 70°F$ (15,6°C) e $p_0 = 1$ atm.

7.117 Vapor d'água saturado a 500 lbf/in² (3,4 MPa) entra uma turbina isolada que opera em regime permanente. Uma mistura bifásica líquido–vapor sai a 0,4 lbf/in² (2,8 kPa). Esboce graficamente as grandezas que se seguem *versus* o título do vapor na saída da turbina para um intervalo de 75% a 100%:
(a) a potência desenvolvida e a taxa de destruição de exergia, ambas em Btu por lb de vapor.
(b) a eficiência isentrópica da turbina.
(c) a eficiência exergética da turbina.
Adote $T_0 = 70°F$ (15,6°C) e $p_0 = 1$ atm. Ignore os efeitos de movimento e gravidade.

7.118 O₂ entra em uma turbina isolada que opera em regime permanente a 900°C e 3 MPa e sai a 400 kPa. A vazão mássica é de 0,75 kg/s. Esboce graficamente as seguintes grandezas *versus* a temperatura na saída da turbina, em °C:
(a) a potência desenvolvida, em kW.
(b) a taxa de destruição de exergia na turbina, em kW.
(c) a eficiência exergética na turbina.
Para o O₂, utilize o modelo de gás ideal com $k = 1,395$. Despreze os efeitos de movimento e gravidade. Considere $T_0 = 30°C$ e $p_0 = 1$ bar.

7.119 Uma turbina a vapor isolada que opera em regime permanente pode ser operada em condições de carregamento parcial estrangulando-se o vapor a uma pressão inferior antes que este entre na turbina. Antes do estrangulamento, o vapor encontra-se a 200 lbf/in² (1,4 MPa) e 600°F (315,6°C). Após o estrangulamento, a pressão é de 150 lbf/in² (1,0 MPa). Na saída da turbina, o vapor encontra-se a 1 lbf/in² (6,9 kPa) e a um título x. Considerando a turbina, esboce graficamente a taxa de destruição de exergia, em kJ/kg de vapor, e a eficiência exergética, ambas em contraposição a x variando de 90% a 100%. Abandone os efeitos de movimento e gravidade e adote $T_0 = 60°F$ (15,6°C) e $p_0 = 1$ atm.

7.120 Uma bomba que opera em regime permanente admite água líquida saturada a 65 lbf/in² (448,2 kPa) a uma taxa de 10 lb/s (4,5 kg/s) e descarrega essa água a 1000 lbf/in² (6,9 MPa). A eficiência isentrópica da bomba é de 80,22%. A transferência de calor com a vizinhança e os efeitos de movimento e gravidade podem ser desprezados. Se $T_0 = 75°F$ (23,9°C), determine para a bomba:
(a) a taxa de destruição de exergia, em Btu/s.
(b) a eficiência exergética.

7.121 Refrigerante 134a na condição de vapor saturado a –10°C entra em um compressor que opera em regime permanente com uma vazão mássica de 0,3 kg/s. Na saída do compressor, a pressão do refrigerante é de 5 bar. As perdas de calor e os efeitos de movimento e gravidade podem ser ignorados. Se a taxa de destruição de exergia no interior do compressor deve ser mantida menor do que 2,4 kW, determine os intervalos permitidos para (a) a potência, em kW, requerida pelo compressor, e (b) a eficiência exergética do compressor. Adote $T_0 = 298$ K e $p_0 = 1$ bar.

7.122 Vapor d'água saturado a 400 lbf/in² (2,8 MPa) é admitido em uma turbina isolada sob regime permanente. À saída, a pressão é 0,6 lbf/in² (4,1 kPa). O trabalho desenvolvido é 306 Btu por lb (711,8 kJ/kg) de vapor passando pela turbina. Efeitos de energia cinética e potencial podem ser desconsiderados. Considere $T_0 = 60°F$ (15,6°C) e $p_0 = 1$ atm. Determine:
(a) a taxa de destruição de exergia, em Btu por lb de vapor.
(b) a eficiência isentrópica da turbina.
(c) a eficiência exergética da turbina.

7.123 A Fig. P7.123 ilustra um trocador de calor contracorrente com dióxido de carbono (CO₂) e ar escoando nos tubos interno e externo, respectivamente. A figura fornece dados da operação em regime permanente. O trocador de calor é um componente de um sistema global que opera em uma região ártica, onde a temperatura ambiente anual média é de 20°F (–6,7°C). A transferência de calor entre o trocador de calor e sua vizinhança pode ser desprezada, assim como os efeitos de movimento e gravidade. Calcule para o trocador de calor
(a) a taxa de destruição de exergia, em Btu/s.
(b) a eficiência exergética dada pela Eq. 7.27.
Adote $T_0 = 20°F$ e $p_0 = 1$ atm.

7.124 Um trocador de calor contracorrente que opera em regime permanente apresenta óleo e água líquida escoando em fluxos separados. O óleo é

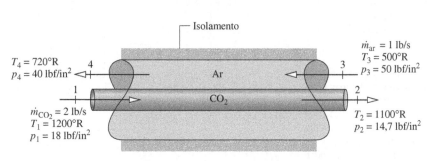

Fig. P7.123

500°R = 4,6°C	
720°R = 126,8°C	
1100°R = 338,0°C	
1200°R = 393,5°C	
1 lb/s = 0,45 kg/s	
2 lb/s = 0,91 kg/s	
14,7 lbf/in² = 101,3 kPa	
18 lbf/in² = 124,1 kPa	
40 lbf/in² = 275,8 kPa	
50 lbf/in² = 344,7 kPa	

resfriado de 700 para 580°R (115,7 a 49,1°C), enquanto a temperatura da água aumenta de 530 para 560°R (21,3 para 38,0°C). Nenhum fluxo experimenta variação de pressão. A vazão mássica da água é de 3 lb/s (1,4 kg/s). O óleo e água podem ser considerados incompressíveis e com calores específicos constantes de 0,51 e 1,00 Btu/lb · °R (2,1 e 4,2 kJ/kg · K), respectivamente. A transferência de calor entre o trocador de calor e sua vizinhança pode ser ignorada, assim como os efeitos de movimento e gravidade. Determine
(a) a vazão mássica da água, em lb/h.
(b) a eficiência exergética dada pela Eq. 7.27.
(c) o custo horário de destruição de exergia, que é avaliado em 8,5 centavos por kW · h.
Adote $T_0 = 50°F$ (10,0°C) e $p_0 = 1$ atm.

7.125 Na caldeira de uma instalação de potência existem tubos pelos quais a água escoa conforme é levada de 0,6 MPa e 130°C a 200°C essencialmente à mesma pressão. Os gases de combustão com vazão mássica de 400 kg/s que passam sobre os tubos resfriam-se de 827°C a 327°C basicamente à mesma pressão. Os gases de combustão podem ser modelados como ar na situação de gás ideal. Não existe transferência de calor importante entre a caldeira e sua vizinhança. Admitindo regime permanente e desprezando os efeitos de movimento e gravidade, determine
(a) a vazão mássica da água, em kg/s.
(b) a taxa de destruição de exergia, em kJ/s.
(c) a eficiência exergética dada pela Eq. 7.27.
Adote $T_0 = 25°C$ e $p_0 = 1$ atm.

7.126 Na caldeira de uma instalação de potência existem tubos pelos quais a água escoa conforme é levada de uma condição de líquido saturado a 1000 lbf/in² (6,9 MPa) a 1300°F (704,4°C), essencialmente a uma pressão constante. Gases de combustão que passam sobre os tubos resfriam-se de 1740°F (948,9°C) para uma temperatura T, essencialmente à pressão constante. As vazões mássicas do vapor e dos gases de combustão são 400 e 2995,1 lb/s (181,4 e 1358,5 kg/s), respectivamente. Os gases de combustão podem ser modelados como ar na situação de gás ideal. Não há transferência de calor importante entre a caldeira e sua vizinhança. Admitindo regime permanente e desprezando os efeitos de movimento e gravidade, determine:
(a) a temperatura de saída T dos gases de combustão, em °F.
(b) a taxa de destruição de exergia, em Btu/s.
(c) a eficiência exergética dada pela Eq. 7.27.
Adote $T_0 = 50°F$ (10,0°C) e $p_0 = 1$ atm.

7.127 Refrigerante 134a entra em um trocador de calor contracorrente que opera em regime permanente a –32°C, com um título de 40%, e sai como vapor saturado a –32°C. O ar entra em uma corrente separada com uma vazão mássica de 5 kg/s e é resfriado de 300 K para 250 K à pressão constante de 1 bar. A transferência de calor entre o trocador de calor e sua vizinhança pode ser ignorada, assim como os efeitos de movimento e gravidade.
(a) Esboce a variação da temperatura com a posição para cada corrente, como na Fig. E7.6. Localize T_0 no esboço.
(b) Determine a taxa de destruição de exergia no interior do trocador de calor, em kW.
(c) Estabeleça e avalie uma eficiência exergética para o trocador de calor.
Adote $T_0 = 300$ K e $p_0 = 1$ bar.

7.128 Vapor d'água saturado a 1 bar entra em um trocador de calor de contato direto que opera em regime permanente e se mistura com uma corrente de água líquida que entra a 25°C e 1 bar. Uma mistura bifásica líquido-vapor sai a 1 bar. As correntes de entrada têm a mesma vazão mássica. Desprezando a transferência de calor com a vizinhança, bem como os efeitos de movimento e gravidade, determine para o trocador de calor:
(a) a taxa de destruição de exergia, em kJ por kg da mistura na saída.
(b) a eficiência exergética dada pela Eq. 7.29.
Adote $T_0 = 20°C$ e $p_0 = 1$ bar.

7.129 A Fig. P7.129 e a tabela apresentada fornecem os dados operacionais em regime permanente de um trocador de calor de contato direto equipado com uma válvula. A substância de trabalho é a água. A vazão mássica da corrente de saída corresponde a 20 lb/s (9,1 kg/s). As perdas de calor e os efeitos de movimento e gravidade podem ser ignorados. Para um volume de controle global, (a) calcule a taxa de destruição de exergia, em Btu/s, e (b) elabore e avalie uma eficiência exergética. Adote $T_0 = 60°F$ (15,6°C), $p_0 = 14,7$ lbf/in² (101,3 kPa).

Estado	T(°F)	p(lbf/in²)	h(Btu/lb)	s(Btu/lb · R)
1	60	14,7	28,1	0,0556
2	500	20,0	1286,8	1,8919
3	320	14,7	1202,1	1,8274

60°F = 15,6°C
320°F = 160,0°C
500°F = 260,0°C
20 lb/s = 9,1 kg/s
14,7 lbf/in² = 101,3 kPa
20 lbf/in² = 137,9 kPa

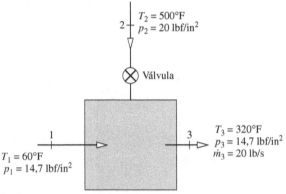

Fig. P7.129

7.130 Para o sistema de armazenamento de energia por meio de ar comprimido do Problema 4.114, determine a quantidade de destruição de exergia associada com o preenchimento da caverna, em GJ. Elabore e avalie a eficiência exergética correspondente. Comente. Adote $T_0 = 290$ K, $p_0 = 1$ bar.

7.131 A Fig. P7.131 e a tabela apresentada fornecem os dados operacionais em regime permanente de um *sistema de cogeração* que produz potência e 50.000 lb/h (6,3 kg/s) de vapor de processo. As perdas de calor e os efeitos de movimento e gravidade podem ser ignorados. A eficiência isentrópica da bomba é de 100%. Determine
(a) a potência líquida desenvolvida, em Btu/h.
(b) o aumento da exergia líquida da água que passa pelo gerador de calor, $\dot{m}_1(e_{f1} - e_{f4})$, em Btu/h.
(c) um balanço completo de exergia com base na exergia fornecida ao sistema obtido no item (b).
(d) Usando o resultado do item (c), elabore e avalie uma eficiência exergética para o sistema de cogeração global. Comente.
Adote $T_0 = 70°F$, $p_0 = 1$ atm.

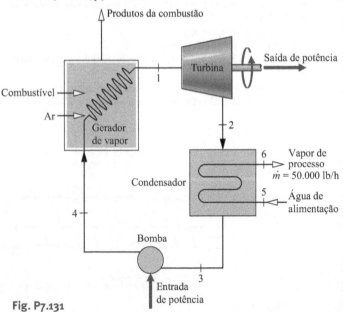

Fig. P7.131

Estado	T(°F)	p(lbf/in²)	h(Btu/lb)	s(Btu/lb · R)
1	700	800	1338	1,5471
2	—	180	1221	1,5818
3	(x_3 = 0%)	180	346	0,5329
4	—	800	348	0,5329
5	250	140	219	0,3677
6	(x_6 = 100%)	140	1194	1,5761

7.132 A Fig. P7.132 mostra um sistema de *cogeração* que produz dois produtos úteis: potência líquida e vapor de processo. A tabela correspondente fornece dados em regime permanente da vazão mássica, da temperatura, da pressão e da exergia de fluxo em dez estados numerados na figura. As perdas de calor e os efeitos de movimento e gravidade podem ser ignorados. Adote T_0 = 298,15 K e p_0 = 1,013 bar. Determine, em MW,
(a) a taxa de exergia *líquida* transportada com o vapor de processo, ($\dot{E}_{f9} - \dot{E}_{f8}$).
(b) a taxa de exergia *líquida* transportada com os produtos da combustão, ($\dot{E}_{f7} - \dot{E}_{f1}$).
(c) as taxas de destruição de exergia no ar pré-aquecedor, no gerador de vapor com recuperação de calor e na câmara de combustão.
Estabeleça e avalie uma eficiência exergética para o sistema global de cogeração.

Estado	Substância	Taxa de Fluxo de Massa (kg/s)	Temperatura (K)	Pressão (bar)	Taxa de Fluxo de Exergia $\dot{E}_f$(MW)
1	Ar	91,28	298,15	1,013	0,00
2	Ar	91,28	603,74	10,130	27,54
3	Ar	91,28	850,00	9,623	41,94
4	Produtos da combustão	92,92	1520,00	9,142	101,45
5	Produtos da combustão	92,92	1006,16	1,099	38,78
6	Produtos da combustão	92,92	779,78	1,066	21,75
7	Produtos da combustão	92,92	426,90	1,013	2,77
8	Água	14,00	298,15	20,000	0,06
9	Água	14,00	485,57	20,000	12,81
10	Metano	1,64	298,15	12,000	84,99

7.133 A Fig. P7.133 mostra um sistema *combinado* que consiste em uma instalação de potência a vapor e de turbina a gás que opera em regime permanente. A instalação relativa à turbina a gás está numerada de 1 a 5. A instalação de potência a vapor está numerada de 6 a 9. A tabela correspondente fornece dados desses estados numerados. O valor total da potência *líquida* de saída é de 45 MW e a vazão mássica da água que escoa através da instalação de potência a vapor é de 15,6 kg/s. Ar escoa pela instalação de potência de turbina a gás e o modelo de gás ideal aplica-se ao ar. As perdas de calor e os efeitos de movimento e gravidade podem ser ignorados. Adote T_0 = 300 K e p_0 = 100 kPa. Determine:
(a) a vazão mássica do ar que escoa através da turbina a gás, em kg/s.
(b) a taxa de exergia *líquida* transportada com a corrente do ar de exaustão, ($\dot{E}_{f5} - \dot{E}_{f1}$), em MW.
(c) a taxa de destruição de exergia no compressor e na bomba, ambas em MW.
(d) o aumento da taxa *líquida* de exergia do ar que escoa pelo combustor, ($\dot{E}_{f3} - \dot{E}_{f2}$), em MW.
Estabeleça e avalie uma eficiência exergética para a instalação de potência combinada global.

Turbina a Gás			Ciclo do Vapor		
Estado	h(kJ/kg)	s°(kJ/kg · K)[a]	Estado	h(kJ/kg)	s(kJ/kg · K)
1	300,19	1,7020	6	183,96	0,5975
2	669,79	2,5088	7	3138,30	6,3634
3	1515,42	3,3620	8	2104,74	6,7282
4	858,02	2,7620	9	173,88	0,5926
5	400,98	1,9919			

[a]A variável s° aparece na Eq. 6.20a e na Tabela A-22.

Considerando a Termoeconomia

7.134 Uma caldeira de alta pressão e uma caldeira de baixa pressão são adicionadas a um sistema de geração de vapor de uma instalação. Ambas as caldeiras usam o mesmo combustível e em regime permanente têm aproximadamente a mesma taxa de perda de energia por transferência de calor. A temperatura média dos gases de combustão é menor para a caldeira de baixa pressão do que para a caldeira de alta pressão. Para isolar a caldeira de alta pressão, gasta-se mais, menos ou a mesma quantia que para isolar a caldeira de baixa pressão? Explique.

7.135 Reconsidere o Exemplo 7.10 para o estado de saída de uma turbina fixado em p_2 = 2 bar, h_2 = 2723,7 kJ/kg, s_2 = 7,1699 kJ/kg · K. O custo de aquisição e operação da turbina é $\dot{Z}_t = 7,2\dot{W}_e$ em US$/h, em que $\dot{W}_e$ está em MW. Todos os outros dados permanecem inalterados. Determine
(a) a potência desenvolvida pela turbina, em MW.
(b) a exergia destruída no interior da turbina, em MW.
(c) a eficiência exergética da turbina.
(d) o custo unitário da potência da turbina, em centavos por kW · h de exergia.

7.136 Uma turbina em regime permanente, com uma eficiência exergética de 90%, desenvolve 7×10^7 kW · h de trabalho anual (8000 horas de operação). O custo anual de aquisição e operação da turbina é de US$ 2,5 $\times 10^5$. O vapor que entra na turbina tem uma exergia específica de fluxo

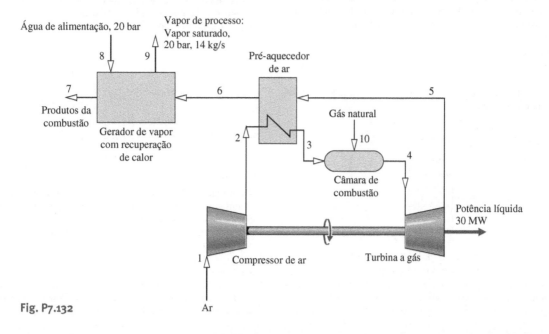

Fig. P7.132

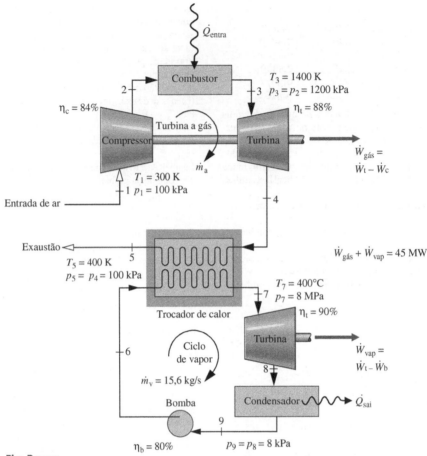

Fig. P7.133

de 559 Btu/lb (1300,2 kJ/kg) e uma vazão mássica de 12,55 × 10⁴ lb/h (15,8 kg/s), e está avaliado em US$ 0,0165 por kW · h de exergia.
(a) Usando a Eq. 7.34c, avalie o custo unitário da potência desenvolvida, em US$ por kW · h.
(b) Avalie o custo unitário com base na exergia do vapor que entra e sai da turbina, ambos em centavos por lb de vapor que escoa pela turbina.

7.137 A Fig. P7.137 mostra uma caldeira em regime permanente. Vapor com uma exergia específica de fluxo de 1300 kJ/kg sai da caldeira com uma vazão mássica de 5,69 × 10⁴ kg/h. O custo de aquisição e operação da caldeira é de US$ 91/h. A razão entre a exergia do vapor na saída e a exergia do combustível na entrada é de 0,45. O custo unitário do combustível com base na exergia é de US$ 1,50 por 10⁶ kJ. Se não forem consideradas as taxas de custo do ar para combustão, da água de alimentação, da transferência de calor com a vizinhança e dos produtos de combustão na saída, desenvolva:
(a) uma expressão em termos da eficiência exergética e outras grandezas pertinentes para o custo unitário com base em exergia do vapor que sai da caldeira.
(b) Usando o resultado do item (a), determine o custo unitário do vapor, em centavos por kg de vapor.

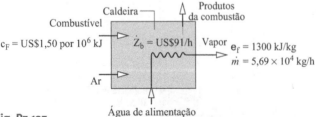

Fig. P7.137

7.138 Considere um volume de controle *global* composto pela caldeira e pela turbina a vapor do sistema de cogeração do Exemplo 7.10. Supondo que a potência e o vapor de processo têm, ambos, os mesmos custos unitários com base em exergia: $c_e = c_2$, avalie o custo unitário, em centavos por kW · h. Compare com os respectivos valores obtidos no Exemplo 7.10 e comente.

7.139 Um sistema de cogeração que opera em regime permanente é mostrado esquematicamente na Fig. P7.139. As taxas de transferência de exergia das correntes de entrada e de saída estão indicadas na figura, em MW. O combustível, produzido pela reação do carvão com o vapor, tem um custo unitário de 5,85 centavos por kW · h de exergia. O custo de aquisição e operação do sistema é de US$ 1800/h. A água de alimentação e o ar para combustão entram com exergia e custos desprezíveis. As despesas relacionadas com a eliminação adequada dos produtos da combustão estão incluídas nos custos de aquisição e operação do sistema.
(a) Determine a taxa de destruição de exergia no interior do sistema de cogeração, em MW.
(b) Estabeleça e avalie uma eficiência exergética para o sistema.
(c) Admitindo que tanto a potência quanto o vapor têm o mesmo custo unitário com base em exergia, avalie o custo unitário em centavos por kW · h. Avalie também as taxas de custo da potência e do vapor, ambas em US$/h.

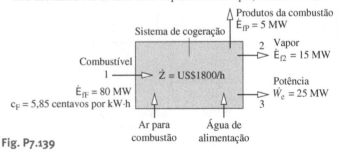

Fig. P7.139

7.140 A Fig. P7.140 fornece os dados da operação em regime permanente de um sistema de gaseificação de carvão que alimenta um sistema de cogeração que produz potência e vapor de processo. Os números dados para cada um dos sete fluxos, em MW, representam as taxas de exergia de fluxo. O custo unitário com base na exergia do fluxo 1 é $c_1 = 1,08$ centavo por kW · h. Seguindo o conselho de um *engenheiro de custos*, assume-se que os custos unitários com base na exergia do vapor de processo (fluxo 4) e na potência (fluxo 5) são iguais e que os custos associados ao ar para combustão e a água (fluxo 7) são desprezíveis. Os custos de aquisição e operação dos sistemas de gaseificação e de cogeração são

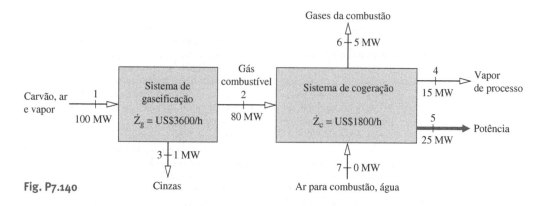

Fig. P7.140

US$ 3600/h e US$ 1800/h, respectivamente. Esses valores incluem as despesas relacionadas com a eliminação das cinzas (fluxo 3) e do gás de combustão (fluxo 6) para a vizinhança. Determine
(a) a taxa de destruição de exergia, em MW, para cada sistema.
(b) a eficiência exergética para cada sistema e para o sistema global formado pelos dois sistemas.
(c) o custo unitário baseado em exergia, em centavos por kW · h, para cada um dos fluxos 2, 4 e 5.
(d) a taxa de custo, em US$/h, associada a cada um dos fluxos 1, 2, 4 e 5.

7.141 A Fig. P7.141 fornece os dados da operação em regime permanente de um sistema compressor de ar-trocador de calor. Os números dados para cada um dos seis fluxos, em MW, representam as taxas de exergia de fluxo. O custo unitário da potência de entrada é $c_2 = 3,6$ centavos por kW · h. Seguindo o conselho de um *engenheiro de custos*, assume-se que os custos unitários com base na exergia do ar comprimido (fluxo 3) e do ar comprimido resfriado (fluxo 4) são iguais e que os custos associados ao ar de entrada (fluxo 1) e à água de alimentação (fluxo 5) são desprezíveis. Os custos de aquisição e operação do compressor de ar e do trocador de calor são US$ 36/h e US$ 72/h, respectivamente. Determine
(a) a taxa de destruição de exergia para o compressor de ar e o trocador de calor, ambos em MW.
(b) a eficiência exergética para o compressor de ar, o trocador de calor e o sistema global formado a partir dos dois componentes.
(c) o custo unitário com base em exergia, em centavos por kW · h, para cada um dos fluxos 3, 4 e 6.
(d) a taxa de custo, em US$/h, associada a cada um dos fluxos 2, 3, 4 e 6, e comente.

7.142 Repita as partes (c) e (d) do Problema 7.141 conforme se segue: Seguindo o conselho de um *engenheiro de custos*, assuma $c_4 = c_6$. Isto é, o custo unitário baseado na exergia do ar comprimido resfriado é o mesmo que o custo unitário com base na exergia da água de alimentação aquecida.

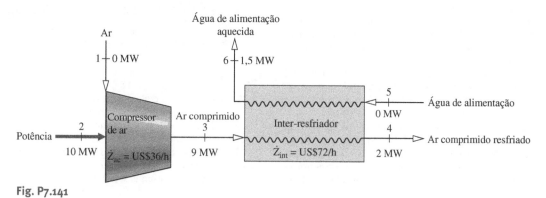

Fig. P7.141

> **PROJETOS E PROBLEMAS EM ABERTO: EXPLORANDO A PRÁTICA DE ENGENHARIA**

7.1P Formas de conduzir veículos sobre a água frequentemente tem sido apresentadas na internet. Para cada duas propostas diferentes, escreva uma análise em um documento com três páginas. Em cada análise, indique claramente as afirmações apresentadas na proposta. Em seguida, utilizando os princípios da termodinâmica, incluindo os princípios da exergia, discuta integralmente o mérito destas afirmações. Conclua com uma declaração, na qual você pode concordar ou discordar, de que a proposta é viável *e* merecedora de ser usada pelos consumidores. Para cada análise, forneça pelo menos três referências.

7.2P Muitos eletrodomésticos, incluindo fornos, fogões, secadoras de roupas e aquecedores de água, oferecem uma escolha entre o funcionamento por meio de eletricidade ou a gás. Selecione um eletrodoméstico que ofereça essa escolha e faça uma comparação detalhada entre as duas opções, incluindo, mas não estando limitado a, uma análise exergética do *ciclo de vida* e uma análise econômica com base em um balancete considerando os custos de aquisição, instalação, operação, manutenção e descarte. Exponha seus resultados em um pôster para apresentação.

7.3P Atualmente, a compra de lâmpada envolve uma escolha entre três opções de produtos diferentes, incluindo as incandescentes, as fluorescentes compactas (CFL) e os diodos emissores de luz (LED), conforme ilustrados na Fig. P.7.3P. Usando uma lâmpada incandescente de 100 W e seu nível de iluminação, em lumens, como linha de base, compare os três tipos de lâmpadas com base no tempo de vida, nível de iluminação,

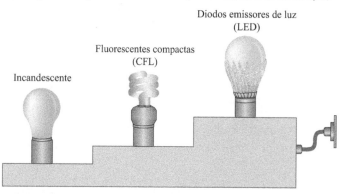

Fig. P7.3P

custo do produto e impacto ambiental associado à fabricação e à eliminação. Para um período operacional de 20.000 horas, compare os custos para a eletricidade e as lâmpadas. Apresente suas conclusões em um resumo executivo incluindo uma previsão sobre o tipo de lâmpada que será mais usado em 2020.

7.4P Você foi convidado a testemunhar perante um comitê de legislação do seu estado, o qual está elaborando regulamentos pertinentes à produção de eletricidade a partir de dejetos de aves como combustível. Desenvolva uma apresentação em slides fornecendo uma avaliação equilibrada, incluindo considerações de engenharia, de saúde pública e de custos.

7.5P Foram lançados pequenos tanques que funcionam como sistemas de aquecimento de água com o uso da tecnologia de micro-ondas a ponto de não só fornecerem rapidamente água quente, mas também reduzirem significativamente a destruição de exergia inerente ao aquecimento da água doméstica com aquecedores convencionais tanto elétricos quanto a gás. Para uma residência de 2500 ft^2 (232,3 m^2) em sua localidade, estude a viabilidade de utilizar o sistema de aquecimento de água em questão. Inclua um balancete detalhado com uma análise de custos, incluindo os custos do equipamento, da instalação e do funcionamento. Apresente suas conclusões em um relatório.

7.6P A *digestão anaeróbica* é um meio comprovado de produzir metano a partir de dejetos de animais. Para proporcionar o aquecimento do local, o aquecimento da água e as necessidades da cozinha de uma fazenda típica em sua localidade, determine a extensão da digestão anaeróbica e o número de animais produtores de dejetos necessários. Selecione animais entre aves, suínos, bovinos e como for apropriado. Coloque suas conclusões em um relatório, incluindo uma avaliação econômica e pelo menos três referências.

7.7P Complete um dos seguintes projetos envolvendo métodos de *armazenamento* de eletricidade considerados até agora nesse livro (Veja as Seções 2.7, 4.8.3). Descreva seus resultados em um relatório contendo uma justificativa completa junto com a documentação de apoio.
(a) Para cada método de armazenamento, identifique suas principais fontes de destruição de exergia e desenvolva uma eficiência exergética para o mesmo. Use os princípios desse capítulo com o auxílio da literatura técnica, conforme necessário.
(b) A partir desses métodos de armazenamento, identifique um subconjunto adequado para o serviço de armazenamento associado a um parque eólico de 300 MW. Com base no custo e outros fatores pertinentes para este serviço, coloque o subconjunto em ordem de classificação.

7.8P O objetivo desse trabalho é projetar um produto de consumo portátil ou que possa ser vestido, de baixo custo, acionado eletricamente, que atenda uma necessidade que você tenha identificado. No desempenho de cada função, a eletricidade necessária deve vir inteiramente do *movimento humano*. Não é permitido utilizar eletricidade proveniente de baterias e/ou tomadas de parede. Além disso, o produto não deve ser invasivo ou interferir com as atividades normais do usuário, alterar sua caminhada ou amplitude de movimento, levar a uma possível incapacidade física ou induzir acidentes com lesão. O produto não pode assemelhar-se a qualquer produto existente, a menos que ele tenha um recurso novo valioso, tenha o custo significativamente reduzido ou ofereça alguma outra importante vantagem. O relatório final deverá incluir diagramas esquemáticos, diagramas de circuitos, uma lista de peças e um custo unitário sugerido com base no custeio global.

7.9P Nos anos 1840, engenheiros britânicos desenvolveram o que chamaram de *estrada de ferro atmosférica*, que se caracterizava por um tubo de grande diâmetro situado entre as vias que se estendem por todo o comprimento da estrada de ferro. Pistões fixados por escoras de aço aos vagões movem-se no interior do tubo. Como ilustrado na Fig. P7.9P, o movimento do pistão era alcançado ao se manter vácuo à frente dos pistões, enquanto a atmosfera atuava por trás destes. Embora muitas dessas vias férreas tenham entrado em uso, as limitações da tecnologia então disponível acabaram por provocar o fim desse meio de transporte. Estude a viabilidade da combinação do conceito de ferrovia atmosférica com a tecnologia atual para desenvolver serviços de transporte férreo dentro de áreas urbanas. Escreva um relatório, incluindo pelo menos três referências.

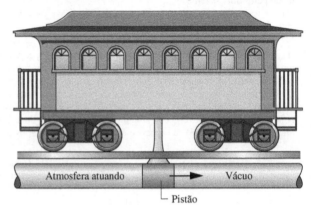

Fig. P7.9P

7.10P Diagramas de energia e exergia de fluxo, chamados Diagramas de Sankey, usam uma abordagem gráfica para implementar uma avaliação da primeira e segunda leis da termodinâmica para considerações de desempenho, incluindo eficiências energética e exergética de forma concisa. Pesquise essa abordagem e prepare uma apresentação sob a forma de painel, incluindo ao menos três referências, nas quais os papéis dos diagramas de energia e exergia sejam discutidos e comparados.

As principais formas de geração de *eletricidade* são consideradas na introdução do capítulo.
© Michael Svoboda/iStockphoto

CONTEXTO DE ENGENHARIA No séc. XXI, seremos desafiados A atender, de modo responsável, ao crescimento da necessidade de energia. O escopo do desafio e como ele será direcionado são assuntos discutidos na introdução à geração de potência. Recomenda-se que você estude essa introdução antes de considerar os diversos tipos de sistemas de geração de energia discutidos no presente capítulo e no próximo. Nesses capítulos, são descritos alguns dos arranjos práticos empregados na produção de energia e ilustra-se como uma determinada planta de potência pode ser modelada termodinamicamente. A discussão é organizada em três principais áreas de aplicação: instalações de potência a vapor, instalações de potência que utilizam turbinas a gás e motores de combustão interna. Esses sistemas de potência produzem boa parte da energia elétrica e mecânica utilizada no mundo. O **objetivo** deste capítulo é o estudo das instalações de potência a *vapor*, nas quais o *fluido de trabalho* é vaporizado e condensado de modo alternado. O Cap. 9 é dedicado às turbinas a gás e aos motores de combustão interna, nos quais o fluido de trabalho permanece na forma gasosa.

Sistemas de Potência a Vapor

▶ **RESULTADOS DE APRENDIZAGEM**

Quando você completar o estudo deste capítulo estará apto a...

▶ demonstrar conhecimento dos princípios básicos das instalações de potência a vapor.

▶ desenvolver e analisar modelos termodinâmicos de instalações de potência a vapor baseadas no ciclo de Rankine e suas modificações, incluindo:

  ▶ esboçar um diagrama esquemático e o diagrama *T–s* correspondente.
  ▶ analisar os dados das propriedades nos principais estados do ciclo.
  ▶ aplicar os balanços de massa, energia e entropia referentes aos processos básicos.
  ▶ determinar o desempenho da potência do ciclo, a eficiência térmica, a potência líquida de saída e a vazão mássica.

▶ explicar os efeitos da variação dos diversos parâmetros-chave no desempenho do ciclo de Rankine.

▶ discutir as principais fontes de perda e destruição da exergia nas usinas de potência a vapor.

Introdução à Geração de Potência

Um desafio de engenharia estimulante e urgente para as próximas décadas é atender com responsabilidade às necessidades de energia a nível nacional e mundial. O desafio tem suas origens na diminuição das fontes economicamente recuperáveis das fontes renováveis de energia, nos efeitos globais das mudanças climáticas e no crescimento populacional. Nessa introdução são considerados os meios convencionais e emergentes de geração de potência. A presente discussão também se presta a introduzir os Caps. 8 e 9, os quais detalham os sistemas de potência a vapor e a gás, respectivamente.

TABELA 8.1
Geração de Eletricidade Atualmente nos Estados Unidos por Fonte Geradora

Carvão	37,4%
Gás natural	30,6%
Nuclear	19,0%
Hidroelétrica	6,7%
Outras fontes renováveis*	5,4%
Petróleo	0,6%
Outras	0,3%

*Eólica, solar, geotérmica e outras. *Fonte:* Potência Líquida Mensal, Administração da Informação sobre Energia, 2013, http://www.eia.gov/electricity/monthly/epm_table_grapher.cfm?+ =empt_1_1.

Situação Atual

Uma característica importante de posicionamento responsável sobre energia a nível nacional é a ampla faixa de fontes para a diversidade de formas de geração de potência, evitando-se, assim, as vulnerabilidades que podem acompanhar a confiança exagerada em umas poucas fontes de energia. Essa característica é observada na Tabela 8.1, que fornece um quadro atual das fontes de eletricidade para praticamente todo os Estados Unidos. A tabela mostra a grande dependência do carvão na geração de eletricidade. O gás natural e a energia nuclear são também fontes de grande interesse. Essas são três fontes não renováveis.

Os Estados Unidos possuem reservas abundantes de carvão e um sistema de ferrovias que permite a distribuição racional do carvão aos produtores de eletricidade. Essa boa notícia se contrapõe ao grande impacto na saúde humana e no meio ambiente associado ao carvão (veja a Seção 8.2.1 – Energia & Meio Ambiente). O carvão utilizado como produto para geração de potência será discutido mais adiante nas Seções 8.3 e 8.5.3.

A utilização do gás natural tem aumentado significativamente nos Estados Unidos em decorrência da relação custo-benefício, em comparação com o carvão, e pelos menores efeitos danosos ao meio ambiente relacionados com a combustão. O gás natural não apenas atende às necessidades de aquecimento domiciliar, mas também já alimenta diversas indústrias que utilizam o gás natural combustível. Os defensores do gás natural entendem seu valor como um combustível de transição do uso do carvão para um combustível mais confiável com base em fontes renováveis. Alguns defendem o uso do gás natural nos meios de transporte. As fontes de gás natural na América do Norte parecem suficientes para os próximos anos. Isto inclui o gás natural extraído dos poços em águas profundas no oceano e dos depósitos de xisto, cada um apresentando características de impacto ambiental associadas à extração do gás. Por exemplo, a técnica de perfuração por meios hidráulicos conhecida como *fracking*, utilizada na obtenção do gás a partir de depósitos de xisto, produz grandes quantidades de água salgada residual quimicamente carregada que pode afetar a saúde humana e o meio ambiente se não forem apropriadamente controladas. Independentemente do aumento das fontes de gás natural para uso doméstico, o gás natural na forma líquida (GNL) é importado por meio de navios para os Estados Unidos (veja a Seção 9.5 – Energia & Meio Ambiente).

Hoje em dia, a parcela de energia nuclear utilizada na geração de eletricidade nos Estados Unidos é aproximadamente a mesma do gás natural. Nos anos de 1950, pensava-se que a energia nuclear seria a fonte dominante para a produção de eletricidade até o ano 2000. Entretanto, a preocupação persistente com a segurança dos reatores, a questão não resolvida da descarga do lixo radioativo e os custos de construção avaliados em bilhões de dólares resultaram em um desenvolvimento da energia nuclear muito menor do que muitos haviam antecipado.

Em algumas regiões dos Estados Unidos, as usinas hidroelétricas contribuem significativamente para o atendimento às necessidades de eletricidade. Embora a potência hidroelétrica seja uma fonte renovável, ela não está livre de causar impactos ambientais – por exemplo, os efeitos adversos na vida aquática dos rios com barragem. A contribuição atual das fontes de energia do vento, solar, geotérmica e outras na geração de eletricidade é pequena, porém, crescente. Atualmente, o petróleo contribui apenas de maneira modesta para essa geração.

O petróleo, o gás natural, o carvão e os materiais deterioráveis estão, todos, prestes a atingir seus picos de produção mundial e, portanto, próximos de entrar em períodos de declínio. A redução de capacidade das fontes tornará esses recursos energéticos não renováveis cada vez mais caros. O aumento da demanda global por petróleo e material degradável também envolve temas como a segurança nacional, em virtude da necessidade de sua importação por países como os Estados Unidos.

A Tabela 8.1 mostra que hoje em dia os Estados Unidos possuem inúmeras fontes para a geração de eletricidade e não erram em confiar demasiadamente em poucas delas. Todavia, nos anos vindouros, será necessário um deslocamento gradual para uma combinação mais confiável das fontes renováveis.

Situação Futura

A inevitável escassez das fontes de energia não renováveis e seus efeitos adversos na saúde humana e no meio ambiente tem despertado interesse pela abertura de novos caminhos pelos quais se possa produzir a eletricidade que precisamos – em especial o aumento do uso de fontes renováveis. Ainda assim, a produção de energia na primeira metade do século XXI vai se basear, principalmente, nos meios já disponíveis. Os analistas dizem que não há tecnologia, para um horizonte próximo, que represente um grande impacto. Além disso, tipicamente, o estabelecimento de novas tecnologias requer décadas de estudos e grandes investimentos.

A Tabela 8.2 resume os tipos de usinas de energia que fornecerão a eletricidade necessária à população até o meio desse século, quando se espera que desempenhe um papel ainda maior do que atual, e, do mesmo modo, novos padrões de comportamento afetem a energia a geração (veja a Tabela 1.2).

Existem diversas informações importantes na Tabela 8.2. Sete dos doze tipos de usinas de energia listadas utilizam fontes renováveis de energia. As cinco fontes que utilizam energia não renovável incluem as três contribuições mistas mais significantes da demanda atual (carvão, gás natural e nuclear). Quatro tipos de usinas de energia envolvem combustão

TABELA 8.2
Geração de Energia Elétrica em Larga Escala até 2050 a Partir de Fontes Renováveis e Não Renováveis[a]

Tipo de Planta de Potência	Fonte Não Renovável	Fonte Renovável	Ciclo Termodinâmico
Alimentada a carvão	Sim		Rankine
Alimentada a gás natural	Sim		Brayton[b]
Combustível nuclear	Sim		Rankine
Alimentada com derivados do petróleo	Sim		Rankine[c]
Alimentada a biomassa		Sim	Rankine
Geotérmica		Sim	Rankine
Energia solar		Sim	Rankine
Hidrelétrica		Sim	Nenhum
Eólica		Sim	Nenhum
Fotovoltaica solar		Sim	Nenhum
Células a combustível	Sim		Nenhum
Correntes, marés e ondas		Sim	Nenhum

[a]Para informações atualizadas sobre esses tipos de plantas de potência, visite a página www.energy.gov/energysources. O ciclo de Rankine é objeto deste capítulo.

[b]Aplicações utilizando o ciclo Brayton são consideradas no Cap. 9. Para a geração de energia, o gás natural é utilizado principalmente nas plantas de potência com turbinas a gás baseada no ciclo Brayton.

[c]Os motores de combustão interna alternativos movidos a derivados do petróleo, discutidos no Cap. 9, também geram eletricidade.

– carvão, gás natural, petróleo e biomassa – e, na realidade, requerem meios efetivos de controle de suas emissões gasosas e de seus resíduos.

É pouco provável que os 12 tipos de usinas da Tabela 8.2 atendam, na mesma proporção, as necessidades de países como os Estados Unidos. No futuro mais recente, o carvão, o gás natural e a energia nuclear continuarão como principais contribuintes, enquanto as fontes renováveis continuarão com um certo atraso. Gradualmente, espera-se que esse quadro seja alterado com a implementação de grandes usinas de fontes renováveis. Essa substituição será comandada por políticas nacionais e estaduais, as quais estabelecerão patamares da ordem de 20% da eletricidade utilizada como proveniente de fontes renováveis até 2020.

Dos tipos de usina de energia renovável gerada em larga escala, a eólica é a mais promissora. Existem correntes de ar de excelente qualidade em diversas regiões dos Estados Unidos, tanto em terra quanto no mar. O custo da eletricidade gerada pelo vento é competitivo com o das usinas que geram eletricidade com o carvão. Outros países, com programas ativos de energia eólica, têm como meta suprir cerca de 30% do total de suas necessidades em eletricidade com o vento em poucos anos. Esses países estabeleceram modelos que poderiam ser adaptados às necessidades dos Estados Unidos; embora as turbinas de vento não representem a melhor das soluções para o ambiente. Elas são consideradas ruidosas por muitos e de má aparência por outros. Outra questão é o risco de fatalidade para os pássaros e morcegos nas proximidades de turbinas de vento (veja Energia & Meio Ambiente, Seção 6.13.2).

Atualmente, devido aos custos mais altos, a utilização da energia solar está atrasada em relação à energia eólica, embora existam locais promissores para a captação dessa energia em muitas regiões, em especial no sudoeste dos Estados Unidos. Esforços em pesquisa e desenvolvimento estão sendo realizados para viabilizar a redução dos custos atuais.

As usinas geotérmicas utilizam o vapor e a água quente oriunda de reservatórios hidrotérmicos profundos para gerar eletricidade. Existem usinas de energia geotérmica em diversos estados dos Estados Unidos, incluindo Califórnia, Nevada, Utah e Havaí. Embora a energia geotérmica apresente um potencial considerável, seu desenvolvimento tem sido proibitivo devido aos custos de exploração, perfuração e extração. A relativamente baixa temperatura da água geotérmica também limita a faixa na qual a geração de eletricidade se torna economicamente viável.

Embora as células a combustível sejam tema de programas de pesquisa e desenvolvimento ativos nas áreas de geração e transporte de energia estacionária, elas ainda não foram amplamente desenvolvidas devido aos custos envolvidos. Para mais informações sobre células a combustível, consulte a Seção 13.4.

As usinas que utilizam a energia das correntes, das marés e das ondas estão incluídas na Tabela 8.2 por apresentarem grande potencial na geração de potência. Todavia, sua incorporação do ponto de vista da engenharia e da tecnologia envolvida não deve apresentar resultados significativos que possam representar grandes contribuições para as próximas décadas.

A discussão da Tabela 8.2 acaba por representar um guia envolvendo as partes deste livro dedicadas à geração de potência. Na Tabela 8.2 sete dos tipos de usinas de energia são identificados com os ciclos termodinâmicos. Aqueles baseados no ciclo de Rankine são considerados neste capítulo. As turbinas a gás que utilizam o gás combustível baseadas no ciclo Brayton são analisadas no Cap. 9, junto com a geração de potência por meio de motores de *combustão interna* com movimentos alternados dos pistões. As células a combustível são discutidas na Seção 13.4. As usinas hidrelétricas, eólicas, solares fotovoltaicas, e as que utilizam a energia das correntes, das marés e das ondas também são incluídas em diversos *Projetos e Problemas em Aberto* no final do capítulo.

> **TOME NOTA...**
> Aqui é fornecido um guia de navegação das partes do livro dedicadas à geração de potência.

Política de Construção de Usinas de Energia

As usinas de energia não apenas requerem vultosos investimentos, mas também têm suas vidas úteis medidas em décadas. Nesse sentido, a decisão sobre a construção de usinas de energia deve considerar o presente *e* um olhar para o futuro.

TABELA 8.3
Cenário do Ciclo de Vida de uma Usina de Energia

1. Exploração, bombeamento, processamento e transporte
   (a) fontes de energia: carvão, gás natural, material físsil, conforme o recomendado.
   (b) são necessários recursos econômicos para a fabricação dos componentes da planta e para a construção da planta.
2. Remediação dos impactos ambientais relacionados com os aspectos citados anteriormente.
3. Fabricação dos componentes da planta: caldeiras, bombas, reatores, painéis solares, turbinas a vapor e de vento, elementos de conexão entre componentes e outros.
4. Construção da planta e conexões à malha de potência.
5. Operação da planta: produção de energia durante várias décadas.
6. Captura, tratamento e descarte dos efluentes e produtos residuais, incluindo armazenamento de longa duração, quando necessário.
7. Retirada de serviço e recuperação do local da instalação ao término da vida útil.

As usinas de energia são mais bem idealizadas com base em um *ciclo de vida*, e não através da visão restrita apenas da fase de operação da usina. O ciclo de vida começa com a extração da terra das fontes necessárias à usina, e termina com a eventual desativação da usina. Veja a Tabela 8.3.

Para se levar em conta precisamente o custo total da usina de energia, é necessário considerar os custos envolvidos em *todas* as fases, incluindo aqueles relacionados com a aquisição das fontes naturais, à construção da usina, ao suprimento da usina, ao tratamento dos efeitos sobre o meio ambiente e a saúde humana, e mesmo sua eventual retirada de funcionamento. A extensão dos subsídios governamentais deve ser ponderada com cuidado ao se realizar uma avaliação equitativa dos tributos.

A captura, o tratamento e o descarte apropriado de efluentes e resíduos, incluindo o armazenamento de longo prazo, quando necessário, devem ser objeto de análise do planejamento da usina de energia. Nenhuma das plantas de potência listadas na Tabela 8.2 estão isentas dessa análise minuciosa. Enquanto a produção de dióxido de carbono é particularmente significativa para as plantas de potência que envolvem combustão, cada tipo de instalação listada produz dióxido de carbono em pelo menos algumas fases de seu ciclo de vida. O mesmo pode ser dito para outros impactos ao ambiente e à saúde humana, desde o uso indevido da terra até a contaminação da água potável.

Hoje em dia, os formuladores de políticas públicas devem considerar não apenas as maneiras mais adequadas de propiciar um *suprimento* de energia confiável, mas, também, como fazê-lo legalmente. Eles devem rever regulamentações e práticas obsoletas disponíveis para a geração de energia, pois utilizá-la sem uma revisão na geração de energia do século XX pode sufocar a inovação. Eles também devem estar preparados para inovar quando surgirem oportunidades. Veja em *Horizontes* a seguir.

Os formuladores de políticas devem pensar de modo crítico sobre como promover o aumento da eficiência. Eles ainda devem ficar atentos para perceber o efeito de *recuo* algumas vezes observado quando um recurso, carvão, por exemplo, é utilizado de modo mais eficiente para desenvolver um produto, eletricidade, por exemplo. As reduções de custos através de uma eficiência induzida podem estimular essa demanda pelo produto por meio de pouca ou nenhuma redução no consumo do recurso. Com uma excepcional demanda pelo produto, o consumo do recurso pode mesmo ser revertido para um nível maior do que antes.

A tomada de decisão em um ambiente tão restrito, social e tecnicamente, é claramente um ato de equilíbrio. Ainda assim, um planejamento sábio, incluindo a diminuição racional do resíduo e aumentando a eficiência, nos permitirá otimizar o espaço de armazenamento dos recursos de energia não renovável, ganhar tempo para desenvolver tecnologias de energia renovável, evitar a construção de muitas novas plantas de potência e reduzir nossa contribuição para a mudança global do clima, tudo isto mantendo o estilo de vida que apreciamos.

HORIZONTES
Redução do Dióxido de Carbono por Meio da Comercialização das Emissões

Os legisladores de 9 estados no nordeste dos Estados Unidos (Connecticut, Delaware, Maine, Maryland, Massachusetts, New Hampshire, Nova York, Rhode Island e Vermont), com uma população total de aproximadamente 41 milhões de pessoas, estabeleceram, de modo pioneiro, o primeiro programa de endurecimento das forças econômicas do mercado para reduzir o dióxido de carbono emitido pelas plantas de potência. A meta desses estados é propiciar um desvio das fontes de energia da região para uma geração mais eficiente, incluindo uma maior utilização de tecnologias relacionadas com as energias renováveis.

O grupo de 9 estados concorda em diminuir os altos níveis de CO_2 emitidos anualmente pelas plantas de potência na região, iniciando as ações em 2009 e dando continuidade até 2014. Para incentivar as ações, o nível total de CO_2 será reduzido em 2,5% por ano pelos próximos quatro anos e atingirá uma diminuição de 10% em 2019. Os operadores das plantas de potência têm concordado em comprar *subsídios* (ou créditos), que representam uma permissão para emitir uma quantidade específica de CO_2, cobrindo, assim, as cotas de emissões de CO_2 esperadas. Os proventos das vendas dos subsídios são destinados a suportar os esforços da região para promover a eficiência energética e a tecnologia de energias renováveis. A empresa que emitir menos do que a cota planejada poderá vender os subsídios remanescentes às empresas que forem incapazes de atingir suas obrigações. Isto é chamado de barganha. Na realidade, o comprador paga uma taxa de poluição enquanto o vendedor é premiado por poluir menos.

O custo do dióxido de carbono gera um incentivo econômico para a diminuição desse tipo de emissão. Na realidade, esse negócio representa uma maneira de as empresas fornecedoras de energia reduzirem o dióxido de carbono emitido por suas plantas de potência a um baixo custo. Se o programa desse grupo de estados obtiver sucesso, como muitos esperam, ele será um modelo a ser utilizado por outras regiões e pela nação como um todo.

Transmissão e Distribuição de Energia

Nossa sociedade não deve apenas gerar a eletricidade necessária para atender a diversas aplicações, mas, também, distribuí-la aos consumidores. A interface entre as atividades de geração e distribuição nem sempre é simples de ser executada. A malha de transmissão e distribuição de energia elétrica aos consumidores nos Estados Unidos tem sido pouco alterada nas últimas décadas, enquanto o número de consumidores e suas necessidades de energia tem sofrido grandes mudanças. Este quadro tem motivado a discussão de importantes questões sistêmicas. A malha atual está se tornando com rapidez em uma relíquia do século XX, susceptível a quedas de energia que ameaçam a segurança e custando bilhões de dólares à economia anualmente.

A principal diferença entre a malha atual e a malha do futuro é a mudança de um foco na transmissão e distribuição de eletricidade para um foco no gerenciamento da eletricidade, o qual comportará múltiplas tecnologias de geração de potência e promoverá o uso da eletricidade de modo mais eficiente. Uma malha do século XXI será equipada para disponibilizar informações em tempo real, propiciando a tomada de decisões e respostas imediatas, sendo capaz de fornecer aos consumidores energia de qualidade, confiável e com acessibilidade em qualquer local e a qualquer tempo.

Esta é uma questão de ordem, ainda que tenha levado empresas e governo a pensar seriamente em como trazer a geração, a transmissão e a distribuição de eletricidade para o século XXI e para a era digital. O resultado é uma eletricidade conduzida por meios especiais denominados *malhas inteligentes*. Veja em *Horizontes* que se segue.

HORIZONTES

A Via Expressa da Nossa Eletricidade

A malha inteligente é idealizada como um sistema inteligente que recebe a eletricidade de qualquer fonte – renovável e não renovável, centralizada e distribuída (descentralizada) – e a distribui localmente, regionalmente ou ao longo do território de uma nação. Uma malha de comunicação robusta e dinâmica estará em seu núcleo, permitindo o fluxo de dados a alta velocidade em duas vias, entre o provedor de energia e o usuário final. A malha atenderá a consumidores de todos os níveis – indústria, comércio e residências – com as informações necessárias para a tomada de decisão sobre quando, onde e como utilizar a eletricidade. Utilizando medidores *inteligentes* e controles programáveis, os consumidores poderão gerenciar o uso da energia de acordo com suas necessidades e estilo de vida individuais, mantendo-se em harmonia com as prioridades de sua comunidade, da região em que vivem e nacionais.

Outras características da malha inteligente incluem a habilidade de

- Responder e gerenciar com responsabilidade os *picos de cargas*
- Identificar as interrupções e suas causas prontamente
- Redirecionar a energia para atender automaticamente a demanda
- Utilizar um misto de fontes de energia disponíveis, incluindo a geração *distribuída*, de maneira amigável e econômica.

E, ao mesmo tempo, fomentar o alto desempenho na geração, transmissão, distribuição e uso da eletricidade.

A malha inteligente incorporará as tecnologias emergentes em energia, como a eólica e solar, os consumidores emergentes de energia em larga escala, como os pontos de fornecimento de energia e todos os veículos elétricos, e as novas tecnologias ainda a serem desenvolvidas. Uma malha mais eficiente e melhor gerenciada atenderá ao aumento da demanda por energia antes de 2050, sem a necessidade de produzir mais e novos combustíveis fósseis ou construir usinas de energia nuclear. Uma quantidade menor de usinas significa: geração de menos dióxido de carbono, redução de outras emissões e diminuição dos resíduos sólidos.

Sistemas de Potência a Vapor

8.1 Introdução às Usinas de Potência a Vapor

Reportando-se de novo à Tabela 8.2, sete dos tipos de usinas de energia listadas requerem um ciclo termodinâmico, e seis dessas são identificadas com o *ciclo de Rankine*. O ciclo de Rankine representa o bloco básico de construção das usinas de potência a vapor, as quais são apresentadas neste capítulo.

Os componentes das quatro configurações alternativas das usinas a vapor são mostrados esquematicamente na Fig. 8.1. Em ordem, essas usinas utilizam: (a) combustível fóssil, (b) combustível nuclear, (c) energia solar e (d) energia geotérmica. Na Fig. 8.1a, a usina, como um todo, é dividida em quatro principais subsistemas identificados pelas letras **A** até **D**. Por simplicidade, essas letras são omitidas nas três outras configurações. As discussões apresentadas neste capítulo serão dedicadas ao subsistema **B**, no qual ocorre a conversão da energia de *calor* para *trabalho*. A função do subsistema **A** é fornecer a energia necessária para vaporizar o *fluido de trabalho* da usina de energia transformando-o no vapor necessário à turbina do subsistema **B**. A principal diferença entre as quatro configurações de usinas de energia mostradas na Fig. 8.1 é a forma pela qual é realizada a vaporização do fluido de trabalho pela ação do subsistema **A**:

▶ A vaporização é realizada nas usinas movidas a combustível fóssil pela transferência de calor *dos* gases quentes produzidos na combustão do combustível *para* a água que passa pelos tubos da caldeira, conforme mostrado na Fig. 8.1a. Esta é uma condição também presente nas usinas que utilizam como combustível a biomassa, o resíduo municipal (lixo), e as misturas de carvão e biomassa.

▶ Na usina nuclear, a energia necessária para a vaporização do fluido do ciclo de trabalho se origina em uma reação nuclear controlada que ocorre na estrutura de um reator de contenção. O reator de *água pressurizada*, mostrado na Fig. 8.1b, apresenta dois circuitos fechados de água. Um dos circuitos circula a água através do núcleo do reator e de uma caldeira com estrutura de contenção; essa água é mantida sob pressão de modo que ela se aquece porém não evapora. Um circuito separado conduz o vapor da caldeira para a turbina. Os reatores de *vaporização da água* (não mostrados na Fig. 8.1) têm um único circuito fechado que evapora a água que passa pelo núcleo e conduz o vapor diretamente para a turbina.

▶ As usinas de energia solar têm receptores para coletar e concentrar a radiação solar. Conforme mostrado na Fig. 8.1c, uma substância apropriada, sal fundido ou óleo, flui através dos receptores solares, onde é aquecida, direcionada a um trocador de calor interligado, que substitui a caldeira das usinas que utilizam combustíveis fósseis e nucleares e, finalmente, retorna ao receptor. O sal fundido ou óleo aquecido fornece a energia necessária para vaporizar a água que flui em outra linha do trocador de calor. Esse vapor é fornecido à turbina.

▶ A usina de energia geotérmica mostrada na Fig. 8.1d também utiliza um trocador de calor interligado. Neste caso, a água aquecida e o vapor das profundezas abaixo da superfície terrestre fluem por um dos lados do trocador de calor. Um fluido de trabalho *secundário*, tendo um ponto de ebulição mais baixo que o da água, como o isobutano ou outra substância orgânica, é vaporizado do outro lado do trocador de calor. O vapor do fluido de trabalho secundário é fornecido à turbina.

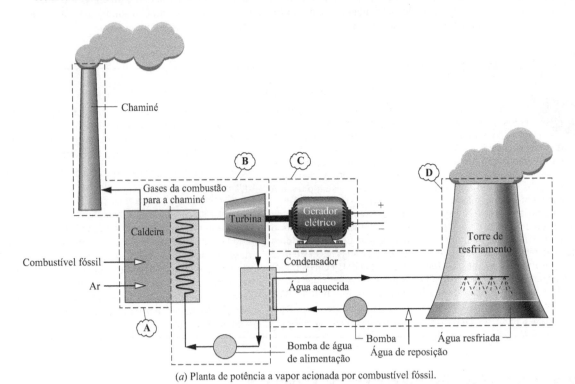

(a) Planta de potência a vapor acionada por combustível fóssil.

(b) Planta de potência a vapor acionada por reator nuclear com água pressurizada.

Fig. 8.1 Componentes de usinas alternativas de energia a vapor (fora de escala).

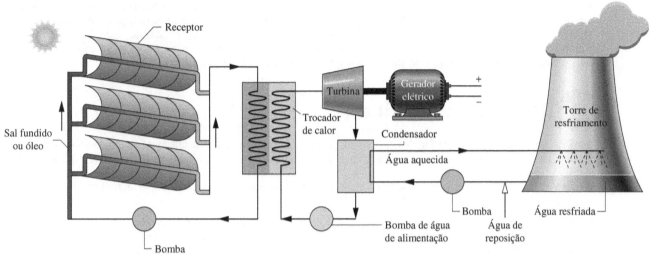

(c) Planta de potência a vapor acionada a energia térmica solar.

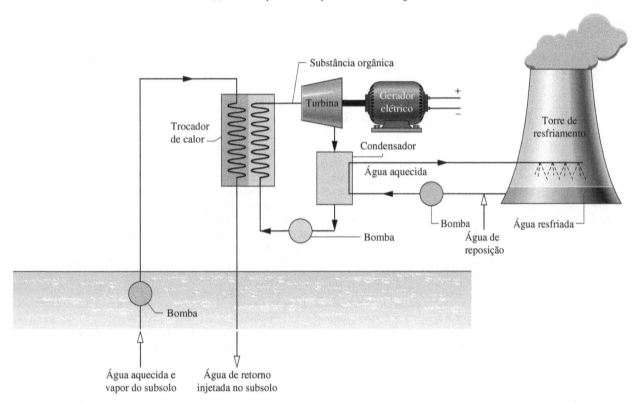

(d) Planta de potência a vapor geotérmica.

Fig. 8.1 (*Continuação*)

Novamente, em relação à Fig. 8.1a, sejam os outros subsistemas, começando com o sistema **B**. Independentemente da fonte de energia necessária para vaporizar o fluido de trabalho e do tipo de fluido de trabalho, o vapor produzido passa pela turbina, onde se expande até uma pressão mais baixa, desenvolvendo potência. O eixo de potência da turbina é conectado a um gerador elétrico (subsistema **C**). O vapor que sai da turbina passa pelo condensador, onde se condensa na parte externa dos tubos que conduzem a água de refrigeração.

O circuito de água de refrigeração pertence ao subsistema **D**. Para a planta mostrada, a água de refrigeração é enviada a uma torre de resfriamento, na qual a energia recebida do vapor condensado pelo condensador é rejeitada para a atmosfera. Em seguida, a água de refrigeração retorna para o condensador.

A preocupação com o ambiente estabelece o que é permitido nas interações entre o subsistema **D** e suas vizinhanças. Uma das principais dificuldades na busca de um local para uma planta de potência a vapor é o acesso a quantidades suficientes de água de resfriamento para o condensador. Para reduzir as necessidades de água de resfriamento, os impactos na vida aquática nas vizinhanças da planta e outros efeitos de *poluição térmica*, as plantas de potência de larga escala empregam, tipicamente, torres de resfriamento (veja Energia & Meio Ambiente, Seção 2.6.2).

O processamento e o manuseio do combustível são características importantes tanto para as plantas de combustível fóssil quanto para aquelas de combustível nuclear, devido aos efeitos na saúde humana e aos impactos ambientais. As plantas de combustíveis fósseis devem observar os limites cada vez mais restritivos das emissões por chaminés e do descarte de resíduos sólidos tóxicos. As plantas de combustível nuclear se defrontam com o problema de descarte de significativa quantidade de resíduos radioativos. Todas as quatro configurações de plantas de potência consideradas na Fig. 8.1 ainda apresentam características relacionadas com o meio ambiente, à saúde e ao uso da terra referentes aos vários estágios de seus ciclos de vida, incluindo aspectos de fabricação, instalação, operação e desativação.

8.2 O Ciclo de Rankine

Em relação ao subsistema **B** da Fig. 8.1*a*, observe, de novo, que cada unidade de massa do fluido de trabalho fica submetida, periodicamente, a um ciclo termodinâmico quando circula através de uma série de componentes interligados. Este é o ciclo de Rankine.

ciclo de Rankine

Os importantes conceitos apresentados nos capítulos anteriores para os ciclos de *potência* termodinâmicos geralmente são também aplicáveis ao ciclo de Rankine:

▶ A primeira lei da termodinâmica requer que o trabalho *líquido* desenvolvido por um sistema sujeito a um ciclo de potência deve ser igual à energia *líquida* adicionada por transferência de calor ao sistema (Seção 2.6.2).
▶ A segunda lei da termodinâmica estabelece que a *eficiência térmica* de um ciclo de potência seja inferior a 100% (Seção 5.6.1).

É recomendado que você reveja esse material quando necessário.

Ciclo de Potência
A.9 – Todas as Abas

As discussões apresentadas nos capítulos anteriores também mostram que a melhoria do desempenho termodinâmico está intimamente ligada à redução das irreversibilidades e perdas. A definição de quais irreversibilidades e perdas podem ser reduzidas nas plantas de potência a vapor depende de diversos fatores, incluindo alguns limites impostos por aspectos termodinâmicos *e* econômicos.

8.2.1 Modelagem do Ciclo de Rankine

Os processos ocorrentes em uma usina de energia a vapor são suficientemente complexos, de modo que são necessárias algumas idealizações para o desenvolvimento de modelos termodinâmicos para os componentes da usina e para a usina como um todo. Dependendo do objetivo, os modelos podem se caracterizar desde os modelos computacionais altamente detalhados até os muito simples, que requerem, no máximo, uma calculadora manual.

TOME NOTA...
Ao analisar os ciclos envolvidos em uma instalação de vapor, deve-se considerar como positiva a energia transferida no sentido das setas orientadas no esquema do sistema e escrever o balanço de energia correspondente.

O estudo desses modelos, mesmo os simplificados, pode conduzir a conclusões importantes sobre o desempenho das usinas reais correspondentes. Os modelos termodinâmicos permitem, no mínimo, uma dedução *qualitativa* sobre como as alterações nos principais parâmetros de operação afetam o desempenho real do sistema. Eles também propiciam ajustes simples, com os quais é possível investigar as funções e os benefícios de características as quais se espera que de fato melhorem o desempenho como um todo.

Seja o objetivo um modelo detalhado ou simplificado de uma usina de energia de vapor que se comporta de acordo com o ciclo de Rankine, todos os fundamentos necessários para uma análise termodinâmica já foram apresentados nos capítulos anteriores. Esses capítulos incluem os princípios de conservação de massa e de conservação da energia, a segunda lei da termodinâmica e o uso de dados termodinâmicos. Esses princípios se aplicam a componentes individuais da usina, como turbinas, bombas e trocadores de calor, bem como ao ciclo global.

Retorna-se, agora, à modelagem termodinâmica do subsistema **B** da Fig. 8.1*a*. O desenvolvimento começa por se considerar, novamente, os quatro principais componentes: turbina, condensador, bomba e caldeira. Em seguida, são considerados os parâmetros mais importantes para o desempenho. Como a grande maioria das usinas de potência a vapor de larga escala utiliza a água como fluido de trabalho, a água será caracterizada nas discussões a seguir. Para facilidade de apresentação, são também analisadas as usinas a combustíveis fósseis, reconhecendo-se que suas principais características são aplicáveis aos outros tipos de usinas de energia mostrados na Fig. 8.1.

O trabalho e as transferências de calor principais relacionados com o subsistema **B** são ilustrados na Fig. 8.2. Nas discussões a seguir essas transferências de energia são consideradas *positivas no sentido indicado pelas setas*. Para simplificar, as perdas inevitáveis por transferências de calor que ocorrem entre os componentes das plantas e suas vizinhanças são desprezadas nesta análise. As variações nas energias cinética e potencial são também ignoradas. Consideramos que cada componente opere em regime estacionário. Utilizando os princípios de conservação de massa e de conservação de energia, juntamente com essas idealizações, desenvolvemos expressões para as transferências de energia mostradas na Fig. 8.2, iniciando no estágio 1 e evoluindo através de cada componente ao longo do ciclo.

Turbina
A.19 – Abas
a, b & c

Turbina
A partir da caldeira no estágio 1, o vapor, tendo sua temperatura e pressão elevadas, se expande ao longo da turbina para produzir trabalho, e em seguida é descarregado no condensador no estágio 2 com pressão relativamente baixa. Desprezando-se a transferência de calor para as vizinhanças, o balanço das taxas de massa e energia no regime estacionário para um volume de controle no entorno da turbina reduz-se a

$$0 = \dot{Q}_{vc}^{\,0} - \dot{W}_t + \dot{m}\left[h_1 - h_2 + \frac{V_1^2 - V_2^2}{2}^{\,0} + g(z_1 - z_2)^{\,0}\right]$$

ou

$$\frac{\dot{W}_t}{\dot{m}} = h_1 - h_2 \quad (8.1)$$

sendo $\dot{m}$ a vazão mássica do fluido de trabalho circulante e $\dot{W}_t/\dot{m}$ a taxa pela qual o trabalho é desenvolvido por unidade de massa de vapor que passa pela turbina. Como observamos anteriormente, as variações das energias cinética e potencial são desprezadas.

Condensador

No condensador ocorre a transferência de calor do fluido de trabalho para a água de resfriamento que flui em um circuito separado. O fluido de trabalho se condensa e a temperatura da água de resfriamento aumenta. No regime estacionário, o balanço das taxas de massa e de energia para um volume de controle que engloba o lado do condensado do trocador de calor fornece

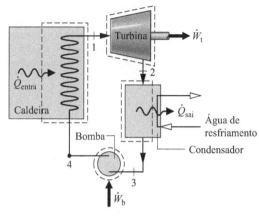

Fig. 8.2 Trabalho realizado e transferência de calor principais do subsistema **B**.

$$\frac{\dot{Q}_{sai}}{\dot{m}} = h_2 - h_3 \quad (8.2)$$

em que $\dot{Q}_{sai}/\dot{m}$ é a taxa pela qual a energia é transferida pelo calor *do* fluido de trabalho para a água de resfriamento por unidade de massa de fluido de trabalho que passa pelo condensador. Essa energia transferida é positiva no sentido da seta indicada na Fig. 8.2.

Bomba

O líquido condensado que deixa o condensador em 3 é bombeado do condensador para a caldeira a uma pressão mais alta. Considerando-se um volume de controle no entorno da bomba e admitindo-se que não haja transferência de calor para as vizinhanças, os balanços de massa e de energia fornecem

Bomba
A.21 – Abas a, b & c

$$\frac{\dot{W}_b}{\dot{m}} = h_4 - h_3 \quad (8.3)$$

no qual $\dot{W}_b/\dot{m}$ é a potência de *entrada* por unidade de massa que passa pela bomba. Essa transferência de energia é positiva no sentido da seta indicada na Fig. 8.2.

Caldeira

O fluido de trabalho completa um ciclo quando o líquido que deixa a bomba em 4, que é denominado água de alimentação da caldeira, é aquecido até a saturação e evapora na caldeira. Considerando-se um volume de controle envolvendo os tubos e tambores da caldeira que conduzem a água de alimentação do estágio 4 para o estágio 1, o balanço das taxas de massa e energia fornece

água de alimentação

$$\frac{\dot{Q}_{entra}}{\dot{m}} = h_1 - h_2 \quad (8.4)$$

em que $\dot{Q}_{entra}/\dot{m}$ é a taxa de transferência de calor da fonte de energia para o fluido de trabalho por unidade de massa que passa pela caldeira.

Parâmetros de Desempenho

A eficiência térmica mede a quantidade de energia fornecida ao fluido de trabalho que passa pela caldeira que é convertida em trabalho *líquido* de saída. Utilizando-se as grandezas e expressões já determinadas, a eficiência térmica do ciclo de potência da Fig. 8.2 fica

eficiência térmica

$$\eta = \frac{\dot{W}_t/\dot{m} - \dot{W}_b/\dot{m}}{\dot{Q}_{entra}/\dot{m}} = \frac{(h_1 - h_2) - (h_4 - h_3)}{h_1 - h_4} \quad (8.5a)$$

O trabalho líquido de saída é igual ao calor líquido de entrada. Assim, a eficiência térmica pode ser expressa, de modo alternativo, como

$$\eta = \frac{\dot{Q}_{entra}/\dot{m} - \dot{Q}_{sai}/\dot{m}}{\dot{Q}_{entra}/\dot{m}} = 1 - \frac{\dot{Q}_{sai}/\dot{m}}{\dot{Q}_{entra}/\dot{m}}$$

$$= 1 - \frac{(h_2 - h_3)}{(h_1 - h_4)} \quad (8.5b)$$

360 Capítulo 8

taxa de calor

A taxa de calor é a quantidade de energia adicionada por transferência de calor ao ciclo, usualmente em Btu, para produzir uma unidade de trabalho líquido de saída, usualmente em kW · h. Assim, a taxa de calor, que é inversamente proporcional à eficiência térmica, apresenta as unidades de Btu/kW · h.

back work ratio

Outro parâmetro utilizado na descrição do desempenho da planta de potência é a relação entre o trabalho de entrada na bomba e o trabalho desenvolvido pela turbina, bwr (back work ratio). Com as Eqs. 8.1 e 8.3, essa relação para o ciclo de potência da Fig. 8.2 fica

$$\text{bwr} = \frac{\dot{W}_b/\dot{m}}{\dot{W}_t/\dot{m}} = \frac{(h_4 - h_3)}{(h_1 - h_2)} \tag{8.6}$$

Os exemplos apresentados a seguir ilustram o fato de que a variação na entalpia específica para a expansão do vapor através da turbina normalmente é muitas vezes maior do que o aumento na entalpia do líquido que passa pela bomba. Assim, a bwr é tipicamente muito baixa para as usinas de energia a vapor.

Uma vez que os estágios 1 a 4 são fixos, as Eqs. 8.1 a 8.6 podem ser aplicadas na determinação do desempenho termodinâmico de uma simples usina de energia a vapor. Como essas equações foram desenvolvidas a partir dos balanços das taxas de massa e energia, elas se aplicam igualmente aos casos de desempenho real quando as irreversibilidades estão presentes e para o desempenho idealizado na ausência desses efeitos. É razoável supor que as irreversibilidades de diversos componentes de uma planta de potência podem afetar o desempenho global, e este é, de fato, o caso. Mesmo assim, é válido considerar um ciclo idealizado no qual se admite que as irreversibilidades não estejam presentes. Esse ciclo estabelece um *limite superior* para o ciclo de Rankine. O ciclo ideal também representa uma condição simples com a qual é possível estudar diversos aspectos do desempenho de uma planta de potência a vapor. O ciclo ideal de Rankine é tema a ser apresentado na Seção 8.2.2.

ENERGIA & MEIO AMBIENTE

Hoje em dia os Estados Unidos possuem reservas de carvão relativamente abundantes e suficientes para gerar a metade de sua demanda em eletricidade (Tabela 8.1). Uma grande quantidade confiável de usinas de energia a vapor pela queima de carvão fornece eletricidade relativamente barata às residências, empresas e indústrias. Embora esta seja uma boa notícia, ela está associada de maneira negativa à saúde humana e a problemas de impacto ambiental decorrentes da combustão do carvão. Esses impactos referem-se à extração do carvão, à geração de potência e ao descarte de resíduos. Os analistas alegam que o custo da eletricidade gerada pelo carvão seria muito superior caso fosse considerado o custo total incluindo esses aspectos adversos.

As práticas de extração do carvão, como a mineração por cortes de montanhas, onde os topos são arrancados para facilitar a extração, representam uma preocupação especial relacionada com a remoção de rochas, terra e detritos de mineração descarregados em riachos e vales abaixo, prejudicando as belezas naturais, afetando a qualidade da água e devastando florestas permeadas por CO_2. Além disso, as mortes e ferimentos graves dos mineradores ao trabalharem na extração de carvão são vistos pela maioria como inaceitáveis.

Os gases formados durante a combustão do carvão contêm dióxido de enxofre e óxidos de nitrogênio, os quais contribuem para a chuva ácida e a poluição atmosférica. Partículas finas e mercúrio que afetam mais diretamente a saúde humana, são outros produtos resultantes do uso do carvão. A combustão do carvão também é uma das principais responsáveis pela variação climática global, principalmente devido às emissões de dióxido de carbono. Nacionalmente, são estabelecidos controles para dióxido de enxofre, óxidos nítricos e partículas finas, porém, atualmente, não existem limites obrigatórios para o mercúrio e o dióxido de carbono.

Os resíduos sólidos representam outro importante problema da área. O resíduo sólido resultante da combustão do carvão representa uma das maiores quantidades de resíduos produzidos nos Estados Unidos. O resíduo sólido inclui o lodo resultante da lavagem de filtros de fumaça e de cinzas, um subproduto da combustão do carvão pulverizado. Enquanto uma parte desse resíduo é direcionada à fabricação de produtos comerciais, incluindo cimento, pistas de gelo e gesso sintético utilizado na construção de paredes do tipo *drywall* e fertilizantes, uma grande quantidade de resíduos é armazenada em aterros e reservatórios contendo suspensões aquosas. A ocorrência de um vazamento nesse tipo de represamento pode contaminar as fontes de água potável. O resíduo úmido acidentalmente liberado dos reservatórios de contenção causa uma grande devastação e eleva os níveis de substâncias danosas nas áreas vizinhas. Alguns observadores afirmam que muito mais deve ser feito para regular as emissões de gases e resíduos sólidos das plantas de potência e outras instalações industriais que utilizam carvão como combustível e geram produtos danosos à saúde e ao meio ambiente.

Quanto mais eficiente a maneira pela qual cada tonelada de carvão é utilizada para gerar energia, menos CO_2, outros gases de combustão e resíduos sólidos serão produzidos. Na realidade, o aumento da eficiência é um caminho bem sugestivo para o uso continuado do carvão nesse início de século XXI. A substituição gradual das usinas de energia existentes, começando com as mais antigas (diversas décadas de existência), pelas usinas mais eficientes, reduzirá significativamente as emissões de gases e resíduos sólidos relacionados com o uso do carvão.

Diversas tecnologias avançadas também têm como objetivo fomentar o uso do carvão – porém, este deve ser utilizado de modo mais responsável. Estas incluem as plantas de potência a vapor *supercrítico* (Seção 8.3), a *captura e armazenamento do carbono* (Seção 8.5.3), e as plantas de potência que utilizam o *ciclo combinado de gaseificação integrada* (IGCC – integrated gasification combined cycle) (Seção 9.10). Devido às grandes reservas de carvão dos Estados Unidos e à importância crítica da eletricidade para aquela sociedade, estão em andamento iniciativas governamentais e do setor privado no sentido do desenvolvimento de tecnologias adicionais que promovam o uso responsável do carvão.

8.2.2 Ciclo Ideal de Rankine

Se o fluido de trabalho passar pelos vários componentes do ciclo de potência a vapor simples sem irreversibilidades, não haverá queda de pressão por atritos na caldeira e no condensador, e o fluido de trabalho fluirá através desses componentes a pressão constante. Além disso, na ausência de irreversibilidades e de transferência de calor com as vizinhanças, o processo através da turbina e da bomba será isentrópico. Um ciclo compatível com essas idealizações é o ciclo ideal de Rankine mostrado na Fig. 8.3.

ciclo ideal de Rankine

Em relação à Fig. 8.3, pode-se observar que o fluido de trabalho fica sujeito à seguinte sequência de processos reversíveis internamente:

Processo 1–2: Expansão isentrópica do fluido de trabalho através da turbina na condição de vapor saturado no estágio 1 até a pressão do condensador.
Processo 2–3: Transferência de calor *do* fluido de trabalho quando este flui a pressão constante através do condensador chegando em forma de líquido saturado ao estágio 3.
Processo 3–4: Compressão isentrópica na bomba até o estágio 4 na região de líquido comprimido.
Processo 4–1: Transferência de calor *para* o fluido de trabalho quando este flui a pressão constante através da caldeira para completar o ciclo.

O ciclo ideal de Rankine também inclui a possibilidade de superaquecimento do vapor, o que ocorre no ciclo $1'-2'-3-4-1'$. A importância do superaquecimento é discutida na Seção 8.3.

Como o ciclo ideal de Rankine consiste em processos reversíveis internos, as áreas sob as curvas do processo mostrado na Fig. 8.3 podem ser interpretadas como transferências de calor por unidade de massa que flui. Aplicando-se a Eq. 6.49, a área 1–b–c–4–a–1 representa a transferência de calor para o fluido de trabalho que passa através da caldeira e a área 2–b–c–3–2 é a transferência de calor do fluido de trabalho que passa pelo condensador, todas as transferências são por unidade de massa que flui. A área fechada 1–2–3–4–a–1 pode ser interpretada como a entrada líquida de calor ou, de modo equivalente, o trabalho líquido de entrada, ambos por unidade de massa que flui.

Como a operação da bomba é idealizada sem irreversibilidades, a Eq. 6.51b pode ser invocada como alternativa à Eq. 8.3 para a avaliação do trabalho realizado pela bomba. Ou seja,

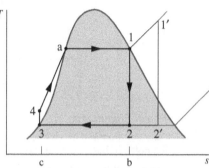

Fig. 8.3 Diagrama temperatura–entropia de um ciclo ideal de Rankine.

Ciclo_Rankine
A.26 – Abas a & b

$$\left(\frac{\dot{W}_b}{\dot{m}}\right)_{\substack{int \\ rev}} = \int_3^4 v\, dp \qquad (8.7a)$$

em que o sinal negativo foi eliminado para ficar consistente com o valor positivo do trabalho realizado pela bomba na Eq. 8.3. O subscrito "rev int" foi colocado como lembrança de que esta expressão é restrita a um processo com reversibilidades internas através da bomba. Essa designação não é necessária na Eq. 8.3, uma vez que ela expressa os princípios de conservação da massa e da energia e, portanto, não é restrita a processos com reversibilidades internas.

O cálculo da integral da Eq. 8.7a requer uma relação entre o volume específico e a pressão para o Processo 3–4. Uma vez que o volume específico de um líquido normalmente varia apenas ligeiramente quando o líquido flui da entrada para a saída da bomba, uma aproximação razoável para o valor da integral pode ser obtida considerando-se o volume específico na entrada da bomba, v_3, como constante para o processo. Assim

$$\left(\frac{\dot{W}_b}{\dot{m}}\right)_s \approx v_3(p_4 - p_3) \qquad (8.7b)$$

> **TOME NOTA...**
> Para os ciclos a metodologia de solução de problemas é modificada: A **Análise** começa com uma avaliação sistemática dos dados de propriedades necessários em cada estado numerado. Essa condição reforça o que se conhece sobre os componentes, uma vez que as informações e as hipóteses são necessárias para se fixar os estados.

em que o subscrito s representa um processo *isentrópico* – reversível *e* adiabático internamente – do líquido que flui através da bomba.

O exemplo a seguir ilustra a análise de um ciclo ideal de Rankine.

► EXEMPLO 8.1 ►

Análise de um Ciclo Ideal de Rankine

Utiliza-se vapor como fluido de trabalho em um ciclo ideal de Rankine. O vapor saturado entra na turbina a 8,0 MPa e o líquido saturado sai do condensador a uma pressão de 0,008 MPa. A potência *líquida* de saída do ciclo é de 100 MW. Determine para o ciclo **(a)** a eficiência térmica, **(b)** a razão bwr, **(c)** a vazão mássica de vapor, em kg/h, **(d)** a taxa de transferência de calor, $\dot{Q}_{entra}$, fornecida ao fluido de trabalho que passa pela caldeira, em MW, **(e)** a taxa de transferência de calor, $\dot{Q}_{sai}$, que sai do vapor condensado ao passar pelo condensador, em MW, **(f)** a vazão mássica da água de resfriamento no condensador, em kg/h, se a água entra no condensador a 15°C e sai a 35°C.

SOLUÇÃO

Dado: Um ciclo ideal de Rankine opera com vapor como fluido de trabalho. As pressões na caldeira e no condensador são especificadas e a potência líquida de saída é conhecida.

Pede-se: Determine a eficiência térmica, a taxa bwr, a vazão mássica de vapor, em kg/h, a taxa de transferência de calor para o fluido de trabalho ao passar pela caldeira, em MW, a taxa de transferência de calor que sai do vapor condensado ao passar pelo condensador, em MW, e a vazão mássica da água de resfriamento do condensador, que entra a 15°C e sai a 35°C.

Diagrama Esquemático e Dados Fornecidos:

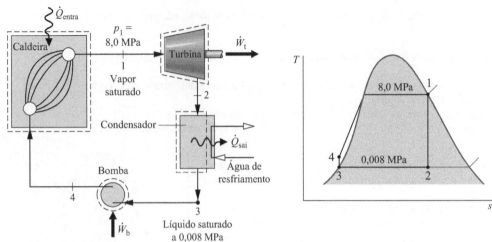

Fig. E8.1

Modelo de Engenharia:

1. Cada componente do ciclo é analisado como um volume de controle em regime estacionário. Os volumes de controle estão indicados pelas linhas tracejadas no diagrama fornecido.
2. Todos os processos sobre o fluido de trabalho apresentam reversibilidades internas.
3. A turbina e a bomba operam adiabaticamente.
4. Os efeitos das energias cinética e potencial são desprezíveis.
5. O vapor saturado entra na turbina e o líquido saturado sai pelo condensador.

❶ **Análise:** Para iniciar a análise, define-se cada um dos estados principais posicionados no esquema fornecido e no diagrama T–s. Começando-se na entrada da turbina, a pressão é de 8,0 MPa e o vapor está saturado, e assim, pela Tabela A-3, $h_1 = 2758,0$ kJ/kg e $s_1 = 5,7432$ kJ/kg · K.

O estado 2 é definido por $p_2 = 0,008$ MPa e pelo fato de que a entropia específica é constante para expansão internamente reversível e adiabática através da turbina. Utilizando-se os dados da Tabela A-3 para líquido saturado e vapor saturado, tem-se que o título do estado 2 é

$$x_2 = \frac{s_2 - s_f}{s_g - s_f} = \frac{5,7432 - 0,5926}{7,6361} = 0,6745$$

Assim, a entalpia vale

$$h_2 = h_f + x_2 h_{fg} = 173,88 + (0,6745)2403,1$$
$$= 1794,8 \text{ kJ/kg}$$

O estado 3 é líquido saturado a 0,008 MPa e, assim, $h_3 = 173,88$ kJ/kg.

O estado 4 é definido pela pressão na caldeira p_4 e pela entropia específica $s_4 = s_3$. A entalpia específica h_4 pode ser obtida por interpolação nas tabelas de líquidos comprimidos. Entretanto, como os dados de líquido comprimido são relativamente escassos, é mais conveniente resolver a Eq. 8.3 para h_4, utilizando a Eq. 8.7b para aproximar o trabalho realizado pela bomba. Com esse procedimento, tem-se

$$h_4 = h_3 + \dot{W}_b/\dot{m} = h_3 + v_3(p_4 - p_3)$$

Substituindo-se os valores das propriedades obtidos na Tabela A-3, obtém-se

$$h_4 = 173,88 \text{ kJ/kg} + (1,0084 \times 10^{-3} \text{ m}^3/\text{kg})(8,0 - 0,008)\text{MPa} \left| \frac{10^6 \text{ N/m}^2}{1 \text{ MPa}} \right| \left| \frac{1 \text{ kJ}}{10^3 \text{ N} \cdot \text{m}} \right|$$

$$= 173,88 + 8,06 = 181,94 \text{ kJ/kg}$$

(a) A potência *líquida* desenvolvida pelo ciclo vale

$$\dot{W}_{ciclo} = \dot{W}_t - \dot{W}_b$$

Os balanços das taxas de massa e de energia para os volumes de controle no entorno da turbina e da bomba fornecem, respectivamente,

$$\frac{\dot{W}_t}{\dot{m}} = h_1 - h_2 \quad \text{e} \quad \frac{\dot{W}_b}{\dot{m}} = h_4 - h_3$$

sendo $\dot{m}$ a vazão mássica do vapor. A taxa de transferência de calor para o fluido de trabalho quando ele passa pela caldeira é determinada utilizando-se os balanços de massa e energia como

$$\frac{\dot{Q}_{entra}}{\dot{m}} = h_1 - h_4$$

Assim, a eficiência térmica pode ser obtida como

$$\eta = \frac{\dot{W}_t - \dot{W}_b}{\dot{Q}_{entra}} = \frac{(h_1 - h_2) - (h_4 - h_3)}{h_1 - h_4}$$

$$= \frac{[(2758,0 - 1794,8) - (181,94 - 173,88)] \text{ kJ/kg}}{(2758,0 - 181,94) \text{ kJ/kg}}$$

$$= 0,371 \ (37,1\%)$$

(b) A relação bwr vale

❷

$$\text{bwr} = \frac{\dot{W}_b}{\dot{W}_t} = \frac{h_4 - h_3}{h_1 - h_2} = \frac{(181,94 - 173,88) \text{ kJ/kg}}{(2758,0 - 1794,8) \text{ kJ/kg}}$$

$$= \frac{8,06}{963,2} = 8,37 \times 10^{-3} \ (0,84\%)$$

(c) A vazão mássica do vapor pode ser obtida pela expressão da potência líquida fornecida no item (a). Assim

$$\dot{m} = \frac{\dot{W}_{ciclo}}{(h_1 - h_2) - (h_4 - h_3)}$$

$$= \frac{(100 \text{ MW})|10^3 \text{ kW/MW}||3600 \text{ s/h}|}{(963,2 - 8,06) \text{ kJ/kg}}$$

$$= 3,77 \times 10^5 \text{ kg/h}$$

(d) Com a expressão para $\dot{Q}_{entra}$ do item (a) e os valores da entalpia específica determinados anteriormente, tem-se

$$\dot{Q}_{entra} = \dot{m}(h_1 - h_4)$$

$$= \frac{(3,77 \times 10^5 \text{ kg/h})(2758,0 - 181,94) \text{ kJ/kg}}{|3600 \text{ s/h}| |10^3 \text{ kW/MW}|}$$

$$= 269,77 \text{ MW}$$

(e) Os balanços de massa e de energia em forma de taxa aplicados ao volume de controle que engloba o lado com vapor do condensador fornecem

$$\dot{Q}_{sai} = \dot{m}(h_2 - h_3)$$

$$= \frac{(3,77 \times 10^5 \text{ kg/h})(1794,8 - 173,88) \text{ kJ/kg}}{|3600 \text{ s/h}| |10^3 \text{ kW/MW}|}$$

$$= 169,75 \text{ MW}$$

❸ Note que a relação entre $\dot{Q}_{sai}$ e $\dot{Q}_{entra}$ é 0,629 (62,9%).

De modo alternativo, $\dot{Q}_{sai}$ pode ser determinada a partir de um balanço da taxa de energia da planta de potência a vapor *como um todo*. No regime estacionário, a potência líquida desenvolvida é igual à taxa líquida de transferência de calor para a planta. Portanto,

$$\dot{W}_{ciclo} = \dot{Q}_{entra} - \dot{Q}_{sai}$$

Arrumando-se esta expressão e substituindo-se valores, obtém-se

$$\dot{Q}_{sai} = \dot{Q}_{entra} - \dot{W}_{ciclo} = 269,77 \text{ MW} - 100 \text{ MW} = 169,77 \text{ MW}$$

A pequena diferença obtida em relação ao resultado anterior é devida a arredondamentos.

(f) Considerando-se um volume de controle no entorno do condensador, os balanços das taxas de massa e de energia fornecem em regime estacionário

$$0 = \cancel{\dot{Q}_{vc}}^0 - \cancel{\dot{W}_{vc}}^0 + \dot{m}_{ar}(h_{ar,entra} - h_{ar,sai}) + \dot{m}(h_2 - h_3)$$

em que $\dot{m}_{ar}$ é a vazão mássica da água de resfriamento. Explicitando-se $\dot{m}_{ar}$ tem-se

$$\dot{m}_{ar} = \frac{\dot{m}(h_2 - h_3)}{(h_{ar,sai} - h_{ar,entra})}$$

O numerador desta expressão foi calculado no item (e). Para a água de resfriamento, $h \approx h_f(T)$, assim, com os valores da Tabela A-2 para entalpia de líquido saturado na entrada e conhecendo-se as temperaturas da água de resfriamento na saída, tem-se

$$\dot{m}_{ar} = \frac{(169,75 \text{ MW})|10^3 \text{ kW/MW}||3600 \text{ s/h}|}{(146,68 - 62,99) \text{ kJ/kg}} = 7,3 \times 10^6 \text{ kg/h}$$

❶ Note que, neste exemplo-problema, é utilizada uma metodologia ligeiramente modificada para solução de problemas: iniciou-se com uma avaliação sistemática da entalpia específica em cada estado numerado.

❷ Note que a relação bwr (uma relação entre o trabalho de entrada na bomba e o trabalho desenvolvido pela turbina) é relativamente baixa para o ciclo de Rankine. No caso presente, o trabalho necessário para operar a bomba é inferior a 1% do trabalho na saída da turbina.

❸ Neste exemplo, 62,9% da energia fornecida ao fluido de trabalho por transferência de calor são descarregados posteriormente na água de resfriamento. Embora uma quantidade considerável de energia seja eliminada pela água de resfriamento, sua exergia é pequena, uma vez que a temperatura da água na saída é apenas alguns graus acima da temperatura das vizinhanças. Veja a Seção 8.6 para mais discussões.

> **Habilidades Desenvolvidas**
>
> Habilidades para...
> - esboçar o diagrama T–s do ciclo básico de Rankine.
> - fixar cada um dos principais estados e obter os dados necessários das propriedades.
> - aplicar os balanços de massa, de energia e de entropia.
> - calcular os parâmetros de desempenho para o ciclo.

Teste-Relâmpago Se a vazão mássica do vapor fosse de 150 kg/s, quais seriam a potência líquida, em MW, e a eficiência térmica? **Resposta:** 143,2 MW e 37,1%.

8.2.3 Efeitos das Pressões da Caldeira e do Condensador no Ciclo de Rankine

A análise da Fig. 5.12 (Seção 5.9.1), permitiu observar-se que a eficiência térmica do ciclo de potência tende a aumentar quando a temperatura média, com a qual a energia é adicionada por transferência de calor, aumenta e/ou a temperatura média, pela qual a energia é rejeitada, diminui. (Veja o boxe a seguir para demonstração.) Pode-se aplicar esta ideia ao estudo dos efeitos das variações das pressões na caldeira e no condensador no desempenho de um ciclo ideal de Rankine. Embora esta constatação tenha sido obtida em relação ao ciclo ideal de Rankine, ela também é válida qualitativamente para as plantas de potência a vapor reais.

A Fig. 8.4a mostra dois ciclos ideais tendo a mesma pressão no condensador, porém, diferentes pressões na caldeira. Por inspeção, nota-se que a temperatura média da adição de calor é maior para as pressões mais altas do ciclo 1'–2'–3'–4'–1' do que para o ciclo 1–2–3–4–1. Assim, o aumento da pressão da caldeira no ciclo ideal de Rankine tende a aumentar a eficiência térmica.

Considerações sobre o Efeito da Temperatura na Eficiência Térmica

Como o ciclo ideal de Rankine consiste inteiramente em processos com reversibilidades internas, pode-se obter uma expressão para a eficiência térmica em função das temperaturas *médias* durante os processos de interação térmica. Inicia-se o desenvolvimento desta expressão lembrando que as áreas abaixo das linhas que representam os processos na Fig. 8.3 podem ser interpretadas como a transferência de calor por unidade de massa que flui através dos seus respectivos componentes. Por exemplo, a área total 1–b–c–4–a–1 representa a transferência de calor para o fluido de trabalho por unidade de massa que passa pela caldeira. Literalmente,

$$\left(\frac{\dot{Q}_{entra}}{\dot{m}}\right)_{\substack{int \\ rev}} = \int_4^1 T\,ds = \text{área 1-b-c-4-a-1}$$

A integral pode ser escrita em termos de uma temperatura média de adição de calor, $\bar{T}_{ent}$, como se segue:

$$\left(\frac{\dot{Q}_{entra}}{\dot{m}}\right)_{\substack{int \\ rev}} = \bar{T}_{entra}(s_1 - s_4)$$

em que a barra simboliza *valor médio*. Analogamente, a área 2–b–c–3–2 representa a transferência de calor do vapor condensado por unidade de massa que passa pelo condensador

$$\left(\frac{\dot{Q}_{sai}}{\dot{m}}\right)_{\substack{int \\ rev}} = T_{sai}(s_2 - s_3) = \text{área 2-b-c-3-2}$$

$$= T_{sai}(s_1 - s_4)$$

em que T_{sai} representa a temperatura no lado do vapor no condensador do ciclo ideal de Rankine mostrado na Fig. 8.3. A eficiência térmica do ciclo ideal de Rankine pode ser expressa em função dessas transferências de calor como

$$\eta_{ideal} = 1 - \frac{(\dot{Q}_{sai}/\dot{m})_{\substack{int \\ rev}}}{(\dot{Q}_{entra}/\dot{m})_{\substack{int \\ rev}}} = 1 - \frac{T_{sai}}{\bar{T}_{entra}} \qquad (8.8)$$

Analisando-se a Eq. 8.8, conclui-se que a eficiência térmica do ciclo ideal tende a aumentar quando a temperatura média com a qual a energia é adicionada por transferência de calor aumenta e/ou a temperatura com a qual a energia é rejeitada diminui. Seguindo o mesmo raciocínio, pode-se mostrar que essas conclusões são aplicáveis a outros ciclos ideais considerados neste capítulo e no próximo.

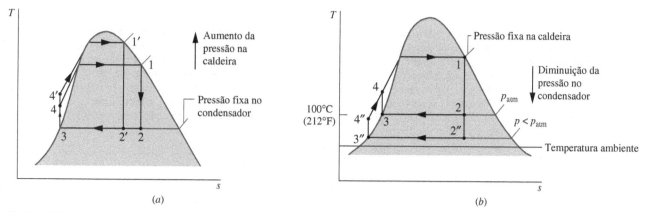

Fig. 8.4 Efeitos da variação das pressões de operação no ciclo ideal de Rankine. (*a*) Efeito da pressão na caldeira. (*b*) Efeito da pressão no condensador.

A Fig. 8.4*b* mostra dois ciclos com as mesmas pressões na caldeira, porém com duas diferentes pressões no condensador. Um condensador opera à pressão atmosférica e o outro a uma pressão *inferior* à pressão atmosférica. A temperatura da rejeição de calor para o ciclo 1–2–3–4–1 que condensa à pressão atmosférica é de 100°C (212°F). A temperatura do calor rejeitado para o ciclo de pressão mais baixa 1–2″–3″–4″–1 é também mais baixa e, assim, esse ciclo tem a maior eficiência térmica. Conclui-se, portanto, que a diminuição da pressão no condensador tende a aumentar a eficiência térmica.

A pressão mais baixa possível no condensador é a pressão de saturação correspondente à temperatura ambiente, uma vez que esta é a menor temperatura possível para a rejeição de calor para as vizinhanças. O objetivo de se manter a menor pressão de exaustão prática na turbina (condensador) é uma razão primordial para a inclusão do condensador em uma planta de potência. A água líquida à pressão atmosférica poderia alimentar a caldeira através da bomba, e o vapor poderia ser descarregado diretamente para a atmosfera na saída da turbina. Entretanto, incluindo-se um condensador, no qual o lado do vapor é operado a uma pressão *inferior à pressão atmosférica*, a turbina apresentará uma região de pressão mais baixa na qual será realizada a descarga, resultando em um aumento significativo do trabalho líquido e da eficiência térmica. A inclusão de um condensador também permite que o fluido de trabalho opere em um circuito fechado. Esse arranjo favorece uma circulação contínua do fluido de trabalho e, assim, a água pura, que é menos corrosiva que a água de abastecimento, pode ser utilizada de modo mais econômico.

Comparação com o Ciclo de Carnot

Considerando-se a Fig. 8.5, o ciclo ideal de Rankine 1–2–3–4–4′–1 tem uma eficiência térmica menor do que o ciclo de Carnot 1–2–3′–4′–1 com as mesmas temperaturas máxima T_H e mínima T_C porque a temperatura média entre 4 e 4′ é menor que T_H. A despeito da maior eficiência térmica do ciclo de Carnot, este apresenta deficiências como modelo para o ciclo de potência a vapor simples de combustível fóssil. Primeiro, a transferência de calor para o fluido de trabalho de uma planta de potência a vapor é obtida a partir de produtos quentes do resfriamento da combustão a uma pressão aproximadamente constante. Para se utilizar de modo pleno a energia liberada na combustão, os produtos quentes deveriam ser resfriados tanto quanto possível. A primeira parte do processo de aquecimento do ciclo de Rankine mostrado na Fig. 8.5, Processo 4–4′, é obtida pelo resfriamento dos produtos da combustão *abaixo* da temperatura máxima T_H. Entretanto, com o ciclo de Carnot, os produtos da combustão seriam resfriados *no máximo* até T_H. Assim, uma pequena parte da energia liberada na combustão seria utilizada. Uma outra deficiência do ciclo de potência a vapor de Carnot envolve o processo de bombeamento. Observe que o estado 3′ da Fig. 8.5 é uma mistura bifásica líquido–vapor. Problemas significativos de ordem prática são encontrados no desenvolvimento de bombas que operem com misturas bifásicas, como seria necessário para o ciclo de Carnot 1–2–3′–4′–1. É muito mais fácil condensar o vapor completamente e trabalhar somente com líquido na bomba, como é feito no ciclo de Rankine. O bombeamento de 3 para 4 e o aquecimento sem realizar trabalho de 4 para 4′ são processos que praticamente podem ser alcançados na prática.

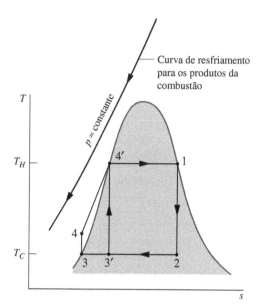

Fig. 8.5 Ilustração utilizada na comparação entre o ciclo ideal de Rankine e o ciclo de Carnot.

8.2.4 Principais Perdas e Irreversibilidades

As irreversibilidades e perdas são associadas a cada um dos quatro subsistemas indicados na Fig. 8.1*a* pelas letras **A**, **B**, **C** e **D**. Alguns desses efeitos têm uma influência mais pronunciada no desempenho global da planta de potência do que outros. Nesta seção são consideradas as perdas e irreversibilidades associadas ao fluido de trabalho ao fluir ao longo do ciclo fechado do subsistema **B**: o ciclo de Rankine. De maneira bem ampla, esses efeitos são classificados como *internos* ou *externos*, dependendo se ocorrem internamente ao subsistema **B** ou em suas vizinhanças.

Efeitos Internos

TURBINA. A principal irreversibilidade interna sofrida pelo fluido de trabalho está associada à sua expansão através da turbina. A transferência de calor da turbina para suas vizinhanças representa uma perda; porém, como geralmente essa perda tem uma importância secundária, ela será ignorada nas discussões posteriores. Conforme ilustra o Processo 1–2 da Fig. 8.6, uma expansão adiabática real através da turbina é acompanhada de um aumento na entropia. O trabalho desenvolvido por unidade de massa nesse processo é *menor* do que para a correspondente expansão isentrópica 1–2s. A eficiência isentrópica da turbina η_t apresentada na Seção 6.12.1 permite que o efeito das irreversibilidades ocorrentes na turbina seja considerado em função do trabalho real e isentrópico. Designando-se os estados como indicados na Fig. 8.6, a eficiência isentrópica da turbina pode ser expressa por

Turbina
A.19 – Aba e

$$\eta_t = \frac{(\dot{W}_t/\dot{m})}{(\dot{W}_t/\dot{m})_s} = \frac{h_1 - h_2}{h_1 - h_{2s}} \tag{8.9}$$

na qual o numerador é o trabalho real desenvolvido por unidade de massa que flui pela turbina e o denominador é o trabalho por unidade de massa que flui para uma expansão isentrópica do estado na entrada da turbina até a pressão de exaustão da turbina. As irreversibilidades na turbina reduzem significativamente a potência líquida da saída da planta e, portanto, a eficiência térmica.

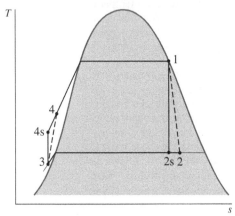

Fig. 8.6 Diagrama de temperatura–entropia mostrando os efeitos das irreversibilidades na turbina e na bomba.

BOMBA. O trabalho de entrada fornecido à bomba necessário para vencer as irreversibilidades também reduz a potência líquida na saída da planta. Conforme ilustrado pelo Processo 3–4 da Fig. 8.6 o processo real de bombeamento é acompanhado por um aumento na entropia. Para esse processo, o trabalho de *entrada* por unidade de massa que flui é maior do que aquele para o correspondente processo isentrópico 3–4s. Conforme ocorreu para a turbina, a transferência de calor é considerada um efeito secundário e será ignorada. A eficiência isentrópica da bomba η_b apresentada na Seção 6.12.3 permite que o efeito das irreversibilidades na bomba seja considerado em função dos trabalhos real e isentrópico. Designando-se os estados como indicados na Fig. 8.6, pode-se calcular a eficiência isentrópica da bomba como

$$\eta_b = \frac{(\dot{W}_b/\dot{m})_s}{(\dot{W}_b/\dot{m})} = \frac{h_{4s} - h_3}{h_4 - h_3} \tag{8.10a}$$

Na Eq. 8.10a, o trabalho da bomba para o processo isentrópico aparece no numerador. O trabalho real da bomba, sendo de maior magnitude, é o denominador.

O trabalho da bomba para o processo isentrópico pode ser calculado utilizando a Eq. 8.7b para fornecer uma expressão alternativa para a eficiência isentrópica da bomba:

Bomba
A.21 – Aba e

$$\eta_b = \frac{(\dot{W}_b/\dot{m})_s}{(\dot{W}_b/\dot{m})} = \frac{v_3(p_4 - p_3)}{h_4 - h_3} \tag{8.10b}$$

Devido ao fato de o trabalho da bomba ser muito menor do que o trabalho da turbina, as irreversibilidades na bomba impactam muito menos no trabalho líquido do ciclo do que as irreversibilidades ocorrentes na turbina.

OUTROS EFEITOS. Os efeitos do atrito que resultam em reduções na pressão são fontes adicionais de irreversibilidades internas quando o fluido de trabalho flui através da caldeira, do condensador e dos tubos de conexão entre os diversos componentes. Uma análise termodinâmica detalhada considera esses efeitos. Por simplicidade, eles serão ignorados nas discussões subsequentes. Sob essas considerações, a Fig. 8.6 não mostra qualquer queda de pressão no escoamento através da caldeira e do condensador, ou entre os componentes da planta.

Outro efeito prejudicial ao desempenho da planta pode ser observado por comparação do ciclo ideal da Fig. 8.6 com o ciclo ideal da Fig. 8.3. Na Fig. 8.6, o estágio 3 na entrada da bomba cai na região de líquido e não de líquido saturado, como na Fig. 8.3, o que resulta em temperaturas médias inferiores de adição e rejeição de calor. O efeito global, tipicamente, é uma eficiência térmica *inferior* no caso do ciclo da Fig. 8.6 em comparação ao mostrado na Fig. 8.3.

Efeitos Externos

As irreversibilidades da turbina e da bomba, consideradas anteriormente, são irreversibilidades *internas* a que o fluido de trabalho é submetido ao fluir ao longo da malha fechada do ciclo de Rankine. Elas representam efeitos prejudiciais ao desempenho da planta de potência. Ainda assim, a fonte mais importante de irreversibilidades ocorrentes nas plantas de potência a vapor com combustível fóssil está associada à queima do combustível e à subsequente transferência de calor dos gases quentes da queima para o fluido de trabalho do ciclo. Quando a queima e a subsequente transferência de calor ocorre nas vizinhanças do subsistema **B** da Fig. 8.1a, elas são classificadas como *externas*. Esses efeitos são considerados quantitativamente na Seção 8.6 e no Cap. 13 utilizando o conceito de exergia.

Outro efeito que ocorre nas vizinhanças do subsistema **B** é a descarga de energia por transferência de calor para a água de refrigeração quando o fluido de trabalho se condensa. A importância dessa perda é *bem menor* do que a suposta magnitude da energia descarregada. Embora a água de resfriamento conduza uma energia considerável, essa energia é de pouca *utilidade* quando a condensação ocorre a temperaturas próximas da ambiente, e a temperatura da água de resfriamento aumenta apenas de uns poucos graus acima do ambiente durante o escoamento através do condensador. Essa água de resfriamento tem pouco valor termodinâmico ou econômico. Ao invés disso, a água de resfriamento ligeiramente aquecida normalmente é *desvantajosa* para os operadores da planta em termos de custo, uma vez que os operadores devem apresentar meios responsáveis de dispor da energia ganha pela água de resfriamento no escoamento através do condensador – utilizando uma torre de resfriamento, por exemplo. A utilidade limitada da água de resfriamento no condensador é demonstrada quantitativamente na Seção 8.6 utilizando o conceito de exergia.

Finalmente, as trocas de calor dispersas pelas superfícies externas dos componentes da planta têm efeitos prejudiciais no desempenho, uma vez que elas reduzem a conversão de calor para trabalho. Esses tipos de troca de calor representam efeitos secundários e serão ignorados nas discussões posteriores. No próximo exemplo, o ciclo Rankine do Exemplo 8.1 é alterado para mostrar os efeitos das eficiências isentrópicas de turbina e bomba sobre o desempenho.

Ciclo_Rankine
A.26 – Aba c

EXEMPLO 8.2

Análise de um Ciclo de Rankine com Irreversibilidades

Reconsidere o ciclo de potência a vapor do Exemplo 8.1, mas inclua na análise o fato de que a turbina e a bomba têm, cada qual, eficiência isentrópica de 85%. Determine para o ciclo modificado **(a)** a eficiência térmica, **(b)** a vazão mássica do vapor, em kg/h, para uma potência líquida de saída de 100 MW, **(c)** a taxa de transferência de calor, $\dot{Q}_{entra}$, para o fluido de trabalho quando ele passa pela caldeira, em MW, **(d)** a taxa de transferência de calor, $\dot{Q}_{sai}$, do vapor que condensa ao passar pelo condensador, em MW, **(e)** a vazão mássica da água de resfriamento no condensador, em kg/h, se a água entra no condensador a 15°C e sai a 35°C.

SOLUÇÃO

Dado: Um ciclo de potência a vapor opera com vapor d'água como fluido de trabalho. A turbina e a bomba têm, cada uma, eficiência de 85%.

Pede-se: Determine a eficiência térmica, a vazão mássica, em kg/h, a taxa de transferência de calor para o fluido de trabalho ao passar pela caldeira, em MW, a taxa de transferência de calor do vapor que condensa quando passa pelo condensador, em MW, e a vazão mássica da água de resfriamento no condensador, em kg/h.

Diagrama Esquemático e Dados Fornecidos:

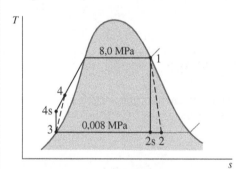

Fig. E8.2

Modelo de Engenharia:

1. Cada componente do ciclo é analisado como um volume de controle em regime estacionário.
2. O fluido de trabalho passa pela caldeira e pelo condensador a pressão constante. O vapor saturado entra na turbina. O fluido condensado é saturado na saída do condensador.
3. A turbina e a bomba operam adiabaticamente com uma eficiência de 85%.
4. Os efeitos das energias cinética e potencial são desprezíveis.

Análise: Devido à presença de irreversibilidades durante a expansão do vapor através da turbina, ocorre um aumento de entropia específica desde a entrada até a saída desta, conforme mostra o diagrama *T–s* fornecido. Analogamente, ocorre um aumento de entropia específica desde a entrada até a saída da bomba. Pode-se iniciar a análise definindo cada um dos estados principais. O estado 1 é o mesmo do Exemplo 8.1, logo $h_1 = 2758,0$ kJ/kg e $s_1 = 5,7432$ kJ/kg · K.

Pode-se determinar a entalpia específica na saída da turbina, estado 2, utilizando a eficiência isentrópica da turbina, Eq. 8.9,

$$\eta_t = \frac{\dot{W}_t/\dot{m}}{(\dot{W}_t/\dot{m})_s} = \frac{h_1 - h_2}{h_1 - h_{2s}}$$

em que h_{2s} é a entalpia específica no estado 2s no diagrama *T–s* fornecido. Pela solução do Exemplo 8.1, $h_{2s} = 1794,8$ kJ/kg. Explicitando-se h_2 e substituindo-se os valores conhecidos, tem-se

$$h_2 = h_1 - \eta_t(h_1 - h_{2s})$$
$$= 2758 - 0,85(2758 - 1794,8) = 1939,3 \text{ kJ/kg}$$

O estado 3 é o mesmo do Exemplo 8.1, logo $h_3 = 173,88$ kJ/kg.

Para determinar a entalpia específica na saída da bomba, estado 4, consideram-se apenas os balanços de fluxos de massa e de energia para um volume de controle reduzido no entorno da bomba para obter $\dot{W}_b/\dot{m} = h_4 - h_3$. Explicitando, a entalpia específica no estado 4, tem-se

$$h_4 = h_3 + \dot{W}_b/\dot{m}$$

368 Capítulo 8

A determinação de h_4 a partir desta expressão requer o trabalho na bomba, que pode ser calculado utilizando-se a eficiência isentrópica da bomba na forma da Eq. 8.10b: resolvendo-se para $\dot{W}_b/\dot{m}$, tem-se

$$\frac{\dot{W}_b}{\dot{m}} = \frac{v_3(p_4 - p_3)}{\eta_b}$$

O numerador desta expressão foi determinado na solução do Exemplo 8.1. Dessa forma,

$$\frac{\dot{W}_b}{\dot{m}} = \frac{8{,}06 \text{ kJ/kg}}{0{,}85} = 9{,}48 \text{ kJ/kg}$$

A entalpia específica na saída da bomba é, portanto

$$h_4 = h_3 + \dot{W}_b/\dot{m} = 173{,}88 + 9{,}48 = 183{,}36 \text{ kJ/kg}$$

(a) A potência líquida desenvolvida pelo ciclo é

$$\dot{W}_{ciclo} = \dot{W}_t - \dot{W}_b = \dot{m}[(h_1 - h_2) - (h_4 - h_3)]$$

A taxa de transferência de calor para o fluido de trabalho quando este passa pela caldeira vale

$$\dot{Q}_{entra} = \dot{m}(h_1 - h_4)$$

Assim, a eficiência térmica é

$$\eta = \frac{(h_1 - h_2) - (h_4 - h_3)}{h_1 - h_4}$$

Substituindo-se os valores conhecidos, tem-se

$$\eta = \frac{(2758 - 1939{,}3) - 9{,}48}{2758 - 183{,}36} = 0{,}314 \ (31{,}4\%)$$

(b) Com a expressão da potência líquida do item (a), a vazão mássica do vapor é

$$\dot{m} = \frac{\dot{W}_{ciclo}}{(h_1 - h_2) - (h_4 - h_3)}$$

$$= \frac{(100 \text{ MW})|3600 \text{ s/h}||10^3 \text{ kW/MW}|}{(818{,}7 - 9{,}48) \text{ kJ/kg}} = 4{,}449 \times 10^5 \text{ kg/h}$$

(c) Com a expressão de $\dot{Q}_{entra}$ do item (a) e com os valores de entalpia específica determinados anteriormente, obtém-se

$$\dot{Q}_{entra} = \dot{m}(h_1 - h_4)$$

$$= \frac{(4{,}449 \times 10^5 \text{ kg/h})(2758 - 183{,}36) \text{ kJ/kg}}{|3600 \text{ s/h}||10^3 \text{ kW/MW}|} = 318{,}2 \text{ MW}$$

(d) A taxa de transferência de calor do vapor que condensa para a água de resfriamento é

$$\dot{Q}_{sai} = \dot{m}(h_2 - h_3)$$

$$= \frac{(4{,}449 \times 10^5 \text{ kg/h})(1939{,}3 - 173{,}88) \text{ kJ/kg}}{|3600 \text{ s/h}||10^3 \text{ kW/MW}|} = 218{,}2 \text{ MW}$$

(e) A vazão mássica da água de resfriamento pode ser determinada como

$$\dot{m}_{ar} = \frac{\dot{m}(h_2 - h_3)}{(h_{ar,sai} - h_{ar,entra})}$$

$$= \frac{(218{,}2 \text{ MW})|10^3 \text{ kW/MW}||3600 \text{ s/h}|}{146{,}68 - 62{,}99 \text{ kJ/kg}} = 9{,}39 \times 10^6 \text{ kg/h}$$

> ✓ **Habilidades Desenvolvidas**
>
> Habilidades para...
> - esboçar o diagrama T–s do ciclo de Rankine com irreversibilidades na turbina e na bomba.
> - fixar cada um dos principais estados e obter os dados necessários das propriedades.
> - aplicar os princípios de balanço de massa, energia e entropia.
> - calcular os parâmetros de desempenho do ciclo.

Teste-Relâmpago Se a vazão mássica do vapor fosse 150 kg/s, quais seriam a potência necessária à bomba, em kW, e a relação bwr (relação entre o trabalho de entrada na bomba e o trabalho desenvolvido pela turbina)? **Resposta:** 1422 kW e 0,0116.

Discussões sobre os Exemplos 8.1 e 8.2

Pode-se quantificar o efeito das irreversibilidades na turbina e na bomba comparando os valores obtidos no Exemplo 8.2 com seus equivalentes no Exemplo 8.1. Neste exemplo, o trabalho da turbina por unidade de massa é *menor* e o trabalho na bomba por unidade de massa é *maior* do que no Exemplo 8.1, como pode ser confirmado utilizando os dados desses exemplos. A eficiência térmica no Exemplo 8.2 é *menor* do que a do caso ideal do Exemplo 8.1. Para uma potência de saída líquida fixada (100 MW), um trabalho líquido por unidade de massa na saída *menor* no Exemplo 8.2 impõe uma maior vazão mássica de vapor em relação à do Exemplo 8.1. A magnitude da transferência de calor para a água de resfriamento também é maior no Exemplo 8.2 do que no Exemplo 8.1; consequentemente, seria necessária uma maior vazão mássica de água de resfriamento.

8.3 Melhoria do Desempenho – Superaquecimento, Reaquecimento e Ciclo Supercrítico

Ciclo_Rankine
A.26 Aba b

As representações para o ciclo de potência a vapor consideradas até aqui não descrevem fielmente as plantas de potência a vapor reais, uma vez que, em geral, várias modificações são incorporadas a fim de aumentar o desempenho geral. Nesta seção são consideradas as modificações no ciclo conhecidas como *superaquecimento* e *reaquecimento*. Essas duas possibilidades normalmente são incorporadas às plantas de potência a vapor. Considera-se também a geração de vapor supercrítica.

Vamos iniciar a discussão observando que um aumento da pressão na caldeira ou uma diminuição da pressão no condensador pode resultar em uma redução do título do vapor na saída da turbina. Isto pode ser percebido se compararmos os estados 2' e 2'' indicados nas Figs. 8.4a e 8.4b com o correspondente estado 2 em cada diagrama. Se o título da mistura que passa pela turbina se tornar muito baixo, o impacto das gotículas de líquido, referentes ao fluxo da mistura líquido–vapor, pode causar a erosão das pás da turbina, diminuindo a eficiência da turbina e aumentando a necessidade de manutenção. Desse modo, é prática comum manter um título de pelo menos 90% ($x \geq 0{,}9$) na saída da turbina. As modificações no ciclo conhecidas como *superaquecimento* e *reaquecimento* proporcionam pressões de operação vantajosas na caldeira e no condensador, e ainda eliminam o problema de título baixo na saída da turbina.

Superaquecimento

Consideremos, inicialmente, o superaquecimento. Uma vez que não há restrição quanto à existência de vapor saturado na entrada da turbina, uma energia adicional pode ser somada por transferência de calor para o vapor, trazendo-o a uma condição de vapor superaquecido na entrada da turbina. Esse acréscimo de energia é realizado em um trocador de calor separado chamado superaquecedor. A combinação da caldeira com o superaquecedor é conhecida como *gerador de vapor*. A Fig. 8.3 mostra um ciclo ideal de Rankine com vapor superaquecido na entrada da turbina: o ciclo 1'–2'–3–4–1'. O ciclo com superaquecimento apresenta uma temperatura média mais alta para o acréscimo de calor do que o ciclo sem superaquecimento (ciclo 1–2–3–4–1) e, portanto, a eficiência térmica é maior. Além disso, o título no estado 2' na saída da turbina é maior do que no estado 2, que seria o estado na saída da turbina sem superaquecimento. Dessa maneira, o superaquecimento também tende a minorar o problema do título baixo do vapor na saída da turbina. Com um superaquecimento adequado, o estado na saída da turbina pode inclusive cair para a região de vapor superaquecido.

superaquecimento

Reaquecimento

Outra modificação normalmente empregada nas plantas de potência a vapor é o reaquecimento. Com o reaquecimento, uma planta de potência pode tirar proveito do aumento de eficiência resultante de pressões maiores na caldeira e ainda evitar um título baixo para o vapor na saída da turbina. No ciclo ideal com reaquecimento mostrado na Fig. 8.7, o vapor não se expande até a pressão do condensador em um único estágio. O vapor se expande através de uma turbina no primeiro estágio (Processo 1–2) até um valor de pressão entre as pressões do gerador de vapor e do condensador. O vapor é então reaquecido no gerador de vapor (Processo 2–3). Em condições ideais, não haverá queda de pressão durante o reaquecimento do vapor. Após o reaquecimento, o vapor se expande em uma turbina no segundo estágio até a pressão do condensador (Processo 3–4). Observe que, com o reaquecimento, o título do vapor na saída da turbina é aumentado. Isto pode ser percebido no diagrama *T–s* mostrado na Fig. 8.7 se compararmos o estado 4 com o estado 4' na saída da turbina sem reaquecimento.

reaquecimento

TOME NOTA...
Quando se calcula a eficiência térmica de um ciclo de reaquecimento, é necessário explicar a saída de trabalho tanto dos estágios da turbina quanto da adição de calor total que ocorre na vaporização/superaquecimento e os processos de reaquecimento. Esse cálculo está representado no Exemplo 8.3.

Plantas Supercríticas

A temperatura do vapor que entra na turbina sofre restrições devidas a limitações metalúrgicas impostas pelos materiais utilizados na fabricação do superaquecedor, do reaquecedor e da turbina. Uma alta pressão no gerador de vapor também requer tubulações que possam suportar grandes tensões a temperaturas elevadas. Nesse sentido, a melhoria dos materiais e dos métodos de fabricação tem, gradualmente, permitido um aumento significativo do limite máximo das temperaturas do ciclo e das pressões no gerador de vapor, com correspondentes aumentos na eficiência térmica, o que reduz o consumo de combustível e diminui os impactos ambientais. Esse progresso atual permite que as plantas de potência a vapor possam operar com pressões no gerador de vapor superiores à pressão crítica da água (22,1 MPa, 3203,6 lbf/in^2). Essas são conhecidas como plantas de potência a vapor supercríticas.

plantas supercríticas

A Fig. 8.8 mostra um ciclo ideal de reaquecimento. Conforme indicado pelo Processo 6–1, a geração de vapor ocorre a uma pressão acima da pressão crítica. Não ocorre qualquer mudança pronunciada de fase durante esse processo, e

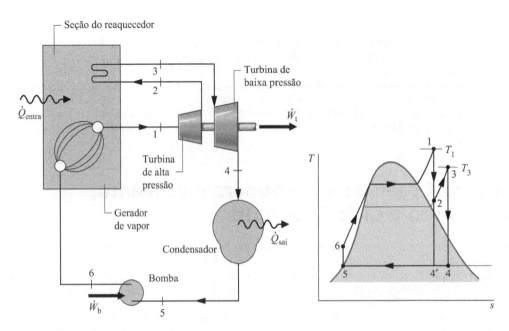

Fig. 8.7 Ciclo ideal com reaquecimento.

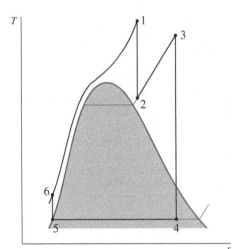

Fig. 8.8 Ciclo supercrítico ideal com reaquecimento.

não é utilizada uma caldeira convencional. Em vez disso, a água que flui através de tubos é gradualmente aquecida, desde a fase líquida até a fase de vapor sem o borbulhamento característico da ebulição. Em cada ciclo o aquecimento é produzido pela combustão de carvão pulverizado com ar.

Atualmente, as plantas de potência a vapor supercríticas produzem vapor a pressões e temperaturas próximas a 30 MPa (4350 lbf/in^2) e 600°C (1100°F), respectivamente, permitindo eficiências térmicas de até 47%. Com as superligas, aumentando o limite das altas temperaturas e a resistência à corrosão, se tornando comercialmente viáveis, as instalações ultrassupercríticas podem produzir vapor a 35 MPa (5075 lbf/in^2) e 750°C (1290°F) com eficiências térmicas que excedem a 50%. As plantas subcríticas têm eficiências de até cerca de 40%.

Enquanto os custos de instalação das plantas supercríticas por unidade de potência gerada são um pouco superiores aos das plantas subcríticas, os custos do combustível das plantas supercríticas são consideravelmente menores devido ao aumento da eficiência térmica. Como nas plantas supercríticas é utilizada uma quantidade menor de combustível para uma dada potência de saída, elas produzem menos dióxido de carbono, outros gases de queima e resíduo sólido do que as plantas subcríticas. A evolução das plantas de potência supercríticas a partir de suas precursoras subcríticas propicia um estudo de caso sobre como os avanços na tecnologia favorecem o aumento da eficiência termodinâmica acompanhado da economia de combustível, do reduzido impacto ambiental e da redução de todos os custos efetivos.

No próximo exemplo, o ciclo ideal de Rankine do Exemplo 8.1 é modificado para incluir superaquecimento e reaquecimento.

▶▶▶ EXEMPLO 8.3 ▶

Avaliação do Desempenho de um Ciclo Ideal com Reaquecimento

O vapor d'água é o fluido de trabalho em um ciclo ideal de Rankine com superaquecimento e reaquecimento. O vapor entra na turbina do primeiro estágio a 8,0 MPa e 480°C, e se expande até 0,7 MPa. Em seguida, é reaquecido até 440°C antes de entrar na turbina do segundo estágio, onde se expande até a pressão do condensador de 0,008 MPa. A potência *líquida* na saída é de 100 MW. Determine **(a)** a eficiência térmica do ciclo, **(b)** a vazão mássica do vapor, em kg/h, **(c)** a taxa de transferência de calor, $\dot{Q}_{sai}$ do vapor que condensa quando passa pelo condensador, em MW. Discuta os efeitos do reaquecimento no ciclo de potência a vapor.

SOLUÇÃO

Dado: Um ciclo ideal com reaquecimento opera com vapor d'água como fluido de trabalho. As pressões e temperaturas de operação são especificadas, e a potência líquida disponível na saída é fornecida.

Pede-se: Determine a eficiência térmica, a vazão mássica do vapor, em kg/h, e a taxa de transferência de calor do vapor que condensa ao passar pelo condensador, em MW. Discuta os efeitos do reaquecimento.

Diagrama Esquemático e Dados Fornecidos:

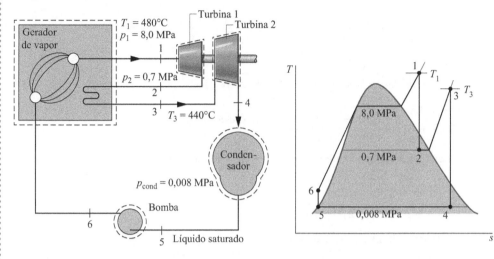

Fig. E8.3

Modelo de Engenharia:

1. Cada componente do ciclo é analisado como um volume de controle em regime estacionário. Os volumes de controle são mostrados no diagrama fornecido por linhas tracejadas.
2. Todos os processos sobre o fluido de trabalho são internamente reversíveis.
3. A turbina e a bomba operam adiabaticamente.
4. O condensado sai do condensador como líquido saturado.
5. Os efeitos das energias cinética e potencial são desprezíveis.

Análise: Inicialmente, define-se cada um dos estados principais. Começa-se pela entrada na turbina do primeiro estágio, onde a pressão é de 8,0 MPa e a temperatura é de 480°C, de modo que o vapor é superaquecido. Pela Tabela A-4, $h_1 = 3348,4$ kJ/kg e $s_1 = 6,6586$ kJ/kg · K.

O estado 2 é definido pela pressão $p_2 = 0,7$ MPa e pela condição $s_2 = s_1$ para a expansão isentrópica através da turbina do primeiro estágio. Utilizando-se os dados para líquido saturado e vapor saturado da Tabela A-3, o título no estado 2 é

$$x_2 = \frac{s_2 - s_f}{s_g - s_f} = \frac{6,6586 - 1,9922}{6,708 - 1,9922} = 0,9895$$

Assim, a entalpia específica vale

$$h_2 = h_f + x_2 h_{fg}$$
$$= 697,22 + (0,9895)2066,3 = 2741,8 \text{ kJ/kg}$$

O estado 3 é de vapor superaquecido com $p_3 = 0,7$ MPa e $T_3 = 440°C$, e assim, pela Tabela A-4, $h_3 = 3353,3$ kJ/kg e $s_3 = 7,7571$ kJ/kg · K.

Para definir o estado 4, utiliza-se $p_4 = 0,008$ MPa e $s_4 = s_3$ para a expansão isentrópica através da turbina do segundo estágio. Com os dados da Tabela A-3, o título no estado 4 é

$$x_4 = \frac{s_4 - s_f}{s_g - s_f} = \frac{7,7571 - 0,5926}{8,2287 - 0,5926} = 0,9382$$

A entalpia específica é

$$h_4 = 173,88 + (0,9382)2403,1 = 2428,5 \text{ kJ/kg}$$

O estado 5 é líquido saturado a 0,008 MPa, de modo que $h_5 = 173,88$ kJ/kg. Finalmente, o estado na saída da bomba é o mesmo do Exemplo 8.1, portanto, $h_6 = 181,94$ kJ/kg.

(a) A potência *líquida* desenvolvida pelo ciclo vale

$$\dot{W}_{ciclo} = \dot{W}_{t1} + \dot{W}_{t2} - \dot{W}_b$$

Os balanços de massa e energia para os dois estágios de turbina e para a bomba se reduzem, respectivamente, a

Turbina 1: $\dot{W}_{t1}/\dot{m} = h_1 - h_2$

Turbina 2: $\dot{W}_{t2}/\dot{m} = h_3 - h_4$

Bomba: $\dot{W}_b/\dot{m} = h_6 - h_5$

em que $\dot{m}$ é a vazão mássica do vapor.

A taxa de transferência de calor total para o fluido de trabalho quando este passa através da caldeira com superaquecedor e reaquecedor é obtida por

$$\frac{\dot{Q}_{entra}}{\dot{m}} = (h_1 - h_6) + (h_3 - h_2)$$

Utilizando essas expressões, podemos calcular a eficiência térmica como

$$\eta = \frac{(h_1 - h_2) + (h_3 - h_4) - (h_6 - h_5)}{(h_1 - h_6) + (h_3 - h_2)}$$

$$= \frac{(3348,4 - 2741,8) + (3353,3 - 2428,5) - (181,94 - 173,88)}{(3348,4 - 181,94) + (3353,3 - 2741,8)}$$

$$= \frac{606,6 + 924,8 - 8,06}{3166,5 + 611,5} = \frac{1523,3 \text{ kJ/kg}}{3778 \text{ kJ/kg}} = 0,403\,(40,3\%)$$

(b) A vazão mássica do vapor pode ser obtida utilizando-se a expressão para a potência líquida fornecida no item (a).

$$\dot{m} = \frac{\dot{W}_{ciclo}}{(h_1 - h_2) + (h_3 - h_4) - (h_6 - h_5)}$$

$$= \frac{(100 \text{ MW})|3600 \text{ s/h}||10^3 \text{ kW/MW}|}{(606,6 + 924,8 - 8,06) \text{ kJ/kg}} = 2,363 \times 10^5 \text{ kg/h}$$

(c) A taxa de transferência de calor do vapor que condensa para a água de resfriamento vale

$$\dot{Q}_{sai} = \dot{m}(h_4 - h_5)$$

$$= \frac{2,363 \times 10^5 \text{ kg/h}\,(2428,5 - 173,88) \text{ kJ/kg}}{|3600 \text{ s/h}||10^3 \text{ kW/MW}|} = 148 \text{ MW}$$

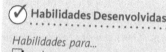

Para percebermos os efeitos do reaquecimento, comparamos os atuais valores com seus equivalentes do Problema 8.1. Com superaquecimento e reaquecimento, a eficiência térmica é aumentada em relação àquela do ciclo do Exemplo 8.1. Para uma potência líquida de saída especificada (100 MW), uma eficiência térmica mais alta significa que é necessária uma vazão mássica de vapor menor. Além disso, com uma eficiência térmica maior, a taxa de transferência de calor para a água de resfriamento também é menor, resultando em uma demanda reduzida de água de resfriamento. Com o reaquecimento, o título do vapor na saída da turbina é significativamente aumentado em relação ao seu valor para o ciclo do Exemplo 8.1.

Habilidades Desenvolvidas

Habilidades para...
- esboçar o diagrama T–s do ciclo ideal de Rankine com reaquecimento.
- fixar cada um dos principais estados e obter os dados necessários das propriedades.
- aplicar os balanços de massa e energia.
- calcular os parâmetros de desempenho para o ciclo.

Teste-Relâmpago Qual é a taxa de adição de calor, em MW, para o processo de reaquecimento? Em relação ao calor total adicionado ao ciclo, qual é o percentual desse valor? **Resposta:** 40,1 MW e 16,2%.

O exemplo a seguir ilustra o efeito das irreversibilidades na turbina sobre o ciclo ideal com reaquecimento do Exemplo 8.3.

▶▶▶ EXEMPLO 8.4 ▶

Avaliando o Desempenho de um Ciclo de Reaquecimento com Irreversibilidade na Turbina

Reconsidere o ciclo com reaquecimento do Exemplo 8.3, mas, desta vez, inclua na análise o fato de que cada estágio de turbina apresenta a mesma eficiência isentrópica. **(a)** Considerando $\eta_t = 85\%$, determine a eficiência térmica. **(b)** Faça um gráfico da eficiência térmica em função da eficiência do estágio da turbina na faixa de 85 a 100%.

SOLUÇÃO

Dado: Um ciclo com reaquecimento opera utilizando vapor d'água como fluido de trabalho. As pressões e temperaturas de operação são especificadas. Cada estágio de turbina tem a mesma eficiência isentrópica.

Pede-se: Se $\eta_t = 85\%$, determine a eficiência térmica. Construa também um gráfico da eficiência térmica em função da eficiência isentrópica do estágio da turbina na faixa de 85 a 100%.

Sistemas de Potência a Vapor 373

Diagrama Esquemático e Dados Fornecidos:

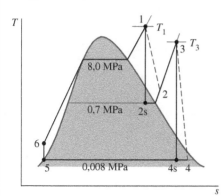

Modelo de Engenharia:
1. Como no Exemplo 8.3, cada componente do ciclo é analisado como um volume de controle em regime estacionário.
2. Com exceção dos dois estágios de turbina, todos os processos são internamente reversíveis.
3. A turbina e a bomba operam adiabaticamente.
4. O condensado sai do condensador como líquido saturado.
5. Os efeitos das energias cinética e potencial são desprezíveis.

Fig. E8.4a

Análise:

(a) Pela solução do Exemplo 8.3, são conhecidos os seguintes valores da entalpia específica, em kJ/kg: $h_1 = 3348,4$; $h_{2s} = 2741,8$; $h_3 = 3353,3$; $h_{4s} = 2428,5$; $h_5 = 173,88$ e $h_6 = 181,94$.

Podemos determinar a entalpia específica na saída da turbina do primeiro estágio, h_2, resolvendo a expressão da eficiência da turbina. Assim

$$h_2 = h_1 - \eta_t(h_1 - h_{2s})$$
$$= 3348,4 - 0,85(3348,4 - 2741,8) = 2832,8 \text{ kJ/kg}$$

A entalpia específica na saída da turbina do segundo estágio pode ser obtida de modo semelhante:

$$h_4 = h_3 - \eta_t(h_3 - h_{4s})$$
$$= 3353,3 - 0,85(3353,3 - 2428,5) = 2567,2 \text{ kJ/kg}$$

Assim, a eficiência térmica pode ser obtida como

❶
$$\eta = \frac{(h_1 - h_2) + (h_3 - h_4) - (h_6 - h_5)}{(h_1 - h_6) + (h_3 - h_2)}$$
$$= \frac{(3348,4 - 2832,8) + (3353,3 - 2567,2) - (181,94 - 173,88)}{(3348,4 - 181,94) + (3353,3 - 2832,8)}$$
$$= \frac{1293,6 \text{ kJ/kg}}{3687,0 \text{ kJ/kg}} = 0,351 \ (35,1\%)$$

(b) O programa *IT* para a solução deste item é listado a seguir. Nele, etat1 é η_{t1}, etat2 é η_{t2}, eta é η, Wnet = $\dot{W}_{net} = \dot{W}_{liq}/\dot{m}$ e Qin = $\dot{Q}_{entra}/\dot{m}$.

```
// Fix the states

T1 = 480// °C
p1 = 80 // bar
h1 = h_PT ("Water/Steam", p1, T1)
s1 = s_PT ("Water/Steam", p1, T1)

p2 = 7 // bar
h2s = h_Ps ("Water/Steam", p2, s1)
etat1 = 0.85
h2 = h1 - etat1 * (h1 - h2s)

T3 = 440 // °C
p3 = p2
h3 = h_PT ("Water/Steam", p3, T3)
s3 = s_PT ("Water/Steam", p3, T3)

p4 = 0.08//bar
h4s = h_Ps ("Water/Steam", p4, s3)
etat2 = etat1
h4 = h3 - etat2 * (h3 - h4s)

p5 = p4
h5 = hsat_Px ("Water/Steam", p5, 0) // kJ/kg
v5 = vsat_Px ("Water/Steam", p5, 0) // m³/kg
```

p6 = p1
h6 = h5 + v5 * (p6 − p5) * 100// The 100 in this expression is a unit conversion factor.

// Calculate thermal efficiency
Wnet = (h1 − h2) + (h3 − h4) − (h6 − h5)
Qin = (h1 − h6) + (h3 − h2)
eta = Wnet/Qin

Utilizando o botão **Explore**, varia-se eta de 0,85 a 1,0 em intervalos de 0,01. Em seguida, usando o botão **Graph**, obtém-se o seguinte gráfico:

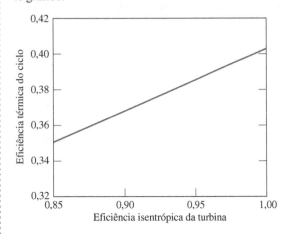

Fig. E8.4b

Pelo gráfico da Fig. E8.4b, vê-se que a eficiência térmica do ciclo aumenta de 0,351 para 0,403 quando a eficiência isentrópica do estágio da turbina aumenta de 0,85 para 1,00, conforme se espera com base nos resultados dos Exemplos 8.3 e do item (a) do exemplo atual. Percebe-se também que a eficiência isentrópica da turbina apresenta um efeito significativo na eficiência térmica do ciclo.

> ✓ **Habilidades Desenvolvidas**
>
> *Habilidades para...*
> ☐ esboçar o diagrama T–s do ciclo ideal de Rankine com reaquecimento incluindo irreversibilidades na turbina e na bomba.
> ☐ fixar cada um dos principais estados e obter os dados necessários das propriedades.
> ☐ aplicar os princípios do balanço de massa, de energia e de entropia.
> ☐ calcular os parâmetros de desempenho para o ciclo.

❶ Devido às irreversibilidades presentes nos estágios da turbina, o trabalho líquido por unidade de massa desenvolvido neste caso é significativamente menor do que no caso do Exemplo 8.3. A eficiência térmica também é consideravelmente menor.

Teste-Relâmpago Caso a temperatura T_3 fosse aumentada para 480°C, seria esperado que a eficiência térmica aumentasse, diminuísse ou permanecesse a mesma? **Resposta:** A eficiência térmica aumentaria.

8.4 Melhoria do Desempenho — Ciclo de Potência a Vapor Regenerativo

regeneração

Outro método comumente utilizado para aumentar a eficiência térmica das plantas de potência a vapor é o *aquecimento regenerativo da água de alimentação* ou, simplesmente, regeneração. Este é o tema da presente seção.

Para a apresentação do princípio do aquecimento regenerativo da água de alimentação, considere novamente a Fig. 8.3. No ciclo 1–2–3–4–a–1, o fluido de trabalho entra na caldeira como líquido comprimido no estado 4 e é aquecido enquanto estiver na fase líquida até o estado a. Com o aquecimento regenerativo da água de alimentação, o fluido de trabalho entra na caldeira em um estado *entre* 4 e a. Assim, a temperatura média de acréscimo de calor é aumentada, tendendo, portanto, a aumentar a eficiência térmica.

8.4.1 Aquecedores de Água de Alimentação Abertos

aquecedor de água de alimentação aberto

Considere como a regeneração pode ser efetuada por meio de um aquecedor de água de alimentação aberto, um trocador de calor do tipo contato direto no qual correntes a diferentes temperaturas se misturam para formar uma corrente a uma temperatura intermediária. A Fig. 8.9 mostra o diagrama esquemático e o diagrama *T–s* correspondente para um ciclo de potência a vapor regenerativo que tem um aquecedor de água de alimentação aberto. Para este ciclo, o fluido de trabalho passa isentropicamente através dos estágios da turbina e das bombas, e o escoamento através do gerador de vapor, do condensador e do aquecedor de água de alimentação ocorre sem queda de pressão em qualquer desses componentes. Ainda assim, existe uma fonte de irreversibilidade devido à mistura no aquecedor de água de alimentação.

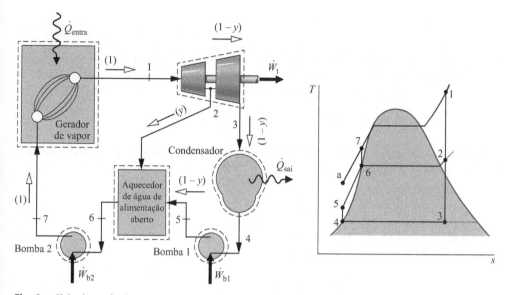

Fig. 8.9 Ciclo de potência a vapor regenerativo com um aquecedor de água de alimentação aberto.

O vapor entra na turbina de primeiro estágio no estado 1 e se expande até o estado 2, onde é *extraída*, ou *sangrada*, uma fração do escoamento total para um aquecedor de água de alimentação aberto que opera a uma pressão de extração, p_2. O restante do vapor se expande através da turbina de segundo estágio até o estado 3. Essa parcela do escoamento total é condensada para líquido saturado, estado 4, e em seguida bombeada até a pressão de extração e introduzida no aquecedor de água de alimentação no estado 5. Uma única corrente misturada deixa o aquecedor de água de alimentação no estado 6. Para o caso mostrado na Fig. 8.9, as vazões mássicas das correntes que entram no aquecedor de água de alimentação são tais que o estado 6 é de líquido saturado à pressão de extração. O líquido no estado 6 é então bombeado até a pressão do gerador de vapor e entra nesse gerador de vapor no estado 7. Finalmente, o fluido de trabalho é aquecido do estado 7 para o estado 1 no gerador de vapor.

Considerando o diagrama *T–s* do ciclo, observe que o acréscimo de calor ocorreria do estado 7 até o estado 1, em vez do estado a até o estado 1, como no caso sem regeneração. Dessa maneira, a quantidade de energia que deve ser fornecida através da queima de combustível fóssil, ou por outra fonte de energia, para vaporizar e superaquecer o vapor seria reduzida. Esse é o efeito desejado. No entanto, somente uma parte do escoamento total se expande através da turbina de segundo estágio (Processo 2–3) e, assim, menos trabalho será desenvolvido. Na prática, as condições de operação são escolhidas de maneira que a redução no calor adicionado supera com vantagem a diminuição do trabalho líquido desenvolvido, resultando em maior eficiência térmica nas plantas de potência regenerativas.

Análise do Ciclo

Considere a seguir a análise termodinâmica do ciclo regenerativo ilustrado na Fig. 8.9. Uma etapa inicial importante na análise de qualquer ciclo a vapor regenerativo é o cálculo das vazões mássicas através de cada um dos componentes. Considerando-se um único volume de controle envolvendo os dois estágios de turbina, o balanço de vazão mássica em regime estacionário se reduz a

$$\dot{m}_2 + \dot{m}_3 = \dot{m}_1$$

sendo $\dot{m}_1$ a taxa pela qual a massa entra na turbina de primeiro estágio no estado 1, $\dot{m}_2$ a taxa pela qual a massa é extraída e sai no estado 2 e $\dot{m}_3$ a taxa pela qual a massa sai da turbina de segundo estágio no estado 3. Dividindo a igualdade anterior por $\dot{m}_1$ temos as vazões mássicas expressas por *unidade de massa* que passa pela turbina de primeiro estágio

$$\frac{\dot{m}_2}{\dot{m}_1} + \frac{\dot{m}_3}{\dot{m}_1} = 1$$

Designando-se por y a fração do escoamento total extraída no estado 2 ($y = \dot{m}_2/\dot{m}_1$), a fração do escoamento total que passa através da turbina de segundo estágio será

$$\frac{\dot{m}_3}{\dot{m}_1} = 1 - y \tag{8.11}$$

As frações do escoamento total em várias posições estão indicadas entre parênteses na Fig. 8.9.

A fração y pode ser determinada pela aplicação dos princípios de conservação de massa e de energia a um volume de controle no entorno do aquecedor de água de alimentação. Admitindo-se que não há transferência de calor entre o aquecedor de água de alimentação e suas vizinhanças, e desprezando-se os efeitos das energias cinética e potencial, os balanços de massa e de energia em regime estacionário se reduzem a

$$0 = yh_2 + (1 - y)h_5 - h_6$$

Explicitando-se y, tem-se

$$y = \frac{h_6 - h_5}{h_2 - h_5} \tag{8.12}$$

376 Capítulo 8

A Eq. 8.12 nos permite determinar a fração y quando os estados 2, 5 e 6 estão definidos.

Expressões para os principais trabalhos e as transferências de calor do ciclo regenerativo podem ser determinadas pela aplicação dos balanços de massa e de energia aos volumes de controle no entorno de cada componente. Iniciando-se pela turbina, o trabalho total é obtido pela soma dos trabalhos desenvolvidos por cada estágio de turbina. Desprezando-se os efeitos das energias cinética e potencial e admitindo-se que não haja troca de calor com as vizinhanças, pode-se expressar o trabalho total de turbina por unidade de massa que passa através da turbina de primeiro estágio como

$$\frac{\dot{W}_t}{\dot{m}_1} = (h_1 - h_2) + (1 - y)(h_2 - h_3) \tag{8.13}$$

O trabalho total de bombeamento é a soma do trabalho necessário para se operar cada bomba individualmente. Com base em uma unidade de massa que passa pela turbina de primeiro estágio, o trabalho total de bombeamento é

$$\frac{\dot{W}_b}{\dot{m}_1} = (h_7 - h_6) + (1 - y)(h_5 - h_4) \tag{8.14}$$

A energia adicionada por transferência de calor ao fluido de trabalho que passa através do gerador de vapor, por unidade de massa que se expande através da turbina de primeiro estágio, é

$$\frac{\dot{Q}_{entra}}{\dot{m}_1} = h_1 - h_7 \tag{8.15}$$

e a energia rejeitada por transferência de calor para a água de resfriamento é

$$\frac{\dot{Q}_{sai}}{\dot{m}_1} = (1 - y)(h_3 - h_4) \tag{8.16}$$

O exemplo a seguir ilustra a análise de um ciclo regenerativo com um aquecedor de água de alimentação aberto, incluindo o cálculo das propriedades nos diversos estados ao longo do ciclo e a determinação das frações do escoamento total em várias posições.

▶▶▶ EXEMPLO 8.5 ▶

Análise de um Ciclo Regenerativo com Aquecedor de Água de Alimentação Aberto

Considere um ciclo de potência a vapor regenerativo com um aquecedor de água de alimentação aberto. O vapor d'água entra na turbina a 8,0 MPa e 480°C e se expande até 0,7 MPa, na qual parte do vapor é extraído e desviado para o aquecedor de água de alimentação aberto que opera a 0,7 MPa. O restante do vapor se expande através da turbina de segundo estágio até a pressão de 0,008 MPa do condensador. O líquido saturado sai do aquecedor de água de alimentação aberto a 0,7 MPa. A eficiência isentrópica de cada estágio de turbina é de 85% e cada bomba opera isentropicamente. Se a potência líquida produzida pelo ciclo é de 100 MW, determine **(a)** a eficiência térmica e **(b)** a vazão mássica do vapor que entra no primeiro estágio de turbina, em kg/h.

SOLUÇÃO

Dado: Um ciclo de potência a vapor regenerativo opera com vapor d'água como fluido de trabalho. As pressões e temperaturas de operação são especificadas e a eficiência de cada estágio da turbina e a potência líquida produzida também são fornecidas.

Pede-se: Determine a eficiência térmica e a vazão mássica na turbina, em kg/h.

Diagrama Esquemático e Dados Fornecidos:

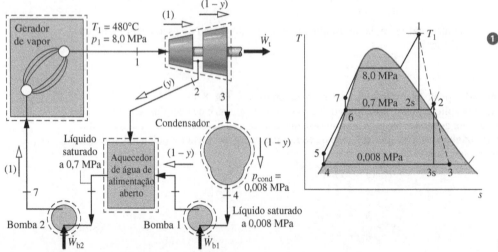

Fig. E8.5

Modelo de Engenharia:

1. Cada componente do ciclo é analisado como um volume de controle em regime estacionário. Os volumes de controle são indicados no diagrama esquemático por linhas tracejadas.
2. Todos os processos sobre o fluido de trabalho são internamente reversíveis, à exceção das expansões através dos dois estágios de turbina e da mistura no aquecedor de água de alimentação aberto.
3. As turbinas, as bombas e o aquecedor de água de alimentação operam adiabaticamente.
4. Os efeitos das energias cinética e potencial são desprezíveis.
5. Tanto na saída do aquecedor de água de alimentação aberto quanto na saída do condensador o líquido está saturado.

Análise: A entalpia específica nos estados 1 e 4 pode ser obtida nas tabelas de vapor. A entalpia específica no estado 2 é calculada na solução do Exemplo 8.4. A entropia específica no estado 2 pode ser obtida das tabelas de vapor utilizando-se os valores conhecidos de entalpia e pressão nesse estado. Resumindo, $h_1 = 3348{,}4$ kJ/kg, $h_2 = 2832{,}8$ kJ/kg, $s_2 = 6{,}8606$ kJ/kg · K, $h_4 = 173{,}88$ kJ/kg.

A entalpia específica no estado 3 pode ser determinada por meio da eficiência do segundo estágio de turbina, ou seja,

$$h_3 = h_2 - \eta_t(h_2 - h_{3s})$$

Com $s_{3s} = s_2$, o título no estado 3s é $x_{3s} = 0{,}8208$; utilizando esta informação, obtém-se $h_{3s} = 2146{,}3$ kJ/kg. Assim,

$$h_3 = 2832{,}8 - 0{,}85(2832{,}8 - 2146{,}3) = 2249{,}3 \text{ kJ/kg}$$

O estado 6 é líquido saturado a 0,7 MPa. Assim, $h_6 = 697{,}22$ kJ/kg.

Como se admite que as bombas operam isotropicamente, os valores da entalpia específica nos estados 5 e 7 podem ser determinados como

$$h_5 = h_4 + v_4(p_5 - p_4)$$
$$= 173{,}88 + (1{,}0084 \times 10^{-3})(\text{m}^3/\text{kg})(0{,}7 - 0{,}008) \text{ MPa} \left|\frac{10^6 \text{ N/m}^2}{1 \text{ MPa}}\right|\left|\frac{1 \text{ kJ}}{10^3 \text{ N} \cdot \text{m}}\right| = 174{,}6 \text{ kJ/kg}$$
$$h_7 = h_6 + v_6(p_7 - p_6)$$
$$= 697{,}22 + (1{,}1080 \times 10^{-3})(8{,}0 - 0{,}7)|10^3| = 705{,}3 \text{ kJ/kg}$$

Aplicando balanços de massa e de energia a um volume de controle envolvendo o aquecedor aberto, obtém-se a fração y do escoamento extraído no estado 2, ou seja

$$y = \frac{h_6 - h_5}{h_2 - h_5} = \frac{697{,}22 - 174{,}6}{2832{,}8 - 174{,}6} = 0{,}1966$$

(a) Relativamente a uma unidade de massa que passa pela turbina de primeiro estágio, o trabalho total produzido pela turbina é

$$\frac{\dot{W}_t}{\dot{m}_1} = (h_1 - h_2) + (1 - y)(h_2 - h_3)$$
$$= (3348{,}4 - 2832{,}8) + (0{,}8034)(2832{,}8 - 2249{,}3) = 984{,}4 \text{ kJ/kg}$$

O trabalho total de bombeamento por unidade de massa que passa através da turbina de primeiro estágio é

$$\frac{\dot{W}_b}{\dot{m}_1} = (h_7 - h_6) + (1 - y)(h_5 - h_4)$$
$$= (705{,}3 - 697{,}22) + (0{,}8034)(174{,}6 - 173{,}88) = 8{,}7 \text{ kJ/kg}$$

O calor adicionado no gerador de vapor por unidade de massa que passa pela turbina de primeiro estágio é

$$\frac{\dot{Q}_{\text{entra}}}{\dot{m}_1} = h_1 - h_7 = 3348{,}4 - 705{,}3 = 2643{,}1 \text{ kJ/kg}$$

Assim, a eficiência térmica vale

$$\eta = \frac{\dot{W}_t/\dot{m}_1 - \dot{W}_b/\dot{m}_1}{\dot{Q}_{\text{entra}}/\dot{m}_1} = \frac{984{,}4 - 8{,}7}{2643{,}1} = 0{,}369 \ (36{,}9\%)$$

(b) Pode-se determinar a vazão mássica do vapor d'água que entra na turbina, $\dot{m}_1$, utilizando o valor fornecido para a potência líquida produzida, 100 MW. Como

$$\dot{W}_{\text{ciclo}} = \dot{W}_t - \dot{W}_b$$

e

$$\frac{\dot{W}_t}{\dot{m}_1} = 984{,}4 \text{ kJ/kg} \quad \text{e} \quad \frac{\dot{W}_b}{\dot{m}_1} = 8{,}7 \text{ kJ/kg}$$

segue-se que

$$\dot{m}_1 = \frac{(100 \text{ MW})|3600 \text{ s/h}|}{(984{,}4 - 8{,}7) \text{ kJ/kg}} \left|\frac{10^3 \text{ kJ/s}}{1 \text{ MW}}\right| = 3{,}69 \times 10^5 \text{ kg/h}$$

> ✓ **Habilidades Desenvolvidas**
>
> *Habilidades para...*
> - esboçar o diagrama T–s do ciclo de potência a vapor regenerativo com aquecedor de água de realimentação aberto.
> - fixar cada um dos principais estados e obter os dados necessários das propriedades.
> - aplicar os princípios do balanço de massa, de energia e de entropia.
> - calcular os parâmetros de desempenho do ciclo.

❶ Note que as frações do escoamento total relacionadas com as diversas posições estão indicadas na figura.

Teste-Relâmpago Se a vazão mássica de vapor que entra na turbina de primeiro estágio fosse de 150 kg/s, qual seria a potência líquida, em MW, e a fração de vapor extraído, y? **Resposta:** 146,4 MW e 0,1966.

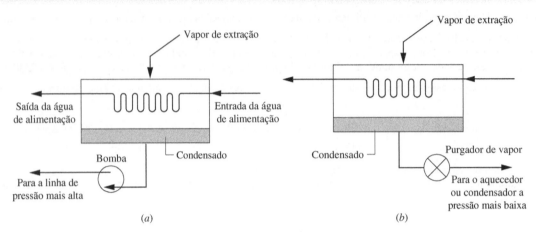

Fig. 8.10 Exemplos de aquecedores de água de alimentação fechados.

8.4.2 Aquecedores de Água de Alimentação Fechados

aquecedor de água de alimentação fechado

O aquecimento regenerativo da água de alimentação também pode ser realizado com aquecedores de água de alimentação fechados. Os aquecedores fechados são recuperadores do tipo casca e tubo nos quais a temperatura da água de alimentação aumenta conforme o vapor extraído se condensa no exterior dos tubos que transportam a água de alimentação. Uma vez que as duas correntes não se misturam, elas podem se apresentar a diferentes pressões.

Os diagramas da Fig. 8.10 mostram dois esquemas distintos para se remover o condensado de aquecedores de água de alimentação fechados. Na Fig. 8.10*a*, essa operação é realizada por uma bomba cuja função é bombear o condensado adiante para uma região de pressão mais elevada no ciclo. Na Fig. 8.10*b*, permite-se que o condensado passe através de um *purgador* para dentro de um aquecedor de água de alimentação que opera a uma pressão mais baixa ou para dentro do condensador. Um purgador é um tipo de válvula que permite apenas a passagem de líquido para uma região de pressão mais baixa.

A Fig. 8.11 mostra esquematicamente um ciclo de potência a vapor regenerativo que tem um aquecedor de água de alimentação fechado com o condensado purgado para o condensador. Nesse ciclo, o fluido de trabalho passa isentropicamente através dos estágios de turbina e bombas. Com exceção da expansão através do purgador, não há quedas de pressão associadas ao escoamento através dos outros componentes. O diagrama *T–s* mostra os estados principais do ciclo.

O escoamento total de vapor se expande através da turbina de primeiro estágio desde o estado 1 até o estado 2. Nesse ponto, uma fração do escoamento é sangrada para o aquecedor de água de alimentação fechado, onde se condensa. O líquido saturado à pressão de extração sai do aquecedor de água de alimentação no estado 7. O condensado é então purgado para o condensador,

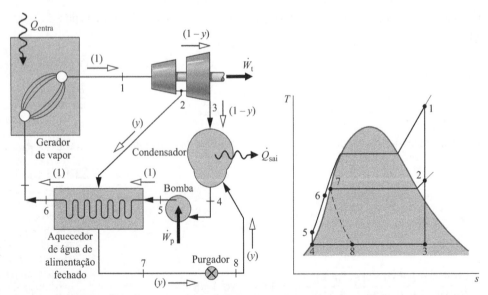

Fig. 8.11 Ciclo de potência a vapor regenerativo com um aquecedor de água de alimentação fechado.

onde se junta à fração do escoamento total que passa pela turbina de segundo estágio. A expansão do estado 7 para o estado 8 através do purgador é irreversível e, por esta razão, é indicada por uma linha tracejada no diagrama T–s. O escoamento total que sai do condensador como líquido saturado no estado 4 é bombeado até a pressão do gerador de vapor e entra no aquecedor de água de alimentação no estado 5. A temperatura da água de alimentação é aumentada na passagem pelo aquecedor de água de alimentação. A água de alimentação então sai no estado 6. O ciclo se completa quando o fluido de trabalho é aquecido no gerador de vapor a pressão constante do estado 6 até o estado 1. Embora o aquecedor fechado mostrado na figura opere sem queda de pressão em ambas as correntes, existe uma fonte de irreversibilidade devida à diferença de temperatura de uma corrente para a outra.

Análise do Ciclo

O diagrama esquemático do ciclo mostrado na Fig. 8.11 é identificado com as frações do escoamento total em várias posições. Essa marcação geralmente ajuda na análise desses ciclos. A fração do escoamento total extraída, y, pode ser determinada pela aplicação dos princípios de conservação de massa e de energia em um volume de controle no entorno do aquecedor de água de alimentação. Admitindo-se que não haja transferência de calor entre o aquecedor de água de alimentação e suas vizinhanças e desprezando-se os efeitos das energias cinética e potencial, os balanços das taxas de massa e de energia, em regime estacionário, podem ser expressos por

$$0 = y(h_2 - h_7) + (h_5 - h_6)$$

Explicitando y, tem-se

$$y = \frac{h_6 - h_5}{h_2 - h_7} \tag{8.17}$$

Assumindo um processo de estrangulamento no purgador, o estado 8 é fixado usando $h_8 = h_7$.
Os principais trabalhos e transferências de calor são calculados conforme discutido anteriormente.

8.4.3 Aquecedores de Água de Alimentação Múltiplos

A eficiência térmica do ciclo regenerativo pode ser aumentada pela incorporação de vários aquecedores de água de alimentação a pressões apropriadamente escolhidas. O número de aquecedores de água de alimentação utilizados é fundamentado em aspectos econômicos, uma vez que os aumentos incrementais alcançados na eficiência térmica com cada aquecedor adicional devem justificar o aumento de capital investido (aquecedor, tubulações, bombas etc.). Os projetistas de plantas de potência utilizam programas de computador para simular o desempenho termodinâmico e econômico de diferentes projetos que os auxiliam na tomada de decisão quanto à quantidade de aquecedores a serem utilizados, os tipos de aquecedores e as pressões nas quais eles devem operar.

A Fig. 8.12 mostra o arranjo de uma planta de potência com três aquecedores de água de alimentação fechados e um aquecedor aberto. Geralmente, as plantas de potência com múltiplos aquecedores de água de alimentação têm pelo menos um aquecedor de água de alimentação aberto operando a uma pressão maior do que a pressão atmosférica de modo que o oxigênio e outros gases dissolvidos possam ser retirados do ciclo. Esse procedimento, conhecido como desaeração (ou deaeração), é necessário para se manter a pureza do fluido de trabalho, a fim de minimizar a ocorrência de corrosão. As plantas de potência reais apresentam muitas das características básicas mostradas na figura.

Nos estudos dos ciclos de potência a vapor regenerativos com múltiplos aquecedores de água de alimentação, é uma boa prática basear a análise em uma unidade de massa que entra pela turbina de primeiro estágio. Para que as quantidades de matéria que escoam através dos diversos componentes da planta sejam estabelecidas, as frações do escoamento total remo-

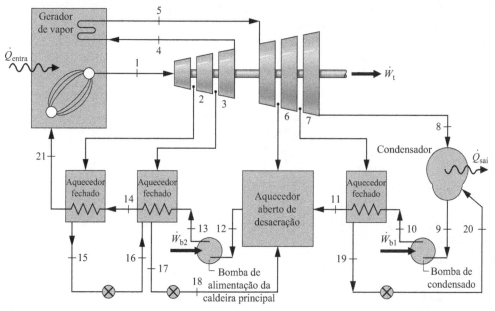

Fig. 8.12 Exemplo de arranjo de uma planta de potência.

vidas em cada ponto de extração e a fração do escoamento total remanescente em cada ponto do ciclo definido por um estado devem ser identificadas em um diagrama esquemático do ciclo. As frações extraídas são determinadas a partir dos balanços das taxas de massa e de energia para os volumes de controle ao redor de cada um dos aquecedores de água de alimentação, começando-se com o aquecedor de mais alta pressão e seguindo-se para cada aquecedor de pressão mais baixa do ciclo. Este procedimento é utilizado no exemplo a seguir, o qual envolve um ciclo de potência a vapor regenerativo com reaquecimento com dois aquecedores de água de alimentação, um do tipo fechado e o outro do tipo aberto.

▶▶▶ EXEMPLO 8.6 ▶

Análise de um Ciclo Regenerativo com Reaquecimento e Dois Aquecedores de Água de Alimentação

Considere um ciclo de potência a vapor regenerativo com reaquecimento que tenha dois aquecedores de água de alimentação, um do tipo fechado e o outro do tipo aberto. O vapor d'água entra na primeira turbina a 8,0 MPa e 480°C, e se expande até 0,7 MPa. O vapor é reaquecido até 440°C antes de entrar na segunda turbina, onde se expande até a pressão do condensador, que é de 0,008 MPa. O vapor é extraído da primeira turbina a 2 MPa e é introduzido no aquecedor de água de alimentação fechado. A água de alimentação deixa o aquecedor fechado a 205°C e 8,0 MPa, e o condensado sai como líquido saturado a 2 MPa. O condensado é purgado para um aquecedor de água de alimentação aberto. O vapor extraído da segunda turbina a 0,3 MPa também é introduzido no aquecedor de água de alimentação aberto, o qual opera a 0,3 MPa. A corrente que sai do aquecedor de água de alimentação aberto está em forma de líquido saturado a 0,3 MPa. A potência *líquida* de saída do ciclo é de 100 MW. Não há transferência de calor de qualquer componente para suas vizinhanças. Considerando que o fluido de trabalho não sofre irreversibilidades ao passar pelas turbinas, bombas, gerador de vapor, reaquecedor e condensador, determine **(a)** a eficiência térmica e **(b)** a vazão mássica do vapor que entra na primeira turbina, em kg/h.

SOLUÇÃO

Dado: Um ciclo de potência a vapor regenerativo com reaquecimento opera com vapor d'água como fluido de trabalho. As pressões e temperaturas de operação são especificadas, e a potência líquida na saída é fornecida.

Pede-se: Determine a eficiência térmica e a vazão mássica que entra na primeira turbina, em kg/h.

Diagrama Esquemático e Dados Fornecidos:

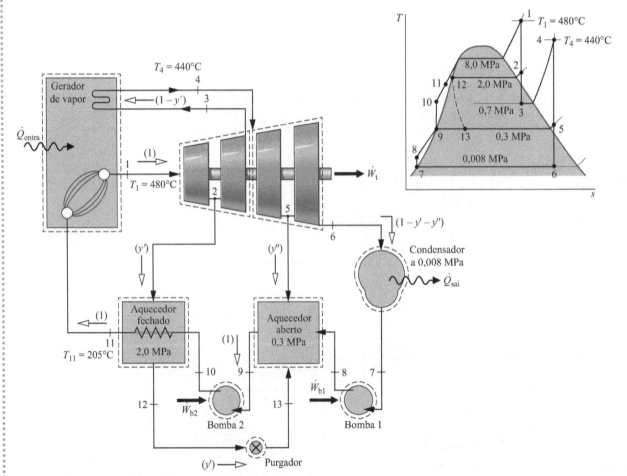

Fig. E8.6

Modelo de Engenharia:

1. Cada componente do ciclo é analisado por meio de um volume de controle em regime estacionário. Os volumes de controle são indicados no diagrama por linhas tracejadas.
2. Não há troca de calor de qualquer componente para suas vizinhanças.
3. O fluido de trabalho sofre processos internamente reversíveis ao passar pelas turbinas, bombas, gerador de vapor, reaquecedor e condensador.
4. A expansão através do purgador ocorre através de um processo de *estrangulamento*.
5. Os efeitos das energias cinética e potencial são desprezíveis.
6. O condensado sai do aquecedor fechado como líquido saturado a 2 MPa. A água de alimentação sai do aquecedor aberto como líquido saturado a 0,3 MPa. O condensado deixa o condensador como líquido saturado.

Análise: Pode-se determinar as entalpias específicas nos principais estados do ciclo. O estado 1 é o mesmo do Exemplo 8.3, portanto $h_1 = 3348,4$ kJ/kg e $s_1 = 6,6586$ kJ/kg · K.

O estado 2 é definido pela pressão $p_2 = 2,0$ MPa e pela entropia específica s_2, que é a mesma do estado 1. Realizando-se uma interpolação na Tabela A-4, tem-se $h_2 = 2963,5$ kJ/kg. O estado na saída da primeira turbina é o mesmo da saída na primeira turbina do Exemplo 8.3; logo, $h_3 = 2741,8$ kJ/kg.

O estado 4 é vapor superaquecido a 0,7 MPa e 440°C. Da Tabela A-4, tem-se que $h_4 = 3353,3$ kJ/kg e $s_4 = 7,7571$ kJ/kg · K. Procedendo-se a uma interpolação na Tabela A-4 em $p_5 = 0,3$ MPa e $s_5 = s_4 = 7,7571$ kJ/kg · K, a entalpia no estado 5 é $h_5 = 3101,5$ kJ/kg.

Igualando-se s_6 a s_4, calcula-se o título no estado 6 como $x_6 = 0,9382$. Assim,

$$h_6 = h_f + x_6 h_{fg}$$
$$= 173,88 + (0,9382)2403,1 = 2428,5 \text{ kJ/kg}$$

Na saída do condensador, $h_7 = 173,88$ kJ/kg. A entalpia específica na saída da primeira bomba é

$$h_8 = h_7 + v_7(p_8 - p_7)$$
$$= 173,88 + (1,0084)(0,3 - 0,008) = 174,17 \text{ kJ/kg}$$

As conversões de unidades necessárias foram consideradas nos exemplos anteriores.

O líquido que deixa o aquecedor de água de alimentação aberto no estado 9 é líquido saturado a 0,3 MPa. A entalpia específica é $h_9 = 561,47$ kJ/kg. A entalpia específica na saída da segunda bomba vale

$$h_{10} = h_9 + v_9(p_{10} - p_9)$$
$$= 561,47 + (1,0732)(8,0 - 0,3) = 569,73 \text{ kJ/kg}$$

O condensado que deixa o aquecedor fechado está saturado a 2 MPa. Pela Tabela A-3, $h_{12} = 908,79$ kJ/kg. O fluido que passa pelo purgador sofre um processo de estrangulamento, logo $h_{13} = 908,79$ kJ/kg.

A entalpia específica da água de alimentação que sai do aquecedor fechado a 8,0 MPa e 205°C é obtida a partir da Eq. 3.13, ou seja

$$h_{11} = h_f + v_f(p_{11} - p_{sat})$$
$$= 875,1 + (1,1646)(8,0 - 1,73) = 882,4 \text{ kJ/kg}$$

em que h_f e v_f são a entalpia específica do líquido saturado e o volume específico a 205°C, respectivamente, e p_{sat} é a pressão de saturação em MPa a essa temperatura. Como alternativa, pode-se obter h_{11} pela Tabela A-5.

No diagrama esquemático do ciclo são indicadas as frações do escoamento total na turbina que permanecem nos diversos locais. As frações do escoamento total desviadas para o aquecedor fechado e para o aquecedor aberto são, respectivamente, $y' = \dot{m}_2/\dot{m}_1$ e $y'' = \dot{m}_5/\dot{m}_1$, em que $\dot{m}_1$ representa a vazão mássica de entrada na primeira turbina.

A fração y' pode ser determinada pela aplicação dos balanços das taxas de massa e de energia a um volume de controle que engloba o aquecedor fechado. O resultado é

$$y' = \frac{h_{11} - h_{10}}{h_2 - h_{12}} = \frac{882,4 - 569,73}{2963,5 - 908,79} = 0,1522$$

A fração y'' pode ser determinada pela aplicação dos balanços das taxas de massa e de energia a um volume de controle que englobe o aquecedor aberto, o que resulta em

$$0 = y'' h_5 + (1 - y' - y'') h_8 + y' h_{13} - h_9$$

Explicitando-se y'', tem-se

$$y'' = \frac{(1 - y')h_8 + y' h_{13} - h_9}{h_8 - h_5}$$
$$= \frac{(0,8478)174,17 + (0,1522)908,79 - 561,47}{174,17 - 3101,5}$$
$$= 0,0941$$

(a) Os valores do trabalho e da transferência de calor que se seguem são expressos com base na unidade de massa admitida na primeira turbina. O trabalho por unidade de massa de entrada desenvolvido pela primeira turbina pode ser obtido pela soma

$$\frac{\dot{W}_{t1}}{\dot{m}_1} = (h_1 - h_2) + (1 - y')(h_2 - h_3)$$
$$= (3348,4 - 2963,5) + (0,8478)(2963,5 - 2741,8)$$
$$= 572,9 \text{ kJ/kg}$$

Analogamente, para a segunda turbina

$$\frac{\dot{W}_{t2}}{\dot{m}_1} = (1 - y')(h_4 - h_5) + (1 - y' - y'')(h_5 - h_6)$$
$$= (0,8478)(3353,3 - 3101,5) + (0,7537)(3101,5 - 2428,5)$$
$$= 720,7 \text{ kJ/kg}$$

Para a primeira bomba

$$\frac{\dot{W}_{b1}}{\dot{m}_1} = (1 - y' - y'')(h_8 - h_7)$$
$$= (0,7537)(174,17 - 173,88) = 0,22 \text{ kJ/kg}$$

e, para a segunda bomba

$$\frac{\dot{W}_{b2}}{\dot{m}_1} = (h_{10} - h_9)$$
$$= 569,73 - 561,47 = 8,26 \text{ kJ/kg}$$

O calor total fornecido é a soma da energia adicionada por transferência de calor durante a ebulição/superaquecimento e o reaquecimento. Ao ser expresso com base na unidade de massa que entra na primeira turbina, esse calor fica

$$\frac{\dot{Q}_{entra}}{\dot{m}_1} = (h_1 - h_{11}) + (1 - y')(h_4 - h_3)$$
$$= (3348,4 - 882,4) + (0,8478)(3353,3 - 2741,8)$$
$$= 2984,4 \text{ kJ/kg}$$

Com os valores anteriores, a eficiência térmica vale

$$\eta = \frac{\dot{W}_{t1}/\dot{m}_1 + \dot{W}_{t2}/\dot{m}_1 - \dot{W}_{b1}/\dot{m}_1 - \dot{W}_{b2}/\dot{m}_1}{\dot{Q}_{entra}/\dot{m}_1}$$
$$= \frac{572,9 + 720,7 - 0,22 - 8,26}{2984,4} = 0,431 \ (43,1\%)$$

(b) A vazão mássica que entra na primeira turbina pode ser determinada a partir do valor fornecido da potência líquida de saída. Assim

$$\dot{m}_1 = \frac{\dot{W}_{ciclo}}{\dot{W}_{t1}/\dot{m}_1 + \dot{W}_{t2}/\dot{m}_1 - \dot{W}_{b1}/\dot{m}_1 - \dot{W}_{b2}/\dot{m}_1}$$

❶
$$= \frac{(100 \text{ MW})|3600 \text{ s/h}||10^3 \text{ kW/MW}|}{1285,1 \text{ kJ/kg}} = 2,8 \times 10^5 \text{ kg/h}$$

❶ Ao serem comparadas aos valores correspondentes determinados para o ciclo de Rankine simples do Exemplo 8.1, a eficiência térmica do presente ciclo regenerativo é significativamente superior e a vazão mássica é consideravelmente menor.

> **Habilidades Desenvolvidas**
>
> Habilidades para...
> - esboçar o diagrama T-s do ciclo de potência a vapor regenerativo com reaquecimento e dois aquecedores de água de alimentação, um aberto e outro fechado.
> - fixar cada um dos principais estados e obter os dados necessários das propriedades.
> - aplicar os princípios do balanço de massa, de energia e de entropia.
> - calcular os parâmetros de desempenho do ciclo.

Teste-Relâmpago Se cada estágio da turbina tivesse uma eficiência isentrópica de 85%, em quais dos estados indicados no ciclo os valores da entalpia específica seriam alterados? **Resposta:** A entalpia específica seria alterada nos estados 2, 3, 5 e 6.

8.5 Outros Aspectos do Ciclo de Potência a Vapor

Nesta seção são considerados os aspectos dos ciclos de potência a vapor relacionados com o fluido de trabalho, aos sistemas de cogeração e à captura e armazenamento do carbono.

8.5.1 Fluido de Trabalho

A água desmineralizada é utilizada como o fluido de trabalho na grande maioria dos sistemas de potência a vapor, por ser abundante, de baixo custo, não tóxica, quimicamente estável e relativamente não corrosiva. Além disso, a água apresenta uma variação de entalpia específica relativamente elevada quando se vaporiza às pressões comumente encontradas no gerador de vapor, o que tende a limitar a vazão mássica necessária para uma potência de saída desejada. Com a água, a potência de bombeamento é tipicamente baixa e as técnicas de superaquecimento, reaquecimento e regeneração são efetivas para aumentar a eficiência da planta de potência.

A alta pressão crítica da água (22,1 MPa, 3204 lbf/in^2) tem representado um desafio aos engenheiros que buscam aumentar a eficiência térmica pelo aumento da pressão no gerador de vapor e, assim, a temperatura média de adição de calor. Veja a discussão sobre os ciclos supercríticos na Seção 8.3.

Embora a água apresente algumas deficiências como fluido de trabalho, não foi encontrado qualquer outro fluido de trabalho que seja mais satisfatório em termos gerais para grandes usinas geradoras de eletricidade. Ainda assim, os ciclos de potência a vapor direcionados para aplicações especiais podem utilizar fluidos de trabalho que, relativamente à água, combinem melhor com a aplicação em questão.

Os **ciclos de Rankine orgânicos** empregam substâncias orgânicas como fluido de trabalho, incluindo pentano, misturas de hidrocarbonetos, refrigerantes comumente utilizados, amônia e óleo de silicone. O fluido de trabalho orgânico é tipicamente selecionado para atender às exigências da aplicação particular. Por exemplo, o ponto de ebulição relativamente baixo dessas substâncias permite ao ciclo de Rankine produzir potência a partir de fontes de baixa temperatura, incluindo o *calor residual* das indústrias, a água quente geotérmica e os fluidos aquecidos por coletores solares.

Um **ciclo a vapor binário** conjuga dois ciclos a vapor, de modo que a energia descarregada por transferência de calor de um dos ciclos é a entrada para o outro. Diferentes fluidos de trabalho são utilizados nesses ciclos, um tendo características vantajosas em altas temperaturas e o outro com características complementares nas baixas temperaturas terminais da faixa de operação global. Dependendo da aplicação, esses fluidos de trabalho podem incluir água e substâncias orgânicas. O resultado é um ciclo combinado com uma alta temperatura média de adição de calor e uma baixa temperatura média de rejeição de calor e, assim, uma eficiência térmica maior do que qualquer dos ciclos individualmente.

A Fig. 8.13 mostra o diagrama esquemático e o correspondente diagrama T–s de um ciclo a vapor binário. Nesse arranjo, dois ciclos ideais de Rankine são combinados utilizando um trocador de calor de conexão que serve como condensador para o ciclo de temperatura mais alta (ciclo a montante) e como caldeira para o ciclo de temperatura mais baixa (ciclo a jusante). O calor rejeitado do ciclo a montante fornece o calor de entrada para o ciclo a jusante

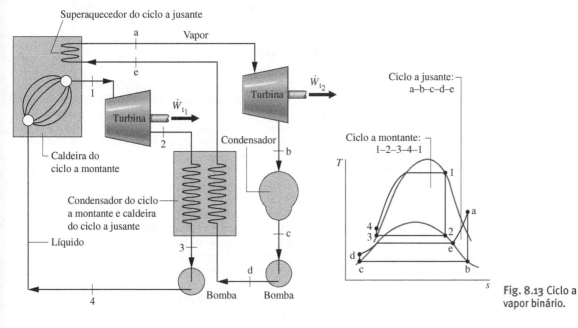

Fig. 8.13 Ciclo a vapor binário.

8.5.2 Cogeração

Nossa sociedade pode utilizar combustíveis de maneira mais eficiente por meio do maior uso dos sistemas de **cogeração**, também conhecidos como sistemas combinados de calor e energia. Os sistemas de cogeração são sistemas integrados que fornecem simultaneamente dois produtos de valor, eletricidade e vapor (ou água quente), a partir de um único combustível de entrada. Os sistemas de cogeração propiciam, tipicamente, redução de custos para produzir energia e vapor (ou água quente) em sistemas separados. O custeio dos sistemas de cogeração é introduzido na Seção 7.7.3.

Os sistemas de cogeração são amplamente desenvolvidos nas indústrias, refinarias, fábricas de papel, indústrias de produção de alimentos e outras instalações que requerem vapor de processo, água quente e eletricidade para máquinas, iluminação e outros propósitos. O *aquecimento urbano* é outra importante aplicação da cogeração. As usinas de aquecimento urbano são localizadas em comunidades para fornecer vapor ou água quente para aquecimento de espaços e outras necessidades térmicas juntamente com eletricidade para uso doméstico, comercial e industrial. Por exemplo, na cidade de Nova York, as usinas de aquecimento urbano fornecem aquecimento aos prédios de Manhattan e, ao mesmo tempo, geram eletricidade para usos diversos.

Os sistemas de cogeração podem ser baseados nas plantas de potência a vapor, nas plantas de potência a turbina a gás, nos motores de combustão interna alternativos e nas células a combustível. Nesta seção, considera-se a cogeração baseada na potência a vapor e, por simplicidade, apenas as plantas de aquecimento urbano. Os sistemas específicos de aquecimento urbano foram particularmente escolhidos porque estão disponíveis para a introdução do tema. A cogeração baseada em turbinas a gás é considerada na Seção 9.9.2. A possibilidade de cogeração baseada em células a combustível é considerada na Seção 13.4.

PLANTAS DE CONTRAPRESSÃO. Uma planta de aquecimento urbano por *contrapressão* é mostrada na Fig. 8.14*a*. A planta assemelha-se à planta do ciclo de Rankine básico considerada na Seção 8.2, porém, com uma importante diferença: nesse caso, a energia liberada quando o fluido de trabalho do ciclo se condensa durante o escoamento através do condensador é aproveitada para produzir vapor a ser exportado para as comunidades próximas para diversos usos. Nessa situação, o vapor chega às custas do potencial de energia.

A potência gerada pela planta é conectada à linha de vapor do aquecimento urbano e é determinada pela pressão na qual o fluido de trabalho do ciclo se condensa, a chamada *contrapressão*. Por exemplo, se a comunidade precisa de vapor d'água na forma de vapor saturado a 100°C, o fluido de trabalho do ciclo, admitido aqui como água desmineralizada, deve se condensar a uma temperatura superior a 100°C e, assim, a uma contrapressão superior a 1 atm. Portanto, para condições fixas de entrada da turbina e de vazão mássica, a energia produzida para aquecimento urbano é necessariamente menor do que na condição em que a condensação ocorre a um valor bem inferior a 1 atm, como no caso de uma planta totalmente dedicada à geração de potência.

PLANTAS DE EXTRAÇÃO. Uma planta de extração de aquecimento urbano é mostrada na Fig. 8.14*b*. A figura indica (entre parênteses) na forma de frações do escoamento total que entra na turbina o escoamento remanescente em diversos locais; nesse sentido a planta é semelhante aos ciclos de potência a vapor regenerativos considerados na Seção 8.4. O vapor extraído da turbina é utilizado para suprir as necessidades de aquecimento urbano. As distintas necessidades de aquecimento podem ser atendidas de modo flexível pela variação da fração de vapor extraída, representada por *y*. Para as condições fixas de entrada na turbina e de vazão mássica, um aumento na fração *y* para atender a uma maior necessidade de aquecimento urbano é conseguido pela redução da potência gerada. Quando não houver demanda por aquecimento urbano, a quantidade total do vapor gerado na caldeira se expande através da turbina, produzindo a maior potência referente às condições especificadas. A planta, neste caso, assemelha-se ao ciclo de Rankine básico da Seção 8.2.

8.5.3 Captura e Armazenamento de Carbono

A concentração de dióxido de carbono na atmosfera tem aumentado significativamente desde a época pré-industrial. Uma parcela desse aumento é atribuída à queima de combustíveis fósseis. As plantas de potência a vapor acionadas pela queima de carvão são as principais fontes dessa concentração. Há evidências de que uma quantidade excessiva de CO_2 na atmosfera contribui para a alteração climática global, e há um consenso crescente de que medidas devem ser tomadas para reduzir essas emissões.

As emissões de dióxido de carbono podem ser reduzidas utilizando-se os combustíveis fósseis de modo mais eficiente e evitando-se o desperdício. Além disso, se as concessionárias utilizarem menos plantas movidas a combustível fóssil e mais plantas eólicas, hidrelétricas e solares, uma quantidade menor de dióxido de carbono será gerada por este setor. A prática de uma maior eficiência, a eliminação de desperdícios e o uso de energias renováveis são importantes caminhos para o controle de CO_2. Ainda assim, essas estratégias não serão suficientes.

Como os combustíveis fósseis ainda serão abundantes por várias décadas, eles continuarão a ser utilizados para a geração de eletricidade e no atendimento às necessidades industriais. Portanto, a redução das emissões de CO_2 ao *nível das usinas* é imperativa. Uma das opções é o aumento do uso dos combustíveis de baixo-carbono – mais gás natural e menos carvão, por exemplo. Uma outra opção envolve a remoção do dióxido de carbono a partir da exaustão dos gases gerados nas plantas de potência, nas refinarias de petróleo e gás e em outras fontes industriais, seguindo-se do armazenamento do CO_2 capturado.

A Fig. 8.15 ilustra uma metodologia de armazenamento de dióxido de carbono atualmente sob consideração. O CO_2 capturado é injetado em reservatórios de petróleo e gás esgotados, nas camadas de carvão não exploradas, nos aquíferos salinos profundos e outras estruturas geológicas. O armazenamento nos oceanos pela injeção de CO_2 a grandes profundidades utilizando estações de bombeamento é outro método sob consideração.

O desenvolvimento da tecnologia de captura e armazenamento de CO_2 enfrenta grandes obstáculos, incluindo as incertezas quanto ao tempo que o gás injetado permanecerá armazenado e o possível impacto ambiental colateral quando uma grande quantidade de gás estiver armazenada na natureza. Um outro desafio técnico é o desenvolvimento de meios efetivos de separação do CO_2 das imensas usinas de energia e linhas de gás industrial.

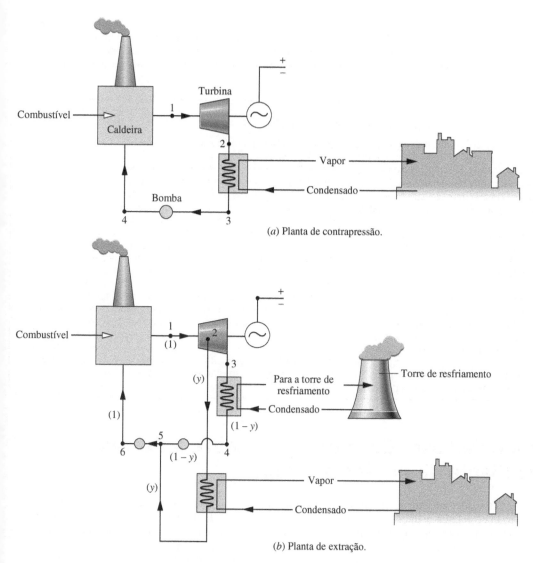

Fig. 8.14 Ciclo de vapor das plantas de aquecimento urbano.

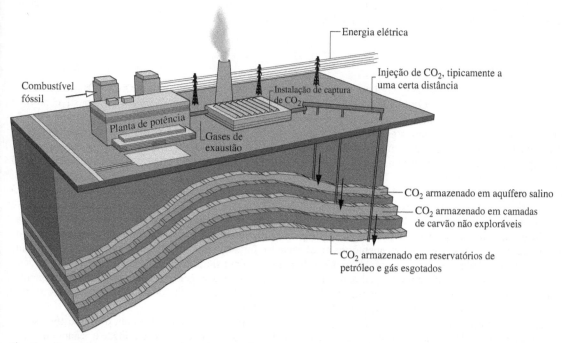

Fig. 8.15 Captura e armazenamento de carbono: aplicação a uma planta de potência.

HORIZONTES

O que Fazer com o CO_2?

A corrida atual tem o objetivo de encontrar alternativas para o armazenamento do dióxido de carbono capturado da exaustão de gases das plantas de potência e de outras fontes. Os analistas argumentam que pode não haver melhor alternativa, mas o armazenamento não precisa necessariamente ser o destino de *todo* o CO_2 capturado se houver aplicação industrial de *parte* dele.

Uma das utilizações do carbono é na *recuperação avançada de petróleo* – ou seja, para aumentar a quantidade de petróleo com possibilidade de extração dos poços. Ao se injetar CO_2 a alta pressão em uma camada subterrânea de petróleo, o petróleo de difícil extração é forçado para a superfície. Os proponentes alegam que a aplicação generalizada do dióxido de carbono capturado na recuperação de petróleo propiciará uma fonte de renda, em vez de custos, como ocorre quando o CO_2 é simplesmente armazenado no subsolo. Alguns imaginam um comércio aquecido, envolvendo a exportação de dióxido de carbono liquefeito por navios *de* nações industrializadas importadoras de petróleo *para* nações produtoras de petróleo.

Outro uso comercial proposto para o dióxido de carbono capturado é para a produção de algas, uma minúscula planta unicelular. Quando alimentadas com dióxido de carbono, as algas, mantidas em biorreatores, absorvem o dióxido de carbono via fotossíntese, estimulando seu crescimento. As algas enriquecidas pelo carbono podem ser processadas em combustíveis de transporte, resultando em substitutos para a gasolina e uma fonte de renda.

Os pesquisadores também estão trabalhando em outras alternativas no sentido de transformar o dióxido de carbono capturado em combustível. Uma das abordagens tenta simular os processos que ocorrem em seres vivos, nos quais os átomos de carbono, extraídos do dióxido de carbono, e os átomos de hidrogênio, extraídos da água, são combinados para criar moléculas de hidrocarbonetos. Outro procedimento utiliza a radiação solar para dividir o dióxido de carbono em monóxido de carbono e oxigênio, e dividir a molécula de água em hidrogênio e oxigênio. Segundo os pesquisadores, esses elementos podem ser combinados com os combustíveis líquidos.

O crescimento de algas e a produção de combustíveis utilizando o dióxido de carbono estão nos estágios iniciais de desenvolvimento. Ainda assim, esses conceitos sugerem um potencial uso comercial do dióxido de carbono capturado e ainda instigam a imaginação de outras aplicações.

8.6 Estudo de Caso: Considerações sobre a Exergia de uma Planta de Potência a Vapor

TOME NOTA...
O Cap. 7 é pré-requisito para o estudo desta seção.

As discussões até aqui apresentadas mostram que os princípios da conservação de massa e da conservação de energia podem fornecer um cenário representativo do desempenho das plantas de potência. Entretanto, esses princípios fornecem apenas as *quantidades* de energia transferidas para ou da planta e não consideram a *utilidade* dos diferentes tipos de transferência de energia. Por exemplo, somente com esses princípios de conservação, uma unidade de energia que sai como eletricidade gerada é considerada equivalente a uma unidade de energia que sai como água de resfriamento a uma temperatura relativamente baixa, embora se saiba que a energia elétrica tem utilidade e valor econômico bem maiores. Além disso, apenas com os princípios de conservação nada se pode concluir a respeito da importância relativa das irreversibilidades presentes nos diversos componentes da planta e as perdas associadas a esses componentes. O método de análise da exergia apresentado no Cap. 7 possibilita um tratamento quantitativo de questões como estas.

Balanço de Exergia

Nesta seção considera-se a exergia que entra em uma planta de potência junto com o combustível. (Os meios para se quantificar a exergia do combustível são apresentados na Seção 13.6.) Uma parcela da exergia do combustível ao final retorna às vizinhanças da planta em forma de trabalho líquido produzido. Entretanto, a maior parte é destruída pelas irreversibilidades nos diversos componentes da planta ou levada pela água de resfriamento, pelos gases da chaminé, ou através das inevitáveis trocas de calor com as vizinhanças. Estas considerações são ilustradas na presente seção através de três exemplos resolvidos, que abordam, respectivamente, a caldeira, a turbina e a bomba, e o condensador de uma planta de potência a vapor simples.

As irreversibilidades presentes em cada componente da planta de potência cobram um preço da exergia fornecida à planta, conforme se pode inferir pela exergia destruída naquele componente. O componente que cobra o maior preço é a caldeira, uma vez que uma parcela significativa da exergia que entra na planta com o combustível é destruída pelas irreversibilidades ali presentes. Existem duas fontes principais de irreversibilidades na caldeira: (1) a transferência de calor irreversível que ocorre entre os gases quentes da combustão e o fluido de trabalho do ciclo de potência a vapor que escoa pelos tubos da caldeira, e (2) o processo de combustão por si só. Para simplificar a presente discussão, a caldeira é considerada uma unidade combustora na qual a mistura de combustível e ar é queimada para produzir gases quentes de combustão, seguida de uma unidade trocadora de calor na qual o fluido de trabalho do ciclo é vaporizado à medida que os gases quentes se resfriam. Esta idealização é ilustrada na Fig. 8.16.

Para efeito de ilustração, admita que 30% da exergia que entra na unidade de combustão com o combustível sejam destruídos pela irreversibilidade da combustão e que 1% da exergia do combustível deixe a unidade trocadora de calor com os gases da chaminé. Os valores correspondentes para uma planta de potência real podem diferir desses valores

Sistemas de Potência a Vapor **387**

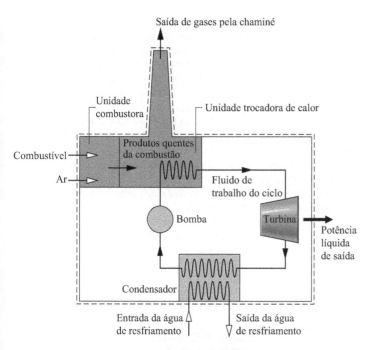

Fig. 8.16 Diagrama esquemático de uma planta de potência para um estudo de caso de análise de exergia.

TABELA 8.4

Cômputo da Exergia em uma Planta de Potência a Vapor[a]

Saídas	
Potência líquida de saída[b]	30%
Perdas	
Água de resfriamento no condensador[c]	1%
Gases na chaminé (estimativa)	1%
Destruição da exergia	
Caldeira	
Unidade de combustão (estimativa)	30%
Unidade de troca de calor[d]	30%
Turbina[e]	5%
Bomba[f]	–
Condensador[g]	3%
Total	100%

[a]Todos os valores são expressos como um percentual da exergia conduzida pelo combustível na planta. Os valores são arredondados para o mais próximo valor inteiro. As perdas de exergia associadas à transferência de calor na chaminé e oriundas dos componentes da planta foram desprezadas.
[b]Exemplo 8.8.
[c]Exemplo 8.9.
[d]Exemplo 8.7.
[e]Exemplo 8.8.
[f]Exemplo 8.8.
[g]Exemplo 8.9.

nominais. Porém, fornecem valores característicos para discussão. (Os meios para se avaliarem a destruição de exergia por combustão e a exergia associada aos gases na saída da chaminé são apresentados no Cap. 13.)

Utilizando-se os valores anteriores para destruição de exergia por combustão e perda pelos gases da chaminé, segue-se que sobra um *máximo* de 69% da exergia do combustível para transferência dos gases quentes da combustão para o fluido de trabalho do ciclo. É dessa parcela da exergia do combustível que o trabalho líquido produzido pela planta é obtido. Nos Exemplos 8.7 a 8.9, contabiliza-se a exergia fornecida pelos gases quentes da combustão que passam através da unidade trocadora de calor. Os resultados principais desta série de exemplos estão apresentados na Tabela 8.4. Observe cuidadosamente que os valores da Tabela 8.4 são específicos da planta de potência a vapor do Exemplo 8.2 e, assim, têm um significado apenas qualitativo para plantas de potência a vapor em geral.

Conclusões do Estudo de Caso

As entradas na Tabela 8.4 sugerem algumas observações gerais sobre o desempenho das plantas de potência a vapor. Inicialmente, a tabela mostra que as destruições de exergia são mais importantes do que as perdas na planta. A maior parte da exergia que entra na planta com o combustível é destruída, e a destruição de exergia na caldeira supera todas as demais. Ao contrário, a perda associada à transferência de calor para a água de resfriamento é relativamente insignificante. A eficiência térmica do ciclo (calculada na solução do Exemplo 8.2) é de 31,4%, portanto, mais de dois terços

388 Capítulo 8

(68,6%) da *energia* fornecida ao fluido de trabalho do ciclo são posteriormente carregados para fora pela água de resfriamento do condensador. Por comparação, a quantidade de *exergia* carregada para fora é praticamente desprezível, uma vez que a temperatura da água de resfriamento é elevada apenas alguns graus acima daquela das vizinhanças e, em consequência, tem uma utilidade limitada. A perda chega a apenas 1% da exergia que entra na planta com o combustível. Analogamente, as perdas associadas à transferência de calor inevitável para as vizinhanças e os gases de saída da chaminé geralmente chegam apenas a um pequeno percentual da exergia que entra na planta com o combustível e em geral são exageradas quando consideradas da perspectiva isolada da conservação de energia.

Uma análise de exergia permite a identificação dos pontos em que ocorrem destruições ou perdas de modo a se poder ordená-los segundo a sua importância. Essa informação é importante para se direcionar a atenção para aspectos do desempenho da planta que ofereçam as maiores oportunidades de melhorias pela aplicação de medidas práticas de engenharia. Todavia, a decisão de se adotar qualquer modificação específica é norteada por considerações econômicas que levam em conta tanto a economia no uso de combustível quanto os custos correspondentes para se obter essa economia.

Os cálculos apresentados nos exemplos a seguir ilustram a aplicação dos princípios da exergia através da análise de uma planta de potência a vapor simples. Entretanto, não existe qualquer dificuldade em aplicar a metodologia a plantas de potência reais, incluindo considerações sobre o processo de combustão. Os mesmos procedimentos também podem ser utilizados para contabilizar a exergia das plantas de potência com turbina a gás, consideradas no Cap. 9, e de outros tipos de sistemas térmicos.

O exemplo a seguir ilustra a análise de exergia da unidade trocadora de calor da caldeira do estudo de caso da planta de potência a vapor.

▶▶▶ EXEMPLO 8.7 ▶

Análise da Exergia de um Ciclo a Vapor – O Trocador de Calor

A unidade trocadora de calor da caldeira do Exemplo 8.2 tem uma corrente de água entrando como líquido a 8,0 MPa e saindo como vapor saturado a 8,0 MPa. Em uma corrente separada, os produtos gasosos da combustão resfriam-se a uma pressão constante de 1 atm de 1107 a 547°C. A corrente gasosa pode ser modelada como ar na condição de gás ideal. Seja $T_0 = 22°C$ e $p_0 = 1$ atm. Determine **(a)** a taxa líquida pela qual a exergia é conduzida para dentro da unidade trocadora de calor pela corrente de gás, em MW, **(b)** a taxa líquida pela qual a exergia é conduzida do trocador de calor pela corrente de água, em MW, **(c)** a taxa de destruição de exergia, em MW, **(d)** a eficiência exergética fornecida pela Eq. 7.27.

SOLUÇÃO

Dado: Um trocador de calor em regime estacionário tem uma corrente de água entrando e saindo em estados conhecidos e uma corrente de gás separada entrando e saindo em estados conhecidos.

Pede-se: Determine a taxa líquida pela qual a exergia é conduzida para dentro do trocador de calor pela corrente de gás, em MW, a taxa líquida pela qual a exergia é conduzida do trocador de calor pela corrente de água, em MW, a taxa de destruição de exergia, em MW, e a eficiência exergética.

Diagrama Esquemático e Dados Fornecidos:

Fig. E8.7

Modelo de Engenharia:

1. O volume de controle mostrado na figura opera em regime estacionário com $\dot{Q}_{vc} = \dot{W}_{vc} = 0$.
2. Os efeitos das energias cinética e potencial podem ser desprezados.
3. Os produtos gasosos da combustão são modelados como ar na condição de gás ideal.
4. Tanto o ar quanto a água passam pelo gerador de vapor a pressão constante.
5. Apenas 69% da exergia que entra na planta com o combustível permanecem após o cômputo das perdas pela chaminé e a destruição de exergia na combustão.
6. $T_0 = 22°C$, $p_0 = 1$ atm.

Análise: A análise se inicia pelo cálculo da vazão mássica de ar em função da vazão mássica de água. O ar e a água passam através da caldeira em correntes separadas. Assim, no regime estacionário, o princípio da conservação de massa estabelece que

$$\dot{m}_i = \dot{m}_e \quad \text{(ar)}$$
$$\dot{m}_4 = \dot{m}_1 \quad \text{(água)}$$

Utilizando-se essas relações, o balanço da taxa de energia para o volume de controle global em regime estacionário se reduz a

$$0 = \dot{Q}_{vc}^{\,0} - \dot{W}_{vc}^{\,0} + \dot{m}_a(h_i - h_e) + \dot{m}(h_4 - h_1)$$

na qual $\dot{Q}_{vc} = \dot{W}_{vc} = 0$ pela hipótese 1, e os termos de energia cinética e potencial são desprezíveis pela hipótese 2. Nessa equação, $\dot{m}_a$ e $\dot{m}$ indicam, respectivamente, as vazões mássicas do ar e da água. Manipulando-se esta expressão, tem-se

$$\frac{\dot{m}_a}{\dot{m}} = \frac{h_1 - h_4}{h_i - h_e}$$

A solução do Exemplo 8.2 fornece $h_1 = 2758$ kJ/kg e $h_4 = 183,36$ kJ/kg. Pela Tabela A-22, $h_e = 1491,44$ kJ/kg e $h_s = 843,98$ kJ/kg. Assim

$$\frac{\dot{m}_a}{\dot{m}} = \frac{2758 - 183,36}{1491,44 - 843,98} = 3,977 \frac{\text{kg (ar)}}{\text{kg (vapor)}}$$

Pelo Exemplo 8.2, $\dot{m} = 4,449 \times 10^5$ kg/h. Logo, $\dot{m}_a = 17,694 \times 10^5$ kg/h.

(a) A taxa líquida pela qual a exergia é conduzida para dentro da unidade trocadora de calor pela corrente gasosa pode ser calculada a partir da Eq. 7.18:

$$\begin{bmatrix} \text{taxa líquida com a qual a} \\ \text{exergia é conduzida para} \\ \text{dentro da corrente gasosa} \end{bmatrix} = \dot{m}_a(e_{fe} - e_{fs})$$

$$= \dot{m}_a[h_i - h_e - T_0(s_i - s_e)]$$

Como a pressão do gás permanece constante, a Eq. 6.20a, que fornece a variação de entropia específica de um gás ideal, reduz-se a $s_e - s_s = s_e^\circ - s_s^\circ$. Assim, com os valores para h e s° da Tabela A-22, tem-se

$$\dot{m}_a(e_{fe} - e_{fs}) = (17,694 \times 10^5 \text{ kg/h})[(1491,44 - 843,98) \text{ kJ/kg} - (295 \text{ K})(3,34474 - 2,74504) \text{ kJ/kg} \cdot \text{K}]$$

$$= \frac{8,326 \times 10^8 \text{ kJ/h}}{|3600 \text{ s/h}|} \left| \frac{1 \text{ MW}}{10^3 \text{ kJ/s}} \right| = 231,28 \text{ MW}$$

(b) Analogamente, é determinada a taxa líquida pela qual a exergia é conduzida para fora da caldeira pela corrente de água, ou seja

$$\begin{bmatrix} \text{taxa líquida com a qual a} \\ \text{exergia é conduzida para} \\ \text{fora da corrente gasosa} \end{bmatrix} = \dot{m}(e_{f1} - e_{f4})$$

$$= \dot{m}[h_1 - h_4 - T_0(s_1 - s_4)]$$

Pela Tabela A-3, $s_1 = 5,7432$ kJ/kg · K. Uma interpolação dupla na Tabela A-5 a 8,0 MPa e $h_4 = 183,36$ kJ/kg fornece $s_4 = 0,5957$ kJ/kg · K. Substituindo-se os valores conhecidos, obtém-se

$$\dot{m}(e_{f1} - e_{f4}) = (4,449 \times 10^5)[(2758 - 183,36) - 295(5,7432 - 0,5957)]$$

❶

$$= \frac{4,699 \times 10^8 \text{ kJ/h}}{|3600 \text{ s/h}|} \left| \frac{1 \text{ MW}}{10^3 \text{ kJ/s}} \right| = 130,53 \text{ MW}$$

(c) A taxa de destruição da exergia pode ser calculada pela redução do balanço da taxa de exergia para se obter

❷
$$\dot{E}_d = \dot{m}_a(e_{fe} - e_{fs}) + \dot{m}(e_{f4} - e_{f1})$$

Com os resultados dos itens (a) e (b), tem-se

❸
$$\dot{E}_d = 231,28 \text{ MW} - 130,53 \text{ MW} = 100,75 \text{ MW}$$

(d) A eficiência exergética dada pela Eq. 7.27 vale

$$\varepsilon = \frac{\dot{m}(e_{f1} - e_{f4})}{\dot{m}_a(e_{fe} - e_{fs})} = \frac{130,53 \text{ MW}}{231,28 \text{ MW}} = 0,564 \text{ (56,4\%)}$$

Esse cálculo indica que 43,6% da exergia fornecida para a unidade trocadora de calor pelo resfriamento dos produtos da combustão são destruídos. Entretanto, como foi admitido que apenas 69% da exergia que entra na planta com o combustível permanecem após serem computadas as perdas pela chaminé e a destruição de exergia na combustão (hipótese 5), conclui-se que 0,69 × 43,6% = 30% da exergia que entra na planta com o combustível são destruídos dentro do trocador de calor. Este é o valor que consta dos percentuais definidos na Tabela 8.4.

---

❶ Como a energia se conserva, a taxa pela qual a exergia é transferida para a água quando esta escoa através do trocador de calor *iguala-se* à taxa pela qual a energia é transferida *do* gás de resfriamento que passa através do trocador de calor. Em contrapartida, a taxa pela qual a exergia é transferia *para* á água é *menor* do que a taxa pela qual a exergia é transferida *do* gás pela taxa com a qual a exergia é *destruída* no trocador de calor.

❷ A taxa de destruição de exergia pode ser determinada, de modo alternativo, através do cálculo da taxa de produção de entropia, $\dot{\sigma}_{vc}$, a partir de um balanço da taxa de entropia e multiplicando-se por T_0 para se obter $\dot{E}_d = T_0 \dot{\sigma}_{vc}$.

③ Pela hipótese de que cada corrente passa pelo trocador de calor a pressão constante, pode-se inferir que o atrito não causa irreversibilidades. Assim, o único fator que contribui para a destruição de exergia neste caso é a transferência de calor dos produtos de combustão a alta temperatura para a água que se vaporiza.

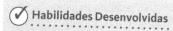

Habilidades Desenvolvidas

Habilidades para...
- realizar a análise de exergia do gerador de vapor de uma planta de potência.

Teste-Relâmpago Se os produtos gasosos resultantes da combustão forem resfriados a 517°C (h_s = 810,99 kJ/kg), qual será a vazão mássica desses produtos gasosos, em kg/h? **Resposta:** 16,83 × 10⁵ kg/h.

No próximo exemplo, são determinadas as taxas de destruição de exergia na turbina e na bomba do estudo de caso da usina de potência a vapor.

▶ ▶ ▶ EXEMPLO 8.8 ▶

Análise da Exergia de um Ciclo a Vapor – Turbina e Bomba

Reconsidere a turbina e a bomba do Exemplo 8.2. Determine para cada um desses componentes a taxa pela qual a exergia é destruída, em MW. Expresse cada resultado como um percentual da exergia que entra na usina com o combustível. Considere $T_0 = 22°C$ e $p_0 = 1$ atm.

SOLUÇÃO

Dado: Um ciclo de potência a vapor opera com vapor d'água como fluido de trabalho. Tanto a turbina quanto a bomba têm uma eficiência isentrópica de 85%.

Pede-se: Determine a taxa pela qual a exergia é destruída na turbina e na bomba separadamente, em MW. Expresse os resultados como um percentual da exergia que entra na planta com o combustível.

Diagrama Esquemático e Dados Fornecidos:

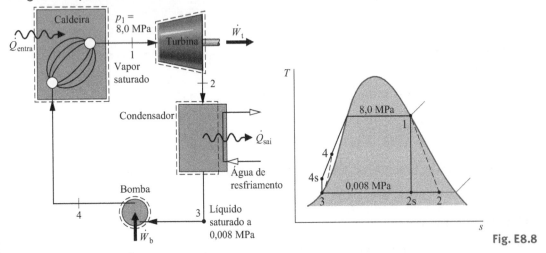

Fig. E8.8

Modelo de Engenharia:

1. A turbina e a bomba podem ser analisadas como um volume de controle em regime estacionário.
2. A turbina e a bomba operam adiabaticamente e cada qual tem uma eficiência de 85%.
3. Os efeitos das energias cinética e potencial são desprezíveis.
4. Apenas 69% da exergia que entra na planta com o combustível permanecem após se considerarem as perdas pela chaminé e a destruição de exergia na combustão.
5. $T_0 = 22°C$ e $p_0 = 1$ atm.

Análise: A taxa de destruição de exergia pode ser obtida pela redução do balanço da taxa de exergia ou através da relação $\dot{E}_d = T_0 \dot{\sigma}_{vc}$ em que $\dot{\sigma}_{vc}$ é a taxa de produção de entropia obtida a partir de um balanço de entropia. Utilizando-se qualquer procedimento, a taxa de destruição de exergia para a turbina pode ser expressa como

$$\dot{E}_d = \dot{m} T_0 (s_2 - s_1)$$

Pela Tabela A-3, $s_1 = 5,7432$ kJ/kg · K. Utilizando $h_2 = 1939,3$ kJ/kg da solução do Exemplo 8.2, o valor de s_2 pode ser determinado pela Tabela A-3 como $s_2 = 6,2021$ kJ/kg · K. Substituindo-se os valores, tem-se

$$\dot{E}_d = (4,449 \times 10^5 \text{ kg/h})(295 \text{ K})(6,2021 - 5,7432)(\text{kJ/kg} \cdot \text{K})$$

$$= \left(0,602 \times 10^8 \frac{\text{kJ}}{\text{h}}\right) \left|\frac{1 \text{ h}}{3600 \text{ s}}\right| \left|\frac{1 \text{ MW}}{10^3 \text{ kJ/s}}\right| = 16,72 \text{ MW}$$

Com a solução do Exemplo 8.7, a taxa líquida pela qual a exergia é fornecida por meio do resfriamento dos gases de combustão é 231,28 MW. A taxa de destruição de exergia na turbina, expressa como percentual deste valor, é (16,72/231,28)(100%) = 7,23%. Porém, como apenas 69% da exergia do combustível que entra permanece após se descontar as perdas pela chaminé e a destruição de exergia na combustão, pode-se concluir que 0,69 × 7,23% = 5% da exergia que entra na usina com o combustível são destruídos dentro da turbina. Esse é o valor mencionado na Tabela 8.4.

Analogamente, a taxa de destruição de exergia para a bomba vale

$$\dot{E}_d = \dot{m}T_0(s_4 - s_3)$$

Com o valor de s_3 definido na Tabela A-3 e s_4 obtido na solução do Exemplo 8.7, tem-se

$$\dot{E}_d = (4{,}449 \times 10^5 \text{ kg/h})(295 \text{ K})(0{,}5957 - 0{,}5926)(\text{kJ/kg} \cdot \text{K})$$

$$= \left(4{,}07 \times 10^5 \frac{\text{kJ}}{\text{h}}\right)\left|\frac{1 \text{ h}}{3600 \text{ s}}\right|\left|\frac{1 \text{ MW}}{10^3 \text{ kJ/s}}\right| = 0{,}11 \text{ MW}$$

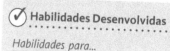

Habilidades Desenvolvidas

Habilidades para...
❏ realizar a análise de exergia da turbina e da bomba de uma planta de potência.

Expressando-se este valor como percentual da exergia que entra na planta, conforme se calculou anteriormente, tem-se (0,11/231,28)(69%) = 0,03%. Este valor é arredondado para zero na Tabela 8.4.

A potência líquida de saída da planta de potência a vapor do Exemplo 8.2 é 100 MW. Expressando esse valor como percentual da taxa pela qual a exergia é carregada para dentro da planta com o combustível, (100/231,28)(69%) = 30%, conforme mostra a Tabela 8.4.

Teste-Relâmpago — Qual é a eficiência exergética da planta de potência? **Resposta:** 30%.

O exemplo a seguir ilustra a análise de exergia do condensador do estudo de caso da planta de potência a vapor.

EXEMPLO 8.9

Análise da Exergia de um Ciclo a Vapor – Condensador

O condensador do Exemplo 8.2 envolve duas correntes de água separadas. Em uma das correntes uma mistura de duas fases, líquido–vapor, entra a 0,008 MPa e sai como líquido saturado a 0,008 MPa. Na outra, a água de resfriamento entra a 15°C e sai a 35°C. **(a)** Determine a taxa líquida pela qual a exergia é conduzida no condensador pela água de resfriamento, em MW. Expresse esse resultado como um percentual da exergia que entra na planta com o combustível. **(b)** Determine a taxa de destruição de exergia para o condensador, em MW. Expresse esse resultado como percentual da exergia que entra na planta com o combustível. Considere $T_0 = 22$°C e $p_0 = 1$ atm.

SOLUÇÃO

Dado: Um condensador em regime estacionário tem duas correntes: (1) uma mistura de duas fases líquido–vapor entrando e saindo condensada em estados conhecidos e (2) uma corrente separada de água de resfriamento entrando e saindo a temperaturas conhecidas.

Pede-se: Determine a taxa líquida pela qual a exergia é conduzida no condensador pela corrente de água de resfriamento e a taxa de destruição de exergia para o condensador. Expresse ambas as quantidades em MW e como percentuais da exergia que entra na planta com o combustível.

Diagrama Esquemático e Dados Fornecidos:

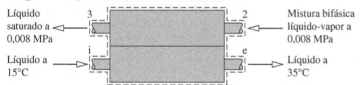

Fig. E8.9

Modelo de Engenharia:

1. O volume de controle mostrado na figura opera em regime estacionário com $\dot{Q}_{vc} = \dot{W}_{vc} = 0$.
2. Os efeitos das energias cinética e potencial podem ser desprezados.
3. Apenas 69% da exergia do combustível permanecem depois de consideradas as perdas pela chaminé e a destruição de exergia na combustão.
4. $T_0 = 22$°C e $p_0 = 1$ atm.

Análise:

(a) A taxa líquida pela qual a exergia é conduzida para fora do condensador pode ser calculada a partir da Eq. 7.18:

$$\begin{bmatrix} \text{taxa líquida com a qual a} \\ \text{exergia é conduzida para} \\ \text{fora da corrente gasosa} \end{bmatrix} = \dot{m}_{ar}(e_{fs} - e_{fe})$$

$$= \dot{m}_{ar}[h_s - h_e - T_0(s_s - s_e)]$$

em que $\dot{m}_a$ é a vazão mássica da água de resfriamento da solução do Exemplo 8.2. Com os valores de líquido saturado para entalpia e entropia específicas da Tabela A-2 nas temperaturas de entrada e saída especificadas para a água de resfriamento, tem-se

$$\dot{m}_{ar}(e_{fs} - e_{fe}) = (9{,}39 \times 10^6 \text{ kg/h})[(146{,}68 - 62{,}99) \text{ kJ/kg} - (295 \text{ K})(0{,}5053 - 0{,}2245) \text{ kJ/kg} \cdot \text{K}]$$

$$= \frac{8{,}019 \times 10^6 \text{ kJ/h}}{|3600 \text{ s/h}|} \left| \frac{1 \text{ MW}}{10^3 \text{ kJ/s}} \right| = 2{,}23 \text{ MW}$$

Expressando esse valor como um percentual da exergia que entra na planta com o combustível, obtemos $(2{,}23/231{,}28)(69\%) = 1\%$. Este é o valor indicado na Tabela 8.4.

(b) A taxa de destruição de exergia para o condensador pode ser calculada pela redução do balanço de exergia. De modo alternativo, pode-se empregar a relação $\dot{E}_d = T_0 \dot{\sigma}_{vc}$, em que $\dot{\sigma}_{vc}$ é a taxa de produção de entropia para o condensador, determinada a partir de um balanço de taxa de entropia. Com outro procedimento qualquer, a taxa de destruição de exergia para a turbina pode ser expressa como

$$\dot{E}_d = T_0[\dot{m}(s_3 - s_2) + \dot{m}_{ar}(s_s - s_e)]$$

Substituindo valores, tem-se

$$\dot{E}_d = 295[(4{,}449 \times 10^5)(0{,}5926 - 6{,}2021) + (9{,}39 \times 10^6)(0{,}5053 - 0{,}2245)]$$

$$= \frac{416{,}1 \times 10^5 \text{ kJ/h}}{|3600 \text{ s/h}|} \left| \frac{1 \text{ MW}}{10^3 \text{ kJ/s}} \right| = 11{,}56 \text{ MW}$$

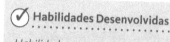

Habilidades para...
☐ realizar a análise de exergia do condensador de uma planta de potência.

Expressando-se esse valor como um percentual da exergia que entra na planta com o combustível, obtém-se $(11{,}56/231{,}28)(69\%) = 3\%$. Esse é o valor indicado na Tabela 8.4.

Teste-Relâmpago Considerando os valores obtidos no Exemplo 8.2, qual é o percentual de *energia* fornecido ao vapor que passa pelo gerador de vapor e é retirado pela água de resfriamento? **Resposta:** 68,6%.

▶ RESUMO DO CAPÍTULO E GUIA DE ESTUDOS

Este capítulo começa com uma introdução à geração de potência, investigando a situação atual de geração de potência nos Estados Unidos segundo as fontes geradoras e lançando um olhar à frente para as necessidades de geração de potência para as próximas décadas. Essa discussão estabelece um contexto para o estudo das plantas de potência a vapor neste capítulo e das plantas de potência a gás no Cap. 9.

No Cap. 8 são considerados os arranjos práticos das plantas de potência a vapor, é mostrado como as plantas de potência a vapor são modeladas termodinamicamente e também consideradas as principais irreversibilidades e perdas associadas a essas plantas. Os principais componentes das plantas de potência a vapor *básicas* são modelados pelo ciclo de Rankine.

Neste capítulo, são também apresentadas as modificações ao ciclo de potência a vapor básico com o objetivo de melhorar o desempenho global. Essa condição inclui o superaquecimento, o reaquecimento, a regeneração, a operação supercrítica, a cogeração e os ciclos binários. Inclui-se, também, um estudo de caso para ilustrar a aplicação da análise da exergia às plantas de potência a vapor.

Os itens a seguir fornecem um guia de estudo para este capítulo. Ao término do estudo do texto e dos exercícios ao final deste capítulo, você deverá estar apto a:

▶ dissertar sobre o significado dos termos listados nas margens ao longo de todo o capítulo e compreender cada um dos conceitos a eles relacionados. O subconjunto de conceitos fundamentais de engenharia relacionados a seguir é particularmente importante.

▶ esboçar os diagramas esquemáticos e os diagramas *T–s* associados aos ciclos de potência a vapor de Rankine, com reaquecimento e regenerativo.

▶ aplicar os princípios de conservação de massa e de energia, a segunda lei e as propriedades termodinâmicas para determinar o desempenho de um ciclo de potência, incluindo a eficiência térmica, a potência líquida de saída e as vazões mássicas.

▶ discutir os efeitos causados pelas variações de pressão no gerador de vapor, pressão no condensador e temperatura na entrada da turbina, no desempenho do ciclo de Rankine.

▶ discutir as principais fontes de destruição de exergia e perdas em plantas de potência a vapor.

▶ CONCEITOS FUNDAMENTAIS NA ENGENHARIA

aquecedor de água de alimentação aberto
aquecedor de água de alimentação fechado
aquecimento urbano
bwr
ciclo a vapor binário

ciclo de Rankine
ciclo ideal de Rankine
ciclo supercrítico
ciclos de Rankine orgânicos
cogeração

cômputo da exergia
eficiência térmica
reaquecimento
regeneração
superaquecimento

Sistemas de Potência a Vapor **393**

► EQUAÇÕES PRINCIPAIS

$\eta = \dfrac{\dot{W}_t/\dot{m} - \dot{W}_b/\dot{m}}{\dot{Q}_{ent}/\dot{m}} = \dfrac{(h_1 - h_2) - (h_4 - h_3)}{h_1 - h_4}$	(8.5a)	Eficiência térmica do ciclo de Rankine da Fig. 8.2
$\text{bwr} = \dfrac{\dot{W}_b/\dot{m}}{\dot{W}_t/\dot{m}} = \dfrac{(h_4 - h_3)}{(h_1 - h_2)}$	(8.6)	Bwr do ciclo de Rankine da Fig. 8.2
$\left(\dfrac{\dot{W}_b}{\dot{m}}\right)_s \approx v_3(p_4 - p_3)$	(8.7b)	Aproximação para o trabalho da bomba do ciclo ideal de Rankine da Fig. 8.3

► EXERCÍCIOS: PONTOS DE REFLEXÃO PARA OS ENGENHEIROS

1. O que são os *apagões* e o que os causam?
2. Quais dispositivos são os maiores consumidores de energia elétrica em uma residência típica?
3. Como a eletricidade gerada em uma planta de potência é transmitida e distribuída até os usuários finais?
4. Em que horário ocorrem os *picos de demanda* de energia elétrica em sua área residencial?
5. O que significa carga mínima para uma planta geradora de energia?
6. Se a Islândia completa sua transição planejada de modo que sua sociedade utilize apenas energia renovável por meio século, quais as mudanças significativas que os islandeses terão que tolerar em seu estilo de vida?
7. Que tipo de planta de potência produz a eletricidade utilizada em sua residência?
8. Qual é a relação entre a variação global do clima e o *buraco* na camada de ozônio da Terra?
9. Por que é importante para os operadores de uma usina de energia manter os tubos de circulação de água através dos componentes da usina livres de *incrustações*?
10. Qual é a diferença entre a geração de eletricidade por *concentração solar* e a geração de eletricidade *solar fotovoltaica*?
11. As muitas décadas de mineração de carvão deixaram uma grande quantidade de resíduos de carvão em muitos locais dos Estados Unidos. Quais os efeitos desses resíduos na saúde humana e no meio ambiente?
12. Como os operadores das usinas de geração de eletricidade detectam e respondem às variações na demanda dos consumidores ao longo de um dia?
13. O que significa uma energia *orb*?

► VERIFICAÇÃO DE APRENDIZADO

1. O trabalho de bomba por unidade de massa fluindo em um ciclo ideal, mostrado na Fig. 8.3, pode ser aproximado por:
   a. $v_3(h_4 - h_3)$.
   b. $v_3(T_4 - T_3)$.
   c. $v_3(s_4 - s_3)$.
   d. $v_3(p_4 - p_3)$.
2. Sistemas _____ são sistemas integrados que fornecem simultaneamente eletricidade e vapor (ou água quente) a partir de uma única fonte de combustível.
3. No ciclo de Rankine, o componente no qual o fluido de trabalho vaporiza é o(a)
   a. caldeira.
   b. condensador.
   c. bomba.
   d. turbina.
4. Um ciclo que combina dois ciclos de vapor de forma que a energia descartada por um deles seja aproveitada como energia de entrada no outro é um _____.
5. A razão entre o trabalho da bomba e o trabalho desenvolvido pela turbina em um ciclo é o(a)
   a. razão do trabalho reverso (bwr).
   b. eficiência isentrópica.
   c. trabalho líquido.
   d. eficiência térmica.
6. Um recuperador tipo *casco-e-tubo* no qual a temperatura da água de alimentação aumenta à medida que o vapor extraído condense no exterior dos tubos por onde circulam a água de alimentação é um(a) _____.
7. Os processos associados ao ciclo de Rankine ideal são
   a. dois processos adiabáticos, dois processos isentrópicos.
   b. dois processos isocóricos, dois processos isentrópicos.
   c. dois processos isotérmicos, dois processos isentrópicos.
   d. dois processos isobáricos, dois processos isentrópicos.
8. O componente do ciclo Rankine que produz potência de eixo é o(a) _____.
9. O componente em uma planta de potência com maior destruição de exergia é o(a)
   a. turbina.
   b. condensador.
   c. bomba.
   d. caldeira.
10. Uma planta de aquecimento cuja saída de potência líquida está ligada à necessidade de geração de vapor e é definida pela pressão na qual o fluido de trabalho condensa é um(a) _____.
11. Um exemplo de irreversibilidade externa associada ao ciclo de Rankine é o(a)
    a. expansão do fluido de trabalho na turbina.
    b. efeitos de atrito resultando na diminuição da pressão.
    c. queima do combustível.
    d. irreversibilidades na bomba.
12. O parâmetro de desempenho que compara o trabalho associado a uma expansão adiabática real em uma turbina com a expansão isentrópica correspondente é o(a) _____.
13. Uma planta de aquecimento que drena vapor de uma turbina para fornecer o aquecimento necessário é um(a) _____.
14. O reaquecimento em um ciclo de potência a vapor é uma estratégia de otimização de desempenho que aumenta _____.
15. Um trocador de calor de contato direto encontrado em ciclos de potência de vapor regenerativos nos quais vapores com temperaturas diferentes são misturados para formar uma corrente a uma temperatura intermediária é um(a) _____.

16. O componente de um ciclo de potência de vapor regenerativo que permite apenas a passagem de líquido em uma região de baixa pressão é um(a) _____.
17. A porcentagem da participação do gás natural para geração de eletricidade nos Estados Unidos é, atualmente, _____.
18. Um ciclo de Rankine que utiliza uma substância orgânica como fluido de trabalho é um(a) _____.
19. Identificar a localização da exergia entrando em uma planta de potência com o combustível é chamado(a) _____.
20. Qual dos seguintes não é um objetivo primário de subsistemas associados a plantas de potência a vapor?
   a. converter potência elétrica em potência de eixo.
   b. fornecer água de resfriamento ao condensador.
   c. converter potência de eixo em potência elétrica.
   d. fornecer energia para vaporizar o fluido de trabalho da planta.
21. O componente do ciclo de Rankine no qual o fluido de trabalho descarta energia por transferência de calor é o(a) _____.
22. Plantas de potência a vapor que operam com pressões de geradores de vapor maiores que a pressão crítica da água são:
   a. plantas de potência a vapor ideais.
   b. plantas de potência a vapor regenerativas.
   c. plantas de potência a vapor reaquecido.
   d. plantas de potência a vapor supercrítico.
23. Com _____, o vapor d'água se expande através de uma turbina até uma pressão inicial, retorna a um gerador de vapor e, então, expande através de outra turbina até a pressão em que entra no condensador.
24. O propósito da deaeração é _____.
25. O componente do ciclo de Rankine que necessita de uma entrada de potência é o(a) _____.
26. As duas maiores fontes de irreversibilidades em uma caldeira são _____ e _____.

Indique se as seguintes afirmativas são verdadeiras ou falsas. Explique.

27. Diminuir a pressão do condensador causa uma diminuição da temperatura média do calor descartado em um ciclo de Rankine.
28. Fontes renováveis para geração de potência incluem hídrica, biomassa, eólica e nuclear.
29. O custo total associado a uma planta de potência considera somente a construção, operação, manutenção e parada definitiva.
30. Superaquecimento envolve fornecer energia por calor ao vapor para levá-lo a um estado de vapor superaquecido na entrada da turbina.
31. Plantas de potência que geram potência elétrica incluem as que são baseadas na queima de carvão, em combustível nuclear, em concentração de energia solar e energia eólica.
32. Para geração de potência elétrica utilizando biomassa, faz-se necessária a combustão da biomassa.
33. Plantas de aquecimento por extração se adaptam a diferentes necessidades de potência a partir da variação da fração de vapor extraído da turbina.
34. O aumento da temperatura da caldeira causa a diminuição da temperatura média na qual a energia é transferida, por calor, a um ciclo de Rankine.
35. A matriz energética americana atual tem seu foco na transmissão e distribuição de eletricidade.
36. Um modo de fornecer energia para vaporizar um fluido de trabalho em uma planta de potência é um aquecedor por resistência elétrica.
37. Para um ciclo de potência a vapor com uma turbina que produz 5 MW e uma bomba que requer 100 kW, a potência líquida gerada é 5100 MW.
38. Para um ciclo de potência a vapor com uma turbina que produz 5 MW e uma bomba que requer 100 kW, a razão do trabalho reverso é 2%.
39. Um gerador de vapor é uma combinação entre uma caldeira e um superaquecedor.
40. Para um ciclo de potência a vapor com $\dot{W}_{ciclo} = 4$ MW e $\dot{Q}_{entra} = 10$ MW, a eficiência térmica é 40%.
41. Para um ciclo de potência a vapor com $\dot{Q}_{entra} = 10$ MW e $\dot{W}_{ciclo} = 2$ MW, $\dot{Q}_{sai} = 12$ MW.
42. Um ciclo de Rankine simples consiste de quatro componentes: turbina, condensador, compressor e caldeira.
43. A entropia deve aumentar à medida que vapor se expande em uma turbina adiabática real.
44. Para um ciclo de Rankine, a eficiência térmica mede a extensão da conversão da energia do fluido passando pela caldeira até o trabalho líquido realizado.
45. A razão do trabalho reverso é o trabalho líquido desenvolvido por um ciclo de potência a vapor.
46. No ciclo de Rankine ideal, a compressão na bomba é isentrópica.
47. Toda a exergia entrando em uma planta de potência com o combustível é convertida em trabalho útil.
48. Uma planta de potência a vapor que opera com um gerador de vapor sob uma pressão de 19 MPa é uma planta de potência a vapor supercrítico.
49. O procedimento de eliminação de oxigênio e outros gases dissolvidos no fluido de trabalho em um ciclo de potência é a deaeração.
50. Em um ciclo binário, a energia descartada (*output*) por transferência de calor em um ciclo é a energia de entrada (*input*) do outro.

▶ PROBLEMAS: DESENVOLVENDO HABILIDADES PARA ENGENHARIA

Análise dos Ciclos de Rankine

8.1 A água é o fluido de trabalho em um ciclo ideal de Rankine. A pressão no condensador é de 6 kPa e o vapor saturado entra na turbina a 10 MPa. Determine a taxa de transferência de calor, em kJ por kg de vapor que flui para o fluido de trabalho que passa pela caldeira e pelo condensador, e calcule a eficiência térmica.

8.2 A água é o fluido de trabalho em um ciclo ideal de Rankine. O vapor superaquecido entra na turbina a 10 MPa e 480°C, e a pressão no condensador é de 6 kPa. Determine para o ciclo:
(a) a taxa de transferência de calor para o fluido de trabalho que passa pelo gerador de vapor, em kJ por kg de vapor que flui.
(b) a eficiência térmica.
(c) a taxa de transferência de calor do fluido de trabalho que passa pelo condensador para a água de resfriamento, em kJ por kg de vapor que flui.

8.3 Vapor d'água é o fluido de trabalho em um ciclo de Rankine ideal 1–2–3–4–1 e em um ciclo de Carnot 1–2–3'–4'–1, ambos operando entre pressões de 1,5 bar e 60 bar como mostrado no diagrama *T–s* da Fig. P8.3. Ambos os ciclos utilizam os dispositivos mostrados na Fig. 8.2. Para cada ciclo, determine (a) a potência líquida gerada por unidade de massa de vapor circulando no ciclo, em kJ/kg, e (b) a eficiência térmica. Compare os resultados e comente.

8.4 Construa um gráfico de cada uma das quantidades calculadas no Problema 8.2 em função da pressão no condensador na faixa de 6 kPa a 0,1 MPa. Discuta os resultados.

8.5 Construa um gráfico de cada uma das quantidades calculadas no Problema 8.2 em função da pressão no gerador de vapor na faixa de 4 MPa a 20 MPa. Mantenha a temperatura de entrada na turbina a 480°C. Discuta os resultados.

8.6 Um ciclo de potência a vapor de Carnot opera com água como fluido de trabalho. O líquido saturado entra na caldeira a 1800 lbf/in² e o vapor saturado entra na turbina (estágio 1). A pressão no condensador é de 1,2 lbf/in². A vazão mássica de vapor é 1×10^6 lb/h. Os dados nos pontos característicos do ciclo são fornecidos na tabela a seguir. Determine
(a) a eficiência térmica.
(b) a relação entre o trabalho de entrada na bomba e o trabalho desenvolvido pela turbina — bwr.
(c) a potência líquida desenvolvida, em Btu/h.
(d) a taxa de transferência de calor para o fluido de trabalho que passa pela caldeira.

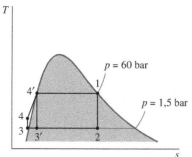

Fig. P8.3

Estado	p (bar)	h (kJ/kg)	x	v (m³/kg)
1	60	2784,3	1	
2	1,5	2180,6	0,7696	
3'	1,5	1079,8	0,2752	
3	1,5	467,11	0	0,0010528
4	60	473,27	—	
4'	60	1213,4	0	

Estado	p(lbf/in²)	h(Btu/lb)
1	1800	1150,4
2	1,2	735,7
3	1,2	472,0
4	1800	648,3

8.7 A água é o fluido de trabalho em um ciclo ideal de Rankine. O vapor saturado entra na turbina a 16 Mpa e a pressão no condensador é de 8 kPa. A vazão mássica de vapor que entra na turbina é de 120 kg/s. Determine
(a) a potência líquida produzida, em kW.
(b) a taxa de transferência de calor para o vapor d'água que passa pela caldeira, em kW.
(c) a eficiência térmica.
(d) a vazão mássica da água de resfriamento do condensador, em kg/s, se a água de resfriamento fica sujeita a um aumento de temperatura de 18°C com variação de pressão desprezível na passagem pelo condensador.

8.8 A água é o fluido de trabalho em um ciclo de potência a vapor de Carnot. O líquido saturado entra na caldeira a 16 MPa, e vapor saturado entra na turbina. A pressão no condensador é 8 kPa. A vazão mássica de vapor que entra na turbina é de 120 kg/s. Determine
(a) a eficiência térmica.
(b) a relação entre o trabalho de entrada na bomba e o trabalho desenvolvido pela turbina — bwr.
(c) a potência líquida produzida, em kW.
(d) a taxa de transferência de calor do fluido de trabalho que passa pelo condensador, em kW.

8.9 Construa um gráfico de cada uma das quantidades calculadas no Problema 8.7 em função da temperatura na entrada da turbina desde a temperatura de saturação a 16 MPa até 560°C. Discuta os resultados.

8.10 A água é o fluido de trabalho em um ciclo ideal de Rankine. O vapor entra na turbina a 1400 lbf/in² e 1000°F. A pressão no condensador é de 2 lbf/in². A potência líquida de saída do ciclo é 1 × 10⁹ Btu/h. A água de resfriamento sofre um acréscimo de temperatura de 60°F a 76°F, com queda de pressão desprezível, ao passar pelo condensador. Determine para esse ciclo:
(a) a vazão mássica de vapor, em lb/h.
(b) a taxa de transferência de calor, em Btu/h, para o fluido de trabalho que passa pelo gerador de vapor.
(c) a eficiência térmica.
(d) a vazão mássica da água de resfriamento, em lb/h.

8.11 Construa um gráfico de cada uma das quantidades calculadas no Problema 8.10 em função da pressão no condensador na faixa de 0,3 lbf/in² a 14,7 lbf/in². Mantenha a potência líquida constante. Discuta os resultados.

8.12 Uma planta de potência nuclear baseada no ciclo de Rankine opera com um reator de aquecimento de água para desenvolver uma potência líquida de ciclo de 3 MW. Vapor d'água é ejetado do núcleo do reator a 100 bar e 520°C e expande através de uma turbina até a pressão do condensador, de 1 bar. Líquido saturado sai do condensador e é bombeado até a pressão do reator, de 100 bar. As eficiências isentrópicas da turbina e da bomba são 81% e 78%, respectivamente. A água de resfriamento é admitida no condensador a 15°C com uma vazão mássica de 114,79 kg/s. Determine:
(a) a eficiência térmica.
(b) a temperatura da água de resfriamento ao sair do condensador, em °C.

8.13 A Fig. P8.13 mostra os dados de operação em regime estacionário de uma planta de potência solar que opera segundo um ciclo de Rankine com Refrigerante 134a como fluido de trabalho. A turbina e a bomba operam adiabaticamente. A taxa de entrada de energia nos coletores a partir da radiação solar é de 0,3 kW por m² de área de superfície do coletor, com 60% da entrada de energia para os coletores absorvida pelo refrigerante ao passar pelos coletores. Determine a área de superfície do coletor solar, em m² por kW de potência desenvolvida pela planta. Discuta os melhoramentos operacionais possíveis que poderiam reduzir a área de superfície necessária ao coletor.

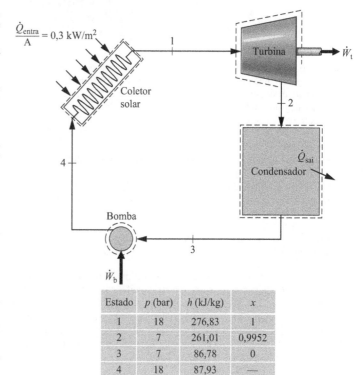

Estado	p (bar)	h (kJ/kg)	x
1	18	276,83	1
2	7	261,01	0,9952
3	7	86,78	0
4	18	87,93	—

Fig. P8.13

8.14 Na costa sul da ilha do Havaí, uma lava flui continuamente para o oceano. Propõe-se a instalação de uma planta de potência flutuante próxima ao fluxo da lava que utilize amônia como fluido de trabalho. A planta se aproveita da variação da temperatura entre a água quente a 130°F próxima à superfície e a água do mar a 50°F a uma profundidade de 500 ft, para produzir energia. A Fig. P8.14 mostra a configuração da planta e fornece alguns outros dados. Utilizando as propriedades da água pura para a água do mar e modelando a planta de potência como um ciclo de Rankine, determine:
(a) a eficiência térmica.
(b) a vazão mássica da amônia em lb/min para uma potência líquida de saída de 300 hp.

8.15 O ciclo de Rankine ideal 1–2–3–4–1 do Problema 8.3 é modificado para incluir efeitos de irreversibilidades nos processos de expansão e compressão adiabáticos como mostrado no diagrama T–s na Fig. P8.15. Assuma $T_0 = 300$ K e $p_0 = 1$ bar e determine:
(a) a eficiência isentrópica da turbina.
(b) a taxa de destruição de exergia por unidade de massa de vapor fluindo pela turbina, em kJ/kg.
(c) a eficiência isentrópica da bomba.
(d) eficiência térmica.

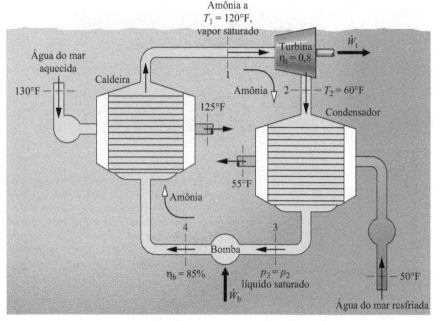

Fig. P8.14

8.16 Vapor d'água é admitido em uma turbina de uma planta de potência simples com uma pressão de 12 MPa e temperatura de 600°C, expandindo adiabaticamente até a pressão do condensador, p. Líquido saturado sai do condensador também a uma pressão p. A eficiência isentrópica tanto da turbina quanto da bomba é 84%.
(a) Para $p = 30$ kPa, determine o título do fluido na saída e a eficiência térmica do ciclo.
(b) Elabore um gráfico das quantidades determinadas na parte (a) contra p variando de 6 kPa até 100 kPa.

8.17 A água é o fluido de trabalho em um ciclo de Rankine. O vapor superaquecido entra na turbina a 10 MPa e 480°C, e a pressão no condensador é de 6 kPa. A turbina e a bomba têm eficiências isentrópicas de 80 e 70%, respectivamente. Determine para o ciclo:
(a) a taxa de transferência de calor para o fluido de trabalho que passa pelo gerador de vapor, em kJ por kg de vapor que flui.
(b) a eficiência térmica.
(c) a taxa de transferência de calor do fluido de trabalho que passa pelo condensador para a água de resfriamento, em kJ por kg de vapor que flui.

8.18 O vapor d'água entra na turbina de um ciclo de Rankine a 16 MPa e 560°C. A pressão no condensador é de 8 kPa. A eficiência isentrópica, tanto da turbina quanto da bomba, vale 85% e a vazão mássica do vapor que entra na turbina é de 120 kg/s. Determine:
(a) a potência líquida produzida, em kW.
(b) a taxa de transferência de calor do vapor que passa pela caldeira, em kW.
(c) a eficiência térmica.
Represente graficamente cada uma das quantidades dos itens (a) a (c) considerando que as eficiências isentrópicas da turbina e da bomba permaneçam iguais entre si, porém variem de 80 a 100%.

8.19 A água é o fluido de trabalho em um ciclo ideal de Rankine. O vapor entra na turbina a 1400 lbf/in² e 1000°F. A pressão no condensador é de 2 lbf/in². Tanto a turbina quanto a bomba têm eficiência isentrópica de 85%. O fluido de trabalho apresenta queda de pressão desprezível ao passar pelo gerador de vapor. A potência líquida de saída do ciclo é 1×10^9 Btu/h. A água de resfriamento sofre um aumento de temperatura de 60°F para 76°F, com queda de pressão desprezível, ao passar pelo condensador. Determine para esse ciclo:
(a) a vazão mássica de vapor, em lb/h.
(b) a taxa de transferência de calor, em Btu/h, para o fluido de trabalho que passa pelo gerador de vapor.
(c) a eficiência térmica.
(d) a vazão mássica da água de resfriamento, em lb/h.

8.20 A água é o fluido de trabalho em um ciclo de Rankine. O vapor superaquecido entra na turbina a 8 MPa e 560°C com uma vazão mássica de 7,8 kg/s e sai a 8 kPa. O líquido saturado entra na bomba a 8 kPa. A eficiência isentrópica da turbina é de 88% e a eficiência isentrópica da bomba é de 82%. A água de resfriamento entra no condensador a 18°C e sai a 36°C sem alteração significativa da pressão. Determine:
(a) a potência líquida produzida, em kW.
(b) a eficiência térmica.
(c) a vazão mássica da água de resfriamento, em kg/s.

8.21 A Fig. P8.21 apresenta os dados de operação de uma planta de potência a vapor que utiliza água como fluido de trabalho. A vazão mássica da água é de 12 kg/s. A turbina e a bomba operam adiabaticamente, porém sem reversibilidade. Determine:
(a) a eficiência térmica.
(b) as taxas de transferência de calor $\dot{Q}_{entra}$ e $\dot{Q}_{sai}$ ambas em kW.

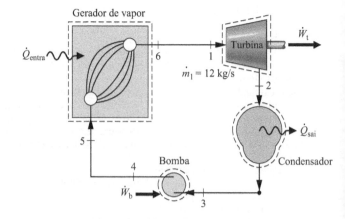

Estado	p	T (°C)	h (kJ/kg)
1	6 MPa	500	3422,2
2	10 kPa	- - -	1633,3
3	10 kPa	Sat.	191,83
4	7,5 MPa	- - -	199,4
5	7 MPa	40	167,57
6	6 MPa	550	3545,3

Fig. P8.21

8.22 O vapor d'água superaquecido a 8 MPa e 480°C deixa o gerador de vapor de uma planta de potência a vapor. Os efeitos de atrito e transferência de calor na linha que conecta o gerador de vapor à turbina reduzem a pressão e a temperatura na entrada da turbina para 7,6 MPa e 440°C, respectivamente. A pressão na saída da turbina é de 10 kPa, e a turbina opera adiabaticamente. O líquido deixa o condensador a 8 kPa e 36°C. A pressão é aumentada para 8,6 MPa ao passar pela bomba. As eficiências

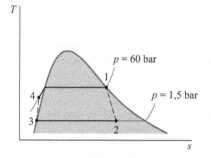

Estado	p (bar)	h (kJ/kg)	x	υ (m³/kg)	s (kJ/kg.K)
1	60	2784,3	1		5,8892
2	1,5	2262,8	0,8065		6,1030
3	1,5	467,11	0	0,0010528	
4	60	474,14	—		

Fig. P8.15

isentrópicas da turbina e da bomba são de 88%. A vazão mássica do vapor d'água é de 79,53 kg/s. Determine:
(a) a potência líquida de saída, em kW.
(b) a eficiência térmica.
(c) a taxa de transferência de calor da linha de conexão do gerador de vapor para a turbina, em kW.
(d) a vazão mássica da água de resfriamento no condensador, em kg/s, se essa água entra a 15°C e sai a 35°C com variação de pressão desprezível.

8.23 A água é o fluido de trabalho em um ciclo de Rankine. O vapor d'água deixa o gerador de vapor a uma pressão de 1500 lbf/in² e a uma temperatura de 1100°F. Devido aos efeitos da transferência de calor e do atrito na linha que conecta o gerador de vapor à turbina, a pressão e a temperatura na entrada da turbina são reduzidas para 1400 lbf/in² e 1000°F, respectivamente. Tanto a turbina quanto a bomba tem eficiência isentrópica de 85%. A pressão na entrada do condensador é de 2 lbf/in², porém, devido aos efeitos de atrito, o condensado sai do condensador a uma pressão de 1,5 lbf/in² e a uma temperatura de 110°F. O condensado é bombeado a 1600 lbf/in² antes de entrar no gerador de vapor. A potência líquida de saída do ciclo é 1×10^9 Btu/h. A água de resfriamento sofre um aumento de temperatura de 60°F para 76°F, com queda de pressão desprezível, ao passar pelo condensador. Determine para esse ciclo:
(a) a vazão mássica de vapor, em lb/h.
(b) a taxa de transferência de calor, em Btu/h, para o fluido de trabalho que passa pelo gerador de vapor.
(c) a eficiência térmica.
(d) a vazão mássica da água de resfriamento, em lb/h.

8.24 O vapor d'água entra na turbina de uma planta de potência a vapor a 600 lbf/in² e 1000°F, e sai como uma mistura de duas fases líquido–vapor a uma temperatura T. O condensado sai do condensador a uma temperatura 5°F inferior a T e é bombeado até 600 lbf/in². As eficiências isentrópicas da turbina e da bomba são de 90 e 80%, respectivamente. A potência líquida produzida é de 1 MW.
(a) Para T = 80°F, determine o título do vapor na saída da turbina, a vazão mássica do vapor d'água, em lb/h, e a eficiência térmica.
(b) Construa um gráfico das grandezas do item (a) em função de T para um intervalo de 80 a 105°F.

8.25 Vapor superaquecido a 20 MPa e 560°C é admitido em uma turbina de uma planta de potência a vapor. A pressão à saída da turbina é 0,5 bar e o líquido deixa o condensador a 0,4 bar e 75°C. A pressão sobe para 20,1 MPa com a ação da bomba. A turbina e a bomba têm eficiências isentrópicas de 81% e 85%, respectivamente. Água de resfriamento entra no condensador a 20°C com uma vazão de 70,7 kg/s, saindo a 38°C. Para esse ciclo, determine:
(a) a vazão mássica do vapor, em kg/s.
(b) a eficiência térmica.

8.26 No projeto preliminar de uma planta de potência, água é escolhida como fluido de trabalho. No projeto, determina-se a temperatura e a pressão de entrada como 560°C e 12.000 kPa, respectivamente. O título do vapor saindo da turbina deve ser maior ou igual a 90%. Se a eficiência isentrópica da turbina é 84%, determine a pressão mínima permitida para o condensador, em kPa.

Ciclos de Reaquecimento e Supercríticos

8.27 Vapor d'água é o fluido de trabalho em um ciclo ideal com reaquecimento como mostrado na Fig. P8.27, cujos dados operacionais estão na tabela ao lado da figura. Se a vazão mássica for 1,3 kg/s, determine a potência desenvolvida pelo ciclo, em kW, e a eficiência térmica.

8.28 A água é o fluido de trabalho em um ciclo ideal de Rankine com superaquecimento e reaquecimento. O vapor entra na turbina do primeiro estágio a 1400 lbf/in² e 1000°F, se expande até uma pressão de 350 lbf/in² e é reaquecido até 900°F antes de entrar na turbina do segundo estágio. A pressão no condensador é de 2 lbf/in². A potência líquida de saída do ciclo é de 1×10^9 Btu/h. Determine para esse ciclo:
(a) a vazão mássica de vapor, em lb/h.
(b) a taxa de transferência de calor, em Btu/h, para o fluido de trabalho que passa pelo gerador de vapor.
(c) a taxa de transferência de calor, em Btu/h, para o fluido de trabalho que passa pelo reaquecedor.
(d) a eficiência térmica.

8.29 A água é o fluido de trabalho em um ciclo ideal de Rankine com reaquecimento. O vapor superaquecido entra na turbina a 10 MPa e 480°C, e a pressão no condensador é de 6 kPa. O vapor se expande pela turbina de primeiro estágio até 0,7 MPa e, em seguida, é reaquecido até 480°C. Determine para o ciclo:
(a) a taxa de adição de calor, em kJ por kg de vapor que entra na turbina de primeiro estágio.
(b) a eficiência térmica.
(c) a taxa de transferência de calor do fluido de trabalho que passa pelo condensador para a água de resfriamento, em kJ por kg de vapor que entra na turbina de primeiro estágio.

8.30 Para o ciclo do Problema 8.29, reconsidere a análise admitindo que a bomba e cada estágio de turbina tenham uma eficiência isentrópica de 80%. Responda às mesmas questões do Problema 8.29 para o ciclo modificado.

8.31 Investigue os efeitos no desempenho do ciclo quando a pressão de reaquecimento e a temperatura final de reaquecimento assumem outros valores. Construa gráficos apropriados e discuta os resultados para o ciclo:
(a) do Problema 8.29.
(b) do Problema 8.30.

Estado	p (bar)	T (°C)	h (kJ/kg)
1	140	520,0	3377,8
2	15	201,2	2800,0
3	15	428,9	3318,5
4	1	99,63	2675,5
5	1	99,63	417,46
6	140		431,96

Fig. P8.27

8.32 Um ciclo ideal de Rankine com reaquecimento utiliza água como fluido de trabalho. As condições na entrada da turbina de primeiro estágio são $p_1 = 2500$ lbf/in^2 e $T_1 = 1000°F$. O vapor d'água é reaquecido a pressão constante p entre os estágios de turbina até 1000°F. A pressão no condensador é de 1 lbf/in^2.
(a) Se $p/p_1 = 0,2$, determine a eficiência térmica do ciclo e o título do vapor na saída da turbina de segundo estágio.
(b) Construa um gráfico das quantidades do item (a) em função da razão de pressões p/p_1 na faixa de 0,05 a 1,0.

8.33 Vapor aquecido sob pressão constante em um gerador de vapor é admitido no primeiro estágio de um ciclo supercrítico com reaquecimento a 28 MPa, 520°C. Vapor saindo da turbina de primeiro estágio a 6 MPa é reaquecido sob pressão constante até 500°C. Cada estágio de turbina tem uma eficiência isentrópica de 78% enquanto a bomba tem uma eficiência isentrópica de 82%. Líquido saturado sai do condensador que opera sob uma pressão p.
(a) Para $p = 6$ kPa, determine o título da corrente saindo do segundo estágio da turbina e sua eficiência térmica.
(b) Elabore um gráfico das quantidades calculadas na parte (a) contra p variando entre 4 kPa e 70 kPa.

8.34 Vapor d'água a 4800 lbf/in^2 e 1000°F entra no primeiro estágio de um ciclo supercrítico com reaquecimento que tem dois estágios de turbina. O vapor que sai do primeiro estágio de turbina a uma pressão de 600 lbf/in^2 é reaquecido a pressão constante até 1000°F. Cada estágio de turbina e a bomba apresentam uma eficiência isentrópica de 85%. A pressão no condensador é de 1 lbf/in^2. Se a potência líquida de saída do ciclo é de 100 MW, determine:
(a) a taxa de transferência de calor do fluido de trabalho que passa pelo gerador de vapor, em MW.
(b) a taxa de transferência de calor do fluido de trabalho que passa pelo condensador, em MW.
(c) a eficiência térmica do ciclo.

8.35 Vapor d'água é o fluido de trabalho em um ciclo de potência com reaquecimento como mostrado na Fig. P8.35, com os dados operacionais para o ciclo listados na tabela. A vazão mássica é 2,3 kg/s e as turbinas e bombas operam adiabaticamente. Vapor sai das turbinas 1 e 2 como vapor saturado. Se a pressão no estágio de reaquecimento for 15 bar, determine a potência desenvolvida pelo ciclo, em kW, e a eficiência térmica do ciclo.

8.36 Um ciclo Rankine ideal com reaquecimento usa água como fluido de trabalho. Como mostrado na Fig. P8.36, as condições na entrada da primeira turbina são 1600 lbf/in^2 (11 MPa), 1200°F (648,9°C) e o vapor é reaquecido a uma temperatura T_3 entre os estágios de turbina sob uma pressão de 200 lbf/in^2 (1,4 MPa). Para uma pressão de condensador de 1 lbf/in^2 (6,9 kPa), elabore um gráfico da eficiência térmica do ciclo contra temperatura de reaquecimento e um gráfico da eficiência térmica do ciclo contra o título do vapor na saída da turbina do segundo estágio, para uma faixa de temperaturas de reaquecimento entre 600°F (315,6°C) e 1200°F (648,9°C).

Análise de Ciclos Regenerativos

8.37 A água é utilizada como fluido de trabalho em um ciclo ideal regenerativo de Rankine. O vapor superaquecido entra na turbina a 10 MPa e 480°C, e a pressão no condensador é de 6 kPa. O vapor se expande ao longo da turbina do primeiro estágio até 0,7 MPa, na qual uma certa quantidade de vapor é extraída e desviada para um aquecedor de água de alimentação aberto que opera a 0,7 MPa. O vapor remanescente se expande ao longo da turbina do segundo estágio até a pressão de 6 kPa no condensador. O líquido saturado sai do aquecedor de água de alimentação a 0,7 MPa. Determine para esse ciclo:
(a) a taxa de adição de calor, em kJ por kg de vapor que entra na turbina do primeiro estágio.
(b) a eficiência térmica.
(c) a taxa de transferência de calor do fluido de trabalho ao passar pelo condensador para a água de resfriamento, em kJ por kg de vapor que entra na turbina do primeiro estágio.

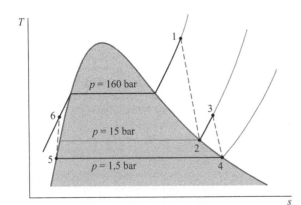

Estado	p (bar)	h (kJ/kg)	x
1	160	3353,3	—
2	15	2792,2	1,0
3	15	3169,2	—
4	1,5	2693,6	1,0
5	1,5	467,11	0
6	160	486,74	—

Fig. P8.35

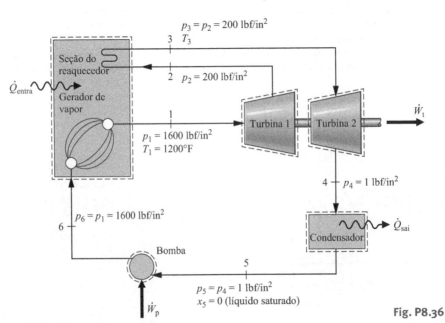

Fig. P8.36

8.38 Para o ciclo do Problema 8.37, reconsidere a análise admitindo que a bomba e cada estágio de turbina tenham uma eficiência isentrópica de 80%. Responda às mesmas questões formuladas no Problema P8.37 para o ciclo modificado.

8.39 Investigue os efeitos sobre o desempenho do ciclo quando o aquecedor de água de alimentação assume outros valores. Construa gráficos apropriados e discuta os resultados para os ciclos:
(a) do Problema 8.37.
(b) do Problema 8.38.

8.40 Uma planta de potência opera sob um ciclo de potência a vapor regenerativo com um aquecedor de água de alimentação aberto. O vapor d'água entra na turbina de primeiro estágio a 12 MPa e 560°C, e se expande até 1 MPa, onde parte do vapor é extraída e desviada para o aquecedor de água de alimentação aberto que opera a 1 MPa. O restante do vapor se expande pela turbina de segundo estágio até a pressão do condensador de 6 kPa. O líquido saturado sai do aquecedor de água de alimentação aberto a 1 MPa. Considerando processos isentrópicos nas turbinas e bombas, determine, para o ciclo: (a) a eficiência térmica; (b) a vazão mássica na turbina de primeiro estágio, em kg/h, para uma potência líquida de saída de 330 MW e (c) a taxa de produção de entropia do aquecedor de água de alimentação aberto, em kW/K.

8.41 Reconsidere o ciclo do Problema 8.40 para o caso em que a pressão do aquecedor de água de alimentação admite outros valores. Construa gráficos da eficiência térmica, do trabalho do ciclo por unidade de massa entrando na turbina, em kJ/kg, da transferência de calor para o ciclo por unidade de massa que entra na turbina, em kJ/kg, da fração do vapor extraída e enviada para o aquecedor de água, da vazão mássica para a turbina de primeiro estágio, em kg/s, e da taxa de produção de entropia no aquecedor de água de alimentação aberto, em kW/K, em função da pressão no aquecedor de água de alimentação na faixa de 0,3 a 10 MPa (3 a 100 bar).

8.42 Compare os resultados do Problema 8.40 com aqueles referentes ao ciclo ideal de Rankine que apresente as mesmas condições de entrada na turbina e pressão no condensador, mas que não tenha regenerador.

8.43 Compare os resultados do Problema 8.40 com aqueles para o mesmo ciclo em que os processos do fluido de trabalho não sejam internamente reversíveis nas turbinas e bombas. Assuma que, tanto os estágios de turbina quanto de bomba têm eficiência isentrópica de 83%.

8.44 A água é o fluido de trabalho em um ciclo ideal de Rankine regenerativo com um aquecedor de água de alimentação aberto. O vapor entra na turbina a 1400 lbf/in² e 1000°F, e se expande até 120 lbf/in², onde uma parte do vapor é extraída e desviada para o aquecedor de água de alimentação aberto que opera a 120 lbf/in². O vapor remanescente se expande ao longo da turbina do segundo estágio até a pressão no condensador atingir 2 lbf/in². O líquido saturado sai do aquecedor de água de alimentação a 120 lbf/in². A potência líquida de saída do ciclo é de 1×10^9 Btu/h. Determine para esse ciclo:
(a) a vazão mássica do vapor que entra no primeiro estágio de turbina, em lb/h.
(b) a taxa de transferência de calor, em Btu/h, para o fluido de trabalho ao passar pelo gerador de vapor.
(c) a eficiência térmica.

8.45 A água é o fluido de trabalho em um ciclo ideal de Rankine regenerativo com um aquecedor de água de alimentação aberto. O vapor entra na turbina a 1400 lbf/in² e 1000°F, e se expande até 120 lbf/in², na qual uma parte do vapor é extraída e desviada para o aquecedor de água de alimentação aberto que opera a 120 lbf/in². O vapor remanescente se expande ao longo da turbina do segundo estágio até a pressão no condensador atingir 2 lbf/in². Cada estágio de turbina e as bombas têm eficiências isentrópicas de 85%. O escoamento através do condensador, do aquecedor da água de alimentação aberto e do gerador de vapor ocorre a uma pressão constante. O líquido saturado sai do aquecedor de água de alimentação a 120 lbf/in². A potência líquida de saída do ciclo é de 1×10^9 Btu/h. Determine para esse ciclo:
(a) a vazão mássica do vapor que entra no primeiro estágio de turbina, em lb/h.
(b) a taxa de transferência de calor, em Btu/h, para o fluido de trabalho ao passar pelo gerador de vapor.
(c) a eficiência térmica.

8.46 A água é o fluido de trabalho em um ciclo ideal de Rankine regenerativo com um aquecedor de água de alimentação aberto. O vapor superaquecido entra na turbina do primeiro estágio a 16 MPa e 560°C, e a pressão no condensador é de 8 kPa. A vazão mássica do vapor que entra na turbina de primeiro estágio é de 120 kg/s. O vapor se expande através do primeiro estágio de turbina até 1 MPa, no qual uma certa quantidade de vapor é extraída e desviada para um aquecedor de água de alimentação aberto a 1 MPa. O vapor remanescente se expande ao longo da turbina de segundo estágio até a pressão do condensador de 8 kPa. O líquido saturado sai do aquecedor de alimentação de água a 1 MPa. Determine:
(a) a potência líquida produzida, em kW.
(b) a taxa de transferência de calor para o vapor que passa pela caldeira, em kW.
(c) a eficiência térmica.
(d) a vazão mássica da água de resfriamento no condensador, em kg/s, se esta água fica sujeita a um aumento de temperatura de 18°C com variação de pressão desprezível durante sua passagem pelo condensador.

8.47 Reconsidere o ciclo do Problema 8.46, desta vez incluindo na análise o fato de cada estágio de turbina e a bomba apresentarem uma eficiência isentrópica de 85%.

8.48 Para o ciclo do Problema 8.47, investigue os efeitos sobre o desempenho do ciclo quando a pressão do aquecedor de água de alimentação assume outros valores. Construa gráficos apropriados e discuta os resultados.

8.49 A água é o fluido de trabalho em um ciclo ideal regenerativo de Rankine com um aquecedor de água de alimentação fechado. Vapor superaquecido entra na turbina a 10 MPa e 480°C, e a pressão no condensador é de 6 kPa. O vapor se expande através do primeiro estágio de turbina onde certa quantidade é extraída e desviada para um aquecedor de água de alimentação fechado a 0,7 MPa. O condensado é drenado do aquecedor de água de alimentação como líquido saturado a 0,7 MPa e é purgado para dentro do condensador. A água de alimentação deixa o aquecedor a 10 MPa e a uma temperatura igual à temperatura de saturação a 0,7 MPa. Determine para o ciclo:
(a) a taxa de transferência de calor para o fluido de trabalho que passa pelo gerador de vapor, em kJ por kg de vapor que entra no primeiro estágio de turbina.
(b) a eficiência térmica.
(c) a taxa de transferência de calor do fluido de trabalho que passa pelo condensador para a água de resfriamento, em kJ por kg de vapor que entra no primeiro estágio de turbina.

8.50 Para o ciclo do Problema 8.49, reconsidere a análise admitindo que a bomba e cada um dos estágios de turbina tenham eficiências isentrópicas de 80%. Responda às mesmas questões formuladas no Problema 8.49 para o ciclo modificado.

8.51 Considerando o ciclo do Problema 8.50, investigue os efeitos no desempenho do ciclo para o caso em que a pressão de extração assuma outros valores. Admita que o condensado seja drenado do aquecedor de água de alimentação fechado como líquido saturado à pressão de extração. Considere também que a água de alimentação deixa o aquecedor a 10 MPa e a uma temperatura igual à temperatura de saturação à pressão de extração. Construa gráficos apropriados e discuta os resultados.

8.52 Como indicado na Fig. P8.52, uma planta de potência similar àquela da Fig. 8.11 opera com um ciclo de potência a vapor regenerativo com um aquecedor de água de alimentação fechado. Vapor d'água entra na turbina de primeiro estágio em um estado 1 no qual a pressão é 12 MPa e a temperatura é 560°C. O vapor expande até o estado 2 no qual a pressão é 1 MPa e parte do vapor é extraída e direcionada para o aquecedor de água de alimentação fechado. O condensado sai do aquecedor de água de alimentação em um estado 7 como líquido saturado sob pressão de 1 MPa, passa por um processo de estrangulamento em um purgador até a pressão de 6 kPa no estado 8, e então entra no condensador. O vapor restante expande através da turbina de segundo estágio até uma pressão de 6 kPa no estado 3 e, então, entra no condensador. O líquido saturado do aquecedor de água de alimentação, saindo do condensador no estado 4 com uma pressão de 6 kPa, entra na bomba e sai sob uma pressão de 12 MPa. A água de alimentação flui, então, através de um aquecedor de água de alimentação fechado, saindo no estado 6 sob uma pressão de 12 MPa. A potência líquida gerada pelo ciclo é 330 MW. Para processos isentrópicos em cada estágio de turbina e na bomba, determine:
(a) a eficiência térmica do ciclo.
(b) a vazão mássica no sentido da entrada da turbina de primeiro estágio, em kg/s.
(c) a taxa de produção de entropia no aquecedor de água de alimentação fechado, em kW/K.
(d) a taxa de produção de entropia no purgador de vapor, em kW/K.

8.53 Reconsidere o ciclo do Problema 8.52, porém, desta vez, inclua na análise o fato de que cada estágio de turbina tem uma eficiência isentrópica de 83%.

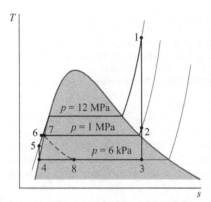

Estado	p (kPa)	T (°C)	h (kJ/kg)	s (kJ/kg·K)	x
1	12.000	560	3506,2	6,6840	
2	1000		2823,3	6,6840	
3	6		2058,2	6,6840	0,7892
4	6		151,53	0,5210	0
5	12.000		163,60	0,5210	
6	12.000		606,61	1,7808	
7	1000		762,81	2,1387	0
8	6		762,81	2,4968	0,2530

Fig. P8.52

8.54 Modifique o ciclo do Problema 8.49 de maneira que o líquido saturado condensado do aquecedor de água de alimentação a 0,7 MPa seja bombeado para a linha de água de alimentação em vez de ser purgado para o condensador. Responda às mesmas questões formuladas para o ciclo modificado do Problema 8.49. Relacione as vantagens e desvantagens de cada esquema para remover o condensado do aquecedor de água de alimentação fechado.

8.55 A água é o fluido de trabalho em um ciclo ideal de Rankine regenerativo com um aquecedor de água de alimentação fechado. O vapor entra na turbina a 1400 lbf/in² e 1000°F, e se expande até 120 lbf/in², no qual uma parte do vapor é extraída e desviada para o aquecedor de água de alimentação fechado. O vapor remanescente se expande ao longo da turbina do segundo estágio até a pressão no condensador atingir 2 lbf/in². O condensado que sai do aquecedor de água de alimentação a 120 lbf/in² sofre um processo de estrangulamento ao passar pelo purgador existente no condensador. A água de alimentação deixa o aquecedor a 1400 lbf/in² e a uma temperatura igual à temperatura de saturação a 120 lbf/in². A potência líquida de saída do ciclo é de 1×10^9 Btu/h. Determine para esse ciclo:
(a) a vazão mássica do vapor que entra no primeiro estágio de turbina, em lb/h.
(b) a taxa de transferência de calor, em Btu/h, para o fluido de trabalho ao passar pelo gerador de vapor.
(c) a eficiência térmica.

8.56 A água é o fluido de trabalho em um ciclo ideal de Rankine regenerativo com um aquecedor de água de alimentação fechado. O vapor entra na turbina a 1400 lbf/in² e 1000°F, e se expande até 120 lbf/in², no qual uma parte do vapor é extraída e desviada para o aquecedor de água de alimentação fechado. O vapor remanescente se expande ao longo da turbina do segundo estágio até a pressão no condensador atingir 2 lbf/in². Cada estágio de turbina e a bomba apresentam eficiência isentrópica de 85%. O escoamento através do condensador, do aquecedor de água de alimentação fechado e do gerador de vapor está a uma pressão constante. O condensado que sai do aquecedor de água de alimentação como líquido saturado a 120 lbf/in² sofre um processo de estrangulamento ao passar pelo purgador existente no condensador. A água de alimentação deixa o aquecedor a 1400 lbf/in² e a uma temperatura igual à temperatura de saturação a 120 lbf/in². A potência líquida de saída do ciclo é de 1×10^9 Btu/h. Determine para esse ciclo:
(a) a vazão mássica do vapor que entra no primeiro estágio de turbina, em lb/h.
(b) a taxa de transferência de calor, em Btu/h, para o fluido de trabalho ao passar pelo gerador de vapor.
(c) a eficiência térmica.

8.57 A água é o fluido de trabalho em um ciclo ideal regenerativo de Rankine com um aquecedor de água de alimentação fechado. O vapor superaquecido entra na turbina a 16 MPa e 560°C, e a pressão no condensador é de 8 kPa. O ciclo tem um aquecedor de água de alimentação fechado que utiliza o vapor extraído a 1 MPa. O condensado é drenado do aquecedor de água de alimentação como líquido saturado a 1 MPa e é purgado para dentro do condensador. A água de alimentação deixa o aquecedor a 16 MPa e a uma temperatura igual à temperatura de saturação a 1 MPa. A vazão mássica do vapor que entra no primeiro estágio de turbina é de 120 kg/s. Determine:
(a) a potência líquida produzida, em kW.
(b) a taxa de transferência de calor para o vapor que passa pela caldeira, em kW.
(c) a eficiência térmica.

(d) a vazão mássica da água de resfriamento no condensador, em kg/s, se essa água fica sujeita a um aumento de temperatura de 18°C, com variação de pressão desprezível ao passar pelo condensador.

8.58 Reconsidere o ciclo do Problema 8.57, porém inclua na análise o fato de as eficiências isentrópicas dos estágios de turbina e da bomba serem de 85%.

8.59 Em relação à Fig. 8.12, se as frações do fluxo total que entra no primeiro estágio de turbina (estado 1) extraídas nos estados 2, 3, 6 e 7 são y_2, y_3, y_6 e y_7, respectivamente, quais serão as frações do fluxo total nos estados 8, 11 e 17?

8.60 Considere um ciclo de potência a vapor regenerativo com dois aquecedores de água de alimentação, um fechado e o outro aberto, conforme mostra a Fig. P8.60. O vapor d'água entra no primeiro estágio de turbina a 12 MPa e 480°C e se expande até 2 MPa. Parte do vapor é extraída a 2 MPa e levada ao aquecedor de água de alimentação fechado. O vapor remanescente se expande através do segundo estágio de turbina até 0,3 MPa, em que uma quantidade adicional é extraída e levada para o aquecedor de água de alimentação aberto, que opera a 0,3 MPa. O vapor que se expande através do terceiro estágio de turbina sai do condensador à pressão de 6 kPa.

A água de alimentação deixa o aquecedor fechado a 210°C e 12 MPa, e o condensado que sai como líquido saturado a 2 MPa é purgado para o aquecedor aberto. O líquido saturado a 0,3 MPa sai do aquecedor de água de alimentação aberto. Admita que todas as bombas e estágios de turbina operem isentropicamente. Determine para o ciclo:
(a) a taxa de transferência de calor para o fluido de trabalho que passa pelo gerador de vapor, em kJ por kg de vapor que entra no primeiro estágio de turbina.
(b) a eficiência térmica.
(c) a taxa de transferência de calor do fluido de trabalho que passa pelo condensador para a água de resfriamento, em kJ por kg de vapor que entra no primeiro estágio de turbina.

8.61 Para o ciclo do Problema 8.60, reconsidere a análise admitindo que a bomba e cada estágio de turbina tenham uma eficiência isentrópica de 80%. Responda às mesmas questões formuladas no Problema 8.60 para o ciclo modificado.

8.62 Para o ciclo do Problema 8.60, investigue os efeitos sobre o desempenho do ciclo quando a pressão de extração mais alta assume outros valores. As condições de operação para o aquecedor de água de alimentação aberto são as mesmas do Problema 8.60. Admita que o condensado seja drenado do aquecedor de água de alimentação fechado como líquido saturado à pressão de extração mais alta. Considere, também, que a água de alimentação deixa o aquecedor a 12 MPa e a uma temperatura igual à temperatura de saturação à pressão de extração. Construa gráficos apropriados e discuta os resultados.

8.63 Dados para um ciclo de potência a vapor regenerativo utilizando um aquecedor de água de alimentação fechado e um aberto, similar àquele mostrado na Fig. P8.60, encontram-se listados na tabela a seguir. Vapor d'água é admitido na turbina a 14 MPa, 560°C, estado 1, sofrendo expansão isentrópica em três estágios até a pressão do condensador, de 80 kPa, estado 4. Líquido saturado saindo do condensador no estado 5 é bombeado isentropicamente até o estado 6 e entra no aquecedor de água de alimentação aberto. Entre o primeiro e o segundo estágios de turbina, parte do vapor é extraído a 1 MPa (estado 2) e direcionado para o aquecedor de água de alimentação fechado. Este fluxo direcionado sai do aquecedor de água de alimentação fechado como líquido saturado a 1 MPa (estado 10), sendo submetido a um processo de estrangulamento até 0,2 MPa (estado 11) e entrando no aquecedor de água de alimentação aberto. Vapor também é

Sistemas de Potência a Vapor **401**

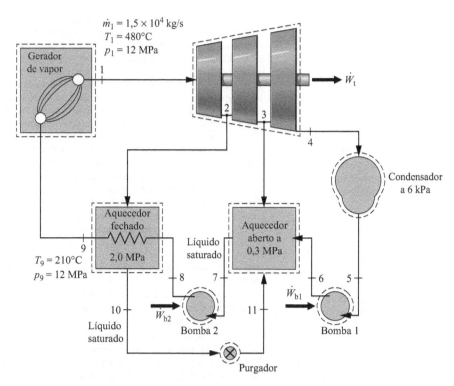

Fig. P8.60

extraído entre o segundo e terceiro estágios de turbina a 0,2 MPa (estado 3) e direcionado ao aquecedor de água de alimentação aberto. Líquido saturado a 0,2 MPa saindo do aquecedor de água de alimentação aberto (estado 7) é bombeado isentropicamente até o estado 8 e entra no aquecedor de água de alimentação fechado. A água de alimentação sai do aquecedor fechado a 14 MPa, 170°C (estado 9) e entra no gerador de vapor. Se a potência líquida desenvolvida pelo ciclo é 300 MW, determine:

(a) a eficiência térmica do ciclo.
(b) a vazão mássica no sentido de entrada do primeiro estágio de turbina, em kg/s.
(c) a taxa de transferência de calor do fluido de trabalho à medida que este passa pelo condensador, em MW.

Estado	p (kPa)	T (°C)	h (kJ/kg)	s (kJ/kg·K)	x
1	14.000	560	3486,0	6,5941	–
2	1000		2781,6	6,5941	–
3	200		2497,0	6,5941	0,9048
4	80	93,5	2357,6	6,5941	0,8645
5	80	93,5	391,66	1,2329	0
6	200		391,70	1,2329	–
7	200		504,70	1,5301	0
8	14.000		504,71	1,5301	–
9	14.000	170	719,21	2,0419	–
10	1000		762,81	2,1387	0
11	200		762,81	2,1861	0,1172

8.64 Reconsidere o ciclo do Problema 8.63, porém incluindo em sua análise que cada estágio de turbina e bomba possui uma eficiência isentrópica de 83%. Comparando os valores calculados com aqueles obtidos no Problema 8.63, qual é o efeito das irreversibilidades nas turbinas e bombas?

8.65 A água é o fluido de trabalho em um ciclo de Rankine regenerativo com um aquecedor de água de alimentação fechado e um aquecedor de água de alimentação aberto. O vapor d'água entra na turbina a 1400 lbf/in² e 1000°F, e se expande até 500 lbf/in², em que parte do vapor é extraído e descarregado para o aquecedor de água de alimentação fechado. O condensado que sai do aquecedor de água de alimentação fechado como líquido saturado a 500 lbf/in² sofre um processo de estrangulamento e sua pressão cai para 120 lbf/in² quando passa pelo purgador do aquecedor de água de alimentação aberto. A água de alimentação deixa o aquecedor de água de alimentação fechado a 1400 lbf/in² e a uma temperatura igual à temperatura de saturação a 500 lbf/in². O vapor remanescente se expande através da turbina do segundo estágio a 120 lbf/in², no qual uma parte do vapor é extraída e descarregada para o aquecedor de água de alimentação que opera a 120 lbf/in². O líquido saturado sai do aquecedor de água de alimentação aberto a 120 lbf/in². O vapor remanescente se expande através da turbina de terceiro estágio até a pressão do condensador a 2 lbf/in². Todos os processos sobre o fluido de trabalho nos estágios de turbina e nas bombas são internamente reversíveis. O escoamento através do condensador, do aquecedor de água de alimentação fechado, do aquecedor de água de alimentação aberto e do gerador de vapor ocorre à pressão constante. A potência líquida de saída do ciclo é de 1×10^9 Btu/h. Determine para o ciclo
(a) a vazão mássica de vapor que entra no primeiro estágio de turbina, em lb/h.
(b) a taxa de transferência de calor, em Btu/h, para o fluido de trabalho que passa através do gerador de vapor.
(c) a eficiência térmica.

8.66 A água é o fluido de trabalho em um ciclo de Rankine regenerativo com um aquecedor de água de alimentação fechado e um aquecedor de água de alimentação aberto. O vapor d'água entra na turbina a 1400 lbf/in² e 1000°F, e se expande até 500 lbf/in², no qual parte do vapor é extraído e descarregado para o aquecedor de água de alimentação fechado. O condensado que sai do aquecedor de água de alimentação fechado como líquido saturado a 500 lbf/in² sofre um processo de estrangulamento e sua pressão cai para 120 lbf/in² quando passa pelo purgador do aquecedor de água de alimentação aberto. A água de alimentação deixa o aquecedor de água de alimentação fechado a 1400 lbf/in² e a uma temperatura igual à temperatura de saturação a 500 lbf/in². O vapor remanescente se expande através da turbina do segundo estágio a 120 lbf/in², na qual uma parte do vapor é extraída e descarregada para o aquecedor de água de alimentação que opera a 120 lbf/in². O líquido saturado sai do aquecedor de água de alimentação aberto a 120 lbf/in². O vapor remanescente se expande através da turbina de terceiro estágio até a pressão do condensador a 2 lbf/in². Os estágios de turbina e as bombas operam adiabaticamente com eficiência isentrópica de 85%. O escoamento através do condensador, do aquecedor de água de alimentação fechado, do aquecedor de água de alimentação aberto e do gerador de vapor ocorre à pressão constante. A potência líquida de saída do ciclo é de 1×10^9 Btu/h. Determine para o ciclo
(a) a vazão mássica de vapor que entra no primeiro estágio de turbina, em lb/h.
(b) a taxa de transferência de calor, em Btu/h, para o fluido de trabalho que passa através do gerador de vapor.
(c) a eficiência térmica.

8.67 A água é o fluido de trabalho utilizado em um ciclo de Rankine modificado para incluir um aquecedor de água de alimentação fechado e outro aberto. O vapor superaquecido entra na turbina a 16 MPa e 560°C, e a pressão no condensador é de 8 kPa. A vazão mássica do vapor que entra no primeiro estágio de turbina é de 120 kg/s. O aquecedor de água de alimentação fechado utiliza o vapor extraído a 4 MPa, e o aquecedor de água de alimentação aberto utiliza o vapor extraído a 0,3 MPa. O líquido saturado que se condensa é drenado do aquecedor de água de alimentação

fechado a 4 MPa e é purgado para dentro do aquecedor de água de alimentação aberto. A água de alimentação deixa o aquecedor fechado a 16 MPa e a uma temperatura igual à temperatura de saturação a 4 MPa. O líquido saturado deixa o aquecedor aberto a 0,3 MPa. Admita que os estágios de turbina e as bombas operem isentropicamente. Determine:
(a) a potência líquida produzida, em kW.
(b) a taxa de transferência de calor para o vapor que passa pelo gerador de vapor, em kW.
(c) a eficiência térmica.
(d) a vazão mássica da água de resfriamento no condensador, em kg/s, se esta fica sujeita a um aumento de temperatura de 18°C, com a variação de pressão desprezível, ao passar pelo condensador.

8.68 Reconsidere o ciclo do Problema 8.67, porém incluindo na análise o fato de que as eficiências isentrópicas dos estágios de turbina e das bombas são de 85%.

8.69 Considere um ciclo de potência a vapor regenerativo com dois aquecedores de água de alimentação, um fechado e o outro aberto, e um reaquecedor. Vapor d'água entra no primeiro estágio de turbina a 12 MPa e 480°C e se expande até 2 MPa. Parte do vapor é extraída a 2 MPa e levada ao aquecedor de água de alimentação fechado. O restante é reaquecido até 440°C a uma pressão de 2 MPa e, em seguida, se expande através do segundo estágio de turbina até 0,3 MPa, e daí uma quantidade adicional é extraída e levada para o aquecedor de água de alimentação aberto, que opera a 0,3 MPa. O vapor que se expande através do terceiro estágio de turbina sai na pressão de 6 kPa do condensador. A água de alimentação deixa o aquecedor fechado a 210°C e 12 MPa, e o condensado que sai como líquido saturado a 2 MPa é purgado para o aquecedor de água de alimentação aberto. O líquido saturado a 0,3 MPa sai do aquecedor de água de alimentação aberto. Admita que todas as bombas e estágios de turbina operem isentropicamente. Determine para o ciclo:
(a) a taxa de transferência de calor para o fluido de trabalho que passa pelo gerador de vapor, em kJ por kg de vapor que entra no primeiro estágio de turbina.
(b) a eficiência térmica.
(c) a taxa de transferência de calor do fluido de trabalho que passa pelo condensador para a água de resfriamento, em kJ por kg de vapor que entra no primeiro estágio de turbina.

8.70 Reconsidere o ciclo do Problema 8.69, porém inclua na análise o fato de que os estágios de turbina e as bombas têm eficiências isentrópicas de 80%. Responda às mesmas questões formuladas no ciclo modificado do Problema 8.69.

8.71 Para o ciclo do Problema 8.70, represente graficamente a eficiência térmica em função das eficiências isentrópicas dos estágios de turbina e da bomba para valores na faixa de 80 a 100%. Discuta os resultados.

8.72 A água é o fluido de trabalho em um ciclo de Rankine regenerativo com um aquecedor de água de alimentação fechado e um aquecedor de água de alimentação aberto. O vapor d'água entra na turbina a 1400 lbf/in² e 1000°F, e se expande até 500 lbf/in², no qual parte do vapor é extraído e descarregado para o aquecedor de água de alimentação fechado. O condensado que sai do aquecedor de água de alimentação fechado como líquido saturado a 500 lbf/in² sofre um processo de estrangulamento e sua pressão cai para 120 lbf/in² quando passa pelo purgador do aquecedor de água de alimentação aberto. A água de alimentação deixa o aquecedor de água de alimentação fechado a 1400 lbf/in² e a uma temperatura igual à temperatura de saturação a 500 lbf/in². O vapor remanescente é reaquecido até 900°F antes de entrar na turbina do segundo estágio, onde se expande até 120 lbf/in². Uma parte do vapor é extraída e descarregada para o aquecedor de água de alimentação aberto que opera a 120 lbf/in². O líquido saturado sai do aquecedor de água de alimentação aberto a 120 lbf/in². O vapor remanescente se expande através da turbina de terceiro estágio até a pressão do condensador a 2 lbf/in². Todos os processos sobre o fluido de trabalho nos estágios de turbina e nas bombas são internamente reversíveis. O escoamento através do condensador, do aquecedor de água de alimentação fechado, do aquecedor de água de alimentação aberto, do gerador de vapor e do reaquecedor ocorre à pressão constante. A potência líquida de saída do ciclo é de 1×10^9 Btu/h. Determine para o ciclo
(a) a vazão mássica de vapor que entra no primeiro estágio de turbina, em lb/h.
(b) a taxa de transferência de calor, em Btu/h, para o fluido de trabalho que passa através do gerador de vapor, incluindo a seção de reaquecimento.
(c) a eficiência térmica.

8.73 A água é o fluido de trabalho em um ciclo de Rankine regenerativo com um aquecedor de água de alimentação fechado e um aquecedor de água de alimentação aberto. O vapor d'água entra na turbina a 1400 lbf/in² e 1000°F, e se expande até 500 lbf/in², no qual parte do vapor é extraído e descarregado para o aquecedor de água de alimentação fechado. O condensado que sai do aquecedor de água de alimentação fechado como líquido saturado a 500 lbf/in² sofre um processo de estrangulamento e sua pressão cai para 120 lbf/in² quando passa pelo purgador do aquecedor de água de alimentação aberto. A água de alimentação deixa o aquecedor de água de alimentação fechado a 1400 lbf/in² e a uma temperatura igual à temperatura de saturação a 500 lbf/in². O vapor remanescente é reaquecido até 900°F antes de entrar na turbina do segundo estágio, onde se expande até 120 lbf/in². Uma parte do vapor é extraída e descarregada para o aquecedor de água de alimentação aberto que opera a 120 lbf/in². O líquido saturado sai do aquecedor de água de alimentação aberto a 120 lbf/in². O vapor remanescente se expande através da turbina de terceiro estágio até a pressão do condensador a 2 lbf/in². Cada estágio de turbina e de bombas opera adiabaticamente com eficiência isentrópica de 85%. O escoamento através do condensador, do aquecedor de água de alimentação fechado, do aquecedor de água de alimentação aberto, do gerador de vapor e do reaquecedor ocorre à pressão constante. A potência líquida de saída do ciclo é de 1×10^9 Btu/h. Determine para o ciclo
(a) a vazão mássica de vapor que entra no primeiro estágio de turbina, em lb/h.
(b) a taxa de transferência de calor, em Btu/h, para o fluido de trabalho que passa através do gerador de vapor, incluindo a seção de reaquecimento.
(c) a eficiência térmica.

8.74 Dados operacionais para uma planta com projeto similar àquele mostrado na Fig. 8.12 encontram-se listados na tabela a seguir. A planta opera um ciclo de potência a vapor regenerativo com quatro aquecedores de água de alimentação, sendo três fechados e um aberto, além de um reaquecedor. Vapor d'água entra na turbina a 16.000 kPa, 600°C, expande em três estágios até a pressão de reaquecimento de 2000 kPa, é aquecido até 500°C e, então, expande em mais três estágios até a pressão do condensador, de 10 kPa. Líquido saturado é eliminado do condensador a 10 kPa. Entre o primeiro e o segundo estágios, parte do vapor é direcionado para um aquecedor de água de alimentação fechado a 8000 kPa. Entre o segundo e terceiro estágios, outra fração do vapor é direcionada para um segundo aquecedor fechado a 4000 kPa. Vapor é extraído entre o quarto e o quinto estágios de turbina a 800 kPa, alimentando um aquecedor aberto sob aquela pressão. Líquido saturado a 800 kPa sai do aquecedor de água de alimentação aberto. Entre o quinto e sexto estágios, uma parte do vapor é direcionada para um aquecedor de água de alimentação fechado a 200 kPa. O condensado sai de cada um dos aquecedores fechados como líquido saturado nas respectivas pressões de extração. Para processos isentrópicos em cada estágio de turbina e processos adiabáticos nas bombas, todos os aquecedores de água de alimentação abertos e fechados e todos os purgadores, mostre que:
(a) a fração do vapor coletada entre o primeiro e o segundo estágios é 0,1000.
(b) a fração do vapor coletada entre o segundo e o terceiro estágios é 0,1500.
(c) a fração do vapor coletada entre o quarto e o quinto estágios é 0,0009.
(d) a fração do vapor coletada entre o quinto e o sexto estágios é 0,1302.

Estado	p (kPa)	T (°C)	h (kJ/kg)	s (kJ/kg·K)	x
1	16.000	600	3573,5	6,6399	—
2	8000		3334,7	6,6399	—
3	4000		3129,2	6,6399	—
4	2000		2953,6	6,6399	—
5	2000	500	3467,6	7,4317	—
6	800		3172,1	7,4317	—
7	200		2824,7	7,4317	—
8	10		2355,4	7,4317	0,9042
9	10		191,83	0,6493	0
10	800		192,63	0,6517	—
11	800		595,92	1,7553	—
12	800		721,11	2,0462	0
13	16.000		738,05	2,0837	—
14	16.000		1067,3	2,7584	—
15	8000		1316,6	3,2068	0
16	4000		1316,6	3,2344	0,1338
17	4000		1087,3	2,7964	0

18	800	1087,3	2,8716	0,1788
19	200	504,70	1,5301	0
20	10	504,70	1,6304	0,1308
21	16.000	1269,1	3,1245	—

Tabela P8.74

8.75 Para a planta de potência do Problema 8.74 com as frações de vapor indicadas, determine a eficiência térmica do ciclo.

Outros Aspectos dos Ciclos a Vapor

8.76 Um ciclo de potência a vapor binário consiste de dois ciclos Rankine ideais utilizando vapor d'água e Refrigerante 134a como fluidos de trabalho. A vazão mássica do vapor é 2 kg/s. No ciclo a vapor, vapor d'água superaquecido entra na turbina a 8 MPa, 600°C, e líquido saturado sai do condensador a 250 kPa. No trocador de calor interconectado, a energia descartada por transferência de calor do ciclo a vapor é absorvida pelo ciclo utilizando o R-134a como fluido de trabalho. O trocador de calor não sofre perdas térmicas por dispersão nem troca térmica com as vizinhanças. Refrigerante 134a superaquecido deixa o trocador de calor a 600 kPa, 30°C, o qual entra na turbina do ciclo. Líquido saturado sai do condensador a 100 kPa. Determine:
(a) a potência líquida desenvolvida pelo ciclo binário, em kW.
(b) a taxa de adição de calor ao ciclo binário, em kW.
(c) a eficiência térmica do ciclo binário.
(d) a taxa de produção de entropia no trocador de calor interconectado, em kW/K.

8.77 Um ciclo a vapor binário consiste em dois ciclos de Rankine com vapor d'água e amônia como fluidos de trabalho. No ciclo a vapor d'água, o vapor superaquecido entra na turbina a 900 lbf/in² e 1100°F e o líquido saturado sai do condensador a 140°F. O calor rejeitado pelo ciclo de vapor d'água é fornecido ao ciclo de amônia, produzindo vapor saturado a 120°F, que entra na turbina de amônia. O líquido saturado sai do condensador de amônia a 75°F. Cada turbina tem uma eficiência isentrópica de 90% e as bombas operam isentropicamente. A potência líquida de saída do ciclo binário é de 7 × 10⁷ Btu/h.
(a) Determine o título na saída de cada turbina, a vazão mássica de cada fluido de trabalho, em lb/h, e a eficiência térmica geral do ciclo binário.
(b) Compare o desempenho do ciclo binário àquele de um único ciclo de Rankine que utiliza água como fluido de trabalho e que condensa a 75°F. O estado na entrada da turbina, a eficiência isentrópica da turbina e a potência líquida de saída permanecem os mesmos.

8.78 A Fig. P8.78 mostra um ciclo de potência a vapor que fornece calor e gera potência. O gerador de vapor produz vapor a 500 lbf/in² (3,4 MPa) e 800°F (426,7°C), a uma vazão de 8 × 10⁴ lbf/h (3,6 × 10⁴ kgf/h). Uma

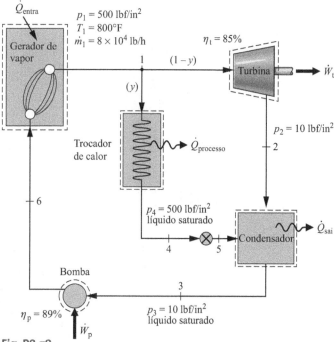

Fig. P8.78

fração de 88% do vapor expande através da turbina até 10 lbf/in² (68,9 kPa) e o restante é conduzido ao trocador de calor. Líquido saturado sai do trocador de calor a 500 lbf/in² e passa por um purgador antes de entrar no condensador a 10 lbf/in². Líquido saturado sai do condensador a 10 lbf/in² e é bombeado a 500 lbf/in² antes de entrar no gerador de vapor. A turbina e a bomba têm eficiências isentrópicas de 85% e 89%, respectivamente. Determine:
(a) a taxa de produção de calor, em Btu/h.
(b) a eficiência térmica do ciclo.

8.79 A Fig. P8.79 fornece os dados de operação em regime estacionário de um ciclo de cogeração que gera eletricidade e fornece calor a um conjunto de prédios. O vapor a 1,5 MPa e 280°C entra na turbina de dois estágios a uma vazão mássica de 1 kg/s. Uma parcela da vazão total, 0,15, é extraída entre os dois estágios a 0,2 MPa para fornecer o aquecimento dos prédios, e o restante se expande através do segundo estágio à pressão do condensador de 0,1 bar. O condensado retorna dos prédios a 0,1 MPa e 60°C, e passa por um purgador no condensador, onde novamente se mistura ao fluxo de água de alimentação principal. O líquido saturado deixa o condensador a 0,1 bar. Determine

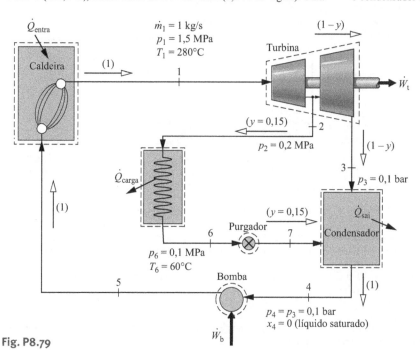

Estado	p	T (°C)	h (kJ/kg)
1	1,5 MPa	280	2992,7
2	0,2 MPa	sat	2652,9
3	0,1 bar	sat	2280,4
4	0,1 bar	sat	191,83
5	1,5 MPa	- - -	193,34
6	0,1 MPa	60	251,13
7	0,1 bar	- - -	251,13

Fig. P8.79

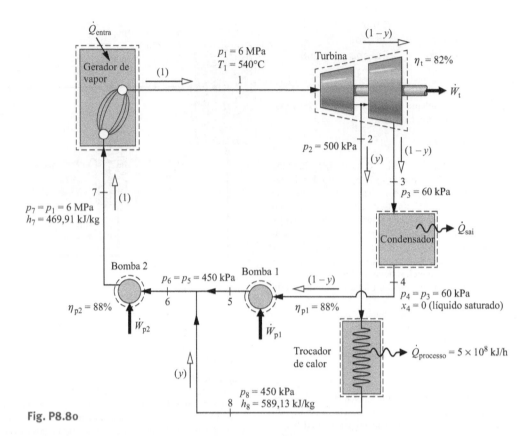

Fig. P8.80

(a) a taxa de transferência de calor para o fluido de trabalho que passa pela caldeira, em kW.
(b) a potência líquida desenvolvida, em kW.
(c) a taxa de transferência de calor para o aquecimento dos prédios, em kW.
(d) a taxa de transferência de calor para a água de resfriamento que passa pelo condensador, em kW.

8.80 Considere um sistema de cogeração operando como mostrado na Fig. P8.80. Vapor entra na turbina de primeiro estágio a 6 MPa, 540°C. Entre o primeiro e o segundo estágios, 45% do vapor é extraído a 500 kPa e direcionado a um processo de aquecimento com carga térmica de 5×10^8 kJ/h. Um condensado sai do trocador de calor a 450 kPa com entalpia específica de 589,13 kJ/kg e é misturado ao líquido que sai da bomba de baixa pressão a 450 kPa. Este fluxo (somado) é bombeado até a pressão do gerador de vapor. Na entrada do gerador de vapor, a entalpia específica é 469,91 kJ/kg. Líquido saturado a 60 kPa sai do condensador. As turbinas e bombas operam com eficiências isentrópicas de 82% e 88%, respectivamente. Determine:
(a) a vazão mássica do vapor entrando no primeiro estágio de turbina, em kg/s.
(b) a potência líquida desenvolvida pelo ciclo, em MW.
(c) a taxa de produção de entropia na turbina, em kW/K.

8.81 A Fig. P8.81 mostra um sistema combinando aquecimento e potência (CHP — combined heat and power) que fornece potência de saída na turbina, vapor de processo e vapor para suprir a demanda de uma carga térmica em um processo de fabricação. Os dados de operação são fornecidos na figura para os estados definidos no ciclo. Para esse sistema, determine:
(a) as taxas pelas quais o vapor é extraído como vapor de processo e como carga de aquecimento, ambas em lb/h.
(b) as taxas de transferência de calor para o vapor de processo e para a carga de aquecimento, ambas em Btu/h.
(c) a potência líquida desenvolvida, em Btu/h.

Desenvolva e calcule uma eficiência global baseada na energia para o sistema combinado de aquecimento e de potência.

8.82 A Fig. P8.82 mostra um ciclo de cogeração que fornece potência e calor. No ciclo a vapor, vapor superaquecido entra na turbina a 40 bar, 440°C e expande isentropicamente até 1 bar. O vapor passa por um trocador de calor, o qual serve como aquecedor para o ciclo do R-134a e condensador para o ciclo a vapor. O condensado sai do trocador de calor como líquido saturado a 1 bar e é bombeado isentropicamente até a pressão do gerador de vapor. A taxa de transferência de calor para o fluido de trabalho passando pelo gerador de vapor é 13 MW. O ciclo do Refrigerante 134a é um ciclo de Rankine ideal com o fluido entrando na turbina

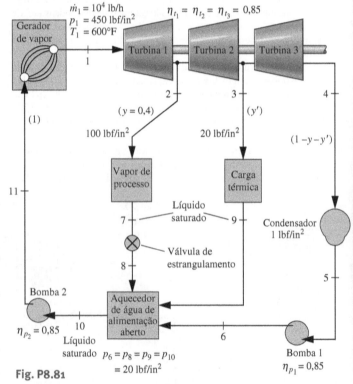

Fig. P8.81

a 16 bar e 100°C. O Refrigerante 134a passa por um trocador de calor, o qual fornece calor e atua como condensador para o ciclo do R-134a. Líquido saturado sai do trocador de calor a 9 bar. Determine:
(a) a vazão mássica do vapor entrando na turbina (do ciclo a vapor), em kg/s.
(b) a vazão mássica do R-134a entrando na turbina (do ciclo R-134a), em kg/s.
(c) a porcentagem de potência (relativa à potência total) fornecida por cada ciclo.
(d) a taxa de transferência de calor sob a forma de calor de processo, em kW.

Sistemas de Potência a Vapor   **405**

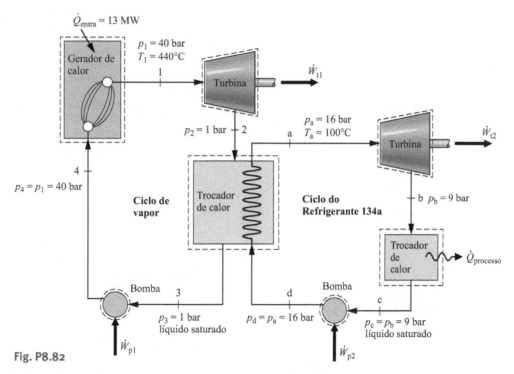

Fig. P8.82

Análise da Exergia dos Ciclos a Vapor

8.83 Em um sistema de *cogeração*, um ciclo de Rankine opera com vapor d'água entrando em uma turbina a uma velocidade de 15 lb/s (6,8 kg/s) sob uma pressão de 1000 lbf/in² (6,9 MPa) e temperatura de 800°F (426,7°C); e um condensador com pressão de 200 lbf/in² (1,4 MPa). A eficiência isentrópica da turbina é 85%, enquanto a bomba opera isentropicamente. A energia descartada pelo vapor condensado é transferida para uma corrente separada de água entrando a 280°F (137,8°C), 150 lbf/in² (1,03 MPa) e saindo como vapor saturado a 150 lbf/in². Determine a velocidade de fluxo, em lb/s, para a corrente principal do processo passando pelo gerador de vapor, e avalie a eficiência exergética do sistema total de cogeração. Assuma $T_0 = 70°F$ (21,1°C) e $p_0 = 14,7$ lbf/in² (101,4 kPa).

8.84 O gerador de vapor de uma planta de potência a vapor pode ser considerado, de maneira simplificada, como consistindo em uma unidade combustora na qual combustível e ar são queimados para produzir gases quentes de combustão, seguido de uma unidade trocadora de calor onde o fluido de trabalho do ciclo é vaporizado e superaquecido conforme os gases quentes se resfriam. Considere a água como fluido de trabalho sujeita ao ciclo do Problema 8.17. Os gases quentes da combustão, que, por hipótese, têm as propriedades do ar, entram na seção de troca de calor do gerador de vapor a 1200 K e saem a 600 K com uma variação de pressão desprezível. Para a unidade trocadora de calor determine
(a) a taxa líquida pela qual exergia é conduzida para dentro pela corrente de gás, em kJ por kg de vapor que flui.
(b) a taxa líquida pela qual exergia é conduzida para fora pela corrente de água, em kJ por kg de vapor que flui.
(c) a taxa de destruição de exergia, em kW.
(d) a eficiência exergética dada pela Eq. 7.27.

Considere $T_0 = 15°C$ e $p_0 = 0,1$ MPa.

8.85 Determine a taxa de entrada de exergia, em kJ por kg de vapor que flui, para o fluido de trabalho que passa pelo gerador de vapor do Problema 8.17. Realize os cálculos considerando todas as saídas, perdas e destruições dessa exergia. Considere $T_0 = 15°C$ e $p_0 = 0,1$ MPa.

8.86 No gerador de vapor do ciclo do Problema 8.19, o aporte de energia para o fluido de trabalho é realizado por transferência de calor dos produtos de combustão gasosos quentes, os quais se resfriam como uma corrente separada de 1490 a 380°F, com queda de pressão desprezível. A corrente de gás pode ser modelada como ar na condição de gás ideal. Determine, em Btu/h, a taxa de destruição de exergia na(no)
(a) unidade trocadora de calor do gerador de vapor.
(b) turbina e bomba.
(c) condensador.

Calcule também a taxa líquida com qual a exergia é conduzida pela água de resfriamento que passa pelo condensador, em Btu/h. Considere $T_0 = 60°F$ e $p_0 = 14,7$ lbf/in².

8.87 Para o ciclo de potência a vapor regenerativo do Problema 8.67, calcule as taxas de destruição de exergia nos aquecedores de água de alimentação em kW. Expresse cada uma dessas taxas como uma fração do aumento do fluxo de exergia do fluido de trabalho que passa pelo gerador de vapor. Considere $T_0 = 16°C$ e $p_0 = 1$ bar.

8.88 Determine, em Btu/h, a taxa de entrada de exergia no fluido de trabalho que passa pelo gerador de vapor do Problema 8.73. Realize os cálculos considerando todas as saídas, perdas e destruições dessa exergia. Considere $T_0 = 60°F$ e $p_0 = 14,7$ lbf/in².

8.89 Para a usina de potência do Problema 8.74, desenvolva um cálculo completo, em MW, da taxa de aumento de exergia à medida que o fluido de trabalho passa pelo gerador de vapor e pelo reaquecedor com uma vazão mássica de 10 kg/s. Considere $T_0 = 20°C$ e $p_0 = 1$ bar.

8.90 Determine a taxa de transferência de exergia, em Btu/h, para o fluido de trabalho passando pelo gerador de vapor no Problema 8.78. Desenvolva os cálculos para contabilizar as transferências, perdas e destruições de exergia. Para o processo do trocador de calor, assuma que a temperatura na qual a transferência de calor ocorre é 465°F (240,6°C). Assuma $T_0 = 60°F$ e $p_0 = 14,7$ lbf/in².

8.91 Determine, em kJ por kg de vapor que entra no primeiro estágio de turbina, a taxa de transferência de exergia para o fluido de trabalho que passa pelo gerador de vapor do Problema 8.46. Realize os cálculos considerando todas as saídas, perdas e destruições dessa exergia. Considere $T_0 = 15°C$ e $p_0 = 0,1$ MPa.

8.92 A Fig. P8.92 fornece os dados de operação em regime estacionário de um ciclo de cogeração que gera eletricidade e fornece calor a um conjunto de prédios. O vapor a 1,5 MPa e 280°C entra na turbina de dois estágios a uma vazão mássica de 1 kg/s. O vapor é extraído entre os dois estágios a 0,2 MPa e a uma vazão mássica de 0,15 kg/s para propiciar o aquecimento dos prédios, enquanto o restante se expande através do segundo estágio de turbina à pressão do condensador de 0,1 bar, com vazão mássica de 0,85 kg/s. O trocador de calor da carga do conjunto ilustrado no esquema representa toda a transferência de calor referente aos prédios do conjunto. Para efeito dessa análise, admita que a transferência de calor no trocador de calor da carga do conjunto ocorre a uma temperatura média de 110°C no contorno. O condensado retorna dos prédios a 0,1 MPa e 60°C, e passa por um purgador no condensador, onde novamente se mistura ao fluxo de água de alimentação principal. A água de resfriamento tem uma vazão mássica de 32,85 kg/s, entrando no condensador a 25°C e saindo do condensador a 38°C. O fluido de trabalho deixa o condensador como líquido saturado a 0,1 bar. A taxa de entrada de exergia com o combustível que entra na unidade combustora do gerador de vapor é de 2537 kW, e nenhuma exergia é conduzida pelo ar de combustão. A taxa de perda de exergia com os gases da chaminé que saem do gerador de vapor é de 96 kW. Considere $T_0 = 25°C$ e $p_0 = 0,1$ MPa. Determine, na forma de percentuais, a taxa de entrada de exergia com o combustível que entra na unidade combustora, todas as saídas, perdas e destruição dessa exergia para o ciclo de cogeração.

8.93 O vapor d'água entra na turbina de uma usina de potência a vapor a 100 bar e 520°C, e se expande adiabaticamente, saindo a 0,08 bar com um título de 90%. O condensado deixa o condensador como líquido saturado a 0,08 bar. O líquido sai da bomba a 100 bar e 43°C. A exergia específica do combustível que entra na unidade combustora do gerador de vapor é estimada em 14.700 kJ/kg. Nenhuma exergia é conduzida para dentro pelo ar de combustão. A exergia dos gases da chaminé que deixam o gerador de vapor é estimada em 150 kJ por kg de combustível. A vazão mássica do vapor é de 3,92 kg por kg de combustível. A água de resfriamento entra no condensador a $T_0 = 20°C$ e $p_0 = 1$ atm, e sai a 35°C e 1 atm. Desenvolva um cálculo completo da exergia que entra na usina com o combustível.

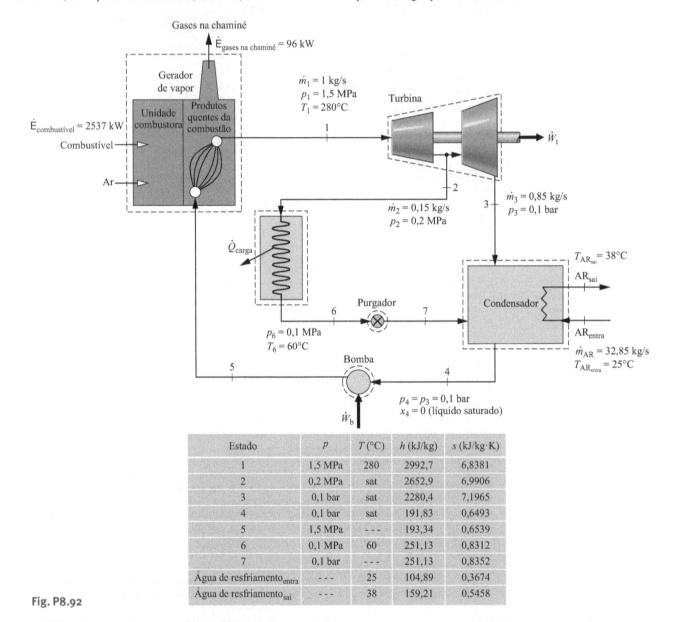

Fig. P8.92

PROJETOS E PROBLEMAS EM ABERTO: EXPLORANDO A PRÁTICA DE ENGENHARIA

8.1P Utilize uma fonte de consulta disponível na web (como http://www.eia.doe.gov) para localizar as três maiores plantas de geração de eletricidade de seu país. Para cada uma, determine o tipo de combustível, a idade da instalação e as características de segurança reportadas. Determine como cada planta contribui para a variação climática global e identifique seus efeitos na saúde humana e no meio ambiente. Para uma das plantas, proponha modos de redução dos impactos na saúde e no meio ambiente associadas à planta. Escreva um relatório incluindo pelo menos três referências.

8.2P Identifique uma falha crítica no fornecimento de energia elétrica que tenha ocorrido recentemente na área onde você reside. Pesquise as circunstâncias associadas a esta falha e as medidas tomadas para evitar estes eventos no futuro. Resuma as informações coletadas e discussões em um relatório de uma página.

8.3P Escreva um artigo sobre uma característica relevante associada ao fornecimento de energia elétrica aos consumidores do Brasil nos próximos 20 anos. Como esses artigos são destinados a leitores diversos, eles devem ser totalmente respaldados por evidências. Respeite as práticas já estabelecidas para a preparação de artigo e evite um jargão muito técnico. No início do processo de escrita, consulte publicações, documentos impressos ou digitais sobre o assunto do artigo para determinar as políticas de publicação, os procedimentos e o interesse sobre o tópico proposto. Com a apresentação de seu artigo, forneça o nome da publicação para a qual ele é direcionado e um arquivo de seu vínculo com sua instituição.

8.4P O gerenciamento de água é um dos aspectos mais importantes na geração de energia elétrica. Identifique ao menos dois requisitos da água a ser utilizada em uma planta de potência baseada no ciclo de Rankine. Descreva as práticas típicas para o gerenciamento de água em plantas como a mencionada e pesquise ao menos duas tecnologias emergentes que visam reduzir as perdas de água em plantas ou melhorar os aspectos relacionados com a sustentabilidade no gerenciamento de água. Resuma suas conclusões em um relatório, contendo ao menos três referências.

8.5P Selecione uma região do mundo com baixo índice de desenvolvimento e com acesso limitado à energia elétrica. Identifique a população da região, base econômica, recursos naturais e demanda potencial por eletricidade. Recomende uma fonte de geração de eletricidade adequada para aquela região e proponha uma configuração de planta de potência básica incluindo uma análise termodinâmica para alcançar uma demanda de potência antecipada. Faça uma apresentação para a sua turma de termodinâmica e conduza uma discussão sobre seus resultados.

8.6P Visite uma planta de potência instalada próxima ao local de sua residência e entreviste o gerente da planta ou o funcionário designado em seu lugar, identificando ao menos três padrões aos quais a planta deve se adequar. Determine como a planta alcança o desempenho necessário e quais são os desafios para tal. Para cada padrão, elabore uma breve explicação sobre seus objetivos e práticas. Apresente seus resultados em um relatório.

8.7P Identifique três tipos de plantas de geração de eletricidade a partir de fontes renováveis que sejam do seu interesse. Para uma instalação real de cada tipo, determine sua localização e a sua capacidade de produção de eletricidade. Para cada planta, elabore um diagrama esquemático acompanhado de uma breve descrição sobre como a energia renovável é convertida em eletricidade. Ainda, para cada planta, determine se ela necessita de unidades de armazenamento de energia (Seção 2.6) e quantos são os incentivos econômicos determinados atualmente pela legislação e para o prazo de 10 anos. Resuma os resultados em uma apresentação.

8.8P Avalie criticamente a captura de dióxido de carbono e o armazenamento subterrâneo dos combustíveis fósseis utilizados nas plantas de potência, incluindo os aspectos técnicos e os custos correspondentes. Considere as formas de separação do CO_2 das correntes de gás, as características relacionadas com a injeção de CO_2 a grandes profundidades, as consequências da migração de CO_2 do armazenamento e o aumento esperado do custo da eletricidade por kW·h com o desenvolvimento dessa tecnologia. Formule uma posição a favor ou em oposição à captura e ao armazenamento de dióxido de carbono em larga escala. Escreva um relatório, incluindo pelo menos três referências.

8.9P A maioria da eletricidade nos Estados Unidos é gerada, atualmente, por grandes plantas de potência *centralizadas* e distribuída aos consumidores finais por meio de linhas de transmissão a longas distâncias. Alguns especialistas preveem uma mudança gradual para um sistema de potência *distribuída* (descentralizada), no qual a eletricidade seja gerada localmente por plantas de menor escala utilizando principalmente fontes disponíveis localmente, incluindo as energias do vento, solar, biomassa, hidráulica e geotérmica. Outros especialistas acreditam em um modelo distribuído de menor escala, porém, argumentam que o modelo do futuro seja fortemente integrado aos *ecossistemas industriais*, já vistos na Dinamarca atualmente. Avalia criticamente essas duas percepções do ponto de vista técnico e econômico, juntamente com os sistemas híbridos, obtidos pela combinação entre eles, cada um em relação ao modelo centralizado atual. Ordene todos os modelos considerados, em ordem descendente desde o cenário futuro mais provável até o menos provável. Escreva um relatório, incluindo pelo menos três referências.

8.10P A *Geoengenharia* é uma área de estudos focada no gerenciamento do ambiente terrestre para reduzir os efeitos da variação climática global. Para três situações envolvendo esse conceito, obtidas de fontes impressas ou digitais, pesquise cada uma em termos da viabilidade, incluindo características técnicas, custos e riscos. Determine se alguma das três é, realmente, uma candidata viável de implementação. Registre suas conclusões em uma apresentação em slides.

8.11P O *projeto de engenharia concorrente* considera todas as fases do *ciclo de vida* de um produto holisticamente com o objetivo de chegar a um projeto final aceitável mais rapidamente e com um custo inferior ao de um modelo sequencial. Um princípio de projeto concorrente é o uso de uma equipe de projeto multidisciplinar constituída de técnicos e *não* técnicos especialistas. Para o projeto de plantas de potência, as especialidades técnicas necessariamente incluem a habilidade em diversas disciplinas da engenharia. Determine a composição da equipe de projeto e o conjunto de habilidades necessárias a cada membro para o projeto concorrente de uma planta de potência selecionada daquelas listadas na Tabela 8.2. Faça um resumo de suas conclusões utilizando uma apresentação em pôsteres para uma conferência técnica.

8.12P Alguns observadores afirmam que a *recuperação avançada do petróleo* é viável para uso comercial do dióxido de carbono recolhido dos gases de exaustão das plantas de potência que utilizam a queima do carvão e outras fontes industriais. Os proponentes imaginam que isto vai favorecer o transporte do dióxido de carbono por meio de navio das nações industrializadas importadoras de petróleo para as nações menos industrializadas e produtoras de petróleo. Eles dizem que esse comércio irá requerer inovações no projeto de navios. Desenvolva um projeto conceitual de um navio de transporte de dióxido de carbono. Considere apenas as características principais, incluindo, porém, não limitando: o tipo de planta de potência, o volume da carga, os meios de carregamento e descarregamento do dióxido de carbono, a minimização das perdas de dióxido de carbono para a atmosfera e os custos. Inclua amostras de cálculos quando justificável. Explique como o seu navio de transporte de dióxido de carbono difere dos navios de transporte de gás natural.

8.13P O silício é um dos materiais mais abundantes da Terra. Ainda há uma procura pelo preço do silício de alta pureza, necessário para a fabricação de células solares, a qual aumentou com o crescimento da indústria solar-fotovoltaica. Este fato, juntamente com as limitações da tecnologia de energia intensiva utilizada na produção do silício de grau solar, tem conduzido muitos a pensar o desenvolvimento e aprimoramento das tecnologias para produção do silício de grau solar, e o uso de outros materiais, distintos do silício, para células solares. Investigue os meios para a produção das células solares utilizando o silício, incluindo os procedimentos convencionais e aprimorados, e para a produção de células utilizando outros materiais. Compare e criticamente avalie todos os métodos descobertos que se baseiam no uso de energia, o impacto ambiental e o custo. Prepare uma apresentação em pôster sobre suas conclusões.

8.14P O planejamento das usinas de energia é mais bem realizado com base no *ciclo de vida* (Tabela 8.3). O ciclo de vida começa com a extração, da terra, dos recursos naturais necessários à usina, e termina com a eventual desativação da usina após décadas de operação. Para se obter um quadro realista dos custos, estes devem ser considerados para *todas* as fases do ciclo de vida, incluindo considerações sobre impactos ambientais, efeitos sobre a saúde humana, tratamento dos resíduos e subsídios governamentais, e não apenas pela consideração restrita dos custos relacionados com a construção da usina às fases de operação. Para cada um dos locais listados a seguir, e considerando apenas os principais elementos de custo, determine, com base no ciclo de vida, a opção de usina de energia que melhor atende às necessidades estimadas de eletricidade regional até o ano de 2050. Escreva um relatório documentando suas conclusões.
(a) Locais: Meio Oeste e Grandes Planícies dos Estados Unidos. Opções: usinas com base na queima de carvão, usinas eólicas, ou uma combinação dessas.
(b) Locais: Noroeste e Litoral Atlântico dos Estados Unidos. Opções: usinas nucleares, usinas acionadas pela queima de gás natural, ou uma combinação dessas.
(c) Locais: Sul e Sudoeste dos Estados Unidos. Opções: usinas acionadas pela queima de gás natural, usinas que utilizam a concentração de raios solares, ou uma combinação dessas.
(d) Locais: Califórnia e Noroeste dos Estados Unidos. Opções: usinas que utilizam a concentração de raios solares, usinas eólicas, usinas hidrelétricas, ou uma combinação dessas.

8.15P Com um outro grupo de projeto, conduza um debate formal sobre uma das proposições listadas a seguir ou escolha uma para você. Observe as regras de um debate formal, incluindo, porém não se limitando, ao uso de um formato tradicional: Para cada argumentação construtiva (primeira afirmativa e primeira negativa, segunda afirmativa e segunda negativa) são utilizados, no máximo, oito minutos e, para cada réplica (primeira negativa e primeira afirmativa, segunda negativa e segunda afirmativa) são gastos, no máximo, quatro minutos.

Proposição (a): Como política a nível nacional, a *análise de custo-benefício* deve ser utilizada na avaliação de propostas de regulamentações ambientais. Proposição alternativa: não deve ser utilizada.

Proposição (b): Como política a nível nacional, a produção de eletricidade utilizando tecnologia nuclear deve ser expandida. Proposição alternativa: não deve ser expandida.

Proposição (c): Como política a nível nacional, os Estados Unidos devem encorajar fortemente as nações desenvolvidas a reduzir suas contribuições para a variação climática global. Proposição alternativa: não deve encorajar fortemente.

Turbinas a gás, aeronaves e geração de eletricidade para muitos usos em solo são apresentadas na Seção 9.5.
© gchutka/iStockphoto

CONTEXTO DE ENGENHARIA Os sistemas de geração de potência são apresentados no Cap. 8, que examina a geração de energia atual dos Estados Unidos por fonte e antecipa as necessidades de geração de potência nas próximas décadas. Como o estudo mencionado fornece o contexto para a análise dos sistemas de potência de forma geral, recomenda-se que seja feita uma revisão do Cap. 8 antes de continuar a leitura do presente capítulo, que trata dos sistemas de potência a gás.

Enquanto o foco do Cap. 8 são os sistemas de potência a vapor, nos quais os fluidos de trabalho são alternadamente vaporizados e condensados, o **objetivo** deste capítulo é estudar os sistemas de potência que utilizam sempre um gás como fluido de trabalho. Incluídos nesse grupo estão as turbinas a gás e os motores de combustão interna dos tipos ignição por centelha e ignição por compressão. Na primeira parte do capítulo, serão considerados os motores de combustão interna. As instalações de potência movidas por turbinas a gás são discutidas na segunda parte. O capítulo finaliza com um breve estudo sobre escoamento compressível em bocais e difusores, que são componentes das turbinas a gás para propulsão de aeronaves e outros dispositivos de importância prática.

Sistemas de Potência a Gás

> **RESULTADOS DE APRENDIZAGEM**

Quando você completar o estudo deste capítulo estará apto a...

- Realizar análises de ar-padrão de motores de combustão interna baseadas nos ciclos Otto, Diesel e dual, incluindo:
  - esboçar diagramas $p-v$ e $T-s$ e avaliar dados de propriedades nos estados principais.
  - aplicar os balanços de energia, entropia e exergia.
  - determinar a potência líquida de saída, a eficiência térmica e a pressão média efetiva.
- Realizar análises de ar-padrão de instalações de potência com turbina a gás baseadas no ciclo Brayton e suas modificações, incluindo:
  - esboçar diagramas $T-s$ e avaliar dados de propriedades nos estados principais.
  - aplicar os balanços de massa, energia, entropia e exergia.
  - determinar a potência líquida de saída, a eficiência térmica, a razão do trabalho reverso e os efeitos da relação de pressão do compressor.
- Para os escoamentos subsônicos e supersônicos através de bocais e difusores:
  - demonstrar compreensão dos efeitos das mudanças de área, os efeitos da pressão a jusante sobre a vazão mássica.
  - explicar a ocorrência de escoamentos estrangulados e choques normais.
  - analisar o escoamento de gases ideais com calores específicos constantes.

Considerando Motores de Combustão Interna

Esta parte do capítulo trata dos motores de combustão *interna*. Embora a maioria das turbinas a gás seja também motores de combustão interna, o nome é usualmente aplicado a motores de combustão interna *alternativos* do tipo comumente usado em automóveis, caminhões e ônibus. Esses motores diferem das instalações de potência consideradas no Cap. 8 porque os processos ocorrem dentro de arranjos cilindro-pistão com movimento alternativo e não em séries de componentes diferentes interligados.

ignição por centelha
ignição por compressão

Dois tipos principais de motores de combustão interna alternativos são o motor com ignição por centelha e o motor com ignição por compressão. No motor com ignição por centelha, uma mistura de combustível e ar é inflamada pela centelha da vela de ignição. No motor com ignição por compressão, o ar é comprimido até uma pressão e temperatura elevadas, suficientes para que a combustão espontânea ocorra quando o combustível for injetado. Os motores com ignição por centelha são vantajosos para aplicações que exijam potência de até 225 kW (300 HP). Como são relativamente leves e de baixo custo, os motores com ignição por centelha tornam-se particularmente adequados para uso em automóveis. Já os motores com ignição por compressão são normalmente preferidos para aplicações em que se necessita de economia de combustível e potência relativamente alta (caminhões pesados e ônibus, locomotivas e navios, unidades auxiliares de potência). Na faixa intermediária, tanto os motores com ignição por centelha como os motores com ignição por compressão são utilizados.

9.1 Apresentação da Terminologia do Motor

A Fig. 9.1 é um esboço de um motor de combustão interna alternativo que consiste em um pistão que se move dentro de um cilindro dotado de duas válvulas. O esboço apresenta alguns termos especiais. O *calibre* do cilindro é o seu diâmetro. O *curso* é a distância que o pistão se move em uma direção. Diz-se que o pistão está no *ponto morto superior* quando ele se moveu até uma posição em que o volume do cilindro é um mínimo. Esse volume mínimo é conhecido por volume *morto*. Quando o pistão se moveu até a posição de volume máximo do cilindro, ele se encontra no *ponto morto inferior*. O volume percorrido pelo pistão quando se move do ponto morto superior ao ponto morto inferior é o *volume de deslocamento*. A taxa de compressão r é definida como o volume no ponto morto inferior dividido pelo volume no ponto morto superior. O movimento alternativo do pistão é convertido em movimento de rotação por um mecanismo de manivela.

taxa de compressão

Em um motor de combustão interna de *quatro tempos*, o pistão executa quatro cursos distintos dentro do cilindro para cada duas rotações do eixo de manivelas. A Fig. 9.2 fornece um diagrama pressão-deslocamento tal qual se poderia ver em um osciloscópio.

1. Com a válvula de admissão aberta, o pistão executa um *curso de admissão* quando aspira uma carga fresca para dentro do cilindro. No caso de motores com ignição por centelha, a carga é uma mistura de ar e combustível. Para motores com ignição por compressão a carga é somente ar.

2. Com ambas as válvulas fechadas, o pistão passa por um *curso de compressão*, elevando a temperatura e a pressão da carga. Esta fase exige fornecimento de trabalho do pistão para o conteúdo do cilindro. Inicia-se então um processo de combustão, que resulta em uma mistura gasosa de alta pressão e alta temperatura. A combustão é induzida através da vela próxima ao final do curso de compressão nos motores com ignição por centelha. Nos motores com ignição por compressão, a combustão é iniciada pela injeção de combustível no

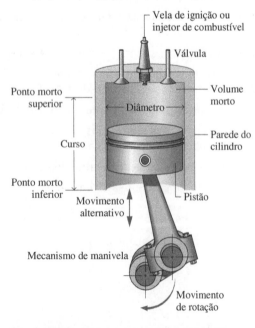

Fig. 9.1 Nomenclatura para motores alternativos cilindro-pistão.

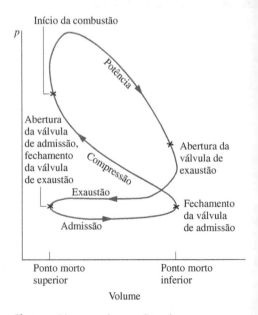

Fig. 9.2 Diagrama de pressão-volume para um motor de combustão interna alternativo.

ar quente comprimido, começando próximo ao final do curso de compressão e continuando através da primeira etapa da expansão.

3. Um *curso de potência* vem em seguida ao curso de compressão, durante o qual a mistura gasosa se expande e é realizado trabalho sobre o pistão à medida que este retorna ao ponto morto inferior.

4. O pistão então executa um *curso de escape* no qual os gases queimados são expulsos do cilindro através da válvula de escape aberta.

Os motores menores operam em ciclos de *dois cursos*. Nos motores de dois tempos, as operações de admissão, compressão, expansão e escape são obtidas em uma volta do eixo de manivelas. Embora os motores de combustão interna percorram ciclos *mecânicos,* o conteúdo do cilindro não executa um ciclo *termodinâmico*, uma vez que é introduzida matéria com uma composição e essa matéria é posteriormente descarregada com uma composição diferente.

Um parâmetro usado para descrever o desempenho de motores alternativos a pistão é a *pressão média efetiva*, ou pme. A pressão média efetiva é a pressão constante teórica que, se atuasse no pistão durante o curso de potência, produziria o mesmo trabalho líquido que é realmente produzido em um ciclo. Ou seja,

pressão média efetiva

$$\text{pme} = \frac{\text{trabalho líquido para um ciclo}}{\text{volume de deslocamento}} \quad (9.1)$$

Para dois motores que apresentam o mesmo volume de deslocamento, o de maior pressão média efetiva produziria o maior trabalho líquido e, se os motores funcionassem à mesma velocidade, a maior potência.

ANÁLISE DE AR-PADRÃO. Um estudo detalhado do desempenho de um motor de combustão interna alternativo levaria em conta muitos aspectos. Isto incluiria o processo de combustão que ocorre dentro do cilindro e os efeitos de irreversibilidades associadas ao atrito e a gradientes de pressão e temperatura. A transferência de calor entre os gases no cilindro e as paredes do cilindro e o trabalho necessário para carregar o cilindro e retirar os produtos da combustão também seriam considerados. Devido a esta complexidade, a modelagem precisa de motores de combustão interna alternativos normalmente envolve uma simulação computacional. É necessária uma considerável simplificação para se conduzirem análises termodinâmicas *elementares* de motores de combustão interna. Um procedimento consiste em empregar uma análise de ar-padrão com os seguintes elementos:

análise de ar-padrão: motores de combustão interna

▶ Uma quantidade fixa de ar modelado como gás ideal é o fluido de trabalho. Veja a Tabela 9.1 para uma revisão das relações para gás ideal.
▶ O processo de combustão é substituído por uma transferência de calor de uma fonte externa.
▶ Não existem os processos de admissão e descarga como no motor real. O ciclo se completa com um processo de transferência de calor a volume constante enquanto o pistão está no ponto morto inferior.
▶ Todos os processos são internamente reversíveis.

Além disso, em uma análise de ar-padrão frio, os calores específicos são considerados constantes nos seus valores para temperatura ambiente. Com uma análise de ar-padrão, evitamos lidar com a complexidade do processo de combustão e com a mudança de composição durante a combustão. No entanto, uma análise abrangente necessita que essas complexidades sejam consideradas. Para uma discussão sobre combustão, veja o Cap. 13.

análise de ar-padrão frio

Embora uma análise de ar-padrão simplifique consideravelmente o estudo dos motores de combustão interna, os valores para a pressão média efetiva e para as temperaturas e pressões de operação calculadas nesta base podem diferir bastante daqueles para os motores reais. Em consequência, a análise de ar-padrão permite que os motores de combustão interna sejam examinados apenas qualitativamente. Ainda assim, algumas noções sobre o desempenho real podem resultar desse procedimento.

TABELA 9.1

Revisão do Modelo de Gás Ideal

Equações de Estado:

$$pv = RT \quad (3.32)$$
$$pV = mRT \quad (3.33)$$

Variações de u e h:

$$u(T_2) - u(T_1) = \int_{T_1}^{T_2} c_v(T)\, dT \quad (3.40)$$

$$h(T_2) - h(T_1) = \int_{T_1}^{T_2} c_p(T)\, dT \quad (3.43)$$

Calores Específicos Constantes	Calores Específicos Variáveis
$u(T_2) - u(T_1) = c_v(T_2 - T_1)$ (3.50) $h(T_2) - h(T_1) = c_p(T_2 - T_1)$ (3.51) Veja as Tabelas A-20, 21 para os dados.	$u(T)$ e $h(T)$ são avaliados a partir das tabelas apropriadas: Tabela A-22 para o ar (base mássica) e Tabela A-23 para outros gases (base molar).

Variações de s:

$$s(T_2, v_2) - s(T_1, v_1) = \int_{T_1}^{T_2} c_v(T)\frac{dT}{T} + R\ln\frac{v_2}{v_1} \quad (6.17)$$

$$s(T_2, p_2) - s(T_1, p_1) = \int_{T_1}^{T_2} c_p(T)\frac{dT}{T} - R\ln\frac{p_2}{p_1} \quad (6.18)$$

Calores Específicos Constantes	Calores Específicos Variáveis
$s(T_2, v_2) - s(T_1, v_1) =$ $c_v \ln\frac{T_2}{T_1} + R \ln\frac{v_2}{v_1}$ (6.21) $s(T_2, p_2) - s(T_1, p_1) =$ $c_p \ln\frac{T_2}{T_1} - R \ln\frac{p_2}{p_1}$ (6.22) Veja as Tabelas A-20, 21 para os dados.	$s(T_2, p_2) - s(T_1, p_1) =$ $s°(T_2) - s°(T_1) - R \ln\frac{p_2}{p_1}$ (6.20a) em que $s°(T)$ é avaliado a partir das tabelas apropriadas: Tabela A-22 para o ar (base mássica) e Tabela A-23 para outros gases (base molar).

Estados relacionados de entropia específica igual: $\Delta s = 0$:

Calores Específicos Constantes	Calores Específicos Variáveis (Apenas para o ar)
$\frac{T_2}{T_1} = \left(\frac{p_2}{p_1}\right)^{(k-1)/k}$ (6.43) $\frac{T_2}{T_1} = \left(\frac{v_1}{v_2}\right)^{k-1}$ (6.44) $\frac{p_2}{p_1} = \left(\frac{v_1}{v_2}\right)^{k}$ (6.45) em que $k = c_p/c_v$ é fornecido na Tabela A-20 para diversos gases.	$\frac{p_2}{p_1} = \frac{p_{r2}}{p_{r1}}$ (somente para o ar) (6.41) $\frac{v_2}{v_1} = \frac{v_{r2}}{v_{r1}}$ (somente para o ar) (6.42) em que p_r e v_r são fornecidos para o ar na Tabela A-22.

ENERGIA & MEIO AMBIENTE

Foram necessários 500 milhões de anos para que a natureza criasse o estoque mundial de petróleo *prontamente acessível*, mas alguns observadores preveem que nos próximos 50 anos nós consumiremos muito do que ainda resta. O ponto importante, dizem, não é quando o mundo ficará sem petróleo, mas quando a produção começará a cair. Assim, a menos que a demanda seja reduzida, a produção deve declinar, e os preços do petróleo deverão subir. Isso irá encerrar a era do petróleo barato que tanto aproveitamos por décadas e será um desafio para a sociedade.

A taxa na qual qualquer poço pode produzir petróleo geralmente aumenta até atingir um máximo e então, quando cerca de metade do petróleo é bombeada para fora, começa a cair, na medida em que o petróleo restante se torna cada vez mais difícil de ser extraído. Usando este modelo para o suprimento mundial de petróleo como um todo, os economistas preveem um pico na produção de petróleo em torno de 2020, ou ainda mais cedo. Se o futuro não for planejado, isso pode levar à escassez do produto, preços mais altos dos combustíveis nas bombas e repercussões políticas.

A realidade é que o petróleo tornou-se o calcanhar de Aquiles dos EUA no que diz respeito à energia. O transporte representa cerca de 70% do consumo atual de petróleo dos Estados Unidos, enquanto quase 60% do petróleo utilizado é importado. A produção interna de petróleo atingiu o pico na década de 1970 e diminuiu desde então. Houve apelos para uma maior produção a partir de áreas selvagens e perto da costa, mas os analistas afirmam que isso não é uma solução, pois o petróleo oriundo de muitos desses locais atenderá apenas alguns meses da demanda atual. Além disso, os ecologistas advertem sobre os danos ambientais decorrentes dos extensos derramamentos de petróleo; aos efeitos colaterais de poluição do solo, da água e do ar, e a outros efeitos adversos relacionados com a extração, distribuição e utilização do petróleo. Muitos pensam que a melhor forma de avançar é se livrar da dependência do petróleo para o transporte, por meio de estratégias para economizar combustível (veja www.fueleconomy.gov), pelo uso de biocombustíveis, como o etanol *celulósico* e pela condução de veículos elétricos híbridos ou totalmente elétricos.

9.2 Ciclo de Ar-Padrão Otto

No restante desta parte do capítulo, vamos analisar os três ciclos que aderem ao ciclo de ar-padrão idealizados: os ciclos Otto, Diesel e dual. Estes ciclos diferem um do outro somente quanto ao modo como se dá o processo de adição de calor que substitui a combustão no ciclo real.

O ciclo de ar-padrão Otto é um ciclo ideal que considera que a adição de calor ocorre instantaneamente enquanto o pistão se encontra no ponto morto superior. O ciclo Otto é mostrado nos diagramas *p–v* e *T–s* da Fig. 9.3. O ciclo consiste em quatro processos internamente reversíveis em série:

Ciclo Otto

▶ O *Processo 1–2* é uma compressão isentrópica do ar conforme o pistão se move do ponto morto inferior para o ponto morto superior.

▶ O *Processo 2–3* é uma transferência de calor a volume constante para o ar a partir de uma fonte externa enquanto o pistão está no ponto morto superior. Esse processo tem a intenção de representar a ignição da mistura ar-combustível e a queima rápida que se segue.

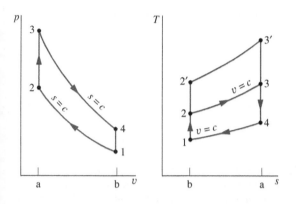

Fig. 9.3 Diagramas p–v e T–s do ciclo de ar-padrão Otto.

> **TOME NOTA...**
> Para processos internamente reversíveis de sistemas fechados, veja as Seções 2.2.5 e 6.6.1 para discussões com interpretações da área do trabalho e da transferência de calor sobre os diagramas p–v e T–s, respectivamente.

▶ O *Processo 3–4* é uma expansão isentrópica (curso de potência).
▶ O *Processo 4–1* completa o ciclo através de um processo a volume constante no qual o calor é rejeitado pelo ar conforme o pistão está no ponto morto inferior.

Uma vez que o ciclo de ar-padrão Otto é composto de processos internamente reversíveis, as áreas nos diagramas T–s e p–v da Fig. 9.3 podem ser interpretadas como calor e trabalho, respectivamente. No diagrama T–s, a área 2–3–a–b–2 representa o calor fornecido por unidade de massa e a área 1–4–a–b–1, o calor rejeitado por unidade de massa. No diagrama p–v, a área 1–2–a–b–1 representa o trabalho fornecido por unidade de massa durante o processo de compressão, e a área 3–4–b–a–3 é o trabalho realizado por unidade de massa no processo de expansão. A área de cada figura pode ser interpretada como o trabalho líquido obtido ou, de modo equivalente, o calor líquido absorvido.

ANÁLISE DO CICLO. O ciclo de ar-padrão Otto consiste em dois processos nos quais há trabalho mas não há transferência de calor, os Processos 1–2 e 3–4, e em dois processos nos quais há transferência de calor mas não há trabalho, os Processos 2–3 e 4–1. As expressões para essas transferências de energia são obtidas pela simplificação do balanço de energia do sistema fechado através da consideração de que as variações de energia cinética e potencial podem ser ignoradas. Os resultados são

$$\frac{W_{12}}{m} = u_2 - u_1, \qquad \frac{W_{34}}{m} = u_3 - u_4$$
$$\frac{Q_{23}}{m} = u_3 - u_2, \qquad \frac{Q_{41}}{m} = u_4 - u_1 \qquad (9.2)$$

Observe cuidadosamente que, ao escrever as Eqs. 9.2, nos afastamos da nossa convenção de sinais habitual para calor e trabalho. Assim, W_{12}/m é um número positivo que representa o trabalho *fornecido* durante a compressão e Q_{41}/m é um número positivo que representa o calor *rejeitado* no Processo 4–1. O trabalho líquido do ciclo é expresso por

> **TOME NOTA...**
> Ao analisar ciclos de ar-padrão, frequentemente convém considerar todas as transferências de calor e trabalho como quantidades positivas e escrever o balanço de energia de acordo com essa consideração.

$$\frac{W_{ciclo}}{m} = \frac{W_{34}}{m} - \frac{W_{12}}{m} = (u_3 - u_4) - (u_2 - u_1)$$

Alternativamente, o trabalho líquido pode ser calculado como o *calor líquido adicionado*

$$\frac{W_{ciclo}}{m} = \frac{Q_{23}}{m} - \frac{Q_{41}}{m} = (u_3 - u_2) - (u_4 - u_1)$$

a qual, rearrumando-se, pode ser colocada na mesma forma que a expressão anterior para trabalho líquido.

A eficiência térmica é a razão entre o trabalho líquido do ciclo e o calor adicionado.

$$\eta = \frac{(u_3 - u_2) - (u_4 - u_1)}{u_3 - u_2} = 1 - \frac{u_4 - u_1}{u_3 - u_2} \qquad (9.3)$$

Quando os dados da tabela de ar são usados para conduzir uma análise que envolva um ciclo de ar-padrão Otto, os valores para energia interna específica requeridos pela Eq. 9.3 podem ser obtidos da Tabela A-22 ou A-22E. As relações a seguir são baseadas na Eq. 6.42 e aplicam-se aos processos isentrópicos 1–2 e 3–4

$$v_{r2} = v_{r1}\left(\frac{V_2}{V_1}\right) = \frac{v_{r1}}{r} \qquad (9.4)$$

$$v_{r4} = v_{r3}\left(\frac{V_4}{V_3}\right) = r v_{r3} \qquad (9.5)$$

em que r designa a taxa de compressão. Observe que como $V_3 = V_2$ e $V_4 = V_1$, $r = V_1/V_2 = V_4/V_3$. O parâmetro v_r é tabelado *versus* a temperatura para o ar nas Tabelas A-22.

taxa de compressão

Quando o ciclo Otto é analisado em uma base de ar-padrão frio, serão utilizadas as seguintes expressões baseadas na Eq. 6.44 para os processos isentrópicos no lugar das Eqs. 9.4 e 9.5, respectivamente

$$\frac{T_2}{T_1} = \left(\frac{V_1}{V_2}\right)^{k-1} = r^{k-1} \quad (k \text{ constante}) \quad (9.6)$$

$$\frac{T_4}{T_3} = \left(\frac{V_3}{V_4}\right)^{k-1} = \frac{1}{r^{k-1}} \quad (k \text{ constante}) \quad (9.7)$$

em que k é a razão entre calores específicos, $k = c_p/c_v$.

EFEITO DA TAXA DE COMPRESSÃO NO DESEMPENHO. Voltando ao diagrama T–s da Fig. 9.3, podemos concluir que a eficiência térmica do ciclo Otto aumenta de acordo com o aumento da taxa de compressão. Um aumento na taxa de compressão muda o ciclo de 1–2–3–4–1 para 1–2'–3'–4–1. Uma vez que a temperatura média de fornecimento de calor é maior no último ciclo e ambos os ciclos têm o mesmo processo de rejeição de calor, o ciclo 1–2'–3'–4–1 teria a maior eficiência térmica. O aumento da eficiência térmica com a taxa de compressão também é apresentado de maneira simples através do seguinte desenvolvimento em uma base de ar-padrão frio. Para c_v constante, a Eq. 9.3 fica

$$\eta = 1 - \frac{c_v(T_4 - T_1)}{c_v(T_3 - T_2)}$$

Rearrumando, temos

$$\eta = 1 - \frac{T_1}{T_2}\left(\frac{T_4/T_1 - 1}{T_3/T_2 - 1}\right)$$

Das Eqs. 9.6 e 9.7, $T_4/T_1 = T_3/T_2$, então

$$\eta = 1 - \frac{T_1}{T_2}$$

Finalmente, introduzindo a Eq. 9.6

$$\eta = 1 - \frac{1}{r^{k-1}} \quad \text{(base de ar-padrão frio)} \quad (9.8)$$

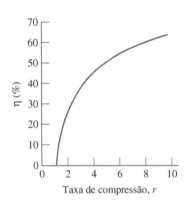

Fig. 9.4 Eficiência térmica do ciclo de ar-padrão frio Otto, $k = 1{,}4$.

A Eq. 9.8 indica que a eficiência térmica do ciclo de ar-padrão frio Otto é uma função da taxa de compressão e k. Essa relação é mostrada na Fig. 9.4 para $k = 1{,}4$, representando o ar ambiente.

A discussão anterior sugere que é vantajoso para os motores de combustão interna possuírem razões de compressão elevadas, e este é o caso. Porém, a possibilidade de autoignição, ou "detonação", estabelece um limite superior para a taxa de compressão de motores com ignição por centelha. Depois de a centelha incendiar uma parte da mistura ar-combustível o aumento da pressão que acompanha a combustão comprime o restante da carga. A autoignição pode ocorrer se a temperatura da mistura não queimada tornar-se muito alta antes de a mistura ser consumida pela frente de chama. Uma vez que a temperatura atingida pela mistura ar-combustível durante o curso de compressão aumenta conforme a taxa de compressão aumenta, a possibilidade de ocorrência de autoignição aumenta com a taxa de compressão. A autoignição pode resultar em ondas de alta pressão no cilindro (manifestada por um som de batida) que pode levar a perda de potência, bem como a danos no motor.

Em virtude das limitações de desempenho, como a autoignição, as taxas de compressão dos motores com ignição por centelha que usam gasolina *sem chumbo*, requeridas atualmente devido às preocupações acerca da poluição do ar, estão na faixa de 9,5 a 11,5, aproximadamente. Taxas de compressão mais elevadas podem ser obtidas em motores com ignição por compressão porque somente o ar é comprimido. Taxas de compressão na faixa de 12 a 20 são típicas. Os motores com ignição por compressão podem também usar combustíveis menos refinados que possuem maiores temperaturas de ignição do que os combustíveis voláteis requeridos pelos motores com ignição por centelha.

No exemplo a seguir, ilustramos a análise do ciclo de ar-padrão Otto. Os resultados são comparados com aqueles obtidos em uma base de ar-padrão frio.

▶ ▶ ▶ EXEMPLO 9.1 ▶

Análise do Ciclo Otto

A temperatura no início do processo de compressão de um ciclo de ar-padrão Otto com uma taxa de compressão de 8 é 540°R (26,8°C), a pressão é de 1 atm e o volume do cilindro é 0,02 ft³ (0,001 m³). A temperatura máxima durante o ciclo é 3600°R (1726,8°C). Determine **(a)** a temperatura e a pressão ao final de cada processo do ciclo, **(b)** a eficiência térmica e **(c)** a pressão média efetiva, em atm.

SOLUÇÃO

Dado: Um ciclo de ar-padrão Otto com um dado valor de taxa de compressão é realizado com condições especificadas no início do curso de compressão e com uma temperatura máxima especificada durante o ciclo.

Pede-se: Determine a temperatura e a pressão ao final de cada processo, a eficiência térmica e a pressão média efetiva, em atm.

Diagrama Esquemático e Dados Fornecidos:

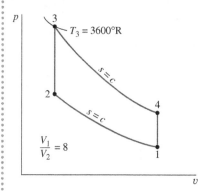
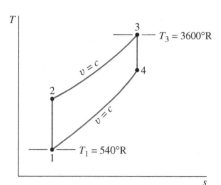

Fig. E9.1

Modelo de Engenharia:

1. O ar no conjunto cilindro-pistão é o sistema fechado.
2. Os processos de compressão e expansão são adiabáticos.
3. Todos os processos são internamente reversíveis.
4. O ar é modelado como um gás ideal.
5. Os efeitos das energias cinética e potencial são desprezados.

Análise:

(a) A análise começa pela determinação da temperatura, da pressão e da energia interna específica em cada estado principal do ciclo.
A $T_1 = 540°R$, a Tabela A-22E fornece $u_1 = 92,04$ Btu/lb e $v_{r1} = 144,32$.

Para o Processo 1–2 de compressão isentrópica

$$v_{r2} = \frac{V_2}{V_1}v_{r1} = \frac{v_{r1}}{r} = \frac{144,32}{8} = 18,04$$

Interpolando com v_{r2} na Tabela A-22E, obtemos $T_2 = 1212°R$ e $u_2 = 211,3$ Btu/lb. Com a equação de estado de gás ideal

$$p_2 = p_1\frac{T_2}{T_1}\frac{V_1}{V_2} = (1 \text{ atm})\left(\frac{1212°R}{540°R}\right)8 = 17,96 \text{ atm}$$

A pressão no estado 2 também pode ser calculada pela utilização da relação isentrópica $p_2 = p_1(p_{r2}/p_{r1})$.
Uma vez que o Processo 2–3 ocorre a volume constante, a equação de estado de gás ideal fornece

$$p_3 = p_2\frac{T_3}{T_2} = (17,96 \text{ atm})\left(\frac{3600°R}{1212°R}\right) = 53,3 \text{ atm}$$

A $T_3 = 3600°R$, a Tabela A-22E fornece $u_3 = 721,44$ Btu/lb e $v_{r3} = 0,6449$.
Para o Processo 3–4 de expansão isentrópica

$$v_{r4} = v_{r3}\frac{V_4}{V_3} = v_{r3}\frac{V_1}{V_2} = 0,6449(8) = 5,16$$

Interpolando na Tabela A-22E com v_{r4} obtemos $T_4 = 1878°R$ e $u_4 = 342,2$ Btu/lb. A pressão no estado 4 pode ser encontrada por meio da relação isentrópica $p_4 = p_3(p_{r4}/p_{r3})$ ou a equação de estado de gás ideal aplicada aos estados 1 e 4. Com $V_4 = V_1$, a equação de estado de gás ideal fornece

$$p_4 = p_1\frac{T_4}{T_1} = (1 \text{ atm})\left(\frac{1878°R}{540°R}\right) = 3,48 \text{ atm}$$

(b) A eficiência térmica é

$$\eta = 1 - \frac{Q_{41}/m}{Q_{23}/m} = 1 - \frac{u_4 - u_1}{u_3 - u_2}$$

$$= 1 - \frac{342,2 - 92,04}{721,44 - 211,3} = 0,51 \, (51\%)$$

(c) Para se calcular a pressão média efetiva, é necessário o trabalho líquido por ciclo. Ou seja

$$W_{ciclo} = m[(u_3 - u_4) - (u_2 - u_1)]$$

em que m é a massa de ar, calculada a partir da equação de estado de gás ideal como se segue:

$$m = \frac{p_1 V_1}{(\overline{R}/M)T_1}$$

$$= \frac{(14{,}696 \text{ lbf/in}^2)|144 \text{ in}^2/\text{ft}^2|(0{,}02 \text{ ft}^3)}{\left(\dfrac{1545}{28{,}97} \dfrac{\text{ft} \cdot \text{lbf}}{\text{lb} \cdot {}^\circ\text{R}}\right)(540{}^\circ\text{R})}$$

$$= 1{,}47 \times 10^{-3} \text{ lb}$$

Inserindo valores na expressão para W_{ciclo}

$$W_{ciclo} = (1{,}47 \times 10^{-3} \text{ lb})[(721{,}44 - 342{,}2) - (211{,}3 - 92{,}04)] \text{ Btu/lb}$$

$$= 0{,}382 \text{ Btu}$$

O volume de deslocamento é $V_1 - V_2$, de modo que a pressão média efetiva é dada por

$$\text{pme} = \frac{W_{ciclo}}{V_1 - V_2} = \frac{W_{ciclo}}{V_1(1 - V_2/V_1)}$$

❶
$$= \frac{0{,}382 \text{ Btu}}{(0{,}02 \text{ ft}^3)(1 - 1/8)} \left|\frac{778 \text{ ft} \cdot \text{lbf}}{1 \text{ Btu}}\right| \left|\frac{1 \text{ ft}^2}{144 \text{ in}^2}\right|$$

$$= 118 \text{ lbf/in}^2 = 8{,}03 \text{ atm}$$

❶ Esta solução utiliza a Tabela A-22E para o ar, a qual considera explicitamente a variação dos calores específicos com a temperatura. Uma solução também pode ser desenvolvida em uma base de ar-padrão frio, na qual são considerados calores específicos constantes. Esta solução é deixada como exercício, mas os resultados são apresentados para o caso $k = 1{,}4$ na tabela a seguir para comparação:

Parâmetro	Análise de Ar-Padrão	Análise de Ar-Padrão Frio $k = 1{,}4$
T_2	1212°R (400,2°C)	1241°R (416,3°C)
T_3	3600°R (1726,8°C)	3600°R (1726,8°C)
T_4	1878°R (770,2°C)	1567°R (597,4°C)
η	0,51 (51%)	0,565 (56,5%)
pme	8,03 atm	7,05 atm

✓ **Habilidades Desenvolvidas**

Habilidades para...
- desenhar os diagramas p–v e T–s do ciclo Otto.
- avaliar as temperaturas e as pressões em cada estado principal e obter os dados das propriedades necessárias.
- calcular a eficiência térmica e a pressão média efetiva.

Teste-Relâmpago Determine a adição e a rejeição de calor para o ciclo, ambos em Btu. **Resposta:** $Q_{23} = 0{,}750$ Btu, $Q_{41} = 0{,}368$ Btu.

9.3 Ciclo de Ar-Padrão Diesel

ciclo Diesel

O ciclo de ar-padrão Diesel é um ciclo ideal que considera que a adição de calor ocorre durante um processo a pressão constante, que se inicia com o pistão no ponto morto superior. O ciclo Diesel é mostrado nos diagramas p–v e T–s na Fig. 9.5. O ciclo consiste em quatro processos internamente reversíveis em série. O primeiro processo, do estado 1 ao estado 2, é o mesmo que no ciclo Otto: uma compressão isentrópica. Porém, o calor não é transferido para o fluido de trabalho a volume constante como no ciclo Otto. No ciclo Diesel, o calor é transferido para o fluido de trabalho a *pressão constante*. O Processo 2–3 também constitui a primeira parte do curso de potência. A expansão isentrópica do estado 3 para o estado 4 é o restante do curso de potência. Como no ciclo Otto, o ciclo é completado pelo Processo 4–1 a volume constante, no qual o calor é rejeitado pelo ar enquanto o pistão está no ponto morto inferior. Este processo substitui os processos de admissão e descarga do motor real.

Uma vez que o ciclo de ar-padrão Diesel é composto de processos internamente reversíveis, as áreas nos diagramas T–s e p–v da Fig. 9.5 podem ser interpretadas como calor e trabalho, respectivamente. No diagrama T–s, a área 2–3–a–b–2 representa o calor fornecido por unidade de massa e a área 1–4–a–b–1 é o calor rejeitado por unidade de massa. No diagrama p–v,

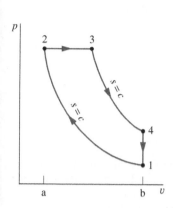
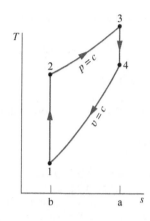

Fig. 9.5 Diagramas p–v e T–s do ciclo de ar-padrão Diesel.

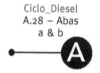

a área 1–2–a–b–1 é o trabalho fornecido por unidade de massa durante o processo de compressão. A área 2–3–4–b–a–2 é o trabalho executado por unidade de massa conforme o pistão se move do ponto morto superior para o ponto morto inferior. A área de cada figura é o trabalho líquido obtido, que é igual ao calor líquido absorvido.

ANÁLISE DO CICLO. No ciclo Diesel a adição de calor ocorre a pressão constante. Consequentemente, o Processo 2–3 envolve tanto trabalho quanto calor. O trabalho é dado por

$$\frac{W_{23}}{m} = \int_2^3 p\, dv = p_2(v_3 - v_2) \qquad (9.9)$$

O calor adicionado no Processo 2–3 pode ser encontrado se aplicarmos o balanço de energia para sistema fechado

$$m(u_3 - u_2) = Q_{23} - W_{23}$$

Introduzindo a Eq. 9.9 e resolvendo para a transferência de calor, temos

$$\frac{Q_{23}}{m} = (u_3 - u_2) + p(v_3 - v_2) = (u_3 + pv_3) - (u_2 + pv_2)$$
$$= h_3 - h_2 \qquad (9.10)$$

em que a entalpia específica é introduzida para simplificar a expressão. Como no ciclo Otto, o calor rejeitado no Processo 4–1 é dado por

$$\frac{Q_{41}}{m} = u_4 - u_1$$

A eficiência térmica é a razão entre o trabalho líquido do ciclo e o calor adicionado

$$\eta = \frac{W_{ciclo}/m}{Q_{23}/m} = 1 - \frac{Q_{41}/m}{Q_{23}/m} = 1 - \frac{u_4 - u_1}{h_3 - h_2} \qquad (9.11)$$

Da mesma forma que para o ciclo Otto, a eficiência térmica do ciclo Diesel aumenta com a taxa de compressão.

Para calcular a eficiência térmica a partir da Eq. 9.11 são necessários valores para u_1, u_4, h_2 e h_3 ou, de modo equivalente, as temperaturas nos principais estados do ciclo. Vamos considerar a seguir como essas temperaturas são calculadas. Para uma dada temperatura inicial T_1 e taxa de compressão r, a temperatura no estado 2 pode ser encontrada por meio da seguinte relação isentrópica e dados para v_r:

$$v_{r2} = \frac{V_2}{V_1} v_{r1} = \frac{1}{r} v_{r1}$$

Para encontrar T_3, observe que a equação de estado de gás ideal simplifica-se com $p_3 = p_2$, fornecendo

$$T_3 = \frac{V_3}{V_2} T_2 = r_c T_2$$

em que $r_c = V_3/V_2$, chamada de razão de corte, foi introduzida.

Já que $V_4 = V_1$, a razão volumétrica para o processo isentrópico 3–4 pode ser expressa como

$$\frac{V_4}{V_3} = \frac{V_4}{V_2}\frac{V_2}{V_3} = \frac{V_1}{V_2}\frac{V_2}{V_3} = \frac{r}{r_c} \qquad (9.12)$$

em que a taxa de compressão r e a razão de corte r_c foram introduzidas para se obter uma forma concisa.

Utilizando-se a Eq. 9.12 juntamente com v_{r3} a T_3, pode-se determinar a temperatura T_4 por interpolação, uma vez que v_{r4} seja determinado a partir da relação isentrópica

$$v_{r4} = \frac{V_4}{V_3} v_{r3} = \frac{r}{r_c} v_{r3}$$

Em uma *análise do ar-padrão frio*, a expressão apropriada para o cálculo de T_2 é fornecida por

$$\frac{T_2}{T_1} = \left(\frac{V_1}{V_2}\right)^{k-1} = r^{k-1} \quad (k \text{ constante})$$

A temperatura T_4 é encontrada de modo semelhante a partir de

$$\frac{T_4}{T_3} = \left(\frac{V_3}{V_4}\right)^{k-1} = \left(\frac{r_c}{r}\right)^{k-1} \quad (k \text{ constante})$$

em que a Eq. 9.12 foi utilizada para substituir a razão volumétrica.

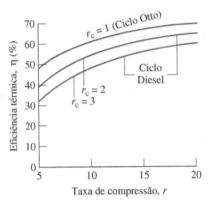

Fig. 9.6 Eficiência térmica do ciclo de ar-padrão frio Diesel, $k = 1,4$.

EFEITO DA TAXA DE COMPRESSÃO NO DESEMPENHO. Assim como no ciclo Otto, a eficiência térmica do ciclo Diesel aumenta com o aumento da taxa de compressão. Isto pode ser apresentado de maneira simples através de uma análise do ar-padrão *frio*. Em uma base de ar-padrão frio, a eficiência térmica do ciclo Diesel pode ser expressa como

$$\eta = 1 - \frac{1}{r^{k-1}}\left[\frac{r_c^k - 1}{k(r_c - 1)}\right] \quad \text{(base de ar-padrão frio)} \quad (9.13)$$

em que r é a taxa de compressão e r_c é a razão de corte. A dedução é deixada como exercício. Esta relação é mostrada na Fig. 9.6 para $k = 1,4$. A Eq. 9.13 para o ciclo Diesel difere da Eq. 9.8 para o ciclo Otto somente pelo termo entre parênteses, o qual para $r_c > 1$ é maior que a unidade. Assim, quando a taxa de compressão é a mesma, a eficiência térmica do ciclo de ar-padrão frio Diesel é menor do que aquela para o ciclo de ar-padrão frio Otto.

No exemplo a seguir, ilustramos a análise do ciclo de ar-padrão Diesel.

► ► ► EXEMPLO 9.2 ►

Análise do Ciclo Diesel

No início do processo de compressão de um ciclo de ar-padrão Diesel que opere com uma taxa de compressão de 18, a temperatura é 300 K e a pressão é 0,1 MPa. A razão de corte para o ciclo é 2. Determine **(a)** a temperatura e a pressão ao final de cada processo do ciclo, **(b)** a eficiência térmica e **(c)** a pressão média efetiva, em MPa.

SOLUÇÃO

Dado: Um ciclo de ar-padrão Diesel é executado com condições especificadas no início do curso de compressão. A taxa de compressão e a razão de corte são fornecidas.

Pede-se: Determine a temperatura e a pressão ao final de cada processo, a eficiência térmica e a pressão média efetiva.

Diagrama Esquemático e Dados Fornecidos:

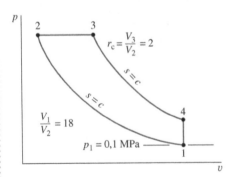
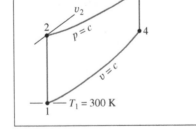

Modelo de Engenharia:

1. O ar no conjunto cilindro-pistão é o sistema fechado.
2. Os processos de compressão e expansão são adiabáticos.
3. Todos os processos são internamente reversíveis.
4. O ar é modelado como um gás ideal.
5. Os efeitos das energias cinética e potencial são desprezados.

Fig. E9.2

Análise:

(a) A análise começa pela determinação das propriedades em cada estado principal do ciclo. Com $T_1 = 300$ K, a Tabela A-22 fornece $u_1 = 214,07$ kJ/kg e $v_{r1} = 621,2$. Para o Processo 1–2 de compressão isentrópica

$$v_{r2} = \frac{V_2}{V_1}v_{r1} = \frac{v_{r1}}{r} = \frac{621,2}{18} = 34,51$$

Interpolando na Tabela A-22, temos $T_2 = 898,3$ K e $h_2 = 930,98$ kJ/kg. Com a equação de estado de gás ideal

$$p_2 = p_1 \frac{T_2}{T_1} \frac{V_1}{V_2} = (0,1)\left(\frac{898,3}{300}\right)(18) = 5,39 \text{ MPa}$$

A pressão no estado 2 também pode ser calculada por meio da utilização da relação isentrópica $p_2 = p_1(p_{r2}/p_{r1})$.
Uma vez que o Processo 2–3 ocorre a pressão constante, a equação de estado de gás ideal fornece

$$T_3 = \frac{V_3}{V_2} T_2$$

Introduzindo a razão de corte, $r_c = V_3/V_2$

$$T_3 = r_c T_2 = 2(898,3) = 1796,6 \text{ K}$$

A partir da Tabela A-22, $h_3 = 1999,1$ kJ/kg e $v_{r3} = 3,97$.
Para o processo de expansão isentrópica 3–4

$$v_{r4} = \frac{V_4}{V_3} v_{r3} = \frac{V_4}{V_2} \frac{V_2}{V_3} v_{r3}$$

Introduzindo $V_4 = V_1$, a taxa de compressão r e a razão de corte r_c, temos

$$v_{r4} = \frac{r}{r_c} v_{r3} = \frac{18}{2}(3,97) = 35,73$$

Interpolando na Tabela A-22 com v_{r4}, temos $u_4 = 664,3$ kJ/kg e $T_4 = 887,7$ K. A pressão no estado 4 pode ser encontrada por meio da relação isentrópica $p_4 = p_3(p_{r4}/p_{r3})$ ou da equação de estado de gás ideal aplicada nos estados 1 e 4. Com $V_4 = V_1$, a equação de estado de gás ideal fornece

$$p_4 = p_1 \frac{T_4}{T_1} = (0,1 \text{ MPa})\left(\frac{887,7 \text{ K}}{300 \text{ K}}\right) = 0,3 \text{ MPa}$$

(b) A eficiência térmica é encontrada por meio de

$$\eta = 1 - \frac{Q_{41}/m}{Q_{23}/m} = 1 - \frac{u_4 - u_1}{h_3 - h_2}$$

❶
$$= 1 - \frac{664,3 - 214,07}{1999,1 - 930,98} = 0,578 \ (57,8\%)$$

(c) A pressão média efetiva escrita em termos de volumes específicos é

$$\text{pme} = \frac{W_{\text{ciclo}}/m}{v_1 - v_2} = \frac{W_{\text{ciclo}}/m}{v_1(1 - 1/r)}$$

O trabalho líquido do ciclo iguala-se ao calor líquido adicionado

$$\frac{W_{\text{ciclo}}}{m} = \frac{Q_{23}}{m} - \frac{Q_{41}}{m} = (h_3 - h_2) - (u_4 - u_1)$$
$$= (1999,1 - 930,98) - (664,3 - 214,07)$$
$$= 617,9 \text{ kJ/kg}$$

O volume específico no estado 1 é

$$v_1 = \frac{(\overline{R}/M)T_1}{p_1} = \frac{\left(\frac{8314}{28,97} \frac{\text{N} \cdot \text{m}}{\text{kg} \cdot \text{K}}\right)(300 \text{ K})}{10^5 \text{ N/m}^2} = 0,861 \text{ m}^3/\text{kg}$$

Inserindo valores, temos

$$\text{pme} = \frac{617,9 \text{ kJ/kg}}{0,861(1 - 1/18) \text{ m}^3/\text{kg}} \left|\frac{10^3 \text{ N} \cdot \text{m}}{1 \text{ kJ}}\right| \left|\frac{1 \text{ MPa}}{10^6 \text{ N/m}^2}\right|$$
$$= 0,76 \text{ MPa}$$

> ✓ **Habilidades Desenvolvidas**
>
> Habilidades para...
> ☐ desenhar os diagramas p–v e T–s do ciclo Diesel.
> ☐ avaliar as temperaturas e as pressões em cada estado principal e obter os dados das propriedades necessárias.
> ☐ calcular a eficiência térmica e a pressão média efetiva.

> ❶ Esta solução utiliza as tabelas para o ar, as quais consideram explicitamente a variação dos calores específicos com a temperatura. Observe que a Eq. 9.13, baseada na hipótese de calores específicos *constantes*, não foi utilizada para a determinação da eficiência térmica. A solução de ar-padrão frio para este exemplo é deixada como exercício.
>
> **Teste-Relâmpago** Se a massa do ar é 0,0123 kg, qual é o *volume de deslocamento* em litros?
> **Resposta:** 10 litros.

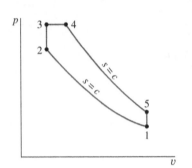
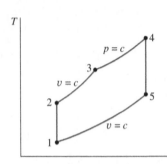

Fig. 9.7 Diagramas p–v e T–s do ciclo de ar-padrão dual.

9.4 Ciclo de Ar-Padrão Dual

ciclo dual

Os diagramas de pressão-volume de motores de combustão interna reais não são bem descritos pelos ciclos Otto e Diesel. Um ciclo de ar-padrão que pode ser elaborado para melhor aproximar as variações de pressão é o *ciclo de ar-padrão dual*. O ciclo dual é mostrado na Fig. 9.7. Como nos ciclos Otto e Diesel, o Processo 1–2 é uma compressão isentrópica. Porém, a adição de calor ocorre em dois passos: o Processo 2–3 é uma adição de calor a volume constante; o Processo 3–4 é uma adição de calor a pressão constante. O Processo 3–4 também constitui a primeira parte do curso de potência. A expansão isentrópica do estado 4 ao estado 5 é o restante do ciclo de potência. Como nos ciclos Otto e Diesel, o ciclo é completado por um processo de rejeição de calor a volume constante, o Processo 5–1. As áreas nos diagramas T–s e p–v podem ser interpretadas como calor e trabalho, respectivamente, como no caso dos ciclos Otto e Diesel.

Análise do Ciclo

Já que o ciclo dual é composto pelos mesmos tipos de processos que os ciclos Otto e Diesel, podemos simplesmente escrever as expressões apropriadas para trabalho e transferência de calor com base nos desenvolvimentos anteriores. Assim, durante o Processo 1–2 de compressão isentrópica não há transferência de calor e o trabalho é

$$\frac{W_{12}}{m} = u_2 - u_1$$

Assim como para o processo correspondente no ciclo Otto, na parte a volume constante do processo de adição de calor, Processo 2–3, não há trabalho e a transferência de calor é

$$\frac{Q_{23}}{m} = u_3 - u_2$$

Na parte de pressão constante do processo de adição de calor, Processo 3–4, existe trabalho e transferência de calor, como no processo correspondente no ciclo Diesel

$$\frac{W_{34}}{m} = p(v_4 - v_3) \quad \text{e} \quad \frac{Q_{34}}{m} = h_4 - h_3$$

Durante o Processo 4–5 de expansão isentrópica não há transferência de calor e o trabalho é

$$\frac{W_{45}}{m} = u_4 - u_5$$

Finalmente, o Processo 5–1 de rejeição de calor a volume constante que completa o ciclo envolve transferência de calor mas não trabalho

$$\frac{Q_{51}}{m} = u_5 - u_1$$

A eficiência térmica é a razão entre o trabalho líquido do ciclo e o *total* do calor adicionado

$$\eta = \frac{W_{ciclo}/m}{(Q_{23}/m + Q_{34}/m)} = 1 - \frac{Q_{51}/m}{(Q_{23}/m + Q_{34}/m)}$$

$$= 1 - \frac{(u_5 - u_1)}{(u_3 - u_2) + (h_4 - h_3)} \qquad (9.14)$$

O exemplo a seguir fornece uma ilustração da análise de um ciclo de ar-padrão dual. A análise exibe muitas das características encontradas nos exemplos dos ciclos Otto e Diesel considerados previamente.

► EXEMPLO 9.3 ►

Análise do Ciclo Diesel

No início do processo de compressão de um ciclo de ar-padrão dual com uma taxa de compressão de 18, a temperatura é 300 K e a pressão é 0,1 MPa. A relação de pressão para o trecho a volume constante do processo de aquecimento é 1,5:1. A razão volumétrica para o trecho a pressão constante do processo de aquecimento é 1,2:1. Determine (a) a eficiência térmica e (b) a pressão média efetiva em MPa.

SOLUÇÃO

Dado: Um ciclo de ar-padrão dual é executado em um conjunto cilindro-pistão. As condições são conhecidas no início do processo de compressão e as razões volumétrica e de pressão necessárias são especificadas.

Pede-se: Determine a eficiência térmica e a pme, em MPa.

Diagrama Esquemático e Dados Fornecidos:

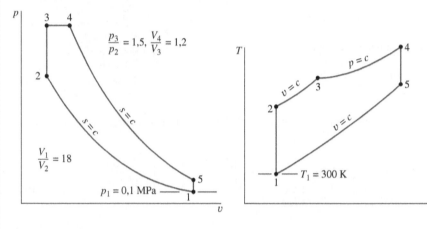

Fig. E9.3

Modelo de Engenharia:

1. O ar no conjunto cilindro-pistão é o sistema fechado.
2. Os processos de compressão e expansão são adiabáticos.
3. Todos os processos são internamente reversíveis.
4. O ar é modelado como um gás ideal.
5. Os efeitos das energias cinética e potencial são desprezados.

Análise: A análise começa pela determinação das propriedades em cada estado principal do ciclo. Os estados 1 e 2 são os mesmos do Exemplo 9.2, logo $u_1 = 214{,}07$ kJ/kg, $T_2 = 898{,}3$ K e $u_2 = 673{,}2$ kJ/kg. Já que o Processo 2–3 ocorre a volume constante, a equação de estado de gás ideal é simplificada, fornecendo

$$T_3 = \frac{p_3}{p_2} T_2 = (1{,}5)(898{,}3) = 1347{,}5 \text{ K}$$

Interpolando na Tabela A-22, obtemos $h_3 = 1452{,}6$ kJ/kg e $u_3 = 1065{,}8$ kJ/kg.
  Uma vez que o Processo 3–4 ocorre a pressão constante, a equação de estado de gás ideal é simplificada e fornece

$$T_4 = \frac{V_4}{V_3} T_3 = (1{,}2)(1347{,}5) = 1617 \text{ K}$$

A partir da Tabela A-22, $h_4 = 1778{,}3$ kJ/kg e $v_{r4} = 5{,}609$.
  O Processo 4–5 é uma expansão isentrópica, logo

$$v_{r5} = v_{r4} \frac{V_5}{V_4}$$

A razão volumétrica V_5/V_4, requerida por esta equação, pode ser expressa por

$$\frac{V_5}{V_4} = \frac{V_5}{V_3}\frac{V_3}{V_4}$$

Com $V_5 = V_1$, $V_2 = V_3$ e as razões volumétricas fornecidas, temos

$$\frac{V_5}{V_4} = \frac{V_1}{V_2}\frac{V_3}{V_4} = 18\left(\frac{1}{1,2}\right) = 15$$

Inserindo este resultado na expressão anterior para v_{r5}, obtemos

$$v_{r5} = (5,609)(15) = 84,135$$

Interpolando na Tabela A-22, obtemos $u_5 = 475,96$ kJ/kg.

(a) A eficiência térmica é

$$\eta = 1 - \frac{Q_{51}/m}{(Q_{23}/m + Q_{34}/m)} = 1 - \frac{(u_5 - u_1)}{(u_3 - u_2) + (h_4 - h_3)}$$

$$= 1 - \frac{(475,96 - 214,07)}{(1065,8 - 673,2) + (1778,3 - 1452,6)}$$

$$= 0,635 (63,5\%)$$

(b) A pressão média efetiva é

$$\text{pme} = \frac{W_{ciclo}/m}{v_1 - v_2} = \frac{W_{ciclo}/m}{v_1(1 - 1/r)}$$

O trabalho líquido do ciclo iguala-se ao calor líquido adicionado, logo

$$\text{pme} = \frac{(u_3 - u_2) + (h_4 - h_3) - (u_5 - u_1)}{v_1(1 - 1/r)}$$

> **✓ Habilidades Desenvolvidas**
>
> Habilidades para...
> ❏ desenhar os diagramas p–v e T–s do ciclo Dual.
> ❏ avaliar as temperaturas e as pressões em cada estado principal e obter os dados das propriedades necessárias.
> ❏ calcular a eficiência térmica e a pressão média efetiva.

O volume específico no estado 1 é calculado no Exemplo 9.2 como $v_1 = 0,861$ m³/kg. Substituindo valores na expressão anterior para a pme, temos

$$\text{pme} = \frac{[(1065,8 - 673,2) + (1778,3 - 1452,6) - (475,96 - 214,07)]\left(\frac{\text{kJ}}{\text{kg}}\right)\left|\frac{10^3\,\text{N}\cdot\text{m}}{1\,\text{kJ}}\right|\left|\frac{1\,\text{MPa}}{10^6\,\text{N/m}^2}\right|}{0,861(1 - 1/18)\,\text{m}^3/\text{kg}} = 0,56\,\text{MPa}$$

> **Teste-Relâmpago** Avalie a adição total de calor e o trabalho líquido do ciclo, ambos em kJ por kg de ar.
> **Resposta:** $Q_{entra}/m = 718$ kJ/kg, $W_{ciclo}/m = 456$ kJ/kg.

HORIZONTES

Mais Veículos Movidos a Diesel Estão a Caminho?

Provavelmente, nos próximos anos, os veículos movidos a diesel serão mais comuns nos Estados Unidos. Os motores a diesel são mais poderosos e cerca de um terço mais econômicos com relação a combustível do que os motores a gasolina de tamanho semelhante que atualmente dominam o mercado nos EUA. O combustível diesel com teor de enxofre ultrabaixo, comumente disponível hoje nas bombas de combustível dos EUA, e a melhoria no tratamento dos gases de escape tornam possível que os motores a diesel atendam aos mesmos padrões de emissões que os veículos a gasolina.

O biodiesel também pode ser usado como combustível. O biodiesel é produzido internamente a partir de fontes renováveis, não petrolíferas, incluindo óleos vegetais (de soja, colza, sementes de girassol e sementes de pinhão manso), gorduras animais e algas. O óleo vegetal desperdiçado em fritadeiras industriais, lanchonetes e restaurante pode ser convertido em biodiesel. É considerado seguro usar o diesel B5, feito de petróleo misturado com 5% de biodiesel, em carros com motor a diesel. Segundo as montadoras, outras misturas podem danificar o motor ou anulam a garantia de fábrica. E, apesar dos benefícios dos biocombustíveis, o fato de sua produção demandar milho e outras plantações que poderiam alimentar milhões de pessoas, além de às vezes utilizar métodos que levam à degradação ambiental – como desmatamento –, coloca senões a seu uso em ampla escala para transporte.

Por fim, embora tenha muitos pontos favoráveis, é ainda incerta a proporção de carros a diesel que veremos nas estradas dos Estados Unidos, uma vez que enfrentam dura competição de automóveis com motores modernos a gasolina e veículos híbridos ou totalmente elétricos.

Considerando as Instalações de Potência com Turbinas a Gás

Esta parte do capítulo trata de instalações de potência com turbinas a gás. As turbinas a gás tendem a ser mais leves e mais compactas que as instalações de potência a vapor estudadas no Cap. 8. A relação favorável entre potência de saída e peso nas turbinas a gás torna essas turbinas adequadas para aplicações em transportes (propulsão de aeronaves, instalações de potência marítimas e assim por diante). Nas últimas décadas, as turbinas a gás também têm contribuído com uma parcela crescente da quota de energia elétrica dos EUA, e agora fornecem cerca de 22% do total (veja a Tabela 8.1).

Atualmente, as turbinas a gás produtoras de energia elétrica são quase exclusivamente movidas a gás natural. No entanto, dependendo da aplicação, outros combustíveis podem ser usados pelas turbinas a gás, incluindo óleo combustível destilado, propano, gases produzidos a partir de aterros, de estações de tratamento de esgoto e de resíduos animais, e o *syngas* (gás de síntese) obtido por gaseificação do carvão (veja a Seção 9.10).

9.5 Modelando Instalações de Potência com Turbinas a Gás

As instalações de potência com turbinas a gás podem operar tanto de modo aberto como fechado. O modo *aberto* retratado na Fig. 9.8a é mais comum. Trata-se de um motor no qual o ar atmosférico é continuamente arrastado para um compressor, onde é comprimido até uma pressão mais elevada. O ar então entra em uma câmara de combustão, ou combustor, onde é misturado com combustível, e a combustão ocorre, resultando em produtos de combustão a uma temperatura elevada. Os produtos da combustão se expandem através da turbina e são, em seguida, descarregados nas vizinhanças. Parte do trabalho produzido é usada para acionar o compressor; o restante fica disponível para gerar eletricidade, para impulsionar um veículo ou para outros propósitos.

No modo *fechado* na Fig. 9.8b, o fluido de trabalho recebe um aporte de energia por transferência de calor de uma fonte externa, como um reator nuclear resfriado a gás. O gás que deixa a turbina passa por um trocador de calor, onde é resfriado antes de entrar novamente no compressor.

Uma idealização frequentemente utilizada no estudo de instalações de potência com turbinas a gás é a de uma análise de ar-padrão. Na análise de ar-padrão sempre são formuladas duas hipóteses:

análise de ar-padrão: turbinas a gás

▶ O fluido de trabalho é o ar, o qual se comporta como um gás ideal.
▶ O aumento de temperatura que resultaria da combustão é realizado através de uma transferência de calor de uma fonte externa.

Com uma análise de ar-padrão evitamos tratar a complexidade do processo de combustão e a mudança de composição durante a combustão. Consequentemente, uma análise de ar-padrão simplifica consideravelmente o estudo de instalações de potência de turbinas a gás, porém, os valores numéricos calculados dessa forma podem fornecer apenas indicações qualitativas do desempenho da instalação de potência. Ainda assim, poderemos aprender alguns aspectos importantes da operação de uma turbina a gás usando uma análise de ar-padrão; veja a Seção 9.6 com uma discussão adicional apoiada pelos exemplos resolvidos.

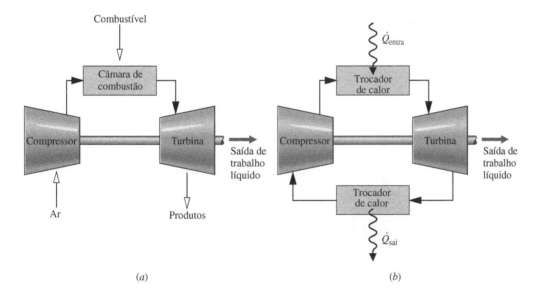

Fig. 9.8 Turbina a gás simples. (*a*) Aberta para a atmosfera. (*b*) Fechada.

ENERGIA & MEIO AMBIENTE

O gás natural é amplamente utilizado para geração de energia por turbinas a gás, aquecimento industrial e doméstico e processamento químico. A versatilidade do gás natural é acompanhada por sua relativa abundância na América do Norte, incluindo o gás natural extraído a partir de águas profundas do oceano e depósitos de xisto. A distribuição de gás natural em todo o país e vindo do Canadá ocorreu por décadas por meio de gasodutos. A importação por navio de países como Trinidad, Argélia e Noruega é algo mais recente.

A única maneira prática de importar suprimentos de gás natural do exterior consiste em fazer com que este passe para o estado líquido. O gás natural liquefeito (GNL) é armazenado em tanques a bordo de navios a cerca de −163°C (−260°F). Para reduzir a transferência de calor de fontes externas para a carga de GNL, os tanques são isolados e os navios têm casco duplo com amplo espaço entre eles. Ainda assim, uma fração da carga evapora durante longas viagens. O gás evaporado (*boil-off*) é comumente usado para abastecer o sistema de propulsão do navio e atender outras necessidades de energia a bordo. Quando os navios chegam aos seus destinos, o GNL é convertido em gás por aquecimento. O gás é então enviado através de dutos a tanques de armazenagem em terra para distribuição aos consumidores.

A entrega de GNL por meio de navios tem algumas desvantagens. Devido aos efeitos cumulativos durante a cadeia de fornecimento de GNL, exergia considerável é destruída e perdida na liquefação do gás no início da cadeia, no transporte de GNL por navio, e na regaseificação quando a porta é alcançada. Quando água do mar relativamente quente é usada para regaseificação de GNL, os ambientalistas se preocupam com os efeitos disso sobre a vida aquática nas proximidades. Muitos observadores se preocupam também com a segurança, especialmente quando grandes quantidades de gás são armazenadas em portos nas principais áreas urbanas. Alguns dizem que seria melhor usar o fornecimento interno de forma mais eficiente do que correr tais riscos.

9.6 Ciclo de Ar-Padrão Brayton

Um diagrama esquemático de uma turbina a gás de ar-padrão é mostrado na Fig. 9.9. Os sentidos das principais transferências de energia são indicados na figura por setas. De acordo com as hipóteses de uma análise de ar-padrão, o aumento de temperatura que seria obtido no processo de combustão é realizado através de uma transferência de calor de uma fonte externa para o fluido de trabalho e este é considerado ar comportando-se como um gás ideal. Com as idealizações do ar-padrão, o ar entraria no compressor no estado 1 a partir das vizinhanças e mais tarde retornaria para as vizinhanças no estado 4 com uma temperatura maior do que a temperatura ambiente. Após interagir com as vizinhanças, cada unidade de massa do ar descarregado finalmente retornaria ao mesmo estado do ar que entra no compressor, de forma que podemos pensar no ar que passa através dos componentes da turbina a gás como se ocorresse um ciclo termodinâmico. Uma representação simplificada dos estados percorridos pelo ar, em um ciclo como este, pode ser imaginada considerando-se o ar de saída da turbina como retornando ao estado na entrada do compressor por intermédio de sua passagem através de um trocador de calor, onde ocorre rejeição de calor para as vizinhanças. O ciclo resultante desta idealização complementar é chamado de ciclo de ar-padrão Brayton.

ciclo Brayton

9.6.1 Calculando as Transferências de Calor e Trabalho Principais

As seguintes expressões para as transferências de energia em forma de calor e trabalho que ocorrem em regime permanente são imediatamente deduzidas por simplificação dos balanços das taxas de energia e de massa do volume de controle. Essas transferências de energia são positivas nos sentidos das setas na Fig. 9.9. Supondo-se que a turbina opera adiabaticamente e com efeitos desprezíveis das energias cinética e potencial, o trabalho produzido por unidade de massa em escoamento é

$$\frac{\dot{W}_t}{\dot{m}} = h_3 - h_4 \qquad (9.15)$$

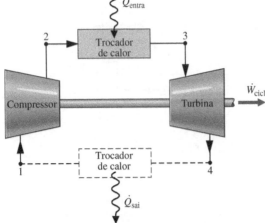

Fig. 9.9 Ciclo de ar-padrão de turbina a gás.

em que $\dot{m}$ designa a vazão em massa. Com as mesmas hipóteses, o trabalho do compressor por unidade de massa em escoamento é

$$\frac{\dot{W}_c}{\dot{m}} = h_2 - h_1 \tag{9.16}$$

O símbolo $\dot{W}_c$ denota trabalho *fornecido* e assume um valor positivo. O calor adicionado ao ciclo por unidade de massa é

$$\frac{\dot{Q}_{entra}}{\dot{m}} = h_3 - h_2 \tag{9.17}$$

O calor rejeitado por unidade de massa é

$$\frac{\dot{Q}_{sai}}{\dot{m}} = h_4 - h_1 \tag{9.18}$$

em que $\dot{Q}_{sai}$ é um valor positivo.

A eficiência térmica do ciclo na Fig. 9.9 é

$$\eta = \frac{\dot{W}_t/\dot{m} - \dot{W}_c/\dot{m}}{\dot{Q}_{entra}/\dot{m}} = \frac{(h_3 - h_4) - (h_2 - h_1)}{h_3 - h_2} \tag{9.19}$$

A razão do trabalho reverso para o ciclo é

razão do trabalho reverso

$$\text{bwr} = \frac{\dot{W}_c/\dot{m}}{\dot{W}_t/\dot{m}} = \frac{h_2 - h_1}{h_3 - h_4} \tag{9.20}$$

Para o mesmo aumento de pressão, um compressor de uma turbina a gás necessitaria de um fornecimento muito maior de trabalho por unidade de massa escoando do que a bomba de uma instalação de potência a vapor, porque o volume específico médio do gás que escoa pelo compressor seria muitas vezes maior que o do líquido que passa pela bomba (veja a discussão da Eq. 6.51b na Seção 6.13). Assim, uma parte relativamente grande do trabalho produzido pela turbina é requerida para acionar o compressor. Razões de trabalho reverso típicas para turbinas a gás variam de 40% a 80%. Em comparação, as razões de trabalho reverso para instalações de potência a vapor são normalmente 1% ou 2% apenas.

Se as temperaturas nos estados representados pelos números no ciclo forem conhecidas, as entalpias específicas requeridas pelas equações anteriores são imediatamente obtidas da tabela dos gases ideais para o ar, Tabela A-22 ou Tabela A-22E. Alternativamente, com o sacrifício de alguma precisão, a variação dos calores específicos com a temperatura pode ser ignorada e pode-se tomar os calores específicos como constantes. A análise de ar-padrão é então chamada *análise de ar-padrão frio*. Conforme ilustra a discussão anterior sobre motores de combustão interna, a principal vantagem da hipótese de calores específicos constantes é que expressões simples para quantidades, como eficiência térmica, podem ser deduzidas e podem ser usadas para se inferirem indicações qualitativas do desempenho do ciclo sem o envolvimento de dados tabelados.

Como as Eqs. 9.15 a 9.20 foram desenvolvidas a partir de balanços das taxas de massa e de energia, elas se aplicam igualmente quando irreversibilidades estão presentes e na ausência de irreversibilidades. Embora irreversibilidades e perdas associadas aos vários componentes da instalação de potência tenham um efeito pronunciado sobre o desempenho global, é instrutivo considerar um ciclo ideal no qual elas supostamente estão ausentes, já que um tal ciclo estabelece um limite superior para o desempenho do ciclo de ar-padrão Brayton. Este aspecto é considerado a seguir.

9.6.2 Ciclo de Ar-Padrão Ideal Brayton

Ignorando as irreversibilidades associadas à circulação do ar pelos vários componentes do ciclo Brayton, não há perda de carga por atrito e o ar escoa a pressão constante pelos trocadores de calor. Se perdas por transferência de calor para o ambiente também forem ignoradas, os processos através da turbina e do compressor são isentrópicos. O ciclo ideal mostrado nos diagramas p–v e T–s na Fig. 9.10 é coerente com estas idealizações.

As áreas nos diagramas T–s e p–v da Fig. 9.10 podem ser interpretadas como calor e trabalho, respectivamente, por unidade de massa que escoa. No diagrama T–s, a área 2–3–a–b–2 representa o calor adicionado por unidade de massa, e a área 1–4–a–b–1 é o calor rejeitado por unidade de massa. No diagrama p–v a área 1–2–a–b–1 representa o trabalho fornecido ao compressor por unidade de massa, e a área 3–4–b–a–3 é o trabalho produzido pela turbina por unidade de massa. A área de cada figura pode ser interpretada como o trabalho líquido produzido ou, de modo equivalente, o calor líquido absorvido.

Quando os dados das tabelas de ar são usados para conduzir uma análise que envolva o ciclo Brayton ideal, as seguintes relações, baseadas na Eq. 6.41, aplicam-se aos processos isentrópicos 1–2 e 3–4:

TOME NOTA...
Para escoamentos internamente reversíveis ao longo de volumes de controle em regime permanente, veja a Seção 6.13 para interpretações da área do trabalho e da transferência de calor sobre os diagramas p–v e T–s, respectivamente.

$$p_{r2} = p_{r1}\frac{p_2}{p_1} \tag{9.21}$$

$$p_{r4} = p_{r3}\frac{p_4}{p_3} = p_{r3}\frac{p_1}{p_2} \tag{9.22}$$

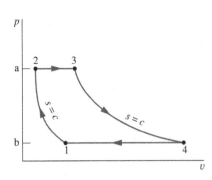
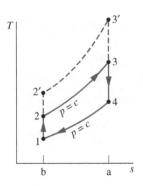

Fig. 9.10 Ciclo de ar-padrão ideal Brayton.

em que p_2/p_1 é a *relação de pressão do compressor*. Lembre-se de que p_r é tabelada *versus* a temperatura nas Tabelas A-22. Já que o ar escoa pelos trocadores de calor do ciclo ideal a pressão constante, segue-se que $p_4/p_3 = p_1/p_2$. Esta relação foi utilizada quando escrevemos a Eq. 9.22.

Quando um ciclo Brayton ideal é analisado com base em ar-padrão frio, os calores específicos são considerados constantes. As Eqs. 9.21 e 9.22 são então substituídas, respectivamente, pelas seguintes expressões, baseadas na Eq. 6.43:

Ciclo_Brayton
A.29 – Aba a

$$T_2 = T_1 \left(\frac{p_2}{p_1}\right)^{(k-1)/k} \tag{9.23}$$

$$T_4 = T_3 \left(\frac{p_4}{p_3}\right)^{(k-1)/k} = T_3 \left(\frac{p_1}{p_2}\right)^{(k-1)/k} \tag{9.24}$$

em que k é a razão entre calores específicos, $k = c_p/c_v$.

No próximo exemplo, ilustramos a análise de um ciclo-padrão ideal Brayton e comparamos os resultados com aqueles obtidos com base em ar-padrão frio.

▶▶▶ EXEMPLO 9.4 ▶

Análise do Ciclo Brayton Ideal

Ar entra no compressor de um ciclo de ar-padrão ideal Brayton a 100 kPa, 300 K, com uma vazão volumétrica de 5 m³/s. A relação de pressão do compressor é 10. A temperatura na entrada da turbina é 1400 K. Determine **(a)** a eficiência térmica do ciclo, **(b)** a razão de trabalho reverso, **(c)** a potência *líquida* produzida, em kW.

SOLUÇÃO

Dado: Um ciclo de ar-padrão ideal Brayton opera com condições conhecidas relativas à entrada do compressor, à temperatura de entrada da turbina e à relação de pressão do compressor.

Pede-se: Determine a eficiência térmica, a razão de trabalho reverso e a potência *líquida* produzida, em kW.

Diagrama Esquemático e Dados Fornecidos:

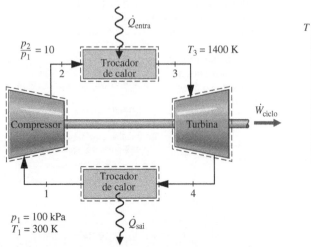
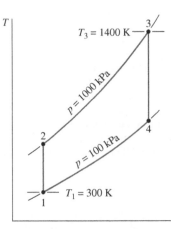

Fig. E9.4

Modelo de Engenharia:

1. Cada componente é analisado como um volume de controle em regime permanente. Os volumes de controle estão representados por linhas tracejadas no esboço.
2. Os processos na turbina e no compressor são isentrópicos.
3. Não existe perda de carga nos escoamentos através dos trocadores de calor.
4. Os efeitos das energias cinética e potencial são desprezados.
5. O fluido de trabalho é modelado como um gás ideal.

❶ **Análise:** A análise começa pela determinação da entalpia específica em cada estado representado por um número no ciclo. No estado 1, a temperatura é 300 K. Da Tabela A-22, $h_1 = 300,19$ kJ/kg e $p_{r1} = 1,386$.

Já que o processo no compressor é isentrópico, pode-se usar a seguinte relação para determinar h_2

$$p_{r2} = \frac{p_2}{p_1} p_{r1} = (10)(1,386) = 13,86$$

Então, interpolando na Tabela A-22, obtemos $h_2 = 579,9$ kJ/kg.

A temperatura no estado 3 é dada como $T_3 = 1400$ K. Com esta temperatura, a entalpia específica no estado 3 dada pela Tabela A-22 é $h_3 = 1515,4$ kJ/kg. Além disso, $p_{r3} = 450,5$.

A entalpia específica no estado 4 é determinada através da relação isentrópica

$$p_{r4} = p_{r3} \frac{p_4}{p_3} = (450,5)(1/10) = 45,05$$

Interpolando na Tabela A-22, obtemos $h_4 = 808,5$ kJ/kg.

(a) A eficiência térmica é

$$\eta = \frac{(\dot{W}_t/\dot{m}) - (\dot{W}_c/\dot{m})}{\dot{Q}_{entra}/\dot{m}}$$

$$= \frac{(h_3 - h_4) - (h_2 - h_1)}{h_3 - h_2} = \frac{(1515,4 - 808,5) - (579,9 - 300,19)}{1515,4 - 579,9}$$

$$= \frac{706,9 - 279,7}{935,5} = 0,457 \ (45,7\%)$$

(b) A razão do trabalho reverso é

❷
$$\text{bwr} = \frac{\dot{W}_c/\dot{m}}{\dot{W}_t/\dot{m}} = \frac{h_2 - h_1}{h_3 - h_4} = \frac{279,7}{706,9} = 0,396 \ (39,6\%)$$

(c) A potência líquida desenvolvida é

$$\dot{W}_{ciclo} = \dot{m}[(h_3 - h_4) - (h_2 - h_1)]$$

A avaliação da potência líquida requer o cálculo da vazão mássica $\dot{m}$, a qual pode ser determinada com a vazão volumétrica e o volume específico na entrada do compressor como se segue

$$\dot{m} = \frac{(AV)_1}{v_1}$$

Como $v_1 = (\overline{R}/M)T_1/p_1$, esta se torna

$$\dot{m} = \frac{(AV)_1 p_1}{(\overline{R}/M)T_1} = \frac{(5 \text{ m}^3/\text{s})(100 \times 10^3 \text{ N/m}^2)}{\left(\dfrac{8314}{28,97} \dfrac{\text{N} \cdot \text{m}}{\text{kg} \cdot \text{K}}\right)(300 \text{ K})}$$

$$= 5,807 \text{ kg/s}$$

Finalmente,

$$\dot{W}_{ciclo} = (5,807 \text{ kg/s})(706,9 - 279,7)\left(\frac{\text{kJ}}{\text{kg}}\right)\left|\frac{1 \text{ kW}}{1 \text{ kJ/s}}\right| = 2481 \text{ kW}$$

① O uso da tabela dos gases ideais para o ar é mostrado nesta solução. Uma solução também pode ser desenvolvida em uma base de ar-padrão frio, na qual são considerados calores específicos constantes. Os detalhes são deixados como um exercício, mas os resultados são apresentados na tabela a seguir para comparação, considerando-se o caso $k = 1,4$:

Parâmetro	Análise de Ar-Padrão	Análise de Ar-Padrão Frio $k = 1,4$
T_2	574,1 K	579,2 K
T_4	787,7 K	725,1 K
η	0,457	0,482
bwr	0,396	0,414
$\dot{W}_{ciclo}$	2481 kW	2308 kW

Habilidades Desenvolvidas

Habilidades para...
- desenhar o esquema da turbina a gás padrão a ar simples e o diagrama T–s do ciclo Brayton ideal correspondente.
- avaliar as temperaturas e as pressões em cada estado principal e obter os dados das propriedades necessárias.
- calcular a eficiência térmica e a razão de trabalho reverso.

② O valor da razão de trabalho reverso neste caso de turbina a gás é significativamente maior que a razão de trabalho reverso do ciclo de potência a vapor simples do Exemplo 8.1.

Teste-Relâmpago Determine a taxa de transferência de calor para o ar que passa pelo combustor, em kW.
Resposta: 5432 kW.

EFEITO DA RELAÇÃO DE PRESSÃO DO COMPRESSOR SOBRE O DESEMPENHO.

Algumas conclusões que são qualitativamente corretas para turbinas a gás reais podem ser tiradas de um estudo do ciclo Brayton ideal. A primeira dessas conclusões é que a eficiência térmica aumenta com o aumento da relação de pressão no compressor.

▶ **POR EXEMPLO** retornando ao diagrama T–s da Fig. 9.10, vemos que um aumento na relação de pressão do compressor muda o ciclo de 1–2–3–4–1 para 1–2′–3′–4–1. Uma vez que a temperatura média de adição de calor é maior neste último ciclo e ambos os ciclos têm o mesmo processo de rejeição de calor, o ciclo 1–2′–3′–4–1 teria a maior eficiência térmica. ◀ ◀ ◀ ◀

O aumento na eficiência térmica com a relação de pressão no compressor também pode ser visto de maneira simples através do seguinte desenvolvimento, no qual o calor específico c_p e, portanto, a razão entre calores específicos k é considerado constante. Para c_p constante, a Eq. 9.19 torna-se

$$\eta = \frac{c_p(T_3 - T_4) - c_p(T_2 - T_1)}{c_p(T_3 - T_2)} = 1 - \frac{(T_4 - T_1)}{(T_3 - T_2)}$$

Ou, após rearrumarmos

$$\eta = 1 - \frac{T_1}{T_2}\left(\frac{T_4/T_1 - 1}{T_3/T_2 - 1}\right)$$

Das Eqs. 9.23 e 9.24, vistas anteriormente, $T_4/T_1 = T_3/T_2$, de modo que

$$\eta = 1 - \frac{T_1}{T_2}$$

Finalmente, substituindo a Eq. 9.23 temos

$$\eta = 1 - \frac{1}{(p_2/p_1)^{(k-1)/k}} \quad \text{(base de ar-padrão frio)} \tag{9.25}$$

Por inspeção da Eq. 9.25, pode-se ver que a eficiência térmica, do ciclo de ar-padrão frio Brayton ideal aumenta com o aumento da relação de pressão do compressor.

Como existe um limite imposto por considerações metalúrgicas com relação a temperatura máxima permissível na entrada da turbina, é instrutivo considerar o efeito do aumento da relação de pressão do compressor sobre a eficiência térmica quando a temperatura na entrada da turbina estiver restrita à temperatura máxima permitida. Isto é feito usando-se as Figs. 9.11 e 9.12.

Os diagramas T–s de dois ciclos Brayton ideais, com a mesma temperatura de entrada na turbina mas diferentes razões de pressão do compressor, estão mostrados na Fig. 9.11. O ciclo A tem uma relação de pressão maior que a do ciclo B e, assim, a maior eficiência térmica. Porém, o ciclo B possui uma área maior de trabalho líquido produzido por unidade de massa que escoa. Consequentemente, para que o ciclo A desenvolva a mesma *potência* líquida que o ciclo B, seria necessária uma vazão em massa maior e isto poderia exigir um sistema maior.

Estas considerações são importantes para turbinas a gás destinadas ao uso em veículos, onde o peso do motor tem que ser mantido pequeno. Para estas aplicações, é desejável operar próximo da relação de pressão do compressor que forneça o máximo trabalho por unidade de massa que escoa e não da relação de pressão para a maior eficiência térmica. Para quantificar isso, veja a Fig. 9.12, que mostra as variações da eficiência térmica com o aumento da relação de pressão do compressor e do trabalho líquido por unidade de massa que escoa. Enquanto a eficiência térmica aumenta com a relação de pressão, a curva do trabalho líquido por unidade de massa apresenta um valor máximo em uma relação de pressão de cerca de 21. Observa-se também que a curva é relativamente achatada na vizinhança do máximo. Assim, para fins de projeto de veículos, uma vasta gama de valores de relação de pressão do compressor pode ser considerada como *aproximadamente ótimos* do ponto de vista do trabalho máximo por unidade de massa.

O Exemplo 9.5 traz uma ilustração da determinação da relação de pressão do compressor para um trabalho máximo por unidade de massa que escoa para o ciclo de ar-padrão frio Brayton.

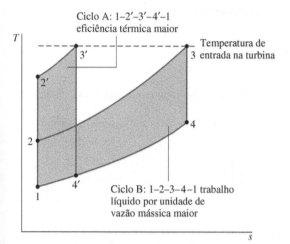

Fig. 9.11 Ciclos Brayton ideais com diferentes razões de pressão do compressor e a mesma temperatura de entrada na turbina.

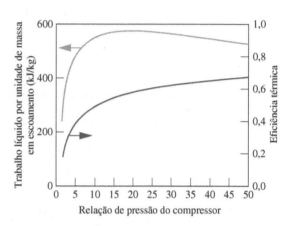

Fig. 9.12 Em um ciclo Brayton ideal, eficiência térmica e trabalho líquido por unidade de massa em escoamento *versus* relação de pressão do compressor para $k = 1,4$, a temperatura na entrada da turbina de 1700 K, e a temperatura de entrada do compressor de 300 K.

▶ EXEMPLO 9.5 ▶

Determinando a Relação de Pressão do Compressor para o Trabalho Líquido Máximo

Determine a relação de pressão no compressor de um ciclo Brayton ideal para a produção de trabalho líquido máximo por unidade de vazão em massa se o estado na entrada do compressor e a temperatura na entrada da turbina forem fixados. Utilize uma análise de ar-padrão frio e ignore os efeitos das energias cinética e potencial. Discuta os resultados.

SOLUÇÃO

Dado: Um ciclo Brayton ideal opera com um estado especificado na entrada do compressor e uma temperatura de entrada na turbina dada.

Pede-se: Determine a relação de pressão no compressor para produção de trabalho líquido máximo por unidade de vazão em massa, e discuta o resultado.

Diagrama Esquemático e Dados Fornecidos:

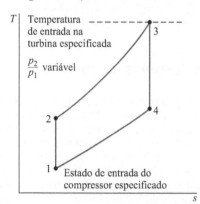

Fig. E9.5

Modelo de Engenharia:

1. Cada componente é analisado como um volume de controle em regime permanente.
2. Os processos na turbina e no compressor são isentrópicos.
3. Não existe perda de carga nos escoamentos através dos trocadores de calor.
4. Os efeitos das energias cinética e potencial são desprezados.
5. O fluido de trabalho é modelado como um gás ideal.
6. O calor específico c_p e a razão entre calores específicos k são constantes.

Análise: O trabalho líquido do ciclo por unidade de vazão em massa é

$$\frac{\dot{W}_{ciclo}}{\dot{m}} = (h_3 - h_4) - (h_2 - h_1)$$

Já que c_p é constante (hipótese 6)

$$\frac{\dot{W}_{ciclo}}{\dot{m}} = c_p[(T_3 - T_4) - (T_2 - T_1)]$$

Ou, rearrumando

$$\frac{\dot{W}_{ciclo}}{\dot{m}} = c_p T_1 \left(\frac{T_3}{T_1} - \frac{T_4}{T_3}\frac{T_3}{T_1} - \frac{T_2}{T_1} + 1 \right)$$

Substituindo as razões de temperatura T_2/T_1 e T_4/T_3 através das Eqs. 9.23 e 9.24, respectivamente, obtemos

$$\frac{\dot{W}_{ciclo}}{\dot{m}} = c_p T_1 \left[\frac{T_3}{T_1} - \frac{T_3}{T_1}\left(\frac{p_1}{p_2}\right)^{(k-1)/k} - \left(\frac{p_2}{p_1}\right)^{(k-1)/k} + 1 \right]$$

Pode-se concluir desta expressão que, para valores especificados de T_1, T_3 e c_p, o valor do trabalho líquido produzido por unidade de vazão em massa varia com a relação de pressão p_2/p_1 apenas.

Para se determinar a relação de pressão que maximiza o trabalho líquido produzido por unidade de vazão em massa, primeiro se forma a derivada

$$\frac{\partial(\dot{W}_{ciclo}/\dot{m})}{\partial(p_2/p_1)} = \frac{\partial}{\partial(p_2/p_1)} \left\{ c_p T_1 \left[\frac{T_3}{T_1} - \frac{T_3}{T_1}\left(\frac{p_1}{p_2}\right)^{(k-1)/k} - \left(\frac{p_2}{p_1}\right)^{(k-1)/k} + 1 \right] \right\}$$

$$= c_p T_1 \left(\frac{k-1}{k}\right) \left[\left(\frac{T_3}{T_1}\right)\left(\frac{p_1}{p_2}\right)^{-1/k}\left(\frac{p_1}{p_2}\right)^2 - \left(\frac{p_2}{p_1}\right)^{-1/k} \right]$$

$$= c_p T_1 \left(\frac{k-1}{k}\right) \left[\left(\frac{T_3}{T_1}\right)\left(\frac{p_1}{p_2}\right)^{(2k-1)/k} - \left(\frac{p_2}{p_1}\right)^{-1/k} \right]$$

Quando a derivada parcial é igualada a zero, obtém-se a seguinte relação:

$$\frac{p_2}{p_1} = \left(\frac{T_3}{T_1}\right)^{k/[2(k-1)]} \quad \text{(a)}$$

> **Habilidades Desenvolvidas**
>
> Habilidades para...
> - completar a derivada detalhada de uma expressão termodinâmica.
> - utilizar cálculos para maximizar uma função.

Conferindo o sinal da segunda derivada, verificamos que o trabalho líquido por unidade de vazão em massa é um máximo quando essa relação é satisfeita.

Para turbinas a gás voltadas para transporte, é desejável manter o tamanho do motor pequeno. Assim, tais turbinas a gás devem operar próximas da relação de pressão do compressor que forneça o maior trabalho por unidade de massa escoando. Este exemplo ilustra como a relação de pressão do compressor para o máximo trabalho líquido por unidade de massa que escoa é determinada em uma base de ar-padrão frio, quando o estado na entrada do compressor e a temperatura na entrada da turbina são fixados.

> **Teste-Relâmpago** Para um ciclo Brayton de ar-padrão frio com uma temperatura de entrada no compressor de 300 K e uma temperatura máxima no ciclo de 1700 K, use a Eq. (a) anterior para calcular a razão de pressão do compressor que maximiza a potência líquida de entrada por unidade de vazão em massa. Suponha $k = 1,4$. **Resposta:** 21. (O valor concorda com a Fig. 9.12.)

9.6.3 Considerando Irreversibilidades e Perdas nas Turbinas a Gás

Os principais pontos que representam os estados de uma turbina a gás de ar-padrão podem ser mostrados de maneira mais realística como na Fig. 9.13a. Por causa dos efeitos de atrito dentro do compressor e da turbina, o fluido de trabalho pode sofrer aumentos de entropia específica nesses componentes. Devido ao atrito, também pode haver perdas de carga conforme o fluido passe pelos trocadores de calor. Porém, pelo fato de as perdas de carga por atrito nos trocadores de calor serem fontes menos significativas de irreversibilidades, nós as ignoraremos nas discussões subsequentes e, para simplificar, mostraremos o escoamento através dos trocadores de calor como ocorrendo a pressão constante. Este comportamento é ilustrado pela Fig. 9.13b. As transferências de calor residuais dos componentes da instalação de potência para as vizinhanças representam perdas, mas esses efeitos geralmente são de importância secundária e também serão ignorados nas discussões posteriores.

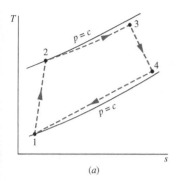
(a)

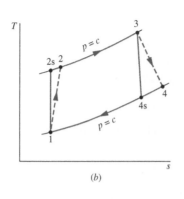
(b)

Fig. 9.13 Efeitos de irreversibilidades na turbina a gás de ar-padrão.

À medida que os efeitos das irreversibilidades na turbina e no compressor ficam mais pronunciados, o trabalho produzido pela turbina decresce e o trabalho fornecido ao compressor aumenta, resultando em um decréscimo acentuado no trabalho líquido da instalação de potência. Consequentemente, se a instalação tiver que produzir trabalho líquido apreciável, serão necessárias eficiências isentrópicas de turbina e de compressor relativamente altas.

Ciclo_Brayton
A.29 – Aba b

Após décadas de esforço de desenvolvimento, hoje é possível obter eficiências de 80% a 90% nas turbinas e nos compressores em instalações de potência com turbinas a gás. Designando-se os estados conforme indicados na Fig. 9.13b, as eficiências isentrópicas da turbina e do compressor são dadas por

$$\eta_t = \frac{(\dot{W}_t/\dot{m})}{(\dot{W}_t/\dot{m})_s} = \frac{h_3 - h_4}{h_3 - h_{4s}}$$

$$\eta_c = \frac{(\dot{W}_c/\dot{m})_s}{(\dot{W}_c/\dot{m})} = \frac{h_{2s} - h_1}{h_2 - h_1}$$

TOME NOTA...
As eficiências isentrópicas da turbina e do compressor são apresentadas na Seção 6.12. Veja as discussões das Eqs. 6.46 e 6.48, respectivamente.

Entre as irreversibilidades das instalações de potência com turbinas a gás reais, as irreversibilidades na turbina e no compressor *são* importantes, porém a irreversibilidade da combustão é *de longe* a mais significativa. Uma análise de ar-padrão não permite, porém, que esta irreversibilidade seja calculada, e devem-se aplicar os métodos apresentados no Cap. 13.

O Exemplo 9.6 mostra o efeito das irreversibilidades na turbina e no compressor sobre o desempenho da instalação.

▶ EXEMPLO 9.6 ▶

Avaliando o Desempenho de um Ciclo Brayton com Irreversibilidades

Reconsidere o Exemplo 9.4, mas inclua na análise que tanto a turbina quanto o compressor têm uma eficiência isentrópica de 80%. Determine para o ciclo modificado **(a)** a eficiência térmica do ciclo, **(b)** a razão de trabalho reverso, **(c)** a potência *líquida* produzida, em kW.

SOLUÇÃO

Dado: Um ciclo de ar-padrão Brayton opera com dadas condições de entrada no compressor, temperatura de entrada da turbina dada e relação de compressão no compressor conhecida. O compressor e a turbina têm, cada qual, uma eficiência isentrópica de 80%.

Pede-se: Determine a eficiência térmica do ciclo, a razão de trabalho reverso e a potência líquida produzida, em kW.

Diagrama Esquemático e Dados Fornecidos:

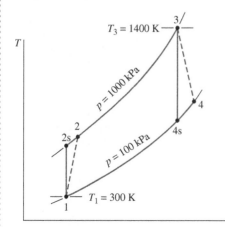

Fig. E9.6

Modelo de Engenharia:
1. Cada componente é analisado como um volume de controle em regime permanente.
2. O compressor e a turbina são adiabáticos.
3. Não existe perda de carga nos escoamentos através dos trocadores de calor.
4. Os efeitos das energias cinética e potencial são desprezados.
5. O fluido de trabalho é modelado como um gás ideal.

Análise:

(a) A eficiência térmica é dada por

$$\eta = \frac{(\dot{W}_t/\dot{m}) - (\dot{W}_c/\dot{m})}{\dot{Q}_{entra}/\dot{m}}$$

Os termos de trabalho no numerador desta expressão são calculados por meio dos valores fornecidos para as eficiências isentrópicas do compressor e da turbina, como se segue:

O trabalho da turbina por unidade de massa é

$$\frac{\dot{W}_t}{\dot{m}} = \eta_t \left(\frac{\dot{W}_t}{\dot{m}}\right)_s$$

em que η_t é a eficiência da turbina. O valor de $(\dot{W}_t/\dot{m})_s$ é determinado na solução do Exemplo 9.4 como 706,9 kJ/kg. Assim

❶
$$\frac{\dot{W}_t}{\dot{m}} = 0,8(706,9) = 565,5 \text{ kJ/kg}$$

Para o compressor, o trabalho por unidade de massa é

$$\frac{\dot{W}_c}{\dot{m}} = \frac{(\dot{W}_c/\dot{m})_s}{\eta_c}$$

em que η_c é a eficiência do compressor. O valor de $(\dot{W}_t/\dot{m})_s$ é determinado na solução do Exemplo 9.4 como 279,7 kJ/kg, de modo que

$$\frac{\dot{W}_c}{\dot{m}} = \frac{279,7}{0,8} = 349,6 \text{ kJ/kg}$$

A entalpia específica na saída do compressor, h_2, é necessária para o cálculo do denominador da expressão da eficiência térmica. Essa entalpia pode ser determinada ao resolvermos

$$\frac{\dot{W}_c}{\dot{m}} = h_2 - h_1$$

para se obter

$$h_2 = h_1 + \dot{W}_c/\dot{m}$$

Inserindo os valores conhecidos, temos

$$h_2 = 300,19 + 349,6 = 649,8 \text{ kJ/kg}$$

A transferência de calor para o fluido de trabalho por unidade de vazão em massa é, então

$$\frac{\dot{Q}_{entra}}{\dot{m}} = h_3 - h_2 = 1515,4 - 649,8 = 865,6 \text{ kJ/kg}$$

em que h_3 é proveniente da solução do Exemplo 9.4.

Finalmente, a eficiência térmica é

$$\eta = \frac{565,5 - 349,6}{865,6} = 0,249 \ (24,9\%)$$

(b) A razão de trabalho reverso é

$$bwr = \frac{\dot{W}_c/\dot{m}}{\dot{W}_t/\dot{m}} = \frac{349,6}{565,5} = 0,618 \ (61,8\%)$$

(c) A vazão mássica é a mesma do Exemplo 9.4. A potência líquida produzida pelo ciclo é, então,

❷
$$\dot{W}_{ciclo} = \left(5,807 \frac{\text{kg}}{\text{s}}\right)(565,5 - 349,6)\frac{\text{kJ}}{\text{kg}} \left|\frac{1 \text{ kW}}{1 \text{ kJ/s}}\right| = 1254 \text{ kW}$$

> ✓ **Habilidades Desenvolvidas**
>
> Habilidades para...
> ☐ desenhar o esquema da turbina a gás padrão a ar simples e o diagrama T-s do ciclo Brayton correspondente com as irreversibilidades do compressor e da turbina.
> ☐ avaliar as temperaturas e as pressões em cada estado principal e obter os dados das propriedades necessárias.
> ☐ calcular a eficiência térmica e a razão de trabalho reverso.

❶ A solução para exemplo, em uma base de ar-padrão frio, é deixada como exercício.

❷ As irreversibilidades dentro da turbina e do compressor têm um impacto significativo no desempenho das turbinas a gás. Isto pode ser visto por comparação dos resultados deste exemplo com aqueles do Exemplo 9.4. As irreversibilidades têm como resultado um aumento do trabalho de compressão e uma redução do trabalho produzido pela turbina. A razão de trabalho reverso é bastante aumentada, e a eficiência térmica significativamente reduzida. Ainda assim, devemos reconhecer que a irreversibilidade da combustão é *de longe* a mais significante nas turbinas a gás.

Teste-Relâmpago Qual deve ser a eficiência térmica e a razão de trabalho reverso se a eficiência isentrópica da turbina for de 70%, mantendo-se a eficiência isentrópica do compressor e os outros dados com os mesmos valores? **Resposta:** η = 16,8%, bwr = 70,65%.

9.7 Turbinas a Gás Regenerativas

A temperatura de saída de uma turbina a gás simples é normalmente bem acima da temperatura ambiente. Em consequência, o gás quente de escape da turbina possui uma utilidade termodinâmica significativa (exergia), que seria irremediavelmente perdida se o gás fosse descarregado diretamente nas vizinhanças. Uma maneira de utilizar esse potencial é por meio de um trocador de calor chamado regenerador, o qual permite que o ar que deixa o compressor seja *preaqueci-do* antes de entrar no combustor, reduzindo-se, dessa forma, a quantidade de combustível que deve ser queimada no combustor. O arranjo do ciclo combinado considerado na Seção 9.9 é outra maneira de se utilizar o gás quente de escape da turbina.

regenerador

Um ciclo de ar-padrão Brayton, modificado para incluir um regenerador, está representado na Fig. 9.14. O regenerador mostrado é um trocador de calor em contracorrente, pelo qual o gás quente de escape da turbina e o ar mais frio que deixa o compressor passam em direções opostas. De maneira ideal, nenhuma perda de carga por atrito ocorre em qualquer uma das correntes. O gás de escape da turbina é resfriado do estado 4 ao estado y, enquanto o ar que sai do compressor é aquecido do estado 2 ao estado x. Assim, uma transferência de calor de uma fonte externa ao ciclo é necessária apenas para aumentar a temperatura do ar do estado x ao estado 3, em vez do estado 2 ao estado 3, como seria o caso sem regeneração. O calor adicionado por unidade de massa é, então, dado por

$$\frac{\dot{Q}_{entra}}{\dot{m}} = h_3 - h_x \quad (9.26)$$

O trabalho líquido produzido por unidade de vazão em massa não é alterado pela inclusão de um regenerador. Logo, já que o calor adicionado é reduzido, a eficiência térmica aumenta.

EFETIVIDADE DO REGENERADOR. Pode-se concluir da Eq. 9.26 que a transferência de calor externa requerida por uma instalação de potência a gás diminui à medida que a entalpia específica h_x aumenta e, desse modo, conforme a temperatura T_x aumenta. Evidentemente, existe um incentivo em termos de economia de combustível para que se escolha um regenerador que

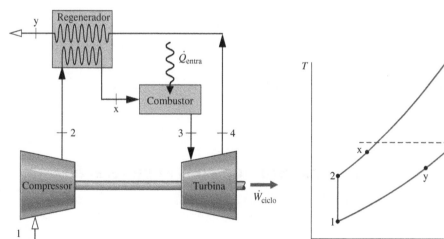

TOME NOTA... A turbina a gás da Fig. 9.14 é considerada ideal porque o escoamento através da turbina e do compressor ocorre isentropicamente e não há perda de carga por atrito. Ainda assim, a troca de calor entre os fluxos em contracorrente no regenerador é uma fonte de irreversibilidade.

Fig. 9.14 Ciclo de ar-padrão de turbina a gás regenerativo.

forneça o maior valor prático dessa temperatura. Para considerar o *máximo* valor teórico de T_x, observe a Fig. 9.15, que mostra variações típicas de temperatura das correntes quente e fria de um trocador de calor em contracorrente.

- ▶ A primeira observação refere-se à Fig. 9.15a. Já que uma diferença finita de temperatura é necessária para que ocorra a transferência de calor, a temperatura da corrente fria em cada posição, representada pela coordenada z, é menor que aquela da corrente quente. Em particular, a temperatura da corrente mais fria que sai do trocador de calor é menor que a temperatura da corrente quente que entra. Se a área de transferência de calor fosse aumentada, fornecendo mais oportunidade para a transferência de calor entre as duas correntes, haveria uma menor diferença de temperatura em cada posição.
- ▶ No caso-limite de uma área infinita de troca de calor, a diferença de temperatura tenderia a zero em todas as posições, como mostra a Fig. 9.15b, e a transferência de calor se aproximaria da situação de reversibilidade. Nesse limite, a temperatura de saída da corrente mais fria se aproximaria da temperatura da corrente quente que entra. Assim, a maior temperatura possível que poderia ser atingida pela corrente mais fria seria a temperatura do gás quente que entra.

Voltando ao regenerador da Fig. 9.14, podemos concluir da discussão da Fig. 9.15 que o valor teórico máximo para a temperatura T_x é a temperatura de saída da turbina T_4, obtida se o regenerador estivesse operando de modo reversível. A *efetividade do regenerador*, η_{reg}, é um parâmetro que mede o afastamento de um regenerador real em relação ao regenerador ideal. A efetividade do regenerador é definida como a razão entre o aumento real de entalpia do ar que escoa pelo lado do compressor do regenerador e o aumento máximo teórico de entalpia. Ou seja,

efetividade do regenerador

$$\eta_{reg} = \frac{h_x - h_2}{h_4 - h_2} \tag{9.27}$$

À medida que a transferência de calor se aproxima da situação reversível, h_x aproxima-se de h_4 e η_{reg} tende a 1 (100%).

Na prática, os valores típicos para a efetividade de regeneradores estão na faixa de 60% a 80%, e assim a temperatura T_x do ar que deixa o lado do compressor do regenerador está normalmente abaixo da temperatura de saída da turbina. Um aumento de temperatura acima dessa faixa pode resultar em custos de equipamento que eliminam qualquer vantagem devida à economia de combustível. Além disso, a maior área de troca de calor que seria necessária para uma maior eficiência pode resultar em significativa perda de carga por atrito para o escoamento através do regenerador, dessa forma afetando o desempenho global. A decisão de adicionar um regenerador é influenciada por considerações como estas, e a decisão final é primordialmente econômica.

No Exemplo 9.7 analisamos um ciclo de ar-padrão Brayton com regeneração e exploramos o efeito da variação da efetividade do regenerador sobre a eficiência térmica.

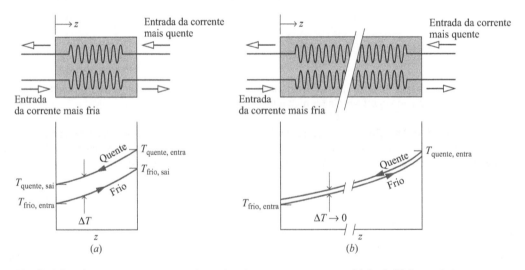

Fig. 9.15 Distribuições de temperatura em trocadores de calor em contracorrente. (a) Real. (b) Reversível.

EXEMPLO 9.7

Avaliando a Eficiência Térmica de um Ciclo Brayton com Regeneração

Um regenerador é incorporado ao ciclo do Exemplo 9.4. (a) Determine a eficiência térmica para uma efetividade de 80% do regenerador. (b) Faça um gráfico da eficiência térmica *versus* a efetividade do regenerador na faixa de 0% a 80%.

SOLUÇÃO

Dado: Uma turbina a gás regenerativa opera com ar como fluido de trabalho. O estado na entrada do compressor, a temperatura de entrada da turbina e a relação de compressão do compressor são conhecidos.

Pede-se: Para uma efetividade de 80% do regenerador, determine a eficiência térmica. Faça também um gráfico da eficiência térmica *versus* a efetividade do regenerador na faixa de 0% a 80%.

Diagrama Esquemático e Dados Fornecidos:

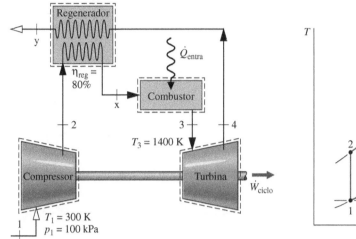
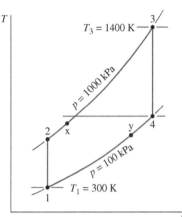

Fig. E9.7a

Modelo de Engenharia:

1. Cada componente é analisado como um volume de controle em regime permanente. Os volumes de controle estão representados por linhas tracejadas no esboço.
2. Os processos no compressor e na turbina são isentrópicos.
3. Não existe perda de carga nos escoamentos através dos trocadores de calor.
4. A efetividade do regenerador é de 80% no item (a).
5. Os efeitos das energias cinética e potencial são desprezados.
6. O fluido de trabalho é modelado como um gás ideal.

Análise:

(a) Os valores das entalpias específicas nos estados assinalados por números no diagrama $T-s$ são os mesmos do Exemplo 9.4: $h_1 = 300,19$ kJ/kg, $h_2 = 579,9$ kJ/kg, $h_3 = 1515,4$ kJ/kg, $h_4 = 808,5$ kJ/kg.

Para se encontrar a entalpia específica h_x, utiliza-se a efetividade do regenerador como se segue. Por definição

$$\eta_{reg} = \frac{h_x - h_2}{h_4 - h_2}$$

Resolvendo para h_x

$$h_x = \eta_{reg}(h_4 - h_2) + h_2$$
$$= (0,8)(808,5 - 579,9) + 579,9 = 762,8 \text{ kJ/kg}$$

Com os valores de entalpia específica aqui determinados, a eficiência térmica é

❶
$$\eta = \frac{(\dot{W}_t/\dot{m}) - (\dot{W}_c/\dot{m})}{(\dot{Q}_{entra}/\dot{m})} = \frac{(h_3 - h_4) - (h_2 - h_1)}{(h_3 - h_x)}$$
$$= \frac{(1515,4 - 808,5) - (579,9 - 300,19)}{(1515,4 - 762,8)}$$
❷
$$= 0,568 \ (56,8\%)$$

(b) O código *IT* para esta solução vem a seguir, onde η_{reg} é denotado como etareg, η é eta, $\dot{W}_{comp}/\dot{m}$ é Wcomp, e assim por diante.

```
// Fix the states
T1 = 300//K
p1 = 100//kPa
h1 = h_T("Air", T1)
s1 = s_TP("Air", T1, p1)
```

```
p2 = 1000//kPa
s2 = s_TP("Air", T2, p2)
s2 = s1
h2 = h_T("Air", T2)

T3 = 1400//K
p3 = p2
h3 = h_T("Air", T3)
s3 = s_TP("Air", T3, p3)

p4 = p1
s4 = s_TP("Air", T4, p4)
s4 = s3
h4 = h_T("Air", T4)
etareg = 0.8
hx = etareg*(h4 – h2) + h2

// Thermal efficiency
Wcomp = h2 – h1
Wturb = h3 – h4
Qin = h3 – hx
eta = (Wturb – Wcomp) / Qin
```

Usando o botão **Explore,** varie etareg de 0 a 0,8 em passos de 0,01. Então, usando o botão **Graph**, obtenha o seguinte gráfico:

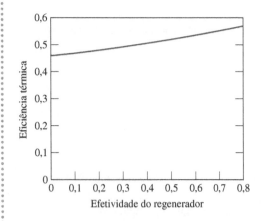

Fig. E9.7b

③ Dos dados do computador, vemos que a eficiência térmica do ciclo aumenta de 0,456, o que está bem próximo do resultado do Exemplo 9.4 (sem regenerador), até 0,567 para uma efetividade de 80% do regenerador, o que está próximo do resultado do item (a). Essa tendência também é observada no gráfico. Observa-se que a efetividade do regenerador tem um efeito significativo sobre a eficiência térmica do ciclo.

---

❶ Os valores do trabalho por unidade de vazão mássica do compressor e da turbina não se modificam com a adição do regenerador. Assim, a razão de trabalho reverso e o trabalho líquido produzido não são afetados por esta modificação.

❷ Comparando-se esse valor de eficiência térmica com aquele determinado no Exemplo 9.4, fica evidente que a eficiência térmica pode ser significativamente aumentada através de regeneração.

❸ O regenerador permite a obtenção de uma melhor utilização do combustível através da transferência de uma parte da exergia do gás quente de escape da turbina para o ar mais frio que escoa no outro lado do regenerador.

> **Habilidades Desenvolvidas**
>
> Habilidades para...
> ☐ desenhar o esquema da turbina a gás regenerativa e o diagrama T-s do ciclo padrão a ar correspondente.
> ☐ avaliar as temperaturas e pressões em cada estado principal e obter os dados das propriedades necessárias.
> ☐ calcular a eficiência térmica.

Teste-Relâmpago Qual seria a eficiência térmica se a efetividade do regenerador fosse de 100%?
Resposta: 60,4%.

Sistemas de Potência a Gás 437

9.8 Turbinas a Gás Regenerativas com Reaquecimento e Inter-resfriamento

Duas modificações da turbina a gás básica que aumentam o trabalho líquido produzido são a expansão em múltiplos estágios com *reaquecimento* e a compressão em múltiplos estágios com *inter-resfriamento*. Quando usadas em conjunto com a regeneração, essas modificações podem resultar em aumentos substanciais da eficiência térmica. Os conceitos de reaquecimento e inter-resfriamento são apresentados nesta seção.

9.8.1 Turbinas a Gás com Reaquecimento

Por motivos metalúrgicos, a temperatura dos produtos de combustão gasosos que entram na turbina deve ser limitada. Pode-se controlar essa temperatura fornecendo-se ar em quantidades acima da necessária para a queima do combustível no combustor (veja o Cap. 13). Como consequência, os gases que deixam o combustor contêm ar suficiente para suportar a combustão de combustível adicional. Algumas instalações de potência a gás tiram proveito do excesso de ar por meio de uma turbina de múltiplos estágios com um combustor com reaquecimento entre os estágios. Com esse arranjo, o trabalho líquido por unidade de massa que escoa pode ser aumentado. Vamos considerar o reaquecimento do ponto vantajoso de uma análise de ar-padrão.

reaquecimento

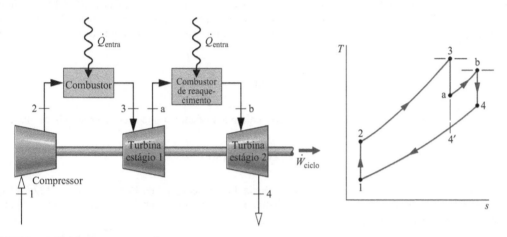

Fig. 9.16 Turbina a gás ideal com reaquecimento.

As características básicas de uma turbina de dois estágios com reaquecimento são mostradas através da consideração de um ciclo de ar-padrão Brayton ideal modificado, conforme mostra a Fig. 9.16. Após a expansão do estado 3 para o estado a na primeira turbina, o gás é reaquecido a pressão constante do estado a até o estado b. A expansão é então completada na segunda turbina, do estado b ao estado 4. O ciclo Brayton ideal sem reaquecimento, 1–2–3–4'–1, é mostrado no mesmo diagrama *T–s* para comparação. Devido ao fato de que linhas de pressão constante em um diagrama *T–s* divergem ligeiramente para entropias crescentes, o trabalho total da turbina de dois estágios é maior que aquele de uma única expansão do estado 3 para o estado 4'. Assim, o trabalho *líquido* do ciclo com reaquecimento é maior que aquele do ciclo sem reaquecimento. Apesar do aumento do trabalho líquido com o reaquecimento, a eficiência térmica do ciclo não necessariamente aumentaria, porque seria exigida maior adição de calor total. Porém, a temperatura na saída da turbina é maior com do que sem reaquecimento, portanto o potencial para regeneração é aumentado.

Quando se utilizam reaquecimento e regeneração conjuntamente, a eficiência térmica pode aumentar de modo significativo. O Exemplo 9.8 fornece uma ilustração.

▶ EXEMPLO 9.8 ▶

Determinando a Eficiência Térmica de um Ciclo Brayton com Reaquecimento e Regeneração

Considere uma modificação no ciclo do Exemplo 9.4 que envolva reaquecimento e regeneração. O ar entra no compressor a 100 kPa, 300 K e é comprimido até 1000 kPa. A temperatura na entrada do primeiro estágio da turbina é 1400 K. A expansão ocorre isentropicamente em dois estágios, com reaquecimento até 1400 K entre os estágios com pressão constante de 300 kPa. Um regenerador que tem uma eficiência de 100% também é incorporado ao ciclo. Determine a eficiência térmica.

SOLUÇÃO

Dado: Um ciclo de ar-padrão de turbina a gás ideal opera com reaquecimento e regeneração. As temperaturas e as pressões nos estados principais são especificadas.

Pede-se: Determine a eficiência térmica.

Diagrama Esquemático e Dados Fornecidos:

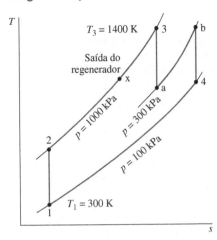

Fig. E9.8

Modelo de Engenharia:
1. Cada componente da instalação de potência é analisado como um volume de controle em regime permanente.
2. Os processos no compressor e na turbina são isentrópicos.
3. Não existe perda de carga nos escoamentos através dos trocadores de calor.
4. A efetividade do regenerador é de 100%.
5. Os efeitos das energias cinética e potencial são desprezados.
6. O fluido de trabalho é modelado como um gás ideal.

Análise: Iniciaremos pela determinação das entalpias específicas nos principais estados do ciclo. Os estados 1, 2 e 3 são os mesmos do Exemplo 9.4: $h_1 = 300{,}19$ kJ/kg, $h_2 = 579{,}9$ kJ/kg, $h_3 = 1515{,}4$ kJ/kg. A temperatura do estado b é a mesma do estado 3, logo $h_b = h_3$.

Já que o primeiro processo na turbina é isentrópico, pode-se determinar a entalpia no estado a usando-se os dados para p_r da Tabela A-22 e a relação

$$p_{ra} = p_{r3}\frac{p_a}{p_3} = (450{,}5)\frac{300}{1000} = 135{,}15$$

Interpolando na Tabela A-22, obtemos $h_a = 1095{,}9$ kJ/kg.

O segundo processo na turbina também é isentrópico, de modo que a entalpia no estado 4 pode ser determinada de maneira análoga. Assim,

$$p_{r4} = p_{rb}\frac{p_4}{p_b} = (450{,}5)\frac{100}{300} = 150{,}17$$

Interpolando na Tabela A-22, obtemos $h_4 = 1127{,}6$ kJ/kg. Já que a eficiência do regenerador é de 100%, $h_x = h_4 = 1127{,}6$ kJ/kg.

O cálculo da eficiência térmica deve levar em consideração o trabalho no compressor, o trabalho em *cada* turbina e o calor *total* adicionado. Assim, em uma base de massa unitária,

$$\eta = \frac{(h_3 - h_a) + (h_b - h_4) - (h_2 - h_1)}{(h_3 - h_x) + (h_b - h_a)}$$

$$= \frac{(1515{,}4 - 1095{,}9) + (1515{,}4 - 1127{,}6) - (579{,}9 - 300{,}19)}{(1515{,}4 - 1127{,}6) + (1515{,}4 - 1095{,}9)}$$

❶ $= 0{,}654\ (65{,}4\%)$

---

❶ Comparando esse valor com a eficiência térmica determinada no item (a) do Exemplo 9.4, podemos concluir que o uso de reaquecimento em conjunto com regeneração pode resultar em um aumento substancial da eficiência térmica.

> **Habilidades Desenvolvidas**
>
> *Habilidades para...*
> - desenhar o esquema da turbina a gás regenerativa com reaquecimento e o diagrama T–s do ciclo-padrão a ar correspondente.
> - avaliar as temperaturas e pressões em cada estado principal e obter os dados das propriedades necessárias.
> - calcular a eficiência térmica.

Teste-Relâmpago Qual é o percentual do total da adição de calor que ocorre no processo de reaquecimento?
Resposta: 52%.

9.8.2 Compressão com Inter-resfriamento

O trabalho líquido produzido por uma turbina a gás também pode ser aumentado ao reduzir-se o trabalho fornecido ao compressor. Isto pode ser obtido através da compressão em múltiplos estágios com inter-resfriamento. Esta discussão fornece uma introdução a este tópico.

Consideremos inicialmente o trabalho fornecido a compressores em regime permanente, supondo que as irreversibilidades estão ausentes e as variações de energia cinética e potencial são desprezíveis. O diagrama p–v da Fig. 9.17 mostra dois possíveis caminhos alternativos para a compressão de um estado especificado 1 até uma pressão final especificada p_2. O caminho 1–2' é para uma compressão adiabática. O caminho 1–2 corresponde a uma compressão com transferência de calor *do* fluido de trabalho para as vizinhanças. A área à esquerda de cada curva é igual à *magnitude* do trabalho por unidade de massa do respectivo processo (veja a Seção 6.13.2). A área menor à esquerda do Processo 1–2 indica que o trabalho desse processo é menor que o da compressão adiabática de 1 para 2'. Isto sugere que resfriar um gás *durante* a compressão é vantajoso em termos de necessidade de fornecimento de trabalho.

Embora resfriar um gás *à medida que ele é comprimido* reduza o trabalho, na prática é difícil obter uma taxa de transferência de calor grande o suficiente para efetuar uma redução significativa do trabalho. Uma alternativa prática é separar as interações de calor e trabalho em processos distintos, permitindo que a compressão ocorra em estágios com trocadores de calor, chamados inter-resfriadores, que resfriam o gás entre os estágios. A Fig. 9.18 ilustra um compressor de dois estágios com inter-resfriamento. Os diagramas p–v e T–s que acompanham a figura mostram os estados de processos internamente reversíveis:

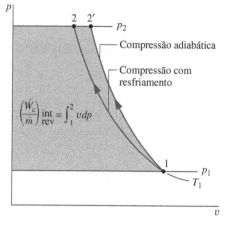

Fig. 9.17 Processos de compressão internamente reversíveis entre duas pressões fixadas.

▶ O Processo 1–c representa uma compressão isentrópica do estado 1 para o estado c, no qual a pressão é p_i.
▶ No Processo c–d o gás é resfriado a pressão constante da temperatura T_c para T_d.
▶ O Processo d–2 é uma compressão isentrópica até o estado 2.

inter-resfriador

O trabalho fornecido por unidade de vazão mássica é representado no diagrama p–v pela área sombreada 1–c–d–2–a–b–1. Sem o inter-resfriamento, o gás seria comprimido isentropicamente em um único estágio do estado 1 para o estado 2' e o trabalho seria representado pela área 1–2'–a–b–1. A área hachurada no diagrama p–v representa a redução do trabalho que seria obtida com o inter-resfriamento.

Alguns compressores grandes têm vários estágios de compressão com inter-resfriamento entre os estágios. A determinação do número de estágios e as condições nas quais operar os vários inter-resfriadores são um problema de otimização. O uso de compressão em múltiplos estágios com inter-resfriamento em uma instalação de potência a gás aumenta o trabalho líquido produzido através da redução do trabalho de compressão. Porém, a compressão com inter-resfriamento, por si só, não aumentaria necessariamente a eficiência térmica de uma turbina a gás, porque a temperatura de admissão do ar no combustor seria reduzida (compare as temperaturas dos estados 2' e 2 no diagrama T–s da Fig. 9.18). Uma temperatura mais baixa na entrada do combustor exigiria uma transferência de calor adicional para atingir a temperatura de entrada desejada na turbina. No entanto, a temperatura mais baixa na saída do compressor aumenta o potencial para regeneração, de modo que, quando o inter-resfriamento é usado em conjunto com a regeneração, pode resultar em aumento apreciável da eficiência térmica.

No próximo exemplo, analisamos um compressor de dois estágios com inter-resfriamento entre os estágios. Os resultados são comparados com aqueles relativos a um único estágio de compressão.

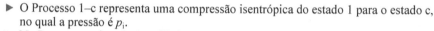
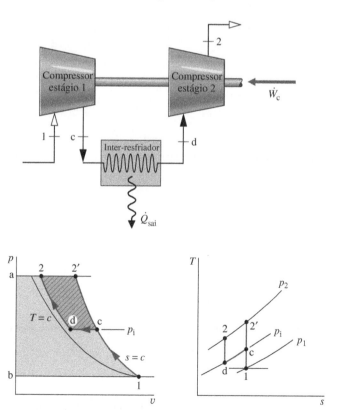

Fig. 9.18 Compressão em dois estágios com inter-resfriamento.

EXEMPLO 9.9

Avaliando um Compressor de Dois Estágios com Inter-resfriamento

Ar é comprimido de 100 kPa, 300 K até 1000 kPa em um compressor de dois estágios com inter-resfriamento entre os estágios. A pressão do inter-resfriador é 300 kPa. Antes de entrar no segundo estágio do compressor, o ar é resfriado de volta para 300 K no inter-resfriador. Cada estágio do compressor é isentrópico. Para operação em regime permanente e variações desprezíveis das energias cinética e potencial desde a entrada até a saída, determine **(a)** a temperatura na saída do segundo estágio do compressor e **(b)** o trabalho total fornecido ao compressor por unidade de fluxo de massa. **(c)** Repita os cálculos para um único estágio de compressão desde o estado de entrada fornecido até a pressão final.

SOLUÇÃO

Dado: Ar é comprimido em regime permanente em um compressor de dois estágios com inter-resfriamento entre os estágios. As pressões e as temperaturas de operação são fornecidas.

Pede-se: Determine a temperatura na saída do segundo estágio de compressão e o trabalho total fornecido por unidade de fluxo de massa. Repita para um único estágio de compressão.

Diagrama Esquemático e Dados Fornecidos:

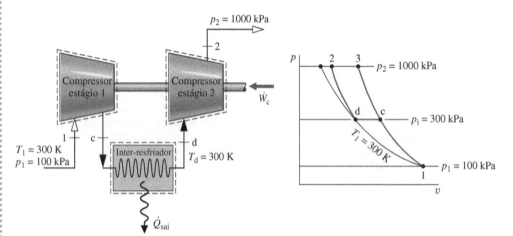

Fig. E9.9

Modelo de Engenharia:

1. Os estágios do compressor e o inter-resfriador são analisados como volumes de controle em regime permanente. Os volumes de controle são representados por linhas tracejadas na figura.
2. Os processos de compressão são isentrópicos.
3. Não existe perda de carga no escoamento através do inter-resfriador.
4. Os efeitos das energias cinética e potencial são desprezados.
5. O ar é modelado como um gás ideal.

Análise:

(a) A temperatura na saída do segundo estágio do compressor, T_2, pode ser encontrada por meio da seguinte relação para o processo isentrópico d–2:

$$p_{r2} = p_{rd} \frac{p_2}{p_d}$$

Com p_{rd} a $T_d = 300$ K da Tabela A-22, $p_2 = 1000$ kPa e $p_d = 300$ kPa,

$$p_{r2} = (1{,}386)\frac{1000}{300} = 4{,}62$$

Interpolando na Tabela A-22, obtemos $T_2 = 422$ K e $h_2 = 423{,}8$ kJ/kg.

(b) O trabalho total fornecido por unidade de fluxo de massa é a soma dos trabalhos fornecidos nos dois estágios. Ou seja

$$\frac{\dot{W}_c}{\dot{m}} = (h_c - h_1) + (h_2 - h_d)$$

Da Tabela A-22 com $T_1 = 300$ K, $h_1 = 300{,}19$ kJ/kg. Já que $T_d = T_1$, $h_d = 300{,}19$ kJ/kg. Para achar h_c, use os dados de p_r da Tabela A-22 junto com $p_1 = 100$ kPa e $p_c = 300$ kPa para escrever

$$p_{rc} = p_{r1}\frac{p_c}{p_1} = (1,386)\frac{300}{100} = 4,158$$

Interpolando na Tabela A-22, obtemos h_c = 411,3 kJ/kg. Assim, o trabalho total do compressor por unidade de massa é

$$\frac{\dot{W}_c}{\dot{m}} = (411,3 - 300,19) + (423,8 - 300,19) = 234,7 \text{ kJ/kg}$$

(c) Para um único estágio isentrópico de compressão, o estado de saída seria o estado 3 mostrado no diagrama p–v. A temperatura nesse estado pode ser determinada por meio de

$$p_{r3} = p_{r1}\frac{p_3}{p_1} = (1,386)\frac{1000}{100} = 13,86$$

Interpolando na Tabela A-22, obtemos T_3 = 574 K e h_3 = 579,9 kJ/kg.
  O trabalho fornecido a um único estágio de compressão é então

$$\frac{\dot{W}_c}{\dot{m}} = h_3 - h_1 = 579,9 - 300,19 = 279,7 \text{ kJ/kg}$$

Este cálculo confirma que, com uma compressão em dois estágios e inter-resfriamento, uma quantidade de trabalho menor é exigida do que com um único estágio de compressão. No entanto, com inter-resfriamento é obtida uma temperatura do gás muito menor na saída do compressor.

> **Habilidades Desenvolvidas**
>
> *Habilidades para...*
> - desenhar o esquema de um compressor de dois estágios com inter-resfriamento entre os estágios e o diagrama T–s correspondente.
> - avaliar as temperaturas e pressões em cada estado principal e obter os dados das propriedades necessárias.
> - aplicar os balanços de energia e de entropia.

Teste-Relâmpago Para este caso, qual é o percentual de redução do trabalho do compressor com dois estágios de compressão e inter-resfriamento, comparado à situação com um único estágio de compressão? **Resposta:** 16,1%.

Retornando à Fig. 9.18, o tamanho da área hachurada no diagrama p–v representando a redução de trabalho com o inter-resfriamento depende tanto da temperatura T_d na saída do inter-resfriador como da pressão do inter-resfriador, p_i. Selecionando-se apropriadamente T_d e p_i, o trabalho total fornecido ao compressor pode ser minimizado. Por exemplo, se a pressão p_i for especificada, o trabalho fornecido diminuirá (a área hachurada aumentará) à medida que a temperatura T_d se aproximar de T_1, a temperatura na entrada do compressor. Para o ar que está sendo admitido no compressor a partir das vizinhanças, T_1 será a temperatura-limite que pode ser atingida no estado d através de transferência de calor apenas com as vizinhanças. Além disso, para um valor especificado da temperatura T_d, pode-se selecionar a pressão p_i de modo que o trabalho total fornecido seja um mínimo (a área hachurada é máxima).
  O Exemplo 9.10 fornece uma ilustração da determinação da pressão do inter-resfriador para um trabalho total mínimo por meio da análise de ar-padrão.

EXEMPLO 9.10

Determinando a Pressão no Inter-resfriador para o Trabalho Mínimo no Compressor

Para um compressor de dois estágios com o estado de entrada e pressão de saída determinados, desenvolva uma análise de ar-padrão para expressar, em termos de propriedades conhecidas, valores de pressão do inter-resfriador necessários para que o trabalho total do compressor por unidade de massa seja mínimo. Assuma a operação sob regime permanente e as seguintes idealizações: cada processo de compressão é isentrópico; não há diminuição de pressão no inter-resfriador; a temperatura na entrada do segundo compressor é maior ou igual àquela da entrada do primeiro compressor. Efeitos de energia cinética e potencial são desprezíveis.

SOLUÇÃO

Dado: Um compressor de dois estágios com inter-resfriamento opera em regime permanente sob condições especificadas.
Pede-se: Determinar a pressão do inter-resfriador para que o trabalho total (por unidade de massa) do compressor seja mínimo.

Diagrama esquemático e dados fornecidos:

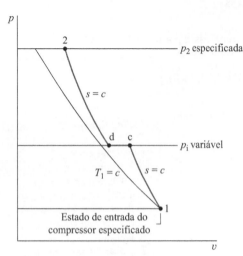

Fig. E9.10

Modelo de Engenharia:
1. Os estágios do compressor e do inter-resfriador são analisados como volumes de controle sob regime permanente.
2. Os processos de compressão são isentrópicos.
3. Não há perda de pressão devido ao fluxo através do inter-resfriador.
4. A temperatura na entrada do segundo compressor obedece $T_d \geq T_1$.
5. Efeitos de energia cinética e potencial são desprezíveis.
6. O fluido de trabalho é ar com comportamento ideal.
7. A capacidade calorífica c_p e, portanto, a razão k são constantes.

Análise: O trabalho total do compressor por unidade de massa é

$$\frac{\dot{W}_c}{\dot{m}} = (h_c - h_1) + (h_2 - h_d)$$

Considerando c_p constante:

$$\frac{\dot{W}_c}{\dot{m}} = c_p(T_c - T_1) + c_p(T_2 - T_d)$$

$$= c_p T_1\left(\frac{T_c}{T_1} - 1\right) + c_p T_d\left(\frac{T_2}{T_d} - 1\right)$$

Uma vez que os processos de compressão são isentrópicos e a razão k é constante, as razões entre as temperaturas e entre as pressões estão relacionadas, respectivamente, por

$$\frac{T_c}{T_1} = \left(\frac{p_i}{p_1}\right)^{(k-1)/k} \quad \text{e} \quad \frac{T_2}{T_d} = \left(\frac{p_2}{p_i}\right)^{(k-1)/k}$$

Combinando com a equação anterior

$$\frac{\dot{W}_c}{\dot{m}} = c_p T_1\left[\left(\frac{p_i}{p_1}\right)^{(k-1)/k} - 1\right] + c_p T_d\left[\left(\frac{p_2}{p_i}\right)^{(k-1)/k} - 1\right]$$

Então, para valores especificados de T_1, T_d, p_1, p_2 e c_p, o valor do trabalho total do compressor varia somente como uma função da pressão do inter-resfriador. Para determinar a pressão p_i que minimiza o trabalho total, faz-se a derivação

$$\frac{\partial(\dot{W}_c/\dot{m})}{\partial p_i} = c_p T_1 \frac{\partial}{\partial p_i}\left(\frac{p_i}{p_1}\right)^{(k-1)/k} + c_p T_d \frac{\partial}{\partial p_i}\left(\frac{p_2}{p_i}\right)^{(k-1)/k}$$

$$= c_p T_1\left(\frac{k-1}{k}\right)\left[\left(\frac{p_i}{p_1}\right)^{-1/k}\left(\frac{1}{p_1}\right) - \frac{T_d}{T_1}\left(\frac{p_2}{p_i}\right)^{-1/k}\left(\frac{p_2}{p_i^2}\right)\right]$$

$$= c_p T_1\left(\frac{k-1}{k}\right)\frac{1}{p_i}\left[\left(\frac{p_i}{p_1}\right)^{(k-1)/k} - \frac{T_d}{T_1}\left(\frac{p_2}{p_i}\right)^{(k-1)/k}\right]$$

Igualando a derivada parcial a zero, tem-se

$$\frac{p_i}{p_1} = \left(\frac{p_2}{p_i}\right)\left(\frac{T_d}{T_1}\right)^{k/(k-1)} \qquad (a)$$

Ou, alternativamente,

$$p_i = \sqrt{p_1 p_2 \left(\frac{T_d}{T_1}\right)^{k/(k-1)}} \qquad (b)$$

Verificando o sinal da derivada segunda, pode-se determinar que o trabalho total do compressor é mínimo.

❶ Observe que, para $T_d = T_1$, $p_i = \sqrt{(p_1 p_2)}$.

> **Habilidades Desenvolvidas**
>
> Habilidades para...
> ☐ completar a derivada detalhada de uma expressão termodinâmica.
> ☐ utilizar cálculos para maximizar uma função.

Teste-Relâmpago Se $p_1 = 1$ bar, $p_2 = 12$ bar, $T_d = T_1 = 300$ K e $k = 1{,}4$, determine a pressão do inter-resfriador (em bar) para que o trabalho do compressor seja mínimo, e a temperatura, em K, na saída de cada estágio de compressão. **Resposta:** 3,46 bar, 428 K.

9.8.3 Reaquecimento e Inter-resfriamento

O reaquecimento entre estágios de turbina e o inter-resfriamento entre estágios de compressor fornecem duas vantagens importantes: o trabalho líquido produzido é aumentado e o potencial para regeneração também. Em consequência, quando reaquecimento e inter-resfriamento são usados juntamente com regeneração, pode-se obter uma melhora substancial no desempenho. Um arranjo em que se incorporam reaquecimento, inter-resfriamento e regeneração é mostrado na Fig. 9.19. Essa turbina a gás possui dois estágios de compressão e dois estágios de turbina. O diagrama T–s que acompanha a figura é desenhado para indicar as irreversibilidades no compressor e nos estágios da turbina. As perdas de carga que ocorreriam à medida que o fluido de trabalho passasse pelo inter-resfriador, pelo regenerador e pelos combustores não são mostradas.

O Exemplo 9.11 ilustra a análise de uma turbina a gás regenerativa com inter-resfriamento e reaquecimento.

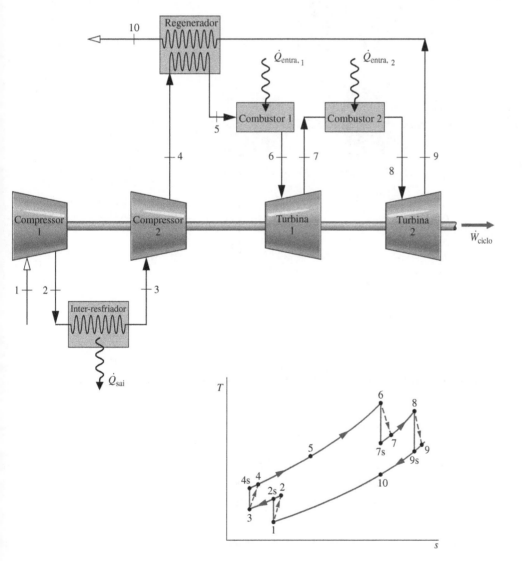

Fig. 9.19 Turbina a gás regenerativa com inter-resfriamento e reaquecimento.

EXEMPLO 9.11

Analisando uma Turbina a Gás Regenerativa com Inter-resfriamento e Reaquecimento

Uma turbina a gás regenerativa com inter-resfriamento e reaquecimento opera em regime permanente. Entra ar no compressor a 100 kPa, 300 K, com uma vazão em massa de 5,807 kg/s. A relação de pressão através do compressor de dois estágios é 10. A relação de pressão através da turbina de dois estágios também é 10. O inter-resfriador e o reaquecedor operam, ambos, a 300 kPa. A temperatura na entrada dos estágios da turbina é 1400 K. A temperatura na entrada do segundo estágio do compressor é 300 K. A eficiência isentrópica de cada estágio do compressor e da turbina é 80%. A eficiência do regenerador é 80%. Determine (a) a eficiência térmica, (b) a razão de trabalho reverso, (c) a potência líquida produzida, em kW, (d) a taxa de energia transferida como calor, em kW.

SOLUÇÃO

Dado: Uma turbina a gás regenerativa de ar-padrão com inter-resfriamento e reaquecimento opera em regime permanente. As pressões e as temperaturas de operação são especificadas. As eficiências isentrópicas da turbina e do compressor são dadas e a efetividade do regenerador é conhecida.

Pede-se: Determine a eficiência térmica, a razão de trabalho reverso, a potência líquida produzida, em kW, e a taxa de energia transferida como calor, em kW.

Diagrama Esquemático e Dados Fornecidos:

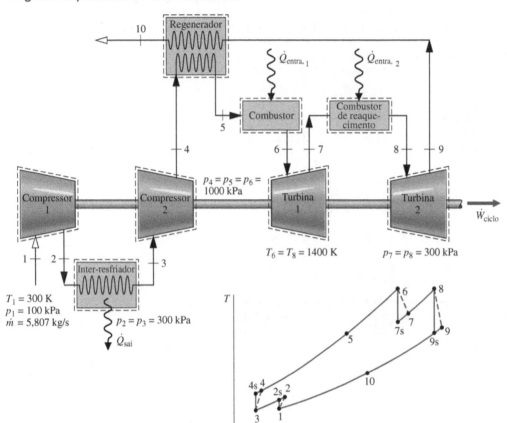

Modelo de Engenharia:

1. Cada componente é analisado como um volume de controle em regime permanente. Os volumes de controle estão representados por linhas tracejadas no esboço.
2. Não existe perda de carga nos escoamentos através dos trocadores de calor.
3. O compressor e a turbina são adiabáticos.
4. Os efeitos das energias cinética e potencial são desprezados.
5. O fluido de trabalho é ar modelado como um gás ideal.

Fig. E9.11

Análise: Valores de entalpia específica em cada estado mostrado na Fig. E9.11 encontram-se listados na tabela a seguir. Veja nota ❶ para detalhes.

Estado	h (kJ/kg)	Estado	h (kJ/kg)
1	300,19	6	1515,4
2s	411,3	7s	1095,9
2	439,1	7	1179,8
3	300,19	8	1515,4
4s	423,8	9s	1127,6
4	454,7	9	1205,2
5	1055,1		

(a) A eficiência térmica deve levar em conta o trabalho de ambos os estágios da turbina, o trabalho de ambos os estágios do compressor e o calor total adicionado. O trabalho total da turbina por unidade de vazão mássica é

$$\frac{\dot{W}_t}{\dot{m}} = (h_6 - h_7) + (h_8 - h_9)$$

$$= (1515{,}4 - 1179{,}8) + (1515{,}4 - 1205{,}2) = 645{,}8 \text{ kJ/kg}$$

O trabalho total fornecido ao compressor por unidade de vazão mássica é

$$\frac{\dot{W}_c}{\dot{m}} = (h_2 - h_1) + (h_4 - h_3)$$

$$= (439{,}1 - 300{,}19) + (454{,}7 - 300{,}19) = 293{,}4 \text{ kJ/kg}$$

O calor total adicionado por unidade de vazão mássica é

$$\frac{\dot{Q}_{entra}}{\dot{m}} = (h_6 - h_5) + (h_8 - h_7)$$

$$= (1515{,}4 - 1055{,}1) + (1515{,}4 - 1179{,}8) = 795{,}9 \text{ kJ/kg}$$

Calculando a eficiência térmica, temos

$$\eta = \frac{645{,}8 - 293{,}4}{795{,}9} = 0{,}443 \ (44{,}3\%)$$

(b) A razão de trabalho reverso é

$$\text{bwr} = \frac{\dot{W}_c/\dot{m}}{\dot{W}_t/\dot{m}} = \frac{293{,}4}{645{,}8} = 0{,}454 \ (45{,}4\%)$$

(c) A potência líquida produzida é

$$\dot{W}_{ciclo} = \dot{m}(\dot{W}_t/\dot{m} - \dot{W}_c/\dot{m})$$

❷ $$= \left(5{,}807\frac{\text{kg}}{\text{s}}\right)(645{,}8 - 293{,}4)\frac{\text{kJ}}{\text{kg}}\left|\frac{1 \text{ kW}}{1 \text{ kJ/s}}\right| = 2046 \text{ kW}$$

(d) A taxa total de energia adicionada ao ciclo por transferência de calor é obtida utilizando a vazão mássica especificada e os dados do item (a)

$$\dot{Q}_{entra} = \dot{m}(\dot{Q}_{entra}/\dot{m})$$

❸ $$= \left(5{,}807\frac{\text{kg}}{\text{s}}\right)\left(795{,}9\frac{\text{kJ}}{\text{kg}}\right)\left|\frac{1 \text{ kW}}{1 \text{ kJ/s}}\right| = 4622 \text{ kW}$$

---

❶ As entalpias nos estados 1, 2s, 3 e 4s são obtidas a partir da solução do Exemplo 9.9, no qual esses estados são designados 1, c, d e 2, respectivamente. Logo, $h_1 = h_3 = 300{,}19$ kJ/kg, $h_{2s} = 411{,}30$ kJ/kg, $h_{4s} = 423{,}80$ kJ/kg.

As entalpias específicas nos estados 6, 7s, 8 e 9s são obtidas a partir da solução do Exemplo 9.8, no qual estes estados são designados 3, a, b e 4, respectivamente. Logo, $h_6 = h_8 = 1515{,}4$ kJ/kg, $h_{7s} = 1095{,}9$ kJ/kg, $h_{9s} = 1127{,}6$ kJ/kg.

As entalpias específicas nos estados 2 e 4 são obtidas utilizando as eficiências isentrópicas do primeiro e segundo estágios de compressor, respectivamente. A entalpia específica do estado 5 é determinada utilizando a efetividade do regenerador. Finalmente, as entalpias específicas dos estados 7 e 9 são calculadas a partir das eficiências isentrópicas do primeiro e segundo estágios de turbina, respectivamente.

❷ Comparando-se os valores para a eficiência térmica, a razão de trabalho reverso e a potência líquida deste exemplo com os valores correspondentes no Exemplo 9.6, fica evidente que o desempenho de instalações de potência a gás pode aumentar significativamente se o reaquecimento e o inter-resfriamento forem acoplados à regeneração.

✓ **Habilidades Desenvolvidas**

Habilidades para...
- desenhar o esquema da turbina a gás regenerativa com inter-resfriamento e reaquecimento e o diagrama T-s do ciclo-padrão a ar correspondente.
- avaliar as temperaturas e pressões em cada estado principal e obter os dados das propriedades necessárias.
- calcular a eficiência térmica, a razão de trabalho reverso e a potência líquida desenvolvida.

❸ Com os resultados dos itens (c) e (d), tem-se $\eta = 0{,}443$, que está em concordância com o valor determinado no item (a), como esperado. Considerando que a vazão mássica é constante através do sistema, a eficiência térmica pode ser calculada alternativamente utilizando valores de transferência de energia por unidade de massa escoando, em kJ/kg, ou em uma base de tempo, em kW.

Teste-Relâmpago Verifique os valores de entalpia específica nos estados 4, 5 e 9 listados na tabela de dados.

9.8.4 Ciclos Ericsson e Stirling

Conforme ilustrado no Exemplo 9.11, podem-se conseguir aumentos significativos na eficiência térmica de instalações de potência de turbinas a gás através de inter-resfriamento, reaquecimento e regeneração. Existe um limite econômico para o número de estágios que pode ser empregado, e normalmente não há mais de dois ou três. Entretanto, é instrutivo considerar a situação em que o número de estágios tanto de inter-resfriamento como de reaquecimento torna-se infinitamente grande.

CICLO ERICSSON. A Fig. 9.20a mostra um ciclo de turbina a gás regenerativo *ideal* com vários estágios de compressão e expansão e um regenerador cuja efetividade é de 100%. Como na Fig. 9.8b, este é um ciclo *fechado* de turbina a gás. Supõe-se que cada inter-resfriador retome o fluido de trabalho para a temperatura T_C da entrada do primeiro estágio de compressão e cada reaquecedor retorne o fluido de trabalho para a temperatura T_H da entrada do primeiro estágio da turbina. O regenerador possibilita que o calor recebido no Processo 2–3 seja obtido do calor rejeitado no Processo 4–1. Em consequência, todo o calor adicionado *do meio exterior* ocorre nos reaquecedores, e todo o calor rejeitado para as vizinhanças ocorre nos inter-resfriadores.

No limite, à medida que um número infinito de estágios de reaquecimento e inter-resfriamento é utilizado, todo o calor adicionado ocorre quando o fluido de trabalho estiver à sua temperatura mais alta, T_H, e todo o calor rejeitado ocorre quando o fluido de trabalho estiver à sua temperatura mais baixa, T_C. O ciclo limite, mostrado na Fig. 9.20b, é chamado ciclo Ericsson.

ciclo Ericsson

Uma vez que se supõe que as irreversibilidades são ausentes e todo o calor é fornecido e rejeitado isotermicamente, a eficiência térmica do ciclo Ericsson iguala-se àquela de *qualquer* ciclo de potência reversível que opere com adição de calor à temperatura T_H e rejeição de calor à temperatura T_C: $\eta_{máx} = 1 - T_C/T_H$. Esta expressão é aplicada nas Seções 5.10 e 6.6 para o cálculo da eficiência térmica de ciclos de potência de Carnot. Embora os detalhes do ciclo Ericsson difiram daqueles do ciclo de Carnot, ambos os ciclos têm o mesmo valor de eficiência térmica quando operam entre as temperaturas T_H e T_C.

CICLO STIRLING. Outro ciclo que emprega um regenerador é o ciclo *Stirling*, mostrado nos diagramas p–v e T–s da Fig. 9.21. O ciclo consiste em quatro processos internamente reversíveis em série: compressão isotérmica do estado 1 até o estado 2 à temperatura T_C, aquecimento a volume constante do estado 2 até o estado 3, expansão isotérmica do estado 3 até o estado 4 à temperatura T_H e resfriamento a volume constante do estado 4 até o estado 1 para completar o ciclo.

Um regenerador cuja efetividade é de 100% permite que o calor rejeitado durante o Processo 4–1 proporcione o calor fornecido no Processo 2–3. Consequentemente, todo o calor fornecido ao fluido de trabalho de fontes externas ocorre no processo isotérmico 3–4 e todo o calor rejeitado para as vizinhanças ocorre no processo isotérmico 1–2.

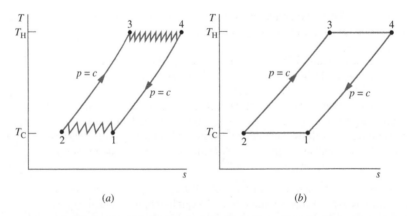

Fig. 9.20 Ciclo Ericsson como limite para operação de turbina a gás ideal usando compressão em múltiplos estágios com inter-resfriamento, expansão em múltiplos estágios com reaquecimento e regeneração.

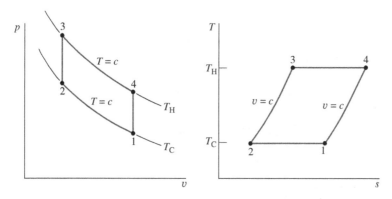

Fig. 9.21 Diagramas *p–v* e *T–s* do ciclo Stirling.

Pode-se concluir, portanto, que a eficiência térmica do ciclo Stirling é dada pela mesma expressão dos ciclos de Carnot e Ericsson. Como todos os três ciclos são *reversíveis*, podemos imaginá-los sendo executados de várias formas, incluindo o uso de turbinas a gás e motores cilindro-pistão. Em cada desenvolvimento, entretanto, há questões práticas que impedem sua implementação de fato.

MOTOR STIRLING. Os ciclos Ericsson e Stirling são principalmente de interesse teórico como exemplos de ciclos que apresentam a mesma eficiência térmica que o ciclo de Carnot. Porém, um motor prático do tipo cilindro-pistão que opera em um ciclo regenerativo *fechado* que apresenta características em comum com o ciclo Stirling tem sido estudado por anos. Esse motor é conhecido como motor Stirling. O motor Stirling oferece a oportunidade de alta eficiência juntamente com emissões de produtos de combustão reduzidas, porque a combustão ocorre externamente e não dentro do cilindro, como nos motores de combustão interna. No motor Stirling, a energia é transferida dos produtos da combustão, que são mantidos separados, para o fluido de trabalho. É um motor de combustão *externa*.

motor Stirling

 ## 9.9 Ciclos Combinados Baseados em Turbinas a Gás

Nesta seção, os ciclos combinados baseados em turbinas a gás são considerados para geração de energia. A cogeração, incluindo o aquecimento urbano também é considerada. Essas discussões complementam as apresentadas na Seção 8.5, em que são apresentados sistemas de potência a vapor executando funções similares.

As aplicações presentes baseiam-se no reconhecimento de que a temperatura do gás de exaustão de uma turbina a gás simples é tipicamente bem acima da temperatura ambiente e, portanto, o gás quente que sai da turbina possui uma utilidade termodinâmica significativa que pode ser aproveitada economicamente. Essa observação fornece a base para o ciclo de turbina a gás regenerativo apresentado na Seção 9.7 e para as aplicações correntes.

9.9.1 Ciclo de Potência Combinado de Turbina a Gás e a Vapor

Um ciclo combinado acopla dois ciclos de potência de modo que a energia descarregada através do calor de um dos ciclos é usada parcial ou completamente como o calor fornecido ao outro ciclo. Isso é ilustrado pelo ciclo de potência combinado envolvendo turbinas a gás e a vapor apresentado na Fig. 9.22. Os ciclos de potência a vapor e a gás são combinados usando um gerador de vapor com recuperação de calor como interligação, que serve como a caldeira do ciclo de potência a vapor.

O ciclo combinado possui a elevada temperatura média de adição de calor da turbina a gás e a baixa temperatura média de rejeição de calor do ciclo de vapor e, portanto, uma eficiência média maior do que qualquer um dos ciclos teria individualmente. Para muitas aplicações os ciclos combinados são uma boa escolha, e estão sendo cada vez mais usados pelo mundo para geração de energia elétrica.

De acordo com a Fig. 9.22, a eficiência térmica do ciclo combinado é

$$\eta = \frac{\dot{W}_{gás} + \dot{W}_{vap}}{\dot{Q}_{entra}} \tag{9.28}$$

em que $\dot{W}_{gás}$ é a potência *líquida* produzida pela turbina a gás e $\dot{W}_{vap}$ é a potência *líquida* produzida pelo ciclo de vapor. O termo $\dot{Q}_{entra}$ denota a taxa *total* de transferência de calor para o ciclo combinado, incluindo uma transferência de calor adicional, se existir, para superaquecer o vapor que entra na turbina a vapor. O cálculo das quantidades que aparecem na Eq. 9.28 segue os procedimentos descritos nas seções sobre ciclos de vapor e turbinas a gás.

A relação para a energia transferida do ciclo de gás ao ciclo de vapor para o sistema da Fig. 9.22 é obtida pela aplicação dos balanços das taxas de massa e energia a um volume de controle que engloba o gerador de vapor de recuperação

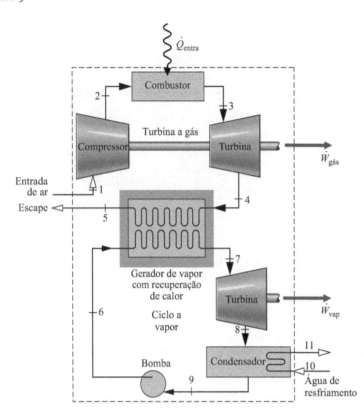

Fig. 9.22 Ciclo de potência combinado de turbina a gás e a vapor.

de calor. Para operação em regime permanente, transferência de calor desprezível para as vizinhanças e nenhuma variação significativa nas energias cinética e potencial, o resultado é

$$\dot{m}_v(h_7 - h_6) = \dot{m}_g(h_4 - h_5) \tag{9.29}$$

em que $\dot{m}_g$ e $\dot{m}_v$ são, respectivamente, as vazões mássicas do gás e do vapor.

Como verificamos através de relações como as Eqs. 9.28 e 9.29, pode-se analisar o desempenho do ciclo combinado por meio de balanços de massa e energia. Para completar a análise, contudo, faz-se necessária a segunda lei para se avaliar o impacto das irreversibilidades e dos verdadeiros valores das perdas. Entre as irreversibilidades, a mais importante é a exergia destruída pela combustão. Cerca de 30% da exergia que entra no combustor junto com o combustível são destruídos pela irreversibilidade da combustão. Porém, uma análise da turbina a gás com base no ar-padrão não permite calcular essa destruição de exergia, e para esse propósito devem ser aplicados os métodos apresentados no Cap. 13.

ENERGIA & MEIO AMBIENTE

Instalações de potência avançadas de ciclo combinado de classe H capazes de alcançar o difícil nível de eficiência térmica de ciclo combinado de 60% são uma realidade. Na engenharia de turbinas a gás *H* indica a máxima eficiência. As centrais de potência de classe H integram turbinas a gás, turbinas a vapor, geradores de vapor, e geradores de vapor de recuperação de calor. Elas são capazes de alcançar potências líquidas de cerca de 600 MW, enquanto permitem uma economia significativa de combustível, redução das emissões de dióxido de carbono, e obedecem aos baixos padrões de óxido nítrico.

Antes da descoberta da classe H, fabricantes de turbinas a gás haviam lutado contra a barreira imposta pela temperatura que limitava a eficiência térmica de sistemas de potência baseados em turbinas a gás. Durante anos, a barreira foi a temperatura de entrada da turbina a gás, de cerca de 1260°C (2300°F). Acima desse nível, as tecnologias de refrigeração disponíveis eram incapazes de proteger as pás das turbinas e outros componentes fundamentais da degradação térmica. Como as temperaturas mais altas caminham de mãos dadas com as maiores eficiências térmicas, a barreira de temperatura detectada limitava a eficiência alcançada.

Dois acontecimentos foram fundamentais para permitir a eficiência térmica de 60% ou mais do ciclo combinado: o resfriamento a vapor de ambas as pás, fixas e rotativas, e as pás feitas de um único cristal (monocristal).

▶ No resfriamento a vapor, o vapor gerado em uma temperatura relativamente baixa na instalação de potência a vapor associada alimenta os canais das pás nos estágios de alta temperatura da turbina a gás, arrefecendo assim as pás durante a produção de vapor superaquecido para uso na instalação a vapor, somado-se a eficiência do ciclo global. Revestimentos inovadores e compósitos cerâmicos típicos também ajudam os componentes a suportar as temperaturas muito elevadas do gás.

▶ As turbinas a gás de classe H também possuem pás *monocristalinas*. Convencionalmente, as pás fundidas são *policristalinas*. Elas consistem em uma infinidade de pequenos *grãos* (cristais) com interfaces entre os grãos chamadas contornos de grão. Eventos físicos adversos, tais como a corrosão e a *fluência* com origem nos contornos de grão encurtam muito a vida útil da pá e impõem limites com relação às temperaturas permitidas da turbina. Como não há contornos de grão, as pás monocristalinas são muito mais duráveis e menos propensas a degradação térmica.

Não satisfeitos, fabricantes de turbinas a gás buscam produzir um sistema capaz de operar a 1700°C com eficiência de 62% ou mais.

Sistemas de Potência a Gás **449**

O exemplo a seguir ilustra o uso de balanços de massa e energia, da segunda lei e de dados de propriedades para a análise do desempenho do ciclo combinado.

▶ EXEMPLO 9.12 ▶

Análise Energética e Exergética de uma Instalação de Potência de Turbina a Gás e Vapor Combinados

Uma instalação de potência de turbina a gás e vapor combinados tem uma potência de saída líquida de 45 MW. O ar entra no compressor da turbina a gás a 100 kPa, 300 K e é comprimido até 1200 kPa. A eficiência isentrópica do compressor é de 84%. A condição na entrada da turbina é 1200 kPa, 1400 K. O ar se expande através da turbina, a qual apresenta uma eficiência isentrópica de 88%, até uma pressão de 100 kPa. O ar então passa pelo trocador de calor interconectado e é finalmente descarregado a 400 K. O vapor d'água entra na turbina do ciclo de potência a vapor a 8 MPa, 400°C, e se expande até a pressão do condensador de 8 kPa. A água entra na bomba como líquido saturado a 8 kPa. A turbina e a bomba do ciclo a vapor apresentam eficiências isentrópicas de 90% e 80%, respectivamente.

(a) Determine as vazões mássicas do ar e do vapor d'água, ambas em kg/s, e a potência líquida produzida pelos ciclos de potência com turbina a gás e a vapor, ambos em MW, e a eficiência térmica.

(b) Desenvolva um balanço completo do aumento da taxa *líquida* de exergia à medida que o ar passa pelo combustor da turbina a gás. Discuta esse resultado.

Admita $T_0 = 300$ K, $p_0 = 100$ kPa.

SOLUÇÃO

Dado: Uma instalação de potência de turbina a gás e vapor combinados opera em regime permanente com uma potência líquida de saída conhecida. As pressões e as temperaturas de operação são especificadas. As eficiências das turbinas, do compressor e da bomba também são fornecidas.

Pede-se: Determine a vazão mássica de cada fluido de trabalho, em kg/s, e a potência líquida produzida por cada ciclo, em MW, e a eficiência térmica. Desenvolva um balancete completo do aumento da taxa de exergia do ar que passa pelo combustor e discuta os resultados.

Diagrama Esquemático e Dados Fornecidos:

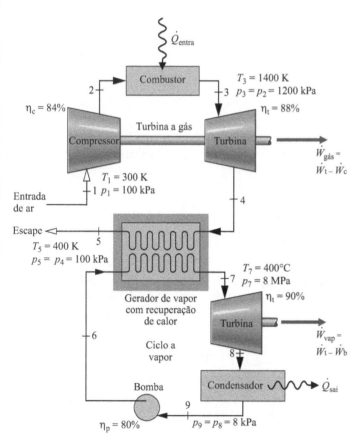

Modelo de Engenharia:

1. Cada componente do esboço é analisado como um volume de controle em regime permanente.
2. As turbinas, o compressor, a bomba e o gerador de vapor de recuperação de calor interconectado operam adiabaticamente.
3. Os efeitos das energias cinética e potencial são desprezados.
4. Não há perdas de carga no escoamento através do combustor, no gerador de vapor de recuperação de calor interconectado e no condensador.
5. Uma análise de ar-padrão é usada para a turbina a gás.
6. $T_0 = 300$ K, $p_0 = 100$ kPa.

Fig. E9.12

Análise: Os dados das propriedades fornecidos na tabela a seguir são determinados a partir dos procedimentos ilustrados em exemplos anteriores resolvidos nos Caps. 8 e 9. Os detalhes são deixados como exercício.

	Turbina a Gás			Ciclo a Vapor	
Estado	h (kJ/kg)	s° (kJ/kg · K)	Estado	h (kJ/kg)	s (kJ/kg · K)
1	300,19	1,7020	6	183,96	0,5975
2	669,79	2,5088	7	3138,30	6,3634
3	1515,42	3,3620	8	2104,74	6,7282
4	858,02	2,7620	9	173,88	0,5926
5	400,98	1,9919			

Análise da Energia

(a) Para se determinarem as vazões mássicas do vapor, e do ar, começa-se pela aplicação dos balanços de massa e energia ao gerador de vapor de recuperação de calor interconectado, obtendo-se

$$0 = \dot{m}_g(h_4 - h_5) + \dot{m}_v(h_6 - h_7)$$

ou

$$\frac{\dot{m}_v}{\dot{m}_g} = \frac{h_4 - h_5}{h_7 - h_6} = \frac{858,02 - 400,98}{3138,3 - 183,96} = 0,1547$$

Os balanços das taxas de massa e energia aplicados aos ciclos de potência com turbina a gás e a vapor fornecem a potência líquida produzida por cada um, respectivamente,

$$\dot{W}_{gás} = \dot{m}_g[(h_3 - h_4) - (h_2 - h_1)]$$
$$\dot{W}_{vap} = \dot{m}_v[(h_7 - h_8) - (h_6 - h_9)]$$

Com $\dot{W}_{liq} = \dot{W}_{gás} + \dot{W}_{vap}$

$$\dot{W}_{líq} = \dot{m}_g\left\{[(h_3 - h_4) - (h_2 - h_1)] + \frac{\dot{m}_v}{\dot{m}_g}[(h_7 - h_8) - (h_6 - h_9)]\right\}$$

Resolvendo para $\dot{m}_g$, e substituindo $\dot{W}_{liq}$ = 45 MW = 45.000 kJ/s e $\dot{m}_v/\dot{m}_g$ = 0,1547, obtemos

$$\dot{m}_g = \frac{45.000 \text{ kJ/s}}{\{[(1515,42 - 858,02) - (669,79 - 300,19)] + 0,1547[(3138,3 - 2104,74) - (183,96 - 173,88)]\} \text{ kJ/kg}}$$
$$= 100,87 \text{ kg/s}$$

e

$$\dot{m}_v = (0,1547)\dot{m}_g = 15,6 \text{ kg/s}$$

Utilizando esses valores de vazão mássica e as entalpias específicas da tabela anterior, a potência líquida produzida pelos ciclos de potência com turbina a gás e vapor são, respectivamente

$$\dot{W}_{gás} = \left(100,87\frac{\text{kg}}{\text{s}}\right)\left(287,8\frac{\text{kJ}}{\text{kg}}\right)\left|\frac{1 \text{ MW}}{10^3 \text{ kJ/s}}\right| = 29,03 \text{ MW}$$

$$\dot{W}_{vap} = \left(15,6\frac{\text{kg}}{\text{s}}\right)\left(1023,5\frac{\text{kJ}}{\text{kg}}\right)\left|\frac{1 \text{ MW}}{10^3 \text{ kJ/s}}\right| = 15,97 \text{ MW}$$

A eficiência térmica é dada pela Eq. 9.28. A potência líquida de saída é especificada no enunciado do problema como 45 MW. Assim, apenas $\dot{Q}_{entra}$ deve ser determinado. Aplicando os balanços das taxas de massa e de energia ao combustor, obtemos

$$\dot{Q}_{entra} = \dot{m}_g(h_3 - h_2)$$
$$= \left(100,87\frac{\text{kg}}{\text{s}}\right)(1515,42 - 669,79)\frac{\text{kJ}}{\text{kg}}\left|\frac{1 \text{ MW}}{10^3 \text{ kJ/s}}\right|$$
$$= 85,3 \text{ MW}$$

❶ Finalmente, a eficiência térmica é

$$\eta = \frac{45 \text{ MW}}{85,3 \text{ MW}} = 0,528 \ (52,8\%)$$

Sistemas de Potência a Gás   451

Análise da Exergia

(b) O aumento da taxa *líquida* de exergia do ar que passa pelo combustor é (Eq. 7.18)

$$\dot{E}_{f3} - \dot{E}_{f2} = \dot{m}_g[h_3 - h_2 - T_0(s_3 - s_2)]$$
$$= \dot{m}_g[h_3 - h_2 - T_0(s_3^\circ - s_2^\circ - R \ln p_3/p_2)]$$

Com a hipótese 4, temos

$$\dot{E}_{f3} - \dot{E}_{f2} = \dot{m}_g\left[h_3 - h_2 - T_0\left(s_3^\circ - s_2^\circ - R \ln\frac{p_3^{\,0}}{p_2}\right)\right]$$

$$= \left(100{,}87\frac{\text{kJ}}{\text{s}}\right)\left[(1515{,}42 - 669{,}79)\frac{\text{kJ}}{\text{kg}} - 300\,\text{K}(3{,}3620 - 2{,}5088)\frac{\text{kJ}}{\text{kg}\cdot\text{K}}\right]$$

$$= 59.480\frac{\text{kJ}}{\text{s}}\left|\frac{1\,\text{MW}}{10^3\,\text{kJ/s}}\right| = 59{,}48\,\text{MW}$$

A taxa *líquida* de exergia que é levada para fora pela corrente de ar de escape em 5 é

$$\dot{E}_{f5} - \dot{E}_{f1} = \dot{m}_g\left[h_5 - h_1 - T_0\left(s_5^\circ - s_1^\circ - R \ln\frac{p_5^{\,0}}{p_1}\right)\right]$$

$$= \left(100{,}87\frac{\text{kg}}{\text{s}}\right)[(400{,}98 - 300{,}19) - 300(1{,}9919 - 1{,}7020)]\left(\frac{\text{kJ}}{\text{kg}}\right)\left|\frac{1\,\text{MW}}{10^3\,\text{kJ/s}}\right|$$

$$= 1{,}39\,\text{MW}$$

A taxa *líquida* de exergia que é carregada para fora da instalação à medida que a água passa pelo condensador é

$$\dot{E}_{f8} - \dot{E}_{f9} = \dot{m}_v[h_8 - h_9 - T_0(s_8 - s_9)]$$

$$= \left(15{,}6\frac{\text{kg}}{\text{s}}\right)\left[(2104{,}74 - 173{,}88)\frac{\text{kJ}}{\text{kg}} - 300\,\text{K}(6{,}7282 - 0{,}5926)\frac{\text{kJ}}{\text{kg}\cdot\text{K}}\right]\left|\frac{1\,\text{MW}}{10^3\,\text{kJ/s}}\right|$$

$$= 1{,}41\,\text{MW}$$

As taxas de destruição de exergia para a turbina a ar, o compressor, a turbina a vapor, a bomba e o gerador de vapor de recuperação de calor são calculadas com o uso de $\dot{E}_d = T_0\dot{\sigma}_{vc}$, respectivamente, como se segue:

Turbina a ar:

❷ $$\dot{E}_d = \dot{m}_g T_0(s_4 - s_3)$$
$$= \dot{m}_g T_0(s_4^\circ - s_3^\circ - R \ln p_4/p_3)$$
$$= \left(100{,}87\frac{\text{kg}}{\text{s}}\right)(300\,\text{K})\left[(2{,}7620 - 3{,}3620)\frac{\text{kJ}}{\text{kg}\cdot\text{K}} - \left(\frac{8{,}314}{28{,}97}\frac{\text{kJ}}{\text{kg}\cdot\text{K}}\right)\ln\left(\frac{100}{1200}\right)\right]\left|\frac{1\,\text{MW}}{10^3\,\text{kJ/s}}\right|$$
$$= 3{,}42\,\text{MW}$$

Compressor:

$$\dot{E}_d = \dot{m}_g T_0(s_2 - s_1)$$
$$= \dot{m}_g T_0(s_2^\circ - s_1^\circ - R \ln p_2/p_1)$$
$$= (100{,}87)(300)\left[(2{,}5088 - 1{,}7020) - \frac{8{,}314}{28{,}97}\ln\left(\frac{1200}{100}\right)\right]\left|\frac{1}{10^3}\right|$$
$$= 2{,}83\,\text{MW}$$

Turbina a vapor:

$$\dot{E}_d = \dot{m}_v T_0(s_8 - s_7)$$
$$= (15{,}6)(300)(6{,}7282 - 6{,}3634)\left|\frac{1}{10^3}\right|$$
$$= 1{,}71\,\text{MW}$$

Bomba:

$$\dot{E}_d = \dot{m}_v T_0 (s_6 - s_9)$$

$$= (15,6)(300)(0,5975 - 0,5926)\left|\frac{1}{10^3}\right|$$

$$= 0,02 \text{ MW}$$

Gerador de vapor de recuperação de calor:

$$\dot{E}_d = T_0[\dot{m}_g(s_5 - s_4) + \dot{m}_v(s_7 - s_6)]$$

$$= (300 \text{ K})\left[\left(100,87\frac{\text{kg}}{\text{s}}\right)(1,9919 - 2,7620)\frac{\text{kJ}}{\text{kg}\cdot\text{K}} + \left(15,6\frac{\text{kg}}{\text{s}}\right)(6,3634 - 0,5975)\frac{\text{kJ}}{\text{kg}\cdot\text{K}}\right]\left|\frac{1 \text{ MW}}{10^3 \text{ kJ/s}}\right|$$

$$= 3,68 \text{ MW}$$

❸ Os resultados são resumidos no seguinte *balancete* de taxa de exergia em termos de magnitude de exergia em forma de taxa:

Aumento de exergia líquida do gás passando através do combustor: *Disposição da exergia:*	59,48 MW	100%	(70%)*
• Potência líquida produzida			
ciclo de turbina a gás	29,03 MW	48,8%	(34,2%)
ciclo a vapor	15,97 MW	26,8%	(18,8%)
Subtotal	45,00 MW	75,6%	(53,0%)
• Exergia líquida perdida com o			
gás de escape no estado 5 da água	1,39 MW	2,3%	(1,6%)
passando através do condensador	1,41 MW	2,4%	(1,7%)
• Destruição de exergia			
turbina a ar	3,42 MW	5,7%	(4,0%)
compressor	2,83 MW	4,8%	(3,4%)
turbina a vapor	1,71 MW	2,9%	(2,0%)
bomba	0,02 MW	—	—
gerador de vapor com recuperação de calor	3,68 MW	6,2%	(4,3%)

*Estimativa baseada na exergia do combustível. Para discussão, veja nota 3.

Os subtotais fornecidos na tabela sob o título *potência líquida desenvolvida* indicam que o ciclo combinado é eficiente em gerar energia a partir da exergia fornecida. A tabela também indica a importância relativa das destruições de exergia nas turbinas, no compressor, na bomba e no gerador de vapor de recuperação de calor, bem como a importância relativa das perdas de exergia. Finalmente, a tabela indica que o total de destruições de exergia suplanta as perdas. Enquanto a análise de energia do item (a) conduz a resultados valiosos sobre o desempenho do ciclo combinado, a análise de exergia do item (b) fornece uma visão sobre os efeitos das irreversibilidades e as magnitudes reais das perdas que não podem ser obtidas usando apenas o conceito de energia.

❶ Por comparação, observe que a eficiência térmica do ciclo combinado neste caso é muito maior do que as dos ciclos a gás e a vapor regenerativos independentes considerados nos Exemplos 8.5 e 9.11, respectivamente.

❷ O desenvolvimento das expressões apropriadas para as taxas de geração de entropia nas turbinas, no compressor, na bomba e no gerador de vapor de recuperação de calor é deixado como exercício.

❸ Nesse balanço de exergia, as percentagens mostradas entre parênteses são estimativas baseadas na exergia do combustível. Embora a combustão seja a fonte mais importante de irreversibilidade, a destruição de exergia devida a combustão não pode ser calculada a partir de uma análise de ar-padrão. Os cálculos de destruição de exergia devida a combustão (Cap. 13) revelam que aproximadamente 30% da exergia que entra no combustor com o combustível seriam destruídos, deixando cerca de 70% da exergia do combustível para uso posterior. Consequentemente, supõe-se que o valor 59,48 MW para o aumento de exergia líquida do ar que passa pelo combustor seja 70% da exergia do combustível fornecida. As outras percentagens entre parênteses são obtidas por multiplicação das percentagens correspondentes, baseadas no aumento de exergia do ar que passa pelo combustor, pelo fator 0,7. Uma vez que contabilizam a irreversibilidade da combustão, os valores da tabela entre parênteses fornecem a imagem mais precisa do desempenho do ciclo combinado.

✓ **Habilidades Desenvolvidas**

Habilidades para...
- ☐ aplicar os balanços de massa e energia.
- ☐ determinar a eficiência térmica.
- ☐ avaliar as quantidades de exergia.
- ☐ desenvolver um balanço de exergia.

> **Teste-Relâmpago** Determine a taxa *líquida* de energia que é carregada para fora da instalação à medida que a água passa pelo condensador, em MW, e comente. **Resposta:** 30,12 MW. A importância dessa perda é muito menor do que a indicada pela resposta. Em termos de exergia, a perda no condensador é de 1,41 MW [veja o item (b)], que melhor mede a utilidade da água a baixa temperatura que escoa pelo condensador.

9.9.2 Cogeração

Sistemas de cogeração são sistemas integrados que, a partir de uma única entrada de combustível, produzem dois produtos valiosos simultaneamente, eletricidade e vapor (ou água quente), conseguindo assim redução de custos. Os sistemas de cogeração possuem inúmeras aplicações industriais e comerciais. O aquecimento urbano é uma delas.

As centrais de aquecimento urbano estão localizadas nas comunidades para fornecer vapor ou água quente para aquecimento e outras necessidades, juntamente com eletricidade para uso doméstico, comercial e industrial. Ciclos de vapor baseados em centrais de aquecimento urbano são considerados na Seção 8.5.

Baseando-se no ciclo de potência combinado de turbina a gás e a vapor, apresentado na Seção 9.9.1, a Fig. 9.23 ilustra um sistema de aquecimento urbano que consiste em um ciclo de turbina a gás associado a um ciclo de potência a vapor, operando no modo discutido na Seção 8.5.3. Neste modelo, o vapor (ou água quente) vindo do condensador é fornecido para atender a carga de aquecimento urbano.

Fazendo novamente referência à Fig. 9.23, se o condensador for omitido, o vapor é fornecido diretamente da turbina a vapor para atender a carga de aquecimento urbano; o condensado retorna ao gerador de vapor de recuperação de calor. Se a turbina a vapor também for omitida, o vapor passa diretamente da unidade de recuperação de calor para a comunidade e retorna novamente, sendo a energia gerada apenas pela turbina a gás.

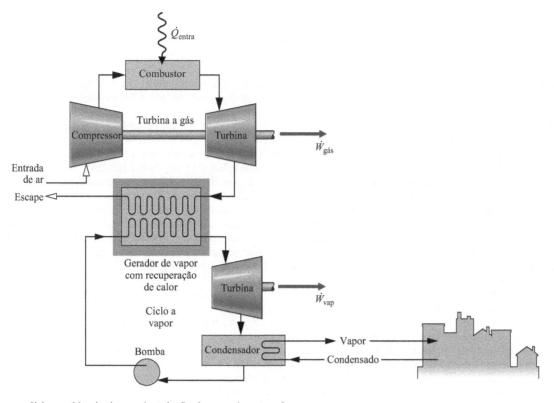

Fig. 9.23 Ciclo combinado de uma instalação de aquecimento urbano.

9.10 Instalações de Potência com Gaseificação Integrada ao Ciclo Combinado

Durante décadas, as instalações de potência a vapor movidas a carvão tem sido o cavalo de batalha da geração de eletricidade nos EUA (veja o Cap. 8). No entanto, questões relacionadas aos impactos ambientais e aos impactos na saúde humana ligadas à combustão do carvão têm colocado esse tipo de geração de energia sob uma nuvem. À luz das grandes reservas de carvão e da importância crítica da eletricidade para a nossa sociedade, o governo e o setor privado tem empenhado grandes esforços

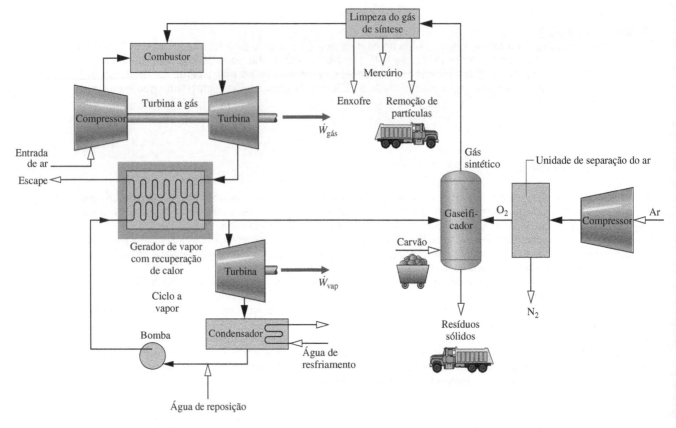

Fig. 9.24 Instalação de potência com gaseificação integrada ao ciclo combinado.

visando o desenvolvimento de tecnologias alternativas de geração de energia usando carvão, mas com menos efeitos adversos. Nesta seção, consideramos uma dessas tecnologias: instalações de potência com gaseificação integrada ao ciclo combinado (*integrated gasification combined-cycle* – IGCC).

Uma planta de potência IGCC integra um gaseificador de carvão com um ciclo de potência combinado de turbina a gás e a vapor, como considerado na Seção 9.9. Os principais elementos de uma instalação IGCC são mostrados na Fig. 9.24. O processo de gaseificação é alcançado através da combustão controlada do carvão com oxigênio na presença de vapor d'água para produzir o *singás* (gás de síntese) e os resíduos sólidos. O oxigênio é fornecido para o gaseificador por meio da unidade de separação de ar associada. O gás de síntese que sai do gaseificador é composto principalmente por monóxido de carbono e hidrogênio. O singás passa por uma limpeza de poluentes e, em seguida, é direcionado ao combustor da turbina a gás. O desempenho do ciclo combinado segue a discussão fornecida na Seção. 9.9.

Em instalações IGCC, os poluentes (compostos de enxofre, mercúrio, e particulados) são removidos *antes* da combustão quando isto é mais eficaz de ser feito do que depois da combustão, como em instalações convencionais a carvão. As instalações IGCC emitem menos dióxido de enxofre, óxido nítrico, mercúrio e particulados poluentes do que as instalações a carvão convencionais comparáveis, mas ainda são produzidos resíduos sólidos abundantes, que devem ser administrados de forma responsável.

Com um olhar mais atento à Fig. 9.24, observa-se que um melhor desempenho da instalação IGCC pode ser obtido através de uma maior integração entre a unidade de separação de ar e o ciclo combinado. Por exemplo, através do fornecimento do ar comprimido proveniente do compressor da turbina a gás para a unidade de separação de ar, o compressor que admite ar ambiente e alimenta a unidade de separação de ar pode ser eliminado ou reduzido de tamanho. Além disso, com a injeção de nitrogênio produzido pela unidade de separação na corrente de ar que entra no combustor, há um aumento da vazão mássica da turbina e, portanto, uma potência maior é desenvolvida.

Apenas algumas instalações IGCC foram construídas em todo o mundo até agora. Assim, só o tempo vai dizer se essa tecnologia avançará de forma significativa em comparação com as instalações de potência a vapor que utilizam carvão, incluindo a mais nova geração de instalações supercríticas. Os proponentes apontam o aumento da eficiência térmica do ciclo combinado como uma forma de estender a viabilidade das reservas de carvão dos EUA. Outros dizem que o investimento poderia ser mais bem direcionado, se utilizado para tecnologias que promovam o uso de fontes renováveis para a geração de energia do que para tecnologias que promovam o uso de carvão, com tantos efeitos adversos relacionados a sua utilização.

9.11 Turbinas a Gás para Propulsão de Aeronaves

motor turbojato

As turbinas a gás são particularmente adequadas para a propulsão de aeronaves devido à sua razão potência-por-peso favorável. O motor turbojato costuma ser usado para esse propósito. Como ilustra a Fig. 9.25a, esse tipo de motor consiste em três seções principais: o difusor, o gerador de gás e o bocal.

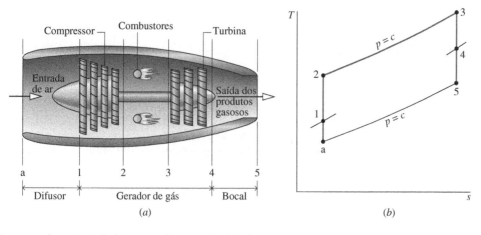

Fig. 9.25 Esquema do motor turbojato e seu diagrama *T–s* ideal.

O difusor colocado antes do compressor desacelera o ar de admissão com relação ao motor. Um aumento de pressão conhecido como efeito pistão está associado a essa desaceleração. A seção do gerador de gás consiste em um compressor, um combustor e uma turbina, com as mesmas funções que os componentes correspondentes de uma instalação de potência a gás. Em um motor turbojato, porém, a potência de saída da turbina precisa ser suficiente apenas para acionar o compressor e os equipamentos auxiliares.

Os gases de combustão deixam a turbina a uma pressão significativamente maior que a pressão atmosférica e se expandem pelo bocal até uma velocidade alta antes de serem descarregados na vizinhança. A variação global na velocidade dos gases em relação ao motor dá origem à força propulsora, ou empuxo.

Alguns turbojatos são equipados com um pós-queimador, como ilustra a Fig. 9.26. Este é essencialmente um equipamento de reaquecimento no qual uma quantidade adicional de combustível é injetada no gás que está deixando a turbina e queimada, produzindo na entrada do bocal uma temperatura mais alta do que seria obtida de outra maneira. Como consequência, é atingida uma maior velocidade de saída do bocal, resultando em aumento do empuxo.

efeito pistão

empuxo
pós-queimador

ANÁLISE DO TURBOJATO. O diagrama *T–s* dos processos em um motor turbojato ideal é mostrado na Fig. 9.25*b*. De acordo com as hipóteses de uma análise de ar-padrão, o fluido de trabalho é o ar modelado como um gás ideal. Os processos no difusor, no compressor, na turbina e no bocal são isentrópicos, e o combustor opera a pressão constante.

▶ O Processo isentrópico a–1 mostra o aumento de pressão que ocorre no difusor à medida que o ar desacelera ao passar por este componente.
▶ O Processo 1–2 é uma compressão isentrópica.
▶ O Processo 2–3 é uma adição de calor a pressão constante.
▶ O Processo 3–4 é uma expansão isentrópica através da turbina durante a qual o trabalho é produzido.
▶ O Processo 4–5 é uma expansão isentrópica, através do bocal, na qual o ar se acelera e a pressão diminui.

Devido a irreversibilidades em um motor real, ocorreriam aumentos de entropia no difusor, no compressor, na turbina e no bocal. Além disso, haveria uma irreversibilidade na combustão e uma perda de carga através do combustor do motor real. Mais detalhes a respeito do escoamento através de bocais e difusores são fornecidos nas Seções 9.13 e 9.14. O assunto combustão é discutido no Cap. 13.

Em uma análise termodinâmica típica de um turbojato com base no ar-padrão, devem-se conhecer as seguintes quantidades: a velocidade na entrada do difusor, a relação de pressão do compressor e a temperatura de entrada da turbina. O objetivo da análise pode ser então determinar a velocidade de saída do bocal. Uma vez que a velocidade de saída seja determinada, o *empuxo* pode ser determinado.

Todos os princípios necessários para a análise termodinâmica de motores turbojatos com base no ar-padrão foram apresentados. O Exemplo 9.13 fornece uma ilustração.

TOME NOTA...
Empuxo é a força direcionada para a frente desenvolvida devido à variação na quantidade de movimento dos gases que escoam através do motor turbojato. Veja a Seção 9.12.1 para a equação de quantidade de movimento.

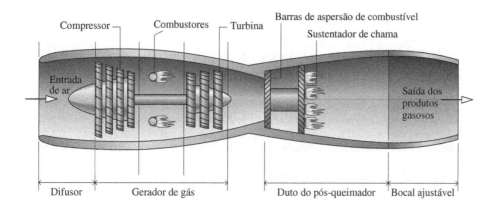

Fig. 9.26 Esquema de um motor turbojato com pós-queimador.

EXEMPLO 9.13

Analisando um Motor Turbojato

Em um motor turbojato entra ar a 11,8 lbf/in² (81,4 kPa), 430°R (234,3°C) e com velocidade de entrada de 620 milhas/h (909,3 ft/s). A relação de pressão no compressor é 8. A temperatura de entrada na turbina é 2150°R (921,3°C) e a pressão na saída do bocal é 11,8 lbf/in². O trabalho produzido pela turbina é igual ao trabalho fornecido ao compressor. Os processos no difusor, no compressor, na turbina e no bocal são isentrópicos, e não há perda de carga no escoamento através do combustor. Para uma operação em regime permanente, determine a velocidade na saída do bocal e a pressão em cada estado principal. Despreze a energia cinética, exceto na entrada e na saída do motor, e despreze a energia potencial ao longo de todo o motor.

SOLUÇÃO

Dado: Um motor turbojato ideal opera em regime permanente. As condições de operação importantes são especificadas.

Pede-se: Determine a velocidade na saída do bocal, em ft/s, e a pressão, em lbf/in², em cada estado principal.

Diagrama Esquemático e Dados Fornecidos:

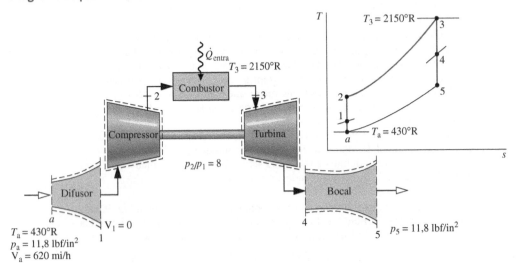

Fig. E9.13

Modelo de Engenharia:

1. Cada componente é analisado como um volume de controle em regime permanente. Os volumes de controle estão representados por linhas tracejadas no esboço.
2. Os processos no difusor, no compressor, na turbina e no bocal são isentrópicos.
3. Não há perda de carga para o escoamento através do combustor.
4. A potência produzida pela turbina é igual ao trabalho necessário para acionar o compressor.
5. À exceção da entrada e da saída do motor, os efeitos da energia cinética podem ser desprezados. Os efeitos da energia potencial são desprezíveis ao longo de todo o motor.
6. O fluido de trabalho é o ar modelado como um gás ideal.

Análise: Para se determinar a velocidade de saída do bocal, simplificam-se os balanços das taxas de massa e de energia para um volume de controle que envolva esse componente em regime permanente, fornecendo

$$0 = \dot{Q}_{vc}^{0} - \dot{W}_{vc}^{0} + \dot{m}\left[(h_4 - h_5) + \left(\frac{V_4^{2\,0} - V_5^2}{2}\right) + g(z_4 - z_5)^0\right]$$

em que $\dot{m}$ é a vazão mássica. A energia cinética na entrada é desprezada pela hipótese 5. Resolvendo para V_5, temos

$$V_5 = \sqrt{2(h_4 - h_5)}$$

Esta expressão requer as entalpias específicas h_4 e h_5 na entrada e na saída do bocal, respectivamente. Com os parâmetros de operação especificados, a determinação dos valores dessas entalpias é realizada por meio da análise de um componente de cada vez, começando pelo difusor. A pressão em cada estado principal pode ser calculada como parte da análise necessária para se encontrarem as entalpias h_4 e h_5.

Os balanços das taxas de massa e energia para um volume de controle que engloba o difusor reduzem-se a

$$h_1 = h_a + \frac{V_a^2}{2}$$

Com h_a da Tabela A-22E e o valor fornecido de V_a, temos

❶
$$h_1 = 102{,}7 \text{ Btu/lb} + \left[\frac{(909{,}3)^2}{2}\right]\left(\frac{\text{ft}^2}{\text{s}^2}\right)\left|\frac{1 \text{ lbf}}{32{,}2 \text{ lb} \cdot \text{ft/s}^2}\right|\left|\frac{1 \text{ Btu}}{778 \text{ ft} \cdot \text{lbf}}\right|$$
$$= 119{,}2 \text{ Btu/lb}$$

Interpolando na Tabela A-22E obtemos $p_{r1} = 1{,}051$. O escoamento através do difusor é isentrópico, de modo que a pressão p_1 é

$$p_1 = \frac{p_{r1}}{p_{ra}} p_a$$

Com os dados de p_r da Tabela A-22E e o valor conhecido de p_a

$$p_1 = \frac{1{,}051}{0{,}6268}(11{,}8 \text{ lbf/in}^2) = 19{,}79 \text{ lbf/in}^2$$

Usando a relação de compressão dada, a pressão no estado 2 é $p_2 = 8\,(19{,}79 \text{ lbf/in}^2) = 158{,}3 \text{ lbf/in}^2$.
O escoamento através do compressor também é isentrópico. Assim,

$$p_{r2} = p_{r1} \frac{p_2}{p_1} = 1{,}051(8) = 8{,}408$$

Interpolando na Tabela A-22E, obtemos $h_2 = 216{,}2$ Btu/lb.

No estado 3, a temperatura é dada como sendo $T_3 = 2150°$R. Da Tabela A-22E, $h_3 = 546{,}54$ Btu/lb. Pela hipótese 3, $p_3 = p_2$. O trabalho produzido pela turbina é suficiente para acionar o compressor (hipótese 4). Ou seja

$$\frac{\dot{W}_t}{\dot{m}} = \frac{\dot{W}_c}{\dot{m}}$$

ou

$$h_3 - h_4 = h_2 - h_1$$

Resolvendo para h_4, temos

$$h_4 = h_3 + h_1 - h_2 = 546{,}54 + 119{,}2 - 216{,}2$$
$$= 449{,}5 \text{ Btu/lb}$$

Interpolando na Tabela A-22E com h_4, obtemos $p_{r4} = 113{,}8$.
A expansão através da turbina é isentrópica, então

$$p_4 = p_3 \frac{p_{r4}}{p_{r3}}$$

Com $p_3 = p_2$ e os dados de p_r da Tabela A22-E

$$p_4 = (158{,}3 \text{ lbf/in}^2)\frac{113{,}8}{233{,}5} = 77{,}2 \text{ lbf/in}^2$$

A expansão através do bocal é isentrópica para $p_5 = 11{,}8 \text{ lbf/in}^2$. Assim

$$p_{r5} = p_{r4} \frac{p_5}{p_4} = (113{,}8)\frac{11{,}8}{77{,}2} = 17{,}39$$

Da Tabela A-22E, $h_5 = 265{,}8$ Btu/lb, que é a entalpia necessária para a determinação da velocidade na saída do bocal que restava calcular.

Utilizando esses valores de h_4 e h_5 determinados anteriormente, temos que a velocidade na saída no bocal é

❷
$$V_5 = \sqrt{2(h_4 - h_5)}$$
$$= \sqrt{2(449{,}5 - 265{,}8)\frac{\text{Btu}}{\text{lb}}\left|\frac{32{,}2 \text{ lb} \cdot \text{ft/s}^2}{1 \text{ lbf}}\right|\left|\frac{778 \text{ ft} \cdot \text{lbf}}{1 \text{ Btu}}\right|}$$
$$= 3034 \text{ ft/s } (2069 \text{ mi/h})$$

> **✓ Habilidades Desenvolvidas**
>
> Habilidades para...
> ☐ desenhar o esquema do motor turbojato e o diagrama T-s do ciclo-padrão a ar correspondente.
> ☐ avaliar as temperaturas e pressões em cada estado principal e obter os dados das propriedades necessárias.
> ☐ aplicar os princípios de massa, energia e entropia.
> ☐ calcular a velocidade na saída do bocal.

① Observe as unidades de conversão requeridas aqui e o cálculo para V_5.

② O aumento da velocidade do ar à medida que este passa pelo motor dá origem ao empuxo produzido pelo motor. Uma análise detalhada das forças que atuam sobre o motor requer a segunda lei do movimento de Newton em uma forma adequada para volumes de controle (veja a Seção 9.12.1).

Teste-Relâmpago Usando a Eq. 6.47 para a eficiência isentrópica do bocal, qual a velocidade de saída no bocal, em ft/s, para uma eficiência de 90%? **Resposta:** 2878 ft/s.

OUTRAS APLICAÇÕES. Outras aplicações associadas a turbinas a gás incluem os motores *turboélice* e *turbofan*. O motor turboélice mostrado na Fig. 9.27a consiste em uma turbina a gás na qual se permite que os gases se expandam através da turbina até a pressão atmosférica. A potência líquida produzida é direcionada para uma hélice, a qual fornece empuxo para a aeronave. Os turboélices são capazes de alcançar velocidades de até cerca de 925 km/h (575 milhas/h). No *turbofan* mostrado na Fig. 9.27b, o núcleo do motor é muito parecido com um turbojato, e certo empuxo é obtido pela expansão através do bocal. No entanto, um conjunto de lâminas de grande diâmetro montadas na frente do motor acelera o ar em torno do núcleo. Esse *escoamento em derivação* fornece empuxo adicional para a decolagem, enquanto o núcleo do motor fornece empuxo para a viagem. Os motores *turbofan* costumam ser usados em aeronaves comerciais com velocidades de voo de até cerca de 1000 km/h (620 milhas/h). Um tipo de motor particularmente simples conhecido como estatorreator é mostrado na Fig. 9.27c. Esse motor não exige nem compressor nem turbina. Um aumento de pressão suficiente é obtido pela desaceleração no difusor do ar de entrada a alta velocidade (efeito pistão). Para o estatorreator operar, portanto, a aeronave já deve estar em voo a alta velocidade. Os produtos da combustão que deixam o combustor são expandidos através do bocal para produzir o empuxo.

Em cada um dos motores citados até aqui, a combustão do combustível é apoiada pelo ar trazido da atmosfera para os motores. Para voos a alturas muito elevadas e viagens espaciais, nos quais isto não é mais possível, podem ser empregados os *foguetes*. Nessas aplicações, tanto o combustível quanto o oxidante (como o oxigênio líquido) são carregados a bordo do veículo. O empuxo é produzido quando os gases a alta pressão obtidos na combustão se expandem através de um bocal e são descarregados do foguete.

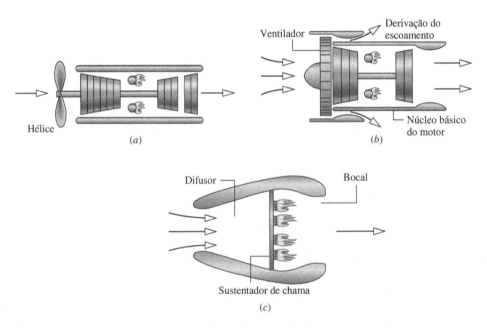

Fig. 9.27 Outros exemplos de motores de avião. (*a*) Turboélice. (*b*) Turbofan. (*c*) Ramjet.

Considerando o Escoamento Compressível Através de Bocais e Difusores

Em muitas aplicações de interesse em engenharia, os gases se movem a velocidades relativamente altas e apresentam variações apreciáveis de volume específico. Os escoamentos através de bocais e difusores de motores a jato discutidos na Seção 9.11 são exemplos importantes. Outros exemplos são os escoamentos através de túneis de vento, tubos de choque e ejetores de vapor. Esses escoamentos são conhecidos como escoamentos compressíveis. Nesta parte do capítulo, apresentamos alguns dos princípios que a análise de escoamentos compressíveis envolve.

escoamento compressível

Sistemas de Potência a Gás **459**

9.12 Conceitos Preliminares do Escoamento Compressível

Os conceitos apresentados nesta seção desempenham papéis importantes no estudo dos escoamentos compressíveis. A equação da quantidade de movimento é apresentada em uma forma aplicável a uma análise de volumes de controle em regime permanente. A velocidade do som também é definida e os conceitos de número de Mach e estado de estagnação são discutidos.

9.12.1 Equação da Quantidade de Movimento para Escoamento Permanente Unidimensional

A análise dos escoamentos compressíveis requer os princípios da conservação de massa e energia, a segunda lei da termodinâmica e relações entre as propriedades termodinâmicas do gás em escoamento. Além disso, é necessária a segunda lei do movimento de Newton. A aplicação da segunda lei do movimento de Newton a sistemas de massa fixa (sistemas fechados) envolve a conhecida fórmula

$$\mathbf{F} = m\mathbf{a}$$

em que **F** é a força resultante que atua *sobre* o sistema de massa m e **a** é a aceleração. O objetivo desta discussão é apresentar a segunda lei do movimento de Newton de uma forma apropriada ao estudo dos volumes de controle que abordaremos nas discussões posteriores.

Considere o volume de controle mostrado na Fig. 9.28, que tem uma única entrada, designada por 1, e uma única saída, designada por 2. Supõe-se escoamento unidimensional nestas posições. As equações de taxa de energia e de entropia para esse volume de controle possuem termos que levam em conta transferências de energia e de entropia, respectivamente, nas entradas e nas saídas. A quantidade de movimento também pode ser transportada para dentro ou para fora do volume de controle nas entradas e nas saídas, e tais transferências podem ser contabilizadas como

$$\begin{bmatrix} \text{taxa temporal de transferência} \\ \text{de quantidade de movimento} \\ \text{para dentro ou para fora de} \\ \text{um volume de controle que} \\ \text{acompanha a vazão mássica} \end{bmatrix} = \dot{m}\mathbf{V} \qquad (9.30)$$

Nesta expressão, a quantidade de movimento por unidade de massa que escoa pela fronteira do volume de controle é dada pelo vetor velocidade **V**. De acordo com o modelo de escoamento unidimensional, o vetor é normal à entrada ou à saída e orientado na direção do escoamento.

Em palavras, a segunda lei do movimento de Newton para volumes de controle é

$$\begin{bmatrix} \text{taxa temporal da} \\ \text{variação da quantidade} \\ \text{de movimento contida} \\ \text{no volume de controle} \end{bmatrix} = \begin{bmatrix} \text{força resultante} \\ \text{atuando sobre} \\ \text{o volume de} \\ \text{controle} \end{bmatrix} + \begin{bmatrix} \text{taxa líquida na qual a quantidade} \\ \text{de movimento é transferida para} \\ \text{dentro do volume de controle} \\ \text{acompanhando a vazão mássica} \end{bmatrix}$$

Em regime permanente, a quantidade de movimento total contida no volume de controle é constante no tempo. Consequentemente, quando se aplica a segunda lei do movimento de Newton a volumes de controle em regime permanente, é necessário considerar apenas a quantidade de movimento que acompanha as correntes de matéria que entram e saem e as forças que atuam sobre o volume de controle. A lei de Newton então estabelece que a força resultante **F** que atua *sobre* o volume de controle é igual à diferença entre as taxas de quantidade de movimento que sai e entra no volume de controle acompanhando o fluxo de massa. Isto é expresso pela seguinte equação de quantidade de movimento para regime permanente:

equação de quantidade de movimento para regime permanente

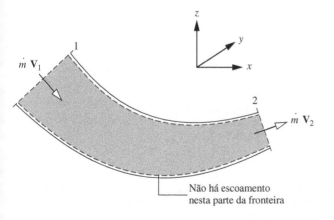

Fig. 9.28 Volume de controle em regime permanente com uma entrada e uma saída indicando as transferências de quantidade de movimento que acompanham a vazão em massa.

$$F = \dot{m}_2 V_2 - \dot{m}_1 V_1 = \dot{m}(V_2 - V_1) \tag{9.31}$$

> **TOME NOTA...**
> A força resultante **F** inclui as forças devidas à pressão que atua na entrada e na saída, as forças que atuam na parcela da fronteira através da qual não há fluxo de massa e a força da gravidade.

Já que $\dot{m}_1 = \dot{m}_2$ em regime permanente, a vazão mássica comum é designada nesta expressão simplesmente por $\dot{m}$. A expressão da segunda lei de Newton do movimento dada pela Eq. 9.31 é suficiente para as discussões posteriores. Formulações para volumes de controle mais gerais são normalmente fornecidas em textos de mecânica dos fluidos.

HORIZONTES

Microfoguetes propelidos por bolhas de H_2 são promessa em aplicações industriais e biomédicas

Pequenos dispositivos em forma de cone exibindo movimento autônomo em meios extremamente ácidos podem ter diversas aplicações variando desde a liberação controlada de medicamentos no corpo humano até o monitoramento de processos industriais, segundo pesquisadores.

Os cones ocos são fabricados em zinco e têm aproximadamente 10 micrômetros de comprimento, muito pequenos para serem observados a olho nu. Quando estes cones são imersos em um meio ácido, uma reação de oxirredução ocorre e o zinco sofre oxidação, de forma que os íons H^+ presentes no meio formam H_2 na superfície interna do cone. Finalmente, como mostrado na figura, bolhas se desprendem da superfície, sendo projetadas pela abertura de maior diâmetro do cone, e o foguete é propelido a uma velocidade de cerca de 100 unidades de comprimento por segundo.

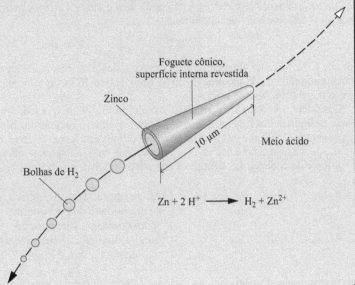

9.12.2 Velocidade do Som e Número de Mach

Uma onda sonora é uma pequena perturbação na pressão que se propaga através de um gás, líquido ou sólido a uma velocidade c que depende das propriedades do meio. Nesta seção, obtemos uma expressão que relaciona *a velocidade do som*, ou velocidade sônica, com outras propriedades. A velocidade do som é uma propriedade importante no estudo de escoamentos compressíveis.

MODELANDO ONDAS DE PRESSÃO. Iniciaremos de acordo com a Fig. 9.29a, que mostra uma onda de pressão se movendo para a direita com uma velocidade de intensidade c. A onda é gerada por um pequeno deslocamento do pistão. Conforme mostra a figura, a pressão, a massa específica e a temperatura na região à esquerda da onda afastam-se dos respectivos valores do fluido não perturbado à direita da onda, que são designados simplesmente por p, ρ e T. Após a onda ter passado, o fluido à sua esquerda fica em movimento permanente com uma velocidade de intensidade ΔV.

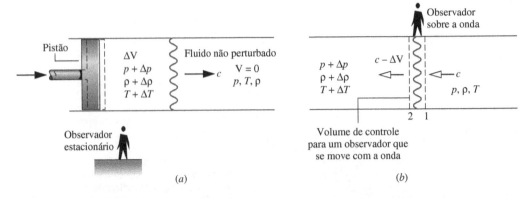

Fig. 9.29 Ilustrações utilizadas para analisar a propagação de uma onda sonora. (*a*) Propagação de uma onda de pressão através de um fluido em repouso, em relação a um observador estacionário. (*b*) Observador em repouso em relação à onda.

A Fig. 9.29a mostra a onda do ponto de vista de um observador estacionário. É mais fácil analisar esta situação do ponto de vista de um observador em repouso em relação à onda, conforme mostra a Fig. 9.29b. Ao adotarmos este ponto de vista, podemos aplicar uma análise em regime permanente ao volume de controle identificado na figura. Para um observador em repouso em relação à onda, tudo se passa como se o fluido estivesse se movendo da direita em direção à onda estacionária com velocidade c, pressão p, massa específica ρ e temperatura T e se afastando à esquerda com velocidade $c - \Delta V$, pressão $p + \Delta p$, massa específica $\rho + \Delta \rho$ e temperatura $T + \Delta T$.

Em regime permanente, o princípio da conservação de massa para o volume de controle se reduz a $\dot{m}_1 = \dot{m}_2$ ou

$$\rho A c = (\rho + \Delta \rho) A (c - \Delta V)$$

Após rearrumarmos, temos

$$0 = c\Delta\rho - \rho\Delta V - \cancel{\Delta\rho\Delta V}^0 \tag{9.32}$$

Quando a perturbação é *fraca*, o terceiro termo à direita na Eq. 9.32 pode ser desprezado, deixando

$$\Delta V = (c/\rho)\Delta\rho \tag{9.33}$$

Em seguida, a equação da quantidade de movimento, Eq. 9.31, é aplicada ao volume de controle em consideração. Já que a espessura da onda é pequena, as forças cisalhantes na parede são desprezíveis. O efeito da gravidade também é ignorado. Assim, as únicas forças importantes que atuam no volume de controle na direção do escoamento são as forças devidas à pressão na entrada e na saída. Com estas idealizações, o componente da equação da quantidade de movimento na direção do escoamento se reduz a

$$pA - (p + \Delta p)A = \dot{m}(c - \Delta V) - \dot{m}c$$
$$= \dot{m}(c - \Delta V - c)$$
$$= (\rho A c)(-\Delta V)$$

ou

$$\Delta p = \rho c \, \Delta V \tag{9.34}$$

Combinando as Eqs. 9.33 e 9.34 e resolvendo para c, temos

$$c = \sqrt{\frac{\Delta p}{\Delta \rho}} \tag{9.35}$$

ONDAS SONORAS. Para as ondas sonoras, as diferenças de pressão, massa específica e temperatura através da onda são bem pequenas. Em particular, $\Delta\rho \ll \rho$, o que justifica a retirada do terceiro termo da Eq. 9.32. Assim, a razão $\Delta p/\Delta\rho$ na Eq. 9.35 pode ser interpretada como a derivada da pressão em relação à massa específica através da onda. Além disso, experimentos indicam que a relação entre pressão e massa específica através de uma onda sonora é quase isentrópica. A expressão para a velocidade do som torna-se então,

$$c = \sqrt{\left(\frac{\partial p}{\partial \rho}\right)_s} \tag{9.36a}$$

velocidade do som

ou, em termos de volume específico,

$$c = \sqrt{-v^2 \left(\frac{\partial p}{\partial v}\right)_s} \tag{9.36b}$$

A velocidade do som é uma propriedade intensiva cujo valor depende do estado do meio pelo qual o som se propaga. Embora tenhamos considerado que o som se propaga isentropicamente, o meio por si só pode estar sofrendo qualquer processo.

Os meios para se calcular a velocidade c do som para gases, líquidos e sólidos são apresentados na Seção 11.5. O caso especial de um gás ideal será considerado aqui porque esse caso é usado extensivamente mais adiante no capítulo. Para esse caso, a relação entre pressão e volume específico de um gás ideal com entropia fixa é $pv^k =$ constante, em que k é a razão entre calores específicos (Seção 6.11.2). Assim, $(\partial p/\partial v)_s = -kp/v$, e a Eq. 9.36b fornece $c = \sqrt{kpv}$. Ou, com a equação de estado de gás ideal

$$c = \sqrt{kRT} \quad \text{(gás ideal)} \tag{9.37}$$

▶ **POR EXEMPLO** para ilustrar o uso da Eq. 9.37, vamos calcular a velocidade do som no ar a 300 K (540°R) e 650 K (1170°R). Da Tabela A-20 a 300 K, $k = 1,4$. Assim,

$$c = \sqrt{1{,}4\left(\frac{8314}{28{,}97}\frac{\text{N}\cdot\text{m}}{\text{kg}\cdot\text{K}}\right)(300\text{ K})\left|\frac{1\text{ kg}\cdot\text{m/s}^2}{1\text{ N}}\right|} = 347\frac{\text{m}}{\text{s}}\left(1138\frac{\text{ft}}{\text{s}}\right)$$

A 650 K, $k = 1{,}37$ e $c = 506$ m/s (1660 ft/s), como se pode verificar. Como exemplos em unidades inglesas, considere a seguir hélio a 495°R (275 K) e 1080°R (600 K). Para um gás monoatômico, a razão entre calores específicos é essencialmente independente da temperatura e tem o valor $k = 1{,}67$. Assim, a 495°R

$$c = \sqrt{1{,}67\left(\frac{1545}{4}\frac{\text{ft}\cdot\text{lbf}}{\text{lb}\cdot\text{°R}}\right)(495\text{°R})\left|\frac{32{,}2\text{ lb}\cdot\text{ft/s}^2}{1\text{ lbf}}\right|} = 3206\frac{\text{ft}}{\text{s}}\left(977\frac{\text{m}}{\text{s}}\right)$$

A 1080°R, $c = 4736$ ft/s (1444 m/s), como se pode verificar. ◄ ◄ ◄ ◄ ◄

Número de Mach

Em discussões posteriores, a razão entre a velocidade V em um estado em um fluido que escoa e o valor da velocidade sônica c no mesmo estado desempenha papel importante. Esta razão é chamada número de Mach M

$$M = \frac{\text{V}}{c} \qquad (9.38)$$

Quando $M > 1$, diz-se que o escoamento é supersônico; quando $M < 1$, o escoamento é subsônico; e quando $M = 1$, o escoamento é *sônico*. O termo *hipersônico* é usado para escoamentos com números de Mach muito maiores que 1, e o termo *transônico* se refere a escoamentos em que o número de Mach é próximo da unidade.

BIOCONEXÕES Durante séculos, os médicos têm utilizado sons provenientes do corpo humano para auxiliar em diagnósticos. Estamos familiarizados com o estetoscópio, que é usado por médicos desde o início do século XIX para a detecção de sons de forma mais eficaz.

Outro método comum na prática médica relacionado com o som corresponde à utilização deste em frequências superiores à audível pelo ouvido humano, e é conhecido como *ultrassom*. A *ultrassonografia* permite que os médicos observem o interior do corpo e avaliem estruturas sólidas no interior da cavidade abdominal. Os dispositivos de ultrassom emitem feixes de ondas sonoras no corpo e registram os ecos refletidos, conforme o feixe encontra regiões de diferentes densidades. As ondas sonoras refletidas produzem imagens de sombra na tela de um monitor de estruturas abaixo da pele. As imagens mostram a forma, o tamanho e o movimento dos objetos-alvo no caminho do feixe.

Os obstetras costumam usar ultrassom para avaliar o feto durante a gravidez. Os médicos de emergência usam ultrassom para avaliar a dor abdominal ou outros sintomas. A aplicação de ultrassom também é usada para quebrar pequenas pedras nos rins.

Cardiologistas utilizam uma aplicação de ultrassom conhecida como *ecocardiograma* para avaliar a função do coração e das válvulas cardíacas, medir o fluxo de sangue bombeado a cada curso, detectar coágulos de sangue nas veias e bloqueios nas artérias. Entre os diversos usos da ecocardiografia está o teste de *estresse*, em que o ecocardiograma é feito antes e depois do exercício, e o teste *transesofágico*, em que uma sonda com um transdutor na extremidade é posicionada no esôfago para estar mais perto do coração, permitindo assim imagens mais nítidas deste, sem a interferência da costela e dos pulmões.

9.12.3 Determinação de Propriedades no Estado de Estagnação

Quando se lida com escoamentos compressíveis, muitas vezes é conveniente trabalhar com propriedades calculadas em um estado de referência conhecido como estado de estagnação. O estado de estagnação é aquele que um fluido que escoa atingiria se fosse desacelerado até a velocidade zero isentropicamente. Podemos imaginar essa situação ocorrendo em um difusor que opera em regime permanente. Através da simplificação de um balanço de energia para este difusor, pode-se concluir que a entalpia no estado de estagnação associado a um estado real no escoamento em que a entalpia específica é h e a velocidade é V é dada por

$$h_{\text{o}} = h + \frac{\text{V}^2}{2} \qquad (9.39)$$

A entalpia aqui designada como h_{o} é chamada entalpia de estagnação. A pressão p_{o} e a temperatura T_{o} no estado de estagnação são chamadas pressão de estagnação e temperatura de estagnação, respectivamente.

9.13 Análise do Escoamento Unidimensional Permanente em Bocais e Difusores

Embora o assunto escoamento compressível surja em grandes e importantes áreas de aplicação da engenharia, o restante desta apresentação focaliza apenas o escoamento através de bocais e difusores. Para discussões sobre outras áreas de aplicação, devem-se consultar textos que tratem de escoamento compressível.

Nesta seção, determinamos os formatos exigidos por bocais e difusores para escoamentos subsônico e supersônico. Isto é conseguido pela aplicação dos princípios de massa, energia, entropia e quantidade de movimento juntamente com as relações entre propriedades. Além disso, estudamos como o escoamento através de bocais é afetado à medida que as condições de saída do bocal variam. A discussão encerra-se com uma análise de choques normais, que podem existir em escoamentos supersônicos.

9.13.1 Efeitos da Variação de Área em Escoamentos Subsônicos e Supersônicos

O objetivo desta discussão é estabelecer critérios para se determinar se um bocal ou difusor deve ter um formato convergente, divergente ou convergente-divergente. Isto é obtido utilizando-se equações diferenciais que relacionam as principais variáveis que são obtidas por meio de balanços de massa e energia junto com as relações entre propriedades, como consideramos a seguir.

EQUAÇÕES DE GOVERNO DIFERENCIAIS. Vamos começar considerando um volume de controle que engloba um bocal ou difusor. Em regime permanente, a vazão em massa é constante, então

$$\rho A V = \text{constante}$$

Na forma diferencial

$$d(\rho A V) = 0$$
$$AV\, d\rho + \rho A\, dV + \rho V\, dA = 0$$

ou, após dividir-se cada termo por ρAV,

$$\frac{d\rho}{\rho} + \frac{dV}{V} + \frac{dA}{A} = 0 \qquad (9.40)$$

Considerando $\dot{Q}_{vc} = \dot{W}_{vc} = 0$ e os efeitos de energia potencial desprezíveis, um balanço da taxa de energia com as devidas simplificações fornece

$$h_2 + \frac{V_2^2}{2} = h_1 + \frac{V_1^2}{2}$$

Substituindo a Eq. 9.39, segue-se que as entalpias de estagnação nos estados 1 e 2 são iguais: $h_{o2} = h_{o1}$. Já que qualquer estado a jusante da entrada pode ser considerado como o estado 2, deve ser satisfeita, em cada estado, a seguinte relação entre a entalpia específica e a energia cinética:

$$h + \frac{V^2}{2} = h_{o1} \quad \text{(constante)}$$

Na forma diferencial esta se torna

$$dh = -V\, dV \qquad (9.41)$$

Esta equação mostra que, se a velocidade aumenta (diminui) na direção do escoamento, a entalpia específica deve diminuir (aumentar) na direção do escoamento, e vice-versa.

Além das Eqs. 9.40 e 9.41, que expressam a conservação de massa e energia, devem-se levar em consideração relações entre as propriedades. Considerando-se que o escoamento ocorra isentropicamente, a relação entre propriedades (Eq. 6.10b)

$$T\, ds = dh - \frac{dp}{\rho}$$

simplifica-se e fornece

$$dh = \frac{1}{\rho} dp \qquad (9.42)$$

> **TOME NOTA...**
> Modelo de engenharia:
> ▶ Volume de controle em regime permanente.
> ▶ $\dot{Q}_{vc} = \dot{W}_{vc} = 0$.
> ▶ Energia potencial desprezível.
> ▶ Fluxo isentrópico.

Esta equação mostra que, quando a pressão aumenta ou diminui no sentido do escoamento, a entalpia específica varia do mesmo modo.

Montando a diferencial da relação entre propriedades $p = p(\rho, s)$

$$dp = \left(\frac{\partial p}{\partial \rho}\right)_s d\rho + \left(\frac{\partial p}{\partial s}\right)_\rho ds$$

O segundo termo desaparece em um escoamento isentrópico. Substituindo a Eq. 9.36a, temos

$$dp = c^2 d\rho \tag{9.43}$$

a qual mostra que, quando a pressão aumenta ou diminui no sentido do escoamento, a massa específica varia do mesmo modo.

Podem-se tirar outras conclusões combinando-se estas equações diferenciais. A combinação das Eqs. 9.41 e 9.42 resulta em

$$\frac{1}{\rho}dp = -V\,dV \tag{9.44}$$

a qual mostra que, se a velocidade aumenta (diminui) no sentido do escoamento, a pressão deve diminuir (aumentar) no sentido do escoamento.

Eliminando dp das Eqs. 9.43 e 9.44 e combinando o resultado com a Eq. 9.40, temos

$$\frac{dA}{A} = -\frac{dV}{V}\left[1 - \left(\frac{V}{c}\right)^2\right]$$

ou, com *o número de Mach M*

$$\boxed{\frac{dA}{A} = -\frac{dV}{V}(1 - M^2)} \tag{9.45}$$

VARIAÇÃO DA ÁREA COM A VELOCIDADE. A Eq. 9.45 mostra quanto a área varia com a velocidade. Podem ser identificados quatro casos:

Caso 1: Bocal subsônico. $dV > 0$, $M < 1 \Rightarrow dA < 0$: O duto *converge* na direção do escoamento.
Caso 2: Bocal supersônico. $dV > 0$, $M > 1 \Rightarrow dA > 0$: O duto *diverge* na direção do escoamento.
Caso 3: Difusor supersônico. $dV < 0$, $M > 1 \Rightarrow dA < 0$: O duto *converge* na direção do escoamento.
Caso 4: Difusor subsônico. $dV < 0$, $M < 1 \Rightarrow dA > 0$: O duto *diverge* na direção do escoamento.

As conclusões a que chegamos com respeito à natureza do escoamento em bocais e difusores subsônicos e supersônicos são resumidas na Fig. 9.30. Na Fig. 9.30a, vemos que, para acelerar um fluido que escoa subsonicamente, deve-se usar um bocal convergente, mas uma vez que $M = 1$ seja atingido, uma aceleração adicional pode ocorrer somente em um bocal divergente. Na Fig. 9.30b, vemos que é necessário um difusor convergente para desacelerar um fluido que escoe supersonicamente, mas, uma vez que $M = 1$ seja atingido, pode ocorrer uma desaceleração adicional somente em um difusor divergente. Estas descobertas sugerem que um número de Mach unitário só pode ocorrer em uma posição em um bocal ou difusor no qual a área da seção reta é mínima. Essa posição de área mínima é chamada **garganta**.

Os desenvolvimentos nesta seção não exigiram a especificação de uma equação de estado; assim, as conclusões valem para todos os gases. Além disso, embora as conclusões tenham sido obtidas sob a restrição de escoamento isentrópico através de bocais e difusores, elas são pelo menos qualitativamente válidas para escoamentos reais, porque o escoamento através de bocais e difusores bem projetados é bem próximo do isentrópico. Eficiências isentrópicas de bocais (Seção 6.12) além de 95% podem ser obtidas na prática.

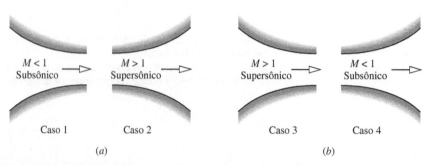

Fig. 9.30 Efeitos da variação de área em escoamentos subsônicos e supersônicos. (*a*) Bocais: *V* aumenta; *h*, *p* e ρ diminuem. (*b*) Difusores: *V* diminui; *h*, *p* e ρ aumentam.

9.13.2 Efeitos da Pressão a Jusante sobre a Vazão Mássica

Nesta discussão consideramos o efeito da variação da *pressão a jusante* sobre a vazão mássica em bocais. A pressão a jusante é a pressão na região de descarga fora do bocal. Primeiramente examinamos o caso de bocais convergentes e depois consideramos os bocais convergente-divergentes.

pressão a jusante

BOCAIS CONVERGENTES. A Fig. 9.31 mostra um duto convergente com condições de estagnação na entrada, descarregando em uma região em que é possível variar a pressão a jusante p_B. Para a série de casos denominados de a até e, vamos considerar como a vazão mássica $\dot{m}$ e a pressão de saída do bocal p_E variam à medida que a pressão a jusante é reduzida mantendo-se fixas as condições na entrada.

Quando $p_B = p_E = p_o$, não há escoamento, de forma que $\dot{m} = 0$. Isto corresponde ao caso a da Fig. 9.31. se a pressão a jusante p_B for reduzida, como nos casos b e c, haverá escoamento através do bocal. Enquanto o escoamento for subsônico na saída, as informações sobre mudanças de condições na região de descarga podem ser transmitidas para montante. Diminuições na pressão a jusante resultam, assim, em maiores vazões mássicas e novas variações de pressão dentro do bocal. Em cada exemplo, a velocidade é subsônica ao longo de todo o bocal, e a pressão de saída é igual à pressão a jusante. Porém, o número de Mach na saída aumenta conforme p_B diminui, e eventualmente será atingido um número de Mach unitário na saída do bocal. A pressão correspondente a esta situação é designada por p^*, chamada *pressão crítica*. Este caso é representado por d na Fig. 9.31.

Lembrando que o número de Mach não pode aumentar além da unidade em uma seção convergente, passemos a considerar o que acontece quando a pressão a jusante é reduzida mais ainda até um valor menor que p^*, como representado pelo caso e. Já que a velocidade na saída é igual à velocidade do som, as informações sobre a variação das condições na região de descarga não podem ser mais transmitidas para montante do plano de saída. Consequentemente, reduções em p_B abaixo de p^* não produzem efeitos nas condições de escoamento do bocal. Nem a variação de pressão dentro do bocal nem a vazão mássica são afetadas. Nessas condições, diz-se que o bocal está estrangulado. Quando um bocal está estrangulado, a vazão mássica é a *máxima possível para as condições de estagnação dadas*. Para p_B menor que p^*, o escoamento se expande para fora do bocal para equiparar-se à pressão a jusante mais baixa, como mostra o caso e da Fig. 9.31. A variação de pressão fora do bocal não pode ser estimada com a utilização do modelo de escoamento unidimensional.

escoamento estrangulado: bocal convergente

BOCAIS CONVERGENTES-DIVERGENTES. A Fig. 9.32 ilustra os efeitos da variação da pressão a jusante em um bocal *convergente-divergente*. A série de casos denominados a até j é considerada a seguir.

▶ Vamos primeiro discutir os casos denominados a, b, c e d. O caso a corresponde a $p_B = p_E = p_o$, para o qual não existe escoamento. Quando a pressão a jusante é ligeiramente menor que p_o (caso b), existe algum escoamento, e o escoamento é subsônico em toda a extensão do bocal. De acordo com a discussão da Fig. 9.30, a maior velocidade e a pressão mais baixa ocorrem na garganta, e a parte divergente funciona como um difusor no qual a pressão aumenta e a velocidade diminui na direção do escoamento. Se a pressão a jusante for reduzida ainda mais, correspondendo ao caso c, a vazão mássica e a velocidade na garganta serão maiores do que antes. Ainda assim, o escoamento permanece subsônico em toda a extensão e qualitativamente o mesmo do que no caso b.

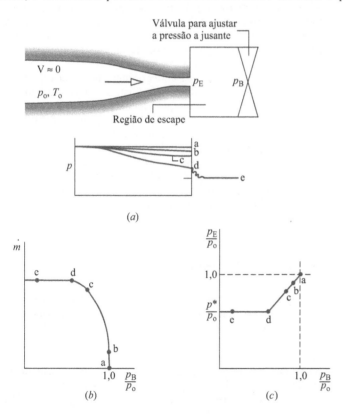

Fig. 9.31 Efeito da pressão a jusante na operação de um bocal convergente.

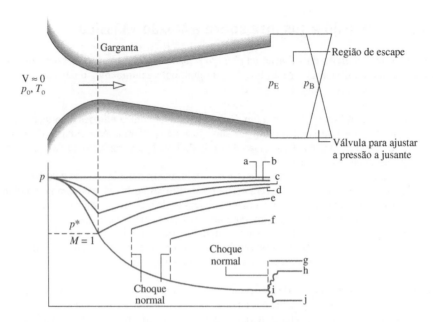

Fig. 9.32 Efeito da pressão a jusante na operação de um bocal convergente-divergente.

À medida que a pressão a jusante é reduzida, o número de Mach na garganta aumenta e eventualmente um número de Mach unitário é atingido nesse ponto (caso d). Como antes, a maior velocidade e a menor pressão ocorrem na garganta, e a parte divergente permanece como um difusor subsônico. Porém, devido ao fato de a velocidade na garganta ser sônica, o bocal agora está estrangulado: a *vazão mássica máxima foi atingida para as condições de estagnação dadas*. Reduções posteriores da pressão a jusante não podem resultar em aumento da vazão mássica.

escoamento estrangulado: bocal convergente-divergente

▶ Quando a pressão a jusante é reduzida abaixo daquela correspondente ao caso d, o escoamento através da parte convergente e na garganta permanece inalterado. Porém, as condições dentro da parte divergente podem ser alteradas, como ilustram os casos e, f e g. No caso e, o fluido que passa pela garganta continua a se expandir e se torna supersônico na parte divergente logo a jusante da garganta; mas em uma certa posição ocorre uma brusca variação das propriedades. Isto é chamado choque normal. No choque, ocorre um aumento rápido e irreversível na pressão, acompanhado de uma rápida diminuição de escoamento supersônico para subsônico. A jusante do choque, o duto divergente funciona como um difusor subsônico no qual o fluido continua a se desacelerar e a pressão aumenta para equiparar-se à pressão a jusante imposta na saída. Se a pressão a jusante for reduzida ainda mais (caso f), a posição do choque move-se para jusante, mas o escoamento permanece qualitativamente o mesmo que no caso e. Com a continuação da redução da pressão a jusante, a posição do choque move-se ainda mais a jusante da garganta até localizar-se na saída (caso g). Nesse caso, o escoamento ao longo de todo o bocal é isentrópico, com escoamento subsônico na parte convergente, $M = 1$ na garganta, e escoamento supersônico na parte divergente. Já que o fluido que deixa o bocal passa por um choque, ele é subsônico logo a jusante do plano de saída.

choque normal

▶ Finalmente, vamos considerar os casos h, i e j, em que a pressão a jusante é menor que aquela correspondente ao caso g. Em cada um desses casos, o escoamento através do bocal não é afetado. O ajuste para a variação da pressão a jusante ocorre fora do bocal. No caso h, a pressão diminui continuamente à medida que o fluido se expande isentropicamente no bocal e depois aumenta até a pressão a jusante fora do bocal. A compressão que ocorre fora do bocal envolve *ondas de choque oblíquas*. No caso i, o fluido se expande isentropicamente até a pressão a jusante, e nenhum choque ocorre dentro ou fora do bocal. No caso j, o fluido se expande isentropicamente no bocal e então se expande fora do bocal até a pressão a jusante através de *ondas de expansão oblíquas*. Uma vez que $M = 1$ seja atingido na garganta, a vazão mássica fica fixa no valor máximo para as condições de estagnação dadas, de modo que a vazão mássica é a mesma para pressões a jusante correspondendo aos casos d até j. Variações de pressão fora do bocal que envolvam ondas oblíquas não podem ser estimadas com a utilização do modelo de escoamento unidimensional.

9.13.3 Escoamento Através de um Choque Normal

Verificamos que, em certas condições, uma mudança rápida e abrupta de estado denominada choque ocorre no trecho divergente de um bocal supersônico. Em um choque *normal*, essa mudança de estado ocorre em um plano normal à direção do escoamento. O propósito desta discussão é desenvolver procedimentos para a determinação das variações de estado através de um choque normal.

MODELANDO CHOQUES NORMAIS. Um volume de controle que engloba um choque normal é mostrado na Fig. 9.33. O volume de controle é admitido em regime permanente com $\dot{W}_{vc} = 0$, $\dot{Q}_{vc} = 0$, e os efeitos da energia potencial desprezíveis. A espessura do choque é muito pequena (da ordem de 10^{-5} cm). Assim, não há variação significativa na área de escoamento ao longo do choque, embora este possa ocorrer em uma passagem divergente, e as forças que atuam na parede podem ser desprezadas em relação às forças de pressão que atuam nas posições a montante e a jusante, designadas, respectivamente, por x e y.

Os estados a montante e a jusante estão relacionados pelas seguintes equações:

Massa:

$$\rho_x V_x = \rho_y V_y \qquad (9.46)$$

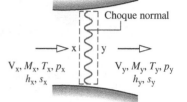

Fig. 9.33 Volume de controle englobando um choque normal.

Energia:

$$h_x + \frac{V_x^2}{2} = h_y + \frac{V_y^2}{2} \qquad (9.47a)$$

ou

$$h_{ox} = h_{oy} \qquad (9.47b)$$

Movimento:

$$p_x - p_y = \rho_y V_y^2 - \rho_x V_x^2 \qquad (9.48)$$

Entropia:

$$s_y - s_x = \dot{\sigma}_{vc}/\dot{m} \qquad (9.49)$$

Quando combinadas com as relações entre propriedades para o fluido em consideração, as Eqs. 9.46, 9.47 e 9.48 permitem a determinação das condições a jusante para condições especificadas a montante. A Eq. 9.49 que corresponde à Eq. 6.39 leva à importante conclusão de que o estado a jusante *tem de* ter uma entropia específica maior que o estado a montante, ou $s_y > s_x$.

LINHAS DE FANNO E RAYLEIGH. As equações de massa e de energia, Eqs. 9.46 e 9.47, podem ser combinadas com relações entre propriedades para o fluido em questão para fornecer uma equação que, quando representada em um diagrama *h–s*, é chamada linha de Fanno. Analogamente, as equações de massa e quantidade de movimento, Eqs. 9.46 e 9.48, podem ser combinadas para fornecer uma equação que, quando representada em um diagrama *h–s*, é chamada linha de Rayleigh. As linhas de Fanno e de Rayleigh estão traçadas em coordenadas *h–s* na Fig. 9.34. Pode-se mostrar que o ponto de entropia máxima em cada linha, pontos a e b, corresponde a $M = 1$. Pode-se mostrar também que os ramos superior e inferior de cada linha correspondem, respectivamente, a velocidades subsônicas e supersônicas.

linha de Fanno

linha de Rayleigh

O estado a jusante y deve satisfazer simultaneamente as equações de massa, energia e quantidade de movimento, e assim o estado y está fixado pela interseção das linhas de Fanno e de Rayleigh que passam pelo estado x. Já que $s_y > s_x$, pode-se concluir que o escoamento ao longo do choque só pode passar *de* x *para* y. Consequentemente, a velocidade muda de supersônica antes do choque ($M_x > 1$) para subsônica após o choque ($M_y < 1$). Esta conclusão condiz com a discussão dos casos e, f e g da Fig. 9.32. Um aumento significativo na pressão ao longo do choque acompanha a diminuição da velocidade. A Fig. 9.34 também indica os estados de estagnação correspondentes aos estados a montante e a jusante do choque. A entalpia de estagnação não muda ao longo do choque, mas há uma diminuição marcante da pressão de estagnação associada ao processo irreversível que ocorre na região do choque normal.

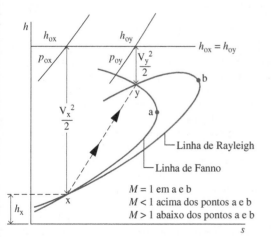

Fig. 9.34 Interseção das linhas de Fanno e de Rayleigh como uma solução para as equações de choque normal.

9.14 Escoamento de Gases Ideais com Calores Específicos Constantes em Bocais e Difusores

A discussão sobre o escoamento em bocais e difusores apresentada na Seção 9.13 não necessita de qualquer hipótese acerca da equação de estado, e portanto os resultados obtidos valem de maneira geral. A atenção agora é voltada para gases ideais com calores específicos constantes. Este caso é apropriado para muitos problemas práticos que envolvem escoamento através de bocais e difusores. A hipótese de calores específicos constantes também permite a dedução de equações analíticas relativamente simples.

9.14.1 Funções de Escoamento Isentrópico

Iniciaremos desenvolvendo equações que relacionam um estado em um escoamento compressível com o estado de estagnação correspondente. Para o caso de gás ideal com c_p constante, a Eq. 9.39 torna-se

$$T_o = T + \frac{V^2}{2c_p}$$

em que T_o é a temperatura de estagnação. Usando a Eq. 3.47a, $c_p = kR/(k-1)$, juntamente com as Eqs. 9.37 e 9.38, a relação entre a temperatura T e o número de Mach M do gás que escoa e a temperatura de estagnação T_o correspondente é

$$\frac{T_o}{T} = 1 + \frac{k-1}{2}M^2 \qquad (9.50)$$

Com a Eq. 6.43, uma relação entre a temperatura T e a pressão p do gás que escoa e a temperatura de estagnação T_o e a pressão de estagnação p_o correspondentes é

$$\frac{p_o}{p} = \left(\frac{T_o}{T}\right)^{k/(k-1)}$$

Inserindo a Eq. 9.50 nesta expressão temos

$$\frac{p_o}{p} = \left(1 + \frac{k-1}{2}M^2\right)^{k/(k-1)} \qquad (9.51)$$

Embora as condições sônicas possam não ser realmente atingidas em um certo escoamento, é conveniente dispor de uma expressão que relacione a área A em uma dada seção à área A^* que *seria* necessária para escoamento sônico ($M = 1$) com a mesma vazão mássica e o mesmo estado de estagnação. Estas áreas estão relacionadas por

$$\rho A V = \rho^* A^* V^*$$

em que ρ^* e V^* são a massa específica e a velocidade, respectivamente, quando $M = 1$. Substituindo a equação de estado de gás ideal, juntamente com as Eqs. 9.37 e 9.38, e resolvendo para A/A^*, temos

$$\frac{A}{A^*} = \frac{1}{M}\frac{p^*}{p}\left(\frac{T}{T^*}\right)^{1/2} = \frac{1}{M}\frac{p^*/p_o}{p/p_o}\left(\frac{T/T_o}{T^*/T_o}\right)^{1/2}$$

em que T^* e p^* são, respectivamente, a temperatura e a pressão quando $M = 1$. Então, com as Eqs. 9.50 e 9.51,

$$\frac{A}{A^*} = \frac{1}{M}\left[\left(\frac{2}{k+1}\right)\left(1 + \frac{k-1}{2}M^2\right)\right]^{(k+1)/2(k-1)} \qquad (9.52)$$

A variação de A/A^* com M é dada na Fig. 9.35 para $k = 1,4$. A figura mostra que um único valor de A/A^* corresponde a qualquer escolha de M. Porém, para um dado valor de A/A^* diferente da unidade, existem dois possíveis valores para o número de Mach, um subsônico e o outro supersônico. Isto está de acordo com a discussão da Fig. 9.30, na qual foi determinado que uma passagem convergente-divergente com uma seção de área mínima é necessária para acelerar um escoamento da velocidade subsônica para supersônica.

As Eqs. 9.50, 9.51 e 9.52 permitem computar e tabelar as razões T/T_o, p/p_o e A/A^* *versus* o número de Mach como a única variável independente para um valor especificado de k. A Tabela 9.2 fornece uma tabulação desse tipo para $k = 1,4$. Esta tabela facilita a análise do escoamento através de bocais e difusores. As Eqs. 9.50, 9.51 e 9.52 também podem ser prontamente calculadas por meio de programas de computador, como o *Interactive Thermodynamics: IT*.

No Exemplo 9.14, consideramos o efeito da pressão de retorno sobre o fluxo em um bocal convergente. O *primeiro passo* da análise é checar se o fluxo está comprimido.

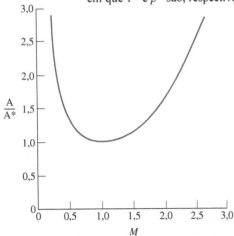

Fig. 9.35 Variação de A/A^* *versus* o número de Mach em um escoamento isentrópico para $k = 1,4$.

Sistemas de Potência a Gás   469

TABELA 9.2

Funções de Escoamento Isentrópico para um Gás Ideal com $k = 1,4$

M	T/T_0	p/p_0	A/A^*
0	1,000 00	1,000 00	∞
0,10	0,998 00	0,993 03	5,8218
0,20	0,992 06	0,972 50	2,9635
0,30	0,982 32	0,939 47	2,0351
0,40	0,968 99	0,895 62	1,5901
0,50	0,952 38	0,843 02	1,3398
0,60	0,932 84	0,784 00	1,1882
0,70	0,910 75	0,720 92	1,094 37
0,80	0,886 52	0,656 02	1,038 23
0,90	0,860 58	0,591 26	1,008 86
1,00	0,833 33	0,528 28	1,000 00
1,10	0,805 15	0,468 35	1,007 93
1,20	0,776 40	0,412 38	1,030 44
1,30	0,747 38	0,360 92	1,066 31
1,40	0,718 39	0,314 24	1,1149
1,50	0,689 65	0,272 40	1,1762
1,60	0,661 38	0,235 27	1,2502
1,70	0,633 72	0,202 59	1,3376
1,80	0,606 80	0,174 04	1,4390
1,90	0,580 72	0,149 24	1,5552
2,00	0,555 56	0,127 80	1,6875
2,10	0,531 35	0,109 35	1,8369
2,20	0,508 13	0,093 52	2,0050
2,30	0,485 91	0,079 97	2,1931
2,40	0,464 68	0,068 40	2,4031

► EXEMPLO 9.14 ►

Determinando o Efeito da Pressão a Jusante: Bocal Convergente

Um bocal convergente tem uma área de saída de 0,001 m². O ar entra no bocal com velocidade desprezível a uma pressão de 1,0 MPa e a uma temperatura de 360 K. Para escoamento isentrópico de um gás ideal com $k = 1,4$, determine a vazão mássica, em kg/s, e o número de Mach na saída para pressões a jusante de **(a)** 500 kPa e **(b)** 784 kPa.

SOLUÇÃO

Dado: Ar escoa isentropicamente a partir de condições de estagnação especificadas por um bocal com uma área de saída conhecida.

Pede-se: Para pressões a jusante de 500 e 784 kPa, determine a vazão mássica, em kg/s, e o número de Mach na saída.

Diagrama Esquemático e Dados Fornecidos:

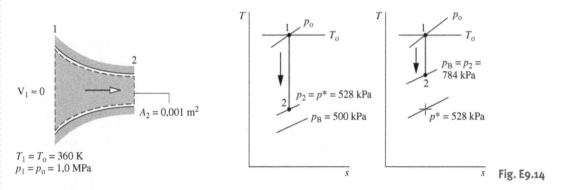

Fig. E9.14

Modelo de Engenharia:
1. O volume de controle mostrado no esboço opera em regime permanente.
2. O ar é modelado como um gás ideal com $k = 1,4$.
3. O escoamento através do bocal é isentrópico.

470 Capítulo 9

Análise: O *primeiro passo* é verificar se o escoamento está estrangulado. Com $k = 1,4$ e $M = 1,0$, a Eq. 9.51 fornece $p^*/p_o = 0,528$.
❶ Como $p_o = 1,0$ MPa, a pressão crítica é $p^* = 528$ kPa. Assim, para pressões a jusante de 528 kPa ou menos, o número de Mach é unitário na saída e o bocal está estrangulado.

(a) Dessa discussão segue-se que, para uma pressão a jusante de 500 kPa, o bocal está estrangulado. Na saída, $M_2 = 1,0$ e a pressão na saída iguala-se à pressão crítica, $p_2 = 528$ kPa. A vazão mássica é o valor máximo que pode ser atingido para as condições de estagnação dadas. Com a equação de estado de gás ideal, a vazão mássica fica

$$\dot{m} = \rho_2 A_2 V_2 = \frac{p_2}{RT_2} A_2 V_2$$

A área de saída A_2 exigida por esta expressão é especificada como 10^{-3} m². Como $M = 1$ na saída, a temperatura de saída T_2 pode ser determinada da Eq. 9.50, que, com o rearranjo, torna-se

$$T_2 = \frac{T_o}{1 + \frac{k-1}{2}M^2} = \frac{360 \text{ K}}{1 + \left(\frac{1,4-1}{2}\right)(1)^2} = 300 \text{ K}$$

Então, com a Eq. 9.37, a velocidade de saída V_2 é

$$V_2 = \sqrt{kRT_2}$$
$$= \sqrt{1,4\left(\frac{8314}{28,97}\frac{\text{N} \cdot \text{m}}{\text{kg} \cdot \text{K}}\right)(300 \text{ K})\left|\frac{1 \text{ kg} \cdot \text{m/s}^2}{1 \text{ N}}\right|} = 347,2 \text{ m/s}$$

Finalmente

$$\dot{m} = \frac{(528 \times 10^3 \text{ N/m}^2)(10^{-3} \text{ m}^2)(347,2 \text{ m/s})}{\left(\frac{8314}{28,97}\frac{\text{N} \cdot \text{m}}{\text{kg} \cdot \text{K}}\right)(300 \text{ K})} = 2,13 \text{ kg/s}$$

(b) Já que a pressão a jusante de 784 kPa é maior que a pressão crítica determinada, o escoamento em toda a extensão do bocal é subsônico e a pressão de saída é igual à pressão a jusante, $p_2 = 784$ kPa. Pode-se encontrar o número de Mach na saída através da resolução da Eq. 9.51, obtendo-se

$$M_2 = \left\{\frac{2}{k-1}\left[\left(\frac{p_o}{p_2}\right)^{(k-1)/k} - 1\right]\right\}^{1/2}$$

Substituindo valores, temos

$$M_2 = \left\{\frac{2}{1,4-1}\left[\left(\frac{1 \times 10^6}{7,84 \times 10^5}\right)^{0,286} - 1\right]\right\}^{1/2} = 0,6$$

Com o número de Mach na saída conhecido, a temperatura de saída T_2 pode ser determinada a partir da Eq. 9.50 como sendo 336 K. A velocidade de saída é, então

$$V_2 = M_2 c_2 = M_2\sqrt{kRT_2} = 0,6\sqrt{1,4\left(\frac{8314}{28,97}\right)(336)}$$
$$= 220,5 \text{ m/s}$$

A vazão mássica é

$$\dot{m} = \rho_2 A_2 V_2 = \frac{p_2}{RT_2}A_2 V_2 = \frac{(784 \times 10^3)(10^{-3})(220,5)}{(8314/28,97)(336)}$$
$$= 1,79 \text{ kg/s}$$

❶ O uso da Tabela 9.2 reduz alguns dos cálculos necessários para a solução. Deixamos como exercício o desenvolvimento de uma solução utilizando esta tabela. Observe também que o primeiro passo da análise é verificar se o escoamento está estrangulado.

✓ **Habilidades Desenvolvidas**

Habilidades para...
☐ aplicar o modelo de gás ideal com k constante na análise de escoamento isentrópico através de um bocal convergente.
☐ compreender quando o escoamento estrangulado ocorre em um bocal convergente para diferentes pressões a jusante.
☐ determinar as condições no estrangulamento e a vazão mássica para diferentes pressões a jusante e um estado de estagnação fixo.

Teste-Relâmpago Utilizando as funções de escoamento isentrópico da Tabela 9.2, determine a temperatura de saída e o número de Mach para uma pressão a jusante de 843 kPa. **Resposta:** 342,9 K, 0,5.

9.14.2 Funções de Choque Normal

A seguir, vamos desenvolver equações analíticas para choques normais para o caso de um gás ideal com calores específicos constantes. Para esse caso, segue-se da equação de energia, Eq. 9.47b, que não há variação alguma da temperatura de estagnação ao longo do choque, $T_{ox} = T_{oy}$. Então, com a Eq. 9.50, obtemos a seguinte expressão para a razão entre temperaturas ao longo do choque:

$$\frac{T_y}{T_x} = \frac{1 + \frac{k-1}{2} M_x^2}{1 + \frac{k-1}{2} M_y^2} \tag{9.53}$$

Rearrumando a Eq. 9.48, temos

$$p_x + \rho_x V_x^2 = p_y + \rho_y V_y^2$$

Substituindo a equação de estado de gás ideal, juntamente com as Eqs. 9.37 e 9.38, temos que a razão entre a pressão a jusante do choque e a pressão a montante é

$$\frac{p_y}{p_x} = \frac{1 + kM_x^2}{1 + kM_y^2} \tag{9.54}$$

Analogamente, a Eq. 9.46 torna-se

$$\frac{p_y}{p_x} = \sqrt{\frac{T_y}{T_x}} \frac{M_x}{M_y}$$

A equação a seguir, que relaciona os números de Mach M_x e M_y ao longo do choque, pode ser obtida quando as Eqs. 9.53 e 9.54 são substituídas nesta expressão

$$M_y^2 = \frac{M_x^2 + \frac{2}{k-1}}{\frac{2k}{k-1} M_x^2 - 1} \tag{9.55}$$

A razão entre as pressões de estagnação ao longo do choque p_{oy}/p_{ox} às vezes é útil. Deixamos como exercício mostrar que

$$\frac{p_{oy}}{p_{ox}} = \frac{M_x}{M_y} \left(\frac{1 + \frac{k-1}{2} M_y^2}{1 + \frac{k-1}{2} M_x^2} \right)^{(k+1)/2(k-1)} \tag{9.56}$$

Como não há variação de área ao longo de um choque, as Eqs. 9.52 e 9.56 são combinadas para fornecer

$$\frac{A_x^*}{A_y^*} = \frac{p_{oy}}{p_{ox}} \tag{9.57}$$

Para valores especificados de M_x e uma razão entre calores específicos k, o número de Mach a jusante de um choque pode ser encontrado a partir da Eq. 9.55. Então, com M_x, M_y e k conhecidos, as razões T_y/T_x, p_y/p_x e p_{oy}/p_{ox} podem ser determinadas a partir das Eqs. 9.53, 9.54 e 9.56. Em consequência, podem-se construir tabelas que forneçam M_y, T_y/T_x, p_y/p_x e p_{oy}/p_{ox} versus o número de Mach M_x como a única variável independente para um valor de k especificado. A Tabela 9.3 é uma tabulação desse tipo para $k = 1,4$.

472 Capítulo 9

TABELA 9.3
Funções de Choque Normal para um Gás Ideal com k = 1,4

M_x	M_y	p_y/p_x	T_y/T_x	p_{oy}/p_{ox}
1,00	1,000 00	1,0000	1,0000	1,000 00
1,10	0,911 77	1,2450	1,0649	0,998 92
1,20	0,842 17	1,5133	1,1280	0,992 80
1,30	0,785 96	1,8050	1,1909	0,979 35
1,40	0,739 71	2,1200	1,2547	0,958 19
1,50	0,701 09	2,4583	1,3202	0,929 78
1,60	0,668 44	2,8201	1,3880	0,895 20
1,70	0,640 55	3,2050	1,4583	0,855 73
1,80	0,616 50	3,6133	1,5316	0,812 68
1,90	0,595 62	4,0450	1,6079	0,767 35
2,00	0,577 35	4,5000	1,6875	0,720 88
2,10	0,561 28	4,9784	1,7704	0,674 22
2,20	0,547 06	5,4800	1,8569	0,628 12
2,30	0,534 41	6,0050	1,9468	0,583 31
2,40	0,523 12	6,5533	2,0403	0,540 15
2,50	0,512 99	7,1250	2,1375	0,499 02
2,60	0,503 87	7,7200	2,2383	0,460 12
2,70	0,495 63	8,3383	2,3429	0,423 59
2,80	0,488 17	8,9800	2,4512	0,389 46
2,90	0,481 38	9,6450	2,5632	0,357 73
3,00	0,475 19	10,333	2,6790	0,328 34
4,00	0,434 96	18,500	4,0469	0,138 76
5,00	0,415 23	29,000	5,8000	0,061 72
10,00	0,387 57	116,50	20,388	0,003 04
∞	0,377 96	∞	∞	0,0

No próximo exemplo, consideramos o efeito da pressão a jusante sobre o escoamento em um bocal convergente-divergente. Os principais elementos da análise incluem determinar se o escoamento está estrangulado e se existe um choque normal.

EXEMPLO 9.15

Determinando o Efeito da Pressão a Jusante: Bocal Convergente-Divergente

Um bocal convergente-divergente que opera em regime permanente tem uma área de garganta de 1,0 in² (0,0006 m²) e uma área de saída de 2,4 in² (0,001 m²). O ar entra no bocal com uma velocidade desprezível a uma pressão de 100 lbf/in² (689,5 kPa) e a uma temperatura de 500°R (4,6°C). Considerando o ar um gás ideal com $k = 1,4$, determine a vazão mássica, em lb/s, a pressão na saída, em lbf/in², e o número de Mach na saída para cada um dos seguintes casos. **(a)** Escoamento isentrópico com $M = 0,7$ na garganta. **(b)** Escoamento isentrópico com $M = 1$ na garganta e a parcela divergente funcionando como um difusor. **(c)** Escoamento isentrópico com $M = 1$ na garganta e a parcela divergente funcionando como um bocal. **(d)** Escoamento isentrópico no bocal com um choque normal localizado na saída. **(e)** Um choque normal localizado na seção divergente em uma posição em que a área é 2,0 in² (0,001 m²). No resto do bocal, o escoamento é isentrópico.

SOLUÇÃO

Dado: Ar escoa a partir de condições de estagnação especificadas por um bocal convergente-divergente com garganta e área de saída conhecidas.

Pede-se: A vazão mássica, a pressão de saída e o número de Mach na saída devem ser determinados para cada um dos cinco casos.

Sistemas de Potência a Gás **473**

Diagrama Esquemático e Dados Fornecidos:

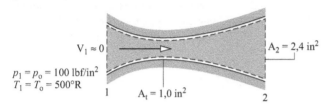

Modelo de Engenharia:

1. O volume de controle mostrado no desenho opera em regime permanente. Os diagramas T–s fornecidos localizam estados dentro do bocal.
2. O ar é modelado como um gás ideal com $k = 1{,}4$.
3. O escoamento através do bocal é isentrópico em toda a sua extensão, exceto no caso (e), em que um choque ocorre na seção divergente.

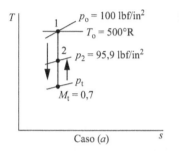

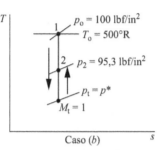

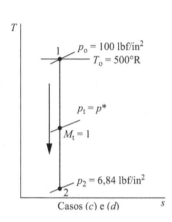

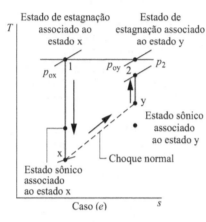

1,0 in² = 0,0006 m²
2,4 in² = 0,001 m²
6,84 lbf/in² = 47,2 kPa
95,3 lbf/in² = 657,1 kPa
95,9 lbf/in² = 661,2 kPa
100 lbf/in² = 689,5 kPa
500°R = 4,6°C

Fig. E9.15

Análise:

(a) O diagrama T–s mostra os estados percorridos pelo gás neste caso. São conhecidos os seguintes dados: o número de Mach na garganta, $M_t = 0{,}7$, a área da garganta, $A_t = 1{,}0$ in², e a área da saída, $A_2 = 2{,}4$ in². O número de Mach na saída M_2, a temperatura na saída T_2 e a pressão na saída p_2 podem ser determinados por meio da identidade

$$\frac{A_2}{A^*} = \frac{A_2}{A_t}\frac{A_t}{A^*}$$

Com $M_t = 0{,}7$, a Tabela 9.2 fornece $A_t/A^* = 1{,}09437$. Assim

$$\frac{A_2}{A^*} = \left(\frac{2{,}4 \text{ in}^2}{1{,}0 \text{ in}^2}\right)(1{,}09437) = 2{,}6265$$

O escoamento em toda a extensão do bocal, incluindo a saída, é subsônico. Consequentemente, com esse valor de A_2/A^*, a Tabela 9.2 fornece $M_2 \approx 0{,}24$. Para $M_2 = 0{,}24$, $T_2/T_o = 0{,}988$ e $p_2/p_o = 0{,}959$. Como a temperatura e a pressão de estagnação são 500°R e 100 lbf/in², respectivamente, segue-se que $T_2 = 494$°R e $p_2 = 95{,}9$ lbf/in².

A velocidade na saída é

$$V_2 = M_2 c_2 = M_2 \sqrt{kRT_2}$$

$$= 0{,}24 \sqrt{1{,}4\left(\frac{1545}{28{,}97}\frac{\text{ft}\cdot\text{lbf}}{\text{lb}\cdot\text{°R}}\right)(494\text{°R})\left|\frac{32{,}2\text{ lb}\cdot\text{ft/s}^2}{1\text{ lbf}}\right|}$$

$$= 262 \text{ ft/s}$$

A vazão mássica é

$$\dot{m} = \rho_2 A_2 V_2 = \frac{p_2}{RT_2} A_2 V_2$$

$$= \frac{(95{,}9 \text{ lbf/in}^2)(2{,}4 \text{ in}^2)(262 \text{ ft/s})}{\left(\dfrac{1545}{28{,}97}\dfrac{\text{ft}\cdot\text{lbf}}{\text{lb}\cdot\text{°R}}\right)(494\text{°R})} = 2{,}29 \text{ lb/s}$$

(b) O diagrama *T–s* mostra os estados percorridos pelo gás neste caso. Já que $M = 1$ na garganta, temos $A_t = A^*$, e assim $A_2/A^* = 2,4$. A Tabela 9.2 fornece dois números de Mach para esta razão: $M \approx 0,26$ e $M \approx 2,4$. A seção divergente funciona como um difusor nesta parte do exemplo; consequentemente, o valor subsônico é apropriado. O valor supersônico é apropriado para o item (c).

Assim, a partir da Tabela 9.2 tem-se em $M_2 = 0,26$, $T_2/T_o = 0,986$ e $p_2/p_o = 0,953$. Como $T_o = 500°R$ e $p_o = 100\ \text{lbf/in}^2$, segue-se que $T_2 = 493°R$ e $p_2 = 95,3\ \text{lbf/in}^2$.

A velocidade na saída é

$$V_2 = M_2 c_2 = M_2 \sqrt{kRT_2}$$
$$= 0,26 \sqrt{(1,4)\left(\frac{1545}{28,97}\right)(493)|32,2|} = 283\ \text{ft/s}$$

A vazão mássica é

$$\dot{m} = \frac{p_2}{RT_2} A_2 V_2 = \frac{(95,3)(2,4)(283)}{\left(\frac{1545}{28,97}\right)(493)} = 2,46\ \text{lb/s}$$

Esta é a vazão mássica máxima para a geometria e condições de estagnação especificadas: o escoamento está estrangulado.

(c) O diagrama *T–s* mostra os estados percorridos pelo gás neste caso. Como discutimos no item (b), o número de Mach na saída nesta parte do exemplo é $M_2 = 2,4$. Com isto, a Tabela 9.2 fornece $p_2/p_o = 0,0684$. Com $p_o = 100\ \text{lbf/in}^2$, a pressão na saída é $p_2 = 6,84\ \text{lbf/in}^2$. Já que o bocal está estrangulado, a vazão mássica é a mesma que a obtida no item (b).

(d) Como um choque normal está localizado na saída e o escoamento a montante do choque é isentrópico, o número de Mach M_x e a pressão p_x correspondem aos valores encontrados no item (c), $M_x = 2,4$, $p_x = 6,84\ \text{lbf/in}^2$. Então, da Tabela 9.3, $M_y \approx 0,52$ e $p_y/p_x = 6,5533$. A pressão a jusante do choque é, portanto, $44,82\ \text{lbf/in}^2$. Esta é a pressão na saída. A vazão mássica é a mesma que a obtida no item (b).

(e) O diagrama *T–s* mostra os estados percorridos pelo gás. Sabe-se que um choque está localizado na seção divergente onde a área é $A_x = 2,0\ \text{in}^2$. Como ocorre um choque, o escoamento é sônico na garganta, de modo que $A_x^* = A_t = 1,0\ \text{in}^2$. O número de Mach M_x pode então ser encontrado a partir na Tabela 9.2, usando-se $A_x/A_x^* = 2$, como $M_x = 2,2$.

O número de Mach na saída pode ser determinado por meio da identidade

$$\frac{A_2}{A_y^*} = \left(\frac{A_2}{A_x^*}\right)\left(\frac{A_x^*}{A_y^*}\right)$$

Substituindo A_x^*/A_y^* pela Eq. 9.57, temos

$$\frac{A_2}{A_y^*} = \left(\frac{A_2}{A_x^*}\right)\left(\frac{p_{oy}}{p_{ox}}\right)$$

em que p_{ox} e p_{oy} são as pressões de estagnação antes e depois do choque, respectivamente. Com $M_x = 2,2$, a razão entre pressões de estagnação é obtida da Tabela 9.3 como sendo $p_{oy}/p_{ox} = 0,62812$. Assim

$$\frac{A_2}{A_y^*} = \left(\frac{2,4\ \text{in}^2}{1,0\ \text{in}^2}\right)(0,62812) = 1,51$$

Utilizando esta razão e observando que o escoamento é subsônico após o choque, a Tabela 9.2 nos fornece $M_2 \approx 0,43$, para o qual $p_2/p_{oy} = 0,88$.

A pressão na saída pode ser determinada por meio da identidade

$$p_2 = \left(\frac{p_2}{p_{oy}}\right)\left(\frac{p_{oy}}{p_{ox}}\right) p_{ox} = (0,88)(0,628)\left(100\ \frac{\text{lbf}}{\text{in}^2}\right) = 55,3\ \text{lbf/in}^2$$

Já que o escoamento está estrangulado, a vazão mássica é a mesma que a obtida no item (b).

---

❶ Com relação aos casos indicados na Fig. 9.32, o item (a) deste exemplo corresponde ao caso c na figura, o item (b) corresponde ao caso d, o item (c) corresponde ao caso i, o item (d) corresponde ao caso g e o item (e) corresponde ao caso f.

> ✓ **Habilidades Desenvolvidas**
>
> Habilidades para...
> ☐ analisar o escoamento isentrópico através de um bocal convergente-divergente para um gás ideal com k constante.
> ☐ compreender a ocorrência do escoamento estrangulado e de choques normais em um bocal convergente-divergente para diferentes pressões a jusante.
> ☐ analisar o escoamento através de um bocal convergente-divergente quando choques normais estão presentes para um gás ideal com k constante.

Teste-Relâmpago — Qual é a temperatura de estagnação, em °R, correspondente ao estado de saída para o caso (e)? **Resposta:** 500°R.

Sistemas de Potência a Gás **475**

RESUMO DO CAPÍTULO E GUIA DE ESTUDOS

Neste capítulo, estudamos a modelagem termodinâmica de motores de combustão interna, de instalações de potência com turbina a gás e do escoamento compressível em bocais e difusores. A modelagem de ciclos é baseada na utilização da análise de ar-padrão, em que o fluido de trabalho é o ar considerado na condição de gás ideal.

Os processos nos motores de combustão interna são descritos em termos de três ciclos de ar-padrão: os ciclos Otto, Diesel e dual, os quais diferem uns dos outros apenas pela maneira como o processo de adição de calor é modelado. Para esses ciclos, calculamos o trabalho e as transferências de calor principais junto com dois parâmetros de desempenho importantes: a pressão média efetiva e a eficiência térmica. O efeito da variação da taxa de compressão sobre o desempenho do ciclo também é examinado.

O desempenho de instalações de potência com turbinas a gás simples é descrito em termos do ciclo de ar-padrão Brayton. Para este ciclo, calculamos o trabalho e as transferências de calor principais junto com dois parâmetros de desempenho importantes: a razão de trabalho reverso e a eficiência térmica. Também consideramos os efeitos sobre o desempenho causados por irreversibilidades e perdas e pela variação da relação de pressão do compressor. Três modificações são introduzidas no ciclo simples para melhorar o desempenho: regeneração, reaquecimento e compressão com inter-resfriamento. Aplicações relativas a turbinas a gás também são consideradas, inclusive ciclos de potência combinados de turbinas a gás e vapor, instalações de potência com gaseificação integrada ao ciclo combinado (*integrated gasification combined-cycle* – IGCC) e turbinas a gás para propulsão de aeronaves. Além disso, são apresentados os ciclos Ericsson e Stirling.

O capítulo se encerra com o estudo do escoamento compressível através de bocais e difusores. Começamos pela apresentação da equação de quantidade de movimento para escoamento unidimensional permanente, da velocidade do som e do estado de estagnação. Em seguida consideramos os efeitos de mudança de área e pressão a jusante sobre o desempenho tanto no escoamento subsônico quanto no supersônico. O escoamento estrangulado e a presença de choques normais nesses escoamentos são examinados. São introduzidas tabelas para facilitar a análise para o caso de gases ideais com a razão entre calores específicos constante, dada por $k = 1,4$.

Os itens a seguir fornecem um guia de estudo para este capítulo. Ao término do estudo do texto e dos exercícios dispostos no final do capítulo, você estará apto a

▶ descrever o significado dos termos dispostos em destaque ao longo do capítulo e entender cada um dos conceitos relacionados. O conjunto de conceitos fundamentais listados mais adiante é particularmente importante.

▶ desenhar diagramas p–v e T–s para os ciclos Otto, Diesel e dual. Aplicar o balanço de energia para sistemas fechados e a segunda lei da termodinâmica junto com dados de propriedades para se determinar o desempenho desses ciclos, incluindo a pressão média efetiva, a eficiência térmica e os efeitos da variação da taxa de compressão.

▶ desenhar diagramas esquemáticos acompanhados de diagramas T–s para o ciclo Brayton e para as modificações que envolvem regeneração, reaquecimento e compressão com inter-resfriamento. Em cada caso, esteja apto a aplicar balanços de massa e de energia, a segunda lei e dados de propriedades para determinar o desempenho de ciclos de potência de turbinas a gás, incluindo a eficiência térmica, a razão de trabalho reverso, a potência líquida produzida e os efeitos da variação da relação de pressão do compressor.

▶ analisar o desempenho de aplicações relacionadas com turbinas a gás que envolvam instalações de potência com turbinas a gás e a vapor combinadas, instalações de potência IGCC, e propulsão de aeronaves. Você também deve estar apto a aplicar os princípios deste capítulo aos ciclos Ericsson e Stirling.

▶ discutir para bocais e difusores os efeitos de variação de área em escoamentos subsônicos e supersônicos, os efeitos da pressão a jusante sobre a vazão mássica e a aparição e consequências de estrangulamento e choques normais.

▶ analisar o escoamento em bocais e difusores de gases ideais com calores específicos constantes, como nos Exemplos 9.14 e 9.15.

CONCEITOS FUNDAMENTAIS NA ENGENHARIA

análise de ar-padrão
choque normal
ciclo Brayton
ciclo combinado
ciclo Diesel
ciclo dual
ciclo Otto

efetividade do regenerador
equação da quantidade de movimento
escoamento compressível
escoamento estrangulado
escoamento subsônico e supersônico
estado de estagnação
inter-resfriador

motor turbojato
número de Mach
pressão média efetiva
reaquecimento
regenerador
velocidade do som

EQUAÇÕES PRINCIPAIS

$\text{pme} = \dfrac{\text{trabalho líquido para um ciclo}}{\text{volume de deslocamento}}$	(9.1)	Pressão média efetiva para motores alternativos a pistão

Ciclo Otto

$\eta = \dfrac{(u_3 - u_2) - (u_4 - u_1)}{u_3 - u_2} = 1 - \dfrac{u_4 - u_1}{u_3 - u_2}$	(9.3)	Eficiência térmica (Figura 9.3)
$\eta = 1 - \dfrac{1}{r^{k-1}}$	(9.8)	Eficiência térmica (base de ar-padrão frio)

Ciclo Diesel

$\eta = \dfrac{W_{ciclo}/m}{Q_{23}/m} = 1 - \dfrac{Q_{41}/m}{Q_{23}/m} = 1 - \dfrac{u_4 - u_1}{h_3 - h_2}$	(9.11)	Eficiência térmica (Figura 9.5)
$\eta = 1 - \dfrac{1}{r^{k-1}}\left[\dfrac{r_c^k - 1}{k(r_c - 1)}\right]$	(9.13)	Eficiência térmica (base de ar-padrão frio)

Ciclo Brayton

$\eta = \dfrac{\dot{W}_t/\dot{m} - \dot{W}_c/\dot{m}}{\dot{Q}_{entra}/\dot{m}} = \dfrac{(h_3 - h_4) - (h_2 - h_1)}{h_3 - h_2}$	(9.19)	Eficiência térmica (Figura 9.9)
$\mathrm{bwr} = \dfrac{\dot{W}_c/\dot{m}}{\dot{W}_t/\dot{m}} = \dfrac{h_2 - h_1}{h_3 - h_4}$	(9.20)	Razão de trabalho reverso (Figura 9.9)
$\eta = 1 - \dfrac{1}{(p_2/p_1)^{(k-1)/k}}$	(9.25)	Eficiência térmica (base de ar-padrão frio)
$\eta_{reg} = \dfrac{h_x - h_2}{h_4 - h_2}$	(9.27)	Efetividade do regenerador para o ciclo de turbina a gás regenerativa (Figura 9.14)

Escoamento Compressível em Bocais e Difusores

$\mathbf{F} = \dot{m}(\mathbf{V}_2 - \mathbf{V}_1)$	(9.31)	Equação de *momentum* para escoamento unidimensional em regime permanente
$c = \sqrt{kRT}$	(9.37)	Velocidade do som de um gás ideal
$M = V/c$	(9.38)	Número de Mach
$h_o = h + V^2/2$	(9.39)	Entalpia de estagnação
$\dfrac{T_o}{T} = 1 + \dfrac{k-1}{2}M^2$	(9.50)	Função de escoamento isentrópico relacionando a temperatura com a temperatura de estagnação (k constante)
$\dfrac{p_o}{p} = \left(\dfrac{T_o}{T}\right)^{k/(k-1)} = \left(1 + \dfrac{k-1}{2}M^2\right)^{k/(k-1)}$	(9.51)	Função de escoamento isentrópico relacionando a pressão com a pressão de estagnação (k constante)

► EXERCÍCIOS: PONTOS DE REFLEXÃO PARA OS ENGENHEIROS

1. Considera-se que os motores a óleo diesel têm um *torque* maior do que os motores a gasolina. O que isto significa?
2. Os carros da Fórmula 1 têm motor de 2,4 litros. O que isto significa? De que maneira o motor do seu carro é medido em litros?
3. O que é *metal dusting*, observado na produção de gás de síntese (*syngas*) e em outros processos químicos?
4. Que estratégias as montadoras de automóveis empregam para alcançar metas de economia de combustível (Padrões CAFE) de aproximadamente 55 milhas por galão até 2025?
5. Você salta de um bote inflável no meio de um lago. Em que direção se move o bote? Explique.
6. Qual o propósito de um *difusor traseiro* em um carro de corridas?
7. Qual o significado da *octanagem* que você vê indicada nas bombas de gasolina? Por que isso é importante para os consumidores?
8. Por que os motores a jato das companhias aéreas não são equipados com telas para evitar que pássaros sejam puxados na entrada?
9. Enquanto plantas de potência de ciclos combinados atingem eficiências térmicas da ordem de 60%, que outras características de desempenho devem ser ainda mais valorizadas nessas instalações?
10. Qual o propósito das *unidades de potência auxiliares* movidas por turbinas a gás normalmente vistas nos aeroportos de aviões comerciais próximos?
11. Uma campista de 9 anos é despertada por um *clique* metálico vindo da direção de uma estrada de ferro que passa perto de sua área de acampamento, logo depois, ela ouve o rugido profundo de uma locomotiva a diesel puxando um trem que se aproxima. Como você interpreta esses sons diferentes para ela?
12. Montadoras têm desenvolvido protótipos de veículos movidos por meio de turbinas a gás, mas os veículos, de uma forma geral, não têm sido comercializados para os consumidores. Por quê?
13. Ao fazer uma parada rápida na casa de um amigo, é melhor deixar o motor do seu carro em marcha lenta ou desligá-lo e ligá-lo quando você sair?
14. 14. Qual é a diferença entre o *óleo diesel* e a *gasolina* utilizados em motores a combustão interna?
15. Qual a faixa de eficiência de combustível, em milhas por galão, que você obtém com o seu carro? Em que velocidades, em milhas por hora, o pico é alcançado?
16. Mesmo considerando que, segundo especialistas, uma grande quantidade de gás natural (GN) pode estar disponível nos próximos anos, quais são as perspectivas para utilização significativa de GN comprimido em aplicações de transporte?
17. Quais são as aplicações importantes de plantas de potência de turbina a gás *fechada*?

VERIFICAÇÃO DE APRENDIZADO

1. A eficiência térmica dada pela Eq. 5.9 se aplica (a) apenas ao ciclo de Carnot, (b) aos ciclos de Carnot, Otto e Diesel, (c) aos ciclos de Carnot, Ericsson e Stirling, (d) aos ciclos de Carnot, dual e Brayton ideal.
2. Na Fig. 9.19, um inter-resfriador separa os dois estágios de compressores. Como o inter-resfriador contribui para melhorar o desempenho total do sistema?
3. Na Fig. 9.19, um combustor de reaquecimento separa os dois estágios de turbina. Como o combustor de reaquecimento contribui para melhorar o desempenho total do sistema?
4. Para uma dada razão de compressão, assumindo uma análise a ar frio padrão por simplicidade, qual ciclo tem maior eficiência térmica: Otto ou Diesel?
5. Os ciclos Brayton ideal e Rankine são ambos compostos por dois processos sob pressão constante alternados com dois processos isentrópicos; ainda assim, os dois ciclos têm perfis muito distintos no diagrama T-s mostrado nas Figs. 8.3 e 9.10. Explique.
6. Os processos de compressão dos ciclos Otto e Brayton ideal são ambos representados por processos isentrópicos; ainda assim, a forma como essa compressão ocorre em cada ciclo é diferente. Explique.
7. O valor da razão do trabalho reverso (bwr) de um ciclo Brayton é tipicamente (a) muito menor que aquele para um ciclo Rankine, (b) muito maior que aquele para um ciclo Rankine, (c) aproximadamente igual àquele de um ciclo Rankine, (d) não pode ser determinado sem maiores informações.
8. Reportando-se ao diagrama T-s da Fig. 9.10, qual dos dois ciclos não permite a utilização de um regenerador: 1-2-3-4-1 ou 1-2'-3'-4-1? Explique.
9. Quando um regenerador é introduzido em um ciclo Brayton, o trabalho líquido desenvolvido por unidade de massa do fluido (a) aumenta, (b) diminui, (c) aumenta ou diminui dependendo da eficiência do regenerador, (d) permanece igual.
10. Como a combustão é iniciada em um motor de combustão interna à gasolina convencional?
11. Como a combustão é iniciada em um motor a combustão interna a diesel convencional?
12. Em uma *análise de ar frio padrão*, o que se assume em relação às capacidades caloríficas e à razão entre elas?
13. Referindo-se à Fig. 9.10, no ciclo 1-2-3-4-1, o trabalho líquido por unidade de massa fluido é representado em um diagrama p-v pela área _____. O calor descartado por unidade de massa é representado no diagrama T-s pela área _____.
14. Referindo-se ao Exemplo 9.4, empregando-se uma análise de ar frio padrão com $k = 1,4$, a taxa de transferência de calor para o ar passando pelo combustor é _____ kW.
15. Referindo-se ao Exemplo 9.6, se a eficiência térmica for 30% em vez de 24,9%, a eficiência isentrópica da turbina, mantendo h_1, h_2, h_3 e h_4 constantes, será _____.
16. Referindo-se à parte (a) do Exemplo 9.7, se a eficiência térmica for 55% em vez de 56,8%, a eficiência do regenerador, mantendo h_1, h_2, h_3 e h_4 constantes, será _____.
17. Referindo-se à Fig. 9.18, se a temperatura de saída do inter-resfriador (estado d), for a mesma do estado 1, localize os novos estados d e 2 nos diagramas p-v e T-s para o compressor de dois estágios, mantendo os estados 1, c e 2' inalterados.
18. Referindo-se ao Exemplo 9.10, se $p_1 = 1$ bar, $T_1 = T_d = 300$ K e a pressão do inter-resfriador que minimiza o trabalho aplicado for 3 bar, então $p_2 =$ _____ bar.
19. Elabore um esboço de um ciclo de potência a gás de Carnot nos diagramas p-v e T-s da Fig. 9.21 para um ciclo Stirling de potência a gás, assumindo que cada ciclo tem a mesma quantidade de calor adicionada à temperatura T_H (Processo 3-4). Como as eficiências térmicas desses ciclos podem ser comparadas?
20. Referindo-se ao Exemplo 9.12, se a potência líquida da planta de potência combinada a vapor e turbina a gás aumenta de 45 para 50 MW, enquanto os dados de entalpia dos estados 1 a 9 permanecem os mesmos, a eficiência térmica (a) aumenta, (b) diminui, (c) permanece a mesma, (d) não pode ser determinada sem maiores informações.
21. Quando um regenerador é introduzido em um ciclo Brayton simples, a eficiência térmica (a) aumenta, (b) diminui, (c) aumenta ou diminui dependendo da eficiência do regenerador, (d) permanece igual.
22. Esboce um diagrama T-s de um motor turbojato como mostrado na Fig. 9.25a empregando as seguintes características: os processos de difusores e bocais são isentrópicos; o compressor e a turbina têm eficiências isentrópicas de 85% e 90%, respectivamente, e há uma diminuição de pressão de 5% devido ao fluxo no combustor.
23. Dentre as principais irreversibilidades de uma planta de potência de turbina a gás, a fonte de irreversibilidade mais significativa é _____.
24. Referindo-se à Fig. 9.17, esboce um processo internamente reversível do estado 1 até a pressão p_2 representando a compressão *sob aquecimento*. Como o valor do trabalho de compressão por unidade de massa fluido, nesse caso, se compara àquele em que o trabalho ocorre sob resfriamento?
25. Uma planta de aquecimento de ciclo combinado como aquela mostrada na Fig. 9.23 tem uma entrada de energia por transferência de calor e três produtos: $\dot{W}_{gás}$, $\dot{W}_{vap}$ e vapor para aquecimento. Uma eficiência termodinâmica para esta planta é expressa da melhor forma (a) em termos de energia, (b) em termos de exergia, (c) em termos de energia ou exergia dependendo das informações específicas sobre o desempenho dos componentes individuais da planta. Explique.
26. Referindo-se ao trocador de calor delimitado pela linha tracejada na Fig. 9.9, este seria um componente real ou virtual de um ciclo ar-padrão Brayton? Qual é a sua função?
27. Em um difusor de um motor turbojato, o ar que entra é desacelerado e sua pressão (a) aumenta, (b) diminui, (c) permanece a mesma.
28. A Fig. P9.28C mostra uma expansão isentrópica em uma turbina sob regime permanente. A área no diagrama que representa o trabalho desenvolvido pela turbina por unidade de massa é _____.

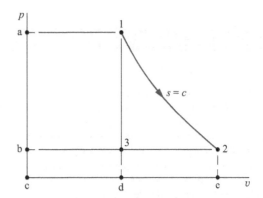

Fig. P9.28C

29. A Fig. P9.29C mostra dois ciclos Brayton, nomeados A e B, cada um com a mesma temperatura de entrada na turbina e a mesma vazão mássica.
   (a) O ciclo com a maior potência líquida gerada é _____.
   (b) O ciclo com a maior eficiência térmica é _____.

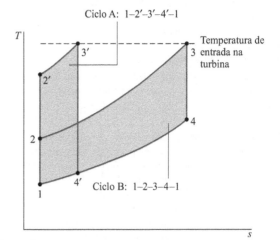

Fig. P9.29C

30. Analisando a Eq. 9.36b, em qual fase de uma mesma substância você espera que a velocidade do som seja maior: gás, líquido ou sólido? Explique.
31. Para um bocal convergente-divergente, correspondente àquele mostrado na Fig. 9.30b, esboce o processo isentrópico em um diagrama h-s. Indique as pressões de entrada e saída e localize o *estado sônico* ($M = 1$) e o *estado de estagnação*.
32. Referindo-se à Fig. 9.32, identifique os casos envolvendo produção de entropia (a) no bocal, (b) na região de exaustão.
33. A Tabela 9.3 apresenta uma coluna p_{oy}/p_{ox}, mas não uma T_{oy}/T_{ox}. Explique.
34. Um choque normal pode acontecer em um canal convergente? Explique.
35. Considere um motor a jato operando sob regime permanente durante um teste. A unidade de teste impõe uma força (a) na direção do fluxo, (b) oposta à direção do fluxo. Explique.
36. Desenvolva os passos entre as Eqs. 9.36b e 9.37.
37. Mostrando todos os passos intermediários, desenvolva (a) Eq. 9.50, (b) Eq. 9.51, e (c) Eq. 9.52.
38. Mostrando todos os passos intermediários, desenvolva (a) Eq. 9.53 e 9.54, (b) Eq. 9.55, (c) Eq. 9.56 e (d) Eq. 9.57.
39. Referindo-se ao Exemplo 9.14, o número de Mach à saída para uma pressão de 843 mPa é _____.
40. Para cada um dos cinco casos do Exemplo 9.15, esboce a variação de pressão através do bocal como mostrado na Fig. 9.32. Indique em seu esboço os valores de p^* em lbf/in² e as cinco pressões de saída.

Indique se as afirmativas a seguir são verdadeiras ou falsas. Explique.

41. Mesmo que a temperatura de exaustão dos gases em uma turbina a gás simples seja tipicamente muito superior à temperatura ambiente, os gases de exaustão são normalmente eliminados nas vizinhanças por simplicidade operacional.
42. Se dois motores pistão-cilindro recíprocos possuem o mesmo volume de deslocamento, aquele com a menor pressão média efetiva vai gerar o menor trabalho líquido e, se os motores operarem à mesma velocidade, menos potência.
43. Em uma turbina a gás operando em um sistema *fechado*, o fluido de trabalho recebe uma adição de energia por transferência de calor de uma fonte externa.
44. Os ciclos Otto, Diesel e dual diferem entre si apenas na forma como ocorre a adição de calor que substitui a combustão do processo real pelo sistema modelado.
45. Em um motor de combustão interna de *dois tempos*, a admissão, compressão, expansão e exaustão são realizadas em duas revoluções do sistema pistão-cilindro.
46. Para um mesmo aumento de pressão, um compressor de turbina a gás necessita de muito mais trabalho por unidade de massa que uma bomba de uma planta de potência a vapor.
47. A eficiência térmica de um ciclo de potência formado pela combinação de um ciclo de potência de turbina a gás e um ciclo de potência a vapor é a soma das eficiências térmicas individuais de cada ciclo.
48. Um gás ideal ($k = 1,4$) tem velocidade de 200 m/s, temperatura de 335 K e pressão de 8 bar. A temperatura de estagnação correspondente é menor que 335 K.
49. Um gás ideal ($k = 1,4$) tem velocidade de 500 ft/s (152,4 m/s), temperatura de 600°R (60,2°C) e pressão de 8 atm. A pressão de estagnação correspondente é maior que 8 atm.
50. Dependendo da pressão de retorno imposta, um gás ideal fluindo isentropicamente em um bocal convergente pode alcançar um fluxo supersônico à saída.

▶ PROBLEMAS: DESENVOLVENDO HABILIDADES PARA ENGENHARIA

Ciclos Otto, Diesel e Dual

9.1 No início de um processo de compressão em um ciclo ar-padrão Otto, $p_1 = 1$ bar e $T_1 = 300$ K. A taxa de compressão é 8,5 e a adição de calor por unidade de massa de ar é 1400 kJ/kg. Determine o trabalho líquido, em kJ/kg, (b) a eficiência térmica do ciclo, (c) a pressão efetiva média, em bar, e (d) a temperatura máxima do ciclo, em K.

9.2 No início de um processo de compressão em um ciclo ar-padrão Otto, $p_1 = 1$ bar e $T_1 = 300$ K. A adição de calor por unidade de massa de ar é 1350 kJ/kg. Elabore um gráfico de cada uma das quantidades em função da taxa de compressão, variando entre 1 e 12: trabalho líquido, em kJ/kg, (b) a eficiência térmica do ciclo, (c) a pressão efetiva média, em kPa, (d) a temperatura máxima do ciclo, em K.

9.3 No início do processo de compressão de um ciclo de ar-padrão Otto, $p_1 = 1$ bar, $T_1 = 290$ K, $V_1 = 400$ cm³. A temperatura máxima do ciclo é 2200 K e a taxa de compressão é 8. Determine
(a) o calor adicionado, em kJ.
(b) o trabalho líquido, em kJ.
(c) a eficiência térmica.
(d) a pressão média efetiva, em bar.

9.4 Esboce graficamente as quantidades especificadas nos itens (a) até (d) do Problema 9.3 *versus* a taxa de compressão variando de 2 a 12.

9.5 Resolva o Problema 9.3 em uma base de ar-padrão frio com calores específicos avaliados a 300 K.

9.6 Um motor de combustão interna de quatro tempos e quatro cilindros opera a 2800 rpm. Os processos dentro de cada cilindro são modelados como um ciclo de ar-padrão Otto com uma pressão de 14,7 lbf/in² (101,3 kPa), uma temperatura de 80°F (26,7°C), e um volume de 0,0196 ft³ (0,00006 m³) no início da compressão. A taxa de compressão é 10, e a pressão máxima no ciclo é de 1080 lbf/in² (7446,3 kPa). Determine, usando uma análise de ar-padrão frio com $k = 1,4$, a potência desenvolvida pelo motor, em HP, e a pressão média efetiva, em lbf/in².

Fig. P9.6

9.7 Um ciclo de ar-padrão Otto tem uma taxa de compressão igual a 6, enquanto a temperatura e a pressão no início do processo de compressão valem 520°R (15,7°C) e 14,2 lbf/in² (97,9 kPa), respectivamente. A adição de calor é de 600 Btu/lb. Determine
(a) a temperatura máxima, em °R.
(b) a pressão máxima, em lbf/in².
(c) a eficiência térmica.
(d) a pressão média efetiva, em lbf/in².

9.8 Resolva o Problema 9.7 em uma base de ar-padrão frio com calores específicos avaliados a 520°R (15,7°C).

9.9 No início do processo de compressão de um ciclo de ar-padrão Otto, $p_1 = 14,7$ lbf/in² (101,3 kPa) e $T_1 = 530$°R (21,3°C). Esboce graficamente a eficiência térmica e a pressão média efetiva, em lbf/in², para temperaturas máximas do ciclo variando de 2000 a 5000°R (838,0 e 2504,6°C) e taxas de compressão iguais a 6, 8 e 10.

9.10 No início do processo de compressão de um ciclo Otto, $p_1 = 14,7$ lbf/in² (101,4 kPa) e $T_1 = 530$°R (21,3°C). A temperatura máxima do ciclo é 3000°R (1393,5°C). Utilizando uma análise de ar-padrão com $k = 1,4$, determine o trabalho líquido desenvolvido, em Btu por unidade de massa de ar, a eficiência térmica e a pressão média efetiva, em lbf/in², para razões de compressão iguais a 6, 8 e 10.

9.11 Considere um ciclo de ar-padrão Otto. Os dados operacionais são fornecidos em seus estados principais no ciclo, na tabela adiante. Os estados estão numerados, conforme a Fig. 9.3. A massa de ar é 0,002 kg. Determine
(a) o calor recebido e o calor rejeitado, ambos em kJ.
(b) o trabalho líquido, em kJ.
(c) a eficiência térmica.
(d) a pressão média efetiva, em kPa.

Estado	T (K)	p (kPa)	u (kJ/kg)
1	305	85	217,67
2	367,4	767,9	486,77
3	960	2006	725,02
4	458,7	127,8	329,01

9.12 Considere um ciclo de ar-padrão frio Otto. Os dados operacionais são fornecidos em seus estados principais no ciclo, na tabela a seguir. Os estados estão numerados, conforme a Fig. 9.3. O calor rejeitado pelo ciclo é de 86 Btu/lb de ar (200,0 kJ/kg). Admitindo $c_v = 0,172$ Btu/lb · °R (0,72 kJ/kg · K), determine
(a) a taxa de compressão.
(b) o trabalho líquido por unidade de massa de ar, em Btu/lb.
(c) a eficiência térmica.
(d) a pressão média efetiva, em lbf/in².

Estado	T (°R)	p (lbf/in²)
1	500	47,50
2	1204,1	1030
3	2408,2	2060
4	1000	95

9.13 Considere uma modificação no ciclo de ar-padrão Otto por meio da qual ambos os processos de compressão e expansão isentrópicas sejam substituídos por processos politrópicos com $n = 1,3$. A taxa de compressão para o ciclo modificado vale 10. No início da compressão, $p_1 = 1$ bar e $T_1 = 300$ K. A temperatura máxima durante o ciclo é 2200 K. Determine
(a) o calor transferido e o trabalho em kJ, para cada processo do ciclo modificado.
(b) a eficiência térmica.
(c) a pressão média efetiva, em bar.

9.14 Um motor de combustão interna de quatro tempos e quatro cilindros tem um diâmetro de 3,7 in (0,09 m) e um curso de 3,4 in (0,08 m). O volume morto é de 16% do volume do cilindro no ponto morto inferior e o eixo de manivelas roda a 2400 rpm. Os processos no interior de cada cilindro podem ser modelados como um ciclo de ar-padrão Otto com uma pressão de 14,5 lbf/in² (100 kPa) e a uma temperatura de 60°F (15,5°C) no início da compressão. A temperatura máxima do ciclo é 5200°R (2615,7°C). Com base nesse modelo, calcule o trabalho líquido por ciclo, em Btu, e a potência desenvolvida pelo motor, em HP.

9.15 No início do processo de compressão de um ciclo de ar-padrão Otto, $p_1 = 1$ bar e $T_1 = 300$ K. A temperatura máxima do ciclo é 2000 K. Esboce graficamente o trabalho líquido por unidade de massa, em kJ/kg, a eficiência térmica e a pressão média efetiva, em bar, *versus* a taxa de compressão variando entre 2 e 14.

9.16 Investigue o efeito da temperatura máxima do ciclo no trabalho líquido por unidade de massa de ar para ciclos de ar-padrão Otto com taxas de compressão iguais a 5, 8 e 11. No início do processo de compressão, $p_1 = 1$ bar e $T_1 = 295$ K. Admita que a temperatura máxima em cada caso varie entre 1000 e 2200 K.

9.17 O diagrama pressão-volume específico de um ciclo de ar-padrão Lenoir é mostrado na Fig. P9.17. O ciclo consiste em uma adição de calor a volume constante, uma expansão isentrópica e uma compressão à pressão constante. Para o ciclo, $p_1 = 14,7$ lbf/in² e $T_1 = 540$°R (26,8°C). A massa de ar é de $4,24 \times 10^{-3}$ lb ($1,9 \times 10^{-3}$ m), e a temperatura máxima do ciclo é de 1600°R (615,7°C). Supondo $c_v = 0,171$ Btu/lb · °R (0,72 kJ/kg · K), determine para o ciclo
(a) o trabalho líquido, em Btu.
(b) a eficiência térmica.

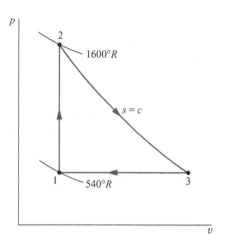

Fig. P9.17

9.18 A Fig. P9.18 mostra dois ciclos ar-padrão: 1-2-3-4-1, que é um ciclo *Atkinson*, enquanto 1-2-3-4'-1 é um ciclo Otto. A taxa de compressão para esses ciclos é $r = v_1/v_2$.
(a) Demonstrando todas as etapas, desenvolva expressões alternativas para a eficiência térmica do ciclo Atkinson, η_A

$$\eta_A = 1 - \frac{k(r_p^{1/k} - 1)}{r^{k-1}(r_p - 1)} \quad (i)$$

em que $r_p = p_3/p_2$ e

$$\eta_A = 1 - k\left(\frac{r_e - r}{r_e^k - r^k}\right) \quad (ii)$$

em que $r_e = v_4/v_3$
(b) Qual ciclo tem maior eficiência térmica, Atkinson ou Otto? Explique.

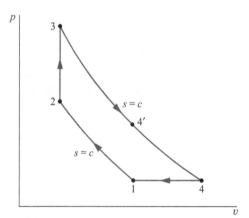

Fig. P9.18

9.19 Referindo-se novamente à Fig. P9.18, assuma $p_1 = 1$ bar, $T_1 = 300$ K, $r = 8,5$, $Q_{23}/m = 1400$ kJ/kg e $k = 1,4$.
(a) Avalie a razão da eficiência térmica do ciclo Atkinson 1-2-3-4-1 em relação ao ciclo Otto 1-2-3-4'-1.
(b) Avalie a razão da pressão média efetiva do ciclo Atkinson em relação ao ciclo Otto.

9.20 A pressão e a temperatura no início da compressão de um ciclo de ar-padrão Diesel são 95 kPa e 300 K, respectivamente. No final da adição de calor, a pressão é 7,2 MPa e a temperatura vale 2150 K. Determine
(a) a taxa de compressão.
(b) a razão de corte.
(c) a eficiência térmica do ciclo.
(d) a pressão média efetiva, em kPa.

9.21 Resolva o Problema 9.20 em uma base de ar-padrão frio com calores específicos avaliados a 300 K.

9.22 Considere um ciclo de ar-padrão Diesel. No início da compressão, $p_1 = 14,0$ lbf/in² (96,5 kPa) e $T_1 = 520$°R (15,7°C). A massa de ar é 0,145

lb (0,07 kg) e a taxa de compressão é 17. A temperatura máxima do ciclo é 4000°R (1949,1°C). Determine
(a) o calor adicionado, em Btu.
(b) a eficiência térmica.
(c) a razão de corte.

9.23 Resolva o Problema 9.22 em uma base de ar-padrão frio com calores específicos avaliados a 520°R (15,7°C).

9.24 Considere um ciclo de ar-padrão Diesel. Os dados operacionais são fornecidos em seus estados principais no ciclo, na tabela a seguir. Os estados estão numerados, conforme a Fig. 9.5. Determine
(a) a razão de corte.
(b) o calor adicionado por por unidade de massa, em kJ/kg.
(c) o trabalho líquido por unidade de massa, em kJ/kg.
(d) a eficiência térmica.

Estado	T (K)	p (kPa)	u (kJ/kg)	h (kJ/kg)
1	380	100	271,69	380,77
2	1096,6	5197,6	842,40	1157,18
3	1864,2	5197,6	1548,47	2082,96
4	875,2	230,1	654,02	905,26

9.25 Considere um ciclo de ar-padrão Diesel. Os dados operacionais são fornecidos em seus estados principais no ciclo, na tabela a seguir. Os estados estão numerados, conforme a Fig. 9.5. Para $k = 1,4$, $c_v = 0,718$ kJ/(kg · K) e $c_p = 1,005$ kJ/(kg · K), determine
(a) a transferência de calor por unidade de massa e o trabalho por unidade de massa para cada processo, em kJ/kg, e a eficiência térmica do ciclo.
(b) a transferência de exergia que acompanha o calor e o trabalho para cada processo, em kJ/kg. Elabore e calcule uma eficiência exergética para o ciclo. Considere $T_0 = 300$ K, $p_0 = 100$ kPa.

Estado	T (K)	p (kPa)	v (m³/kg)
1	340	100	0,9758
2	1030,7	4850,3	0,06098
3	2061,4	4850,3	0,1220
4	897,3	263,9	0,9758

9.26 Considere um ciclo de ar-padrão Diesel. Os dados operacionais são fornecidos em seus estados principais no ciclo, na tabela a seguir. Os estados estão numerados, conforme a Fig. 9.5. Determine
(a) a razão de corte.
(b) o calor adicionado por unidade de massa, em Btu/lb.
(c) o trabalho líquido por unidade de massa, em Btu/lb.
(d) a eficiência térmica.

Estado	T (°R)	p (lbf/in²)	u (Btu/lb)	h (Btu/lb)
1	520	14,2	88,62	124,27
2	1502,5	657,8	266,84	369,84
3	3000	657,8	585,04	790,68
4	1527,1	41,8	271,66	376,36

9.27 Considere um ciclo de ar-padrão Diesel. Os dados operacionais são fornecidos em seus estados principais no ciclo, na tabela a seguir. Os estados estão numerados, conforme a Fig. 9.5. Para $k = 1,4$, $c_v = 0,172$ Btu/(lb · °R) (0,72 kJ/kg · K) e $c_p = 0,240$ Btu/(lb · °R) (1,0 kJ/kg · K), determine
(a) a transferência de calor por unidade de massa e o trabalho por unidade de massa para cada processo, em kJ/lb, e a eficiência térmica do ciclo.
(b) a transferência de exergia que acompanha o calor e o trabalho para cada processo, em Btu/lb. Elabore e calcule uma eficiência exergética para o ciclo. Admita $T_0 = 540°R$ (26,8°C) e $p_0 = 14,7$ lbf/in² (101,3 kPa).

Estado	T (°R)	p (lbf/in²)	v (ft³/lb)
1	540	14,7	13,60
2	1637	713,0	0,85
3	3274	713,0	1,70
4	1425,1	38,8	13,60

9.28 O volume de deslocamento de um motor de combustão interno é 3 litros. Os processos no interior de cada cilindro do motor são modelados como em um ciclo de ar-padrão Diesel com uma razão de corte de 2,5. O estado do ar no início da compressão encontra-se fixado em $p_1 = 95$ kPa, $T_1 = 22°C$ e $V_1 = 3,17$ litros. Determine o trabalho líquido por ciclo, em kJ, a potência desenvolvida pelo motor, em kW, e a eficiência térmica se o ciclo for efetuado 1000 vezes por minuto.

9.29 Um ciclo de ar-padrão Diesel tem uma temperatura máxima de 1800 K. No início da compressão, $p_1 = 95$ kPa e $T_1 = 300$ K. A massa de ar é 12 g. Para taxas de compressão de 15, 18 e 21, determine o trabalho líquido do ciclo, em kJ, a eficiência térmica, a pressão média efetiva, em kPa.

9.30 A eficiência térmica, η, de um ciclo de ar-padrão Diesel pode ser expressa pela Eq. 9.13:

$$\eta = 1 - \frac{1}{r^{k-1}}\left[\frac{r_c^k - 1}{k(r_c - 1)}\right]$$

em que r é a taxa de compressão e r_c é a razão de corte. Deduza esta expressão.

9.31 O estado termodinâmico no início de um ciclo Diesel ar-padrão é determinado por $p_1 = 100$ kPa e $T_1 = 310$ K. A razão de compressão é 15. Elabore gráficos para razões de corte entre 1,5 e 2,5, das seguintes propriedades:
(a) temperatura máxima, em K.
(b) pressão ao final da expansão, em kPa.
(c) trabalho líquido por unidade de massa de ar, em kJ/kg.
(d) eficiência térmica.

9.32 Um ciclo Diesel ar-padrão tem uma temperatura máxima de 1800 K. No início da compressão, $p_1 = 95$ kPa e $T_1 = 300$ K. A massa de ar é 12 g. Para razões de compressão entre 15 e 25, elabore gráficos das seguintes propriedades:
(a) trabalho líquido do ciclo, em kJ.
(b) eficiência térmica.
(c) pressão média efetiva, em kPa.

9.33 O início do processo de compressão de um ciclo de ar-padrão Diesel, $p_1 = 1$ bar e $T_1 = 300$ K. Para temperaturas máximas de ciclo iguais a 1200, 1500, 1800 e 2100 K, esboce graficamente o calor adicionado por unidade de massa em kJ/kg, o trabalho líquido por unidade de massa, em kJ/kg, a pressão média efetiva, em bar, e a eficiência térmica versus taxas de compressão variando de 5 a 20.

9.34 Um ciclo de ar-padrão dual tem uma taxa de compressão igual a 9. No início da compressão, $p_1 = 100$ kPa e $T_1 = 300$ K. A adição de calor é de 1400 kJ/kg, sendo que metade é adicionada a volume constante e a outra metade é adicionada a pressão constante. Determine
(a) as temperaturas no fim de cada processo de adição de calor, em K.
(b) o trabalho líquido do ciclo por unidade de massa de ar, em kJ/kg.
(c) a eficiência térmica.
(d) a pressão média efetiva, em kPa.

9.35 Resolva o Problema 9.34 em uma base de ar-padrão frio com calores específicos avaliados a 300 K.

9.36 Considere um ciclo de ar-padrão dual. Os dados operacionais são fornecidos em seus estados principais no ciclo, na tabela a seguir. Os estados estão numerados, conforme a Fig. 9.7. Considerado que a massa de ar é 0,05 kg, determine
(a) a razão de corte.
(b) o calor adicionado ao ciclo, em kJ.
(c) o calor rejeitado do ciclo, em kJ.
(d) o trabalho líquido, em kJ.
(e) a eficiência térmica.

Estado	T (K)	p (kPa)	u (kJ/kg)	h (kJ/kg)
1	300	95	214,07	300,19
2	862,4	4372,8	643,35	890,89
3	1800	9126,9	1487,2	2003,3
4	1980	9126,9	1659,5	2227,1
5	840,3	265,7	625,19	866,41

9.37 A pressão e a temperatura no início da compressão de um ciclo de ar-padrão dual valem, respectivamente, 14,0 lbf/in² (96,5 kPa) e 520°R (15,7°C). A razão de compressão é 15 e a adição de calor por unidade de massa de ar é 800 Btu/lb (1860,8 kJ/kg). Ao final do processo de adição de calor a volume constante, a pressão vale 1200 lbf/in² (8,3 MPa). Determine
(a) o trabalho líquido do ciclo por unidade de massa de ar, em Btu/lb.

(b) a rejeição de calor do ciclo por unidade de massa de ar, em Btu/lb.
(c) a eficiência térmica.
(d) a razão de corte.
(e) Para investigar os efeitos da variação da taxa de compressão, esboce graficamente cada uma das grandezas calculadas nos itens (a) até (d) para taxas de compressão variando de 10 a 28.

9.38 Um ciclo de ar-padrão dual tem uma taxa de compressão de 16. No início da compressão, $p_1 = 14,5$ lbf/in² (100,0 kPa), $V_1 = 0,5$ ft³ (0,01 m³) e $T_1 = 50°F$ (10,0°C). A pressão é duplicada durante o processo de adição de calor a volume constante. Considerando uma temperatura máxima de ciclo igual a 3000°R (1393,5°C), determine
(a) a adição de calor para o ciclo, em Btu.
(b) o trabalho líquido do ciclo, em Btu.
(c) a eficiência térmica.
(d) a pressão média efetiva, em lbf/in².
(e) Para investigar o efeito da variação da temperatura máxima do ciclo, esboce graficamente cada uma das grandezas calculadas nos itens (a) até (d) para temperaturas máximas de ciclo variando de 3000 a 4000°R (1393,5 e 1949,1°C).

9.39 Um ciclo dual ar-padrão tem uma razão de compressão 9. No início da compressão, $p_1 = 100$ kPa, $T_1 = 300$ K e $V_1 = 14$ L. A energia total adicionada ao ciclo sob a forma de calor é 22,7 kJ. Elabore um gráfico das temperaturas ao final de cada processo de adição de calor, em K, do trabalho líquido por unidade de massa de ar, em kJ/kg, da eficiência térmica e da pressão média efetiva, em kPa, cada uma em função da razão do calor adicionado sob volume constante sobre o calor total adicionado, variando de 0 a 1.

9.40 No início do processo de compressão em um ciclo de ar-padrão dual, $p_1 = 1$ bar e $T_1 = 300$ K. A adição total de calor é 1000 kJ/kg. Esboce graficamente o trabalho líquido por unidade de massa, em kJ/kg, a pressão média efetiva, em bar, e a eficiência térmica *versus* a taxa de compressão para diferentes frações de adição de calor a volume constante e a pressão constante. Considere uma taxa de compressão variando de 10 a 20.

9.41 A eficiência térmica, η, de um ciclo de ar-padrão frio dual pode ser expressa por

$$\eta = 1 - \frac{1}{r^{k-1}}\left[\frac{r_p r_c^k - 1}{(r_p - 1) + k r_p(r_c - 1)}\right]$$

em que r é a taxa de compressão, r_c a razão de corte e r_p a relação de pressão para a adição de calor a volume constante. Deduza esta expressão.

Ciclo Brayton

9.42 Um ciclo ideal de ar-padrão Brayton operando em regime permanente produz 10 MW de potência. Os dados operacionais são fornecidos em seus estados principais no ciclo, na tabela a seguir. Os estados estão numerados, conforme a Fig. 9.9. Esboce o diagrama *T–s* para o ciclo e determine
(a) a vazão mássica de ar, em kg/s.
(b) a taxa de transferência de calor, em kW, para o fluido de trabalho que passa pelo trocador de calor.
(c) a eficiência térmica do ciclo.

Estado	p (kPa)	T (K)	h (kJ/kg)
1	100	300	300,19
2	1200	603,5	610,65
3	1200	1450	1575,57
4	100	780,7	800,78

9.43 Um ciclo ideal de ar-padrão frio Brayton opera em regime permanente com condições na entrada do compressor de 300 K e 100 kPa, temperatura fixa na entrada da turbina de 1700 K. Para o ciclo,
(a) determine a potência líquida desenvolvida por unidade de massa em escoamento, em kJ/kg, para uma relação de pressão no compressor de 8.
(b) esboce graficamente a potência líquida desenvolvida por unidade de massa em escoamento, em kJ/kg, e a eficiência térmica, cada um *versus* a relação de pressão do compressor para a relação de pressão variando de 2 a 50.

9.44 Um ciclo ideal de ar-padrão Brayton opera em regime permanente com condições na entrada do compressor de 300 K e 100 kPa, temperatura fixa na entrada da turbina de 1700 K, e $k = 1,4$. Para o ciclo,
(a) determine a potência líquida desenvolvida por unidade de massa em escoamento, em kJ/kg, para uma relação de pressão no compressor de 8.
(b) esboce graficamente a potência líquida desenvolvida por unidade de massa em escoamento, em kJ/kg, e a eficiência térmica, cada um *versus* a relação de pressão do compressor para a relação de pressão variando de 2 a 50.

9.45 Para um ciclo Brayton ar-padrão ideal, mostre que:
(a) a razão de trabalho reverso (bwr) é dada por: bwr $= T_1/T_4$, em que T_1 é a temperatura na entrada do compressor e T_4 é a temperatura na saída da turbina.
(b) a temperatura na saída do compressor que maximiza o trabalho líquido desenvolvido por unidade de massa é dada por $T_2 = (T_1 T_3)^{1/2}$, em que T_1 é a temperatura na entrada do compressor e T_3 é a temperatura na entrada da turbina.

9.46 Ar entra no compressor de um ciclo ideal de ar-padrão frio Brayton a 100 kPa, 300 K e com uma vazão mássica de ar de 6 kg/s. A relação de pressão no compressor é 10 e a temperatura de entrada de ar na turbina é 1400 K. Para $k = 1,4$, calcule
(a) a eficiência térmica do ciclo.
(b) a razão de trabalho reverso.
(c) a potência líquida desenvolvida, em kW.

9.47 Para o ciclo Brayton do Problema 9.46, investigue os efeitos da variação da relação de pressão no compressor e da temperatura de entrada na turbina. Esboce graficamente as mesmas quantidades calculadas no Problema 9.46 para
(a) uma relação de pressão no compressor de 10 e uma temperatura de entrada na turbina variando de 1000 a 1600 K.
(b) uma temperatura de entrada na turbina de 1400 K e uma relação de pressão no compressor variando de 2 a 20.
Discuta os resultados.

9.48 A taxa de adição de calor em um ciclo ideal de ar-padrão Brayton é $5,2 \times 10^6$ Btu/h. A relação de pressão para o ciclo é 12 e as temperaturas mínima e máxima são, respectivamente, 520°R (15,7°C) e 2800°R (1282,4°C). Determine
(a) a eficiência térmica do ciclo.
(b) a vazão mássica de ar, em lb/h.
(c) a potência líquida desenvolvida pelo ciclo, em Btu/h.

9.49 Resolva o Problema 9.48 em uma base de ar-padrão frio com calores específicos avaliados a 520°R (15,7°C).

9.50 Ar é admitido em um compressor em um ciclo Brayton ideal a 100 kPa, 300 K e com uma vazão volumétrica de 5 m³/s. A temperatura na entrada da turbina é 1400 K. Para razões de pressão do compressor de 6, 8 e 12, determine:
(a) a eficiência térmica do ciclo.
(b) a razão de trabalho reverso.
(c) a potência líquida desenvolvida, em kW.

9.51 A temperatura de entrada em um compressor em um ciclo ideal ar-padrão Brayton é 520°C e a temperatura máxima permitida na entrada da turbina é 2600°R (1171,3°C). Elabore um gráfico do trabalho líquido por unidade de massa de ar fluindo, em Btu/lb, e da eficiência térmica, em função da razão da pressão do compressor para valores entre 12 e 24. Utilizando seus gráficos, estime a razão de pressão para alcançar o trabalho máximo líquido e o respectivo valor de eficiência térmica. Compare seus resultados com aqueles obtidos analisando o ciclo em uma base de ar-padrão.

9.52 No compressor de um ciclo ideal de ar-padrão frio Brayton entra ar a 100 kPa, 300 K e com uma vazão mássica de 6 kg/s. A relação de pressão no compressor é 10 e a temperatura de entrada na turbina é 1400 K. Tanto a turbina como o compressor tem eficiência isentrópica de 80%. Para $k = 1,4$, calcule
(a) a eficiência térmica do ciclo.
(b) a razão de trabalho reverso.
(c) a potência líquida desenvolvida, em kW.
(d) as taxas de destruição de exergia do compressor e da turbina, ambas em kW, para $T_0 = 300$ K.
(e) Esboce as quantidades calculadas nos itens (a) a (d) *versus* a eficiência isentrópica tanto para o compressor como para a turbina com eficiência isentrópica variando de 70% a 100%. Discuta os resultados.

9.53 O ciclo do Problema 9.42 é modificado para incluir os efeitos das irreversibilidades nos processos adiabáticos de expansão e compressão. Considerando que os estados nas entradas do compressor e da turbina permanecem inalterados, o ciclo produz 10 MW de potência, e as

eficiências isentrópicas do compressor e da turbina são ambas 80%, determine
(a) a pressão, em kPa, a temperatura, em K, e a entalpia específica, em kJ/kg, em cada estado principal do ciclo e esboce o diagrama T–s.
(b) a vazão mássica de ar, em kg/s.
(c) a taxa de transferência de calor, em kW, para o fluido de trabalho que passa pelo trocador de calor.
(d) a eficiência térmica.

9.54 Ar entra no compressor de um ciclo de ar-padrão Brayton com uma vazão volumétrica de 60 m³/s a 0,8 bar e 280 K. A relação de pressão do compressor é 20 e o ciclo máximo da temperatura é 2100 K. Para o compressor, a eficiência isentrópica é 92% e para a turbina a eficiência isentrópica é 95%. Determine
(a) a potência líquida desenvolvida, em MW.
(b) a taxa de adição de calor no combustor, em MW.
(c) a eficiência térmica do ciclo.

9.55 No compressor de uma turbina a gás simples entra ar a $p_1 = 14$ lbf/in² (655,0 kPa) e $T_1 = 520°$R (15,7°C) e a vazão volumétrica é 10.000 ft³/min. As eficiências isentrópicas do compressor e da turbina são, respectivamente, 83% e 87%. A relação de pressão do compressor é 14 e a temperatura na entrada da turbina é 2500°R (1115,7°C). Tomando como base uma análise de ar-padrão, calcule
(a) a eficiência térmica do ciclo.
(b) a potência líquida, em hp.
(c) as taxas de produção de entropia no compressor e na turbina, ambas em hp/°R.

9.56 Resolva o Problema 9.55 em uma base de ar-padrão frio com calores específicos avaliados a 520°R (15,7°C).

9.57 No compressor de uma turbina a gás simples entra ar a 100 kPa e 300 K e com uma vazão volumétrica de 5 m³/s. A relação de pressão é igual a 10 e sua eficiência isentrópica é 85%. Na entrada da turbina, a pressão é 950 kPa e a temperatura vale 1400 K. A turbina tem uma eficiência isentrópica de 88% e uma pressão na saída de 100 kPa. Tomando como base uma análise de ar-padrão,
(a) desenvolva um balancete completo do aumento *líquido* de exergia do ar que passa pelo combustor da turbina a gás, em kW.
(b) elabore e calcule uma eficiência exergética para o ciclo da turbina a gás.
Admita $T_0 = 300$ K, $p_0 = 100$ kPa.

9.58 No compressor de uma turbina a gás simples entra ar a 14,5 lbf/in² (100,0 kPa) e 80°F (26,7°C) e sai a 87 lbf/in² (599,8 kPa) e 514°F (267,8°C). O ar entra na turbina a 1540°F (837,8°C) e 87 lbf/in² e se expande até 917°F (491,7°C), 14,5 lbf/in². O compressor e a turbina operam adiabaticamente e os efeitos das energias cinética e potencial são desprezíveis. Tomando como base uma análise de ar-padrão,
(a) desenvolva um balancete completo do aumento *líquido* de exergia do ar que passa pelo combustor da turbina a gás, em Btu/lb.
(b) elabore e calcule uma eficiência exergética para o ciclo da turbina a gás.
Admita $T_0 = 80°$F, $p_0 = 14,5$ lbf/in².

Regeneração, Reaquecimento e Compressão com Inter-resfriamento

9.59 Um ciclo ideal de ar-padrão Brayton regenerativo produz 10 MW de potência. Os dados operacionais são fornecidos em seus estados principais no ciclo, na tabela a seguir. Os estados estão numerados, conforme a Fig. 9.14. Esboce o diagrama T–s para o ciclo e determine
(a) a vazão mássica de ar, em kg/s.
(b) a taxa de transferência de calor, em kW, para o fluido de trabalho que passa pelo combustor.
(c) a eficiência térmica.

Estado	p (kPa)	T (K)	h (kJ/kg)
1	100	300	300,19
2	1200	603,5	610,65
x	1200	780,7	800,78
3	1200	1450	1575,57
4	100	780,7	800,78
y	100	603,5	610,65

9.60 O ciclo do Problema 9.59 é modificado para incluir os efeitos das irreversibilidades nos processos adiabáticos de expansão e compressão.

A efetividade do regenerador é de 100%. Considerando que os estados nas entradas do compressor e da turbina permanecem inalterados, o ciclo produz 10 MW de potência, e as eficiências isentrópicas do compressor e da turbina são ambas 80%, determine
(a) a pressão, em kPa, a temperatura, em K, e a entalpia específica, em kJ/kg, em cada estado principal do ciclo e esboce o diagrama T–s.
(b) a vazão mássica de ar, em kg/s.
(c) a taxa de transferência de calor, em kW, para o fluido de trabalho que passa pelo combustor.
(d) a eficiência térmica.

9.61 O ciclo do Problema 9.60 é modificado para incluir um regenerador com efetividade de 70%. Determine
(a) a entalpia específica, em kJ/kg, e a temperatura, em K, para cada corrente de saída do regenerador e esboce o diagrama T–s.
(b) a vazão mássica de ar, em kg/s.
(c) a taxa de transferência de calor, em kW, para o fluido de trabalho que passa pelo combustor.
(d) a eficiência térmica.

9.62 Entra ar no compressor de um ciclo de ar-padrão frio Brayton com regeneração a 100 kPa, 300 K e com uma vazão mássica de ar de 6 kg/s. A relação de pressão no compressor é 10 e a temperatura de entrada na turbina é 1400 K. Tanto a turbina como o compressor têm eficiência isentrópica de 80% e a eficiência do regenerador é de 80%. Para $k = 1,4$, calcule
(a) a eficiência térmica do ciclo.
(b) a razão de trabalho reverso.
(c) a potência líquida desenvolvida, em kW.
(d) a taxa de produção de entropia no regenerador, em kW/K.

9.63 Ar entra no compressor de um ciclo de ar-padrão Brayton regenerativo com uma vazão volumétrica de 60 m³/s a 0,8 bar e 280 K. A razão de pressão no compressor é 20 e a temperatura máxima do ciclo é 2100 K. Para o compressor, a eficiência isentrópica é 92% e para a turbina a eficiência isentrópica é 95%. Para uma eficiência do regenerador de 85%, determine
(a) a potência líquida desenvolvida, em MW.
(b) a taxa de adição de calor no combustor, em MW.
(c) a eficiência térmica do ciclo.
(d) Esboce graficamente as quantidades calculadas nos itens (a) a (c) para valores da efetividade do regenerador variando entre 0% e 100%. Discuta os resultados.

9.64 Ar é admitido a 14,7 lbf/in² (101,4 kPa), 520°R (15,7°C) em um compressor em um ciclo ar-padrão Brayton regenerativo. A razão de pressão no compressor é 14 e a temperatura na entrada da turbina é 2500°R (1115,7°C). O compressor e a turbina têm eficiências isentrópicas de 83 e 87%, respectivamente. A potência líquida é 5×10^6 Btu/h. Para efetividades do regenerador variando entre 0 e 100%, elabore gráfico da:
(a) eficiência térmica.
(b) diminuição percentual da adição de calor ao ar.

9.65 Em uma análise ar-padrão, mostre que a eficiência térmica de uma turbina a gás regenerativa ideal pode ser expressa alternativamente por

$$\eta = 1 - \left(\frac{T_1}{T_3}\right)(r)^{(k-1)/k} \quad \text{(a)}$$

em que r é a razão de pressão do compressor, T_1 e T_3 são as temperaturas na entrada do compressor e da turbina, respectivamente e

$$\eta = 1 - \frac{T_2}{T_3} \quad \text{(b)}$$

em que T_2 é a temperatura na saída do compressor.

9.66 Ar, a 1 bar e 15°C, é admitido em um compressor de um ciclo ar-padrão Brayton regenerativo ideal. A pressão na saída do compressor é 10 bar e a temperatura máxima do ciclo é 1100°C. Para $k = 1,4$, determine:
(a) o trabalho líquido, em kJ pode kg de ar fluindo.
(b) a energia adicionada por transferência de calor, em kJ pode kg de ar fluindo.
(c) a eficiência térmica.
(d) Utilizando a Eq. (b) do Problema 9.65, verifique o valor obtido em (c) para a eficiência térmica.

9.67 Um ciclo ar-padrão Brayton tem uma razão de pressão no compressor igual a 10. Ar é admitido no compressor a $p_1 = 14,7$ lbf/in² (101,4 kPa), $T_1 = 70°F$ (21,1°C) com uma vazão de 90.000 lb/h (40.823,3 kg/h). A temperatura na entrada na turbina é 2200°R (949,1°C). Calcule a eficiência térmica e a potência desenvolvida, em hp, se:
(a) as eficiências isentrópicas da turbina e do compressor forem 100%.
(b) as eficiências isentrópicas da turbina e do compressor forem 88 e 84%, respectivamente.
(c) as eficiências isentrópicas da turbina e do compressor forem 88 e 84%, respectivamente e um regenerador com efetividade de 80% for incorporado.

9.68 A Fig. P9.68 ilustra uma instalação de potência com uma turbina a gás que usa energia solar como fonte de adição de calor (veja a Patente dos Estados Unidos de nº 4.262.484). Os dados operacionais são mostrados na figura. Modelando o ciclo como um ciclo Brayton, e supondo que não há perda de carga no trocador de calor ou na tubulação de interconexão, determine,
(a) a eficiência térmica.
(b) a vazão mássica de ar, em kg/s, para uma potência líquida de saída de 500 kW.

9.69 Ar é admitido em um compressor de uma turbina a gás regenerativa a 14,5 lbf/in² (100 kPa), 77°F (25°C) e é comprimido a 60 lbf/in² (413,7 kPa). O ar então passa por um regenerador e sai a 1120°R (349,1°C). A temperatura na entrada da turbina é 1700°R (671,3°C). O compressor e a turbina têm eficiências isentrópicas de 84% e a potência desenvolvida é 1000 hp. Empregando uma análise de ar-padrão, calcule:
(a) a eficiência térmica do ciclo.
(b) a razão de trabalho reverso.
(c) a efetividade do regenerador.
(d) a vazão mássica do ar, em lb/s.

9.70 Ar entra em uma turbina a gás a 1200 kPa, 1200 K e se expande até 100 kPa em dois estágios. Entre os estágios, o ar é reaquecido até 1200 K a uma pressão constante de 350 kPa. A expansão em cada estágio da turbina é isentrópica. Determine, em kJ por kg de ar em escoamento,
(a) o trabalho desenvolvido em cada estágio.
(b) a transferência de calor para o processo de reaquecimento.
(c) o aumento no trabalho líquido quando comparado a um único estágio de expansão sem reaquecimento.

9.71 Reconsidere o Problema 9.70 e inclua na análise o fato de que cada estágio da turbina possa apresentar uma eficiência isentrópica menor que 100%. Esboce graficamente as grandezas calculadas nos itens (a) até (c) do Problema 9.70 para valores de pressão entre os estágios variando de 100 a 1200 kPa e para eficiências isentrópicas de 100%, 80% e 60%.

9.72 O diagrama esquemático T-s de uma turbina de dois estágios operando sob regime estacionário com reaquecimento a uma pressão p_i entre os dois estágios encontra-se representada na Fig. P9.72. Valores de p_1, T_1 e p_2 são conhecidos. A temperatura na entrada de cada turbina é a mesma, as expansões nas turbinas são isentrópicas, e efeitos de energia cinética e potencial são desprezíveis. Assumindo o modelo de gás ideal, com k constante para o ar, mostre que:
(a) o trabalho máximo por unidade de massa de ar fluindo é alcançado quando a razão de pressão é a mesma em ambos os estágios.
(b) a temperatura na saída de cada estágio de turbina é o mesmo.
(c) o trabalho por unidade de massa de ar fluindo é o mesmo para cada estágio de turbina.
(d) o calor transferido por unidade de massa fluindo é igual ao trabalho determinado em (c).

9.73 Ar, a 10 bar, é admitido em uma turbina de dois estágios com reaquecimento operando sob regime permanente. A razão de pressão entre os estágios é 10. O reaquecimento ocorre na pressão que maximiza o trabalho total da turbina como determinado no Problema 9.72(a). A temperatura na entrada de cada estágio é 1400 K e em todos eles opera isentropicamente. Assumindo o modelo de gás ideal, com $k = 1,4$ para o ar, determine:
(a) a pressão do reaquecedor, em bar.
(b) para cada estágio de turbina, o trabalho desenvolvido por unidade de massa de ar fluindo, em kJ/kg.
(c) para o reaquecedor, a transferência de calor por unidade de massa de ar fluindo, em kJ/kg.

9.74 Ar é admitido sob 100 kPa, 300 K e 6 kg/s em um compressor de um ciclo ar-padrão Brayton com regeneração e reaquecimento. A razão de pressão do compressor é 10 e a temperatura de entrada em cada estágio de turbina é 1400 K. As razões de pressão para os estágios de turbina são iguais. Os estágios de turbina e compressor têm eficiências isentrópicas de 80% e o regenerador tem uma efetividade de 80%. Para $k = 1,4$, calcule:

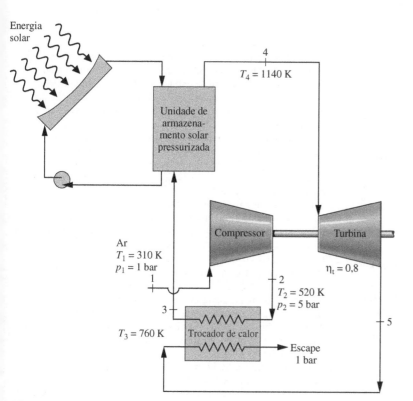

Fig. P9.68

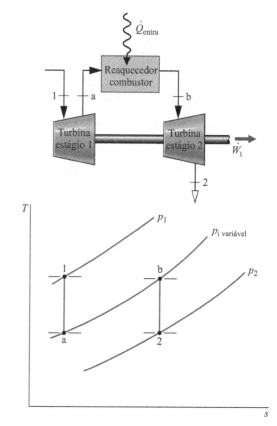

Fig. P9.72

(a) a eficiência térmica do ciclo.
(b) a razão de trabalho reverso.
(c) a potência líquida, em kW.
(d) as razões de destruição de exergia no compressor e em cada estágio de turbina, assim como no regenerador, em kW, para $T_0 = 300$ K.

9.75 Ar entra em um compressor de duplo estágio, que opera em regime permanente a 520°R (15,7°C), 14 lbf/in² (655,0 kPa). A razão de pressão global nos estágios é 12 e cada estágio opera isentropicamente. O inter-resfriamento ocorre a pressão constante, em um valor que minimiza o trabalho de entrada do compressor, conforme determinado no Exemplo 9.10, com ar saindo do inter-resfriador a 520°R. Admitindo a condição de gás ideal, com $k = 1,4$, determine o trabalho por unidade de massa de ar em escoamento para o compressor de duplo estágio. Os efeitos das energias cinética e potencial podem ser ignorados.

9.76 Ar é admitido em um compressor de dois estágios operando sob regime permanente a 1 bar e 290 K. A razão de pressão total entre os estágios é 16 e cada estágio opera isentropicamente. O inter-resfriamento acontece sob uma pressão que minimiza o trabalho total do compressor, como estabelecido no Exemplo 9.10. O fluxo de ar deixa o inter-resfriador a 290 K. Assumindo o comportamento de gás ideal com $k = 1,4$, determine:
(a) a pressão do inter-resfriador, em bar, e o calor transferido, em kJ por kg de ar fluindo.
(b) o trabalho necessário em cada estágio de compressor, em kJ por kg de ar fluindo.

9.77 Um compressor de ar de dois estágios opera sob regime permanente, comprimindo 10 m³/min de ar a 100 kPa, 300 K até 1200 kPa. Um inter-resfriador entre os dois estágios resfria o ar sob pressão constante a 300 K. Cada estágio do compressor tem a mesma eficiência isentrópica. Para valores de pressão entre 100 e 1200 kPa e eficiências de 100%, 80% e 60%, elabore gráficos, em kW, das seguintes quantidades:
(a) potência necessária em cada estágio.
(b) taxa de transferência de calor do inter-resfriador.
(c) diminuição da potência de entrada comparativamente a um sistema com um estágio de compressão (sem inter-resfriador) tendo a mesma eficiência isentrópica de cada um dos estágios.

9.78 Um compressor que opera em regime permanente admite ar a 15 lbf/in² (103,4 kPa kPa), 60°F cal, a uma vazão volumétrica de 5000 ft³/min (2,136 m³/s). A compressão ocorre em dois estágios, sendo cada estágio representado por um processo politrópico com $n = 1,3$. O ar é resfriado para 100°F (37,8°C) entre os estágios por um inter-resfriador que opera a 40 lbf/in² (310,2 kPa). O ar sai do compressor a 120 lbf/in² (827,3 kPa). Determine, em Btu por min,
(a) a potência e a taxa de transferência de calor para cada estágio do compressor.
(b) a taxa de transferência de calor para o inter-resfriador.

9.79 Ar entra no primeiro estágio de compressão de um ciclo Brayton de ar-padrão frio com regeneração e inter-resfriamento a 100 kPa, 300 K, com uma vazão mássica de ar de 6 kg/s. A razão de pressão do compressor global é 10, e as razões de pressão são as mesmas em cada estágio do compressor. A temperatura na entrada para o segundo estágio do compressor é 300 K. A temperatura na entrada da turbina é 1400 K. Tanto os estágios do compressor como os da turbina têm eficiência isentrópica de 80% e a efetividade do regenerador é de 80%. Para $k = 1,4$, calcule
(a) a razão de trabalho reverso.
(b) a potência líquida desenvolvida, em kW.
(c) a eficiência térmica do ciclo.
(d) as taxas de produção de entropia em cada estágio do compressor e da turbina, assim como no regenerador, em kW/K.

9.80 Um ciclo Brayton de ar-padrão com regeneração que opera em regime permanente com inter-resfriamento e reaquecimento produz 10 MW de potência. Os dados operacionais são fornecidos em seus estados principais no ciclo, na tabela a seguir. Os estados estão numerados, conforme a Fig. 9.19. Esboce o diagrama T–s para o ciclo e determine
(a) a vazão mássica de ar, em kg/s.
(b) a taxa de transferência de calor, em kW, para o fluido de trabalho que passa por cada combustor.
(c) a eficiência térmica do ciclo.

Estado	p (kPa)	T (K)	h (kJ/kg)
1	100	300	300,19
2	300	410,1	411,22
3	300	300	300,19
4	1200	444,8	446,50
5	1200	1111,0	1173,84
6	1200	1450	1575,57
7	300	1034,3	1085,31
8	300	1450	1575,57
9	100	1111,0	1173,84
10	100	444,8	446,50

9.81 Ar entra no compressor de um ciclo Brayton de ar-padrão frio com regeneração, inter-resfriamento e reaquecimento a 100 kPa, 300 K, com uma vazão mássica de 6 kg/s. A razão de pressão do compressor é 10, e as razões de pressão são as mesmas em cada estágio do compressor. Tanto o inter-resfriador como o reaquecedor operam à mesma pressão. A temperatura na entrada do segundo estágio do compressor é 300 K e a temperatura de entrada para cada estágio da turbina é de 1400 K. Tanto os estágios do compressor como os da turbina têm eficiência isentrópica de 80% e a efetividade do regenerador é de 80%. Para $k = 1,4$, calcule
(a) a eficiência térmica do ciclo.
(b) a razão de trabalho reverso.
(c) a potência líquida desenvolvida, em kW.
(d) a taxa de destruição de exergia nos estágios do compressor e da turbina, assim como no regenerador, em kW, para $T_0 = 300$ K.

9.82 Um ciclo Brayton de ar-padrão produz 10 MW de potência. As eficiências isentrópicas do compressor e da turbina são ambas 80%. Os dados operacionais são fornecidos em seus estados principais no ciclo, na tabela a seguir. Os estados estão numerados, conforme a Fig. 9.9.
(a) Preencha os dados que faltam na tabela e esboce o diagrama T–s para o ciclo.
(b) Determine a vazão mássica do ar, em kg/s.
(c) Realize um balancete completo do aumento líquido da taxa de exergia conforme o ar escoa pelo combustor.
Admita $T_0 = 300$ K, $p_0 = 100$ kPa.

Estado	p (kPa)	T (K)	h (kJ/kg)	s° [kJ/(kg · K)]	p_r
1	100	300	300,19	1,70203	1,3860
2	1200				
3	1200	1450	1575,57	3,40417	522
4	100				

9.83 Ar, sob $p_1 = 14,7$ lbf/in² (101,4 kPa) e $T_1 = 530°$R (21,3°C) é admitido em um compressor de uma turbina a gás regenerativa com vazão mássica de 90.000 lb/h (40.823,3 kg/h). A razão de pressão do compressor é 10, a temperatura de entrada na turbina é 2200°R (949,1°C) e a efetividade do regenerador é 80%. Determine a eficiência térmica e a potência líquida, em hp, pra cada uma das configurações baseadas no Problema 9.67(c).
(a) Introduza um sistema de compressão em dois estágios com um inter-resfriador entre eles a uma pressão de 50 lbf/in² (344,7 kPa). Cada estágio de compressão tem eficiência isentrópica de 84% e a temperatura do ar entrando no segundo estágio é 530°R (21,3°C). A eficiência isentrópica da turbina é 88%.
(b) Introduza um sistema de expansão em dois estágios com reaquecimento entre os estágios de turbina a uma pressão de 50 lbf/in² (344,7 kPa). Cada estágio de turbina tem eficiência isentrópica de 88% e a temperatura do ar entrando no segundo estágio é 2000°R (878°C). A eficiência isentrópica do compressor é 84%.

9.84 Combinando as características consideradas no Problema 9.83, ar, sob $p_1 = 14,7$ lbf/in² (101,4 kPa) e $T_1 = 530°$R (21,3°C) é admitido em um compressor de uma turbina a gás regenerativa com vazão mássica de 90.000 lb/h (40.823,3 kg/h). A razão de pressão do compressor é 10, a temperatura de entrada na turbina é 2200°R (949,1°C) e a efetividade do regenerador é 80%. A compressão ocorre em dois estágios com inter-resfriamento a 530°R (21,3°C) e 50 lbf/in² (344,7 kPa). A expansão na turbina também ocorre em dois estágios, com reaquecimento a 2000°R (878°C) sob 50 lbf/in² (344,7 kPa). As eficiências isentrópicas dos estágios de compressor e turbina são 84% e 88%, respectivamente. Determine a eficiência térmica e a potência desenvolvida, em hp, para o sistema completo.

Outras Aplicações para Sistemas de Potência a Gás

9.85 Ar a 26 kPa, 230 K e 220 m/s entra no motor de um turbojato em voo. A vazão mássica de ar é 25 kg/s. A razão de pressão ao longo do compressor é 11, a temperatura na entrada da turbina é 1400 K e a pressão de saída no bocal é 26 kPa. Os processos no difusor e no bocal são isentrópicos, as eficiências isentrópicas do compressor e da turbina valem, respectivamente, 85% e 90% e não há perda de carga no escoamento ao longo do combustor. Os efeitos de energia cinética são desprezíveis, exceto na entrada do difusor e na saída do bocal. Tomando como base uma análise de ar-padrão, determine
(a) as pressões e temperaturas em cada estado principal, em kPa e K, respectivamente.
(b) a taxa de adição de calor para o ar que passa através do combustor, em kJ/s.
(c) a velocidade na saída do bocal, em m/s.

9.86 Para o turbojato do Problema 9.85, esboce graficamente a velocidade na saída do bocal, em m/s, a pressão na saída da turbina, em kPa, e a taxa de adição de calor para o combustor, em kW, sendo cada grandeza entendida como uma função da relação de pressão do compressor e com uma variação entre 6 e 14. Repita os gráficos para temperaturas de entrada na turbina iguais a 1200 K e 1000 K.

9.87 Ar a 9 lbf/in^2 (62,1 kPa), 420°R (239,8°C) e com uma velocidade de 750 ft/s (228,6 m/s) entra no difusor de um motor turbojato com uma vazão mássica de 85 lb/s. A razão de pressão do compresor é 12 e sua eficiência isentrópica é de 88%. O ar entra na turbina a 2400°R (1060,2°C) com a mesma pressão da saída do compressor. O ar sai do bocal a 9 lbf/in^2. O difusor opera isentropicamente e tanto o bocal quanto a turbina têm eficiências isentrópicas, respectivamente, de 92% e 90%. Tomando como base uma análise de ar-padrão, calcule
(a) a taxa de adição de calor, em Btu/h.
(b) a pressão na saída da turbina, em lbf/in^2.
(c) a potência de acionamento do compressor, em Btu/h.
(d) a velocidade na saída do bocal, em ft/s.
Abandone os efeitos de energia cinética exceto na entrada do difusor e na saída do bocal.

9.88 Considere, para o turbojato do Problema 9.85, a adição de um pós-queimador que eleva a temperatura na entrada do bocal para 1300 K. Determine a velocidade na saída do bocal, em m/s.

9.89 Considere, para o turbojato do Problema 9.87, a adição de um pós-queimador que eleva a temperatura na entrada do bocal para 2200°R (949,1°C). Determine a velocidade na saída do bocal, em ft/s.

9.90 Ar entra no difusor de um estatorreator a 6 lbf/in^2 (41,4 kPa), 420°R (–39,8°C), com uma velocidade de 1600 ft/s (487,7 m/s) e é desacelerado essencialmente até uma velocidade nula. Após a combustão, os gases atingem uma temperatura de 2200°R (949,1°C) antes de serem descarregados através de um bocal a 6 lbf/in^2. Tomando como base uma análise de ar-padrão, determine
(a) a pressão na saída do difusor, em lbf/in^2.
(b) a velocidade na saída do bocal, em ft/s.
Abandone os efeitos de energia cinética, exceto na entrada do difusor e na saída do bocal.

9.91 Ar é admitido em um difusor de um estatorreator (*ramjet*), como mostrado na Fig. 9.27c, a 25 kPa, 220 K, com uma velocidade de 3080 km/h e desacelera até uma velocidade desprezível. Empregando uma análise de ar-padrão, com adição de calor de 900 kJ por kg de ar passando pelo difusor e considerando que o ar sai do bocal a 25 kPa, determine:
(a) a pressão na saída do difusor, em kPa.
(b) a velocidade na saída do bocal, em m/s.
Desconsidere efeitos de energia cinética e potencial na entrada do difusor e na saída do bocal. Assuma que a combustão ocorre sob pressão constante e o escoamento no difusor e no bocal são isentrópicos.

9.92 Um motor turboélice (Fig. 9.27a) é composto de um difusor, um compressor, um combustor, uma turbina e um bocal. A turbina aciona tanto a hélice quanto o compressor. Ar entra no difusor a 40 kPa, 240 K, com uma vazão volumétrica de 83,7 m^3/s e com uma velocidade de 180 m/s, e é desacelerado essencialmente até uma velocidade nula. A relação de pressão do compressor é 10 e o compressor tem uma eficiência isentrópica de 85%. A temperatura na entrada da turbina é 1140 K e sua eficiência isentrópica é 85%. A pressão na saída da turbina vale 50 kPa. O escoamento ao longo do difusor e do bocal é isentrópico. Usando uma análise de ar-padrão, determine

(a) a potência disponibilizada para a hélice, em MW.
(b) a velocidade na saída do bocal, em m/s.
Abandone os efeitos de energia cinética, exceto na entrada do difusor e na saída do bocal.

9.93 Um motor turboélice (Fig. 9.27a) consiste em um difusor, um compressor, um combustor, uma turbina e um bocal. A turbina aciona tanto a hélice quanto o compressor. Ar entra no difusor a 12 lbf/in^2 (82,7 kPa), 460°R (–17,6°C), com uma vazão volumétrica de 23.330 ft^3/min (11 m^3/s) a uma velocidade de 520 ft/s (158,5 m/s). Ao longo do difusor, o ar é desacelerado isentropicamente até uma velocidade desprezível. A relação de pressão do compressor é 9 e a temperatura na entrada da turbina é 2100°R (893,5°C). A pressão na saída da turbina é 25 lbf/in^2 (172,4 kPa) e o ar é expandido até 12 lbf/in^2 ao longo do bocal. Tanto o compressor quanto a turbina têm uma eficiência isentrópica de 87%, e o bocal, uma eficiência isentrópica de 95%. A combustão ocorre a pressão constante. O escoamento pelo difusor é isentrópico. Usando uma análise de ar-padrão, determine
(a) a potência disponibilizada para a hélice, em HP.
(b) a velocidade na saída do bocal, em ft/s.
Abandone os efeitos de energia cinética, exceto na entrada do difusor e na saída do bocal.

9.94 Utiliza-se hélio no ciclo combinado de uma usina de potência como o fluido de trabalho em uma turbina a gás simples e fechada, que é utilizada para o ciclo superior de um ciclo de potência a vapor. Um reator nuclear é a fonte de entrada de energia para o hélio. A Fig. P9.94 fornece dados operacionais em regime permanente. O hélio entra no compressor da turbina a gás a 200 lbf/in^2 (1,4 MPa) e 180°F (82,2°C), apresentando uma vazão mássica de 8 × 10^5 lb/h (100,8 kg/s), e é comprimido para 800 lbf/in^2 (5,5 MPa). A eficiência isentrópica do compressor é de 80%. O hélio então passa pelo reator com uma perda de carga desprezível, saindo a 1400°F

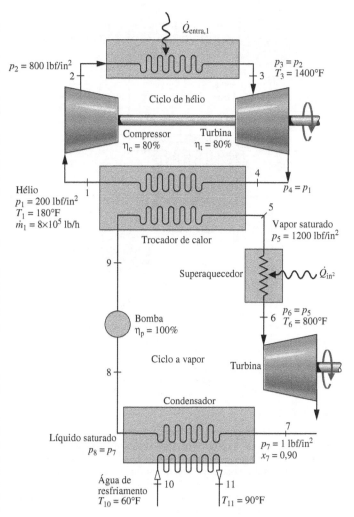

Fig. P9.94

(760,0°C). Em seguida, o hélio se expande para uma pressão de 200 lbf/in² ao longo da turbina com uma eficiência isentrópica de 80%. Então, o hélio passa pelo trocador de calor interconectado. Um fluxo distinto de água líquida entra no trocador de calor e sai como vapor saturado a 1200 lbf/in² (8,3 MPa). O vapor é superaquecido para 800°F (426,7°C), 1200 lbf/in², antes de entrar na turbina. O vapor se expande ao longo da turbina para 1 lbf/in² (6,9 kPa) e um título de 0,9. Na saída do condensador tem-se líquido saturado a 1 lbf/in². A água de resfriamento que atravessa o condensador sofre um aumento de temperatura de 60 para 90°F (15,6 para 32,2°C). A eficiência isentrópica da bomba é 100%. O hélio é modelado como gás ideal com $k = 1,67$. Os efeitos relativos à perda de calor e às energias cinética e potencial podem ser ignorados. Determine
(a) as vazões mássicas do vapor e da água de resfriamento, ambas em lb/h.
(b) a potência líquida desenvolvida pelos ciclos de turbina a gás e a vapor, todos em Btu/h.
(c) a eficiência térmica do ciclo combinado.

9.95 Um ciclo de potência combinado de turbina a gás e a vapor funciona como mostrado na Fig. P9.95. Os dados de pressão e temperatura são fornecidos em seus estados principais, e a potência líquida desenvolvida pela turbina a gás é de 147 MW. Usando a análise de ar-padrão para turbina a gás, determine
(a) a potência líquida desenvolvida pela usina, em MW.
(b) a eficiência térmica global da usina.
Podem ser ignorados os efeitos das energias cinética e potencial e a perda de calor.

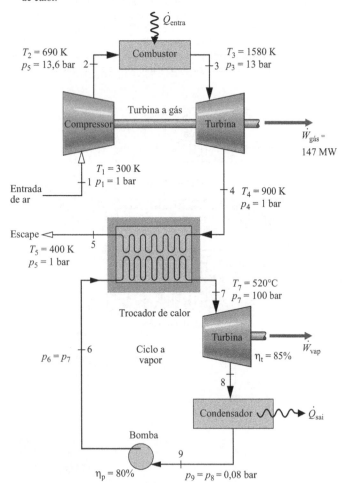

Fig. P9.95

9.96 Uma planta de potência combinada (turbina a gás e vapor) opera como representado na Fig. 9.22. Dados para a operação sob regime permanente dos principais estados termodinâmicos encontram-se listados a seguir. Assume-se uma análise ar-padrão para a turbina a gás na qual o ar passando pelo combustor recebe energia por transferência de calor a uma taxa de 50 MW. Exceto para o combustor, todos os demais componentes operam adiabaticamente. Efeitos de energia cinética e potencial são desprezíveis. Determine:
(a) as vazões de ar, vapor e água de resfriamento, em kg/s.
(b) a potência desenvolvida pelo ciclo de turbina e pelo ciclo de vapor, em MW.
(c) a eficiência térmica do ciclo combinado.

Estado	p(bar)	T°C	h (kJ/kg)
1	1	25	298,2
2	14	—	691,4
3	14	1250	1663,9
4	1	—	923,2
5	1	200	475,3
6	125	—	204,5
7	125	500	3341,8
8	0,1	—	2175,6
9	0,1	—	191,8
10	—	20	84,0
11	—	35	146,7

9.97 Uma planta de potência combinada (turbina a gás e vapor) operando como representado na Fig. 9.22 tem uma potência líquida de 100 MW. Dados para a operação sob regime permanente dos principais estados termodinâmicos encontram-se listados a seguir. Assume-se uma análise ar-padrão para a turbina a gás na qual $p_1 = p_4 = p_5 = 1$ bar e $p_2 = p_3 = 12$ bar. Exceto para o combustor, todos os demais componentes operam adiabaticamente. Efeitos de energia cinética e potencial são desprezíveis. Determine:
(a) as vazões de ar e vapor, em kg/s.
(b) Na eficiência térmica do ciclo combinado.
(c) um balanço completo do aumento *líquido* de exergia do ar passando pelo combustor da turbina a gás, $\dot{m}_{ar}[e_{f3} - e_{f2}]$, em MW, e a eficiência exergética do ciclo.
Assuma $T_0 = 300$ K e $p_0 = 100$ kPa.

	Turbina a gás			Ciclo a vapor	
Estado	h(kJ/kg)	s°(kJ/kg·K)	Estado	h(kJ/kg)	s°(kJ/kg·K)
1	300,19	1,7020	6	183,96	0,5975
2	669,79	2,5088	7	3138,30	6,3634
3	1515,42	3,3620	8	2104,74	6,7282
4	858,02	2,7620	9	173,88	0,5926
5	482,49	2,1776			

9.98 Uma planta de potência combinada (turbina a gás e vapor) opera como representado na Fig. 9.22. Dados para a operação sob regime permanente dos principais estados termodinâmicos encontram-se listados a seguir. Assume-se uma análise ar-padrão para a turbina a gás. Ar é admitido no compressor sob $p_1 = 14,7$ lbf/in² (101,4 kPa), $T_1 = 520°R$ (15,7°C) e uma vazão volumétrica de 40.000 ft³/min (18,9 m3/s). Sabe-se também que $p_1 = p_4 = p_5$ e $p_2 = p_3 = 12$ atm. Exceto para o combustor, todos os demais componentes operam adiabaticamente. Efeitos de energia cinética e potencial são desprezíveis. Determine:
(a) as vazões de ar, vapor e água de resfriamento, em lb/h.
(b) a potência desenvolvida pelo ciclo de turbina e pelo ciclo de vapor, em Btu/h.
(c) a eficiência térmica do ciclo combinado.
(d) um balanço completo do aumento *líquido* de exergia do ar passando pelo combustor da turbina a gás, $\dot{m}_{ar}[e_{f3} - e_{f2}]$, em MW, e a eficiência exergética do ciclo.
Assuma $T_0 = 520°R$ (15,7°C) e $p_0 = 14,7$ lbf/in² (101,4 kPa).

	Turbina a gás			Ciclo a vapor	
Estado	h(Btu/lb)	s°(Btu/lb·°R)	Estado	h(Btu/lb)	s°(Btu/lb·°R)
1	124,27	0,59172	6	74,2	0,1350
2	270,37	0,77820	7	1448,1	1,6120
3	674,49	1,00623	8	955,0	1,7095
4	382,51	0,86289	9	69,7	0,1327
5	201,56	0,70747	10	28,1	0,0556
			11	48,1	0,0933

9.99 Hidrogênio é admitido na turbina de um ciclo Ericsson a 920 K e 15 bar com uma vazão mássica de 1 kg/s. Na entrada do compressor, as condições são 300 K e 1,5 bar. Assumindo o modelo de gases ideais e ignorando efeitos de energia cinética e potencial, determine:
(a) a potência líquida desenvolvida, em kW.
(b) a eficiência térmica.
(c) a razão de trabalho reverso.

9.100 Ar entra no compressor de um ciclo Ericsson a 300 K e 1 bar, e com uma vazão mássica de 5 kg/s. A pressão e a temperatura na entrada da turbina são, respectivamente, 10 bar e 1400 K. Determine
(a) a potência líquida desenvolvida, em kW.
(b) a eficiência térmica.
(c) a razão de trabalho reverso.
(d) Para temperaturas de entrada da turbina de 1400 K, 1200 K e 1000 K, elabore um gráfico da potência desenvolvida em função da pressão do compressor, variando entre 2 e 15.

9.101 Ar é o fluido de trabalho de um ciclo Ericsson. A expansão ao longo da turbina se dá a uma temperatura constante de 2000°R (838°C). A transferência de calor do compressor ocorre a 520°R. A relação de pressão do compressor é 10. Assumindo o modelo de gases ideais e ignorando efeitos de energia cinética e potencial, determine
(a) o trabalho líquido, em Btu por lb de ar.
(b) a eficiência térmica.

9.102 Uma massa de 36 g de ar em um sistema pistão-cilindro está submetida a um ciclo Stirling com razão de compressão igual a 6. No início da compressão isotérmica, a pressão e o volume são 1 bar e 0,03 m³, respectivamente. A temperatura durante a expansão isotérmica é 1000 K. Assumindo o modelo de gases ideais e ignorando efeitos de energia cinética e potencial, determine:
(a) o trabalho líquido, em kJ.
(b) a eficiência térmica.
(c) a pressão média efetiva, em bar.

9.103 Hélio é o fluido de trabalho de um ciclo Stirling. Na compressão isotérmica, o hélio é comprimido de 15 lbf/in² (103,4 kPa) e 100°F (37,8°C) para 150 lbf/in² (1,0 MPa). A expansão isotérmica ocorre a 1500°F (815,6°C). Assumindo o modelo de gases ideais e ignorando efeitos de energia cinética e potencial, determine
(a) o trabalho e a transferência de calor, em Btu por lb de hélio, para cada processo do ciclo.
(b) a eficiência térmica.

Escoamento Compressível

9.104 Calcule o empuxo desenvolvido pelo motor turbojato do Problema 9.85, em kN.

9.105 Calcule o empuxo desenvolvido pelo motor turbojato do Problema 9.87, em lbf.

9.106 Calcule o empuxo desenvolvido pelo motor turbojato com pós-queimador do Problema 9.88, em kN.

9.107 Com relação ao turbojato do Problema 9.87 e ao turbojato modificado do Problema 9.89, calcule o empuxo desenvolvido por cada motor, em lbf. Discuta os resultados encontrados.

9.108 Ar entra no difusor de um motor turbojato a 18 kPa e 216 K, com uma vazão volumétrica de 230 m³/s e com uma velocidade de 265 m/s. A relação de pressão do compressor é 15 e sua eficiência isentrópica é 87%. Ar entra na turbina a 1360 K e a mesma pressão da saída do compressor. A eficiência isentrópica da turbina é 89% e a eficiência isentrópica do bocal é 97%. A pressão na saída do bocal é 18 kPa. Tomando como base uma análise de ar-padrão, calcule o empuxo, em kN.

9.109 Calcule a razão entre o empuxo desenvolvido e a vazão mássica do ar, em N por kg/s, para o estatorreator do Problema 9.91.

9.110 Ar flui sob regime permanente em um duto horizontal, isolado, com área de seção transversal constante e diâmetro 0,1 m. Na entrada, $p_1 = 6,8$ bar e $T_1 = 300$ K. A temperatura do ar saindo do duto é 250 K e a vazão mássica é 270 kg/min. Determine a força horizontal, em N, exercida pela parede do duto sobre o ar. Em qual direção a força atua?

9.111 Água líquida a 70°F (21,1°C) escoa em regime permanente através de um tubo horizontal. A vazão mássica é 25 kg/s. A pressão decresce 2 lbf/in² (13,8 kPa) entre a entrada e a saída do tubo. Determine o módulo, em lbf, e o sentido da força horizontal necessária para manter o tubo em sua posição.

9.112 Ar entra em um bocal horizontal e bem isolado, operando em regime permanente, a 12 bar, 500 K e com uma velocidade de 50 m/s. Na saída, a pressão é 7 bar e a temperatura é 440 K. A vazão mássica é de 1 kg/s. Determine a força líquida, em N, exercida pelo ar sobre o duto no sentido do escoamento.

9.113 Usando o modelo de gás ideal, determine a velocidade sônica do
(a) ar a 1000 K.
(b) CO_2 a 500 K.
(c) He a 300 K.

9.114 Em uma queima de fogos de artifício, você vê o clarão de uma das explosões e, cerca de 2 segundos depois, você ouve o som da mesma explosão. Se a temperatura ambiente é 80°F (26,7°C), qual é a distância, aproximadamente, entre você e o ponto onde ocorre a explosão?

9.115 Usando os dados da Tabela A-4, estime a velocidade sônica, em m/s, do vapor a 60 bar e 360°C. Compare esse resultado com o valor previsto pelo modelo de gás ideal.

9.116 Considerando dióxido de carbono a 1 bar, 460 m/s, esboce graficamente o número de Mach como função da temperatura no intervalo entre 250 K e 1000 K.

9.117 Um gás ideal escoa através de um duto. Em um determinado local a temperatura, a pressão e a velocidade são conhecidas. Determine o número de Mach, a temperatura de estagnação em °R e a pressão de estagnação em lbf/in² para
(a) o ar a 310°F (154,4°C), 100 lbf/in² (689,5 kPa) e uma velocidade de 1400 ft/s (426,7 m/s).
(b) hélio a 520°R (15,7°C), 20 lbf/in² (137,9 kPa) e uma velocidade de 900 ft/s (274,3 m/s).
(c) nitrogênio a 600°R (60,2°C), 50 lbf/in² (344,7 kPa) e uma velocidade de 500 ft/s (152,4 m/s).

9.118 Considerando o Problema 9.112, determine os valores do número de Mach, a temperatura de estagnação, em K, e a pressão de estagnação, em bar, na entrada e na saída do duto, respectivamente.

9.119 Utilizando um *software* como *Interactive Thermodynamics*: *IT*, determine para o vapor d'água a 500 lbf/in² (3,4 MPa), 600°F (315,6°C) e 1000 ft/s (304,8 m/s):
(a) a entalpia de estagnação, em Btu/lb.
(b) a temperatura de estagnação, em °F.
(c) a pressão de estagnação, em lbf/in².
Verifique os valores obtidos no diagrama de Mollier, Fig. A-8E.

9.120 Vapor escoa por uma tubulação e, em uma certa posição, a pressão é 3 bar, a temperatura é 281,4°C e a velocidade é 688,8 m/s. Determine a entalpia de estagnação específica correspondente, em kJ/kg, e a temperatura de estagnação em °C, sabendo que a pressão de estagnação é 7 bar.

9.121 Considere um escoamento isentrópico de um gás ideal com k constante.
(a) Mostre que $\dfrac{T^*}{T_o} = \dfrac{2}{k+1}$ e $\dfrac{p^*}{p_o} = \left(\dfrac{2}{k+1}\right)^{k/(k-1)}$, em que T^* e p^* são, respectivamente, a temperatura e a pressão nas quais o número de Mach é unitário; e T_o e p_o são, respectivamente, a temperatura e a pressão de estagnação.
(b) Utilizando os resultados da parte (a), calcule T^* e p^* para o Exemplo 9.14, em K e kPa, respectivamente.

9.122 Um gás ideal escoa isentropicamente, com k constante, através de um bocal convergente a partir de um grande tanque a 8 bar e 500 K. Usando o resultado do Problema 9.121(a), com k a 500 K determine a temperatura, em K, e a pressão, em bar, em que o número de Mach é unitário, para
(a) ar.
(b) oxigênio (O_2).
(c) dióxido de carbono (CO_2).

9.123 Uma mistura de gás ideal apresentando $k = 1,31$ e com um peso molecular de 23 é fornecida a um bocal convergente a $p_o = 5$ bar, $T_o = 700$ K, e é descarregado em uma região em que a pressão é 1 bar. A área de saída é 30 cm². Para um escoamento ao longo do bocal em regime permanente e isentrópico, determine
(a) a temperatura de saída do gás, em K.
(b) a velocidade de saída do gás, em m/s.
(c) a vazão mássica, em kg/s.

9.124 Um gás ideal, em um grande tanque a 120 lbf/in² (827,4 MPa) e 600°R (60,2°C), se expande isentropicamente através de um bocal convergente e é descarregado em uma região a 60 lbf/in² (413,7 kPa). Determine a vazão mássica, em lb/s, para uma área de saída de 1 in², se o gás for
(a) ar, com $k = 1,4$.
(b) dióxido de carbono, com $k = 1,26$.
(c) argônio, com $k = 1,667$.

488 Capítulo 9

9.125 Ar a $p_o = 1,4$ bar e $T_o = 280$ K se expande isentropicamente em um bocal convergente e é descarregado na atmosfera a 1 bar. A área do plano de saída é 0,0013 m² e $k = 1,4$.
(a) Determine a vazão mássica do ar, em kg/s.
(b) Se a pressão da região de fornecimento, p_o, fosse aumentada para 2 bar, qual seria a vazão mássica, em kg/s?

9.126 Ar considerado um gás ideal com $k = 1,4$ penetra em um bocal convergente-divergente que opera em regime permanente e se expande isentropicamente tal como mostra a Fig. P9.126. Usando os dados da figura e da Tabela 9.2 conforme necessário, determine
(a) a pressão de estagnação, em lbf/in², e a temperatura de estagnação em °R.
(b) a área da garganta, em in².
(c) a área de saída, em in².

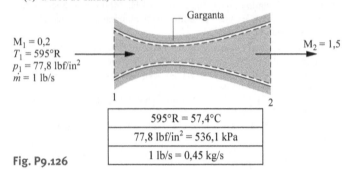

Fig. P9.126

9.127 Um bocal convergente-divergente que opera em regime permanente tem uma área de garganta de 3 cm² e uma área de saída de 6 cm². Ar, considerado gás ideal com $k = 1,4$, entra no bocal a 8 bar, 400 K e com um número de Mach de 0,2 e escoa isentropicamente no interior do bocal. Se o bocal está estrangulado e se a parte divergente atua como um bocal supersônico, determine a vazão mássica, em kg/s, o número de Mach, a pressão em bar e a temperatura em K, na saída. Repita os cálculos admitindo que a porção divergente atua como um difusor supersônico. Use os dados da Tabela 9.2 quando necessário.

9.128 Ar, na situação de gás ideal com $k = 1,4$, entra em um difusor que opera em regime permanente a 4 bar, 290 K e com uma velocidade de 512 m/s. Admitindo escoamento isentrópico, esboce graficamente a velocidade em m/s, o número de Mach e a razão entre as áreas, dada por A/A*, em posições no escoamento correspondentes a uma pressão que varia entre 4 e 14 bar.

9.129 Ar entra em um bocal que opera em regime permanente a 45 lbf/in² (310,3 kPa) e 800°R (171,3°C), com uma velocidade de 480 ft/s (146,3 m/s), e se expande isentropicamente a uma velocidade de saída de 1500 ft/s (457,2 m/s). Usandos os dados da Tabela A-22E quando necessário, determine
(a) a pressão na saída, em lbf/in².
(b) a razão entre a área de saída e a área de entrada.
(c) se o bocal é apenas divergente, apenas convergente ou convergente-divergente na seção transversal.

9.130 Vapor se expande isentropicamente através de um bocal convergente que opera em regime permanente vindo de um grande tanque a 1,83 bar e 280°C. A vazão mássica é 2 kg/s, o escoamento é estrangulado e a pressão no plano de saída é 1 bar. Use as tabelas de vapor quando necessário. Determine o diâmetro do bocal, em cm, nas posições em que a pressão é de 1,5 bar e 1 bar, respectivamente.

9.131 Ar é admitido em um bocal convergente operando sob regime permanente com velocidade desprezível a 10 bar, 360 K e sai a 5,28 bar. A área de saída é 0,001 m² e a eficiência isentrópica do bocal é 98%. O ar pode ser modelado como um gás ideal, com $k = 1,4$ e efeitos de energia cinética e potencial são desprezíveis. Determine, para a saída do bocal:
(a) a velocidade, em m/s.
(b) a temperatura, em K.
(c) o número de Mach.
(d) a pressão de estagnação, em bar.
(e) a vazão mássica, em kg/s.

9.132 Na parte (e) do Exemplo 9.15, um bocal convergente-divergente é submetido a um choque normal na secção divergente. Na saída do bocal, a pressão é 53,3 lbf/in² (367,5 kPa). Demonstre que um bocal convergente também pode alcançar esta pressão de estagnação se o escoamento é isentrópico a partir do mesmo estado de estagnação descrito na parte (e). Determine o número de Mach na saída do bocal convergente.

9.133 Um bocal convergente-divergente opera em regime permanente. Ar, na condição de gás ideal com $k = 1,4$, entra no bocal a 500 K, 6 bar, e com um número de Mach de 0,3. O ar escoa isentropicamente para o plano de saída, onde verifica-se a presença de um choque normal A temperatura até o choque é de 380,416 K. Determine a pressão a jusante, em bar.

9.134 Um bocal convergente-divergente opera em regime permanente. Ar, na condição de gás ideal com $k = 1,4$, entra no bocal a 500 K, 6 bar, e com um número de Mach de 0,3. Um choque normal situa-se em uma localização na seção divergente do duto, onde o número de Mach é de 1,40. As áreas da seção transversal da garganta e do plano de saída são de 4 cm² e 6 cm², respectivamente. O escoamento é isentrópico, exceto na vizinhança imediata do choque. Determine a pressão na saída, em bar, e a vazão mássica, em kg/s.

9.135 Ar como um gás ideal com $k = 1,4$ entra em um duto convergente-divergente com um número de Mach de 2. Na entrada, a pressão é 26 lbf/in² (179,3 kPa) e a temperaura é 445°R (−25,9°C). Um choque normal situa-se em uma localização na seção convergente do duto, com $M_x = 1,5$. Na saída do duto, a pressão é 150 lbf/in² (1,0 MPa). O escoamento é isentrópico, exceto na vizinhança imediata do choque. Determine a temperatura, em °R, e o número de Mach na saída.

9.136 Ar, na condição de gás ideal com $k = 1,4$, sofre um choque normal. As condições a montante são $p_x = 0,5$ bar, $T_x = 280$ K e $M_x = 1,8$. Determine
(a) a pressão p_y em bar.
(b) a pressão de estagnação p_{ox}, em bar.
(c) a temperatura de estagnação T_{ox}, em K.
(d) a variação de entropia específica ao longo do choque, em kJ/kg · K.
(e) Esboce graficamente as grandezas dos itens (a) a (d) versus M_x variando de 1,0 a 2,0. Todas as outras condições a montante permanecem as mesmas.

9.137 Um bocal convergente-divergente opera em regime permanente. Ar, na condição de gás ideal com $k = 1,4$, escoa pelo bocal, sendo descarregado na atmosfera a 14,7 lbf/in² (101,3 kPa) e 520°R (15,7°C). Um choque normal localiza-se no plano de saída com $M_x = 1,5$. A área do plano de saída é de 1,8 in² (0,001 m²). O escoamento é isentrópico até o choque. Determine
(a) a pressão de estagnação p_{ox}, em lbf/in².
(b) a temperatura de estagnação T_{ox}, em °R.
(c) a vazão mássica, em lb/s.

9.138 Um bocal convergente-divergente opera em regime permanente. Ar, na condição de gás ideal com $k = 1,4$, escoa pelo bocal, sendo descarregado na atmosfera a 14,7 lbf/in² (101,3 kPa) e 510°R (10,2°C). Um choque normal localiza-se no plano de saída com $p_x = 9,714$ lbf/in² (67,0 kPa). A área do plano de saída é de 2 in² (0,001 m²). O escoamento é isentrópico até o choque. Determine
(a) a área da garganta, em in².
(b) a entropia produzida no bocal, em Btu/°R por lb de ar em escoamento.

9.139 Ar a 3,4 bar, 530 K e com um número de Mach igual a 0,4 entra em um bocal convergente-divergente que opera em regime permanente. Um choque normal encontra-se na seção divergente em uma posição em que o número de Mach é $M_x = 1,8$. O escoamento é isentrópico, exceto onde o choque se situa. Se o ar se comporta como gás ideal com $k = 1,4$, determine
(a) a temperatura de estagnação T_{ox}, em K.
(b) a pressão de estagnação p_{ox}, em bar.
(c) a pressão p_x, em bar.
(d) a pressão p_y, em bar.
(e) a pressão de estagnação p_{oy}, em bar.
(f) a temperatura de estagnação T_{oy}, em K.
(g) Se a área da garganta é $7,6 \times 10^{-4}$ m² e se a pressão no plano de saída for de 2,4 bar, determine a vazão mássica, em kg/s, e a área de saída, em m².

9.140 Ar na condição de gás ideal com $k = 1,4$ entra em um canal convergente-divergente com um número de Mach igual a 1,2. Um choque normal se encontra na entrada do canal. A jusante do choque o escoamento é isentrópico; o número de Mach é unitário na garganta e o ar sai com uma velocidade desprezível a 100 lbf/in² (689,5 kPa), 540°R (26,85°C). Se vazão mássica for de 100 lb/s (45,4 kg/s), determine as áreas da entrada e da garganta, em ft².

9.141 Usando o *Interactive Thermodynamics: IT* ou programa similar, gere tabelas das mesmas funções de escoamento isentrópico que aquelas da Tabela 9.2 para razões entre calores específicos iguais a 1,2, 1,3, 1,4 e 1,67 e para números de Mach que variem de 0 a 5.

9.142 Usando o *Interactive Thermodynamics: IT* ou programa similar, gere tabelas das mesmas funções de choque normal que aquelas da Tabela 9.3 para razões de calores específicos iguais a 1,2, 1,3, 1,4 e 1,67 e para números de Mach que variem entre 1 e 5.

PROJETOS E PROBLEMAS EM ABERTO: EXPLORANDO A PRÁTICA DE ENGENHARIA

9.1P Turbinas a gás automotivas já estão em desenvolvimento há décadas, mas de uma forma geral não são utilizadas em automóveis. No entanto, helicópteros usam rotineiramente turbinas a gás. Explore os diferentes tipos de motores que são utilizados nas aplicações mencionadas, assim como as razões envolvidas. Compare os fatores de seleção, como desempenho, relação potência-peso, requisitos de espaço, disponibilidade de combustível e impacto ambiental. Resuma suas conclusões em um relatório com pelo menos três referências.

9.2P O relatório do *Panorama Anual de Energia com Projeções* divulgado pela Administração de Informação de Energia dos Estados Unidos projeta estimativas do consumo anual de vários tipos de combustível para os próximos 25 anos. Segundo o relatório, os biocombustíveis vão desempenhar um papel crescente no fornecimento de combustível líquido ao longo desse período. Com base nas tecnologias comercialmente disponíveis ou razoavelmente esperadas para se tornarem disponíveis na próxima década, identifique as opções mais viáveis para a produção de biocombustíveis. Compare várias opções baseadas no retorno de energia sobre energia investida (*Energy Return on Energy Invested* – EROEI), nas necessidades de água e terra, e nos efeitos sobre a mudança climática global. Tire conclusões com base em seu estudo, e apresente-as em um relatório com pelo menos três referências.

9.3P Investigue as seguintes tecnologias: veículos híbridos *plug-in*, veículos totalmente elétricos, veículos com célula a combustível a hidrogênio, veículos movidos a diesel, a gás natural, e a etanol, e faça recomendações sobre qual dessas tecnologias devem receber suporte federal para pesquisa, desenvolvimento e implantação ao longo da próxima década. Baseie a sua recomendação no resultado de um método matriz de decisão, como o *método Pugh*, para comparar as várias tecnologias. Identifique e justifique claramente os critérios utilizados para a comparação e a lógica por trás do processo de pontuação. Prepare um resumo de 15 minutos e um sumário executivo adequado para uma conferência local.

9.4P A Fig. P9.4P mostra uma plataforma com rodas movida pelo impulso gerado por uma descarga de água de um tanque, proveniente de um bico ligado a um cotovelo. Projete e construa aparato, utilizando materiais de fácil obtenção, como um *skate* e um jarro de leite de um galão. Investigue os efeitos do ângulo do cotovelo e a área de saída do bico sobre a vazão volumétrica e o impulso. Prepare um relatório contendo os resultados e as conclusões tiradas juntamente com uma explicação sobre as técnicas de medição e os procedimentos experimentais.

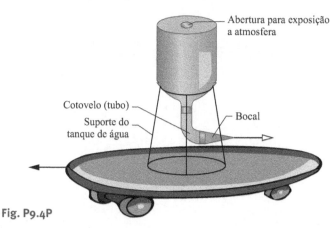

Fig. P9.4P

9.5P Em virtude da sua temperatura muito baixa em relação à água do mar, o gás natural liquefeito (GNL), que chega nos portos dos EUA por navio, tem considerável exergia termomecânica. No entanto, quando o GNL é regaseificado em trocadores de calor, onde a água do mar corresponde a outra corrente, essa exergia é em grande parte destruída. Realize uma pesquisa, na literatura de patentes, de métodos para recuperar uma parte substancial da exergia do GNL durante o processo de regaseificação. Considere tanto as patentes concedidas como as pendentes. Avalie criticamente o mérito técnico e a viabilidade econômica de dois métodos diferentes encontrados em sua pesquisa. Relate suas conclusões em um resumo e em uma apresentação no *PowerPoint*.

9.6P Centenas de universidades americanas têm instalações de sistemas combinados de calor e potência (*combined heat and power*, CHP) que fornecem eletricidade, calor e resfriamento a prédios dos seus *campi*. Os benefícios diretos a estas instituições incluem uma significativa redução de custos anuais e diminuição de emissões de gases associados ao efeito estufa. Para uma universidade próxima ao local onde você mora que ainda não utilize o CHP, utilize os procedimentos descritos pela EPA (*Environmental Protection Agency Combined Heat and Power Partnership*), juntamente com informações de demanda energética da instituição de interesse, para verificar se ela é uma boa candidata à instalação de um sistema CHP. Registre sua recomendação em um relatório incluindo notas de entrevistas com os responsáveis pelo setor de energia da universidade e, pelo menos, três referências.

9.7P Unidades de microcogeração (produção combinada de calor e energia elétrica) capazes de produzir até 1,8 kW de energia elétrica já estão comercialmente disponíveis para uso doméstico. Essas unidades contribuem para as necessidades do espaço doméstico ou de aquecimento de água, proporcionando eletricidade como subproduto. Elas operam com um motor de combustão interna alimentado por gás natural. Por meio de uma unidade de microcogeração híbrida com uma fornalha a gás, *todas* as necessidades de aquecimento doméstico podem ser satisfeitas durante a geração de uma porção substancial da necessidade de energia elétrica anual. Avalie esta forma híbrida para ser aplicada a uma residência de uma família típica local que possui serviço de gás natural. Considere o armazenamento local do excesso da eletricidade gerada em baterias e a possibilidade de utilizar o programa de política de eletricidade conhecido como *net metering*. Especifique os equipamentos e determine os custos, incluindo o custo inicial e o custo de instalação. Estime o custo anual de aquecimento e energia usando a unidade híbrida e compare com o custo anual de aquecimento e energia com uma fornalha a gás independente e rede elétrica. Com base no seu estudo, recomende a melhor estratégia para a residência.

9.8P A Fig. P9.8P mostra dois ciclos ar-padrão: 1-2-3-4′-1 é um ciclo Otto e 1-2-3-4-5-1 é uma variação expandida do ciclo Otto. Este ciclo expandido é de grande interesse hoje devido às aplicações em veículos elétricos híbridos.
(a) Desenvolva a seguinte equação para a razão entre a eficiência térmica do ciclo expandido em relação à do ciclo Otto convencional (η_{otto}), dada pela Eq. 9.8

$$\eta/\eta_{otto} = \left[1 - \frac{1}{(r^*r)^{k-1}} \left\{ 1 + \left(\frac{c_v T_1}{q}\right) r^{k-1} [1 - k(r^*)^{k-1} + (k-1)(r^*)^k] \right\} \right] \Big/ \eta_{otto}$$

(b) Elabore um gráfico da razão determinada na parte (a) (η/η_{otto}) em função de r^*, para valores entre 1 e 3 para $r = 8$, $k = 1,3$ e $q/c_v T_1 = 8,1$. Elabore também um gráfico da razão entre as pressões médias efetivas do ciclo expandido em relação ao ciclo Otto (pme/pme$_{Otto}$) em função de r^*.
(c) A partir dos seus gráficos, juntamente a outras informações disponíveis, elabore conclusões sobre o desempenho de motores utilizados em veículos elétricos híbridos modelados pelo ciclo expandido.
Prepare um memorando incluindo o desenvolvimento da parte (a), os gráficos da parte (b) e as conclusões da parte (c), relacionadas ao desempenho real do sistema.

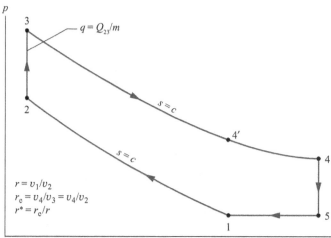

Fig. P9.8P

9.9P A Fig. P9.9P mostra um ciclo combinado formado por uma turbina a gás na parte superior da figura e um ciclo Rankine orgânico localizado na parte inferior da mesma. Dados da operação em regime permanente estão indicados na figura. Devido às irreversibilidades internas, a saída de eletricidade do gerador é 95% da potência de entrada do eixo. O regenerador pré-aquece o ar que entra no combustor. No evaporador, o gás quente de escape, vindo do regenerador, evapora o fluido de trabalho do ciclo localizado na parte inferior da figura. Para cada um dos três fluidos de trabalho a seguir – propano, Regrigerante 22 e Regrigerante 134a – especifique intervalos apropriados para p_8, a pressão na entrada da turbina, e para T_8, a temperatura na entrada da mesma; determine também a pressão de saída da turbina p_9. Para cada fluido de trabalho, investigue a influência da variação de p_8, T_8, e da relação de pressão do compressor sobre a produção líquida de eletricidade e a eficiência térmica do ciclo combinado. Identifique o fluido de trabalho utilizado na parte inferior da figura e as condições de operação para a maior produção líquida de eletricidade do ciclo combinado. Repita o procedimento para a maior eficiência térmica do ciclo combinado. Aplique uma modelagem de engenharia compatível com a utilizada no texto para ciclos Rankine e a análise de ar-padrão empregada nas turbinas a gás. Apresente suas análises, resultados e recomendações em um artigo técnico, que obedeça aos padrões ASME, e com pelo menos três referências.

9.10P A Fig. P9.10P fornece o esquema de um motor de combustão interna de um automóvel equipado com dois ciclos de potência a vapor de Rankine: o ciclo de alta temperatura 1–2–3–4–1 e o ciclo 5–6–7–8–5 de baixa temperatura. Estes ciclos desenvolvem energia adicional, utilizando o *calor residual* derivado do gás de exaustão e do líquido de refrigeração do motor. Usando os dados operacionais de um carro disponível comercialmente com um motor de combustão interna convencional de quatro cilindros e com capacidade para 2,5 litros ou menos, especifique os fluidos de trabalho do ciclo e os dados dos estados em pontos-chave suficientes para produzir, pelo menos, 15 HP de potência a mais. Aplique uma modelagem de engenharia compatível com a utilizada no texto para ciclos Rankine e a análise de ar-padrão de motores de combustão interna. Escreva um relatório final justificando suas especificações, juntamente com os cálculos de apoio. Forneça uma crítica ao uso de tais ciclos em motores de automóveis e uma recomendação sobre o prosseguimento ou não desta tecnologia pelas montadoras.

9.11P Ciclos de potência Brayton *supercríticos* fechados utilizando dióxido de carbono como fluido de trabalho estão sendo avaliados atualmente. A Fig. P9.11P representa esquematicamente um desses ciclos e também o diagrama *T-s* correspondente. Nesse ciclo, o fluxo principal é separado no Estado 8 e reunido no estado 3 após dois estágios de compressão. As frações do fluxo total em vários pontos do ciclo estão indicadas entre parênteses na figura, como (1), (*y*) e (1 – *y*). Se o ciclo desenvolve um trabalho líquido a uma taxa de 85,5 kJ por kg de CO_2 fluindo na turbina, determine a eficiência térmica, a razão de trabalho reverso, a eficiência isentrópica de cada estágio de compressor e da turbina. Pesquise também sobre as aplicações importantes de ciclos de potência Brayton supercríticos fechados utilizando dióxido de carbono. Prepare uma apresentação em painel com seus resultados e realize uma explanação para sua turma de termodinâmica.

9.12P Um gás ideal com razão de capacidades caloríficas *k* flui adiabaticamente *com atrito* através de um bocal, entrando com velocidade desprezível, temperatura T_0 e pressão p_0. A operação está sob regime permanente e efeitos de energia cinética e potencial são desprezíveis.

(a) Mostre em detalhes o desenvolvimento da seguinte expressão, que relaciona a vazão mássica por unidade de área de escoamento em um bocal, na forma adimensional, em função do número de Mach e *k*.

$$\frac{\dot{m}}{A}\frac{\sqrt{T_0}}{p_0}\sqrt{\frac{R}{k}} = \frac{M\left[1+\left(\frac{k-1}{2}\right)M^2\left(1-\frac{1}{\eta}\right)\right]^{k/(k-1)}}{\left[1+\left(\frac{k-1}{2}\right)M^2\right]^{(k+1)/2(k-1)}}$$

em que η é a eficiência isentrópica do bocal, a qual se assume constante.

(b) Utilizando o resultado da parte (a), avalie o desempenho de bocais, para três valores de eficiência isentrópica na faixa entre 0,98 e 1,0. Para cada valor, determine o número de Mach na garganta e onde (posição geométrica no bocal) o valor de *M* é igual à unidade. Interprete o efeito do atrito em um escoamento como este.

Realize uma apresentação de 15 minutos sobre o problema abordado na sua turma de termodinâmica.

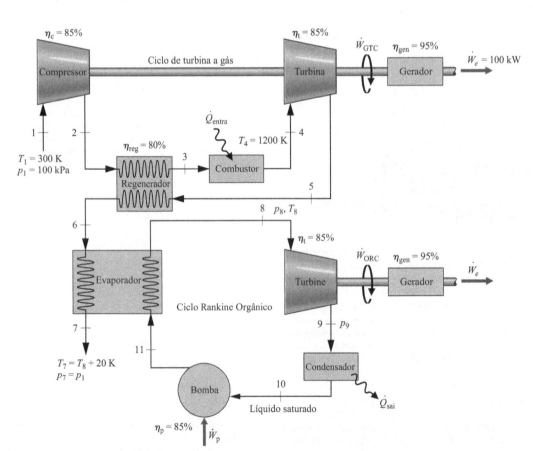

Fig. P9.9P

Sistemas de Potência a Gás   **491**

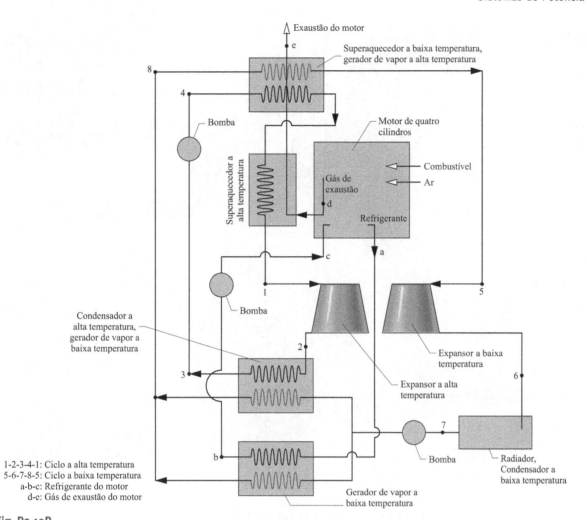

1-2-3-4-1: Ciclo a alta temperatura
5-6-7-8-5: Ciclo a baixa temperatura
a-b-c: Refrigerante do motor
d-e: Gás de exaustão do motor

Fig. P9.10P

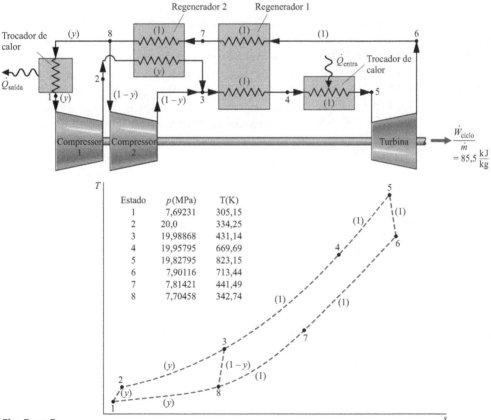

Estado	p(MPa)	T(K)
1	7,69231	305,15
2	20,0	334,25
3	19,98868	431,14
4	19,95795	669,69
5	19,82795	823,15
6	7,90116	713,44
7	7,81421	441,49
8	7,70458	342,74

Fig. P9.11P

Sistemas de refrigeração usados na conservação de alimentos são apresentados na Seção 10.1.
© kupicoo/iStockphoto

CONTEXTO DE ENGENHARIA Os sistemas de refrigeração para a conservação de alimentos e de condicionamento de ar exercem importantes papéis em nossa vida diária. Bombas de calor também estão sendo utilizadas para aquecimento doméstico e produção de calor em processos industriais. Existem muitos outros exemplos do uso comercial e industrial da refrigeração, entre eles a separação de ar para a obtenção de oxigênio e nitrogênio líquidos, a liquefação de gás natural e a produção de gelo.

Para conseguir refrigeração pela maioria dos meios convencionais é necessária uma entrada de energia elétrica. Bombas de calor também requerem energia para operar. Referindo-se mais uma vez a Tabela 8.1, vemos que nos Estados Unidos a eletricidade, atualmente, é obtida principalmente a partir de carvão, gás natural e da energia nuclear, que não são renováveis. Essas fontes não renováveis apresentam efeitos adversos significativos para a saúde humana e o meio ambiente associados à sua utilização. Dependendo do tipo de recurso, tais efeitos estão relacionados com a extração a partir da terra, o processamento e a distribuição, as emissões durante a produção de energia, e os produtos residuais.

Sistemas ineficientes de refrigeração e bomba de calor, construções com aquecimento e refrigeração excessivos, e outras práticas de desperdícios e escolhas de estilo de vida não apenas abusam dos recursos não renováveis cada vez mais escassos, mas também colocam em risco nossa saúde e o meio ambiente. Assim, sistemas de refrigeração e bomba de calor fazem parte de uma área de aplicação, em que sistemas e práticas mais eficientes podem melhorar significativamente a nossa postura energética nacional.

O **objetivo** deste capítulo é descrever alguns dos tipos mais comuns de sistemas de refrigeração e de bombas de calor atualmente em uso e ilustrar como esses sistemas podem ser modelados termodinamicamente. Os três principais tipos descritos são os ciclos por compressão de vapor, por absorção e o ciclo de Brayton reverso. Assim como para os sistemas de potência estudados nos Caps. 8 e 9, serão considerados sistemas a vapor e a gás. Nos sistemas a vapor, o refrigerante é alternadamente vaporizado e condensado. Nos sistemas de refrigeração por gás, o refrigerante permanece no estado gasoso.

Sistemas de Refrigeração e de Bombas de Calor

► **RESULTADOS DE APRENDIZAGEM**

Quando você completar o estudo deste capítulo estará apto a...

► Demonstrar conhecimento dos sistemas básicos de refrigeração e de bomba de calor por compressão de vapor.

► Desenvolver e analisar modelos termodinâmicos de sistemas de compressão de vapor e suas modificações, incluindo

  ► esboçar o diagrama esquemático e o diagrama *T–s* correspondente.

  ► analisar dados de propriedades nos estados principais dos sistemas.

  ► aplicar balanços de massa, de energia, de entropia e de exergia para os processos básicos.

  ► determinar o desempenho de sistemas de refrigeração e de bomba de calor, o coeficiente de desempenho e a capacidade.

► Explicar os efeitos dos vários parâmetros-chave sobre o desempenho do sistema de compressão de vapor.

► Demonstrar conhecimento dos princípios de operação dos sistemas de refrigeração a gás e por absorção, e do desempenho da análise termodinâmica de sistemas a gás.

494 Capítulo 10

Ciclo_de_
Refrigeração
A.10 – Todas as
Abas

10.1 Sistemas de Refrigeração a Vapor

O objetivo de um sistema de refrigeração é manter uma região *fria* a uma temperatura inferior à de sua vizinhança. Em geral isso é feito usando-se sistemas de refrigeração a vapor, que são o assunto desta seção.

10.1.1 Ciclo de Refrigeração de Carnot

Para apresentar alguns aspectos importantes da refrigeração a vapor, iniciaremos considerando um ciclo de refrigeração a vapor de Carnot. Esse ciclo é obtido pela inversão do ciclo de potência a vapor de Carnot discutido na Seção 5.10. A Fig. 10.1 mostra o esquema e o respectivo diagrama *T–s* de um ciclo de refrigeração de Carnot operando entre uma região à temperatura T_C e uma outra região a uma temperatura maior T_H. O ciclo é realizado pela circulação contínua do refrigerante por meio de uma série de componentes. Todos os processos são internamente reversíveis. Além disso, como as transferências de calor entre o refrigerante e cada região ocorrem sem uma diferença de temperatura, não existem irreversibilidades externas. As transferências de energia mostradas no diagrama são positivas nos sentidos indicados pelas setas.

Começando pela entrada do evaporador, vamos seguir o refrigerante através de cada componente do ciclo. O refrigerante entra no evaporador como uma mistura de duas fases líquido–vapor no estado 4. No evaporador, parte do refrigerante muda de fase de líquido para vapor como resultado da transferência de calor da região à temperatura T_C para o refrigerante. A temperatura e a pressão do refrigerante permanecem constantes durante o processo do estado 4 ao estado 1. O refrigerante é então comprimido adiabaticamente do estado 1, em que ele se apresenta como uma mistura de duas fases líquido–vapor, para o estado 2, em que é vapor saturado. Durante esse processo, a temperatura do refrigerante aumenta de T_C para T_H, e a pressão também aumenta. O refrigerante passa do compressor ao condensador, onde muda de fase de vapor saturado para líquido saturado como resultado da transferência de calor para a região à temperatura T_H. A temperatura e a pressão permanecem constantes no processo do estado 2 ao estado 3. O refrigerante volta ao mesmo estado da entrada do evaporador por uma expansão adiabática de uma turbina. Nesse processo, do estado 3 ao estado 4, a temperatura decresce de T_H para T_C, e há um decréscimo de pressão.

> **TOME NOTA...**
> Veja a Seção 6.13.1 para a interpretação da área de transferência de calor no diagrama *T-s* para o caso do escoamento internamente reversível e de um volume de controle em regime permanente.

Uma vez que o ciclo de refrigeração a vapor de Carnot é composto de processos reversíveis, as áreas no diagrama *T–s* podem ser interpretadas como transferências de calor. Aplicando-se a Eq. 6.49, a área 1–a–b–4–1 é o calor acrescentado ao refrigerante através da região fria por unidade de massa de refrigerante. A área 2–a–b–3–2 é o calor rejeitado pelo refrigerante para a região quente por unidade de massa de refrigerante. A área fechada 1–2–3–4–1 representa a transferência de calor *líquida do* refrigerante. A transferência de calor líquida *do* refrigerante é igual ao trabalho líquido realizado *sobre* o refrigerante. O trabalho líquido é a diferença entre o trabalho de acionamento do compressor e o trabalho desenvolvido pela turbina.

O *coeficiente de desempenho* β de *qualquer* ciclo de refrigeração é a razão entre o efeito de refrigeração e o trabalho líquido necessário para atingir tal efeito. Para o ciclo de refrigeração a vapor de Carnot mostrado na Fig. 10.1, o coeficiente de desempenho é

$$\beta_{máx} = \frac{\dot{Q}_{entra}/\dot{m}}{\dot{W}_c/\dot{m} - \dot{W}_t/\dot{m}} = \frac{\text{área } 1\text{–}a\text{–}b\text{–}4\text{–}1}{\text{área } 1\text{–}2\text{–}3\text{–}4\text{–}1} = \frac{T_C(s_a - s_b)}{(T_H - T_C)(s_a - s_b)}$$

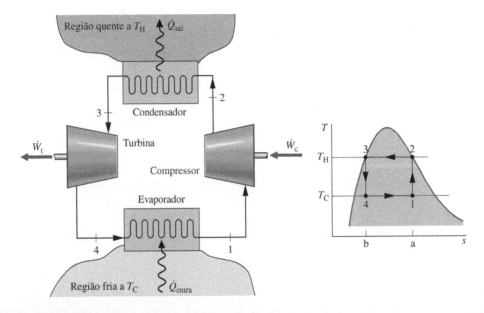

Fig. 10.1 Ciclo de refrigeração a vapor de Carnot.

que se reduz a

$$\beta_{máx} = \frac{T_C}{T_H - T_C} \quad (10.1)$$

Esta equação, que corresponde à Eq. 5.10, representa o *maior* coeficiente de desempenho teórico de qualquer ciclo de refrigeração que opere entre as regiões a T_C e T_H.

10.1.2 Desvios do Ciclo de Carnot

Sistemas de refrigeração a vapor reais desviam-se significativamente do ciclo de Carnot, aqui considerado, e têm coeficientes de desempenho inferiores àqueles que seriam calculados pela Eq. 10.1. Serão consideradas, a seguir, três formas pelas quais sistemas reais desviam-se do ciclo de Carnot.

▶ Um dos desvios mais significativos está relacionado com as transferências de calor entre o refrigerante e as duas regiões. Em sistemas reais, essas transferências não são realizadas reversivelmente, como se supôs aqui. Em especial, a fim de se alcançar uma taxa de transferência de calor suficiente para manter a temperatura da região fria em T_C através de um evaporador de tamanho realístico, é necessário que a temperatura do refrigerante no evaporador, T'_C, esteja vários graus *abaixo* de T_C. Isso é ilustrado colocando-se a temperatura T'_C no diagrama T–s da Fig. 10.2. Analogamente, para se obter uma taxa de transferência de calor adequada do refrigerante para a região quente, é necessário que a temperatura do refrigerante no condensador, T'_H, esteja vários graus *acima* de T_H. Isso é ilustrado colocando-se a temperatura T'_H no diagrama T–s da Fig. 10.2.

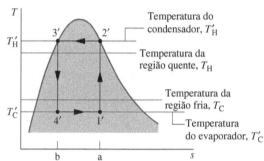

Fig. 10.2 Comparação entre as temperaturas do condensador e do evaporador com as temperaturas das regiões quente e fria.

A manutenção das temperaturas do refrigerante nos trocadores de calor a T'_C e a T'_H, em vez de T_C e T_H, respectivamente, causa a redução do coeficiente de desempenho. Isso pode ser visto expressando-se o coeficiente de desempenho do ciclo de refrigeração designado por 1′–2′–3′–4′–1′ na Fig. 10.2 por

$$\beta' = \frac{\text{área } 1'-a-b-4'-1}{\text{área } 1'-2'-3'-4'-1'} = \frac{T'_C}{T'_H - T'_C} \quad (10.2)$$

Comparando-se as áreas associadas às expressões de $\beta_{máx}$ e β', já mostradas, conclui-se que o valor de β' é inferior ao de $\beta_{máx}$. Essa conclusão sobre o efeito da temperatura do refrigerante no coeficiente de desempenho também se aplica a outros ciclos de refrigeração considerados neste capítulo.

▶ Mesmo quando as diferenças de temperatura entre o refrigerante e as regiões quente e fria são levadas em consideração, existem outras características que fazem com que o ciclo de refrigeração a vapor da Fig. 10.2 seja impróprio como protótipo. Voltando novamente à figura, observe que o processo de compressão do estado 1′ ao estado 2′ ocorre com o refrigerante na condição de mistura de duas fases líquido–vapor. Isso é comumente conhecido como *compressão molhada*. A compressão molhada em geral é evitada, já que a presença de gotas de líquido pode danificar o compressor. Em sistemas reais, o compressor lida apenas com vapor, o que é conhecido como *compressão seca*.

▶ Outra característica que torna o ciclo da Fig. 10.2 impraticável é o processo de expansão do estado de líquido saturado 3′ para o estado de mistura de duas fases líquido–vapor com baixo título 4′. Essa expansão normalmente produz uma quantidade relativamente pequena de trabalho, comparada ao trabalho de acionamento no processo de compressão. O trabalho desenvolvido por uma turbina real seria ainda menor, já que as turbinas que estejam operando em tais condições têm baixa eficiência isentrópica. Por conseguinte, normalmente se sacrifica o trabalho disponível da turbina substituindo-a por uma simples válvula de expansão, com uma consequente redução de custos inicial e de manutenção. Os componentes desse ciclo resultante encontram-se ilustrados na Fig. 10.3, em que se admite compressão seca. Esse ciclo, conhecido como *ciclo de refrigeração por compressão de vapor*, é o assunto da próxima seção.

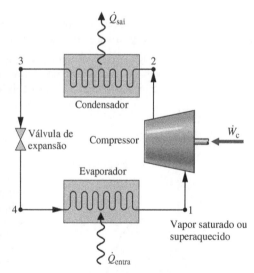

Fig. 10.3 Componentes de um sistema de refrigeração por compressão de vapor.

10.2 Análise dos Sistemas de Refrigeração por Compressão de Vapor

Os sistemas de refrigeração por compressão de vapor são os sistemas de refrigeração mais comuns em uso hoje em dia. O objetivo desta seção é apresentar aspectos importantes de sistemas desse tipo e ilustrar como eles podem ser modelados termodinamicamente.

refrigeração por compressão de vapor

10.2.1 Avaliação do Trabalho e das Transferências de Calor Principais

Consideraremos a operação em regime permanente do sistema de compressão de vapor apresentado na Fig. 10.3. Encontram-se na figura o trabalho e as transferências de calor principais, que são positivas no sentido das setas. Nas análises que se seguem, desprezam-se as variações de energia cinética e potencial nos componentes. Iniciaremos com o evaporador, no qual se obtém o desejado efeito de refrigeração.

▶ À medida que o refrigerante passa pelo evaporador, a transferência de calor do espaço refrigerado resulta na evaporação do refrigerante. Para um volume de controle que engloba o lado do refrigerante no evaporador, os balanços de massa e de energia simplificam-se para fornecer a taxa de transferência de calor por unidade de massa do refrigerante em escoamento dada por

$$\frac{\dot{Q}_{entra}}{\dot{m}} = h_1 - h_4 \tag{10.3}$$

capacidade frigorífica

tonelada de refrigeração

em que $\dot{m}$ é a vazão mássica do refrigerante. A taxa de calor transferido $\dot{Q}_{entra}$ é conhecida como capacidade frigorífica. No sistema de unidades SI, essa capacidade é normalmente expressa em kW. No sistema inglês de unidades, a capacidade frigorífica pode ser expressa em Btu/h. Outra unidade comumente utilizada para capacidade frigorífica é a tonelada de refrigeração, TR, que é igual a 200 Btu/min, ou 211 kJ/min.

▶ O refrigerante que deixa o evaporador é comprimido pelo compressor até uma pressão e uma temperatura relativamente altas. Admitindo-se que não haja transferência de calor de ou para o compressor, os balanços de massa e de energia para um volume de controle que englobe o compressor fornecem

$$\frac{\dot{W}_c}{\dot{m}} = h_2 - h_1 \tag{10.4}$$

em que $\dot{W}_c/\dot{m}$ é a taxa de potência de *alimentação* por unidade de massa de refrigerante.

▶ Em seguida, o refrigerante passa pelo condensador, onde se condensa e ocorre uma transferência de calor do refrigerante para a vizinhança que está mais fria. Para um volume de controle que engloba o lado do refrigerante no condensador, a taxa de transferência de calor por unidade de massa do refrigerante em escoamento é

$$\frac{\dot{Q}_{sai}}{\dot{m}} = h_2 - h_3 \tag{10.5}$$

▶ Finalmente, o refrigerante no estado 3 entra na válvula de expansão e se expande até a pressão do evaporador. Em geral, esse procedimento é modelado como um processo de *estrangulamento*, para o qual

$$h_4 = h_3 \tag{10.6}$$

A pressão do refrigerante decresce na expansão adiabática irreversível, e há um aumento correspondente na entropia específica. O refrigerante sai da válvula no estado 4 como uma mistura de duas fases líquido–vapor.

No sistema de compressão de vapor, o fornecimento de potência líquida é igual à potência do compressor, já que a válvula de expansão não admite entrada ou saída de potência. Usando-se as expressões e quantidades apresentadas anteriormente, o coeficiente de desempenho do sistema de refrigeração por compressão de vapor da Fig. 10.3 é

$$\beta = \frac{\dot{Q}_{entra}/\dot{m}}{\dot{W}_c/\dot{m}} = \frac{h_1 - h_4}{h_2 - h_1} \tag{10.7}$$

Uma vez que os estados 1 a 4 são conhecidos, as Eqs. 10.3 a 10.7 podem ser usadas para avaliar o trabalho e as transferências de calor principais e o coeficiente de desempenho do sistema de compressão por vapor da Fig. 10.3. Como essas equações foram desenvolvidas por simplificações dos balanços de massa e de energia, elas são igualmente aplicáveis tanto para o desempenho real, em que as irreversibilidades estão presentes no evaporador, no compressor e no condensador, quanto no desempenho idealizado na ausência de tais efeitos. Embora as irreversibilidades no evaporador, no compressor e no condensador possam ter um acentuado efeito no desempenho geral, é instrutivo considerar um ciclo idealizado no qual elas estejam supostamente ausentes. Tal ciclo estabelece um limite superior quanto ao desempenho do ciclo de refrigeração por compressão de vapor, e é considerado a seguir.

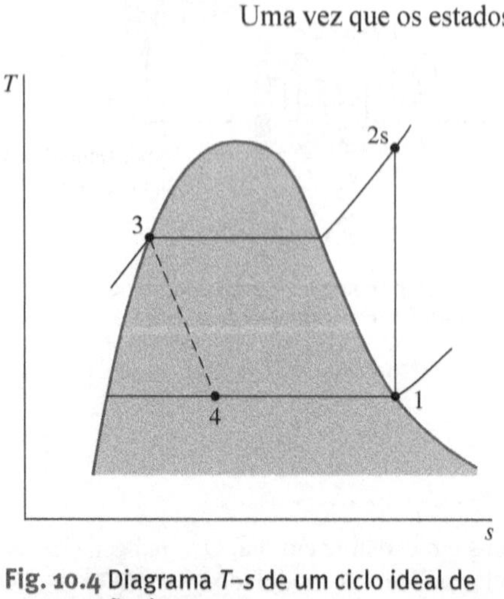

10.2.2 Desempenho de Sistemas de Compressão de Vapor Ideais

Se as irreversibilidades no evaporador e no condensador forem ignoradas, não existe queda de pressão por atrito e o refrigerante escoa a pressão constante ao longo dos dois trocadores de calor. Se a compressão ocorrer sem irreversibilidade e a transferência de calor perdida

Fig. 10.4 Diagrama *T–s* de um ciclo ideal de compressão de vapor.

para a vizinhança for também ignorada, o processo de compressão será isentrópico. Com essas considerações, tem-se o ciclo de refrigeração por compressão de vapor numerado por 1–2s–3–4–1 em termos do diagrama *T–s* da Fig. 10.4. O ciclo consiste na série de processos a seguir:

Processo 1–2s: Compressão *isentrópica* do refrigerante do estado 1 até a pressão do condensador no estado 2s.
Processo 2s–3: Transferência de calor *do* refrigerante à medida que este escoa a pressão constante ao longo do condensador. O refrigerante sai como líquido no estado 3.
Processo 3–4: Processo de *estrangulamento* do estado 3 até uma mistura de duas fases líquido–vapor em 4.
Processo 4–1: Transferência de calor *para* o refrigerante à medida que este escoa a pressão constante ao longo do evaporador para completar o ciclo.

CRCV
A.30 – Aba a

Todos os processos do ciclo ilustrado na Fig. 10.4 são internamente reversíveis, com exceção do processo de estrangulamento. Apesar da inclusão desse processo irreversível, o ciclo é normalmente conhecido como ciclo ideal de compressão de vapor.

ciclo ideal de compressão de vapor

O exemplo a seguir ilustra a aplicação da primeira e da segunda leis da termodinâmica, juntamente com dados de propriedades para a análise de um ciclo ideal de compressão de vapor.

► EXEMPLO 10.1 ►

Analisando um Ciclo Ideal de Refrigeração por Compressão de Vapor

Um ciclo ideal de compressão de vapor se comunica termicamente com uma região fria a 0°C e com uma região quente a 26°C. Esse ciclo tem como fluido de trabalho o Refrigerante 134a. O vapor saturado entra no compressor a 0°C e o líquido saturado deixa o condensador a 26°C. A vazão mássica do refrigerante é 0,08 kg/s. Determine **(a)** a potência do compressor, em kW, **(b)** a capacidade frigorífica, em TR, **(c)** o coeficiente de desempenho e **(d)** o coeficiente de desempenho de um ciclo de refrigeração de Carnot que opere entre as regiões quente e fria a 26°C e 0°C, respectivamente.

SOLUÇÃO

Dado: Um ciclo ideal de refrigeração por compressão de vapor opera com Refrigerante 134a. Os estados do refrigerante na entrada do compressor e na saída do condensador são fornecidos e a vazão mássica é dada.

Pede-se: Determine a potência do compressor em kW, a capacidade frigorífica em TR, o coeficiente de desempenho e o coeficiente de desempenho de um ciclo de refrigeração a vapor de Carnot que opere entre as regiões quente e fria às temperaturas especificadas.

Diagrama Esquemático e Dados Fornecidos:

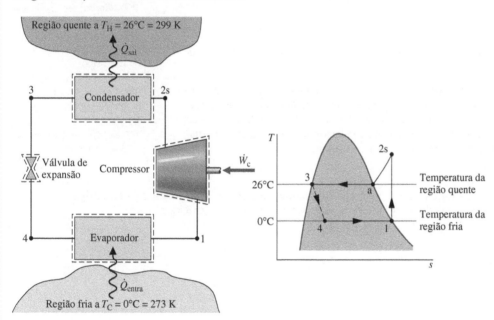

Fig. E10.1

Modelo de Engenharia:

1. Cada componente do ciclo é analisado como um volume de controle em regime permanente. Os volumes de controle estão indicados pelas linhas tracejadas no diagrama.
2. A não ser pela expansão ao longo da válvula, que é um processo de estrangulamento, todos os processos sofridos pelo refrigerante são internamente reversíveis.
3. O compressor e a válvula de expansão operam adiabaticamente.
4. Os efeitos da energia cinética e potencial são desprezíveis.
5. O vapor saturado entra no compressor e o líquido saturado sai pelo condensador.

Análise: Iniciaremos com a determinação dos principais estados localizados no esboço e no diagrama T–s. Na entrada do compressor, o refrigerante é um vapor saturado a 0°C; assim, pela Tabela A-10, $h_1 = 247{,}23$ kJ/kg e $s_1 = 0{,}9190$ kJ/kg · K.

A pressão no estado 2s é a pressão de saturação correspondente a 26°C, ou $p_2 = 6{,}853$ bar. O estado 2s é determinado por p_2 e ❶ pelo fato de a entropia específica ser constante para um processo de compressão adiabático e internamente reversível. O refrigerante no estado 2s é um vapor superaquecido com $h_{2s} = 264{,}7$ kJ/kg.

O estado 3 corresponde a um líquido saturado a 26°C, assim $h_3 = 85{,}75$ kJ/kg. A expansão ao longo da válvula é um processo de estrangulamento (hipótese 2), assim $h_4 = h_3$.

(a) A potência de acionamento do compressor é

$$\dot{W}_c = \dot{m}(h_{2s} - h_1)$$

em que $\dot{m}$ é a vazão mássica do refrigerante. Inserindo valores, temos

$$\dot{W}_c = (0{,}08 \text{ kg/s})(264{,}7 - 247{,}23) \text{ kJ/kg} \left|\frac{1 \text{ kW}}{1 \text{ kJ/s}}\right|$$

$$= 1{,}4 \text{ kW}$$

(b) A capacidade frigorífica é a taxa de transferência de calor fornecida ao refrigerante que passa pelo evaporador, e é dada por

$$\dot{Q}_{\text{entra}} = \dot{m}(h_1 - h_4)$$

$$= (0{,}08 \text{ kg/s})|60 \text{ s/min}|(247{,}23 - 85{,}75) \text{ kJ/kg} \left|\frac{1 \text{ TR}}{211 \text{ kJ/min}}\right|$$

$$= 3{,}67 \text{ TR}$$

(c) O coeficiente de desempenho β é

$$\beta = \frac{\dot{Q}_{\text{entra}}}{\dot{W}_c} = \frac{h_1 - h_4}{h_{2s} - h_1} = \frac{247{,}23 - 85{,}75}{264{,}7 - 247{,}23} = 9{,}24$$

(d) Para um ciclo de refrigeração a vapor de Carnot que opera a $T_H = 299$ K e $T_C = 273$ K, o coeficiente de desempenho determinado através da Eq. 10.1 é

❷
$$\beta_{\text{máx}} = \frac{T_C}{T_H - T_C} = 10{,}5$$

---

❶ O valor para h_{2s} pode ser obtido por uma dupla interpolação na Tabela A-12 ou por meio do *Interactive Thermodynamics: IT*.

❷ Conforme se esperava, o ciclo ideal de compressão de vapor tem um coeficiente de desempenho menor do que o de um ciclo de Carnot que opere entre as temperaturas das regiões quente e fria. Esse valor menor pode ser atribuído aos efeitos das irreversibilidades externas associadas ao dessuperaquecimento do refrigerante no condensador (Processo 2s–a no diagrama T–s) e pela irreversibilidade interna do processo de estrangulamento.

> ✅ **Habilidades Desenvolvidas**
>
> *Habilidades para...*
> - esboçar o diagrama T–s do ciclo ideal de refrigeração por compressão de vapor.
> - fixar cada um dos principais estados e obter os dados das propriedades necessárias.
> - calcular a capacidade frigorífica e o coeficiente de desempenho.
> - comparar com o ciclo de refrigeração de Carnot correspondente.

Teste-Relâmpago Mantendo-se todos os outros dados constantes, determine a vazão mássica do refrigerante, em kg/s, para 10 toneladas de refrigeração de capacidade. **Resposta:** 0,218 kg/s.

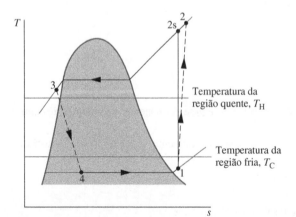

Fig. 10.5 Diagrama T–s de um ciclo real de compressão de vapor.

10.2.3 Desempenho dos Sistemas Reais de Compressão de Vapor

A Fig. 10.5 apresenta diversos aspectos associados aos sistemas *reais* de compressão de vapor. Conforme mostra a figura, as transferências de calor entre o refrigerante e as regiões quente e fria não são realizadas de maneira reversível: a temperatura do refrigerante no evaporador é mais baixa que a temperatura T_C da região fria, e a temperatura do refrigerante no condensador é mais alta que a temperatura T_H da região quente. Essas transferências de calor irreversíveis apresentam um efeito significativo no desempenho. Em especial, o coeficiente de desempenho cai conforme a temperatura média do refrigerante no evaporador decresce e conforme a temperatura média do refrigerante no condensador aumenta. O Exemplo 10.2 apresenta uma ilustração desse aspecto.

CRCV
A.30 – Aba b

EXEMPLO 10.2

Considerando o Efeito da Transferência de Calor Irreversível sobre o Desempenho

Modifique o Exemplo 10.1 de modo a permitir diferenças de temperatura entre o refrigerante e as regiões quente e fria, como se segue. O vapor saturado entra no compressor a $-10°C$. O líquido saturado sai do condensador a uma pressão de 9 bar (9×10^5 Pa). Para esse ciclo de refrigeração por compressão de vapor modificado, determine **(a)** a potência do compressor em kW, **(b)** a capacidade frigorífica em TR, **(c)** o coeficiente de desempenho. Compare os resultados com aqueles do Exemplo 10.1.

SOLUÇÃO

Dado: Um ciclo ideal de refrigeração por compressão de vapor opera com o Refrigerante 134a como fluido de trabalho. A temperatura do evaporador e a pressão do condensador são especificadas, e a vazão mássica é dada.

Pede-se: Determine a potência do compressor em kW, a capacidade frigorífica em TR e o coeficiente de desempenho. Compare os resultados com aqueles do Exemplo 10.1.

Diagrama Esquemático e Dados Fornecidos:

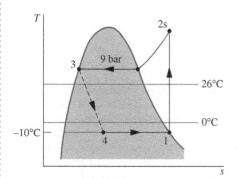

Fig. E10.2

Modelo de Engenharia:

1. Cada componente do ciclo é analisado como um volume de controle em regime permanente. Os volumes de controle estão indicados por linhas tracejadas no esboço que acompanha o Exemplo 10.1.
2. A não ser pelo processo ao longo da válvula de expansão, que é um processo de estrangulamento, todos os processos sofridos pelo refrigerante são internamente reversíveis.
3. O compressor e a válvula de expansão operam adiabaticamente.
4. Os efeitos da energia cinética e potencial são desprezíveis.
5. O vapor saturado entra no compressor e o líquido saturado sai pelo condensador.

Análise: Iniciaremos com a determinação dos principais estados localizados no diagrama T–s. Começando pela entrada do compressor, o refrigerante é um vapor saturado a $-10°C$; logo, pela Tabela A-10, $h_1 = 241,35$ kJ/kg e $s_1 = 0,9253$ kJ/kg · K.

O vapor superaquecido no estado 2s é determinado com $p_2 = 9$ bar e pelo fato de a entropia específica ser constante para um processo de compressão adiabático e internamente reversível. Uma interpolação na Tabela A-12 fornece $h_{2s} = 272,39$ kJ/kg.

O estado 3 corresponde a um líquido saturado a 9 bar, assim $h_3 = 99,56$ kJ/kg. A expansão através da válvula é um processo de estrangulamento; consequentemente $h_4 = h_3$.

(a) A potência de acionamento do compressor é

$$\dot{W}_c = \dot{m}(h_{2s} - h_1)$$

em que $\dot{m}$ é a vazão mássica do refrigerante. Inserindo valores, obtemos

$$\dot{W}_c = (0{,}08 \text{ kg/s})(272{,}39 - 241{,}35) \text{ kJ/kg} \left| \frac{1 \text{ kW}}{1 \text{ kJ/s}} \right|$$

$$= 2{,}48 \text{ kW}$$

(b) A capacidade frigorífica é

$$\dot{Q}_{entra} = \dot{m}(h_1 - h_4)$$

$$= (0{,}08 \text{ kg/s})|60 \text{ s/min}|(241{,}35 - 99{,}56) \text{ kJ/kg} \left| \frac{1 \text{ TR}}{211 \text{ kJ/min}} \right|$$

$$= 3{,}23 \text{ TR}$$

(c) O coeficiente de desempenho β é

$$\beta = \frac{\dot{Q}_{entra}}{\dot{W}_c} = \frac{h_1 - h_4}{h_{2s} - h_1} = \frac{241,35 - 99,56}{272,39 - 241,35} = 4,57$$

Comparando-se os resultados deste exemplo com aqueles do Exemplo 10.1, percebe-se que a potência de acionamento para o compressor é maior neste caso. Além disso, a capacidade frigorífica e o coeficiente de desempenho são menores neste exemplo do que no Exemplo 10.1. Isso ilustra a considerável influência no desempenho de uma transferência de calor irreversível entre o refrigerante e as regiões fria e quente.

> ✓ **Habilidades Desenvolvidas**
>
> *Habilidades para...*
> - esboçar o diagrama T–s do ciclo ideal de refrigeração por compressão de vapor.
> - fixar cada um dos principais estados e obter os dados das propriedades necessárias.
> - calcular a potência do compressor, a capacidade frigorífica e o coeficiente de desempenho.

Teste-Relâmpago Determine a taxa de transferência de calor entre o refrigerante que escoa pelo condensador e a vizinhança, em kW. **Resposta:** 13,83 kW.

TOME NOTA...
A eficiência isentrópica do compressor foi apresentada na Seção 6.12.3. Veja a Eq. 6.48.

Voltando novamente à Fig. 10.5, podemos identificar um outro aspecto importante no desempenho de sistemas reais por compressão de vapor. Trata-se do efeito das irreversibilidades durante a compressão, sugerido pelo uso de uma linha tracejada para o processo de compressão do estado 1 até o estado 2. A linha tracejada é desenhada para mostrar o aumento na entropia específica que acompanha uma compressão *adiabática irreversível*. Comparando-se o ciclo 1–2–3–4–1 com o ciclo 1–2s–3–4–1, a capacidade frigorífica seria a mesma para cada um deles, mas a potência de acionamento é maior para o caso da compressão irreversível quando comparada ao ciclo ideal. Consequentemente, o coeficiente de desempenho do ciclo 1–2–3–4–1 é menor que aquele do ciclo 1–2s–3–4–1. O efeito da compressão irreversível pode ser levado em conta usando-se a eficiência isentrópica do compressor que, para os estados designados conforme a Fig. 10.5, é dada por

$$\eta_c = \frac{(\dot{W}_c/\dot{m})_s}{(\dot{W}_c/\dot{m})} = \frac{h_{2s} - h_1}{h_2 - h_1}$$

CRCV
A.30 – Abas
c & d

Outros desvios da situação ideal têm origem em efeitos de atrito que causam quedas de pressão enquanto o refrigerante escoa ao longo do evaporador, do condensador e pela tubulação que conecta os vários componentes. Essas quedas de pressão não são mostradas no diagrama T–s da Fig. 10.5 e, para simplificar, serão ignoradas em discussões posteriores.

Finalmente, duas outras características exibidas por sistemas reais de compressão de vapor encontram-se na Fig. 10.5. Uma é a condição de vapor superaquecido na saída do evaporador (estado 1), que difere da condição de vapor saturado mostrada na Fig. 10.4. Outra é o estado sub-resfriado na saída do condensador (estado 3), que difere da condição de líquido saturado mostrada na Fig. 10.4.

O Exemplo 10.3 ilustra os efeitos da compressão irreversível e do sub-resfriamento na saída do condensador no desempenho de um sistema de refrigeração por compressão de vapor.

▶▶▶ EXEMPLO 10.3 ▶

Analisando um Ciclo Real de Refrigeração por Compressão de Vapor

Reconsidere o ciclo de refrigeração por compressão de vapor do Exemplo 10.2, mas inclua na análise o fato de que o compressor tem uma eficiência isentrópica de 80%. Além disso, admita que a temperatura do líquido que deixa o compressor seja de 30°C. Para esse ciclo modificado, determine **(a)** a potência do compressor em kW, **(b)** a capacidade frigorífica em TR, **(c)** o coeficiente de desempenho e **(d)** as taxas de destruição de exergia no compressor e na válvula de expansão em kW, para $T_0 = 299$ K (26°C).

SOLUÇÃO

Dado: Um ciclo de refrigeração por compressão de vapor tem um compressor com eficiência de 80%.

Pede-se: Determine a potência do compressor em kW, a capacidade frigorífica em TR, o coeficiente de desempenho e as taxas de destruição de exergia no compressor e na válvula de expansão em kW.

Diagrama Esquemático e Dados Fornecidos:

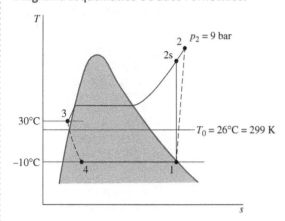

Fig. E10.3

Modelo de Engenharia:

1. Cada componente do ciclo é analisado como um volume de controle em regime permanente.
2. Não existem quedas de pressão no evaporador e no condensador.
3. O compressor opera adiabaticamente e com uma eficiência isentrópica de 80%. A expansão ao longo da válvula é um processo de estrangulamento.
4. Os efeitos da energia cinética e potencial são desprezíveis.
5. O vapor saturado a –10°C entra no compressor e o líquido a 30°C sai do condensador.
6. A temperatura do ambiente para o cálculo da exergia é $T_0 = 299$ K (26°C).

Análise: Iniciaremos pela determinação dos principais estados. O estado 1 é o mesmo do Exemplo 10.2, assim $h_1 = 241{,}35$ kJ/kg e $s_1 = 0{,}9253$ kJ/kg · K.

Devido à presença de irreversibilidades durante o processo de compressão adiabática, há um aumento de entropia específica entre a entrada e a saída do compressor. O estado na saída do compressor, estado 2, pode ser determinado por meio da eficiência do compressor

$$\eta_c = \frac{(\dot{W}_c/\dot{m})_s}{\dot{W}_c/\dot{m}} = \frac{(h_{2s} - h_1)}{(h_2 - h_1)}$$

em que h_{2s} é a entalpia específica no estado 2s, como indica o diagrama T–s. Da solução do Exemplo 10.2, $h_{2s} = 272{,}39$ kJ/kg. Resolvendo para h_2 e inserindo os valores conhecidos, temos

$$h_2 = \frac{h_{2s} - h_1}{\eta_c} + h_1 = \frac{(272{,}39 - 241{,}35)}{(0{,}80)} + 241{,}35 = 280{,}15 \text{ kJ/kg}$$

O estado 2 é determinado pelo valor da entalpia específica h_2 e pela pressão $p_2 = 9$ bar. Interpolando-se na Tabela A-12, a entropia específica é $s_2 = 0{,}9497$ kJ/kg · K.

O estado na saída do compressor, estado 3, encontra-se na região líquida. A entalpia específica é aproximada a partir da Eq. 3.14, juntamente com os dados do líquido saturado a 30°C, como se segue: $h_3 \approx h_f = 91{,}49$ kJ/kg. Do mesmo modo, com a Eq. 6.5, $s_3 \approx s_f = 0{,}3396$ kJ/kg · K.

A expansão ao longo da válvula é um processo de estrangulamento, logo $h_4 = h_3$. O título e a entropia específica no estado 4 são, respectivamente,

$$x_4 = \frac{h_4 - h_{f4}}{h_{g4} - h_{f4}} = \frac{91{,}49 - 36{,}97}{204{,}39} = 0{,}2667$$

e

$$s_4 = s_{f4} + x_4(s_{g4} - s_{f4})$$
$$= 0{,}1486 + (0{,}2667)(0{,}9253 - 0{,}1486) = 0{,}3557 \text{ kJ/kg} \cdot \text{K}$$

(a) A potência do compressor é

$$\dot{W}_c = \dot{m}(h_2 - h_1)$$
$$= (0{,}08 \text{ kg/s})(280{,}15 - 241{,}35) \text{ kJ/kg} \left| \frac{1 \text{ kW}}{1 \text{ kJ/s}} \right| = 3{,}1 \text{ kW}$$

(b) A capacidade frigorífica é

$$\dot{Q}_{entra} = \dot{m}(h_1 - h_4)$$
$$= (0{,}08 \text{ kg/s})|60 \text{ s/min}|(241{,}35 - 91{,}49) \text{ kJ/kg} \left| \frac{1 \text{ TR}}{211 \text{ kJ/min}} \right|$$
$$= 3{,}41 \text{ TR}$$

(c) O coeficiente de desempenho é

❶
$$\beta = \frac{(h_1 - h_4)}{(h_2 - h_1)} = \frac{(241{,}35 - 91{,}49)}{(280{,}15 - 241{,}35)} = 3{,}86$$

(d) As taxas de destruição de exergia no compressor e na válvula de expansão podem ser determinadas pela simplificação do balanço de exergia ou por meio da relação $\dot{E}_d = T_0 \dot{\sigma}_{vc}$, em que $\dot{\sigma}_{vc}$ é a taxa de produção de entropia obtida através de um balanço de entropia. Com qualquer uma das abordagens, as taxas de destruição de exergia para o compressor e a válvula são, respectivamente

$$(\dot{E}_d)_c = \dot{m}T_0(s_2 - s_1) \quad \text{e} \quad (\dot{E}_d)_{válv} = \dot{m}T_0(s_4 - s_3)$$

Substituindo valores, obtemos

❷ $(\dot{E}_d)_c = \left(0{,}08\dfrac{\text{kg}}{\text{s}}\right)(299\ \text{K})(0{,}9497 - 0{,}9253)\dfrac{\text{kJ}}{\text{kg} \cdot \text{K}}\left|\dfrac{1\ \text{kW}}{1\ \text{kJ/s}}\right| = 0{,}58\ \text{kW}$

e

$$(\dot{E}_d)_{válv} = (0{,}08)(299)(0{,}3557 - 0{,}3396) = 0{,}39\ \text{kW}$$

❶ Enquanto a capacidade frigorífica é maior do que no Exemplo 10.2, as irreversibilidades no compressor resultam em um aumento nos requisitos de potência comparados à compressão isentrópica. O efeito global é um coeficiente de desempenho menor do que no Exemplo 10.2.

❷ As taxas de destruição de exergia calculadas no item (d) medem os efeitos das irreversibilidades enquanto o refrigerante escoa ao longo do compressor e da válvula. Os percentuais da potência de acionamento (exergia de acionamento) para o compressor que são destruídos no compressor e na válvula são de 18,7% e 12,6%, respectivamente.

✓ Habilidades Desenvolvidas

Habilidades para...
- esboçar o diagrama T–s do ciclo de refrigeração por compressão de vapor com irreversibilidades no compressor e líquido sub-resfriado na saída do condensador.
- fixar cada um dos principais estados e obter os dados das propriedades necessárias.
- calcular a potência do compressor, a capacidade frigorífica e o coeficiente de desempenho.
- calcular a destruição de exergia no compressor e na válvula de expansão.

Teste-Relâmpago Qual seria o coeficiente de desempenho se a eficiência isentrópica do compressor fosse de 100%? **Resposta:** 4,83.

10.2.4 O Diagrama p–h

diagrama p–h

TOME NOTA...
A utilização precisa de tabelas e diagramas de propriedades é um pré-requisito para o emprego efetivo de programas de computador para a obtenção de dados e propriedades termodinâmicas. A versão atual do *Interactive Thermodynamics: IT*, disponível com este livro-texto, fornece dados para o CO_2 (R-744) e R-410A utilizando como fonte o *MiniREFPROP* com permissão do Instituto Nacional de Padrões e Tecnologia dos Estados Unidos (National Institute of Standards and Technology — NIST).

Um diagrama de propriedades termodinâmicas amplamente empregado no campo da refrigeração é o diagrama pressão–entalpia, ou diagrama p–h. A Fig. 10.6 mostra as principais características de tal diagrama de propriedades. Os principais estados dos ciclos de compressão de vapor da Fig. 10.5 encontram-se localizados nesse diagrama p–h. Sugere-se, como exercício, esboçar os ciclos dos Exemplos 10.1, 10.2 e 10.3 em diagramas p–h. Tabelas de propriedades e diagramas p–h para diversos refrigerantes são fornecidos em manuais técnicos que lidam com refrigeração.

Os diagramas p–h para dois refrigerantes, CO_2 (R-744) e R-410A, estão incluídos nesta edição nas Figs. A-10 e A-11, respectivamente, no Apêndice. A capacidade de localizar estados termodinâmicos em diagramas de propriedades é uma habilidade importante e será empregada nos problemas de final de capítulo.

10.3 Selecionando Refrigerantes

A seleção de refrigerantes para uma ampla gama de aplicações de sistemas de refrigeração e ar-condicionado geralmente se baseia em três fatores: desempenho, segurança e impacto ambiental. O termo *desempenho* refere-se a fornecer a refrigeração necessária ou a capacidade de aquecimento de maneira confiável e econômica. O termo segurança refere-se a evitar riscos, como toxicidade e inflamabilidade.

Por fim, o termo impacto ambiental refere-se principalmente ao uso de fluidos refrigerantes que não agridam a camada estratosférica de ozônio ou que contribuam significativamente para a mudança climática global. Começamos por considerar alguns aspectos de desempenho.

As temperaturas do refrigerante no evaporador e no condensador nos ciclos de compressão de vapor são determinadas, respectivamente, pelas temperaturas das regiões fria e quente com as quais o sistema interage termicamente. Isso, por sua vez, determina as pressões de operação do evaporador e do condensador. Consequentemente, a seleção de um refrigerante se baseia em parte na adequabilidade de sua relação entre pressão e temperatura no intervalo de uma certa aplicação. Em geral é desejável evitar pressões excessivamente baixas no evaporador e pressões excessivamente altas no condensador. Outras considerações para a escolha do refrigerante incluem sua estabilidade química, a corrosividade e o custo. O tipo de compressor também influi na escolha do refrigerante. Compressores centrífugos são mais adequados para baixas pressões no evaporador e refrigerantes com grandes volumes específicos a baixa pressão. Compressores alternativos trabalham melhor em um grande intervalo de pressão e são mais capazes de lidar com refrigerantes de baixo volume específico.

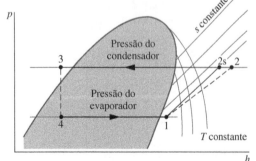

Fig. 10.6 Principais características de um diagrama pressão–entalpia para um refrigerante típico, com uma superimposição de ciclos de compressão de vapor.

Tipos de Refrigerante e Características

Antes de 1930, os acidentes com aqueles que trabalhavam de perto com os refrigerantes predominavam, em virtude da toxicidade e da inflamabilidade da maioria dos refrigerantes na época. Por causa de tais riscos, duas classes de refrigerantes sintéticos foram desenvolvidas, cada uma contendo cloro e possuindo estruturas moleculares altamente estáveis: CFCs (clorofluorcarbonos) e HCFCs (hidroclorofluorcarbonos). Esses refrigerantes ficaram amplamente conhecidos como "freons", o nome comercial comum.

No início dos anos 1930, a produção de CFC começou com R-11, R-12, R-113, e R-114. Em 1936, o primeiro refrigerante HCFC, o R-22, foi apresentado. Ao longo das décadas seguintes, quase todos os refrigerantes sintéticos utilizados nos Estados Unidos eram ou CFCs ou HCFCs, com o R-12 sendo geralmente o mais utilizado.

Para manter a ordem com tantos novos refrigerantes com nomes complicados, o sistema de numeração "R" foi criado em 1956 pela DuPont e persiste até hoje como o sistema-padrão da indústria. A Tabela 10.1 lista algumas informações para refrigerantes selecionados, incluindo o número do refrigerante, a composição química e o potencial de aquecimento global.

Considerações Ambientais

Depois de décadas de uso, dados científicos convincentes indicando que a liberação de refrigerantes contendo cloro na atmosfera é prejudicial foram amplamente reconhecidos. As preocupações estão voltadas para os refrigerantes que destroem a camada estratosférica de ozônio e contribuem para a alteração climática global. Por causa da estabilidade molecular das moléculas de CFC e HCFC, os seus efeitos adversos são de longa duração.

Em 1987, um acordo internacional foi adotado para proibir a produção de certos refrigerantes que contêm cloro. Em resposta, foi desenvolvida uma nova classe de refrigerantes isentos de cloro: os HFCs (hidrofluorcarbonos). Um desses, o R-134a, tem sido utilizado há mais de 20 anos como o substituto principal do R-12. Apesar do R-134a e de outros refrigerantes HFCs não contribuírem para a destruição do ozônio atmosférico, eles contribuem para a alteração climática global. Devido ao Potencial de Aquecimento Global relativamente alto do R-134a, cerca de 1430, em breve poderemos ver reduções em seu uso nos Estados Unidos, apesar da implantação generalizada nos sistemas de refrigeração e ar-condicionado, incluindo ar-condicionado automotivo. O dióxido de carbono (R-744) e o R-1234yf são substitutos em potencial do R-134a nos sistemas de automóveis. Para uma discussão sobre os sistemas de ar-condicionado automotivos usando dióxido de carbono, veja a Seção 10.7.3.

Outro refrigerante que tem sido amplamente utilizado no ar-condicionado e sistemas de refrigeração por décadas, o R-22, está para ser eliminado por causa de seu teor de cloro de acordo com uma emenda de 1995, relativa ao acordo internacional sobre refrigerantes. Eficiente em 2010, o R-22 não pode ser instalado em novos sistemas. Contudo, recuperado e reciclado, o R-22 pode ser utilizado para reparar os sistemas existentes até que os suprimentos não estejam mais disponíveis. A medida que o R-22 é eliminado, os refrigerantes substitutos estão sendo lançados, incluindo o R-410A e o R-407C, ambos combinações HFC.

> **TOME NOTA...**
> O aquecimento global refere-se a um aumento da temperatura média global, devido a uma combinação de fenômenos naturais e atividades industriais e agrícolas desenvolvidas pelo homem, assim como seu estilo de vida.
>
> O Potencial de Aquecimento Global (GWP) é um índice simplificado que visa estimar a influência potencial futura de aquecimento global de diferentes gases, quando liberados na atmosfera. O GWP de um gás refere-se a uma quantidade de gás que contribui para o aquecimento global em comparação com a mesma quantidade de dióxido de carbono. O GWP do dióxido de carbono é considerado 1.

TABELA 10.1

Dados de Refrigerantes Incluindo o Potencial de Aquecimento Global (GWP)

Número do Refrigerante	Tipo	Fórmula Química	GWP[a] Aprox.
R-12	CFC	CCl_2F_2	10900
R-11	CFC	CCl_3F	4750
R-114	CFC	$CClF_2CClF_2$	10000
R-113	CFC	CCl_2FCClF_2	6130
R-22	HCFC	$CHClF_2$	1810
R-134a	HFC	CH_2FCF_3	1430
R-1234yf	HFC	$CF_3CF=CH_2$	4
R-410A	Mistura HFC	R-32, R-125 (50/50 Peso %)	1725
R-407C	Mistura HFC	R-32, R-125, R-134a (23/25/52 Peso %)	1526
R-744 (dióxido de carbono)	Natural	CO_2	1
R-717 (amônia)	Natural	NH_3	0
R-290 (propano)	Natural	C_3H_8	10
R-50 (metano)	Natural	CH_4	25
R-600 (butano)	Natural	C_4H_{10}	10

[a] O Potencial de Aquecimento Global (GWP) depende do período de tempo em que é estimada a influência potencial do aquecimento global. Os valores listados são baseados em um período de 100 anos, que é um intervalo apoiado por algumas entidades reguladoras.

> **ENERGIA & MEIO AMBIENTE**
>
> A União Europeia anunciou, em 2011, que o uso de HFC-134a em aparelhos de ar-condicionado automotivos deveria ser banido até 2017 devido ao seu efeito na camada de ozônio. Um refrigerante substituto, R-1234yf, foi desenvolvido e apresenta um GWP 350 vezes menor que o R-134a. No entanto, resultados da pesquisa conduzida por uma montadora europeia apontam questões de segurança associadas à substituição. Testes mostraram que o R-1234yf é altamente inflamável e pode liberar substâncias tóxicas na sua combustão. Essa pesquisa resultou na retirada do apoio que algumas montadoras mantinham ao R-1234yf, apesar de a União Europeia manter inalterado seu plano de implementação do novo refrigerante. Em resposta aos resultados da pesquisa, centenas de testes de segurança adicionais para confirmar as características do R-1234yf foram conduzidos nos Estados Unidos. Alguns resultados indicaram que a ignição do refrigerante ocorreu somente após modificações significativas nos veículos testados. Nos Estados Unidos, o risco de exposição de passageiros a incêndio baseado na utilização do R-1234yf foi determinado como muito baixo e cerca de 100.000 veículos rodam hoje nos Estados Unidos e na Europa com R-1234yf.

Refrigerantes Naturais

Substâncias não sintéticas, naturais, também podem ser usadas como fluidos refrigerantes. Os chamados refrigerantes *naturais* incluem o dióxido de carbono, a amônia, e os hidrocarbonetos. Como indicado na Tabela 10.1, os refrigerantes naturais geralmente têm baixos Potenciais de Aquecimento Global.

A amônia (R-717), que foi amplamente empregada nos primórdios do desenvolvimento da refrigeração por compressão de vapor, continua a servir atualmente como um refrigerante para sistemas de grandes dimensões utilizados na indústria alimentar e em outras aplicações industriais. Nas últimas duas décadas, a amônia tem sido crescentemente utilizada, devido à eliminação gradual do R-12 e está recebendo um interesse ainda maior nos dias atuais devido a eliminação progressiva do R-22. A amônia é também utilizada nos sistemas de absorção discutidos na Seção 10.5.

Hidrocarbonetos, como o propano (R-290), são utilizados em todo o mundo em diversas aplicações de refrigeração e ar-condicionado, incluindo aparelhos comerciais e domésticos. Nos Estados Unidos, preocupações com a segurança limitam o uso do propano a nichos de mercado, como o processo industrial de refrigeração. Outros hidrocarbonetos – metano (R-50) e butano (R-600) – também estão sendo considerados para serem utilizados como fluidos refrigerantes.

Refrigeração sem que Nenhum Refrigerante Seja Necessário

Tecnologias alternativas de resfriamento visam alcançar um efeito de refrigeração sem o uso de refrigerantes, evitando assim os efeitos adversos associados à liberação de refrigerantes para a atmosfera. Uma dessas tecnologias corresponde ao resfriamento termoelétrico. Veja o boxe a seguir.

> **Novos Materiais Podem Melhorar o Resfriamento Termoelétrico**
>
> Você pode comprar um refrigerador termoelétrico carregado a partir da tomada do acendedor de cigarros do seu carro. A mesma tecnologia é utilizada em aplicações espaciais e em amplificadores de potência e microprocessadores.
>
> A Fig. 10.7 mostra um refrigerador termoelétrico separando uma região fria a temperatura T_C e uma região quente a temperatura T_H. O refrigerador é formado a partir de dois semicondutores *tipo-n* e dois *tipo-p* com baixa condutividade térmica, cinco interligações metálicas com elevada condutividade elétrica e elevada condutividade térmica, dois substratos cerâmicos eletricamente isolantes, e uma fonte de energia. Quando a energia é fornecida por meio da fonte, a corrente flui através do circuito elétrico resultante, dando um efeito de refrigeração: uma transferência de calor *da* região fria. Isto é conhecido como o efeito *Peltier*.

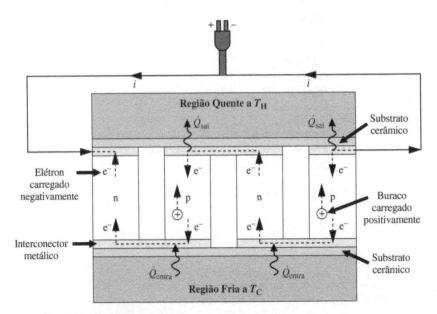

Fig. 10.7 Desenho esquemático de um refrigerador termoelétrico.

O material semicondutor do tipo-p na parte direita do refrigerador mostrado na Fig. 10.7 tem lacunas de elétrons, chamadas *buracos*. Os elétrons se movem através deste material, preenchendo buracos individuais, retardando o movimento dos elétrons. No semicondutor adjacente do tipo-n, não há lacunas de elétrons (buracos) na estrutura do material, de modo que os elétrons se movem livremente e com mais rapidez através do material. Quando a energia é fornecida por meio da fonte, os buracos carregados positivamente se movem no sentido da corrente, enquanto os elétrons carregados negativamente se movem no sentido oposto ao da corrente, sendo cada transferência de energia da região fria para a região quente.

O processo de refrigeração Peltier pode ser entendido, seguindo o percurso de um elétron à medida que ele viaja do terminal negativo da fonte de alimentação ao terminal positivo. Ao fluírem através da interconexão metálica e pelo material do tipo-p, o elétron desacelera e perde energia, fazendo com que o material ao redor aqueça. Na outra extremidade do material do tipo-p, o elétron acelera à medida que entra na interconexão metálica e, em seguida, no material do tipo-n. A aceleração de elétrons adquire energia a partir do material circundante e faz com que a extremidade da parte do tipo-p resfrie. Enquanto os elétrons atravessam o material do tipo-p da extremidade quente para a extremidade fria, os buracos se movem da extremidade fria para a extremidade quente, transferindo energia longe da extremidade fria. Ao atravessar o material do tipo-n, da extremidade fria para a extremidade quente, o elétron também transfere energia para a extremidade quente, longe da extremidade fria. Quando atinge a extremidade quente da parte tipo-n, o elétron atravessa a interconexão metálica e passa para o material tipo-p anexo, onde desacelera e perde energia novamente. Este cenário repete-se a cada par da parte tipo-p e da parte tipo-n, resultando em mais remoção de energia da extremidade fria e seu depósito na extremidade quente. Assim, o efeito global do refrigerador termoelétrico é a transferência de calor da região fria para a região quente.

Estes refrigeradores simples não têm partes móveis a nível macroscópico e são compactos. Eles são confiáveis e silenciosos. Eles também não utilizam refrigerantes que prejudicam a camada de ozônio ou contribuam para a alteração climática global. Apesar dessas vantagens, os refrigeradores termoelétricos são utilizados apenas em aplicações especializadas por causa dos baixos coeficientes de desempenho em comparação com os sistemas de compressão de vapor. No entanto, novos materiais e métodos de produção podem fazer este tipo de refrigerador mais eficiente, assunto inclusive de relatórios de cientistas.

Conforme ilustrado na Fig. 10.7, no núcleo de um refrigerador termoelétrico há dois materiais diferentes, neste caso, semicondutores do tipo-n e do tipo-p. Para serem eficientes para a refrigeração termoelétrica, os materiais devem ter baixa condutividade térmica e elevada condutividade elétrica, uma combinação rara na natureza. No entanto, novos materiais com novas estruturas microscópicas a nível *nanométrico* podem levar a um melhor desempenho do refrigerador. Com a nanotecnologia e outras técnicas avançadas, cientistas de materiais estão se esforçando para encontrar materiais com as características favoráveis necessárias para melhorar o desempenho dos dispositivos de refrigeração termoelétricos.

10.4 Outras Aplicações dos Sistemas de Compressão de Vapor

O ciclo básico de compressão de vapor pode ser adaptado para aplicações especiais. Três serão apresentadas nesta seção. A primeira é o *armazenamento de frio*, que é uma abordagem de armazenamento de energia térmica que envolve água resfriada ou gelo. A segunda é um arranjo do tipo *ciclo combinado*, no qual se obtém refrigeração a uma temperatura relativamente baixa através de uma série de sistemas de compressão de vapor em que cada um deles normalmente utiliza um refrigerante distinto. Na terceira, o trabalho de compressão é reduzido através de uma *compressão multiestágio com inter-resfriamento* entre os estágios. A segunda e a terceira aplicações consideradas são análogas às aplicações dos ciclos de potência consideradas nos Caps. 8 e 9.

10.4.1 Armazenamento de Frio

A produção de água gelada ou gelo durante os períodos *fora de pico*, geralmente à noite ou nos fins de semana, e o armazenamento em tanques até que sejam necessários para o resfriamento é conhecido como *armazenamento de frio*. O armazenamento de frio é um aspecto de armazenamento de energia térmica considerado no boxe anterior. Aplicações de armazenamento de frio incluem edifícios comerciais e de escritórios, centros médicos, prédios em *campi* de faculdades e centros comerciais.

A Fig. 10.8 ilustra um sistema de armazenamento do frio destinado ao conforto térmico de um espaço ocupado. O sistema é constituído por uma unidade de refrigeração por compressão de vapor, um tanque de produção e de armazenamento de gelo, e um circuito de refrigeração. Operando à noite, quando se necessita de menos energia para seu funcionamento em virtude das temperaturas ambientes serem mais frias e quando as tarifas de eletricidade são inferiores, a água da unidade de refrigeração congela. O gelo produzido é armazenado no tanque anexo. Quando o resfriamento é exigido pelos ocupantes do edifício durante o dia, a temperatura do ar de circulação do edifício é reduzida à medida que ele passa pelas serpentinas carregando o fluido refrigerante que flui a partir do tanque de armazenamento de gelo. Dependendo do clima local, alguma umidade também pode ser removida ou adicionada (veja as Seções 12.8.3 e 12.8.4). O armazenamento de frio pode fornecer a refrigeração solicitada pelos ocupantes ou pelo trabalho em conjunto com um sistema de refrigeração por compressão de vapor ou outro sistema de conforto térmico para atender as necessidades.

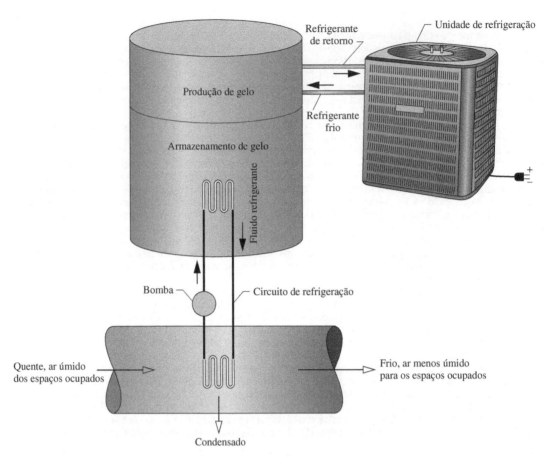

Fig. 10.8 Armazenamento de frio aplicado ao conforto térmico.

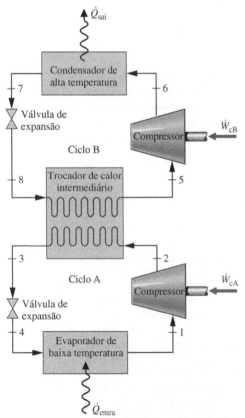

Fig. 10.9 Exemplo de um ciclo de refrigeração por compressão de vapor em cascata.

10.4.2 Ciclos em Cascata

Arranjos para refrigeração em que se utiliza uma combinação de ciclos são chamados ciclos em *cascata*. Na Fig. 10.9 mostra-se um ciclo em cascata no qual *dois* ciclos de refrigeração por compressão de vapor, chamados A e B, são arranjados em série através de um trocador de calor contracorrente que os une. No trocador de calor intermediário, a energia rejeitada durante a condensação do ciclo de baixa temperatura A é usada para evaporar o refrigerante no ciclo de alta temperatura B. O efeito desejado de refrigeração ocorre no evaporador de baixa temperatura, e a rejeição de calor do ciclo como um todo acontece no condensador de alta temperatura. O coeficiente de desempenho é a razão do efeito de refrigeração pela potência de acionamento *total*

$$\beta = \frac{\dot{Q}_{entra}}{\dot{W}_{cA} + \dot{W}_{cB}}$$

A vazão mássica dos ciclos A e B normalmente é diferente. No entanto, as vazões mássicas são relacionadas pelos balanços de massa e de energia no trocador de calor contracorrente de conexão que serve como condensador para o ciclo A e evaporador para o ciclo B. Embora a Fig. 10.9 mostre apenas dois ciclos, os ciclos em cascata podem empregar três ou mais ciclos individuais.

Um aspecto importante do sistema em cascata ilustrado na Fig. 10.9 é que os refrigerantes nos dois ou mais estágios podem ser selecionados de modo a apresentarem pressões vantajosas no evaporador e no condensador nos dois ou mais intervalos de temperatura. Em um sistema em cascata duplo, um refrigerante a ser selecionado para o ciclo A deve ter uma relação tal entre pressão de saturação e temperatura que permita a refrigeração em uma temperatura relativamente baixa sem uma pressão excessivamente baixa no evaporador. O refrigerante para o ciclo B deve ter características de saturação que permitam a condensação à temperatura desejada na ausência de pressões excessivamente altas no condensador.

10.4.3 Compressão Multiestágio com Inter-Resfriamento

As vantagens da compressão multiestágio com inter-resfriamento entre os estágios foram citadas na Seção 9.8, que trata de sistemas de potência a gás. Nesses sistemas, o inter-resfriamento é alcançado por transferência de calor para as vizinhanças que se encontram a uma temperatura inferior. Nos sistemas de refrigeração, em uma grande parte do ciclo a temperatura do refrigerante é inferior àquela das vizinhanças, e assim devem ser empregados outros meios para se atingir o inter-resfriamento e obter simultaneamente uma economia da potência de acionamento necessária para o compressor. Um arranjo para a compressão em dois estágios em que se utiliza o próprio refrigerante para o inter-resfriamento é mostrado na Fig. 10.10. Os principais estados do refrigerante para um ciclo ideal são mostrados no diagrama T–s correspondente.

Nesse ciclo, o inter-resfriamento é obtido através de um trocador de calor de contato direto. Vapor saturado a uma temperatura relativamente baixa entra no trocador de calor no estado 9, e aí se mistura com o refrigerante, a uma temperatura mais alta, que sai do primeiro estágio de compressão no estado 2. Uma corrente única misturada sai do trocador de calor a uma temperatura intermediária no estado 3 e é comprimida no compressor de segundo estágio até a pressão do condensador no estado 4. Necessita-se de menos trabalho por unidade de massa que escoa para a compressão de 1 para 2, seguida da compressão de 3 para 4, quando comparada à compressão em um único estágio 1–2–a. Como a temperatura do refrigerante que entra no condensador no estado 4 é mais baixa que aquela obtida por um único estágio de compressão na qual o refrigerante entraria no condensador no estado a, a irreversibilidade externa associada à transferência de calor no condensador também é reduzida.

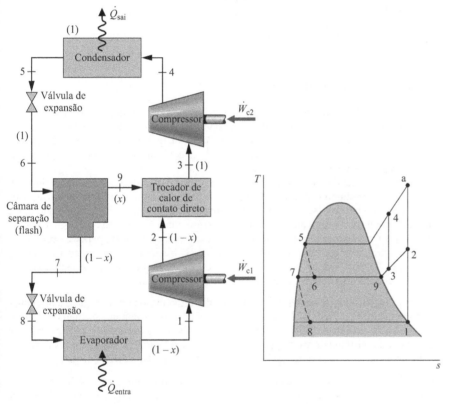

Fig. 10.10 Ciclo de refrigeração em dois estágios e com inter-resfriamento por câmara de separação.

Um separador líquido–vapor, chamado câmara de separação, desempenha um papel central no ciclo da Fig. 10.10. O refrigerante que sai do condensador no estado 5 expande-se pela válvula e entra na câmara de separação no estado 6 como uma mistura de duas fases líquido–vapor, apresentando um título x. Nessa câmara, os componentes líquido e vapor separam-se em duas correntes. O vapor saturado que sai da câmara de separação entra no trocador de calor no estado 9, e aí o inter-resfriamento é obtido conforme discutimos antes. O líquido saturado que sai da câmara de separação no estado 7 expande-se através de uma segunda válvula no evaporador. Com base em uma unidade de massa que escoa pelo condensador, a fração do vapor formado na câmara de separação é igual ao título x do refrigerante no estado 6. Assim, a fração de líquido formado é $(1-x)$. As frações do escoamento total nos vários pontos são mostradas entre parênteses na Fig. 10.10.

câmara de separação (flash)

10.5 Refrigeração por Absorção

Nesta seção serão apresentados os ciclos de refrigeração por absorção. Esses ciclos apresentam algumas características em comum com os ciclos de compressão de vapor considerados anteriormente, mas diferenciam-se em dois detalhes importantes:

▶ Um deles é a natureza do processo de compressão. Em vez de se comprimir o vapor entre o evaporador e o condensador, o refrigerante de um sistema de absorção é absorvido por uma substância secundária, chamada absorvente, de

refrigeração por absorção

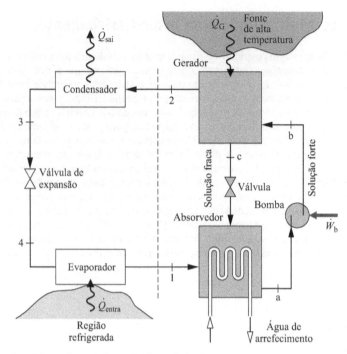

Fig. 10.11 Sistema simples de refrigeração por absorção de amônia–água.

modo a formar uma *solução líquida*. Essa solução líquida é, em seguida, *bombeada* para uma pressão mais elevada. Como o volume específico médio da solução líquida é muito menor que o volume do vapor do refrigerante, é necessária uma quantidade significativamente menor de trabalho (veja a discussão da Eq. 6.51b na Seção 6.13.2). Consequentemente, os sistemas de refrigeração por absorção têm a vantagem de necessitar de uma menor potência de acionamento em comparação com os sistemas de compressão de vapor.

▶ A outra principal diferença entre sistemas de absorção e de compressão de vapor é que algum mecanismo deve ser inserido nos sistemas de absorção para a retirada do vapor de refrigerante da solução líquida antes que o refrigerante entre no condensador. Isso envolve uma transferência de calor de uma fonte que esteja a uma temperatura relativamente alta. O vapor ou o calor rejeitado que seria descarregado para a vizinhança sem nenhum uso é financeiramente atraente para esse propósito. O gás natural ou algum outro combustível pode ser queimado para fornecer a fonte de calor, e existem aplicações práticas da refrigeração por absorção em que se usam recursos energéticos alternativos, como energia solar ou geotérmica.

Os principais componentes de um sistema de refrigeração por absorção encontram-se esquematizados na Fig. 10.11. Nesse caso, a amônia é o refrigerante e a água é o absorvente. A amônia circula pelo condensador, pela válvula de expansão e pelo evaporador como em um sistema de vapor por compressão. No entanto, o compressor é substituído pelo absorvedor, pela bomba e pelo gerador mostrados no lado direito do diagrama.

▶ No *absorvedor*, o vapor de amônia vindo do evaporador no estado 1 é absorvido pela água líquida. A formação dessa solução líquida é exotérmica. Como a quantidade de amônia que pode ser dissolvida em água aumenta à medida que a temperatura da solução decresce, faz-se com que a água de arrefecimento circule pelo absorvedor para remover a energia liberada conforme a amônia se torna uma solução e para manter a temperatura no absorvedor tão baixa quanto possível. A solução forte de amônia e água deixa o absorvedor em um ponto a e entra na *bomba*, onde sua pressão é elevada até a pressão do gerador.

▶ No *gerador*, uma transferência de calor de uma fonte a uma temperatura alta extrai vapor de amônia da solução (processo endotérmico), deixando uma solução fraca de amônia e água nesse equipamento. O vapor liberado passa ao condensador no estado 2, e a solução fraca em c recircula até o absorvedor através de uma *válvula*. A única potência de acionamento é aquela necessária para a operação da bomba, que é pequena quando comparada à potência que seria necessária para a compressão de vapor do refrigerante entre os mesmos níveis de pressão. No entanto, os custos associados à fonte de calor e aos outros equipamentos que não são necessários em sistemas de compressão de vapor podem anular a vantagem de uma potência de acionamento menor.

Sistemas de amônia–água normalmente empregam várias modificações do ciclo simples de absorção aqui descrito. Duas modificações comuns encontram-se ilustradas na Fig. 10.12. Nesse ciclo, inclui-se um trocador de calor entre o gerador e o absorvedor que permite que a solução forte de água e amônia que entra no gerador seja preaquecida pela solução fraca que retorna do gerador ao absorvedor, reduzindo assim a transferência de calor ao gerador, $\dot{Q}_G$. A outra modificação mostrada na figura é o *retificador* colocado

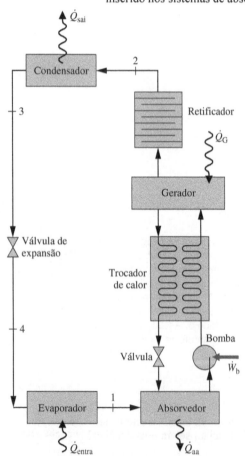

Fig. 10.12 Sistema modificado de absorção amônia–água.

entre o gerador e o condensador. A função do retificador é remover qualquer traço de água do refrigerante antes que este entre no condensador. Isso elimina a possibilidade de formação de gelo na válvula de expansão e no evaporador.

Outro tipo de sistema de absorção usa *brometo de lítio* como absorvente e *água* como refrigerante. O princípio básico da operação é o mesmo dos sistemas amônia–água. Para se obter a refrigeração a temperaturas inferiores àquelas possíveis com o uso de água como refrigerante, pode-se combinar um sistema de absorção de brometo de lítio–água com um outro ciclo que usa um refrigerante com boas características de baixa temperatura, como a amônia, formando um sistema de refrigeração em cascata.

10.6 Sistemas de Bombas de Calor

O objetivo de uma bomba de calor é manter a temperatura no interior de uma residência ou qualquer outra edificação acima da temperatura da vizinhança ou promover uma transferência de calor para certos processos industriais que acontecem a temperaturas elevadas. Os sistemas de bombas de calor apresentam muitas características em comum com os sistemas de refrigeração considerados até aqui, e podem ser do tipo compressão de vapor ou do tipo absorção. Bombas de calor por compressão de vapor são bem adequadas para aplicações de aquecimento de interiores, sendo comumente utilizadas para esse propósito. Bombas de calor por absorção têm sido desenvolvidas para aplicações industriais, e também são cada vez mais utilizadas em aquecimento de interiores. No intuito de apresentar alguns aspectos da operação de bombas de calor, vamos iniciar por considerar o ciclo de bomba de calor de Carnot.

Ciclo_de_ Bomba_de Calor A.11 – Todas as Abas

10.6.1 Ciclo de Bomba de Calor de Carnot

Pode-se considerar o ciclo mostrado na Fig. 10.1 como o de uma *bomba de calor* fazendo-se uma simples mudança de ponto de vista. No entanto, o objetivo desse ciclo é fornecer a transferência de calor $\dot{Q}_{sai}$ para a região quente, que é o espaço a ser aquecido. No regime permanente, a taxa à qual a energia é fornecida à região quente por transferência de calor é a soma da energia fornecida ao fluido de trabalho pela região fria, $\dot{Q}_{entra}$, com a potência de acionamento fornecida ao ciclo, $\dot{W}_{líq}$. Ou seja

$$\dot{Q}_{sai} = \dot{Q}_{entra} + \dot{W}_{líq} \tag{10.8}$$

O *coeficiente de desempenho* de *qualquer* ciclo de bomba de calor é definido como a razão entre o efeito de aquecimento e a potência de acionamento líquida necessária para se alcançar esse efeito. Para o ciclo de bomba de calor de Carnot da Fig. 10.1

$$\gamma_{máx} = \frac{\dot{Q}_{sai}/\dot{m}}{\dot{W}_c/\dot{m} - \dot{W}_t/\dot{m}} = \frac{\text{área 2–a–b–3–2}}{\text{área 1–2–3–4–1}}$$

que se reduz a

$$\gamma_{máx} = \frac{T_H(s_a - s_b)}{(T_H - T_C)(s_a - s_b)} = \frac{T_H}{T_H - T_C} \tag{10.9}$$

Esta equação, que corresponde à Eq. 5.11, representa o coeficiente de desempenho teórico *máximo* para qualquer operação cíclica de bomba de calor entre duas regiões a temperaturas T_C e T_H. Sistemas de bombas de calor reais têm coeficientes de desempenho inferiores àqueles que seriam calculados pela Eq. 10.9.

Um estudo da Eq. 10.9 mostra que, à medida que a temperatura T_C da região fria decresce, o coeficiente de desempenho da bomba de calor de Carnot decresce. Essa tendência também é verificada por sistemas de bombas de calor reais, e explica por que bombas de calor nas quais o papel da região fria é desempenhado pela atmosfera local (bombas de calor com fonte de ar) normalmente necessitam de sistemas de apoio para fornecer aquecimento em dias em que a temperatura ambiente é muito baixa. Se forem utilizadas fontes como água de poço ou o próprio solo, podem ser obtidos coeficientes de desempenho relativamente altos, a despeito de uma baixa temperatura do ar ambiente, e sistemas de apoio podem não ser necessários.

10.6.2 Bombas de Calor por Compressão de Vapor

Sistemas de bombas de calor reais desviam-se significativamente do modelo do ciclo de Carnot. A maioria dos sistemas utilizados atualmente é do tipo compressão de vapor. O método de análise de *bombas de calor por compressão de vapor* é o mesmo dos ciclos de refrigeração por compressão de vapor considerados anteriormente. Além disso, as discussões anteriores sobre o desvio de sistemas reais em relação às condições ideais aplicam-se tanto a bombas de calor por compressão de vapor quanto a ciclos de refrigeração por compressão de vapor.

Conforme ilustra a Fig. 10.13, uma bomba de calor por compressão de vapor típica para aquecimento de ambientes tem os mesmos componentes básicos do sistema de refrigeração por compressão de vapor: compressor, condensador, válvula de expansão e evaporador. No entanto, o objetivo do sistema é diferente. Em um sistema de bomba de calor, $\dot{Q}_{entra}$ vem da vizinhança e $\dot{Q}_{sai}$ é dirigido para a residência conforme o efeito desejado. Uma potência de acionamento líquida é necessária para se atingir esse efeito.

bomba de calor por compressão de vapor

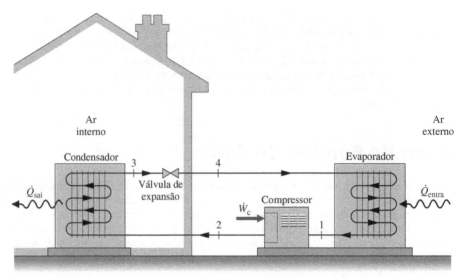

Fig. 10.13 Sistema de bomba de calor por compressão de vapor tendo o ar como fonte.

O coeficiente de desempenho de uma bomba de calor por compressão de vapor simples, de acordo com os estados designados na Fig. 10.13, é

$$\gamma = \frac{\dot{Q}_{sai}/\dot{m}}{\dot{W}_c/\dot{m}} = \frac{h_2 - h_3}{h_2 - h_1} \qquad (10.10)$$

O valor de γ jamais poderá ser inferior à unidade.

Muitas fontes possíveis encontram-se disponíveis para a transferência de calor para o refrigerante que passa pelo evaporador, incluindo o ar exterior, o solo e a água de lagos, rios ou poços. Um líquido estocado em um tanque isolado e que antes tenha passado por um coletor solar também pode ser usado como fonte para uma bomba de calor. Bombas de calor industriais empregam calor rejeitado ou correntes quentes de líquidos ou gases como fonte de baixa temperatura, e são capazes de atingir temperaturas no condensador relativamente altas.

bombas de calor com o ar como fonte

No tipo mais comum de bomba de calor por compressão de vapor para aquecimento de ambientes, o evaporador comunica-se termicamente com o ar exterior. Essas bombas de calor com o ar como fonte também podem ser utilizadas para promover resfriamento no verão com o uso de uma válvula de reversão, conforme ilustra a Fig. 10.14. As linhas cheias mostram o percurso do escoamento do refrigerante no modo de aquecimento, conforme descrito anteriormente. Atua-se na válvula de modo a usar os mesmos componentes de um condicionador de ar, e o refrigerante escoa pelo percurso indicado pelas linhas tracejadas. No modo de resfriamento, o trocador de calor exterior torna-se o condensador, e o trocador de calor interno torna-se o evaporador. Embora bombas de calor sejam mais caras para instalação e operação do que outros sistemas de aquecimento diretos, elas podem se tornar competitivas quando se considera o potencial para um uso dual.

O Exemplo 10.4 ilustra o uso da primeira e da segunda lei da termodinâmica em conjunto com os dados de propriedades para analisar o desempenho de um ciclo real de bomba de calor, incluindo o custo de operação.

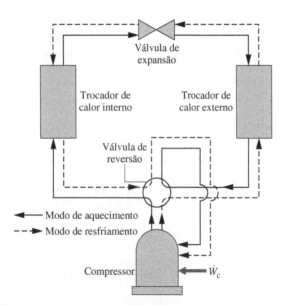

Fig. 10.14 Exemplo de uma bomba de calor ar–ar reversível.

EXEMPLO 10.4

Analisando um Ciclo Real de Bomba de Calor Operando por Compressão de Vapor

Refrigerante 134a é o fluido de trabalho de uma bomba de calor com ar como fonte, alimentada eletricamente, que mantém a temperatura interna de um edifício a 22°C por uma semana quando a temperatura média externa é de 5°C. Vapor saturado entra no compressor a –8°C e sai a 50°C, 10 bar. Líquido saturado sai do condensador a 10 bar. A vazão mássica do refrigerante é 0,2 kg/s para a operação em regime permanente. Determine **(a)** a potência do compressor, em kW, **(b)** a eficiência isentrópica do compressor, **(c)** a taxa de transferência de calor fornecida ao edifício, em kW, **(d)** o coeficiente de desempenho, e **(e)** o custo total da eletricidade, em US$, para 80 horas de operação durante essa semana, avaliando a eletricidade em 15 centavos por kW · h.

SOLUÇÃO

Dado: Um ciclo de bomba de calor opera com Refrigerante 134a. Os estados do refrigerante na entrada e saída do compressor e na saída do condensador são especificados. São fornecidas a vazão mássica do refrigerante e as temperaturas interna e externa.

Pede-se: Determine a potência do compressor, a eficiência isentrópica do compressor, a taxa de transferência de calor para o edifício, o coeficiente de desempenho e o custo para operar a bomba de calor elétrica para 80 horas de operação.

Diagrama Esquemático e Dados Fornecidos:

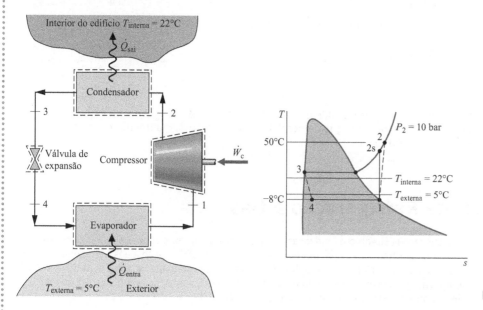

Fig. E10.4

Modelo de Engenharia:

1. Cada componente no ciclo é analisado como um volume de controle em regime permanente.
2. Não existem quedas de pressão ao longo do evaporador e do condensador.
3. O compressor opera adiabaticamente. A expansão através da válvula é um processo de estrangulamento.
4. Os efeitos da energia cinética e potencial são desprezíveis.
5. Vapor saturado entra no compressor e líquido saturado sai do condensador.
6. Com relação ao custo, as condições fornecidas correspondem a semana inteira de operação e o valor da eletricidade é de 15 centavos por kW · h.

Análise: A análise se inicia fixando-se os principais estados localizados no diagrama T–s e no esquema associado. O estado 1 é vapor saturado a –8°C; assim h_1 e s_1 são obtidos diretamente da Tabela A-10. O estado 2 é vapor superaquecido; conhecidos T_2 e p_2, h_2 é obtido da Tabela A-12. O estado 3 é líquido saturado a 10 bar e h_3 é obtido da Tabela A-11. Finalmente, a expansão através da válvula é um processo de estrangulamento; portanto, $h_4 = h_3$. Um resumo dos valores das propriedades nesses estados é fornecido na tabela a seguir:

Estado	T (°C)	p (bar)	h (kJ/kg)	s (kJ/kg · K)
1	–8	2,1704	242,54	0,9239
2	50	10	280,19	—
3	—	10	105,29	—
4	—	2,1704	105,29	—

(a) A potência do compressor é

$$\dot{W}_c = \dot{m}(h_2 - h_1) = 0{,}2\,\frac{\text{kg}}{\text{s}}(280{,}19 - 242{,}54)\frac{\text{kJ}}{\text{kg}}\left|\frac{1\,\text{kW}}{1\,\text{kJ/s}}\right| = 7{,}53\,\text{kW}$$

(b) A eficiência isentrópica do compressor é

$$\eta_c = \frac{(\dot{W}_c/\dot{m})_s}{(\dot{W}_c/\dot{m})} = \frac{(h_{2s} - h_1)}{(h_2 - h_1)}$$

em que h_{2s} é a entropia específica no estado 2s, conforme indicado no diagrama T–s associado. O estado 2s é fixado usando p_2 e $s_{2s} = s_1$. Interpolando-se na Tabela A-12, tem-se $h_{2s} = 274{,}18$ kJ/kg. Assim, para a eficiência do compressor, tem-se

$$\eta_c = \frac{(h_{2s} - h_1)}{(h_2 - h_1)} = \frac{(274{,}18 - 242{,}54)}{(280{,}19 - 242{,}54)} = 0{,}84\ (84\%)$$

(c) A taxa de transferência de calor fornecida ao edifício é

$$\dot{Q}_{sai} = \dot{m}(h_2 - h_3) = \left(0{,}2\frac{\text{kg}}{\text{s}}\right)(280{,}19 - 105{,}29)\frac{\text{kJ}}{\text{kg}}\left|\frac{1\ \text{kW}}{1\ \text{kJ/s}}\right| = 34{,}98\ \text{kW}$$

(d) O coeficiente de desempenho da bomba de calor é

$$\gamma = \frac{\dot{Q}_{sai}}{\dot{W}_c} = \frac{34{,}98\ \text{kW}}{7{,}53\ \text{kW}} = 4{,}65$$

(e) Usando o resultado do item (a) junto com o custo e os dados fornecidos, tem-se

$$\begin{bmatrix}\text{custo da eletricidade para}\\ \text{80 horas de operação}\end{bmatrix} = (7{,}53\ \text{kW})(80\ \text{h})\left(0{,}15\frac{\$}{\text{kW}\cdot\text{h}}\right) = \$90{,}36$$

Habilidades Desenvolvidas

Habilidades para...
- esboçar o diagrama T–s do ciclo de bomba de calor por compressão de vapor com irreversibilidades no compressor.
- fixar cada um dos principais estados e obter os dados das propriedades necessárias.
- calcular a potência do compressor, a taxa de transferência de calor fornecida e o coeficiente de desempenho.
- calcular a eficiência isentrópica do compressor.
- conduzir uma avaliação econômica elementar.

Teste-Relâmpago Considerando que o custo da eletricidade é de 10 centavos por kW · h, que é a média US para o período considerado, estime o custo de operação da bomba de calor, em US$, mantendo todos os outros dados constantes. **Resposta: US$60,24.**

10.7 Sistemas de Refrigeração a Gás

sistemas de refrigeração a gás

Todos os sistemas até aqui considerados envolvem mudanças de fase. Consideraremos agora os sistemas de refrigeração a gás nos quais o fluido de trabalho permanece sempre um gás. Os sistemas de refrigeração a gás apresentam uma gama de aplicações importantes. Eles são utilizados para se atingir temperaturas extremamente baixas para a liquefação de ar e outros gases e para outras aplicações especializadas, como o resfriamento de cabinas aeronáuticas. O ciclo de refrigeração Brayton ilustra um tipo importante de sistemas de refrigeração a gás.

10.7.1 Ciclo de Refrigeração Brayton

ciclo de refrigeração Brayton

O ciclo de refrigeração Brayton é o reverso do ciclo fechado de potência Brayton apresentado na Seção 9.6. Um esquema do ciclo Brayton reverso é apresentado na Fig. 10.15a. O gás refrigerante, que pode ser o ar, entra no compressor no estado 1, em que a temperatura é um pouco inferior à temperatura da região fria, T_C, e é comprimido ao estado 2. Em seguida, o gás é resfriado ao estado 3, no qual sua temperatura se aproxima daquela da região quente, T_H. Depois disso, o gás se expande ao estado 4, no qual a temperatura, T_4, é bem inferior à da região fria. A refrigeração é obtida através da transferência de calor da região fria para o gás conforme este passa do estado 4 ao estado 1, completando o ciclo. O diagrama T–s na Fig. 10.15b mostra um ciclo *ideal* de refrigeração Brayton, indicado por 1–2s–3–4s–1, no qual se supõe que todos os processos são internamente reversíveis e os processos na turbina e no compressor são adiabáticos. Também é mostrado o ciclo 1–2–3–4–1, que sugere os efeitos de irreversibilidades durante a compressão e expansão adiabáticas. Desprezam-se os efeitos de queda de pressão por atrito.

ANÁLISE DO CICLO. O método de análise do ciclo de refrigeração Brayton é análogo àquele do ciclo de potência Brayton. Assim, em regime permanente o trabalho do compressor e o da turbina por unidade de massa são, respectivamente

$$\frac{\dot{W}_c}{\dot{m}} = h_2 - h_1 \quad \text{e} \quad \frac{\dot{W}_t}{\dot{m}} = h_3 - h_4$$

Ao se obterem essas expressões, foram desprezados os efeitos de transferência de calor com a vizinhança, bem como as variações de energia cinética e potencial. A magnitude do trabalho desenvolvido pela turbina em um ciclo de refrigeração Brayton é geralmente relevante quando comparada com o trabalho solicitado pelo compressor.

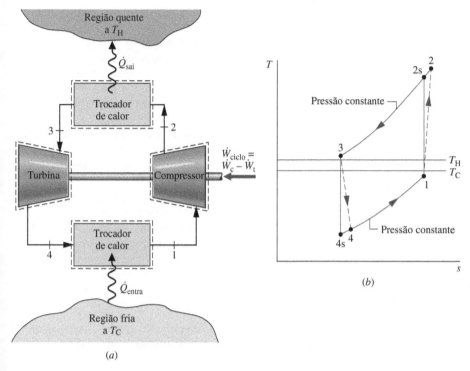

Fig. 10.15 Ciclo de refrigeração Brayton.

A transferência de calor da região fria para o gás refrigerante que circula no trocador de calor de baixa pressão, o efeito de refrigeração, é

$$\frac{\dot{Q}_{entra}}{\dot{m}} = h_1 - h_4$$

O coeficiente de desempenho é a razão entre o efeito de refrigeração e o trabalho de acionamento líquido:

$$\beta = \frac{\dot{Q}_{entra}/\dot{m}}{\dot{W}_c/\dot{m} - \dot{W}_t/\dot{m}} = \frac{(h_1 - h_4)}{(h_2 - h_1) - (h_3 - h_4)} \qquad (10.11)$$

No próximo exemplo, ilustraremos a análise de um ciclo ideal de refrigeração Brayton.

► EXEMPLO 10.5 ►

Analisando um Ciclo Ideal de Refrigeração Brayton

Ar a 1 atm, 480°R (–6,5°C) e com uma vazão volumétrica de 50 ft³/s (1,4 m³/s), é admitido no compressor de um ciclo ideal de refrigeração Brayton. Se a razão de pressão do compressor for igual a 3 e se a temperatura na entrada da turbina for 540°R (26,8°C), determine (a) a potência de acionamento *líquida* em Btu/min, (b) a capacidade frigorífica em Btu/min, (c) o coeficiente de desempenho.

SOLUÇÃO

Dado: Um ciclo ideal de refrigeração Brayton opera com ar. São fornecidas as condições na entrada do compressor, a temperatura na entrada da turbina e a razão de pressão do compressor.

Pede-se: Determine a potência de acionamento *líquida* em Btu/min, a capacidade frigorífica em Btu/min e o coeficiente de desempenho.

Diagrama Esquemático e Dados Fornecidos:

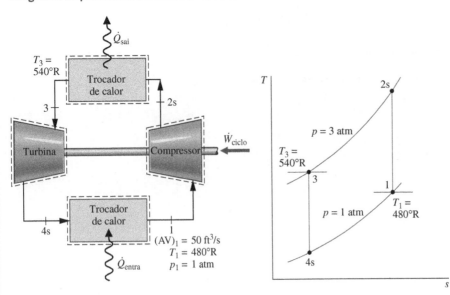

Fig. E10.5

Modelo de Engenharia:

1. Cada componente no ciclo é analisado como um volume de controle em regime permanente. Os volumes de controle são indicados no esboço por linhas tracejadas.
2. Os processos na turbina e no compressor são isentrópicos.
3. Não existem quedas de pressão nos trocadores de calor.
4. Os efeitos da energia cinética e potencial são desprezíveis.
5. O fluido de trabalho é o ar modelado como um gás ideal.

Análise: A análise se inicia pela determinação da entalpia específica em cada estado numerado do ciclo. No estado 1, a temperatura é 480°R. Pela Tabela A-22E, $h_1 = 114{,}69$ Btu/min, $p_{r1} = 0{,}9182$. Já que o processo no compressor é isentrópico, pode-se determinar h_{2s} avaliando-se primeiramente p_r no estado 2s. Assim

$$p_{r2} = \frac{p_2}{p_1} p_{r1} = (3)(0{,}9182) = 2{,}755$$

Em seguida, interpolando-se na Tabela A-22E, tem-se $h_{2s} = 157{,}1$ Btu/lb.

A temperatura no estado 3 é dada por $T_3 = 540°$R. Pela Tabela A-22E, $h_3 = 129{,}06$ Btu/lb, $p_{r3} = 1{,}3860$. A entalpia específica no estado 4s é determinada a partir da relação isentrópica

$$p_{r4} = p_{r3} \frac{p_4}{p_3} = (1{,}3860)(1/3) = 0{,}462$$

Interpolando na Tabela A-22E, obtemos $h_{4s} = 94{,}1$ Btu/lb.

(a) A potência líquida de acionamento é

$$\dot{W}_{ciclo} = \dot{m}[(h_{2s} - h_1) - (h_3 - h_{4s})]$$

Esse cálculo necessita da vazão mássica $\dot{m}$, que pode ser determinada pela vazão volumétrica e pelo volume específico na entrada do compressor:

$$\dot{m} = \frac{(AV)_1}{v_1}$$

Já que $v_1 = (\overline{R}/M)T_1/p_1$

$$\dot{m} = \frac{(AV)_1 p_1}{(\overline{R}/M)T_1}$$

$$= \frac{(50 \text{ ft}^3/\text{s})|60 \text{ s/min}|(14{,}7 \text{ lbf/in}^2)|144 \text{ in}^2/\text{ft}^2|}{\left(\dfrac{1545 \text{ ft} \cdot \text{lbf}}{28{,}97 \text{ lb} \cdot °\text{R}}\right)(480°\text{R})}$$

$$= 248 \text{ lb/min}$$

Finalmente

$$\dot{W}_{ciclo} = (248 \text{ lb/min})[(157{,}1 - 114{,}69) - (129{,}06 - 94{,}1)] \text{ Btu/lb}$$

$$= 1848 \text{ Btu/min}$$

(b) A capacidade frigorífica é

$$\dot{Q}_{entra} = \dot{m}(h_1 - h_{4s})$$

$$= (248 \text{ lb/min})(114{,}69 - 94{,}1) \text{ Btu/lb}$$

$$= 5106 \text{ Btu/min}$$

✓ **Habilidades Desenvolvidas**

Habilidades para...
- ☐ esboçar o diagrama T–s do ciclo de refrigeração Brayton ideal por compressão de vapor.
- ☐ fixar cada um dos principais estados e obter os dados das propriedades necessárias.
- ☐ calcular a potência de acionamento líquida, a capacidade frigorífica e o coeficiente de desempenho.

(c) O coeficiente de desempenho é

❶ $$\beta = \frac{\dot{Q}_{\text{entra}}}{\dot{W}_{\text{ciclo}}} = \frac{5106}{1848} = 2{,}76$$

---

❶ As irreversibilidades no compressor e na turbina causam um decréscimo do coeficiente de desempenho apreciável, quando comparado ao seu correspondente no ciclo ideal, porque o trabalho de acionamento do compressor aumenta e o trabalho disponível na turbina diminui. Isso é mostrado no Exemplo 10.6 a seguir.

> **Teste-Relâmpago**   Determine a capacidade frigorífica em TR. **Resposta:** 25,53 TR.

O Exemplo 10.6 ilustra os efeitos irreversíveis da compressão e da expansão na turbina, conforme estabelecidos no Exemplo 10.5, no desempenho do ciclo de refrigeração de Brayton. Para essa situação, são consideradas as eficiências isentrópicas apresentadas na Seção 6.12 para o compressor e para a turbina.

▶ EXEMPLO 10.6 ▶

Analisando o Desempenho de um Ciclo de Refrigeração Brayton com Irreversibilidades

Reconsidere o Exemplo 10.5, mas inclua na análise o fato de que o compressor e a turbina têm uma eficiência de 80%. Para esse ciclo modificado, determine **(a)** a potência de acionamento *líquida* em Btu/min, **(b)** a capacidade frigorífica em Btu/min, **(c)** o coeficiente de desempenho, e discuta seu valor.

SOLUÇÃO
Dado: Um ciclo ideal de refrigeração Brayton opera com ar. São fornecidas as condições na entrada do compressor, a temperatura na entrada da turbina e a razão de pressão do compressor. O compressor e a turbina têm uma eficiência de 80%.

Pede-se: Determine a potência de acionamento *líquida* e a capacidade frigorífica, ambas em Btu/min. Além disso, determine o coeficiente de desempenho e discuta o seu valor.

Diagrama Esquemático e Dados Fornecidos:

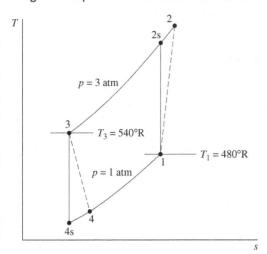

Fig. E10.6

Modelo de Engenharia:
1. Cada componente no ciclo é analisado como um volume de controle em regime permanente.
2. A turbina e o compressor são adiabáticos.
3. Não existem quedas de pressão nos trocadores de calor.
4. Os efeitos da energia cinética e potencial são desprezíveis.
5. O fluido de trabalho é o ar modelado como um gás ideal.

Análise:
(a) A potência de acionamento do compressor é avaliada a partir da eficiência isentrópica do compressor, η_c. Ou seja

$$\frac{\dot{W}_c}{\dot{m}} = \frac{(\dot{W}_c/\dot{m})_s}{\eta_c}$$

Para uma compressão isentrópica, $(\dot{W}_c/\dot{m})_s$, o valor do trabalho por unidade de massa é determinado pelos dados da solução do Exemplo 10.5 em 42,41 Btu/lb. Então, a potência real necessária é

$$\dot{W}_c = \frac{\dot{m}(\dot{W}_c/\dot{m})_s}{\eta_c} = \frac{(248 \text{ lb/min})(42{,}41 \text{ Btu/lb})}{(0{,}8)}$$
$$= 13.147 \text{ Btu/min}$$

A potência disponível da turbina é determinada de maneira análoga, a partir de sua eficiência isentrópica, η_t. Assim, $(\dot{W}_t/\dot{m} = \eta_t(\dot{W}_t/\dot{m})_s$. Usando dados da solução do Exemplo 10.5 temos $(\dot{W}_t/\dot{m})_s = 34{,}96$ Btu/lb. Então, o trabalho real da turbina é

$$\dot{W}_t = \dot{m}\eta_t(\dot{W}_t/\dot{m})_s = (248 \text{ lb/min})(0{,}8)(34{,}96 \text{ Btu/lb})$$
$$= 6936 \text{ Btu/min}$$

A potência *líquida* de acionamento do ciclo é

$$\dot{W}_{ciclo} = 13.147 - 6936 = 6211 \text{ Btu/min}$$

(b) A entalpia específica na saída da turbina, h_4, é necessária para a avaliação da capacidade frigorífica. Essa entalpia pode ser determinada pela solução de $\dot{W}_t = \dot{m}(h_3 - h_4)$ para se obter $h_4 = h_3 - \dot{W}_t/\dot{m}$. Inserindo os valores conhecidos, temos

$$h_4 = 129{,}06 - \left(\frac{6936}{248}\right) = 101{,}1 \text{ Btu/lb}$$

Assim, a capacidade frigorífica é

$$\dot{Q}_{entra} = \dot{m}(h_1 - h_4) = (248)(114{,}69 - 101{,}1) = 3370 \text{ Btu/min}$$

(c) O coeficiente de desempenho é

$$\beta = \frac{\dot{Q}_{entra}}{\dot{W}_{ciclo}} = \frac{3370}{6211} = 0{,}543$$

O valor do coeficiente de desempenho nesse caso é menor que a unidade. Isso significa que o efeito de refrigeração é menor que o trabalho líquido necessário para se alcançar esse efeito. Além disso, note que as irreversibilidades no compressor e na turbina apresentam um efeito significativo no desempenho de sistemas de refrigeração a gás. Isso pode ser verificado pela comparação dos resultados deste exemplo com os do Exemplo 10.5. As irreversibilidades acarretam um aumento no trabalho de compressão e uma redução no trabalho disponível da turbina. A capacidade frigorífica também é diminuída. O efeito geral é que o coeficiente de desempenho decresce significativamente.

Habilidades Desenvolvidas

Habilidades para...
- esboçar o diagrama T–s do ciclo de refrigeração Brayton com irreversibilidades na turbina e no compressor.
- fixar cada um dos principais estados e obter os dados das propriedades necessárias.
- calcular a potência de acionamento líquida, a capacidade frigorífica e o coeficiente de desempenho.

Teste-Relâmpago Determine o coeficiente de desempenho para um ciclo de refrigeração de Carnot que opere entre os reservatórios a 480°R e 540°R. **Resposta:** 8.

10.7.2 Outras Aplicações de Refrigeração a Gás

Para a obtenção de capacidades frigoríficas moderadas com o ciclo de refrigeração Brayton são necessários equipamentos capazes de desenvolver pressões e vazões volumétricas relativamente altas. Para a maioria das aplicações que envolvem condicionamento de ar e para processos comuns de refrigeração, os sistemas de compressão de vapor podem ser construídos de maneira mais econômica do que os sistemas de refrigeração a gás, além de poderem operar com coeficientes de desempenho mais elevados. Entretanto, com modificações apropriadas os sistemas de refrigeração a gás podem ser utilizados para a obtenção de temperaturas em torno de –150°C (–240°F), que são temperaturas bem inferiores àquelas normalmente obtidas com sistemas a vapor.

A Fig. 10.16 mostra o esquema e o diagrama *T–s* de um ciclo Brayton ideal modificado pela introdução de um trocador de calor. O trocador de calor permite que o ar que sai do compressor no estado 2 seja resfriado a uma temperatura *mais baixa* que a temperatura da região quente T_H, fornecendo uma temperatura baixa na entrada da turbina, correspondente a T_3. Sem o trocador de calor, o ar poderia ser resfriado somente a uma temperatura próxima a T_H, conforme representado na figura pelo estado a. Na expansão posterior pela turbina, o ar alcança uma temperatura no estado 4 bem mais baixa que aquela que seria possível sem o trocador de calor. Consequentemente, o efeito de refrigeração, obtido do estado 4 ao estado b, ocorre a uma temperatura média mais baixa correspondente.

Um exemplo da aplicação de refrigeração a gás para o resfriamento de uma cabina de avião é apresentado na Fig. 10.17. Conforme mostra a figura, uma pequena quantidade de ar a alta pressão é extraída do compressor principal do motor a jato e resfriada por transferência de calor para o ambiente. O ar a alta pressão é, em seguida, expandido em uma turbina auxiliar para a pressão mantida na cabina. A temperatura do ar é reduzida na expansão, tornando-se capaz de realizar sua tarefa de resfriamento da cabina. Como um benefício adicional, a expansão na turbina pode fornecer uma certa potência auxiliar para as necessidades da aeronave.

Tamanho e peso são considerações importantes na seleção de equipamentos para uso em aeronaves. Sistemas de ciclo aberto, como os do exemplo aqui mostrado, utilizam turbinas e compressores rotativos *compactos* de alta velocidade.

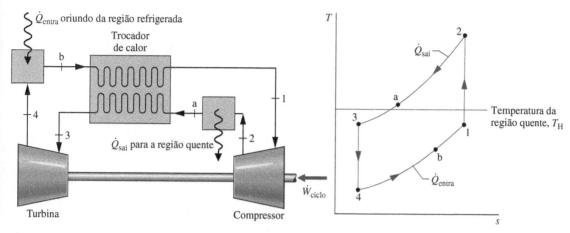

Fig. 10.16 Ciclo de refrigeração Brayton com um trocador de calor regenerativo.

Além disso, já que o ar para resfriamento vem diretamente das vizinhanças, existem menos trocadores de calor do que seriam necessários caso um refrigerante diferente fosse utilizado em um ciclo fechado de compressão de vapor.

10.7.3 Ar-Condicionado Automotivo Usando Dióxido de Carbono

Devido principalmente às preocupações ambientais, sistemas de ar-condicionado automotivos que utilizam CO_2 estão atualmente sob consideração ativa. O dióxido de carbono não causa danos à camada de ozônio, e seu Potencial de Aquecimento Global de 1 é pequeno comparado ao do R-134a, comumente usado em sistemas de ar-condicionado de automóveis. O dióxido de carbono não é tóxico e também não é inflamável. Uma vez que é abundante na atmosfera e nos gases de exaustão de centrais de energia e plantas industriais que utilizam a queima de carvão, o CO_2 é uma escolha relativamente barata como refrigerante. Ainda assim, as montadoras de veículos, considerando a mudança de CO_2 para R-134a, devem pesar o desempenho do sistema, os custos de equipamentos e outras questões importantes antes de abraçar tal mudança na prática.

A Figura 10.18 mostra o esquema de um sistema de ar-condicionado para automóveis com CO_2 representado em um diagrama T–s, no qual estão indicadas a temperatura crítica T_c e a pressão crítica p_c do CO_2: 31°C (88°F) e 72,9 atm, respectivamente. O sistema combina aspectos de refrigeração a gás com aspectos de refrigeração por compressão de vapor. Sigamos o CO_2 que passa continuamente por cada um dos componentes, iniciando com a entrada pelo compressor.

O dióxido de carbono entra no compressor como vapor superaquecido no estado 1 e é comprimido a uma temperatura e uma pressão muito mais altas no estado 2. O CO_2 passa do compressor para o resfriador de gás, onde é resfriado a uma pressão constante para até o estado 3, como um resultado da transferência de calor para o ambiente. A temperatura

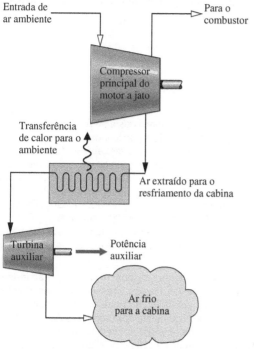

Fig. 10.17 Aplicação de refrigeração a gás para resfriamento de cabinas de avião.

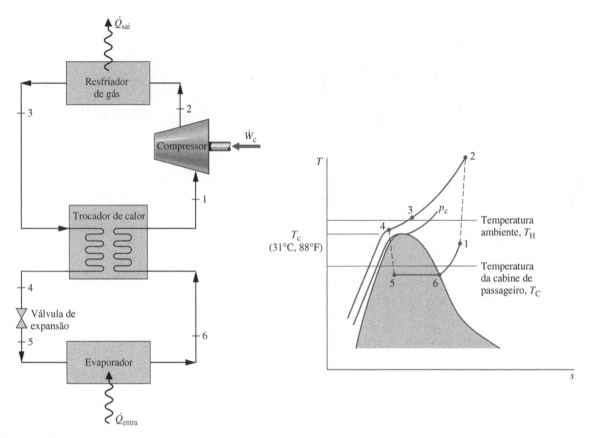

Fig. 10.18 Sistema de ar-condicionado automotivo usando dióxido de carbono.

no estado 3 se aproxima da temperatura do ambiente, representada na figura por T_H. O CO_2 continua a ser resfriado no trocador de calor de interligação a uma pressão constante até o estado 4, onde a temperatura é inferior a do ambiente. O resfriamento é proporcionado pelo CO_2 a baixa temperatura na corrente do trocador de calor. Durante esta parte do ciclo de refrigeração, os processos são semelhantes aos de refrigeração a gás vistos.

Esta similaridade termina abruptamente conforme o CO_2 se aproxima da expansão através da válvula até o estado 5 na região líquido-vapor e, em seguida, entra no evaporador, onde é vaporizado até o estado 6 por meio de transferência de calor a partir da cabine de passageiros na temperatura T_C, resfriando, assim, a cabine de passageiros. Estes processos são como aqueles observados nos sistemas de refrigeração por compressão de vapor. Finalmente, no estado 6, o CO_2 entra no trocador de calor, saindo no estado 1. O trocador de calor aumenta o desempenho do ciclo de duas maneiras: fornecendo a mistura de duas fases de qualidade inferior no estado 5, aumentando o efeito de refrigeração através do evaporador, e pela produção do vapor superaquecido a uma temperatura mais elevada no estado 1, reduzindo a potência necessária do compressor.

RESUMO DO CAPÍTULO E GUIA DE ESTUDOS

Neste capítulo foram considerados sistema de refrigeração e bombas de calor, incluindo sistemas a vapor em que o refrigerante é alternadamente vaporizado e condensado, e sistemas a gás em que o refrigerante mantém-se como gás. Os três principais tipos de sistemas de refrigeração e de bomba de calor discutidos são o ciclo de compressão de vapor, o ciclo de absorção e o ciclo Brayton reverso.

O desempenho de sistemas de refrigeração por compressão de vapor simples é descrito em termos do ciclo de compressão de vapor. Para esse ciclo, avaliamos o trabalho e as transferências de calor principais juntamente com dois importantes parâmetros de desempenho: o coeficiente de desempenho e a capacidade frigorífica. Consideramos o efeito no desempenho de irreversibilidades durante o processo de compressão e na expansão pela válvula, e também o efeito de troca de calor irreversível entre o refrigerante e as regiões quente e fria. Também foram consideradas variações do ciclo básico de compressão de vapor, incluindo o armazenamento de frio, ciclos em cascata e compressão multiestágio com inter-resfriamento. Uma discussão sobre os sistemas de bomba de calor por compressão de vapor também foi proporcionada.

Através de uma discussão qualitativa, foram apresentadas as propriedades de refrigerantes e as considerações para sua seleção. Sistemas de refrigeração por absorção e bombas de calor também foram discutidos qualitativamente. Oferecemos uma discussão sobre sistemas de bombas de calor por compressão de vapor e concluímos o capítulo com um estudo de sistemas de refrigeração a gás.

Os itens a seguir fornecem um guia de estudo para este capítulo. Ao término do estudo do texto e dos exercícios dispostos no final do capítulo, você estará apto a

▶ descrever o significado dos termos dispostos em negrito ao longo do capítulo e entender cada um dos conceitos relacionados. O conjunto de conceitos fundamentais listados mais adiante é particularmente importante para o entendimento dos capítulos subsequentes.
▶ esboçar os diagramas T–s de ciclos de refrigeração por compressão de vapor, de ciclos de bombas de calor e de ciclos de refrigeração

Brayton, mostrando corretamente a relação entre a temperatura do refrigerante e as temperaturas das regiões quente e fria.
▶ aplicar a primeira e a segunda leis, juntamente com dados de propriedades para a determinação do desempenho de ciclos de refrigeração por compressão de vapor, de ciclos de bombas de calor e de ciclos de refrigeração Brayton, incluindo a avaliação da potência necessária, o coeficiente de desempenho e a capacidade frigorífica.

▶ esboçar diagramas esquemáticos de modificações do ciclo por compressão de vapor, incluindo ciclos em cascata e compressão multiestágio com inter-resfriamento entre os estágios. Em cada caso você deve estar apto a aplicar balanços de massa e de energia, a segunda lei e dados de propriedades para a determinação do desempenho.
▶ explicar a operação de sistemas de refrigeração por absorção.

CONCEITOS FUNDAMENTAIS NA ENGENHARIA

bomba de calor por compressão de vapor
capacidade frigorífica

ciclo de refrigeração Brayton
refrigeração por absorção

refrigeração por compressão de vapor
tonelada de refrigeração

EQUAÇÕES PRINCIPAIS

$\beta_{máx} = \dfrac{T_C}{T_H - T_C}$	(10.1)	Coeficiente de desempenho do ciclo de refrigeração de Carnot (Fig. 10.1)
$\beta = \dfrac{\dot{Q}_{entra}/\dot{m}}{\dot{W}_c/\dot{m}} = \dfrac{h_1 - h_4}{h_2 - h_1}$	(10.7)	Coeficiente de desempenho do ciclo de refrigeração por compressão de vapor (Fig. 10.3)
$\gamma_{máx} = \dfrac{T_H}{T_H - T_C}$	(10.9)	Coeficiente de desempenho do ciclo de bomba de calor de Carnot (Fig. 10.1)
$\gamma = \dfrac{\dot{Q}_{sai}/\dot{m}}{\dot{W}_c/\dot{m}} = \dfrac{h_2 - h_3}{h_2 - h_1}$	(10.10)	Coeficiente de desempenho do ciclo de bomba de calor por compressão de vapor (Fig. 10.13)
$\beta = \dfrac{\dot{Q}_{entra}/\dot{m}}{\dot{W}_c/\dot{m} - \dot{W}_t/\dot{m}} = \dfrac{(h_1 - h_4)}{(h_2 - h_1) - (h_3 - h_4)}$	(10.11)	Coeficiente de desempenho do ciclo de refrigeração Brayton (Fig. 10.15)

EXERCÍCIOS: PONTOS DE REFLEXÃO PARA OS ENGENHEIROS

1. Como vapor d'água pode ser utilizado em aplicações de refrigeração?
2. Você possui um refrigerador em sua garagem. O desempenho do aparelho no verão é diferente do desempenho no inverno? Explique.
3. Abbe instala um desumidificador para secar as paredes de um quarto pequeno fechado localizado no porão. Quando ela entra no quarto mais tarde, este parece aquecido. Por quê?
4. Por que a unidade interna de um sistema de ar-condicionado central tem uma mangueira como dreno?
5. Um refrigerante escoando para o compressor de um refrigerador flui por um tubo com um diâmetro maior que o tubo de saída (descarga) do compressor. Por quê?
6. Por que fabricantes de refrigeradores recomendam que os usuários limpem a parte de trás de alguns desses aparelhos?
7. Quais são as três considerações que devem ser ponderadas na seleção de um refrigerante para um refrigerador doméstico?
8. O que são semicondutores do *tipo-n* e do *tipo-p*?
9. O que qualifica um refrigerador para ser um produto Energy Star®?
10. Você vê um anúncio afirmando que as bombas de calor são particularmente eficientes em Atlanta, Geórgia. Por que isso é verdade?
11. Se o ar-condicionado do seu carro descarrega somente ar quente enquanto opera, o que pode estar errado com ele?
12. Grandes edifícios de escritórios costumam usar ar-condicionado para refrigerar áreas internas mesmo no inverno em climas frios. Por quê?
13. Em que locais da América do Norte as bombas de calor não são uma boa escolha para o aquecimento de residências? Por quê?
14. Se o trocador de calor for omitido do sistema da Fig. 10.16, qual o efeito sobre o coeficiente de desempenho?

VERIFICAÇÃO DE APRENDIZADO

Nos problemas de 1 a 10, relacione as colunas.

1. __ Capacidade de refrigeração

2. __ CO_2

A. Índice simplificado utilizado para estimar a influência potencial no aquecimento global causado pela liberação de um determinado gás na atmosfera.

B. Um separador líquido-vapor.

3. __ Bomba de calor por compressão de vapor
4. __ Câmara de separação (*flash*)
5. __ Tonelada de refrigeração
6. __ Resfriamento termoelétrico
7. __ Refrigerantes naturais
8. __ Refrigerantes sintéticos
9. __ Potencial de aquecimento global
10. __ Sistema de refrigeração por compressão de vapor

C. Exemplos incluem R-12, R-134a e R-22.
D. Exemplos incluem amônia e CO_2.
E. Um sistema de refrigeração no qual o fluido de trabalho muda de fase durante o ciclo.
F. A transferência de calor do espaço refrigerado resultando na vaporização do refrigerante.
G. Uma tecnologia de resfriamento que não utiliza um refrigerante.
H. Um refrigerante com GWP (Potencial de Aquecimento Global) unitário.
I. Um sistema utilizado para aquecimento que consiste nos mesmos componentes básicos de um sistema de refrigeração por compressão de vapor.
J. Uma unidade frequentemente utilizada para capacidade de refrigeração.

11. O ciclo de *Carnot* de refrigeração consiste em processos internamente reversíveis e áreas nas quais _____ pode ser interpretado como transferências de calor.
12. O coeficiente de desempenho de um ciclo de refrigeração é a razão _____.
13. Por que a *compressão úmida* é evitada em ciclos de refrigeração por compressão?
14. Por que se utiliza uma válvula e não uma turbina para a expansão em um ciclo de refrigeração por compressão de vapor?
15. A temperatura do refrigerante no condensador é muitos graus _____ a temperatura da região quente, T_H.
16. Qual processo em um ciclo de compressão de vapor *ideal* não é internamente reversível?
17. Hidrocarbonetos como metano e butano são exemplos de refrigerantes _____.
18. Qual componente de uma bomba de calor a ar permite que ela seja utilizada tanto para aquecimento no inverno quanto para resfriamento no verão?
19. O coeficiente de desempenho de um ciclo de refrigeração de Brayton _____ ser menor que a unidade.
20. Por que o coeficiente de desempenho de um ciclo de refrigeração por compressão de vapor ideal é menor que o coeficiente de desempenho de um ciclo de refrigeração de *Carnot* operando entre as mesmas temperaturas quente e fria?
21. No processo de condensação de um sistema real de compressão de vapor, qual efeito o subresfriamento do refrigerante tem sobre as irreversibilidades externas do sistema?
22. Uma aplicação de refrigeração a gás é o resfriamento do interior de uma cabine de _____.
23. Comparando compressores centrífugos e recíprocos, compressores centrífugos são mais adequados para _____ pressões de evaporação e refrigerantes com _____ volume específico sob baixa pressão.
24. A temperatura do evaporador em um sistema de refrigeração por compressão de vapor é determinado pela região de temperatura _____ associada.
25. O armazenamento de frio envolve a criação e estocagem de água resfriada ou gelo durante períodos _____.
26. Qual é o potencial de aquecimento global do R-134a?
27. Os elementos essenciais em um resfriador termoelétrico são dois metais _____.
28. Em um sistema de refrigeração por compressão de vapor, um(a) _____ pode ser utilizado(a) para separar uma mistura líquido-vapor em líquido saturado e vapor saturado.
29. Qual componente de um sistema de refrigeração por absorção necessita de transferência de calor de uma fonte de alta temperatura?
30. Em um sistema de refrigeração a gás, o refrigerante permanece _____ através do ciclo.

Indique, para as afirmativas a seguir, se são verdadeiras ou falsas. Explique.

31. A escolha do refrigerante afeta o tipo de compressor utilizado.
32. Em um sistema de refrigeração por absorção utilizando brometo de lítio, água é o refrigerante.
33. A seção de desaquecimento do condensador geralmente introduz irreversibilidades externas ao sistema de refrigeração.
34. Um processo de estrangulamento é normalmente modelado como um processo isentrópico.
35. Em um sistema de refrigeração por compressão de vapor, a potência líquida de acionamento é igual à soma da potência de acionamento do compressor e da potência de trabalho da turbina.
36. Em regiões frias, onde a temperatura ambiente é muito baixa, bombas de calor a ar costumam suprir calor adequadamente a uma residência sem a utilização de um sistema auxiliar de aquecimento.
37. O refrigerante escoando por um compressor em um sistema de refrigeração por compressão de vapor encontra-se geralmente em uma fase vapor superaquecida.
38. Sistemas de refrigeração por absorção incluem um compressor.
39. O refrigerante em um ciclo de Carnot ideal de refrigeração não está submetido a irreversibilidades internas, mas podem ocorrer irreversibilidades externas nos processos de transferência de calor com os respectivos reservatórios térmicos.
40. O refrigerante sai da válvula de expansão de um sistema de refrigeração por compressão de vapor como uma mistura bifásica líquido-vapor.
41. O ciclo de refrigeração a vapor de *Carnot* é representado no diagrama T–s como um retângulo.
42. O coeficiente de desempenho de um sistema de compressão de vapor tende a aumentar com a diminuição da temperatura de evaporação e o aumento da temperatura de condensação.
43. Refrigerantes CFC são comumente usados em novas instalações nos Estados Unidos.
44. Refrigerante 134a é um exemplo de refrigerante natural.
45. O coeficiente de desempenho de uma bomba de calor pode ser menor que 1.
46. Os materiais utilizados em resfriadores termoelétricos devem ter baixa condutividade térmica e alta condutividade elétrica.
47. O coeficiente de desempenho de um ciclo de refrigeração *real* excede aquele de um ciclo de refrigeração ideal de *Carnot* operando entre as mesmas regiões térmicas.
48. Em um ciclo de refrigeração por compressão de vapor em cascata, cada estágio pode utilizar um refrigerante diferente baseado nas pressões do evaporador e do condensador.
49. Um refrigerador por compressão de vapor instalado em uma garagem tem um desempenho diferente dependendo da temperatura do ar na garagem.
50. Os mesmos componentes de um sistema de bomba de calor para um edifício podem ser utilizados para aquecimento ou resfriamento do interior da construção.
51. Em um ciclo de ar condicionado automotivo utilizando CO_2 como refrigerante, a temperatura e a pressão do CO_2 no ciclo excedem a temperatura e pressão críticas do CO_2.

PROBLEMAS: DESENVOLVENDO HABILIDADES PARA ENGENHARIA

Sistemas de Refrigeração a Vapor

10.1 Um ciclo de refrigeração de Carnot que opera em regime permanente utiliza o Refrigerante 22 como fluido de trabalho. O refrigerante entra no condensador como vapor saturado a 32°C e sai como líquido saturado. O evaporador opera a 0°C. Qual é o coeficiente de desempenho desse ciclo? Determine, em kJ por kg de refrigerante,
(a) a potência de acionamento do compressor.
(b) o trabalho desenvolvido pela turbina.
(c) o calor transferido ao refrigerante que escoa pelo evaporador.

10.2 O Refrigerante 22 é o fluido de trabalho de um ciclo de refrigeração a vapor de Carnot para o qual a temperatura do evaporador é –30°C. Vapor saturado entra no condensador a 36°C e líquido saturado sai à mesma temperatura. A vazão mássica do refrigerante é 10 kg/min. Determine
(a) a taxa de transferência de calor para o refrigerante que escoa pelo evaporador, em kW.
(b) a potência líquida de acionamento do ciclo, em kW.
(c) o coeficiente de desempenho.
(d) a capacidade frigorífica, em TR.

10.3 Um ciclo de refrigeração a vapor de Carnot opera entre reservatórios térmicos a 4°C e 30°C. O fluido de trabalho é vapor saturado no fim do processo de compressão e líquido saturado no começo do processo de expansão. Determine as pressões de operação no condensador e no evaporador em bar e o coeficiente de desempenho para os seguintes fluidos de trabalho: (a) Refrigerante 134a, (b) propano, (c) água, (d) amônia e (e) CO_2 (usando a Fig. A-10) e (f) Refrigerante 410A (usando a Fig. A-11).

10.4 Considere um ciclo de refrigeração a vapor de Carnot com o Refrigerante R134a como fluido de trabalho. O ciclo mantém uma região fria a 40°F (4,4°C) quando a temperatura ambiente é de 90°F (32,2°C). Dados dos estados principais do ciclo são apresentados na tabela a seguir. Os estados estão indicados conforme a Fig. 10.1. Esboce o diagrama T–s para o ciclo e determine
(a) a temperatura no evaporador e no condensador, ambas em °R.
(b) a potência do compressor e da turbina, ambas em Btu por lb de refrigerante.
(c) o coeficiente de desempenho
(d) o coeficiente de desempenho para um ciclo de Carnot operando nas temperaturas dos reservatórios.
Compare os coeficientes de desempenho determinados em (c) e (d), e comente.

Estado	p (lbf/in²)	h (Btu/lb)	s (Btu/lb · °R)
1	40	104,12	0,2161
2	140	114,95	0,2161
3	140	44,43	0,0902
4	40	42,57	0,0902

10.5 Para o ciclo do Problema 10.4, determine
(a) as taxas de transferência de calor, em Btu por lb de refrigerante, para o refrigerante que escoa pelo evaporador e pelo condensador, respectivamente.
(b) as taxas e os sentidos das transferências de exergia, em Btu por lb de refrigerante, associadas a cada uma dessas transferências de calor. Considere T_0 = 90°F (32,2°C).

10.6 Um ciclo de refrigeração por compressão de vapor ideal opera em regime permanente usando Refrigerante 134a como fluido de trabalho. Vapor saturado entra no compressor a 2 bar e líquido saturado deixa o condensador a 8 bar. A vazão mássica do refrigerante é 7 kg/min. Determine
(a) a potência do compressor, em kW.
(b) a capacidade frigorífica, em TR.
(c) o coeficiente de desempenho.

10.7 Esboce graficamente as quantidades calculadas no Problema 10.6 *versus* a temperatura no evaporador para o intervalo de pressões do evaporador de 0,6 a 4 bar, enquanto a pressão no condensador permanece fixa em 8 bar.

10.8 Refrigerante 134a é utilizado como fluido de trabalho em um ciclo de refrigeração por compressão de vapor ideal que opera em regime permanente. O refrigerante entra no compressor a 1,4 bar, –12°C, e a pressão no condensador é de 9 bar. O líquido que sai do condensador está a 32°C. A vazão mássica de refrigerante é de 7 kg/min. Determine
(a) a potência do compressor, em kW.
(b) a capacidade frigorífica, em TR.
(c) o coeficiente de desempenho.

10.9 A Fig. P10.9 fornece os dados de operação de um ciclo de refrigeração por compressão de vapor ideal em regime permanente, com Refrigerante 134a como fluido de trabalho. A vazão mássica do refrigerante é 30,59 lb/min (0,23 kg/s). Esboce o diagrama T–s para o ciclo e determine
(a) a potência do compressor, em HP.
(b) a taxa de transferência de calor para o fluido de trabalho que escoa pelo condensador, em Btu/min.
(c) o coeficiente de desempenho.

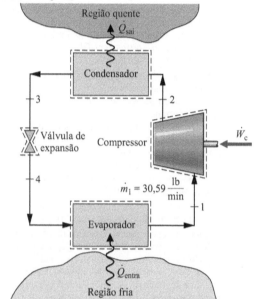

Estado	p (lbf/in²)	T(°F)	h (Btu/lb)	s (Btu/lb·°R)
1	10	0	102,94	0,2391
2	180	---	131,04	0,2391
3	180	Sat.	50,64	0,1009
4	10	Sat.	50,64	---

Fig. P10.9

10.10 Refrigerante 22 entra no compressor de um sistema de refrigeração por compressão de vapor ideal como vapor saturado a –40°C e com uma vazão volumétrica de 15 m³/min. O refrigerante deixa o condensador a 19°C e 9 bar. Determine
(a) a potência do compressor, em kW.
(b) a capacidade frigorífica, em TR.
(c) o coeficiente de desempenho.
(d) a taxa de produção de entropia, em kW/K.

10.11 Um ciclo de refrigeração por compressão de vapor ideal que usa amônia como fluido de trabalho tem uma temperatura de –10°C no evaporador e uma pressão de 10 bar no condensador. Vapor saturado entra no compressor e líquido saturado sai pelo condensador. A vazão mássica do refrigerante é 5 kg/min. Determine
(a) o coeficiente de desempenho.
(b) a capacidade frigorífica, em TR.

10.12 Refrigerante 134a entra no compressor de um ciclo de refrigeração por compressão de vapor ideal como vapor saturado a –10°F (–23,3°C). A pressão no condensador é 160 lbf/in² (1103,2 kPa). A vazão mássica do refrigerante é 6 lb/min (0,04 kg/s). Esboce graficamente o coeficiente de desempenho e a capacidade frigorífica em TR *versus* a temperatura de saída no condensador, que varia desde a temperatura de saturação a 160 lbf/in² até 90°F (32,2°C).

10.13 Um ciclo de refrigeração por compressão de vapor ideal utilizando amônia como fluido de trabalho tem um evaporador a –20°C e um conden-

sador a 12 bar. Vapor saturado entra no compressor e líquido saturado sai do condensador. A vazão mássica do refrigerante é 3 kg/min. Determine:
(a) o coeficiente de desempenho.
(b) a capacidade de refrigeração, em TR.

Para determinar o efeito da mudança da temperatura do evaporador sobre o desempenho do ciclo, elabore um gráfico do coeficiente de desempenho e da capacidade de refrigeração, em TR, para temperaturas de entrada (do vapor saturado) no compressor entre –40 e –10°C.

10.14 Para inferir o efeito da variação de pressão no condensador sobre o desempenho de um ciclo de refrigeração por compressão de vapor ideal, esboce graficamente o coeficiente de desempenho e a capacidade frigorífica, em TR, para o ciclo do Problema 10.13, considerando que a pressão no condensador varia no intervalo de 8 a 16 bar. Todas as outras condições são as mesmas do Problema 10.13.

10.15 Um ciclo de refrigeração por compressão de vapor opera em regime permanente com Refrigerante 134a como fluido de trabalho. Vapor saturado entra no compressor a 2 bar e líquido saturado sai do condensador a 8 bar. A eficiência isentrópica do compressor é de 80%. A vazão mássica do refrigerante é 7 kg/min. Determine
(a) a potência de acionamento do compressor, em kW.
(b) a capacidade frigorífica, em TR.
(c) o coeficiente de desempenho.

10.16 Modifique o ciclo do Problema 10.9, para que o compressor tenha uma eficiência isentrópica de 83%, e considere que a temperatura do líquido na saída do condensador é de 100°F (37,8°C). Para esse ciclo modificado, determine
(a) a potência de acionamento do compressor, em HP.
(b) a taxa de transferência de calor para o fluido de trabalho que escoa no condensador, em Btu/min.
(c) o coeficiente de desempenho.
(d) As taxas de produção de entropia do compressor e da válvula de expansão, em Btu/min · °R
(e) as taxas de destruição de exergia no compressor e na válvula de expansão, ambas em Btu/min, para $T_0 = 90°F$ (32,2°C).

10.17 A tabela a seguir fornece os dados de operação de um ciclo de refrigeração por compressão de vapor em regime permanente, com Refrigerante 134a como fluido de trabalho. Os estados estão numerados conforme a Fig. 10.3. A capacidade de refrigeração é de 4,6 TR. Ignorando os efeitos de transferência de calor entre o compressor e sua vizinhança, esboce o diagrama T–s para o ciclo e determine
(a) a vazão mássica do refrigerante, em kg/min.
(b) a eficiência isentrópica do compressor.
(c) o coeficiente de desempenho.
(d) as taxas de destruição de exergia no compressor e na válvula de expansão, ambas em kW.
(e) as variações líquidas da taxa de exergia de fluxo para o refrigerante que escoa, pelo evaporador e pelo condensador, respectivamente, ambas em kW. Admita $T_0 = 21°C$, $p_0 = 1$ bar.

Estado	p (bar)	T (°C)	h (kJ/kg)	s (kJ/kg · K)
1	1,4	–10	243,40	0,9606
2	7	58,5	295,13	1,0135
3	7	24	82,90	0,3113
4	1,4	–18,8	82,90	0,33011

10.18 Um sistema de refrigeração por compressão de vapor utiliza amônia como fluido de trabalho. Dados para a operação sob regime permanente encontram-se listados na tabela a seguir. Os estados principais do ciclo estão numerados como na Fig. 10.3. A taxa de transferência de calor do fluido de trabalho passando pelo condensador é 50.000 Btu/h (14,65 kW/h). Se o compressor opera adiabaticamente, determine:
(a) a potência de acionamento do compressor, em hp.
(b) o coeficiente de desempenho do ciclo.

Estado	p (lbf/in²)	T (8F)	h (Btu/lb)	s (Btu/lb · °R)
1	30	10	617,07	1,3479
2	200	300	763,74	1,3774
3	200	100	155,05	—
4	30	—	155,05	—

10.19 Considerando que as pressões mínima e máxima permitidas de um refrigerante sejam, respectivamente, 1 e 10 bar, quais das seguintes substâncias podem ser utilizadas como fluido de trabalho em um sistema de refrigeração por compressão de vapor que mantém uma região fria a 0°C enquanto descarrega energia por transferência de calor para o ar ao redor a 30°C: Refrigerante 22, Refrigerante 134a, amônia, propano?

10.20 Considere o seguinte ciclo de refrigeração por compressão de vapor que é utilizado para manter uma região fria a uma temperatura T_C, enquanto a temperatura ambiente é 80°F (26,7°C): vapor saturado entra no compressor a 15°F (–9,4°C), abaixo de T_C, e o compressor opera adiabaticamente com uma eficiência isentrópica de 80%. O líquido saturado sai do condensador a 95°F (35°C). Não existem quedas de pressão no evaporador e no condensador, e a capacidade frigorífica é de 1 TR (3,5 kW). Esboce graficamente a vazão mássica de refrigerante em lb/min, o coeficiente de desempenho e a *eficiência de refrigeração*, *versus* T_C variando de 40°F (4,4°C) a –25°F (–31,7°C), considerando que o refrigerante é
(a) Refrigerante 134a.
(b) propano.
(c) Refrigerante 22.
(d) amônia.

A eficiência de refrigeração é definida como a razão entre o coeficiente de desempenho do ciclo e o coeficiente de desempenho de um ciclo de refrigeração de Carnot operando entre reservatórios térmicos que se encontram à temperatura ambiente e à temperatura da região fria.

10.21 Em um ciclo de refrigeração por compressão de vapor, a amônia sai do evaporador como vapor saturado a –22°C. O refrigerante entra no condensador a 16 bar e 160°C, e sai como líquido saturado a 16 bar. Não há uma transferência de calor significativa entre o compressor e sua vizinhança, e o refrigerante atravessa o evaporador com uma variação de pressão desprezível. Se a capacidade frigorífica é de 150 kW, determine
(a) a vazão mássica do refrigerante, em kg/s.
(b) a potência de acionamento do compressor, em kW.
(c) o coeficiente de desempenho.
(d) a eficiência isentrópica do compressor.
(e) a taxa de produção de entropia do compressor, em kW/K.

10.22 Um sistema de refrigeração por compressão de vapor tem uma capacidade de 10 TR utilizando R-134a como fluido de trabalho. Informações sobre o ciclo encontram-se sumarizadas na tabela a seguir e na Fig. P10.22. O processo de compressão é internamente reversível e pode ser modelado por $pv^{1,01} = constante$. O condensador é resfriado a água, que circula sem alteração significativa de pressão. A transferência de calor externa ao condensador é desprezível. Determine:

Estado	p (bar)	T (°C)	v (m³/kg)	h (kJ/kg)	s (kJ/kg·K)
1	4	15	0,05258	258,15	0,9348
2	12	54,88	0,01772	281,33	0,9341
3	11,6	44	0,0008847	112,22	0,4054
4	4	8,93	0,01401	112,22	0,4179
5	-	20	-	83,96	0,2966
6	-	30	-	125,79	0,4369

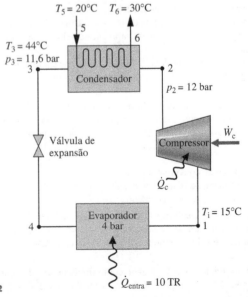

Fig. P10.22

(a) a vazão mássica do refrigerante, em kg/s.
(b) a potência de acionamento e a taxa de transferência de calor do compressor, em kW.
(c) o coeficiente de desempenho.
(d) a vazão mássica da água de resfriamento, em kg/s.
(e) as taxas de produção de entropia no condensador e na válvula de expansão, em kW/K.
(f) as taxas de destruição de exergia no condensador e na válvula de expansão, cada uma expressa como uma porcentagem da potência do compressor. Assuma $T_0 = 20°C$.

10.23 A tabela a seguir fornece os dados de operação de um ciclo de refrigeração por compressão de vapor em regime permanente, com propano como fluido de trabalho. Os estados estão numerados conforme a Fig. 10.3. A vazão mássica do refrigerante é de 8,42 lb/min (0,06 kg/s). A transferência de calor do compressor para sua vizinhança ocorre a uma taxa de 3,5 Btu por lb (8,1 kJ/kg) de refrigerante que passa pelo compressor. O condensador é resfriado a água que entra a 65°F (18,3°C) e sai a 80°F (26,7°C), com uma variação de pressão desprezível. Esboce o diagrama T–s para o ciclo e determine
(a) a capacidade frigorífica, em TR.
(b) a potência do compressor, em HP.
(c) a vazão mássica da água de resfriamento através do condensador, em lb/min.
(d) o coeficiente de desempenho.

Estado	p (lbf/in²)	T (°F)	h (Btu/lb)
1	38,4	0	193,2
2	180	120	229,8
3	180	85	74,41
4	38,4	0	74,41

10.24 Um ar-condicionado de janela mostrado na Fig. P10.24 fornece 19 m³/min de ar a 15°C e 1 bar para um quarto. O ar vindo do quarto para o evaporador da unidade retorna a 22°C. O ar-condicionado opera em regime permanente em um ciclo de refrigeração por compressão de vapor com Refrigerante 22, que entra no compressor a 4 bar e 10°C. O refrigerante deixa o condensador como líquido saturado a 9 bar. O compressor tem uma eficiência isentrópica de 70%, e o refrigerante sai do compressor a 9 bar. Determine a potência do compressor, em kW, a capacidade frigorífica, em TR, e o coeficiente de desempenho.

Fig. P10.24

10.25 O sistema de refrigeração por compressão de vapor de uma geladeira doméstica tem uma capacidade frigorífica de 900 Btu/h (263,8 W). O refrigerante entra no evaporador a −15°F (−26,1°C) e sai a 20°F (−6,7°C). A eficiência isentrópica do compressor é de 75%. O refrigerante se condensa a 110°F (43,3°C) e sai do condensador sub-resfriado a 100°F (37,8°C). Não existe queda de pressão apreciável nos escoamentos pelo evaporador e pelo condensador. Determine as pressões no evaporador e no condensador, ambas em lbf/in², a vazão mássica do refrigerante, em lb/min, a potência de acionamento do compressor, em HP, e o coeficiente de desempenho para (a) Refrigerante 134a e (b) propano como fluidos de trabalho.

10.26 Um sistema de condicionamento de ar por compressão de vapor opera em regime permanente, conforme mostra a Fig. P10.26. O sistema mantém uma região fria a 60°F (15,6°C) e descarrega energia por transferência de calor para sua vizinhança a 90°F (32,2°C). Refrigerante 134a entra no compressor como vapor saturado a 40°F (4,4°C) e é comprimido adiabaticamente até 160 lbf/in² (1103,2 kPa). A eficiência isentrópica do compressor é de 80%. O refrigerante sai do condensador como líquido saturado a 160 lbf/in². A vazão mássica do refrigerante é de 0,15 lb/s (0,07 kg/s). As variações da energia cinética e potencial são desprezíveis, da mesma maneira que as variações de pressão relativas ao escoamento no evaporador e no condensador. Determine
(a) a potência de acionamento do compressor, em Btu/s.
(b) o coeficiente de desempenho.
(c) as taxas de destruição de exergia no compressor e na válvula de expansão, ambas em Btu/s.
(d) as taxas de destruição de exergia e de transferência de exergia associadas à transferência de calor, ambas em Btu/s, para um volume de controle que englobe o evaporador e uma parte da região fria, de modo que a transferência de calor ocorra a $T_C = 520°R$ (60°F (15,7°C)).
(e) as taxas de destruição de exergia e de transferência de exergia associadas à transferência de calor para um volume de controle que englobe o condensador e uma parte da vizinhança, de modo que a transferência de calor ocorra a $T_H = 550°R$ (90°F (32,4°C)).
Admita $T_0 = 550°R$.

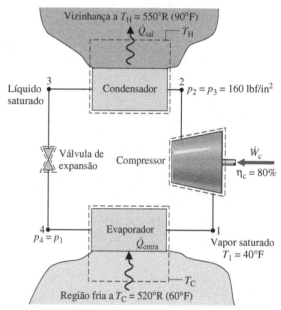

Fig. P10.26

10.27 Um ciclo de refrigeração por compressão de vapor, com Refrigerante 134a como fluido de trabalho, opera com um evaporador à temperatura de 50°F (10°C) e um condensador à pressão de 180 lbf/in² (1241,1 kPa). Vapor saturado entra no compressor. O refrigerante entra no condensador a 140°F (60°C) e sai como líquido saturado. O ciclo tem uma capacidade frigorífica de 5 TR (17,6 kW). Determine
(a) a vazão mássica do refrigerante, em lb/min.
(b) a eficiência isentrópica do compressor.
(c) a potência do compressor, em HP.
(d) o coeficiente de desempenho.
Esboce graficamente as quantidades calculadas nos itens (b) a (d) para as temperaturas de saída do compressor variando de 130°F (54,4°C) a 140°F.

Sistemas em Cascata e em Multiestágio

10.28 Um sistema de refrigeração por compressão de vapor opera com o arranjo tipo cascata mostrado na Fig. 10.9. Refrigerante 22 é o fluido de trabalho para o ciclo de alta temperatura e Refrigerante 134a é usado no ciclo de baixa temperatura. Para o ciclo de Refrigerante 134a, o fluido de trabalho entra no compressor como vapor saturado a −30°F (−34,4°C) e é comprimido isentropicamente até 50 lbf/in² (344,7 kPa). O líquido saturado deixa o trocador de calor intermediário a 50 lbf/in² e entra na válvula de expansão. Para o ciclo do Refrigerante 22, o fluido de trabalho entra no compressor como vapor saturado a uma temperatura 5°F (−15°C) abaixo da temperatura de condensação do Refrigerante 134a no trocador de calor intermediário. O Refrigerante 22 é comprimido isentropicamente até 250 lbf/in² (1723,7 kPa). Em seguida, o líquido saturado entra na válvula de expansão a 250 lbf/in². A capacidade frigorífica do sistema em cascata é de 20 TR (70,3 kW). Determine
(a) a potência de acionamento de cada compressor, em Btu/min.
(b) o coeficiente de desempenho geral do ciclo em cascata.
(c) a taxa de destruição de exergia no trocador de calor intermediário, em Btu/min. Considere $T_0 = 80°F$ (26,7°C), $p_0 = 14,7$ lbf/in² (101,3 kPa).

10.29 Um sistema de refrigeração por compressão de vapor utiliza o arranjo mostrado na Fig. 10.10 para a compressão em dois estágios com inter-resfriamento entre os estágios. Refrigerante 134a é o fluido de trabalho. Vapor saturado a –30°C entra no compressor de primeiro estágio. A câmara de separação e o trocador de calor de contato direto operam a 4 bar, e a pressão no condensador é 12 bar. Correntes de líquido saturado a 12 e 4 bar entram, respectivamente, nas válvulas de expansão de alta e baixa pressões. Se cada compressor opera isentropicamente e se a capacidade frigorífica do sistema é 10 TR (35,2 kW), determine
(a) a potência de acionamento de cada compressor, em kW.
(b) o coeficiente de desempenho.

10.30 A Fig. P10.30 mostra um sistema de refrigeração por compressão de vapor em dois estágios que usa amônia como fluido de trabalho. O sistema utiliza um trocador de calor de contato direto para promover o inter-resfriamento. O evaporador tem uma capacidade frigorífica de 30 TR (105,5 kW) e produz vapor saturado a –20°F (–28,9°C) na sua saída. No primeiro estágio de compressão, o refrigerante é comprimido adiabaticamente até 80 lbf/in^2 (551,6 kPa), que é a pressão no trocador de calor de contato direto. O vapor saturado a 80 lbf/in^2 entra no compressor de segundo estágio e é comprimido adiabaticamente até 250 lbf/in^2 (1723,7 kPa). A eficiência isentrópica de cada compressor nos estágios é de 85%. Não existe queda de pressão apreciável à medida que o refrigerante escoa pelos trocadores de calor. O líquido saturado entra em cada uma das válvulas de expansão. Determine
(a) a razão entre as vazões mássicas $\dot{m}_3/\dot{m}_1$.
(b) a potência de acionamento de cada compressor nos estágios, em HP.
(c) o coeficiente de desempenho.
(d) esboce graficamente as quantidades calculadas nos itens (a) a (c) *versus* a pressão no trocador de calor de contato direto variando de 20 a 200 lbf/in^2 (137,9 e 1379 kPa). Discuta o resultado.

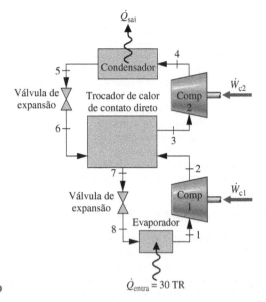

Fig. P10.30

10.31 A Fig. P10.31 mostra um sistema de refrigeração por compressão de vapor em dois estágios com dois evaporadores e um trocador de calor de contato direto. Vapor de amônia saturado vindo do evaporador 1 entra no compressor 1 a 18 lbf/in^2 (124,1 kPa) e sai a 70 lbf/in^2 (482,6 kPa). O evaporador 2 opera a 70 lbf/in^2, com vapor saturado saindo no estado 8. A pressão do condensador é 200 lbf/in^2 (1379 kPa), e refrigerante líquido saturado sai do condensador. A eficiência isentrópica de cada compressor nos estágios é de 80%. A capacidade frigorífica de cada evaporador está indicada na figura. Esboce o diagrama *T–s* do ciclo e determine
(a) a temperatura, em °F, do refrigerante em cada evaporador.
(b) a potência de acionamento de cada compressor nos estágios, em HP.
(c) o coeficiente de desempenho geral.

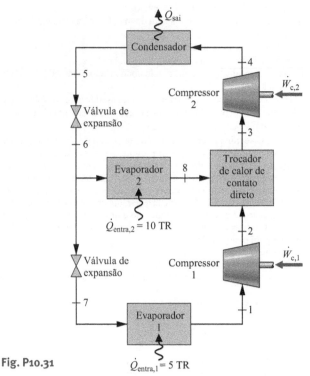

Fig. P10.31

10.32 A Fig. P10.32 mostra um diagrama esquemático de um sistema de refrigeração por compressão de vapor com dois evaporadores que utiliza Refrigerante 134a como fluido de trabalho. Esse arranjo é utilizado para se obter refrigeração a duas temperaturas distintas e com um único compressor e único condensador. O evaporador de baixa temperatura tem uma capacidade frigorífica de 3 TR (10,5 kW), e o evaporador de alta temperatura de 2 TR (7 kW). Dados operacionais encontram-se na tabela a seguir. Calcule:
(a) a vazão mássica do refrigerante em cada evaporador, em kg/min.
(b) a potência de acionamento do compressor, em kW.
(c) a taxa de transferência de calor do refrigerante que escoa pelo condensador, em kW.

Estado	p (bar)	T (8°C)	h (kJ/kg)	s (kJ/kg · K)
1	1,4483	–12,52	241,13	0,9493
2	10	51,89	282,3	0,9493
3	10	39,39	105,29	0,3838
4	3,2	2,48	105,29	0,3975
5	1,4483	–18	105,29	0,4171
6	1,4483	–18	236,53	0,9315
7	3,2	2,48	248,66	0,9177
8	1,4483	–3,61	248,66	0,9779

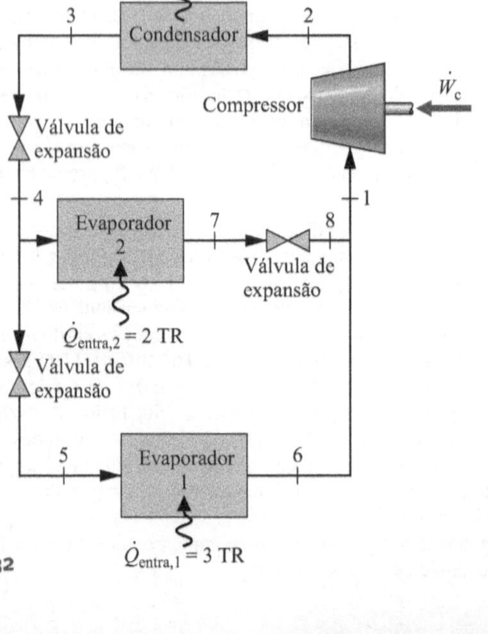

Fig. P10.32

10.33 Um ciclo de refrigeração por compressão de vapor ideal é modificado de maneira a incluir um trocador de calor contracorrente, conforme mostra a Fig. P10.33. Amônia deixa o evaporador como vapor saturado a 1,0 bar e é aquecida a uma pressão constante a 5°C, antes de entrar no compressor. Seguindo-se uma compressão isentrópica a 18 bar, o refrigerante passa pelo condensador, saindo a 40°C e 18 bar. O líquido passa então pelo trocador de calor, entrando na válvula de expansão a 18 bar. Se a vazão mássica do refrigerante for de 12 kg/min, determine
(a) a capacidade frigorífica, em toneladas de refrigeração.
(b) a potência de acionamento do compressor, em kW.
(c) o coeficiente de desempenho.
(d) a taxa de produção de entropia do compressor, em kW/K.
(e) a taxa de destruição de exergia do compressor, em kW. Assuma $T_0 = 20°C$.
Discuta as possíveis vantagens e desvantagens desse arranjo.

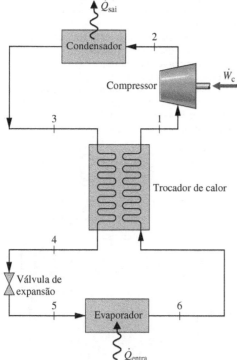

Fig. P10.33

Sistemas de Bombas de Calor por Compressão de Vapor

10.34 A Fig. P10.34 fornece os dados de operação de um ciclo de refrigeração por compressão de vapor ideal em regime permanente, com Refrigerante 134a como fluido de trabalho. A bomba de calor fornece aquecimento a uma taxa de 15 kW para manter o interior de um edifício a 20°C quando a temperatura externa é de 5°C. Esboce o diagrama T–s do ciclo e determine
(a) as temperaturas nos estados principais do ciclo, ambas em °C.
(b) a potência de acionamento do compressor, em kW.
(c) o coeficiente de desempenho.
(d) o coeficiente de desempenho de um ciclo de bomba de calor de Carnot que opera entre reservatórios nas temperaturas interna e externa do edifício, respectivamente.
Compare os coeficientes de desempenho determinados em (c) e (d), e comente.

10.35 Um sistema de bomba de calor por compressão de vapor usa Refrigerante 134a como fluido de trabalho e tem uma capacidade de aquecimento de 70.000 Btu/h (20,5 kW). O condensador opera a 180 lbf/in² (1241,1 kPa) e a temperatura no evaporador é 20°F (−6,7°C). Na saída do evaporador o refrigerante se encontra no estado de vapor saturado e, na saída do condensador, no estado de líquido a 120°F (48,9°C). As quedas de pressão ao longo do evaporador e do condensador são desprezíveis. O processo de compressão é adiabático e a temperatura na saída do compressor é de 200°F (93,3°C). Determine
(a) a vazão mássica do refrigerante, em lb/min.
(b) a potência de acionamento do compressor, em HP.
(c) a eficiência isentrópica do compressor.
(d) o coeficiente de desempenho.

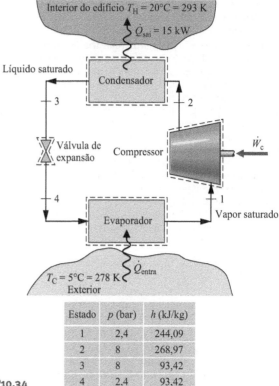

Fig. P10.34

Estado	p (bar)	h (kJ/kg)
1	2,4	244,09
2	8	268,97
3	8	93,42
4	2,4	93,42

10.36 Refrigerante 134a é o fluido de trabalho de um sistema de bomba de calor por compressão de vapor que fornece 35 kW para aquecer uma residência em um dia em que a temperatura externa é inferior à temperatura de congelamento. Vapor saturado entra no compressor a 1,6 bar e líquido saturado sai do condensador, que opera a 8 bar. Determine para uma compressão isentrópica
(a) a vazão mássica do refrigerante, em kg/s.
(b) a potência do compressor, em kW.
(c) o coeficiente de desempenho.
Recalcule as grandezas dos itens (b) e (c) para uma eficiência isentrópica do compressor de 75%.

10.37 Um prédio de escritórios necessita de uma transferência de calor de 20 kW para manter sua temperatura interna em 21°C quando a temperatura externa é de 0°C. Uma bomba de calor por compressão de vapor com Refrigerante 134a como fluido de trabalho é utilizada para fornecer o aquecimento necessário. O compressor opera adiabaticamente com uma eficiência isentrópica de 82%. Especifique as pressões adequadas do evaporador e do condensador de um ciclo com esse propósito, admitindo que $\Delta T_{cond} = \Delta T_{evap} = 10°C$, conforme ilustrado na Fig. P10.37. Os estados estão numerados na Fig. 10.13. O refrigerante é vapor saturado na saída do evaporador e líquido saturado na saída do condensador nas respectivas pressões. Determine
(a) a vazão mássica de refrigerante, em kg/s.
(b) a potência do compressor, em kW.
(c) o coeficiente de desempenho e compare com o coeficiente de desempenho para um ciclo de bomba de calor de Carnot operando entre os reservatórios nas temperaturas interna e externa, respectivamente.

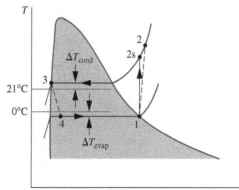

Fig. P10.37

10.38 Repita os cálculos do Problema 10.37, considerando Refrigerante 22 como fluido de trabalho. Compare os resultados com os do Problema 10.37 e discuta.

10.39 Um processo necessita de uma transferência de calor de 3×10^6 Btu/h (879,2 kW) a 170°F (76,7°C). Propõe-se que uma bomba de calor por compressão de vapor, trabalhando com Refrigerante 134a, seja utilizada para o desenvolvimento desse processo de aquecimento, utilizando-se uma corrente de água rejeitada a 125°F (51,7°C) como fonte de baixa temperatura. A Fig. 10.39 fornece os dados para este ciclo que opera em regime permanente. A eficiência isentrópica do compressor é de 80%. Esboce o diagrama T–s do ciclo e determine
(a) a entalpia específica na saída do compressor, em Btu/lb.
(b) as temperaturas em cada um dos estados principais, em °F.
(c) a vazão mássica de refrigerante, em lb/h.
(d) a potência do compressor, em Btu/h.
(e) o coeficiente de desempenho e compare com o coeficiente de desempenho para um ciclo de bomba de calor de Carnot operando entre os reservatórios na temperatura do processo e na temperatura das águas rejeitadas, respectivamente.

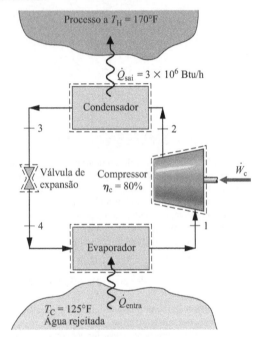

Estado	p (lbf/in²)	h (Btu/lb)
1	180	116,74
2	400	?
3	400	76,11
4	180	76,11

Fig. P10.39

10.40 Uma bomba de calor por compressão de vapor com uma capacidade de aquecimento de 500 kJ/min usa Refrigerante 134a como fluido de trabalho. A eficiência isentrópica do compressor é 80%. A bomba é acionada por um ciclo de potência com uma eficiência térmica de 25%. No ciclo de potência, 80% do calor rejeitado são transferidos para o espaço aquecido. Os estados principais estão numerados conforme a Fig. 10.3.
(a) Determine a potência de acionamento do compressor da bomba de calor, em kW.
(b) Calcule a razão entre a taxa de calor total que é enviada para o espaço aquecido e a taxa de calor fornecida ao ciclo de potência. Discuta o resultado.

Estado	p (bar)	T (8°C)	h (kJ/kg)	s (kJ/kg · K)
1	2,0122	–10	241,34	0,9253
2S	10	45,17	274,63	0,9253
2	10	52,47	282,95	0,9512
3	9,6	34	97,31	0,3584
4	2,0122	–10	97,31	0,3779

10.41 Refrigerante 134a entra no compressor de uma bomba de calor por compressão de vapor a 15 lbf/in² (103,4 kPa) e 0°F (–17,8°C), e é comprimido adiabaticamente até 160 lbf/in² (1103,2 kPa) e 160°F (71,1°C). O líquido entra na válvula de expansão a 160 lbf/in² e 95°F (35°C). Na saída da válvula, a pressão é de 15 lbf/in².
(a) Determine a eficiência isentrópica do compressor.
(b) Determine o coeficiente de desempenho.
(c) Realize um balancete completo da exergia para a potência de acionamento do compressor, em Btu por lb de refrigerante. Discuta o resultado.
Admita $T_0 = 480$°R (–6,5°C).

10.42 A Fig. P10.42 mostra esquematicamente um sistema de bomba de calor *geotérmica* que opera em regime permanente com Refrigerante 22 como fluido de trabalho. A bomba de calor utiliza como fonte térmica água a 55°F (12,8°C) oriunda de poços. Os dados de operação são fornecidos na figura para um dia no qual a temperatura do ar externo é 20°F (–6,7°C). Admita que o compressor opere adiabaticamente. Para a bomba de calor, determine
(a) a vazão volumétrica do ar aquecido para a casa, em ft³/min.
(b) a eficiência isentrópica do compressor.
(c) a potência do compressor, em HP.
(d) o coeficiente de desempenho.
(e) a vazão volumétrica da água dos poços geotérmicos, em gal/min.
Para $T_0 = 20$°F, realize um balancete completo da exergia para a potência de acionamento do compressor, e estime e avalie a eficiência da segunda lei para o sistema de bomba de calor.

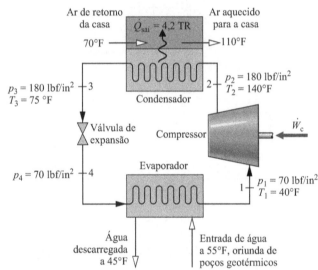

Fig. P10.42

Sistemas de Refrigeração a Gás

10.43 Ar entra no compressor de um ciclo de refrigeração Brayton ideal a 100 kPa e 300 K. A razão de pressão do compressor é 3,75, e a temperatura na entrada da turbina é 350 K. Determine
(a) o trabalho líquido de acionamento, por unidade de massa de ar, em kJ/kg.
(b) a capacidade frigorífica, por unidade de massa de ar, em kJ/kg.
(c) o coeficiente de desempenho.
(d) o coeficiente de desempenho de um ciclo de refrigeração de Carnot, operando entre reservatórios térmicos a $T_C = 300$ K e $T_H = 350$ K, respectivamente.

10.44 Ar entra no compressor de um ciclo de refrigeração Brayton a 100 kPa, 270 K. A razão de pressão do compressor é 3 e a temperatura na entrada da turbina é 315 K. O compressor e a turbina apresentam eficiências isentrópicas de 82% e 85%, respectivamente. Determine o
(a) trabalho líquido de acionamento, por unidade de massa de ar, em kJ/kg.
(b) balancete exergético da potência de acionamento do compressor, em kJ por kg de ar. Discuta o resultado.
Admita $T_0 = 315$ K.

10.45 Esboce as grandezas calculadas nos itens (a) a (c) do Problema 10.43 versus a razão de pressão do compressor para um intervalo de 3 a 6.

Repita esse procedimento considerando que as eficiências isentrópicas do compressor e da turbina são de 90%, 85% e 80%.

10.46 Um ciclo de refrigeração Brayton ideal tem uma razão de pressão do compressor de 7. Na entrada do compressor, a pressão e a temperatura do ar admitido são 22 lbf/in^2 (151,7 kPa) e 450°R (−23,1°C). A temperatura na saída da turbina é 680°R (104,6°C). Considerando uma capacidade frigorífica de 13,5 TR (47,5 kW), determine
(a) a vazão mássica, em lb/min.
(b) a potência líquida de acionamento, em Btu/min.
(c) o coeficiente de desempenho.

10.47 Reconsidere o Problema 10.46, incluindo na análise o fato de que o compressor e a turbina têm eficiências isentrópicas de, respectivamente, 75% e 89%. Responda às mesmas questões do Problema 10.46 e determine a taxa de produção de entropia no compressor e na turbina, em Btu/min · °R.

10.48 A tabela a seguir fornece os dados de operação de um ciclo de refrigeração Brayton ideal em regime permanente, com ar como fluido de trabalho. Os estados principais estão numerados conforme a Fig. 10.15. Na entrada da turbina, a vazão volumétrica é 0,4 m^3/s. Esboce o diagrama T–s para o ciclo e determine
(a) a entalpia específica, em kJ/kg, na saída da turbina.
(b) a vazão mássica, em kg/s.
(c) a potência líquida de acionamento, em kW.
(d) a capacidade frigorífica, em kW.
(e) o coeficiente de desempenho.

Estado	p (kPa)	T (K)	h (kJ/kg)	p_r
1	140	270	270,11	0,9590
2	420	—	370,10	2,877
3	420	320	320,29	1,7375
4	140	—	?	—

10.49 Ar entra no compressor de um ciclo de refrigeração Brayton a 100 kPa e 260 K e é comprimido adiabaticamente até 300 kPa. O ar entra na turbina a 300 kPa e 300 K e expande-se adiabaticamente até 100 kPa. Para esse ciclo
(a) determine o trabalho líquido por unidade de massa de ar, em kJ/kg, e o coeficiente de desempenho se as eficiências isentrópicas do compressor e da turbina forem ambas de 100%.
(b) esboce graficamente o trabalho líquido por unidade de massa de ar, em kJ/kg, e o coeficiente de desempenho para iguais eficiências isentrópicas do compressor e da turbina para um intervalo de 80% a 100%.

10.50 O ciclo de refrigeração Brayton do Problema 10.43 é modificado pela introdução de um trocador de calor regenerativo. Nesse ciclo modificado, ar comprimido entra no trocador de calor regenerativo a 350 K e é resfriado a 320 K antes de entrar na turbina. Para esse ciclo modificado, determine
(a) a menor temperatura, em K.
(b) o trabalho líquido de acionamento por unidade de massa de ar, em kJ/kg.
(c) a capacidade frigorífica por unidade de massa de ar, em kJ/kg.
(d) o coeficiente de desempenho.

10.51 Reconsidere o Problema 10.50, mas inclua na análise o fato de o compressor e a turbina terem eficiências isentrópicas, respectivamente, iguais a 85% e 88%. Responda às mesmas perguntas do Problema 10.50.

10.52 Esboce graficamente as grandezas calculadas nos itens (a) a (d) do Problema 10.50 versus a razão de pressão do compressor para o intervalo de 4 a 7. Repita esse procedimento para eficiências isentrópicas de compressor e turbina iguais a 95%, 90% e 80%.

10.53 Considere um ciclo de refrigeração Brayton com um trocador de calor regenerativo. O ar entra no compressor a 500°R (4,6°C) e 16 lbf/in^2 (110,3 kPa), e é comprimido isentropicamente até 45 lbf/in^2 (310,3 kPa). O ar comprimido entra no trocador de calor regenerativo a 550°R (32,4°C) e é resfriado até 490°R (−0,9°C) antes de entrar na turbina. A expansão pela turbina é isentrópica. Se a capacidade frigorífica for de 14 TR (49,2 kW), calcule

(a) a vazão volumétrica na entrada do compressor, em ft^3/min.
(b) o coeficiente de desempenho.

10.54 Reconsidere o Problema 10.53, mas inclua na análise o fato de tanto o compressor quanto a turbina terem eficiências isentrópicas de 84%. Responda às mesmas questões do Problema 10.53 para esse ciclo modificado e determine a taxa de produção de entropia no compressor e na turbina em Btu/min · °R.

10.55 Ar a 2,5 bar e 400 K é extraído do compressor principal de um motor de avião a jato para o resfriamento da cabina. O ar extraído entra em um trocador de calor, onde é resfriado a pressão constante até 325 K por transferência de calor para o ambiente. Em seguida, expande-se adiabaticamente em uma turbina até 1,0 bar e é descarregado na cabina. A turbina tem uma eficiência isentrópica de 80%. Se a vazão mássica do ar for de 2,0 kg/s, determine
(a) a potência desenvolvida pela turbina, em kW.
(b) a taxa de transferência de calor do ar para o ambiente, em kW.

10.56 Ar a 30 lbf/in^2 (206,8 kPa) e 700°R (115,7°C) é extraído do compressor principal de um motor de avião a jato para o resfriamento da cabina. O ar extraído entra em um trocador de calor, onde é resfriado a pressão constante até 580°R (49,1°C) por transferência de calor para o ambiente. Em seguida, expande-se adiabaticamente em uma turbina até 15 lbf/in^2 (103,4 kPa) e é descarregado na cabina a 520°R (15,7°C), com uma vazão mássica de 220 lb/min (1,7 kg/s). Determine
(a) a potência desenvolvida pela turbina, em HP.
(b) a eficiência isentrópica da turbina.
(c) a taxa de transferência de calor do ar para o ambiente, em Btu/min.

10.57 O ar no interior de um conjunto cilindro-pistão está submetido a um *ciclo de refrigeração Stirling*, que é o reverso de um ciclo de potência Stirling apresentado na Seção 9.8.4. No início da compressão isotérmica, a pressão e a temperatura são, respectivamente, 100 kPa e 350 K. A taxa de compressão é 7 e a temperatura durante a expansão isotérmica é 150 K. Determine
(a) a transferência de calor para a compressão isotérmica, em kJ por kg de ar.
(b) o trabalho líquido para o ciclo, em kJ por kg de ar.
(c) o coeficiente de desempenho.

10.58 Ar está submetido a um *ciclo de refrigeração Ericsson*, que é o reverso de um ciclo de potência Ericsson apresentado na Seção 9.8.4. A Fig. P10.58 fornece os dados para a operação do ciclo em regime permanente. Esboce o diagrama p–v para o ciclo e determine
(a) a transferência de calor para a expansão isotérmica, por unidade de massa de ar, em kJ/kg.
(b) o trabalho líquido por unidade de massa de ar, em kJ/kg.
(c) o coeficiente de desempenho.

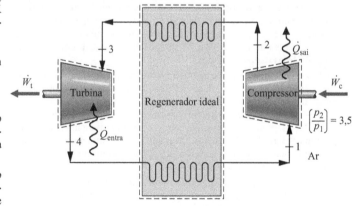

Fig. P10.58

Estado	p (kPa)	T (K)
1	100	310
2	350	310
3	350	270
4	100	270

PROJETOS E PROBLEMAS EM ABERTO: EXPLORANDO A PRÁTICA DE ENGENHARIA

10.1P Crianças podem se perguntar como um refrigerador doméstico mantém a comida fria em uma cozinha quente. Prepare uma apresentação de 20 minutos adequada para uma aula de ciências do ensino fundamental para explicar os princípios de funcionamento de uma geladeira. Inclua instruções de ajuda para melhorar a sua apresentação.

10.2P O objeto deste projeto é selecionar um refrigerador termoelétrico compacto para ser compartilhado por você e pelo menos outros dois estudantes que vivem na mesma residência que você. Converse com os outros alunos para determinar suas necessidades de modo a dimensionar a unidade. Avalie criticamente as marcas concorrentes. Que tipo e número de módulos termoelétricos são utilizados na unidade selecionada, e qual a necessidade de energia? Resuma suas conclusões em um relatório.

10.3P Em casos de parada cardíaca, acidente vascular cerebral, ataque cardíaco e hipertermia, a equipe médica do hospital deve se mover rapidamente para reduzir a temperatura do corpo do paciente em vários graus. Um sistema com este fim, apresentando uma *vestimenta corporal* plástica descartável, já foi descrito em BIOCONEXÕES, na Seção 4.9. Conduza uma pesquisa na literatura de patentes sobre formas alternativas de alcançar o resfriamento de indivíduos clinicamente com dificuldades. Considere patentes tanto concedidas quanto pendentes. Avalie criticamente dois métodos diferentes encontrados em sua pesquisa, comparando um em relação ao outro, inclusive com relação à vestimenta proposta. Escreva um relatório, incluindo pelo menos três referências.

10.4P Identifique e visite uma instituição local que utiliza armazenamento térmico de frio. Realize um estudo legal para determinar se o sistema de armazenamento de frio é adequado para a aplicação dada atualmente. Considere os custos, a eficiência no fornecimento do resfriamento desejado, a contribuição para a mudança climática global, e outras questões pertinentes. Se o sistema de armazenamento de frio for adequado para a aplicação, documente a afirmação. Se o sistema de armazenamento de frio não for adequado, recomende atualizações no mesmo ou uma alternativa para a obtenção do resfriamento desejado. Prepare uma apresentação em PowerPoint de suas descobertas.

10.5P O refrigerante 134a é largamente utilizado como fluido de trabalho em aparelhos de ar-condicionado e refrigeradores. No entanto, seu uso será banido no futuro devido a preocupações com seu Potencial de Aquecimento Global (*Global Warming Potential, GWP*). Pesquise quais fluidos são aceitáveis sob o aspecto ambiental e quais estão sob consideração na substituição do R-134a internacionalmente. Determine os desafios que serão enfrentados para projetar aparelhos de ar-condicionado e refrigeradores utilizando outros fluidos de trabalho. Crie um resumo executivo com sua pesquisa e anexe um apêndice incluindo os dados coletados.

10.6P Uma bomba de calor *geotérmica* horizontal de circuito fechado está em análise para um desenvolvimento residencial de 100 casas, cada uma com 2000 ft^2 (185,8 m^2). O lençol freático local encontra-se a 50 ft (15,2 m) de profundidade e a temperatura da água é 56°F (13,3°C). Desenvolva especificações preliminares para um sistema de bomba de calor utilizando esta estratégia para as 100 unidades. Inclua especificações para as instalações de poços e tubulações necessárias ao desenvolvimento do projeto.

10.7P A intoxicação alimentar vem aumentando e pode ser fatal. Muitos dos afetados comeram recentemente em restaurantes, cafés ou lanchonetes que servem comida indevidamente refrigerada pelo fornecedor de alimentos ou pelos que manipulam os alimentos nos restaurantes. Por segurança, não é permitido que os alimentos permaneçam no intervalo de temperatura em que as bactérias se multiplicam mais rapidamente. Os refrigeradores convencionais geralmente não têm a capacidade de fornecer o resfriamento rápido necessário para garantir que níveis perigosos de bactérias não sejam atingidos. Uma empresa de processamento de alimentos com ampla gama de produtos de peixe para restaurantes solicitou ao seu grupo de projeto uma consultoria sobre como alcançar as melhores práticas de refrigeração em sua fábrica. Em particular, você deve considerar os regulamentos aplicáveis de saúde, o equipamento adequado, os custos normais de funcionamento e outras questões pertinentes. Apresente um relatório fornecendo suas recomendações, incluindo uma lista com comentários de *prós* e *contras* de alimentos refrigerados para restaurantes abastecidos com peixes pela empresa.

10.8P De acordo com pesquisadores, os avanços na fabricação de *nanomateriais* estão levando ao desenvolvimento de minúsculos módulos termoelétricos que poderiam ser usados em várias aplicações, incluindo a integração de dispositivos de resfriamento em *nanoescala* nos uniformes de bombeiros, equipes de emergência e militares, a incorporação de módulos termoelétricos nas fachadas de um edifício e o uso de módulos termoelétricos nos automóveis para recuperar o calor perdido. Pesquise duas aplicações da tecnologia proposta nos últimos 5 anos. Investigue a disponibilidade técnica e a viabilidade econômica de cada conceito. Relate suas descobertas em um resumo e em uma apresentação em PowerPoint com pelo menos três referências.

10.9P A EcoCute é uma bomba de calor de CO$_2$ *transcrítico* largamente utilizada na Europa e no Japão. Pesquise sobre essa tecnologia e compare seu esquema operacional e diagrama *T–s* com aquele mostrado na Fig. 10.18. Verifique as razões pelas quais essa tecnologia não é utilizada nos Estados Unidos. Compare os custos de sua utilização e o impacto ambiental para uma instalação de 1000 ft^2 (92,9 m^2) na sua região com uma bomba de calor residencial convencional a ar que utilize um refrigerante sintético. Quais são os impedimentos para a comercialização dessa tecnologia em larga escala nos Estados Unidos? Elabore uma apresentação em PowerPoint com os dados obtidos e suas conclusões, bem como um relatório de projeto que dê suporte às suas observações.

10.10P Um sistema de compressão de vapor operando continuamente está sendo considerado para fornecer um mínimo de 80 toneladas de refrigeração para um refrigerador industrial, que mantém um espaço a 2°C. A vizinhança para a qual o sistema rejeita energia por transferência de calor atinge uma temperatura máxima de 40°C. Para uma transferência de calor eficaz, o sistema necessita de uma diferença de temperatura de pelo menos 20°C entre o refrigerante em condensação e a vizinhança, e entre o refrigerante em evaporação e o espaço refrigerado. O gerente de projeto deseja instalar um sistema que minimiza o custo anual de energia elétrica (o custo de eletricidade mensal é considerado 5,692 centavos para os primeiros 250 kW · h e 6,006 centavos para qualquer uso acima de 250 kW · h). Você está convidado a avaliar dois projetos alternativos: um ciclo de refrigeração por compressão de vapor-padrão e um ciclo de refrigeração por compressão de vapor que emprega uma turbina de recuperação de energia, no lugar de uma válvula de expansão. Para cada alternativa, considere três refrigerantes: amônia, Refrigerante 22 e Refrigerante 134a. Com base no custo da energia elétrica, recomende a melhor escolha entre as duas alternativas e um refrigerante adequado. Além do custo de eletricidade, que fatores adicionais devem ser considerados pelo gerente para fazer uma seleção final? Prepare um relatório escrito, incluindo resultados, conclusões e recomendações.

10.11P Aeronaves de alto desempenho apresentam cada vez mais eletrônicos que auxiliam as tripulações de voo no exercício das suas funções, reduzindo a fadiga envolvida. Embora esses dispositivos eletrônicos melhorem o desempenho da aeronave, eles também contribuem significativamente para a *carga térmica* que deve ser gerenciada dentro da aeronave. Tecnologias de resfriamento atualmente utilizadas em aeronaves estão se aproximando de seus limites e outros meios estão sendo considerados, incluindo os sistemas de refrigeração por compressão de vapor. No entanto, ao contrário dos sistemas de refrigeração utilizados em terra, os sistemas empregados em aeronaves devem atender rapidamente às mudanças de condições. Por exemplo, conforme os dispositivos eletrônicos são ligados e desligados a bordo, a energia que emitem através de transferência de calor altera a carga térmica; além disso, a temperatura do ar no exterior da aeronave, na qual o calor perdido é descartado, varia com a altitude e a velocidade de voo. Consequentemente, para os sistemas de compressão de vapor serem práticos para uso em aviões, os engenheiros devem determinar se os sistemas podem se adaptar rapidamente às rápidas mudanças de cargas térmicas e temperaturas. O objeto deste trabalho é desenvolver um projeto preliminar de instalação de uma bancada de laboratório para avaliar o desempenho de um sistema de refrigeração por compressão de vapor sujeito a ampla entrada de variáveis térmicas e mudanças das condições ambientais. Documente seu projeto em um relatório com pelo menos três referências.

As relações entre membros individuais de uma família definem a unidade familiar. O Capítulo 11 explora as *relações termodinâmicas* entre propriedades para definir o estado de um sistema. © Aldo Murillo/iStockphoto

CONTEXTO DE ENGENHARIA Conforme discutimos nos capítulos anteriores, a aplicação dos princípios termodinâmicos aos sistemas de engenharia requer dados para energia interna, entalpia e entropia específicas, e outras propriedades. O **objetivo** deste capítulo é apresentar as relações termodinâmicas que permitam a avaliação de u, h, s e outras propriedades termodinâmicas de sistemas compressíveis simples a partir de dados que possam ser medidos mais facilmente. A principal ênfase deste estudo está nos sistemas que envolvem uma única espécie química, como água, ou uma mistura, como o ar. O capítulo também traz uma introdução às relações gerais das propriedades para misturas e soluções.

Existem meios disponíveis para se determinar, experimentalmente, pressão, temperatura, volume e massa. Além disso, as relações entre os calores específicos c_v e c_p e a temperatura a pressões relativamente baixas são acessíveis experimentalmente. Os valores de algumas outras propriedades termodinâmicas também podem ser medidos sem grandes dificuldades. Entretanto, a energia interna, a entalpia e a entropia específicas estão entre as propriedades que não são facilmente obtidas experimentalmente. Assim, a determinação de seus valores requer a utilização de procedimentos computacionais.

Relações Termodinâmicas

> **RESULTADOS DE APRENDIZAGEM**

Quando você completar o estudo deste capítulo estará apto a...

- calcular os dados da relação $p-v-T$ utilizando equações de estado que envolvam duas ou mais constantes.
- demonstrar conhecimento das diferenciais exatas que envolvem as propriedades e utilizar as relações entre as propriedades desenvolvidas a partir das diferenciais exatas resumidas na Tabela 11.1.
- calcular Δu, Δh e Δs, utilizando a equação de Clapeyron ao considerar mudança de fase, e utilizar as equações de estado e as relações entre os calores específicos ao considerar uma única fase.
- demonstrar conhecimento de como são construídas as tabelas de propriedades termodinâmicas.
- calcular Δh e Δs utilizando os diagramas generalizados de desvio de entalpia e entropia.
- utilizar as regras de misturas, como a Regra de Kay, para relacionar a pressão, o volume e a temperatura das misturas.
- aplicar as relações termodinâmicas para sistemas multicomponentes.

532 Capítulo 11

11.1 Utilização das Equações de Estado

Um ingrediente fundamental para o cálculo de propriedades como energia interna, entalpia e entropia específicas de uma substância é uma representação precisa da relação entre pressão, volume específico e temperatura. A relação $p-v-T$ pode ser expressa de modo alternativo: existem representações *tabulares*, como as exemplificadas pelas tabelas de vapor. A relação também pode ser expressa *graficamente*, como nos diagramas de superfície $p-v-T$ e do fator de compressibilidade. As formulações *analíticas*, chamadas equações de estado, constituem uma terceira forma geral de se expressar a relação $p-v-T$. Programas de computador, como o *Interactive Thermodynamics: IT*, também podem ser utilizados para obtenção dos dados da relação $p-v-T$.

equações de estado

A equação virial e a equação de gás ideal são exemplos de equações de estado analíticas apresentadas em seções anteriores deste livro. As formulações analíticas da relação $p-v-T$ são particularmente convenientes para a realização das operações matemáticas necessárias ao cálculo de u, h, s e outras propriedades termodinâmicas. O objetivo da presente seção é estender a discussão sobre as relações $p-v-T$ para as substâncias simples compressíveis apresentadas no Cap. 3 pela apresentação de algumas equações de estado usuais.

> **TOME NOTA...**
> A utilização das cartas generalizadas de compressibilidade, das equações de estado viriais e do modelo de gás ideal é apresentada no Cap. 3. Veja as Seções 3.11 e 3.12.

11.1.1 Conceitos Introdutórios e Definições

Lembre-se, da Seção 3.11, de que a equação de estado virial pode ser deduzida com base nos princípios da mecânica estatística de modo a relacionar o comportamento $p-v-T$ de um gás com as forças atuantes entre as moléculas. Em uma das formas, o fator de compressibilidade Z é expandido em potências inversas do volume específico como

equação virial

$$Z = 1 + \frac{B(T)}{\overline{v}} + \frac{C(T)}{\overline{v}^2} + \frac{D(T)}{\overline{v}^3} + \cdots \qquad (11.1)$$

Os coeficientes B, C, D etc. são chamados, respectivamente, de segundo, terceiro, quarto etc. coeficientes viriais. Cada coeficiente virial é uma função apenas da temperatura. Em princípio, os coeficientes viriais são calculáveis se for conhecido um modelo adequado para a descrição das forças de interação entre as moléculas do gás em questão. Avanços futuros no aprimoramento da teoria de interações moleculares podem permitir uma predição mais exata para os coeficientes viriais a partir das propriedades fundamentais das moléculas envolvidas. Entretanto, no momento, apenas os primeiros dois ou três coeficientes podem ser calculados e somente para gases que consistam em moléculas relativamente simples. A Eq. 11.1 também pode ser utilizada de uma maneira empírica na qual os coeficientes se tornam parâmetros cujas magnitudes são determinadas pelo ajuste de dados de $p-v-T$ em um determinado domínio de interesse. Somente alguns dos coeficientes podem ser encontrados dessa maneira e o resultado é uma equação *truncada* válida apenas para alguns estados.

No caso-limite em que se admite que as moléculas de gás não interagem de modo algum, o segundo, o terceiro e os termos de ordem superior da Eq. 11.1 são desprezíveis e a equação se reduz a $Z = 1$. Uma vez que $Z = p\overline{v}/\overline{R}T$, desta relação obtém-se a equação de estado de gás ideal $p\overline{v} = \overline{R}T$. A equação de estado de gás ideal fornece uma aproximação aceitável em muitos estados, incluindo, mas não se limitando a, os estados em que a pressão é baixa em relação à pressão crítica e/ou a temperatura é alta em relação à temperatura crítica da substância considerada. Em muitos outros estados, porém, a equação de estado de gás ideal fornece uma aproximação pouco realística.

Mais de 100 equações de estado foram desenvolvidas na tentativa de melhorar a equação de estado de gás ideal e ainda assim evitar as complexidades inerentes a uma série virial completa. Em geral, essas equações não são muito fundamentadas em aspectos da física básica e apresentam, em sua maioria, um caráter empírico. A maior parte é desenvolvida para gases, porém, algumas descrevem o comportamento $p-v-T$ da fase líquida, pelo menos qualitativamente. Toda equação de estado é restrita a determinados estados. Este domínio de aplicabilidade é frequentemente indicado pelo fornecimento de um intervalo de pressão, ou massa específica, no qual se espera que a equação represente fielmente o comportamento $p-v-T$. Quando não é mencionado o domínio de aplicabilidade de uma dada equação, pode-se aproximá-lo expressando a equação em termos do fator de compressibilidade Z e das propriedades reduzidas p_R, T_R, v'_R e superpondo o resultado em uma carta generalizada de compressibilidade, ou comparando com dados de compressibilidade tabelados obtidos da literatura.

11.1.2 Equações de Estado com Duas Constantes

As equações de estado podem ser classificadas pelo número de constantes ajustáveis que possuem. São aqui consideradas algumas das equações de estado mais comumente utilizadas em ordem crescente de complexidade, a começar pelas equações de estado com duas constantes.

Equação de van der Waals

Um aprimoramento em relação à equação de estado de gás ideal, com base em argumentos moleculares elementares, foi sugerido em 1873 por van der Waals, que observou que, na realidade, as moléculas de gás ocupam mais do que o diminuto volume desprezível presumido pelo modelo de gás ideal e que também exercem forças atrativas de uma ampla faixa de valores umas sobre as outras. Assim, nem todo o volume de um reservatório estaria disponível para as moléculas do gás, e a força que estas exercem sobre a parede do reservatório seria reduzida devido às forças atrativas que existem entre as moléculas. Com base nesses argumentos moleculares elementares, a equação de estado de van der Waals é

$$p = \frac{\overline{R}T}{\overline{v} - b} - \frac{a}{\overline{v}^2} \qquad (11.2)$$

equação de van der Waals

A constante b tem a intenção de levar em conta o volume finito ocupado pelas moléculas, o termo $a/\overline{v}^2$ considera a força de atração entre as moléculas e $\overline{R}$ é a constante universal do gás. Observe que, quando as constantes a e b são nulas, o resultado é a equação de estado de gás ideal.

A equação de van der Waals fornece a pressão como função da temperatura e do volume específico e, portanto, é *explícita* para a pressão. Uma vez que a equação pode ser explicitada para a temperatura como função da pressão e do volume específico, ela também é explícita para a temperatura. Todavia, a equação apresenta o volume específico elevado ao cubo, de modo que, em geral, ela não pode ser resolvida para o volume específico em termos da temperatura e da pressão. A equação de van der Waals *não* é explícita para o volume específico.

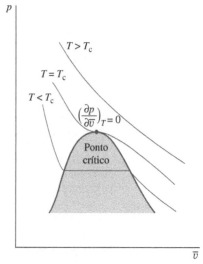

CÁLCULO DE *a* E *b*. A equação de van der Waals é uma equação de estado com *duas constantes*. Para uma substância específica, os valores das constantes a e b podem ser obtidos ajustando-se a equação aos dados de p–v–T. Com este procedimento, podem ser necessários diversos conjuntos de constantes para se levar em conta todos os estados de interesse. De modo alternativo, um único conjunto de constantes para a equação de van der Waals pode ser determinado observando-se que a isoterma crítica apresenta um ponto de inflexão ao passar pelo ponto crítico, e sua inclinação nesse ponto é igual a zero. Expressas matematicamente, estas condições são, respectivamente,

$$\left(\frac{\partial^2 p}{\partial \overline{v}^2}\right)_T = 0, \quad \left(\frac{\partial p}{\partial \overline{v}}\right)_T = 0 \quad \text{(ponto crítico)} \qquad (11.3)$$

Embora normalmente se observe uma menor precisão geral quando as constantes a e b são determinadas a partir do comportamento do ponto crítico, em vez de por meio do ajuste de dados de p–v–T em determinada região de interesse, esse procedimento é vantajoso porque as constantes de van der Waals podem ser expressas em termos da pressão crítica p_c e da temperatura crítica T_c, conforme mostrado a seguir.

Para a equação de van der Waals no ponto crítico, tem-se

$$p_c = \frac{\overline{R}T_c}{\overline{v}_c - b} - \frac{a}{\overline{v}_c^2}$$

A aplicação das Eqs. 11.3 com a equação de van der Waals fornece

$$\left(\frac{\partial^2 p}{\partial \overline{v}^2}\right)_T = \frac{2\overline{R}T_c}{(\overline{v}_c - b)^3} - \frac{6a}{\overline{v}_c^4} = 0$$

$$\left(\frac{\partial p}{\partial \overline{v}}\right)_T = -\frac{\overline{R}T_c}{(\overline{v}_c - b)^2} + \frac{2a}{\overline{v}_c^3} = 0$$

Resolvendo estas três equações para a, b e $\overline{v}_c$ em termos da pressão crítica e da temperatura crítica, obtém-se

$$a = \frac{27}{64} \frac{\overline{R}^2 T_c^2}{p_c} \qquad (11.4a)$$

$$b = \frac{\overline{R}T_c}{8 p_c} \qquad (11.4b)$$

$$\overline{v}_c = \frac{3}{8} \frac{\overline{R}T_c}{p_c} \qquad (11.4c)$$

Os valores das constantes a e b de van der Waals determinadas a partir das Eqs. 11.4a e 11.4b para várias substâncias comuns são dados na Tabela A-24 para pressão em bar, volume específico em m³/kmol e temperatura em K. Os valores de a e b para as mesmas substâncias são fornecidos na Tabela A-24E para pressão em atm, volume específico em ft³/lbmol e temperatura em °R.

FORMA GENERALIZADA. Introduzindo-se o fator de compressibilidade $Z = p\overline{v}/\overline{R}T$, a temperatura reduzida $T_R = T/T_c$, o volume específico pseudorreduzido $v_R' = p_c \overline{v}/\overline{R}T_c$, e as expressões dadas para a e b, pode-se escrever a equação de van der Waals em termos de Z, v_R' e T_R como

$$Z = \frac{v_R'}{v_R' - 1/8} - \frac{27/64}{T_R v_R'} \qquad (11.5)$$

ou, de modo alternativo, em termos de Z, T_R e p_R como

$$Z^3 - \left(\frac{p_R}{8T_R} + 1\right)Z^2 + \left(\frac{27p_R}{64T_R^2}\right)Z - \frac{27p_R^2}{512T_R^3} = 0 \tag{11.6}$$

Os detalhes desses desenvolvimentos são deixados como exercícios. A Eq. 11.5 pode ser calculada para valores fornecidos de v_R' e T_R, e os valores resultantes para Z são localizados em um diagrama generalizado de compressibilidade para ilustrar, aproximadamente, onde a equação funciona de modo satisfatório. Um procedimento similar pode ser realizado com a Eq. 11.6.

O fator de compressibilidade no ponto crítico, fornecido pela equação de van der Waals, é determinado a partir da Eq. 11.4c como

$$Z_c = \frac{p_c \bar{v}_c}{\bar{R} T_c} = 0{,}375$$

Na realidade, Z_c varia na faixa de 0,23 a 0,33 para a maioria das substâncias (veja as Tabelas A-1). Consequentemente, com o conjunto de constantes dado pelas Eqs. 11.4, a equação de van der Waals não é precisa na vizinhança do ponto crítico. Estudos adicionais mostrariam também a falta de precisão em outras regiões, e, portanto, esta equação não é adequada para muitos cálculos termodinâmicos. A equação de van der Waals é interessante neste texto principalmente porque é o modelo mais simples que considera o afastamento entre o comportamento de um gás real e o preconizado pela equação de estado de um gás ideal.

Equação de Redlich-Kwong

Três outras equações de estado com duas constantes que têm sido amplamente utilizadas são as equações de Berthelot, Dieterici e Redlich-Kwong. A equação de Redlich-Kwong, considerada por muitos a melhor das equações de estado com duas constantes, é

equação de Redlich-Kwong

$$p = \frac{\bar{R}T}{\bar{v} - b} - \frac{a}{\bar{v}(\bar{v} + b)T^{1/2}} \tag{11.7}$$

Esta equação, proposta em 1949, é principalmente de natureza empírica, sem justificativa rigorosa em termos de argumentos moleculares. A equação de Redlich-Kwong é explícita para a pressão, e não para o volume específico ou a temperatura. Assim como a equação de van der Waals, a equação de Redlich-Kwong apresenta o volume específico elevado ao cubo.

Embora em relação à equação de van der Waals a equação de Redlich-Kwong seja um pouco mais difícil de ser manipulada matematicamente, ela é mais precisa, particularmente em pressões mais elevadas. A equação de Redlich-Kwong com duas constantes tem um desempenho melhor do que algumas equações de estado que apresentam várias constantes ajustáveis; ainda assim, as equações de estado com duas constantes tendem a apresentar precisão limitada na medida em que a pressão (ou a massa específica) aumenta. Uma melhor precisão nesses estados normalmente exige equações com um número maior de constantes ajustáveis. As formas modificadas da equação de Redlich-Kwong têm sido propostas no sentido de se obter uma melhor precisão.

CÁLCULO DE a E b. Como no caso da equação de van der Waals, as constantes a e b na Eq. 11.7 podem ser determinadas para uma substância especificada pelo ajuste da equação aos dados de p–v–T, sendo necessários diversos conjuntos de constantes para representar com precisão todos os estados de interesse. De modo alternativo, pode ser calculado um único conjunto de constantes em termos da pressão crítica e da temperatura crítica a partir das Eqs. 11.3, como no caso da equação de van der Waals. O resultado é

$$a = a' \frac{\bar{R}^2 T_c^{5/2}}{p_c} \quad \text{e} \quad b = b' \frac{\bar{R} T_c}{p_c} \tag{11.8}$$

sendo $a' = 0{,}42748$ e $b' = 0{,}08664$. O cálculo dessas constantes é deixado como exercício. Os valores das constantes a e b de Redlich-Kwong, determinados a partir das Eqs. 11.8 para várias substâncias comuns, são fornecidos na Tabela A-24 para pressão em bar, volume específico em m³/kmol e temperatura em K. Os valores de a e b para as mesmas substâncias são fornecidos na Tabela A-24E para pressão em atm, volume específico em ft³/lbmol e temperatura em °R.

FORMA GENERALIZADA. Introduzindo-se o fator de compressibilidade Z, a temperatura reduzida T_R, o volume específico pseudorreduzido v_R' e as expressões anteriores para a e b, pode-se escrever a equação de Redlich-Kwong como

$$Z = \frac{v_R'}{v_R' - b'} - \frac{a'}{(v_R' + b')T_R^{3/2}} \tag{11.9}$$

A Eq. 11.9 pode ser calculada para valores fornecidos de v_R' e T_R, e os valores resultantes para Z são localizados em um diagrama generalizado de compressibilidade para mostrar as regiões em que a equação funciona satisfatoriamente. Com as constantes dadas pelas Eqs. 11.8, o fator de compressibilidade no ponto crítico fornecido pela equação de Redlich-Kwong é $Z_c = 0{,}333$, o qual se encontra bem no final da faixa de valores para a maior parte das substâncias, indicando que é esperada uma falta de precisão na vizinhança do ponto crítico.

No Exemplo 11.1, a pressão de um gás é determinada por meio de três equações de estado e do diagrama generalizado de compressibilidade. Os resultados são, então, comparados.

▶ EXEMPLO 11.1 ▶

Comparação das Equações de Estado

Um reservatório cilíndrico contendo 4,0 kg de gás monóxido de carbono a –50°C tem diâmetro interno de 0,2 m e comprimento de 1 m. Determine a pressão, em bar, exercida pelo gás utilizando **(a)** o diagrama generalizado de compressibilidade, **(b)** a equação de estado de gás ideal, **(c)** a equação de estado de van der Waals e **(d)** a equação de estado de Redlich-Kwong. Compare os resultados obtidos.

SOLUÇÃO

Dado: Um reservatório cilíndrico de dimensões conhecidas contém 4,0 kg de gás CO a –50°C.

Pede-se: Determine a pressão exercida pelo gás utilizando quatro métodos alternativos.

Diagrama Esquemático e Dados Fornecidos:

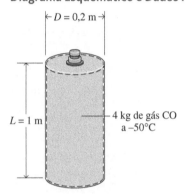

Modelo de Engenharia:
1. Conforme mostra a figura, considera-se que o sistema fechado seja o gás.
2. O sistema está em equilíbrio.

Fig. E11.1

Análise: O volume específico molar do gás é necessário em cada item da solução. Assim, inicia-se a análise por calculá-lo. O volume ocupado pelo gás é

$$V = \left(\frac{\pi D^2}{4}\right) L = \frac{\pi (0{,}2 \text{ m})^2 (1{,}0 \text{ m})}{4} = 0{,}0314 \text{ m}^3$$

Portanto, o volume específico molar vale

$$\bar{v} = Mv = M\left(\frac{V}{m}\right) = \left(28 \frac{\text{kg}}{\text{kmol}}\right)\left(\frac{0{,}0314 \text{ m}^3}{4{,}0 \text{ kg}}\right) = 0{,}2198 \frac{\text{m}^3}{\text{kmol}}$$

(a) Pela Tabela A-1 para o CO, $T_c = 133$ K e $p_c = 35$ bar. Assim, a temperatura reduzida T_R e o volume específico pseudorreduzido v'_R são, respectivamente,

$$T_R = \frac{223 \text{ K}}{133 \text{ K}} = 1{,}68$$

$$v'_R = \frac{\bar{v} p_c}{\bar{R} T_c} = \frac{(0{,}2198 \text{ m}^3/\text{kmol})(35 \times 10^5 \text{ N/m}^2)}{(8314 \text{ N} \cdot \text{m/kmol} \cdot \text{K})(133 \text{ K})} = 0{,}696$$

Consultando-se o diagrama da Fig. A-2, tem-se $Z \approx 0{,}9$. Resolvendo-se $Z = p\bar{v}/\bar{R}T$ para a pressão, e substituindo-se os valores conhecidos, obtém-se

$$p = \frac{Z\bar{R}T}{\bar{v}} = \frac{0{,}9(8314 \text{ N} \cdot \text{m/kmol} \cdot \text{K})(223 \text{ K})}{(0{,}2198 \text{ m}^3/\text{kmol})} \left|\frac{1 \text{ bar}}{10^5 \text{ N/m}^2}\right| = 75{,}9 \text{ bar}$$

(b) A equação de estado de gás ideal fornece

$$p = \frac{\bar{R}T}{\bar{v}} = \frac{(8314 \text{ N} \cdot \text{m/kmol} \cdot \text{K})(223 \text{ K})}{(0{,}2198 \text{ m}^3/\text{kmol})} \left|\frac{1 \text{ bar}}{10^5 \text{ N/m}^2}\right| = 84{,}4 \text{ bar}$$

(c) Para o monóxido de carbono, as constantes de van der Waals a e b expressas pelas Eqs. 11.4 podem ser lidas diretamente da Tabela A-24. Assim,

$$a = 1{,}474 \text{ bar}\left(\frac{\text{m}^3}{\text{kmol}}\right)^2 \quad \text{e} \quad b = 0{,}0395 \frac{\text{m}^3}{\text{kmol}}$$

Substituindo esses valores na Eq. 11.2, obtemos

$$p = \frac{\overline{R}T}{\overline{v} - b} - \frac{a}{\overline{v}^2}$$

$$= \frac{(8314 \text{ N} \cdot \text{m/kmol} \cdot \text{K})(223 \text{ K})}{(0{,}2198 - 0{,}0395)(\text{m}^3/\text{kmol})} \left| \frac{1 \text{ bar}}{10^5 \text{ N/m}^2} \right| - \frac{1{,}474 \text{ bar}(\text{m}^3/\text{kmol})^2}{(0{,}2198 \text{ m}^3/\text{kmol})^2}$$

$$= 72{,}3 \text{ bar}$$

De modo alternativo, os valores para v'_R e T_R obtidos na solução do item (a) podem ser substituídos na Eq. 11.5, fornecendo $Z = 0{,}86$. Portanto, com $p = Z\overline{R}T/\overline{v}$, $p = 72{,}5$ bar. A pequena diferença é atribuída ao arredondamento.

(d) Para o monóxido de carbono, as constantes de Redlich-Kwong dadas pelas Eqs. 11.8 podem ser lidas diretamente da Tabela A-24. Assim

$$a = \frac{17{,}22 \text{ bar}(\text{m}^6)(\text{K})^{1/2}}{(\text{kmol})^2} \quad \text{e} \quad b = 0{,}02737 \text{ m}^3/\text{kmol}$$

Substituindo-se na Eq. 11.7, tem-se

$$p = \frac{\overline{R}T}{\overline{v} - b} - \frac{a}{\overline{v}(\overline{v} + b)T^{1/2}}$$

$$= \frac{(8314 \text{ N} \cdot \text{m/kmol} \cdot \text{K})(223 \text{ K})}{(0{,}2198 - 0{,}02737) \text{ m}^3/\text{kmol}} \left| \frac{1 \text{ bar}}{10^5 \text{ N/m}^2} \right| - \frac{17{,}22 \text{ bar}}{(0{,}2198)(0{,}24717)(223)^{1/2}}$$

$$= 75{,}1 \text{ bar}$$

De modo alternativo, os valores de v'_R e T_R obtidos na solução do item (a) podem ser substituídos na Eq. 11.9, fornecendo $Z = 0{,}89$. Assim, com $p = Z\overline{R}T/\overline{v}$, $p = 75{,}1$ bar. Em comparação ao valor do item (a), a equação de estado de gás ideal prevê uma pressão que é 11% maior, e a equação de van der Waals fornece um valor que é 5% menor. O valor de Redlich-Kwong é aproximadamente 1% menor que o valor obtido por meio do diagrama de compressibilidade.

> **✓ Habilidades Desenvolvidas**
>
> *Habilidades para...*
> - calcular a pressão utilizando o diagrama de compressibilidade, o modelo de gás ideal e as equações de estado de van der Waals e Redlich-Kwong.
> - realizar corretamente as conversões de unidades.

Teste-Relâmpago Utilizando os valores da pressão e da temperatura obtidos no item (a), verifique o valor de Z utilizando a Fig. A-2. **Resposta:** $Z \approx 0{,}9$.

11.1.3 Equações de Estado com Múltiplas Constantes

Para ajustar os dados da relação p–v–T dos gases para uma ampla faixa de estados, Beattie e Bridgeman propuseram, em 1928, uma equação explícita para a pressão envolvendo cinco constantes além da constante do gás. A equação de Beattie-Bridgeman pode ser expressa em uma forma virial truncada como

equação de Beattie-Bridgeman

$$p = \frac{\overline{R}T}{\overline{v}} + \frac{\beta}{\overline{v}^2} + \frac{\gamma}{\overline{v}^3} + \frac{\delta}{\overline{v}^4} \tag{11.10}$$

em que

$$\beta = B\overline{R}T - A - c\overline{R}/T^2$$
$$\gamma = -Bb\overline{R}T + Aa - Bc\overline{R}/T^2 \tag{11.11}$$
$$\delta = Bbc\overline{R}/T^2$$

As cinco constantes a, b, c, A e B que aparecem nessas equações são determinadas pelo ajuste de uma curva aos dados experimentais.

Benedict, Webb e Rubin estenderam a equação de estado de Beattie-Bridgeman de modo a atender a uma faixa de estados mais ampla. A equação resultante, envolvendo oito constantes além da constante do gás, tem sido particularmente bem-sucedida na predição do comportamento p–v–T de *hidrocarbonetos leves*. A equação de Benedict-Webb-Rubin é

equação de Benedict-Webb-Rubin

$$p = \frac{\overline{R}T}{\overline{v}} + \left(B\overline{R}T - A - \frac{C}{T^2}\right)\frac{1}{\overline{v}^2} + \frac{(b\overline{R}T - a)}{\overline{v}^3} + \frac{a\alpha}{\overline{v}^6} + \frac{c}{\overline{v}^3 T^2}\left(1 + \frac{\gamma}{\overline{v}^2}\right)\exp\left(-\frac{\gamma}{\overline{v}^2}\right) \tag{11.12}$$

Os valores das constantes que aparecem na Eq. 11.12 para cinco substâncias comuns são dados na Tabela A-24 para pressão em bar, volume específico em m³/kmol e temperatura em K. Os valores das constantes para as mesmas substâncias são dados na Tabela A-24E para pressão em atm, volume específico em ft³/lbmol e temperatura em °R. Como a

Eq. 11.2 tem sido muito bem-sucedida, seu domínio de aplicação tem sido ampliado pela introdução de constantes adicionais.

As Eqs. 11.10 e 11.12 são meras representantes das equações de estado com múltiplas constantes. Muitas outras equações com múltiplas constantes têm sido propostas. Com os computadores de alta velocidade, têm sido desenvolvidas equações com 50 ou mais constantes para representar o comportamento p–v–T de diferentes substâncias.

11.2 Relações Matemáticas Importantes

TOME NOTA...
O princípio de estado para sistemas simples é apresentado na Seção 3.1.

Os valores de duas propriedades intensivas independentes são suficientes para definir o estado de um sistema compressível simples de composição e massa especificadas – por exemplo, temperatura e volume específico (veja a Seção 3.1). Todas as demais propriedades intensivas podem ser determinadas como funções das duas propriedades independentes: $p = p(T, v)$, $u = u(T, v)$, $h = h(T, v)$ e assim por diante. Todas essas são funções de duas variáveis independentes da forma $z = z(x, y)$, sendo x e y as variáveis independentes. Pode-se também recordar que a diferencial de cada propriedade é *exata* (Seção 2.2.1). As diferenciais de grandezas que não são propriedades, como trabalho e calor, são inexatas. Vamos fazer agora um breve resumo de alguns conceitos do cálculo sobre funções de duas variáveis independentes e suas diferenciais.

A diferencial exata de uma função z, contínua em função das variáveis x e y, é

diferencial exata

$$dz = \left(\frac{\partial z}{\partial x}\right)_y dx + \left(\frac{\partial z}{\partial y}\right)_x dy \qquad (11.13a)$$

De maneira alternativa, esta expressão pode ser escrita como

$$dz = M\,dx + N\,dy \qquad (11.13b)$$

em que $M = (\partial z/\partial x)_y$ e $N = (\partial z/\partial y)_x$. O coeficiente M é a derivada parcial de z em relação a x (mantendo-se constante a variável y). Analogamente, N é a derivada parcial de z em relação a y (mantendo-se constante a variável x).

Se os coeficientes M e N tiverem derivadas parciais de primeira ordem contínuas, a ordem em que se efetua uma segunda derivada parcial da função z não afeta o resultado. Ou seja

$$\frac{\partial}{\partial y}\left[\left(\frac{\partial z}{\partial x}\right)_y\right]_x = \frac{\partial}{\partial x}\left[\left(\frac{\partial z}{\partial y}\right)_x\right]_y \qquad (11.14a)$$

ou

$$\left(\frac{\partial M}{\partial y}\right)_x = \left(\frac{\partial N}{\partial x}\right)_y \qquad (11.14b)$$

o que pode ser chamado de teste de exatidão, conforme discutido a seguir.

teste de exatidão

Resumindo, as Eqs. 11.14 indicam que as derivadas parciais de segunda ordem cruzadas da função z são iguais. A relação nas Eqs. 11.14 é ao mesmo tempo uma condição necessária e suficiente para a *exatidão* de uma expressão diferencial e, portanto, pode ser utilizada como um teste de exatidão. Quando uma expressão como $M\,dx + N\,dy$ não passa nesse teste, não existirá uma função z cuja diferencial seja igual a esta expressão. Em termodinâmica, a Eq. 11.14, em geral, não é utilizada para testar a exatidão, mas sim para desenvolver outras relações entre as propriedades. Isto é exemplificado na Seção 11.3 a seguir.

Duas outras relações entre derivadas parciais para as quais são encontradas aplicações em seções posteriores deste capítulo são listadas a seguir. São elas

$$\left(\frac{\partial x}{\partial y}\right)_z \left(\frac{\partial y}{\partial x}\right)_z = 1 \qquad (11.15)$$

e

$$\left(\frac{\partial y}{\partial z}\right)_x \left(\frac{\partial z}{\partial x}\right)_y \left(\frac{\partial x}{\partial y}\right)_z = -1 \qquad (11.16)$$

▶ POR EXEMPLO considere as três grandezas x, y e z, das quais duas podem ser escolhidas como variáveis independentes. Pode-se, assim, escrever $x = x(y, z)$ e $y = y(x, z)$. As diferenciais dessas funções são, respectivamente,

$$dx = \left(\frac{\partial x}{\partial y}\right)_z dy + \left(\frac{\partial x}{\partial z}\right)_y dz \quad \text{e} \quad dy = \left(\frac{\partial y}{\partial x}\right)_z dx + \left(\frac{\partial y}{\partial z}\right)_x dz$$

Eliminando dy entre essas duas equações, obtém-se

$$\left[1 - \left(\frac{\partial x}{\partial y}\right)_z \left(\frac{\partial y}{\partial x}\right)_z\right] dx = \left[\left(\frac{\partial x}{\partial y}\right)_z \left(\frac{\partial y}{\partial z}\right)_x + \left(\frac{\partial x}{\partial z}\right)_y\right] dz \quad (11.17)$$

Uma vez que x e z podem variar independentemente, mantém-se z constante e varia-se x. Isto é, seja $dz = 0$ e $dx \neq 0$. Segue-se então da Eq. 11.17 que o coeficiente de dx deve ser nulo, logo a Eq. 11.15 deve ser satisfeita. Analogamente, quando $dx = 0$ e $dz \neq 0$, o coeficiente de dz na Eq. 11.17 deve ser nulo. Introduzindo a Eq. 11.15 na expressão resultante e arrumando os termos, obtém-se a Eq. 11.16. Os detalhes são deixados como exercício. ◄ ◄ ◄ ◄

APLICAÇÃO. Uma equação de estado $p = p(T, v)$ representa um exemplo específico de uma função de duas variáveis independentes. As derivadas parciais $(\partial p/\partial T)_v$ e $(\partial p/\partial v)_T$ de $p(T, v)$ são importantes para discussões posteriores. A grandeza $(\partial p/\partial T)_v$ é a derivada parcial de p em relação a T (a variável v é a que se mantém constante). Esta derivada parcial representa a inclinação em um ponto de uma linha de volume específico constante (isométrica) projetada no plano p–T. Analogamente, a derivada parcial $(\partial p/\partial v)_T$ é a derivada parcial de p em relação a v (sendo a variável T a que se mantém constante). Esta derivada parcial representa a inclinação em um ponto de uma linha de temperatura constante (isoterma) projetada no plano p–v. As derivadas parciais $(\partial p/\partial T)_v$ e $(\partial p/\partial v)_T$ são, por sua vez, propriedades intensivas porque têm valores únicos em cada estado.

As superfícies p–v–T mostradas nas Figs. 3.1 e 3.2 são representações gráficas de funções da forma $p = p(v, T)$. A Fig. 11.1 mostra as regiões de líquido, vapor e de duas fases de uma superfície p–v–T projetada nos planos p–v e p–T. Observando primeiro a Fig. 11.1a, perceba que diversas isotermas estão esboçadas. Nas regiões de uma única fase, a derivada parcial $(\partial p/\partial v)_T$ fornecendo a inclinação é negativa em cada estado ao longo de uma isoterma, exceto no ponto crítico, em que a derivada parcial é nula. Como as isotermas são horizontais na região de duas fases líquido–vapor, a derivada parcial $(\partial p/\partial v)_T$ também é nula nessa região. Para esses estados, a pressão é independente do volume específico e é uma função apenas da temperatura: $p = p_{\text{sat}}(T)$.

A Fig. 11.1b mostra as regiões de líquido e de vapor com várias isométricas (linhas de volume específico constante) sobrepostas. Nas regiões de uma única fase, as isométricas são aproximadamente retas ou levemente curvadas e a derivada parcial $(\partial p/\partial T)_v$ é positiva em cada estado ao longo das curvas. Para os estados de duas fases líquido–vapor, correspondendo a um valor especificado de temperatura, a pressão é independente do volume específico e é determinada apenas pela temperatura. Portanto, as inclinações das isométricas que passam através dos estados de duas fases e que correspondem a uma temperatura especificada são todas iguais, sendo definidas pela inclinação da curva de saturação àquela temperatura, representada simplesmente por $(dp/dT)_{\text{sat}}$. Para esses estados de duas fases, $(\partial p/\partial T)_v = (dp/dT)_{\text{sat}}$.

Nesta seção, foram apresentados aspectos importantes de funções de duas variáveis. O exemplo a seguir ilustra algumas dessas ideias utilizando a equação de estado de van der Waals.

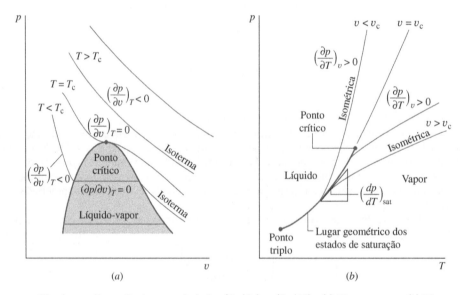

Fig. 11.1 Diagramas utilizados na discussão das propriedades $(\partial p/\partial v)_T$ e $(\partial p/\partial T)_v$. (a) Diagrama p–v. (b) Diagrama de fases.

► ► ► EXEMPLO 11.2 ►

Aplicação das Relações Matemáticas

Para a equação de estado de van der Waals, **(a)** determine uma expressão para a diferencial exata dp, **(b)** mostre que as derivadas parciais de segunda ordem cruzadas do resultado obtido no item (a) são iguais, e **(c)** desenvolva uma expressão para a derivada parcial $(\partial v/\partial T)_p$.

SOLUÇÃO

Dado: A equação de estado é a equação de van der Waals.

Pede-se: Determine a diferencial dp, mostre que as derivadas parciais de segunda ordem cruzadas de dp são iguais e desenvolva uma expressão para $(\partial v/\partial T)_p$.

Análise:

(a) Por definição, a diferencial de uma função $p = p(T, v)$ é

$$dp = \left(\frac{\partial p}{\partial T}\right)_v dT + \left(\frac{\partial p}{\partial v}\right)_T dv$$

As derivadas parciais que aparecem nesta diferencial, obtidas da equação de van der Waals expressa como $p = RT/(v-b) - a/v^2$, são

$$M = \left(\frac{\partial p}{\partial T}\right)_v = \frac{R}{v-b}, \qquad N = \left(\frac{\partial p}{\partial v}\right)_T = -\frac{RT}{(v-b)^2} + \frac{2a}{v^3}$$

Consequentemente, a diferencial pode ser escrita como

$$dp = \left(\frac{R}{v-b}\right) dT + \left[\frac{-RT}{(v-b)^2} + \frac{2a}{v^3}\right] dv$$

(b) Calculando as derivadas parciais de segunda ordem cruzadas, temos

$$\left(\frac{\partial M}{\partial v}\right)_T = \frac{\partial}{\partial v}\left[\left(\frac{\partial p}{\partial T}\right)_v\right]_T = -\frac{R}{(v-b)^2}$$

$$\left(\frac{\partial N}{\partial T}\right)_v = \frac{\partial}{\partial T}\left[\left(\frac{\partial p}{\partial v}\right)_T\right]_v = -\frac{R}{(v-b)^2}$$

Portanto, as derivadas parciais de segunda ordem cruzadas são iguais, conforme se esperava.

(c) Uma expressão para $(\partial v/\partial T)_p$ pode ser deduzida utilizando-se as Eqs. 11.15 e 11.16. Assim, com $x = p$, $y = v$ e $z = T$, a Eq. 11.16 fornece

$$\left(\frac{\partial v}{\partial T}\right)_p \left(\frac{\partial p}{\partial v}\right)_T \left(\frac{\partial T}{\partial p}\right)_v = -1$$

ou

$$\left(\frac{\partial v}{\partial T}\right)_p = -\frac{1}{(\partial p/\partial v)_T (\partial T/\partial p)_v}$$

Portanto, com $x = T$, $y = p$ e $z = v$, a Eq. 11.15 fornece

$$\left(\frac{\partial T}{\partial p}\right)_v = \frac{1}{(\partial p/\partial T)_v}$$

Combinando esses resultados, obtemos

$$\left(\frac{\partial v}{\partial T}\right)_p = \frac{(\partial p/\partial T)_v}{(\partial p/\partial v)_T}$$

O numerador e o denominador desta expressão foram calculados no item (a); assim,

❶
$$\left(\frac{\partial v}{\partial T}\right)_p = -\frac{R/(v-b)}{[-RT/(v-b)^2 + 2a/v^3]}$$

que é o valor desejado.

✓ **Habilidades Desenvolvidas**

Habilidades para...
☐ utilizar as Eqs. 11.15 e 11.16, juntamente com a equação de estado de van der Waals, para desenvolver uma relação entre propriedades termodinâmicas.

❶ Como a equação de van der Waals apresenta o volume específico elevado ao cubo, ela só pode ser resolvida para $v(T, p)$ em certos estados. O item (c) mostra como a derivada parcial $(\partial v/\partial T)_p$ pode ser calculada para os estados em que ela exista.

Teste-Relâmpago

Utilizando os resultados obtidos, desenvolva uma expressão para $\left(\frac{\partial v}{\partial T}\right)_p$ de um gás ideal.

Resposta: v/T.

11.3 Desenvolvimento de Relações entre Propriedades

Nesta seção são desenvolvidas diversas relações importantes entre propriedades, incluindo as expressões conhecidas como relações de *Maxwell*. Apresenta-se também o conceito de *função termodinâmica fundamental*. Esses resultados, que são importantes para discussões posteriores, são obtidos para sistemas compressíveis simples de composição química fixa, a partir do conceito de uma diferencial exata.

11.3.1 Diferenciais Exatas Principais

Os principais resultados desta seção são obtidos a partir das Eqs. 11.18, 11.19, 11.22 e 11.23. As duas primeiras equações são deduzidas na Seção 6.3, em que foram referenciadas como *equações T ds*. Para os objetivos da presente seção, é conveniente expressá-las como

$$du = T\,ds - p\,dv \tag{11.18}$$

$$dh = T\,ds + v\,dp \tag{11.19}$$

As outras duas equações utilizadas para se obterem os resultados desta seção envolvem, respectivamente, a função de Helmholtz específica ψ definida por

função de Helmholtz

$$\psi = u - Ts \tag{11.20}$$

e a função de Gibbs específica g, definida por

função de Gibbs

$$g = h - Ts \tag{11.21}$$

As funções de Helmholtz e Gibbs são propriedades porque ambas são definidas em termos de propriedades. Por inspeção das Eqs. 11.20 e 11.21, as unidades de ψ e g são idênticas às de u e h. Estas duas novas propriedades são introduzidas unicamente porque contribuem para a presente discussão e, por ora, nenhum significado físico precisa estar associado a elas.

Formando-se a diferencial $d\psi$, tem-se

$$d\psi = du - d(Ts) = du - T\,ds - s\,dT$$

Substituindo a Eq. 11.18 nesta equação, obtém-se

$$d\psi = -p\,dv - s\,dT \tag{11.22}$$

Analogamente, formando a diferencial dg, tem-se

$$dg = dh - d(Ts) = dh - T\,ds - s\,dT$$

Substituindo a Eq. 11.19 nesta equação, obtém-se

$$dg = v\,dp - s\,dT \tag{11.23}$$

11.3.2 Relações entre Propriedades a partir de Diferenciais Exatas

As quatro equações diferenciais aqui apresentadas, Eqs. 11.18, 11.19, 11.22 e 11.23, formam uma base para a definição de várias relações importantes entre propriedades. Uma vez que somente propriedades estão envolvidas, cada uma dessas é uma diferencial exata que exibe a forma geral $dz = M\,dx + N\,dy$ considerada na Seção 11.2. Na base dessas diferenciais exatas estão, respectivamente, funções da forma $u(s, v)$, $h(s, p)$, $\psi(v, T)$ e $g(T, p)$. Essas funções são agora consideradas na ordem fornecida.

A diferencial da função $u = u(s, v)$ é

$$du = \left(\frac{\partial u}{\partial s}\right)_v ds + \left(\frac{\partial u}{\partial v}\right)_s dv$$

Por comparação com a Eq. 11.18, conclui-se que

$$T = \left(\frac{\partial u}{\partial s}\right)_v \tag{11.24}$$

$$-p = \left(\frac{\partial u}{\partial v}\right)_s \tag{11.25}$$

A diferencial da função $h = h(s, p)$ é

$$dh = \left(\frac{\partial h}{\partial s}\right)_p ds + \left(\frac{\partial h}{\partial p}\right)_s dp$$

Por comparação com a Eq. 11.19, conclui-se que

$$T = \left(\frac{\partial h}{\partial s}\right)_p \tag{11.26}$$

$$v = \left(\frac{\partial h}{\partial p}\right)_s \tag{11.27}$$

Analogamente, os coeficientes $-p$ e $-s$ da Eq. 11.22 são derivadas parciais de $\psi(v, T)$. Ou seja,

$$-p = \left(\frac{\partial \psi}{\partial v}\right)_T \tag{11.28}$$

$$-s = \left(\frac{\partial \psi}{\partial T}\right)_v \tag{11.29}$$

e os coeficientes v e $-s$ da Eq. 11.23 são derivadas parciais de $g(T, p)$, isto é,

$$v = \left(\frac{\partial g}{\partial p}\right)_T \tag{11.30}$$

$$-s = \left(\frac{\partial g}{\partial T}\right)_p \tag{11.31}$$

Uma vez que cada uma dessas quatro diferenciais é exata, as derivadas parciais de segunda ordem cruzadas são iguais. Assim, na Eq. 11.18, T está associada a M na Eq. 11.14b e $-p$ está associada a N na Eq. 11.14b. Portanto,

$$\left(\frac{\partial T}{\partial v}\right)_s = -\left(\frac{\partial p}{\partial s}\right)_v \tag{11.32}$$

Na Eq. 11.19, T e v estão associadas, respectivamente, a M e N na Eq. 11.14b. Assim,

$$\left(\frac{\partial T}{\partial p}\right)_s = \left(\frac{\partial v}{\partial s}\right)_p \tag{11.33}$$

Analogamente, das Eqs. 11.22 e 11.23 tem-se que

$$\left(\frac{\partial p}{\partial T}\right)_v = \left(\frac{\partial s}{\partial v}\right)_T \tag{11.34}$$

$$\left(\frac{\partial v}{\partial T}\right)_p = -\left(\frac{\partial s}{\partial p}\right)_T \tag{11.35}$$

As Eqs. 11.32 a 11.35 são conhecidas como relações de Maxwell.

Como cada uma das propriedades T, p, v e s aparecem no lado esquerdo de duas das oito equações, as Eqs. 11.24 a 11.31, quatro relações adicionais entre propriedades podem ser obtidas igualando-se essas expressões. São elas:

relações de Maxwell

$$\left(\frac{\partial u}{\partial s}\right)_v = \left(\frac{\partial h}{\partial s}\right)_p, \quad \left(\frac{\partial u}{\partial v}\right)_s = \left(\frac{\partial \psi}{\partial v}\right)_T$$
$$\left(\frac{\partial h}{\partial p}\right)_s = \left(\frac{\partial g}{\partial p}\right)_T, \quad \left(\frac{\partial \psi}{\partial T}\right)_v = \left(\frac{\partial g}{\partial T}\right)_p \tag{11.36}$$

As Eqs. 11.24 a 11.36, que são listadas na Tabela 11.1 para fácil referência, representam 16 relações entre propriedades obtidas a partir das Eqs. 11.18, 11.19, 11.22 e 11.23, utilizando o conceito de diferencial exata. Uma vez que as Eqs. 11.19, 11.22 e 11.23 podem, por sua vez, ser deduzidas a partir da Eq. 11.18, fica claro o papel importante da primeira equação $T\,dS$ no desenvolvimento de relações entre propriedades.

A utilidade dessas 16 relações entre propriedades será demonstrada em seções posteriores deste capítulo. Porém, para darmos agora um exemplo específico, suponha que a derivada parcial $(\partial s/\partial v)_T$ envolvendo entropia seja necessária para um determinado objetivo. A relação de Maxwell, Eq. 11.34, permitiria a determinação da derivada através do cálculo da derivada parcial $(\partial p/\partial T)_v$, que só pode ser obtida a partir de dados de p–v–T. Outras considerações são fornecidas no Exemplo 11.3.

TABELA 11.1

Resumo das Relações entre Propriedades a partir de Diferenciais Exatas

Relações Básicas:

de $u = u(s, v)$ 	 de $h = h(s, p)$

$$T = \left(\frac{\partial u}{\partial s}\right)_v \quad (11.24) \qquad T = \left(\frac{\partial h}{\partial s}\right)_p \quad (11.26)$$

$$-p = \left(\frac{\partial u}{\partial v}\right)_s \quad (11.25) \qquad v = \left(\frac{\partial h}{\partial p}\right)_s \quad (11.27)$$

de $\psi = \psi(v, T)$ 	 de $g = g(T, p)$

$$-p = \left(\frac{\partial \psi}{\partial v}\right)_T \quad (11.28) \qquad v = \left(\frac{\partial g}{\partial p}\right)_T \quad (11.30)$$

$$-s = \left(\frac{\partial \psi}{\partial T}\right)_v \quad (11.29) \qquad -s = \left(\frac{\partial g}{\partial T}\right)_p \quad (11.31)$$

Relações de Maxwell:

$$\left(\frac{\partial T}{\partial v}\right)_s = -\left(\frac{\partial p}{\partial s}\right)_v \quad (11.32) \qquad \left(\frac{\partial p}{\partial T}\right)_v = \left(\frac{\partial s}{\partial v}\right)_T \quad (11.34)$$

$$\left(\frac{\partial T}{\partial p}\right)_s = \left(\frac{\partial v}{\partial s}\right)_p \quad (11.33) \qquad \left(\frac{\partial v}{\partial T}\right)_p = -\left(\frac{\partial s}{\partial p}\right)_T \quad (11.35)$$

Relações Adicionais:

$$\left(\frac{\partial u}{\partial s}\right)_v = \left(\frac{\partial h}{\partial s}\right)_p \qquad \left(\frac{\partial u}{\partial v}\right)_s = \left(\frac{\partial \psi}{\partial v}\right)_T \quad (11.36)$$

$$\left(\frac{\partial h}{\partial p}\right)_s = \left(\frac{\partial g}{\partial p}\right)_T \qquad \left(\frac{\partial \psi}{\partial T}\right)_v = \left(\frac{\partial g}{\partial T}\right)_p$$

▶▶▶ EXEMPLO 11.3 ▶

Aplicação das Relações de Maxwell

Calcule a derivada parcial $(\partial s/\partial v)_T$ para água na condição de vapor no estado definido por uma temperatura de 240°C e um volume específico de 0,4646 m³/kg. **(a)** Utilize a equação de estado de Redlich-Kwong e uma relação de Maxwell apropriada. **(b)** Verifique o valor obtido utilizando os dados da tabela de vapor.

SOLUÇÃO

Dado: O sistema consiste em uma quantidade fixa de água na condição de vapor a 240°C e 0,4646 m³/kg.

Pede-se: Determine a derivada parcial $(\partial s/\partial v)_T$ empregando a equação de estado de Redlich-Kwong, juntamente com uma relação de Maxwell. Verifique o valor obtido utilizando os dados da tabela de vapor.

Modelo de Engenharia:

1. O sistema consiste em uma quantidade fixa de água em um estado de equilíbrio conhecido.
2. Os valores precisos para $(\partial s/\partial T)_v$ nas vizinhanças do estado fornecido podem ser determinados a partir da equação de estado de Redlich-Kwong.

Análise:

(a) A relação de Maxwell dada pela Eq. 11.34 nos permite determinar $(\partial s/\partial v)_T$ a partir da relação p–v–T. Ou seja,

$$\left(\frac{\partial s}{\partial v}\right)_T = \left(\frac{\partial p}{\partial T}\right)_v$$

A derivada parcial $(\partial p/\partial T)_v$ obtida da equação de Redlich-Kwong, Eq. 11.7, é

$$\left(\frac{\partial p}{\partial T}\right)_v = \frac{\overline{R}}{\overline{v} - b} + \frac{a}{2\overline{v}(\overline{v} + b)T^{3/2}}$$

No estado especificado, a temperatura é de 513 K e o volume específico em uma base molar vale

$$\overline{v} = 0{,}4646 \frac{m^3}{kg} \left(\frac{18{,}02 \text{ kg}}{\text{kmol}}\right) = 8{,}372 \frac{m^3}{\text{kmol}}$$

Pela Tabela A-24, obtém-se

$$a = 142{,}59 \text{ bar}\left(\frac{m^3}{kmol}\right)^2 (K)^{1/2}, \quad b = 0{,}0211 \frac{m^3}{kmol}$$

Substituindo esses valores na expressão para $(\partial p/\partial T)_v$, temos

$$\left(\frac{\partial p}{\partial T}\right)_v = \frac{\left(8314 \frac{N \cdot m}{kmol \cdot K}\right)}{(8{,}372 - 0{,}0211) \frac{m^3}{kmol}} + \frac{142{,}59 \text{ bar}\left(\frac{m^3}{kmol}\right)^2 (K)^{1/2}}{2\left(8{,}372 \frac{m^2}{kmol}\right)\left(8{,}3931 \frac{m^3}{kmol}\right)(513 \text{ K})^{3/2}} \left|\frac{10^5 \text{ N/m}^2}{1 \text{ bar}}\right|$$

$$= \left(1004{,}3 \frac{N \cdot m}{m^3 \cdot K}\right) \left|\frac{1 \text{ kJ}}{10^3 \text{ N} \cdot m}\right|$$

$$= 1{,}0043 \frac{kJ}{m^3 \cdot K}$$

Consequentemente,

$$\left(\frac{\partial s}{\partial v}\right)_T = 1{,}0043 \frac{kJ}{m^3 \cdot K}$$

(b) Pode-se estimar um valor para $(\partial s/\partial v)_T$ utilizando um método gráfico com a tabela de vapor, do seguinte modo: a 240°C, a Tabela A-4 fornece os seguintes valores para entropia específica s e volume específico v:

	T = 240°C	
p (bar)	s (kJ/kg · K)	v (m³/kg)
1,0	7,9949	2,359
1,5	7,8052	1,570
3,0	7,4774	0,781
5,0	7,2307	0,4646
7,0	7,0641	0,3292
10,0	6,8817	0,2275

Com os valores de s e v listados na tabela, desenha-se o gráfico mostrado na Fig. E11.3a, que fornece s em função de v. Observe que o gráfico mostra uma linha representando a tangente à curva no estado fornecido. A pressão nesse estado é de 5 bar. A inclinação da tangente é $(\partial s/\partial v)_T \approx 1{,}0$ kJ/m³ · K. Assim, o valor de $(\partial s/\partial v)_T$ obtido pela equação de Redlich-Kwong é bem próximo do valor determinado graficamente a partir dos dados da tabela de vapor.

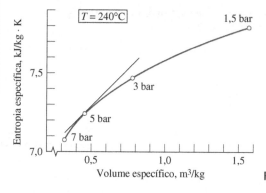

Fig. 11.3a

Solução Alternativa: De modo alternativo, pode-se estimar a derivada parcial $(\partial s/\partial v)_T$ utilizando-se procedimentos numéricos e dados gerados por um computador. A derivada parcial pode ser estimada *por meio* de um código numérico qualquer, como o disponível no programa *IT*, cujos comandos poderiam ser:

```
v = 0.4646 // m³/kg
T = 240 // °C
v2 = v + dv
v1 = v − dv
dv = 0.2
v2 = v_PT ("Water/Steam", p2, T)
v1 = v_PT ("Water/Steam", p1, T)
s2 = s_PT ("Water/Steam", p2, T)
s1 = s_PT ("Water/Steam", p1, T)
dsdv = (s2 − s1)/(v2 − v1)
```

Utilizando o botão **Explore** na janela daquele programa, pode-se variar dv de 0,0001 até 0,2 em passos de 0,001. Em seguida, utilizando o botão **Graph**, você pode gerar um gráfico como o mostrado na Fig. E11.3b.

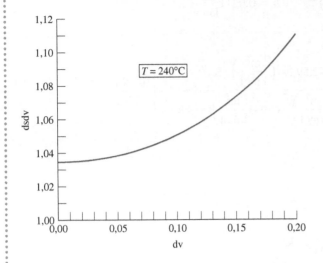

Fig. 11.3b

Com base nos dados gerados pelo computador, a interseção da curva com o eixo das ordenadas (dsdv) ocorre em

❶
$$\left(\frac{\partial s}{\partial v}\right)_T = \lim_{\Delta v \to 0}\left(\frac{\Delta s}{\Delta v}\right)_T \approx 1{,}033\ \frac{\text{kJ}}{\text{m}^3 \cdot \text{K}}$$

Esta resposta é uma estimativa porque foi obtida pela aproximação numérica da derivada parcial com base na equação de estado que dá origem às *tabelas de vapor*. Os valores obtidos a partir da equação de estado de Redlich-Kwong e o método gráfico estão em acordo com esse resultado.

❶ É deixado como exercício mostrar que, de acordo com a Eq. 11.34, o valor de $(\partial p/\partial T)_v$ estimado por meio de um procedimento similar ao utilizado para $(\partial s/\partial v)_T$ estaria em acordo com o resultado aqui mostrado.

> **Habilidades Desenvolvidas**
>
> *Habilidades para...*
> ☐ aplicar a relação de Maxwell na determinação de uma grandeza termodinâmica.
> ☐ aplicar a equação de Redlich-Kwong.
> ☐ realizar uma comparação dos resultados com os dados da tabela de vapor utilizando métodos gráficos e com base em computador.

Teste-Relâmpago Calcule o valor do fator de compressibilidade Z para o vapor a uma temperatura $T = 240°C$, um volume específico $v = 0{,}4646\ \text{m}^3/\text{kg}$ e uma pressão $p = 5$ bar. **Resposta:** 0,981.

11.3.3 Funções Termodinâmicas Fundamentais

Uma *função termodinâmica fundamental* fornece uma descrição completa do estado termodinâmico. No caso de uma substância pura com duas propriedades independentes, a função termodinâmica fundamental pode assumir uma das seguintes quatro formas:

função termodinâmica fundamental

$$\begin{aligned} u &= u(s, v) \\ h &= h(s, p) \\ \psi &= \psi(T, v) \\ g &= g(T, p) \end{aligned} \quad (11.37)$$

Das quatro funções fundamentais listadas nas Eqs. 11.37, a função de Helmholtz ψ e a função de Gibbs g são as mais importantes para as discussões subsequentes (veja a Seção 11.6.2). Por esta razão, discute-se o conceito de função fundamental em relação a ψ e g.

Em princípio, todas as propriedades de interesse podem ser determinadas a partir de uma função termodinâmica fundamental através de diferenciação e combinação.

▶ **POR EXEMPLO** considere uma função fundamental da forma $\psi(T, v)$. As propriedades v e T, sendo as variáveis independentes, são especificadas de modo a fixar o estado. A pressão p nesse estado pode ser determinada pela Eq. 11.28 por diferenciação de $\psi(T, v)$. Analogamente, a entropia específica s no estado pode ser obtida por diferenciação a partir da Eq. 11.29. Por definição, $\psi = u - Ts$, portanto, a energia interna específica é obtida como

$$u = \psi + Ts$$

Conhecidos u, p e v, pode-se determinar a entalpia específica a partir da definição $h = u + pv$. De maneira análoga, a função de Gibbs específica é encontrada a partir da definição $g = h - Ts$. O calor específico c_v pode ser determinado através de mais uma diferenciação, $c_v = (\partial u/\partial T)_v$. Outras propriedades podem ser calculadas por meio de operações análogas. ◀ ◀ ◀ ◀

▶ **POR EXEMPLO** considere uma função fundamental da forma $g(T, p)$. As propriedades T e p são fornecidas para fixar o estado. O volume específico e a entropia específica nesse estado podem ser determinados por diferenciação a partir das Eqs. 11.30 e 11.31, respectivamente. Por definição, $g = h - Ts$, de modo que a entalpia específica é obtida como

$$h = g + Ts$$

Conhecidos h, p e v, a energia interna específica pode ser obtida a partir de $u = h - pv$. O calor específico c_p pode ser determinado através de mais uma diferenciação, $c_p = (\partial h/\partial T)_p$. Outras propriedades podem ser calculadas por meio de operações análogas. ◀ ◀ ◀ ◀

Considerações similares aplicam-se a funções da forma $u(s, v)$ e $h(s, p)$, como pode facilmente ser verificado. Observe que o diagrama de Mollier fornece uma representação gráfica da função fundamental $h(s, p)$.

11.4 Cálculo das Variações de Entropia, Energia Interna e Entalpia

Com a apresentação das relações de Maxwell, pode-se agora desenvolver relações termodinâmicas que permitam o cálculo de variações de entropia, energia interna e entalpia a partir de resultados experimentais obtidos para as propriedades. Esta apresentação inicia pela consideração de relações aplicáveis a mudanças de fase e, em seguida, aborda as relações para uso em regiões de uma única fase.

11.4.1 Considerações sobre a Mudança de Fase

O objetivo desta seção é desenvolver relações para o cálculo de variações de entropia específica, energia interna específica e entalpia específica que acompanham uma mudança de fase na condição de temperatura e pressão fixas. A *equação de Clapeyron* desempenha um papel principal nessa análise, permitindo o cálculo da variação de entalpia durante a vaporização, sublimação ou fusão a uma temperatura constante a partir de dados de pressão–volume específico–temperatura (p–v–T) pertinentes à mudança de fase. Assim, a presente discussão fornece importantes exemplos de como as medidas de p–v–T podem conduzir à determinação de variações de outras propriedades como Δs, Δu e Δh, para uma mudança de fase.

Considere uma mudança de fase de líquido saturado para vapor saturado a determinada temperatura. Para uma mudança de fase isotérmica, a pressão também permanece constante, e assim a Eq. 11.19 reduz-se a

$$dh = T\,ds$$

A integral desta expressão fornece

$$s_g - s_f = \frac{h_g - h_f}{T} \qquad (11.38)$$

Assim, a variação na entropia específica que acompanha uma mudança de fase de líquido saturado para vapor saturado à temperatura T pode ser determinada a partir da temperatura e da variação na entalpia específica.

A variação da energia interna específica durante a mudança de fase pode ser determinada a partir da definição $h = u + pv$.

$$u_g - u_f = h_g - h_f - p(v_g - v_f) \qquad (11.39)$$

Portanto, a variação na energia interna específica que acompanha uma mudança de fase à temperatura T pode ser determinada a partir da temperatura e das variações de volume específico e entalpia.

EQUAÇÃO DE CLAPEYRON. A variação de entalpia específica necessária às Eqs. 11.38 e 11.39 pode ser obtida utilizando-se a equação de Clapeyron. Para se deduzir a equação de Clapeyron, inicia-se com a relação de Maxwell.

$$\left(\frac{\partial s}{\partial v}\right)_T = \left(\frac{\partial p}{\partial T}\right)_v \qquad (11.34)$$

Durante uma mudança de fase a temperatura constante, a pressão é independente do volume específico e é determinada apenas pela temperatura. Portanto, a quantidade $(\partial p/\partial T)_v$ é determinada pela temperatura e pode ser representada como

$$\left(\frac{\partial p}{\partial T}\right)_v = \left(\frac{dp}{dT}\right)_{sat}$$

em que "sat" indica que a derivada é a inclinação da curva de pressão de saturação–temperatura no ponto determinado pela temperatura que se manteve constante durante a mudança de fase (Seção 11.2). Combinando as duas últimas equações, obtém-se

$$\left(\frac{\partial s}{\partial v}\right)_T = \left(\frac{dp}{dT}\right)_{sat}$$

Como o lado direito desta equação é fixo quando a temperatura é especificada, a equação pode ser integrada para se obter

$$s_g - s_f = \left(\frac{dp}{dT}\right)_{sat}(v_g - v_f)$$

equação de Clapeyron

Introduzindo a Eq. 11.38 nessa expressão, tem-se a equação de Clapeyron

$$\left(\frac{dp}{dT}\right)_{sat} = \frac{h_g - h_f}{T(v_g - v_f)} \tag{11.40}$$

A Eq. 11.40 permite o cálculo de $(h_g - h_f)$ por meio apenas dos dados de p–v–T relativos à mudança de fase. Em situações em que a variação de entalpia também é medida, a equação de Clapeyron pode ser utilizada para verificar a consistência dos dados. Uma vez determinada a entalpia específica, as correspondentes variações na entropia específica e na energia interna específica podem ser obtidas a partir das Eqs. 11.38 e 11.39, respectivamente.

As Eqs. 11.38, 11.39 e 11.40 também podem ser escritas para sublimação ou fusão que ocorram a temperatura e pressão constantes. Em especial, a equação de Clapeyron seria estabelecida como

$$\left(\frac{dp}{dT}\right)_{sat} = \frac{h'' - h'}{T(v'' - v')} \tag{11.41}$$

na qual "e" denotam as respectivas fases, e $(dp/dT)_{sat}$ é a inclinação da curva de pressão de saturação–temperatura relevante.

A equação de Clapeyron mostra que a inclinação de uma linha de saturação em um diagrama de fase depende dos sinais das variações de entalpia e volume específicos que acompanham a mudança de fase. Na maioria dos casos, quando ocorre uma mudança de fase com um aumento na entalpia específica, o volume específico também aumenta, e $(dp/dT)_{sat}$ é positivo. Entretanto, no caso da fusão do gelo e de algumas outras poucas substâncias, o volume específico diminui durante a fusão. A inclinação da curva de sólido–líquido saturado para essas poucas substâncias é negativa, como foi mencionado na Seção 3.2.2 na discussão sobre diagramas de fase.

Uma forma aproximada da Eq. 11.40 pode ser deduzida quando as seguintes duas idealizações forem justificáveis: (1) v_f é desprezível em comparação a v_g e (2) a pressão é baixa o suficiente de modo que v_g pode ser calculado a partir da equação de estado de gás ideal como $v_g = RT/p$. Com isto, a Eq. 11.40 torna-se

$$\left(\frac{dp}{dT}\right)_{sat} = \frac{h_g - h_f}{RT^2/p}$$

que pode ser arrumada, ficando

$$\left(\frac{d \ln p}{dT}\right)_{sat} = \frac{h_g - h_f}{RT^2} \tag{11.42}$$

equação de Clausius-Clapeyron

A Eq. 11.42 é chamada equação de Clausius-Clapeyron. Uma expressão similar é aplicável ao caso da sublimação.

O uso da equação de Clapeyron em qualquer uma dessas formas requer uma representação precisa da curva de pressão de saturação–temperatura relevante. Esta deve não apenas mostrar precisamente a variação pressão–temperatura, mas também permitir a determinação de valores precisos da derivada $(dp/dT)_{sat}$. A representação analítica em forma de equações é comumente utilizada. Podem ser necessárias equações diferentes para trechos diferentes das curvas pressão–temperatura. Essas equações podem envolver várias constantes. Uma forma utilizada para as curvas de pressão de vapor é a equação a quatro constantes

$$\ln p_{sat} = A + \frac{B}{T} + C \ln T + DT$$

na qual as constantes A, B, C e D são determinadas empiricamente.

O uso da equação de Clapeyron no cálculo das variações de entalpia, energia interna e entropia específicas que acompanham uma mudança de fase a T e p fixos é ilustrado no exemplo a seguir.

► EXEMPLO 11.4 ►

Aplicação da Equação de Clapeyron

Utilizando os dados da relação p–v–T para água saturada, calcule a 100°C **(a)** $h_g - h_f$, **(b)** $u_g - u_f$, **(c)** $s_g - s_f$. Compare o resultado com o respectivo valor obtido pela tabela de vapor.

SOLUÇÃO

Dado: O sistema consiste em uma massa unitária de água saturada a 100°C.

Pede-se: Utilizando os dados de saturação, determine, a 100°C, a variação na entalpia específica, na energia interna específica e na entropia específica durante a vaporização, e compare com os respectivos valores obtidos pela tabela de vapor.

Análise: Para efeito de comparação, a Tabela A-2 fornece, a 100°C, $h_g - h_f$ = 2257,0 kJ/kg, $u_g - u_f$ = 2087,6 kJ/kg e $s_g - s_f$ = 6,048 kJ/kg · K.

(a) O valor de $h_g - h_f$ pode ser determinado a partir da equação de Clapeyron, Eq. 11.40, expressa como

$$h_g - h_f = T(v_g - v_f)\left(\frac{dp}{dT}\right)_{sat}$$

Esta equação requer um valor para a inclinação $(dp/dT)_{sat}$ da curva de temperatura–pressão de saturação à temperatura especificada.

O valor requerido para $(dp/dT)_{sat}$ a 100°C pode ser estimado graficamente como se segue. Utilizando os dados das tabelas de vapor para temperatura–pressão de saturação, pode-se construir o gráfico a seguir. Note que, no gráfico, é mostrada uma linha tangente à curva a 100°C. A inclinação dessa linha tangente é de 3570 N/m² · K. Consequentemente, a 100°C

$$\left(\frac{dp}{dT}\right)_{sat} \approx 3570 \frac{N}{m^2 \cdot K}$$

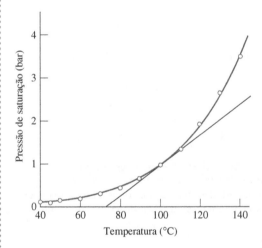

Fig. E11.4

Substituindo os dados das propriedades fornecidos na Tabela A-2 na equação para $h_g - h_f$, obtém-se

$$h_g - h_f = (373{,}15\ K)(1{,}673 - 1{,}0435 \times 10^{-3})\left(\frac{m^3}{kg}\right)\left(3570\frac{N}{m^2 \cdot K}\right)\left|\frac{1\ kJ}{10^3\ N \cdot m}\right|$$

$$= 2227\ kJ/kg$$

Este valor é cerca de 1% menor do que o valor lido nas tabelas de vapor.

❶ De modo alternativo, a derivada $(dp/dT)_{sat}$ pode ser estimada por meio de métodos numéricos e dados gerados por computador. Essa derivada avaliada pelo código *IT* é obtida pela sequência de comandos a seguir, em que o valor da derivada é designado por **dpdT**.

```
T = 100 // °C
dT = 0.001
T1 = T − dT
T2 = T + dT
p1 = Psat ("Water/Steam", T1) // bar
p2 = Psat ("Water/Steam", T2) // bar
dpdT = ((p2 − p1) / (T2 − T1)) * 100000
```

Naquele programa, utilizando o botão **Explore**, varie **dT** desde 0,001 até 0,01 em intervalos de 0,001. Em seguida, lendo o valor-limite dos dados computacionais, obtenha

$$\left(\frac{dp}{dT}\right)_{sat} \approx 3616 \frac{N}{m^2 \cdot K}$$

Quando esse valor é utilizado na expressão anterior para $h_g - h_f$, o resultado é $h_g - h_f = 2256$ kJ/kg, o qual é bastante próximo do valor obtido a partir das tabelas de vapor.

(b) Com a Eq. 11.39, tem-se

$$u_g - u_f = h_g - h_f - p_{sat}(v_g - v_f)$$

Substituindo-se o resultado obtido computacionalmente (por exemplo, o apresentado no item (a), determinado pelo código *IT*) para $(h_g - h_f)$, juntamente com os dados de saturação a 100°C, obtém-se

$$u_g - u_f = 2256 \frac{kJ}{kg} - \left(1{,}014 \times 10^5 \frac{N}{m^2}\right)\left(1{,}672 \frac{m^3}{kg}\right)\left|\frac{1\ kJ}{10^3\ N \cdot m}\right|$$

$$= 2086{,}5 \frac{kJ}{kg}$$

o que também é bastante próximo do valor obtido a partir das tabelas de vapor.

(c) Com a Eq. 11.38 e o resultado do código *IT* do item (a) para $(h_g - h_f)$, tem-se

$$s_g - s_f = \frac{h_g - h_f}{T} = \frac{2256\ kJ/kg}{373{,}15\ K} = 6{,}046 \frac{kJ}{kg \cdot K}$$

o que, mais uma vez, é bastante próximo do valor obtido das tabelas de vapor.

❶ Também se poderia obter o termo $(dp/dT)_{sat}$ diferenciando-se uma expressão analítica da curva da pressão de vapor, conforme discutido anteriormente neste exemplo.

> ✓ **Habilidades Desenvolvidas**
>
> *Habilidades para...*
> ☐ utilizar a equação de Clapeyron juntamente com os dados de p–v–T da água saturada para calcular u_{fg}, h_{fg} e s_{fg}.
> ☐ utilizar métodos gráficos e computacionais para calcular os dados e relações entre propriedades termodinâmicas.

Teste-Relâmpago Utilize o resultado $(dp/dT)_{sat} = 3616$ N/m² · K fornecido pelo código *IT* para extrapolar a pressão de saturação em bar, a 105°C. **Resposta:** 1195 bar.

11.4.2 Considerações sobre Regiões Monofásicas

O objetivo desta seção é deduzir expressões para o cálculo de Δs, Δu e Δh entre estados em regiões monofásicas. Essas expressões exigem tanto dados de p–v–T quanto dados apropriados de calor específico. Uma vez que as regiões monofásicas estão sendo aqui consideradas, quaisquer duas das propriedades — pressão, volume específico e temperatura — podem ser admitidas como propriedades independentes que fixam o estado. Duas escolhas convenientes são T, v e T, p.

PROPRIEDADES T E v CONSIDERADAS INDEPENDENTES. Com a temperatura e o volume específico como propriedades independentes que fixam o estado, a entropia específica pode ser considerada como função da forma $s = s(T, v)$. A diferencial desta função é

$$ds = \left(\frac{\partial s}{\partial T}\right)_v dT + \left(\frac{\partial s}{\partial v}\right)_T dv$$

A derivada parcial $(\partial s/\partial v)_T$ que aparece nesta expressão pode ser substituída pelo estabelecido na relação de Maxwell, Eq. 11.34, que fornece

$$ds = \left(\frac{\partial s}{\partial T}\right)_v dT + \left(\frac{\partial p}{\partial T}\right)_v dv \tag{11.43}$$

A energia interna específica também pode ser considerada uma função de T e v: $u = u(T, v)$. A diferencial desta função é

$$du = \left(\frac{\partial u}{\partial T}\right)_v dT + \left(\frac{\partial u}{\partial v}\right)_T dv$$

Com $c_v = (\partial u/\partial T)_v$

$$du = c_v\, dT + \left(\frac{\partial u}{\partial v}\right)_T dv \tag{11.44}$$

Substituindo as Eqs. 11.43 e 11.44 em $du = T\,ds - p\,dv$ e reunindo os termos, temos

$$\left[\left(\frac{\partial u}{\partial v}\right)_T + p - T\left(\frac{\partial p}{\partial T}\right)_v\right]dv = \left[T\left(\frac{\partial s}{\partial T}\right)_v - c_v\right]dT \tag{11.45}$$

Como o volume específico e a temperatura podem variar independentemente, mantém-se o volume específico constante e varia-se a temperatura. Isto é, seja $dv = 0$ e $dT \neq 0$. Tem-se, assim, a partir da Eq. 11.45, que

$$\left(\frac{\partial s}{\partial T}\right)_v = \frac{c_v}{T} \tag{11.46}$$

Analogamente, admita que $dT = 0$ e $dv \neq 0$. Nesse caso, tem-se

$$\left(\frac{\partial u}{\partial v}\right)_T = T\left(\frac{\partial p}{\partial T}\right)_v - p \tag{11.47}$$

As Eqs. 11.46 e 11.47 representam exemplos adicionais de relações úteis entre propriedades termodinâmicas.

▶ **POR EXEMPLO** a Eq. 11.47, que expressa a dependência da energia interna específica em relação ao volume específico à temperatura fixa, permite-nos demonstrar que a energia interna de um gás cuja equação de estado é $pv = RT$ depende apenas da temperatura, um resultado discutido pela primeira vez na Seção 3.12.2. A Eq. 11.47 requer a derivada parcial $(\partial p/\partial T)_v$. Se $p = RT/v$, essa derivada vale $(\partial p/\partial T)_v = R/v$. A substituição dessa derivada na Eq. 11.47 fornece

TOME NOTA...
Demonstra-se aqui que a energia interna específica de um gás cuja equação de estado é $pv = RT$ depende apenas da temperatura, confirmando, portanto, o estabelecido na Seção 3.12.2.

$$\left(\frac{\partial u}{\partial v}\right)_T = T\left(\frac{\partial p}{\partial T}\right)_v - p = T\left(\frac{R}{v}\right) - p = p - p = 0$$

Este resultado mostra que, quando $pv = RT$, a energia interna específica é independente do volume específico e depende apenas da temperatura. ◀ ◀ ◀ ◀

Continuando a discussão, quando a Eq. 11.46 é substituída na Eq. 11.43, obtém-se a seguinte expressão:

$$ds = \frac{c_v}{T}dT + \left(\frac{\partial p}{\partial T}\right)_v dv \tag{11.48}$$

A substituição da Eq. 11.47 na Eq. 11.44 fornece

$$du = c_v\,dT + \left[T\left(\frac{\partial p}{\partial T}\right)_v - p\right]dv \tag{11.49}$$

Observe que os lados direitos das Eqs. 11.48 e 11.49 são expressos unicamente em termos de p, v, T e c_v.

As variações de entropia e energia interna específicas ocorrentes entre dois estados são determinadas através da integração das Eqs. 11.48 e 11.49, respectivamente. Ou seja,

$$s_2 - s_1 = \int_1^2 \frac{c_v}{T}dT + \int_1^2 \left(\frac{\partial p}{\partial T}\right)_v dv \tag{11.50}$$

$$u_2 - u_1 = \int_1^2 c_v\,dT + \int_1^2 \left[T\left(\frac{\partial p}{\partial T}\right)_v - p\right]dv \tag{11.51}$$

Para a integração do primeiro termo do lado direito de cada uma dessas expressões é necessária a variação de c_v com a temperatura a um volume específico fixo (isométrica). A integração do segundo termo requer o conhecimento da relação p–v–T nos estados de interesse. Uma equação de estado explícita para a pressão seria particularmente conveniente para o cálculo das integrais que envolvem $(\partial p/\partial T)_v$. A precisão das variações de energia interna e entropia específicas resultantes dependeria da precisão dessa derivada. Nos casos em que os integrandos das Eqs. 11.50 e 11.51 forem muito complicados para serem integrados de modo analítico, eles podem ser calculados numericamente. Utilizando-se a integração analítica ou a numérica, deve-se prestar atenção ao caminho de integração.

▶ **POR EXEMPLO** considere o cálculo da Eq. 11.51. Com base na Fig. 11.2, se o calor específico c_v é conhecido em função da temperatura ao longo da isométrica (volume específico constante) que passa pelos estados x e y, um possível caminho de integração para a determinação da variação da energia interna específica entre os estados 1 e 2 é 1–x–y–2. A integração seria feita em três etapas. Como a temperatura é constante do estado 1 ao estado x, a primeira integral da Eq. 11.51 é nula; portanto,

$$u_x - u_1 = \int_{v_1}^{v_x}\left[T\left(\frac{\partial p}{\partial T}\right)_v - p\right]dv$$

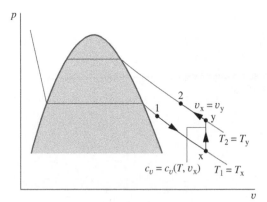

Fig. 11.2 Caminho de integração entre dois estados de vapor.

Do estado x até o estado y, o volume específico é constante e c_v é conhecido como função apenas da temperatura. Assim,

$$u_y - u_x = \int_{T_x}^{T_y} c_v \, dT$$

em que $T_x = T_1$ e $T_y = T_2$. Do estado y ao estado 2, a temperatura é novamente constante, e

$$u_2 - u_y = \int_{v_y = v_x}^{v_2} \left[T\left(\frac{\partial p}{\partial T}\right)_v - p \right] dv$$

Quando essas expressões são somadas, o resultado é a variação da energia interna específica entre os estados 1 e 2. ◀ ◀ ◀ ◀ ◀

PROPRIEDADES T E p CONSIDERADAS INDEPENDENTES. Nesta seção é apresentada uma discussão paralela àquela considerada anteriormente no sentido de possibilitar a escolha da temperatura e da pressão como propriedades independentes. Com esta escolha para as propriedades independentes, a entropia específica pode ser considerada uma função da forma $s = s(T, p)$. A diferencial desta função fica

$$ds = \left(\frac{\partial s}{\partial T}\right)_p dT + \left(\frac{\partial s}{\partial p}\right)_T dp$$

A derivada parcial $(\partial s/\partial p)_T$ que aparece nessa expressão pode ser substituída pela estabelecida na relação de Maxwell, Eq. 11.35, que fornece

$$ds = \left(\frac{\partial s}{\partial T}\right)_p dT - \left(\frac{\partial v}{\partial T}\right)_p dp \quad (11.52)$$

A entalpia específica também pode ser considerada uma função de T e p: $h = h(T, p)$. A diferencial desta função fica

$$dh = \left(\frac{\partial h}{\partial T}\right)_p dT + \left(\frac{\partial h}{\partial p}\right)_T dp$$

Com $c_p = (\partial h/\partial T)_p$,

$$dh = c_p \, dT + \left(\frac{\partial h}{\partial p}\right)_T dp \quad (11.53)$$

Substituindo as Eqs. 11.52 e 11.53 em $dh = T\,ds + v\,dp$ e reunindo os termos, obtém-se

$$\left[\left(\frac{\partial h}{\partial p}\right)_T + T\left(\frac{\partial v}{\partial T}\right)_p - v \right] dp = \left[T\left(\frac{\partial s}{\partial T}\right)_p - c_p \right] dT \quad (11.54)$$

Como a pressão e a temperatura podem variar independentemente, mantém-se a pressão constante e varia-se a temperatura. Isto é, seja $dp = 0$ e $dT \neq 0$. A Eq. 11.54, neste caso, fornece

$$\left(\frac{\partial s}{\partial T}\right)_p = \frac{c_p}{T} \quad (11.55)$$

De modo análogo, suponha $dT = 0$ e $dp \neq 0$. Neste caso, a Eq. 11.54 fornece

$$\left(\frac{\partial h}{\partial p}\right)_T = v - T\left(\frac{\partial v}{\partial T}\right)_p \quad (11.56)$$

As Eqs. 11.55 e 11.56, da mesma maneira que as Eqs. 11.46 e 11.47, são relações úteis entre propriedades termodinâmicas. A substituição da Eq. 11.55 na Eq. 11.52 resulta na seguinte equação:

$$ds = \frac{c_p}{T} dT - \left(\frac{\partial v}{\partial T}\right)_p dp \quad (11.57)$$

Substituindo a Eq. 11.56 na Eq. 11.53, tem-se

$$dh = c_p \, dT + \left[v - T\left(\frac{\partial v}{\partial T}\right)_p \right] dp \quad (11.58)$$

Observe que os lados direitos das Eqs. 11.57 e 11.58 são expressos unicamente em termos de p, v, T e c_p.

As variações de entropia e entalpia específicas ocorrente entre dois estados são obtidas através da integração das Eqs. 11.57 e 11.58, respectivamente. Assim,

$$s_2 - s_1 = \int_1^2 \frac{c_p}{T} dT - \int_1^2 \left(\frac{\partial v}{\partial T}\right)_p dp \quad (11.59)$$

$$h_2 - h_1 = \int_1^2 c_p \, dT + \int_1^2 \left[v - T\left(\frac{\partial v}{\partial T}\right)_p\right] dp \quad (11.60)$$

Para se integrar o primeiro termo do lado direito de cada uma dessas expressões, é necessária a variação de c_p com a temperatura a uma pressão fixa (isobárica). A integração do segundo termo requer o conhecimento da relação p–v–T nos estados de interesse. Uma equação de estado explícita para v seria particularmente conveniente para o cálculo das integrais que envolvem $(\partial v/\partial T)_p$. A precisão das variações de entalpia e entropia específicas resultantes dependeria da precisão dessa derivada.

As variações de entalpia e energia interna específicas estão relacionadas através de $h = u + pv$ por

$$h_2 - h_1 = (u_2 - u_1) + (p_2 v_2 - p_1 v_1) \quad (11.61)$$

Assim, apenas uma das variações, Δh ou Δu, precisa ser determinada por integração. A outra pode, então, ser calculada a partir da Eq. 11.61. Saber qual das duas variações de propriedade deve ser determinada por integração depende das informações disponíveis. A variação Δh seria determinada através da Eq. 11.60 quando se conhecesse uma equação de estado explícita em v e c_p como função da temperatura a alguma pressão fixada. A variação Δu seria determinada através da Eq. 11.51 quando se conhecesse uma equação de estado explícita em p e c_v como função da temperatura em algum volume específico. Essas questões são consideradas no Exemplo 11.5.

► EXEMPLO 11.5 ►

Cálculo das Variações Δs, Δu e Δh de um Gás

Utilizando a equação de estado de Redlich-Kwong, desenvolva expressões para a variação de entropia, de energia interna e de entalpia específicas de um gás entre dois estados em que a temperatura é a mesma, $T_1 = T_2$, e as pressões são p_1 e p_2, respectivamente.

SOLUÇÃO

Dado: Dois estados de uma massa unitária de gás considerada como sistema são fixados por p_1 e T_1 no estado 1 e por p_2 e T_2 ($=T_1$) no estado 2.

Pede-se: Determine as variações na entropia, na energia interna e na entalpia específicas entre esses dois estados.

Diagrama Esquemático e Dados Fornecidos:

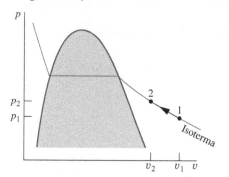

Fig. E11.5

Modelo de Engenharia: A equação de estado de Redlich-Kwong representa o comportamento p–v–T dos dois estados e fornece valores precisos para $(\partial p/\partial T)_v$.

Análise: A equação de estado de Redlich-Kwong é explícita para a pressão, de modo que as Eqs. 11.50 e 11.51 são selecionadas para a determinação de $s_2 - s_1$ e $u_2 - u_1$. Como $T_1 = T_2$, é conveniente utilizar um caminho de integração isotérmico entre os dois estados. Assim, estas equações são simplificadas, fornecendo

$$s_2 - s_1 = \int_1^2 \left(\frac{\partial p}{\partial T}\right)_v dv$$

$$u_2 - u_1 = \int_1^2 \left[T\left(\frac{\partial p}{\partial T}\right)_v - p\right] dv$$

Os limites para cada uma dessas integrais são os volumes específicos v_1 e v_2 nos dois estados considerados. Utilizando-se p_1, p_2 e a temperatura conhecida, esses volumes específicos seriam determinados através da equação de estado de Redlich-Kwong. Como essa equação não é explícita para volume específico, recomenda-se o uso de um solucionador de equações como o *Interactive Thermodynamics: IT* ou similar.

As integrais anteriores envolvem a derivada parcial $(\partial p/\partial T)_v$, a qual pode ser determinada a partir da equação de estado de Redlich-Kwong como

$$\left(\frac{\partial p}{\partial T}\right)_v = \frac{R}{v-b} + \frac{a}{2v(v+b)T^{3/2}}$$

Substituindo este resultado na expressão para $(s_2 - s_1)$, tem-se

$$\begin{aligned}
s_2 - s_1 &= \int_{v_1}^{v_2}\left[\frac{R}{v-b} + \frac{a}{2v(v+b)T^{3/2}}\right]dv \\
&= \int_{v_1}^{v_2}\left[\frac{R}{v-b} + \frac{a}{2bT^{3/2}}\left(\frac{1}{v} - \frac{1}{v+b}\right)\right]dv \\
&= R\ln\left(\frac{v_2-b}{v_1-b}\right) + \frac{a}{2bT^{3/2}}\left[\ln\left(\frac{v_2}{v_1}\right) - \ln\left(\frac{v_2+b}{v_1+b}\right)\right] \\
&= R\ln\left(\frac{v_2-b}{v_1-b}\right) + \frac{a}{2bT^{3/2}}\ln\left[\frac{v_2(v_1+b)}{v_1(v_2+b)}\right]
\end{aligned}$$

Com a equação de Redlich-Kwong, o integrando da expressão para $(u_2 - u_1)$ fica

$$\left[T\left(\frac{\partial p}{\partial T}\right)_v - p\right] = T\left[\frac{R}{v-b} + \frac{a}{2v(v+b)T^{3/2}}\right] - \left[\frac{RT}{v-b} - \frac{a}{v(v+b)T^{1/2}}\right]$$

$$= \frac{3a}{2v(v+b)T^{1/2}}$$

Consequentemente,

$$\begin{aligned}
u_2 - u_1 &= \int_{v_1}^{v_2}\frac{3a}{2v(v+b)T^{1/2}}\,dv = \frac{3a}{2bT^{1/2}}\int_{v_1}^{v_2}\left(\frac{1}{v} - \frac{1}{v+b}\right)dv \\
&= \frac{3a}{2bT^{1/2}}\left[\ln\frac{v_2}{v_1} - \ln\left(\frac{v_2+b}{v_1+b}\right)\right] = \frac{3a}{2bT^{1/2}}\ln\left[\frac{v_2(v_1+b)}{v_1(v_2+b)}\right]
\end{aligned}$$

Finalmente, a diferença $(h_2 - h_1)$ seria determinada a partir da Eq. 11.61 juntamente com os valores conhecidos de $(u_2 - u_1)$, p_1, v_1, p_2 e v_2.

> **Habilidades Desenvolvidas**
>
> Habilidades para...
> ☐ desenvolver as operações de diferenciação e integração necessárias para o cálculo de Δu e Δs, utilizando a equação de estado a duas constantes de Redlich-Kwong.

Teste-Relâmpago Utilizando os resultados obtidos, desenvolva expressões para as variações Δu e Δs de um gás ideal. **Resposta:** $\Delta u = 0$ e $\Delta s = R\ln(v_2/v_1)$.

11.5 Outras Relações Termodinâmicas

As análises até aqui apresentadas foram direcionadas principalmente para o desenvolvimento de relações termodinâmicas que permitem o cálculo de variações em u, h e s a partir de dados de propriedades experimentais. O objetivo desta seção é apresentar várias outras relações termodinâmicas que são úteis para a análise termodinâmica. Cada uma das propriedades consideradas tem uma característica em comum: ela é definida em termos da derivada parcial de alguma outra propriedade. Os calores específicos c_v e c_p são exemplos desse tipo de propriedade.

11.5.1 Expansividade Volumétrica e Compressibilidades Isotérmica e Isentrópica

Em regiões monofásicas, a pressão e a temperatura são independentes, e pode-se idealizar o volume específico como função dessas duas variáveis, $v = v(T, p)$. A diferencial de uma função desse tipo é

$$dv = \left(\frac{\partial v}{\partial T}\right)_p dT + \left(\frac{\partial v}{\partial p}\right)_T dp$$

Duas propriedades termodinâmicas relacionadas a derivadas parciais que aparecem nessa diferencial são a expansividade volumétrica β, também chamada *coeficiente de expansão volumétrica*

expansividade volumétrica

$$\beta = \frac{1}{v}\left(\frac{\partial v}{\partial T}\right)_p \quad (11.62)$$

e a compressibilidade isotérmica κ

compressibilidade isotérmica

$$\kappa = -\frac{1}{v}\left(\frac{\partial v}{\partial p}\right)_T \quad (11.63)$$

Por inspeção, verifica-se que a unidade de β é o inverso da temperatura e a unidade de κ é o inverso da pressão. A expansividade volumétrica indica a variação de volume que ocorre quando a temperatura varia enquanto a pressão permanece constante. A compressibilidade isotérmica indica uma variação de volume que ocorre quando a pressão varia enquanto a temperatura permanece constante. O valor de κ é positivo para todas as substâncias em todas as fases.

A expansividade volumétrica e a compressibilidade isotérmica são propriedades termodinâmicas e, assim como o volume específico, são funções de T e p. Os valores para β e κ são fornecidos em manuais de dados de engenharia. A Tabela 11.2 fornece os valores dessas propriedades para água líquida à pressão de 1 atm em função da temperatura. Para uma pressão de 1 atm, a água apresenta um *estado de massa específica máxima* a 4°C. Nesse estado, o valor de β é zero.

TABELA 11.2

Expansividade Volumétrica β e Compressibilidade Isotérmica κ da Água Líquida a 1 atm em Função da Temperatura

T (°C)	Massa Específica (kg/m³)	$\beta \times 10^6$ (K)$^{-1}$	$\kappa \times 10^6$ (bar)$^{-1}$
0	999,84	−68,14	50,89
10	999,70	87,90	47,81
20	998,21	206,6	45,90
30	995,65	303,1	44,77
40	992,22	385,4	44,24
50	988,04	457,8	44,18

A compressibilidade isentrópica α é uma indicação da variação de volume que ocorre quando a pressão varia enquanto a entropia permanece constante, ou seja,

compressibilidade isentrópica

$$\alpha = -\frac{1}{v}\left(\frac{\partial v}{\partial p}\right)_s \quad (11.64)$$

A unidade de α é o inverso da unidade da pressão.

A compressibilidade isentrópica está relacionada à velocidade com a qual o som percorre a substância, e essas medidas de velocidade podem ser utilizadas para determinar α. Na Seção 9.12.2, a velocidade do som, ou *velocidade sônica*, foi definida como

velocidade do som

$$c = \sqrt{-v^2\left(\frac{\partial p}{\partial v}\right)_s} \quad (9.36b)$$

A relação entre a compressibilidade isentrópica e a velocidade do som pode ser obtida a partir da relação entre derivadas parciais expressa pela Eq. 11.15. Identificando p com x, v com y e s com z, tem-se

$$\left(\frac{\partial p}{\partial v}\right)_s = \frac{1}{(\partial v/\partial p)_s}$$

> **TOME NOTA...**
> Com o número de Mach, a velocidade sônica tem um importante papel na análise de escoamentos em bocais e difusores. Veja a Seção 9.13.

Assim, as duas equações anteriores podem ser combinadas para se obter

$$c = \sqrt{v/\alpha} \quad (11.65)$$

Os detalhes são deixados como exercício.

BIOCONEXÕES A propagação das ondas elásticas, como as ondas sonoras, tem importantes aplicações relacionadas ao dano em corpos vivos. Durante um impacto, como o ocorrente na colisão entre desportistas em um evento esportivo (veja a figura a seguir), são geradas ondas elásticas que causam, em alguma região do corpo, um movimento em relação ao restante do corpo. As ondas podem se propagar com velocidades supersônicas, transônicas ou subsônicas, dependendo da natureza do impacto, e o trauma resultante pode causar sérias consequências. As ondas podem ser observadas em uma pequena área, onde podem causar danos localizados, ou podem se refletir até a periferia dos órgãos e causar um dano de maior escala.

Um exemplo de concentração de ondas ocorre nos danos relacionados à cabeça. Um impacto no crânio faz com que as ondas de flexão e de compressão se movam ao longo de uma superfície curva e cheguem simultaneamente à lateral da cabeça. As ondas também se propagam através do tecido mais macio do cérebro. Consequentemente, contusões, fraturas do crânio e outros danos podem aparecer em locais distantes da região original do impacto.

O principal para a compreensão do dano traumático é o conhecimento da velocidade do som e de outras características dos órgãos e dos tecidos. Nos humanos a velocidade do som varia ao longo de uma larga faixa, desde aproximadamente 30 a 45 m/s, nos tecidos esponjosos do pulmão, até 1600 m/s nos músculos e 3500 m/s nos ossos. Como a velocidade do som nos pulmões é relativamente baixa, os impactos provocados, por exemplo, durante a colisão de veículos, mesmo com a abertura do air-bag, podem desenvolver ondas que se propagam no regime supersônico. Os profissionais médicos que atuam nos setores de atendimento de traumas são treinados para investigar os danos produzidos nos pulmões.

O estudo do fenômeno de propagação das ondas no corpo representa uma importante área no campo da *biomecânica*.

11.5.2 Relações que Envolvem Calores Específicos

Nesta seção são deduzidas as relações gerais para a diferença entre calores específicos $(c_p - c_v)$ e a razão entre calores específicos c_p/c_v.

CÁLCULO DE $(c_p - c_v)$. Uma expressão para a diferença entre c_p e c_v pode ser deduzida igualando-se as duas diferenciais para entropia dadas pelas Eqs. 11.48 e 11.57 e arrumando-se o resultado para obter

$$(c_p - c_v)\,dT = T\left(\frac{\partial p}{\partial T}\right)_v dv + T\left(\frac{\partial v}{\partial T}\right)_p dp$$

Considerando-se a equação de estado $p = p(T, v)$, a diferencial dp pode ser expressa como

$$dp = \left(\frac{\partial p}{\partial T}\right)_v dT + \left(\frac{\partial p}{\partial v}\right)_T dv$$

Eliminando dp entre as duas últimas equações e reunindo termos, temos

$$\left[(c_p - c_v) - T\left(\frac{\partial v}{\partial T}\right)_p\left(\frac{\partial p}{\partial T}\right)_v\right]dT = T\left[\left(\frac{\partial v}{\partial T}\right)_p\left(\frac{\partial p}{\partial v}\right)_T + \left(\frac{\partial p}{\partial T}\right)_v\right]dv$$

Como a temperatura e o volume específico podem variar independentemente, os coeficientes das diferenciais nesta expressão devem ser iguais a zero. Assim,

$$c_p - c_v = T\left(\frac{\partial v}{\partial T}\right)_p\left(\frac{\partial p}{\partial T}\right)_v \tag{11.66}$$

$$\left(\frac{\partial p}{\partial T}\right)_v = -\left(\frac{\partial v}{\partial T}\right)_p\left(\frac{\partial p}{\partial v}\right)_T \tag{11.67}$$

A substituição da Eq. 11.67 na Eq. 11.66 fornece

$$c_p - c_v = -T\left(\frac{\partial v}{\partial T}\right)_p^2\left(\frac{\partial p}{\partial v}\right)_T \tag{11.68}$$

Esta equação permite calcular c_v a partir de valores observados para c_p, a partir apenas dos dados da relação p–v–T, ou, que c_p seja calculado com base nos valores observados de c_v.

▶ **POR EXEMPLO** para o caso especial de um gás ideal, a Eq. 11.68 reduz-se à Eq. 3.44; $c_p(T) = c_v(T) + R$, como se pode rapidamente mostrar. ◀ ◀ ◀ ◀ ◀

O lado direito da Eq. 11.68 pode ser expresso em termos da expansividade volumétrica β e da compressibilidade isotérmica κ. Substituindo-se as Eqs. 11.62 e 11.63, obtém-se

$$c_p - c_v = v\frac{T\beta^2}{\kappa} \qquad (11.69)$$

No desenvolvimento deste resultado foi utilizada a relação entre derivadas parciais expressa pela Eq. 11.15.

Diversas conclusões importantes sobre os calores específicos c_p e c_v podem ser inferidas com base na Eq. 11.69.

▶ **POR EXEMPLO** como o fator β^2 não pode ser negativo e κ é positivo para todas as substâncias em todas as fases, o valor de c_p é sempre maior ou igual ao valor de c_v. Os calores específicos são iguais quando $\beta = 0$, como ocorre no caso de água a 1 atm e 4°C, em que esta se encontra em seu estado de massa específica máxima. Os dois calores específicos também se tornam iguais na medida em que a temperatura se aproxima do zero absoluto. Para alguns líquidos e sólidos em determinados estados, c_p e c_v diferem apenas ligeiramente. Por essa razão, as tabelas geralmente fornecem o calor específico de um líquido ou de um sólido sem especificar se é o valor de c_p ou c_v. Os dados informados são normalmente valores de c_p, já que estes são mais facilmente determinados para líquidos e sólidos. ◀ ◀ ◀ ◀ ◀

CÁLCULO DE c_p/c_v. A seguir, são obtidas expressões para a razão entre calores específicos, k. Empregando a Eq. 11.16, as Eqs. 11.46 e 11.55 podem ser reescritas, respectivamente, como

$$\frac{c_v}{T} = \left(\frac{\partial s}{\partial T}\right)_v = \frac{-1}{(\partial v/\partial s)_T(\partial T/\partial v)_s}$$

$$\frac{c_p}{T} = \left(\frac{\partial s}{\partial T}\right)_p = \frac{-1}{(\partial p/\partial s)_T(\partial T/\partial p)_s}$$

A razão entre estas duas equações fornece

$$\frac{c_p}{c_v} = \frac{(\partial v/\partial s)_T(\partial T/\partial v)_s}{(\partial p/\partial s)_T(\partial T/\partial p)_s} \qquad (11.70)$$

Como $(\partial s/\partial p)_T = 1/(\partial p/\partial s)_T$ e $(\partial p/\partial T)_s = 1/(\partial T/\partial p)_s$, a Eq. 11.70 pode ser expressa como

$$\frac{c_p}{c_v} = \left[\left(\frac{\partial v}{\partial s}\right)_T\left(\frac{\partial s}{\partial p}\right)_T\right]\left[\left(\frac{\partial p}{\partial T}\right)_s\left(\frac{\partial T}{\partial v}\right)_s\right] \qquad (11.71)$$

Finalmente, a regra da cadeia do cálculo permite escrever $(\partial v/\partial p)_T = (\partial v/\partial s)_T(\partial s/\partial p)_T$ e $(\partial p/\partial v)_s = (\partial p/\partial T)_s(\partial T/\partial v)_s$. Portanto, a Eq. 11.71 fica

$$k = \frac{c_p}{c_v} = \left(\frac{\partial v}{\partial p}\right)_T\left(\frac{\partial p}{\partial v}\right)_s \qquad (11.72)$$

Este resultado pode ser expresso, de modo alternativo, em termos das compressibilidades isotérmica e isentrópica, como

$$k = \frac{\kappa}{\alpha} \qquad (11.73)$$

Resolvendo a Eq. 11.72 para $(\partial p/\partial v)_s$ e substituindo a expressão resultante na Eq. 9.36b, tem-se a seguinte relação envolvendo a velocidade do som c e a razão entre volumes específicos k:

$$c = \sqrt{-kv^2(\partial p/\partial v)_T} \qquad (11.74)$$

A Eq. 11.74 pode ser utilizada para se determinar c conhecendo-se a razão entre calores específicos e os dados de p–v–T, ou para o cálculo de k conhecendo-se c e $(\partial p/\partial v)_T$.

▶ **POR EXEMPLO** no caso especial de um gás ideal, a Eq. 11.74 reduz-se a apresentada na Eq. 9.37 (Seção 9.12.2):

$$c = \sqrt{kRT} \qquad \text{(gás ideal)} \qquad (9.37)$$

conforme se pode rapidamente verificar. ◀ ◀ ◀ ◀ ◀

No exemplo a seguir ilustra-se a utilização das relações apresentadas anteriormente envolvendo calores específicos.

EXEMPLO 11.6

Utilização das Relações que Envolvem Calores Específicos

Para água líquida a 1 atm e 20°C, estime **(a)** o erro percentual resultante para c_v se fosse considerado que $c_p = c_v$, e **(b)** a velocidade do som, em m/s.

SOLUÇÃO

Dado: O sistema consiste em uma quantidade fixa de água líquida a 1 atm e 20°C.

Pede-se: Estime o erro percentual resultante para c_v caso c_v fosse aproximado por c_p, e a velocidade do som em m/s.

Análise:

(a) A Eq. 11.69 fornece a diferença entre c_p e c_v. A Tabela 11.2 fornece os valores necessários para a expansividade volumétrica β, a compressibilidade isotérmica κ e o volume específico. Assim

$$c_p - c_v = v\frac{T\beta^2}{\kappa}$$

$$= \left(\frac{1}{998{,}21 \text{ kg/m}^3}\right)(293 \text{ K})\left(\frac{206{,}6 \times 10^{-6}}{\text{K}}\right)^2\left(\frac{\text{bar}}{45{,}90 \times 10^{-6}}\right)$$

$$= \left(272{,}96 \times 10^{-6}\frac{\text{bar} \cdot \text{m}^3}{\text{kg} \cdot \text{K}}\right)\left|\frac{10^5 \text{ N/m}^2}{1 \text{ bar}}\right|\left|\frac{1 \text{ kJ}}{10^3 \text{ N} \cdot \text{m}}\right|$$

$$= 0{,}027 \frac{\text{kJ}}{\text{kg} \cdot \text{K}}$$

❶ Realizando-se uma interpolação na Tabela A-19 para a temperatura de 20°C, obtém-se $c_p = 4{,}188$ kJ/kg · K. Assim, o valor de c_v é

$$c_v = 4{,}188 - 0{,}027 = 4{,}161 \text{ kJ/kg} \cdot \text{K}$$

Utilizando-se esses valores, o erro percentual cometido na aproximação de c_v por c_p é

❷
$$\left(\frac{c_p - c_v}{c_v}\right)(100) = \left(\frac{0{,}027}{4{,}161}\right)(100) = 0{,}6\%$$

(b) A velocidade do som neste estado pode ser determinada com base na Eq. 11.65. O valor necessário para a compressibilidade isentrópica α pode ser calculado em termos da razão entre calores específicos k e da compressibilidade isotérmica κ. Com a Eq. 11.73, $\alpha = \kappa/k$. Substituindo este resultado na Eq. 11.65, temos a seguinte expressão para a velocidade do som:

$$c = \sqrt{\frac{kv}{\kappa}}$$

Os valores de v e κ requeridos nesta expressão são os mesmos utilizados no item (a). Além disso, com os valores de c_p e c_v do item (a), a razão entre calores específicos é $k = 1{,}006$. Consequentemente,

❸
$$c = \sqrt{\frac{(1{,}006)(10^6) \text{ bar}}{(998{,}21 \text{ kg/m}^3)(45{,}90)}}\left|\frac{10^5 \text{ N/m}^2}{1 \text{ bar}}\right|\left|\frac{1 \text{ kg} \cdot \text{m/s}^2}{1 \text{ N}}\right| = 1482 \text{ m/s}$$

❶ De modo condizente com a discussão apresentada na Seção 3.10.1, admite-se que c_p a 1 atm e 20°C tenha o valor do líquido saturado a 20°C.

❷ O resultado do item (a) mostra que, para água líquida no estado em questão, os valores de c_p e c_v são aproximadamente iguais.

❸ Para efeito de comparação, a velocidade do som no ar a 1 atm e 20°C, é de aproximadamente 343 m/s, o que se pode verificar por meio da Eq. 9.37.

✓ **Habilidades Desenvolvidas**

Habilidades para...
- aplicar as relações entre calores específicos à água líquida.
- calcular a velocidade do som na água líquida.

Teste-Relâmpago Um submarino se move a uma velocidade de 20 nós (1 nó = 1,852 km/h). Utilizando a velocidade sônica calculada no item (b), estime o número de Mach dessa embarcação em relação à água. **Resposta:** 0,0069.

11.5.3 O Coeficiente de Joule-Thomson

O valor do calor específico c_p pode ser determinado a partir de dados de p–v–T e do coeficiente de Joule-Thomson. O coeficiente de Joule-Thomson μ_J é definido como

coeficiente de Joule-Thomson

$$\mu_J = \left(\frac{\partial T}{\partial p}\right)_h \qquad (11.75)$$

Assim como outros coeficientes representados por diferenciais parciais nesta seção, o coeficiente de Joule-Thomson é definido somente em termos de propriedades termodinâmicas e, portanto, este coeficiente é uma propriedade. As unidades de μ_J são aquelas de temperatura dividida por pressão.

Uma relação entre o calor específico c_p e o coeficiente de Joule-Thomson μ_J pode ser estabelecida utilizando-se a Eq. 11.16 para escrever

$$\left(\frac{\partial T}{\partial p}\right)_h \left(\frac{\partial p}{\partial h}\right)_T \left(\frac{\partial h}{\partial T}\right)_p = -1$$

O primeiro fator nesta expressão é o coeficiente de Joule-Thomson e o terceiro é o calor específico c_p. Assim

$$c_p = \frac{-1}{\mu_J (\partial p/\partial h)_T}$$

Com $(\partial h/\partial p)_T = 1/(\partial p/\partial h)_T$ da Eq. 11.15, essa expressão pode ser escrita como

$$c_p = -\frac{1}{\mu_J}\left(\frac{\partial h}{\partial p}\right)_T \qquad (11.76)$$

A derivada parcial $(\partial h/\partial p)_T$, chamada *coeficiente de temperatura constante*, pode ser eliminada da Eq. 11.76 utilizando-se a Eq. 11.56. Assim, é obtida a seguinte expressão:

$$c_p = \frac{1}{\mu_J}\left[T\left(\frac{\partial v}{\partial T}\right)_p - v\right] \qquad (11.77)$$

A Eq. 11.77 permite a determinação do valor de c_p em um estado utilizando dados de p–v–T e o valor do coeficiente de Joule-Thomson naquele estado. Discute-se, em seguida, a determinação experimental do coeficiente de Joule-Thomson.

AVALIAÇÃO EXPERIMENTAL. O coeficiente de Joule-Thomson pode ser obtido experimentalmente por meio de um dispositivo similar ao esquema mostrado na Fig. 11.3. Considere inicialmente a Fig. 11.3a, que mostra um tampão poroso através do qual um gás (ou líquido) pode passar. Durante a operação em regime estacionário, o gás entra no dispositivo a uma temperatura T_1 e pressão p_1 especificadas, e se expande através do tampão até uma pressão mais baixa p_2, a qual é controlada por uma válvula na saída. A temperatura T_2 na saída é medida. O dispositivo é projetado de maneira que o gás sofre um processo de *estrangulamento* (Seção 4.10) na medida em que se expande de 1 para 2. Consequentemente, o estado na saída fixado por p_2 e T_2 tem o mesmo valor de entalpia específica na entrada, $h_2 = h_1$. Por meio da diminuição progressiva da pressão na saída, passa-se por uma sequência finita desses estados na saída, conforme

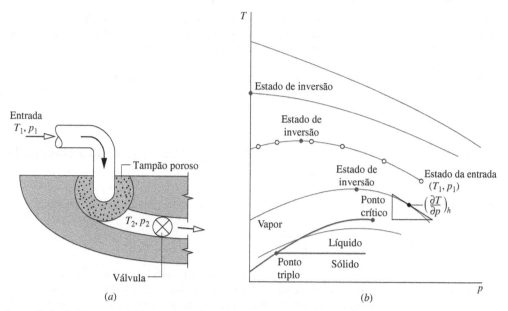

Fig. 11.3 Expansão Joule-Thomson. (*a*) Dispositivo. (*b*) Isentálpicas em um diagrama T–p.

indica a Fig. 11.3*b*. Pode-se, assim, desenhar uma curva com o conjunto de pontos que representa esses dados. Essa curva é chamada de curva isentálpica (entalpia constante). Uma curva isentálpica mostra o lugar geométrico de todos os pontos que representam estados de equilíbrio com a mesma entalpia específica.

estados de inversão

A inclinação de uma curva isentálpica em qualquer estado é o coeficiente de Joule-Thomson naquele estado. A inclinação pode ser de valor positivo, negativo ou zero. Os estados nos quais o coeficiente tem valor nulo são chamados estados de inversão. Note que nem todas as linhas de *h* constante têm um estado de inversão. A curva superior na Fig. 11.3*b*, por exemplo, tem sempre uma inclinação negativa. O estrangulamento de um gás a partir de um estado inicial localizado nessa curva resultaria em um aumento de temperatura. Entretanto, para curvas isentálpicas que apresentam um estado de inversão, a temperatura na saída do dispositivo pode ser superior, igual ou inferior à temperatura inicial, dependendo da pressão especificada na saída. Para estados à direita de um estado de inversão, o valor do coeficiente de Joule-Thomson seria negativo. Para esses estados, a temperatura aumentaria na medida em que a pressão na saída do dispositivo fosse reduzida. Para estados à esquerda de um estado de inversão, o valor do coeficiente de Joule-Thomson seria positivo. Para esses estados, a temperatura diminuiria na medida em que a pressão na saída do dispositivo fosse reduzida. Esta característica pode ser utilizada como vantagem em sistemas projetados para *liquefazer gases*.

HORIZONTES

Pequenas Instalações de Energia

Uma inovação nos sistemas de potência que está passando do conceito para a realidade promete ajudar a manter redes de computadores, iluminação de salas de operação em hospitais e garantir o sucesso dos shoppings centers. Denominadas *sistemas distribuídos de geração*, as usinas de energia compactas fornecem eletricidade para pequenas cargas ou são ligadas entre si para fornecer energia a grandes aplicações. Com a geração distribuída, os consumidores esperam evitar oscilações imprevisíveis de preço e blecautes.

A geração distribuída inclui uma ampla faixa de tecnologias, as quais fornecem níveis relativamente baixos de energia nas cidades, próxima dos usuários, incluindo, porém não se limitando a motores de combustão interna, microturbinas, células combustíveis e sistemas fotovoltaicos.

Embora o custo por quilowatt-hora possa ser maior com a geração distribuída, alguns consumidores preferem pagar mais para ter o controle sobre sua própria fonte de energia elétrica. As redes de computadores e os hospitais necessitam de uma alta confiabilidade, uma vez que mesmo pequenas interrupções no fornecimento de energia podem ser desastrosas. As redes de negócios, como os shoppings centers, também não querem pagar o preço das interrupções nos serviços de energia. Com a geração distribuída, a confiabilidade necessária é oferecida por unidades modulares que podem ser combinadas com os sistemas de gerenciamento e armazenamento de energia de modo a assegurar que uma energia de qualidade fique disponível quando necessário.

11.6 Construção das Tabelas de Propriedades Termodinâmicas

O objetivo desta seção é utilizar as relações termodinâmicas apresentadas até aqui para descrever como as tabelas de propriedades termodinâmicas podem ser construídas. As características das tabelas em consideração estão incorporadas às tabelas para água e para os refrigerantes apresentadas no Apêndice. Os métodos introduzidos nesta seção são estendidos no Cap. 13 para a análise de sistemas reativos, como as turbinas a gás e os sistemas de potência a vapor que envolvem combustão. Os métodos discutidos nesta seção também fornecem a base para a recuperação de dados de propriedades termodinâmicas por computador.

Dois procedimentos distintos para a construção de tabelas de propriedades são considerados:

▶ A discussão da Seção 11.6.1 emprega os métodos apresentados na Seção 11.4 para se definirem entalpia específica, energia interna específica e entropia específica a estados de substâncias puras compressíveis simples utilizando dados da relação *p–v–T*, juntamente com uma quantidade limitada de dados de calor específico. A principal operação matemática desse enfoque é a *integração*.

▶ O procedimento da Seção 11.6.2 utiliza o conceito de função termodinâmica fundamental apresentado na Seção 11.3.3. Uma vez estabelecida a função, a principal operação matemática necessária para se determinar todas as demais propriedades é a *diferenciação*.

11.6.1 Desenvolvimento de Tabelas por Integração Utilizando Dados da Relação *p–v–T* e do Calor Específico

Em princípio, todas as propriedades de interesse no momento podem ser determinadas pelas expressões

$$c_p = c_{p0}(T)$$
$$p = p(v, T), \qquad v = v(p, T)$$

(11.78)

Nas Eqs. 11.78, $c_{p0}(T)$ é o calor específico c_p da substância em consideração extrapolado até a pressão zero. Esta função poderia ser determinada a partir de dados obtidos de um calorímetro ou de dados de espectroscopia, utilizando equações fornecidas pela mecânica estatística. As expressões de calor específico para diversos gases são fornecidas nas Tabelas A-21. As expressões $p(v, T)$ e $v(p, T)$ representam funções que descrevem as curvas de saturação temperatura–pressão, bem como as relações p–v–T para regiões monofásicas. Essas funções podem ser de caráter tabular, gráfico ou analítico. Porém, quaisquer que sejam suas formas, as funções devem não apenas representar os dados de p–v–T precisamente, mas também fornecer valores precisos para derivadas como $(\partial v/\partial T)_p$ e $(dp/dT)_{\text{sat}}$.

A Fig. 11.4 mostra oito estados de uma substância. Considere agora a forma pela qual podem ser atribuídos valores para entalpia específica e entropia específica a esses estados. Os mesmos procedimentos podem ser utilizados para se atribuir valores de propriedades em outros estados de interesse. Note que, quando a entalpia h for atribuída a um estado, a energia interna específica naquele estado poderá ser obtida da relação $u = h - pv$.

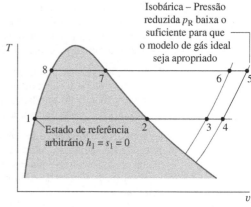

Fig. 11.4 Diagrama T–v utilizado para se discutir como h e s podem ser atribuídos aos estados de líquido e vapor.

▶ Seja o estado representado por 1 na Fig. 11.4 escolhido como o estado de referência para entalpia e entropia. Qualquer valor pode ser atribuído a h e s nesse estado, mas o usual seria um valor nulo. Deve-se observar que a utilização de um estado de referência arbitrário e valores de referência arbitrários para entalpia específica e entropia específica é suficiente apenas para cálculos que envolvam diferenças entre valores de propriedades entre estados de mesma composição, quando então esses estados de referência se cancelam.

▶ Uma vez atribuído um valor à entalpia no estado 1, pode-se determinar a entalpia no estado de vapor saturado, estado 2, a partir da equação de Clapeyron, Eq. 11.40

$$h_2 - h_1 = T_1(v_2 - v_1)\left(\frac{dp}{dT}\right)_{\text{sat}}$$

TOME NOTA...
Veja a Seção 3.6.3 sobre a discussão dos estados de referência e valores de referência nas Tabelas A-2 até A-18.

em que a derivada $(dp/dT)_{\text{sat}}$ e os volumes específicos v_1 e v_2 são obtidos de representações apropriadas dos dados de p–v–T para a substância em consideração. A entropia específica no estado 2 é encontrada a partir da Eq. 11.38 na forma

$$s_2 - s_1 = \frac{h_2 - h_1}{T_1}$$

▶ Procedendo-se à temperatura constante do estado 2 para o estado 3, a entropia e a entalpia são obtidas por meio das Eqs. 11.59 e 11.60, respectivamente. Como a temperatura é fixa, essas equações podem ser simplificadas para

$$s_3 - s_2 = -\int_{p_2}^{p_3}\left(\frac{\partial v}{\partial T}\right)_p dp \quad \text{e} \quad h_3 - h_2 = \int_{p_2}^{p_3}\left[v - T\left(\frac{\partial v}{\partial T}\right)_p\right] dp$$

Com o mesmo procedimento, s_4 e h_4 podem ser determinados.

▶ A isobárica (linha de pressão constante) que passa pelo estado 4 é admitida como estando a uma pressão suficientemente baixa de modo que o modelo de gás ideal seja apropriado. Consequentemente, para se calcular s e h em estados tais como o representado pelo ponto 5 nesta isobárica, a única informação necessária seria $c_{p0}(T)$ e as temperaturas nesses estados. Assim, uma vez que a pressão é fixada, as Eqs. 11.59 e 11.60 fornecem, respectivamente

$$s_5 - s_4 = \int_{T_4}^{T_5} c_{p0}\frac{dT}{T} \quad \text{e} \quad h_5 - h_4 = \int_{T_4}^{T_5} c_{p0}\, dT$$

▶ Os valores de entalpia e entropia específicas nos estados 6 e 7 são obtidos a partir dos valores no estado 5 através do mesmo procedimento utilizado para atribuição de valores nos estados 3 e 4 a partir dos valores no estado 2. Finalmente, s_8 e h_8 são obtidos a partir dos valores no estado 7 por meio da equação de Clapeyron.

11.6.2 Desenvolvimento de Tabelas Através da Diferenciação de uma Função Termodinâmica Fundamental

As tabelas de propriedades também podem ser desenvolvidas a partir de uma função termodinâmica fundamental. Para isto, é conveniente selecionar as variáveis independentes da função fundamental entre pressão, volume específico (massa específica) e temperatura. Percebe-se, assim, o indicativo do uso da função de Helmholtz $\psi(T, v)$ ou da função de Gibbs $g(T, p)$. As propriedades da água, listadas nas Tabelas A-2 a A-6, foram calculadas a partir da função de Helmholtz. As funções termodinâmicas fundamentais também foram empregadas com sucesso no cálculo das propriedades de outras substâncias relacionadas nas tabelas dos Apêndices.

O desenvolvimento de uma função termodinâmica fundamental requer manipulações matemáticas e cálculos numéricos consideráveis. Antes do advento dos computadores de alta velocidade, o cálculo de propriedades através deste método não era factível e o tratamento descrito na Seção 11.6.1 era o único utilizado. O procedimento da função fundamental envolve três etapas:

1. A primeira etapa é a seleção de uma forma funcional em termos do par apropriado de propriedades independentes e de um conjunto de coeficientes ajustáveis, que podem chegar a 50 ou mais. A forma funcional é definida com base em considerações tanto teóricas quanto práticas.

2. Em seguida, os coeficientes na função fundamental são determinados sob a obrigação de que um conjunto de valores de propriedades cuidadosamente selecionadas e/ou de condições observadas seja satisfeito do ponto de vista de mínimos quadrados. Esta condição geralmente envolve o uso de dados de propriedades que exigem que a forma funcional considerada seja diferenciada uma ou mais vezes, como dados de p–v–T e de calor específico.

3. Quando todos os coeficientes já tiverem sido calculados, a precisão da função é cuidadosamente testada através de sua utilização no cálculo das propriedades para as quais são conhecidos alguns valores aceitos. Esses valores podem incluir propriedades que requerem a diferenciação da função fundamental duas ou mais vezes. Por exemplo, a velocidade do som e os dados de Joule-Thomson podem ser utilizados.

Este procedimento para o desenvolvimento de uma função fundamental não é rotineiro e só pode ser realizado com um computador. Entretanto, uma vez estabelecida uma função fundamental adequada, é possível conseguir uma consistência e uma precisão extrema entre as propriedades termodinâmicas.

A forma da função de Helmholtz utilizada na construção das tabelas de vapor das quais as Tabelas A-2 a A-6 foram extraídas é

$$\psi(\rho, T) = \psi_0(T) + RT[\ln \rho + \rho Q(\rho, \tau)] \tag{11.79}$$

na qual ψ_0 e Q são expressos como as somas listadas na Tabela 11.3. As variáveis independentes são massa específica e temperatura. A variável τ é determinada por $1000/T$. Os valores para pressão, energia interna específica e entropia específica podem ser determinados através da diferenciação da Eq. 11.79. Os valores da entalpia específica e da função de Gibbs são obtidos das relações $h = u + pv$ e $g = \psi + pv$, respectivamente. O calor específico c_v é calculado através de uma outra diferenciação, $c_v = (\partial u/\partial T)_v$. Com operações similares, é possível calcular outras propriedades. Os valores das propriedades da água calculados a partir da Eq. 11.79 estão em excelente concordância com os dados experimentais para uma ampla gama de condições.

TABELA 11.3

Equação Fundamental Utilizada na Elaboração das Tabelas de Vapor[a,b]

$$\psi = \psi_0(T) + RT[\ln \rho + \rho Q(\rho, \tau)] \tag{1}$$

em que

$$\psi_0 = \sum_{i=1}^{6} C_i/\tau^{i-1} + C_7 \ln T + C_8 \ln T/\tau \tag{2}$$

e

$$Q = (\tau - \tau_c)\sum_{j=1}^{7}(\tau - \tau_{aj})^{j-2}\left[\sum_{i=1}^{8} A_{ij}(\rho - \rho_{aj})^{i-1} + e^{-E\rho}\sum_{i=9}^{10} A_{ij}\rho^{i-9}\right] \tag{3}$$

Em (1), (2) e (3), T representa a temperatura na escala Kelvin, τ é calculado como $1000/T$, ρ é a massa específica em g/cm³, $R = 4{,}6151$ bar·cm³/g·K ou $0{,}46151$ J/g·K, $\tau_c = 1000/T_c = 1{,}544912$, $E = 4{,}8$ e

$$\tau_{aj} = \tau_c(j=1) \qquad \rho_{aj} = 0{,}634(j=1)$$
$$\phantom{\tau_{aj}} = 2{,}5(j>1) \qquad \phantom{\rho_{aj}} = 1{,}0(j>1)$$

Os coeficientes para ψ_0 em J/g são dados como se segue:

$C_1 = 1857{,}065$ $C_4 = 36{,}6649$ $C_7 = 46{,}0$
$C_2 = 3229{,}12$ $C_5 = -20{,}5516$ $C_8 = -1011{,}249$
$C_3 = -419{,}465$ $C_6 = 4{,}85233$

Os valores para os coeficientes A_{ij} são listados na fonte original.[a]

[a] J. H. Keenan, F. G. Keyes, P. G. Hill e J. G. Moore, *Steam Tables*, Wiley, Nova York, 1969.
[b] Veja também L. Haar, J. S. Gallagher e G. S. Kell, *NBS/NRC Steam Tables*, Hemisphere, Washington, D.C., 1984. As propriedades da água são determinadas nessa referência por meio de uma forma funcional para a função de Helmholtz diferente daquela dada pelas Eqs. (1) a (3).

ENERGIA & MEIO AMBIENTE

Devido à retirada do mercado dos refrigerantes CFC que contêm cloro, tendo em vista o aquecimento global e a destruição da camada de ozônio, novas substâncias e misturas sem cloro têm sido desenvolvidas nos últimos anos como possíveis alternativas (veja a Seção 10.3). Este fato tem conduzido a grandes esforços de pesquisas de modo a se conseguirem dados de propriedades termodinâmicas necessárias para análise e projeto.

O Instituto Nacional de Padrões e Tecnologia dos Estados Unidos (National Institute of Standards and Technology — NIST) tem despendido esforços governamentais para fornecer dados precisos. Especificamente, têm sido desenvolvidos dados no sentido de se obter alta precisão para as equações de estado que envolvem as variáveis p–v–T, com as quais as funções fundamentais podem ser obtidas. As equações são cuidadosamente validadas por meio de dados para velocidade do som, coeficiente de Joule-Thomson, relações pressão de saturação–temperatura e calores específicos. Esses dados foram utilizados no cálculo dos valores das propriedades das Tabelas A-7 a A-18 apresentadas no Apêndice. O NIST tem desenvolvido uma base de dados de computador (REFPROP) que representa o padrão corrente para as propriedades dos refrigerantes e das misturas de refrigerantes.

Relações Termodinâmicas 561

O Exemplo 11.7 ilustra a utilização de uma função fundamental para determinação das propriedades termodinâmicas pelo uso de um computador e para o desenvolvimento de tabelas.

► EXEMPLO 11.7 ►

Determinação de Propriedades por Meio de uma Função Fundamental

A expressão a seguir da função de Helmholtz foi utilizada para determinar as propriedades da água:

$$\psi(\rho, T) = \psi_0(T) + RT[\ln \rho + \rho Q(\rho, \tau)]$$

em que ρ representa a massa específica e τ é calculado como $1000/T$. As funções ψ_0 e Q representam somatórios que envolvem as variáveis independentes indicadas e um certo número de constantes ajustáveis (veja a Tabela 11.3). Obtenha expressões para (a) pressão, (b) entropia específica e (c) energia interna específica resultantes dessa função termodinâmica fundamental.

SOLUÇÃO

Dado: Uma expressão para a função de Helmholtz ψ é fornecida.

Pede-se: Determine as expressões para pressão, entropia específica e energia interna específica resultantes dessa função termodinâmica fundamental.

Análise: As expressões desenvolvidas a seguir para p, s e u necessitam somente das funções $\psi_0(T)$ e $Q(\rho, t)$. Uma vez determinadas essas funções, p, s e u podem ser determinadas individualmente em função da massa específica e da temperatura por meio de operações matemáticas elementares.

(a) Quando expressa em termos da massa específica, em vez do volume específico, a Eq. 11.28 fica

$$p = \rho^2 \left(\frac{\partial \psi}{\partial \rho}\right)_T$$

como pode facilmente ser verificado. Quando T é mantida constante, τ também é constante. Consequentemente, pela diferenciação da função em questão obtém-se a seguinte expressão:

$$\left(\frac{\partial \psi}{\partial \rho}\right)_T = RT\left[\frac{1}{\rho} + Q(\rho, \tau) + \rho\left(\frac{\partial Q}{\partial \rho}\right)_\tau\right]$$

Combinando-se essas equações, obtém-se uma expressão para a pressão, qual seja

$$p = \rho RT\left[1 + \rho Q + \rho^2\left(\frac{\partial Q}{\partial \rho}\right)_\tau\right] \tag{a}$$

(b) Pela Eq. 11.29, tem-se

$$s = -\left(\frac{\partial \psi}{\partial T}\right)_\rho$$

A diferenciação da expressão de ψ fornece

$$\left(\frac{\partial \psi}{\partial T}\right)_\rho = \frac{d\psi_0}{dT} + \left[R(\ln \rho + \rho Q) + RT\rho\left(\frac{\partial Q}{\partial \tau}\right)_\rho \frac{d\tau}{dT}\right]$$

$$= \frac{d\psi_0}{dT} + \left[R(\ln \rho + \rho Q) + RT\rho\left(\frac{\partial Q}{\partial \tau}\right)_\rho\left(-\frac{1000}{T^2}\right)\right]$$

$$= \frac{d\psi_0}{dT} + R\left[\ln \rho + \rho Q - \rho\tau\left(\frac{\partial Q}{\partial \tau}\right)_\rho\right]$$

Combinando os resultados, obtém-se

$$s = -\frac{d\psi_0}{dT} - R\left[\ln \rho + \rho Q - \rho\tau\left(\frac{\partial Q}{\partial \tau}\right)_\rho\right] \tag{b}$$

(c) Por definição, $\psi = u - Ts$. Assim, $u = \psi + Ts$. A substituição da expressão dada para ψ juntamente com a expressão de s obtida no item (b) resulta em

$$u = [\psi_0 + RT(\ln \rho + \rho Q)] + T\left\{-\frac{d\psi_0}{dT} - R\left[\ln \rho + \rho Q - \rho\tau\left(\frac{\partial Q}{\partial \tau}\right)_\rho\right]\right\}$$

$$= \psi_0 - T\frac{d\psi_0}{dT} + RT\rho\tau\left(\frac{\partial Q}{\partial \tau}\right)_\rho$$

Essa expressão pode ser escrita de forma mais compacta ao percebermos que

$$T\frac{d\psi_0}{dT} = T\frac{d\psi_0}{d\tau}\frac{d\tau}{dT} = T\frac{d\psi_0}{d\tau}\left(-\frac{1000}{T^2}\right) = -\tau\frac{d\psi_0}{d\tau}$$

Assim,

$$\psi_0 - T\frac{d\psi_0}{dT} = \psi_0 + \tau\frac{d\psi_0}{d\tau} = \frac{d(\psi_0\tau)}{d\tau}$$

Finalmente, a expressão para u torna-se

$$u = \frac{d(\psi_0\tau)}{d\tau} + RT\rho\tau\left(\frac{\partial Q}{\partial \tau}\right)_\rho \quad \text{(c)}$$

> **Habilidades Desenvolvidas**
>
> Habilidades para...
> ☐ deduzir expressões para pressão, entropia específica e energia interna específica, com base em uma função termodinâmica fundamental.

Teste-Relâmpago Utilizando os resultados obtidos, como se pode desenvolver uma expressão para h?
Resposta: $h = u + p/\rho$. Substitua a Eq. (c) para u e a Eq. (a) para p e reúna os termos.

11.7 Diagramas Generalizados de Entalpia e Entropia

> **TOME NOTA...**
> Os diagramas generalizados de compressibilidade são fornecidos nas Figs. A-1, A-2 e A-3 do Apêndice. Veja o Exemplo 3.7 referente a uma aplicação.

A Seção 3.11 apresentou os diagramas generalizados que fornecem o fator de compressibilidade Z em termos das propriedades reduzidas p_R, T_R e v'_R. Com esses diagramas, podem-se obter rapidamente estimativas de dados de p–v–T apenas com o conhecimento da pressão crítica e da temperatura crítica para a substância de interesse. O objetivo da presente seção é apresentar diagramas generalizados que permitam uma estimativa para as variações de entalpia e entropia.

Diagrama Generalizado de Desvio de Entalpia

A variação de entalpia específica de um gás (ou líquido) entre dois estados fixados por temperatura e pressão pode ser calculada por meio da identidade

$$h(T_2, p_2) - h(T_1, p_1) = [h^*(T_2) - h^*(T_1)] \\ + \underline{\{[h(T_2, p_2) - h^*(T_2)] - [h(T_1, p_1) - h^*(T_1)]\}} \quad (11.80)$$

O termo $[h(T, p) - h^*(T)]$ representa a entalpia específica da substância em relação àquela do seu modelo de gás ideal quando ambas estão à mesma temperatura. O sobrescrito * é utilizado nesta seção para identificar valores de propriedades de gás ideal. Assim, a Eq. 11.80 indica que a variação de entalpia específica entre os dois estados é igual à variação de entalpia determinada por meio do modelo de gás ideal mais uma correção que leva em conta o afastamento do comportamento de gás ideal. A correção é mostrada sublinhada na Eq. 11.80. O termo de gás ideal pode ser calculado utilizando-se os procedimentos apresentados no Cap. 3. A seguir, mostra-se como o termo de correção é calculado em função do *desvio de entalpia*.

DESENVOLVIMENTO DO DESVIO DE ENTALPIA. A variação da entalpia com a pressão a uma temperatura fixa é expressa pela Eq. 11.56 como

$$\left(\frac{\partial h}{\partial p}\right)_T = v - T\left(\frac{\partial v}{\partial T}\right)_p$$

Integrando-se a partir da pressão p' até a pressão p a uma temperatura fixa T, tem-se

$$h(T, p) - h(T, p') = \int_{p'}^{p}\left[v - T\left(\frac{\partial v}{\partial T}\right)_p\right]dp$$

Esta equação não é fundamentalmente alterada pela soma e subtração de $h^*(T)$ no lado esquerdo. Ou seja

$$[h(T, p) - h^*(T)] - [h(T, p') - h^*(T)] = \int_{p'}^{p}\left[v - T\left(\frac{\partial v}{\partial T}\right)_p\right]dp \quad (11.81)$$

Na medida em que a pressão tende a zero, com a temperatura fixa, a entalpia da substância se aproxima daquela do modelo de gás ideal. Consequentemente, como p' tende a zero

$$\lim_{p' \to 0}[h(T, p') - h^*(T)] = 0$$

Neste limite, obtém-se a seguinte expressão a partir da Eq. 11.81 para a entalpia específica de uma substância em relação àquela do seu modelo de gás ideal quando ambas estão à mesma temperatura:

$$h(T, p) - h^*(T) = \int_0^p \left[v - T\left(\frac{\partial v}{\partial T}\right)_p \right] dp \qquad (11.82)$$

Esta expressão também pode ser vista como a variação de entalpia na medida em que a pressão aumenta de zero até a pressão dada, enquanto a temperatura é mantida constante. Utilizando apenas os dados de p–v–T, pode-se calcular a Eq. 11.82 nos estados 1 e 2, e, assim, o termo de correção da Eq. 11.80 é determinado. Discute-se a seguir como este procedimento pode ser conduzido em termos dos dados do fator de compressibilidade e das propriedades reduzidas T_R e p_R.

A integral da Eq. 11.82 pode ser expressa em termos do fator de compressibilidade Z e das propriedades reduzidas T_R e p_R conforme mostrado a seguir. Manipulando-se $Z = pv/RT$, tem-se

$$v = \frac{ZRT}{p}$$

Diferenciando-se

$$\left(\frac{\partial v}{\partial T}\right)_p = \frac{RZ}{p} + \frac{RT}{p}\left(\frac{\partial Z}{\partial T}\right)_p$$

Com as duas expressões anteriores, o integrando da Eq. 11.82 fica

$$v - T\left(\frac{\partial v}{\partial T}\right)_p = \frac{ZRT}{p} - T\left[\frac{RZ}{p} + \frac{RT}{p}\left(\frac{\partial Z}{\partial T}\right)_p\right] = -\frac{RT^2}{p}\left(\frac{\partial Z}{\partial T}\right)_p \qquad (11.83)$$

A Eq. 11.83 pode ser escrita em termos das propriedades reduzidas como

$$v - T\left(\frac{\partial v}{\partial T}\right)_p = -\frac{RT_c}{p_c} \cdot \frac{T_R^2}{p_R}\left(\frac{\partial Z}{\partial T_R}\right)_{p_R}$$

Substituindo esta expressão na Eq. 11.82 e arrumando os termos, obtemos

$$\frac{h^*(T) - h(T, p)}{RT_c} = T_R^2 \int_0^{p_R} \left(\frac{\partial Z}{\partial T_R}\right)_{p_R} \frac{dp_R}{p_R}$$

Ou, em uma base por mol, o **desvio de entalpia** fica expresso por

$$\frac{\overline{h}^*(T) - \overline{h}(T, p)}{\overline{R}T_c} = T_R^2 \int_0^{p_R} \left(\frac{\partial Z}{\partial T_R}\right)_{p_R} \frac{dp_R}{p_R} \qquad (11.84)$$

O lado direito da Eq. 11.84 depende apenas da temperatura reduzida T_R e da pressão reduzida p_R. Em consequência, a quantidade $(\overline{h}^* - \overline{h})/\overline{R}T_c$, o desvio de entalpia, é função apenas dessas duas propriedades reduzidas. Pode-se calcular o desvio de entalpia rapidamente com um computador utilizando-se uma equação de estado generalizada que forneça Z como função de T_R e p_R. Representações em tabelas também são encontradas na literatura. Como alternativa, pode-se empregar a representação gráfica fornecida na Fig. A-4.

CÁLCULO DA VARIAÇÃO DE ENTALPIA. A variação de entalpia específica entre dois estados pode ser calculada expressando-se a Eq. 11.80 em função do desvio de entalpia como

$$\overline{h}_2 - \overline{h}_1 = \overline{h}_2^* - \overline{h}_1^* - \overline{R}T_c\left[\left(\frac{\overline{h}^* - \overline{h}}{\overline{R}T_c}\right)_2 - \left(\frac{\overline{h}^* - \overline{h}}{\overline{R}T_c}\right)_1\right] \qquad (11.85)$$

O primeiro termo sublinhado na Eq. 11.85 representa a variação de entalpia específica entre dois estados considerando-se o comportamento de gás ideal. O segundo termo sublinhado é a correção que deve ser aplicada ao valor da variação de entalpia para gás ideal a fim de se obter o valor real da variação de entalpia. Consultando-se a literatura de engenharia, quantidade $(\overline{h}^* - \overline{h})/\overline{R}T_c$ nos estados 1 e 2 pode ser calculada por meio de uma equação que forneça $Z(T_R, p_R)$, ou obtida a partir de tabelas. Essa grandeza também pode ser calculada no estado 1 por meio do diagrama generalizado de desvio de entalpia, Fig. A-4, utilizando a temperatura reduzida T_{R1} e a pressão reduzida p_{R1}, correspondentes à temperatura T_1 e à pressão p_1 no estado inicial, respectivamente. De modo análogo, a quantidade $(\overline{h}^* - \overline{h})/\overline{R}T_c$ no estado 2 pode ser calculada pela Fig. A-4 utilizando T_{R2} e p_{R2}. O uso da Eq. 11.85 é ilustrado no exemplo a seguir.

EXEMPLO 11.8

Uso do Diagrama Generalizado de Desvio de Entalpia

Nitrogênio entra em uma turbina que opera em regime estacionário a 100 bar e 300 K e sai a 40 bar e 245 K. Utilizando o diagrama de desvio de entalpia, determine o trabalho produzido, em kJ por kg de nitrogênio escoando, se a transferência de calor para as vizinhanças pode ser desprezada. As variações na energia potencial e cinética entre a entrada e a saída também podem ser desprezadas.

SOLUÇÃO

Dado: Uma turbina que opera em regime estacionário tem nitrogênio entrando a 100 bar e 300 K e saindo a 40 bar e 245 K.

Pede-se: Utilizando o diagrama de desvio de entalpia, determine o trabalho produzido.

Diagrama Esquemático e Dados Fornecidos:

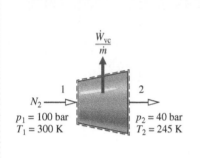
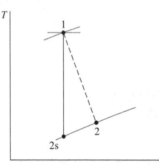

Modelo de Engenharia:

1. O volume de controle mostrado na figura opera em regime estacionário.
2. Não há transferência de calor significativa entre o volume de controle e suas vizinhanças.
3. As variações nas energias potencial e cinética entre a entrada e a saída podem ser desprezadas.
4. As relações de equilíbrio de propriedades aplicam-se na entrada e na saída.

Fig. E11.8

Análise: Os balanços de fluxo de massa e de energia em regime estacionário podem ser simplificados, fornecendo

$$0 = \frac{\dot{Q}_{vc}}{\dot{m}} - \frac{\dot{W}_{vc}}{\dot{m}} + \left[h_1 - h_2 + \frac{V_1^2 - V_2^2}{2} + g(z_1 - z_2) \right]$$

em que $\dot{m}$ é a vazão mássica. Cancelando o termo de transferência de calor devido à hipótese 2 e os termos de energia cinética e potencial devidos à hipótese 3, obtém-se

$$\frac{\dot{W}_{vc}}{\dot{m}} = h_1 - h_2$$

O termo $h_1 - h_2$ pode ser calculado como

$$h_1 - h_2 = \frac{1}{M} \left\{ \overline{h}_1^* - \overline{h}_2^* - \overline{R}T_c \left[\left(\frac{\overline{h}^* - \overline{h}}{\overline{R}T_c} \right)_1 - \left(\frac{\overline{h}^* - \overline{h}}{\overline{R}T_c} \right)_2 \right] \right\}$$

Nesta expressão, M é o peso molecular do nitrogênio, e os outros termos têm o mesmo significado que aqueles da Eq. 11.85.
Com os valores de entalpia específica da Tabela A-23 a $T_1 = 300$ K e $T_2 = 245$ K, respectivamente, tem-se

$$\overline{h}_1^* - \overline{h}_2^* = 8723 - 7121 = 1602 \text{ kJ/kmol}$$

Os termos $(\overline{h}^* - \overline{h})/\overline{R}T_c$ nos estados 1 e 2 necessários nessa expressão para $h_1 - h_2$ podem ser determinados com base na Fig. A-4. Primeiro, devem ser determinadas a temperatura reduzida e a pressão reduzida na entrada e na saída. A partir das Tabelas A-1, $T_c = 126$ K e $p_c = 33{,}9$ bar. Assim, na entrada

$$T_{R1} = \frac{300}{126} = 2{,}38, \quad p_{R1} = \frac{100}{33{,}9} = 2{,}95$$

Na saída

$$T_{R2} = \frac{245}{126} = 1{,}94, \quad p_{R2} = \frac{40}{33{,}9} = 1{,}18$$

Por inspeção da Fig. A-4

❶
$$\left(\frac{\overline{h}^* - \overline{h}}{\overline{R}T_c} \right)_1 \approx 0{,}5, \quad \left(\frac{\overline{h}^* - \overline{h}}{\overline{R}T_c} \right)_2 \approx 0{,}31$$

Substituindo valores

$$\frac{\dot{W}_{vc}}{\dot{m}} = \frac{1}{28 \frac{\text{kg}}{\text{kmol}}} \left[1602 \frac{\text{kJ}}{\text{kmol}} - \left(8{,}314 \frac{\text{kJ}}{\text{kmol} \cdot \text{K}} \right)(126 \text{ K})(0{,}5 - 0{,}31) \right] = 50{,}1 \text{ kJ/kg}$$

> **✓ Habilidades Desenvolvidas**
>
> Habilidades para...
> ☐ utilizar os dados de um diagrama generalizado de entalpia para calcular a variação na entalpia do nitrogênio.

Relações Termodinâmicas 565

❶ Devido à imprecisão na leitura dos valores em um gráfico como o da Fig. A-4, não se pode esperar uma grande exatidão no resultado final calculado.

Teste-Relâmpago Determine o trabalho desenvolvido, em kJ por kg de nitrogênio que escoa, admitindo o modelo de gás ideal. **Resposta:** 57,2 kJ/kg.

Diagrama Generalizado de Desvio de Entropia

Um diagrama generalizado que possibilita o cálculo das variações de entropia específica pode ser desenvolvido de maneira análoga ao diagrama generalizado de desvio de entalpia aqui apresentado. A diferença de entropia específica entre os estados 1 e 2 de um gás (ou líquido) pode ser expressa como a identidade

$$s(T_2, p_2) - s(T_1, p_1) = s^*(T_2, p_2) - s^*(T_1, p_1)$$
$$+ \{[s(T_2, p_2) - s^*(T_2, p_2)] - [s(T_1, p_1) - s^*(T_1, p_1)]\} \quad (11.86)$$

em que o termo $[s(T, p) - s^*(T, p)]$ representa a entropia específica da substância em relação àquela do seu modelo de gás ideal quando ambas estão às mesmas temperatura e pressão. A Eq. 11.86 indica que a variação de entropia específica entre os dois estados é igual à variação de entropia determinada por meio do modelo de gás ideal mais uma correção (mostrada sublinhada) que considera o afastamento do comportamento de gás ideal. O termo de gás ideal pode ser calculado por meio dos métodos apresentados na Seção 6.5. Mostra-se a seguir como o termo de correção é calculado em função do *desvio de entropia*.

DESENVOLVIMENTO DO DESVIO DE ENTROPIA. A relação de Maxwell mostrada a seguir fornece a variação de entropia com a pressão a uma temperatura fixa:

$$\left(\frac{\partial s}{\partial p}\right)_T = -\left(\frac{\partial v}{\partial T}\right)_p \quad (11.35)$$

Integrando da pressão p' até a pressão p a uma temperatura fixa T, obtém-se

$$s(T, p) - s(T, p') = -\int_{p'}^{p} \left(\frac{\partial v}{\partial T}\right)_p dp \quad (11.87)$$

Para um gás ideal, $v = RT/p$, logo $(\partial v/\partial T)_p = R/p$. Se utilizarmos este resultado na Eq. 11.87, a variação da entropia específica considerando-se comportamento de gás ideal será

$$s^*(T, p) - s^*(T, p') = -\int_{p'}^{p} \frac{R}{p} dp \quad (11.88)$$

Subtraindo a Eq. 11.88 da Eq. 11.87, temos

$$[s(T, p) - s^*(T, p)] - [s(T, p') - s^*(T, p')] = \int_{p'}^{p} \left[\frac{R}{p} - \left(\frac{\partial v}{\partial T}\right)_p\right] dp \quad (11.89)$$

Uma vez que as propriedades de uma substância tendem a se igualar àquelas de um gás ideal quando a pressão tende a zero com a temperatura fixa, obtém-se

$$\lim_{p' \to 0}[s(T, p') - s^*(T, p')] = 0$$

Assim, no limite, quando p' tende a zero, a Eq. 11.89 torna-se

$$s(T, p) - s^*(T, p) = \int_0^p \left[\frac{R}{p} - \left(\frac{\partial v}{\partial T}\right)_p\right] dp \quad (11.90)$$

Utilizando apenas os dados da relação p–v–T, podemos calcular a Eq. 11.90 nos estados 1 e 2 e, assim, determinar o termo de correção da Eq. 11.86.

A Eq. 11.90 pode ser expressa em termos do fator de compressibilidade Z e das propriedades reduzidas T_R e p_R. O resultado, em uma base por mol, é o desvio de entropia

desvio de entropia

$$\frac{\bar{s}^*(T, p) - \bar{s}(T, p)}{\bar{R}} = \frac{\bar{h}^*(T) - \bar{h}(T, p)}{\bar{R} T_R T_c} + \int_0^{p_R} (Z - 1) \frac{dp_R}{p_R} \quad (11.91)$$

O lado direito da Eq. 11.91 depende apenas da temperatura reduzida T_R e da pressão reduzida p_R. Consequentemente, a quantidade $(\bar{s}^* - \bar{s})/\bar{R}$, o desvio de entropia, é função somente dessas duas propriedades reduzidas. Assim como para o desvio de entalpia, pode-se calcular o desvio de entropia com um computador utilizando uma equação de estado generalizada que forneça Z como função de T_R e p_R. Como alternativa, podem-se empregar representações em tabelas encontradas na literatura ou a representação gráfica fornecida na Figura A-5.

CÁLCULO DA VARIAÇÃO DE ENTROPIA. A variação de entropia específica entre dois estados pode ser calculada expressando-se a Eq. 11.86 em termos do desvio de entropia como

$$\bar{s}_2 - \bar{s}_1 = \underline{\bar{s}_2^* - \bar{s}_1^*} - \bar{R}\left[\left(\frac{\bar{s}^* - \bar{s}}{\bar{R}}\right)_2 - \left(\frac{\bar{s}^* - \bar{s}}{\bar{R}}\right)_1\right] \tag{11.92}$$

O primeiro termo sublinhado na Eq. 11.92 representa a variação de entropia específica entre dois estados considerando-se comportamento de gás ideal. O segundo termo sublinhado é a correção que deve ser aplicada ao valor da variação de entropia para gás ideal de modo a se obter o valor real para a variação de entropia. A quantidade $(\bar{s}^* - \bar{s})_1/\bar{R}$ que aparece na Eq. 11.92 pode ser calculada com base no diagrama generalizado de desvio de entropia, Fig. A-5, utilizando-se a temperatura reduzida T_{R1} e a pressão reduzida p_{R1} correspondentes à temperatura T_1 e à pressão p_1 no estado inicial, respectivamente. Analogamente, o termo $(\bar{s}^* - \bar{s})_2/\bar{R}$ pode ser calculado com base na Fig. A-5 utilizando-se T_{R2} e p_{R2}. O uso da Eq. 11.92 é ilustrado no exemplo a seguir.

▶▶▶ EXEMPLO 11.9 ▶

Uso do Diagrama Generalizado de Desvio de Entropia

Para o caso do Exemplo 11.8, determine **(a)** a taxa de produção de entropia, em kJ/kg · K e **(b)** a eficiência isentrópica da turbina.

SOLUÇÃO

Dado: Uma turbina que opera em regime estacionário tem nitrogênio entrando a 100 bar e 300 K, e saindo a 40 bar e 245 K.
Pede-se: Determine a taxa de produção de entropia, em kJ/kg · K, e a eficiência isentrópica da turbina.
Diagrama Esquemático e Dados Fornecidos: Veja a Fig. E11.8.
Modelo de Engenharia: Veja o Exemplo 11.8.
Análise:

(a) Em regime estacionário, a equação da taxa de entropia para um volume de controle pode ser simplificada, fornecendo

$$\frac{\dot{\sigma}_{vc}}{\dot{m}} = s_2 - s_1$$

A variação de entropia específica necessária para esta expressão pode ser escrita como

$$s_2 - s_1 = \frac{1}{M}\left\{\bar{s}_2^* - \bar{s}_1^* - \bar{R}\left[\left(\frac{\bar{s}^* - \bar{s}}{\bar{R}}\right)_2 - \left(\frac{\bar{s}^* - \bar{s}}{\bar{R}}\right)_1\right]\right\}$$

em que M é o peso molecular do nitrogênio, e os demais termos têm o mesmo significado daqueles na Eq. 11.92.

A variação de entropia específica $\bar{s}_2^* - \bar{s}_1^*$ pode ser calculada por meio da expressão

$$\bar{s}_2^* - \bar{s}_1^* = \bar{s}°(T_2) - \bar{s}°(T_1) - \bar{R}\ln\frac{p_2}{p_1}$$

Com os valores da Tabela A-23, tem-se

$$\bar{s}_2^* - \bar{s}_1^* = 185{,}775 - 191{,}682 - 8{,}314\ln\frac{40}{100} = 1{,}711\frac{\text{kJ}}{\text{kmol} \cdot \text{K}}$$

Os termos $(\bar{s}^* - \bar{s})/\bar{R}$ na entrada e na saída podem ser determinados com base na Fig. A-5. Utilizando-se os valores da temperatura reduzida e da pressão reduzida calculados na solução do Exemplo 11.8, uma inspeção na Fig. A-5 fornece

$$\left(\frac{\bar{s}^* - \bar{s}}{\bar{R}}\right)_1 \approx 0{,}21, \qquad \left(\frac{\bar{s}^* - \bar{s}}{\bar{R}}\right)_2 \approx 0{,}14$$

Substituindo valores, obtém-se

$$\frac{\dot{\sigma}_{vc}}{\dot{m}} = \frac{1}{(28\ \text{kg/kmol})}\left[1{,}711\frac{\text{kJ}}{\text{kmol} \cdot \text{K}} - 8{,}314\frac{\text{kJ}}{\text{kmol} \cdot \text{K}}(0{,}14 - 0{,}21)\right]$$

$$= 0{,}082\frac{\text{kJ}}{\text{kg} \cdot \text{K}}$$

(b) A eficiência isentrópica da turbina é definida na Seção 6.12 como

$$\eta_t = \frac{(\dot{W}_{vc}/\dot{m})}{(\dot{W}_{vc}/\dot{m})_s}$$

na qual o denominador é o trabalho que seria desenvolvido pela turbina se o nitrogênio se expandisse isentropicamente do estado especificado na entrada até a pressão especificada na saída. Assim, é necessário fixar o estado, por exemplo 2s, na saída da turbina para uma expansão na qual não existe variação de entropia específica entre a entrada e a saída. Com $(\bar{s}_{2s} - \bar{s}_1) = 0$ e procedimentos similares aos utilizados no item (a), tem-se

$$0 = \bar{s}^*_{2s} - \bar{s}^*_1 - \overline{R}\left[\left(\frac{\bar{s}^* - \bar{s}}{\overline{R}}\right)_{2s} - \left(\frac{\bar{s}^* - \bar{s}}{\overline{R}}\right)_1\right]$$

$$0 = \left[\bar{s}°(T_{2s}) - \bar{s}°(T_1) - \overline{R}\ln\left(\frac{p_2}{p_1}\right)\right] - \overline{R}\left[\left(\frac{\bar{s}^* - \bar{s}}{\overline{R}}\right)_{2s} - \left(\frac{\bar{s}^* - \bar{s}}{\overline{R}}\right)_1\right]$$

Utilizando os valores do item (a), a última equação fica

$$0 = \bar{s}°(T_{2s}) - 191{,}682 - 8{,}314 \ln \frac{40}{100} - \overline{R}\left(\frac{\bar{s}^* - \bar{s}}{\overline{R}}\right)_{2s} + 1{,}746$$

ou

$$\bar{s}°(T_{2s}) - \overline{R}\left(\frac{\bar{s}^* - \bar{s}}{\overline{R}}\right)_{2s} = 182{,}3$$

A temperatura T_{2s} pode ser determinada por meio de um processo iterativo a partir de dados de $\bar{s}°$ da Tabela A-23 e de $(\bar{s}^* - \bar{s})/\overline{R}$ da Fig. A-5, como se segue: primeiro, adota-se um valor para a temperatura T_{2s}. O valor correspondente para $\bar{s}°$ pode então ser obtido da Tabela A-23. A temperatura reduzida $(T_R)_{2s} = T_{2s}/T_c$, juntamente com $p_{R2} = 1{,}18$, possibilita obter-se um valor para $(\bar{s}^* - \bar{s})/\overline{R}$ utilizando a Fig. A-5. O procedimento continua até se obter uma concordância com o valor no lado direito da equação anterior. Utilizando este procedimento, encontra-se um valor para T_{2s} próximo de 228 K.

Com a temperatura T_{2s} conhecida, o trabalho que seria fornecido pela turbina se o nitrogênio se expandisse isentropicamente do estado especificado na entrada até a pressão especificada na saída pode ser calculado por

$$\left(\frac{\dot{W}_{vc}}{\dot{m}}\right)_s = h_1 - h_{2s}$$

$$= \frac{1}{M}\left\{(\bar{h}^*_1 - \bar{h}^*_{2s}) - \overline{R}T_c\left[\left(\frac{\bar{h}^* - \bar{h}}{\overline{R}T_c}\right)_1 - \left(\frac{\bar{h}^* - \bar{h}}{\overline{R}T_c}\right)_{2s}\right]\right\}$$

Pela Tabela A-23, $\bar{h}^*_{2s} = 6654$ kJ/kmol. Da Fig. A-4 a $p_{R2} = 1{,}18$ e $(T_R)_{2s} = 228/126 = 1{,}81$, encontra-se

$$\left(\frac{\bar{h}^* - \bar{h}}{\overline{R}T_c}\right)_{2s} \approx 0{,}36$$

Os valores para os demais termos na expressão para $(\dot{W}_{vc}/\dot{m})_s$ são obtidos da solução do Exemplo 11.8. Finalmente

$$\left(\frac{\dot{W}_{vc}}{\dot{m}}\right)_s = \frac{1}{28}[8723 - 6654 - (8{,}314)(126)(0{,}5 - 0{,}36)] = 68{,}66 \text{ kJ/kg}$$

Com o valor para o trabalho do Exemplo 11.8, a eficiência da turbina é

❶ $$\eta t = \frac{(\dot{W}_{vc}/\dot{m})}{(\dot{W}_{vc}/\dot{m})_s} = \frac{50{,}1}{68{,}66} = 0{,}73 (73\%)$$

✓ Habilidades Desenvolvidas

Habilidades para...
- utilizar os dados de um diagrama generalizado de desvio de entropia para calcular a produção de entropia.
- utilizar os dados dos diagramas generalizados de desvios de entalpia e de entropia para calcular a eficiência isentrópica de uma turbina.
- utilizar um procedimento iterativo para calcular a temperatura no final de um processo isentrópico utilizando os dados de um diagrama generalizado de desvio de entropia.

❶ Não se pode esperar uma grande exatidão na leitura de dados de um diagrama generalizado como o da Fig. A-5, o que afeta o resultado final calculado.

Teste-Relâmpago Determine a taxa de produção de entropia, em kJ/K por kg de nitrogênio que escoa, admitindo o modelo de gás ideal. **Resposta:** 0,061 kJ/kg · K.

11.8 Relações $p-v-T$ para Misturas de Gases

Muitos sistemas de interesse envolvem misturas de dois ou mais componentes. Os princípios da termodinâmica apresentados até aqui *são* aplicáveis a sistemas que envolvem misturas, porém, para aplicá-los é preciso que as propriedades das misturas sejam determinadas.

TOME NOTA...
O caso especial de misturas de gases ideais é considerado nas Seções 12.1 a 12.4, com aplicações da psicometria na segunda parte do Cap. 12 e de misturas reagentes nos Caps. 13 e 14.

Uma vez que uma variedade ilimitada de misturas pode ser formada a partir de um dado conjunto de componentes puros pela variação das quantidades relativas presentes, as propriedades das misturas estão disponíveis em forma de tabelas, gráficos ou equações somente para casos específicos como o do ar. Em geral, são necessários meios especiais para a determinação das propriedades das misturas.

Nesta seção, os métodos de avaliação das relações p–v–T para componentes puros apresentados em seções anteriores deste livro são adaptados de modo a se obterem estimativas plausíveis referentes às misturas de gases. Na Seção 11.9, serão apresentados alguns aspectos gerais do cálculo das propriedades de sistemas de múltiplos componentes.

Para o cálculo das propriedades de uma mistura necessita-se do conhecimento da sua composição. A composição pode ser descrita com o fornecimento do *número de moles* (kmol ou lbmol) de cada componente presente. O número total de moles, n, é a soma do número de moles de cada um dos componentes, ou seja,

$$n = n_1 + n_2 + \cdots + n_j = \sum_{i=1}^{j} n_i \tag{11.93}$$

As quantidades *relativas* dos componentes presentes podem ser descritas em termos de *frações molares*. A fração molar y_i do componente i é definida por

$$y_i = \frac{n_i}{n} \tag{11.94}$$

Dividindo cada termo da Eq. 11.93 pelo número total de moles e usando a Eq. 11.94, tem-se

$$1 = \sum_{i=1}^{j} y_i \tag{11.95}$$

Isto é, a soma das frações molares de todos os componentes presentes é igual a 1.

A maioria das técnicas para a estimativa das propriedades das misturas é de caráter empírico e não dedutível a partir de princípios fundamentais. O domínio de validade de qualquer técnica em particular só pode ser estabelecido por comparação dos valores previstos para as propriedades com os dados empíricos disponíveis. A breve discussão que se segue pretende apenas mostrar como certos procedimentos de cálculo das relações p–v–T para os componentes puros apresentados anteriormente podem ser estendidos a misturas de gases.

EQUAÇÃO DE ESTADO DE UMA MISTURA. Uma maneira pela qual se pode estimar a relação p–v–T de uma mistura de gases é pela aplicação de uma equação de estado como apresentamos na Seção 11.1 para a mistura como um todo. As constantes que aparecem na equação selecionada seriam *valores de mistura* determinados pela combinação de regras empíricas desenvolvidas para a equação. Por exemplo, os valores de misturas das constantes a e b a serem utilizadas nas equações de van der Waals e Redlich-Kwong seriam obtidos utilizando-se relações da forma

$$a = \left(\sum_{i=1}^{j} y_i a_i^{1/2} \right)^2, \qquad b = \left(\sum_{i=1}^{j} y_i b_i \right) \tag{11.96}$$

em que a_i e b_i são os valores das constantes para o componente i e y_i é a fração molar. Também têm sido sugeridas regras de combinação para a obtenção de valores de mistura para as constantes de outras equações de estado.

REGRA DE KAY. O método do princípio *dos estados correspondentes* para componentes isolados, apresentado na Seção 3.11.3, pode ser estendido para o caso de misturas, considerando-se a esta como se fosse um único componente puro que tivesse propriedades críticas calculadas por uma das diversas regras de misturas. Talvez a mais simples delas, que necessita apenas da determinação da temperatura crítica T_c e da pressão crítica p_c, ponderadas por uma fração molar,

regra de Kay seja a regra de Kay

$$T_c = \sum_{i=1}^{j} y_i T_{c,i}, \qquad p_c = \sum_{i=1}^{j} y_i p_{c,i} \tag{11.97}$$

na qual $T_{c,i}$, $p_{c,i}$ e y_i são a temperatura crítica, a pressão crítica e a fração molar do componente i, respectivamente. Utilizando-se T_c e p_c, o fator de compressibilidade Z da mistura é obtido da mesma maneira que para um componente puro isolado. Pode-se então obter o valor desconhecido entre a pressão p, o volume V, a temperatura T e o número total de moles n da mistura de gases, resolvendo-se

$$Z = \frac{pV}{n\bar{R}T} \tag{11.98}$$

Os valores de mistura para T_c e p_c também podem ser utilizados como entrada nos diagramas generalizados de desvio de entalpia e de desvio de entropia apresentados na Seção 11.7.

REGRA DA PRESSÃO ADITIVA. Outros meios para se estimarem as relações p–v–T para misturas são estabelecidos por regras de mistura empíricas, muitas das quais são encontradas na literatura de engenharia. Entre essas estão as regras

regra da pressão aditiva da *pressão aditiva* e do *volume aditivo*. De acordo com a regra da pressão aditiva, a pressão de uma mistura de gases que ocupe um volume V à temperatura T pode ser expressa como a soma das pressões exercidas pelos componentes individuais.

$$p = p_1 + p_2 + p_3 + \cdots]_{T,V} \quad (11.99a)$$

na qual as pressões p_1, p_2 etc., são calculadas considerando-se que seus respectivos componentes estão à temperatura e ao volume da mistura. Essas pressões seriam determinadas utilizando-se dados de p–v–T em forma de tabelas ou gráficos ou por meio de uma equação de estado adequada.

Pode-se obter uma expressão alternativa para a regra da pressão aditiva em termos de fatores de compressibilidade. Uma vez que se considera que o componente i está ao volume e à temperatura da mistura, o fator de compressibilidade Z_i para esse componente é $Z_i = p_i V/n_i \overline{R} T$, de modo que a pressão p_i vale

$$p_i = \frac{Z_i n_i \overline{R} T}{V}$$

De maneira semelhante, para a mistura,

$$p = \frac{Z n \overline{R} T}{V}$$

Substituindo essas expressões na Eq. 11.99a e simplificando, obtém-se a seguinte relação entre os fatores de compressibilidade para a mistura Z e para os componentes da mistura Z_i

$$Z = \sum_{i=1}^{j} y_i Z_i]_{T,V} \quad (11.99b)$$

Os fatores de compressibilidade Z_i são determinados admitindo-se que o componente i ocupa todo o volume da mistura à temperatura T.

REGRA DO VOLUME ADITIVO. A hipótese básica da regra do volume aditivo é que o volume V de uma mistura de gases à temperatura T e à pressão p pode ser expresso como a soma dos volumes ocupados pelos componentes individuais, isto é,

regra do volume aditivo

$$V = V_1 + V_2 + V_3 + \cdots]_{p,T} \quad (11.100a)$$

em que os volumes V_1, V_2 etc. são calculados considerando-se que seus respectivos componentes encontram-se à temperatura e à pressão da mistura. Esses volumes seriam determinados a partir de dados de p–v–T em forma de tabelas, gráficos, ou por meio de uma equação de estado adequada.

Pode-se obter uma expressão alternativa para a regra do volume aditivo em termos dos fatores de compressibilidade. Uma vez que se considera que o componente i está à temperatura e à pressão da mistura, o fator de compressibilidade Z_i para esse componente é $Z_i = p V_i/n_i \overline{R} T$, de modo que o volume V_i vale

$$V_i = \frac{Z_i n_i \overline{R} T}{p}$$

Analogamente, para a mistura

$$V = \frac{Z n \overline{R} T}{p}$$

Substituindo essas expressões na Eq. 11.100a e simplificando, obtém-se

$$Z = \sum_{i=1}^{j} y_i Z_i]_{p,T} \quad (11.100b)$$

Os fatores de compressibilidade Z_i são determinados admitindo-se que o componente i existe à temperatura T e à pressão p da mistura.

O exemplo a seguir apresenta os meios alternativos para se estimar a pressão de uma mistura de gases.

EXEMPLO 11.10

Estimativa da Pressão da Mistura por Meios Alternativos

Uma mistura que consiste em 0,18 kmol de metano (CH_4) e 0,274 kmol de butano (C_4H_{10}) ocupa um volume de 0,241 m³ a uma temperatura de 238°C. O valor experimental obtido para a pressão é de 68,9 bar. Calcule a pressão, em bar, exercida pela mistura utilizando **(a)** a equação de estado de gás ideal, **(b)** a regra de Kay juntamente com o diagrama generalizado de compressibilidade, **(c)** a equação de van der Waals e **(d)** a regra das pressões aditivas empregando o diagrama generalizado de compressibilidade. Compare os valores calculados com o valor conhecido experimentalmente.

SOLUÇÃO

Dado: Uma mistura de dois hidrocarbonetos específicos com quantidades molares conhecidas ocupa um volume conhecido a uma temperatura dada.

Pede-se: Determine a pressão, em bar, utilizando quatro métodos alternativos e compare os resultados com o valor experimental.

Diagrama Esquemático e Dados Fornecidos:

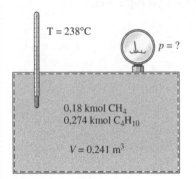

Modelo de Engenharia: Conforme mostra a figura, o sistema é a mistura.

Fig. E11.10

Análise: O número total de moles n da mistura é

$$n = 0{,}18 + 0{,}274 = 0{,}454 \text{ kmol}$$

Assim, as frações molares do metano e do butano são, respectivamente,

$$y_1 = 0{,}396 \quad \text{e} \quad y_2 = 0{,}604$$

O volume específico da mistura em uma base molar vale

$$\overline{v} = \frac{0{,}241 \text{ m}^3}{(0{,}18 + 0{,}274) \text{ kmol}} = 0{,}531 \frac{\text{m}^3}{\text{kmol}}$$

(a) Substituindo-se os valores anteriores na equação de estado de gás ideal, tem-se

$$p = \frac{\overline{R}T}{\overline{v}} = \frac{(8314 \text{ N} \cdot \text{m/kmol} \cdot \text{K})(511 \text{ K})}{(0{,}531 \text{ m}^3/\text{kmol})} \left| \frac{1 \text{ bar}}{10^5 \text{ N/m}^2} \right|$$

$$= 80{,}01 \text{ bar}$$

(b) Para aplicar a regra de Kay, é preciso saber a temperatura e a pressão críticas de cada componente. Pela Tabela A-1, para o metano tem-se

$$T_{c1} = 191 \text{ K}, \quad p_{c1} = 46{,}4 \text{ bar}$$

e, para o butano,

$$T_{c2} = 425 \text{ K}, \quad p_{c2} = 38{,}0 \text{ bar}$$

Assim, com as Eqs. 11.97, obtém-se

$$T_c = y_1 T_{c1} + y_2 T_{c2} = (0{,}396)(191) + (0{,}604)(425) = 332{,}3 \text{ K}$$
$$p_c = y_1 p_{c1} + y_2 p_{c2} = (0{,}396)(46{,}4) + (0{,}604)(38{,}0) = 41{,}33 \text{ bar}$$

Tratando-se a mistura como um componente puro que tem esses valores para a pressão e a temperatura críticas, são determinadas para a mistura as seguintes propriedades reduzidas:

$$T_R = \frac{T}{T_c} = \frac{511}{332{,}3} = 1{,}54$$

$$v'_R = \frac{\overline{v} p_c}{\overline{R} T_c} = \frac{(0{,}531)(41{,}33)|10^5|}{(8314)(332{,}3)}$$

$$= 0{,}794$$

Consultando-se a Fig. A-2, obtém-se $Z \approx 0{,}88$. Portanto, a pressão da mistura é encontrada a partir de

$$p = \frac{Z n \overline{R} T}{V} = Z \frac{\overline{R} T}{\overline{v}} = 0{,}88 \frac{(8314)(511)}{(0{,}531)|10^5|}$$

$$= 70{,}4 \text{ bar}$$

(c) Os valores da mistura para as constantes de van der Waals podem ser obtidos a partir das Eqs. 11.96. Para isto, é preciso determinar os valores das constantes de van der Waals para cada um dos dois componentes da mistura. A Tabela A-24 fornece os seguintes valores para o metano:

$$a_1 = 2{,}293 \text{ bar}\left(\frac{\text{m}^3}{\text{kmol}}\right)^2, \quad b_1 = 0{,}0428 \frac{\text{m}^3}{\text{kmol}}$$

Analogamente, pela Tabela A-24, tem-se para o butano

$$a_2 = 13{,}86 \text{ bar}\left(\frac{\text{m}^3}{\text{kmol}}\right)^2, \quad b_2 = 0{,}1162 \frac{\text{m}^3}{\text{kmol}}$$

Portanto, a primeira das Eqs. 11.96 fornece um valor de mistura para a constante a como

$$a = (y_1 a_1^{1/2} + y_2 a_2^{1/2})^2 = [0{,}396(2{,}293)^{1/2} + 0{,}604(13{,}86)^{1/2}]^2$$
$$= 8{,}113 \text{ bar}\left(\frac{\text{m}^3}{\text{kmol}}\right)^2$$

Substituindo na segunda das Eqs. 11.96, obtemos um valor de mistura para a constante b

$$b = y_1 b_1 + y_2 b_2 = (0{,}396)(0{,}0428) + (0{,}604)(0{,}1162)$$
$$= 0{,}087 \frac{\text{m}^3}{\text{kmol}}$$

A substituição dos valores da mistura para a e b na equação de van der Waals juntamente com os dados conhecidos fornece

$$p = \frac{\overline{R}T}{\overline{v} - b} - \frac{a}{\overline{v}^2}$$
$$= \frac{(8314 \text{ N} \cdot \text{m/kmol} \cdot \text{K})(511 \text{ K})}{(0{,}531 - 0{,}087)(\text{m}^3/\text{kmol})} \left|\frac{1 \text{ bar}}{10^5 \text{ N/m}^2}\right| - \frac{8{,}113 \text{ bar } (\text{m}^3/\text{kmol})^2}{(0{,}531 \text{ m}^3/\text{kmol})^2}$$
$$= 66{,}91 \text{ bar}$$

(d) Para aplicar a regra da pressão aditiva com o diagrama generalizado de compressibilidade é necessário determinar o fator de compressibilidade para cada componente admitindo-se que o componente ocupe todo o volume à temperatura da mistura. Com esta hipótese, são obtidas as seguintes propriedades reduzidas para o metano:

$$T_{R1} = \frac{T}{T_{c1}} = \frac{511}{191} = 2{,}69$$

$$v'_{R1} = \frac{\overline{v}_1 p_{c1}}{\overline{R} T_{c1}} = \frac{(0{,}241 \text{ m}^3/0{,}18 \text{ kmol})(46{,}4 \text{ bar})}{(8314 \text{ N} \cdot \text{m/kmol} \cdot \text{K})(191 \text{ K})}\left|\frac{10^5 \text{ N/m}^2}{1 \text{ bar}}\right| = 3{,}91$$

Com essas propriedades reduzidas, a Fig. A-2 fornece $Z_1 \approx 1{,}0$.
  De modo análogo, para o butano tem-se

$$T_{R2} = \frac{T}{T_{c2}} = \frac{511}{425} = 1{,}2$$

$$v'_{R2} = \frac{\overline{v}_2 p_{c2}}{\overline{R} T_{c2}} = \frac{(0{,}88)(38)|10^5|}{(8314)(425)} = 0{,}95$$

Pela Fig. A-2, $Z_2 \approx 0{,}8$.
  O fator de compressibilidade da mistura determinado com base na Eq. 11.99b é

$$Z = y_1 Z_1 + y_2 Z_2 = (0{,}396)(1{,}0) + (0{,}604)(0{,}8) = 0{,}88.$$

Consequentemente, obtém-se, para a pressão, o mesmo valor obtido no item (b) por meio da regra de Kay: $p = 70{,}4$ bar.
  Neste exemplo particular, a equação de estado de gás ideal fornece um valor para a pressão que ultrapassa o valor experimental em aproximadamente 16%. A regra de Kay e a regra das pressões aditivas fornecem valores de pressão aproximadamente 3% maiores que o valor experimental. A equação de van der Waals com os valores da mistura para as constantes fornece um valor de pressão aproximadamente 3% menor que o valor experimental.

✓ **Habilidades Desenvolvidas**

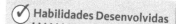

Habilidades para...
☐ calcular a pressão de uma mistura de gases utilizando quatro métodos alternativos.

Teste-Relâmpago Converta a análise da mistura de uma base molar para uma base em frações de massa.
Resposta: Metano: 0,153 e Butano: 0,847.

11.9 Análise dos Sistemas Multicomponentes

TOME NOTA...
O estudo da Seção 11.9 pode ser postergado até que as Seções 12.1 a 12.4 tenham sido exploradas.

Na seção anterior foram consideradas as maneiras de se avaliar a relação p–v–T das misturas de gases através da extensão dos métodos desenvolvidos para componentes puros. Esta seção é dedicada ao desenvolvimento de alguns aspectos gerais das propriedades de sistemas com dois ou mais componentes. A principal ênfase é para o caso de *misturas de gases*, porém os métodos desenvolvidos são também aplicáveis a *soluções*. Quando se consideram líquidos e sólidos, às vezes se utiliza o termo

solução

solução no lugar de mistura. A presente discussão é limitada a misturas ou soluções não reagentes em uma única fase. Os efeitos de reações químicas e do equilíbrio entre diferentes fases são abordados nos Caps. 13 e 14.

Para a descrição dos sistemas multicomponentes, deve-se incluir a composição nas relações termodinâmicas. Esta inclusão leva à definição e ao desenvolvimento de diversos conceitos novos, incluindo a *propriedade molar parcial*, o *potencial químico* e a *fugacidade*.

11.9.1 Propriedades Molares Parciais

Nesta discussão apresenta-se o conceito de uma propriedade *molar parcial* e ilustra-se sua utilização. Este conceito desempenha um papel importante nas discussões posteriores sobre sistemas constituídos de vários componentes.

DEFINIÇÃO DAS PROPRIEDADES MOLARES PARCIAIS. Qualquer propriedade termodinâmica extensiva X de um sistema de uma única fase e um único componente é função de duas propriedades intensivas independentes e da dimensão do sistema. Selecionando-se a temperatura e a pressão como propriedades independentes e o número de moles n como medida da dimensão do sistema, tem-se $X = X(T, p, n)$. Para um sistema *multicomponente* de uma única fase, a propriedade extensiva X deve, portanto, ser função da temperatura, da pressão e do número de moles de cada componente do sistema, $X = X(T, p, n_1, n_2, ..., n_j)$.

Se cada número de moles for aumentado de um fator α, a dimensão do sistema aumenta do mesmo fator e, assim, também o valor da propriedade extensiva X. Ou seja

$$\alpha X(T, p, n_1, n_2, \ldots, n_j) = X(T, p, \alpha n_1, \alpha n_2, \ldots, \alpha n_j)$$

Diferenciando em relação a α, mantidos fixos a temperatura, a pressão e os números de moles, e utilizando a regra da cadeia no lado direito da expressão, tem-se

$$X = \frac{\partial X}{\partial(\alpha n_1)} n_1 + \frac{\partial X}{\partial(\alpha n_2)} n_2 + \cdots + \frac{\partial X}{\partial(\alpha n_j)} n_j$$

Esta equação vale para todos os valores de α. Em especial, vale para $\alpha = 1$. Para este caso específico, obtém-se

$$X = \sum_{i=1}^{j} n_i \frac{\partial X}{\partial n_i}\bigg)_{T, p, n_l} \quad (11.101)$$

O subscrito n_l indica que todos os n, exceto n_i, são mantidos fixos durante a diferenciação.

propriedade molar parcial

A propriedade molar parcial $\overline{X}_i$ é, por definição,

$$\overline{X}_i = \frac{\partial X}{\partial n_i}\bigg)_{T, p, n_l} \quad (11.102)$$

A propriedade molar parcial $\overline{X}_i$ é uma propriedade da mistura e não simplesmente uma propriedade do componente i, pois $\overline{X}_i$ depende, em geral, da temperatura, da pressão e da composição da mistura: $\overline{X}_i(T, p, n_1, n_2, \ldots, n_j)$. As propriedades molares parciais são propriedades intensivas da mistura.

Substituindo a Eq. 11.102 na Eq. 11.101, tem-se

$$X = \sum_{i=1}^{j} n_i \overline{X}_i \quad (11.103)$$

Esta equação mostra que a propriedade extensiva X pode ser expressa como uma soma ponderada das propriedades molares parciais $\overline{X}_i$.

Escolhendo-se a propriedade extensiva X na Eq. 11.103 como o volume, a energia interna, a entalpia e a entropia, obtém-se, respectivamente,

$$V = \sum_{i=1}^{j} n_i \overline{V}_i, \qquad U = \sum_{i=1}^{j} n_i \overline{U}_i, \qquad H = \sum_{i=1}^{j} n_i \overline{H}_i, \qquad S = \sum_{i=1}^{j} n_i \overline{S}_i \quad (11.104)$$

na qual $\overline{V}_i$, $\overline{U}_i$, $\overline{H}_i$ e $\overline{S}_i$ representam o volume molar parcial, a energia interna molar parcial, a entalpia molar parcial e a entropia molar parcial. Expressões análogas podem ser escritas para a função de Gibbs, G, e para a função de Helmholtz, Ψ. Além disso, as relações entre estas propriedades extensivas, $H = U + pV$, $G = H - TS$ e $\Psi = U - TS$, podem ser diferenciadas em relação a n_i, mantidas constantes a temperatura, a pressão e os demais n de modo a produzir relações correspondentes entre propriedades molares parciais: $\overline{H}_i = \overline{U}_i + p\overline{V}_i$, $\overline{G}_i = \overline{H}_i - T\overline{S}_i$ e $\overline{\Psi}_i = \overline{U}_i - T\overline{S}_i$, nas quais $\overline{G}_i$ e $\overline{\Psi}_i$ são a função de Gibbs molar parcial e a função de Helmholtz molar parcial, respectivamente. Várias outras relações que envolvem propriedades molares parciais serão desenvolvidas posteriormente nesta seção.

CÁLCULO DAS PROPRIEDADES MOLARES PARCIAIS. As propriedades molares parciais podem ser calculadas por diversos métodos, inclusive os seguintes:

▶ Se a propriedade X puder ser medida, será possível determinar $\overline{X}_i$ por extrapolação em um gráfico que forneça $(\Delta X/\Delta n_i)_{T,p,nl}$ como função de Δn_i. Ou seja,

$$\overline{X}_i = \left(\frac{\partial X}{\partial n_i}\right)_{T, p, n_l} = \lim_{\Delta n_i \to 0}\left(\frac{\Delta X}{\Delta n_i}\right)_{T, p, n_l}$$

▶ Se for conhecida uma expressão para X como função de suas variáveis independentes, $\overline{X}_i$ poderá ser calculada por diferenciação. A derivada pode ser determinada analiticamente se a função for expressa analiticamente, ou encontrada numericamente se a mesma for encontrada na forma de tabela.
▶ Quando dados apropriados estão disponíveis, pode-se empregar um procedimento gráfico simples, conhecido como método das interseções, para calcular as propriedades molares parciais. Em princípio, o método pode ser aplicado a qualquer propriedade extensiva. Para apresentar este método, vamos considerar o volume de um sistema que consista em dois componentes, A e B. Para esse sistema, a Eq. 11.103 assume a forma

método das interseções

$$V = n_A \overline{V}_A + n_B \overline{V}_B$$

em que $\overline{V}_A$ e $\overline{V}_B$ são os volumes molares parciais de A e B, respectivamente. Dividindo-se pelo número de mols da mistura n, tem-se

$$\frac{V}{n} = y_A \overline{V}_A + y_B \overline{V}_B$$

na qual y_A e y_B representam as frações molares de A e B, respectivamente. Como $y_A + y_B = 1$, esta expressão fica

$$\frac{V}{n} = (1 - y_B)\overline{V}_A + y_B \overline{V}_B = \overline{V}_A + y_B(\overline{V}_B - \overline{V}_A)$$

Esta equação fornece a base para o método das interseções. Por exemplo, observe a Fig. 11.5, na qual a relação V/n é representada graficamente como função de y_B a T e p constantes. A figura mostra uma tangente à curva traçada para um determinado valor de y_B. Quando extrapolada, a linha tangente intercepta o eixo à esquerda em $\overline{V}_A$ e o eixo à direita em $\overline{V}_B$. Esses valores para os volumes molares parciais correspondem às especificações individuais de T, p e y_B. A temperatura e pressão fixas, $\overline{V}_A$ e $\overline{V}_B$ variam com y_B e não são iguais aos volumes específicos molares de A puro e B puro, designados na figura por $\overline{v}_A$ e $\overline{v}_B$, respectivamente. Os valores de $\overline{v}_A$ e $\overline{v}_B$ são determinados somente pela temperatura e pela pressão.

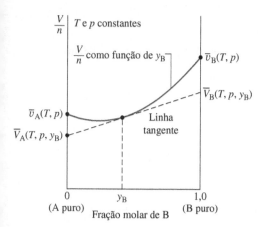

Fig. 11.5 Ilustração do cálculo dos volumes molares parciais pelo método das interseções.

VARIAÇÕES DAS PROPRIEDADES EXTENSIVAS NA MISTURA Conclui-se a presente discussão calculando a variação de volume durante a mistura de componentes puros às mesmas temperatura e pressão, um resultado para o qual será apresentada uma aplicação na discussão da Eq. 11.135. O volume total dos componentes puros antes da mistura vale

$$V_{\text{componentes}} = \sum_{i=1}^{j} n_i \overline{v}_i$$

na qual $\overline{v}_i$ é o volume molar específico do componente puro i. O volume da mistura é

$$V_{\text{mistura}} = \sum_{i=1}^{j} n_i \overline{V}_i$$

em que $\overline{V}_i$ é o volume molar parcial do componente i da mistura. A variação de volume na mistura é obtida pela expressão

$$\Delta V_{\text{durante a mistura}} = V_{\text{mistura}} - V_{\text{componentes}} = \sum_{i=1}^{j} n_i \overline{V}_i - \sum_{i=1}^{j} n_i \overline{v}_i$$

ou

$$\Delta V_{\text{durante a mistura}} = \sum_{i=1}^{j} n_i (\overline{V}_i - \overline{v}_i) \quad (11.105)$$

Resultados análogos podem ser obtidos para outras propriedades extensivas, como

$$\Delta U_{\text{durante a mistura}} = \sum_{i=1}^{j} n_i (\overline{U}_i - \overline{u}_i)$$

$$\Delta H_{\text{durante a mistura}} = \sum_{i=1}^{j} n_i (\overline{H}_i - \overline{h}_i) \quad (11.106)$$

$$\Delta S_{\text{durante a mistura}} = \sum_{i=1}^{j} n_i (\overline{S}_i - \overline{s}_i)$$

Nas Eqs. 11.106, $\overline{u}_i$, $\overline{h}_i$ e $\overline{s}_i$ representam a energia interna, a entalpia e a entropia molares do componente puro i. Os símbolos $\overline{U}_i$, $\overline{H}_i$ e $\overline{S}_i$ representam as respectivas propriedades molares parciais.

11.9.2 Potencial Químico

Das propriedades molares parciais, a função de Gibbs molar parcial é particularmente útil para descrever o comportamento de misturas e soluções. Esta quantidade desempenha papel de destaque no critério de equilíbrio tanto químico quanto de fase (Cap. 14). Devido à sua importância no estudo de sistemas multicomponentes, a função de Gibbs molar parcial do componente i recebe um nome especial e um símbolo. Ela é chamada **potencial químico** do componente i e simbolizada por μ_i

$$\boxed{\mu_i = \overline{G}_i = \left(\frac{\partial G}{\partial n_i}\right)_{T, p, n_l}} \quad (11.107)$$

Assim como a temperatura e a pressão, o potencial químico μ_i é uma propriedade *intensiva*.

A aplicação da Eq. 11.103 juntamente com a Eq. 11.107, permite escrever a seguinte expressão:

$$G = \sum_{i=1}^{j} n_i \mu_i \quad (11.108)$$

Expressões para a energia interna, entalpia e função de Helmholtz podem ser obtidas a partir da Eq. 11.108, utilizando-se as definições $H = U + pV$, $G = H - TS$ e $\Psi = U - TS$. São elas:

$$U = TS - pV + \sum_{i=1}^{j} n_i \mu_i$$

$$H = TS + \sum_{i=1}^{j} n_i \mu_i \quad (11.109)$$

$$\Psi = -pV + \sum_{i=1}^{j} n_i \mu_i$$

Outras relações úteis também podem ser obtidas. Escrevendo-se a diferencial de $G(T, p, n_1, n_2, \ldots, n_j)$ tem-se

$$dG = \left(\frac{\partial G}{\partial p}\right)_{T,n} dp + \left(\frac{\partial G}{\partial T}\right)_{p,n} dT + \sum_{i=1}^{j} \left(\frac{\partial G}{\partial n_i}\right)_{T,p,n_l} dn_i \quad (11.110)$$

Os subscritos n dos dois primeiros termos indicam que todos os n são mantidos constantes durante a diferenciação. Uma vez que isto implica em uma composição fixa, segue-se das Eqs. 11.30 e 11.31 (Seção 11.3.2) que

$$V = \left(\frac{\partial G}{\partial p}\right)_{T,n} \quad \text{e} \quad -S = \left(\frac{\partial G}{\partial T}\right)_{p,n} \quad (11.111)$$

Com as Eqs. 11.107 e 11.111, a Eq. 11.110 assume a forma

$$dG = V\,dp - S\,dT + \sum_{i=1}^{j} \mu_i\,dn_i \qquad (11.112)$$

a qual é o equivalente da Eq. 11.23 para um sistema multicomponente.

Outra expressão para dG é obtida escrevendo-se a diferencial da Eq. 11.108. Ou seja

$$dG = \sum_{i=1}^{j} n_i\,d\mu_i + \sum_{i=1}^{j} \mu_i\,dn_i$$

Combinando-se esta equação com a Eq. 11.112, obtém-se a equação de Gibbs-Duhem:

equação de Gibbs-Duhem

$$\sum_{i=1}^{j} n_i\,d\mu_i = V\,dp - S\,dT \qquad (11.113)$$

11.9.3 Funções Termodinâmicas Fundamentais para Sistemas Multicomponentes

Uma *função termodinâmica fundamental* fornece uma descrição completa do estado termodinâmico de um sistema. Em princípio, todas as propriedades de interesse podem ser determinadas a partir de função por meio de diferenciação e/ou combinação. Recordando os desenvolvimentos da Seção 11.9.2, observa-se que uma função $G(T, p, n_1, n_2, ..., n_j)$ é uma função termodinâmica fundamental para um sistema multicomponente.

As funções da forma $U(S, V, n_1, n_2, ..., n_j)$, $H(S, p, n_1, n_2, ..., n_j)$ e $\Psi(T, V, n_1, n_2, ..., n_j)$ também servem como funções termodinâmicas fundamentais para sistemas multicomponentes. Para demonstrar esse fato, primeiro escreva a diferencial de cada uma das Eqs. 11.109 e utilize a equação de Gibbs-Duhem, Eq. 11.113, para simplificar as expressões resultantes, obtendo

$$dU = T\,dS - p\,dV + \sum_{i=1}^{j} \mu_i\,dn_i \qquad (11.114a)$$

$$dH = T\,dS + V\,dp + \sum_{i=1}^{j} \mu_i\,dn_i \qquad (11.114b)$$

$$d\Psi = -p\,dV - S\,dT + \sum_{i=1}^{j} \mu_i\,dn_i \qquad (11.114c)$$

Para sistemas multicomponentes, essas equações são o equivalente das Eqs. 11.18, 11.19 e 11.22, respectivamente.

A diferencial de $U(S, V, n_1, n_2, ..., n_j)$ é

$$dU = \left(\frac{\partial U}{\partial S}\right)_{V,n} dS + \left(\frac{\partial U}{\partial V}\right)_{S,n} dV + \sum_{i=1}^{j} \left(\frac{\partial U}{\partial n_i}\right)_{S,V,n_l} dn_i$$

Comparando essa expressão termo a termo com a Eq. 11.114a, tem-se

$$T = \left(\frac{\partial U}{\partial S}\right)_{V,n}, \quad -p = \left(\frac{\partial U}{\partial V}\right)_{S,n}, \quad \mu_i = \left(\frac{\partial U}{\partial n_i}\right)_{S,V,n_l} \qquad (11.115a)$$

Ou seja, a temperatura, a pressão e os potenciais químicos podem ser obtidos por diferenciação de $U(S, V, n_1, n_2, ..., n_j)$. As duas primeiras das Eqs. 11.115a são equivalentes às Eqs. 11.24 e 11.25.

Um procedimento semelhante, em que se utiliza uma função da forma $H(S, p, n_1, n_2, ..., n_j)$ juntamente com a Eq. 11.114b, fornece

$$T = \left(\frac{\partial H}{\partial S}\right)_{p,n}, \quad V = \left(\frac{\partial H}{\partial p}\right)_{S,n}, \quad \mu_i = \left(\frac{\partial H}{\partial n_i}\right)_{S,p,n_l} \qquad (11.115b)$$

em que as duas primeiras derivadas são equivalentes às Eqs. 11.26 e 11.27. Finalmente, com $\Psi(T, V, n_1, n_2, ..., n_j)$ e a Eq. 11.114c, obtém-se

$$-p = \left(\frac{\partial \Psi}{\partial V}\right)_{T,n}, \quad -S = \left(\frac{\partial \Psi}{\partial T}\right)_{V,n}, \quad \mu_i = \left(\frac{\partial \Psi}{\partial n_i}\right)_{T,V,n_l} \qquad (11.115c)$$

As duas primeiras derivadas são equivalentes às Eqs. 11.28 e 11.29. Com cada escolha de função fundamental, podem-se encontrar as propriedades extensivas remanescentes através de combinações em que se utilizam as definições $H = U + pV$, $G = H - TS$ e $\Psi = U - TS$.

A discussão precedente sobre funções termodinâmicas fundamentais conduziu a várias relações entre propriedades para sistemas multicomponentes que correspondem a relações obtidas anteriormente. Além disso, as equivalentes das relações de Maxwell podem ser obtidas igualando-se as derivadas parciais de segunda ordem cruzadas. Por exemplo, os dois primeiros termos do lado direito da Eq. 11.112 fornecem

$$\left.\frac{\partial V}{\partial T}\right)_{p,n} = -\left.\frac{\partial S}{\partial p}\right)_{T,n} \tag{11.116}$$

o que corresponde à Eq. 11.35. Numerosas relações envolvendo potenciais químicos podem ser deduzidas de maneira análoga igualando-se as derivadas parciais de segunda ordem cruzadas. Um exemplo importante oriundo da Eq. 11.112 é

$$\left.\frac{\partial \mu_i}{\partial p}\right)_{T,n} = \left.\frac{\partial V}{\partial n_i}\right)_{T,p,n_l}$$

Reconhecendo o lado direito desta equação como o volume molar parcial, tem-se

$$\left.\frac{\partial \mu_i}{\partial p}\right)_{T,n} = \overline{V}_i \tag{11.117}$$

Esta relação é aplicada no desenvolvimento das Eqs. 11.126.

A presente discussão se encerra com uma lista das quatro expressões diferentes deduzidas anteriormente para o potencial químico em termos de outras propriedades. Na ordem em que foram obtidas, são elas:

$$\mu_i = \left.\frac{\partial G}{\partial n_i}\right)_{T,p,n_l} = \left.\frac{\partial U}{\partial n_i}\right)_{S,V,n_l} = \left.\frac{\partial H}{\partial n_i}\right)_{S,p,n_l} = \left.\frac{\partial \Psi}{\partial n_i}\right)_{T,V,n_l} \tag{11.118}$$

Apenas a primeira dessas derivadas parciais é uma propriedade molar parcial, porém, a expressão *molar parcial* só se aplica às derivadas parciais em que as variáveis independentes são a temperatura, a pressão e o número de mols de cada componente presente.

11.9.4 Fugacidade

O potencial químico desempenha papel importante na descrição de sistemas multicomponentes. Porém, em alguns casos é mais conveniente trabalhar em termos de uma propriedade relacionada a este, a fugacidade. Esta propriedade será apresentada na presente discussão.

Sistemas de Um Único Componente

Começa-se a análise retomando o caso de um sistema que consiste em um único componente. Para este caso, a Eq. 11.108 pode ser simplificada para

$$G = n\mu \quad \text{ou} \quad \mu = \frac{G}{n} = \overline{g}$$

Ou seja, para um componente puro o potencial químico é igual à função de Gibbs por mol. Com esta equação, a Eq. 11.30 escrita em uma base por mol torna-se

$$\left.\frac{\partial \mu}{\partial p}\right)_T = \overline{v} \tag{11.119}$$

Para o caso especial de um gás ideal, $\overline{v} = \overline{R}T/p$ e a Eq. 11.119 assume a forma

$$\left.\frac{\partial \mu^*}{\partial p}\right)_T = \frac{\overline{R}T}{p}$$

em que o asterisco representa um gás ideal. Integrando a uma temperatura constante, obtém-se

$$\mu^* = \overline{R}T \ln p + C(T) \tag{11.120}$$

em que $C(T)$ é uma função de integração. Uma vez que a pressão p pode assumir valores de zero até mais infinito, o termo $\ln p$ desta expressão, e assim o potencial químico, tem uma faixa de valores inconveniente que vai de menos infinito até mais infinito. A Eq. 11.120 também mostra que o potencial químico só pode ser determinado a menos de uma constante arbitrária.

INTRODUÇÃO À FUGACIDADE. Devido às considerações anteriores, é vantajoso para diversos tipos de análises termodinâmicas utilizar a fugacidade em vez do potencial químico, uma vez que ela é uma função bem comportada que pode ser calculada de modo mais conveniente. Introduz-se a fugacidade f por meio da expressão

fugacidade

$$\mu = \overline{R}T \ln f + C(T) \tag{11.121}$$

Comparando-se a Eq. 11.121 com a Eq. 11.120, percebe-se que a fugacidade desempenha, no caso geral, o mesmo papel que a pressão, no caso de um gás ideal. A fugacidade tem as mesmas unidades da pressão.

Substituindo a Eq. 11.121 na Eq. 11.119, obtém-se

$$\overline{R}T\left(\frac{\partial \ln f}{\partial p}\right)_T = \overline{v} \tag{11.122}$$

A integração da Eq. 11.122, mantendo-se constante a temperatura, pode determinar a fugacidade, ficando apenas uma constante arbitrária a ser determinada. Porém, ao se aproximar do comportamento de um gás ideal, quando a pressão tende a zero, pode-se fixar o termo constante exigindo-se que a fugacidade de um componente puro seja igual à pressão no limite de pressão nula. Ou seja

$$\lim_{p \to 0} \frac{f}{p} = 1 \tag{11.123}$$

Assim, as Eqs. 11.122 e 11.123 *determinam completamente* a função fugacidade.

CÁLCULO DA FUGACIDADE. Discute-se, a seguir, como a fugacidade pode ser calculada. Com $Z = p\overline{v}/\overline{R}T$, a Eq. 11.122 torna-se

$$\overline{R}T\left(\frac{\partial \ln f}{\partial p}\right)_T = \frac{\overline{R}TZ}{p}$$

ou

$$\left(\frac{\partial \ln f}{\partial p}\right)_T = \frac{Z}{p}$$

Subtraindo $1/p$ de ambos os lados e integrando da pressão p' até a pressão p a uma temperatura constante T, tem-se

$$[\ln f - \ln p]_{p'}^{p} = \int_{p'}^{p} (Z - 1) d \ln p$$

ou

$$\left[\ln \frac{f}{p}\right]_{p'}^{p} = \int_{p'}^{p} (Z - 1) d \ln p$$

No limite, quando p' tende a zero, esta expressão, juntamente com a Eq. 11.123, resulta em

$$\ln \frac{f}{p} = \int_{0}^{p} (Z - 1) d \ln p$$

Expressa em termos da pressão reduzida, $p_R = p/p_c$, esta equação fica

$$\ln \frac{f}{p} = \int_{0}^{p_R} (Z - 1) d \ln p_R \tag{11.124}$$

Como o fator de compressibilidade Z depende da temperatura reduzida T_R e da pressão reduzida p_R, tem-se que o lado direito da Eq. 11.124 depende apenas dessas propriedades. Consequentemente, a quantidade $\ln f/p$ é função apenas dessas duas propriedades reduzidas. Utilizando uma equação de estado generalizada que forneça Z como função de T_R e de p_R, pode-se facilmente calcular $\ln f/p$ com um computador. Representações em forma de tabelas também são encontradas na literatura. Como alternativa, pode-se empregar a representação gráfica apresentada na Fig. A-6.

▶ **POR EXEMPLO** para ilustrar o uso da Fig. A-6, considere dois estados da água na condição de vapor à mesma temperatura, 400°C. No estado 1, a pressão é de 200 bar e, no estado 2, a pressão é de 240 bar. A variação de potencial químico entre esses estados pode ser determinada a partir da Eq. 11.121 como

$$\mu_2 - \mu_1 = \overline{R}T \ln \frac{f_2}{f_1} = \overline{R}T \ln \left(\frac{f_2}{p_2} \frac{p_2}{p_1} \frac{p_1}{f_1}\right)$$

Utilizando a pressão e a temperatura críticas da água fornecidas na Tabela A-1, no estado 1 $p_{R1} = 0,91$ e $T_{R1} = 1,04$ e, no estado 2, $p_{R2} = 1,09$ e $T_{R2} = 1,04$. Por inspeção da Fig. A-6, $f_1/p_1 = 0,755$ e $f_2/p_2 = 0,7$. Substituindo-se esses valores na equação anterior, obtém-se

$$\mu_2 - \mu_1 = (8,314)(673,15) \ln \left[(0,7)\left(\frac{240}{200}\right)\left(\frac{1}{0,755}\right) \right] = 597 \text{ kJ/kmol}$$

Para um componente puro, o potencial químico é igual à função de Gibbs por mol, $\overline{g} = \overline{h} - T\overline{s}$. Como a temperatura é a mesma nos estados 1 e 2, a variação de potencial químico pode ser expressa por $\mu_2 - \mu_1 = \overline{h}_2 - \overline{h}_1 - T(\overline{s}_2 - \overline{s}_1)$. Utilizando-se os dados da tabela de vapor, o valor obtido com esta expressão é de 597 kJ/kmol, o que está em acordo com o valor determinado através do diagrama generalizado do coeficiente de fugacidade. ◄ ◄ ◄ ◄

Sistemas Multicomponentes

A fugacidade de um componente i em uma mistura pode ser definida por meio de um procedimento parecido com a definição correspondente a um componente puro. Para um componente puro, o desenvolvimento começa com a Eq. 11.119 e a fugacidade é definida pela Eq. 11.121. Essas equações são, então, utilizadas para se escrever o par de equações, Eqs. 11.122 e 11.123, a partir das quais a fugacidade pode ser calculada. Para uma mistura, o desenvolvimento começa com a Eq. 11.117, o equivalente da Eq. 11.119, e a fugacidade $\overline{f}_i$ do componente i é expressa por

$$\mu_i = \overline{R}T \ln \overline{f}_i + C_i(T) \tag{11.125}$$

fugacidade de um componente de uma mistura

a qual tem a mesma forma da Eq. 11.121. O par de equações que permite o cálculo da fugacidade de um componente de uma mistura, $\overline{f}_i$, é

$$\overline{R}T \left(\frac{\partial \ln \overline{f}_i}{\partial p}\right)_{T,n} = \overline{V}_i \tag{11.126a}$$

$$\lim_{p \to 0} \left(\frac{\overline{f}_i}{y_i p}\right) = 1 \tag{11.126b}$$

O símbolo $\overline{f}_i$ representa a fugacidade do componente i na *mistura* e deve-se fazer uma distinção cuidadosa na discussão a seguir sobre f_i, a qual representa a fugacidade do componente i puro.

DISCUSSÃO. Em relação à Eq. 11.126b, note que, no limite de gás ideal, a fugacidade $\overline{f}_i$ não precisa necessariamente ser igual à pressão p, como no caso de um componente puro, mas sim igualar-se à quantidade $y_i p$. Para perceber que esta é a quantidade-limite apropriada, considere um sistema que consiste em uma mistura de gases que ocupa um volume V a uma pressão p e temperatura T. Se a mistura como um todo se comporta como um gás ideal, pode-se escrever

$$p = \frac{n\overline{R}T}{V} \tag{11.127}$$

em que n é o número total de mols da mistura. Lembrando da Seção 3.12.3 que um gás ideal pode ser considerado composto de moléculas que exercem forças desprezíveis umas sobre as outras e cujo volume é desprezível em relação ao volume total, pode-se imaginar cada componente i comportando-se como um gás ideal sozinho a temperatura T e volume V. Assim, a pressão exercida pelo componente i não seria a pressão da mistura p, mas a pressão p_i dada por

$$p_i = \frac{n_i \overline{R}T}{V} \tag{11.128}$$

em que n_i é o número de mols do componente i. Dividindo-se a Eq. 11.128 pela Eq. 11.127, tem-se

$$\frac{p_i}{p} = \frac{n_i \overline{R}T/V}{n\overline{R}T/V} = \frac{n_i}{n} = y_i$$

Ou seja,

$$p_i = y_i p \tag{11.129}$$

Consequentemente, a quantidade $y_i p$ que aparece na Eq. 11.126b corresponde à pressão p_i.

Aplicando-se o somatório a ambos os lados da Eq. 11.129, obtém-se

$$\sum_{i=1}^{j} p_i = \sum_{i=1}^{j} y_i p = p \sum_{i=1}^{j} y_i$$

Ou, como a soma das frações molares é igual a 1,

$$p = \sum_{i=1}^{j} p_i \tag{11.130}$$

Em palavras, a Eq. 11.130 estabelece que a soma das pressões p_i é igual à pressão da mistura. Esta conclusão sugere a designação da *pressão parcial* para p_i. Com essas informações, observa-se agora que a Eq. 11.126b requer que a fugacidade do componente i se aproxime da pressão parcial do componente i na medida em que a pressão p tende a zero.

Comparando-se as Eqs. 11.130 e 11.99a, nota-se também que a *regra da pressão aditiva* é exata para misturas de gases ideais. Este caso especial é considerado em mais detalhes na Seção 12.2 sob a denominação *modelo de Dalton*.

CÁLCULO DA FUGACIDADE EM UMA MISTURA. Discute-se a seguir como a fugacidade do componente *i* em uma mistura pode ser expressa em termos de quantidades que podem ser calculadas. Para um componente puro *i*, a Eq. 11.122 fornece

$$\overline{R}T\left(\frac{\partial \ln f_i}{\partial p}\right)_T = \overline{v}_i \tag{11.131}$$

em que $\overline{v}_i$ é o volume molar específico de *i* puro. Subtraindo-se a Eq. 11.131 da Eq. 11.126a, tem-se

$$\overline{R}T\left[\frac{\partial \ln (\overline{f}_i/f_i)}{\partial p}\right]_{T,n} = \overline{V}_i - \overline{v}_i \tag{11.132}$$

Integrando-se da pressão p' até a pressão p com a temperatura e a composição da mistura fixas, obtém-se

$$\overline{R}T\left[\ln\left(\frac{\overline{f}_i}{f_i}\right)\right]_{p'}^{p} = \int_{p'}^{p} (\overline{V}_i - \overline{v}_i)\, dp$$

No limite, quando p' tende a zero, esta expressão torna-se

$$\overline{R}T\left[\ln\left(\frac{\overline{f}_i}{f_i}\right) - \lim_{p'\to 0}\ln\left(\frac{\overline{f}_i}{f_i}\right)\right] = \int_{0}^{p} (\overline{V}_i - \overline{v}_i)\, dp$$

Como $f_i \to p'$ e $\overline{f}_i \to y_i p'$ na medida em que p' tende a zero, tem-se

$$\lim_{p'\to 0}\ln\left(\frac{\overline{f}_i}{f_i}\right) \to \ln\left(\frac{y_i p'}{p'}\right) = \ln y_i$$

Consequentemente, pode-se escrever

$$\overline{R}T\left[\ln\left(\frac{\overline{f}_i}{f_i}\right) - \ln y_i\right] = \int_{0}^{p}(\overline{V}_i - \overline{v}_i)\, dp$$

ou

$$\overline{R}T \ln\left(\frac{\overline{f}_i}{y_i f_i}\right) = \int_{0}^{p}(\overline{V}_i - \overline{v}_i)\, dp \tag{11.133}$$

na qual $\overline{f}_i$ é a fugacidade do componente *i* à pressão *p* em uma mistura de composição dada a uma temperatura fixa, e f_i é a fugacidade de *i* puro às mesmas temperatura e pressão. A Eq. 11.133 expressa a relação entre $\overline{f}_i$ e f_i em termos da diferença entre $\overline{V}_i$ e $\overline{v}_i$ uma quantidade mensurável.

11.9.5 Solução Ideal

A tarefa de calcular as fugacidades dos componentes de uma mistura é consideravelmente simplificada quando a mistura pode ser modelada como uma solução ideal. Uma solução ideal é uma mistura para a qual

solução ideal

$$\overline{f}_i = y_i f_i \qquad \text{(solução ideal)} \tag{11.134}$$

A Eq. 11.134, conhecida como regra de Lewis-Randall, estabelece que a fugacidade de cada componente em uma solução ideal é igual ao produto de sua fração molar pela fugacidade do componente puro às mesmas temperatura, pressão e estado de agregação (gás, líquido ou sólido) da mistura. Muitas misturas gasosas a pressões baixas a moderadas são modeladas adequadamente pela regra de Lewis-Randall. As misturas de gases ideais consideradas no Cap. 12 são uma classe especial importante dessas misturas. Algumas soluções líquidas também podem ser modeladas com a regra de Lewis-Randall.

regra de Lewis-Randall

Em consequência da definição de uma solução ideal, surgem as seguintes características:

▶ Substituindo-se a Eq. 11.134 na Eq. 11.132, o lado esquerdo se anula, resultando em $\overline{V}_i - \overline{v}_i = 0$, ou

$$\overline{V}_i = \overline{v}_i \tag{11.135}$$

Assim, o volume molar parcial de cada componente em uma solução ideal é igual ao volume molar específico do componente puro correspondente às mesmas temperatura e pressão. Quando a Eq. 11.135 é substituída na Eq. 11.105, pode-se concluir que não há variação de volume quando se misturam componentes puros para formar uma solução ideal.

Com a Eq. 11.135, o volume de uma solução ideal fica

$$V = \sum_{i=1}^{j} n_i \overline{V}_i = \sum_{i=1}^{j} n_i \overline{v}_i = \sum_{i=1}^{j} V_i \qquad \text{(solução ideal)} \tag{11.136}$$

na qual V_i é o volume que o componente puro i ocuparia quando à temperatura e à pressão da mistura. Comparando-se as Eqs. 11.136 e 11.100a, vê-se que a *regra do volume aditivo* é exata para soluções ideais.

▶ Também se pode mostrar que a energia interna molar parcial de cada componente de uma solução ideal é igual à energia interna molar do componente puro correspondente às mesmas temperatura e pressão. Um resultado análogo ocorre para entalpia. Literalmente,

$$\overline{U}_i = \overline{u}_i, \qquad \overline{H}_i = \overline{h}_i \tag{11.137}$$

Com essas expressões, pode-se concluir, das Eqs. 11.106, que não há variação de energia interna ou entalpia específicas quando se misturam componentes puros para formar uma solução ideal.

Com as Eqs. 11.137, a energia interna e a entalpia de uma solução ideal são

$$U = \sum_{i=1}^{j} n_i \overline{u}_i \quad \text{e} \quad H = \sum_{i=1}^{j} n_i \overline{h}_i \quad \text{(solução ideal)} \tag{11.138}$$

em que $\overline{u}_i$ e $\overline{h}_i$ representam, respectivamente, a energia interna e a entalpia molares do componente puro i à temperatura e à pressão da mistura.

Embora não haja variação de V, U ou H quando se misturam componentes puros para formar uma solução ideal, espera-se um aumento de entropia como resultado da mistura *adiabática* de componentes puros diferentes porque esse processo é irreversível. A separação da mistura nos componentes puros jamais ocorreria espontaneamente. A variação de entropia na mistura adiabática é considerada em mais detalhe, para o caso especial de misturas de gases ideais, na Seção 12.4.2.

A regra de Lewis-Randall requer que a fugacidade do componente i da mistura seja calculada em termos da fugacidade do componente puro i às mesmas temperatura e pressão da mistura e no *mesmo estado de agregação*. Por exemplo, se a mistura fosse um gás na condição T e p, então f_i seria determinada para i puro também na condição T e p, e como um gás. Porém, a certas pressões e temperaturas de interesse um componente de uma mistura gasosa pode, como uma substância pura, ser um líquido ou um sólido. Um exemplo é uma mistura de vapor d'água–ar a 20°C (68°F) e 1 atm. A essas temperatura e pressão, a água existe não como vapor, mas como líquido. Embora não sejam considerados aqui, foram desenvolvidos meios que permitem que o modelo de solução ideal seja útil nesses casos.

11.9.6 Potencial Químico para Soluções Ideais

A discussão de sistemas multicomponentes é concluída com a introdução de expressões para o cálculo do potencial químico de soluções ideais utilizadas na Seção 14.3.3.

Considere um estado de referência em que o componente i de um sistema multicomponentes é puro a uma temperatura T do sistema e a uma pressão do estado de referência p_{ref}. A diferença no potencial químico de i entre um estado especificado do sistema multicomponentes e o estado de referência é obtida por meio da Eq. 11.125 como

$$\mu_i - \mu_i^\circ = \overline{R}T \ln \frac{\overline{f}_i}{f_i^\circ} \tag{11.139}$$

atividade

em que o sobrescrito ° representa valores de propriedades no estado de referência. A razão entre fugacidades que aparece no termo logarítmico é conhecida como atividade, a_i, do componente i da mistura. Ou seja

$$a_i = \frac{\overline{f}_i}{f_i^\circ} \tag{11.140}$$

Para aplicações posteriores, é suficiente considerar o caso de misturas gasosas. No caso de misturas gasosas, a pressão p_{ref} é especificada como 1 atm, de modo que μ_i° e f_i° na Eq. 11.140 são, respectivamente, o potencial químico e a fugacidade de i puro à temperatura T e à pressão de 1 atm.

Como o potencial químico de um componente puro é igual à função de Gibbs por mol, a Eq. 11.139 pode ser escrita como

$$\mu_i = \overline{g}_i^\circ + \overline{R}T \ln a_i \tag{11.141}$$

na qual $\overline{g}_i^\circ$ é a função de Gibbs por mol do componente puro i calculada à temperatura T e à pressão de 1 atm: $\overline{g}_i^\circ = \overline{g}_i$ $(T, 1\ \text{atm})$.

Para uma solução ideal, aplica-se a regra de Lewis-Randall, e a atividade é

$$a_i = \frac{y_i f_i}{f_i^\circ} \tag{11.142}$$

em que f_i é a fugacidade do componente puro i à temperatura T e à pressão p. Substituindo-se a Eq. 11.142 na Eq. 11.141, tem-se

$$\mu_i = \overline{g}_i^\circ + \overline{R}T \ln \frac{y_i f_i}{f_i^\circ}$$

ou

$$\mu_i = \overline{g}_i^\circ + \overline{R}T \ln\left[\left(\frac{f_i}{p}\right)\left(\frac{p_{ref}}{f_i^\circ}\right)\frac{y_i p}{p_{ref}}\right] \quad \text{(solução ideal)} \qquad (11.143)$$

Em princípio, as razões entre fugacidade e pressão sublinhadas nesta equação podem ser calculadas a partir da Eq. 11.124 ou do diagrama generalizado de fugacidade, Fig. A-6, desenvolvido a partir dela. Se o componente i se comporta como um gás ideal tanto no estado (T, p) quanto no estado (T, p_{ref}), a razão $f_i/p = f_i^\circ/p_{ref} = 1$; e a Eq. 11.143 é simplificada para

$$\mu_i = \overline{g}_i^\circ + \overline{R}T \ln \frac{y_i p}{p_{ref}} \quad \text{(gás ideal)} \qquad (11.144)$$

▶ RESUMO DO CAPÍTULO E GUIA DE ESTUDOS

Neste capítulo, foram apresentadas as relações termodinâmicas que permitem que u, h e s, bem como outras propriedades de sistemas simples compressíveis, sejam calculadas a partir de dados de propriedades de medição mais imediata. Foi dada ênfase aos sistemas que envolvem uma única espécie química, como a água, ou uma mistura como o ar. O capítulo também traz uma introdução às relações gerais entre propriedades para misturas e soluções.

As equações de estado que relacionam p, v e T são consideradas, incluindo-se a equação virial e exemplos de equações com duas constantes e com múltiplas constantes. Várias relações importantes entre propriedades baseadas nas características matemáticas das diferenciais exatas são desenvolvidas, incluindo-se as relações de Maxwell. Discute-se o conceito de uma função termodinâmica fundamental. Meios para o cálculo das variações de energia interna específica, entalpia específica e entropia específica são desenvolvidos e aplicados a processos de mudança de fase e de uma única fase. São apresentadas as relações entre propriedades que envolvem a expansividade volumétrica, compressibilidades isotérmica e isentrópica, velocidade do som, calores específicos e razão entre calores específicos, e o coeficiente de Joule-Thomson.

Além disso, descrevemos como as tabelas de propriedades termodinâmicas são elaboradas a partir das relações entre propriedades e métodos desenvolvidos neste capítulo. Esses procedimentos também fornecem a base para a recuperação de dados através de programas de computador. Também são descritos meios para se utilizarem os diagramas generalizados de desvio de entalpia e de entropia, e os diagramas generalizados do coeficiente de fugacidade para o cálculo da entalpia, da entropia e da fugacidade, respectivamente.

Foram ainda consideradas as relações p–v–T para misturas de gases de composição conhecida, incluindo a regra de Kay. O capítulo se encerra com uma discussão sobre as relações entre propriedades para sistemas multicomponentes, incluindo propriedades molares parciais, potencial químico, fugacidade e atividade. São apresentadas soluções ideais e a regra de Lewis-Randall como parte dessa discussão.

Os itens a seguir fornecem um guia de estudo para este capítulo. Ao término do estudo do texto e dos exercícios ao final deste capítulo, você deverá estar apto a escrever o significado dos termos listados nas margens ao longo do capítulo e entender cada um dos conceitos a eles relacionados. O conjunto de conceitos-chave listados a seguir é particularmente importante. Além disso, para sistemas que envolvem uma única espécie você estará apto a

▶ calcular os dados da relação p–v–T utilizando equações de estado, como as equações de Redlich-Kwong e Benedict-Webb-Rubin.

▶ utilizar as 16 relações entre propriedades resumidas na Tabela 11.1 e explicar como as relações são obtidas.

▶ calcular Δs, Δu e Δh utilizando a equação de Clapeyron ao considerar mudança de fase, e utilizando as equações de estado e as relações de calor específico quando considerar uma única fase.

▶ utilizar as relações entre propriedades apresentadas na Seção 11.5, como aquelas que envolvem os calores específicos, a expansividade volumétrica e o coeficiente de Joule-Thomson.

▶ explicar como são elaboradas as tabelas de propriedades termodinâmicas, como as Tabelas A-2 a A-18.

▶ utilizar os diagramas generalizados de desvio de entalpia e de entropia, Figs. A-4 e A-5, para calcular Δh e Δs.

Para uma *mistura de gases* de composição conhecida, você deverá estar apto a

▶ aplicar os métodos apresentados na Seção 11.8 para relacionar pressão, volume específico e temperatura — a regra de Kay, por exemplo.

Para *sistemas multicomponentes*, você deverá estar apto a

▶ calcular as propriedades extensivas em termos das suas respectivas propriedades molares parciais.

▶ calcular os volumes molares parciais utilizando o *método das interseções*.

▶ calcular a fugacidade utilizando dados do diagrama generalizado do coeficiente de fugacidade, Fig. A-6.

▶ aplicar o modelo de solução ideal.

▶ CONCEITOS FUNDAMENTAIS NA ENGENHARIA

coeficiente de Joule-Thomson
desvio de entropia
desvios de entalpia
diferencial exata
ensaio de exatidão
equação de Clapeyron

equação de estado
fugacidade
função de Gibbs
função de Helmholtz
função termodinâmica
fundamental

método das interseções
potencial químico
regra de Kay
regra de Lewis-Randall
relações de Maxwell

EQUAÇÕES PRINCIPAIS

Equações de Estado

$Z = 1 + \dfrac{B(T)}{\overline{v}} + \dfrac{C(T)}{\overline{v}^2} + \dfrac{D(T)}{\overline{v}^3} + \ldots$	(11.1)	Equação de estado virial
$p = \dfrac{\overline{R}T}{\overline{v} - b} - \dfrac{a}{\overline{v}^2}$	(11.2)	Equação de estado de van der Waals
$p = \dfrac{\overline{R}T}{\overline{v} - b} - \dfrac{a}{\overline{v}(\overline{v} + b)T^{1/2}}$	(11.7)	Equação de estado de Redlich-Kwong

Relações Matemáticas para as Propriedades

$\dfrac{\partial}{\partial y}\left[\left(\dfrac{\partial z}{\partial x}\right)_y\right]_x = \dfrac{\partial}{\partial x}\left[\left(\dfrac{\partial z}{\partial y}\right)_x\right]_y$	(11.14a)	Teste de exatidão
$\left(\dfrac{\partial M}{\partial y}\right)_x = \left(\dfrac{\partial N}{\partial x}\right)_y$	(11.14b)	
$\left(\dfrac{\partial x}{\partial y}\right)_z \left(\dfrac{\partial y}{\partial x}\right)_z = 1$	(11.15)	Relações importantes entre as derivadas parciais das propriedades
$\left(\dfrac{\partial y}{\partial z}\right)_x \left(\dfrac{\partial z}{\partial x}\right)_y \left(\dfrac{\partial x}{\partial y}\right)_z = -1$	(11.16)	
Tabela 11.1	(11.24-11.36)	Resumo das relações das propriedades a partir de diferenciais exatas

Expressões para Δu, Δh e Δs

$\left(\dfrac{dp}{dT}\right)_{sat} = \dfrac{h_g - h_f}{T(v_g - v_f)}$	(11.40)	Equação de Clapeyron
$s_2 - s_1 = \displaystyle\int_1^2 \dfrac{c_v}{T}dT + \int_1^2 \left(\dfrac{\partial p}{\partial T}\right)_v dv$	(11.50)	Expressões para variações em s e u com T e v como variáveis independentes
$u_2 - u_1 = \displaystyle\int_1^2 c_v dT + \int_1^2 \left[T\left(\dfrac{\partial p}{\partial T}\right)_v - p\right]dv$	(11.51)	
$s_2 - s_1 = \displaystyle\int_1^2 \dfrac{c_p}{T}dT - \int_1^2 \left(\dfrac{\partial v}{\partial T}\right)_p dp$	(11.59)	Expressões para variações em s e h com T e p como variáveis independentes
$h_2 - h_1 = \displaystyle\int_1^2 c_p dT + \int_1^2 \left[v - T\left(\dfrac{\partial v}{\partial T}\right)_p\right]dp$	(11.60)	
$\overline{h}_2 - \overline{h}_1 = \overline{h}_2^* - \overline{h}_1^* - \overline{R}T_c\left[\left(\dfrac{\overline{h}^* - \overline{h}}{\overline{R}T_c}\right)_2 - \left(\dfrac{\overline{h}^* - \overline{h}}{\overline{R}T_c}\right)_1\right]$	(11.85)	Cálculo das variações de entalpia e entropia em função dos desvios generalizados de entalpia e entropia e dos dados das Figs. A-4 e A-5, respectivamente
$\overline{s}_2 - \overline{s}_1 = \overline{s}_2^* - \overline{s}_1^* - \overline{R}\left[\left(\dfrac{\overline{s}^* - \overline{s}}{\overline{R}}\right)_2 - \left(\dfrac{\overline{s}^* - \overline{s}}{\overline{R}}\right)_1\right]$	(11.92)	

Outras Relações Termodinâmicas

$\psi = u - Ts$	(11.20)	Função de Helmholtz
$g = h - Ts$	(11.21)	Função de Gibbs
$c = \sqrt{-v^2\left(\dfrac{\partial p}{\partial v}\right)_s} = \sqrt{-kv^2\left(\dfrac{\partial p}{\partial v}\right)_T}$	(9.36b) (11.74)	Expressões para a velocidade do som

Relações Termodinâmicas **583**

$\mu_J = \left(\dfrac{\partial T}{\partial p}\right)_h$	(11.75)	Coeficiente de Joule-Thomson
Propriedades de Misturas Multicomponentes		
$T_c = \sum_{i=1}^{j} y_i T_{c,i}, \quad p_c = \sum_{i=1}^{j} y_i p_{c,i}$	(11.97)	Regra de Kay para temperatura e pressão críticas de misturas
$\overline{X}_i = \left(\dfrac{\partial X}{\partial n_i}\right)_{T,p,n_l}$	(11.102)	Propriedade molar parcial $\overline{X}_i$ e sua relação com a propriedade extensiva X
$X = \sum_{i=1}^{j} n_i \overline{X}_i$	(11.103)	X expresso na forma de uma soma ponderada de propriedades molares parciais
$\mu_i = \overline{G}_i = \left(\dfrac{\partial G}{\partial n_i}\right)_{T,p,n_l}$	(11.107)	Potencial químico de espécies i em uma mistura
$\overline{R}T\left(\dfrac{\partial \ln f}{\partial p}\right)_T = \overline{v}$	(11.122)	Expressões para o cálculo da fugacidade de um sistema de componente único
$\lim_{p \to 0} \dfrac{f}{p} = 1$	(11.123)	
$\overline{R}T\left(\dfrac{\partial \ln \overline{f}_i}{\partial p}\right)_{T,n} = \overline{V}_i$	(11.126a)	Expressões para o cálculo da fugacidade do componente i de uma mistura
$\lim_{p \to 0}\left(\dfrac{\overline{f}_i}{y_i p}\right) = 1$	(11.126b)	
$\overline{f}_i = y_i f_i$	(11.134)	Regra de Lewis-Randall para soluções ideais
$\mu_i = \overline{g}_i^{\circ} + \overline{R}T \ln \dfrac{y_i p}{p_{\text{ref}}}$	(11.144)	Potencial químico do componente i em uma mistura de gases ideais

► EXERCÍCIOS: PONTOS DE REFLEXÃO PARA OS ENGENHEIROS

1. Com tantos programas de computador para determinação de propriedades termodinâmicas disponíveis hoje, engenheiros não precisam ter tantos conhecimentos fundamentais para determinação dessas propriedades – ou precisam?
2. Qual é o estado de referência e quais são as propriedades utilizadas na construção das *tabelas de vapor* (Tabelas A-2 até A-5)?
3. Qual é a vantagem de se utilizar a equação de estado de Redlich-Kwong na forma generalizada expressa pela Eq. 11.9, em vez da Eq. 11.7? Qual é a desvantagem?
4. Para determinar o volume específico do vapor d'água superaquecido a pressão e temperatura conhecidas, em que condições você utilizaria: as *tabelas de vapor*, o diagrama generalizado de compressibilidade, uma equação de estado, o modelo de gás ideal?
5. Se a função $p = p(T, v)$ é uma equação de estado, $(\partial p/\partial T)_v$ é uma propriedade? Quais são as variáveis independentes de $(\partial p/\partial T)_v$?
6. Na expressão $(\partial u/\partial T)_v$, qual é o significado do subscrito v?
7. Explique como um diagrama de Mollier fornece uma representação gráfica da função fundamental $h(s, p)$.
8. Como é utilizada a equação de Clapeyron?
9. Para um gás cuja equação de estado é $p\overline{v} = \overline{R}T$, os calores específicos $\overline{c}_p$ e $\overline{c}_v$ são *necessariamente* funções somente da temperatura?
10. Com referência ao diagrama p–T para a água (Fig. 3.5), explique por que o gelo derrete sob a lâmina de um patim de gelo.
11. Para um gás ideal, qual é o valor do coeficiente de Joule-Thomson?
12. Em que estados o desvio de entropia é desprezível? O coeficiente de fugacidade, f/p, aproximadamente iguala-se a 1 nesses estados?
13. Na Eq. 11.107, qual é o significado dos subscritos T, p e n_l? Qual o significado do i?
14. Como a Eq. 11.108 pode ser simplificada para um sistema que consista em uma substância pura? Repita a questão para uma mistura de gases ideais.
15. Se dois líquidos diferentes são misturados, a entropia final é *necessariamente* igual à soma das entropias originais? Explique.

► VERIFICAÇÃO DE APRENDIZADO

1. Uma equação de estado expressa por:

$$p = \dfrac{\overline{R}T}{\overline{v} - b} + a$$

em que a e b são constantes é explicitada em (a) pressão; (b) pressão e temperatura; (c) pressão e volume específico; (d) pressão, temperatura e volume específico.

2. Na equação da questão 1, demonstre que as derivadas parciais cruzadas são iguais e explique o significado físico dessa propriedade.
3. Para água líquida a 1 atm, um pequeno aumento na temperatura a partir de 0°C resulta em (a) aumento no volume específico; (b) diminuição no volume específico; (c) nenhuma alteração no volume específico; (d) o comportamento do volume específico não pode ser determinado sem mais informações.

4. Calcule o fator de compressibilidade Z do vapor d'água a 2000 lbf/in² (13,8 MPa) e (a) 900°F (482,2°C); (b) 650°F (343,3°C).

5. Inspecionando as tabelas do Apêndice para R-22, R-134a, amônia e propano, qual é a temperatura, em °C, do estado de referência definido como na Fig. 11.4?

6. Na Eq. 11.85, o primeiro termo sublinhado está relacionado com _____.

7. Na Eq. 11.92, o segundo termo sublinhado está relacionado com _____.

8. Continue o Exemplo 11.5, obtendo uma expressão em termos de valores de propriedades conhecidas para a variação de entalpia, $(h_2 - h_1)$, para o processo em questão.

9. Para um gás ideal, obtenha expressões para (a) expansividade volumétrica e (b) compressibilidade isotérmica.

10. À medida que a temperatura de saturação se aproxima da temperatura crítica, os termos h_{fg} e v_{fg} na Eq. 11.40 se aproximam de zero e, mesmo assim, o valor da derivada $(dp/dT)_{sat}$ é finito (ver Fig. 11.1b). Explique utilizando dados das tabelas de vapor.

11. Utilizando a Eq. 11.56, mostre que a entalpia específica de um gás ideal é independente da pressão e depende somente da temperatura.

12. Para o nitrogênio a 67,8 bar e -34°C, calcule o desvio da entalpia.

13. Para a turbina nos Exemplos 11.8 e 11.9, determine a eficiência exergética. Assuma $T_0 = 298{,}15$ K.

14. As variáveis independentes da função de Helmholtz utilizadas para elaborar as *tabelas de vapor*, Tabelas A-2 até A-6, são _____.

15. De forma matemática e em palavras, uma solução ideal é uma mistura para a qual _____.

16. A fugacidade da água a 245°C, 133 bar é _____ bar.

17. A função de Gibbs parcial molal de um componente i em uma mistura ou solução também é chamada _____.

18. Um tanque rígido, fechado, contém 20 kg de uma mistura de gases contendo 50% em mol de N_2 e 50% argônio. Se a mistura estiver a 180 K e 20 bar, determine o volume do tanque, em m³, utilizando a regra de Kay.

19. Assumindo uma função termodinâmica fundamental na forma $h(s, p)$, derive expressões para (a) o volume específico v; (b) a função de Gibbs específica g; cada uma em função da pressão e da entropia específica.

20. Repita as partes (a) até (d) do Exemplo 11.1 se o monóxido de carbono estiver a -120°C enquanto todos os outros dados se mantiverem constantes.

21. Associe as colunas adequadamente.
    ____ 1. $dh =$ A. $-p\,dv - s\,dT$
    ____ 2. $dg =$ B. $T\,ds + v\,dp$
    ____ 3. $du =$ C. $v\,dp - s\,dT$
    ____ 4. $dv =$ D. $T\,ds - p\,dv$

22. Associe as colunas adequadamente.
    ____ 1. $c_p/T =$ A. $(\partial s/\partial T)_v$
    ____ 2. $-p =$ B. $(\partial g/\partial p)_T$
    ____ 3. $v =$ C. $(\partial h/\partial s)_p$
    ____ 4. $c_v/T =$ D. $(\partial u/\partial v)_s$
    ____ 5. $T =$ E. $(\partial \psi/\partial T)_v$
    ____ 6. $-s =$ F. $(\partial s/\partial T)_p$

23. Associe as colunas adequadamente.
    ____ 1. $(\partial T/\partial v)_s =$ A. $(\partial \psi/\partial v)_T$
    ____ 2. $(\partial u/\partial s)_v =$ B. $(\partial s/\partial v)_T$
    ____ 3. $(\partial p/\partial T)_v =$ C. $(\partial h/\partial s)_p$
    ____ 4. $(\partial u/\partial v)_s =$ D. $-(\partial p/\partial s)_v$

24. Associe as colunas adequadamente.
    ____ 1. $(\partial T/\partial p)_s =$ A. $(\partial g/\partial p)_T$
    ____ 2. $(\partial h/\partial p)_s =$ B. $(\partial v/\partial s)_p$
    ____ 3. $(\partial v/\partial T)_p =$ C. $(\partial g/\partial T)_p$
    ____ 4. $(\partial \psi/\partial T)_v =$ D. $-(\partial s/\partial p)_T$

25. Associe as colunas adequadamente.
    ____ 1. $\alpha =$ A. $(\partial T/\partial p)_h$
    ____ 2. $c =$ B. $(1/v)(\partial v/\partial T)_p$
    ____ 3. $\beta =$ C. $(\partial v/\partial p)_T(\partial p/\partial v)_s$
    ____ 4. $\mu_J =$ D. $-(1/v)(\partial v/\partial p)_s$
    ____ 5. $c_p/c_v =$ E. $\sqrt{(-v^2\,(\partial p/\partial v)_s)}$
    ____ 6. $\kappa =$ F. $-(1/v)(\partial v/\partial p)_T$

Indique quais afirmativas são verdadeiras ou falsas. Explique.

26. A equação de estado dos gases ideais, $pv = RT$, fornece uma aproximação aceitável para estados termodinâmicos de gases onde a pressão é baixa relativamente à pressão crítica do gás e/ou a temperatura é baixa relativamente à temperatura crítica do gás.

27. O fator de compressibilidade Z para uma mistura de gases pode ser determinado usando a regra de Kay para calcular valores de temperatura e pressão críticos (T_c e p_c) para a mistura.

28. A equação de estado de van der Waals é explícita em pressão e temperatura, porém não em volume, enquanto a equação de estado de Redlich-Kwong é explícita somente em pressão.

29. O valor da compressibilidade isotérmica é positivo em todas as fases.

30. O fator de compressibilidade Z para uma mistura pode ser determinado usando a equação de Gibbs-Duhem para calcular valores de temperatura e pressão críticos (T_c e p_c) para a mistura.

31. Quando componentes puros são misturados para formar uma solução ideal, não são observadas variações em volume, energia interna entalpia ou entropia.

32. As constantes a e b para a equação de van der Waals e Redlich-Kwong dadas na Tabela A-24 são determinadas pela Eq. 11.3.

33. Utilizando somente dados p–v–T, a variação de entalpia específica para uma transição de fase líquido-vapor pode ser determinada por:

$$h_g - h_f = T(v_g - v_f)\left(\frac{dp}{dT}\right)_{sat}$$

34. Na prática, os coeficientes de uma equação de estado do virial são calculados normalmente usando um modelo de forças de interação entre as moléculas do gás em estudo.

35. A equação a seguir é a diferencial de uma equação de estado, $p = p(v, T)$:

$$dp = \left(\frac{-R}{v-b}\right)dT + \left[\frac{-RT}{(v-b)^2} + \frac{2a}{v^3}\right]dv$$

36. A equação de estado de Benedict-Webb-Rubin é adequada para a previsão do comportamento p–v–T de hidrocarbonetos leves.

37. Segundo a regra de aditividade de pressões, a pressão de uma mistura de gases pode ser expressa como a soma das pressões exercidas pelos componentes individuais assumindo que cada componente ocupa completamente o volume à temperatura da mistura.

38. As constantes a e b para a equação de estado de Redlich-Kwong somente podem ser determinadas empiricamente, a partir de ajustes com dados p–v–T.

39. Os desvios de entalpia e entropia de gases são menores em estados em que a pressão é baixa em relação à pressão crítica do gás e a temperatura é alta em relação à temperatura crítica do gás.

40. Propriedades parciais molais são propriedades extensivas.

41. O valor do fator de compressibilidade crítico, Z_c, para a maior parte das substâncias, encontra-se entre 0,3 e 0,4.

42. Se os dados necessários estiverem disponíveis, o volume parcial molal pode ser calculado empregando o *método das interseções*.

43. Para um sistema compressível simples, para o qual a pressão aumenta enquanto a temperatura permanece constante, a função de Gibbs específica somente pode aumentar.

44. Para certas análises termodinâmicas, é vantajoso utilizar a fugacidade em vez do potencial químico.

45. Em uma solução ideal, a *atividade* de um componente i é uma medida de sua tendência a reagir quimicamente com outros componentes da solução.

46. O desvio da entalpia é sempre positivo, enquanto o desvio da entropia pode ser positivo ou negativo.

47. Um diagrama de Mollier fornece uma representação gráfica da função termodinâmica fundamental $h(s, p)$.

48. Para $T_R > 1{,}0$, o coeficiente de fugacidade, f/p, se aproxima de 1,0 à medida que a pressão reduzida diminui.

49. Para um sistema compressível simples cuja pressão diminui, enquanto a entalpia específica permanece constante, a temperatura somente pode diminuir.

50. Por definição, uma solução ideal é uma mistura na qual cada gás na mistura, bem como a mistura, se comportam de acordo com o modelo de gases ideais.

PROBLEMAS: DESENVOLVENDO HABILIDADES PARA ENGENHARIA

Utilização das Equações de Estado

11.1 Devido a requisitos de segurança, a pressão no interior de um cilindro de 19,3 ft³ não deve ser superior a 52 atm. Verifique a pressão no interior do cilindro se este estiver preenchido com 100 lb de CO_2 mantidas a 212°F, utilizando
(a) a equação de van der Waals.
(b) o diagrama de compressibilidade.
(c) a equação de estado de gás ideal.

11.2 Dez libras-massa de propano têm um volume de 2 ft³ e estão a uma pressão de 600 lbf/in². Determine a temperatura, em °R, utilizando
(a) a equação de van der Waals.
(b) o diagrama de compressibilidade.
(c) a equação de estado de gás ideal.
(d) as tabelas de propano.

11.3 A pressão no interior de um reservatório de 23,3 m³ não deve ser superior a 105 bar. Verifique essa pressão se o reservatório estiver preenchido com 1000 kg de vapor d'água mantidos a 360°C, utilizando
(a) a equação de estado de gás ideal.
(b) a equação de van der Waals.
(c) a equação de Redlich-Kwong.
(d) o diagrama de compressibilidade.
(e) as tabelas de vapor.

11.4 Estime a pressão da água na condição de vapor a uma temperatura de 500°C e com uma massa específica de 24 kg/m³, utilizando
(a) as tabelas de vapor.
(b) o diagrama de compressibilidade.
(c) a equação de Redlich-Kwong.
(d) a equação de van der Waals.
(e) a equação de estado de gás ideal.

11.5 Gás metano escoa por uma tubulação com uma vazão volumétrica de 11 ft³/s (0,31 m³/s) a uma pressão de 183 atm e a uma temperatura de 56°F (13,3°C). Determine a vazão mássica, em lb/s, utilizando
(a) a equação de estado de gás ideal.
(b) a equação de van der Waals.
(c) o diagrama de compressibilidade.

11.6 Determine o volume específico da água na condição de vapor a 20 MPa e 400°C, em m³/kg, utilizando
(a) as tabelas de vapor.
(b) o diagrama de compressibilidade.
(c) a equação de Redlich-Kwong.
(d) a equação de van der Waals.
(e) a equação de estado de gás ideal.

11.7 Um recipiente cujo volume é de 1 m³ contém 4 kmol de metano a 100°C. Devido a requisitos de segurança, a pressão do metano não deve ser superior a 12 MPa. Verifique a pressão, utilizando
(a) a equação de estado de gás ideal.
(b) a equação de Redlich-Kwong.
(c) a equação de Benedict-Webb-Rubin.

11.8 Gás metano a 100 atm e −18°C é armazenado em um reservatório de 10 m³. Determine a massa de metano contida no reservatório, em kg, utilizando
(a) a equação de estado de gás ideal.
(b) a equação de van der Waals.
(c) a equação de Benedict-Webb-Rubin.

11.9 Utilizando a equação de estado de Benedict-Webb-Rubin, determine o volume, em m³, ocupado por 165 kg de metano a uma pressão de 200 atm e temperatura de 400 K. Compare com os resultados obtidos utilizando a equação de estado de gás ideal e o diagrama generalizado de compressibilidade.

11.10 Um reservatório rígido contém 1 kg de oxigênio (O_2) a uma pressão $p_1 = 40$ bar e a uma temperatura $T_1 = 180$ K. O gás é resfriado até a temperatura cair para 150 K. Determine o volume do reservatório, em m³, e a pressão final, em bar, utilizando
(a) a equação de estado de gás ideal.
(b) a equação de Redlich-Kwong.
(c) o diagrama de compressibilidade.

11.11 Uma libra-massa de ar que inicialmente ocupa um volume de 0,4 ft³ (0,001 m³) a uma pressão de 1000 lbf/in² (6,9 MPa) expande-se isotermicamente e sem irreversibilidades até o volume de 2 ft³ (0,06 m³). Utilizando a equação de estado de Redlich-Kwong, determine
(a) a temperatura, em °R.
(b) a pressão final, em lbf/in².
(c) o trabalho realizado nesse processo, em Btu.

11.12 Vapor d'água inicialmente a 240°C e 1 MPa se expande em um arranjo cilindro-pistão isotermicamente e sem irreversibilidades internas até uma pressão final de 0,1 MPa. Calcule o trabalho realizado, em kJ/kg. Utilize uma equação de estado virial truncada com a forma

$$Z = 1 + \frac{B}{v} + \frac{C}{v^2}$$

em que as constantes B e C são calculadas através de dados da tabela de vapor a 240°C e pressões que variam de 0 a 1 MPa.

11.13 De acordo com as séries viriais, Eqs. 3.30 e 3.31, mostre que $\hat{B} = B/\overline{R}T$, $\hat{C} = (C - B^2)/\overline{R}^2T^2$.

11.14 Expresse a Eq. 11.5, a equação de van der Waals, em termos do fator de compressibilidade Z.
(a) Na forma de uma série virial em v'_R. (*Sugestão*: Expanda o termo $(v'_R - 1/8)^{-1}$ da Eq. 11.5 em uma série.)
(b) Na forma de uma série virial em p_R.
(c) Desprezando os termos que envolvem $(p_R)^2$ e de ordem superior na série virial do item (b), obtenha a seguinte expressão aproximada:

$$Z = 1 + \left(\frac{1}{8} - \frac{27/64}{T_R}\right)\frac{p_R}{T_R}$$

(d) Compare os fatores de compressibilidade determinados pela equação do item (c) com os fatores de compressibilidade tabulados na literatura para $0 < p_R < 0,6$ e cada uma das temperaturas: $T_R = 1,0; 1,2; 1,4; 1,6; 1,8$ e 2,0. Comente sobre a faixa de validade da forma aproximada.

11.15 A equação de estado de Berthelot tem a forma

$$p = \frac{\overline{R}T}{\overline{v} - b} - \frac{a}{T\overline{v}^2}$$

(a) Utilizando as Eqs. 11.3, mostre que

$$a = \frac{27}{64}\frac{\overline{R}^2T_c^3}{p_c}, \qquad b = \frac{1}{8}\frac{\overline{R}T_c}{p_c}$$

(b) Expresse a equação em termos do fator de compressibilidade Z, da temperatura reduzida T_R e do volume específico pseudorreduzido v'_R.

11.16 A equação de estado de Beattie-Bridgeman pode ser expressa como

$$p = \frac{RT(1 - \varepsilon)(v + B)}{v^2} - \frac{A}{v^2}$$

em que

$$A = A_0\left(1 - \frac{a}{v}\right), \qquad B = B_0\left(1 - \frac{b}{v}\right)$$

$$\varepsilon = \frac{c}{vT^3}$$

e A_0, B_0, a, b e c são constantes. Expresse esta equação de estado em termos da pressão reduzida, p_R, da temperatura reduzida, T_R, do volume específico pseudorreduzido, v'_R, e de constantes adimensionais apropriadas.

11.17 A equação de estado de Dieterici é

$$p = \left(\frac{RT}{v - b}\right)\exp\left(\frac{-a}{RTv}\right)$$

(a) Utilizando as Eqs. 11.3, mostre que

$$a = \frac{4R^2T_c^2}{p_ce^2}, \qquad b = \frac{RT_c}{p_ce^2}$$

(b) Mostre que a equação de estado pode ser expressa em termos das variáveis do diagrama de compressibilidade como

$$Z = \left(\frac{v'_R}{v'_R - 1/e^2}\right) \exp\left(\frac{-4}{T_R v'_R e^2}\right)$$

(c) Converta o resultado do item (b) para uma série virial em v'_R (*Sugestão*: Expanda o termo $(v'_R - 1/e^2)^{-1}$ em uma série. Expanda também o termo exponencial em uma série.)

11.18 A equação de estado de Peng-Robinson tem a forma

$$p = \frac{RT}{v-b} - \frac{a}{v^2 - c^2}$$

Utilizando as Eqs. 11.3, calcule as constantes a, b e c em termos da pressão crítica p_c, da temperatura crítica T_c e do fator de compressibilidade crítico Z_c.

11.19 A relação p–v–T para hidrocarbonetos clorofluorinados pode ser descrita pela equação de estado de Carnahan–Starling–DeSantis

$$\frac{p\overline{v}}{\overline{R}T} = \frac{1 + \beta + \beta^2 - \beta^3}{(1 + \beta)^3} - \frac{a}{\overline{R}T(\overline{v} + b)}$$

em que $\beta = b/4\overline{v}$, $a = a_0 \exp(a_1 T + a_2 T^2)$ e $b = b_0 + b_1 T + b_2 T^2$. Para os Refrigerantes 12 e 13, os coeficientes necessários para T em K, a em J·L/(mol)², e b em L/mol, são dados na Tabela P11.19. Especifique qual dos dois refrigerantes permitiria o armazenamento da menor quantidade de massa em um recipiente de 10 m³ a 0,2 MPa e 80°C.

Tabela P11.19

	$a_0 \times 10^{-3}$	$a_1 \times 10^3$	$a_2 \times 10^6$	b_0	$b_1 \times 10^4$	$b_2 \times 10^8$
R-12	3,52412	−2,77230	−0,67318	0,15376	−1,84195	−5,03644
R-13	2,29813	−3,41828	−1,52430	0,12814	−1,84474	−10,7951

Utilização das Relações de Diferenciais Exatas

11.20 A diferencial de pressão obtida de uma certa equação de estado é dada por *uma* das expressões a seguir. Determine a equação de estado correspondente a cada uma.

$$dp = \frac{2(v-b)}{RT} dv + \frac{(v-b)^2}{RT^2} dT$$

$$dp = -\frac{RT}{(v-b)^2} dv + \frac{R}{v-b} dT$$

11.21 Substituindo $\delta Q_{\text{rev}}^{\text{int}} = T\,dS$ na Eq. 6.8, tem-se

$$\delta Q_{\text{rev}}^{\text{int}} = dU + p\,dV$$

Utilizando esta expressão juntamente com o teste de exatidão, demonstre que $Q_{\text{rev}}^{\text{int}}$ não é uma propriedade.

11.22 Mostre que a Eq. 11.16 é satisfeita por uma equação de estado com a forma $p = [RT/(v - b)] + a$.

11.23 Para as funções $x = x(y, w)$, $y = y(z, w)$ e $z = z(x, w)$, demonstre que

$$\left(\frac{\partial x}{\partial y}\right)_w \left(\frac{\partial y}{\partial z}\right)_w \left(\frac{\partial z}{\partial x}\right)_w = 1$$

11.24 Utilizando a Eq. 11.35, verifique a consistência das tabelas
(a) de vapor a 2 MPa e 400°C.
(b) do Refrigerante 134a a 2 bar e 50°C.

11.25 Utilizando a Eq. 11.35, verifique a consistência das tabelas
(a) de vapor a 100 lbf/in² (689,5 kPa) e 600°F (315,6°C).
(b) do Refrigerante 134a a 40 lbf/in² (275,8 kPa) e 100°F (37,8°C).

11.26 A uma pressão de 1 atm, água no estado líquido tem um estado de massa específica *máxima* nas proximidades de 4°C. O que se pode concluir sobre $(\partial s/\partial p)_T$ a
(a) 3°C?
(b) 4°C?
(c) 5°C?

11.27 Um gás entra em um compressor que opera em regime estacionário e é comprimido isentropicamente. A entalpia específica aumenta ou diminui à medida que o gás passa da entrada para a saída do compressor?

11.28 Mostre que T, p, h, ψ e g podem ser individualmente determinados a partir de uma função termodinâmica fundamental da forma $u = u(s, v)$.

11.29 Calcule as propriedades p, s, u, h, c_v e c_p de uma substância para a qual a função de Helmholtz tem a forma

$$\psi = -RT \ln \frac{v}{v'} - cT'\left[1 - \frac{T}{T'} + \frac{T}{T'} \ln \frac{T}{T'}\right]$$

em que v' e T' representam o volume específico e a temperatura, respectivamente, em um estado de referência, e c é uma constante.

11.30 O diagrama de Mollier fornece uma representação gráfica da função termodinâmica fundamental $h = h(s, p)$. Mostre que em qualquer estado fixado por s e p as propriedades T, v, u, ψ e g podem ser avaliadas utilizando-se os dados obtidos do diagrama.

11.31 Deduza a relação $c_p = -T(\partial^2 g/\partial T^2)_p$.

Cálculo de Δs, Δu e Δh

11.32 Utilizando os dados de p–v–T da amônia saturada da Tabela A-13-E, calcule a 20°F.
(a) $h_g - h_f$.
(b) $u_g - u_f$.
(c) $s_g - s_f$.
Compare com os resultados obtidos utilizando os dados da tabela.

11.33 Utilizando os dados de p–v–T da água saturada das tabelas de vapor, calcule a 50°C.
(a) $h_g - h_f$.
(b) $u_g - u_f$.
(c) $s_g - s_f$.
Compare com os resultados obtidos utilizando os dados da tabela de vapor.

11.34 Utilizando h_{fg}, v_{fg} e p_{sat} a 10°F (212,2°C) das tabelas do Refrigerante 134a, estime a pressão de saturação a 20°F (26,7°C). Comente sobre a precisão de sua estimativa.

11.35 Utilizando h_{fg}, v_{fg} e p_{sat} a 26°C das tabelas de amônia, estime a pressão de saturação a 30°C. Comente sobre a precisão de sua estimativa.

11.36 Utilizando os dados fornecidos para o ponto triplo da água na Tabela A-6E, estime a pressão de saturação a –40°F. Compare com o valor listado na Tabela A-6E.

11.37 A 0°C, os volumes específicos da água sólida saturada (gelo) e da água líquida saturada são, respectivamente, $v_{\text{gelo}} = 1{,}0911 \times 10^{-3}$ m³/kg e $v_f = 1{,}0002 \times 10^{-3}$ m³/kg, e a variação na entalpia específica na fusão é $h_{\text{gelof}} = 333{,}4$ kJ/kg. Calcule a temperatura de fusão do gelo a (a) 250 bar e (b) 500 bar. Localize suas respostas em um esboço do diagrama p–T para água.

11.38 A linha representativa da região bifásica sólido–líquido no diagrama de fases inclina-se para a esquerda para substâncias que se expandem durante o congelamento e para a direita para substâncias que se contraem durante o congelamento (Seção 3.2.2). Verifique esse comportamento para os casos do chumbo que se contrai durante o congelamento e do bismuto que se expande durante o congelamento.

11.39 Considere uma cadeira de quatro pernas em repouso sobre uma pista de patinação. A massa total da cadeira e de uma pessoa nela sentada é de 80 kg. Se a temperatura do gelo é –2°C, determine a área total mínima, em cm², que as pontas das pernas da cadeira podem ter antes que o gelo em contato com elas derreta. Utilize os dados do Problema 11.37 e considere a aceleração local da gravidade igual a 9,8 m/s².

11.40 Em um determinado intervalo de temperatura, a curva de pressão de saturação–temperatura de uma substância é representada por uma equação da forma $\ln p_{sat} = A - B/T$, em que A e B são constantes determinadas empiricamente.
(a) Obtenha expressões para $h_g - h_f$ e $s_g - s_f$ em termos de dados de p–v–T e da constante B.
(b) Utilizando os resultados do item (a), calcule $h_g - h_f$ e $s_g - s_f$ para a água na condição de vapor a 25°C e compare com os dados da tabela de vapor.

11.41 Utilizando os dados da Tabela A-2 para a água, determine as constantes A e B que fornecem o melhor ajuste segundo o critério dos mínimos quadrados para a pressão de saturação no intervalo de 20°C a 30°C por meio da equação $\ln p_{sat} = A - B/T$. Utilizando esta equação, determine dp_{sat}/dt a 25°C. Calcule $h_g - h_f$ a 25°C e compare com o valor da tabela de vapor.

11.42 Dentro de intervalos limitados de temperatura, a curva de pressão de saturação–temperatura para estados bifásicos líquido–vapor pode ser representada por uma equação da forma $\ln p_{sat} = A - B/T$, em que A e B são constantes. Deduza a expressão a seguir que relaciona três estados quaisquer sobre este trecho da curva:

$$\frac{p_{sat,3}}{p_{sat,1}} = \left(\frac{p_{sat,2}}{p_{sat,1}}\right)^\tau$$

na qual $\tau = T_2(T_3 - T_1)/T_3(T_2 - T_1)$.

11.43 Utilize o resultado do Problema 11.42 para determinar
(a) a pressão de saturação a 30°C utilizando os dados da relação pressão de saturação–temperatura a 20°C e 40°C da Tabela A-2. Compare com o valor da tabela da pressão de saturação a 30°C.
(b) a temperatura de saturação a 0,006 MPa utilizando os dados da relação pressão de saturação–temperatura a 20°C e 40°C da Tabela A-2. Compare com a temperatura de saturação a 0,006 MPa dada pela Tabela A-3.

11.44 Faça os seguintes exercícios envolvendo inclinações:
(a) No ponto triplo da água, avalie a razão entre a inclinação da linha de vaporização e a inclinação da linha de sublimação. Utilize os dados da tabela de vapor para obter um valor numérico para esta razão.
(b) Considere a região de vapor superaquecido de um diagrama temperatura–entropia. Mostre que a inclinação de uma linha de volume específico constante é maior que a inclinação de uma linha de pressão constante que passa pelo mesmo estado.
(c) Um diagrama entalpia–entropia (diagrama de Mollier) é frequentemente utilizado na análise de turbinas a vapor. Obtenha uma expressão para a inclinação de uma linha de pressão constante neste diagrama em termos somente dos dados da relação p–v–T.
(d) Um diagrama pressão–entalpia é frequentemente utilizado na indústria de refrigeração. Obtenha uma expressão para a inclinação de uma linha isentrópica nesse diagrama em termos somente dos dados da relação p–v–T.

11.45 Utilizando somente os dados da relação p–v–T de tabelas de amônia, avalie as variações na entalpia e na entropia específicas para um processo que evolui de 70 lbf/in² (482,6 kPa) e 40°F (4,4°C) para 14 lbf/in² (96,5 kPa) e 40°F. Compare com os valores tabelados.

11.46 Um kmol de argônio a 300 K está inicialmente confinado em um dos lados de um recipiente rígido e isolado dividido em volumes iguais de 0,2 m³ por uma placa divisória. O outro lado está inicialmente em vácuo. A placa divisória é retirada e o argônio se expande, preenchendo todo o recipiente. Utilizando a equação de estado de van der Waals, determine a temperatura final do argônio, em K. Repita o problema utilizando a equação de estado de gás ideal.

11.47 Obtenha a relação entre c_p e c_v para um gás que obedece à equação de estado $p(v - b) = RT$.

11.48 A relação p–v–T para um certo gás é representada aproximadamente por $v = RT/p + B - A/RT$, em que R é a constante do gás e A e B são constantes. Determine expressões para as variações da entalpia, da energia interna e da entropia específicas, $[h(p_2, T) - h(p_1, T)]$, $[u(p_2, T) - u(p_1, T)]$ e $[s(p_2, T) - s(p_1, T)]$, respectivamente.

11.49 Desenvolva expressões para as variações da entalpia, energia interna e entropia específicas $[h(v_2, T) - h(v_1, T)]$, $[u(v_2, T) - u(v_1, T)]$ e $[s(v_2, T) - s(v_1, T)]$, utilizando a
(a) equação de estado de van der Waals.
(b) equação de estado de Redlich-Kwong.

11.50 Em determinados estados, os dados da relação p–v–T de um gás podem ser expressos como $Z = 1 - Ap/T^4$, em que Z é o fator de compressibilidade e A é uma constante.
(a) Obtenha uma expressão para $(\partial p/\partial T)_v$ em termos de p, T, A e a constante do gás R.
(b) Obtenha uma expressão para a variação de entropia específica, $[s(p_2, T) - s(p_1, T)]$.
(c) Obtenha uma expressão para a variação de entalpia específica, $[h(p_2, T) - h(p_1, T)]$.

11.51 Para um gás cujo comportamento p–v–T pode ser descrito por $Z = 1 + Bp/RT$, em que B é uma função da temperatura, deduza expressões para as variações da entalpia, da energia interna e da entropia específicas $[h(p_2, T) - h(p_1, T)]$, $[u(p_2, T) - u(p_1, T)]$ e $[s(p_2, T) - s(p_1, T)]$.

11.52 Para um gás cujo comportamento da relação p–v–T pode ser descrito por $Z = 1 + B/v + C/v^2$, em que A e B são funções da temperatura, deduza uma expressão para a variação de entropia específica $[s(v_2, T) - s(v_1, T)]$.

Utilização de Outras Relações Termodinâmicas

11.53 O volume de uma esfera de cobre de 1 kg é mantido dentro de uma variação de no máximo 0,1%. Se a pressão exercida sobre a esfera for aumentada em 10 bar enquanto a temperatura permanece constante a 300 K, determine a pressão máxima admissível, em bar. Os valores médios de ρ, β e κ são 8888 kg/m³, $49,2 \times 10^{-6}$ (K)$^{-1}$ e $0,776 \times 10^{-11}$ m²/N, respectivamente.

11.54 O volume de uma esfera de cobre de 1 lb (0,45 kg) é mantido dentro de uma variação de no máximo 0,1%. Se a pressão exercida sobre a esfera for aumentada em 1 atm enquanto a temperatura permanece constante a 80°F (26,7°C), determine a pressão máxima admissível, em atm. Os valores médios de ρ, β e κ são 555 lb/ft³ (8890,2 kg/m³), $2,75 \times 10^{-5}$ (°R)$^{-1}$ ($1,5 \times 10^{-5}$ (°K)$^{-1}$) e $3,72 \times 10^{-10}$ ft²/lbf ($0,78 \times 10^{-11}$ m²/N), respectivamente.

11.55 Desenvolva expressões para a expansividade volumétrica β e para a compressibilidade isotérmica κ, considerando
(a) um gás ideal.
(b) um gás cuja equação de estado é $p(v - b) = RT$.
(c) um gás que obedece à equação de van der Waals.

11.56 Desenvolva expressões para a expansividade volumétrica β e para a compressibilidade isotérmica κ em termos de T, p, Z e as primeiras derivadas parciais de Z. Determine o sinal de κ para estados de gás com $p_R < 3$ e $T_R < 2$. Discuta os resultados.

11.57 Mostre que a compressibilidade isotérmica κ é sempre maior que ou igual à compressibilidade isentrópica α.

11.58 Prove que $(\partial\beta/\partial p)_T = -(\partial\kappa/\partial T)_p$.

11.59 Para o alumínio a 0°C, $\rho = 2700$ kg/m³, $\beta = 71,4 \times 10^{-8}$ (K)$^{-1}$, $\kappa = 1,34 \times 10^{-13}$ m²/N e $c_p = 0,9211$ kJ/kg · K. Determine o erro percentual que resultaria em c_v se fosse considerado $c_p = c_v$.

11.60 Estime o aumento na temperatura, em °C, do mercúrio inicialmente a 0°C e 1 bar se a sua pressão for aumentada para 1000 bar isentropicamente. Para o mercúrio a 0°C, $c_p = 28,0$ kJ/kmol · K, $\bar{v} = 0,0147$ m³/kmol e $\beta = 17,8 \times 10^{-5}$ (K)$^{-1}$.

11.61 Em certos estados, a relação p–v–T para um determinado gás pode ser representada por $Z = 1 - Ap/T^4$, na qual Z é o fator de compressibilidade e A é uma constante. Obtenha uma expressão para o calor específico c_p em termos da constante do gás R, da razão entre calores específicos k e de Z. Verifique se sua expressão se reduz à Eq. 3.47a quando $Z = 1$.

11.62 Para um gás que obedece à equação de estado de van der Waals,
(a) mostre que $(\partial c_v/\partial v)_T = 0$.
(b) desenvolva uma expressão para $c_p - c_v$.
(c) desenvolva expressões para $[u(T_2, v_2) - u(T_1, v_1)]$ e $[s(T_2, v_2) - s(T_1, v_1)]$.
(d) finalize com os cálculos de Δu e Δs considerando $c_v = a + bT$, sendo a e b constantes.

11.63 Se o valor do calor específico c_v do ar é de 0,1965 Btu/lb · °R (0,82 kJ/kg · K) a $T_1 = 1000$°F (537,8°C) e $v_1 = 36,8$ ft³/lb (2,3 m³/kg), determine o valor de c_v a $T_2 = 1000$°F e $v_2 = 0,0555$ ft³/lb (0,003 m³/kg). Considere que o ar obedece à equação de estado de Berthelot

$$p = \frac{RT}{v - b} - \frac{a}{Tv^2}$$

em que

$$a = \frac{27}{64}\frac{R^2 T_c^3}{p_c}, \qquad b = \frac{1}{8}\frac{RT_c}{p_c}$$

11.64 Mostre que a razão entre calores específicos k pode ser expressa como $k = c_p\kappa/(c_p\kappa - Tv\beta^2)$. Utilizando esta expressão juntamente com os dados das tabelas de vapor, calcule k para o vapor d'água a 200 lb/in² e 500°F.

11.65 Para a água líquida a 40°C e 1 atm, estime
(a) c_v, em kJ/kg · K.
(b) a velocidade do som, em m/s.
Utilize os dados da Tabela 11.2, se necessário.

11.66 Utilizando os dados da tabela de vapor, estime a velocidade do som na água líquida a (a) 20°C e 50 bar, (b) 50°F e 1500 lbf/in².

11.67 Em uma certa posição dentro de um *túnel de vento*, uma corrente de ar está a 500°F (260,0°C), 1 atm e tem uma velocidade de 2115 ft/s (644,6 m/s). Determine o número de Mach nessa posição.

11.68 Para um gás que obedece à equação de estado $p(v - b) = RT$, em que b é uma constante positiva, é possível reduzir sua temperatura segundo uma expansão de Joule-Thomson? Explique.

11.69 O comportamento de um gás é descrito por $v = RT/p - A/T + B$, em que A e B são constantes. Para esse gás obtenha uma expressão

(a) para as temperaturas nos estados de inversão de Joule-Thomson.
(b) para $c_p - c_v$.

11.70 Determine a temperatura de inversão de Joule-Thomson *máxima* em termos da temperatura crítica T_c prevista pela equação
(a) de van der Waals.
(b) de Redlich-Kwong.
(c) de Dieterici dada no Problema 11.17.

11.71 Deduza uma equação para o coeficiente de Joule-Thomson como função de T e v para um gás que obedece à equação de estado de van der Waals e cujo calor específico c_v é dado por $c_v = A + BT + CT^2$, sendo A, B e C constantes. Calcule as temperaturas nos estados de *inversão* em termos de R, v e das constantes de van der Waals a e b.

11.72 Mostre que a Eq. 11.77 pode ser escrita como

$$\mu_J = \frac{T^2}{c_p}\left(\frac{\partial(v/T)}{\partial T}\right)_p$$

(a) Utilizando este resultado, obtenha uma expressão para o coeficiente de Joule-Thomson de um gás que obedece à equação de estado

$$v = \frac{RT}{p} - \frac{Ap}{T^2}$$

na qual A é uma constante.
(b) Utilizando o resultado do item (a), determine c_p, em kJ/kg · K, para CO_2 a 400 K e 1 atm, em que $\mu_J = 0{,}57$ K/atm. Para o CO_2, $A = 2{,}78 \times 10^{-3}$ m^5 · K^2/kg · N.

Desenvolvimento de Dados para as Propriedades

11.73 Se o calor específico c_v de um gás que obedece à equação de van der Waals é expresso a uma determinada pressão p', por $c_v = A + BT$, sendo A e B constantes, desenvolva uma expressão para a variação da entropia específica entre dois estados quaisquer 1 e 2: $[s(T_2, p_2) - s(T_1, p_1)]$.

11.74 Considerando o ar, escreva um programa de computador que calcule a variação de entalpia específica de um estado em que a temperatura seja 25°C e a pressão seja 1 atm para um estado em que a temperatura é T e a pressão é p. Utilize a equação de estado de van der Waals e considere a variação do calor específico do gás ideal conforme a Tabela A-21.

11.75 Utilizando a equação de estado de Redlich-Kwong, determine as variações na entalpia específica, em kJ/kmol, e na entropia específica, em kJ/kmol · K, para o etileno entre os estados 400 K e 1 bar, e 400 K e 100 bar.

11.76 Utilizando a equação de estado de Benedict-Webb-Rubin juntamente com uma relação para calor específico da Tabela A-21, determine a variação na entalpia específica, em kJ/kmol, para o metano entre os estados 300 K e 1 atm e 400 K e 200 atm.

11.77 Uma certa substância compressível simples e pura apresenta as relações entre propriedade descritas a seguir. A relação p–v–T na fase vapor é

$$v = \frac{RT}{p} - \frac{Bp}{T^2}$$

na qual v é expresso em ft^3/lb, T em °R, p em lbf/ft^2, $R = 50$ ft · lbf/lb · °R e $B = 100$ ft^5 · (°R)^2/lb · lbf. A pressão de saturação, em lbf/ft^2, é descrita por

$$\ln p_{\text{sat}} = 12 - \frac{2400}{T}$$

O coeficiente de Joule-Thomson a 10 lbf/in^2 (68,9 kPa) e 200°F (93,3°C) é 0,004°R · ft^2/lbf. O calor específico do gás ideal c_{p0} é constante na faixa de temperatura entre 0°F e 300°F (217,8°C a 148,9°C).
(a) Complete a seguinte tabela de valores de propriedades

T	p	v_f	v_g	h_f	h_g	s_f	s_g
0°F		0,03		0		0,000	
100°F		0,03					

para p em lbf/in^2, v em ft^3/lb, h em Btu/lb e s em Btu/lb · °R.
(b) Calcule v, h e s no estado determinado por 15 lbf/in^2 (103,4 kPa) e 300°F (148,9°C).

11.78 Na Tabela A-2, para uma temperatura de até 50°C, os valores de u_f e h_f diferem, na maior parte dos casos em 0,01 kJ/kg. Além disso, para cada uma dessas temperaturas, o produto $p_{\text{sat}}v_f$ é pequeno o suficiente para ser desprezado e os valores da tabela para u_f e h_f podem ser considerados idênticos. Estabeleça, na forma de um relatório, uma explicação plausível para essa situação.

Utilização dos Desvios de Entalpia e Entropia

11.79 Com base na Eq. 11.90, deduza a Eq. 11.91.

11.80 Deduza uma expressão que forneça
(a) a energia interna de uma substância em relação àquela do seu modelo de gás ideal à mesma temperatura: $[u(T, v) - u^*(T)]$.
(b) a entropia de uma substância em relação àquela do seu modelo de gás ideal à mesma temperatura e mesmo volume específico: $[s(T, v) - s^*(T, v)]$.

11.81 Deduza expressões para os desvios de entalpia e entropia utilizando uma equação de estado da forma $Z = 1 + Bp_R$, sendo B uma função da temperatura reduzida, T_R.

11.82 A expressão a seguir para o desvio de entalpia é conveniente para uso com equações de estado que fornecem a pressão explicitamente:

$$\frac{\bar{h}^*(T) - \bar{h}(T, \bar{v})}{\bar{R}T_c} = T_R\left[1 - Z - \frac{1}{\bar{R}T}\int_\infty^{\bar{v}}\left[T\left(\frac{\partial p}{\partial T}\right)_v - p\right]d\bar{v}\right]$$

(a) Deduza esta expressão.
(b) Utilizando a expressão dada, calcule o desvio de entalpia para um gás que obedece à equação de estado de Redlich-Kwong.
(c) Utilizando o resultado do item(b), determine a variação na entalpia específica, em kJ/kmol, para CO_2 sujeito a um processo isotérmico a 300 K de 50 a 20 bar.

11.83 Utilizando a equação de estado do Problema 11.14 (c), calcule v e c_p para o vapor d'água a 550°C e 20 MPa, e compare com os dados da Tabela A-4 e da Fig. 3.9, respectivamente. Discuta os resultados.

11.84 Etileno a 67°C e 10 bar entra em um compressor que opera em regime estacionário e é comprimido isotermicamente sem irreversibilidades internas até 100 bar. As variações das energias potencial e cinética são desprezíveis. Determine, em kJ por kg de etileno que escoa pelo compressor
(a) o trabalho necessário.
(b) a transferência de calor.

11.85 Metano a 27°C e 10 MPa entra em uma turbina que opera em regime estacionário, se expande adiabaticamente através de uma razão de pressão de 5 : 1 e sai a –48°C. Os efeitos das energias potencial e cinética são desprezíveis. Se $\bar{c}_{po} = 35$ kJ/kmol · K, determine o trabalho desenvolvido por kg de metano que escoa através da turbina. Compare com o valor obtido por meio do modelo de gás ideal.

11.86 Nitrogênio (N_2) entra em um compressor operando em regime estacionário a 1,5 MPa e 300 K, e sai a 8 MPa e 500 K. Se o trabalho requerido na entrada é de 240 kJ por kg de nitrogênio em escoamento, determine a transferência de calor, em kJ por kg de nitrogênio que escoa. Despreze os efeitos de energia cinética e potencial.

11.87 Oxigênio (O_2) entra em um volume de controle operando em regime estacionário com uma vazão mássica de 9 kg/min a 100 bar e 287 K, e é comprimido adiabaticamente até 150 bar e 400 K. Determine a potência necessária, em kW, e a taxa de produção de entropia, em kW/K. Despreze os efeitos de energia cinética e potencial.

11.88 Gás argônio entra em uma turbina que opera em regime estacionário a 100 bar e 325 K, e se expande adiabaticamente até 40 bar e 235 K, sem variações importantes nas energias cinética e potencial. Determine
(a) o trabalho desenvolvido, em kJ por kg de argônio que escoa através da turbina.
(b) a entropia produzida, em kJ/K por kg de argônio que escoa.

11.89 Oxigênio (O_2) sofre um processo de estrangulamento de 100 bar e 300 K, até 20 bar. Determine a temperatura após o estrangulamento, em K, e compare com o valor obtido por meio do modelo de gás ideal.

11.90 Vapor d'água entra em uma turbina que opera em regime estacionário a 30 MPa e 600°C e se expande adiabaticamente até 6 MPa sem variações importantes nas energias cinética e potencial. Se a eficiência isentrópica da turbina é de 80%, determine o trabalho desenvolvido, em kJ por kg de vapor escoando, utilizando os diagramas generalizados de propriedades. Compare com o resultado obtido utilizando os dados da tabela de vapor. Discuta os resultados.

11.91 Oxigênio (O₂) entra em um bocal operando em regime estacionário a 60 bar, 300 K e 1 m/s, e se expande isentropicamente até 30 bar. Determine a velocidade na saída do bocal, em m/s.

11.92 Uma quantidade de nitrogênio gasoso sofre um processo a uma pressão constante de 80 bar, de 220 até 300 K. Determine o trabalho e a transferência de calor para o processo, ambos em kJ por kmol de nitrogênio.

11.93 Um recipiente fechado, rígido e isolado, tendo um volume de 0,142 m³, contém oxigênio (O₂) inicialmente a 100 bar e 7°C. O oxigênio é misturado por um agitador até a pressão atingir 150 bar. Determine
(a) a temperatura final, em °C.
(b) o trabalho, em kJ.
(c) a quantidade de exergia destruída no processo, em kJ.
Considere $T_0 = 7°C$.

Cálculo da Relação *p–v–T* para Misturas de Gases

11.94 Um projeto preliminar estabelece que 1 kmol de uma mistura de CO₂ e C₂H₆ (etano) ocupa um volume de 0,15 m³ a uma temperatura de 400 K. A fração molar do CO₂ é 0,3. Devido a requisitos de segurança, a pressão não deve exceder a 180 bar. Verifique a pressão utilizando
(a) a equação de estado de gás ideal.
(b) a regra de Kay juntamente com o diagrama generalizado de compressibilidade.
(c) a regra da pressão aditiva juntamente com o diagrama generalizado de compressibilidade.
Compare e discuta os resultados.

11.95 Uma mistura gasosa com uma composição molar de 60% de CO e 40% de H₂ entra em uma turbina que opera em regime estacionário a 300°F (148,9°C) e 2000 lbf/in² (13,8 MPa), e sai a 212°F (100,0°C) e 1 atm, com vazão volumétrica de 20.000 ft³/min (9,4 m³/s). Estime a vazão volumétrica na entrada da turbina, em ft³/min, utilizando a regra de Kay. Que valor resultaria se fosse utilizado o modelo de gás ideal? Discuta os valores obtidos.

11.96 Um cilindro de 0,1 m³ contém uma mistura gasosa com uma composição molar de 97% de CO e 3% de CO₂ inicialmente a 138 bar. Devido a um vazamento, a pressão da mistura cai para 129 bar enquanto a temperatura permanece constante a 30°C. Utilizando a regra de Kay, estime a quantidade de mistura, em kmol, que vaza do cilindro.

11.97 Uma mistura gasosa que consiste em 0,75 kmol de hidrogênio (H₂) e 0,25 kmol de nitrogênio (N₂) ocupa 0,085 m³ a 25°C. Estime a pressão, em bar, utilizando
(a) a equação de estado de gás ideal.
(b) a regra de Kay juntamente com o diagrama generalizado de compressibilidade.
(c) a equação de van der Waals juntamente com valores de mistura para as constantes *a* e *b*.
(d) a regra da pressão aditiva juntamente com o diagrama generalizado de compressibilidade.

11.98 Uma mistura gasosa de 0,5 lbmol de metano e 0,5 lbmol de propano ocupa um volume de 7,65 ft³ (0,22 m³) a uma temperatura de 194°F (90,0°C). Estime a pressão utilizando os procedimentos a seguir e compare cada estimativa com o valor medido para a pressão, 50 atm:
(a) a equação de estado de gás ideal.
(b) a regra de Kay juntamente com o diagrama generalizado de compressibilidade.
(c) a equação de van der Waals juntamente com valores de mistura para as constantes *a* e *b*.
(d) a regra da pressão aditiva juntamente com a equação de van der Waals.
(e) a regra das pressões aditivas juntamente com o diagrama generalizado de compressibilidade.
(f) a regra dos volumes aditivos juntamente com a equação de van der Waals.

11.99 Um lbmol de uma mistura gasosa ocupa um volume de 1,78 ft³ (0,205 m³) a 212°F (100,0°C). A mistura consiste em 69,5% de dióxido de carbono e 30,5% de etileno (C₂H₄) (em base molar). Estime a pressão da mistura, em atm, utilizando
(a) a equação de estado de gás ideal.
(b) a regra de Kay juntamente com o diagrama generalizado de compressibilidade.
(c) a regra das pressões aditivas juntamente com o diagrama generalizado de compressibilidade.
(d) a equação de van der Waals juntamente com valores de mistura para as constantes *a* e *b*.

11.100 Ar com uma composição molar aproximada de 79% de N₂ e 21% de O₂ preenche um recipiente de 0,36 m³. A massa da mistura é de 100 kg. A pressão e a temperatura medidas são de 101 bar e 180 K, respectivamente. Compare a pressão medida com a pressão prevista pela utilização da
(a) equação de estado de gás ideal.
(b) regra de Kay.
(c) regra da pressão aditiva com a equação de Redlich-Kwong.
(d) regra do volume aditivo com a equação de Redlich-Kwong.

11.101 Uma mistura gasosa que consiste em 50% de argônio e 50% de nitrogênio (em base molar) está contida em um reservatório fechado a 20 atm e –140°F (–95,6°C). Estime o volume específico, em ft³/lb, utilizando
(a) a equação de estado de gás ideal.
(b) a regra de Kay juntamente com o diagrama generalizado de compressibilidade.
(c) a equação de Redlich-Kwong com valores de mistura para *a* e *b*.
(d) a regra do volume aditivo juntamente com o diagrama generalizado de compressibilidade.

11.102 Utilizando a equação de estado de Carnahan-Starling-DeSantis, apresentada no Problema 11.19, juntamente com as expressões a seguir para os valores de mistura de *a* e *b*:

$$a = y_1^2 a_1 + 2y_1 y_2 (1 - f_{12})(a_1 a_2)^{1/2} + y_2^2 a_2$$
$$b = y_1 b_1 + y_2 b_2$$

na qual f_{12} é um parâmetro de *interação* empírico, determine a pressão, em kPa, a $v = 0,005$ m³/kg e $T = 180°C$, para uma mistura de Refrigerantes 12 e 13, na qual o Refrigerante 12 ocupa 40% em massa. Para uma mistura de Refrigerantes 12 e 13, $f_{12} = 0,035$.

11.103 Um recipiente rígido contém inicialmente gás dióxido de carbono a 32°C e pressão *p*. Deixa-se escoar gás etileno para o interior do reservatório até se formar uma mistura que consiste em 20% de dióxido de carbono e 80% de etileno (em base molar) em seu interior a uma temperatura de 43°C e a uma pressão de 110 bar. Determine a pressão *p*, em bar, utilizando a regra de Kay juntamente com o diagrama generalizado de compressibilidade.

11.104 Dois reservatórios de volumes iguais estão conectados por uma válvula. Um deles contém gás dióxido de carbono a 100°F e pressão *p*. O outro contém gás etileno a 100°F (37,8°C) e 1480 lbf/in² (10,2 MPa). A válvula é então aberta e os gases se misturam, atingindo, ao final, o equilíbrio a 100°F e pressão *p*′ com uma composição de 20% de dióxido de carbono e 80% de etileno (em base molar). Utilizando a regra de Kay e o diagrama generalizado de compressibilidade, determine, em lbf/in²
(a) a pressão inicial *p* do dióxido de carbono.
(b) a pressão final *p*′ da mistura.

Análise de Sistemas Multicomponentes

11.105 Uma solução binária a 25°C consiste em 59 kg de álcool etílico (C₂H₅OH) e 41 kg de água. Os respectivos volumes molares parciais são 0,0573 e 0,0172 m³/kmol. Determine o volume total, em m³. Compare com o volume calculado utilizando os volumes específicos molares dos componentes puros, ambos líquidos a 25°C, em vez dos volumes molares parciais.

11.106 Os dados a seguir referem-se a uma solução binária de etano (C₂H₆) e pentano (C₅H₁₂) a certas temperatura e pressão:

fração molar do etano	0,2	0,3	0,4	0,5	0,6	0,7	0,8
volume (em m³) por kmol de solução	0,119	0,116	0,112	0,109	0,107	0,107	0,11

Estime
(a) os volumes específicos do etano puro e do pentano puro, ambos em m³/kmol.
(b) os volumes molares parciais do etano e do pentano para uma solução equimolar, ambos em m³/kmol.

11.107 Os dados a seguir referem-se a uma mistura binária de dióxido de carbono e metano a certas temperatura e pressão:

fração molar do metano	0,000	0,204	0,406	0,606	0,847	1,000
volume (em ft³) por lbmol de mistura	1,506	3,011	3,540	3,892	4,149	4,277

Estime
(a) os volumes específicos do dióxido de carbono puro e do metano puro, ambos em ft³/lbmol.
(b) os volumes molares parciais do dióxido de carbono e do metano para uma solução equimolar, ambos em ft³/lbmol.

11.108 Utilizando a relação p–v–T das tabelas de vapor, determine a fugacidade da água na condição de vapor saturado a (a) 280°C e (b) 500°F. Compare com os valores obtidos do diagrama generalizado de fugacidade.

11.109 Determine a fugacidade, em atm, para o
(a) butano a 555 K e 150 bar.
(b) metano a 120°F e 800 lbf/in².
(c) benzeno a 890°R e 135 atm.

11.110 Utilizando a equação de estado do Problema 11.14 (c), calcule a fugacidade da amônia a 750 K e 100 atm, e compare com o valor obtido através da Fig. A-6.

11.111 Utilizando os dados do fator de compressibilidade tabelados na literatura, calcule f/p a $T_R = 1,40$ e $p_R = 2,0$. Compare com o valor obtido da Fig. A-6.

11.112 Considere a expressão virial truncada

$$Z = 1 + \hat{B}(T_R)p_R + \hat{C}(T_R)p_R^2 + \hat{D}(T_R)p_R^3$$

(a) Utilizando os dados do fator de compressibilidade tabelados na literatura, calcule os coeficientes $\hat{B}$, $\hat{C}$, e $\hat{D}$ para $0 < p_R < 1,0$ e cada uma das $T_R = 1,0$; 1,2; 1,4; 1,6; 1,8 e 2,0.
(b) Obtenha uma expressão para $\ln(f/p)$ em termos de T_R e p_R. Utilizando os coeficientes do item (a), calcule f/p em alguns estados escolhidos e compare com os valores tabelados na literatura.

11.113 Deduza a seguinte aproximação para o cálculo da fugacidade de um líquido a temperatura T e pressão p:

$$f(T,p) \approx f_{sat}^L(T)\exp\left\{\frac{v_f(T)}{RT}[p - p_{sat}(T)]\right\}$$

na qual $f_{sat}^L(T)$ é a fugacidade do líquido saturado à temperatura T. Para que faixa de pressões a aproximação $f(T,p) \approx f_{sat}^L(T)$ pode ser aplicada?

11.114 Com base na Eq. 11.122,
(a) calcule $\ln f$ para um gás que obedece à equação de estado de Redlich-Kwong.
(b) Utilizando o resultado do item (a), calcule a fugacidade, em bar, para o Refrigerante 134a a 90°C e 10 bar. Compare o resultado com o valor da fugacidade obtido a partir do diagrama generalizado de fugacidade.

11.115 Considere um volume de controle com uma entrada e uma saída em regime estacionário através do qual o escoamento seja internamente reversível e isotérmico. Mostre que o trabalho por unidade de massa que escoa pode ser expresso em termos da fugacidade f como

$$\left(\frac{\dot{W}_{vc}}{\dot{m}}\right)_{rev}^{int} = -RT\ln\left(\frac{f_2}{f_1}\right) + \frac{V_1^2 - V_2^2}{2} + g(z_1 - z_2)$$

11.116 Metano se expande isotermicamente e sem irreversibilidades através de uma turbina que opera em regime estacionário, entrando a 60 atm e 77°F e saindo a 1 atm. Utilizando os dados do diagrama generalizado de fugacidade, determine o trabalho produzido, em Btu por lb de metano que escoa. Ignore os efeitos de energia cinética e potencial.

11.117 Propano (C_3H_8) entra em uma turbina que opera em regime estacionário a 100 bar e 400 K, e se expande isotermicamente sem irreversibilidades até 10 bar. Não ocorrem variações significativas nas energias cinética e potencial. Utilizando os dados do diagrama generalizado de fugacidade, determine a potência produzida, em kW, para uma vazão mássica de 50 kg/min.

11.118 Etano (C_2H_6) é comprimido de 5 para 40 bar isotermicamente sem irreversibilidades a uma temperatura de 320 K. Utilizando os dados dos diagramas generalizados de fugacidade e desvio de entalpia, determine o trabalho de compressão e a transferência de calor, ambos em kJ por kg de etano que escoa. Admita uma operação em regime estacionário e despreze os efeitos das energias potencial e cinética.

11.119 Metano entra em uma turbina operando em regime estacionário a 100 bar e 275 K e se expande isotermicamente sem irreversibilidades até 15 bar. Não ocorrem variações significativas nas energias cinética e potencial. Utilizando os dados dos diagramas generalizados de fugacidade e desvio de entalpia, determine a potência desenvolvida e a transferência de calor, ambas em kW, para uma vazão mássica de 0,5 kg/s.

11.120 Metano escoa isotermicamente e sem irreversibilidades por um tubo horizontal em regime estacionário, entrando a 50 bar, 300 K e 10 m/s, e saindo a 40 bar. Utilizando os dados do diagrama generalizado de fugacidade, determine a velocidade na saída em m/s.

11.121 Determine a fugacidade, em atm, para o etano puro a 310 K e 20,4 atm, e para o caso em que este seja um componente com uma fração molar de 0,35 em uma solução ideal às mesmas temperatura e pressão.

11.122 Representando o *solvente* e o *soluto* em uma solução líquida binária diluída, a temperatura T e pressão p, pelos subscritos 1 e 2, respectivamente, mostre que, se a fugacidade do soluto for proporcional à sua fração molar na solução: $\bar{f}_2 = ky_2$, em que k é uma constante (*regra de Henry*), então a fugacidade do solvente será $\bar{f}_1 = y_1 f_1$, na qual y_1 é a fração molar do solvente e f_1 é a fugacidade de 1 puro a temperatura T e pressão p.

11.123 Um reservatório contém 310 kg de uma mistura gasosa com 70% de etano e 30% de nitrogênio (em base molar) a 311 K e 170 atm. Determine o volume do reservatório, em m³, utilizando os dados do diagrama generalizado de compressibilidade juntamente com (a) a regra de Kay, (b) o modelo de solução ideal. Compare com o volume medido de 1 m³ do reservatório.

11.124 Um reservatório contém uma mistura de 75% de argônio e 25% de etileno em uma base molar a 77°F (25,0°C) e 81,42 atm. Para 157 lb (71,2 kg) de mistura, estime o volume do reservatório, em ft³, utilizando
(a) a equação de estado de gás ideal.
(b) a regra de Kay juntamente com os dados do diagrama generalizado de compressibilidade.
(c) o modelo de solução ideal juntamente com os dados do diagrama generalizado de compressibilidade.

11.125 Um reservatório contém uma mistura de 70% de etano e 30% de nitrogênio (N_2) em uma base molar a 400 K e 200 atm. Para 2130 kg de mistura, estime o volume do reservatório, em m³, utilizando
(a) a equação de estado de gás ideal.
(b) a regra de Kay juntamente com os dados do diagrama generalizado de compressibilidade.
(c) o modelo de solução ideal juntamente com os dados do diagrama generalizado de compressibilidade.

11.126 Uma mistura equimolar de O_2 e N_2 entra em um compressor que opera em regime estacionário a 10 bar e 220 K com uma vazão mássica de 1 kg/s. A mistura sai a 60 bar e 400 K sem alterações significativas na energia cinética ou potencial. A transferência de calor perdido pelo compressor pode ser ignorada. Determine para o compressor
(a) a potência de acionamento, em kW.
(b) a taxa de produção de entropia, em kW/K.

Admita que a mistura é modelada como uma solução ideal. Para os componentes puros, tem-se:

	10 bar, 220 K		60 bar, 400 K	
	h (kJ/kg)	s (kJ/kg·K)	h (kJ/kg)	s (kJ/kg·K)
Oxigênio	195,6	5,521	358,2	5,601
Nitrogênio	224,1	5,826	409,8	5,911

11.127 Uma mistura gasosa com uma análise molar de 70% de CH_4 e 30% de N_2 entra em um compressor operando em regime estacionário a 10 bar e 250 K e com uma vazão molar de 6 kmol/h. A mistura deixa o compressor a 100 bar. Durante a compressão, a temperatura da mistura afasta-se de 250 K de um percentual não superior a 0,1 K. A potência de acionamento do compressor é informada como sendo de 6 kW. Este valor está correto? Explique. Ignore os efeitos das energias potencial e cinética. Admita que a mistura é modelada como uma solução ideal. Para os componentes puros a 250 K, tem-se:

	h (kJ/kg)		s (kJ/kg · K)	
	10 bar	100 bar	10 bar	100 bar
Metano	506,0	358,6	10,003	8,3716
Nitrogênio	256,18	229,68	5,962	5,188

11.128 O afastamento de uma mistura binária do comportamento de uma solução ideal é medido pelo *coeficiente de atividade*, $\gamma_i = a_i/y_i$, em que a_i é a atividade do componente i e y_i é a sua fração molar na solução ($i = 1$,

2). Introduzindo-se a Eq. 11.140, o coeficiente de atividade pode ser expresso de modo alternativo, como $\gamma_i = \bar{f}_i/y_i f_i^\circ$. Utilizando esta expressão juntamente com a equação de *Gibbs-Duhem*, deduza a seguinte relação entre os coeficientes de atividade e as frações molares para uma solução à temperatura T e pressão p:

$$\left(y_1 \frac{\partial \ln \gamma_1}{\partial y_1}\right)_{p,T} = \left(y_2 \frac{\partial \ln \gamma_2}{\partial y_2}\right)_{p,T}$$

Como esta expressão poderia ser utilizada?

▶ PROJETOS E PROBLEMAS EM ABERTO: EXPLORANDO A PRÁTICA DE ENGENHARIA

11.1P Projete um recipiente de vidro de uso em laboratório para conter até 10 kmol de vapor de mercúrio à pressão de até 3 MPa e temperaturas de 900 K a 1000 K. Considere a saúde e a segurança dos técnicos que deverão trabalhar com o vapor de mercúrio contido no recipiente. Utilize a relação p–v–T do vapor de mercúrio obtida da literatura ou definida por programas apropriados de propriedades. Escreva um relatório incluindo pelo menos três referências.

11.2P O diagrama p–h (Seção 10.2.4) utilizado no campo da engenharia de refrigeração tem como coordenadas a entalpia específica e o logaritmo natural da pressão. Uma inspeção desse diagrama sugere que nas regiões de vapor as linhas de entropia constante são aproximadamente lineares e, assim, a relação entre h, $\ln p$ e s ser expressa como

$$h(s,p) = (As + B)\ln p + (Cs + D)$$

Investigue a viabilidade dessa expressão para faixas de pressão de até 10 bar, utilizando os dados do Refrigerante 134a. Elabore um relatório com o resumo de suas conclusões.

11.3P A escassez de água potável e a necessidade de suprimentos adicionais de água são problemas críticos em muitas regiões áridas do planeta, onde frequentemente não há recursos hídricos suficientes na forma de rios e lagos ou aquíferos subterrâneos, que sofrem uma depleção acelerada com o uso regular. Para algumas regiões, a dessalinização de água do mar mostrou-se uma opção viável, embora controversa. Consumidores potenciais desses recursos hídricos necessitam de quantidades crescentes de água potável abundante, com custo baixo e um impacto ambiental reduzido. Alguns pesquisadores apontam a utilização de energia solar na destilação de água salina, juntamente à energia eólica, como uma solução para suprir as demandas atuais e potenciais. Pesquise a viabilidade dessa abordagem com metas que incluam a minimização de impactos ambientais relacionados à utilização de água do mar e o retorno de efluentes ao mar, evitando outros impactos significativos, para produção de água potável cujo custo, em centavos (de dólar americano) por metro cúbico, seja competitivo com plantas de dessalinização convencionais exibindo boas práticas ambientais. Escreva um relatório sobre o assunto com, no mínimo, três referências.

11.4P Uma máquina de refrigeração portátil que não requer fornecimento de energia externa e que utiliza dióxido de carbono no seu *ponto triplo* está descrita na patente norte-americana n.° 4.096.707. Estime o custo da carga inicial de dióxido de carbono requerida por essa máquina para manter um compartimento de carga de 6 ft por 8 ft por 15 ft a 35°F por até 24 horas, se o compartimento for fabricado com chapa metálica coberta com uma camada de 1 in de poliestireno. Você recomendaria o uso dessa máquina de refrigeração? Explique sua decisão.

11.5P Uma usina de energia localizada nas proximidades da foz de um rio, onde as correntes de água doce do rio se encontram com as marés de água salgada do oceano, pode gerar eletricidade explorando a diferença nas composições da água doce e da salgada. Essa tecnologia de geração de energia é chamada *eletrodiálise reversa*. Enquanto até agora apenas usinas de energia de demonstração em pequena escala utilizam a eletrodiálise reversa, alguns observadores têm grandes expectativas nessa tecnologia. Investigue a viabilidade econômica e temporal dessa fonte renovável de energia fornecer 3% ou mais do consumo de eletricidade necessário aos Estados Unidos até 2030. Apresente suas conclusões em um relatório, incluindo uma discussão dos potenciais efeitos adversos dessas usinas ao meio ambiente e cite pelo menos três referências.

11.6P Durante uma mudança de fase de líquido para vapor em pressão fixada, a temperatura de uma solução *não azeotrópica* binária, como uma solução de amônia–água, aumenta em vez de permanecer constante, como no caso de uma substância pura. Esta característica é explorada tanto pelo ciclo de potência de *Kalina* quanto pelo ciclo de refrigeração de *Lorenz*. Escreva um relatório discutindo o estado de tecnologias baseadas nesses ciclos. Discuta as principais vantagens da utilização de soluções não azeotrópicas binárias. Identifique alguns dos principais problemas de projeto relacionados ao seu uso em sistemas de refrigeração e de potência.

11.7P Os dados a seguir são conhecidos para um sistema de absorção de amônia–água de 100 ton, como o da Fig. 10.12. A bomba deve manejar 570 lb (258,5 kg) de solução forte por minuto. As condições do gerador são 175 lbf/in² (1,2 MPa) e 220°F (104,4°C). O absorvedor está a 29 lbf/in² (199,9 kPa) com solução forte saindo a 80°F (26,7°C). Para o evaporador, a pressão é de 30 lbf/in² (206,8 kPa) e a temperatura de saída é de 10°F (212,2°C). Especifique o tipo e a dimensão, em hp, da bomba necessária. Justifique suas escolhas.

11.8P O refrigerador de *Servel* trabalha com um princípio de absorção e não exige partes móveis. Um fornecimento de energia por transferência de calor é utilizado para impulsionar o ciclo, e o refrigerante circula em função apenas da variação da massa específica. Esse tipo de refrigerador é comumente empregado em aplicações móveis, como veículos de recreação. Propano líquido é queimado para fornecer a energia de acionamento necessária durante a operação em movimento, enquanto energia elétrica é utilizada quando o veículo está estacionado e pode ser conectado a uma tomada elétrica. Investigue os princípios de operação de sistemas do tipo Servel disponíveis comercialmente, e estude a sua viabilidade para operar com energia solar. Considere aplicações em locais remotos, onde não haja disponibilidade de eletricidade ou gás. Escreva um relatório resumindo suas conclusões.

11.9P No experimento de *recongelamento* do gelo, um fio de pequeno diâmetro com pesos em cada extremidade é estendido sobre um bloco de gelo. Observa-se o fio pesado cortar lentamente o gelo sem deixar vestígio. Em um conjunto de experiências como esta, observou-se um fio pesado com 1,00 mm de diâmetro passar através do gelo a 0°C a uma velocidade de 54 mm/h. Realize o experimento do recongelamento e proponha uma explicação plausível para este fenômeno.

11.10P A Figura P11.10D mostra um sistema de recuperação de energia cinética para trens, caminhões, ônibus e outros veículos sob a forma de um cilindro com um pistão que separa um fluido hidráulico de um gás. O gás é comprimido quando o veículo é freado, armazenando parte da diminuição da energia cinética do veículo como um aumento na exergia do gás. Quando o veículo acelera novamente, o gás se expande, fornecendo exergia ao fluido hidráulico, que está em contato com o sistema de potência do veículo, auxiliando assim a aceleração. Desenvolva um modelo termodinâmico para o sistema de recuperação, assumindo que o gás é nitrogênio (N_2) e contabilizando adequadamente o desvio do comportamento para o gás ideal. Quais são as vantagens e desvantagens desse sistema comparado aos métodos alternativos de frenagem regenerativa? Prepare uma apresentação de pôster detalhando seu modelo e suas conclusões.

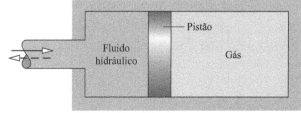

Fig. P11.10P

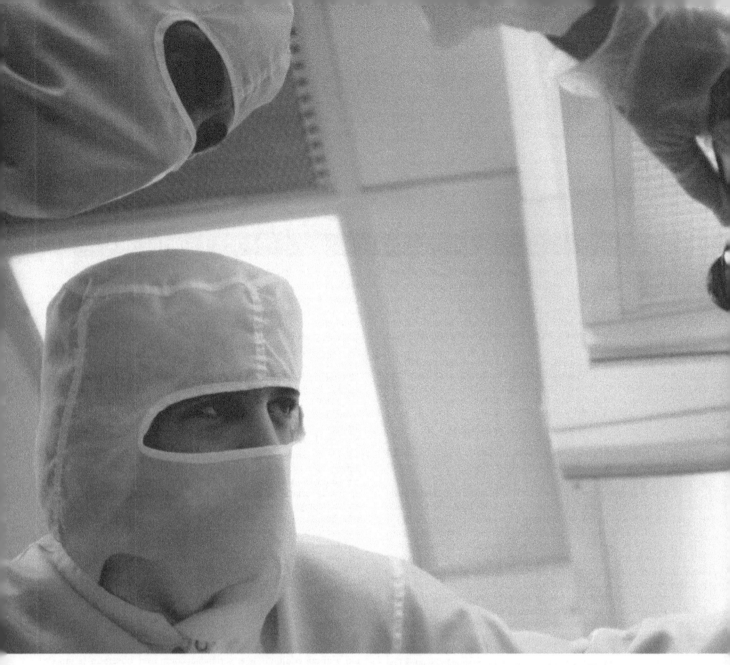

Quartos estéreis necessitam de controle cuidadoso de temperatura e umidade por meio de processos de condicionamento de ar estudados na Seção 12.8. © Mcelroyart/iStockphoto

CONTEXTO DE ENGENHARIA Muitos sistemas de interesse incluem misturas de gases de dois ou mais componentes. Para aplicar os princípios da termodinâmica apresentados até aqui nesses sistemas é necessário estimar as propriedades das misturas. Há meios disponíveis para a determinação das propriedades de misturas a partir de sua composição e as propriedades dos componentes puros individuais a partir dos quais as misturas são formadas. Métodos para esse propósito são discutidos tanto no Cap. 11 quanto neste capítulo.

O **objetivo** deste capítulo é estudar misturas nas quais a mistura em si e cada um de seus componentes possam ser modelados como gases ideais. Considerações sobre misturas de gases ideais são fornecidas na primeira parte do capítulo. O entendimento do comportamento de misturas de gases ideais de ar seco e de vapor d'água é um pré-requisito para o estudo de processos de condicionamento de ar na segunda parte do capítulo, o qual é identificado pelo cabeçalho *Aplicações à Psicrometria*. Nesses processos, às vezes deve-se considerar, também, a presença de água líquida. Teremos também de saber lidar com misturas de gases ideais quando estudarmos combustão e equilíbrio químico, nos Caps. 13 e 14, respectivamente.

Mistura de Gases Ideais e Aplicações à Psicrometria

▶ **RESULTADOS DE APRENDIZAGEM**

Quando você completar o estudo deste capítulo estará apto a...

▶ descrever a composição de misturas de gases ideais em termos de frações mássicas ou de frações molares.

▶ utilizar o *modelo de Dalton* para relacionar pressão, volume e temperatura e para calcular variações em U, H e S para misturas de gases ideais.

▶ aplicar os balanços de massa, energia e entropia a sistemas que envolvam mistura de gases ideais, incluindo os processos de mistura.

▶ mostrar entendimento da terminologia psicrométrica, incluindo razão de mistura, umidade relativa, entalpia da mistura e temperatura de ponto de orvalho.

▶ utilizar a carta psicrométrica para representar processos comuns de condicionamento de ar e para obter dados.

▶ aplicar balanços de massa, de energia e de entropia para analisar processos de condicionamento de ar e torres de resfriamento.

Misturas de Gases Ideais: Considerações Gerais

> **TOME NOTA...**
> ▶ Nas Seções de 12.1 a 12.3, introduzimos os conceitos de mistura necessários para o estudo de psicrometria na segunda parte deste capítulo e combustão no Cap. 13.
> ▶ Na Seção 12.4 estendemos a discussão sobre misturas e fornecemos vários exemplos resolvidos ilustrando importantes aplicações de tipos de misturas. Para poupar esforços, alguns leitores podem optar por adiar a Seção 12.4 e seguir diretamente para conteúdos que tenham para eles um interesse mais imediato: psicrometria começando na Seção 12.5 ou combustão começando na Seção 13.1.

12.1 Descrição da Composição da Mistura

A especificação do estado de uma mistura requer a composição e os valores de duas propriedades intensivas independentes como temperatura e pressão. O objetivo desta seção é estudar as maneiras de se descrever a composição da mistura. Em seções subsequentes, mostraremos como podem ser estimadas, além da composição, outras propriedades da mistura.

Considere um sistema fechado que consista em uma mistura gasosa de dois ou mais componentes. Pode-se descrever a composição da mistura fornecendo a *massa* ou o *número de mols* de cada componente presente. Com a Eq. 1.8, a massa, o número de mols e a massa molecular de um componente i são relacionados por

$$n_i = \frac{m_i}{M_i} \tag{12.1}$$

em que m_i é a massa, n_i é o número de mols e M_i é a massa molecular, respectivamente, do componente i. Quando m_i é expresso em termos de quilograma, n_i é expresso em kmol. Quando m_i é expresso em termos de libra-massa, n_i é expresso em lbmol. Porém, qualquer unidade de massa pode ser utilizada nessa relação.

A massa total da mistura, m, é a soma das massas de seus componentes:

$$m = m_1 + m_2 + \cdots + m_j = \sum_{i=1}^{j} m_i \tag{12.2}$$

frações mássicas

As quantidades *relativas* dos componentes presentes na mistura podem ser especificadas em termos das frações mássicas. A fração mássica mf_i do componente i é definida como

$$mf_i = \frac{m_i}{m} \tag{12.3}$$

análise gravimétrica

A determinação das frações mássicas dos componentes de uma mistura é, às vezes, chamada de análise gravimétrica. Dividindo cada termo da Eq. 12.2 pela massa total da mistura m e utilizando a Eq. 12.3, temos

$$1 = \sum_{i=1}^{j} mf_i \tag{12.4}$$

Ou seja, a soma das frações mássicas de todos os componentes em uma mistura é igual à unidade.

O número total de mols em uma mistura, n, é a soma do número de mols de cada um de seus componentes.

$$n = n_1 + n_2 + \cdots + n_j = \sum_{i=1}^{j} n_i \tag{12.5}$$

frações molares

As quantidades *relativas* dos componentes presentes na mistura podem ser também descritas em termos de frações molares. A fração molar y_i do componente i é definida como

$$y_i = \frac{n_i}{n} \tag{12.6}$$

análise molar

análise volumétrica

A determinação das frações molares dos componentes de uma mistura é, às vezes, chamada análise molar. Uma análise de uma mistura em termos de frações molares é também chamada de análise volumétrica.

Dividindo cada termo da Eq. 12.5 pelo número total de mols da mistura n e utilizando a Eq. 12.6, temos

$$1 = \sum_{i=1}^{j} y_i \tag{12.7}$$

Ou seja, a soma das frações molares de todos os componentes em uma mistura é igual à unidade.

massa molecular aparente

A massa molecular aparente (ou média) da mistura M, é definida como a razão da massa total da mistura, m, e o número total de mols da mistura, n

$$M = \frac{m}{n} \tag{12.8}$$

Mistura de Gases Ideais e Aplicações à Psicrometria   595

A Eq. 12.8 pode ser expressa em uma forma alternativa conveniente. Com a Eq. 12.2, ela se torna

$$M = \frac{m_1 + m_2 + \cdots + m_j}{n}$$

Substituindo $m_i = n_i M_i$ da Eq. 12.1, temos

$$M = \frac{n_1 M_1 + n_2 M_2 + \cdots + n_j M_j}{n}$$

Finalmente, com a Eq. 12.6, a massa molecular aparente da mistura pode ser calculada como uma média ponderada das frações molares das massas moleculares dos componentes

$$M = \sum_{i=1}^{j} y_i M_i \qquad (12.9)$$

▶ **POR EXEMPLO** considere o caso do ar. Uma amostra de *ar atmosférico* contém vários componentes gasosos, incluindo vapor d'água e contaminantes como poeira, pólen e poluentes. A expressão ar seco refere-se apenas aos componentes gasosos, quando todo o vapor d'água e contaminantes tiverem sido removidos. A análise molar de uma amostra típica de ar seco é dada na Tabela 12.1. Selecionando-se as massas moleculares do nitrogênio, do oxigênio, do argônio e do dióxido de carbono da Tabela A-1 e desprezando-se traços de substâncias como o neônio, o hélio, entre outros, tem-se que a massa molecular aparente do ar seco pode ser obtida usando a Eq. 12.9

ar seco

$$M \approx 0{,}7808(28{,}02) + 0{,}2095(32{,}00) + 0{,}0093(39{,}94) + 0{,}0003(44{,}01)$$
$$= 28{,}97 \text{ kg/kmol} = 28{,}97 \text{ lb/lbmol}$$

Esse valor, que é a entrada para ar nas Tabelas A-1, não seria alterado de modo significativo se traços de substâncias estivessem também incluídos no cálculo. ◀ ◀ ◀ ◀ ◀

TABELA 12.1

Composição Aproximada do Ar Seco

Componente	Fração Molar (%)
Nitrogênio	78,08
Oxigênio	20,95
Argônio	0,93
Dióxido de carbono	0,03
Neônio, hélio, metano e outros	0,01

A seguir, consideramos dois exemplos que ilustram, respectivamente, a conversão de uma análise em termos de frações molares para uma análise em termos de frações mássicas, e vice-versa.

▶ **EXEMPLO 12.1** ▶

Conversão de Frações Molares em Frações Mássicas

A análise molar de produtos gasosos de combustão de determinado combustível hidrocarbonado é CO_2, 0,08; H_2O, 0,11; O_2, 0,07; N_2, 0,74. **(a)** Determine a massa molecular aparente da mistura. **(b)** Determine a composição em termos de frações mássicas (análise gravimétrica).

SOLUÇÃO

Dado: A análise molar de produtos gasosos de combustão de um combustível hidrocarbonado é dada.

Pede-se: Determine (a) a massa molecular aparente da mistura, e (b) a composição em termos de frações mássicas.

Análise:

(a) Usando a Eq. 12.9 e as massas moleculares (arredondadas) da Tabela A-1, temos

$$M = 0{,}08(44) + 0{,}11(18) + 0{,}07(32) + 0{,}74(28)$$
$$= 28{,}46 \text{ kg/kmol} = 28{,}46 \text{ lb/lbmol}$$

(b) As Eqs. 12.1, 12.3 e 12.6 são as relações-chave necessárias para a determinação da composição em termos de frações mássicas.

❶ Embora a quantidade real da mistura não seja conhecida, os cálculos podem basear-se em qualquer quantidade adequada. Vamos fundamentar a solução em 1 kmol da mistura. Então, com a Eq. 12.6 a quantidade n_i de cada componente presente em kmol é igual numericamente à fração molar, como listado na coluna (ii) da tabela associada. A coluna (iii) da tabela fornece as respectivas massas moleculares dos componentes.

A coluna (iv) da tabela fornece a massa m_i de cada componente, em kg por kmol de mistura, obtida com a Eq. 12.1 na forma $m_i = M_i n_i$. Os valores da coluna (iv) são obtidos pela multiplicação de cada valor da coluna (ii) pelo valor correspondente da coluna (iii). A soma dos valores na coluna (iv) é a massa da mistura: kg da mistura por kmol da mistura. Observe que essa soma é justamente a massa molecular aparente da mistura determinada no item (a). Finalmente, utilizando-se a Eq. 12.3, a coluna (v) fornece as frações mássicas em percentagem. Os valores da coluna (v) são obtidos pela divisão dos valores da coluna (iv) pelo valor total dessa coluna e multiplicados por 100.

(i) Componente	(ii)* n_i		(iii) M_i		(iv)** m_i	(v) mf_i %
CO_2	0,08	×	44	=	3,52	12,37
H_2O	0,11	×	18	=	1,98	6,96
O_2	0,07	×	32	=	2,24	7,87
N_2	0,74	×	28	=	20,72	72,80
	1,00				28,46	100,00

*Os valores dessa coluna têm unidades de kmol por kmol de mistura. Por exemplo, o primeiro valor é 0,08 kmol de CO_2 por kmol de mistura.

** Os valores dessa coluna têm unidades de kg por kmol de mistura. Por exemplo, o primeiro valor é de 3,52 kg de CO_2 por kmol de mistura. A soma da coluna, 28,46, tem unidade de kg da mistura por kmol da mistura.

> ✓ **Habilidades Desenvolvidas**
>
> *Habilidades para...*
> ☐ calcular a massa molecular aparente sabendo-se as frações molares.
> ☐ determinar a análise gravimétrica em função da análise molar.

❶ Se a solução do item (b) for conduzida em outra quantidade admitida da mistura – por exemplo, 100 kmol ou 100 lbmol – seria obtido o mesmo resultado para as frações mássicas, como pode ser verificado.

Teste-Relâmpago Determine a massa, em kg, de CO_2 em 0,5 kmol da mistura. **Resposta:** 1,76 kg.

▶▶▶ EXEMPLO 12.2 ▶

Conversão de Frações Mássicas em Frações Molares

Uma mistura de gases tem a seguinte composição em termos de frações mássicas: H_2, 0,10; N_2, 0,60; CO_2, 0,30. Determine **(a)** a composição em termos de frações molares e **(b)** a massa molecular aparente da mistura.

SOLUÇÃO

Dado: A análise gravimétrica de uma mistura de gases é conhecida.

Pede-se: Determine a análise da mistura em termos de frações molares (análise molar) e a massa molecular aparente da mistura.

Análise:

(a) As Eqs. 12.1, 12.3 e 12.6 são relações-chave necessárias para a determinação da composição em termos de frações molares.

❶ Embora a quantidade real da mistura não seja conhecida, os cálculos podem ser baseados em qualquer quantidade adequada. Vamos basear a solução em 100 kg. Então, com a Eq. 12.3, a quantidade m_i de cada componente presente, em kg, é igual à fração mássica multiplicada por 100 kg. Os valores são listados na coluna (ii) da tabela associada. A coluna (iii) da tabela fornece as respectivas massas moleculares dos componentes.

A coluna (iv) da tabela fornece a quantidade n_i de cada componente, em kmol por 100 kg de mistura, obtida por meio da Eq. 12.1. Os valores da coluna (iv) são obtidos ao dividir cada valor da coluna (ii) pelo valor correspondente da coluna (iii). A soma dos valores da coluna (iv) é a massa total da mistura, em kmol por 100 kg da mistura. Finalmente, utilizando-se a Eq. 12.6, a coluna (v) prove as frações molares em percentagem. Os valores da coluna (v) são obtidos pela divisão dos valores da coluna (iv) pelo valor total dessa coluna e multiplicando por 100.

❷

(i) Componente	(ii)* m_i		(iii) M_i		(iv)** n_i	(v) y_i %
H_2	10	÷	2	=	5,00	63,9
N_2	60	÷	28	=	2,14	27,4
CO_2	30	÷	44	=	0,68	8,7
	100				7,82	100,0

* Os valores dessa coluna têm unidades de kg por 100 kg de mistura. Por exemplo, o primeiro valor é de 10 kg de H_2 por 100 kg de mistura.

** Os valores dessa coluna têm unidades de kmol por 100 kg de mistura. Por exemplo, o primeiro valor é de 5,00 kmol de H_2 por 100 kg de mistura. A soma da coluna, 7,82, tem unidade de kmol da mistura por 100 kg da mistura.

(b) A massa molecular aparente da mistura pode ser determinada por meio da utilização da Eq. 12.9 e das frações molares calculadas. O valor pode ser determinado, alternativamente, pela utilização do total da coluna (iv) que fornece a quantidade total da mistura em kmol por 100 kg da mistura. Assim, com a Eq. 12.8

$$M = \frac{m}{n} = \frac{100 \text{ kg}}{7,82 \text{ kmol}} = 12,79 \frac{\text{kg}}{\text{kmol}} = 12,79 \frac{\text{lb}}{\text{lbmol}}$$

✓ **Habilidades Desenvolvidas**

Habilidades para...
❑ determinar a análise molar a partir da análise gravimétrica.

❶ Se a solução do item (a) fosse conduzida com base em outra quantidade admitida de mistura, seria obtido o mesmo resultado para as frações mássicas, como pode ser verificado.

❷ Embora H_2 tenha a menor fração mássica, sua fração molar é a maior.

Teste-Relâmpago Quantos kmol de H_2 poderiam estar presentes em 200 kg da mistura? **Resposta:** 10 kmol.

12.2 Relacionando *p*, *V* e *T* para Misturas de Gases Ideais[1]

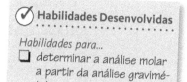

As definições dadas na Seção 12.1 aplicam-se a misturas em geral. Nesta seção estamos interessados apenas em misturas de *gases ideais* e apresentamos um modelo frequentemente utilizado em associação com essa idealização: o *modelo de Dalton*.

Considere um sistema que consiste em um número de gases contidos dentro de um reservatório de pressão fechado de volume V, como mostrado na Fig. 12.1. A temperatura da mistura de gases é T e a pressão é p. A mistura em si é considerada um gás ideal; logo, p, V, T e o número total de mols da mistura n estão relacionados pelas equações de estado de gases ideais.

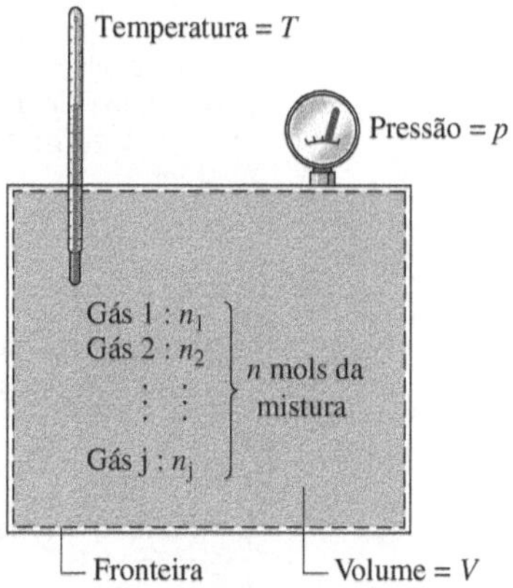

$$p = n\frac{\overline{R}T}{V} \quad (12.10)$$

Com referência a esse sistema, consideremos o modelo de Dalton.

O modelo de Dalton é consistente com o conceito de um gás ideal sendo composto de moléculas que exercem forças desprezíveis umas sobre as outras e cujo volume por elas ocupado é desprezível em relação ao volume ocupado pelo gás (Seção 3.12.3). Na ausência de forças intermoleculares significativas, o comportamento de cada componente não é afetado pela presença de outros componentes. Além disso, se o volume ocupado pelas moléculas for uma fração muito pequena do volume total, as moléculas de cada gás presente podem ser consideradas livres para vagar por todo o volume. Utilizando essa imagem simples, o modelo de Dalton supõe que cada componente da mistura comporta-se como um gás ideal como se estivesse *sozinho à temperatura T e no volume V da mistura*.

Fig. 12.1 Mistura de vários gases.

modelo de Dalton

Segue-se, do modelo de Dalton, que os componentes individuais não aplicariam a pressão da mistura p, mas sim uma *pressão parcial*. Como mostramos a seguir, a soma das pressões parciais iguala-se à pressão da mistura. A pressão parcial do componente i, p_i, é a pressão que n_i mols do componente i iria exercer se o componente estivesse sozinho no volume V à temperatura da mistura T. A pressão parcial pode ser estimada por meio da utilização da equação de estado de gás ideal

pressão parcial

$$p_i = \frac{n_i \overline{R} T}{V} \quad (12.11)$$

Dividindo a Eq. 12.11 pela Eq. 12.10, temos

$$\frac{p_i}{p} = \frac{n_i \overline{R}T/V}{n\overline{R}T/V} = \frac{n_i}{n} = y_i$$

Assim, a pressão parcial do componente i pode ser estimada em termos da sua fração molar y_i e da pressão da mistura p

$$p_i = y_i p \quad (12.12)$$

Para mostrar que a soma das pressões parciais iguala-se à pressão da mistura, some os dois lados da Eq. 12.12 para obter

$$\sum_{i=1}^{j} p_i = \sum_{i=1}^{j} y_i p = p \sum_{i=1}^{j} y_i$$

Visto que a soma das frações molares é unitária (Eq. 12.7), esta torna-se

$$p = \sum_{i=1}^{j} p_i \quad (12.13)$$

---

[1] O conceito de mistura de gases ideais é um caso especial do conceito de *solução ideal* apresentado na Seção 11.9.5.

O modelo de Dalton é um caso especial da regra de *pressão aditiva* para se relacionar pressão, volume específico, e temperatura de mistura de gases apresentados na Seção 11.8. Entre inúmeras outras regras encontradas na literatura técnica de engenharia o modelo de *Amagat* é estudado no boxe a seguir.

Introduzindo o *Modelo de Amagat*

A hipótese fundamental do *modelo de Amagat* é que cada componente da mistura comporta-se como um gás ideal como se existissem separadamente a pressão *p* e a temperatura *T* da mistura.

O volume que n_i mols do componente *i* ocuparia, se o componente existisse a *p* e a *T*, é chamado *volume parcial*, V_i, do componente *i*. Como mostramos a seguir, a soma dos volumes parciais é igual ao volume total. Pode-se estimar o volume parcial utilizando-se a equação de estado de gás ideal

$$V_i = \frac{n_i \overline{R} T}{p} \qquad (12.14)$$

Dividindo a Eq. 12.14 pelo volume total *V*, temos

$$\frac{V_i}{V} = \frac{n_i \overline{R} T / p}{n \overline{R} T / p} = \frac{n_i}{n} = y_i$$

Assim, o volume parcial do componente *i* também pode ser estimado em termos de sua fração molar y_i e do volume total

$$V_i = y_i V \qquad (12.15)$$

Essa relação entre a fração volumétrica e a fração molar fundamenta o uso da expressão *análise volumétrica* no sentido de análise de uma mistura em termos das frações molares.

Para mostrar que a soma dos volumes parciais é igual ao volume total, somamos ambos os lados da Eq. 12.15 para obter

$$\sum_{i=1}^{j} V_i = \sum_{i=1}^{j} y_i V = V \sum_{i=1}^{j} y_i$$

Visto que a soma das frações molares é igual à unidade, esta se torna

$$V = \sum_{i=1}^{j} V_i \qquad (12.16)$$

Finalmente, observe que o modelo de Amagat é um caso especial do modelo de *volume aditivo* apresentado na Seção 11.8.

12.3 Estimativa de *U*, *H*, *S* e Calores Específicos

Para aplicar o princípio da conservação de energia a um sistema que envolva uma mistura de gases ideais, é necessária a estimativa da energia interna, da entalpia ou dos calores específicos da mistura em vários estados. De modo semelhante, para conduzir uma análise utilizando a segunda lei normalmente necessita-se da entropia da mistura. O objetivo desta seção é desenvolver meios para estimar essas propriedades para misturas de gases ideais.

12.3.1 Estimativa de *U* e *H*

Considere um sistema fechado que consiste em uma mistura de gases ideais. Propriedades extensivas da mistura, como *U*, *H* ou *S*, podem ser encontradas por meio da adição das contribuições de cada componente *na condição em que o componente existe na mistura*. Vamos aplicar este modelo à energia interna e à entalpia.

Visto que a energia interna e a entalpia de gases ideais são funções apenas da temperatura, os valores dessas propriedades para cada componente presente na mistura são determinados apenas pela temperatura da mistura. Consequentemente,

$$U = U_1 + U_2 + \cdots + U_j = \sum_{i=1}^{j} U_i \qquad (12.17)$$

$$H = H_1 + H_2 + \cdots + H_j = \sum_{i=1}^{j} H_i \qquad (12.18)$$

em que U_i e H_i são, respectivamente, a energia interna e a entalpia do componente *i* estimadas à temperatura da mistura.

As Eqs. 12.17 e 12.18 podem ser reescritas em base molar como

$$n\overline{u} = n_1 \overline{u}_1 + n_2 \overline{u}_2 + \cdots + n_j \overline{u}_j = \sum_{i=1}^{j} n_i \overline{u}_i \qquad (12.19)$$

e

$$n\bar{h} = n_1\bar{h}_1 + n_2\bar{h}_2 + \cdots + n_j\bar{h}_j = \sum_{i=1}^{j} n_i\bar{h}_i \quad (12.20)$$

na qual $\bar{u}$ e $\bar{h}$ são a energia interna e a entalpia específicas da *mistura* por mol da mistura, $\bar{u}_i$ e $\bar{h}_i$ são a energia interna e a entalpia específicas do *componente i* por mol de *i*. Dividindo-se pelo número total de mols da mistura, n, obtêm-se expressões, respectivamente, para a energia interna e a entalpia específicas da mistura por mol da mistura

$$\bar{u} = \sum_{i=1}^{j} y_i \bar{u}_i \quad (12.21)$$

$$\bar{h} = \sum_{i=1}^{j} y_i \bar{h}_i \quad (12.22)$$

Cada termo de energia interna e de entalpia molares que aparece nas Eqs. 12.19 a 12.22 é estimado apenas à temperatura da mistura.

12.3.2 Estimativa de c_v e c_p

A diferenciação das Eqs. 12.21 e 12.22 em relação à temperatura resulta, respectivamente, nas seguintes expressões para os calores específicos da mistura $\bar{c}_v$ e $\bar{c}_p$ em uma base molar:

$$\bar{c}_v = \sum_{i=1}^{j} y_i \bar{c}_{v,i} \quad (12.23)$$

$$\bar{c}_p = \sum_{i=1}^{j} y_i \bar{c}_{p,i} \quad (12.24)$$

Ou seja, os calores específicos da mistura $\bar{c}_p$ e $\bar{c}_v$ são médias ponderadas das frações molares dos respectivos calores específicos dos componentes. A razão de calor específico para a mistura é $k = \bar{c}_p / \bar{c}_v$.

12.3.3 Estimativa de S

A entropia de uma mistura pode ser determinada, tanto para U quanto para H, por meio da soma das contribuições de cada componente na condição em que o componente existe na mistura. A entropia de um gás ideal depende de duas propriedades, e não apenas da temperatura, como para energia interna e para entalpia. Consequentemente, para a mistura

$$S = S_1 + S_2 + \cdots + S_j = \sum_{i=1}^{j} S_i \quad (12.25)$$

em que S_i é a entropia do componente i estimada à temperatura de mistura T e à pressão parcial p_i (ou a temperatura T e volume total V).

A Eq. 12.25 pode ser escrita em base molar como

$$n\bar{s} = n_1\bar{s}_1 + n_2\bar{s}_2 + \cdots + n_j\bar{s}_j = \sum_{i=1}^{j} n_i\bar{s}_i \quad (12.26)$$

em que $\bar{s}$ é a entropia da *mistura* por mol da mistura e $\bar{s}_i$ é a entropia do *componente i* por mol de *i*. Dividindo pelo número total de mols da mistura, n, obtemos uma expressão para a entropia da mistura por mol da mistura

$$\bar{s} = \sum_{i=1}^{j} y_i \bar{s}_i \quad (12.27)$$

Em aplicações posteriores, as entropias específicas $\bar{s}_i$ das Eqs. 12.26 e 12.27 são estimadas à temperatura de mistura T e à pressão parcial p_i.

12.3.4 Trabalhando em uma Base Mássica

Nos casos em que é conveniente trabalhar em uma base mássica, as expressões precedentes poderiam ser escritas com a massa da mistura, m, e a massa do componente i na mistura, m_i, substituindo, respectivamente, o número de mols da mistura, n, e o número de mols do componente i, n_i. De modo semelhante, a fração mássica do componente i, mf_i, subs-

TABELA 12.2

Relações de Propriedades em Base Mássica para Misturas Binárias de Gases Ideais

Notação: m_1 = massa do gás 1, M_1 = massa molecular do gás1
m_2 = massa do gás 2, M_2 = massa molecular do gás2
m = massa da mistura = $m_1 + m_2$, $mf_1 = (m_1/m)$, $mf_2 = (m_2/m)$
T = temperatura da mistura, p = pressão da mistura, V = volume da mistura

Equação de estado:
$$p = m(\bar{R}/M)T/V \quad (a)$$

em que $M = (y_1 M_1 + y_2 M_2)$ e as frações molares y_1 e y_2 são dadas por

$$y_1 = n_1/(n_1 + n_2),\ y_2 = n_2/(n_1 + n_2) \quad (b)$$

em que $n_1 = m_1/M_1$ e $n_2 = m_2/M_2$.

Pressões parciais: $\quad p_1 = y_1 p,\ p_2 = y_2 p \quad (c)$

Propriedades em uma base mássica:

Entalpia da mistura: $\quad H = m_1 h_1(T) + m_2 h_2(T) \quad (d)$

Energia interna da mistura: $\quad U = m_1 u_1(T) + m_2 u_2(T) \quad (e)$

Calores específicos da mistura:
$$c_p = (m_1/m)c_{p1}(T) + (m_2/m)c_{p2}(T)$$
$$= (mf_1)c_{p1}(T) + (mf_2)c_{p2}(T) \quad (f)$$
$$c_v = (m_1/m)c_{v1}(T) + (m_2/m)c_{v2}(T)$$
$$= (mf_1)c_{v1}(T) + (mf_2)c_{v2}(T) \quad (g)$$

Entropia da mistura: $\quad S = m_1 s_1(T, p_1) + m_2 s_2(T, p_2) \quad (h)$

---

titui a fração molar, y_i. Todas as energias internas, entalpias e entropias específicas são estimadas em uma base por unidade de massa em vez de uma base por mol, como fizemos anteriormente. Para ilustrar, a Tabela 12.2 fornece relações de propriedades em uma base mássica para misturas *binárias*. Essas relações são aplicáveis, em particular, ao ar *úmido*, apresentado na Seção 12.5.

Utilizando-se a massa molecular da mistura ou do componente i, como apropriado, pode-se converter dados de uma base mássica para uma base molar ou vice-versa, com relações da forma

$$\bar{u} = Mu, \quad \bar{h} = Mh, \quad \bar{c}_p = Mc_p, \quad \bar{c}_v = Mc_v, \quad \bar{s} = Ms \quad (12.28)$$

para a mistura, e

$$\bar{u}_i = M_i u_i, \quad \bar{h}_i = M_i h_i, \quad \bar{c}_{p,i} = M_i c_{p,i}, \quad \bar{c}_{v,i} = M_i c_{v,i}, \quad \bar{s}_i = M_i s_i \quad (12.29)$$

para o componente i.

12.4 Análise de Sistemas que Envolvem Misturas

Para executar análises termodinâmicas de sistemas que incluem misturas de gases ideais *não reagentes* não há necessidade de se utilizar novos princípios fundamentais. Os princípios da conservação de massa e de energia e a segunda lei da termodinâmica são aplicáveis nas expressões apresentadas previamente. O único aspecto novo é a estimativa adequada dos dados de propriedades necessários para as misturas envolvidas. Isto é exemplificado nesta seção, que trata de duas classes de problemas que envolvem misturas: Na Seção 12.4.1 a mistura já está gerada, e estudamos processos nos quais não há mudança na composição. Na Seção 12.4.2 é estudada a formação de misturas a partir de componentes individuais que estão inicialmente separados.

12.4.1 Processos com Misturas à Composição Constante

Nesta seção estamos interessados no caso de misturas de gases ideais submetidos a processos durante os quais a composição permanece constante. O número de mols de cada componente presente, e portanto o número total de mols da mistura, permanece o mesmo por todo o processo. Este caso é mostrado esquematicamente na Fig. 12.2, que está legendada com expressões para U, H e S de uma mistura nos estados inicial e final de um processo ao qual a mistura é submetida. De acordo com a discussão da Seção 12.3, as energias internas e as entalpias específicas dos componentes são estimadas à temperatura da mistura. A entropia específica de cada componente é estimada à temperatura da mistura e à pressão parcial do componente na mistura.

As variações na energia interna e na entalpia da mistura durante o processo são dadas, respectivamente, por

$$U_2 - U_1 = \sum_{i=1}^{j} n_i [\overline{u}_i(T_2) - \overline{u}_i(T_1)] \quad (12.30)$$

$$H_2 - H_1 = \sum_{i=1}^{j} n_i [\overline{h}_i(T_2) - \overline{h}_i(T_1)] \quad (12.31)$$

em que T_1 e T_2 indicam a temperatura nos estados inicial e final. Dividindo-se pelo número de mols da mistura, n, as expressões para a variação da energia interna e da entalpia da mistura por mol da mistura resultam em

$$\Delta \overline{u} = \sum_{i=1}^{j} y_i [\overline{u}_i(T_2) - \overline{u}_i(T_1)] \quad (12.32)$$

$$\Delta \overline{h} = \sum_{i=1}^{j} y_i [\overline{h}_i(T_2) - \overline{h}_i(T_1)] \quad (12.33)$$

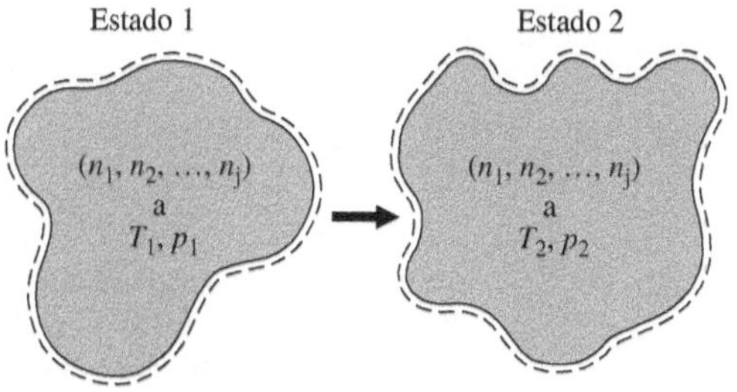

$U_1 = \sum_{i=1}^{j} n_i \overline{u}_i(T_1) \qquad U_2 = \sum_{i=1}^{j} n_i \overline{u}_i(T_2)$

$H_1 = \sum_{i=1}^{j} n_i \overline{h}_i(T_1) \qquad H_2 = \sum_{i=1}^{j} n_i \overline{h}_i(T_2)$

$S_1 = \sum_{i=1}^{j} n_i \overline{s}_i(T_1, p_{i1}) \qquad S_2 = \sum_{i=1}^{j} n_i \overline{s}_i(T_2, p_{i2})$

Fig. 12.2 Processo de uma mistura de gases ideais.

De modo semelhante, a variação de entropia da mistura é

$$S_2 - S_1 = \sum_{i=1}^{j} n_i [\overline{s}_i(T_2, p_{i2}) - \overline{s}_i(T_1, p_{i1})] \quad (12.34)$$

em que p_{i1} e p_{i2} indicam, respectivamente, as pressões parciais inicial e final do componente i. Dividindo-se pelo número total de mols da mistura, a Eq. 12.34 torna-se

$$\Delta \overline{s} = \sum_{i=1}^{j} y_i [\overline{s}_i(T_2, p_{i2}) - \overline{s}_i(T_1, p_{i1})] \quad (12.35)$$

Expressões associadas às Eqs. 12.30 a 12.35 em base mássica também podem ser escritas. Esta tarefa deixamos como exercício.

As expressões precedentes que fornecem as variações da energia interna, da entalpia e da entropia da mistura são escritas em termos das variações das respectivas propriedades dos componentes. Consequentemente, poder-se-iam utilizar diferentes referências para atribuir valores de entalpia específica aos vários componentes, porque as referências iriam cancelar-se quando a variação da entalpia dos componentes fosse calculada. Observações semelhantes aplicam-se aos casos de energia interna e de entropia.

Utilizando Tabelas de Gases Ideais

Para vários gases usuais modelados como gases ideais, as quantidades $\overline{u}_i$ e $\overline{h}_i$ que apareceram nas expressões precedentes podem ser estimadas como funções apenas da temperatura a partir das Tabelas A-22 e A-23. A Tabela A-22 para ar fornece essas quantidades em uma base *mássica*. A Tabela A-23 as fornece em uma base *molar*.

As tabelas de gases ideais também podem ser utilizadas para estimar a variação de entropia. A variação na entropia específica do componente i, necessária nas Eqs. 12.34 e 12.35, pode ser determinada com a Eq. 6.20b como

$$\Delta \overline{s}_i = \overline{s}_i^\circ(T_2) - \overline{s}_i^\circ(T_1) - \overline{R} \ln \frac{p_{i2}}{p_{i1}}$$

Visto que a composição da mistura permanece constante, a razão de pressões parciais nessa expressão é a mesma que a razão das pressões da mistura, como se pode mostrar através da utilização da Eq. 12.12, para escrever

$$\frac{p_{i2}}{p_{i1}} = \frac{y_i p_2}{y_i p_1} = \frac{p_2}{p_1}$$

TOME NOTA...
Quando a composição da mistura permanece constante, a razão das pressões parciais, p_{i2}/p_{i1} iguala-se à razão das pressões de mistura, p_2/p_1.

Consequentemente, quando a composição é constante, a variação da entropia específica do componente i é simplesmente

$$\Delta \overline{s}_i = \overline{s}_i^\circ(T_2) - \overline{s}_i^\circ(T_1) - \overline{R} \ln \frac{p_2}{p_1} \quad (12.36)$$

em que p_1 e p_2 indicam, respectivamente, as pressões inicial e final da *mistura*. Os termos $\overline{s}_i^\circ$ da Eq. 12.36 podem ser obtidos como funções da temperatura para vários gases usuais a partir da Tabela A-23. A Tabela A-22 para ar fornece s° em relação à temperatura.

Adotando Calores Específicos Constantes

Quando os calores específicos do componente $\overline{c}_{v,i}$ e $\overline{c}_{p,i}$ são tomados como constantes, as variações da energia interna, da entalpia e da entropia específicas da mistura e dos componentes da mistura são dadas por

$$\Delta \bar{u} = \bar{c}_v(T_2 - T_1), \qquad \Delta \bar{u}_i = \bar{c}_{v,i}(T_2 - T_1) \qquad (12.37)$$

$$\Delta \bar{h} = \bar{c}_p(T_2 - T_1), \qquad \Delta \bar{h}_i = \bar{c}_{p,i}(T_2 - T_1) \qquad (12.38)$$

$$\Delta \bar{s} = \bar{c}_p \ln \frac{T_2}{T_1} - \bar{R} \ln \frac{p_2}{p_1}, \qquad \Delta \bar{s}_i = \bar{c}_{p,i} \ln \frac{T_2}{T_1} - \bar{R} \ln \frac{p_2}{p_1} \qquad (12.39)$$

em que os calores específicos da mistura $\bar{c}_v$ e $\bar{c}_p$ são estimados a partir das Eqs. 12.23 e 12.24, respectivamente, com os dados das Tabelas A-20 ou da literatura técnica, conforme a necessidade.

A expressão para $\Delta \bar{u}$ pode ser obtida formalmente pela substituição das expressões anteriores de $\Delta \bar{u}_i$ na Eq. 12.32 e utilizando-se a Eq. 12.23 para simplificar o resultado. De modo semelhante, as expressões para $\Delta \bar{h}$ e $\Delta \bar{s}$ podem ser obtidas através da substituição de $\Delta \bar{h}_i$ e de $\Delta \bar{s}_i$ nas Eqs. 12.33 e 12.35, respectivamente, e utilizando-se a Eq. 12.24 para simplificar. Nas equações de variação de entropia, a razão das pressões da mistura substitui a razão das pressões parciais, como discutimos anteriormente. De modo semelhante, expressões podem ser escritas para variações da energia interna, da entalpia e da entropia específicas da mistura em uma base mássica. Isto é deixado como exercício.

Utilizando Programa de Computador

As variações da energia interna, da entalpia e da entropia necessárias, respectivamente, nas Eqs. 12.32, 12.33 e 12.35, também podem ser estimadas por meio de um programa de computador. O *Interactive Thermodynamics: IT*, ou programa similar, fornece dados para um grande número de gases modelados como gases ideais e o seu uso é ilustrado no Exemplo 12.4 a seguir.

O próximo exemplo mostra a utilização de relações de mistura de gases ideais ao analisar um processo de compressão.

▶▶▶ EXEMPLO 12.3 ▶

Análise de uma Mistura de Gases Ideais Submetidos a Compressão

Uma mistura de 0,3 lbm (0,136 kg) de dióxido de carbono e 0,2 lbm (0,091 kg) de nitrogênio é comprimida de $p_1 = 1$ atm, $T_1 = 540°$R (26,9°C) para $p_2 = 3$ atm em um processo politrópico no qual $n = 1,25$. Determine (a) a temperatura final, em °R, (b) o trabalho, em Btu, (c) a transferência de calor, em Btu, e (d) a variação na entropia da mistura, em Btu/°R.

SOLUÇÃO

Dado: Uma mistura de 0,3 lbm (0,136 kg) de CO_2 e 0,2 lbm (0,091 kg) de N_2 é comprimida em um processo politrópico no qual $n = 1,25$. No estado inicial $p_1 = 1$ atm, $T_1 = 540°$R (26,9°C). No estado final, $p_2 = 3$ atm.

Pede-se: Determine a temperatura final, em °R, o trabalho, em Btu, a transferência de calor, em Btu, e a variação na entropia da mistura, em Btu/°R.

Diagrama Esquemático e Dados Fornecidos:

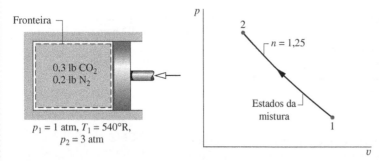

Fig. E12.3

Modelo de Engenharia:

1. Como mostra a figura associada, o sistema é a mistura de CO_2 e N_2. A composição da mistura permanece constante durante a compressão.
2. O modelo de Dalton aplica-se: cada componente da mistura comporta-se como se este fosse um gás ideal ocupando todo o volume do sistema, à temperatura da mistura. A mistura em si funciona como um gás ideal.
3. O processo de compressão é um processo politrópico para o qual $n = 1,25$.
4. As variações das energias cinética e potencial entre os estados inicial e final podem ser desprezadas.

Análise:

(a) Para um gás ideal, as temperaturas e as pressões nos estados finais de um processo politrópico são relacionadas pela Eq. 3.56

$$T_2 = T_1 \left(\frac{p_2}{p_1}\right)^{(n-1)/n}$$

Substituindo valores, temos

$$T_2 = 540 \left(\frac{3}{1}\right)^{0,2} = 673°\text{R}$$

(b) O trabalho para o processo de compressão é dado por

$$W = \int_1^2 p \, dV$$

Substituindo $pV^n = constante$ e realizando a integração, temos

$$W = \frac{p_2V_2 - p_1V_1}{1 - n}$$

Com a equação de estado de gás ideal, esta reduz-se a

$$W = \frac{m(\overline{R}/M)(T_2 - T_1)}{1 - n}$$

A massa da mistura é $m = 0,3 + 0,2 = 0,5$ lb (0,227 kg). A massa molecular aparente da mistura pode ser calculada por meio de $M = m/n$, em que n é o número total de mols da mistura. Com a Eq. 12.1, o número de mols de CO_2 e de N_2 são, respectivamente

$$n_{CO_2} = \frac{0,3}{44} = 0,0068 \text{ lbmol}, \quad n_{N_2} = \frac{0,2}{28} = 0,0071 \text{ lbmol}$$

A quantidade total de mols da mistura é então $n = 0,0139$ lbmol (0,0063 kmol). A massa molecular aparente da mistura é $M = 0,5/0,0139 = 35,97$.

Calculando o trabalho, temos

$$W = \frac{(0,5 \text{ lb})\left(\frac{1545 \text{ ft} \cdot \text{lbf}}{35,97 \text{ lb} \cdot °R}\right)(673°R - 540°R)}{1 - 1,25} \left|\frac{1 \text{ Btu}}{778 \text{ ft} \cdot \text{lbf}}\right|$$

$$= -14,69 \text{ Btu}$$

em que o sinal de menos indica que o trabalho é feito sobre a mistura, como se esperava.

(c) Com a hipótese 4, o balanço de energia do sistema fechado pode ser posto na forma

$$Q = \Delta U + W$$

em que ΔU é a variação da energia interna da mistura.

A variação da energia interna da mistura iguala a soma das variações das energias internas dos componentes. Com a Eq. 12.30

❶ $$\Delta U = n_{CO_2}[\overline{u}_{CO_2}(T_2) - \overline{u}_{CO_2}(T_1)] + n_{N_2}[\overline{u}_{N_2}(T_2) - \overline{u}_{N_2}(T_1)]$$

Esta forma é conveniente porque a Tabela A-23E apresenta valores de energia interna, respectivamente, para N_2 e para CO_2, em base molar. Com valores dessa tabela

$$\Delta U = (0,0068)(3954 - 2984) + (0,0071)(3340 - 2678)$$
$$= 11,3 \text{ Btu}$$

Substituindo os valores de ΔU e de W na expressão para Q, temos

$$Q = +11,3 - 14,69 = -3,39 \text{ Btu}$$

em que o sinal de menos significa transferência de calor do sistema.

(d) A variação na entropia da mistura é igual à soma das variações de entropia dos componentes. Com a Eq. 12.34, temos

$$\Delta S = n_{CO_2}\Delta \overline{s}_{CO_2} + n_{N_2}\Delta \overline{s}_{N_2}$$

em que $\Delta \overline{s}_{N_2}$ e $\Delta \overline{s}_{CO_2}$ são estimados por meio da Eq. 12.36 e os valores de $\overline{s}°$ para N_2 e para CO_2 a partir da Tabela A-23E. Ou seja,

❷
$$\Delta S = 0,0068\left(53,123 - 51,082 - 1,986 \ln \frac{3}{1}\right)$$
$$+ 0,0071\left(47,313 - 45,781 - 1,986 \ln \frac{3}{1}\right)$$
$$= -0,0056 \text{ Btu/°R}$$

A entropia decresce no processo porque entropia é transferida do sistema associado à transferência de calor.

✓ **Habilidades Desenvolvidas**

Habilidades para...
- analisar processos politrópicos em um sistema fechado para uma mistura de gases ideais.
- aplicar os princípios de mistura de gases ideais.
- determinar mudanças na energia interna e entropia de mistura de gases ideais usando dados tabelados.

❶ Tendo em vista a mudança relativamente pequena da temperatura, as variações da energia interna e da entropia da mistura podem ser estimadas de maneira alternativa por meio das relações de calores específicos constantes, respectivamente as Eqs. 12.37 e 12.39. Nessas equações, $\overline{c}_v$ e $\overline{c}_p$ são os calores específicos para a mistura determinados por meio da utilização das Eqs. 12.23 e 12.24 em conjunto com valores apropriados de calores específicos para os componentes escolhidos da Tabela A-20E.

❷ Visto que a composição permanece constante, a razão das pressões parciais da mistura se iguala à razão das pressões da mistura; então pode-se utilizar a Eq. 12.36 para estimar as variações necessárias de entropia específica dos componentes.

> **Teste-Relâmpago** Recordando que os processos politrópicos são internamente reversíveis, determine para o sistema a quantidade de entropia transferida associada à transferência de calor, em Btu/°R.
> **Resposta:** −0,0056 Btu/°R.

O próximo exemplo ilustra a aplicação dos princípios de mistura de gases ideais para análise de uma mistura que se expande isentropicamente através de um bocal. A solução caracteriza a utilização dos dados tabelados e do *IT*, ou programa similar, como alternativa.

▶▶▶ EXEMPLO 12.4 ▶

Estudo de uma Mistura de Gases Ideais em Expansão Isentrópica Através de um Bocal

Uma mistura de gases que consiste em CO_2 e O_2 com frações molares, respectivamente, de 0,8 e 0,2, expande-se isentropicamente e em regime permanente através de um bocal de 700 K, 5 atm, 3 m/s para uma saída de pressão a 1 atm. Determine **(a)** a temperatura na saída do bocal, em K, **(b)** a variação da entropia de CO_2 e O_2 entre a entrada e a saída, em kJ/kmol · K, e **(c)** a velocidade de saída, em m/s.

SOLUÇÃO

Dado: Uma mistura de gases que consiste em CO_2 e O_2 nas proporções especificadas expande-se isentropicamente através de um bocal, a partir de condições de entrada especificadas para uma dada pressão de saída.

Pede-se: Determine a temperatura da saída do bocal, em K, a variação de entropia do CO_2 e do O_2 da entrada para a saída, em kJ/kmol · K, e a velocidade de saída, em m/s.

Diagrama Esquemático e Dados Fornecidos:

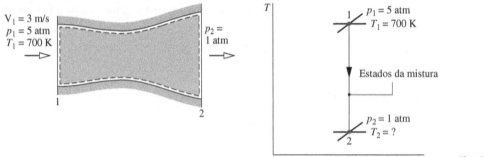

Fig. E12.4

Modelo de Engenharia:

1. O volume de controle mostrado pelas linhas tracejadas na figura associada opera em regime permanente.
2. A composição da mistura permanece constante à medida que a mistura se expande isentropicamente através do bocal.
3. O modelo de Dalton se aplica. A mistura em si e cada componente da mistura agem como gases ideais. O estado de cada componente é definido pela temperatura e pela pressão parcial do componente.
4. A variação da energia potencial entre a entrada e a saída pode ser desprezada.

Análise:

(a) A temperatura na saída pode ser determinada a partir do fato de que a expansão ocorre isentropicamente: $\bar{s}_2 - \bar{s}_1 = 0$. Como não há mudança na entropia específica da *mistura* entre a entrada e a saída, a Eq. 12.35 pode ser utilizada para escrever

$$\bar{s}_2 - \bar{s}_1 = y_{O_2}\Delta\bar{s}_{O_2} + y_{CO_2}\Delta\bar{s}_{CO_2} = 0 \tag{a}$$

Visto que a composição permanece constante, a variação das pressões parciais iguala a razão da mistura de pressões. Consequentemente a variação da entropia específica de cada componente pode ser determinada por meio da Eq. 12.36. Assim, a Eq. **(a)** torna-se

$$y_{O_2}\left[\bar{s}°_{O_2}(T_2) - \bar{s}°_{O_2}(T_1) - \bar{R}\ln\frac{p_2}{p_1}\right] + y_{CO_2}\left[\bar{s}°_{CO_2}(T_2) - \bar{s}°_{CO_2}(T_1) - \bar{R}\ln\frac{p_2}{p_1}\right] = 0$$

Rearrumando, temos

$$y_{O_2}\bar{s}°_{O_2}(T_2) + y_{CO_2}\bar{s}°_{CO_2}(T_2) = y_{O_2}\bar{s}°_{O_2}(T_1) + y_{CO_2}\bar{s}°_{CO_2}(T_1) + (y_{O_2} + y_{CO_2})\bar{R}\ln\frac{p_2}{p_1}$$

Mistura de Gases Ideais e Aplicações à Psicrometria **605**

A soma das frações molares é igual à unidade, portanto o coeficiente do último termo do lado direito é $(y_{O_2} + y_{CO_2}) = 1$.

Substituindo os dados fornecidos e os valores de $\bar{s}°$ para O_2 e CO_2 a $T_1 = 700$ K da Tabela A-23, temos

$$0{,}2\bar{s}°_{O_2}(T_2) + 0{,}8\bar{s}°_{CO_2}(T_2) = 0{,}2(231{,}358) + 0{,}8(250{,}663) + 8{,}314 \ln \frac{1}{5}$$

ou

$$0{,}2\bar{s}°_{O_2}(T_2) + 0{,}8\bar{s}°_{CO_2}(T_2) = 233{,}42 \text{ kJ/kmol} \cdot \text{K}$$

Para determinar a temperatura T_2 é necessária uma abordagem iterativa com a equação imediatamente anterior: Admite-se uma temperatura final T_2, e os valores de $\bar{s}°$ para O_2 e para CO_2 são obtidos da Tabela A-23. Se esses dois valores não satisfizerem a equação, admite-se outra temperatura. O procedimento continua até que a concordância desejada seja alcançada. No caso atual

a $T = 510$ K: $0{,}2(221{,}206) + 0{,}8(235{,}700) = 232{,}80$
a $T = 520$ K: $0{,}2(221{,}812) + 0{,}8(236{,}575) = 233{,}62$

A interpolação linear entre esses valores fornece $T_2 = 517{,}6$ K.

Solução Alternativa:

Alternativamente, pode-se utilizar o programa *IT*, ou programa similar, para estimar T_2 sem recorrer à iteração com dados tabelados. Nesse programa, ou em programa similar, yO2 indica a fração molar de O_2, p1_O2 indica a pressão parcial de O_2 no estado 1, s1_O2 indica a entropia por mol de O_2 no estado 1, e assim por diante.

```
T1 = 700 // K
p1 = 5 // bar
p2 = 1 // bar
yO2 = 0.2
yCO2 = 0.8
p1_O2 = yO2 * p1
p1_CO2 = yCO2 * p1
p2_O2 = yO2 * p2
p2_CO2 = yCO2 * p2
s1_O2 = s_TP ("O2",T1,p1_O2)
s1_CO2 = s_TP ("CO2",T1,p1_CO2)
s2_O2 = s_TP ("O2",T2,p2_O2)
s2_CO2 = s_TP ("CO2",T2,p2_CO2)
// When expressed in terms of these quantities, Eq. (a) takes the form
yO2 * (s2_O2 − s1_O2) + yCO2 * (s2_CO2 − s1_CO2) = 0
```

Utilizando-se o botão **Solve**, o resultado é $T_2 = 517{,}6$ K, que corresponde ao valor obtido com a tabela de dados. Observe que o *IT*, ou programa similar, fornece o valor de entropia específica diretamente para cada componente e não retorna $\bar{s}°$ das tabelas de gases ideais.

❶ **(b)** A variação da entropia específica para cada um dos componentes pode ser determinada por meio da Eq. 12.36. Para o O_2,

$$\Delta\bar{s}_{O_2} = \bar{s}°_{O_2}(T_2) - \bar{s}°_{O_2}(T_1) - \bar{R} \ln \frac{p_2}{p_1}$$

Substituindo valores de $\bar{s}°$ de O_2 da Tabela A-23 a $T_1 = 700$ K e $T_2 = 517{,}6$ K, temos

$$\Delta\bar{s}_{O_2} = 221{,}667 - 231{,}358 - 8{,}314 \ln(0{,}2) = 3{,}69 \text{ kJ/kmol} \cdot \text{K}$$

De modo semelhante, com os dados de CO_2 da Tabela A-23,

$$\Delta\bar{s}_{CO_2} = \bar{s}°_{CO_2}(T_2) - \bar{s}°_{CO_2}(T_1) - \bar{R} \ln \frac{p_2}{p_1}$$

$$= 236{,}365 - 250{,}663 - 8{,}314 \ln(0{,}2)$$

❷
$$= -0{,}92 \text{ kJ/kmol} \cdot \text{K}$$

(c) Reduzindo o balanço de taxa de energia para um volume de controle de uma entrada e uma saída, em regime permanente, temos

$$0 = h_1 - h_2 + \frac{V_1^2 - V_2^2}{2}$$

em que h_1 e h_2 são as entalpias *da mistura*, por unidade de massa da mistura, respectivamente, na entrada e na saída. Resolvendo para V_2, temos

$$V_2 = \sqrt{V_1^2 + 2(h_1 - h_2)}$$

O termo $(h_1 - h_2)$ na expressão para V_2 pode ser estimado como

$$h_1 - h_2 = \frac{\overline{h}_1 - \overline{h}_2}{M} = \frac{1}{M}[y_{O_2}(\overline{h}_1 - \overline{h}_2)_{O_2} + y_{CO_2}(\overline{h}_1 - \overline{h}_2)_{CO_2}]$$

em que M é a massa molecular aparente da mistura, e as entalpias molares específicas de O_2 e CO_2 são obtidas da Tabela A-23. Com a Eq. 12.9, a massa molecular aparente da mistura é

$$M = 0{,}8(44) + 0{,}2(32) = 41{,}6 \text{ kg/kmol}$$

Então, com os valores de entalpia em $T_1 = 700$ K e $T_2 = 517{,}6$ K da Tabela A-23

$$h_1 - h_2 = \frac{1}{41{,}6}[0{,}2(21.184 - 15.320) + 0{,}8(27.125 - 18.468)]$$

$$= 194{,}7 \text{ kJ/kg}$$

Finalmente,

❸ $$V_2 = \sqrt{\left(3\frac{m}{s}\right)^2 + 2\left(194{,}7\frac{kJ}{kg}\right)\left|\frac{1 \text{ kg} \cdot m/s^2}{1 \text{ N}}\right|\left|\frac{10^3 \text{ N} \cdot m}{1 \text{ kJ}}\right|} = 624 \text{ m/s}$$

✓ **Habilidades Desenvolvidas**

Habilidades para...
- analisar a expansão isentrópica de uma mistura de gases ideais escoando através de um bocal.
- aplicar os princípios de mistura de gases ideais em conjunto com balanços de massa e de energia para calcular a velocidade de saída do bocal.
- determinar a temperatura de saída para um dado estado de entrada e para uma dada pressão de saída utilizando dados tabulados e alternativamente o IT ou programa similar.

❶ Os itens (b) e (c) podem ser resolvidos também pela utilização do *IT*, ou programa similar. Estes itens também podem ser resolvidos com a utilização da constante c_p em conjunto com as Eqs. 12.38 e 12.39. Um exame da Tabela A-20 mostra que os calores específicos de CO_2 e de O_2 apenas aumentam ligeiramente com a temperatura dentro do intervalo de 518 a 700 K, e portanto valores constantes adequados de c_p para os componentes e para a mistura em si podem ser prontamente determinados. Estas soluções alternativas são deixadas como exercício.

❷ Cada componente experimenta uma variação de entropia ao passar da entrada para a saída. O aumento na entropia do oxigênio e a diminuição na entropia do dióxido de carbono são devidos à transferência de entropia associada à transferência de calor do CO_2 para o O_2 à medida que se expandem pelo bocal. Porém, como mostrado na Eq. (a), não há variação na entropia da *mistura* à medida que esta se expande através do bocal.

❸ Observe a utilização de fatores de conversão de unidades nos cálculos de V_2.

Teste-Relâmpago Qual seria a velocidade de saída, em m/s, se a eficiência isentrópica do bocal fosse de 90%? **Resposta:** 592 m/s.

12.4.2 Misturando Gases Ideais

Até aqui, estudamos apenas misturas que já tinham sido formadas. Agora analisaremos casos em que misturas de gases ideais são formadas através da mistura de gases que estão inicialmente separados. Essa mistura é irreversível porque a mistura forma-se espontaneamente, e seria necessário que a vizinhança realizasse trabalho para separar os gases e retorná-los aos seus respectivos estados iniciais. Nesta seção, a irreversibilidade da mistura é demonstrada através de cálculos de produção de entropia.

Três fatores contribuem para a produção de entropia em processos de mistura:

1. Os gases estão inicialmente a diferentes temperaturas.

2. Os gases estão inicialmente a diferentes pressões.

3. Os gases são distinguíveis uns dos outros.

A entropia é produzida quando qualquer um desses fatores está presente durante um processo de mistura. Isto está ilustrado no próximo exemplo, em que gases distintos, inicialmente a diferentes temperaturas e pressões, são misturados.

▶▶ EXEMPLO 12.5 ▶

Mistura Adiabática de Gases a Volume Total Constante

Dois reservatórios de pressão rígidos, isolados, são interconectados por uma válvula. Inicialmente 0,79 lbmol (0,358 kmol) de nitrogênio a 2 atm e 460°R (−17,6°C) está contido em um dos reservatórios de pressão. O outro reservatório de pressão contém

0,21 lbmol (0,095 kmol) de oxigênio a 1 atm e 540°R (26,9°C). A válvula é aberta e permite-se a mistura dos gases até que o estado de equilíbrio final seja alcançado. Durante esse processo, não há iterações de calor ou de trabalho entre os conteúdos dos vasos de pressão e a vizinhança. Determine (a) a temperatura final da mistura, em °R, (b) a pressão final da mistura, em atm, e (c) a quantidade de entropia produzida no processo de mistura, em Btu/°R.

SOLUÇÃO

Dado: Permite-se que o nitrogênio e o oxigênio, inicialmente separados a diferentes temperaturas e pressões, se misturem sem interações de calor ou de trabalho com a vizinhança até que o estado de equilíbrio final seja alcançado.

Pede-se: Determine a temperatura final da mistura, em °R, a pressão final da mistura, em atm, e a quantidade de entropia produzida no processo de mistura, em Btu/°R.

Diagrama Esquemático e Dados Fornecidos:

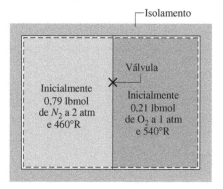

Modelo de Engenharia:

1. O sistema é considerado como o nitrogênio e o oxigênio juntos.
2. Quando separados, cada um dos gases comporta-se como um gás ideal.
3. A mistura final também age como um gás ideal, e o Modelo de Dalton se aplica: cada componente da mistura ocupa o volume total e apresenta a temperatura da mistura.
4. Nenhuma interação de calor ou de trabalho ocorre com a vizinhança, e não há variações das energias cinética e potencial.

Fig. E12.5

Análise:

(a) A temperatura final da mistura pode ser determinada a partir de um balanço de energia. Com a hipótese 4, o balanço de energia do sistema fechado reduz-se a

$$\Delta U = \cancel{Q}^0 - \cancel{W}^0 \quad \text{ou} \quad U_2 - U_1 = 0$$

A energia interna inicial do sistema, U_1, se iguala à soma das energias internas dos dois gases quando separados

$$U_1 = n_{N_2}\bar{u}_{N_2}(T_{N_2}) + n_{O_2}\bar{u}_{O_2}(T_{O_2})$$

em que T_{N_2} = 460°R (−17,6°C) é a temperatura inicial do nitrogênio e T_{O_2} = 540°R (26,9°C) é a temperatura inicial do oxigênio. A energia interna final do sistema, U_2, se iguala à soma das energias internas dos dois gases estimadas à temperatura final da mistura T_2

$$U_2 = n_{N_2}\bar{u}_{N_2}(T_2) + n_{O_2}\bar{u}_{O_2}(T_2)$$

Utilizando as três últimas equações, temos

$$n_{N_2}[\bar{u}_{N_2}(T_2) - \bar{u}_{N_2}(T_{N_2})] + n_{O_2}[\bar{u}_{O_2}(T_2) - \bar{u}_{O_2}(T_{O_2})] = 0$$

A temperatura T_2 pode ser determinada a partir dos dados de energia interna específica da Tabela A-23E e de um procedimento iterativo como aquele empregado no item (a) do Exemplo 12.4. Porém, visto que os calores específicos de N_2 e O_2 variam pouco dentro do intervalo de temperatura de 460°R (−17,6°C) a 540°R (26,9°C), pode-se conduzir a solução com precisão com base em calores específicos constantes. Consequentemente, as equações precedentes tornam-se

$$n_{N_2}\bar{c}_{v,N_2}(T_2 - T_{N_2}) + n_{O_2}\bar{c}_{v,O_2}(T_2 - T_{O_2}) = 0$$

Resolvendo para T_2, temos

$$T_2 = \frac{n_{N_2}\bar{c}_{v,N_2}T_{N_2} + n_{O_2}\bar{c}_{v,O_2}T_{O_2}}{n_{N_2}\bar{c}_{v,N_2} + n_{O_2}\bar{c}_{v,O_2}}$$

Selecionando valores de c_v para N_2 e O_2 da Tabela A-20E usando a média das temperaturas iniciais dos gases, 500°R (4,63°C), e utilizando as respectivas massas moleculares para converter para uma base molar, temos

$$\bar{c}_{v,N_2} = \left(28{,}01\frac{\text{lb}}{\text{lbmol}}\right)\left(0{,}177\frac{\text{Btu}}{\text{lb}\cdot{}°\text{R}}\right) = 4{,}96\frac{\text{Btu}}{\text{lbmol}\cdot{}°\text{R}}$$

$$\bar{c}_{v,O_2} = \left(32{,}0\frac{\text{lb}}{\text{lbmol}}\right)\left(0{,}156\frac{\text{Btu}}{\text{lb}\cdot{}°\text{R}}\right) = 4{,}99\frac{\text{Btu}}{\text{lbmol}\cdot{}°\text{R}}$$

Substituindo os valores na expressão para T_2, temos

$$T_2 = \frac{(0{,}79 \text{ lbmol})\left(4{,}96 \dfrac{\text{Btu}}{\text{lbmol} \cdot {}^\circ\text{R}}\right)(460{}^\circ\text{R}) + (0{,}21 \text{ lbmol})\left(4{,}99 \dfrac{\text{Btu}}{\text{lbmol} \cdot {}^\circ\text{R}}\right)(540{}^\circ\text{R})}{(0{,}79 \text{ lbmol})\left(4{,}96 \dfrac{\text{Btu}}{\text{lbmol} \cdot {}^\circ\text{R}}\right) + (0{,}21 \text{ lbmol})\left(4{,}99 \dfrac{\text{Btu}}{\text{lbmol} \cdot {}^\circ\text{R}}\right)}$$

$$= 477{}^\circ\text{R}$$

(b) A pressão final da mistura p_2 pode ser determinada por meio da utilização da equação de estado de gás ideal, $p_2 = n\overline{R}T_2/V$, em que n é o número total de mols da mistura e V é o volume total ocupado pela mistura. O volume V é a soma dos volumes dos dois reservatórios de pressão, obtidos com a equação de estado de gás ideal como se segue

$$V = \frac{n_{N_2}\overline{R}T_{N_2}}{p_{N_2}} + \frac{n_{O_2}\overline{R}T_{O_2}}{p_{O_2}}$$

em que $p_{N_2} = 2$ atm é a pressão inicial do nitrogênio e $p_{O_2} = 1$ atm é a pressão inicial do oxigênio. Combinando os resultados e simplificando, temos

$$p_2 = \frac{(n_{N_2} + n_{O_2})T_2}{\left(\dfrac{n_{N_2}T_{N_2}}{p_{N_2}} + \dfrac{n_{O_2}T_{O_2}}{p_{O_2}}\right)}$$

Substituindo os valores,

$$p_2 = \frac{(1{,}0 \text{ lbmol})(477{}^\circ\text{R})}{\left[\dfrac{(0{,}79 \text{ lbmol})(460{}^\circ\text{R})}{2 \text{ atm}} + \dfrac{(0{,}21 \text{ lbmol})(540{}^\circ\text{R})}{1 \text{ atm}}\right]}$$

$$= 1{,}62 \text{ atm}$$

(c) Reescrevendo o balanço de entropia para sistema fechado, obtemos

$$S_2 - S_1 = \int_1^2 \left(\frac{\delta Q}{T}\right)_b^{\!\!\!0} + \sigma$$

em que o termo de transferência de entropia é retirado pelo processo de mistura adiabática. A entropia inicial do sistema, S_1, é a soma das entropias dos gases em seus respectivos estados iniciais

$$S_1 = n_{N_2}\overline{s}_{N_2}(T_{N_2}, p_{N_2}) + n_{O_2}\overline{s}_{O_2}(T_{O_2}, p_{O_2})$$

A entropia final do sistema, S_2, é a soma das entropias dos componentes individuais, cada qual estimado à temperatura final da mistura e à pressão parcial do componente na mistura

$$S_2 = n_{N_2}\overline{s}_{N_2}(T_2, y_{N_2}p_2) + n_{O_2}\overline{s}_{O_2}(T_2, y_{O_2}p_2)$$

Utilizando as três últimas equações, temos

$$\sigma = n_{N_2}[\overline{s}_{N_2}(T_2, y_{N_2}p_2) - \overline{s}_{N_2}(T_{N_2}, p_{N_2})]$$
$$+ n_{O_2}[\overline{s}_{O_2}(T_2, y_{O_2}p_2) - \overline{s}_{O_2}(T_{O_2}, p_{O_2})]$$

Ao estimarmos a variação da entropia específica de cada gás em função de um calor específico constante $\overline{c}_p$, a expressão torna-se

$$\sigma = n_{N_2}\left(\overline{c}_{p,N_2} \ln \frac{T_2}{T_{N_2}} - \overline{R} \ln \frac{y_{N_2}p_2}{p_{N_2}}\right)$$
$$+ n_{O_2}\left(\overline{c}_{p,O_2} \ln \frac{T_2}{T_{O_2}} - \overline{R} \ln \frac{y_{O_2}p_2}{p_{O_2}}\right)$$

Os valores necessários de $\overline{c}_p$ podem ser encontrados por meio da soma de $\overline{R}$ aos valores de $\overline{c}_v$ determinados anteriormente (Eq. 3.45)

$$\overline{c}_{p,N_2} = 6{,}95 \frac{\text{Btu}}{\text{lbmol} \cdot {}^\circ\text{R}}, \qquad \overline{c}_{p,O_2} = 6{,}98 \frac{\text{Btu}}{\text{lbmol} \cdot {}^\circ\text{R}}$$

Visto que a quantidade total de mols da mistura $n = 0{,}79 + 0{,}21 = 1{,}0$, as frações molares dos dois gases são $y_{N_2} = 0{,}79$ e $y_{O_2} = 0{,}21$.

A substituição dos valores nas expressões para σ gera

$$\sigma = 0{,}79 \text{ lbmol}\left[6{,}95 \frac{\text{Btu}}{\text{lbmol} \cdot {}^\circ\text{R}} \ln\left(\frac{477{}^\circ\text{R}}{460{}^\circ\text{R}}\right) - 1{,}986 \frac{\text{Btu}}{\text{lbmol} \cdot {}^\circ\text{R}} \ln\left(\frac{(0{,}79)(1{,}62 \text{ atm})}{2 \text{ atm}}\right)\right]$$
$$+ 0{,}21 \text{ lbmol}\left[6{,}98 \frac{\text{Btu}}{\text{lbmol} \cdot {}^\circ\text{R}} \ln\left(\frac{477{}^\circ\text{R}}{540{}^\circ\text{R}}\right) - 1{,}986 \frac{\text{Btu}}{\text{lbmol} \cdot {}^\circ\text{R}} \ln\left(\frac{(0{,}21)(1{,}62 \text{ atm})}{1 \text{ atm}}\right)\right]$$

❶ $= 1{,}168$ Btu/${}^\circ$R

> ✓ **Habilidades Desenvolvidas**
>
> Habilidades para...
> ❑ analisar a mistura adiabática de dois gases ideais a volume total constante.
> ❑ aplicar balanços de energia e de entropia para a mistura de dois gases.
> ❑ aplicar os princípios de mistura de gases ideais supondo os calores específicos constantes.

Mistura de Gases Ideais e Aplicações à Psicrometria   609

❶ A entropia é produzida quando gases distintos, inicialmente a diferentes temperaturas e pressões, são levados a se misturar.

Teste-Relâmpago Determine o volume total da mistura final, em ft³. **Resposta:** 215 ft³.

No próximo exemplo, estudaremos um volume de controle em regime permanente em que dois fluxos de entrada formam um mistura. Um único fluxo sai.

EXEMPLO 12.6

Mistura Adiabática de Dois Fluxos

Em regime permanente, 100 m³/min de ar seco a 32°C e 1 bar (10^5 Pa) são misturados adiabaticamente com um fluxo de oxigênio (O_2) a 127°C e 1 bar (10^5 Pa) para produzir um fluxo misturado a 47°C e 1 bar (10^5 Pa). Os efeitos das energias cinética e potencial podem ser desprezados. Determine (a) as vazões mássicas de ar seco e do oxigênio, em kg/min, (b) as frações molares do ar seco e do oxigênio na mistura de saída, e (c) a taxa de produção de entropia, em kJ/K · min.

SOLUÇÃO

Dado: Em regime permanente, 100 m³/min de ar seco a 32°C e 1 bar (10^5 Pa) são misturados adiabaticamente com um fluxo de oxigênio a 127°C e 1 bar (10^5 Pa) para gerar um fluxo misturado a 47°C e 1 bar (10^5 Pa).

Pede-se: Determine as vazões mássicas do ar seco e do oxigênio, em kg/min, as frações molares de ar seco e de oxigênio na mistura de saída, e a taxa de produção de entropia, em kJ/K · min.

Diagrama Esquemático e Dados Fornecidos:

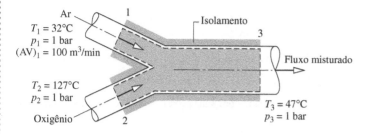

Fig. E12.6

Modelo de Engenharia:
1. O volume de controle identificado pelas linhas tracejadas na figura associada opera em regime permanente.
2. Nenhuma transferência de calor ocorre com a vizinhança.
3. Os efeitos das energias cinética e potencial podem ser desprezados, e $\dot{W}_{vc} = 0$.
4. Os gases de entrada podem ser considerados como gases ideais. A mistura de saída pode ser considerada uma mistura de gases ideais apoiada no modelo de Dalton.
5. O ar seco é tratado como um componente puro.

Análise:

(a) A vazão mássica de ar seco que entra no volume de controle pode ser determinada a partir da vazão volumétrica $(AV)_1$

$$\dot{m}_{a1} = \frac{(AV)_1}{v_{a1}}$$

em que v_{a1} é o volume específico do ar em 1. Utilizando a equação de estado de gás ideal, temos

$$v_{a1} = \frac{(\overline{R}/M_a)T_1}{p_1} = \frac{\left(\dfrac{8314 \text{ N} \cdot \text{m}}{28{,}97 \text{ kg} \cdot \text{K}}\right)(305 \text{ K})}{10^5 \text{ N/m}^2} = 0{,}875 \frac{\text{m}^3}{\text{kg}}$$

A vazão mássica de ar seco é, então

$$\dot{m}_{a1} = \frac{100 \text{ m}^3/\text{min}}{0{,}875 \text{ m}^3/\text{kg}} = 114{,}29 \frac{\text{kg}}{\text{min}}$$

A vazão mássica do oxigênio pode ser determinada por meio dos balanços de taxas mássica e de energia. Em regime permanente, a quantidade de ar seco e de oxigênio contida no volume de controle não varia. Assim, para cada componente individual é necessário que as vazões mássicas de entrada e saída sejam iguais. Ou seja

$$\dot{m}_{a1} = \dot{m}_{a3} \quad \text{(ar seco)}$$
$$\dot{m}_{o2} = \dot{m}_{o3} \quad \text{(oxigênio)}$$

Utilizando-se as hipóteses 1 a 3 em conjunto com as relações precedentes de vazão mássica, o balanço de taxa de energia reduz-se a

$$0 = \dot{m}_a h_a(T_1) + \dot{m}_o h_o(T_2) - [\dot{m}_a h_a(T_3) + \dot{m}_o h_o(T_3)]$$

em que $\dot{m}_a$ e $\dot{m}_o$ indicam, respectivamente, as vazões mássicas de ar seco e de oxigênio. A entalpia da mistura na saída é estimada ao somarem-se as contribuições do ar e do oxigênio, cada qual à temperatura da mistura. Resolvendo para $\dot{m}_o$ tem-se

$$\dot{m}_o = \dot{m}_a \left[\frac{h_a(T_3) - h_a(T_1)}{h_o(T_2) - h_o(T_3)} \right]$$

As entalpias específicas podem ser obtidas das Tabelas A-22 e A-23. Visto que a Tabela A-23 fornece valores de entalpia em base molar, a massa molecular do oxigênio é substituída no denominador para converter os valores de entalpia molar para uma base mássica.

$$\dot{m}_o = \frac{(114{,}29 \text{ kg/min})(320{,}29 \text{ kJ/kg} - 305{,}22 \text{ kJ/kg})}{\left(\dfrac{1}{32 \text{ kg/kmol}}\right)(11{.}711 \text{ kJ/kmol} - 9{.}325 \text{ kJ/kmol})}$$

$$= 23{,}1 \, \frac{\text{kg}}{\text{min}}$$

(b) Para obter as frações molares do ar seco e do oxigênio na mistura de saída, primeiro converta as vazões mássicas para vazões molares utilizando as respectivas massas moleculares

$$\dot{n}_a = \frac{\dot{m}_a}{M_a} = \frac{114{,}29 \text{ kg/min}}{28{,}97 \text{ kg/kmol}} = 3{,}95 \text{ kmol/min}$$

$$\dot{n}_o = \frac{\dot{m}_o}{M_o} = \frac{23{,}1 \text{ kg/min}}{32 \text{ kg/kmol}} = 0{,}72 \text{ kmol/min}$$

em que $\dot{n}$ indica vazão molar. A vazão molar da mistura $\dot{n}$ é a soma

$$\dot{n} = \dot{n}_a + \dot{n}_o = 3{,}95 + 0{,}72 = 4{,}67 \text{ kmol/min}$$

As frações molares do ar e do oxigênio na mistura de saída são, respectivamente

❶ $\quad\quad y_a = \dfrac{\dot{n}_a}{\dot{n}} = \dfrac{3{,}95}{4{,}67} = 0{,}846 \quad\quad e \quad\quad y_o = \dfrac{\dot{n}_o}{\dot{n}} = \dfrac{0{,}72}{4{,}67} = 0{,}154$

(c) Para o volume de controle em regime permanente, o balanço da taxa de entropia reduz-se a

$$0 = \dot{m}_a s_a(T_1, p_1) + \dot{m}_o s_o(T_2, p_2) - [\dot{m}_a s_a(T_3, y_a p_3) + \dot{m}_o s_o(T_3, y_o p_3)] + \dot{\sigma}$$

A entropia específica de cada componente da mistura de gases ideais de saída é estimada em suas pressões parciais na mistura e à temperatura da mistura. Resolvendo para $\dot{\sigma}$

$$\dot{\sigma} = \dot{m}_a[s_a(T_3, y_a p_3) - s_a(T_1, p_1)] + \dot{m}_o[s_o(T_3, y_o p_3) - s_o(T_2, p_2)]$$

Visto que $p_1 = p_3$, a variação de entropia específica do ar seco é

$$s_a(T_3, y_a p_3) - s_a(T_1, p_1) = s_a^\circ(T_3) - s_a^\circ(T_1) - \frac{\overline{R}}{M_a} \ln \frac{y_a p_3}{p_1}$$

$$= s_a^\circ(T_3) - s_a^\circ(T_1) - \frac{\overline{R}}{M_a} \ln y_a$$

Os termos s_a° são estimados a partir da Tabela A-22. De modo semelhante, visto que $p_2 = p_3$, a variação de entropia específica do oxigênio é

$$s_o(T_3, y_o p_3) - s_o(T_2, p_2) = \frac{1}{M_o}[\overline{s}_o^\circ(T_3) - \overline{s}_o^\circ(T_2) - \overline{R} \ln y_o]$$

Os termos $\overline{s}_o^\circ$ são estimados a partir da Tabela A-23. Observe o uso das massas moleculares M_a e M_o nas duas últimas equações para obter as respectivas variações de entropia em base mássica.

A expressão para a taxa de produção de entropia torna-se

$$\dot{\sigma} = \dot{m}_a\left[s_a^\circ(T_3) - s_a^\circ(T_1) - \frac{\overline{R}}{M_a} \ln y_a\right] + \frac{\dot{m}_o}{M_o}[\overline{s}_o^\circ(T_3) - \overline{s}_o^\circ(T_2) - \overline{R} \ln y_o]$$

Substituindo os valores

$$\dot{\sigma} = \left(114{,}29 \, \frac{\text{kg}}{\text{min}}\right)\left[1{,}7669 \, \frac{\text{kJ}}{\text{kg} \cdot \text{K}} - 1{,}71865 \, \frac{\text{kJ}}{\text{kg} \cdot \text{K}} - \left(\frac{8{,}314}{28{,}97} \, \frac{\text{kJ}}{\text{kg} \cdot \text{K}}\right) \ln 0{,}846\right]$$

$$+ \left(\frac{23{,}1 \text{ kg/min}}{32 \text{ kg/kmol}}\right)\left[207{,}112 \, \frac{\text{kJ}}{\text{kmol} \cdot \text{K}} - 213{,}765 \, \frac{\text{kJ}}{\text{kmol} \cdot \text{K}} - \left(8{,}314 \, \frac{\text{kJ}}{\text{kmol} \cdot \text{K}}\right) \ln 0{,}154\right]$$

❷ $\quad\quad = 17{,}42 \, \dfrac{\text{kJ}}{\text{K} \cdot \text{min}}$

❶ Este cálculo está baseado em ar seco modelado como um componente puro (hipótese 5). Porém, como O_2 é um componente do ar seco (Tabela 12.1), a fração molar *efetiva* de O_2 na mistura de saída é maior que a dada neste exemplo.

❷ A entropia é produzida quando se permite que gases distintos, inicialmente a temperaturas distintas, se misturem.

Habilidades Desenvolvidas

Habilidades para...
- analisar a mistura adiabática de dois fluxos de gases ideais em regime permanente.
- aplicar os princípios de mistura de gases ideais em conjunto com balanço de taxas mássicas, de energia e de entropia.

Teste-Relâmpago Quais são as frações mássicas do ar e do oxigênio na mistura de saída?
Resposta: $mf_{ar} = 0{,}832$, $mf_{O_2} = 0{,}168$.

BIOCONEXÕES

Passar o tempo dentro de um edifício faz você espirrar, tossir ou ter dores de cabeça? Se sim, o culpado pode ser o ar ambiente. A expressão *síndrome do edifício doente* (em inglês, *sick building syndrome*, SBS) descreve um estado em que a qualidade do ar do interior de edifícios leva a problemas agudos de saúde e a problemas de conforto para ocupantes de edifícios. Os efeitos do SBS são frequentemente associados ao período de tempo que um ocupante passa no interior destes espaços; no entanto a causa específica e as doenças associadas são frequentemente não identificáveis, os sintomas tipicamente desaparecem após o ocupante deixar o edifício. Se os sintomas persistem mesmo após a saída do edifício e são diagnosticados como uma doença específica atribuída a um contaminante aéreo, a expressão *síndrome do edifício doente* é uma descrição mais precisa.

A Agência de Proteção Ambiental dos Estados Unidos (em inglês, *U.S. Environmental Protection Agency*, EPA) conduziu recentemente um estudo de 100 edifícios de escritórios nos Estados Unidos, o maior estudo deste tipo já feito. Os resultados concordam com a maioria das descobertas anteriores que relaciona baixas vazões de ventilação por pessoa com os edifícios de escritórios com as maiores taxas de comunicação de sintomas de SBS. As diretrizes e códigos de construção nos Estados Unidos normalmente recomendam as vazões de ventilação por ocupante, para edifícios de escritórios, na faixa de 15 a 20 ft³/min (0,425 a 0,566 m³/min). Alguns dos espaços analisados apresentaram vazões de ventilação abaixo das diretrizes.

É necessário um projeto cuidadoso para assegurar que os sistemas de distribuição de ar forneçam a ventilação adequada para cada espaço. Instalação inadequada e manutenção imprópria de sistemas também podem aumentar os problemas de qualidade do ar interno, mesmo quando as normas apropriadas tenham sido aplicadas no projeto. Os estudos da EPA chegaram à conclusão que este seria o caso dos sistemas de ventilação de muitos edifícios dos analisados no estudo. Ainda, os testes e ajustes dos sistemas instalados nunca foram feitos em muitos dos edifícios para garantir que os sistemas estivessem operando de acordo como o objetivo do projeto.

Aplicações à Psicrometria

O restante deste capítulo diz respeito ao estudo de sistemas que envolvem misturas de ar seco e de vapor d'água. Uma fase de água condensada também pode estar presente. O conhecimento do comportamento desses sistemas é essencial para a análise e o projeto de dispositivos de condicionamento de ar, torres de resfriamento e processos industriais que necessitem de controle rigoroso do teor de vapor no ar. O estudo de sistemas que envolvem ar seco e água é conhecido como psicrometria.

psicrometria

12.5 Apresentação dos Princípios da Psicrometria

O objetivo desta seção é apresentar algumas definições e princípios importantes utilizados no estudo de sistemas que envolvem ar seco e água.

12.5.1 Ar úmido

A expressão ar úmido refere-se à mistura de ar seco e vapor d'água na qual o ar seco é tratado como se fosse um componente puro. Como se pode verificar por consulta a dados de propriedades adequados, a mistura como um todo e cada componente da mistura comportam-se como gases ideais nos estados sob estudo. Em consequência, para as aplicações a serem estudadas, os conceitos de mistura de gases ideais apresentados anteriormente são de aplicação direta.

Em particular, o modelo de Dalton e as relações fornecidas na Tabela 12.2 são aplicáveis a misturas de ar úmido. Apenas identificando o gás 1 como ar seco, indicado pelo subscrito a, e o gás 2 como vapor

ar úmido

TOME NOTA...
Ar úmido é uma mistura binária de ar seco e de vapor d'água, e as relações de propriedades da Tabela 12.2 se aplicam.

Fig. 12.3 Mistura de ar seco e de vapor d'água.

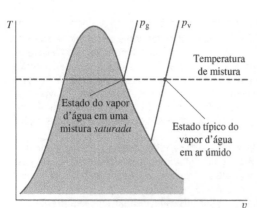

Fig. 12.4 Diagrama $T-v$ para vapor d'água em uma mistura ar-água.

ar saturado

d'água, identificado pelo subscrito v, a tabela nos dá um conjunto útil de relações entre propriedades de ar úmido. Fazendo referência a Fig. 12.3, vamos verificar este fato obtendo algumas relações de ar úmido e relacionando-as com as entradas da Tabela 12.2.

Mostrado na Fig. 12.3 – um caso particular da Fig. 12.1 – é um sistema fechado que consiste em ar úmido ocupando um volume V à pressão de mistura p e à temperatura de mistura T. Supõe-se que a mistura em si obedeça à equação de estado de gás ideal. Assim

$$p = \frac{n\overline{R}T}{V} = \frac{m(\overline{R}/M)T}{V} \tag{12.40}$$

em que n, m e M indicam, respectivamente, os mols, a massa e a massa molecular da mistura, e $n = m/M$.

Considera-se que cada componente da mistura atua como se existisse sozinho no volume V à temperatura de mistura T enquanto exerce parte da pressão. A pressão da mistura é a soma das pressões parciais do ar seco e do vapor d'água: $p = p_a + p_v$. Isto é, o modelo de Dalton se aplica.

Utilizando-se a equação de estado de gás ideal, as pressões parciais p_a e p_v, respectivamente do ar seco e do vapor d'água, são

$$p_a = \frac{n_a \overline{R} T}{V} = \frac{m_a(\overline{R}/M_a)T}{V}, \qquad p_v = \frac{n_v \overline{R} T}{V} = \frac{m_v(\overline{R}/M_v)T}{V} \tag{12.41a}$$

em que n_a e n_v indicam, respectivamente, os mols de ar seco e de vapor d'água; m_a, m_v, M_a e M_v são, respectivamente, as massas e as massas moleculares. A quantidade de vapor d'água presente é normalmente muito menor que a quantidade de ar seco. Em consequência, os valores de n_v, m_v e p_v são relativamente pequenos se comparados aos valores correspondentes de n_a, m_a e p_a.

Formando razões com as Eqs. 12.40 e 12.41a, chegam-se à seguintes expressões alternativas para p_a e p_v

$$p_a = y_a p, \qquad p_v = y_v p \tag{12.41b}$$

em que y_a e y_v são as frações molares, respectivamente do ar seco e do vapor d'água. Estas expressões de ar úmido obedecem às Equações (c) da Tabela 12.2.

Um estado típico de vapor d'água em vapor úmido é mostrado na Fig. 12.4. Neste estado, estabelecido pela pressão parcial p_v e pela temperatura da mistura T, o vapor é superaquecido. Quando a pressão parcial do vapor d'água corresponde à pressão de saturação da água à temperatura da mistura, p_g da Fig. 12.4, diz-se que a mistura está saturada. O ar saturado é uma mistura de ar seco e de vapor d'água saturado. A quantidade de vapor d'água no ar úmido varia de zero no ar seco a um máximo, dependendo da pressão e da temperatura em que a mistura está saturada.

12.5.2 Razão de Mistura, Umidade Relativa, Entalpia de Mistura e Entropia de Mistura

Uma determinada amostra de ar úmido pode ser descrita de várias maneiras. A mistura pode ser descrita em termos dos mols de ar seco e de vapor d'água presentes ou em termos de suas respectivas frações molares. Como alternativa, as massas de ar seco e de vapor d'água, ou as suas respectivas frações mássicas, podem ser especificadas. A composição também pode ser indicada por meio da razão de mistura ω, definida como a razão da massa do vapor d'água e a massa do ar seco.

razão de mistura

$$\omega = \frac{m_v}{m_a} \tag{12.42}$$

A razão de mistura é às vezes chamada *umidade específica*.

A razão de mistura pode ser expressa em termos de pressões parciais e massas moleculares por meio da solução das Eqs. 12.41a, respectivamente, para m_a e m_v, e da substituição das expressões resultantes na Eq. 12.42 para obter

$$\omega = \frac{m_v}{m_a} = \frac{M_v p_v V/\overline{R}T}{M_a p_a V/\overline{R}T} = \frac{M_v p_v}{M_a p_a}$$

Substituindo-se $p_a = p - p_v$ e observando que a razão entre as massas moleculares da água e do ar seco, M_v/M_a, é aproximadamente 0,622, pode-se escrever esta expressão como

$$\omega = 0{,}622 \frac{p_v}{p - p_v} \tag{12.43}$$

O ar úmido também pode ser descrito em termos da *umidade relativa* ϕ, definida como a razão das frações molares do vapor d'água y_v em uma dada amostra de ar úmido e a fração molar de uma amostra de ar úmido saturado $y_{v,sat}$ à mesma temperatura e à pressão de mistura:

$$\phi = \left.\frac{y_v}{y_{v,sat}}\right)_{T,p}$$

Como $p_v = y_v p$ e $p_g = y_{v,sat} p$, a umidade relativa pode ser expressa como

$$\phi = \left.\frac{p_v}{p_g}\right)_{T,p} \quad (12.44)$$

umidade relativa

As pressões nesta expressão para umidade relativa são indicadas na Fig. 12.4.

A razão de mistura e a umidade relativa podem ser medidas. Para medições laboratoriais da razão de mistura, pode-se utilizar um *higrômetro*, no qual uma amostra de ar úmido é posta em contato com substâncias químicas adequadas até que a umidade presente seja absorvida. A quantidade de vapor d'água é determinada através da pesagem das substâncias químicas. O registro contínuo da umidade relativa pode ser realizado através de transdutores que consistem em sensores resistivos ou capacitivos cujas características elétricas variam com a umidade relativa.

Estimativa de *H*, *U* e *S* para o Ar Úmido

Os valores de *H*, *U* e *S* para o ar úmido modelado como uma mistura de gases ideais podem ser obtidos por meio da soma das contribuições de cada componente na condição na qual o componente existe na mistura. Por exemplo, a entalpia *H* de uma dada amostra de ar úmido é

$$H = H_a + H_v = m_a h_a + m_v h_v \quad (12.45)$$

Esta expressão para ar úmido está em conformidade com a Eq. (d) da Tabela 12.2.

Dividindo por m_a e substituindo a razão de mistura, temos a entalpia da mistura *por unidade de massa de ar seco*

entalpia de mistura

$$\frac{H}{m_a} = h_a + \frac{m_v}{m_a} h_v = h_a + \omega h_v \quad (12.46)$$

As entalpias de ar seco e de vapor d'água que aparecem na Eq. 12.46 são estimadas à temperatura da mistura. Uma abordagem similar àquela usada para entalpia também é aplicável para a estimativa da energia interna de ar úmido.

A consulta dos dados da tabela de vapor ou de um diagrama de Mollier para água mostra que a entalpia de vapor d'água superaquecido a *baixas pressões de vapor* é muito próxima dos valores correspondentes de vapor saturado a uma dada temperatura. Logo, a entalpia do vapor d'água h_v na Eq. 12.46 pode ser tomada como h_g à temperatura da mistura. Ou seja

$$h_v \approx h_g(T) \quad (12.47)$$

A Eq. 12.47 é utilizada no restante deste capítulo. Os dados de entalpia de vapor d'água como um gás ideal da Tabela A-23 *não são usados* para h_v, porque a referência de entalpia das tabelas de gases ideais difere daquela das tabelas de vapor. Essas diferentes referências podem levar a erros quando se estudam sistemas que contenham vapor d'água e uma fase líquida ou uma fase sólida de água. A entalpia do ar seco, h_a, pode ser obtida de tabelas de gás ideal apropriadas, Tabela A-22 ou Tabela A-22E, no entanto, porque o ar é um gás em todos os estados sob estudo, é bem modelado como um gás ideal nesses estados.

De acordo com a Eq. (h) da Tabela 12.2, a entropia de mistura do ar úmido tem duas contribuições: vapor d'água e ar seco. A contribuição de cada componente é determinada à temperatura da mistura e à pressão parcial do componente na mistura. Utilizando-se a Eq. 6.18, referente a Fig. 12.4 para os estados, a entropia específica do vapor d'água é dada por $s_v(T, p_v) = s_g(T) - R \ln p_v/p_g$, em que s_g é a entropia específica de vapor saturado à temperatura *T*. Note que a razão de pressões p_v/p_g, pode ser substituída pela umidade relativa ϕ, gerando uma expressão alternativa.

entropia de mistura

Utilizando Programa de Computador

Funções de propriedades de ar úmido são listadas sob o menu **Properties** do *Interactive Thermodynamics: IT* ou em programa similar. São incluídas funções para razão de mistura, umidade relativa, entalpia e entropia específicas, bem como outras propriedades psicrométricas a serem apresentadas mais adiante. Os métodos utilizados para estimativa dessas funções correspondem aos métodos discutidos neste capítulo, e os valores resultantes do programa de computador são bem próximos daqueles obtidos através de cálculos manuais com dados tabelados. O uso do *IT*, ou de programa similar, para estimativas psicrométricas é ilustrado em exemplos a seguir neste capítulo.

BIOCONEXÕES Profissionais da medicina e seus pacientes há muito tempo têm notado que os casos de gripe têm um pico no inverno. Especulações sobre a causa variam amplamente, incluindo a possibilidade de que as pessoas, no inverno, passam mais tempo dentro de casa e assim transmitem o vírus da gripe com mais facilidade, ou que o pico poderia estar relacionado com uma exposição menor à luz solar durante o inverno, talvez afetando as respostas imunológicas das pessoas.

Uma vez que o ar é mais seco no inverno, suspeita-se de uma ligação entre a umidade relativa e a sobrevivência e a transmissão do vírus da gripe. Em um estudo de 2007, utilizando porcos-da-índia infectados pela gripe em ambientes com clima controlado, pesquisadores investigaram os efeitos de variações de temperatura e de umidade na disseminação de aerossóis com vírus da gripe. O estudo mostrou que havia mais infecções quando estava mais frio e seco, mas que a umidade relativa era uma variável relativamente fraca na explicação dos resultados. Isto levou os pesquisadores a procurarem uma melhor justificativa.

Quando os dados do estudo de 2007 foram reanalisados, uma correlação significativa foi encontrada entre a razão de mistura e a gripe. Ao contrário da umidade relativa, a razão de mistura mede a quantidade real de umidade presente no ar. Quando a razão de mistura é baixa, como acontece nos meses de pico da gripe de inverno, os pesquisadores afirmam que o vírus sobrevive mais tempo e as taxas de transmissão aumentam. Estas descobertas apontam fortemente para o valor da umidificação do ar de dentro de casa no inverno, em particular em locais de alto risco como asilos.

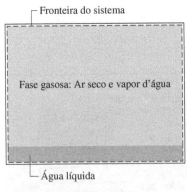

Fig. 12.5 Sistema constituído de ar úmido em contato com água líquida.

12.5.3 Modelando o Ar Úmido em Equilíbrio com a Água Líquida

Até agora, o nosso estudo de psicrometria tem sido conduzido como uma aplicação dos princípios de mistura de gases ideais introduzidos na primeira parte deste capítulo. Porém, muitos sistemas de interesse são compostos por uma mistura de ar seco e de vapor d'água em contato com uma fase líquida (ou sólida) de água. O estudo destes sistemas necessita de considerações adicionais.

A Fig. 12.5 mostra um reservatório de pressão contendo água líquida, acima da qual existe uma mistura de vapor d'água e ar seco. Se nenhuma interação com a vizinhança for permitida, o líquido vai evaporar até que eventualmente a fase gasosa se torne saturada e o sistema alcance um estado de equilíbrio. Para muitas aplicações de engenharia, sistemas compostos por ar úmido em *equilíbrio* com uma fase líquida podem ser descritos de maneira simples e precisa através da utilização das seguintes idealizações:

- O ar seco e o vapor d'água comportam-se como gases ideais independentes.
- O equilíbrio entre as fases líquida e de vapor d'água não é significativamente alterada pela presença do ar.
- A pressão parcial do vapor d'água se iguala à pressão de saturação da água correspondente à temperatura da mistura: $p_v = p_g(T)$.

Considerações similares aplicam-se a sistemas compostos de ar úmido em equilíbrio com uma fase sólida de água. A presença de ar, na verdade, altera a pressão parcial do vapor da pressão de saturação por um pequeno valor, cujo módulo é calculado na Seção 14.6.

12.5.4 Estimativa da Temperatura de Ponto de Orvalho

Um aspecto importante do comportamento de ar úmido é que a condensação parcial do vapor d'água pode acontecer quando a temperatura é reduzida. Esse tipo de fenômeno é comumente encontrado na condensação de vapor em vidros de janelas e sobre tubos que transportam água fria. A formação do orvalho sobre a grama é outro exemplo bem conhecido.

Para estudar essa condensação, considere um sistema fechado que consiste em uma amostra de ar úmido que é resfriada a pressão *constante*, como mostra a Fig. 12.6. O diagrama de T–v mostrado nesta figura posiciona estados do vapor d'água. Inicialmente, o vapor d'água é superaquecido no estado 1. Na primeira parte do processo de resfriamento, a pressão do sistema *e* a composição do ar úmido permanecem constantes. Em consequência, como $p_v = y_v p$, a *pressão parcial* do vapor d'água permanece constante, e o vapor d'água resfria a p_v constante, do estado 1 ao estado d, chamado de *ponto de orvalho*. A temperatura de saturação corresponde a p_v é chamada de **temperatura de ponto de orvalho**. Esta temperatura é indicada na Fig. 12.6.

temperatura de ponto de orvalho

Na fase seguinte do processo de resfriamento, o sistema é resfriado *abaixo* da temperatura de ponto de orvalho e algum vapor d'água inicialmente presente condensa-se. No estado final, o sistema consiste em uma fase gasosa de ar seco e de vapor d'água em equilíbrio com uma fase de água líquida. De acordo com as discussões da Seção 12.5.3, o vapor que restou é vapor saturado à temperatura final, o estado 2 da Fig. 12.6, com uma pressão parcial igual à pressão de saturação p_{g2} correspondente a essa temperatura. O condensado é um líquido saturado à temperatura final: o estado 3 da Fig. 12.6.

Referenciando novamente a Fig. 12.6, note que a pressão parcial do vapor d'água no estado final, p_{g2}, é menor que o valor inicial, p_{v1}. Devido à condensação, a pressão parcial decresce porque a quantidade de vapor d'água presente no estado final é menor que a quantidade existente no estado inicial. Como a quantidade de ar seco permanece inalterada, a fração molar do vapor d'água no ar úmido também decresce.

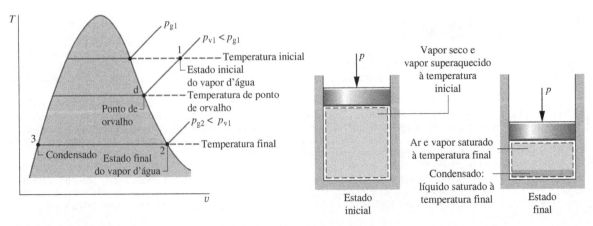

Fig. 12.6 Estados da água para o ar úmido resfriado à pressão de mistura constante.

Mistura de Gases Ideais e Aplicações à Psicrometria 615

Nos dois próximos exemplos, será ilustrada a utilização das propriedades psicrométricas apresentadas até aqui. Os exemplos consideram, respectivamente, o resfriamento de ar úmido a pressão constante e a volume constante.

EXEMPLO 12.7

Resfriando Ar Úmido a Pressão Constante

Uma amostra de ar úmido de 1 lbm (0,454 kg), inicialmente a 70°F (21,1°C), 14,7 lbf/in² (101,4 kPa) e 70% de umidade relativa, é resfriada a 40°F (4,44°C) enquanto se mantém a pressão constante. Determine **(a)** a razão de mistura inicial, **(b)** a temperatura de ponto de orvalho, em °F, e **(c)** a quantidade de vapor d'água que se condensa, em lbm.

SOLUÇÃO

Dado: Uma amostra de ar úmido de 1 lbm (0,454 kg) é resfriada a pressão constante de mistura de 14,7 lbf/in² (101,4 kPa), de 70°F (21,1°C) para 40°F (4,44°C). A umidade relativa inicial é de 70%.

Pede-se: Determine a razão de mistura inicial, a temperatura de ponto de orvalho, em °F, e a quantidade de vapor d'água que se condensa, em lbm.

Diagrama Esquemático e Dados Fornecidos:

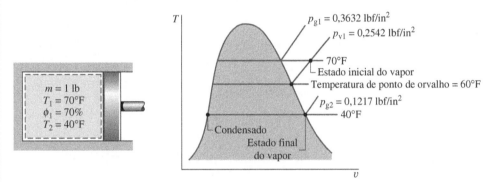

Fig. E12.7

Modelo de Engenharia:

1. Uma amostra de 1 lbm (0,454 kg) de ar úmido é tomada como um sistema fechado. A pressão do sistema permanece constante em 14,7 lbf/in² (101,4 kPa).
2. A fase gasosa pode ser considerada como uma mistura de gases ideais. O modelo de Dalton se aplica. Cada componente da mistura funciona como um gás ideal que existisse sozinho no volume ocupado pela fase gasosa à temperatura da mistura.
3. Quando uma fase de água líquida está presente, o vapor d'água existe como vapor saturado à temperatura do sistema. O líquido presente é um líquido saturado à temperatura do sistema.

Análise:

(a) A razão de mistura inicial pode ser estimada a partir da Eq. 12.43. Para isso necessita-se da pressão parcial do vapor d'água, p_{v1}, que pode ser encontrada por meio da umidade relativa dada e p_g da Tabela A-2E a 70°F (21,1°C), como se segue:

$$p_{v1} = \phi p_g = (0{,}7)\left(0{,}3632 \, \frac{\text{lbf}}{\text{in}^2}\right) = 0{,}2542 \, \frac{\text{lbf}}{\text{in}^2}$$

Substituindo os valores na Eq. 12.43, temos

$$\omega_1 = 0{,}622 \left(\frac{0{,}2542}{14{,}7 - 0{,}2542}\right) = 0{,}011 \, \frac{\text{lb (vapor)}}{\text{lb (ar seco)}}$$

(b) A temperatura de ponto de orvalho é a temperatura de saturação correspondente à pressão parcial, p_{v1}. A interpolação de valores na Tabela A-2E gera $T = 60°F$ (15,6°C). A temperatura de ponto de orvalho é indicada no diagrama T–v do exemplo.

(c) A quantidade de condensado, m_w, se iguala à diferença entre a quantidade inicial de vapor d'água na amostra, m_{v1}, e a quantidade final de vapor d'água, m_{v2}. Ou seja

$$m_w = m_{v1} - m_{v2}$$

Para estimar m_{v1}, observe que o sistema inicialmente consiste em 1 lbm (0,454 kg) de ar seco e vapor d'água, portanto 1 lbm (0,454 kg) = $m_a + m_{v1}$, em que m_a é a massa de ar seco presente na amostra. Como $\omega_1 = m_{v1}/m_a$, $m_a = m_{v1}/\omega_1$. Com isso obtemos

$$1 \, \text{lb} = \frac{m_{v1}}{\omega_1} + m_{v1} = m_{v1}\left(\frac{1}{\omega_1} + 1\right)$$

Resolvendo para m_{v1},

$$m_{v1} = \frac{1 \text{ lb}}{(1/\omega_1) + 1}$$

Substituindo o valor de ω_1 determinado no item (a)

$$m_{v1} = \frac{1 \text{ lb}}{(1/0,011) + 1} = 0,0109 \text{ lb (vapor)}$$

❶ A massa de ar seco presente é então $m_a = 1 - 0,0109 = 0,9891$ lbm (0,449 kg) (ar seco).

A seguir, vamos estimar m_{v2}. Com a hipótese 3, a pressão parcial do vapor d'água restante no sistema no estado final é a pressão de saturação correspondente a 40°F (4,44°C): $p_g = 0,1217$ lbf/in² (839 Pa). Consequentemente, a razão de mistura após o resfriamento é determinada por meio da Eq. 12.43 como

$$\omega_2 = 0,622\left(\frac{0,1217}{14,7 - 0,1217}\right) = 0,0052 \frac{\text{lb (vapor)}}{\text{lb (ar seco)}}$$

A massa do vapor d'água presente no estado final é, então,

$$m_{v2} = \omega_2 m_a = (0,0052)(0,9891) = 0,0051 \text{ lb (vapor)}$$

Finalmente, a quantidade de vapor d'água que se condensa é

$$m_w = m_{v1} - m_{v2} = 0,0109 - 0,0051 = 0,0058 \text{ lb (condensado)}$$

✓ **Habilidades Desenvolvidas**

Habilidades para...
- aplicar a terminologia e os princípios psicrométricos.
- mostrar entendimento da temperatura de ponto de orvalho e da formação do líquido condensado quando a pressão é constante.
- obter dados de propriedades da água.

❶ A quantidade de vapor d'água presente em uma mistura típica de ar úmido é consideravelmente menor que a quantidade de ar seco presente.

Teste-Relâmpago Determine o título de duas fases, mistura líquido-vapor, e a umidade relativa da fase gasosa no estado final. **Resposta:** 47%, 100%.

EXEMPLO 12.8

Resfriamento de Ar Úmido a Volume Constante

Uma mistura de ar-vapor d'água está contida em um reservatório de pressão fechado e rígido, com um volume de 35 m³ a 1,5 bar (1,5 · 10⁵ Pa), 120°C e $\phi = 10\%$. A mistura é resfriada a volume constante até que sua temperatura seja reduzida para 22°C. Determine (a) a temperatura do ponto de orvalho correspondente ao estado inicial, em °C, (b) a temperatura na qual a condensação realmente começa, em °C, e (c) a quantidade de vapor d'água condensada, em kg.

SOLUÇÃO

Dado: Um reservatório de pressão fechado e rígido, com um volume de 35 m³ contendo ar úmido a 1,5 bar (1,5 · 10⁵ Pa), 120°C e $\phi = 10\%$, é resfriado até 22°C.

Pede-se: Determine a temperatura de ponto de orvalho no estado inicial, em °C, e a temperatura na qual a condensação realmente começa, em °C, e a quantidade de vapor d'água condensada, em kg.

Diagrama Esquemático e Dados Fornecidos:

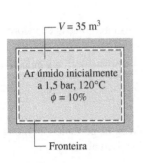
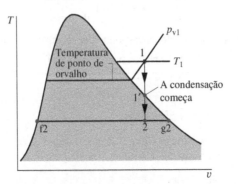

Fig. E12.8

Modelo de Engenharia:

1. Os componentes no reservatório de pressão são considerados como um sistema fechado. O volume do sistema permanece constante.
2. A fase gasosa pode ser considerada como uma mistura de gases ideais. O modelo de Dalton se aplica: Cada componente da mistura atua como um gás ideal que existisse sozinho no volume ocupado pela fase gasosa à temperatura da mistura.
3. Quando uma fase de água líquida está presente, o vapor d'água existe como vapor saturado à temperatura do sistema. O líquido presente é um líquido saturado à temperatura do sistema.

Análise:

(a) A temperatura de ponto de orvalho no estado inicial é a temperatura de saturação correspondente à pressão parcial p_{v1}. Com a umidade relativa dada e a pressão de saturação a 120°C da Tabela A-2, temos

$$p_{v1} = \phi_1 p_{g1} = (0{,}10)(1{,}985) = 0{,}1985 \text{ bar}$$

Interpolando na Tabela A-2 obtemos a temperatura de ponto de orvalho como 60°C, que é a temperatura na qual a condensação iria começar *se* o ar úmido fosse resfriado a *pressão constante*.

(b) Se a água existe apenas como vapor, ou como líquido *e* vapor, a água ocupa o volume total, que permanece constante. Consequentemente, como a massa total de água presente também é constante, a água é submetida a um processo de volume específico constante mostrado no diagrama T–v associado. No processo do estado 1 para o estado 1', a água existe apenas como vapor. Para o processo do estado 1' para o estado 2, a água existe como uma mistura de duas fases líquido-vapor. Observe que a pressão não permanece constante durante o processo de resfriamento do estado 1 para o estado 2.

O estado 1' no diagrama T–v indica o estado em que o vapor d'água começa a tornar-se saturado. A temperatura de saturação nesse estado é indicada como T'. Resfriar a uma temperatura menor que T' resulta em condensação de parte do vapor d'água presente. Como o estado 1' é um estado de vapor saturado, a temperatura T' pode ser determinada através da interpolação na Tabela A-2 com o volume específico da água nesse estado. O volume específico do vapor no estado 1' é igual ao volume específico do vapor no estado 1, que pode ser estimado a partir da equação de gás ideal

$$v_{v1} = \frac{(\overline{R}/M_v)T_1}{p_{v1}} = \left(\frac{8314}{18} \frac{\text{N} \cdot \text{m}}{\text{kg} \cdot \text{K}}\right)\left(\frac{393 \text{ K}}{0{,}1985 \times 10^5 \text{ N/m}^2}\right)$$

$$= 9{,}145 \frac{\text{m}^3}{\text{kg}}$$

❶ A interpolação na Tabela A-2 com $v_{v1} = v_g$ fornece $T' = 56°C$. Esta é a temperatura na qual a condensação começa.

(c) A quantidade de condensado se iguala à diferença entre as quantidades inicial e final de vapor d'água presentes. A massa do vapor d'água presente inicialmente é

$$m_{v1} = \frac{V}{v_{v1}} = \frac{35 \text{ m}^3}{9{,}145 \text{ m}^3/\text{kg}} = 3{,}827 \text{ kg}$$

A massa de vapor d'água presente no final pode ser determinada a partir do *título*. No estado final, a água forma uma mistura de duas fases líquido-vapor tendo um volume específico de 9,145 m³/kg. Utilizando esse valor de volume específico, podemos encontrar o título x_2 da mistura de líquido-vapor como

$$x_2 = \frac{v_{v2} - v_{f2}}{v_{g2} - v_{f2}} = \frac{9{,}145 - 1{,}0022 \times 10^{-3}}{51{,}447 - 1{,}0022 \times 10^{-3}} = 0{,}178$$

em que v_{f2} e v_{g2} são, respectivamente, os volumes específicos do líquido saturado e do vapor saturado a $T_2 = 22°C$.

Utilizando-se o título em conjunto com a quantidade total de água presente conhecida, 3,827 kg, a massa do vapor d'água contida no sistema no estado final é

$$m_{v2} = (0{,}178)(3{,}827) = 0{,}681 \text{ kg}$$

A massa do condensado, m_{w2}, é então

$$m_{w2} = m_{v1} - m_{v2} = 3{,}827 - 0{,}681 = 3{,}146 \text{ kg}$$

❶ Quando a mistura de ar úmido é resfriada com o volume da mistura constante, a temperatura na qual a condensação começa não é a temperatura de ponto de orvalho correspondente ao estado inicial. Nesse caso, a condensação começa a 56°C, mas a temperatura de ponto de orvalho no estado inicial, determinada no item (a), é de 60°C.

> ✓ **Habilidades Desenvolvidas**
>
> *Habilidades para...*
> - aplicar a terminologia e os princípios psicrométricos.
> - mostrar entendimento do início da condensação quando o ar úmido é resfriado a volume constante.
> - obter dados de propriedades para a água.

Teste-Relâmpago Determine a razão de mistura no estado inicial e a quantidade de ar seco presente, em kg.
Resposta: 0,0949, 40,389 kg.

Nenhum conceito básico adicional é necessário para o estudo de sistemas fechados que envolvam misturas de ar seco e de vapor d'água. O Exemplo 12.9, que se baseia no Exemplo 12.8, apresenta alguns aspectos particulares da utilização da conservação de massa e da conservação de energia ao analisar esse tipo de sistema. Considerações semelhantes podem ser utilizadas para estudar outros sistemas fechados que envolvam ar úmido.

EXEMPLO 12.9

Estimativa da Transferência de Calor para o Ar Úmido Resfriado a Volume Constante

Uma mistura de ar-vapor d'água está contida em um reservatório de pressão fechado e rígido, com um volume de 35 m³ a 1,5 bar (1,5 · 10⁵ Pa), 120°C e ϕ = 10%. A mistura é resfriada até que sua temperatura seja reduzida a 22°C. Determine a transferência de calor durante o processo, em kJ.

SOLUÇÃO

Dado: Um reservatório de pressão fechado e rígido, com um volume de 35 m³ contendo ar úmido inicialmente a 1,5 bar (1,5 · 10⁵ Pa), 120°C e ϕ = 10% é resfriado até 22°C.

Pede-se: Determine a transferência de calor do processo, em kJ.

Diagrama Esquemático e Dados Fornecidos: veja a figura do Exemplo 12.8.

Modelo de Engenharia:

1. O conteúdo do reservatório de pressão é tomado como um sistema fechado. O volume do sistema permanece constante.
2. A fase gasosa pode ser considerada como uma mistura de gases ideais. O modelo de Dalton se aplica. Cada componente da mistura funciona como se fosse um gás ideal que existisse sozinho no volume ocupado pela fase gasosa à temperatura da mistura.
3. Quando a água líquida está presente, o vapor d'água existe como vapor saturado e o líquido presente é um líquido saturado, cada qual à temperatura do sistema.
4. Não há trabalho durante o processo de resfriamento e não há variação das energias cinética e potencial.

Análise: Uma simplificação do balanço de energia do sistema fechado a partir da hipótese 4 resulta em

$$\Delta U = Q - \cancel{W}^0$$

ou

$$Q = U_2 - U_1$$

em que

$$U_1 = m_a u_{a1} + m_{v1} u_{v1} = m_a u_{a1} + m_{v1} u_{g1}$$

e

$$U_2 = m_a u_{a2} + m_{v2} u_{v2} + m_{w2} u_{w2} = m_a u_{a2} + m_{v2} u_{g2} + m_{w2} u_{f2}$$

Nestas equações, os índices a, v e w indicam, respectivamente, ar seco, vapor d'água e água líquida. A energia interna específica do vapor d'água no estado inicial pode ser aproximada como o valor de vapor saturado a T_1. No estado final, supõe-se que o vapor d'água exista como vapor saturado, portanto a sua energia interna específica é u_g a T_2. A água líquida no estado final é saturada, assim a sua energia interna específica é u_f a T_2.

Utilizando-se as três últimas equações

❶ $$Q = \underline{m_a(u_{a2} - u_{a1})} + \underline{m_{v2} u_{g2} + m_{w2} u_{f2} - m_{v1} u_{g1}}$$

A massa de ar seco, m_a, pode ser determinada por meio da equação de estado de gás ideal em conjunto com a pressão parcial do ar seco no estado inicial, obtida por meio de p_{v1} = 0,1985 bar (19,9 kPa) da solução do Exemplo 12.8 como se segue:

$$m_a = \frac{p_{a1} V}{(\overline{R}/M_a) T_1} = \frac{[(1,5 - 0,1985) \times 10^5 \text{ N/m}^2](35 \text{ m}^3)}{(8314/28,97 \text{ N} \cdot \text{m/kg} \cdot \text{K})(393 \text{ K})}$$

$$= 40,389 \text{ kg}$$

Então, estimando as energias internas do ar seco e da água, respectivamente, das Tabelas A-22 e A-2

$$Q = 40,389(210,49 - 281,1) + 0,681(2405,7) + 3,146(92,32) - 3,827(2529,3)$$

$$= -2851,87 + 1638,28 + 290,44 - 9679,63 = -10.603 \text{ kJ}$$

Os valores para m_{v1}, m_{v2} e m_{w2} são da solução do Exemplo 12.8.

❶ O primeiro termo sublinhado nesta equação para Q é estimado com as energias internas específicas da tabela de gás ideal para ar, a Tabela A-22. Os dados da tabela de vapor são utilizados para estimar o segundo termo sublinhado. As diferentes referências para energia interna subjacentes a essas tabelas são canceladas porque cada um desses dois termos envolve *diferenças* de energias internas. Como o calor específico c_{va} para o ar seco varia apenas levemente no intervalo de 120 a 22°C (Tabela A-20), a variação da energia interna específica do ar seco também poderia ser alternativamente estimada por meio de um valor constante de c_{va}. Veja o Teste-relâmpago que se segue

✓ **Habilidades Desenvolvidas**

Habilidades para...
- ☐ aplicar a terminologia e os princípios psicrométricos.
- ☐ aplicar o balanço de energia para o resfriamento do ar úmido a volume constante.
- ☐ obter dados de propriedades para a água.

Teste-Relâmpago Calcule a variação da energia interna do *ar seco*, em kJ, supondo um calor específico constante c_{va} interpolado da Tabela A-20 na média das temperaturas inicial e final. **Resposta:** − 2854 kJ.

12.5.5 Estimativa da Razão de Mistura por Meio da Temperatura de Saturação Adiabática

Em princípio, podemos determinar a razão de mistura ω de uma mistura ar-vapor d'água se conhecermos os valores de três propriedades da mistura: a pressão p, a temperatura T e a temperatura de saturação adiabática T_{as} apresentada nesta seção. A relação entre estas quantidades é obtida por meio da aplicação da conservação de massa e da conservação de energia a um *saturador adiabático* (veja o quadro).

temperatura de saturação adiabática

As Eqs. 12.48 e 12.49 fornecem a razão de mistura ω em termos da temperatura de saturação adiabática e de outras quantidades:

$$\omega = \frac{h_a(T_{as}) - h_a(T) + \omega'[h_g(T_{as}) - h_f(T_{as})]}{h_g(T) - h_f(T_{as})} \quad (12.48)$$

nas quais h_f e h_g indicam, respectivamente, as entalpias da água líquida saturada e do vapor d'água saturado, obtidas das tabelas de vapor às temperaturas indicadas. As entalpias do ar seco h_a podem ser obtidas da tabela de gás ideal para o ar. Alternativamente, $h_a(T_{as}) - h_a(T) = c_{pa}(T_{as}-T)$, em que c_{pa} é uma constante adequada para o calor específico de ar seco. A razão de mistura ω' que aparece na Eq. 12.48 é

$$\omega' = 0{,}622 \frac{p_g(T_{as})}{p - p_g(T_{as})} \quad (12.49)$$

em que $p_g(T_{as})$ é a pressão de saturação à temperatura de saturação adiabática e p é a pressão da mistura.

Modelamento de um Saturador Adiabático

A Figura 12.7 mostra as representações esquemáticas e de processo de um saturador adiabático, que é um dispositivo de duas entradas e uma saída através do qual o ar úmido passa. Admite-se que o dispositivo opera em regime permanente e sem significativa transferência de calor para a vizinhança. Uma mistura ar-vapor d'água de razão de mistura *desconhecida* ω entra no saturador adiabático a pressão p e temperatura T conhecidas. À medida que a mistura passa pelo dispositivo, esta entra em contato com um reservatório de água. Se a mistura de entrada não estivesse saturada ($\phi < 100\%$), parte da água poderia evaporar. A energia necessária para evaporar a água viria do ar úmido; assim a temperatura da mistura iria decrescer à medida que o ar passasse pelo duto. Para um duto suficientemente longo, a mistura estaria saturada ao sair ($\phi = 100\%$). Como uma mistura saturada seria alcançada sem transferência de calor com a vizinhança, a temperatura da mistura de saída é a *temperatura de saturação adiabática*. Como mostra a Fig. 12.7, uma vazão constante da água de reposição à temperatura T_{as} é adicionada à mesma taxa à qual a água evapora. Supõe-se que a pressão da mistura permanece constante à medida que esta passa através do dispositivo.

A Eq. 12.48, que fornece a razão de mistura ω da mistura do ar úmido de entrada em termos de p, T e T_{as}, que pode ser obtida por meio do emprego da conservação de massa e da conservação de energia ao saturador adiabático, como se segue:

Em regime permanente, a vazão mássica do ar seco que entra no dispositivo, $\dot{m}_a$, deve ser igual à vazão mássica do ar seco que sai. A vazão mássica da água de reposição é a diferença entre as vazões mássicas de vapor de saída e de entrada indicadas, respectivamente, por $\dot{m}_v$ e $\dot{m}'_v$. Estas vazões são mostradas na Fig. 12.7a. Em regime permanente, o balanço de taxa de energia reduz-se a

$$(\dot{m}_a h_a + \dot{m}_v h_v)_{\substack{\text{ar úmido} \\ \text{de entrada}}} + [(\dot{m}'_v - \dot{m}_v)h_w]_{\substack{\text{água de} \\ \text{reposição}}} = (\dot{m}_a h_a + \dot{m}'_v h_v)_{\substack{\text{ar úmido} \\ \text{de saída}}}$$

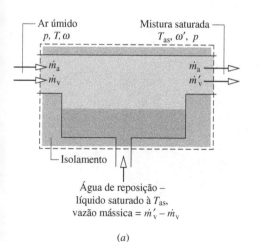
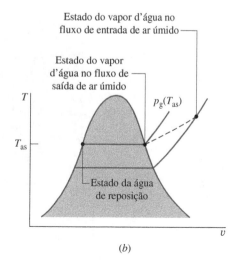

Fig. 12.7 Saturador adiabático. (a) Desenho esquemático. (b) Representação do processo.

> **TOME NOTA...**
> Embora tenha sido deduzida em referência ao saturador adiabático da Fig. 12.7, a relação fornecida pela Eq. 12.48 aplica-se de modo geral às misturas de ar úmido e não se restringe a esse tipo de sistema ou mesmo a volumes de controle. A relação permite que a razão de mistura ω seja determinada para qualquer mistura de ar úmido na qual a pressão p, a temperatura T e a temperatura de saturação adiabática T_{as} sejam conhecidas.

Várias hipóteses estão por trás desta expressão: cada um dos dois fluxos de ar úmido é modelado como uma mistura de gases ideais de ar seco e de vapor d'água. Admite-se que a transferência de calor com a vizinhança seja desprezível. Não há trabalho $\dot{W}_{vc}$ e as variações das energias cinética e potencial não são consideradas.

Dividindo-se pela vazão mássica de ar seco, $\dot{m}_a$, pode-se escrever o balanço de taxa de energia em base de unidade de massa de ar seco que passa pelo dispositivo como

$$(h_a + \omega h_g)_{\substack{\text{ar úmido} \\ \text{de entrada}}} + [(\omega' - \omega)h_f]_{\substack{\text{água de} \\ \text{reposição}}} = (h_a + \omega' h_g)_{\substack{\text{ar úmido} \\ \text{de saída}}} \qquad (12.50)$$

em que $\omega = \dot{m}_v/\dot{m}_a$ e $\omega' = \dot{m}_v'/\dot{m}_a$.

Para a mistura saturada de saída, a pressão parcial do vapor d'água é a pressão de saturação correspondente à temperatura de saturação adiabática $p_g(T_{as})$. Consequentemente, conhecendo-se a razão de mistura ω' pode ser estimada conhecendo-se T_{as} e a pressão de mistura p, como indicada pela Eq. 12.49. Ao escrever-se a Eq. 12.50, a entalpia específica do vapor d'água de entrada tem sido estimada como vapor d'água saturado à temperatura da mistura de entrada, conforme a Eq. 12.47. Como a mistura de saída é saturada, a entalpia do vapor d'água na saída é dada pelo valor do vapor saturado a T_{as}. A entalpia da água de reposição é estimada como aquela do líquido saturado a T_{as}.

Quando a Eq. 12.50 é resolvida para ω, resulta na Eq. 12.48. Os detalhes da resolução são deixados como exercício.

12.6 Psicrômetros: Medição das Temperaturas de Bulbo Úmido e de Bulbo Seco

Para misturas de ar úmido nas faixas de pressão e de temperatura usuais de psicrômetros, a temperatura de bulbo úmido de medida imediata é um parâmetro importante.

Temperatura de bulbo úmido
Temperatura de bulbo seco
psicrômetro

A temperatura de bulbo úmido é lida de um termômetro de bulbo úmido, que é um termômetro de líquido em vidro usual, cujo bulbo é envolvido por uma mecha umedecida com água. A expressão temperatura de bulbo seco refere-se simplesmente à temperatura que seria medida por um termômetro posicionado na mistura. Frequentemente um termômetro de bulbo úmido é montado junto a um termômetro de bulbo seco para formar um instrumento chamado psicrômetro.

O psicrômetro ilustrado na Fig. 12.8a é girado no ar no qual as temperaturas de bulbo seco e de bulbo úmido precisam ser determinadas. Isto induz um fluxo de ar por entre os dois termômetros. Para o psicrômetro da Fig. 12.8b, o fluxo de ar é induzido por um ventilador operado por bateria. Em cada tipo de psicrômetro, se o ar da vizinhança não estiver saturado, a água contida na mecha do termômetro de bulbo úmido evapora-se e a temperatura da água restante cai abaixo da temperatura de bulbo seco. Eventualmente, uma condição de regime permanente é alcançada pelo termômetro de bulbo úmido. As temperaturas de bulbo úmido e de bulbo seco são então lidas dos respectivos termômetros. A temperatura de bulbo úmido depende das taxas de transferência de calor e mássica entre a mecha umedecida e o ar. Como estes, por sua vez, dependem da geometria do termômetro, da velocidade do ar, da temperatura do suprimento de água e de outros fatores, a temperatura de bulbo úmido não é uma propriedade da mistura.

> **TOME NOTA...**
> A razão de mistura para misturas de ar úmido estudada neste livro pode ser calculada por meio da utilização da temperatura de bulbo úmido nas Eqs. 12.48 e 12.49 em vez da temperatura de saturação adiabática.

Para misturas de ar úmido nas faixas normais de temperatura e pressão de aplicações psicrométricas, a temperatura de saturação adiabática apresentada na Seção 12.5.5 é bem aproximada da temperatura de bulbo úmido. Consequentemente, a razão de mistura para essas misturas pode ser calculada por meio da utilização da temperatura de bulbo úmido nas Eqs. 12.48 e 12.49 em vez da temperatura de saturação adiabática. Geralmente não se encontra boa concordância entre as temperaturas de saturação adiabática e de bulbo úmido para ar úmido que se afasta das condições psicrométricas normais.

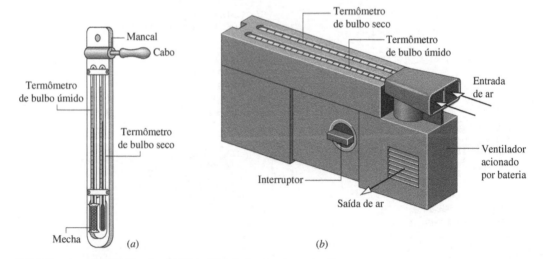

Fig. 12.8 Psicrômetros. (a) Psicrômetro de Sling. (b) Psicrômetro de aspiração.

Mistura de Gases Ideais e Aplicações à Psicrometria   621

> **BIOCONEXÕES**   O Serviço Nacional do Tempo dos Estados Unidos (em inglês, *National Weather Service*) está descobrindo melhores maneiras de ajudar a medir o sofrimento das pessoas durante ondas de frio para que se possa evitar os perigos do mau tempo. O índice de vento gelado, que durante muitos anos baseava-se em um único estudo de 1945, foi recentemente atualizado, abrangendo novos dados fisiológicos e modelamento computacional para melhor refletir os riscos de ventos frios e de temperaturas congelantes.
> O novo índice de vento gelado é uma "temperatura" padronizada que leva em conta tanto a temperatura real do ar quanto a velocidade do vento. A fórmula na qual está baseada utiliza medições da resistência térmica da pele e modelos computadorizados dos padrões de vento sobre o rosto humano, em conjunto com os princípios da transferência de calor. Pelo novo índice, uma temperatura de ar de 5°F (–15°C) e uma velocidade de vento de 25 milhas por hora (40,2 km/h) correspondem a uma temperatura de vento gelado de –17°F (–27,2°C). O antigo índice atribuía um vento gelado de apenas –36°F (–37,8°C) às mesmas condições. Com a nova informação, as pessoas estão mais bem preparadas para evitar exposições que possam levar a graves problemas de saúde, como ulcerações provocadas pelo frio.
> A medida aperfeiçoada foi desenvolvida pelas universidades, sociedades científicas internacionais e pelo governo dos Estados Unidos, em um esforço que levou à adoção desse novo padrão no país. Aperfeiçoamentos adicionais estão em curso para incluir na fórmula a quantidade de encobrimento por nuvens, visto que a radiação solar é também um fator importante na maneira como o frio é sentido. Na verdade, sob condições de clima ensolarado, a temperatura do vento frio pode aumentar em até 18°F (10°C).

12.7 Cartas Psicrométricas

Representações gráficas de várias propriedades importantes de ar úmido são fornecidas em cartas psicrométricas. As principais características de um tipo de carta são mostradas na Fig. 12.9. Cartas completas em unidades do SI e em unidades inglesas são fornecidas nas Figs. A-9 e A-9E. Essas cartas são traçadas para uma mistura com pressão de 1 atm, mas cartas para outras pressões de mistura estão também disponíveis. Quando a pressão de mistura difere apenas levemente de 1 atm, as Figs. A-9 continuam sendo precisas o suficiente para análises de engenharia. Neste texto, essas diferenças são desprezadas.

cartas psicrométricas

Vamos estudar alguns aspectos da carta psicrométrica:

▶ Com relação à Fig. 12.9, observe que na abscissa encontra-se a temperatura de bulbo seco e na ordenada encontra-se a razão de mistura. Para cartas no SI, a temperatura está em °C e ω está expresso em kg ou g, de vapor d'água por kg de ar seco. Cartas em unidades inglesas expressam a temperatura em °F e ω em lbm, ou em *grains*, de vapor d'água por lbm de ar seco, em que 1 lbm = 7000 grains.

▶ A Eq. 12.43 mostra que para uma pressão de mistura estabelecida existe uma correspondência direta entre a pressão parcial do vapor d'água e a razão de mistura. Em consequência, a pressão do vapor também pode ser mostrada sobre a ordenada, como se vê na Fig. 12.9.

▶ As curvas de umidade relativa constante são mostradas em cartas psicrométricas. Na Fig. 12.9, curvas marcadas com $\phi = 100$, 50 e 10% estão evidenciadas. Como o ponto de orvalho é o estado em que a mistura se torna saturada quando resfriada a pressão de vapor constante, pode-se determinar a temperatura de ponto de orvalho correspondente a um dado estado de ar úmido ao seguir-se a linha de ω constante (p_v constante) até a linha de saturação, $\phi = 100\%$. A temperatura de ponto de orvalho e a temperatura de bulbo seco são idênticas para estados sobre a curva de saturação.

▶ As cartas psicrométricas também fornecem valores da entalpia de mistura por unidade de massa de ar seco na mistura: $h_a + \omega h_v$. Nas Figs. A-9 e A-9E, a entalpia de mistura tem, respectivamente, unidades kJ por kg de ar seco e Btu por lbm de ar seco. Os valores numéricos fornecidos nessas cartas são determinados em relação aos estados de referência *especiais* e valores de referência. Na Fig. A-9, a entalpia de ar seco h_a é determinada em relação ao valor nulo

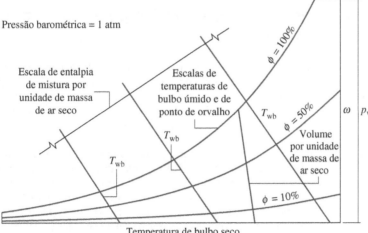

Fig. 12.9 Carta psicrométrica.

a 0°C, e não a 0 K como na Tabela A-22. Consequentemente, no lugar da Eq. 3.49 utilizada para gerar os dados de entalpia das Tabelas A-22, a seguinte expressão é empregada para estimar-se a entalpia de ar seco para utilização da carta psicrométrica:

$$h_a = \int_{273,15\,K}^{T} c_{pa}\, dT = c_{pa}T(°C) \quad (12.51)$$

em que c_{pa} é um valor constante para o calor específico c_p do ar seco e $T(°C)$ indica a temperatura em °C. Para a carta em unidades Inglesas, Fig. A-9E, h_a é determinada em relação a uma referência de 0°F (−17,8°C), utilizando $h_a = c_{pa}T(°F)$, em que $T(°F)$ indica a temperatura em °F. Nas faixas de temperaturas das Figs. A-9 e A-9E, c_{pa} pode ser tomada, respectivamente, como 1,005 kJ/kg · K e 0,24 Btu/lbm · °R. Nas Figs. A-9 a entalpia do vapor d'água h_v é estimada como h_g à temperatura de bulbo seco da mistura da Tabela A-2 ou da Tabela A-2E, conforme o caso.

▶ Outro parâmetro importante nas cartas psicrométricas é a temperatura de bulbo úmido. Como mostram as Figs. A.9, as linhas de T_{wb} constante vão do canto superior esquerdo ao canto inferior direito da carta. A relação entre a temperatura de bulbo úmido e outras variáveis da carta é fornecida pela Eq. 12.48. A temperatura de bulbo úmido pode ser utilizada nessa equação em vez da temperatura de saturação adiabática para estados de ar úmido posicionados nas Figs. A-9.

▶ As linhas isotérmicas de bulbo úmido são aproximadamente linhas isentálpicas de mistura por unidade de massa de ar seco. Esta característica pode ser apresentada pelo estudo do balanço de energia do saturador adiabático, a Eq. 12.50. Como a contribuição da energia que entra no saturador adiabático com a água de reposição é normalmente muito menor que aquela do ar úmido, a entalpia do ar úmido de entrada é praticamente igual à entalpia da mistura saturada de saída. Em consequência, todos os estados com o mesmo valor de temperatura de bulbo úmido (temperatura de saturação adiabática) têm praticamente o mesmo valor de entalpia de mistura por unidade de massa de ar seco. Embora as Figs. A-9 desconsiderem esse pequeno efeito, algumas cartas psicrométricas são desenhadas para mostrar o afastamento entre as linhas isotérmicas de bulbo úmido e as linhas isentálpicas de mistura.

▶ Como mostra a Fig. 12.9, as cartas psicrométricas também fornecem linhas que representam o volume por unidade de massa de ar seco, V/m_a. As Figuras A-9 e A-9E fornecem essa quantidade, respectivamente, nas unidades de m³/kg e ft³/lbm. Estas linhas de volume específico podem ser interpretadas como apresentando o volume de ar seco ou de vapor d'água, por unidade de massa de ar seco, considerando-se que cada componente da mistura preenche todo o volume.

A carta psicrométrica é facilmente utilizada.

▶ **POR EXEMPLO** um psicrômetro indica que a temperatura de bulbo seco de uma sala de aula é de 68°F (20°C) e a temperatura de bulbo úmido é de 60°F (15,6°C). Posicionando o estado da mistura na Fig. A-9E por meio da interseção dessas temperaturas, pode-se ler ω = 0,0092 lbm (vapor)/lbm (ar seco) e ϕ = 63%. ◀ ◀ ◀ ◀

12.8 Análise de Processos de Condicionamento de Ar

O propósito desta seção é estudar processos típicos de condicionamento de ar utilizando os princípios da psicrometria desenvolvidos neste capítulo. Ilustrações específicas são fornecidas em forma de exemplos resolvidos que envolvem volumes de controle em regime permanente. Em cada caso, emprega-se a metodologia apresentada na Seção 12.8.1 para se chegar à solução.

Para reforçar os princípios psicrométricos desenvolvidos neste capítulo, os parâmetros psicrométricos necessários são determinados na maioria dos casos por meio de dados tabulados fornecidos no apêndice. Quando uma solução através de uma carta psicrométrica apenas não é fornecida, recomendamos que o exemplo seja resolvido utilizando a carta, conferindo os resultados com os valores obtidos da solução apresentada.

12.8.1 Aplicando Balanços de Massa e de Energia aos Sistemas de Condicionamento de Ar

O propósito desta seção é exemplificar a utilização dos princípios de conservação de massa e de conservação de energia na análise de sistemas que envolvam misturas de ar seco e de vapor d'água nos quais podem estar presente uma fase de água condensada. A mesma abordagem básica de solução, que tem sido usada até aqui em análises termodinâmicas, é aplicável. O único aspecto novo é a utilização de termos específicos e parâmetros psicrométricos.

Sistemas que realizam processos de condicionamento de ar como aquecimento, resfriamento, umidificação e desumidificação são normalmente analisados por meio de volumes de controle. Para estudar uma análise típica, volte à Fig. 12.10, que mostra um volume de controle, em regime permanente, de duas entradas e uma única saída. Um fluxo de ar úmido entra em 1, um fluxo de ar úmido sai em 2, e um fluxo apenas de água entra (ou sai) em 3. O fluxo apenas de água pode ser de líquido ou de vapor. Uma taxa de transferência de calor $\dot{Q}_{vc}$ pode ocorrer entre o volume de controle e a vizinhança. Dependendo da utilização, o valor de $\dot{Q}_{vc}$ poderá ser positivo, negativo ou nulo.

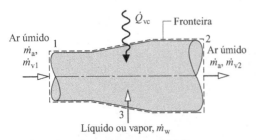

Fig. 12.10 Sistema para condicionamento de ar úmido.

Balanço de Massa

Em regime permanente, a quantidade de ar seco e de vapor d'água contidos no volume de controle não pode variar. Assim, para cada componente individualmente é necessário que as vazões mássicas totais de entrada e de saída sejam iguais. Ou seja

$$\dot{m}_{a1} = \dot{m}_{a2} \quad \text{(ar seco)}$$
$$\dot{m}_{v1} + \dot{m}_w = \dot{m}_{v2} \quad \text{(água)}$$

Para simplificar, a vazão mássica constante de ar seco é denominada $\dot{m}_a$. As vazões mássicas de vapor d'água podem ser expressas convenientemente em termos de razões de mistura como $\dot{m}_{v1} = \omega_1 \dot{m}_a$ e $\dot{m}_{v2} = \omega_2 \dot{m}_a$. Com essas expressões, o balanço de massa para água torna-se

$$\dot{m}_w = \dot{m}_a(\omega_2 - \omega_1) \quad \text{(água)} \tag{12.52}$$

Quando água é adicionada em 3, ω_2 é maior que ω_1.

Balanço de Energia

Se supusermos $\dot{W}_{vc} = 0$ e desconsiderarmos todos os efeitos das energias cinética e potencial, o balanço de taxa de energia reduz-se, em regime permanente, a

$$0 = \dot{Q}_{vc} + (\dot{m}_a h_{a1} + \dot{m}_{v1} h_{v1}) + \dot{m}_w h_w - (\dot{m}_a h_{a2} + \dot{m}_{v2} h_{v2}) \tag{12.53}$$

Nesta equação, os fluxos de ar úmido de entrada e de saída são considerados misturas de gases ideais de ar seco e de vapor d'água.

A Eq. 12.53 pode ser reescrita em uma forma que é particularmente conveniente para a análise de sistemas de condicionamento de ar. Em primeiro lugar, com a Eq. 12.47 as entalpias do vapor d'água de entrada e de saída podem ser estimadas como se fossem as entalpias de vapor saturado correspondentes, respectivamente, às temperaturas T_1 e T_2, gerando

$$0 = \dot{Q}_{vc} + (\dot{m}_a h_{a1} + \dot{m}_{v1} h_{g1}) + \dot{m}_w h_w - (\dot{m}_a h_{a2} + \dot{m}_{v2} h_{g2})$$

Então, com $\dot{m}_{v1} = \omega_1 \dot{m}_a$ e $\dot{m}_{v2} = \omega_2 \dot{m}_a$, a equação pode ser expressa como

$$0 = \dot{Q}_{vc} + \dot{m}_a(h_{a1} + \omega_1 h_{g1}) + \dot{m}_w h_w - \dot{m}_a(h_{a2} + \omega_2 h_{g2}) \tag{12.54}$$

Finalmente, substituindo-se a Eq. 12.52, o balanço de taxa de energia torna-se

$$0 = \dot{Q}_{vc} + \dot{m}_a[\underline{(h_{a1} - h_{a2})} + \underline{\omega_1 h_{g1} + (\omega_2 - \omega_1)h_w - \omega_2 h_{g2}}] \tag{12.55}$$

> **TOME NOTA...**
> Como sugerimos no desenvolvimento da Seção 12.8.1, várias hipóteses simplificadoras são feitas quando se analisam sistemas de condicionamento de ar considerados nos Exemplos 12.10 a 12.14 que se seguem. Estes incluem:
> ▶ O volume de controle está em regime permanente.
> ▶ Os fluxos de ar úmido são misturas de gases ideais de ar seco e vapor d'água conforme o modelo de Dalton.
> ▶ O escoamento é unidimensional, em que a massa cruza a fronteira do volume de controle, e os efeitos das energias cinética e potencial nessas posições são desprezados.
> ▶ O único trabalho é trabalho de escoamento (Seção 4.4.2), em que a massa cruza a fronteira do volume de controle.

O primeiro termo sublinhado da Eq. 12.55 pode ser estimado a partir das Tabelas A-22 para fornecer as propriedades de gás ideal do ar. Como alternativa, uma vez que normalmente se encontram diferenças de temperaturas relativamente pequenas na classe de sistemas que está sendo considerada, este termo pode ser estimado como $h_{a1} - h_{a2} = c_{pa}(T_1 - T_2)$, em que c_{pa} é um valor constante para o calor específico de ar seco. O segundo termo sublinhado da Eq. 12.55 pode ser estimado por meio de dados da tabela de vapor em conjunto com valores conhecidos de ω_1 e ω_2. Como ilustrado em discussões que se seguirão, a Eq. 12.55 também pode ser avaliada utilizando-se a carta psicrométrica ou *IT* ou programa similar.

12.8.2 Condicionamento de Ar Úmido a Composição Constante

Os sistemas de condicionamento de ar de edifícios frequentemente aquecem ou resfriam um fluxo de ar úmido sem variação na quantidade de vapor d'água presente. Nesses casos, a razão de mistura ω permanece constante, enquanto a umidade relativa e outros parâmetros do ar úmido variam. O Exemplo 12.10 traz uma apresentação básica de utilização da metodologia da Seção 12.8.1.

▶ **EXEMPLO 12.10** ▶

Aquecimento de Ar Úmido em um Duto

Ar úmido entra em um duto a 10°C, 80% de umidade relativa e com uma vazão volumétrica de 150 m³/min. A mistura é aquecida à medida que esta escoa através do duto e sai a 30°C. Nenhuma umidade é adicionada ou retirada, e a pressão da mistura permanece aproximadamente constante em 1 bar (10^5 Pa). Para operação em regime permanente, determine **(a)** a taxa de transferência de calor, em kJ/min, e **(b)** a umidade relativa na saída. Variações nas energias cinética e potencial podem ser desconsideradas.

SOLUÇÃO

Dado: O ar úmido que entra em um duto a 10°C e $\phi = 80\%$ com uma vazão volumétrica de 150 m³/min, e é esquentado a pressão constante e sai a 30°C. Nenhuma umidade é adicionada ou retirada.

Pede-se: Determine a taxa de transferência de calor, em kJ/min, e a umidade relativa na saída.

Diagrama Esquemático e Dados Fornecidos:

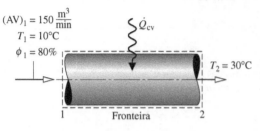
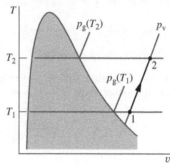

Modelo de Engenharia:
1. O volume de controle mostrado na figura associada opera em regime permanente.
2. As variações das energias cinética e potencial entre a entrada e a saída podem ser desconsideradas e $\dot{W}_{vc} = 0$
3. Os fluxos de ar úmido de entrada e de saída podem ser considerados misturas de gases ideais conforme o modelo de Dalton.

Fig. E12.10a

Análise:

(a) A taxa de transferência de calor $\dot{Q}_{vc}$ pode ser determinada através dos balanços de taxas de massa e de energia. Em regime permanente, a quantidade de ar seco e de vapor d'água contidos no volume de controle não pode variar. Assim, para cada componente individual é necessário que as vazões mássicas de entrada e de saída sejam iguais. Ou seja

$$\dot{m}_{a1} = \dot{m}_{a2} \quad \text{(ar seco)}$$
$$\dot{m}_{v1} = \dot{m}_{v2} \quad \text{(vapor d'água)}$$

Para simplificar, as vazões mássicas constantes do ar seco e de vapor d'água são indicadas, respectivamente, por $\dot{m}_a$ e $\dot{m}_v$. A partir destas considerações, pode-se concluir que a razão de mistura é a mesma na entrada e na saída: $\omega_1 = \omega_2$.

A expressão em regime permanente do balanço de taxa de energia reduz-se, com a hipótese 2, a

$$0 = \dot{Q}_{vc} - \dot{W}_{vc}^0 + (\dot{m}_a h_{a1} + \dot{m}_v h_{v1}) - (\dot{m}_a h_{a2} + \dot{m}_v h_{v2})$$

Ao se escrever esta equação, os fluxos de ar úmido de entrada e de saída são considerados misturas de gases ideais de ar seco e vapor d'água.

Resolvendo para $\dot{Q}_{vc}$

$$\dot{Q}_{vc} = \dot{m}_a(h_{a2} - h_{a1}) + \dot{m}_v(h_{v2} - h_{v1})$$

Observando que $\dot{m}_v = \omega \dot{m}_a$ em que ω é a razão de mistura, a expressão para $\dot{Q}_{vc}$ pode ser escrita na forma

❶
$$\dot{Q}_{vc} = \dot{m}_a[(h_{a2} - h_{a1}) + \omega(h_{v2} - h_{v1})] \qquad \text{(a)}$$

Para estimar $\dot{Q}_{vc}$ a partir desta expressão necessitamos das entalpias específicas do ar seco e do vapor d'água na entrada e na saída, da vazão mássica do ar seco e da razão de mistura.

As entalpias específicas de ar seco são obtidas a partir da Tabela A-22 na entrada e na saída, respectivamente, T_1 e T_2: $h_{a1} = 283,1$ kJ/kg, $h_{a2} = 303,2$ kJ/kg. As entalpias específicas do vapor d'água são determinadas ao utilizarmos $h_v \approx h_g$ e os dados da Tabela A-2, a T_1 e T_2, respectivamente: $h_{g1} = 2519,8$ kJ/kg, $h_{g2} = 2556,3$ kJ/kg.

A vazão mássica do ar seco pode ser determinada a partir da vazão volumétrica na entrada $(AV)_1$

$$\dot{m}_a = \frac{(AV)_1}{v_{a1}}$$

Nesta equação, v_{a1} é o volume específico do ar seco estimado a T_1 e a pressão parcial do ar seco p_{a1}. Utilizando a equação de estado para gás ideal

$$v_{a1} = \frac{(\overline{R}/M)T_1}{p_{a1}}$$

A pressão parcial p_{a1} pode ser determinada a partir da pressão da mistura p e da pressão parcial do vapor d'água p_{v1}: $p_{a1} = p - p_{v1}$. Para determinar p_{v1}, utilize a umidade relativa de entrada dada e a pressão de saturação a 10°C da Tabela A-2

$$p_{v1} = \phi_1 p_{g1} = (0,8)(0,01228 \text{ bar}) = 0,0098 \text{ bar}$$

Como a pressão da mistura é de 1 bar (10^5 Pa), segue que $p_{a1} = 0,9902$ bar (99,0 kPa). O volume específico do ar seco é então

$$v_{a1} = \frac{\left(\dfrac{8314 \text{ N} \cdot \text{m}}{28,97 \text{ kg} \cdot \text{K}}\right)(283 \text{ K})}{(0,9902 \times 10^5 \text{ N/m}^2)} = 0,82 \text{ m}^3/\text{kg}$$

Utilizando este valor, temos que a vazão mássica do ar seco é

$$\dot{m}_a = \frac{150 \text{ m}^3/\text{min}}{0,82 \text{ m}^3/\text{kg}} = 182,9 \text{ kg/min}$$

A razão de mistura ω pode ser determinada a partir de

$$\omega = 0{,}622\left(\frac{p_{v1}}{p - p_{v1}}\right) = 0{,}622\left(\frac{0{,}0098}{1 - 0{,}0098}\right)$$

$$= 0{,}00616 \frac{\text{kg (vapor)}}{\text{kg (ar seco)}}$$

Finalmente, substituindo os valores na Eq. (a) temos

$$\dot{Q}_{vc} = 182{,}9 \left[(303{,}2 - 283{,}1) + (0{,}00616)(2556{,}3 - 2519{,}8)\right]$$

$$= 3717 \text{ kJ/min}$$

(b) Os estados do vapor d'água na entrada e na saída do duto são posicionados no diagrama T–v associado. Tanto a composição do ar úmido quanto a pressão da mistura permanecem constantes, logo a pressão parcial do vapor d'água na saída iguala-se à pressão parcial do vapor d'água na entrada: $p_{v2} = p_{v1} = 0{,}0098$ bar (980 Pa). A umidade relativa na saída é, portanto

❷
$$\phi_2 = \frac{p_{v2}}{p_{g2}} = \frac{0{,}0098}{0{,}04246} = 0{,}231 \, (23{,}1\%)$$

em que p_{g2} é obtido da Tabela A-2 a 30°C.

Solução Alternativa com Carta Psicrométrica: Vamos considerar uma solução alternativa utilizando a carta psicrométrica. Como mostramos no croqui da carta psicrométrica, Fig. E12.10b, o estado do ar úmido na entrada é definido por $\phi_1 = 80\%$ e temperatura de bulbo seco de 10°C. A partir da solução do item (a), sabemos que a razão de mistura tem na saída o mesmo valor que tem na entrada. Consequentemente, o estado do ar úmido na saída é estabelecido por $\omega_2 = \omega_1$ e a temperatura de bulbo seco de 30°C. Por inspeção da Fig. A-9, a umidade relativa na saída do duto é de 23%, portanto em concordância com o resultado do item (b).

Pode-se estimar a taxa de transferência de calor a partir da carta psicrométrica utilizando-se a seguinte expressão obtida por rearrumação da Eq. (a) do item (a) para

$$\dot{Q}_{vc} = \dot{m}_a [(h_a + \omega h_v)_2 - (h_a + \omega h_v)_1] \quad \text{(b)}$$

Para estimar $\dot{Q}_{vc}$ a partir desta expressão, necessitamos dos valores da entalpia de mistura por unidade de massa de ar seco $(h_a + \omega h_v)$ na entrada e na saída. Esses valores podem ser determinados por inspeção da carta psicrométrica, Fig. A-9, como $(h_a + \omega h_v)_1 = 25{,}7$ kJ/kg (ar seco), $(h_a + \omega h_v)_2 = 45{,}9$ kJ/kg (ar seco).

Utilizando o valor de volume específico v_{a1} no estado de entrada lido da carta em conjunto com a vazão volumétrica dada na entrada, determinamos a vazão mássica do ar seco como

$$\dot{m}_a = \frac{150 \text{ m}^3/\text{min}}{0{,}81 \text{ m}^3/\text{kg(ar seco)}} = 185 \frac{\text{kg(ar seco)}}{\text{min}}$$

Substituindo os valores no balanço de taxa de energia, Eq. (b), temos

$$\dot{Q}_{vc} = 185 \frac{\text{kg(ar seco)}}{\text{min}} (45{,}9 - 25{,}7) \frac{\text{kJ}}{\text{kg(ar seco)}}$$

$$= 3737 \frac{\text{kJ}}{\text{min}}$$

que, como esperado, está em estreita concordância com o resultado obtido no item (a).

❸
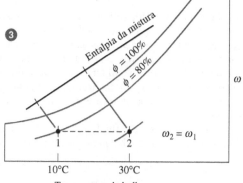

Fig. E12.10b

❶ O primeiro termo sublinhado nesta equação para $\dot{Q}_{vc}$ é estimado com entalpias específicas da tabela de gás ideal para o ar, Tabela A-22. Os dados da tabela de vapor são utilizados para estimar o segundo termo sublinhado. Observe que as diferentes referências para entalpia subjacentes a essas tabelas cancelam-se porque cada um dos dois termos envolve apenas *diferenças* de entalpias. Como o calor específico para ar seco c_{pa} varia apenas discretamente dentro do intervalo de 10 a 30°C (Tabela A-20), a variação da entalpia específica do ar seco pode ser avaliada alternativamente com $c_{pa} = 1{,}005$ kJ/kg · K.

❷ Não se acrescenta nem se retira água à medida que o ar úmido passa pelo duto a pressão constante; consequentemente, a razão de mistura ω e as pressões parciais p_v e p_a permanecem constantes. Porém, uma vez que a pressão de saturação aumenta à medida que a temperatura aumenta da entrada para a saída, a *umidade relativa* diminui: $\phi_2 < \phi_1$.

❸ A pressão da mistura, 1 bar (10^5 Pa), é um pouco diferente da pressão utilizada para construir a carta psicrométrica, 1 atm. Esta diferença é desconsiderada.

> **Habilidades Desenvolvidas**
>
> *Habilidades para...*
> ☐ aplicar a terminologia e os princípios psicrométricos.
> ☐ aplicar balanços de massa e de energia para aquecimento, de composição constante, em um volume de controle em regime permanente.
> ☐ obter os dados de propriedades necessários.

Teste-Relâmpago Utilizando-se a carta psicrométrica, qual é a temperatura de ponto de orvalho, em °C, para o ar úmido de entrada? E de saída? **Resposta:** ≈ 7°C, a mesma.

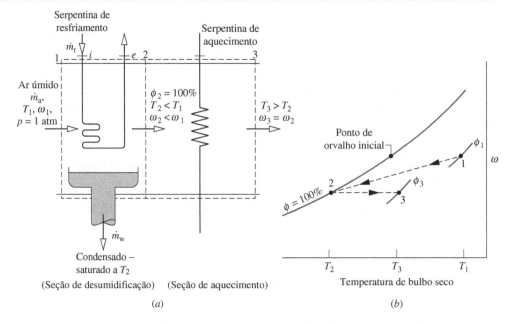

Fig. 12.11 Desumidificação. (a) Diagrama esquemático do equipamento. (b) Representação na Carta Psicrométrica.

12.8.3 Desumidificação

Quando um fluxo de ar úmido é resfriado a pressão de mistura constante para uma temperatura abaixo da temperatura de ponto de orvalho, pode ocorrer alguma condensação do vapor d'água inicialmente presente. A Figura 12.11 mostra o diagrama esquemático de um desumidificador que utiliza este princípio. O ar úmido entra no estado 1 e escoa por uma serpentina de resfriamento através da qual circula um fluido refrigerante ou água gelada. Algum vapor d'água inicialmente presente no ar úmido se condensa, e uma mistura de ar úmido saturado sai da seção desumidificadora no estado 2. Embora a água condense-se a várias temperaturas, admite-se que a água condensada é resfriada até T_2 antes de sair do desumidificador. Como o ar úmido que deixa o desumidificador está saturado a uma temperatura mais baixa que a temperatura do ar úmido de entrada, o fluxo de ar úmido no estado 2 pode estar inadequado para uso direto em espaços habitados. Porém, passando-se o fluxo através de uma seção de aquecimento, pode-se levá-lo a uma condição – estado 3 – que muitos ocupantes iriam considerar confortável.

TOME NOTA...
Uma linha tracejada no diagrama indica que o processo tenha acontecido entre estados de equilíbrios inicial e final, e não define o caminho do processo.

Vamos rascunhar um procedimento para estimar as taxas nas quais o condensado sai e o fluido refrigerante circula. Isto requer o uso de balanços de massa e de energia para a seção de desumidificação. Estes balanços são desenvolvidos a seguir.

Balanço de Massa

A vazão mássica do condensado $\dot{m}_w$ pode ser relacionada com a vazão mássica do ar seco $\dot{m}_a$ através da aplicação da conservação de massa, separadamente, para o ar seco e para água que passa pela seção desumidificadora. Em regime permanente

$$\dot{m}_{a1} = \dot{m}_{a2} \quad \text{(ar seco)}$$
$$\dot{m}_{v1} = \dot{m}_w + \dot{m}_{v2} \quad \text{(água)}$$

A vazão mássica comum do ar seco é indicada por $\dot{m}_a$. Resolvendo para a vazão mássica do condensado

$$\dot{m}_w = \dot{m}_{v1} - \dot{m}_{v2}$$

Substituindo-se $\dot{m}_{v1} = \omega_1 \dot{m}_a$ e $\dot{m}_{v2} = \omega_2 \dot{m}_a$, a quantidade de água condensada por unidade de massa de ar seco que passa pelo dispositivo é

$$\frac{\dot{m}_w}{\dot{m}_a} = \omega_1 - \omega_2$$

Essa expressão necessita das razões de mistura ω_1 e ω_2. Uma vez que nenhuma umidade é adicionada ou retirada na seção de aquecimento, pode-se concluir a partir da conservação de massa que $\omega_2 = \omega_3$, de modo que ω_3 pode ser usada na equação anterior no lugar de ω_2.

Balanço de Energia

A vazão mássica do fluido refrigerante através da serpentina de resfriamento $\dot{m}_r$ pode ser relacionada com a vazão mássica de ar seco $\dot{m}_a$ através de um balanço de energia aplicado à seção de desumidificação. Com $\dot{W}_{vc} = 0$, transferência de calor desprezível com a vizinhança e variações insignificantes das energias cinética e potencial, o balanço de taxa de energia reduz-se, em regime permanente, a

$$0 = \dot{m}_r(h_i - h_e) + (\dot{m}_a h_{a1} + \dot{m}_{v1} h_{v1}) - \dot{m}_w h_w - (\dot{m}_a h_{a2} + \dot{m}_{v2} h_{v2})$$

em que h_i e h_e indicam os valores de entalpia específica, respectivamente, do fluido refrigerante que entra e que sai da seção de desumidificação. Substituindo $\dot{m}_{v1} = \omega_1 \dot{m}_a$, $\dot{m}_{v2} = \omega_2 \dot{m}_a$ e $\dot{m}_w = (\omega_1 - \omega_2)\dot{m}_a$

$$0 = \dot{m}_r(h_i - h_e) + \dot{m}_a[(h_{a1} - h_{a2}) + \omega_1 h_{g1} - \omega_2 h_{g2} - (\omega_1 - \omega_2)h_{f2}]$$

em que as entalpias específicas do vapor d'água em 1 e em 2 são estimadas para os valores de vapor saturado correspondentes, respectivamente, a T_1 e a T_2. Como se admite que o condensado sai como líquido saturado a T_2, $h_w = h_{f2}$. Resolvendo para a vazão mássica do fluido refrigerante por unidade de massa de ar seco que escoa pelo dispositivo

$$\frac{\dot{m}_r}{\dot{m}_a} = \frac{(h_{a1} - h_{a2}) + \omega_1 h_{g1} - \omega_2 h_{g2} - (\omega_1 - \omega_2)h_{f2}}{h_e - h_i}$$

A carta psicrométrica associada, Fig. 12.11b, mostra características importantes envolvidas no processo. Como indicado pela carta, primeiro o ar úmido resfria do estado 1, em que a temperatura é T_1 e a razão de mistura é ω_1, para o estado 2, no qual a mistura está saturada ($\phi_2 = 100\%$), a temperatura $T_2 < T_1$, e a razão de mistura $\omega_2 < \omega_1$. Durante o processo subsequente de aquecimento, a razão de mistura permanece constante, $\omega_2 = \omega_3$, e a temperatura aumenta para T_3. Como todos os estados percorridos não são de estados de equilíbrio, esses processos são indicados, na carta psicrométrica, por linhas tracejadas.

O exemplo a seguir fornece uma ilustração envolvendo desumidificação na qual um dos objetivos é abordar a capacidade da serpentina de refrigeração.

EXEMPLO 12.11

Avaliação de Desempenho de um Desumidificador

Ar úmido a 30°C e 50% de umidade relativa entra em um desumidificador operando em regime permanente com uma vazão volumétrica de 280 m³/min. O ar úmido passa por entre uma serpentina de resfriamento e o vapor d'água se condensa. O condensado sai do desumidificador saturado a 10°C. O ar úmido saturado sai em um fluxo separado à mesma temperatura. Não há perdas significativas de energia por transferência de calor para a vizinhança e a pressão mantém-se constante em 1,013 bar (1,013 · 10⁵ Pa). Determine **(a)** a vazão mássica do ar seco, em kg/min, **(b)** a taxa à qual a água é condensada, em kg por kg de ar seco que escoa por meio do volume de controle, e **(c)** a capacidade de refrigeração necessária, em toneladas de refrigeração.

SOLUÇÃO

Dado: Ar úmido entra em um desumidificador a 30°C e 50% de umidade relativa com uma vazão volumétrica de 280 m³/min. O condensado e o ar úmido saem em fluxos separados a 10°C.

Pede-se: Determine a vazão mássica do ar seco, em kg/min, a taxa à qual a água é condensada, em kg por kg de ar seco, e a capacidade necessária de refrigeração, em toneladas de refrigeração.

Diagrama Esquemático e Dados Fornecidos:

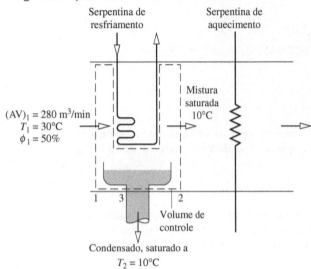

Fig. E12.11a

Modelo de Engenharia:

1. O volume de controle mostrado na figura associada opera em regime permanente. As variações das energias cinética e potencial podem ser desconsideradas e $\dot{W}_{vc} = 0$
2. Não há transferência de calor significativa para a vizinhança.
3. A pressão permanece constante por todo o processo a 1,013 bar $(1,013 \cdot 10^5$ Pa$)$.
4. Na posição 2, o ar úmido está saturado. O condensado sai na posição 3 como líquido saturado à temperatura T_2.
5. Os fluxos de ar úmido são considerados como misturas de gases ideais, segundo o modelo de Dalton.

Análise:

(a) Em regime permanente, as vazões mássicas do ar seco que entra e sai são iguais. A vazão mássica comum de ar seco pode ser determinada a partir da vazão volumétrica na entrada.

$$\dot{m}_a = \frac{(AV)_1}{v_{a1}}$$

Pode-se estimar o volume específico do ar seco na entrada 1, v_{a1}, utilizando-se a equação de gás ideal do estado; logo,

$$\dot{m}_a = \frac{(AV)_1}{(\overline{R}/M_a)(T_1/p_{a1})}$$

A pressão parcial do ar seco p_{a1} pode ser determinada a partir de $p_{a1} = p_1 - p_{v1}$. Utilizando a umidade relativa na entrada ϕ_1 e a pressão de saturação a 30°C da Tabela A-2

$$p_{v1} = \phi_1 p_{g1} = (0{,}5)(0{,}04246) = 0{,}02123 \text{ bar}$$

Assim, $p_{a1} = 1{,}013 - 0{,}02123 = 0{,}99177$ bar (99,2 kPa). A substituição de valores na expressão para $\dot{m}_a$ gera

$$\dot{m}_a = \frac{(280 \text{ m}^3/\text{min})(0{,}99177 \times 10^5 \text{ N/m}^2)}{(8314/28{,}97 \text{ N} \cdot \text{m/kg} \cdot \text{K})(303 \text{ K})} = 319{,}35 \text{ kg/min}$$

(b) A conservação de massa para a água requer $\dot{m}_{v1} = \dot{m}_{v2} + \dot{m}_w$. Com $\dot{m}_{v1} = \omega_1 \dot{m}_a$ e $\dot{m}_{v2} = \omega_2 \dot{m}_a$, a taxa à qual a água se condensa por unidade de massa de ar seco é

$$\frac{\dot{m}_w}{\dot{m}_a} = \omega_1 - \omega_2$$

As razões de mistura ω_1 e ω_2 podem ser estimadas por meio da Eq. 12.43. Assim, ω_1 é

$$\omega_1 = 0{,}662\left(\frac{p_{v1}}{p_1 - p_{v1}}\right) = 0{,}622\left(\frac{0{,}02123}{0{,}99177}\right) = 0{,}0133 \frac{\text{kg(vapor)}}{\text{kg(ar seco)}}$$

Como o ar úmido está saturado a 10°C, p_{v2} iguala a pressão de saturação a 10°C: $p_g = 0{,}01228$ bar (1,228 kPa) a partir da Tabela A-2. A Eq. 12.43 então fornece $\omega_2 = 0{,}0076$ kg (vapor)/kg (ar seco). Com estes valores para ω_1 e para ω_2

$$\frac{\dot{m}_w}{\dot{m}_a} = 0{,}0133 - 0{,}0076 = 0{,}0057 \frac{\text{kg(condensado)}}{\text{kg(ar seco)}}$$

(c) A taxa de transferência de calor $\dot{Q}_{vc}$ entre o fluxo de ar úmido e a serpentina do fluido refrigerante pode ser determinada por meio de um balanço de taxa de energia. Com as hipóteses 1 e 2, a expressão do balanço de taxa de energia para regime permanente reduz-se a

$$0 = \dot{Q}_{vc} + (\dot{m}_a h_{a1} + \dot{m}_{v1} h_{v1}) - \dot{m}_w h_w - (\dot{m}_a h_{a2} + \dot{m}_{v2} h_{v2}) \tag{a}$$

Com $\dot{m}_{v1} = \omega_1 \dot{m}_a$, $\dot{m}_{v2} = \omega_2 \dot{m}_a$ e $\dot{m}_w = (\omega_1 - \omega_2) \dot{m}_a$, esta expressão torna-se

$$\dot{Q}_{vc} = \dot{m}_a[(h_{a2} - h_{a1}) - \omega_1 h_{g1} + \omega_2 h_{g2} + (\omega_1 - \omega_2) h_{f2}] \tag{b}$$

o que está de acordo com a Eq. 12.55. Na Eq. (b), as entalpias específicas do vapor d'água em 1 e 2 são estimadas nos valores de vapor saturado correspondentes, respectivamente, a T_1 e T_2 e a entalpia específica do condensado de saída é estimada como h_f à T_2. Escolhendo entalpias apropriadas das Tabelas A-2 e A-22, conforme o caso, a Eq. (b) pode ser escrita como

$$\dot{Q}_{vc} = (319,35)[(283,1 - 303,2) - 0,0133(2556,3) + 0,0076(2519,8) + 0,0057(42,01)]$$
$$= -11.084 \text{ kJ/min}$$

Como 1 tonelada de refrigeração é igual a uma taxa de transferência de calor de 211 kJ/min (Seção 10.2.1), a capacidade de refrigeração necessária é de 52,5 toneladas de refrigeração.

Solução Alternativa com Uso da Carta Psicrométrica: Vamos estudar uma solução alternativa utilizando a carta psicrométrica. Como mostrado no esboço da carta psicrométrica, Fig. E12.11b, o estado do ar úmido na entrada 1 é definido por $\phi = 50\%$ e temperatura de bulbo seco de 30°C. Em 2, o ar úmido está saturado a 10°C. Rearrumando a Eq. (a), temos

$$\dot{Q}_{vc} = \dot{m}_a[\underline{(h_a + \omega h_v)_2} - \underline{(h_a + \omega h_v)_1} + (\omega_1 - \omega_2)h_w] \qquad (c)$$

Os termos sublinhados e as razões de mistura ω_1 e ω_2, podem ser lidos diretamente da carta. A vazão mássica do ar seco pode ser determinada utilizando-se a vazão volumétrica na entrada e v_{a1} lida da carta. A entalpia específica h_w é obtida (como acima) da Tabela A-2: h_f a T_2. Os detalhes são deixados como um exercício.

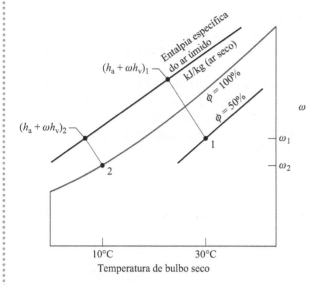
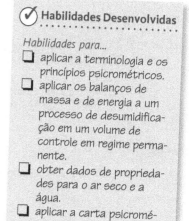

Fig. E12.11b

Habilidades Desenvolvidas

Habilidades para...
- aplicar a terminologia e os princípios psicrométricos.
- aplicar os balanços de massa e de energia a um processo de desumidificação em um volume de controle em regime permanente.
- obter dados de propriedades para o ar seco e a água.
- aplicar a carta psicrométrica.

Teste-Relâmpago Utilizando a carta psicrométrica, determine a temperatura de bulbo úmido do ar úmido que entra no desumidificador, em °C. **Resposta:** $\approx$ 22°C.

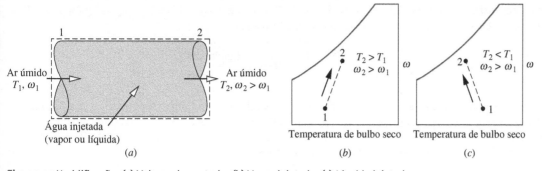

Fig. 12.12 Umidificação. (a) Volume de controle. (b) Vapor injetado. (c) Líquido injetado.

12.8.4 Umidificação

Frequentemente é necessário aumentar o teor de umidade do ar em circulação de espaços habitados. Uma maneira de realizar isto é injetar vapor. Alternativamente, água líquida pode ser borrifada no ar. Ambos os casos são mostrados de maneira esquemática na Fig. 12.12a. A temperatura do ar úmido ao sair do umidificador depende da condição da água introduzida. Quando se injeta vapor com temperatura relativamente alta, tanto a razão de mistura quanto a temperatura de bulbo seco são aumentadas. Isto é mostrado na carta psicrométrica associada da Fig. 12.12b. Se água líquida for injetada em vez de vapor, o ar úmido pode sair do umidificador com uma temperatura *menor* que a entrada. Isto é mostrado na Fig. 12.12c. O próximo exemplo mostra o caso de injeção de vapor. O caso de injeção de água líquida será estudado em detalhes na próxima seção.

EXEMPLO 12.12

Análise de Umidificador com Borrifador de Vapor

Ar úmido com temperatura de 22°C e temperatura de bulbo úmido de 9°C entra em um umidificador com borrifador de vapor. A vazão mássica do ar seco é de 90 kg/min. Vapor de água saturado a 110°C é injetado na mistura à taxa de 52 kg/h. Não há transferência de calor para a vizinhança, e a pressão mantém-se constante em 1 bar (10^5 Pa). Utilizando a carta psicrométrica, determine na saída (a) a razão de mistura e (b) a temperatura, em °C.

SOLUÇÃO

Dado: Ar úmido entra em um umidificador à temperatura de 22°C e à temperatura de bulbo úmido de 9°C. A vazão mássica de ar seco é de 90 kg/min. Vapor d'água saturado a 110°C é injetado na mistura a uma taxa de 52 kg/h.

Pede-se: Utilizando a carta psicrométrica, determine, na saída, a razão de mistura e a temperatura, em °C.

Diagrama Esquemático e Dados Fornecidos:

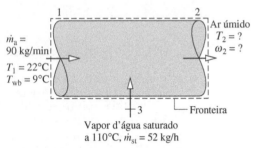

Modelo de Engenharia:

1. O volume de controle mostrado na figura associada opera em regime permanente. As variações das energias cinética e potencial podem ser desconsideradas e $\dot{W}_{vc} = 0$
2. Não há transferência de calor para a vizinhança.
3. A pressão permanece constante por todo o processo em 1 bar (10^5 Pa). A Figura A-9 permanece válida para essa pressão.
4. Os fluxos de ar úmido são considerados como misturas de gases ideais conforme o modelo de Dalton.

Fig. E12.12a

Análise:

(a) A razão de mistura na saída ω_2 pode ser determinada por meio de balanços individuais de taxa de massa de ar seco e de água. Assim,

$$\dot{m}_{a1} = \dot{m}_{a2} \quad \text{(ar seco)}$$
$$\dot{m}_{v1} + \dot{m}_{st} = \dot{m}_{v2} \quad \text{(água)}$$

Com $\dot{m}_{v1} = \omega_1 \dot{m}_a$ e $\dot{m}_{v2} = \omega_2 \dot{m}_a$, em que $\dot{m}_a$ é a vazão mássica do ar, a segunda expressão torna-se

$$\omega_2 = \omega_1 + \frac{\dot{m}_{st}}{\dot{m}_a}$$

Utilizando-se a temperatura de bulbo seco de entrada, 22°C, e a temperatura de bulbo úmido de entrada, 9°C, pode-se determinar o valor da razão de mistura ω_1 por inspeção da carta psicrométrica, Fig. A-9. O resultado é $\omega_1 = 0,002$ kg (vapor)/kg (ar seco). Esse valor deve ser verificado como um exercício. Substituindo valores na expressão para ω_2

$$\omega_2 = 0,002 + \frac{(52 \text{ kg/h})|1 \text{ h}/60 \text{ min}|}{90 \text{ kg/min}} = 0,0116 \frac{\text{kg(vapor)}}{\text{kg(ar seco)}}$$

(b) A temperatura na saída pode ser determinada por meio de um balanço de taxa de energia. Com as hipóteses 1 e 2, a fórmula em regime permanente do balanço de taxa de energia reduz-se ao caso especial da Eq. 12.55. A saber

$$0 = h_{a1} - h_{a2} + \omega_1 h_{g1} + (\omega_2 - \omega_1) h_{g3} - \omega_2 h_{g2} \quad \text{(a)}$$

Ao se escrever isto, as entalpias específicas do vapor d'água em 1 e 2 são estimadas como os respectivos valores de vapor saturado, e h_{g3} indica a entalpia de vapor saturado injetado no ar úmido.

A Equação (a) pode ser rearrumada na forma a seguir, adequada para o seu uso com a carta psicrométrica.

❶
$$(h_a + \omega h_g)_2 = (h_a + \omega h_g)_1 + (\omega_2 - \omega_1) h_{g3} \quad \text{(b)}$$

Como mostrado no esboço da carta psicrométrica, Fig. E12.12b, o primeiro termo à direita da Eq. (b) pode ser obtido da Fig. A-9 no estado de entrada, definido pela interseção da temperatura de bulbo seco de entrada, 22°C, e a temperatura de bulbo úmido de entrada, 9°C; o valor é 27,2 kJ/kg (ar seco). Pode-se estimar o segundo termo à direita sabendo-se as razões de mistura ω_1 e ω_2 e o valor de h_{g3} a partir da Tabela A-2: 2691,5 kJ/kg (vapor). O valor do segundo termo da direita da Eq. (b) é 25,8 kJ/kg (ar seco). O estado na saída é estabelecido por ω_2 e $(h_a + \omega h_g)_2 = 53$ kJ/kg (ar seco), calculado a partir de dois valores que acabaram de ser determinados. Finalmente, a temperatura na saída pode então ser diretamente lida da carta. O resultado é $T_2 \approx 23,5°C$.

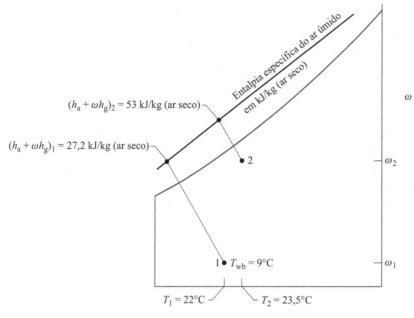

Fig. E12.12b

Solução Alternativa:

❷ O programa a seguir permite-nos determinar T_2 utilizando o *IT*, ou programa similar, em que $\dot{m}_a$ é indicado como mdota, $\dot{m}_{st}$ é indicado como mdotst, w₁ e w₂ indicam, respectivamente, ω_1 e ω_2, e assim por diante.

```
// Given data
T1 = 22 // °C
Twb1 = 9 // °C
mdota = 90 // kg/min
p = 1 // bar
Tst = 110 // °C
mdotst = (52 / 60) // converting kg/h to kg/min

// Evaluate humidity ratios
w1 = w_TTwb (T1,Twb1,p)
w2 = w1 + (mdotst / mdota)

// Denoting the enthalpy of moist air at state 1 by
// h1, etc., the energy balance, Eq. (a), becomes
0 = h1 – h2 + (w2 – w1)*hst

// Evaluate enthalpies
h1 = ha_Tw(T1,w1)
h2 = ha_Tw(T2,w2)
hst = hsat_Px("Water/Steam",psat,1)
psat = Psat_T("Water/Steam ",Tst)
```

Utilizando-se o botão **Solve**, o resultado é $T_2 = 23{,}4°C$, o que está, como esperado, em estreita concordância com os valores obtidos anteriormente.

❶ A solução da Eq. (b) por meio de dados das Tabelas A-2 e A-22 requer um procedimento iterativo (tentativa e erro). O resultado é $T_2 = 24°C$, como se pode verificar.

❷ Observe o uso das funções especiais de *Ar Úmido* listadas no menu **Properties** do *IT*, ou em programa similar.

> ✓ **Habilidades Desenvolvidas**
>
> *Habilidades para...*
> ☐ aplicar a terminologia e os princípios psicrométricos.
> ☐ aplicar os balanços de massa e de energia para um processo de umidificação por spray em um volume de controle em regime permanente.
> ☐ obter dados de propriedades necessários utilizando a carta psicrométrica.
> ☐ aplicar o IT ou programa similar, para a análise psicrométrica.

Teste-Relâmpago Utilizando-se a carta psicrométrica, qual é a umidade relativa na saída? **Resposta:** ≈ 63%.

12.8.5 Resfriamento Evaporativo

A refrigeração em climas quentes, relativamente secos, pode ser realizada por meio do *resfriamento evaporativo*. Isto envolve borrifar água líquida no ar ou forçar ar através de uma almofada encharcada que é mantida reabastecida com água, como mostrado na Fig. 12.13. Por causa da pouca umidade do ar úmido que entra no estado 1, uma parcela da água injetada evapora. A energia para a evaporação é fornecida pelo fluxo de ar, o qual tem a temperatura reduzida e sai no estado 2 com uma temperatura mais baixa do que no fluxo de entrada. Uma vez que o ar de entrada é relativamente seco, a umidade adicional carreada pelo fluxo de ar úmido de saída é normalmente benéfica.

Para transferência de calor desprezível com a vizinhança, nenhum trabalho $\dot{W}_{vc}$ e nenhuma variação significativa das energias cinética e potencial, a expressão em regime permanente dos balanços de taxas de massa e de energia reduz-se, para o volume de controle da Fig. 12.13a para este caso especial da Eq. 12.55:

$$(h_{a2} + \omega_2 h_{g2}) = \underline{(\omega_2 - \omega_1)h_f} + (h_{a1} + \omega_1 h_{g1})$$

TOME NOTA...
O resfriamento evaporativo ocorre a temperatura de bulbo úmido praticamente constante.

em que h_f indica a entalpia específica do fluxo de líquido que entra no volume de controle. Admite-se que toda a água injetada evapora no fluxo de ar úmido. O termo sublinhado responde pela energia carreada na água líquida injetada. Esse termo é normalmente muito menor em módulo do que qualquer dos dois termos de entalpia de ar úmido. Em consequência, a entalpia do ar úmido varia apenas levemente, como mostra a carta psicrométrica da Fig. 12.13b. Recordando que as linhas isentálpicas de mistura estão próximas das linhas isotérmicas de bulbo úmido (Seção 12.7), segue-se que o resfriamento evaporativo ocorre à temperatura de bulbo úmido praticamente constante.

No próximo exemplo, consideramos a análise de um resfriador evaporativo.

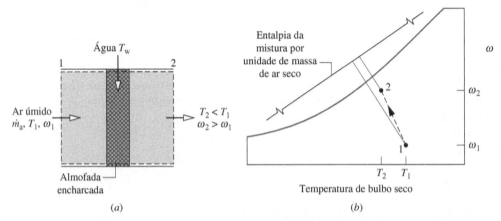

Fig. 12.13 Resfriador evaporativo. (a) Diagrama esquemático do equipamento. (b) Representação da carta psicrométrica.

▶▶▶ EXEMPLO 12.13 ▶

Resfriador Evaporativo

Em um resfriador evaporativo entra ar a 100°F (37,8°C) e 10% de umidade relativa com uma vazão volumétrica de 5000 ft³/min (141,6 m³/min). Vapor de água sai do resfriador a 70°F (21,1°C). Água é adicionada a uma almofada encharcada do resfriador como um líquido a 70°F (21,1°C) e evapora totalmente no ar úmido. Não há transferência de calor para a vizinhança, e a pressão mantém-se constante durante todo o processo em 1 atm. Determine **(a)** a vazão mássica da água que alimenta a almofada encharcada, em lbm/h, e **(b)** a umidade relativa do ar úmido na saída do resfriador evaporativo.

SOLUÇÃO

Dado: Ar a 100°F (37,8°C) e ϕ = 10% entra em um resfriador evaporativo com uma vazão volumétrica de 5000 ft³/min (141,6 m³/min). Vapor de água sai do resfriador a 70°F (21,1°C). Água é adicionada a uma almofada encharcada do resfriador a 70°F (21,1°C).

Pede-se: Determine a vazão mássica da água que alimenta a almofada encharcada, em lbm/h, e a umidade relativa do ar úmido na saída do resfriador.

Diagrama Esquemático e Dados Fornecidos:

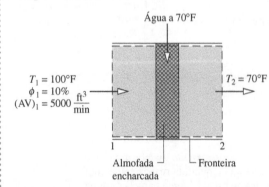

Modelo de Engenharia:

1. O volume de controle mostrado na figura associada opera em regime permanente. As variações das energias cinética e potencial podem ser desconsideradas e $\dot{W}_{vc} = 0$
2. Não há transferência de calor para a vizinhança.
3. A água adicionada à almofada encharcada entra como um líquido e evapora totalmente no ar úmido.
4. A pressão permanece constante do início ao fim em 1 atm.
5. Os fluxos de ar úmido são considerados como uma mistura de gases ideais em concordância com o modelo de Dalton.

Fig. E12.13

Análise:

(a) A aplicação da conservação de massa, separadamente, ao ar seco e à água, como nos exemplos anteriores, gera

$$\dot{m}_w = \dot{m}_a(\omega_2 - \omega_1)$$

em que $\dot{m}_w$ é a vazão mássica da água para a almofada encharcada. Para determinar $\dot{m}_w$ é necessário saber os valores de ω_1, $\dot{m}_a$ e ω_2. Esses valores serão calculados em sequência.

A razão de mistura ω_1 pode ser determinada por meio da Eq. 12.43, que necessita de p_{v1}, a pressão parcial do ar úmido que entra no volume de controle. Utilizando a umidade relativa dada ϕ_1 e p_g a T_1 da Tabela A-2E, temos $p_{v1} = \phi_1 p_{g1} = 0{,}095$ lbf/in²(655 Pa). Com isto, $\omega_1 = 0{,}00405$ lbm(vapor)/lbm(ar seco) (0,00184 kg(vapor)/kg(ar seco)).

A vazão mássica do ar seco $\dot{m}_a$ pode ser determinada, como nos exemplos anteriores, utilizando a vazão volumétrica e o volume específico do ar seco. Assim

$$\dot{m}_a = \frac{(AV)_1}{v_{a1}}$$

O volume específico do ar seco pode ser estimado a partir da equação de estado de gás ideal. O resultado é $v_{a1} = 14{,}2$ ft³/lbm (0,886 m³/kg)(ar seco). Substituindo os valores, a vazão mássica do ar seco é

$$\dot{m}_a = \frac{5000 \text{ ft}^3/\text{min}}{14{,}2 \text{ ft}^3/\text{lb(ar seco)}} = 352{,}1 \frac{\text{lb(ar seco)}}{\text{min}}$$

Para encontrar a razão de mistura ω_2, utilizando a hipótese 1 nas fórmulas de balanço de taxa de massa e de energia, para regime permanente, para obter

$$0 = (\dot{m}_a h_{a1} + \dot{m}_{v1} h_{v1}) + \dot{m}_w h_w - (\dot{m}_a h_{a2} + \dot{m}_{v2} h_{v2})$$

Com o mesmo raciocínio utilizado nos exemplos anteriores, isto pode ser expresso como um caso particular da Eq. 12.55

$$0 = (h_a + \omega h_g)_1 + \underline{(\omega_2 - \omega_1)h_f} - (h_a + \omega h_g)_2 \quad \text{(a)}$$

em que h_f indica a entalpia específica da água entrando no volume de controle a 70°F (21,1°C). Resolvendo para ω_2

❶
$$\omega_2 = \frac{h_{a1} - h_{a2} + \omega_1(h_{g1} - h_f)}{h_{g2} - h_f} = \frac{c_{pa}(T_1 - T_2) + \omega_1(h_{g1} - h_f)}{h_{g2} - h_f}$$

em que $c_{pa} = 0{,}24$ Btu/lb · °R. Com h_f, h_{g1} e h_{g2} a partir da Tabela A-2E,

$$\omega_2 = \frac{0{,}24(100 - 70) + 0{,}00405(1105 - 38{,}1)}{(1092 - 38{,}1)}$$

$$= 0{,}0109 \frac{\text{lb(vapor)}}{\text{lb(ar seco)}}$$

Substituindo os valores de $\dot{m}_a$, ω_1 e ω_2 na expressão de $\dot{m}_w$

$$\dot{m}_w = \left[352{,}1 \frac{\text{lb(ar seco)}}{\text{min}} \left|\frac{60 \text{ min}}{1 \text{ h}}\right|\right](0{,}0109 - 0{,}00405)\frac{\text{lb(água)}}{\text{lb(ar seco)}}$$

$$= 144{,}7 \frac{\text{lb(água)}}{\text{h}}$$

(b) Pode-se determinar a umidade relativa do ar úmido na saída por meio da Eq. 12.44. A pressão parcial do vapor d'água necessária para esta expressão pode ser determinada através da solução da Eq. 12.43, para obter

$$p_{v2} = \frac{\omega_2 p}{\omega_2 + 0{,}622}$$

Substituindo os valores, temos

$$p_{v2} = \frac{(0{,}0109)(14.696 \text{ lbf/in}^2)}{(0{,}0109 + 0{,}622)} = 0{,}253 \text{ lbf/in}^2$$

A 70°F (21,1°C), a pressão de saturação é de 0,3632 lbf/in² (2,504 kPa). Assim, a umidade relativa na saída é de

$$\phi_2 = \frac{0{,}253}{0{,}3632} = 0{,}697 (69{,}7\%)$$

> ✓ **Habilidades Desenvolvidas**
>
> *Habilidades para...*
> ☐ aplicar a terminologia e os princípios psicrométricos.
> ☐ aplicar os balanços de massa e de energia a um processo de resfriamento evaporativo em um volume de controle em regime permanente.
> ☐ obter dados de propriedades para ar seco e água.

Solução Alternativa com o Uso da Carta Psicrométrica: Como o termo sublinhado na Eq. (a) é muito menor que qualquer das entalpias do ar úmido, a entalpia do ar úmido permanece aproximadamente constante, e assim o resfriamento evaporativo ocorre a temperatura de bulbo úmido aproximadamente constante. Veja a Fig. 12.13b e a discussão associada. Utilizando esta abordagem com a carta psicrométrica, Fig. A-9E, determine a razão de mistura e a umidade relativa na saída, e compare com os valores previamente obtidos. Os detalhes são deixados como exercício.

---

❶ Um valor constante de calor específico c_{pa} tem sido utilizado para a estimativa do termo $(h_{a1} - h_{a2})$. Como mostramos em exemplos anteriores, este termo também pode ser estimado a partir de uma tabela de gás ideal para ar.

Teste-Relâmpago Utilizando-se os dados de tabela de vapor, qual é a temperatura de ponto de orvalho na saída, em °F? **Resposta:** 59,6°F (15,3°C).

12.8.6 Mistura Adiabática de Dois Fluxos de Ar Úmido

Um processo usual em sistemas de condicionamento de ar é a mistura de fluxos de ar úmido, como mostrado na Fig. 12.14. O objetivo da análise termodinâmica desse processo normalmente é estabelecer a vazão e o estado do fluxo de saída em função das vazões e dos estados de cada um dos dois fluxos de entrada. O caso da mistura adiabática é regido pelas Eqs. 12.56 que se seguem.

Os balanços de taxas de massa para ar seco e para vapor d'água, em regime permanente, são, respectivamente,

$$\dot{m}_{a1} + \dot{m}_{a2} = \dot{m}_{a3} \quad \text{(ar seco)}$$
$$\dot{m}_{v1} + \dot{m}_{v2} = \dot{m}_{v3} \quad \text{(vapor d'água)} \tag{12.56a}$$

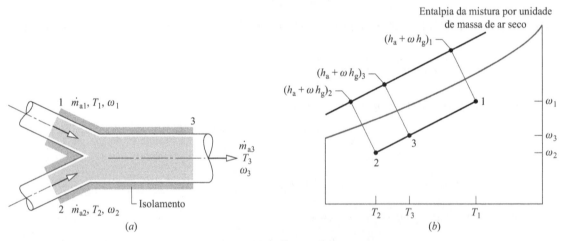

Fig. 12.14 Mistura adiabática de dois fluxos de ar úmido. (a) Diagrama esquemático do equipamento. (b) Representação da carta psicrométrica.

Com $\dot{m}_v = \omega \dot{m}_a$, o balanço de massa de vapor d'água torna-se

$$\omega_1 \dot{m}_{a1} + \omega_2 \dot{m}_{a2} = \omega_3 \dot{m}_{a3} \quad \text{(vapor d'água)} \tag{12.56b}$$

Supondo que $\dot{Q}_{vc} = \dot{W}_{vc} = 0$ e desprezando os efeitos das energias cinética e potencial, o balanço de taxa de energia reduz-se, em regime permanente, a

$$\dot{m}_{a1}(h_{a1} + \omega_1 h_{g1}) + \dot{m}_{a2}(h_{a2} + \omega_2 h_{g2}) = \dot{m}_{a3}(h_{a3} + \omega_3 h_{g3}) \tag{12.56c}$$

em que as entalpias de entrada e de saída do vapor d'água são estimadas como valores de vapor saturado nas suas respectivas temperaturas de bulbo seco.

Se as vazões e os estados de entrada são conhecidos, as Eqs. 12.56 formam três equações com três incógnitas: $\dot{m}_{a3}$, ω_3 e $(h_{a3} + \omega_3 h_{g3})$. A solução destas equações é mostrada no Exemplo 12.14.

Vamos também estudar como Eqs. 12.56 podem ser resolvidas *geometricamente* com a carta psicrométrica. Utilizando a Eq. 12.56a para eliminar $\dot{m}_{a3}$, a vazão mássica do ar seco em 3, das Eqs. 12.56b e 12.56c obtemos

$$\frac{\dot{m}_{a1}}{\dot{m}_{a2}} = \frac{\omega_3 - \omega_2}{\omega_1 - \omega_3} = \frac{(h_{a3} + \omega_3 h_{g3}) - (h_{a2} + \omega_2 h_{g2})}{(h_{a1} + \omega_1 h_{g1}) - (h_{a3} + \omega_3 h_{g3})} \tag{12.57}$$

Das relações das Eqs. 12.57, concluímos que no estado 3 da mistura na carta psicrométrica encontra-se sobre um linha reta conectando os estados 1 e 2 dos dois fluxos antes da mistura (veja o Problema 12.93 no fim do capítulo). Isto é mostrado na Fig. 12.14b.

► EXEMPLO 12.14 ►

Mistura Adiabática de Dois Fluxos de Ar Úmido

Um fluxo consiste em 142 m³/min de ar úmido à temperatura de 5°C e uma razão de mistura de 0,002 kg(vapor)/kg(ar seco) é misturado adiabaticamente com um segundo fluxo que consiste em 425 m³/min de ar úmido a 24°C e 50% de umidade relativa. A pressão mantém-se constante em 1 bar (10^5 Pa). Determine (a) a razão de mistura e (b) a temperatura do fluxo misturado de saída, em °C.

SOLUÇÃO

Dado: Um fluxo de ar úmido a 5°C, ω = 0,002 kg(vapor)/kg(ar seco) e uma vazão volumétrica de 142 m³/min é misturado adiabaticamente com um fluxo que consiste em 425 m³/min de ar úmido a 24°C e ϕ = 50%.

Pede-se: Determine a razão de mistura e a temperatura, em °C, do fluxo misturado que sai do volume de controle.

Diagrama Esquemático e Dados Fornecidos:

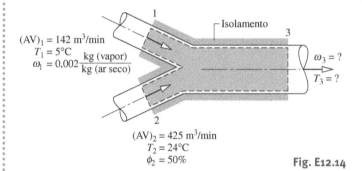

Fig. E12.14

Modelo de Engenharia:

1. O volume de controle mostrado na figura associada opera em regime permanente. As variações das energias cinética e potencial podem ser desconsideradas e $\dot{W}_{vc} = 0$.
2. Não há transferência de calor para a vizinhança.
3. A pressão permanece constante por todo o processo em 1 bar (10^5 Pa).
4. Os fluxos de ar úmido são considerados como uma mistura de gases ideais em concordância com o modelo de Dalton.

Análise:

(a) A razão de mistura ω_3 pode ser encontrada por meio dos balanços de taxa de massa, respectivamente, para o ar seco e para o vapor d'água:

$$\dot{m}_{a1} + \dot{m}_{a2} = \dot{m}_{a3} \quad \text{(ar seco)}$$
$$\dot{m}_{v1} + \dot{m}_{v2} = \dot{m}_{v3} \quad \text{(vapor d'água)}$$

Com $\dot{m}_{v1} = \omega_1 \dot{m}_{a1}$, $\dot{m}_{v2} = \omega_2 \dot{m}_{a2}$ e $m_{v3} = \omega_3 \dot{m}_{a3}$, o segundo destes balanços torna-se (Eq. 12.56b)

$$\omega_1 \dot{m}_{a1} + \omega_2 \dot{m}_{a2} = \omega_3 \dot{m}_{a3}$$

Resolvendo

$$\omega_3 = \frac{\omega_1 \dot{m}_{a1} + \omega_2 \dot{m}_{a2}}{\dot{m}_{a3}}$$

Como $\dot{m}_{a3} = \dot{m}_{a1} + \dot{m}_{a2}$, isto pode ser expresso como

$$\omega_3 = \frac{\omega_1 \dot{m}_{a1} + \omega_2 \dot{m}_{a2}}{\dot{m}_{a1} + \dot{m}_{a2}}$$

Para se determinar ω_3 são necessários os valores de ω_2, $\dot{m}_{a1}$ e $\dot{m}_{a2}$. As vazões mássicas do ar seco, $\dot{m}_{a1}$ e $\dot{m}_{a2}$, podem ser determinadas, como em exemplos anteriores, por meio da vazão volumétrica

$$\dot{m}_{a1} = \frac{(AV)_1}{v_{a1}}, \qquad \dot{m}_{a2} = \frac{(AV)_2}{v_{a2}}$$

Os valores de v_{a1}, v_{a2} e ω_2 são prontamente determinados a partir da carta psicrométrica, Fig. A-9. Assim, em $\omega_1 = 0,002$ e $T_1 = 5°C$, $v_{a1} = 0,79$ m³/kg (ar seco). Para $\phi_2 = 50\%$ e $T_2 = 24°C$, $v_{a2} = 0,855$ m³/kg (ar seco) e $\omega_2 = 0,0094$. As vazões mássicas do ar seco são então $\dot{m}_{a1} = 180$ kg(ar seco)/min e $\dot{m}_{a2} = 497$ kg(ar seco)/min. Substituindo os valores na expressão para ω_3, temos

$$\omega_3 = \frac{(0,002)(180) + (0,0094)(497)}{180 + 497} = 0,0074 \frac{\text{kg(vapor)}}{\text{kg(ar seco)}}$$

(b) A temperatura T_3 do fluxo de mistura de saída pode ser determinada a partir do balanço de taxa de energia. Utilizando as hipóteses 1 e 2 no balanço de taxa de energia, obtemos (Eq. 12.56c)

$$\dot{m}_{a1}(h_a + \omega h_g)_1 + \dot{m}_{a2}(h_a + \omega h_g)_2 = \dot{m}_{a3}(h_a + \omega h_g)_3 \tag{a}$$

Resolvendo

$$(h_a + \omega h_g)_3 = \frac{\dot{m}_{a1}(h_a + \omega h_g)_1 + \dot{m}_{a2}(h_a + \omega h_g)_2}{\dot{m}_{a1} + \dot{m}_{a2}} \tag{b}$$

Com $(h_a + \omega h_g)_1 = 10$ kJ/kg (ar seco) e $(h_a + \omega h_g)_2 = 47,8$ kJ/kg (ar seco) da Fig. A-9 e outros valores conhecidos,

$$(h_a + \omega h_g)_3 = \frac{180(10) + 497(47,8)}{180 + 497} = 37,7 \frac{\text{kJ}}{\text{kg(ar seco)}}$$

❶ Este valor para a entalpia de ar úmido na saída, em conjunto com o valor anteriormente determinado para ω_3, determina o estado de saída do ar úmido. Por inspeção da Fig. A-9, $T_3 = 19°C$.

Soluções Alternativas:
O uso da carta psicrométrica facilita a resolução para T_3. Sem a carta, pode-se utilizar uma solução iterativa da Eq. (b) por meio dos dados das Tabelas A-2 e A-22. Como alternativa, pode-se determinar T_3 por meio do programa *IT* ou similar, em que ϕ_2 é indicado como phi₂ e as vazões volumétricas em 1 e 2 são indicadas, respectivamente, como AV₁ e AV₂, e assim por diante.

```
// Given data
T1 = 5 // °C
w1 = 0.002 // kg(vapor) / kg(dry air)
AV1 = 142 // m³/min
T2 = 24 // °C
phi2 = 0.5
AV2 = 425 // m³/min
p = 1 // bar
// Mass balances for water vapor and dry air:
w1 * mdota1 + w2 * mdota2 = w3 * mdota3
mdota1 + mdota2 = mdota3
// Evaluate mass flow rates of dry air
mdota1 = AV1 / va1
❷ va1 = va_Tw(T1, w1, p)
mdota2 = AV2 / va2
va2 = va_Tphi(T2, phi2, p)

// Determine w2
w2 = w_Tphi(T2, phi2, p)
// The energy balance, Eq. (a), reads
mdota1 * h1 + mdota2 * h2 = mdota3 * h3
h1 = ha_Tw(T1, w1)
h2 = ha_Tphi(T2, phi2, p)
h3 = ha_Tw(T3, w3)
```

Utilizando-se o botão **Solve**, o resultado é $T_3 = 19,01°C$ e $\omega_3 = 0,00745$ kg (vapor)/kg (ar seco), que está de acordo com a solução obtida com a carta psicrométrica.

❶ A solução utilizando uma abordagem geométrica baseada nas Eqs. 12.57 é deixada como um exercício.

❷ Observe aqui o uso de funções especiais *Ar Úmido* listadas no menu **Properties** do *IT* ou em programa similar.

> ✓ **Habilidades Desenvolvidas**
>
> *Habilidades para...*
> ☐ aplicar a terminologia e os princípios psicrométricos.
> ☐ aplicar os balanços de massa e de energia para um processo de mistura adiabática de dois fluxos de ar úmido em regime permanente.
> ☐ obter dados de propriedades para ar úmido utilizando a carta psicrométrica.
> ☐ aplicar IT, ou programa similar, para análise psicrométrica.

Teste-Relâmpago Utilizando a carta psicrométrica, qual é a umidade relativa na saída? **Resposta:** ≈ 53%.

12.9 Torres de Resfriamento

As centrais elétricas invariavelmente descarregam considerável energia em sua vizinhança por transferência de calor (Cap. 8). Embora a água retirada de um rio próximo ou de um lago possa ser empregada para retirar essa energia, as torres de resfriamento proporcionam uma alternativa em locais em que não se pode obter água de resfriamento em quantidade suficiente de fontes naturais, ou em que as preocupações ambientais impõem um limite à temperatura à qual a água de resfriamento pode ser devolvida para a vizinhança. As torres de resfriamento também são frequentemente empregadas para fornecer água resfriada para outros usos além daqueles que envolvam centrais elétricas.

As torres de resfriamento podem operar por *convecção natural* ou *convecção forçada*. Além disso, podem ser de *contracorrente*, de *corrente cruzada* ou uma combinação destas. Um desenho esquemático de uma torre de resfriamento de convecção forçada, de contracorrente é mostrada na Fig. 12.15. A água morna a ser resfriada entra em 1 e é borrifada do topo da torre. A água que cai normalmente passa por uma série de defletores cuja finalidade é mantê-la dispersa em pequenas gotas para promover a evaporação. Ar atmosférico sugado em 3 pelo ventilador forma um fluxo ascendente, em sentido contrário ao das gotículas de água que caem. À medida que os dois fluxos interagem, uma fração do fluxo de água evapora no ar úmido, que sai em 4 com uma razão de mistura maior que a do ar úmido de entrada em 3, enquanto a água líquida sai em 2 com uma temperatura menor que a água que entra em 1. Como alguma água de entrada se evapora no fluxo de ar úmido, uma quantidade equivalente de água de reposição é adicionada em 5, de modo que a vazão mássica de retorno da água fria se iguale à vazão mássica da água morna que entra em 1.

Para operação em regime permanente, os balanços de massa para o ar seco e para água e um balanço de energia para toda a torre de resfriamento fornece informações sobre o desempenho da torre. Ao aplicar-se o balanço de energia, geralmente a transferência de calor com a vizinhança é desprezada. A entrada de potência do ventilador para torres de convecção forçada também pode ser desprezada em relação às outras taxas de energias envolvidas. O exemplo a seguir mostra a análise de uma torre de resfriamento utilizando a conservação de massa e de energia em conjunto com dados de propriedades para o ar seco e a água.

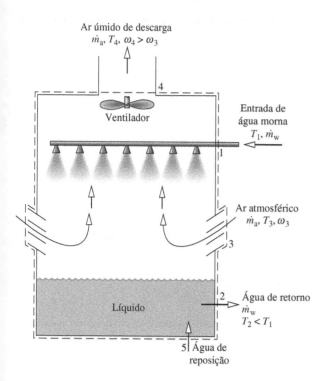

Fig. 12.15 Diagrama esquemático de uma torre de resfriamento.

► EXEMPLO 12.15 ►

Determinação da Vazão Mássica de uma Torre de Resfriamento de uma Central Elétrica

A água que sai do condensador de uma central elétrica a 38°C entra em uma torre de resfriamento com uma vazão mássica de $4,5 \cdot 10^7$ kg/h. Um fluxo de água resfriada retorna ao condensador vindo da torre de resfriamento à temperatura de 30°C e com a mesma vazão. A água de reposição é adicionada em um fluxo separado a 20°C. O ar atmosférico entra na torre de resfriamento a 25°C e 35% de umidade relativa. O ar úmido sai da torre a 35°C e 90% de umidade relativa. Determine as vazões mássicas do ar seco e da água de reposição, em kg/h. A torre de resfriamento opera em regime permanente. Tanto a transferência de calor para a vizinhança quanto a potência do ventilador podem ser desprezadas, como também as variações de energias cinética e potencial. A pressão permanece constante durante todo o processo em 1 atm.

SOLUÇÃO

Dado: Um fluxo de água líquida entra em uma torre de resfriamento vinda de um condensador a 38°C com uma vazão mássica conhecida. Um fluxo de água resfriada retorna ao condensador a 30°C com a mesma vazão. A água de reposição é adicionada em um fluxo separado a 20°C. O ar atmosférico entra na torre de resfriamento a 25°C e $\phi = 35\%$. O ar úmido sai da torre a 35°C e $\phi = 90\%$.

Pede-se: Determine a vazão mássica do ar seco e da água de reposição, em kg/h.

Diagrama Esquemático e Dados Fornecidos:

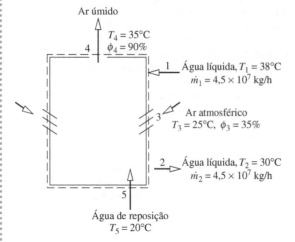

Modelo de Engenharia:

1. O volume de controle mostrado na figura associada opera em regime permanente. A transferência de calor para a vizinhança pode ser desprezada, assim como as variações das energias cinética e potencial; além disso $\dot{W}_{vc} = 0$
2. Para estimar as entalpias específicas, considera-se cada fluxo líquido como líquido saturado à temperatura especificada correspondente.
3. Os fluxos de ar úmido são considerados como uma mistura de gases ideais em concordância com o modelo de Dalton.
4. A pressão permanece constante durante todo o processo, a 1 atm.

Fig. E12.15

Análise: As vazões mássicas necessárias podem ser encontradas a partir dos balanços das taxas de massa e de energia. Os balanços de massa separados para ar seco e para água, em regime permanente, geram

$$\dot{m}_{a3} = \dot{m}_{a4} \quad \text{(ar seco)}$$
$$\dot{m}_1 + \dot{m}_5 + \dot{m}_{v3} = \dot{m}_2 + \dot{m}_{v4} \quad \text{(água)}$$

A vazão mássica do ar seco é denominada $\dot{m}_a$. Como $\dot{m}_1 = \dot{m}_2$, a segunda destas equações torna-se

$$\dot{m}_5 = \dot{m}_{v4} - \dot{m}_{v3}$$

Com $\dot{m}_{v3} = \omega_3 \dot{m}_a$ e $\dot{m}_{v4} = \omega_4 \dot{m}_a$

$$\dot{m}_5 = \dot{m}_a (\omega_4 - \omega_3)$$

Consequentemente, as duas vazões mássicas necessárias, $\dot{m}_a$ e $\dot{m}_5$, são relacionadas por essa equação. Outra equação que relaciona as vazões é fornecida por meio do balanço de taxa de energia.

A utilização da hipótese 1 no balanço de taxa de energia resulta em

$$0 = \dot{m}_1 h_{w1} + (\dot{m}_a h_{a3} + \dot{m}_{v3} h_{v3}) + \dot{m}_5 h_{w5} - \dot{m}_2 h_{w2} - (\dot{m}_a h_{a4} + \dot{m}_{v4} h_{v4})$$

Estimando as entalpias do vapor d'água como valores de vapor saturado às suas respectivas temperaturas e as entalpias de cada fluxo de líquido como entalpia de líquido saturado na sua respectiva temperatura, a equação de taxa de energia torna-se

$$0 = \dot{m}_1 h_{f1} + (\dot{m}_a h_{a3} + \dot{m}_{v3} h_{g3}) + \dot{m}_5 h_{f5} - \dot{m}_2 h_{f2} - (\dot{m}_a h_{a4} + \dot{m}_{v4} h_{g4})$$

Substituindo $\dot{m}_1 = \dot{m}_2$, $\dot{m}_5 = \dot{m}_a(\omega_4 - \omega_3)$, $\dot{m}_{v3} = \omega_3 \dot{m}_a$ e $\dot{m}_{v4} = \omega_4 \dot{m}_a$ e resolvendo para $\dot{m}_a$

$$\dot{m}_a = \frac{\dot{m}_1 (h_{f1} - h_{f2})}{h_{a4} - h_{a3} + \omega_4 h_{g4} - \omega_3 h_{g3} - (\omega_4 - \omega_3) h_{f5}} \quad \text{(a)}$$

As razões de mistura ω_3 e ω_4 demandadas por essa expressão podem ser determinadas a partir da Eq. 12.43, utilizando-se as pressões parciais do vapor d'água obtidas com as suas respectivas umidades relativas. Assim, $\omega_3 = 0,00688$ kg(vapor)/kg(ar seco) e $\omega_4 = 0,0327$ kg(vapor)/kg(ar seco).

Com as entalpias das Tabelas A-2 e A-22 adequadas, e sabendo-se os valores de ω_3, ω_4 e $\dot{m}_1$, a expressão para $\dot{m}_a$ torna-se

$$\dot{m}_a = \frac{(4,5 \times 10^7)(159,21 - 125,79)}{(308,2 - 298,2) + (0,0327)(2565,3) - (0,00688)(2547,2) - (0,0258)(83,96)}$$
$$= 2,03 \times 10^7 \text{ kg/h}$$

Mistura de Gases Ideais e Aplicações à Psicrometria **639**

Finalmente, a substituição dos valores conhecidos nas expressões para $\dot{m}_5$ resulta em

$$\dot{m}_5 = (2{,}03 \times 10^7)(0{,}0327 - 0{,}00688) = 5{,}24 \times 10^5 \text{ kg/h}$$

Solução Alternativa com Carta Psicrométrica: A equação (a) pode ser rearrumada para

$$\dot{m} = \frac{\dot{m}_1(h_{f1} - h_{f2})}{\underline{(h_{a4} + \omega_4 h_{g4})} - \underline{(h_{a3} + \omega_3 h_{g3})} - (\omega_4 - \omega_3)h_{f5}}$$

Os termos de entalpia específica h_{f1}, h_{f2} e h_{f5} são obtidos da Tabela A-2, como acima. Os termos sublinhados e ω_3 e ω_4 podem ser obtidos por inspeção de uma carta psicrométrica da literatura técnica de engenharia fornecidos nos estados 3 e 4. A Figura A-9 não é suficiente para esta aplicação no estado 4. Os detalhes são deixados como um exercício.

> ✓ **Habilidades Desenvolvidas**
>
> *Habilidades para...*
> ❑ aplicar a terminologia e os princípios psicrométricos.
> ❑ aplicar os balanços de massa e de energia para uma torre de resfriamento em um volume de controle, em regime permanente.
> ❑ obter dados de propriedades para o ar seco e a água.

Teste-Relâmpago Utilizando os dados da tabela de vapor, determine a pressão parcial do vapor d'água no fluxo de entrada do ar úmido, p_{v3}, em bar. **Resposta:** 0,0111 bar (1,110 kPa).

▶ RESUMO DO CAPÍTULO E GUIA DE ESTUDOS

Neste capítulo, aplicamos os princípios da termodinâmica a sistemas que envolvem misturas de gases ideais, incluindo o caso especial de aplicações *psicrométricas* que envolvem misturas ar-vapor d'água, com a possível presença de água líquida. São apresentadas utilizações com sistemas fechados e com volume de controle.

A primeira parte do capítulo trata de considerações sobre mistura de gases ideais genérica e inicia descrevendo a composição da mistura em termos de frações mássicas ou de frações molares. O modelo de Dalton, que inclui o conceito de pressão parcial, é introduzido para as relações p–v–T de misturas de gases ideais.

Também são apresentados meios para estimar a entalpia, a energia interna e a entropia de uma mistura através da soma das contribuições de cada componente em suas condições na mistura. São estudadas utilizações em que misturas de gases ideais são submetidas a processos de composição constante, e também misturas de gases ideais são formadas a partir dos seus componentes gasosos.

Na segunda parte do capítulo, estudamos *psicrometria*. São apresentadas expressões especializadas comumente usadas em *psicrometria*, incluindo o ar úmido, a razão de mistura, a umidade relativa, a entalpia de mistura, e as temperaturas de ponto de orvalho, de bulbo seco e de bulbo úmido. A *carta psicrométrica*, que apresenta uma representação gráfica de propriedades importantes de ar úmido, é introduzida. Os princípios de conservação de massa e de energia são formulados em termos das quantidades psicrométricas, e são contempladas aplicações típicas de condicionamento de ar, incluindo desumidificação e umidificação, resfriamento evaporativo e mistura de fluxos de ar úmido. O capítulo inclui uma discussão sobre torres de resfriamento.

A lista a seguir fornece um guia de estudo para este capítulo. Quando tiver concluído o estudo do texto e dos exercícios do final do capítulo você estará apto a

▶ escrever o significado dos termos listados nas margens do capítulo e entender cada um dos conceitos relacionados. O subconjunto de conceitos-chave listados a seguir é particularmente importante.

▶ descrever a composição de uma mistura em termos de frações mássicas ou de frações molares.

▶ relacionar pressão, volume e temperatura de misturas de gases ideais utilizando o modelo de Dalton, e estimando U, H, c_v e c_p, e S de misturas de gases ideais em termos da composição da mistura e da contribuição de cada componente.

▶ aplicar os princípios da conservação de massa e de energia e a segunda lei da termodinâmica a sistemas que envolvam misturas de gases ideais.

Para aplicações psicrométricas, você estará apto a

▶ estimar a razão de mistura, a umidade relativa, a entalpia de mistura e a temperatura de ponto de orvalho.

▶ utilizar a carta psicrométrica.

▶ aplicar os princípios da conservação de massa e de energia e a segunda lei da termodinâmica para analisar processos de condicionamento de ar e torres de resfriamento.

▶ CONCEITOS FUNDAMENTAIS NA ENGENHARIA

análise gravimétrica
análise molar (volumétrica)
ar úmido
carta psicrométrica
entalpia de mistura
fração mássica

fração molar
massa molecular aparente
modelo de Dalton
pressão parcial
psicrometria
razão de mistura

temperatura de bulbo seco
temperatura de bulbo úmido
temperatura de ponto de orvalho
umidade relativa

EQUAÇÕES PRINCIPAIS

Misturas de Gases Ideais: Considerações Gerais

$mf_i = m_i/m$	(12.3)	Análise em termos de frações mássicas
$1 = \sum_{i=1}^{j} mf_i$	(12.4)	
$y_i = n_i/n$	(12.6)	Análise em termos de frações molares
$1 = \sum_{i=1}^{j} y_i$	(12.7)	
$M = \sum_{i=1}^{j} y_i M_i$	(12.9)	Massa molecular aparente
$p_i = y_i p$	(12.12)	Pressão parcial do componente i e relação a pressão de mistura p
$p = \sum_{i=1}^{j} p_i$	(12.13)	
$\bar{u} = \sum_{i=1}^{j} y_i \bar{u}_i$	(12.21)	Energia interna, entalpia e entropia por mol da mistura. $\bar{u}_i$ e $\bar{h}_i$ estimados à temperatura da mistura T. $\bar{s}_i$ estimado a T e à pressão parcial p_i
$\bar{h} = \sum_{i=1}^{j} y_i \bar{h}_i$	(12.22)	
$\bar{s} = \sum_{i=1}^{j} y_i \bar{s}_i$	(12.27)	
$\bar{c}_v = \sum_{i=1}^{j} y_i \bar{c}_{v,i}$	(12.23)	Calores específicos da mistura em uma base molar
$\bar{c}_p = \sum_{i=1}^{j} y_i \bar{c}_{p,i}$	(12.24)	

Utilizações Psicrométricas

$\omega = \dfrac{m_v}{m_a} = 0{,}622 \dfrac{p_v}{p - p_v}$	(12.42, 12.43)	Razão de mistura
$\phi = \dfrac{p_v}{p_g}\bigg)_{T,p}$	(12.44)	Umidade relativa
$\dfrac{H}{m_a} = h_a + \omega h_v$	(12.46)	Entalpia de mistura por unidade de massa de ar seco

EXERCÍCIOS: PONTOS DE REFLEXÃO PARA OS ENGENHEIROS

1. Como você pode calcular a razão das capacidades caloríficas, k, a 300 K, para uma mistura de H_2, O_2 e CO, se você sabe a análise molar da mistura?
2. Se dois gases ideais diferentes se misturam espontaneamente, este processo é irreversível? Explique.
3. Durante o inverno em zonas climáticas frias, pessoas sentem o ar externo (ambiente) seco. Os níveis de umidade relativa nessas regiões são tipicamente baixos? Explique.
4. Um recipiente isolado é dividido em dois compartimentos por uma divisória e cada compartimento contém a mesma temperatura e pressão. Se a divisão for retirada, entropia será produzida dentro do recipiente? Explique.
5. O que você acha que está relacionado de maneira mais próxima ao conforto do ser humano: a razão de mistura ou a umidade relativa? Explique
6. Como você pode explicar as diferentes taxas de evaporação de uma tigela com água no inverno e no verão?
7. As temperaturas de bulbo seco e de bulbo úmido podem ser iguais? Explique.
8. Como o suor resfria o corpo humano?
9. Torres de resfriamento podem operar em regiões frias quando as temperaturas no inverno são mais baixas que a temperatura de congelamento? Explique.
10. Durante o inverno, porque que os óculos embaçam quando o usuário entra em um edifício aquecido?
11. A utilização do sistema de ar-condicionado do carro afeta a economia de combustível? Explique.
12. O que é um *desidratador de alimentos* e quando você poderia usar um?
13. O que significa um edifício de consumo zero líquido de energia (em inglês, *zero-energy building*)?
14. Qual é a diferença entre uma *sauna a vapor* e uma *sauna seca*?
15. O seu boletim meteorológico local fornece a temperatura, a umidade relativa e o ponto de orvalho. Quando você está planejando atividades de verão ao ar livre estas informações são igualmente importantes? Explique.
16. Sob que condições a parte de dentro de um para-brisas de um automóvel congelaria?

Mistura de Gases Ideais e Aplicações à Psicrometria   **641**

▶ VERIFICAÇÃO DE APRENDIZADO

Nos Problemas 1 a 11, relacione as colunas.

1. ___ Frações Mássicas
2. ___ Ar Úmido
3. ___ Frações Molares
4. ___ Modelo de Dalton
5. ___ Análise Gravimétrica
6. ___ Razão de Umidade
7. ___ Análise Molar
8. ___ Psicrometria
9. ___ Massa Molecular Aparente
10. ___ Ar Saturado
11. ___ Umidade Relativa

A. O estudo de sistemas envolvendo ar seco e água.
B. As quantidades relativas de componentes presentes em uma mistura, em base mássica.
C. Uma mistura de ar seco e vapor d'água na qual o ar seco é tratado como um componente puro.
D. Uma listagem das frações mássicas dos componentes em uma mistura.
E. A razão da massa total de uma mistura para o número de moles total da mistura.
F. Um modelo que assume que cada componente de uma mistura se comporta como um gás ideal e como se estivesse puro à temperatura e volume da mistura.
G. A razão entre a massa de vapor d'água e a massa de ar seco.
H. Uma listagem das frações molares dos componentes de uma mistura.
I. As quantidades relativas de componentes presentes em uma mistura, em base molar.
J. A razão entre a fração molar de vapor d'água em uma dada amostra de ar úmido em relação à fração molar da amostra de ar úmido saturado à mesma temperatura e pressão.
K. Uma mistura de ar seco e vapor d'água saturado.

12. Se a pressão parcial de vapor em um dado volume de ar úmido é 1 lbf/in² (6,89 kPa) e a razão de umidade é 0,87, então, a pressão total é
a. 0,285 lbf/in² (1,965 kPa).
b. 0,715 lbf/in² (4,93 kPa).
c. 1,715 lbf/in² (11,825 kPa).
d. 1,87 lbf/in² (12,89 kPa).

13. O componente *i* em uma mistura consiste de 5 kmol com uma massa de 8,8 kg. Qual é a massa molar da substância?
a. 1,76 kg/kmol.
b. 0,57 kg/kmol.
c. 44,00 kg/kmol.
d. 42,08 kg/kmol.

14. Para o processo de desumidificação em regime permanente representado na Fig. 12.12, qual das seguintes afirmativas não é verdadeira?
a. A temperatura de bulbo seco aumenta.
b. A temperatura de bulbo seco diminui.
c. A razão de umidade diminui.
d. Água é injetada na corrente.

15. Se o número de moles total em uma mistura é 85 kmol e há 37 kmol de certo componente, qual é a fração molar deste componente?
a. 0,02703.
b. 2,297.
c. 0,435.
d. 0,01176.

16. O *Modelo de Dalton* assume que cada componente em uma mistura se comporta como um gás ideal e como se estivesse puro à temperatura e _____ da mistura.
a. pressão.
b. volume.
c. massa.
d. razão de umidade.

17. Durante a mistura de gases ideais inicialmente separados, qual dos seguintes fatores contribui para produção de entropia?
a. Os gases estão inicialmente em temperaturas diferentes.
b. A mistura se forma espontaneamente.
c. Os gases estão inicialmente em pressões diferentes.
d. Todas as respostas anteriores.

18. Quais dentre os seguintes termos podem ser associados à operação de uma torre de resfriamento?
a. Transferência de calor por convecção natural.
b. Troca de calor em contrafluxo.
c. Troca de calor em fluxo cruzado.
d. Todas as respostas anteriores.

19. Para um processo de desumidificação em regime permanente, como mostrado na Fig. 12.11, qual dentre os seguintes não pode ocorrer?
a. A pressão da mistura permanece constante.
b. A temperatura diminui para um valor abaixo do ponto de orvalho.
c. Água condensa.
d. Água evapora.

20. Uma corrente de ar úmido escoa para um condicionador de ar com uma razão de umidade de 0,6 kg(vapor)/kg(ar seco) e uma vazão de ar seco de 1,5 kg/s. Se a corrente de ar seco se mistura a uma corrente de vapor d'água a 0,4 kg/s, qual será a razão de umidade à saída, em kg(vapor)/kg(ar seco)?
a. 0,33.
b. 0,87.
c. 3,15.
d. 4,35.

21. Uma mistura de ar seco e vapor d'água saturado é chamada _____.

22. Para o processo de mistura adiabática sob regime permanente mostrado na Fig. 12.14, qual das seguintes é uma afirmativa verdadeira?
a. A temperatura de bulbo seco de uma corrente de saída é maior que as temperaturas de cada corrente de entrada.
b. A condição de saída da corrente pode ser determinada geometricamente em uma carta psicrométrica.
c. A razão de umidade da corrente de saída é menor que a razão de umidade de cada uma das correntes de entrada.
d. Água é injetada neste processo.

23. Durante um processo de resfriamento evaporativo, ilustrado na Fig. 12.13, qual dos seguintes pode ocorrer?
a. A temperatura de bulbo úmido muda significativamente.
b. A temperatura de bulbo seco diminui.
c. A razão de umidade diminui.
d. A umidade relativa diminui.

Indique quais afirmativas são verdadeiras ou falsas. Explique.

24. O *modelo de Amagat* é um caso especial da regra de pressões aditivas.

25. Em uma análise gravimétrica, a soma de todas as frações mássicas dos componentes deve ser igual à unidade.

26. A entalpia do vapor d'água superaquecido no ar úmido pode ser aproximada, razoavelmente, do valor correspondente do vapor saturado à mesma temperatura.

27. Desumidificação é um processo que envolve condensação.

28. É impossível que frações molares sejam maiores que a unidade.

29. Enquanto o ar seco componente de uma corrente de ar úmido pode ser tratado como um gás ideal, o vapor d'água não pode ser tratado da mesma forma.

30. A temperatura de bulbo úmido é a temperatura medida por um termômetro localizado no líquido condensado de uma corrente de ar úmido.

31. A mistura de gases ideais é um processo irreversível.

32. Não há diferença entre a análise volumétrica e a análise molar em uma mistura de gases ideais.

33. Em relação a uma mistura de gases ideais, as massas tanto da mistura quanto dos componentes individuais devem ser conservadas.

34. A temperatura de bulbo úmido e a temperatura de bulbo seco podem ser medidas usando um *psicrômetro*.

35. A razão de umidade não pode ser determinada em uma carta psicrométrica.

36. A soma das frações mássicas de todos os componentes em uma mistura deve ser maior que a unidade.

642 Capítulo 12

37. Em uma mistura, o modelo de Dalton assume que a soma dos volumes de cada componente é igual ao volume da mistura.

38. *Psicrometria* é o estudo de sistemas envolvendo ar seco e água.

39. A razão de umidade do ar úmido aumenta quando este é aquecido em um processo de escoamento sob regime permanente.

40. Com uma umidade relativa de 100%, o ponto de orvalho e a temperatura de bulbo seco do ar úmido são iguais.

41. É possível resfriar o ar úmido sem mudar sua razão de umidade.

42. A pressão parcial de um gás ideal não pode ser calculada utilizando a equação de estado dos gases ideais.

43. No ar úmido, quando a pressão parcial do vapor d'água é maior que a pressão de saturação correspondente à temperatura de mistura, diz-se que a mistura é saturada.

44. Em uma carta psicrométrica, linhas isotérmicas de bulbo úmido são aproximadamente linhas de entalpia de mistura constante por unidade de massa de ar seco.

45. Resfriamento evaporativo é tipicamente utilizado em climas úmidos e quentes.

46. No ar úmido, cada componente de mistura em um dado volume é considerado como se existisse puro naquele volume à temperatura da mistura.

47. A temperatura de saturação que corresponde à pressão parcial do vapor d'água no ar úmido é a temperatura do ponto de orvalho.

48. A entropia de um gás ideal depende somente da temperatura.

49. Na utilização de uma carta psicrométrica para analisar a mistura adiabática de duas correntes de ar úmido, o estado de saída se encontra logo acima da linha conectando os dois estados de entrada.

50. O ar que sai de um processo de desumidificação é tipicamente resfriado para alcançar as condições de conforto necessárias aos ocupantes do ambiente.

▶ PROBLEMAS: DESENVOLVENDO HABILIDADES PARA ENGENHARIA

Determinação da Composição da Mistura

12.1 A análise em uma base mássica de uma mistura de gases ideais a 50°F (10°C), 25 lbf/in² (172,4 kPa) é 60% de CO_2, 25% de SO_2 e 15% de N_2. Determine
(a) a análise em termos de frações molares.
(b) a massa molecular aparente da mistura.
(c) a pressão parcial de cada componente, em lbf/in².
(d) o volume ocupado por 20 lbm da mistura, em ft³.

12.2 A análise molar de uma mistura gasosa a 30°C e 2 bar ($2 \cdot 10^5$ Pa) é de 40% N_2, 50% CO_2 e 10% CH_4. Determine
(a) a análise em termos de frações mássicas.
(b) a pressão parcial de cada componente, em bar.
(c) o volume ocupado por 10 kg de mistura, em m³.

12.3 A análise em uma base molar de uma mistura de gases a 50°F (10°C) e 1 atm é 20% Ar (argônio), 35% CO_2 e 45% O_2. Determine
(a) a análise em termos de frações mássicas.
(b) a pressão parcial de cada componente, em lbf/in².
(c) o volume ocupado por 10 lbm (4,54 kg) de mistura, em ft³.

12.4 A análise em uma base mássica de uma mistura gasosa a 40°F (4,4°C) e 14,7 lbf/in² (101,4 kPa) é 60% CO_2, 25% CO, 15% O_2. Determine:
(a) a análise em termos de frações molares.
(b) a pressão parcial de cada componente, em lbf/in².
(c) o volume ocupado por 10 lb (4,5 kg) da mistura, em ft³.

12.5 A análise em uma base mássica de uma mistura de gases ideais a 30°F (−1,11°C) e 15 lbf/in²(103,4 kPa) é 55% CO_2, 30% CO e 15% O_2. Determine
(a) a análise em termos de frações molares.
(b) a massa molecular aparente da mistura.
(c) a pressão parcial de cada componente, em lbf/in².
(d) o volume ocupado por 10 lbm (4,54 kg) de mistura, em ft³.

12.6 Quatro libras (1,8 kg) de oxigênio (O_2) são misturadas a 8 lb (3,6 kg) de outro gás para compor uma mistura que ocupe 45 ft³ (1,3 m³) a 150°F (65,6°C) e 40 lbf/in² (275,8 kPa). Aplicando os princípios de mistura de gases ideais, determine:
(a) a massa molar do gás misturado ao oxigênio.
(b) a análise da mistura em termos de frações molares.

12.7 Um recipiente de 0,28 m³ contém uma mistura a 40°C e 6,9 bar, com uma análise molar de 70% O_2 e 30% CH_4. Determine a massa de metano que deveria ser adicionada e a massa de oxigênio a ser removida, ambas em kg, para obter uma mistura contendo 30% O_2 e 70% CH_4, sob as mesmas temperatura e pressão.

12.8 Nitrogênio (N_2) a 150 kPa e 40°C ocupa um recipiente fechado e rígido cujo volume é de 1 m³. Se 2 kg de oxigênio (O_2) forem adicionados ao recipiente, qual será a análise molar da mistura resultante? Se a temperatura permanece constante, qual será a pressão da mistura, em kPa?

12.9 Gás de combustão no qual a fração molar do SO_2 é 0,002 entra em um *depurador de gás* que opera em regime permanente a 200°F (93,3°C) e 1 atm e uma vazão volumétrica de 35.000 ft³/h (991,1 m³/h). Se o depu-

rador de gás remove 90% (base molar) do SO_2 de entrada, determine a taxa à qual SO_2 é removido, em lbm/h.

12.10 Uma mistura gasosa com a análise molar de 20% de C_3H_8 (propano) e 80% de ar entra em um volume de controle operando em regime permanente na posição 1 com um fluxo mássico de 5 kg/min, como mostrado na Fig. P12.10. O ar entra como um fluxo separado em 2 e dilui a mistura. Um único fluxo sai com uma fração molar de propano de 3%. Supondo que o ar tem uma análise molar de 21% O_2 e 79% N_2, determine
(a) a vazão molar do ar de entrada em 2, em kmol/min.
(b) a vazão mássica do oxigênio no fluxo de saída, em kg/min.

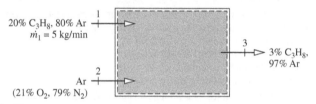

Fig. P12.10

Estudo de Processos de Composição Constante

12.11 Uma mistura de gases em um conjunto pistão-cilindro consiste em 2 lbm (0,907 kg) de N_2 e 3 lbm (1,36 kg) de He. Determine
(a) a composição em termos da fração mássica.
(b) a composição em termos da fração molar.
(c) a transferência de calor, em Btu, necessária para aumentar a temperatura da mistura de 70°F (21,1°C) para 150°F (65,6°C), enquanto mantém a pressão constante.
(d) a mudança na entropia da mistura para o processo do item (c), em Btu/°R.

Para os itens (c) e (d), utilize o modelo de gás ideal com calores específicos constantes.

12.12 Dois quilos de uma mistura que tem uma análise em base mássica de 30% de N_2, 40% de CO_2 e 30% de O_2 é comprimida adiabaticamente de 1 bar (10^5 Pa) e 300 K para 4 bar ($4 \cdot 10^5$ Pa) e 500 K. Determine
(a) o trabalho, em kJ.
(b) a quantidade de entropia produzida, em kJ/K.

12.13 Como mostra a Fig. P12.13, uma mistura de gases ideais em um conjunto pistão-cilindro tem uma análise molar de 30% de dióxido de carbono (CO_2) e 70% de nitrogênio (N_2). A mistura é resfriada à pressão constante de 425 para 325 K. Admitindo calores específicos constantes estimados a 375 K, determine a transferência de calor e o trabalho, cada qual em kJ por kg da mistura.

Fig. P12.13

12.14 Um tanque rígido, fechado, com um volume de 0,1 m³, contém 0,7 kg de N_2 e 1,1 kg de CO_2 a 27°C. Determine:
(a) as frações mássicas da mistura.
(b) as frações molares da mistura.
(c) a pressão parcial de cada componente, em bar.
(d) a pressão da mistura, em bar.
(e) o calor transferido, em kJ, necessário para levar a mistura a 127°C.
(f) a variação de entropia da mistura para o processo descrito na parte (e), em kJ/K.

12.15 Uma mistura gasosa consiste em 2,8 kg de N_2 e 3,2 kg de O_2 é comprimida de 1 bar (10^5 Pa), 300 K para 2 bar ($2 \cdot 10^5$ Pa) a 600 K. Durante o processo, existe transferência de calor da mistura para a vizinhança, que está a 27°C. O trabalho feito na mistura afirma-se ser de 2300 kJ. Este valor pode estar correto?

12.16 Uma mistura que tem uma análise molar de 50% de CO_2, 33,3% de CO e 16,7% de O_2 entra em um compressor operando em regime permanente a 37°C, 1 bar (10^5 Pa) e 40 m/s com uma vazão mássica de 1 kg/s e sai a 237°C e 30 m/s. A taxa de transferência de calor *do* compressor para sua vizinhança é de 5% da potência *de entrada*.
(a) Desprezando os efeitos de energia potencial, determine a potência de entrada do compressor, em kW.
(b) Se a compressão for politrópica, estime o expoente politrópico n e a pressão de saída, em bar.

12.17 Uma mistura de 5 kg de H_2 e 4 kg de O_2 é comprimida em um conjunto pistão-cilindro em um processo politrópico para o qual $n = 1,6$. A temperatura sobe de 40 para 250°C. Utilizando os valores constantes de calores de específicos, determine
(a) a transferência de calor, em kJ.
(b) a variação de entropia, em kJ/K.

12.18 Uma turbina a gás recebe uma mistura tendo a seguinte análise molar: 10% de CO_2, 19% de H_2O e 71% de N_2 a 720 K, 0,35 MPa e uma vazão volumétrica de 3,2 m³/s. A mistura sai da turbina a 380 K e 0,11 MPa. Para uma operação adiabática com efeitos de energias cinética e potencial desprezíveis, determine a potência desenvolvida, em regime permanente, em kW.

12.19 Uma mistura de gases a 1500 K com uma análise molar de 10% de CO_2, 20% de H_2O e 70% de N_2 entra em uma caldeira de calor residual operando em regime permanente e sai da caldeira a 600 K. Um fluxo separado de água líquida saturada entra a 25 bar ($25 \cdot 10^5$ Pa) e sai como vapor saturado com uma queda de pressão insignificante. Desprezando perdas por transferência de calor e as variações das energias cinética e potencial, determine a vazão mássica do vapor saturado de saída, em kg por kmol de mistura gasosa.

12.20 Um volume de 2 ft³ (0,06 m³) de um gás A inicialmente a 60°F (15,6°C) e 15 lbf/in² (103,4 kPa) é misturado adiabaticamente a 8 ft³ (0,23 m³) de um gás B inicialmente a 60°F e 5 lbf/in² (34,5 kPa). Assumindo que o volume total permanece constante e aplicando os princípios da mistura de gases ideais, determine:
(a) a pressão final da mistura, em lbf/in².
(b) a variação de entropia de cada gás, em Btu/lbmol · °R.

12.21 Uma mistura equimolar de hélio (He) e dióxido de carbono (CO_2) entra em um bocal isolado a 260°F (126,7°C), 5 atm e 100 ft/s (30,48 m/s) e expande-se isentropicamente até a velocidade de 1110 ft/s (338,3 m/s). Determine a temperatura em °F e a pressão, em atm, na saída do bocal. Despreze os efeitos da energia potencial.

12.22 Uma mistura de gases tendo uma análise molar de 60% de O_2 e 40% de N_2 entra em um compressor isolado que opera em regime permanente a 1 bar (10^5 Pa) e 20°C, com uma vazão mássica de 0,5 kg/s, e é comprimida para 5,4 bar ($5,4 \cdot 10^5$ Pa). Os efeitos das energias cinética e potencial são desprezíveis. Para um compressor de eficiência isentrópica de 78%, determine
(a) a temperatura na saída, em °C.
(b) a potência necessária, em kW.
(c) a taxa de produção de entropia, em kW/K.

12.23 Uma mistura tem uma análise molar de 60% de N_2, 17% de CO_2 e 17% de H_2O entra em uma turbina a 1000 K, 8 bar ($8 \cdot 10^5$ Pa), com uma vazão mássica de 2 kg/s e expande-se isentropicamente até a pressão de 1 bar (10^5 Pa). Ignorando os efeitos das energias cinética e potencial, determine para uma operação em regime permanente
(a) a temperatura na saída, em K.
(b) a potência desenvolvida pela turbina, em kW.

12.24 Uma mistura com uma análise molar de 60% de N_2 e 40% de CO_2 entra em um compressor isolado que opera em regime permanente a 1 bar (10^5 Pa) e 30°C, como uma vazão mássica de 1 kg/s, e é comprimido a 3 bar ($3 \cdot 10^5$ Pa) e 147°C. Desprezando o efeito das energias cinética e potencial, determine
(a) a potência necessária, em kW.
(b) a eficiência isentrópica do compressor.
(c) a taxa de destruição de exergia, em kW, para $T_0 = 300$ K.

12.25 Uma mistura equimolar de N_2 e CO_2 entra em um trocador de calor a −40°F (−40°C) e 500 lbf/in² (3,447 MPa) e sai a 500°F (260°C) e 500 lbf/in² (3,447 MPa). O trocador de calor opera em regime permanente, e os efeitos das energias cinética e potencial são desprezíveis.
(a) Utilizando os conceitos de mistura de gases ideais deste capítulo, determine a taxa de transferência de calor para a mistura, em Btu por lbmol da mistura corrente.
(b) Compare com o valor da transferência de calor determinada utilizando a carta de entalpia generalizada (Fig. A-4), em conjunto com a regra de Kay (veja a Seção 11.8).

12.26 Gás natural tendo uma análise molar de 60% de metano (CH_4) e 40% de etano (C_2H_6) entra em um compressor a 340 K e 6 bar ($6 \cdot 10^5$ Pa) e é comprimido isotermicamente sem irreversibilidades internas para 20 bar ($20 \cdot 10^5$ Pa). O compressor opera em regime permanente, e os efeitos das energias cinética e potencial são desprezíveis.
(a) Admitindo comportamento de gás ideal, determine para o compressor o trabalho e a transferência de calor, cada qual em kJ por kmol da mistura corrente.
(b) Compare com os valores de trabalho e de transferência de calor, respectivamente, determinados na suposição de comportamento de solução ideal (Seção 11.9.5). Para os componentes puros a 340 K:

	h(kJ/kg) 6 bar	h(kJ/kg) 20 bar	s(kJ/kg · K) 6 bar	s(kJ/kg · K) 20 bar
Metano	715,33	704,40	10,9763	10,3275
Etano	462,39	439,13	7,3493	6,9680

Formação de Misturas

12.27 Um tanque isolado com um volume total de 0,6 m³ é dividido em dois compartimentos. Inicialmente, um compartimento contém 0,4 m³ de H_2 a 127°C e 2 bar, e outro, N_2 a 27°C e 4 bar. Os gases são misturados até que o equilíbrio seja alcançado. Assumindo o modelo de gases ideais com capacidades caloríficas constantes, determine:
(a) a temperatura final, em °C.
(b) a pressão final, em bar.
(c) a quantidade de entropia produzida, em kJ/K.

12.28 Utilizando o modelo de gás ideal com calores específicos constantes, determine a temperatura da mistura, em K, para cada um dos dois casos:
(a) Inicialmente, 0,6 kmol de O_2 a 500 K é separado por uma divisão de 0,4 kmol de H_2 a 300 K em um reservatório de pressão rígido e isolado. A divisão é removida e os gases se misturam para se obter um estado de equilíbrio final.
(b) Oxigênio (O_2) a 500 K e uma vazão molar de 0,6 kmol/s entra em um volume de controle isolado que opera em regime permanente e mistura-se com H_2 que entra em um fluxo separado a 300 K e uma vazão molar de 0,4 kmol/s. Um único fluxo misturado sai. Os efeitos das energias cinética e potencial podem ser desprezados.

12.29 Um sistema consiste inicialmente em n_A mols do gás A à pressão p e à temperatura T e n_B mols de gás B separado do gás A, mas às mesmas pressão e temperatura. Permite-se que os gases se misturem sem iteração de calor ou trabalho com a vizinhança. A pressão e a temperatura de equilíbrio finais são, respectivamente, p e T e a mistura ocorre sem variações no volume total.
(a) Supondo comportamento de gás ideal, obtenha uma expressão para a entropia produzida em termos de $\bar{R}$, n_A e n_B.
(b) Utilizando o resultado do item (a), demonstre que a entropia produzida tem um valor positivo.
(c) A entropia seria produzida quando amostras do *mesmo* gás às *mesmas* temperatura e pressão fossem misturadas? Explique.

12.30 CO_2 a 197°C e 2 bar entra em uma câmara sob regime permanente com uma vazão molar de 2 kmol/s e se mistura a N_2 entrando a 27°C, 2 bar, 1 kmol/s. A transferência de calor da câmara de mistura ocorre a uma temperatura média de 127°C. Uma corrente sai da câmara de mistura a

127°C e 2 bar e passa por um duto, onde é resfriada sob pressão constante até 42°C por transferência de calor com as vizinhanças, a 27°C. Efeitos de energia cinética e potencial são desprezíveis. Determine as taxas de transferência de energia e destruição de exergia, ambas em kW, para os volumes de controle incluindo:
(a) apenas a câmara de mistura.
(b) a câmara de mistura e uma porção das vizinhanças suficiente para que a transferência de calor ocorra a 27°C.
(c) o duto e uma porção das vizinhanças suficiente para que a transferência de calor ocorra a 27°C.
Assuma $T_0 = 27°C$.

12.31 Dois kg de N_2 a 450 K, 7 bar ($7 \cdot 10^5$ Pa) está contido em um vaso de pressão rígido conectado através de uma válvula a um outro vaso de pressão rígido mantendo 1 kg de O_2 a 300 K, 3 bar ($3 \cdot 10^5$ Pa). A válvula é aberta permitindo a mistura de gases, alcançando um estado de equilíbrio a 370 K. Determine
(a) o volume de cada vaso de pressão, em m³.
(b) a pressão final, em bar.
(c) a transferência de calor para ou dos gases durante o processo, em kJ.
(d) a variação de entropia de cada gás, em kJ/K.

12.32 Um reservatório de pressão isolado com um volume total de 60 ft³ (1,7 m³) é dividido em dois compartimentos conectados. Inicialmente, um compartimento que tem um volume de 20 ft³ (0,566 m³) contém 4 lbm (1,81 kg) de monóxido de carbono (CO) a 500°F (260°C) e o outro contém 0,8 lbm (0,363 kg) de hélio (He) a 60°F (15,6°C). É permitido que os gases se misturem até que o estado de equilíbrio seja alcançado. Determine
(a) a temperatura final, em °F.
(b) a pressão final, em lbf/in².
(c) a quantidade de exergia destruída, em Btu, para $T_0 = 60°F$ (15,6°C).

12.33 Um reservatório de pressão rígido, isolado, tem dois compartimentos. Inicialmente, um compartimento contém 2,0 lbmol (0,907 kmol) de argônio a 150°F (65,6°C) à 50 lbf/in² (344,7 kPa) e o outro contém 0,7 lbmol (0,318 kmol) de hélio a 0°F (−17,8°C) e 15 lbf/in² (103,4 kPa). Permite-se que os gases se misturem até que um estado de equilíbrio seja alcançado. Determine
(a) a temperatura final, em °F.
(b) a pressão final, em atm.
(c) a quantidade de produção de entropia, em Btu/°R.

12.34 Um dispositivo sob desenvolvimento visa separar componentes do gás natural tendo uma composição molar de 94% CH_4 e 6% C_2H_6. O dispositivo receberá gás natural a 20°C e 1 atm com fluxo volumétrico de 100 m³/s. Correntes separadas de metano e etano serão fornecidas a 20°C e 1 atm. O dispositivo deverá operar isotermicamente a 20°C. Desprezando efeitos de energia cinética e potencial e assumindo comportamento de gás ideal, determine o trabalho mínimo teórico necessário para operar o dispositivo em regime permanente, em kW.

12.35 Ar a 50°C, 1 atm e uma vazão volumétrica de 60 m³/min entra em um volume de controle isolado operando em regime permanente e mistura-se com hélio que entra em um fluxo separado a 120°C, 1 atm e uma vazão volumétrica de 25 m³/min. Um único fluxo misturado sai a 1 atm. Desprezando os efeitos das energias cinética e potencial, determine para o volume de controle
(a) a temperatura da mistura de saída, em °C.
(b) a taxa de produção de entropia, em kW/K.
(c) a taxa de destruição de exergia, em kW, para $T_0 = 295$K.

12.36 Argônio (Ar), a 300 K e 1 bar (10^5 Pa) com uma vazão mássica de 1 kg/s, entra na câmara de mistura isolada mostrada na Fig. P12.36 e mistura-se com dióxido de carbono (CO_2) entrando como um fluxo separado a 575 K e 1 bar (10^5 Pa) com uma vazão mássica de 0,5 kg/s. A mistura sai a 1 bar (10^5 Pa). Admita comportamento de gás ideal com $k = 1,67$ para o Ar (argônio) e $k = 1,25$ para o CO_2. Para uma operação em regime permanente, determine
(a) a análise molar da mistura de saída.
(b) a temperatura da mistura de saída, em K.
(c) a taxa de produção de entropia, em kW/K.

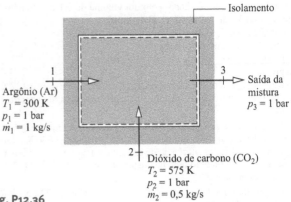

Fig. P12.36

12.37 CO_2 a 100°F (37,8°C) e 18 lbf/in² (124,1 kPa) e uma vazão volumétrica de 250 ft³/min (7,1 m³/min) é admitido em um volume de controle isolado operando sob regime permanente, no qual é adicionada uma corrente de O_2 a 190°F (87,8°C), 18 lbf/in² e vazão 60 lb/min (27,2 kg/min). Uma corrente de saída com 15 lbf/in² (103,4 kPa) é obtida. Despreze efeitos de energia cinética e potencial e, utilizando o modelo de gases ideais com capacidades caloríficas constantes, determine para o volume de controle:
(a) a temperatura da corrente de saída, em °F.
(b) a taxa de produção de entropia, em Btu/min · °R.
(c) a taxa total de destruição de exergia, em Btu/min, para $T_0 = 40°F$ (4,4°C).

12.38 Ar a 77°C, 1 bar (10^5 Pa) e fluxo molar de 0,1 kmol/s entra em uma câmara de mistura isolada que opera em regime permanente e mistura-se com o vapor d'água que entra a 277°C, 1 bar (10^5 Pa) e uma vazão molar de 0,3 kmol/s. A mistura sai a 1 bar (10^5 Pa). Os efeitos das energias cinética e potencial podem ser desprezados. Para a câmara, determine
(a) a temperatura da mistura na saída, em °C.
(b) a taxa de produção de entropia, em kW/K.

12.39 Uma mistura gasosa necessária em um processo industrial é preparada da seguinte maneira: primeiramente, deixa-se que monóxido de carbono (CO) entre a 80°F (26,7°C) e 18 lbf/in² (124,1 kPa) em uma câmara de mistura isolada que opera em regime permanente e misture-se com argônio (Ar) que entra a 380°F (193,3°C) e 18 lbf/in²(124,1 kPa). A mistura sai da câmara a 140°F (60°C) e 16 lbf/in² (110,3 kPa), quando então é permitida a sua expansão em um processo de estrangulamento através de uma válvula para 14,7 lbf/in² (101,4 kPa). Determine
(a) as análises mássica e molar da mistura.
(b) a temperatura da mistura na saída da válvula, em °F.
(c) as taxas de destruição de exergia para a câmara de mistura e para a válvula, cada qual em Btu por lbm da mistura, para $T_0 = 40°F$ (4,44°C).

Os efeitos das energias cinética e potencial podem ser desprezados.

12.40 Hélio, a 400 K e 1 bar (10^5 Pa) entra em uma câmara de mistura isolada operando em regime permanente, na qual se mistura ao argônio que entra a 300 K e 1 bar (10^5 Pa). A mistura sai à pressão de 1 bar (10^5 Pa). Se a vazão mássica do argônio é x vezes a do hélio, represente graficamente
(a) a temperatura na saída, em K.
(b) a taxa de destruição de exergia na câmara, em kJ por kg de hélio de entrada.

Os efeitos das energias cinética e potencial podem ser desprezados. Use $T_0 = 300$ K.

12.41 Hidrogênio (H_2) a 77°C, 4 bar ($4 \cdot 10^5$ Pa) entra em um vaso de pressão isolado, em regime permanente, na qual mistura-se com nitrogênio (N_2), entrando como um fluxo separado a 277°C, 4 bar ($4 \cdot 10^5$ Pa). A mistura sai a 3,8 bar ($3,8 \cdot 10^5$ Pa) com uma análise molar de 75% de H_2 e 25 % de N_2. Os efeitos das energias cinética e potencial podem ser desprezados. Determine
(a) a temperatura de saída da mistura, em °C.
(b) a taxa na qual a entropia é produzida, em kJ/K por kmol de mistura de saída.

12.42 Um reservatório de pressão rígido e isolado contém 1 kmol de argônio (Ar) a 300 K e 1 bar (10^5 Pa). O reservatório de pressão é conectado por uma válvula a um grande reservatório de pressão que contém (N_2) a 500 K e 4 bar ($4 \cdot 10^5$ Pa). Uma quantidade de nitrogênio flui para o reservatório de pressão, gerando uma mistura argônio-nitrogênio à temperatura T e à pressão p. Represente graficamente T, em K, e p, em bar, em relação à quantidade de N_2 dentro do reservatório de pressão, em kmol.

12.43 Um fluxo de ar (O_2) a 100°F (37,8°C) e 2 atm entra em um vaso de pressão isolado, em regime permanente, com uma vazão mássica de 1 lbm/min (0,454 kg/min) e mistura-se com um fluxo de ar que entra separadamente a 200 °F (93,3°C) e 1,5 atm, com uma vazão mássica de 2 lbm/min (0,907 kg/min). A mistura saí a uma pressão de 1 atm. Os efeitos das energias cinética e potencial podem ser desprezados. Em uma base de calores específicos constantes, determine
(a) a temperatura de saída da mistura, em °F.
(b) a taxa de destruição de exergia, em Btu/min, para $T_0 = 40°F$ (4,44°C).

12.44 Um dispositivo está sendo projetado para *separar* em componentes uma determinada composição de gás natural que consiste em CH_4 e de C_2H_6 na qual a fração molar de C_2H_6, indicada por y, pode variar de 0,05 a 0,50. O dispositivo receberá gás natural a 20°C e 1 atm com uma vazão volumétrica de 100 m³/s. Fluxos separados de CH_4 e de C_2H_6 sairão, cada qual a 20°C e 1 atm. A transferência de calor entre o dispositivo e sua vizinhança ocorre a 20°C. Desprezando os efeitos das energias cinética e potencial, represente graficamente, em relação a y, a entrada de trabalho teórico mínimo necessário em regime permanente, em kW.

Explorando os Princípios Psicrométricos

12.45 Uma tubulação de água a 5°C passa acima da superfície entre dois edifícios. O ar na vizinhança está a 35°C. Qual é a umidade relativa máxima que o ar pode ter antes que a condensação ocorra sobre a tubulação?

12.46 A temperatura interna de uma parede de uma residência está a 16°C. se o ar no quarto está a 21°C, qual é a máxima umidade relativa que o ar pode ter antes que a condensação ocorra sobre a parede?

12.47 Uma sala de conferências com um volume de 10^6 ft³ (28317 m³) contém ar a 80°F (26,7°C), 1 atm e umidade relativa de 0,01 lbm (0,045 kg) de vapor d'água por lbm de ar seco. Determine
(a) a umidade relativa.
(b) a temperatura de ponto de orvalho, em °F.
(c) a massa de vapor d'água contida no ambiente, em lbm.

12.48 Um grande cômodo contém ar úmido a 30°C e 102 kPa. A pressão parcial do vapor d'água é de 1,5 kPa. Determine
(a) a umidade relativa.
(b) a razão de mistura, em kg (vapor) por kg (ar seco).
(c) a temperatura de ponto de orvalho, em °C.
(d) a massa de ar seco, em kg, se a massa de vapor d'água for de 10 kg.

12.49 Para que temperatura, em °C, o ar úmido com uma razão de mistura de $5 \cdot 10^{-3}$ kg (vapor) por kg (ar seco) deve ser resfriado a uma pressão constante de 2 bar ($2 \cdot 10^5$ Pa) para que se torne ar úmido saturado?

12.50 Uma quantidade fixa de ar inicialmente a 14,5 lbf/in² (100 kPa), 80°F (26,7°C) e umidade relativa de 50% é comprimida isotermicamente até que a condensação da água comece. Determine a pressão da mistura no início da condensação, em lbf/in².

12.51 Como mostrado na Fig. P12.51, ar úmido a 30°C, 2 bar ($2 \cdot 10^5$ Pa) e 50% de umidade relativa entra em um trocador de calor operando em regime permanente com uma vazão mássica de 600 kg/h e é esfriado em pressão constante à 20°C. Desprezando os efeitos das energias cinética e potencial, determine a taxa de transferência de calor do fluxo de ar úmido, em kJ/h.

Fig. P12.51

12.52 Duas libra-massa (0,9 kg) de ar úmido inicialmente a 100°F (37,8°C), 1 atm, 40% de umidade relativa são comprimidas isotermicamente até 4 atm. Se a condensação ocorre, determine a quantidade de água condensada, em lbm. Se não há condensação, determine a umidade relativa final.

12.53 Um tanque rígido com volume de 3 m³ contém ar úmido em equilíbrio com água líquida a 80°C. As massas presentes inicialmente são 10,4 kg de ar seco, 0,88 kg de vapor d'água e 0,17 kg de água líquida. Se o tanque for aquecido a 160°C, determine:
(a) a pressão final, em bar.
(b) a transferência de calor, em kJ.

12.54 Ar a 12°C e 1 atm, com 40% de umidade relativa, entra em um trocador de calor com vazão volumétrica de 1 m³/s. Uma corrente separada de ar seco entra a 280°C e 1 atm com uma vazão de 0,875 kg/s e sai a 220°C. Desprezando a troca de calor entre o trocador e as vizinhanças, quedas de pressão, efeitos de energia cinética e potencial, determine:
(a) a temperatura de saída do ar úmido, em °C.

Fig. P12.47

(b) a taxa de destruição de exergia, em kW, para $T_0 = 12°C$.

12.55 Resolva o Problema 12.47 utilizando a carta psicrométrica da Fig. A-9E.

12.56 Uma mistura de nitrogênio e vapor d'água a 200°F (93,3°C) e 1 atm tem uma análise molar de 80% de N_2 e 20% de vapor d'água. Se a mistura for resfriada a pressão constante, determine a temperatura, em °F, à qual o vapor d'água começa a se condensar.

12.57 Um sistema que consiste inicialmente em 0,5 m³ de ar a 35°C, 1 bar (10^5 Pa) e 70% de umidade relativa é resfriado a pressão constante até 29°C. Determine o trabalho e a transferência de calor para o processo, cada qual em kJ.

12.58 Ar úmido inicialmente a 125°C, 4 bar ($4 \cdot 10^5$ Pa) e 50% de umidade relativa está contido em um vaso de pressão rígido fechado de 2,5 m³. O conteúdo do vaso de pressão é resfriado. Determine a transferência de calor, em kJ, se a temperatura final do vaso de pressão for de (a) 110°C, (b) 30°C.

12.59 Um reservatório de pressão rígido e fechado e inicialmente contém 0,5 m³ de ar úmido em equilíbrio com 0,1 m³ de água líquida a 80°C e 0,1 MPa. Se o conteúdo do reservatório de pressão for aquecido a 200°C, determine
(a) a pressão final, em MPa.
(b) a transferência de calor, em kJ.

12.60 Ar a 30°C, 1,05 bar e 80% de umidade relativa é admitido em um desumidificador operando sob regime permanente. Ar úmido sai a 15°C, 1 bar e 95% de umidade relativa. O condensado sai como uma corrente separada a 15°C. Um refrigerante circula pela serpentina de refrigeração do desumidificador com um aumento em sua entalpia específica de 100 kJ por quilograma de refrigerante fluindo. Despreze a transferência de calor entre o desumidificador e as vizinhanças, bem como efeitos de energia cinética e potencial e determine a vazão do refrigerante, em kg por kg de ar seco.

12.61 Produtos gasosos de combustão com uma análise molar de 15% de CO_2, 25% de H_2O e 60% de N_2 entram em um tubo de exaustão de motor a 1100°F (593,3°C) e 1 atm e são resfriados à medida que passam pelo tubo para 125°F (51,7°C) e 1 atm. Determine a transferência de calor em regime permanente, em Btu por lbm da mistura de entrada.

12.62 Ar a 60°F (15,6°C), 14,7 lbf/in² (101,4 kPa) e 75% de umidade relativa entra em um compressor isolado que opera em regime permanente e é comprimido até 100 lbf/in² (689,5 kPa). A eficiência isentrópica do compressor é η_c.
(a) Para $\eta_c = 0,8$, determine a temperatura, em °R, para o ar de saída, e o aporte de trabalho necessário e a destruição de exergia, cada qual em Btu por lbm do ar seco corrente. Use $T_0 = 520°R$ (15,7°C).
(b) Represente graficamente cada variável determinada no item (a) *versus* η_c variando de 0,7 a 1,0.

12.63 Ar seco é admitido em um dispositivo operando sob regime permanente a 27°C, 2 bar e 300 m³/min. Água líquida é injetada e uma corrente de ar úmido é formada a 15°C, 2 bar e 91% de umidade relativa. Despreze a transferência de calor entre o dispositivo e as vizinhanças, bem como efeitos de energia cinética e potencial e determine:
(a) a vazão mássica da corrente formada à saída, em kg/min.
(b) a temperatura da água líquida injetada na corrente de ar, em °C.

12.64 Um reservatório de pressão fechado e rígido com volume de 1 m³ contém uma mistura de dióxido de carbono (CO_2) e vapor d'água a 75°C. As massas respectivas são 12,3 kg de dióxido de carbono e 0,05 kg de vapor d'água. Se o conteúdo do reservatório de pressão for resfriado a 20°C, determine a transferência de calor, em kJ, admitindo comportamento de gás ideal.

12.65 Sob regime permanente, ar úmido a 29°C, 1 bar e 50% de umidade relativa entra em um dispositivo com uma vazão volumétrica de 13 m³/s. Água líquida a 40°C é borrifada no ar úmido com uma vazão de 22 kg/s. A água líquida que não evapora na corrente de ar úmido é drenada e flui para outro dispositivo a 26°C com uma vazão de 21,55 kg/s. Uma corrente de ar úmido sai a 1 bar. Despreze a transferência de calor entre o dispositivo e as vizinhanças, bem como efeitos de energia cinética e potencial e determine a temperatura e a umidade relativa da corrente de ar úmido de saída.

12.66 Ar entra em um compressor operando em regime permanente a 50°C, 0,9 bar (0,9 · 10^5 Pa), 70% de umidade relativa e uma vazão volumétrica de 0,8 m³/s. Ar úmido sai do compressor a 195°C e 1,5 bar (1,5 · 10^5 Pa). Supondo que o compressor seja bem isolado, determine
(a) a umidade relativa, na saída.
(b) a potência de entrada, em kW.
(c) taxa de produção de entropia, em kW/K.

12.67 Ar úmido entra em um volume de controle em regime permanente com uma vazão volumétrica de 3500 ft³/min (99,1 m³/min). O ar úmido entra a 120°F (48,9°C), 1,2 atm e 75 % de umidade relativa. A transferência de calor ocorre através de uma superfície mantida em 50°F (10°C). Ar úmido saturado e condensado, a 68°F (20°C), sai do volume de controle. Supondo $\dot{W}_{vc} = 0$ e que os efeitos das energias cinética e potencial são desprezíveis, determine
(a) a vazão mássica do condensado, em lbm/min.
(b) a taxa de transferência de calor, em Btu/min.
(c) a taxa de produção de entropia, em Btu/°R · min.
(d) a taxa de destruição de exergia, em Btu/min, para $T_0 = 50°F$ (10°C).

12.68 Ar úmido a 15°C, 1,3 atm, 63% de umidade relativa e uma vazão volumétrica de 770 m³/h entra em um volume de controle, em regime permanente, e flui ao longo de uma superfície mantida a 187°C, através da qual ocorre transferência de calor. Água líquida a 15°C é injetada a uma taxa de 7 kg/h e evapora no fluxo corrente. Para o volume de controle $\dot{W}_{vc} = 0$ e os efeitos das energias cinética e potencial são desprezíveis. Se o ar úmido sai a 45°C e 1,3 atm, determine
(a) a taxa de transferência de calor, em kW.
(b) a taxa de produção de entropia, em kW/K.

12.69 Utilizando a Eq. 12.48, determine a razão de mistura e a umidade relativa para cada um dos casos a seguir.
(a) As temperaturas de bulbo seco e de bulbo úmido em uma sala de conferências a 1 atm são, respectivamente, 24 e 16°C.
(b) As temperaturas de bulbo seco e de bulbo úmido em um espaço fabril a 1 atm são, respectivamente, 75°F (23,9°C) e 60°F (15,6°C).
(c) Repita os itens (a) e (b) utilizando a carta psicrométrica.
(d) Repita os itens (a) e (b) utilizando o *Interactive Thermodynamics: IT* ou programa similar.

12.70 Utilizando a carta psicrométrica, Fig. A-9, determine
(a) a umidade relativa, a razão de mistura e a entalpia específica da mistura, em kJ por kg de ar seco, correspondendo às temperaturas de bulbo seco e de bulbo úmido, respectivamente, de 30 e 25°C.
(b) a razão de mistura, a entalpia específica da mistura e a temperatura de bulbo úmido correspondente à temperatura de bulbo seco de 30°C e 60% de umidade relativa.
(c) a temperatura de ponto de orvalho correspondente, as temperaturas de bulbo seco e de bulbo úmido, respectivamente, de 30 e de 20°C.
(d) Repita os itens (a) a (c) utilizando o *Interactive Thermodynamics: IT* ou programa similar.

12.71 Utilizando a carta psicrométrica, Fig. A-9E, determine
(a) a temperatura de ponto de orvalho correspondente às temperaturas de bulbo seco e de bulbo úmido, respectivamente, de 80°F (26,7°C) e 70°F (21,1°C).
(b) a razão de mistura, a entalpia específica da mistura, em Btu por lbm de ar seco e a temperatura de bulbo úmido correspondente à temperatura de bulbo seco de 80°F (26,7°C) e 70% de umidade relativa.
(c) a umidade relativa, a razão de mistura e a entalpia específica da mistura correspondente às temperaturas de bulbo seco e de bulbo úmido, respectivamente, 80°F (26,7°C) e 65°F (18,3°C).
(d) Repita os itens (a) a (c) utilizando o *Interactive Thermodynamics: IT* ou programa similar.

12.72 Uma dada quantidade de ar inicialmente a 52°C, 1 atm e 10% de umidade relativa é resfriada a pressão constante até 15°C. Utilizando a carta psicrométrica, determine se a condensação acontece. Se sim, estime a quantidade de água condensada, em kg por kg de ar seco. Se não houver condensação, determine a umidade relativa no estado final.

12.73 Um ventilador dentro de um duto isolado fornece ar úmido na saída do duto a 35°C, 50% de umidade relativa e a uma vazão volumétrica de 0,4 m³/s. Em regime permanente, a entrada de potência para o ventilador é de 1,7 kW. A pressão por todo o duto é de aproximadamente 1 atm. Utilizando a carta psicrométrica, determine a temperatura, em °C e a umidade relativa na entrada do duto.

12.74 A entalpia de mistura por unidade de massa de ar seco, em kJ/kg(a), representada na Fig. A-9 pode ser aproximada de perto a partir da expressão

$$\frac{H}{m_a} = 1{,}005\, T(°C) + \omega[2501{,}7 + 1{,}82\, T(°C)]$$

Quando se utiliza a Fig. A-9E, a expressão correspondente, em Btu/lbm(a), é

$$\frac{H}{m_a} = 0{,}24\, T(°F) + \omega[1061 + 0{,}444\, T(°F)]$$

Observando todas as hipóteses significativas, desenvolva as expressões imediatamente anteriores.

Mistura de Gases Ideais e Aplicações à Psicrometria   **647**

Estudo de Utilizações de Condicionamento de Ar

12.75 Cada caso relacionado fornece a temperatura de bulbo seco e a umidade relativa do fluxo de ar úmido que entra em um sistema de condicionamento de ar:
(a) 40°C, 60%.
(b) 20°C, 65%.
(c) 32°C, 45%.
(d) 13°C, 30%.
(e) 30°C, 35%.
As condições do fluxo de saída de ar úmido do sistema devem satisfazer a estas *restrições*: $23 \leq T_{db} \leq 28°C$, $45 \leq \phi \leq 60\%$. Em cada caso, desenvolva o desenho esquemático do equipamento e dos processos da Seção 12.8 para alcançar o resultado desejado. Esboce os processos em uma carta psicrométrica.

12.76 Ar úmido é admitido em um dispositivo operando sob regime permanente a 1 atm com uma temperatura de bulbo seco de 55°C e uma temperatura de bulbo úmido de 25°C. Água líquida a 20°C é borrifada na corrente de ar, levando a temperatura a 40°C, a 1 atm, na saída. Determine:
(a) as umidades relativas na entrada e na saída.
(b) a taxa na qual água líquida é borrifada na corrente de ar, em kg por kg de ar seco.

12.77 Ar a 1 atm com temperaturas de bulbo seco e de bulbo úmido, respectivamente, de 82°F (27,8°C) e 68°F (20°C), entra em um duto com uma vazão mássica de 10 lbm/min (4,54 kg/min) e é resfriado essencialmente a pressão constante até 62°F (16,7°C). Para operação em regime permanente e desprezando os efeitos das energias cinética e potencial, determine
(a) a umidade relativa na entrada do duto.
(b) a taxa de transferência de calor, em Btu/min.
(c) Confira as suas respostas utilizando dados da carta psicrométrica.
(d) Confira as suas respostas utilizando o *Interactive Thermodynamics: IT* ou programa similar.

12.78 Ar a 35°C, 1 atm e 50% de umidade relativa entra em um desumidificador que opera em regime permanente. Ar úmido saturado e o condensado saem em fluxos separados, cada qual a 15°C. Desprezando os efeitos das energias cinética e potencial, determine
(a) a transferência de calor do ar úmido, em kJ por kg de ar seco.
(b) a quantidade de água condensada, em kg por kg de ar seco.
(c) Confira as suas respostas utilizando dados da carta psicrométrica.
(d) Confira as suas respostas utilizando o *Interactive Thermodynamics*: *IT* ou programa similar.

12.79 Ar a 80°F (26,7°C), 1 atm e 70% de umidade relativa entra em um desumidificador que opera em regime permanente, com uma vazão mássica de 1 lbm/s (0,454 kg/s). O ar úmido saturado e o condensado saem em fluxos separados, cada qual a 50°F (10°C). Desprezando os efeitos das energias cinética e potencial, determine
(a) a taxa de transferência de calor do ar úmido, em toneladas de refrigeração.
(b) a taxa de condensação da água, em lbm/s.
(c) Confira as suas respostas utilizando dados da carta psicrométrica.
(d) Confira as suas respostas utilizando o *Interactive Thermodynamics: IT* ou programa similar.

12.80 Ar úmido a 28°C, 1 bar (10^5 Pa) e 50% de umidade relativa escoa através de um duto que opera em regime permanente. O ar é resfriado essencialmente a pressão constante e sai a 20°C. Determine a taxa de transferência de calor, em kJ por kg de ar seco corrente e a umidade relativa na saída.

12.81 Um ar-condicionado que opera em regime permanente recebe ar úmido a 28°C, 1 bar (10^5 Pa) e 70% de umidade relativa. O ar úmido primeiro passa por uma serpentina de resfriamento na unidade desumidificadora e algum vapor d'água é condensado. A taxa de transferência de calor entre o ar úmido e a serpentina de resfriamento é de 11 toneladas de refrigeração. Os fluxos de ar úmido saturado e de condensado saem da unidade desumidificadora à mesma temperatura. O ar úmido então passa através de uma unidade de aquecimento, saindo a 24°C, 1 bar (10^5 Pa) e 40% de umidade relativa. Desprezando os efeitos das energias cinética e potencial, determine
(a) a temperatura de saída do ar úmido da unidade de desumidificação, em °C.
(b) a vazão volumétrica do ar que entra no ar-condicionado, em m³/min.
(c) a taxa de condensação da água, em kg/min.
(d) a taxa de transferência de calor do ar que passa pela unidade de aquecimento, em kW.

12.82 A Fig. P12.82 mostra um compressor seguido por um resfriador posterior (em inglês, *after-cooler*). Ar atmosférico a 14,7 lbf/in² (101,4 kPa), 90°F (32,2°C) e 75% de umidade relativa entra no compressor com uma vazão volumétrica de 100 ft³/min (2,83 m³/min). A entrada de potência no compressor é de 15 hp (11,2 kW). O ar úmido sai do compressor a 100 lbf/in² (689,5 kPa) e 400°F (204,4°C) e flui através do resfriador posterior, onde é resfriado a pressão constante, saindo saturado a 100°F (37,8°C). O condensado também sai do resfriador posterior a 100°F (37,8°C). Para uma operação em regime permanente e efeitos desprezíveis das energias cinética e potencial, determine
(a) a taxa de transferência de calor do compressor para a sua vizinhança, em Btu/min.
(b) a vazão mássica do condensado, em lbm/min.
(c) a taxa de transferência de calor do ar úmido para o fluido refrigerante que circula na serpentina de resfriamento, em toneladas de refrigeração.

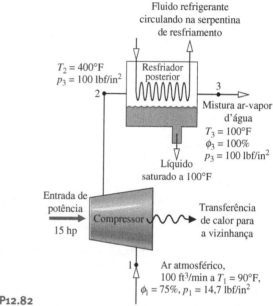

Fig. P12.82

12.83 Ar externo a 50°F (10°C), 1 atm e 40% de umidade relativa entra em um dispositivo de condicionamento de ar operando em regime permanente. Água líquida é injetada a 45°F (7,22°C) e um fluxo de ar úmido sai com uma vazão volumétrica de 1000 ft³/min (28,3 m³/min) a 90 °F (32,2°C), 1 atm e uma umidade relativa de 40%. Desprezando os efeitos das energias cinética e potencial, determine
(a) a taxa à qual a água é injetada, em lbm/min.
(b) a taxa de transferência de calor para o ar úmido, em Btu/h.

12.84 A Fig. P12.84 mostra um sistema de umidificação por *spray* e dados para operação sob regime permanente. A transferência de calor entre o dispositivo e as vizinhanças pode ser desprezada, assim como efeitos de energia cinética e potencial. Determine a taxa de destruição de exergia, em Btu/min, para $T_0 = 95°F$ (35°C).

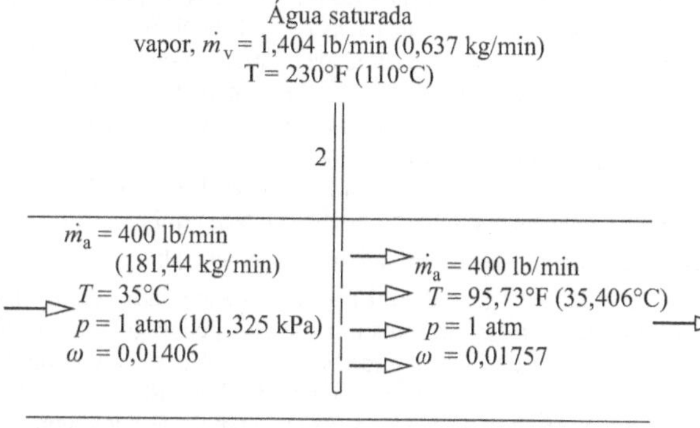

Fig. P12.84

12.85 Ar úmido a 95°F (35°C), 1 atm e umidade relativa de 30% entra em um dispositivo de umidificação por aspersão de vapor d'água que opera em regime permanente com uma vazão volumétrica de 5700 ft³/min (161,4 m³/min). Vapor de água saturado a 230°F (110°C) é borrifado no ar úmido, que então sai do dispositivo com uma umidade relativa de 50%. A transferência de calor entre o dispositivo e sua vizinhança pode ser desprezada, assim como os efeitos das energias cinética e potencial. Determine
(a) a temperatura do fluxo de saída do ar úmido, em °F.
(b) a taxa à qual o vapor é injetado, em lbm/min.

12.86 Para o umidificador de aspersão de vapor d' água do Problema 12.85, determine a taxa de destruição de exergia, em Btu/min. Use $T_0 = 95°F$ (35°C).

12.87 Ar atmosférico com temperaturas de bulbo seco e de bulbo úmido de 33 e 29°C, respectivamente, é admitido em uma câmara isolada operando sob regime permanente e é misturado com ar entrando com temperaturas de bulbo seco e de bulbo úmido de 16 e 12°C, respectivamente. A vazão volumétrica da corrente de mais baixa temperatura é o dobro daquela de mais alta temperatura. Somente uma corrente deixa a câmara de mistura. Para esta corrente, determine:
(a) a umidade relativa.
(b) a temperatura, em °C.
A pressão é uniforme no processo, de 1 atm. Efeitos de energia cinética e potencial são desprezíveis.

12.88 Ar úmido a 27°C, 1 atm e 50% de umidade relativa entra em uma unidade de resfriamento evaporativo operando em regime permanente, consistindo em uma seção de aquecimento seguida de uma almofada encharcada do resfriador evaporativo operando adiabaticamente. O ar que passa pela seção de aquecimento é aquecido até 45°C. Em seguida, o ar passa por uma almofada encharcada, saindo com 50% de umidade relativa. Utilizando dados da carta psicrométrica, determine
(a) a razão de mistura da mistura de ar úmido de entrada, em kg (vapor) por kg (ar seco)
(b) a taxa de transferência de calor para o ar úmido que passa através da seção de aquecimento, em kJ por kg de mistura.
(c) a razão de mistura e a temperatura, em °C, na saída da seção de resfriamento evaporativo.

12.89 Sob regime permanente, uma corrente com vazão de 650 ft³/min (18,4 m³/min) de ar a 55°F (12,8°C), 1 atm e 20% de umidade relativa é misturada adiabaticamente a outra corrente de ar com vazão de 900 ft³/min (25,5 m³/min) a 75°F (23,9°C), 1 atm e 80% de umidade relativa. Uma corrente é formada a 1 atm. Desprezando efeitos de energia cinética e potencial, determine para a corrente formada:
(a) a umidade relativa.
(b) a temperatura, em °F.

12.90 Em regime permanente, ar úmido precisa ser fornecido para uma sala de aula a uma determinada vazão volumétrica e temperatura T. O ar é retirado da sala de aula em um fluxo separado à temperatura de 27°C e 50% de umidade relativa. Umidade é adicionada ao ar pelos ocupantes da sala a uma taxa de 4,5 kg/h. A umidade pode ser considerada vapor saturado a 33°C. Estima-se que a transferência de calor para o espaço ocupado a partir de todas as fontes ocorra a uma taxa de 34.000 kJ/h. A pressão permanece constante a 1 atm.
(a) Para um suprimento de ar com uma vazão volumétrica de 40 m³/min, determine a temperatura do ar suprido T, em °C, e a umidade relativa.
(b) Represente graficamente a temperatura do ar suprido, em °C, e a umidade relativa, cada qual em relação à vazão volumétrica de ar suprido que varia de 35 a 90 m³/min.

12.91 O ar entra em um dispositivo para aquecer e umidificar o ar, em regime permanente, a 250 ft³/min (7,08 m³/min), 40°F (4,44°C), 1 atm e 80% de umidade relativa em uma posição e a 1000 ft³/min (28,3 m³/min), 60°F (15,6°C), 1 atm e 80% de umidade relativa em outra posição, e água líquida é injetada a 55°F (12,8°C). Um fluxo único de ar úmido sai a 85°F (29,4°C), 1 atm e 35% de umidade relativa. Utilizando dados da carta psicrométrica da Fig. A-9E, determine
(a) a taxa de transferência de calor para o dispositivo, em Btu/min.
(b) a taxa à qual a água líquida é injetada, em lbm/min.
Despreze os efeitos das energias cinética e potencial.

12.92 Ar a 35°C, 1 bar (10^5 Pa) e 10% de umidade relativa entra em uma unidade de resfriamento evaporativo que opera em regime permanente. A vazão volumétrica do ar de entrada é de 50 m³/min. Água líquida entra no resfriador a 20°C e evapora totalmente. Ar úmido sai do resfriador a 25°C, 1 bar (10^5 Pa). Se não houver transferência de calor significativa entre o dispositivo e sua vizinhança, determine
(a) a taxa à qual o líquido entra, em kg/min.
(b) a umidade relativa na saída.
(c) a taxa de destruição de exergia, em kJ/min, para $T_0 = 20°C$.
Despreze os efeitos das energias cinética e potencial.

12.93 Utilizando as Eqs. 12.56, mostre que

$$\frac{\dot{m}_{a1}}{\dot{m}_{a2}} = \frac{\omega_3 - \omega_2}{\omega_1 - \omega_3} = \frac{(h_{a3} + \omega_3 h_{g3}) - (h_{a2} + \omega_2 h_{g2})}{(h_{a1} + \omega_1 h_{g1}) - (h_{a3} + \omega_3 h_{g3})}$$

Empregue esta relação para mostrar em uma carta psicrométrica que o estado 3 da mistura está sobre uma linha reta que conecta os estados iniciais dos dois fluxos antes da mistura.

12.94 Para o processo de mistura adiabática do Exemplo 12.14, represente graficamente a temperatura de saída, em °C, em relação à vazão volumétrica do fluxo 2 variando de 0 a 1400 m³/min. Discuta o fato do gráfico como $(AV)_2$ ir para zero e como $(AV)_2$ tornar-se maior.

12.95 Um fluxo que consiste em 35 m³/min de ar úmido a 14°C, 1 atm e 80% de umidade relativa mistura-se adiabaticamente com um fluxo que consiste em 80 m³/min de ar úmido a 40°C, 1 atm e 40% de umidade relativa, resultando em um único fluxo a 1 atm. Utilizando a carta psicrométrica em conjunto com o procedimento do Problema 12.93, determine a umidade relativa e a temperatura, em °C, do fluxo de saída.

12.96 Em regime permanente, um fluxo de ar a 56°F (13,3°C), 1 atm e 50% de umidade relativa mistura-se adiabaticamente com um fluxo de ar a 100°F (37,8°C), 1 atm e 80% de umidade relativa. A vazão mássica do fluxo de maior temperatura é duas vezes maior que o outro fluxo. Um único fluxo misturado sai a 1 atm. Utilizando o resultado do Problema 12.74, determine para o fluxo de saída
(a) a temperatura, em °F.
(b) a umidade relativa.
Despreze os efeitos das energias cinética e potencial.

12.97 Em regime permanente, ar úmido a 42°C, 1 atm e 30% de umidade relativa é misturado adiabaticamente com um segundo fluxo de ar úmido entrando a 1 atm. A vazão mássica dos dois fluxos é a mesma. Um único fluxo misturado sai a 29°C, 1 atm e 40% de umidade relativa com uma vazão mássica de 2 kg/s. Os efeitos das energias cinética e potencial são desprezíveis. Para o segundo fluxo de ar úmido de entrada, determine, utilizando dados da carta psicrométrica,
(a) a umidade relativa.
(b) a temperatura, em °C.

12.98 A Figura P12.98 mostra duas opções para o condicionamento de ar atmosférico, em regime permanente. Em cada caso o ar entra a 15°C, 1 atm e 20% de umidade relativa com uma vazão volumétrica de 150 m³/s e sai a 30°C, 1 atm e 40% de umidade relativa. Um método condiciona o ar através da injeção de vapor d'água saturado a 1 atm. O outro método permite que o ar de entrada passe através de uma almofada encharcada reabastecida por água líquida entrando a 20°C. O fluxo de ar úmido é então aquecido por uma resistência elétrica. Para $T_0 = 288$ K, qual das duas opções é preferível a partir do ponto de vista de ter menos destruição de exergia? Discuta.

12.99 Ar a 30°C, 1 bar (10^5 Pa) e 50% de umidade relativa entra em uma câmara isolada que opera em regime permanente com uma vazão mássica de 3 kg/min e mistura-se com um fluxo de ar úmido saturado que entra a 5°C e 1 bar (10^5 Pa), com uma vazão mássica de 5 kg/min. Um único fluxo misturado sai a 1 bar (10^5 Pa). Determine
(a) a umidade relativa e a temperatura, em °C, do fluxo de saída.
(b) a taxa de destruição de exergia, em kW, para $T_0 = 20°C$.
Despreze os efeitos das energias cinética e potencial.

12.100 A Fig. P12.100 mostra um dispositivo para condicionamento de ar úmido entrando a 5°C, 1 atm, 90% de umidade relativa e vazão volumétrica de 60 m³/min. O ar de entrada é inicialmente aquecido sob pressão constante até 24°C. Vapor d'água superaquecido a 1 atm é, então, injetado, levando a corrente de ar úmido a 25°C, 1 atm e 45% de umidade relativa. Para o processo sob regime permanente e, desprezando efeitos de energia cinética e potencial, determine:
(a) a taxa de transferência de calor para o ar passando pela seção de aquecimento, em kJ/min.
(b) a vazão mássica de vapor d'água injetado, em kg/min.
(c) Se o vapor d'água injetado sofre uma expansão em uma válvula a partir de uma condição de vapor saturado na entrada da válvula, determine a pressão neste ponto, em bar.

12.101 Um fluxo de ar (fluxo 1) a 60°F (15,6°C), 1 atm e 30% de umidade relativa é misturado adiabaticamente com um fluxo de ar (fluxo 2) a 90°F (32,2°C), 1 atm e 80% de umidade relativa. Um fluxo único (fluxo 3) sai da câmara de mistura à temperatura T_3 a 1 atm. Admita regime permanente e despreze os efeitos das energias cinética e potencial. Usando r para denominar a razão das vazões mássicas de ar seco $\dot{m}_{a1}/\dot{m}_{a2}$
(a) determine T_3, em °F, para $r = 2$.
(b) represente graficamente T_3, em °F, em relação a r variando de 0 a 10.

Mistura de Gases Ideais e Aplicações à Psicrometria   **649**

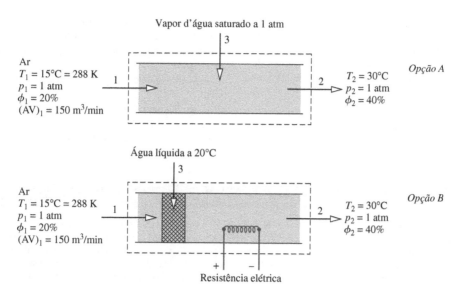

Fig. P12.98

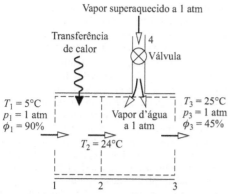

Fig. P12.100

12.102 A Fig. P12.102 mostra um misturador adiabático de dois fluxos de ar úmido, em regime permanente. Os efeitos das energias cinética e potencial são desprezíveis. Determine a taxa de destruição de exergia, em Btu/min, para $T_0 = 95°F$ (35°C).

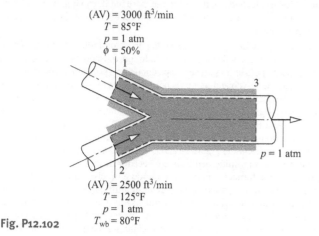

Fig. P12.102

Análise de Torres de Resfriamento

12.103 Em um condensador de uma central elétrica, energia é descarregada por transferência de calor a uma taxa de 836 MW para a água de resfriamento que sai do condensador a 40°C para a torre de resfriamento. A água resfriada a 20°C retorna para o condensador. Ar atmosférico entra na torre a 25°C, 1 atm e 35% de umidade relativa. O ar úmido sai a 35°C, 1 atm e 90% de umidade relativa. Água de reposição é fornecida a 20°C. Para a operação em regime permanente, determine a vazão mássica, em kg/s
(a) do ar atmosférico de entrada.
(b) da água de reposição.
Despreze os efeitos das energias cinética e potencial.

12.104 Água líquida a 100°F (37,8°C) entra em uma torre de resfriamento que opera em regime permanente, e a água resfriada saí da torre a 80°F (26,7°C). Dados para os vários fluxos que entram e saem da torre são mostrados na Fig. P12.104. Nenhuma água de reposição é fornecida. Determine
(a) a vazão mássica do ar atmosférico de entrada, em lbm/h.
(b) a taxa à qual a água evapora, em lbm/h.
(c) a vazão mássica do fluxo de líquido na saída, em lbm/h.

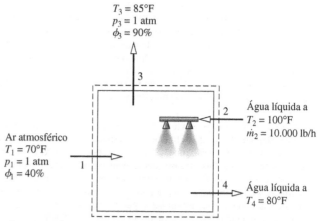

Fig. P12.104

12.105 Água líquida a 120°F (48,9°C) entra em uma torre de resfriamento operando sob regime permanente com uma vazão mássica de 140 lb/s (63,5 kg/s). Ar atmosférico entra a 80°F (26,7°C), 1 atm e 30% de umidade relativa. Ar saturado sai a 100°F (37,8°C), 1 atm. Água de reposição não é fornecida ao sistema. Determine a vazão mássica de ar seco necessária, em lb/h, se a água resfriada sair da torre a (a) 80°F (26,7°C) e (b) 60°F (15,6°C). Despreze efeitos de energia cinética e potencial.

12.106 Água líquida a 100°F (37,8°C) e uma vazão volumétrica de 200 gal/min (0,757 m³/min) entra em uma torre de resfriamento que opera em regime permanente. O ar atmosférico entra a 1 atm com uma temperatura de bulbo seco de 80°F (26,7°C) e uma temperatura de bulbo úmido de 60°F (15,6°C). O ar úmido sai da torre de resfriamento a 90°F (32,2°C) e 90% de umidade relativa. Água de reposição é fornecida a 80°F (26,7°C). Represente graficamente as vazões mássicas do ar seco e da água de reposição, cada qual em lbm/min, em relação à água de retorno com as temperaturas variando entre 80°F (26,7°C) e 100°F (37,8°C). Despreze os efeitos das energias cinética e potencial.

12.107 Água líquida entra em uma torre de resfriamento que opera em regime permanente a 40°C com uma vazão mássica de 10^5 kg/h. Água resfriada a 25°C sai da torre de resfriamento com a mesma vazão mássica.

Água de reposição é fornecida a 23°C. Ar atmosférico entra na torre à 30°C, 1 bar (10⁵ Pa) e 35% de umidade relativa. Um fluxo de ar úmido saturado sai a 34°C, e 1 bar (10⁵ Pa). Determine

(a) as vazões mássicas do ar seco e da água de reposição, cada qual em kg/h.
(b) a taxa de destruição de exergia na torre de resfriamento, em kW, para $T_0 = 23°C$.

Despreze os efeitos das energias cinética e potencial.

12.108 Água líquida a 120°F (48,9°C) e uma vazão volumétrica de 275 ft³/min (7,79 m³/min) entra em uma torre de resfriamento que opera em regime permanente. Água resfriada sai da torre a 90°F (32,2°C). Ar atmosférico entra na torre a 86°F (30°C), 1 atm e 35% de umidade relativa, e ar úmido saturado a 100°F (37,8°C) e 1 atm sai da torre de resfriamento. Determine

(a) as vazões mássicas do ar seco e da água resfriada, cada qual em lbm/min.
(b) a taxa de destruição de exergia dentro da torre de resfriamento, em Btu/s, para $T_0 = 77°F$ (25°C).

Despreze os efeitos das energias cinética e potencial.

▶ PROJETOS E PROBLEMAS EM ABERTO: EXPLORANDO A PRÁTICA DE ENGENHARIA

12.1P Cerca de metade do ar que respiramos em alguns aviões é de ar fresco e o resto é de ar recirculado. Investigue o desenho esquemático de um equipamento típico de mistura de ar fresco com ar filtrado recirculado para cabines de passageiros de aviões comerciais. Que tipos de filtros são utilizados e como estes operam? Escreva um relatório incluindo pelo menos três referências.

12.2P Identifique um campus, um edifício comercial ou outro tipo de edifício em sua localidade com um sistema de condicionamento de ar instalado há 20 anos ou mais. Analise criticamente a eficiência do sistema em termos do nível de conforto fornecido, custos operacionais, custos de manutenção, o efeito potencial no aquecimento global do fluido refrigerante utilizado, e outras questões pertinentes. Nesta base, recomende atualizações específicas para o sistema ou a justificativa para uma substituição total do sistema. Apresente as suas conclusões em uma apresentação PowerPoint.

12.3P Estude um sistema de condicionamento de ar para uma das salas de aula que você frequenta na qual o conforto dos ocupantes não seja satisfatório, descrevendo o sistema em detalhes, incluindo a estratégia de controle. Proponha modificações visando aumentar a satisfação dos ocupantes, incluindo um novo sistema de aquecimento, ventilação e condicionamento de ar (sigla em inglês, HVAC) para a sala caso se justifique. Compare o sistema proposto e o existente em termos de conforto dos ocupantes, impacto potencial na produtividade e nos requisitos de energia. Detalhe as suas conclusões em um resumo executivo e uma apresentação PowerPoint.

12.4P Avalie criticamente uma torre de resfriamento de seu campus ou das redondezas, em termos da efetividade em fornecer a quantidade necessária de água resfriada, custos operacionais, custos de manutenção e outros assuntos relevantes. Caso se justifique, recomende atualizações com custos competitivos da torre de resfriamento existente ou o uso de tecnologias alternativas de resfriamento para atingir o nível de desempenho desejado, que incluam opções para minimizar a perda de água. Apresente as suas conclusões em um relatório incluindo ao menos três referências.

12.5P Supermercados nos Estados Unidos utilizam sistemas de ar-condicionado projetados primariamente para controlar a temperatura do ar. Esses dispositivos produzem uma corrente de ar com umidade relativa próxima a 55%. Com esta umidade relativa, gelo e condensação excessivos podem se formar dentro dos estojos e mostradores dos dispositivos, sendo uma quantidade significativa de energia empregada para evitar esse problema. Pesquise tecnologias disponíveis para reduzir os níveis de umidade total em supermercados para 40–45%, reduzindo, portanto, problemas associados ao congelamento e condensação. Estime a economia potencial associada a essa estratégia para um supermercado na região onde você reside. Estojos e mostradores refrigerados com portas frontais em vidro podem reduzir significativamente a carga de refrigeração. Quais são os impactos associados ao nível de umidade total e a ocorrência de congelamento e condensação em estojos fechados? Escreva um relatório incluindo cálculos representativos e, ao menos, três referências.

12.6P Escreva um relatório explicando a maneira como o corpo humano regula a sua temperatura, em condições de clima frio e de clima quente. Baseando-se nesses mecanismos *termorreguladores*, discuta os desenhos de roupas de proteção pessoal para bombeiros e outros socorristas. Como essas vestimentas são desenhadas para prover proteção contra agentes químicos e biológicos, enquanto mantém conforto térmico razoável para permitir atividades físicas vigorosas? Inclua em seu relatório pelo menos três referências.

12.7P Compostos de fósforo e zinco são utilizados como aditivos em grandes sistemas de torres de resfriamento para controlar a corrosão e a deposição de sólidos. Legislações específicas em elaboração tendem a limitar o uso de compostos de fósforo nestes sistemas, especialmente aqueles que descartam a água utilizada no processo diretamente em sistemas de coleta pública. Escreva um relatório explicando como é a manutenção de torres de resfriamento. Inclua informações químicas relevantes e descreva como a corrosão e a deposição de sólidos são prejudiciais ao sistema e como são controladas atualmente. Examine a legislação em elaboração e descreva formas pelas quais projetos novos e já existentes terão de ser alterados para se adequar a estas regulações. Inclua em seu relatório ao menos três referências.

12.8P Aproximadamente há 20 anos, oito cientistas entraram na Biosfera 2, situado em Oracle, no Arizona (Estados Unidos), para um período planejado de dois anos de isolamento. A biosfera de três acres (12141 m²) tinha vários ecossistemas, incluindo um deserto, uma floresta tropical, uma pradaria e pântanos de água salgada. Foi também incluído espécies de plantas e microrganismos destinados a manter o ecossistema. De acordo com o plano, os cientistas deveriam produzir o seu próprio alimento utilizando agricultura orgânica intensiva, pescar peixes criados em viveiros e utilizar uns poucos animais de fazenda. Os ocupantes também iriam respirar oxigênio produzido pelas plantas e beber água filtrada por processos naturais. A luz solar e um gerador alimentado por gás natural iriam atender todas as necessidades de energia. Numerosas dificuldades foram encontradas com os ecossistemas e pelos cientistas, incluindo oxigênio insuficiente, fome e perda de peso corporal e animosidades entre os indivíduos. Estude o registro da Biosfera 2 para as lições que poderiam ajudar substancialmente na concepção de uma biosfera fechada, autossuficiente, para habitação humana em Marte. Apresente as suas conclusões em um relatório incluindo ao menos três referências.

12.9P Em um estudo de 2007 utilizando porcos-da-índia infectados com a gripe em ambientes de clima controlado, pesquisadores investigaram a transmissão pelo ar do vírus da gripe enquanto variavam a temperatura e a umidade dentro do ambiente. Os pesquisadores mostraram que existiam mais infecções quando estava mais frio e seco, e baseado neste trabalho uma correlação significativa foi encontrada entre a razão de mistura e a gripe. (Veja BioConexões na Seção 12.5.2.) Para os experimentos de transmissão pelo ar, os porcos-da-índia foram alojados dentro de caixas como as mostradas na Figura P12.9D. Cada caixa era equipada com uma linha de ar comprimido dedicada e o secador de ar comprimido correspondente que fornece um controle rápido e preciso da injeção de umidade na estrutura e para o sistema de desumidificação. Um recirculador de condensado coleta e recicla o condensado que se forma na base da câmara e fornece continuamente água limpa e filtrada para o sistema de injeção da caixa. As caixas foram posicionadas dentro de um ambiente isolado, com a temperatura ambiente de aproximadamente de 20°C. Os pesquisadores afirmam que temperaturas ambientes acima de 25°C poderiam causar a falha da câmara. O objetivo deste projeto é de especificar sistemas para o aquecimento, a ventilação e o condicionamento de ar (sigla em inglês, HVAC) das caixas, supondo que o espaço abrange 500 ft² (46,6 m²) e aloja cinco caixas ambientais com até oito porcos-da-índia por caixa. Cada caixa fornece uma taxa de transferência de calor máxima de 4000 Btu/h (1172 W/h) para o ambiente. Documente o seu projeto em um relatório que inclui um mínimo de três referências que fundamentam as hipóteses feitas durante o processo de projeto.

12.10P O uso de energia em prédios é significativa nos Estados Unidos, consumindo cerca de 70% de toda a eletricidade gerada. Um aumento no uso da

Mistura de Gases Ideais e Aplicações à Psicrometria **651**

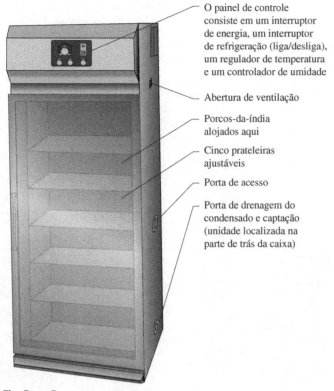

Fig. P12.9P

- O painel de controle consiste em um interruptor de energia, um interruptor de refrigeração (liga/desliga), um regulador de temperatura e um controlador de umidade
- Abertura de ventilação
- Porcos-da-índia alojados aqui
- Cinco prateleiras ajustáveis
- Porta de acesso
- Porta de drenagem do condensado e captação (unidade localizada na parte de trás da caixa)

eletricidade de 50% é esperado ao fim da década atual. Em resposta aos efeitos negativos que prédios têm sobre o uso da energia e no meio ambiente, em 1988 o "Green Building Council" (Conselho dos Edifícios Verdes) dos Estados Unidos desenvolveu LEED®, "Leadership in Energy and Environmental Design" (Liderança em Energia e Projeto Ambiental), um sistema de certificação destinada a melhorar o desempenho de prédios através de vários medidas, incluindo o uso da energia e da água, a emissão de gases de efeito estufa e qualidade do ambiente interno. Milhares de prédios pelo mundo já ganharam a certificação LEED®. Identifique um prédio construído recentemente com a certificação da LEED® em seu campus ou em sua vizinhança. Determine nível de certificação da LEED® que o prédio alcança: certificado, prata, ouro ou platina. Prepare um resumo de projeto de prédios, focando nos elementos incorporados para melhorar o desempenho de energia e ambiental e seus custos associados. Apresente as suas conclusões em um relatório escrito incluindo ao menos três referências.

12.11P Em 2010, o Departamento de Energia dos Estados Unidos centrou o seu programa de pesquisas em tecnologias inovadoras para prover eficiência energética de refrigeração para prédios e redução dos gases de efeito estufa. Os pontos principais do programa incluem os seguintes desenvolvimentos:

1. Sistemas de refrigeração utilizando fluidos refrigerantes com potencial de aquecimento global (do inglês, *global warming potential*) menores ou iguais a 1.

2. Sistemas de condicionamento de ar para climas quentes e úmidos que aumentem o coeficiente de desempenho de *ventilação e resfriamento de ar* de 50% ou mais, baseado em tecnologias atuais.

3. Sistemas de condicionamento de ar de compressão de vapor para climas quentes que condicionam o ar recirculado enquanto aumenta o coeficiente de desempenho em 50% ou mais, baseado em tecnologias atuais.

Para um projeto como o apoiado pelo Departamento de Energia, preparem um relatório que sintetize as metas e objetivos, o plano de pesquisa e os resultados esperados. Também avalie, criticamente, a viabilidade de se incorporar os resultados tecnológicos nos sistemas de refrigeração existentes.

12.12P Um sistema de tratamento de ar está sendo projetado para uma instalação de pesquisa biológica de 40 ft (12,2 m) × 40 ft (12,2 m) × 8 ft (2,44 m) que abriga 3000 ratos de laboratório. As condições internas devem ser mantidas a 75°F (23,9°C) e 60% de umidade relativa, enquanto as condições de ar externo são de 90°F (32,2°C) e 70% de umidade relativa. Desenvolva um pré-projeto de um sistema de condicionamento e distribuição de ar que atenda às normas do National Institute of Health (NIH) para instalações para animais. Admita *nível de segurança biológica 1* (em inglês, *biological safety level 1–BSL-1*) e que dois terços do espaço do chão sejam destinados ao cuidado dos animais. Como uma interrupção na ventilação ou no condicionamento do ar poderia colocar os animais de laboratório sob estresse e comprometer a pesquisa em curso na instalação, considere *redundância* em seu projeto.

12.13P Níveis adequados de ventilação reduzem a probabilidade da *síndrome do prédio doente* (em inglês, *sick building syndrome*). (Veja BioConexões na Seção 12.4.2.). O ar livre usado para ventilação deve ser condicionado, e isto requer energia. Considere um sistema de tratamento de ar mostrado na Figura P12.13P, que consiste em canalizar dois registros marcados de A e B, um desumidificador de compressão de vapor e um aquecedor. O sistema supre 25 m³/s de ar-condicionado a 20°C e uma umidade relativa de 55% para manter o espaço interior a 25°C e uma umidade relativa de 50%. O ar recirculado tem as mesmas condições do ar do espaço interior. Um mínimo de 5 m³ de ar livre é necessário para promover ventilação adequada. Os registros A e B podem ser configurados para prover um modo alternativo de operação para manter as taxas de ventilação demandadas. Em dado dia de verão, quando o ar livre tem a temperatura de bulbo seco e a umidade relativa, respectivamente, iguais a 25°C e 60%, quais dos três seguintes modos de operação é o melhor sob o ponto de vista da minimização da transferência de calor total *do* ar-condicionado *para* a serpentina de resfriamento e *para* o ar-condicionado *da* serpentina de aquecimento?

1. Registros A e B fechados.
2. Registro A aberto e Registro B fechado, com o ar externo contribuindo com um quarto do suprimento total de ar.
3. Registro A e B abertos. Um quarto do ar-condicionado vem do ar livre e um terço do ar recirculado contorna o desumidificador através da abertura do registro B; o resto flui através de A.

Apresente a sua recomendação em conjunto com a sua argumentação em uma apresentação PowerPoint adequada para a sua turma. Adicionalmente, em um memorando associado, forneça um exemplo de cálculos bem documentados que apoiem suas recomendações.

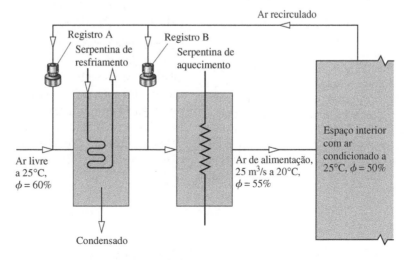

Fig. P12.13P

Fundamentos de *combustão* são introduzidos na Seção 13.1. © Estate of Stephen Laurence Strathdee/iStockphoto

CONTEXTO DE ENGENHARIA O **objetivo** deste capítulo é estudar sistemas que envolvam reações químicas. Visto que a *combustão* de combustíveis hidrocarbonados ocorre na maioria dos dispositivos geradores de potência (Caps. 8 e 9), a combustão é enfatizada neste texto.

A análise termodinâmica de sistemas reagentes se constitui essencialmente de uma extensão dos princípios introduzidos até aqui. Os conceitos aplicados na *primeira parte* do capítulo, que tratam de fundamentos da combustão, permanecem os mesmos: conservação de massa, conservação de energia e a segunda lei da termodinâmica. Torna-se necessário, porém, adaptar os métodos utilizados para estimar a entalpia específica, a energia interna e a entropia, para levar em consideração as mudanças na composição química. Apenas o modo pelo qual essas propriedades são estimadas apresenta diferenças em comparação ao modo anterior de estimá-las, ou seja, uma vez que sejam determinados valores adequados, estes são utilizados como nos capítulos anteriores, em balanços de energia e de entropia para sistemas em análise. Na *segunda parte* do capítulo, o conceito de exergia do Cap. 7 é estendido pela introdução da exergia química.

Os princípios desenvolvidos neste capítulo permitem que se determine a composição de equilíbrio de uma mistura de substâncias químicas. Esse tópico será estudado no Cap. 14. O assunto *dissociação* também é postergado até o próximo capítulo. A predição das *taxas de reação* não faz parte do escopo da termodinâmica clássica, portanto o tópico cinética química, que trata de taxas de reação, não será abordado neste texto.

Misturas Reagentes e Combustão

▶ **RESULTADOS DE APRENDIZAGEM**

Quando você completar o estudo deste capítulo estará apto a...

▶ demonstrar entendimento dos principais conceitos, incluindo a combustão total, o ar teórico, a entalpia de formação e a temperatura adiabática de chama.

▶ determinar as equações de reações balanceadas para a combustão de combustíveis hidrocarbonados.

▶ aplicar balanços de massa, de energia e de entropia a sistemas fechados e para reações químicas em volumes de controle.

▶ fazer análises de exergia, incluindo exergia química e a estimativa de eficiências exergéticas.

Fundamentos da Combustão

13.1 Introdução à Combustão

reagentes
produtos

Quando uma reação química ocorre, as ligações no interior das moléculas dos reagentes são quebradas, e os átomos e os elétrons são reorganizados para formar produtos. Nas reações de combustão, a rápida oxidação dos elementos do combustível resulta em liberação de energia à medida que os produtos de combustão são formados. Os três principais elementos químicos combustíveis presentes em combustíveis usuais são o carbono, o hidrogênio e o enxofre. O enxofre geralmente tem uma contribuição inexpressiva na energia liberada, mas pode ser uma causa significativa de poluição e problemas relacionados à corrosão. Diz-se que a combustão é completa quando todo o carbono presente no combustível é queimado para formar dióxido de carbono, todo o hidrogênio é queimado para formar água, todo o enxofre é queimado para formar dióxido de enxofre e todos os outros elementos combustíveis são completamente oxidados. Quando estas condições não são totalmente atendidas, diz-se que a combustão é *incompleta*.

combustão completa

Neste capítulo, lidamos com reações de combustão expressas por equações químicas na forma

$$\text{reagentes} \rightarrow \text{produtos}$$

ou

$$\text{combustível} + \text{oxidante} + \text{produtos}$$

Quando se lida com reações químicas, é necessário recordar que a massa é conservada, portanto a massa dos produtos é igual à massa dos reagentes. A massa total de cada *elemento* químico deve ser a mesma dos dois lados da equação, mesmo que os elementos existam em compostos químicos diferentes nos reagentes e nos produtos. Contudo, o número de mols dos produtos pode diferir do número de mols dos reagentes.

▶ **POR EXEMPLO** considere a combustão completa do hidrogênio com oxigênio

$$1H_2 + \tfrac{1}{2}O_2 \rightarrow 1H_2O \tag{13.1}$$

Neste caso, os reagentes são o hidrogênio e o oxigênio. O hidrogênio é o combustível e o oxigênio é o oxidante. A água é o único produto da reação. Os coeficientes numéricos da equação, que são postos junto aos símbolos químicos para prover iguais quantidades de cada elemento químico nos dois lados da equação, são chamados coeficientes estequiométricos. Ou seja, a Eq. 13.1 expressa

coeficientes estequiométricos

$$1 \text{ kmol } H_2 + \tfrac{1}{2} \text{ kmol } O_2 \rightarrow 1 \text{ kmol } H_2O$$

ou, em unidades inglesas,

$$1 \text{ lbmol } H_2 + \tfrac{1}{2} \text{ lbmol } O_2 \rightarrow 1 \text{ lbmol } H_2O$$

Note que o número total de mols nos lados esquerdo e direito da Eq. 13.1 não é igual. Porém, como a massa é conservada, a massa total dos reagentes deve ser igual à massa total dos produtos. Visto que 1 kmol de H_2 equivale a 2 kg, $\tfrac{1}{2}$ kmol de O_2 equivale a 16 kg e 1 kmol de H_2O equivale a 18 kg, pode-se interpretar a Eq. 13.1 como indicando

$$2 \text{ kg } H_2 + 16 \text{ kg } O_2 \rightarrow 18 \text{ kg } H_2O$$

ou, em unidades inglesas,

$$2 \text{ lb } H_2 + 16 \text{ lb } O_2 \rightarrow 18 \text{ lb } H_2O \triangleleft\triangleleft\triangleleft\triangleleft\triangleleft$$

Ao longo desta seção, será dado destaque à composição do combustível, do oxidante e dos produtos de combustão geralmente envolvidos em utilizações de combustão em engenharia.

13.1.1 Combustíveis

Um *combustível* é simplesmente uma substância inflamável. Neste capítulo, daremos ênfase aos combustíveis hidrocarbonados, que contêm hidrogênio e carbono. O enxofre e outras substâncias químicas também podem estar presentes. Os combustíveis hidrocarbonados podem existir como líquidos, gases e sólidos.

Combustíveis hidrocarbonados líquidos são frequentemente derivados de óleo cru por meio de processos de destilação e de craqueamento. A gasolina, o óleo diesel, o querosene e outros tipos de óleos combustíveis são alguns exemplos. A maioria dos combustíveis líquidos é composta por misturas de hidrocarbonetos cujas composições são geralmente dadas em termos de frações mássicas. Para simplificar nos cálculos de combustão, a gasolina é frequentemente modelada como octano, C_8H_{18}, e o óleo diesel é modelado como dodecano, $C_{12}H_{26}$.

Os combustíveis hidrocarbonados gasosos são obtidos de poços de gás natural ou são produzidos em determinados processos químicos. O gás natural normalmente consiste em vários hidrocarbonetos diferentes, sendo o constituinte principal o metano, CH_4. As composições de combustíveis gasosos em geral são dadas em termos de frações molares. Tanto os combustíveis hidrocarbonados gasosos quanto os líquidos podem ser sintetizados a partir do carvão, do óleo extraído do xisto e de areias betuminosas.

O carvão é um combustível sólido conhecido. Sua composição varia consideravelmente segundo o local do qual é extraído. Para cálculos de combustão, a composição do carvão é usualmente expressa como uma análise imediata. A análise imediata gera a composição em *base mássica* em termos de quantidades relativas de elementos químicos (carbono, enxofre, hidrogênio, nitrogênio, oxigênio) e de cinzas.

análise imediata

13.1.2 Modelagem de Ar de Combustão

O oxigênio é necessário para todas as reações de combustão. O oxigênio puro é utilizado apenas em usos especiais, como o corte e a soldagem. Na maior parte das utilizações de combustão, o ar fornece o oxigênio necessário. A composição de uma amostra típica de ar seco é dada na Tabela 12.1. Contudo, para os cálculos de combustão neste livro, por simplicidade, o seguinte modelo é utilizado:

> **TOME NOTA...**
> Neste modelo é suposto que o ar não contém vapor d'água. Quando houver ar úmido na combustão, o vapor d'água presente deve ser considerado ao se escrever a equação de combustão.

- Todos os componentes do ar seco que não o oxigênio são agrupados com o nitrogênio. Consequentemente, considera-se que o ar tem 21% de oxigênio e 79% de nitrogênio, em uma base molar. Com esta idealização a razão molar do nitrogênio em relação ao oxigênio é 0,79/0,21 = 3,76. Quando o ar fornece o oxigênio em uma reação de combustão, por conseguinte, cada mol de oxigênio está associado a 3,76 mol de nitrogênio.
- Também admitimos que o nitrogênio presente no ar de combustão *não* participa da reação química. Ou seja, o nitrogênio é considerado como inerte. No entanto, o nitrogênio contido nos produtos está à mesma temperatura que os outros componentes. Porém, o nitrogênio sofre uma mudança de estado se os produtos estiverem a uma temperatura outra que não a temperatura do ar reagente. Se forem alcançadas temperaturas altas o suficiente, o nitrogênio pode formar compostos como óxido nítrico e dióxido de nitrogênio. Mesmo os traços de óxidos de nitrogênio que estejam contidos na descarga de motores de combustão interna podem ser uma fonte de poluição do ar.

Razão Ar–Combustível

Dois parâmetros que são frequentemente utilizados para expressar a quantidade de combustível e de ar em um determinado processo de combustão são a razão ar–combustível e a sua recíproca, a razão combustível–ar. A razão ar–combustível é simplesmente a razão entre a quantidade de ar e a quantidade de combustível em uma reação. A razão pode ser escrita em uma base molar (os mols de ar são divididos pelos mols de combustível) ou em uma base mássica (a massa do ar é dividida pela massa de combustível). A conversão entre esses valores é realizada pelo uso de massas moleculares do ar, M_{ar}, e do combustível, M_{comb},

razão ar-combustível

$$\frac{\text{massa de ar}}{\text{massa de combustível}} = \frac{\text{mols de ar} \times M_{ar}}{\text{mols de combustível} \times M_{comb}}$$

$$= \frac{\text{mols de ar}}{\text{mols de combustível}}\left(\frac{M_{ar}}{M_{comb}}\right)$$

ou

$$AF = \overline{AF}\left(\frac{M_{ar}}{M_{comb}}\right) \tag{13.2}$$

em que $\overline{AF}$ é a razão ar–combustível em uma base molar e AF é a razão em uma base mássica. Para os cálculos de combustão deste livro a massa molecular do ar é estabelecida em 28,97. A Tabela A-1 apresenta as massas moleculares de vários hidrocarbonetos importantes. Visto que AF é uma razão, esta tem os mesmos valores, independentemente das quantidades de ar e de combustível serem expressas em unidades SI ou em unidades inglesas.

Ar Teórico

A quantidade mínima de ar que fornece oxigênio suficiente para a combustão completa de todo o carbono, hidrogênio e enxofre presentes no combustível é chamada de **quantidade de ar teórico**. Para a combustão completa com a quantidade de ar teórico, os produtos gerados consistem em dióxido de carbono, água, dióxido de enxofre, o nitrogênio associado ao oxigênio do ar e qualquer nitrogênio contido no combustível. Nenhum oxigênio livre aparece nos produtos gerados pela combustão.

ar teórico

▶ **POR EXEMPLO** determine a quantidade de ar teórico para a combustão completa do metano. Para essa reação, os produtos contêm apenas dióxido de carbono, água e nitrogênio. A reação é:

$$CH_4 + a(O_2 + 3{,}76N_2) \rightarrow bCO_2 + cH_2O + dN_2 \tag{13.3}$$

em que a, b, c e d representam o número de mols do oxigênio, do dióxido de carbono, da água e do nitrogênio. Escrevendo-se o lado esquerdo da Eq. 13.3, considera-se que 3,76 mols de nitrogênio acompanham cada mol de oxigênio. A aplicação do princípio da conservação de massa ao carbono, hidrogênio, oxigênio e nitrogênio, respectivamente, resulta em quatro equações com quatro incógnitas

$$\begin{aligned} C: & \quad b = 1 \\ H: & \quad 2c = 4 \\ O: & \quad 2b + c = 2a \\ N: & \quad d = 3{,}76a \end{aligned}$$

Resolvendo-se estas equações, a equação química *balanceada* é

$$CH_4 + 2(O_2 + 3{,}76N_2) \rightarrow CO_2 + 2H_2O + 7{,}52N_2 \qquad (13.4)$$

O coeficiente 2 antes do termo $(O_2 + 3{,}76N_2)$ na Eq. 13.4 é o número de mols do *oxigênio* no ar de combustão, por mol de combustível, e *não* a quantidade de ar. A quantidade de ar de combustão são 2 mols de oxigênio *somados a* $2 \times 3{,}76$ mols de nitrogênio, o que fornece um total de 9,52 mols de ar por mol de combustível. Assim, para a reação dada pela Eq. 13.4, a razão ar–combustível em uma base molar é de 9,52. Para calcular a razão ar–combustível em uma base mássica, utilize a Eq. 13.2 para escrever

$$AF = \overline{AF}\left(\frac{M_{ar}}{M_{comb}}\right) = 9{,}52\left(\frac{28{,}97}{16{,}04}\right) = 17{,}19 \triangleleft\triangleleft\triangleleft\triangleleft\triangleleft$$

percentual de ar teórico

percentual de ar em excesso

Normalmente a quantidade de ar fornecida é maior ou menor que a quantidade teórica. A quantidade de ar efetivamente fornecida é comumente expressa em termos do percentual de ar teórico. Por exemplo, 150% de ar teórico significam que o ar efetivamente fornecido é 1,5 vez a quantidade de ar teórico. A quantidade de ar fornecida pode ser expressa de maneira alternativa como um percentual de ar em excesso ou um *percentual de deficiência* de ar. Assim, 150% do ar teórico equivalem a 50% de ar em excesso e 80% de ar teórico são o mesmo que 20% de deficiência de ar.

▶ **POR EXEMPLO** considere a combustão *completa* do metano com 150% de ar teórico (50% de ar em excesso). A equação de reação química balanceada é

$$CH_4 + (1{,}5)(2)(O_2 + 3{,}76N_2) \rightarrow CO_2 + 2H_2O + O_2 + 11{,}28N_2 \qquad (13.5)$$

Nesta equação, a quantidade de ar por mol do combustível é 1,5 vez a quantidade teórica determinada pela Eq. 13.4. Consequentemente, a razão ar–combustível é 1,5 vez a razão ar–combustível determinada pela Eq. 13.4. Visto que se supõe a combustão completa, os produtos contêm apenas dióxido de carbono, água, nitrogênio e oxigênio. O ar fornecido em excesso surge nos produtos como oxigênio livre e com uma maior quantidade de nitrogênio do que na Eq. 13.4, com base na quantidade de ar teórico. ◀◀◀◀

razão de equivalência

A razão de equivalência é a razão de combustível–ar real em relação à razão combustível–ar para a combustão completa com a quantidade teórica de ar. Diz-se que os reagentes formam uma mistura *pobre* quando a razão de equivalência é menor que a unidade. Quando a razão é maior que a unidade, diz-se que os reagentes formam uma mistura *rica*.

No Exemplo 13.1, utiliza-se a conservação de massa para obter reações químicas balanceadas. A razão ar–combustível para cada reação também é calculada.

▶▶▶ EXEMPLO 13.1 ▶

Determinação da Razão Ar–Combustível para a Combustão Completa do Octano

Determine a razão ar–combustível em bases molar e mássica para a combustão completa do octano, C_8H_{18}, com **(a)** a quantidade teórica de ar, **(b)** 150% da quantidade teórica de ar (50% de ar em excesso).

SOLUÇÃO

Dado: Octano, C_8H_{18}, é completamente queimado com (a) a quantidade teórica de ar, (b) 150% de ar teórico.

Pede-se: Determine a razão ar–combustível em bases molar e mássica.

Modelo de Engenharia:

1. Cada mol de oxigênio do ar de combustão é acompanhado de 3,76 mols de nitrogênio.
2. O nitrogênio é inerte.
3. A combustão é completa.

Análise:

(a) Para a combustão completa de C_8H_{18} com a quantidade de ar teórico, os produtos contêm apenas dióxido de carbono, água e nitrogênio. Ou seja

$$C_8H_{18} + a(O_2 + 3{,}76N_2) \rightarrow bCO_2 + cH_2O + dN_2$$

Aplicando o princípio da conservação de massa respectivamente ao carbono, ao hidrogênio, ao oxigênio e ao nitrogênio, tem-se

C: $\qquad b = 8$
H: $\qquad 2c = 18$
O: $\qquad 2b + c = 2a$
N: $\qquad d = 3{,}76a$

Resolvendo-se estas equações, determina-se $a = 12,5$; $b = 8$; $c = 9$; e $d = 47$. A equação química balanceada é

$$C_8H_{18} + 12,5(O_2 + 3,76N_2) \rightarrow 8CO_2 + 9H_2O + 47N_2$$

A razão ar–combustível em uma base molar é

$$\overline{AF} = \frac{12,5 + 12,5(3,76)}{1} = \frac{12,5(4,76)}{1} = 59,5 \frac{\text{kmol (ar)}}{\text{kmol (combustível)}}$$

A razão ar–combustível expressa em base mássica é

$$AF = \left[59,5 \frac{\text{kmol (ar)}}{\text{kmol (combustível)}}\right] \left[\frac{28,97 \frac{\text{kg (ar)}}{\text{kmol (ar)}}}{114,22 \frac{\text{kg (combustível)}}{\text{kmol (combustível)}}}\right] = 15,1 \frac{\text{kg (ar)}}{\text{kg (combustível)}}$$

(b) Para 150% de ar teórico, a equação química para a combustão completa tem a seguinte forma

❶ $$C_8H_{18} + 1,5(12,5)(O_2 + 3,76N_2) \rightarrow bCO_2 + cH_2O + dN_2 + eO_2$$

Aplicando a conservação de massa

$$\begin{aligned} \text{C:} &\quad b = 8 \\ \text{H:} &\quad 2c = 18 \\ \text{O:} &\quad 2b + c + 2e = (1,5)(12,5)(2) \\ \text{N:} &\quad d = (1,5)(12,5)(3,76) \end{aligned}$$

Resolvendo-se este conjunto de equações obtém-se $b = 8$; $c = 9$; $d = 70,5$; $e = 6,25$; que geram uma equação química balanceada

$$C_8H_{18} + 18,75(O_2 + 3,76N_2) \rightarrow 8CO_2 + 9H_2O + 70,5N_2 + 6,25O_2$$

A razão ar–combustível em uma base molar é

$$\overline{AF} = \frac{18,75(4,76)}{1} = 89,25 \frac{\text{kmol (ar)}}{\text{kmol (combustível)}}$$

Em uma base mássica, a razão ar–combustível é de 22,6 kg (ar)/kg (combustível), como se pode verificar.

❶ Quando combustão completa ocorre com *ar em excesso*, o oxigênio surge nos produtos, além do dióxido de carbono, da água e do nitrogênio.

Habilidades Desenvolvidas

Habilidades para...
❏ balancear uma equação de reação química para combustão completa com ar teórico e com ar em excesso.
❏ aplicar as definições de razão ar–combustível em bases mássica e molar.

Teste-Relâmpago Para a condição do item (b), determine a *razão de equivalência*. **Resposta:** 0,67.

13.1.3 Determinação dos Produtos de Combustão

Em cada um dos exemplos mostrados anteriormente, a combustão é suposta completa. Para um combustível hidrocarbonado, isto significa que os produtos admissíveis são apenas CO_2, H_2O e N_2, com O_2 também presente quando for fornecido ar em excesso. Se o combustível for especificado e a combustão for completa, as quantidades respectivas de produtos podem ser determinadas através da aplicação do princípio da conservação de massa na equação química. O procedimento para a obtenção da equação de reação balanceada de uma reação *real* em que a combustão seja incompleta nem sempre é tão direta.

A combustão é o resultado de uma série de reações químicas muito complexas e rápidas, e os produtos gerados dependem de vários fatores. Quando o combustível é queimado dentro do cilindro de um motor a combustão interna, os produtos da reação variam com a temperatura e a pressão do cilindro. Em equipamentos de combustão de todos os tipos, o grau de mistura do combustível com o ar é um fator de controle nas reações que ocorrem, uma vez que a mistura de combustível e ar seja inflamada. Embora a quantidade de ar fornecida em um processo de combustão real possa exceder a quantidade teórica, não é incomum o aparecimento nos produtos de algum monóxido de carbono e de oxigênio não queimado. Isto pode ser devido à mistura incompleta, tempo insuficiente para a combustão completa, além de outros fatores. Quando a quantidade de ar suprida for menor que a quantidade de ar

TOME NOTA...
Em processos de combustão reais, os produtos de combustão e suas quantidades relativas podem ser determinadas apenas por medições.

658 Capítulo 13

TOME NOTA...
Para resfriamento dos produtos de combustão a pressão constante, a temperatura de ponto de orvalho marca o começo da condensação do vapor d'água presente nos produtos. Veja a Seção 12.5.4 para rever este conceito.

teórica, os produtos podem incluir tanto CO_2 como CO, e também pode haver combustível não queimado nos produtos. Ao contrário dos casos de combustão completa estudados anteriormente, os produtos de combustão de um processo de combustão real e suas quantidades relativas só podem ser determinados apenas por meio de *medições*.

Entre os diversos dispositivos para medição da composição dos produtos de combustão existem o *analisador Orsat*, o *cromatógrafo de gás*, o *analisador de infravermelho* e o *detector de ionização de chama*. Dados obtidos a partir desses dispositivos podem ser utilizados para a determinação das frações molares dos produtos gasosos da combustão. As análises são frequentemente informadas em uma base "seca". Em uma análise de produtos a seco, as frações molares são determinadas para todos os produtos gasosos *exceto* para o vapor d'água. Nos Exemplos 13.2 e 13.3, mostramos como as análises dos produtos de combustão em base seca podem ser utilizadas para determinar as equações de reações químicas balanceadas.

análise de produtos a seco

Visto que água é formada quando os combustíveis hidrocarbonados são queimados, a fração molar do vapor d'água em produtos de combustão gasosos pode ser significativa. Se os produtos gasosos de combustão são resfriados à pressão de mistura constante, a *temperatura de ponto de orvalho* é atingida quando o vapor d'água começa a se condensar. Visto que a água depositada no coletor de descarga, em silenciosos e em outras partes metálicas pode causar corrosão, é importante conhecer a temperatura de ponto de orvalho. A determinação da temperatura de ponto de orvalho é mostrada no Exemplo 13.2, que também caracteriza uma análise de produtos a seco.

▶▶▶ EXEMPLO 13.2 ▶

Utilização de uma Análise a Seco de Produtos para a Combustão do Metano

Metano, CH_4, é queimado com ar seco. A análise molar dos produtos em uma base seca resulta em CO_2, 9,7%; CO, 0,5%; O_2, 2,95%; e N_2, 86,85%. Determine **(a)** a razão ar–combustível nas bases molar e mássica, **(b)** o percentual de ar teórico, **(c)** a temperatura de ponto de orvalho dos produtos, em °F, se a mistura foi resfriada a 1 atm, **(d)** a quantidade de vapor d'água presente, em lbmol de combustível, se os produtos forem resfriados a 90°F (32,2°C) e 1 atm.

SOLUÇÃO

Dado: O metano é queimado com ar seco. A análise molar dos produtos em uma base seca é fornecida.

Pede-se: Determine (a) a razão ar–combustível em bases molar e mássica, (b) o percentual de ar teórico, e (c) a temperatura de ponto de orvalho dos produtos, em °F, se forem resfriados a 1 atm.

Modelo de Engenharia:

1. Cada mol de oxigênio no ar de combustão é acompanhado de 3,76 mols de nitrogênio, que é inerte.
2. Os produtos formam uma mistura de gases ideais e a temperatura de ponto de orvalho da mistura é conceituada como foi feito na Seção 12.5.4.

Análise:

❶ **(a)** A solução é convenientemente conduzida na base de 100 lbmol de produtos secos. A equação química então resulta em

$$aCH_4 + b(O_2 + 3{,}76N_2) \rightarrow 9{,}7CO_2 + 0{,}5CO + 2{,}95O_2 + 86{,}85N_2 + cH_2O$$

Além dos 100 lbmol de produtos secos admitidos, deve-se incluir a água como um produto.
Aplicando-se a conservação de massa respectivamente ao carbono, ao hidrogênio e ao oxigênio

$$\begin{aligned} \text{C:} & \quad 9{,}7 + 0{,}5 = a \\ \text{H:} & \quad 2c = 4a \\ \text{O:} & \quad (9{,}7)(2) + 0{,}5 + 2(2{,}95) + c = 2b \end{aligned}$$

❷ A solução desse conjunto de equações gera $a = 10{,}2$; $b = 23{,}1$; $c = 20{,}4$. A equação química balanceada é

$$10{,}2CH_4 + 23{,}1(O_2 + 3{,}76N_2) \rightarrow 9{,}7CO_2 + 0{,}5CO + 2{,}95O_2 + 86{,}85N_2 + 20{,}4H_2O$$

Em uma base molar, a razão ar–combustível é

$$\overline{AF} = \frac{23{,}1(4{,}76)}{10{,}2} = 10{,}78 \, \frac{\text{lbmol (ar)}}{\text{lbmol (combustível)}}$$

Em uma base mássica,

$$AF = (10{,}78)\left(\frac{28{,}97}{16{,}04}\right) = 19{,}47 \, \frac{\text{lb (ar)}}{\text{lb (combustível)}}$$

(b) A equação química balanceada para a *combustão completa* do metano com a *quantidade de ar teórico* é

$$CH_4 + 2(O_2 + 3{,}76N_2) \rightarrow CO_2 + 2H_2O + 7{,}52N_2$$

A razão ar–combustível em uma base molar é

$$(\overline{AF})_{teórico} = \frac{2(4,76)}{1} = 9,52 \frac{\text{lbmol (ar)}}{\text{lbmol (combustível)}}$$

O percentual de ar teórico é então determinado a partir de

$$\% \text{ de ar teórico} = \frac{(\overline{AF})}{(\overline{AF})_{teórico}}$$

$$= \frac{10,78 \text{ lbmol (ar)/lbmol (combustível)}}{9,52 \text{ lbmol (ar)/lbmol (combustível)}} = 1,13 \ (113\%)$$

(c) Para a determinação da temperatura de ponto de orvalho, use a metodologia das Seções 12.5.3 e 12.5.4, mas substitua o ar úmido pelos produtos da combustão na discussão. Portanto, o foco é a pressão parcial do vapor d'água nos produtos da combustão. A pressão parcial p_v é determinada a partir de $p_v = y_v p$, em que y_v é a fração molar do vapor d'água dos produtos de combustão e p é de 1 atm.

Levando-se em conta a equação química balanceada do item (a), a fração molar do vapor d'água é

$$y_v = \frac{20,4}{100 + 20,4} = 0,169$$

Assim, $p_v = 0,169$ atm = 2,484 lbf/in². Interpolando-se na Tabela A-2E, $T = 134°F$ (56,7°C).

(d) Se os produtos da combustão forem resfriados a 1 atm abaixo do ponto de orvalho, de 134°F para 90°F, ocorrerá condensação de parte da água presente, formando um sistema em fase gasosa em equilíbrio com água condensada.

Expressando a equação balanceada da parte (a) em uma base *por mols de combustível* a 90°F, os produtos vão consistir em 9,8 lbmol de produtos "secos" (CO_2, CO, O_2, N_2) e 2 lbmol de água, cada um por lbmol de combustível. Para a água, n lbmol estarão em fase líquida. Considerando a fase gasosa, a pressão parcial do vapor d'água é a pressão de saturação a 90°F: 0,6988 lbf/in² (4,818 kPa). A pressão parcial também é o produto da fração molar do vapor d'água e da pressão da mistura, 14,696 lbf/in² (101,325 kPa). Organizando esses dados

$$0,6988 = \left(\frac{n}{n + 9,8}\right) 14,696$$

Resolvendo, $n = 0,489$ lbmol de vapor d'água por lbmol de combustível consumido.

❶ A solução poderia ter sido obtida na base de qualquer quantidade de produtos secos — por exemplo, 1 lbmol. Com outra quantidade estabelecida, os valores dos coeficientes da equação química balanceada iriam diferir daqueles obtidos nesta solução, mas a razão ar–combustível, o valor para o percentual de ar teórico e a temperatura de ponto de orvalho permaneceriam inalterados.

❷ Os três coeficientes desconhecidos, a, b e c, são estimados aqui pela aplicação da conservação de massa ao carbono, ao hidrogênio e ao oxigênio. Como uma verificação, note que o nitrogênio também está balanceado

N: $b(3,76) = 86,85$

Isto confirma a precisão tanto da análise dos produtos quanto dos cálculos conduzidos para a determinação dos coeficientes desconhecidos.

✓ **Habilidades Desenvolvidas**

Habilidades para...
☐ balancear uma equação de reação química de combustão incompleta dada a análise dos produtos secos da combustão.
☐ aplicar as definições de razão ar–combustível em bases mássica e molar como também o percentual de ar teórico.
☐ determinar a temperatura de ponto de orvalho dos produtos de combustão.

Teste-Relâmpago Quando os produtos da combustão estiverem a 90°F e a 1 atm, qual será a quantidade de água líquida presente, em lbmol por lbmol de combustível consumido? **Resposta:** 1,511.

No Exemplo 13.3, uma mistura combustível tendo uma análise molar conhecida é queimada com o ar, formando produtos com uma análise a seco conhecida.

▶ **EXEMPLO 13.3** ▶

Queima de Gás Natural com Ar em Excesso

Determinado gás natural tem a seguinte análise molar: CH_4, 80,62%; C_2H_6, 5,41%; C_3H_8, 1,87%; C_4H_{10}, 1,60%; N_2, 10,50%. O gás é queimado com ar seco, gerando os produtos com uma análise molar feita em uma base seca: CO_2, 7,8%; CO, 0,2%; O_2, 7%; N_2, 85%.
(a) Determine a razão ar–combustível em uma base molar. **(b)** Supondo comportamento de gás ideal para a mistura combustível, determine a quantidade de produtos em kmol que seriam formados a partir de 100 m³ de mistura combustível a 300 K e 1 bar (10^5 Pa).
(c) Determine o percentual de ar teórico.

SOLUÇÃO

Dado: Determinado gás natural com uma análise molar especificada queima com ar seco, gerando produtos que têm uma análise molar conhecida em uma base seca.

Pede-se: Determine a razão de ar–combustível em base molar, a quantidade de produtos em kmol que seria formada a partir de 100 m^3 de gás natural a 300 K e 1 bar (10^5 Pa) e a percentual de ar teórico.

Modelo de Engenharia:

1. Cada mol de oxigênio do ar de combustão é acompanhado por 3,76 mols de nitrogênio, que é inerte.
2. A mistura combustível pode ser modelada como um gás ideal.

Análise:

(a) A solução pode ser conduzida com base em uma quantidade admitida de mistura combustível ou com base em uma quantidade admitida de produtos secos. Vamos mostrar o primeiro procedimento, baseando a solução em 1 kmol de mistura combustível. A equação química passa a ter o seguinte aspecto

$$(0{,}8062CH_4 + 0{,}0541C_2H_6 + 0{,}0187C_3H_8 + 0{,}0160C_4H_{10} + 0{,}1050N_2)$$
$$+ a(O_2 + 3{,}76N_2) \rightarrow b(0{,}078CO_2 + 0{,}002CO + 0{,}07O_2 + 0{,}85N_2) + cH_2O$$

Os produtos consistem em b kmol de produtos secos e c kmol de vapor d'água, cada um desses por kmol de mistura combustível.

Aplicando a conservação de massa ao carbono

$$b(0{,}078 + 0{,}002) = 0{,}8062 + 2(0{,}0541) + 3(0{,}0187) + 4(0{,}0160)$$

Resolvendo a equação obtém-se $b = 12{,}931$. A conservação de massa para o hidrogênio resulta em

$$2c = 4(0{,}8062) + 6(0{,}0541) + 8(0{,}0187) + 10(0{,}0160)$$

o que gera $c = 1{,}93$. O coeficiente desconhecido a pode ser determinado tanto pelo balanço do oxigênio quanto pelo balanço do nitrogênio. Aplicando-se a conservação de massa ao oxigênio

$$12{,}931[2(0{,}078) + 0{,}002 + 2(0{,}07)] + 1{,}93 = 2a$$

❶ obtendo-se $a = 2{,}892$.

A equação química balanceada é então

$$(0{,}8062CH_4 + 0{,}0541C_2H_6 + 0{,}0187C_3H_8 + 0{,}0160C_4H_{10} + 0{,}1050N_2)$$
$$+ 2{,}892(O_2 + 3{,}76N_2) \rightarrow 12{,}931(0{,}078CO_2 + 0{,}002CO + 0{,}07O_2 + 0{,}85N_2)$$
$$+ 1{,}93H_2O$$

A razão ar–combustível em uma base molar é

$$\overline{AF} = \frac{(2{,}892)(4{,}76)}{1} = 13{,}77 \frac{\text{kmol (ar)}}{\text{kmol (combustível)}}$$

(b) Por inspeção da equação de reação química, a quantidade total de produtos é $b + c = 12{,}93 + 1{,}93 = 14{,}861$ kmol de produtos por kmol de combustível. A quantidade de combustível em kmol, n_F, presente em 100 m^3 de mistura combustível a 300 K e 1 bar (10^5 Pa) pode ser determinada a partir da equação de estado de gás ideal como

$$n_F = \frac{pV}{\overline{R}T}$$

$$= \frac{(10^5 \text{ N/m}^2)(100 \text{ m}^3)}{(8314 \text{ N} \cdot \text{m/kmol} \cdot \text{K})(300 \text{ K})} = 4{,}01 \text{ kmol (combustível)}$$

Consequentemente, a quantidade de mistura de produtos que seria formada de 100 m^3 de mistura combustível é de $(14{,}861)(4{,}01) = 59{,}59$ kmol de produtos gasosos.

(c) A equação química balanceada para a combustão completa da mistura combustível com a *quantidade de ar teórico* é

$$(0{,}8062CH_4 + 0{,}0541C_2H_6 + 0{,}0187C_3H_8 + 0{,}0160C_4H_{10} + 0{,}1050N_2)$$
$$+ 2(O_2 + 3{,}76N_2) \rightarrow 1{,}0345CO_2 + 1{,}93H_2O + 7{,}625N_2$$

A razão ar–combustível teórica em uma base molar é

$$(\overline{AF})_{\text{teórico}} = \frac{2(4{,}76)}{1} = 9{,}52 \frac{\text{kmol (ar)}}{\text{kmol (combustível)}}$$

O percentual de ar teórico é, então

$$\% \text{ ar teórico} = \frac{13{,}77 \text{ kmol (ar)/kmol (combustível)}}{9{,}52 \text{ kmol (ar)/kmol (combustível)}} = 1{,}45 \ (145\%)$$

✓ **Habilidades Desenvolvidas**

Habilidades para...
- balancear uma equação de reação química de uma combustão incompleta de uma mistura combustível dada a análise dos produtos secos da combustão.
- aplicar as definições de razão ar–combustível em uma base molar como também o percentual de ar teórico.

❶ Uma verificação da precisão resultante tanto da análise molar quanto dos cálculos conduzidos para a determinação dos coeficientes desconhecidos é obtida através da aplicação da conservação de massa ao nitrogênio. A quantidade de nitrogênio nos reagentes é

$$0,105 + (3,76)(2,892) = 10,98 \text{ kmol/kmol de combustível}$$

A quantidade de nitrogênio nos produtos é de $(0,85)(12,931) = 10,99$ kmol/kmol de combustível. A diferença pode ser atribuída a erros de arredondamento.

> **Teste-Relâmpago** Determine as frações molares dos produtos de combustão. **Resposta:** $y_{CO_2} = 0,0679$, $y_{CO} = 0,0017$, $y_{O_2} = 0,0609$, $y_{N_2} = 0,7396$, $y_{H_2O} = 0,1299$.

13.1.4 Balanços de Energia e de Entropia para Sistemas Reagentes

Até agora o nosso estudo de sistemas reagentes utilizou apenas o princípio da conservação de massa. Um entendimento mais completo de sistemas reagentes necessita da aplicação das primeira e segunda leis da Termodinâmica. Para estas aplicações, os balanços de energia e de entropia desempenham, respectivamente, papéis importantes. O balanço de energia para sistemas reagentes são desenvolvidos e aplicados nas Seções 13.2 e 13.3; os balanços de entropia para sistemas reagentes são os assuntos da Seção 13.5. Para aplicar estes balanços, é necessário tomar especial cuidado com a maneira como a energia interna, a entalpia e a entropia são estimadas.

Para os balanços de energia e de entropia deste capítulo, o ar de combustão e os produtos de combustão (normalmente) são modelados como misturas de gases ideais. Consequentemente, os princípios de mistura de gases ideais introdu-

---

TABELA 13.1

Energia Interna, Entalpia e Entropia para Misturas de Gases Ideais

Notação: n_i = mols do gás i, y_i = fração molar do gás i
T = temperatura de mistura, p = pressão de mistura
$p_i = y_i p$ = pressão parcial do gás i
$\bar{u}_i$ = energia interna específica do gás i, por mol de i
$\bar{h}_i$ = entalpia específica do gás i, por mol de i
$\bar{s}_i$ = entropia específica do gás i, por mol de i

Energia interna de mistura:

$$U = n_1 \bar{u}_1 + n_2 \bar{u}_2 + \cdots + n_j \bar{u}_j = \sum_{i=1}^{j} n_i \bar{u}_i(T) \qquad (12.19)$$

Entalpia de mistura:

$$H = n_1 \bar{h}_1 + n_2 \bar{h}_2 + \cdots + n_j \bar{h}_j = \sum_{i=1}^{j} n_i \bar{h}_i(T) \qquad (12.20)$$

Entropia de mistura:

$$S = n_1 \bar{s}_1 + n_2 \bar{s}_2 + \cdots + n_j \bar{s}_j = \sum_{i=1}^{j} n_i \bar{s}_i(T, p_i) \qquad (12.26)$$

▶ Com a Eq. 6.18:

$$\bar{s}_i(T, p_i) = \bar{s}_i(T, p) - \bar{R} \ln \frac{p_i}{p}$$
$$= \bar{s}_i(T, p) - \bar{R} \ln y_i \qquad (a)$$

▶ Com a Eq. 6.18 e $p_{ref} = 1$ atm:

$$\bar{s}_i(T, p_i) = \bar{s}_i(T, p_{ref}) - \bar{R} \ln \frac{p_i}{p_{ref}}$$
$$= \bar{s}_i^\circ(T) - \bar{R} \ln \frac{y_i p}{p_{ref}} \qquad (b)[1]$$

em que $\bar{s}_i^\circ$ é obtido das Tabelas A-23 e A-25E, como apropriado.

---

[1] Equação (b) corresponde à Eq. 12.23.

zidos na primeira parte do Cap. 12 têm um papel. Para facilitar a consulta, a Tabela 13.1 resume as relações de mistura de gases ideais introduzidas no Cap. 12, que são utilizadas neste capítulo.

13.2 Conservação de Energia — Sistemas Reagentes

O objetivo desta seção é mostrar a aplicação do princípio de conservação de energia a sistemas reagentes. As abordagens do princípio de conservação de energia apresentadas previamente continuam válidas havendo ou não uma reação química ocorrendo no interior do sistema. Porém, os métodos utilizados para estimar as propriedades dos sistemas reagentes diferem de certo modo das abordagens utilizadas até aqui.

13.2.1 Avaliação da Entalpia de Sistemas Reagentes

TOME NOTA...
Quando se aplicam balanços de energia e de entropia a sistemas reagentes, é necessário tomar atenção especial em como a energia interna, a entalpia e a entropia são avaliadas.

Na maioria das tabelas de propriedades termodinâmicas utilizadas até aqui, os valores de energia interna, entalpia e entropia específicos eram fornecidos em relação a algum estado de referência arbitrário no qual a entalpia (ou, alternativamente, a energia interna) e a entropia eram estabelecidas em zero. Esta abordagem é satisfatória para avaliações que impliquem em *diferenças* nos valores das propriedades entre estados de mesma composição, porque neste caso as referências arbitrárias se cancelam. Contudo, quando ocorre uma reação química, os reagentes desaparecem e produtos são formados, de modo a não ser possível calcular as diferenças para todas as substâncias envolvidas. Para sistemas reagentes, é necessário estimar h, u e s de maneira que não haja ambiguidades ou inconsistências nas estimativas das propriedades. Nesta seção, estudaremos como isto será realizado para h e u. A entropia será tratada de modo diferente e será discutida na Seção 13.5.

estado de referência-padrão

Pode-se estabelecer uma referência de entalpia para o estudo de sistemas reagentes designando-se arbitrariamente um valor nulo para a entalpia de *elementos estáveis* em um estado denominado estado de referência-padrão e definido por $T_{ref} = 298{,}15$ K ($25°C$) e $p_{ref} = 1$ atm. Em unidades inglesas, a temperatura no estado de referência-padrão é de aproximadamente $573°R$ ($25°C$). Note que apenas os elementos *estáveis* recebem um valor de entalpia nula no estado de referência. O termo estável significa apenas que um determinado elemento está em uma forma quimicamente estável. Por exemplo, no estado-padrão as formas estáveis do hidrogênio, do oxigênio e do nitrogênio são H_2, O_2 e N_2 e não a forma monoatômica H, O e N. A escolha desta referência não resulta em nenhuma ambiguidade ou diferença.

entalpia de formação

ENTALPIA DE FORMAÇÃO. Utilizando a referência apresentada anteriormente, podem-se designar os valores de entalpia a *compostos* para uso no estudo de sistemas reagentes. A entalpia de um composto em um estado-padrão é igual à sua *entalpia de formação*, simbolizada por $\bar{h}_f^\circ$. A entalpia de formação é a energia liberada ou absorvida quando o composto é formado a partir de seus elementos, estando o composto e os todos os elementos a T_{ref} e p_{ref}. A entalpia de formação é comumente determinada pela aplicação de procedimentos da termodinâmica estatística por meio de dados obtidos em espectroscopia.

A entalpia de formação também pode ser determinada, em princípio, pela medição da transferência de calor em uma reação na qual os compostos são formados a partir dos elementos.

▶ **POR EXEMPLO** considere o reator simples mostrado na Fig. 13.1, no qual o carbono e o oxigênio são introduzidos às mesmas T_{ref} e p_{ref}, e reagem completamente em regime permanente para formar dióxido de carbono às mesmas temperatura e pressão. O dióxido de carbono é *formado* a partir do carbono e do oxigênio de acordo com

$$C + O_2 \rightarrow CO_2 \tag{13.6}$$

Esta reação é *exotérmica*, de modo que, para o dióxido de carbono sair à mesma temperatura que os elementos de entrada, deveria haver uma transferência de calor do reator para a sua vizinhança. A taxa de transferência de calor e as entalpias dos fluxos de entrada e de saída são relacionadas pelo balanço da taxa de energia

$$0 = \dot{Q}_{vc} + \dot{m}_C h_C + \dot{m}_{O_2} h_{O_2} - \dot{m}_{CO_2} h_{CO_2}$$

em que $\dot{m}$ e h designam, respectivamente, a vazão mássica e a entalpia específica. Ao escrevermos esta equação, supomos não haver trabalho $\dot{W}_{vc}$ e efeitos desprezíveis de energias cinética e potencial. Para entalpias em uma base molar, o balanço da taxa de energia é escrito como

$$0 = \dot{Q}_{vc} + \dot{n}_C \bar{h}_C + \dot{n}_{O_2} \bar{h}_{O_2} - \dot{n}_{CO_2} \bar{h}_{CO_2}$$

em que $\dot{n}$ e $\bar{h}$ representam, respectivamente, a vazão molar e a entalpia específica por mol. Resolvendo para achar a entalpia específica do dióxido de carbono e notando pela Eq. 13.6 que todas as vazões molares são iguais,

$$\bar{h}_{CO_2} = \frac{\dot{Q}_{vc}}{\dot{n}_{CO_2}} + \frac{\dot{n}_C}{\dot{n}_{CO_2}} \bar{h}_C + \frac{\dot{n}_{O_2}}{\dot{n}_{CO_2}} \bar{h}_{O_2} = \frac{\dot{Q}_{vc}}{\dot{n}_{CO_2}} + \bar{h}_C + \bar{h}_{O_2} \tag{13.7}$$

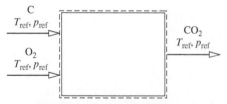

Fig. 13.1 Reator usado para discutir o conceito de entalpia de formação.

Visto que o carbono e o oxigênio são elementos estáveis no estado-padrão, $\bar{h}_C = \bar{h}_{O_2} = 0$, e a Eq. 13.7 torna-se

$$\bar{h}_{CO_2} = \frac{\dot{Q}_{vc}}{\dot{n}_{CO_2}} \tag{13.8}$$

Consequentemente, o valor designado para a entalpia específica do dióxido de carbono no estado-padrão, a entalpia de formação, é igual à transferência de calor, por mol de CO_2, entre o reator e a sua vizinhança. Se a transferência de calor pudesse ser medida com precisão, seriam encontrados −393.520 kJ por kmol de dióxido de carbono formado (−169.300 Btu por lbmol de CO_2 formado). ◄ ◄ ◄ ◄

Nas Tabelas A-25 e A-25E encontram-se os valores da entalpia de formação para diversos compostos, respectivamente nas unidades kJ/kmol e Btu/lbmol. Neste texto, o sobrescrito ° é utilizado para indicar propriedades a 1 atm. Para o caso da entalpia de formação, a temperatura de referência T_{ref} também é indicada por este símbolo. Os valores de $\bar{h}_f^\circ$ listados nas Tabelas A-25 e A-25E para o CO_2 correspondem àqueles fornecidos no exemplo anterior.

O sinal associado aos valores de entalpia de formação que constam nas Tabelas A-25 correspondem à convenção de sinais utilizada em transferência de calor. Se existe uma transferência de calor *de* um reator no qual um composto é gerado a partir de seus elementos (uma reação *exotérmica*, como vimos no exemplo anterior), a entalpia de formação tem um sinal negativo. Se a transferência de calor *para* o reator for necessária (uma reação *endotérmica*), a entalpia de formação é positiva.

Avaliação da Entalpia

A entalpia específica de um composto em um estado que não seja o estado-padrão é determinada através da soma da variação da entalpia específica $\Delta \bar{h}$ entre o estado-padrão e o estado de interesse para a entalpia de formação.

$$\bar{h}(T,p) = \bar{h}_f^\circ + [\bar{h}(T,p) - \bar{h}(T_{ref}, p_{ref})] = \bar{h}_f^\circ + \Delta \bar{h} \tag{13.9}$$

Ou seja, a entalpia de um composto é formada por $\bar{h}_f^\circ$ associada à formação do composto a partir de seus elementos, e $\Delta \bar{h}$ associado à variação do estado a composição constante. Uma escolha arbitrária da referência pode ser utilizada para a determinação de $\Delta \bar{h}$ visto que existe uma *diferença* à composição constante. Consequentemente, $\Delta \bar{h}$ pode ser avaliado a partir de fontes tabeladas como tabelas de vapor, tabelas de gás ideal quando for adequado e assim por diante. Observe que, como consequência da referência de entalpia adotada para os elementos estáveis, a entalpia específica determinada pela Eq. 13.9 é muitas vezes negativa.

As Tabelas A-25 fornecem dois valores para a entalpia de formação da água: $\bar{h}_f^\circ$ (l), $\bar{h}_f^\circ$ (g). A primeira para a água líquida e a segunda para o vapor d'água. Em condições de equilíbrio, a água existe apenas como líquido a 25°C (77°F) e 1 atm. O valor de vapor é para um estado de gás ideal *hipotético* no qual a água é vapor a 25°C (77°F) e 1 atm. A diferença entre os dois valores de entalpias de formação é dada com boa aproximação pela entalpia de vaporização $\bar{h}_{fg}^\circ$ a T_{ref}. Isto é,

$$\bar{h}_f^\circ(g) - \bar{h}_f^\circ(l) \approx \bar{h}_{fg}(25°C) \tag{13.10}$$

Considerações semelhantes podem ser aplicadas a outras substâncias para as quais os valores de líquido e de vapor para $\bar{h}_f^\circ$ são listados na Tabela A-25.

TOME NOTA...
Quando aplicamos a Eq. 13.9 ao vapor d'água usamos o valor do vapor de entalpia de formação da água, $\bar{h}_f^\circ(g)$, da Tabela A-25 em conjunto com $\Delta \bar{h}$ de vapor d'água da Tabela A-23.

13.2.2 Balanços de Energia para Sistemas Reagentes

Quando se escrevem balanços de energia, para sistemas que envolvam combustão, várias considerações precisam ser feitas. Algumas têm aplicação mais geral, sem considerar onde a combustão ocorre. Por exemplo, é necessário considerar se ocorrem trabalho e transferência de calor expressivos e se seus respectivos valores são ou não conhecidos. Além disso, é preciso estimar os efeitos das energias cinética e potencial. Outras considerações estão relacionadas diretamente com a ocorrência da combustão. Por exemplo, é importante saber o estado do combustível antes da combustão acontecer. É importante saber se o combustível é líquido, gás ou sólido. É necessário, também, considerar se o combustível é previamente misturado com o ar de combustão ou se o combustível e o ar entram em um reator separadamente.

O estado dos produtos de combustão também deve ser avaliado. Por exemplo, a presença de vapor d'água deveria ser observada, se alguma água presente irá condensar se os produtos forem resfriados suficientemente. O balanço de energia deve então ser escrito para levar em conta a presença de água nos produtos tanto como líquido quanto como vapor. Para resfriamento dos produtos de combustão a pressão constante, o método da temperatura de ponto de orvalho do Exemplo 13.2 é utilizado para determinar a temperatura de começo de condensação.

Análise de Volumes de Controle em Regime Permanente

Para exemplificar as várias considerações envolvidas quando se escrevem balanços de energia para sistemas reagentes, consideramos casos especiais de amplo interesse, ressaltando as hipóteses subjacentes. Comecemos por considerar o reator em regime permanente mostrado na Fig. 13.2, no qual um combustível hidrocarbonado C_aH_b queima completamente com a quantidade de ar teórico de acordo com

$$C_aH_b + \left(a + \frac{b}{4}\right)(O_2 + 3{,}76N_2) \rightarrow aCO_2 + \frac{b}{2}H_2O + \left(a + \frac{b}{4}\right)3{,}76N_2 \tag{13.11}$$

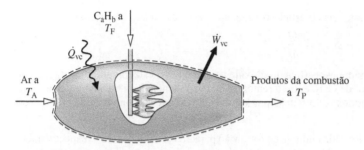

Fig. 13.2 Reator em regime permanente.

O combustível entra no reator em um fluxo separado do ar de combustão, que é considerado como uma mistura de gases ideais. Também se considera que os produtos de combustão formam uma mistura de gases ideais. Os efeitos das energias cinética e potencial são desprezados.

Com as idealizações precedentes, os balanços de taxas de massa e de energia, para o reator de duas entradas e saída única, podem ser usados para se obter a seguinte equação em uma *base por mol combustível*:

$$\frac{\dot{Q}_{vc}}{\dot{n}_F} - \frac{\dot{W}_{vc}}{\dot{n}_F} = \underline{\left[a\bar{h}_{CO_2} + \frac{b}{2}\bar{h}_{H_2O} + \left(a + \frac{b}{4}\right)3{,}76\bar{h}_{N_2}\right]} \qquad (13.12a)$$
$$- \bar{h}_F - \underline{\left[\left(a + \frac{b}{4}\right)\bar{h}_{O_2} + \left(a + \frac{b}{4}\right)3{,}76\bar{h}_{N_2}\right]}$$

em que $\dot{n}_F$ indica vazão molar do combustível. Observe que cada coeficiente do lado direito desta equação é o mesmo que o coeficiente da substância correspondente na equação de reação.

O primeiro termo sublinhado do lado direito da Eq. 13.12a é a entalpia dos produtos gasosos de saída de combustão *por mol de combustível*. O segundo termo sublinhado do lado direito é a entalpia do ar de combustão *por mol de combustível*. De acordo com a Tabela 13.1, as entalpias dos produtos de combustão e do ar foram avaliadas através da soma da contribuição de cada componente presente na respectiva mistura de gases ideais. O símbolo $\bar{h}_F$ indica a entalpia molar do combustível.

A Eq. 13.12a pode ser expressa de forma mais concisa como

$$\frac{\dot{Q}_{vc}}{\dot{n}_F} - \frac{\dot{W}_{vc}}{\dot{n}_F} = \bar{h}_P - \bar{h}_R \qquad (13.12b)$$

em que $\bar{h}_P$ e $\bar{h}_R$ indicam, respectivamente, as entalpias dos produtos e dos reagentes por mol de combustível.

AVALIAÇÃO DOS TERMOS DE ENTALPIA. Uma vez que o balanço de energia tenha sido escrito, o próximo passo é avaliar os termos individuais de entalpia. Uma vez que se admite que cada componente dos produtos de combustão se comporta como um gás ideal, a sua contribuição para a entalpia dos produtos depende apenas da temperatura dos produtos, T_P. Consequentemente, para cada componente dos produtos, a Eq. 13.9 toma a forma

$$\bar{h} = \bar{h}_f^\circ + [\bar{h}(T_P) - \bar{h}(T_{ref})] \qquad (13.13)$$

Na Eq. 13.13, $\bar{h}_f$ é a entalpia de formação obtida da Tabela A-25 ou A-25E, conforme o caso. O segundo termo considera a mudança de entalpia da temperatura T_{ref} para a temperatura T_P. Para vários gases de uso comum, este termo pode ser estimado a partir de valores tabelados de entalpia *versus* temperatura das Tabelas A-23 e A-23E, conforme o caso. Alternativamente, o termo pode ser obtido pela integração do calor específico de gás ideal $\bar{c}_p$ obtido da Tabela A-21 ou de alguma outra fonte de dados.

Uma abordagem similar é empregada para a estimativa das entalpias do oxigênio e do nitrogênio do ar de combustão. Para estes

$$\bar{h} = \cancel{\bar{h}_f^\circ}^{\,0} + [\bar{h}(T_A) - \bar{h}(T_{ref})] \qquad (13.14)$$

em que T_A é a temperatura do ar entrando no reator. Observe que a entalpia de formação do oxigênio e do nitrogênio é nula por definição e, portanto, sai da Eq. 13.14, como indicado.

A estimativa da entalpia do combustível é também fundamentada na Eq. 13.9. se o combustível pode ser modelado como um gás ideal, a entalpia do combustível é obtida a partir de uma expressão da mesma forma que a Eq. 13.13, com a temperatura do combustível de entrada substituindo T_P.

Com as considerações precedentes, a Eq. 13.12a assume a forma

$$\frac{\dot{Q}_{vc}}{\dot{n}_F} - \frac{\dot{W}_{vc}}{\dot{n}_F} = a(\bar{h}_f^\circ + \Delta\bar{h})_{CO_2} + \frac{b}{2}(\bar{h}_f^\circ + \Delta\bar{h})_{H_2O} + \left(a + \frac{b}{4}\right)3{,}76(\cancel{\bar{h}_f^\circ}^{\,0} + \Delta\bar{h})_{N_2}$$
$$-(\bar{h}_f^\circ + \Delta\bar{h})_F - \left(a + \frac{b}{4}\right)(\cancel{\bar{h}_f^\circ}^{\,0} + \Delta\bar{h})_{O_2} - \left(a + \frac{b}{4}\right)3{,}76(\cancel{\bar{h}_f^\circ}^{\,0} + \Delta\bar{h})_{N_2} \qquad (13.15a)$$

Os termos zerados nesta expressão são as entalpias de formação do oxigênio e do nitrogênio.

A Equação 13.15a pode ser escrita de maneira mais concisa como

$$\frac{\dot{Q}_{vc}}{\dot{n}_F} - \frac{\dot{W}_{vc}}{\dot{n}_F} = \sum_P n_e(\bar{h}_f^\circ + \Delta\bar{h})_e - \sum_R n_i(\bar{h}_f^\circ + \Delta\bar{h})_i \qquad (13.15b)$$

> **TOME NOTA...**
> Os coeficientes n_i e n_e da Eq. 13.15b correspondem aos respectivos coeficientes da equação de reação fornecendo, respectivamente, os mols dos reagentes e dos produtos por mol de combustível.

Misturas Reagentes e Combustão 665

em que i indica os fluxos de entrada do combustível e do ar e e o fluxo de saída de produtos da combustão.

Embora as Eqs. 13.15 tenham sido desenvolvidas em relação à reação da Eq. 13.11, poderiam ser obtidas equações com a mesma forma geral para outras reações de combustão.

Nos Exemplos 13.4 e 13.5, o balanço de energia é aplicado em conjunto com dados de propriedades tabuladas para análise dos volumes de controle em regime permanente que envolvam combustão. O Exemplo 13.4 envolve um motor de combustão interna alternativo enquanto o Exemplo 13.5 aborda uma turbina a gás de uma planta de potência.

EXEMPLO 13.4

Análise de um Motor de Combustão Interna Alimentado com Octano Líquido

Octano líquido entra em um motor de combustão interna operando em regime permanente com uma vazão mássica de 0,004 lbm/s (0,0018 kg/s) e é misturado com a quantidade de ar teórico. O combustível e o ar entram no motor a 77°F (25°C) e 1 atm. A mistura queima completamente e os produtos de combustão deixam o motor a 1140°F (615,5°C). O motor desenvolve uma potência de saída de 50 hp (36,8 kW). Determine a taxa de transferência de calor do motor, em Btu/s, desprezando os efeitos das energias cinética e potencial.

SOLUÇÃO

Dado: O octano líquido e a quantidade de ar teórica entram no motor de combustão interna operando em regime permanente em fluxos separados a 77°F (25°C) e 1 atm. A combustão é completa e os produtos saem a 1140°F (615,5°C). A potência desenvolvida pelo motor e a vazão mássica são especificadas.

Pede-se: Determine a taxa de transferência de calor do motor, em Btu/s.

Diagrama Esquemático e Dados Fornecidos:

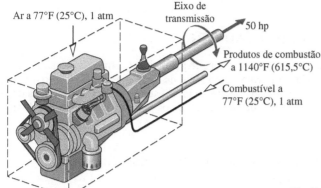

Modelo de Engenharia:

1. O volume de controle identificado por uma linha tracejada na figura associada opera em regime permanente.
2. Os efeitos das energias cinética e potencial podem ser desprezados.
3. O ar de combustão e os produtos de combustão formam, cada qual, uma mistura de gases perfeitos ideais.
4. Cada mol de oxigênio do ar de combustão é acompanhado por 3,76 mols de nitrogênio. O nitrogênio é inerte e a combustão é completa.

Fig. E13.4

Análise: A equação química balanceada para uma combustão completa com a quantidade de ar teórica é obtida a partir da solução do Exemplo 13.1 como

$$C_8H_{18} + 12,5O_2 + 47N_2 \rightarrow 8CO_2 + 9H_2O(g) + 47N_2$$

O balanço de taxa de energia reduz-se, com as hipóteses 1 a 3, a

$$\frac{\dot{Q}_{vc}}{\dot{n}_F} = \frac{\dot{W}_{vc}}{\dot{n}_F} + \bar{h}_P - \bar{h}_R$$

❶
$$= \frac{\dot{W}_{vc}}{\dot{n}_F} + \{8[\bar{h}_f^\circ + \Delta\bar{h}]_{CO_2} + 9[\bar{h}_f^\circ + \Delta\bar{h}]_{H_2O(g)} + 47[\bar{h}_f^{\circ\,0} + \Delta\bar{h}]_{N_2}\}$$

$$- \{[\bar{h}_f^\circ + \Delta\bar{h}^{\,0}]_{C_8H_{18}(l)} + 12,5[\bar{h}_f^{\circ\,0} + \Delta\bar{h}^{\,0}]_{O_2} + 47[\bar{h}_f^{\circ\,0} + \Delta\bar{h}^{\,0}]_{N_2}\}$$

em que cada coeficiente é o mesmo que o termo correspondente da equação química balanceada e a Eq. 13.9 tem sido usada para estimar os termos de entalpia. Os termos de entalpia de formação para o oxigênio e para o nitrogênio são nulos e $\Delta\bar{h} = 0$ para cada um dos reagentes, pois o combustível e o ar de combustão entram a 77°F (25°C).

Com a entalpia de formação para o $C_8H_{18}(l)$ da Tabela A-25E

$$\bar{h}_R = (\bar{h}_f^\circ)_{C_8H_{18}(l)} = -107.530 \text{ Btu/lbmol(combustível)}$$

Com os valores de entalpia de formação do CO_2 e do $H_2O(g)$ da Tabela A-25E e os valores de entalpia do N_2, H_2O e CO_2 da Tabela A-23E

$$\bar{h}_P = 8[-169.300 + (15.829 - 4027,5)] + 9[-104.040 + (13.494,4 - 4258)]$$
$$+ 47[11.409,7 - 3729,5]$$
$$= -1.752.251 \text{ Btu/lbmol(combustível)}$$

Utilizando-se a massa molecular do combustível da Tabela A-1E, a vazão molar do combustível é

$$\dot{n}_F = \frac{0{,}004 \text{ lb (combustível)/s}}{114{,}22 \text{ lb (combustível)/lbmol(combustível)}} = 3{,}5 \times 10^{-5} \text{ lbmol(combustível)/s}$$

Inserindo-se os valores na expressão para a taxa de transferência de calor

$$\dot{Q}_{vc} = \dot{W}_{vc} + \dot{n}_F(\overline{h}_P - \overline{h}_R)$$

$$= (50 \text{ hp})\left|\frac{2545 \text{ Btu/h}}{1 \text{ hp}}\right|\left|\frac{1 \text{ h}}{3600 \text{ s}}\right|$$

$$+ \left[3{,}5 \times 10^{-5}\,\frac{\text{lbmol(combustível)}}{\text{s}}\right][-1.752.251 - (-107.530)]\,\frac{\text{Btu}}{\text{lbmol(combustível)}}$$

$$= -22{,}22 \text{ Btu/s}$$

❶ Estas expressões correspondem, respectivamente, às Eq. 13.12b e Eq. 13.15b.

> **Habilidades Desenvolvidas**
>
> *Habilidades para...*
> - balancear uma equação de reação química para combustão completa do octano com ar teórico.
> - aplicar o balanço de energia ao volume de controle de um sistema reagente.
> - estimar, apropriadamente, os valores de entalpia.

Teste-Relâmpago Se a massa específica do octano é de 5,88 lbm/gal (2,67 kgf/gal), quantos galões de combustível seriam utilizados em 2 h de operação contínua do motor? **Resposta:** 4,9 gal.

EXEMPLO 13.5

Análise de uma Turbina a Gás Alimentada por Metano

Metano (CH$_4$) a 25°C, entra na câmara de combustão de uma turbina a gás de uma planta de potência e queima completamente com 400% de ar teórico que entra no compressor a 25°C e 1 atm. Os produtos de combustão saem da turbina a 730 K, 1 atm. A taxa de transferência de calor da planta de potência é estimada em 3% da potência líquida desenvolvida. Determine a potência líquida desenvolvida, em MW, se a vazão mássica do combustível é de 20 kg/min. Para o ar de entrada e para os produtos de combustão de saída, os efeitos das energias cinética e potencial são desprezíveis.

SOLUÇÃO

Dado: Dados sobre a operação em regime permanente são fornecidos para uma turbina a gás de uma planta de potência.

Pede-se: A potência líquida desenvolvida, em MW, para uma dada vazão mássica.

Diagrama Esquemático e Dados Fornecidos:

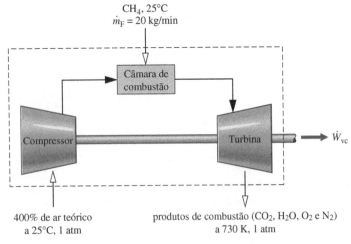

Fig. E13.5

Modelo de Engenharia:
1. O volume de controle identificado por uma linha tracejada na figura associada opera em regime permanente.
2. Os efeitos das energias cinética e potencial podem ser desprezados nas posições que a massa entra e sai do volume de controle.
3. O modelo de gás ideal é aplicável ao combustível; tanto o ar de combustão quanto os produtos de combustão formam misturas de gases ideais.
4. Cada mol de oxigênio do ar de combustão é acompanhado por 3,76 mols de nitrogênio, que é inerte. A combustão é completa.

Análise: A equação química balanceada para a combustão completa do metano com a quantidade de ar teórico é dada pela Eq. 13.4

$$CH_4 + 2(O_2 + 3{,}76N_2) \rightarrow CO_2 + 2H_2O + 7{,}52N_2$$

Para a combustão do combustível com 400% de ar teórico

$$CH_4 + (4{,}0)2(O_2 + 3{,}76N_2) \rightarrow aCO_2 + bH_2O + cO_2 + dN_2$$

Aplicando a conservação de massa, respectivamente, ao carbono, ao oxigênio e ao nitrogênio

Misturas Reagentes e Combustão   **667**

$$\begin{aligned} \text{C:} &\quad 1 = a \\ \text{H:} &\quad 4 = 2b \\ \text{O:} &\quad (4,0)(2)(2) = 2a + b + 2c \\ \text{N:} &\quad (4,0)(2)(3,76)(2) = 2d \end{aligned}$$

Resolvendo estas equações, $a = 1$, $b = 2$, $c = 6$, $d = 30,08$.

A equação química balanceada para a combustão completa do combustível a 400% de ar teórico é

$$CH_4 + 8(O_2 + 3,76N_2) \rightarrow CO_2 + 2H_2O(g) + 6O_2 + 30,08N_2$$

O balanço de taxa de energia reduz-se, com as hipóteses 1–3, para

❶
$$0 = \frac{\dot{Q}_{vc}}{\dot{n}_F} - \frac{\dot{W}_{vc}}{\dot{n}_F} + \bar{h}_R - \bar{h}_P$$

Uma vez que a taxa de transferência de calor da planta de potência é 3% da potência líquida desenvolvida, temos $\dot{Q}_{vc} = -0,03\,\dot{W}_{vc}$. Portanto, o balanço de taxa de energia torna-se

$$\frac{1,03\dot{W}_{vc}}{\dot{n}_F} = \bar{h}_R - \bar{h}_P$$

Avaliando os termos, temos

$$\frac{1,03\dot{W}_{vc}}{\dot{n}_F} = \{[\bar{h}_f^\circ + \Delta\bar{h}]_{CH_4}^{0} + 8[\bar{h}_f^{\circ\,0} + \Delta\bar{h}^{0}]_{O_2} + 30,08[\bar{h}_f^{\circ\,0} + \Delta\bar{h}^{0}]_{N_2}\}$$

$$- \{[\bar{h}_f^\circ + \Delta\bar{h}]_{CO_2} + 2[\bar{h}_f^\circ + \Delta\bar{h}]_{H_2O(g)} + 6[\bar{h}_f^{\circ\,0} + \Delta\bar{h}]_{O_2} + 30,08[\bar{h}_f^{\circ\,0} + \Delta\bar{h}]_{N_2}\}$$

em que cada coeficiente da equação é o mesmo que o coeficiente do termo correspondente da equação química balanceada e a Eq. 13.9 tem sido usada para estimar os termos de entalpia. Os termos de entalpia de formação para o oxigênio e para o nitrogênio são nulos; e $\Delta\bar{h} = 0$ para cada um dos reagentes pois o combustível e o ar de combustão entram a 25°C.

Com a entalpia de formação para o CH_4 (g) da Tabela A-25

❷
$$\bar{h}_R = (\bar{h}_f^\circ)_{CH_4(g)} = -74.850 \text{ kJ/kmol(combustível)}$$

Com os valores da entalpia de formação para o CO_2 e H_2O (g) da Tabela A-25, e valores de entalpia para o CO_2, H_2O, O_2 e N_2 a 730 K e a 298 K da Tabela A-23

$$\bar{h}_P = [-393.520 + 28.622 - 9.364] + 2[-241.820 + 25.218 - 9.904]$$
$$+ 6[22.177 - 8.682] + 30,08[21.529 - 8.669]$$
$$\bar{h}_P = -359.475 \text{ kJ/kmol(combustível)}$$

Utilizando a massa molecular do metano da Tabela A-1, a vazão molar do combustível é

$$\dot{n}_F = \frac{\dot{m}_F}{M_F} = \frac{20 \text{ kg(combustível)/min}}{16,04 \text{ kg(combustível)/kmol(combustível)}}\left|\frac{1 \text{ min}}{60 \text{ s}}\right| = 0,02078 \text{ kmol(combustível)/s}$$

Inserindo os valores na expressão para a potência

$$\dot{W}_{vc} = \frac{\dot{n}_F(\bar{h}_R - \bar{h}_P)}{1,03}$$

$$\dot{W}_{vc} = \frac{\left(0,02078\dfrac{\text{kmol(fuel)}}{\text{s}}\right)[-74.850 - (-359.475)]\dfrac{\text{kJ}}{\text{kmol(fuel)}}}{1,03}\left|\frac{1 \text{ MW}}{10^3 \dfrac{\text{kJ}}{\text{s}}}\right| = 5,74 \text{ MW}$$

O sinal positivo indica que a potência *vem* do volume de controle.

❶ Esta expressão corresponde à Eq. 13.12b.

❷ Na câmara de combustão, o combustível é injetado no ar a uma pressão maior que 1 atm porque a pressão de ar de combustão foi aumentada ao passar através do compressor. Assim, como é suposto o comportamento de gás ideal para o combustível, a entalpia do combustível é determinada apenas pela sua temperatura, de 25°C.

✓ **Habilidades Desenvolvidas**

Habilidades para...
- balancear uma equação de reação química de combustão completa de metano com 400% de ar teórico.
- aplicar o balanço de energia ao volume de controle para sistemas reagentes.
- estimar, apropriadamente, os valores de entalpia.

Teste-Relâmpago   Determine a potência líquida desenvolvida, em MW, se a taxa de transferência de calor da planta de potência for de 10% da potência líquida desenvolvida. **Resposta:** 5,38 MW.

Análise de Sistemas Fechados

Consideremos, a seguir, um sistema fechado que envolva um processo de combustão. Na ausência de efeitos de energias cinética e potencial, a forma apropriada do balanço de energia é

$$U_P - U_R = Q - W$$

em que U_R indica a energia interna dos reagentes e U_P indica a energia interna dos produtos.

Se os reagentes e os produtos formam misturas de gases ideais, o balanço de energia pode ser expresso como

$$\sum_P n\bar{u} - \sum_R n\bar{u} = Q - W \quad (13.16)$$

em que os coeficientes n do lado esquerdo são coeficientes da equação de reação que fornece os mols de cada reagente ou produto.

Como cada componente dos reagentes e dos produtos se comporta como um gás ideal, as respectivas energias internas específicas da Eq. 13.16 podem ser avaliadas como $\bar{u} = \bar{h} - \bar{R}T$, portanto a equação torna-se

$$Q - W = \sum_P n(\bar{h} - \bar{R}T_P) - \sum_R n(\bar{h} - \bar{R}T_R) \quad (13.17a)$$

em que T_P e T_R indicam, respectivamente, a temperatura dos produtos e dos reagentes. Com as expressões da forma da Eq. 13.13 para cada um dos reagentes e dos produtos, a Eq. 13.17a pode ser escrita alternativamente como

$$Q - W = \sum_P n(\bar{h}_f^\circ + \Delta\bar{h} - \bar{R}T_P) - \sum_R n(\bar{h}_f^\circ + \Delta\bar{h} - \bar{R}T_R)$$
$$= \sum_P n(\bar{h}_f^\circ + \Delta\bar{h}) - \sum_R n(\bar{h}_f^\circ + \Delta\bar{h}) - \bar{R}T_P \sum_P n + \bar{R}T_R \sum_R n \quad (13.17b)$$

Os termos da entalpia de formação são obtidos da Tabela A-25 ou da Tabela A-25E. Os termos $\Delta\bar{h}$ são avaliados a partir da Tabela A-23 ou Tabela A-23E.

Os conceitos precedentes são ilustrados no Exemplo 13.6, no qual uma mistura gasosa queima em um recipiente fechado e rígido.

▶▶▶ EXEMPLO 13.6 ▶

Análise da Combustão do Metano com Oxigênio a Volume Constante

Uma mistura de 1 kmol de metano gasoso e 2 kmol de oxigênio inicialmente a 25°C e 1 atm queima completamente em um recipiente fechado e rígido. Ocorre transferência de calor até que os produtos sejam resfriados a 900 K. Se cada um dos reagentes e dos produtos forma misturas de gases ideais, determine **(a)** a quantidade de calor transferido, em kJ, e **(b)** a pressão final, em atm.

SOLUÇÃO

Dado: Uma mistura gasosa de metano e oxigênio, inicialmente a 25°C e 1 atm, queima completamente dentro de um recipiente fechado e rígido. Os produtos são resfriados a 900 K.

Pede-se: Determine a quantidade de calor transferido, em kJ, e a pressão final dos produtos de combustão, em atm.

Diagrama Esquemático e Dados Fornecidos:

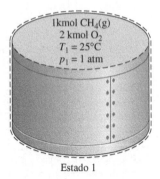

Fig. E13.6

Modelo de Engenharia:

1. O conteúdo do recipiente fechado e rígido é adotado como o sistema.
2. Os efeitos das energias cinética e potencial são ausentes, e $W = 0$.
3. A combustão é completa.
4. A mistura inicial e os produtos de combustão formam misturas de gases ideais.
5. Os estados inicial e final são estados de equilíbrio.

Análise: A equação de reação química para a combustão completa do metano com oxigênio é

$$CH_4 + 2O_2 \rightarrow CO_2 + 2H_2O(g)$$

(a) Utilizando-se as hipóteses 2 e 3, o balanço de energia do sistema fechado adota a forma

$$U_P - U_R = Q - \cancel{W}^0$$

ou

$$Q = U_P - U_R = (1\bar{u}_{CO_2} + 2\bar{u}_{H_2O(g)}) - (1\bar{u}_{CH_4(g)} + 2\bar{u}_{O_2})$$

Cada coeficiente desta equação é o mesmo que o termo correspondente da equação química balanceada.

Como cada reagente e cada produto se comportam como um gás ideal, pode-se estimar as respectivas energias internas específicas como $\bar{u} = \bar{h} - \bar{R}T$. O balanço de energia torna-se, então,

$$Q = [1(\bar{h}_{CO_2} - \bar{R}T_2) + 2(\bar{h}_{H_2O(g)} - \bar{R}T_2)] - [1(\bar{h}_{CH_4(g)} - \bar{R}T_1) + 2(\bar{h}_{O_2} - \bar{R}T_1)]$$

em que T_1 e T_2 indicam, respectivamente, as temperaturas inicial e final. Agrupando-se os termos semelhantes

$$Q = [(\bar{h}_f^\circ + \Delta\bar{h})_{CO_2} + 2(\bar{h}_f^\circ + \Delta\bar{h})_{H_2O(g)} - (\bar{h}_f^\circ + \cancel{\Delta\bar{h}}^0)_{CH_4(g)} - 2(\cancel{\bar{h}_f^\circ}^0 + \cancel{\Delta\bar{h}}^0)_{O_2}] + 3\bar{R}(T_1 - T_2)$$

As entalpias específicas são estimadas em termos das suas respectivas entalpias de formação para gerar

❶
$$Q = [(\bar{h}_f^\circ + \Delta\bar{h})_{CO_2} + 2(\bar{h}_f^\circ + \Delta\bar{h})_{H_2O(g)} - (\bar{h}_f^\circ + \cancel{\Delta\bar{h}}^0)_{CH_4(g)} - 2(\cancel{\bar{h}_f^\circ}^0 + \cancel{\Delta\bar{h}}^0)_{O_2}] + 3\bar{R}(T_1 - T_2)$$

Como o metano e o oxigênio estão inicialmente a 25°C, $\Delta\bar{h} = 0$ para cada um desses reagentes. Além disso, $\bar{h}_f^\circ = 0$ para o oxigênio.

Com os valores de entalpia de formação para o CO_2, o $H_2O(g)$ e o $CH_4(g)$ da Tabela A-25 e os valores de entalpia para H_2O e CO_2 da Tabela A-23

$$Q = [-393.520 + (37.405 - 9364)] + 2[-241.820 + (31.828 - 9904)]$$
$$- (-74.850) + 3(8,314)(298 - 900)$$
$$= -745.436 \text{ kJ}$$

(b) Pela hipótese 4, a mistura inicial e os produtos de combustão formam, cada qual, misturas de gases ideais. Assim, para os reagentes

$$p_1 V = n_R \bar{R} T_1$$

em que n_R é o número total de mols dos reagentes e p_1 é a pressão inicial. De maneira semelhante, para os produtos

$$p_2 V = n_P \bar{R} T_2$$

em que n_P é o número total de mols dos produtos e p_2 é a pressão final.

Como $n_R = n_P = 3$ e o volume é constante, essas equações são combinadas para gerar

$$p_2 = \frac{T_2}{T_1} p_1 = \left(\frac{900 \text{ K}}{298 \text{ K}}\right)(1 \text{ atm}) = 3{,}02 \text{ atm}$$

> **✓ Habilidades Desenvolvidas**
>
> Habilidades para...
> ☐ aplicar o balanço de energia a um sistema fechado de um sistema reagente.
> ☐ estimar, apropriadamente, os dados de propriedades.
> ☐ aplicar a equação de estado de gás ideal.

❶ Esta expressão corresponde à Eq.13.17b.

Teste-Relâmpago Calcule o volume do sistema, em m³. **Resposta:** 73,36 m³.

13.2.3 Entalpia de Combustão e Poderes Caloríficos

Embora o conceito de entalpia de formação permeie as formulações dos balanços de energia para sistemas reagentes até aqui, a entalpia de formação de combustíveis nem sempre é tabulada.

▶ **POR EXEMPLO** o óleo combustível e o carvão são normalmente compostos de várias substâncias químicas individuais, cujas quantidades relativas podem variar consideravelmente, dependendo da fonte. Em função da ampla variação na composição que esses combustíveis podem exibir, não encontramos suas entalpias de formação listadas na Tabela A-25 ou em compilações semelhantes de dados termofísicos. ◀ ◀ ◀ ◀ ◀

Em muitos casos de interesse prático, porém, pode-se utilizar a *entalpia de combustão*, que é acessível experimentalmente, para conduzir uma análise de energia quando estiverem faltando os dados de entalpia de formação.

A entalpia de combustão $\bar{h}_{RP}$ é definida como a diferença entre a entalpia dos produtos e a entalpia dos reagentes quando ocorre uma combustão *completa* a *temperatura e pressão dadas*. Ou seja   *entalpia de combustão*

$$\bar{h}_{RP} = \sum_P n_e \bar{h}_e - \sum_R n_i \bar{h}_i \qquad (13.18)$$

em que os n correspondem aos seus respectivos coeficientes da equação de reação que fornece os mols dos reagentes e dos produtos por mol de combustível. Quando a entalpia de combustão é expressa em uma base por unidade de

670 Capítulo 13

massa de combustível, é denominada h_{RP}. Os valores tabelados são geralmente fornecidos à temperatura-padrão T_{ref} e à pressão-padrão p_{ref} apresentadas na Seção 13.2.1. O símbolo $\bar{h}^\circ_{RP}$ (ou h°_{RP}) é utilizado para dados a essas temperatura e pressão.

poderes caloríficos superior e inferior

O *poder calorífico* de um combustível é um número positivo igual ao módulo da entalpia de combustão. Dois poderes caloríficos recebem nomes: o poder calorífico superior (PCS) e o poder calorífico inferior (PCI). O poder calorífico superior é obtido quando toda a água formada por combustão é um líquido; o poder calorífico inferior é obtido quando toda a água formada por combustão é vapor. O valor do poder calorífico superior excede o valor do poder calorífico inferior pela energia que seria liberada quando toda a água dos produtos condensasse para líquido. Valores de PCS e de PCI também dependem se o combustível é líquido ou gasoso. Dados de poder calorífico para vários hidrocarbonetos estão disponíveis nas Tabelas A-25.

O cálculo da entalpia de combustão e do poder calorífico associado, por meio dos dados tabelados é mostrado no próximo exemplo.

▶▶▶ EXEMPLO 13.7 ▶

Cálculo da Entalpia de Combustão do Metano

Calcule a entalpia de combustão do metano gasoso, em kJ por kg de combustível, **(a)** a 25°C e 1 atm com água líquida nos produtos, **(b)** a 25°C, 1 atm com vapor d'água nos produtos. **(c)** Repita o item (b) a 1000 K e 1 atm.

SOLUÇÃO

Dado: O combustível é metano gasoso.

Pede-se: Determine a entalpia de combustão, em kJ por kg de combustível, (a) a 25°C e 1 atm com água líquida nos produtos, (b) a 25°C e 1 atm com vapor d'água nos produtos, (c) a 1000 K e 1 atm com vapor d'água nos produtos.

Modelo de Engenharia:

1. Cada mol de oxigênio no ar de combustão está acompanhado de 3,76 mols de nitrogênio, que é inerte.
2. A combustão é completa, e tanto os reagentes quanto os produtos estão às mesmas temperatura e pressão.
3. Aplica-se o modelo de gás ideal ao metano, ao ar de combustão e aos produtos gasosos da combustão.

Análise: A equação da combustão é obtida da Eq. 13.4

$$CH_4 + 2O_2 + 7{,}52N_2 \rightarrow CO_2 + 2H_2O + 7{,}52N_2$$

Utilizando a Eq. 13.9 na Eq. 13.8, a entalpia de combustão é

$$\bar{h}_{RP} = \sum_P n_e(\bar{h}^\circ_f + \Delta\bar{h})_e - \sum_R n_i(\bar{h}^\circ_f + \Delta\bar{h})_i$$

Introduzindo os coeficientes da equação de combustão e estimando as entalpias específicas em termos das respectivas entalpias de formação

$$\bar{h}_{RP} = \bar{h}_{CO_2} + 2\bar{h}_{H_2O} - \bar{h}_{CH_4(g)} - 2\bar{h}_{O_2}$$
$$= (\bar{h}^\circ_f + \Delta\bar{h})_{CO_2} + 2(\bar{h}^\circ_f + \Delta\bar{h})_{H_2O} - (\bar{h}^\circ_f + \Delta\bar{h})_{CH_4(g)} - 2(\bar{h}^{\circ\,0}_f + \Delta\bar{h})_{O_2}$$

Para o nitrogênio, os termos de entalpia dos reagentes e dos produtos cancelam-se. Além disso, a entalpia de formação do oxigênio é nula por definição. Após rearrumação, a expressão de entalpia de combustão torna-se

$$\bar{h}_{RP} = (\bar{h}^\circ_f)_{CO_2} + 2(\bar{h}^\circ_f)_{H_2O} - (\bar{h}^\circ_f)_{CH_4(g)} + [(\Delta\bar{h})_{CO_2} + 2(\Delta\bar{h})_{H_2O} - (\Delta\bar{h})_{CH_4(g)} - 2(\Delta\bar{h})_{O_2}]$$
$$= \bar{h}^\circ_{RP} + [(\Delta\bar{h})_{CO_2} + 2(\Delta\bar{h})_{H_2O} - (\Delta\bar{h})_{CH_4(g)} - 2(\Delta\bar{h})_{O_2}] \qquad (1)$$

Os valores de $\bar{h}^\circ_{RP}$ e $(\Delta\bar{h})_{H_2O}$ dependem se a água nos produtos ser um líquido ou vapor.

(a) Como os reagentes e os produtos estão a 25°C, e neste caso a 1 atm, os termos $\Delta\bar{h}$ são cortados da Eq. (1) gerando a expressão para $\bar{h}_{RP}$. Assim, para a água líquida nos produtos, a entalpia de combustão é

$$\bar{h}^\circ_{RP} = (\bar{h}^\circ_f)_{CO_2} + 2(\bar{h}^\circ_f)_{H_2O(l)} - (\bar{h}^\circ_f)_{CH_4(g)}$$

Com os valores de entalpia de formação da Tabela A-25,

$$\bar{h}^\circ_{RP} = -393{.}520 + 2(-285{.}830) - (-74{.}850) = -890{.}330 \text{ kJ/kmol(combustível)}$$

A divisão pela massa molecular do metano resulta em uma base por unidade de massa de combustível

$$h^\circ_{RP} = \frac{-890{.}330 \text{ kJ/kmol (combustível)}}{16{,}04 \text{ kg (combustível)/kmol (combustível)}} = -55{.}507 \text{ kJ/kg (combustível)}$$

O módulo deste valor está de acordo com o valor do poder calorífico superior do metano disponível na Tabela A-25.

(b) Como no item (a), os termos $\Delta\bar{h}$ são cortados da expressão de $\bar{h}_{RP}$, Eq. (1), que para vapor d'água nos produtos reduz-se a $\bar{h}^\circ_{RP}$ em que

$$\overline{h}_{RP}^{\circ} = (\overline{h}_f^{\circ})_{CO_2} + 2(\overline{h}_f^{\circ})_{H_2O(g)} - (\overline{h}_f^{\circ})_{CH_4(g)}$$

Com os valores de entalpia de formação da Tabela A-25

$$\overline{h}_{RP}^{\circ} = -393.520 + 2(-241.820) - (-74.850) = -802.310 \text{ kJ/kmol (combustível)}$$

Em uma base por unidade de massa de combustível, a entalpia de combustão para este caso é

$$h_{RP}^{\circ} = \frac{-802.310}{16,04} = -50.019 \text{ kJ/kg (combustível)}$$

O módulo deste valor está de acordo com o valor do poder calorífico inferior do metano disponível na Tabela A-25.
(c) Para o caso no qual os reagentes e os produtos estão a 1000 K, 1 atm, o termo $\overline{h}_{RP}^{\circ}$ na Eq. (1) dando a expressão para $\overline{h}_{RP}$ tem o valor determinado no item (b): $\overline{h}_{RP}^{\circ} = -802.310$ kJ/kmol (combustível), e os termos de $\Delta \overline{h}$ para O_2, $H_2O(g)$ e CO_2 podem ser estimados utilizando-se entalpias específicas a 298 e 1000 K da Tabela A-23. Os resultados são

$$(\Delta \overline{h})_{O_2} = 31.389 - 8682 = 22.707 \text{ kJ/kmol}$$
$$(\Delta \overline{h})_{H_2O(g)} = 35.882 - 9904 = 25.978 \text{ kJ/kmol}$$
$$(\Delta \overline{h})_{CO_2} = 42.769 - 9364 = 33.405 \text{ kJ/kmol}$$

Para o metano, a expressão de $\overline{c}_p$ da Tabela A-21 pode ser utilizada para obter

$$(\Delta \overline{h})_{CH_4(g)} = \int_{298}^{1000} \overline{c}_p dT$$

$$= \overline{R} \left(3,826T - \frac{3,979}{10^3} \frac{T^2}{2} + \frac{24,558}{10^6} \frac{T^3}{3} - \frac{22,733}{10^9} \frac{T^4}{4} + \frac{6,963}{10^{12}} \frac{T^5}{5} \right)_{298}^{1000}$$

❶ $= 38.189$ kJ/kmol (combustível)

Substituindo os valores na expressão para a entalpia de combustão, Eq. (1), obtemos

$$\overline{h}_{RP} = -802.310 + [33.405 + 2(25.978) - 38.189 - 2(22.707)]$$
$$= -800.522 \text{ kJ/kmol (combustível)}$$

Em uma base por unidade de massa

❷ $$h_{RP} = \frac{-800.552}{16,04} = -49.910 \text{ kJ/kg (combustível)}$$

> ✓ **Habilidades Desenvolvidas**
>
> Habilidades para...
> ☐ calcular a entalpia de combustão a temperatura e pressão-padrão.
> ☐ calcular a entalpia de combustão a uma temperatura elevada e a uma pressão-padrão.

❶ Utilizando-se o *Interactive Thermodynamics: IT*, ou programa similar, obtém-se 38.180 kJ/kmol (combustível).

❷ Comparando-se os valores dos itens (b) e (c), verifica-se que a entalpia de combustão do metano varia pouco com a temperatura. O mesmo é válido para vários combustíveis hidrocarbonados. Este fato é utilizado, às vezes, para simplificar os cálculos de combustão.

Teste-Relâmpago Calcule o poder calorífico inferior do metano, em kJ/kg (combustível) a 25°C, 1 atm.
Resposta: 50.020 kJ/kg (Tabela A-25).

Avaliação da Entalpia de Combustão por Calorimetria

Quando os dados de entalpia de formação estão disponíveis para *todos* os reagentes e produtos, pode-se calcular a entalpia de combustão diretamente a partir da Eq. 13.18, como mostrado no Exemplo 13.7. Caso contrário, esta deve ser obtida experimentalmente utilizando dispositivos chamados *calorímetros*. Tanto os dispositivos de volume constante (bombas calorimétricas) quanto os dispositivos de fluxo são empregados para este propósito. Considere como exemplo um reator operando em regime permanente no qual o combustível é queimado completamente com o ar. Para a temperatura dos produtos retornar à mesma temperatura dos reagentes, seria necessária uma transferência de calor do reator. Do balanço de taxa de energia, a transferência de calor necessária é

$$\frac{\dot{Q}_{vc}}{\dot{n}_F} = \sum_P n_e \overline{h}_e - \sum_R n_i \overline{h}_i \qquad (13.19)$$

em que os símbolos têm o mesmo significado das discussões anteriores. A transferência de calor por mol de combustível, $\dot{Q}_{vc}/\dot{n}_F$, teria de ser determinada através de dados medidos experimentalmente. Comparando-se a Eq. 13.19 com a equação de definição, Eq. 13.18, tem-se $\overline{h}_{RP} = \dot{Q}_{vc}/\dot{n}_F$. De acordo com a convenção usual de sinais para a transferência de calor, a entalpia de combustão seria negativa.

Como observamos previamente, a entalpia de combustão pode ser utilizada para análises de energia de sistemas reagentes.

▶ **POR EXEMPLO** considere um volume de controle em regime permanente no qual óleo combustível reage completamente com o ar. O balanço de taxa de energia é dado pela Eq. 13.15b

$$\frac{\dot{Q}_{vc}}{\dot{n}_F} - \frac{\dot{W}_{vc}}{\dot{n}_F} = \sum_P n_e(\overline{h}_f^\circ + \Delta\overline{h})_e - \sum_R n_i(\overline{h}_f^\circ + \Delta\overline{h})_i$$

Todos os símbolos têm o mesmo significado das discussões anteriores. Essa equação pode ser rearrumada para:

$$\frac{\dot{Q}_{vc}}{\dot{n}_F} - \frac{\dot{W}_{vc}}{\dot{n}_F} = \underline{\sum_P n_e(\overline{h}_f^\circ)_e - \sum_R n_i(\overline{h}_f^\circ)_i} + \sum_P n_e(\Delta\overline{h})_e - \sum_R n_i(\Delta\overline{h})_i$$

Para a reação completa, o termo sublinhado é justamente a entalpia de combustão $\overline{h}_{RP}^\circ$ a T_{ref} e p_{ref}. Assim, a equação torna-se

$$\frac{\dot{Q}_{vc}}{\dot{n}_F} - \frac{\dot{W}_{vc}}{\dot{n}_F} = \overline{h}_{RP}^\circ + \sum_P n_e(\Delta\overline{h})_e - \sum_R n_i(\Delta\overline{h})_i \qquad (13.20)$$

O lado direito da Eq. 13.20 pode ser estimado com um valor determinado experimentalmente para $\overline{h}_{RP}^\circ$ e valores de $\Delta\overline{h}$ para os reagentes e os produtos determinados como discutido anteriormente. ◀ ◀ ◀ ◀

13.3 Determinação da Temperatura Adiabática de Chama

Consideremos o reator a regime permanente mostrado na Fig. 13.2. Na ausência de trabalho $\dot{W}_{vc}$ e de efeitos apreciáveis das energias cinética e potencial, a energia liberada na combustão é transferida do reator de apenas dois modos: pela energia associada à saída dos produtos de combustão e pela transferência de calor para a vizinhança. Quanto menor for a transferência de calor, maior será a energia carreada com os produtos de combustão, e assim mais alta será a temperatura dos produtos. A temperatura que seria alcançada pelos produtos no limite de uma operação adiabática do reator é chamada **temperatura adiabática de chama** ou temperatura de combustão adiabática.

temperatura adiabática de chama

A temperatura adiabática de chama pode ser determinada pela utilização dos princípios de conservação de massa e de conservação de energia. Para exemplificar esse procedimento, vamos considerar que tanto o ar de combustão quanto os produtos de combustão formem misturas de gases ideais. Em seguida, com as outras hipóteses já definidas anteriormente, o balanço de taxa de energia em uma base por mol de combustível, a Eq. 13.12b, é reduzida para a forma $\overline{h}_P = \overline{h}_R$, ou seja

$$\sum_P n_e \overline{h}_e = \sum_R n_i \overline{h}_i \qquad (13.21a)$$

em que i indica os fluxo de entrada de ar e de combustível e e os produtos de combustão de saída. Com esta expressão, a temperatura adiabática de chama pode ser determinada por meio de dados tabelados ou por programa de computador, como se segue.

13.3.1 Utilização de Dados Tabelados

Quando se utiliza a Eq. 13.9 com dados tabelados para estimar as parcelas de entalpia, a Eq. 13.21a torna-se

$$\sum_P n_e(\overline{h}_f^\circ + \Delta\overline{h})_e = \sum_R n_i(\overline{h}_f^\circ + \Delta\overline{h})_i$$

ou

$$\sum_P n_e(\Delta\overline{h})_e = \sum_R n_i(\Delta\overline{h})_i + \sum_R n_i \overline{h}_{fi}^\circ - \sum_P n_e \overline{h}_{fe}^\circ \qquad (13.21b)$$

Os n são obtidos em uma base por mol de combustível a partir da equação de reação química balanceada. As entalpias de formação dos reagentes e dos produtos são obtidas da Tabela A-25 ou A-25E. Os dados de entalpia de combustão talvez possam ser empregados em situações em que a entalpia de formação para o combustível não esteja disponível. Conhecendo-se os estados dos reagentes do modo que entram no reator, pode-se estimar os termos $\Delta\overline{h}$ para os reagentes como discutido anteriormente. Assim, todos os termos do lado direito da Eq. 13.21b podem ser estimados. Os termos $(\Delta\overline{h})_e$, do lado esquerdo, consideram as mudanças na entalpia dos produtos de T_{ref} para a temperatura adiabática de chama desconhecida. Como a temperatura desconhecida aparece em cada termo do somatório do lado esquerdo da equação, a determinação da temperatura adiabática de chama necessita de *iterações*: admite-se uma temperatura para os produtos, que é utilizada para se estimar o lado esquerdo da Eq. 13.21b. O valor obtido é comparado com o valor previamente determinado para o lado direito da equação. O procedimento prossegue até que uma concordância satisfatória seja obtida. O Exemplo 13.8 ilustra este procedimento.

13.3.2 Utilização de Programa de Computador

Até aqui, demos ênfase ao uso da Eq. 13.9 em conjunto com dados tabelados quando da estimativa das entalpias específicas necessárias para o balanço de energia para sistemas reagentes. Os valores de entalpia também podem ser recuperados por meio do *Interactive Thermodynamics: IT*, ou programa similar. Com o *IT*, ou programa similar, as quantidades do lado direito da Eq. 13.9 são estimadas por software e os dados $\bar{h}$ são informados *diretamente*.

> **TOME NOTA...**
> A temperatura adiabática de chama pode ser determinada iterativamente usando dados de tabela ou IT, ou programa similar. Veja o Exemplo 13.8.

▶ **POR EXEMPLO** considere CO_2 a 500 K modelado como um gás ideal. A entalpia específica é obtida do *IT*, ou em programa similar, como se segue:

T = 500 // K
h = h_T("CO₂", T)

Escolhendo-se K para a unidade de temperatura e mols para a quantidade no menu **Units**, o *IT*, ou programa similar, retorna $h = -3,852 \times 10^5$ kJ/kmol.

Este valor está de acordo com o valor calculado através da Eq. 13.9 utilizando-se os dados de entalpia para CO_2 da Tabela A-23, como se segue

$$\bar{h} = \bar{h}_f^\circ + [\bar{h}(500\ K) - \bar{h}(298\ K)]$$
$$= -393.520 + [17.678 - 9364]$$
$$= -3,852 \times 10^5\ kJ/kmol \quad \triangleleft\triangleleft\triangleleft\triangleleft\triangleleft$$

Como sugere esta discussão, o *IT*, ou programa similar, também é útil para a análise de sistemas reagentes. Em especial, o solucionador de equação e as características de recuperação de propriedades do *IT*, ou de programa similar, permitem a determinação da temperatura adiabática de chama sem a iteração necessária quando se utilizam os dados tabelados.

No Exemplo 13.8, mostramos como a temperatura adiabática de chama pode ser determinada iterativamente utilizando dados de tabela ou o *Interactive Thermodynamics: IT*, ou programa similar.

► EXEMPLO 13.8 ►

Determinação da Temperatura Adiabática de Chama para a Combustão Completa de Octano Líquido

Octano líquido a 25°C, 1 atm entra em um reator bem isolado e reage com o ar entrando às mesmas temperatura e pressão. Para operação em regime permanente e efeitos desprezíveis das energias cinética e potencial, determine a temperatura de combustão dos produtos para combustão completa com **(a)** a quantidade de ar teórico, **(b)** 400% de ar teórico.

SOLUÇÃO

Dado: Octano líquido e ar, cada qual a 25°C e 1 atm, queimam completamente dentro de um reator bem isolado, operando em regime permanente.

Pede-se: Determine a temperatura dos produtos de combustão para (a) a quantidade de ar teórico e (b) 400% de ar teórico.

Diagrama Esquemático e Dados Fornecidos:

Modelo de Engenharia:
1. O volume de controle da figura associada identificado por uma linha tracejada opera em regime permanente.
2. Para o volume de controle, $\dot{Q}_{vc} = 0$, $\dot{W}_{vc} = 0$, e os efeitos das energias cinética e potencial são desprezíveis.
3. O ar de combustão e os produtos de combustão formam, cada qual, uma mistura de gases perfeitos ideais.
4. A combustão é completa.
5. Cada mol de oxigênio no ar de combustão está acompanhado de 3,76 mols de nitrogênio, que é inerte.

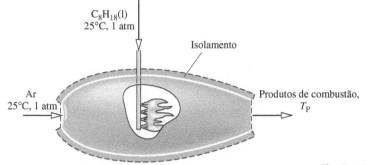

Fig. E13.8

Análise: Em regime permanente, o balanço de taxa de energia no volume de controle, Eq. 13.12b, reduz-se, com as hipóteses 2 e 3, para gerar a Eq. 13.21a:

$$\sum_P n_e \bar{h}_e = \sum_R n_i \bar{h}_i \quad (1)$$

Quando a Eq. 13.9 e os dados tabelados são utilizados para estimar os termos de entalpia, a Eq. (1) é reescrita como

$$\sum_P n_e(\bar{h}_f^\circ + \Delta\bar{h})_e = \sum_R n_i(\bar{h}_f^\circ + \Delta\bar{h})_i$$

Após rearrumação, esta equação torna-se

$$\sum_P n_e(\Delta\bar{h})_e = \sum_R n_i(\Delta\bar{h})_i + \sum_R n_i \bar{h}_{fi}^\circ - \sum_P n_e \bar{h}_{fe}^\circ$$

que corresponde à Eq. 13.21b. Como os reagentes entram a 25°C, os termos de $(\Delta\bar{h})_i$ do lado direito desaparecem e a equação de taxa de energia torna-se

$$\sum_P n_e(\Delta\bar{h})_e = \sum_R n_i \bar{h}_{fi}^\circ - \sum_P n_e \bar{h}_{fe}^\circ \quad (2)$$

(a) Para a combustão do octano líquido com a quantidade de ar teórico, a equação química é

$$C_8H_{18}(l) + 12{,}5O_2 + 47N_2 \rightarrow 8CO_2 + 9H_2O(g) + 47N_2$$

Introduzindo-se os coeficientes desta equação, a Eq. (2) torna-se

$$8(\Delta\bar{h})_{CO_2} + 9(\Delta\bar{h})_{H_2O(g)} + 47(\Delta\bar{h})_{N_2}$$
$$= [(\bar{h}_f^\circ)_{C_8H_{18}(l)} + 12{,}5(\bar{h}_f^\circ)_{O_2}^{\,0} + 47(\bar{h}_f^\circ)_{N_2}^{\,0}]$$
$$- [8(\bar{h}_f^\circ)_{CO_2} + 9(\bar{h}_f^\circ)_{H_2O(g)} + 47(\bar{h}_f^\circ)_{N_2}^{\,0}]$$

O lado direito da equação anterior pode ser calculado com a utilização dos dados de entalpia de formação da Tabela A-25, obtendo-se

$$8(\Delta\bar{h})_{CO_2} + 9(\Delta\bar{h})_{H_2O(g)} + 47(\Delta\bar{h})_{N_2} = 5.074.630 \text{ kJ/kmol(combustível)}$$

Cada termo $\Delta\bar{h}$ do lado esquerdo desta equação depende da temperatura dos produtos, T_P. Essa temperatura pode ser determinada por meio de um procedimento iterativo.

A tabela mostrada a seguir apresenta um resumo do procedimento iterativo para três valores de teste de T_P. Como o somatório das entalpias dos produtos é igual a 5.074.630 kJ/kmol, o valor real de T_P está dentro do intervalo de 2350 a 2400 K. A interpolação entre essas temperaturas fornece $T_P = 2395$ K.

T_P	2500 K	2400 K	2350 K
$8(\Delta\bar{h})_{CO_2}$	975.408	926.304	901.816
$9(\Delta\bar{h})_{H_2O(g)}$	890.676	842.436	818.478
$47(\Delta\bar{h})_{N_2}$	3.492.664	3.320.597	3.234.869
$\sum_P n_e(\Delta\bar{h})_e$	5.358.748	5.089.337	4.955.163

Solução Alternativa:

O programa a seguir, do *IT* ou de programa similar, pode ser utilizado como uma alternativa à iteração com dados tabelados, em que hN2_R e hN2_P indicam, respectivamente, a entalpia de N_2 dos reagentes e dos produtos, e assim por diante. No menu de **Units**, selecione a temperatura em K e a quantidade de substância em mols.

```
TR = 25 + 273.15 // K
// Evaluate reactant and product enthalpies, hR and hP, respectively
hR = hC8H18 + 12.5 * hO2_R + 47 * hN2_R
hP = 8 * hCO2_P + 9 * hH2O_P + 47 * hN2_P
hC8H18 = -249910 // kj/kmol (value from Table A-25)
hO2_R = h_T("O2",TR)
hN2_R = h_T("N2",TR)
hCO2_P = h_T("CO2",TP)
hH2O_P = h_T("H2O",TP)
hN2_P = h_T("N2",TP)
// Energy balance
hP = hR
```

Utilizando-se o botão **Solve**, o resultado é TP = 2394 K, que é bastante próximo do resultado obtido anteriormente.

(b) Para a combustão completa do octano líquido com 400% de ar teórico, a equação química é

$$C_8H_{18}(l) + 50O_2 + 188N_2 \rightarrow 8CO_2 + 9H_2O(g) + 37,5O_2 + 188N_2$$

O balanço da taxa de energia, Eq. (2), reduz-se, para este caso, a

$$8(\Delta\overline{h})_{CO_2} + 9(\Delta\overline{h})_{H_2O(g)} + 37,5(\Delta\overline{h})_{O_2} + 188(\Delta\overline{h})_{N_2} = 5.074.630 \text{ kJ/kmol (combustível)}$$

❶ Observe que o lado direito tem o mesmo valor que no item (a). Procedendo iterativamente como anteriormente, a temperatura dos produtos é T_P = 962 K. A utilização do *IT*, ou de programa similar, para resolver o item (b) é deixado como exercício.

❶ A temperatura determinada no item (b) é consideravelmente mais baixa que o valor encontrado no item (a). Isto mostra que, uma vez que tenha sido fornecido oxigênio suficiente para a combustão completa, o fornecimento de uma quantidade adicional de ar dilui os produtos da combustão, baixando suas temperaturas.

✓ **Habilidades Desenvolvidas**

Habilidades para...
☐ aplicar o balanço de energia a um volume de controle para calcular a temperatura adiabática de chama.
☐ estimar, apropriadamente, os valores de entalpia.

Teste-Relâmpago Se o gás octano entrasse em vez de octano líquido, a temperatura adiabática de chama aumentaria, diminuiria ou permaneceria inalterada? **Resposta:** Aumentaria.

13.3.3 Comentários Finais

Para um determinado combustível e para uma temperatura e pressão especificadas dos reagentes, a temperatura adiabática de chama *máxima* ocorre para a combustão completa com a quantidade de ar teórico. O valor medido da temperatura dos produtos de combustão pode ser, porém, várias centenas de graus abaixo da temperatura adiabática de chama máxima calculada, por várias razões:

▶ Uma vez que a quantidade de oxigênio adequada tenha sido suprida para permitir a combustão completa, o fornecimento de uma quantidade de ar adicional dilui os produtos da combustão, baixando sua temperatura.
▶ A combustão incompleta também tende a reduzir a temperatura dos produtos, e a combustão é raramente completa (veja a Seção 14.4).
▶ As perdas de calor podem ser reduzidas, mas não totalmente eliminadas.
▶ Em consequência das altas temperaturas alcançadas, alguns dos produtos de combustão podem dissociar-se. As reações de dissociação endotérmicas baixam a temperatura dos produtos. O efeito da dissociação na temperatura adiabática de chama é estudada na Seção 14.4.

13.4 Células a Combustível

Uma **célula a combustível** é um dispositivo *eletroquímico* no qual o combustível e um oxidante (normalmente o oxigênio do ar) são submetidos a uma reação química, fornecendo corrente elétrica a um circuito externo e produzindo produtos. O combustível e o oxidante reagem cataliticamente em estágios, em eletrodos separados: o anodo e o catodo. Um eletrólito que separa os dois eletrodos permite a passagem dos íons formados na reação. Dependendo do tipo de célula a combustível, os íons podem estar carregados positivamente ou negativamente. Células a combustível individuais são conectadas em paralelo ou em série para formar *empilhamentos* para fornecer o nível desejado de potência de saída.

Com a tecnologia atual, o combustível preferencial para oxidação no anodo da célula a combustível é o hidrogênio em função da sua excepcional capacidade em produzir elétrons quando catalisadores adequados são utilizados, enquanto produz emissões não prejudiciais a partir da própria célula a combustível. Dependendo do tipo de célula a combustível, o metanol (CH_3OH) e o monóxido de carbono (CO) podem ser oxidados no anodo em algumas aplicações, mas frequentemente com penalizações no desempenho.

Uma vez que o hidrogênio não ocorre naturalmente, este deve ser produzido. Os métodos de produção incluem a eletrólise da água (veja Seção 2.7) e a reforma dos combustíveis que contém hidrogênio, predominantemente hidrocarbonetos. Veja o seguinte boxe.

A reforma de hidrocarbonetos pode ocorrer tanto separadamente quanto dentro de uma célula a combustível (dependendo do tipo). Quando hidrogênio é produzido pela reforma do combustível em separado da própria célula a combustível, é conhecido como *reformador externo*. Se não for alimentado diretamente do reformador para uma célula a combustível, hidrogênio pode ser estocado como gás comprimido, líquido criogênico ou como átomos absorvidos em estruturas metálicas, e então fornecido a célula a combustível a partir do armazenamento, quando necessário. O *reformador interno* se refere a aplicações nas quais a produção de hidrogênio por reforma do combustível é integrada com a célula a combustível. Devido a limitações da tecnologia atual, o reformador interno é viável apenas para células a combustível operando à temperaturas acima de cerca de 600°C.

Produção de Hidrogênio por Meio da Reforma de Hidrocarbonetos

A reforma a vapor do gás natural é hoje o método mais comum de produção de hidrogênio. Para ilustrar de maneira simples, consideremos a reforma a vapor do metano, que é tipicamente o principal componente do gás natural.

O metano passa por uma reação *endotérmica* com o vapor que produz *singás* (gás de síntese), que consiste em H_2 e CO:

$$CH_4 + H_2O(g) \rightarrow 3H_2 + CO$$

Em um segundo passo, hidrogênio suplementar é produzido por meio da reação *exotérmica* de deslocamento água–gás

$$CO + H_2O(g) \rightarrow H_2 + CO_2$$

A reação de deslocamento também elimina monóxido de carbono, que envenena os catalisadores de platina usados para promover as taxas de reações em algumas células a combustível.

TOME NOTA...
Como discutido em Horizontes na Seção 5.3.3, a produção de hidrogênio por eletrólise da água e por reforma de hidrocarbonetos é regida pela segunda lei. Significativa destruição de exergia é observada para cada método de produção.

As taxas de reação em células a combustível são limitadas pelo tempo que leva para a difusão de elementos químicos através dos eletrodos e do eletrólito, e pela velocidade das próprias reações químicas. A reação em uma célula a combustível *não* é um processo de combustão. Essas características resultam em irreversibilidades internas da célula a combustível que são inerentemente menos significativas do que as encontradas em dispositivos de geração de potência baseados em combustão. Assim, as células a combustível têm o *potencial* de fornecer mais potência a partir de um dado suprimento de combustível e oxidante, do que motores de combustão interna e turbinas a gás convencionais.

As células a combustível não operam como os ciclos termodinâmicos de potência, e assim a noção de uma eficiência térmica limite imposta pela segunda lei não se aplica. Porém, como ocorre com todos os sistemas de potência, a potência fornecida por *sistemas* de célula a combustível é corroída por ineficiências de equipamentos auxiliares. Para células a combustível isto inclui trocadores de calor, compressores e umidificadores. As irreversibilidades e as perdas inerentes à produção de hidrogênio também podem ser maiores que aquelas vistas na produção de combustíveis mais convencionais.

Em comparação com motores de combustão interna alternativos e a turbinas a gás que incorporam a combustão, as células a combustível produzem tipicamente poucas emissões nocivas à medida que desenvolvem potência. Ainda assim, essas emissões estão associadas à produção de combustíveis usados em células a combustível, bem como na fabricação de células a combustível e seus componentes de apoio. Veja em *Horizontes*, Seção 5.3.3, para discussões adicionais.

Apesar dessas vantagens termodinâmicas potenciais, a utilização generalizada de células a combustível ainda não ocorreu, principalmente devido ao custo. A Tabela 13.2 resume as tecnologias de células a combustível mais promissoras atualmente em pesquisa. Incluem-se aplicações potenciais e outras características.

Esforços cooperativos do governo e da indústria dos Estados Unidos têm fomentado avanços em células a combustível de membrana de troca de prótons e de óxido sólido, que parecem fornecer a maior faixa de aplicações potenciais em transporte, potência portátil e potência estacionária. A célula a combustível de membrana de troca de prótons e a célula a combustível de óxido sólido serão discutidas a seguir.

TABELA 13.2

Características dos Principais Tipos de Células a Combustível

	Célula a Combustível de Membrana de Troca de Prótons (CCMTP)	Célula a Combustível de Ácido Fosfórico (CCAF)	Célula a Combustível de Carbonato Fundido (CCCF)	Célula a Combustível de Óxido Sólido (CCOS)
Utilização em transporte	Potência automotiva	Potência de veículos grandes	Nenhum	Potência auxiliar de veículos / Propulsão de veículos pesados
Outras aplicações	Potência portátil / Potência estacionária em pequena escala	Cogeração no local / Geração de potência elétrica	Cogeração no local / Geração de potência elétrica	Cogeração no local / Geração de potência elétrica
Eletrólito	Membrana de troca de íons	Ácido fosfórico líquido	Carbonato fundido líquido	Cerâmica de óxido sólido
Portadores de cargas	H^+	H^+	$CO_3^=$	$O^=$
Temperatura de operação	60-80°C	150-220°C	600-700°C	600-1000°C
Combustível oxidado no anodo	H_2 ou metanol	H_2	H_2	H_2 ou CO
Reformadores de combustível	Externo	Externo	Interno ou externo	Interno ou externo
Combustíveis tipicamente usados em reformadores internos	Nenhum	Nenhum	CO / Hidrocarbonetos leves (p. ex., metano, propano) / Metanol	Hidrocarbonetos leves (p. ex., metano, propano) / Diesel e gasolina sintéticos

Fontes: *Fuel Cell Handbook*, Sétima Edição, 2004, EG&G Technical Services, Inc., Contrato DDE N° DE-AM26-99FT40575. Laminie J. e Dicks, A., 2000, *Fuel Cell Systems Explained*, John Willey & Sons, Ltd., Chichester, West Sussex, Inglaterra.

13.4.1 Célula a Combustível de Membrana de Troca de Prótons

As células a combustível mostradas na Fig. 13.3 são *células a combustível de membrana de troca de prótons* (CCMTPs). No anodo são produzidos os íons de hidrogênio (H^+) e os elétrons (e^-). No catodo, o oxigênio, os íons de hidrogênio e os elétrons reagem para produzir água.

- A célula a combustível mostrada esquematicamente na Fig. 13.3a opera com hidrogênio (H_2) como combustível e oxigênio (O_2) como oxidante. As reações nestes eletrodos e as reações *globais* da célula estão indicadas na figura. Os únicos produtos dessa célula a combustível são a água e a potência gerada e a perda de calor.
- A célula a combustível mostrada esquematicamente na Fig. 13.3b opera com metanol e água ($CH_3OH + H_2O$) como o combustível e oxigênio (O_2) como o oxidante. Este tipo de CCMTP é uma *célula a combustível de metanol direto*. As reações nestes eletrodos e a reação *global* da célula são mostradas na figura. Os únicos produtos desta célula a combustível são água, dióxido de carbono, a potência gerada e a perda de calor.

Para CCMTPs, os íons de hidrogênio portadores de cargas são conduzidos através de uma membrana eletrolítica. Para a condutividade dos íons ser aceitável, é necessária uma membrana muito hidratada. Esses requisitos restringem a célula a combustível a operar abaixo do ponto de ebulição da água, então CCMTPs operam tipicamente na faixa de 60 a 80°C. O resfriamento é geralmente necessário para manter a célula a combustível a temperaturas de operação.

Devido à temperatura de operação ser relativamente baixa para as células a combustível de membrana de troca de prótons, hidrogênio derivado de matérias-primas hidrocarbonadas devem ser produzidas utilizando reformadores externos, enquanto são necessários catalisadores caros de platina tanto no anodo quanto no catodo, para aumentar as taxas de reação de ionização. Devido à taxa de reação ser extremamente lenta no anodo, a célula a combustível de metanol direto requer quase dez vezes mais catalisador de platina que a CCMTP abastecido por hidrogênio para melhorar a taxa de reação no anodo. A atividade catalítica é mais importante em células a combustível de temperaturas mais baixas porque as taxas de reação no anodo e no catodo tendem a decrescer com o decréscimo de temperatura.

As grandes montadoras estão começando a lançar veículos motorizados por células a combustível de membrana de troca de prótons. Células a combustível de veículos estão passando por um teste de mercado em larga escala nos Estados Unidos e são oferecidos no Japão, por arrendamento limitado. Tanto as CCMTPs abastecidos por hidrogênio quanto as células a combustível de metanol direto têm potencial para substituir as baterias em dispositivos portáteis como telefones celulares, computadores portáteis e tocadores de vídeo (veja *Novos Horizontes*, acima). Obstáculos a uma maior implantação das CCMTPs incluem o prolongamento da vida útil das pilhas, a simplificação de sistemas de integração e a redução dos custos.

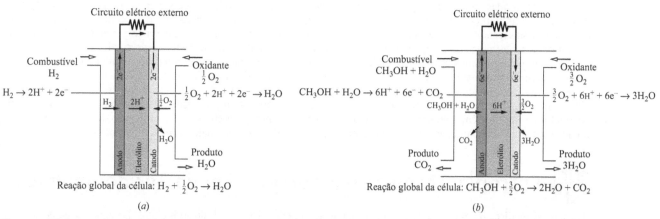

Fig. 13.3 Célula a combustível de membrana de troca de prótons. (a) Abastecida com hidrogênio. (b) Abastecida com metanol e água.

HORIZONTES

Um Futuro Brilhante para as Células a Combustível?

Células a combustível chamaram a atenção do público em geral nas primeiras décadas do programa aeroespacial americano. No período inicial, a tecnologia se mostrou capaz de ser empregada em órbita, em solo lunar, no espaço, além de realizar diferentes funções, como gerar água potável para os membros da tripulação. Recentemente, células a combustível ganharam novamente um apelo popular devido à antecipação da sua utilização em veículos para transporte pessoal. Células a combustível se mostraram ideais para gerar potência para veículos leves, pois exibem alta eficiência e baixas emissões. Porém, a falta de infraestrutura para fornecimento de combustível, além de outras questões, desacelerou fortemente a entrada dessa tecnologia no mercado automotivo. O interesse público também subsidiou as montadoras de veículos a investirem no desenvolvimento de protótipos totalmente elétricos, movidos a células a combustível. Com uma história como essa, muitos ainda se perguntam o que o futuro reserva para as células a combustível. Alguns afirmam que essa tecnologia será inicialmente disseminada em eletrônicos portáteis, dada a altíssima competitividade do setor e uma forte demanda comercial por unidades de fornecimento de energia de longa duração e rapidamente recarregáveis. Ainda sem uma grande penetração de mercado, as células a combustível atualmente servem como unidades de fornecimento de energia emergencial. Elas também são visadas em aplicações em que a cogeração seja interessante, no setor industrial e comercial. Células a combustível poderão ainda desempenhar funções importantes em transporte, como fonte de energia para o transporte coletivo, como ônibus e barcos, por exemplo.

Antecipando um pouco o futuro, o Departamento de Energia americano (*U.S. Department of Energy*) tem estimulado ativamente inovações em células a combustível através do programa EERE (*Energy Efficiency and Renewable Energy, ou Eficiência Energética e Energia Renovável*), que projetou metas específicas para a tecnologia de células a combustível até 2020.

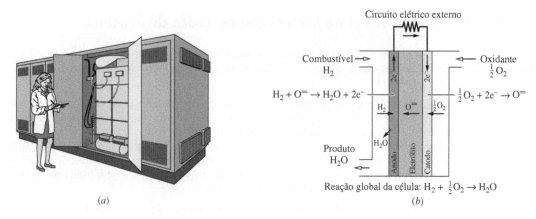

Fig. 13.4 Célula a combustível de óxido sólido. (a) Módulo. (b) Desenho esquemático.

13.4.2 Célula a Combustível de Membrana de Óxido Sólido

A Fig. 13.4a mostra, em escala, um módulo de célula a combustível de *óxido sólido* (CCOS). A Fig. 13.4b mostra um desenho esquemático de uma célula a combustível que opera com hidrogênio (H_2) como combustível e oxigênio (O_2) como oxidante. No anodo, água (H_2O) e elétrons (e^-) são produzidos. No catodo, o oxigênio reage com os elétrons (e^-) para produzir íons de oxigênio ($O^=$) que migram através do eletrólito para o anodo. As reações nestes eletrodos e a reação *global* da célula estão identificadas na figura. Os únicos produtos desta célula a combustível são água, potência gerada e perda de calor.

Para as CCOSs, um combustível alternativo ao hidrogênio é o monóxido de carbono (CO) que produz dióxido de carbono (CO_2) e elétrons (e^-) durante a oxidação no anodo. A reação catódica é a mesma que a mostrada na Fig. 13.4(b). Devido a sua operação em alta temperatura, as células a combustível de óxido sólido podem incorporar reforma interna de vários combustíveis hidrocarbonados para produzir hidrogênio e/ou monóxido de carbono no anodo.

Uma vez que o calor perdido é produzido a temperaturas relativamente altas, as células a combustível de óxido sólido podem ser usadas para a cogeração de potência e processamento de calor ou de vapor. CCOSs também podem ser usadas para a distribuição (descentralizada) de geração de potência e para sistemas híbridos células a combustível-microturbina. Estas tecnologias estão em prova de conceito e em fase de demonstração de desenvolvimento. Estas aplicações são muito atraentes pois elas atingem os objetivos sem utilizar a combustão altamente irreversível.

Por exemplo, uma célula a combustível de óxido sólido substitui a câmara de combustão em uma turbina a gás mostrada no desenho esquemático, de uma célula a combustível-microturbina, na Fig. 13.5. A célula a combustível produz potência elétrica enquanto a sua exaustão a alta temperatura se expande através da microturbina, produzindo potência de eixo girante $\dot{W}_{net}$. Através da produção de potência elétrica *e* mecânica sem combustão, sistemas híbridos células a combustível-microturbina têm o potencial de aumentar significativamente a efetividade da utilização de combustível, mais do que seria possível com tecnologia comparável de turbina a gás convencional, *e* com menos emissões nocivas.

13.5 Entropia Absoluta e a Terceira Lei da Termodinâmica

Até aqui, as análises feitas de sistemas reagentes têm sido conduzidas a partir dos princípios da conservação de massa e da conservação de energia. Nesta seção são consideradas algumas das implicações da segunda lei da termodinâmica para sistemas reagentes. A discussão continua na segunda parte do capítulo, ao lidarmos com o conceito de exergia, e no próximo capítulo, no qual é retomado o tema equilíbrio químico.

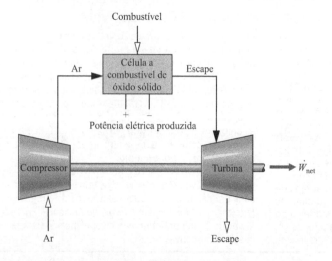

Fig. 13.5 Sistema híbrido célula a combustível de óxido sólido–microturbina.

13.5.1 Avaliação da Entropia para Sistemas Reagentes

A propriedade da entropia desempenha um importante papel nas avaliações quantitativas em que se utiliza a segunda lei da termodinâmica. Quando se analisam sistemas reagentes, o mesmo problema surge para entropia, entalpia e energia interna: deve-se utilizar uma referência comum para determinar os valores de entropia para cada substância envolvida na reação. Isto é conseguido se aplicarmos a *terceira lei* da termodinâmica e o conceito de *entropia absoluta*.

A terceira lei lida com a entropia de substâncias à temperatura de zero absoluto. Com base em evidência empírica, esta lei enuncia que a entropia de uma substância cristalina pura é nula à temperatura de zero absoluto, 0 K ou 0°R. Substâncias que não tenham uma estrutura cristalina pura a zero absoluto têm um valor não nulo de entropia no zero absoluto. Evidências experimentais nas quais a terceira lei se apoia são obtidas principalmente a partir de estudos de reações químicas a baixas temperaturas e de medições de calor específico a temperaturas tendendo ao zero absoluto.

terceira lei da termodinâmica

ENTROPIA ABSOLUTA. Para as considerações deste texto, a importância da terceira lei é que esta fornece uma referência através da qual a entropia de cada substância participante de uma reação possa ser estimada, de modo que não surjam ambiguidades ou conflitos. A entropia em relação a esta referência é chamada entropia absoluta. A variação de entropia de uma substância entre zero o absoluto e qualquer outro estado pode ser determinada por medições precisas de transferências de energia e dados calores específicos ou através de procedimentos baseados em termodinâmica estatística e informações moleculares observáveis.

entropia absoluta

As Tabelas A-25 e A-25E fornecem os valores de entropia absoluta para algumas substâncias no estado de referência-padrão, $T_{ref} = 298,15$ K, $p_{ref} = 1$ atm, respectivamente nas unidades kJ/kmol · K e Btu/lbmol · °R. São fornecidos dois valores para a entropia absoluta da água. Um para a água líquida e o outro para vapor d'água. Como para o caso da entalpia de formação da água estudado na Seção 13.2.1, o valor de vapor listado é para um estado de um gás ideal *hipotético* no qual a água é vapor a 25°C (77°F) e $p_{ref} = 1$ atm.

TOME NOTA...
Valores de entropia listados nas Tabelas A-2 até A-18 não são valores absolutos.

As Tabelas A-23 e A-23E fornecem relações de entropia absoluta *versus* temperatura à pressão de 1 atm para alguns gases. Nestas tabelas, a entropia absoluta a 1 atm e temperatura T é designada por $\bar{s}°(T)$, e é assumido o comportamento de gás ideal para os gases.

UTILIZAÇÃO DA ENTROPIA ABSOLUTA. Quando a entropia absoluta é conhecida em um estado-padrão, pode-se determinar a entropia específica em qualquer outro estado somando-se a variação da entropia específica entre os dois estados à entropia absoluta no estado-padrão. De modo semelhante, quando a entropia absoluta é conhecida a pressão p_{ref} e temperatura T, a entropia absoluta à mesma temperatura e a qualquer pressão p pode ser determinada por

$$\bar{s}(T, p) = \bar{s}(T, p_{ref}) + [\bar{s}(T, p) - \bar{s}(T, p_{ref})]$$

Para gases ideais listados na Tabela A-23, o primeiro termo do lado direito desta equação é $\bar{s}°(T)$ e o segundo termo do lado direito pode ser estimado utilizando-se a Eq. 6.18. Arrumando os resultados, temos

$$\bar{s}(T, p) = \bar{s}°(T) - \bar{R} \ln \frac{p}{p_{ref}} \quad \text{(gás ideal)} \quad (13.22)$$

Reiterando, $\bar{s}°(T)$ é a entropia absoluta à temperatura T e à pressão $p_{ref} = 1$ atm.

A entropia do *i*-ésimo componente de uma mistura de gases ideais é estimada à temperatura de mistura T e à pressão parcial p_i: $\bar{s}_i(T, p_i)$. A pressão parcial é dada por $p_i = y_i p$, em que y_i é a fração molar do componente i e p é a pressão da mistura. Assim, a Eq. 13.22 assume a forma

$$\bar{s}_i(T, p_i) = \bar{s}_i°(T) - \bar{R} \ln \frac{p_i}{p_{ref}}$$

ou

$$\bar{s}_i(T, p_i) = \bar{s}_i°(T) - \bar{R} \ln \frac{y_i p}{p_{ref}} \quad \begin{pmatrix} \text{componente } i \text{ de uma} \\ \text{mistura de gases ideais} \end{pmatrix} \quad (13.23)$$

em que $\bar{s}_i°(T)$ é a entropia absoluta do componente i a temperatura T e $p_{ref} = 1$ atm. A Eq. 13.23 corresponde à Eq. (b) da Tabela 13.1.

Finalmente, observe que o *Interactive Thermodynamics* (*IT*), ou programa similar, retorna diretamente o valor de entropia absoluta e não utiliza a função especial $\bar{s}°$.

13.5.2 Balanços de Entropia para Sistemas Reagentes

Muitas das considerações que são feitas quando balanços de energia são escritos para sistemas reagentes também se aplicam aos balanços de entropia. A implementação de balanços de entropia para sistemas reagentes será exemplificada através de casos especiais de amplo interesse.

680 Capítulo 13

VOLUMES DE CONTROLE EM REGIME PERMANENTE. Vamos começar reconsiderando o reator em regime permanente mostrado na Fig. 13.2, para o qual a reação de combustão é dada pela Eq. 13.11. Supõe-se que o ar de combustão e os produtos de combustão formam, cada qual, misturas de gases ideais, e portanto a Eq. 12.26 da Tabela 13.1 para entropia da mistura é aplicável. O balanço da taxa de entropia para um reator de duas entradas e uma única saída pode ser expresso em uma base *por mol de combustível* como

$$0 = \sum_j \frac{\dot{Q}_j/T_j}{\dot{n}_F} + \bar{s}_F + \underline{\left[\left(a + \frac{b}{4}\right)\bar{s}_{O_2} + \left(a + \frac{b}{4}\right)3{,}76\bar{s}_{N_2}\right]}$$
$$- \underline{\left[a\bar{s}_{CO_2} + \frac{b}{2}\bar{s}_{H_2O} + \left(a + \frac{b}{4}\right)3{,}76\bar{s}_{N_2}\right]} + \frac{\dot{\sigma}_{vc}}{\dot{n}_F} \quad (13.24)$$

em que $\dot{n}_F$ é a vazão molar do combustível e os coeficientes que aparecem nos termos sublinhados são os mesmos que os das substâncias correspondentes na equação de reação.

Todos os termos de entropias da Eq. 13.24 são de entropias absolutas. O primeiro termo sublinhado do lado direito da Eq. 13.24 é a entropia do ar de combustão *por mol de combustível*. O segundo termo sublinhado é a entropia dos produtos de combustão de saída *por mol de combustível*. De acordo com a Tabela 13.1, as entropias do ar e dos produtos de combustão são estimadas pela adição da contribuição de cada componente presente na mistura de gases. Por exemplo, a entropia específica de uma substância nos produtos de combustão é estimada a partir da Eq. 13.23 utilizando-se a temperatura de combustão dos produtos e a pressão parcial da substância na mistura de produtos de combustão. Essas considerações estão apresentadas no Exemplo 13.9.

▶ ▶ ▶ EXEMPLO 13.9 ▶

Avaliação da Produção de Entropia de um Reator Abastecido por Octano Líquido

Octano líquido a 25°C, 1 atm entra em um reator bem isolado e reage com o ar entrando às mesmas temperatura e pressão. Os produtos de combustão saem a 1 atm de pressão. Para uma operação em regime permanente e efeitos desprezíveis de energias cinética e potencial, determine a taxa de produção de entropia, em kJ/K por kmol de combustível, para a combustão completa com **(a)** a quantidade de ar teórico, **(b)** 400% de ar teórico.

SOLUÇÃO

Dado: O octano líquido e ar, cada qual a 25°C e 1 atm, queimam completamente dentro de um reator bem isolado, que opera em regime permanente. Os produtos de combustão saem à pressão de 1 atm.

Pede-se: Determine a taxa de produção de entropia, em kJ/K por kmol de combustível, para combustão com (a) a quantidade de ar teórico, (b) 400% de ar teórico.

Diagrama Esquemático e Dados Fornecidos:

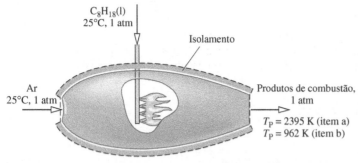

Fig. E13.9

Modelo de Engenharia:

1. O volume de controle mostrado na figura associada, por uma linha tracejada, opera em regime permanente e sem transferência de calor para a vizinhança.
2. A combustão é completa. Cada mol de oxigênio no ar de combustão está acompanhado de 3,76 mols de nitrogênio, que é inerte.
3. O ar de combustão pode ser modelado como uma mistura de gases ideais, assim como os produtos de combustão.
4. Os reagentes entram a 25°C e 1 atm. Os produtos saem à pressão de 1 atm.

Análise: A temperatura de saída dos produtos de combustão T_P foi estimada no Exemplo 13.8 para cada um dos dois casos. Para a combustão com a quantidade de ar teórico, $T_P = 2395$ K. Para combustão completa com 400% de ar teórico, $T_P = 962$ K.

(a) Para a combustão de octano líquido com a quantidade de ar teórico, a equação química é

$$C_8H_{18}(l) + 12{,}5O_2 + 47N_2 \rightarrow 8CO_2 + 9H_2O(g) + 47N_2$$

Com as hipóteses 1 e 3, o balanço da taxa de entropia em uma base por mol de combustível, Eq. 13.24, assume a forma

$$0 = \sum_j \underbrace{\frac{\dot{Q}_j/T_j}{\dot{n}_F}}_{0} + \bar{s}_F + (12{,}5\bar{s}_{O_2} + 47\bar{s}_{N_2}) - (8\bar{s}_{CO_2} + 9\bar{s}_{H_2O(g)} + 47\bar{s}_{N_2}) + \frac{\dot{\sigma}_{vc}}{\dot{n}_F}$$

ou, rearrumando

$$\frac{\dot{\sigma}_{vc}}{\dot{n}_F} = (8\bar{s}_{CO_2} + 9\bar{s}_{H_2O(g)} + 47\bar{s}_{N_2}) - \bar{s}_F - (12{,}5\bar{s}_{O_2} + 47\bar{s}_{N_2}) \quad (1)$$

Cada coeficiente desta equação é o mesmo do termo correspondente da equação química balanceada.

O combustível entra no reator separadamente a T_{ref}, p_{ref}. A entropia absoluta do octano líquido necessária para o balanço de entropia é obtida a partir da Tabela A-25 como 360,79 kJ/kmol · K.

O oxigênio e o nitrogênio do ar de combustão entram no reator como componentes de uma mistura de gases ideais a T_{ref}, p_{ref}. Com a Eq. 13.23 e os dados de entropia absoluta da Tabela A-23

$$\bar{s}_{O_2} = \bar{s}^{\circ}_{O_2}(T_{ref}) - \bar{R} \ln \frac{y_{O_2} p_{ref}}{p_{ref}}$$

$$= 205{,}03 - 8{,}314 \ln 0{,}21 = 218{,}01 \text{ kJ/kmol} \cdot \text{K}$$

$$\bar{s}_{N_2} = \bar{s}^{\circ}_{N_2}(T_{ref}) - \bar{R} \ln \frac{y_{N_2} p_{ref}}{p_{ref}}$$

$$= 191{,}5 - 8{,}314 \ln 0{,}79 = 193{,}46 \text{ kJ/kmol} \cdot \text{K}$$

Os gases dos produtos saem como uma mistura de gases ideais a 1 atm, 2395 K com a seguinte composição: $y_{CO_2} = 8/64 = 0{,}125$, $y_{H_2O(g)} = 9/64 = 0{,}1406$, $y_{N_2} = 47/64 = 0{,}7344$. Com a Eq. 13.23 e os dados de entropia absoluta a 2395 K das Tabelas A-23,

$$\bar{s}_{CO_2} = \bar{s}^{\circ}_{CO_2} - \bar{R} \ln y_{CO_2}$$

$$= 320{,}173 - 8{,}314 \ln 0{,}125 = 337{,}46 \text{ kJ/kmol} \cdot \text{K}$$

$$\bar{s}_{H_2O} = 273{,}986 - 8{,}314 \ln 0{,}1406 = 290{,}30 \text{ kJ/kmol} \cdot \text{K}$$

$$\bar{s}_{N_2} = 258{,}503 - 8{,}314 \ln 0{,}7344 = 261{,}07 \text{ kJ/kmol} \cdot \text{K}$$

Inserindo-se os valores na Eq. (1), a expressão para a produção da taxa de entropia é

$$\frac{\dot{\sigma}_{vc}}{\dot{n}_F} = 8(337{,}46) + 9(290{,}30) + 47(261{,}07)$$

$$- 360{,}79 - 12{,}5(218{,}01) - 47(193{,}46)$$

$$= 5404 \text{ kJ/kmol (octano)} \cdot \text{K}$$

Solução Alternativa:

Como uma solução alternativa, pode-se utilizar o seguinte código do *IT*, ou programa similar, para determinar a produção de entropia por mol de combustível de entrada, em que sigma significa $\dot{\sigma}_{vc}/\dot{n}_F$ e sN2_R e sN2_P indicam a entropia de N_2, respectivamente nos reagentes e nos produtos, e assim por diante. No menu **Units**, selecione a temperatura em K, a pressão em bar e a quantidade de substância em mols.

```
TR = 25 + 273.15 // K
p = 1.01325 // bar
TP = 2394 // K (Value from the IT alternative solution of Example 13.8)

// Determine the partial pressures
pO2_R = 0.21 * p
pN2_R = 0.79 * p
pCO2_P = (8/64) * p
pH2O_P = (9/64) * p
pN2_P = (47/64) * p

// Evaluate the absolute entropies
sC8H18 = 360.79 // kJ/kmol · K (from Table A-25)
sO2_R = s_TP("O2", TR, pO2_R)
sN2_R = s_TP("N2", TR, pN2_R)
❶ sCO2_P = s_TP("CO2", TP, pCO2_P)
sH2O_P = s_TP("H2O", TP, pH2O_P)
sN2_P = s_TP("N2", TP, pN2_P)

// Evaluate the reactant and product entropies, sR and sP, respectively
sR = sC8H18 + 12.5 * sO2_R + 47 * sN2_R
sR = 8 * sCO2_P + 9 * sH2O_P + 47 * sN2_P

// Entropy balance, Eq. (1)
sigma = sP − sR
```

Utilizando o botão **Solve**, o resultado é sigma = 5404 kJ/kmol (octano) · K, que está de acordo com o resultado obtido anteriormente.

(b) A combustão completa do octano líquido com 400% de ar teórico é descrita pela seguinte equação química:

$$C_8H_{18}(l) + 50O_2 + 188N_2 \rightarrow 8CO_2 + 9H_2O(g) + 37{,}5O_2 + 188N_2$$

O balanço da taxa de entropia em uma base por mol de combustível tem a forma

$$\frac{\dot{\sigma}_{vc}}{\dot{n}_F} = (8\bar{s}_{CO_2} + 9\bar{s}_{H_2O(g)} + 37{,}5\bar{s}_{O_2} + 188\bar{s}_{N_2}) - \bar{s}_F - (50\bar{s}_{O_2} + 188\bar{s}_{N_2})$$

As entropias específicas dos reagentes têm os mesmos valores que no item (a). Os produtos gasosos saem como uma mistura de gases ideais a 1 atm, 962 K, com a seguinte composição: y_{CO_2} = 8/242,5 = 0,033, $y_{H_2O}(g)$ = 9/242,5 = 0,0371, y_{O_2} = 37,5/242,5 = 0,1546 e y_{N_2} = 0,7753. Pela mesma abordagem adotada no item (a),

$$\bar{s}_{CO_2} = 267{,}12 - 8{,}314 \ln 0{,}033 = 295{,}481 \text{ kJ/kmol} \cdot \text{K}$$
$$\bar{s}_{H_2O} = 231{,}01 - 8{,}314 \ln 0{,}0371 = 258{,}397 \text{ kJ/kmol} \cdot \text{K}$$
$$\bar{s}_{O_2} = 242{,}12 - 8{,}314 \ln 0{,}1546 = 257{,}642 \text{ kJ/kmol} \cdot \text{K}$$
$$\bar{s}_{N_2} = 226{,}795 - 8{,}314 \ln 0{,}7753 = 228{,}911 \text{ kJ/kmol} \cdot \text{K}$$

Inserindo-se valores nas expressões para a taxa de produção de entropia

$$\frac{\dot{\sigma}_{vc}}{\dot{n}_F} = 8(295{,}481) + 9(258{,}397) + 37{,}5(257{,}642) + 188(228{,}911)$$
$$- 360{,}79 - 50(218{,}01) - 188(193{,}46)$$
$$= 9754 \text{ kJ/kmol (octano)} \cdot \text{K}$$

❷

A utilização do *IT*, ou programa similar, para resolver o item (b) é deixada como exercício.

---

❶ Para vários gases modelados como gases ideais, o *IT*, ou programa similar, retorna diretamente as entropias absolutas necessárias para os balanços de entropia de sistemas reagentes. Os dados de entropia obtidos do *IT*, ou de programa similar, estão em acordo com os valores calculados a partir da Eq. 13.23 usando dados tabelados.

❷ Embora as taxas de produção de entropia calculadas neste exemplo sejam positivas, como exige a segunda lei, isto não significa que as reações propostas irão necessariamente ocorrer, pois os resultados são baseados na hipótese de combustão *completa*. A possibilidade de alcançar combustão completa com determinados reagentes a temperatura e pressão dadas, pode ser investigada pelos métodos do Cap. 14, que trata de equilíbrio químico. Para discussões adicionais, veja a Seção 14.4.1.

✓ **Habilidades Desenvolvidas**

Habilidades para...
☐ aplicar o balanço de entropia ao volume de controle de um sistema reagente.
☐ estimar os valores de entropia, apropriadamente, baseados em entropias absolutas.

Teste-Relâmpago Como a temperatura de combustão dos produtos e a taxa de produção de entropia variam, respectivamente, à medida que o percentual de ar em excesso aumenta? Suponha combustão completa.
Resposta: Decresce, cresce.

SISTEMAS FECHADOS. Considere, a seguir, o balanço de entropia para um processo de um sistema fechado, durante o qual ocorre uma reação química

$$S_P - S_R = \int \left(\frac{\delta Q}{T}\right)_b + \sigma \tag{13.25}$$

S_R e S_P representam, respectivamente, a entropia dos reagentes e a entropia dos produtos.

Quando os reagentes e os produtos formam misturas de gases ideais, o balanço de entropia pode ser expresso em base *por mol de combustível* como

$$\sum_P n\bar{s} - \sum_R n\bar{s} = \frac{1}{n_F} \int \left(\frac{\delta Q}{T}\right)_b + \frac{\sigma}{n_F} \tag{13.26}$$

em que os coeficientes *n* do lado esquerdo são os coeficientes da equação de reação que fornecem os mols para cada reagente ou produto *por mol de combustível*. Os termos de entropia da Eq. 13.26 são estimados a partir da Eq. 13.23 utilizando-se a temperatura, a pressão parcial dos reagentes ou dos produtos, conforme o caso. Em qualquer aplicação deste tipo, o combustível é misturado com o oxidante, então isto terá que ser considerado quando forem determinadas as pressões parciais dos reagentes.

O Exemplo 13.10 fornece uma ilustração da estimativa da variação de entropia de combustão a volume constante.

EXEMPLO 13.10

Determinação da Variação da Entropia de Combustão do Gás Metano com Oxigênio a Volume Constante

Determine a variação na entropia do sistema do Exemplo 13.6, em kJ/K.

SOLUÇÃO

Dado: Uma mistura de gás metano e oxigênio, inicialmente a 25°C e 1 atm, queima completamente dentro de um recipiente fechado e rígido. Os produtos são resfriados até 900 K e 3,02 atm.

Pede-se: Determine a variação de entropia para o processo em kJ/K.

Diagrama Esquemático e Dados Fornecidos: Veja a Fig. E13.6.

Modelo de Engenharia:

1. O conteúdo do recipiente é adotado como o sistema.
2. A mistura inicial pode ser modelada como uma mistura de gases ideais, assim como os produtos de combustão.
3. A combustão é completa.

Análise: A equação química para a combustão completa do metano com o oxigênio é

$$CH_4 + 2O_2 \rightarrow CO_2 + 2H_2O(g)$$

A variação de entropia para o processo em um sistema fechado é $\Delta S = S_P - S_R$, em que S_R e S_P significam, respectivamente, as entropias inicial e final do sistema. Visto que a mistura inicial forma uma mistura de gases ideais (hipótese 2), a entropia dos reagentes pode ser expressa como a soma das contribuições dos componentes, cada qual estimado à temperatura da mistura e à pressão parcial do componente. Ou seja

$$S_R = 1\bar{s}_{CH_4}(T_1, y_{CH_4}p_1) + 2\bar{s}_{O_2}(T_1, y_{O_2}p_1)$$

em que $y_{CH_4} = 1/3$ e $y_{O_2} = 2/3$ indicam, respectivamente, as frações molares do metano e do oxigênio na mistura inicial. Analogamente, os produtos de combustão formam uma mistura de gases ideais (hipótese 2)

$$S_P = 1\bar{s}_{CO_2}(T_2, y_{CO_2}p_2) + 2\bar{s}_{H_2O}(T_2, y_{H_2O}p_2)$$

em que $y_{CO_2} = 1/3$ e $y_{H_2O} = 2/3$ indicam, respectivamente, as frações molares do dióxido de carbono e do vapor d'água nos produtos de combustão. Nestas equações, p_1 e p_2 indicam, respectivamente, a pressão nos estados inicial e final.

As entropias específicas necessárias para a determinação de S_R podem ser calculadas a partir da Eq. 13.23. Como $T_1 = T_{ref}$ e $p_1 = p_{ref}$, os dados de entropia absoluta da Tabela A-25 podem ser utilizados como se segue

$$\bar{s}_{CH_4}(T_1, y_{CH_4}p_1) = \bar{s}°_{CH_4}(T_{ref}) - \bar{R} \ln \frac{y_{CH_4}p_{ref}}{p_{ref}}$$

$$= 186,16 - 8,314 \ln \frac{1}{3} = 195,294 \text{ kJ/kmol} \cdot \text{K}$$

Analogamente

$$\bar{s}_{O_2}(T_1, y_{O_2}p_1) = \bar{s}°_{O_2}(T_{ref}) - \bar{R} \ln \frac{y_{O_2}p_{ref}}{p_{ref}}$$

$$= 205,03 - 8,314 \ln \frac{2}{3} = 208,401 \text{ kJ/kmol} \cdot \text{K}$$

No estado final, os produtos estão a $T_2 = 900$ K e $p_2 = 3,02$ atm. Com a Eq. 13.23 e os dados de entropia absoluta das Tabelas A-23

$$\bar{s}_{CO_2}(T_2, y_{CO_2}p_2) = \bar{s}°_{CO_2}(T_2) - \bar{R} \ln \frac{y_{CO_2}p_2}{p_{ref}}$$

$$= 263,559 - 8,314 \ln \frac{(1/3)(3,02)}{1} = 263,504 \text{ kJ/kmol} \cdot \text{K}$$

$$\bar{s}_{H_2O}(T_2, y_{H_2O}p_2) = \bar{s}°_{H_2O}(T_2) - \bar{R} \ln \frac{y_{H_2O}p_2}{p_{ref}}$$

$$= 228,321 - 8,314 \ln \frac{(2/3)(3,02)}{1} = 222,503 \text{ kJ/kmol} \cdot \text{K}$$

Finalmente, a variação de entropia para o processo é

$$\Delta S = S_P - S_R$$
$$= [263,504 + 2(222,503)] - [195,294 + 2(208,401)]$$
$$= 96,414 \text{ kJ/K}$$

✓ **Habilidades Desenvolvidas**

Habilidades para...
- aplicar o balanço de entropia a um sistema fechado de um sistema reagente.
- estimar, apropriadamente, os valores de entropia baseados em entropias absolutas.

Teste-Relâmpago Aplicando-se o balanço de entropia, Eq. 13.25, o σ é maior, menor ou igual a ΔS?
Resposta: É maior.

13.5.3 Avaliação da Função de Gibbs para Sistemas Reagentes

A propriedade termodinâmica conhecida como função de Gibbs desempenha um papel na segunda parte deste capítulo, que trata da análise de exergia. A *função de Gibbs específica* $\bar{g}$, apresentada na Seção 11.3, é

$$\bar{g} = \bar{h} - T\bar{s} \qquad (13.27)$$

função de Gibbs de formação

O procedimento adotado para o estabelecimento de uma referência para a função de Gibbs segue de perto o que foi utilizado na definição de entalpia de formação: Para cada elemento estável em um estado-padrão é designado um valor nulo para a função de Gibbs. A função de Gibbs de formação de um composto $\bar{g}_f^\circ$, é igual à variação da função de Gibbs para a reação na qual o composto é formado a partir dos seus elementos, estando o composto e os elementos a $T_{ref} = 25°C$ (77°F) e $p_{ref} = 1$ atm. As Tabelas A-25 e A-25E disponibilizam a função de Gibbs de formação $\bar{g}_f^\circ$, para determinadas substâncias.

A função de Gibbs em um estado que não seja o estado-padrão é determinada ao somar-se à função de Gibbs de formação a variação da função de Gibbs específica $\Delta \bar{g}$ entre o estado-padrão e o estado de interesse

$$\bar{g}(T,p) = \bar{g}_f^\circ + [\bar{g}(T,p) - \bar{g}(T_{ref}, p_{ref})] = \bar{g}_f^\circ + \Delta \bar{g} \qquad (13.28a)$$

Com a Eq. 13.27, $\Delta \bar{g}$ pode ser escrita como

$$\Delta \bar{g} = [\bar{h}(T,p) - \bar{h}(T_{ref}, p_{ref})] - [T\bar{s}(T,p) - T_{ref}\bar{s}(T_{ref}, p_{ref})] \qquad (13.28b)$$

A função de Gibbs do componente *i* em uma mistura de gases ideais é estimada à *pressão parcial* do componente *i* e à temperatura da mistura.

O procedimento para a determinação da função de Gibbs de formação é mostrado no próximo exemplo.

> **TOME NOTA...**
> A função de Gibbs é introduzida aqui pois ela contribui com os desenvolvimentos subsequentes deste capítulo.
> A função de Gibbs é uma propriedade porque é definida em termos de propriedades. Como a entalpia, introduzida como uma combinação de propriedades na Seção 3.6.1, a função de Gibbs não tem, em geral, significado físico.

▶▶▶ EXEMPLO 13.11 ▶

Determinação da Função de Gibbs de Formação para o Metano

Determine a função de Gibbs de formação para o metano no estado-padrão, a 25°C e 1 atm, em kJ/kmol, e compare com o valor fornecido na Tabela A-25.

SOLUÇÃO

Dado: O composto é o metano.

Pede-se: Determine a função de Gibbs de formação no estado-padrão, em kJ/kmol, e compare com o valor fornecido na Tabela A-25.

Hipóteses: Na formação do metano a partir do carbono e do hidrogênio (H_2), inicialmente o carbono e o hidrogênio estão, cada qual, a 25°C e 1 atm. O metano formado também está a 25°C e 1 atm.

Análise: O metano é formado a partir do carbono e do hidrogênio conforme $C + 2H_2 \rightarrow CH_4$. A variação da função de Gibbs para essa reação é

$$\bar{g}_P - \bar{g}_R = (\bar{h} - T\bar{s})_{CH_4} - (\bar{h} - T\bar{s})_C - 2(\bar{h} - T\bar{s})_{H_2}$$
$$= (\bar{h}_{CH_4} - \bar{h}_C - 2\bar{h}_{H_2}) - T(\bar{s}_{CH_4} - \bar{s}_C - 2\bar{s}_{H_2}) \qquad (1)$$

em que $\bar{g}_P$ e $\bar{g}_R$ representam, respectivamente, as funções de Gibbs dos produtos e dos reagentes, cada qual por kmol de metano.

Neste caso em particular, todas as substâncias estão às mesmas temperatura e pressão, 25°C e 1 atm, que correspondem aos valores do estado de referência-padrão. No estado de referência-padrão, as entalpias e as funções de Gibbs para o carbono e o hidrogênio são nulas por definição. Assim, na Eq. (1), $\bar{g}_R = \bar{h}_C = \bar{h}_{H_2} = 0$. Além disso, $\bar{g}_P = (\bar{g}_f^\circ)_{CH_4}$. A Eq. (1) é então reescrita

$$(\bar{g}_f^\circ)_{CH_4} = (\bar{h}_f^\circ)_{CH_4} - T_{ref}(\bar{s}_{CH_4}^\circ - \bar{s}_C^\circ - 2\bar{s}_{H_2}^\circ) \qquad (2)$$

em que todas as propriedades estão a T_{ref}, p_{ref}. Com os dados de entalpia de formação e de entropia absoluta da Tabela A-25, a Eq. (2) gera

$$(\bar{g}_f^\circ)_{CH_4} = -74.850 - 298,15[186,16 - 5,74 - 2(130,57)] = -50.783 \text{ kJ/kmol}$$

A pequena diferença entre o valor calculado através da função de Gibbs de formação do metano e o valor da Tabela A-25 pode ser atribuída a erros de arredondamento.

> ✓ **Habilidade Desenvolvida**
> Habilidade para...
> ☐ aplicar a definição de função de Gibbs de formação para calcular $\bar{g}_f^\circ$.

Teste-Relâmpago Utilizando o método aplicado neste exemplo, calcule $\bar{g}_f^\circ$ para o oxigênio monoatômico no estado-padrão, em kJ/kmol. Comece escrevendo $\frac{1}{2}O_2 \rightarrow O$. **Resposta:** 231.750 kJ/kmol, o que está de acordo com a Tabela A-25.

Exergia Química

O objetivo desta parte do capítulo é estender o conceito de exergia introduzido no Cap. 7 para incluir a exergia química. Vários aspectos importantes da exergia estão enumerados na Seção 7.3.1. Sugerimos uma revisão deste material antes de continuar a discussão atual.

> **TOME NOTA...**
> Um sistema tem exergia quando sua temperatura, pressão ou composição forem diferentes daquelas do ambiente.

Um aspecto-chave trazido do Cap. 7 é que a exergia é uma medida do distanciamento do estado do sistema daquele modelo termodinâmico da Terra e sua atmosfera conhecido como *exergia de referência do ambiente*, ou simplesmente, o *ambiente*. Na discussão atual, o distanciamento do estado do sistema em relação ao ambiente centra-se na respectiva temperatura, pressão *e* composição; agora a composição desempenha um papel principal. Se uma ou mais variáveis do sistema referente a temperatura, pressão e composição diferir daquele do ambiente, o sistema terá exergia.

A exergia é o trabalho teórico *máximo* obtenível de um sistema como um todo mais o ambiente, à medida que o sistema passa de um determinado estado até o equilíbrio com o ambiente. Alternativamente, exergia é o trabalho teórico *mínimo* de *entrada* requerido para formar o sistema a partir do ambiente e trazê-lo para o estado especificado.

Para facilitar o entendimento conceitual e computacional, pensamos na passagem do sistema ao equilíbrio com o ambiente em dois passos. Com esta abordagem, a exergia é a soma de duas contribuições: a *termomecânica*, desenvolvida no Cap. 7, e a *química*, desenvolvida neste capítulo.

TABELA 13.3
Conjunto de substâncias representadas por $C_aH_bO_c$

	C	H_2	C_aH_b	CO	CO_2	H_2O(líq.)
a	1	0	a	1	1	0
b	0	2	b	0	0	2
c	0	0	0	1	2	1

TABELA 13.4
Exergia de Referência do ambiente utilizado na Seção 13.6

Fase gasosa a $T_0 = 298{,}15$ K (25°C), $p_0 = 1$ atm

Componente	y^e(%)
N_2	75,67
O_2	20,35
H_2O(g)	3,12
CO_2	0,03
Outro	0,83

13.6 Conceituando a Exergia Química

Nesta seção, consideramos uma experiência mental para revelar aspectos importantes da exergia química. Isto envolve

- um conjunto de substâncias representadas por $C_a H_b O_c$ (veja a Tabela 13.3),
- um modelamento de *ambiente* da atmosfera terrestre (veja a Tabela 13.4), e
- um sistema *global* incluindo um volume de controle (veja a Fig. 13.6).

Em referência à Tabela 13.4, a exergia ambiente de referência é considerada na discussão atual como uma mistura de gases ideais que modelam a atmosfera terrestre. T_0 e p_0 indicam, respectivamente, a temperatura e a pressão do ambiente. A composição do ambiente é dada em termos de frações molares indicadas por y^e, em que o índice *e* é utilizado para indicar a fração molar do componente ambiental. Os valores destas frações molares, e os valores de T_0 e p_0 são especificados e permanecem inalterados por todo o desenvolvimento que se segue. A mistura de gases que modela a atmosfera adere ao modelo de Dalton (Seção 12.2).

Considerando a Fig. 13.6, a substância representada por $C_a H_b O_c$ entra no volume de controle a T_0 e p_0. Dependendo da substância em particular, compostos presentes no ambiente entra (O_2) e sai (CO_2 e H_2O (g)) a T_0 e suas respectivas pressões parciais do ambiente. Todas as substâncias entram e saem com efeitos desprezíveis de movimento e de gravidade. A transferência de calor entre o volume de controle e o ambiente ocorre apenas à temperatura T_0. O volume de controle opera em regime permanente, e o modelo de gás ideal se aplica a todos os gases. Finalmente, para o sistema como um todo, cuja fronteira é indicada por uma linha pontilhada, o volume total é constante e não há transferência de calor pela fronteira.

Em seguida, aplica-se a conservação de massa, um balanço de energia e um balanço de entropia ao volume de controle da Fig. 13.6 com o objetivo de determinar o trabalho teórico máximo por mol da substância $C_a H_b O_c$ de entrada – a saber, o valor teórico máximo de $\dot{W}_{CV}/\dot{n}_F$. Este valor é a exergia química molar da substância. A exergia química é dada por

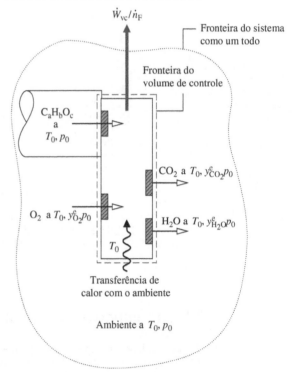

$$C_aH_bO_c + [a + b/4 - c/2]O_2 \rightarrow aCO_2 + b/2\, H_2O(g)$$

Fig. 13.6 Desenho utilizado para conceituar a exergia química.

$$\overline{e}^{ch} = \left[\overline{h}_F + \left(a + \frac{b}{4} - \frac{c}{2}\right)\overline{h}_{O_2} - a\overline{h}_{CO_2} - \frac{b}{2}\overline{h}_{H_2O}\right]$$
$$- T_0\left[\overline{s}_F + \left(a + \frac{b}{4} - \frac{c}{2}\right)\overline{s}_{O_2} - a\overline{s}_{CO_2} - \frac{b}{2}\overline{s}_{H_2O}\right] \quad (13.29)$$

em que os expoentes ch são utilizados para distinguir a contribuição para o módulo de exergia e a exergia termomecânica introduzida no Cap. 7. Os índices F indicam a substância representada por $C_a H_b O_c$. As outras entalpias e entropias molares que aparecem na Eq. 13.29 se referem as substâncias que entram e que saem do volume de controle, cada qual avaliada no estado no qual entra ou sai. Vejo o próximo boxe para a dedução da Eq. 13.29.

Estimando a Exergia Química

Embora a reação química não ocorra em cada caso que iremos considerar, a conservação de massa é contabilizada de uma forma geral pela seguinte expressão

$$C_aH_bO_c + [a + b/4 - c/2]O_2 \rightarrow aCO_2 + b/2\ H_2O(g) \quad (13.30)$$

que supõe que quando a reação ocorre, a reação é completa.

Para uma operação em regime permanente, o balanço da taxa de energia para o volume de controle da Fig. 13.6 se reduz a

$$\frac{\dot{W}_{vc}}{\dot{n}_F} = \frac{\dot{Q}_{vc}}{\dot{n}_F} + \overline{h}_F + \left(a + \frac{b}{4} - \frac{c}{2}\right)\overline{h}_{O_2} - a\overline{h}_{CO_2} - \frac{b}{2}\overline{h}_{H_2O} \quad (13.31)$$

em que o índice F indica uma substância representada por $C_a H_b O_c$ (Tabela 13.3). Visto que o volume de controle está em regime permanente, o seu volume não se altera com o tempo, portanto nenhuma parcela de $\dot{W}_{vc}/\dot{n}_F$ é necessária para deslocar o ambiente. Assim, mantendo todas as idealizações, a Eq. 13.31 também fornece o trabalho desenvolvido pelo volume de controle do sistema com um todo, mais o ambiente cuja fronteira é indicada na Fig. 13.6 por uma linha pontilhada. O potencial para este trabalho está na diferença na composição entre a substância $C_aH_bO_c$ e o ambiente.

A transferência de calor é suposta ocorrer com o ambiente apenas à temperatura T_0. Um balanço de entropia para o volume de controle toma a seguinte forma

$$0 = \frac{\dot{Q}_{vc}/\dot{n}_F}{T_0} + \overline{s}_F + \left(a + \frac{b}{4} - \frac{c}{2}\right)\overline{s}_{O_2} - a\overline{s}_{CO_2} - \frac{b}{2}\overline{s}_{H_2O} + \frac{\dot{\sigma}_{vc}}{\dot{n}_F} \quad (13.32)$$

A eliminação da taxa de transferência de calor entre as Eqs. 13.31 e 13.32 resulta em

$$\frac{\dot{W}_{vc}}{\dot{n}_F} = \left[\overline{h}_F + \underline{\left(a + \frac{b}{4} - \frac{c}{2}\right)\overline{h}_{O_2} - a\overline{h}_{CO_2} - \frac{b}{2}\overline{h}_{H_2O}}\right]$$
$$- T_0\left[\overline{s}_F + \underline{\left(a + \frac{b}{4} - \frac{c}{2}\right)\overline{s}_{O_2} - a\overline{s}_{CO_2} - \frac{b}{2}\overline{s}_{H_2O}}\right] - T_0\frac{\dot{\sigma}_{vc}}{\dot{n}_F} \quad (13.33)$$

Na Eq. 13.33, a entalpia h_F e a entropia s_F específicas são estimadas a T_0 e p_0. Visto que o modelo de gás ideal aplica-se ao ambiente (Tabela 13.4), as entalpias específicas do primeiro termo sublinhado da Eq. 13.33 são determinadas conhecendo-se apenas a temperatura T_0. Além disso, as entropias específicas de cada substância do segundo termo sublinhado são determinadas à temperatura T_0 e à pressão parcial no ambiente daquela substância. Consequentemente, uma vez que o ambiente é especificado, todos os termos de entalpia e de entropia da Eq. 13.33 são conhecidos e independentes da natureza dos processos que ocorrem no interior do volume de controle.

O termo $T_0\dot{\sigma}_{vc}$, porém, depende explicitamente da natureza desses processos. De acordo com a segunda lei, $T_0\dot{\sigma}_{vc}$ é positivo sempre que as irreversibilidades internas estiverem presentes, desaparecendo no caso-limite de não haver irreversibilidades e nunca é negativo. O *valor teórico máximo* para o trabalho desenvolvido é obtido quando não há irreversibilidades presentes. Ao zerar $T_0\dot{\sigma}_{vc}$ na Eq. 13.33, obtém-se a expressão para *exergia química* da Eq. 13.29.

TOME NOTA...
Observe que a abordagem usada aqui para estimar exergia química tem semelhanças com aquela usada nas Seções 7.3 e 7.5 para estimar a exergia de um sistema e o fluxo de exergia. Em cada caso, os balanços de energia e de entropia são aplicados para estimar o trabalho teórico máximo no limite no qual a produção de entropia tende para zero.

13.6.1 Equações de Trabalho para Exergia Química

Por conveniência computacional, pode-se escrever a exergia química fornecida pela Eq. 13.29 como as Eqs. 13.35 e 13.36. A primeira destas é obtida reformulando as entropias específicas do O_2, CO_2 e H_2O utilizando-se a seguinte expressão obtida pela aplicação da Eq. (a) da Tabela 13.1:

$$\overline{s}_i(T_0, y_i^e p_0) = \overline{s}_i(T_0, p_0) - \overline{R} \ln y_i^e \quad (13.34)$$

O primeiro termo do lado direito é a entropia absoluta a T_0 e p_0, e y_i^e é a fração molar do componente i no ambiente.

Aplicando-se a Eq. 13.34, a Eq. 13.29 torna-se

$$\overline{e}^{ch} = \left[\overline{h}_F + \left(a + \frac{b}{4} - \frac{c}{2}\right)\overline{h}_{O_2} - a\overline{h}_{CO_2} - \frac{b}{2}\overline{h}_{H_2O(g)}\right](T_0, p_0)$$
$$- T_0\left[\overline{s}_F + \left(a + \frac{b}{4} - \frac{c}{2}\right)\overline{s}_{O_2} - a\overline{s}_{CO_2} - \frac{b}{2}\overline{s}_{H_2O(g)}\right](T_0, p_0)$$
$$+ \overline{R}T_0 \ln\left[\frac{(y^e_{O_2})^{a+b/4-c/2}}{(y^e_{CO_2})^a(y^e_{H_2O})^{b/2}}\right] \qquad (13.35)$$

em que a notação (T_0, p_0) sinaliza que os termos de entalpia e de entropia específicas da Eq. 13.35 são cada qual estimados a T_0 e p_0, embora T_0 baste para a entalpia de substâncias modeladas como gases ideais.

Reconhecendo as funções de Gibbs na Eq. 13.35 – $\overline{g}_F = \overline{h}_F - T_0\overline{s}_F$, por exemplo – a Eq. 13.35 pode ser alternativamente expressa em termos das funções de Gibbs de várias substâncias como

$$\overline{e}^{ch} = \left[\overline{g}_F + \left(a + \frac{b}{4} - \frac{c}{2}\right)\overline{g}_{O_2} - a\overline{g}_{CO_2} - \frac{b}{2}\overline{g}_{H_2O(g)}\right](T_0, p_0)$$
$$+ \overline{R}T_0 \ln\left[\frac{(y^e_{O_2})^{a+b/4-c/2}}{(y^e_{CO_2})^a(y^e_{H_2O})^{b/2}}\right] \qquad (13.36)$$

O termo logarítmico comum às Eq. 13.35 e 13.36 normalmente contribui apenas com um pequeno percentual do módulo de exergia química. Outras observações se seguem:

▶ As funções de Gibbs específicas da Eq. 13.36 são estimadas à temperatura T_0 e pressão p_0 do ambiente. Estes termos podem ser determinados com a Eq. 13.28a como

$$\overline{g}(T_0, p_0) = \overline{g}^\circ_f + [\overline{g}(T_0, p_0) - \overline{g}(T_{ref}, p_{ref})] \qquad (13.37)$$

em que $\overline{g}^\circ_f$ é a função de Gibbs de formação e $T_{ref} = 25°C$ (77°F), $p_{ref} = 1$ atm.

▶ Para o *caso especial* em que T_0 e p_0 são, respectivamente, iguais a T_{ref} e p_{ref}, o segundo termo do lado direito da Eq. 13.37 desaparece e a função de Gibbs específica torna-se apenas a função de Gibbs de formação. Isto é, os valores da função de Gibbs da Eq. 13.36 podem ser simplesmente lidos das Tabelas A-25 ou compilações similares.

▶ Finalmente, observe que o termo sublinhado da Eq. 13.36 pode ser escrito de forma mais compacta como $-\Delta G$: a variação negativa da função de Gibbs para a reação, Eq. 13.30, considerando-se cada substância separadamente à temperatura T_0 e à pressão p_0.

13.6.2 Estimando a Exergia Química em Outros Casos

Casos de interesse prático correspondentes a valores selecionados de a, b e c da representação $C_aH_bO_c$ podem ser obtidos da Eq. 13.36. Por exemplo a = 8, b = 18, c = 0 correspondem ao octano C_8H_{18}. Uma aplicação da Eq. 13.36 para estimar a exergia química do octano é fornecida no Exemplo 13.12. Outros casos especiais serão vistos a seguir.

▶ Considere o caso do monóxido de carbono puro, a T_0, p_0. Para CO temos a = 1, b = 0 e c = 1. Portanto, a Eq. 13.30 é escrita como $CO + \frac{1}{2}O_2 \to CO_2$ e a exergia química obtida da Eq. 13.36 é

$$\overline{e}^{ch}_{CO} = [\overline{g}_{CO} + \frac{1}{2}\overline{g}_{O_2} - \overline{g}_{CO_2}](T_0, p_0) + \overline{R}T_0 \ln\left[\frac{(y^e_{O_2})^{1/2}}{y^e_{CO_2}}\right] \qquad (13.38)$$

Se o monóxido de carbono não for puro mas sim um componente de uma mistura de gases ideais a T_0, p_0, cada componente i da mistura entra no volume de controle da Fig. 13.6 à temperatura T_0 e com a sua respectiva pressão parcial $y_i p_0$. A contribuição do monóxido de carbono para a exergia química da mistura, por mol de CO, é então dada pela Eq. 13.38, mas com a fração molar do monóxido de carbono na mistura, y_{CO}, aparecendo no numerador do termo logarítmico, que é então reescrito $\ln[y_{CO}(y^e_{O_2})^{1/2}/y^e_{CO_2}]$. Esta consideração se torna importante quando se avalia a exergia dos produtos combustão que envolvem o monóxido de carbono.

▶ Considere o caso de água pura a T_0 e p_0. A água é líquida quando está a T_0, p_0, mas é vapor no ambiente da Tabela 13.4. Assim, a água entra no volume de controle da Fig 13.6 como um líquido e sai como vapor a $T_0, y^e_{H_2O}p_0$, *sem que seja necessária qualquer reação química*. Neste caso a = 0, b = 2 e c = 1. A Eq. 13.36 fornece a exergia química

$$\overline{e}^{ch}_{H_2O} = [\overline{g}_{H_2O(l)} - \overline{g}_{H_2O(g)}](T_0, p_0) + \overline{R}T_0 \ln\left(\frac{1}{y^e_{H_2O}}\right) \qquad (13.39)$$

688 Capítulo 13

> **TOME NOTA...**
> Para água líquida, pensamos apenas no trabalho que poderia ser desenvolvido à medida que a água se expande através de uma turbina, ou de um dispositivo similar, da pressão p_0 para a pressão parcial do vapor d'água no ambiente.

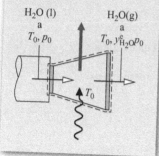

▶ Considere o caso de dióxido de carbono puro a T_0, p_0. Como a água, o dióxido de carbono está presente no ambiente e assim não requer nenhuma reação química para estimar a sua exergia química. Com a = 1, b = 0 e c = 2, a Eq. 13.36 gera a exergia química simplesmente em termos de uma expressão logarítmica da forma

$$\overline{e}^{ch} = \overline{R}T_0 \ln\left(\frac{1}{y^e_{CO_2}}\right) \tag{13.40}$$

Desde que a fração molar apropriada y^e seja utilizada, a Eq. 13.40 também se aplica a outras substâncias que são gases de um ambiente, em particular o O_2 e o N_2. Além disso, as Eqs. 13.39 e 13.40 revelam que uma reação química nem sempre tem um papel relevante quando conceituamos exergia química. No caso de água líquida, CO_2, O_2, N_2 e outros gases presentes no ambiente, pensamos no trabalho que poderia ser feito à medida que uma dada substância passa por *difusão* do estado de referência, em que a pressão é p_0, para o ambiente, em que a pressão é a pressão parcial, $y^e p_0$.

▶ Finalmente, para uma mistura de gases ideais a T_0, p_0 que consista *apenas* em substâncias presentes como gases no ambiente, a exergia química é obtida pela soma das contribuições de cada um dos componentes. O resultado, por mol de mistura, é

$$\overline{e}^{ch} = \overline{R}T_0 \sum_{i=1}^{j} y_i \ln\left(\frac{y_i}{y^e_i}\right) \tag{13.41a}$$

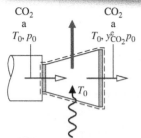

em que y_i e y^e_i indicam, respectivamente, a fração molar do componente i na mistura a T_0, p_0 e no ambiente.

Expressando o termo logarítmico como $(\ln(1/y^e_i) + \ln y_i)$ e introduzindo uma relação como a Eq. 13.40 para cada gás i, a Eq. 13.41a pode ser escrita, de forma alternativa, como

$$\overline{e}^{ch} = \sum_{i=1}^{j} y_i \overline{e}^{ch}_i + \overline{R}T_0 \sum_{i=1}^{j} y_i \ln y_i \tag{13.41b}$$

> **TOME NOTA...**
> A Eq. 13.41b é também aplicável para misturas contendo gases outros que aqueles presentes no ambiente de referência, por exemplo, gases combustíveis. Além disso, esta equação pode ser aplicada para misturas que não aderem ao modelo de gás ideal. Em todas essas aplicações os termos $\overline{e}^{ch}_i$ podem ser selecionados da tabela de exergias químicas-padrão, a serem introduzidas na Seção 13.7 que se segue.

O desenvolvimento das Eqs. 13.41a e 13.41b é deixado como exercício.

13.6.3 Comentários Finais

A abordagem introduzida nesta seção para conceituação da exergia química de um conjunto de substâncias representadas por $C_a H_b O_c$ pode ser também aplicada, à princípio, para outras substâncias. Nestas aplicações, a exergia química é o trabalho máximo teórico que poderia ser desenvolvido em um volume de controle como o que foi considerado na Fig. 13.6, na qual a substância de interesse entra no volume de controle a T_0, p_0, e reage completamente com o ambiente para produzir componentes ambientais. Todos os componentes ambientais participantes entram e saem do volume de controle em suas condições dentro do ambiente. Ao descrever o ambiente apropriadamente, esta abordagem pode ser aplicada a várias substâncias de interesse prático.[1]

13.7 Exergia Química-Padrão

Embora a abordagem usada na Seção 13.6 para conceituação da exergia química possa ser aplicada à várias substâncias de interesse prático, logo surgem complicações. Por um lado, o ambiente geralmente precisa ser estendido; o ambiente simples da Tabela 13.4 não é mais suficiente. Em aplicações que envolvam o carvão, por exemplo, o dióxido de enxofre ou algum outro composto que contenha enxofre deve surgir entre os componentes do ambiente. Além disso, uma vez que o ambiente é determinado, uma série de cálculos são necessários para obtenção dos valores de exergia para as substâncias de interesse. Estas complexidades podem ser evitadas através da utilização de uma tabela de *exergias químicas-padrão*.

exergia química-padrão

Os valores de exergias químicas-padrão são baseados em um ambiente de referência de exergia-padrão que apresenta valores-padrão de temperatura ambiental T_0 e pressão ambiental p_0 como 298,15 K (536,67°R) e 1 atm, respectivamente. O ambiente de referência de exergia também consiste em um conjunto de substâncias de referência com concentrações-padrão que reflitam com a maior proximidade possível a composição química do ambiente natural. Para excluir a possibilidade do desenvolvimento de trabalho através da interação entre partes do ambiente, essas substâncias de referência devem estar em equilíbrio mútuo.

As substâncias de referência geralmente são classificadas em três grupos: componentes gasosos da atmosfera, substâncias sólidas da crosta terrestre, e substâncias iônicas e não iônicas dos oceanos. Uma característica comum do am-

---

[1] Para uma discussão mais aprofundada, veja M. J. Moran, *"Availability Analysis: A Guide of Efficient Energy Use"*, Impresso pela ASME, Nova York, 1989, pp. 169-170.

Misturas Reagentes e Combustão **689**

biente de referência de exergia-padrão é uma fase gasosa, cujo propósito é representar o ar, que inclui N_2, O_2, CO_2, $H_2O(g)$, e outros gases. Supõe-se que o *i*-ésimo gás presente nessa fase gasosa esteja à temperatura T_0 e à pressão parcial $p_i^e = y_i^e p_0$.

> **TOME NOTA...**
> A exergia-padrão do Modelo II é frequentemente usada na prática. O Modelo I é fornecido para mostrar que outro ambiente de referência-padrão pode ao menos ser imaginado.

Dois ambientes de referência de exergia-padrão são utilizados neste livro. São chamados *Modelo I* e *Modelo II*. Para cada um desses modelos, a Tabela A-26 fornece valores de exergia química-padrão para diversas substâncias, em unidades de kJ/kmol, junto a uma breve descrição do raciocínio subjacente. Os métodos empregados para a determinação dos valores de exergias químicas-padrão tabeladas estão detalhados nas referências associadas às tabelas. Apenas um dos dois modelos deve ser utilizado em uma dada análise.

O uso de uma tabela de exergias químicas-padrão muitas vezes simplifica a aplicação dos princípios de exergia. Contudo, o termo "padrão" é de certo modo enganoso, já que não há uma especificação de ambiente que satisfaça *todas* as aplicações. Ainda assim, as exergias químicas calculadas em relação a outras especificações de ambiente resultam, em geral, em boa concordância. Para uma ampla faixa de aplicações de engenharia, a conveniência de se utilizarem valores-padrão geralmente suplanta a ligeira falta de precisão que essa escolha poderia acarretar. Em especial, o efeito de pequenas variações nos valores de T_0 e p_0 em torno de seus valores-padrão pode ser normalmente desprezado.

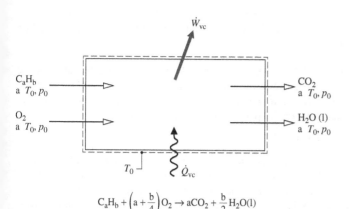

Fig. 13.7 Reator utilizado para introduzir a exergia química-padrão do C_aH_b.

13.7.1 Exergia Química-Padrão de um Hidrocarboneto: C_aH_b

Em princípio, pode-se estimar a exergia química-padrão de uma substância que *não* esteja presente no ambiente, considerando uma reação da substância com outras substâncias para as quais as exergias químicas *são conhecidas*.

Para exemplificar isto para o caso de um combustível hidrocarbonado puro C_aH_b a T_0, p_0, observe o volume de controle em regime permanente mostrado na Fig. 13.7, no qual o combustível reage completamente com oxigênio para formar dióxido de carbono e *água líquida*. Admite-se que todas as substâncias entram e saem a T_0, p_0 e que a transferência de calor ocorre apenas à temperatura T_0.

Admitindo-se que não haja irreversibilidades, um balanço da taxa de exergia para o volume de controle mostra

$$0 = \sum_j \left[1 - \frac{T_0}{T_j}\right]^0 \left(\frac{\dot{Q}_j}{\dot{n}_F}\right) - \left(\frac{\dot{W}_{vc}}{\dot{n}_F}\right)_{\substack{int \\ rev}} + \overline{e}_F^{ch} + \left(a + \frac{b}{4}\right)\overline{e}_{O_2}^{ch}$$
$$- a\overline{e}_{CO_2}^{ch} - \left(\frac{b}{2}\right)\overline{e}_{H_2O(l)}^{ch} - \dot{E}_d^0$$

em que o índice F indica C_aH_b. Resolvendo-se a exergia química e_F^{ch}, obtém-se

$$\overline{e}_F^{ch} = \left(\frac{\dot{W}_{vc}}{\dot{n}_F}\right)_{\substack{int \\ rev}} + a\overline{e}_{CO_2}^{ch} + \left(\frac{b}{2}\right)\overline{e}_{H_2O(l)}^{ch} - \left(a + \frac{b}{4}\right)\overline{e}_{O_2}^{ch} \qquad (13.42)$$

Aplicando os balanços de energia e de entropia ao volume de controle, como o desenvolvimento do boxe *Estimando a Exergia Química*, da Seção 13.6, temos

$$\left(\frac{\dot{W}_{vc}}{\dot{n}_F}\right)_{\substack{int \\ rev}} = \underline{\left[\overline{h}_F + \left(a + \frac{b}{4}\right)\overline{h}_{O_2} - a\overline{h}_{CO_2} - \frac{b}{2}\overline{h}_{H_2O(l)}\right](T_0, p_0)}$$
$$- T_0\left[\overline{s}_F + \left(a + \frac{b}{4}\right)\overline{s}_{O_2} - a\overline{s}_{CO_2} - \frac{b}{2}\overline{s}_{H_2O(l)}\right](T_0, p_0) \qquad (13.43)$$

O termo sublinhado na Eq. 13.43 é identificado da Seção 13.2.3 como poder calorífico superior molar $\overline{HHV}$ (T_0, p_0). Substituindo-se a Eq. 13.43 na Eq. 13.42, temos

$$\overline{e}_F^{ch} = \overline{HHV}(T_0, p_0) - T_0\left[\overline{s}_F + \left(a + \frac{b}{4}\right)\overline{s}_{O_2} - a\overline{s}_{CO_2} - \frac{b}{2}\overline{s}_{H_2O(l)}\right](T_0, p_0)$$
$$+ a\overline{e}_{CO_2}^{ch} + \left(\frac{b}{2}\right)\overline{e}_{H_2O(l)}^{ch} - \left(a + \frac{b}{4}\right)\overline{e}_{O_2}^{ch} \qquad (13.44a)$$

As Eqs. 13.42 e 13.43 podem ser expressas alternativamente em termos de funções de Gibbs molares, como se segue

$$\overline{e}_F^{ch} = \left[\overline{g}_F + \left(a + \frac{b}{4}\right)\overline{g}_{O_2} - a\overline{g}_{CO_2} - \frac{b}{2}\overline{g}_{H_2O(l)}\right](T_0, p_0)$$
$$+ a\overline{e}_{CO_2}^{ch} + \left(\frac{b}{2}\right)\overline{e}_{H_2O(l)}^{ch} - \left(a + \frac{b}{4}\right)\overline{e}_{O_2}^{ch} \qquad (13.44b)$$

Com as Eqs. 13.44, pode-se calcular a exergia química-padrão do hidrocarboneto C_aH_b utilizando-se as exergias químicas-padrão do O_2, CO_2 e $H_2O(l)$, juntamente com alguns dados selecionados de propriedades: o poder calorífico superior e as entropias absolutas, ou as funções de Gibbs.

▶ **POR EXEMPLO** considere o caso do metano, CH_4 e $T_0 = 298,15$ K (25°C), $p_0 = 1$ atm. Para esta aplicação pode-se usar dados da função de Gibbs diretamente da Tabela A-25 e exergias químicas-padrão do CO_2, $H_2O(l)$ e O_2 da Tabela A-26 (Modelo II), já que cada fonte corresponde a 298,15 K, 1 atm. Com a = 1, b = 4, a Eq. 13.44b gera 831.680 kJ/kmol. Isso confere com o valor listado para o metano na Tabela A-26 para o Modelo II. ◀ ◀ ◀ ◀

Concluímos a presente discussão notando aspectos especiais das Eqs. 13.44:

▶ Em primeiro lugar, a Eq. 13.44a necessita do poder calorífico superior e da entropia absoluta do combustível $\overline{s}_F$. Quando faltam dados de compilação de propriedades destas quantidades, como no caso do carvão, do carvão em pó (resultado de queima) e do óleo combustível, pode-se utilizar a abordagem da Eq. 13.44a usando um valor *medido* ou *estimado* do poder calorífico e um valor *estimado* da entropia absoluta do combustível $\overline{s}_F$ determinada com os procedimentos discutidos na literatura técnica.[2]
▶ Em seguida, note que o primeiro termo da Eq. 13.44b pode ser escrito de forma mais compacta como $-\Delta G$: o negativo da variação da função de Gibbs para a reação.
▶ Finalmente, observe que apenas os termos sublinhados da Eq. 13.44 necessitam de dados de exergia química relativos ao modelo escolhido para o ambiente de referência de exergia.

No Exemplo 13.12 comparamos a utilização da Eq. 13.36 e da Eq. 13.44b para a estimativa da exergia química de um combustível hidrocarbonado puro.

---

[2]Veja, por exemplo, A. Bejan, G. Tsatsaronis, e M. J. Moran, "*Thermal Design and Optimization*", Wiley, Nova York, 1996, Seções 3.4.3 e 3.5.4.

▶▶▶ EXEMPLO 13.12 ▶

Avaliação da Exergia Química do Octano Líquido

Determine a exergia química do octano líquido a 25°C, 1 atm, em kJ/kg. **(a)** Utilizando a Eq. 13.36, estime a exergia química para um ambiente corresponde à Tabela 13.4 – a saber, uma fase gasosa a 25°C, 1 atm, obedecendo ao modelo de gás ideal com a seguinte composição em uma base molar: N_2, 75,67%; O_2, 20,35%; H_2O, 3,12%; CO_2, 0,03%; outros, 0,83%. **(b)** Estime a exergia química utilizando a Eq. 13.44b e as exergias químicas-padrão da Tabela A-26 (Modelo II). Compare cada valor de exergia calculada com a exergia química-padrão para o octano líquido informada na Tabela A-26 (Modelo II).

SOLUÇÃO

Dado: O combustível é o octano líquido.

Pede-se: Determine a exergia química (a) utilizando a Eq. 13.36 em relação a um ambiente que consiste em uma fase gasosa a 25°C, 1 atm, com uma composição especificada, (b) utilizando a Eq. 13.44b e exergias químicas-padrão. Comparar os valores calculados com o valor informado na Tabela A-26 (Modelo II).

Diagrama Esquemático e Dados Fornecidos:

Modelo de Engenharia: Como mostra a Fig. E13.12, o ambiente para o item (a) consiste em uma mistura de gases ideais com a análise molar: N_2, 75,67%; O_2, 20,35%; H_2O, 3,12%; CO_2, 0,03%; outros, 0,83%. Para o item (b), aplica-se o Modelo II da Tabela A-26.

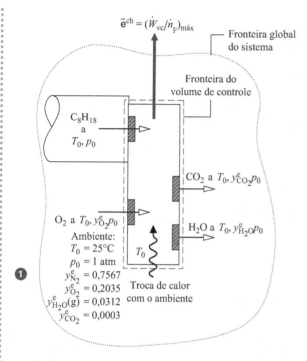

Fig. E13.12

Análise: (a) Uma vez que a = 8, b = 18, c = 0, a Eq. 13.30 fornece a seguinte expressão para a combustão completa do octano líquido com O_2

$$C_8H_{18}(l) + 12,5O_2 \rightarrow 8CO_2 + 9H_2O(g)$$

Além disso, a Eq. 13.36 toma a forma

$$\bar{e}^{ch} = [\bar{g}_{C_8H_{18}(l)} + 12,5\bar{g}_{O_2} - 8\bar{g}_{CO_2} - 9\bar{g}_{H_2O(g)}](T_0, p_0)$$
$$+ \bar{R}T_0 \ln\left[\frac{(y^e_{O_2})^{12,5}}{(y^e_{CO_2})^8 (y^e_{H_2O(g)})^9}\right]$$

Como $T_0 = T_{ref}$ e $p_0 = p_{ref}$, as funções de Gibbs específicas necessárias são apenas as funções de Gibbs de formação da Tabela A-25. Com uma dada composição do ambiente e os dados da Tabela A-25, a equação anterior fornece

$$\bar{e}^{ch} = [6610 + 12,5(0) - 8(-394.380) - 9(-228.590)]$$
$$+ 8,314(298,15) \ln\left[\frac{(0,2035)^{12,5}}{(0,0003)^8(0,0312)^9}\right]$$
$$= 5.218.960 + 188.883 = 5.407.843 \text{ kJ/kmol}$$

Este valor concorda de perto com a exergia química-padrão para o octano líquido informada na Tabela A-26 (Modelo II): 5.413.100 kJ/kmol.

Dividindo-se pela massa molecular, obtém-se a exergia química em uma base por unidade de massa

$$e^{ch} = \frac{5.407.843}{114,22} = 47.346 \text{ kJ/kg}$$

(b) Utilizando-se os coeficientes da equação de reação anterior, a Eq. 13.44b pode ser escrita como

$$\bar{e}^{ch} = [\bar{g}_{C_8H_{18}(l)} + 12,5\bar{g}_{O_2} - 8\bar{g}_{CO_2} - 9\bar{g}_{H_2O(l)}](T_0, p_0)$$
$$+ 8\bar{e}^{ch}_{CO_2} + 9\bar{e}^{ch}_{H_2O(l)} - 12,5\bar{e}^{ch}_{O_2}$$

Com os dados da Tabela A-25 e o Modelo II da Tabela A-26, a equação anterior fornece

$$\bar{e}^h = [6610 + 12,5(0) - 8(-394.380) - 9(-237.180)]$$
$$+ 8(19.870) + 9(900) - 12,5(3970)$$
$$= 5.296.270 + 117.435 = 5.413.705 \text{ kJ/kmol}$$

Como se esperava, este valor reproduz de perto valor listado para o octano na Tabela A-26 (Modelo II): 5.413.100 kJ/kmol. Dividindo-se pela massa molecular, a exergia química é obtida em uma base por unidade de massa

$$e^{ch} = \frac{5.413.705}{114,22} = 47.397 \text{ kJ/kg}$$

As exergias químicas determinadas pelas duas abordagens utilizadas nos itens (a) e (b) também têm resultados bem próximos.

❶ A análise molar deste ambiente em uma base *seca* resultou em: O_2: 21%, N_2, CO_2 e outros componentes secos: 79%. Isto condiz com a análise a seco do ar utilizada por todo o capítulo. O vapor d'água presente nesse ambiente corresponde à quantidade de vapor que poderia estar presente na fase gasosa saturada com água a temperatura e pressão especificadas.

❷ O valor do termo logaritmo da Eq. 13.36 depende da composição do ambiente. Neste caso, esse termo contribui com 3% do módulo da exergia química. A contribuição do termo logaritmo é geralmente pequena. Nestes casos, pode-se obter uma aproximação satisfatória para a exergia química omitindo-se esse termo.

> **Habilidades Desenvolvidas**
>
> *Habilidades para...*
> ☐ calcular a exergia química de um combustível hidrocarbonado em relação a um ambiente de referência especificado.
> ☐ calcular a exergia química de um combustível hidrocarbonado com base em exergias químicas-padrão.

Teste-Relâmpago O poder calorífico superior (PCS) do octano líquido poderia fornecer uma estimativa plausível para a exergia química neste caso? **Resposta:** Sim, a Tabela A-25 fornece 47.900 kJ/kg, que é aproximadamente 1% maior que os valores obtidos nos itens (a) e (b).

13.7.2 Exergia Química-Padrão de Outras Substâncias

Traçando um paralelo com o desenvolvimento feito na Seção 13.7.1 que conduziu à Eq. 13.44b, podemos, em princípio, determinar a exergia química-padrão de qualquer substância não presente no ambiente. Com esta substância desempenhando o papel de C_aH_b no desenvolvimento anterior, consideramos uma reação da substância envolvendo outras substâncias para as quais as exergias químicas-padrão *são conhecidas*, e escrevemos

$$\overline{e}^{ch} = -\Delta G + \sum_P n\overline{e}^{ch} - \sum_R n\overline{e}^{ch} \quad (13.45)$$

em que ΔG é a variação da função de Gibbs para a reação, considerando-se cada substância em separado à temperatura T_0 e à pressão p_0. O termo sublinhado corresponde ao termo sublinhado da Eq. 13.44b e é estimado por meio das exergias químicas-padrão *conhecidas*, em conjunto com os *n* que fornecem os mols desses reagentes e produtos por mol da substância cuja exergia química está sendo estimada.

▶ **POR EXEMPLO** considere o caso da amônia, NH_3 e $T_0 = 298,15$ K (25°C), $p_0 = 1$ atm. Fazendo o NH_3 desempenhar o papel de C_aH_b no desenvolvimento que conduziu à Eq. 13.44b, podemos considerar qualquer reação de NH_3 com outras substâncias para as quais as exergias químicas-padrão são conhecidas. Para a reação

$$NH_3 + \tfrac{3}{4}O_2 \rightarrow \tfrac{1}{2}N_2 + \tfrac{3}{2}H_2O(l)$$

A Eq. 13.45 toma a forma

$$\overline{e}^{ch}_{NH_3} = [\overline{g}_{NH_3} + \tfrac{3}{4}\overline{g}_{O_2} - \tfrac{1}{2}\overline{g}_{N_2} - \tfrac{3}{2}\overline{g}_{H_2O(l)}](T_0, p_0)$$
$$+ \tfrac{1}{2}\overline{e}^{ch}_{N_2} + \tfrac{3}{2}\overline{e}^{ch}_{H_2O(l)} - \tfrac{3}{4}\overline{e}^{ch}_{O_2}$$

Utilizando os dados da função de Gibbs da Tabela A-25 e as exergias químicas-padrão para O_2, N_2 e $H_2O(l)$ da Tabela A-26 (Modelo II), $\overline{e}^{ch}_{NH_3} = 337.910$ kJ/kmol. Isto é bem próximo do valor listado para a amônia na Tabela A-26 para o Modelo II. ◀ ◀ ◀ ◀

13.8 Aplicando a Exergia Total

A exergia associada a determinado estado de um sistema é a soma de duas contribuições: a contribuição termomecânica introduzida no Cap. 7 e a contribuição química introduzida neste capítulo. Em uma base por unidade de massa, a exergia total é

exergia total

$$e = \underline{(u - u_0) + p_0(v - v_0) - T_0(s - s_0) + \frac{V^2}{2} + gz} + e^{ch} \quad (13.46)$$

em que o termo sublinhado é a contribuição termomecânica (Eq. 7.2) e e^{ch} é a contribuição química estimada como na Seção 13.6 ou 13.7. Analogamente, o fluxo de exergia total associada a um dado estado é a soma

fluxo de exergia total

$$e_f = \underline{h - h_0 - T_0(s - s_0) + \frac{V^2}{2} + gz} + e^{ch} \quad (13.47)$$

em que o termo sublinhado é a contribuição termomecânica (Eq. 7.14) e e^{ch} é a contribuição química.

13.8.1 Calculando a Exergia Total

As estimativas de exergias consideradas nos capítulos anteriores deste livro têm sido semelhantes a este respeito: diferenças em exergia ou em fluxo de exergia entre estados de mesma composição têm sido estimadas. Nestes casos, as contribuições de exergia química se cancelam, deixando apenas a diferença das contribuições termomecânicas à exergia. Porém, para muitas estimativas torna-se necessário levar em conta explicitamente a contribuição da exergia química – por exemplo, a exergia química é importante quando avaliam-se processos que envolvam combustão.

Quando utiliza-se as Eqs. 13.46 e 13.47 para avaliar a exergia total em um estado, primeiro pensamos em trazer o sistema daquele estado para o estado no qual o sistema está em equilíbrio térmico e mecânico com o ambiente – isto é, para o estado morto em que a temperatura é T_0 e a pressão é p_0. Em aplicações que tratam de misturas de gases envolvendo vapor d'água, como produtos de combustão de hidrocarbonados, alguma condensação do vapor d'água para líquido normalmente irá acontecer nesses processos para o estado de referência. Assim, no estado de referência a mistura de gases inicial consiste em uma fase de gás contendo vapor d'água além de uma quantidade relativamente pequena de água líquida. Para simplificar as estimativas de exergia total vamos assumir que, no estado de referência, toda a água presente nos produtos de combustão de hidrocarbonados existem apenas na forma de vapor. Estas condições de estado de referência *hipotético* são suficientes para as aplicações consideradas neste capítulo.

estado morto

Nos Exemplos 13.13 a 13.15, o fluxo de exergia total será avaliado para aplicações envolvendo sistemas de cogeração.

▶ EXEMPLO 13.13 ▶

Avaliando o Fluxo de Exergia Total de Vapor de Circulação

O sistema de cogeração mostrado na Fig. E13.13 fornece potência e vapor de circulação. Sob regime permanente, o vapor de circulação sai do gerador de vapor de recuperação de calor no estado 9 como vapor saturado a 20 bar com vazão de 14 kg/s. Calcule o fluxo de exergia total, em MW, do vapor de circulação neste estado em relação ao ambiente de referência de exergia da Tabela A-26 (Modelo II). Ignore efeitos de energias cinética e potencial.

SOLUÇÃO

Dado: Vapor de circulação sai do gerador de vapor em um dado estado com uma vazão conhecida.

Pede-se: Determinar a taxa de fluxo de exergia total do vapor de circulação, em MW.

Diagrama Esquemático e Dados Fornecidos:

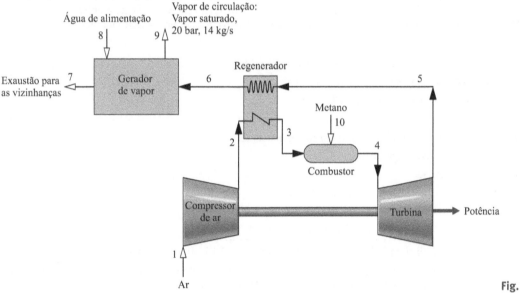

Fig. E13.13

Modelo de Engenharia:

1. O gerador de vapor de recuperação de calor é tratado como um volume de controle sob regime permanente.
2. Efeitos de energias cinética e potencial são desprezíveis.
3. Para água líquida a T_0, p_0, $h(T_0, p_0) \approx h_f(T_0)$ e $s(T_0, p_0) \approx s_f(T_0)$.
4. O ambiente de referência de exergia da Tabela A-26 (Modelo II) se aplica.

Análise: O fluxo de exergia total em uma base mássica é dado pela Eq. 13.47 na forma

$$e_f = \underline{(h_9 - h_0) - T_0(s_9 - s_0)} + e^{ch}$$

em que o termo sublinhado é a contribuição termomecânica ao fluxo de exergia, Eq. 7.14, sujeita à hipótese 2. Com dados da tabela de vapor e com a hipótese 3, tem-se

❶ $$(h_9 - h_0) - T_0(s_9 - s_0) = (2799,5 - 104,9)\frac{kJ}{kg} - 298,15\,K(6,3409 - 0,3674)\frac{kJ}{kg \cdot K}$$
$$= 913,6\,\frac{kJ}{kg}$$

A água é líquida no estado morto. Portanto, a contribuição de exergia química ao fluxo de exergia total é obtida da Tabela A-26 (Modelo II) como 900 kJ/kmol. Convertendo para uma base molar, e^{ch} = 49,9 kJ/kg.

Somando as duas contribuições

❷ $$\dot{E}_9 = 14\,\frac{kg}{s}(913,6 + 49,9)\frac{kJ}{kg}\left|\frac{1MW}{10^3\,kJ/s}\right|$$
$$= 13,49\,MW$$

> ✓ **Habilidade Desenvolvida**
>
> *Habilidade para...*
> ❑ determinar o fluxo de exergia, incluindo a contribuição da exergia química do vapor.

❶ Ao avaliar a exergia termomecânica em um dado estado, pensa-se em deslocar a substância daquele estado até o estado em que ela esteja em equilíbrio térmico e mecânico com o ambiente de referência de exergia – ou seja, o *estado morto*, no qual a temperatura é T_0 e a pressão é p_0. Nesta aplicação, a água é líquida no estado morto.

❷ Como esperado para um vapor de circulação sob alta pressão, a contribuição termomecânica é a mais significativa, respondendo por 95% do total.

> **Teste-Relâmpago** Com o custo do vapor de circulação a US$ 0,08 por kW · h de exergia, determine seu valor, em US$/ano, para 4000 horas de operação anuais. **Resposta:** US$ 4,3 milhões.

▶▶▶ EXEMPLO 13.14 ▶

Avaliando o Fluxo de Exergia Total de um Combustível Alimentando um Combustor

Reconsidere o sistema de cogeração do Exemplo 13.13. O combustor é alimentado com metano, o qual é admitido no estado 10 a 25°C, 12 bar e com vazão 1,64 kg/s. Calcule a taxa de fluxo de exergia total do metano, em MW, relativamente ao ambiente de referência de exergia da Tabela A-26 (Modelo II). Assuma o modelo de gases ideais e ignore efeitos de energias cinética e potencial.

SOLUÇÃO

Dado: Metano entra em um combustor em dado estado com uma vazão conhecida.

Pede-se: Determinar a taxa de fluxo de exergia total do metano, em MW.

Diagrama Esquemático e Dados Fornecidos: Veja a Fig. E13.13.

Modelo de Engenharia:
1. O combustor é analisado como um volume de controle sob regime permanente.
2. Efeitos de energias cinética e potencial são desprezíveis.
3. O metano pode ser tratado como um gás ideal.
4. O ambiente de referência de exergia da Tabela A-26 (Modelo II) se aplica.

Análise: O fluxo de exergia total em uma base mássica é dado pela Eq. 13.47 na forma

$$e_f = \underline{(h_{10} - h_0) - T_0(s_{10} - s_0)} + e^{ch}$$

em que o termo sublinhado é a contribuição termomecânica ao fluxo de exergia, Eq. 7.14, sujeita à hipótese 2.

Uma vez que o metano apresenta comportamento de gás ideal e é admitido no combustor à temperatura do estado morto, 298,15 K (25°C), a contribuição termomecânica é simplificada com as Eqs. 3.43 e 6.18 para fornecer

❶ $$(\cancel{h_{10} - h_0^0}) - T_0(s_{10} - s_0) = RT_0 \ln\left(\frac{p_{10}}{p_0}\right)$$
$$= \left(\frac{8,314}{16,04}\,\frac{kJ}{kg \cdot K}\right)(298,15\,K)\ln\left(\frac{12\,bar}{1,01325\,bar}\right)$$
$$= 382\,\frac{kJ}{kg}$$

A contribuição da exergia química é obtida a partir da Tabela A-26 (Modelo II) como 831.650 kJ/kmol. Convertendo para uma base mássica, o valor da exergia química é 51.849 kJ/kg.

Somando as duas contribuições de exergia, tem-se, em uma base temporal

❷
$$\dot{E}_{10} = 1{,}64\,\frac{kg}{s}(382 + 51{,}849)\,\frac{kJ}{kg}\left|\frac{1\,MW}{10^3\,kJ/s}\right|$$
$$= 85{,}7\,MW$$

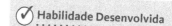

❶ Ao avaliar a exergia termomecânica em um dado estado, pensa-se em deslocar a substância daquele estado até o estado morto, no qual a temperatura é T_0 e a pressão é p_0.

❷ Como esperado para um combustível, a contribuição de exergia química é a mais significativa, respondendo por 99% do total.

Habilidade Desenvolvida

Habilidade para...
☐ determinar o fluxo de exergia incluindo a contribuição da exergia química do metano como um gás ideal.

Teste-Relâmpago Se hidrogênio (H2) for admitido no combustor no mesmo estado que aquele especificado para o metano, determine a vazão mássica do gás, em kg/s, necessária para fornecer a mesma exergia determinada anteriormente: 85,7. **Resposta:** 0,71 kg/s.

EXEMPLO 13.15

Avaliando o Fluxo de Exergia Total de Produtos de Combustão

Calcule o fluxo de exergia total dos produtos de combustão considerados no Exemplo 13.14, em MW, relativamente ao ambiente de referência de exergia da Tabela A-26 (Modelo II). A análise molar dos produtos de combustão é

$$N_2,\ 75{,}07\%;\ O_2,\ 13{,}72\%;\ CO_2,\ 3{,}14\%;\ H_2O(g),\ 8{,}07\%$$

e a massa molar da mistura (aparente) é 28,25. Os produtos de combustão formam uma mistura gasosa ideal e efeitos de energias cinética e potencial podem ser ignorados. Dados para a operação sob regime permanente à saída do combustor, estado 4, são listados na tabela a seguir.

Estado	$\dot{m}$(kg/s)	T(K)	p(bar)	h(kJ/kg)	s(kJ/kg · K)
4	92,92	1520	9,14	322	8,32

SOLUÇÃO

Dado: Os produtos de combustão saem de um combustor em um dado estado com uma vazão conhecida.

Pede-se: Determinar a taxa de fluxo de exergia total dos produtos de combustão, em MW.

Diagrama Esquemático e Dados Fornecidos:

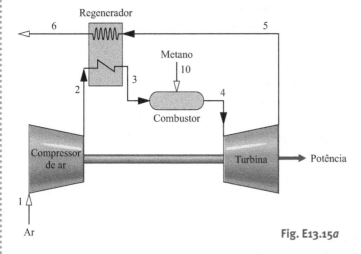

Modelo de Engenharia:
1. O combustor é analisado como um volume de controle sob regime permanente.
2. Efeitos de energias cinética e potencial são desprezíveis.
3. Os produtos de combustão podem ser tratados como um gás ideal.
4. O ambiente de referência de exergia da Tabela A-26 (Modelo II) se aplica.

Fig. E13.15a

Análise: O fluxo de exergia total em uma base mássica é dado pela Eq. 13.47 na forma

$$e_f = \underline{(h_4 - h_0) - T_0(s_4 - s_0)} + e^{ch} \tag{a}$$

em que o termo sublinhado é a contribuição termomecânica ao fluxo de exergia, Eq. 7.14, sujeita à hipótese 2, e e^{ch} é a contribuição de exergia química em uma base mássica. Essas contribuições serão consideradas individualmente.

Contribuição Termomecânica

A contribuição termomecânica à Eq. (a) requer o conhecimento de valores de h_4, s_4, h_0 e s_0. A tabela listada no enunciado do exemplo traz valores de h_4 e s_4. Esses são valores de mistura determinados utilizando as Eqs. 13.9 e 13.23, respectivamente. Enquanto a determinação de h_4 e s_4 é deixada como exercício, o cálculo de h_0 e s_0 é detalhado a seguir.

Ao avaliar a exergia termomecânica em um dado estado, pensa-se em deslocar a substância daquele estado até o estado morto, no qual a temperatura é T_0 e a pressão é p_0. Em aplicações envolvendo misturas gasosas e vapor d'água, alguma condensação de vapor para água líquida pode ocorrer, o que é o caso neste exemplo. Veja a nota ❶.

Como mostrado na Fig. E13.15b, uma amostra de 1 kmol dos produtos de combustão no estado morto ($T_0 = 298{,}15$ K e $p_0 = 1$ atm) consiste em uma fase gasosa, incluindo os produtos secos N_2, O_2 e CO_2 juntamente a vapor d'água, em equilíbrio com água condensada. Em uma base de kmol, a análise dos produtos está representada na figura, incluindo a fração de água líquida, formada durante a combustão. As frações molares em fase gasosa são dadas por:

❷
$$y'_{N_2} = 0{,}7910,\ y'_{O_2} = 0{,}1446,\ y'_{CO_2} = 0{,}0331,\ y'_{H_2O(g)} = 0{,}0313 \quad\quad (b)$$

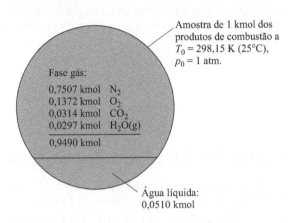

Fig. E13.15b

A entalpia de mistura h_0 é determinada utilizando a Eq. 13.9 para obter a entalpia específica de cada componente da mistura e, então, somar estes valores empregando a análise molar da mistura. Para cada componente, o termo $\Delta\bar{h}$ é eliminado da Eq. 13.9, deixando somente a entalpia de formação. De acordo com os dados da Tabela A-25,

$$\bar{h}_0 = 0{,}7507(0) + 0{,}1372(0) + 0{,}0314(-393.520) + 0{,}0297(-241.820) + 0{,}0510(-285.830) = -34.116\ \text{kJ/kmol}$$

Os quatro primeiros termos deste cálculo correspondem à fase gasosa, enquanto o último termo é a contribuição da água líquida. Utilizando a massa molar da mistura, tem-se a entalpia da mistura em uma base mássica:

$$h_0 = \frac{-34.116\ \text{kJ/kmol}}{28{,}25\ \text{kg/kmol}} = -1208\ \frac{\text{kJ}}{\text{kg}}$$

A entropia da mistura s_0 também é determinada pela soma das entropias dos componentes em fase gasosa e na fase líquida. Para cada substância na fase gasosa, a forma especial da Eq. 13.23 foi empregada:

❸
$$\bar{s}_i = \bar{s}^\circ(T_0) - \bar{R}\ln y' \quad\quad (c)$$

em que y' é a fração molar de cada substância na fase gasosa, como determinada na Eq. (b).

Com os dados de entropia absoluta da Tabela A-23, temos os seguintes valores, cada um em kJ/kmol, para a fase gasosa:

$$\bar{s}_{N_2} = 191{,}502 - 8{,}314\ln(0{,}7910) = 193{,}45$$
$$\bar{s}_{O_2} = 205{,}033 - 8{,}314\ln(0{,}1446) = 221{,}11$$
$$\bar{s}_{CO_2} = 213{,}685 - 8{,}314\ln(0{,}0331) = 242{,}02$$
$$\bar{s}_{H_2O(g)} = 188{,}720 - 8{,}314\ln(0{,}0313) = 217{,}52$$

O valor para a água líquida é obtido a partir da Tabela A-25
$$\bar{s}_{H_2O(l)} = 69{,}95\ \text{kJ/kmol}$$

Somando como no cálculo de h_0 anteriormente

$$\bar{s}_0 = 0{,}7507(193{,}45) + 0{,}1372(221{,}11) + 0{,}0314(242{,}02) + 0{,}0297(217{,}52) + 0{,}0510(69{,}95)$$
$$= 193{,}19\ \text{kJ/kmol} \cdot \text{K}$$

Expressando em uma base mássica

$$s_0 = \frac{193{,}19\ \text{kJ/kmol}}{28{,}25\ \text{kg/kmol}} = 6{,}84\ \text{kJ/kg} \cdot \text{K}$$

A contribuição termomecânica será então

$$(h_4 - h_0) - T_0(s_4 - s_0) = (322 - (-1208))\text{kJ/kg} - 298{,}15\ \text{K}(8{,}32 - 6{,}84)\ \text{kJ/kg} \cdot \text{K}$$
$$= 1089\ \text{kJ/kg}$$

Contribuição Química

No estado morto, a amostra dos produtos de combustão consiste em uma fase gasosa e uma fase líquida. A exergia química é determinada somando as exergias dessas duas fases.

Para a fase gasosa, a Eq. 13.41b é aplicada sob a forma

$$\overline{e}_{gás}^{ch} = \sum_{i=1}^{j} y'_i \overline{e}_i^{ch} + \overline{R}T_0 \sum_{i=1}^{j} y'_i \ln y'_i \qquad (d)$$

em que y' é a fração molar de cada componente em fase gasosa, como determinado pela Eq. (b). Os valores de exergia química são obtidos a partir da Tabela A-26 (Modelo II),

$$\overline{e}_{gás}^{ch} = [0{,}7910(720) + 0{,}1446(3970) + 0{,}0331(19.870) + 0{,}0313(9500)]$$
$$+ (8{,}314)(298{,}15)[0{,}7910 \ln(0{,}7910) + 0{,}1446 \ln(0{,}1446) + 0{,}0331 \ln(0{,}0331) + 0{,}0313 \ln(0{,}0313)]$$
$$= 397 \text{ kJ por kmol de gás}$$

Para a fase líquida, a Tabela A-26 (Modelo II) fornece o valor de 900 kJ por kmol de líquido.

Em uma base de 1 kmol de produtos de combustão a T_0 e p_0, a fase gasosa soma 0,949 kmol e o líquido 0,0510 kmol. A exergia química será então

$$\overline{e}^{ch} = (0{,}949 \text{ kmol})(397 \text{ kJ/kmol}) + (0{,}051 \text{ kmol})(900 \text{ kJ/kmol})$$
$$= 423 \text{ kJ/kmol}$$

Expressa em uma base mássica

$$e^{ch} = \frac{423 \text{ kJ/kmol}}{28{,}25 \text{ kg/kmol}} = 15 \frac{\text{kJ}}{\text{kg}}$$

Organizando os resultados, a Eq. (a) fornece a soma

$$e_f = (1089 + 15) \frac{\text{kJ}}{\text{kg}} = 1104 \frac{\text{kJ}}{\text{kg}}$$

Em uma base temporal

❹ ❺

$$\dot{E}_4 = \left(92{,}92 \frac{\text{kg}}{\text{s}}\right)\left(1104 \frac{\text{kJ}}{\text{kg}}\right)\left|\frac{1 \text{ MW}}{10^3 \text{ kJ/s}}\right|$$
$$= 102{,}6 \text{ MW}$$

---

❶ No estado morto, para o qual $T_0 = 25°C$ e $p_0 = 1$ atm, uma amostra de 1 kmol dos produtos de combustão consiste em 0,9193 kmol de "produtos secos" (N_2, O_2 e CO_2) mais 0,0807 kmol de água. Da água, n kmol está como vapor saturado e o restante como líquido. Considerando a fase gasosa, a pressão parcial do vapor d'água é a pressão de saturação a 25°C: 0,0317 bar. A pressão parcial é também o produto da fração molar do vapor d'água e da pressão total da mistura: 1,01325 bar. Organizando os dados,

$$0{,}0317 = \left(\frac{n}{n + 0{,}9193}\right)1{,}01325$$

Resolvendo, a quantidade de mols de água na fase vapor é $n = 0{,}0297$ kmol. A quantidade de líquido formado é $(0{,}0807 - n) = 0{,}0510$ kmol. Esses valores encontram-se representados na Fig. E13.15b. Reveja o Exemplo 13.2(d) para uma análise semelhante.

❷ Em uma base de 1 kmol de produtos de combustão, a fase gasosa contabiliza 0,949 kmol. Logo, para o N_2, $y' = 0{,}7507/0{,}949 = 0{,}7910$; para o O_2, $y' = 0{,}1372/0{,}949 = 0{,}1446$ e assim por diante.

❸ Na presente aplicação, $T = T_0$ e $p_i = y'p_0$, em que $p_0 = p_{ref} = 1$ atm.

❹ Como esperado para produtos de combustão a altas temperaturas, a contribuição da exergia termomecânica é mais significativa; a exergia química é somente 1,4% do total.

❺ Nesta aplicação, o cálculo da exergia total no estado 4 pode ser simplificado assumindo um estado morto hipotético no qual a água formada exista somente na forma de vapor. Com esta simplificação, as contribuições de exergia termomecânica e química para a exergia total são 1086 kJ/kg e 17 kJ/kg, respectivamente, como pode ser verificado (Problema 13.107). O fluxo total de exergia é então 1103 kJ/kg, o qual difere pouco do valor estabelecido na solução: 1104 kJ/kg.

✓ **Habilidade Desenvolvida**

Habilidade para...
☐ determinar o fluxo de exergia, incluindo a contribuição de exergia química associada à combustão, assumindo que os produtos gasosos apresentem comportamento de gás ideal.

Teste-Relâmpago Se o fluxo total de exergia do ar comprimido preaquecido entrando no combustor no estado 3 é 41,9 MW e a transferência de calor do combustor puder ser desprezada, calcule a taxa de destruição de exergia no combustor, em MW. **Resposta:** 25 MW.

13.8.2 Calculando Eficiências Exergéticas de Sistemas Reagentes

Dispositivos projetados para trabalhar através da utilização de um processo de combustão, como em usinas termoelétricas a vapor e a gás e em motores de combustão interna alternativos, invariavelmente têm irreversibilidades e perdas associadas às suas operações. Consequentemente, dispositivos reais produzem trabalho igual a apenas uma fração do valor máximo teórico que poderia ser obtido. A análise da Seção 8.6 sobre exergia de usinas termoelétricas a vapor e a análise sobre exergia de ciclo combinado do Exemplo 9.12 fornecem exemplos.

O desempenho de dispositivos cuja a função principal é realizar trabalho pode ser avaliado como a razão do trabalho real desenvolvido pela exergia do combustível consumido na produção de trabalho. Essa razão é uma *eficiência exergética*. A relativamente baixa eficiência exergética apresentada por muitos dispositivos de produção de potência mais comuns sugere que podem ser possíveis maneiras termodinamicamente mais econômicas de se utilizar o combustível para desenvolver potência. Porém, esforços nesta direção devem ser pautados por imperativos econômicos que regem o emprego prático de todos os dispositivos. O compromisso entre a economia de combustível e os custos adicionais necessários para o alcance dessas economias devem ser cuidadosamente pesados.

A célula a combustível fornece um exemplo de um dispositivo relativamente eficiente no consumo de combustível. Observamos anteriormente (Seção 13.4) que as reações químicas em células a combustível são mais controladas que as reações rápidas, altamente irreversíveis, de combustão que ocorrem em dispositivos de produção de potência convencionais. Em princípio, as células a combustível podem alcançar eficiências exergéticas maiores que muitos desses dispositivos. Ainda, com relação a sistemas de potência convencionais, sistemas de células a combustível tipicamente custam mais por unidade de potência gerada e isto tem limitado o seu desenvolvimento.

Os exemplos a seguir ilustram a estimativa de eficiência exergética para um motor a combustão interna e para um reator. Em cada caso, exergias químicas-padrão são utilizadas na solução.

▶▶▶ EXEMPLO 13.16 ▶

Avaliação da Eficiência Exergética de um Motor de Combustão Interna

Conceba e avalie a eficiência exergética do motor de combustão interna do Exemplo 13.4. Para o combustível, utilize o valor de exergia química-padrão da Tabela A-26 (Modelo II).

SOLUÇÃO

Dado: Octano líquido e a quantidade de ar teórico entram em um motor de combustão interna operando em regime permanente, em fluxos separados a 77°F (25°C), 1 atm, e queimam completamente. Os produtos de combustão saem a 1140°F (615,5°C). A potência desenvolvida pelo motor é de 50 hp (36,8 kW) e a vazão mássica é de 0,004 lbm/s (0,0018 kg/s).

Pede-se: Conceba e avalie a eficiência exergética do motor utilizando o valor da exergia química-padrão do combustível da Tabela A-26 (Modelo II).

Diagrama Esquemático e Dados Fornecidos: Veja a Fig. E13.4.

Modelo de Engenharia:

1. Veja as hipóteses listadas na solução do Exemplo 13.4.
2. O ambiente corresponde ao Modelo II da Tabela A-26.
3. O ar de combustão entra na condição do ambiente, com composição 21% O_2 e 79% N_2 e exergia desprezível.

❶

Análise: Um balanço de exergia pode ser usado na formulação de uma eficiência exergética para o motor. Em regime permanente, a taxa na qual a exergia entra no motor iguala-se à taxa na qual a exergia sai somada à taxa na qual a exergia é destruída no interior do motor. À medida que o ar de combustão entra na condição do ambiente, e portanto com exergia nula, a exergia entra no motor apenas com o combustível. A exergia sai do motor acompanhando de calor e de trabalho, e com os produtos de combustão.

Se tomarmos a potência desenvolvida como sendo o *produto* do motor, e considerarmos a transferência de calor e os produtos gasosos de saída como *perdas*, uma expressão para eficiência exergética que mede quanto da exergia de entrada do combustível no motor é convertida em produto é

❷
$$\varepsilon = \frac{\dot{W}_{vc}}{\dot{E}_F}$$

em que $\dot{E}_F$ indica a taxa na qual a exergia entra com o combustível.

Como o combustível entra no motor a 77°F (25°C) e 1 atm, que correspondem aos valores de T_0 e p_0 do ambiente, e os efeitos das energias cinética e potencial são desprezíveis, a exergia do combustível é apenas a exergia química. Não há contribuição termomecânica. Assim, com os dados da Tabela A-1 e Tabela A-26 (Modelo II)

$$\dot{E}_F = \dot{m}_F \, \overline{e}^{ch} = \left(0{,}004\frac{lb}{s}\right)\left(\frac{5.413.100 \text{ kJ/kmol}}{114{,}22 \text{ kg/kmol}}\right)\left|\frac{Btu/lb}{2{,}326 \text{ kJ/kg}}\right| = 81{,}5\frac{Btu}{s}$$

A eficiência exergética é, então,

❸
$$\varepsilon = \left(\frac{50 \text{ hp}}{81{,}5 \text{ Btu/s}}\right)\left|\frac{2545 \text{ Btu/h}}{1 \text{ hp}}\right|\left|\frac{1 \text{ h}}{3600 \text{ s}}\right| = 0{,}434 \ (43{,}4\%)$$

Misturas Reagentes e Combustão **699**

① O ar admitido no motor tem exergia química a qual pode ser calculada a partir da Eq. 13.41b utilizando as frações molares conhecidas de oxigênio e nitrogênio, juntamente aos valores de exergia química da Tabela A-26. O resultado é 55 Btu por kmol de ar. Comparada à exergia química do combustível, este valor é desprezível.

② A exergia dos gases de exaustão e do líquido de resfriamento podem ser utilizados para diferentes propósitos – por exemplo, potência adicional poderia ser produzida utilizando ciclos *inferiores* como mostrado no Problema 9.10. Em muitos casos, esta potência adicional poderia ser incluída no numerador da expressão que define a eficiência exergética. Uma vez que a maior parcela da exergia do combustível é utilizada dessa forma, o valor de ε seria maior que aquele determinado na solução apresentada.

③ Fazendo uma aproximação, usando a Tabela A-25E, da exergia química pelo poder calorífico superior do octano líquido, que é 20.610 Btu/lb, tem-se $\dot{E}_F = 82{,}4$ Btu/s e $\varepsilon = 0{,}429$ (42,9%).

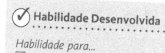

Habilidade Desenvolvida

Habilidade para...
☐ conceber e avaliar a eficiência exergética para um motor de combustão interna.

Teste-Relâmpago Usando uma lógica semelhante daquela usada para o motor de combustão interna, conceba e avalie uma eficiência exergética para turbinas a gás da planta de potência do Exemplo 13.5.
Resposta: 0,332 (33,2%).

No próximo exemplo, avalia-se a eficiência exergética de um reator. Neste caso, a exergia dos produtos de combustão, e não a potência desenvolvida, é a saída avaliada.

► EXEMPLO 13.17 ►

Avaliação da Eficiência Exergética de um Reator Alimentado por Octano Líquido

Para o reator dos Exemplos 13.8 e 13.9, determine a destruição de exergia, in kJ por kmol de combustível, e conceba e estime a eficiência exergética. Considere dois casos de combustão completa com a quantidade de ar teórica e a combustão completa com 400% de ar teórico. Para o combustível, utilize o valor de exergia química-padrão da Tabela A-26 (Modelo II).

SOLUÇÃO

Dado: Octano líquido e ar, cada qual a 25°C e 1 atm, queimam completamente em um reator bem isolado operando em regime permanente. Os produtos de combustão saem à pressão de 1 atm.

Pede-se: Determine a destruição de exergia, em kJ por kmol de combustível, e estime a eficiência exergética para a combustão completa, com a quantidade de ar teórico e 400% de ar teórico.

Diagrama Esquemático e Dados Fornecidos: Veja a Fig. E13.9.

Modelo de Engenharia:
1. Veja as hipóteses listadas na solução nos Exemplos 13.8 e 13.9.
2. O ambiente corresponde ao Modelo II da Tabela A-26.
3. O ar de combustão entra na condição do ambiente, com composição 21% O_2, 79% N_2 e tem exergia desprezível.

Análise: Um balanço de taxa de exergia pode ser usado na formulação de uma eficiência exergética: Em regime permanente, a taxa na qual a exergia entra no reator se iguala à taxa na qual a exergia sai somada à taxa na qual a exergia é destruída dentro do reator. Como o ar de combustão entra na condição do ambiente, e assim com exergia nula, a exergia entra no reator apenas com o combustível. O reator é bem isolado, portanto não há transferência de exergia associada à transferência de calor. Também não há trabalho $\dot{W}_{vc}$. Em consequência, a exergia sai do motor apenas com os produtos de combustão, que é a saída avaliada neste caso. O balanço da taxa de exergia então pode ser escrita

$$\dot{E}_F = \dot{E}_{\text{produtos}} + \dot{E}_d \quad \text{(a)}$$

em que $\dot{E}_F$ é a taxa na qual a exergia entra com o combustível e $\dot{E}_{\text{produtos}}$ é a taxa na qual a exergia sai com os produtos de combustão e $\dot{E}_d$ é a taxa de destruição de exergia dentro do reator.

A eficiência exergética então toma a forma

$$\varepsilon = \frac{\dot{E}_{\text{produtos}}}{\dot{E}_F} \quad \text{(b)}$$

A taxa na qual a exergia sai com os produtos pode ser estimada com a abordagem utilizada na solução do Exemplo 13.15. Mas no presente caso os esforços são poupados com a seguinte abordagem: utilizando o balanço de exergia do reator, Eq. (a), a expressão da eficiência exergética, Eq. (b), pode ser alternativamente escrita como

$$\varepsilon = \frac{\dot{E}_F - \dot{E}_d}{\dot{E}_F} = 1 - \frac{\dot{E}_d}{\dot{E}_F} \quad \text{(c)}$$

700 Capítulo 13

O termo de destruição de exergia que aparece na Eq. (b) pode ser encontrado a partir da relação

$$\frac{\dot{E}_d}{\dot{n}_F} = T_0 \frac{\dot{\sigma}_{vc}}{\dot{n}_F}$$

em que T_0 é a temperatura do ambiente e $\dot{\sigma}_{vc}$ é a taxa de produção de entropia. A taxa de produção de entropia é estimada na solução do Exemplo 13.9 para cada um dos dois casos. Para o caso de combustão completa com a quantidade de ar teórico,

$$\frac{\dot{E}_d}{\dot{n}_F} = (298 \text{ K}) \left(5404 \frac{\text{kJ}}{\text{kmol} \cdot \text{K}}\right) = 1.610.392 \frac{\text{kJ}}{\text{kmol}}$$

Analogamente, para o caso da combustão completa com 400% de quantidade de ar teórico,

$$\frac{\dot{E}_d}{\dot{n}_F} = (298)(9754) = 2.906.692 \frac{\text{kJ}}{\text{kmol}}$$

Como o combustível entra no reator a 25°C, 1 atm, que correspondem aos valores de T_0 e p_0 do ambiente, e os efeitos cinético e potencial são desprezíveis, a exergia do combustível é apenas a exergia química-padrão da Tabela A-29 (Modelo II): 5.413.100 kJ/kmol. Não há contribuição termomecânica. Assim, para o caso da combustão completa com a quantidade de ar teórico, a Eq. (c) gera

$$\varepsilon = 1 - \frac{1.610.392}{5.413.100} = 0,703 \ (70,3\%)$$

Analogamente, para o caso de combustão completa com 400% da quantidade de ar teórico, temos

❷

$$\varepsilon = 1 - \frac{2.906.692}{5.413.100} = 0,463 \ (46,3\%)$$

---

❶ O ar admitido no motor tem exergia química a qual pode ser calculada a partir da Eq. 13.41b utilizando as frações molares conhecidas de oxigênio e nitrogênio, juntamente aos valores de exergia química da Tabela A-26. O resultado é 129 kJ por kmol de ar. Comparada à exergia química do combustível, este valor é desprezível.

❷ Os valores de eficiência calculados mostram que uma substancial parcela da exergia do combustível é destruída no processo de combustão. No caso da combustão com a quantidade de ar teórico, cerca de 30% da exergia do combustível são destruídos. No caso do ar em excesso, mais de 50% da exergia do combustível são destruídos. Mais destruições de exergia podem ocorrer à medida que os gases quentes forem utilizados. Deve estar claro, portanto, que a conversão geral a partir da entrada de combustível até o fim do uso teria uma eficiência exergética relativamente baixa. A análise de exergia de usinas termoelétricas a vapor da Seção 8.6 exemplifica esse ponto.

✓ **Habilidades Desenvolvidas**

Habilidades para...
❏ determinar a destruição de exergia para um reator.
❏ conceber e avaliar uma eficiência exergética apropriada.

Teste-Relâmpago Para combustão completa com 300% de ar teórico, a eficiência exergética seria maior ou menor que a eficiência exergética determinada no caso de 400% de ar teórico? **Resposta:** Maior.

▶ RESUMO DO CAPÍTULO E GUIA DE ESTUDOS

Neste capítulo aplicamos os princípios da termodinâmica a sistemas que envolvem reações químicas, com ênfase nos sistemas que envolvam a combustão de combustíveis hidrocarbonados. Também expandimos a noção de exergia para incluir a exergia química.

A primeira parte do capítulo começa com uma discussão dos conceitos e terminologias relacionados aos combustíveis, ao ar de combustão e aos produtos de combustão. Em seguida, foi considerada a aplicação de balanços de energia a sistemas reagentes, incluindo volumes de controle em regime permanente e sistemas fechados. Para estimar as entalpias específicas necessárias nessas aplicações, apresentamos e exemplificamos o conceito de entalpia de formação. A determinação da temperatura adiabática de chama foi considerada em uma aplicação.

Também foi discutida a utilização da segunda lei da termodinâmica. Desenvolvemos o conceito de entropia absoluta para fornecer as entropias específicas necessárias aos balanços de entropia de sistemas que envolvam reações químicas. Foi introduzido o conceito relacionado da função de Gibbs de formação. A primeira parte do capítulo também incluiu uma discussão sobre células a combustível.

Na segunda parte do capítulo, ampliamos o conceito de exergia, vista no Cap. 7, ao introduzir a exergia química. Também foi discutido o conceito de exergia química-*padrão*. Foram desenvolvidos e exemplificados meios para a estimativa das exergias químicas de combustíveis hidrocarbonados e de outras substâncias. A apresentação termina com uma discussão sobre eficiências exergéticas de sistemas reagentes.

A lista a seguir fornece um guia de estudo para este capítulo. Ao terminar o estudo do texto e dos exercícios do final do capítulo, você estaria apto a

▶ escrever por extenso o significado dos termos listados nas margens em todo o capítulo e entender cada um dos conceitos relacionados. O subconjunto de conceitos chaves listados a seguir é particularmente importante.

▶ determinar as equações das reações balanceadas para a combustão de combustíveis hidrocarbonados, incluindo a combustão completa e a combustão incompleta a vários percentuais de ar teórico.

▸ aplicar balanços de energia a sistemas que envolvam reações químicas, incluindo a estimativa de entalpia por meio da Eq. 13.9 e a estimativa da temperatura adiabática de chama.

▸ aplicar balanços de entropia a sistemas que envolvam reações químicas, incluindo a estimativa da entropia produzida.

▸ estimar a exergia química de combustíveis hidrocarbonados e de outras substâncias, utilizando as Eqs. 13.35 e 13.36, assim como a exergia química-padrão, utilizando as Eqs. 13.44 e 13.45.

▸ estimar a exergia total utilizando as Eqs. 3.46 e 3.47.

▸ aplicar análises de exergia, incluindo a exergia química e a estimativa de eficiências exergéticas.

▸ CONCEITOS FUNDAMENTAIS NA ENGENHARIA

análise de produtos a seco
ar teórico
célula a combustível
combustão completa
entalpia de formação

entropia absoluta
estado morto
exergia química
exergia química-padrão
percentual de ar teórico

poder calorífico
razão ar–combustível
temperatura adiabática de chama

▸ EQUAÇÕES PRINCIPAIS

$AF = \overline{AF}\left(\dfrac{M_{ar}}{M_{comb}}\right)$	(13.2)	Relação entre as razões de ar–combustível em bases mássica e molar
$\overline{h}(T,p) = \overline{h}_f^\circ + [\overline{h}(T,p) - \overline{h}(T_{ref}, p_{ref})] = \overline{h}_f^\circ + \Delta\overline{h}$	(13.9)	Estimativa da entalpia a T, p em termos da entalpia de formação
$\dfrac{\dot{Q}_{vc}}{\dot{n}_F} - \dfrac{\dot{W}_{vc}}{\dot{n}_F} = \sum_P n_e(\overline{h}_f^\circ + \Delta\overline{h})_e - \sum_R n_i(\overline{h}_f^\circ + \Delta\overline{h})_i$	(13.15b)	Balanço de taxa de energia para um volume de controle em regime permanente por mol de combustível de entrada
$Q - W = \sum_P n(\overline{h}_f^\circ + \Delta\overline{h}) - \sum_R n(\overline{h}_f^\circ + \Delta\overline{h}) - \overline{R}T_P \sum_P n + \overline{R}T_R \sum_R n$	(13.17b)	Balanço de energia de um sistema fechado, no qual os reagentes e os produtos são misturas de gases ideais
$\overline{s}(T,p) = \overline{s}^\circ(T) - \overline{R} \ln \dfrac{p}{p_{ref}}$	(13.22)	Entropia absoluta de um gás ideal (em base molar) a T, p, em que $\overline{s}^\circ(T)$ é obtido da Tabela A-23
$\overline{s}_i(T, p_i) = \overline{s}_i^\circ(T) - \overline{R} \ln \dfrac{y_i p}{p_{ref}}$	(13.23)	Entropia absoluta para o componente i de uma mistura de gases ideais (em base molar) a T, p, em que $\overline{s}_i^\circ(T)$ é obtido da Tabela A-23
$\overline{g}(T,p) = \overline{g}_f^\circ + [\overline{g}(T,p) - \overline{g}(T_{ref}, p_{ref})] = \overline{g}_f^\circ + \Delta\overline{g}$	(13.28a)	Estimativa da função de Gibbs a T, p em termos da função de Gibbs de formação
em que $\Delta\overline{g} = [\overline{h}(T,p) - \overline{h}(T_{ref}, p_{ref})] - [T\overline{s}(T,p) - T_{ref}\overline{s}(T_{ref}, p_{ref})]$	(13.28b)	(veja as Tabelas A-25 para valores de $\overline{g}_f^\circ(T)$)
$e_f = h - h_0 - T_0(s - s_0) + \dfrac{V^2}{2} + gz + e^{ch}$	(13.47)	Fluxo de exergia total incluindo as contribuições termomecânicas e químicas (veja nas Seções 13.6 e 13.7 para as expressões de exergia química)

▸ EXERCÍCIOS: PONTOS DE REFLEXÃO PARA OS ENGENHEIROS

1. A combustão é um processo inerentemente irreversível? Por quê? Ou por que não?
2. Que medidas, tanto internas quanto externas, proprietários de imóveis devem tomar para se proteger contra incêndios?
3. Quais obstáculos devem ser superados para que o etanol seja mais utilizado como combustível em veículos automotivos? Quais são as perspectivas para isso?
4. O carvão pode ser convertido para um combustível tipo diesel líquido? Explique.
5. Você lê que, para cada galão (3,8 L) de gasolina queimada pelo motor de um carro, aproximadamente 20 lb (9,1 kg) de dióxido de carbono são produzidas. Esta afirmação está correta? Explique.
6. Quais são as diferenças entre *octanagem* e *octano*?

7. Como a razão ar–combustível desejada é mantida em motores de combustão interna automotivos?
8. Em K (Kelvin), quão perto do zero absoluto os pesquisadores têm alcançado?
9. Por que companhias petrolíferas ainda utilizam o *flare* para o excesso de gás natural? Quais são as alternativas?
10. Por que é desnecessário utilizar entalpias de formação ao escrever balanços de energia para sistemas que não envolvam reações químicas – ou é necessário?
11. Como funcionam as compressas quentes e frias instantâneas usadas por atletas para tratar lesões? Para que tipos de lesões cada tipo de compressa é mais adequada?
12. O que são *methanogens* e por que são interessantes?
13. Como poderia ser definida a eficiência exergética para o sistema de potência híbrido da Fig. 13.5?
14. Quais barreiras as células a combustível para veículos de transporte pessoal devem superar para que sejam comercializadas em larga escala? Quais são as perspectivas para isso?

▶ **VERIFICAÇÃO DE APRENDIZADO**

1. Quando octano queima completamente com 400% de ar teórico, a 25°C e 1 atm, a temperatura adiabática de chama é:
   (a) maior que,
   (b) igual a,
   (c) menor que aquela para a combustão completa utilizando a quantidade de ar teórico.

2. O poder calorífico *inferior* de um hidrocarboneto corresponde ao caso no qual toda a água formada na combustão é:
   (a) um líquido
   (b) um sólido
   (c) um vapor
   (d) uma mistura bifásica contendo líquido e vapor.

3. Butano queima completamente com 150% de ar teórico. A razão de equivalência é _____. Os reagentes formam uma mistura (a) rica ou (b) pobre. A temperatura do ponto de orvalho dos produtos de combustão, quando resfriados a 1 atm, é _____ °C.

4. CO_2 a 400 K e 1 atm sai de um combustor, o qual tem como correntes de entrada carbono e O_2, a 25°C, 1 atm. Estas são as únicas correntes de entrada e saída. Para aplicar um balanço de energia ao combustor, as entalpias específicas do carbono e do CO_2 são, em uma base molar _____ e _____ kJ/kmol, respectivamente, assumindo o modelo de gases ideais.

5. Referindo-se à questão 4, as *entropias absolutas* do carbono e do CO_2 são, em uma base molar, _____ e _____ kJ/K · kmol, respectivamente.

6. Quando metano queima completamente com 200% de ar teórico, a razão ar-combustível em uma base molar é _____.

7. O poder calorífico superior do octano líquido no estado padrão é _____ kJ/kg.

8. Metano queima completamente com x% de ar teórico. Os produtos são resfriados a 1 bar. À medida que x aumenta de 100 para 150, a respectiva temperatura do ponto de orvalho:
   (a) aumenta.
   (b) diminui.
   (c) permanece a mesma.
   (d) não pode ser determinada sem maiores informações.

9. Em uma análise de produtos *secos*, as frações molares são dadas para todos os produtos gasosos, exceto:
   (a) N_2, pois é inerte.
   (b) combustível não queimado.
   (c) água.
   (d) todos os anteriores.

10. A 25°C, 1 atm como o poder calorífico superior do octano líquido se compara ao seu valor de exergia química padrão, em kJ/kg?

11. Referindo-se ao Exemplo 13.15, a *exergia química* no estado 5, por mol da mistura, é _____ kJ/kmol.

12. Na Tabela A-25, por que a entalpia de formação do oxigênio monoatômico, O(g), tem um valor positivo enquanto o oxigênio diatômico, O_2(g) é zero?

13. Para cada uma das seguintes reações:
    (i) $H_2 + \frac{1}{2} O_2 \rightarrow H_2O(g)$
    (ii) $H_2 + \frac{1}{2}(O_2 + 3,76 N_2) \rightarrow H_2O(g) + 1,88 N_2$
    determine a temperatura, em °C, na qual a água começa a condensar quando os produtos são resfriados, a 1 bar.

14. Referindo-se às reações da questão 13, a entalpia de combustão a 25°C e 1 atm para o caso (i) é:
    (a) maior que,
    (b) igual a,
    (c) menor que aquela determinada para o caso (i). Explique.

15. Carbono pulverizado a 25°C e 1 atm entra em um reator isolado operando sob regime permanente e queima completamente com 200% de ar teórico a 25°C, 1 atm. A temperatura adiabática de chama, em K, é aproximadamente:
    (a) 1470
    (b) 1490
    (c) 1510
    (d) 1530

16. A 25°C, 1 atm, a água é um líquido. Ainda assim, a Tabela A-25 mostra dois valores de entalpia de formação. Explique.

17. O reator mostrado a seguir opera adiabaticamente sob regime permanente e a combustão é completa. À medida que a porcentagem de ar teórico aumenta, a eficiência exergética:
    (a) aumenta,
    (b) diminui,
    (c) permanece a mesma. Explique.

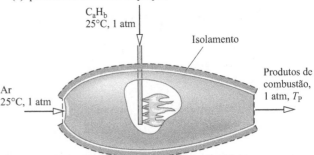

Fig. E13.17C

18. A 500 K e 1 atm, uma mistura de gases ideais consiste em 1 kmol de O_2 e 1 kmol de N_2. A entropia absoluta por kmol de mistura é _____ kJ/kmol · K.

19. Na Tabela A-25, os valores de poder calorífico superior e inferior para o carbono são iguais. Por quê?

20. Para o caso do Exemplo 13.5, se a planta de potência opera adiabaticamente, a potência líquida desenvolvida é _____ MW.

21. Uma mistura de gases ideais contendo 1 kmol de H_2 e 2 kmol de O_2 inicialmente a 25°C, 1 atm, queima completamente em um cilindro fechado. Ao final do processo, o cilindro contém uma mistura de gases ideais a 1516°C. A pressão da mistura no estado final é _____ atm.

22. Para o caso do Exemplo 13.1, se a combustão ocorre com 200% de ar teórico, a razão ar-combustível em uma base mássica é _____.

23. Se os reagentes formam uma mistura *rica*, a porcentagem de ar teórico para a reação de combustão é:
    (a) maior que 100%.
    (b) menor que 100%.
    (c) não pode ser determinada sem mais informações. Explique.

24. Para o caso do Exemplo 13.16, a soma da exergia destruída no motor e perdida pelo motor é _____ hp.

25. Para o caso do Exemplo 13.3, a razão de equivalência é _____.

26. Para a combustão completa do H_2S, com a quantidade teórica de ar, os produtos consistem em _____.
27. Um tipo de célula a combustível adequada para utilização em um veículo leve é uma:
    (a) célula a combustível de óxido sólido.
    (b) célula a combustível de ácido fosfórico.
    (c) célula a combustível de membrana de condução de prótons.
    (d) célula a combustível de carbonato fundido.
28. Quando a combustão ocorre com 400% de ar teórico e $T_0 = 298,15$ K e $p_0 = 1$ atm, a razão de destruição de exergia no reator do Exemplo 13.9, em kJ por kmol de octano consumido, é _____.
29. Em palavras, os coeficientes estequiométricos são _____.
30. Em um processo *real* de combustão, os produtos de combustão e suas quantidades relativas são determinados por:
    (a) medidas juntamente com a aplicação da segunda lei da termodinâmica.
    (b) análises utilizando a primeira e a segunda lei da termodinâmica.
    (c) medidas utilizando um analisador Orsat ou outro dispositivo.
    (d) análise utilizando o princípio da conservação da massa juntamente à primeira lei da termodinâmica.
31. Em símbolos, a *função de Gibbs* é
    (a) $\bar{u} + p\bar{v}$.
    (b) $\bar{u} - T\bar{s}$.
    (c) $\bar{h} + T\bar{s}$.
    (d) $\bar{h} - T\bar{s}$.
32. Na Eq. 13.46, qual estado de referência e quais valores de referência são utilizados para os termos $V^2/2$ e gz? _____.
33. Assumindo que cada sistema desenvolva a mesma potência líquida, qual deve ter o melhor desempenho termodinâmico, a turbina a gás da Fig. 9.8a ou a microturbina-célula a combustível da Fig. 13.5? Explique.
34. Qual substância, H_2 ou CH_4, deve armazenar maior exergia total, em kJ, se armazenada em um tanque de volume V, cada uma a 25°C, 1 atm? _____. Explique.

Indique quais das seguintes afirmativas são verdadeiras ou falsas. Explique.

35. Metano a 25°C e 1 atm entra em um reator operando sob regime permanente e reage com uma quantidade maior que a teórica de ar entrando à mesma temperatura e pressão. Comparada à temperatura adiabática de chama, a temperatura medida para os produtos de combustão é maior.
36. Uma análise imediata de uma amostra de carvão dá a composição em uma base molar.
37. Mesmo quantidades muito pequenas de óxidos de nitrogênio nos gases de exaustão constituem uma fonte de poluição atmosférica.
38. A combustão completa do metano com oxigênio resulta em produtos incluindo H_2O, H_2 e CO_2.
39. Cento e cinquenta por cento de ar teórico correspondem a 50% de ar em excesso.
40. O princípio de conservação de massa requer que o número total de mols em cada lado de uma equação química seja igual.
41. Em uma *análise de produtos a seco*, as frações molares são dadas para todos os produtos exceto vapor d'água.
42. A *entalpia de formação* é a energia liberada ou absorvida quando um composto é formado a partir dos seus elementos, todos nos estados de referência padrão.
43. Para aplicar um balanço de energia em um *sistema reacional fechado*, faz-se necessário calcular as energias internas de reagentes e produtos utilizando o conceito de *energia interna de formação*.
44. A terceira lei da termodinâmica estabelece que, na temperatura absoluta zero, a entropia de uma substância pura, cristalina, não pode ser negativa.
45. Uma limitação na eficiência térmica de células a combustível é imposta pela segunda lei, na forma da *eficiência de Carnot*.
46. A *exergia química* é uma medida do desvio da composição de um sistema em relação àquela do ambiente de referência de exergia.
47. Um combustível cuja *análise imediata* seja 85% C e 15% H é representado aproximadamente por C_8H_{17}.
48. Para o metanol líquido a 25°C e 1 atm, o poder calorífico superior fornece uma estimativa razoável para a exergia química, em kJ/kg.
49. Valores de entropia específica obtidos das *tabelas de vapor* são valores de entropia absoluta.
50. Quando um combustível é queimado em ar úmido, a quantidade de vapor d'água presente é tipicamente tão pequena que pode ser ignorada ao escrever a equação de combustão.

PROBLEMAS: DESENVOLVENDO HABILIDADES PARA ENGENHARIA

Trabalhando com as Equações de Reações

13.1 Dez gramas de propano (C_3H_8) queimam com uma quantidade de oxigênio (O_2) apenas o suficiente para a combustão completa. Determine a quantidade de oxigênio necessária e a quantidade de produtos de combustão gerada, ambos em gramas.

13.2 O etano (C_2H_6) queima completamente com a quantidade de ar teórico. Determine a razão ar–combustível em uma (a) base molar, (b) base mássica.

13.3 Uma turbina a gás queima octano (C_8H_{18}) completamente com 400% de ar teórico. Determine a quantidade de N_2 nos produtos, em kmol por kmol de combustível.

13.4 Um tanque rígido e fechado contém inicialmente uma mistura de 60% de O_2 e 40% de CO em uma base mássica. As substâncias reagem, produzindo uma mistrua final de CO_2 e O_2. Determine a equação química balanceada.

13.5 Uma centena de kmol de butano (C_4H_{10}) junto a 3572 kmol de ar entram em uma fornalha por unidade de tempo. Dióxido de carbono, monóxido de carbono e combustível não queimado estão entre os produtos de combustão que saem da fornalha. Determine o percentual de excesso ou insuficiência de ar, conforme o caso.

13.6 O propano (C_3H_8) é queimado com o ar. Para cada caso, obtenha a equação de reação balanceada para a combustão completa
(a) com a quantidade de ar teórico.
(b) com 20% de ar em excesso.
(c) com 20% de ar em excesso, mas apenas 90% do propano sendo consumidos na reação.

13.7 O butano (C_4H_{10}) queima completamente com o ar. A razão de equivalência é de 0,9. Determine
(a) a equação de reação balanceada.
(b) o percentual de ar em excesso.

13.8 Uma mistura de gás natural com uma análise molar de 60% de CH_4, 30% de C_2H_6, 10% de N_2 é fornecida a uma fornalha como aquela mostrada na Fig. P13.8, onde queima completamente com 20% de ar em excesso. Determine
(a) a equação de reação balanceada.
(b) a razão ar–combustível, tanto em base molar quanto em base mássica.

13.9 Uma mistura de combustível com análise molar de 70% de CH_4, 20% CO, 5% O_2 e 5% N_2 queima completamente com 20% de ar em excesso. Determine
(a) a equação de reação balanceada.
(b) a razão ar–combustível, tanto em base molar quanto em base mássica.

13.10 Uma mistura gasosa com a análise molar de 25% H_2, 25% de CO, 50% de O_2 reage para gerar produtos que consistem apenas de CO_2, H_2O e O_2. Determine a quantidade de cada produto, em kg por kg da mistura.

13.11 Gás natural com a análise molar de 94,4% de CH_4, 3,4% de C_2H_6, 0,6% de C_3H_8, 0,5% de C_4H_{10}, 1,1% de N_2 queima completamente com 20% de ar em excesso em um reator que opera em regime permanente. Se a vazão molar do combustível for de 0,1 kmol/h, determine a vazão molar do ar, em kmol/h.

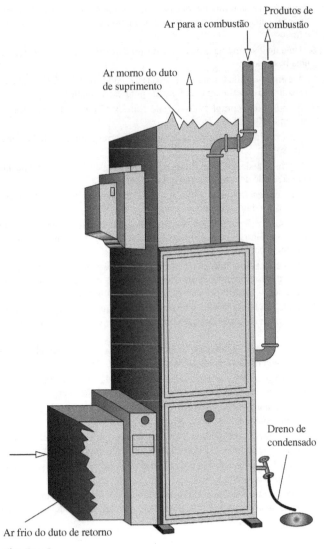

Fig. P13.8

13.12 Uma mistura de gás natural tem uma análise molar mostrada a seguir. Determine a análise molar dos produtos para a combustão completa com 70% de ar seco em excesso.

Combustível	CH_4	H_2	NH_3
y_i	25%	30%	45%

13.13 Carvão com uma análise mássica de 79,2% de C, 5,7% de H_2, 0,6% de S, 10% de O_2, 1,5% de N_2, 3% de cinzas não combustíveis, queima completamente com ar teórico. Determine
(a) a equação de reação balanceada.
(b) a quantidade de SO_2 gerada, em kg por kg de carvão.

13.14 Uma amostra de carvão tem uma análise mássica de 80,4% de carbono, 3,9% de hidrogênio (H), 5,0% de oxigênio (O), 1,1% de nitrogênio (N), 1,1% de enxofre e o restante de cinzas não combustíveis. Para a combustão completa com 120% da quantidade de ar teórico, determine
(a) a razão ar–combustível em uma base mássica e (b) a quantidade de SO_2, em kg por kg de carvão.

13.15 Uma amostra de estrume seco está sendo testada para uso como combustível. A análise mássica da amostra contém 42,7% de carbono, 5,5% de hidrogênio (H), 31,3% de oxigênio (O), 2,4% de nitrogênio (N), 0,3% de enxofre e 17,8% de cinzas não combustíveis. A amostra é queimada completamente com 120% de ar teórico. Determine
(a) a equação de reação balanceada.
(b) a razão ar–combustível em uma base mássica.

13.16 Uma amostra seca de carvão "Appanoose County" apresenta uma análise mássica de 71,1% de carbono, 5,1% de hidrogênio (H_2), 9,0% de oxigênio (O_2), 1,4% de nitrogênio (N_2), 5,8% de enxofre e o restante de cinzas não combustíveis. Para a combustão completa com a quantidade de ar teórico, determine
(a) a quantidade de SO_2 gerada, em kg por kg de carvão.
(b) a razão ar–combustível em base mássica.

13.17 O dodecano ($C_{12}H_{26}$) queima completamente com 150% de ar teórico. Determine
(a) a razão ar–combustível em bases molar e mássica.
(b) a temperatura de ponto de orvalho dos produtos de combustão em °C, quando resfriados a 1 atm.

13.18 O butano (C_4H_{10}) queima completamente com 150% de ar teórico. Se os produtos de combustão forem resfriados a 1 atm à temperatura T, plote a quantidade de vapor d'água condensada, em kmol por kmol de combustível *versus* T variando de 20 a 60°C.

13.19 O etileno (C_2H_4) queima completamente com ar, e os produtos de combustão são resfriados à temperatura T e 1 atm. A razão ar–combustível em base mássica é AF.
(a) Determine, para $AF = 15$ e $T = 70°F$ (21,1°C), o percentual de ar em excesso e a quantidade de vapor d'água condensada, em lb por lbmol de combustível.
(b) Plote a quantidade de vapor d'água condensada, em lb por lbmol de combustível *versus* T, variando de 70°F (21,1°C) a 100°F (37,8°C), para $AF = 15, 20, 25, 30$.

13.20 Uma mistura combustível gasosa com uma análise molar especificada queima completamente com o ar úmido para gerar produtos gasosos como mostrado na Fig. P13.20. Determine a temperatura de ponto de orvalho dos produtos, em °C.

13.21 O gás obtido quando carvão de baixa qualidade é queimado com ar insuficiente para a combustão completa é conhecido como *gás gasogênio*. Um determinado gás gasogênio tem a seguinte análise volumétrica: 3,8% de CH_4, 0,1% de C_2H_6, 4,8% de CO_2, 11,7% de H_2, 0,6% de O_2, 23,2% de CO e o restante de N_2. Determine, para a combustão completa com a quantidade de ar teórico,
(a) a análise molar dos produtos secos de combustão.
(b) a quantidade de vapor d'água condensada, em lbmol/lbmol de gás gasogênio, se os produtos forem resfriados a 70°F (21,1°C) a pressão constante de 1 atm.

13.22 Propano (C_3H_8) entra em um maçarico e queima completamente com 180% de ar teórico, que entra a 40°C, 1 atm e 60% de umidade relativa. Obtenha a equação de reação balanceada e determine a temperatura de ponto de orvalho dos produtos, em °C, a 1 atm.

13.23 O butano (C_4H_{10}) queima completamente com 160% de ar teórico a 20°C, 1 atm, e 90% de umidade relativa. Determine

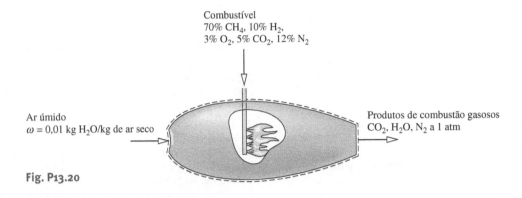

Fig. P13.20

(a) a equação de reação balanceada.
(b) a temperatura de ponto de orvalho, em °C, dos produtos, quando resfriados a 1 atm.

13.24 Metano (CH_4) entra em uma fornalha e queima completamente com 150% de ar teórico que entra a 25°C, 0,945 bar e 75% de umidade relativa. Determine
(a) a equação de reação balanceada.
(b) a temperatura de ponto de orvalho dos produtos de combustão, em °C, a 0,945 bar.

13.25 Propano (C_3H_8) queima completamente com a quantidade de ar teórico a 60°F (15,6°C), 1 atm e 90% de umidade relativa. Determine
(a) a equação de reação balanceada.
(b) a temperatura de ponto de orvalho dos produtos de combustão a 1 atm.
(c) a quantidade de água condensada, em lbmol por lbmol de combustível, se os produtos de combustão forem resfriados a 60°F e a 1 atm.

13.26 Uma mistura de combustível líquido que é 40% de octano (C_8H_{18}) e 60% de decano ($C_{10}H_{22}$) em massa é queimada completamente com 10% de ar em excesso a 25°C, 1 atm e 80% de umidade relativa.
(a) Determine a composição do hidrocarboneto equivalente, C_aH_b, de um combustível que teria a mesma razão carbono–hidrogênio, em uma base mássica, que a mistura de combustível.
(b) Se os produtos de combustão são resfriados a 25°C e a pressão de 1 atm, determine a quantidade de vapor d'água que condensa, em kg por kg de mistura combustível.

13.27 Hidrogênio (H_2) entra em uma câmara de combustão com uma vazão mássica de 2 kg/h e queima, com o ar entrando a 30°C, 1 atm, com uma vazão volumétrica de 120 m³/h. Determine o percentual de ar teórico utilizado.

13.28 O álcool metílico (CH_3OH) queima com 200% de ar teórico, gerando CO_2, H_2O, O_2 e N_2. Determine
(a) a equação de reação balanceada.
(b) a razão ar–combustível uma em base mássica.
(c) a análise molar dos produtos.

13.29 Octano (C_8H_{18}) queima com 20% de ar em excesso, gerando apenas CO_2, CO, O_2, H_2O e N_2. Se 5% dos produtos secos (base molar) é de O_2, determine
(a) a equação de reação balanceada.
(b) a análise dos produtos em uma base molar seca.

13.30 Hexano (C_6H_{14}) queima com ar seco para gerar produtos com a análise molar seca 8,5% de CO_2, 5,2% de CO, 3% de O_2, 83,3% de N_2. Determine
(a) a equação de reação balanceada.
(b) o percentual de ar teórico.
(c) a temperatura de ponto de orvalho, em °C, dos produtos a 1 atm.

13.31 Os componentes do gás de escapamento de um motor de ignição a centelha utilizando uma mistura representada por C_8H_{17} têm uma análise molar seca de 8,7% de CO_2, 8,9% de CO, 0,3% de O_2, 3,7% de H_2, 0,3% de CH_4 e 78,1% de N_2. Determine a razão de equivalência.

13.32 A combustão de um combustível hidrocarbonado, representado por C_aH_b, resulta em produtos com a seguinte análise molar seca: 11% de CO_2, 0,5% de CO, 2% de CH_4, 1,5% de H_2, 6% de O_2 e 79% de N_2. Determine a razão ar–combustível em (a) uma base molar, (b) uma base mássica.

13.33 Decano ($C_{10}H_{22}$) queima completamente no ar seco. A razão ar–combustível em uma base mássica é 33. Determine
(a) a análise dos produtos em uma base molar seca.
(b) o percentual de ar teórico.

13.34 Butano (C_4H_{10}) queima com ar, produzindo produtos com a seguinte análise molar seca: 11,0% de CO_2, 1,0% de CO, 3,5% de O_2 e 84,5% de N_2. Determine
(a) o percentual de ar teórico.
(b) a temperatura de ponto de orvalho dos produtos de combustão em °C, a 1 bar ($1,0 \times 10^5$ Pa).

13.35 Gás natural com a análise volumétrica de 97,3% de CH_4, 2,3% de CO_2, 0,4% de N_2 é queimado com o ar em uma fornalha para gerar produtos que têm análise molar seca de 9,20% de CO_2, 3,84% de O_2, 0,64% de CO e o restante de N_2. Determine
(a) o percentual de ar teórico.
(b) a temperatura de ponto de orvalho, em °F, dos produtos de combustão a 1 atm.

13.36 Óleo combustível com uma análise em base mássica de 85,7% de C, 14,2% de H e 0,1% de matéria inerte, queima com ar para gerar produtos com a análise molar seca de 12,29% de CO_2; 3,76% de O_2; 83,95% de N_2. Determine a razão ar–combustível em uma base mássica.

13.37 Metanol (CH_3OH) queima com ar. Os produtos gasosos são analisados e o relatório do laboratório apresenta apenas os seguintes percentuais em uma base molar seca: 7,1% de CO_2, 2,4% de CO e 0,84% de CH_3OH. Supondo que os componentes restantes consistam em O_2 e N_2, determine
(a) o percentual de O_2 e de N_2, na análise molar seca.
(b) o percentual de ar em excesso.

13.38 Óleo combustível com uma análise em base mássica de 87% de C, 11% de H, 1,4% de S e 0,6% de matéria inerte, queima com 120% de ar teórico. O hidrogênio e o enxofre são completamente oxidados, mas 95% do carbono são oxidados para CO_2 e o restante para CO.
(a) Determine a equação de reação balanceada.
(b) Determine as quantidades de CO e de SO_2, em kmol por 10^6 kmol de produtos de combustão (ou seja, a quantidade em *partes por milhão*).

13.39 Pentano (C_5H_{12}) queima com ar, de modo que uma fração x de carbono é convertida em CO_2. O carbono restante aparece como CO. Não há O_2 livre nos produtos. Desenvolva gráficos da razão ar–combustível e do percentual de ar teórico *versus* x, sendo que x variando de zero a um.

13.40 Para cada uma das misturas a seguir, determine a razão de equivalência e indique se a mistura é pobre ou rica:
(a) 1 lbmol de metano (CH_4) e 8 lbmol de ar.
(b) 1 kg de etano (C_2H_6) e 17,2 kg de ar.

13.41 Álcool metílico (CH_3OH) queima com ar seco de acordo com a reação

$$CH_3OH + 3,3(O_2 + 3,76N_2) \rightarrow CO_2 + 2H_2O + 1,8O_2 + 12,408N_2$$

Determine
(a) a razão ar–combustível em uma base mássica.
(b) a razão de equivalência.
(c) o percentual de ar em excesso.

13.42 Álcool etílico (C_2H_5OH) queima com ar seco de acordo com a reação

$$C_2H_5OH + 2,16(O_2 + 3,76N_2) \rightarrow 0,32CO_2 + 1,68CO + 3H_2O + 8,1216N_2$$

Determine
(a) a razão ar–combustível em uma base mássica.
(b) a razão de equivalência.
(c) o percentual de ar teórico.

13.43 Octano (C_8H_{18}) entra em um motor e queima com ar para gerar produtos com a seguinte análise molar seca: CO_2, 10,5%; CO, 5,8%; CH_4, 0,9%; H_2, 2,6%; O_2, 0,3%; N_2, 79,9%. Determine a razão de equivalência.

13.44 A Fig. P13.44 mostra quatro componentes em série. Carvão, oxigênio (O_2) e vapor d'água alimentam um gaseificador, que produz *gás de síntese* (*singás*) com a seguinte análise molar:
CH_4: 0,3%; H_2: 29,6%; CO_2: 10,0%; CO: 41,0%;
N_2: 0,8%; H_2O: 17,0%; H_2S: 1,1%; NH_3: 0,2%.
Os gases H_2S e NH_3 são removidos e a mistura passa por um resfriador (*chiller*) que condensa 98% da água presente na corrente de gás de síntese. O condensado é removido e a corrente de gás resultante alimenta um combustor, onde queima completamente com 400% de ar teórico. Para o combustor, determine a quantidade de ar necessária para o processo, em kmol por kmol de gás de síntese.

Aplicação da Primeira Lei a Sistemas Reagentes

13.45 Octano líquido (C_8H_{18}) a 77°F (25°C) e 1 atm entra em uma câmara de combustão que opera em regime permanente e queima completamente com 50% de ar seco em excesso entrando a 120°F (48,9°C), 1 atm. Os produtos saem a 1060°F (571,1°C), 1 atm. Determine a taxa transferência de calor entre a câmara de combustão e sua vizinhança, em Btu por lbmol de combustível de entrada. Os efeitos das energias cinética e potencial são desprezíveis.

13.46 Propano (C_3H_8) a 298 K, 1 atm entra em uma câmara de combustão que opera em regime permanente com uma vazão molar de 0,7 kmol/s e queima completamente com 200% da quantidade de ar teórico, que entra a 298 K, 1 atm. Os efeitos das energias cinética e potencial são desprezí-

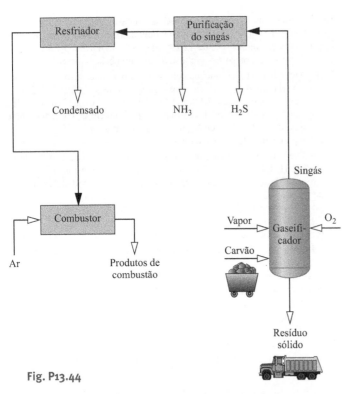

Fig. P13.44

veis. Se os produtos de combustão saem a 560 K, 1 atm, determine a taxa transferência de calor da câmara de combustão, em kW. Repita para uma temperatura de saída de 298 K.

13.47 Metano (CH_4) a 25°C, 1 atm, entra em uma fornalha que opera em regime permanente e queima completamente com 140% de ar teórico, que entra a 400 K, 1 atm. Os produtos de combustão saem a 700 K, 1 atm. Os efeitos das energias cinética e potencial são desprezíveis. Se a taxa de transferência de calor *da* fornalha para a vizinhança for de 400 kW, determine a vazão mássica do metano, em kg/s.

13.48 Metano a 25°C, 1 atm e vazão volumétrica de 27 m³/h entra em uma fornalha operando sob regime permanente. O metano queima completamente com 140% de ar teórico a 127°C, 1 atm. Os produtos da combustão são exauridos a 427°C e 1 atm. Determine:
(a) a vazão volumétrica de ar, em m³/h.
(b) a taxa de transferência de calor da fornalha, em kJ/h.

13.49 Etanol líquido (C_2H_5OH) entra a 77°F (25°C), 1 atm em uma câmara de combustão operando em regime permanente e queima completamente com o ar seco que entra a 340°F (171°C), 1 atm. A vazão mássica do combustível é de 50 lbm/s (22,7 kg/s) e a razão de equivalência é de 0,8. Os produtos de combustão saem a 2000°F (1093°C), 1 atm. Ignorando os efeitos das energias cinética e potencial, determine
(a) a razão ar–combustível em uma base mássica.
(b) a taxa de transferência de calor, em Btu/s.

13.50 Gás octano (C_8H_{18}) entra a 25°C, 1 atm em uma câmara de combustão operando em regime permanente e queima com 120% de ar teórico que entra a 25°C, 1 atm. Os produtos de combustão saem a 1200 K e incluem apenas CO_2, H_2O, O_2 e N_2. Se a transferência de calor da câmara de combustão para a vizinhança for de 2500 kW, determine a vazão mássica do combustível, em kg/s.

13.51 Propano líquido (C_3H_8) a 25°C, 1 atm, entra em um reator bem isolado operando em regime permanente. O ar entra às mesmas temperatura e pressão. Para o propano líquido, $\bar{h}_f° = -118.900$ kJ/kmol. Determine a temperatura dos produtos de combustão, em K, para a combustão completa com
(a) a quantidade de ar teórico.
(b) 300% de ar teórico.

13.52 A energia necessária para vaporizar o fluido de trabalho que passa através de uma caldeira de uma usina termoelétrica a vapor é fornecida pela combustão completa do metano com 110% de ar teórico. O combustível e o ar entram em fluxos separados a 25°C, 1 atm. Os produtos de combustão saem da chaminé a 150°C, 1 atm. Esboce a vazão mássica do combustível necessária, em kg/h por MW de potência desenvolvida pela planta *versus* a eficiência térmica da planta, η. Considere η na faixa de 30% a 40%. Os efeitos das energias cinética e potencial são desprezíveis.

13.53 Octano líquido (C_8H_{18}) a 25°C entra na câmara de combustão de uma de turbina a gás aberta simples de uma usina termoelétrica e queima completamente com 400% de ar teórico, que entra no compressor a 25°C, 1 atm. Os produtos de combustão saem da turbina a 627°C, 1 atm. Estima-se que a taxa de transferência de calor da turbina a gás seja de 15% da potência líquida gerada. Determine a saída de potência líquida, em MW. Os efeitos das energias cinética e potencial são desprezíveis.

13.54 Gás octano C_8H_{18} a 25°C entra em um motor a jato e queima completamente com 300% de ar teórico, que entra a 25°C, 1 atm, com uma vazão volumétrica de 42 m³/s. Os produtos de combustão saem a 990 K, 1 atm. Se o combustível e o ar entram com velocidades desprezíveis, determine a velocidade de saída dos produtos da combustão, em m/s. Desconsidere a transferência de calor entre o motor e o entorno.

13.55 Propano (C_3H_8) gasoso a 25°C e 1 atm entra em um reator operando sob regime permanente e queima com 20% de ar em excesso, o qual entra a 25°C e 1 atm. Do carbono que entra com o combustível, 94% (em base molar) é convertido em CO_2 e o restante em CO. A transferência de calor do reator ocorre a uma taxa de $1,4 \times 10^6$ kJ por kmol de propano. Desprezando efeitos de energias cinética e potencial, determine a temperatura dos produtos da combustão sendo exauridos do reator, em K.

13.56 Um lbmol de gás octano (C_8H_{18}) reage com a quantidade de ar teórico em um vaso de pressão rígido fechado. Inicialmente, os reagentes estão a 77°F (25°C), 1 atm. Após a combustão completa, a pressão no vaso de pressão é de 3,98 atm. Determine a transferência de calor em Btu.

13.57 Um tanque rígido contém inicialmente uma mistura gasosa a 25°C, 1 atm, com uma análise molar de 20% de etano (C_2H_6) e 80% de oxigênio (O_2). A mistura inicial contém um kmol de etano. A combustão completa ocorre, e os produtos são resfriados até 25°C. Determine a transferência de calor, em kJ, e a pressão final, em atm.

13.58 Uma mistura contendo 1 kmol de H_2 e *n* kmol de O_2, inicialmente a 25°C e 1 atm, queima completamente em um recipiente fechado, rígido e isolado. O recipiente, ao final do processo, contém uma mistura de vapor d'água e O_2 a 3000 K. O modelo de gases ideais pode ser empregado nas condições dadas e não há contribuição de energias cinética ou potencial entre os estados inicial e final. Determine:
(a) o valor de *n*.
(b) a pressão final, em atm.

13.59 Calcule a entalpia de combustão do gás pentano (C_5H_{12}), em kJ por kmol de combustível, a 25°C com vapor d'água nos produtos.

13.60 Plote a entalpia de combustão para o propano gasoso (C_3H_8), em Btu por lbmol de combustível, a 1 atm, *versus* a temperatura, no intervalo de 77°F (25°C) a 500°F (260°C). Admita a existência de vapor d'água nos produtos. Para o propano, use $c_p = 0,41$ Btu/lb · °R.

13.61 Plote a entalpia de combustão para o metano gasoso (CH_4), em Btu por lbmol de combustível, a 1 atm, *versus* a temperatura, no intervalo de 537°R (25,2°C) a 1800°R (726,9°C). Admita a existência de vapor d'água nos produtos. Para o metano, use $\bar{c}_p = 4,52 + 7,37(T/1000)$ Btu/lbmol · °R, em que *T* está em °R.

13.62 Determine o poder calorífico inferior, em kJ por kmol de combustível e em kJ por kg de combustível, a 25°C, 1 atm para
(a) etano gasoso (C_2H_6).
(b) etanol líquido (C_2H_5OH).
(c) propano gasoso (C_3H_8).
(d) octano líquido (C_8H_{18}).

13.63 Octano líquido (C_8H_{18}) a 77°F, 1 atm entra em um reator isolado operando em regime permanente e queima com 400% de ar teórico a 77°F, 1 atm. Determine a temperatura dos produtos de saída, em °R. Despreze os efeitos de energias cinética e potencial.

13.64 Metano (CH_4) a 25°C e 1 atm entra em um reator isolado operando sob regime permanente e queima com uma quantidade de ar teórica que entra a 25°C e 1 atm. Determine a temperatura dos produtos de combustão, em K, se 90% do carbono queima a CO_2 e o restante a CO. Despreze efeitos de energias cinética e potencial.

13.65 Octano (C_8H_{18}) líquido a 25°C e 1 atm entra em um reator isolado operando sob regime permanente e queima com 90% de ar teórico a 25°C e 1 atm para formar CO_2, CO, H_2O e N_2. Determine a temperatura dos produtos de combustão, em K. Compare com o resultado do Problema 13.8 e comente.

13.66 Etano gasoso (C$_2$H$_6$) a 77°F (25°C), 1 atm, entra em um reator isolado operando em regime permanente e queima completamente com o ar entrando a 240°F (115,5°C), 1 atm. Determine a temperatura dos produtos, em °F. Despreze os efeitos das energias cinética e potencial.

13.67 Para cada um dos combustíveis a seguir, plote a temperatura adiabática de chama, em K, *versus* o percentual de ar em excesso para a combustão completa em uma câmara de combustão que opera em regime permanente. Os reagentes entram a 25°C, 1 atm.
(a) carbono.
(b) hidrogênio (H$_2$).
(c) octano líquido (C$_8$H$_{18}$).

13.68 Gás propano (C$_3$H$_8$) a 25°C, 1 atm entra em um reator isolado operando em regime permanente e queima completamente com o ar entrando a 25°C, 1 atm. Plote a temperatura adiabática de chama *versus* o percentual de ar teórico variando de 100 a 400%. Por que a temperatura adiabática de chama varia com o aumento da quantidade de ar de combustão?

13.69 Hidrogênio (H$_2$) a 77°F (25°C), 1 atm entra em um reator isolado operando em regime permanente e queima completamente com *x*% de ar teórico entrando a 77°F (25°C), 1 atm. Plote a temperatura adiabática de chama para *x* variando de 100 a 400%.

13.70 Gás metano (CH$_4$) a 25°C, 1 atm entra em um reator isolado operando em regime permanente e queima completamente com *x*% de ar teórico que entra a 25°C, 1 atm. Plote a temperatura adiabática de chama para *x* variando de 100 a 400%.

13.71 Octano líquido (C$_8$H$_{18}$) a 25°C e 1 atm entra em um reator isolado operando sob regime permanente e queima completamente com ar entrando a 227°C e 1 atm. Os produtos da combustão saem do reator a 1127°C. Determine o excesso de ar utilizado, desprezando efeitos de energias cinética e potencial.

13.72 Repita o Problema 13.71 considerando que o ar e o combustível entram a 77°F (25°C), 1 atm e os produtos são exauridos a 1500°F (815,6°C).

13.73 Metano (CH$_4$) a 77°F e 1 atm entra em um combustor de uma planta de potência de turbina a gás operando sob regime permanente e queima completamente com ar entrando a 400°F (204,4°C). Devido a limitações metalúrgicas, a temperatura dos produtos de combustão deixando o queimador para a turbina não pode exceder 1600°F (871,1°C). Determine a porcentagem de ar em excesso que permita alcançar essa restrição. Despreze efeitos de energias cinética e potencial, assim como a transferência de calor do combustor.

13.74 Metano (CH$_4$) a 77°F (25°C) entra na câmara de combustão de uma turbina a gás de uma usina termoelétrica operando em regime permanente e queima completamente com o ar que entra a 400°F (204,4°C). A temperatura dos produtos de combustão que escoam da câmara de combustão para a turbina depende do percentual de ar em excesso para combustão. Plote o percentual de ar em excesso *versus* temperaturas dos produtos de combustão variando de 1400°F (760°C) a 1800°F (982,2°C). Não há transferência de calor significativa entre a câmara de combustão e a sua vizinhança, e os efeitos das energias cinética e potencial podem ser desprezados.

13.75 Ar entra no compressor de uma turbina a gás de uma usina termoelétrica a 70°F (21,1°C), 1 atm, é comprimido adiabaticamente para 40 lbf/in^2 (275,8 kPa), e em seguida entra na câmara de combustão, onde queima completamente com gás propano (C$_3$H$_8$) que entra a 77°F (25°C), 40 lbf/in^2 (275,8 kPa) e a uma vazão molar de 1,7 lbmol/h. Os produtos de combustão a 1340°F (727°C) e 40 lbf/in^2 (275,8 kPa) entram na turbina e se expandem adiabaticamente até uma pressão de 1 atm. A eficiência isentrópica do compressor é de 83,3% e a eficiência isentrópica da turbina é de 90%. Determine, em regime permanente,
(a) o percentual de ar teórico necessário.
(b) a potência líquida desenvolvida, em hp.

13.76 Uma mistura de octano gasoso (C$_8$H$_{18}$) e 200% de ar teórico, inicialmente a 25°C, 1 atm, reage completamente em um vaso de pressão rígido.
(a) Se o vaso de pressão for bem isolado, determine a temperatura, em °C, e a pressão, em atm, dos produtos de combustão.
(b) Se os produtos de combustão forem resfriados a volume constante até 25°C, determine a pressão final, em atm, e a transferência de calor, em kJ por kmol do combustível.

13.77 Metano gasoso (CH$_4$) reage completamente com a quantidade teórica de oxigênio (O$_2$) em uma montagem pistão-cilindro. Inicialmente a mistura está a 77°F (25°C), 1 atm. Se o processo ocorre a pressão constante e o volume final é 1,9 vez o volume inicial, determine o trabalho e a transferência de calor, cada qual em Btu por lbmol de combustível.

13.78 Uma amostra de 5 · 10^{-3} kg de benzeno líquido (C$_6$H$_6$) junto a 20% de ar em excesso, inicialmente a 25°C e 1 atm, reage completamente em um vaso de pressão rígido e isolado. Determine a temperatura, em °C, e a pressão, em atm, dos produtos de combustão.

Aplicação da Segunda Lei a Sistemas Reagentes

13.79 Carbono entra em um reator isolado a 25°C e 1 atm e reage completamente com ar em excesso entrando a 500 K e 1 atm. Os produtos são exauridos a 1200 K, 1 atm. Para a operação sob regime permanente e ignorando efeitos de energias cinética e potencial, determine (a) a porcentagem de ar em excesso e (b) a taxa de produção de entropia, em kJ/K por kmol de carbono.

13.80 Pentano (C$_5$H$_{12}$) entra em um reator isolado a 25°C, 1,5 atm e reage completamente com ar em excesso entrando a 500 K, 1,5 atm. Os produtos são exauridos a 1800 K, 1,5 atm. Para a operação sob regime permanente e ignorando efeitos de energias cinética e potencial, determine (a) a porcentagem de ar em excesso e (b) a taxa de produção de entropia, em kJ/K por kmol de pentano.

13.81 Etileno (C$_2$H$_4$) entra em um reator isolado e reage completamente com 400% de ar teórico, ambos a 25°C, 2 atm. Os produtos são exauridos a 2 atm. Para a operação sob regime permanente e ignorando efeitos de energias cinética e potencial, determine (a) a equação química balanceada, (b) a temperatura, em K, na qual os produtos são exauridos e (c) a taxa de produção de entropia, em kJ/K por kmol de etileno.

13.82 Metano (CH$_4$) a 77°F (25°C), 1 atm entra em um reator isolado operando em regime permanente e queima completamente com ar entrando em um fluxo separado a 77°F (25°C), 1 atm. Os produtos de combustão saem como uma mistura a 1 atm. Para o reator, determine a taxa de produção de entropia, em Btu/°R por lbmol de metano que entra, para a combustão com
(a) a quantidade de ar teórico.
(b) 200% do ar teórico.
Despreze os efeitos das energias cinética e potencial.

13.83 Uma mistura gasosa de butano (C$_4$H$_{10}$) e 80% de ar em excesso a 25°C, 3 atm entra em um reator operando em regime permanente. Ocorre a combustão completa e os produtos saem como uma mistura a 1200 K, 3 atm. Refrigerante 134a entra em uma camisa externa a uma taxa de 5 kg/s como um líquido saturado e sai como vapor saturado, ambas a 25°C. Não ocorre transferência de calor significativa da superfície externa da camisa, e os efeitos das energias cinética e potencial são desprezíveis. Determine para o reator encamisado
(a) a vazão molar do combustível, em kmol/s.
(b) a taxa de produção de entropia, em kW/K.
(c) a taxa de destruição de exergia, em kW, para $T_0 = 25$°C.

13.84 Etanol líquido (C$_2$H$_5$OH) a 25°C, 1 atm, entra em um reator operando em regime permanente e queima completamente com 130% de ar teórico entrando em um fluxo separado a 25°C, 1 atm. Os produtos de combustão saem a 227°C, 1 atm. A transferência de calor do reator acontece a uma temperatura média da superfície de 127°C. Determine:
(a) a taxa de produção de entropia no reator, em kJ/K por kmol de combustível,
(b) a taxa de destruição de exergia no reator, em kJ/K por kmol de combustível. Desconsidere os efeitos das energias potencial e cinética. Considere $T_0 = 25$°C.

13.85 Uma mistura gasosa de etano (C$_2$H$_6$) e a quantidade de ar teórico a 25°C, 1 atm, entra em um reator operando em regime permanente e queima completamente. Os produtos de combustão saem a 627°C, 1 atm. A transferência de calor do reator ocorre a uma temperatura média de superfície de 327°C. Determine:
(a) a taxa de produção de entropia no reator, em kJ/K por kmol de combustível,
(b) a taxa de destruição de exergia no reator, em kJ/K por kmol de combustível. Desconsidere os efeitos das energias potencial e cinética. Considere $T_0 = 25$°C.

13.86 Determine a variação da função de Gibbs, em kJ por kmol de metano, a 25°C, 1 atm, para CH$_4$ + 2O$_2$ → CO$_2$ + 2H$_2$O, utilizando
(a) os dados da função de Gibbs de formação.
(b) os dados da entalpia de formação, em conjunto com dados de entropia absoluta.

13.87 Determine a variação da função de Gibbs, em Btu por lbmol de hidrogênio, a 77°F (25°C), 1 atm, para $H_2 + \frac{1}{2}O_2 \rightarrow H_2O(g)$, utilizando
(a) os dados da função de Gibbs de formação.
(b) os dados da entalpia de formação, em conjunto com dados de entropia absoluta.

13.88 Fluxos de metano (CH_4) e oxigênio (O_2), cada qual a 25°C, 1 atm, entram em uma célula a combustível operando em regime permanente. Fluxos de dióxido de carbono e de água saem separadamente a 25°C, 1 atm. Se a célula a combustível opera isotermicamente a 25°C, 1 atm, determine o trabalho teórico máximo que pode ser desenvolvido, em kJ por kmol de metano. Ignore os efeitos das energias cinética e potencial.

13.89 Um inventor desenvolveu um dispositivo que em regime permanente recebe água líquida a 25°C, 1 atm com uma vazão mássica de 4 kg/h e produz fluxos separados de hidrogênio (H_2) e oxigênio (O_2), cada qual a 25°C, 1 atm. O inventor afirma que o dispositivo requer uma potência elétrica de entrada de 237,180 kJ por kmol de H_2 quando opera isotermicamente a 25°C. Ocorre transferência de calor com a vizinhança, mas os efeitos das energias cinética e potencial podem ser ignorados. Avalie a alegação do inventor.

13.90 Como mostrado na Fig. P13.90, carvão com uma análise mássica de 88% C, 6% H, 4% O, 1% N e 1% S entra em um reator onde é queimado com ar teórico para formar uma corrente gasosa com os produtos CO_2, H_2O, N_2 e SO_2. Após a corrente de gás fornecer calor em uma fornalha industrial, ela é direcionada, a 25 °C e 1 atm, a uma unidade de purificação, que remove CO_2 e SO_2, cada um em uma corrente separada. O restante dos componentes é descartado na atmosfera. Cada uma dessas correntes deixa o dispositivo a 25°C e 1 atm e ocorre transferência de calor para as vizinhanças, a 25°C, sendo os efeitos de energias cinética e potencial desprezíveis. Determine o trabalho mínimo de acionamento necessário por um dispositivo como esse, em kJ por kg de carvão. Por que é necessário um trabalho de acionamento?

Utilização da Exergia Química

13.91 Aplicando a Eq. 13.36 para (a) carbono, (b) hidrogênio (H_2), (c) metano, (d) monóxido de carbono, (e) nitrogênio (N_2), (f) oxigênio (O_2) e (g) dióxido de carbono, determine a exergia química, em kJ/kg, em relação ao seguinte ambiente no qual a fase gasosa obedece ao modelo de gás ideal:

Ambiente
$T_o = 298{,}15$ K (25°C), $p_o = 1$ atm

Fase gasosa:	Componente	y^e (%)
	N_2	75,67
	O_2	20,35
	$H_2O(g)$	3,12
	CO_2	0,03
	Outros	0,83

13.92 A tabela associada mostra um ambiente que consiste em uma fase gasosa e uma fase de água condensada. A fase gasosa forma uma mistura de gases ideais.

Ambiente
$T_o = 298{,}15$ K (25°C), $p_o = 1$ atm

Fase condensada: $H_2O(l)$ a T_o, p_o

Fase gasosa:	Componente	y^e (%)
	N_2	75,67
	O_2	20,35
	$H_2O(g)$	3,12
	CO_2	0,03
	Outros	0,83

(a) Mostre que a exergia química do hidrocarboneto C_aH_b pode ser determinada por

$$\bar{e}^{ch} = \left[\bar{g}_F + \left(a + \frac{b}{4}\right)\bar{g}_{O_2} - a\bar{g}_{CO_2}\right.$$

$$\left. - \frac{b}{2}\bar{g}_{H_2O(l)}\right] + \bar{R}T_0 \ln\left[\frac{(y^e_{O_2})^{a+b/4}}{(y^e_{CO_2})^a}\right]$$

(b) Utilizando o resultado do item (a), repita os itens (a) ao (c) do Problema 13.91.

13.93 Justifique a utilização da Eq. 13.36 para o metanol líquido CH_3OH, e o etanol líquido C_2H_5OH, e a aplique para estimar a exergia química, em kJ/kmol de cada substância em relação ao ambiente do Problema 13.91. Compare com os respectivos valores de exergia química-padrão da Tabela A-26 (Modelo II).

13.94 Mostrando todos os passos importantes, deduza: (a) as Eqs. 13.41a e 13.41b; (b) Eqs. 13.44a e 13.44b.

13.95 Utilizando dados das Tabelas A-25 e A-26, em conjunto com a Eq. 13.44b, determine a exergia química molar-padrão, em kJ/kmol, do propano C_3H_8 (g). Compare este valor com a exergia química-padrão da Tabela A-26 (Modelo II).

13.96 Calcule o fluxo de exergia específica do vapor d'água, em kJ/kg, a 320°C, 60 bar. Ignore efeitos de movimento e gravidade. Realize os cálculos em relação ao ambiente da Tabela A-26 (Modelo II).

13.97 Nitrogênio (N_2) flui por um duto. Em uma dada posição, a temperatura é 400 K, a pressão é 4 atm e a velocidade é 350 m/s. Considerando o modelo de gases ideais e ignorando efeitos de gravidade, determine o fluxo total de exergia específica, em kJ/kmol. Realize os cálculos em relação ao ambiente da Tabela A-26 (Modelo II).

13.98 Estime o fluxo de exergia total de uma mistura equimolar de oxigênio (O_2) e nitrogênio (N_2), em kJ/kg, a 227°C, 1 atm. Despreze os efeitos de movimento e da gravidade. Efetue os cálculos
(a) relativos ao ambiente do Problema 13.91.
(b) utilizando os dados da Tabela A-26 (Modelo II).

13.99 Uma mistura de gás metano (CH_4) e 150% de ar teórico entra em uma câmara de combustão a 77°F (25°C), 1 atm. Determine o fluxo de exergia total da mistura de entrada, em Btu por lbmol de metano. Ignore os efeitos de movimento e da gravidade. Efetue os cálculos
(a) relativos ao ambiente do Problema 13.91.
(b) utilizando os dados da Tabela A-26 (Modelo II).

13.100 Uma mistura com uma análise em base molar de 85% de ar seco e 15% de CO entra em um dispositivo a 125°C; 2,1 atm e a uma velocidade de 250 m/s. Se a vazão mássica é de 1,0 kg/s, determine em MW, a taxa de exergia de entrada. Despreze os efeitos da gravidade. Efetue os cálculos
(a) relativos ao ambiente do Problema 13.91.
(b) utilizando os dados da Tabela A-26 (Modelo II).

13.101 São informadas as seguintes vazões mássicas em lb/h para um fluxo existente de gás natural substituto (em inglês, *syngas*) em um determinado processo para a produção de gás natural substituto a partir de carvão betuminoso:

CH_4	429.684 lb/h
CO_2	9.093 lb/h
N_2	3.741 lb/h
H_2	576 lb/h
CO	204 lb/h
H_2O	60 lb/h

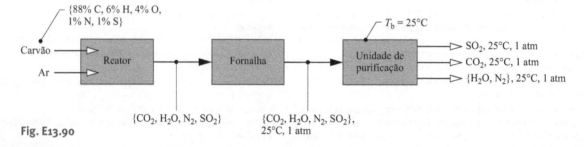

Fig. E13.90

Se o fluxo de gás natural substituto está a 77°F (25°C), 1 atm, determine a taxa na qual a exergia sai, em MW. Efetue os cálculos relativos ao ambiente da Tabela A-26 (Modelo II). Despreze os efeitos de movimento e da gravidade.

Análise Exergética de Sistemas Reagentes e de Sistemas Psicrométricos

13.102 Propano (C_3H_8) gasoso a 25°C, 1 atm e vazão mássica de 0,67 kg/min são admitidos em um motor de combustão interna operando sob regime permanente. O combustível queima com ar entrando a 25°C e 1 atm de acordo com a equação

$C_3H_8 + 4{,}5 [O_2 + 3{,}76 N_2] \rightarrow 2{,}7 CO_2 + 0{,}3 CO + 3{,}3 H_2O + 0{,}7 H_2 + 16{,}92 N_2$

Os produtos de combustão são exauridos a 1000 K e 1 atm, e a taxa de transferência de energia por calor do motor é 100 kW. Para o hidrogênio, $\bar{c}_p = 29{,}5$ kJ/kmol · K. Efeitos de movimento e gravidade podem ser ignorados. Utilizando o ambiente da Tabela A-26 (Modelo II), calcule a eficiência exergética do motor.

13.103 Octano líquido (C_8H_{18}) a 25°C, 1 atm, e uma vazão mássica de 0,57 kg/h entra em um motor de combustão interna que opera em regime permanente. O combustível queima com o ar que entra no motor em um fluxo separado a 25°C, 1 atm. Os produtos de combustão saem a 670 K, 1 atm com uma análise molar seca de 11,4% de CO_2, 2,9% de CO, 1,6% de O_2 e 84,1% de N_2. Se o motor desenvolve potência à taxa de 3 kW, determine
(a) a equação química balanceada.
(b) a taxa de transferência de calor do motor, em kW.
(c) a eficiência exergética do motor.
Utilize o ambiente da Tabela A-26 (Modelo II) e despreze os efeitos de movimento e da gravidade.

13.104 Carbono a 25°C e 1 atm entra em um reator isolado operando sob regime permanente e reage completamente com uma quantidade teórica de ar entrando separadamente, a 25°C e 1 atm. Os produtos da combustão são exauridos a 2460 K, 1 atm. Para o reator (a) determine a taxa de destruição de exergia, em kJ por kmol de carbono e (b) calcule a eficiência exergética. Realize os cálculos utilizando como referência o ambiente da Tabela A-26 (Modelo II). Despreze efeitos de movimento e gravidade.

13.105 Monóxido de carbono (CO) a 25°C, 1 atm entra em um reator isolado operando em regime permanente e reage completamente com a quantidade de ar teórico que entra em um fluxo separado a 25°C, 1 atm. Os produtos saem como uma mistura a 2665 K e 1 atm. Determine em kJ por kmol de CO
(a) a exergia que entra com o monóxido de carbono.
(b) a exergia que sai com os produtos.
(c) a taxa de destruição de exergia.
Além disso, estime uma eficiência exergética para o reator. Efetue os cálculos relativos ao ambiente da Tabela A-26 (Modelo II). Despreze os efeitos de movimento e da gravidade.

13.106 Gás propano (C_3H_8) a 25°C, 1 atm e uma vazão volumétrica de 0,03 m³/min entra em uma fornalha operando em regime permanente e queima completamente com 200% de ar teórico entrando a 25°C, 1 atm. A fornalha fornece energia por transferência de calor a 227°C a um processo industrial e produtos de combustão a 227°C, 1 atm, para cogeração de água quente. Para a fornalha, determine
(a) a taxa de transferência de calor, em kJ/min.
(b) a taxa de produção de entropia, em kJ/K · min.
(c) Além disso, estime a eficiência exergética para a fornalha. Efetue os cálculos utilizando como referência o ambiente da Tabela A-26 (Modelo II). Ignore os efeitos de movimento e gravidade.

13.107 Complete a solução do Exemplo 13.15 fornecendo mais detalhes sobre:
(a) o cálculo de h_4 e s_4, cada um nas unidades dadas na tabela.
(b) o cálculo do fluxo de exergia total no estado 4 assumindo um estado morto *hipotético*, introduzido na nota 5 da solução, no qual a água formada encontra-se como vapor.

13.108 Metano (CH_4) gasoso entra em um reator e queima completamente com 140% de ar teórico, cada um a 77°F (25°C) e 1 atm. Os produtos da combustão são exauridos a 2820°R (1293,5°C), 1 atm. Assumindo que toda a água presente nos produtos de combustão está sob a forma de vapor no estado morto e ignorando efeitos de movimento e gravidade, calcule o fluxo total de exergia específica para os produtos de combustão. Realize os cálculos utilizando como referência o ambiente da Tabela A-26 (Modelo II).

13.109 Considere uma fornalha operando em regime permanente, idealizada como mostra a Fig. P13.109. O combustível é o metano, que entra a 25°C, 1 atm, e queima completamente com 200% de ar teórico que entra às mesmas temperatura e pressão. A fornalha fornece energia por transferência de calor a uma temperatura média de 600 K. Os produtos de combustão a 600 K, 1 atm, são fornecidos à vizinhança para a cogeração de vapor. Não há perdas por transferência de calor e os efeitos de movimento e da gravidade são desprezíveis. Assumindo que toda a água presente nos produtos de combustão está sob a forma de vapor no estado morto, determine, em kJ por kmol de combustível
(a) a exergia de entrada na fornalha com o combustível.
(b) a exergia de saída com os produtos.
(c) a taxa de destruição de exergia.
Além disso, estime a eficiência exergética da fornalha e comente. Efetue os cálculos em relação ao ambiente da Tabela A-26 (Modelo II).

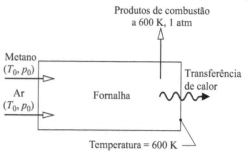

Fig. P13.109

13.110 A Fig. P13.110 mostra um reator de gaseificação de carvão que utiliza o processo *carbono-vapor*. A energia necessária para a reação endotérmica é suprida eletricamente a uma taxa de $7{,}85 \times 10^4$ Btu por lbmol de carbono. O reator opera sob regime permanente sem perdas térmicas por dispersão ou transferência de calor e com efeitos desprezíveis de movimento e gravidade. Calcule em Btu por lbmol de carbono:
(a) a exergia entrando com o carbono.
(b) a exergia entrando com o vapor.
(c) a exergia saindo com o produto gasoso.
(d) a destruição de exergia no reator.
Adicionalmente, estime a eficiência exergética do reator. Realize os cálculos utilizando como referência o ambiente da Tabela A-26 (Modelo II). Assuma que toda a água presente nos produtos de combustão está sob a forma de vapor no estado morto. Para o hidrogênio, $\bar{c}_p = 7{,}1$ Btu/lbmol · °R.

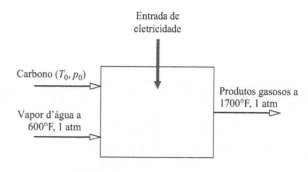

$C + 1{,}25 H_2O(g) \rightarrow CO + H_2 + 0{,}25 H_2O(g)$

Fig. P13.110

13.111 A Figura P13.111 mostra uma usina termoelétrica simples a vapor. O combustível é o metano, que entra a 77°F (25°C), 1 atm e queima completamente com 200% de ar teórico entrando a 77°F (25°C), 1 atm. O vapor sai do gerador de vapor a 900°F (482,2°C) e 500 lbf/in² (3,447 MPa). O vapor se expande através da turbina e sai a 1 lbf/in² (6,895 kPa) e um título de 97%. Na saída do condensador, a pressão é de 1 lbf/in² (6,895 kPa) e a água é um líquido saturado. A usina opera em regime permanente sem perdas de transferência de calor de qualquer componente da usina. O trabalho de bombeamento e os efeitos de movimento e da gravidade são desprezíveis. Determine
(a) a equação de reação balanceada.
(b) a vazão mássica do vapor, em lb por lbmol de combustível.

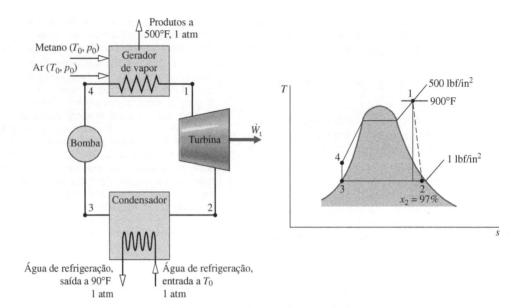

Fig. P13.111

(c) a vazão mássica da água de resfriamento, em lb por lbmol de combustível.
(d) para cada um dos subitens a seguir, expresse como percentual da exergia de entrada no gerador de vapor em relação ao combustível: (i) a exergia de saída dos gases da chaminé, (ii) a exergia destruída no gerador de vapor, (iii) a potência desenvolvida pela turbina, (iv) a exergia destruída na turbina, (v) a exergia que sai com a água de resfriamento, (vi) a exergia destruída no condensador.

Baseie os valores de exergia no ambiente da Tabela A-26 (Modelo II) e assuma que toda água presente nos produtos de combustão está sob a forma de vapor no estado morto.

13.112 Para aplicações psicrométricas, como aquelas consideradas no Cap. 12, muitas vezes pode-se modelar o ambiente simplesmente como uma mistura de gases ideais de vapor d'água e ar seco à temperatura T_0 e pressão p_0. A composição do ambiente é definida pelas frações molares de ar seco e de vapor d'água, respectivamente, y_a^e e y_v^e.
(a) Mostre que, com relação a este ambiente, o fluxo de exergia total de uma corrente de ar úmido à temperatura T e a pressão p com as frações molares de ar seco e de vapor d'água, respectivamente, y_a e y_v, pode ser expresso em uma base molar como

$$\overline{e}_f = T_0 \left\{ (y_a \overline{c}_{pa} + y_v \overline{c}_{pv}) \left[\left(\frac{T}{T_0} \right) - 1 - \ln\left(\frac{T}{T_0}\right) \right] + \overline{R} \ln\left(\frac{p}{p_0}\right) \right\}$$

$$+ \overline{R} T_0 \left[y_a \ln\left(\frac{y_a}{y_a^e}\right) + y_v \ln\left(\frac{y_v}{y_v^e}\right) \right]$$

em que $\overline{c}_{pa}$ e $\overline{c}_{pv}$ indicam os calores específicos molares, respectivamente, do ar seco e do vapor d'água. Despreze os efeitos de movimento e da gravidade.
(b) Expresse o resultado do item (a) por uma *base de ar seco por unidade de massa*

$$e_f = T_0 \left\{ (c_{pa} + \omega c_{pv}) \left[\frac{T}{T_0} - 1 - \ln\left(\frac{T}{T_0}\right) \right] + (1 + \widetilde{\omega}) R_a \ln(p/p_0) \right\}$$

$$+ R_a T_0 \left\{ (1 + \widetilde{\omega}) \ln\left(\frac{1 + \widetilde{\omega}^e}{1 + \widetilde{\omega}}\right) + \widetilde{\omega} \ln\left(\frac{\widetilde{\omega}}{\widetilde{\omega}^e}\right) \right\}$$

em que $R_a = \overline{R}/M_a$ e $\widetilde{\omega} = \omega M_a/M_v = y_a/y_v$.

13.113 Para cada um dos itens a seguir, utilize os resultados do Problema 13.112(a) para determinar o fluxo de exergia total, em kJ/kg, em relação ao ambiente que consiste em ar úmido a 20°C, 1 atm e $\phi = 100\%$:
(a) ar úmido a 20°C, 1 atm, $\phi = 90\%$.
(b) ar úmido a 20°C, 1 atm, $\phi = 50\%$.
(c) ar úmido a 20°C, 1 atm, $\phi = 10\%$.
(d) ar úmido a 20°C, 1 atm, $\phi = 0\%$.

▶ PROJETOS E PROBLEMAS EM ABERTO: EXPLORANDO A PRÁTICA DE ENGENHARIA

13.1P Estudantes de ciência de escola secundária podem se perguntar como a gasolina gera energia para os carros de seus pais. Prepare uma apresentação de 30 minutos apropriada para estudantes de uma classe de ciências de oitavo ano para explicar o funcionamento básico de um motor de combustão interna enquanto menciona as reações químicas relevantes e preocupações quanto às emissões. Inclua auxílios de instrução e uma atividade em grupo para reforçar a sua apresentação.

13.2P Resíduos sólidos urbanos (a sigla em inglês, MSW), frequentemente chamado de lixo, consiste em uma combinação de resíduos sólidos gerado por casas e locais de trabalho. Nos Estados Unidos, uma parcela do MSW acumulado é queimado para gerar vapor para a geração de eletricidade, e aquecimento de água para prédios, enquanto várias vezes mais MSW é enterrada em aterros *sanitários*. Estude estes dois tipos de descarte do MSW. Para cada abordagem, prepare uma lista de até três vantagens e três desvantagens, em conjunto com uma breve discussão de cada vantagem e desvantagem. Relate os seus achados em uma apresentação PowerPoint adequada para um grupo de planejamento comunitário.

13.3P Como mostrado na Fig. P13.3P, os produtos de combustão de dois motores a diesel, cada um gerando eletricidade a uma taxa de 8900 kW, fornecem energia por transferência de calor a um ciclo de potência de recuperação de calor à medida que os produtos de combustão resfriam de 350°C para pelo menos 130°C. Um estudo preliminar identificou dois tipos de ciclos de potência adequados para esta aplicação: um *Ciclo Rankine Orgânico* (da sigla em inglês, ORC) e um *Ciclo Kalina*. Desses tipos de ciclos, determine qual tecnologia é a melhor opção termodinâmica, incluindo a identificação do fluido de trabalho se um ORC for a opção escolhida. Documente extensamente a análise suportando sua escolha. Relate seus dados e conclusões em uma apresentação adequada a um público técnico.

13.4P Um projeto de uma turbina a gás vai produzir potência a uma taxa de 500 kW através da queima de combustível com 200% de ar teórico na câmara de combustão. A temperatura e a pressão do ar na entrada do compressor são, respectivamente, 298 K e 100 kPa. O combustível entra na câmara de combustão a 298 K, enquanto os produtos de combustão consistindo em CO_2, H_2O, O_2 e N_2 saem da câmara de combustão sem

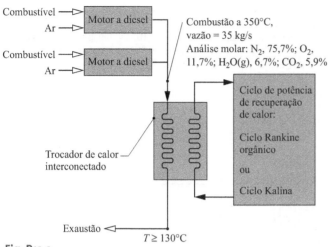

Fig. P13.3

modificação significativa da pressão. Considerações metalúrgicas requerem que a temperatura de entrada da turbina não seja maior que 1500 K. Produtos de combustão saem da turbina a 100 kPa. O compressor tem uma eficiência isentrópica de 85%, enquanto a eficiência isentrópica da turbina é de 90%. Três combustíveis estão sendo considerados: metano (CH_4), etileno (C_2H_4) e etano (C_2H_6). Baseando-se no consumo mínimo de combustível, recomende um combustível, a temperatura de entrada da turbina e a razão de pressão do compressor da turbina a gás. Resuma suas conclusões em um relatório, apoiado em cálculos de exemplos bem documentados e uma discussão completa do modelo termodinâmico utilizado.

13.5P Muitos serviços públicos estão convertendo plantas de potência de carvão para combustíveis alternativos devido a considerações ambientais. Proceda um estudo de caso de uma planta de potência em sua região geográfica que tenha sido convertida ou que está sendo planejada a conversão de carvão para um combustível alternativo. Forneça um desenho esquemático do sistema fundamentado em carvão e do sistema fundamentado no combustível alternativo, e descreva as respectivas funcionalidades pertinentes de cada uma. Estude a vantagem de utilizar o novo combustível, mudanças físicas na planta industrial com os custos associados necessários para atender ao novo combustível, e o impacto da mudança de combustível no desempenho do sistema e nos custos operacionais. Resuma as suas conclusões em uma apresentação PowerPoint adequada para a sua turma.

13.6P Identifique e pesquise um sistema de célula a combustível para a cogeração em um prédio em sua região geográfica. Descreva cada componente do sistema célula a combustível e crie um desenho esquemático do sistema para incluir o empilhamento de células, os seus componentes auxiliares e a sua integração com o prédio para fornecer eletricidade e aquecimento. Entre em contato com o responsável técnico pelo prédio para identificar quaisquer problemas de instalação, operacionais e/ou de manutenção. Estime os custos totais (componentes, instalação e custos anuais de combustível e de operação) para o sistema de célula a combustível e compare com os custos do sistema anterior, supondo os mesmos requisitos anuais de eletricidade e de aquecimento. Resuma as suas conclusões em uma apresentação em PowerPoint.

13.7P Em 2012, a Agência Americana de Proteção Ambiental (U.S. Environmental Protection Agency) publicou o relatório *Mercury and Air Toxics Standards*, que inclui regulações limitando as emissões de mercúrio de plantas de potência alimentadas a carvão. Outros poluentes foram também alvo de limites impostos pela agência, como chumbo, arsênio, cloreto de hidrogênio e fluoreto de hidrogênio. Adicionalmente, os padrões estabelecem limites para tecnologias de controle (MACT) para diversas substâncias. Logo após a publicação, alguns membros da comunidade lançaram questionamentos sobre os impactos econômicos resultantes da implementação desses padrões. Pesquise os aspectos favoráveis e desfavoráveis desses padrões e elabore conclusões descritas em formato de artigo para um jornal de circulação local. Observe as práticas estabelecidas na preparação desse formato de publicação e evite jargões excessivamente técnicos. Mesmo que os artigos desse tipo tenham como alvo o público não técnico, as informações e as conclusões devem ser baseadas em evidências.

13.8P A exergia química de um hidrocarboneto comum C_aH_b pode ser representada em termos de seu respectivo poder calorífico inferior $\overline{LHV}$, através da expressão da forma

$$\frac{\overline{e}^{ch}}{(\overline{LHV})} = c_1 + c_2(b/a) - c_3/a$$

em que c_1, c_2 e c_3 são constantes. Estime as constantes para obter uma expressão aplicável a hidrocarbonetos gasosos da Tabela A-26 (Modelo II).

13.9P Como mostrado na Fig. P13.9P, um combustível gasoso de fórmula C_aH_b entra em um reator isolado a 25°C e 1 atm e reage completamente com a quantidade teórica de ar, que também entra a 25°C, 1 atm. Os produtos da combustão saem a T_P e 1 atm. Desprezando efeitos de movimento e gravidade, calcule a destruição de exergia no reator, em kJ por kmol do combustível, para H_2, CH_4, C_2H_6, C_3H_8, C_4H_{10} e C_5H_{12}. Baseando os cálculos no ambiente de exergia da Tabela A-26 (Modelo II), determine em cada caso a porcentagem de exergia do combustível destruída durante a combustão. Elabore um gráfico das porcentagens em função de b, o número de átomos de hidrogênio na molécula, e interprete o gráfico. Resuma seus resultados e conclusões em um memorando.

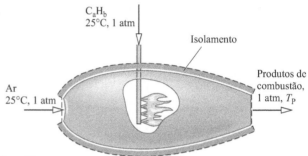

Fig. P13.9P

13.10P A operação de mineração de carvão em certas regiões dos Estados Unidos tem criado imensas quantidades de resíduos conhecidos como *antracitos*. Algumas plantas de potência têm sido construídas perto de acúmulos de antracito para gerar eletricidade a partir desta fonte de resíduos. Uma amostra de antracitos particular tem a seguinte composição: 44,1% C, 2,9% H, 16% O, 0,5% N e 0,5% S. O poder calorífico superior, incluindo umidade e cinzas, é de 15.600 kJ/kg, enquanto o valor de poder calorífico superior em base seca e livre de cinzas é de 32.600 kJ/kg. Estime a exergia química desta amostra, em kJ/kg. Como comparação, determine também o valor da exergia química do resíduo de antracito. Investigue as vantagens e desvantagens do uso de antracitos no lugar do carvão em usinas de energia. Elabore um relatório resumindo seus apontamentos, incluindo uma comparação dos valores de exergia química obtidos, cálculos para as amostras citadas e pelo menos três referências.

13.11P A Fig. P13.11P representa o diagrama esquemático de um sistema de cogeração que fornece vapor e calor. Desenvolva um balanço de exergia completo para o sistema. Avalie a eficiência exergética de cada componente do sistema e do sistema de cogeração como um todo. Utilizando esses resultados, identifique artifícios no presente sistema que o façam ter uma eficiência exergética maior. Apresente suas análises, resultados, discussões e conclusões em um relatório técnico de acordo com as especificações ASME contendo ao menos três referências.

O modelo de engenharia de seis pontos a ser seguido, que é baseado em um conceito anterior de desenvolvimento de projeto, fornece abordagens imprescindíveis. Considerações adicionais podem ser necessárias.

(1) O sistema de cogeração opera sob regime permanente. Os efeitos de movimento e gravidade podem ser ignorados.

(2) Ar entra no compressor a 25°C, 1 atm. Esses valores correspondem à temperatura e pressão do estado de referência de exergia da Tabela A-26 (Modelo II), o qual é assumido na presente análise. A análise molar do ar é 77,48% N_2; 20,59% O_2; 0,03% CO_2; 1,90% $H_2O(g)$. A massa molar da mistura é 28,649. O ar forma uma mistura ideal.

(3) Gás natural, ainda que metano tratado como um gás ideal, é injetado no combustor a 25°C e 12 bar. A combustão com excesso de ar é completa. Os produtos de combustão formam uma mistura ideal de gases. A queda de pressão no combustor é de 5%. A transferência de calor do combustor é 2% do valor do poder calorífico inferior. Todos os demais componentes operam adiabaticamente.

(4) Para o regenerador, há uma queda de pressão de 5% do lado do ar e 3% do lado dos produtos de combustão. Ar comprimido pré-aquecido sai do regenerador a 850 K.
(5) Para o gerador de vapor de recuperação de calor, água de alimentação entra a 25°C, 20 bar, e vapor saturado sai a 20 bar com uma vazão de 14 kg/s. Uma queda de pressão de 5% ocorre do lado dos produtos de combustão, que saem a 1 atm.
(6) A razão de pressão do compressor é 10. As eficiências isentrópicas do compressor e da turbina são ambas 86%. A temperatura na entrada da turbina é 1520 K. A potência desenvolvida é 30 MW.

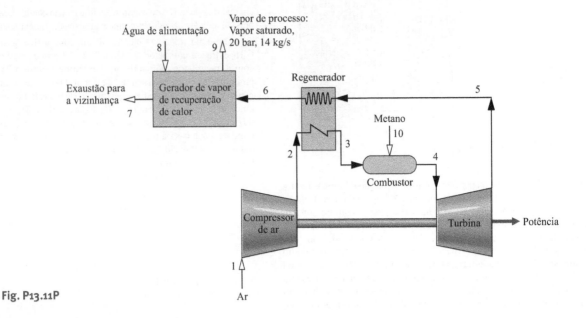

Fig. P13.11P

Na Seção 14.1, os critérios de *equilíbrio* são introduzidos. © shironosov/iStockphoto

CONTEXTO DE ENGENHARIA O **objetivo** deste capítulo é considerar o conceito de equilíbrio em maior profundidade do que tem sido feito até aqui. Na primeira parte do capítulo, desenvolvemos os conceitos fundamentais utilizados para o estudo do equilíbrio de fases e químico. Na segunda parte do capítulo, o estudo de sistemas reagentes iniciado no Cap. 13 é retornado com uma discussão do equilíbrio *químico* em uma única fase. Maior ênfase é dada ao caso de misturas reagentes de gases ideais. A terceira parte do capítulo diz respeito ao equilíbrio *de fases*. O equilíbrio de sistemas multicomponentes, multifásicos e não reagentes é considerado, e a *regra das fases* é introduzida.

Equilíbrio de Fases e Químico

> **RESULTADOS DE APRENDIZAGEM**
>
> *Quando você completar o estudo deste capítulo estará apto a...*
>
> - demonstrar entendimento dos conceitos principais relacionados com o equilíbrio de fases e químico, incluindo critérios para o equilíbrio, a constante de equilíbrio e a regra das fases de Gibbs.
> - aplicar a relação de constante de equilíbrio, Eq. 14.35, para relacionar a pressão, a temperatura e a constante de equilíbrio para misturas de gases ideais envolvendo reações individuais e múltiplas.
> - utilizar os conceitos de equilíbrio químico com balanço de energia.
> - determinar a temperatura de equilíbrio de chama.
> - aplicar a regra das fases de Gibbs, Eq. 14.68.

Fundamentos do Equilíbrio

Nesta parte do capítulo, desenvolvemos conceitos fundamentais que serão úteis no estudo do equilíbrio de fases e químico. Entre esses conceitos estão os critérios de equilíbrio e o conceito de potencial químico.

14.1 Introduzindo Critérios de Equilíbrio

equilíbrio termodinâmico

Diz-se que um sistema está em *equilíbrio termodinâmico* se, quando este é isolado de sua vizinhança, não há mudanças macroscopicamente observáveis. Um importante requisito para o equilíbrio é a temperatura ser uniforme por todo o sistema ou para cada parte do sistema em contato térmico. Se esta condição não for atendida, podem ocorrer transferências de calor espontâneas de um local para outro quando o sistema estiver isolado. Também não deve haver forças não equilibradas entre as partes do sistema. Essas condições garantem que o sistema esteja em equilíbrio térmico e mecânico, mas ainda assim há a possibilidade de não existir equilíbrio completo. Pode ocorrer um processo que envolva uma reação química, uma transferência de massa entre fases, ou ambas. O objetivo desta seção é apresentar critérios que possam ser aplicados para se decidir se um sistema em um determinado estado está em equilíbrio. Esses critérios são desenvolvidos por meio da utilização do princípio da conservação de energia e da segunda lei da termodinâmica, como será discutido a seguir.

Considere o caso de um sistema compressível simples, de massa constante, para o qual a temperatura e a pressão são uniformes para todas as posições do sistema. Na ausência de movimentos do sistema como um todo e ignorando-se a influência da gravidade, o balanço de energia em sua forma diferencial (Eq. 2.36) é

$$dU = \delta Q - \delta W$$

Se a mudança de volume for o único modo de trabalho e a pressão for uniforme com a posição por todo o sistema, $\delta W = p\, dV$. Introduzindo essa expressão no balanço de energia e resolvendo para δQ, temos

$$\delta Q = dU + p\, dV$$

Como a temperatura é uniforme com a posição por todo o sistema, o balanço de entropia em sua forma diferencial (Eq. 6.25) é

$$dS = \frac{\delta Q}{T} + \delta\sigma$$

Eliminando δQ das duas últimas equações

$$T\, dS - dU - p\, dV = T\, \delta\sigma \tag{14.1}$$

A entropia é produzida em todos os processos reais e só é conservada na ausência de irreversibilidades. Por isso, a Eq. 14.1 impõe uma restrição no sentido dos processos. Os únicos processos permitidos são aqueles nos quais $\delta\sigma \geq 0$. Assim

$$\boxed{T\, dS - dU - p\, dV \geq 0} \tag{14.2}$$

A Eq. 14.2 pode ser utilizada para o estudo do equilíbrio em várias condições.

▶ **POR EXEMPLO** um processo que ocorre em um vaso de pressão isolado, de volume constante, em que $dU = 0$ e $dV = 0$, deve ser tal que

$$dS]_{U,V} \geq 0 \tag{14.3}$$

A Eq. 14.3 sugere que mudanças do estado de um sistema fechado, com energia interna e volume constantes, podem ocorrer apenas no sentido da *entropia crescente*. A expressão também implica que a entropia se aproxima de um *máximo* à medida que se aproxima de um estado de equilíbrio. Este é um caso especial do princípio do aumento de entropia apresentado na Seção 6.8.1. ◀◀◀◀◀

função de Gibbs

Um caso importante para o estudo dos equilíbrios de fases e químico é aquele no qual a temperatura e a pressão são determinadas. Para este caso, é conveniente empregar a **função de Gibbs** em sua forma extensiva

$$G = H - TS = U + pV - TS$$

Gerando a expressão diferencial

$$dG = dU + p\, dV + V\, dp - T\, dS - S\, dT$$

ou, rearrumando

$$dG - V\, dp + S\, dT = -(T\, dS - dU - p\, dV)$$

A não ser pelo sinal negativo, o lado direito dessa equação é o mesmo que a expressão apresentada na Eq. 14.2. Consequentemente, a Eq. 14.2 pode ser escrita como

$$dG - V\, dp + S\, dT \leq 0 \tag{14.4}$$

em que a desigualdade muda de sentido devido ao sinal negativo mencionado anteriormente.

Pode-se concluir a partir da Eq. 14.4 que qualquer processo que ocorra a temperatura e pressão especificadas ($dT = 0$ e $dp = 0$) deve ser tal que

$$dG]_{T,p} \leq 0 \qquad (14.5)$$

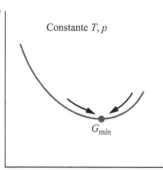

Essa desigualdade indica que a função de Gibbs de um sistema a T e p determinados *diminui* durante o processo irreversível. Cada passo desse processo resulta em uma diminuição da função de Gibbs do sistema e traz o sistema para mais perto do equilíbrio. O estado de equilíbrio é aquele em que há o valor *mínimo* da função de Gibbs. Portanto, quando

$$dG]_{T,p} = 0 \qquad (14.6)$$

tem-se o equilíbrio. Em discussões subsequentes, vamos nos referir à Eq. 14.6 como o **critério de equilíbrio**.

A Eq. 14.6 provê uma relação entre as propriedades de um sistema quando este está *em* um estado de equilíbrio. A maneira pela qual o estado de equilíbrio é alcançado não é importante; porém, uma vez que o estado de equilíbrio seja alcançado, existe um sistema, em T e p determinadas, em que nenhuma mudança espontânea adicional poderá ocorrer. Quando se aplica a Eq. 14.6, pode-se, portanto, especificar a temperatura T e a pressão p, mas não é necessário também requerer que o sistema realmente alcance o equilíbrio a T e p determinados.

14.1.1 Potencial Químico e Equilíbrio

Nesta discussão, a função de Gibbs é considerada mais como um pré-requisito para a aplicação do critério de equilíbrio $dG]_{T,p} = 0$, apresentado anteriormente. Começamos observando que qualquer propriedade *extensiva* de uma única fase, de sistema de um único componente é uma função de duas propriedades intensivas independentes e do tamanho do sistema. Selecionando a temperatura e a pressão como propriedades independentes e o número de mols n como uma medida do tamanho, podemos expressar a função de Gibbs na forma $G = G(T, p, n)$. Para um sistema de múltiplos componentes, de fase única, G pode então ser considerado uma função da temperatura, da pressão e do número de mols de cada componente presente, escrevendo $G = G(T, p, n_1, n_2, \ldots, n_j)$.

sistema de múltiplos componentes

Se cada número de mols é multiplicado por α, o tamanho do sistema é alterado pelo mesmo fator e o mesmo ocorre com o valor de cada propriedade extensiva. Assim, para a função de Gibbs pode-se escrever

$$\alpha G(T, p, n_1, n_2, \ldots, n_j) = G(T, p, \alpha n_1, \alpha n_2, \ldots, \alpha n_j)$$

Diferenciando-se em relação a α enquanto mantêm-se constantes a temperatura, a pressão e o número de mols, e utilizando-se a regra da cadeia do lado direito, tem-se

$$G = \frac{\partial G}{\partial(\alpha n_1)} n_1 + \frac{\partial G}{\partial(\alpha n_2)} n_2 + \cdots + \frac{\partial G}{\partial(\alpha n_j)} n_j$$

Essa equação é empregada para todos os valores de α. Em especial, vale para $\alpha = 1$. Fazendo $\alpha = 1$, obtemos a seguinte expressão

$$G = \sum_{i=1}^{j} n_i \left(\frac{\partial G}{\partial n_i}\right)_{T, p, n_l} \qquad (14.7)$$

TOME NOTA...
As Eqs. 14.8 e 14.9 correspondem, respectivamente, às Eqs. 11.107 e 11.108.

em que o subscrito n_l indica que todos os n, exceto n_i, são mantidos constantes durante a diferenciação.

As derivadas parciais que surgem na Eq. 14.7 têm tanta importância para o nosso estudo de equilíbrio de fases e químico que estas recebem uma denominação e símbolo especiais. O **potencial químico** do componente i, simbolizado por μ_i, é definido como

$$\mu_i = \left(\frac{\partial G}{\partial n_i}\right)_{T, p, n_l} \qquad (14.8)$$

O potencial químico é uma *propriedade intensiva*. Com a Eq. 14.8, a Eq. 14.7 torna-se

$$G = \sum_{i=1}^{j} n_i \mu_i \qquad (14.9)$$

O critério de equilíbrio apresentado pela Eq. 14.6 pode ser escrito em termos dos potenciais químicos, fornecendo uma expressão de fundamental importância para as discussões subsequentes sobre equilíbrio. Aplicando a diferenciação em $G(T, p, n_1, n_2, \ldots, n_j)$ enquanto se mantêm constantes a temperatura e a pressão, resulta em

$$dG]_{T,p} = \sum_{i=1}^{j} \left(\frac{\partial G}{\partial n_i}\right)_{T, p, n_l} dn_i$$

TOME NOTA...
As Eqs. 14.10 e 14.11 são formas especiais, respectivamente, das Eqs. 11.112 e 11.113.

As derivadas parciais são reconhecidas da Eq. 14.8 como os potenciais químicos; portanto,

$$dG]_{T,p} = \sum_{i=1}^{j} \mu_i \, dn_i \qquad (14.10)$$

Com a Eq. 14.10, o critério de equilíbrio $dG]_{T,p} = 0$ pode ser posto na forma

$$\sum_{i=1}^{j} \mu_i \, dn_i = 0 \tag{14.11}$$

Assim como a Eq. 14.6, a partir da qual é obtida, essa equação fornece uma relação entre as propriedades de um sistema quando este está *em* um estado de equilíbrio no qual a temperatura é T e a pressão é p. Como a Eq. 14.6, esta equação aplica-se a um estado particular, e a maneira pela qual o estado é alcançado não é importante.

14.1.2 Estimando Potenciais Químicos

Os meios para se estimar potenciais químicos para dois casos de interesse são apresentados nesta seção: uma substância pura de uma única fase e uma mistura de gases ideais.

SUBSTÂNCIA PURA DE UMA ÚNICA FASE. Um caso elementar que será considerado em seguida neste capítulo é aquele do equilíbrio entre duas fases de uma substância pura. Para uma substância pura de uma única fase, a Eq. 14.9 torna-se simplesmente

$$G = n\mu$$

ou

$$\mu = \frac{G}{n} = \overline{g} \tag{14.12}$$

Ou seja, o potencial químico é justamente a função de Gibbs por mol.

TOME NOTA...
As expressões para a energia interna, a entalpia e a entropia de uma mistura de gases ideais são resumidas na Tabela 13.1.

MISTURA DE GASES IDEAIS. Um caso importante para o estudo do equilíbrio químico é o de uma mistura de gases ideais. A entalpia e a entropia de uma mistura de gases ideais são dadas por

$$H = \sum_{i=1}^{j} n_i \overline{h}_i(T) \quad \text{e} \quad S = \sum_{i=1}^{j} n_i \overline{s}_i(T, p_i)$$

em que $p_i = y_i p$ é a pressão parcial do componente i. Consequentemente, a função de Gibbs toma a forma

$$G = H - TS = \sum_{i=1}^{j} n_i \overline{h}_i(T) - T \sum_{i=1}^{j} n_i \overline{s}_i(T, p_i)$$

$$= \sum_{i=1}^{j} n_i [\overline{h}_i(T) - T \overline{s}_i(T, p_i)] \quad \text{(gás ideal)} \tag{14.13}$$

Introduzindo a função de Gibbs molar do componente i

$$\overline{g}_i(T, p_i) = \overline{h}_i(T) - T \overline{s}_i(T, p_i) \quad \text{(gás ideal)} \tag{14.14}$$

A Eq. 14.13 pode ser expressa como

$$G = \sum_{i=1}^{j} n_i \overline{g}_i(T, p_i) \quad \text{(gás ideal)} \tag{14.15}$$

Comparando a Eq. 14.15 com a Eq. 14.9 sugere que

$$\mu_i = \overline{g}_i(T, p_i) \quad \text{(gás ideal)} \tag{14.16}$$

Ou seja, o potencial químico do componente i em uma mistura de gases ideais é igual à sua função de Gibbs por mol de i, estimada à temperatura da mistura e à pressão parcial de i na mistura. A Eq. 14.16 pode ser obtida formalmente fazendo-se a derivada parcial da Eq. 14.15 em relação a n_i, mantendo-se constantes a temperatura, a pressão e os n restantes, e então aplicando-se a definição de potencial químico, Eq. 14.8.

O potencial químico do componente i em uma mistura de gases ideais pode ser expresso de maneira alternativa que é, de certa forma, mais conveniente para as aplicações subsequentes. Utilizando-se a Eq. 13.23, a Eq. 14.14 torna-se

$$\mu_i = \overline{h}_i(T) - T \overline{s}_i(T, p_i)$$

$$= \overline{h}_i(T) - T \left(\overline{s}_i^\circ(T) - \overline{R} \ln \frac{y_i p}{p_{\text{ref}}} \right)$$

$$= \overline{h}_i(T) - T \overline{s}_i^\circ(T) + \overline{R} T \ln \frac{y_i p}{p_{\text{ref}}}$$

na qual p_{ref} é de 1 atm e y_i é a fração molar do componente i em uma mistura à temperatura T e à pressão p. A última equação pode ser escrita compactamente como

$$\mu_i = \overline{g}_i^\circ + \overline{R}T \ln \frac{y_i p}{p_{ref}} \quad \text{(gás ideal)} \tag{14.17}$$

sendo $\overline{g}_i^\circ$ a função de Gibbs do componente i estimada à temperatura T e à pressão de 1 atm. Mais detalhes relativos ao conceito de potencial químico são fornecidos na Seção 11.9. A Eq. 14.17 é a mesma que a Eq. 11.144 já desenvolvida.

BIOCONEXÕES

O corpo humano, como todas as coisas vivas, existe em um tipo de equilíbrio que, em biologia, é considerado um *equilíbrio dinâmico* chamado *homeostase*. O termo refere-se à capacidade que tem o corpo de regular seu estado interno, como a temperatura corporal, dentro de limites específicos necessários para a vida, apesar das condições do ambiente externo ou do nível de esforço (veja a figura associada). Dentro do corpo, mecanismos de realimentação regulam várias variáveis que devem ser mantidas sob controle. Se esse equilíbrio dinâmico não puder ser mantido em função da forte influência da vizinhança, os seres vivos podem adoecer e morrer.

Os numerosos mecanismos de controle no corpo são de diversos tipos, mas apresentam alguns elementos em comum. Em geral, envolvem um laço de realimentação que inclui uma maneira de sentir a flutuação de uma variável de sua condição desejada e gerar uma ação corretiva para trazer a variável de volta à faixa desejada. Existem dentro do corpo laços de realimentação ao nível de células, de sistemas de fluidos corporais (como o sistema circulatório), de tecidos e de órgãos. Esses laços de realimentação também interagem para manter a homeostasia de modo semelhante a um termostato residencial que regula o sistema de aquecimento e de resfriamento em uma casa. Os mecanismos são altamente estáveis, contanto que as condições externas não sejam muito rigorosas.

Um exemplo da complexidade da homeostasia é a maneira pela qual o corpo mantém os níveis de glicose no sangue dentro de limites desejados. A glicose é um "combustível" essencial para os processos no interior das células. A glicose absorvida pelo sistema digestivo a partir de alimentos, ou armazenada como glicogênio no fígado, é distribuída pela corrente sanguínea para as células. O corpo sente o nível de glicose no sangue e várias glândulas produzem hormônios para *estimular* a conversão de glicose a partir do glicogênio armazenado, se necessário para complementar a ingestão de alimentos, ou *inibir* a liberação de glicose, se necessário para manter os níveis desejados. Diversos hormônios diferentes e numerosos órgãos do corpo estão envolvidos. O resultado é um balanço que é altamente estável dentro de limites necessários do corpo para o equilíbrio homeostático.

Equilíbrio Químico

Nesta parte do capítulo, o critério de equilíbrio $dG]_{T,p} = 0$ apresentado na Seção 14.1 é utilizado para o estudo do equilíbrio de misturas reagentes. O objetivo é estabelecer a composição presente no equilíbrio para determinadas temperatura e pressão. Um parâmetro importante para a determinação da composição no equilíbrio é a *constante de equilíbrio*. Apresentamos a constante de equilíbrio, e seu uso é exemplificado por meio de vários exemplos resolvidos. A discussão diz respeito apenas a estados de equilíbrio de sistemas reagentes, e não se pode deduzir nenhuma informação quanto às *taxas de reação*. Se o equilíbrio de uma mistura se formará rápida ou lentamente é algo que só pode ser determinado por considerações da *cinética química*, um assunto que não é tratado neste texto.

14.2 Equação de Reação de Equilíbrio

No Cap. 13, os princípios da conservação de massa e da conservação de energia são aplicados a sistemas reagentes por meio da suposição de que as reações podem ocorrer como escritas. No entanto, o grau no qual uma reação química prossegue é limitada por vários fatores. Em geral, a composição dos produtos realmente formados a partir de um dado conjunto de reagentes e as quantidades relativas dos produtos só podem ser determinadas por experimentos. No entanto, o conhecimento da composição que estaria presente quando uma reação prossegue para o equilíbrio costuma ser frequentemente útil. A *equação de reação de equilíbrio* apresentada nesta seção fornece as bases para a determinação da composição de equilíbrio de uma mistura reagente.

14.2.1 Caso Introdutório

Considere um sistema fechado consistindo inicialmente em uma mistura gasosa de hidrogênio e oxigênio. Várias reações podem ocorrer, inclusive

$$1H_2 + \tfrac{1}{2}O_2 \rightleftarrows 1H_2O \tag{14.18}$$

$$1H_2 \rightleftarrows 2H \tag{14.19}$$

$$1O_2 \rightleftarrows 2O \tag{14.20}$$

Consideremos, para efeito de exemplificação, apenas a primeira das reações anteriores, na qual o hidrogênio e o oxigênio se combinam para gerar água. No equilíbrio, o sistema consistirá, em geral, em três componentes: H_2, O_2 e H_2O, uma vez que nem todo hidrogênio e oxigênio inicialmente presentes precisam reagir. *Variações* nas quantidades desses componentes durante cada passo diferencial da reação que levem à formação de uma mistura em equilíbrio são regidas pela Eq. 14.18. Ou seja

$$dn_{H_2} = -dn_{H_2O}, \qquad dn_{O_2} = -\tfrac{1}{2}dn_{H_2O} \tag{14.21a}$$

em que dn indica uma variação diferencial no seu respectivo componente. O sinal de menos indica que as quantidades de hidrogênio e de oxigênio presentes decrescem à medida que a reação prossegue para a direita. As Eqs. 14.21a podem ser expressas alternativamente como

$$\frac{-dn_{H_2}}{1} = \frac{-dn_{O_2}}{\tfrac{1}{2}} = \frac{dn_{H_2O}}{1} \tag{14.21b}$$

que enfatiza que aumentos ou diminuições dos componentes são proporcionais aos coeficientes estequiométricos da Eq. 14.18.

O equilíbrio é uma condição de *balanço*. Consequentemente, como sugerem os sentidos das setas na Eq. 14.18, quando o sistema está em equilíbrio, a tendência do hidrogênio e do oxigênio de formar água é perfeitamente balanceada com a tendência da água de dissociar-se em oxigênio e hidrogênio. O critério de equilíbrio $dG]_{T,p} = 0$ pode ser usado para determinar a composição em um estado de equilíbrio em que a temperatura é T e a pressão é p. Para isso é necessário a estimativa do diferencial $dG]_{T,p}$ em termos das propriedades do sistema.

Para o caso atual, a Eq. 14.10 fornece a diferença na função de Gibbs da mistura entre dois estados que tenham as mesmas temperatura e pressão, mas apresentem composições que diferem entre si infinitesimalmente, levando à seguinte forma:

$$dG]_{T,p} = \mu_{H_2}\,dn_{H_2} + \mu_{O_2}\,dn_{O_2} + \mu_{H_2O}\,dn_{H_2O} \tag{14.22}$$

As mudanças no número de mols está relacionada com as Eqs. 14.21. Logo

$$dG]_{T,p} = \left(-1\mu_{H_2} - \tfrac{1}{2}\mu_{O_2} + 1\mu_{H_2O}\right)dn_{H_2O}$$

No equilíbrio, $dG]_{T,p} = 0$, portanto o termo entre parênteses deve ser nulo. Ou seja

$$-1\mu_{H_2} - \tfrac{1}{2}\mu_{O_2} + 1\mu_{H_2O} = 0$$

Quando expresso em uma forma que se assemelha à da Eq. 14.18, torna-se

$$1\mu_{H_2} + \tfrac{1}{2}\mu_{O_2} = 1\mu_{H_2O} \tag{14.23}$$

A Eq. 14.23 é a *equação de reação de equilíbrio* para o caso em estudo. Os potenciais químicos são funções da temperatura, da pressão e da composição. Assim, a composição que estaria presente no equilíbrio para temperatura e pressão dadas poderia ser determinada, em princípio, pela solução dessa equação. O procedimento de solução é descrito na Seção 14.3.

14.2.2 Caso Geral

O desenvolvimento anterior pode ser repetido para reações que envolvam qualquer número de componentes. Considere um sistema fechado que contenha *cinco* componentes, A, B, C, D e E, a temperatura e pressão dadas, sujeito a uma única reação química na forma

$$\boxed{\nu_A A + \nu_B B \rightleftarrows \nu_C C + \nu_D D} \tag{14.24}$$

em que os ν são coeficientes estequiométricos. Supõe-se que o componente E seja inerte e assim não aparece na equação de reação. Como veremos, o componente E influi sim na composição do equilíbrio ainda que não participe da reação química. A forma da Eq. 14.24 sugere que, no equilíbrio, a tendência de A e B formar C e D é precisamente balanceada pela tendência de C e D formar A e B.

Os coeficientes estequiométricos ν_A, ν_B, ν_C e ν_D não correspondem ao número de mols respectivos dos componentes presentes. As quantidades dos componentes presentes são designadas n_A, n_B, n_C, n_D e n_E. Porém, *variações* na quantidade de componentes presentes conduzem a uma relação final com os valores dos coeficientes estequiométricos. Ou seja

$$\frac{-dn_A}{\nu_A} = \frac{-dn_B}{\nu_B} = \frac{dn_C}{\nu_C} = \frac{dn_D}{\nu_D} \qquad (14.25a)$$

em que o sinal negativo indica que A e B poderiam ser consumidos quando C e D fossem produzidos. Visto que E é inerte, a quantidade desse componente permanece constante, então $dn_E = 0$.

Introduzindo-se um fator de proporcionalidade $d\varepsilon$, as Eqs. 14.25a tomam a forma

$$\frac{-dn_A}{\nu_A} = \frac{-dn_B}{\nu_B} = \frac{dn_C}{\nu_C} = \frac{dn_D}{\nu_D} = d\varepsilon$$

da qual as seguintes expressões são obtidas:

$$\begin{array}{ll} dn_A = -\nu_A\, d\varepsilon, & dn_B = -\nu_B\, d\varepsilon \\ dn_C = \nu_C\, d\varepsilon, & dn_D = \nu_D\, d\varepsilon \end{array} \qquad (14.25b)$$

O parâmetro ε é às vezes referido como grau de reação.

grau de reação

Para o sistema que estamos analisando, a Eq. 14.10 toma a forma

$$dG]_{T,p} = \mu_A\, dn_A + \mu_B\, dn_B + \mu_C\, dn_C + \mu_D\, dn_D + \mu_E\, dn_E$$

Introduzindo as Eqs. 14.25b e observando que $dn_E = 0$, esta se torna

$$dG]_{T,p} = (-\nu_A\mu_A - \nu_B\mu_B + \nu_C\mu_C + \nu_D\mu_D)\, d\varepsilon$$

No equilíbrio, $dG]_{T,p} = 0$, portanto o termo entre parênteses deve ser nulo. Ou seja

$$-\nu_A\mu_A - \nu_B\mu_B + \nu_C\mu_C + \nu_D\mu_D = 0$$

ou, quando é escrita em uma forma que lembra a Eq. 14.24

$$\nu_A\mu_A + \nu_B\mu_B = \nu_C\mu_C + \nu_D\mu_D \qquad (14.26)$$

Para o caso atual, a Eq. 14.26 é a equação de reação de equilíbrio. Em princípio, a composição que estaria presente no equilíbrio para temperatura e pressão dadas pode ser determinada pela solução dessa equação. O procedimento de solução é simplificado através do conceito de *constante de equilíbrio*, a ser apresentado na próxima seção.

equação de reação de equilíbrio

14.3 Cálculo de Composições de Equilíbrio

O objetivo desta seção é mostrar como a composição de equilíbrio de um sistema a temperatura e pressão especificadas pode ser determinada pela solução da equação de reação de equilíbrio. Para isso, um importante papel é desempenhado pela *constante de equilíbrio*.

14.3.1 Constante de Equilíbrio para Misturas de Gases Ideais

O primeiro passo na solução da equação de reação de equilíbrio, a Eq. 14.26, para composição de equilíbrio está na introdução de expressões para os potenciais químicos em termos da temperatura, da pressão e da composição. Para uma mistura de gases ideais, a Eq. 14.17 pode ser utilizada para esse propósito. Quando essa expressão é introduzida para cada um dos componentes A, B, C e D, a Eq. 14.26 torna-se

$$\nu_A\left(\overline{g}_A^\circ + \overline{R}T \ln \frac{y_A p}{p_{ref}}\right) + \nu_B\left(\overline{g}_B^\circ + \overline{R}T \ln \frac{y_B p}{p_{ref}}\right)$$
$$= \nu_C\left(\overline{g}_C^\circ + \overline{R}T \ln \frac{y_C p}{p_{ref}}\right) + \nu_D\left(\overline{g}_D^\circ + \overline{R}T \ln \frac{y_D p}{p_{ref}}\right) \qquad (14.27)$$

sendo $\overline{g}_i^\circ$ a função de Gibbs do componente i estimado à temperatura T e a pressão $p_{ref} = 1$ atm. A Eq. 14.27 é a relação de trabalho básica para o equilíbrio químico em uma mistura de gases ideais. Porém, cálculos posteriores são facilitados se forem escritos de uma forma alternativa, como se segue.

Reúna os termos semelhantes e rearranje a Eq. 14.27 como

$$(\nu_C \bar{g}_C^\circ + \nu_D \bar{g}_D^\circ - \nu_A \bar{g}_A^\circ - \nu_B \bar{g}_B^\circ)$$
$$= -\bar{R}T\left(\nu_C \ln \frac{y_C p}{p_{\text{ref}}} + \nu_D \ln \frac{y_D p}{p_{\text{ref}}} - \nu_A \ln \frac{y_A p}{p_{\text{ref}}} - \nu_B \ln \frac{y_B p}{p_{\text{ref}}}\right) \quad (14.28)$$

O termo do lado esquerdo da Eq. 14.28 pode ser expresso concisamente como ΔG°. Ou seja

$$\Delta G^\circ = \nu_C \bar{g}_C^\circ + \nu_D \bar{g}_D^\circ - \nu_A \bar{g}_A^\circ - \nu_B \bar{g}_B^\circ \quad (14.29a)$$

que é a variação da função de Gibbs para a reação dada pela Eq. 14.24 se cada reagente e cada produto forem separados à temperatura T e à pressão de 1 atm.

Esta expressão pode ser escrita alternativamente em termos das entalpias e das entropias específicas como

$$\Delta G^\circ = \nu_C(\bar{h}_C - T\bar{s}_C^\circ) + \nu_D(\bar{h}_D - T\bar{s}_D^\circ) - \nu_A(\bar{h}_A - T\bar{s}_A^\circ) - \nu_B(\bar{h}_B - T\bar{s}_B^\circ)$$
$$= (\nu_C \bar{h}_C + \nu_D \bar{h}_D - \nu_A \bar{h}_A - \nu_B \bar{h}_B) - T(\nu_C \bar{s}_C^\circ + \nu_D \bar{s}_D^\circ - \nu_A \bar{s}_A^\circ - \nu_B \bar{s}_B^\circ) \quad (14.29b)$$

Como a entalpia de um gás ideal depende apenas da temperatura, os $\bar{h}$ da Eq. 14.29b são estimados à temperatura T. Como indicado pelo sobrescrito °, cada entropia é estimada à temperatura T e a uma pressão de 1 atm.

Substituindo-se a Eq. 14.29a na Eq. 14.28 e combinando os termos que envolvem logaritmos em uma única expressão, obtém-se

$$-\frac{\Delta G^\circ}{\bar{R}T} = \ln \left[\frac{y_C^{\nu_C} y_D^{\nu_D}}{y_A^{\nu_A} y_B^{\nu_B}} \left(\frac{p}{p_{\text{ref}}}\right)^{\nu_C + \nu_D - \nu_A - \nu_B}\right] \quad (14.30)$$

A Eq. 14.30 é simplesmente a forma assumida pela equação de reação de equilíbrio, Eq. 14.26, para uma mistura de gases ideais sujeita à reação da Eq. 14.24. Como mostram os exemplos a seguir, podem ser escritas expressões semelhantes para outras reações.

A Eq. 14.30 pode ser expressa de maneira concisa como

$$-\frac{\Delta G^\circ}{\bar{R}T} = \ln K(T) \quad (14.31)$$

constante de equilíbrio

em que K é a constante de equilíbrio definida por

$$K(T) = \frac{y_C^{\nu_C} y_D^{\nu_D}}{y_A^{\nu_A} y_B^{\nu_B}} \left(\frac{p}{p_{\text{ref}}}\right)^{\nu_C + \nu_D - \nu_A - \nu_B} \quad (14.32)$$

Dados os valores dos coeficientes estequiométricos, ν_A, ν_B, ν_C e ν_D, à temperatura T, pode-se estimar o lado esquerdo da Eq. 14.31 utilizando-se qualquer uma das Eqs. 14.29 em conjunto com dados de propriedades adequados. A equação pode ser então resolvida para o valor da constante de equilíbrio K. Consequentemente, para determinadas reações, K pode ser estimado e tabelado em função da temperatura. Porém, é comum tabelar $\log_{10}K$ ou $\ln K$ *versus* temperatura. Uma tabulação de valores de $\log_{10}K$ em uma faixa de temperaturas para diversas reações é fornecida na Tabela A-27, que é extraída de uma compilação mais extensa.

Os termos no numerador e no denominador da Eq. 14.32 correspondem, respectivamente, aos produtos e aos reagentes da reação dada pela Eq. 14.24 à medida que esta procede da esquerda para a direita, como escrito. Para a reação *inversa* $\nu_C C + \nu_D D \rightleftarrows \nu_A A + \nu_B B$, a constante de equilíbrio toma a forma

$$K^* = \frac{y_A^{\nu_A} y_B^{\nu_B}}{y_C^{\nu_C} y_D^{\nu_D}} \left(\frac{p}{p_{\text{ref}}}\right)^{\nu_A + \nu_B - \nu_C - \nu_D} \quad (14.33)$$

Comparando-se as Eqs. 14.32 e 14.33, segue-se que o valor de K^* é exatamente o inverso de K: $K^* = 1/K$. Portanto,

$$\log_{10} K^* = -\log_{10} K \quad (14.34)$$

Por isso, pode-se utilizar a Tabela A-27 tanto para estimar K de reações listadas que evoluem no sentido da esquerda para a direita quanto para estimar K^* para as reações inversas que evoluem no sentido da direita para a esquerda.

O Exemplo 14.1 mostra como os valores $\log_{10}K$ da Tabela A-27 são determinados. Exemplos posteriores mostram como os valores de $\log_{10}K$ podem ser utilizados para se estimar composições de equilíbrio.

EXEMPLO 14.1

Estimando a Constante de Equilíbrio a uma Dada Temperatura

Estime a constante de equilíbrio, expressa como $\log_{10}K$, para a reação $CO + \tfrac{1}{2}O_2 \rightleftarrows CO_2$ a **(a)** 298 K e **(b)** 2000 K. Compare com o valor obtido da Tabela A-27.

SOLUÇÃO

Dado: A reação é $CO + \frac{1}{2}O_2 \rightleftarrows CO_2$.

Pede-se: Determine a constante de equilíbrio para $T = 298$ K (25°C) e $T = 2000$ K.

Modelo de Engenharia: O modelo de gás ideal é aplicável.

Análise: A constante de equilíbrio necessita da estimativa de $\Delta G°$ para a reação. Recorrendo à Eq. 14.29b para este objetivo, temos

$$\Delta G° = (\bar{h}_{CO_2} - \bar{h}_{CO} - \tfrac{1}{2}\bar{h}_{O_2}) - T(\bar{s}°_{CO_2} - \bar{s}°_{CO} - \tfrac{1}{2}\bar{s}°_{O_2})$$

em que as entalpias são estimadas à temperatura T e as entropias absolutas são estimadas à temperatura T e à pressão de 1 atm. Utilizando a Eq. 13.9, as entalpias são estimadas em termos das suas respectivas entalpias de formação, obtendo

$$\Delta G° = [(\bar{h}°_f)_{CO_2} - (\bar{h}°_f)_{CO} - \tfrac{1}{2}(\bar{h}°_f)_{O_2}^{\,0}] + [(\Delta\bar{h})_{CO_2} - (\Delta\bar{h})_{CO} - \tfrac{1}{2}(\Delta\bar{h})_{O_2}] - T(\bar{s}°_{CO_2} - \bar{s}°_{CO} - \tfrac{1}{2}\bar{s}°_{O_2})$$

em que os termos $\Delta\bar{h}$ respondem pela variação da entalpia específica de $T_{ref} = 298$ K para a temperatura especificada T. A entalpia de formação do oxigênio é nula por definição.

(a) Quando $T = 298$ K, os termos de $\Delta\bar{h}$ da expressão anterior de $\Delta G°$ somem. Os valores necessários de entalpia de formação e de entropia absoluta podem ser obtidos da Tabela A.25, gerando

$$\Delta G° = [(-393.520) - (-110.530) - \tfrac{1}{2}(0)] - 298[213,69 - 197,54 - \tfrac{1}{2}(205,03)]$$

$$= -257.253 \text{ kJ/kmol}$$

Com esse valor para $\Delta G°$, a Eq. 14.31 gera

$$\ln K = -\frac{(-257.253 \text{ kJ/kmol})}{(8,314 \text{ kJ/kmol} \cdot \text{K})(298 \text{ K})} = 103,83$$

que corresponde a $\log_{10} K = 45,093$.

A Tabela A-27 fornece o logaritmo na base 10 da constante de equilíbrio para a reação inversa: $CO_2 \rightleftarrows CO + \tfrac{1}{2}O_2$. Ou seja, $\log_{10} K^* = -45,066$. Assim, com a Eq. 14.34, $\log_{10} K = 45,066$, que concorda de perto com o valor calculado.

(b) Quando $T = 2000$ K, os termos de $\Delta\bar{h}$ e $\bar{s}°$ para O_2, CO e CO_2 necessários para a expressão anterior de $\Delta G°$ são estimados a partir da Tabela A-23. Os valores de entalpia de formação são os mesmos do item (a). Assim

$$\Delta G° = [(-393.520) - (-110.530) - \tfrac{1}{2}(0)] + [(100.804 - 9364) - (65408 - 8669)$$

$$- \tfrac{1}{2}(67.881 - 8682)] - 2000[309,210 - 258,600 - \tfrac{1}{2}(268,655)]$$

$$= -282.990 + 5102 + 167.435 = -110.453 \text{ kJ/kmol}$$

Com esse valor, a Eq. 14.31 gera

$$\ln K = -\frac{(-110.453)}{(8,314)(2000)} = 6,643$$

que corresponde ao $\log_{10} K = 2,885$.

A 2000 K, a Tabela A-27 fornece $\log_{10} K^* = -2,884$. Com a Eq. 14.34, $\log_{10} K = 2,884$, que está em concordância com o valor calculado.

Utilizando os procedimentos descritos anteriormente, é simples determinar $\log_{10} K$ versus a temperatura de cada uma das diversas reações especificadas e tabelar os resultados como na Tabela A-27.

> ✓ **Habilidades Desenvolvidas**
>
> Habilidades para...
> - estimar $\log_{10} K$ com base na Eq. 14.31 e dados das Tabelas A-23 e A-25.
> - utilizar a relação da Eq. 14.34 para reações inversas.

Teste-Relâmpago Se $\ln K = 23,535$ para uma dada reação, utilize a Tabela A-27 para determinar T, em K.
Resposta: 1000 K.

14.3.2 Exemplos do Cálculo de Composições de Equilíbrio de Misturas Reagentes de Gases Ideais

Muitas vezes, é conveniente expressar a Eq. 14.32 explicitamente em termos do número de mols que estariam presentes no equilíbrio. Cada fração molar que aparece na equação tem a forma $y_i = n_i/n$, em que n_i é a quantidade do componente i na mistura em equilíbrio e n é o número total de mols da mistura. Por isso, a Eq. 14.32 pode ser reescrita como

$$K = \frac{n_C^{\nu_C} n_D^{\nu_D}}{n_A^{\nu_A} n_B^{\nu_B}} \left(\frac{p/p_{ref}}{n}\right)^{\nu_C + \nu_D - \nu_A - \nu_B} \tag{14.35}$$

724 Capítulo 14

O valor de n deve incluir não apenas os componentes reagentes A, B, C e D, mas também todos os componentes inertes presentes. Como admitimos que o componente inerte E esteja presente, deveríamos escrever $n = n_A + n_B + n_C + n_D + n_E$.

A Eq. 14.35 fornece uma relação entre a temperatura, a pressão e a composição de uma mistura em equilíbrio de gases ideais. Em consequência, se quaisquer de duas das variáveis temperatura, pressão e composição for conhecida, a terceira pode ser determinada a partir da solução dessa equação.

▶ **POR EXEMPLO** suponha que a temperatura T e a pressão p são conhecidas e o objetivo é a determinação da composição de equilíbrio. Com a temperatura conhecida, o valor do K pode ser obtido da Tabela A-27. Os n dos componentes reagentes A, B, C e D podem ser expressos em termos de uma única variável desconhecida através da aplicação do princípio da conservação de massa às várias espécies químicas presentes. Então, como a pressão é conhecida, a Eq. 14.35 constitui uma única equação com uma única incógnita, que pode ser resolvida por meio de um *solucionador de equações* ou iterativamente com uma máquina de calcular. ◀ ◀ ◀ ◀

No Exemplo 14.2, aplicamos a Eq. 14.35 ao estudo do efeito da pressão sobre a composição de equilíbrio de uma mistura de CO_2, CO e O_2.

▶▶▶ EXEMPLO 14.2 ▶

Determinação da Composição de Equilíbrio a Temperatura e Pressão Dadas

Um quilomol de monóxido de carbono, CO, reage com ½ kmol de oxigênio, O_2, para gerar uma mistura em equilíbrio de CO_2, CO e O_2 a 2500 K e **(a)** 1 atm, **(b)** 10 atm. Determine a composição de equilíbrio em termos de frações molares.

SOLUÇÃO

Dado: Um sistema inicialmente consiste em 1 kmol de CO e ½ kmol de O_2 que reagem para gerar uma mistura em equilíbrio de CO_2, CO e O_2. A temperatura da mistura é de 2500 K e a pressão é de (a) 1 atm, (b) 10 atm.

Pede-se: Determine a composição de equilíbrio em termos de frações molares.

Modelo de Engenharia: A mistura em equilíbrio é modelada como uma mistura de gases ideais.

Análise: A Eq. 14.35 relaciona temperatura, pressão e composição para uma mistura de gases ideais em equilíbrio. Se dois gases quaisquer desses forem conhecidos, o terceiro pode ser determinado por meio dessa equação. No caso atual, T e p são conhecidos, e a composição é desconhecida.

Aplicando-se a conservação de massa, a equação de reação química balanceada global é

$$1CO + \frac{1}{2}O_2 \rightarrow zCO + \frac{z}{2}O_2 + (1-z)CO_2$$

em que z é a quantidade de CO, em kmol, presente na mistura em equilíbrio. Observe que $0 \leq z \leq 1$.

O número total de mols n da mistura em equilíbrio é

$$n = z + \frac{z}{2} + (1-z) = \frac{2+z}{2}$$

Portanto, a análise molar da mistura em equilíbrio é

$$y_{CO} = \frac{2z}{2+z}, \quad y_{O_2} = \frac{z}{2+z}, \quad y_{CO_2} = \frac{2(1-z)}{2+z}$$

No equilíbrio, a tendência de CO e O_2 formar CO_2 é exatamente balanceada pela tendência de CO_2 formar CO e O_2; temos, portanto, $CO_2 \rightleftarrows CO + \frac{1}{2}O_2$. Consequentemente, a Eq. 14.35 toma a forma

$$K = \frac{z(z/2)^{1/2}}{(1-z)}\left[\frac{p/p_{ref}}{(2+z)/2}\right]^{1+1/2-1} = \frac{z}{1-z}\left(\frac{z}{2+z}\right)^{1/2}\left(\frac{p}{p_{ref}}\right)^{1/2}$$

A 2500 K, a Tabela A-27 fornece $\log_{10}K = -1,44$. Assim, $K = 0,0363$. Inserindo esse valor na última expressão

$$0,0363 = \frac{z}{1-z}\left(\frac{z}{2+z}\right)^{1/2}\left(\frac{p}{p_{ref}}\right)^{1/2} \quad \text{(a)}$$

(a) Quando $p = 1$ atm, a Eq. (a) torna-se

$$0,0363 = \frac{z}{1-z}\left(\frac{z}{2+z}\right)^{1/2}$$

A utilização de um solucionador de equações ou iterações em uma calculadora resulta em $z = 0,129$. A composição de equilíbrio em termos de frações molares é, então,

$$y_{CO} = \frac{2(0,129)}{2,129} = 0,121, \quad y_{O_2} = \frac{0,129}{2,129} = 0,061, \quad y_{CO_2} = \frac{2(1-0,129)}{2,129} = 0,818$$

(b) Quando $p = 10$ atm, a Eq. (a) torna-se

$$0{,}0363 = \frac{z}{1-z}\left(\frac{z}{2+z}\right)^{1/2}(10)^{1/2}$$

❶ Resolvendo-se, $z = 0{,}062$. A composição de equilíbrio correspondente em termos de frações molares é $y_{CO} = 0{,}06$, $y_{CO_2} = 0{,}03$ e $y_{CO_2} = 0{,}91$.

❶ Comparando-se os resultados dos itens (a) e (b), conclui-se que o grau ao qual a reação progride em direção à sua conclusão (o grau no qual o CO_2 é gerado) cresce com o aumento da pressão.

> **Habilidades Desenvolvidas**
>
> Habilidades para...
> - aplicar a Eq. 14.35 para determinar a composição de equilíbrio a temperatura e pressão dadas.
> - obter e usar os dados da Tabela A-27.

Teste-Relâmpago Se $z = 0{,}0478$ (correspondendo a $p = 22{,}4$ atm, $T = 2500$ K), qual seria a fração molar de cada componente da mistura em equilíbrio? **Resposta:** $y_{CO} = 0{,}0467$, $y_{CO_2} = 0{,}0233$ e $y_{CO_2} = 0{,}9300$.

No Exemplo 14.3, determinamos a temperatura de uma mistura em equilíbrio quando a pressão e a composição são conhecidas.

▶ EXEMPLO 14.3 ▶

Determinação da Temperatura de Equilíbrio a Pressão e Composição Dadas

Medidas experimentais mostram que, à temperatura T e à pressão de 1 atm, a mistura em equilíbrio para o sistema do Exemplo 14.2 tem a composição $y_{CO} = 0{,}298$, $y_{O_2} = 0{,}149$ e $y_{CO_2} = 0{,}553$. Determine a temperatura T da mistura, em K.

SOLUÇÃO

Dado: A pressão e a composição de uma mistura em equilíbrio de CO, O_2 e CO_2 são especificadas.

Pede-se: Determine a temperatura da mistura, em K.

Modelo de Engenharia: A mistura pode ser modelada como uma mistura de gases ideais.

Análise: A Eq. 14.35 relaciona a temperatura, a pressão e a composição para uma mistura de gases ideais em equilíbrio. Se dois gases quaisquer são conhecidos, o terceiro pode ser determinado por meio dessa equação. No caso em estudo, a composição e a pressão são conhecidas, e a temperatura é a incógnita.

A Eq. 14.35 se apresenta da mesma forma que no Exemplo 14.2. Assim, quando $p = 1$ atm, tem-se

$$K(T) = \frac{z}{1-z}\left(\frac{z}{2+z}\right)^{1/2}$$

em que z é a quantidade de CO, em kmol, presente na mistura em equilíbrio e T é a temperatura da mistura.

A solução do Exemplo 14.2 fornece a seguinte expressão para a fração molar de CO na mistura: $y_{CO} = 2z/(2+z)$. Como $y_{CO} = 0{,}298$, $z = 0{,}35$.

❶ A inserção desse valor de z na expressão para a constante de equilíbrio fornece $K = 0{,}2078$. Assim, $\log_{10}K = -0{,}6824$. Interpolando-se na Tabela A-27, obtém-se $T = 2881$ K.

> **Habilidades Desenvolvidas**
>
> Habilidades para...
> - aplicar a Eq. 14.35 para determinar a temperatura, dados a pressão e a composição de equilíbrio.
> - obter e usar os dados da Tabela A-27.

❶ Comparando este exemplo ao item (a) do Exemplo 14.2, concluímos que o grau no qual a reação progride para sua conclusão (o grau no qual o CO_2 é gerado) decresce com o aumento da temperatura.

Teste-Relâmpago Determine a temperatura, em K, para pressão de 2 atm se a composição de equilíbrio permanecer sem mudanças. **Resposta:** ≈ 2970 K.

No Exemplo 14.4, consideramos o efeito de um componente inerte na composição de equilíbrio.

EXEMPLO 14.4

Consideração do Efeito de um Componente Inerte no Equilíbrio

Um quilomol de monóxido de carbono reage com a quantidade de ar teórico para gerar uma mistura em equilíbrio de CO_2, CO, O_2 e N_2 a 2500 K e 1 atm. Determine a composição de equilíbrio em termos de frações molares e compare com o resultado do Exemplo 14.2.

SOLUÇÃO

Dado: Um sistema consiste inicialmente em 1 kmol de CO e a quantidade de ar teórico reage para gerar uma mistura em equilíbrio de CO_2, CO, O_2 e N_2. A temperatura e a pressão da mistura são de 2500 K e 1 atm.

Pede-se: Determine a composição de equilíbrio em termos de frações molares, e compare com o resultado do Exemplo 14.2.

Modelo de Engenharia: A mistura em equilíbrio pode ser modelada como uma mistura de gases ideais, no qual N_2 é inerte.

Análise: Para uma *reação completa* do CO com a quantidade de ar teórico

$$CO + \tfrac{1}{2}O_2 + 1{,}88N_2 \rightarrow CO_2 + 1{,}88N_2$$

Portanto, a reação de CO com a quantidade de ar teórico para formar CO_2, CO, O_2 e N_2 é

$$CO + \tfrac{1}{2}O_2 + 1{,}88N_2 \rightarrow zCO + \frac{z}{2}O_2 + (1-z)CO_2 + 1{,}88N_2$$

em que z é a quantidade de CO, em kmol, presente na mistura em equilíbrio.

O número total de mols n na mistura em equilíbrio é

$$n = z + \frac{z}{2} + (1-z) + 1{,}88 = \frac{5{,}76 + z}{2}$$

A composição da mistura em equilíbrio em termos de frações molares é

$$y_{CO} = \frac{2z}{5{,}76 + z}, \quad y_{O_2} = \frac{z}{5{,}76 + z}, \quad y_{CO_2} = \frac{2(1-z)}{5{,}76 + z}, \quad y_{N_2} = \frac{3{,}76}{5{,}76 + z}$$

No equilíbrio, temos $CO_2 \rightleftarrows CO + \tfrac{1}{2}O_2$. Então, a Eq. 14.35 adota a forma

$$K = \frac{z(z/2)^{1/2}}{(1-z)} \left[\frac{p/p_{ref}}{(5{,}76 + z)/2} \right]^{1/2}$$

O valor de K é o mesmo que o da solução do Exemplo 14.2, $K = 0{,}0363$. Assim, como $p = 1$ atm, temos

$$0{,}0363 = \frac{z}{1-z} \left(\frac{z}{5{,}76 + z} \right)^{1/2}$$

Resolvendo-se, $z = 0{,}175$. A composição de equilíbrio correspondente é $y_{CO} = 0{,}059$, $y_{CO_2} = 0{,}278$, $y_{O_2} = 0{,}029$ e $y_{N_2} = 0{,}634$.

Comparando-se este exemplo com o Exemplo 14.2, concluímos que a presença do componente inerte nitrogênio reduz o grau no qual a reação progride em direção à conclusão, a uma determinada temperatura e pressão (reduz-se o grau no qual o CO_2 é gerado).

> ✓ **Habilidades Desenvolvidas**
>
> *Habilidades para...*
> - aplicar a Eq. 14.35 para determinar a composição de equilíbrio para uma dada temperatura e pressão, na presença de um componente inerte.
> - obter e usar os dados da Tabela A-27.

Teste-Relâmpago Determine as quantidades, em kmol, de cada componente da mistura em equilíbrio.
Resposta: $n_{CO} = 0{,}175$; $n_{O_2} = 0{,}0875$; $n_{CO_2} = 0{,}8250$; $n_{N_2} = 1{,}88$.

No próximo exemplo, os conceitos de equilíbrio deste capítulo são aplicados conjuntamente com o balanço de energia para sistemas reagentes desenvolvido no Cap. 13.

EXEMPLO 14.5

Utilização dos Conceitos de Equilíbrio com Balanço de Energia

Dióxido de carbono a 25°C, 1 atm, entra em um reator operando em regime permanente e dissocia-se, fornecendo uma mistura em equilíbrio de CO_2, CO e O_2 que sai a 3200 K, 1 atm. Determine a transferência de calor para o reator, em kJ por kmol de CO_2 de entrada. Os efeitos das energias cinética e potencial podem ser desprezados e $W_{VC} = 0$.

SOLUÇÃO

Dado: Dióxido de carbono a 25°C, 1 atm, entra em um reator em regime permanente. Uma mistura em equilíbrio de CO_2, CO e O_2 sai a 3200 K, 1 atm.

Pede-se: Determine a transferência de calor do reator, em kJ por kmol de CO_2 de entrada.

Diagrama Esquemático e Dados Fornecidos:

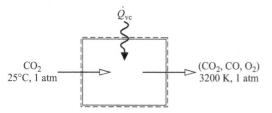

Modelo de Engenharia:
1. O volume de controle, mostrado no desenho esquemático associado por uma linha tracejada, opera em regime permanente com $W_{VC} = 0$. Os efeitos das energias cinética e potencial podem ser desprezados.
2. O CO_2 de entrada é modelado como um gás ideal.
3. A mistura de saída de CO_2, CO e O_2 é uma mistura de gases ideais em equilíbrio.

Fig. E14.5

Análise: A transferência de calor necessária pode ser determinada de um balanço da taxa de energia para o volume de controle, mas antes deve-se determinar a composição da mistura em equilíbrio de saída.

Aplicando-se o princípio da conservação de massa, a reação de dissociação global é descrita por

$$CO_2 \rightarrow zCO_2 + (1-z)CO + \left(\frac{1-z}{2}\right)O_2$$

em que z é a quantidade de CO_2, em kmol, presente na mistura de saída do volume de controle, por kmol de CO_2 de entrada. O número total de mols n na mistura é, então

$$n = z + (1-z) + \left(\frac{1-z}{2}\right) = \frac{3-z}{2}$$

Supõe-se que a mistura de saída é uma mistura em equilíbrio (hipótese 3). Assim, para a mistura tem-se $CO_2 \rightleftarrows CO + \frac{1}{2}O_2$. A Eq. 14.35 assume a forma

$$K = \frac{(1-z)[(1-z)/2]^{1/2}}{z} \left[\frac{p/p_{\text{ref}}}{(3-z)/2}\right]^{1+1/2-1}$$

Rearrumando e observando que $p = 1$ atm

$$K = \left(\frac{1-z}{z}\right)\left(\frac{1-z}{3-z}\right)^{1/2}$$

A 3200 K, a Tabela A-27 fornece $\log_{10}K = -0{,}189$. Assim, $K = 0{,}647$, e a expressão da constante de equilíbrio torna-se

$$0{,}647 = \left(\frac{1-z}{z}\right)\left(\frac{1-z}{3-z}\right)^{1/2}$$

Resolvendo-se, $z = 0{,}422$. A composição da mistura em equilíbrio de saída, em kmol por kmol de CO_2 de entrada, é então 0,422 CO_2; 0,578 CO; 0,289 O_2.

Quando expresso por kmol de CO_2 de entrada no volume de controle, o balanço da taxa de energia reduz-se, pela hipótese 1, a

$$0 = \frac{\dot{Q}_{vc}}{\dot{n}_{CO_2}} - \frac{\dot{W}_{vc}}{\dot{n}_{CO_2}}^{\!\!0} + \bar{h}_{CO_2} - (0{,}422\bar{h}_{CO_2} + 0{,}578\bar{h}_{CO} + 0{,}289\bar{h}_{O_2})$$

Resolvendo para a transferência de calor por kmol de CO_2 de entrada e estimando cada entalpia em termos das suas respectivas entalpias de formação

$$\frac{\dot{Q}_{vc}}{\dot{n}_{CO_2}} = 0{,}422(\bar{h}_f^\circ + \Delta\bar{h})_{CO_2} + 0{,}578(\bar{h}_f^\circ + \Delta\bar{h})_{CO} + 0{,}289(\bar{h}_f^{\circ\,0} + \Delta\bar{h})_{O_2} - (\bar{h}_f^\circ + \Delta\bar{h}^{\,0})_{CO_2}$$

A entalpia de formação do O_2 é nula por definição; $\Delta\bar{h}$ para o CO_2 na entrada desaparece porque CO_2 entra a 25°C. Com os valores de entalpia de formação das Tabelas A-25 e valores de $\Delta\bar{h}$ para O_2, CO e CO_2 da Tabela A-23

$$\frac{\dot{Q}_{vc}}{\dot{n}_{CO_2}} = 0{,}422[-393.520 + (174.695 - 9364)] + 0{,}578[-110.530 + (109.667 - 8669)]$$

$$+ 0{,}289(114.809 - 8682) - (-393.520)$$

$$= 322.385 \text{ kJ/kmol}(CO_2)$$

① Para fins de comparação, vamos determinar a transferência de calor supondo que não há dissociação — ou seja, quando apenas CO_2 sai do reator. Com dados da Tabela A-23, a transferência de calor é

$$\frac{\dot{Q}_{vc}}{\dot{n}_{CO_2}} = \bar{h}_{CO_2}(3200 \text{ K}) - \bar{h}_{CO_2}(298 \text{ K})$$

$$= 174.695 - 9364 = 165.331 \text{ kJ/kmol}(CO_2)$$

Esse valor é muito menor que o valor obtido na solução anterior, pois a dissociação de CO_2 necessita de um maior aporte de energia (uma reação endotérmica).

> **Habilidades Desenvolvidas**
>
> Habilidades para...
> ☐ aplicar a Eq. 14.35 em conjunto com o balanço de energia para sistemas reagentes para a determinação da transferência de calor de um reator.
> ☐ obter e usar os dados das Tabelas A-23, A-25 e A-27.

Teste-Relâmpago Determine a taxa de transferência de calor, em kW, e a vazão molar da mistura de saída, em kmol/s, para uma vazão molar de $3,1 \times 10^{-5}$ kmol/s de CO_2 de entrada. **Resposta:** 10 kW, 4×10^{-5} kmol/s.

14.3.3 Constante de Equilíbrio para Misturas e Soluções

> **TOME NOTA...**
> O estudo da Seção 14.3.3 requer os conteúdos da Seção 11.9.

Os procedimentos que conduzem à constante de equilíbrio para misturas reagentes de gases ideais podem ser seguidos para o caso geral de misturas reagentes por meio dos conceitos de fugacidade e de atividade apresentados na Seção 11.9. Em princípio, as composições de equilíbrio dessas misturas podem ser determinadas com uma abordagem similar à adotada para misturas de gases ideais.

A Eq. 11.141 pode ser utilizada para estimar os potenciais químicos que aparecem na equação de reação de equilíbrio (Eq. 14.26). O resultado é

$$\nu_A(\bar{g}_A^\circ + \bar{R}T \ln a_A) + \nu_B(\bar{g}_B^\circ + \bar{R}T \ln a_B) = \nu_C(\bar{g}_C^\circ + \bar{R}T \ln a_C) + \nu_D(\bar{g}_D^\circ + \bar{R}T \ln a_D) \quad (14.36)$$

em que $\bar{g}_i^\circ$ é a função de Gibbs do componente puro i, à temperatura T e à pressão $p_{ref} = 1$ atm, e a_i é a *atividade* desse componente.

Agrupando os termos e empregando a Eq. 14.29a e a Eq. 14.36 torna-se

$$-\frac{\Delta G^\circ}{\bar{R}T} = \ln\left(\frac{a_C^{\nu_C} a_D^{\nu_D}}{a_A^{\nu_A} a_B^{\nu_B}}\right) \quad (14.37)$$

Essa equação pode ser expressa da mesma forma que a Eq. 14.31 definindo a constante de equilíbrio como

$$K = \frac{a_C^{\nu_C} a_D^{\nu_D}}{a_A^{\nu_A} a_B^{\nu_B}} \quad (14.38)$$

Como a Tabela A-27 e compilações semelhantes são formadas simplesmente pela estimativa de $-\Delta G^\circ/\bar{R}T$ para determinadas reações a diversas temperaturas, estas tabelas podem ser empregadas para estimar a constante de equilíbrio mais geral dada pela Eq. 14.38. Porém, antes que se possa usar a Eq. 14.38 para determinar a composição de equilíbrio para um valor conhecido de K, é necessário estimar a atividade dos vários componentes da mistura. Vamos exemplificar isso para o caso de misturas que possam ser modeladas como *soluções ideais*.

SOLUÇÕES IDEAIS. Para uma solução ideal, a atividade do componente i é fornecida por

$$a_i = \frac{y_i f_i}{f_i^\circ} \quad (11.142)$$

em que f_i é a fugacidade de i puro à temperatura T e à pressão p da mistura, e f_i° é a fugacidade de i puro à temperatura T e à pressão p_{ref}. Utilizando-se esta expressão para estimar a_A, a_B, a_C e a_D, a Eq. 14.38 torna-se

$$K = \frac{(y_C f_C/f_C^\circ)^{\nu_C}(y_D f_D/f_D^\circ)^{\nu_D}}{(y_A f_A/f_A^\circ)^{\nu_A}(y_B f_B/f_B^\circ)^{\nu_B}} \quad (14.39a)$$

que pode ser expressa alternativamente por

$$K = \left[\frac{(f_C/p)^{\nu_C}(f_D/p)^{\nu_D}}{(f_A/p)^{\nu_A}(f_B/p)^{\nu_B}}\right]\left[\frac{(f_A^\circ/p_{ref})^{\nu_A}(f_B^\circ/p_{ref})^{\nu_B}}{(f_C^\circ/p_{ref})^{\nu_C}(f_D^\circ/p_{ref})^{\nu_D}}\right]\left[\underline{\frac{y_C^{\nu_C} y_D^{\nu_D}}{y_A^{\nu_A} y_B^{\nu_B}}\left(\frac{p}{p_{ref}}\right)^{\nu_C+\nu_D-\nu_A-\nu_B}}\right] \quad (14.39b)$$

As razões da fugacidade pela pressão nesta equação podem ser estimadas, em princípio, a partir da Eq. 11.124 ou do diagrama de fugacidade generalizado, Fig. A-6, desenvolvida a partir desta. No caso especial em que cada componente se comporta como um gás ideal em ambos os casos de T, p e T, p_{ref}, essas razões se igualam à unidade e a Eq. 14.39b reduz-se ao termo sublinhado, o qual é exatamente a Eq. 14.32.

Equilíbrio de Fases e Químico 729

> **HORIZONTES**
>
> ### Metano, *Outro* Gás de Efeito Estufa
>
> Enquanto o dióxido de carbono é frequentemente mencionado pelos meios de comunicação, com toda razão, devido ao seu efeito na mudança do clima global, outros gases liberados para a atmosfera também contribuem para a mudança climática mas recebem menos publicidade. O metano, CH_4, em especial, o qual recebe pouca atenção como gás de efeito estufa, tem um Potencial de Aquecimento Global (a sigla em inglês é GWP) de 25, comparado ao dióxido de carbono com GWP de 1 (veja a Tabela 10.1).
>
> Fontes de metano relacionadas com a atividade humana incluem a produção, distribuição, combustão e outros usos de combustíveis fósseis (carvão, gás natural e petróleo). Tratamento de esgoto, aterros sanitários e agricultura, incluindo animais ruminantes destinados a corte, também são fontes de metano relacionadas com o ser humano. Fontes naturais de metano incluem pântanos e depósitos de *hidrato de metano* em sedimentos do fundo do mar.
>
> Por décadas, a concentração de metano na atmosfera tem crescido significativamente. Mas certos observadores relataram que o crescimento tem se tornado mais lento recentemente e pode estar cessando. Enquanto isto pode ser apenas uma pausa temporária, razões têm sido propostas para explicar o seu desenvolvimento. Alguns dizem que ações governamentais que visam a redução da liberação de metano têm começado a mostrar resultados. Mudança nas práticas agrícolas, como a maneira como o arroz é produzido, também pode ser um fator na redução relatada do metano na atmosfera.
>
> Outro ponto de vista é que o platô de metano atmosférico pode, pelo menos em parte, ser devido ao equilíbrio químico: metano liberado na atmosfera é equilibrado por seu consumo na atmosfera. O metano é consumido na atmosfera principalmente através da sua reação com o radical hidroxila (OH), que é produzido através da decomposição do ozônio atmosférico pela ação da radiação solar. Por exemplo, o OH reage com o metano para produzir água e CH_3, um radical metil, de acordo com $CH_4 + OH \rightarrow H_2O + CH_3$. Outras reações se seguem a esta, conduzindo eventualmente a produtos solúveis em água que são *lavados* da atmosfera por chuva e neve.
>
> O entendimento dos motivos para a aparente diminuição da taxa crescimento do metano na atmosfera demandará esforços, incluindo a quantificação de mudanças nas várias fontes de metano e apontar os mecanismos naturais através dos quais o metano é removido da atmosfera. Uma melhor compreensão irá nos permitir elaborar medidas destinadas a limitar a liberação do metano, permitindo a habilidade natural da atmosfera de se autopurificar para ajudar a manter um equilíbrio mais saudável.

14.4 Mais Exemplos da Utilização da Constante de Equilíbrio

Nesta seção, são apresentados outros aspectos da utilização da constante de equilíbrio: a temperatura de equilíbrio de chama, a equação de van't Hoff e o equilíbrio químico para reações de ionização e reações simultâneas. Para manter a discussão em um nível introdutório, apenas as misturas de gases ideais serão consideradas.

14.4.1 Determinação da Temperatura de Equilíbrio de Chama

Nesta seção, o efeito da combustão incompleta na temperatura adiabática de chama, apresentada na Seção 13.3, é estudado a partir de conceitos desenvolvidos neste capítulo. Começamos por uma revisão de algumas ideias relacionadas com a temperatura adiabática de chama pela consideração de um reator operando em regime permanente para o qual não ocorre qualquer transferência de calor significativa para a vizinhança.

Suponha que o gás monóxido de carbono que entra por uma posição reaja *completamente* com a quantidade de ar teórico que entra em outra posição, como se segue:

$$CO + \tfrac{1}{2}O_2 + 1,88N_2 \rightarrow CO_2 + 1,88N_2$$

Como já discutimos na Seção 13.3, os produtos sairiam do reator a uma temperatura que foi designada como temperatura adiabática de chama *máxima*. Essa temperatura pode ser determinada a partir da solução de uma *única* equação, a equação de energia. Porém, a uma temperatura tão alta, haverá uma tendência do CO_2 se dissociar

$$CO_2 \rightarrow CO + \tfrac{1}{2}O_2$$

Como a dissociação necessita de energia (uma reação endotérmica), a temperatura dos produtos seria *mais baixa que* a temperatura adiabática máxima encontrada sob a hipótese de combustão completa.

Quando a dissociação ocorre, os produtos gasosos de saída do reator podem não ser o CO_2 e o N_2, mas uma mistura de CO_2, CO, O_2 e N_2. A equação de reação química balanceada seria lida como

$$CO + \tfrac{1}{2}O_2 + 1,88N_2 \rightarrow z\,CO + (1-z)CO_2 + \frac{z}{2}O_2 + 1,88N_2 \qquad (14.40)$$

em que z é a quantidade de CO, em kmol, presente na mistura de saída para cada kmol de CO de entrada no reator.

Consequentemente, existem *duas* incógnitas: z e a temperatura do fluxo de saída. Para resolver um problema com duas incógnitas são necessárias duas equações. Uma é fornecida por uma equação de energia. Se a mistura de gás de saída encontra-se em equilíbrio, a outra equação é fornecida pela constante de equilíbrio, a Eq. 14.35. A temperatura dos produtos pode então ser chamada de temperatura de equilíbrio de chama. A constante de equilíbrio utilizada para se estimar a temperatura de equilíbrio de chama seria determinada em relação a $CO_2 \rightleftarrows CO + \tfrac{1}{2}O_2$.

temperatura de equilíbrio de chama

Embora apenas a dissociação de CO_2 tenha sido discutida, outros produtos de combustão poderiam dissociar-se, como, por exemplo

$$H_2O \rightleftarrows H_2 + \tfrac{1}{2}O_2$$
$$H_2O \rightleftarrows OH + \tfrac{1}{2}H_2$$
$$O_2 \rightleftarrows 2O$$
$$H_2 \rightleftarrows 2H$$
$$N_2 \rightleftarrows 2N$$

Quando existem muitas reações de dissociação, o estudo do equilíbrio químico é facilitado pela utilização de computadores para solução de equações *simultâneas*. Reações simultâneas foram estudadas na Seção 14.4.4. O exemplo a seguir mostra como a temperatura de equilíbrio de chama é determinada quando ocorre uma reação de dissociação.

▶▶▶ EXEMPLO 14.6 ▶

Determinação da Temperatura de Equilíbrio de Chama

Monóxido de carbono a 25°C, 1 atm, entra em um reator bem isolado e reage com a quantidade de ar teórico que entra às mesmas temperatura e pressão. Uma mistura em equilíbrio de CO_2, CO, O_2 e N_2 sai do reator à pressão de 1 atm. Para uma operação em regime permanente e efeitos desprezíveis de energias cinética e potencial, determine a composição e a temperatura da mistura de saída, em K.

SOLUÇÃO

Dado: O monóxido de carbono a 25°C e 1 atm reage com a quantidade de ar teórico a 25°C, 1 atm para formar uma mistura em equilíbrio de CO_2, CO, O_2 e N_2 à temperatura T e à pressão de 1 atm.

Pede-se: Determine a composição e a temperatura da mistura de saída.

Diagrama Esquemático e Dados Fornecidos:

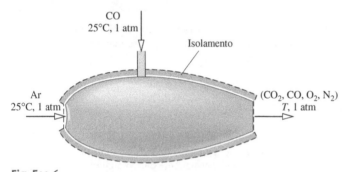

Modelo de Engenharia:

1. O volume de controle identificado na figura associada por uma linha tracejada opera em regime permanente com $\dot{Q}_{vc} = 0$ e $\dot{W}_{vc} = 0$, e efeitos desprezíveis de energias cinética e potencial.
2. Os gases de entrada são modelados como gases ideais.
3. A mistura de saída é uma mistura de gases ideais em equilíbrio, em que N_2 é inerte.

Fig. E14.6

Análise: A reação global é a mesma da solução do Exemplo 14.4

$$CO + \tfrac{1}{2}O_2 + 1{,}88N_2 \rightarrow z\,CO + \frac{z}{2}O_2 + (1-z)CO_2 + 1{,}88N_2$$

Utilizando-se a hipótese 3, a mistura de saída é uma mistura em equilíbrio. A expressão da constante de equilíbrio desenvolvida na solução do Exemplo 14.4 é

$$K(T) = \frac{z(z/2)^{1/2}}{(1-z)}\left(\frac{p/p_{ref}}{(5{,}76+z)/2}\right)^{1/2} \qquad \text{(a)}$$

Como $p = 1$ atm, a Eq. (a) se reduz a

$$K(T) = \frac{z}{(1-z)}\left(\frac{z}{5{,}76+z}\right)^{1/2} \qquad \text{(b)}$$

Essa equação implica duas incógnitas: z e a temperatura T da mistura em equilíbrio de saída.

Outra equação que implica as duas incógnitas é obtida do balanço da taxa de energia na forma da Eq. 13.12b, que, pela hipótese 1, se reduz a

$$\bar{h}_R = \bar{h}_P \qquad \text{(c)}$$

em que

$$\bar{h}_R = (\bar{h}_f^\circ + \cancel{\Delta \bar{h}}^{\,0})_{CO} + \tfrac{1}{2}(\cancel{\bar{h}_f^\circ}^{\,0} + \cancel{\Delta \bar{h}}^{\,0})_{O_2} + 1{,}88(\cancel{\bar{h}_f^\circ}^{\,0} + \cancel{\Delta \bar{h}}^{\,0})_{N_2}$$

e

$$\bar{h}_P = z(\bar{h}_f^\circ + \Delta\bar{h})_{CO} + \frac{z}{2}(\bar{h}_f^{\circ\,0} + \Delta\bar{h})_{O_2} + (1-z)(\bar{h}_f^\circ + \Delta\bar{h})_{CO_2} + 1,88(\bar{h}_f^{\circ\,0} + \Delta\bar{h})_{N_2}$$

Os termos de entalpia de formação anulados são aqueles para o oxigênio e o nitrogênio. Como os reagentes entram a 25°C, os termos correspondentes a $\Delta\bar{h}$ também desaparecem. Agrupando e rearrumando, temos

$$z(\Delta\bar{h})_{CO} + \frac{z}{2}(\Delta\bar{h})_{O_2} + (1-z)(\Delta\bar{h})_{CO_2} + 1,88(\Delta\bar{h})_{N_2}$$
$$+ (1-z)[(\bar{h}_f^\circ)_{CO_2} - (\bar{h}_f^\circ)_{CO}] = 0 \tag{d}$$

Habilidades Desenvolvidas

Habilidades para...
- aplicar a Eq. 14.35 em conjunto com o balanço de energia para sistemas reagentes para a determinação da temperatura de equilíbrio de chama.
- obter e usar os dados das Tabelas A-23, A-25 e A-27.

As Eqs. (b) e (d) são equações simultâneas envolvendo as incógnitas z e T. Quando resolvidas *iterativamente* por meio de *dados tabelados*, os resultados são $z = 0,125$ e $T = 2399$ K, como pode-se verificar. A composição da mistura em equilíbrio, em kmol por kmol de CO de entrada do reator, é então 0,125 CO; 0,0625 O$_2$; 0,875 CO$_2$; 1,88 N$_2$.

> **Teste-Relâmpago** Se tanto o CO como o ar entrassem a 500°C, a temperatura de equilíbrio de chama aumentaria, diminuiria ou permaneceria constante? **Resposta:** Aumentaria.

Como mostra o Exemplo 14.7, o solucionador de equações e as características de obtenção de propriedades do *Interactive Thermodynamics*: *IT*, ou programa similar, permite a determinação da temperatura de equilíbrio de chama e da composição sem a iteração necessária quando se utilizam dados tabelados.

▶ EXEMPLO 14.7 ▶

Determinação da Temperatura de Equilíbrio de Chama Utilizando um Programa de Computador

Resolva o Exemplo 14.6 utilizando o *Interactive Thermodynamics*: *IT*, ou programa similar, para representar graficamente a temperatura de equilíbrio de chama e z, a quantidade de CO presente na mistura de saída, cada qual *versus* a pressão variando de 1 a 10 atm.

SOLUÇÃO

Dado: Veja o Exemplo 14.6.

Pede-se: Utilizando o *IT*, ou programa similar, represente graficamente a temperatura de equilíbrio de chama e a quantidade de CO presente na mistura de saída do Exemplo 14.6, cada qual *versus* a pressão variando de 1 a 10 atm.

Modelo de Engenharia: Veja o Exemplo 14.6.

Análise: A Eq. (a) do Exemplo 14.6 fornece o ponto de partida para a solução via *IT*, ou via programa similar

$$K(T) = \frac{z(z/2)^{1/2}}{(1-z)}\left[\frac{p/p_{ref}}{(5,76+z)/2}\right]^{1/2} \tag{a}$$

Para uma dada pressão, essa expressão inclui duas incógnitas: z e T.

Além disso, a partir do Exemplo 14.6, utilizamos o balanço de energia, a Eq. (c)

$$\bar{h}_R = \bar{h}_P \tag{c}$$

em que

$$\bar{h}_R = (\bar{h}_{CO})_R + \tfrac{1}{2}(\bar{h}_{O_2})_R + 1,88(\bar{h}_{N_2})_R$$

e

$$\bar{h}_P = z(\bar{h}_{CO})_P + (z/2)(\bar{h}_{O_2})_P + (1-z)(\bar{h}_{CO_2})_P + 1,88(\bar{h}_{N_2})_P$$

na qual os subscritos R e P indicam, respectivamente, reagentes e produtos, e z indica a quantidade de CO nos produtos, em kmol por kmol de CO de entrada.

Com a pressão conhecida, pode-se resolver as Eqs. (a) e (c) para T e z utilizando-se o seguinte trecho de programa *IT* mostrado a seguir, ou trecho de programa similar. Escolhendo-se SI no menu **Units** e a quantidade de substância em mols; e fazendo hCO_R indicar a entalpia específica do CO nos reagentes, e assim por diante, tem-se

```
// Given data
TR = 25 + 273.15 // K
p = 1 // atm
pref = 1 // atm

// Evaluating the equilibrium constant using Eq. (a)
K = ((z * (z/2)^0.5) / (1 − z)) * ((p / pref) / ((5.76 + z) / 2))^0.5

// Energy balance: Eq. (c)
hR = hP
hR = hCO_R + (1/2) * hO2_R + 1.88 * hN2_R
hP = z * hCO_P + (z /2) * hO2_P + (1 − z) * hCO2_P + 1.88 * hN2_P

hCO_R = h_T("CO",TR)
hO2_R = h_T("O2",TR)
hN2_R = h_T("N2",TR)

hCO_P = h_T("CO",T)
hO2_P = h_T("O2",T)
hCO2_P = h_T ("CO2",T)
hN2_P = h_T ("N2",T)

/* To obtain data for the equilibrium constant use the Look-up Table
option under the Edit menu. Load the file "eqco2.lut". Data for
CO2 ⇌ CO + 1/2 O2 from Table A-27 are stored in the look-up table
as T in column 1 and log10(K) in column 2. To retrieve the data use */

log(K) = lookupvall(eqco2, 1, T,2)
```

Obtenha a solução para $p = 1$ utilizando o botão **Solve**. Para assegurar uma convergência rápida, restrinja T e K a valores positivos, e fixe um limite inferior de 0,001 e um limite superior de 0,999 para z. Os resultados são $T = 2399$ K e $z = 0{,}1249$, que estão de acordo com os valores obtidos no Exemplo 14.6.

Agora, utilize o botão **Explore** e varie p de 1 a 10 atm em passos de 0,01. Utilizando o botão **Graph**, construa os seguintes gráficos:

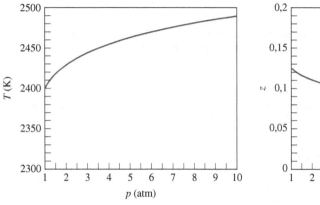
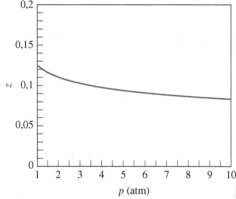

Fig. E14.7

Pela Fig. E14.7, vê-se que, à medida que a pressão aumenta, mais CO é oxidado para CO_2 (z diminui) e a temperatura aumenta.

❶ Arquivos semelhantes são incluídos no *IT*, ou em programa similar, para cada uma das reações da Tabela A-27.

> **Habilidades Desenvolvidas**
>
> Habilidades para...
> ☐ aplicar a Eq. 14.35 em conjunto com o balanço de energia para sistemas reagentes para a determinação da temperatura de equilíbrio de chama.
> ☐ realizar cálculos de equilíbrio utilizando o *Interactive Thermodynamics: IT*, ou programa similar.

Teste-Relâmpago Se tanto o CO como o ar entram a 500°C, determine a temperatura de equilíbrio de chama, em K, utilizando o *Interactive Thermodynamics: IT*, ou programa similar. **Resposta:** 2575.

14.4.2 Equação de Van't Hoff

A dependência da constante de equilíbrio em relação à temperatura exibida pelos valores da Tabela A-27 vem da Eq. 14.31. Um modo alternativo de expressar essa dependência é dada pela equação de van't Hoff, a Eq. 14.43b.

O desenvolvimento dessa equação começa pela substituição da Eq. 14.29b na Eq. 14.31 para se obter, após rearrumação

$$\overline{R}T \ln K = -[(\nu_C \overline{h}_C + \nu_D \overline{h}_D - \nu_A \overline{h}_A - \nu_B \overline{h}_B) - T(\nu_C \overline{s}^\circ_C + \nu_D \overline{s}^\circ_D - \nu_A \overline{s}^\circ_A - \nu_B \overline{s}^\circ_B)] \quad (14.41)$$

Cada entalpia e entropia específicas nessa equação depende apenas da temperatura. Diferenciando em relação à temperatura

$$\overline{R}T \frac{d \ln K}{dT} + \overline{R} \ln K = -\left[\nu_C \left(\frac{d\overline{h}_C}{dT} - T\frac{d\overline{s}^\circ_C}{dT} \right) + \nu_D \left(\frac{d\overline{h}_D}{dT} - T\frac{d\overline{s}^\circ_D}{dT} \right) \right.$$
$$\left. - \nu_A \left(\frac{d\overline{h}_A}{dT} - T\frac{d\overline{s}^\circ_A}{dT} \right) - \nu_B \left(\frac{d\overline{h}_B}{dT} - T\frac{d\overline{s}^\circ_B}{dT} \right) \right]$$
$$+ (\nu_C \overline{s}^\circ_C + \nu_D \overline{s}^\circ_D - \nu_A \overline{s}^\circ_A - \nu_B \overline{s}^\circ_B)$$

Pela definição de $\overline{s}^\circ(T)$ (Eq. 6.19), temos $d\overline{s}^\circ/dT = \overline{c}_p/T$. Além disso, $d\overline{h}/dT = \overline{c}_p$. Em consequência, cada um dos termos sublinhados na equação anterior desaparece, deixando

$$\overline{R}T \frac{d \ln K}{dT} + \overline{R} \ln K = (\nu_C \overline{s}^\circ_C + \nu_D \overline{s}^\circ_D - \nu_A \overline{s}^\circ_A - \nu_B \overline{s}^\circ_B) \quad (14.42)$$

Ao utilizarmos a Eq. 14.41 para estimar o segundo termo do lado esquerdo da equação e simplificarmos a expressão resultante, a Eq. 14.42 torna-se

$$\frac{d \ln K}{dT} = \frac{(\nu_C h_C + \nu_D h_D - \nu_A h_A - \nu_B h_B)}{\overline{R}T^2} \quad (14.43a)$$

ou, de forma mais concisa,

$$\boxed{\frac{d \ln K}{dT} = \frac{\Delta H}{\overline{R}T^2}} \quad (14.43b)$$

que vem a ser a equação de van't Hoff.

Na Eq. 14.43b, ΔH é a *entalpia de reação* à temperatura T. A equação de van't Hoff mostra que, quando ΔH é negativo (reação exotérmica), K diminui com a temperatura, enquanto para ΔH positivo (reação endotérmica), K aumenta com a temperatura.

A entalpia de reação ΔH é muitas vezes praticamente constante por um intervalo de temperaturas bastante amplo. Nestes casos, pode-se integrar a Eq. 14.43b para gerar

$$\ln \frac{K_2}{K_1} = -\frac{\Delta H}{\overline{R}} \left(\frac{1}{T_2} - \frac{1}{T_1} \right) \quad (14.44)$$

equação de van't Hoff

na qual K_1 e K_2 indicam as constantes de equilíbrio, respectivamente, às temperaturas T_1 e T_2. Essa equação mostra que ln K é linear em $1/T$. Consequentemente, os gráficos de ln K versus $1/T$ podem ser utilizados para determinar ΔH a partir de dados de composição de equilíbrio experimentais. Como alternativa, pode-se determinar a constante de equilíbrio utilizando-se dados de entalpia.

14.4.3 Ionização

Os métodos desenvolvidos para a determinação da composição de equilíbrio de uma mistura de gases ideais reagentes podem ser aplicados a sistemas que envolvam gases ionizados, também conhecidos por *plasmas*. Em seções anteriores estudamos o equilíbrio químico de sistemas em que a dissociação era um fator. Por exemplo, a reação de dissociação do nitrogênio diatômico

$$N_2 \rightleftarrows 2N$$

pode ocorrer a temperaturas elevadas. A temperaturas ainda mais elevadas, a ionização pode ocorrer de acordo com

$$N \rightleftarrows N^+ + e^- \quad (14.45)$$

Ou seja, um átomo de nitrogênio perde um elétron, gerando um átomo de nitrogênio monoionizado N^+ e um elétron livre e^-. Aquecimento adicional pode resultar em perda de elétrons adicionais até que todos os elétrons tenham sido removidos do átomo.

Para alguns casos de interesse prático, é razoável pensar em átomos neutros, íons positivos e elétrons formando uma mistura de gases ideais. Com esta idealização, o equilíbrio de ionização pode ser tratado da mesma maneira que o equilíbrio químico de misturas reagentes de gases ideais. A variação na função de Gibbs para a reação de equilíbrio de ionização necessária para se estimar a constante de equilíbrio–ionização pode ser calculada como função da temperatura através do uso de procedimentos da termodinâmica estatística. Em geral, a extensão da ionização aumenta à medida que a temperatura se eleva e a pressão baixa.

O Exemplo 14.8 ilustra a análise de equilíbrio de ionização.

▶▶▶ EXEMPLO 14.8 ▶

Estudo do Equilíbrio de Ionização

Considere uma mistura em equilíbrio a 3600°R (1727°C) consistindo em Cs, Cs^+, e^-, na qual Cs indicam átomos neutros de césio, Cs^+ íons monoionizados de césio, e^- elétrons livres. A constante de equilíbrio–ionização a esta temperatura para

$$Cs \rightleftharpoons Cs^+ + e^-$$

é $K = 15,63$. Determine a pressão, em atmosferas, se a ionização de Cs está 95% completa, e represente graficamente o percentual de conclusão de ionização *versus* pressão variando de 0 a 10 atm.

SOLUÇÃO

Dado: Uma mistura em equilíbrio de Cs, Cs^+, e^- está a 3600°R (1727°C). O valor da constante de equilíbrio a essa temperatura é conhecido.

Pede-se: Determine a pressão da mistura se a ionização de Cs estiver 95% completa. Represente graficamente o percentual de conclusão de ionização *versus* a pressão.

Modelo de Engenharia: Neste caso, pode-se tratar o equilíbrio utilizando-se considerações de equilíbrio de mistura de gases ideais.

Análise: A ionização do césio para formar uma mistura de Cs, Cs^+, e^- é descrita por

$$Cs \rightarrow (1-z)Cs + z\,Cs^+ + z e^-$$

em que z indica o grau de ionização, variando de 0 a 1. O número total de mols da mistura n é

$$n = (1-z) + z + z = 1 + z$$

No equilíbrio, tem-se $Cs \rightleftharpoons Cs^+ + e^-$, portanto a Eq. 14.35 adota a forma

$$K = \frac{(z)(z)}{(1-z)}\left[\frac{p/p_{ref}}{(1+z)}\right]^{1+1-1} = \left(\frac{z^2}{1-z^2}\right)\left(\frac{p}{p_{ref}}\right) \quad \text{(a)}$$

Resolvendo para a razão p/p_{ref} e substituindo o valor conhecido de K

$$\frac{p}{p_{ref}} = (15{,}63)\left(\frac{1-z^2}{z^2}\right)$$

Para $p_{ref} = 1$ atm e $z = 0{,}95$ (95%), $p = 1{,}69$ atm. Utilizando-se um *solucionador de equações* e programa gráfico, pode-se elaborar o seguinte gráfico:

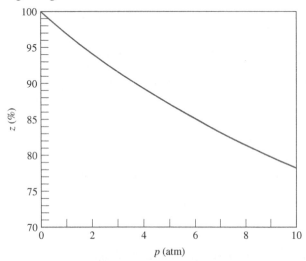

Fig. E14.8

✓ **Habilidade Desenvolvida**

Habilidade para...
❏ aplicar a Eq. 14.35 para determinar o grau de ionização do césio dados temperatura e pressão.

A Fig. E14.8 mostra que a ionização tende a ocorrer em menor grau à medida que a pressão aumenta. A ionização também tende a ocorrer em maior grau à medida que a temperatura aumenta a uma dada pressão.

Teste-Relâmpago Resolvendo a Eq. (a) para z, determine o percentual de ionização de Cs a $T = 2880°R$ (1327°C) [$K = 0{,}78$] e $p = 1$ atm. **Resposta:** 66,2%.

14.4.4 Reações Simultâneas

Retornemos à discussão da Seção 14.2 e consideremos a possibilidade de mais de uma reação entre as substâncias existentes em um sistema. Para a presente aplicação, admite-se que o sistema fechado contém uma mistura de *oito* componentes A, B, C, D, E, L, M e N, sujeitos a *duas* reações independentes

$$(1) \quad \nu_A A + \nu_B B \rightleftarrows \nu_C C + \nu_D D \quad (14.24)$$

$$(2) \quad \nu_{A'} A + \nu_L L \rightleftarrows \nu_M M + \nu_N N \quad (14.46)$$

Como na Seção 14.2, o componente E é inerte. Além disso, note que o componente A é utilizado em ambas as reações, mas com um coeficiente estequiométrico provavelmente diferente ($\nu_{A'}$ não é necessariamente igual a ν_A).

Os coeficientes estequiométricos das equações anteriores não correspondem ao número de mols dos seus respectivos componentes presentes no sistema, mas *variações* nas quantidades dos componentes estão relacionadas com os coeficientes estequiométricos através de

$$\frac{-dn_A}{\nu_A} = \frac{-dn_B}{\nu_B} = \frac{dn_C}{\nu_C} = \frac{dn_D}{\nu_D} \quad (14.25a)$$

a partir da Eq. 14.24, e

$$\frac{-dn_A}{\nu_{A'}} = \frac{-dn_L}{\nu_L} = \frac{dn_M}{\nu_M} = \frac{dn_N}{\nu_N} \quad (14.47a)$$

a partir da Eq. 14.46. Introduzindo-se um fator de proporcionalidade $d\varepsilon_1$, as Eqs. 14.25a podem ser representadas por

$$\begin{aligned} dn_A = -\nu_A\, d\varepsilon_1, & \quad dn_B = -\nu_B\, d\varepsilon_1 \\ dn_C = \nu_C\, d\varepsilon_1, & \quad dn_D = \nu_D\, d\varepsilon_1 \end{aligned} \quad (14.25b)$$

De modo semelhante, com o fator de proporcionalidade $d\varepsilon_2$, as Eqs. 14.47a podem ser representadas por

$$\begin{aligned} dn_A = -\nu_{A'}\, d\varepsilon_2, & \quad dn_L = -\nu_L\, d\varepsilon_2 \\ dn_M = \nu_M\, d\varepsilon_2, & \quad dn_N = \nu_N\, d\varepsilon_2 \end{aligned} \quad (14.47b)$$

O componente A participa em ambas as reações, então a variação total de A é dada por

$$dn_A = -\nu_A\, d\varepsilon_1 - \nu_{A'}\, d\varepsilon_2 \quad (14.48)$$

Além disso, tem-se $dn_E = 0$, pois o componente E é inerte.

Para o sistema em estudo, a Eq. 14.10 é

$$\begin{aligned} dG]_{T,p} = & \mu_A\, dn_A + \mu_B\, dn_B + \mu_C\, dn_C + \mu_D\, dn_D \\ & + \mu_E\, dn_E + \mu_L\, dn_L + \mu_M\, dn_M + \mu_N\, dn_N \end{aligned} \quad (14.49)$$

Fazendo-se as substituições das expressões relativas às variações nos n, a expressão anterior torna-se

$$\begin{aligned} dG]_{T,p} = & (-\nu_A \mu_A - \nu_B \mu_B + \nu_C \mu_C + \nu_D \mu_D)\, d\varepsilon_1 \\ & + (-\nu_{A'}\mu_A - \nu_L \mu_L + \nu_M \mu_M + \nu_N \mu_N)\, d\varepsilon_2 \end{aligned} \quad (14.50)$$

Como as duas reações são independentes, $d\varepsilon_1$ e $d\varepsilon_2$ podem variar independentemente. Em consequência, quando $dG]_{T,p} = 0$, os termos entre parênteses devem ser nulos e resultam em *duas* equações de reação de equilíbrio, cada qual correspondendo a uma das seguintes reações:

$$\nu_A \mu_A + \nu_B \mu_B = \nu_C \mu_C + \nu_D \mu_D \quad (14.26b)$$

$$\nu_{A'}\mu_A + \nu_L \mu_L = \nu_M \mu_M + \nu_N \mu_N \quad (14.51)$$

A primeira dessas equações é exatamente a mesma obtida na Seção 14.2. Para o caso de misturas reagentes de gases ideais, essa equação pode ser expressa como

$$-\left(\frac{\Delta G^\circ}{\overline{R}T}\right)_1 = \ln\left[\frac{y_C^{\nu_C} y_D^{\nu_D}}{y_A^{\nu_A} y_B^{\nu_B}} \left(\frac{p}{p_{\text{ref}}}\right)^{\nu_C + \nu_D - \nu_A - \nu_B}\right] \quad (14.52)$$

De modo semelhante, pode-se expressar a Eq. 14.51 como

$$-\left(\frac{\Delta G^\circ}{\overline{R}T}\right)_2 = \ln\left[\frac{y_M^{\nu_M} y_N^{\nu_N}}{y_A^{\nu_{A'}} y_L^{\nu_L}} \left(\frac{p}{p_{\text{ref}}}\right)^{\nu_M + \nu_N - \nu_{A'} - \nu_L}\right] \quad (14.53)$$

Em cada uma dessas equações, o termo ΔG° é estimado como a variação da função de Gibbs para a respectiva reação, considerando-se cada reagente e cada produto em separado, à temperatura T e à pressão de 1 atm.

Da Eq. 14.52 segue-se a constante de equilíbrio

$$K_1 = \frac{y_C^{\nu_C} y_D^{\nu_D}}{y_A^{\nu_A} y_B^{\nu_B}} \left(\frac{p}{p_{\text{ref}}}\right)^{\nu_C + \nu_D - \nu_A - \nu_B} \quad (14.54)$$

e da Eq. 14.53 segue-se

$$K_2 = \frac{y_M^{\nu_M} y_N^{\nu_N}}{y_{A'}^{\nu_{A'}} y_L^{\nu_L}} \left(\frac{p}{p_{ref}}\right)^{\nu_M + \nu_N - \nu_{A'} - \nu_L} \quad (14.55)$$

As constantes de equilíbrio K_1 e K_2 podem ser determinadas a partir da Tabela A-27 ou de uma compilação semelhante. As frações molares que aparecem nessas expressões devem ser estimadas através da consideração de *todas* as substâncias presentes dentro do sistema, incluindo a substância inerte E. Cada fração molar tem a forma $y_i = n_i/n$, em que n_i é a quantidade do componente i na mistura em equilíbrio e

$$n = n_A + n_B + n_C + n_D + n_E + n_L + n_M + n_N \quad (14.56)$$

Os n que aparecem na Eq. 14.56 podem ser expressos em termos de *duas* variáveis desconhecidas através da aplicação do princípio da conservação de massa às várias espécies químicas presentes. Consequentemente, para temperatura e pressão especificadas, as Eqs. 14.54 e 14.55 fornecem *duas* equações para *duas* incógnitas. A composição do sistema em equilíbrio pode ser determinado através da solução simultânea dessas equações. Esse procedimento é mostrado no Exemplo 14.9.

O procedimento discutido nesta seção pode ser estendido a sistemas que envolvam várias reações independentes simultâneas. O número de expressões de constantes de equilíbrio simultâneas resulta em igual número de reações independentes. Como essas equações são não lineares e necessitam de soluções simultâneas, normalmente é necessário o uso de um computador.

▶▶▶ EXEMPLO 14.9 ▶

Estudo do Equilíbrio com Reações Simultâneas

Como resultado de aquecimento, um sistema que consista inicialmente em 1 kmol de CO_2, $\frac{1}{2}$ kmol de O_2 e $\frac{1}{2}$ kmol de N_2 formam uma mistura em equilíbrio de CO_2, CO, O_2, N_2 e NO a 3000 K, 1 atm. Determine a composição da mistura em equilíbrio.

SOLUÇÃO

Dado: Um sistema que consiste em quantidades determinadas de CO_2, O_2 e N_2 é aquecido a 3000 K, 1 atm, formando uma mistura em equilíbrio de CO_2, CO, O_2, N_2 e NO.

Pede-se: Determine a composição de equilíbrio.

Modelo de Engenharia: A mistura final é uma mistura em equilíbrio de gases ideais.

Análise: A reação global tem a forma

❶
$$1CO_2 + \tfrac{1}{2}O_2 + \tfrac{1}{2}N_2 \rightarrow aCO + bNO + cCO_2 + dO_2 + eN_2$$

Aplicando-se a conservação de massa ao carbono, ao oxigênio e ao nitrogênio, os cinco coeficientes desconhecidos podem ser expressos em termos de quaisquer dois coeficientes. Selecionando a e b como as incógnitas, a seguinte equação balanceada é obtida:

$$1CO_2 + \tfrac{1}{2}O_2 + \tfrac{1}{2}N_2 \rightarrow aCO + bNO + (1-a)CO_2 + \tfrac{1}{2}(1+a-b)O_2 + \tfrac{1}{2}(1-b)N_2$$

O número total de mols n na mistura formada pelos produtos é

$$n = a + b + (1-a) + \tfrac{1}{2}(1+a-b) + \tfrac{1}{2}(1-b) = \frac{4+a}{2}$$

Em equilíbrio, duas reações independentes relacionam os componentes dos produtos da mistura:

1. $CO_2 \rightleftarrows CO + \tfrac{1}{2}O_2$
2. $\tfrac{1}{2}O_2 + \tfrac{1}{2}N_2 \rightleftarrows NO$

Para a primeira dessas reações, a forma da constante de equilíbrio, quando $p = 1$ atm, é

$$K_1 = \frac{a[\tfrac{1}{2}(1+a-b)]^{1/2}}{(1-a)}\left[\frac{1}{(4+a)/2}\right]^{1+1/2-1} = \frac{a}{1-a}\left(\frac{1+a-b}{4+a}\right)^{1/2}$$

De modo semelhante, a constante de equilíbrio para a segunda das reações é

$$K_2 = \frac{b}{[\tfrac{1}{2}(1+a-b)]^{1/2}[\tfrac{1}{2}(1-b)]^{1/2}}\left[\frac{1}{(4+a)/2}\right]^{1-1/2-1/2} = \frac{2b}{[(1+a-b)(1-b)]^{1/2}}$$

A 3000 K, a Tabela A-27 fornece $\log_{10}K_1 = -0{,}485$ e $\log_{10}K_2 = -0{,}913$, obtendo-se $K_1 = 0{,}3273$ e $K_2 = 0{,}1222$. Em consequência, as duas equações que devem ser resolvidas simultaneamente para as duas incógnitas a e b são

$$0{,}3273 = \frac{a}{1-a}\left(\frac{1+a-b}{4+a}\right)^{1/2}, \qquad 0{,}1222 = \frac{2b}{[(1+a-b)(1-b)]^{1/2}}$$

A solução é $a = 0{,}3745$ e $b = 0{,}0675$, como se pode verificar. A composição da mistura em equilíbrio, em kmol por kmol de CO_2 inicialmente presente, é então $0{,}3745\,CO$; $0{,}0675\,NO$; $0{,}6255\,CO_2$; $0{,}6535\,O_2$; $0{,}4663\,N_2$.

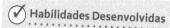

Habilidades Desenvolvidas

Habilidades para...
- aplicar a Eqs. 14.54 e 14.55 para a determinação da composição de equilíbrio dadas a temperatura e a pressão para duas reações simultâneas em equilíbrio.
- obter e usar os dados da Tabela A-27.

❶ Se forem atingidas temperaturas suficientemente altas, o nitrogênio pode combinar-se com o oxigênio para formar componentes como óxido nítrico. Mesmo quantidades residuais de óxidos de nitrogênio nos produtos de combustão podem ser uma fonte de poluição do ar.

Teste-Relâmpago Determine as frações molares dos componentes da mistura em equilíbrio.
Resposta: $y_{CO} = 0{,}171$, $y_{NO} = 0{,}031$, $y_{CO_2} = 0{,}286$, $y_{O_2} = 0{,}299$, $y_{N_2} = 0{,}213$.

Equilíbrio de Fases

Nesta parte do capítulo a condição de equilíbrio $dG]_{T,p} = 0$ apresentada na Seção 14.1 é utilizada no estudo do equilíbrio de sistemas multicomponentes, multifásicos e não reagentes. A discussão começa pelo caso elementar de equilíbrio entre duas fases de uma substância pura e depois volta-se para o caso mais geral de vários componentes presentes em várias fases.

14.5 Equilíbrio entre Duas Fases de uma Substância Pura

Considere o caso de um sistema que consiste em duas fases de uma substância pura em equilíbrio. Como o sistema está em equilíbrio, cada fase está à mesma temperatura e pressão. A função de Gibbs para o sistema é

$$G = n'\overline{g}'(T,p) + n''\overline{g}''(T,p) \tag{14.57}$$

em que as plicas ' e " indicam, respectivamente, fases 1 e 2.

Aplicando o diferencial de G a T e p determinados

$$dG]_{T,p} = \overline{g}'\,dn' + \overline{g}''\,dn'' \tag{14.58}$$

Como a quantidade total de substância pura permanece constante, um aumento na quantidade presente em uma das fases deve ser compensado pela diminuição equivalente na quantidade presente na outra fase. Assim, tem-se $dn'' = -dn'$, e a Eq. 14.58 torna-se

$$dG]_{T,p} = (\overline{g}' - \overline{g}'')\,dn'$$

Em equilíbrio, $dG]_{T,p} = 0$, então

$$\boxed{\overline{g}' = \overline{g}''} \tag{14.59}$$

Em equilíbrio, as funções de Gibbs molares das fases são iguais.

EQUAÇÃO DE CLAPEYRON. Pode-se utilizar a Eq. 14.59 para deduzir a equação de *Clapeyron*, obtida por outros meios na Seção 11.4. Para duas fases em equilíbrio, as variações de pressão estão relacionadas unicamente com variações de temperatura: $p = p_{sat}(T)$; assim, a diferenciação da Eq. 14.59 em relação à temperatura fornece

$$\left(\frac{\partial \overline{g}'}{\partial T}\right)_p + \left(\frac{\partial \overline{g}'}{\partial p}\right)_T \frac{dp_{sat}}{dT} = \left(\frac{\partial \overline{g}''}{\partial T}\right)_p + \left(\frac{\partial \overline{g}''}{\partial p}\right)_T \frac{dp_{sat}}{dT}$$

Com as Eqs. 11.30 e 11.31, ela se torna

$$-\overline{s}' + \overline{v}'\,\frac{dp_{sat}}{dT} = -\overline{s}'' + \overline{v}''\,\frac{dp_{sat}}{dT}$$

Ou, rearrumando

$$\frac{dp_{sat}}{dT} = \frac{\overline{s}'' - \overline{s}'}{\overline{v}'' - \overline{v}'}$$

Isto pode ser expresso alternativamente se observarmos que, com $\overline{g} = \overline{h} - T\overline{s}$, a Eq. 14.59 torna-se

$$\overline{h}' - T\overline{s}' = \overline{h}'' - T\overline{s}''$$

ou

$$\overline{s}'' - \overline{s}' = \frac{\overline{h}'' - \overline{h}'}{T} \tag{14.60}$$

equação de Clapeyron

Combinando-se os resultados, a equação de Clapeyron é obtida

$$\frac{dp_{sat}}{dT} = \frac{1}{T}\left(\frac{\overline{h}'' - \overline{h}'}{\overline{v}'' - \overline{v}'}\right) \tag{14.61}$$

Uma aplicação da equação de Clapeyron é fornecida no Exemplo 11.4.

Uma forma especial da Eq. 14.61 para um sistema em equilíbrio consistindo em um líquido ou em uma fase sólida e em uma fase de vapor pode ser obtida de maneira simples. Se o volume específico do líquido ou do sólido, $\overline{v}'$, for desprezível em comparação com o volume específico do vapor, $\overline{v}''$, e o vapor puder ser tratado como um gás ideal, $\overline{v}'' = \overline{R}T/p_{sat}$, a Eq. 14.61 torna-se

TOME NOTA...
As Eqs. 11.40 e 11.42 são casos especiais, respectivamente, das Eqs. 14.61 e 14.62.

$$\frac{dp_{sat}}{dT} = \frac{\overline{h}'' - \overline{h}'}{\overline{R}T^2/p_{sat}}$$

ou

$$\frac{d\ln p_{sat}}{dT} = \frac{\overline{h}'' - \overline{h}'}{\overline{R}T^2} \tag{14.62}$$

equação de Clausius-Clapeyron

que é a equação de Clausius-Clapeyron. Pode-se observar a semelhança na forma entre a Eq. 14.62 e a equação de van't Hoff, Eq. 14.43b. A equação de van't Hoff para o equilíbrio químico equivale à equação de Clausius-Clapeyron para o equilíbrio de fases.

14.6 Equilíbrio de Sistemas Multicomponentes e Multifásicos

O equilíbrio de sistemas que podem envolver várias fases, cada qual envolvendo um número de componentes presentes, é estudado nesta seção. O resultado principal é a regra das fases de Gibbs, que resume limitações importantes de sistemas multicomponentes e multifásicos em equilíbrio.

14.6.1 Potencial Químico e Equilíbrio de Fases

A Fig. 14.1 mostra um sistema que consiste em *dois* componentes A e B em *duas* fases 1 e 2, que estão às mesmas temperatura e pressão. Aplicando-se a Eq. 14.10 a cada uma dessas fases

$$dG']_{T,p} = \mu'_A \, dn'_A + \mu'_B \, dn'_B$$
$$dG'']_{T,p} = \mu''_A \, dn''_A + \mu''_B \, dn''_B \tag{14.63}$$

em que, como anteriormente, as plicas identificam as duas fases.

Quando há transferência de matéria entre as duas fases na ausência de reação química, as quantidades totais de A e B devem permanecer constantes. Assim, o aumento na quantidade presente em uma das fases deve ser compensado pela equivalente diminuição da quantidade presente na outra fase. Ou seja

$$dn''_A = -dn'_A, \qquad dn''_B = -dn'_B \tag{14.64}$$

Fase 1
Componente A, n'_A, μ'_A
Componente B, n'_B, μ'_B

Com as Eqs. 14.63 e 14.64, a variação da função de Gibbs para o sistema é

$$dG]_{T,p} = dG']_{T,p} + dG'']_{T,p}$$
$$= (\mu'_A - \mu''_A) dn'_A + (\mu'_B - \mu''_B) dn'_B \tag{14.65}$$

Como n'_A e n'_B podem variar independentemente, segue-se que, quando $dG]_{T,p} = 0$, os termos entre parênteses são nulos, resultando em

$$\mu'_A = \mu''_A \qquad e \qquad \mu'_B = \mu''_B \tag{14.66}$$

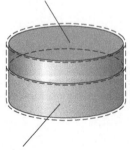

Fase 2
Componente A, n''_A, μ''_A
Componente B, n''_B, μ''_B

Fig. 14.1 Sistema consistindo em dois componentes em duas fases.

Em equilíbrio, o potencial químico de cada componente é o mesmo em cada fase.

A importância do potencial químico para o equilíbrio de fases pode ser apresentada simplesmente através da reconsideração do sistema da Fig. 14.1, no caso especial em que o potencial químico do componente B é o mesmo em ambas as fases: $\mu'_B = \mu''_B$. Com essa restrição, a Eq. 14.65 reduz-se a

$$dG]_{T,p} = (\mu'_A - \mu''_A) \, dn'_A$$

Qualquer processo espontâneo do sistema que ocorra a temperatura e pressão determinadas deve ser tal que a função de Gibbs decresça: $dG]_{T,p} < 0$. Assim, com as expressões anteriores temos

$$(\mu'_A - \mu''_A) dn'_A < 0$$

Consequentemente,

▶ quando o potencial químico de A é maior na fase 1 do que na fase 2 ($\mu'_A > \mu''_A$), segue-se que $dn'_A < 0$. Ou seja, a substância A passa da fase 1 para a fase 2.
▶ quando o potencial químico de A é maior na fase 2 do que na fase 1 ($\mu''_A > \mu'_A$), segue-se que $dn'_A > 0$. Ou seja, a substância A passa da fase 2 para a fase 1.

Em equilíbrio, os potenciais químicos são iguais ($\mu'_A = \mu''_A$), e não há transferência líquida de A entre fases.

Por esse raciocínio, vê-se que o potencial químico pode ser considerado como uma medida da *tendência de escape* de um componente. Se o potencial químico de um componente não for o mesmo em cada fase, haverá uma tendência do componente de passar de uma fase que tem potencial químico maior desse componente para a fase em que há o menor potencial químico. Quando o potencial químico é o mesmo para ambas as fases, não há tendência de ocorrer uma transferência líquida de uma fase para outra.

No Exemplo 14.10, aplicamos os princípios de equilíbrio das fases para fornecer uma justificativa para o modelo apresentado na Seção 12.5.3 para ar úmido em contato com água líquida.

▶ EXEMPLO 14.10 ▶

Estimando o Equilíbrio de Ar Úmido em Contato com Água Líquida

Um recipiente fechado contém um gás consistindo em vapor d'água e ar seco em equilíbrio com água líquida. O sistema é mantido a uma temperatura T e uma pressão p. (a) Desenvolva uma expressão para a pressão parcial do vapor d'água, p_v, em função da pressão total, p, enquanto a temperatura se mantém constante. (b) Aplicando o resultado da parte (a) para $T = 70°F$ (21°C) e $p = 1$ atm, determine a influência do ar seco sobre a pressão parcial do vapor d'água a partir da pressão de saturação a 70°F, a qual é observada quando não há ar presente. Comente.

SOLUÇÃO

❶ **Dado:** Água, em fase líquida, está em equilíbrio com *ar úmido* a T, p.

Pede-se: (a) Derivar uma expressão para a pressão parcial do vapor d'água em função da pressão total. (b) Para um caso específico, aplicar esta expressão para determinar como a presença do ar seco altera a pressão do vapor d'água em relação à pressão de saturação.

Diagrama Esquemático e Dados Fornecidos:

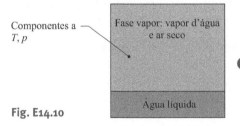

Fig. E14.10

Modelo de Engenharia:

1. A cada pressão p, a água em fase vapor e em fase líquida encontra-se em equilíbrio.
2. O vapor d'água tem comportamento de gás ideal.
❷ 3. A fase líquida contém água pura. O volume específico é $v \approx v_f(T)$.

Análise:

(a) Para o equilíbrio de fases, os potenciais químicos da água líquida e do vapor d'água são iguais: $\mu_{líq} = \mu_v$. Aplicando a Eq. 14.12 para o potencial químico da água líquida e a Eq. 14.16 para o potencial químico do vapor d'água, tem-se

$$g_{líq}(T, p) = g_v(T, p_v) \tag{a}$$

❸ Uma vez que os potenciais químicos permanecem iguais quando a pressão total, p, varia, eles devem variar em quantidades equivalentes. Assim,

$$\left(\frac{\partial g_{líq}}{\partial p}\right)_T dp = \left(\frac{\partial g_v}{\partial p_v}\right)_T dp_v$$

Então, com a Eq. 11.30

$$v_{líq}(T, p) dp = v_v(T, p_v) dp_v$$

Com as hipóteses 2 e 3, esta equação assume a forma

$$v_f(T) dp = \frac{RT}{p_v} dp_v$$

Integrando de p_1 a p_2 a uma temperatura constante

$$v_f(p_2 - p_1) = RT \ln\left(\frac{p_{v,2}}{p_{v,1}}\right) \quad \text{(b)}$$

Alternativamente,

$$\frac{p_{v,2}}{p_{v,1}} = \exp\left(\frac{v_f(T)(p_2 - p_1)}{RT}\right) \quad \text{(c)}$$

A Eq. (c) fornece a pressão parcial p_v em função da pressão total, como solicitado na parte (a).

Um caso especial simplifica a parte (b): uma vez que a Eq. (c) é obtida assumindo-se que o vapor d'água e a água líquida estão em equilíbrio, ela se aplica em particular quando não há ar seco presente inicialmente. Para este caso, $p_1 = p_{v,1} = p_{sat}(T)$. A Eq. (c) assume então a forma

$$\frac{p_v}{p_{sat}} = \exp\left(\frac{v_f(T)(p - p_{sat}(T))}{RT}\right) \quad \text{(d)}$$

em que p é a pressão total e p_v a pressão parcial do vapor d'água.

(b) A 70°F, a Tabela A-2 fornece $p_{sat} = 0{,}3632$ lbf/in² e $v_f = 0{,}01605$ ft³/lb. Então, para $p = 1$ atm, a Eq. (d) fornece

$$\frac{p_v}{p_{sat}} = \exp\left(\frac{0{,}01605 \text{ ft}^3/\text{lb}(14{,}696 - 0{,}3632)(\text{lbf/in}^2)|144 \text{ in}^2/\text{ft}^2|}{\left(\dfrac{1545 \text{ ft} \cdot \text{lbf}}{18{,}02 \text{ lb} \cdot \text{°R}}\right)(530\text{°R})}\right)$$

$$= 1{,}00073$$

Como esperado, para as condições especificadas, o desvio de p_v em relação a p_{sat} devido à presença do ar seco é desprezível.

---

❶ O termo *ar úmido* se refere a uma mistura de ar seco e vapor d'água no qual o ar seco é tratado como se fosse um componente puro (Seção 12.5.1).
❷ No equilíbrio de fases, deve haver uma pequena quantidade, finita, de ar dissolvido na fase líquida. No entanto, esta pequena quantidade é ignorada no presente desenvolvimento.
❸ Para aumentar a pressão, pensa-se na adição de ar, mantendo-se a temperatura constante.
❹ O desvio de p_v em relação a p_{sat} é desprezível nas condições dadas. Esse comportamento sugere que sob temperaturas e pressões normais, o equilíbrio entre a fase líquida, consistindo em água, e a água em fase vapor não é significativamente perturbado pela presença de ar seco. Como esperado, a pressão parcial do vapor d'água pode ser assumida como igual à pressão de saturação da água à temperatura na qual o sistema se encontra. Este modelo, introduzido na Seção 12.5.3, é extensivamente empregado no Capítulo 12.

> ✓ **Habilidade Desenvolvida**
>
> *Habilidade para...*
> ☐ aplicar o conceito de equilíbrio de fases em uma mistura ar-vapor d'água em equilíbrio com água líquida.

Teste-Relâmpago Utilizando os métodos da Seção 12.5.2, determine a razão de mistura, ω, da mistura ar-vapor d'água. **Resposta:** 0,01577 lbm(vapor)/lbm(ar seco).

14.6.2 A Regra das Fases de Gibbs

O requisito para o equilíbrio de um sistema que consiste em dois componentes e duas fases dadas pelas Eqs. 14.66 pode ser estendido, com raciocínio similar, a sistemas não reagentes, multicomponentes e multifásicos. Em equilíbrio, o potencial químico de cada componente deve ser o mesmo em todas as fases. Para o caso de N componentes que estão presentes em P fases tem-se, portanto, o seguinte conjunto de $N(P - 1)$ equações:

$$N \begin{cases} \overbrace{\mu_1^1 = \mu_1^2 = \mu_1^3 = \cdots = \mu_1^P}^{P-1} \\ \mu_2^1 = \mu_2^2 = \mu_2^3 = \cdots = \mu_2^P \\ \vdots \\ \mu_N^1 = \mu_N^2 = \mu_N^3 = \cdots = \mu_N^P \end{cases} \quad (14.67)$$

em que μ_i^j indica o potencial químico do i-ésimo componente na j-ésima fase. Esse conjunto de equações fornece a base para a *regra das fases de Gibbs*, que permite a determinação do número de *propriedades intensivas independentes* que podem ser arbitrariamente especificadas de modo a se estabelecer o estado *intensivo* do sistema. O número de propriedades intensivas independentes é chamado graus de liberdade (ou de *variância*).

graus de liberdade

Como o potencial químico é uma propriedade intensiva, o seu valor depende das proporções relativas dos componentes presentes e não das quantidades dos componentes. Em outras palavras: em uma dada fase, que envolve N componentes à temperatura T e à pressão p, o potencial químico é determinado pelas *frações molares* dos componentes presentes e não pelos seus respectivos n. Porém, como as frações molares somam 1, no máximo $N-1$ das frações molares podem ser independentes. Assim, para um sistema composto por N componentes, existem no máximo $N-1$ frações molares independentes para cada fase. Para P fases, portanto, existem no máximo $P(N-1)$ frações molares independentes. Além disso, a temperatura e a pressão, as quais são as mesmas em cada fase, são duas propriedades intensivas adicionais, o que gera um máximo de $P(N-1)+2$ propriedades intensivas independentes para o sistema. Mas, em função das $N(P-1)$ condições de equilíbrio descritas pelas Eqs. 14.67 entre essas propriedades, o número de propriedades intensivas que são livres, os graus de liberdade F, é

$$F = [P(N-1) + 2] - N(P-1) = 2 + N - P \qquad (14.68)$$

que é a **regra das fases de Gibbs**.

Na Eq. 14.68, F é o número de propriedades intensivas que podem ser especificadas arbitrariamente e que devem ser especificadas para se estabelecer o estado intensivo de um sistema não reativo em equilíbrio.

▶ **POR EXEMPLO** vamos aplicar a regra das fases de Gibbs a uma solução líquida que consista em água e amônia, como consideramos na discussão sobre refrigeração por absorção (Seção 10.5). Esta solução envolve dois componentes e uma fase única: $N = 2$ e $P = 1$. A Eq. 14.68 então fornece $F = 3$, e assim o estado intensivo é determinado pelos valores fornecidos por *três* propriedades intensivas, como a temperatura, a pressão e a fração molar da amônia (ou da água). ◀ ◀ ◀ ◀

A regra das fases resume limitações importantes em vários tipos de sistemas. Por exemplo, para um sistema composto por um único componente, como a água, $N = 1$ e a Eq. 14.68 torna-se

$$F = 3 - P \qquad (14.69)$$

- O número mínimo de fases é um, correspondendo a $P = 1$. Para este caso, a Eq. 14.69 fornece $F = 2$. Ou seja, *duas* propriedades intensivas devem ser especificadas para se estabelecer o estado intensivo do sistema. Os requisitos são conhecidos a partir da nossa utilização das tabelas de vapor e das tabelas de propriedades similares. Para se obter as propriedades de vapor superaquecido, digamos de tais tabelas, é necessário que se forneçam valores para *quaisquer duas* propriedades tabeladas, como, por exemplo, T e p.
- Quando duas fases estão presentes em um sistema de um único componente, $N = 1$ e $P = 2$. A Eq. 14.69 então fornece $F = 1$. Ou seja, o estado intensivo é determinado por um único valor de propriedade intensiva. Por exemplo, os estados intensivos de fases separadas de uma mistura em equilíbrio de água líquida e de vapor d'água são completamente determinados pela especificação da temperatura.
- O valor mínimo admissível para os graus de liberdade é zero: $F = 0$. Para um sistema de componente único, a Eq. 14.69 mostra que isto corresponde a $P = 3$, um sistema trifásico. Assim, *três* é o número máximo de fases diferentes de um componente puro que podem coexistir em equilíbrio. Como não há graus de liberdade, tanto a temperatura quanto a pressão são determinadas em equilíbrio. Por exemplo, existe uma única temperatura 0,01°C (32,02°F) e uma única pressão de 0,6113 kPa (0,006 atm) para as quais o gelo, a água líquida e o vapor d'água estão em equilíbrio.

A regra das fases apresentada deve ser modificada para uso em sistemas nos quais ocorrem reações químicas. Além disso, o sistema de equações, Eqs. 14.67, que fornece os requisitos para equilíbrio das fases a determinadas temperatura e pressão pode ser expresso alternativamente em forma de funções de Gibbs parciais molais, fugacidades e atividades, as quais foram apresentadas na Seção 11.9. Para a utilização de quaisquer dessas expressões para a determinação da composição de equilíbrio de diferentes fases presentes em um sistema em equilíbrio é necessário um modelo para cada fase, que permita a estimativa das quantidades relevantes — os potenciais químicos, as fugacidades e assim por diante — para os componentes presentes em termos das propriedades do sistema que possam ser determinadas. Por exemplo, uma fase gasosa pode ser modelada como uma mistura de gases ideais ou, a pressões mais altas, como uma solução ideal.

▶ RESUMO DO CAPÍTULO E GUIA DE ESTUDOS

Neste capítulo, estudamos o equilíbrio de fases e o equilíbrio químico. O capítulo começou pelo desenvolvimento de critérios para o equilíbrio e pela apresentação do potencial químico. Na segunda parte do capítulo, estudamos o equilíbrio químico de mistura de gases ideais utilizando o conceito de constante de equilíbrio. Também utilizamos o balanço de energia e determinamos a temperatura de equilíbrio de chama como uma aplicação. A parte final do capítulo diz respeito ao equilíbrio de fases, incluindo sistemas multicomponentes, multifásicos e a regra das fases de Gibbs.

A lista a seguir fornece um guia de estudos para este capítulo. Quando tiver concluído o estudo deste texto e resolvido os exercícios do final deste capítulo, você estará apto a

- escrever o significado dos termos listados nas margens por todo o capítulo e entender cada um dos conceitos relacionados. O subconjunto de conceitos fundamentais listados a seguir é particularmente importante.

- aplicar a relação de constante de equilíbrio, a Eq. 14.35, para se determinar a terceira quantidade quando *quaisquer duas* quantidades de temperatura, pressão e composição de equilíbrio de uma mistura de gases ideais for conhecida. Casos especiais incluem usos com reações simultâneas e com sistemas que envolvam gases ionizados.

- utilizar os conceitos de equilíbrio químico com o balanço de energia, incluindo a determinação da temperatura de equilíbrio de chama.

- aplicar a Eq. 14.43b, a equação de van't Hoff, para determinar a entalpia de reação quando a constante de equilíbrio for conhecida, e reciprocamente.

- aplicar a regra das fases de Gibbs, a Eq. 14.68.

CONCEITOS FUNDAMENTAIS NA ENGENHARIA

constante de equilíbrio
critério de equilíbrio
equação de reação de equilíbrio

função de Gibbs
potencial químico

regra das fases de Gibbs
temperatura de equilíbrio de chama

EQUAÇÕES PRINCIPAIS

Equação	Nº	Descrição
$dG]_{T,p} = 0$	(14.6)	Critério de equilíbrio.
$\mu_i = \left(\dfrac{\partial G}{\partial n_i}\right)_{T,p,n_l}$	(14.8)	Potencial químico do componente i em uma mistura.
$G = \sum_{i=1}^{j} n_i \bar{g}_i(T, p_i)$	(14.15)	Relações de função de Gibbs e de potencial químico para misturas de gases ideais.
$\mu_i = \bar{g}_i(T, p_i)$	(14.16)	
$\mu_i = \bar{g}_i^\circ + \bar{R}T \ln \dfrac{y_i p}{p_{\text{ref}}}$	(14.17)	
$K(T) = \dfrac{y_C^{\nu_C} y_D^{\nu_D}}{y_A^{\nu_A} y_B^{\nu_B}} \left(\dfrac{p}{p_{\text{ref}}}\right)^{\nu_C+\nu_D-\nu_A-\nu_B}$	(14.32)	Expressões da constante de equilíbrio para uma mistura em equilíbrio de gases ideais.
$K = \dfrac{n_C^{\nu_C} n_D^{\nu_D}}{n_A^{\nu_A} n_B^{\nu_B}} \left(\dfrac{p/p_{\text{ref}}}{n}\right)^{\nu_C+\nu_D-\nu_A-\nu_B}$	(14.35)	
$\dfrac{d \ln K}{dT} = \dfrac{\Delta H}{\bar{R}T^2}$	(14.43b)	Equação de van't Hoff.
$\bar{g}' = \bar{g}''$	(14.59)	Critério para equilíbrio de fases para uma substância pura.
$\mu_A' = \mu_A'' \quad \mu_B' = \mu_B''$	(14.66)	Critério para equilíbrio de fases para sistemas de dois componentes e duas fases.
$F = 2 + N - P$	(14.68)	Regra das fases de Gibbs.

EXERCÍCIOS: PONTOS DE REFLEXÃO PARA OS ENGENHEIROS

1. Por que é vantajoso usar a função de Gibbs quando se está estudando equilíbrio de fases e químico?

2. Para a Eq. 14.6 ser aplicada em equilíbrio, um sistema deve alcançar o equilíbrio a T e p determinadas?

3. Um artigo diz que $(dA)_{T,V} = 0$ é um critério de equilíbrio válido, em que $A = U - TS$ é a *função de Helmholtz*. A afirmação está correta? Explique.

4. Uma mistura de 1 kmol de CO e $\frac{1}{2}$ kmol de O_2 é mantida a temperatura e pressão ambientes. Após 100 horas, apenas uma quantidade insignificante de CO_2 foi formada. Por quê?

5. Por que o oxigênio contido em um tanque de aço pode ser tratado como *inerte* em uma análise termodinâmica ainda que o aço *oxide* na presença de oxigênio?

6. Para $CO_2 + H_2 \rightleftarrows CO + H_2O$, como a pressão afeta a composição de equilíbrio?

7. Para cada uma das reações listadas na Tabela A-27, o valor de $\log_{10} K$ aumenta com o aumento da temperatura. Em que isto implica?

8. Para cada uma das reações listadas na Tabela A-27, o valor da constante de equilíbrio K a 298 K é relativamente pequeno. Em que isto implica?

9. Se um sistema que inicialmente contém CO_2 e H_2O for mantido com T, p determinadas, liste as espécies químicas que *podem* estar presentes em equilíbrio.

10. Utilizando a Eq. 14.12 em conjunto com considerações de equilíbrio de fase, sugira como o potencial químico de um componente de uma mistura pode ser avaliado.

11. A observação 2 do Exemplo 14.10 refere-se à pequena quantidade de ar que poderia estar dissolvida na fase líquida. Para o equilíbrio, o que deve ser verdadeiro para os potenciais químicos do ar nas fases líquida e gasosa?

12. A água pode existir em algumas fases sólidas diferentes. A água líquida, o vapor d'água e duas fases de gelo podem coexistir em equilíbrio?

VERIFICAÇÃO DE APRENDIZADO

1. Em relação ao critério de equilíbrio, expresse cada uma das quantidades como uma desigualdade:
   (a) $dG]_{T,p}$.
   (b) $dS]_{U,V}$.
   (c) $T\,ds - dU - p\,dV$.

2. Em palavras, o que significam T e p no item (a) da questão 1?

3. Em palavras, o que significam U e V no item (b) da questão 1?

4. Um sistema fechado a 20°C e 1 bar consiste em uma fase vapor incluindo vapor d'água e ar seco em equilíbrio com uma fase de água líquida. A pressão parcial do vapor d'água (a) é igual à pressão de saturação da água a 1 bar; (b) é menor que a pressão de saturação do vapor d'água a 20°C; (c) é aproximadamente igual à pressão de saturação do vapor d'água a 20°C, ou (d) não pode ser determinada sem mais informações.

5. A ionização do argônio (Ar) para formar uma mistura contendo Ar, Ar^+ e e^- pode ser escrita como

$$Ar \rightarrow (1-z)Ar + z\,Ar^+ + z\,e^-$$

em que z indica a extensão da ionização. Derive uma expressão para z em termos de uma constante de equilíbrio de ionização $K(T)$ e da razão de pressão p/p_{ref}.

6. Para o sistema da questão 5, se a pressão aumenta sob temperatura constante, o valor de z (a) aumenta; (b) diminui; (c) permanece inalterado, ou (d) pode aumentar, diminuir ou permanecer inalterado dependendo da temperatura.

7. Referindo-se ao Exemplo 14.1, se ln K = 6,641 para a reação dada, a temperatura é _____ K.

8. Referindo-se ao Exemplo 14.7, se a pressão é 2 atm, a quantidade de CO presente na mistura (de exaustão) em equilíbrio é aproximadamente (a) 0,09; (b) 0,10; (c) 0,11 ou (d) 0,12.

9. Se T = 2500 K e p = 22,4 atm, a quantidade de CO presente em equilíbrio na mistura do Exemplo 14.2 é _____ kmol.

10. Se p = 4 atm e T = 3600°R (1726,85°C), a extensão da ionização na mistura em equilíbrio no Exemplo 14.8 é aproximadamente (a) 0,85; (b) 0,87; (c) 0,89 ou (d) 0,91.

11. Para a reação a seguir, $\log_{10} K$ a 25°C é _____.

$$2H_2O(g) \rightleftarrows 2H_2 + O_2$$

12. Referindo-se ao Exemplo 14.3, se a composição permanece inalterada a uma temperatura de 3000 K, a pressão de equilíbrio da mistura é _____ atm.

13. Se a temperatura de equilíbrio da mistura do Exemplo 14.4 é 3500 K, enquanto a pressão é mantida a 1 atm, a quantidade de CO presente na mistura é _____.

14. Se a pressão de equilíbrio da mistura do Exemplo 14.5 for 1,3 atm, enquanto a temperatura for mantida a 3200 K, a transferência de calor para o reator, em kJ por kmol de CO_2 entrando no sistema, será _____.

15. Referindo-se ao Exemplo 14.2, se a quantidade de CO em equilíbrio na mistura a 2500 K for 0,10 kmol, a pressão será _____ atm.

16. Referindo-se ao Exemplo 14.7, se a quantidade de CO presente em equilíbrio na mistura for 0,10 kmol, a temperatura de equilíbrio de chama é aproximadamente (a) 2400 K; (b) 2425 K; (c) 2450 K ou (d) 2475 K.

17. A dada temperatura, a constante de equilíbrio para a seguinte reação é 0,2:

$$\tfrac{1}{2}O_2 + \tfrac{1}{2}N_2 \rightleftarrows NO$$

Então, a constante de equilíbrio para a seguinte reação será _____.

$$O_2 + N_2 \rightleftarrows 2NO$$

18. Repita a questão 17, se a segunda reação for

$$NO \rightleftarrows \tfrac{1}{2}O_2 + \tfrac{1}{2}N_2$$

Para cada um dos sistemas especificados, determine N, P e F de acordo com a regra de fases de Gibbs.

Sistema	N	P	F
19. Vapor d'água	___	___	___
20. Solução líquida de água e amônia	___	___	___
21. Vapor d'água e gelo	___	___	___
22. Água líquida	___	___	___
23. Solução líquida de água e amônia junto a uma mistura de vapor de amônia e vapor d'água	___	___	___
24. Solução líquida de água e brometo de lítio	___	___	___
25. Vapor d'água, água líquida e gelo	___	___	___
26. Água líquida e mercúrio líquido junto a uma mistura de vapor d'água e vapor de mercúrio	___	___	___
27. Água líquida e vapor d'água	___	___	___

Associe a expressão adequada na coluna da direita com o termo na coluna da esquerda.

28. ___ $\dfrac{d \ln K}{dT} =$ **A.** $\dfrac{n_C^{\nu_C} n_D^{\nu_D}}{n_A^{\nu_A} n_B^{\nu_B}} \left(\dfrac{p/p_{ref}}{n} \right)^{\nu_C + \nu_D - \nu_A - \nu_B}$

29. ___ $\ln K(T) =$ **B.** $-\dfrac{\Delta G^\circ}{\overline{R}T}$

30. ___ $K =$ **C.** $\dfrac{\Delta H}{\overline{R}T^2}$

Indique quais afirmativas são verdadeiras ou falsas. Explique.

31. Um processo em um recipiente fechado, isolado e sob volume constante somente pode ocorrer na direção do aumento de entropia.

32. A Eq. 14.6 se aplica somente quando o equilíbrio é atingido a T e p fixos.

33. Como resultado das altas temperaturas alcançadas durante a combustão, alguns produtos de combustão podem se dissociar, reduzindo a temperatura dos produtos.

34. A equação de Clausius-Clapeyron para o equilíbrio de fases é uma forma da equação de van't Hoff para o equilíbrio químico.

35. Na Eq. 14.54, as frações molares são calculadas considerando as substâncias reagentes A, B, C, D e a substância inerte E.

36. Em ciências e engenharia, o conceito de equilíbrio está fundamentalmente associado à subárea da termodinâmica química.

37. O potencial químico de um componente pode ser tratado como uma medida da sua *tendência de escape*.

38. A Eq. 14.24 é conhecida como equação de equilíbrio de reação.

39. Quando duas fases de uma *substância pura* estão em equilíbrio, o potencial químico da substância é o mesmo em cada fase.

40. Os princípios de uma mistura de gases ideais podem ser aplicados a casos de interesse prático envolvendo *plasmas*.

41. A temperatura de chama de equilíbrio corresponde à temperatura adiabática de chama máxima considerada no Capítulo 13.

42. Quando o número de graus de liberdade é zero, o número de fases em equilíbrio deve ser maior que dois.

43. O potencial químico é uma propriedade *intensiva*.

44. Um componente inerte não tem influência sobre a composição de um sistema em equilíbrio.

45. De acordo com a equação de van't Hoff, quando a entalpia de reação, ΔH, é positiva, a constante de equilíbrio aumenta com o aumento da temperatura.

46. Na Eq. 14.35, n contabiliza o número de mols dos componentes reagentes A, B, C e D.

47. Em geral, a composição dos produtos realmente formados a partir de um conjunto de reagentes e suas quantidades relativas podem ser determinadas somente experimentalmente.

48. A composição de uma mistura em equilíbrio pode ser determinada a partir da solução da equação de Clapeyron.

49. No Exemplo 14.9, N_2 é considerado um componente inerte.

50. O número de *graus de liberdade* para um sistema consistindo em água líquida e vapor d'água em equilíbrio é 1.

PROBLEMAS: DESENVOLVENDO HABILIDADES PARA ENGENHARIA

Trabalhando com a Constante de Equilíbrio

14.1 Determine a variação da função de Gibbs $\Delta G°$ a 25°C em kJ/kmol, para a reação

$$CH_4(g) + 2O_2 \rightleftarrows CO_2 + 2H_2O(g)$$

utilizando
(a) dados da função de Gibbs de formação.
(b) dados de entalpia de formação e de entropia absoluta.

14.2 Calcule a constante de equilíbrio, expressa como $\log_{10}K$, para $CO_2 \rightleftarrows CO + \frac{1}{2}O_2$ a (a) 500 K, (b) 1800°R (727°C). Compare com os valores da Tabela A-27.

14.3 Calcule a constante de equilíbrio, expressa como $\log_{10}K$, para a reação de *deslocamento de vapor d'água* $CO + H_2O(g) \rightleftarrows CO_2 + H_2$ a (a) 298 K, (b) 1000 K. Compare com os valores da Tabela A-27.

14.4 Calcule a constante de equilíbrio, expressa como $\log_{10}K$, para $H_2O \rightleftarrows H_2 + \frac{1}{2}O_2$ a (a) 298 K, (b) 3600°R (1727°C). Compare com os valores da Tabela A-27.

14.5 Utilizando dados da Tabela A-27, determine $\log_{10}K$ a 2500 K para
(a) $H_2O \rightleftarrows H_2 + \frac{1}{2}O_2$.
(b) $H_2 + \frac{1}{2}O_2 \rightleftarrows H_2O$.
(c) $2H_2O \rightleftarrows 2H_2 + O_2$.

14.6 Na Tabela A-27, $\log_{10}K$ é aproximadamente linear com $1/T$: $\log_{10}K = C_1 + C_2/T$, em que C_1 e C_2 são constantes. Para reações selecionadas listadas na tabela
(a) verifique isto graficando $\log_{10}K$ *versus* $1/T$ para temperaturas que variem de 2100 a 2500 K.
(b) estime C_1 e C_2 para qualquer par de entradas em tabelas adjacentes no intervalo de temperaturas da parte (a).

14.7 Determine a relação entre as constantes de equilíbrio de gás ideal K_1 e K_2 para as duas formas alternativas de se expressarem as seguintes reações de síntese da amônia:
1. $\frac{1}{2}N_2 + \frac{3}{2}H_2 \rightleftarrows NH_3$
2. $N_2 + 3H_2 \rightleftarrows 2NH_3$

14.8 Considere as reações
1. $CO + H_2O \rightleftarrows H_2 + CO_2$
2. $2CO_2 \rightleftarrows 2CO + O_2$
3. $2H_2O \rightleftarrows 2H_2 + O_2$

Mostre que $K_1 = (K_3/K_2)^{1/2}$.

14.9 Considere as reações
1. $CO_2 + H_2 \rightleftarrows CO + H_2O$
2. $CO_2 \rightleftarrows CO + \frac{1}{2}O_2$
3. $H_2O \rightleftarrows H_2 + \frac{1}{2}O_2$

(a) Mostre que $K_1 = K_2/K_3$.
(b) Estime $\log_{10}K_1$ a 298 K, 1 atm, utilizando a expressão do item (a), em conjunto com os dados de $\log_{10}K$ da Tabela A-27.
(c) Confira o valor de $\log_{10}K_1$ obtido no item (b) através da utilização da Eq. 14.31 na reação 1.

14.10 Estime a constante de equilíbrio a 2000 K para $CH_4 + H_2O \rightleftarrows 3H_2 + CO$. A 2000 K, $\log_{10}K = 7,469$ para $C + \frac{1}{2}O_2 \rightleftarrows CO$, e $\log_{10}K = -3,408$ para $C + 2H_2 \rightleftarrows CH_4$.

14.11 Para cada uma das seguintes reações de dissociação, determine as composições de equilíbrio:
(a) Um kmol de N_2O_4 dissocia-se para formar uma mistura de gases ideais em equilíbrio de N_2O_4 e NO_2 a 25°C, 2 atm. Para $N_2O_4 \rightleftarrows 2NO_2$, $\Delta G° = 5400$ kJ/kmol a 25°C.
(b) Um kmol de CH_4 dissocia-se para formar uma mistura de gases ideais em equilíbrio de CH_4, H_2 e C a 1000 K, 5 atm. Para $C + 2H_2 \rightleftarrows CH_4$, $\log_{10}K = 1,011$ a 1000 K.

14.12 Determine o grau de dissociação que ocorre nos seguintes casos: Um lbmol de H_2O dissocia-se para gerar uma mistura em equilíbrio de H_2O, H_2 e O_2 a 4740°F (2616°C), 1,25 atm. Um lbmol de CO_2 dissocia-se para gerar uma mistura em equilíbrio de CO_2, CO e O_2 às mesmas temperatura e pressão.

14.13 Um lbmol de carbono reage com 2 lbmol de oxigênio (O_2) para gerar uma mistura em equilíbrio de CO_2, CO e O_2 a 4940°F (2727°C), 1 atm. Determine a composição de equilíbrio.

14.14 Os exercícios a seguir envolvem óxidos de nitrogênio:
(a) Um kmol de N_2O_4 dissocia-se a 25°C, 1 atm para gerar uma mistura em equilíbrio de gases ideais de N_2O_4 e NO_2 na qual a quantidade de N_2O_4 presente é 0,8154 kmol. Determine a quantidade de N_2O_4 que estaria presente em uma mistura em equilíbrio a 25°C, 0,5 atm.
(b) Uma mistura gasosa que consiste em 1 kmol de NO, 10 kmol de O_2 e 40 kmol de N_2 reage para formar uma mistura em equilíbrio de gases ideais de NO_2, NO e O_2 a 500 K, 0,1 atm. Determine a composição de equilíbrio da mistura. Para $NO + \frac{1}{2}O_2 \rightleftarrows NO_2$, $K = 120$ a 500 K.
(c) Uma mistura equimolar de O_2 e N_2 reage para formar uma mistura em equilíbrio de gases ideais de O_2, N_2 e NO. Represente graficamente a fração molar de NO da mistura em equilíbrio *versus* a temperatura de equilíbrio variando de 1200 a 2000 K.

Por que devemos nos preocupar com óxidos de nitrogênio?

14.15 Um kmol de CO_2 dissocia-se para formar uma mistura em equilíbrio de gases ideais de CO_2, CO e O_2 a temperatura T e pressão p.
(a) Para $T = 3000$ K, represente graficamente a quantidade de CO presente, em kmol, *versus* a pressão para $1 \le p \le 10$ atm.
(b) Para $p = 1$ atm, represente graficamente a quantidade de CO presente, em kmol, *versus* a temperatura para $2000 \le T \le 3500$ K.

14.16 Uma lbmol de H_2O dissocia-se para formar uma mistura em equilíbrio de gases ideais de H_2O, H_2 e O_2 a temperatura T e pressão p.
(a) Para $T = 5400°R$ (2727°C), represente graficamente a quantidade de H_2 presente, em lbmol, *versus* a pressão variando de 1 a 10 atm.
(b) Para $p = 1$ atm, represente graficamente a quantidade de H_2 presente, em lbmol, *versus* a temperatura variando de 3600°R (1727°C) a 6300°R (3227°C).

14.17 Uma lbmol de H_2O em conjunto com x lbmol de N_2 (inerte) geram uma mistura em equilíbrio a 5400°R (2727°C), 1 atm, que consiste em H_2O, H_2, O_2 e N_2. Represente graficamente a quantidade de H_2 presente na mistura em equilíbrio, em lbmol, *versus* x variando de 0 a 2.

14.18 Uma mistura equimolar de CO com O_2 reage para formar uma mistura em equilíbrio de CO_2, CO e O_2 a 3000 K. Determine o efeito da pressão na composição da mistura em equilíbrio. A redução da pressão, enquanto se mantém a temperatura constante, aumentará ou diminuirá a quantidade de CO_2 presente? Explique.

14.19 Uma mistura equimolar de CO com $H_2O(g)$ reage para formar uma mistura em equilíbrio de CO_2, CO, H_2O e H_2 a 1727°C, 1 atm.
(a) A diminuição da temperatura aumentará ou diminuirá a quantidade de H_2 presente? Explique.
(b) A redução da pressão, mantendo-se constante a temperatura, aumentará ou diminuirá a quantidade de H_2 presente? Explique.

14.20 Determine a temperatura, em K, à qual 9% do hidrogênio diatômico (H_2) dissociam-se em hidrogênio monoatômico (H) à pressão de 10 atm. Para um maior percentual de H_2 à mesma pressão, a temperatura seria *mais alta* ou *mais baixa*? Explique.

14.21 Dois kmol de CO_2 dissociam-se para formar uma mistura em equilíbrio de CO_2, CO e O_2 na qual está presente 1,8 kmol de CO_2. Represente graficamente a temperatura de equilíbrio de mistura, em K, *versus* a pressão p para $0,5 \le p \le 10$ atm.

14.22 Um kmol de $H_2O(g)$ dissocia-se para formar uma mistura em equilíbrio de $H_2O(g)$, H_2 e O_2 na qual a quantidade de vapor d'água presente é de 0,95 kmol. Represente graficamente a temperatura da mistura em equilíbrio, em K, *versus* a pressão p para $1 \le p \le 10$ atm.

14.23 Um recipiente de pressão contendo inicialmente 1 kmol de $H_2O(g)$ e x kmol de N_2 forma uma mistura em equilíbrio a 1 atm consistindo em $H_2O(g)$, H_2, O_2 e N_2 na qual está presente 0,5 kmol de $H_2O(g)$. Represente graficamente x *versus* a temperatura T para $3000 \le T \le 3600$ K.

14.24 Um recipiente de pressão contendo inicialmente 2 lbmol de N_2 e 1 lbmol de O_2 forma uma mistura em equilíbrio a 1 atm consistindo em N_2, O_2 e NO. Represente graficamente a quantidade de NO gerado *versus* a temperatura T para 3600°R (1727°C) $\le T \le$ 6300°R (3227°C).

14.25 Um recipiente de pressão que contém inicialmente 1 kmol de CO e 4,76 kmol de ar seco forma uma mistura em equilíbrio de CO_2, CO, O_2 e N_2 a 3000 K, 1 atm. Determine a composição de equilíbrio.

14.26 Um recipiente de pressão que contém inicialmente 1 kmol de O_2, 2 kmol de N_2 e 1 kmol de Ar (argônio) forma uma mistura em equilíbrio de O_2, N_2, NO e Ar (argônio) a 2727°C, 1 atm. Determine a composição de equilíbrio.

14.27 Um kmol de CO e 0,5 kmol de O_2 reagem para formar uma mistura a temperatura T e a pressão p que consiste em CO_2, CO e O_2. Se 0,35 kmol de CO está presente em uma mistura em equilíbrio quando a pressão é de 1 atm, determine a quantidade de CO que estaria presente em uma mistura em equilíbrio, à mesma temperatura, se a pressão fosse de 10 atm.

14.28 Um recipiente de pressão contém inicialmente 1 kmol de H_2 e 4 kmol de N_2. Uma mistura em equilíbrio de H_2, H e N_2 é formada a 3000 K, 1 atm. Determine a composição de equilíbrio. Se a pressão for aumentada enquanto se mantém constante a temperatura, a quantidade de hidrogênio monoatômico, na mistura em equilíbrio, iria aumentar ou diminuir? Explique.

14.29 Ar seco entra em um trocador de calor. Uma mistura em equilíbrio de N_2, O_2 e NO sai a 3882°F (2139°C), 1 atm. Determine a fração molar de NO na mistura de saída. A quantidade de NO irá aumentar ou diminuir à medida que a temperatura diminui, à pressão constante? Explique.

14.30 Uma mistura gasosa com uma análise molar de 20% CO_2, 40% CO e 40% O_2 entra em um trocador de calor e é aquecida à pressão constante. Uma mistura em equilíbrio de CO_2, CO e O_2 sai a 3000 K, 1,5 bar (0,15 MPa). Determine a análise molar da mistura de saída.

14.31 Uma mistura de gases ideais com a análise molar 30% CO, 10% CO_2, 40% H_2O e 20% de gás inerte entra em um reator operando em regime permanente. Uma mistura em equilíbrio de CO, CO_2, H_2O, H_2 e gás inerte sai a 1 atm.
(a) Se a mistura em equilíbrio sai a 1200 K, determine, em uma base molar, a razão de H_2 na mistura em equilíbrio em relação ao H_2O da mistura de entrada.
(b) Se a fração molar de CO presente na mistura em equilíbrio é de 7,5%, determine, em K, a temperatura da mistura em equilíbrio.

14.32 A mistura de 1 kmol de CO e 0,5 kmol de O_2 dentro de um recipiente de pressão fechado, inicialmente a 1 atm e 300 K, reage para formar uma mistura em equilíbrio de CO_2, CO e O_2 a 2500 K. Determine, em atm, a pressão final.

14.33 Metano queima com 90% de ar teórico para gerar uma mistura em equilíbrio de CO_2, CO, $H_2O(g)$, H_2 e N_2 a 1000 K, 1 atm. Determine a composição da mistura em equilíbrio, por kmol de mistura.

14.34 Octano (C_8H_{18}) queima com o ar para formar uma mistura em equilíbrio de CO_2, H_2, CO, $H_2O(g)$ e N_2 a 1700 K, 1 atm. Determine a composição dos produtos, em kmol por kmol de combustível, para uma razão de equivalência de 1,2.

14.35 Gás acetileno (C_2H_2) a 25°C, 1 atm, entra em um reator operando em regime permanente e queima com 40% de ar em excesso que entra a 25°C, 1 atm, com 80% de umidade relativa. Uma mistura em equilíbrio de CO_2, H_2O, O_2, NO e N_2 sai a 2200 K, 0,9 atm. Determine, por kmol de C_2H_2 de entrada, a composição da mistura de saída.

Equilíbrio Químico e o Balanço de Energia

14.36 Gás dióxido de carbono a 25°C, 5,1 atm entra em um trocador de calor operando em regime permanente. Uma mistura em equilíbrio de CO_2, CO e O_2 sai a 2527°C, 5 atm. Determine, por kmol de CO_2 de entrada,
(a) a composição da mistura de saída.
(b) a transferência de calor para o fluxo de gás, em kJ.
Despreze os efeitos das energias cinética e potencial.

14.37 Vapor d'água saturado a 15 lbf/in² (103,4 kPa) entra em um trocador de calor operando em regime permanente. Uma mistura em equilíbrio de $H_2O(g)$, H_2 e O_2 sai a 4040°F (2227°C), 1 atm. Determine, por kmol de vapor de entrada,
(a) a composição da mistura de saída.
(b) a transferência de calor para o fluxo de vapor, em Btu.
Despreze os efeitos das energias cinética e potencial.

14.38 Carbono a 25°C, 1 atm, entra em um reator operando em regime permanente e queima com oxigênio que entra a 127°C, 1 atm. Os fluxos de entrada têm vazões molares iguais. Uma mistura em equilíbrio de CO_2, CO e O_2 sai a 2727°C, 1 atm. Determine, por kmol de carbono,
(a) a composição da mistura de saída.
(b) a transferência de calor entre o reator e sua vizinhança, em kJ.
Despreze os efeitos das energias cinética e potencial.

14.39 Uma mistura equimolar de monóxido de carbono e de vapor d'água a 200°F (93,3°C), 1 atm, entra em um reator operando em regime permanente. Uma mistura em equilíbrio de CO_2, CO e $H_2O(g)$ e H_2 sai a 2240°F (1227°C), 1 atm. Determine a transferência de calor entre o reator e sua vizinhança, em Btu por lbmol de CO de entrada. Despreze os efeitos das energias cinética e potencial.

14.40 Dióxido de carbono (CO_2) e oxigênio (O_2) em uma razão molar 1:2 entram em um reator operando em regime permanente em fluxos separados, respectivamente, de 1 atm, 127°C e de 1 atm, 277°C. Uma mistura em equilíbrio de CO_2, CO e O_2 sai a 1 atm. Se a fração molar de CO da mistura de saída é 0,1, determine a taxa de transferência de calor do reator, em kJ por kmol de CO_2 de entrada. Ignore os efeitos das energias cinética e potencial.

14.41 Gás metano a 25°C, 1 atm entra em um reator operando em regime permanente e queima com 80% de ar teórico que entra a 227°C, 1 atm. Uma mistura em equilíbrio de CO_2, CO, $H_2O(g)$, H_2 e N_2 sai a 1427°C, 1 atm. Determine, por kmol de metano de entrada,
(a) a composição da mistura de saída.
(b) a transferência de calor entre o reator e a sua vizinhança, em kJ.
Ignore os efeitos das energias cinética e potencial.

14.42 Propano gasoso (C_3H_8) a 25°C, 1 atm entra em um reator operando em regime permanente e queima com 80% da quantidade de ar teórico que entra em separado a 25°C, 1 atm. Uma mistura em equilíbrio de CO_2, CO, $H_2O(g)$, H_2 e N_2 sai a 1227°C, 1 atm. Determine a transferência de calor entre o reator e a sua vizinhança, em kJ por kmol de propano de entrada. Despreze os efeitos das energias cinética e potencial.

14.43 Propano gasoso (C_3H_8) a 77°F (25°C), 1 atm, entra em um reator operando em regime permanente e queima com a quantidade de ar teórico que entra separadamente a 240°F (116°C), 1 atm. Uma mistura em equilíbrio de CO_2, CO, $H_2O(g)$, O_2 e N_2 sai a 3140°F (1727°C), 1 atm. Determine a transferência de calor entre o reator e a sua vizinhança, em Btu por lbmol de propano de entrada. Despreze os efeitos das energias cinética e potencial.

14.44 Um kmol de CO_2 de uma montagem pistão-cilindro, inicialmente à temperatura T e 1 atm é aquecido a pressão constante até que o estado final seja alcançado, consistindo em uma mistura em equilíbrio de CO_2, CO e O_2 na qual a quantidade de CO_2 presente é de 0,422 kmol. Determine a transferência de calor e o trabalho, cada qual em kJ, se T for de (a) 298 K, (b) 400 K.

14.45 Gás hidrogênio (H_2) a 25°C, 1 atm, entra em um reator isolado operando em regime permanente e reage com 250% de oxigênio em excesso que entra a 227°C, 1 atm. Os produtos de combustão saem a 1 atm. Determine a temperatura dos produtos, em K, se
(a) a combustão for completa.
(b) sair uma mistura em equilíbrio de H_2O, H_2 e O_2.
Os efeitos das energias cinética e potencial são desprezíveis.

14.46 Para cada caso do Problema 14.45, determine a taxa de produção de entropia, em kJ/K por kmol H_2 de entrada. O que se pode concluir sobre a possibilidade de se alcançar combustão completa?

14.47 Hidrogênio (H_2) a 25°C, 1 atm entra em um reator isolado operando em regime permanente e reage com 100% de ar teórico que entra a 25°C, 1 atm. Os produtos de combustão saem a temperatura T e 1 atm. Determine T, em K, se
(a) a combustão for completa.
(b) sair uma mistura em equilíbrio de H_2O, H_2, O_2 e N_2.

14.48 Metano a 77°F (25°C), 1 atm entra em um reator isolado operando em regime permanente e queima com 90% de ar teórico que entra separadamente a 77°F (25°C), 1 atm. Os produtos saem a 1 atm como uma mistura em equilíbrio de CO_2, CO, $H_2O(g)$, H_2 e N_2. Determine a temperatura dos produtos de saída, em °R. Os efeitos das energias cinética e potencial são desprezíveis.

14.49 Monóxido de carbono a 77°F (25°C), 1 atm, entra em um reator isolado operando em regime permanente e queima com ar que entra a 77°F (25°C), 1 atm. Os produtos saem a 1 atm como uma mistura em equilíbrio de CO_2, CO, O_2 e N_2. Determine a temperatura da mistura em equilíbrio, em °R, se a combustão ocorre com

(a) 80% de ar teórico.
(b) 100% de ar teórico.

Os efeitos das energias cinética e potencial são desprezíveis.

14.50 Para cada caso do Problema 14.49, determine a taxa de destruição de exergia, em kJ/K por kmol de CO de entrada no reator. Considere $T_0 = 537°R$ (25,2°C).

14.51 Monóxido de carbono a 25°C, 1 atm entra em um reator isolado operando em regime permanente e queima com oxigênio em excesso (O_2) que entra a 25°C, 1 atm. Os produtos saem a 2950 K, 1 atm como uma mistura em equilíbrio de CO_2, CO e O_2. Determine o percentual de excesso de oxigênio. Os efeitos das energias cinética e potencial são desprezíveis.

14.52 Uma mistura gasosa de monóxido de carbono e a quantidade de ar teórico a 260°F (127°C); 1,5 atm entra em um reator isolado operando em regime permanente. Uma mistura em equilíbrio de CO_2, CO, O_2 e N_2 sai a 1,5 atm. Determine a temperatura da mistura na saída, em °R. Os efeitos das energias cinética e potencial são desprezíveis.

14.53 Metano a 25°C, 1 atm entra em um reator isolado operando em regime permanente e queima com oxigênio que entra a 127°C, 1 atm. Uma mistura em equilíbrio de CO_2, CO, O_2 e $H_2O(g)$ sai a 3250 K, 1 atm. Determine a taxa à qual o oxigênio entra no reator, em kmol por kmol de metano. Os efeitos das energias cinética e potencial são desprezíveis.

14.54 Metano a 77°F (25°C), 1 atm, entra em um reator isolado operando em regime permanente e queima com uma quantidade de ar teórico que entra a 77°F (25°C), 1 atm. Uma mistura em equilíbrio de CO_2, CO, O_2, $H_2O(g)$ e N_2 sai a 1 atm.
(a) Determine a temperatura dos produtos de saída, em °R.
(b) Determine a taxa de destruição de exergia, em Btu por lbmol de metano de entrada, para $T_0 = 537°R$ (25,2°C).

Os efeitos das energias cinética e potencial são desprezíveis.

14.55 Gás metano a 25°C, 1 atm, entra em um reator isolado operando em regime permanente, onde queima com x vezes a quantidade de ar teórico que entra a 25°C, 1 atm. Uma mistura em equilíbrio de CO_2, CO, O_2, H_2O e N_2 sai a 1 atm. Para valores escolhidos de x variando de 1 a 4, determine, em K, a temperatura de saída da mistura em equilíbrio. Os efeitos das energias cinética e potencial são desprezíveis.

14.56 Uma mistura que consiste em 1 kmol de monóxido de carbono (CO), 0,5 kmol de oxigênio (O_2) e 1,88 kmol de nitrogênio (N_2), inicialmente a 227°C, 1 atm, reage em um recipiente de pressão fechado, rígido e isolado, gerando uma mistura em equilíbrio de CO_2, CO, O_2 e N_2. Determine, em atm, a pressão final de equilíbrio.

14.57 Uma mistura que consiste em 1 kmol de CO e a quantidade de ar teórico, inicialmente a 60°C, 1 atm, reage em um recipiente de pressão fechado, rígido e isolado, gerando uma mistura em equilíbrio. Uma análise dos produtos mostrou que existem presentes 0,808 kmol de CO_2, 0,192 kmol de CO e 0,096 kmol de O_2. A temperatura final da mistura é medida em 2465°C. Verifique a consistência desses dados.

Utilização da Equação de van't Hoff, Ionização

14.58 Estime a entalpia de reação a 2000 K, em kJ/kmol, para $CO_2 \rightleftarrows CO + \frac{1}{2}O_2$ utilizando a equação de van't Hoff e os dados da constante de equilíbrio. Compare com o valor obtido para a entalpia de reação utilizando os dados de entalpia.

14.59 Estime a entalpia de reação a 2000 K, em kJ/kmol, para $H_2O \rightleftarrows H_2 + \frac{1}{2}O_2$ utilizando a equação de van't Hoff e os dados da constante de equilíbrio. Compare com o valor obtido pela entalpia de reação utilizando os dados de entalpia.

14.60 Estime a constante de equilíbrio a 2800 K para $CO_2 \rightleftarrows CO + \frac{1}{2}O_2$ utilizando a constante de equilíbrio a 2000 K da Tabela A-27, em conjunto com a equação de van't Hoff e os dados de entalpia. Compare com o valor obtido para a constante de equilíbrio obtida da Tabela A-27.

14.61 Estime a constante de equilíbrio a 2800 K para a reação $H_2O \rightleftarrows H_2 + \frac{1}{2}O_2$ utilizando a constante de equilíbrio a 2500 K da Tabela A-27, em conjunto com a equação de van't Hoff e os dados de entalpia. Compare com o valor da constante de equilíbrio obtida da Tabela A-27.

14.62 A 25°C, $\log_{10}K = 8,9$ para $C + 2H_2 \rightleftarrows CH_4$. Supondo que a entalpia de reação não varie muito com a temperatura, estime o valor de $\log_{10}K$ a 500°C.

14.63 Se as constantes de equilíbrio-ionização para $Cs \rightleftarrows Cs^+ + e^-$ para 1600 e 2000 K são, respectivamente, $K = 0,78$ e $K = 15,63$, estime a entalpia de ionização, em kJ/kmol, a 1800 K utilizando a equação de van't Hoff.

14.64 Uma mistura em equilíbrio a 2000 K, 1 atm consiste em Cs, Cs^+, e^-. Com base em 1 kmol de Cs inicialmente presente, determine o percentual de ionização do césio. A 2000 K, a constante de equilíbrio-ionização para $Cs \rightleftarrows Cs^+ + e^-$ é $K = 15,63$.

14.65 Uma mistura em equilíbrio a 18.000°R (9727°C) e pressão p consiste em Ar (argônio), Ar^+, e^-. Com base em 1 lbmol de argônio neutro inicialmente presente, represente graficamente o percentual de ionização do argônio versus a pressão para $0,01 \leq p \leq 0,05$ atm. A 18.000°R (9727°C), a constante de equilíbrio–ionização para $Ar \rightleftarrows Ar^+ + e^-$ é $K = 4,2 \cdot 10^{-4}$.

14.66 A 2000 K e a pressão p, 1 kmol de Na ioniza-se para formar uma mistura em equilíbrio de Na, Na^+, e^- na qual a quantidade de Na presente é de x kmol. Represente graficamente a pressão, em atm, versus x para $0,2 \leq x \leq 0,3$ kmol. A 2000 K, a constante de equilíbrio-ionização para $Na \rightleftarrows Na^+ + e^-$ é $K = 0,668$.

14.67 A 12.000 K e 6 atm, 1 kmol de N ioniza-se para formar uma mistura em equilíbrio de N, N^+, e^- na qual a quantidade de N presente é de 0,95 kmol. Determine a constante de equilíbrio-ionização a essa temperatura para $N \rightleftarrows N^+ + e^-$.

Estudo das Reações Simultâneas

14.68 Dióxido de carbono (CO_2), oxigênio (O_2) e nitrogênio (N_2) entram em um reator operando em regime permanente com vazões molares iguais. Uma mistura em equilíbrio de CO_2, O_2, N_2, CO e NO sai a 3000 K, 5 atm. Determine a análise molar da mistura em equilíbrio.

14.69 Uma mistura equimolar de monóxido de carbono e de vapor d'água entra em um trocador de calor operando em regime permanente. Uma mistura em equilíbrio de CO, CO_2, O_2, $H_2O(g)$ e H_2 sai a 2227°C, 1 atm. Determine a análise molar da mistura em equilíbrio de saída.

14.70 Um recipiente de pressão fechado inicialmente contém uma mistura gasosa que consiste em 3 lbmol de CO_2, 6 lbmol de CO e 1 lbmol de H_2. É gerada uma mistura em equilíbrio a 4220°F (2327°C), 1 atm, contendo CO_2, CO, H_2O, H_2 e O_2. Determine a composição da mistura em equilíbrio.

14.71 Butano (C_4H_{10}) queima com 100% de ar em excesso para gerar uma mistura em equilíbrio a 1400 K, 20 atm, consistindo em CO_2, O_2, $H_2O(g)$, N_2, NO e NO_2. Determine a equação de reação balanceada. Para $N_2 + 2O_2 \rightleftarrows 2NO_2$ a 1400 K, $K = 8,4 \cdot 10^{-10}$.

14.72 Uma lbmol de $H_2O(g)$ dissocia-se para formar uma mistura em equilíbrio a 5000°R (2505°C), 1 atm, consistindo em $H_2O(g)$, H_2, O_2 e OH. Determine a composição de equilíbrio.

14.73 Vapor d'água entra em um trocador de calor operando em regime permanente. Uma mistura em equilíbrio de $H_2O(g)$, H_2, O_2, H e OH sai à temperatura T, 1 atm. Determine a análise molar da mistura em equilíbrio de saída para
(a) $T = 2800$ K.
(b) $T = 3000$ K.

Estudo do Equilíbrio de Fases

14.74 Para uma mistura bifásica de água líquida-vapor a 100°C, utilize dados de propriedades tabeladas para mostrar que as funções específicas de Gibbs de líquido saturado e de vapor saturado são iguais. Repita para uma mistura bifásica de Refrigerante 134a líquido-vapor a 20°C.

14.75 Utilizando a equação de Clapeyron, resolva os seguintes problemas do Cap. 11: (a) 11.32, (b) 11.33, (c) 11.34, (d) 11.35, (e) 11.40.

14.76 Um sistema fechado a 20°C, 1 bar (0,1 MPa) consiste em uma fase de água líquida pura em equilíbrio com uma fase de vapor composta de vapor d'água e ar seco. Determine o afastamento, em percentual, da pressão parcial do vapor d'água da pressão de saturação de água pura a 20°C.

14.77 Desenvolva uma expressão para estimar a pressão à qual o grafite e o diamante existam em equilíbrio a 25°C em termos de volume específico, função de Gibbs específica e compressibilidade isotérmica de cada fase a 25°C e 1 atm. Discuta.

14.78 Um sistema isolado tem duas fases, indicadas por A e B, cada uma das quais consiste nas mesmas duas substâncias, indicadas por 1 e 2. Mostre que as condições necessárias para o equilíbrio são

1. a temperatura de cada fase é a mesma, $T_A = T_B$.
2. a pressão de cada fase é a mesma, $p_A = p_B$.
3. o potencial químico de cada componente tem o mesmo valor em cada fase, $\mu_1^A = \mu_1^B$, $\mu_2^A = \mu_2^B$.

14.79 Um sistema isolado tem duas fases, indicadas por A e B, cada qual consistindo nas mesmas duas substâncias, indicadas por 1 e 2. As fases são separadas por uma *fina* parede, que se move livremente, permeável apenas à substância 2. Determine as condições necessárias para o equilíbrio.

14.80 Voltando ao Problema 14.79, faça cada fase ser uma mistura binária de argônio e hélio e a parede ser permeável apenas ao argônio. Se as fases estão inicialmente nas condições tabeladas a seguir, determine a temperatura, a pressão e a composição de equilíbrio finais nas duas fases.

	T(K)	p(MPa)	n(kmol)	y_{Ar}	y_{He}
Fase A	300	0,2	6	0,5	0,5
Fase B	400	0,1	5	0,8	0,2

14.81 A Fig. P14.81 mostra uma mistura de gases ideais à temperatura T e à pressão p contendo a substância k, separada da fase gasosa do k puro à temperatura T e à pressão p' por uma membrana semipermeável que só permite a passagem de k. Admitindo-se que o modelo de gás ideal também se aplica à fase gasosa pura, determine a relação entre p e p' para que não haja transferência líquida de k através da membrana.

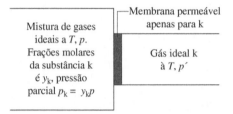

Fig. P14.81

14.82 Qual é o número máximo de fases homogêneas que pode existir em equilíbrio para um sistema envolvendo
(a) um componente?
(b) dois componentes?
(c) três componentes?

14.83 Determine o número de graus de liberdade para sistemas compostos de
(a) vapor d'água e ar seco.
(b) água líquida, vapor d'água e ar seco.
(c) gelo, vapor d'água e ar seco.
(d) N_2 e O_2 a 20°C e 1 atm.
(e) uma fase líquida e uma fase de vapor, cada qual contendo amônia e água.
(f) acetona líquida e uma fase de vapor de acetona e N_2.

14.84 Desenvolva a *regra das fases* para sistemas quimicamente reagentes.

14.85 Aplique o resultado do Problema 14.84 para determinar o número de graus de liberdade para a reação de fase gasosa:

$$CH_4 + H_2O \rightleftarrows CO + 3H_2$$

14.86 Para um sistema gás-líquido em equilíbrio à temperatura T e à pressão p, a *lei de Raoult* modela a relação entre a pressão parcial da substância i na fase gasosa, p_i, e a fração molar da substância i na fase líquida, y_i, como se segue:

$$p_i = y_i p_{sat,i}(T)$$

em que $p_{sat,i}(T)$ é a pressão de saturação de i puro à temperatura T. Admite-se que a fase gasosa forme uma mistura de gases ideais; assim, $p_i = x_i p$, em que x_i é a fração molar de i na fase gasosa. Aplique a lei de Raoult para os seguintes casos, os quais são representativos das condições que poderiam ser encontradas em sistemas de absorção amônia-água (Seção 10.5):
(a) Admita um sistema bifásico, líquido-vapor de amônia-água, em equilíbrio a 20°C. A fração molar da amônia na fase líquida é de 80%. Determine a pressão, em bar, e a fração molar da amônia na fase de vapor.
(b) Determine as frações molares da amônia nas fases líquida e vapor de um sistema bifásico de amônia-água, em equilíbrio a 40°C e 12 bar (1,2 MPa).

▶ PROJETOS E PROBLEMAS EM ABERTO: EXPLORANDO A PRÁTICA DE ENGENHARIA

14.1P Os gases de exaustão de um motor de ignição por centelha contêm diversos poluentes de ar, incluindo os óxidos de nitrogênio NO e NO_2, conhecidos por NO_x. Além disso, os gases de exaustão podem conter monóxido de carbono (CO) e hidrocarbonetos não queimados ou parcialmente queimados (HC). As quantidades de poluentes realmente presentes dependem do projeto do motor e das condições de operação, e em geral diferem significativamente dos valores calculados com base no equilíbrio químico. Discuta tanto as razões para essas discrepâncias quanto os possíveis mecanismos pelos quais esses poluentes são formados em um motor real. Em um memorando, resuma seus resultados e conclusões.

14.2P A Lei do Ar Limpo, um Ato Federal dos Estados Unidos de 1970, e suas sucessivas emendas tiveram como alvo os óxidos de nitrogênio NO e NO_2, conhecidos como NO_x, como importantes poluentes do ar. O NO_x é gerado na combustão através de três mecanismos básicos: formação *térmica* do NO_x, formação *imediata* do NO_x e formação *do combustível* do NO_x. Discuta esses mecanismos de formação, incluindo uma discussão sobre a formação térmica do NO_x pelo *mecanismo de Zeldovich*. Qual é o papel do NO_x na formação do ozônio? Cite algumas estratégias de redução de NO_x. Escreva um relatório incluindo pelo menos três referências.

14.3P Utilizando software adequado, desenvolva gráficos que forneçam a variação da razão de equivalência dos produtos em equilíbrio de misturas de octano-ar a 30 atm e temperaturas selecionadas variando de 1700 a 2800 K. Admita razões de equivalência no intervalo de 0,2 a 1,4 e os produtos em equilíbrio, incluindo, mas não necessariamente limitando-se a, CO_2, CO, H_2O, O_2, O, H_2, N_2, NO e OH. Sob que condições há formação significativa de óxido nítrico (NO) e de monóxido de carbono (CO)? Escreva um relatório incluindo pelo menos três referências.

14.4P A quantidade de dióxido de enxofre (SO_2) presente em *gases descartados* de processos industriais pode ser reduzida pela oxidação do SO_2 para SO_3 a uma temperatura elevada em um reator catalítico. Por sua vez, o SO_3 pode reagir com a água para formar ácido sulfúrico que tem valor econômico. Para o gás descartado a 1 atm, tendo uma análise molar de 12% SO_2, 8% O_2, 80% N_2, estime a faixa de temperaturas na qual se poderia realizar uma conversão *substancial* de SO_2 para SO_3. Relate os seus resultados em uma apresentação PowerPoint adequada ao seu curso. Além disso, em um memorando associado, discuta suas hipóteses de modelamento e forneça cálculos de exemplos.

14.5P Uma mistura gasosa de hidrogênio (H_2) e monóxido de carbono (CO) entra em um reator catalítico e uma mistura gasosa de metanol (CH_3OH), hidrogênio e monóxido de carbono sai do reator. No estágio preliminar de projeto do processo, é necessário fazer uma estimativa plausível da fração molar de hidrogênio de entrada, y_{H_2}, da temperatura de saída da mistura T_e e da pressão de saída da mistura p_e, sujeita às seguintes quatro restrições: (1) $0,5 \leq y_{H_2} \leq 0,75$, (2) $300 \leq T_e \leq 400$ K, (3) $1 \leq p_e \leq 10$ atm e (4) a mistura de saída contém ao menos 75% de metanol em uma base molar. Em um memorando, forneça as suas estimativas em conjunto com uma discussão do modelamento empregado e o cálculo de exemplos.

14.6P Quando sistemas em equilíbrio térmico, mecânico e químico são *perturbados*, podem ocorrer variações nos sistemas, conduzindo a um novo estado de equilíbrio. Os efeitos da perturbação de sistemas, considerados no desenvolvimento das Eqs. 14.32 e 14.33, podem ser determinados pelo estudo dessas equações. Por exemplo, a pressão e temperatura determinadas, pode-se concluir que um aumento na quantidade do componente inerte E conduziria a aumentos em n_C e em n_D quando $\Delta v = (v_C + v_D - v_A - v_B)$ fosse positivo, e a diminuições de n_C e de n_D quando Δv fosse negativo, e a nenhuma mudança quando $\Delta v = 0$.
(a) Para um sistema consistindo em NH_3, N_2 e H_2 a pressão e temperatura determinadas, sujeito à reação

$$2NH_3(g) \rightleftarrows N_2(g) + 3H_2(g)$$

investigue os efeitos, um de cada vez, de acréscimos nas quantidades presentes de NH_3, H_2 e N_2.

(b) Para o *caso geral* das Eqs. 14.32 e 14.33, investigue os efeitos, um de cada vez, de acréscimos nas quantidades presentes de A, B, C e D.

Apresente os seus resultados, em conjunto com as hipóteses de modelamento utilizadas, em uma apresentação PowerPoint adequada ao seu curso.

14.7P Com referência aos dados de constante de equilíbrio da Tabela A-27:
(a) Para cada uma das reações tabeladas, represente graficamente $\log_{10}K$ versus $1/T$ e determine a inclinação da linha de melhor ajuste. Qual é o significado termodinâmico da inclinação? Verifique a sua conclusão sobre a inclinação utilizando dados das tabelas *JANAF*.[1]
(b) Um texto de livro afirma que o módulo de uma constante de equilíbrio frequentemente sinaliza a importância de uma reação, e oferece esta *norma prática*: quando $K < 10^{-3}$, o grau da reação é usualmente não significativo, ao passo que, quando $K > 10^3$, a reação geralmente ocorre próxima ao equilíbrio. Confirme ou negue esta regra.

Apresente os seus resultados e suas conclusões em um relatório incluindo ao menos três referências.

14.8P (a) Para uma mistura em equilíbrio de gases ideais de N_2, H_2 e NH_3, estime a constante de equilíbrio a partir de uma expressão que você deduza a partir da *equação de van't Hoff* que necessita apenas do estado-padrão de entalpia de formação e dos dados da função de Gibbs de formação, em conjunto com expressões analíticas adequadas, em termos de temperatura para os calores específicos de gás ideal de N_2, H_2 e NH_3.
(b) Para a síntese da amônia através de $\frac{1}{2}N_2 + \frac{3}{2}H_2 \rightarrow NH_3$ faça uma recomendação para as faixas de temperatura e de pressão para as quais a fração molar de amônia na mistura seja ao menos de 0,5.

Escreva um relatório incluindo a sua dedução, as recomendações para as faixas de temperatura e pressão, cálculos de exemplos e ao menos três referências.

14.9P A patente americana 5.298.233 descreve um meio para a conversão de resíduos industriais de dióxido de carbono e de vapor d'água. Uma alimentação contendo hidrogênio e carbono, como borra orgânica ou inorgânica, óleo combustível de baixa qualidade ou lixo municipal, é introduzida em um banho fundido que consiste em duas fases imiscíveis de metais fundidos. O carbono e o hidrogênio da alimentação são convertidos, respectivamente, em carbono dissolvido e em hidrogênio dissolvido. O carbono dissolvido é oxidado na primeira fase de metal fundido para dióxido de carbono, que é liberado do banho. O hidrogênio dissolvido migra para a segunda fase de metal fundido, onde este é oxidado para formar vapor d'água, que também é liberado a partir do banho. Avalie criticamente esta tecnologia para despejo de rejeitos. Esta tecnologia é comercialmente promissora? Compare com outras práticas de manejo de rejeitos, como pirólise e incineração. Escreva um relatório incluindo ao menos três referências.

14.10P A Fig. P14.10P fornece uma tabela de dados para um ciclo de refrigeração de absorção de brometo de lítio-água em conjunto com o croqui de um diagrama de propriedades mostrando o ciclo. O diagrama de propriedades representa graficamente a pressão de vapor *versus* a concentração de brometo de lítio. Aplique a *regra das fases* para verificar que os estados numerados são determinados pelos valores das propriedades fornecidas. O que representa a linha de *cristalização* no diagrama de equilíbrio, e qual é a sua importância para a operação do ciclo de adsorção? Localize os estados numerados em um diagrama de entalpia-concentração para soluções de brometo de lítio-água obtido da literatura técnica. Finalmente, desenvolva um croqui esquemático do equipamento para esse ciclo de refrigeração. Apresente os seus resultados em um relatório incluindo pelo menos três referências.

Estado	Temperatura (°F)	Pressão (polegadas de Hg)	$(mf)_{LiBr}$ (%)
1	115	0,27	63,3
2	104	0,27	59,5
3	167	1,65	59,5
4	192	3,00	59,5
5	215	3,00	64,0
6	135	0,45	64,0
7	120	0,32	63,3

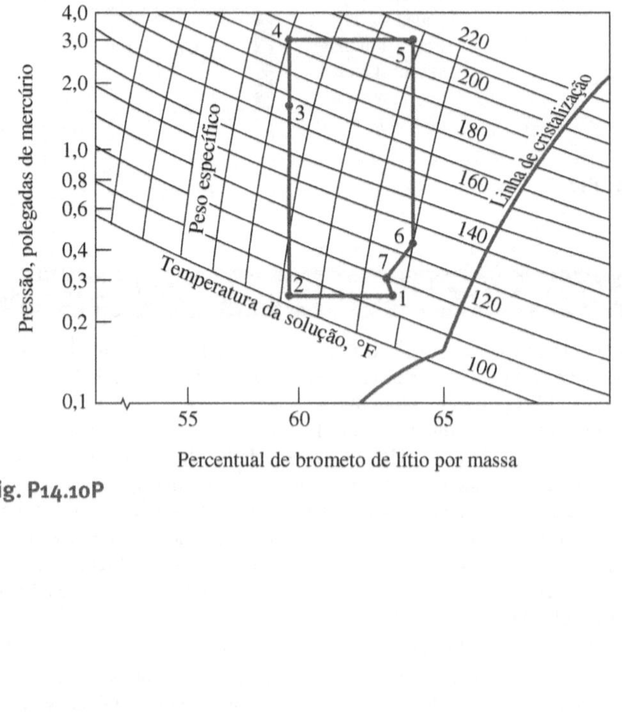

Fig. P14.10P

---
[1] Stull, D. R. e H. Prophet, *Tabelas Termodinâmicas JANAF*, 2 ed., NSRDS-NBS 37, National Bureau of Standards, Washington, DC, junho 1971.

Índice de Tabelas em Unidades SI

Tabela A-1	Peso Atômico ou Molecular e Propriedades Críticas de Elementos e Compostos Selecionados	750
Tabela A-2	Propriedades da Água Saturada (Líquido-Vapor): Tabela de Temperatura	751
Tabela A-3	Propriedades da Água Saturada (Líquido-Vapor): Tabela de Pressão	753
Tabela A-4	Propriedades do Vapor d'Água Superaquecido	754
Tabela A-5	Propriedades da Água Líquida Comprimida	758
Tabela A-6	Propriedades da Água Saturada (Sólido-Vapor): Tabela de Temperatura	759
Tabela A-7	Propriedades do Refrigerante 22 Saturado (Líquido-Vapor): Tabela de Temperatura	760
Tabela A-8	Propriedades do Refrigerante 22 Saturado (Líquido-Vapor): Tabela de Pressão	761
Tabela A-9	Propriedades do Vapor de Refrigerante 22 Superaquecido	762
Tabela A-10	Propriedades do Refrigerante 134a Saturado (Líquido-Vapor): Tabela de Temperatura	766
Tabela A-11	Propriedades do Refrigerante 134a Saturado (Líquido-Vapor): Tabela de Pressão	767
Tabela A-12	Propriedades do Vapor de Refrigerante 134a Superaquecido	768
Tabela A-13	Propriedades da Amônia Saturada (Líquido-Vapor): Tabela de Temperatura	771
Tabela A-14	Propriedades da Amônia Saturada (Líquido-Vapor): Tabela de Pressão	772
Tabela A-15	Propriedades do Vapor de Amônia Superaquecido	773
Tabela A-16	Propriedades do Propano Saturado (Líquido-Vapor): Tabela de Temperatura	777
Tabela A-17	Propriedades do Propano Saturado (Líquido-Vapor): Tabela de Pressão	778
Tabela A-18	Propriedades do Vapor de Propano Superaquecido	779
Tabela A-19	Propriedades de Sólidos e Líquidos Selecionados: c_p, ρ e κ	783
Tabela A-20	Calores Específicos de Gases Ideais para Alguns Gases Usuais	784
Tabela A-21	Variação de $\bar{c}_p$ com a Temperatura para Gases Ideais Selecionados	785
Tabela A-22	Propriedades do Ar como Gás Ideal	786
Tabela A-23	Propriedades de Gases Selecionados Tomados como Gases Ideais	788
Tabela A-24	Constantes para as Equações de Estado de van der Waals, de Redlich-Kwong e de Benedict-Webb-Rubin	792
Tabela A-25	Propriedades Termoquímicas a 298 K e 1 atm de Substâncias Selecionadas	793
Tabela A-26	Exergia Química-Padrão Molar, $\bar{e}^{ch}$ (kJ/kmol) a 298 K e p_0 de Substâncias Selecionadas	794
Tabela A-27	Logaritmos em Base 10 das Constantes de Equilíbrio K	795

TABELA A-1

Peso Atômico ou Molecular e Propriedades Críticas de Elementos e Compostos Selecionados

Substância	Fórmula Química	M (kg/kmol)	T_c (K)	p_c (bar)	$Z_c = \dfrac{p_c V_c}{RT_c}$
Acetileno	C_2H_2	26,04	309	62,8	0,274
Água	H_2O	18,02	647,3	220,9	0,233
Ar (equivalente)	—	28,97	133	37,7	0,284
Amônia	NH_3	17,03	406	112,8	0,242
Argônio	Ar	39,94	151	48,6	0,290
Benzeno	C_6H_6	78,11	563	49,3	0,274
Butano	C_4H_{10}	58,12	425	38,0	0,274
Carbono	C	12,01	—	—	—
Cobre	Cu	63,54	—	—	—
Dióxido de carbono	CO_2	44,01	304	73,9	0,276
Dióxido de enxofre	SO_2	64,06	431	78,7	0,268
Etano	C_2H_6	30,07	305	48,8	0,285
Etanol	C_2H_5OH	46,07	516	63,8	0,249
Etileno	C_2H_4	28,05	283	51,2	0,270
Hélio	He	4,003	5,2	2,3	0,300
Hidrogênio	H_2	2,016	33,2	13,0	0,304
Metano	CH_4	16,04	191	46,4	0,290
Metanol	CH_3OH	32,04	513	79,5	0,220
Monóxido de carbono	CO	28,01	133	35,0	0,294
Nitrogênio	N_2	28,01	126	33,9	0,291
Octano	C_8H_{18}	114,22	569	24,9	0,258
Oxigênio	O_2	32,00	154	50,5	0,290
Propano	C_3H_8	44,09	370	42,7	0,276
Propileno	C_3H_6	42,08	365	46,2	0,276
Refrigerante 12	CCl_2F_2	120,92	385	41,2	0,278
Refrigerante 22	$CHClF_2$	86,48	369	49,8	0,267
Refrigerante 134a	CF_3CH_2F	102,03	374	40,7	0,260

Fonte: Adaptada de *International Critical Tables* e de L.C. Nelson e E. F. Obert, Generalized Compressibility Charts, *Chem. Eng.* 61: 203 (1954).

Fonte das Tabelas A-2 até A-18.

Tabelas A-2 até A-6 foram extraídas de J. H. Keenan, F. G. KeYes, P. G. Hill e J. G. Moore, *Steam Tables*, WileY, New York, 1969.

As Tabelas A-7 até A-9 são calculadas com base nas equações de A. Kamei e S. W. Beyerlein, "A Fundamental Equation for Chlorodifluormethane (R-22)", *Fluid Phase Equilibria*, Vol. 80, No. 11, 1992, pp. 71-86.

As Tabelas A-10 até A-12 são calculadas com base nas equações de D. P. Wilson e R. S. Basu, "Thermodynamic Properties of a New Stratospherically Safe Working Fluid – Refrigerant 134a", *ASHRAE Trans.*, Vol. 94, Pt. 2, 1988, pp. 2095-2118.

As Tabelas A-13 até A-15 são calculadas com base nas equações de L. Haar e J. S. Gallagher, "Thermodynamic Properties of Ammonia", *J. Phys. Chem. Reference Data*, Vol. 7, 1978, pp. 635-792.

As Tabelas A-16 até A-18 são calculadas com base em B. A. Younglove e J. F. Ely, "Thermophysical Properties of Fluids. II. Methane, Ethane, Propane, Isobutane and Normal Butane", *J. Phys. Chem. Ref. Data*, Vol. 16, No. 4, 1987, pp. 577-598.

TABELA A-2

Propriedades da Água Saturada (Líquido-Vapor): Tabela de Temperatura

Conversões da Pressão:
1 bar = 0,1 MPa = 10² kPa

Temp. °C	Press. bar	Volume Específico m³/kg Líquido Sat. $v_f \times 10^3$	Volume Específico m³/kg Vapor Sat. v_g	Energia Interna kJ/kg Líquido Sat. u_f	Energia Interna kJ/kg Vapor Sat. u_g	Entalpia kJ/kg Líquido Sat. h_f	Entalpia kJ/kg Evap. h_{fg}	Entalpia kJ/kg Vapor Sat. h_g	Entropia kJ/kg·K Líquido Sat. s_f	Entropia kJ/kg·K Vapor Sat. s_g	Temp. °C
0,01	0,00611	1,0002	206,136	0,00	2375,3	0,01	2501,3	2501,4	0,0000	9,1562	0,01
4	0,00813	1,0001	157,232	16,77	2380,9	16,78	2491,9	2508,7	0,0610	9,0514	4
5	0,00872	1,0001	147,120	20,97	2382,3	20,98	2489,6	2510,6	0,0761	9,0257	5
6	0,00935	1,0001	137,734	25,19	2383,6	25,20	2487,2	2512,4	0,0912	9,0003	6
8	0,01072	1,0002	120,917	33,59	2386,4	33,60	2482,5	2516,1	0,1212	8,9501	8
10	0,01228	1,0004	106,379	42,00	2389,2	42,01	2477,7	2519,8	0,1510	8,9008	10
11	0,01312	1,0004	99,857	46,20	2390,5	46,20	2475,4	2521,6	0,1658	8,8765	11
12	0,01402	1,0005	93,784	50,41	2391,9	50,41	2473,0	2523,4	0,1806	8,8524	12
13	0,01497	1,0007	88,124	54,60	2393,3	54,60	2470,7	2525,3	0,1953	8,8285	13
14	0,01598	1,0008	82,848	58,79	2394,7	58,80	2468,3	2527,1	0,2099	8,8048	14
15	0,01705	1,0009	77,926	62,99	2396,1	62,99	2465,9	2528,9	0,2245	8,7814	15
16	0,01818	1,0011	73,333	67,18	2397,4	67,19	2463,6	2530,8	0,2390	8,7582	16
17	0,01938	1,0012	69,044	71,38	2398,8	71,38	2461,2	2532,6	0,2535	8,7351	17
18	0,02064	1,0014	65,038	75,57	2400,2	75,58	2458,8	2534,4	0,2679	8,7123	18
19	0,02198	1,0016	61,293	79,76	2401,6	79,77	2456,5	2536,2	0,2823	8,6897	19
20	0,02339	1,0018	57,791	83,95	2402,9	83,96	2454,1	2538,1	0,2966	8,6672	20
21	0,02487	1,0020	54,514	88,14	2404,3	88,14	2451,8	2539,9	0,3109	8,6450	21
22	0,02645	1,0022	51,447	92,32	2405,7	92,33	2449,4	2541,7	0,3251	8,6229	22
23	0,02810	1,0024	48,574	96,51	2407,0	96,52	2447,0	2543,5	0,3393	8,6011	23
24	0,02985	1,0027	45,883	100,70	2408,4	100,70	2444,7	2545,4	0,3534	8,5794	24
25	0,03169	1,0029	43,360	104,88	2409,8	104,89	2442,3	2547,2	0,3674	8,5580	25
26	0,03363	1,0032	40,994	109,06	2411,1	109,07	2439,9	2549,0	0,3814	8,5367	26
27	0,03567	1,0035	38,774	113,25	2412,5	113,25	2437,6	2550,8	0,3954	8,5156	27
28	0,03782	1,0037	36,690	117,42	2413,9	117,43	2435,2	2552,6	0,4093	8,4946	28
29	0,04008	1,0040	34,733	121,60	2415,2	121,61	2432,8	2554,5	0,4231	8,4739	29
30	0,04246	1,0043	32,894	125,78	2416,6	125,79	2430,5	2556,3	0,4369	8,4533	30
31	0,04496	1,0046	31,165	129,96	2418,0	129,97	2428,1	2558,1	0,4507	8,4329	31
32	0,04759	1,0050	29,540	134,14	2419,3	134,15	2425,7	2559,9	0,4644	8,4127	32
33	0,05034	1,0053	28,011	138,32	2420,7	138,33	2423,4	2561,7	0,4781	8,3927	33
34	0,05324	1,0056	26,571	142,50	2422,0	142,50	2421,0	2563,5	0,4917	8,3728	34
35	0,05628	1,0060	25,216	146,67	2423,4	146,68	2418,6	2565,3	0,5053	8,3531	35
36	0,05947	1,0063	23,940	150,85	2424,7	150,86	2416,2	2567,1	0,5188	8,3336	36
38	0,06632	1,0071	21,602	159,20	2427,4	159,21	2411,5	2570,7	0,5458	8,2950	38
40	0,07384	1,0078	19,523	167,56	2430,1	167,57	2406,7	2574,3	0,5725	8,2570	40
45	0,09593	1,0099	15,258	188,44	2436,8	188,45	2394,8	2583,2	0,6387	8,1648	45

v_f = (valor da tabela)/1000

TABELA A-2 (Continuação)

Conversões da Pressão:
1 bar = 0,1 MPa = 10² kPa

Temp. °C	Press. bar	Volume Específico m³/kg Líquido Sat. $v_f \times 10^3$	Volume Específico m³/kg Vapor Sat. v_g	Energia Interna kJ/kg Líquido Sat. u_f	Energia Interna kJ/kg Vapor Sat. u_g	Entalpia kJ/kg Líquido Sat. h_f	Entalpia kJ/kg Evap. h_{fg}	Entalpia kJ/kg Vapor Sat. h_g	Entropia kJ/kg·K Líquido Sat. s_f	Entropia kJ/kg·K Vapor Sat. s_g	Temp. °C
50	0,1235	1,0121	12,032	209,32	2443,5	209,33	2382,7	2592,1	0,7038	8,0763	50
55	0,1576	1,0146	9,568	230,21	2450,1	230,23	2370,7	2600,9	0,7679	7,9913	55
60	0,1994	1,0172	7,671	251,11	2456,6	251,13	2358,5	2609,6	0,8312	7,9096	60
65	0,2503	1,0199	6,197	272,02	2463,1	272,06	2346,2	2618,3	0,8935	7,8310	65
70	0,3119	1,0228	5,042	292,95	2469,6	292,98	2333,8	2626,8	0,9549	7,7553	70
75	0,3858	1,0259	4,131	313,90	2475,9	313,93	2321,4	2635,3	1,0155	7,6824	75
80	0,4739	1,0291	3,407	334,86	2482,2	334,91	2308,8	2643,7	1,0753	7,6122	80
85	0,5783	1,0325	2,828	355,84	2488,4	355,90	2296,0	2651,9	1,1343	7,5445	85
90	0,7014	1,0360	2,361	376,85	2494,5	376,92	2283,2	2660,1	1,1925	7,4791	90
95	0,8455	1,0397	1,982	397,88	2500,6	397,96	2270,2	2668,1	1,2500	7,4159	95
100	1,014	1,0435	1,673	418,94	2506,5	419,04	2257,0	2676,1	1,3069	7,3549	100
110	1,433	1,0516	1,210	461,14	2518,1	461,30	2230,2	2691,5	1,4185	7,2387	110
120	1,985	1,0603	0,8919	503,50	2529,3	503,71	2202,6	2706,3	1,5276	7,1296	120
130	2,701	1,0697	0,6685	546,02	2539,9	546,31	2174,2	2720,5	1,6344	7,0269	130
140	3,613	1,0797	0,5089	588,74	2550,0	589,13	2144,7	2733,9	1,7391	6,9299	140
150	4,758	1,0905	0,3928	631,68	2559,5	632,20	2114,3	2746,5	1,8418	6,8379	150
160	6,178	1,1020	0,3071	674,86	2568,4	675,55	2082,6	2758,1	1,9427	6,7502	160
170	7,917	1,1143	0,2428	718,33	2576,5	719,21	2049,5	2768,7	2,0419	6,6663	170
180	10,02	1,1274	0,1941	762,09	2583,7	763,22	2015,0	2778,2	2,1396	6,5857	180
190	12,54	1,1414	0,1565	806,19	2590,0	807,62	1978,8	2786,4	2,2359	6,5079	190
200	15,54	1,1565	0,1274	850,65	2595,3	852,45	1940,7	2793,2	2,3309	6,4323	200
210	19,06	1,1726	0,1044	895,53	2599,5	897,76	1900,7	2798,5	2,4248	6,3585	210
220	23,18	1,1900	0,08619	940,87	2602,4	943,62	1858,5	2802,1	2,5178	6,2861	220
230	27,95	1,2088	0,07158	986,74	2603,9	990,12	1813,8	2804,0	2,6099	6,2146	230
240	33,44	1,2291	0,05976	1033,2	2604,0	1037,3	1766,5	2803,8	2,7015	6,1437	240
250	39,73	1,2512	0,05013	1080,4	2602,4	1085,4	1716,2	2801,5	2,7927	6,0730	250
260	46,88	1,2755	0,04221	1128,4	2599,0	1134,4	1662,5	2796,6	2,8838	6,0019	260
270	54,99	1,3023	0,03564	1177,4	2593,7	1184,5	1605,2	2789,7	2,9751	5,9301	270
280	64,12	1,3321	0,03017	1227,5	2586,1	1236,0	1543,6	2779,6	3,0668	5,8571	280
290	74,36	1,3656	0,02557	1278,9	2576,0	1289,1	1477,1	2766,2	3,1594	5,7821	290
300	85,81	1,4036	0,02167	1332,0	2563,0	1344,0	1404,9	2749,0	3,2534	5,7045	300
320	112,7	1,4988	0,01549	1444,6	2525,5	1461,5	1238,6	2700,1	3,4480	5,5362	320
340	145,9	1,6379	0,01080	1570,3	2464,6	1594,2	1027,9	2622,0	3,6594	5,3357	340
360	186,5	1,8925	0,006945	1725,2	2351,5	1760,5	720,5	2481,0	3,9147	5,0526	360
374,14	220,9	3,155	0,003155	2029,6	2029,6	2099,3	0	2099,3	4,4298	4,4298	374,14

v_f = (valor da tabela)/1000

TABELA A-3

Propriedades da Água Saturada (Líquido-Vapor): Tabela de Pressão

Conversões da Pressão:
1 bar = 0,1 MPa = 10^2 kPa

Press. bar	Temp. °C	Volume Específico m³/kg Líquido Sat. $v_f \times 10^3$	Vapor Sat. v_g	Energia Interna kJ/kg Líquido Sat. u_f	Vapor Sat. u_g	Entalpia kJ/kg Líquido Sat. h_f	Evap. h_{fg}	Vapor Sat. h_g	Entropia kJ/kg·K Líquido Sat. s_f	Vapor Sat. s_g	Press. bar
0,04	28,96	1,0040	34,800	121,45	2415,2	121,46	2432,9	2554,4	0,4226	8,4746	0,04
0,06	36,16	1,0064	23,739	151,53	2425,0	151,53	2415,9	2567,4	0,5210	8,3304	0,06
0,08	41,51	1,0084	18,103	173,87	2432,2	173,88	2403,1	2577,0	0,5926	8,2287	0,08
0,10	45,81	1,0102	14,674	191,82	2437,91	191,83	2392,8	2584,7	0,6493	8,1502	0,10
0,20	60,06	1,0172	7,649	251,38	2456,7	251,40	2358,3	2609,7	0,8320	7,9085	0,20
0,30	69,10	1,0223	5,229	289,20	2468,4	289,23	2336,1	2625,3	0,9439	7,7686	0,30
0,40	75,87	1,0265	3,993	317,53	2477,0	317,58	2319,2	2636,8	1,0259	7,6700	0,40
0,50	81,33	1,0300	3,240	340,44	2483,9	340,49	2305,4	2645,9	1,0910	7,5939	0,50
0,60	85,94	1,0331	2,732	359,79	2489,6	359,86	2293,6	2653,5	1,1453	7,5320	0,60
0,70	89,95	1,0360	2,365	376,63	2494,5	376,70	2283,3	2660,0	1,1919	7,4797	0,70
0,80	93,50	1,0380	2,087	391,58	2498,8	391,66	2274,1	2665,8	1,2329	7,4346	0,80
0,90	96,71	1,0410	1,869	405,06	2502,6	405,15	2265,7	2670,9	1,2695	7,3949	0,90
1,00	99,63	1,0432	1,694	417,36	2506,1	417,46	2258,0	2675,5	1,3026	7,3594	1,00
1,50	111,4	1,0528	1,159	466,94	2519,7	467,11	2226,5	2693,6	1,4336	7,2233	1,50
2,00	120,2	1,0605	0,8857	504,49	2529,5	504,70	2201,9	2706,7	1,5301	7,1271	2,00
2,50	127,4	1,0672	0,7187	535,10	2537,2	535,37	2181,5	2716,9	1,6072	7,0527	2,50
3,00	133,6	1,0732	0,6058	561,15	2543,6	561,47	2163,8	2725,3	1,6718	6,9919	3,00
3,50	138,9	1,0786	0,5243	583,95	2546,9	584,33	2148,1	2732,4	1,7275	6,9405	3,50
4,00	143,6	1,0836	0,4625	604,31	2553,6	604,74	2133,8	2738,6	1,7766	6,8959	4,00
4,50	147,9	1,0882	0,4140	622,25	2557,6	623,25	2120,7	2743,9	1,8207	6,8565	4,50
5,00	151,9	1,0926	0,3749	639,68	2561,2	640,23	2108,5	2748,7	1,8607	6,8212	5,00
6,00	158,9	1,1006	0,3157	669,90	2567,4	670,56	2086,3	2756,8	1,9312	6,7600	6,00
7,00	165,0	1,1080	0,2729	696,44	2572,5	697,22	2066,3	2763,5	1,9922	6,7080	7,00
8,00	170,4	1,1148	0,2404	720,22	2576,8	721,11	2048,0	2769,1	2,0462	6,6628	8,00
9,00	175,4	1,1212	0,2150	741,83	2580,5	742,83	2031,1	2773,9	2,0946	6,6226	9,00
10,0	179,9	1,1273	0,1944	761,68	2583,6	762,81	2015,3	2778,1	2,1387	6,5863	10,0
15,0	198,3	1,1539	0,1318	843,16	2594,5	844,84	1947,3	2792,2	2,3150	6,4448	15,0
20,0	212,4	1,1767	0,09963	906,44	2600,3	908,79	1890,7	2799,5	2,4474	6,3409	20,0
25,0	224,0	1,1973	0,07998	959,11	2603,1	962,11	1841,0	2803,1	2,5547	6,2575	25,0
30,0	233,9	1,2165	0,06668	1004,8	2604,1	1008,4	1795,7	2804,2	2,6457	6,1869	30,0
35,0	242,6	1,2347	0,05707	1045,4	2603,7	1049,8	1753,7	2803,4	2,7253	6,1253	35,0
40,0	250,4	1,2522	0,04978	1082,3	2602,3	1087,3	1714,1	2801,4	2,7964	6,0701	40,0
45,0	257,5	1,2692	0,04406	1116,2	2600,1	1121,9	1676,4	2798,3	2,8610	6,0199	45,0
50,0	264,0	1,2859	0,03944	1147,8	2597,1	1154,2	1640,1	2794,3	2,9202	5,9734	50,0
60,0	275,6	1,3187	0,03244	1205,4	2589,7	1213,4	1571,0	2784,3	3,0267	5,8892	60,0
70,0	285,9	1,3513	0,02737	1257,6	2580,5	1267,0	1505,1	2772,1	3,1211	5,8133	70,0
80,0	295,1	1,3842	0,02352	1305,6	2569,8	1316,6	1441,3	2758,0	3,2068	5,7432	80,0
90,0	303,4	1,4178	0,02048	1350,5	2557,8	1363,3	1378,9	2742,1	3,2858	5,6772	90,0
100,0	311,1	1,4524	0,01803	1393,0	2544,4	1407,6	1317,1	2724,7	3,3596	5,6141	100,0
110,0	318,2	1,4886	0,01599	1433,7	2529,8	1450,1	1255,5	2705,6	3,4295	5,5527	110,0
120,0	324,8	1,5267	0,01426	1473,0	2513,7	1491,3	1193,6	2684,9	3,4962	5,4924	120,0
130,0	330,9	1,5671	0,01278	1511,1	2496,1	1531,5	1130,7	2662,2	3,5606	5,4323	130,0
140,0	336,8	1,6107	0,01149	1548,6	2476,8	1571,1	1066,5	2637,6	3,6232	5,3717	140,0
150,0	342,2	1,6581	0,01034	1585,6	2455,5	1610,5	1000,0	2610,5	3,6848	5,3098	150,0
160,0	347,4	1,7107	0,009306	1622,7	2431,7	1650,1	930,6	2580,6	3,7461	5,2455	160,0
170,0	352,4	1,7702	0,008364	1660,2	2405,0	1690,3	856,9	2547,2	3,8079	5,1777	170,0
180,0	357,1	1,8397	0,007489	1698,9	2374,3	1732,0	777,1	2509,1	3,8715	5,1044	180,0
190,0	361,5	1,9243	0,006657	1739,9	2338,1	1776,5	688,0	2464,5	3,9388	5,0228	190,0
200,0	365,8	2,036	0,005834	1785,6	2293,0	1826,3	583,4	2409,7	4,0139	4,9269	200,0
220,9	374,1	3,155	0,003155	2029,6	2029,6	2099,3	0	2099,3	4,4298	4,4298	220,9

v_f = (valor da tabela)/1000

754 Tabelas em Unidades SI

TABELA A-4

Propriedades do Vapor d'Água Superaquecido

Conversões da Pressão: 1 bar = 0,1 MPa = 10² kPa

T °C	v m³/kg	u kJ/kg	h kJ/kg	s kJ/kg·K	v m³/kg	u kJ/kg	h kJ/kg	s kJ/kg·K
	\multicolumn{4}{c}{p = 0,06 bar = 0,006 MPa (T_sat = 36,16°C)}	\multicolumn{4}{c}{p = 0,35 bar = 0,035 MPa (T_sat = 72,69°C)}
Sat.	23,739	2425,0	2567,4	8,3304	4,526	2473,0	2631,4	7,7158
80	27,132	2487,3	2650,1	8,5804	4,625	2483,7	2645,6	7,7564
120	30,219	2544,7	2726,0	8,7840	5,163	2542,4	2723,1	7,9644
160	33,302	2602,7	2802,5	8,9693	5,696	2601,2	2800,6	8,1519
200	36,383	2661,4	2879,7	9,1398	6,228	2660,4	2878,4	8,3237
240	39,462	2721,0	2957,8	9,2982	6,758	2720,3	2956,8	8,4828
280	42,540	2781,5	3036,8	9,4464	7,287	2780,9	3036,0	8,6314
320	45,618	2843,0	3116,7	9,5859	7,815	2842,5	3116,1	8,7712
360	48,696	2905,5	3197,7	9,7180	8,344	2905,1	3197,1	8,9034
400	51,774	2969,0	3279,6	9,8435	8,872	2968,6	3279,2	9,0291
440	54,851	3033,5	3362,6	9,9633	9,400	3033,2	3362,2	9,1490
500	59,467	3132,3	3489,1	10,1336	10,192	3132,1	3488,8	9,3194
	\multicolumn{4}{c}{p = 0,70 bar = 0,07 MPa (T_sat = 89,95°C)}	\multicolumn{4}{c}{p = 1,0 bar = 0,10 MPa (T_sat = 99,63°C)}
Sat.	2,365	2494,5	2660,0	7,4797	1,694	2506,1	2675,5	7,3594
100	2,434	2509,7	2680,0	7,5341	1,696	2506,7	2676,2	7,3614
120	2,571	2539,7	2719,6	7,6375	1,793	2537,3	2716,6	7,4668
160	2,841	2599,4	2798,2	7,8279	1,984	2597,8	2796,2	7,6597
200	3,108	2659,1	2876,7	8,0012	2,172	2658,1	2875,3	7,8343
240	3,374	2719,3	2955,5	8,1611	2,359	2718,5	2954,5	7,9949
280	3,640	2780,2	3035,0	8,3162	2,546	2779,6	3034,2	8,1445
320	3,905	2842,0	3115,3	8,4504	2,732	2841,5	3114,6	8,2849
360	4,170	2904,6	3196,5	8,5828	2,917	2904,2	3195,9	8,4175
400	4,434	2968,2	3278,6	8,7086	3,103	2967,9	3278,2	8,5435
440	4,698	3032,9	3361,8	8,8286	3,288	3032,6	3361,4	8,6636
500	5,095	3131,8	3488,5	8,9991	3,565	3131,6	3488,1	8,8342
	\multicolumn{4}{c}{p = 1,5 bar = 0,15 MPa (T_sat = 111,37°C)}	\multicolumn{4}{c}{p = 3,0 bar = 0,30 MPa (T_sat = 133,55°C)}
Sat.	1,159	2519,7	2693,6	7,2233	0,606	2543,6	2725,3	6,9919
120	1,188	2533,3	2711,4	7,2693				
160	1,317	2595,2	2792,8	7,4665	0,651	2587,1	2782,3	7,1276
200	1,444	2656,2	2872,9	7,6433	0,716	2650,7	2865,5	7,3115
240	1,570	2717,2	2952,7	7,8052	0,781	2713,1	2947,3	7,4774
280	1,695	2778,6	3032,8	7,9555	0,844	2775,4	3028,6	7,6299
320	1,819	2840,6	3113,5	8,0964	0,907	2838,1	3110,1	7,7722
360	1,943	2903,5	3195,0	8,2293	0,969	2901,4	3192,2	7,9061
400	2,067	2967,3	3277,4	8,3555	1,032	2965,6	3275,0	8,0330
440	2,191	3032,1	3360,7	8,4757	1,094	3030,6	3358,7	8,1538
500	2,376	3131,2	3487,6	8,6466	1,187	3130,0	3486,0	8,3251
600	2,685	3301,7	3704,3	8,9101	1,341	3300,8	3703,2	8,5892

TABELA A-4

(Continuação)

> Conversões da Pressão:
> 1 bar = 0,1 MPa
> = 10² kPa

T °C	v m³/kg	u kJ/kg	h kJ/kg	s kJ/kg·K	v m³/kg	u kJ/kg	h kJ/kg	s kJ/kg·K
\multicolumn{4}{c}{$p = 5{,}0$ bar $= 0{,}50$ MPa ($T_{sat} = 151{,}86°C$)}		\multicolumn{4}{c}{$p = 7{,}0$ bar $= 0{,}70$ MPa ($T_{sat} = 164{,}97°C$)}			
Sat.	0,3749	2561,2	2748,7	6,8213	0,2729	2572,5	2763,5	6,7080
180	0,4045	2609,7	2812,0	6,9656	0,2847	2599,8	2799,1	6,7880
200	0,4249	2642,9	2855,4	7,0592	0,2999	2634,8	2844,8	6,8865
240	0,4646	2707,6	2939,9	7,2307	0,3292	2701,8	2932,2	7,0641
280	0,5034	2771,2	3022,9	7,3865	0,3574	2766,9	3017,1	7,2233
320	0,5416	2834,7	3105,6	7,5308	0,3852	2831,3	3100,9	7,3697
360	0,5796	2898,7	3188,4	7,6660	0,4126	2895,8	3184,7	7,5063
400	0,6173	2963,2	3271,9	7,7938	0,4397	2960,9	3268,7	7,6350
440	0,6548	3028,6	3356,0	7,9152	0,4667	3026,6	3353,3	7,7571
500	0,7109	3128,4	3483,9	8,0873	0,5070	3126,8	3481,7	7,9299
600	0,8041	3299,6	3701,7	8,3522	0,5738	3298,5	3700,2	8,1956
700	0,8969	3477,5	3925,9	8,5952	0,6403	3476,6	3924,8	8,4391
	\multicolumn{4}{c}{$p = 10{,}0$ bar $= 1{,}0$ MPa ($T_{sat} = 179{,}91°C$)}		\multicolumn{4}{c}{$p = 15{,}0 = 1{,}5$ MPa ($T_{sat} = 198{,}32°C$)}			
Sat.	0,1944	2583,6	2778,1	6,5865	0,1318	2594,5	2792,2	6,4448
200	0,2060	2621,9	2827,9	6,6940	0,1325	2598,1	2796,8	6,4546
240	0,2275	2692,9	2920,4	6,8817	0,1483	2676,9	2899,3	6,6628
280	0,2480	2760,2	3008,2	7,0465	0,1627	2748,6	2992,7	6,8381
320	0,2678	2826,1	3093,9	7,1962	0,1765	2817,1	3081,9	6,9938
360	0,2873	2891,6	3178,9	7,3349	0,1899	2884,4	3169,2	7,1363
400	0,3066	2957,3	3263,9	7,4651	0,2030	2951,3	3255,8	7,2690
440	0,3257	3023,6	3349,3	7,5883	0,2160	3018,5	3342,5	7,3940
500	0,3541	3124,4	3478,5	7,7622	0,2352	3120,3	3473,1	7,5698
540	0,3729	3192,6	3565,6	7,8720	0,2478	3189,1	3560,9	7,6805
600	0,4011	3296,8	3697,9	8,0290	0,2668	3293,9	3694,0	7,8385
640	0,4198	3367,4	3787,2	8,1290	0,2793	3364,8	3783,8	7,9391
	\multicolumn{4}{c}{$p = 20{,}0$ bar $= 2{,}0$ MPa ($T_{sat} = 212{,}42°C$)}		\multicolumn{4}{c}{$p = 30{,}0 = 3{,}0$ MPa ($T_{sat} = 233{,}90°C$)}			
Sat.	0,0996	2600,3	2799,5	6,3409	0,0667	2604,1	2804,2	6,1869
240	0,1085	2659,6	2876,5	6,4952	0,0682	2619,7	2824,3	6,2265
280	0,1200	2736,4	2976,4	6,6828	0,0771	2709,9	2941,3	6,4462
320	0,1308	2807,9	3069,5	6,8452	0,0850	2788,4	3043,4	6,6245
360	0,1411	2877,0	3159,3	6,9917	0,0923	2861,7	3138,7	6,7801
400	0,1512	2945,2	3247,6	7,1271	0,0994	2932,8	3230,9	6,9212
440	0,1611	3013,4	3335,5	7,2540	0,1062	3002,9	3321,5	7,0520
500	0,1757	3116,2	3467,6	7,4317	0,1162	3108,0	3456,5	7,2338
540	0,1853	3185,6	3556,1	7,5434	0,1227	3178,4	3546,6	7,3474
600	0,1996	3290,9	3690,1	7,7024	0,1324	3285,0	3682,3	7,5085
640	0,2091	3362,2	3780,4	7,8035	0,1388	3357,0	3773,5	7,6106
700	0,2232	3470,9	3917,4	7,9487	0,1484	3466,5	3911,7	7,7571

TABELA A-4

(Continuação)

Conversões da Pressão:
1 bar = 0,1 MPa
= 10² kPa

H₂O

T °C	v m³/kg	u kJ/kg	h kJ/kg	s kJ/kg·K	v m³/kg	u kJ/kg	h kJ/kg	s kJ/kg·K
	\multicolumn{4}{c}{p = 40 bar = 4,0 MPa (T_sat = 250,4°C)}	\multicolumn{4}{c}{p = 60 bar = 6,0 MPa (T_sat = 275,64°C)}
Sat.	0,04978	2602,3	2801,4	6,0701	0,03244	2589,7	2784,3	5,8892
280	0,05546	2680,0	2901,8	6,2568	0,03317	2605,2	2804,2	5,9252
320	0,06199	2767,4	3015,4	6,4553	0,03876	2720,0	2952,6	6,1846
360	0,06788	2845,7	3117,2	6,6215	0,04331	2811,2	3071,1	6,3782
400	0,07341	2919,9	3213,6	6,7690	0,04739	2892,9	3177,2	6,5408
440	0,07872	2992,2	3307,1	6,9041	0,05122	2970,0	3277,3	6,6853
500	0,08643	3099,5	3445,3	7,0901	0,05665	3082,2	3422,2	6,8803
540	0,09145	3171,1	3536,9	7,2056	0,06015	3156,1	3517,0	6,9999
600	0,09885	3279,1	3674,4	7,3688	0,06525	3266,9	3658,4	7,1677
640	0,1037	3351,8	3766,6	7,4720	0,06859	3341,0	3752,6	7,2731
700	0,1110	3462,1	3905,9	7,6198	0,07352	3453,1	3894,1	7,4234
740	0,1157	3536,6	3999,6	7,7141	0,07677	3528,3	3989,2	7,5190
	\multicolumn{4}{c}{p = 80 bar = 8,0 MPa (T_sat = 295,06°C)}	\multicolumn{4}{c}{p = 100 bar = 10,0 MPa (T_sat = 311,06°C)}
Sat.	0,02352	2569,8	2758,0	5,7432	0,01803	2544,4	2724,7	5,6141
320	0,02682	2662,7	2877,2	5,9489	0,01925	2588,8	2781,3	5,7103
360	0,03089	2772,7	3019,8	6,1819	0,02331	2729,1	2962,1	6,0060
400	0,03432	2863,8	3138,3	6,3634	0,02641	2832,4	3096,5	6,2120
440	0,03742	2946,7	3246,1	6,5190	0,02911	2922,1	3213,2	6,3805
480	0,04034	3025,7	3348,4	6,6586	0,03160	3005,4	3321,4	6,5282
520	0,04313	3102,7	3447,7	6,7871	0,03394	3085,6	3425,1	6,6622
560	0,04582	3178,7	3545,3	6,9072	0,03619	3164,1	3526,0	6,7864
600	0,04845	3254,4	3642,0	7,0206	0,03837	3241,7	3625,3	6,9029
640	0,05102	3330,1	3738,3	7,1283	0,04048	3318,9	3723,7	7,0131
700	0,05481	3443,9	3882,4	7,2812	0,04358	3434,7	3870,5	7,1687
740	0,05729	3520,4	3978,7	7,3782	0,04560	3512,1	3968,1	7,2670
	\multicolumn{4}{c}{p = 120 bar = 12,0 MPa (T_sat = 324,75°C)}	\multicolumn{4}{c}{p = 140 bar = 14,0 MPa (T_sat = 336,75°C)}
Sat.	0,01426	2513,7	2684,9	5,4924	0,01149	2476,8	2637,6	5,3717
360	0,01811	2678,4	2895,7	5,8361	0,01422	2617,4	2816,5	5,6602
400	0,02108	2798,3	3051,3	6,0747	0,01722	2760,9	3001,9	5,9448
440	0,02355	2896,1	3178,7	6,2586	0,01954	2868,6	3142,2	6,1474
480	0,02576	2984,4	3293,5	6,4154	0,02157	2962,5	3264,5	6,3143
520	0,02781	3068,0	3401,8	6,5555	0,02343	3049,8	3377,8	6,4610
560	0,02977	3149,0	3506,2	6,6840	0,02517	3133,6	3486,0	6,5941
600	0,03164	3228,7	3608,3	6,8037	0,02683	3215,4	3591,1	6,7172
640	0,03345	3307,5	3709,0	6,9164	0,02843	3296,0	3694,1	6,8326
700	0,03610	3425,2	3858,4	7,0749	0,03075	3415,7	3846,2	6,9939
740	0,03781	3503,7	3957,4	7,1746	0,03225	3495,2	3946,7	7,0952

TABELA A-4

(Continuação)

Conversões da Pressão:
1 bar = 0,1 MPa
= 10² kPa

T °C	v m³/kg	u kJ/kg	h kJ/kg	s kJ/kg·K	v m³/kg	u kJ/kg	h kJ/kg	s kJ/kg·K
	\multicolumn{4}{c}{p = 160 bar = 16,0 MPa (T_{sat} = 347,44°C)}	\multicolumn{4}{c}{p = 180 bar = 18,0 MPa (T_{sat} = 357,06°C)}
Sat.	0,00931	2431,7	2580,6	5,2455	0,00749	2374,3	2509,1	5,1044
360	0,01105	2539,0	2715,8	5,4614	0,00809	2418,9	2564,5	5,1922
400	0,01426	2719,4	2947,6	5,8175	0,01190	2672,8	2887,0	5,6887
440	0,01652	2839,4	3103,7	6,0429	0,01414	2808,2	3062,8	5,9428
480	0,01842	2939,7	3234,4	6,2215	0,01596	2915,9	3203,2	6,1345
520	0,02013	3031,1	3353,3	6,3752	0,01757	3011,8	3378,0	6,2960
560	0,02172	3117,8	3465,4	6,5132	0,01904	3101,7	3444,4	6,4392
600	0,02323	3201,8	3573,5	6,6399	0,02042	3188,0	3555,6	6,5696
640	0,02467	3284,2	3678,9	6,7580	0,02174	3272,3	3663,6	6,6905
700	0,02674	3406,0	3833,9	6,9224	0,02362	3396,3	3821,5	6,8580
740	0,02808	3486,7	3935,9	7,0251	0,02483	3478,0	3925,0	6,9623
	\multicolumn{4}{c}{p = 200 bar = 20,0 MPa (T_{sat} = 365,81°C)}	\multicolumn{4}{c}{p = 240 bar = 24,0 MPa}
Sat.	0,00583	2293,0	2409,7	4,9269				
400	0,00994	2619,3	2818,1	5,5540	0,00673	2477,8	2639,4	5,2393
440	0,01222	2774,9	3019,4	5,8450	0,00929	2700,6	2923,4	5,6506
480	0,01399	2891,2	3170,8	6,0518	0,01100	2838,3	3102,3	5,8950
520	0,01551	2992,0	3302,2	6,2218	0,01241	2950,5	3248,5	6,0842
560	0,01689	3085,2	3423,0	6,3705	0,01366	3051,1	3379,0	6,2448
600	0,01818	3174,0	3537,6	6,5048	0,01481	3145,2	3500,7	6,3875
640	0,01940	3260,2	3648,1	6,6286	0,01588	3235,5	3616,7	6,5174
700	0,02113	3386,4	3809,0	6,7993	0,01739	3366,4	3783,8	6,6947
740	0,02224	3469,3	3914,1	6,9052	0,01835	3451,7	3892,1	6,8038
800	0,02385	3592,7	4069,7	7,0544	0,01974	3578,0	4051,6	6,9567
	\multicolumn{4}{c}{p = 280 bar = 28,0 MPa}	\multicolumn{4}{c}{p = 320 bar = 32,0 MPa}
400	0,00383	2223,5	2330,7	4,7494	0,00236	1980,4	2055,9	4,3239
440	0,00712	2613,2	2812,6	5,4494	0,00544	2509,0	2683,0	5,2327
480	0,00885	2780,8	3028,5	5,7446	0,00722	2718,1	2949,2	5,5968
520	0,01020	2906,8	3192,3	5,9566	0,00853	2860,7	3133,7	5,8357
560	0,01136	3015,7	3333,7	6,1307	0,00963	2979,0	3287,2	6,0246
600	0,01241	3115,6	3463,0	6,2823	0,01061	3085,3	3424,6	6,1858
640	0,01338	3210,3	3584,8	6,4187	0,01150	3184,5	3552,5	6,3290
700	0,01473	3346,1	3758,4	6,6029	0,01273	3325,4	3732,8	6,5203
740	0,01558	3433,9	3870,0	6,7153	0,01350	3415,9	3847,8	6,6361
800	0,01680	3563,1	4033,4	6,8720	0,01460	3548,0	4015,1	6,7966
900	0,01873	3774,3	4298,8	7,1084	0,01633	3762,7	4285,1	7,0372

TABELA A-5

Propriedades da Água Líquida Comprimida

Conversões da Pressão:
1 bar = 0,1 MPa = 10² kPa

T °C	$v \times 10^3$ m³/kg	u kJ/kg	h kJ/kg	s kJ/kg·K	$v \times 10^3$ m³/kg	u kJ/kg	h kJ/kg	s kJ/kg·K
	\multicolumn{4}{c}{p = 25 bar = 2,5 MPa (T_{sat} = 223,99°C)}	\multicolumn{4}{c}{p = 50 bar = 5,0 MPa (T_{sat} = 263,99°C)}
20	1,0006	83,80	86,30	0,2961	0,9995	83,65	88,65	0,2956
40	1,0067	167,25	169,77	0,05715	1,0056	166,95	171,97	0,05705
80	1,0280	334,29	336,86	1,0737	1,0268	333,72	338,85	1,0720
100	1,0423	418,24	420,85	1,3050	1,0410	417,52	422,72	1,3030
140	1,0784	587,82	590,52	1,7369	1,0768	586,76	592,15	1,7343
180	1,1261	761,16	763,97	2,1375	1,1240	759,63	765,25	2,1341
200	1,1555	849,9	852,8	2,3294	1,1530	848,1	853,9	2,3255
220	1,1898	940,7	943,7	2,5174	1,1866	938,4	944,4	2,5128
Sat.	1,1973	959,1	962,1	2,5546	1,2859	1147,8	1154,2	2,9202
	\multicolumn{4}{c}{p = 75 bar = 7,5 MPa (T_{sat} = 290,59°C)}	\multicolumn{4}{c}{p = 100 bar = 10,0 MPa (T_{sat} = 311,06°C)}
20	0,9984	83,50	90,99	0,2950	0,9972	83,36	93,33	0,2945
40	1,0045	166,64	174,18	0,5696	1,0034	166,35	176,38	0,5686
80	1,0256	333,15	340,84	1,0704	1,0245	332,59	342,83	1,0688
100	1,0397	416,81	424,62	1,3011	1,0385	416,12	426,50	1,2992
140	1,0752	585,72	593,78	1,7317	1,0737	584,68	595,42	1,7292
180	1,1219	758,13	766,55	2,1308	1,1199	756,65	767,84	2,1275
220	1,1835	936,2	945,1	2,5083	1,1805	934,1	945,9	2,5039
260	1,2696	1124,4	1134,0	2,8763	1,2645	1121,1	1133,7	2,8699
Sat.	1,3677	1282,0	1292,2	3,1649	1,4524	1393,0	1407,6	3,3596
	\multicolumn{4}{c}{p = 150 bar = 15,0 MPa (T_{sat} = 342,24°C)}	\multicolumn{4}{c}{p = 200 bar = 20,0 MPa (T_{sat} = 365,81°C)}
20	0,9950	83,06	97,99	0,2934	0,9928	82,77	102,62	0,2923
40	1,0013	165,76	180,78	0,5666	0,9992	165,17	185,16	0,5646
80	1,0222	331,48	346,81	1,0656	1,0199	330,40	350,80	1,0624
100	1,0361	414,74	430,28	1,2955	1,0337	413,39	434,06	1,2917
140	1,0707	582,66	598,72	1,7242	1,0678	580,69	602,04	1,7193
180	1,1159	753,76	770,50	2,1210	1,1120	750,95	773,20	2,1147
220	1,1748	929,9	947,5	2,4953	1,1693	925,9	949,3	2,4870
260	1,2550	1114,6	1133,4	2,8576	1,2462	1108,6	1133,5	2,8459
300	1,3770	1316,6	1337,3	3,2260	1,3596	1306,1	1333,3	3,2071
Sat.	1,6581	1585,6	1610,5	3,6848	2,036	1785,6	1826,3	4,0139
	\multicolumn{4}{c}{p = 250 bar = 25 MPa}	\multicolumn{4}{c}{p = 300 bar = 30,0 MPa}
20	0,9907	82,47	107,24	0,2911	0,9886	82,17	111,84	0,2899
40	0,9971	164,60	189,52	0,5626	0,9951	164,04	193,89	0,5607
100	1,0313	412,08	437,85	1,2881	1,0290	410,78	441,66	1,2844
200	1,1344	834,5	862,8	2,2961	1,1302	831,4	865,3	2,2893
300	1,3442	1296,6	1330,2	3,1900	1,3304	1287,9	1327,8	3,1741

v = (valor da tabela)/1000

TABELA A-6

Propriedades da Água Saturada (Sólido-Vapor): Tabela de Temperatura

Conversões da Pressão:
1 bar = 0,1 MPa
= 10² kPa

$v =$ (valor da tabela)/1000

Temp. °C	Pressão kPa	Volume Específico m³/kg Sólido Sat. $v_i \times 10^3$	Volume Específico m³/kg Vapor Sat. v_g	Energia Interna kJ/kg Sólido Sat. u_i	Energia Interna kJ/kg Subl. u_{ig}	Energia Interna kJ/kg Vapor Sat. u_g	Entalpia kJ/kg Sólido Sat. h_i	Entalpia kJ/kg Subl. h_{ig}	Entalpia kJ/kg Vapor Sat. h_g	Entropia kJ/kg·K Sólido Sat. s_i	Entropia kJ/kg·K Subl. s_{ig}	Entropia kJ/kg·K Vapor Sat. s_g
0,01	0,6113	1,0908	206,1	−333,40	2708,7	2375,3	−333,40	2834,8	2501,4	−1,221	10,378	9,156
0	0,6108	1,0908	206,3	−333,43	2708,8	2375,3	−333,43	2834,8	2501,3	−1,221	10,378	9,157
−2	0,5176	1,0904	241,7	−337,62	2710,2	2372,6	−337,62	2835,3	2497,7	−1,237	10,456	9,219
−4	0,4375	1,0901	283,8	−341,78	2711,6	2369,8	−341,78	2835,7	2494,0	−1,253	10,536	9,283
−6	0,3689	1,0898	334,2	−345,91	2712,9	2367,0	−345,91	2836,2	2490,3	−1,268	10,616	9,348
−8	0,3102	1,0894	394,4	−350,02	2714,2	2364,2	−350,02	2836,6	2486,6	−1,284	10,698	9,414
−10	0,2602	1,0891	466,7	−354,09	2715,5	2361,4	−354,09	2837,0	2482,9	−1,299	10,781	9,481
−12	0,2176	1,0888	553,7	−358,14	2716,8	2358,7	−358,14	2837,3	2479,2	−1,315	10,865	9,550
−14	0,1815	1,0884	658,8	−362,15	2718,0	2355,9	−362,15	2837,6	2475,5	−1,331	10,950	9,619
−16	0,1510	1,0881	786,0	−366,14	2719,2	2353,1	−366,14	2837,9	2471,8	−1,346	11,036	9,690
−18	0,1252	1,0878	940,5	−370,10	2720,4	2350,3	−370,10	2838,2	2468,1	−1,362	11,123	9,762
−20	0,1035	1,0874	1128,6	−374,03	2721,6	2347,5	−374,03	2838,4	2464,3	−1,377	11,212	9,835
−22	0,0853	1,0871	1358,4	−377,93	2722,7	2344,7	−377,93	2838,6	2460,6	−1,393	11,302	9,909
−24	0,0701	1,0868	1640,1	−381,80	2723,7	2342,0	−381,80	2838,7	2456,9	−1,408	11,394	9,985
−26	0,0574	1,0864	1986,4	−385,64	2724,8	2339,2	−385,64	2838,9	2453,2	−1,424	11,486	10,062
−28	0,0469	1,0861	2413,7	−389,45	2725,8	2336,4	−389,45	2839,0	2449,5	−1,439	11,580	10,141
−30	0,0381	1,0858	2943	−393,23	2726,8	2333,6	−393,23	2839,0	2445,8	−1,455	11,676	10,221
−32	0,0309	1,0854	3600	−396,98	2727,8	2330,8	−396,98	2839,1	2442,1	−1,471	11,773	10,303
−34	0,0250	1,0851	4419	−400,71	2728,7	2328,0	−400,71	2839,1	2438,4	−1,486	11,872	10,386
−36	0,0201	1,0848	5444	−404,40	2729,6	2325,2	−404,40	2839,1	2434,7	−1,501	11,972	10,470
−38	0,0161	1,0844	6731	−408,06	2730,5	2322,4	−408,06	2839,0	2430,9	−1,517	12,073	10,556
−40	0,0129	1,0841	8354	−411,70	2731,3	2319,6	−411,70	2838,9	2427,2	−1,532	12,176	10,644

TABELA A-7

Propriedades do Refrigerante 22 Saturado (Líquido-Vapor): Tabela de Temperatura

Conversões da Pressão:
1 bar = 0,1 MPa = 10² kPa

v_f = (valor da tabela)/1000

Temp. °C	Press. bar	Volume Específico m³/kg Líquido Sat. $v_f \times 10^3$	Volume Específico m³/kg Vapor Sat. v_g	Energia Interna kJ/kg Líquido Sat. u_f	Energia Interna kJ/kg Vapor Sat. u_g	Entalpia kJ/kg Líquido Sat. h_f	Entalpia kJ/kg Evap. h_{fg}	Entalpia kJ/kg Vapor Sat. h_g	Entropia kJ/kg·K Líquido Sat. s_f	Entropia kJ/kg·K Vapor Sat. s_g	Temp. °C
−60	0,3749	0,6833	0,5370	−21,57	203,67	−21,55	245,35	223,81	−0,0964	1,0547	−60
−50	0,6451	0,6966	0,3239	−10,89	207,70	−10,85	239,44	228,60	−0,0474	1,0256	−50
−45	0,8290	0,7037	0,2564	−5,50	209,70	−5,44	236,39	230,95	−0,0235	1,0126	−45
−40	1,0522	0,7109	0,2052	−0,07	211,68	0,00	233,27	233,27	0,0000	1,0005	−40
−36	1,2627	0,7169	0,1730	4,29	213,25	4,38	230,71	235,09	0,0186	0,9914	−36
−32	1,5049	0,7231	0,1468	8,68	214,80	8,79	228,10	236,89	0,0369	0,9828	−32
−30	1,6389	0,7262	0,1355	10,88	215,58	11,00	226,77	237,78	0,0460	0,9787	−30
−28	1,7819	0,7294	0,1252	13,09	216,34	13,22	225,43	238,66	0,0551	0,9746	−28
−26	1,9345	0,7327	0,1159	15,31	217,11	15,45	224,08	239,53	0,0641	0,9707	−26
−22	2,2698	0,7393	0,0997	19,76	218,62	19,92	221,32	241,24	0,0819	0,9631	−22
−20	2,4534	0,7427	0,0926	21,99	219,37	22,17	219,91	242,09	0,0908	0,9595	−20
−18	2,6482	0,7462	0,0861	24,23	220,11	24,43	218,49	242,92	0,0996	0,9559	−18
−16	2,8547	0,7497	0,0802	26,48	220,85	26,69	217,05	243,74	0,1084	0,9525	−16
−14	3,0733	0,7533	0,0748	28,73	221,58	28,97	215,59	244,56	0,1171	0,9490	−14
−12	3,3044	0,7569	0,0698	31,00	222,30	31,25	214,11	245,36	0,1258	0,9457	−12
−10	3,5485	0,7606	0,0652	33,27	223,02	33,54	212,62	246,15	0,1345	0,9424	−10
−8	3,8062	0,7644	0,0610	35,54	223,73	35,83	211,10	246,93	0,1431	0,9392	−8
−6	4,0777	0,7683	0,0571	37,83	224,43	38,14	209,56	247,70	0,1517	0,9361	−6
−4	4,3638	0,7722	0,0535	40,12	225,13	40,46	208,00	248,45	0,1602	0,9330	−4
−2	4,6647	0,7762	0,0501	42,42	225,82	42,78	206,41	249,20	0,1688	0,9300	−2
0	4,9811	0,7803	0,0470	44,73	226,50	45,12	204,81	249,92	0,1773	0,9271	0
2	5,3133	0,7844	0,0442	47,04	227,17	47,46	203,18	250,64	0,1857	0,9241	2
4	5,6619	0,7887	0,0415	49,37	227,83	49,82	201,52	251,34	0,1941	0,9213	4
6	6,0275	0,7930	0,0391	51,71	228,48	52,18	199,84	252,03	0,2025	0,9184	6
8	6,4105	0,7974	0,0368	54,05	229,13	54,56	198,14	252,70	0,2109	0,9157	8
10	6,8113	0,8020	0,0346	56,40	229,76	56,95	196,40	253,35	0,2193	0,9129	10
12	7,2307	0,8066	0,0326	58,77	230,38	59,35	194,64	253,99	0,2276	0,9102	12
16	8,1268	0,8162	0,0291	63,53	231,59	64,19	191,02	255,21	0,2442	0,9048	16
20	9,1030	0,8263	0,0259	68,33	232,76	69,09	187,28	256,37	0,2607	0,8996	20
24	10,164	0,8369	0,0232	73,19	233,87	74,04	183,40	257,44	0,2772	0,8944	24
28	11,313	0,8480	0,0208	78,09	234,92	79,05	179,37	258,43	0,2936	0,8893	28
32	12,556	0,8599	0,0186	83,06	235,91	84,14	175,18	259,32	0,3101	0,8842	32
36	13,897	0,8724	0,0168	88,08	236,83	89,29	170,82	260,11	0,3265	0,8790	36
40	15,341	0,8858	0,0151	93,18	237,66	94,53	166,25	260,79	0,3429	0,8738	40
45	17,298	0,9039	0,0132	99,65	238,59	101,21	160,24	261,46	0,3635	0,8672	45
50	19,433	0,9238	0,0116	106,26	239,34	108,06	153,84	261,90	0,3842	0,8603	50
60	24,281	0,9705	0,0089	120,00	240,24	122,35	139,61	261,96	0,4264	0,8455	60

R-22

TABELA A-8

Propriedades do Refrigerante 22 Saturado (Líquido-Vapor): Tabela de Pressão

Conversões da Pressão:
1 bar = 0,1 MPa = 10² kPa

v_f = (valor da tabela)/1000

Press. bar	Temp. °C	Volume Específico m³/kg Líquido Sat. $v_f \times 10^3$	Volume Específico m³/kg Vapor Sat. v_g	Energia Interna kJ/kg Líquido Sat. u_f	Energia Interna kJ/kg Vapor Sat. u_g	Entalpia kJ/kg Líquido Sat. h_f	Entalpia kJ/kg Evap. h_{fg}	Entalpia kJ/kg Vapor Sat. h_g	Entropia kJ/kg·K Líquido Sat. s_f	Entropia kJ/kg·K Vapor Sat. s_g	Press. bar
0,40	−58,86	0,6847	0,5056	−20,36	204,13	−20,34	244,69	224,36	−0,0907	1,0512	0,40
0,50	−54,83	0,6901	0,4107	−16,07	205,76	−16,03	242,33	226,30	−0,0709	1,0391	0,50
0,60	−51,40	0,6947	0,3466	−12,39	207,14	−12,35	240,28	227,93	−0,0542	1,0294	0,60
0,70	−48,40	0,6989	0,3002	−9,17	208,34	−9,12	238,47	229,35	−0,0397	1,0213	0,70
0,80	−45,73	0,7026	0,2650	−6,28	209,41	−6,23	236,84	230,61	−0,0270	1,0144	0,80
0,90	−43,30	0,7061	0,2374	−3,66	210,37	−3,60	235,34	231,74	−0,0155	1,0084	0,90
1,00	−41,09	0,7093	0,2152	−1,26	211,25	−1,19	233,95	232,77	−0,0051	1,0031	1,00
1,25	−36,23	0,7166	0,1746	4,04	213,16	4,13	230,86	234,99	0,0175	0,9919	1,25
1,50	−32,08	0,7230	0,1472	8,60	214,77	8,70	228,15	236,86	0,0366	0,9830	1,50
1,75	−28,44	0,7287	0,1274	12,61	216,18	12,74	225,73	238,47	0,0531	0,9755	1,75
2,00	−25,18	0,7340	0,1123	16,22	217,42	16,37	223,52	239,88	0,0678	0,9691	2,00
2,25	−22,22	0,7389	0,1005	19,51	218,53	19,67	221,47	241,15	0,0809	0,9636	2,25
2,50	−19,51	0,7436	0,0910	22,54	219,55	22,72	219,57	242,29	0,0930	0,9586	2,50
2,75	−17,00	0,7479	0,0831	25,36	220,48	25,56	217,77	243,33	0,1040	0,9542	2,75
3,00	−14,66	0,7521	0,0765	27,99	221,34	28,22	216,07	244,29	0,1143	0,9502	3,00
3,25	−12,46	0,7561	0,0709	30,47	222,13	30,72	214,46	245,18	0,1238	0,9465	3,25
3,50	−10,39	0,7599	0,0661	32,82	222,88	33,09	212,91	246,00	0,1328	0,9431	3,50
3,75	−8,43	0,7636	0,0618	35,06	223,58	35,34	211,42	246,77	0,1413	0,9399	3,75
4,00	−6,56	0,7672	0,0581	37,18	224,24	37,49	209,99	247,48	0,1493	0,9370	4,00
4,25	−4,78	0,7706	0,0548	39,22	224,86	39,55	208,61	248,16	0,1569	0,9342	4,25
4,50	−3,08	0,7740	0,0519	41,17	225,45	41,52	207,27	248,80	0,1642	0,9316	4,50
4,75	−1,45	0,7773	0,0492	43,05	226,00	43,42	205,98	249,40	0,1711	0,9292	4,75
5,00	0,12	0,7805	0,0469	44,86	226,54	45,25	204,71	249,97	0,1777	0,9269	5,00
5,25	1,63	0,7836	0,0447	46,61	227,04	47,02	203,48	250,51	0,1841	0,9247	5,25
5,50	3,08	0,7867	0,0427	48,30	227,53	48,74	202,28	251,02	0,1903	0,9226	5,50
5,75	4,49	0,7897	0,0409	49,94	227,99	50,40	201,11	251,51	0,1962	0,9206	5,75
6,00	5,85	0,7927	0,0392	51,53	228,44	52,01	199,97	251,98	0,2019	0,9186	6,00
7,00	10,91	0,8041	0,0337	57,48	230,04	58,04	195,60	253,64	0,2231	0,9117	7,00
8,00	15,45	0,8149	0,0295	62,88	231,43	63,53	191,52	255,05	0,2419	0,9056	8,00
9,00	19,59	0,8252	0,0262	67,84	232,64	68,59	187,67	256,25	0,2591	0,9001	9,00
10,00	23,40	0,8352	0,0236	72,46	233,71	73,30	183,99	257,28	0,2748	0,8952	10,00
12,00	30,25	0,8546	0,0195	80,87	235,48	81,90	177,04	258,94	0,3029	0,8864	12,00
14,00	36,29	0,8734	0,0166	88,45	236,89	89,68	170,49	260,16	0,3277	0,8786	14,00
16,00	41,73	0,8919	0,0144	95,41	238,00	96,83	164,21	261,04	0,3500	0,8715	16,00
18,00	46,69	0,9104	0,0127	101,87	238,86	103,51	158,13	261,64	0,3705	0,8649	18,00
20,00	51,26	0,9291	0,0112	107,95	239,51	109,81	152,17	261,98	0,3895	0,8586	20,00
24,00	59,46	0,9677	0,0091	119,24	240,22	121,56	140,43	261,99	0,4241	0,8463	24,00

R-22

TABELA A-9

Propriedades do Vapor de Refrigerante 22 Superaquecido

Conversões da Pressão:
1 bar = 0,1 MPa
     = 10^2 kPa

T °C	v m³/kg	u kJ/kg	h kJ/kg	s kJ/kg·K	v m³/kg	u kJ/kg	h kJ/kg	s kJ/kg·K
	\multicolumn{4}{c}{p = 0,4 bar = 0,04 MPa (T_{sat} = −58,86°C)}	\multicolumn{4}{c}{p = 0,6 bar = 0,06 MPa (T_{sat} = −51,40°C)}
Sat.	0,50559	204,13	224,36	1,0512	0,34656	207,14	227,93	1,0294
−55	0,51532	205,92	226,53	1,0612				
−50	0,52787	208,26	229,38	1,0741	0,34895	207,80	228,74	1,0330
−45	0,54037	210,63	232,24	1,0868	0,35747	210,20	231,65	1,0459
−40	0,55284	213,02	235,13	1,0993	0,36594	212,62	234,58	1,0586
−35	0,56526	215,43	238,05	1,1117	0,37437	215,06	237,52	1,0711
−30	0,57766	217,88	240,99	1,1239	0,38277	217,53	240,49	1,0835
−25	0,59002	220,35	243,95	1,1360	0,39114	220,02	243,49	1,0956
−20	0,60236	222,85	246,95	1,1479	0,39948	222,54	246,51	1,1077
−15	0,61468	225,38	249,97	1,1597	0,40779	225,08	249,55	1,1196
−10	0,62697	227,93	253,01	1,1714	0,41608	227,65	252,62	1,1314
−5	0,63925	230,52	256,09	1,1830	0,42436	230,25	255,71	1,1430
0	0,65151	233,13	259,19	1,1944	0,43261	232,88	258,83	1,1545
	\multicolumn{4}{c}{p = 0,8 bar = 0,08 MPa (T_{sat} = −45,73°C)}	\multicolumn{4}{c}{p = 1,0 bar = 0,10 MPa (T_{sat} = −41,09°C)}
Sat.	0,26503	209,41	230,61	1,0144	0,21518	211,25	232,77	1,0031
−45	0,26597	209,76	231,04	1,0163				
−40	0,27245	212,21	234,01	1,0292	0,21633	211,79	233,42	1,0059
−35	0,27890	214,68	236,99	1,0418	0,22158	214,29	236,44	1,0187
−30	0,28530	217,17	239,99	1,0543	0,22679	216,80	239,48	1,0313
−25	0,29167	219,68	243,02	1,0666	0,23197	219,34	242,54	1,0438
−20	0,29801	222,22	246,06	1,0788	0,23712	221,90	245,61	1,0560
−15	0,30433	224,78	249,13	1,0908	0,24224	224,48	248,70	1,0681
−10	0,31062	227,37	252,22	1,1026	0,24734	227,08	251,82	1,0801
−5	0,31690	229,98	255,34	1,1143	0,25241	229,71	254,95	1,0919
0	0,32315	232,62	258,47	1,1259	0,25747	232,36	258,11	1,1035
5	0,32939	235,29	261,64	1,1374	0,26251	235,04	261,29	1,1151
10	0,33561	237,98	264,83	1,1488	0,26753	237,74	264,50	1,1265
	\multicolumn{4}{c}{p = 1,5 bar = 0,15 MPa (T_{sat} = −32,08°C)}	\multicolumn{4}{c}{p = 2,0 bar = 0,20 MPa (T_{sat} = −25,18°C)}
Sat.	0,14721	214,77	236,86	0,9830	0,11232	217,42	239,88	0,9691
−30	0,14872	215,85	238,16	0,9883				
−25	0,15232	218,45	241,30	1,0011	0,11242	217,51	240,00	0,9696
−20	0,15588	221,07	244,45	1,0137	0,11520	220,19	243,23	0,9825
−15	0,15941	223,70	247,61	1,0260	0,11795	222,88	246,47	0,9952
−10	0,16292	226,35	250,78	1,0382	0,12067	225,58	249,72	1,0076
−5	0,16640	229,02	253,98	1,0502	0,12336	228,30	252,97	1,0199
0	0,16987	231,70	257,18	1,0621	0,12603	231,03	256,23	1,0310
5	0,17331	234,42	260,41	1,0738	0,12868	233,78	259,51	1,0438
10	0,17674	237,15	263,66	1,0854	0,13132	236,54	262,81	1,0555
15	0,18015	239,91	266,93	1,0968	0,13393	239,33	266,12	1,0671
20	0,18355	242,69	270,22	1,1081	0,13653	242,14	269,44	1,0786
25	0,18693	245,49	273,53	1,1193	0,13912	244,97	272,79	1,0899

TABELA A-9

(Continuação)

Conversões da Pressão:
1 bar = 0,1 MPa = 10² kPa

T °C	v m³/kg	u kJ/kg	h kJ/kg	s kJ/kg·K	v m³/kg	u kJ/kg	h kJ/kg	s kJ/kg·K
\multicolumn{4}{c}{p = 2,5 bar = 0,25 MPa (T_{sat} = −19,51°C)}	\multicolumn{4}{c}{p = 3,0 bar = 0,30 MPa (T_{sat} = −14,66°C)}
Sat.	0,09097	219,55	242,29	0,9586	0,07651	221,34	244,29	0,9502
−15	0,09303	222,03	245,29	0,9703				
−10	0,09528	224,79	248,61	0,9831	0,07833	223,96	247,46	0,9623
−5	0,09751	227,55	251,93	0,9956	0,08025	226,78	250,86	0,9751
0	0,09971	230,33	255,26	1,0078	0,08214	229,61	254,25	0,9876
5	0,10189	233,12	258,59	1,0199	0,08400	232,44	257,64	0,9999
10	0,10405	235,92	261,93	1,0318	0,08585	235,28	261,04	1,0120
15	0,10619	238,74	265,29	1,0436	0,08767	238,14	264,44	1,0239
20	0,10831	241,58	268,66	1,0552	0,08949	241,01	267,85	1,0357
25	0,11043	244,44	272,04	1,0666	0,09128	243,89	271,28	1,0472
30	0,11253	247,31	275,44	1,0779	0,09307	246,80	274,72	1,0587
35	0,11461	250,21	278,86	1,0891	0,09484	249,72	278,17	1,0700
40	0,11669	253,13	282,30	1,1002	0,09660	252,66	281,64	1,0811
\multicolumn{4}{c}{p = 3,5 bar = 0,35 MPa (T_{sat} = −10,39°C)}	\multicolumn{4}{c}{p = 4,0 bar = 0,40 MPa (T_{sat} = −6,56°C)}
Sat.	0,06605	222,88	246,00	0,9431	0,05812	224,24	247,48	0,9370
−10	0,06619	223,10	246,27	0,9441				
−5	0,06789	225,99	249,75	0,9572	0,05860	225,16	248,60	0,9411
0	0,06956	228,86	253,21	0,9700	0,06011	228,09	252,14	0,9542
5	0,07121	231,74	256,67	0,9825	0,06160	231,02	225,66	0,9670
10	0,07284	234,63	260,12	0,9948	0,06306	233,95	259,18	0,9795
15	0,07444	237,52	263,57	1,0069	0,06450	236,89	262,69	0,9918
20	0,07603	240,42	267,03	1,0188	0,06592	239,83	266,19	1,0039
25	0,07760	243,34	270,50	1,0305	0,06733	242,77	269,71	1,0158
30	0,07916	246,27	273,97	1,0421	0,06872	245,73	273,22	1,0274
35	0,08070	249,22	227,46	1,0535	0,07010	248,71	276,75	1,0390
40	0,08224	252,18	280,97	1,0648	0,07146	251,70	280,28	1,0504
45	0,08376	255,17	284,48	1,0759	0,07282	254,70	283,83	1,0616
\multicolumn{4}{c}{p = 4,5 bar = 0,45 MPa (T_{sat} = −3,08°C)}	\multicolumn{4}{c}{p = 5,0 bar = 0,50 MPa (T_{sat} = 0,12°C)}
Sat.	0,05189	225,45	248,80	0,9316	0,04686	226,54	249,97	0,9269
0	0,05275	227,29	251,03	0,9399				
5	0,05411	230,28	254,63	0,9529	0,04810	229,52	253,57	0,9399
10	0,05545	233,26	258,21	0,9657	0,04934	232,55	257,22	0,9530
15	0,05676	236,24	261,78	0,9782	0,05056	235,57	260,85	0,9657
20	0,05805	239,22	265,34	0,9904	0,05175	238,59	264,47	0,9781
25	0,05933	242,20	268,90	1,0025	0,05293	241,61	268,07	0,9903
30	0,06059	245,19	272,46	1,0143	0,05409	244,63	271,68	1,0023
35	0,06184	248,19	276,02	1,0259	0,05523	247,66	275,28	1,0141
40	0,06308	251,20	279,59	1,0374	0,05636	250,70	278,89	1,0257
45	0,06430	254,23	283,17	1,0488	0,05748	253,76	282,50	1,0371
50	0,06552	257,28	286,76	1,0600	0,05859	256,82	286,12	1,0484
55	0,06672	260,34	290,36	1,0710	0,05969	259,90	289,75	1,0595

R-22

TABELA A-9

(Continuação)

Conversões da Pressão:
1 bar = 0,1 MPa
= 10² kPa

R-22

T °C	v m³/kg	u kJ/kg	h kJ/kg	s kJ/kg·K	v m³/kg	u kJ/kg	h kJ/kg	s kJ/kg·K
	\multicolumn{4}{c}{p = 5,5 bar = 0,55 MPa (T_sat = 3,08°C)}	\multicolumn{4}{c}{p = 6,0 bar = 0,60 MPa (T_sat = 5,85°C)}
Sat.	0,04271	227,53	251,02	0,9226	0,03923	228,44	251,98	0,9186
5	0,04317	228,72	252,46	0,9278				
10	0,04433	231,81	256,20	0,9411	0,04015	231,05	255,14	0,9299
15	0,04547	234,89	259,90	0,9540	0,04122	234,18	258,91	0,9431
20	0,04658	237,95	263,57	0,9667	0,04227	237,29	262,65	0,9560
25	0,04768	241,01	267,23	0,9790	0,04330	240,39	266,37	0,9685
30	0,04875	244,07	270,88	0,9912	0,04431	243,49	270,07	0,9808
35	0,04982	247,13	274,53	1,0031	0,04530	246,58	273,76	0,9929
40	0,05086	250,20	278,17	1,0148	0,04628	249,68	277,45	1,0048
45	0,05190	253,27	281,82	1,0264	0,04724	252,78	281,13	1,0164
50	0,05293	256,36	285,47	1,0378	0,04820	255,90	284,82	1,0279
55	0,05394	259,46	289,13	1,0490	0,04914	259,02	288,51	1,0393
60	0,05495	262,58	292,80	1,0601	0,05008	262,15	292,20	1,0504
	\multicolumn{4}{c}{p = 7,0 bar = 0,70 MPa (T_sat = 10,91°C)}	\multicolumn{4}{c}{p = 8,0 bar = 0,80 MPa (T_sat = 15,45°C)}
Sat.	0,03371	230,04	253,64	0,9117	0,02953	231,43	255,05	0,9056
15	0,03451	232,70	256,86	0,9229				
20	0,03547	235,92	260,75	0,9363	0,03033	234,47	258,74	0,9182
25	0,03639	239,12	264,59	0,9493	0,03118	237,76	262,70	0,9315
30	0,03730	242,29	268,40	0,9619	0,03202	241,04	266,66	0,9448
35	0,03819	245,46	272,19	0,9743	0,03283	244,28	270,54	0,9574
40	0,03906	248,62	275,96	0,9865	0,03363	247,52	274,42	0,9700
45	0,03992	251,78	279,72	0,9984	0,03440	250,74	278,26	0,9821
50	0,04076	254,94	283,48	1,0101	0,03517	253,96	282,10	0,9941
55	0,04160	258,11	287,23	1,0216	0,03592	257,18	285,92	1,0058
60	0,04242	261,29	290,99	1,0330	0,03667	260,40	289,74	1,0174
65	0,04324	264,48	294,75	1,0442	0,03741	263,64	293,56	1,0287
70	0,04405	267,68	298,51	1,0552	0,03814	266,87	297,38	1,0400
	\multicolumn{4}{c}{p = 9,0 bar = 0,90 MPa (T_sat = 19,59°C)}	\multicolumn{4}{c}{p = 10,0 bar = 1,00 MPa (T_sat = 23,40°C)}
Sat.	0,02623	232,64	256,25	0,9001	0,02358	233,71	257,28	0,8952
20	0,02630	232,92	256,59	0,9013				
30	0,02789	239,73	264,83	0,9289	0,02457	238,34	262,91	0,9139
40	0,02939	246,37	272,82	0,9549	0,02598	245,18	271,17	0,9407
50	0,03082	252,95	280,68	0,9795	0,02732	251,90	279,22	0,9660
60	0,03219	259,49	288,46	1,0033	0,02860	258,56	287,15	0,9902
70	0,03353	266,04	296,21	1,0262	0,02984	265,19	295,03	1,0135
80	0,03483	272,62	303,96	1,0484	0,03104	271,84	302,88	1,0361
90	0,03611	279,23	311,73	1,0701	0,03221	278,52	310,74	1,0580
100	0,03736	285,90	319,53	1,0913	0,03337	285,24	318,61	1,0794
110	0,03860	292,63	327,37	1,1120	0,03450	292,02	326,52	1,1003
120	0,03982	299,42	335,26	1,1323	0,03562	298,85	334,46	1,1207
130	0,04103	306,28	343,21	1,1523	0,03672	305,74	342,46	1,1408
140	0,04223	313,21	351,22	1,1719	0,03781	312,70	350,51	1,1605
150	0,04342	320,21	359,29	1,1912	0,03889	319,74	358,63	1,1790

TABELA A-9

(Continuação)

Conversões da Pressão:
1 bar = 0,1 MPa = 10² kPa

T °C	v m³/kg	u kJ/kg	h kJ/kg	s kJ/kg·K	v m³/kg	u kJ/kg	h kJ/kg	s kJ/kg·K
	p = 12,0 bar = 1,20 MPa (T_sat = 30,25°C)				p = 14,0 bar = 1,40 MPa (T_sat = 36,29°C)			
Sat.	0,01955	235,48	258,94	0,8864	0,01662	236,89	260,16	0,8786
40	0,02083	242,63	267,62	0,9146	0,01708	239,78	263,70	0,8900
50	0,02204	249,69	276,14	0,9413	0,01823	247,29	272,81	0,9186
60	0,02319	256,60	284,43	0,9666	0,01929	254,52	281,53	0,9452
70	0,02428	263,44	292,58	0,9907	0,02029	261,60	290,01	0,9703
80	0,02534	270,25	300,66	1,0139	0,02125	268,60	298,34	0,9942
90	0,02636	277,07	308,70	1,0363	0,02217	275,56	306,60	1,0172
100	0,02736	283,90	316,73	1,0582	0,02306	282,52	314,80	1,0395
110	0,02834	290,77	324,78	1,0794	0,02393	289,49	323,00	1,0612
120	0,02930	297,69	332,85	1,1002	0,02478	296,50	331,19	1,0823
130	0,03024	304,65	340,95	1,1205	0,02562	303,55	339,41	1,1029
140	0,03118	311,68	349,09	1,1405	0,02644	310,64	347,65	1,1231
150	0,03210	318,77	357,29	1,1601	0,02725	317,79	355,94	1,1429
160	0,03301	325,92	365,54	1,1793	0,02805	324,99	364,26	1,1624
170	0,03392	333,14	373,84	1,1983	0,02884	332,26	372,64	1,1815
	p = 16,0 bar = 1,60 MPa (T_sat = 41,73°C)				p = 18,0 bar = 1,80 MPa (T_sat = 46,69°C)			
Sat.	0,01440	238,00	261,04	0,8715	0,01265	238,86	261,64	0,8649
50	0,01533	244,66	269,18	0,8971	0,01301	241,72	265,14	0,8758
60	0,01634	252,29	278,43	0,9252	0,01401	249,86	275,09	0,9061
70	0,01728	259,65	287,30	0,9515	0,01492	257,57	284,43	0,9337
80	0,01817	266,86	295,93	0,9762	0,01576	265,04	293,40	0,9595
90	0,01901	274,00	304,42	0,9999	0,01655	272,37	302,16	0,9839
100	0,01983	281,09	312,82	1,0228	0,01731	279,62	310,77	1,0073
110	0,02062	288,18	321,17	1,0448	0,01804	286,83	319,30	1,0299
120	0,02139	295,28	329,51	1,0663	0,01874	294,04	327,78	1,0517
130	0,02214	302,41	337,84	1,0872	0,01943	301,26	336,24	1,0730
140	0,02288	309,58	346,19	1,1077	0,02011	308,50	344,70	1,0937
150	0,02361	316,79	354,56	1,1277	0,02077	315,78	353,17	1,1139
160	0,02432	324,05	362,97	1,1473	0,02142	323,10	361,66	1,1338
170	0,02503	331,37	371,42	1,1666	0,02207	330,47	370,19	1,1532
	p = 20,0 bar = 2,00 MPa (T_sat = 51,26°C)				p = 24,0 bar = 2,4 MPa (T_sat = 59,46°C)			
Sat.	0,01124	239,51	261,98	0,8586	0,00907	240,22	261,99	0,8463
60	0,01212	247,20	271,43	0,8873	0,00913	240,78	262,68	0,8484
70	0,01300	255,35	281,36	0,9167	0,01006	250,30	274,43	0,8831
80	0,01381	263,12	290,74	0,9436	0,01085	258,89	284,93	0,9133
90	0,01457	270,67	299,80	0,9689	0,01156	267,01	294,75	0,9407
100	0,01528	278,09	308,65	0,9929	0,01222	274,85	304,18	0,9663
110	0,01596	285,44	317,37	1,0160	0,01284	282,53	313,35	0,9906
120	0,01663	292,76	326,01	1,0383	0,01343	290,11	322,35	1,0137
130	0,01727	300,08	334,61	1,0598	0,01400	297,64	331,25	1,0361
140	0,01789	307,40	343,19	1,0808	0,01456	305,14	340,08	1,0577
150	0,01850	314,75	351,76	1,1013	0,01509	312,64	348,87	1,0787
160	0,01910	322,14	360,34	1,1214	0,01562	320,16	357,64	1,0992
170	0,01969	329,56	368,95	1,1410	0,01613	327,70	366,41	1,1192
180	0,02027	337,03	377,58	1,1603	0,01663	335,27	375,20	1,1388

R-22

TABELA A-10

Propriedades do Refrigerante 134a Saturado (Líquido-Vapor): Tabela de Temperatura

Conversões da Pressão:
1 bar = 0,1 MPa
     = 10² kPa

v_f = (valor da tabela)/1000

Temp. °C	Press. bar	Volume Específico m³/kg Líquido Sat. $v_f \times 10^3$	Volume Específico m³/kg Vapor Sat. v_g	Energia Interna kJ/kg Líquido Sat. u_f	Energia Interna kJ/kg Vapor Sat. u_g	Entalpia kJ/kg Líquido Sat. h_f	Entalpia kJ/kg Evap. h_{fg}	Entalpia kJ/kg Vapor Sat. h_g	Entropia kJ/kg·K Líquido Sat. s_f	Entropia kJ/kg·K Vapor Sat. s_g	Temp. °C
−40	0,5164	0,7055	0,3569	−0,04	204,45	0,00	222,88	222,88	0,0000	0,9560	−40
−36	0,6332	0,7113	0,2947	4,68	206,73	4,73	220,67	225,40	0,0201	0,9506	−36
−32	0,7704	0,7172	0,2451	9,47	209,01	9,52	218,37	227,90	0,0401	0,9456	−32
−28	0,9305	0,7233	0,2052	14,31	211,29	14,37	216,01	230,38	0,0600	0,9411	−28
−26	1,0199	0,7265	0,1882	16,75	212,43	16,82	214,80	231,62	0,0699	0,9390	−26
−24	1,1160	0,7296	0,1728	19,21	213,57	19,29	213,57	232,85	0,0798	0,9370	−24
−22	1,2192	0,7328	0,1590	21,68	214,70	21,77	212,32	234,08	0,0897	0,9351	−22
−20	1,3299	0,7361	0,1464	24,17	215,84	24,26	211,05	235,31	0,0996	0,9332	−20
−18	1,4483	0,7395	0,1350	26,67	216,97	26,77	209,76	236,53	0,1094	0,9315	−18
−16	1,5748	0,7428	0,1247	29,18	218,10	29,30	208,45	237,74	0,1192	0,9298	−16
−12	1,8540	0,7498	0,1068	34,25	220,36	34,39	205,77	240,15	0,1388	0,9267	−12
−8	2,1704	0,7569	0,0919	39,38	222,60	39,54	203,00	242,54	0,1583	0,9239	−8
−4	2,5274	0,7644	0,0794	44,56	224,84	44,75	200,15	244,90	0,1777	0,9213	−4
0	2,9282	0,7721	0,0689	49,79	227,06	50,02	197,21	247,23	0,1970	0,9190	0
4	3,3765	0,7801	0,0600	55,08	229,27	55,35	194,19	249,53	0,2162	0,9169	4
8	3,8756	0,7884	0,0525	60,43	231,46	60,73	191,07	251,80	0,2354	0,9150	8
12	4,4294	0,7971	0,0460	65,83	233,63	66,18	187,85	254,03	0,2545	0,9132	12
16	5,0416	0,8062	0,0405	71,29	235,78	71,69	184,52	256,22	0,2735	0,9116	16
20	5,7160	0,8157	0,0358	76,80	237,91	77,26	181,09	258,36	0,2924	0,9102	20
24	6,4566	0,8257	0,0317	82,37	240,01	82,90	177,55	260,45	0,3113	0,9089	24
26	6,8530	0,8309	0,0298	85,18	241,05	85,75	175,73	261,48	0,3208	0,9082	26
28	7,2675	0,8362	0,0281	88,00	242,08	88,61	173,89	262,50	0,3302	0,9076	28
30	7,7006	0,8417	0,0265	90,84	243,10	91,49	172,00	263,50	0,3396	0,9070	30
32	8,1528	0,8473	0,0250	93,70	244,12	94,39	170,09	264,48	0,3490	0,9064	32
34	8,6247	0,8530	0,0236	96,58	245,12	97,31	168,14	265,45	0,3584	0,9058	34
36	9,1168	0,8590	0,0223	99,47	246,11	100,25	166,15	266,40	0,3678	0,9053	36
38	9,6298	0,8651	0,0210	102,38	247,09	103,21	164,12	267,33	0,3772	0,9047	38
40	10,164	0,8714	0,0199	105,30	248,06	106,19	162,05	268,24	0,3866	0,9041	40
42	10,720	0,8780	0,0188	108,25	249,02	109,19	159,94	269,14	0,3960	0,9035	42
44	11,299	0,8847	0,0177	111,22	249,96	112,22	157,79	270,01	0,4054	0,9030	44
48	12,526	0,8989	0,0159	117,22	251,79	118,35	153,33	271,68	0,4243	0,9017	48
52	13,851	0,9142	0,0142	123,31	253,55	124,58	148,66	273,24	0,4432	0,9004	52
56	15,278	0,9308	0,0127	129,51	255,23	130,93	143,75	274,68	0,4622	0,8990	56
60	16,813	0,9488	0,0114	135,82	256,81	137,42	138,57	275,99	0,4814	0,8973	60
70	21,162	1,0027	0,0086	152,22	260,15	154,34	124,08	278,43	0,5302	0,8918	70
80	26,324	1,0766	0,0064	169,88	262,14	172,71	106,41	279,12	0,5814	0,8827	80
90	32,435	1,1949	0,0046	189,82	261,34	193,69	82,63	276,32	0,6380	0,8655	90
100	39,742	1,5443	0,0027	218,60	248,49	224,74	34,40	259,13	0,7196	0,8117	100

TABELA A-11

Propriedades do Refrigerante 134a Saturado (Líquido-Vapor): Tabela de Pressão

Conversões da Pressão:
1 bar = 0,1 MPa = 10² kPa

Press. bar	Temp. °C	Volume Específico m³/kg Líquido Sat. $v_f \times 10^3$	Volume Específico m³/kg Vapor Sat. v_g	Energia Interna kJ/kg Líquido Sat. u_f	Energia Interna kJ/kg Vapor Sat. u_g	Entalpia kJ/kg Líquido Sat. h_f	Entalpia kJ/kg Evap. h_{fg}	Entalpia kJ/kg Vapor Sat. h_g	Entropia kJ/kg·K Líquido Sat. s_f	Entropia kJ/kg·K Vapor Sat. s_g	Press. bar
0,6	−37,07	0,7097	0,3100	3,41	206,12	3,46	221,27	224,72	0,0147	0,9520	0,6
0,8	−31,21	0,7184	0,2366	10,41	209,46	10,47	217,92	228,39	0,0440	0,9447	0,8
1,0	−26,43	0,7258	0,1917	16,22	212,18	16,29	215,06	231,35	0,0678	0,9395	1,0
1,2	−22,36	0,7323	0,1614	21,23	214,50	21,32	212,54	233,86	0,0879	0,9354	1,2
1,4	−18,80	0,7381	0,1395	25,66	216,52	25,77	210,27	236,04	0,1055	0,9322	1,4
1,6	−15,62	0,7435	0,1229	29,66	218,32	29,78	208,19	237,97	0,1211	0,9295	1,6
1,8	−12,73	0,7485	0,1098	33,31	219,94	33,45	206,26	239,71	0,1352	0,9273	1,8
2,0	−10,09	0,7532	0,0993	36,69	221,43	36,84	204,46	241,30	0,1481	0,9253	2,0
2,4	−5,37	0,7618	0,0834	42,77	224,07	42,95	201,14	244,09	0,1710	0,9222	2,4
2,8	−1,23	0,7697	0,0719	48,18	226,38	48,39	198,13	246,52	0,1911	0,9197	2,8
3,2	2,48	0,7770	0,0632	53,06	228,43	53,31	195,35	248,66	0,2089	0,9177	3,2
3,6	5,84	0,7839	0,0564	57,54	230,28	57,82	192,76	250,58	0,2251	0,9160	3,6
4,0	8,93	0,7904	0,0509	61,69	231,97	62,00	190,32	252,32	0,2399	0,9145	4,0
5,0	15,74	0,8056	0,0409	70,93	235,64	71,33	184,74	256,07	0,2723	0,9117	5,0
6,0	21,58	0,8196	0,0341	78,99	238,74	79,48	179,71	259,19	0,2999	0,9097	6,0
7,0	26,72	0,8328	0,0292	86,19	241,42	86,78	175,07	261,85	0,3242	0,9080	7,0
8,0	31,33	0,8454	0,0255	92,75	243,78	93,42	170,73	264,15	0,3459	0,9066	8,0
9,0	35,53	0,8576	0,0226	98,79	245,88	99,56	166,62	266,18	0,3656	0,9054	9,0
10,0	39,39	0,8695	0,0202	104,42	247,77	105,29	162,68	267,97	0,3838	0,9043	10,0
12,0	46,32	0,8928	0,0166	114,69	251,03	115,76	155,23	270,99	0,4164	0,9023	12,0
14,0	52,43	0,9159	0,0140	123,98	253,74	125,26	148,14	273,40	0,4453	0,9003	14,0
16,0	57,92	0,9392	0,0121	132,52	256,00	134,02	141,31	275,33	0,4714	0,8982	16,0
18,0	62,91	0,9631	0,0105	140,49	257,88	142,22	134,60	276,83	0,4954	0,8959	18,0
20,0	67,49	0,9878	0,0093	148,02	259,41	149,99	127,95	277,94	0,5178	0,8934	20,0
25,0	77,59	1,0562	0,0069	165,48	261,84	168,12	111,06	279,17	0,5687	0,8854	25,0
30,0	86,22	1,1416	0,0053	181,88	262,16	185,30	92,71	278,01	0,6156	0,8735	30,0

v_f = (valor da tabela)/1000

Conversões da Pressão:
1 bar = 0,1 MPa
= 10² kPa

TABELA A-12

Propriedades do Vapor de Refrigerante 134a Superaquecido

T °C	v m³/kg	u kJ/kg	h kJ/kg	s kJ/kg·K	v m³/kg	u kJ/kg	h kJ/kg	s kJ/kg·K
	\multicolumn{4}{c}{p = 0,6 bar = 0,06 MPa (T_{sat} = −37,07°C)}	\multicolumn{4}{c}{p = 1,0 bar = 0,10 MPa (T_{sat} = −26,43°C)}
Sat.	0,31003	206,12	224,72	0,9520	0,19170	212,18	231,35	0,9395
−20	0,33536	217,86	237,98	1,0062	0,19770	216,77	236,54	0,9602
−10	0,34992	224,97	245,96	1,0371	0,20686	224,01	244,70	0,9918
0	0,36433	232,24	254,10	1,0675	0,21587	231,41	252,99	1,0227
10	0,37861	239,69	262,41	1,0973	0,22473	238,96	261,43	1,0531
20	0,39279	247,32	270,89	1,1267	0,23349	246,67	270,02	1,0829
30	0,40688	255,12	279,53	1,1557	0,24216	254,54	278,76	1,1122
40	0,42091	263,10	288,35	1,1844	0,25076	262,58	287,66	1,1411
50	0,43487	271,25	297,34	1,2126	0,25930	270,79	296,72	1,1696
60	0,44879	279,58	306,51	1,2405	0,26779	279,16	305,94	1,1977
70	0,46266	288,08	315,84	1,2681	0,27623	287,70	315,32	1,2254
80	0,47650	296,75	325,34	1,2954	0,28464	296,40	324,87	1,2528
90	0,49031	305,58	335,00	1,3224	0,29302	305,27	334,57	1,2799
	\multicolumn{4}{c}{p = 1,4 bar = 0,14 MPa (T_{sat} = −18,80°C)}	\multicolumn{4}{c}{p = 1,8 bar = 0,18 MPa (T_{sat} = −12,73°C)}
Sat.	0,13945	216,52	236,04	0,9322	0,10983	219,94	239,71	0,9273
−10	0,14549	223,03	243,40	0,9606	0,11135	222,02	242,06	0,9362
0	0,15219	230,55	251,86	0,9922	0,11678	229,67	250,69	0,9684
10	0,15875	238,21	260,43	1,0230	0,12207	237,44	259,41	0,9998
20	0,16520	246,01	269,13	1,0532	0,12723	245,33	268,23	1,0304
30	0,17155	253,96	277,97	1,0828	0,13230	253,36	277,17	1,0604
40	0,17783	262,06	286,96	1,1120	0,13730	261,53	286,24	1,0898
50	0,18404	270,32	296,09	1,1407	0,14222	269,85	295,45	1,1187
60	0,19020	278,74	305,37	1,1690	0,14710	278,31	304,79	1,1472
70	0,19633	287,32	314,80	1,1969	0,15193	286,93	314,28	1,1753
80	0,20241	296,06	324,39	1,2244	0,15672	295,71	323,92	1,2030
90	0,20846	304,95	334,14	1,2516	0,16148	304,63	333,70	1,2303
100	0,21449	314,01	344,04	1,2785	0,16622	313,72	343,63	1,2573
	\multicolumn{4}{c}{p = 2,0 bar = 0,20 MPa (T_{sat} = −10,09°C)}	\multicolumn{4}{c}{p = 2,4 bar = 0,24 MPa (T_{sat} = −5,37°C)}
Sat.	0,09933	221,43	241,30	0,9253	0,08343	224,07	244,09	0,9222
−10	0,09938	221,50	241,38	0,9256				
0	0,10438	229,23	250,10	0,9582	0,08574	228,31	248,89	0,9399
10	0,10922	237,05	258,89	0,9898	0,08993	236,26	257,84	0,9721
20	0,11394	244,99	267,78	1,0206	0,09399	244,30	266,85	1,0034
30	0,11856	253,06	276,77	1,0508	0,09794	252,45	275,95	1,0339
40	0,12311	261,26	285,88	1,0804	0,10181	260,72	285,16	1,0637
50	0,12758	269,61	295,12	1,1094	0,10562	269,12	294,47	1,0930
60	0,13201	278,10	304,50	1,1380	0,10937	277,67	303,91	1,1218
70	0,13639	286,74	314,02	1,1661	0,11307	286,35	313,49	1,1501
80	0,14073	295,53	323,68	1,1939	0,11674	295,18	323,19	1,1780
90	0,14504	304,47	333,48	1,2212	0,12037	304,15	333,04	1,2055
100	0,14932	313,57	343,43	1,2483	0,12398	313,27	343,03	1,2326

TABELA A-12

(Continuação)

Conversões da Pressão:
1 bar = 0,1 MPa = 10² kPa

T °C	v m³/kg	u kJ/kg	h kJ/kg	s kJ/kg·K	v m³/kg	u kJ/kg	h kJ/kg	s kJ/kg·K
	\multicolumn{4}{c}{p = 2,8 bar = 0,28 MPa (T_sat = −1,23°C)}	\multicolumn{4}{c}{p = 3,2 bar = 0,32 MPa (T_sat = 2,48°C)}
Sat.	0,07193	226,38	246,52	0,9197	0,06322	228,43	248,66	0,9177
0	0,07240	227,37	247,64	0,9238				
10	0,07613	235,44	256,76	0,9566	0,06576	234,61	255,65	0,9427
20	0,07972	243,59	265,91	0,9883	0,06901	242,87	264,95	0,9749
30	0,08320	251,83	275,12	1,0192	0,07214	251,19	274,28	1,0062
40	0,08660	260,17	284,42	1,0494	0,07518	259,61	283,67	1,0367
50	0,08992	268,64	293,81	1,0789	0,07815	268,14	293,15	1,0665
60	0,09319	277,23	303,32	1,1079	0,08106	276,79	302,72	1,0957
70	0,09641	285,96	312,95	1,1364	0,08392	285,56	312,41	1,1243
80	0,09960	294,82	322,71	1,1644	0,08674	294,46	322,22	1,1525
90	0,10275	303,83	332,60	1,1920	0,08953	303,50	332,15	1,1802
100	0,10587	312,98	342,62	1,2193	0,09229	312,68	342,21	1,2076
110	0,10897	322,27	352,78	1,2461	0,09503	322,00	352,40	1,2345
120	0,11205	331,71	363,08	1,2727	0,09774	331,45	362,73	1,2611

T °C	v m³/kg	u kJ/kg	h kJ/kg	s kJ/kg·K	v m³/kg	u kJ/kg	h kJ/kg	s kJ/kg·K
	\multicolumn{4}{c}{p = 4,0 bar = 0,40 MPa (T_sat = 8,93°C)}	\multicolumn{4}{c}{p = 5,0 bar = 0,50 MPa (T_sat = 15,74°C)}
Sat.	0,05089	231,97	252,32	0,9145	0,04086	235,64	256,07	0,9117
10	0,05119	232,87	253,35	0,9182				
20	0,05397	241,37	262,96	0,9515	0,04188	239,40	260,34	0,9264
30	0,05662	249,89	272,54	0,9837	0,04416	248,20	270,28	0,9597
40	0,05917	258,47	282,14	1,0148	0,04633	256,99	280,16	0,9918
50	0,06164	267,13	291,79	1,0452	0,04842	265,83	290,04	1,0229
60	0,06405	275,89	301,51	1,0748	0,05043	274,73	299,95	1,0531
70	0,06641	284,75	311,32	1,1038	0,05240	283,72	309,92	1,0825
80	0,06873	293,73	321,23	1,1322	0,05432	292,80	319,96	1,1114
90	0,07102	302,84	331,25	1,1602	0,05620	302,00	330,10	1,1397
100	0,07327	312,07	341,38	1,1878	0,05805	311,31	340,33	1,1675
110	0,07550	321,44	351,64	1,2149	0,05988	320,74	350,68	1,1949
120	0,07771	330,94	362,03	1,2417	0,06168	330,30	361,14	1,2218
130	0,07991	340,58	372,54	1,2681	0,06347	339,98	371,72	1,2484
140	0,08208	350,35	383,18	1,2941	0,06524	349,79	382,42	1,2746

T °C	v m³/kg	u kJ/kg	h kJ/kg	s kJ/kg·K	v m³/kg	u kJ/kg	h kJ/kg	s kJ/kg·K
	\multicolumn{4}{c}{p = 6,0 bar = 0,60 MPa (T_sat = 21,58°C)}	\multicolumn{4}{c}{p = 7,0 bar = 0,70 MPa (T_sat = 26,72°C)}
Sat.	0,03408	238,74	259,19	0,9097	0,02918	241,42	261,85	0,9080
30	0,03581	246,41	267,89	0,9388	0,02979	244,51	265,37	0,9197
40	0,03774	255,45	278,09	0,9719	0,03157	253,83	275,93	0,9539
50	0,03958	264,48	288,23	1,0037	0,03324	263,08	286,35	0,9867
60	0,04134	273,54	298,35	1,0346	0,03482	272,31	296,69	1,0182
70	0,04304	282,66	308,48	1,0645	0,03634	281,57	307,01	1,0487
80	0,04469	291,86	318,67	1,0938	0,03781	290,88	317,35	1,0784
90	0,04631	301,14	328,93	1,1225	0,03924	300,27	327,74	1,1074
100	0,04790	310,53	339,27	1,1505	0,04064	309,74	338,19	1,1358
110	0,04946	320,03	349,70	1,1781	0,04201	319,31	348,71	1,1637
120	0,05099	329,64	360,24	1,2053	0,04335	328,98	359,33	1,1910
130	0,05251	339,38	370,88	1,2320	0,04468	338,76	370,04	1,2179
140	0,05402	349,23	381,64	1,2584	0,04599	348,66	380,86	1,2444
150	0,05550	359,21	392,52	1,2844	0,04729	358,68	391,79	1,2706
160	0,05698	369,32	403,51	1,3100	0,04857	368,82	402,82	1,2963

R-134a

TABELA A-12

(Continuação)

Conversões da Pressão:
1 bar = 0,1 MPa
= 10² kPa

T °C	v m³/kg	u kJ/kg	h kJ/kg	s kJ/kg·K	v m³/kg	u kJ/kg	h kJ/kg	s kJ/kg·K
	\multicolumn{4}{c	}{p = 8,0 bar = 0,80 MPa (T_sat = 31,33°C)}	\multicolumn{4}{c	}{p = 9,0 bar = 0,90 MPa (T_sat = 35,53°C)}
Sat.	0,02547	243,78	264,15	0,9066	0,02255	245,88	266,18	0,9054
40	0,02691	252,13	273,66	0,9374	0,02325	250,32	271,25	0,9217
50	0,02846	261,62	284,39	0,9711	0,02472	260,09	282,34	0,9566
60	0,02992	271,04	294,98	1,0034	0,02609	269,72	293,21	0,9897
70	0,03131	280,45	305,50	1,0345	0,02738	279,30	303,94	1,0214
80	0,03264	289,89	316,00	1,0647	0,02861	288,87	314,62	1,0521
90	0,03393	299,37	326,52	1,0940	0,02980	298,46	325,28	1,0819
100	0,03519	308,93	337,08	1,1227	0,03095	308,11	335,96	1,1109
110	0,03642	318,57	347,71	1,1508	0,03207	317,82	346,68	1,1392
120	0,03762	328,31	358,40	1,1784	0,03316	327,62	357,47	1,1670
130	0,03881	338,14	369,19	1,2055	0,03423	337,52	368,33	1,1943
140	0,03997	348,09	380,07	1,2321	0,03529	347,51	379,27	1,2211
150	0,04113	358,15	391,05	1,2584	0,03633	357,61	390,31	1,2475
160	0,04227	368,32	402,14	1,2843	0,03736	367,82	401,44	1,2735
170	0,04340	378,61	413,33	1,3098	0,03838	378,14	412,68	1,2992
180	0,04452	389,02	424,63	1,3351	0,03939	388,57	424,02	1,3245
	\multicolumn{4}{c	}{p = 10,0 bar = 1,00 MPa (T_sat = 39,39°C)}	\multicolumn{4}{c	}{p = 12,0 bar = 1,20 MPa (T_sat = 46,32°C)}
Sat.	0,02020	247,77	267,97	0,9043	0,01663	251,03	270,99	0,9023
40	0,02029	248,39	268,68	0,9066				
50	0,02171	258,48	280,19	0,9428	0,01712	254,98	275,52	0,9164
60	0,02301	268,35	291,36	0,9768	0,01835	265,42	287,44	0,9527
70	0,02423	278,11	302,34	1,0093	0,01947	275,59	298,96	0,9868
80	0,02538	287,82	313,20	1,0405	0,02051	285,62	310,24	1,0192
90	0,02649	297,53	324,01	1,0707	0,02150	295,59	321,39	1,0503
100	0,02755	307,27	334,82	1,1000	0,02244	305,54	332,47	1,0804
110	0,02858	317,06	345,65	1,1286	0,02335	315,50	343,52	1,1096
120	0,02959	326,93	356,52	1,1567	0,02423	325,51	354,58	1,1381
130	0,03058	336,88	367,46	1,1841	0,02508	335,58	365,68	1,1660
140	0,03154	346,92	378,46	1,2111	0,02592	345,73	376,83	1,1933
150	0,03250	357,06	389,56	1,2376	0,02674	355,95	388,04	1,2201
160	0,03344	367,31	400,74	1,2638	0,02754	366,27	399,33	1,2465
170	0,03436	377,66	412,02	1,2895	0,02834	376,69	410,70	1,2724
180	0,03528	388,12	423,40	1,3149	0,02912	387,21	422,16	1,2980
	\multicolumn{4}{c	}{p = 14,0 bar = 1,40 MPa (T_sat = 52,43°C)}	\multicolumn{4}{c	}{p = 16,0 bar = 1,60 MPa (T_sat = 57,92°C)}
Sat.	0,01405	253,74	273,40	0,9003	0,01208	256,00	275,33	0,8982
60	0,01495	262,17	283,10	0,9297	0,01233	258,48	278,20	0,9069
70	0,01603	272,87	295,31	0,9658	0,01340	269,89	291,33	0,9457
80	0,01701	283,29	307,10	0,9997	0,01435	280,78	303,74	0,9813
90	0,01792	293,55	318,63	1,0319	0,01521	291,39	315,72	1,0148
100	0,01878	303,73	330,02	1,0628	0,01601	301,84	327,46	1,0467
110	0,01960	313,88	341,32	1,0927	0,01677	312,20	339,04	1,0773
120	0,02039	324,05	352,59	1,1218	0,01750	322,53	350,53	1,1069
130	0,02115	334,25	363,86	1,1501	0,01820	332,87	361,99	1,1357
140	0,02189	344,50	375,15	1,1777	0,01887	343,24	373,44	1,1638
150	0,02262	354,82	386,49	1,2048	0,01953	353,66	384,91	1,1912
160	0,02333	365,22	397,89	1,2315	0,02017	364,15	396,43	1,2181
170	0,02403	375,71	409,36	1,2576	0,02080	374,71	407,99	1,2445
180	0,02472	386,29	420,90	1,2834	0,02142	385,35	419,62	1,2704
190	0,02541	396,96	432,53	1,3088	0,02203	396,08	431,33	1,2960
200	0,02608	407,73	444,24	1,3338	0,02263	406,90	443,11	1,3212

R-134a

TABELA A-13

Propriedades da Amônia Saturada (Líquido-Vapor): Tabela de Temperatura

Conversões da Pressão:
bar = 0,1 MPa = 10² kPa

v_f = (valor da tabela)/1000

Temp. °C	Press. bar	Volume Específico m³/kg Líquido Sat. $v_f \times 10^3$	Volume Específico m³/kg Vapor Sat. v_g	Energia Interna kJ/kg Líquido Sat. u_f	Energia Interna kJ/kg Vapor Sat. u_g	Entalpia kJ/kg Líquido Sat. h_f	Entalpia kJ/kg Evap. h_{fg}	Entalpia kJ/kg Vapor Sat. h_g	Entropia kJ/kg·K Líquido Sat. s_f	Entropia kJ/kg·K Vapor Sat. s_g	Temp. °C
−50	0,4086	1,4245	2,6265	−43,94	1264,99	−43,88	1416,20	1372,32	−0,1922	6,1543	−50
−45	0,5453	1,4367	2,0060	−22,03	1271,19	−21,95	1402,52	1380,57	−0,0951	6,0523	−45
−40	0,7174	1,4493	1,5524	−0,10	1277,20	0,00	1388,56	1388,56	0,0000	5,9557	−40
−36	0,8850	1,4597	1,2757	17,47	1281,87	17,60	1377,17	1394,77	0,0747	5,8819	−36
−32	1,0832	1,4703	1,0561	35,09	1286,41	35,25	1365,55	1400,81	0,1484	5,8111	−32
−30	1,1950	1,4757	0,9634	43,93	1288,63	44,10	1359,65	1403,75	0,1849	5,7767	−30
−28	1,3159	1,4812	0,8803	52,78	1290,82	52,97	1353,68	1406,66	0,2212	5,7430	−28
−26	1,4465	1,4867	0,8056	61,65	1292,97	61,86	1347,65	1409,51	0,2572	5,7100	−26
−22	1,7390	1,4980	0,6780	79,46	1297,18	79,72	1335,36	1415,08	0,3287	5,6457	−22
−20	1,9019	1,5038	0,6233	88,40	1299,23	88,68	1329,10	1417,79	0,3642	5,6144	−20
−18	2,0769	1,5096	0,5739	97,36	1301,25	97,68	1322,77	1420,45	0,3994	5,5837	−18
−16	2,2644	1,5155	0,5291	106,36	1303,23	106,70	1316,35	1423,05	0,4346	5,5536	−16
−14	2,4652	1,5215	0,4885	115,37	1305,17	115,75	1309,86	1425,61	0,4695	5,5239	−14
−12	2,6798	1,5276	0,4516	124,42	1307,08	124,83	1303,28	1428,11	0,5043	5,4948	−12
−10	2,9089	1,5338	0,4180	133,50	1308,95	133,94	1296,61	1430,55	0,5389	5,4662	−10
−8	3,1532	1,5400	0,3874	142,60	1310,78	143,09	1289,86	1432,95	0,5734	5,4380	−8
−6	3,4134	1,5464	0,3595	151,74	1312,57	152,26	1283,02	1435,28	0,6077	5,4103	−6
−4	3,6901	1,5528	0,3340	160,88	1314,32	161,46	1276,10	1437,56	0,6418	5,3831	−4
−2	3,9842	1,5594	0,3106	170,07	1316,04	170,69	1269,08	1439,78	0,6759	5,3562	−2
0	4,2962	1,5660	0,2892	179,29	1317,71	179,96	1261,97	1441,94	0,7097	5,3298	0
2	4,6270	1,5727	0,2695	188,53	1319,34	189,26	1254,77	1444,03	0,7435	5,3038	2
4	4,9773	1,5796	0,2514	197,80	1320,92	198,59	1247,48	1446,07	0,7770	5,2781	4
6	5,3479	1,5866	0,2348	207,10	1322,47	207,95	1240,09	1448,04	0,8105	5,2529	6
8	5,7395	1,5936	0,2195	216,42	1323,96	217,34	1232,61	1449,94	0,8438	5,2279	8
10	6,1529	1,6008	0,2054	225,77	1325,42	226,75	1225,03	1451,78	0,8769	5,2033	10
12	6,5890	1,6081	0,1923	235,14	1326,82	236,20	1217,35	1453,55	0,9099	5,1791	12
16	7,5324	1,6231	0,1691	253,95	1329,48	255,18	1201,70	1456,87	0,9755	5,1314	16
20	8,5762	1,6386	0,1492	272,86	1331,94	274,26	1185,64	1459,90	1,0404	5,0849	20
24	9,7274	1,6547	0,1320	291,84	1334,19	293,45	1169,16	1462,61	1,1048	5,0394	24
28	10,993	1,6714	0,1172	310,92	1336,20	312,75	1152,24	1465,00	1,1686	4,9948	28
32	12,380	1,6887	0,1043	330,07	1337,97	332,17	1134,87	1467,03	1,2319	4,9509	32
36	13,896	1,7068	0,0930	349,32	1339,47	351,69	1117,00	1468,70	1,2946	4,9078	36
40	15,549	1,7256	0,0831	368,67	1340,70	371,35	1098,62	1469,97	1,3569	4,8652	40
45	17,819	1,7503	0,0725	393,01	1341,81	396,13	1074,84	1470,96	1,4341	4,8125	45
50	20,331	1,7765	0,0634	417,56	1342,42	421,17	1050,09	1471,26	1,5109	4,7604	50

TABELA A-14

Propriedades da Amônia Saturada (Líquido-Vapor): Tabela de Pressão

Conversões da Pressão: 1 bar = 0,1 MPa = 10² kPa

Press. bar	Temp. °C	Volume Específico m³/kg Líquido Sat. $v_f \times 10^3$	Volume Específico m³/kg Vapor Sat. v_g	Energia Interna kJ/kg Líquido Sat. u_f	Energia Interna kJ/kg Vapor Sat. u_g	Entalpia kJ/kg Líquido Sat. h_f	Entalpia kJ/kg Evap. h_{fg}	Entalpia kJ/kg Vapor Sat. h_g	Entropia kJ/kg·K Líquido Sat. s_f	Entropia kJ/kg·K Vapor Sat. s_g	Press. bar
0,40	−50,36	1,4236	2,6795	−45,52	1264,54	−45,46	1417,18	1371,72	−0,1992	6,1618	0,40
0,50	−46,53	1,4330	2,1752	−28,73	1269,31	−28,66	1406,73	1378,07	−0,1245	6,0829	0,50
0,60	−43,28	1,4410	1,8345	−14,51	1273,27	−14,42	1397,76	1383,34	−0,0622	6,0186	0,60
0,70	−40,46	1,4482	1,5884	−2,11	1276,66	−2,01	1389,85	1387,84	−0,0086	5,9643	0,70
0,80	−37,94	1,4546	1,4020	8,93	1279,61	9,04	1382,73	1391,78	0,0386	5,9174	0,80
0,90	−35,67	1,4605	1,2559	18,91	1282,24	19,04	1376,23	1395,27	0,0808	5,8760	0,90
1,00	−33,60	1,4660	1,1381	28,03	1284,61	28,18	1370,23	1398,41	0,1191	5,8391	1,00
1,25	−29,07	1,4782	0,9237	48,03	1289,65	48,22	1356,89	1405,11	0,2018	5,7610	1,25
1,50	−25,22	1,4889	0,7787	65,10	1293,80	65,32	1345,28	1410,61	0,2712	5,6973	1,50
1,75	−21,86	1,4984	0,6740	80,08	1297,33	80,35	1334,92	1415,27	0,3312	5,6435	1,75
2,00	−18,86	1,5071	0,5946	93,50	1300,39	93,80	1325,51	1419,31	0,3843	5,5969	2,00
2,25	−16,15	1,5151	0,5323	105,68	1303,08	106,03	1316,83	1422,86	0,4319	5,5558	2,25
2,50	−13,67	1,5225	0,4821	116,88	1305,49	117,26	1308,76	1426,03	0,4753	5,5190	2,50
2,75	−11,37	1,5295	0,4408	127,26	1307,67	127,68	1301,20	1428,88	0,5152	5,4858	2,75
3,00	−9,24	1,5361	0,4061	136,96	1309,65	137,42	1294,05	1431,47	0,5520	5,4554	3,00
3,25	−7,24	1,5424	0,3765	146,06	1311,46	146,57	1287,27	1433,84	0,5864	5,4275	3,25
3,50	−5,36	1,5484	0,3511	154,66	1313,14	155,20	1280,81	1436,01	0,6186	5,4016	3,50
3,75	−3,58	1,5542	0,3289	162,80	1314,68	163,38	1274,64	1438,03	0,6489	5,3774	3,75
4,00	−1,90	1,5597	0,3094	170,55	1316,12	171,18	1268,71	1439,89	0,6776	5,3548	4,00
4,25	−0,29	1,5650	0,2921	177,96	1317,47	178,62	1263,01	1441,63	0,7048	5,3336	4,25
4,50	1,25	1,5702	0,2767	185,04	1318,73	185,75	1257,50	1443,25	0,7308	5,3135	4,50
4,75	2,72	1,5752	0,2629	191,84	1319,91	192,59	1252,18	1444,77	0,7555	5,2946	4,75
5,00	4,13	1,5800	0,2503	198,39	1321,02	199,18	1247,02	1446,19	0,7791	5,2765	5,00
5,25	5,48	1,5847	0,2390	204,69	1322,07	205,52	1242,01	1447,53	0,8018	5,2594	5,25
5,50	6,79	1,5893	0,2286	210,78	1323,06	211,65	1237,15	1448,80	0,8236	5,2430	5,50
5,75	8,05	1,5938	0,2191	216,66	1324,00	217,58	1232,41	1449,99	0,8446	5,2273	5,75
6,00	9,27	1,5982	0,2104	222,37	1324,89	223,32	1227,79	1451,12	0,8649	5,2122	6,00
7,00	13,79	1,6148	0,1815	243,56	1328,04	244,69	1210,38	1455,07	0,9394	5,1576	7,00
8,00	17,84	1,6302	0,1596	262,64	1330,64	263,95	1194,36	1458,30	1,0054	5,1099	8,00
9,00	21,52	1,6446	0,1424	280,05	1332,82	281,53	1179,44	1460,97	1,0649	5,0675	9,00
10,00	24,89	1,6584	0,1285	296,10	1334,66	297,76	1165,42	1463,18	1,1191	5,0294	10,00
12,00	30,94	1,6841	0,1075	324,99	1337,52	327,01	1139,52	1466,53	1,2152	4,9625	12,00
14,00	36,26	1,7080	0,0923	350,58	1339,56	352,97	1115,82	1468,79	1,2987	4,9050	14,00
16,00	41,03	1,7306	0,0808	373,69	1340,97	376,46	1093,77	1470,23	1,3729	4,8542	16,00
18,00	45,38	1,7522	0,0717	394,85	1341,88	398,00	1073,01	1471,01	1,4399	4,8086	18,00
20,00	49,37	1,7731	0,0644	414,44	1342,37	417,99	1053,27	1471,26	1,5012	4,7670	20,00

v_f = (valor da tabela)/1000

TABELA A-15

Propriedades do Vapor de Amônia Superaquecido

Conversões da Pressão: 1 bar = 0,1 MPa = 10² kPa

T °C	v m³/kg	u kJ/kg	h kJ/kg	s kJ/kg·K	v m³/kg	u kJ/kg	h kJ/kg	s kJ/kg·K
	\multicolumn{4}{c}{p = 0,4 bar = 0,04 MPa (T_{sat} = −50,36°C)}	\multicolumn{4}{c}{p = 0,6 bar = 0,06 MPa (T_{sat} = −43,28°C)}
Sat.	2,6795	1264,54	1371,72	6,1618	1,8345	1273,27	1383,34	6,0186
−50	2,6841	1265,11	1372,48	6,1652				
−45	2,7481	1273,05	1382,98	6,2118				
−40	2,8118	1281,01	1393,48	6,2573	1,8630	1278,62	1390,40	6,0490
−35	2,8753	1288,96	1403,98	6,3018	1,9061	1286,75	1401,12	6,0946
−30	2,9385	1296,93	1414,47	6,3455	1,9491	1294,88	1411,83	6,1390
−25	3,0015	1304,90	1424,96	6,3882	1,9918	1303,01	1422,52	6,1826
−20	3,0644	1312,88	1435,46	6,4300	2,0343	1311,13	1433,19	6,2251
−15	3,1271	1320,87	1445,95	6,4711	2,0766	1319,25	1443,85	6,2668
−10	3,1896	1328,87	1456,45	6,5114	2,1188	1327,37	1454,50	6,3077
−5	3,2520	1336,88	1466,95	6,5509	2,1609	1335,49	1465,14	6,3478
0	3,3142	1344,90	1477,47	6,5898	2,2028	1343,61	1475,78	6,3871
5	3,3764	1352,95	1488,00	6,6280	2,2446	1351,75	1486,43	6,4257
	\multicolumn{4}{c}{p = 0,8 bar = 0,08 MPa (T_{sat} = −37,94°C)}	\multicolumn{4}{c}{p = 1,0 bar = 0,10 MPa (T_{sat} = −33,60°C)}
Sat.	1,4021	1279,61	1391,78	5,9174	1,1381	1284,61	1398,41	5,8391
−35	1,4215	1284,51	1398,23	5,9446				
−30	1,4543	1292,81	1409,15	5,9900	1,1573	1290,71	1406,44	5,8723
−25	1,4868	1301,09	1420,04	6,0343	1,1838	1299,15	1417,53	5,9175
−20	1,5192	1309,36	1430,90	6,0777	1,2101	1307,57	1428,58	5,9616
−15	1,5514	1317,61	1441,72	6,1200	1,2362	1315,96	1439,58	6,0046
−10	1,5834	1325,85	1452,53	6,1615	1,2621	1324,33	1450,54	6,0467
−5	1,6153	1334,09	1463,31	6,2021	1,2880	1332,67	1461,47	6,0878
0	1,6471	1342,31	1474,08	6,2419	1,3136	1341,00	1472,37	6,1281
5	1,6788	1350,54	1484,84	6,2809	1,3392	1349,33	1483,25	6,1676
10	1,7103	1358,77	1495,60	6,3192	1,3647	1357,64	1494,11	6,2063
15	1,7418	1367,01	1506,35	6,3568	1,3900	1365,95	1504,96	6,2442
20	1,7732	1375,25	1517,10	6,3939	1,4153	1374,27	1515,80	6,2816
	\multicolumn{4}{c}{p = 1,5 bar = 0,15 MPa (T_{sat} = −25,22°C)}	\multicolumn{4}{c}{p = 2,0 bar = 0,20 MPa (T_{sat} = −18,86°C)}
Sat.	0,7787	1293,80	1410,61	5,6973	0,59460	1300,39	1419,31	5,5969
−25	0,7795	1294,20	1411,13	5,6994				
−20	0,7978	1303,00	1422,67	5,7454				
−15	0,8158	1311,75	1434,12	5,7902	0,60542	1307,43	1428,51	5,6328
−10	0,8336	1320,44	1445,49	5,8338	0,61926	1316,46	1440,31	5,6781
−5	0,8514	1329,08	1456,79	5,8764	0,63294	1325,41	1452,00	5,7221
0	0,8689	1337,68	1468,02	5,9179	0,64648	1334,29	1463,59	5,7649
5	0,8864	1346,25	1479,20	5,9585	0,65989	1343,11	1475,09	5,8066
10	0,9037	1354,78	1490,34	5,9981	0,67320	1351,87	1486,51	5,8473
15	0,9210	1363,29	1501,44	6,0370	0,68640	1360,59	1497,87	5,8871
20	0,9382	1371,79	1512,51	6,0751	0,69952	1369,28	1509,18	5,9260
25	0,9553	1380,28	1523,56	6,1125	0,71256	1377,93	1520,44	5,9641
30	0,9723	1388,76	1534,60	6,1492	0,72553	1386,56	1531,67	6,0014

TABELA A-15

Conversões da Pressão:
1 bar = 0,1 MPa
= 10² kPa

(Continuação)

T °C	v m³/kg	u kJ/kg	h kJ/kg	s kJ/kg·K	v m³/kg	u kJ/kg	h kJ/kg	s kJ/kg·K
	\multicolumn{4}{c}{p = 2,5 bar = 0,25 MPa (T_sat = −13,67°C)}	\multicolumn{4}{c}{p = 3,0 bar = 0,30 MPa (T_sat = −9,24°C)}
Sat.	0,48213	1305,49	1426,03	5,5190	0,40607	1309,65	1431,47	5,4554
−10	0,49051	1312,37	1435,00	5,5534				
−5	0,50180	1321,65	1447,10	5,5989	0,41428	1317,80	1442,08	5,4953
0	0,51293	1330,83	1459,06	5,6431	0,42382	1327,28	1454,43	5,5409
5	0,52393	1339,91	1470,89	5,6860	0,43323	1336,64	1466,61	5,5851
10	0,53482	1348,91	1482,61	5,7278	0,44251	1345,89	1478,65	5,6280
15	0,54560	1357,84	1494,25	5,7685	0,45169	1355,05	1490,56	5,6697
20	0,55630	1366,72	1505,80	5,8083	0,46078	1364,13	1502,36	5,7103
25	0,56691	1375,55	1517,28	5,8471	0,46978	1373,14	1514,07	5,7499
30	0,57745	1384,34	1528,70	5,8851	0,47870	1382,09	1525,70	5,7886
35	0,58793	1393,10	1540,08	5,9223	0,48756	1391,00	1537,26	5,8264
40	0,59835	1401,84	1551,42	5,9589	0,49637	1399,86	1548,77	5,8635
45	0,60872	1410,56	1562,74	5,9947	0,50512	1408,70	1560,24	5,8998
	\multicolumn{4}{c}{p = 3,5 bar = 0,35 MPa (T_sat = −5,36°C)}	\multicolumn{4}{c}{p = 4,0 bar = 0,40 MPa (T_sat = −1,90°C)}
Sat.	0,35108	1313,14	1436,01	5,4016	0,30942	1316,12	1439,89	5,3548
0	0,36011	1323,66	1449,70	5,4522	0,31227	1319,95	1444,86	5,3731
10	0,37654	1342,82	1474,61	5,5417	0,32701	1339,68	1470,49	5,4652
20	0,39251	1361,49	1498,87	5,6259	0,34129	1358,81	1495,33	5,5515
30	0,40814	1379,81	1522,66	5,7057	0,35520	1377,49	1519,57	5,6328
40	0,42350	1397,87	1546,09	5,7818	0,36884	1395,85	1543,38	5,7101
60	0,45363	1433,55	1592,32	5,9249	0,39550	1431,97	1590,17	5,8549
80	0,48320	1469,06	1638,18	6,0586	0,42160	1467,77	1636,41	5,9897
100	0,51240	1504,73	1684,07	6,1850	0,44733	1503,64	1682,58	6,1169
120	0,54136	1540,79	1730,26	6,3056	0,47280	1539,85	1728,97	6,2380
140	0,57013	1577,38	1776,92	6,4213	0,49808	1576,55	1775,79	6,3541
160	0,59876	1614,60	1824,16	6,5330	0,52323	1613,86	1823,16	6,4661
180	0,62728	1652,51	1872,06	6,6411	0,54827	1651,85	1871,16	6,5744
200	0,65572	1691,15	1920,65	6,7460	0,57322	1690,56	1919,85	6,6796
	\multicolumn{4}{c}{p = 4,5 bar = 0,45 MPa (T_sat = 1,25°C)}	\multicolumn{4}{c}{p = 5,0 bar = 0,50 MPa (T_sat = 4,13°C)}
Sat.	0,27671	1318,73	1443,25	5,3135	0,25034	1321,02	1446,19	5,2765
10	0,28846	1336,48	1466,29	5,3962	0,25757	1333,22	1462,00	5,3330
20	0,30142	1356,09	1491,72	5,4845	0,26949	1353,32	1488,06	5,4234
30	0,31401	1375,15	1516,45	5,5674	0,28103	1372,76	1513,28	5,5080
40	0,32631	1393,80	1540,64	5,6460	0,29227	1391,74	1537,87	5,5878
60	0,35029	1430,37	1588,00	5,7926	0,31410	1428,76	1585,81	5,7362
80	0,37369	1466,47	1634,63	5,9285	0,33535	1465,16	1632,84	5,8733
100	0,39671	1502,55	1681,07	6,0564	0,35621	1501,46	1679,56	6,0020
120	0,41947	1538,91	1727,67	6,1781	0,37681	1537,97	1726,37	6,1242
140	0,44205	1575,73	1774,65	6,2946	0,39722	1574,90	1773,51	6,2412
160	0,46448	1613,13	1822,15	6,4069	0,41749	1612,40	1821,14	6,3537
180	0,48681	1651,20	1870,26	6,5155	0,43765	1650,54	1869,36	6,4626
200	0,50905	1689,97	1919,04	6,6208	0,45771	1689,38	1918,24	6,5681

Amônia

TABELA A-15

(Continuação)

Conversões da Pressão:
1 bar = 0,1 MPa
= 10² kPa

T °C	v m³/kg	u kJ/kg	h kJ/kg	s kJ/kg·K	v m³/kg	u kJ/kg	h kJ/kg	s kJ/kg·K
	\multicolumn{4}{c}{p = 5,5 bar = 0,55 MPa (T_sat = 6,79°C)}	\multicolumn{4}{c}{p = 6,0 bar = 0,60 MPa (T_sat = 9,27°C)}
Sat.	0,22861	1323,06	1448,80	5,2430	0,21038	1324,89	1451,12	5,2122
10	0,23227	1329,88	1457,63	5,2743	0,21115	1326,47	1453,16	5,2195
20	0,24335	1350,50	1484,34	5,3671	0,22155	1347,62	1480,55	5,3145
30	0,25403	1370,35	1510,07	5,4534	0,23152	1367,90	1506,81	5,4026
40	0,26441	1389,64	1535,07	5,5345	0,24118	1387,52	1532,23	5,4851
50	0,27454	1408,53	1559,53	5,6114	0,25059	1406,67	1557,03	5,5631
60	0,28449	1427,13	1583,60	5,6848	0,25981	1425,49	1581,38	5,6373
80	0,30398	1463,85	1631,04	5,8230	0,27783	1462,52	1629,22	5,7768
100	0,32307	1500,36	1678,05	5,9525	0,29546	1499,25	1676,52	5,9071
120	0,34190	1537,02	1725,07	6,0753	0,31281	1536,07	1723,76	6,0304
140	0,36054	1574,07	1772,37	6,1926	0,32997	1573,24	1771,22	6,1481
160	0,37903	1611,66	1820,13	6,3055	0,34699	1610,92	1819,12	6,2613
180	0,39742	1649,88	1868,46	6,4146	0,36390	1649,22	1867,56	6,3707
200	0,41571	1688,79	1917,43	6,5203	0,38071	1688,20	1916,63	6,4766
	\multicolumn{4}{c}{p = 7,0 bar = 0,70 MPa (T_sat = 13,79°C)}	\multicolumn{4}{c}{p = 8,0 bar = 0,80 MPa (T_sat = 17,84°C)}
Sat.	0,18148	1328,04	1455,07	5,1576	0,15958	1330,64	1458,30	5,1099
20	0,18721	1341,72	1472,77	5,2186	0,16138	1335,59	1464,70	5,1318
30	0,19610	1362,88	1500,15	5,3104	0,16948	1357,71	1493,29	5,2277
40	0,20464	1383,20	1526,45	5,3958	0,17720	1378,77	1520,53	5,3161
50	0,21293	1402,90	1551,95	5,4760	0,18465	1399,05	1546,77	5,3986
60	0,22101	1422,16	1576,87	5,5519	0,19189	1418,77	1572,28	5,4763
80	0,23674	1459,85	1625,56	5,6939	0,20590	1457,14	1621,86	5,6209
100	0,25205	1497,02	1673,46	5,8258	0,21949	1494,77	1670,37	5,7545
120	0,26709	1534,16	1721,12	5,9502	0,23280	1532,24	1718,48	5,8801
140	0,28193	1571,57	1768,92	6,0688	0,24590	1569,89	1766,61	5,9995
160	0,29663	1609,44	1817,08	6,1826	0,25886	1607,96	1815,04	6,1140
180	0,31121	1647,90	1865,75	6,2925	0,27170	1646,57	1863,94	6,2243
200	0,32571	1687,02	1915,01	6,3988	0,28445	1685,83	1913,39	6,3311
	\multicolumn{4}{c}{p = 9,0 bar = 0,90 MPa (T_sat = 21,52°C)}	\multicolumn{4}{c}{p = 10,0 bar = 1,00 MPa (T_sat = 24,89°C)}
Sat.	0,14239	1332,82	1460,97	5,0675	0,12852	1334,66	1463,18	5,0294
30	0,14872	1352,36	1486,20	5,1520	0,13206	1346,82	1478,88	5,0816
40	0,15582	1374,21	1514,45	5,2436	0,13868	1369,52	1508,20	5,1768
50	0,16263	1395,11	1541,47	5,3286	0,14499	1391,07	1536,06	5,2644
60	0,16922	1415,32	1567,61	5,4083	0,15106	1411,79	1562,86	5,3460
80	0,18191	1454,39	1618,11	5,5555	0,16270	1451,60	1614,31	5,4960
100	0,19416	1492,50	1667,24	5,6908	0,17389	1490,20	1664,10	5,6332
120	0,20612	1530,30	1715,81	5,8176	0,18478	1528,35	1713,13	5,7612
140	0,21788	1568,20	1764,29	5,9379	0,19545	1566,51	1761,96	5,8823
160	0,22948	1606,46	1813,00	6,0530	0,20598	1604,97	1810,94	5,9981
180	0,24097	1645,24	1862,12	6,1639	0,21638	1643,91	1860,29	6,1095
200	0,25237	1684,64	1911,77	6,2711	0,22670	1683,44	1910,14	6,2171

Amônia

TABELA A-15

(Continuação)

Conversões da Pressão:
1 bar = 0,1 MPa = 10² kPa

T °C	v m³/kg	u kJ/kg	h kJ/kg	s kJ/kg·K	v m³/kg	u kJ/kg	h kJ/kg	s kJ/kg·K
\multicolumn{4}{c}{p = 12,0 bar = 1,20 MPa (T_sat = 30,94°C)}		\multicolumn{4}{c}{p = 14,0 bar = 1,40 MPa (T_sat = 36,26°C)}			
Sat.	0,10751	1337,52	1466,53	4,9625	0,09231	1339,56	1468,79	4,9050
40	0,11287	1359,73	1495,18	5,0553	0,09432	1349,29	1481,33	4,9453
60	0,12378	1404,54	1553,07	5,2347	0,10423	1396,97	1542,89	5,1360
80	0,13387	1445,91	1606,56	5,3906	0,11324	1440,06	1598,59	5,2984
100	0,14347	1485,55	1657,71	5,5315	0,12172	1480,79	1651,20	5,4433
120	0,15275	1524,41	1707,71	5,6620	0,12986	1520,41	1702,21	5,5765
140	0,16181	1563,09	1757,26	5,7850	0,13777	1559,63	1752,52	5,7013
160	0,17072	1601,95	1806,81	5,9021	0,14552	1598,92	1802,65	5,8198
180	0,17950	1641,23	1856,63	6,0145	0,15315	1638,53	1852,94	5,9333
200	0,18819	1681,05	1906,87	6,1230	0,16068	1678,64	1903,59	6,0427
220	0,19680	1721,50	1957,66	6,2282	0,16813	1719,35	1954,73	6,1485
240	0,20534	1762,63	2009,04	6,3303	0,17551	1760,72	2006,43	6,2513
260	0,21382	1804,48	2061,06	6,4297	0,18283	1802,78	2058,75	6,3513
280	0,22225	1847,04	2113,74	6,5267	0,19010	1845,55	2111,69	6,4488
\multicolumn{4}{c}{p = 16,0 bar = 1,60 MPa (T_sat = 41,03°C)}		\multicolumn{4}{c}{p = 18,0 bar = 1,80 MPa (T_sat = 45,38°C)}			
Sat.	0,08079	1340,97	1470,23	4,8542	0,07174	1341,88	1471,01	4,8086
60	0,08951	1389,06	1532,28	5,0461	0,07801	1380,77	1521,19	4,9627
80	0,09774	1434,02	1590,40	5,2156	0,08565	1427,79	1581,97	5,1399
100	0,10539	1475,93	1644,56	5,3648	0,09267	1470,97	1637,78	5,2937
120	0,11268	1516,34	1696,64	5,5008	0,09931	1512,22	1690,98	5,4326
140	0,11974	1556,14	1747,72	5,6276	0,10570	1552,61	1742,88	5,5614
160	0,12663	1595,85	1798,45	5,7475	0,11192	1592,76	1794,23	5,6828
180	0,13339	1635,81	1849,23	5,8621	0,11801	1633,08	1845,50	5,7985
200	0,14005	1676,21	1900,29	5,9723	0,12400	1673,78	1896,98	5,9096
220	0,14663	1717,18	1951,79	6,0789	0,12991	1715,00	1948,83	6,0170
240	0,15314	1758,79	2003,81	6,1823	0,13574	1756,85	2001,18	6,1210
260	0,15959	1801,07	2056,42	6,2829	0,14152	1799,35	2054,08	6,2222
280	0,16599	1844,05	2109,64	6,3809	0,14724	1842,55	2107,58	6,3207

T °C	v m³/kg	u kJ/kg	h kJ/kg	s kJ/kg·K
\multicolumn{5}{c}{p = 20,0 bar = 2,00 MPa (T_sat = 49,37°C)}				
Sat.	0,06445	1342,37	1471,26	4,7670
60	0,06875	1372,05	1509,54	4,8838
80	0,07596	1421,36	1573,27	5,0696
100	0,08248	1465,89	1630,86	5,2283
120	0,08861	1508,03	1685,24	5,3703
140	0,09447	1549,03	1737,98	5,5012
160	0,10016	1589,65	1789,97	5,6241
180	0,10571	1630,32	1841,74	5,7409
200	0,11116	1671,33	1893,64	5,8530
220	0,11652	1712,82	1945,87	5,9611
240	0,12182	1754,90	1998,54	6,0658
260	0,12706	1797,63	2051,74	6,1675
280	0,13224	1841,03	2105,50	6,2665

Amônia

TABELA A-16

Propriedades do Propano Saturado (Líquido-Vapor): Tabela de Temperatura

Conversões da Pressão:
1 bar = 0,1 MPa = 10² kPa

Temp. °C	Press. bar	Volume Específico m³/kg Líquido Sat. $v_f \times 10^3$	Volume Específico m³/kg Vapor Sat. v_g	Energia Interna kJ/kg Líquido Sat. u_f	Energia Interna kJ/kg Vapor Sat. u_g	Entalpia kJ/kg Líquido Sat. h_f	Entalpia kJ/kg Evap. h_{fg}	Entalpia kJ/kg Vapor Sat. h_g	Entropia kJ/kg·K Líquido Sat. s_f	Entropia kJ/kg·K Vapor Sat. s_g	Temp. °C
−100	0,02888	1,553	11,27	−128,4	319,5	−128,4	480,4	352,0	−0,634	2,140	−100
−90	0,06426	1,578	5,345	−107,8	329,3	−107,8	471,4	363,6	−0,519	2,055	−90
−80	0,1301	1,605	2,774	−87,0	339,3	−87,0	462,4	375,4	−0,408	1,986	−80
−70	0,2434	1,633	1,551	−65,8	349,5	−65,8	453,1	387,3	−0,301	1,929	−70
−60	0,4261	1,663	0,9234	−44,4	359,9	−44,3	443,5	399,2	−0,198	1,883	−60
−50	0,7046	1,694	0,5793	−22,5	370,4	−22,4	433,6	411,2	−0,098	1,845	−50
−40	1,110	1,728	0,3798	−0,2	381,0	0,0	423,2	423,2	0,000	1,815	−40
−30	1,677	1,763	0,2585	22,6	391,6	22,9	412,1	435,0	0,096	1,791	−30
−20	2,444	1,802	0,1815	45,9	402,4	46,3	400,5	446,8	0,190	1,772	−20
−10	3,451	1,844	0,1309	69,8	413,2	70,4	388,0	458,4	0,282	1,757	−10
0	4,743	1,890	0,09653	94,2	423,8	95,1	374,5	469,6	0,374	1,745	0
4	5,349	1,910	0,08591	104,2	428,1	105,3	368,8	474,1	0,410	1,741	4
8	6,011	1,931	0,07666	114,3	432,3	115,5	362,9	478,4	0,446	1,737	8
12	6,732	1,952	0,06858	124,6	436,5	125,9	356,8	482,7	0,482	1,734	12
16	7,515	1,975	0,06149	135,0	440,7	136,4	350,5	486,9	0,519	1,731	16
20	8,362	1,999	0,05525	145,4	444,8	147,1	343,9	491,0	0,555	1,728	20
24	9,278	2,024	0,04973	156,1	448,9	158,0	337,0	495,0	0,591	1,725	24
28	10,27	2,050	0,04483	166,9	452,9	169,0	329,9	498,9	0,627	1,722	28
32	11,33	2,078	0,04048	177,8	456,7	180,2	322,4	502,6	0,663	1,720	32
36	12,47	2,108	0,03659	188,9	460,6	191,6	314,6	506,2	0,699	1,717	36
40	13,69	2,140	0,03310	200,2	464,3	203,1	306,5	509,6	0,736	1,715	40
44	15,00	2,174	0,02997	211,7	467,9	214,9	298,0	512,9	0,772	1,712	44
48	16,40	2,211	0,02714	223,4	471,4	227,0	288,9	515,9	0,809	1,709	48
52	17,89	2,250	0,02459	235,3	474,6	239,3	279,3	518,6	0,846	1,705	52
56	19,47	2,293	0,02227	247,4	477,7	251,9	269,2	521,1	0,884	1,701	56
60	21,16	2,340	0,02015	259,8	480,6	264,8	258,4	523,2	0,921	1,697	60
65	23,42	2,406	0,01776	275,7	483,6	281,4	243,8	525,2	0,969	1,690	65
70	25,86	2,483	0,01560	292,3	486,1	298,7	227,7	526,4	1,018	1,682	70
75	28,49	2,573	0,01363	309,5	487,8	316,8	209,8	526,6	1,069	1,671	75
80	31,31	2,683	0,01182	327,6	488,2	336,0	189,2	525,2	1,122	1,657	80
85	34,36	2,827	0,01011	347,2	486,9	356,9	164,7	521,6	1,178	1,638	85
90	37,64	3,038	0,008415	369,4	482,2	380,8	133,1	513,9	1,242	1,608	90
95	41,19	3,488	0,006395	399,8	467,4	414,2	79,5	493,7	1,330	1,546	95
96,7	42,48	4,535	0,004535	434,9	434,9	454,2	0,0	457,2	1,437	1,437	96,7

v_f = (valor da tabela)/1000

Propano

TABELA A-17

Propriedades do Propano Saturado (Líquido-Vapor): Tabela de Pressão

Conversões da Pressão:
1 bar = 0,1 MPa
     = 10² kPa

Press. bar	Temp. °C	Volume Específico m³/kg Líquido Sat. $v_f \times 10^3$	Volume Específico m³/kg Vapor Sat. v_g	Energia Interna kJ/kg Líquido Sat. u_f	Energia Interna kJ/kg Vapor Sat. u_g	Entalpia kJ/kg Líquido Sat. h_f	Entalpia kJ/kg Evap. h_{fg}	Entalpia kJ/kg Vapor Sat. h_g	Entropia kJ/kg·K Líquido Sat. s_f	Entropia kJ/kg·K Vapor Sat. s_g	Press. bar
0,05	−93,28	1,570	6,752	−114,6	326,0	−114,6	474,4	359,8	−0,556	2,081	0,05
0,10	−83,87	1,594	3,542	−95,1	335,4	−95,1	465,9	370,8	−0,450	2,011	0,10
0,25	−69,55	1,634	1,513	−64,9	350,0	−64,9	452,7	387,8	−0,297	1,927	0,25
0,50	−56,93	1,672	0,7962	−37,7	363,1	−37,6	440,5	402,9	−0,167	1,871	0,50
0,75	−48,68	1,698	0,5467	−19,6	371,8	−19,5	432,3	412,8	−0,085	1,841	0,75
1,00	−42,38	1,719	0,4185	−5,6	378,5	−5,4	425,7	420,3	−0,023	1,822	1,00
2,00	−25,43	1,781	0,2192	33,1	396,6	33,5	406,9	440,4	0,139	1,782	2,00
3,00	−14,16	1,826	0,1496	59,8	408,7	60,3	393,3	453,6	0,244	1,762	3,00
4,00	−5,46	1,865	0,1137	80,8	418,0	81,5	382,0	463,5	0,324	1,751	4,00
5,00	1,74	1,899	0,09172	98,6	425,7	99,5	372,1	471,6	0,389	1,743	5,00
6,00	7,93	1,931	0,07680	114,2	432,2	115,3	363,0	478,3	0,446	1,737	6,00
7,00	13,41	1,960	0,06598	128,2	438,0	129,6	354,6	484,2	0,495	1,733	7,00
8,00	18,33	1,989	0,05776	141,0	443,1	142,6	346,7	489,3	0,540	1,729	8,00
9,00	22,82	2,016	0,05129	152,9	447,6	154,7	339,1	493,8	0,580	1,726	9,00
10,00	26,95	2,043	0,04606	164,0	451,8	166,1	331,8	497,9	0,618	1,723	10,00
11,00	30,80	2,070	0,04174	174,5	455,6	176,8	324,7	501,5	0,652	1,721	11,00
12,00	34,39	2,096	0,03810	184,4	459,1	187,0	317,8	504,8	0,685	1,718	12,00
13,00	37,77	2,122	0,03499	193,9	462,2	196,7	311,0	507,7	0,716	1,716	13,00
14,00	40,97	2,148	0,03231	203,0	465,2	206,0	304,4	510,4	0,745	1,714	14,00
15,00	44,01	2,174	0,02997	211,7	467,9	215,0	297,9	512,9	0,772	1,712	15,00
16,00	46,89	2,200	0,02790	220,1	470,4	223,6	291,4	515,0	0,799	1,710	16,00
17,00	49,65	2,227	0,02606	228,3	472,7	232,0	285,0	517,0	0,824	1,707	17,00
18,00	52,30	2,253	0,02441	236,2	474,9	240,2	278,6	518,8	0,849	1,705	18,00
19,00	54,83	2,280	0,02292	243,8	476,9	248,2	272,2	520,4	0,873	1,703	19,00
20,00	57,27	2,308	0,02157	251,3	478,7	255,9	265,9	521,8	0,896	1,700	20,00
22,00	61,90	2,364	0,01921	265,8	481,7	271,0	253,0	524,0	0,939	1,695	22,00
24,00	66,21	2,424	0,01721	279,7	484,3	285,5	240,1	525,6	0,981	1,688	24,00
26,00	70,27	2,487	0,01549	293,1	486,2	299,6	226,9	526,5	1,021	1,681	26,00
28,00	74,10	2,555	0,01398	306,2	487,5	313,4	213,2	526,6	1,060	1,673	28,00
30,00	77,72	2,630	0,01263	319,2	488,1	327,1	198,9	526,0	1,097	1,664	30,00
35,00	86,01	2,862	0,009771	351,4	486,3	361,4	159,1	520,5	1,190	1,633	35,00
40,00	93,38	3,279	0,007151	387,9	474,7	401,0	102,3	503,3	1,295	1,574	40,00
42,48	96,70	4,535	0,004535	434,9	434,9	454,2	0,0	454,2	1,437	1,437	42,48

v_f = (valor da tabela)/1000

TABELA A-18

Propriedades do Vapor de Propano Superaquecido

Conversões da Pressão: 1 bar = 0,1 MPa = 10² kPa

T °C	v m³/kg	u kJ/kg	h kJ/kg	s kJ/kg·K	v m³/kg	u kJ/kg	h kJ/kg	s kJ/kg·K
	\multicolumn{4}{c}{p = 0,05 bar = 0,005 MPa (T_{sat} = −93,28°C)}	\multicolumn{4}{c}{p = 0,1 bar = 0,01 MPa (T_{sat} = −83,87°C)}
Sat.	6,752	326,0	359,8	2,081	3,542	367,3	370,8	2,011
−90	6,877	329,4	363,8	2,103				
−80	7,258	339,8	376,1	2,169	3,617	339,5	375,7	2,037
−70	7,639	350,6	388,8	2,233	3,808	350,3	388,4	2,101
−60	8,018	361,8	401,9	2,296	3,999	361,5	401,5	2,164
−50	8,397	373,3	415,3	2,357	4,190	373,1	415,0	2,226
−40	8,776	385,1	429,0	2,418	4,380	385,0	428,8	2,286
−30	9,155	397,4	443,2	2,477	4,570	397,3	443,0	2,346
−20	9,533	410,1	457,8	2,536	4,760	410,0	457,6	2,405
−10	9,911	423,2	472,8	2,594	4,950	423,1	472,6	2,463
0	10,29	436,8	488,2	2,652	5,139	436,7	488,1	2,520
10	10,67	450,8	504,1	2,709	5,329	450,6	503,9	2,578
20	11,05	270,6	520,4	2,765	5,518	465,1	520,3	2,634

T °C	v m³/kg	u kJ/kg	h kJ/kg	s kJ/kg·K	v m³/kg	u kJ/kg	h kJ/kg	s kJ/kg·K
	\multicolumn{4}{c}{p = 0,5 bar = 0,05 MPa (T_{sat} = −56,93°C)}	\multicolumn{4}{c}{p = 1,0 bar = 0,1 MPa (T_{sat} = −42,38°C)}
Sat.	0,796	363,1	402,9	1,871	0,4185	378,5	420,3	1,822
−50	0,824	371,3	412,5	1,914				
−40	0,863	383,4	426,6	1,976	0,4234	381,5	423,8	1,837
−30	0,903	396,0	441,1	2,037	0,4439	394,2	438,6	1,899
−20	0,942	408,8	455,9	2,096	0,4641	407,3	453,7	1,960
−10	0,981	422,1	471,1	2,155	0,4842	420,7	469,1	2,019
0	1,019	435,8	486,7	2,213	0,5040	434,4	484,8	2,078
10	1,058	449,8	502,7	2,271	0,5238	448,6	501,0	2,136
20	1,096	464,3	519,1	2,328	0,5434	463,3	517,6	2,194
30	1,135	479,2	535,9	2,384	0,5629	478,2	534,5	2,251
40	1,173	494,6	553,2	2,440	0,5824	493,7	551,9	2,307
50	1,211	510,4	570,9	2,496	0,6018	509,5	569,7	2,363
60	1,249	526,7	589,1	2,551	0,6211	525,8	587,9	2,419

T °C	v m³/kg	u kJ/kg	h kJ/kg	s kJ/kg·K	v m³/kg	u kJ/kg	h kJ/kg	s kJ/kg·K
	\multicolumn{4}{c}{p = 2,0 bar = 0,2 MPa (T_{sat} = −25,43°C)}	\multicolumn{4}{c}{p = 3,0 bar = 0,3 MPa (T_{sat} = −14,16°C)}
Sat.	0,2192	396,6	440,4	1,782	0,1496	408,7	453,6	1,762
−20	0,2251	404,0	449,0	1,816				
−10	0,2358	417,7	464,9	1,877	0,1527	414,7	460,5	1,789
0	0,2463	431,8	481,1	1,938	0,1602	429,0	477,1	1,851
10	0,2566	446,3	497,6	1,997	0,1674	443,8	494,0	1,912
20	0,2669	461,1	514,5	2,056	0,1746	458,8	511,2	1,971
30	0,2770	476,3	531,7	2,113	0,1816	474,2	528,7	2,030
40	0,2871	491,9	549,3	2,170	0,1885	490,1	546,6	2,088
50	0,2970	507,9	567,3	2,227	0,1954	506,2	564,8	2,145
60	0,3070	524,3	585,7	2,283	0,2022	522,7	583,4	2,202
70	0,3169	541,1	604,5	2,339	0,2090	539,6	602,3	2,258
80	0,3267	558,4	623,7	2,394	0,2157	557,0	621,7	2,314
90	0,3365	576,1	643,4	2,449	0,2223	574,8	641,5	2,369

TABELA A-18

(Continuação)

Conversões da Pressão:
1 bar = 0,1 MPa
= 10² kPa

Propano

T °C	v m³/kg	u kJ/kg	h kJ/kg	s kJ/kg·K	v m³/kg	u kJ/kg	h kJ/kg	s kJ/kg·K
	\multicolumn{4}{c|}{p = 4,0 bar = 0,4 MPa (T_sat = −5,46°C)}	\multicolumn{4}{c}{p = 5,0 bar = 0,5 MPa (T_sat = 1,74°C)}
Sat.	0,1137	418,0	463,5	1,751	0,09172	425,7	471,6	1,743
0	0,1169	426,1	472,9	1,786				
10	0,1227	441,2	490,3	1,848	0,09577	438,4	486,3	1,796
20	0,1283	456,6	507,9	1,909	0,1005	454,1	504,3	1,858
30	0,1338	472,2	525,7	1,969	0,1051	470,0	522,5	1,919
40	0,1392	488,1	543,8	2,027	0,1096	486,1	540,9	1,979
50	0,1445	504,4	562,2	2,085	0,1140	502,5	559,5	2,038
60	0,1498	521,1	581,0	2,143	0,1183	519,4	578,5	2,095
70	0,1550	538,1	600,1	2,199	0,1226	536,6	597,9	2,153
80	0,1601	555,7	619,7	2,255	0,1268	554,1	617,5	2,209
90	0,1652	573,5	639,6	2,311	0,1310	572,1	637,6	2,265
100	0,1703	591,8	659,9	2,366	0,1351	590,5	658,0	2,321
110	0,1754	610,4	680,6	2,421	0,1392	609,3	678,9	2,376
	\multicolumn{4}{c|}{p = 6,0 bar = 0,6 MPa (T_sat = 7,93°C)}	\multicolumn{4}{c}{p = 7,0 bar = 0,7 MPa (T_sat = 13,41°C)}
Sat.	0,07680	432,2	478,3	1,737	0,06598	438,0	484,2	1,733
10	0,07769	435,6	482,2	1,751				
20	0,08187	451,5	500,6	1,815	0,06847	448,8	496,7	1,776
30	0,08588	467,7	519,2	1,877	0,07210	465,2	515,7	1,840
40	0,08978	484,0	537,9	1,938	0,07558	481,9	534,8	1,901
50	0,09357	500,7	556,8	1,997	0,07896	498,7	554,0	1,962
60	0,09729	517,6	576,0	2,056	0,08225	515,9	573,5	2,021
70	0,1009	535,0	595,5	2,113	0,08547	533,4	593,2	2,079
80	0,1045	552,7	615,4	2,170	0,08863	551,2	613,2	2,137
90	0,1081	570,7	635,6	2,227	0,09175	569,4	633,6	2,194
100	0,1116	589,2	656,2	2,283	0,09482	587,9	654,3	2,250
110	0,1151	608,0	677,1	2,338	0,09786	606,8	675,3	2,306
120	0,1185	627,3	698,4	2,393	0,1009	626,2	696,8	2,361
	\multicolumn{4}{c|}{p = 8,0 bar = 0,8 MPa (T_sat = 18,33°C)}	\multicolumn{4}{c}{p = 9,0 bar = 0,9 MPa (T_sat = 22,82°C)}
Sat.	0,05776	443,1	489,3	1,729	0,05129	447,2	493,8	1,726
20	0,05834	445,9	492,6	1,740				
30	0,06170	462,7	512,1	1,806	0,05355	460,0	508,2	1,774
40	0,06489	479,6	531,5	1,869	0,05653	477,2	528,1	1,839
50	0,06796	496,7	551,1	1,930	0,05938	494,7	548,1	1,901
60	0,07094	514,0	570,8	1,990	0,06213	512,2	568,1	1,962
70	0,07385	531,6	590,7	2,049	0,06479	530,0	588,3	2,022
80	0,07669	549,6	611,0	2,107	0,06738	548,1	608,7	2,081
90	0,07948	567,9	631,5	2,165	0,06992	566,5	629,4	2,138
100	0,08222	586,5	652,3	2,221	0,07241	585,2	650,4	2,195
110	0,08493	605,6	673,5	2,277	0,07487	604,3	671,7	2,252
120	0,08761	625,0	695,1	2,333	0,07729	623,7	693,3	2,307
130	0,09026	644,8	717,0	2,388	0,07969	643,6	715,3	2,363
140	0,09289	665,0	739,3	2,442	0,08206	663,8	737,7	2,418

TABELA A-18

(Continuação)

Conversões da Pressão:
1 bar = 0,1 MPa = 10² kPa

T °C	v m³/kg	u kJ/kg	h kJ/kg	s kJ/kg·K	v m³/kg	u kJ/kg	h kJ/kg	s kJ/kg·K
	\multicolumn{4}{c}{p = 10,0 bar = 1,0 MPa (T_sat = 26,95°C)}	\multicolumn{4}{c}{p = 12,0 bar = 1,2 MPa (T_sat = 34,39°C)}
Sat.	0,04606	451,8	497,9	1,723	0,03810	459,1	504,8	1,718
30	0,04696	457,1	504,1	1,744				
40	0,04980	474,8	524,6	1,810	0,03957	469,4	516,9	1,757
50	0,05248	492,4	544,9	1,874	0,04204	487,8	538,2	1,824
60	0,05505	510,2	565,2	1,936	0,04436	506,1	559,3	1,889
70	0,05752	528,2	585,7	1,997	0,04657	524,4	580,3	1,951
80	0,05992	546,4	606,3	2,056	0,04869	543,1	601,5	2,012
90	0,06226	564,9	627,2	2,114	0,05075	561,8	622,7	2,071
100	0,06456	583,7	648,3	2,172	0,05275	580,9	644,2	2,129
110	0,06681	603,0	669,8	2,228	0,05470	600,4	666,0	2,187
120	0,06903	622,6	691,6	2,284	0,05662	620,1	688,0	2,244
130	0,07122	642,5	713,7	2,340	0,05851	640,1	710,3	2,300
140	0,07338	662,8	736,2	2,395	0,06037	660,6	733,0	2,355
	\multicolumn{4}{c}{p = 14,0 bar = 1,4 MPa (T_sat = 40,97°C)}	\multicolumn{4}{c}{p = 16,0 bar = 1,6 MPa (T_sat = 46,89°C)}
Sat.	0,03231	465,2	510,4	1,714	0,02790	470,4	515,0	1,710
50	0,03446	482,6	530,8	1,778	0,02861	476,7	522,5	1,733
60	0,03664	501,6	552,9	1,845	0,03075	496,6	545,8	1,804
70	0,03869	520,4	574,6	1,909	0,03270	516,2	568,5	1,871
80	0,04063	539,4	596,3	1,972	0,03453	535,7	590,9	1,935
90	0,04249	558,6	618,1	2,033	0,03626	555,2	613,2	1,997
100	0,04429	577,9	639,9	2,092	0,03792	574,8	635,5	2,058
110	0,04604	597,5	662,0	2,150	0,03952	594,7	657,9	2,117
120	0,04774	617,5	684,3	2,208	0,04107	614,8	680,5	2,176
130	0,04942	637,7	706,9	2,265	0,04259	635,3	703,4	2,233
140	0,05106	658,3	729,8	2,321	0,04407	656,0	726,5	2,290
150	0,05268	679,2	753,0	2,376	0,04553	677,1	749,9	2,346
160	0,05428	700,5	776,5	2,431	0,04696	698,5	773,6	2,401
	\multicolumn{4}{c}{p = 18,0 bar = 1,8 MPa (T_sat = 52,30°C)}	\multicolumn{4}{c}{p = 20,0 bar = 2,0 MPa (T_sat = 57,27°C)}
Sat.	0,02441	474,9	518,8	1,705	0,02157	478,7	521,8	1,700
60	0,02606	491,1	538,0	1,763	0,02216	484,8	529,1	1,722
70	0,02798	511,4	561,8	1,834	0,02412	506,3	554,5	1,797
80	0,02974	531,6	585,1	1,901	0,02585	527,1	578,8	1,867
90	0,03138	551,5	608,0	1,965	0,02744	547,6	602,5	1,933
100	0,03293	571,5	630,8	2,027	0,02892	568,1	625,9	1,997
110	0,03443	591,7	653,7	2,087	0,03033	588,5	649,2	2,059
120	0,03586	612,1	676,6	2,146	0,03169	609,2	672,6	2,119
130	0,03726	632,7	699,8	2,204	0,03299	630,0	696,0	2,178
140	0,03863	653,6	723,1	2,262	0,03426	651,2	719,7	2,236
150	0,03996	674,8	746,7	2,318	0,03550	672,5	743,5	2,293
160	0,04127	696,3	770,6	2,374	0,03671	694,2	767,6	2,349
170	0,04256	718,2	794,8	2,429	0,03790	716,2	792,0	2,404
180	0,04383	740,4	819,3	2,484	0,03907	738,5	816,6	2,459

Propano

Tabelas em Unidades SI

TABELA A-18

(Continuação)

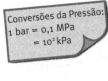

Conversões da Pressão:
1 bar = 0,1 MPa
= 10² kPa

Propano

T °C	v m³/kg	u kJ/kg	h kJ/kg	s kJ/kg·K	v m³/kg	u kJ/kg	h kJ/kg	s kJ/kg·K
\multicolumn{4}{c}{p = 22,0 bar = 2,2 MPa (T_sat = 61,90°C)}		\multicolumn{4}{c}{p = 24,0 bar = 2,4 MPa (T_sat = 66,21°C)}			
Sat.	0,01921	481,8	524,0	1,695	0,01721	484,3	525,6	1,688
70	0,02086	500,5	546,4	1,761	0,01802	493,7	536,9	1,722
80	0,02261	522,4	572,1	1,834	0,01984	517,0	564,6	1,801
90	0,02417	543,5	596,7	1,903	0,02141	539,0	590,4	1,873
100	0,02561	564,5	620,8	1,969	0,02283	560,6	615,4	1,941
110	0,02697	585,3	644,6	2,032	0,02414	581,9	639,8	2,006
120	0,02826	606,2	668,4	2,093	0,02538	603,2	664,1	2,068
130	0,02949	627,3	692,2	2,153	0,02656	624,6	688,3	2,129
140	0,03069	648,6	716,1	2,211	0,02770	646,0	712,5	2,188
150	0,03185	670,1	740,2	2,269	0,02880	667,8	736,9	2,247
160	0,03298	691,9	764,5	2,326	0,02986	689,7	761,4	2,304
170	0,03409	714,1	789,1	2,382	0,03091	711,9	786,1	2,360
180	0,03517	736,5	813,9	2,437	0,03193	734,5	811,1	2,416
\multicolumn{4}{c}{p = 26,0 bar = 2,6 MPa (T_sat = 70,27°C)}		\multicolumn{4}{c}{p = 30,0 bar = 3,0 MPa (T_sat = 77,72°C)}			
Sat.	0,01549	486,2	526,5	1,681	0,01263	488,2	526,0	1,664
80	0,01742	511,0	556,3	1,767	0,01318	495,4	534,9	1,689
90	0,01903	534,2	583,7	1,844	0,01506	522,8	568,0	1,782
100	0,02045	556,4	609,6	1,914	0,01654	547,2	596,8	1,860
110	0,02174	578,3	634,8	1,981	0,01783	570,4	623,9	1,932
120	0,02294	600,0	659,6	2,045	0,01899	593,0	650,0	1,999
130	0,02408	621,6	684,2	2,106	0,02007	615,4	675,6	2,063
140	0,02516	643,4	708,8	2,167	0,02109	637,7	701,0	2,126
150	0,02621	665,3	733,4	2,226	0,02206	660,1	726,3	2,186
160	0,02723	687,4	758,2	2,283	0,02300	682,6	751,6	2,245
170	0,02821	709,9	783,2	2,340	0,02390	705,4	777,1	2,303
180	0,02918	732,5	808,4	2,397	0,02478	728,3	802,6	2,360
190	0,03012	755,5	833,8	2,452	0,02563	751,5	828,4	2,417
\multicolumn{4}{c}{p = 35,0 bar = 3,5 MPa (T_sat = 86,01°C)}		\multicolumn{4}{c}{p = 40,0 bar = 4,0 MPa (T_sat = 93,38°C)}			
Sat.	0,00977	486,3	520,5	1,633	0,00715	474,7	503,3	1,574
90	0,01086	502,4	540,5	1,688				
100	0,01270	532,9	577,3	1,788	0,00940	512,1	549,7	1,700
110	0,01408	558,9	608,2	1,870	0,01110	544,7	589,1	1,804
120	0,01526	583,4	636,8	1,944	0,01237	572,1	621,6	1,887
130	0,01631	607,0	664,1	2,012	0,01344	597,4	651,2	1,962
140	0,01728	630,2	690,7	2,077	0,01439	621,9	679,5	2,031
150	0,01819	653,3	717,0	2,140	0,01527	645,9	707,0	2,097
160	0,01906	676,4	743,1	2,201	0,01609	669,7	734,1	2,160
170	0,01989	699,6	769,2	2,261	0,01687	693,4	760,9	2,222
180	0,02068	722,9	795,3	2,319	0,01761	717,3	787,7	2,281
190	0,02146	746,5	821,6	2,376	0,01833	741,2	814,5	2,340
200	0,02221	770,3	848,0	2,433	0,01902	765,3	841,4	2,397

TABELA A-19

Propriedades de Sólidos e Líquidos Selecionados: c_p, ρ e κ

Substância	Calor Específico, c_p (kJ/kg · K)	Massa Específica, ρ (kg/m³)	Condutividade Térmica, κ (W/m · K)
Sólidos Selecionados, 300K			
Aço (AISI 302)	0,480	8060	15,1
Alumínio	0,903	2700	237
Areia	0,800	1520	0,27
Carvão, antracito	1,260	1350	0,26
Chumbo	0,129	11300	35,3
Cobre	0,385	8930	401
Estanho	0,227	7310	66,6
Ferro	0,447	7870	80,2
Granito	0,775	2630	2,79
Prata	0,235	10500	429
Solo	1,840	2050	0,52
Materiais de Construção, 300K			
Concreto (mistura de brita)	0,880	2300	1,4
Madeira compensada	1,220	545	0,12
Madeiras leves (abeto, pinho)	1,380	510	0,12
Pedra calcária	0,810	2320	2,15
Placa de vidro	0,750	2500	1,4
Prancha para parede, divisória	1,170	640	0,094
Tijolo comum	0,835	1920	0,72
Materiais de Isolamento, 300K			
Cortiça	1,800	120	0,039
Enchimento de vermiculite (flocos)	0,835	80	0,068
Forro para dutos (fibra de vidro, revestido)	0,835	32	0,038
Manta (fibra de vidro)	—	16	0,046
Poliestireno (extrudado)	1,210	55	0,027
Líquidos Saturados			
Água, 275K	4,211	999,9	0,574
300K	4,179	996,5	0,613
325K	4,182	987,1	0,645
350K	4,195	973,5	0,668
375K	4,220	956,8	0,681
400K	4,256	937,4	0,688
Amônia, 300K	4,818	599,8	0,465
Mercúrio, 300K	0,139	13529	8,540
Óleo de Motor Não Utilizado, 300K	1,909	884,1	0,145
Refrigerante 134a, 300K	1,434	1199,7	0,081
Refrigerante 22, 300K	1,267	1183,1	0,085

Fonte: Estes dados foram retirados de várias fontes e são apenas representativos. Os valores podem ser outros dependendo da temperatura, pureza, conteúdo de umidade e outros fatores.

TABELA A-20

Calores Específicos de Gases Ideais para Alguns Gases Usuais (kJ/kg · K)

Temp. K	c_p	c_v	k	c_p	c_v	k	c_p	c_v	k	Temp. K
		Ar			Nitrogênio, N_2			Oxigênio, O_2		
250	1,003	0,716	1,401	1,039	0,742	1,400	0,913	0,653	1,398	250
300	1,005	0,718	1,400	1,039	0,743	1,400	0,918	0,658	1,395	300
350	1,008	0,721	1,398	1,041	0,744	1,399	0,928	0,668	1,389	350
400	1,013	0,726	1,395	1,044	0,747	1,397	0,941	0,681	1,382	400
450	1,020	0,733	1,391	1,049	0,752	1,395	0,956	0,696	1,373	450
500	1,029	0,742	1,387	1,056	0,759	1,391	0,972	0,712	1,365	500
550	1,040	0,753	1,381	1,065	0,768	1,387	0,988	0,728	1,358	550
600	1,051	0,764	1,376	1,075	0,778	1,382	1,003	0,743	1,350	600
650	1,063	0,776	1,370	1,086	0,789	1,376	1,017	0,758	1,343	650
700	1,075	0,788	1,364	1,098	0,801	1,371	1,031	0,771	1,337	700
750	1,087	0,800	1,359	1,110	0,813	1,365	1,043	0,783	1,332	750
800	1,099	0,812	1,354	1,121	0,825	1,360	1,054	0,794	1,327	800
900	1,121	0,834	1,344	1,145	0,849	1,349	1,074	0,814	1,319	900
1000	1,142	0,855	1,336	1,167	0,870	1,341	1,090	0,830	1,313	1000

Temp. K		Dióxido de Carbono, CO_2			Monóxido de Carbono, CO			Hidrogênio, H_2		Temp. K
250	0,791	0,602	1,314	1,039	0,743	1,400	14,051	9,927	1,416	250
300	0,846	0,657	1,288	1,040	0,744	1,399	14,307	10,183	1,405	300
350	0,895	0,706	1,268	1,043	0,746	1,398	14,427	10,302	1,400	350
400	0,939	0,750	1,252	1,047	0,751	1,395	14,476	10,352	1,398	400
450	0,978	0,790	1,239	1,054	0,757	1,392	14,501	10,377	1,398	450
500	1,014	0,825	1,229	1,063	0,767	1,387	14,513	10,389	1,397	500
550	1,046	0,857	1,220	1,075	0,778	1,382	14,530	10,405	1,396	550
600	1,075	0,886	1,213	1,087	0,790	1,376	14,546	10,422	1,396	600
650	1,102	0,913	1,207	1,100	0,803	1,370	14,571	10,447	1,395	650
700	1,126	0,937	1,202	1,113	0,816	1,364	14,604	10,480	1,394	700
750	1,148	0,959	1,197	1,126	0,829	1,358	14,645	10,521	1,392	750
800	1,169	0,980	1,193	1,139	0,842	1,353	14,695	10,570	1,390	800
900	1,204	1,015	1,186	1,163	0,866	1,343	14,822	10,698	1,385	900
1000	1,234	1,045	1,181	1,185	0,888	1,335	14,983	10,859	1,380	1000

Fonte: Adaptada de K. Wark, *Thermodynamics*, 4th ed., McGraw-Hill, New York, 1983, com base no "Tables of Thermal Properties of Gases", NBS Circular 564, 1955.

TABELA A-21

Variação de $\bar{c}_p$ com a Temperatura para Gases Ideais Selecionados

$$\frac{\bar{c}_p}{\bar{R}} = \alpha + \beta T + \gamma T^2 + \delta T^3 + \varepsilon T^4$$

T está em K, equações válidas entre 300 e 1000 K

Gás	α	$\beta \times 10^3$	$\gamma \times 10^6$	$\delta \times 10^9$	$\varepsilon \times 10^{12}$
CO	3,710	−1,619	3,692	−2,032	0,240
CO_2	2,401	8,735	−6,607	2,002	0
H_2	3,057	2,677	−5,810	5,521	−1,812
H_2O	4,070	−1,108	4,152	−2,964	0,807
O_2	3,626	−1,878	7,055	−6,764	2,156
N_2	3,675	−1,208	2,324	−0,632	−0,226
Ar	3,653	−1,337	3,294	−1,913	0,2763
SO_2	3,267	5,324	0,684	−5,281	2,559
CH_4	3,826	−3,979	24,558	−22,733	6,963
C_2H_2	1,410	19,057	−24,501	16,391	−4,135
C_2H_4	1,426	11,383	7,989	−16,254	6,749
Gases monoatômicos[a]	2,5	0	0	0	0

[a] Para gases monoatômicos, como o He, Ne e Ar, $\bar{c}_p$ é aproximadamente constante ao longo de um grande intervalo de temperatura e é bem próximo de $5/2\,\bar{R}$.

Fonte: Adaptada de K. Wark, *Thermodynamics*, 4th ed., McGraw-Hill, New York, 1983, com base no NASA SP-273, U.S. Government Printing Office, Washington, DC, 1971.

TABELA A-22

Propriedades do Ar como Gás Ideal

$T(K)$, h e u (kJ/kg), $s°$ (kJ/kg · K)

T	h	u	s°	p_r	v_r	T	h	u	s°	p_r	v_r
200	199,97	142,56	1,29559	0,3363	1707,0	450	451,80	322,62	2,11161	5,775	223,6
210	209,97	149,69	1,34444	0,3987	1512,0	460	462,02	329,97	2,13407	6,245	211,4
220	219,97	156,82	1,39105	0,4690	1346,0	470	472,24	337,32	2,15604	6,742	200,1
230	230,02	164,00	1,43557	0,5477	1205,0	480	482,49	344,70	2,17760	7,268	189,5
240	240,02	171,13	1,47824	0,6355	1084,0	490	492,74	352,08	2,19876	7,824	179,7
250	250,05	178,28	1,51917	0,7329	979,0	500	503,02	359,49	2,21952	8,411	170,6
260	260,09	185,45	1,55848	0,8405	887,8	510	513,32	366,92	2,23993	9,031	162,1
270	270,11	192,60	1,59634	0,9590	808,0	520	523,63	374,36	2,25997	9,684	154,1
280	280,13	199,75	1,63279	1,0889	738,0	530	533,98	381,84	2,27967	10,37	146,7
285	285,14	203,33	1,65055	1,1584	706,1	540	544,35	389,34	2,29906	11,10	139,7
290	290,16	206,91	1,66802	1,2311	676,1	550	554,74	396,86	2,31809	11,86	133,1
295	295,17	210,49	1,68515	1,3068	647,9	560	565,17	404,42	2,33685	12,66	127,0
300	300,19	214,07	1,70203	1,3860	621,2	570	575,59	411,97	2,35531	13,50	121,2
305	305,22	217,67	1,71865	1,4686	596,0	580	586,04	419,55	2,37348	14,38	115,7
310	310,24	221,25	1,73498	1,5546	572,3	590	596,52	427,15	2,39140	15,31	110,6
315	315,27	224,85	1,75106	1,6442	549,8	600	607,02	434,78	2,40902	16,28	105,8
320	320,29	228,42	1,76690	1,7375	528,6	610	617,53	442,42	2,42644	17,30	101,2
325	325,31	232,02	1,78249	1,8345	508,4	620	628,07	450,09	2,44356	18,36	96,92
330	330,34	235,61	1,79783	1,9352	489,4	630	638,63	457,78	2,46048	19,84	92,84
340	340,42	242,82	1,82790	2,149	454,1	640	649,22	465,50	2,47716	20,64	88,99
350	350,49	250,02	1,85708	2,379	422,2	650	659,84	473,25	2,49364	21,86	85,34
360	360,58	257,24	1,88543	2,626	393,4	660	670,47	481,01	2,50985	23,13	81,89
370	370,67	264,46	1,91313	2,892	367,2	670	681,14	488,81	2,52589	24,46	78,61
380	380,77	271,69	1,94001	3,176	343,4	680	691,82	496,62	2,54175	25,85	75,50
390	390,88	278,93	1,96633	3,481	321,5	690	702,52	504,45	2,55731	27,29	72,56
400	400,98	286,16	1,99194	3,806	301,6	700	713,27	512,33	2,57277	28,80	69,76
410	411,12	293,43	2,01699	4,153	283,3	710	724,04	520,23	2,58810	30,38	67,07
420	421,26	300,69	2,04142	4,522	266,6	720	734,82	528,14	2,60319	32,02	64,53
430	431,43	307,99	2,06533	4,915	251,1	730	745,62	536,07	2,61803	33,72	62,13
440	441,61	315,30	2,08870	5,332	236,8	740	756,44	544,02	2,63280	35,50	59,82

[1]Valores de p_r e v_r para respectivo uso nas Eqs. 6.41 e 6.42.

TABELA A-22

(Continuação)

$T(K)$, h e $u(kJ/kg)$, $s°$ $(kJ/kg \cdot K)$

T	h	u	s°	quando Δs = o¹ p_r	v_r	T	h	u	s°	quando Δs = o p_r	v_r
750	767,29	551,99	2,64737	37,35	57,63	1300	1395,97	1022,82	3,27345	330,9	11,275
760	778,18	560,01	2,66176	39,27	55,54	1320	1419,76	1040,88	3,29160	352,5	10,747
770	789,11	568,07	2,67595	41,31	53,39	1340	1443,60	1058,94	3,30959	375,3	10,247
780	800,03	576,12	2,69013	43,35	51,64	1360	1467,49	1077,10	3,32724	399,1	9,780
790	810,99	584,21	2,70400	45,55	49,86	1380	1491,44	1095,26	3,34474	424,2	9,337
800	821,95	592,30	2,71787	47,75	48,08	1400	1515,42	1113,52	3,36200	450,5	8,919
820	843,98	608,59	2,74504	52,59	44,84	1420	1539,44	1131,77	3,37901	478,0	8,526
840	866,08	624,95	2,77170	57,60	41,85	1440	1563,51	1150,13	3,39586	506,9	8,153
860	888,27	641,40	2,79783	63,09	39,12	1460	1587,63	1168,49	3,41247	537,1	7,801
880	910,56	657,95	2,82344	68,98	36,61	1480	1611,79	1186,95	3,42892	568,8	7,468
900	932,93	674,58	2,84856	75,29	34,31	1500	1635,97	1205,41	3,44516	601,9	7,152
920	955,38	691,28	2,87324	82,05	32,18	1520	1660,23	1223,87	3,46120	636,5	6,854
940	977,92	708,08	2,89748	89,28	30,22	1540	1684,51	1242,43	3,47712	672,8	6,569
960	1000,55	725,02	2,92128	97,00	28,40	1560	1708,82	1260,99	3,49276	710,5	6,301
980	1023,25	741,98	2,94468	105,2	26,73	1580	1733,17	1279,65	3,50829	750,0	6,046
1000	1046,04	758,94	2,96770	114,0	25,17	1600	1757,57	1298,30	3,52364	791,2	5,804
1020	1068,89	776,10	2,99034	123,4	23,72	1620	1782,00	1316,96	3,53879	834,1	5,574
1040	1091,85	793,36	3,01260	133,3	22,39	1640	1806,46	1335,72	3,55381	878,9	5,355
1060	1114,86	810,62	3,03449	143,9	21,14	1660	1830,96	1354,48	3,56867	925,6	5,147
1080	1137,89	827,88	3,05608	155,2	19,98	1680	1855,50	1373,24	3,58335	974,2	4,949
1100	1161,07	845,33	3,07732	167,1	18,896	1700	1880,1	1392,7	3,5979	1025	4,761
1120	1184,28	862,79	3,09825	179,7	17,886	1750	1941,6	1439,8	3,6336	1161	4,328
1140	1207,57	880,35	3,11883	193,1	16,946	1800	2003,3	1487,2	3,6684	1310	3,944
1160	1230,92	897,91	3,13916	207,2	16,064	1850	2065,3	1534,9	3,7023	1475	3,601
1180	1254,34	915,57	3,15916	222,2	15,241	1900	2127,4	1582,6	3,7354	1655	3,295
1200	1277,79	933,33	3,17888	238,0	14,470	1950	2189,7	1630,6	3,7677	1852	3,022
1220	1301,31	951,09	3,19834	254,7	13,747	2000	2252,1	1678,7	3,7994	2068	2,776
1240	1324,93	968,95	3,21751	272,3	13,069	2050	2314,6	1726,8	3,8303	2303	2,555
1260	1348,55	986,90	3,23638	290,8	12,435	2100	2377,4	1775,3	3,8605	2559	2,356
1280	1372,24	1004,76	3,25510	310,4	11,835	2150	2440,3	1823,8	3,8901	2837	2,175
						2200	2503,2	1872,4	3,9191	3138	2,012
						2250	2566,4	1921,3	3,9474	3464	1,864

Fonte: A Tabela A-22 é baseada em J. H. Keenan e J. Kaye, *Gas Tables*, Wiley, New York, 1945.

TABELA A-23

Propriedades de Gases Selecionados Tomados como Gases Ideais

Entalpia $h(T)$ e energia interna $\bar{u}(T)$, em kJ/kmol. Entropia absoluta a 1 atm $\bar{s}°(T)$, em kJ/kmol·K

T(K)	Dióxido de Carbono, CO_2 ($\bar{h}_f° = -393.520$ kJ/kmol) $\bar{h}$	$\bar{u}$	$\bar{s}°$	Monóxido de Carbono, CO ($\bar{h}_f° = -110.530$ kJ/kmol) $\bar{h}$	$\bar{u}$	$\bar{s}°$	Vapor d'Água, H_2O ($\bar{h}_f° = -241.820$ kJ/kmol) $\bar{h}$	$\bar{u}$	$\bar{s}°$	Oxigênio, O_2 ($\bar{h}_f° = 0$ kJ/kmol) $\bar{h}$	$\bar{u}$	$\bar{s}°$	Nitrogênio, N_2 ($\bar{h}_f° = 0$ kJ/kmol) $\bar{h}$	$\bar{u}$	$\bar{s}°$	T(K)
0	0	0	0	0	0	0	0	0	0	0	0	0	0	0	0	0
220	6.601	4.772	202,966	6.391	4.562	188,683	7.295	5.466	178,576	6.404	4.575	196,171	6.391	4.562	182,638	220
230	6.938	5.026	204,464	6.683	4.771	189,980	7.628	5.715	180,054	6.694	4.782	197,461	6.683	4.770	183,938	230
240	7.280	5.285	205,920	6.975	4.979	191,221	7.961	5.965	181,471	6.984	4.989	198,696	6.975	4.979	185,180	240
250	7.627	5.548	207,337	7.266	5.188	192,411	8.294	6.215	182,831	7.275	5.197	199,885	7.266	5.188	186,370	250
260	7.979	5.817	208,717	7.558	5.396	193,554	8.627	6.466	184,139	7.566	5.405	201,027	7.558	5.396	187,514	260
270	8.335	6.091	210,062	7.849	5.604	194,654	8.961	6.716	185,399	7.858	5.613	202,128	7.849	5.604	188,614	270
280	8.697	6.369	211,376	8.140	5.812	195,173	9.296	6.968	186,616	8.150	5.822	203,191	8.141	5.813	189,673	280
290	9.063	6.651	212,660	8.432	6.020	196,735	9.631	7.219	187,791	8.443	6.032	204,218	8.432	6.021	190,695	290
298	9.364	6.885	213,685	8.669	6.190	197,543	9.904	7.425	188,720	8.682	6.203	205,033	8.669	6.190	191,502	298
300	9.431	6.939	213,915	8.723	6.229	197,723	9.966	7.472	188,928	8.736	6.242	205,213	8.723	6.229	191,682	300
310	9.807	7.230	215,146	9.014	6.437	198,678	10.302	7.725	190,030	9.030	6.453	206,177	9.014	6.437	192,638	310
320	10.186	7.526	216,351	9.306	6.645	199,603	10.639	7.978	191,098	9.325	6.664	207,112	9.306	6.645	193,562	320
330	10.570	7.826	217,534	9.597	6.854	200,500	10.976	8.232	192,136	9.620	6.877	208,020	9.597	6.853	194,459	330
340	10.959	8.131	218,694	9.889	7.062	201,371	11.314	8.487	193,144	9.916	7.090	208,904	9.888	7.061	195,328	340
350	11.351	8.439	219,831	10.181	7.271	202,217	11.652	8.742	194,125	10.213	7.303	209,765	10.180	7.270	196,173	350
360	11.748	8.752	220,948	10.473	7.480	203,040	11.992	8.998	195,081	10.511	7.518	210,604	10.471	7.478	196,995	360
370	12.148	9.068	222,044	10.765	7.689	203,842	12.331	9.255	196,012	10.809	7.733	211,423	10.763	7.687	197,794	370
380	12.552	9.392	223,122	11.058	7.899	204,622	12.672	9.513	196,920	11.109	7.949	212,222	11.055	7.895	198,572	380
390	12.960	9.718	224,182	11.351	8.108	205,383	13.014	9.771	197,807	11.409	8.166	213,002	11.347	8.104	199,331	390
400	13.372	10.046	225,225	11.644	8.319	206,125	13.356	10.030	198,673	11.711	8.384	213,765	11.640	8.314	200,071	400
410	13.787	10.378	226,250	11.938	8.529	206,850	13.699	10.290	199,521	12.012	8.603	214,510	11.932	8.523	200,794	410
420	14.206	10.714	227,258	12.232	8.740	207,549	14.043	10.551	200,350	12.314	8.822	215,241	12.225	8.733	201,499	420
430	14.628	11.053	228,252	12.526	8.951	208,252	14.388	10.813	201,160	12.618	9.043	215,955	12.518	8.943	202,189	430
440	15.054	11.393	229,230	12.821	9.163	208,929	14.734	11.075	201,955	12.923	9.264	216,656	12.811	9.153	202,863	440
450	15.483	11.742	230,194	13.116	9.375	209,593	15.080	11.339	202,734	13.228	9.487	217,342	13.105	9.363	203,523	450
460	15.916	12.091	231,144	13.412	9.587	210,243	15.428	11.603	203,497	13.535	9.710	218,016	13.399	9.574	204,170	460
470	16.351	12.444	232,080	13.708	9.800	210,880	15.777	11.869	204,247	13.842	9.935	218,676	13.693	9.786	204,803	470
480	16.791	12.800	233,004	14.005	10.014	211,504	16.126	12.135	204,982	14.151	10.160	219,326	13.988	9.997	205,424	480
490	17.232	13.158	233,916	14.302	10.228	212,117	16.477	12.403	205,705	14.460	10.386	219,963	14.285	10.210	206,033	490
500	17.678	13.521	234,814	14.600	10.443	212,719	16.828	12.671	206,413	14.770	10.614	220,589	14.581	10.423	206,630	500
510	18.126	13.885	235,700	14.898	10.658	213,310	17.181	12.940	207,112	15.082	10.842	221,206	14.876	10.635	207,216	510
520	18.576	14.253	236,575	15.197	10.874	213,890	17.534	13.211	207,799	15.395	11.071	221,812	15.172	10.848	207,792	520
530	19.029	14.622	237,439	15.497	11.090	214,460	17.889	13.482	208,475	15.708	11.301	222,409	15.469	11.062	208,358	530
540	19.485	14.996	238,292	15.797	11.307	215,020	18.245	13.755	209,139	16.022	11.533	222,997	15.766	11.277	208,914	540
550	19.945	15.372	239,135	16.097	11.524	215,572	18.601	14.028	209,795	16.338	11.765	223,576	16.064	11.492	209,461	550
560	20.407	15.751	239,962	16.399	11.743	216,115	18.959	14.303	210,440	16.654	11.998	224,146	16.363	11.707	209,999	560
570	20.870	16.131	240,789	16.701	11.961	216,649	19.318	14.579	211,075	16.971	12.232	224,708	16.662	11.923	210,528	570
580	21.337	16.515	241,602	17.003	12.181	217,175	19.678	14.856	211,702	17.290	12.467	225,262	16.962	12.139	211,049	580
590	21.807	16.902	242,405	17.307	12.401	217,693	20.039	15.134	212,320	17.609	12.703	225,808	17.262	12.356	211,562	590

TABELA A-23 (Continuação)

$\bar{h}$ e $\bar{u}$ em kJ/kmol. $\bar{s}°$ em kJ/kmol·K

T(K)	Dióxido de Carbono, CO_2 $(\bar{h}_f° = -393.520$ kJ/kmol)			Monóxido de Carbono, CO $(\bar{h}_f° = -110.530$ kJ/kmol)			Vapor d'Água, H_2O $(\bar{h}_f° = -241.820$ kJ/kmol)			Oxigênio, O_2 $(\bar{h}_f° = 0$ kJ/kmol)			Nitrogênio, N_2 $(\bar{h}_f° = 0$ kJ/kmol)			T(K)
	$\bar{h}$	$\bar{u}$	$\bar{s}°$	$\bar{h}$	$\bar{u}$	$\bar{s}°$	$\bar{h}$	$\bar{u}$	$\bar{s}°$	$\bar{h}$	$\bar{u}$	$\bar{s}°$	$\bar{h}$	$\bar{u}$	$\bar{s}°$	
600	22.280	17.291	243,199	17.611	12.622	218,204	20.402	15.413	212,920	17.929	12.940	226,346	17.563	12.574	212,066	600
610	22.754	17.683	243,983	17.915	12.843	218,708	20.765	15.693	213,529	18.250	13.178	226,877	17.864	12.792	212,564	610
620	23.231	18.076	244,758	18.221	13.066	219,205	21.130	15.975	214,122	18.572	13.417	227,400	18.166	13.011	213,055	620
630	23.709	18.471	245,524	18.527	13.289	219,695	21.495	16.257	214,707	18.895	13.657	227,918	18.468	13.230	213,541	630
640	24.190	18.869	246,282	18.833	13.512	220,179	21.862	16.541	215,285	19.219	13.898	228,429	18.772	13.450	214,018	640
650	24.674	19.270	247,032	19.141	13.736	220,656	22.230	16.826	215,856	19.544	14.140	228,932	19.075	13.671	214,489	650
660	25.160	19.672	247,773	19.449	13.962	221,127	22.600	17.112	216,419	19.870	14.383	229,430	19.380	13.892	214,954	660
670	25.648	20.078	248,507	19.758	14.187	221,592	22.970	17.399	216,976	20.197	14.626	229,920	19.685	14.114	215,413	670
680	26.138	20.484	249,233	20.068	14.414	222,052	23.342	17.688	217,527	20.524	14.871	230,405	19.991	14.337	215,866	680
690	26.631	20.894	249,952	20.378	14.641	222,505	23.714	17.978	218,071	20.854	15.116	230,885	20.297	14.560	216,314	690
700	27.125	21.305	250,663	20.690	14.870	222,953	24.088	18.268	218,610	21.184	15.364	231,358	20.604	14.784	216,756	700
710	27.622	21.719	251,368	21.002	15.099	223,396	24.464	18.561	219,142	21.514	15.611	231,827	20.912	15.008	217,192	710
720	28.121	22.134	252,065	21.315	15.328	223,833	24.840	18.854	219,668	21.845	15.859	232,291	21.220	15.234	217,624	720
730	28.622	22.552	252,755	21.628	15.558	224,265	25.218	19.148	220,189	22.177	16.107	232,748	21.529	15.460	218,059	730
740	29.124	22.972	253,439	21.943	15.789	224,692	25.597	19.444	220,707	22.510	16.357	233,201	21.839	15.686	218,472	740
750	29.629	23.393	254,117	22.258	16.022	225,115	25.977	19.741	221,215	22.844	16.607	233,649	22.149	15.913	218,889	750
760	30.135	23.817	254,787	22.573	16.255	225,533	26.358	20.039	221,720	23.178	16.859	234,091	22.460	16.141	219,301	760
770	30.644	24.242	255,452	22.890	16.488	225,947	26.741	20.339	222,221	23.513	17.111	234,528	22.772	16.370	219,709	770
780	31.154	24.669	256,110	23.208	16.723	226,357	27.125	20.639	222,717	23.850	17.364	234,960	23.085	16.599	220,113	780
790	31.665	25.097	256,762	23.526	16.957	226,762	27.510	20.941	223,207	24.186	17.618	235,387	23.398	16.830	220,512	790
800	32.179	25.527	257,408	23.844	17.193	227,162	27.896	21.245	223,693	24.523	17.872	235,810	23.714	17.061	220,907	800
810	32.694	25.959	258,048	24.164	17.429	227,559	28.284	21.549	224,174	24.861	18.126	236,230	24.027	17.292	221,298	810
820	33.212	26.394	258,682	24.483	17.665	227,952	28.672	21.855	224,651	25.199	18.382	236,644	24.342	17.524	221,684	820
830	33.730	26.829	259,311	24.803	17.902	228,339	29.062	22.162	225,123	25.537	18.637	237,055	24.658	17.757	222,067	830
840	34.251	27.267	259,934	25.124	18.140	228,724	29.454	22.470	225,592	25.877	18.893	237,462	24.974	17.990	222,447	840
850	34.773	27.706	260,551	25.446	18.379	229,106	29.846	22.779	226,057	26.218	19.150	237,864	25.292	18.224	222,822	850
860	35.296	28.125	261,164	25.768	18.617	229,482	30.240	23.090	226,517	26.559	19.408	238,264	25.610	18.459	223,194	860
870	35.821	28.588	261,770	26.091	18.858	229,856	30.635	23.402	226,973	26.899	19.666	238,660	25.928	18.695	223,562	870
880	36.347	29.031	262,371	26.415	19.099	230,227	31.032	23.715	227,426	27.242	19.925	239,051	26.248	18.931	223,927	880
890	36.876	29.476	262,968	26.740	19.341	230,593	31.429	24.029	227,875	27.584	20.185	239,439	26.568	19.168	224,288	890
900	37.405	29.922	263,559	27.066	19.583	230,957	31.828	24.345	228,321	27.928	20.445	239,823	26.890	19.407	224,647	900
910	37.935	30.369	264,146	27.392	19.826	231,317	32.228	24.662	228,763	28.272	20.706	240,203	27.210	19.644	225,002	910
920	38.467	30.818	264,728	27.719	20.070	231,674	32.629	24.980	229,202	28.616	20.967	240,580	27.532	19.883	225,353	920
930	39.000	31.268	265,304	28.046	20.314	232,028	33.032	25.300	229,637	28.960	21.228	240,953	27.854	20.122	225,701	930
940	39.535	31.719	265,877	28.375	20.559	232,379	33.436	25.621	230,070	29.306	21.491	241,323	28.178	20.362	226,047	940
950	40.070	32.171	266,444	28.703	20.805	232,727	33.841	25.943	230,499	29.652	21.754	241,689	28.501	20.603	226,389	950
960	40.607	32.625	267,007	29.033	21.051	233,072	34.247	26.265	230,924	29.999	22.017	242,052	28.826	20.844	226,728	960
970	41.145	33.081	267,566	29.362	21.298	233,413	34.653	26.588	231,347	30.345	22.280	242,411	29.151	21.086	227,064	970
980	41.685	33.537	268,119	29.693	21.545	233,752	35.061	26.913	231,767	30.692	22.544	242,768	29.476	21.328	227,398	980
990	42.226	33.995	268,670	30.024	21.793	234,088	35.472	27.240	232,184	31.041	22.809	243,120	29.803	21.571	227,728	990

TABELA A-23 (Continuação)

h e u em kJ/kmol. $s°$ em kJ/kmol · K

T(K)	Dióxido de Carbono, CO₂ ($h_f° = -393.520$ kJ/kmol)			Monóxido de Carbono, CO ($h_f° = -110.530$ kJ/kmol)			Vapor d'Água, H₂O ($h_f° = -241.820$ kJ/kmol)			Oxigênio, O₂ ($h_f° = 0$ kJ/kmol)			Nitrogênio, N₂ ($h_f° = 0$ kJ/kmol)			T(K)
	h	u	$s°$	h	u	$s°$	h	u	$s°$	h	u	$s°$	h	u	$s°$	
1000	42.769	34.455	269,215	30.355	22.041	234,421	35.882	27.568	232,597	31.389	23.075	243,471	30.129	21.815	228,057	1000
1020	43.859	35.378	270,293	31.020	22.540	235,079	36.709	28.228	233,415	32.088	23.607	244,164	30.784	22.304	228,706	1020
1040	44.953	36.306	271,354	31.688	23.041	235,728	37.542	28.895	234,223	32.789	24.142	244,844	31.442	22.795	229,344	1040
1060	46.051	37.238	272,400	32.357	23.544	236,364	38.380	29.567	235,020	33.490	24.677	245,513	32.101	23.288	229,973	1060
1080	47.153	38.174	273,430	33.029	24.049	236,992	39.223	30.243	235,806	34.194	25.214	246,171	32.762	23.782	230,591	1080
1100	48.258	39.112	274,445	33.702	24.557	237,609	40.071	30.925	236,584	34.899	25.753	246,818	33.426	24.280	231,199	1100
1120	49.369	40.057	275,444	34.377	25.065	238,217	40.923	31.611	237,352	35.606	26.294	247,454	34.092	24.780	231,799	1120
1140	50.484	41.006	276,430	35.054	25.575	238,817	41.780	32.301	238,110	36.314	26.836	248,081	34.760	25.282	232,391	1140
1160	51.602	41.957	277,403	35.733	26.088	239,407	42.642	32.997	238,859	37.023	27.379	248,698	35.430	25.786	232,973	1160
1180	52.724	42.913	278,362	36.406	26.602	239,989	43.509	33.698	239,600	37.734	27.923	249,307	36.104	26.291	233,549	1180
1200	53.848	43.871	279,307	37.095	27.118	240,663	44.380	34.403	240,333	38.447	28.469	249,906	36.777	26.799	234,115	1200
1220	54.977	44.834	280,238	37.780	27.637	241,128	45.256	35.112	241,057	39.162	29.018	250,497	37.452	27.308	234,673	1220
1240	56.108	45.799	281,158	38.466	28.426	241,686	46.137	35.827	241,773	39.877	29.568	251,079	38.129	27.819	235,223	1240
1260	57.244	46.768	282,066	39.154	28.678	242,236	47.022	36.546	242,482	40.594	30.118	251,653	38.807	28.331	235,766	1260
1280	58.381	47.739	282,962	39.884	29.201	242,780	47.912	37.270	243,183	41.312	30.670	252,219	39.488	28.845	236,302	1280
1300	59.522	48.713	283,847	40.534	29.725	243,316	48.807	38.000	243,877	42.033	31.224	252,776	40.170	29.361	236,831	1300
1320	60.666	49.691	284,722	41.266	30.251	243,844	49.707	38.732	244,564	42.753	31.778	253,325	40.853	29.878	237,353	1320
1340	61.813	50.672	285,586	41.919	30.778	244,366	50.612	39.470	245,243	43.475	32.334	253,868	41.539	30.398	237,867	1340
1360	62.963	51.656	286,439	42.613	31.306	244,880	51.521	40.213	245,915	44.198	32.891	254,404	42.227	30.919	238,376	1360
1380	64.116	52.643	287,283	43.309	31.836	245,388	52.434	40.960	246,582	44.923	33.449	254,932	42.915	31.441	238,878	1380
1400	65.271	53.631	288,106	44.007	32.367	245,889	53.351	41.711	247,241	45.648	34.008	255,454	43.605	31.964	239,375	1400
1420	66.427	54.621	288,934	44.707	32.900	246,385	54.273	42.466	247,895	46.374	34.567	255,968	44.295	32.489	239,865	1420
1440	67.586	55.614	289,743	45.408	33.434	246,876	55.198	43.226	248,543	47.102	35.129	256,475	44.988	33.014	240,350	1440
1460	68.748	56.609	290,542	46.110	33.971	247,360	56.128	43.989	249,185	47.831	35.692	256,978	45.682	33.543	240,827	1460
1480	69.911	57.606	291,333	46.813	34.508	247,839	57.062	44.756	249,820	48.561	36.256	257,474	46.377	34.071	241,301	1480
1500	71.078	58.606	292,114	47.517	35.046	248,312	57.999	45.528	250,450	49.292	36.821	257,965	47.073	34.601	241,768	1500
1520	72.246	59.609	292,888	48.222	35.584	248,778	58.942	46.304	251,074	50.024	37.387	258,450	47.771	35.133	242,228	1520
1540	73.417	60.613	292,654	48.928	36.124	249,240	59.888	47.084	251,693	50.756	37.952	258,928	48.470	35.665	242,685	1540
1560	74.590	61.620	294,411	49.635	36.665	249,695	60.838	47.868	252,305	51.490	38.520	259,402	49.168	36.197	243,137	1560
1580	75.767	62.630	295,161	50.344	37.207	250,147	61.792	48.655	252,912	52.224	39.088	259,870	49.869	36.732	243,585	1580
1600	76.944	63.741	295,901	51.053	37.750	250,592	62.748	49.445	253,513	52.961	39.658	260,333	50.571	37.268	244,028	1600
1620	78.123	64.653	296,632	51.763	38.293	251,033	63.709	52.240	254,111	53.696	40.227	260,791	51.275	37.806	244,464	1620
1640	79.303	65.668	297,356	52.472	38.837	251,470	64.675	51.039	254,703	54.434	40.799	261,242	51.980	38.344	244,896	1640
1660	80.486	66.592	298,072	53.184	39.382	251,901	65.643	51.841	255,290	55.172	41.370	261,690	52.686	38.884	245,324	1660
1680	81.670	67.702	298,781	53.895	39.927	252,329	66.614	52.646	255,873	55.912	41.944	262,132	53.393	39.424	245,747	1680
1700	82.856	68.721	299,482	54.609	40.474	252,751	67.589	53.455	256,450	56.652	42.517	262,571	54.099	39.965	246,166	1700
1720	84.043	69.742	300,177	55.323	41.023	253,169	68.567	54.267	257,022	57.394	43.093	263,005	54.807	40.507	246,580	1720
1740	85.231	70.764	300,863	56.039	41.572	253,582	69.550	55.083	257,589	58.136	43.669	263,435	55.516	41.049	246,990	1740

TABELA A-23 (Continuação)

h e u em kJ/kmol. $s°$ em kJ/kmol·K

T(K)	Dióxido de Carbono, CO$_2$ ($h_f° = -393.520$ kJ/kmol)			Monóxido de Carbono, CO ($h_f° = -110.530$ kJ/kmol)			Vapor d'Água, H$_2$O ($h_f° = -241.820$ kJ/kmol)			Oxigênio, O$_2$ ($h_f° = 0$ kJ/kmol)			Nitrogênio, N$_2$ ($h_f° = 0$ kJ/kmol)			T(K)
	h	u	$s°$	h	u	$s°$	h	u	$s°$	h	u	$s°$	h	u	$s°$	
1760	86.420	71.787	301,543	56.756	42.123	253,991	70.535	55.902	258,151	58.800	44.247	263,861	56.227	41.594	247,396	1760
1780	87.612	72.812	302,271	57.473	42.673	254,398	71.523	56.723	258,708	59.624	44.825	264,283	56.938	42.139	247,798	1780
1800	88.806	73.840	302,884	58.191	43.225	254,797	72.513	57.547	259,262	60.371	45.405	264,701	57.651	42.685	248,195	1800
1820	90.000	74.868	303,544	58.910	43.778	255,194	73.507	58.375	259,811	61.118	45.986	265,113	58.363	43.231	248,589	1820
1840	91.196	75.897	304,198	59.629	44.331	255,587	74.506	59.207	260,357	61.866	46.568	265,521	59.075	43.777	248,979	1840
1860	92.394	76.929	304,845	60.351	44.886	255,976	75.506	60.042	260,898	62.616	47.151	265,925	59.790	44.324	249,365	1860
1880	93.593	77.962	305,487	61.072	45.441	256,361	76.511	60.880	261,436	63.365	47.734	266,326	60.504	44.873	249,748	1880
1900	94.793	78.996	306,122	61.794	45.997	256,743	77.517	61.720	261,969	64.116	48.319	266,722	61.220	45.423	250,128	1900
1920	95.995	80.031	306,751	62.516	46.552	257,122	78.527	62.564	262,497	64.868	48.904	267,115	61.936	45.973	250,502	1920
1940	97.197	81.067	307,374	63.238	47.108	257,497	79.540	63.411	263,022	65.620	49.490	267,505	62.654	46.524	250,874	1940
1960	98.401	82.105	307,992	63.961	47.665	257,868	80.555	64.259	263,542	66.374	50.078	267,891	63.381	47.075	251,242	1960
1980	99.606	83.144	308,604	64.684	48.221	258,236	81.573	65.111	264,059	67.127	50.665	268,275	64.090	47.627	251,607	1980
2000	100.804	84.185	309,210	65.408	48.780	258,600	82.593	65.965	264,571	67.881	51.253	268,655	64.810	48.181	251,969	2000
2050	103.835	86.791	310,701	67.224	50.179	259,494	85.156	68.111	265,838	69.772	52.727	269,588	66.612	49.567	252,858	2050
2100	106.864	89.404	312,160	69.044	51.584	260,370	87.735	70.275	267,081	71.668	54.208	270,504	68.417	50.957	253,726	2100
2150	109.898	92.023	313,589	70.864	52.988	261,226	90.330	72.454	268,301	73.573	55.697	271,399	70.226	52.351	254,578	2150
2200	112.939	94.648	314,988	72.688	54.396	262,065	92.940	74.649	269,500	75.484	57.192	272,278	72.040	53.749	255,412	2200
2250	115.984	97.277	316,356	74.516	55.809	262,887	95.562	76.855	270,679	77.397	58.690	273,136	73.856	55.149	256,227	2250
2300	119.035	99.912	317,695	76.345	57.222	263,692	98.199	79.076	271,839	79.316	60.193	273,981	75.676	56.553	257,027	2300
2350	122.091	102.552	319,011	78.178	58.640	264,480	100.846	81.308	272,978	81.243	61.704	274,809	77.496	57.958	257,810	2350
2400	125.152	105.197	320,302	80.015	60.060	265,253	103.508	83.553	274,098	83.174	63.219	275,625	79.320	59.366	258,580	2400
2450	128.219	107.849	321,566	81.852	61.482	266,012	106.183	85.811	275,201	85.112	64.742	276,424	81.149	60.779	259,332	2450
2500	131.290	110.504	322,808	83.692	62.906	266,755	108.868	88.082	276,286	87.057	66.271	277,207	82.981	62.195	260,073	2500
2550	134.368	113.166	324,026	85.537	64.335	267,485	111.565	90.364	277,354	89.004	67.802	277,979	84.814	63.613	260,799	2550
2600	137.449	115.832	325,222	87.383	65.766	268,202	114.273	92.656	278,407	90.956	69.339	278,738	86.650	65.033	261,512	2600
2650	140.533	118.500	326,396	89.230	67.197	268,905	116.991	94.958	279,441	92.916	70.883	279,485	88.488	66.455	262,213	2650
2700	143.620	121.172	327,549	91.077	68.628	269,596	119.717	97.269	280,462	94.881	72.433	280,219	90.328	67.880	262,902	2700
2750	146.713	123.849	328,684	92.930	70.066	270,285	122.453	99.588	281,464	96.852	73.987	280,942	92.171	69.306	263,577	2750
2800	149.808	126.528	329,800	94.784	71.504	270,943	125.198	101.917	282,453	98.826	75.546	281,654	94.014	70.734	264,241	2800
2850	152.908	129.212	330,896	96.639	72.945	271,602	127.952	104.256	283,429	100.808	77.112	282,357	95.859	72.163	264,895	2850
2900	156.009	131.898	331,975	98.495	74.383	272,249	130.717	106.605	284,390	102.793	78.682	283,048	97.705	73.593	265,538	2900
2950	159.117	134.589	333,037	100.352	75.825	272,884	133.486	108.959	285,338	104.785	80.258	283,728	99.556	75.028	266,170	2950
3000	162.226	137.283	334,084	102.210	77.267	273,508	136.264	111.321	286,273	106.780	81.837	284,399	101.407	76.464	266,793	3000
3050	165.341	139.982	335,114	104.073	78.715	274,123	139.051	113.692	287,194	108.778	83.419	285,060	103.260	77.902	267,404	3050
3100	168.456	142.681	336,126	105.939	80.164	274,730	141.846	116.072	288,102	110.784	85.009	285,713	105.115	79.341	268,007	3100
3150	171.576	145.385	337,124	107.802	81.612	275,326	144.648	118.458	288,999	112.795	86.601	286,355	106.972	80.782	268,601	3150
3200	174.695	148.089	338,109	109.667	83.061	275,914	147.457	120.851	289,884	114.809	88.203	286,989	108.830	82.224	269,186	3200
3250	177.822	150.801	339,069	111.534	84.513	276,494	150.272	123.250	290,756	116.827	89.804	287,614	110.690	83.668	269,763	3250

Fonte: A Tabela A-23 é baseada em JANAF Thermochemical Tables, NSRDS-NBS-37, 1971.

TABELA A-24

Constantes para as Equações de Estado de van der Waals, de Redlich–Kwong e de Benedict–Webb–Rubin

1. van der Waals e Redlich–Kwong: Constantes para a pressão em bar, volume específico em m³/kmol e temperatura em K

Substância	van der Waals $\text{bar}\left(\dfrac{m^3}{kmol}\right)^2$ a	van der Waals $\dfrac{m^3}{kmol}$ b	Redlich–Kwong $\text{bar}\left(\dfrac{m^3}{kmol}\right)^2 K^{1/2}$ a	Redlich–Kwong $\dfrac{m^3}{kmol}$ b
Água (H_2O)	5,531	0,0305	142,59	0,02111
Ar	1,368	0,0367	15,989	0,02541
Butano (C_4H_{10})	13,86	0,1162	289,55	0,08060
Dióxido de carbono (CO_2)	3,647	0,0428	64,43	0,02963
Dióxido de enxofre (SO_2)	6,883	0,0569	144,80	0,03945
Metano (CH_4)	2,293	0,0428	32,11	0,02965
Monóxido de carbono (CO)	1,474	0,0395	17,22	0,02737
Nitrogênio (N_2)	1,366	0,0386	15,53	0,02677
Oxigênio (O_2)	1,369	0,0317	17,22	0,02197
Propano (C_3H_8)	9,349	0,0901	182,23	0,06242
Refrigerante 12	10,49	0,0971	208,59	0,06731

Fonte: Calculado por dados críticos.

2. Benedict–Webb–Rubin: Constantes para pressão em bar, volume específico em m³/kmol e temperatura em K

Substância	a	A	b	B	c	C	α	γ
C_4H_{10}	1,9073	10,218	0,039998	0,12436	$3,206 \times 10^5$	$1,006 \times 10^6$	$1,101 \times 10^{-3}$	0,0340
CO_2	0,1386	2,7737	0,007210	0,04991	$1,512 \times 10^4$	$1,404 \times 10^5$	$8,47 \times 10^{-5}$	0,00539
CO	0,0371	1,3590	0,002632	0,05454	$1,054 \times 10^3$	$8,676 \times 10^3$	$1,350 \times 10^{-4}$	0,0060
CH_4	0,0501	1,8796	0,003380	0,04260	$2,579 \times 10^3$	$2,287 \times 10^4$	$1,244 \times 10^{-4}$	0,0060
N_2	0,0254	1,0676	0,002328	0,04074	$7,381 \times 10^2$	$8,166 \times 10^3$	$1,272 \times 10^{-4}$	0,0053

Fonte: H. W. Cooper e J. C. Goldfrank, *Hydrocarbon Processing*, 46 (12): 141 (1967).

TABELA A-25

Propriedades Termoquímicas a 298 K e 1 atm de Substâncias Selecionadas

Substância	Fórmula	Massa Molar, M (kg/kmol)	Entalpia de Formação, $\bar{h}_f^\circ$ (kJ/kmol)	Função de Gibbs de Formação, $\bar{g}_f^\circ$ (kJ/kmol)	Entropia Absoluta, $\bar{s}^\circ$ (kJ/kmol·K)	Poder Calorífico Superior, PCS (kJ/kg)	Poder Calorífico Inferior, PCI (kJ/kg)
Carbono	C(s)	12,01	0	0	5,74	32.770	32.770
Hidrogênio	H_2(g)	2,016	0	0	130,57	141.780	119.950
Nitrogênio	N_2(g)	28,01	0	0	191,50	—	—
Oxigênio	O_2(g)	32,00	0	0	205,03	—	—
Monóxido de carbono	CO(g)	28,01	−110.530	−137.150	197,54	—	—
Dióxido de carbono	CO_2(g)	44,01	−393.520	−394.380	213,69	—	—
Água	H_2O(g)	18,02	−241.820	−228.590	188,72	—	—
Água	H_2O(l)	18,02	−285.830	−237.180	69,95	—	—
Peróxido de hidrogênio	H_2O_2(g)	34,02	−136.310	−105.600	232,63	—	—
Amônia	NH_3(g)	17,03	−46.190	−16.590	192,33	—	—
Oxigênio	O(g)	16,00	249.170	231.770	160,95	—	—
Hidrogênio	H(g)	1,008	218.000	203.290	114,61	—	—
Nitrogênio	N(g)	14,01	472.680	455.510	153,19	—	—
Hidroxila	OH(g)	17,01	39.460	34.280	183,75	—	—
Metano	CH_4(g)	16,04	−74.850	−50.790	186,16	55.510	50.020
Acetileno	C_2H_2(g)	26,04	226.730	209.170	200,85	49.910	48.220
Etileno	C_2H_4(g)	28,05	52.280	68.120	219,83	50.300	47.160
Etano	C_2H_6(g)	30,07	−84.680	−32.890	229,49	51.870	47.480
Propileno	C_3H_6(g)	42,08	20.410	62.720	266,94	48.920	45.780
Propano	C_3H_8(g)	44,09	−103.850	−23.490	269,91	50.350	46.360
Butano	C_4H_{10}(g)	58,12	−126.150	−15.710	310,03	49.500	45.720
Pentano	C_5H_{12}(g)	72,15	−146.440	−8.200	348,40	49.010	45.350
Octano	C_8H_{18}(g)	114,22	−208.450	17.320	463,67	48.260	44.790
Octano	C_8H_{18}(l)	114,22	−249.910	6.610	360,79	47.900	44.430
Benzeno	C_6H_6(g)	78,11	82.930	129.660	269,20	42.270	40.580
Metanol	CH_3OH(g)	32,04	−200.890	−162.140	239,70	23.850	21.110
Metanol	CH_3OH(l)	32,04	−238.810	−166.290	126,80	22.670	19.920
Etanol	C_2H_5OH(g)	46,07	−235.310	−168.570	282,59	30.590	27.720
Etanol	C_2H_5OH(l)	46,07	−277.690	−174.890	160,70	29.670	26.800

Fonte: Com base em JANAF Thermochemical Tables, NSRDS-NBS-37, 1971; *Selected Values of Chemical Thermodynamic Properties*, NBS Tech. Note 270-3, 1968; e *API Research Project 44*, Carnegie Press, 1953. Valores para poder calorífico calculados.

TABELA A-26

Exergia Química-Padrão Molar, $\bar{e}^{ch}$ (kJ/kmol) a 298 K e p_0 de Substâncias Selecionadas

Substância	Fórmula	Modelo I[a]	Modelo II[b]
Nitrogênio	$N_2(g)$	640	720
Oxigênio	$O_2(g)$	3.950	3.970
Dióxido de carbono	$CO_2(g)$	14.175	19.870
Água	$H_2O(g)$	8.635	9.500
Água	$H_2O(l)$	45	900
Carbono (grafite)	$C(s)$	404.590	410.260
Hidrogênio	$H_2(g)$	235.250	236.100
Enxofre	$S(s)$	598.160	609.600
Monóxido de carbono	$CO(g)$	269.410	275.100
Dióxido de enxofre	$SO_2(g)$	301.940	313.400
Monóxido de nitrogênio	$NO(g)$	88.850	88.900
Dióxido de nitrogênio	$NO_2(g)$	55.565	55.600
Sulfeto de hidrogênio	$H_2S(g)$	799.890	812.000
Amônia	$NH_3(g)$	336.685	337.900
Metano	$CH_4(g)$	824.350	831.650
Acetileno	$C_2H_2(g)$	—	1.265.800
Etileno	$C_2H_4(g)$	—	1.361.100
Etano	$C_2H_6(g)$	1.482.035	1.495.840
Propileno	$C_3H_6(g)$	—	2.003.900
Propano	$C_3H_8(g)$	—	2.154.000
Butano	$C_4H_{10}(g)$	—	2.805.800
Pentano	$C_5H_{12}(g)$	—	3.463.300
Benzeno	$C_6H_6(g)$	—	3.303.600
Octano	$C_8H_{18}(l)$	—	5.413.100
Metanol	$CH_3OH(g)$	715.070	722.300
Metanol	$CH_3OH(l)$	710.745	718.000
Etanol	$C_2H_5OH(g)$	1.348.330	1.363.900
Etanol	$C_2H_5OH(l)$	1.342.085	1.357.700

[a] J. Ahrendts, "Die Exergie Chemisch Reaktionfähiger Systeme", *VDI-Forschungsheft*, VDI-Verlag, Dusseldorf, 579, 1977. Veja também "Reference States", *Energy — The International Journal*, 5: 667-677, 1980. No Modelo I, $p_0 = 1,019$ atm. Este modelo tenta impor um critério no qual o ambiente de referência encontra-se em equilíbrio. As substâncias de referência são determinadas admitindo-se equilíbrio químico restrito para ácido nítrico e nitratos e equilíbrio termodinâmico irrestrito para todos os outros componentes químicos da atmosfera, dos oceanos e uma porção da crosta da Terra. A composição química da fase gasosa deste modelo aproxima-se da composição da atmosfera natural.

[b] J. Szargut, D. R. Morris e F. R. Steward, *Exergy Analysis of Thermal, Chemical, and Metallurgical Processes*, Hemisphere, New York, 1988. No Modelo II, $p_0 = 1,0$ atm. No desenvolvimento deste modelo uma substância de referência é selecionada para cada elemento químico dentre substâncias que contenham o elemento em análise e que sejam abundantemente presentes no ambiente natural mesmo que as substâncias não estejam em equilíbrio mútuo completo. Um motivo importante para este procedimento está no fato de que as substâncias encontradas abundantemente na natureza possuem valor econômico baixo. De modo geral, a composição química do ambiente de referência para exergia do Modelo II é mais próxima do ambiente natural do que aquele do Modelo I, mas o critério de equilíbrio nem sempre é satisfeito.

TABELA A-27

Logaritmos em Base 10 das Constantes de Equilíbrio K

Temp. K	$H_2 \rightleftharpoons 2H$	$O_2 \rightleftharpoons 2O$	$N_2 \rightleftharpoons 2N$	$\frac{1}{2}O_2 + \frac{1}{2}N_2 \rightleftharpoons NO$	$H_2O \rightleftharpoons H_2 + \frac{1}{2}O_2$	$H_2O \rightleftharpoons OH + \frac{1}{2}H_2$	$CO_2 \rightleftharpoons CO + \frac{1}{2}O_2$	$CO_2 + H_2 \rightleftharpoons CO + H_2O$	Temp. °R
298	−71,224	−81,208	−159,600	−15,171	−40,048	−46,054	−45,066	−5,018	537
500	−40,316	−45,880	−92,672	−8,783	−22,886	−26,130	−25,025	−2,139	900
1000	−17,292	−19,614	−43,056	−4,062	−10,062	−11,280	−10,221	−0,159	1800
1200	−13,414	−15,208	−34,754	−3,275	−7,899	−8,811	−7,764	+0,135	2160
1400	−10,630	−12,054	−28,812	−2,712	−6,347	−7,021	−6,014	+0,333	2520
1600	−8,532	−9,684	−24,350	−2,290	−5,180	−5,677	−4,706	+0,474	2880
1700	−7,666	−8,706	−22,512	−2,116	−4,699	−5,124	−4,169	+0,530	3060
1800	−6,896	−7,836	−20,874	−1,962	−4,270	−4,613	−3,693	+0,577	3240
1900	−6,204	−7,058	−19,410	−1,823	−3,886	−4,190	−3,267	+0,619	3420
2000	−5,580	−6,356	−18,092	−1,699	−3,540	−3,776	−2,884	+0,656	3600
2100	−5,016	−5,720	−16,898	−1,586	−3,227	−3,434	−2,539	+0,688	3780
2200	−4,502	−5,142	−15,810	−1,484	−2,942	−3,091	−2,226	+0,716	3960
2300	−4,032	−4,614	−14,818	−1,391	−2,682	−2,809	−1,940	+0,742	4140
2400	−3,600	−4,130	−13,908	−1,305	−2,443	−2,520	−1,679	+0,764	4320
2500	−3,202	−3,684	−13,070	−1,227	−2,24	−2,270	−1,440	+0,784	4500
2600	−2,836	−3,272	−12,298	−1,154	−2,021	−2,038	−1,219	+0,802	4680
2700	−2,494	−2,892	−11,580	−1,087	−1,833	−1,823	−1,015	+0,818	4860
2800	−2,178	−2,536	−10,914	−1,025	−1,658	−1,624	−0,825	+0,833	5040
2900	−1,882	−2,206	−10,294	−0,967	−1,495	−1,438	−0,649	+0,846	5220
3000	−1,606	−1,898	−9,716	−0,913	−1,343	−1,265	−0,485	+0,858	5400
3100	−1,348	−1,610	−9,174	−0,863	−1,201	−1,103	−0,332	+0,869	5580
3200	−1,106	−1,340	−8,664	−0,815	−1,067	−0,951	−0,189	+0,878	5760
3300	−0,878	−1,086	−8,186	−0,771	−0,942	−0,809	−0,054	+0,888	5940
3400	−0,664	−0,846	−7,736	−0,729	−0,824	−0,674	+0,071	+0,895	6120
3500	−0,462	−0,620	−7,312	−0,690	−0,712	−0,547	+0,190	+0,902	6300

Fonte: Com base em dados de JANAF Thermochemical Tables, NSRDS-NBS-37, 1971.

Índice de Tabelas em Unidades Inglesas

Tabela A-1E	Peso Atômico ou Molecular e Propriedades Críticas de Elementos e Compostos Selecionados	798
Tabela A-2E	Propriedades da Água Saturada (Líquido-Vapor): Tabela de Temperatura	799
Tabela A-3E	Propriedades da Água Saturada (Líquido-Vapor): Tabela de Pressão	801
Tabela A-4E	Propriedades do Vapor d'Água Superaquecido	803
Tabela A-5E	Propriedades da Água Líquida Comprimida	809
Tabela A-6E	Propriedades da Água Saturada (Sólido-Vapor): Tabela de Temperatura	810
Tabela A-7E	Propriedades do Refrigerante 22 Saturado (Líquido-Vapor): Tabela de Temperatura	811
Tabela A-8E	Propridades do Refrigerante 22 Saturado (Líquido-Vapor): Tabela de Pressão	812
Tabela A-9E	Propriedades do Vapor de Refrigerante 22 Superaquecido	813
Tabela A-10E	Propriedades do Refrigerante 134a Saturado (Líquido-Vapor): Tabela de Temperatura	817
Tabela A-11E	Propriedades do Refrigerante 134a Saturado (Líquido-Vapor): Tabela de Pressão	818
Tabela A-12E	Propriedades do Vapor de Refrigerante 134a Superaquecido	819
Tabela A-13E	Propriedades da Amônia Saturada (Líquido-Vapor): Tabela de Temperatura	822
Tabela A-14E	Propriedades da Amônia Saturada (Líquido-Vapor): Tabela de Pressão	823
Tabela A-15E	Propriedades do Vapor de Amônia Superaquecido	824
Tabela A-16E	Propriedades do Propano Saturado (Líquido-Vapor): Tabela de Temperatura	828
Tabela A-17E	Propriedades do Propano Saturado (Líquido-Vapor): Tabela de Pressão	829
Tabela A-18E	Propriedades do Vapor de Propano Superaquecido	830
Tabela A-19E	Propriedades de Sólidos e Líquidos Selecionados: c_p, ρ e κ	834
Tabela A-20E	Calores Específicos de Gases Ideais para Alguns Gases Usuais	835
Tabela A-21E	Variação de $\bar{c}_p$ com a Temperatura para Gases Ideais Selecionados	836
Tabela A-22E	Propriedades do Ar como Gás Ideal	837
Tabela A-23E	Propriedades de Gases Selecionados Tomados como Gases Ideais	839
Tabela A-24E	Constantes para as Equações de Estado de van der Waals, de Redlich–Kwong e de Benedict–Webb–Rubin	843
Tabela A-25E	Propriedades Termoquímicas a 537°R e 1 atm de Substâncias Selecionadas	844

TABELA A-1E

Peso Atômico ou Molecular e Propriedades Críticas de Elementos e Compostos Selecionados

Substância	Fórmula Química	M (lb/lbmol)	T_c (°R)	p_c (atm)	$Z_c = \dfrac{p_c v_c}{RT_c}$
Acetileno	C_2H_2	26,04	556	62	0,274
Água	H_2O	18,02	1165	218,0	0,233
Amônia	NH_3	17,03	730	111,3	0,242
Ar (equivalente)	—	28,97	239	37,2	0,284
Argônio	Ar	39,94	272	47,97	0,290
Benzeno	C_6H_6	78,11	1013	48,7	0,274
Butano	C_4H_{10}	58,12	765	37,5	0,274
Carbono	C	12,01	—	—	—
Cobre	Cu	63,54	—	—	—
Dióxido de carbono	CO_2	44,01	548	72,9	0,276
Dióxido de enxofre	SO_2	64,06	775	77,7	0,268
Etano	C_2H_6	30,07	549	48,2	0,285
Etanol	C_2H_5OH	46,07	929	63,0	0,249
Etileno	C_2H_4	28,05	510	50,5	0,270
Hélio	He	4,003	9,33	2,26	0,300
Hidrogênio	H_2	2,016	59,8	12,8	0,304
Metano	CH_4	16,04	344	45,8	0,290
Metanol	CH_3OH	32,04	924	78,5	0,220
Monóxido de carbono	CO	28,01	239	34,5	0,294
Nitrogênio	N_2	28,01	227	33,5	0,291
Octano	C_8H_{18}	114,22	1025	24,6	0,258
Oxigênio	O_2	32,00	278	49,8	0,290
Propano	C_3H_8	44,09	666	42,1	0,276
Propileno	C_3H_6	42,08	657	45,6	0,276
Refrigerante 12	CCl_2F_2	120,92	693	40,6	0,278
Refrigerante 22	$CHClF_2$	86,48	665	49,1	0,267
Refrigerante 134a	CF_3CH_2F	102,03	673	40,2	0,260

Fonte: Adaptada de *International Critical Tables* e de L.C. Nelson e E. F. Obert, Generalized Compressibility Charts, *Chem. Eng.* 617: 203 (1954).

Tabelas em Unidades Inglesas 799

TABELA A-2E

Propriedades da Água Saturada (Líquido-Vapor): Tabela de Temperatura

Temp. °F	Press. lbf/in²	Volume Específico ft³/lb Líquido Sat. v_f	Volume Específico ft³/lb Vapor Sat. v_g	Energia Interna Btu/lb Líquido Sat. u_f	Energia Interna Btu/lb Vapor Sat. u_g	Entalpia Btu/lb Líquido Sat. h_f	Entalpia Btu/lb Evap. h_{fg}	Entalpia Btu/lb Vapor Sat. h_g	Entropia Btu/lb·°R Líquido Sat. s_f	Entropia Btu/lb·°R Vapor Sat. s_g	Temp. °F
32	0,0886	0,01602	3305	−0,01	1021,2	−0,01	1075,4	1075,4	−0,00003	2,1870	32
35	0,0999	0,01602	2948	2,99	1022,2	3,00	1073,7	1076,7	0,00607	2,1764	35
40	0,1217	0,01602	2445	8,02	1023,9	8,02	1070,9	1078,9	0,01617	2,1592	40
45	0,1475	0,01602	2037	13,04	1025,5	13,04	1068,1	1081,1	0,02618	2,1423	45
50	0,1780	0,01602	1704	18,06	1027,2	18,06	1065,2	1083,3	0,03607	2,1259	50
52	0,1917	0,01603	1589	20,06	1027,8	20,07	1064,1	1084,2	0,04000	2,1195	52
54	0,2064	0,01603	1482	22,07	1028,5	22,07	1063,0	1085,1	0,04391	2,1131	54
56	0,2219	0,01603	1383	24,08	1029,1	24,08	1061,9	1085,9	0,04781	2,1068	56
58	0,2386	0,01603	1292	26,08	1029,8	26,08	1060,7	1086,8	0,05159	2,1005	58
60	0,2563	0,01604	1207	28,08	1030,4	28,08	1059,6	1087,7	0,05555	2,0943	60
62	0,2751	0,01604	1129	30,09	1031,1	30,09	1058,5	1088,6	0,05940	2,0882	62
64	0,2952	0,01604	1056	32,09	1031,8	32,09	1057,3	1089,4	0,06323	2,0821	64
66	0,3165	0,01604	988,4	34,09	1032,4	34,09	1056,2	1090,3	0,06704	2,0761	66
68	0,3391	0,01605	925,8	36,09	1033,1	36,09	1055,1	1091,2	0,07084	2,0701	68
70	0,3632	0,01605	867,7	38,09	1033,7	38,09	1054,0	1092,0	0,07463	2,0642	70
72	0,3887	0,01606	813,7	40,09	1034,4	40,09	1052,8	1092,9	0,07839	2,0584	72
74	0,4158	0,01606	763,5	42,09	1035,0	42,09	1051,7	1093,8	0,08215	2,0526	74
76	0,4446	0,01606	716,8	44,09	1035,7	44,09	1050,6	1094,7	0,08589	2,0469	76
78	0,4750	0,01607	673,3	46,09	1036,3	46,09	1049,4	1095,5	0,08961	2,0412	78
80	0,5073	0,01607	632,8	48,08	1037,0	48,09	1048,3	1096,4	0,09332	2,0356	80
82	0,5414	0,01608	595,0	50,08	1037,6	50,08	1047,2	1097,3	0,09701	2,0300	82
84	0,5776	0,01608	559,8	52,08	1038,3	52,08	1046,0	1098,1	0,1007	2,0245	84
86	0,6158	0,01609	527,0	54,08	1038,9	54,08	1044,9	1099,0	0,1044	2,0190	86
88	0,6562	0,01609	496,3	56,07	1039,6	56,07	1043,8	1099,9	0,1080	2,0136	88
90	0,6988	0,01610	467,7	58,07	1040,2	58,07	1042,7	1100,7	0,1117	2,0083	90
92	0,7439	0,01611	440,9	60,06	1040,9	60,06	1041,5	1101,6	0,1153	2,0030	92
94	0,7914	0,01611	415,9	62,06	1041,5	62,06	1040,4	1102,4	0,1189	1,9977	94
96	0,8416	0,01612	392,4	64,05	1041,2	64,06	1039,2	1103,3	0,1225	1,9925	96
98	0,8945	0,01612	370,5	66,05	1042,8	66,05	1038,1	1104,2	0,1261	1,9874	98
100	0,9503	0,01613	350,0	68,04	1043,5	68,05	1037,0	1105,0	0,1296	1,9822	100
110	1,276	0,01617	265,1	78,02	1046,7	78,02	1031,3	1109,3	0,1473	1,9574	110
120	1,695	0,01621	203,0	87,99	1049,9	88,00	1025,5	1113,5	0,1647	1,9336	120
130	2,225	0,01625	157,2	97,97	1053,0	97,98	1019,8	1117,8	0,1817	1,9109	130
140	2,892	0,01629	122,9	107,95	1056,2	107,96	1014,0	1121,9	0,1985	1,8892	140
150	3,722	0,01634	97,0	117,95	1059,3	117,96	1008,1	1126,1	0,2150	1,8684	150
160	4,745	0,01640	77,2	127,94	1062,3	127,96	1002,2	1130,1	0,2313	1,8484	160
170	5,996	0,01645	62,0	137,95	1065,4	137,97	996,2	1134,2	0,2473	1,8293	170
180	7,515	0,01651	50,2	147,97	1068,3	147,99	990,2	1138,2	0,2631	1,8109	180
190	9,343	0,01657	41,0	158,00	1071,3	158,03	984,1	1142,1	0,2787	1,7932	190
200	11,529	0,01663	33,6	168,04	1074,2	168,07	977,9	1145,9	0,2940	1,7762	200

H₂O

TABELA A-2E

(Continuação)

H₂O

Temp. °F	Press. lbf/in²	Volume Específico ft³/lb Líquido Sat. v_f	Volume Específico ft³/lb Vapor Sat. v_g	Energia Interna Btu/lb Líquido Sat. u_f	Energia Interna Btu/lb Vapor Sat. u_g	Entalpia Btu/lb Líquido Sat. h_f	Entalpia Btu/lb Evap. h_{fg}	Entalpia Btu/lb Vapor Sat. h_g	Entropia Btu/lb·°R Líquido Sat. s_f	Entropia Btu/lb·°R Vapor Sat. s_g	Temp. °F
210	14,13	0,01670	27,82	178,1	1077,0	178,1	971,6	1149,7	0,3091	1,7599	210
212	14,70	0,01672	26,80	180,1	1077,6	180,2	970,3	1150,5	0,3121	1,7567	212
220	17,19	0,01677	23,15	188,2	1079,8	188,2	965,3	1153,5	0,3241	1,7441	220
230	20,78	0,01685	19,39	198,3	1082,6	198,3	958,8	1157,1	0,3388	1,7289	230
240	24,97	0,01692	16,33	208,4	1085,3	208,4	952,3	1160,7	0,3534	1,7143	240
250	29,82	0,01700	13,83	218,5	1087,9	218,6	945,6	1164,2	0,3677	1,7001	250
260	35,42	0,01708	11,77	228,6	1090,5	228,8	938,8	1167,6	0,3819	1,6864	260
270	41,85	0,01717	10,07	238,8	1093,0	239,0	932,0	1170,9	0,3960	1,6731	270
280	49,18	0,01726	8,65	249,0	1095,4	249,2	924,9	1174,1	0,4099	1,6602	280
290	57,53	0,01735	7,47	259,3	1097,7	259,4	917,8	1177,2	0,4236	1,6477	290
300	66,98	0,01745	6,472	269,5	1100,0	269,7	910,4	1180,2	0,4372	1,6356	300
310	77,64	0,01755	5,632	279,8	1102,1	280,1	903,0	1183,0	0,4507	1,6238	310
320	89,60	0,01765	4,919	290,1	1104,2	290,4	895,3	1185,8	0,4640	1,6123	320
330	103,00	0,01776	4,312	300,5	1106,2	300,8	887,5	1188,4	0,4772	1,6010	330
340	117,93	0,01787	3,792	310,9	1108,0	311,3	879,5	1190,8	0,4903	1,5901	340
350	134,53	0,01799	3,346	321,4	1109,8	321,8	871,3	1193,1	0,5033	1,5793	350
360	152,92	0,01811	2,961	331,8	1111,4	332,4	862,9	1195,2	0,5162	1,5688	360
370	173,23	0,01823	2,628	342,4	1112,9	343,0	854,2	1197,2	0,5289	1,5585	370
380	195,60	0,01836	2,339	353,0	1114,3	353,6	845,4	1199,0	0,5416	1,5483	380
390	220,2	0,01850	2,087	363,6	1115,6	364,3	836,2	1200,6	0,5542	1,5383	390
400	247,1	0,01864	1,866	374,3	1116,6	375,1	826,8	1202,0	0,5667	1,5284	400
410	276,5	0,01878	1,673	385,0	1117,6	386,0	817,2	1203,1	0,5792	1,5187	410
420	308,5	0,01894	1,502	395,8	1118,3	396,9	807,2	1204,1	0,5915	1,5091	420
430	343,3	0,01909	1,352	406,7	1118,9	407,9	796,9	1204,8	0,6038	1,4995	430
440	381,2	0,01926	1,219	417,6	1119,3	419,0	786,3	1205,3	0,6161	1,4900	440
450	422,1	0,01943	1,1011	428,6	1119,5	430,2	775,4	1205,6	0,6282	1,4806	450
460	466,3	0,01961	0,9961	439,7	1119,6	441,4	764,1	1205,5	0,6404	1,4712	460
470	514,1	0,01980	0,9025	450,9	1119,4	452,8	752,4	1205,2	0,6525	1,4618	470
480	565,5	0,02000	0,8187	462,2	1118,9	464,3	740,3	1204,6	0,6646	1,4524	480
490	620,7	0,02021	0,7436	473,6	1118,3	475,9	727,8	1203,7	0,6767	1,4430	490
500	680,0	0,02043	0,6761	485,1	1117,4	487,7	714,8	1202,5	0,6888	1,4335	500
520	811,4	0,02091	0,5605	508,5	1114,8	511,7	687,3	1198,9	0,7130	1,4145	520
540	961,5	0,02145	0,4658	532,6	1111,0	536,4	657,5	1193,8	0,7374	1,3950	540
560	1131,8	0,02207	0,3877	548,4	1105,8	562,0	625,0	1187,0	0,7620	1,3749	560
580	1324,3	0,02278	0,3225	583,1	1098,9	588,6	589,3	1178,0	0,7872	1,3540	580
600	1541,0	0,02363	0,2677	609,9	1090,0	616,7	549,7	1166,4	0,8130	1,3317	600
620	1784,4	0,02465	0,2209	638,3	1078,5	646,4	505,0	1151,4	0,8398	1,3075	620
640	2057,1	0,02593	0,1805	668,7	1063,2	678,6	453,4	1131,9	0,8681	1,2803	640
660	2362	0,02767	0,1446	702,3	1042,3	714,4	391,1	1105,5	0,8990	1,2483	660
680	2705	0,03032	0,1113	741,7	1011,0	756,9	309,8	1066,7	0,9350	1,2068	680
700	3090	0,03666	0,0744	801,7	947,7	822,7	167,5	990,2	0,9902	1,1346	700
705,4	3204	0,05053	0,05053	872,6	872,6	902,5	0	902,5	1,0580	1,0580	705,4

Fonte: As Tabelas A-2E até A-6E foram extraídas de J. H. Keenan, F. G. Keyes, P. G. Hill e J. G. Moore, *Steam Tables*, Wiley, New York, 1969.

TABELA A-3E
Propriedades da Água Saturada (Líquido-Vapor): Tabela de Pressão

Press. lbf/in²	Temp. °F	Volume Específico ft³/lb Líquido Sat. v_f	Volume Específico ft³/lb Vapor Sat. v_g	Energia Interna Btu/lb Líquido Sat. u_f	Energia Interna Btu/lb Vapor Sat. u_g	Entalpia Btu/lb Líquido Sat. h_f	Entalpia Btu/lb Evap. h_{fg}	Entalpia Btu/lb Vapor Sat. h_g	Entropia Btu/lb·°R Líquido Sat. s_f	Entropia Btu/lb·°R Evap. s_{fg}	Entropia Btu/lb·°R Vapor Sat. s_g	Press. lbf/in²
0,4	72,84	0,01606	792,0	40,94	1034,7	40,94	1052,3	1093,3	0,0800	1,9760	2,0559	0,4
0,6	85,19	0,01609	540,0	53,26	1038,7	53,27	1045,4	1098,6	0,1029	1,9184	2,0213	0,6
0,8	94,35	0,01611	411,7	62,41	1041,7	62,41	1040,2	1102,6	0,1195	1,8773	1,9968	0,8
1,0	101,70	0,01614	333,6	69,74	1044,0	69,74	1036,0	1105,8	0,1327	1,8453	1,9779	1,0
1,2	107,88	0,01616	280,9	75,90	1046,0	75,90	1032,5	1108,4	0,1436	1,8190	1,9626	1,2
1,5	115,65	0,01619	227,7	83,65	1048,5	83,65	1028,0	1111,7	0,1571	1,7867	1,9438	1,5
2,0	126,04	0,01623	173,75	94,02	1051,8	94,02	1022,1	1116,1	0,1750	1,7448	1,9198	2,0
3,0	141,43	0,01630	118,72	109,38	1056,6	109,39	1013,1	1122,5	0,2009	1,6852	1,8861	3,0
4,0	152,93	0,01636	90,64	120,88	1060,2	120,89	1006,4	1127,3	0,2198	1,6426	1,8624	4,0
5,0	162,21	0,01641	73,53	130,15	1063,0	130,17	1000,9	1131,0	0,2349	1,6093	1,8441	5,0
6,0	170,03	0,01645	61,98	137,98	1065,4	138,00	996,2	1134,2	0,2474	1,5819	1,8292	6,0
7,0	176,82	0,01649	53,65	144,78	1067,4	144,80	992,1	1136,9	0,2581	1,5585	1,8167	7,0
8,0	182,84	0,01653	47,35	150,81	1069,2	150,84	988,4	1139,3	0,2675	1,5383	1,8058	8,0
9,0	188,26	0,01656	42,41	156,25	1070,8	156,27	985,1	1141,4	0,2760	1,5203	1,7963	9,0
10	193,19	0,01659	38,42	161,20	1072,2	161,23	982,1	1143,3	0,2836	1,5041	1,7877	10
14,696	211,99	0,01672	26,80	180,10	1077,6	180,15	970,4	1150,5	0,3121	1,4446	1,7567	14,696
15	213,03	0,01672	26,29	181,14	1077,9	181,19	969,7	1150,9	0,3137	1,4414	1,7551	15
20	227,96	0,01683	20,09	196,19	1082,0	196,26	960,1	1156,4	0,3358	1,3962	1,7320	20
25	240,08	0,01692	16,31	208,44	1085,3	208,52	952,2	1160,7	0,3535	1,3607	1,7142	25
30	250,34	0,01700	13,75	218,84	1088,0	218,93	945,4	1164,3	0,3682	1,3314	1,6996	30
35	259,30	0,01708	11,90	227,93	1090,3	228,04	939,3	1167,4	0,3809	1,3064	1,6873	35
40	267,26	0,01715	10,50	236,03	1092,3	236,16	933,8	1170,0	0,3921	1,2845	1,6767	40
45	274,46	0,01721	9,40	243,37	1094,0	243,51	928,8	1172,3	0,4022	1,2651	1,6673	45
50	281,03	0,01727	8,52	250,08	1095,6	250,24	924,2	1174,4	0,4113	1,2476	1,6589	50
55	287,10	0,01733	7,79	256,28	1097,0	256,46	919,9	1176,3	0,4196	1,2317	1,6513	55
60	292,73	0,01738	7,177	262,1	1098,3	262,2	915,8	1178,0	0,4273	1,2170	1,6443	60
65	298,00	0,01743	6,647	267,5	1099,5	267,7	911,9	1179,6	0,4345	1,2035	1,6380	65
70	302,96	0,01748	6,209	272,6	1100,6	272,8	908,3	1181,0	0,4412	1,1909	1,6321	70
75	307,63	0,01752	5,818	277,4	1101,6	277,6	904,8	1182,4	0,4475	1,1790	1,6265	75
80	312,07	0,01757	5,474	282,0	1102,6	282,2	901,4	1183,6	0,4534	1,1679	1,6213	80
85	316,29	0,01761	5,170	286,3	1103,5	286,6	898,2	1184,8	0,4591	1,1574	1,6165	85
90	320,31	0,01766	4,898	290,5	1104,3	290,8	895,1	1185,9	0,4644	1,1475	1,6119	90
95	324,16	0,01770	4,654	294,5	1105,0	294,8	892,1	1186,9	0,4695	1,1380	1,6075	95
100	327,86	0,01774	4,434	298,3	1105,8	298,6	889,2	1187,8	0,4744	1,1290	1,6034	100
110	334,82	0,01781	4,051	305,5	1107,1	305,9	883,7	1189,6	0,4836	1,1122	1,5958	110
120	341,30	0,01789	3,730	312,3	1108,3	312,7	878,5	1191,1	0,4920	1,0966	1,5886	120
130	347,37	0,01796	3,457	318,6	1109,4	319,0	873,5	1192,5	0,4999	1,0822	1,5821	130
140	353,08	0,01802	3,221	324,6	1110,3	325,1	868,7	1193,8	0,5073	1,0688	1,5761	140
150	358,48	0,01809	3,016	330,2	1111,2	330,8	864,2	1194,9	0,5142	1,0562	1,5704	150
160	363,60	0,01815	2,836	335,6	1112,0	336,2	859,8	1196,0	0,5208	1,0443	1,5651	160

TABELA A-3E

(Continuação)

Press. lbf/in²	Temp. °F	Volume Específico ft³/lb Líquido Sat. v_f	Volume Específico ft³/lb Vapor Sat. v_g	Energia Interna Btu/lb Líquido Sat. u_f	Energia Interna Btu/lb Vapor Sat. u_g	Entalpia Btu/lb Líquido Sat. h_f	Entalpia Btu/lb Evap. h_{fg}	Entalpia Btu/lb Vapor Sat. h_g	Entropia Btu/lb·°R Líquido Sat. s_f	Entropia Btu/lb·°R Evap. s_{fg}	Entropia Btu/lb·°R Vapor Sat. s_g	Press. lbf/in²
170	368,47	0,01821	2,676	340,8	1112,7	341,3	855,6	1196,9	0,5270	1,0330	1,5600	170
180	373,13	0,01827	2,553	345,7	1113,4	346,3	851,5	1197,8	0,5329	1,0223	1,5552	180
190	377,59	0,01833	2,405	350,4	1114,0	351,0	847,5	1198,6	0,5386	1,0122	1,5508	190
200	381,86	0,01839	2,289	354,9	1114,6	355,6	843,7	1199,3	0,5440	1,0025	1,5465	200
250	401,04	0,01865	1,845	375,4	1116,7	376,2	825,8	1202,1	0,5680	0,9594	1,5274	250
300	417,43	0,01890	1,544	393,0	1118,2	394,1	809,8	1203,9	0,5883	0,9232	1,5115	300
350	431,82	0,01912	1,327	408,7	1119,0	409,9	795,0	1204,9	0,6060	0,8917	1,4977	350
400	444,70	0,01934	1,162	422,8	1119,5	424,2	781,2	1205,5	0,6218	0,8638	1,4856	400
450	456,39	0,01955	1,033	435,7	1119,6	437,4	768,2	1205,6	0,6360	0,8385	1,4745	450
500	467,13	0,01975	0,928	447,7	1119,4	449,5	755,8	1205,3	0,6490	0,8154	1,4644	500
550	477,07	0,01994	0,842	458,9	1119,1	460,9	743,9	1204,8	0,6611	0,7941	1,4451	550
600	486,33	0,02013	0,770	469,4	1118,6	471,7	732,4	1204,1	0,6723	0,7742	1,4464	600
700	503,23	0,02051	0,656	488,9	1117,0	491,5	710,5	1202,0	0,6927	0,7378	1,4305	700
800	518,36	0,02087	0,569	506,6	1115,0	509,7	689,6	1199,3	0,7110	0,7050	1,4160	800
900	532,12	0,02123	0,501	523,0	1112,6	526,6	669,5	1196,0	0,7277	0,6750	1,4027	900
1000	544,75	0,02159	0,446	538,4	1109,9	542,4	650,0	1192,4	0,7432	0,6471	1,3903	1000
1100	556,45	0,02195	0,401	552,9	1106,8	557,4	631,0	1188,3	0,7576	0,6209	1,3786	1100
1200	567,37	0,02232	0,362	566,7	1103,5	571,7	612,3	1183,9	0,7712	0,5961	1,3673	1200
1300	577,60	0,02269	0,330	579,9	1099,8	585,4	593,8	1179,2	0,7841	0,5724	1,3565	1300
1400	587,25	0,02307	0,302	592,7	1096,0	598,6	575,5	1174,1	0,7964	0,5497	1,3461	1400
1500	596,39	0,02346	0,277	605,0	1091,8	611,5	557,2	1168,7	0,8082	0,5276	1,3359	1500
1600	605,06	0,02386	0,255	616,9	1087,4	624,0	538,9	1162,9	0,8196	0,5062	1,3258	1600
1700	613,32	0,02428	0,236	628,6	1082,7	636,2	520,6	1156,9	0,8307	0,4852	1,3159	1700
1800	621,21	0,02472	0,218	640,0	1077,7	648,3	502,1	1150,4	0,8414	0,4645	1,3060	1800
1900	628,76	0,02517	0,203	651,3	1072,3	660,1	483,4	1143,5	0,8519	0,4441	1,2961	1900
2000	636,00	0,02565	0,188	662,4	1066,6	671,9	464,4	1136,3	0,8623	0,4238	1,2861	2000
2250	652,90	0,02698	0,157	689,9	1050,6	701,1	414,8	1115,9	0,8876	0,3728	1,2604	2250
2500	668,31	0,02860	0,131	717,7	1031,0	730,9	360,5	1091,4	0,9131	0,3196	1,2327	2500
2750	682,46	0,03077	0,107	747,3	1005,9	763,0	297,4	1060,4	0,9401	0,2604	1,2005	2750
3000	695,52	0,03431	0,084	783,4	968,8	802,5	213,0	1015,5	0,9732	0,1843	1,1575	3000
3203,6	705,44	0,05053	0,0505	872,6	872,6	902,5	0	902,5	1,0580	0	1,0580	3203,6

TABELA A-4E
Propriedades do Vapor d'Água Superaquecido

T °F	v ft³/lb	u Btu/lb	h Btu/lb	s Btu/lb·°R	v ft³/lb	u Btu/lb	h Btu/lb	s Btu/lb·°R
	\multicolumn{4}{c}{$p = 1$ lbf/in² ($T_{sat} = 101{,}7°F$)}	\multicolumn{4}{c}{$p = 5$ lbf/in² ($T_{sat} = 162{,}2°F$)}
Sat.	333,6	1044,0	1105,8	1,9779	73,53	1063,0	1131,0	1,8441
150	362,6	1060,4	1127,5	2,0151				
200	392,5	1077,5	1150,1	2,0508	78,15	1076,0	1148,6	1,8715
250	422,4	1094,7	1172,8	2,0839	84,21	1093,8	1171,7	1,9052
300	452,3	1112,0	1195,7	2,1150	90,24	1111,3	1194,8	1,9367
400	511,9	1147,0	1241,8	2,1720	102,24	1146,6	1241,2	1,9941
500	571,5	1182,8	1288,5	2,2235	114,20	1182,5	1288,2	2,0458
600	631,1	1219,3	1336,1	2,2706	126,15	1219,1	1335,8	2,0930
700	690,7	1256,7	1384,5	2,3142	138,08	1256,5	1384,3	2,1367
800	750,3	1294,4	1433,7	2,3550	150,01	1294,7	1433,5	2,1775
900	809,9	1333,9	1483,8	2,3932	161,94	1333,8	1483,7	2,2158
1000	869,5	1373,9	1534,8	2,4294	173,86	1373,9	1534,7	2,2520
	\multicolumn{4}{c}{$p = 10$ lbf/in² ($T_{sat} = 193{,}2°F$)}	\multicolumn{4}{c}{$p = 14{,}7$ lbf/in² ($T_{sat} = 212{,}0°F$)}
Sat.	38,42	1072,2	1143,3	1,7877	26,80	1077,6	1150,5	1,7567
200	38,85	1074,7	1146,6	1,7927				
250	41,95	1092,6	1170,2	1,8272	28,42	1091,5	1168,8	1,7832
300	44,99	1110,4	1193,7	1,8592	30,52	1109,6	1192,6	1,8157
400	51,03	1146,1	1240,5	1,9171	34,67	1145,6	1239,9	1,8741
500	57,04	1182,2	1287,7	1,9690	38,77	1181,8	1287,3	1,9263
600	63,03	1218,9	1335,5	2,0164	42,86	1218,6	1335,2	1,9737
700	69,01	1256,3	1384,0	2,0601	46,93	1256,1	1383,8	2,0175
800	74,98	1294,6	1433,3	2,1009	51,00	1294,4	1433,1	2,0584
900	80,95	1333,7	1483,5	2,1393	55,07	1333,6	1483,4	2,0967
1000	86,91	1373,8	1534,6	2,1755	59,13	1373,7	1534,5	2,1330
1100	92,88	1414,7	1586,6	2,2099	63,19	1414,6	1586,4	2,1674
	\multicolumn{4}{c}{$p = 20$ lbf/in² ($T_{sat} = 228{,}0°F$)}	\multicolumn{4}{c}{$p = 40$ lbf/in² ($T_{sat} = 267{,}3°F$)}
Sat.	20,09	1082,0	1156,4	1,7320	10,50	1093,3	1170,0	1,6767
250	20,79	1090,3	1167,2	1,7475				
300	22,36	1108,7	1191,5	1,7805	11,04	1105,1	1186,8	1,6993
350	23,90	1126,9	1215,4	1,8110	11,84	1124,2	1211,8	1,7312
400	25,43	1145,1	1239,2	1,8395	12,62	1143,0	1236,4	1,7606
500	28,46	1181,5	1286,8	1,8919	14,16	1180,1	1284,9	1,8140
600	31,47	1218,4	1334,8	1,9395	15,69	1217,3	1333,4	1,8621
700	34,47	1255,9	1383,5	1,9834	17,20	1255,1	1382,4	1,9063
800	37,46	1294,3	1432,9	2,0243	18,70	1293,7	1432,1	1,9474
900	40,45	1333,5	1483,2	2,0627	20,20	1333,0	1482,5	1,9859
1000	43,44	1373,5	1534,3	2,0989	21,70	1373,1	1533,8	2,0223
1100	46,42	1414,5	1586,3	2,1334	23,20	1414,2	1585,9	2,0568

TABELA A-4E

(Continuação)

T °F	v ft³/lb	u Btu/lb	h Btu/lb	s Btu/lb·°R	v ft³/lb	u Btu/lb	h Btu/lb	s Btu/lb·°R
	\multicolumn{4}{c}{$p = 60$ lbf/in² ($T_{sat} = 292{,}7°F$)}	\multicolumn{4}{c}{$p = 80$ lbf/in² ($T_{sat} = 312{,}1°F$)}
Sat.	7,17	1098,3	1178,0	1,6444	5,47	1102,6	1183,6	1,6214
300	7,26	1101,3	1181,9	1,6496				
350	7,82	1121,4	1208,2	1,6830	5,80	1118,5	1204,3	1,6476
400	8,35	1140,8	1233,5	1,7134	6,22	1138,5	1230,6	1,6790
500	9,40	1178,6	1283,0	1,7678	7,02	1177,2	1281,1	1,7346
600	10,43	1216,3	1332,1	1,8165	7,79	1215,3	1330,7	1,7838
700	11,44	1254,4	1381,4	1,8609	8,56	1253,6	1380,3	1,8285
800	12,45	1293,0	1431,2	1,9022	9,32	1292,4	1430,4	1,8700
900	13,45	1332,5	1481,8	1,9408	10,08	1332,0	1481,2	1,9087
1000	14,45	1372,7	1533,2	1,9773	10,83	1372,3	1532,6	1,9453
1100	15,45	1413,8	1585,4	2,0119	11,58	1413,5	1584,9	1,9799
1200	16,45	1455,8	1638,5	2,0448	12,33	1455,5	1638,1	2,0130
	\multicolumn{4}{c}{$p = 100$ lbf/in² ($T_{sat} = 327{,}8°F$)}	\multicolumn{4}{c}{$p = 120$ lbf/in² ($T_{sat} = 341{,}3°F$)}
Sat.	4,434	1105,8	1187,8	1,6034	3,730	1108,3	1191,1	1,5886
350	4,592	1115,4	1200,4	1,6191	3,783	1112,2	1196,2	1,5950
400	4,934	1136,2	1227,5	1,6517	4,079	1133,8	1224,4	1,6288
450	5,265	1156,2	1253,6	1,6812	4,360	1154,3	1251,2	1,6590
500	5,587	1175,7	1279,1	1,7085	4,633	1174,2	1277,1	1,6868
600	6,216	1214,2	1329,3	1,7582	5,164	1213,2	1327,8	1,7371
700	6,834	1252,8	1379,2	1,8033	5,682	1252,0	1378,2	1,7825
800	7,445	1291,8	1429,6	1,8449	6,195	1291,2	1428,7	1,8243
900	8,053	1331,5	1480,5	1,8838	6,703	1330,9	1479,8	1,8633
1000	8,657	1371,9	1532,1	1,9204	7,208	1371,5	1531,5	1,9000
1100	9,260	1413,1	1584,5	1,9551	7,711	1412,8	1584,0	1,9348
1200	9,861	1455,2	1637,7	1,9882	8,213	1454,9	1637,3	1,9679
	\multicolumn{4}{c}{$p = 140$ lbf/in² ($T_{sat} = 353{,}1°F$)}	\multicolumn{4}{c}{$p = 160$ lbf/in² ($T_{sat} = 363{,}6°F$)}
Sat.	3,221	1110,3	1193,8	1,5761	2,836	1112,0	1196,0	1,5651
400	3,466	1131,4	1221,2	1,6088	3,007	1128,8	1217,8	1,5911
450	3,713	1152,4	1248,6	1,6399	3,228	1150,5	1246,1	1,6230
500	3,952	1172,7	1275,1	1,6682	3,440	1171,2	1273,0	1,6518
550	4,184	1192,5	1300,9	1,6945	3,646	1191,3	1299,2	1,6785
600	4,412	1212,1	1326,4	1,7191	3,848	1211,1	1325,0	1,7034
700	4,860	1251,2	1377,1	1,7648	4,243	1250,4	1376,0	1,7494
800	5,301	1290,5	1427,9	1,8068	4,631	1289,9	1427,0	1,7916
900	5,739	1330,4	1479,1	1,8459	5,015	1329,9	1478,4	1,8308
1000	6,173	1371,0	1531,0	1,8827	5,397	1370,6	1530,4	1,8677
1100	6,605	1412,4	1583,6	1,9176	5,776	1412,1	1583,1	1,9026
1200	7,036	1454,6	1636,9	1,9507	6,154	1454,3	1636,5	1,9358

TABELA A-4E

(Continuação)

T °F	v ft³/lb	u Btu/lb	h Btu/lb	s Btu/lb·°R	v ft³/lb	u Btu/lb	h Btu/lb	s Btu/lb·°R
	\multicolumn{4}{c}{$p = 180$ lbf/in² ($T_{sat} = 373{,}1°F$)}	\multicolumn{4}{c}{$p = 200$ lbf/in² ($T_{sat} = 381{,}8°F$)}
Sat.	2,533	1113,4	1197,8	1,5553	2,289	1114,6	1199,3	1,5464
400	2,648	1126,2	1214,4	1,5749	2,361	1123,5	1210,8	1,5600
450	2,850	1148,5	1243,4	1,6078	2,548	1146,4	1240,7	1,5938
500	3,042	1169,6	1270,9	1,6372	2,724	1168,0	1268,8	1,6239
550	3,228	1190,0	1297,5	1,6642	2,893	1188,7	1295,7	1,6512
600	3,409	1210,0	1323,5	1,6893	3,058	1208,9	1322,1	1,6767
700	3,763	1249,6	1374,9	1,7357	3,379	1248,8	1373,8	1,7234
800	4,110	1289,3	1426,2	1,7781	3,693	1288,6	1425,3	1,7660
900	4,453	1329,4	1477,7	1,8174	4,003	1328,9	1477,1	1,8055
1000	4,793	1370,2	1529,8	1,8545	4,310	1369,8	1529,3	1,8425
1100	5,131	1411,7	1582,6	1,8894	4,615	1411,4	1582,2	1,8776
1200	5,467	1454,0	1636,1	1,9227	4,918	1453,7	1635,7	1,9109
	\multicolumn{4}{c}{$p = 250$ lbf/in² ($T_{sat} = 401{,}0°F$)}	\multicolumn{4}{c}{$p = 300$ lbf/in² ($T_{sat} = 417{,}4°F$)}
Sat.	1,845	1116,7	1202,1	1,5274	1,544	1118,2	1203,9	1,5115
450	2,002	1141,1	1233,7	1,5632	1,636	1135,4	1226,2	1,5365
500	2,150	1163,8	1263,3	1,5948	1,766	1159,5	1257,5	1,5701
550	2,290	1185,3	1291,3	1,6233	1,888	1181,9	1286,7	1,5997
600	2,426	1206,1	1318,3	1,6494	2,004	1203,2	1314,5	1,6266
700	2,688	1246,7	1371,1	1,6970	2,227	1244,0	1368,3	1,6751
800	2,943	1287,0	1423,2	1,7301	2,442	1285,4	1421,0	1,7187
900	3,193	1327,6	1475,3	1,7799	2,653	1326,3	1473,6	1,7589
1000	3,440	1368,7	1527,9	1,8172	2,860	1367,7	1526,5	1,7964
1100	3,685	1410,5	1581,0	1,8524	3,066	1409,6	1579,8	1,8317
1200	3,929	1453,0	1634,8	1,8858	3,270	1452,2	1633,8	1,8653
1300	4,172	1496,3	1689,3	1,9177	3,473	1495,6	1688,4	1,8973
	\multicolumn{4}{c}{$p = 350$ lbf/in² ($T_{sat} = 431{,}8°F$)}	\multicolumn{4}{c}{$p = 400$ lbf/in² ($T_{sat} = 444{,}7°F$)}
Sat.	1,327	1119,0	1204,9	1,4978	1,162	1119,5	1205,5	1,4856
450	1,373	1129,2	1218,2	1,5125	1,175	1122,6	1209,5	1,4901
500	1,491	1154,9	1251,5	1,5482	1,284	1150,1	1245,2	1,5282
550	1,600	1178,3	1281,9	1,5790	1,383	1174,6	1277,0	1,5605
600	1,703	1200,3	1310,6	1,6068	1,476	1197,3	1306,6	1,5892
700	1,898	1242,5	1365,4	1,6562	1,650	1240,4	1362,5	1,6397
800	2,085	1283,8	1418,8	1,7004	1,816	1282,1	1416,6	1,6844
900	2,267	1325,0	1471,8	1,7409	1,978	1323,7	1470,1	1,7252
1000	2,446	1366,6	1525,0	1,7787	2,136	1365,5	1523,6	1,7632
1100	2,624	1408,7	1578,6	1,8142	2,292	1407,8	1577,4	1,7989
1200	2,799	1451,5	1632,8	1,8478	2,446	1450,7	1621,8	1,8327
1300	2,974	1495,0	1687,6	1,8799	2,599	1494,3	1686,8	1,8648

TABELA A-4E

(Continuação)

T °F	v ft³/lb	u Btu/lb	h Btu/lb	s Btu/lb·°R	v ft³/lb	u Btu/lb	h Btu/lb	s Btu/lb·°R
	\multicolumn{4}{c	}{$p = 450$ lbf/in² ($T_{sat} = 456,4°F$)}	\multicolumn{4}{c}{$p = 500$ lbf/in² ($T_{sat} = 467,1°F$)}
Sat.	1,033	1119,6	1205,6	1,4746	0,928	1119,4	1205,3	1,4645
500	1,123	1145,1	1238,5	1,5097	0,992	1139,7	1231,5	1,4923
550	1,215	1170,7	1271,9	1,5436	1,079	1166,7	1266,6	1,5279
600	1,300	1194,3	1302,5	1,5732	1,158	1191,1	1298,3	1,5585
700	1,458	1238,2	1359,6	1,6248	1,304	1236,0	1356,7	1,6112
800	1,608	1280,5	1414,4	1,6701	1,441	1278,8	1412,1	1,6571
900	1,752	1322,4	1468,3	1,7113	1,572	1321,0	1466,5	1,6987
1000	1,894	1364,4	1522,2	1,7495	1,701	1363,3	1520,7	1,7371
1100	2,034	1406,9	1576,3	1,7853	1,827	1406,0	1575,1	1,7731
1200	2,172	1450,0	1630,8	1,8192	1,952	1449,2	1629,8	1,8072
1300	2,308	1493,7	1685,9	1,8515	2,075	1493,1	1685,1	1,8395
1400	2,444	1538,1	1741,7	1,8823	2,198	1537,6	1741,0	1,8704

T °F	v ft³/lb	u Btu/lb	h Btu/lb	s Btu/lb·°R	v ft³/lb	u Btu/lb	h Btu/lb	s Btu/lb·°R
	\multicolumn{4}{c	}{$p = 600$ lbf/in² ($T_{sat} = 486,3°F$)}	\multicolumn{4}{c}{$p = 700$ lbf/in² ($T_{sat} = 503,2°F$)}
Sat.	0,770	1118,6	1204,1	1,4464	0,656	1117,0	1202,0	1,4305
500	0,795	1128,0	1216,2	1,4592				
550	0,875	1158,2	1255,4	1,4990	0,728	1149,0	1243,2	1,4723
600	0,946	1184,5	1289,5	1,5320	0,793	1177,5	1280,2	1,5081
700	1,073	1231,5	1350,6	1,5872	0,907	1226,9	1344,4	1,5661
800	1,190	1275,4	1407,6	1,6343	1,011	1272,0	1402,9	1,6145
900	1,302	1318,4	1462,9	1,6766	1,109	1315,6	1459,3	1,6576
1000	1,411	1361,2	1517,8	1,7155	1,204	1358,9	1514,9	1,6970
1100	1,517	1404,2	1572,7	1,7519	1,296	1402,4	1570,2	1,7337
1200	1,622	1447,7	1627,8	1,7861	1,387	1446,2	1625,8	1,7682
1300	1,726	1491,7	1683,4	1,8186	1,476	1490,4	1681,7	1,8009
1400	1,829	1536,5	1739,5	1,8497	1,565	1535,3	1738,1	1,8321

T °F	v ft³/lb	u Btu/lb	h Btu/lb	s Btu/lb·°R	v ft³/lb	u Btu/lb	h Btu/lb	s Btu/lb·°R
	\multicolumn{4}{c	}{$p = 800$ lbf/in² ($T_{sat} = 518,3°F$)}	\multicolumn{4}{c}{$p = 900$ lbf/in² ($T_{sat} = 532,1°F$)}
Sat.	0,569	1115,0	1199,3	1,4160	0,501	1112,6	1196,0	1,4027
550	0,615	1138,8	1229,9	1,4469	0,527	1127,5	1215,2	1,4219
600	0,677	1170,1	1270,4	1,4861	0,587	1162,2	1260,0	1,4652
650	0,732	1197,2	1305,6	1,5186	0,639	1191,1	1297,5	1,4999
700	0,783	1222,1	1338,0	1,5471	0,686	1217,1	1331,4	1,5297
800	0,876	1268,5	1398,2	1,5969	0,772	1264,9	1393,4	1,5810
900	0,964	1312,9	1455,6	1,6408	0,851	1310,1	1451,9	1,6257
1000	1,048	1356,7	1511,9	1,6807	0,927	1354,5	1508,9	1,6662
1100	1,130	1400,5	1567,8	1,7178	1,001	1398,7	1565,4	1,7036
1200	1,210	1444,6	1623,8	1,7526	1,073	1443,0	1621,7	1,7386
1300	1,289	1489,1	1680,0	1,7854	1,144	1487,8	1687,3	1,7717
1400	1,367	1534,2	1736,6	1,8167	1,214	1533,0	1735,1	1,8031

TABELA A-4E

(Continuação)

T °F	v ft³/lb	u Btu/lb	h Btu/lb	s Btu/lb·°R	v ft³/lb	u Btu/lb	h Btu/lb	s Btu/lb·°R
	\multicolumn{4}{c}{p = 1000 lbf/in² (T_sat = 544,7°F)}	\multicolumn{4}{c}{p = 1200 lbf/in² (T_sat = 567,4°F)}
Sat.	0,446	1109,0	1192,4	1,3903	0,362	1103,5	1183,9	1,3673
600	0,514	1153,7	1248,8	1,4450	0,402	1134,4	1223,6	1,4054
650	0,564	1184,7	1289,1	1,4822	0,450	1170,9	1270,8	1,4490
700	0,608	1212,0	1324,6	1,5135	0,491	1201,3	1310,2	1,4837
800	0,688	1261,2	1388,5	1,5665	0,562	1253,7	1378,4	1,5402
900	0,761	1307,3	1448,1	1,6120	0,626	1301,5	1440,4	1,5876
1000	0,831	1352,2	1505,9	1,6530	0,685	1347,5	1499,7	1,6297
1100	0,898	1396,8	1562,9	1,6908	0,743	1393,0	1557,9	1,6682
1200	0,963	1441,5	1619,7	1,7261	0,798	1438,3	1615,5	1,7040
1300	1,027	1486,5	1676,5	1,7593	0,853	1483,8	1673,1	1,7377
1400	1,091	1531,9	1733,7	1,7909	0,906	1529,6	1730,7	1,7696
1600	1,215	1624,4	1849,3	1,8499	1,011	1622,6	1847,1	1,8290
	\multicolumn{4}{c}{p = 1400 lbf/in² (T_sat = 587,2°F)}	\multicolumn{4}{c}{p = 1600 lbf/in² (T_sat = 605,1°F)}
Sat.	0,302	1096,0	1174,1	1,3461	0,255	1087,4	1162,9	1,3258
600	0,318	1110,9	1193,1	1,3641				
650	0,367	1155,5	1250,5	1,4171	0,303	1137,8	1227,4	1,3852
700	0,406	1189,6	1294,8	1,4562	0,342	1177,0	1278,1	1,4299
800	0,471	1245,8	1367,9	1,5168	0,403	1237,7	1357,0	1,4953
900	0,529	1295,6	1432,5	1,5661	0,466	1289,5	1424,4	1,5468
1000	0,582	1342,8	1493,5	1,6094	0,504	1338,0	1487,1	1,5913
1100	0,632	1389,1	1552,8	1,6487	0,549	1385,2	1547,7	1,6315
1200	0,681	1435,1	1611,4	1,6851	0,592	1431,8	1607,1	1,6684
1300	0,728	1481,1	1669,6	1,7192	0,634	1478,3	1666,1	1,7029
1400	0,774	1527,2	1727,8	1,7513	0,675	1524,9	1724,8	1,7354
1600	0,865	1620,8	1844,8	1,8111	0,755	1619,0	1842,6	1,7955
	\multicolumn{4}{c}{p = 1800 lbf/in² (T_sat = 621,2°F)}	\multicolumn{4}{c}{p = 2000 lbf/in² (T_sat = 636,0°F)}
Sat.	0,218	1077,7	1150,4	1,3060	0,188	1066,6	1136,3	1,2861
650	0,251	1117,0	1200,4	1,3517	0,206	1091,1	1167,2	1,3141
700	0,291	1163,1	1259,9	1,4042	0,249	1147,7	1239,8	1,3782
750	0,322	1198,6	1305,9	1,4430	0,280	1187,3	1291,1	1,4216
800	0,350	1229,1	1345,7	1,4753	0,307	1220,1	1333,8	1,4562
900	0,399	1283,2	1416,1	1,5291	0,353	1276,8	1407,6	1,5126
1000	0,443	1333,1	1480,7	1,5749	0,395	1328,1	1474,1	1,5598
1100	0,484	1381,2	1542,5	1,6159	0,433	1377,2	1537,2	1,6017
1200	0,524	1428,5	1602,9	1,6534	0,469	1425,2	1598,6	1,6398
1300	0,561	1475,5	1662,5	1,6883	0,503	1472,7	1659,0	1,6751
1400	0,598	1522,5	1721,8	1,7211	0,537	1520,2	1718,8	1,7082
1600	0,670	1617,2	1840,4	1,7817	0,602	1615,4	1838,2	1,7692

H₂O

TABELA A-4E

(Continuação)

T °F	v ft³/lb	u Btu/lb	h Btu/lb	s Btu/lb·°R	v ft³/lb	u Btu/lb	h Btu/lb	s Btu/lb·°R
	\multicolumn{4}{c}{$p = 2500$ lbf/in² ($T_{sat} = 668{,}3°F$)}	\multicolumn{4}{c}{$p = 3000$ lbf/in² ($T_{sat} = 695{,}5°F$)}
Sat.	0,1306	1031,0	1091,4	1,2327	0,0840	968,8	1015,5	1,1575
700	0,1684	1098,7	1176,6	1,3073	0,0977	1003,9	1058,1	1,1944
750	0,2030	1155,2	1249,1	1,3686	0,1483	1114,7	1197,1	1,3122
800	0,2291	1195,7	1301,7	1,4112	0,1757	1167,6	1265,2	1,3675
900	0,2712	1259,9	1385,4	1,4752	0,2160	1241,8	1361,7	1,4414
1000	0,3069	1315,2	1457,2	1,5262	0,2485	1301,7	1439,6	1,4967
1100	0,3393	1366,8	1523,8	1,5704	0,2772	1356,2	1510,1	1,5434
1200	0,3696	1416,7	1587,7	1,6101	0,3086	1408,0	1576,6	1,5848
1300	0,3984	1465,7	1650,0	1,6465	0,3285	1458,5	1640,9	1,6224
1400	0,4261	1514,2	1711,3	1,6804	0,3524	1508,1	1703,7	1,6571
1500	0,4531	1562,5	1772,1	1,7123	0,3754	1557,3	1765,7	1,6896
1600	0,4795	1610,8	1832,6	1,7424	0,3978	1606,3	1827,1	1,7201
	\multicolumn{4}{c}{$p = 3500$ lbf/in²}	\multicolumn{4}{c}{$p = 4000$ lbf/in²}
650	0,0249	663,5	679,7	0,8630	0,0245	657,7	675,8	0,8574
700	0,0306	759,5	779,3	0,9506	0,0287	742,1	763,4	0,9345
750	0,1046	1058,4	1126,1	1,2440	0,0633	960,7	1007,5	1,1395
800	0,1363	1134,7	1223,0	1,3226	0,1052	1095,0	1172,9	1,2740
900	0,1763	1222,4	1336,5	1,4096	0,1462	1201,5	1309,7	1,3789
1000	0,2066	1287,6	1421,4	1,4699	0,1752	1272,9	1402,6	1,4449
1100	0,2328	1345,2	1496,0	1,5193	0,1995	1333,9	1481,6	1,4973
1200	0,2566	1399,2	1565,3	1,5624	0,2213	1390,1	1553,9	1,5423
1300	0,2787	1451,1	1631,7	1,6012	0,2414	1443,7	1622,4	1,5823
1400	0,2997	1501,9	1696,1	1,6368	0,2603	1495,7	1688,4	1,6188
1500	0,3199	1552,0	1759,2	1,6699	0,2784	1546,7	1752,8	1,6526
1600	0,3395	1601,7	1831,6	1,7010	0,2959	1597,1	1816,1	1,6841
	\multicolumn{4}{c}{$p = 4400$ lbf/in²}	\multicolumn{4}{c}{$p = 4800$ lbf/in²}
650	0,0242	653,6	673,3	0,8535	0,0237	649,8	671,0	0,8499
700	0,0278	732,7	755,3	0,9257	0,0271	725,1	749,1	0,9187
750	0,0415	870,8	904,6	1,0513	0,0352	832,6	863,9	1,0154
800	0,0844	1056,5	1125,3	1,2306	0,0668	1011,2	1070,5	1,1827
900	0,1270	1183,7	1287,1	1,3548	0,1109	1164,8	1263,4	1,3310
1000	0,1552	1260,8	1387,2	1,4260	0,1385	1248,3	1317,4	1,4078
1100	0,1784	1324,7	1469,9	1,4809	0,1608	1315,3	1458,1	1,4653
1200	0,1989	1382,8	1544,7	1,5274	0,1802	1375,4	1535,4	1,5133
1300	0,2176	1437,7	1614,9	1,5685	0,1979	1431,7	1607,4	1,5555
1400	0,2352	1490,7	1682,3	1,6057	0,2143	1485,7	1676,1	1,5934
1500	0,2520	1542,7	1747,6	1,6399	0,2300	1538,2	1742,5	1,6282
1600	0,2681	1593,4	1811,7	1,6718	0,2450	1589,8	1807,4	1,6605

TABELA A-5E
Propriedades da Água Líquida Comprimida

T °F	v ft³/lb	u Btu/lb	h Btu/lb	s Btu/lb·°R	v ft³/lb	u Btu/lb	h Btu/lb	s Btu/lb·°R
	\multicolumn{4}{c}{$p = 500$ lbf/in² ($T_{sat} = 467{,}1°F$)}	\multicolumn{4}{c}{$p = 1000$ lbf/in² ($T_{sat} = 544{,}7°F$)}			
32	0,015994	0,00	1,49	0,00000	0,015967	0,03	2,99	0,00005
50	0,015998	18,02	19,50	0,03599	0,015972	17,99	20,94	0,03592
100	0,016106	67,87	69,36	0,12932	0,016082	67,70	70,68	0,12901
150	0,016318	117,66	119,17	0,21457	0,016293	117,38	120,40	0,21410
200	0,016608	167,65	169,19	0,29341	0,016580	167,26	170,32	0,29281
300	0,017416	268,92	270,53	0,43641	0,017379	268,24	271,46	0,43552
400	0,018608	373,68	375,40	0,56604	0,018550	372,55	375,98	0,56472
Sat.	0,019748	447,70	449,53	0,64904	0,021591	538,39	542,38	0,74320

T °F	v ft³/lb	u Btu/lb	h Btu/lb	s Btu/lb·°R	v ft³/lb	u Btu/lb	h Btu/lb	s Btu/lb·°R
	\multicolumn{4}{c}{$p = 1500$ lbf/in² ($T_{sat} = 596{,}4°F$)}	\multicolumn{4}{c}{$p = 2000$ lbf/in² ($T_{sat} = 636{,}0°F$)}			
32	0,015939	0,05	4,47	0,00007	0,015912	0,06	5,95	0,00008
50	0,015946	17,95	22,38	0,03584	0,015920	17,91	23,81	0,03575
100	0,016058	67,53	71,99	0,12870	0,016034	67,37	73,30	0,12839
150	0,016268	117,10	121,62	0,21364	0,016244	116,83	122,84	0,21318
200	0,016554	166,87	171,46	0,29221	0,016527	166,49	172,60	0,29162
300	0,017343	267,58	272,39	0,43463	0,017308	266,93	273,33	0,43376
400	0,018493	371,45	376,59	0,56343	0,018439	370,38	377,21	0,56216
500	0,02024	481,8	487,4	0,6853	0,02014	479,8	487,3	0,6832
Sat.	0,02346	605,0	611,5	0,8082	0,02565	662,4	671,9	0,8623

T °F	v ft³/lb	u Btu/lb	h Btu/lb	s Btu/lb·°R	v ft³/lb	u Btu/lb	h Btu/lb	s Btu/lb·°R
	\multicolumn{4}{c}{$p = 3000$ lbf/in² ($T_{sat} = 695{,}5°F$)}	\multicolumn{4}{c}{$p = 4000$ lbf/in²}			
32	0,015859	0,09	8,90	0,00009	0,015807	0,10	11,80	0,00005
50	0,015870	17,84	26,65	0,03555	0,015821	17,76	29,47	0,03534
100	0,015987	67,04	75,91	0,12777	0,015942	66,72	78,52	0,12714
150	0,016196	116,30	125,29	0,21226	0,016150	115,77	127,73	0,21136
200	0,016476	165,74	174,89	0,29046	0,016425	165,02	177,18	0,28931
300	0,017240	265,66	275,23	0,43205	0,017174	264,43	277,15	0,43038
400	0,018334	368,32	378,50	0,55970	0,018235	366,35	379,85	0,55734
500	0,019944	476,2	487,3	0,6794	0,019766	472,9	487,5	0,6758
Sat.	0,034310	783,5	802,5	0,9732				

TABELA A-6E
Propriedades da Água Saturada (Sólido-Vapor): Tabela de Temperatura

Temp. °F	Press. lbf/in²	Volume Específico ft³/lb Sólido Sat. v_i	Volume Específico ft³/lb Vapor Sat. $v_g \times 10^{-3}$	Energia Interna Btu/lb Sólido Sat. u_i	Energia Interna Btu/lb Subl. u_{ig}	Energia Interna Btu/lb Vapor Sat. u_g	Entalpia Btu/lb Sólido Sat. h_i	Entalpia Btu/lb Subl. h_{ig}	Entalpia Btu/lb Vapor Sat. h_g	Entropia Btu/lb·°R Sólido Sat. s_i	Entropia Btu/lb·°R Subl. s_{ig}	Entropia Btu/lb·°R Vapor Sat. s_g
32,018	0,0887	0,01747	3,302	−143,34	1164,6	1021,2	−143,34	1218,7	1075,4	−0,292	2,479	2,187
32	0,0886	0,01747	3,305	−143,35	1164,6	1021,2	−143,35	1218,7	1075,4	−0,292	2,479	2,187
30	0,0808	0,01747	3,607	−144,35	1164,9	1020,5	−144,35	1218,9	1074,5	−0,294	2,489	2,195
25	0,0641	0,01746	4,506	−146,84	1165,7	1018,9	−146,84	1219,1	1072,3	−0,299	2,515	2,216
20	0,0505	0,01745	5,655	−149,31	1166,5	1017,2	−149,31	1219,4	1070,1	−0,304	2,542	2,238
15	0,0396	0,01745	7,13	−151,75	1167,3	1015,5	−151,75	1219,7	1067,9	−0,309	2,569	2,260
10	0,0309	0,01744	9,04	−154,17	1168,1	1013,9	−154,17	1219,9	1065,7	−0,314	2,597	2,283
5	0,0240	0,01743	11,52	−156,56	1168,8	1012,2	−156,56	1220,1	1063,5	−0,320	2,626	2,306
0	0,0185	0,01743	14,77	−158,93	1169,5	1010,6	−158,93	1220,2	1061,2	−0,325	2,655	2,330
−5	0,0142	0,01742	19,03	−161,27	1170,2	1008,9	−161,27	1220,3	1059,0	−0,330	2,684	2,354
−10	0,0109	0,01741	24,66	−163,59	1170,9	1007,3	−163,59	1220,4	1056,8	−0,335	2,714	2,379
−15	0,0082	0,01740	32,2	−165,89	1171,5	1005,6	−165,89	1220,5	1054,6	−0,340	2,745	2,405
−20	0,0062	0,01740	42,2	−168,16	1172,1	1003,9	−168,16	1220,6	1052,4	−0,345	2,776	2,431
−25	0,0046	0,01739	55,7	−170,40	1172,7	1002,3	−170,40	1220,6	1050,2	−0,351	2,808	2,457
−30	0,0035	0,01738	74,1	−172,63	1173,2	1000,6	−172,63	1220,6	1048,0	−0,356	2,841	2,485
−35	0,0026	0,01737	99,2	−174,82	1173,8	998,9	−174,82	1220,6	1045,8	−0,361	2,874	2,513
−40	0,0019	0,01737	133,8	−177,00	1174,3	997,3	−177,00	1220,6	1043,6	−0,366	2,908	2,542

TABELA A-7E

Propriedades do Refrigerante 22 Saturado (Líquido-Vapor): Tabela de Temperatura

Temp. °F	Press. lbf/in²	Volume Específico ft³/lb Líquido Sat. v_f	Volume Específico ft³/lb Vapor Sat. v_g	Energia Interna Btu/lb Líquido Sat. u_f	Energia Interna Btu/lb Vapor Sat. u_g	Entalpia Btu/lb Líquido Sat. h_f	Entalpia Btu/lb Evap. h_{fg}	Entalpia Btu/lb Vapor Sat. h_g	Entropia Btu/lb·°R Líquido Sat. s_f	Entropia Btu/lb·°R Vapor Sat. s_g	Temp. °F
−80	4,781	0,01090	9,6984	−10,30	87,24	−10,29	106,11	95,82	−0,0257	0,2538	−80
−60	8,834	0,01113	5,4744	−5,20	89,16	−5,18	103,30	98,12	−0,0126	0,2458	−60
−55	10,187	0,01120	4,7933	−3,91	89,64	−3,89	102,58	98,68	−0,0094	0,2441	−55
−50	11,701	0,01126	4,2123	−2,62	90,12	−2,60	101,84	99,24	−0,0063	0,2424	−50
−45	13,387	0,01132	3,7147	−1,33	90,59	−1,30	101,10	99,80	−0,0031	0,2407	−45
−40	15,261	0,01139	3,2869	−0,03	91,07	0,00	100,35	100,35	0,0000	0,2391	−40
−35	17,335	0,01145	2,9176	1,27	91,54	1,31	99,59	100,90	0,0031	0,2376	−35
−30	19,624	0,01152	2,5976	2,58	92,00	2,62	98,82	101,44	0,0061	0,2361	−30
−25	22,142	0,01159	2,3195	3,89	92,47	3,94	98,04	101,98	0,0092	0,2347	−25
−20	24,906	0,01166	2,0768	5,21	92,93	5,26	97,24	102,50	0,0122	0,2334	−20
−15	27,931	0,01173	1,8644	6,53	93,38	6,59	96,43	103,03	0,0152	0,2321	−15
−10	31,233	0,01181	1,6780	7,86	93,84	7,93	95,61	103,54	0,0182	0,2308	−10
−5	34,829	0,01188	1,5138	9,19	94,28	9,27	94,78	104,05	0,0211	0,2296	−5
0	38,734	0,01196	1,3688	10,53	94,73	10,62	93,93	104,55	0,0240	0,2284	0
5	42,967	0,01204	1,2404	11,88	95,17	11,97	93,06	105,04	0,0270	0,2272	5
10	47,545	0,01212	1,1264	13,23	95,60	13,33	92,18	105,52	0,0298	0,2261	10
15	52,486	0,01220	1,0248	14,58	96,03	14,70	91,29	105,99	0,0327	0,2250	15
20	57,808	0,01229	0,9342	15,95	96,45	16,08	90,38	106,45	0,0356	0,2240	20
25	63,529	0,01237	0,8531	17,31	96,87	17,46	89,45	106,90	0,0384	0,2230	25
30	69,668	0,01246	0,7804	18,69	97,28	18,85	88,50	107,35	0,0412	0,2220	30
35	76,245	0,01255	0,7150	20,07	97,68	20,25	87,53	107,78	0,0441	0,2210	35
40	83,278	0,01265	0,6561	21,46	98,08	21,66	86,54	108,20	0,0468	0,2200	40
45	90,787	0,01275	0,6029	22,86	98,47	23,07	85,53	108,60	0,0496	0,2191	45
50	98,792	0,01285	0,5548	24,27	98,84	24,50	84,49	108,99	0,0524	0,2182	50
55	107,31	0,01295	0,5112	25,68	99,22	25,94	83,44	109,37	0,0552	0,2173	55
60	116,37	0,01306	0,4716	27,10	99,58	27,38	82,36	109,74	0,0579	0,2164	60
65	125,98	0,01317	0,4355	28,53	99,93	28,84	81,25	110,09	0,0607	0,2155	65
70	136,18	0,01328	0,4027	29,98	100,27	30,31	80,11	110,42	0,0634	0,2147	70
75	146,97	0,01340	0,3726	31,43	100,60	31,79	78,95	110,74	0,0661	0,2138	75
80	158,38	0,01352	0,3452	32,89	100,92	33,29	77,75	111,04	0,0689	0,2130	80
85	170,44	0,01365	0,3200	34,36	101,22	34,80	76,53	111,32	0,0716	0,2121	85
90	183,16	0,01378	0,2969	35,85	101,51	36,32	75,26	111,58	0,0743	0,2113	90
95	196,57	0,01392	0,2756	37,35	101,79	37,86	73,96	111,82	0,0771	0,2104	95
100	210,69	0,01407	0,2560	38,86	102,05	39,41	72,63	112,04	0,0798	0,2095	100
105	225,54	0,01422	0,2379	40,39	102,29	40,99	71,24	112,23	0,0825	0,2087	105
110	241,15	0,01438	0,2212	41,94	102,52	42,58	69,82	112,40	0,0852	0,2078	110
115	257,55	0,01455	0,2058	43,50	102,72	44,19	68,34	112,53	0,0880	0,2069	115
120	274,75	0,01472	0,1914	45,08	102,90	45,83	66,81	112,64	0,0907	0,2060	120
140	352,17	0,01555	0,1433	51,62	103,36	52,64	60,06	112,70	0,1019	0,2021	140

Fonte: As Tabelas A-7E até A-9E são calculadas com bases nas equações de A. Kamei e S. W. Beyerlein, "A Fundamental Equation for Chlorodifluormethane (R-22)", *Fluid Phase Equilibria,* Vol. 80, No. 11, 1992, pp. 71-86.

TABELA A-8E

Propriedades do Refrigerante 22 Saturado (Líquido-Vapor): Tabela de Pressão

Press. lbf/in²	Temp. °F	Volume Específico ft³/lb Líquido Sat. v_f	Volume Específico ft³/lb Vapor Sat. v_g	Energia Interna Btu/lb Líquido Sat. u_f	Energia Interna Btu/lb Vapor Sat. u_g	Entalpia Btu/lb Líquido Sat. h_f	Entalpia Btu/lb Evap. h_{fg}	Entalpia Btu/lb Vapor Sat. h_g	Entropia Btu/lb·°R Líquido Sat. s_f	Entropia Btu/lb·°R Vapor Sat. s_g	Press. lbf/in²
5	-78,62	0,01091	9,3014	-9,95	87,37	-9,93	105,92	95,98	-0,0248	0,2532	5
10	-55,66	0,01119	4,8769	-4,08	89,58	-4,06	102,67	98,61	-0,0098	0,2443	10
15	-40,67	0,01138	3,3402	-0,21	91,00	-0,17	100,45	100,28	-0,0004	0,2393	15
20	-29,22	0,01153	2,5518	2,78	92,07	2,83	98,70	101,52	0,0066	0,2359	20
25	-19,84	0,01166	2,0695	5,25	92,94	5,31	97,22	102,52	0,0123	0,2333	25
30	-11,82	0,01178	1,7430	7,38	93,67	7,44	95,91	103,35	0,0171	0,2313	30
35	-4,77	0,01189	1,5068	9,25	94,30	9,33	94,74	104,07	0,0212	0,2295	35
40	1,54	0,01198	1,3277	10,94	94,86	11,03	93,66	104,70	0,0249	0,2280	40
45	7,27	0,01207	1,1870	12,49	95,37	12,59	92,67	105,26	0,0283	0,2267	45
50	12,53	0,01216	1,0735	13,91	95,82	14,03	91,73	105,76	0,0313	0,2256	50
55	17,41	0,01224	0,9799	15,24	96,23	15,36	90,85	106,21	0,0341	0,2245	55
60	21,96	0,01232	0,9014	16,48	96,62	16,62	90,01	106,63	0,0367	0,2236	60
65	26,23	0,01239	0,8345	17,65	96,97	17,80	89,21	107,01	0,0391	0,2227	65
70	30,26	0,01247	0,7768	18,76	97,30	18,92	88,45	107,37	0,0414	0,2219	70
75	34,08	0,01254	0,7265	19,82	97,61	19,99	87,71	107,70	0,0435	0,2212	75
80	37,71	0,01260	0,6823	20,83	97,90	21,01	86,99	108,00	0,0456	0,2205	80
85	41,18	0,01267	0,6431	21,79	98,17	21,99	86,30	108,29	0,0475	0,2198	85
90	44,49	0,01274	0,6081	22,72	98,43	22,93	85,63	108,56	0,0494	0,2192	90
95	47,67	0,01280	0,5766	23,61	98,67	23,84	84,98	108,81	0,0511	0,2186	95
100	50,73	0,01286	0,5482	24,47	98,90	24,71	84,34	109,05	0,0528	0,2181	100
110	56,52	0,01298	0,4988	26,11	99,33	26,37	83,11	109,49	0,0560	0,2170	110
120	61,92	0,01310	0,4573	27,65	99,71	27,94	81,93	109,88	0,0590	0,2161	120
130	67,00	0,01321	0,4220	29,11	100,07	29,43	80,80	110,22	0,0618	0,2152	130
140	71,80	0,01332	0,3915	30,50	100,39	30,84	79,70	110,54	0,0644	0,2144	140
150	76,36	0,01343	0,3649	31,82	100,69	32,20	78,63	110,82	0,0669	0,2136	150
160	80,69	0,01354	0,3416	33,09	100,96	33,49	77,59	111,08	0,0693	0,2128	160
170	84,82	0,01365	0,3208	34,31	101,21	34,74	76,57	111,31	0,0715	0,2121	170
180	88,78	0,01375	0,3023	35,49	101,44	35,95	75,57	111,52	0,0737	0,2115	180
190	92,58	0,01386	0,2857	36,62	101,66	37,11	74,60	111,71	0,0757	0,2108	190
200	96,24	0,01396	0,2706	37,72	101,86	38,24	73,64	111,88	0,0777	0,2102	200
225	104,82	0,01422	0,2386	40,34	102,28	40,93	71,29	112,22	0,0824	0,2087	225
250	112,73	0,01447	0,2126	42,79	102,63	43,46	69,02	112,47	0,0867	0,2073	250
275	120,07	0,01473	0,1912	45,10	102,91	45,85	66,79	112,64	0,0908	0,2060	275
300	126,94	0,01499	0,1732	47,30	103,11	48,14	64,60	112,73	0,0946	0,2047	300
325	133,39	0,01525	0,1577	49,42	103,26	50,33	62,42	112,75	0,0982	0,2034	325
350	139,49	0,01552	0,1444	51,45	103,35	52,46	60,25	112,71	0,1016	0,2022	350

R-22

TABELA A-9E

Propriedades do Vapor de Refrigerante 22 Superaquecido

T °F	v ft³/lb	u Btu/lb	h Btu/lb	s Btu/lb·°R	v ft³/lb	u Btu/lb	h Btu/lb	s Btu/lb·°R
	\multicolumn{4}{c}{p = 5 lbf/in² (T_sat = −78,62°F)}	\multicolumn{4}{c}{p = 10 lbf/in² (T_sat = −55,66°F)}
Sat.	9,3014	87,37	95,98	0,2532	4,8769	89,58	98,61	0,2443
−70	9,5244	88,31	97,13	0,2562				
−60	9,7823	89,43	98,48	0,2596				
−50	10,0391	90,55	99,84	0,2630	4,9522	90,23	99,40	0,2462
−40	10,2952	91,69	101,22	0,2663	5,0846	91,39	100,81	0,2496
−30	10,5506	92,84	102,61	0,2696	5,2163	92,57	102,23	0,2530
−20	10,8054	94,01	104,01	0,2728	5,3472	93,75	103,65	0,2563
−10	11,0596	95,19	105,43	0,2760	5,4775	94,95	105,09	0,2595
0	11,3133	96,39	106,87	0,2791	5,6073	96,16	106,55	0,2627
10	11,5666	97,60	108,31	0,2822	5,7366	97,39	108,01	0,2658
20	11,8195	98,83	109,77	0,2853	5,8655	98,63	109,49	0,2690
30	12,0720	100,07	111,25	0,2884	5,9941	99,88	110,98	0,2720
40	12,3242	101,33	112,74	0,2914	6,1223	101,15	112,49	0,2751
	\multicolumn{4}{c}{p = 15 lbf/in² (T_sat = −40,67°F)}	\multicolumn{4}{c}{p = 20 lbf/in² (T_sat = −29,22°F)}
Sat.	3,3402	91,00	100,28	0,2393	2,5518	92,07	101,52	0,2359
−40	3,3463	91,08	100,38	0,2396				
−30	3,4370	92,28	101,83	0,2430				
−20	3,5268	93,49	103,28	0,2463	2,6158	93,21	102,90	0,2391
−10	3,6160	94,70	104,75	0,2496	2,6846	94,45	104,39	0,2424
0	3,7046	95,93	106,22	0,2529	2,7528	95,69	105,89	0,2457
10	3,7927	97,17	107,71	0,2561	2,8204	96,95	107,39	0,2490
20	3,8804	98,43	109,20	0,2592	2,8875	98,22	108,91	0,2522
30	3,9677	99,69	110,71	0,2623	2,9542	99,49	110,43	0,2553
40	4,0546	100,97	112,23	0,2654	3,0205	100,78	111,97	0,2584
50	4,1412	102,26	113,76	0,2684	3,0865	102,09	113,52	0,2615
60	4,2275	103,57	115,31	0,2714	3,1522	103,40	115,08	0,2645
70	4,3136	104,89	116,87	0,2744	3,2176	104,73	116,65	0,2675
	\multicolumn{4}{c}{p = 25 lbf/in² (T_sat = −19,84°F)}	\multicolumn{4}{c}{p = 30 lbf/in² (T_sat = −11,82°F)}
Sat.	2,0695	92,94	102,52	0,2333	1,7430	93,67	103,35	0,2313
−10	2,1252	94,18	104,02	0,2367	1,7518	93,91	103,64	0,2319
0	2,1812	95,45	105,54	0,2400	1,7997	95,19	105,19	0,2353
10	2,2365	96,72	107,07	0,2433	1,8470	96,48	106,74	0,2386
20	2,2914	98,00	108,61	0,2466	1,8937	97,78	108,30	0,2419
30	2,3458	99,29	110,15	0,2498	1,9400	99,09	109,86	0,2451
40	2,3998	100,59	111,70	0,2529	1,9858	100,40	111,43	0,2483
50	2,4535	101,91	113,27	0,2560	2,0313	101,73	113,01	0,2514
60	2,5068	103,23	114,84	0,2590	2,0764	103,06	114,60	0,2545
70	2,5599	104,57	116,42	0,2621	2,1213	104,41	116,19	0,2576
80	2,6127	105,92	118,01	0,2650	2,1659	105,77	117,80	0,2606
90	2,6654	107,28	119,62	0,2680	2,2103	107,13	119,41	0,2635
100	2,7178	108,65	121,24	0,2709	2,2545	108,52	121,04	0,2665

R-22

814 Tabelas em Unidades Inglesas

TABELA A-9E

(Continuação)

R-22

T °F	v ft³/lb	u Btu/lb	h Btu/lb	s Btu/lb · °R	v ft³/lb	u Btu/lb	h Btu/lb	s Btu/lb · °R
	\multicolumn{4}{c}{$p = 40$ lbf/in² ($T_{sat} = 1{,}54°F$)}	\multicolumn{4}{c}{$p = 50$ lbf/in² ($T_{sat} = 12{,}53°F$)}
Sat.	1,3277	94,86	104,70	0,2280	1,0735	95,82	105,76	0,2256
10	1,3593	95,99	106,06	0,2310				
20	1,3960	97,33	107,67	0,2343	1,0965	96,85	107,00	0,2282
30	1,4321	98,66	109,27	0,2376	1,1268	98,22	108,65	0,2316
40	1,4678	100,01	110,88	0,2409	1,1565	99,59	110,30	0,2349
50	1,5032	101,35	112,49	0,2441	1,1858	100,97	111,95	0,2382
60	1,5381	102,71	114,10	0,2472	1,2147	102,35	113,60	0,2414
70	1,5728	104,08	115,73	0,2503	1,2433	103,74	115,25	0,2445
80	1,6071	105,45	117,36	0,2534	1,2716	105,13	116,90	0,2476
90	1,6413	106,84	118,99	0,2564	1,2996	106,53	118,57	0,2507
100	1,6752	108,23	120,64	0,2593	1,3274	107,95	120,24	0,2537
110	1,7089	109,64	122,30	0,2623	1,3549	109,37	121,91	0,2567
120	1,7424	111,06	123,97	0,2652	1,3823	110,80	123,60	0,2596
	\multicolumn{4}{c}{$p = 60$ lbf/in² ($T_{sat} = 21{,}96°F$)}	\multicolumn{4}{c}{$p = 70$ lbf/in² ($T_{sat} = 30{,}26°F$)}
Sat.	0,9014	96,62	106,63	0,2236	0,7768	97,30	107,37	0,2219
30	0,9226	97,75	108,00	0,2264				
40	0,9485	99,16	109,70	0,2298	0,7994	98,71	109,07	0,2254
50	0,9739	100,57	111,39	0,2332	0,8221	100,15	110,81	0,2288
60	0,9988	101,98	113,07	0,2365	0,8443	101,59	112,53	0,2321
70	1,0234	103,39	114,76	0,2397	0,8660	103,03	114,25	0,2354
80	1,0476	104,80	116,44	0,2428	0,8874	104,46	115,97	0,2386
90	1,0716	106,22	118,13	0,2459	0,9086	105,90	117,68	0,2418
100	1,0953	107,65	119,82	0,2490	0,9294	107,35	119,40	0,2449
110	1,1188	109,09	121,52	0,2520	0,9500	108,80	121,12	0,2479
120	1,1421	110,53	123,22	0,2549	0,9704	110,26	122,84	0,2509
130	1,1653	111,99	124,93	0,2579	0,9907	111,73	124,57	0,2539
140	1,1883	113,45	126,65	0,2608	1,0107	113,21	126,31	0,2568
	\multicolumn{4}{c}{$p = 80$ lbf/in² ($T_{sat} = 37{,}71°F$)}	\multicolumn{4}{c}{$p = 90$ lbf/in² ($T_{sat} = 44{,}49°F$)}
Sat.	0,6823	97,90	108,00	0,2205	0,6081	98,43	108,56	0,2192
40	0,6871	98,24	108,42	0,2213				
50	0,7079	99,72	110,20	0,2248	0,6186	99,26	109,57	0,2212
60	0,7280	101,19	111,97	0,2283	0,6373	100,77	111,39	0,2247
70	0,7478	102,65	113,73	0,2316	0,6555	102,27	113,19	0,2282
80	0,7671	104,11	115,48	0,2349	0,6733	103,76	114,98	0,2315
90	0,7861	105,58	117,22	0,2381	0,6907	105,24	116,75	0,2348
100	0,8048	107,04	118,97	0,2412	0,7078	106,73	118,52	0,2380
110	0,8233	108,51	120,71	0,2443	0,7246	108,22	120,29	0,2411
120	0,8416	109,99	122,45	0,2474	0,7412	109,71	122,06	0,2442
130	0,8596	111,47	124,20	0,2504	0,7576	111,20	123,83	0,2472
140	0,8775	112,96	125,96	0,2533	0,7739	112,71	125,60	0,2502
150	0,8953	114,46	127,72	0,2562	0,7899	114,22	127,38	0,2531

TABELA A-9E

(Continuação)

T °F	v ft³/lb	u Btu/lb	h Btu/lb	s Btu/lb·°R	v ft³/lb	u Btu/lb	h Btu/lb	s Btu/lb·°R
	\multicolumn{4}{c}{$p = 100$ lbf/in² ($T_{sat} = 50{,}73°F$)}	\multicolumn{4}{c}{$p = 120$ lbf/in² ($T_{sat} = 61{,}92°F$)}
Sat.	0,5482	98,90	109,05	0,2181	0,4573	99,71	109,88	0,2161
60	0,5645	100,33	110,79	0,2214				
80	0,5980	103,38	114,46	0,2284	0,4846	102,60	113,37	0,2227
100	0,6300	106,40	118,07	0,2349	0,5130	105,73	117,13	0,2295
120	0,6609	109,42	121,66	0,2412	0,5400	108,83	120,83	0,2360
140	0,6908	112,45	125,24	0,2473	0,5661	111,92	124,50	0,2422
160	0,7201	115,50	128,83	0,2532	0,5914	115,02	128,16	0,2482
180	0,7489	118,58	132,45	0,2589	0,6161	118,15	131,84	0,2541
200	0,7771	121,69	136,08	0,2645	0,6404	121,30	135,53	0,2597
220	0,8051	124,84	139,75	0,2700	0,6642	124,48	139,24	0,2653
240	0,8327	128,04	143,45	0,2754	0,6878	127,69	142,98	0,2707
260	0,8600	131,27	147,19	0,2806	0,7110	130,95	146,75	0,2760
280	0,8871	134,54	150,97	0,2858	0,7340	134,24	150,55	0,2812
300	0,9140	137,85	154,78	0,2909	0,7568	137,57	154,39	0,2863
	\multicolumn{4}{c}{$p = 140$ lbf/in² ($T_{sat} = 71{,}80°F$)}	\multicolumn{4}{c}{$p = 160$ lbf/in² ($T_{sat} = 80{,}69°F$)}
Sat.	0,3915	100,39	110,54	0,2144	0,3416	100,96	111,08	0,2128
80	0,4028	101,76	112,20	0,2175				
100	0,4289	105,02	116,14	0,2246	0,3653	104,26	115,08	0,2201
120	0,4534	108,21	119,96	0,2313	0,3881	107,56	119,06	0,2271
140	0,4768	111,37	123,73	0,2377	0,4095	110,81	122,94	0,2337
160	0,4993	114,53	127,48	0,2439	0,4301	114,03	126,77	0,2400
180	0,5212	117,70	131,21	0,2498	0,4499	117,25	130,57	0,2460
200	0,5426	120,89	134,96	0,2556	0,4692	120,47	134,37	0,2518
220	0,5636	124,10	138,71	0,2612	0,4880	123,72	138,18	0,2575
240	0,5842	127,35	142,49	0,2666	0,5065	126,99	142,00	0,2631
260	0,6045	130,62	146,30	0,2720	0,5246	130,30	145,84	0,2685
280	0,6246	133,94	150,13	0,2773	0,5425	133,63	149,70	0,2738
300	0,6445	137,29	154,00	0,2824	0,5602	137,00	153,60	0,2790
320	0,6642	140,68	157,89	0,2875	0,5777	140,41	157,62	0,2841
	\multicolumn{4}{c}{$p = 180$ lbf/in² ($T_{sat} = 88{,}78°F$)}	\multicolumn{4}{c}{$p = 200$ lbf/in² ($T_{sat} = 96{,}24°F$)}
Sat.	0,3023	101,44	111,52	0,2115	0,2706	101,86	111,88	0,2102
100	0,3154	103,44	113,95	0,2159	0,2748	102,56	112,73	0,2117
120	0,3369	106,88	118,11	0,2231	0,2957	106,15	117,10	0,2194
140	0,3570	110,21	122,11	0,2299	0,3148	109,59	121,25	0,2264
160	0,3761	113,50	126,04	0,2364	0,3327	112,96	125,28	0,2330
180	0,3943	116,78	129,92	0,2425	0,3497	116,29	129,25	0,2393
200	0,4120	120,05	133,78	0,2485	0,3661	119,61	133,17	0,2454
220	0,4292	123,33	137,64	0,2542	0,3820	122,94	137,08	0,2512
240	0,4459	126,64	141,50	0,2598	0,3975	126,27	140,99	0,2569
260	0,4624	129,96	145,38	0,2653	0,4126	129,63	144,91	0,2624
280	0,4786	133,32	149,28	0,2706	0,4275	133,01	148,84	0,2678
300	0,4946	136,71	153,20	0,2759	0,4422	136,42	152,79	0,2731
320	0,5104	140,13	157,15	0,2810	0,4566	139,86	156,77	0,2782
340	0,5260	143,59	161,12	0,2860	0,4709	143,33	160,77	0,2833

R-22

TABELA A-9E

(Continuação)

R-22

T °F	v ft³/lb	u Btu/lb	h Btu/lb	s Btu/lb·°R	v ft³/lb	u Btu/lb	h Btu/lb	s Btu/lb·°R
	\multicolumn{4}{c}{$p = 225$ lbf/in² ($T_{sat} = 104,82°F$)}	\multicolumn{4}{c}{$p = 250$ lbf/in² ($T_{sat} = 112,73°F$)}
Sat.	0,2386	102,28	112,22	0,2087	0,2126	102,63	112,47	0,2073
120	0,2539	105,17	115,75	0,2149	0,2198	104,10	114,27	0,2104
140	0,2722	108,78	120,12	0,2223	0,2378	107,90	118,91	0,2183
160	0,2891	112,26	124,30	0,2291	0,2540	111,51	123,27	0,2255
180	0,3050	115,67	128,38	0,2356	0,2690	115,02	127,48	0,2321
200	0,3202	119,06	132,40	0,2418	0,2833	118,48	131,59	0,2385
220	0,3348	122,43	136,38	0,2477	0,2969	121,91	135,66	0,2445
240	0,3490	125,81	140,35	0,2535	0,3101	125,33	139,69	0,2504
260	0,3628	129,20	144,32	0,2591	0,3229	128,76	143,71	0,2560
280	0,3764	132,61	148,29	0,2645	0,3354	132,21	147,73	0,2616
300	0,3896	136,05	152,28	0,2699	0,3476	135,67	151,76	0,2669
320	0,4027	139,51	156,29	0,2751	0,3596	139,16	155,81	0,2722
340	0,4156	143,00	160,32	0,2802	0,3715	142,67	159,87	0,2773
360	0,4284	146,33	164,38	0,2852	0,3831	146,22	163,95	0,2824
	\multicolumn{4}{c}{$p = 275$ lbf/in² ($T_{sat} = 120,07°F$)}	\multicolumn{4}{c}{$p = 300$ lbf/in² ($T_{sat} = 126,94°F$)}
Sat.	0,1912	102,91	112,64	0,2060	0,1732	103,11	112,73	0,2047
140	0,2092	106,96	117,61	0,2144	0,1849	105,93	116,20	0,2105
160	0,2250	110,73	122,19	0,2219	0,2006	109,89	121,04	0,2185
180	0,2395	144,35	126,54	0,2288	0,2146	133,64	125,56	0,2257
200	0,2530	117,88	130,77	0,2353	0,2276	117,26	129,91	0,2324
220	0,2659	121,38	134,91	0,2415	0,2399	120,83	134,15	0,2387
240	0,2782	124,85	139,02	0,2475	0,2516	124,35	138,33	0,2447
260	0,2902	128,32	143,10	0,2532	0,2629	127,87	142,47	0,2506
280	0,3018	131,80	147,17	0,2588	0,2739	131,38	146,59	0,2562
300	0,3132	135,29	151,24	0,2642	0,2845	134,90	150,71	0,2617
320	0,3243	138,80	155,32	0,2695	0,2949	138,44	154,83	0,2671
340	0,3353	142,34	159,41	0,2747	0,3051	142,00	158,95	0,2723
360	0,3461	145,90	163,53	0,2798	0,3152	145,58	163,09	0,2774
	\multicolumn{4}{c}{$p = 325$ lbf/in² ($T_{sat} = 133,39°F$)}	\multicolumn{4}{c}{$p = 350$ lbf/in² ($T_{sat} = 139,49°F$)}
Sat.	0,1577	103,26	112,75	0,2034	0,1444	103,35	112,71	0,2022
140	0,1637	104,78	114,63	0,2066	0,1448	103,48	112,86	0,2024
160	0,1796	109,00	119,81	0,2151	0,1605	107,90	118,30	0,2113
180	0,1934	112,89	124,53	0,2226	0,1747	112,06	123,38	0,2194
200	0,2061	116,62	129,02	0,2295	0,1874	115,95	128,10	0,2267
220	0,2179	120,26	133,37	0,2360	0,1987	119,65	132,53	0,2333
240	0,2291	123,84	137,63	0,2422	0,2095	123,31	136,89	0,2396
260	0,2398	127,40	141,83	0,2481	0,2199	126,93	141,18	0,2457
280	0,2501	130,96	146,01	0,2538	0,2297	130,52	145,41	0,2514
300	0,2602	134,51	150,17	0,2593	0,2393	134,12	149,62	0,2571
320	0,2700	138,08	154,33	0,2647	0,2486	137,71	153,82	0,2626
340	0,2796	141,66	158,49	0,2700	0,2577	141,32	158,02	0,2679
360	0,2891	145,26	162,66	0,2752	0,2666	144,95	162,23	0,2730
380	0,2983	148,89	166,85	0,2802	0,2754	148,59	166,43	0,2781

TABELA A-10E

Propriedades do Refrigerante 134a Saturado (Líquido-Vapor): Tabela de Temperatura

Temp. °F	Press. lbf/in²	Volume Específico ft³/lb Líquido Sat. v_f	Volume Específico ft³/lb Vapor Sat. v_g	Energia Interna Btu/lb Líquido Sat. u_f	Energia Interna Btu/lb Vapor Sat. u_g	Entalpia Btu/lb Líquido Sat. h_f	Entalpia Btu/lb Evap. h_{fg}	Entalpia Btu/lb Vapor Sat. h_g	Entropia Btu/lb·°R Líquido Sat. s_f	Entropia Btu/lb·°R Vapor Sat. s_g	Temp. °F
−40	7,490	0,01130	5,7173	−0,02	87,90	0,00	95,82	95,82	0,0000	0,2283	−40
−30	9,920	0,01143	4,3911	2,81	89,26	2,83	94,49	97,32	0,0067	0,2266	−30
−20	12,949	0,01156	3,4173	5,69	90,62	5,71	93,10	98,81	0,0133	0,2250	−20
−15	14,718	0,01163	3,0286	7,14	91,30	7,17	92,38	99,55	0,0166	0,2243	−15
−10	16,674	0,01170	2,6918	8,61	91,98	8,65	91,64	100,29	0,0199	0,2236	−10
−5	18,831	0,01178	2,3992	10,09	92,66	10,13	90,89	101,02	0,0231	0,2230	−5
0	21,203	0,01185	2,1440	11,58	93,33	11,63	90,12	101,75	0,0264	0,2224	0
5	23,805	0,01193	1,9208	13,09	94,01	13,14	89,33	102,47	0,0296	0,2219	5
10	26,651	0,01200	1,7251	14,60	94,68	14,66	88,53	103,19	0,0329	0,2214	10
15	29,756	0,01208	1,5529	16,13	95,35	16,20	87,71	103,90	0,0361	0,2209	15
20	33,137	0,01216	1,4009	17,67	96,02	17,74	86,87	104,61	0,0393	0,2205	20
25	36,809	0,01225	1,2666	19,22	96,69	19,30	86,02	105,32	0,0426	0,2200	25
30	40,788	0,01233	1,1474	20,78	97,35	20,87	85,14	106,01	0,0458	0,2196	30
40	49,738	0,01251	0,9470	23,94	98,67	24,05	83,34	107,39	0,0522	0,2189	40
50	60,125	0,01270	0,7871	27,14	99,98	27,28	81,46	108,74	0,0585	0,2183	50
60	72,092	0,01290	0,6584	30,39	101,27	30,56	79,49	110,05	0,0648	0,2178	60
70	85,788	0,01311	0,5538	33,68	102,54	33,89	77,44	111,33	0,0711	0,2173	70
80	101,37	0,01334	0,4682	37,02	103,78	37,27	75,29	112,56	0,0774	0,2169	80
85	109,92	0,01346	0,4312	38,72	104,39	38,99	74,17	113,16	0,0805	0,2167	85
90	118,99	0,01358	0,3975	40,42	105,00	40,72	73,03	113,75	0,0836	0,2165	90
95	128,62	0,01371	0,3668	42,14	105,60	42,47	71,86	114,33	0,0867	0,2163	95
100	138,83	0,01385	0,3388	43,87	106,18	44,23	70,66	114,89	0,0898	0,2161	100
105	149,63	0,01399	0,3131	45,62	106,76	46,01	69,42	115,43	0,0930	0,2159	105
110	161,04	0,01414	0,2896	47,39	107,33	47,81	68,15	115,96	0,0961	0,2157	110
115	173,10	0,01429	0,2680	49,17	107,88	49,63	66,84	116,47	0,0992	0,2155	115
120	185,82	0,01445	0,2481	50,97	108,42	51,47	65,48	116,95	0,1023	0,2153	120
140	243,86	0,01520	0,1827	58,39	110,41	59,08	59,57	118,65	0,1150	0,2143	140
160	314,63	0,01617	0,1341	66,26	111,97	67,20	52,58	119,78	0,1280	0,2128	160
180	400,22	0,01758	0,0964	74,83	112,77	76,13	43,78	119,91	0,1417	0,2101	180
200	503,52	0,02014	0,0647	84,90	111,66	86,77	30,92	117,69	0,1575	0,2044	200
210	563,51	0,02329	0,0476	91,84	108,48	94,27	19,18	113,45	0,1684	0,1971	210

Fonte: As Tabelas A-10E até A-12E são calculadas com base nas equações de D. P. Wilson e R. S. Basu, "Thermodynamic Properties of a New Stratospherically Safe Working Fluid – Refrigerant 134a", *ASHRAE Trans.*, Vol. 94, Pt. 2, 1988, pp. 2095-2118.

TABELA A-11E

Propriedades do Refrigerante 134a Saturado (Líquido-Vapor): Tabela de Pressão

Press. lbf/in²	Temp. °F	Volume Específico ft³/lb Líquido Sat. v_f	Volume Específico ft³/lb Vapor Sat. v_g	Energia Interna Btu/lb Líquido Sat. u_f	Energia Interna Btu/lb Vapor Sat. u_g	Entalpia Btu/lb Líquido Sat. h_f	Entalpia Btu/lb Evap. h_{fg}	Entalpia Btu/lb Vapor Sat. h_g	Entropia Btu/lb·°R Líquido Sat. s_f	Entropia Btu/lb·°R Vapor Sat. s_g	Press. lbf/in²
5	−53,48	0,01113	8,3508	−3,74	86,07	−3,73	97,53	93,79	−0,0090	0,2311	5
10	−29,71	0,01143	4,3581	2,89	89,30	2,91	94,45	97,37	0,0068	0,2265	10
15	−14,25	0,01164	2,9747	7,36	91,40	7,40	92,27	99,66	0,0171	0,2242	15
20	−2,48	0,01181	2,2661	10,84	93,00	10,89	90,50	101,39	0,0248	0,2227	20
30	15,38	0,01209	1,5408	16,24	95,40	16,31	87,65	103,96	0,0364	0,2209	30
40	29,04	0,01232	1,1692	20,48	97,23	20,57	85,31	105,88	0,0452	0,2197	40
50	40,27	0,01252	0,9422	24,02	98,71	24,14	83,29	107,43	0,0523	0,2189	50
60	49,89	0,01270	0,7887	27,10	99,96	27,24	81,48	108,72	0,0584	0,2183	60
70	58,35	0,01286	0,6778	29,85	101,05	30,01	79,82	109,83	0,0638	0,2179	70
80	65,93	0,01302	0,5938	32,33	102,02	32,53	78,28	110,81	0,0686	0,2175	80
90	72,83	0,01317	0,5278	34,62	102,89	34,84	76,84	111,68	0,0729	0,2172	90
100	79,17	0,01332	0,4747	36,75	103,68	36,99	75,47	112,46	0,0768	0,2169	100
120	90,54	0,01360	0,3941	40,61	105,06	40,91	72,91	113,82	0,0839	0,2165	120
140	100,56	0,01386	0,3358	44,07	106,25	44,43	70,52	114,95	0,0902	0,2161	140
160	109,56	0,01412	0,2916	47,23	107,28	47,65	68,26	115,91	0,0958	0,2157	160
180	117,74	0,01438	0,2569	50,16	108,18	50,64	66,10	116,74	0,1009	0,2154	180
200	125,28	0,01463	0,2288	52,90	108,98	53,44	64,01	117,44	0,1057	0,2151	200
220	132,27	0,01489	0,2056	55,48	109,68	56,09	61,96	118,05	0,1101	0,2147	220
240	138,79	0,01515	0,1861	57,93	110,30	58,61	59,96	118,56	0,1142	0,2144	240
260	144,92	0,01541	0,1695	60,28	110,84	61,02	57,97	118,99	0,1181	0,2140	260
280	150,70	0,01568	0,1550	62,53	111,31	63,34	56,00	119,35	0,1219	0,2136	280
300	156,17	0,01596	0,1424	64,71	111,72	65,59	54,03	119,62	0,1254	0,2132	300
350	168,72	0,01671	0,1166	69,88	112,45	70,97	49,03	120,00	0,1338	0,2118	350
400	179,95	0,01758	0,0965	74,81	112,77	76,11	43,80	119,91	0,1417	0,2102	400
450	190,12	0,01863	0,0800	79,63	112,60	81,18	38,08	119,26	0,1493	0,2079	450
500	199,38	0,02002	0,0657	84,54	111,76	86,39	31,44	117,83	0,1570	0,2047	500

R-134a

TABELA A-12E

Propriedades do Vapor de Refrigerante 134a Superaquecido

T °F	v ft³/lb	u Btu/lb	h Btu/lb	s Btu/lb·°R	v ft³/lb	u Btu/lb	h Btu/lb	s Btu/lb·°R
	\multicolumn{4}{c	}{$p = 10$ lbf/in² ($T_{sat} = -29{,}71$°F)}	\multicolumn{4}{c}{$p = 15$ lbf/in² ($T_{sat} = -14{,}25$°F)}
Sat.	4,3581	89,30	97,37	0,2265	2,9747	91,40	99,66	0,2242
−20	4,4718	90,89	99,17	0,2307				
0	4,7026	94,24	102,94	0,2391	3,0893	93,84	102,42	0,2303
20	4,9297	97,67	106,79	0,2472	3,2468	97,33	106,34	0,2386
40	5,1539	101,19	110,72	0,2553	3,4012	100,89	110,33	0,2468
60	5,3758	104,80	114,74	0,2632	3,5533	104,54	114,40	0,2548
80	5,5959	108,50	118,85	0,2709	3,7034	108,28	118,56	0,2626
100	5,8145	112,29	123,05	0,2786	3,8520	112,10	122,79	0,2703
120	6,0318	116,18	127,34	0,2861	3,9993	116,01	127,11	0,2779
140	6,2482	120,16	131,72	0,2935	4,1456	120,00	131,51	0,2854
160	6,4638	124,23	136,19	0,3009	4,2911	124,09	136,00	0,2927
180	6,6786	128,38	140,74	0,3081	4,4359	128,26	140,57	0,3000
200	6,8929	132,63	145,39	0,3152	4,5801	132,52	145,23	0,3072
	\multicolumn{4}{c	}{$p = 20$ lbf/in² ($T_{sat} = -2{,}48$°F)}	\multicolumn{4}{c}{$p = 30$ lbf/in² ($T_{sat} = 15{,}38$°F)}
Sat.	2,2661	93,00	101,39	0,2227	1,5408	95,40	103,96	0,2209
0	2,2816	93,43	101,88	0,2238				
20	2,4046	96,98	105,88	0,2323	1,5611	96,26	104,92	0,2229
40	2,5244	100,59	109,94	0,2406	1,6465	99,98	109,12	0,2315
60	2,6416	104,28	114,06	0,2487	1,7293	103,75	113,35	0,2398
80	2,7569	108,05	118,25	0,2566	1,8098	107,59	117,63	0,2478
100	2,8705	111,90	122,52	0,2644	1,8887	111,49	121,98	0,2558
120	2,9829	115,83	126,87	0,2720	1,9662	115,47	126,39	0,2635
140	3,0942	119,85	131,30	0,2795	2,0426	119,53	130,87	0,2711
160	3,2047	123,95	135,81	0,2869	2,1181	123,66	135,42	0,2786
180	3,3144	128,13	140,40	0,2922	2,1929	127,88	140,05	0,2859
200	3,4236	132,40	145,07	0,3014	2,2671	132,17	144,76	0,2932
220	3,5323	136,76	149,83	0,3085	2,3407	136,55	149,54	0,3003
	\multicolumn{4}{c	}{$p = 40$ lbf/in² ($T_{sat} = 29{,}04$°F)}	\multicolumn{4}{c}{$p = 50$ lbf/in² ($T_{sat} = 40{,}27$°F)}
Sat.	1,1692	97,23	105,88	0,2197	0,9422	98,71	107,43	0,2189
40	1,2065	99,33	108,26	0,2245				
60	1,2723	103,20	112,62	0,2331	0,9974	102,62	111,85	0,2276
80	1,3357	107,11	117,00	0,2414	1,0508	106,62	116,34	0,2361
100	1,3973	111,08	121,42	0,2494	1,1022	110,65	120,85	0,2443
120	1,4575	115,11	125,90	0,2573	1,1520	114,74	125,39	0,2523
140	1,5165	119,21	130,43	0,2650	1,2007	118,88	129,99	0,2601
160	1,5746	123,38	135,03	0,2725	1,2484	123,08	134,64	0,2677
180	1,6319	127,62	139,70	0,2799	1,2953	127,36	139,34	0,2752
200	1,6887	131,94	144,44	0,2872	1,3415	131,71	144,12	0,2825
220	1,7449	136,34	149,25	0,2944	1,3873	136,12	148,96	0,2897
240	1,8006	140,81	154,14	0,3015	1,4326	140,61	153,87	0,2969
260	1,8561	145,36	159,10	0,3085	1,4775	145,18	158,85	0,3039
280	1,9112	149,98	164,13	0,3154	1,5221	149,82	163,90	0,3108

TABELA A-12E

(Continuação)

T °F	v ft³/lb	u Btu/lb	h Btu/lb	s Btu/lb·°R	v ft³/lb	u Btu/lb	h Btu/lb	s Btu/lb·°R
	\multicolumn{4}{c}{$p = 60$ lbf/in² ($T_{sat} = 49{,}89°F$)}	\multicolumn{4}{c}{$p = 70$ lbf/in² ($T_{sat} = 58{,}35°F$)}
Sat.	0,7887	99,96	108,72	0,2183	0,6778	101,05	109,83	0,2179
60	0,8135	102,03	111,06	0,2229	0,6814	101,40	110,23	0,2186
80	0,8604	106,11	115,66	0,2316	0,7239	105,58	114,96	0,2276
100	0,9051	110,21	120,26	0,2399	0,7640	109,76	119,66	0,2361
120	0,9482	114,35	124,88	0,2480	0,8023	113,96	124,36	0,2444
140	0,9900	118,54	129,53	0,2559	0,8393	118,20	129,07	0,2524
160	1,0308	122,79	134,23	0,2636	0,8752	122,49	133,82	0,2601
180	1,0707	127,10	138,98	0,2712	0,9103	126,83	138,62	0,2678
200	1,1100	131,47	143,79	0,2786	0,9446	131,23	143,46	0,2752
220	1,1488	135,91	148,66	0,2859	0,9784	135,69	148,36	0,2825
240	1,1871	140,42	153,60	0,2930	1,0118	140,22	153,33	0,2897
260	1,2251	145,00	158,60	0,3001	1,0448	144,82	158,35	0,2968
280	1,2627	149,65	163,67	0,3070	1,0774	149,48	163,44	0,3038
300	1,3001	154,38	168,81	0,3139	1,1098	154,22	168,60	0,3107
	\multicolumn{4}{c}{$p = 80$ lbf/in² ($T_{sat} = 65{,}93°F$)}	\multicolumn{4}{c}{$p = 90$ lbf/in² ($T_{sat} = 72{,}83°F$)}
Sat.	0,5938	102,02	110,81	0,2175	0,5278	102,89	111,68	0,2172
80	0,6211	105,03	114,23	0,2239	0,5408	104,46	113,47	0,2205
100	0,6579	109,30	119,04	0,2327	0,5751	108,82	118,39	0,2295
120	0,6927	113,56	123,82	0,2411	0,6073	113,15	123,27	0,2380
140	0,7261	117,85	128,60	0,2492	0,6380	117,50	128,12	0,2463
160	0,7584	122,18	133,41	0,2570	0,6675	121,87	132,98	0,2542
180	0,7898	126,55	138,25	0,2647	0,6961	126,28	137,87	0,2620
200	0,8205	130,98	143,13	0,2722	0,7239	130,73	142,79	0,2696
220	0,8506	135,47	148,06	0,2796	0,7512	135,25	147,76	0,2770
240	0,8803	140,02	153,05	0,2868	0,7779	139,82	152,77	0,2843
260	0,9095	144,63	158,10	0,2940	0,8043	144,45	157,84	0,2914
280	0,9384	149,32	163,21	0,3010	0,8303	149,15	162,97	0,2984
300	0,9671	154,06	168,38	0,3079	0,8561	153,91	168,16	0,3054
320	0,9955	158,88	173,62	0,3147	0,8816	158,73	173,42	0,3122
	\multicolumn{4}{c}{$p = 100$ lbf/in² ($T_{sat} = 79{,}17°F$)}	\multicolumn{4}{c}{$p = 120$ lbf/in² ($T_{sat} = 90{,}54°F$)}
Sat.	0,4747	103,68	112,46	0,2169	0,3941	105,06	113,82	0,2165
80	0,4761	103,87	112,68	0,2173				
100	0,5086	108,32	117,73	0,2265	0,4080	107,26	116,32	0,2210
120	0,5388	112,73	122,70	0,2352	0,4355	111,84	121,52	0,2301
140	0,5674	117,13	127,63	0,2436	0,4610	116,37	126,61	0,2387
160	0,5947	121,55	132,55	0,2517	0,4852	120,89	131,66	0,2470
180	0,6210	125,99	137,49	0,2595	0,5082	125,42	136,70	0,2550
200	0,6466	130,48	142,45	0,2671	0,5305	129,97	141,75	0,2628
220	0,6716	135,02	147,45	0,2746	0,5520	134,56	146,82	0,2704
240	0,6960	139,61	152,49	0,2819	0,5731	139,20	151,92	0,2778
260	0,7201	144,26	157,59	0,2891	0,5937	143,89	157,07	0,2850
280	0,7438	148,98	162,74	0,2962	0,6140	148,63	162,26	0,2921
300	0,7672	153,75	167,95	0,3031	0,6339	153,43	167,51	0,2991
320	0,7904	158,59	173,21	0,3099	0,6537	158,29	172,81	0,3060

R-134a

TABELA A-12E

(*Continuação*)

T °F	v ft³/lb	u Btu/lb	h Btu/lb	s Btu/lb·°R	v ft³/lb	u Btu/lb	h Btu/lb	s Btu/lb·°R
	\multicolumn{4}{c}{$p = 140\ lbf/in^2$ ($T_{sat} = 100{,}56°F$)}	\multicolumn{4}{c}{$p = 160\ lbf/in^2$ ($T_{sat} = 109{,}55°F$)}
Sat.	0,3358	106,25	114,95	0,2161	0,2916	107,28	115,91	0,2157
120	0,3610	110,90	120,25	0,2254	0,3044	109,88	118,89	0,2209
140	0,3846	115,58	125,54	0,2344	0,3269	114,73	124,41	0,2303
160	0,4066	120,21	130,74	0,2429	0,3474	119,49	129,78	0,2391
180	0,4274	124,82	135,89	0,2511	0,3666	124,20	135,06	0,2475
200	0,4474	129,44	141,03	0,2590	0,3849	128,90	140,29	0,2555
220	0,4666	134,09	146,18	0,2667	0,4023	133,61	145,52	0,2633
240	0,4852	138,77	151,34	0,2742	0,4192	138,34	150,75	0,2709
260	0,5034	143,50	156,54	0,2815	0,4356	143,11	156,00	0,2783
280	0,5212	148,28	161,78	0,2887	0,4516	147,92	161,29	0,2856
300	0,5387	153,11	167,06	0,2957	0,4672	152,78	166,61	0,2927
320	0,5559	157,99	172,39	0,3026	0,4826	157,69	171,98	0,2996
340	0,5730	162,93	177,78	0,3094	0,4978	162,65	177,39	0,3065
360	0,5898	167,93	183,21	0,3162	0,5128	167,67	182,85	0,3132
	\multicolumn{4}{c}{$p = 180\ lbf/in^2$ ($T_{sat} = 117{,}74°F$)}	\multicolumn{4}{c}{$p = 200\ lbf/in^2$ ($T_{sat} = 125{,}28°F$)}
Sat.	0,2569	108,18	116,74	0,2154	0,2288	108,98	117,44	0,2151
120	0,2595	108,77	117,41	0,2166				
140	0,2814	113,83	123,21	0,2264	0,2446	112,87	121,92	0,2226
160	0,3011	118,74	128,77	0,2355	0,2636	117,94	127,70	0,2321
180	0,3191	123,56	134,19	0,2441	0,2809	122,88	133,28	0,2410
200	0,3361	128,34	139,53	0,2524	0,2970	127,76	138,75	0,2494
220	0,3523	133,11	144,84	0,2603	0,3121	132,60	144,15	0,2575
240	0,3678	137,90	150,15	0,2680	0,3266	137,44	149,53	0,2653
260	0,3828	142,71	155,46	0,2755	0,3405	142,30	154,90	0,2728
280	0,3974	147,55	160,79	0,2828	0,3540	147,18	160,28	0,2802
300	0,4116	152,44	166,15	0,2899	0,3671	152,10	165,69	0,2874
320	0,4256	157,38	171,55	0,2969	0,3799	157,07	171,13	0,2945
340	0,4393	162,36	177,00	0,3038	0,3926	162,07	176,60	0,3014
360	0,4529	167,40	182,49	0,3106	0,4050	167,13	182,12	0,3082
	\multicolumn{4}{c}{$p = 300\ lbf/in^2$ ($T_{sat} = 156{,}17°F$)}	\multicolumn{4}{c}{$p = 400\ lbf/in^2$ ($T_{sat} = 179{,}95°F$)}
Sat.	0,1424	111,72	119,62	0,2132	0,0965	112,77	119,91	0,2102
160	0,1462	112,95	121,07	0,2155				
180	0,1633	118,93	128,00	0,2265	0,0965	112,79	119,93	0,2102
200	0,1777	124,47	134,34	0,2363	0,1143	120,14	128,60	0,2235
220	0,1905	129,79	140,36	0,2453	0,1275	126,35	135,79	0,2343
240	0,2021	134,99	146,21	0,2537	0,1386	132,12	142,38	0,2438
260	0,2130	140,12	151,95	0,2618	0,1484	137,65	148,64	0,2527
280	0,2234	145,23	157,63	0,2696	0,1575	143,06	154,72	0,2610
300	0,2333	150,33	163,28	0,2772	0,1660	148,39	160,67	0,2689
320	0,2428	155,44	168,92	0,2845	0,1740	153,69	166,57	0,2766
340	0,2521	160,57	174,56	0,2916	0,1816	158,97	172,42	0,2840
360	0,2611	165,74	180,23	0,2986	0,1890	164,26	178,26	0,2912
380	0,2699	170,94	185,92	0,3055	0,1962	169,57	184,09	0,2983
400	0,2786	176,18	191,64	0,3122	0,2032	174,90	189,94	0,3051

R-134a

TABELA A-13E

Propriedades da Amônia Saturada (Líquido-Vapor): Tabela de Temperatura

Temp. °F	Press. lbf/in²	Volume Específico ft³/lb Líquido Sat. v_f	Volume Específico ft³/lb Vapor Sat. v_g	Energia Interna Btu/lb Líquido Sat. u_f	Energia Interna Btu/lb Vapor Sat. u_g	Entalpia Btu/lb Líquido Sat. h_f	Entalpia Btu/lb Evap. h_{fg}	Entalpia Btu/lb Vapor Sat. h_g	Entropia Btu/lb·°R Líquido Sat. s_f	Entropia Btu/lb·°R Vapor Sat. s_g	Temp. °F
−60	5,548	0,02278	44,7537	−21,005	543,61	−20,97	610,56	589,58	−0,0512	1,4765	−60
−55	6,536	0,02288	38,3991	−15,765	545,11	−15,73	607,31	591,58	−0,0381	1,4627	−55
−50	7,664	0,02299	33,0880	−10,525	546,59	−10,49	604,04	593,54	−0,0253	1,4492	−50
−45	8,949	0,02310	28,6284	−5,295	548,04	−5,25	600,72	595,48	−0,0126	1,4361	−45
−40	10,405	0,02322	24,8672	−0,045	549,46	0,00	597,37	597,37	0,0000	1,4235	−40
−35	12,049	0,02333	21,6812	5,20	550,86	5,26	593,98	599,24	0,0124	1,4111	−35
−30	13,899	0,02345	18,9715	10,46	552,24	10,52	590,54	601,06	0,0247	1,3992	−30
−25	15,972	0,02357	16,6577	15,73	553,59	15,80	587,05	602,85	0,0369	1,3875	−25
−20	18,290	0,02369	14,6744	21,01	554,91	21,09	583,51	604,61	0,0490	1,3762	−20
−15	20,871	0,02381	12,9682	26,31	556,20	26,40	579,92	606,32	0,0610	1,3652	−15
−10	23,738	0,02393	11,4951	31,63	557,46	31,73	576,26	607,99	0,0729	1,3544	−10
−5	26,912	0,02406	10,2190	36,96	558,70	37,08	572,54	609,62	0,0847	1,3440	−5
0	30,416	0,02419	9,1100	42,32	559,91	42,45	568,76	611,22	0,0964	1,3338	0
5	34,275	0,02432	8,1430	47,69	561,08	47,85	564,92	612,76	0,1080	1,3238	5
10	38,512	0,02446	7,2974	53,09	562,23	53,27	561,00	614,27	0,1196	1,3141	10
15	43,153	0,02460	6,5556	58,52	563,34	58,72	557,01	615,73	0,1311	1,3046	15
20	48,224	0,02474	5,9032	63,97	564,43	64,19	552,95	617,14	0,1425	1,2953	20
25	53,752	0,02488	5,3278	69,43	565,48	69,68	548,82	618,51	0,1539	1,2862	25
30	59,765	0,02503	4,8188	74,93	566,49	75,20	544,62	619,82	0,1651	1,2774	30
35	66,291	0,02517	4,3675	80,44	567,48	80,75	540,34	621,09	0,1764	1,2687	35
40	73,359	0,02533	3,9664	85,98	568,42	86,33	535,97	622,30	0,1875	1,2602	40
45	81,000	0,02548	3,6090	91,55	569,33	91,93	531,54	623,46	0,1986	1,2518	45
50	89,242	0,02564	3,2897	97,13	570,21	97,55	527,02	624,57	0,2096	1,2436	50
55	98,118	0,02581	3,0040	102,73	571,04	103,20	522,42	625,62	0,2205	1,2356	55
60	107,66	0,02597	2,7476	108,35	571,83	108,87	517,74	626,61	0,2314	1,2277	60
65	117,90	0,02614	2,5171	113,99	572,59	114,56	512,97	627,54	0,2422	1,2199	65
70	128,87	0,02632	2,3095	119,65	573,29	120,28	508,12	628,40	0,2530	1,2123	70
75	140,60	0,02650	2,1220	125,33	573,95	126,02	503,18	629,20	0,2636	1,2048	75
80	153,13	0,02668	1,9524	131,02	574,57	131,78	498,15	629,93	0,2742	1,1973	80
85	166,50	0,02687	1,7988	136,73	575,13	137,56	493,03	630,59	0,2848	1,1900	85
90	180,73	0,02707	1,6593	142,46	575,65	143,37	487,81	631,18	0,2953	1,1827	90
95	195,87	0,02727	1,5324	148,21	576,10	149,20	482,49	631,68	0,3057	1,1756	95
100	211,96	0,02747	1,4168	153,98	576,51	155,05	477,06	632,11	0,3161	1,1685	100
105	229,02	0,02768	1,3113	159,76	576,85	160,94	471,52	632,46	0,3264	1,1614	105
110	247,10	0,02790	1,2149	165,58	577,13	166,85	465,86	632,71	0,3366	1,1544	110
115	266,24	0,02813	1,1266	171,41	577,34	172,80	460,08	632,88	0,3469	1,1475	115
120	286,47	0,02836	1,0456	177,28	577,48	178,79	454,16	632,95	0,3570	1,1405	120

Fonte: As Tabelas A-13E até A-15E são calculadas com base nas equações de L. Haar e J. S. Gallagher, "Thermodynamic Properties of Ammonia", *J. Phys. Chem. Reference Data*, Vol. 7, 1978, pp. 635-792.

TABELA A-14E

Propriedades da Amônia Saturada (Líquido-Vapor): Tabela de Pressão

Press. lbf/in²	Temp. °F	Volume Específico ft³/lb Líquido Sat. v_f	Volume Específico ft³/lb Vapor Sat. v_g	Energia Interna Btu/lb Líquido Sat. u_f	Energia Interna Btu/lb Vapor Sat. u_g	Entalpia Btu/lb Líquido Sat. h_f	Entalpia Btu/lb Evap. h_{fg}	Entalpia Btu/lb Vapor Sat. h_g	Entropia Btu/lb·°R Líquido Sat. s_f	Entropia Btu/lb·°R Vapor Sat. s_g	Press. lbf/in²
5	-63,10	0,02271	49,320	-24,24	542,67	-24,22	612,56	588,33	-0,0593	1,4853	5
6	-57,63	0,02283	41,594	-18,51	544,32	-18,49	609,02	590,54	-0,0450	1,4699	6
7	-52,86	0,02293	36,014	-13,52	545,74	-13,49	605,92	592,42	-0,0326	1,4569	7
8	-48,63	0,02302	31,790	-9,09	546,98	-9,06	603,13	594,08	-0,0218	1,4456	8
9	-44,81	0,02311	28,477	-5,09	548,09	-5,05	600,60	595,55	-0,0121	1,4357	9
10	-41,33	0,02319	25,807	-1,44	549,09	-1,40	598,27	596,87	-0,0033	1,4268	10
12	-35,14	0,02333	21,764	5,06	550,82	5,11	594,08	599,18	0,0121	1,4115	12
14	-29,74	0,02345	18,843	10,73	552,31	10,79	590,36	601,16	0,0254	1,3986	14
16	-24,94	0,02357	16,631	15,80	553,60	15,87	587,01	602,88	0,0371	1,3874	16
18	-20,60	0,02367	14,896	20,38	554,75	20,46	583,94	604,40	0,0476	1,3775	18
20	-16,63	0,02377	13,497	24,58	555,78	24,67	581,10	605,76	0,0571	1,3687	20
25	-7,95	0,02399	10,950	33,81	557,97	33,92	574,75	608,67	0,0777	1,3501	25
30	-0,57	0,02418	9,229	41,71	559,77	41,84	569,20	611,04	0,0951	1,3349	30
35	5,89	0,02435	7,984	48,65	561,29	48,81	564,22	613,03	0,1101	1,3221	35
40	11,65	0,02450	7,041	54,89	562,60	55,07	559,69	614,76	0,1234	1,3109	40
45	16,87	0,02465	6,302	60,56	563,75	60,76	555,50	616,26	0,1354	1,3011	45
50	21,65	0,02478	5,705	65,77	564,78	66,00	551,59	617,60	0,1463	1,2923	50
55	26,07	0,02491	5,213	70,61	565,70	70,86	547,93	618,79	0,1563	1,2843	55
60	30,19	0,02503	4,801	75,13	566,53	75,41	544,46	619,87	0,1656	1,2770	60
65	34,04	0,02515	4,450	79,39	567,29	79,69	541,16	620,85	0,1742	1,2703	65
70	37,67	0,02526	4,1473	83,40	567,99	83,73	538,01	621,74	0,1823	1,2641	70
75	41,11	0,02536	3,8837	87,21	568,63	87,57	535,00	622,56	0,1900	1,2583	75
80	44,37	0,02546	3,6520	90,84	569,22	91,22	532,10	623,32	0,1972	1,2529	80
85	47,47	0,02556	3,4466	94,30	569,77	94,71	529,31	624,02	0,2040	1,2478	85
90	50,44	0,02566	3,2632	97,62	570,28	98,05	526,62	624,66	0,2106	1,2429	90
100	56,01	0,02584	2,9497	103,87	571,21	104,35	521,48	625,82	0,2227	1,2340	100
110	61,17	0,02601	2,6913	109,68	572,01	110,20	516,63	626,83	0,2340	1,2259	110
120	65,98	0,02618	2,4745	115,11	572,73	115,69	512,02	627,71	0,2443	1,2184	120
130	70,50	0,02634	2,2899	120,21	573,36	120,85	507,64	628,48	0,2540	1,2115	130
140	74,75	0,02649	2,1309	125,04	573,92	125,73	503,43	629,16	0,2631	1,2051	140
150	78,78	0,02664	1,9923	129,63	574,42	130,37	499,39	629,76	0,2717	1,1991	150
175	88,02	0,02699	1,7128	140,19	575,45	141,07	489,89	630,95	0,2911	1,1856	175
200	96,31	0,02732	1,5010	149,72	576,21	150,73	481,07	631,80	0,3084	1,1737	200
225	103,85	0,02764	1,3348	158,43	576,77	159,58	472,80	632,38	0,3240	1,1630	225
250	110,78	0,02794	1,2007	166,48	577,16	167,77	464,97	632,74	0,3382	1,1533	250
275	117,20	0,02823	1,0901	173,99	577,41	175,43	457,49	632,92	0,3513	1,1444	275
300	123,20	0,02851	0,9974	181,05	577,54	182,63	450,31	632,94	0,3635	1,1361	300

Amônia

TABELA A-15E

Propriedades do Vapor de Amônia Superaquecido

T °F	v ft³/lb	u Btu/lb	h Btu/lb	s Btu/lb·°R	v ft³/lb	u Btu/lb	h Btu/lb	s Btu/lb·°R
	\multicolumn{4}{c}{$p = 6$ lbf/in² ($T_{sat} = -57{,}63°F$)}	\multicolumn{4}{c}{$p = 8$ lbf/in² ($T_{sat} = -48{,}63°F$)}
Sat.	41,594	544,32	590,54	1,4699	31,790	546,98	594,08	1,4456
−50	42,435	547,22	594,37	1,4793				
−40	43,533	551,03	599,40	1,4915	32,511	550,32	598,49	1,4562
−30	44,627	554,84	604,42	1,5033	33,342	554,19	603,58	1,4682
−20	45,715	558,66	609,45	1,5149	34,169	558,06	608,68	1,4799
−10	46,800	562,47	614,47	1,5261	34,992	561,93	613,76	1,4914
0	47,882	566,29	619,49	1,5372	35,811	565,79	618,84	1,5025
10	48,960	570,12	624,51	1,5480	36,627	569,66	623,91	1,5135
20	50,035	573,95	629,54	1,5586	37,440	573,52	628,99	1,5241
30	51,108	577,78	634,57	1,5690	38,250	577,40	634,06	1,5346
40	52,179	581,63	639,60	1,5791	39,058	581,27	639,13	1,5449
50	53,247	585,49	644,64	1,5891	39,865	585,16	644,21	1,5549
60	54,314	589,35	649,70	1,5990	40,669	589,05	649,29	1,5648
	\multicolumn{4}{c}{$p = 10$ lbf/in² ($T_{sat} = -41{,}33°F$)}	\multicolumn{4}{c}{$p = 12$ lbf/in² ($T_{sat} = -35{,}14°F$)}
Sat.	25,807	549,09	596,87	1,4268	21,764	550,82	599,18	1,4115
−40	25,897	549,61	597,56	1,4284				
−30	26,571	553,54	602,74	1,4406	22,056	552,87	601,88	1,4178
−20	27,241	557,46	607,90	1,4525	22,621	556,85	607,12	1,4298
−10	27,906	561,37	613,05	1,4641	23,182	560,82	612,33	1,4416
0	28,568	565,29	618,19	1,4754	23,739	564,78	617,53	1,4530
10	29,227	569,19	623,31	1,4864	24,293	568,73	622,71	1,4642
20	29,882	573,10	628,43	1,4972	24,843	572,67	627,88	1,4750
30	30,535	577,01	633,55	1,5078	25,392	576,61	633,03	1,4857
40	31,186	580,91	638,66	1,5181	25,937	580,55	638,19	1,4961
50	31,835	584,82	643,77	1,5282	26,481	584,49	643,33	1,5063
60	32,482	588,74	648,89	1,5382	27,023	588,43	648,48	1,5163
70	33,127	592,66	654,01	1,5479	27,564	592,38	653,63	1,5261
	\multicolumn{4}{c}{$p = 14$ lbf/in² ($T_{sat} = -29{,}74°F$)}	\multicolumn{4}{c}{$p = 16$ lbf/in² ($T_{sat} = -24{,}94°F$)}
Sat.	18,843	552,31	601,16	1,3986	16,631	553,60	602,88	1,3874
−20	19,321	556,24	606,33	1,4105	16,845	555,62	605,53	1,3935
−10	19,807	560,26	611,61	1,4223	17,275	559,69	610,88	1,4055
0	20,289	564,27	616,86	1,4339	17,701	563,75	616,19	1,4172
10	20,768	568,26	622,10	1,4452	18,124	567,79	621,48	1,4286
20	21,244	572,24	627,31	1,4562	18,544	571,81	626,75	1,4397
30	21,717	576,22	632,52	1,4669	18,961	575,82	632,00	1,4505
40	22,188	580,19	637,71	1,4774	19,376	579,82	637,23	1,4611
50	22,657	584,16	642,89	1,4877	19,789	583,82	642,45	1,4714
60	23,124	588,12	648,07	1,4977	20,200	587,81	647,66	1,4815
70	23,590	592,09	653,25	1,5076	20,609	591,80	652,86	1,4915
80	24,054	596,07	658,42	1,5173	21,017	595,80	658,07	1,5012
90	24,517	600,04	663,60	1,5268	21,424	599,80	663,27	1,5107

TABELA A-15E

(Continuação)

T °F	v ft³/lb	u Btu/lb	h Btu/lb	s Btu/lb·°R	v ft³/lb	u Btu/lb	h Btu/lb	s Btu/lb·°R
	\multicolumn{4}{c}{$p = 18$ lbf/in² ($T_{sat} = -20{,}60°F$)}	\multicolumn{4}{c}{$p = 20$ lbf/in² ($T_{sat} = -16{,}63°F$)}
Sat.	14,896	554,75	604,40	1,3775	13,497	555,78	605,76	1,3687
−20	14,919	555,00	604,72	1,3783				
−10	15,306	559,13	610,14	1,3905	13,730	558,55	609,40	1,3769
0	15,688	563,23	615,52	1,4023	14,078	562,70	614,84	1,3888
10	16,068	567,31	620,87	1,4138	14,422	566,83	620,24	1,4005
20	16,444	571,37	626,18	1,4250	14,764	570,94	625,61	1,4118
30	16,818	575,42	631,47	1,4359	15,103	575,02	630,95	1,4228
40	17,189	579,46	636,75	1,4466	15,439	579,09	636,26	1,4335
50	17,558	583,48	642,00	1,4570	15,773	583,14	641,55	1,4440
60	17,925	587,50	647,25	1,4672	16,105	587,19	646,83	1,4543
70	18,291	591,52	652,48	1,4772	16,436	591,23	652,10	1,4643
80	18,655	595,53	657,71	1,4869	16,765	595,26	657,35	1,4741
90	19,018	599,55	662,94	1,4965	17,094	599,30	662,60	1,4838
	\multicolumn{4}{c}{$p = 30$ lbf/in² ($T_{sat} = -0{,}57°F$)}	\multicolumn{4}{c}{$p = 40$ lbf/in² ($T_{sat} = 11{,}65°F$)}
Sat.	9,2286	559,77	611,04	1,3349	7,0414	562,60	614,76	1,3109
0	9,2425	560,02	611,36	1,3356				
10	9,4834	564,38	617,07	1,3479				
20	9,7209	568,70	622,70	1,3598	7,1965	566,39	619,69	1,3213
30	9,9554	572,97	628,28	1,3713	7,3795	570,86	625,52	1,3333
40	10,187	577,21	633,80	1,3824	7,5597	575,28	631,28	1,3450
50	10,417	581,42	639,28	1,3933	7,7376	579,65	636,96	1,3562
60	10,645	585,60	644,73	1,4039	7,9134	583,97	642,58	1,3672
70	10,871	589,76	650,15	1,4142	8,0874	588,26	648,16	1,3778
80	11,096	593,90	655,54	1,4243	8,2598	592,52	653,69	1,3881
90	11,319	598,04	660,91	1,4342	8,4308	596,75	659,20	1,3982
100	11,541	602,16	666,27	1,4438	8,6006	600,97	664,67	1,4081
110	11,762	606,28	671,62	1,4533	8,7694	605,17	670,12	1,4178
	\multicolumn{4}{c}{$p = 50$ lbf/in² ($T_{sat} = 21{,}65°F$)}	\multicolumn{4}{c}{$p = 60$ lbf/in² ($T_{sat} = 30{,}19°F$)}
Sat.	5,7049	564,78	617,60	1,2923	4,8009	566,53	619,87	1,2770
40	5,9815	573,30	628,68	1,3149	4,9278	571,25	626,00	1,2894
60	6,2733	582,31	640,39	1,3379	5,1788	580,60	638,14	1,3133
80	6,5574	591,10	651,82	1,3595	5,4218	589,66	649,90	1,3355
100	6,8358	599,75	663,04	1,3799	5,6587	598,52	661,39	1,3564
120	7,1097	608,30	674,13	1,3993	5,8910	607,23	672,68	1,3762
140	7,3802	616,80	685,13	1,4180	6,1198	615,86	683,85	1,3951
160	7,6480	625,28	696,09	1,4360	6,3458	624,44	694,95	1,4133
200	8,1776	642,27	717,99	1,4702	6,7916	641,59	717,05	1,4479
240	8,7016	659,44	740,00	1,5026	7,2318	658,87	739,21	1,4805
280	9,2218	676,88	762,26	1,5336	7,6679	676,38	761,58	1,5116
320	9,7391	694,65	784,82	1,5633	8,1013	694,21	784,22	1,5414
360	10,254	712,79	807,73	1,5919	8,5325	712,40	807,20	1,5702

Amônia

TABELA A-15E

(Continuação)

T °F	v ft³/lb	u Btu/lb	h Btu/lb	s Btu/lb·°R	v ft³/lb	u Btu/lb	h Btu/lb	s Btu/lb·°R
	\multicolumn{4}{c}{$p = 70$ lbf/in² ($T_{sat} = 37{,}67°F$)}	\multicolumn{4}{c}{$p = 80$ lbf/in² ($T_{sat} = 44{,}37°F$)}
Sat.	4,1473	567,99	621,74	1,2641	3,6520	569,22	623,32	1,2529
40	4,1739	569,15	623,25	1,2671				
60	4,3962	578,85	635,84	1,2918	3,8084	577,06	633,48	1,2727
80	4,6100	588,19	647,95	1,3147	4,0006	586,69	645,95	1,2963
100	4,8175	597,26	659,70	1,3361	4,1862	595,98	657,99	1,3182
120	5,0202	606,14	671,22	1,3563	4,3668	605,04	669,73	1,3388
140	5,2193	614,91	682,56	1,3756	4,5436	613,94	681,25	1,3583
160	5,4154	623,60	693,79	1,3940	4,7175	622,74	692,63	1,3770
200	5,8015	640,91	716,11	1,4289	5,0589	640,22	715,16	1,4122
240	6,1818	658,29	738,42	1,4617	5,3942	657,71	737,62	1,4453
280	6,5580	675,89	760,89	1,4929	5,7256	675,39	760,20	1,4767
320	6,9314	693,78	783,62	1,5229	6,0540	693,34	783,02	1,5067
360	7,3026	712,02	806,67	1,5517	6,3802	711,63	806,15	1,5357
400	7,6721	730,63	830,08	1,5796	6,7047	730,29	829,61	1,5636

T °F	v ft³/lb	u Btu/lb	h Btu/lb	s Btu/lb·°R	v ft³/lb	u Btu/lb	h Btu/lb	s Btu/lb·°R
	\multicolumn{4}{c}{$p = 90$ lbf/in² ($T_{sat} = 50{,}44°F$)}	\multicolumn{4}{c}{$p = 100$ lbf/in² ($T_{sat} = 56{,}01°F$)}
Sat.	3,2632	570,28	624,66	1,2429	2,9497	571,21	625,82	1,2340
60	3,3504	575,22	631,05	1,2553	2,9832	573,32	628,56	1,2393
80	3,5261	585,15	643,91	1,2796	3,1460	583,58	641,83	1,2644
100	3,6948	594,68	656,26	1,3021	3,3014	593,35	654,49	1,2874
120	3,8584	603,92	668,22	1,3231	3,4513	602,79	666,70	1,3088
140	4,0180	612,97	679,93	1,3430	3,5972	611,98	678,59	1,3290
160	4,1746	621,88	691,45	1,3619	3,7401	621,01	690,27	1,3481
200	4,4812	639,52	714,20	1,3974	4,0189	638,82	713,24	1,3841
240	4,7817	657,13	736,82	1,4307	4,2916	656,54	736,01	1,4176
280	5,0781	674,89	759,52	1,4623	4,5600	674,39	758,82	1,4493
320	5,3715	692,90	782,42	1,4924	4,8255	692,47	781,82	1,4796
360	5,6628	711,24	805,62	1,5214	5,0888	710,86	805,09	1,5087
400	5,9522	729,95	829,14	1,5495	5,3503	729,60	828,68	1,5368

T °F	v ft³/lb	u Btu/lb	h Btu/lb	s Btu/lb·°R	v ft³/lb	u Btu/lb	h Btu/lb	s Btu/lb·°R
	\multicolumn{4}{c}{$p = 110$ lbf/in² ($T_{sat} = 61{,}17°F$)}	\multicolumn{4}{c}{$p = 120$ lbf/in² ($T_{sat} = 65{,}98°F$)}
Sat.	2,6913	572,01	626,83	1,2259	2,4745	572,73	627,71	1,2184
80	2,8344	581,97	639,71	1,2502	2,5744	580,33	637,53	1,2369
100	2,9791	592,00	652,69	1,2738	2,7102	590,63	650,85	1,2611
120	3,1181	601,63	665,14	1,2957	2,8401	600,46	663,57	1,2834
140	3,2528	610,98	677,24	1,3162	2,9657	609,97	675,86	1,3043
160	3,3844	620,13	689,07	1,3356	3,0879	619,24	687,86	1,3240
200	3,6406	638,11	712,27	1,3719	3,3254	637,40	711,29	1,3606
240	3,8905	655,96	735,20	1,4056	3,5563	655,36	734,39	1,3946
280	4,1362	673,88	758,13	1,4375	3,7829	673,37	757,43	1,4266
320	4,3788	692,02	781,22	1,4679	4,0065	691,58	780,61	1,4572
360	4,6192	710,47	804,56	1,4971	4,2278	710,08	804,02	1,4864
400	4,8578	729,26	828,21	1,5252	4,4473	728,92	827,74	1,5147

Amônia

TABELA A-15E

(Continuação)

T °F	v ft³/lb	u Btu/lb	h Btu/lb	s Btu/lb·°R	v ft³/lb	u Btu/lb	h Btu/lb	s Btu/lb·°R
	\multicolumn{4}{c	}{p = 130 lbf/in² (T_sat = 70,50°F)}	\multicolumn{4}{c	}{p = 140 lbf/in² (T_sat = 74,75°F)}
Sat.	2,2899	573,36	628,48	1,2115	2,1309	573,92	629,16	1,2051
80	2,3539	578,64	635,30	1,2243	2,1633	576,80	632,89	1,2119
100	2,4824	589,23	648,98	1,2492	2,2868	587,79	647,08	1,2379
120	2,6048	599,27	661,97	1,2720	2,4004	597,85	660,08	1,2604
140	2,7226	608,94	674,48	1,2932	2,5140	607,90	673,07	1,2828
160	2,8370	618,34	686,64	1,3132	2,6204	617,34	685,27	1,3025
180	2,9488	627,57	698,55	1,3321	2,7268	626,77	697,46	1,3222
200	3,0585	636,69	710,31	1,3502	2,8289	635,93	709,27	1,3401
240	3,2734	654,77	733,57	1,3844	3,0304	654,17	732,73	1,3747
280	3,4840	672,87	756,73	1,4166	3,2274	672,38	756,04	1,4071
320	3,6915	691,14	780,00	1,4472	3,4212	690,73	779,42	1,4379
360	3,8966	709,69	803,49	1,4766	3,6126	709,34	802,99	1,4674
400	4,1000	728,57	827,27	1,5049	3,8022	728,27	826,84	1,4958
	\multicolumn{4}{c	}{p = 150 lbf/in² (T_sat = 78,78°F)}	\multicolumn{4}{c	}{p = 200 lbf/in² (T_sat = 96,31°F)}
Sat.	1,9923	574,42	629,76	1,1991	1,5010	576,21	631,80	1,1737
100	2,1170	586,33	645,13	1,2271	1,5190	578,52	634,77	1,1790
140	2,3332	606,84	671,65	1,2729	1,6984	601,34	664,24	1,2299
180	2,5343	625,95	696,35	1,3128	1,8599	621,77	690,65	1,2726
220	2,7268	644,43	720,17	1,3489	2,0114	641,07	715,57	1,3104
260	2,9137	662,70	743,63	1,3825	2,1569	659,90	739,78	1,3450
300	3,0968	681,02	767,04	1,4141	2,2984	678,62	763,74	1,3774
340	3,2773	699,54	790,57	1,4443	2,4371	697,44	787,70	1,4081
380	3,4558	718,35	814,34	1,4733	2,5736	716,50	811,81	1,4375
420	3,6325	737,50	838,39	1,5013	2,7085	735,86	836,17	1,4659
460	3,8079	757,01	862,78	1,5284	2,8420	755,57	860,82	1,4933
500	3,9821	776,91	887,51	1,5548	2,9742	775,65	885,80	1,5199
540	4,1553	797,19	912,60	1,5804	3,1054	796,10	911,11	1,5457
580	4,3275	817,85	938,05	1,6053	3,2357	816,94	936,77	1,5709
	\multicolumn{4}{c	}{p = 250 lbf/in² (T_sat = 110,78°F)}	\multicolumn{4}{c	}{p = 300 lbf/in² (T_sat = 123,20°F)}
Sat.	1,2007	577,16	632,74	1,1533	0,9974	577,54	632,94	1,1361
140	1,3150	595,40	656,28	1,1936	1,0568	588,94	647,65	1,1610
180	1,4539	617,38	684,69	1,2395	1,1822	612,75	678,42	1,2107
220	1,5816	637,61	710,82	1,2791	1,2944	634,01	705,91	1,2524
260	1,7025	657,03	735,85	1,3149	1,3992	654,09	731,82	1,2895
300	1,8191	676,17	760,39	1,3481	1,4994	673,69	756,98	1,3235
340	1,9328	695,32	784,79	1,3794	1,5965	693,16	781,85	1,3554
380	2,0443	714,63	809,27	1,4093	1,6913	712,74	806,70	1,3857
420	2,1540	734,22	833,93	1,4380	1,7843	732,55	831,67	1,4148
460	2,2624	754,12	858,85	1,4657	1,8759	752,66	856,87	1,4428
500	2,3695	774,38	884,07	1,4925	1,9663	773,10	882,33	1,4699
540	2,4755	795,01	909,61	1,5186	2,0556	793,90	908,09	1,4962
580	2,5807	816,01	935,47	1,5440	2,1440	815,07	934,17	1,5218

Amônia

TABELA A-16E
Propriedades do Propano Saturado (Líquido-Vapor): Tabela de Temperatura

Temp. °F	Press. lbf/in²	Volume Específico ft³/lb Líquido Sat. v_f	Volume Específico ft³/lb Vapor Sat. v_g	Energia Interna Btu/lb Líquido Sat. u_f	Energia Interna Btu/lb Vapor Sat. u_g	Entalpia Btu/lb Líquido Sat. h_f	Entalpia Btu/lb Evap. h_{fg}	Entalpia Btu/lb Vapor Sat. h_g	Entropia Btu/lb·°R Líquido Sat. s_f	Entropia Btu/lb·°R Vapor Sat. s_g	Temp. °F
−140	0,6053	0,02505	128,00	−51,33	139,22	251,33	204,9	153,6	−0,139	0,501	−140
−120	1,394	0,02551	58,88	−41,44	143,95	241,43	200,6	159,1	−0,109	0,481	−120
−100	2,888	0,02601	29,93	−31,34	148,80	231,33	196,1	164,8	−0,080	0,465	−100
−80	5,485	0,02653	16,52	−21,16	153,73	221,13	191,6	170,5	−0,053	0,452	−80
−60	9,688	0,02708	9,75	−10,73	158,74	210,68	186,9	176,2	−0,026	0,441	−60
−40	16,1	0,02767	6,08	−0,08	163,80	0,00	181,9	181,9	0,000	0,433	−40
−20	25,4	0,02831	3,98	10,81	168,88	10,94	176,6	187,6	0,025	0,427	−20
0	38,4	0,02901	2,70	21,98	174,01	22,19	171,0	193,2	0,050	0,422	0
10	46,5	0,02939	2,25	27,69	176,61	27,94	168,0	196,0	0,063	0,420	10
20	55,8	0,02978	1,89	33,47	179,15	33,78	164,9	198,7	0,074	0,418	20
30	66,5	0,03020	1,598	39,34	181,71	39,71	161,7	201,4	0,087	0,417	30
40	78,6	0,03063	1,359	45,30	184,30	45,75	158,3	204,1	0,099	0,415	40
50	92,3	0,03110	1,161	51,36	186,74	51,89	154,7	206,6	0,111	0,414	50
60	107,7	0,03160	0,9969	57,53	189,30	58,16	151,0	209,2	0,123	0,413	60
70	124,9	0,03213	0,8593	63,81	191,71	64,55	147,0	211,6	0,135	0,412	70
80	144,0	0,03270	0,7433	70,20	194,16	71,07	142,9	214,0	0,147	0,411	80
90	165,2	0,03332	0,6447	76,72	196,46	77,74	138,4	216,2	0,159	0,410	90
100	188,6	0,03399	0,5605	83,38	198,71	84,56	133,7	218,3	0,171	0,410	100
110	214,3	0,03473	0,4881	90,19	200,91	91,56	128,7	220,3	0,183	0,409	110
120	242,5	0,03555	0,4254	97,16	202,98	98,76	123,3	222,1	0,195	0,408	120
130	273,3	0,03646	0,3707	104,33	204,92	106,17	117,5	223,7	0,207	0,406	130
140	306,9	0,03749	0,3228	111,70	206,64	113,83	111,1	225,0	0,220	0,405	140
150	343,5	0,03867	0,2804	119,33	208,05	121,79	104,1	225,9	0,233	0,403	150
160	383,3	0,04006	0,2426	127,27	209,16	130,11	96,3	226,4	0,246	0,401	160
170	426,5	0,04176	0,2085	135,60	209,81	138,90	87,4	226,3	0,259	0,398	170
180	473,4	0,04392	0,1771	144,50	209,76	148,35	76,9	225,3	0,273	0,394	180
190	524,3	0,04696	0,1470	154,38	208,51	158,94	63,8	222,8	0,289	0,387	190
200	579,7	0,05246	0,1148	166,65	204,16	172,28	44,2	216,5	0,309	0,376	200
206,1	616,1	0,07265	0,07265	186,99	186,99	195,27	0,0	195,27	0,343	0,343	206,1

TABELA A-17E

Propriedades do Propano Saturado (Líquido-Vapor): Tabela de Pressão

Press. lbf/in²	Temp. °F	Volume Específico ft³/lb Líquido Sat. v_f	Volume Específico ft³/lb Vapor Sat. v_g	Energia Interna Btu/lb Líquido Sat. u_f	Energia Interna Btu/lb Vapor Sat. u_g	Entalpia Btu/lb Líquido Sat. h_f	Entalpia Btu/lb Evap. h_{fg}	Entalpia Btu/lb Vapor Sat. h_g	Entropia Btu/lb·°R Líquido Sat. s_f	Entropia Btu/lb·°R Vapor Sat. s_g	Press. lbf/in²
0,75	−135,1	0,02516	104,8	−48,93	140,36	−48,93	203,8	154,9	−0,132	0,496	0,75
1,5	−118,1	0,02556	54,99	−40,44	144,40	−40,43	200,1	159,7	−0,106	0,479	1,5
3	−98,9	0,02603	28,9	−30,84	149,06	−30,83	196,0	165,1	−0,079	0,464	3
5	−83,0	0,02644	18,00	−22,75	152,96	−22,73	192,4	169,6	−0,057	0,454	5
7,5	−69,3	0,02682	12,36	−15,60	156,40	−15,56	189,1	173,6	−0,038	0,446	7,5
10	−58,8	0,02711	9,468	−10,10	159,04	−10,05	186,6	176,6	20,024	0,441	10
20	−30,7	0,02796	4,971	4,93	166,18	5,03	179,5	184,6	0,012	0,430	20
30	−12,1	0,02858	3,402	15,15	170,93	15,31	174,5	189,8	0,035	0,425	30
40	2,1	0,02909	2,594	23,19	174,60	23,41	170,4	193,8	0,053	0,422	40
50	13,9	0,02954	2,099	29,96	177,63	30,23	166,8	197,1	0,067	0,419	50
60	24,1	0,02995	1,764	35,86	180,23	36,19	163,6	199,8	0,079	0,418	60
70	33,0	0,03033	1,520	41,14	182,50	41,53	160,6	202,2	0,090	0,416	70
80	41,1	0,03068	1,336	45,95	184,57	46,40	157,9	204,3	0,100	0,415	80
90	48,4	0,03102	1,190	50,38	186,36	50,90	155,3	206,2	0,109	0,414	90
100	55,1	0,03135	1,073	54,52	188,07	55,10	152,8	207,9	0,117	0,414	100
120	67,2	0,03198	0,8945	62,08	191,07	62,79	148,1	210,9	0,131	0,412	120
140	78,0	0,03258	0,7650	68,91	193,68	69,75	143,7	213,5	0,144	0,412	140
160	87,6	0,03317	0,6665	75,17	195,97	76,15	139,5	215,7	0,156	0,411	160
180	96,5	0,03375	0,5890	80,99	197,97	82,12	135,5	217,6	0,166	0,410	180
200	104,6	0,03432	0,5261	86,46	199,77	87,73	131,4	219,2	0,176	0,409	200
220	112,1	0,03489	0,4741	91,64	201,37	93,06	127,6	220,7	0,185	0,408	220
240	119,2	0,03547	0,4303	96,56	202,76	98,14	123,7	221,9	0,194	0,408	240
260	125,8	0,03606	0,3928	101,29	204,07	103,0	120,0	223,0	0,202	0,407	260
280	132,1	0,03666	0,3604	105,83	205,27	107,7	116,1	223,9	0,210	0,406	280
300	138,0	0,03727	0,3319	110,21	206,27	112,3	112,4	224,7	0,217	0,405	300
320	143,7	0,03790	0,3067	114,47	207,17	116,7	108,6	225,3	0,224	0,404	320
340	149,1	0,03855	0,2842	118,60	207,96	121,0	104,7	225,8	0,231	0,403	340
360	154,2	0,03923	0,2639	122,66	208,58	125,3	100,9	226,2	0,238	0,402	360
380	159,2	0,03994	0,2455	126,61	209,07	129,4	97,0	226,4	0,245	0,401	380
400	164,0	0,04069	0,2287	130,51	209,47	133,5	93,0	226,5	0,251	0,400	400
450	175,1	0,04278	0,1921	140,07	209,87	143,6	82,2	225,9	0,266	0,396	450
500	185,3	0,04538	0,1610	149,61	209,27	153,8	70,4	224,2	0,282	0,391	500
600	203,4	0,05659	0,1003	172,85	200,27	179,1	32,2	211,4	0,319	0,367	600
616,1	206,1	0,07265	0,07265	186,99	186,99	195,3	0,0	195,3	0,343	0,343	616,1

TABELA A-18E

Propriedades do Vapor de Propano Superaquecido

T °F	v ft³/lb	u Btu/lb	h Btu/lb	s Btu/lb·°R	v ft³/lb	u Btu/lb	h Btu/lb	s Btu/lb·°R
	\multicolumn{4}{c}{$p = 0{,}75$ lbf/in² ($T_{sat} = -135{,}1°F$)}	\multicolumn{4}{c}{$p = 1{,}5$ lbf/in² ($T_{sat} = -118{,}1°F$)}
Sat.	104,8	140,4	154,9	0,496	54,99	144,4	159,7	0,479
−130	106,5	141,6	156,4	0,501				
−110	113,1	146,6	162,3	0,518	56,33	146,5	162,1	0,486
−90	119,6	151,8	168,4	0,535	59,63	151,7	168,2	0,503
−70	126,1	157,2	174,7	0,551	62,92	157,1	174,5	0,520
−50	132,7	162,7	181,2	0,568	66,20	162,6	181,0	0,536
−30	139,2	168,6	187,9	0,584	69,47	168,4	187,7	0,552
−10	145,7	174,4	194,7	0,599	72,74	174,4	194,6	0,568
10	152,2	180,7	201,9	0,615	76,01	180,7	201,8	0,583
30	158,7	187,1	209,2	0,630	79,27	187,1	209,1	0,599
50	165,2	193,8	216,8	0,645	82,53	193,8	216,7	0,614
70	171,7	200,7	224,6	0,660	85,79	200,7	224,5	0,629
90	178,2	207,8	232,6	0,675	89,04	207,8	232,5	0,644
	\multicolumn{4}{c}{$p = 5{,}0$ lbf/in² ($T_{sat} = -83{,}0°F$)}	\multicolumn{4}{c}{$p = 10$ lbf/in² ($T_{sat} = -58{,}8°F$)}
Sat.	18,00	153,0	169,6	0,454	9,468	159,0	176,6	0,441
−80	18,15	153,8	170,6	0,456				
−60	19,17	159,4	177,1	0,473				
−40	20,17	165,1	183,8	0,489	9,957	164,5	183,0	0,456
−20	21,17	171,1	190,7	0,505	10,47	170,5	190,0	0,473
0	22,17	177,2	197,7	0,521	10,98	176,7	197,1	0,489
20	23,16	183,5	205,0	0,536	11,49	183,1	204,5	0,504
40	24,15	190,1	212,5	0,552	11,99	189,7	212,0	0,520
60	25,14	196,9	220,2	0,567	12,49	196,6	219,8	0,535
80	26,13	204,0	228,2	0,582	12,99	203,6	227,8	0,550
100	27,11	211,3	236,4	0,597	13,49	210,9	236,0	0,565
120	28,09	218,8	244,8	0,611	13,99	218,5	244,4	0,580
140	29,07	226,5	253,4	0,626	14,48	226,2	253,1	0,594
	\multicolumn{4}{c}{$p = 20{,}0$ lbf/in² ($T_{sat} = -30{,}7°F$)}	\multicolumn{4}{c}{$p = 40{,}0$ lbf/in² ($T_{sat} = 2{,}1°F$)}
Sat.	4,971	166,2	184,6	0,430	2,594	174,6	193,8	0,422
−20	5,117	169,5	188,5	0,439				
0	5,385	175,8	195,8	0,455				
20	5,648	182,4	203,3	0,471	2,723	180,6	200,8	0,436
40	5,909	189,1	211,0	0,487	2,864	187,6	208,8	0,453
60	6,167	195,9	218,8	0,502	3,002	194,6	216,9	0,469
80	6,424	203,1	226,9	0,518	3,137	201,8	225,1	0,484
100	6,678	210,5	235,2	0,533	3,271	209,4	233,6	0,500
120	6,932	218,0	243,7	0,548	3,403	217,0	242,2	0,515
140	7,184	225,8	252,4	0,562	3,534	224,9	251,1	0,530
160	7,435	233,9	261,4	0,577	3,664	232,9	260,1	0,545
180	7,685	242,1	270,6	0,592	3,793	241,3	269,4	0,559
200	7,935	250,6	280,0	0,606	3,921	249,8	278,9	0,574

TABELA A-18E

(Continuação)

T °F	v ft³/lb	u Btu/lb	h Btu/lb	s Btu/lb·°R	v ft³/lb	u Btu/lb	h Btu/lb	s Btu/lb·°R
	\multicolumn{4}{c}{$p = 60,0$ lbf/in² ($T_{sat} = 24,1$°F)}	\multicolumn{4}{c}{$p = 80,0$ lbf/in² ($T_{sat} = 41,1$°F)}
Sat.	1,764	180,2	199,8	0,418	1,336	184,6	204,3	0,415
30	1,794	182,4	202,3	0,384				
50	1,894	189,5	210,6	0,400	1,372	187,9	208,2	0,423
70	1,992	196,9	219,0	0,417	1,450	195,4	216,9	0,440
90	2,087	204,4	227,6	0,432	1,526	203,1	225,7	0,456
110	2,179	212,1	236,3	0,448	1,599	210,9	234,6	0,472
130	2,271	220,0	245,2	0,463	1,671	218,8	243,6	0,487
150	2,361	228,0	254,2	0,478	1,741	227,0	252,8	0,503
170	2,450	236,3	263,5	0,493	1,810	235,4	262,2	0,518
190	2,539	244,8	273,0	0,508	1,879	244,0	271,8	0,533
210	2,626	253,5	282,7	0,523	1,946	252,7	281,5	0,548
230	2,713	262,3	292,5	0,537	2,013	261,7	291,5	0,562
250	2,800	271,6	302,7	0,552	2,079	270,9	301,7	0,577
	\multicolumn{4}{c}{$p = 100$ lbf/in² ($T_{sat} = 55,1$°F)}	\multicolumn{4}{c}{$p = 120$ lbf/in² ($T_{sat} = 67,2$°F)}
Sat.	1,073	188,1	207,9	0,414	0,8945	191,1	210,9	0,412
60	1,090	189,9	210,1	0,418				
80	1,156	197,8	219,2	0,435	0,9323	196,2	216,9	0,424
100	1,219	205,7	228,3	0,452	0,9887	204,3	226,3	0,441
120	1,280	213,7	237,4	0,468	1,043	212,5	235,7	0,457
140	1,340	221,9	246,7	0,483	1,094	220,8	245,1	0,473
160	1,398	230,2	256,1	0,499	1,145	229,2	254,7	0,489
180	1,454	238,8	265,7	0,514	1,194	237,9	264,4	0,504
200	1,510	247,5	275,5	0,529	1,242	246,7	274,3	0,520
220	1,566	256,4	285,4	0,544	1,289	255,6	284,3	0,534
240	1,620	265,6	295,6	0,559	1,336	264,8	294,5	0,549
260	1,674	274,9	305,9	0,573	1,382	274,2	304,9	0,564
280	1,728	284,4	316,4	0,588	1,427	283,8	315,5	0,579
	\multicolumn{4}{c}{$p = 140$ lbf/in² ($T_{sat} = 78,0$°F)}	\multicolumn{4}{c}{$p = 160$ lbf/in² ($T_{sat} = 87,6$°F)}
Sat.	0,7650	193,7	213,5	0,412	0,6665	196,0	215,7	0,411
80	0,7705	213,3	214,5	0,413				
100	0,8227	222,9	224,2	0,431	0,6968	201,2	221,9	0,422
120	0,8718	232,4	233,8	0,448	0,7427	209,9	231,9	0,439
140	0,9185	242,1	243,5	0,464	0,7859	218,4	241,7	0,456
160	0,9635	251,7	253,2	0,480	0,8272	227,2	251,7	0,472
180	1,007	261,4	263,0	0,496	0,8669	235,9	261,6	0,488
200	1,050	271,4	273,0	0,511	0,9054	244,9	271,7	0,504
220	1,091	281,5	283,2	0,526	0,9430	254,0	282,0	0,519
240	1,132	291,7	293,5	0,541	0,9797	263,4	292,4	0,534
260	1,173	302,1	303,9	0,556	1,016	272,8	302,9	0,549
280	1,213	312,7	314,6	0,571	1,051	282,6	313,7	0,564
300	1,252	323,6	325,5	0,585	1,087	292,4	324,6	0,578

Propano

TABELA A-18E

(Continuação)

Propano

T °F	v ft³/lb	u Btu/lb	h Btu/lb	s Btu/lb·°R	v ft³/lb	u Btu/lb	h Btu/lb	s Btu/lb·°R
	\multicolumn{4}{c}{$p = 180$ lbf/in² ($T_{sat} = 96{,}5°F$)}	\multicolumn{4}{c}{$p = 200$ lbf/in² ($T_{sat} = 104{,}6°F$)}			
Sat.	0,5890	198,0	217,6	0,410	0,5261	199,8	219,2	0,409
100	0,5972	199,6	219,5	0,413				
120	0,6413	208,4	229,8	0,431	0,5591	206,8	227,5	0,424
140	0,6821	217,1	239,9	0,449	0,5983	215,8	238,0	0,441
160	0,7206	226,1	250,1	0,465	0,6349	224,9	248,4	0,458
180	0,7574	234,9	260,2	0,481	0,6694	233,9	258,7	0,475
200	0,7928	244,0	270,4	0,497	0,7025	243,1	269,1	0,491
220	0,8273	253,2	280,8	0,513	0,7345	252,4	279,6	0,506
240	0,8609	262,6	291,3	0,528	0,7656	261,7	290,1	0,522
260	0,8938	272,1	301,9	0,543	0,7960	271,4	300,9	0,537
280	0,9261	281,8	312,7	0,558	0,8257	281,1	311,7	0,552
300	0,9579	291,8	323,7	0,572	0,8549	291,1	322,8	0,567
320	0,9894	301,9	334,9	0,587	0,8837	301,3	334,0	0,581
	\multicolumn{4}{c}{$p = 220$ lbf/in² ($T_{sat} = 112{,}1°F$)}	\multicolumn{4}{c}{$p = 240$ lbf/in² ($T_{sat} = 119{,}2°F$)}			
Sat.	0,4741	201,4	220,7	0,408	0,4303	202,8	221,9	0,408
120	0,4906	205,1	225,1	0,416	0,4321	203,2	222,4	0,409
140	0,5290	214,4	236,0	0,435	0,4704	212,9	233,8	0,428
160	0,5642	223,6	246,6	0,452	0,5048	222,4	244,8	0,446
180	0,5971	232,9	257,2	0,469	0,5365	231,6	255,5	0,463
200	0,6284	242,1	267,7	0,485	0,5664	241,1	266,3	0,480
220	0,6585	251,5	278,3	0,501	0,5949	250,5	277,0	0,496
240	0,6875	261,0	289,0	0,516	0,6223	260,1	287,8	0,511
260	0,7158	270,6	299,8	0,532	0,6490	269,8	298,7	0,527
280	0,7435	280,5	310,8	0,547	0,6749	279,8	309,8	0,542
300	0,7706	290,5	321,9	0,561	0,7002	289,8	320,9	0,557
320	0,7972	300,6	333,1	0,576	0,7251	300,1	332,3	0,571
340	0,8235	311,0	344,6	0,591	0,7496	310,5	343,8	0,586
	\multicolumn{4}{c}{$p = 260$ lbf/in² ($T_{sat} = 125{,}8°F$)}	\multicolumn{4}{c}{$p = 280$ lbf/in² ($T_{sat} = 132{,}1°F$)}			
Sat.	0,3928	204,1	223,0	0,407	0,3604	205,3	223,9	0,406
130	0,4012	206,3	225,6	0,411				
150	0,4374	216,1	237,2	0,431	0,3932	214,5	234,9	0,424
170	0,4697	225,8	248,4	0,449	0,4253	224,4	246,5	0,443
190	0,4995	235,2	259,3	0,466	0,4544	234,1	257,7	0,461
210	0,5275	244,8	270,2	0,482	0,4815	243,8	268,8	0,477
230	0,5541	254,4	281,1	0,498	0,5072	253,5	279,8	0,494
250	0,5798	264,2	292,1	0,514	0,5317	263,3	290,9	0,510
270	0,6046	274,1	303,2	0,530	0,5553	273,3	302,1	0,525
290	0,6288	284,0	314,3	0,545	0,5783	283,4	313,4	0,540
310	0,6524	294,3	325,7	0,560	0,6007	293,5	324,7	0,555
330	0,6756	304,7	337,2	0,574	0,6226	304,0	336,3	0,570
350	0,6984	315,2	348,8	0,589	0,6441	314,6	348,0	0,585

TABELA A-18E

(Continuação)

T °F	v ft³/lb	u Btu/lb	h Btu/lb	s Btu/lb·°R	v ft³/lb	u Btu/lb	h Btu/lb	s Btu/lb·°R
	\multicolumn{4}{c}	p = 320 lbf/in² (T_sat = 143,7°F)		p = 360 lbf/in² (T_sat = 154,2°F)		
Sat.	0,3067	207,2	225,3	0,404	0,2639	208,6	226,2	0,402
150	0,3187	210,7	229,6	0,412				
170	0,3517	221,4	242,3	0,432	0,2920	217,9	237,4	0,420
190	0,3803	231,7	254,2	0,450	0,3213	228,8	250,2	0,440
210	0,4063	241,6	265,7	0,468	0,3469	239,3	262,4	0,459
230	0,4304	251,6	277,1	0,485	0,3702	249,5	274,2	0,476
250	0,4533	261,6	288,5	0,501	0,3919	259,8	285,9	0,493
270	0,4751	271,7	299,9	0,517	0,4124	270,1	297,6	0,509
290	0,4961	281,9	311,3	0,532	0,4320	280,4	309,2	0,525
310	0,5165	292,3	322,9	0,548	0,4510	290,8	320,9	0,540
330	0,5364	302,7	334,5	0,563	0,4693	301,4	332,7	0,556
350	0,5559	313,4	346,3	0,577	0,4872	312,2	344,7	0,570
370	0,5750	324,2	358,3	0,592	0,5047	323,0	356,7	0,585
		p = 400 lbf/in² (T_sat = 164,0°F)				p = 450 lbf/in² (T_sat = 175,1°F)		
Sat.	0,2287	209,5	226,5	0,400	0,1921	209,9	225,9	0,396
170	0,2406	213,6	231,4	0,408				
190	0,2725	225,6	245,8	0,430	0,2205	220,7	239,1	0,416
210	0,2985	236,7	258,8	0,450	0,2486	233,0	253,7	0,439
230	0,3215	247,4	271,2	0,468	0,2719	244,3	267,0	0,458
250	0,3424	257,8	283,2	0,485	0,2925	255,2	279,6	0,476
270	0,3620	268,3	295,1	0,502	0,3113	266,0	292,0	0,493
290	0,3806	278,8	307,0	0,518	0,3290	276,8	304,2	0,510
310	0,3984	289,4	318,9	0,534	0,3457	287,6	316,4	0,526
330	0,4156	300,1	330,9	0,549	0,3617	298,4	328,5	0,542
350	0,4322	311,0	343,0	0,564	0,3772	309,4	340,8	0,557
370	0,4484	321,9	355,1	0,579	0,3922	320,4	353,1	0,572
390	0,4643	333,1	367,5	0,594	0,4068	331,7	365,6	0,587
		p = 500 lbf/in² (T_sat = 185,3°F)				p = 600 lbf/in² (T_sat = 203,4°F)		
Sat.	0,1610	209,3	224,2	0,391	0,1003	200,3	211,4	0,367
190	0,1727	213,8	229,8	0,399				
210	0,2066	228,6	247,7	0,426	0,1307	214,3	228,8	0,394
230	0,2312	240,9	262,3	0,448	0,1661	232,2	250,7	0,426
250	0,2519	252,4	275,7	0,467	0,1892	245,8	266,8	0,449
270	0,2704	263,6	288,6	0,485	0,2080	258,1	281,2	0,469
290	0,2874	274,6	301,2	0,502	0,2245	269,8	294,8	0,487
310	0,3034	285,6	313,7	0,519	0,2396	281,4	308,0	0,505
330	0,3186	296,6	326,1	0,534	0,2536	292,8	321,0	0,521
350	0,3331	307,7	338,6	0,550	0,2669	304,2	333,9	0,538
370	0,3471	318,9	351,0	0,565	0,2796	315,7	346,8	0,553
390	0,3607	330,2	363,6	0,580	0,2917	327,3	359,7	0,569
410	0,3740	341,7	376,3	0,595	0,3035	338,9	372,6	0,584

Propano

TABELA A-19E

Propriedades de Sólidos e Líquidos Selecionados: c_p, ρ e κ

Substância	Calor Específico, c_p (Btu/lb · °R)	Massa Específica, ρ (lb/ft³)	Condutividade Térmica, κ (Btu/h · ft · °R)
Sólidos Selecionados, 540°R			
Aço (AISI 302)	0,115	503	8,7
Alumínio	0,216	169	137
Areia	0,191	94,9	0,16
Carvão, antracito	0,301	84,3	0,15
Chumbo	0,031	705	20,4
Cobre	0,092	557	232
Estanho	0,054	456	38,5
Ferro	0,107	491	46,4
Granito	0,185	164	1,61
Prata	0,056	656	248
Solo	0,439	128	0,30
Materiais de Construção, 540°R			
Concreto (mistura de brita)	0,199	120	0,42
Madeira compensada	0,210	144	0,81
Madeiras leves (abeto, pinho)	0,179	156	0,81
Pedra calcária	0,279	40	0,054
Placa de vidro	0,193	145	1,24
Prancha para parede, divisória	0,291	34	0,069
Tijolo comum	0,330	31,8	0,069
Materiais de Isolamento, 540°R			
Cortiça	0,43	7,5	0,023
Enchimento de vermiculite (flocos)	0,199	5,0	0,039
Forro para dutos (fibra de vidro, revestido)	0,199	2,0	0,022
Manta (fibra de vidro)	—	1,0	0,027
Poliestireno (extrudado)	0,289	3,4	0,016
Líquidos Saturados			
Água, 495°R	1,006	62,42	0,332
540°R	0,998	62,23	0,354
585°R	0,999	61,61	0,373
630°R	1,002	60,79	0,386
675°R	1,008	59,76	0,394
720°R	1,017	58,55	0,398
Amônia, 540°R	1,151	37,5	0,269
Mercúrio, 540°R	0,033	845	4,94
Óleo de Motor Não Utilizado, 540°R	0,456	55,2	0,084
Refrigerante 134a, 540°R	0,343	75,0	0,047
Refrigerante 22, 540°R	0,303	74,0	0,049

Fonte: Estes dados foram retirados de várias fontes e são apenas representativos. Os valores podem ser outros, dependendo da temperatura, pureza, conteúdo de umidade e outros fatores.

TABELA A-20E

Calores Específicos de Gases Ideais para Alguns Gases Usuais (Btu/lb · °R)

Temp. °F	c_p	c_v	k	c_p	c_v	k	c_p	c_v	k	Temp. °F
	\multicolumn{3}{c}{Ar}	\multicolumn{3}{c}{Nitrogênio, N_2}	\multicolumn{3}{c}{Oxigênio, O_2}	
40	0,240	0,171	1,401	0,248	0,177	1,400	0,219	0,156	1,397	40
100	0,240	0,172	1,400	0,248	0,178	1,399	0,220	0,158	1,394	100
200	0,241	0,173	1,397	0,249	0,178	1,398	0,223	0,161	1,387	200
300	0,243	0,174	1,394	0,250	0,179	1,396	0,226	0,164	1,378	300
400	0,245	0,176	1,389	0,251	0,180	1,393	0,230	0,168	1,368	400
500	0,248	0,179	1,383	0,254	0,183	1,388	0,235	0,173	1,360	500
600	0,250	0,182	1,377	0,256	0,185	1,383	0,239	0,177	1,352	600
700	0,254	0,185	1,371	0,260	0,189	1,377	0,242	0,181	1,344	700
800	0,257	0,188	1,365	0,262	0,191	1,371	0,246	0,184	1,337	800
900	0,259	0,191	1,358	0,265	0,194	1,364	0,249	0,187	1,331	900
1000	0,263	0,195	1,353	0,269	0,198	1,359	0,252	0,190	1,326	1000
1500	0,276	0,208	1,330	0,283	0,212	1,334	0,263	0,201	1,309	1500
2000	0,286	0,217	1,312	0,293	0,222	1,319	0,270	0,208	1,298	2000

Temp. °F	c_p	c_v	k	c_p	c_v	k	c_p	c_v	k	Temp. °F
	\multicolumn{3}{c}{Dióxido de Carbono, CO_2}	\multicolumn{3}{c}{Monóxido de Carbono, CO}	\multicolumn{3}{c}{Hidrogênio, H_2}	
40	0,195	0,150	1,300	0,248	0,177	1,400	3,397	2,412	1,409	40
100	0,205	0,160	1,283	0,249	0,178	1,399	3,426	2,441	1,404	100
200	0,217	0,172	1,262	0,249	0,179	1,397	3,451	2,466	1,399	200
300	0,229	0,184	1,246	0,251	0,180	1,394	3,461	2,476	1,398	300
400	0,239	0,193	1,233	0,253	0,182	1,389	3,466	2,480	1,397	400
500	0,247	0,202	1,223	0,256	0,185	1,384	3,469	2,484	1,397	500
600	0,255	0,210	1,215	0,259	0,188	1,377	3,473	2,488	1,396	600
700	0,262	0,217	1,208	0,262	0,191	1,371	3,477	2,492	1,395	700
800	0,269	0,224	1,202	0,266	0,195	1,364	3,494	2,509	1,393	800
900	0,275	0,230	1,197	0,269	0,198	1,357	3,502	2,519	1,392	900
1000	0,280	0,235	1,192	0,273	0,202	1,351	3,513	2,528	1,390	1000
1500	0,298	0,253	1,178	0,287	0,216	1,328	3,618	2,633	1,374	1500
2000	0,312	0,267	1,169	0,297	0,226	1,314	3,758	2,773	1,355	2000

Fonte: Adaptada de K. Wark, *Thermodynamics*, 4th ed., McGraw-Hill, New York, 1983, com base no "Tables of Thermal Properties of Gases", NBS Circular 564, 1955.

TABELA A-21E

Variação de $\bar{c}_p$ com a Temperatura para Gases Ideais Selecionados

$$\frac{\bar{c}_p}{\bar{R}} = \alpha + \beta T + \gamma T^2 + \delta T^3 + \varepsilon T^4$$

T está em °R, equações válidas entre 540 e 1800°R

Gás	α	$\beta \times 10^3$	$\gamma \times 10^6$	$\delta \times 10^9$	$\varepsilon \times 10^{12}$
CO	3,710	−0,899	1,140	−0,348	0,0228
CO_2	2,401	4,853	−2,039	0,343	0
H_2	3,057	1,487	−1,793	0,947	−0,1726
H_2O	4,070	−0,616	1,281	−0,508	0,0769
O_2	3,626	−1,043	2,178	−1,160	0,2053
N_2	3,675	−0,671	0,717	−0,108	−0,0215
Ar	3,653	−0,7428	1,017	−0,328	0,02632
NH_3	3,591	0,274	2,576	−1,437	0,2601
NO	4,046	−1,899	2,464	−1,048	0,1517
NO_2	3,459	1,147	2,064	−1,639	0,3448
SO_2	3,267	2,958	0,211	−0,906	0,2438
SO_3	2,578	8,087	−2,832	−0,136	0,1878
CH_4	3,826	−2,211	7,580	−3,898	0,6633
C_2H_2	1,410	10,587	−7,562	2,811	−0,3939
C_2H_4	1,426	6,324	2,466	−2,787	0,6429
Gases monoatômicos[a]	2,5	0	0	0	0

[a]Para gases monoatômicos, como o He, Ne e Ar, $\bar{c}_p$ é aproximadamente constante ao longo de um grande intervalo de temperatura e é bem próximo de $5/2\ \bar{R}$.

Fonte: Adaptada de K. Wark, *Thermodynamics*, 4th ed., McGraw-Hill, New York, 1983, com base no NASA SP-273, U.S. Government Printing Office, Washington, DC, 1971.

TABELA A-22E

Propriedades do Ar como Gás Ideal

$T(°R)$, h e u(Btu/lb), $s°$(Btu/lb · °R)

T	h	u	s°	p_r	v_r	T	h	u	s°	p_r	v_r
				quando $\Delta s = 0$[1]						quando $\Delta s = 0$	
360	85,97	61,29	0,50369	0,3363	396,6	940	226,11	161,68	0,73509	9,834	35,41
380	90,75	64,70	0,51663	0,4061	346,6	960	231,06	165,26	0,74030	10,61	33,52
400	95,53	68,11	0,52890	0,4858	305,0	980	236,02	168,83	0,74540	11,43	31,76
420	100,32	71,52	0,54058	0,5760	270,1	1000	240,98	172,43	0,75042	12,30	30,12
440	105,11	74,93	0,55172	0,6776	240,6	1040	250,95	179,66	0,76019	14,18	27,17
460	109,90	78,36	0,56235	0,7913	215,33	1080	260,97	186,93	0,76964	16,28	24,58
480	114,69	81,77	0,57255	0,9182	193,65	1120	271,03	194,25	0,77880	18,60	22,30
500	119,48	85,20	0,58233	1,0590	174,90	1160	281,14	201,63	0,78767	21,18	20,29
520	124,27	88,62	0,59172	1,2147	158,58	1200	291,30	209,05	0,79628	24,01	18,51
537	128,34	91,53	0,59945	1,3593	146,34	1240	301,52	216,53	0,80466	27,13	16,93
540	129,06	92,04	0,60078	1,3860	144,32	1280	311,79	224,05	0,81280	30,55	15,52
560	133,86	95,47	0,60950	1,5742	131,78	1320	322,11	231,63	0,82075	34,31	14,25
580	138,66	98,90	0,61793	1,7800	120,70	1360	332,48	239,25	0,82848	38,41	13,12
600	143,47	102,34	0,62607	2,005	110,88	1400	342,90	246,93	0,83604	42,88	12,10
620	148,28	105,78	0,63395	2,249	102,12	1440	353,37	254,66	0,84341	47,75	11,17
640	153,09	109,21	0,64159	2,514	94,30	1480	363,89	262,44	0,85062	53,04	10,34
660	157,92	112,67	0,64902	2,801	87,27	1520	374,47	270,26	0,85767	58,78	9,578
680	162,73	116,12	0,65621	3,111	80,96	1560	385,08	278,13	0,86456	65,00	8,890
700	167,56	119,58	0,66321	3,446	75,25	1600	395,74	286,06	0,87130	71,73	8,263
720	172,39	123,04	0,67002	3,806	70,07	1650	409,13	296,03	0,87954	80,89	7,556
740	177,23	126,51	0,67665	4,193	65,38	1700	422,59	306,06	0,88758	90,95	6,924
760	182,08	129,99	0,68312	4,607	61,10	1750	436,12	316,16	0,89542	101,98	6,357
780	186,94	133,47	0,68942	5,051	57,20	1800	449,71	326,32	0,90308	114,0	5,847
800	191,81	136,97	0,69558	5,526	53,63	1850	463,37	336,55	0,91056	127,2	5,388
820	196,69	140,47	0,70160	6,033	50,35	1900	477,09	346,85	0,91788	141,5	4,974
840	201,56	143,98	0,70747	6,573	47,34	1950	490,88	357,20	0,92504	157,1	4,598
860	206,46	147,50	0,71323	7,149	44,57	2000	504,71	367,61	0,93205	174,0	4,258
880	211,35	151,02	0,71886	7,761	42,01	2050	518,61	378,08	0,93891	192,3	3,949
900	216,26	154,57	0,72438	8,411	39,64	2100	532,55	388,60	0,94564	212,1	3,667
920	221,18	158,12	0,72979	9,102	37,44	2150	546,54	399,17	0,95222	233,5	3,410

[1] Valores de p_r e v_r para respectivo uso nas Eqs. 6.41 e 6.42.

TABELA A-22E

(Continuação)

$T(°R)$, h e u(Btu/lb), $s°$(Btu/lb · °R)

T	h	u	s°	quando Δs = 0¹ p_r	v_r	T	h	u	s°	quando Δs = 0 p_r	v_r
2200	560,59	409,78	0,95868	256,6	3,176	3700	998,11	744,48	1,10991	2330	0,5882
2250	574,69	420,46	0,96501	281,4	2,961	3750	1013,1	756,04	1,11393	2471	0,5621
2300	588,82	431,16	0,97123	308,1	2,765	3800	1028,1	767,60	1,11791	2618	0,5376
2350	603,00	441,91	0,97732	336,8	2,585	3850	1043,1	779,19	1,12183	2773	0,5143
2400	617,22	452,70	0,98331	367,6	2,419	3900	1058,1	790,80	1,12571	2934	0,4923
2450	631,48	463,54	0,98919	400,5	2,266	3950	1073,2	802,43	1,12955	3103	0,4715
2500	645,78	474,40	0,99497	435,7	2,125	4000	1088,3	814,06	1,13334	3280	0,4518
2550	660,12	485,31	1,00064	473,3	1,996	4050	1103,4	825,72	1,13709	3464	0,4331
2600	674,49	496,26	1,00623	513,5	1,876	4100	1118,5	837,40	1,14079	3656	0,4154
2650	688,90	507,25	1,01172	556,3	1,765	4150	1133,6	849,09	1,14446	3858	0,3985
2700	703,35	518,26	1,01712	601,9	1,662	4200	1148,7	860,81	1,14809	4067	0,3826
2750	717,83	529,31	1,02244	650,4	1,566	4300	1179,0	884,28	1,15522	4513	0,3529
2800	732,33	540,40	1,02767	702,0	1,478	4400	1209,4	907,81	1,16221	4997	0,3262
2850	746,88	551,52	1,03282	756,7	1,395	4500	1239,9	931,39	1,16905	5521	0,3019
2900	761,45	562,66	1,03788	814,8	1,318	4600	1270,4	955,04	1,17575	6089	0,2799
2950	776,05	573,84	1,04288	876,4	1,247	4700	1300,9	978,73	1,18232	6701	0,2598
3000	790,68	585,04	1,04779	941,4	1,180	4800	1331,5	1002,5	1,18876	7362	0,2415
3050	805,34	596,28	1,05264	1011	1,118	4900	1362,2	1026,3	1,19508	8073	0,2248
3100	820,03	607,53	1,05741	1083	1,060	5000	1392,9	1050,1	1,20129	8837	0,2096
3150	834,75	618,82	1,06212	1161	1,006	5100	1423,6	1074,0	1,20738	9658	0,1956
3200	849,48	630,12	1,06676	1242	0,9546	5200	1454,4	1098,0	1,21336	10539	0,1828
3250	864,24	641,46	1,07134	1328	0,9069	5300	1485,3	1122,0	1,21923	11481	0,1710
3300	879,02	652,81	1,07585	1418	0,8621						
3350	893,83	664,20	1,08031	1513	0,8202						
3400	908,66	675,60	1,08470	1613	0,7807						
3450	923,52	687,04	1,08904	1719	0,7436						
3500	938,40	698,48	1,09332	1829	0,7087						
3550	953,30	709,95	1,09755	1946	0,6759						
3600	968,21	721,44	1,10172	2068	0,6449						
3650	983,15	732,95	1,10584	2196	0,6157						

TABELA A-23E

Propriedades de Gases Selecionados Tomados como Gases Ideais

Entalpia $\bar{h}(T)$ e energia interna $\bar{u}(T)$, em Btu/lbmol. Entropia absoluta a 1 atm $\bar{s}°(T)$, em Btu/lbmol·°R.

T(°R)	Dióxido de Carbono, CO_2 ($\bar{h}_f° = -169.300$ Btu/lbmol)			Monóxido de Carbono, CO ($\bar{h}_f° = -47.540$ Btu/lbmol)			Vapor d'Água, H_2O ($\bar{h}_f° = -104.040$ Btu/lbmol)			Oxigênio, O_2 ($\bar{h}_f° = 0$ Btu/lbmol)			Nitrogênio, N_2 ($\bar{h}_f° = 0$ Btu/lbmol)			T(°R)
	$\bar{h}$	$\bar{u}$	$\bar{s}°$	$\bar{h}$	$\bar{u}$	$\bar{s}°$	$\bar{h}$	$\bar{u}$	$\bar{s}°$	$\bar{h}$	$\bar{u}$	$\bar{s}°$	$\bar{h}$	$\bar{u}$	$\bar{s}°$	
300	2108,2	1512,4	46,353	2081,9	1486,1	43,223	2367,6	1771,8	40,439	2073,5	1477,8	44,927	2082,0	1486,2	41,695	300
320	2256,6	1621,1	46,832	2220,9	1585,4	43,672	2526,8	1891,3	40,952	2212,6	1577,1	45,375	2221,0	1585,5	42,143	320
340	2407,3	1732,1	47,289	2359,9	1684,7	44,093	2686,0	2010,8	41,435	2351,7	1676,5	45,797	2360,0	1684,4	42,564	340
360	2560,5	1845,6	47,728	2498,8	1783,9	44,490	2845,1	2130,2	41,889	2490,8	1775,9	46,195	2498,9	1784,0	42,962	360
380	2716,4	1961,8	48,148	2637,9	1883,3	44,866	3004,4	2249,8	42,320	2630,0	1875,3	46,571	2638,0	1883,4	43,337	380
400	2874,7	2080,4	48,555	2776,9	1982,6	45,223	3163,8	2369,4	42,728	2769,1	1974,8	46,927	2777,0	1982,6	43,694	400
420	3035,7	2201,7	48,947	2916,0	2081,9	45,563	3323,2	2489,1	43,117	2908,3	2074,3	47,267	2916,1	2082,0	44,034	420
440	3199,4	2325,6	49,329	3055,0	2181,2	45,886	3482,7	2608,9	43,487	3047,5	2173,8	47,591	3055,1	2181,3	44,357	440
460	3365,7	2452,2	49,698	3194,0	2280,5	46,194	3642,3	2728,8	43,841	3186,9	2273,4	47,900	3194,1	2280,6	44,665	460
480	3534,7	2581,5	50,058	3333,0	2379,8	46,491	3802,0	2848,8	44,182	3326,5	2373,3	48,198	3333,1	2379,9	44,962	480
500	3706,2	2713,3	50,408	3472,1	2479,2	46,775	3962,0	2969,1	44,508	3466,2	2473,2	48,483	3472,2	2479,3	45,246	500
520	3880,3	2847,7	50,750	3611,2	2578,6	47,048	4122,0	3089,4	44,821	3606,1	2573,4	48,757	3611,3	2578,6	45,519	520
537	4027,5	2963,8	51,032	3725,1	2663,1	47,272	4258,0	3191,9	45,079	3725,1	2658,7	48,982	3729,5	2663,1	45,743	537
540	4056,8	2984,4	51,082	3750,3	2677,9	47,310	4282,4	3210,0	45,124	3746,2	2673,8	49,021	3750,3	2678,0	45,781	540
560	4235,8	3123,7	51,408	3889,5	2777,4	47,563	4442,8	3330,7	45,415	3886,6	2774,5	49,276	3889,5	2777,4	46,034	560
580	4417,2	3265,4	51,726	4028,7	2876,9	47,807	4603,7	3451,9	45,696	4027,3	2875,5	49,522	4028,7	2876,9	46,278	580
600	4600,9	3409,4	52,038	4168,0	2976,5	48,044	4764,7	3573,2	45,970	4168,3	2976,8	49,762	4167,9	2976,4	46,514	600
620	4786,6	3555,6	52,343	4307,4	3076,2	48,272	4926,1	3694,9	46,235	4309,7	3078,4	49,993	4307,1	3075,9	46,742	620
640	4974,9	3704,0	52,641	4446,9	3175,9	48,494	5087,8	3816,8	46,492	4451,4	3180,4	50,218	4446,4	3175,5	46,964	640
660	5165,2	3854,6	52,934	4586,6	3275,8	48,709	5250,0	3939,3	46,741	4593,5	3282,9	50,437	4585,8	3275,2	47,178	660
680	5357,6	4007,2	53,225	4726,2	3375,8	48,917	5412,5	4062,1	46,984	4736,2	3385,8	50,650	4725,3	3374,9	47,386	680
700	5552,0	4161,9	53,503	4866,0	3475,9	49,120	5575,4	4185,3	47,219	4879,3	3489,2	50,858	4864,9	3474,8	47,588	700
720	5748,4	4318,6	53,780	5006,1	3576,3	49,317	5738,8	4309,0	47,450	5022,9	3593,1	51,059	5004,5	3574,7	47,785	720
740	5946,8	4477,3	54,051	5146,4	3676,9	49,509	5902,6	4433,1	47,673	5167,0	3697,4	51,257	5144,3	3674,7	47,977	740
760	6147,0	4637,9	54,319	5286,8	3777,5	49,697	6066,9	4557,6	47,893	5311,4	3802,2	51,450	5284,1	3774,9	48,164	760
780	6349,1	4800,1	54,582	5427,4	3878,4	49,880	6231,7	4682,7	48,106	5456,4	3907,5	51,638	5424,2	3875,2	48,345	780
800	6552,9	4964,2	54,839	5568,2	3979,5	50,058	6396,9	4808,2	48,316	5602,0	4013,3	51,821	5564,4	3975,7	48,522	800
820	6758,3	5129,9	55,093	5709,4	4081,0	50,232	6562,6	4934,2	48,520	5748,1	4119,7	52,002	5704,7	4076,3	48,696	820
840	6965,7	5297,6	55,343	5850,7	4182,6	50,402	6728,9	5060,8	48,721	5894,8	4226,6	52,179	5845,3	4177,1	48,865	840
860	7174,7	5466,9	55,589	5992,3	4284,5	50,569	6895,6	5187,8	48,916	6041,9	4334,1	52,352	5985,9	4278,1	49,031	860
880	7385,3	5637,7	55,831	6134,2	4386,6	50,732	7062,9	5315,3	49,109	6189,6	4442,0	52,522	6126,9	4379,4	49,193	880
900	7597,6	5810,3	56,070	6276,4	4489,1	50,892	7230,9	5443,6	49,298	6337,9	4550,6	52,688	6268,1	4480,8	49,352	900
920	7811,4	5984,4	56,305	6419,0	4592,0	51,048	7399,4	5572,4	49,483	6486,7	4659,7	52,852	6409,6	4582,6	49,507	920
940	8026,8	6160,1	56,536	6561,7	4695,0	51,202	7568,4	5701,7	49,665	6636,1	4769,4	53,012	6551,2	4684,5	49,659	940
960	8243,8	6337,4	56,765	6704,9	4798,5	51,353	7738,0	5831,6	49,843	6786,0	4879,5	53,170	6693,1	4786,7	49,808	960
980	8462,2	6516,1	56,990	6848,4	4902,3	51,501	7908,2	5962,0	50,019	6936,4	4990,3	53,326	6835,4	4889,3	49,955	980
1000	8682,1	6696,2	57,212	6992,2	5006,3	51,646	8078,9	6093,0	50,191	7087,5	5101,6	53,477	6977,9	4992,0	50,099	1000
1020	8903,4	6877,8	57,432	7136,4	5110,8	51,788	8250,4	6224,8	50,360	7238,9	5213,3	53,628	7120,7	5095,1	50,241	1020
1040	9126,2	7060,9	57,647	7281,0	5215,7	51,929	8422,4	6357,1	50,528	7391,0	5325,7	53,775	7263,8	5198,5	50,380	1040
1060	9350,3	7245,3	57,861	7425,9	5320,9	52,067	8595,0	6490,0	50,693	7543,6	5438,6	53,921	7407,2	5302,2	50,516	1060

Tabela A-23E

TABELA A-23E (Continuação)

h e u em Btu/lbmol, $s°$ em Btu/lbmol·°R

T(°R)	\multicolumn{3}{c}{Dióxido de Carbono, CO_2 ($\bar{h}_f° = -169.300$ Btu/lbmol)}			\multicolumn{3}{c}{Monóxido de Carbono, CO ($\bar{h}_f° = -47.540$ Btu/lbmol)}			\multicolumn{3}{c}{Vapor d'Água, H_2O ($\bar{h}_f° = -104.040$ Btu/lbmol)}			\multicolumn{3}{c}{Oxigênio, O_2 ($\bar{h}_f° = 0$ Btu/lbmol)}			\multicolumn{3}{c}{Nitrogênio, N_2 ($\bar{h}_f° = 0$ Btu/lbmol)}			T(°R)
	$\bar{h}$	$\bar{u}$	$\bar{s}°$	$\bar{h}$	$\bar{u}$	$\bar{s}°$	$\bar{h}$	$\bar{u}$	$\bar{s}°$	$\bar{h}$	$\bar{u}$	$\bar{s}°$	$\bar{h}$	$\bar{u}$	$\bar{s}°$	
1080	9575,8	7431,1	58,072	7571,1	5426,4	52,203	8768,2	6623,5	50,854	7696,8	5552,1	54,064	7551,0	5406,2	50,651	1080
1100	9802,6	7618,1	58,281	7716,8	5532,3	52,337	8942,0	6757,5	51,013	7850,4	5665,9	54,204	7695,0	5510,5	50,783	1100
1120	10030,6	7806,4	58,485	7862,9	5638,7	52,468	9116,4	6892,2	51,171	8004,5	5780,3	54,343	7839,3	5615,2	50,912	1120
1140	10260,1	7996,2	58,689	8009,2	5745,4	52,598	9291,4	7027,5	51,325	8159,1	5895,2	54,480	7984,0	5720,1	51,040	1140
1160	10490,6	8187,0	58,889	8156,1	5851,5	52,726	9467,1	7163,5	51,478	8314,2	6010,6	54,614	8129,0	5825,4	51,167	1160
1180	10722,3	8379,0	59,088	8303,3	5960,0	52,852	9643,4	7300,1	51,630	8469,8	6126,5	54,748	8274,4	5931,0	51,291	1180
1200	10955,3	8572,3	59,283	8450,8	6067,8	52,976	9820,4	7437,4	51,777	8625,8	6242,8	54,879	8420,0	6037,0	51,413	1200
1220	11189,4	8766,6	59,477	8598,8	6176,0	53,098	9998,0	7575,2	51,925	8782,4	6359,6	55,008	8566,1	6143,4	51,534	1220
1240	11424,6	8962,1	59,668	8747,2	6284,7	53,218	10176,1	7713,6	52,070	8939,4	6476,9	55,136	8712,6	6250,1	51,653	1240
1260	11661,0	9158,8	59,858	8896,0	6393,8	53,337	10354,9	7852,7	52,212	9096,7	6594,5	55,262	8859,3	6357,2	51,771	1260
1280	11898,4	9356,5	60,044	9045,0	6503,1	53,455	10534,4	7992,5	52,354	9254,6	6712,7	55,386	9006,4	6464,5	51,887	1280
1300	12136,9	9555,3	60,229	9194,6	6613,0	53,571	10714,5	8132,9	52,494	9412,9	6831,3	55,508	9153,9	6572,3	52,001	1300
1320	12376,4	9755,0	60,412	9344,6	6723,2	53,685	10895,3	8274,0	52,631	9571,6	6950,2	55,630	9301,8	6680,4	52,114	1320
1340	12617,0	9955,9	60,593	9494,8	6833,7	53,799	11076,6	8415,5	52,768	9730,7	7069,6	55,750	9450,0	6788,9	52,225	1340
1360	12858,5	10157,7	60,772	9645,5	6944,7	53,910	11258,7	8557,9	52,903	9890,2	7189,4	55,867	9598,6	6897,8	52,335	1360
1380	13101,0	10360,5	60,949	9796,6	7056,1	54,021	11441,4	8700,9	53,037	10050,1	7309,6	55,984	9747,5	7007,0	52,444	1380
1400	13344,7	10564,5	61,124	9948,1	7167,9	54,129	11624,8	8844,6	53,168	10210,4	7430,1	56,099	9896,9	7116,7	52,551	1400
1420	13589,1	10769,2	61,298	10100,0	7280,1	54,237	11808,8	8988,9	53,299	10371,0	7551,1	56,213	10046,6	7226,7	52,658	1420
1440	13834,5	10974,8	61,469	10252,2	7392,6	54,344	11993,4	9133,8	53,428	10532,0	7672,4	56,326	10196,6	7337,0	52,763	1440
1460	14080,8	11181,4	61,639	10404,8	7505,4	54,448	12178,8	9279,4	53,556	10693,3	7793,9	56,437	10347,0	7447,6	52,867	1460
1480	14328,0	11388,9	61,800	10557,8	7618,7	54,522	12364,8	9425,7	53,682	10855,1	7916,0	56,547	10497,8	7558,7	52,969	1480
1500	14576,0	11597,2	61,974	10711,1	7732,3	54,665	12551,4	9572,7	53,808	11017,1	8038,3	56,656	10648,0	7670,1	53,071	1500
1520	14824,9	11806,4	62,138	10864,9	7846,4	54,757	12738,8	9720,3	53,932	11179,6	8161,1	56,763	10800,4	7781,9	53,171	1520
1540	15074,7	12016,5	62,302	11019,0	7960,8	54,858	12926,8	9868,6	54,055	11342,4	8284,2	56,869	10952,2	7893,9	53,271	1540
1560	15325,3	12227,3	62,464	11173,4	8075,4	54,958	13115,6	10017,6	54,117	11505,4	8407,4	56,975	11104,3	8006,4	53,369	1560
1580	15576,7	12439,0	62,624	11328,2	8190,5	55,056	13305,0	10167,3	54,298	11668,8	8531,1	57,079	11256,9	8119,2	53,465	1580
1600	15829,0	12651,6	62,783	11483,4	8306,0	55,154	13494,4	10317,6	54,418	11832,5	8655,1	57,182	11409,7	8232,3	53,561	1600
1620	16081,9	12864,8	62,939	11638,9	8421,8	55,251	13685,7	10468,6	54,535	11996,6	8779,5	57,284	11562,8	8345,7	53,656	1620
1640	16335,7	13078,9	63,095	11794,7	8537,9	55,347	13877,0	10620,2	54,653	12160,9	8904,1	57,385	11716,4	8459,6	53,751	1640
1660	16590,2	13293,7	63,250	11950,9	8654,4	55,411	14069,2	10772,7	54,770	12325,5	9029,0	57,484	11870,2	8573,6	53,844	1660
1680	16845,5	13509,2	63,403	12107,5	8771,2	55,535	14261,9	10925,6	54,886	12490,4	9154,1	57,582	12024,3	8688,1	53,936	1680
1700	17101,4	13725,4	63,555	12264,3	8888,3	55,628	14455,4	11079,4	54,999	12655,6	9279,6	57,680	12178,9	8802,9	54,028	1700
1720	17358,1	13942,4	63,704	12421,4	9005,7	55,720	14649,5	11233,8	55,113	12821,1	9405,4	57,777	12333,7	8918,0	54,118	1720
1740	17615,5	14160,1	63,853	12579,0	9123,6	55,811	14844,3	11388,9	55,226	12986,9	9531,5	57,873	12488,8	9033,4	54,208	1740
1760	17873,5	14378,4	64,001	12736,7	9241,6	55,900	15039,8	11544,7	55,339	13153,0	9657,9	57,968	12644,3	9149,2	54,297	1760
1780	18132,2	14597,4	64,147	12894,9	9360,0	55,990	15236,1	11701,2	55,449	13319,2	9784,4	58,062	12800,2	9265,3	54,385	1780
1800	18391,5	14816,9	64,292	13053,2	9478,6	56,078	15433,0	11858,4	55,559	13485,8	9911,2	58,155	12956,3	9381,7	54,472	1800
1820	18651,5	15037,2	64,435	13212,0	9597,7	56,166	15630,6	12016,3	55,668	13652,5	10038,2	58,247	13112,7	9498,4	54,559	1820
1840	18912,2	15258,2	64,578	13371,0	9717,0	56,253	15828,7	12174,7	55,777	13819,6	10165,6	58,339	13269,5	9615,5	54,645	1840
1860	19173,4	15479,7	64,719	13530,2	9836,5	56,339	16027,6	12333,9	55,884	13986,8	10293,1	58,428	13426,5	9732,8	54,729	1860

TABELA A-23E (Continuação)

h e u em Btu/lbmol, $s°$ em Btu/lbmol · °R

T(°R)	Dióxido de Carbono, CO_2 ($\bar{h}_f° = -169.300$ Btu/lbmol)			Monóxido de Carbono, CO ($\bar{h}_f° = -47.540$ Btu/lbmol)			Vapor d'Água, H_2O ($\bar{h}_f° = -104.040$ Btu/lbmol)			Oxigênio, O_2 ($\bar{h}_f° = 0$ Btu/lbmol)			Nitrogênio, N_2 ($\bar{h}_f° = 0$ Btu/lbmol)			T(°R)
	h	u	$s°$	h	u	$s°$	h	u	$s°$	h	u	$s°$	h	u	$s°$	
1900	19.698	15.925	64.999	13.850	10.077	56.509	16.428	12.654	56.097	14.322	10.549	58.607	13.742	9.968	54.896	1900
1940	20.224	16.372	65.272	14.170	10.318	56.677	16.830	12.977	56.307	14.658	10.806	58.782	14.058	10.205	55.061	1940
1980	20.753	16.821	65.543	14.492	10.560	56.841	17.235	13.303	56.514	14.995	11.063	58.954	14.375	10.443	55.223	1980
2020	21.284	17.273	65.809	14.815	10.803	57.007	17.643	13.632	56.719	15.333	11.321	59.123	14.694	10.682	55.383	2020
2060	21.818	17.727	66.069	15.139	11.048	57.161	18.054	13.963	56.920	15.672	11.581	59.289	15.013	10.923	55.540	2060
2100	22.353	18.182	66.327	15.463	11.293	57.317	18.467	14.297	57.119	16.011	11.841	59.451	15.334	11.164	55.694	2100
2140	22.890	18.640	66.581	15.789	11.539	57.470	18.883	14.633	57.315	16.351	12.101	59.612	15.656	11.406	55.846	2140
2180	23.429	19.101	66.830	16.116	11.787	57.621	19.301	14.972	57.509	16.692	12.363	59.770	15.978	11.649	55.995	2180
2220	23.970	19.561	67.076	16.443	12.035	57.770	19.722	15.313	57.701	17.036	12.625	59.926	16.302	11.893	56.141	2220
2260	24.512	20.024	67.319	16.722	12.284	57.917	20.145	15.657	57.889	17.376	12.888	60.077	16.626	12.138	56.286	2260
2300	25.056	20.489	67.557	17.101	12.534	58.062	20.571	16.003	58.077	17.719	13.151	60.228	16.951	12.384	56.429	2300
2340	25.602	20.955	67.792	17.431	12.784	58.204	20.999	16.352	58.261	18.062	13.416	60.376	17.277	12.630	56.570	2340
2380	26.150	21.423	68.025	17.762	13.035	58.344	21.429	16.703	58.445	18.407	13.680	60.522	17.604	12.878	56.708	2380
2420	26.699	21.893	68.253	18.093	13.287	58.482	21.862	17.057	58.625	18.572	13.946	60.666	17.932	13.126	56.845	2420
2460	27.249	22.364	68.479	18.426	13.541	58.619	22.298	17.413	58.803	19.097	14.212	60.808	18.260	13.375	56.980	2460
2500	27.801	22.837	68.702	18.759	13.794	58.754	22.735	17.771	58.980	19.443	14.479	60.946	18.590	13.625	57.112	2500
2540	28.355	23.310	68.921	19.093	14.048	58.885	23.175	18.131	59.155	19.790	14.746	61.084	18.919	13.875	57.243	2540
2580	28.910	23.786	69.138	19.427	14.303	59.016	23.618	18.494	59.328	20.138	15.014	61.220	19.250	14.127	57.372	2580
2620	29.465	24.262	69.352	19.762	14.559	59.145	24.062	18.859	59.500	20.485	15.282	61.354	19.582	14.379	57.499	2620
2660	30.023	24.740	69.563	20.098	14.815	59.272	24.508	19.226	59.669	20.834	15.551	61.486	19.914	14.631	57.625	2660
2700	30.581	25.220	69.771	20.434	15.072	59.398	24.957	19.595	59.837	21.183	15.821	61.616	20.246	14.885	57.750	2700
2740	31.141	25.701	69.977	20.771	15.330	59.521	25.408	19.967	60.003	21.533	16.091	61.744	20.580	15.139	57.872	2740
2780	31.702	26.181	70.181	21.108	15.588	59.644	25.861	20.340	60.167	21.883	16.362	61.871	20.914	15.393	57.993	2780
2820	32.264	26.664	70.382	21.446	15.846	59.765	26.316	20.715	60.330	22.232	16.633	61.996	21.248	15.648	58.113	2820
2860	32.827	27.148	70.580	21.785	16.105	59.884	26.773	21.093	60.490	22.584	16.905	62.120	21.584	15.905	58.231	2860
2900	33.392	27.633	70.776	22.124	16.365	60.002	27.231	21.472	60.650	22.936	17.177	62.242	21.920	16.161	58.348	2900
2940	33.957	28.118	70.970	22.463	16.625	60.118	27.692	21.853	60.809	23.288	17.450	62.363	22.256	16.417	58.463	2940
2980	34.523	28.605	71.160	22.803	16.885	60.232	28.154	22.237	60.965	23.641	17.723	62.483	22.593	16.675	58.576	2980
3020	35.090	29.093	71.350	23.144	17.146	60.346	28.619	22.621	61.120	23.994	17.997	62.599	22.930	16.933	58.688	3020
3060	35.659	29.582	71.537	23.485	17.408	60.458	29.085	23.085	61.274	24.348	18.271	62.716	23.268	17.192	58.800	3060
3100	36.228	30.072	71.722	23.826	17.670	60.569	29.553	23.397	61.426	24.703	18.546	62.831	23.607	17.451	58.910	3100
3140	36.798	30.562	71.904	24.168	17.932	60.679	30.023	23.787	61.577	25.057	18.822	62.945	23.946	17.710	59.019	3140
3180	37.369	31.054	72.085	24.510	18.195	60.787	30.494	24.179	61.727	25.413	19.098	63.057	24.285	17.970	59.126	3180
3220	37.941	31.546	72.264	24.853	18.458	60.894	30.967	24.572	61.874	25.769	19.374	63.169	24.625	18.231	59.232	3220
3260	38.513	32.039	72.441	25.196	18.722	61.000	31.442	24.968	62.022	26.175	19.651	63.279	24.965	18.491	59.338	3260
3300	39.087	32.533	72.616	25.539	18.986	61.105	31.918	25.365	62.167	26.412	19.928	63.386	25.306	18.753	59.442	3300
3340	39.661	33.028	72.788	25.883	19.250	61.209	32.396	25.763	62.312	26.839	20.206	63.494	25.647	19.014	59.544	3340
3380	40.236	33.524	72.960	26.227	19.515	61.311	32.876	26.164	62.454	27.197	20.485	63.601	25.989	19.277	59.646	3380
3420	40.812	34.020	73.129	26.572	19.780	61.412	33.357	26.565	62.597	27.555	20.763	63.706	26.331	19.539	59.747	3420
3460	41.338	34.517	73.297	26.917	20.045	61.513	33.839	26.968	62.738	27.914	21.043	63.811	26.673	19.802	59.846	3460

TABELA A-23E (Continuação)

$\bar{h}$ e $\bar{u}$ em Btu/lbmol, $\bar{s}°$ em Btu/lbmol·°R

T(°R)	\multicolumn{3}{c}{Dióxido de Carbono, CO_2 ($\bar{h}_f° = -169.300$ Btu/lbmol)}			\multicolumn{3}{c}{Monóxido de Carbono, CO ($\bar{h}_f° = -47.540$ Btu/lbmol)}			\multicolumn{3}{c}{Vapor d'Água, H_2O ($\bar{h}_f° = -104.040$ Btu/lbmol)}			\multicolumn{3}{c}{Oxigênio, O_2 ($\bar{h}_f° = 0$ Btu/lbmol)}			\multicolumn{3}{c}{Nitrogênio, N_2 ($\bar{h}_f° = 0$ Btu/lbmol)}			T(°R)
	$\bar{h}$	$\bar{u}$	$\bar{s}°$	$\bar{h}$	$\bar{u}$	$\bar{s}°$	$\bar{h}$	$\bar{u}$	$\bar{s}°$	$\bar{h}$	$\bar{u}$	$\bar{s}°$	$\bar{h}$	$\bar{u}$	$\bar{s}°$	
3500	41.965	35.015	73.462	27.262	20.311	61.612	34.324	27.373	62.876	28.273	21.323	63.914	27.016	20.065	59.944	3500
3540	42.543	35.513	73.627	27.608	20.576	61.710	34.809	27.779	63.015	28.633	21.603	64.016	27.359	20.329	60.041	3540
3580	43.121	36.012	73.789	27.954	20.844	61.807	35.296	28.187	63.153	28.994	21.884	64.114	27.703	20.593	60.138	3580
3620	43.701	36.512	73.951	28.300	21.111	61.903	35.785	28.596	63.288	29.354	22.165	64.217	28.046	20.858	60.234	3620
3660	44.280	37.012	74.110	28.647	21.378	61.998	36.274	29.006	63.423	29.716	22.447	64.316	28.391	21.122	60.328	3660
3700	44.861	37.513	74.267	28.994	21.646	62.093	36.765	29.418	63.557	30.078	22.730	64.415	28.735	21.387	60.422	3700
3740	45.442	38.014	74.423	29.341	21.914	62.186	37.258	29.831	63.690	30.440	23.013	64.512	29.080	21.653	60.515	3740
3780	46.023	38.517	74.578	29.688	22.182	62.279	37.752	30.245	63.821	30.803	23.296	64.609	29.425	21.919	60.607	3780
3820	46.605	39.019	74.732	30.036	22.450	62.370	38.247	30.661	63.952	31.166	23.580	64.704	29.771	22.185	60.698	3820
3860	47.188	39.522	74.884	30.384	22.719	62.461	38.743	31.077	64.082	31.529	23.864	64.800	30.117	22.451	60.788	3860
3900	47.771	40.026	75.033	30.733	22.988	62.511	39.240	31.495	64.210	31.894	24.149	64.893	30.463	22.718	60.877	3900
3940	48.355	40.531	75.182	31.082	23.257	62.640	39.739	31.915	64.338	32.258	24.434	64.986	30.809	22.985	60.966	3940
3980	48.939	41.035	75.330	31.431	23.527	62.728	40.239	32.335	64.465	32.623	24.720	65.078	31.156	23.252	61.053	3980
4020	49.524	41.541	75.477	31.780	23.797	62.816	40.740	32.757	64.591	32.989	25.006	65.169	31.503	23.520	61.139	4020
4060	50.109	42.047	75.622	32.129	24.067	62.902	41.242	33.179	64.715	33.355	25.292	65.260	31.850	23.788	61.225	4060
4100	50.695	42.553	75.765	32.479	24.337	62.988	41.745	33.603	64.839	33.722	25.580	65.350	32.198	24.056	61.310	4100
4140	51.282	43.060	75.907	32.829	24.608	63.072	42.250	34.028	64.962	34.089	25.867	65.439	32.546	24.324	61.395	4140
4180	51.868	43.568	76.048	33.179	24.878	63.156	42.755	34.454	65.084	34.456	26.155	65.527	32.894	24.593	61.479	4180
4220	52.456	44.075	76.188	33.530	25.149	63.240	43.267	34.881	65.204	34.824	26.444	65.615	33.242	24.862	61.562	4220
4260	53.044	44.584	76.327	33.880	25.421	63.323	43.769	35.310	65.325	35.192	26.733	65.702	33.591	25.131	61.644	4260
4300	53.632	45.093	76.464	34.231	25.692	63.405	44.278	35.739	65.444	35.561	27.022	65.788	33.940	25.401	61.726	4300
4340	54.221	45.602	76.601	34.582	25.934	63.486	44.788	36.169	65.563	35.930	27.312	65.873	34.289	25.670	61.806	4340
4380	54.810	46.112	76.736	34.934	26.235	63.567	45.298	36.600	65.680	36.300	27.602	65.958	34.638	25.940	61.887	4380
4420	55.400	46.622	76.870	35.285	26.508	63.647	45.810	37.032	65.797	36.670	27.823	66.042	34.988	26.210	61.966	4420
4460	55.990	47.133	77.003	35.637	26.780	63.726	46.322	37.465	65.913	37.041	28.184	66.125	35.338	26.481	62.045	4460
4500	56.581	47.645	77.135	35.989	27.052	63.805	46.836	37.900	66.028	37.412	28.475	66.208	35.688	26.751	62.123	4500
4540	57.172	48.156	77.266	36.341	27.325	63.883	47.350	38.334	66.142	37.783	28.768	66.290	36.038	27.022	62.201	4540
4580	57.764	48.668	77.395	36.693	27.598	63.960	47.866	38.770	66.255	38.155	29.060	66.372	36.389	27.293	62.278	4580
4620	58.356	49.181	77.581	37.046	27.871	64.036	48.382	39.207	66.368	38.528	29.353	66.453	36.739	27.565	62.354	4620
4660	58.948	49.694	77.652	37.398	28.144	64.113	48.899	39.645	66.480	38.900	29.646	66.533	37.090	27.836	62.429	4660
4700	59.541	50.208	77.779	37.751	28.417	64.188	49.417	40.083	66.591	39.274	29.940	66.613	37.441	28.108	62.504	4700
4740	60.134	50.721	77.905	38.104	28.691	64.263	49.936	40.523	66.701	39.647	30.234	66.691	37.792	28.379	62.578	4740
4780	60.728	51.236	78.029	38.457	28.965	64.337	50.455	40.963	66.811	40.021	30.529	66.770	38.144	28.651	62.652	4780
4820	61.322	51.750	78.153	38.811	29.239	64.411	50.976	41.404	66.920	40.396	30.824	66.848	38.495	28.924	62.725	4820
4860	61.916	52.265	78.276	39.164	29.513	64.484	51.497	41.856	67.028	40.771	31.120	66.925	38.847	29.196	62.798	4860
4900	62.511	52.781	78.398	39.518	29.787	64.556	52.019	42.288	67.135	41.146	31.415	67.003	39.199	29.468	62.870	4900
5000	64.000	54.071	78.698	40.403	30.473	64.735	53.327	43.398	67.401	42.086	32.157	67.193	40.080	30.151	63.049	5000
5100	65.491	55.363	78.994	41.289	31.161	64.910	54.640	44.512	67.662	43.021	32.901	67.380	40.962	30.834	63.223	5100
5200	66.984	56.658	79.284	42.176	31.849	65.082	55.957	45.631	67.918	43.974	33.648	67.562	41.844	31.518	63.395	5200
5300	68.471	57.954	79.569	43.063	32.538	65.252	57.279	46.754	68.172	44.922	34.397	67.743	42.728	32.203	63.563	5300

TABELA A-24E

Constantes para as Equações de Estado de van der Waals, de Redlich–Kwong e de Benedict–Webb–Rubin

1. van der Waals e Redlich–Kwong: Constantes para a pressão em atm, volume específico em ft³/lbmol e temperatura em °R

Substância	van der Waals a $\text{atm}\left(\dfrac{\text{ft}^3}{\text{lbmol}}\right)^2$	van der Waals b $\dfrac{\text{ft}^3}{\text{lbmol}}$	Redlich–Kwong a $\text{atm}\left(\dfrac{\text{ft}^3}{\text{lbmol}}\right)^2 (°R)^{1/2}$	Redlich–Kwong b $\dfrac{\text{ft}^3}{\text{lbmol}}$
Água (H_2O)	1.400	0,488	48.418	0,3380
Ar	345	0,586	5.409	0,4064
Butano (C_4H_{10})	3.509	1,862	98.349	1,2903
Dióxido de carbono (CO_2)	926	0,686	21.972	0,4755
Dióxido de enxofre (SO_2)	1.738	0,910	49.032	0,6309
Metano (CH_4)	581	0,685	10.919	0,4751
Monóxido de carbono (CO)	372	0,632	5.832	0,4382
Nitrogênio (N_2)	346	0,618	5.280	0,4286
Oxigênio (O_2)	349	0,509	5.896	0,3531
Propano (C_3H_8)	2.369	1,444	61.952	1,0006
Refrigerante 12	2.660	1,558	70.951	1,0796

Fonte: Calculado por dados críticos.

2. Benedict–Webb–Rubin: Constantes para pressão em atm, volume específico em ft³/lbmol e temperatura em °R

Substância	a	A	b	B	c	C	α	γ
C_4H_{10}	7736,7	2587,6	10,26	1,9921	$4,214 \times 10^9$	$8,254 \times 10^8$	4,527	8,724
CO_2	562,3	702,4	1,850	0,7995	$1,987 \times 10^8$	$1,152 \times 10^8$	0,348	1,384
CO	150,6	344,1	0,675	0,8737	$1,385 \times 10^7$	$7,118 \times 10^6$	0,555	1,540
CH_4	203,0	476,0	0,867	0,6824	$3,389 \times 10^7$	$1,876 \times 10^7$	0,511	1,540
N_2	103,2	270,4	0,597	0,6526	$9,700 \times 10^6$	$6,700 \times 10^6$	0,523	1,360

Fonte: H. W. Cooper e J. C. Goldfrank, *Hydrocarbon Processing*, 46 (12): 141 (1967).

TABELA A-25E

Propriedades Termoquímicas a 537°R e 1 atm de Substâncias Selecionadas

Substância	Fórmula	Massa Molar, M (lb/lbmol)	Entalpia de Formação, $\bar{h}_f°$ (Btu/lbmol)	Função de Gibbs de Formação, $\bar{g}_f°$ (Btu/lbmol)	Entropia Absoluta, $\bar{s}°$ (Btu/lbmol·°R)	Poder Calorífico Superior PCS (Btu/lb)	Poder Calorífico Inferior PCI (Btu/lb)
Carbono	C(s)	12,01	0	0	1,36	14.100	14.100
Hidrogênio	H_2(g)	2,016	0	0	31,19	61.000	51.610
Nitrogênio	N_2(g)	28,01	0	0	45,74	—	—
Oxigênio	O_2(g)	32,00	0	0	48,98	—	—
Monóxido de carbono	CO(g)	28,01	−47.540	−59.010	47,27	—	—
Dióxido de carbono	CO_2(g)	44,01	−169.300	−169.680	51,03	—	—
Água	H_2O(g)	18,02	−104.040	−98.350	45,08	—	—
Água	H_2O(l)	18,02	−122.970	−102.040	16,71	—	—
Peróxido de hidrogênio	H_2O_2(g)	34,02	−58.640	−45.430	55,60	—	—
Amônia	NH_3(g)	17,03	−19.750	−7.140	45,97	—	—
Oxigênio	O(g)	16,00	107.210	99.710	38,47	—	—
Hidrogênio	H(g)	1,008	93.780	87.460	27,39	—	—
Nitrogênio	N(g)	14,01	203.340	195.970	36,61	—	—
Hidroxila	OH(g)	17,01	16.790	14.750	43,92	—	—
Metano	CH_4(g)	16,04	−32.210	−21.860	44,49	23.880	21.520
Acetileno	C_2H_2(g)	26,04	97.540	87.990	48,00	21.470	20.740
Etileno	C_2H_4(g)	28,05	22.490	29.306	52,54	21.640	20.290
Etano	C_2H_6(g)	30,07	−36.420	−14.150	54,85	22.320	20.430
Propileno	C_3H_6(g)	42,08	8.790	26.980	63,80	21.050	19.700
Propano	C_3H_8(g)	44,09	−44.680	−10.105	64,51	21.660	19.950
Butano	C_4H_{10}(g)	58,12	−54.270	−6.760	74,11	21.300	19.670
Pentano	C_5H_{12}(g)	72,15	−62.960	−3.530	83,21	21.090	19.510
Octano	C_8H_{18}(g)	114,22	−89.680	7.110	111,55	20.760	19.270
Octano	C_8H_{18}(l)	114,22	−107.530	2.840	86,23	20.610	19.110
Benzeno	C_6H_6(g)	78,11	35.680	55.780	64,34	18.180	17.460
Metanol	CH_3OH(g)	32,04	−86.540	−69.700	57,29	10.260	9.080
Metanol	CH_3OH(l)	32,04	−102.670	−71.570	30,30	9.760	8.570
Etanol	C_2H_5OH(g)	46,07	−101.230	−72.520	67,54	13.160	11.930
Etanol	C_2H_5OH(l)	46,07	−119.470	−75.240	38,40	12.760	11.530

Fonte: Com base em JANAF Thermochemical Tables, NSRDS-NBS-37, 1971; *Selected Values of Chemical Thermodynamic Properties*, NBS Tech. Note 270-3, 1968 e *API Research Project 44*, Carnegie Press, 1953. Valores para poder calorífico calculados.

Índice de Figuras e Diagramas

Figura A-1   Diagrama de compressibilidade generalizado, $p_R \leq 1{,}0$ 845
Figura A-2   Diagrama de compressibilidade generalizado, $p_R \leq 10{,}0$ 846
Figura A-3   Diagrama de compressibilidade generalizado, $10 \leq p_R \leq 40$ 846
Figura A-4   Diagrama de correção da entalpia generalizada   847
Figura A-5   Diagrama de correção da entropia generalizada   848
Figura A-6   Diagrama do coeficiente de fugacidade generalizado   849
Figura A-7   Diagrama temperatura-entropia para a água (unidades SI)   850
Figura A-7E   Diagrama temperatura-entropia para a água (unidades inglesas)   851
Figura A-8   Diagrama entalpia-entropia para a água (unidades SI)   852
Figura A-8E   Diagrama entalpia-entropia para a água (unidades inglesas)   853
Figura A-9   Carta psicrométrica para 1 atm (unidades SI)   854
Figura A-9E   Carta psicrométrica para 1 atm (unidades inglesas)   855
Figura A-10   Diagrama pressão-entalpia para dióxido de carbono (unidades SI)   856
Figura A-10E Diagrama pressão-entalpia para dióxido de carbono (unidades inglesas)   857
Figura A-11   Diagrama pressão-entalpia para o refrigerante 410A (unidades SI)   858
Figura A-11E Diagrama pressão-entalpia para o refrigerante 410A (unidades inglesas)   859

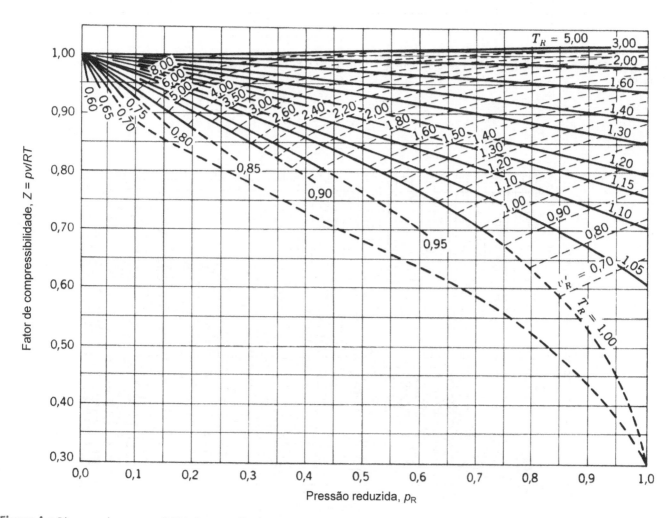

Figura A-1 Diagrama de compressibilidade generalizado, $p_R \leq 1{,}0$. *Fonte*: E. F. Obert, *Concepts of Thermodynamics*, McGraw-Hill, New York, 1960.

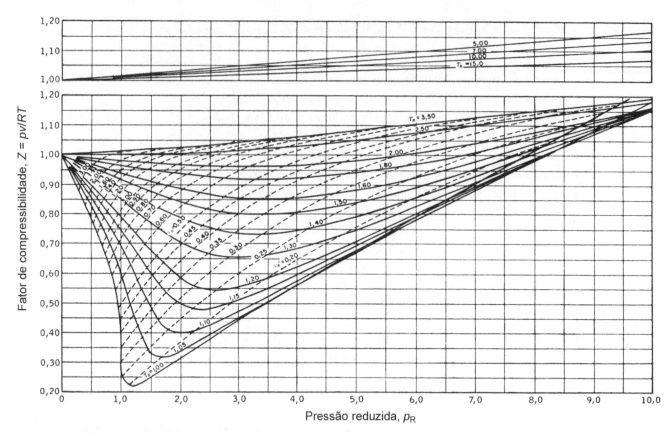

Figura A-2 Diagrama de compressibilidade generalizado, $p_R \leq 10,0$. *Fonte*: E. F. Obert, *Concepts of Thermodynamics*, McGraw-Hill, New York, 1960.

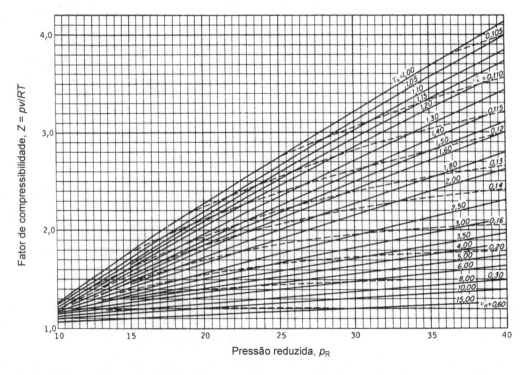

Figura A-3 Diagrama de compressibilidade generalizado, $10 \leq p_R \leq 40$. *Fonte*: E. F. Obert, *Concepts of Thermodynamics*, McGraw-Hill, New York, 1960.

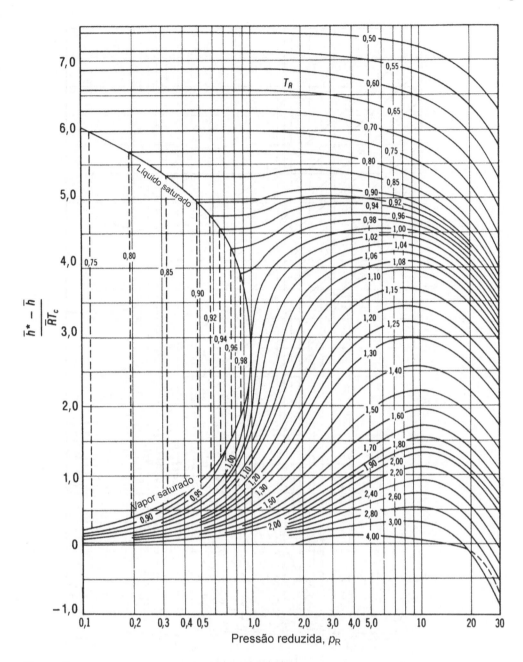

Figura A-4 Diagrama de correção da entalpia generalizada. *Fonte*: Adaptado de G. J. Van Wylen e R. E. Sonntag, *Fundamentals of Classical Thermodynamics*, 3rd. ed., English/SI, Wiley, New York, 1986.

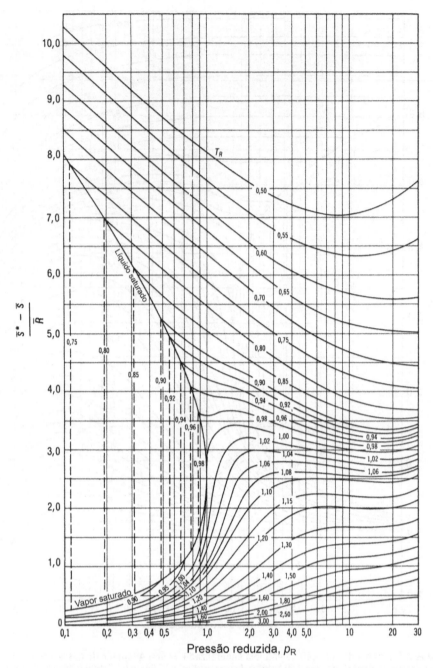

Figura A-5 Diagrama de correção da entropia generalizada. *Fonte*: Adaptado de G. J. Van Wylen e R. E. Sonntag, *Fundamentals of Classical Thermodynamics*, 3rd. ed., English/SI, Wiley, New York, 1986.

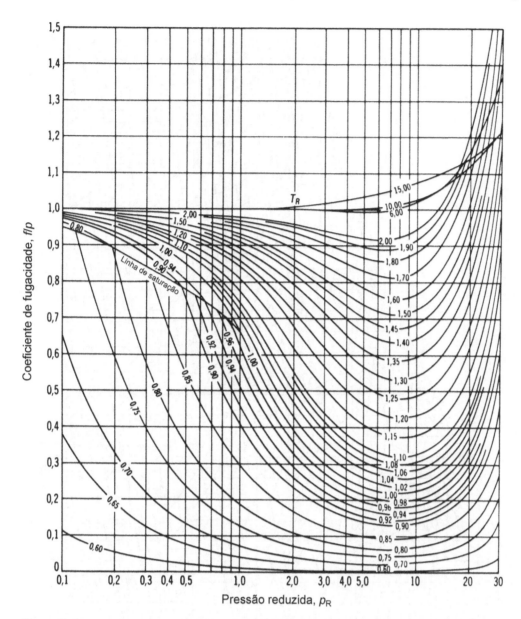

Figura A-6 Diagrama do coeficiente de fugacidade generalizado. *Fonte*: G. J. Van Wylen e R. E. Sonntag, *Fundamentals of Classical Thermodynamics*, 3rd. ed., English/SI, Wiley, New York, 1986.

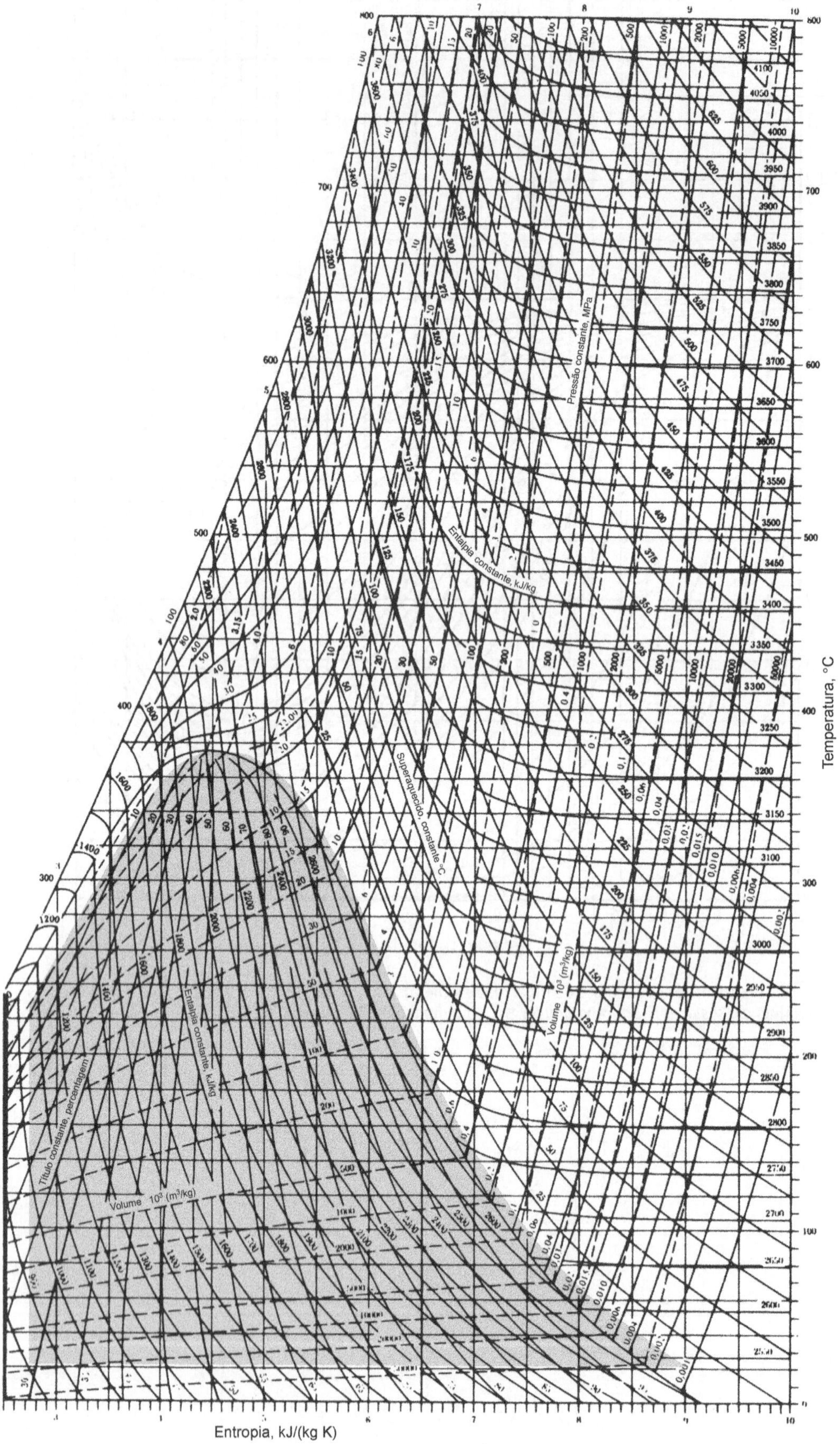

Figura A-7 Diagrama temperatura-entropia para a água (unidades SI). *Fonte*: J. H. Keenan, F. G. Keyes, P. G. Hill e J. G. Moore, *Steam Tables*, Wiley, New York, 1978.

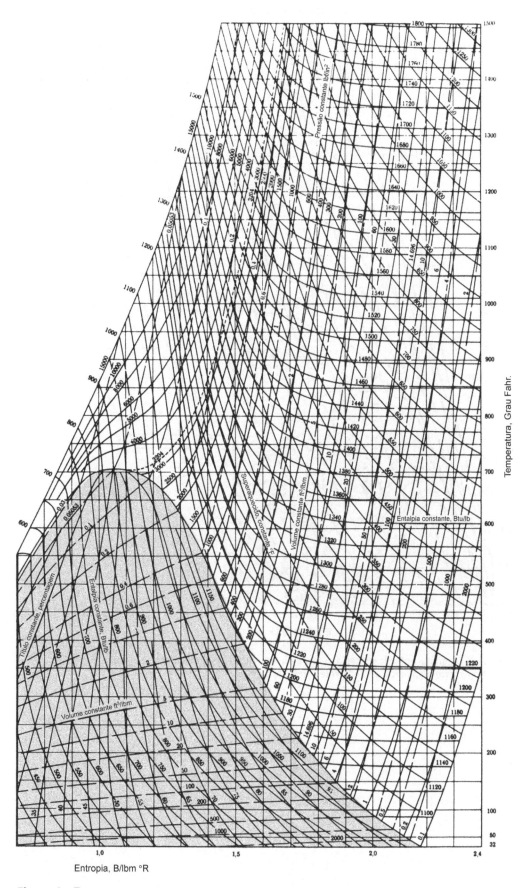

Figura A-7E Diagrama temperatura-entropia para a água (unidades inglesas). *Fonte*: J. H. Keenan, F. G. Keyes, P. G. Hill e J. G. Moore, *Steam Tables*, Wiley, New York, 1969.

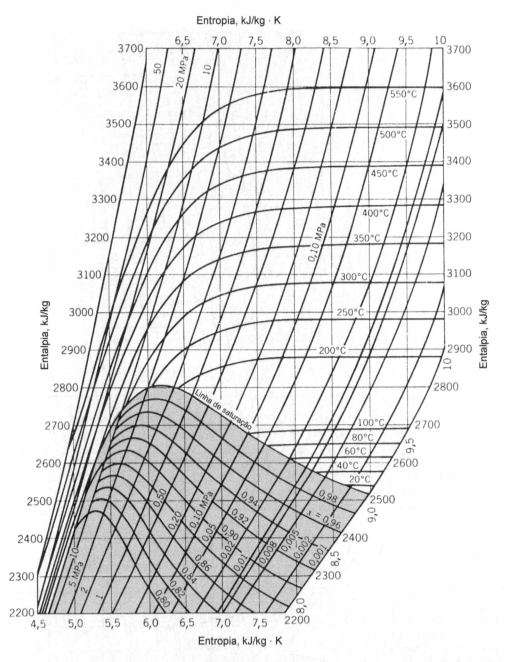

Figura A-8 Diagrama entalpia-entropia para a água (unidades SI). *Fonte*: J. B. Jones e G. A. Hawkins, *Engineering Thermodynamics*, 2nd ed., Wiley, New York, 1986.

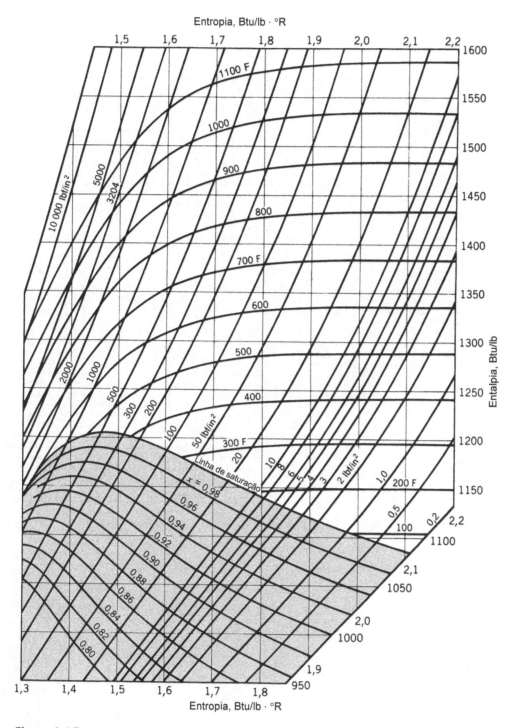

Figura A-8E Diagrama entalpia-entropia para a água (unidades inglesas). *Fonte*: J. B. Jones e G. A. Hawkins, *Engineering Thermodynamics*, 2nd ed., Wiley, New York, 1986.

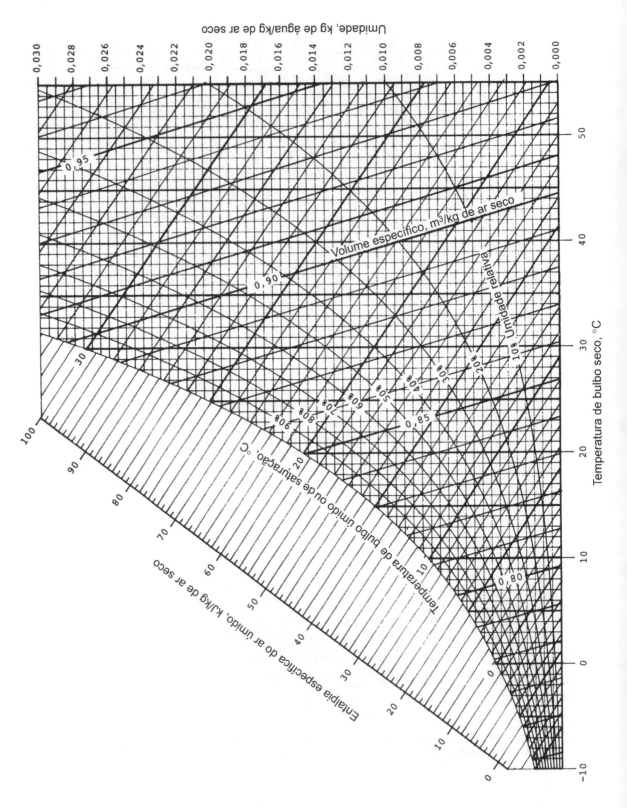

Figura A-9 Carta psicrométrica para 1 atm (unidades SI). *Fonte*: Z. Zhang e M. B. Pate, "A Methodology for Implementing a Psychrometric Chart in a Computer Graphics System", *ASHRAE Transactions*, Vol. 94, Pt. 1, 1988.

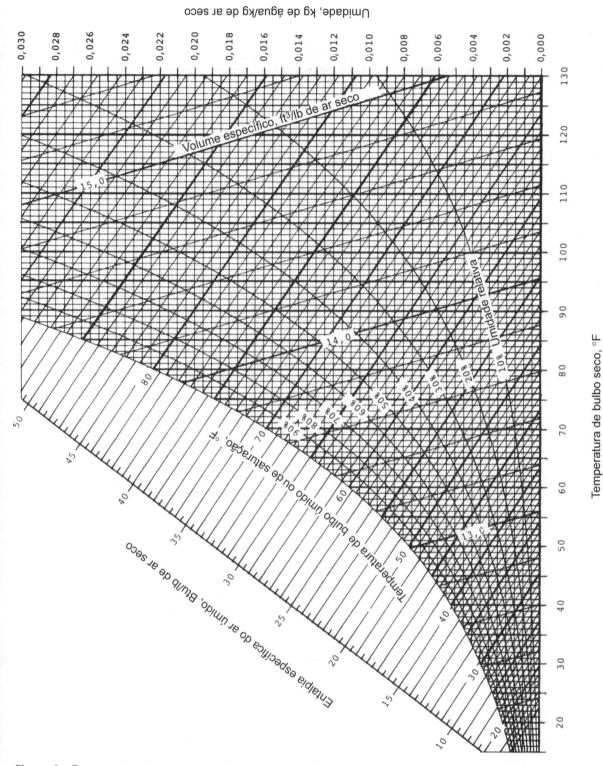

Figura A-9E Carta psicrométrica para 1 atm (unidades inglesas). *Fonte*: Z. Zhang e M. B. Pate, "A Methodology for Implementing a Psychrometric Chart in a Computer Graphics System", *ASHRAE Transactions*, Vol. 94, Pt. 1, 1988.

856 Figuras e Diagramas

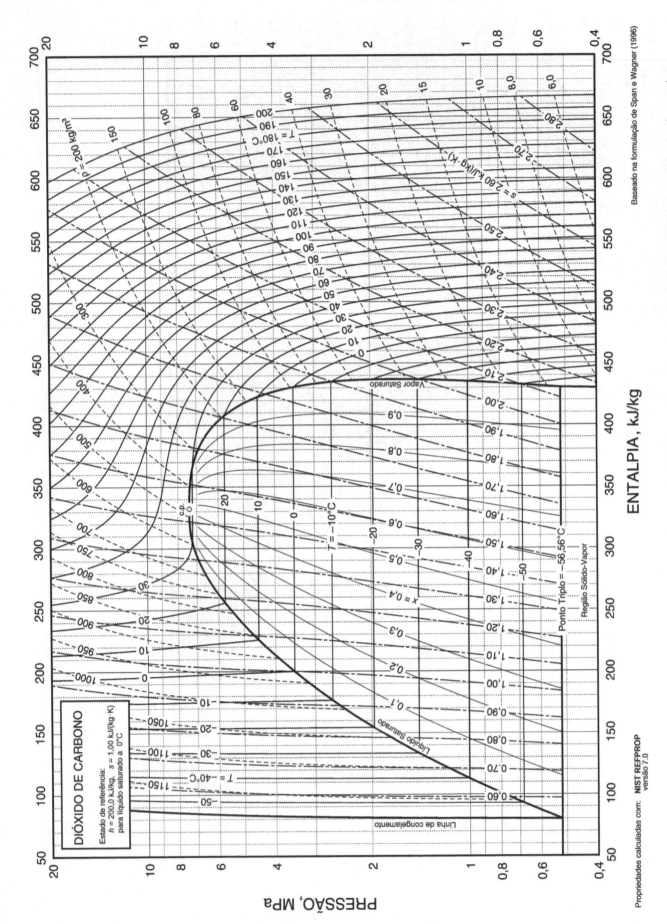

Figura A-10 Diagrama pressão-entalpia para o dióxido de carbono (unidades SI). *Fonte:* © ASHRAE, www.ashrae.org.2009 ASHRAE Handbook of Fundamentals – Fundamentals.

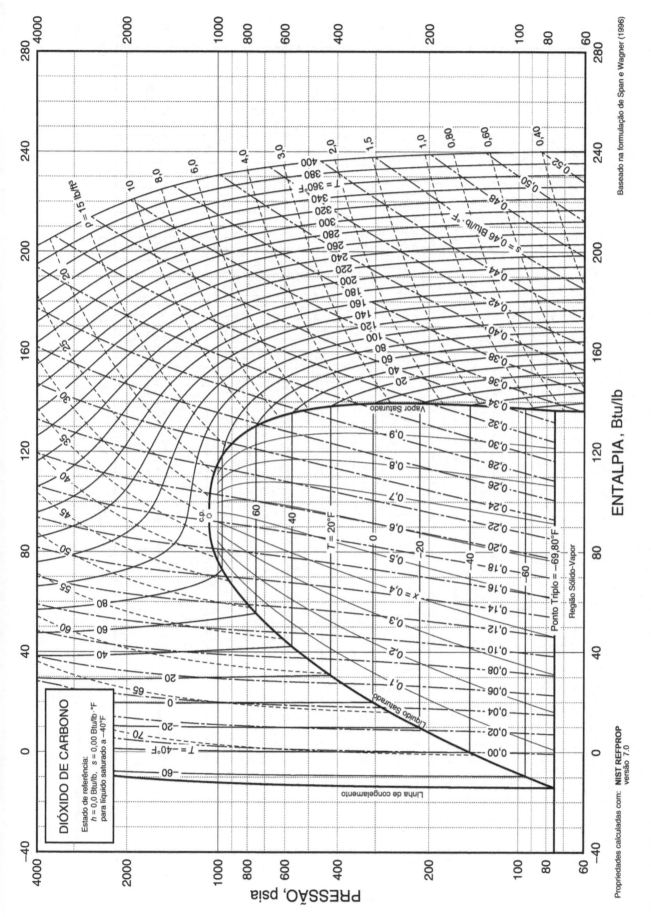

Figura A-10E Diagrama pressão-entalpia para o dióxido de carbono (unidades inglesas). *Fonte:* © ASHRAE, www.ashrae.org.2009 ASHRAE Handbook of Fundamentals – Fundamentals.

858 Figuras e Diagramas

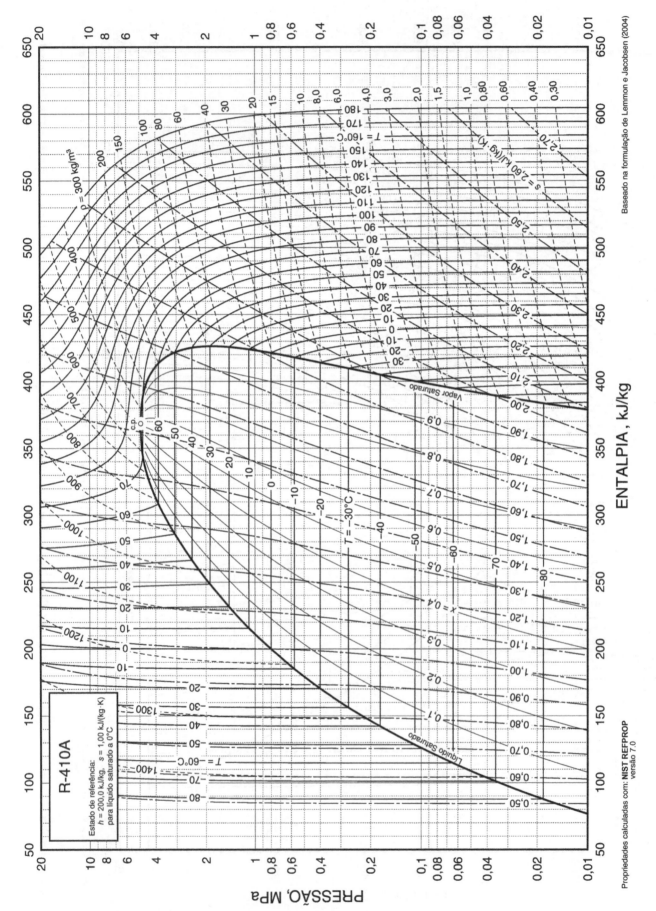

Figura A-11 Diagrama pressão-entalpia para o refrigerante 410A (unidades SI). *Fonte:* © ASHRAE, www.ashrae.org.2009 ASHRAE Handbook of Fundamentals – Fundamentals.

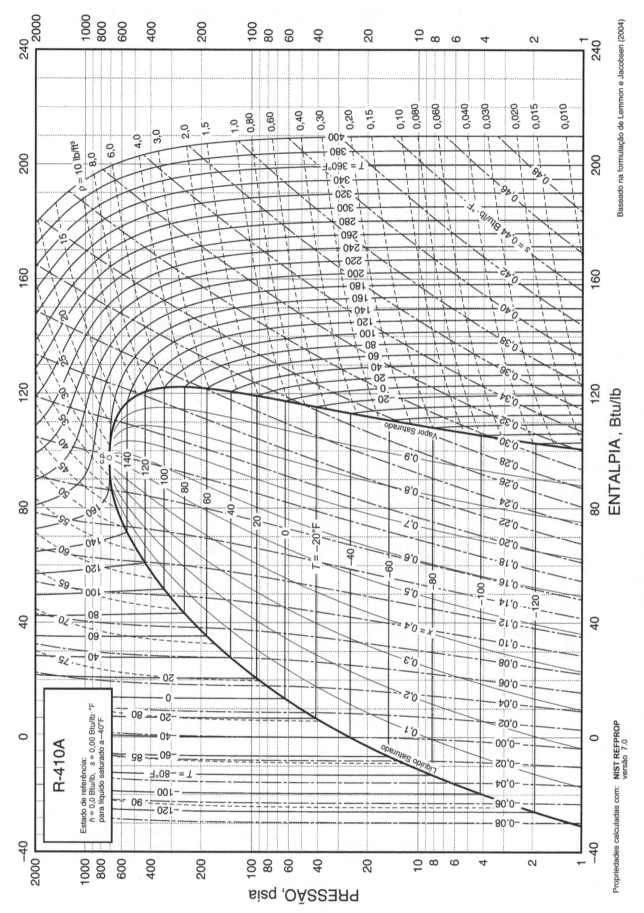

Figura A-11E Diagrama pressão-entalpia para o refrigerante 410A (unidades inglesas). *Fonte:* © ASHRAE, www.ashrae.org. 2009 ASHRAE Handbook of Fundamentals – Fundamentals.

Índice

A
Adiabático, 45
Agregação de custos, 326
Água de alimentação, 359
Ambiente, 297
    de referência de exergia, 297
Análise
    de ar-padrão, 411, 423
        frio, 411
    de produtos a seco, 658
    do aquecedor, 327
    do ciclo, 420
    gravimétrica, 594
    imediata, 655
    molar, 594
    transiente, 163, 165
    volumétrica, 594
Aquecedor de água de alimentação
    aberto, 374
    fechado, 374
Aquecimento urbano, 384
Ar seco, 595
Ar teórico, 655
Ar úmido, 611
Armazenamento
    de calor, 60
    de frio, 505
Ar-padrão
    Brayton, 424
    Dual, 420
    ideal Brayton, 425
    Otto, 412
Arrasto aerodinâmico, 36
Atividade, 580
Atrito, 200

B
Back work ratio, 360
Balanço
    da taxa de
        custo, 327
        exergia em regime, 306
    de energia, 47, 48, 623, 627
        na forma de taxa temporal, 48
    de exergia, 308, 386
        para regime permanente em termos de taxa, 310
        para um sistema fechado, 302
    de massa, 623, 626
    de taxa de energia, 142
Base molar, 12
Bocal, 145
    convergente, 465
    -divergente, 466
Bomba(s), 150, 359
    de calor, 59, 212
        com o ar como fonte, 510
        de Carnot, 216
        por compressão de vapor, 509

C
Caldeira, 359
Calor(es)
    específicos, 96
        de gases ideais, 8
    não é uma propriedade, 44
Calorímetro de estrangulamento, 159
Câmara de separação, 507

Campo elétrico uniforme, 42
Capacidade frigorífica, 496
Célula a combustível, 675
    de membrana, 678
Chip de silício, 54
Choque normal, 466
    funções, 471
Ciclo(s)
    a vapor binário, 383
    combinado, 453
    de bomba de calor, 59
        de Carnot, 509
    de Brayton, 424
    de Carnot, 215, 217, 365, 495
    de Ericsson, 446
    de Otto, 412, 413
    de potência, 57, 210
        de Carnot, 215
    de Rankine orgânicos, 383
    de refrigeração, 59, 212
        de Brayton, 512
        de Carnot, 494
    de Stirling, 446
    Diesel, 416
    dual, 420
    em cascata, 506
    ideal
        de compressão de vapor, 497
        de Rankine, 360, 361, 364
    mecânico, 411
    termodinâmico, 57, 411
Coeficiente(s)
    de desempenho, 59
    de Joule-Thomson, 557
    estequiométricos, 654
Cogeração, 453
Combustão
    adiabática, 672
    completa, 654
    interna, 410
Combustíveis, 654
Combustor com reaquecimento, 437
Compressão
    com inter-resfriamento, 438
    multiestágio, 507
Compressibilidade
    isentrópica, 553
    isotérmica, 553
Compressores, 150
Condensador, 359
Condicionantes
    de projeto, 18
Condução, 45
    térmica, 45
Condutividade térmica, 45
Conservação
    de energia, 35, 662
    de massa, 134
Constante
    de equilíbrio, 722
    universal dos gases, 100, 101
Contracorrente, 637
Contribuição termomecânica, 696
Convecção, 46
    forçada, 46, 637
    livre, 46
    natural, 637

Convenção de sinais, 35, 44
    para trabalho, 35
Corolários de Carnot, 205
Corrente cruzada, 637
Critério de equilíbrio, 717
Curso
    de admissão, 410
    de compressão, 410
    de escape, 411
    de potência, 411
Custo, 325
    por unidade de exergia, 327

D
Desaeração, 379
Desigualdade de Clausius, 217
Destruição de exergia, 303, 306
Desumidificação, 626
Desvio
    de entalpia, 562, 563, 565
    de entropia, 565
Diagrama
    de compressibilidade generalizada, 102
    de fases, 78
    p-h, 502
    p-v, 79
    T-v, 79
Diferencial exata, 537
Difusor, 145
Dimensões
    primárias, 9
    secundárias, 9
Distribuição de energia, 354
Domo de vapor, 77
Drafting, 37

E
Efeito(s)
    combinados, 46
    externos, 366
    internos, 366
    piezoelétrico, 13
    pistão, 455
Efetividade do regenerador, 434
Eficiência
    de Carnot, 210
    exergética, 320, 324
    térmica, 58
Empuxo, 14, 455
Energia, 34, 47
    cinética, 32, 33
    interna, 8, 43
    para ciclos, 57
    potencial, 32, 33
        gravitacional, 33
    térmica, 92
Entalpia, 88
    avaliação, 663
    de combustão, 669
    de estagnação, 462
    de formação, 662
    de mistura, 612, 613
Entropia, 8
    absoluta, 678, 679
    de mistura, 612, 613
Enunciado
    da entropia da segunda lei, 198
    da segunda lei, 196

Índice

de Clausius, 196
de Kelvin-Planck, 196, 197, 203
Equação(ões)
    de Beattie-Bridgeman, 536
    de Benedict-Webb-Rubin, 536
    de Clapeyron, 546
    de Clausius-Clapeyron, 546, 738
    de estado, 532
        de gás ideal, 105
        de van der Waals, 533
        de virial, 532
    de Gibbs-Duhem, 575
    de quantidade de movimento para regime permanente, 459
    de reação de equilíbrio, 719, 721
    de Redlich-Kwong, 534
    de van der Waals, 532
    de Van't Hoff, 733
    de virial(is), 532
        de estado, 104
Equilíbrio, 9
    de fases, 737
    químico, 719
    térmico, 15
    termodinâmico, 716
Escala(s)
    Celsius, 17
    de temperatura, 17
        Celsius, 17
    Fahrenheit, 17, 18
    Kelvin, 17, 208
    Rankine, 17
    termodinâmica, 17
Escoamento
    compressível, 458
    estrangulado, 465
    unidimensional, 463
Estado(s), 8
    de equilíbrio, 9
    de estagnação, 462
    de inversão, 558
    de líquido, 80
    de referência, 89
        -padrão, 662
    de saturação, 77
    de vapor, 81
    morto, 297, 693
Estiramento de uma película líquida, 41
Estrangulado, 465, 466
Exergia, 296
    aspectos, 299
    balanço, 299
    custo, 326
    de referência, 685
    de um sistema, 298
    definição, 297
    em projetos, 325
    específica, 300
        de fluxo, 310
    química, 685
        -padrão, 688, 692
    total, 692
Expansividade volumétrica, 553
Experimento de Joule, 47

F

Fase, 76
Fator
    de atrito, 201
    de compressibilidade, 100, 101
Fluido, 12
    de trabalho, 383
Fluxo
    de exergia total, 692
    de massa, 137
    unidimensional, 135

Força(s)
    de corpo, 42
    de empuxo, 14
    eletromotriz, 42
Forma analítica do enunciado de Kelvin-Planck, 197, 203
Frações
    mássicas, 594
    molares, 594
Fronteira, 4
    do sistema, 7
Fugacidade, 576, 577
    de um componente de uma mistura, 578
Função
    de Gibbs, 540, 716
        de formação, 684
    de Helmholtz, 540
    termodinâmica fundamental, 544, 575
Fusão, 81

G

Garganta, 464
Gaseificação integrada, 453
Geração de potência, 352
Graus de liberdade, 740

I

Ignição
    por centelha, 410
    por compressão, 410
Integração de sistemas, 161
Interação térmica (calórica), 15
Interactive thermodynamics (IT), 90
Interpolação linear, 83
Interpretação microscópica da energia interna, 44
Inter-resfriador(es), 439
Inter-resfriamento, 437, 438, 507
Irreversibilidades, 199
    externas, 199
    internas, 199

L

Lei
    de Fourier, 45
    de Stefan-Boltzmann, 46
    do resfriamento de Newton, 46
    zero da termodinâmica, 15
Limite da eficiência térmica, 204
Linha
    de Fanno, 467
    de Rayleigh, 467
    tripla, 77
Liquefazer gases, 558
Líquido
    comprimido, 80
    sub-resfriado, 80

M

Magnetização, 42
Massa
    contínua, 13
    de controle, 4
    molecular aparente (ou média), 594
Mecânica dos fluidos, 12
Medidas de pressão, 13
Método das interseções, 573
Mistura bifásica líquido-vapor, 80
Modelo
    de Amagat, 598
    de Dalton, 597
    de engenharia, 19
    de gás ideal, 100, 105
    de substância incompressível, 98

Motor(es)
    de combustão interna, 411
    Stirling, 447
    turbojato, 454

N

Nanotecnologia, 13
Número de Mach, 462

P

Percentual de ar
    em excesso, 656
    teórico, 656
Pirômetros ópticos, 16
Plantas, 369
    supercríticas 369
Poder calorífico
    inferior, 670
    superior, 670
Polarização, 42
Ponto(s)
    crítico, 77
    de vista
        macroscópico, 8
        microscópico, 8
    triplo, 17, 78
Pós-queimador, 455
Potência, 36
    elétrica, 42
    transmitida por um eixo, 42
Potencial químico, 574, 717
Pressão, 12
    a jusante, 465
    absoluta, 12
    de estagnação, 462
    de saturação, 78
    de vácuo, 14
    manométrica, 14
    média efetiva, 411
    parcial, 597
    reduzida, 102
Primeira lei da termodinâmica, 47
Princípio
    de Arquimedes, 14
    dos estados equivalentes, 76
Processo(s), 8
    de estrangulamento, 160
    em quase equilíbrio, 38
    internamente reversível, 202
    irreversível, 199
    politrópicos, 39, 116
    quase estático, 38
    reversível, 199
Produtos, 654
Propriedade, 8
    do corpo, 33
    extensiva, 8, 32
        do corpo, 34
    intensiva, 8
    molar parcial, 572
    termométrica, 16, 209
Psicrometria, 611
Psicrômetro, 620

Q

Quantidade de ar teórico, 655

R

Radiação, 46
    térmica, 45
Razão
    ar-combustível, 655
    da mistura, 612
    de corte, 417
    de equivalência, 656

do trabalho reverso, 425
Reagentes, 654
Reaquecimento, 369, 437
Refrigeração
   por absorção, 507
   por compressão de vapor, 495
Regeneração, 374
Regenerador, 433
Regime
   permanente, 8, 54, 136, 459
   transiente, 55
Regiões bifásicas, 77
Regra
   da pressão aditiva, 568, 579
   das fases de Gibbs, 741
   de Kay, 568
   de Lewis-Randall, 579
   do volume aditivo, 569
Relações
   de Maxwell, 541
   p-v-T para misturas de gases, 567
Repouso, 12
Reservatório térmico, 196
Resfriamento evaporativo, 631

S
Segunda lei da termodinâmica, 193
   aspectos, 195
SI, 10
Sistema(s), 4
   abertos, 4
   alternativos, 51
   compressíveis simples, 76
   de bombeamento, 151
   de cogeração 326
   de múltiplos componentes, 717
   de refrigeração a gás, 512
   de unidades (SI), 10
   fechados, 4, 6, 47
   isolado, 4
   multicomponentes, 578
   reagentes, 662
Solução, 572
   ideal, 579
Streamlining, 37
Sublimação, 81
Subsônico, 462

Substância
   pura, 76, 737
   termométrica, 209
Superaquecimento, 369
Supercríticas, 369
Superfície
   de controle, 4
   p-v-T, 77
Supersônico, 462

T
Tabelas
   de saturação, 85
   de vapor, 82
Taxa
   de calor, 360
   de compressão, 410, 413
   de transferência de calor, 44
Tecnologias de armazenamento, 60
Temperatura, 15
   adiabática de chama, 672
   de bulbo
      seco, 620
      úmido, 620
   de equilíbrio de chama, 729
   de estagnação, 462
   de ponto de orvalho, 614
   de saturação, 78
      adiabática, 619
   reduzida, 102
Tensão(ões)
   cisalhantes, 12
   normal, 12
Terceira lei da termodinâmica, 678, 679
Termistores, 16
Termodinâmica, 4, 47
   clássica, 4
   estatística, 8
Termoeconomia, 324, 325
Termômetro(s), 16
   de gás, 209
   de radiação, 16
Termopares, 16
Teste de exatidão, 537
Título, 80
Tonelada de refrigeração, 496
Torres de resfriamento, 637

Trabalho, 32, 35
   de escoamento, 142
   não é propriedade, 36, 39
Transferência
   de calor, 45
   de energia, 34
      através do calor, 44
   de exergia associada
      à transferência de calor, 303
      ao trabalho, 303
Transiente, 163
Transmissão de energia, 354
Trocadores de calor, 154, 323
Turbina(s), 147, 148, 322, 358
   a gás, 423
      regenerativas, 433
   análise, 328

U
Umidade relativa, 612, 613
Umidificação, 629
Unidade(s)
   básica(s), 9
      do SI, 10
      inglesas, 11
   de comprimento, 9
   de potência, 36
   de pressão, 14
   de tempo, 9
   inglesas de engenharia, 11
Unidimensional, 135

V
Valores de referência, 89
Vapor superaquecido 81
Variação de exergia, 302
Vazões mássicas, 134, 135
Velocidade
   do som, 461, 553
   sônica, 553
Vizinhanças, 4
Volume(s)
   de controle, 4
   específico, 12
      crítico, 77
      pseudorreduzido, 102

Símbolos

a	aceleração, atividade	**M**	momento de dipolo magnético por unidade de volume
A	área	n	número de mols, expoente de politropia
AC	razão ar-combustível	N	número de componentes na regra das fases
bwr	razão de trabalho reverso	p	pressão
c	calor específico de uma substância incompressível, velocidade do som	p_{atm}	pressão atmosférica
c	custo unitário	p_i	pressão associada ao componente i da mistura, pressão parcial de i
$\dot{C}$	taxa de custo	p_r	pressão relativa conforme utilizada nas Tabelas A-22
CA	razão combustível-ar	p_R	pressão reduzida: p/p_c
C_aH_b	combustível hidrocarbonado	P	número de fases na regra das fases
c_p	calor específico à pressão constante, $\partial h/\partial T)_p$	**P**	momento de dipolo elétrico por unidade de volume
c_v	calor específico a volume constante, $\partial u/\partial T)_v$	PCI	poder calorífico inferior
c_{p0}	calor específico c_p à pressão zero	PCS	poder calorífico superior
e, E	energia interna por unidade de massa, energia	pme	pressão média efetiva
e, E	exergia por unidade de massa, exergia	$\dot{q}$	fluxo de calor
ec, EC	energia cinética por unidade de massa, energia cinética	Q	transferência de calor
$e_f, \dot{E}_f$	exergia de fluxo específica, taxa de exergia de fluxo	$\dot{Q}$	taxa de transferência de calor
$E_d, \dot{E}_d$	destruição de exergia, taxa de destruição de exergia	$\dot{Q}x$	taxa de condução
ep, EP	energia potencial por unidade de massa, energia potencial	$\dot{Q}_c, \dot{Q}_e$	taxa de convecção, taxa de radiação térmica
$E_q, \dot{E}_q$	transferência de exergia que acompanha a transferência de calor, taxa de transferência de exergia que acompanha a transferência de calor	r	taxa de compressão
		r_c	razão de corte
E_w	transferência de *exergia* que acompanha o trabalho	R	constante do gás: $\bar{R}/M$, força resultante, resistência elétrica
E	potência de campo elétrico		
$\mathscr{E}$	potencial elétrico, força eletromotriz (fem)	$\bar{R}$	constante universal dos gases
f	fugacidade	s, S	entropia por unidade de massa, entropia
$\bar{f}_i$	fugacidade do componente i em uma mistura	$s°$	função de entropia conforme utilizada nas Tabelas A-22, entropia na pressão padrão de referência conforme utilizada na Tabela A-23
F	graus de liberdade na regra das fases		
F, F	vetor força, magnitude da força		
fm	fração mássica	t	tempo
g	aceleração da gravidade	T	temperatura
g, G	função de Gibbs por unidade de massa, função de Gibbs	T_R	temperatura reduzida: T/T_c
		$\mathscr{T}$	torque
$\bar{g}_f°$	função de Gibbs de formação por mol no estado de referência	u, U	energia interna por unidade de massa, energia interna
		v, V	volume específico, volume
h, H	entalpia por unidade de massa, entalpia	**V**, V	vetor velocidade, magnitude da velocidade
h	coeficiente de transferência de calor	v_r	volume relativo conforme utilizado nas Tabelas A-22
H	intensidade do campo magnético	v'_R	volume específico pseudorreduzido: $\bar{v}/(\bar{R}T_c/p_c)$
$\bar{h}_f°$	entalpia de formação por mol no estado de referência	V_i	volume associado ao componente i da mistura, volume parcial de i
$\bar{h}_{RP}$	entalpia de combustão por mol		
i	corrente elétrica	W	trabalho
k	razão entre calores específicos: c_p/c_v	$\dot{W}$	taxa de trabalho ou potência
k	constante de Boltzmann	x	título, posição
K	constante de equilíbrio	X	propriedade extensiva
l, L	comprimento	y	fração molar, razão de vazão mássica
m	massa	z	cota, posição
$\dot{m}$	vazão mássica	Z	fator de compressibilidade, carga elétrica
M	peso molecular, número de Mach	$\dot{Z}$	taxa de custo de aquisição/operação